TOUTE LA MÉCANIQUE INDUSTRIELLE

Georges Martial INDRIANJAFY

TOUTE LA MÉCANIQUE INDUSTRIELLE

Guide pratique illustré :
matériau, conception et production mécanique
3000 définitions, 4000 illustrations

Remerciements à :

Mme Dominique COHEN,	Chef de produit Éditions AFNOR
M. Marc JAMMET,	Responsable du secteur éditorial Construction & Architecture Éditions EYROLLES
M. Frédéric ROSSI,	Ingénieur, Normalien Agrégé, Docteur, Maître de conférence au LaBoMaP - Equipe UGV ENSAM - CLUNY
M. Jean-Pierre MUZEAU,	Directeur scientifique au CHEC Centre des Hautes Études de la Construction
M. Vincent VERNEYRE	Directeur général de l'UNM Union de normalisation de la mécanique
M. Gaël THOMAS	Maquettiste
M. Thomas Elliott Burns,	Designer indépendant à Los Angeles
Mme Emmanuelle VADOT	Ma compagne
La société	Siemens Digital Industries Software ®
La société	BOGE ®

ÉDITIONS EYROLLES
61, bd Saint-Germain
75240 Paris Cedex 05
www.editions-eyrolles.com

AFNOR Éditions
11, rue Francis de Pressensé
93571 La Plaine Saint-Denis Cedex
www.boutique.afnor.org/livres

Depuis 1925, les éditions Eyrolles s'engagent en proposant des livres pour comprendre le monde, transmettre les savoirs et cultiver ses passions !
Pour continuer à accompagner toutes les générations à venir, nous travaillons de manière responsable, dans le respect de l'environnement. Nos imprimeurs sont ainsi choisis avec la plus grande attention, afin que nos ouvrages soient imprimés sur du papier issu de forêts gérées durablement. Nous veillons également à limiter le transport en privilégiant des imprimeurs locaux. Ainsi, 89 % de nos impressions se font en Europe, dont plus de la moitié en France.

Banque photos : www.dreamstime.com

À la mémoire de mon père,
mon tout premier exemple
qui m'a montré le chemin
vers le goût du travail et de l'effort,
et qui m'a aussi insufflé la passion
et l'amour de la langue française.

Mode d'emploi de l'ouvrage

Ce livre a été élaboré pour remplir non seulement les fonctions de guide technique mais aussi de dictionnaire. Il peut être avant tout considéré comme une ressource de solutions techniques pour les ingénieurs et techniciens de la conception mécanique et une source de savoirs et culture technique pour les élèves et apprentis de la mécanique de construction. Il contient, à travers les définitions, explications et articles documentaires, toutes les notions essentielles à l'industrie de la mécanique en couvrant à la fois les différents matériaux et l'ensemble des procédés de transformation. L'ouvrage a été abondamment illustré pour être aisément accessible aussi bien aux professionnels et étudiants qu'aux non-spécialistes ou même aux lecteurs ne maîtrisant pas bien la langue française, car les dessins et schémas sont un langage universel accessible à tous ! Il a été conçu de manière à en faciliter au maximum la consultation par rapport aux autres réalisations classiques du même type (manuel, mémento...) généralement rédigées par chapitres ou thèmes. Ainsi, la disposition simple par ordre alphabétique permet d'éviter d'avoir recours à un index toujours fastidieux. Chaque terme utilisé dans une définition et repris comme entrée dans le livre est signalé en caractères capitales de manière à donner à l'ouvrage la structure d'un document hypertexte.

L'agencement par ordre alphabétique permet aussi de donner directement les équivalents en anglais de chaque entrée ce qui fait aussi de l'ouvrage un outil de traduction de termes techniques. Et enfin un glossaire de termes en anglais est fourni à la fin pour une consultation dans le sens anglais-français. Ci-après, la structure générale de chaque terme-entrée :

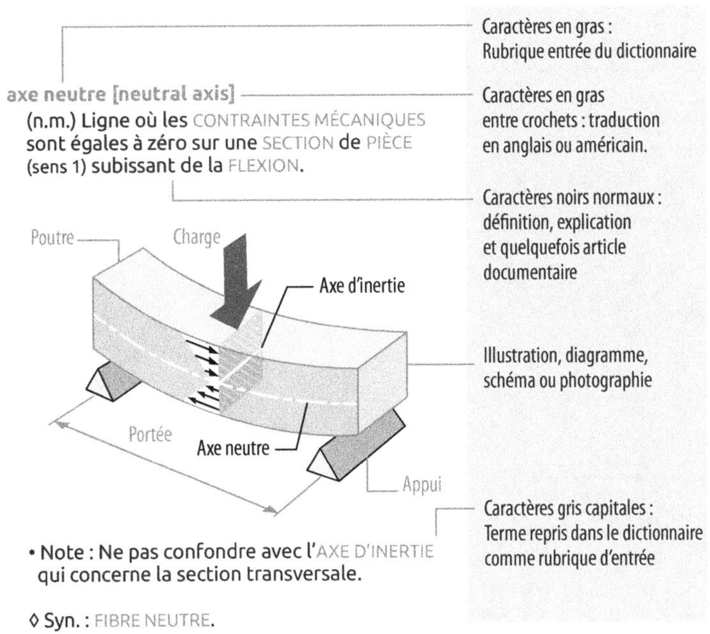

Abréviations

(n.m.)	nom masculin
(n.f.)	nom féminin
(adj.)	adjectif
(v.)	verbe
(v. tr.)	verbe transitif

Préface

Dans le cas où vous pensiez avoir sous vos yeux un dictionnaire qui n'aborde que la mécanique industrielle, vous serez surpris de découvrir que cet ouvrage à travers ses 900 pages vous emmènera bien au-delà des frontières de la mécanique. En effet, la mécanique est vaste, la mécanique est partout et depuis toujours en interface avec l'ensemble des domaines techniques et scientifiques que ce soit en tant qu'outil au service de ceux-ci qu'en tant que catalyseur d'innovations à part entière.

J'en veux pour preuve que ce dictionnaire débute avec le symbole « A » : Abréviation de Ampère, unité de l'intensité électrique du système international, et s'achève avec « Zr », symbole de l'élément chimique Zirconium, utilisé tant dans le traitement de surface de matériaux soumis à des hautes températures (aubes de moteur d'avion) que pour les verres de lunettes afin d'en limiter les rayures. Le fait de consigner une terminologie sectorielle telle que celle de la mécanique industrielle dans un seul et même ouvrage permet au lecteur d'avoir une exhaustivité des termes employés ainsi que leur signification, le tout illustré : dessins et schémas viendront régulièrement en appui des définitions pour en favoriser la compréhension En ce sens, il se rapproche grandement des principes fondateurs de la normalisation qui visent à établir des « langages » communs pour des domaines, des produits ou des concepts.

La différence fondamentale entre ces deux modes de rédaction est que le dictionnaire est un document de référence porté par son auteur alors que les 35 000 normes volontaires sont issues de travaux consensuels par les parties prenantes et intéressées de leur champ d'application respectif.

L'intérêt d'un dictionnaire est identique à celui de la normalisation. Les objets et principes existent peu importe le nom qu'on leur donne, mais sans une terminologie précise et exhaustive, deux individus ne peuvent parler le même langage… et se comprendre.

Vincent Verneyre
Directeur général de l'UNM (Union de normalisation de la mécanique)

A, a

Abréviation de AMPÈRE, UNITÉ (sens 1) d'intensité électrique dans le (UNITÉ), SYSTÈME INTERNATIONAL D'UNITÉS (S.I.).

abaque [abacus, chart, graph]

(n.m.) Représentation graphique donnant par lecture directe un résultat approché de calculs compliqués.

A. Les abaques fournissent aisément, à partir de paramètres d'entrées, des valeurs numériques nécessaires au travail quotidien dans une discipline.

B. À titre d'exemple, l'abaque ci-après donne la RÉSISTANCE MÉCANIQUE d'un CORDON DE SOUDURE en ACIER par SOUDAGE À L'ARC ÉLECTRIQUE, en fonction de sa LONGUEUR et de son ÉPAISSEUR.

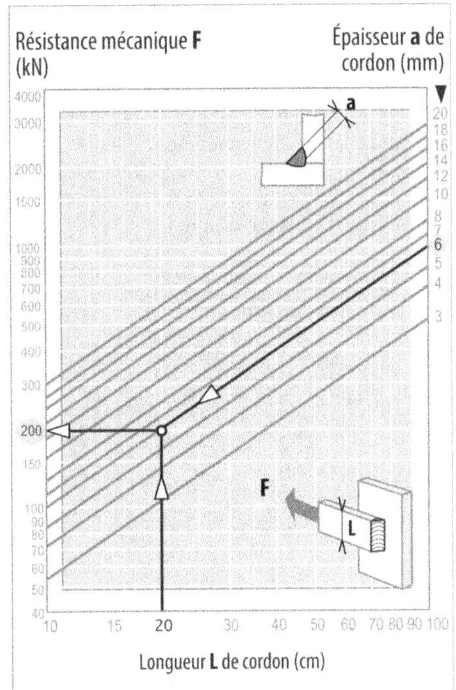

Cet abaque permet, par exemple, de déduire facilement qu'un CORDON DE SOUDURE électrique de 20 cm de LONGUEUR sur de l'ACIER, avec une ÉPAISSEUR de 6 mm possède une RÉSISTANCE MÉCANIQUE d'environ 200 kN = 20 000 daN.

→ Voir aussi (CONTRAINTE), FACTEUR DE CONCENTRATION DE CONTRAINTE pour un autre exemple d'abaque.

abondant [abundant]

(adj.) Qui existe en grande quantité dans la nature, en parlant d'une SUBSTANCE, d'une MATIÈRE.

◊ Contr. : Rare.

about [end cap]

(n.m.) ORGANE placé en extrémité de TUBE ou PROFILÉ pour le protéger ou l'embellir.

Ex. : *About pour un tube rectangulaire.*

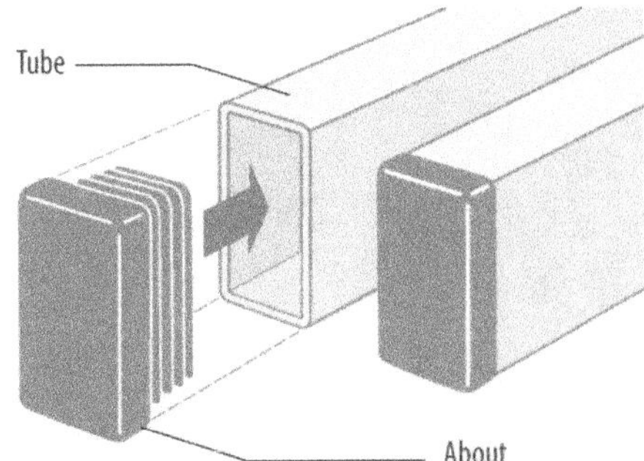

• Note : Ne pas confondre avec le BOUCHON dont la FONCTION principale est de rendre ÉTANCHE.

aboutage [abutting]

(n.m.)

1. Action d'assembler deux PROFILÉS par leurs extrémités contigües.

2. Le résultat de l'ASSEMBLAGE (sens 1) de deux PROFILÉS par leurs extrémités contiguës.

Ex. 1 : *Aboutage par SOUDAGE.*

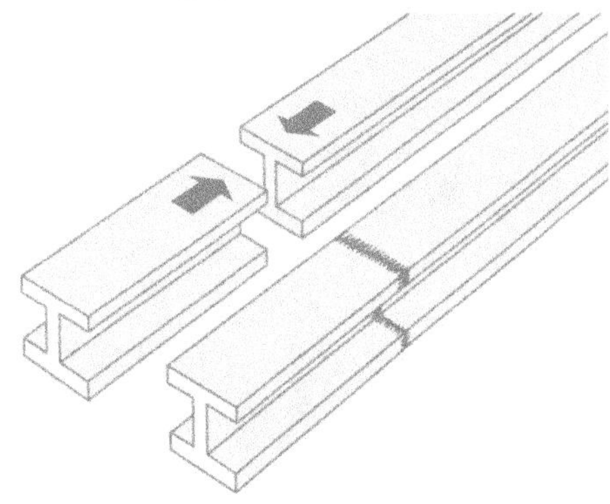

Ex. 2 : *Aboutage par* BOULONNAGE.

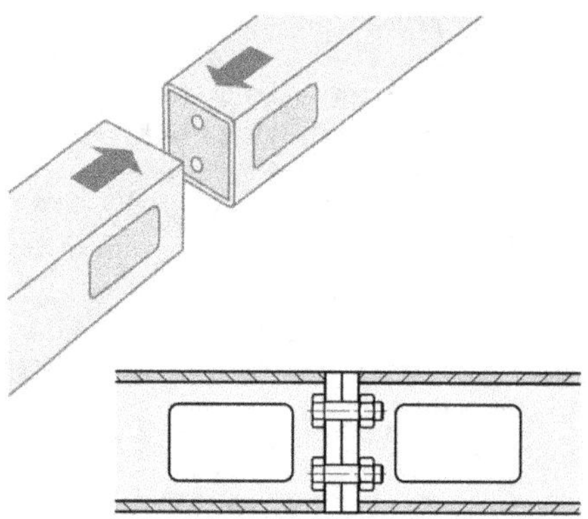

Ex. 3 : *Aboutage avec raccord emboîté.*

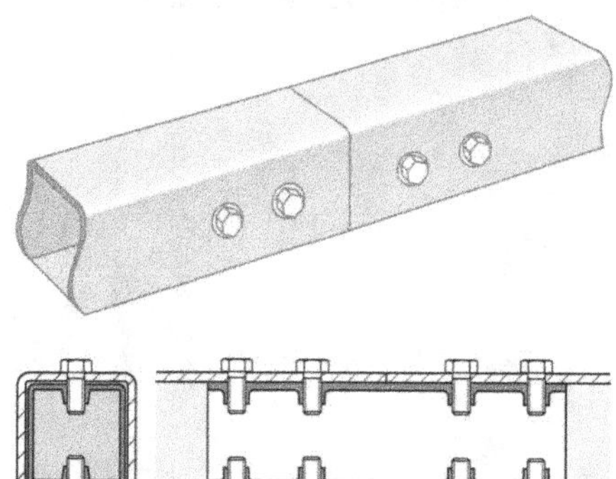

→ Voir aussi ÉCLISSAGE.

abraser [grind]

(v.tr.) User petit à petit par FROTTEMENT intense contre un MATÉRIAU ou une SUBSTANCE très DURE.

abrasif [grits, abrasive]

(n.m.) GRAIN DE SUBSTANCE très DUR(e) et acéré servant à ABRASER ou à POLIR.

A. Chaque GRAIN est destiné à couper petit à petit la MATIÈRE frottée contre.

→ Voir ABRASION.

B. Les MATÉRIAUX des abrasifs peuvent être classés en deux catégories :

ABRASIF	
NATUREL	**ARTIFICIEL**
• Émeri,	• Oxyde d'aluminium (Al2O3),
• Silex,	• Carbure de silicium (SiC),
• Verre ou silice pilée	• Oxyde de zirconium (ZrO2)
• Grenat	• Carbure de tungstène (WC)
	• Carbure de Bore (BC)
	• Nitrure de Bore (cBN)
	• Diamant

C. Le diagramme ci-après donne les DURETÉS, sur l'ÉCHELLE (sens 4) de DURETÉ KNOOP, de quelques

MATÉRIAUX **abrasifs comparées à l'**ACIER NON ALLIÉ **et l'**ACIER | TREMPÉ.

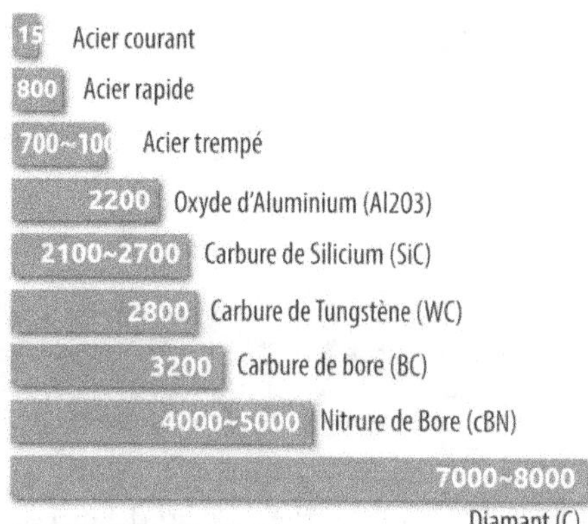

DURETÉ KNOOP (HK)

D. Les GRAINS d'abrasifs laissent des STRIES plus ou moins profondes sur les SURFACES frottées selon leur taille. Leur GRANULOMÉTRIE doit donc être choisie correctement afin d'obtenir la RUGOSITÉ requise. Les grosseurs des GRAINS s'échelonnent de 3 mm à environ 0,003 mm (3 µm). Cependant, elles sont désignées par le nombre de mailles contenues par « pouce » (1″ = 1 inch = 25,4 mm) du tamis qui a servi à les sélectionner. Ainsi, plus le nombre désignant la grosseur de GRAIN de l'abrasif est grand, plus les GRAINS sont fins. Par exemple, le grain d'abrasif 36 est obtenu avec un tamis à 36 mailles sur 25,4 mm soit une taille de GRAIN d'environ 0,49 mm. Le GRAIN d'abrasif 16 provient de 16 mailles sur 25,4 mm, soit une taille de GRAIN d'environ 1,2 mm :

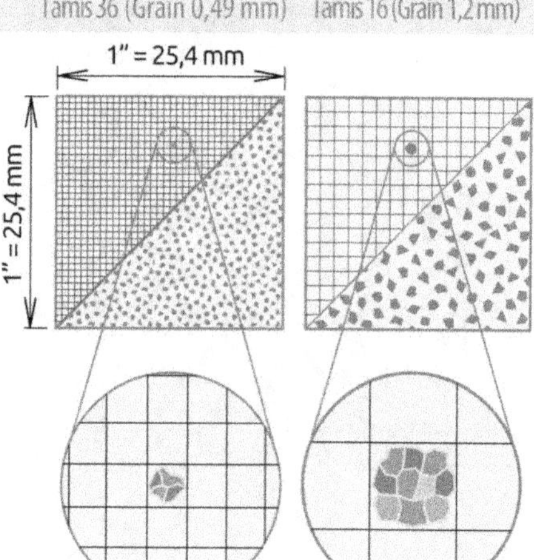

E. Ci-dessous, un tableau de correspondance des indications de grosseur de grain avec les DIMENSIONS (sens 1) moyennes des GRAINS, la RUGOSITÉ escomptable, ainsi que quelques exemples d'application :

G R O S   G R A I N S

Grosseur	Dimension	Rugosité Ra	Utilisation
8	~ 2,4 mm	> 50 µm	
10	~ 2 mm	10 ~ 100 µm	
12	~ 1,7 mm	6,3 ~ 25 µm	Ébavurage
16	~ 1,2 mm	1,6 ~ 6,3 µm	Meulage
20	~ 1 mm	1,2 ~ 6,3 µm	Tronçonnage
24	~ 0,7 mm	0,8 ~ 3,2 µm	
30	~ 0,6 mm	0,6 ~ 2 µm	

G R A I N S   M O Y E N S

Grosseur	Dimension	Rugosité Ra	Utilisation
36	~ 0,49 mm	0,5 ~ 2 µm	
40	~ 0,45 mm	0,4 ~ 1,2 µm	
46	~ 0,35 mm	0,2 ~ 0,6 µm	Affûtage
54	~ 0,30 mm	0,15 ~ 0,5 µm	Rectification
60	~ 0,25 mm	0,12 ~ 0,45 µm	ébauche
80	~ 0,17 mm	0,10 ~ 0,25 µm	

G R A I N S   F I N S

Grosseur	Dimension	Rugosité Ra	Utilisation
100	0,130 mm	0,07 ~ 0,20 µm	
120	0,100 mm	0,06 ~ 0,15 µm	
150	0,090 mm	0,05 ~ 0,12 µm	Rectification
180	0,070 mm	0,04 ~ 0,11 µm	finition
220	0,060 mm	0,03 ~ 0,10 µm	
240	0,045 mm	0,02 ~ 0,08 µm	
280	0,036 mm	0,015 ~ 0,07 µm	

G R A I N S   T R È S   F I N S

Grosseur	Dimension	Rugosité Ra	Utilisation
320	0,030 mm	0,025 ~ 0,060 µm	
400	0,017 mm	0,018 ~ 0,045 µm	
500	0,013 mm	0,015 ~ 0,040 µm	Rodage
600	0,009 mm	0,013 ~ 0,035 µm	Superfinition
800	0,007 mm	0,012 ~ 0,030 µm	
1000	0,0045 mm	0,010 ~ 0,025 µm	
1200	0,0035 mm	0,010 ~ 0,025 µm	

F. La taille des GRAINS d'abrasif doit donc être choisie en fonction de l'ÉTAT DE SURFACE voulue. Plus les GRAINS sont petits, plus l'ÉTAT DE SURFACE obtenu est lisse et brillant. Le diagramme ci-contre donne de premières indications grossières entre taille de GRAIN et ÉTAT DE SURFACE obtenu.

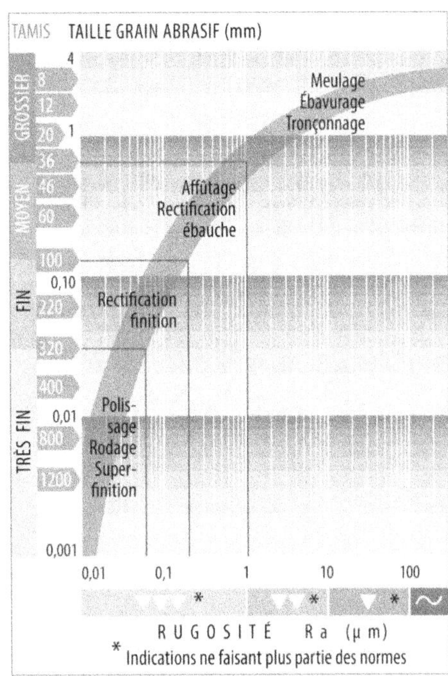

G. Les GRAINS d'abrasifs sont agglomérés pour former un SOLIDE et constituer un OUTIL D'ABRASION comme les MEULES.

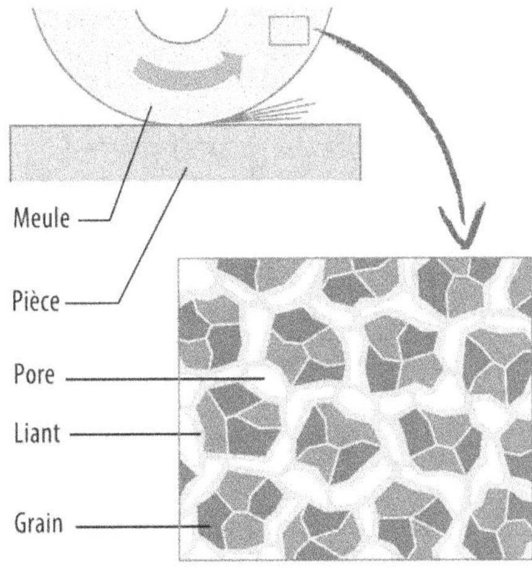

Le LIANT peut être, dans ce cas, du CAOUTCHOUC, un POLYMÈRE ou du VERRE. Les abrasifs peuvent être déposés en COUCHE mince sur un support SOUPLE comme une bande de TISSU.
→ Voir, par exemple, TOILE ÉMERI.
Ils sont aussi utilisés tels quels sous forme de POUDRE dans un FLUIDE, une PÂTE ou sur du feutre.
→ Voir aussi POLISSAGE MÉCANIQUE.

abrasif [abrasive]

(adj.) Capable de rayer et d'« user » petit à petit ce qui frotte contre.

abrasimètre [abrasion tester, abrasion testing machine]

(n.m.) APPAREIL DE MESURE mettant en FROTTEMENT contrôlé un ABRASIF et un échantillon de MATÉRIAU pour en mesurer la RÉSISTANCE À L'USURE.

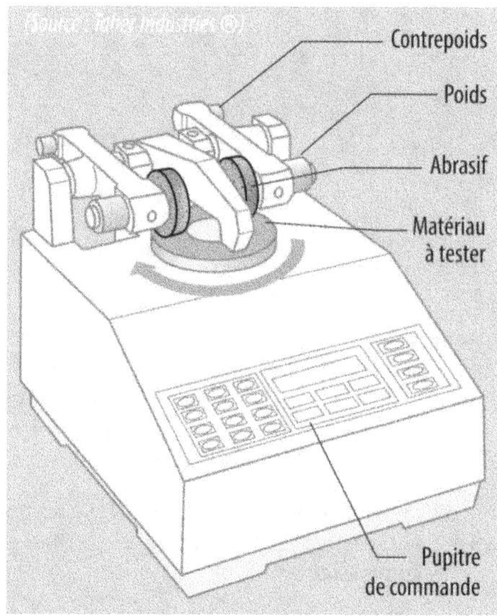

A. L'abrasimètre procède essentiellement par comparaison de résultats sous des conditions précises. Il permet de conclure que tel MATÉRIAU résiste plus à l'USURE qu'un autre.
B. Les abrasimètres sont conçus pour tester tous types de MATIÈRES (MÉTAL, CÉRAMIQUE, pierre, VERRE, (PLASTIQUE), MATIÈRE PLASTIQUE, cuir, CAOUTCHOUC, textile…) ainsi que les REVÊTEMENTS (sens 1) (PEINTURES, DÉPÔTS, garnissages, sols…).

abrasion [grinding, abrasion]

(n.f.)
1. PHÉNOMÈNE d'USURE d'une SURFACE par FROTTEMENT avec un CORPS plus DUR.
2. TECHNIQUE d'USINAGE consistant à enlever petit à petit la MATIÈRE d'une PIÈCE (sens 1) par FROTTEMENT de GRAINS de MATIÈRE très DUR(E) et acérés, appelés ABRASIFS.

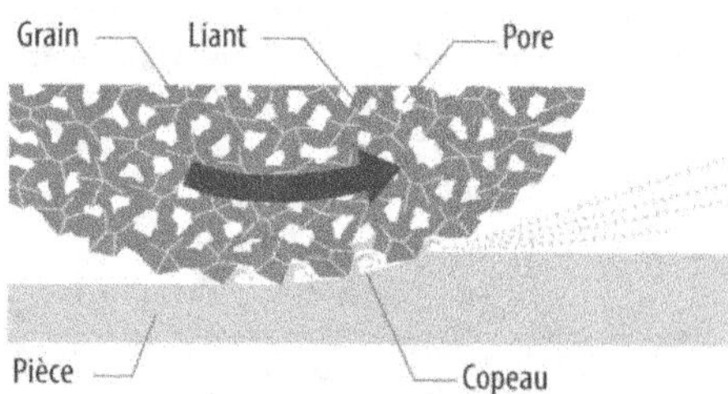

A. Vue générale de l'opération d'abrasion avec une MEULE.

B. L'abrasion est utilisée pour l'USINAGE des MATÉRIAUX DURS impossibles à entamer avec les OUTILS DE COUPE conventionnels, tels que la RECTIFICATION des PIÈCES | TREMPÉES ou l'AFFÛTAGE des OUTILS DE COUPE. C'est également une TECHNIQUE permettant d'obtenir d'excellents ÉTATS DE SURFACE avec une grande PRÉCISION dimensionnelle telle que le RODAGE ou la SUPERFINITION.
C. Lorsque seul l'ÉTAT DE SURFACE est recherchée sans forcément des DIMENSIONs (sens 1) précises, l'OPÉRATION d'abrasion est appelé POLISSAGE. Et enfin, l'abrasion est aussi utilisable pour des OPÉRATIONS plutôt grossières tels que l'ÉBAVURAGE, l'ÉBARBAGE et le TRONÇONNAGE dans lesquelles il est indispensable d'enlever très rapidement une grande quantité de MATIÈRE.

ABS

Abréviation pour **A**crylonitrile **B**utadiène **S**tyrène. (PLASTIQUE), MATIÈRE PLASTIQUE | THERMOPLASTIQUE | OPAQUE et AMORPHE obtenue par association de trois constituants d'où son nom. Il fait partie de la famille des « styréniques » comme le polystyrène (PS) et le styrène acrylonitrile (SAN).
A. Il est essentiellement mis en œuvre par MOULAGE PAR INJECTION DE PLASTIQUE, THERMOFORMAGE et EXTRUSION (sens 3).
B. Il est utilisé pour fabriquer des PIÈCES (sens 1) d'aspect de consommation courante non exposées aux intempéries : clavier d'ordinateur, jouet, prise électrique, téléphone, casque de sé-

curité, boîtier d'appareils électroménagers, bagagerie, coque de rétroviseur...

C. Quelques caractéristiques indicatives :

Masse volumique	1,05 g/cm3
Résistance au choc Izod entaillé	8 KJ/m²
Module d'élasticité longitudinale	2200 MPa
Résistance à la rupture	40 à 55 MPa
Allongement à la rupture	20 à 50 %
Absorption d'eau en masse	0,3 à 0,7 %
Température d'utilisation	-40 à +80°C
Coefficient de dilatation linéaire	80 μm/(m.°C)
Retrait au moulage	0,4 à 0,6 %
Classement au feu	M4

 **Avantages**

D. Bonne RÉSISTANCE AU CHOC même à basse TEMPÉRATURE. Bonne résistance aux RAYURES. Bon marché. Accepte bien le MARQUAGE à l'encre. COLLAGE facile. Convient bien à l'USINAGE. RECYCLABLE.

 **Inconvénients**

E. RÉSISTANCE (sens 1) aux UV limitée. INFLAMMABLE. Ne peut être TRANSPARENT. Mauvaise RÉSISTANCE (sens 1) aux produits chimiques. ÉLECTROSTATIQUE.

F. Quelques appellations commerciales :
Cycolac® (General Electric®, Sabic®) ; Lustran®, Terluran®, Novodur® (Ineos®) ; Sinkral® (Versalis®) ; Ronfalin® (LyondellBasell®) ; Santac® (Nippon A&L®) ; Abifor® (Celanese SO.F.TER®) ; Ansylyx® (Wetlake plastics®) ; Acstyr® (Aquafil Technopolymer®) ; Tecaran® (Ensinger®) ; Claradex® (Shin-Ho petrochemical®) ; Magnum® (Trinseo®) ; Excelloy® (Techno Polymer®), etc.

(n.f.) DISTANCE mesurée à partir d'une RÉFÉRENCE zéro sur une ÉCHELLE (sens 4) horizontale, en général, l'AXE x.

(n.f.)

1. Action d'accroître la rapidité.

Ex. : *accélération d'une cadence.*

◊ Contr. : RALENTISSEMENT (sens 1).

2. PHÉNOMÈNE résultant de l'augmentation de la VITESSE.

Ex. : *accélération d'un corps en chute libre.*

3. Grandeur mesurant le changement de VITESSE.

A. C'est le quotient de la différence de VITESSE par le temps qu'il a fallu pour obtenir le changement. À ce titre, elle peut être positive (dans tel

cas, il s'agit d'une véritable accélération) ou négative (dans tel cas, il est plus correct de parler de DÉCÉLÉRATION (sens 3)).

B. L'UNITÉ (sens 1) de MESURE (sens 1) appropriée de l'accélération dans le (UNITÉ), SYSTÈME INTERNATIONAL D'UNITÉS (S.I.) est le « m/s/s » ou « m·s^{-2} ».

(n.m.) PIÈCE (sens 1) à part, utile à un SYSTÈME, mais ne pouvant être considérée comme faisant partie d'un bloc assemblé.

Ex. : *Les* CLÉS DE SERRAGE *sont des accessoires.*

(n.m.)

1. Action de rapprocher deux PIÈCES (sens 1) jusqu'à venir en CONTACT en vue, par exemple, d'un ASSEMBLAGE (sens 2) par SOUDAGE ou par BOULONNAGE, etc.

2. Le résultat du rapprochement de deux PIÈCES (sens 1) en vue d'un ASSEMBLAGE.

(n.m.)

1. [coupling] Action de rendre solidaires deux ARBREs (sens 2) en ALIGNEMENT de manière à transmettre le MOUVEMENT DE ROTATION de l'un à l'autre à la même VITESSE.

2. [Drive shaft coupler] ORGANE | MÉCANIQUE permettant à un ARBRE MOTEUR d'entraîner en ROTATION à la même VITESSE un autre ARBRE (sens 2) situé dans le même ALIGNEMENT.

A. En réalité, l'ALIGNEMENT n'est jamais parfait et c'est aussi le rôle de l'accouplement de rattraper les DÉSALIGNEMENT(S) éventuels.

B. L'accouplement sert aussi souvent à amortir les VIBRATIONS de manière à ne pas les propager à toute la CHAÎNE CINÉMATIQUE ainsi qu'à adoucir les À-COUPS entre les ARBRES (sens 2).

C. Ci-dessous, un exemple d'accouplement d'un MOTEUR électrique et d'une POMPE.

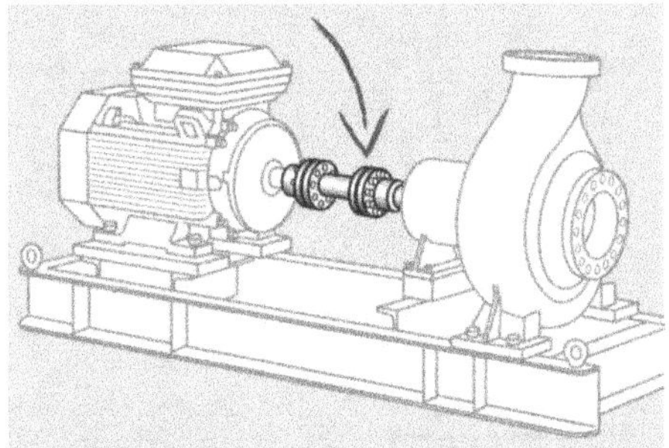

Pour les besoins de l'illustration, le CARTER de protection obligatoire de l'accouplement a été retiré.

D. Un accouplement peut être permanent ou temporaire selon le diagramme synoptique suivant :

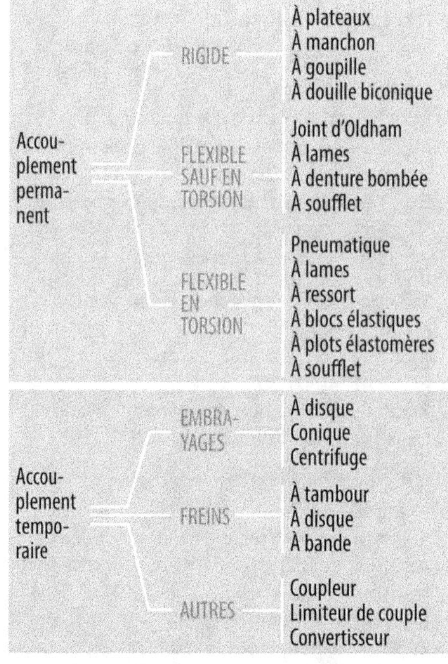

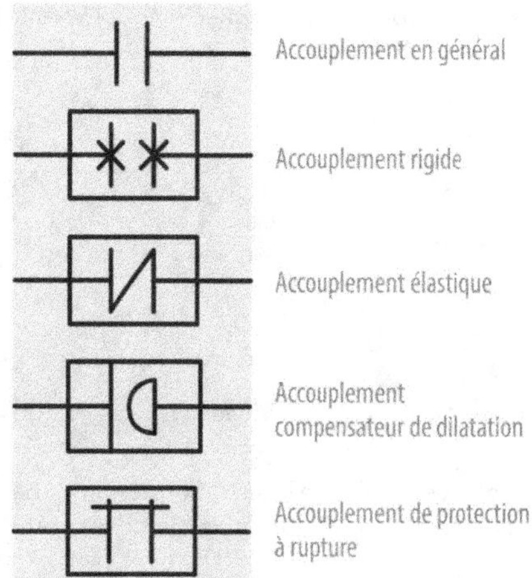

Nous traiterons dans cette rubrique ceux qui sont permanents, les autres temporaires étant détaillés dans les rubriques particulières EMBRAYAGES, FREINS, CONVERTISSEUR, COUPLEUR, LIMITEUR DE COUPLE...

E. En fonction de leurs capacités à s'accommoder des DÉFAUTS d'ALIGNEMENT entre les ARBRES (sens 2), les accouplements peuvent être classés en deux catégories distinctes :

• les ACCOUPLEMENTS RIGIDES : destinés à des ARBRES (sens 2) rigoureusement alignés.
• les ACCOUPLEMENTS ÉLASTIQUES : capables de rattraper des DÉFAUTS d'ALIGNEMENTS plus ou moins accentués.

F. La NORME NF EN ISO 3952-3 prévoit les représentations schématiques précédentes des différents types d'accouplements.

→ Voir aussi EMBRAYAGE et COUPLEUR.

accouplement élastique [flexible coupling]

(n.m.) Type d'ACCOUPLEMENT (sens 2) capable de rattraper différents types de DÉSALIGNEMENT entre les ARBRES (sens 2) grâce généralement à l'utilisation de MATÉRIAU à grande capacité de DÉFORMATION ÉLASTIQUE.

A. Quelques exemples.

Ex. 1 : *Accouplement pneumatique.* Rattrape tous les types de DÉSALIGNEMENT. FLEXIBLE EN TORSION.

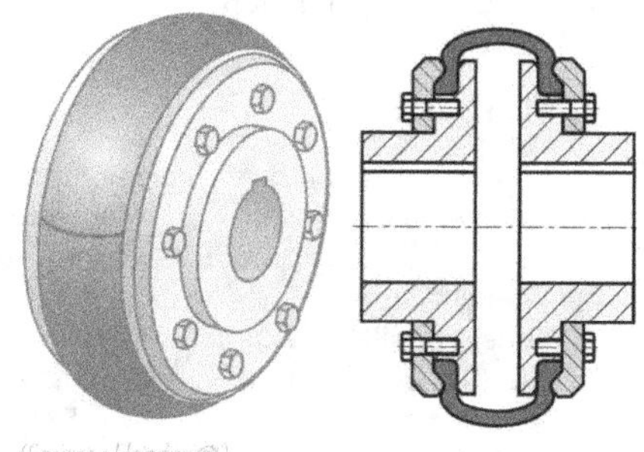

(Source : Hender ©)

→ Voir aussi DÉSALIGNEMENT.

Ex. 2 : *Accouplement élastique à lames.*

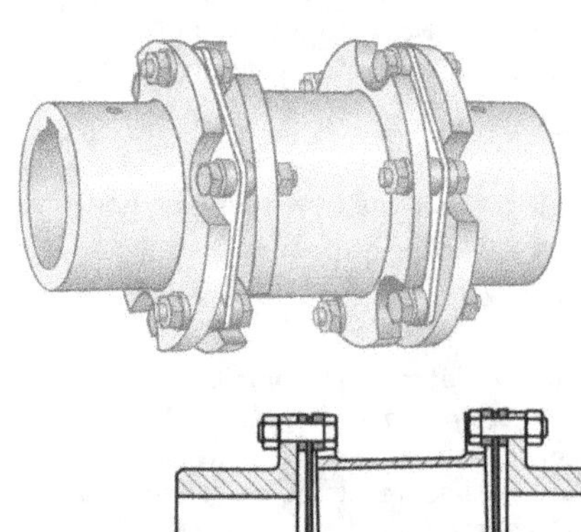

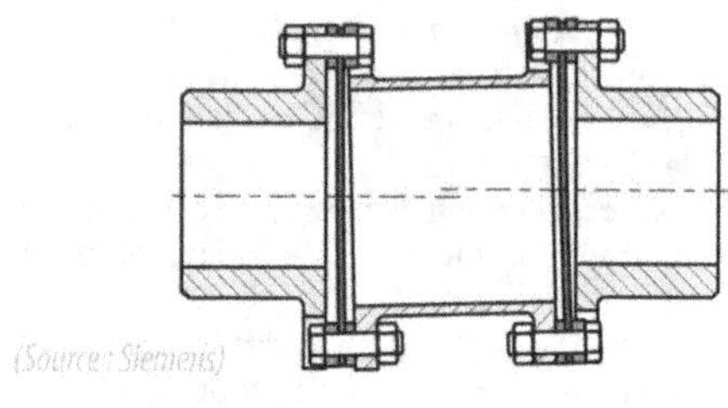

(Source : Siemens)

Ex. 3 : *Accouplement à noyau ÉLASTOMÈRE :*

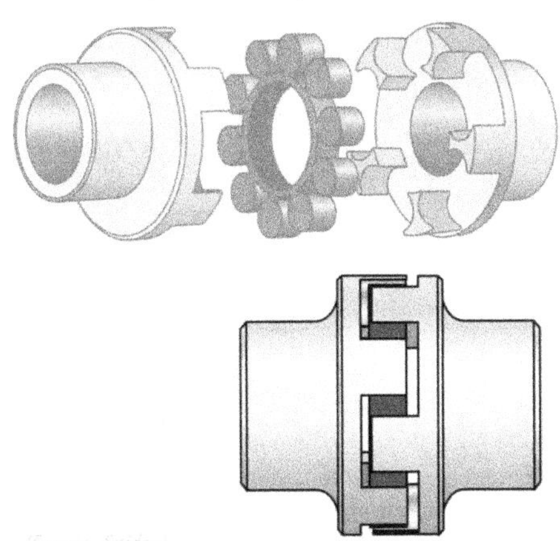

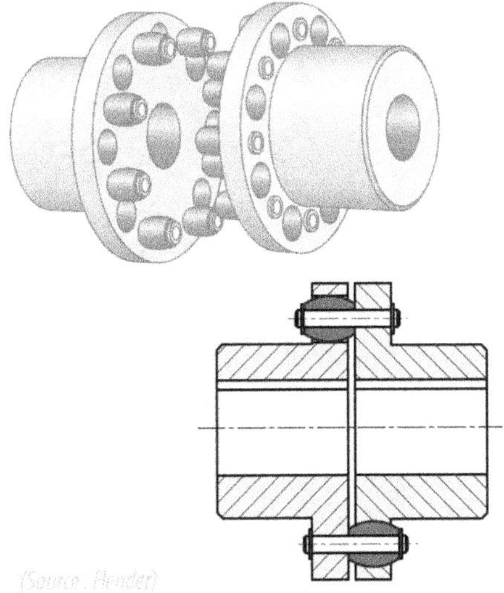

(Source : Spidex)

Ex. 4 : *Accouplement à plots ÉLASTIQUES :*

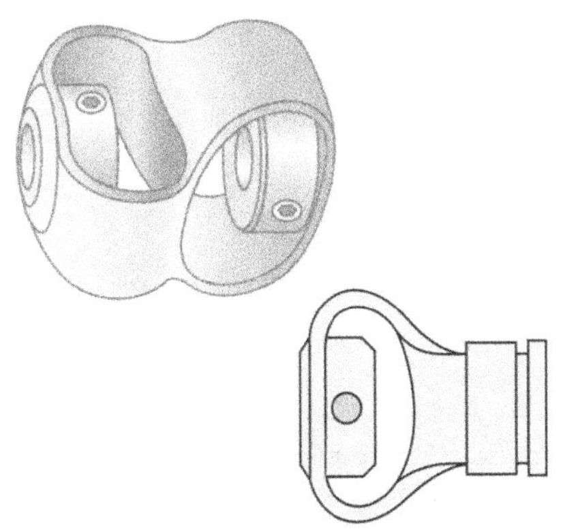

(Source : Flender)

Ex. 5 : *Accouplement SOUPLE :*

Ex. 6 : *Accouplement à lames flexibles.*

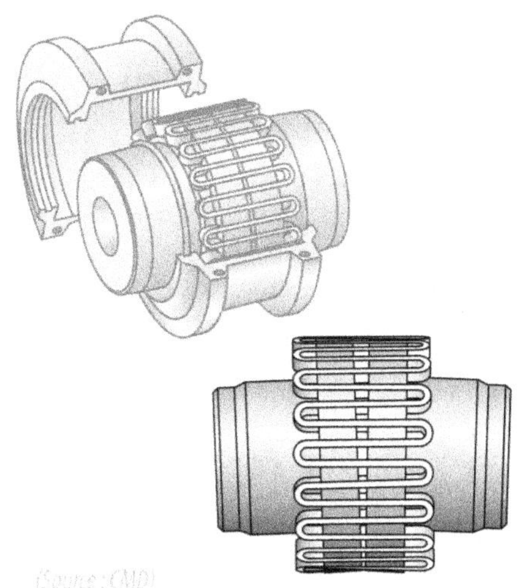

(Source : CMD)

Ex. 7 : *Accouplement à DENTURES.*

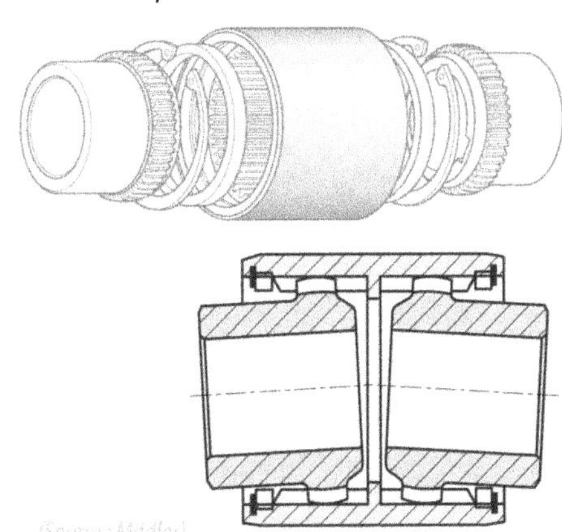

(Source : Mädler)

Ex. 8 : *Accouplement ÉLASTIQUE à SOUFFLET.*

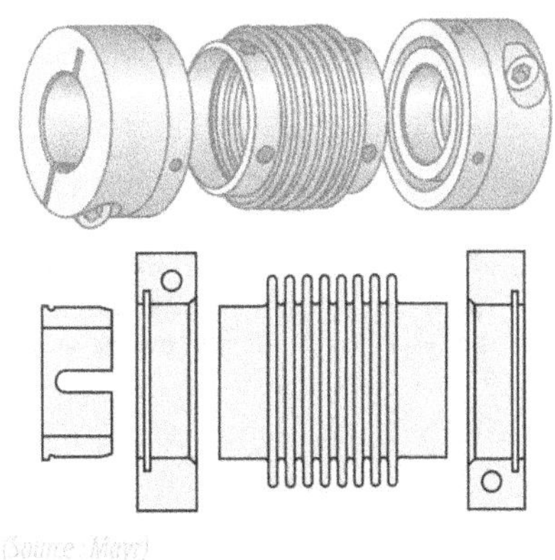

(Source : Mayr)

👍 Avantages

B. Rattrapage des DÉSALIGNEMENTS. Filtrage des VIBRATIONS pour certains modèles.

👎 Inconvénients

C. Coût plus élevé par rapport aux ACCOUPLE-MENTS RIGIDES. MONTAGE (sens 2) parfois plus délicat.

→ Voir ACCOUPLEMENT (sens 2) pour la représentation schématique normalisée correspondant aux accouplements élastiques.

accouplement rigide [rigid coupling]

(n.m.) Type d'ACCOUPLEMENT (sens 2) nécessitant un ALIGNEMENT rigoureux des ARBRES (sens 2) car ne possédant aucune capacité à rattraper les DÉSALIGNEMENTS ni à absorber des VIBRATIONS.
Ex. 1 : *Accouplement monobloc.*

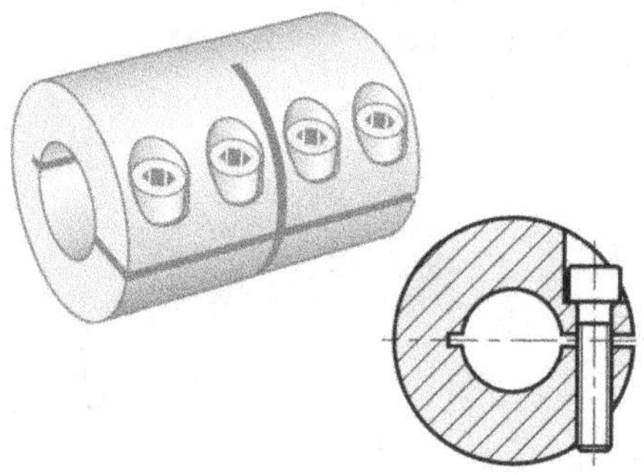

Ex. 2 : *Accouplement en deux parties.*

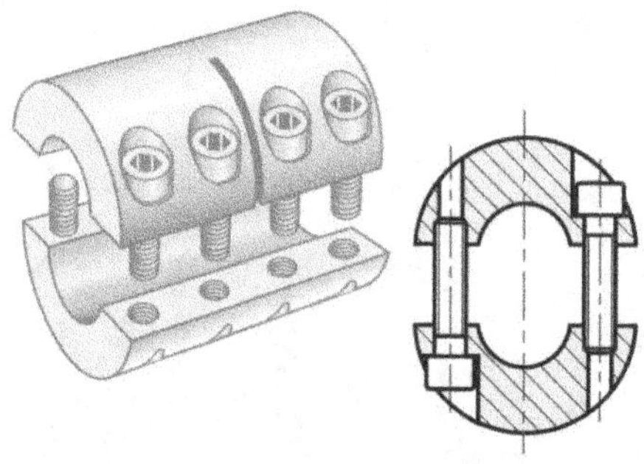

Ex. 3 : *Accouplement à bride* : précis, résistant, léger mais encombrant radialement. Les BOULONS peuvent servir de *limiteur de couple* par CISAILLEMENT.

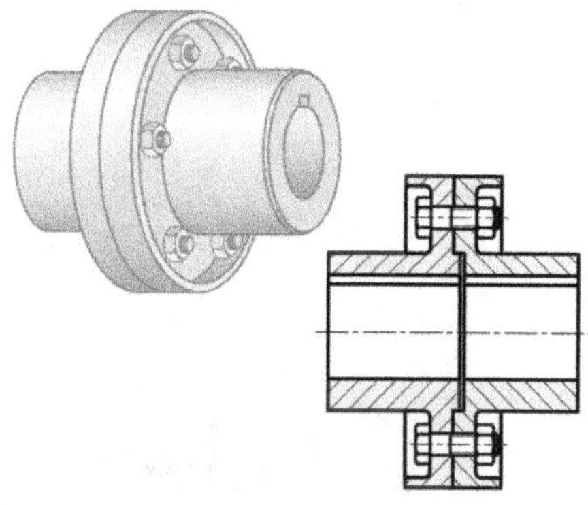

Ex. 4 : *Accouplement à goupilles* : COUPLE transmissible relativement faible.

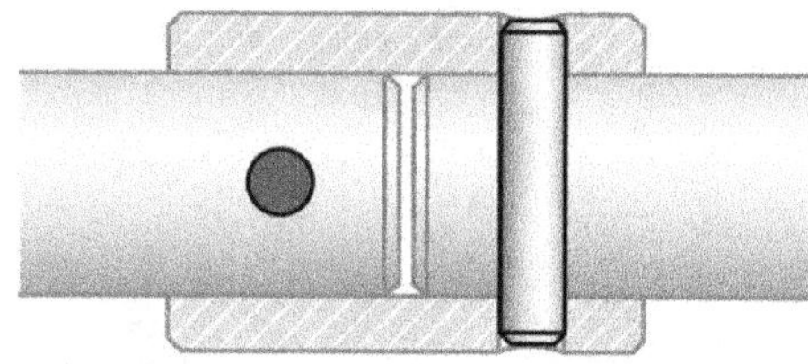

Ex. 5 : *Accouplement à douille biconique* : grande facilité de MONTAGE (sens 2), utilisation sur des ARBRES (sens 2) lisses sans RAINURE DE CLAVETAGE.

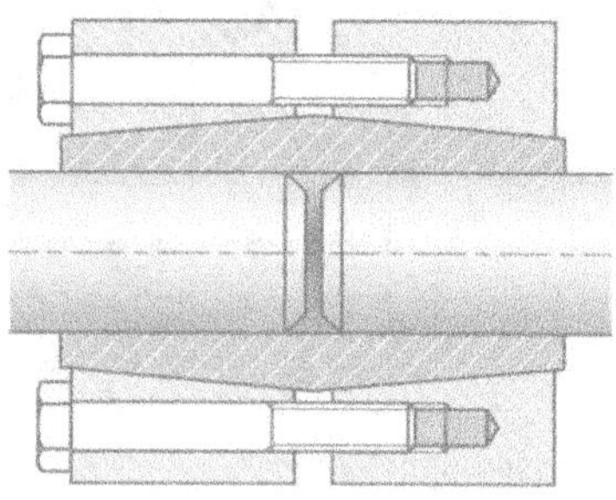

👍 Avantages

A. Simple et robuste. Facile à mettre en place. Économique.

👎 Inconvénients

B. Nécessite une grande PRÉCISION D'ALIGNEMENT.

◊ Contr. : ACCOUPLEMENT ÉLASTIQUE ; ACCOUPLEMENT FLEXIBLE.

→ Voir ACCOUPLEMENT (sens 2) pour la représentation schématique normalisée correspondant aux accouplements rigides.

accouplement souple [flexible coupling]

(n.m.) ACCOUPLEMENT D'ARBRE permettant d'absorber ou d'amortir des À-COUPS de TORSION, CHOCS et VIBRATIONS en plus de pouvoir rattraper des DÉSALIGNEMENTS.

Ex. 1 : *Accouplement à flexible.*

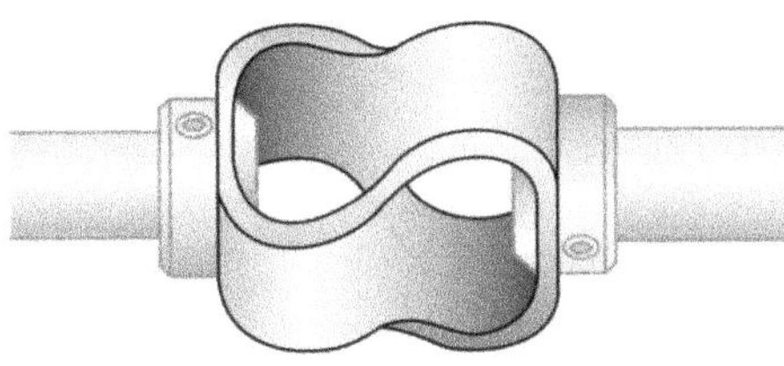

(Source : Huco)

Ex. 2 : *Accouplement pneumatique.*

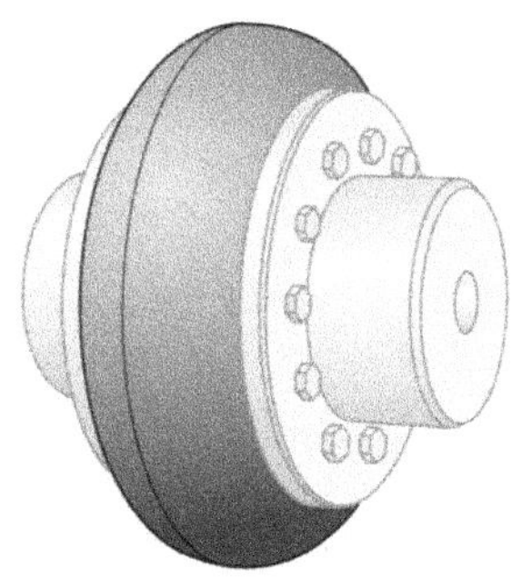

accrochage [hanging]

(n.m.)
1. FIXATION (sens 2) ou LIAISON obtenue avec des FORMES particulières entrelacées qui empêchent la séparation.
2. MOUVEMENT ne pouvant se faire librement à cause de choses qui gênent.

acétylène [acetylene]

(n.m.) GAZ extrait du pétrole ou par RÉACTION CHIMIQUE d'eau, de chaux et de charbon. Ce GAZ, brûlé dans les CHALUMEAUX avec le comburant OXYGÈNE, donne une chaleur intense atteignant 3250 °C.
A. La FLAMME ainsi obtenue sert au SOUDAGE AU CHALUMEAU OXYACÉTYLÉNIQUE, à la MÉTALLISATION. Elle sert aussi d'amorçage à un PROCÉDÉ de DÉCOUPAGE s'effectuant par un flux d'OXYGÈNE pur appelé OXYCOUPAGE.
B. Ci-dessous sa formule chimique :

$$H - C \equiv C - H \qquad (C_2H_2)$$

C. La manipulation de l'acétylène requiert beaucoup de prudence car il peut facilement produire des explosions et des incendies.
→ Voir FLAMME pour la répartition de TEMPÉRATURE obtenue par la combustion de ce GAZ.

aciculaire [acicular]

(adj.) En FORME D'AIGUILLES (sens 3) en parlant de la MICROSTRUCTURE d'un MATÉRIAU.
→ Voir GLOBULAIRE pour une comparaison avec les autres types de STRUCTURE MICROSCOPIQUE.
→ Voir MARTENSITE pour un exemple de structure aciculaire.

acier [steel]

(n.m.) ALLIAGE de FER et de CARBONE dont le pourcentage en CARBONE est inférieur à environ 2 % en MASSE (sens 2).
A. Le CARBONE est, dans ce cas, entièrement en SOLUTION dans le fer, ce qui veut dire que les atomes de CARBONE sont insérés entre les atomes de FER dans la STRUCTURE CRISTALLINE à une ÉCHELLE (sens 3) de l'ordre du nanomètre (nm).

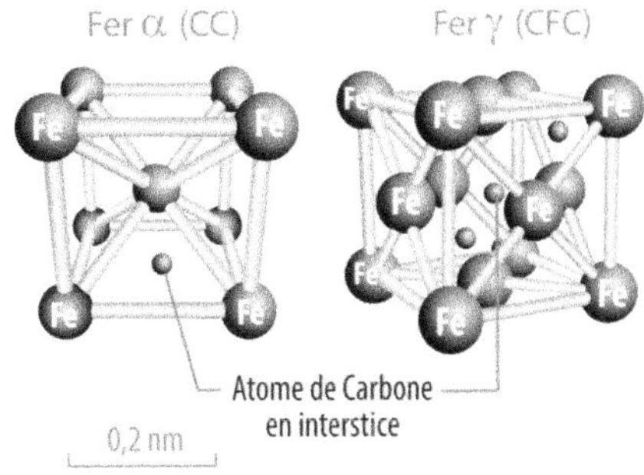

B. Si le pourcentage de CARBONE dépasse 2 % en MASSE (sens 2), une partie du CARBONE peut ne pas être dissoute et précipite sous forme de GRAPHITE réparti dans le MÉTAL, ou se reTROUve sous forme de CARBURE Fe_3C appelé CÉMENTITE. Un tel ALLIAGE est appelé FONTE. Les PROPRIÉTÉS MÉCANIQUEs, notamment l'ALLONGEMENT et la RÉSILIENCE sont grandement affectées par rapport à l'acier.

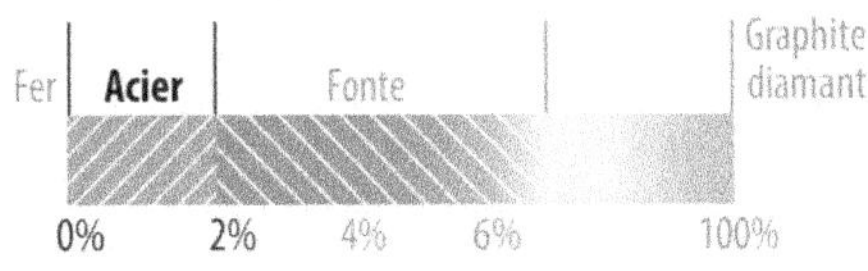

C. À une ÉCHELLE (sens 3) plus grande que le CRISTAL, la STRUCTURE dite MICROSCOPIQUE ou MICROSTRUCTURE du MÉTAL est constituée d'une juxtaposition de cristaux élémentaires de

FORMES diverses, appelés GRAINS ou CRISTAL-LITES dont les grosseurs varient du micromètre (µm) à quelques dixièmes de millimètre (mm).
→ Voir TAILLE DE GRAINS ; CRISTALLITE ; POLY-CRISTALLIN.
Ci-dessous une illustration de la différence de STRUCTURE MICROSCOPIQUE entre l'acier et la FONTE telle que l'on peut l'observer agrandie au MICROSCOPE optique :

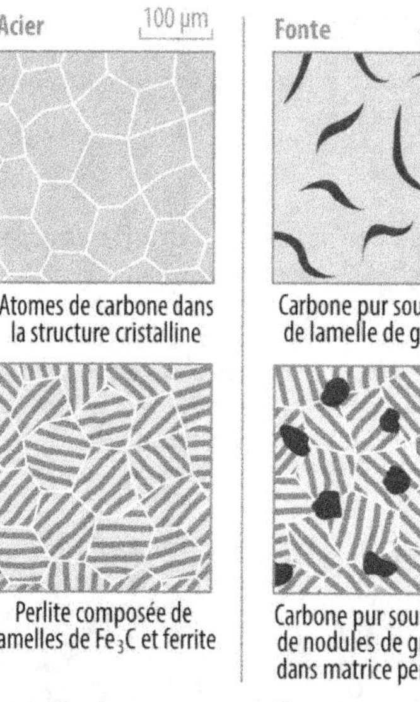

D. La taille de ces GRAINS influence aussi grandement les PROPRIÉTÉS MÉCANIQUES comme expliqué aux rubriques ACIER À HAUTE LIMITE D'ÉLASTICITÉ et RÉSISTANCE À LA LIMITE D'ÉLASTICITÉ.
E. La FONTE dont tout le CARBONE est sous forme de CARBURE Fe₃C est appelé FONTE blanche. Dans les étapes d'ÉLABORATION de l'acier, c'est une FONTE de ce type qui est obtenue en premier.
F. Elle peut ensuite subir une OPÉRATION d'AFFI-NAGE, c'est à dire que l'excès de CARBONE est « brûlé », pour produire de l'acier. La limite de 2 % peut varier légèrement en fonction de la présence de faible ÉLÉMENT D'ALLIAGE favorisant l'apparition de carbure de fer (éléments carburigènes).
G. Ci-contre, le DIAGRAMME DE PHASE métallurgique de l'ALLIAGE de FER et de CARBONE. Prendre garde, l'ÉCHELLE (sens 4) du pourcentage en MASSE (sens 2) de CARBONE est logarithmique :

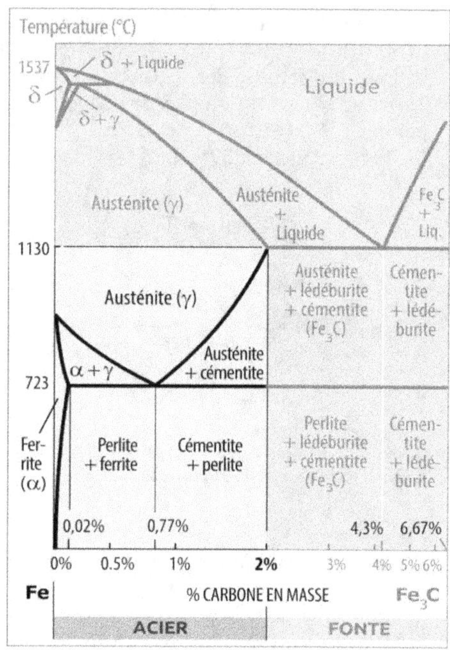

Le diagramme ci-dessous, spécifique à l'ACIER AU CARBONE à l'état SOLIDE, donne les différents types de STRUCTURE MICROSCOPIQUE que l'on peut rencontrer lors de l'ÉLABORATION classique par REFROIDISSEMENT lent. Ce diagramme est d'une grande importance, car il permet de cerner les CARACTÉRISTIQUES MÉCANIQUES qui dépendent non seulement du pourcentage de CARBONE mais aussi de la MICROSTRUCTURE obtenue :

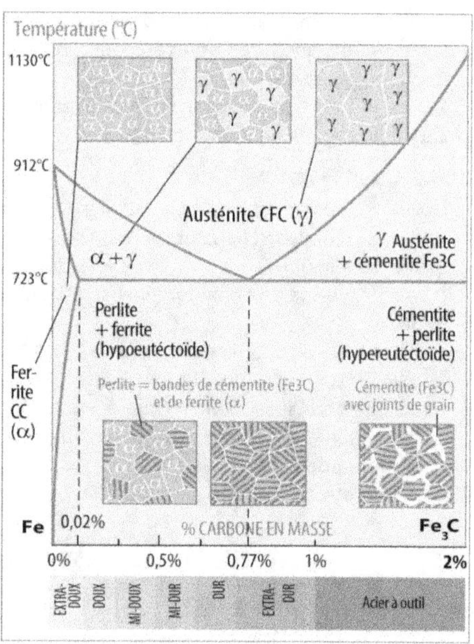

H. En fonction du pourcentage de CARBONE et de la TEMPÉRATURE considérée, les différentes STRUCTURES (sens 1) possibles et leurs CARACTÉRISTIQUES MÉCANIQUES sont rassemblées dans le tableau ci-dessous :

	FERRITE Fe-α	AUSTÉNITE Fe-γ	CÉMENTITE Fe$_3$C	PERLITE
% Carbone en masse	0,02 % maxi	2 % maxi	6,77 %	0,77 %
Structure cristalline (~ nm)	CC	Fe-γ (CFC)	Orthorhombique	Fe-α (CC) + Fe$_3$C
Structure microscopique (~µm)		$\gamma\ \gamma\ \gamma\ \gamma\ \gamma$		
Dureté	Faible 80 HB	Moyenne 300 HB	Très élevée 700 HB	Moyenne 200 HB
Résistance Rm	280 MPa			850 MPa
Ductilité A%	Très bonne 25~40 %	Bonne	Mauvaise ~ 0 %	Bonne 10~20 %
Résilience	Très bonne	Bonne	Très Fragile	Moyenne
Magnétisme	OUI	NON		

I. Voir à la rubrique ACIER NON ALLIÉ, les conséquences de ces STRUCTURES MICROSCOPIQUES sur les CARACTÉRISTIQUES MÉCANIQUES globales de l'acier. Des MICROSTRUCTURES très différentes apparaissent lorsque le REFROIDISSEMENT est très rapide.

→ Voir TREMPE.

J. Industriellement, l'acier est obtenu à partir de deux sources :

• Par RÉDUCTION dans des HAUTS FOURNEAUX de MINERAI prélevé dans la croûte terrestre pour obtenir de la FONTE de première fusion : c'est la filière dite de FONTE ou de HAUT FOURNEAU.

• Par recyclage de FERRAILLES usagées préalablement triées puis refondues dans des FOURS À ARC ÉLECTRIQUE ou FOUR À INDUCTION : c'est la filière dite électrique ou d'ACIÉRIE électrique.

K. Le MÉTAL obtenu subit ensuite un AFFINAGE pour le débarrasser de son excès de CARBONE, d'IMPURETÉS (OXYDES, sulfures, INCLUSIONS...), et de contaminants divers.

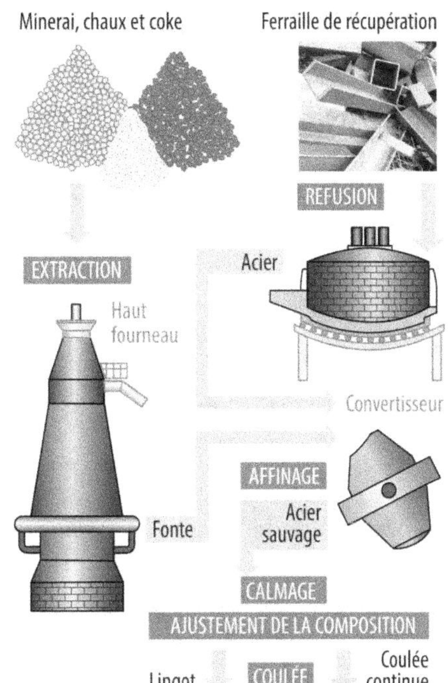

Le MÉTAL fondu et affiné est ensuite coulé selon l'une ou l'autre des deux façons suivantes pour se retrouver pour la première fois à l'état SOLIDE :

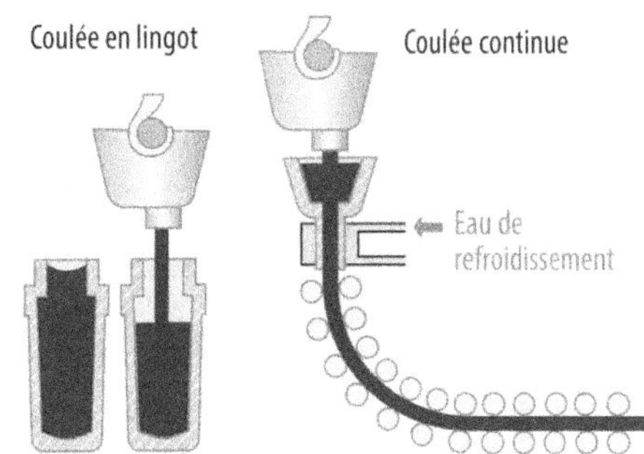

→ Voir aussi COULÉE CONTINUE.

L'acier ainsi solidifié subit une série d'OPÉRATIONS de CORROYAGE pour être transformé en DEMI-PRODUIT ou PRODUIT SEMI-FINI par LAMINAGE à partir de LINGOT ou de COULÉE CONTINUE :

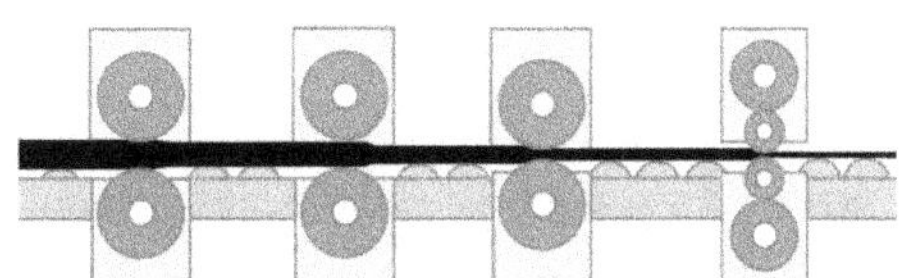

L. Les DEMI-PRODUITS (BARRE, PLAT, LAMINÉ, ROND, TÔLE, TUBE, etc.) disponibles dans le commerce servent de point de départ à la FABRICA-TION de PIÈCES (sens 1) par les différentes TECHNIQUES de MISE EN FORME ou d'ASSEMBLAGE (sens 1) existantes. Quant à la FONTE, ne pouvant être laminée, elle est directement moulée par COULAGE pour obtenir des PIÈCES (sens 1).

→ Voir CUBILOT.

Les aciers peuvent être classés en deux grandes catégories :

• les ACIERS NON ALLIÉS.

• les ACIERS ALLIÉS.

M. Le diagramme synoptique ci-dessous donne une classification générale des différents grands groupes d'aciers :

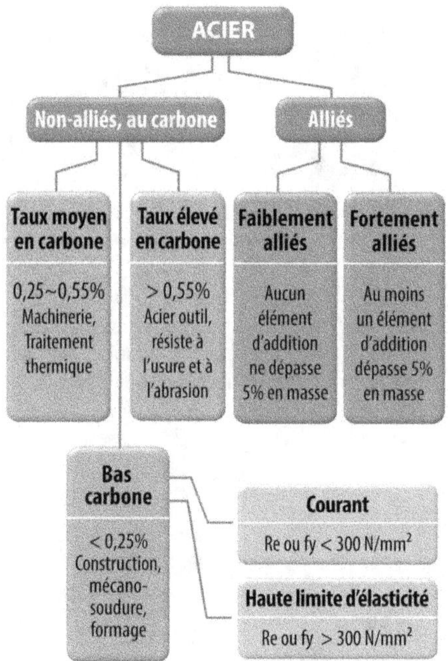

D'une façon générale, les avantages et inconvénients des aciers sont :

Avantages

N. MATÉRIAU très connu et dont le comportement est bien maîtrisé. COMPOSITION CHIMIQUE et PROPRIÉTÉS aisément ajustables. Nombreux TRAITEMENTS permettant d'ajuster finement les CARACTÉRISTIQUES.

→ Voir TRAITEMENT THERMIQUE.

MINERAI | ABONDANT et très courant dans la nature. RIGIDE. Résistant mécaniquement. Facile à travailler. Économique. RECYCLABLE à l'infini. Disponible en DEMI-PRODUITS tels que les TÔLES, PROFILÉS, TUBES, FILS, etc. ce qui n'est pas le cas de la FONTE, par exemple.

Inconvénients

O. Sujet à la CORROSION. Lourd. RIGIDITÉ SPÉCI-FIQUE pas toujours favorable. Non-alimentaire sauf l'ACIER INOXYDABLE et le FER BLANC (acier ÉTAMÉ).

→ Voir aussi (ACIER), DÉSIGNATION DES ACIERS.

acier à haute limite d'élasticité, acier HLE
[HSLA steel : high strength low alloy steel]

(n.m.) ACIER NON ALLIÉ à très bas CARBONE satisfaisant les CARACTÉRISTIQUES indispensables à la CONSTRUCTION, c'est à dire la FORMABILITÉ, la SOUDABILITÉ et la capacité à être OXYCOUPÉ, mais dont la RÉSISTANCE À LA LIMITE D'ÉLASTICITÉ R_e ou f_y a été augmentée au delà de 300 N/mm², l'ACIER AU CARBONE courant étant situé à 235 N/mm².

A. L'amélioration de la RÉSISTANCE MÉCANIQUE est obtenue sans augmentation de la TENEUR en CARBONE ce qui garantit l'insensibilité à la TREMPE, condition nécessaire pour une bonne SOUDABILITÉ et une bonne RÉSILIENCE. Par rapport aux ACIERS COURANTS, la résistance élevée des aciers à haute limite d'élasticité provient d'ajouts minimes d'ÉLÉMENTS D'ALLIAGE, de PROCÉDÉS d'ÉLABORATION et de CORROYAGE particuliers faisant intervenir simultanément des TRAITEMENTS THERMIQUES, ce qui permet de contrôler la TAILLE DES GRAINS. En effet, plus celle-ci est fine, meilleure est la RÉSISTANCE car les JOINTS DE GRAIN agissent comme des « barrières » entravant les mécanismes de DÉFORMATION | MÉCANIQUE de l'ACIER (freinage du déplacement des DISLOCATIONS). Les TAILLES DE GRAIN sont données selon la norme ASTM E112 (American Society for Testing and Materials).

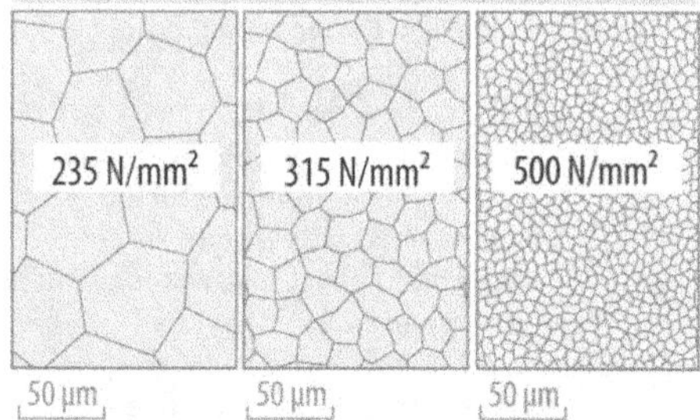

B. Le tableau ci-dessous donne quelques NUANCES d'acier à haute limite d'élasticité ainsi que leurs principales CARACTÉRISTIQUES. La lettre

S de la désignation signifie qu'il s'agit d'un ACIER DE CONSTRUCTION (S comme « structural »).

Nuance	Pourcentage carbone (%)	Résistance d'élasticité Re ou fy (N/mm²)	Résistance à la rupture Rm ou fu (N/mm²)	Allongement à rupture (%)
S235	< 0,2	235	400 ± 60	≥ 30
S270	< 0,2	270	420 ± 60	≥ 26
S315	< 0,2	315	450 ± 60	≥ 24
S355	< 0,2	355	490 ± 60	≥ 23
S420	< 0,2	420	550 ± 70	≥ 19
S460	< 0,2	460	595 ± 75	≥ 17
S500	< 0,2	500	625 ± 75	≥ 14
S550	< 0,2	550	680 ± 80	≥ 14
S600	< 0,2	600	735 ± 85	≥ 13
S650	< 0,2	650	790 ± 90	≥ 12
S700	< 0,2	700	850 ± 100	≥ 12

→ Voir (ACIER), DÉSIGNATION DES ACIERS pour l'ensemble du SYSTÈME de désignation.

C. Des ACIERS DE CONSTRUCTION dépassant 1000 N/mm² existent mais ne sont pas encore repris par les NORMES (Janvier 2020). L'amélioration de la RÉSISTANCE MÉCANIQUE est également bien visible sur les (TRACTION), COURBES DE TRACTION, au détriment de la DUCTILITÉ qui reste cependant suffisante :

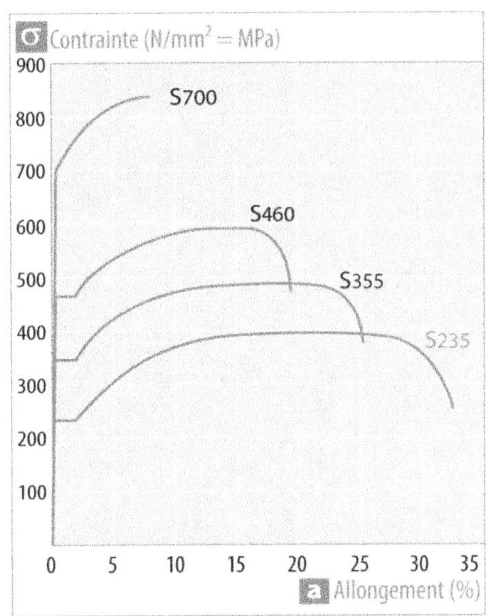

D. Ci-dessous, à titre d'exemple, la COMPOSITION CHIMIQUE d'un acier S500 :

C%	Mn%	Si%	P%	S%	Nb%	Ti%	V%	Mo%
0,15	1,7	0,5	0,025	0,015	0,09	0,15	0,2	0,2

E. Les aciers à haute limite d'élasticité permettent une réduction de poids sensible dans les CONSTRUCTIONS. Ceci est mis à profit, par exemple, dans la FABRICATION des ponts et PORTIQUES, des STRUCTURES (sens 2) de bâtiments, des grues et APPAREILS DE LEVAGE, des navires, de matériels roulants (véhicule, remorques...), de bennes à ordures, de mâts de luminaire urbains, etc.

acier à haute résistance [high strength steel]

(n.m.) Même signification que ACIER À HAUTE LIMITE D'ÉLASTICITÉ.

acier allié [alloy steel]

(n.m.) ACIER auquel a été ajouté au moins un ÉLÉMENT D'ADDITION autre que le CARBONE, en vue de modifier sensiblement une ou plusieurs de ses PROPRIÉTÉS.

◊ Contr. : ACIER NON ALLIÉ ; ACIER AU CARBONE.

acier à outil [tool steel]

(n.m.) NUANCE D'ACIER SPÉCIAL souvent fortement allié et adapté au TRAITEMENT THERMIQUE de TREMPE pour atteindre des CARACTÉRISTIQUES MÉCANIQUES très élevées indispensables aux applications exigeantes des ÉQUIPEMENTS pour la TRANSFORMATION (sens 3) des MATÉRIAUX (OUTILS DE COUPE, MOULES, OUTILLAGES (sens 2) de MISE EN FORME, PRESSE, ESTAMPAGE, FILIÈRE, etc.) D'une façon générale, ces aciers possèdent une RÉSISTANCE MÉCANIQUE supérieure à la moyenne face aux CONTRAINTES MÉCANIQUES extrêmes, à l'USURE, à l'ABRASION, aux chocs, à la FATIGUE.

acier à ressort [spring steel]

(n.m.) NUANCE (sens 2) d'ACIER avec un ALLONGEMENT À LA LIMITE D'ÉLASTICITÉ élevé, une bonne RÉSISTANCE À LA FATIGUE et une bonne FORMABILITÉ en vue de la FABRICATION d'un ORGANE pouvant emmagasiner de l'énergie mécanique et la restituer, appelé RESSORT.

Ce sont, en général, des ACIERS NON ALLIÉS ayant reçu ou non des TRAITEMENTS THERMIQUES de TREMPE et de REVENU.

acier au carbone [plain carbon steel, ordinary steel, straight carbon steel]

(n.m.) Autre appellation de l'ACIER NON ALLIÉ.

acier austénitique [austenitic steel]

(n.m.) ALLIAGE de FER, de CHROME et de NICKEL possédant une structure AUSTÉNITIQUE à TEMPÉRATURE AMBIANTE après un REFROIDISSEMENT lent

dans l'air normal. Les aciers austénitiques sont renommés pour leur RÉSISTANCE À LA CORROSION.
→ Voir ACIER INOXYDABLE AUSTÉNITIQUE.

acier auto-trempant [self-hardening steel, air hardening steel]

(n.m.) ACIER à haute teneur en CARBONE et ÉLÉMENTS D'ALLIAGE lui permettant de se durcir par TREMPE sans REFROIDISSEMENT rapide mais uniquement par REFROIDISSEMENT naturel à l'air à TEMPÉRATURE AMBIANTE.

acier calmé [killed steel, deoxidised steel]

(n.m.) ACIER auquel a été ajouté pendant son ÉLABORATION des ÉLÉMENTS D'ADDITION avides d'OXYGÈNE comme l'ALUMINIUM, le SILICIUM ou le CALCIUM en vue de le désoxygéner.

L'OXYGÈNE a tendance à se combiner avec le CARBONE en formant des bulles de gaz solubles dans le MÉTAL fondu qui se retrouvent ensuite, une fois solidifié, dans le LINGOT sous forme de POROSITÉS ou SOUFFLURES. L'acier calmé est, en principe, exempte de ces POROSITÉS et possède une meilleure homogénéité de COMPOSITION CHIMIQUE.

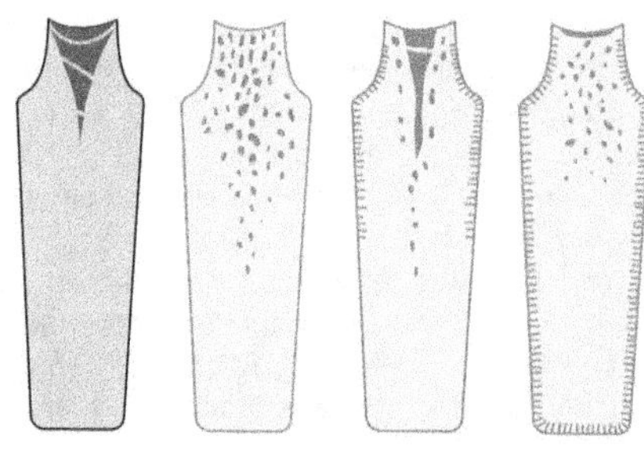

◊ Contr. : ACIER EFFERVESCENT.
→ Voir aussi CALMAGE.

acier Corten ® [Corten ® steel]

(n.m.) ACIER DE CONSTRUCTION conçu pour se patiner naturellement avec de la ROUILLE superficielle, sans pour autant se laisser détériorer par la CORROSION GÉNÉRALISÉE. Ses propriétés sont obtenues grâce à des ajouts minimes d'ÉLÉMENTS D'ALLIAGE.

A. Ses CARACTÉRISTIQUES MÉCANIQUES et de mise en œuvre ressemblent en tous points de vue aux aciers de construction standard type S355.
Exemple de composition d'éléments ajoutés au FER.

C%	Cu%	Cr%	Ni%	Si%	Mn%	P%
< 0,15	0,5	0,8	0,5	0,5	1	0,1

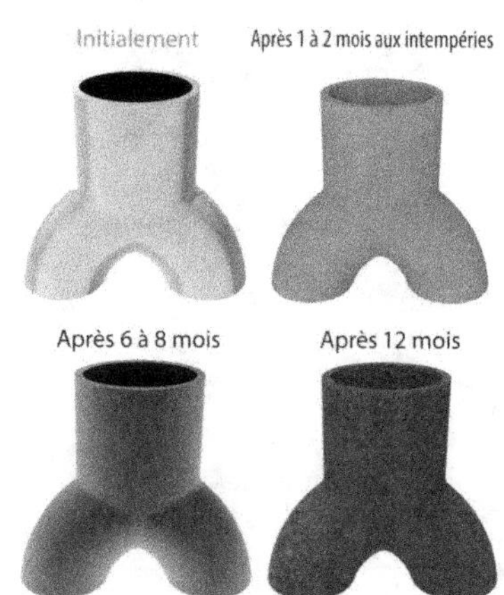

B. Il est utilisé dans l'architecture et la décoration, les ouvrages d'art, les sculptures artistiques, etc.
C. Son nom commercial provient de la contration des termes anglo-saxons « CORrosion resistance » et « TENsile strength ».

acier courant [common steel]

(n.m.) Autre appellation de l'ACIER NON ALLIÉ ou ACIER AU CARBONE.

acier de construction [structural steel]

(n.m.) ACIER à faible pourcentage en CARBONE, généralement inférieur à environ 0,35 % en MASSE (sens 2), de manière à être TENACE, facilement SOUDABLE et susceptible d'être découpé par OXYCOUPAGE tel que l'exigent les applications de MÉCANO-SOUDURE.

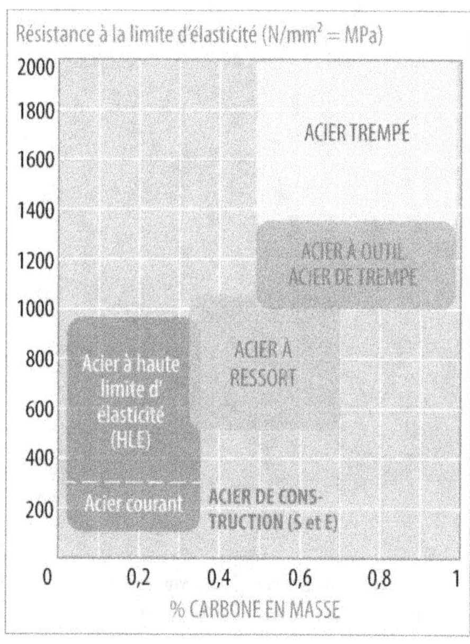

À signaler que ce type d'ACIER est, en particulier, peu sensible à la TREMPE. Ci-dessous, les DÉSIGNATIONS NORMALISÉES de quelques uns de ces aciers :

S 235 JRG2, J0
S 275 JR, J0
S 355 JR, J0, J2G3/G4
S 355 M, ML
S 460 M, ML

Leurs RÉSISTANCES À LA LIMITE D'ÉLASTICITÉ R_e sont de l'ordre de 235 N/mm2 à 460 N/mm². Leurs ALLONGEMENTS À RUPTURE vont de 25 % à 15 %.

→ Voir (ACIER), DÉSIGNATION DES ACIERS ; ACIER À HAUTE LIMITE D'ÉLASTICITÉ.

acier de décolletage [bar turning steel]

(n.m.) ACIER spécialement élaboré pour une bonne USINABILITÉ, généralement par addition de SOUFRE qui se combine au MANGANÈSE aux propriétés lubrifiantes.

Cependant, par la même occasion, d'autres PROPRIÉTÉS sont altérées notamment la RÉSILIENCE et la capacité à recevoir des TRAITEMENTS DE SURFACE.

(acier), désignation des aciers [steel code designation]

(n.f.) Appellation NORMALISÉE contenant des lettres et des chiffres (alphanumérique) permettant de reconnaître un ACIER et de le différencier d'un autre.

Nous considérerons ici le principe de la NORME européenne EN 10027-1 qui possède l'avantage d'avoir unifié les désignations française (NF : Norme Française), anglaise (BS : British Standards) et allemande DIN (Deutsches Institut für Normung), sachant que chaque grand pays industrialisé possède la sienne, en particulier les États-Unis (AISI et ASTM), le Japon (JIS), la Russie (GOST), le Canada (CSA), la Suède (SIS). Deux CARACTÉRISTIQUES peuvent être mises à profit dans les désignations :

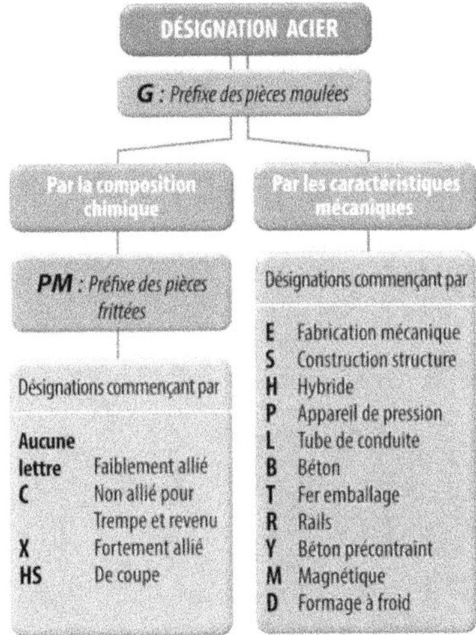

A. Désignation par la COMPOSITION CHIMIQUE. Ce sont les désignations qui commencent **sans lettres** ou par les lettres suivantes **C**, **X** et **HS**. Nous développerons la constitution de ce type de désignation à travers un exemple. Sauf indications contraires, il n'y a pas d'espaces entre les différents caractères alphanumériques :

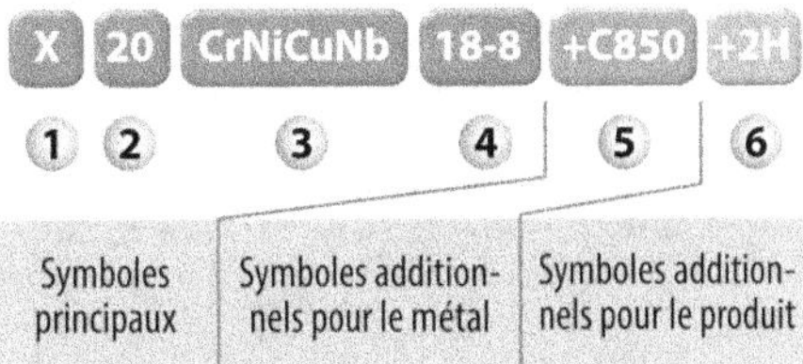

Symboles principaux	Symboles additionnels pour le métal	Symboles additionnels pour le produit

Symbole 1 : Groupe d'ACIER

G	*Préfixe des autres lettres pour les pièces moulées*
PM	*Préfixe des autres lettres pour les pièces frittées (Powder Metallurgy)*
Sans lettres	Acier faiblement allié pour trempe et revenu
C	Acier non-allié pour trempe et revenu
X	Acier fortement allié
HS	Acier à outil (High Speed)

Symbole 2 : TENEUR en CARBONE.

20	Teneur moyenne en carbone. Pourcentage en masse multiplié par 100 (ici dans l'exemple 0,2 %)

Symbole 3 : ÉLÉMENTS D'ALLIAGE et aptitudes.

CrNiCuNb

Symbole chimique des éléments d'alliage rangés dans l'ordre décroissant des teneurs % en masse pour les aciers faiblement alliés (sans lettre) et fortement alliés (type X)

Pour les aciers non-alliés (type C)

C	Aptitude de formage à froid
D	Aptitude au tréfilage
E	Teneur maximale en soufre
R	Fourchette de teneur en soufre
S	Adapté aux ressorts
U	Fabrication d'outillage
W	Fabrication de fil d'électrode de soudage
G	Autres caractéristiques

Pour les aciers à outils (type HS)

n-n	Nombres séparés par des tirets, représentant les teneurs en % en masse des éléments d'alliage dans l'ordre suivant : Tungstène (W), Molybdène (Mo), Vanadium (V), Cobalt (Co)

Symbole 4 : TENEUR en ÉLÉMENTS D'ALLIAGE.

18-8	Nombres séparés par des tirets, représentant les teneurs en % en masse des éléments d'alliage dans l'ordre de l'énumération précédente pour les aciers fortement alliés (type X)
	Idem pour les aciers faiblement alliés (sans lettres) mais les teneurs sont multipliées par les facteurs :
	4 pour Cr, Co, Mn, Ni, Si, W
	10 pour Al, Be, Cu, Mo, Nb, Pb, Ta, Ti, V, Zr
	100 pour Ce, N, P, S
	1000 pour B

Symbole 5 : Degré de TREMPABILITÉ **et état de** TRAITEMENT.

+H	Trempabilité sans garantie à dispersion normale
+HH	Trempabilité garantie à dispersion réduite vers le haut
+HL	Trempabilité garantie à dispersion réduite vers le bas
+A	Adoucissement
+AT	Recuit de mise en solution (austénitique)
+N	Normalisation
+P	Durcissement par précipitation
+QT	Trempe et revenu
+S	Avec traitement pour aptitude au cisaillage
+SR ...	Recuit de relaxation de contraintes suivi de la température de traitement en °C
+C ...	Niveau d'écrouissage suivi de la résistance à la traction exprimée en N/mm^2
+U	Non-traité (brut)

Symbole 6 : ÉTAT DE SURFACE **et exigeances spéciales.**

+BC	Brut de corroyage et grenaillé
+CC	Coulée en continu sans corroyage
+CW	Laminage à froid
+HW	Brut de corroyage à chaud
+PI	Brut de corroyage et décapé
+B1	Propriétés à l'état trempé
+B2	Propriétés à l'état normalisé
+B3	Grain fin
+B4	Teneur en inclusions
+B5	Essais non-destructif
+B6	Analyse sur produits
+B7	Marquages spéciaux

+1U	Brut de corroyage et grenaillé
+1C	Laminé à chaud, traitement thermique, non décapé
+1D	Laminé à chaud, traité thermiquement, décapé
+1E	Laminé à chaud, décalaminage mécanique
+2B	Laminé à froid, traité thermiquement, skin-passé
+2C	Laminé à froid, traité thermiquement, non décapé
+2D	Laminé à froid, traité thermiquement, décapé
+2E	Laminé à froid, décalaminage mécanique
+2H	Laminé à froid, écroui
+2R	Laminé à froid, recuit brillant, skin-passé
+1G, 2G	Meulé (polissage au grain), rectifié
+1J, 2J	Brossé
+1P, 2P	Lustré (poli miroir), poli
+2F	Laminé à froid, skin pass rugueux
+1M, 2M	Surface à motifs
+2W	Surface ondulée
+2L	Surface colorée
+1S, 2S	Surface revêtue (étain, aluminium, titane, ...)

L'exemple **X20CrNiCuNb18-8+C850-2H** désigne un ACIER FORTEMENT ALLIÉ à 0,2 % de CARBONE, 18 % de CHROME, 8 % de NICKEL, du CUIVRE et du NIOBIUM, avec un niveau d'ÉCROUISSAGE, de RÉSISTANCE LIMITE À LA TRACTION 850 N/mm^2 pour un état laminé à froid ÉCROUI.

Autre exemple : **C25+N+HW** signifie ACIER NON ALLIÉ contenant 0,25 % de CARBONE, normalisé, brut de CORROYAGE à chaud.

B. <u>Désignation par les CARACTÉRISTIQUES MÉCANIQUES et leurs champs d'application.</u> Ce sont les désignations qui commencent par les lettres **E, S, H, P, L, B, T, R, Y, M, D :**
La constitution de la désignation est la suivante, considérée ici avec un exemple. Sauf indication particulière, il n'y a pas d'espace entre les différents caractères alphanumériques :

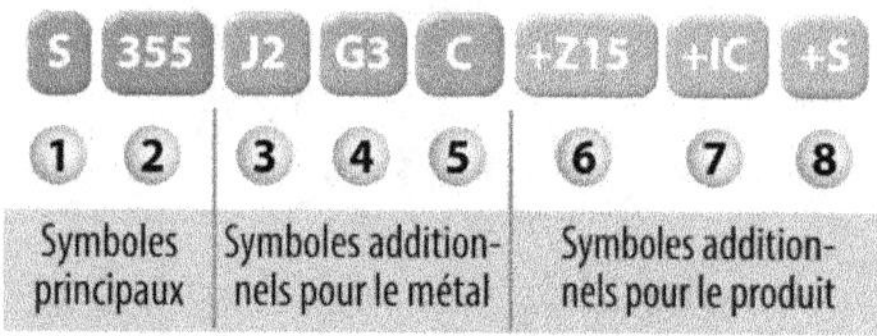

Symbole 1 : Groupe d'ACIER.

G	Préfixe des autres lettres pour les pièces moulées
E	Aciers de fabrication mécanique (E comme «Engineering»).
S	Aciers de construction (S comme «Structural»)
H	Aciers à haute résistance laminé à froid pour emboutissage à froid (H comme «Hybrid»)
HC	Acier à haute résistance laminé à froid
HD	Acier à haute résistance laminé à chaud pour formage à froid
HX	Acier à haute résistance dont les conditions de laminage ne sont pas précisées
HCT	Aciers à haute résistance laminé à froid
HDT	Aciers à haute résistance laminé à chaud pour formage à froid
HXT	Aciers à haute résistance dont les conditions de laminage ne sont pas précisées
P	Aciers pour appareil de pression (P comme «Pressure»)
L	Aciers pour tube de conduite (L comme «Line pipe»)
B	Aciers pour béton
T	Fer noir, blanc ou chromé à double réduction de laminage (pour emballage et conditionnement)

R	Aciers pour ou sous forme de rails (R comme «Rails»)
Y	Aciers pour béton précontraint (Y comme «Yield»)
M	Aciers Magnétiques (M comme «Magnetic»)
DC	Aciers laminés à froid pour formage à froid (D comme «Drawing», C comme «Cold»)
DD	Aciers laminés à chaud pour formage à froid
DX	Aciers pour formage à froid dont les conditions de laminage ne sont pas précisées
HT	Aciers à haute résistance laminés à froid pour emboutissage à froid
TH	Fer noir, blanc ou chromé à simple réduction de laminage

Ces différents groupes d'ACIER diffèrent essentiellement par leurs CARACTÉRISTIQUES MÉCANIQUES en rapport avec leurs FORMABILITÉS, tel que le montre le diagramme suivant :

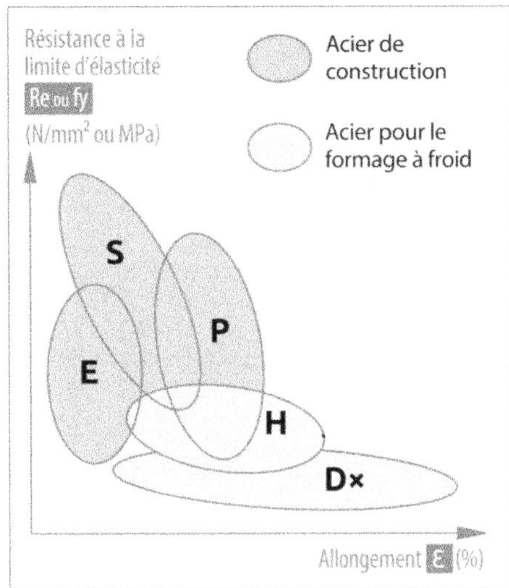

Symbole 2 : CARACTÉRISTIQUES MÉCANIQUES.

355	Valeur minimale de résistance à la limite d'élasticité **Re** ou **fy** exprimée en **N/mm²** pour les aciers de type **E, S, H, P, L, B, T**
	Valeur minimale de dureté Brinell (HBW) pour les aciers de type **R**
	Valeur minimale de résistance à la rupture **Rm** ou **fu** exprimée en **N/mm²** pour les aciers de types **Y**
	Symbole particuliers pour les aciers magnétiques type **M**. (Voir tableau spécifique plus loin).
	Symboles conventionnels pour les aciers de type **D** (Voir tableau spécifique plus loin).
	Valeur moyenne de la dureté Rockwell HR 30 Tm pour les aciers du type **TH**

Symbole 3 : Caractéristiques d'énergie de RUPTURE (RÉSISTANCE AU CHOC).

J2	Symbole caractérisant l'énergie de rupture à une température d'utilisation donnée		
Température d'essai (°C)	27 J	40 J	60 J
+20	**JR**	**KR**	**LR**
0	**J0**	**K0**	**L0**
-20	**J2**	**K2**	**L2**
-30	**J3**	**K3**	**L3**
-40	**J4**	**K4**	**L4**
-50	**J5**	**K5**	**L5**
-60	**J6**	**K6**	**L6**

Symbole 4 : Symbole additionnel précisant les conditions d'obtention, TRAITEMENT et état de livraison.

A	Durci par précipitation
B	Bouteille de gaz
C	Barre étirée à froid
H	Barre étirée ou formée à chaud
M	Formé thermomécaniquement
N	Laminé ou laminage normalisant
Q	Trempé et revenu
G	État de livraison non précisé
G1	Non calmé
G2	Calmé
G3	Recuit de normalisation
G4	État de livraison libre
S	Récipient sous-pression simple (acier type P) ou Fil (acier type Y)
T	Sous forme de tube

Symbole 5 : Symbole précisant des aptitudes d'utilisation particulières.

C	Aptitude au formage à froid
D	Aptitude aux revêtements par immersion
E	Aptitude à l'émaillage
F	Aptitude au forgeage
H	Adapté aux profil creux
L	Aptitude aux basses températures
M	Aptitude au formage thermomécanique
N	Aptitude à la normalisation
O	Offshore
P	Palplanches
Q	Aptitude à la trempe et au revenu
R	Pour température ambiante
S	Adapté à la construction navale
T	Destiné aux tubes
W	Résistance à la corrosion atmosphérique (patinable)
X	Pour haute et basse température

Symbole 6 : Symbole précisant des exigeances spéciales.

+CH	Trempabilité à coeur
+H	Trempabilité
+Z15	Propriétés garanties dans le sens de l'épaisseur (striction minimale 15 %)
+Z25	Propriétés garanties dans le sens de l'épaisseur (striction minimale 25 %)
+Z35	Propriétés garanties dans le sens de l'épaisseur (striction minimale 35 %)

Symbole 7 : Symbole indiquant le type de REVÊTEMENT (sens 1) :

+A	Revêtement d'aluminium par immersion à chaud
+AS	Revêtement d'alliage d'aluminium-silicium
+AZ	Revêtement d'alliage d'aluminium-zinc
+CE	Revêtement électrolytique de chrome ou d'oxyde de chrome
+CU	Revêtement de cuivre
+IC	Revêtement inorganique
+OC	Revêtement organique
+S	Étamage par immersion (revêtement d'étain)
+SE	Étamage électrolytique
+Z	Galvanisation (revêtement de zinc par immersion)
+ZE	Revêtement électrolytique de zinc
+ZN	Revêtement électrolytique de zinc/nickel

Symbole 8 : Symbole indiquant les conditions de TRAITEMENT :

+A	Recuit d'adoucissement
+AC	Recuit de globulisation de carbure
+AR	Brut de laminage (sans conditions ni traitement thermique spécial de laminage)
+AT	Recuit de mise en solution
+C	Écroui à froid
+Cnnn	Écroui à froid pour atteindre une résistance à la rupture de nnn N/mm^2
+CR	Laminé à froid
+DC	Conditions de livraison laissées au producteur
+FP	Traitement pour une structure ferrite-perlite
+HC	Laminé à chaud et écroui à froid
+I	Traitement isotherme
+LC	Skin pass (planage ou étirage)
+M	Laminage thermomécanique
+N	Normalisé ou laminage normalisant
+NT	Normalisé et revenu
+P	Durci par précipitation
+Q	Trempé
+QA	Trempé à l'air
+QO	Trempé à l'huile
+QT	Trempé et revenu
+QW	Trempé à l'eau
+RA	Recuit de recristallisation
+S	Traiement pour cisaillage à froid
+T	Revenu
+TH	Traitement pour une fourchette de dureté
+U	Non traité
+WW	Corroyage à chaud

Ainsi, l'exemple considéré
S355J2G3C+Z15+IC+S signifie :
ACIER DE CONSTRUCTION (S) de RÉSISTANCE LIMITE D'ÉLASTICITÉ 355 N/mm², de RÉSISTANCE AU CHOC

27 J à -20°C (J2), ayant subi un RECUIT de NORMA-LISATION (sens 2) (G3), apte pour le FORMAGE | (FROID), À FROID (C), avec une STRICTION minimale de 15 % garantie dans le SENS de l'ÉPAISSEUR (+Z15), revêtu d'une COUCHE inorganique (PEINTURE) (+IC) et ayant reçu un TRAITEMENT pour le CISAILLAGE à froid (+S).

C. Une désignation purement numérique existe. Elle est allouée par le Bureau Européen d'enregistrement de l'acier en Allemagne pour ceux qui en font la demande. Bien qu'elle soit plus compacte, elle est peu explicite et nécessite des tables et une connaissance absolue du principe. Néanmoins, elle possède l'avantage d'être très adaptée au traitement informatique. Sa constitution est la suivante :

1.	XX	YY (YY)
Numéro du groupe de matériau : le «1» est réservé aux aciers	Numéro du groupe d'acier	Numéro d'ordre dans le groupe / (Pour des demandes futures)

Quelques exemples de désignation numérique avec les correspondances :

1.0038 = S235JRG2
1.0050 = E295
1.0111 = P245NB
1.0241 = S220GD+Z
1.0226 = DX51D+Z
1.0330 = DC01+ZE
1.0398 = DD12
1.0984 = S500MC
1.1180 = C35R
1.4301 = X5CrNi18-10
1.4401 = X5CrNiMo17-12-2
1.6580 = 30CrNiMo8

acier doux [mild steel]

(n.m.) ACIER NON ALLIÉ dont le pourcentage en CARBONE est de l'ordre de 0,12 % à 0,25 %. La RÉSISTANCE À LA RUPTURE est de 450 ± 100 N/mm². La RÉSISTANCE À LA LIMITE D'ÉLASTICITÉ est de 250 ± 50 N/mm². Le terme acier doux est une désignation usuelle.
→ Voir (ACIER), DÉSIGNATION DES ACIERS ; ACIER NON ALLIÉ.

acier duplex [Duplex stainless steel]

(n.m.) Autre appellation de l'ACIER INOXYDABLE AUSTÉNO-FERRITIQUE.

acier dur [medium carbon steel]

(n.m.) ACIER NON ALLIÉ dont le pourcentage en CARBONE est de l'ordre de 0,55 % à 0,7 %. La RÉSISTANCE À LA RUPTURE est de 750 ± 150 N/mm². La RÉSISTANCE À LA LIMITE D'ÉLASTICITÉ est de 450 ± 50 N/mm². Le terme acier dur est une désignation usuelle.
→ Voir (ACIER), DÉSIGNATION DES ACIERS pour la désignation normalisée. Voir également son positionnement par rapport aux autres aciers de la même gamme à la rubrique ACIER NON ALLIÉ.

acier effervescent [rimmed steel]

(n.m.) ACIER insuffisamment désoxygéné (calmé) pendant son ÉLABORATION, si bien qu'il dégage du GAZ | OXYDE de CARBONE qui se retrouve sous forme de POROSITÉS ou SOUFFLURES, une fois le métal solidifié.
Dans l'ÉLABORATION moderne de l'ACIER, la COULÉE CONTINUE permet d'éviter plus facilement ce PHÉNOMÈNE par rapport à la coulée en LINGOT.
◊ Contr. : ACIER CALMÉ.

acier extra-doux [extra mild steel, low carbon steel]

(n.m.) ACIER NON ALLIÉ dont le pourcentage en CARBONE est de l'ordre de 0,05 % à 0,12 %. La RÉSISTANCE À LA RUPTURE est de 350 ± 50 N/mm². La RÉSISTANCE À LA LIMITE D'ÉLASTICITÉ est de 180 ± 20 N/mm².
Le terme acier extra-doux est une désignation usuelle.
→ Voir (ACIER), DÉSIGNATION DES ACIERS pour la désignation NORMALISÉE ; ACIER NON ALLIÉ.

acier extra-dur [ultra high carbon steel]

(n.m.) ACIER NON ALLIÉ dont le pourcentage en CARBONE dépasse 0,7 %. La RÉSISTANCE À LA RUPTURE peut atteindre et dépasser 1000 N/mm². La RÉSISTANCE À LA LIMITE D'ÉLASTICITÉ atteint 500 N/mm².
Le terme acier extra-dur est une désignation usuelle.
→ Voir (ACIER), DÉSIGNATION DES ACIERS ; ACIER NON ALLIÉ pour la désignation normalisée.

acier faiblement allié [low steel alloy]

(n.m.) ACIER dont aucun ÉLÉMENT D'ALLIAGE ne dépasse, par convention, 5 % en MASSE (sens 2).
• Note : La somme de tous les éléments d'alliage peut cependant dépasser la limite de 5 %.

acier fortement allié [high steel alloy]

(n.m.) ACIER dont au moins un ÉLÉMENT D'ALLIAGE dépasse, par convention, 5 % en MASSE (sens 2).
→ Voir, par exemple, ACIER INOXYDABLE.

acier galvanisé [galvanized steel]

(n.m.) ACIER revêtu d'une COUCHE de ZINC déposée par immersion dans un bain fondu, pour le protéger de la CORROSION.
→ Voir GALVANISATION ; GALVANISATION SEND-ZIMIR.

acier HLE [HSLA steel]

(n.m.) Acronyme de ACIER À HAUTE LIMITE D'ÉLAS-TICITÉ. En anglais et américain : **H**igh **S**trength **L**ow **A**lloy.

aciérie [steelworks (GB), steel plant (US)]

(n.f.) Installation TECHNIQUE permettant d'élaborer l'ACIER, d'ajuster ses différents constituants et de le transformer en DEMI-PRODUIT. → Voir ACIER.

acier inoxydable [stainless steel]

(n.m.) ALLIAGE FERREUX contenant au moins 10 % de CHROME en MASSE (sens 2), au plus 1,2 % de CARBONE et ayant la particularité d'être peu sensible à la CORROSION, notamment à la ROUILLE, contrairement aux ACIERS AU CARBONE classiques.

A. Par contact avec l'air ou l'eau, le CHROME favorise l'apparition à la SURFACE du MÉTAL d'une COUCHE protectrice stable d'OXYDE qui apporte à l'acier inoxydable sa RÉSISTANCE À LA CORROSION. D'autres ÉLÉMENTS D'ALLIAGE leur sont associés pour améliorer les autres CARACTÉRISTIQUES : le NICKEL pour les PROPRIÉTÉS MÉCANIQUES, notamment la DUCTILITÉ ; le MOLYBDÈNE et le TITANE pour la résistance aux PIQÛRES ; le VANADIUM et le TUNGSTÈNE pour la tenue aux hautes TEMPÉRATURES.

B. En fonction du pourcentage de CHROME et de NICKEL, différentes STRUCTURES CRISTALLINES et STRUCTURES MICROSCOPIQUES peuvent exister.

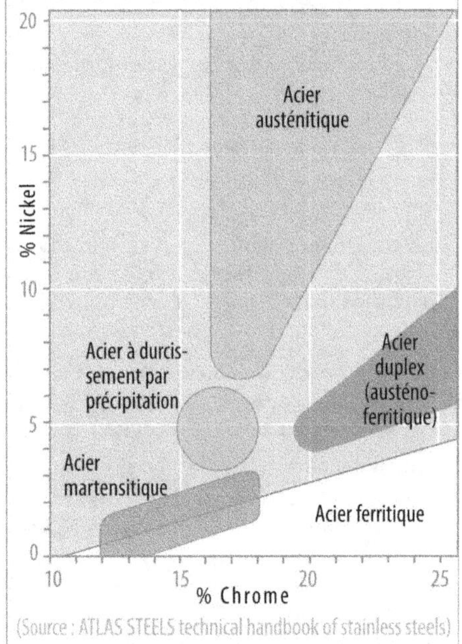

Le diagramme précédent rassemble les différentes familles d'acier inoxydable.

Ces familles sont, dans l'ordre du plus connu :
• Les ACIERS INOXYDABLES AUSTÉNITIQUES.
• Les ACIERS INOXYDABLES FERRITIQUES.
• Les ACIERS INOXYDABLES MARTENSITIQUES.
• Les ACIERS MARAGING.
• Les ACIERS DUPLEX.

C. Les domaines d'application des aciers inoxydables sont : les ustensiles de cuisine, les ÉQUIPEMENTS agro-alimentaires, le matériel médical et chirurgical, les industries chimiques et pharmaceutiques, les travaux publics, le naval, l'aéronautique, l'automobile, le transport, etc.

D. Exemple d'article de la vie courante en acier inoxydable.

Photo : Wolna

E. Le terme « inoxydable » ne signifie pas pour autant à l'abri de toute dégradation par CORROSION. Des formes de corrosion sévère dans des conditions et milieux particuliers peuvent survenir comme la PIQÛRATION, la CORROSION SOUS CONTRAINTE, l'ÉROSION, etc.

👍 **Avantages**

F. Haute RÉSISTANCE À LA CORROSION. RÉSISTANCE MÉCANIQUE élevée. RÉSISTANCE SPÉCIFIQUE plus favorable que l'ACIER NON ALLIÉ classique. Résistance aux hautes TEMPÉRATURES. Résistance à des TEMPÉRATURES cryogéniques (< 0 °C). RÉSISTANCE à des variations brusques de TEMPÉRATURE. Inertie chimique. ALIMENTARITÉ absolue. Biologiquement neutre. Hygiénique. Ne nécessite pas de TRAITEMENT DE SURFACE. Coût d'entretien faible. Aspect visuel attrayant. Permet des FINITIONS de SURFACE esthétiques. RECYCLABLE. Durable.

👎 **Inconvénients**

G. Coût élevé. DENSITÉ élevée. USINABILITÉ parfois plus délicate. Parfois sensible à des types de CORROSION particuliers : PIQÛRATION, CORROSION SOUS CONTRAINTE, etc. Mauvais conducteur de la chaleur.

acier inoxydable à durcissement par précipitations [maraging steel]

(n.m.) Même signification que ACIER MARAGING.

acier inoxydable austénitique [Austenitic stainless steel]

(n.m.) Type d'ACIER INOXYDABLE contenant au moins 16 % de CHROME, 6 % de NICKEL en MASSE (sens 2) et dont la STRUCTURE CRISTALLINE est faite d'AUSTÉNITE cubique à faces centrées (CFC) ce qui lui confère des PROPRIÉTÉS de MISE EN FORME intéressantes. Il est AMAGNÉTIQUE.

A. L'AUSTÉNITE ne peut exister à TEMPÉRATURE ambiante dans les aciers classiques. L'addition de NICKEL favorise sa stabilité dans le cas des aciers inoxydables.

B. Quelques exemples de NUANCES et leurs DÉSIGNATIONS NORMALISÉES :

Nuance	Désignation européenne	Désignation numérique	Américaine (AISI)	Désignation française
A1	X12CrNi18-8	1.4300	302	Z10 CN 18.09
	X10CrNiS18-9	1.4305	303	Z10 CNF 18.09
A2	X2CrNi19-11	1.4306	304 L	Z2 CN 18.10
	X5CrNi18-10	1.4301	304	Z10 CN 18.09
	X6CrNiNb18-10	1.4550	347	Z6 CN Nb 18.10
	X6CrNiTi18-10	1.4541	321	Z6 CNT 18.10
	X5CrNiTi18-12	1.4303	305	Z8 CN 18.12
	X12CrNi25-20	1.4845	310	Z12 CN 25.20
A4	X2CrNiMo17-13-2	1.4404	316L	Z2 CND 17.12
	X5CrNiMo17-12-2	1.4401	316	Z6 CND 17.11
	X6CrNiMoT 17-12-2	1.4271	316Ti	Z6 CNDT 17.12
	X2CrNiMoCu 25-20-5	1.4539	904L	Z1 NCDU
	X2CrNiMoN 22-5-3	1.4462	329LN	25.20.04 Z2 CND 22.05.N

 **Avantages**

C. Bonne DUCTILITÉ. Bonne RÉSISTANCE AUX CHOCS. Bonne USINABILITÉ. Bonne SOUDABILITÉ. Parmi les meilleurs pour la RÉSISTANCE À LA CORROSION. Utilisable sur une large plage de TEMPÉRATURE. Aptitude aux TEMPÉRATURES cryogéniques.

Inconvénients

D. Sensible à la FISSURATION par CORROSION SOUS CONTRAINTE en présence de CHLORE. RÉSISTANCE À LA TRACTION faible à moyenne, mais peut être améliorée par ÉCROUISSAGE.
→ Voir ACIER INOXYDABLE.

acier inoxydable austéno-ferritique [Duplex stainless steel]

(n.m.) Type d'ACIER INOXYDABLE contenant 24± 5 % de CHROME, 6 ± 2 % de NICKEL, 3 ± 2 % de MOLYBDÈNE qui combine la MICROSTRUCTURE et les aptitudes des ACIERS INOXYDABLES AUSTÉNITIQUES et celles des ACIERS INOXYDABLES FERRITIQUES.

A. Ils permettent d'optimiser les CARACTÉRISTIQUES des deux types de PHASES (sens 2) en procurant à la fois une bonne RÉSISTANCE À LA TRACTION et une bonne DUCTILITÉ tout en offrant une RÉSISTANCE À LA CORROSION très intéressante. Ils sont particulièrement appréciés, par exemple, dans les ENVIRONNEMENTS (sens 2) marins : pompe, vanne, TUYAUTERIE, etc.

Exemple de NUANCE et DÉSIGNATION NORMALISÉE :

Nuance	Désignation européenne	Désignation numérique	Américaine (AISI)	Désignation française
	X2CrNiMo22-5-3	1.4462	318LN	Z3 CND 22.05.03

 **Avantages**

B. Rassemble les meilleures CARACTÉRISTIQUES DES PHASES (sens 2) austénitique et ferritique. RÉSISTANCE À LA CORROSION supérieure à tous les autres aciers inoxydables.
◆ Syn. : ACIER DUPLEX.
→ Voir ACIER INOXYDABLE.

acier inoxydable ferritique [ferritic stainless steel]

(n.m.) Type d'ACIER INOXYDABLE pouvant contenir jusqu'à 27 % de CHROME et un très faible pourcentage de CARBONE (< 0,1 %) et dont la MICROSTRUCTURE est faite de FERRITE (n.f.) de STRUCTURE CRISTALLINE cubique centré (CC).

A. Ils sont MAGNÉTIQUES. Ils sont insensibles à la TREMPE.

B. Quelques exemples de NUANCES et leurs DÉSIGNATIONS NORMALISÉES :

Nuance	Désignation européenne	Désignation numérique	Américaine (AISI)	Désignation française
F	X6Cr17	1.4016	430	Z8 C 17
	X14CrMoS17	1.4104	430F	Z10 CF 17
	X3CrTi17	1.4510	439	Z4 CT 17
	X3CrNb17	1.4511	430Nb	Z4 C Nb 17
	X2CrTi12	1.4512	409	Z3 CT 12

Avantages

C. Plutôt insensible à la CORROSION SOUS CONTRAINTE en présence de CHLORE.

Inconvénients

D. Faible DUCTILITÉ par rapport aux austénitiques. RÉSISTANCE À LA CORROSION moindre. SOUDABILITÉ moins bonne par rapport aux austénitiques. Ne convient pas aux applications cryogéniques.
→ Voir ACIER INOXYDABLE.

acier inoxydable martensitique [martensitic stainless steel]

(n.m.) Type d'ACIER INOXYDABLE contenant environ entre 15 ± 3 % de CHROME en MASSE (sens 2) mais avec un taux de CARBONE (jusqu'à 1 %) permettant un TRAITEMENT THERMIQUE faisant apparaître le constituant de TREMPE | MARTENSITE procurant une grande DURETÉ et une très bonne RÉSISTANCE À LA TRACTION.

A. Quelques exemples de NUANCES et leurs DÉSIGNATIONS NORMALISÉES :

Nuance	Désignation européenne	Désignation numérique	Américaine (AISI)	Désignation française
C1	X10Cr13	1.4006	410	Z12 C 13
	X20Cr13	1.4021	420	Z20 C 13
	X30Cr13	1.4028	420F	Z33 C 13
C3	X20CrNi17-2	1.4057	431	Z15 CN 16.02
	X5CrNiCuNb17-4	1.4542	630	Z6 CNUNb 17.04
C4	X12CrS13	1.4005	416	Z12 CF 13

Avantages

B. Excellentes PROPRIÉTÉS MÉCANIQUES. Bonne résistance à la FISSURATION par CORROSION SOUS CONTRAINTE en présence de CHLORE.

Inconvénients

C. Moins bonne RÉSISTANCE À LA CORROSION générale que la moyenne des aciers inoxydables.
→ Voir ACIER INOXYDABLE.

acier maraging [martensitic aging steel]

(n.m.) Type d'ACIER INOXYDABLE contenant 15 à 18 % de CHROME, 3 à 6 % de NICKEL et dont les hautes CARACTÉRISTIQUES MÉCANIQUES proviennent de la PRÉCIPITATION par durcissement structural de composés intermétalliques constitués à partir d'ÉLÉMENTS D'ADDITION spécifiques tels que le CUIVRE, le TITANE, le NIOBIUM, l'ALUMINIUM.
◆ Syn : ACIER INOXYDABLE À DURCISSEMENT PAR PRÉCIPITATIONS.

acier mi-doux [medium carbon steel]

(n.m.) ACIER NON ALLIÉ dont le pourcentage en CARBONE est de l'ordre de 0,25 % à 0,4 %. La RÉSISTANCE À LA RUPTURE est de 550 ± 100 N/mm². La RÉSISTANCE À LA LIMITE D'ÉLASTICITÉ est de 300 ± 50 N/mm².
Le terme acier mi-doux est une désignation usuelle.
→ Voir (ACIER), DÉSIGNATION DES ACIERS ; ACIER NON ALLIÉ.

acier mi-dur [medium carbon steel]

(n.m.) ACIER NON ALLIÉ dont le pourcentage en CARBONE est de l'ordre de 0,4 % à 0,55 %. La RÉSISTANCE À LA RUPTURE est de 650 ± 150 N/mm². La RÉSISTANCE À LA LIMITE D'ÉLASTICITÉ est de 400 ± 50 N/mm².
Le terme acier mi-dur est une désignation usuelle.
→ Voir aussi (ACIER), DÉSIGNATION DES ACIERS ; ACIER NON ALLIÉ.

acier non allié [unalloyed steel]

(n.m.) ACIER dont le seul ÉLÉMENT D'ADDITION est le CARBONE, ainsi que les éléments nécessaires à son ÉLABORATION, les éléments introduits accidentellement et ceux inévitables (comme les traces d'ÉLÉMENTS CHIMIQUES déjà présents dans la MATIÈRE PREMIÈRE).
A. En fonction de la quantité de carbone qu'il contient, l'ACIER NON ALLIÉ peut être relativement

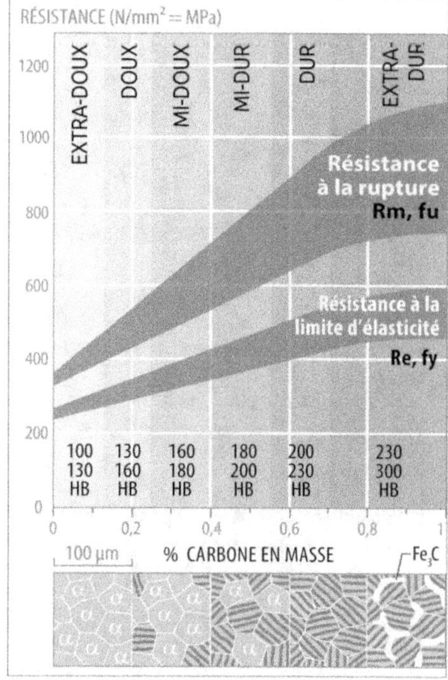

TENDRE ou très DUR. Le diagramme précédent montre la relation claire entre le pourcentage en CARBONE et les CARACTÉRISTIQUES MÉCANIQUES (ici la RÉSISTANCE À LA RUPTURE, la RÉSISTANCE À LA LIMITE D'ÉLASTICITÉ et la DURETÉ). En particulier, jusqu'à une TENEUR en CARBONE d'environ 0,7 %, les RÉSISTANCES MÉCANIQUES sont proportionnelles à cette TENEUR. La STRUCTURE MICROSCOPIQUE correspondant à chaque TENEUR en CARBONE est aussi représentée.

B. Ainsi, ces différents niveaux de RÉSISTANCES MÉCANIQUES s'expliquent par la nature des différents constituants qui apparaissent dans la MICROSTRUCTURE selon la quantité de CARBONE contenue.

→ Voir ACIER, pour le tableau donnant les CARACTÉRISTIQUES individuelles de chacun de ces constituants.

Les différents niveaux de RÉSISTANCE MÉCANIQUE susceptibles d'être obtenus grâce à une quantité plus ou moins importante de carbone ont donné lieu à une classification « traditionnelle » et une « désignation usuelle » basée sur la notion de dureté. Ci-dessous quelques indications approximatives du taux de CARBONE, de la RÉSISTANCE À LIMITE D'ÉLASTICITÉ R_e, f_y et de la RÉSISTANCE À LA RUPTURE R_m, f_u correspondant à chacune de ces désignations :

Désignation	Teneur en carbone (%)	Résistance d'élasticité Re ou fy (N/mm²)	Résistance à la rupture Rm ou fu (N/mm²)	Allongement à rupture (%)
EXTRA-DOUX	0,05 ~ 0,12	~ 200	~ 350	30 %
DOUX	0,12 ~ 0,25	~ 250	~ 450	25 %
MI-DOUX	0,25 ~ 0,40	~ 320	~ 550	20 %
MI-DUR	0,40 ~ 0,55	~ 400	~ 650	15 %
DUR	0,55 ~ 0,70	~ 450	~ 750	10 %
EXTRA-DUR	> 0,70	> 500	> 850	< 7 %

C. Les différences de comportement en fonction du taux de CARBONE apparaissent très clairement aussi sur la COURBE DE TRACTION.

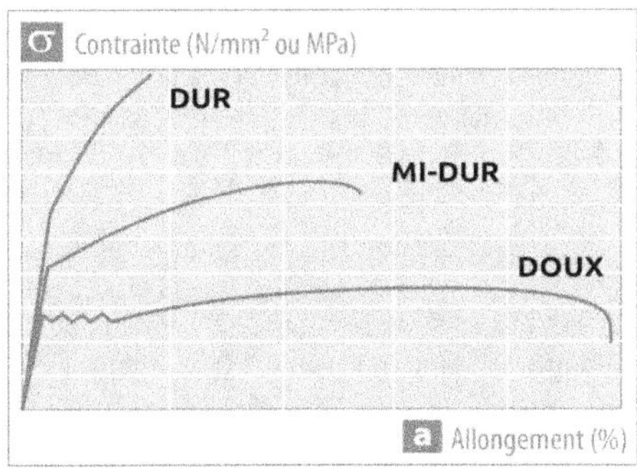

D. De la même manière qu'avec les RÉSISTANCES MÉCANIQUES, les relations entre le taux de CARBONE et l'ALLONGEMENT À RUPTURE ainsi que la DURETÉ sont aussi clairement établies. Et enfin, le pourcentage de CARBONE influe sur la SOUDABILITÉ et l'aptitude à la TREMPE. Un acier à bas taux de CARBONE se soude parfaitement mais durcit plus difficilement par la TREMPE. A l'inverse, un acier à fort taux de CARBONE se soude mal ou ne se soude pas du tout mais prend bien la TREMPE :

Désignation	Teneur en carbone (%)	Dureté	Soudabilité	Trempabilité
EXTRA-DOUX	0,05 ~ 0,12	~ 120 HB	Excellente	Nulle
DOUX	0,12 ~ 0,25	~ 130 HB	Bonne	Nulle
MI-DOUX	0,25 ~ 0,40	~ 145 HB	Moyenne	Très faible
MI-DUR	0,40 ~ 0,55	~ 175 HB	Difficile	Moyenne
DUR	0,55 ~ 0,70	~ 200 HB	Très difficile	Bonne
EXTRA-DUR	> 0,70	> 220 HB	Non	Très bonne

E. L'ACIER NON ALLIÉ est quelquefois appelé aussi ACIER AU CARBONE.

acier ordinaire [common steel, ordinary steel]

(n.m.) Autre appellation **à éviter** pour l'ACIER NON ALLIÉ ou ACIER AU CARBONE, par opposition à ACIER SPÉCIAL.

acier rapide [high speed steel]

(n.m.) ACIER SPÉCIAL destiné aux OUTILS DE COUPE à grande vitesse et dont la principale qualité est de ne pas perdre la TREMPE même à haute TEMPÉRATURE.

acier sauvage [semi killed steel]

(n.m.) ACIER ayant déjà subi l'AFFINAGE c'est à dire débarrassé de son excès de CARBONE dans un CONVERTISSEUR, mais dont la COMPOSITION CHIMIQUE n'a pas encore été ajustée finement pour la FABRICATION des DEMI-PRODUITS commerciaux.

→ Voir ACIER.

acier spécial [Special-purpose steel]

(n.m.) ACIER de haute qualité, d'ÉLABORATION soignée et subissant un contrôle poussé notamment pour sa pureté et sa précision de COMPOSITION CHIMIQUE.

Ce sont essentiellement les ACIERS pour APPAREIL DE PRESSION, les ACIERS INOXYDABLES, les ACIERS RAPIDES, les ACIERS À OUTIL.

◊ Contr. : ACIER ORDINAIRE (appellation **à éviter**).

à-coup [jerk, shock]

(n.m.) Hésitations ou secousses d'un MOUVEMENT, en principe, uniforme.

actionneur [actuator]

(n.m.) DISPOSITIF d'un système de commande convertissant l'énergie reçue en MOUVEMENT utile.
→ Voir, par exemple, VÉRIN.

activation [activation]

(n.f.) Apparition de RÉACTION CHIMIQUE sur une SURFACE passive d'un MÉTAL.
◊ Contr. : PASSIVATION.

adaptateur [adapter]

(n.m.) ORGANE permettant d'utiliser quelque chose avec ce qui ne lui est pas, en principe, destiné.
→ Voir, par exemple, CÔNE DE RÉDUCTION.

additif [additive]

(n.m.) D'une façon générale, SUBSTANCE chimique ajoutée en quantité relativement faible à une SUBSTANCE de base pour en modifier les CARACTÉRISTIQUES.
Ex. : *Additif de carburant.*
A. Dans le domaine particulier de la PLASTURGIE, SUBSTANCE en quantité supérieure à 5 % en MASSE (sens 2) avec diverses FONCTIONS, mélangée et dissoute dans un POLYMÈRE pour améliorer ses PROPRIÉTÉS et former la (PLASTIQUE), MATIÈRE PLASTIQUE.
B. Ne pas confondre avec la CHARGE (sens 2) et le RENFORT (sens 2) qui ne sont pas dissous mais dispersés dans la MATIÈRE.
C. Lorsque la quantité ajoutée est inférieure à 5 %, elles sont appelées ADJUVANTS.
→ Voir aussi ADJUVANT ; MÉLANGE MAÎTRE.

(addition), élément d'addition [alloying element]

(n.m.) Même signification que (ALLIAGE), ÉLÉMENT D'ALLIAGE.

adhérence [adherence]

(n.f.) PHÉNOMÈNE empêchant le MOUVEMENT relatif entre deux SURFACES en CONTACT.

adhésif [adhesive]

(n.m.) Papier ou FILM PLASTIQUE pré-enduit de COLLE de façon à en faciliter la pose.

adhésif [adhesive]

(adj.) Susceptible de se fixer par COLLAGE.
Ex. : *Étiquette adhésive.*

adimensionnel [unitless]

(adj.) Qui n'a pas d'UNITÉ (sens 1) de MESURE (sens 1).
C'est le cas des rapports, d'une façon générale. La DENSITÉ d'un CORPS chimique, par exemple, est adimensionnelle car c'est le rapport de sa MASSE VOLUMIQUE par la masse volumique d'un autre corps prise comme RÉFÉRENCE, généralement l'eau car elle est égale à 1 g/cm^3.

adjuvant [additive]

(n.m.) SUBSTANCE chimique en quantité inférieure à 5 % en MASSE (sens 2) avec diverses FONCTIONS, mélangée et dissoute dans un POLYMÈRE pour améliorer ses PROPRIÉTÉS et former la (PLASTIQUE), MATIÈRE PLASTIQUE.

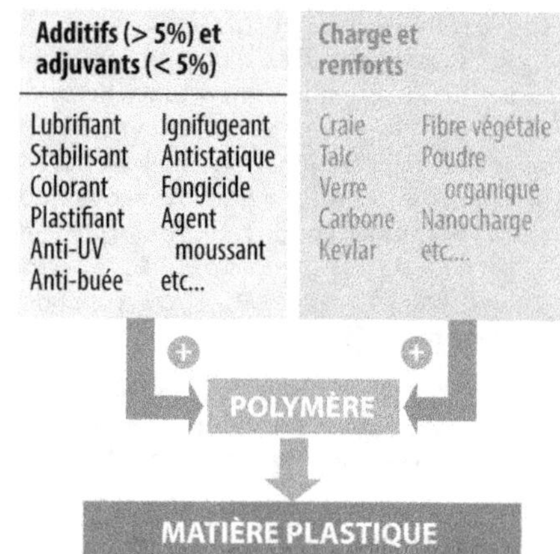

A. Ce sont, par exemple, les COLORANTS, les STABILISANTS, les PLASTIFIANTS, les anti-UV, les IGNIFUGEANTS, les agents moussants, etc.
B. Lorsque la quantité ajoutée est supérieure à 5 %, elles sont appelées ADDITIFS.
→ Voir aussi MÉLANGE MAÎTRE.

adoucissement [soft annealing]

(n.m.) TRAITEMENT THERMIQUE de RECUIT permettant de réduire la DURETÉ d'un MÉTAL ou ALLIAGE pour en améliorer l'USINABILITÉ et la FORMABILITÉ.
D'une manière générale, jusqu'à 55 HRC, l'USINABILITÉ est améliorée par la DURETÉ. Au-delà de 55 HRC, il faut faire un RECUIT d'adoucissement.
→ Voir aussi GLOBULISATION ; SPHÉROÏDISATION ; COALESCENCE.
→ Voir TOURNAGE DUR.

affaiblissement [attenuation]

(n.m.) Baisse d'une valeur. Dégradation d'une CARACTÉRISTIQUE. Atténuation.

afficheur [display]

(n.m.) DISPOSITIF servant à visualiser des informations données par un APPAREIL.

Il peut être analogique avec des cadrans et des aiguilles ou numérique avec des caractères alphanumériques.

affinage [refining]

(n.m.) Élimination des ÉLÉMENTS CHIMIQUES indésirables dans un ALLIAGE pour obtenir les PROPRIÉTÉS voulues.

A. À titre d'exemple : affinage de la FONTE qui est l'élimination de l'excès de CARBONE pour obtenir de l'ACIER. Dans la SIDÉRURGIE moderne, l'affinage de la FONTE provenant des HAUTS-FOURNEAUX pour le transformer en ACIER est essentiellement obtenu dans un CONVERTISSEUR par le PROCÉDÉ d'insufflation d'oxygène et de gaz inerte (AOD : Argon Oxygen Decarburization) :

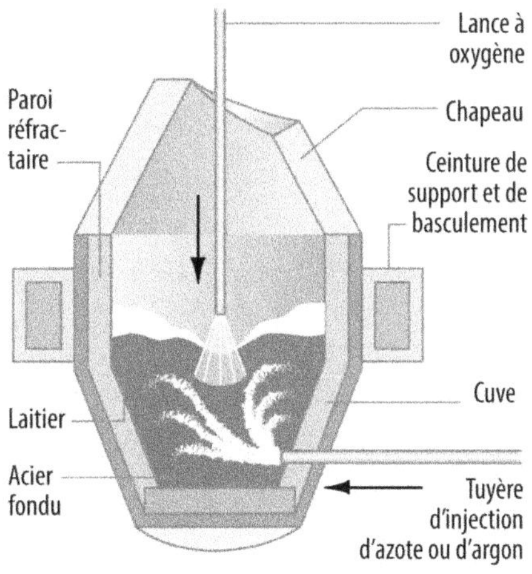

B. C'est une amélioration du PROCÉDÉ de l'anglais BESSEMER aujourd'hui abandonné. La FONTE brute liquide et la FERRAILLE sont chargées dans un récipient RÉFRACTAIRE. Un puissant jet d'OXYGÈNE sous plus de 10 bars est injecté par une lance ou par des orifices à la base de l'APPAREIL. Ce qui provoque la COMBUSTION du CARBONE et des autres IMPURETÉS. Cette même COMBUSTION produit la chaleur nécessaire au maintien en FUSION du MÉTAL. De plus, un autre courant de GAZ, OXYGÈNE, ARGON ou AZOTE est insufflé au sein du LIQUIDE pour le « brasser » et améliorer l'homogénéité du résultat. De la chaux est ajoutée pour piéger les produits de COMBUSTION et les IMPURETÉS sous forme d'un LAITIER qui est évacué avant de récupérer l'ACIER. Le même PROCÉDÉ peut être pratiqué sous VIDE pour des NUANCES (sens 2) particulièrement soignées.

affûtage [sharpening]

(n.m.) OPÉRATION D'ABRASION des parties coupantes d'un OUTIL afin d'obtenir une GÉOMÉTRIE (sens 2) favorable à la COUPE (sens 2) ou l'USINAGE.

Ex. 1 : *Affûtage d'un outil de* TOURNAGE *ou de* RABOTAGE.

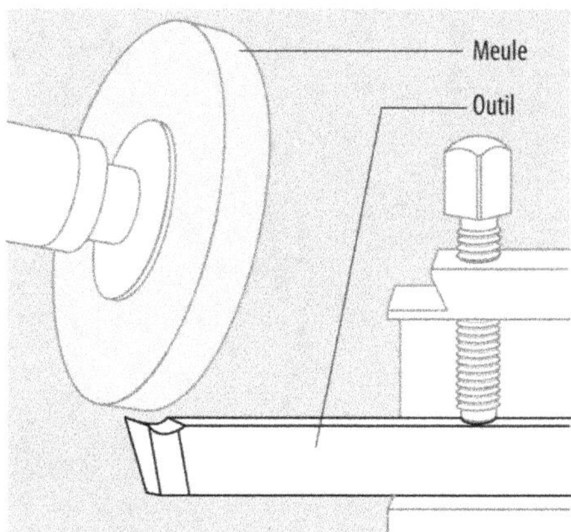

Ex. 2 : *Affûtage d'une* FRAISE.

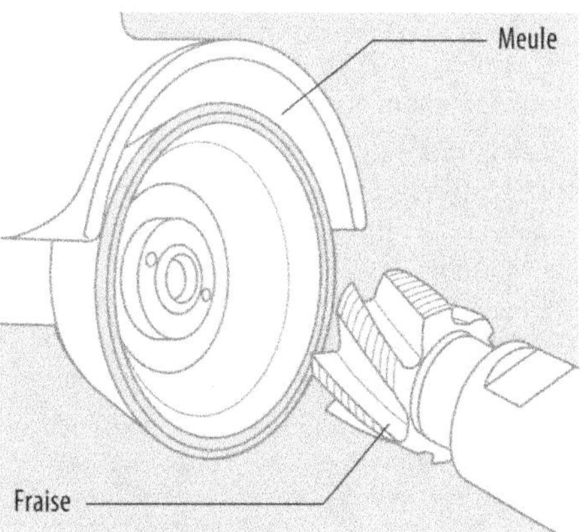

Ex. 3 : *Affûtage d'un* FORET.

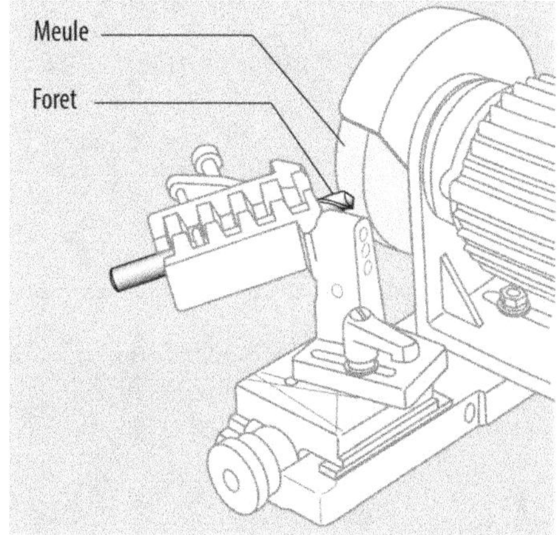

affûteuse [sharpening machine]

(n.f.) MACHINE dotée d'une MEULE tournante et d'un ORGANE de BRIDAGE mettant en position un OUTIL DE COUPE, pour en ABRASER la GÉOMÉTRIE (sens 2) des parties coupantes jusqu'à convenir pour l'USINAGE.

Ex. : *Affûteuse pour* FORET.

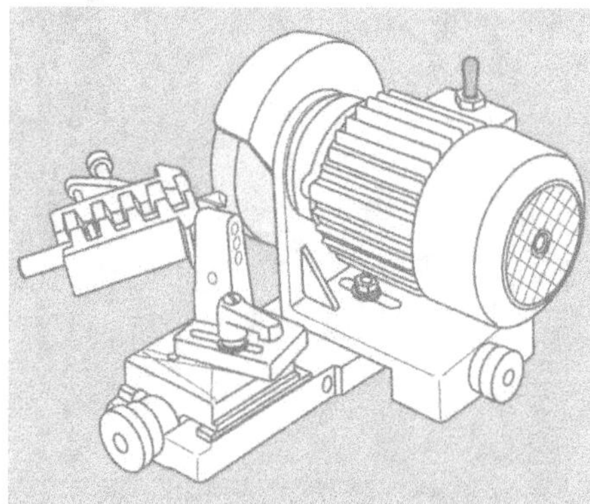

• Note : Ne pas confondre avec le TOURET À MEULER qui sert également à abraser les parties coupantes d'un OUTIL, mais ne dispose pas d'un ORGANE de BRIDAGE, l'OUTIL étant maintenu manuellement et orienté à l'oeil.

agglomérant [binder]

(n.m.) SUBSTANCE VISQUEUSE ou pâteuse à l'origine et qui rend SOLIDES les substances GRANULEUSES ou PULVÉRULENTES qui lui sont associés.

Ex. : *Le ciment est un agglomérant.*

→ Voir aussi IMPRESSION 3D ; PROJECTION DE LIANT.

aggloméré [particleboard]

(n.m.) PLAQUE fabriquée avec des particules de bois comprimées et liées avec une COLLE.

agrafe [clip]

(n.f.) ÉLÉMENT DE FIXATION se mettant en place et agissant en se déformant de façon ÉLASTIQUE ou permanente.

Ex. 1 : *Agrafe en plastique de fixation de plaque.*

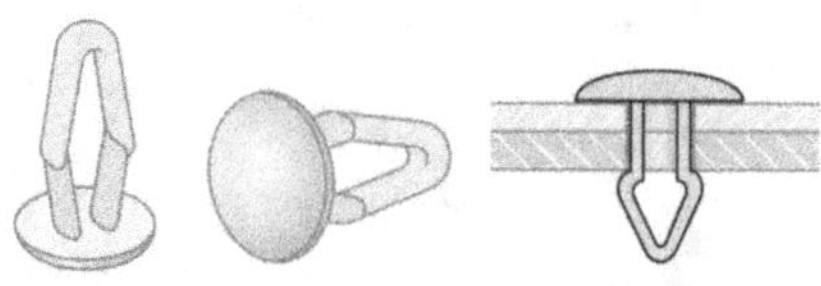

Ex. 2 : *Agrafe en* MÉTAL *de* LIAISON *de panneaux.*

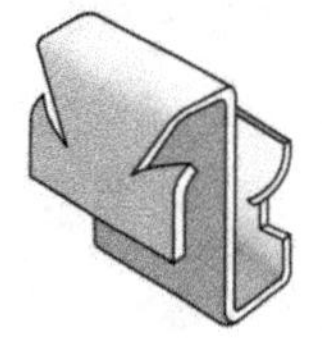
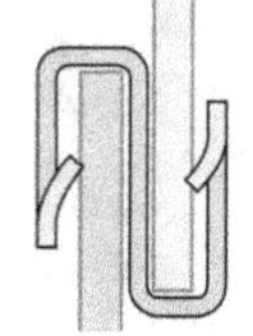

aide-mémoire [reminder, guide]

(n.m.) Petit livre contenant les principes de base d'une discipline et que l'on peut consulter instamment en cours de travail.

◆ Syn. : MÉMENTO.

aiguille [needle]

(n.f.)

1. D'une façon générale, ORGANE effilé et pointu.

2. Élément roulant CYLINDRIQUE et effilé utilisé dans un type de ROULEMENT (sens 2) à faible ENCOMBREMENT diamétral.

→ Voir ROULEMENT À AIGUILLES.

3. Aspect effilé et pointu des éléments de la MICROSTRUCTURE ou STRUCTURE MICROSCOPIQUE d'un MATÉRIAU.

→ Voir, par exemple, MARTENSITE.

aile [flange]

(n.f.)

1. L'une des branches d'un PROFILÉ en forme de L ou de H.

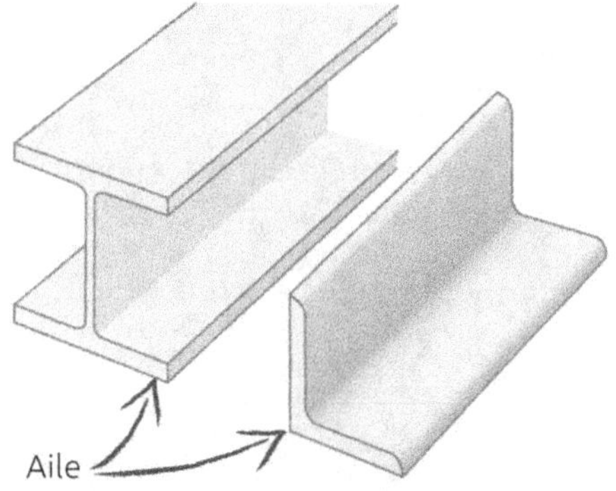

→ Voir aussi ÂME ; SEMELLE.

2. ORGANE à large SURFACE maintenant un aéronef en vol.

ailette [fin, rib]

(n.f.) Petite FORME plate proéminente.

→ Voir, par exemple, AILETTE DE REFROIDISSEMENT ; TUBE À AILETTE.

ailette de refroidissement [cooling fin, cooling rib]

(n.f.) Forme plate proéminente favorisant l'évacuation de chaleur d'une MACHINE nécessitant la dissipation d'énergie thermique (MOTEUR, COMPRESSEUR...)

Ex. : *Ailettes de refroidissement d'un moteur électrique.*

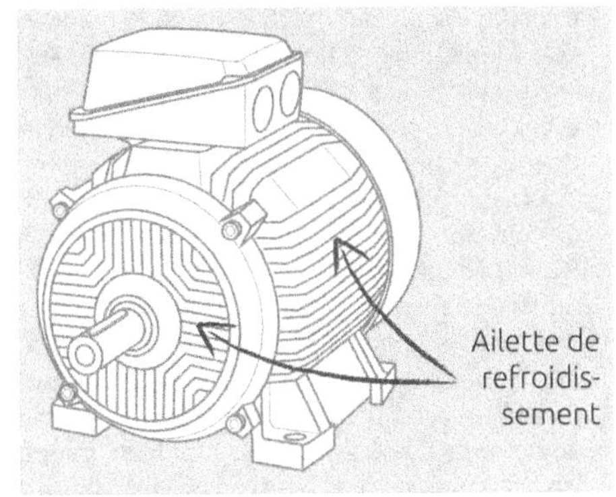

aimant [magnet]

(n.m.) MATÉRIAU capable d'attirer certains MÉTAUX à son voisinage.

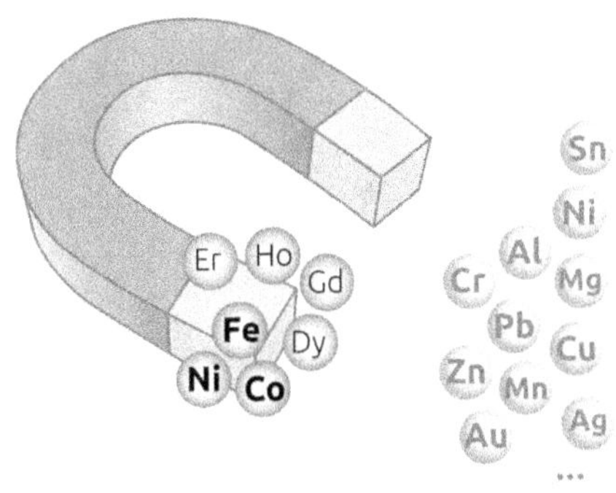

Si son fonctionnement ne requiert pas d'électricité, il s'agit d'AIMANT PERMANENT. Dans le cas contraire, on parle d'ÉLECTRO-AIMANT.
→ Voir MAGNÉTISME ; PLATEAU MAGNÉTIQUE ; AIMANT PERMANENT.

aimant permanent [permanent magnet]

(n.m.) Type d'AIMANT pouvant fonctionner indéfiniment de façon autonome, car ne nécessitant pas d'électricité.
Ex. : *Aimant permanent de* MAINTIEN.

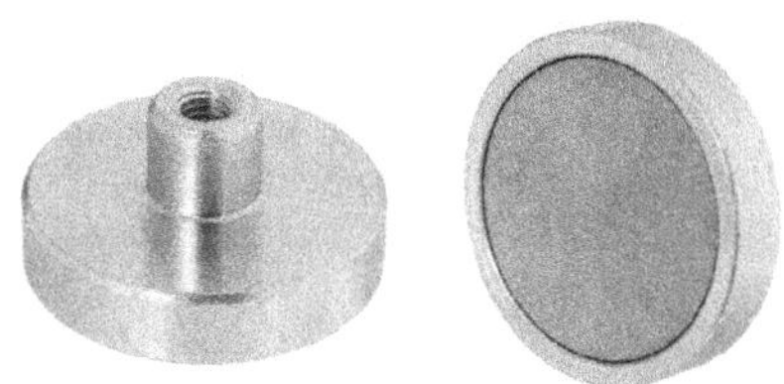

A. Ils sont fabriqués à base de MATÉRIAUX à forte propriété FERROMAGNÉTIQUE comme la famille des alliages ALNICO ou encore les TERRES RARES.
B. Les aimants permanents constituent, entre autres utilisations, une solution de MAINTIEN.

air comprimé [compressed air]

(n.m.) Air dont la PRESSION est supérieure à la PRESSION normale de l'atmosphère, c'est à dire supérieure à environ 1000 hPa ou 1 bar.
L'air comprimé à 6 ou 7 bars (0,6 à 0,7 MPa) est utilisé comme source d'énergie pour beaucoup d'ÉQUIPEMENT industriel. Il a l'avantage d'être constamment disponible et de ne pas être polluant.
→ Voir aussi PNEUMATIQUE.

aire [area]

(n.f.) MESURE (sens 1) de la SUPERFICIE délimitée par une figure géométrique.
Son UNITÉ (sens 1) de MESURE (sens 3) est le mètre carré (m²) et ses multiples et sous-multiples.

ajourage [piercing]

(n.m.) DÉCOUPAGE permettant d'obtenir des VIDES (sens 1) sur une SURFACE de MATIÈRE.

ajouré [perforated]

(adj.) Percé d'OUVERTURES.
Ex. : *Poutre ajourée.*

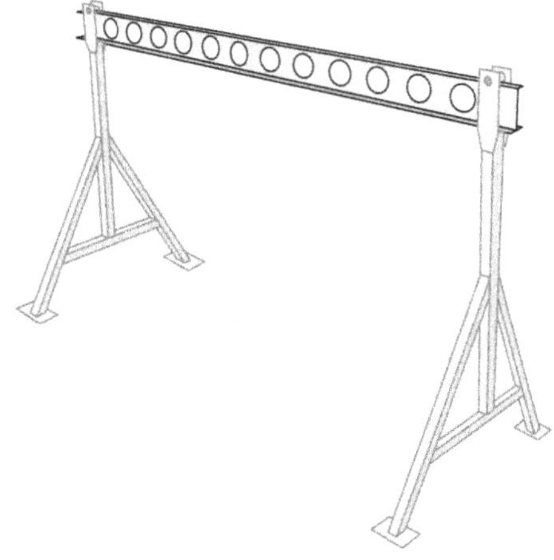

ajustage [fitting]

(n.m.) OPÉRATION de mise à DIMENSION (sens 1) précise permettant d'obtenir un ASSEMBLAGE MÂLE-FEMELLE.

ajustement [fit]

(n.m.) Spécification du JEU (sens 1) minimal et maximal dans un ASSEMBLAGE MÂLE-FEMELLE pour satisfaire aux fonctions requises.
Ex. 1 : *Jeu minimal et maximal d'un ajustement tenon-mortaise* (voir page suivante).

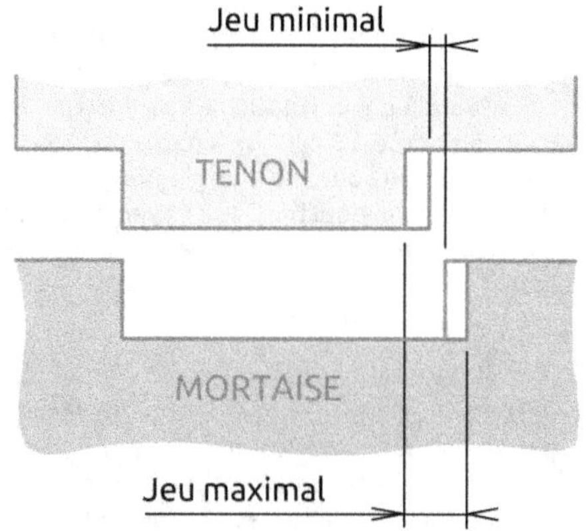

Ex. 2 : *Jeu minimal et maximal d'un ajustement arbre-alésage.*

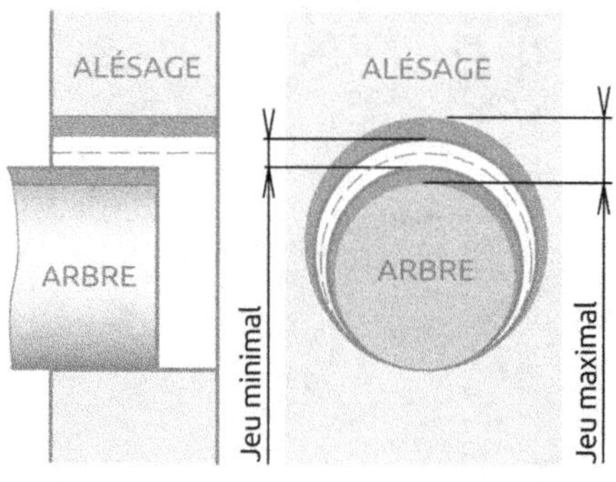

A. Nous effectuerons tous nos raisonnements sur un ASSEMBLAGE (sens 2) arbre-alésage, sachant qu'ils peuvent être transposés à tout SYSTÈME de PIÈCES « contenu-contenant » (TENON-MORTAISE, QUEUE D'ARONDE...) Pour qu'un ARBRE (sens 1) puisse entrer et tourner librement à l'intérieur d'un ALÉSAGE, sa DIMENSION doit, en toute circonstance, être légèrement plus faible que la DIMENSION nominale de l'ASSEMBLAGE (sens 2), celle de l'ALÉSAGE légèrement plus grande. Le JEU (sens 1)qui est la différence entre les DIMENSIONS (sens 1) de l'ALÉSAGE et de l'ARBRE (sens 1) est dans ce cas dit « positif ». On parle d'un AJUSTEMENT LIBRE. Lorsque la DIMENSION de l'ARBRE (sens 1) est légèrement supérieure à celle de l'ALÉSAGE, le JEU est dit « négatif ». L'AJUSTEMENT est du type SERRÉ, car l'ASSEMBLAGE (sens 1) requiert une certaine FORCE. Ce qui en rend aussi le DÉMONTAGE difficile. Il existe un cas intermédiaire où selon les situations, c'est à dire en fonction des dimensions réelles dans l'INTERVALLE DE TOLÉRANCE, le JEU peut être positif ou négatif. On parle d'un AJUSTEMENT INCERTAIN.
→ Voir AJUSTEMENT LIBRE.

B. La PRÉCISION des MÉTHODES DE FABRICATION ayant leurs limites, il est indispensable de définir le JEU MINIMAL réalisable et le JEU MAXIMAL acceptable pour la FONCTIONNALITÉ recherchée. Une NORME internationale sur les ajustements a été élaborée pour permettre au monde entier de communiquer facilement sur les DIMENSIONS (sens 1) fonctionnelles des ASSEMBLAGES et de fabriquer ainsi en des lieux ou pays différents des PIÈCES (sens 1) facilement INTERCHANGEABLES. Cette NORME a été conçue pour prendre en compte tous les types d'ajustement utiles en FABRICATION | MÉCANIQUE, du plus large au plus serré et toutes les possibilités des MÉTHODES de FABRICATION, du GROSSIER au plus PRÉCIS. Deux paramètres ont été définis :

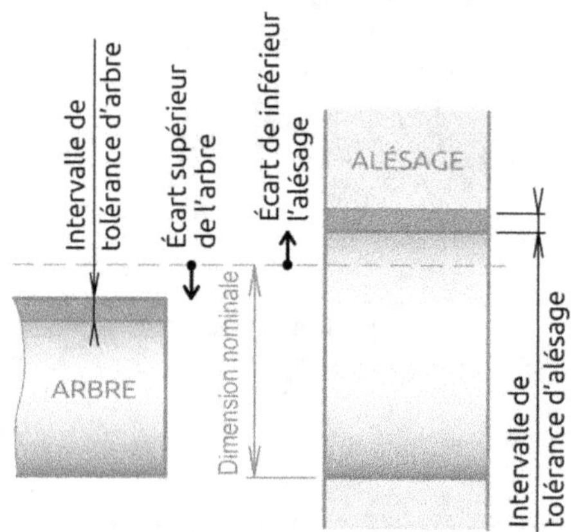

a. **Les ÉCARTS respectifs de l'arbre et de l'alésage.** C'est le léger décalage de DIMENSION dans le sens « plus petit » ou « plus grand » permettant d'assurer le JEU correspondant à la FONCTION désirée pour l'ASSEMBLAGE (sens 2). La notion d'écart est spécifiée par rapport à la DIMENSION NOMINALE qui est la dimension théorique commune de l'ARBRE (sens 1) et de l'ALÉSAGE. Chaque écart est noté avec une lettre. Par convention, les écarts des ALÉSAGES utilisent les lettres majuscules allant de **A** à **Z,**... **ZC**. Pour les ARBRES (sens 1), les écarts sont notés avec des lettres minuscules allant de **a** à **z,**... **zc**. Les lettres **H** et **h** correspondent à un écart nul. Les écarts qui conduisent à une DIMENSION plus grande que la DIMENSION NOMINALE sont dits « positifs ». Dans le cas contraire, ils sont dits « négatifs ». Ci-contre, une représentation schématique globale de tous les écarts disponibles :

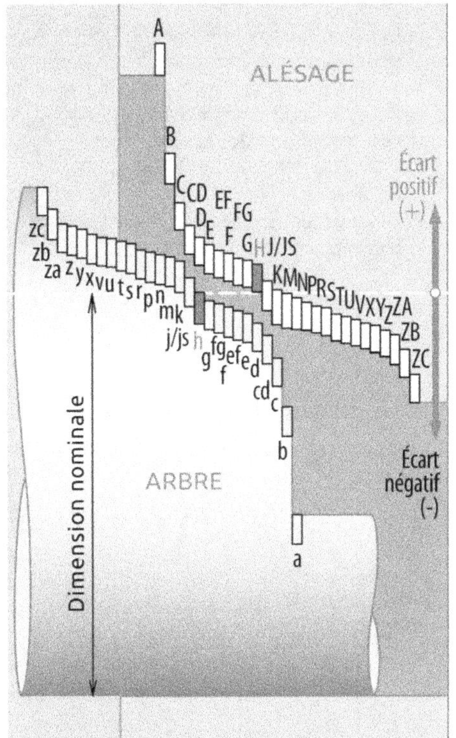

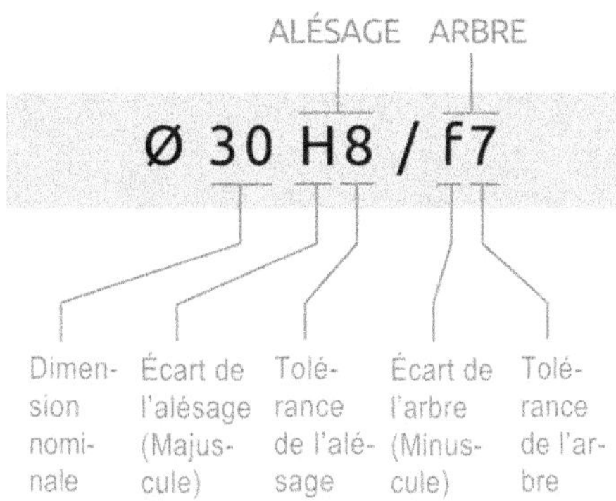

D. À remarquer que par convention, les indications concernant l'ALÉSAGE (lettre majuscule) précèdent toujours celles de l'ARBRE (lettre minuscule). La barre de séparation est quelquefois remplacée par un tiret.

E. Ci-dessous un exemple de DESSIN TECHNIQUE comportant des indications d'ajustement :

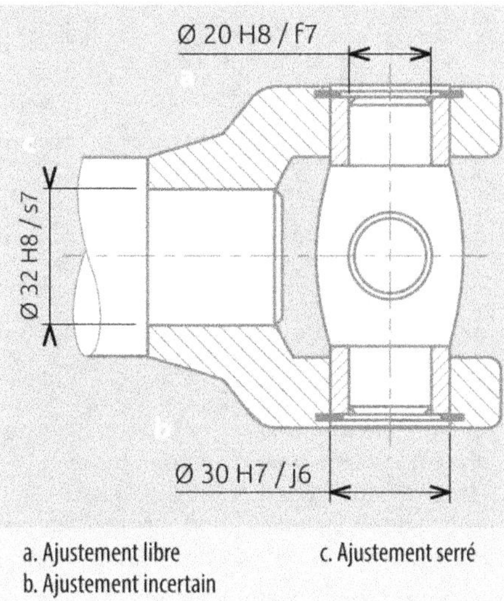

a. Ajustement libre   c. Ajustement serré
b. Ajustement incertain

b. **La** TOLÉRANCE DIMENSIONNELLE, c'est à dire le niveau de PRÉCISION pouvant être atteinte avec les TECHNIQUES DE FABRICATION. C'est l'intervalle de cotes considérées comme acceptables pour la FONCTIONNALITÉ de la pièce. Les TOLÉRANCES dimensionnelles sont également spécifiées par une NORME internationale. Elles sont classées en 18 catégories portant des numéros de 1 à 18. La plus précise, c'est à dire la TOLÉRANCE la plus SERRÉE ou la plus FINE porte le numéro 1. La moins précise, c'est à dire la TOLÉRANCE la plus LARGE ou la plus GROSSIÈRE porte le numéro 18.

→ Voir (TOLÉRANCE), GRADE DE TOLÉRANCE INTERNATIONALE..

C. L'association de l'« écart » et de la « tolérance dimensionnelle » définie respectivement pour l'ALÉSAGE et l'ARBRE permet de spécifier clairement un ajustement. Ci-contre sa notation telle qu'on doit le trouver sur un DESSIN TECHNIQUE. L'exemple concerne le DIAMÈTRE d'un ARBRE (sens 1) et d'un ALÉSAGE de FORME CIRCULAIRE, mais le principe est le même pour tout autre type de DIMENSION :

F. Le tableau en page suivante donne différents types d'ajustement, parmi les plus utiles, selon les FONCTIONS que l'on en attend. Pour en faciliter la lecture et l'interprétation mais sans être obligatoire, les écarts d'ALÉSAGE sont souvent pris nuls, c'est à dire, utilisant la lettre **H**.

	Très précis		Fabrication soignée		Grossier
AJUSTEMENT LIBRE					
1. Ajustement peu précis. Très large			H8/d8	H9/c9 H9/d10	H11/c11 H11/d11
2. Ajustement précis. Mouvements rapides		H7/e9 H7/f7	H8/e8 **H8/f7**	H9/e9 H9/f8	
3. Ajustement précis. Mouvements lents.	H6/g5	**H7/g6**	H8/g7		
4. Ajustement très précis. Pas de mouvement	H6/h5	**H7/h6**	H8/h7		
AJUSTEMENT INCERTAIN					
5. Ajustement démontable. Positionnement	**H6/j5** H6/k5	H7/j6 H7/k6	H8/j7 H8/k7		
6. Ajustement sans jeu. Positionnement précis	H6/m5 H6/n5	**H7/m6** H7/n6	H8/m7 H8/n7		
AJUSTEMENT SERRÉ					
7. Ajustement serré difficile à démonter.	H6/p5 H6/r5	**H7/p6** H7/r6	H8/p7 H8/r7		
8. Ajustement très serré. Transmission de mouvement	H6/s5 H6/t5 H6/u5	H7/s6 H7/t6 H7/u6	H8/s7 H8/t7 H8/u7		

G. Il est d'usage que la TOLÉRANCE de l'ARBRE (sens 1) soit légèrement plus fine car sa FABRICATION est plus facile que celle d'un ALÉSAGE. Les ajustements les plus importants sont en caractère gras et méritent d'être retenus.

ajustement forcé [force fit]

(n.m.) Même signification que AJUSTEMENT SERRÉ.

ajustement incertain [interference fit]

(n.m.) Type d'AJUSTEMENT non clairement défini car il peut être serré ou libre selon les DIMENSIONS obtenues en FABRICATION.
Ex. : H7 / j6 ; H8 / k7

ajustement libre [clearance fit, free fit]

(n.m.) Type d'AJUSTEMENT dont l'ARBRE (sens 1) est toujours plus petit que l'ALÉSAGE pour que l'ASSEMBLAGE (sens 1) ne pose aucun problème et que les MOUVEMENTS soient aisés.
Ex. : H7 / g6 ; H8 / F7 ; H9/ d10
→ Voir AJUSTEMENT INCERTAIN.

ajustement serré [drive fit]

(n.m.) Type d'AJUSTEMENT dont l'ARBRE (sens 1) est toujours plus gros que l'ALÉSAGE. En principe, l'ASSEMBLAGE (sens 1) n'est possible qu'à l'aide d'une assistance mécanique de type MAILLET ou PRESSE pour les cas extrêmes.
Ex. : H7 / p6 ; H8 / r7 ; H7 / u6
→ Voir aussi FRETTAGE ; AJUSTEMENT INCERTAIN.
Ci-dessous, une comparaison illustrée avec les autres types d'AJUSTEMENT :

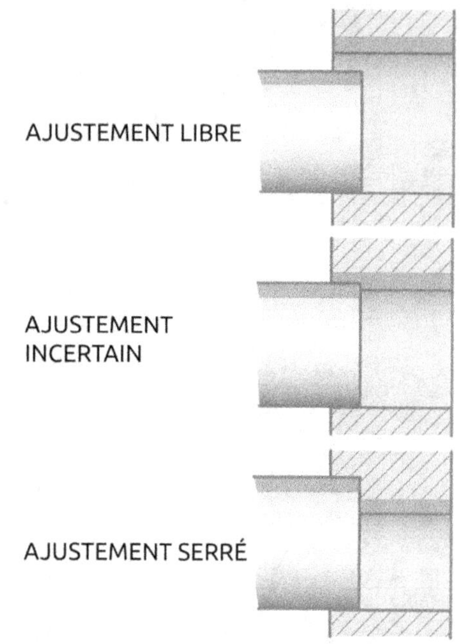

ajusteur [fitter]

(n.m.) Personne possédant les connaissances et l'habileté nécessaire à la réalisation d'un AJUSTEMENT.

alésage

(n.m.)
1. [Bore] TROU ou FORME contenante pas forcément CIRCULAIRE avec des DIMENSIONS (sens 1) très PRÉCISES, un bon ÉTAT DE SURFACE, de manière à obtenir un AJUSTEMENT soigné avec un ARBRE (sens 1).
A. Dans le cas d'un ALÉSAGE | CYLINDRIQUE, la PRÉCISION dimensionnelle ainsi que la CIRCULARITÉ sont sensiblement supérieures à ce qui est obtenue par les PROCÉDÉS DE PERÇAGE classiques. En terme de (TOLÉRANCE), GRADE DE TOLÉRANCE INTERNATIONALE, les alésages se situent globalement dans les grades plus précis que IT10, c'est à dire entre IT1 et IT9.

	Très précis	Précis	Moyen	Grossier	Très Grossier
IT	1 2 3 4 5	6 7 8 9	10 11 12	13 14 15	16 17 18
Exemple	10 ± 0,002	10 ± 0,01	10 ± 0,05	10 ± 0,2	10 ± 1
	100 ± 0,005	100 ± 0,02	100 ± 0,1	100 ± 0,4	100 ± 2
	ALÉSAGE		PERÇAGE		

B. L'ÉTAT DE SURFACE est soigné avec une RUGOSITÉ du type Ra 3,2 à 0,8 µm. L'OUTIL DE COUPE peut être un ALÉSOIR, une TÊTE À ALÉSER, un outil de TOURNAGE ou une BROCHE (sens 1). Les MACHINES pouvant être mises en œuvre sont l'ALÉSEUSE, le TOUR (sens 1), la FRAISEUSE, la BROCHEUSE, les CENTRES D'USINAGE. Cette OPÉRATION peut aussi être purement manuelle.
→ Voir aussi ARBRE POLYGONAL ; BROCHAGE.
→ Voir TAMPON LISSE pour l'INSTRUMENT spécifique de MÉTROLOGIE servant à la VÉRIFICATION des alésages cylindriques.
2. [Boring] OPÉRATION d'USINAGE | MÉCANIQUE permettant d'obtenir un TROU avec une DIMENSION (sens 1) très précise (type IT1 à 9) et un ÉTAT DE SURFACE soigné (type Ra 3,2 à 0,8 µm).
→ Voir (TOLÉRANCE), GRADE DE TOLÉRANCE INTERNATIONALE pour la signification de l'indication de PRÉCISION ainsi que de l'indication d'ÉTAT DE SURFACE.

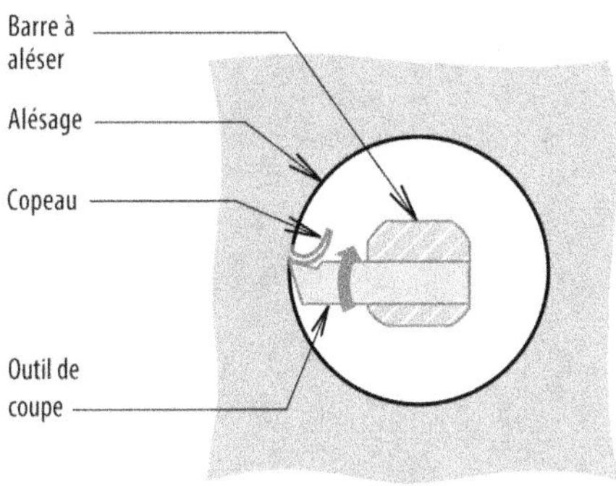

A. TOLÉRANCE DIMENSIONNELLE (IT) :

Très précis	Précis	Moyen	Grossier	Très Grossier
1 2 3 4 5	6 7 8 9	10 11 12	13 14 15	16 17 18
	Alésage			
10 ± 0,002	10 ± 0,01	10 ± 0,05	10 ± 0,2	10 ± 1
100 ± 0,005	100 ± 0,02	100 ± 0,1	100 ± 0,4	100 ± 2

B. ÉTAT DE SURFACE, RUGOSITÉ Ra (µm) :

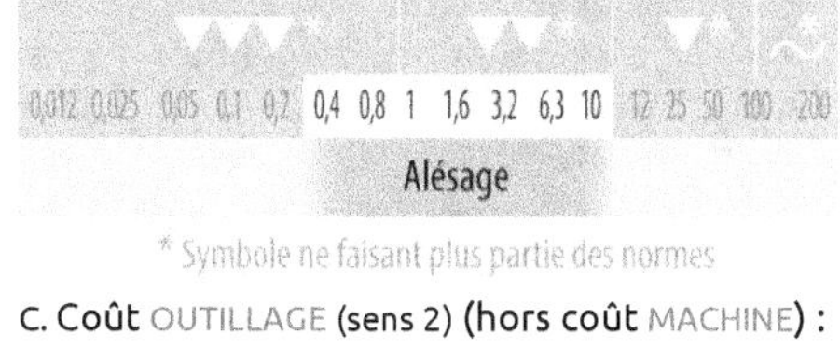

C. Coût OUTILLAGE (sens 2) (hors coût MACHINE) :

Aucun	Faible	Moyen	Élevé	Très élevé
	Alésage			

D. SÉRIE DE PIÈCES économique :

Proto	Unitaire	Petite	Moyenne	Grande	Très Grande
1	10	100	1 000	10 000	100 000
		Alésage			

aléser [Bore]

(v.tr.) Usiner un TROU pour l'agrandir à une DIMENSION (sens 1) très PRÉCISE avec un ÉTAT DE SURFACE soigné.

(aléser), tête à aléser [boring tool]

(n.f.) OUTIL DE COUPE ROTATIF muni d'un DISPOSITIF permettant de faire varier la DIMENSION (sens 1) de l'ALÉSAGE (sens 1) obtenu.

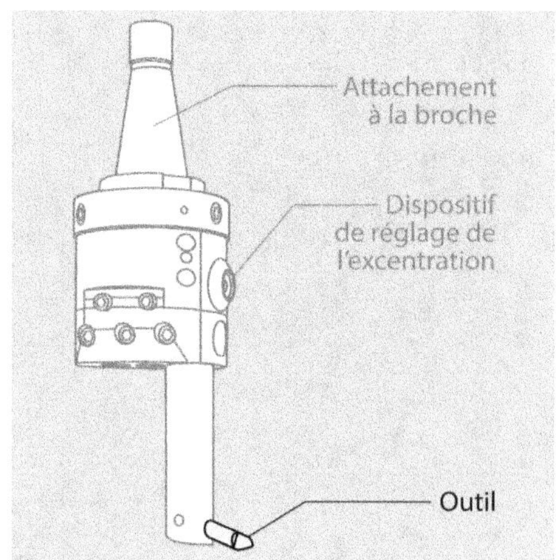

• Note : À ne pas confondre avec l'ALÉSOIR qui possède une DIMENSION (sens 1) fixe.

aléseur [boring-machine operator]

(n.m.) Personne possédant les compétences nécessaires pour utiliser une ALÉSEUSE et obtenir des ALÉSAGES (sens 1).

aléseuse [boring machine]

(n.f.) MACHINE-OUTIL à BÂTI massif muni de TABLE À MOUVEMENTS CROISÉS recevant la PIÈCE (sens 1)

à usiner, et d'une COLONNE rigide guidant verticalement une BROCHE (sens 2) | HORIZONTALE avec un OUTIL DE COUPE permettant d'obtenir des ALÉSAGES (sens 1).
Exemple d'aléseuse :

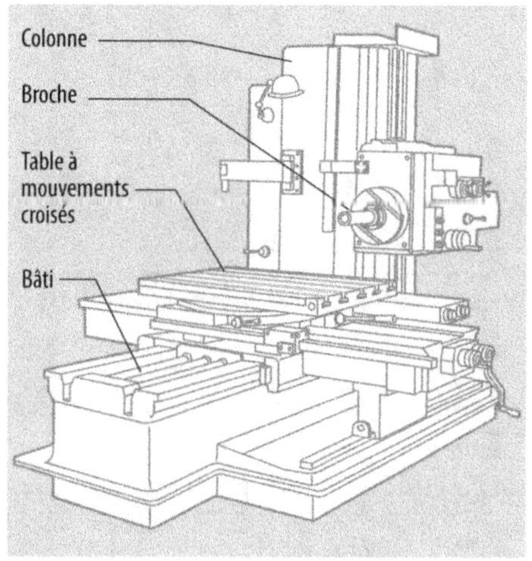

alésoir [reamer]

(n.m.) OUTIL DE COUPE à DIMENSION (sens 1) fixée (réglable par l'opérateur pour certains modèles) permettant d'obtenir un TROU à DIMENSION très précise avec un bon ÉTAT DE SURFACE.
• Note : Ne pas confondre avec la TÊTE À ALÉSER dont la DIMENSION (sens 1) est modifiable.

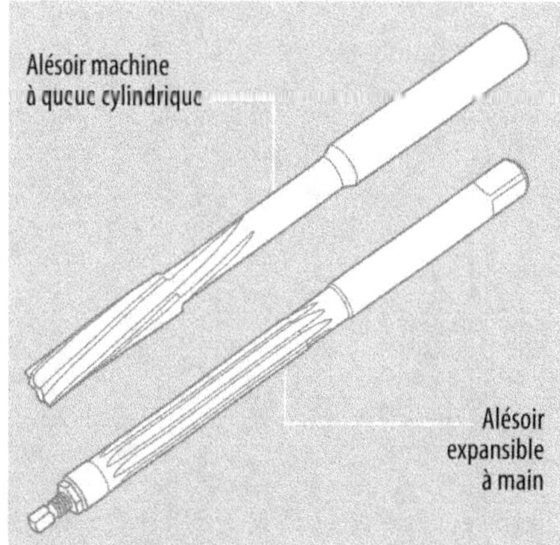

alignement [alignment]

(n.m.)
1. Coïncidence entre deux LIGNES ou deux PLANS (sens 1) prolongés l'un vers l'autre. Disposition suivant une même LIGNE.
Ex. : *Alignement de la CONTRE-POINTE d'un TOUR (sens 1) avec la BROCHE (sens 2).*
◊ Contr. : DÉSALIGNEMENT.

2. OPÉRATION de mise en coïncidence de deux LIGNES ou deux PLANS (sens 1). Action de disposer suivant une même LIGNE.

alimentarité [food compatibility]

(n.f.) Aptitude d'un MATÉRIAU à ne pas modifier ou altérer la nourriture qui entre en CONTACT avec lui.
A. Dans leur utilisation, certains MATÉRIAUX sont appelés à entrer en CONTACT avec des denrées alimentaires. C'est le cas, par exemple, des emballages de nourriture, de la vaisselle, des ustensiles et ÉQUIPEMENTS de cuisine, des canalisations et robinetterie pour l'eau potable, etc. Il est important dans ces cas pour la préservation de la santé des organismes vivants qu'ils n'aient pas d'interaction pouvant dégrader les aliments en engendrant des dangers et risques sanitaires. L'alimentarité est la neutralité stricte des MATIÈRES vis à vis des aliments.
B. Le tableau ci-dessous donne l'alimentarité ou la non-alimentarité de quelques MATÉRIAUX de la famille des MÉTAUX et des CÉRAMIQUES.

ALIMENTAIRE	NON-ALIMENTAIRE
Acier inoxydable	Acier au carbone
Aluminium	Acier galvanisé
Fer Blanc (fer étamé)	Acier peint
Cuivre	Bronze, Laiton
	Plomb, etc...
Verre	
Porcelaine	
Grès	

C. Le tableau suivant donne des indications concernant les (PLASTIQUES), MATIÈRES PLASTIQUES.

SÛR	AVEC DES RÉSERVES
Polyethylène Haute densité (PEhd)	Polyethylène téréphtalate (PET)
Polyéthylène Basse densité (PEbd)	Polyethylène téréphtalate Glycol (PETG)
Polypropylène (PP)	PolyVinyle Chlorure (PVC)
Polyméthacrylate (PMMA)	PolyCarbonate (PC)

◊ Contr. : Toxicité

alliage [alloy]

(n.m.) SUBSTANCE | SOLIDE obtenue par FUSION et mélange à l'ÉCHELLE (sens 3) atomique d'un ou plusieurs ÉLÉMENTS D'ADDITION avec un ÉLÉMENT DE BASE sans qu'il y ait RÉACTION CHIMIQUE.
A. Les atomes des différents ÉLÉMENTS CHIMIQUES s'intercalent dans la STRUCTURE CRISTALLINE soit par « substitution », soit par

« insertion ». La STRUCTURE (sens 1) ainsi obtenue est aussi appelée SOLUTION SOLIDE.

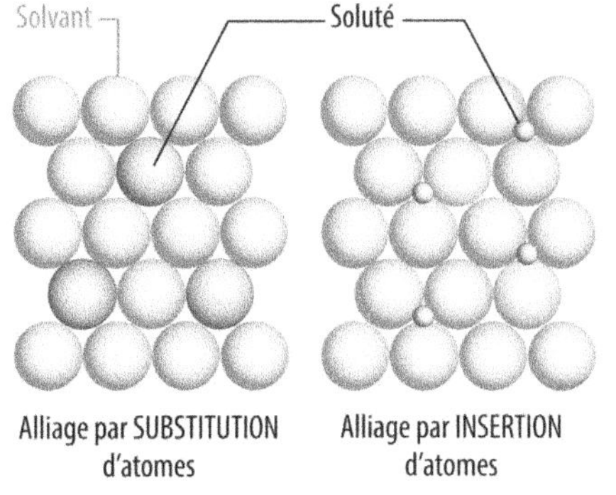

B. De ce fait, ne pas confondre avec les CÉRAMIQUES dont les différents éléments métalliques et non-métalliques se combinent chimiquement. Ne pas confondre non plus avec les (COMPOSITES), MATÉRIAUX COMPOSITES qui sont des mélanges de différents MATÉRIAUX solides à l'ÉCHELLE MACROSCOPIQUE, sans lien particulier à l'échelle (sens 3) atomique.

	ALLIAGE	CÉRAMIQUE	COMPOSITE
Constituants	Atome métal 1 (Fe) +atome métal 2 (Ni)	Atome métal + (Al) Atome non-métal (O)	Matrice + Renfort
Échelle d'association	Atomique	Atomique	Macroscopique (visible à l'œil nu)
Nature des liaisons entre constituants	Cristalline (Fe)(Ni)(Fe) (Ni)(Fe)(Ni) Alliage INVAR	Chimique (Al)(Al) (O)(O)(O) Alumine Al2O3	Collage Adhérence physique
	Liaison principalement métallique	Liaison principalement covalente ou ionique	Liaison de Van der Waals

C. Les alliages permettent d'obtenir des SUBSTANCES aux PROPRIÉTÉS ou CARACTÉRISTIQUES pouvant être très éloignées de l'ÉLÉMENT CHIMIQUE de départ à l'état pur. Souvent, les alliages ont des propriétés et caractéristiques supérieures telles qu'une RÉSISTANCE MÉCANIQUE plus importante, une DURETÉ plus élevée, une RÉSISTANCE À LA CORROSION meilleure, une COULABILITÉ, etc. Compte tenu de l'importance en tonnage de l'élément FER dans l'industrie, les alliages métalliques, en particulier, sont usuellement classés en deux catégories :
- les ALLIAGES FERREUX.
- les ALLIAGES NON-FERREUX.

D. Quelques alliages renommés.

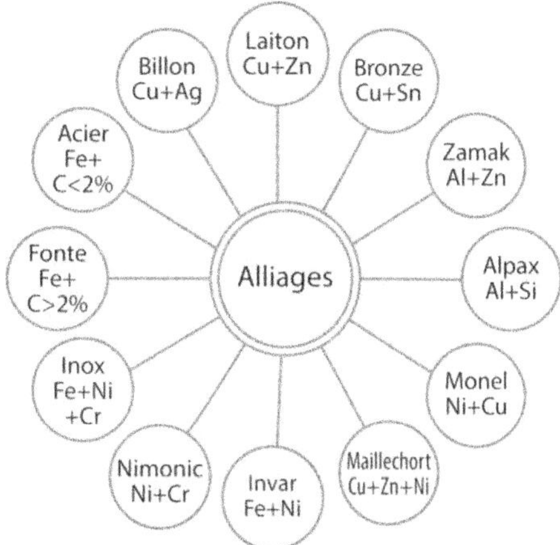

E. Ne pas confondre avec BI-COMPOSANT.

(n.m.) ALLIAGE ne contenant que deux ÉLÉMENTS CHIMIQUES principaux ainsi que des IMPURETÉS et TRACES (sens 2) d'éléments inévitables.
Quelques exemples :
Laiton = Cuivre + Zinc
Bronze = Cuivre + Étain
Billon™ = Cuivre + Argent
Monel™ = Nickel + Cuivre
Constantan = Nickel + Cuivre
Alpax™ = Aluminium + Silicium
Zamak = Aluminium + Zinc
Invar™ = Fer + Nickel
Nimonic™ = Nickel + Chrome
→ Voir aussi ALLIAGE.

(n.m.) ÉLÉMENT CHIMIQUE additionnel mélangé à l'ÉCHELLE (sens 3) atomique avec un ÉLÉMENT DE BASE pour obtenir un MATÉRIAU aux PROPRIÉTÉS différentes.
A. Toutes les PROPRIÉTÉS sont susceptibles de modification : PROPRIÉTÉS MÉCANIQUES, propriétés physiques, RÉSISTANCE À LA CORROSION, etc.
B. Ne pas confondre avec le MÉTAL D'APPORT utilisé en SOUDAGE.
C. Ne pas confondre non plus avec la CHARGE (sens 2).

(n.m.) ALLIAGE MÉTALLIQUE dont l'ÉLÉMENT CHIMIQUE le plus important est le FER.

A. Quelques exemples :
Fonte = FER + Carbone > 2 %
Acier au carbone = FER + Carbone < 2 %
Acier inoxydable = FER + Nickel + Chrome
Invar™ = FER + Nickel

B. Classification des alliages ferreux.

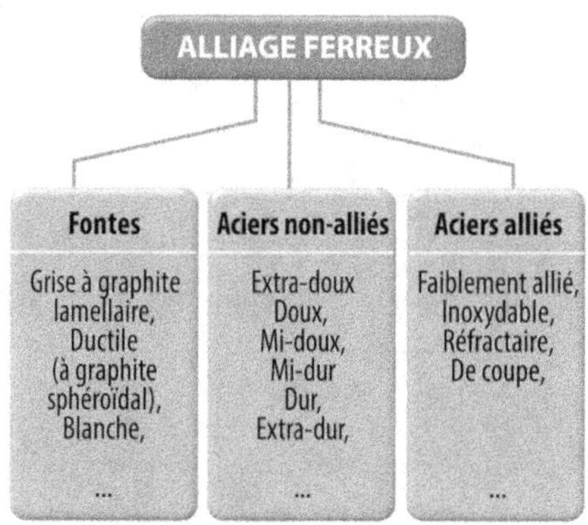

(n.m.) Tous les MÉTAUX ou ALLIAGES de MASSE VOLUMIQUE sensiblement inférieure à la moyenne des métaux.

A. Dans les considérations usuelles, ce sont les MÉTAUX en dessous de 5 g/cm³ comme l'ALUMINIUM et ses alliages, le MAGNÉSIUM, le BERYLLIUM, le TITANE...

LÉGER	MOYEN	LOURD
5 g/cm³	10 g/cm³	
Magnésium **Beryllium** **Aluminium** **Titane** …	Zinc Chrome Étain Fer Nickel Cobalt Cuivre	Argent Plomb Mercure Uranium Or Tungstène Platine …

B. Cette classification ne possède aucune signification scientifique, juridique ou administrative particulière. Il s'agit juste d'un usage traditionnel.
→ Voir aussi MÉTAL LOURD, qui est le pendant pour les MASSES VOLUMIQUES élevées.

(n.m.) ALLIAGE ne contenant absolument pas l'ÉLÉMENT CHIMIQUE | FER.
Quelques exemples.
Laiton = Cuivre + Zinc
Bronze = Cuivre + Étain
Zamak™ = Aluminium + Zinc
Nimonic™ = Nickel + Chrome
Constantan = Nickel + Cuivre

(n.m.) ALLIAGE contenant trois ÉLÉMENTS CHIMIQUES en quantité importante.
Quelques exemples :
Acier inoxydable = Fer + Nickel + Chrome.
Maillechort = Cuivre + Zinc + Nickel

(n.m.) DÉFORMATION | MÉCANIQUE résultant d'une TRACTION et entraînant une augmentation de LONGUEUR.

A. L'allongement est un nombre sans UNITÉ (sens 1) (ADIMENSIONNEL) ou sous forme de pourcentage. Il existe deux définitions mathématiques de l'allongement. Si L_0 est la LONGUEUR initiale d'une PIÈCE (sens 1), L sa longueur allongée comme représentées ci-dessous,

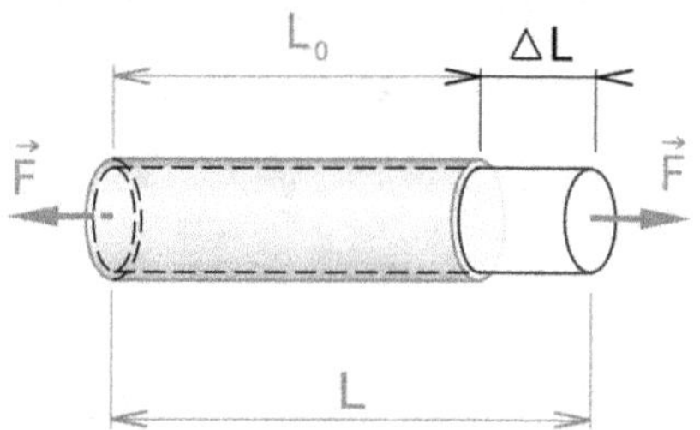

ci-après les deux définitions :
• ALLONGEMENT RELATIF ou ALLONGEMENT CONVENTIONNEL :

$$a = \frac{L - L_0}{L_0} = \frac{\Delta L}{L_0}$$

• ALLONGEMENT LOGARITHMIQUE ou ALLONGEMENT RATIONNEL :

$$\varepsilon = \int_{L_0}^{L} \frac{dl}{l} = \ln\left(\frac{L_0 + \Delta L}{L_0}\right) = \ln(1 + a)$$

B. L'allongement relatif est plus direct et plus commode à calculer. Le résultat ainsi obtenu n'est cependant qu'approximatif, en particulier pour les allongements supérieurs à 0,1 ou 10 %. Dans ce cas, l'allongement logarithmique est indispensable sous peine d'erreur conséquente.
C. Ci-contre, une comparaison des valeurs obtenues avec les deux MÉTHODES de calcul. L'erreur relative Δ correspondante est donnée dans la cinquième ligne du tableau.

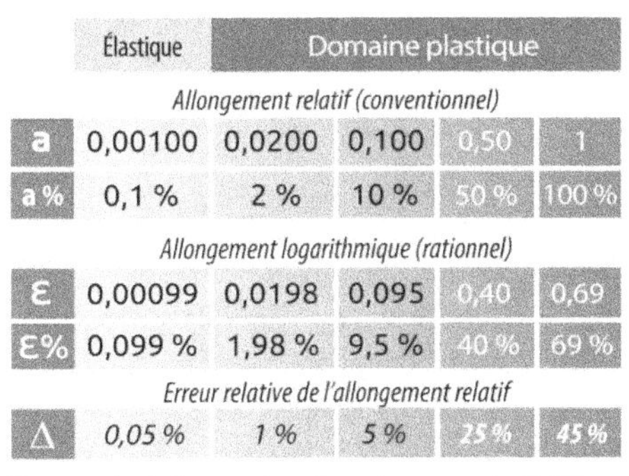

	Élastique	Domaine plastique			
Allongement relatif (conventionnel)					
a	0,00100	0,0200	0,100	0,50	1
$a\,\%$	0,1 %	2 %	10 %	50 %	100 %
Allongement logarithmique (rationnel)					
ε	0,00099	0,0198	0,095	0,40	0,69
$\varepsilon\,\%$	0,099 %	1,98 %	9,5 %	40 %	69 %
Erreur relative de l'allongement relatif					
Δ	0,05 %	1 %	5 %	25 %	45 %

Il ressort clairement qu'en dessous de 0,02 ou 2 % de valeur d'allongement, en particulier dans le DOMAINE ÉLASTIQUE des MATÉRIAUX, les deux types d'allongement se confondent sensiblement. En effet, l'écriture mathématique suivant le montre clairement lorsque l'allongement relatif **a** est très petit par rapport à 1 (a << 1) :

$$\varepsilon = \ln(1 + a) \approx a$$

D. Les ESSAIS DE TRACTION permettent de mesurer les allongements.

→ Voir ESSAI DE TRACTION.

E. Ne pas confondre l'allongement avec la DILATATION qui est une augmentation de LONGUEUR résultant d'un changement de TEMPÉRATURE.

Causes	Diminution	Augmentation
Contrainte mécanique	RACCOURCISSEMENT [SHORTENING]	**ALLONGEMENT [EXTENSION]**
Changement de température	CONTRACTION [CONTRACTION]	DILATATION [EXPANSION]
Changement de structure, d'état	RETRAIT [SHRINKAGE]	GONFLEMENT [SWELLING]

◊ **Contr. :** RACCOURCISSEMENT.

→ **Voir également** ALLONGEMENT À RUPTURE.

allongement à la limite d'élasticité [yield strength elongation, elongation at yield]

(n.m.) Le plus grand ALLONGEMENT que peut prendre un MATÉRIAU tout en pouvant revenir à sa LONGUEUR initiale après la DÉFORMATION.

Pour la plupart des MATÉRIAUX, l'allongement à la limite d'élasticité ne dépasse pas 0,2 % sauf pour les ÉLASTOMÈRES qui peuvent atteindre 100 % à 1000 % !

allongement à la rupture [break elongation]

(n.m.) ALLONGEMENT mesuré après cassure nette de l'ÉPROUVETTE soumise à TRACTION. Ainsi, c'est l'ESSAI DE TRACTION qui permet de le mesurer.

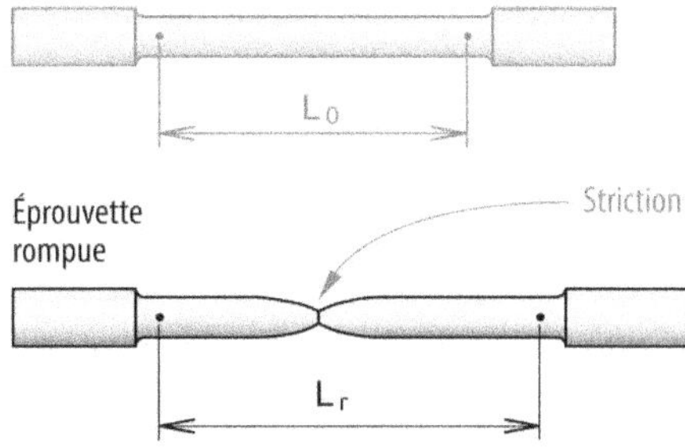

Si L_0 est la LONGUEUR initiale de l'éprouvette, L_r sa longueur une fois rompue, l'allongement à rupture est la suivante :

$$\varepsilon_r\,\% = 100 \times \ln\frac{L_r}{L_0}$$

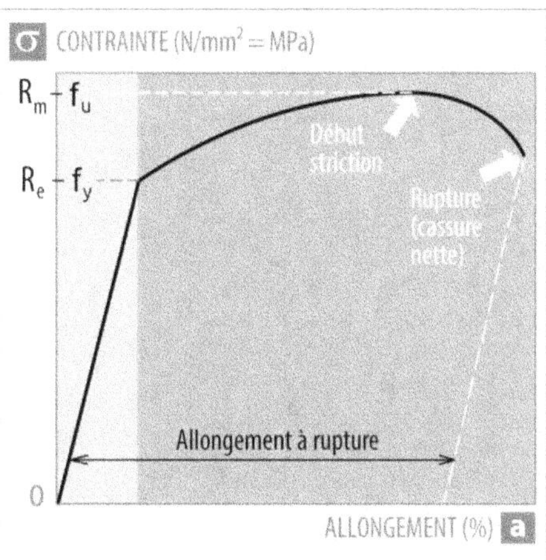

Pour la clarté de l'explication, les proportions de la courbe ne sont pas forcément respectées, notamment la pente de la première partie à gauche correspondant au domaine élastique qui est sensiblement exagérée.

A. À titre d'exemple, voici quelques valeurs indicatives d'allongement à rupture pour quelques MATÉRIAUX **courants :**

Acier doux	20 %
Aluminium type 6060	12 %
Plastique PVC rigide	40 %

B. Cette grandeur, ainsi que le (STRICTION), COEFFICIENT DE STRICTION, permettent de donner en première évaluation la DUCTILITÉ d'un MATÉRIAU. Pour les MATÉRIAUX très FRAGILES, par exemple, l'allongement à rupture est proche de 0 % !

→ **Voir également** (TRACTION), COURBE DE TRACTION.

allongement conventionnel [conventional strain, engineering strain]

(n.m.) Autre appellation de l'ALLONGEMENT RELATIF.

allongement logarithmique [logarithmic strain, true strain, natural strain]

(n.m.) Allongement minuscule d'une ÉPROUVETTE DE TRACTION rapporté à la LONGUEUR réelle à chaque instant et augmentant petit à petit, puis additionné à la fin pour obtenir l'allongement global. La fonction logarithmique permet d'en donner l'expression mathématique :

$$\varepsilon\% = 100 \times \int_{L_0}^{L} \frac{dl}{l} = 100 \times \ln \frac{L}{L_0}$$

Le calcul de l'allongement logarithmique est plus précis mais aussi plus laborieux. Il est indispensable, en particulier, pour l'évaluation de l'allongement dans le DOMAINE PLASTIQUE.
→ Voir aussi ALLONGEMENT ; l'ALLONGEMENT RELATIF.

allongement permanent [permanent strain]

(n.m.) ALLONGEMENT rémanent lorsqu'on relâche la FORCE dans le DOMAINE PLASTIQUE sur une COURBE DE TRACTION.

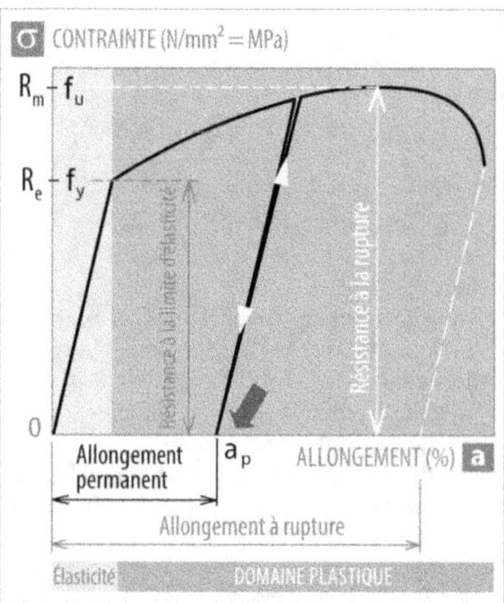

À remarquer que pour la clarté de l'explication, les proportions de la courbe de traction ne sont pas respectées notamment dans le domaine de l'ÉLASTICITÉ où la pente correspondant au MODULE DE YOUNG est sensiblement exagérée. En réalité, le domaine élastique est la plupart du temps inférieur à quelques dixièmes de %.
→ Voir aussi ÉCROUISSAGE.

allongement rationnel [logarithmic strain, true strain, natural strain]

(n.m.) Autre appellation de l'ALLONGEMENT LOGARITHMIQUE.

allongement relatif [conventional strain, engineering strain]

(n.m.) Allongement d'une ÉPROUVETTE DE TRACTION rapportée à sa LONGUEUR initiale L_0 :

$$a\% = 100 \times \frac{L - L_0}{L_0}$$

L'allongement relatif est très facile à calculer. Cependant, il est entaché d'erreur et n'est réellement valide que dans le DOMAINE ÉLASTIQUE des MATÉRIAUX. Dans le DOMAINE PLASTIQUE, seul l'ALLONGEMENT LOGARITHMIQUE peut donner une indication fiable sur les PHÉNOMÈNES réels.
→ Voir ALLONGEMENT pour une comparaison avec l'ALLONGEMENT LOGARITHMIQUE.

allotropie [allotropy]

(n.f.) PROPRIÉTÉ de certains ÉLÉMENTS CHIMIQUES à pouvoir exister avec plusieurs STRUCTURES CRISTALLINES différentes.
C'est, par exemple, le cas du FER qui peut être de STRUCTURE (sens 1) CC ou CFC en fonction des conditions de température et de pression.
→ Voir ANALYSE DILATOMÉTRIQUE.
C'est aussi le cas du CARBONE qui existe sous forme de GRAPHITE ou de DIAMANT.

allotropique [allotropic]

(adj.) Qui a un rapport avec l'ALLOTROPIE.
Ex. : *Variété allotropique.*

alnico

Acronyme d'une famille d'ALLIAGES de FER, d'ALUMINIUM, de NICKEL et de COBALT. Ils comprennent parfois aussi du TITANE et du CUIVRE.
Les alliages Alnico sont FERROMAGNÉTIQUES et sont utilisés pour fabriquer des AIMANTS PERMANENTS. Avant le développement des AIMANTS de TERRES RARES dans les années 1970, ils étaient le type d'aimant permanent permettant d'obtenir les champs magnétiques les plus forts.

alpax™

(n.m. déposé) ALLIAGE d'ALUMINIUM et de SILICIUM facilement MOULABLE. La proportion de SILICIUM est proche de l'EUTÉCTIQUE soit 13 % en MASSE (sens 2).

alphabet à frapper [metal marking stamp, letter and number punch stamp]

(n.m.) OUTIL de MARQUAGE (CREUX), EN CREUX sur une surface, par un coup de MARTEAU sur un

POINÇON portant un ou des caractères alphanumériques.

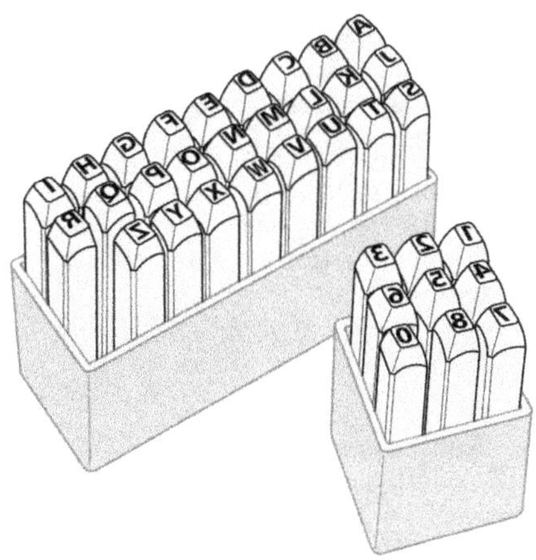

alumine [alumina]

(n.f.) Oxyde d'ALUMINIUM très DUR, de formule Al_2O_3 utilisé, par exemple, comme ABRASIF.
C'est aussi l'OXYDE qui se forme naturellement ou par ANODISATION à la SURFACE de l'ALUMINIUM.

aluminisation

(n.f.)
1. [aluminium coating (GB), aluminum coating (US)] DÉPÔT de COUCHE D'ALUMINIUM sur un SUBSTRAT.
Elle peut être réalisée par PROJECTION (sens 1) au pistolet (MÉTALLISATION), par immersion (au trempé), par PLACAGE, par voie électrolytique (GALVANOPLASTIE) ou DIFFUSION...
2. [aluminizing, aluminising] Action de déposer une COUCHE D'ALUMINIUM sur un SUBSTRAT.

aluminium (Al) [aluminium (GB) ; aluminum (US)]

(n.m.) MÉTAL blanchâtre classé dans la catégorie des MÉTAUX LÉGERS car sa MASSE VOLUMIQUE de 2,7 g/cm3 est presque trois fois plus faible que celle de l'ACIER.

A. Sa RÉSISTANCE À LA RUPTURE n'est cependant que deux fois plus faible que celle des ACIERS COURANTS, ce qui en fait un MÉTAL possédant une très bonne RÉSISTANCE SPÉCIFIQUE.
B. C'est le MÉTAL le plus abondant dans la croûte terrestre (environ 8 %) mais on le trouve sous forme de composé chimique (OXYDES) nécessitant une EXTRACTION.

C. L'une de ses CARACTÉRISTIQUES la plus importante est la formation naturelle à sa SURFACE d'un OXYDE qui constitue une barrière contre la CORROSION.
D. L'aluminium est utilisé avec d'autres ÉLÉMENTS CHIMIQUES pour obtenir des alliages utilisés dans la FABRICATION et la CONSTRUCTION | MÉCANIQUE. C'est un MÉTAL | MALLÉABLE, MOULABLE, SOUDABLE et ayant de bonnes aptitudes au FORMAGE avec toutes les TECHNIQUES connues. Il est un très bon CONDUCTEUR ÉLECTRIQUE et de chaleur. C'est un métal AMAGNÉTIQUE.
E. Quelques CARACTÉRISTIQUES.

Symbole chimique :	Al
État physique à l'ambiante :	Solide
Couleur :	Blanchâtre
Numéro atomique :	13
Masse volumique :	2,703 g/cm³
T° de fusion :	660°C
Structure cristalline :	Cubique Face Centrée

F. L'aluminium est utilisé dans les domaines nécessitant légèreté, ESTHÉTIQUE et RÉSISTANCE À LA CORROSION tels que la construction aéronautique, l'industrie automobile, la menuiserie, etc.
G. Aspect, couleur et rendu du MÉTAL.

👍 **Avantages**

H. Ultra léger pour un MÉTAL. Plutôt résistant mécaniquement. RIGIDITÉ SPÉCIFIQUE très favorable. Très bonne RÉSISTANCE À LA CORROSION. Durable. ALIMENTARITÉ. Bonne FORMABILITÉ. Très MALLÉABLE. Bonne MOULABILITÉ. SOUDABILITÉ variable de très bonne à très mauvaise selon les ALLIAGES. ESTHÉTIQUE. Nécessite peu d'entretien. Minerai abondant dans la nature. Recyclable. Nombreux TRAITEMENTS THERMIQUES permettant de moduler ses CARACTÉRISTIQUES. Nombreux TRAITEMENTS DE SURFACE permettant le changement de couleur, dont l'ANODISATION. Non-MAGNÉTIQUE. Disponible sous forme de

DEMI-PRODUITS | STANDARD (sens 1) : PLAQUE, TÔLE, FEUILLE, TUBE, PROFILÉ, FIL, etc. mais aussi de gamme de PROFILÉS pour la menuiserie, par exemple.

👎 Inconvénients

I. Plus cher que l'ACIER AU CARBONE (mais moins cher que l'ACIER INOXYDABLE). Son ÉLABORATION requiert beaucoup d'électricité. Non-MAGNÉTIQUE ce qui ne lui permet pas, par exemple, d'être détecté et arrêté par les dispositifs de sécurité à base d'AIMANTS PERMANENTS destinés à empêcher l'intrusion de corps MÉTALLIQUES (bouts de VIS, RIVETS, etc.) à l'intérieur des MACHINES DE TRANSFORMATION (sens 3) de (PLASTIQUE), MATIÈRE PLASTIQUE.
J. Quelques exemples d'utilisation de l'aluminium sur des objets de la vie courante.

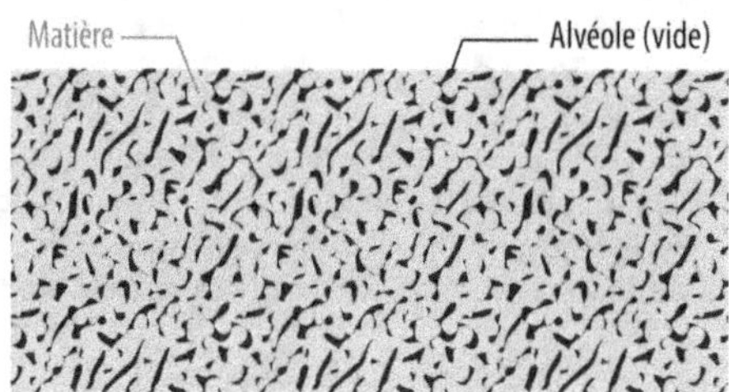

→ Voir aussi MÉTAL.

(n.m.)
1. Compartiments de VIDE (sens 1) plus ou moins minuscules reliés ou non entre eux au sein de la STRUCTURE (sens 1) d'un MATÉRIAU.
Ex. : *Alvéoles d'un MATÉRIAU mousse.*

Matière ——— ——— Alvéole (vide)

◆ Syn. PORE.
→ Voir aussi STRUCTURE MACROSCOPIQUE.

2. Multitude de TROUS et OUVERTURES pratiqués sur une PIÈCE (sens 1) ou ÉLÉMENT DE STRUCTURE, par exemple, pour l'alléger ou encore à d'autres fins (passage de câbles électriques ou canalisations, etc.).
Ex. : *Poutre à alvéoles.*

(adj.) Qui n'est pas attiré par un AIMANT.
C'est le cas, entre autres, de l'ALUMINIUM, du CUIVRE et de certains ACIERS INOXYDABLES.
◊ Contr. : MAGNÉTIQUE.
→ Voir AIMANT.

(n.f.)
1. Partie intermédiaire du PROFILÉ en I ou H reliant les deux SEMELLES.

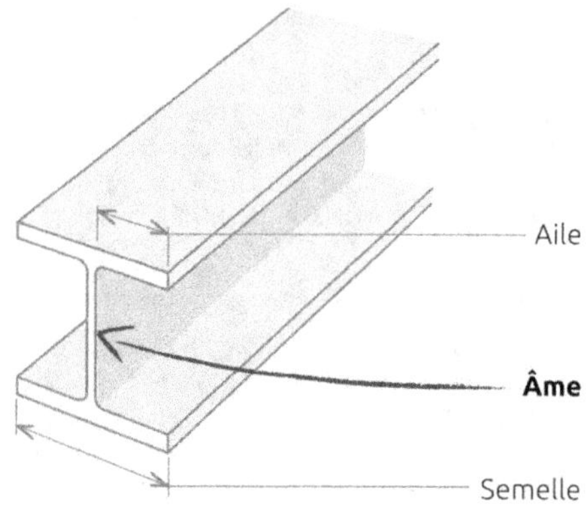

→ Voir aussi HEA ; HEB ; HEM ; IPE ; IPN.
2. MATIÈRE de consistance souvent légère se situant entre les PLAQUES d'un (SANDWITCH), PANEAU SANDWITCH.

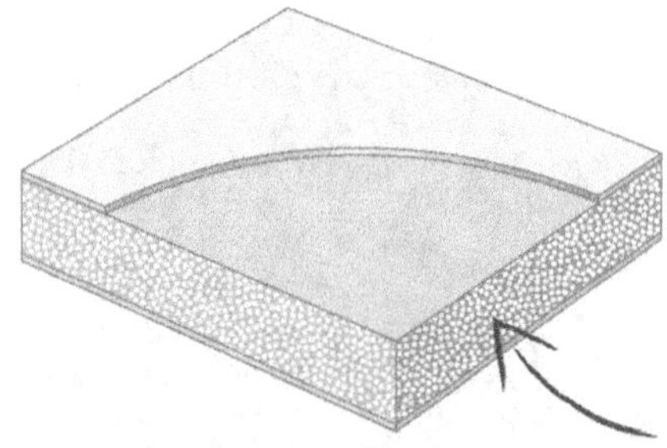

→ Voir aussi (SANDWITCH), PANNEAU SANDWITCH.
3. MATIÈRE placée entre les brins de FIL DE FER constituant un CÂBLE métallique de manière à ce qu'ils ne se dispersent pas.
→ Voir aussi CÂBLE.

AMDEC

Acronyme pour « Analyse des Modes de Défaillance, de leurs Effets et de la Criticité ».
Il s'agit d'une MÉTHODE et démarche s'attachant à prévoir les limites de FIABILITÉ d'un SYSTÈME, les modes de PANNE (sens 1) et dysfonctionnements pouvant survenir, d'estimer les conséquences de ces PANNES (sens 1) afin de mettre sur pied des actions correctives et préventives pour les PHASES (sens 1) de CONCEPTION, de réalisation et d'exploitation du SYSTÈME en question.

amenage [feed unit]

(n.m.) Tout DISPOSITIF permettant d'acheminer des PIÈCES (sens 1) ou MATIÈRE DE BASE vers une MACHINE pour y être travaillées.
Ex : *Amenage avec un convoyeur à* ROULEAUX *(sens 3) pour le* POINÇONNAGE *d'un* PROFILÉ.

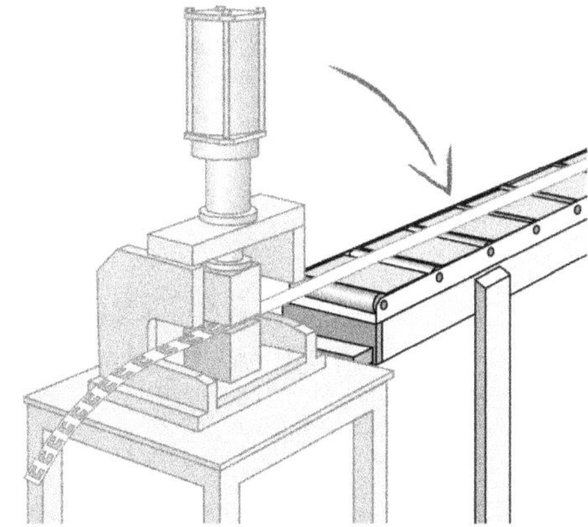

amorce de rupture [crack initiation, crack hairline]

(n.f.) Zone de FISSURE susceptible de s'étendre jusqu'à provoquer une cassure nette de la PIÈCE (sens 1) sur laquelle elle apparaît.
Ex : *Amorce de rupture au fond d'une* RAINURE DE CLAVETAGE *et en* FOND DE FILET *de vis.*

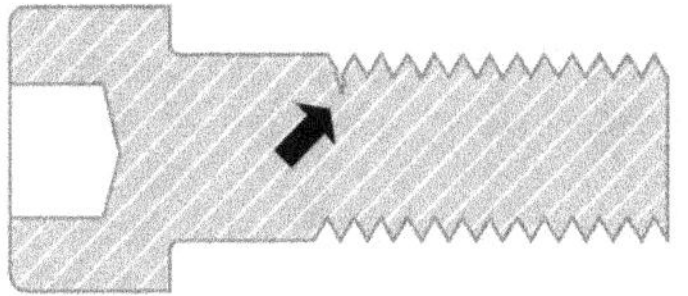

Généralement, elle apparaît sur un CONGÉ avec un rayon nul ou faible sur lequel se produit le PHÉNOMÈNE de CONCENTRATION DE CONTRAINTE.
→ Voir (CONTRAINTE), COEFFICIENT DE CONCENTRATION DE CONTRAINTE.

amorphe [amorphous]

(adj.) Dont les atomes ne sont pas rangés de façon régulière en parlant de l'arrangement atomique d'un MATÉRIAU.
Ex. 1 : *Représentation schématique de l'arrangement atomique amorphe du* VERRE.

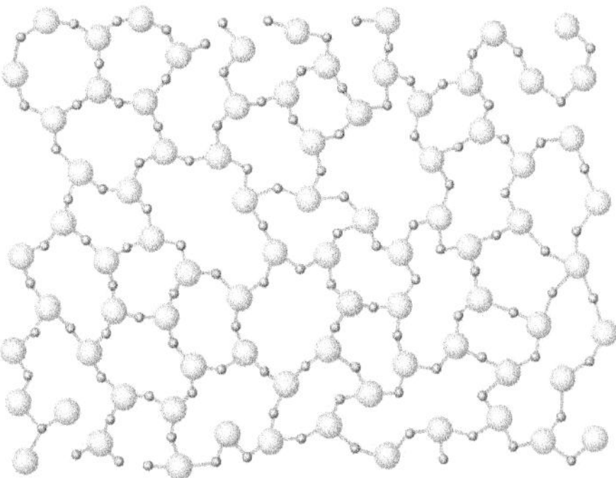

À comparer avec l'arrangement atomique ordonné du quartz de même formule chimique (SiO_2) :

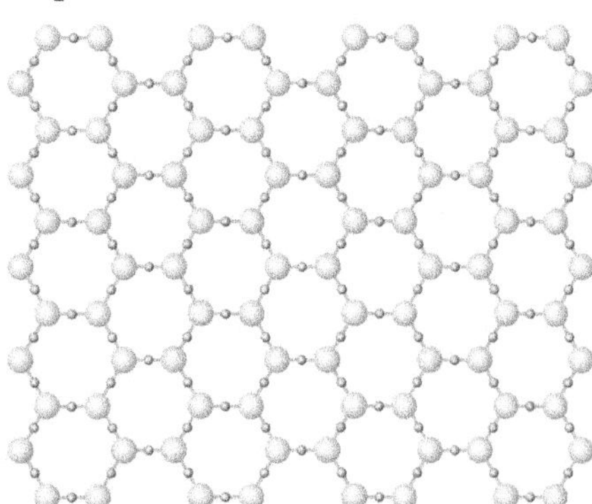

À remarquer que ce sont des représentations simplifiées bidimensionnelles. En réalité, ce sont des structures tridimensionnelles. Les plus grosses boules sont le SILICIUM, les plus petites l'OXYGÈNE.
Ex. 2 : *Représentation schématique d'une structure de* POLYMÈRE *amorphe.*

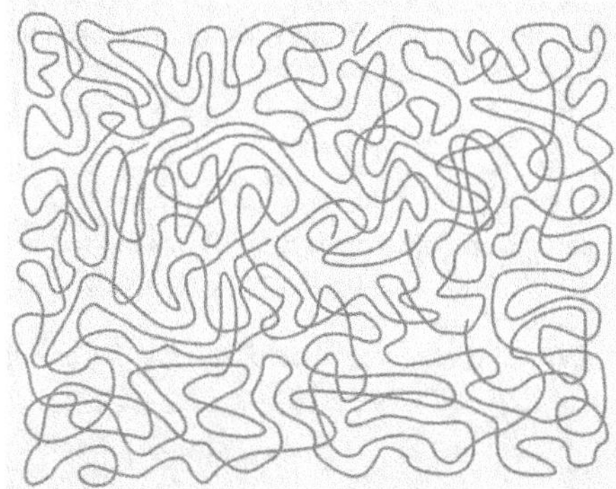

La figure représente l'enchevêtrement des MACROMOLÉCULES.
◊ Contr. : CRISTALLIN.

amortisseur [shock absorber]

(n.m.) ORGANE | MÉCANIQUE susceptible d'atténuer les CHOCS et les MOUVEMENTS DE VA ET VIENT par dissipation de l'énergie mécanique.

amovible [removable]

(adj.) Susceptible d'être détaché d'un ensemble sans l'aide d'un OUTILLAGE (sens 1) particulier.
Ex. : *Capot amovible.*
• Note : À ne pas confondre avec DÉMONTABLE qui nécessite l'emploi d'un OUTIL.

Ampère (A) en anglais

UNITÉ (sens 1) d'intensité électrique dans le (UNITÉ), SYSTÈME INTERNATIONAL D'UNITÉS (S.I.).

analyse chimique [chemical analysis]

(n.f.) Détermination de la nature des ÉLÉMENTS CHIMIQUES et de leurs quantités dans une SUBSTANCE.
→ Voir aussi CARACTÉRISATION.

analyse dilatométrique [dilatation analysis]

(n.f.) MÉTHODE d'étude des PHÉNOMÈNES de TRANSFORMATION (sens 2) physique à l'intérieur d'un MATÉRIAU par MESURE (sens 3) fine des augmentations de LONGUEUR (ou de VOLUME) en fonction de la TEMPÉRATURE et du temps.
A. Les accidents dans la courbe de relevé de DILATATION permettent de se rendre compte des changements. L'enregistrement ci-contre montre que la STRUCTURE CRISTALLINE du FER change et devient plus COMPACTE entre 910 °C et 1390 °C.
B. Ne pas confondre avec l'ANALYSE THERMIQUE.
→ Voir DILATOMÈTRE pour l'APPAREIL utilisé.
Ex. : *Courbe enregistrée lors de l'analyse dilatométrique du* FER *pur.*

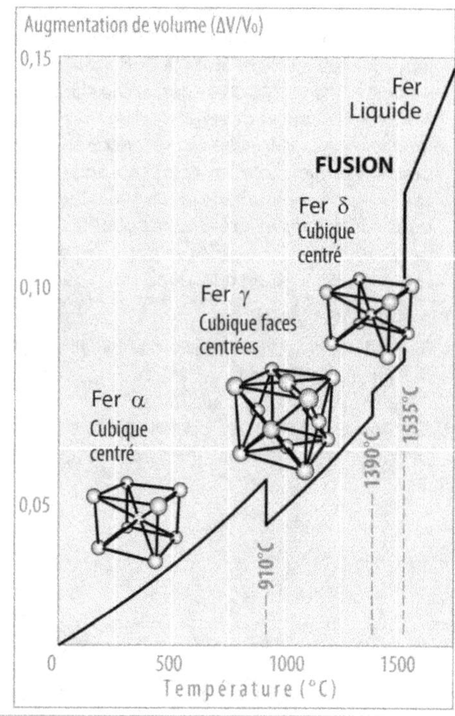

analyse fonctionnelle [functional analysis]

(n.f.) MÉTHODE de réflexion en groupe s'attachant à établir un CAHIER DE CHARGES exhaustif des FONCTIONS que doit remplir un PRODUIT encore inexistant, en vue de sa CONCEPTION proprement dite.
A. La FABRICATION d'un objet nécessite une réflexion préalable sur les FONCTIONS qu'il devra remplir, bien avant même les questionnements sur les approches technologiques à exploiter, sur les MATÉRIAUX à utiliser, les PROCÉDÉS de FABRICATION à mettre en œuvre. Il s'agit d'élaborer une description non-figurative mais précise du futur produit indépendamment de toutes SOLUTIONS TECHNIQUES concrètes, sans jamais évoquer de MATÉRIAU, de FORME, de COMPOSANT, ni un quelconque DISPOSITIF, etc. L'objectif est d'éviter d'aller directement vers une SOLUTION TECHNIQUE qui peut influencer et restreindre d'entrée de jeu le potentiel de CRÉATIVITÉ. L'analyse fonctionnelle consiste à identifier, recenser, ordonner, caractériser, hiérarchiser et valoriser les services que devra rendre le produit (les FONCTIONS) de manière à fournir des indications précises pour orienter les activités de recherches du BUREAU D'ÉTUDES en charge de trouver les SOLUTIONS TECHNIQUES adéquates.
B. Pendant l'avancement et à l'issue d'un PROJET, le document d'analyse fonctionnelle per-

met d'évaluer avec des critères objectifs la concordance des solutions trouvées par rapport à ce qui a été défini comme BESOINS à satisfaire. Le stade de l'analyse fonctionnelle fait intervenir tous les acteurs pouvant avoir affaire avec le produit à un moment donné, du service marketing et commercial au client final, en passant par les bureaux d'études, le BUREAU DE MÉTHODE, le service de production, le service logistique.
→ Voir BUREAU D'ÉTUDES ; (PRODUIT), CYCLE DE VIE D'UN PRODUIT.
C. Les différentes étapes de l'analyse sont :
• **L'identification et le recensement des** FONCTIONS que le produit doit assurer. Elles sont établies à partir de séance de REMUE-MÉNINGES pour aboutir à un diagramme synthétique. L'exemple considéré concerne un projet de panneau d'affichage publicitaire :

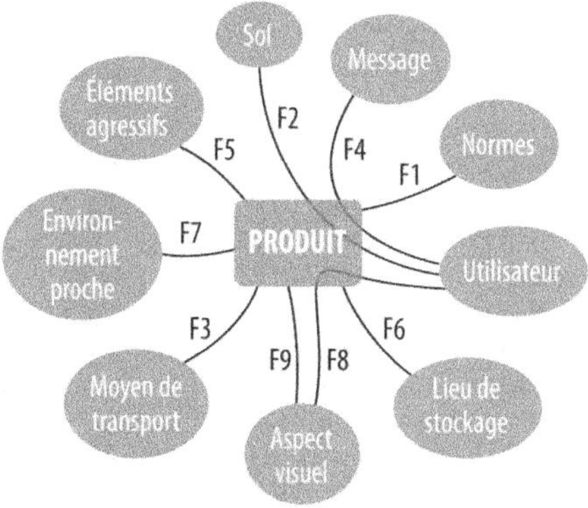

Les fonctions mises en évidence sont, par exemple, les suivantes :

Le produit doit permettre :

    : de respecter les normes
    : à l'utilisateur de l'installer sur le sol
    : au produit de s'intégrer dans les moyens de transport
    : à l'utilisateur de valoriser son message
    : de résister aux éléments agressifs
    : de s'insérer dans son lieu de stockage
    : de s'intégrer dans son environnement proche
    : à l'utilisateur de maintenir l'aspect visuel
    : d'être esthétique et attrayant

• **L'analyse des** FONCTIONS **: critères et flexibilité.** Chaque FONCTION est ensuite assortie de ses critères propres avec une indication de son importance (ou flexibilité). Par exemple : [0] obligatoire impératif ; [1] fortement souhaité ; [2] éventuelle-ment ; [3] facultatif, peu important. Quelques exemples de critères sur quelques FONCTIONS :

F1 : doit respecter les normes
• Zone de vent : 3 [0] (c.à.d obligatoire)
• Hauteur sous obstacle : 2.20 m [0]

F3 : doit s'intégrer dans les moyens de transport
• Camion spécial : [3] (facultatif)
• Camion standard hauteur maxi 2.30m ; largeur maxi 2.25m : [0] (obligatoire)
• Type d'appareil chargement : chariot élévateur capacité 1500 kg [0] grue [2] (éventuellement).

F9 : doit être esthétique
• Style : avant-gardiste [2] (éventuellement) moderne [0] (obligatoire)
•Forme générique : anguleuse [1] fortement souhaitée
• Niveau de finition : standard [0] (obligatoire) très soigné [1] (fortement souhaité)

Le résultat d'analyse des FONCTIONS fournit un guide précis à l'équipe de CONCEPTION pour stimuler sa CRÉATIVITÉ et se diriger plus facilement vers les bonnes SOLUTIONS TECHNIQUES en évitant les égarements. Remarquer en particulier les indications sur les critères correspondant aux moyens logistique de transport et de manutention (fonction F3) ainsi que sur les critères esthétiques (fonction F9).
→ Voir aussi STYLE.
• **La hiérarchisation des** FONCTIONS. Chaque FONCTION est comparée avec les autres afin d'établir un ordre d'importance. La FONCTION la plus importante est indiquée dans chaque case intersection d'un diagramme Fx/Fy avec une note du degré d'importance. Par exemple : (1) légèrement plus important ; (2) moyennement plus important ; (3) nettement plus important.

Fy	F1	F2	F3	F4	F5	F6	F7	F8	F9
F9									F9(1)
F8								F7(2)	F8(2)
F7							F7(2)	F8(2)	F9(3)
F6						F5(3)	F5(2)	F5(1)	F5(1)
F5					F5(1)	F4(3)	F4(2)	F4(1)	F4(1)
F4				F4(1)	F5(2)	F3(2)	F3(1)	F8(1)	F9(1)
F3			F2(2)	F4(1)	F2(1)	F2(3)	F2(2)	F2(2)	F2(2)
F2		F2(1)	F1(2)	F4(1)	F5(1)	F1(3)	F1(2)	F1(1)	F1(2)
Fx →	F1	F2	F3	F4	F5	F6	F7	F8	F9
Total	10	13	3	10	11	0	2	4	6
%	17%	22%	5%	17%	18%	1%	3%	7%	10%

Le dépouillement consiste à comptabiliser et à additionner toutes les notes d'importance recueillies par chaque fonction. Ce qui conduit à l'histogramme récapitulatif page suivante, rangé du moins important au plus important :

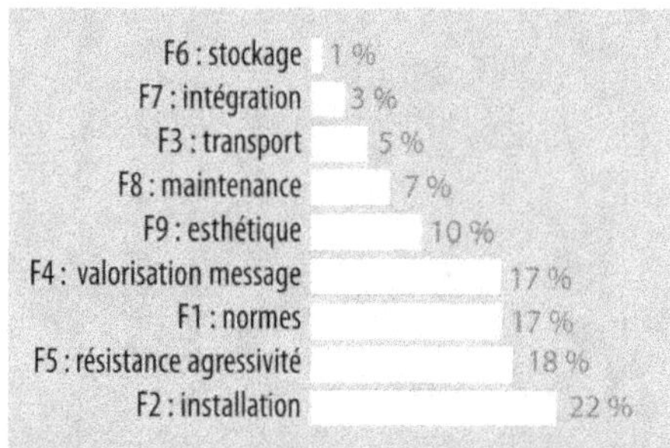

Il est évident que ce diagramme est le reflet du ressenti du groupe qui a réalisé l'analyse. Il peut différer complètement pour un autre groupe. Au final, l'analyse fonctionnelle a dégagé la tendance suivante de l'esprit que devra avoir le produit et les aspects prioritaires que l'équipe de CONCEPTION s'efforcera de traduire dans son travail de création TECHNIQUE.

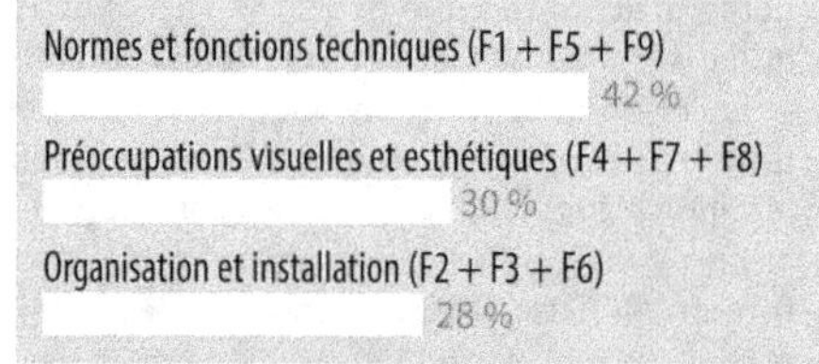

analyse thermique [thermal analysis]

(n.f.) MÉTHODE d'études des TRANSFORMATIONS (sens 2) dans les MÉTAUX et ALLIAGES, basée sur le suivi de la TEMPÉRATURE en fonction du temps, pendant le chauffage ou le REFROIDISSEMENT, de manière à recueillir des indications sur les PHÉNOMÈNES intervenants au cours de leurs TRANSFORMATIONS (sens 2).

A. L'analyse thermique servait initialement à des études de laboratoire principalement pour l'élaboration de DIAGRAMMES DE PHASE qui, en relation avec la MÉTALLOGRAPHIE, renseigne sur la MICROSTRUCTURE et les différents constituants d'un ALLIAGE. Mais elle est aussi utilisée en milieu industriel dans les FONDERIES comme méthode de suivi de qualité de production pour contrôler la composition chimique (par exemple le CARBONE ÉQUIVALENT dans les FONTES) ou les traitements (par exemple, l'AFFINAGE et la modification dans les ALUMINIUMS). L'analyse thermique est aussi utilisée pour d'autres MATÉRIAUX comme les (PLASTIQUES), MATIÈRES PLASTIQUES, le VERRE, les CÉRAMIQUES, les semi-conducteurs et même dans les domaines médicaux et pharmaceutiques.

B. Ci-après un premier type d'enregistrement de TEMPÉRATURE pendant le REFROIDISSEMENT d'un MATÉRIAU préalablement fondu :

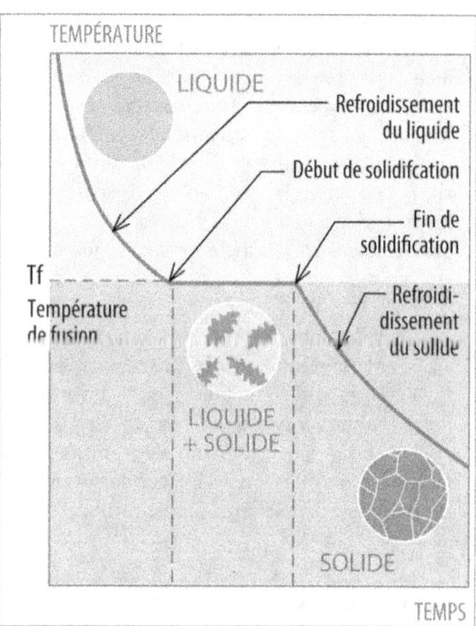

Cette courbe est caractéristique des CORPS PURS et certains ALLIAGES particuliers, dits EUTÉCTIQUES, pour lesquels la SOLIDIFICATION s'effectue à une valeur de TEMPÉRATURE constante T_f bien précise appelée TEMPÉRATURE DE FUSION. Chaque MÉTAL pur ou les ALLIAGES | EUTÉCTIQUES possèdent leur propre valeur de TEMPÉRATURE DE FUSION caractéristique.

→ Voir TEMPÉRATURE DE FUSION.

C. Plus généralement dans les ALLIAGES, le REFROIDISSEMENT n'apparaît pas à une TEMPÉRATURE unique, mais entre deux TEMPÉRATURES distinctes $[T_1, T_2]$ appelées PLAGE DE TEMPÉRATURE DE FUSION. Ci-dessous l'enregistrement de température typique d'un telle situation :

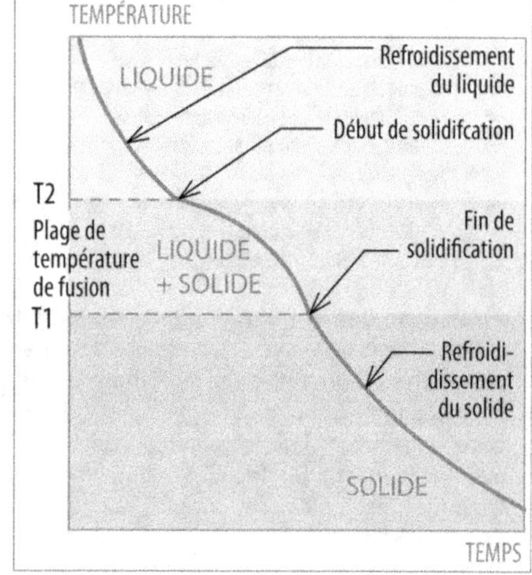

D. Pour d'autres ALLIAGES, les deux types de comportement décrits par les COURBES précédentes peuvent être rencontrés dans le même enregistrement de TEMPÉRATURE :

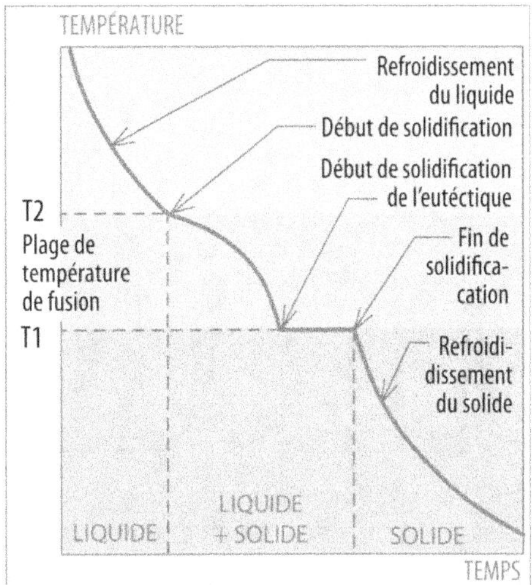

Cette COURBE typique renseigne sur la coexistence de plusieurs constituants distincts dans le même ALLIAGE.
→ Voir DIAGRAMME DE PHASE pour l'exploitation de l'analyse thermique dans l'étude des ALLIAGES et de leur MICROSTRUCTURE.

ancrage [cramping]

(n.m.) Mode de FIXATION (sens 2) avec un ORGANE se maintenant par ACCROCHAGE dans le logement prévu pour lui.
• Note : Ne pas confondre avec le SCELLEMENT qui nécessite l'utilisation d'un LIANT.
→ Voir CHEVILLE.

angle [angle]

(n.m.)
D'une façon générale, espace entre deux demi-DROITES partant de la même origine ou à l'intérieur d'un CÔNE. MESURE (sens 2) de toutes les ORIENTATIONS balayées par une DROITE pivotant autour de l'origine commune ou de la pointe du CÔNE.
A. L'angle peut être envisagé dans un PLAN (sens 1) ou dans l'espace, ce qui permet de les classer en deux types :
• l'ANGLE PLAN.
• l'ANGLE SOLIDE.
B. Le terme angle utilisé sans précision complémentaire désigne l'angle plan.

angle aigu [acute angle]

(n.m.) ANGLE PLAN plus petit que l'ANGLE DROIT,
◊ Contr. : ANGLE OBTUS.
→ Voir ANGLE PLAN.

angle complémentaire [complementary angle]

(n.m.) ANGLE qu'il faut ajouter à un autre pour obtenir un ANGLE DROIT, c'est à dire 90°.
Ex. L'angle complémentaire de 60° est 30°.
→ Voir ANGLE PLAT.

angle d'affûtage [wedge angle]

(n.m.) Voir les explications à la rubrique ANGLE DE TAILLANT, car même signification.

angle d'attaque [rake angle]

(n.m.) Voir les explications à la rubrique ANGLE DE COUPE, car même signification.

angle de coupe [rake angle]

(n.m.) ANGLE de l'OUTIL DE COUPE entre la FACE DE COUPE et la NORMALE au MOUVEMENT DE COUPE.
A. Sur la figure suivante, il s'agit de l'angle g :

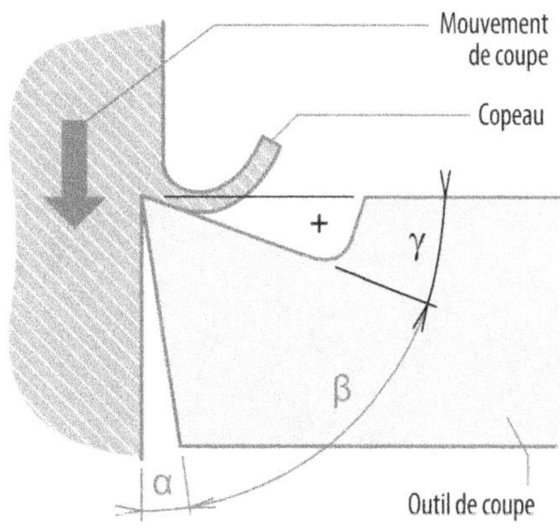

B. On distingue deux types d'angle de coupe :
• l'angle de coupe positif.
• l'angle de coupe négatif.
La figure précédente montre le cas de l'angle de coupe positif. La figure ci-après illustre le cas d'un angle de coupe négatif.

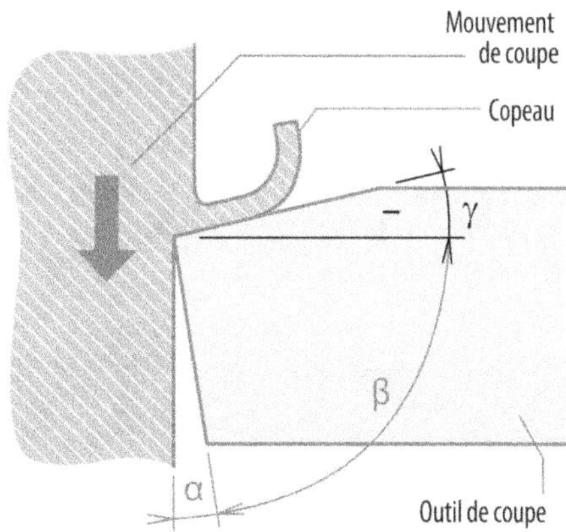

Ci-dessous, le cas des TARAUDS :

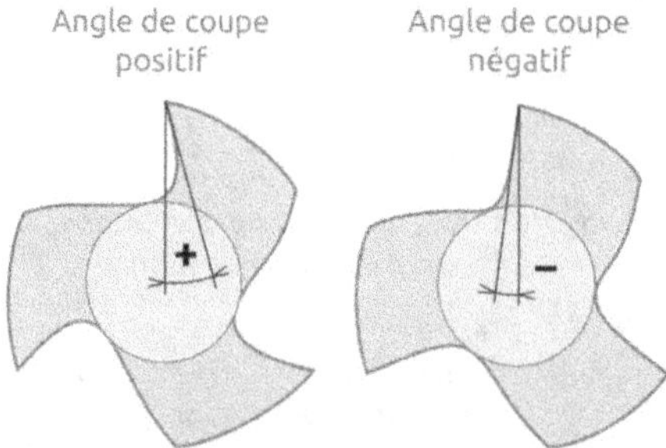

C. D'une façon générale, les OUTILS DE COUPE ont des angles positifs. L'USINAGE de MATÉRIAUX DURS demande des angles négatifs pour limiter la fragilisation de l'arête. Dans certains cas, un CHANFREIN peut être employé pour renforcer l'arête. Le tableau ci-dessous donne les valeurs usuelles des angles de coupe pour les principaux MATÉRIAUX :

MATÉRIAU	ANGLE DE COUPE	**ASPECT**
Très tendre (Bois, plastique, etc...)	Très positif : +20° à +45°	
Tendre (Aluminium, cuivre, etc...)	Positif : +10° à +20°	
Mi-dur (Acier)	Peu positif : 0° à 10°	
Métaux durs	Négatif : 0° à -20°	

---

angle de dépouille [clearance angle]

(n.m.) Léger ANGLE d'INCLINAISON d'une surface pour faciliter le DÉMOULAGE ou éviter le FROTTEMENT d'un OUTIL DE COUPE.

Ex. 1 : *Angle de dépouille d'une pièce moulée.*

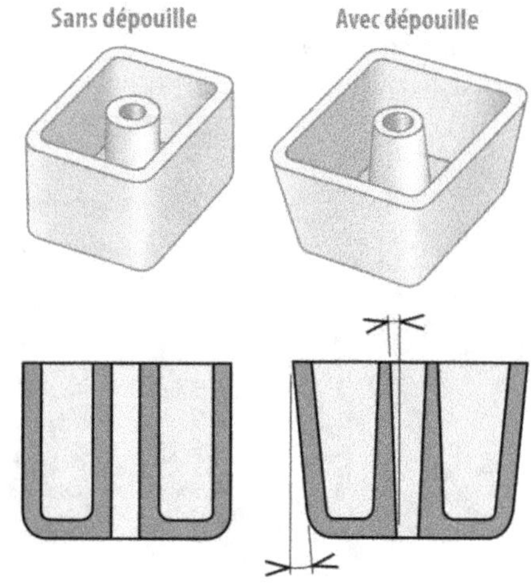

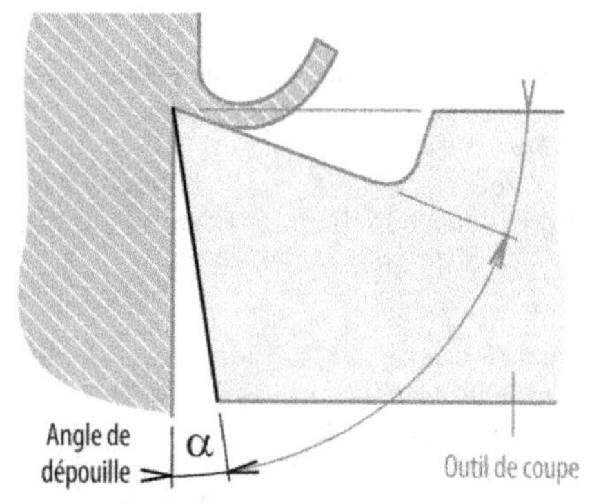

Ex. 2 : *Angle de dépouille d'un outil de coupe.*

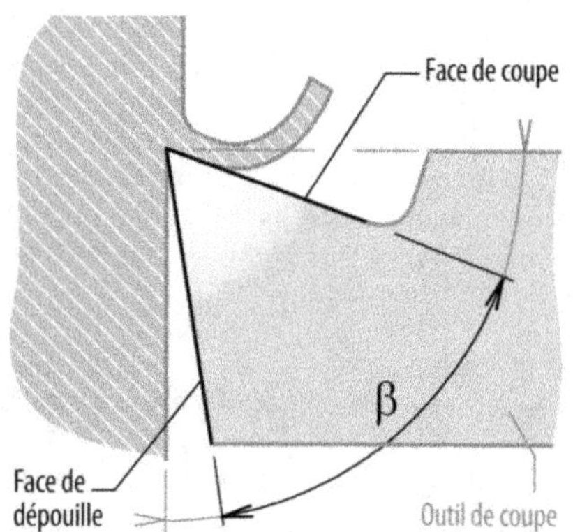

---

angle de taillant [wedge angle]

(n.m.) ANGLE entre la FACE DE COUPE (sens 2) et la face de DÉPOUILLE d'un OUTIL DE COUPE.

angle d'hélice [helix angle]

(n.m.) INCLINAISON d'une SURFACE HÉLICOÏDALE par rapport à son AXE (sens 1) ou au PERPENDICU-LAIRE de son AXE.

A. Cas des FILETAGES, TARAUDAGES, VIS SANS FIN et VIS en général : l'angle d'hélice Φ est considé-ré par rapport au PERPENDICULAIRE de son AXE (sens 1). Il est donné par l'expression :

$$\Phi = \arctan\left(\frac{P \times N}{\pi \times D}\right)$$

Ex. 1 : *Filetage*.

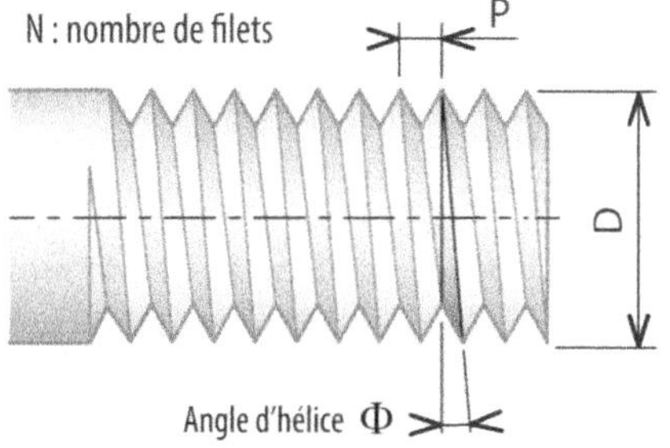

Ex. 2 : *Vis sans fin*.

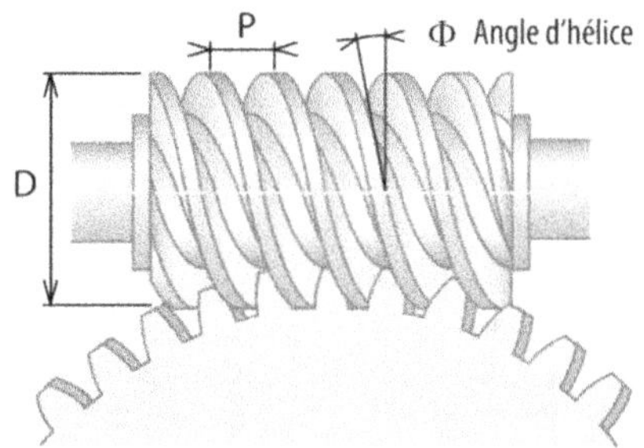

Dans ces cas, l'angle d'hélice, assimilé à l'ANGLE d'un plan incliné enroulé en HÉLICOÏDE, permet d'évaluer si un SYSTÈME VIS-ÉCROU ou une ROUE VIS SANS FIN sont RÉVERSIBLES ou non dans leur fonctionnement. Un angle d'hélice faible ne permet pas la réversibilité.

B. Cas des OUTILS DE COUPE ROTATIFS et ENGRE-NAGES : l'angle d'hélice est mesuré par rapport à l'AXE (sens 1).

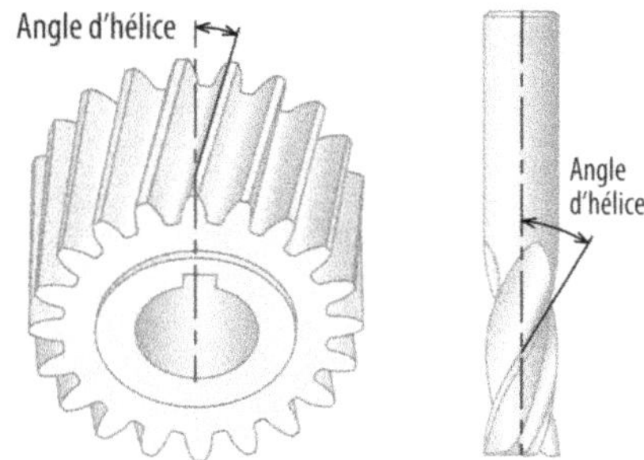

Dans ces cas, l'angle d'hélice est juste une CA-RACTÉRISTIQUE géométrique.

angle droit [right angle]

(n.m.) ANGLE de deux DROITES ou PLANS (sens 1) PERPENDICULAIRES, c'est à dire à 90°.
→ Voir ANGLE PLAN.

angle obtus [obtuse angle]

(n.m.) ANGLE plus grand que l'ANGLE DROIT.
◊ Contr. : ANGLE AIGU.
→ Voir ANGLE PLAT.

angle plan [plane angle]

(n.m.) Espace entre deux demi-DROITES qui se coupent. MESURE (sens 1) de l'ORIENTATION de l'une des demi-DROITES par rapport à l'autre.

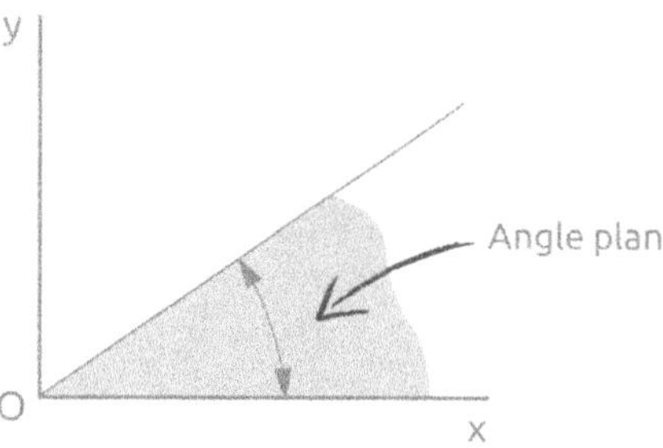

A. Son UNITÉ (sens 1) de MESURE (sens 2) dans le (UNITÉ), SYSTÈME INTERNATIONAL D'UNITÉS (S.I.) est le RADIAN (rd). Cependant, cette UNITÉ (sens 1) est surtout utilisée dans les disciplines scientifiques. Dans les disciplines plus TECHNIQUES et dans les pratiques quotidiennes, le DEGRÉ (°) est plus ré-pandu, le GRADE (gr ou gon) plus rare. Voici les correspondances de ces unités :

1 tour complet	$= 2\pi$ rad (radian)
	$= 360°$ (degré)
	$= 400$ gr ou gon (grade ou gon)

B. Ci-dessous, quelques notions importantes concernant les angles plans.

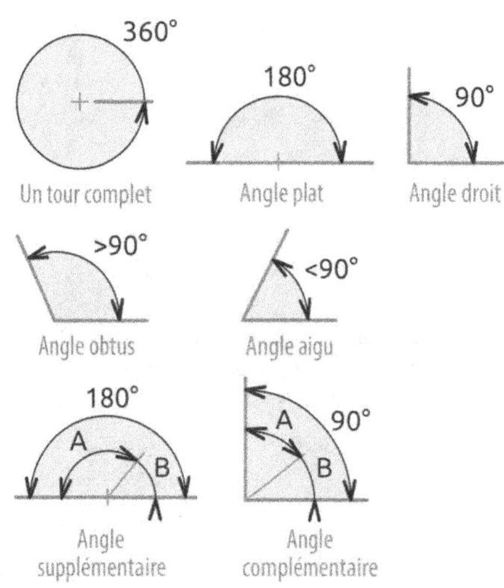

C. L'angle plan est souvent appelé simplement angle sans risque de confusion avec l'ANGLE SOLIDE qui est toujours spécifié.
D. Ne pas confondre avec l'ANGLE PLAT.

angle plat [straight angle]

(n.m.) ANGLE de deux DROITES ou PLANS (sens 1) alignés, c'est à dire à 180°.
→ Voir ANGLE PLAN.

angle solide [solid angle]

(n.m.) ANGLE dans l'espace et non seulement dans un PLAN (sens 1). MESURE (sens 1) de toutes les ORIENTATIONS possibles à l'intérieur d'un CÔNE balayé par une DROITE partant de la pointe du CÔNE.

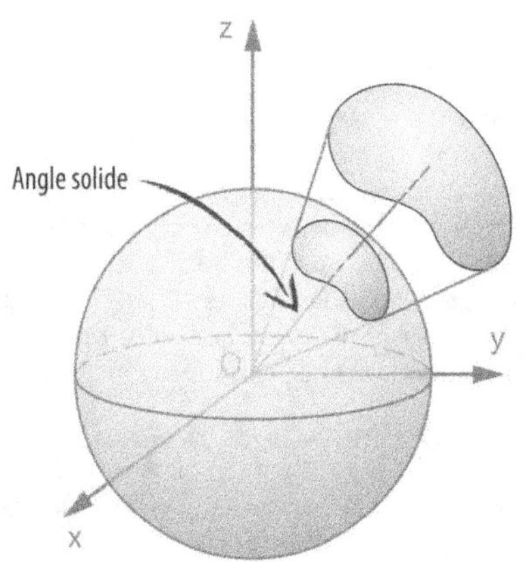

Son UNITÉ (sens 1) de MESURE (sens 2) dans le (UNITÉ), SYSTÈME INTERNATIONAL D'UNITÉS (S.I.) est le STÉRADIAN (SR). Une sphère complète vaut 4π sr.

Le stéradian est une unité (sens 1) très utilisée en photométrie.

angle supplémentaire [supplementary angle]

(n.m.) ANGLE PLAN qu'il faut ajouter à un autre pour obtenir un ANGLE PLAT.
Ex : *L'angle supplémentaire de 30° est 150°.*
→ Voir ANGLE PLAN.

(angle), sur angle [across angle]

(Locution). Mesuré suivant des ARÊTES et non des SURFACES planes.
◊ Contr. (PLAT), SUR PLAT.
→ Voir (PLAT), SUR PLAT pour une comparaison.

ångström (Å) [Angstrom]

(n.m.) Ancienne UNITÉ (sens 1) de MESURE (sens 1) de LONGUEUR ne faisant pas partie du (UNITÉ), SYSTÈME INTERNATIONAL D'UNITÉS (S.I.) et utilisée auparavant pour les DISTANCES atomiques dans les STRUCTURES CRISTALLINES et les longueurs d'ondes électromagnétiques.
A. Ci-dessous, son symbole et les correspondances avec les UNITÉS (sens 1) usuelles :

$$1\ Å = 10^{-10}\ m = 0{,}1\ nm$$

B. L'UNITÉ (sens 1) de MESURE (sens 2) appropriée est à présent le nanomètre (nm).
C. Ångström Anders Jonas (1814-1874) est un physicien suédois connu pour ses travaux sur le spectre solaire.

angulaire [angular]

(adj.) Qui a un rapport avec un ANGLE.
Ex. : *Course angulaire.*

anisotrope [anisotropic]

(adj.) Se dit d'une SUBSTANCE dont les PROPRIÉTÉS et CARACTÉRISTIQUES sont différentes en fonction de l'ORIENTATION (sens 1) considérée.
Ex. : *Le BOIS est anisotrope car ses propriétés mécaniques sont différentes dans le sens longitudinal et transversal.*
◊ Contr. : ISOTROPE.

anisotropie [anisotropy]

(n.f.) Particularité de SUBSTANCE dont les PROPRIÉTÉS sont différentes en fonction de l'ORIENTATION (sens 1) considérée.
À titre d'exemple, une TÔLE laminée a tendance à avoir des PROPRIÉTÉS longitudinales et transversales différentes à cause de l'ORIENTATION des GRAINS due au LAMINAGE.
→ Voir DIRECTION DE LAMINAGE.
Un (COMPOSITE), MATÉRIAU COMPOSITE avec un RENFORT (sens 2) de FIBRE est également anisotrope et est, en principe, plus résistant suivant le sens des FIBRES. C'est aussi le cas du BOIS qui a

tendance à être sensiblement plus résistant dans le sens AXIAL (longitudinal) par rapport aux sens RADIAL (transversal) et TANGENTIEL :

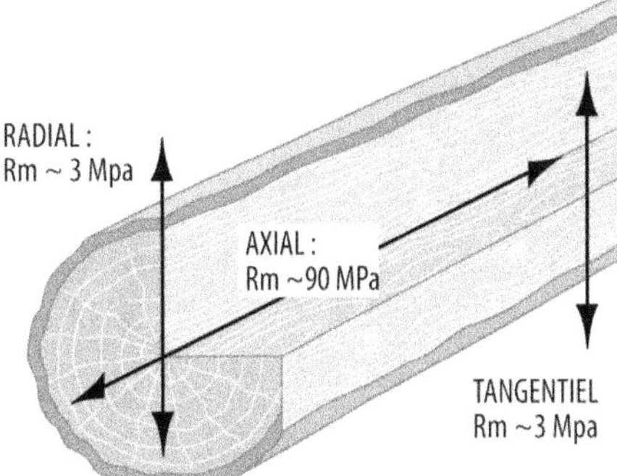

◊ Contr. : ISOTROPIE.
→ Voir ISOTROPE.

anneau [ring]

(n.m.) ORGANE | MÉCANIQUE en FORME de CERCLE complet ou légèrement interrompu.

→ Voir ANNEAU DE LEVAGE ; CIRCLIP.

anneau de levage [hoisting ring, ring nut, ring bolt]

(n.m.) ORGANE | MÉCANIQUE à TIGE FILETÉE ou TROU TARAUDÉ permettant de le fixer sur une CHARGE (sens 1) et d'une FORME | CIRCULAIRE vide au milieu pour recevoir un CROCHET destiné à soulever la CHARGE (sens 1).

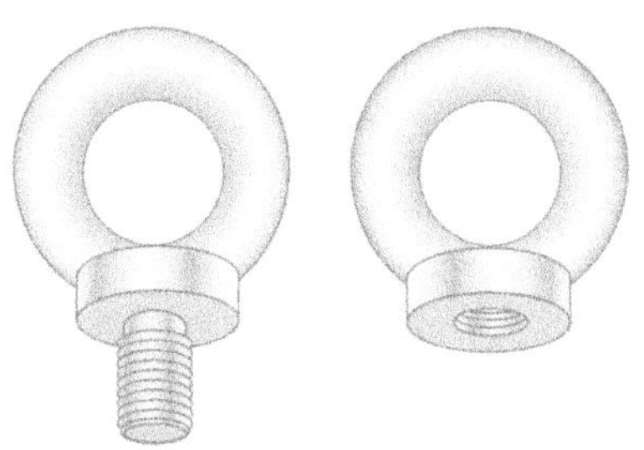

anneau élastique [circlip]

(n.m.) Même signification que CIRCLIP.

annelé [corrugated]

(adj.) Contenant des FORMES | ANNULAIRES en succession de creux et crêtes dans un plan perpendiculaire à l'AXE longitudinal du PROFILÉ qui les porte.
Ex : TUBE ANNELÉ.

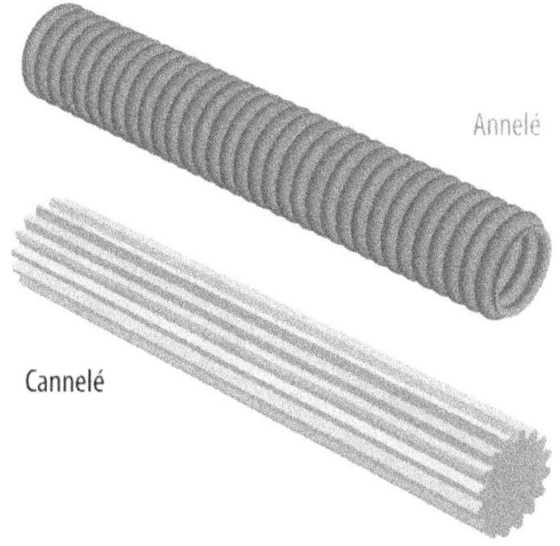

• Note : Ne pas confondre avec CANNELÉ.
→ Voir aussi EXTRUSION DE TUBE ANNELÉ.

annulaire [annular]

(adj.) De FORME | CIRCULAIRE sans rien au milieu. En FORME D'ANNEAU.

anodisation [anodizing]

(n.f.) PROCÉDÉ de TRAITEMENT DE SURFACE électrochimique de l'ALUMINIUM permettant d'obtenir une COUCHE d'OXYDE très DUR (l'ALUMINE) utilisé comme protection ou décoration.
La COUCHE peut être de différentes couleurs par ajout de pigments :

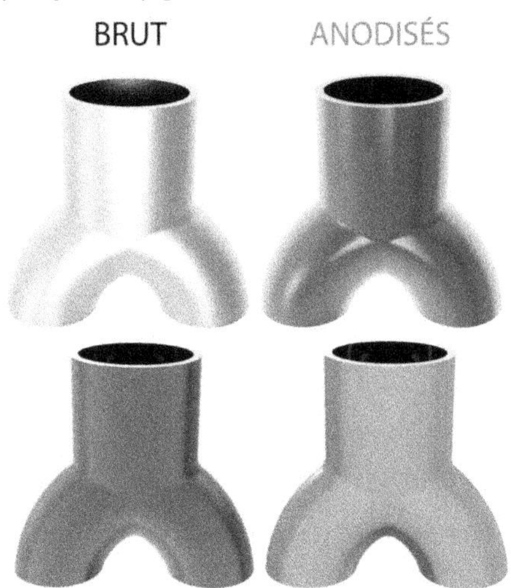

Principe du PROCÉDÉ :

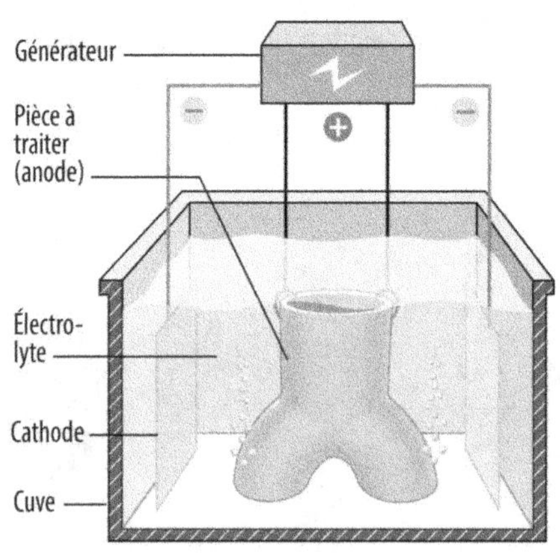

A. Quelques unes de ses applications : FABRICATION de composants électroniques, ALLIAGE pour des électrodes de batterie, MATÉRIAUX | ANTIFRICTIONS.

B. Quelques CARACTÉRISTIQUES :

Symbole chimique :	Sb (Stibium)
État physique à l'ambiante :	Solide
Couleur :	Blanc bleuâtre
Numéro atomique :	51
Masse volumique :	6,62 g/cm^3
T° de fusion :	631°C

C. Son symbole chimique Sb provient du latin *Stibium.*

anti-adhérent [non stick]

(adj.) Qui ne favorise pas le COLLAGE d'une MATIÈRE sur une autre.

anti-corrosion [rustproof]

(adj.) Qui empêche ou ralentit la détérioration chimique d'un MATÉRIAU par des facteurs agressifs extérieurs.

antidérapant [non skid]

(adj.) Qui possède un COEFFICIENT DE FROTTEMENT élevé empêchant le GLISSEMENT.

Coefficient de frottement dynamique : $\mathbf{\mu}_d$

0	0,3	0,5	1
GLISSANT		ANTI-DÉRAPANT	
0°	16,7°	26,5°	45°

Angle de frottement dynamique : $\tan^{-1}\mathbf{\mu}_d$

◊ Contr. : GLISSANT.

antifriction [babbit metal, antifriction alloy, bearing metal]

(n.m.) MATÉRIAU fait en ALLIAGE appelé « régule » contenant de l'ANTIMOINE, du PLOMB et de l'ÉTAIN, utilisé comme PALIER réduisant le FROTTEMENT avec un ARBRE (sens 2) tournant. C'est une ancienne technique remplacée à présent par du TÉFLON ™ chargé de fibres.

antimoine (Sb) [antimony]

(n.m.) ÉLÉMENT CHIMIQUE blanc à reflet bleuâtre, FRAGILE et utilisé pour augmenter la DURETÉ de certains ALLIAGES dans lequel il est incorporé.

antiretour [backstop, check valve]

(n.m.) DISPOSITIF permettant la ROTATION d'un AXE (sens 2) ou la circulation d'un FLUIDE dans un sens mais pas dans l'autre.
Ex. : *Clapet antiretour à boule pour empêcher le reflux de liquide.*

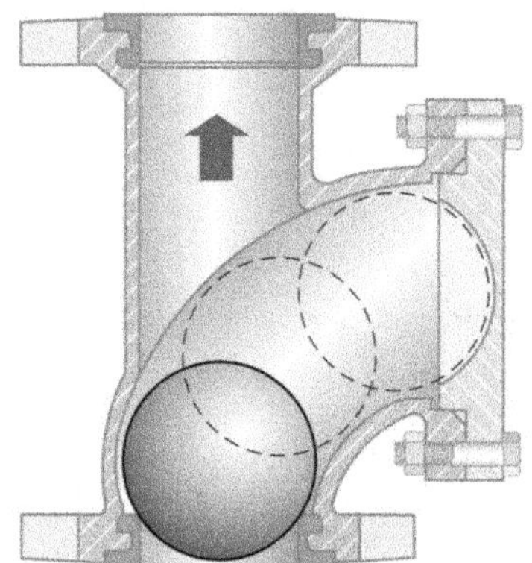

→ Voir aussi ENCLIQUETAGE (sens 1) ; (ROCHET), ROUE À ROCHET.

antirouille [rust inhibitor]

(n.m.) SUBSTANCE déposée sur une SURFACE métallique pour arrêter ou ralentir la CORROSION.
Ex. : *Peinture antirouille.*

antirouille [rust proof]

(adj.) Qui arrête ou retarde la CORROSION.

antistatique [antistatic]

(adj.) Qui n'accumule pas d'électricité statique en parlant d'un MATÉRIAU.
◊ Contr. : ÉLECTROSTATIQUE.

anti-usure [anti-wear]

(n.m.) Qui empêche ou diminue l'enlèvement de MATIÈRE dû au FROTTEMENT en cours d'utilisation.
Ex. : *Traitement anti-usure.*

antivibratoire [anti-vibration]

(adj.) Qui a tendance à atténuer et à filtrer les VIBRATIONS en parlant d'un MATÉRIAU.
C'est par exemple, le cas du CAOUTCHOUC ou ÉLASTOMÈRE ainsi que du LIÈGE.

aplatissage [flattening]

(n.m.) OPÉRATION d'écrasement d'une PIÈCE (sens 1) pour en diminuer entièrement ou partiellement l'ÉPAISSEUR.
Ex. : *Aplatissage d'un TUBE.*

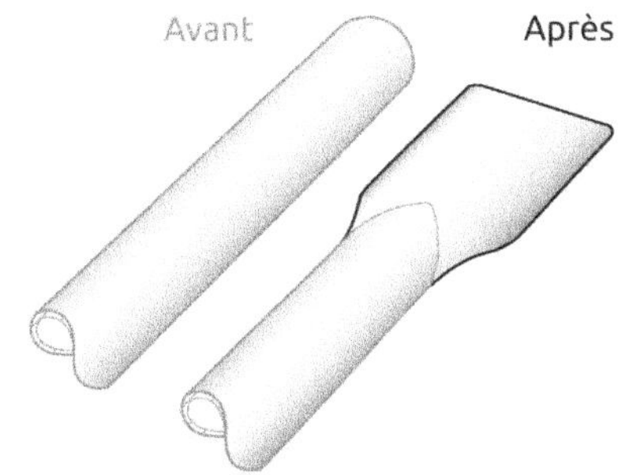

appairage [matching]

(n.m) Adaptation individualisée d'un ORGANE ou d'un DISPOSITIF à un autre.
• Note : L'appairage a pour conséquence de faire perdre l'avantage de l'INTERCHANGEABILITÉ car les ORGANES ou DISPOSITIFS ne peuvent fonctionner que par pair bien défini et identifié. Cependant, l'appairage est quelquefois inévitable dans les cas où l'extrême PRÉCISION d'ASSEMBLAGE est indispensable, comme dans certains équipements hydrauliques ou dans le FRETTAGE nécessitant des TOLÉRANCES très serrées.

appareil [device]

(n.m.) Agencement d'ORGANES spécialement conçus et fabriqués pour réaliser une FONCTION apportant une SOLUTION (sens 1) à un problème posé. La notion de MACHINE est de signification similaire. D'une façon générale, l'appareil fait référence à des DISPOSITIFS légers, portatifs, aisément déplaçables alors que le terme MACHINE est utilisée pour des engins plus encombrants et le plus souvent fixés à un endroit.

appareil à tarauder [tapping head, tapping attachment, self releasing tap holder]

(n.m.) DISPOSITIF à adapter sur une PERCEUSE classique pour automatiser l'AVANCE et le recul d'un TARAUD.

• Note : Dans ce cas, le taraud doit être obligatoirement du type TARAUD-MACHINE.

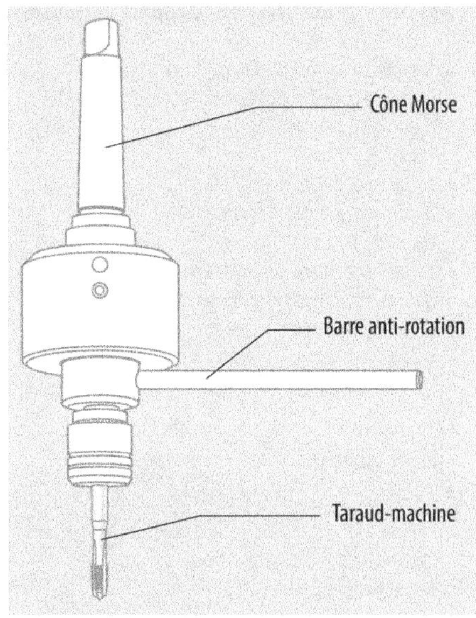

→ Voir aussi TARAUDAGE (sens 2).

appareil de levage [lifting device, elevating machinery]

(n.m.) MACHINE permettant de déplacer ou de soulever de lourdes CHARGES (sens 1).
→ Voir, par exemple, TRANSPALETTE ; CHÈVRE ; TREUIL ; MANIPULATEUR...

appareil de mesure [measurement device]

(n.m.) DISPOSITIF susceptible de donner avec PRÉCISION et de façon REPRODUCTIBLE des CARACTÉRISTIQUES exprimables avec des nombres et des UNITÉS (sens 1).

appareillage [machinery, apparatus]

(n.m.) Ensemble d'INSTRUMENTS, d'APPAREILS, de MACHINES et d'ACCESSOIRES pour un usage dans un domaine d'activité.
→ Voir aussi MATÉRIEL ; ÉQUIPEMENT.

apprenti, e [apprentice]

(n.) Personne en cours d'acquisition des connaissances et de l'habileté pour maîtriser une discipline.
• Note : Le terme apprenti est surtout utilisé pour les métiers manuels.

apprentissage [apprenticeship, training]

(n.m.) Éducation et formation en vue d'acquérir les connaissances et habileté pour maîtriser une discipline.
• Note : Le terme apprentissage est surtout utilisé dans le domaine des métiers manuels.

appui [support]

(n.m.) ORGANE | MÉCANIQUE sur lequel repose une autre PIÈCE (sens 1) et supporte toutes les CHARGES (sens 1).

A. Les appuis autorisent des DEGRÉS DE LIBERTÉ plus ou moins importants :
- Deux degrés de liberté : APPUI LIBRE ou APPUI SIMPLE.
- Un degré de liberté : APPUI ARTICULÉ.
- Aucun degré de liberté : APPUI ENCASTRÉ ou APPUI FIXE.
- Comportement intermédiaire entre un appui articulé et un appui encastré : APPUI SEMI-RIGIDE.

B. Représentation schématique des différents types d'appui :

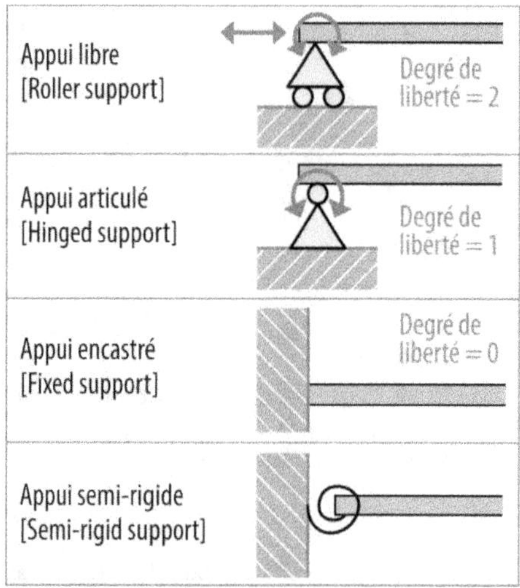

appui articulé [hinge support]

(n.m.) Type d'APPUI n'autorisant qu'un seul DEGRÉ DE LIBERTÉ, en ROTATION. Deux types de représentation possédant la même signification existent :

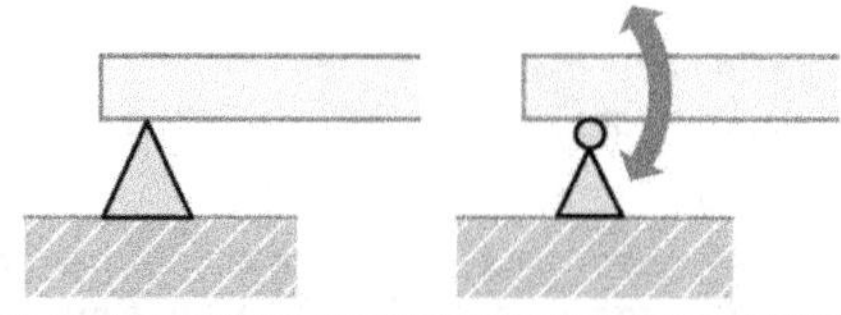

appui encastré [fixed support]

(n.m.) Type d'APPUI n'autorisant aucun DEGRÉ DE LIBERTÉ, car il est entièrement fixé à une autre partie d'une STRUCTURE (sens 2).

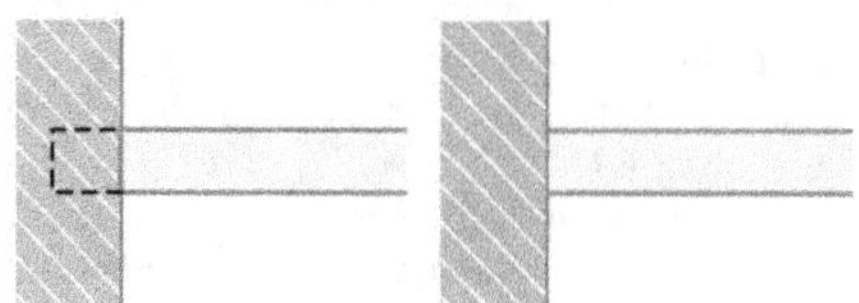

Ex. :

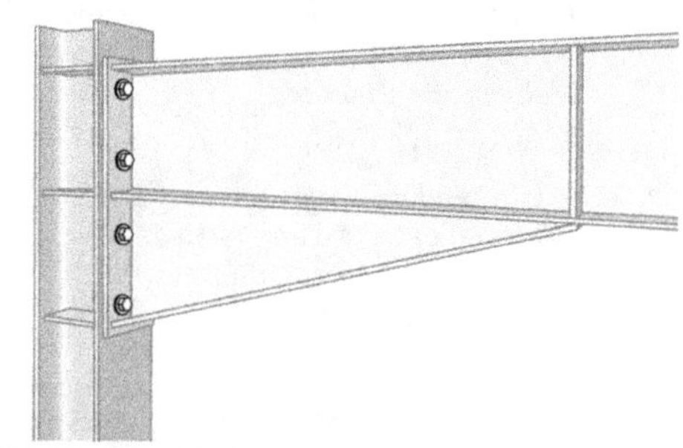

appui fixe [fixed support]

(n.m.) Type d'APPUI n'autorisant aucun DEGRÉ DE LIBERTÉ.
- ◆ Syn. : APPUI ENCASTRÉ.

appui libre, appui simple [roller support]

(n.m.) Type d'APPUI autorisant deux DEGRÉS DE LIBERTÉ, l'un en rotation et l'autre en TRANSLATION. Les deux représentations suivantes possédent la même signification :

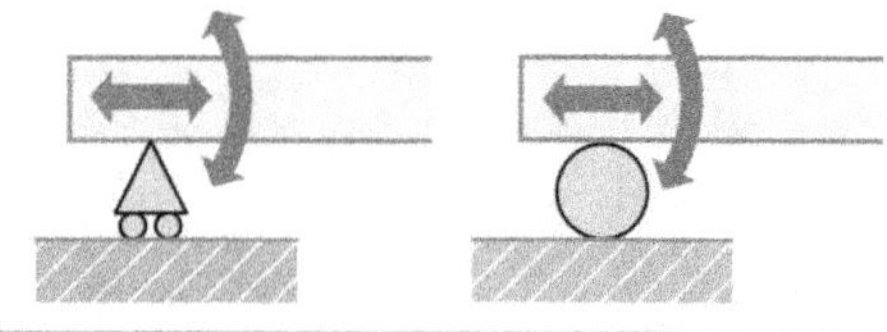

appui semi-rigide [semi-rigid support]

(n.m) Type d'appui dont le comportement est intermédiaire à l'APPUI ARTICULÉ et l'APPUI ENCASTRÉ.

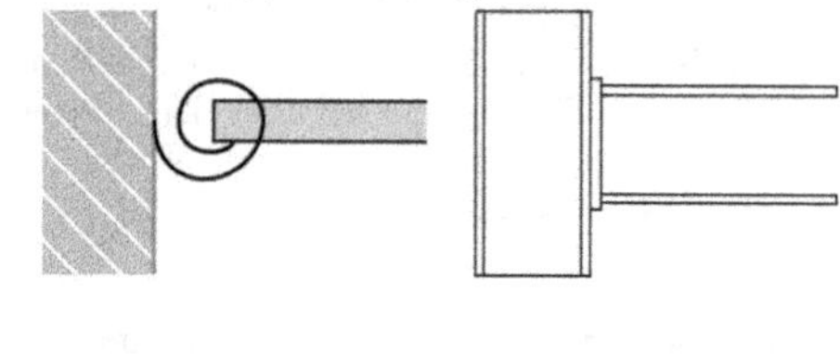

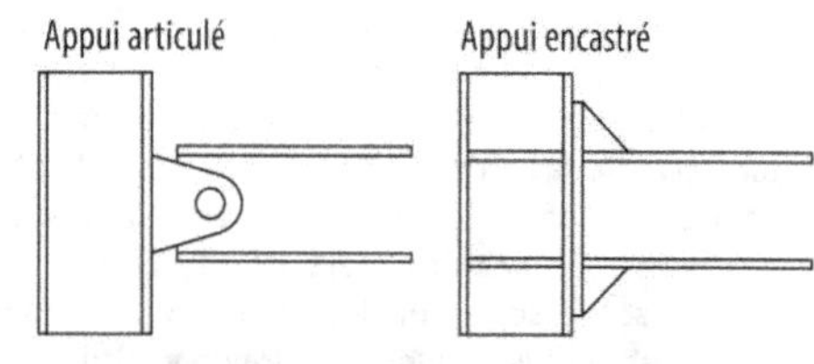

aptitude [ability, capability]

(n.f.) Capacité à remplir une FONCTION.
→ Voir aussi CAPABILITÉ.

aramide [aramid]

(n.m.) Type de POLYMÈRE appartenant à la catégorie des POLYAMIDES et dont le motif moléculaire contient au moins un cyclohexane. Le représentant le plus connu est le KEVLAR ™ utilisé pour la fabrication de fibres textiles très résistantes.

• Note : Ce terme provient de la contraction de « **ar**omatique » (se rapportant au cyclohexane) et « poly**amide** ».

→ Voir aussi KEVLAR ™.

arbre [shaft]

(n.m.)

1. Élément contenu destiné à être ajusté avec un ORGANE contenant appelé ALÉSAGE.

2. ORGANE | MÉCANIQUE allongé résistant à la TORSION et destiné à la TRANSMISSION de MOUVEMENT DE ROTATION.

• Note : Ne pas confondre avec l'AXE (sens 2) qui ne tourne pas, ne transmet pas de COUPLE mais sert de SUPPORT, d'ARTICULATION, par exemple. D'une façon générale, l'arbre subit des contraintes de TORSION, l'axe du CISAILLEMENT.

→ Voir aussi BARRE.

arbre à cames [camshaft]

(n.m.) ORGANE destiné à se mouvoir en ROTATION et muni de FORMES permettant de transformer ce MOUVEMENT en d'autres MOUVEMENTS synchronisés.

→ Voir aussi CAME.

arbre cannelé [splined shaft]

(n.m.) ARBRE | CYLINDRIQUE creusé de multiples RAINURES longitudinales sur toute sa CIRCONFÉRENCE, pour pouvoir transmettre des COUPLES DE FORCE élevés avec une possibilité de MOUVEMENT DE TRANSLATION | AXIAL.

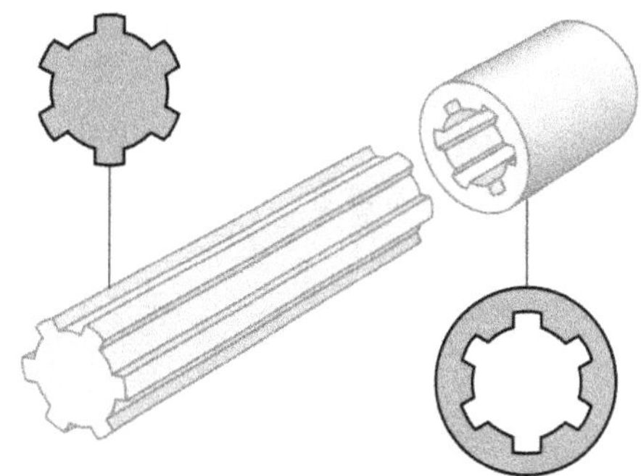

→ Voir aussi ARBRE POLYGONAL ; CANNELURE.

arbre de construction, arbre de conception [feature design tree, specification tree]

(n.m.) Enchaînement de FONCTIONS permettant de générer un MODÈLE (sens 1) 3D ou enchaînement de PIÈCES pour constituer un ASSEMBLAGE (sens 3) dans un logiciel de CONCEPTION ASSISTÉE PAR ORDINATEUR.

Ex. 1 : *Arbre de construction d'une PIÈCE (sens 1) avec le logiciel Solid Edge ™ de Siemens Digital Industries software ® :*

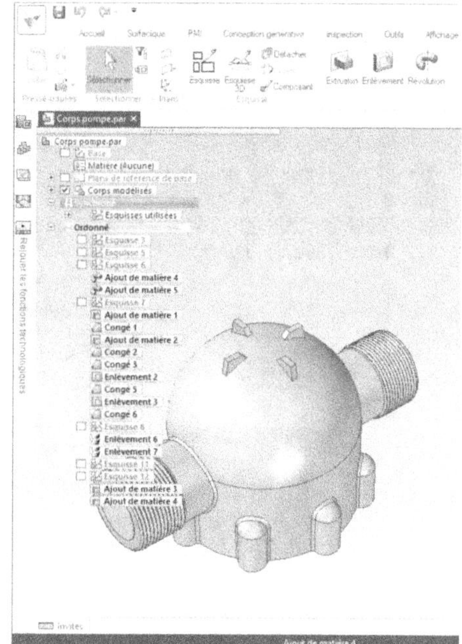

Ex. 2 : *Arbre de construction d'un* ASSEMBLAGE *(sens 3) avec le logiciel Solid Edge ™ de Siemens Digital Industries software ® :*

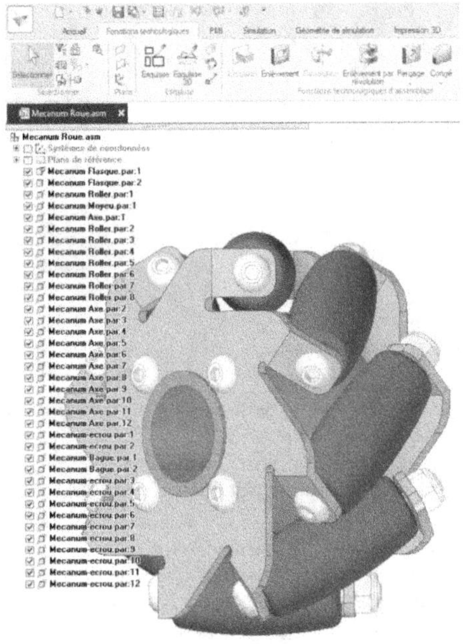

→ **Voir aussi** CONCEPTION ASSISTÉE PAR ORDINATEUR.

arbre d'entraînement, arbre d'entrée [driving shaft, input shaft]

(n.m.) ARBRE (sens 2) qui **reçoit le** MOUVEMENT **sur un** DISPOSITIF **de modification de** MOUVEMENT DE ROTATION.

Ex. : *Arbre d'entrée d'un* RÉDUCTEUR.

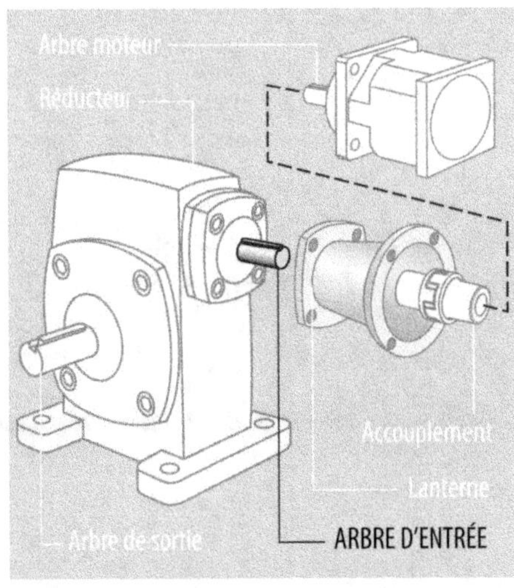

→ **Voir aussi** RAPPORT DE TRANSMISSION.

arbre de sortie [output shaft, driven shaft]

(n.m.) ARBRE (sens 2) **qui renvoie le** MOUVEMENT **sur un** DISPOSITIF **de modification de** MOUVEMENT DE ROTATION.

Ex. : *Arbre de sortie d'un* MOTORÉDUCTEUR.

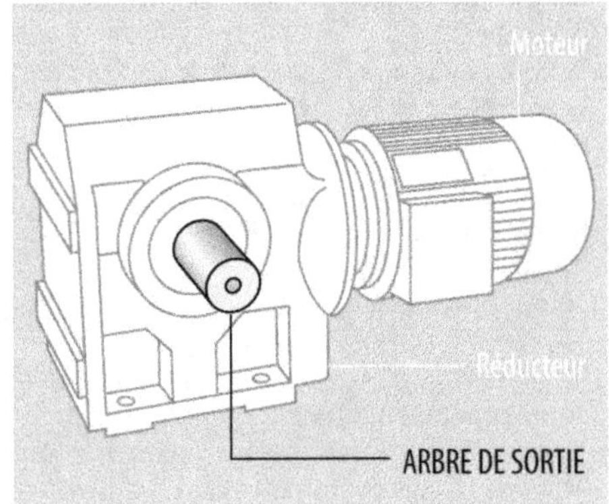

→ **Voir aussi** ARBRE D'ENTRÉE ; RAPPORT DE TRANSMISSION.

arbre de transmission [transmission shaft]

(n.m.) ARBRE (sens 2) **faisant le lien du** MOUVEMENT **entre deux** DISPOSITIFS **en** ROTATION.

arbre moteur [driving shaft]

(n.m.) **Même signification que** ARBRE D'ENTRÉE.

arbre polygonal [Polygon shaft]

(n.m.) ARBRE (sens 2) **dont la** SECTION **est constituée de plusieurs côtés, de manière à pouvoir transmettre un** COUPLE DE TORSION **à l'**ALÉSAGE **correspondant, tout en permettant si nécessaire un** MOUVEMENT DE TRANSLATION | AXIAL.

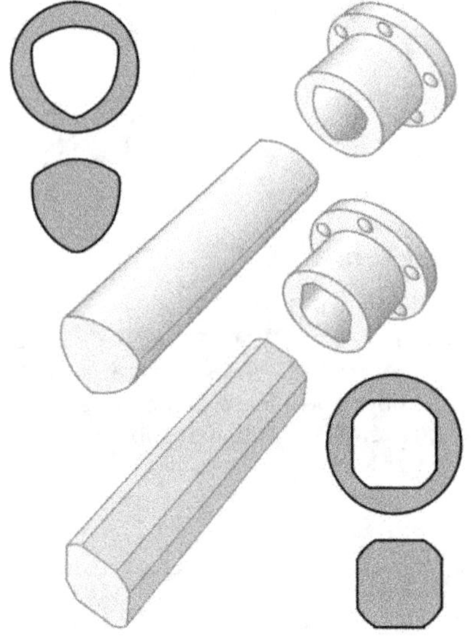

arc-boutement [edge loading]

(n.m.) Impossibilité de DÉPLACEMENT d'un COULIS-SEAU sur sa GLISSIÈRE lorsque le point d'application de la FORCE est trop désaxé par rapport à l'axe de la GLISSIÈRE, ce qui produit une ADHÉRENCE.

A. L'arc-boutement est un PHÉNOMÈNE à éviter dans les applications de GUIDAGE EN TRANSLATION car conduisant à un BLOCAGE.

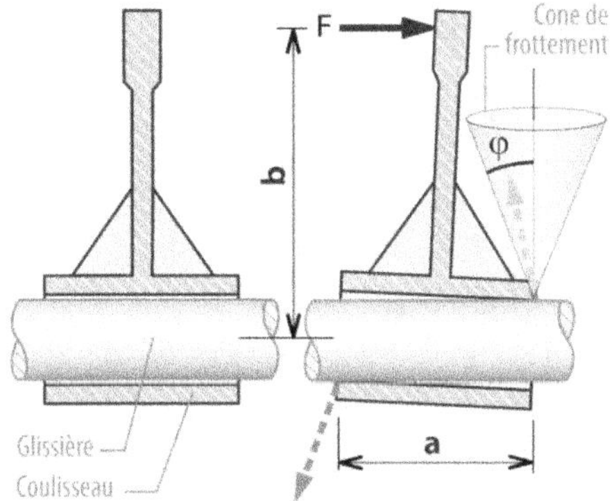

$$\mu = \tan \varphi = \text{coefficient de frottement}$$

Sur le cas de figure ci-dessus dans lequel **a** est la LONGUEUR du COULISSEAU, **b** la DISTANCE de la DIRECTION de la FORCE par rapport à l'AXE (sens 1) de la GLISSIÈRE, **μ** le COEFFICIENT DE FROTTEMENT entre la GLISSIÈRE et le COULISSEAU, on peut montrer que l'arc-boutement n'apparaît pas si la condition suivante est remplie :

$$b < \frac{a}{2\mu}$$

Cette relation montre que l'arc-boutement tend à se produire quand la FORCE est trop excentrée par rapport à l'AXE (sens 1) de la GLISSIÈRE ou quand la LONGUEUR du COULISSEAU est trop faible ou encore quand le COEFFICIENT DE FROTTEMENT est trop élevé.

B. Cependant, l'arc-boutement est recherché et exploité dans certaines applications comme le SERRE-JOINT, par exemple.

Le COULISSEAU du SERRE-JOINT peut être facilement déplacé et positionné sur sa GLISSIÈRE selon l'ÉPAISSEUR de la PIÈCE (sens 1) à serrer, puis l'arc-boutement intervient pour l'immobiliser au moment du SERRAGE.

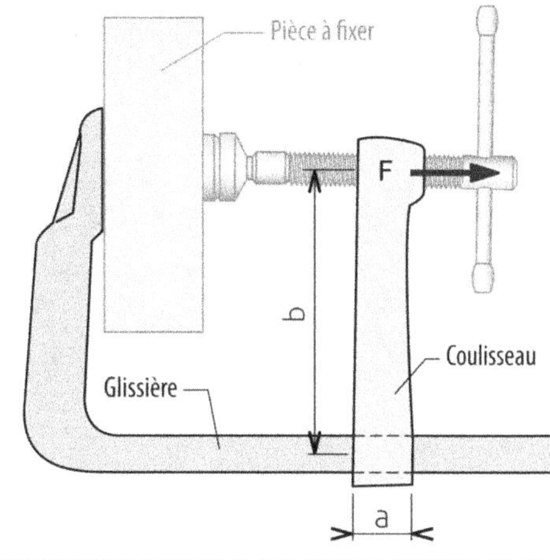

arc de cercle [arc]

(n.m.) Portion ou fraction d'un CERCLE.

arc électrique [electric Arc]

(n.m.) Ionisation du milieu isolant entre deux électrodes sous l'effet d'un champ électrique.

A. Il se manifeste visuellement sous forme d'étincelles ou éclairs plus ou moins longs et plus ou moins intenses.

B. L'arc électrique est, par exemple, exploité pour un PROCÉDÉ de SOUDAGE ou de DÉCOUPE. Il est aussi utilisé pour faire fonctionner des FOURS de FUSION d'ACIER.

→ Voir SOUDAGE À L'ARC ÉLECTRIQUE ; FOUR À ARC ÉLECTRIQUE.

arche [arch]

(n.f.) Construction structurale constituée de deux pieds prenant APPUI sur le sol et reliés entre eux en partie supérieure, de telle sorte que le VIDE (sens 1) au milieu constitue un passage.

Ex. : *Arche en TREILLIS*.

arête [edge]

(n.f.) LIGNE droite ou COURBE bien nette résultant de l'intersection de deux SURFACES.
⟶ Voir CONTOUR.

arête de coupe [cutting edge]

(n.f.) Bord tranchant d'un OUTIL D'USINAGE.

arête fictive [fictitious edge]

(n.f.) LIGNE en trait fin représentant sur un DESSIN TECHNIQUE un CONGÉ ou un ARRONDI peu distinct, afin d'en améliorer la lisibilité.

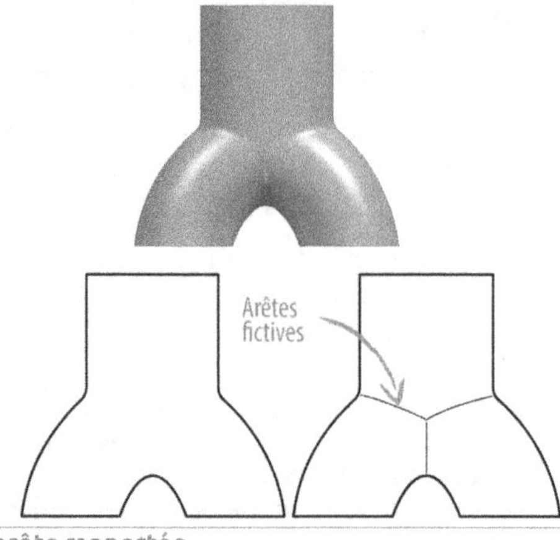

arête rapportée

(n.f.)
1. [Brazed tip] ARÊTE DE COUPE faite d'un MATÉRIAU autre que le corps de l'OUTIL, auquel il est associé par BRASAGE.

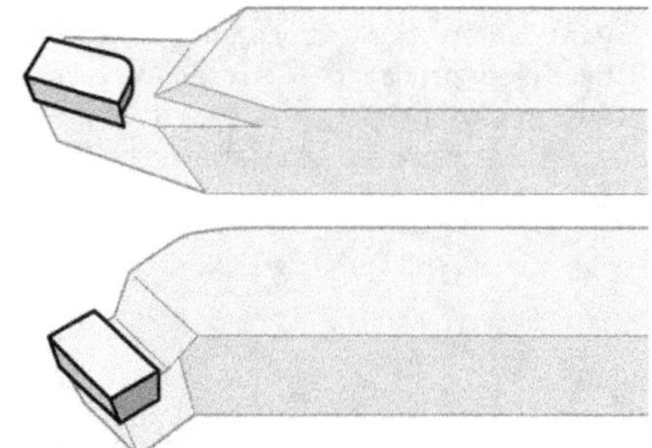

• Note : Ne pas confondre avec la PLAQUETTE D'USINAGE qui est généralement fixée par VISSAGE pour en permettre le remplacement.
⟶ Voir aussi OUTIL RAPPORTÉ.
2. [build up edge] Soudage accidentel de COPEAUX sur l'ARÊTE DE COUPE d'un OUTIL à cause de conditions de COUPE (sens 2) trop sévères.

argent (Ag) [silver]

(n.m.) MÉTAL blanchâtre insensible à la CORROSION et parmi les plus DUCTILES et MALLÉABLES.

A. L'argent est aussi le MÉTAL le plus conducteur de chaleur et d'électricité. L'argent pur est utilisé pour la FABRICATION de bijou et de monnaie, en dépôt sur des miroirs, contact électrique, circuit imprimé et batterie puissante. Ses COMPOSÉS CHIMIQUES ont été longtemps très utiles pour l'industrie de la photographie, avant l'arrivée du numérique.
B. Quelques CARACTÉRISTIQUES.

Symbole chimique :	Ag
État physique à l'ambiante :	Solide
Couleur :	Blanchâtre
Numéro atomique :	47
Masse volumique :	10,49 g/cm^3
T° de fusion :	961°C
Structure cristalline :	Cubique Face Centrée

C. Aspect, couleur et rendu du MÉTAL.

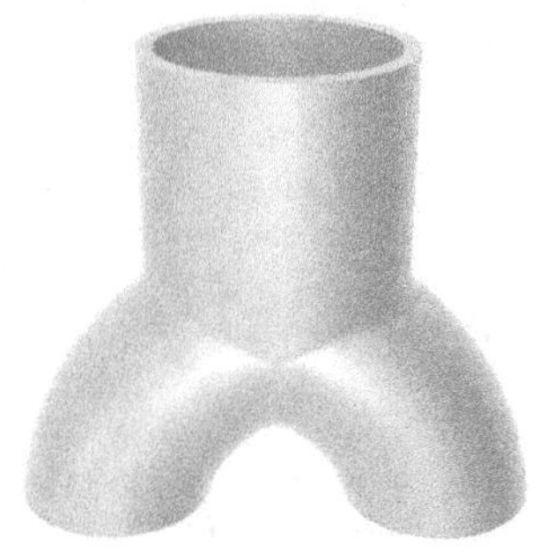

argenture [silver plating]

(n.m.) PROCÉDÉ de DÉPÔT de COUCHE d'ARGENT sur un SUBSTRAT par GALVANOPLASTIE.

argon (Ar) [argon]

(n.m.) GAZ rare utilisé, par exemple, comme ATMOSPHÈRE PROTECTRICE en SOUDAGE.

armature [frame]

(n.f.) ÉLÉMENT STRUCTURAL améliorant la RÉSISTANCE MÉCANIQUE et la RIGIDITÉ d'un ENSEMBLE.

Ex : *Armature métallique d'une dalle de béton.*

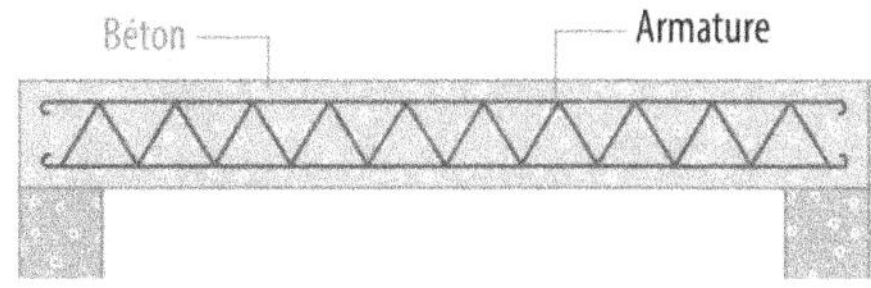

→ **Voir aussi** PRÉCONTRAINTE.

arrachement [pulling off]

(n.m.)
1. Détachement et séparation souvent accidentelle de quelque chose par rapport à l'ENSEMBLE
auquel elle appartenait auparavant.
Ex. : *arrachement d'un morceau de* BÉTON *autour
d'une* CHEVILLE.

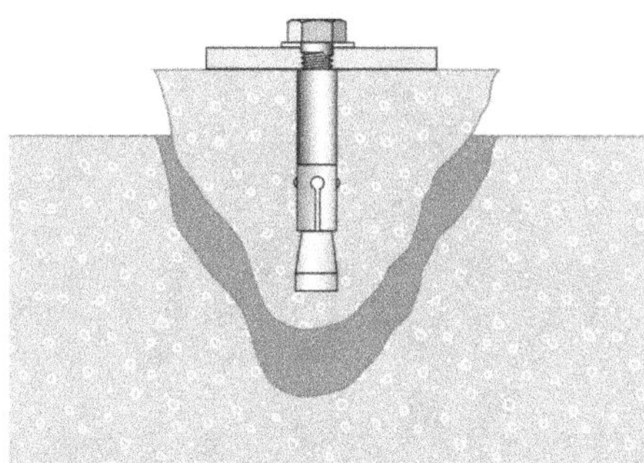

2. Action de détacher sans ménagement
quelques chose de l'ENSEMBLE auquel il appartient.

arrêt [stop]

(n.m.)
1. État de ce qui ne bouge pas, qui ne fonctionne pas, sans forcément être EN PANNE.
2. ORGANE empêchant le MOUVEMENT.

arrondi [round]

(n.m.) ARÊTE ou SURFACE de PROFIL en FORME
d'ARC DE CERCLE destiné à supprimer un ANGLE vif.

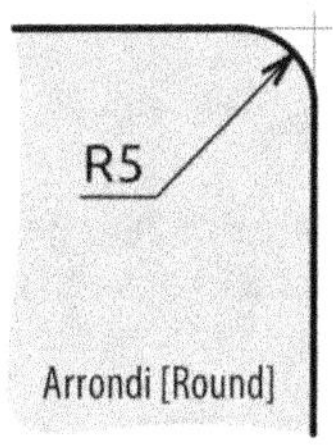

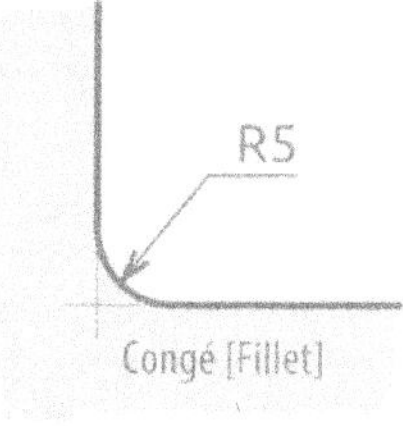

• **Note :** Ne pas confondre avec le CONGÉ qui est
en coin.

arrondi [rounded]

(adj.) En FORME d'ARC DE CERCLE.

arrondi sous tête

(n.m.) CONGÉ de raccordement entre la (VIS),
TÊTE DE VIS et sa TIGE afin de réduire la CONCEN-
TRATION DE CONTRAINTE.

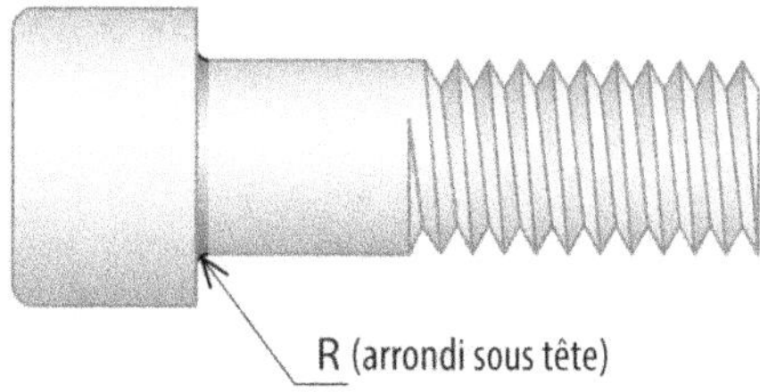

♦ **Syn. :** RAYON SOUS TÊTE.

arrosage [cooling]

(n.m.) Aspersion de FLUIDE sur une PIÈCE (sens 1)
et un OUTIL DE COUPE en cours d'USINAGE pour les
lubrifier, les refroidir et évacuer les COPEAUX.
→ Voir, par exemple, FLUIDE DE COUPE ; LUBRIFI-
CATION.

articulation [mobile joint, articulation]

(n.m.) ORGANE de LIAISON permettant l'ORIENTA-
TION.
→ **Voir** JOINT D'ARTICULATION ; CHARNIÈRE ; BRAS.

(Ashby), diagramme d'Ashby [Ashby diagram]

(n.m.) Cartographie répertoriant sur la même
représentation graphique au moins deux PRO-
PRIÉTÉS distinctes de divers MATÉRIAUX, ce qui
permet d'un seul coup d'oeil d'effectuer des
comparaisons et de faciliter les choix de MA-
TIÈRE pour la CONCEPTION d'une PIÈCE (sens 1).

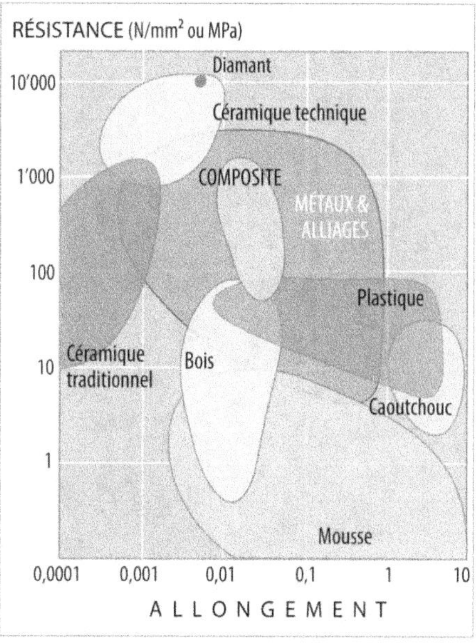

Le diagramme représentant simultanément l'ALLONGEMENT et la RÉSISTANCE MÉCANIQUE est tiré du livre de référence « Materials selection in mechanical design », Michael F. Ashby (Elsevier Butterworth Heinemann, second edition. Oxford, 1999 [13].

→ Voir aussi (MATÉRIAU), CHOIX DE MATÉRIAU.

aspérité [surface asperity, irregularity]

(n.f.) Petites irrégularités d'une SURFACE.

→ Voir aussi RUGOSITÉ.

assemblage [assembly]

(n.m.)

1. OPÉRATION de mise en commun de plusieurs COMPOSANTS pour former un ensemble fonctionnel.

Ex. : *Assemblage d'une STRUCTURE.*

◊ Contr. : DÉMONTAGE.

2. Ensemble de COMPOSANTS mis en commun et formant un tout fonctionnel.

Ex. : *Assemblage soudé.*

On distingue deux types d'ASSEMBLAGE (sens 2) :

• les ASSEMBLAGES DÉMONTABLES.

• les ASSEMBLAGES NON-DÉMONTABLES.

3. MODÈLE (sens 1) 3D généré dans un logiciel de CONCEPTION ASSISTÉE PAR ORDINATEUR et constitué par l'association d'un grand nombre de PIÈCES (sens 1).

Ex. : *Assemblage d'un JOINT SCHMIDT obtenu avec le logiciel Solid Edge ® de la société Siemens Digital Industries Software ® :*

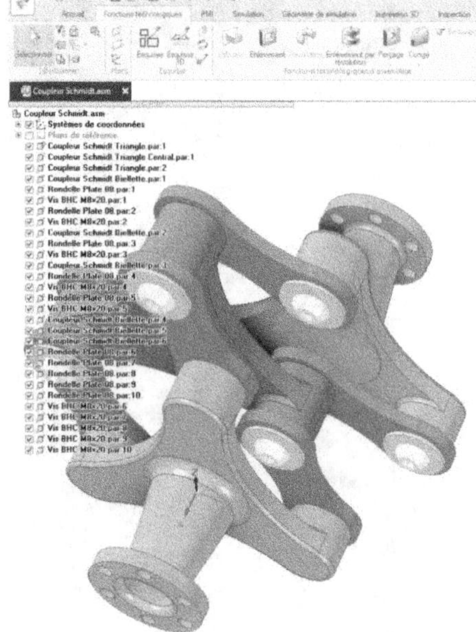

La représentation du même assemblage en VUE ÉCLATÉE générée de façon automatique par le logiciel :

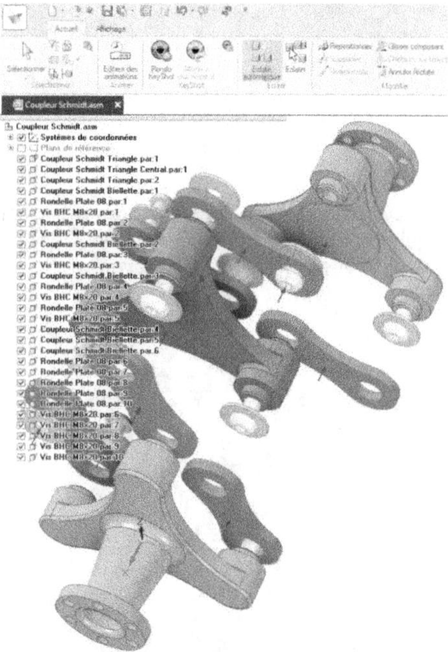

Toutes proportions gardées, l'assemblage est à la 3D ce que le DESSIN D'ENSEMBLE est à la 2D.

• Note : À remarquer en partie gauche de l'écran du logiciel de CAO, l'ARBRE DE CONSTRUCTION de l'assemblage.

→ Voir aussi MAQUETTE NUMÉRIQUE à titre d'exemple.

assemblage démontable [dismantlable connection]

(n.m.) Type d'ASSEMBLAGE (sens 2) dont les COMPOSANTS peuvent être séparés les uns des autres sans les endommager.

→ Voir FIXATION pour une vue d'ensemble des TECHNIQUES utilisables.

assemblage mâle-femelle [male-female assembly]

(n.m.) Type d'ASSEMBLAGE (sens 2) dans lequel une PIÈCE (sens 1) dite « contenu » rentre à l'intérieur d'une autre creuse de FORME complémentaire appelée « contenant ».

C'est le cas, par exemple, d'un ARBRE (sens 1) et d'un ALÉSAGE (sens 1), d'un TENON et d'une MORTAISE, de QUEUE D'ARONDE, etc.

→ Voir aussi AJUSTEMENT ; (FEMELLE), PIÈCE FEMELLE.

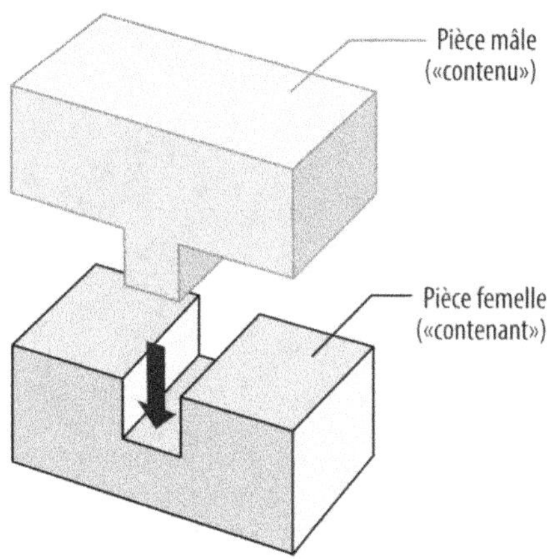

assemblage non-démontable [permanent connection]

(n.m.) Type d'ASSEMBLAGE (sens 2) dont les composants ne peuvent être séparés les uns des autres sans les détruire ou les endommager.

◊ Contr. : ASSEMBLAGE DÉMONTABLE.

→ Voir à FIXATION une vue d'ensemble des TECHNIQUES utilisables.

assurance qualité [quality assurance]

(n.f.) Ensemble de précautions systématiques et planifiées prises pour obtenir sans faille des produits et services conformes aux SPÉCIFICATIONS et exigences préalablement définies.

asymétrie [asymmetry]

(n.f.) Caractère de ce qui n'a aucune correspondance géométrique par rapport à un AXE (sens 1) ou à un POINT.

◊ Contr. : SYMÉTRIQUE (N.F).

asymétrique [asymmetric]

(adj.) Qui ne possède aucune correspondance géométrique par rapport à un AXE (sens 1), un PLAN (sens 1) ou un POINT.

◊ Contr. SYMÉTRIQUE (ADJ.).

atelier [workshop, machine-shop]

(n.m.) Bâtisse ou lieu de travail pouvant subir poussières et salissures provenant des métiers manuels.

• Note : Ce terme est souvent utilisé pour être opposé à « bureau » ou « laboratoire », généralement plus propres.

atmosphère [atmosphere]

(n.f.)

1. GAZ ou mélange de GAZ constituant un ENVIRONNEMENT (sens 2).

L'atmosphère peut être définie par les CARACTÉRISTIQUES suivantes :

• sa COMPOSITION CHIMIQUE.

• sa PRESSION.

• sa TEMPÉRATURE.

• sa propreté, c'est à dire la présence ou non de contaminants ou corps étrangers (POUSSIÈRE, humidité...)

2. UNITÉ (sens 1) de MESURE (sens 1) de PRESSION n'appartenant pas au (UNITÉ), SYSTÈME INTERNATIONAL D'UNITÉS (S.I.).

Voici sa correspondance :

1 atm = 101 325 pascals

atmosphère contrôlée [controlled environment]

(n.f.) ATMOSPHÈRE dont les CARACTÉRISTIQUES physiques, chimiques et microbiologiques ont été définies et régulées avec précision pour une activité ou une utilisation, et non le fruit du hasard.

atmosphère protectrice [protective atmosphere]

(n.f.) GAZ peu réactif insufflé à la place de l'air ambiant contenant de l'OXYGÈNE, afin d'éviter l'OXYDATION pendant le SOUDAGE ou l'ÉLABORATION de MÉTAL.

Les GAZ pouvant être utilisés de façon économique en atmosphère protectrice sont, par exemple, l'AZOTE et l'ARGON.

→ Voir aussi GAZ DE PROTECTION.

atomisation [atomization]

(n.f.) Réduction en fines particules d'un MÉTAL fondu par un flux d'AIR COMPRIMÉ pour obtenir de la POUDRE métallique ou un REVÊTEMENT projeté.

→ Voir MÉTALLISATION ; FRITTAGE.

attache [clip]

(n.f.) ORGANE DE FIXATION permettant de maintenir ensemble deux objets.

Ex. : *Attache par boule clipsée.*

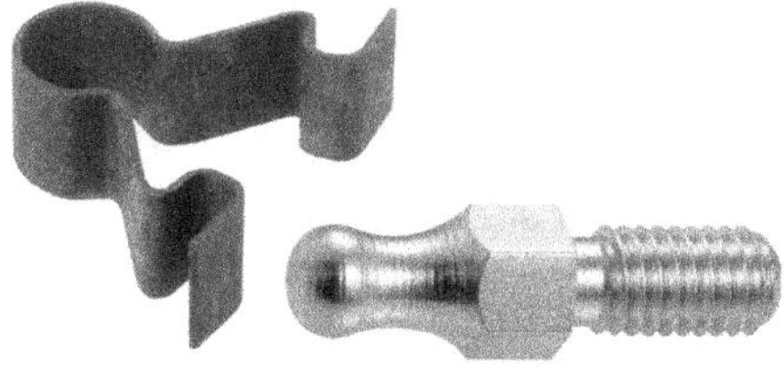

→ Voir aussi AGRAFE.

attachement [attachment]

(n.m.) ORGANE | MÉCANIQUE de MAINTIEN, de CENTRAGE et d'ENTRAÎNEMENT d'un OUTIL DE COUPE ROTATIF sur une BROCHE (sens 2) de MACHINE-OUTIL.

Quelques types d'attachement parmi les plus répandus.

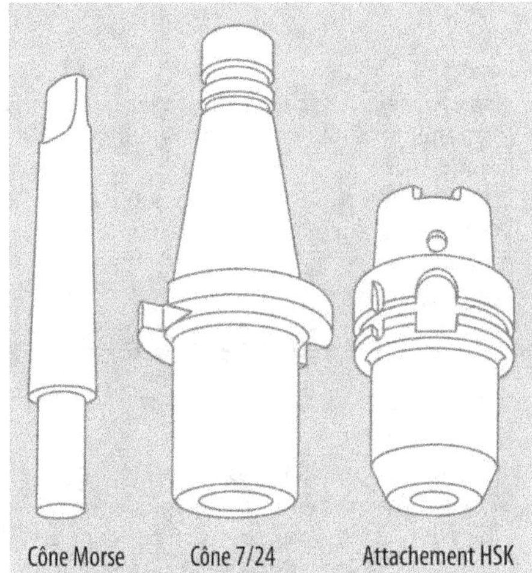

→ Voir aussi CONE HSK.

Au

Symbole chimique pour l'OR (du latin aurum).

aube [blade]

(n.f.) FORME galbée subissant la PRESSION d'un FLUIDE pour faire tourner la ROUE sur laquelle elle est solidaire.

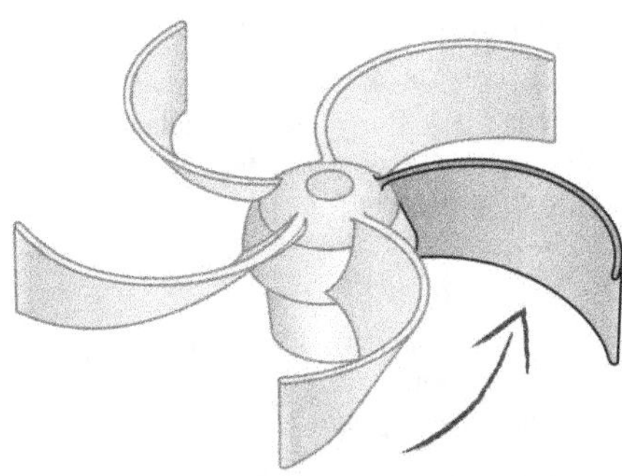

austénite [austenite]

(n.f.) Une des STRUCTURES MICROSCOPIQUES de l'ACIER, constituée de GRAINS de SOLUTION SOLIDE de FER et d'éléments d'ALLIAGE avec une STRUCTURE CRISTALLINE cubique à faces centrées (CFC) (Fer γ).

A. Dans le cas de l'ACIER NON ALLIÉ, l'austénite ne peut pas exister à TEMPÉRATURE AMBIANTE.
→ Voir ACIER.

B. Cependant, l'addition de certains ÉLÉMENTS D'ALLIAGE permet d'obtenir des ACIERS INOXYDABLES AUSTÉNITIQUES.

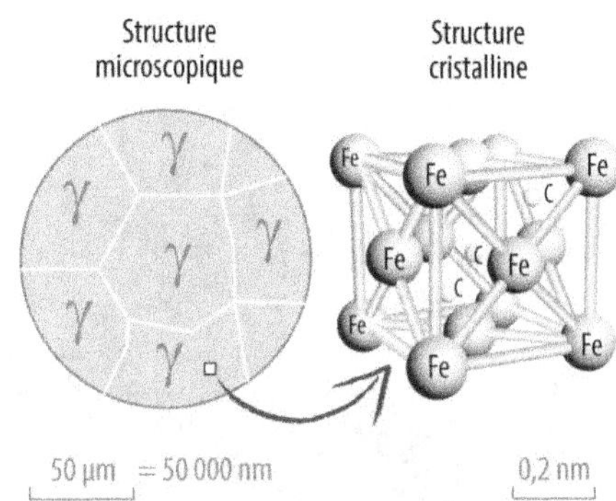

C. Il existe une autre STRUCTURE MICROSCOPIQUE à base de SOLUTION SOLIDE de FER mais de STRUCTURE CRISTALLINE cubique centré (CC) nommée Fer α : c'est la FERRITE.
→ Voir aussi ACIER ; PERLITE ; CÉMENTITE ; MARTENSITE ; BAINITE.

austénitique [austenitic]

(adj.) Qui a un rapport avec l'AUSTÉNITE.
Ex. : *ACIER INOXYDABLE AUSTÉNITIQUE*.

austénitisation [austenitizing]

(n.f.) Chauffage de l'ACIER à une TEMPÉRATURE supérieure à 723°C pour obtenir un constituant monophasé à STRUCTURE CRISTALLINE Cubique Face Centrée (CFC) appelé AUSTÉNITE.

A. Elle possède une plus grande solubilité en CARBONE par rapport aux constituants présents à TEMPÉRATURE AMBIANTE. La zone de TEMPÉRATURE d'austénitisation est donnée, en hachuré, dans le diagramme suivant correspondant à l'ACIER NON ALLIÉ :

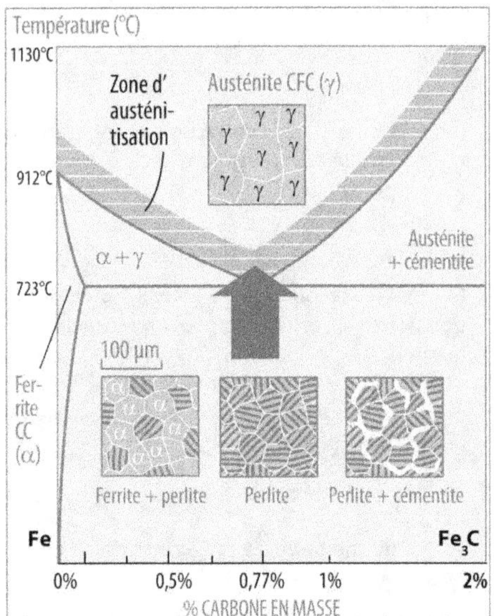

B. La durée de l'austénitisation doit être adaptée au VOLUME de la PIÈCE (sens 1) pour qu'elle soit complète. Cependant, elle ne doit pas être trop longue pour éviter le GROSSISSEMENT DE GRAINS ou la DÉCARBURATION des COUCHES superficielles.

C. L'AUSTÉNITE est le point de départ de la plupart des TRAITEMENTS THERMIQUES afin d'obtenir, après REFROIDISSEMENT à différentes VITESSES, d'autres constituants aux PROPRIÉTÉS diverses.

→ Voir aussi TREMPE ; RECUIT.

autoextinguible [self-extinguishing]

(adj.) Qui cesse de brûler lorsque la FLAMME qui produit la COMBUSTION est écartée. Qui ne propage pas une FLAMME.

A. C'est le cas, par exemple, de la (PLASTIQUE), MATIÈRE PLASTIQUE| PVC dont l'atome de CHLORE a tendance à en « étouffer » l'INFLAMMABILITÉ, contrairement aux POLYOLÉFINES (PE, PP) de structure moléculaire similaire, mais qui ont hérité du caractère combustible des hydrocarbures avec lesquels ils sont fabriqués.

Tableau des différences entre le PVC et le PE.

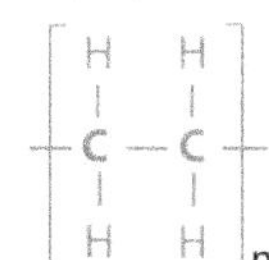

Polychlorure de vinyle (**PVC**)	Polyéthylène (**PE**)
- **Autoextinguible**	- **Propage la flamme**
- Amorphe	- Semi-cristallin
- Retrait plus faible : 0,3 à 0,5 %	- Retrait important : 2 à 4 %
- Peut être transparent	- Généralement opaque
- Molécule à forte polarité	- Molécule sans polarité
- Soudable en haute fréquence	- Non-soudable en HF
- Se colle bien	- Se colle mal ou pas du tout
- Accepte bien les marquages	- Impression difficile
- Bonne miscibilité avec d'autres polymères	- Moins de possibilité de mélange et de compatibilité
- Coule dans l'eau (d = 1,45)	- Flotte dans l'eau (d = 0,95)
- Prend bien les formes en extrusion	- Prend moins bien les formes en extrusion
- Fragile au choc	- Résistant au choc
- Plus résistant au fluage	- Tendance au fluage
- Devient cassant au froid	- Résiste plus au froid
- Peut se dégrader à la chaleur de la mise en œuvre	- Bonne stabilité thermique en cours de mise en œuvre
- Réglage de température plus délicat en transformation	- Réglage température plus flexible en transformation
- Alimentarité discutable	- Alimentarité sans risque
- Utilise moins de pétrole	- N'utilise que du pétrole
- Incinération produisant du gaz chlorhydrique en plus de l'oxyde de carbone	- Incinération produisant essentiellement de l'oxyde de carbone

B. Ne pas confondre avec INFLAMMABLE qui se consume complètement.

→ Voir aussi (FEU), CLASSEMENT AU FEU ; INFLAMMABILITÉ.

auto-lubrifiant [self-lubricating]

(adj.) Qui contient déjà en son sein ou dans sa composition une SUBSTANCE diminuant le FROTTEMENT.

Ex. : *Palier AUTO-LUBRIFIANT, la fonte grise à cause du GRAPHITE en son sein.*

automate [automatic control system]

(n.m.) DISPOSITIF capable d'exécuter de façon autonome sans intervention humaine une séquence d'actions définies à l'avance en s'adaptant éventuellement à des conditions particulières décidées à partir d'informations fournies par des CAPTEURS.

automatique [automation]

(n.m.) Discipline des sciences et techniques étudiant et réalisant des SYSTÈMES de commande ne nécessitant pas d'intervention humaine.

automatique [automatic]

(adj.) Qui fonctionne tout seul, sans intervention humaine grâce à une logique définie d'avance.

automatisation [automation]

(n.f.) Transformation d'un SYSTÈME pour fonctionner seul sans intervention humaine, suivant une logique prédéfinie.

automatisme

1. [automatism] DISPOSITIF capable d'assurer le fonctionnement d'une MACHINE ou d'un SYSTÈME sans intervention humaine grâce à un programme pré-établi.

2. [automatic functioning] Mode de fonctionnement sans intervention humaine grâce à un DISPOSITIF adapté et à un programme défini à l'avance.

(auto-trempant), acier auto-trempant [self hardening steel]

(n.m.) ACIER dont la TREMPE se fait à l'air ambiant sans l'aide d'un milieu refroidissant particulier telles que l'eau ou l'HUILE.

avance

(n.f.)

1. [Feed, feedrate] DISTANCE élémentaire de DÉPLACEMENT d'une PIÈCE (sens 1) ou d'un OUTIL DE COUPE perpendiculairement au MOUVEMENT DE COUPE pendant l'USINAGE.

Ex. 1 : *Avance en TOURNAGE (voir schéma page suivante).*

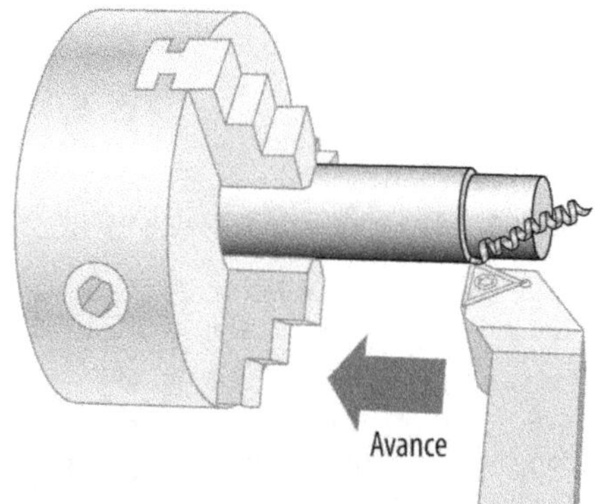

Elle est, dans ce cas, exprimée en mm/tour.
Ex. 2 : *Avance en* FRAISAGE.

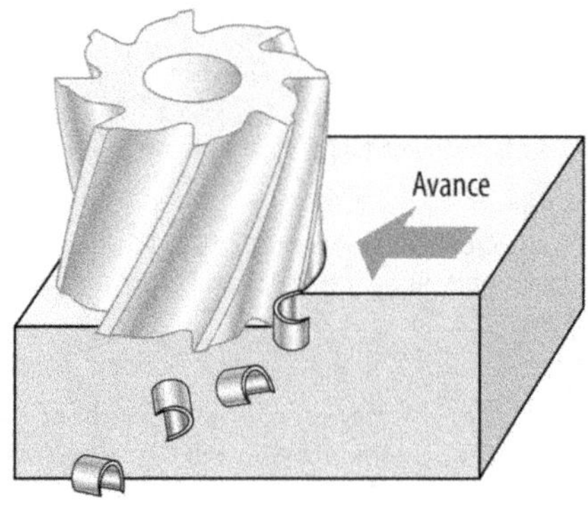

Elle est exprimée en mm/tour, mm/ dent ou m/ mn.
→ Voir aussi AVANCE RAPIDE.
2. [lead] DISTANCE | AXIALE correspondant à un TOUR (sens 2) d'une FORME | HÉLICOÏDALE.

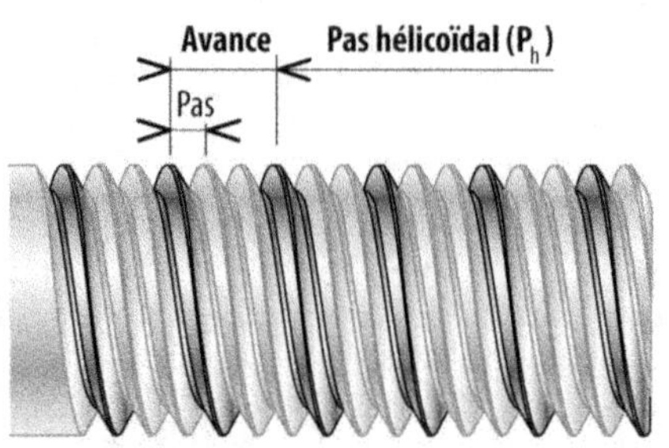

Il est aussi appelé pas hélicoïdal (P_h).
• Note : Ne pas confondre avec le PAS qui est la DISTANCE entre deux sommets contigus. Dans le cas d'un FILETAGE à un seul FILET, l'avance et le PAS sont cependant confondus.

avance rapide [fast feed, high speed feed]
(n.f.) DÉPLACEMENT à VITESSE élevée d'un OUTIL DE COUPE sans couper pour se mettre en position d'USINAGE.

avant-projet [project brief, preliminary project, outline plan]
(n.m.) Document préliminaire d'études TECHNIQUES partielles et financière fournissant suffisamment de données pour éclairer la décision de s'engager ou non dans une OPÉRATION de grande ampleur.
→ Voir PROJET.

avant-trou [pilot hole, pre-drilling hole]
(n.m.) TROU | ÉBAUCHE de plus faible DIAMÈTRE préalablement percé pour faciliter une autre OPÉRATION de MISE EN FORME comme le TARAUDAGE et le BROCHAGE ou encore pour la mise à la DIMENSION finale.
◆ Syn. : PRÉPERÇAGE.

(aveugle), en aveugle [blind]
(Locution). Effectué sur un côté inaccessible.
Ex. : *FIXATION EN AVEUGLE.*
→ Voir ÉCROU À SERTIR ; RIVET ; BOULON AJAX.
• Note : Ne pas confondre avec BORGNE.

avoyage [tooth set]
(n.m.)
1. OPÉRATION donnant de la « voie » à une LAME DE SCIE, c'est à dire une ÉPAISSEUR supplémentaire à l'endroit des DENTS.
2. Léger écart latéral des DENTS d'une SCIE par rapport à la RECTITUDE de la LAME de manière à éviter un excès de FROTTEMENT de la PIÈCE (sens 1) sciée avec celle-ci.
Ci-dessous, les avoyages les plus courants et leurs domaines d'utilisation respectifs :

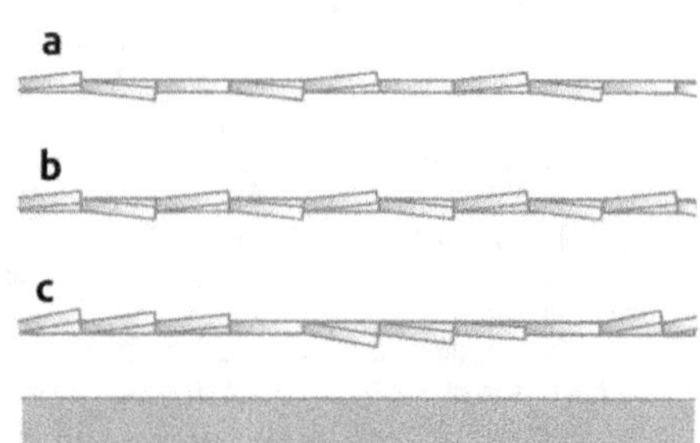

a. Avoyage standard (gauche, droite, aligné, etc.) : pour les métaux ferreux en forte épaisseur (> 5 mm), en général.

b. Avoyage alterné (gauche, droite, gauche, droite, etc.) : pour les métaux non-ferreux, en général le plastique… en forte épaisseur (> 5 mm).
c. Avoyage ondulée : pour les dentures fines et les faibles épaisseurs (< 5 mm) comme les tôles, les tubes…

axe

(n.m.)

1. [axis, center line] LIGNE abstraite représentant une DIRECTION ou pour matérialiser certaines FORMES géométriques comme les FORMES DE RÉVOLUTION ou AXE DE ROTATION (sens 2).

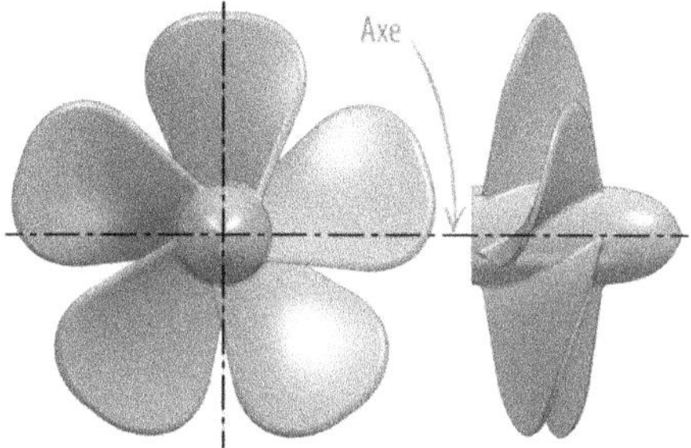

→ Voir aussi AXE DE ROTATION.

2. [axle] ORGANE | MÉCANIQUE | CYLINDRIQUE servant de support ou de GUIDAGE à d'autres ORGANES.

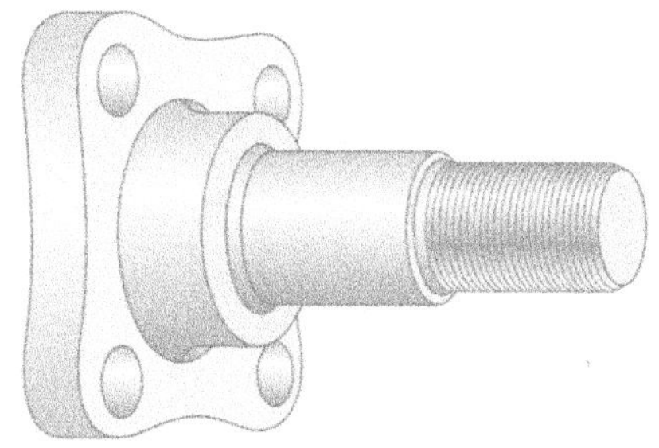

• Note : Ne pas confondre avec l'ARBRE (sens 2) qui sert à transmettre un COUPLE DE FORCE et un MOUVEMENT DE ROTATION.

axe de rotation [axis of rotation]

(n.m.)

1. ORGANE | CYLINDRIQUE fixe autour duquel s'effectue le MOUVEMENT tournant d'une autre PIÈCE (sens 1).

• Note : Ne pas confondre avec l'ARBRE (sens 2) qui participe aussi au MOUVEMENT DE ROTATION.

2. Segment de droite fictif autour duquel s'effectue le MOUVEMENT tournant d'un objet.

Il est conventionnellement matérialisé par une LIGNE EN TRAIT MIXTE.

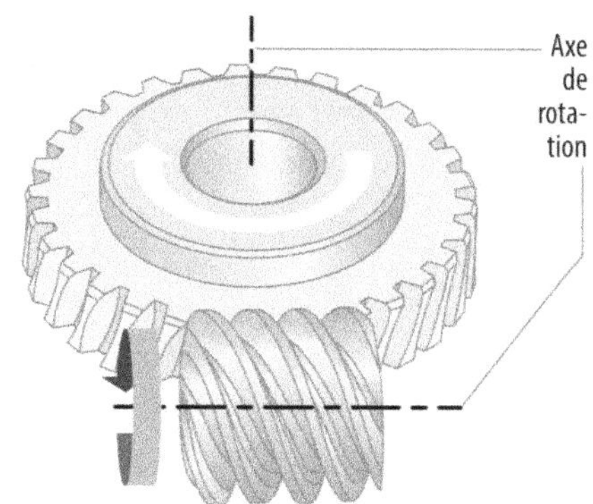

axe de symétrie [symmetry axis]

(n.m.) Segment de DROITE ou PLAN (sens 1) dont les objets situés de part et d'autre se ressemblent mais géométriquement inversés.

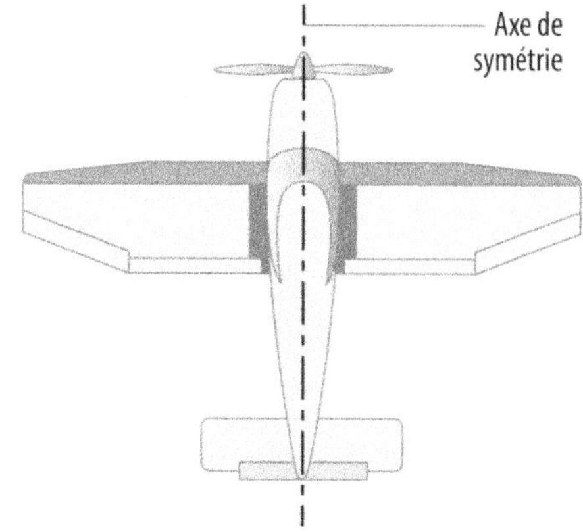

→ Voir aussi SYMÉTRIE.

axe d'inertie [inertia axis]

(n.m.) LIGNE de RÉFÉRENCE par rapport à laquelle est calculée la grandeur caractérisant sa capacité à résister à la FLEXION appelée MOMENT QUADRATIQUE AXIAL.

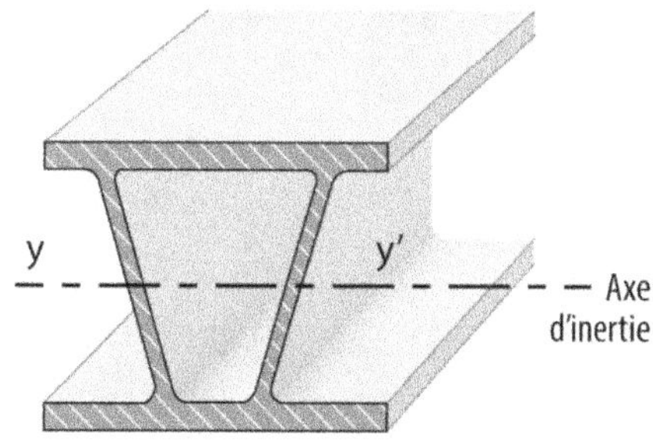

A. Dans une configuration de POUTRE fléchie, l'axe d'inertie ne subit aucune CONTRAINTE DE FLEXION.

B. Ne pas confondre avec l'AXE NEUTRE.

axe neutre [neutral axis]

(n.m.) LIGNE où les CONTRAINTES MÉCANIQUES sont égales à zéro sur une SECTION de PIÈCE (sens 1) subissant de la FLEXION.

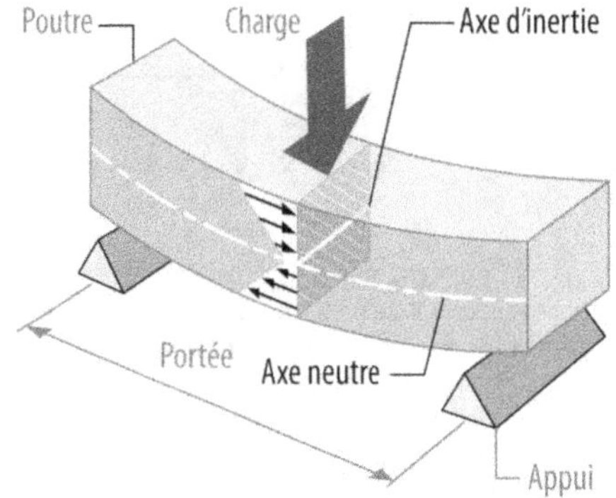

• Note : Ne pas confondre avec l'AXE D'INERTIE qui concerne la SECTION transversale.

◆ Syn. : FIBRE NEUTRE.

axial [axial]

(Adj.) Relatif à un AXE (sens 1). Orienté parallèlement à la grande LONGUEUR d'un objet.

◊ Contr. : RADIAL ; TRANSVERSAL.

⟶ Voir, par exemple, CHARGE AXIALE.

azote (N) [nitrogen]

(n.m.) GAZ peu réactif composant 80 % de l'atmosphère terrestre et utilisé en ATMOSPHÈRE PROTECTRICE en SOUDAGE et ÉLABORATION de MÉTAL.

Il est aussi utilisé combiné à des ÉLÉMENTS CHIMIQUES MÉTALLIQUES pour obtenir des CÉRAMIQUES ou en composé pour durcir les MÉTAUX.

⟶ Voir NITRURATION.

B, b

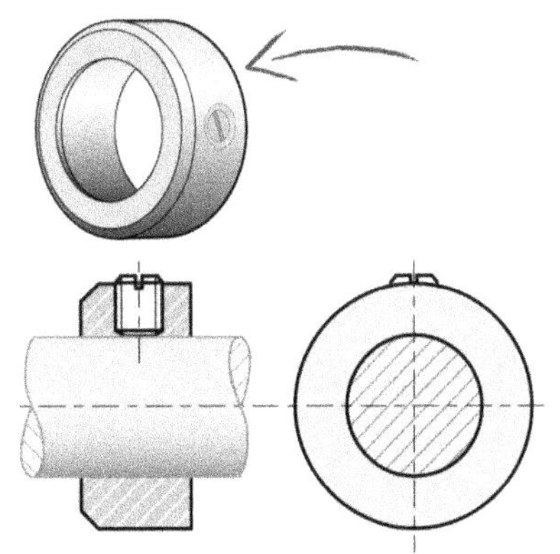

B

Symbole pour l'ÉLÉMENT CHIMIQUE | BORE.

Ba

Symbole pour l'ÉLÉMENT CHIMIQUE | BARYUM.

bac [pan]

(n.m.) Récipient à fond plat.

bac à copeaux [chip pan]

(n.m.) Récipient à fond plat disposé en-dessous d'une MACHINE-OUTIL pour collecter les morceaux de MATÉRIAUX arrachés en cours d'USINAGE appelés COPEAUX.

Le bac à copeaux a souvent aussi pour rôle de collecter le FLUIDE DE COUPE utilisé.

Ex. : *Bac à copeaux d'un* TOUR CONVENTIONNEL.

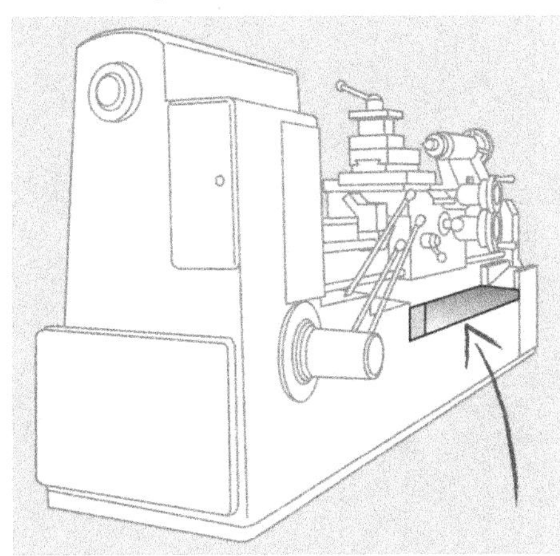

bague [collar, ring]

(n.f.) ORGANE |MÉCANIQUE |CYLINDRIQUE avec un ALÉSAGE (sens 1) COAXIAL permettant de l'ajuster sur un ARBRE (sens 2). Les BAGUES sont utilisées comme BUTÉE, ENTRETOISE, COUSSINET, etc.

→ Voir BAGUE D'ARRÊT ; ROULEMENT (sens 2).

bague d'arrêt [set collar, shaft collar]

(n.f.) BAGUE munie d'une VIS DE BLOCAGE | RADIAL pour former ÉPAULEMENT ou COLLET empêchant la TRANSLATION longitudinale d'une PIÈCE (sens 1) voisine.

baguette [rod]

(n.f.) PROFILÉ plein dont la LONGUEUR est au moins dix fois plus importante que la LARGEUR. En réalité, il n'y a pas de différence avec une BARRE si ce n'est la LARGEUR qui est relativement faible dans le cas de la baguette, de l'ordre de 10 mm et moins dans les considérations usuelles.

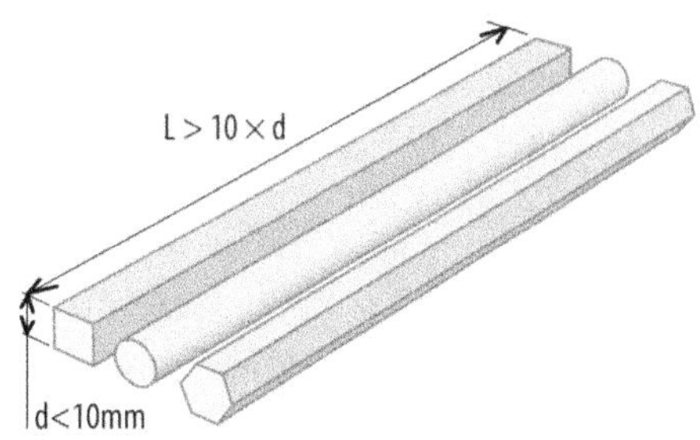

baguette de soudage [covered electrode]

(n.f.) Accessoire CONSOMMABLE en forme de FIL de 20 à 50 cm de LONGUEUR utilisé comme électrode et MÉTAL D'APPORT pour le SOUDAGE À L'ARC AVEC ÉLECTRODE ENROBÉE.

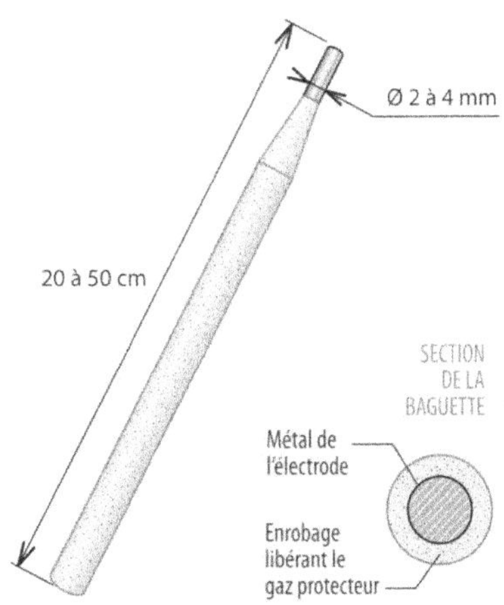

Le pourtour de la baguette de soudage est nappé d'une SUBSTANCE libérant, sous l'effet de la chaleur, un GAZ DE PROTECTION empêchant le CORDON DE SOUDURE de s'oxyder.
→ Voir SOUDAGE À L'ARC AVEC ÉLECTRODE ENROBÉE.

bain de décapage [bright dip]

(n.m.) Cuve contenant un LIQUIDE agressif de type acide ou détergent, permettant de nettoyer la SURFACE des PIÈCES (sens 1) qui y sont immergées, avant d'appliquer un autre TRAITEMENT DE SURFACE.
→ Voir, par exemple, GALVANISATION À CHAUD ; DÉROCHAGE.

bain d'huile [oil bath, oil immersed]

(n.m.) Mode de LUBRIFICATION d'un SYSTÈME | MÉCANIQUE consistant à le tremper partiellement dans un niveau de liquide LUBRIFIANT.
Ex. : *Bain d'huile de lubrification de roulements.*

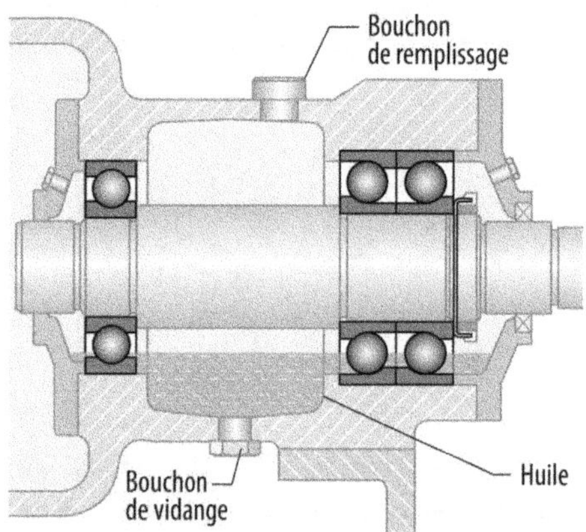

Dans le cas présenté ci-dessus, le niveau d'huile ne doit pas dépasser la moitié de la BILLE la plus immergée sous peine de créer des échauffements exagérés du LUBRIFIANT.
→ Voir aussi LUBRIFICATION.

bainite [bainite]

(n.f.) STRUCTURE MICROSCOPIQUE particulière de l'ACIER obtenue par REFROIDISSEMENT rapide de l'AUSTÉNITE.
A. Elle se présente sous forme de fines AIGUILLES (sens 3) enchevêtrées. Sa STRUCTURE CRISTALLINE est cubique centré (CC) sursaturée en CARBONE.
B. La bainite est relativement DURE sans être FRAGILE, contrairement à un autre constituant très CASSANT issu aussi de la TREMPE : la MARTENSITE.
→ Voir TREMPE.

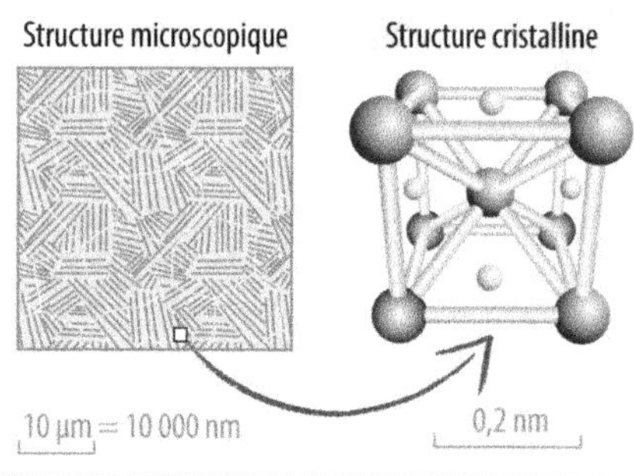

balayage [sweep]

(n.m.) Fonction d'un logiciel de CONCEPTION ASSISTÉE PAR ORDINATEUR dans laquelle une PIÈCE (sens 1) volumique est générée en passant par plusieurs SECTIONS différentes non-alignées.
Ex. 1 : *Balayage de la même section suivant un parcours :*

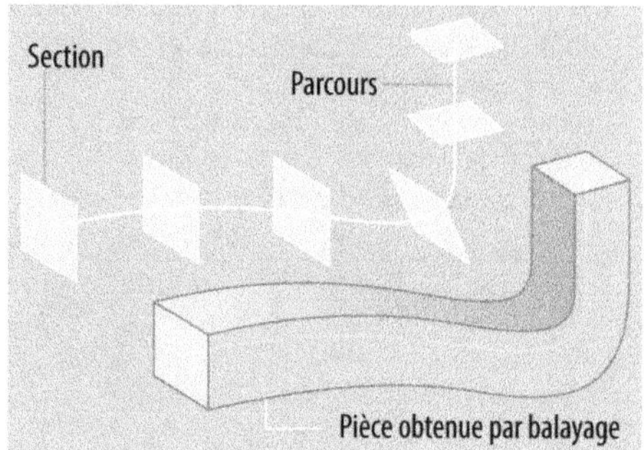

Ex. 1 : *Balayage multi-sections.*

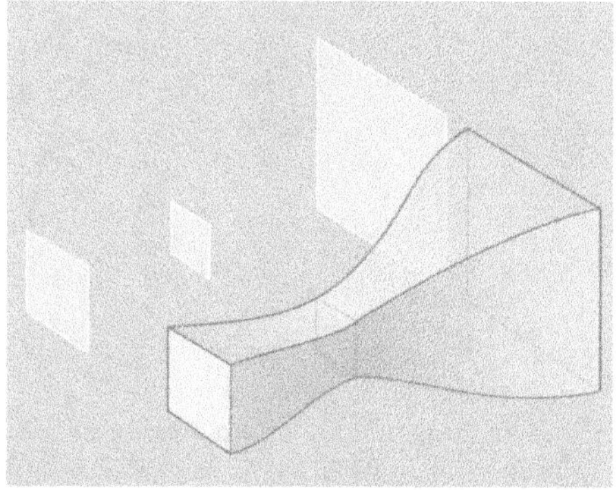

• Note : Ne pas confondre avec l'EXTRUSION (sens 2) qui est le balayage rectiligne d'une section.
→ Voir aussi CONCEPTION ASSISTÉE PAR ORDINATEUR.

balourd [unbalance, runout]

(n.m.) Mauvaise répartition des MASSES (sens 2) d'un ORGANE ou d'un ensemble en ROTATION qui se traduit par un déséquilibre faisant apparaître des FORCES indésirables et VIBRATIONS.

D'une façon générale, les balourds nuisent au fonctionnement et à la FIABILITÉ d'un SYSTÈME |MÉCANIQUE. Il doit être éliminé ou minimisé par une OPÉRATION D'ÉQUILIBRAGE.

banc [bed]

(n.m.) Partie HORIZONTALE du CHÂSSIS ou STRUCTURE (sens 2) d'une MACHINE.

banc d'essai [test bench]

(n.m.) SUPPORT spécialement aménagé sur lequel divers éléments sont fixés pour mettre à l'épreuve une MACHINE, un DISPOSITIF, un SYSTÈME ou effectuer des MESURES (sens 3).

bande [foil, strip]

(n.f.) TÔLE ou FEUILLE très longue et de faible LARGEUR.

bande abrasive [abrasive belt]

(n.f.) Longue toile de faible LARGEUR dont la SURFACE est tapissée de particules très DURES permettant d'abraser (user) ce qui est frotté contre :

La bande abrasive est notamment utilisée sur la PONCEUSE À BANDE pour ÉBAVURER, DÉCAPER, ÉBARBER.
→ Voir aussi TOILE ÉMERI.

bande de cerclage [strapping strip]

(n.f.) RUBAN MÉTALLIQUE ou en (PLASTIQUE), MATIÈRE PLASTIQUE enroulé autour d'une marchandise pour l'emballer en vue de sa MANUTENTION, son transport ou son STOCKAGE.
→ Voir CERCLAGE.

bar [bar]

(n.m.) UNITÉ (sens 1) de PRESSION ne faisant pas partie du (UNITÉ), SYSTÈME INTERNATIONAL D'UNITÉS (S.I.).

A. Ci-contre sa correspondance avec les autres UNITÉS (sens 1) :

Pour convertir	en	Multiplier par
	daN/cm²	1
	Pa	10^5
	MPa	0,1
1 bar	kPa	100
	hPa	1000
	atmosphere	0,98692
	psi	14,504
	ksi	0,0145

B. Le bar est encore utilisé pour la spécification des ÉQUIPEMENTS | PNEUMATIQUES ou HYDRAULIQUES, par exemple.

barbe [fin, burr]

(n.f.) Défaut de MOULAGE constitué d'excès de MATIÈRE débordant accidentellement du PLAN DE JOINT d'un MOULE mal fermé et qui reste accroché à la PIÈCE (sens 1).

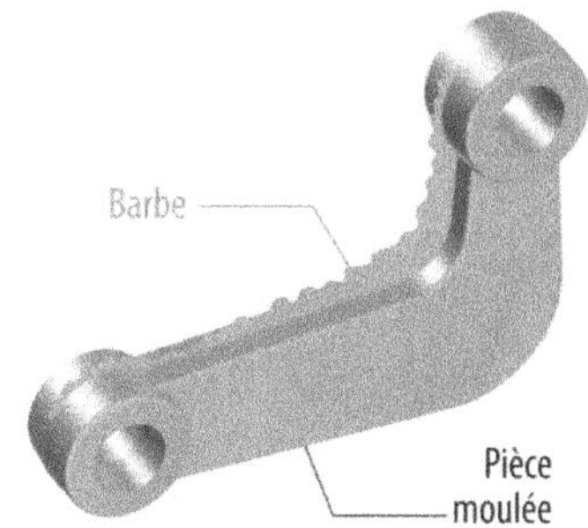

A. La barbe est un PHÉNOMÈNE nécessitant une OPÉRATION de PARACHÈVEMENT appelée ÉBARBAGE.
→ Voir ÉBARBAGE.
B. Ne pas confondre avec la BAVURE (sens 2).

bardage [cladding]

(n.m.) MATÉRIAU à large étendue destiné à garnir une SURFACE ou à occulter.
Ex. : *Bardage en tôle d'acier prélaqué.*

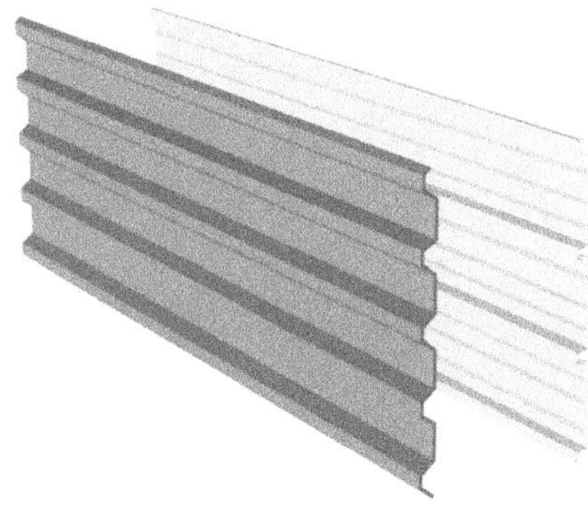

barre [rod, bar]

(n.f.) PROFILÉ plein dont la LONGUEUR est au moins dix fois plus importante que la plus grande LARGEUR qui elle même est supérieure à 10 mm.

A. Lorsque la LARGEUR est relativement faible et inférieure à 10 mm, on parle de BAGUETTE.

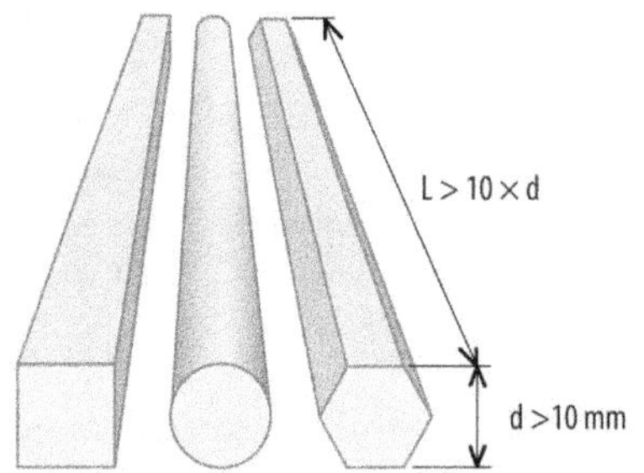

B. Les barres peuvent porter d'autres noms selon leurs FONCTIONS :

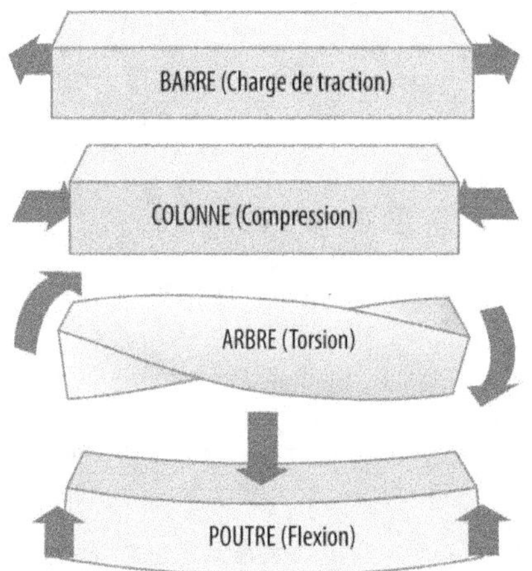

barre sinus [sine bar, adjustable angle plate]

(n.f.) DISPOSITIF de MESURE (sens 2) d'ANGLE très précis par évaluation de l'INCLINAISON d'une SURFACE par rapport à une autre de RÉFÉRENCE, grâce à un calcul trigonométrique.

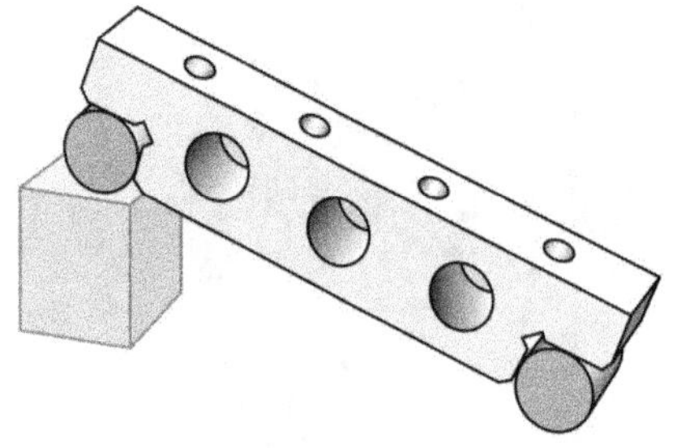

→ Voir (SINUS), BARRE SINUS.

baryum (Ba) [barium]

(n.m.) MÉTAL blanc argenté.

A. Ses composés sont utilisés par les industries du pétrole et du GAZ dans les boues pour faciliter le forage. Ils servent aussi dans la FABRICATION de PEINTURES, de briques, de tuiles, de VERRES et du CAOUTCHOUC.

B. Quelques CARACTÉRISTIQUES :

Symbole chimique :	Ba
État physique à l'ambiante :	Solide
Couleur :	Blanchâtre
Numéro atomique :	56
Masse volumique :	3,500 g/cm^3
T° de fusion :	727°C
Structure cristalline :	Cubique Centré

base [base]

(n.f.)

1. Le côté ou la FACE inférieure d'un POLYGÓNE ou d'une FORME VOLUMIQUE.

2. La partie inférieure d'un objet sur laquelle il repose.

→ Voir EMBASE.

3. Principe, idée, donnée érigés en fondement pour définir et considérer le reste.

4. SUBSTANCE chimique de pH > 7 (contrairement aux acides qui sont de pH < 7).

batârde [bastard cut]

(adj.) Se dit des LIMES dont la dentition est très GROSSIÈRE.

→ Voir LIME.

bâti de machine [device frame]

(n.m.) La plus grosse PIÈCE (sens 1) d'une MACHINE qui sert de CHÂSSIS ou de STRUCTURE (sens 2) | RIGIDE sur laquelle sont fixés tous les autres ORGANES.

Généralement, les bâtis de MACHINE sont construits de façon à être très lourds pour atténuer les VIBRATIONS.

→ Voir, par exemple, PRESSE PLIEUSE.

battement [runout]

(n.m.) Irrégularité constatée lors de la ROTATION d'un élément autour d'un AXE (sens 1) de RÉFÉRENCE.

Dans le MONTAGE (sens 1) ci-contre le battement est mesuré par les déviations de l'aiguille d'un COMPARATEUR.

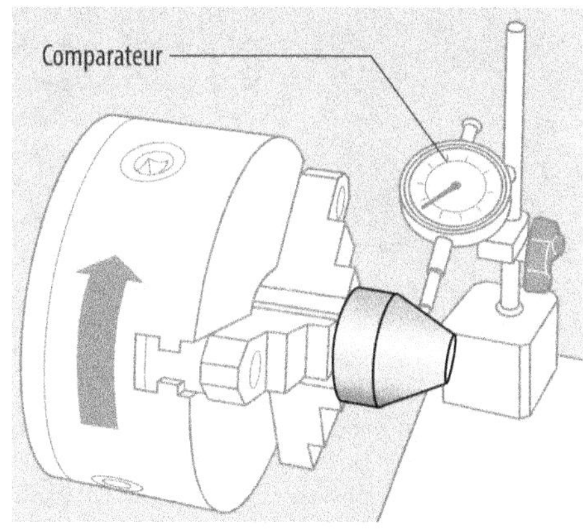

→ Voir aussi TOLÉRANCE GÉOMÉTRIQUE.

bavure

(n.f.)

1. [burr, fin] Reste acéré et non-souhaité de MA-TIÈRE laissé sur une PIÈCE (sens 1) par un USINAGE, un POINÇONNAGE, un CISAILLAGE, ou un DÉCOUPAGE.

Ex. : *Bavures sur une tôle sciée, un TROU percé, une pièce fraisée, une plaque découpée.*

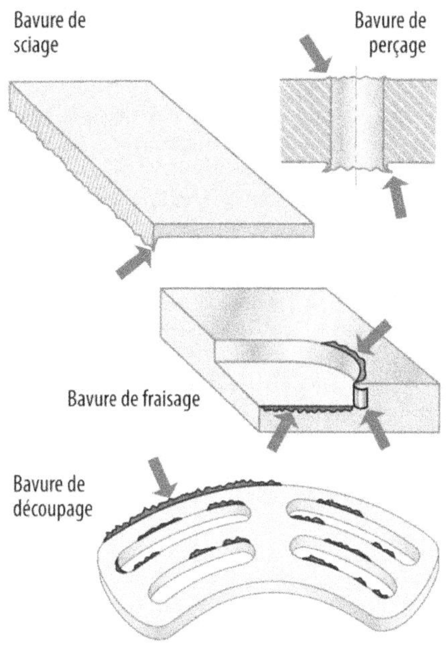

A. Les bavures sont toujours sources de nuisances telles que les suivantes :
- Gênent les AJUSTEMENTS et les LIAISONS.
- Constituent danger par coupure pour les opérateurs et les utilisateurs pendant les manipulations, les ASSEMBLAGES (sens 1) et les DÉMONTAGES à cause de GÉOMÉTRIES (sens 2) souvent irrégulières et acérées.
- Introduisent de grossières erreurs en MÉTRO-LOGIE en s'intercalant entre la PIÈCE (sens 1) à mesurer et les SYSTÈMES de MESURE.
- Perturbent le bon fonctionnement d'un MÉCANISME ou en diminuent l'efficacité en engendrant des FROTTEMENTS et USURES indésirables. Dans tous les cas, ont tendance à réduire les DURÉES DE VIE des PIÈCES (sens 1) et dans les cas extrêmes, peuvent coincer un MÉCANISME.
- Peuvent se détacher en particules fines et contaminants nuisibles à l'intégrité d'un SYSTÈME.
- Peuvent abîmer d'autres constituants en MATÉRIAUX plus TENDRES tels que les JOINTS (sens 1) en ÉLASTOMÈRE.
- Peuvent engendrer des RAYUREs qui compromettent, par exemple, une ÉTANCHÉITÉ.
- Compromettent l'ESTHÉTIQUE globale et la qualité visuelle des PIÈCES (sens 2).
- Peuvent être à l'origine de court-circuit sur des systèmes électriques.
- Créent des zones de CONCENTRATION DE CONTRAINTE pouvant initier FISSURES et endommagements.
- Peuvent être des zones préférentielles de départ de CORROSION car souvent mal protégées par les TRAITEMENTS DE PROTECTION.
- Peuvent engendrer des turbulences dans les ÉCOULEMENTs de FLUIDE.
  etc.

B. Exemple de mécanisme de formation de bavure en FRAISAGE :

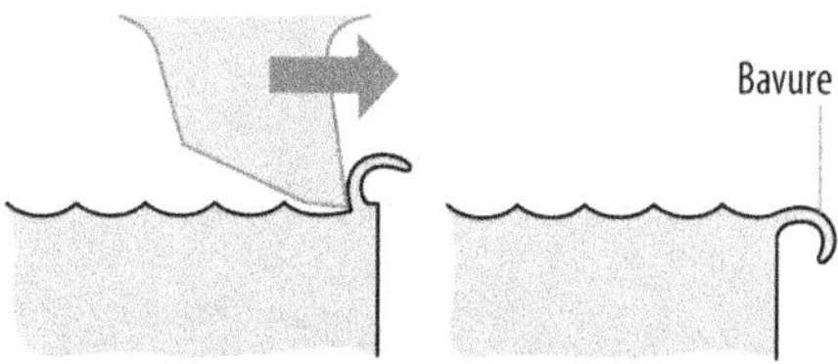

Les bavures d'USINAGE peuvent être plus ou moins prononcées selon les paramètres du processus, de l'état de l'OUTIL DE COUPE, de la nature et PROPRIÉTÉS du MATÉRIAU usiné.

Exemple de formation de bavure en poinçonnage :

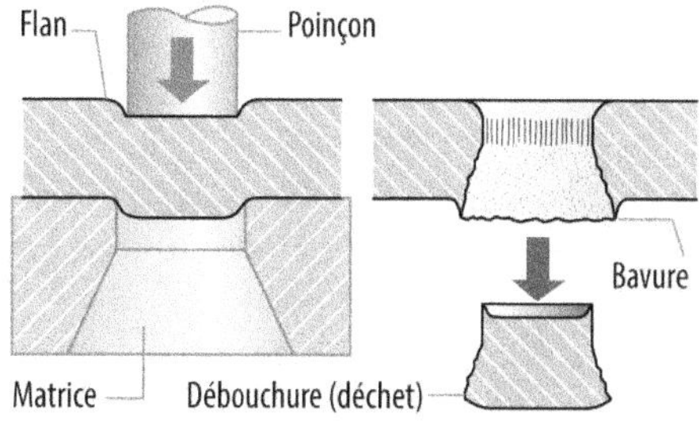

C. Les bavures nécessitent toujours une OPÉRATION supplémentaire inévitable d'élimination appelée ÉBAVURAGE.
→ Voir ÉBAVURAGE (sens 1).
2. [flash, excess] Surplus de MATIÈRE débordant du PLAN DE JOINT d'un OUTIL d'ESTAMPAGE, de MATRIÇAGE ou d'un joint de SOUDAGE À FROID PAR PRESSION ou SOUDAGE PAR FRICTION et qui reste lié à la PIÈCE (sens 1) nouvellement formée. Il convient de les appeler dans ce cas «cordon de bavure».
EX. 1 : *Cordon de bavure d'une pièce estampée ou matricée.*

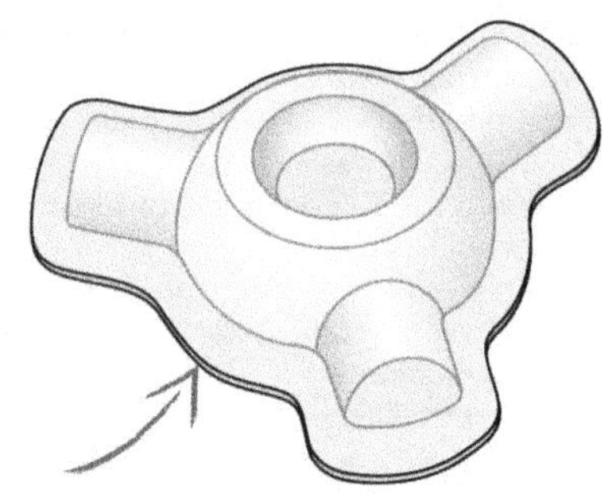

Ex. 2 : *Cordon de bavure de* SOUDAGE À FROID PAR PRESSION :

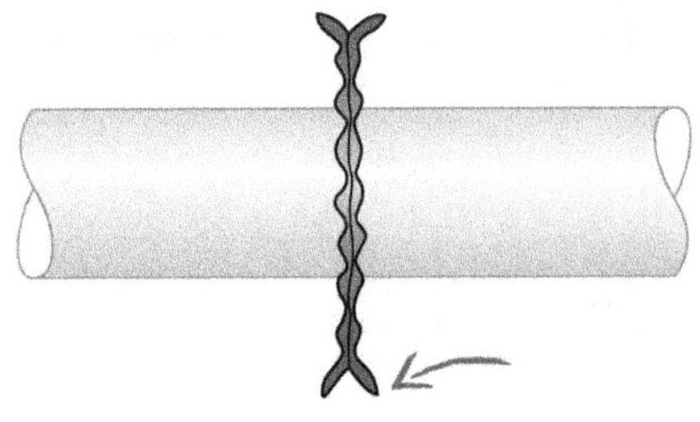

A. Souvent, la bavure est un PHÉNOMÈNE inévitable et nécessaire car c'est elle qui définit la PRESSION nécessaire à la MATIÈRE pour remplir l'OUTILLAGE (sens 2) dans le cas du MATRIÇAGE et de l'ESTAMPAGE. Elle demande ultérieurement une OPÉRATION de PARACHÈVEMENT appelée ÉBAVURAGE ou aussi DÉTOURAGE.
B. Ne pas confondre avec la BARBE qui se rapporte plus au MOULAGE.
→ Voir ESTAMPAGE ; FORGEAGE ; (FROID), À FROID ; ÉBAVURAGE (sens 2).

Be

Symbole de l'élément chimique BÉRYLLIUM.

béryllium (Be) [berylium]

(n.m.) MÉTAL gris DUR, plutôt léger et RÉFRACTAIRE.

A. Son utilisation en MÉTAL pur est limité aux domaines très spécialisés de l'aérospatiale (STRUCTURE (sens 2) de fusées et de satellites, miroir de satellites...) et du nucléaire. On le retrouve plus souvent sous forme d'ALLIAGE, notamment de CUIVRE, d'ALUMINIUM et de NICKEL pour améliorer les PROPRIÉTÉS MÉCANIQUES, électrique et thermique.
B. À remarquer que le béryllium et ses dérivés possèdent une forte TOXICITÉ notamment par inhalation de poussières des OPÉRATIONS telles que l'USINAGE, le MEULAGE, le BROYAGE, le POLISSAGE, etc. Le contact sur la peau est aussi nocif.
C. Quelques CARACTÉRISTIQUES :

Symbole chimique :	Be
État physique à l'ambiante :	Solide
Couleur :	Gris
Numéro atomique :	4
Masse volumique :	1,848 g/cm^3
T° de fusion :	1287°C
Structure cristalline :	Hexagonal Compact

besoin [need]

(n.m.) Ce qui est voulu ou qui est ressenti comme nécessaire pour apporter la satisfaction ou pour atteindre un but.
Ex. : *Besoins physiologiques...*

(Bessemer), procédé Bessemer [Bessemer process]

(n.m.) Ancien PROCÉDÉ D'AFFINAGE de la FONTE consistant à insuffler de l'air dans le MÉTAL fondu à l'intérieur d'un APPAREIL appelé CONVERTISSEUR pour le débarrasser de son CARBONE et le transformer en ACIER.
Ce PROCÉDÉ est à présent remplacé par l'insufflation d'OXYGÈNE et de GAZ inerte (AOD : Argon Oxygen Decarburization).
→ Voir AFFINAGE.
• Note : Du nom de son inventeur anglais Henry Bessemer (1813-1898).

béton [concrete]

(n.m.) MATÉRIAU DE CONSTRUCTION mélange de sable et de gravier rendus SOLIDE et COMPACT grâce à de l'eau et à un LIANT appelé CIMENT.
A. Aspect et rendu.

B. Par sa STRUCTURE (sens 1), le béton peut être classé dans la catégorie des (COMPOSITES), MATÉRIAUX COMPOSITES alors que le ciment seul serait plutôt dans la catégorie des CÉRAMIQUES.

Bi

Symbole de l'ÉLÉMENT CHIMIQUE | BISMUTH.

bichromatage [zinc dichromate plating]

(n.m.) PROCÉDÉ de protection ANTI-CORROSION par DÉPÔT ÉLECTROLYTIQUE (sens 2) de ZINC, suivi d'une PASSIVATION par CONVERSION CHIMIQUE au CHROME qui transforme le ZINC en SURFACE en une COUCHE supplémentaire de sel encore plus protectrice.

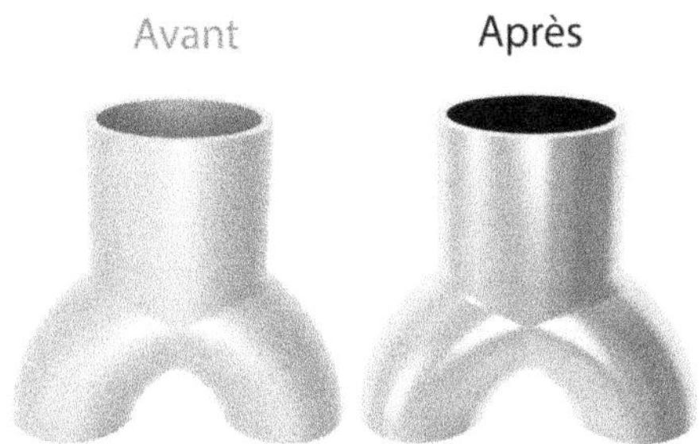

A. La figure ci-dessous montre la STRUCTURE (sens 1) de la COUCHE de bichromatage :

Couche de passivation	(0,2 à 2 µm)
ZINC	(5 à 25 µm)
ACIER	(Substrat)

B. Le CHROME hexavalent Cr VI donne une COUCHE jaune, verdâtre ou rougeâtre, mais son utilisation est à présent interdite par la législation car cancérigène, mutagène et toxique pour la reproduction. Il est remplacé par le CHROME trivalent Cr III de couleur blanc bleutée.

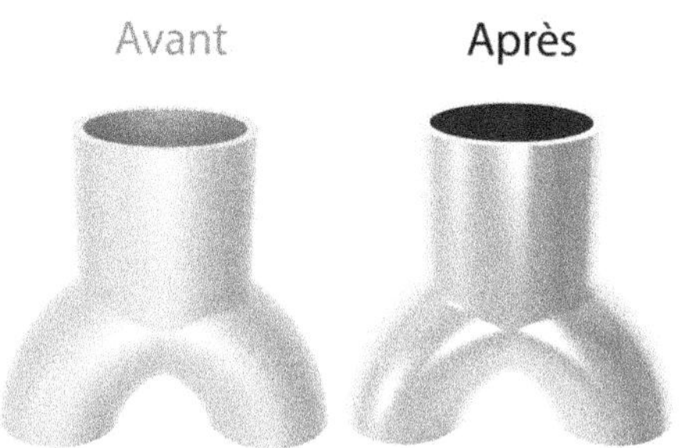

C. Ne pas confondre avec l'ÉLECTROZINGAGE.

bi-composant [two-component]

(adj.) Qui est constitué ou obtenu par la RÉACTION CHIMIQUE de deux SUBSTANCES, en parlant d'un MATÉRIAU ou d'un CORPS | SOLIDE.
Ex : COLLE *bi-composant.*
→ Voir aussi POLYURÉTHANE ; RÉACTION INJECTION MOULAGE pour un exemple de mise en œuvre d'un bi-composant.
• Note : Ne pas confondre avec ALLIAGE ou (COMPOSITE), MATÉRIAU COMPOSITE dans lesquels il n'y a pas de RÉACTION CHIMIQUE.

bielle [connecting rod, conrod]

(n.f.) ORGANE |MÉCANIQUE articulé à ses extrémités et servant à transmettre un EFFORT de COMPRESSION ou de TRACTION.
Ex. : *Bielle d'un moteur thermique à piston.*

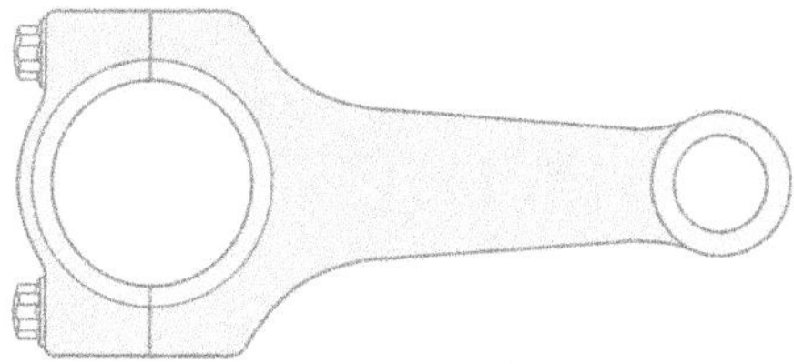

biellette [tie rod]

(n.f.) Petit ORGANE articulé à ses extrémités pour transmettre des EFFORTS de COMPRESSION et de TRACTION.
Ex. : *Biellette d'une cisaille.*

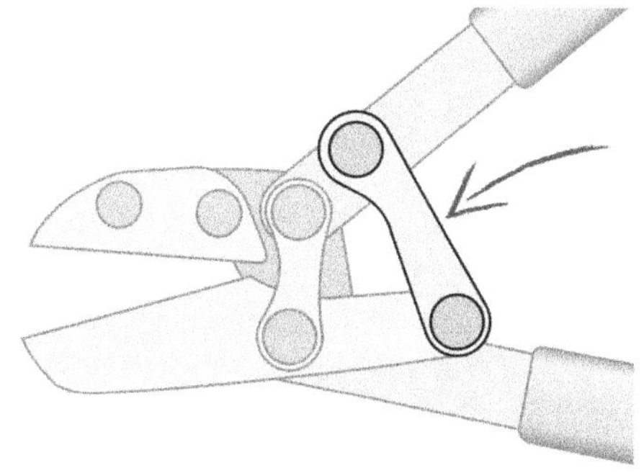

bi-injection [bi-injection moulding (GB); bi-injection molding (US)]

(n.f.) Même signification que INJECTION BI-MA-TIÈRE.

bille [ball]

(n.f.) ORGANE |MÉCANIQUE | SPHÉRIQUE pouvant rouler facilement.
Ex. : *BILLE DE MANUTENTION*.

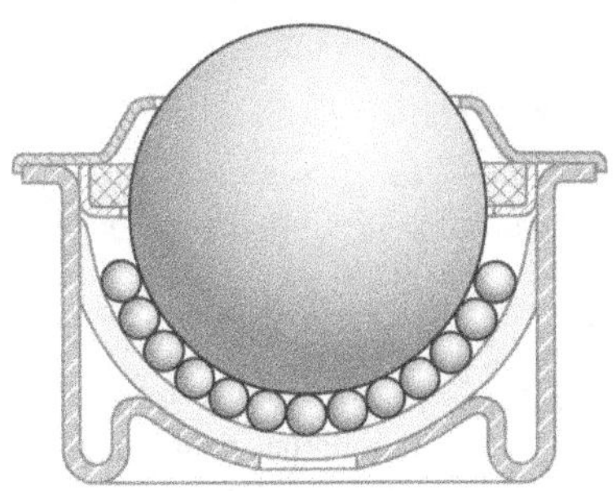

→ Voir aussi ROULEMENT À BILLE.

bille de manutention [ball]

(n.f.) ORGANE |SPHÉRIQUE utilisé en plusieurs sur une TABLE pour faciliter le déplacement d'une CHARGE (sens 1) disposée sur leur face supérieure.

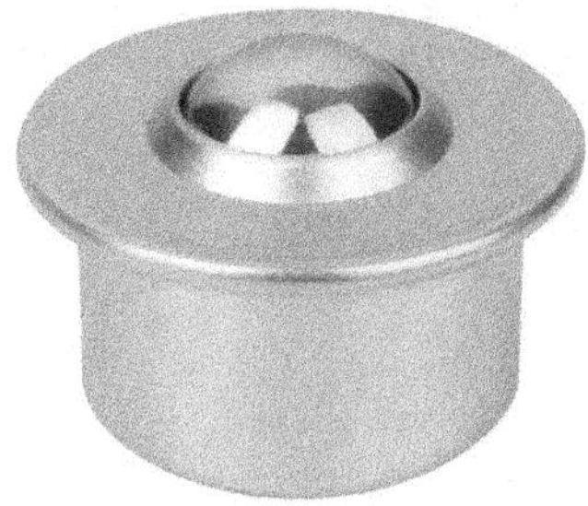

→ Voir BILLE pour une VUE EN COUPE.

billette [billet]

(n.f.) PRODUIT métallique intermédiaire provenant du LAMINAGE de LINGOT et destiné au FORGEAGE, FILAGE ou ÉTIRAGE. Voir l'illustration sur la colonne suivante.

biocompatibilité [biocompatibility]

(n.f.) Qualité d'un MATÉRIAU pouvant être utilisé en CONTACT avec un organisme vivant sans dommage pour ce dernier.
• Note : Ne pas confondre avec ALIMENTARITÉ.

biocompatible [biocompatible]

(adj.) Qui peut être utilisé en étant en contact avec un organisme vivant sans dommage pour celui-ci.
→ Voir BIOMATÉRIAU.

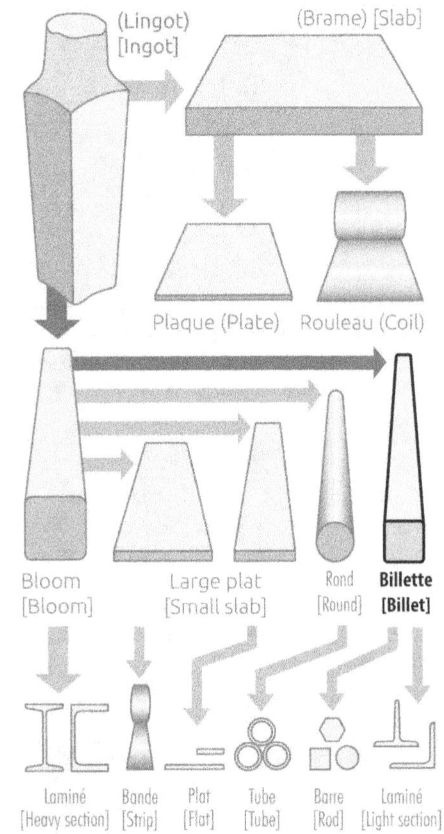

biodégradable [biodegradable]

(adj.) Qualité d'une SUBSTANCE pouvant être décomposée par des micro-organismes biologiques (bactérie, champignon, algue, etc.) de manière à ne pas avoir d'impact nocif sur l'ENVIRONNEMENT (sens 1).
La biodégradabilité est déterminée par la durée du processus de décomposition, la fraction de la SUBSTANCE pouvant être réellement décomposée, la nature et effets des éléments obtenus sur le milieu environnant.

biomatériau [biomaterial]

(n.m.) MATÉRIAU | RÉSISTANT À LA CORROSION et non-TOXIQUE de telle sorte qu'on peut l'utiliser sans danger dans le corps de l'homme ou des organismes vivants, d'une façon générale.
A. Quelques exemples de biomatériaux.
• Les MÉTAUX PRÉCIEUX : OR, PLATINE, IRIDIUM, etc.
• Certains ALLIAGES MÉTALliques : ACIER INOXYDABLE, ALLIAGE de TITANE, etc.

• Les biocéramiques : OXYDES, Al_2O_3, ZrO_2, SiO_2, etc. ; CARBURE SiC ; nitrure, bromure, fluorure, etc.
• Les POLYMÈRES : polyéthylènes (PE), acryliques (PMMA), SILICONES, etc.
• Les (COMPOSITES), MATÉRIAUX COMPOSITES : CARBONE-CARBONE, carbone-CÉRAMIQUE, etc.
• Biomatériaux naturels : le corail, la nacre, etc.
B. Les biomatériaux servent, par exemple, à la FABRICATION des prothèses.

biseau [bevel]

(n.m.) Bord d'une PIÈCE (sens 1) finissant par une SURFACE | OBLIQUE.

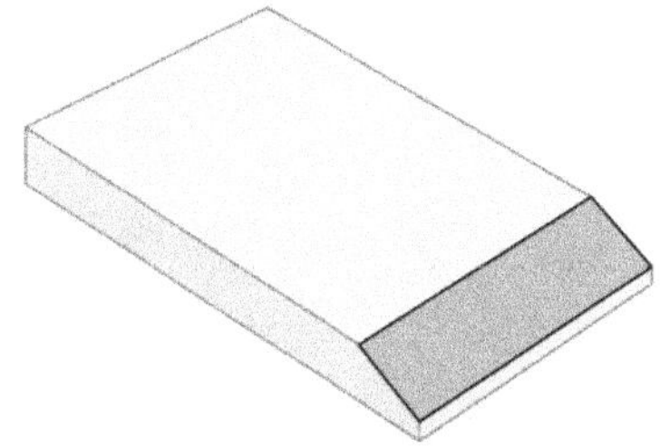

bismuth (Bi) [bismuth]

(n.m.) MÉTAL argenté blanc rosâtre brillant. FRAGILE.

A. Il est utilisé pour obtenir des ALLIAGEs à bas POINT DE FUSION, des produits pharmaceutiques, électroniques, et cosmétiques, des pigments et pour former des catalyseurs.
B. Aspect d'un CRISTAL brut de bismuth :

Photo : Bjarn Wylezich

blocage [locking]

(n.m.)
1. État de ce qui ne peut plus bouger ou avancer car entravé par quelque chose.
→ Voir, par exemple, ARC-BOUTEMENT.
2. Action d'entraver pour empêcher de se mouvoir ou d'avancer.

bloom [bloom]

(n.m.) PRODUIT métallique intermédiaire de SECTION carrée, issu du LAMINAGE ou du FORGEAGE d'un LINGOT et qui sert de point de départ pour la FABRICATION de DEMI-PRODUITS métalliques tels que les PLATs, LARGES PLATS, les BILLETTES.
• Note : Ne pas confondre avec la BRAME qui est de section rectangulaire et servant de point de départ pour obtenir des TÔLES et des PLAQUES.
→ Voir aussi BILLETTE.
→ Voir aussi BILLETTE.

bloqué [blocked]

(adj.) Qui ne peut plus bouger car entravé par quelque chose.

bobine [coil]

(n.f.) Enroulement COMPACT de grande LONGUEUR de TÔLE ou de FIL pour en faciliter la MANUTENTION, le TRANSPORT, le STOCKAGE et l'utilisation.
Ex. : *Bobine de* TÔLE D'ACIER.

Photo : Nuttawut Uttamaharad

A. Avant l'utilisation, les bobines ont besoin d'être déroulées et découpées.
→ Voir, par exemple, DÉROULAGE ; REFENDAGE.
B. Elles ont aussi tendance à conserver la forme arrondie de l'enroulement, ce qui nécessite une opération de PLANAGE dans le cas des TÔLES ou de DRESSAGE dans le cas des FILS.
→ Voir PLANAGE ; DRESSAGE DE FIL.

bois [wood]

(n.m.) MATÉRIAU provenant de la MATIÈRE du tronc et des branches d'un arbre.
A. Quelques «essences» de bois connus montrant l'aspect, la couleur et la texture.

Chêne   Frêne

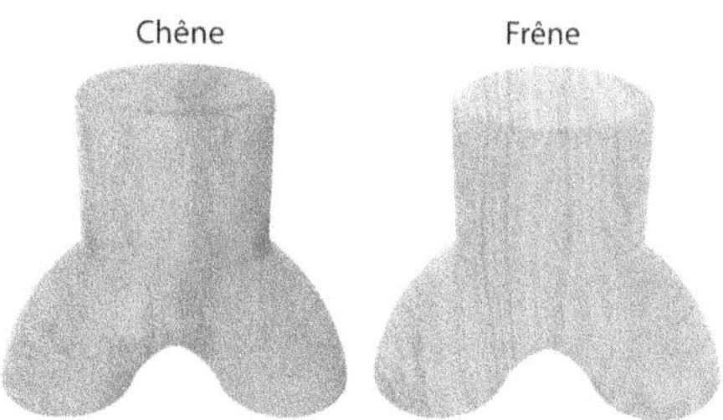

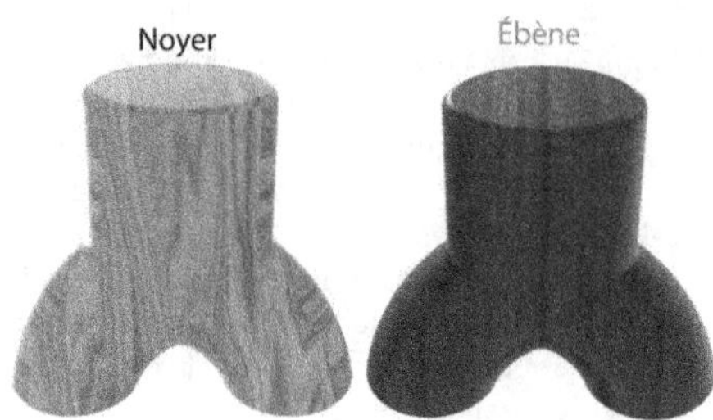

B. Il peut être classé dans la catégorie des (COM-POSITES), MATÉRIAUX COMPOSITES car sa STRUC-TURE (sens 1) est assimilable à un ensemble de cellules fibreuses (cellulose) liées entre elles par une SUBSTANCE végétale (lignine).

👍 Avantages

C. MATÉRIAU écologique. Ressource naturelle renouvelable. PROPRIÉTÉS MÉCANIQUES intéressantes, bien que fortement ANISOTROPES. Bon isolant thermique. Bonne propriété d'isolation acoustique. ESTHÉTIQUE. Bonne RÉSISTANCE À LA CORROSION. MATÉRIAU utilisable pour les applications exposées aux intempéries. Bonne RÉSISTANCE SPÉCIFIQUE. Mise en œuvre relativement aisée.

👎 Inconvénients

D. ANISOTROPIE des PROPRIÉTÉS MÉCANIQUES. Non-RECYCLABLE mais revalorisable pour la production d'ÉNERGIE. Sensible au feu.
→ Voir aussi AGGLOMÉRÉ.

boîte de vitesse [gear box]

(n.f.) DISPOSITIF | MÉCANIQUE contenant plusieurs couples d'ENGRENAGES permettant de changer à volonté les RAPPORTS DE TRANSMISSION entre l'ARBRE D'ENTRÉE et l'ARBRE DE SORTIE.
• Note : Ne pas confondre avec le VARIATEUR DE VITESSE.
→ Voir, par exemple, ENGRENAGE CYLINDRIQUE HÉLICOÏDAL.

boîtier [casing, case, housing]

(n.m.) DISPOSITIF enfermant un APPAREIL ou un MÉCANISME pour le protéger des agents extérieurs pouvant l'endommager ou perturber son fonctionnement (humidité, POUSSIÈRE, rayonnement UV ou autres, etc.)
Globalement, il est constitué d'un fond et d'un couvercle, capot ou regard.
→ Voir aussi CARTER.

bombé [convex]

(adj.) De FORME courbe proéminente. CONVEXE.
◊ Contr. : CREUX.

(bombé), fond bombé [dished end]

(n.m.) Voir les explications à la rubrique FOND BOMBÉ.

bordage [flanging]

(n.m.) TECHNIQUE de FORMAGE de bord de TÔLE ou d'extrémité de TUBE pour obtenir des COLLERETTES ou des GORGES.
A. Exemples de FORMES obtenues par bordage sur un TUBE.

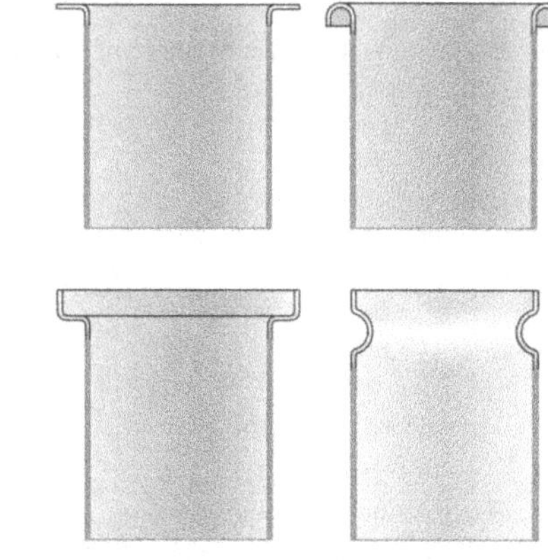

B. Exemples de PROCÉDÉS :
Ex. 1 :

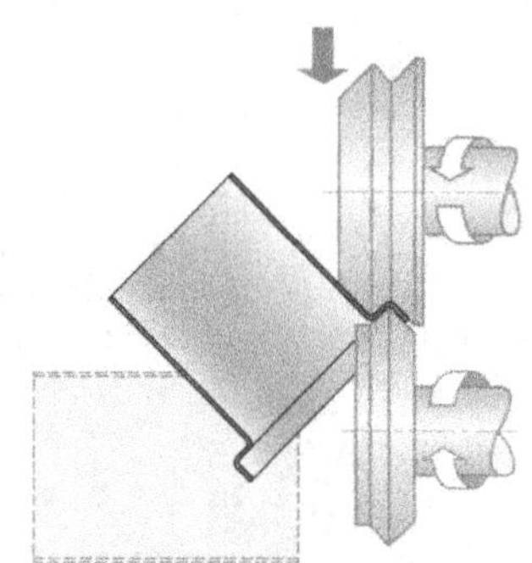

Ex. 2 :

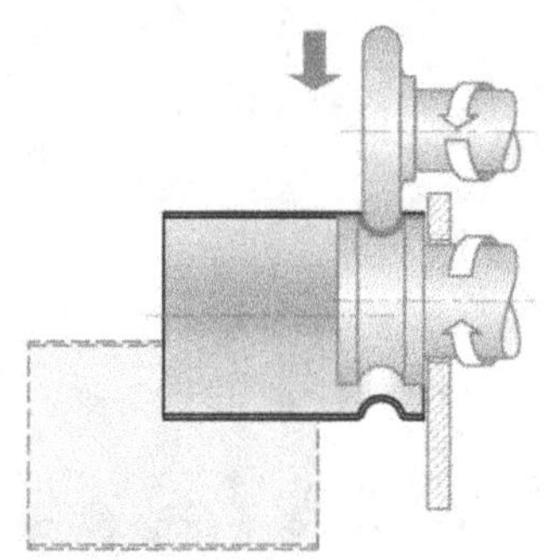

Ex. 3 : *Bordage d'un* FOND BOMBÉ.

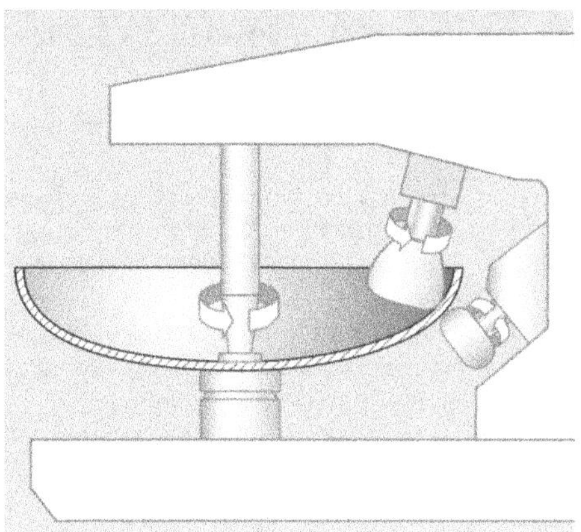

→ Voir BORDEUSE pour la MACHINE pouvant effectuer ce type de bordage.

bordeuse [bead roller]

(n.f.) MACHINE munie de ROULEAUX (sens 2) pour le FORMAGE des bords de FEUILLES, de BOUTS (sens 1) de PROFILÉ ou de TÔLES.
Ex. 1 : *Bordeuse pour tubes et tôles.*

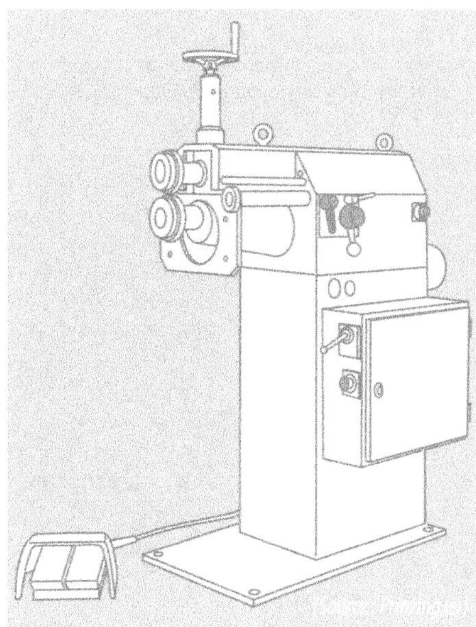

Ex. 2 : *Bordeuse pour* FOND BOMBÉ.

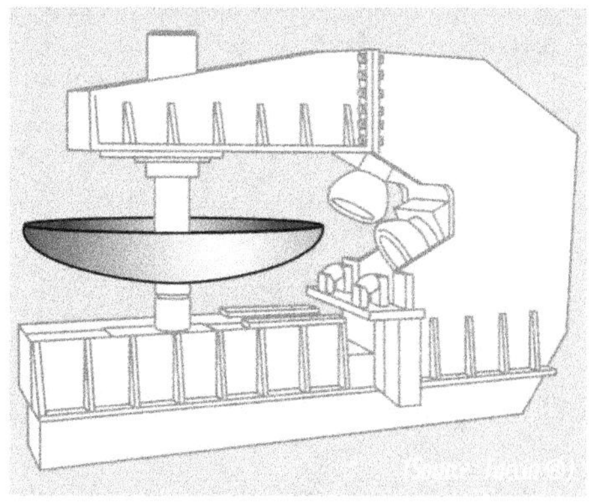

→ Voir BORDAGE.

bore (B) [boron]

(n.m.) ÉLÉMENT CHIMIQUE non-MÉTALlique noir utilisé pour améliorer la TREMPABILITÉ des ACIERS.

borgne [blind]

(adj.) Possédant une forme creuse non-débouchante.
Ex. : *TROU BORGNE ; ÉCROU BORGNE.*

bossage [boss, embossing]

(n.m.) FORME en saillie pour limiter une SURFACE D'APPUI | PLAN.

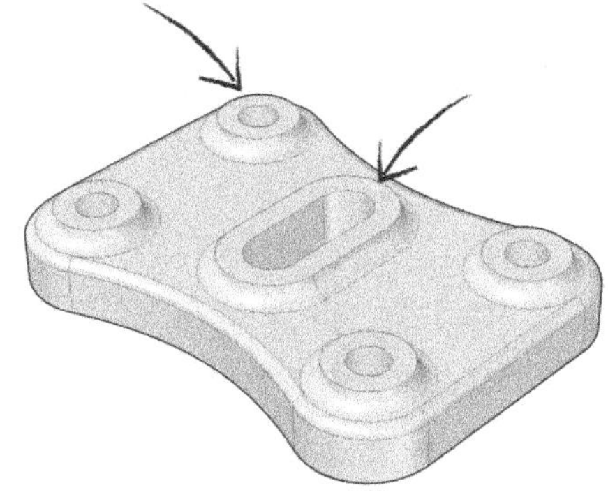

A. L'ajout de bossage avec un bon ÉTAT DE SURFACE local est nécessaire sur des PIÈCES (sens 1) naturellement rugueuses ou comportant de nombreuses aspérités comme les PIÈCES (sens 1) de FONDERIE.

👍 Avantages

B. N'utilise pas de FORME générant des CONCENTRATIONS DE CONTRAINTE, contrairement au LAMAGE comme ci-dessous.

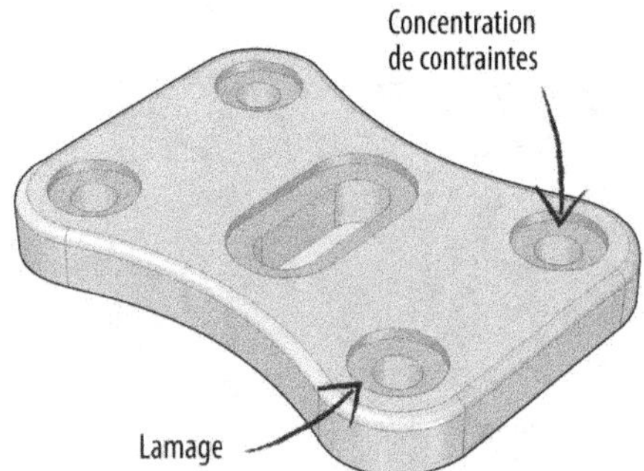

👎 Inconvénients

C. Nécessite de prévoir une SURÉPAISSEUR D'USINAGE. Plus encombrant car en saillie. Au final, moins ESTHÉTIQUE.
D. Ne pas confondre le bossage avec le BOURRELET et la BOURSOUFLURE.

bouchon [end cap, plug]

(n.m.) ORGANE assurant l'ÉTANCHÉITÉ en obstruant un réservoir ou une cuve.
• Note : Ne pas confondre avec l'ABOUT qui n'a pas vocation d'ÉTANCHÉITÉ mais plus pour la protection ou la FINITION | ESTHÉTIQUE.

boule [sphere]

(n.f.) VOLUME à l'intérieur d'une SPHÈRE.

boulon [bolt]

(n.m.) ORGANE DE FIXATION constitué d'une VIS (sens 2) et d'un ÉCROU entre les SURFACES D'APPUI desquels peuvent être serrées des PIÈCES (sens 1).

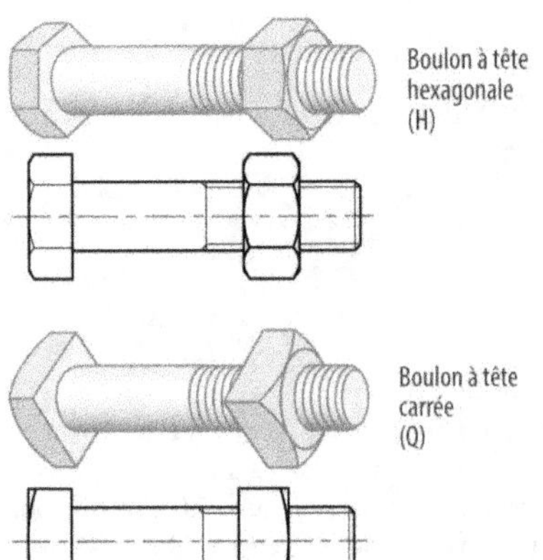

A. Exemple de désignation :

Boulon H M16-50-20 CL8.8 Galva

|H| Tête hexagonale.
|M| Filetage métrique à FILET TRIANGULAIRE PROFIL ISOMÉTRIQUE.
→ Voir (VIS), DÉSIGNATION DE VIS pour les autres types de tête.
|16| DIAMÈTRE NOMINAL Ø en mm de la tige filetée.
|50| LONGUEUR totale de la TIGE en mm sans la tête sauf pour les VIS À TÊTE FRAISÉE.
|20| LONGUEUR filetée en mm.
|CL8.8| (VIS), CLASSE DE RÉSISTANCE DE VISSERIE : indication facultative et valable uniquement pour la visserie en ACIER AU CARBONE. Le MATÉRIAU doit être précisé quand il est autre que l'ACIER AU CARBONE (ACIER INOXYDABLE, ALUMINIUM, NYLON...).
|Galva| Le type de TRAITEMENT DE SURFACE peut être précisé (brut, électrozingué (EZ), bichromaté, SHÉRARDISÉ...).

Parfois, la NORME régissant le boulon est indiquée.

👍 Avantages

B. Ne nécessite que de simples PERÇAGES sans TARAUDAGE.

👎 Inconvénients

C. Le SERRAGE nécessite deux CLÉS (sens 2) sauf pour le BOULON À COLLET CARRÉ ou le BOULON À ERGOT. Oblige à avoir accès aux deux côtés sauf pour le cas unique du BOULON AJAX ONESIDE ®.
D. Quelques exemples d'applications d'ASSEMBLAGE :

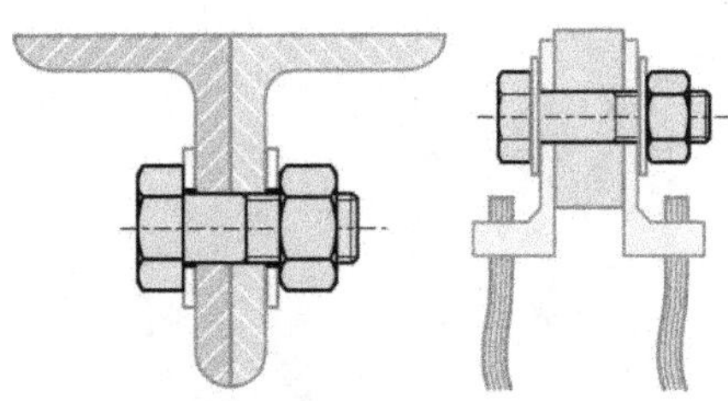

→ Voir aussi ÉCLISSAGE.

boulon à collet carré [carriage bolt]

(n.m.) Type de BOULON dont le SERRAGE ne nécessite qu'une seule CLÉ pour l'ÉCROU car une FORME prismatique est déjà aménagée sous la tête pour le bloquer en ROTATION.

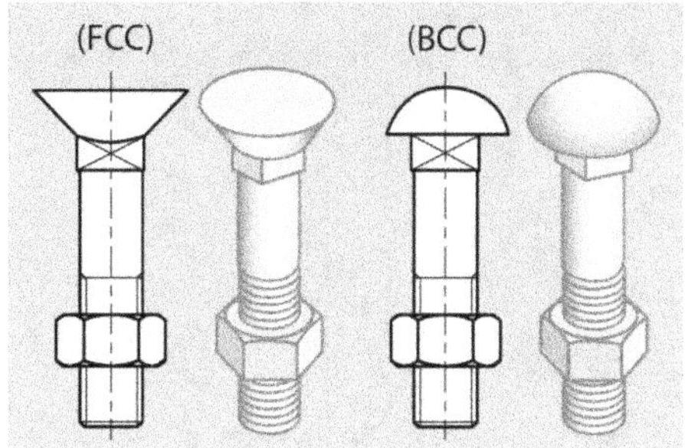

→ Voir BOULON À ERGOT qui est un BOULON similaire.

boulon à ergot [nib bolt]

(n.m.) BOULON muni d'une petite proéminence sous la tête pour l'empêcher de tourner une fois en place et n'avoir besoin que d'une seule CLÉ DE SERRAGE de l'ÉCROU.

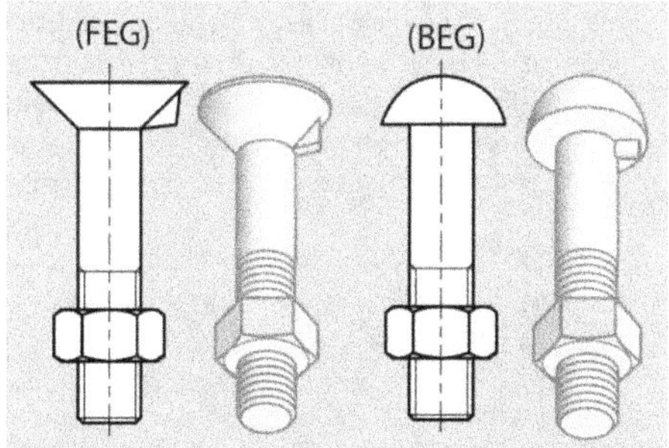

→ Voir BOULON À COLLET CARRÉ qui est un BOULON similaire.

boulon à indicateur de tension [smartbolt DTI]

(n.m.) Type de BOULON À HAUTE RÉSISTANCE muni d'un SYSTÈME incorporé qui change de couleur pour avertir visuellement de sa bonne mise en place.

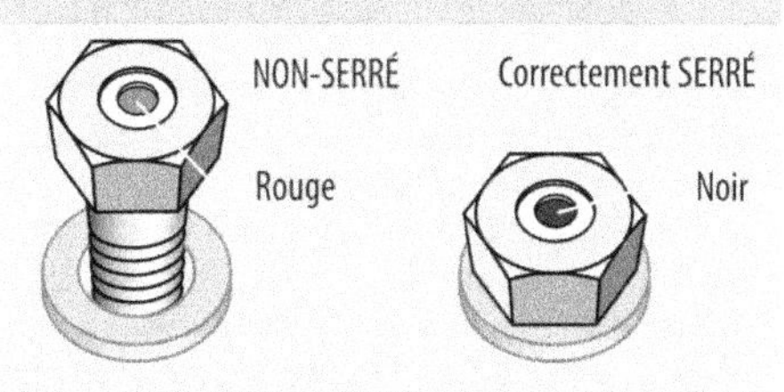

A. Le boulon comporte sur sa tête une petite fenêtre reliée à un CAPTEUR de TENSION intégré. Lorsque le boulon n'est pas serré, la fenêtre est rouge. Lorsqu'il est en tension avec la bonne PRÉCONTRAINTE, elle devient noire indiquant qu'il est correctement serré.

B. Exemple de désignation :

Boulon DTI H M24-100-50 CL8.8 EZ

|DTI| À indication directe de TENSION.

|H| Tête hexagonale.

→ Voir la rubrique (VIS), DÉSIGNATION DE VIS pour les autres types de tête.

|M| FILETAGE métrique à FILET TRIANGULAIRE PROFIL ISOMÉTRIQUE.

→ Voir à la rubrique (FILET), PROFIL DE FILET les autres types de FILETAGE.

|24| DIAMÈTRE NOMINAL de la TIGE FILETÉE en mm.

|100| LONGUEUR totale en mm de la TIGE sans la tête sauf pour les VIS À TÊTE FRAISÉE.

|50| LONGUEUR filetée en mm.

|8.8| (VIS), CLASSE DE RÉSISTANCE DE VISSERIE : indication facultative et valable uniquement pour la visserie en ACIER AU CARBONE. Le MATÉRIAU doit être précisé quand il est autre que l'ACIER AU CARBONE (ACIER INOXYDABLE, ALUMINIUM, NYLON...)

|EZ| Le type de TRAITEMENT DE SURFACE peut être précisé (brut, électrozingué (EZ), bichromaté, SHÉRARDISÉ...)

Parfois, la NORME régissant le boulon est indiquée.

👍 **Avantages**

C. Mesure directement la TENSION de la VIS (sens 2), ce qui dispense de considérer tout l'ENVIRONNEMENT (sens 2) de l'ASSEMBLAGE (sens 2) pour obtenir une indication de l'EFFORT de SERRAGE. En effet, habituellement le COUPLE DE SERRAGE est le seul paramètre contrôlable. Il est relié à l'EFFORT réel de SERRAGE par une multitude de facteurs dont certains ne sont pas toujours bien maîtrisés : COEFFICIENT DE FROTTEMENT entre les MATIÈRES en CONTACT, ÉTAT DE SURFACE, TRAITEMENT appliqué aux SURFACES, LUBRIFIANT, CORROSION, USURE, nature ÉCROU et RONDELLES, etc. Fonctionne avec les CLÉS DE SERRAGE | STANDARD. Vérification visuelle. Réutilisable.

👎 **Inconvénients**

D. N'est pas très répandu.

boulon Ajax oneside™ [Ajax oneside™ bolt]

(n.m. commercial) Type de BOULON développé par la société australienne AJAX®, dont la particularité est de pouvoir être posée totalement (AVEUGLE), EN AVEUGLE grâce notamment à une RONDELLE qui se plie en deux.

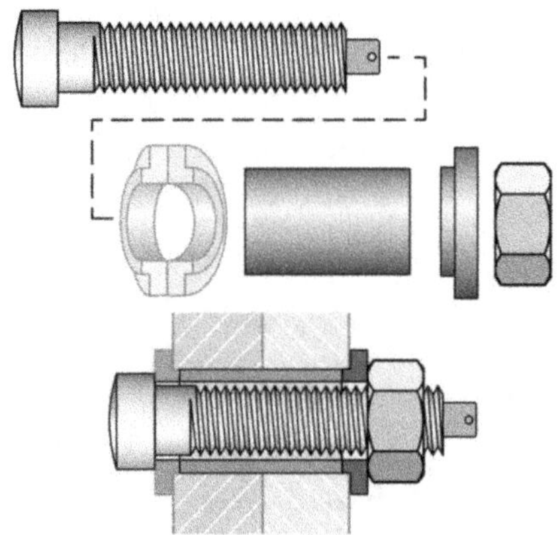

A. La pose nécessite un OUTIL spécial d'installation en FORME de canne sur laquelle sont préalablement enfilés l'ÉCROU, la première RONDELLE, une ENTRETOISE, la RONDELLE repliable et enfin la VIS.

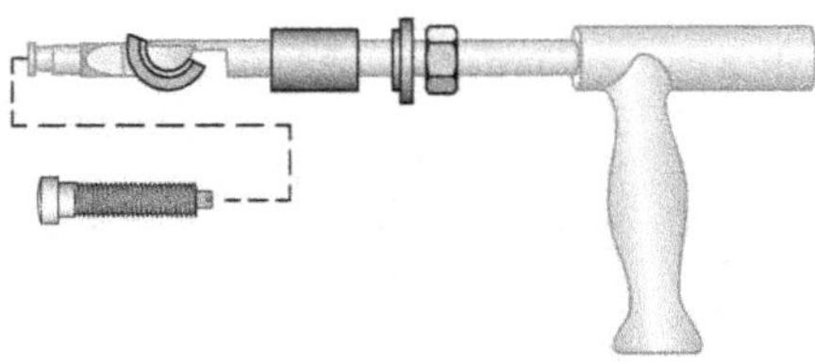

La canne est introduite dans le TROU puis retirée en laissant en place le BOULON :

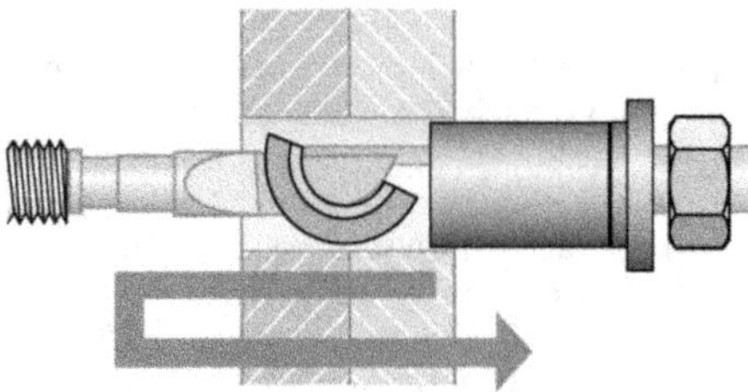

Le SERRAGE final est parachevé avec un autre OUTIL de VISSAGE qui manœuvre l'ÉCROU et maintient en même temps la VIS (sens 2).

👍 Avantages

B. Pose facile avec l'OUTIL d'installation dédié. Pose (AVEUGLE), EN AVEUGLE.

👎 Inconvénients

C. Difficile à trouver dans le commerce. Nécessite tout de même un certain recul du côté aveugle. Nécessite un OUTIL spécialisé d'installation et un autre de SERRAGE.

boulon de rainure en té [t-bolt]

(n.m.) BOULON dont une partie de la TIGE est spécialement aménagée pour empêcher sa ROTATION lorsqu'il est enfilé dans une RAINURE EN TÉ.

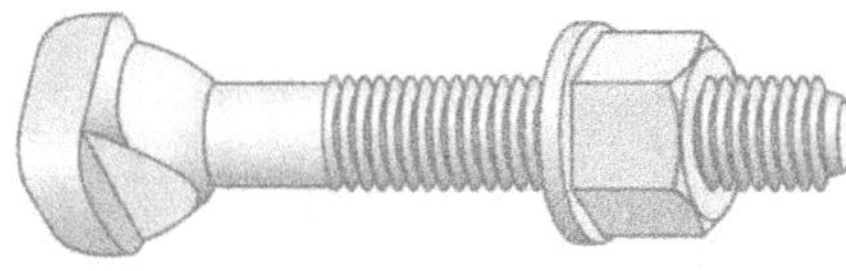

Le boulon de rainure en té est notamment très utilisé dans les MONTAGES D'USINAGE.
→ Voir aussi VIS À TÊTE MARTEAU.

boulon HR, boulon à haute résistance [high strength bolt: HS bolt]

(n.m.) Type de BOULON acceptant un SERRAGE suffisamment fort pour empêcher par ADHÉRENCE de FROTTEMENT tout MOUVEMENT relatif des PIÈCES (sens 1) serrées. Un boulon à haute résistance correctement mis en place exclut qu'il puisse subir de CISAILLEMENT, contrairement à un boulon ordinaire. En théorie, sa tige n'est jamais en contact avec la paroi du TROU qui le reçoit.

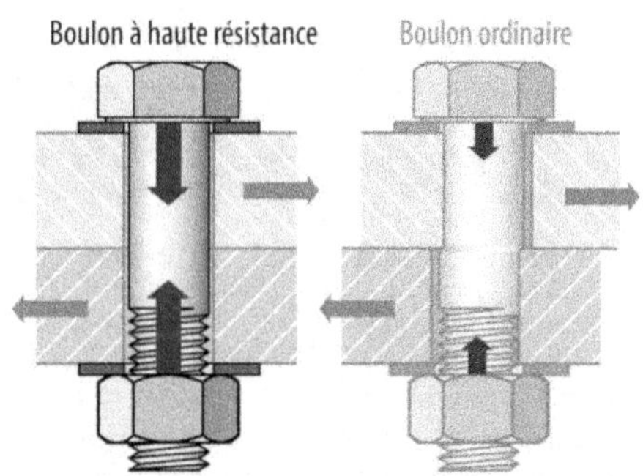

A. Le serrage produit une PRÉCONTRAINTE de la VIS à laquelle s'ajoute les effets des CHARGES (sens 1). Il est nécessaire que ces CONTRAINTES MÉCANIQUES soient cernées avec précision par la connaissance des limites du MÉTAL du boulon, ainsi que par les paramètres de SERRAGE.
B. Les boulons à haute résistance sont fabriqués en ACIER À HAUTE LIMITE D'ÉLASTICITÉ de classes 8.8 et 10.9. Ce qui veut dire que leurs RÉSISTANCES À LA RUPTURE R_m ou f_u sont respectivement de 80 et 100 daN/mm², leurs RÉSISTANCES LIMITES D'ÉLASTICITÉ R_e ou f_y sont respectivement de 8×8 = 64 et 10×9 = 90 daN/mm².
C. Leur SERRAGE est bien réglementé par des NORMES notamment pour la valeur du COUPLE DE SERRAGE à appliquer. Mais aussi pour la MÉTHODE et l'ordre de SERRAGE des boulons. D'une façon générale, le SERRAGE doit commencer sur

la partie la plus RIGIDE de l'ASSEMBLAGE (sens 2) pour finir sur la partie la plus flexible :

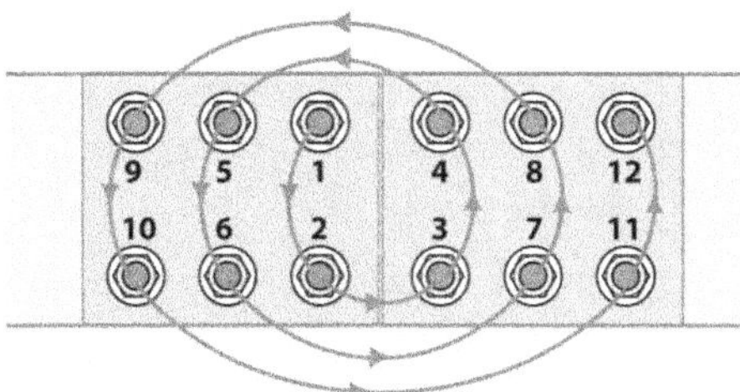

(Source : Hobson technical)

D. L'ajustement du COUPLE DE SERRAGE peut être effectué par plusieurs MÉTHODES :
- SERRAGE par lecture sur une CLÉ DYNAMOMÉ-TRIQUE ou par une CLÉ À CHOC à DÉBRAYAGE automatique lorsque le COUPLE est atteint.
- Repérage de l'ANGLE de ROTATION de l'ÉCROU.
- Utilisation de RONDELLE INDICATRICE DE PRÉ-CONTRAINTE (DTI).
- (PRÉTENSION), SERRAGE PAR PRÉTENSION.

E. À savoir qu'il existe des types de BOULON plus évolués permettant par leur CONCEPTION particulière le CALIBRAGE de leur PRÉCONTRAINTE.
→ Voir BOULON HRC et BOULON À INDICATEUR DE TENSION.

F. Des précautions doivent également être observées pour garantir un COEFFICIENT DE FROTTE-MENT suffisant entre les PIÈCEs (sens 1) serrées. Par exemple, DÉCAPAGE, GRENAILLAGE, SABLAGE visant à enlever les plaques de ROUILLE...

G. Autres appellations : boulon à serrage contrôlé, boulon précontraint.

H. Exemple de désignation :

Boulon HR H M20-80-46 CL10.9 EZ

|HR| Haute Résistance.
|H| Tête HEXAGONALe.
  → Voir la rubrique (VIS), DÉSIGNATION DE VIS pour les autres types de tête.
|M| FILETAGE métrique à FILET TRIANGULAIRE PROFIL ISOMÉTRIQUE.
  → Voir à la rubrique (FILET), PROFIL DE FILET les autres types de FILETAGE.
|20| DIAMÈTRE NOMINAL de la tige filetée en mm.
|80| LONGUEUR totale en mm de la tige sans la tête sauf pour les VIS À TÊTE FRAISÉE.
|46| LONGUEUR filetée en mm.
|CL10.9| (VIS), CLASSE DE RÉSISTANCE DE VISSERIE.
|EZ| Le type de TRAITEMENT DE SURFACE peut être précisé (brut, électrozingué (EZ), bichromaté, SHÉRARDISÉ...).

Parfois, la NORME régissant le BOULON est indiquée.

Avantages

I. Ne subit pas de CISAILLEMENT. Grande RIGIDITÉ des ASSEMBLAGES (sens 2) par rapport aux BOU-LONS ordinaires car le principe ne permet aucun GLISSEMENT. Supporte bien les CHARGES (sens 1) alternées. Bon comportement en FATIGUE. Constitue malgré tout une sécurité en CISAILLE-MENT en cas de perte de la PRÉCONTRAINTE.

Inconvénients

J. Beaucoup de soins et de précautions de pose à respecter, nécessitant un personnel qualifié et un matériel adapté. Le COUPLE DE SERRAGE doit être calibré car un manque ou un excès peuvent être tout autant néfastes. Au final, coût plus élevé. BOULON utilisable seulement une fois par principe normatif.

boulon HRC, boulon à haute résistance à précontrainte calibrée [HRC bolt]

(n.m.) Type de BOULON utilisé pour l'ASSEM-BLAGE (sens 1) d'ÉLÉMENTS STRUCTURAUX et dont le SYSTÈME de pose permet d'ajuster le COUPLE DE SERRAGE à une valeur précise grâce à un embout qui se rompt lorsque ce COUPLE est atteint.

A. La mise en place doit être obligatoirement effectuée avec une VISSEUSE dédiée. Le SERRAGE se fait par un seul côté, la VIS (sens 2) et son ÉCROU étant tous les deux maintenus et manœuvrés par le même APPAREIL :

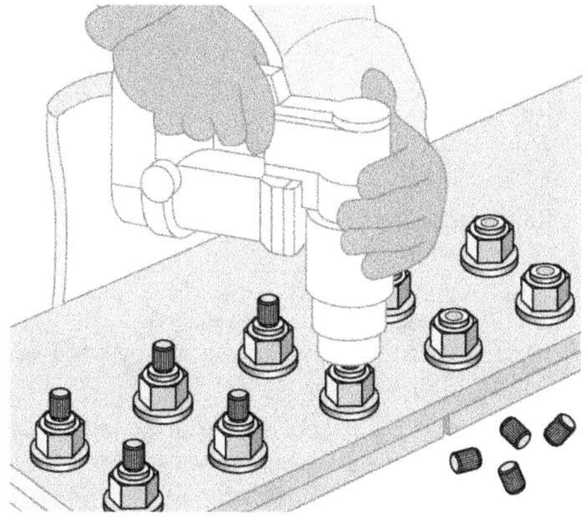

B. Le principe de la mise en place est le suivant selon la source SOFAST Technologie ® :

1

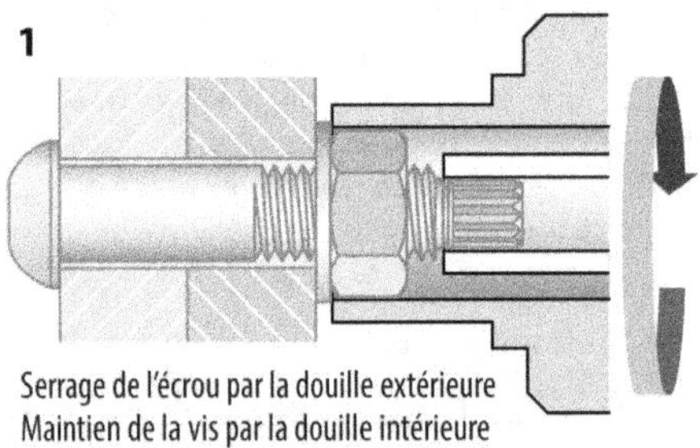

Serrage de l'écrou par la douille extérieure
Maintien de la vis par la douille intérieure

2

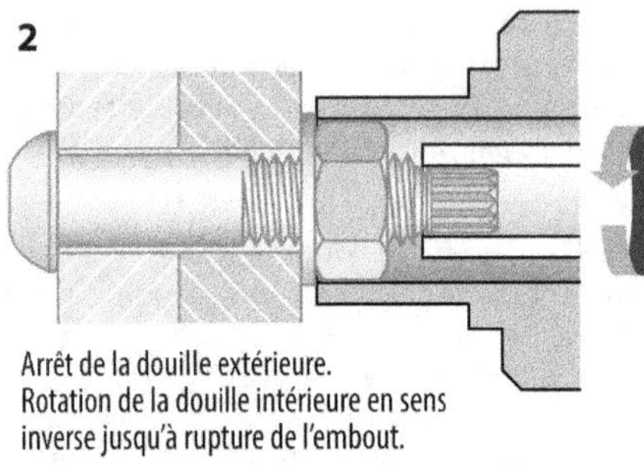

Arrêt de la douille extérieure.
Rotation de la douille intérieure en sens inverse jusqu'à rupture de l'embout.

3

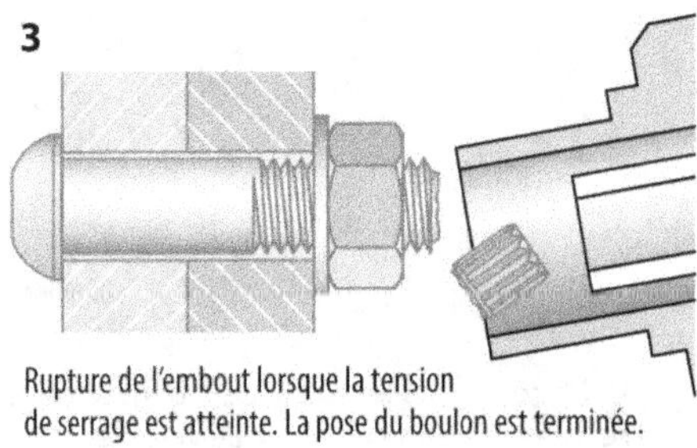

Rupture de l'embout lorsque la tension de serrage est atteinte. La pose du boulon est terminée.

C. Exemple de désignation :

Boulon HRC H M22-100-40 CL10.9 EZ

|HRC| Haute Résistance à précontrainte calibrée.
|H| Tête hexagonale.
   → Voir (VIS), DÉSIGNATION DE VIS pour les autres types de tête.
|M| Filetage métrique à FILET TRIANGULAIRE PROFIL ISOMÉTRIQUE.
   → Voir (FILET), PROFIL DE FILET les autres types de filetage.
|22| DIAMÈTRE NOMINAL de la tige filetée en mm.
|100| Longueur totale en mm de la TIGE sans la tête sauf pour les VIS À TÊTE FRAISÉE.
|40| Longueur filetée en mm.

|CL10.9| (VIS), CLASSE DE RÉSISTANCE DE VISSERIE.
|EZ| Le type de TRAITEMENT DE SURFACE peut être précisé (brut, électrozingué (EZ), bichromaté, SHÉRARDISÉ...)
Parfois, la NORME régissant le boulon est indiquée.

👍 Avantages

D. PRÉCONTRAINTE calibrée, constante et reproductible. Pas de ROTATION de la VIS (sens 2). Pose facile, rapide et sans effort par un seul opérateur. Mise en place sans CHOC ce qui garantit plus de confort pour l'opérateur. TRAÇABILITÉ totale. CONTRÔLE visuel du résultat.

👎 Inconvénients

E. Nécessite un ÉQUIPEMENT de SERRAGE particulier. Peu répandu.
→ Voir aussi ÉCLISSAGE.

boulon injecté

(n.m.) BOULON à tête de VIS munie d'un TROU pour introduire une RÉSINE | BI-COMPOSANT jusqu'à combler tout espace libre entre sa TIGE et les TROUS des PIÈCES assemblées. La résine ainsi injectée a pour rôle d'empêcher tout MOUVEMENT relatif entre les PIÈCES (sens 1) :

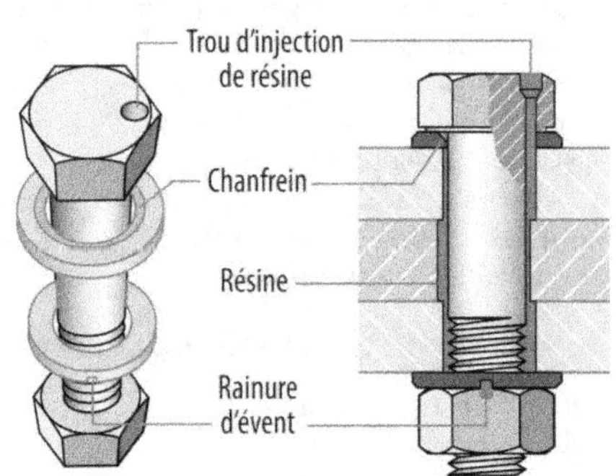

A. Après durcissement, la résine est capable de supporter des EFFORTS transversaux au BOULON. Le boulon injecté doit être obligatoirement utilisé avec des RONDELLES spéciales. Celle du coté de la tête de vis est CHANFREINÉE pour faciliter le passage de la RÉSINE. L'autre du côté de l'ÉCROU doit comporter une RAINURE qui sert d'ÉVENT mais aussi pour visualiser la réussite de l'OPÉRATION de pose par débordement de la RÉSINE.

B. Exemple de désignation :

Boulon INJ H M27-120-50 CL10.9 EZ

|INJ| Avec TROU d'injection de RÉSINE.
|H| Tête hexagonale.

$\longrightarrow$ Voir (VIS), DÉSIGNATION DE VIS pour les autres types de tête.

|M| Filetage métrique à FILET TRIANGULAIRE PROFIL ISOMÉTRIQUE.

$\longrightarrow$ Voir à la rubrique (FILET), PROFIL DE FILET les autres types de FILETAGE.

|27| DIAMÈTRE NOMINAL de la TIGE FILETÉE en mm.

|120| Longueur totale en mm de la TIGE sans la tête.

|50| LONGUEUR filetée en mm.

|CL10.9| (VIS), CLASSE DE RÉSISTANCE DE VISSERIE.

|EZ| Le type de TRAITEMENT DE SURFACE peut être précisé (brut, électrozingué (EZ), bichromaté, SHÉRARDISÉ...).

👍 Avantages

C. Se satisfait de TROUS peu précis en ENTRE-AXE et DIAMÈTRE, voire des TROUS OBLONGS. Permet des TROUS de passage plus large, ce qui peut faciliter la mise en place. Ne nécessite aucun OUTIL DE SERRAGE spécialisé. Ne nécessite aucune préparation spéciale des SURFACES boulonnées. Cependant, les SURFACES doivent être bien sèches pour accepter la RÉSINE. Ne nécessite pas de personnel qualifié. Protège les TROUS et les BOULONS de la CORROSION car la RÉSINE comble toutes les interstices. Performance globale permettant de réduire le nombre de BOULONS.

👎 Inconvénients

D. Peu répandus. Durée de pose plus longue. Nécessite des USINAGES contraignants sur les RONDELLES. La pose n'est pas possible en cas d'humidité des intempéries, par exemple. Difficilement DÉMONTABLE, une fois que la RÉSINE a durci.

boulonnage [bolting]

(n.m.)

1. TECHNIQUE de FIXATION | DÉMONTABLE par SERRAGE entre une VIS (sens 2) et un ÉCROU.

A. À titre d'exemple, voir ÉCLISSAGE.

👍 Avantages

B. C'est la seule TECHNIQUE d'ASSEMBLAGE | DÉMONTABLE connue. Se satisfait de TROU de FIXATION lisse. Permet des CONCEPTIONS par module. Permet des MONTAGES À BLANC de VÉRIFICATION en atelier avant d'être mis en place sur site.

👎 Inconvénients

C. ESTHÉTIQUE discutable et généralement peu convaincante.

2. Action de fixer par SERRAGE entre une VIS (sens 2) et un ÉCROU.

boulonnerie [nuts and bolts]

(n.f.) Terme générique désignant l'ensemble des moyens d'ASSEMBLAGE | DÉMONTABLE utilisant VIS (sens 2), ÉCROU, GOUJON, RONDELLE, etc.

$\longrightarrow$ Voir aussi VISSERIE.

boulon serti [lock bolt]

(n.m.) Type de BOULON HAUTE RÉSISTANCE sans FILETAGE au sens traditionnel, mais dont l'équivalent de l'ÉCROU, la «contre-tête» est déformée par réduction de son DIAMÈTRE avec un OUTIL spécial pour venir enserrer la TIGE en s'accrochant à ses RAINURES.

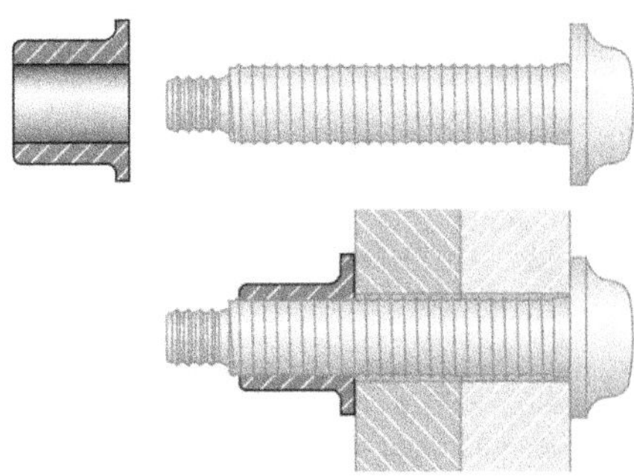

A. Le principe de la pose est décrit dans la séquence suivante : une pince interne retient la TIGE du boulon par son EMBOUT pendant que l'extérieur du nez de pose s'avance et sertit la contre-tête. Certains modèles de BOULONS sont prévus pour que l'EMBOUT se casse afin de ne pas laisser de partie saillante.

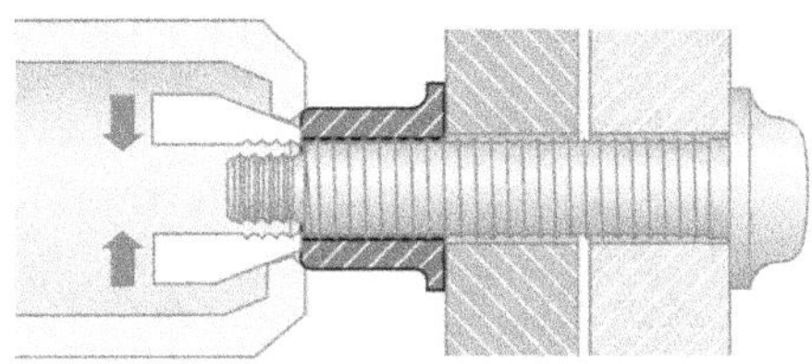

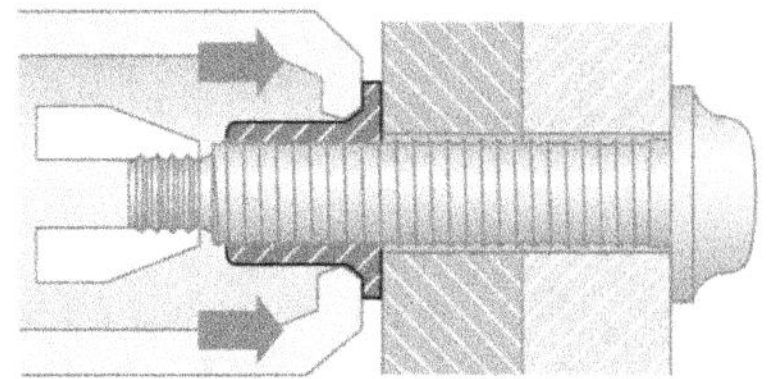

B. L'APPAREIL de pose fonctionne avec une source d'énergie HYDRAULIQUE ou PNEUMATIQUE.

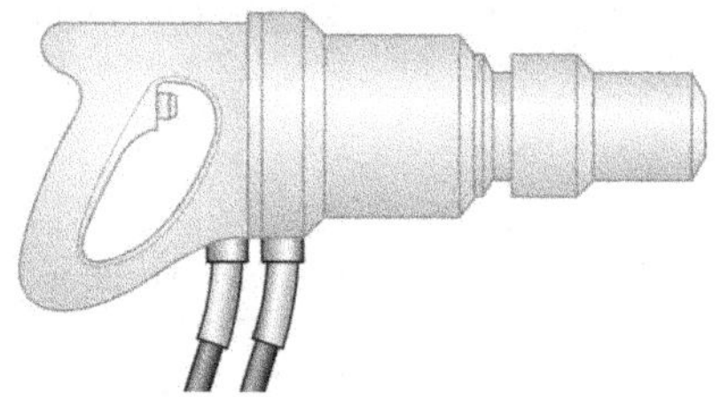

👍 Avantages

C. Temps de pose très court. Tête et contre-tête relativement discrètes, ce qui est favorable pour l'ESTHÉTIQUE. DÉMONTABLE.

👎 Inconvénients

D. Nécessite un OUTILLAGE (sens 1) de pose spécial PNEUMATIQUE ou HYDRAULIQUE.

bourrage [stuffing]

(n.m.) PHÉNOMÈNE d'accumulation anormale d'une quantité de chose à un endroit jusqu'à gêner le fonctionnement d'un SYSTÈME.

Dans le cas d'un USINAGE, par exemple, le bourrage consiste en une accumulation excessive de COPEAUX sur la FACE DE COUPE ou dans les GOUJURES. En EXTRUSION (sens 3) de (PLASTIQUE), MATIÈRE PLASTIQUE, le bourrage apparaît quand le défilement normal de la MATIÈRE est entravé par quelque chose.

bourrelet [bead]

(n.m.) FORME arrondie due à un renflement de MATIÈRE.

Ex. 1 : *Bourrelet sur un* TUBE.

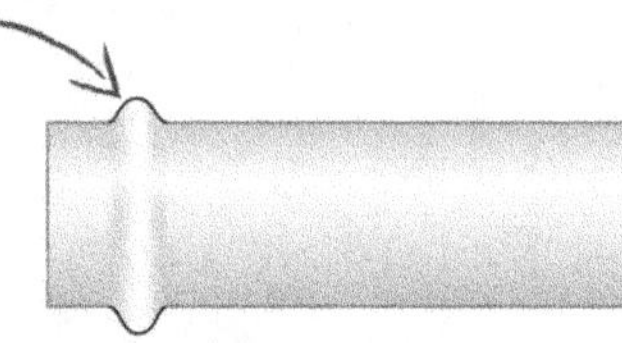

Le PROCÉDÉ de FORMAGE du bourrelet d'une extrémité de tube sur une PRESSE.

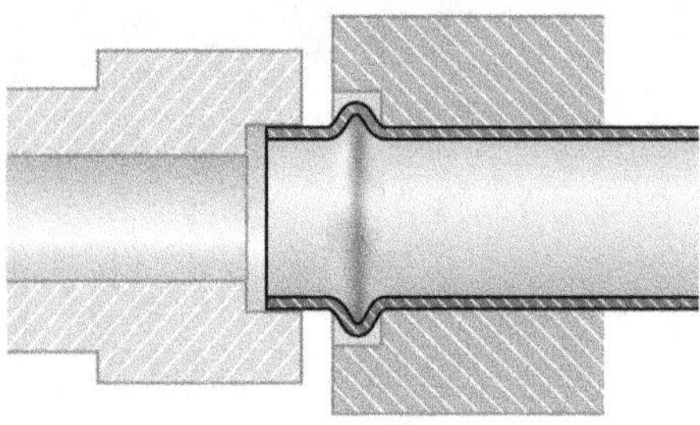

Ex. 2 : *Bourrelet d'un* ÉCROU À SERTIR.

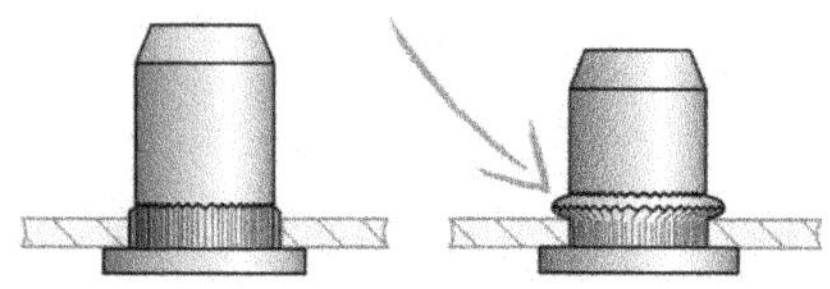

A. Le bourrelet est, en général, un effet recherché.

B. Ne pas confondre avec la BOURSOUFLURE qui est un DÉFAUT.

C. Ne pas confondre non plus avec le BOSSAGE.

boursouflure [bulge]

(n.f.) Gonflement local indésirable sur un MATÉRIAU.

Ex : *Boursouflure provenant d'un* TROU *percé trop près du bord d'une pièce.*

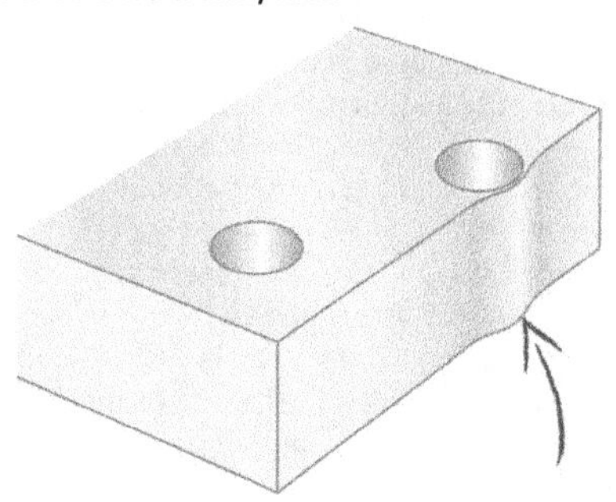

• Note : Ne pas confondre avec le BOURRELET qui est un effet généralement recherché.

bout [end]

(n.m.)

1. Extrémité terminale d'un objet allongé.

• Note : Ne pas confondre avec l'EMBOUT qui est adaptable ou détachable d'une extrémité.

→ Voir, par exemple (VIS), BOUT DE VIS ; BOUT D'ARBRE.

→ Voir aussi ABOUT.

2. La FACE (sens 1) la plus étroite et la plus courte d'un PARALLÉLÉPIPÈDE.

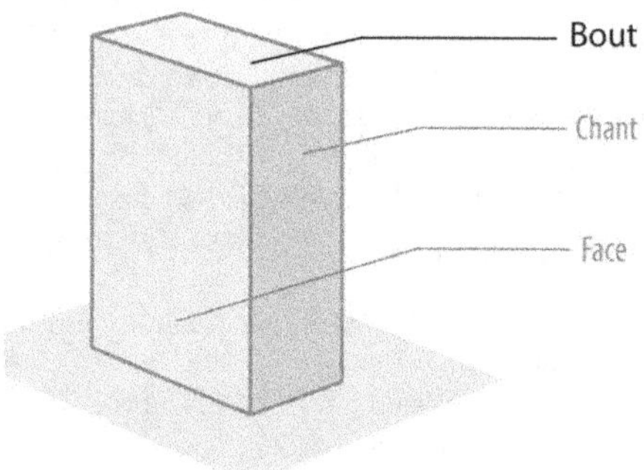

Les autres SURFACES | PERPENDICULAIRES sont appelées CHANT et FACE.
→ Voir aussi CUBAGE.
3. Petit morceau de quelque chose.

bout d'arbre [shaft end]

(n.m.) Zone d'extrémité d'un long CYLINDRE (sens 1) souvent spécialement façonnée pour recevoir un autre ORGANE ou pour le fixer.
A. Les types de bout d'arbre les plus connus.

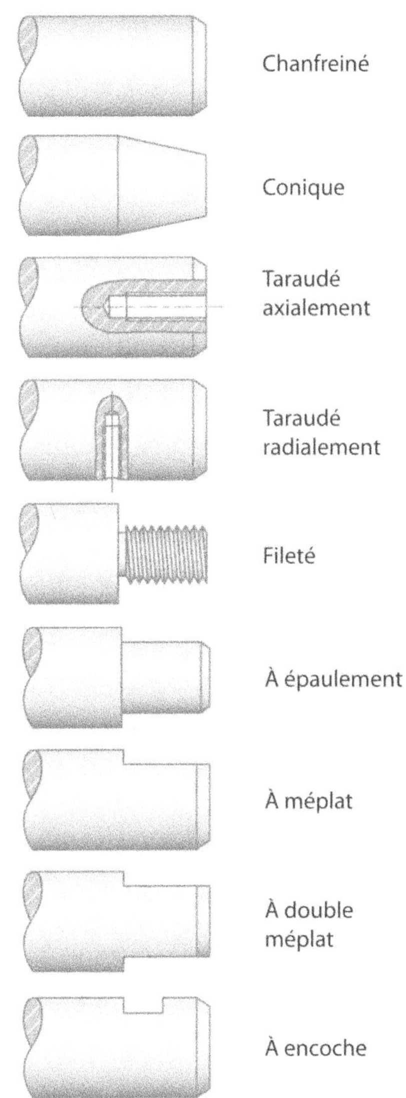

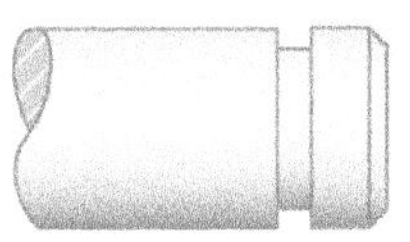

B. Par rapport à tous les autres types de bout d'arbre, la FORME | CONIQUE permet un meilleur CENTRAGE des MOYEUX qui lui sont associés

bouterolle [riveting punch]

(n.f.) OUTIL permettant de former la deuxième tête d'un RIVET pendant que la CONTRE-BOUTE-ROLLE maintient l'autre tête déjà formée.
→ Voir aussi CONTRE-BOUTEROLLE.

bouton [button, knob]

(n.m.) ORGANE DE MANŒUVRE à appuyer ou à tourner avec la main pour arrêter ou mettre en marche un APPAREIL ou une MACHINE ou à intervenir sur son fonctionnement.
Ex. : *Bouton d'arrêt d'urgence.*

[brainstorming]

→ Voir les explications à la traduction REMUE-MÉNINGES.

brame [slab]

(n.f.) Bloc de MÉTAL de SECTION | RECTANGULAIRE issu du LINGOT et préalablement aplati pour obtenir par LAMINAGE des TÔLES et des PLAQUES.

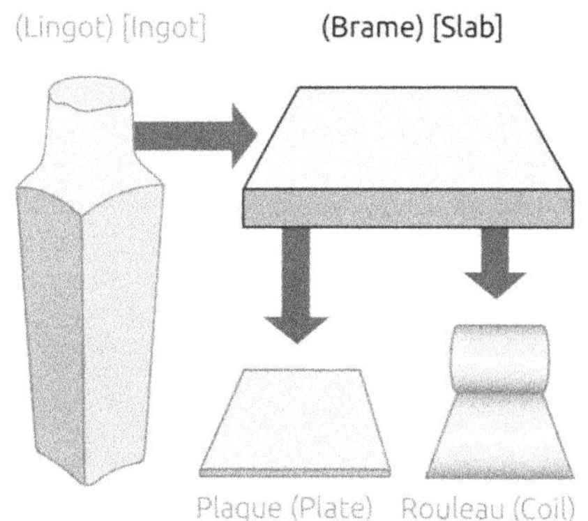

La brame peut aussi être directement obtenue par FONDERIE ou COULÉE CONTINUE.

• Note : Ne pas confondre avec le BLOOM qui est de section carrée et servant de point de départ pour obtenir des PLAT, BILLETTES et PROFILÉS pleins.

→ Voir aussi LINGOT ; BILLETTE.

bras [arm]

(n.m.) ORGANE allongé supportant une CHARGE (sens 1) à une extrémité et articulé à l'autre.

Ex. : *Bras à double articulation pour supporter et orienter un écran.*

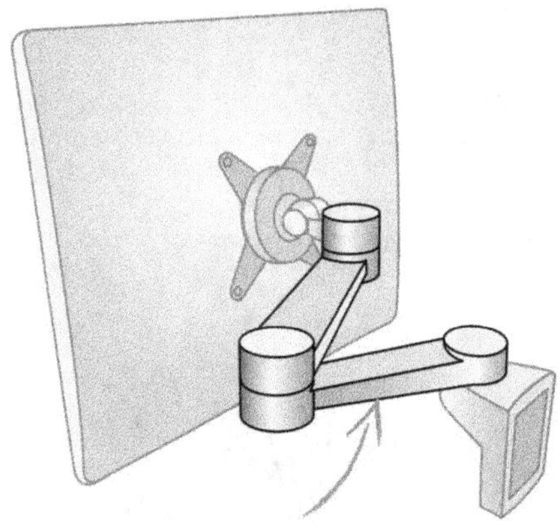

Beaucoup de termes décrivant le corps humain et les ORGANES des animaux sont empruntés pour désigner par analogie des objets de la MÉCANIQUE. Outre bras, on peut ajouter OSSATURE, ARTICULATION, COUDE, doigt, lèvre, bec, DENT, JAMBE, ROTULE, ARÊTE, pied, talon, dos, nez, queue, AILE, vessie, PATTE, ERGOT, TÉTON, GORGE, etc.

brasage [brazing]

(n.m.) PROCÉDÉ d'ASSEMBLAGE (sens 1) | NON-DÉMONTABLE par interposition d'un MÉTAL fondu appelé BRASURE (sens 1) entre les deux MATÉRIAUx à joindre, sans qu'il y ait FUSION de ces derniers, l'association se faisant par liaison physico-métallurgique : mouillage, capillarité et DIFFUSION.

A. Le «mouillage» est la tendance de goutte de LIQUIDE à se répartir sur une SURFACE. La «capillarité» est la capacité d'un LIQUIDE à s'infiltrer dans une fente étroite. Ces PHÉNOMÈNES sont illustrés sur la figure ci-contre :

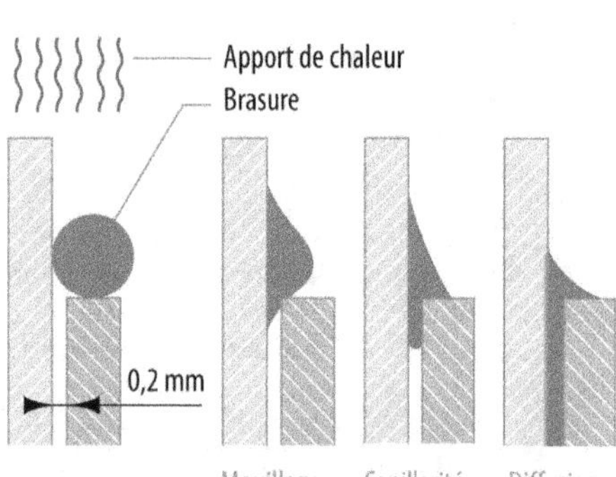

B. À titre d'exemple, la figure ci-dessous montre le brasage avec un CHALUMEAU oxyacétylénique de deux éléments de TUYAUTERIE emboîtés :

Pour les besoins de l'illustration, les proportions des DIMENSIONS, notamment du JEU (sens 1) entre PIÈCES (sens 1) ne sont pas forcément respectées.

C. Au final, le brasage s'effectue par un PHÉNOMÈNE de «pénétration» du métal fondu dans les COUCHES superficielles des MATÉRIAUX non-fondus à assembler en formant un ALLIAGE qui assure la continuité et l'ASSEMBLAGE (sens 2) : c'est la DIFFUSION.

D. Le MATÉRIAU de la brasure est donc nécessairement différent de ceux des PIÈCES (sens 1) à assembler. En particulier, sa TEMPÉRATURE DE FUSION est sensiblement plus basse. Les MATIÈRES à assembler peuvent être des MATÉRIAUX très dissemblables, par exemple des MÉTAUX FERREUX avec des NON-FERREUX même avec des TEMPÉRATURES DE FUSION très différentes. Les CÉRAMIQUES peuvent aussi être assemblées par brasage.

→ Voir, par exemple, OUTIL RAPPORTÉ ; ARÊTE RAPPORTÉE.

E. Ainsi, ne pas confondre avec le SOUDAGE qui fait intervenir une FUSION totale localisée des MATÉRIAUX à assembler et du MÉTAL D'APPORT :

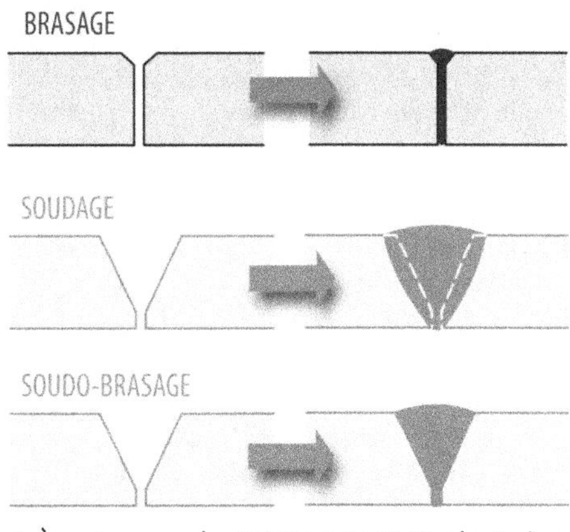

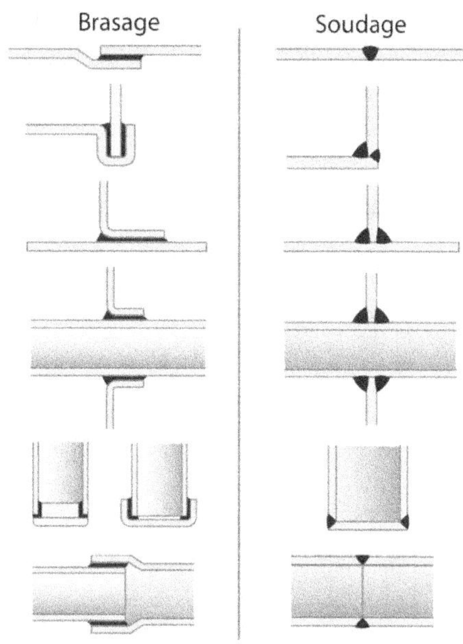

F. À noter que le SOUDO-BRASAGE n'est rien d'autre que du brasage, c'est à dire sans FUSION des MATÉRIAUx à assembler, mais effectué de proche en proche à la façon d'un SOUDAGE.

G. Les brasures peuvent être :

• des ALLIAGEs à base d'ÉTAIN pour le «brasage tendre». Température < 450°C, typiquement entre 200-450°C pour des applications dans l'électronique et l'électricité.

• des ALLIAGES à base de CUIVRE, ARGENT ou ZINC pour le «brasage fort» entre 600 et 850°C pour des applications dans les conduites d'eau, de TÔLERIE, de réparation en CHAUDRONNERIE, etc.

Brasage tendre	Brasage fort	Soudage haute température
450°C	900°C	

H. Les JOINTS (sens 2) de brasage doivent être préparés de façon assez différente de la TECHNIQUE de SOUDAGE. Ils doivent être conçus de telle sorte qu'il y ait le maximum de SURFACE d'ASSEMBLAGE (sens 2) car les performances et la tenue des JOINTS (sens 2) sont proportionnelles à cette SURFACE. Il est important aussi de garder en tête qu'un JOINT (sens 2) de brasage est plus résistant en CISAILLEMENT qu'en TRACTION.

I. Les figures ci-contre donnent un comparatif de la façon de préparer les JOINTS (sens 2) pour les deux TECHNIQUES et compte tenu de la remarque précédente.

J. Les sources de chaleur permettant de faire fondre la BRASURE (sens 1) sont de différentes sortes. Les différents PROCÉDÉS de brasage sont d'ailleurs souvent classés selon ces sources de chaleur :

• BRASAGE À LA FLAMME.
• BRASAGE AU FOUR.
• BRASAGE PAR INDUCTION.
• SOUDO-BRASAGE LASER.

Avantages

K. Permet l'ASSEMBLAGE (sens 1) de MATÉRIAUX très dissemblables impossibles à assembler autrement. Convient aussi aux CÉRAMIQUES. Permet des ASSEMBLAGES (sens 2) ÉTANCHES, conducteur de chaleur et d'électricité. Consomme moins d'énergie par rapport au SOUDAGE car effectué à plus basse température. JOINT (sens 2) de brasage beaucoup plus esthétique que le JOINT (sens 2) de SOUDAGE. Ne nécessite pas d'OPÉRATION de PARACHÈVEMENT. Minimise les risques de TRANSFORMATION (sens 2) métallurgique des MATÉRIAUX à assembler. Réduit les DÉFORMATIONS par la chaleur et les SURCHAUFFES. Plus facile à apprendre et à maîtriser car le JOINT (sens 2) se forme de lui-même par mouillage et capillarité. Plus facilement automatisable car moins de RÉGLAGE.

Inconvénients

L. Propreté initiale indispensable. Nécessite une préparation soignée des SURFACEs à joindre, notamment par la mise en œuvre préalable d'un produit décapant. L'ACCOSTAGE (sens 1) des PIÈCES (sens 1) doit être très précis. Le résultat du brasage en terme de RÉSISTANCE MÉCANIQUE est assez dépendant du JEU entre les PIÈCES (sens 1) à assembler et dépend donc de la CONCEPTION | MÉCANIQUE des ACCOSTAGES (sens 2). L'évaluation de la RÉSISTANCE MÉCANIQUE des ASSEMBLAGES (sens 2) n'est pas toujours commode.

brasage à la flamme [flame brazing]

(n.m.) PROCÉDÉ de BRASAGE dans lequel la chaleur est apportée par l'action d'un CHALUMEAU oxyacétylénique.

Le MATÉRIEL est le même que pour le SOUDAGE classique. Seul le MÉTAL D'APPORT est remplacé par la BRASURE (sens 1). Cependant, le brasage à la flamme se fait plus avec le panache de TEMPÉRATURE moins élevée que le DARD de la FLAMME.

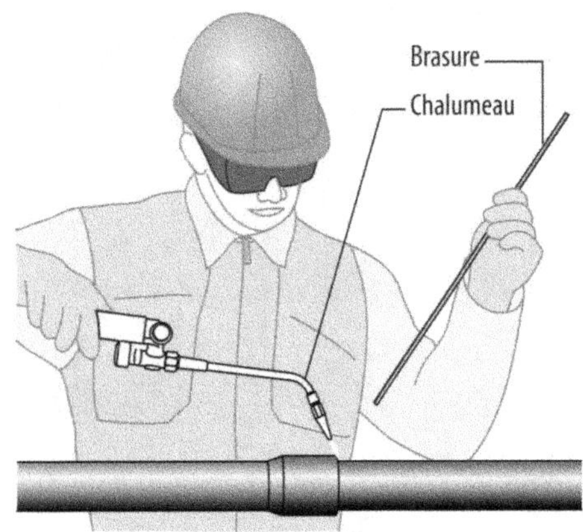

brasage au four [furnace brazing]

(n.m.) BRASAGE effectué à l'intérieur d'une enceinte chauffée avec une ATMOSPHÈRE PROTECTRICE ou sous VIDE (sens 2). Les PIÈCES (sens 1) sont introduites dans le FOUR avec les BRASURES et le décapant installés aux bons endroits. Le chauffage réalise simultanément l'ensemble de tous les ASSEMBLAGES (sens 2) prévus.

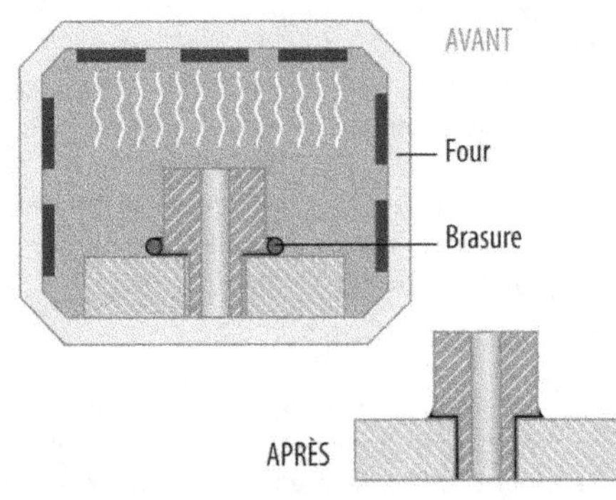

👍 Avantages

A. Très bien adapté aux FABRICATIONS compliquées avec de nombreux JOINTS (sens 2) à réaliser en même temps. PROCÉDÉ industriel prévu pour une PRODUCTIVITÉ élevée. Le brasage peut éventuellement être combiné avec un TRAITEMENT THERMIQUE.

👎 Inconvénients

B. ÉQUIPEMENT lourd et coûteux. Ne convient que pour les très grandes SÉRIES DE PIÈCES. Le chauffage peut altérer les effets des TRAITEMENTS THERMIQUES antérieurs. Nécessité de prévoir des moyens de MAINTIEN des PIÈCES (sens 1) dans leur POSITION finale avant de les introduire dans le FOUR.

brasage par induction [induction brazing]

(n.m.) PROCÉDÉ de BRASAGE utilisant comme source de chauffage l'effet d'une bobine alimentée en courant haute fréquence qui produit un champ magnétique à son voisinage.

A. Sans qu'il y ait CONTACT, il apparaît dans tout MATÉRIAU métallique plongé dans ce champ un autre courant induit dit de Foucault qui traverse la résistivité du MÉTAL en l'échauffant par effet Joule. La BRASURE (sens 1) est placée sur l'ACCOSTAGE (sens 2) des PIÈCES (sens 1) à braser. C'est le principe de l'induction qui est exploité pour la fondre et réaliser l'assemblage.

B. Chaque FORME de PIÈCE (sens 1) nécessite une FORME de bobine adaptée et construite à la demande. Elle est conçue pour faciliter les manipulations de telle sorte à favoriser les CADENCEs de FABRICATION industrielles.

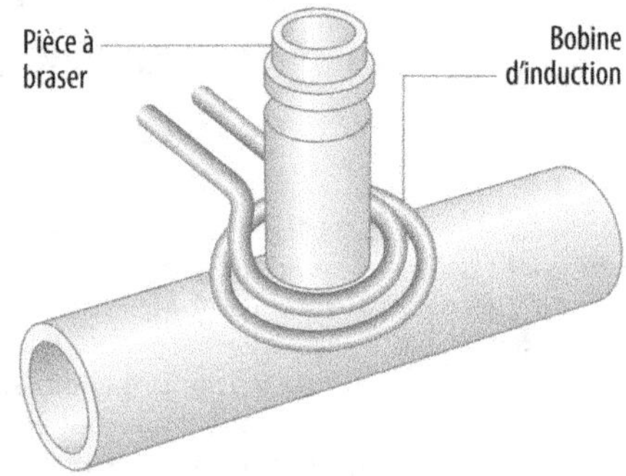

👍 Avantages

C. Le chauffage ne concerne que la région au voisinage de la bobine. RENDEMENT élevé car la déperdition d'énergie est minimale. PROCÉDÉ très régulier et RÉPÉTABLE. Cycle de chauffage très rapide. PROCÉDÉ moins dangereux car sans FLAMME ni FOUR chaud.

bras de levier [moment arm, leverage distance, lever arm]

(n.m.) DISTANCE du point d'application d'une FORCE par rapport à l'AXE (sens 1) de la ROTATION qu'il produit.

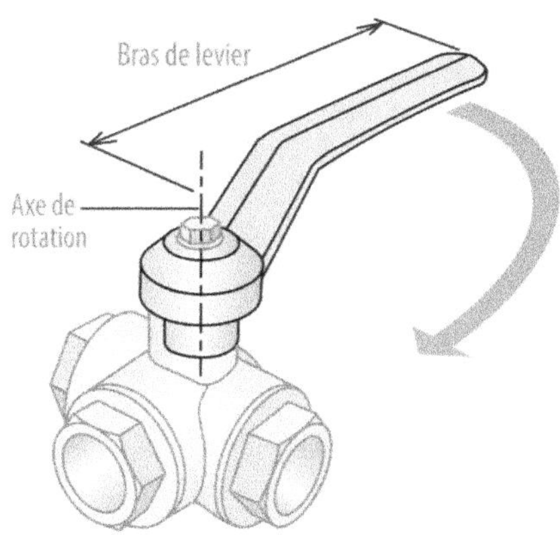

→ **Voir aussi** MOMENT D'UNE FORCE.

brasure [brazing filler metal, solder]

(n.f.)
1. MÉTAL de POINT DE FUSION faible, généralement proche de la composition EUTÉCTIQUE, fondu et inséré entre deux MATÉRIAUX pour les joindre sans qu'il y ait FUSION de ces derniers.
La brasure s'accroche superficiellement aux deux autres métaux par DIFFUSION métallurgique.
2. Résultat de l'ASSEMBLAGE (sens 1) de deux PIÈCES (sens 1) par BRASAGE.

brevet d'invention [patent]

(n.m.) Document à forme administrative rigoureuse revendiquant une création TECHNIQUE originale et une date de création pour donner à son propriétaire le droit d'interdire à tout tiers son exploitation pendant une certaine durée sur un territoire défini.
A. Une invention n'est brevetable que sous trois conditions cumulatives :
• Application industrielle : l'invention doit pouvoir être fabriquée ou utilisée dans l'INDUSTRIE. Par exemple, une œuvre d'art aussi ingénieuse soit-elle n'est pas brevetable.
• Nouveauté : l'invention n'est pas comprise par l'état de la TECHNIQUE et n'a pas été divulguée auparavant.
• Activité inventive : l'invention ne doit pas découler d'une manière évidente de l'état de la TECHNIQUE pour un homme du métier auquel elle est rattachée.

B. Le brevet d'invention est la plupart du temps un document écrit assorti de SCHÉMAS et ILLUSTRATIONS. Mais seul le texte et notamment les revendications possèdent une réelle valeur juridique, les ILLUSTRATIONS étant uniquement des éléments facilitant la compréhension, contrairement au DÉPÔT DE MODÈLE.
C. Pour le cas de la France, les brevets d'invention sont déposés à un organisme d'état appelé INPI (Institut National de la Propriété Industrielle). Un brevet est extensible en Europe et à l'internationale.
D. La durée de validité d'un brevet d'invention est globalement de 20 ans dans tous les pays du monde, à l'issue de laquelle elle devient du domaine public, c'est à dire exploitable par tout le monde.
E. Aperçu d'un exemple de brevet. Chaque brevet est identifié avec son numéro de publication.

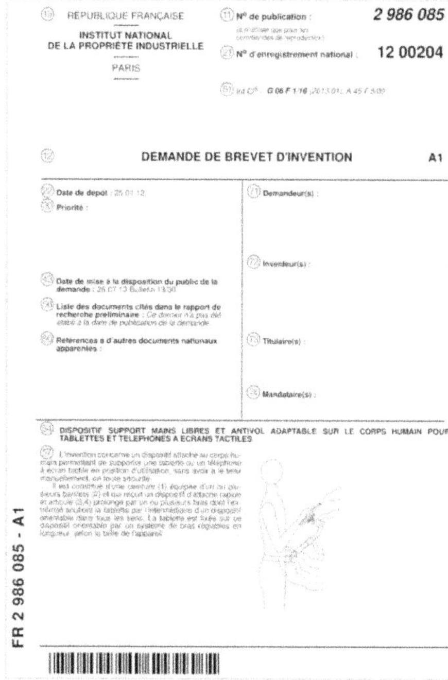

→ **Voir aussi** PROPRIÉTÉ INDUSTRIELLE.

bridage [clamping]

(n.m.) Immobilisation d'un objet pour éviter tout MOUVEMENT quelle que soit la FORCE qui lui est appliquée.
Ex. : *BRIDAGE d'une PIÈCE (sens 1) à usiner sur une TABLE de MACHINE-OUTIL avec une BRIDE recourbée.*

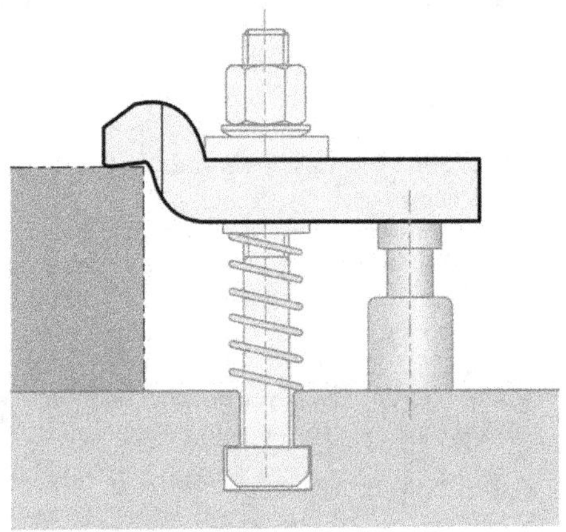

→ **Voir aussi** CALE CRÉNELÉE.

bride [flange, plain clamp]

(n.f.) ORGANE **servant à retenir une autre** PIÈCE (sens 1) **par** SERRAGE.

Ex 1 : *Bride de serrage pour* MONTAGE D'USINAGE.

→ **Voir aussi** BRIDAGE.

Ex. 2 : *Bride d'assemblage* NORMALISÉE *d'éléments de canalisations.*

→ **Voir aussi** JONCTION.

brillantage [brightening]

(n.m.) TRAITEMENT **de** FINITION **à vocation** ESTHÉTIQUE **visant à rendre les** SURFACES **des** PIÈCES **bien uniformes et réfléchissant la lumière sans forcément une préoccupation de** RUGOSITÉ **rigoureuse.**

(brillante), finition brillante [bright finish]

(n.f.) TRAITEMENT DE SURFACE **donnant un aspect final avec des reflets et éclats de lumière.**
◊ **Contr. :** (MAT), FINITION MATE.

brise copeau [chip breaker]

(n.m.) **Petite** FORME **souvent en creux ou** ORGANE **particulier près de l'**ARÊTE DE COUPE **d'un** OUTIL **pour fractionner le** COPEAU **et éviter qu'il soit source de danger en s'enroulant indéfiniment.**

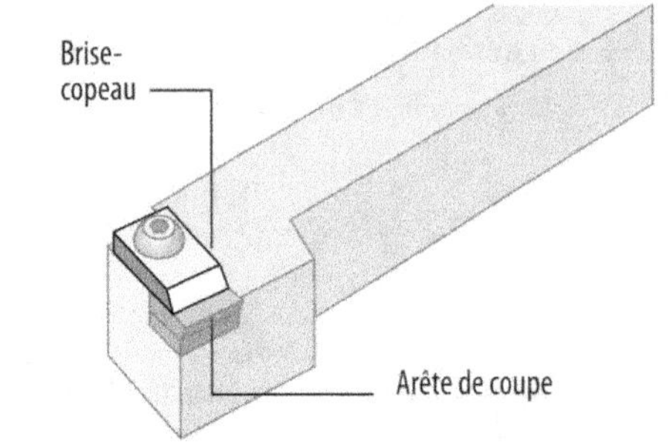

brochage [broaching]

(n.m.) TECHNIQUE **d'**USINAGE **avec un** OUTIL DE COUPE **multi-**DENT **en gradin appelé** BROCHE (sens 1) **animé d'un** MOUVEMENT DE TRANSLATION.

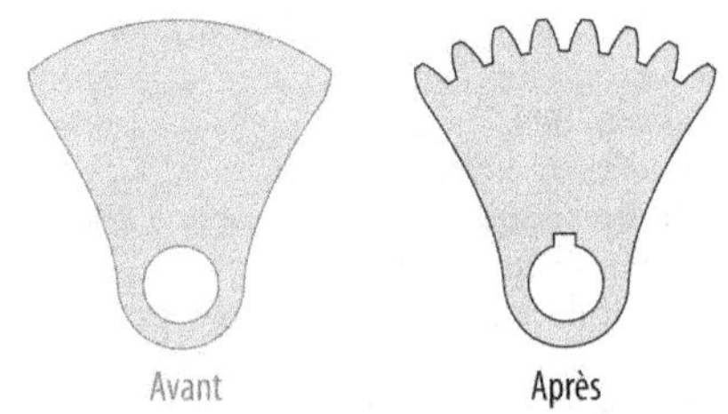

A. Principe de la TECHNIQUE.

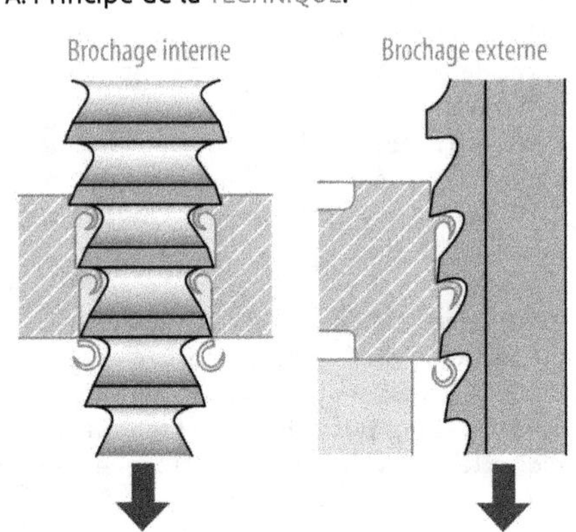

B. Les SURFACES usinées peuvent être du type interne comme les ALÉSAGES (sens 1) même non-circulaires, les CANNELURES internes, les RAINURES DE CLAVETAGE, etc.

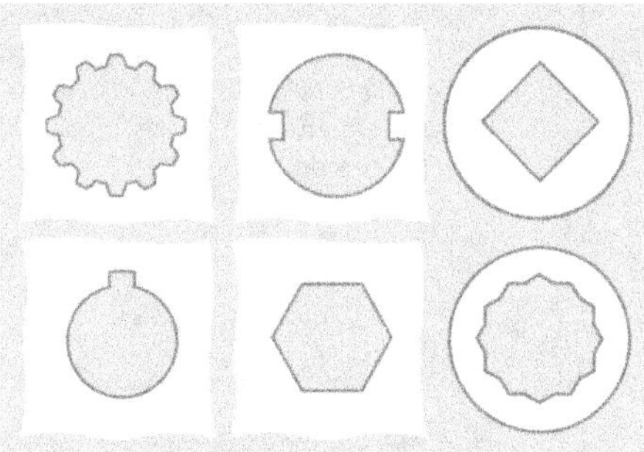

C. Les SURFACEs brochées peuvent aussi être du type externes :

D. Le brochage peut être effectué de trois façons :
- le BROCHAGE EN TIRANT.
- le BROCHAGE EN POUSSANT.
- Il existe une troisième méthode assez particulière qui est traitée dans une rubrique à part : le BROCHAGE ROTATIF.

→ Voir BROCHAGE ROTATIF.

E. TOLÉRANCE DIMENSIONNELLE (IT) :

Très précis	Précis	Moyen	Grossier	Très Grossier
1 2 3 4 5	6 7 8 9	10 11 12	13 14 15	16 17 18
	Brochage	Brochage		
10 ± 0,002	10 ± 0,01	10 ± 0,05	10 ± 0,2	10 ± 1
100 ± 0,005	100 ± 0,02	100 ± 0,1	100 ± 0,4	100 ± 2

F. ÉTAT DE SURFACE, RUGOSITÉ Ra (µm) :

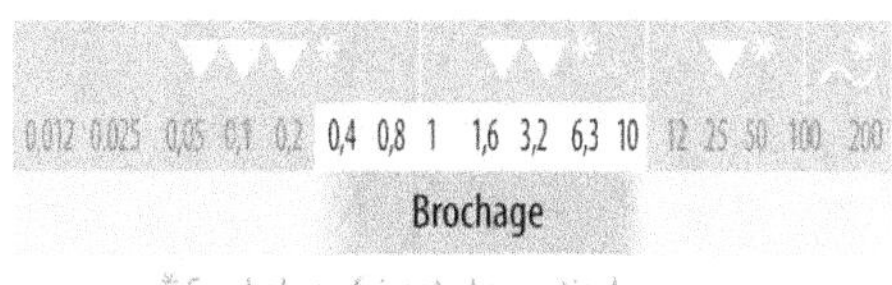

0,012	0,025	0,05	0,1	0,2	0,4	0,8	1	1,6	3,2	6,3	10	12,5	25	50	100	200

Brochage

* Symbole ne faisant plus partie des normes

G. Coût d'OUTILLAGE (sens 2) (hors coût MACHINE) :

Aucun	Faible	Moyen	Élevé	Très élevé
		Brochage		

H. SÉRIE DE PIÈCES économique :

Proto	Unitaire	Petite	Moyenne	Grande	Très Grande
1	10	100	1 000	10 000	100 000
			Brochage		

D'une façon générale et par rapport aux autres TECHNIQUES d'USINAGE, les avantages et inconvénients du brochage sont :

👍 Avantages

I. Possibilité d'usiner des FORMES complexes, ce qui permet des CONCEPTIONS élaborées. Grande PRÉCISION. Toutes les OPÉRATIONS (ÉBAUCHE, DEMI-FINITION, FINITION) sont réalisées en une seule PASSE. Rapidité garantissant une grande PRODUCTIVITÉ inégalée par les autres TECHNIQUES D'USINAGE. Adapté aux très grandes SÉRIEs DE PIÈCES. Bonne RÉPÉTABILITÉ. OUTIL DE COUPE (BROCHE (sens 1)) durable. MACHINE-OUTIL relativement simple. MAINTENANCE aisée des MACHINES. PROCÉDÉ relativement facile à apprendre. PROCÉDÉ aisément automatisable.

👎 Inconvénients

J. OUTIL DE COUPE (BROCHE (sens 1)) coûteux. Nécessite une BROCHE (sens 1) spéciale pour chaque FORME. BROCHE (sens 1) difficile à concevoir, à fabriquer et à réparer. BROCHE (sens 1) encombrante et FRAGILE. Le moindre DÉFAUT de la BROCHE (sens 1) peut affecter la qualité de l'USINAGE. TECHNIQUE délicate demandant de la minutie. PROCÉDÉ ne convenant que pour des SURFACEs débouchantes. Ne permet pas de gros volume d'enlèvement de MATIÈRE. Ne convient pas pour les MATÉRIAUX très DURS. N'est véritablement économique et envisageable que pour les grandes SÉRIES DE PIÈCES.

---

brochage en poussant [push-broaching]

(n.m.) BROCHAGE dans lequel l'OUTIL DE COUPE est comprimé entre la MACHINE et la PIÈCE (sens 1) à usiner.

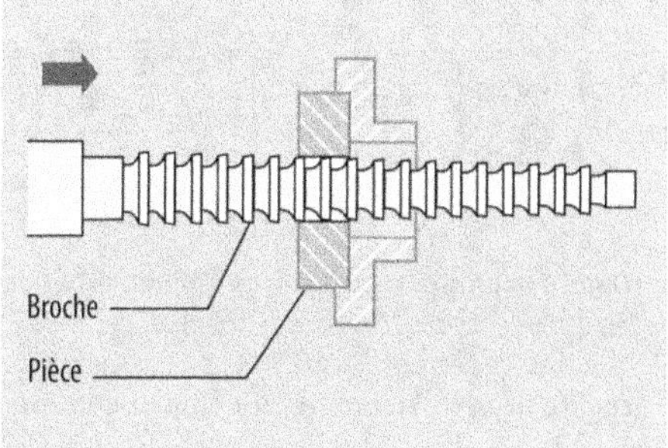

Le brochage en poussant est adapté aux BRO-CHES (sens 1) relativement courtes dans lesquelles il n'y a pas de risque de FLAMBAGE.

◊ Contr. : BROCHAGE EN TIRANT.

brochage en tirant [pull-broaching]

(n.m.) BROCHAGE dans lequel l'OUTIL DE COUPE est tracté à travers la PIÈCE (sens 1) à usiner.

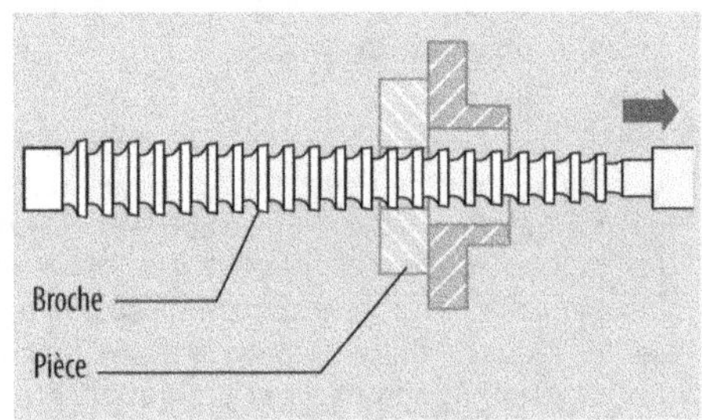

Le brochage en tirant est obligatoire pour les BROCHES (sens 1) très longues afin d'éviter le FLAMBAGE.

◊ Contr. : BROCHAGE EN POUSSANT.

brochage rotatif [rotary broaching]

(n.m.) PROCÉDÉ D'USINAGE de FORME non-circulaire (CARRÉ, HEXAGONE, TORX ®, CANNELURE…) extérieure ou intérieure, même non-débouchante, grâce à un OUTIL DE COUPE dont l'AXE (sens 1) est dévié de 1° par rapport à l'axe de la PIÈCE (sens 1) de sorte que la ROTATION de l'ensemble produise un mouvement oscillatoire de l'OUTIL entraînant un CISAILLEMENT progressif reproduisant son PROFIL sur la pièce. Sans sa CINÉMATIQUE, ce PROCÉDÉ D'USINAGE peut se rapprocher du FORGEAGE ORBITAL.

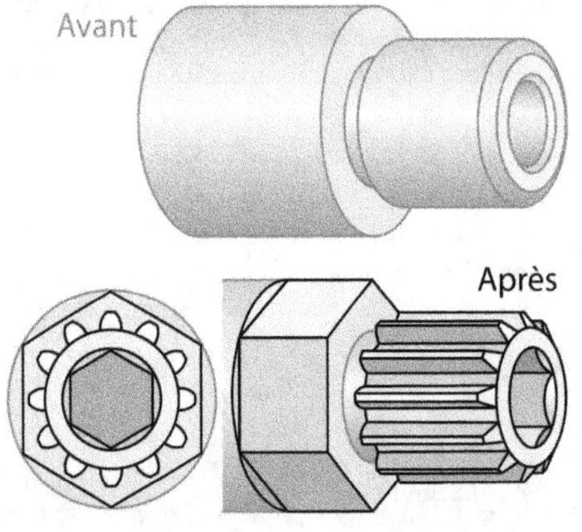

Dans l'exemple ci-dessus, la forme extérieure de CANNELURES, la forme intérieure HEXAGONALE et la forme HEXAGONALE extérieure sont réalisées avec le même principe sur la même

MACHINE-OUTIL rotative, mais en trois OPÉRATIONS distinctes avec trois OUTILS différents.

A. Configuration générale du PROCÉDÉ et principe de fonctionnement : cas d'un brochage intérieur non-débouchant (ici un HEXAGONE). Un OUTIL DE COUPE possédant la SECTION à obtenir est monté sur une tête de brochage muni d'un DISPOSITIF capable de lui donner un léger DÉSALIGNEMENT angulaire de 1°.

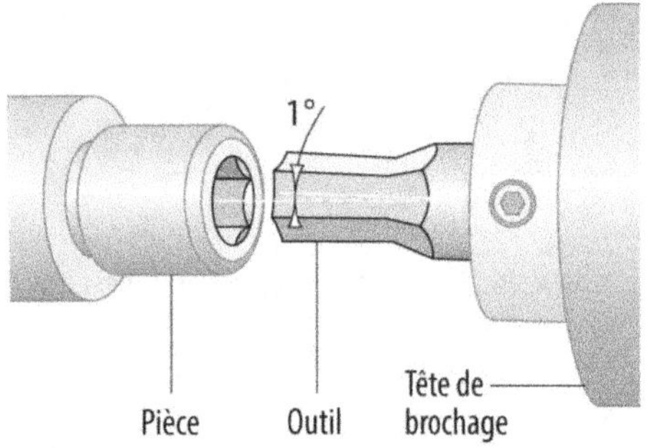

Un AVANT-TROU avec un CHANFREIN de guidage est nécessaire. La PIÈCE (sens 1) ou la tête de brochage est mise en ROTATION avec une MACHINE-OUTIL | STANDARD (sens 2) telle qu'un TOUR (sens 1), une PERCEUSE, une FRAISEUSE, un CENTRE D'USINAGE. Dans le cas d'un TOUR (sens 1), lorsque l'OUTIL entre en contact avec la pièce, ces deux éléments sont entraînés à la même VITESSE. Grâce à la tête de brochage, l'outil est désaxé de 1° et est soumis, en plus, à un mouvement d'oscillations. C'est ce mouvement qui provoque la COUPE (sens 2) de la pièce et la pénétration progressive de l'outil jusqu'à obtenir la forme complémentaire de sa SECTION.

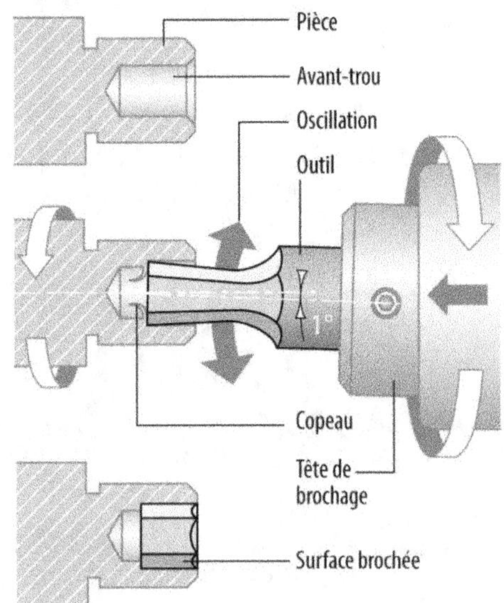

Dans le cas d'une FRAISEUSE ou d'une PERCEUSE, la pièce et l'OUTIL ne tournent pas. Seul le corps de la tête de brochage est en ROTATION en provoquant le mouvement d'oscillation de l'OUTIL. Dans tous les cas, le principe est strictement identique pour les FORMES extérieures.
B. Exemples d'OUTIL de brochage rotatif pour des surfaces intérieures :

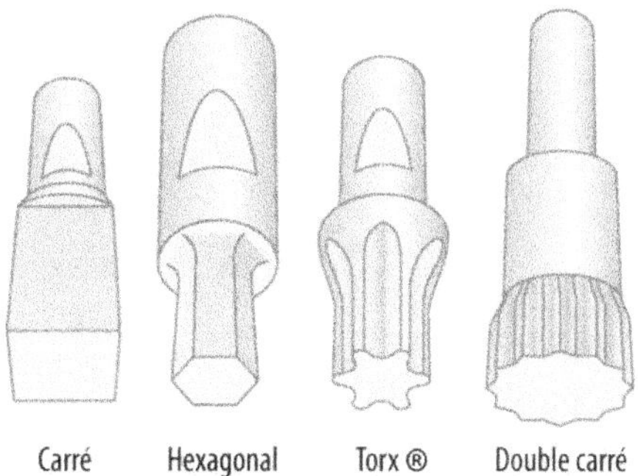

Exemples d'outils de brochage rotatif pour des surfaces extérieures :

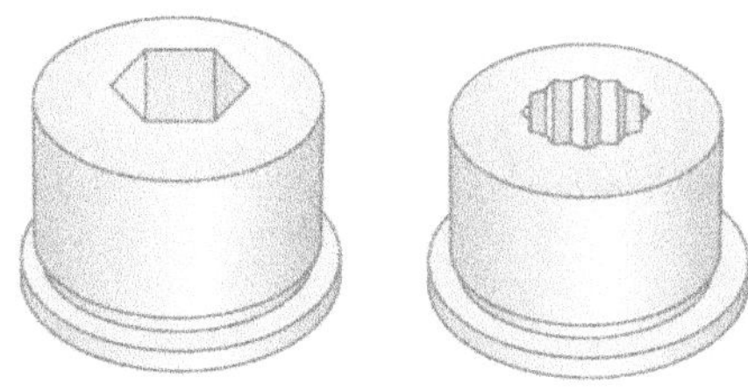

👍 Avantages

C. PROCÉDÉ rapide pouvant cohabiter avec d'autres procédés sur la même MACHINE-OUTIL. Ne nécessite pas de MACHINES-OUTILS spécifiques. Plus économique que le brochage classique. Permet le BROCHAGE de surface non-débouchante (BORGNE). Permet d'obtenir aussi bien des surfaces intérieures qu'extérieures. Peut dans certains cas, remplacer avantageusement l'ÉLECTROÉROSION ENFONÇAGE. OUTIL DE COUPE durable.

👎 Inconvénients

D. Limité aux SECTIONS de dimensions relativement faibles n'excédant pas, en général, 30 mm. Longueur de BROCHAGE plutôt faible limitée par la longueur de l'OUTIL. Ne convient pas pour les MÉTAUX très DURS.

broche

(n.f.)
1. [broach] OUTIL DE COUPE prévu pour un MOUVEMENT EN TRANSLATION et comportant une suc-

cession de DENTS grossissant progressivement (on parle de progression des dents).

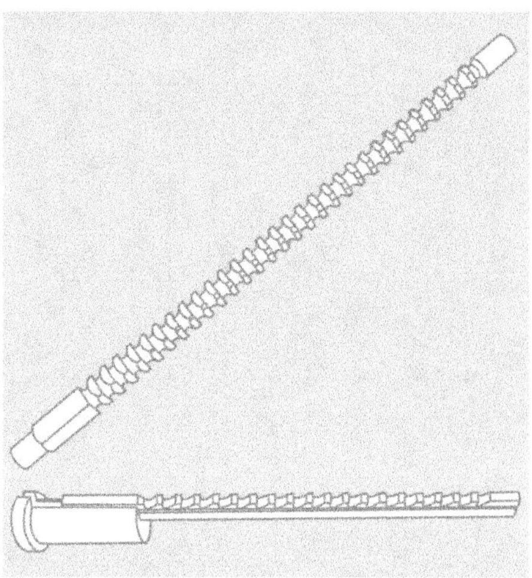

→ Voir BROCHAGE.
2. [spindle, arbor] ARBRE (sens 2) sur lequel est fixé l'OUTIL DE COUPE ou la PIÈCE (sens 1) à USINER sur une MACHINE-OUTIL.
3. [core] Partie interne mâle d'un MOULE métallique correspondant à un vide ou à un creux sur la pièce moulée.
• Note : En MOULAGE AU SABLE ou en moulage en FONDERIE (sens 1), cette partie est appelée NOYAU.

brocheuse [broaching machine]

(n.f.) MACHINE-OUTIL à COULISSEAU donnant un MOUVEMENT DE TRANSLATION en tirant ou en poussant à un OUTIL DE COUPE multi-DENT appelé BROCHE (sens 1).
A. Elle permet d'usiner des SURFACES internes ou externes de la même FORME que la SECTION de la BROCHE. La configuration générale de la brocheuse peut être HORIZONTALE ou VERTICALE.
Ex. 1 : *Brocheuse horizontale.*

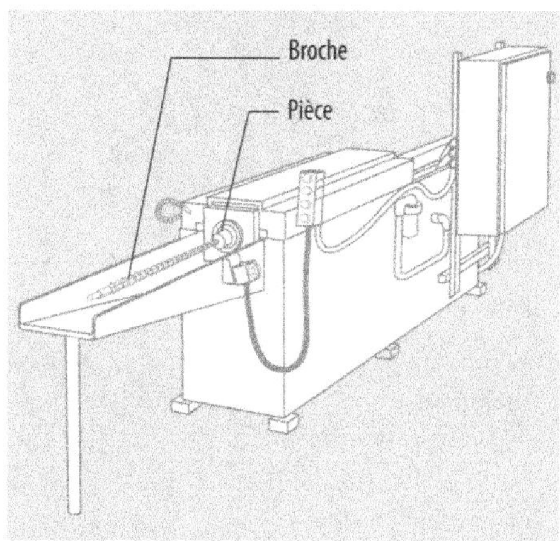

Ex. 2 : *Brocheuse verticale.*

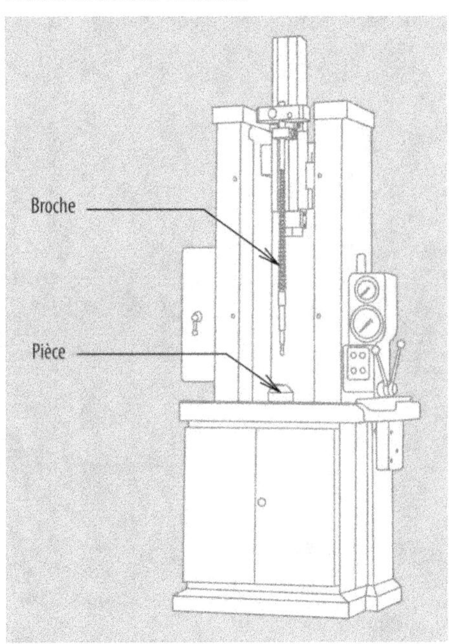

bronze [bronze]

(n.m.) ALLIAGE de CUIVRE et d'ÉTAIN en proportions diverses ne dépassant pas 25 % d'ÉTAIN en MASSE (sens 2).

A. Pour ajuster ses PROPRIÉTÉS, d'autres ÉLÉMENTS CHIMIQUES en quantité faible peuvent être ajoutés : le ZINC, le PLOMB, le PHOSPHORE, le NICKEL.

B. Exemple d'aspect, couleur et rendu du MÉTAL. La couleur varie du rose au marron foncé en fonction de la TENEUR en ÉTAIN.

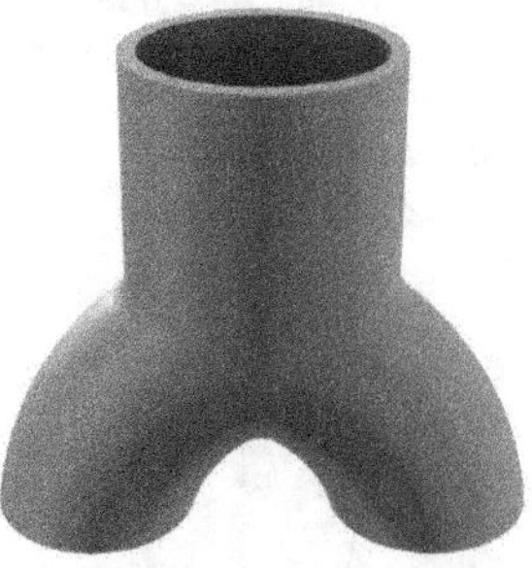

C. Il est utilisé en MÉCANIQUE DE CONSTRUCTION, pour la FABRICATION de RESSORTS, BAGUES de FROTTEMENT, COUSSINETS, PALIERS, GLISSIÈRES, RONDELLES de CONTACTS électriques, articles de robinetterie, ENGRENAGES, VIS SANS FIN, cage de ROULEMENT (sens 2), etc.

D. Dans les applications courantes, on peut citer les médailles, les cloches, les statues et différents objets et œuvres d'art.

👍 Avantages

E. Bonnes CARACTÉRISTIQUES MÉCANIQUES. Bonne RÉSISTANCE À LA CORROSION même en ENVIRONNEMENT (sens 2) marin et en atmosphère industrielle. Peu sensible à la CORROSION SOUS CONTRAINTE et à la PIQÛRATION. Grande RÉSISTANCE À L'USURE. Très bonne MOULABILITÉ. Bonne CONDUCTIVITÉ ÉLECTRIQUE. Bonne CONDUCTIVITÉ THERMIQUE. ALIMENTARITÉ quand il ne contient pas de PLOMB et de ZINC. Sonorité intéressante. Une certaine originalité et esthétique de teinte et reflet. Décoratif. Aptitude à la PATINE, appréciée par les artiste sculpteurs.

👎 Inconvénients

F. Lourd.
→ Voir aussi COULABILITÉ.

brossage [brushing]

(n.m.) OPÉRATION de FROTTAGE d'une SURFACE pour la nettoyer ou lui donner un aspect strié décoratif.

Avant   Après

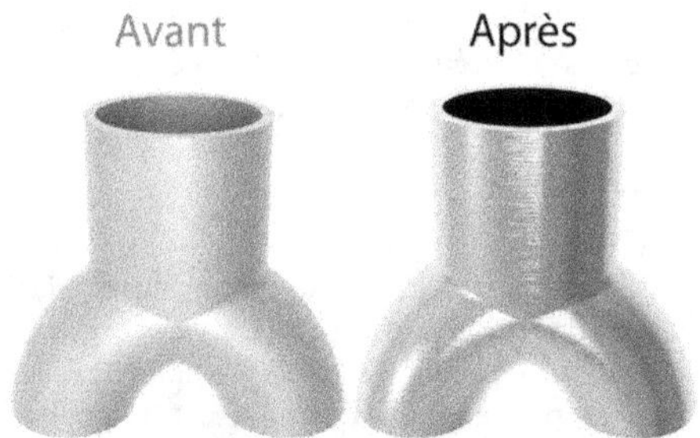

•Note : Ne pas confondre avec le POLISSAGE dont le but est justement de faire disparaître les STRIES et RUGOSITÉS.

brossage par bristle blaster® [bristle blasting]

(n.m.) Méthode de DÉCAPAGE de SURFACE de MÉTAL avec un OUTILLAGE ELECTROPORTATIF muni d'une brosse tournante hérissée de FILS métalliques.

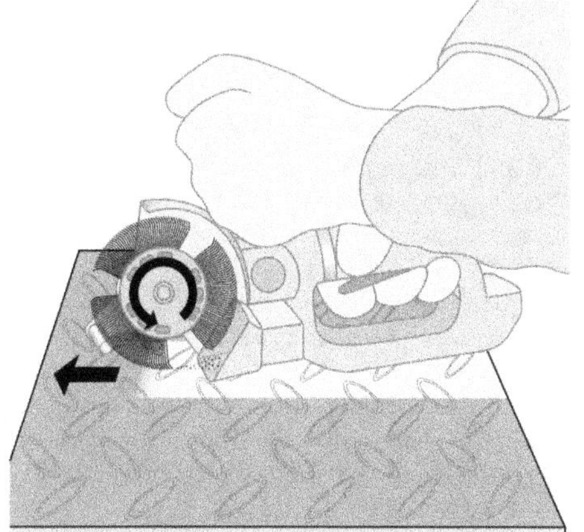

A. Il sert notamment à éliminer la CORROSION, la ROUILLE, la CALAMINE ou d'autres REVÊTEMENTS ainsi qu'à obtenir une propreté et RUGOSITÉ de SURFACE favorable à l'application d'une PEINTURE, par exemple. Son effet se rapproche du PROCÉDÉ de SABLAGE avec les avantages suivants mais aussi quelques inconvénients :

👍 Avantages

B. PROCÉDÉ simple et économique. ÉQUIPEMENT peu coûteux et portable. Méthode plutôt respectueuse de l'ENVIRONNEMENT (sens 1) par rapport au NETTOYAGE par SOLVANT ou DÉCAPAGE chimique. Précautions de sécurité relativement simples (LUNETTE DE PROTECTION, GANTS, vêtement de travail standard).

👎 Inconvénients

C. C. Ne convient pas pour les FORMES et GÉOMÉTRIES (sens 2) complexes. Nécessite une certaine habileté de l'opérateur. Usure de la brosse nécessitant de prévoir un remplacement (CONSOMMABLE).

brosse [brush]

(n.f.) OUTIL constitué d'une multitude de brins plus ou moins rigides permettant de frotter, décaper, nettoyer une SURFACE. Elle permet aussi de donner une texture décorative particulière à des MATÉRIAUX.

Photo : Evgeniik

→ Voir, par exemple, ÉVAVURAGE PAR BROSSAGE.

brossé [scratch brushed]

(adj.) Qui comporte des STRIES aléatoires de même ORIENTATION en guise de style et d'effet de SURFACE.
Ex. : ALUMINIUM brossé.

brosse à honer [flex hone]

(n.f.) OUTIL ROTATIF constitué d'une multitude de petites boules ABRASIVES fixées sur des TIGES flexibles et permettant de frotter et lisser des SURFACES externes ou la paroi interne d'un CYLINDRE (sens 2).

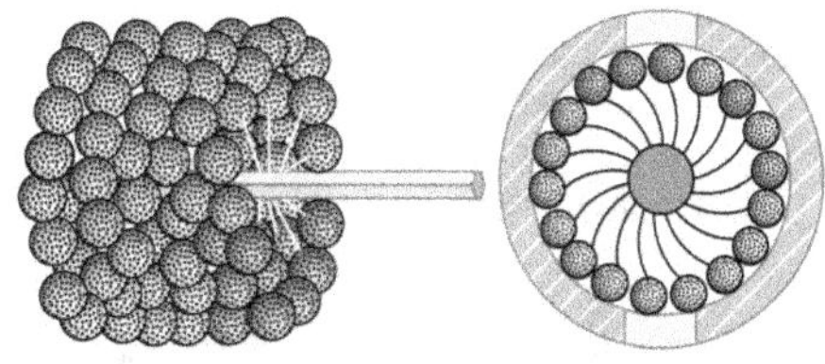

La brosse à honer permet d'obtenir les résultats suivants :
• Amélioration de l'ÉTAT DE SURFACE. Les RUGOSITÉS possibles sont les suivantes :

* Symbole ne faisant plus partie des normes

- NETTOYAGE.
- ÉBAVURAGE des parties internes difficiles d'accès.
- Arrondissage d'ANGLES.
- Changement des TOLÉRANCES d'un ALÉSAGE.
Autre appellation : FLEX HONE ®.
→ Voir RODOIR pour un autre OUTIL tournant permettant d'améliorer les SURFACEs.
→ Voir aussi RODAGE.

brouillard d'huile [oil mist]

(n.m.) Fine particule d'HUILE en suspension dans l'air.

Il est obtenu par passage de l'huile LIQUIDE dans une BUSE à AIR COMPRIMÉ. Le brouillard d'huile est une TECHNIQUE de LUBRIFICATION. Il donne la certitude que tous les endroits et recoins du SYSTÈME à lubrifier seront atteints, tout en utilisant une quantité minime d'HUILE.
→ Voir aussi MICRO-LUBRIFICATION.

(brouillard salin), essai de brouillard salin [salt spray test]

(n.m.) ESSAI accéléré pour évaluer la RÉSISTANCE À LA CORROSION de MÉTAUX. Elle consiste à exposer pendant une durée contrôlée des ÉPROUVETTES à une solution concentrée de sel vaporisée, sensiblement plus agressive qu'une ATMOSPHÈRE réelle.

broutage [stick slip]

(n.m.) MOUVEMENTS saccadés indésirables d'un OUTIL DE COUPE ou d'une PIÈCE (sens 1) en cours d'USINAGE et qui se traduisent par un mauvais ÉTAT DE SURFACE, une diminution de DURÉE DE VIE de l'OUTIL et de la MACHINE-OUTIL.

Le broutage est dû à l'action conjuguée de FROTTEMENTS et de manque de RIGIDITÉ.

brunissage [burnishing]

(n.m.) PROCÉDÉ de TRAITEMENT DE SURFACE de MÉTAL par immersion dans un bain alcalin chaud colorant les PIÈCES (sens 1) d'un DÉPÔT chimique d'OXYDE de FER type Fe_2O_3 de couleur noire.

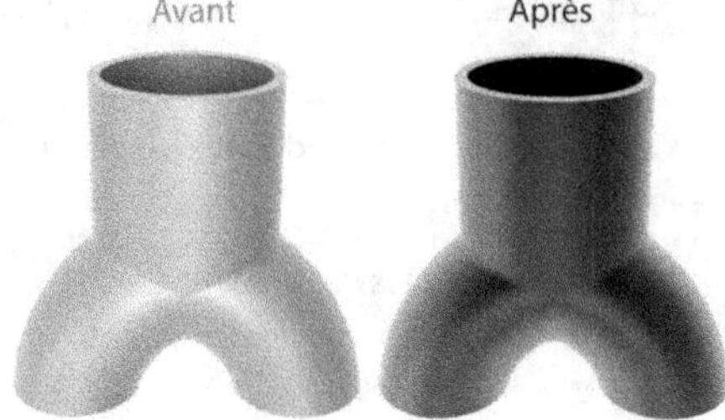

 **Avantages**

A. FINITION esthétique noir brillant. Réduction de la RUGOSITÉ. Bonne CONDUCTIBILITÉ ÉLECTRIQUE.

 **Inconvénients**

B. RÉSISTANCE À LA CORROSION faible.

bureau des méthodes [process planning department, methods department]

(n.m.) Service d'une entreprise chargé de faire le lien entre le BUREAU D'ÉTUDES et le service de PRODUCTION en s'occupant de l'INDUSTRIALISATION.

A. Son rôle consiste à prévoir, préparer, gérer, mettre en place et superviser les moyens de PRODUCTION (MACHINES, OUTILLAGES (sens 2), etc.) avec l'organisation adaptée pour obtenir dans les meilleures conditions avec la quantité et la QUALITÉ voulues les PRODUITS nouvellement conçus et mis au point.

B. En réalité, ce service ne travaille pas en différé par rapport au BUREAU D'ÉTUDES. Il est associé dès la PHASE (sens 1) d'ANALYSE FONCTIONNELLE et de CONCEPTION aux réflexions de manière à prendre en compte le plus en amont possible les CONTRAINTES (sens 1) de la PRODUCTION.
→ Voir BUREAU D'ÉTUDES ; INDUSTRIALISATION.

bureau d'études [research department, engineering department, design department]

(n.m.) Service indépendant ou interne à une entreprise chargé de trouver des SOLUTIONS TECHNIQUES et d'effectuer l'INGÉNIERIE relatives à des PROJETS et qui élabore les documents nécessaires à leur réalisation.

A. Le diagramme suivant montre le champ d'intervention du bureau d'études dans le (PRODUIT), CYCLE DE VIE D'UN PRODUIT.

B. En réalité, un bureau d'études ne travaille jamais seul mais est toujours en relation et tient compte en permanence des exigences des services connexes. En amont, il contribue avec le service marketing, pour l'ANALYSE FONCTIONNELLE et l'établissement des SPÉCIFICATIONS. En aval, il s'implique avec le BUREAU DES MÉTHODES pour faciliter l'INDUSTRIALISATION et optimiser les PROCESSUS industriels.

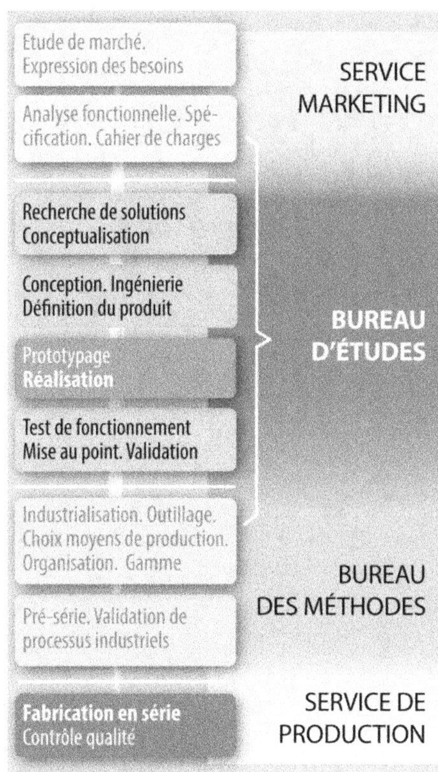

burette [oil applicator, oil can]

(n.f.) Petit récipient avec un MÉCANISME pour verser ou projeter avec précision l'HUILE ou la GRAISSE qu'il contient.

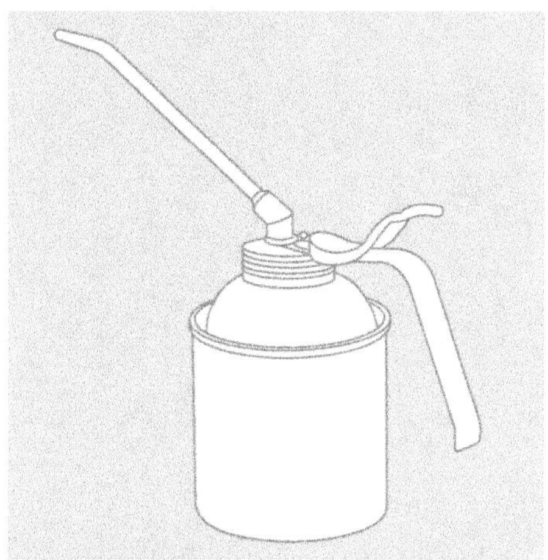

• Note : Ne pas confondre avec le GRAISSEUR.

burin [chisel]

(n.m.) OUTIL manuel avec une extrémité en BI-SEAU et l'autre extrémité prévue pour être frappée avec un MARTEAU afin de pénétrer en force dans un MATÉRIAU pour le casser, le marquer ou en enlever un morceau.

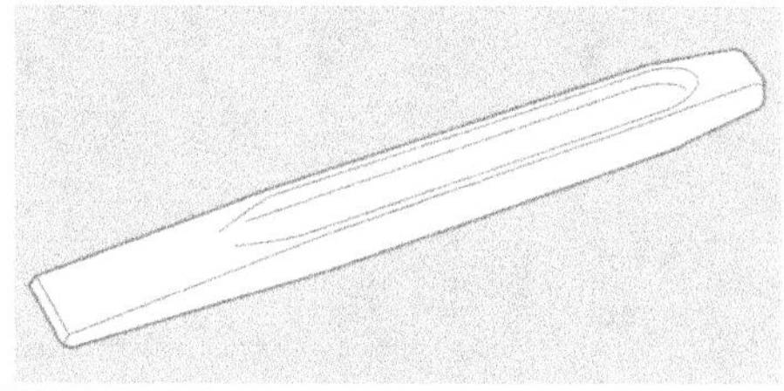

buse [nozzle]

(n.f.) ORGANE placé à l'extrémité d'un TUYAU ou d'un TUBE pour permettre la sortie bien contrôlée d'un FLUIDE ou d'un GAZ.
—→ Voir CHALUMEAU.

butée

(n.f.)
1. [stop] ORGANE limitant la TRAJECTOIRE d'un objet en MOUVEMENT et définissant clairement la POSITION qu'il ne peut dépasser.
2. [Thrust bearing] DISPOSITIF s'apparentant à un ROULEMENT (sens 2) c'est à dire avec des BA-GUES entre lesquelles sont intercalés des éléments roulants pour limiter le FROTTEMENT de l'effort AXIAL d'un ARBRE tournant.
A. Les éléments roulants peuvent être des BILLES ou des ROULEAUX (sens 3).

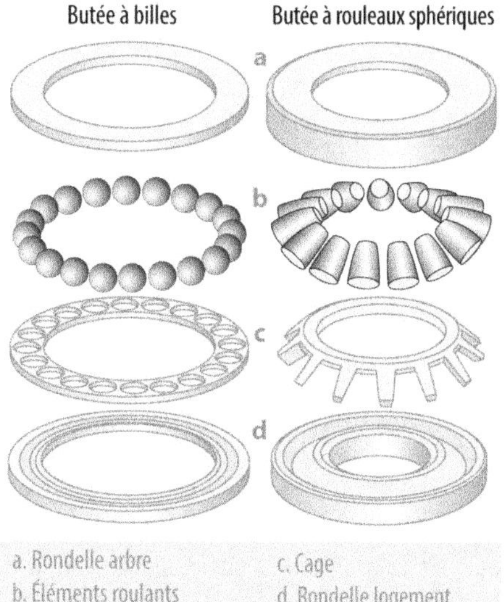

B. Le tableau ci-dessous résume les différents types existants :

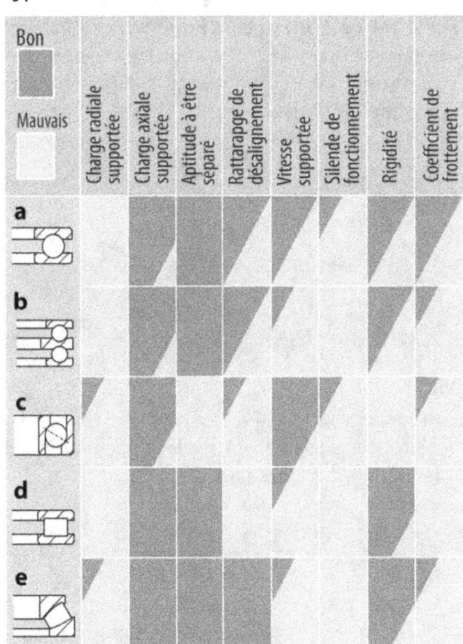

a. Butée à billes simple effet.
b. Butée à billes double effet.
c. Butée à billes à contact oblique.
d. Butée à rouleaux cylindriques ou à aiguilles.
e. Butée à rotule sur rouleaux.

C. Croquis simplifié avec une signification normalisée des BUTÉES pour en faciliter le tracé sur un DESSIN TECHNIQUE.

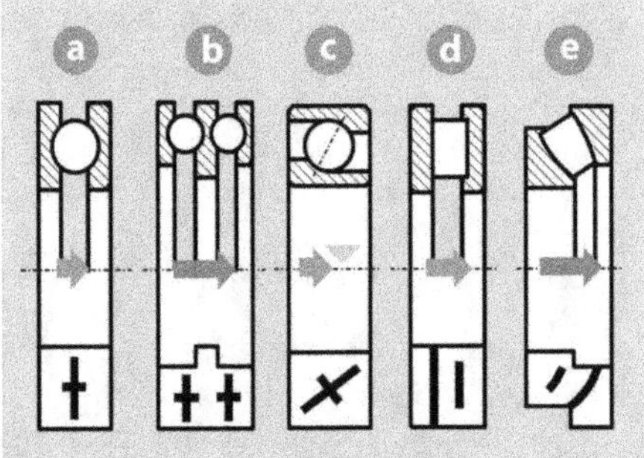

butée d'arrêt [automatic stop]

(n.f.) BUTÉE d'un objet en MOUVEMENT avec un DISPOSITIF qui déconnecte et interrompt le MÉCANISME à l'origine du MOUVEMENT.

Ex. : *Butée d'arrêt d'un palan électrique.*

butée réglable [adjustable stop]

(n.f.) BUTÉE dont la POSITION est modifiable à volonté suivant les BESOINS.

C, c

C

1. Symbole le l'ÉLÉMENT CHIMIQUE | CARBONE.
2. Symbole de l'UNITÉ (sens 1) de TEMPÉRATURE | DEGRÉ CELSIUS noté °C.

Ca

Symbole pour l'ÉLÉMENT CHIMIQUE | CALCIUM.

câble [cable, rope]

(n.m.) Cordage très résistant fait d'une multitude de brins de FILS DE FER torsadés et maintenue ensemble par une ÂME (sens 3), de manière à ne pas se défaire lorsqu'il est tendu ou enroulé.

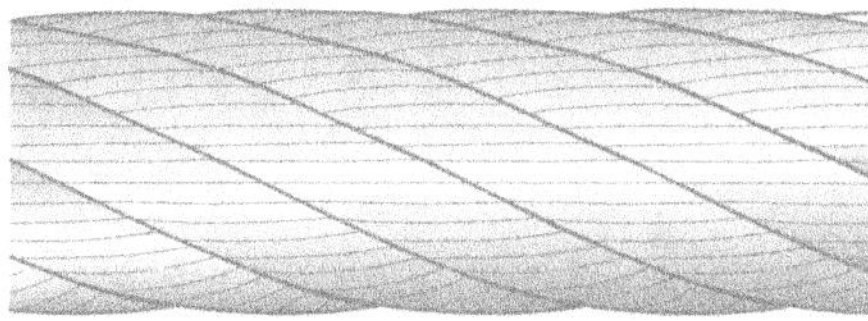

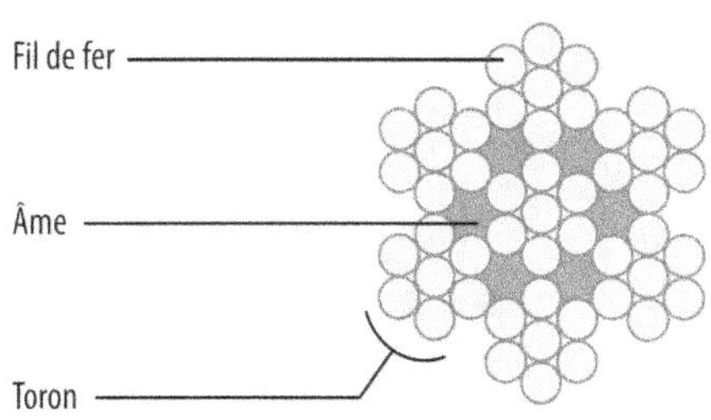

A. Les câbles sont utilisés pour le LEVAGE ou la TRACTION de CHARGE (sens 1) importante ou pour constituer des ÉLÉMENTS DE STRUCTURE dans des OUVRAGES.

👍 Avantages

B. Par rapport aux CHAÎNES, il est d'une plus grande compacité. Moins bruyant en utilisation.

👎 Inconvénients

C. N'accepte pas de RAYON DE COURBURE trop faible.

cache [cap]

(n.m.) ORGANE destiné à occulter d'autres ORGANES peu esthétiques ou pour les protéger de la détérioration ou encore les rendre moins dangereux en leur évitant d'être trop saillants.
→ Voir CACHE-VIS.

cache-vis [screw cap]

(n.m.) ORGANE destiné à dissimuler la FORME D'ENTRAÎNEMENT d'une VIS (sens 2) et d'un ÉCROU pour le rendre moins dangereux, inaccessible ou plus esthétique.
Ex. 1 : *Cache-vis* INDÉMONTABLE.

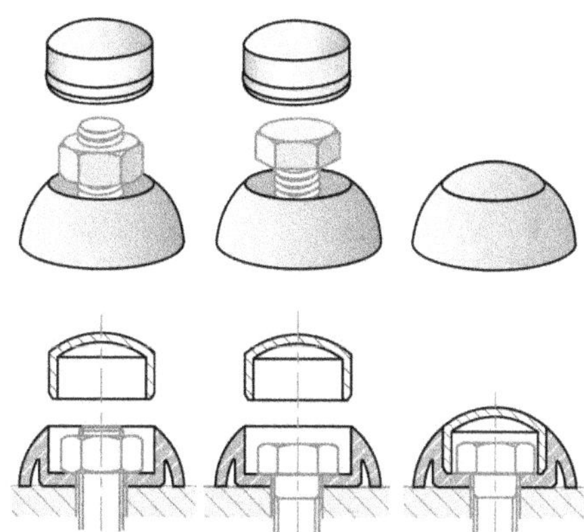

Ex. 2 : *Cache-vis* DÉMONTABLE.

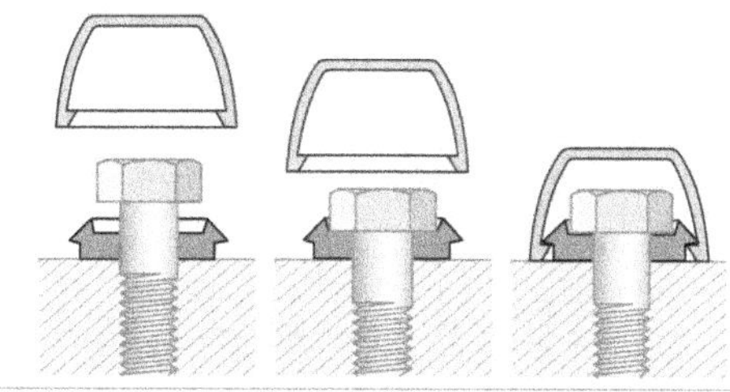

cadence [machine rate]

(n.f.) MESURE (sens 1) de la rapidité et de l'efficacité d'action d'une MACHINE ou d'un PROCÉDÉ en cours de PRODUCTION. Elle est, exprimée, par exemple, en nombre de pièces produites par heure.

cadmiage [cadmium plating]

(n.m.) Tout PROCÉDÉ de DÉPÔT d'une COUCHE de CADMIUM à la SURFACE d'un SUBSTRAT.
Il peut être réalisé par PROJECTION (sens 1) au pistolet (MÉTALLISATION) ou par voie électrolytique (GALVANOPLASTIE).

cadmium (Cd) [cadmium]

(n.m.) MÉTAL mou blanc bleuâtre dont les CARACTÉRISTIQUES ressemblent à celles du ZINC.

A. Il sert de REVÊTEMENT et entre dans la FABRICATION de batterie, PEINTURE, ALLIAGE | ANTIFRICTION ainsi que pour le BRASAGE.

B. Quelques CARACTÉRISTIQUES :

Symbole chimique :	Cd
État physique à l'ambiante :	Solide
Couleur :	Blanc bleuâtre
Numéro atomique :	48
Masse volumique :	8,65 g/cm^3
T° de fusion :	321°C
Structure cristalline :	Hexagonal compact

C. Aspect, couleur et rendu du MÉTAL.

D. Le cadmium et ses composés sont TOXIQUES, d'une façon générale.

cadre [frame]

(n.m.) ASSEMBLAGE (sens 2) rigide de PIÈCES (sens 1) destiné à supporter toutes les CHARGES (sens 1) d'un SYSTÈME et à recevoir tous les autres COMPOSANTS.

cahier des charges [project specification, book of specifications, specification manual]

(n.m.) Document contenant les aspects et SPÉCIFICATIONS préalablement définis d'un PROJET et qui doivent être suivis et respectés pendant sa réalisation.
→ Voir aussi ANALYSE FONCTIONNELLE.

calage [wedging]

(n.m.) OPÉRATION de placement d'une CALE.

calamine [scale]

(n.f.) Épaisse COUCHE d'OXYDE se formant à la SURFACE d'un MÉTAL pendant sa MISE EN FORME (CHAUD), À CHAUD.
Elle doit être éliminée par SABLAGE, GRENAILLAGE ou DÉCAPAGE chimique avant tout autre TRAITEMENT DE SURFACE comme la PEINTURE ou la GALVANISATION.

calandrage [calendering]

(n.m.) PROCÉDÉ continu de MISE EN FORME de (PLASTIQUE), MATIÈRE PLASTIQUE par passage à travers des CYLINDRES (sens 1) ou ROULEAUX (sens 2) pour la transformer en PLAQUE, FEUILLE ou FILM.

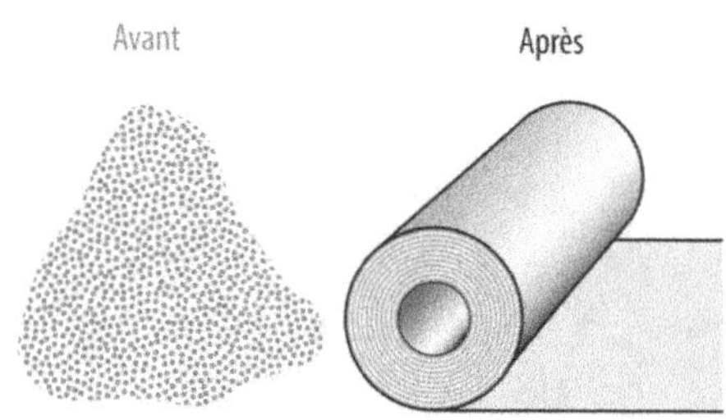

A. Les ÉPAISSEURS susceptibles d'être obtenues de manière courante avec une TOLÉRANCE relativement serrée vont du dixième de millimètre au millimètre. La MACHINE appelée CALANDRE est constituée de plusieurs CYLINDRES (sens 1) alimentées en amont, soit par une EXTRUDEUSE avec une FILIÈRE plate, soit par un mélangeur.

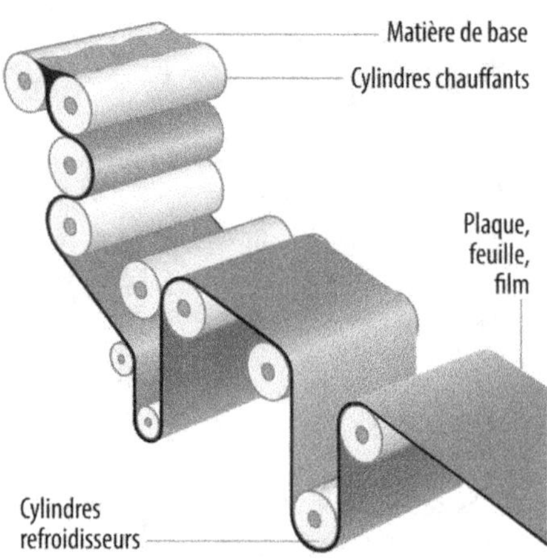

La MATIÈRE est d'abord préchauffée et mise à l'ÉPAISSEUR voulue avant d'être refroidie pour prendre son aspect final. Cette TECHNIQUE permet aussi la superposition de plusieurs COUCHES de MATIÈRES différentes.
→ Voir COUCHAGE.
Elle permet aussi d'incorporer sur un autre support (par exemple un tissu) de la MATIÈRE thermoplastique.
→ Voir ENDUCTION.

 Avantages

B. Débit très élevé par rapport à l'EXTRUSION de plaque et l'EXTRUSION GONFLAGE. Permet des LAIZES très importantes. Bonne QUALITÉ de PLAQUE et FEUILLE : bonne PLANÉITÉ, bonne régularité d'ÉPAISSEUR. Possibilité d'apposer des motifs sur la MATIÈRE avec des ROULEAUX (sens 2) gravés (GRAINAGE).

Inconvénients

C. Investissement très coûteux. Ne convient pas pour de petites quantités. Gamme d'ÉPAISSEUR relativement restreinte par rapport à l'EXTRUSION (sens 3).

D. Les PRODUITS de calandrage servent notamment au marché de l'emballage, de REVÊTEMENT de sol et de toiture, les REVÊTEMENTS textiles et l'ameublement, l'automobile, la maroquinerie, etc.

E. Toutes proportions gardées, le calandrage est aux (PLASTIQUES), MATIÈRES PLASTIQUES, ce que la LAMINAGE est aux MÉTAUX.

calandre [calender]

(n.f.) MACHINE constituée de plusieurs ROULEAUX (sens 2) CYLINDRIQUEs entre lesquels de la MATIÈRE est insérée pour devenir des FEUILLEs.
→ Voir CALANDRAGE.

calandrer [laminate]

(v.tr.) Laminer ensemble plusieurs COUCHES de feuilles ou de TÔLES.

calcium (Ca) [calcium]

(n.m.) ÉLÉMENT CHIMIQUE | MÉTAL alcalino-terreux de couleur gris blanc.

A. Son CORPS PUR est utilisé en ÉLÉMENT D'ALLIAGE avec l'ALUMINIUM. Il sert de désoxydant pour l'ÉLABORATION de certains ACIERS.

B. Ses COMPOSÉS CHIMIQUES (OXYDE, hydroxyde, silicate, carbonate, sulfate, aluminate, halogénures, carbure, etc.) ont des utilités dans divers domaines.

calcul de structure [structural design]

(n.m.) Discipline permettant d'évaluer par opérations mathématiques souvent informatisées les CONTRAINTES MÉCANIQUES et les DÉFORMÉES dans une PIÈCE (sens 1) ou un SYSTÈME géométriquement complexe soumis à des SOLLICITATIONS MÉCANIQUES.

→ Voir (ÉLÉMENTS FINIS), CALCUL PAR ÉLÉMENTS FINIS.

cale [shim, block]

(n.f.) Petite PIÈCE | PRISMATIQUE placée sous une autre PIÈCE (sens 1) pour la positionner correctement.

cale crénelée [step block]

(n.f.) Type de CALE en FORME de gradins permettant de modifier aisément la HAUTEUR de ce qui y est appuyé :

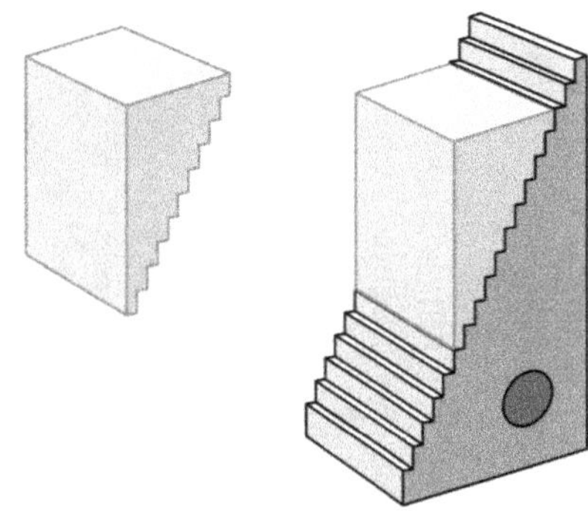

Les cales crénelées sont surtout utilisées dans les MONTAGES D'USINAGE, comme ci-dessous :

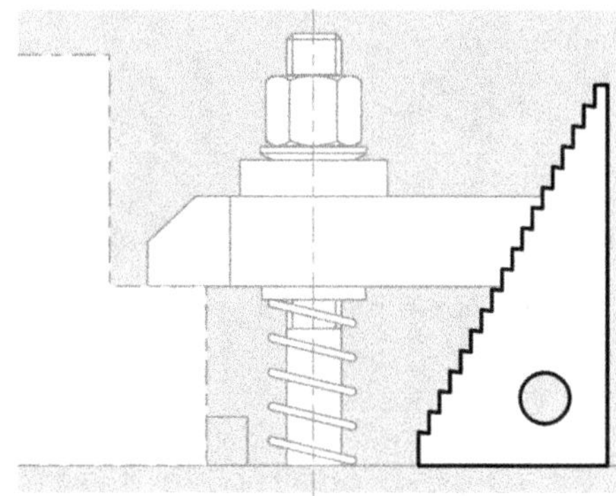

cale étalon [gauge block (GB), gage block (US)]

(n.f.) CALE en MÉTAL ou CÉRAMIQUE de FORME PARALLÉLÉPIPÉDIQUE de grande PRÉCISION, utilisée en MÉTROLOGIE comme éléments dimensionnels de référence. La DIMENSION (sens 1) voulue peut nécessiter l'empilage de plusieurs cales étalons.

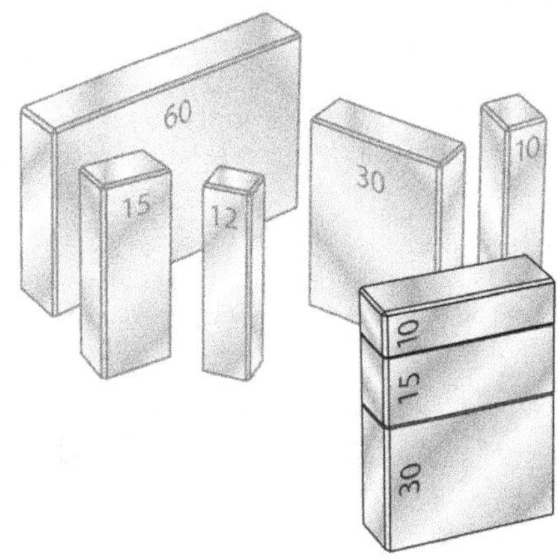

→ Voir (SINUS), BARRE SINUS pour un exemple d'utilisation.

cale étalon angle [angle gage block]

(n.f.) Pièce PRISMATIQUE MÉTALlique dont une SURFACE est inclinée d'une valeur très précise par rapport à l'autre.

La cale étalon d'angle sert de RÉFÉRENCE pour des MESURES (sens 3) d'ANGLE. Plusieurs cales peuvent être empilées pour obtenir une valeur quelconque.

cale pelable [precision shim]

(n.f.) CALE constituée de plusieurs COUCHES minces superposées pouvant être retirées une par une pour atteindre l'ÉPAISSEUR voulue.

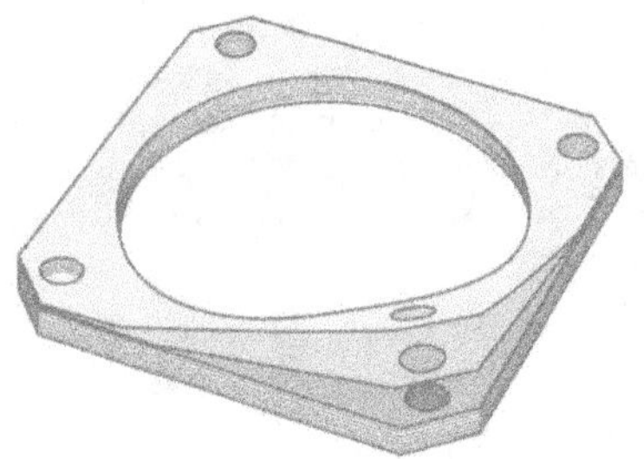

calibrage [calibration]

(n.m.) Affinage des RÉGLAGES d'un INSTRUMENT par comparaison avec un ÉTALON ou une valeur connue de manière à fournir des indications les plus justes et fidèles. Le mot calibrage est un anglicisme. En français, il faudrait parler d'ÉTA-LONNAGE.

calibre [gauge (GB), gage (US)]

(n.m.) ORGANE de classe dimensionnelle élevée, utilisé pour la vérification de PIÈCES (sens 1) par comparaison. Le mot calibre est un terme usuel non-normalisé par le VIM (Vocabulaire International de la Métrologie). Pour plus de clarté, il conviendrait de le remplacer par le terme ÉTALON.

calibre à filetage [thread gauge (GB), thread gage (US)]

(n.m.) INSTRUMENT de VÉRIFICATION constitué de plaquettes avec des PROFILS de filetage de PAS divers. La VÉRIFICATION se fait par CONTACT et comparaison visuelle avec le FILETAGE.

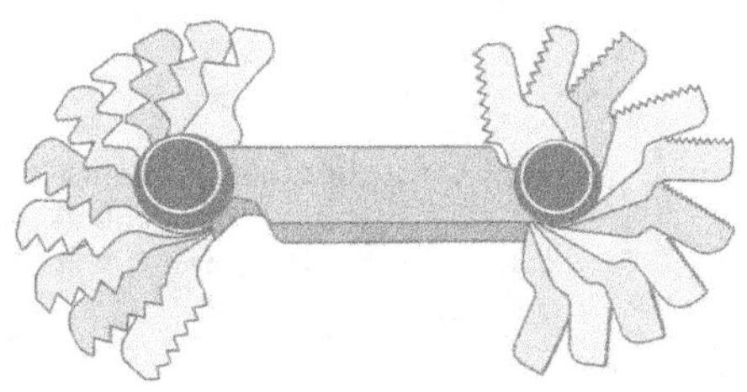

calibre à limites [go-no go gauge (GB), go-no go gage (US)]

(n.m.) ORGANE de VÉRIFICATION de DIMENSIONS (sens 1) constitués de deux parties correspondant aux valeurs maximales et minimales de la TOLÉRANCE à contrôler. Ils se présentent sous forme de mâchoires pour les PIÈCES mâles et de tampons pour les PIÈCES femelles.
→ Voir CALIBRE À MÂCHOIRE, TAMPON LISSE ; ENTRE - N'ENTRE PAS.

calibre à mâchoire [snap gauge (GB), snap gage(US)]

(n.m.) ORGANE de grande PRÉCISION avec deux parties FEMELLES correspondant aux deux DIMENSIONS LIMITES d'une TOLÉRANCE, et servant à la VÉRIFICATION de la COTE d'un ARBRE (sens 1) ou d'une PIÈCE MÂLE.

A. Le calibre à machoire fonctionne suivant le principe ENTRE-N'ENTRE PAS. Ci-dessous, par exemple, un calibre à deux mâchoires correspondant à la DIMENSION (sens 1) et TOLÉRANCE 60 g 6, c'est à dire :

$$60^{-10\,\mu m}_{-29\,\mu m}$$

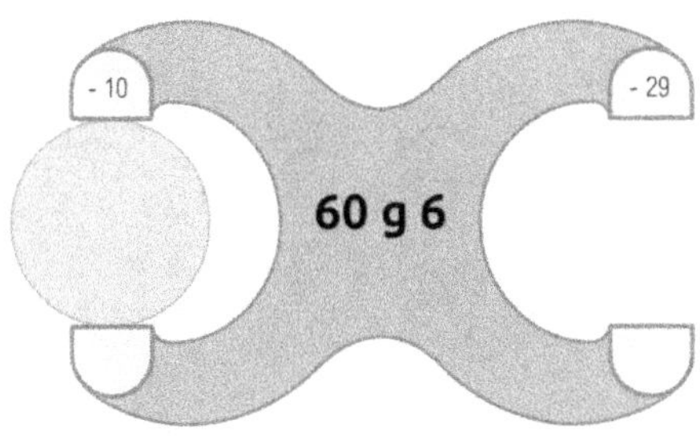

B. Pour être acceptée comme bonne, la PIÈCE (sens 1) à vérifier doit remplir les deux conditions suivantes : elle doit entrer dans la « mâchoire » - 10 µm, c'est à dire être plus petite que 59,990 mm ; elle ne doit pas entrer dans la mâchoire » - 29 µm, c'est à dire être plus grande que 59,971 mm. Les deux zones « entre » et « n'entre pas » peuvent être du même coté de la mâchoire comme ci-dessous :

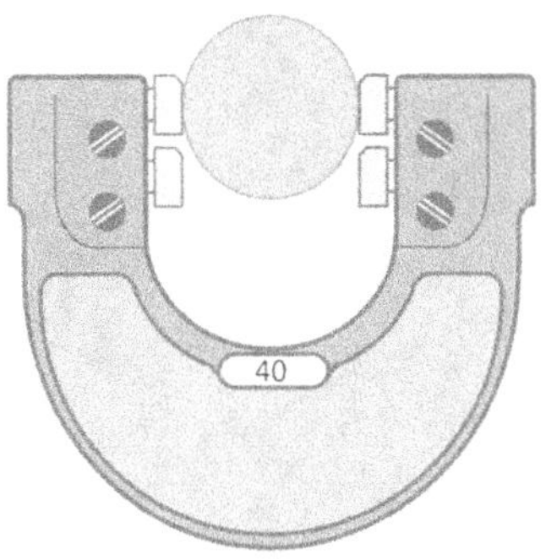

→ Voir TAMPON LISSE pour l'ORGANE équivalent servant à la VÉRIFICATION des ALÉSAGES.

calibre à soudure [weld gauge (GB), weld gage (US)]

(n.m.) APPAREIL DE MESURE de l'ÉPAISSEUR de CORDON DE SOUDURE.

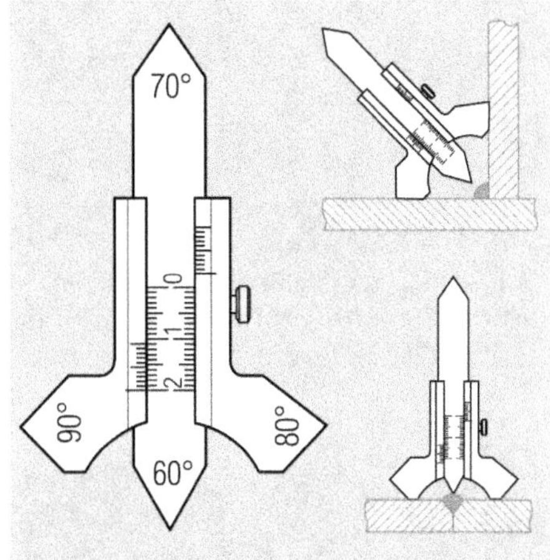

→ Voir (SOUDURE), ÉPAISSEUR DE SOUDURE pour la définition exacte de ce qu'est l'ÉPAISSEUR de SOUDURE.

calmage [steel deoxidation]

(n.m.) OPÉRATION de SIDÉRURGIE en ACIÉRIE consistant à ajouter des ÉLÉMENTS D'ADDITION qui empêchent l'OXYGÈNE et le CARBONE de former des bulles de GAZ créant des POROSITÉS dans les LINGOTS lors de leur SOLIDIFICATION.
→ Voir aussi ACIER CALMÉ.

calotte sphérique [spherical cap]

(n.f.) Fraction de SPHÈRE découpée par un PLAN (sens 1).

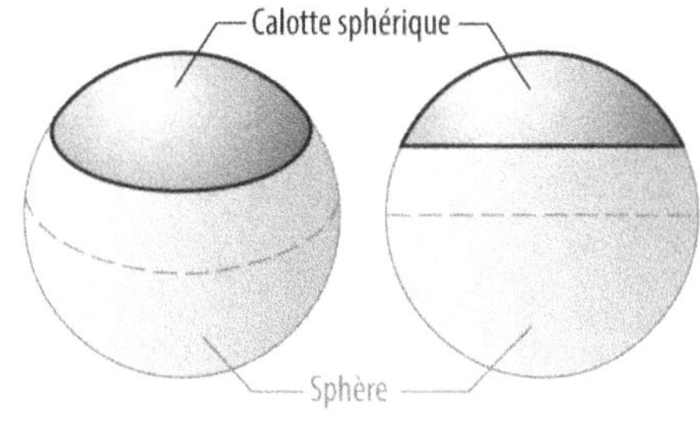

cambrage [wire bending]

(n.m.) PROCÉDÉ de PLIAGE | À FROID d'une BARRE ou d'un FIL de manière à constituer un ANGLE (voir page suivante).

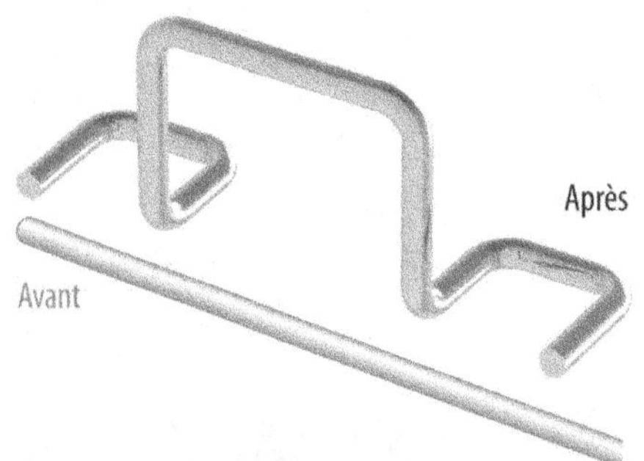

A. Le PROCÉDÉ est effectué sur des MACHINES entièrement automatisées à COMMANDE NUMÉRIQUE :

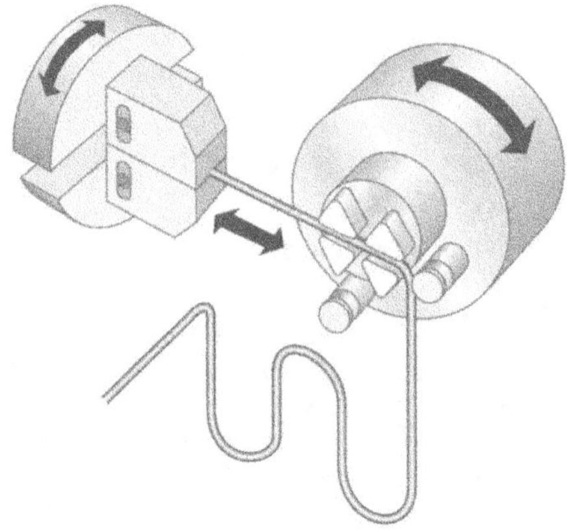

B. Ne pas confondre avec le CINTRAGE dont le but est d'obtenir un RAYON DE COURBURE précis.

(cambrage), machine de cambrage [wire-bending machine]

(n.f.) MACHINE à COMMANDE NUMÉRIQUE capable de manipuler du FIL MÉTALlique pour le courber et le plier dans tous les sens.

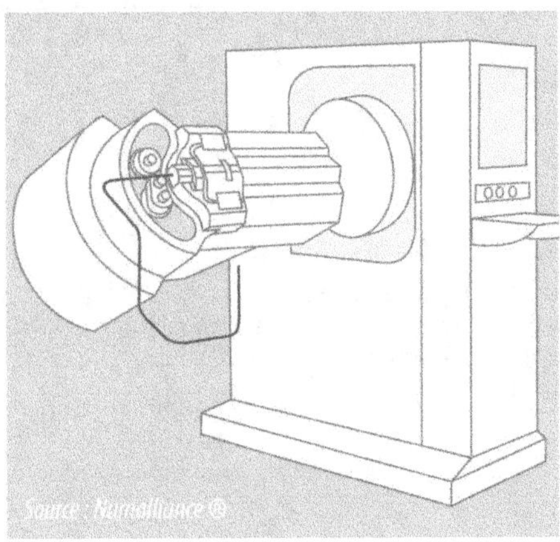

cambrure [camber]

(n.f.) COURBURE intentionnellement donnée à une POUTRE.
→ Voir, par exemple, CONTREFLÈCHE.

came [cam]

(n.f.) ORGANE transformant un MOUVEMENT DE ROTATION en MOUVEMENT DE TRANSLATION de CINÉMATIQUE (sens 2) et amplitudes particulières.

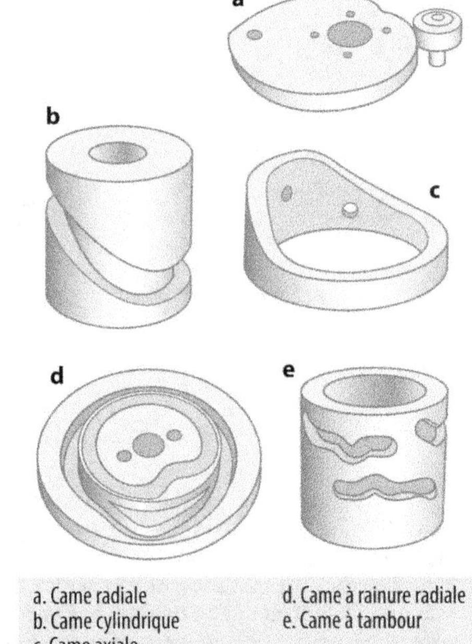

a. Came radiale
b. Came cylindrique
c. Came axiale
d. Came à rainure radiale
e. Came à tambour

→ Voir aussi ARBRE À CAMES.

cannelé [splined]

(adj.) Qui comporte des CANNELURES.

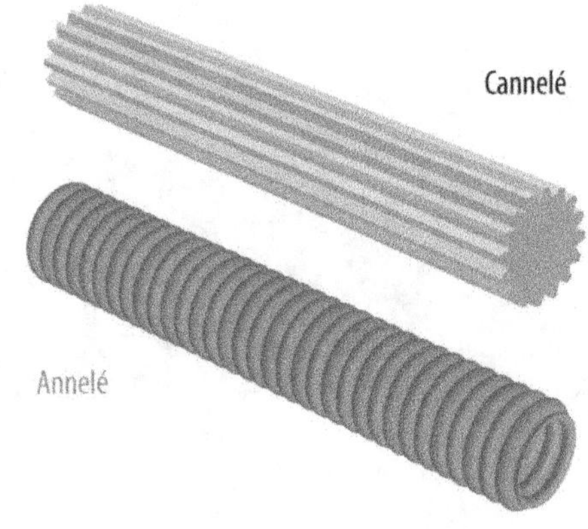

→ Voir, par exemple, ARBRE CANNELÉ.
• Note : Ne pas confondre avec ANNELÉ.

cannelure [spline]

(n.f.) RAINURES multiples remplissant le pourtour d'un ARBRE (sens 2) ou les PAROIS d'un ALÉSAGE (sens 1) et parallèles à l'axe longitudinal.

A. Les cannelures sont utilisées pour obtenir des AJUSTEMENTS capable de transmettre des MOMENTS DE COUPLE élevés tout en permettant un MOUVEMENT DE TRANSLATION.

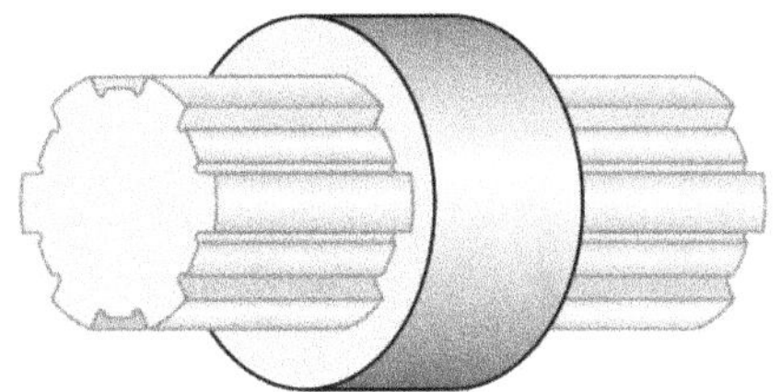

B. Ci-dessous quelques exemples de FORME de cannelures :

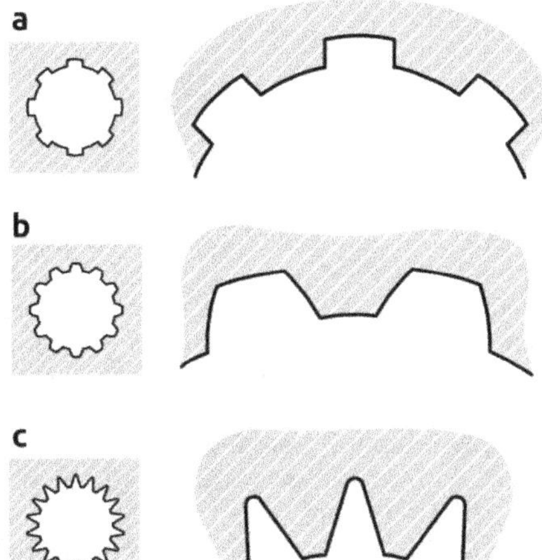

a. Cannelure à flanc droit [Straight sided spline].
b. Cannelure à flanc en développante [Involute spline].
c. Cannelure à dentures [Serration spline, tapered spline].

C. Les cannelures sur un ARBRE sont souvent obtenues par FRAISAGE. Celles dans un ALÉSAGE par BROCHAGE ou MORTAISAGE.

→ Voir ARBRE CANNELÉ pour un exemple d'utilisation ; GUIDAGE EN TRANSLATION.

cannelure à denture [serration spline]

(n.f.) Type de CANNELURES dont les flancs des DENTURES sont en plan incliné.

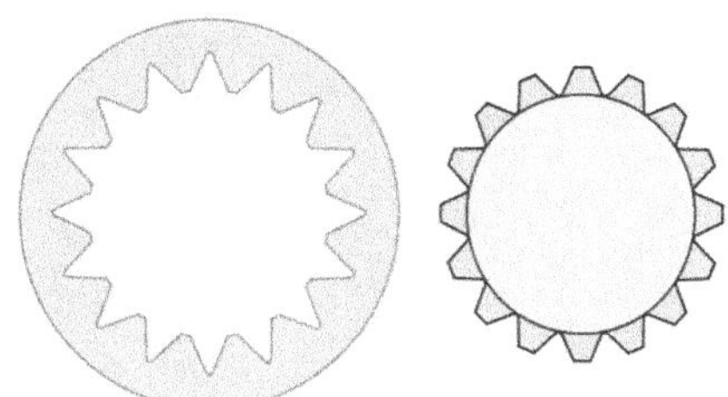

Elle est utilisée sur des petits ARBRES et MOYEU pour le calage ANGULAIRE.

cannelure à flanc droit [straight spline]

(n.f.) RAINURES multiples à parois parallèles sur le contour d'un ARBRE ou les parois d'un ALÉSAGE (sens 1) pour transmettre un MOUVEMENT DE ROTATION avec un couple élevé.

A. Exemple de DÉSIGNATION :

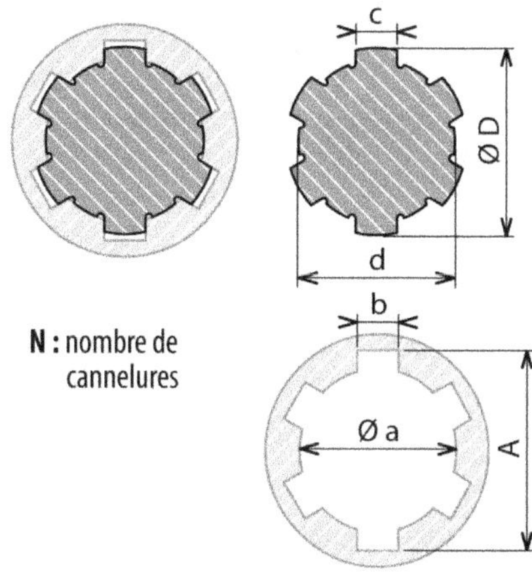

N : nombre de cannelures

👍 Avantages

B. Réalisation encore relativement facile. Supporte éventuellement des CHOCS.

👎 Inconvénients

C. Bruyante. Ne convient pas aux grandes VITESSES DE ROTATION et de TRANSLATION.

cannelure à flanc en développante [involute spline]

(n.f.) Type de CANNELURE dont la FORME des RAINURES s'apparente à des DENTURES d'ENGRENAGE.

Exemple de réalisation :

Avantages

A. Permet une plus grande VITESSE DE ROTATION et moins bruyant que la CANNELURE À FLANC DROIT. Autocentrante. Possibilité d'utiliser les mêmes FRAISES que pour le TAILLAGE D'ENGRENAGE.

Inconvénients

B. Réalisation assez difficile.

canon de perçage [drill bush, guide bush]

(n.m.) Petit ORGANE très précis en FORME de CYLINDRE avec ou sans COLLERETTE, utilisé sur un MONTAGE D'USINAGE pour guider un FORET par contact avec les LISTELS.

A. Il est fait d'un MÉTAL très DUR comme l'ACIER TREMPÉ afin de résister à l'USURE.

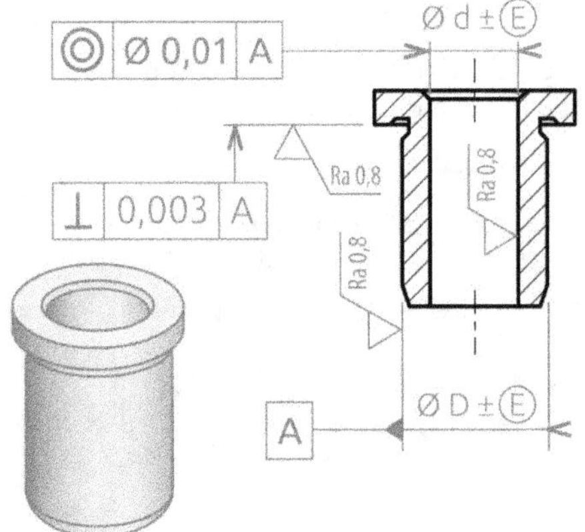

B. Ci-dessous, un exemple d'utilisation dans un MONTAGE D'USINAGE :

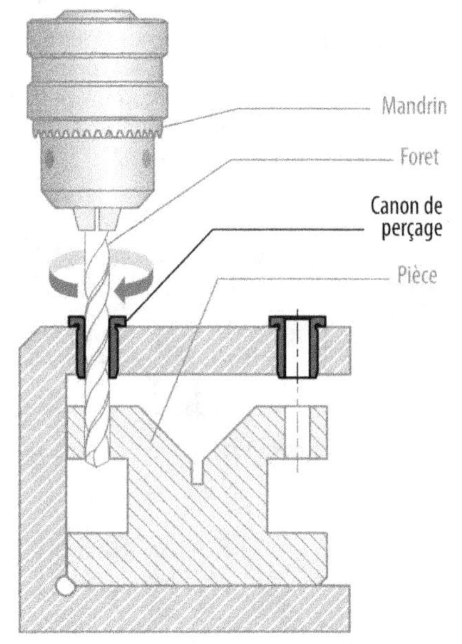

CAO [CAD]

Sigle pour **C**onception **A**ssistée par **O**rdinateur.

caoutchouc [rubber]

(n.m.) MATÉRIAU | POLYMÈRE dont les chaînes moléculaires sont reliés par des « ponts » qui leur donnent une capacité exceptionnelle de DÉFORMATION ÉLASTIQUE pouvant atteindre et dépasser 100 %, c'est à dire doubler de LONGUEUR. En comparaison, les autres MATÉRIAUX comme, par exemple, les MÉTAUX ne peuvent se déformer élastiquement que d'environ 0,2 %, ce qui veut dire que le caoutchouc peut être au moins 500 fois plus élastique !

→ Voir aussi ÉLASTOMÈRE qui est une autre dénomination des caoutchoucs.

capabilité [capability]

(n.f.) Approche statistique permettant de quantifier l'APTITUDE d'une MACHINE, d'un PROCÉDÉ à réaliser ce qu'on leur demande.

A. Elle consiste à représenter sur un graphe la distribution des résultats obtenus sur plusieurs MESURES (sens 3) ou observations d'un PROCESSUS et d'en étudier la répartition.

B. Exemple.

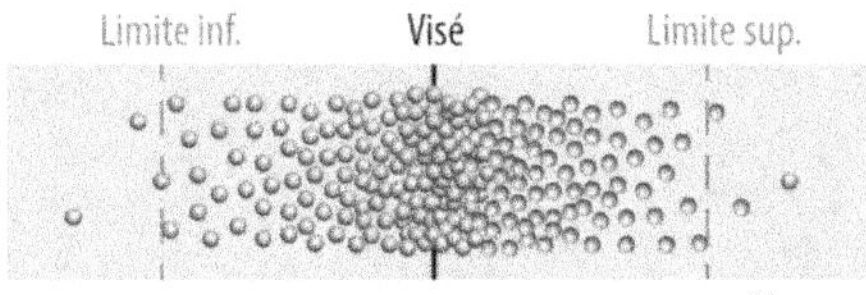

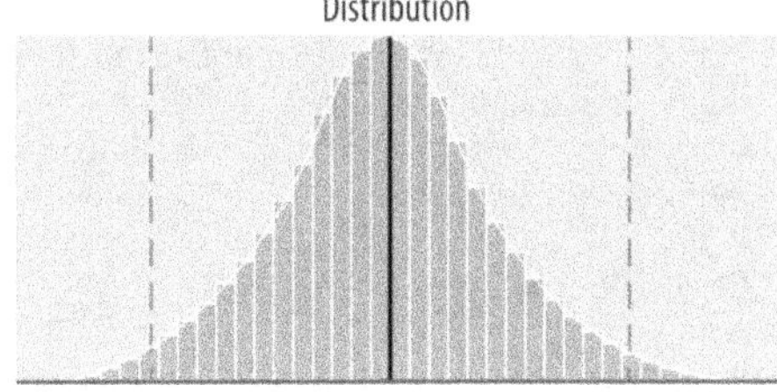

En fonction des critères définis de capabilité, le dépouillement des résultats peut conduire aux cas typiques suivants :

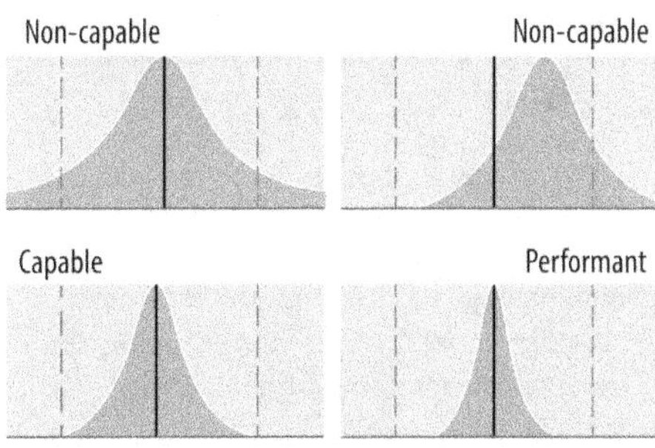

→ Voir aussi RÉPÉTABILITÉ.

capacité calorifique [heat capacity, specific heat]

(n.f.) CARACTÉRISTIQUE PHYSIQUE d'une SUBSTANCE mesurant la quantité d'énergie sous forme de chaleur nécessaire pour augmenter de 1°C sa TEMPÉRATURE par UNITÉ (sens 1) de MASSE (sens 1).

A. Son UNITÉ (sens 1) dans le (UNITÉ), SYSTÈME INTERNATIONAL D'UNITÉS (S.I.) est le J/(kg·°C) (joule par kilogramme et degré Celsius) ou le J/(kg.K) (joule par kilogramme et kelvin). Plus cette grandeur est élevée, plus la SUBSTANCE est difficile à chauffer.

B. Ci-dessous, une liste de quelques capacités calorifiques classées de la plus élevée à la plus faible :

Eau	4216	J/(kg·°C)
Bois	2600	J/(kg·°C)
Liège	1880	J/(kg·°C)
Plastique PMMA	1440	J/(kg·°C)
Béton	1000	J/(kg·°C)
Plastique PVC	960	J/(kg·°C)
Aluminium	900	J/(kg·°C)
Brique	840	J/(kg·°C)
Verre	830	J/(kg·°C)
Marbre	800	J/(kg·°C)
Titane	522	J/(kg·°C)
Acier	460	J/(kg·°C)
Zinc	388	J/(kg·°C)
Étain	386	J/(kg·°C)
Argent	234	J/(kg·°C)
Tungstène	135	J/(kg·°C)
Plomb	129	J/(kg·°C)
Uranium	116	J/(kg·°C)
etc.		

◆ Syn. : CHALEUR SPÉCIFIQUE.

capacité de production [production capacity]

(n.f.) Quantité de PRODUITS susceptibles d'être fabriqués pendant une durée déterminée, mais sans considération du profit résultant.

Ainsi, ne pas confondre avec la PRODUCTIVITÉ qui est aussi la quantité de produits fabriqués par UNITÉ (sens 1) de temps mais tenant aussi compte du RENDEMENT économique résultant.

capteur [sensor, transducer]

(n.m.) DISPOSITIF capable de traduire un PHÉNOMÈNE physique en signal exploitable par un APPAREIL électronique pour des TRAITEMENTS ou affichage.

caractérisation [characterization]

(n.f.) Détermination précise des éléments constitutifs d'une MATIÈRE et MESURE (sens 3) de ses PROPRIÉTÉS et CARACTÉRISTIQUES de manière à l'identifier et à obtenir les bonnes indications pour bien cibler son utilisation.

caractéristique [feature]

(n.f.) Ce qui permet de reconnaître et de ne pas confondre quelque chose avec une autre similaire.

• Note : Ne pas confondre avec la PROPRIÉTÉ qui est ce que possède ou ce qui existe pour une chose mais que ne possède ni n'existe pour une autre. Par exemple, une des caractéristiques d'un MOTEUR est sa PUISSANCE, parce que chaque moteur a la sienne. La PROPRIÉTÉ d'un MOTEUR est, par contre, de générer de l'énergie mécanique à partie d'une source, car c'est spécifique aux moteurs.

→ Voir aussi SPÉCIFICATION qui sont des exigences précises de caractéristiques à satisfaire.

caractéristique mécanique [mechanical property]

(n.f.) Grandeur rendant compte du comportement d'un MATÉRIAU face à des SOLLICITATIONS entraînant MOUVEMENT et DÉFORMATION.

A. Toutes les caractéristiques mécaniques sont énumérées ci-après :
• MODULE D'ÉLASTICITÉ LONGITUDINALE [Modulus of elasticity] ou MODULE DE YOUNG [Young's modulus] **E** [MPa]
• MODULE D'ÉLASTICITÉ TRANSVERSALE [Transverse modulus of elasticity] ou MODULE DE COULOMB [Coulomb's modulus] ou encore MODULE DE CISAILLEMENT [Shear modulus] **G** [MPa]
• COEFFICIENT DE POISSON [Poisson's ratio] ν [sans dimension]
• RÉSISTANCE À LA LIMITE D'ÉLASTICITÉ [Tensile yield strength] $\mathbf{R_e}$, $\mathbf{f_y}$ [Mpa]
• RÉSISTANCE À LA LIMITE D'ÉLASTICITÉ EN GLISSEMENT [Shear yield strength] $\mathbf{R_{eg}}$ [Mpa]
• RÉSISTANCE À LA RUPTURE EN TRACTION [Tensile ultimate strength] $\mathbf{R_m}$, $\mathbf{f_u}$ [MPa]
• RÉSISTANCE À LA RUPTURE EN GLISSEMENT [Shear ultimate strength] $\mathbf{R_{mg}}$ [MPa]
• RÉSISTANCE LIMITE DE FATIGUE [Fatigue strength] $\mathbf{R_f}$ [MPa]
• DURETÉ [Hardness] **H** [sans dimension]
• ALLONGEMENT À LA RUPTURE [Break elongation] ε_r [sans dimension ou pourcentage]
• RÉSILIENCE [Fracture toughness] **K** [kJ/m·]
• Données de FLUAGE sous forme, par exemple, de courbe d'évolution de CONTRAINTE (sens 3) en fonction du temps.
• COEFFICIENT DE FROTTEMENT [Frictional coefficient] **µ** [sans dimension] (en rapport avec un autre MATÉRIAU).
B. Les caractéristiques mécaniques font partie, d'une façon générale, des CARACTÉRISTIQUES PHYSIQUES. Elles ont été cependant spécialement mises en avant dans cet ouvrage qui est orienté vers l'application et la mise en œuvre MÉCANIQUE des MATÉRIAUX.
C. À remarquer qu'en absence d'indication particulière, toutes les caractéristiques mécaniques sont données à la TEMPÉRATURE AMBIANTE, c'est à dire à environ entre 20°C et 23°C. En effet, toutes ces CARACTÉRISTIQUES sont souvent très dépendantes de la TEMPÉRATURE à laquelle elles sont considérées.
→ Voir PROPRIÉTÉ THERMO-MÉCANIQUE.

caractéristique physique [physical property]

(n.f.) Grandeur liée à la STRUCTURE (sens 1) atomique d'un MATÉRIAU et qui rend compte de son comportement face à divers PHÉNOMÈNES physiques. En plus des CARACTÉRISTIQUES MÉCANIQUES développées dans une rubrique particulière, on peut citer les types de caractéristiques suivants :
° Caractéristiques générales :
• MASSE VOLUMIQUE [Density] ρ [g/m^3].

• VISCOSITÉ DYNAMIQUE [Dynamic viscosity] η [Pa·s] (pour les FLUIDES).
° Caractéristiques thermiques :
• la CONDUCTIVITÉ THERMIQUE [Thermal conductivity] λ [W/(m·K)].
• la CAPACITÉ CALORIFIQUE [Heat capacity] **c** [J/(kg·K)].
• la TEMPÉRATURE DE FUSION [Melting temperature] $\mathbf{T_f}$ [°C].
• la TEMPÉRATURE maximale d'utilisation [Maximum service temperature] $\mathbf{T_{max}}$ [°C].
• la TEMPÉRATURE minimale d'utilisation [Minimum service temperature] $\mathbf{T_{min}}$ [°C].
• le (DILATATION), COEFFICIENT DE DILATATION [Coefficient of thermal expansion] α [m/m·°C].
° Caractéristiques électriques :
• la CONDUCTIVITÉ ÉLECTRIQUE [Electrical conductivity] σ [S/m].
• la permittivité diélectrique [Electrical permittivity] ε [F/m].
° Caractéristiques magnétiques :
• Perméabilité magnétique [Magnetic permeability] μ [H/m].
° CARACTÉRISTIQUES OPTIQUES :
• Réflectivité [Reflectivity] **R**, Trasmitivité [Transmissivity] **T** [sans dimension].
• Indice de réfraction [Refractive index] **n** [sans dimension].
° CARACTÉRISTIQUES MÉCANIQUES : elles sont développées dans une rubrique à part.
→ Voir CARACTÉRISTIQUE MÉCANIQUE.
→ Voir aussi (MATÉRIAU), PROPRIÉTÉ DE MATÉRIAU.

caractéristique technique [technical data, technical specification]

(n.f.) Énumération des traits distinctifs et description des valeurs de grandeurs TECHNIQUES identifiant un produit en vue de l'information de l'utilisateur et des consommateurs.
Ex. : *Caractéristiques TECHNIQUES d'un moteur électrique.*

Tension d'alimentation :	220-230 V monophasé
Fréquence :	50 Hz
Puissance :	1,7 kW
Vitesse de rotation :	3000 tr/mn
Matière carcasse :	Aluminium
Montage :	Pattes B3
Diamètre d'arbre :	Ø25 × 50
Rendement :	IE3
Indice de protection :	IP 55
Poids :	23 kg
Isolation :	Classe F
Dimensions :	360 (L) × 180 (l) × 255 (h)

caractéristique thermo-mécanique [thermo-mechanical property]

(n.f.) Trait de RÉSISTANCE MÉCANIQUE d'une MATIÈRE associé à son évolution lorsque la TEMPÉRATURE à laquelle elle est considérée change et s'éloigne sensiblement de la TEMPÉRATURE AMBIANTE.

Ex. : *Caractéristiques thermo-mécaniques de quelques métaux usuels.*

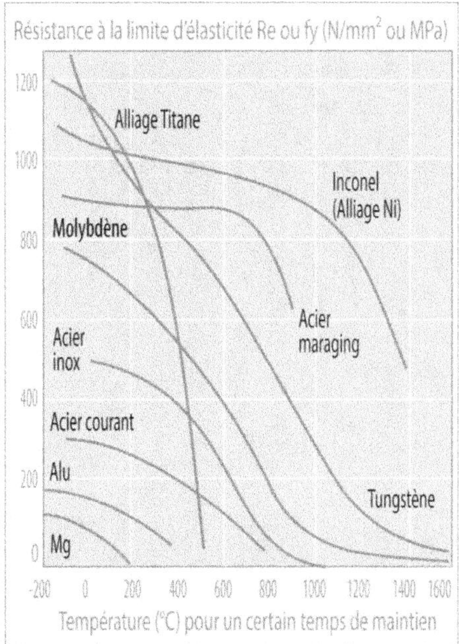

carbone (C) [carbon]

(n.m.) ÉLÉMENT CHIMIQUE non-métallique de numéro atomique 6.

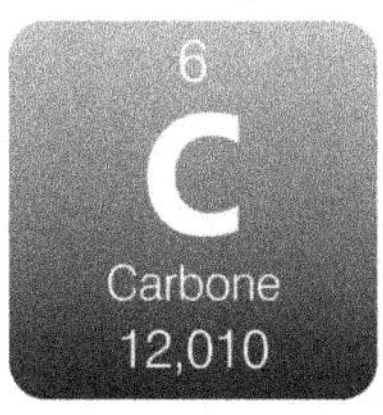

A. Il se trouve dans la nature sous forme de composé chimique minéral (oxyde et carbonate) ou organique. On le trouve aussi à l'état pur sous forme de DIAMANT et de GRAPHITE.

B. Le carbone possède la propriété de former de longues chaînes de son propre atome et permet un nombre gigantesque de combinaisons de formes moléculaires une fois lié à d'autres atomes tels que l'HYDROGÈNE, l'OXYGÈNE, les halogénures, etc. Ainsi, le carbone forme par exemple avec l'hydrogène la vaste famille des hydrocarbures.

C. Le carbone est utilisé dans l'industrie comme source d'énergie (charbon), comme pigments noirs dans les encres et PEINTURES, en joaillerie, (DIAMANT), comme ABRASIF dans le POLISSAGE, comme FIBRE à haute performance pour les (COMPOSITES), MATÉRIAUX COMPOSITES (→ voir FIBRE DE CARBONE) et comme LUBRIFIANTS (GRAPHITE). En SIDÉRURGIE, il est l'ÉLÉMENT D'ALLIAGE permettant d'obtenir l'ACIER et la FONTE.

carbone équivalent [carbon equivalent value]

(n.m.) Indice calculé répercutant l'effet des ÉLÉMENTS D'ALLIAGE sur la MÉTALLURGIE des ACIERs et des FONTES. Cet indice permet, par exemple, d'estimer la SOUDABILITÉ d'ACIERS ALLIÉS ou la MOULABILITÉ et les MICROSTRUCTURES obtenues dans le cas du MOULAGE des FONTES.

A. Exemple de carbone équivalent pour l'évaluation de la SOUDABILITÉ d'ACIER :

$$Ceq = C + \frac{Mn}{6} + \frac{Mo+V+Cr}{5} + \frac{Ni+Cu}{15}$$

dans lequel les teneurs respectives des ÉLÉMENTS D'ALLIAGE sont données en % en MASSE (sens 2). Il s'agit d'une formule empirique non universelle qui peut varier selon l'expérience des utilisateurs.

B. La SOUDABILITÉ est essentiellement dépendante de la teneur en CARBONE ou en carbone équivalent. Il est admis par la pratique qu'elle est correcte en dessous de **0,4 %**. Cette teneur limite permet d'éviter le PHÉNOMÈNE de TREMPE qui favorise les FISSURATIONS dans la ZONE THERMIQUEMENT AFFECTÉE, ce qui compromet le résultat d'une SOUDURE.

C. Considérons, par exemple, un ACIER À HAUTE LIMITE D'ÉLASTICITÉ **S355** dont la COMPOSITION CHIMIQUE est la suivante :

C%	Mn%	Si%	P%	S%	Al%	Nb%	Ti%	V%
0,12	1,5	0,5	0,03	0,03	0,02	0,05	0,05	0,15

Le calcul de CARBONE équivalent donne :

$$C_{eq} = 0,12 + \frac{1,5}{6} + \frac{0,15}{5} = 0,4$$

C'est, a priori, un ACIER qui a été élaboré pour ne pas poser de problème particulier de SOUDABILITÉ.

carbonitruration [carbonitriding]

(n.f.) OPÉRATION d'augmentation par DIFFUSION à la SURFACE d'une PIÈCE (sens 1) de la concentration en CARBONE (entre 0,7 et 0,9 % en masse) et en AZOTE (entre 0,15 et 0,3 % en masse) dans le domaine AUSTÉNITIQUE (825 à 900°C), suivi d'une TREMPE et parfois d'un REVENU, afin d'obtenir une DURETÉ SUPERFICIELLE élevée (58 à 62 HRC).

A. La carbonitruration est un TRAITEMENT qui sert à améliorer la RÉSISTANCE À L'USURE ainsi que la RÉSISTANCE À LA FATIGUE d'ACIER AU CARBONE.

B. Les PROFONDEURS concernées sont de l'ordre de 0,05 à 0,5 mm.

C. Elle peut être réalisée par contact avec les SUBSTANCES apportant le CARBONE et l'AZOTE en PHASE (sens 1) GAZEUSE, LIQUIDE ou SOLIDE (lit fluidisé).

→ Voir aussi CÉMENTATION.

carburation [carburising]

(n.f.) Résultat de l'augmentation de la TENEUR en CARBONE à la SURFACE d'un MÉTAL, généralement non souhaitée.

Ex. : *Carburation de la surface d'une pièce en acier moulée dans un moule en sable avec un liant organique.*

→ Voir CÉMENTATION pour le PROCÉDÉ qui vise à augmenter la concentration superficielle en CARBONE.

carbure [carbide]

(n.m.) SUBSTANCE obtenue par la combinaison chimique du CARBONE avec un ou plusieurs éléments MÉTAL.

Ex. : *Carbure de tungstène de formule WC, carbure de fer de formule Fe_3C.*

Les carbures sont notamment utilisés comme MATÉRIAUX | CÉRAMIQUES à très hautes performances.

→ Voir aussi CÉMENTITE.

carburigène [carburigen]

(adj.) Qui a tendance à se combiner avec le CARBONE pour former des CARBURES.

C'est le cas du CHROME, du MANGANÈSE, du COBALT, du TUNGSTÈNE, du VANADIUM, du TITANE, du NIOBIUM, du ZIRCONIUM...

cardan [cardan link]

(n.m.) Type d'ACCOUPLEMENT permettant de transmettre un MOUVEMENT DE ROTATION entre des ARBRES en DÉSALIGNEMENT | ANGULAIRE.

→ Voir JOINT DE CARDAN ; JOINT TRIPODE.

carde à lime [card cleaner]

(n.f.) Petite brosse à poils métalliques permettant de retirer la LIMAILLE incrustée dans les ASPÉRITÉS d'une LIME.

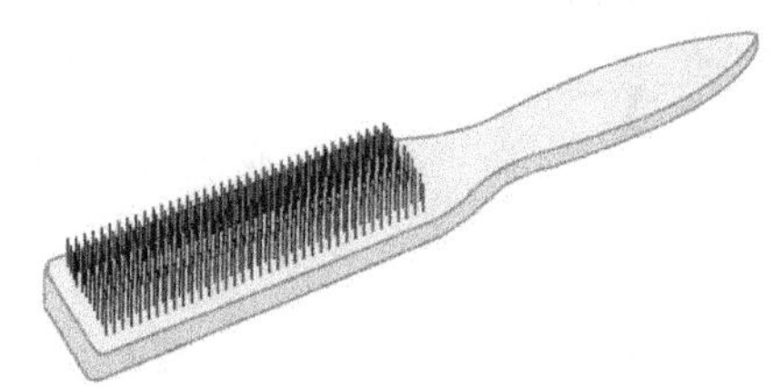

→ Voir aussi CURETTE.

carénage [guard]

(n.m.) ORGANE destiné à recouvrir d'autres ORGANES pour les protéger ou les rendre moins dangereux, ou les cacher pour améliorer l'ESTHÉTIQUE.

→ Voir aussi CARTER destiné plus spécialement à recouvrir des MÉCANISMES.

carotte [sprue]

(n.f.) Excédent de MATIÈRE solidifiée dans le canal d'entrée de MATIÈRE en MOULAGE PAR INJECTION PLASTIQUE.

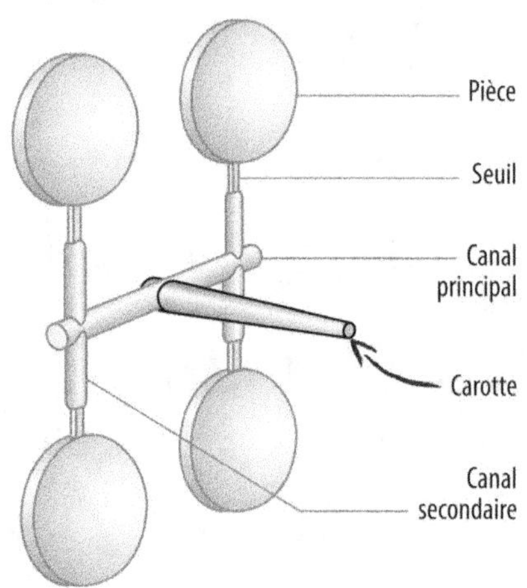

A. À remarquer l'aspect conique en DÉPOUILLE pour faciliter le DÉMOULAGE et qui lui a valu son nom par analogie de FORME avec le légume bien connu !
B. La carotte est un DÉCHET du PROCÉDÉ d'INJECTION PLASTIQUE.
→ Voir PIQUE-CAROTTE pour l'ÉQUIPEMENT permettant de la saisir pour dégager la PIÈCE (sens 1) du MOULE.

carré [square]

(n.m.)
1. POLYGÔNE à quatre côtés identiques et quatre ANGLES DROITS.
2. Opération et résultat d'opération mathématique consistant à multiplier un nombre par lui même.

carter [housing, casing]

(n.m.) ORGANE destiné à recouvrir et à isoler des MÉCANISMES pouvant être dangereux ou qui doivent être à l'abri.

cartouche [title block]

(n.m.) Cadre en bordure d'un DESSIN TECHNIQUE ou d'un PLAN (sens 2), destinée à contenir toutes les informations générales relatives au dessin telles que le titre du contenu, le symbole de type de PROJECTION (sens 2), la date, le nom du dessinateur, l'ÉCHELLE (sens 2), les indications de MATÉRIAU et des TRAITEMENTS, les marques de RÉVISION, etc.
Le cartouche est la fiche d'identité d'un dessin.

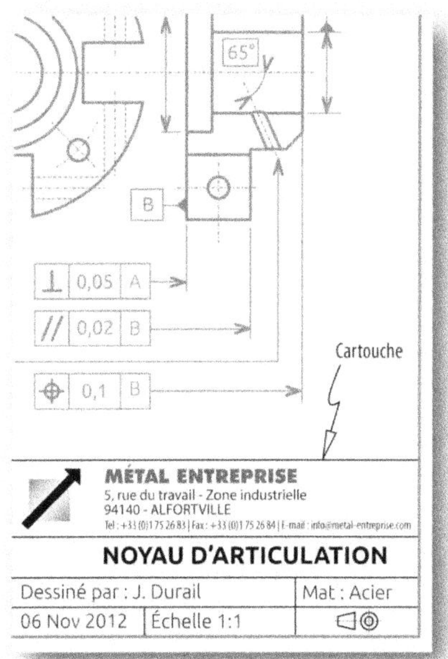

→ Voir (VUES), PLACEMENT DES VUES, DISPOSITION DES VUES pour la signification du signe du type de PROJECTION (sens 2) en bas à droite du cartouche.

cassage d'angle

(n.m.) OPÉRATION et résultat d'atténuation de l'ARÊTE vive d'un ANGLE pour la rendre non coupante sur une PIÈCE (sens 1).

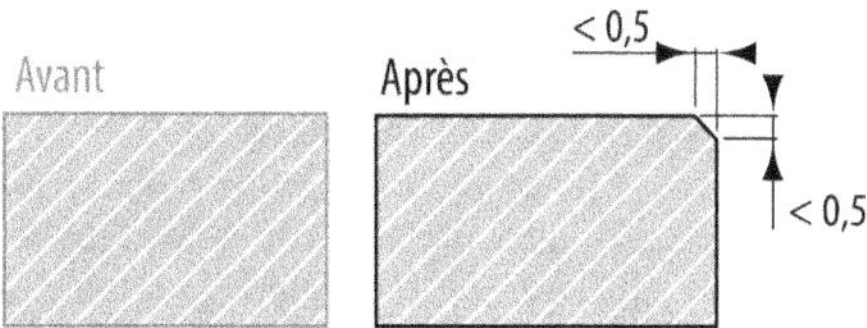

Il s'agit d'une sorte de CHANFREINAGE de valeur très faible (généralement inférieur à 0,5 mm) et qui n'a pas besoin de SPÉCIFICATION GÉOMÉTRIQUE rigoureuse sur un DESSIN TECHNIQUE.
→ Voir aussi RAYONNAGE (sens 1).

cassant [brittle]

(adj.) Qui se brise facilement sous l'effet d'un CHOC, en parlant d'un MATÉRIAU.
C'est le cas, par exemple, du VERRE.
◆ Syn. : FRAGILE.

casse-écrou [nut splitter]

(n.m.) OUTIL capable de sectionner un ÉCROU | GRIPPÉ impossible à desserrer avec une CLÉ (sens 2).
Il peut être manuel à VIS (sens 2) pour les petits DIAMÈTREs ou HYDRAULIQUE pour les plus gros.

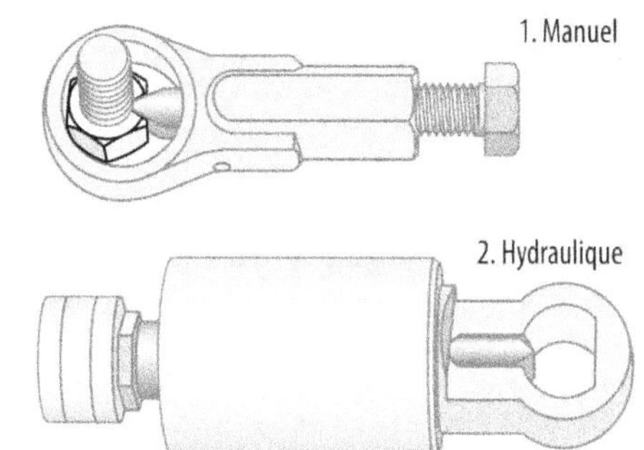

cataphorèse [cataphoresis]

(n.f.) TRAITEMENT DE PROTECTION de SURFACE appelé aussi dépôt par électrophorèse ou électrodéposition cationique, obtenu grâce à un DÉPÔT électrochimique d'origine organique, puis POLYMÉRISATION à chaud pour constituer le REVÊTEMENT.

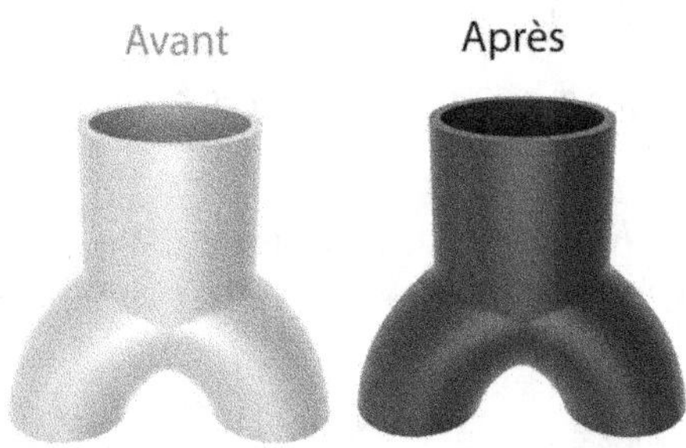

A. Elle est utilisée en remplacement de l'ÉLECTROZINGAGE ou en REVÊTEMENT préalable avant PEINTURE. L'épaisseur du dépôt est de l'ordre de 10 à 40 µm. Le dépôt est électriquement isolant. La cataphorèse est utilisée, entre autres, en revêtement anti-corrosion dans l'automobile, le mobilier métallique, le matériel agricole, les radiateurs électriques, l'électroménager, etc.

👍 Avantages

B. Couche homogène et très régulière en ÉPAISSEUR, même dans les endroits les plus inaccessibles. Bonne couverture des ARÊTES. Applicable sur tous les MATÉRIAUX | MÉTALLIQUES. Bel aspect. Procure une RÉSISTANCE À LA CORROSION correcte pour les cas les plus courants. La SURÉPAISSEUR du REVÊTEMENT ne remet pas en cause les FILETAGES et TARAUDAGES. PROCÉDÉ rapide ne nécessitant que quelques minutes.

👎 Inconvénients

C. Protection contre la corrosion insuffisante pour les zones géographiques en bordure de mer. Installation coûteuse. Nécessite un contrôle rigoureux des paramètres physico-chimiques des bains.

cavitation [cavitation]

(n.f.) PHÉNOMÈNE de bulles de vapeur dans un fluide turbulent et qui peut entraîner l'ÉROSION ou l'accélération de la CORROSION du MATÉRIAU qui le subit.
• Note : La cavitation est aussi exploitée dans un PROCÉDÉ de NETTOYAGE.
⟶ Voir NETTOYAGE PAR ULTRASONS.

CC

Sigle pour Cubique Centré.
⟶ Voir STRUCTURE CRISTALLINE.

Cd

Symbole de l'ÉLÉMENT CHIMIQUE | CADMIUM.

CE

Sigle pour « Conformité Européenne ».
⟶ Voir MARQUAGE CE.

cémentation [carburizing, cementation]

(n.f.) TRAITEMENT d'ajout de quantité de CARBONE en SURFACE d'un ALLIAGE métallique (à base de fer ou autres) à l'état SOLIDE, de manière à permettre la modification de ses CARACTÉRISTIQUES superficielles, comme la DURETÉ, après une TREMPE, par exemple.
Le MÉTAL ou l'ALLIAGE est chauffé en dessous de sa TEMPÉRATURE DE FUSION en présence d'une SUBSTANCE contenant le CARBONE qui s'introduit par DIFFUSION. La SUBSTANCE contenant le CARBONE peut être SOLIDE, LIQUIDE, ou GAZEUX. La profondeur concernée par le TRAITEMENT est de l'ordre de quelques dixièmes de millimètre à quelques millimètres.
⟶ Voir aussi CARBONITRURATION.

cémentite [cementite]

(n.f.) CARBURE de FER de formule chimique Fe_3C se constituant dans la STRUCTURE MICROSCOPIQUE de l'ACIER lors de son ÉLABORATION. Elle contient 6,67 % de CARBONE. C'est un constituant intermétallique très DUR et très FRAGILE.
⟶ Voir ACIER.

centrage [centring (GB), centering (US)]

(n.m.) Mise en correspondance avec un endroit particulier situé au milieu, appelé CENTRE.
Ex. : *Centrage d'une pièce avec un FORET À CENTRER pour l'utilisation d'une contre-pointe sur un TOUR.*

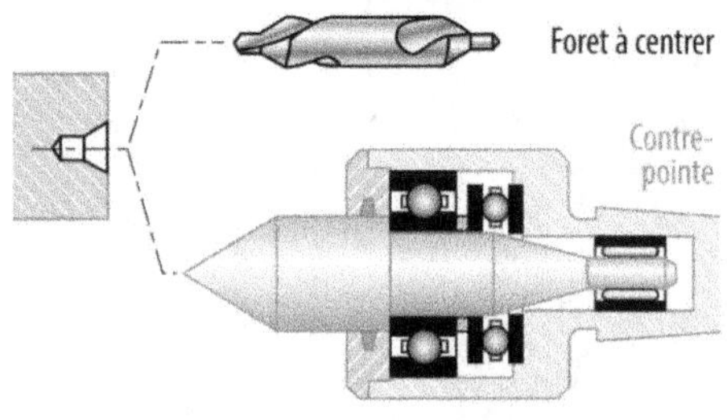

(centrage), pinule de centrage [edge finder]

(n.f.) Petit APPAREIL facilitant la mise en coïncidence de l'AXE (sens 1) de BROCHE (sens 2) d'une MACHINE avec une SURFACE de PIÈCE (sens 1).

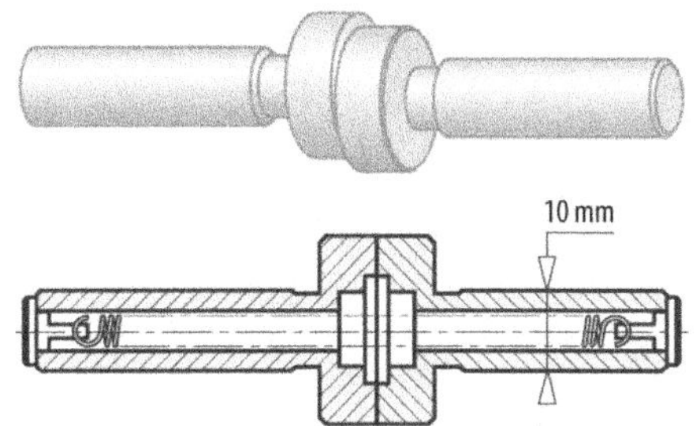

→ Voir PINULE DE CENTRAGE pour des explications et illustrations détaillées du fonctionnement et du principe d'utilisation.

centre [centerpoint]

(n.m.) Un endroit particulier situé à égale DISTANCE de tous les autres endroits d'un CERCLE ou d'une SPHÈRE.

→ Voir, à titre d'exemple, CERCLE ; SPHÈRE.

• Note : Plus généralement, un centre est un endroit situé au milieu, pas nécessairement relatif à un cercle ou à une sphère. Par exemple, CENTRE DE GRAVITÉ d'une figure ; centre de symétrie d'un POLYGONE, etc.

centre de gravité [centre of gravity (GB), center of gravity(US)]

(n.m.) Endroit particulier au milieu d'un SOLIDE ou d'une SURFACE sur lequel vient s'appliquer la RÉSULTANTE équivalente de toutes les petites FORCES élémentaires appliquées à tous les endroits du solide ou de la SURFACE. Dans les illustrations, le centre de gravité est le point G.

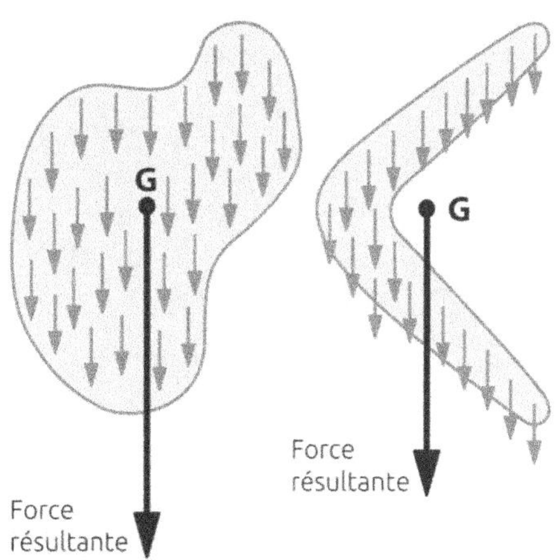

• Note : Le centre de gravité ne se situe pas nécessairement à l'intérieur du SOLIDE ou de la SURFACE !

◆ Syn. : BARYCENTRE.

centre d'usinage [machining centre (GB), machining center (US)]

(n.m.) MACHINE-OUTIL à COMMANDE NUMÉRIQUE dont la BROCHE (sens 2) et la PIÈCE (sens 1) à USINER peuvent prendre des POSITIONs et ORIENTATIONs suivants plusieurs AXES (sens 1) de manière à permettre des TRAJECTOIRES complexes correspondant à des FORMES très élaborées.

Ce type de MACHINE est également capable de changer automatiquement d'OUTIL et quelquefois elle est équipée de plusieurs BROCHES (sens 2) permettant plusieurs USINAGES simultanés.

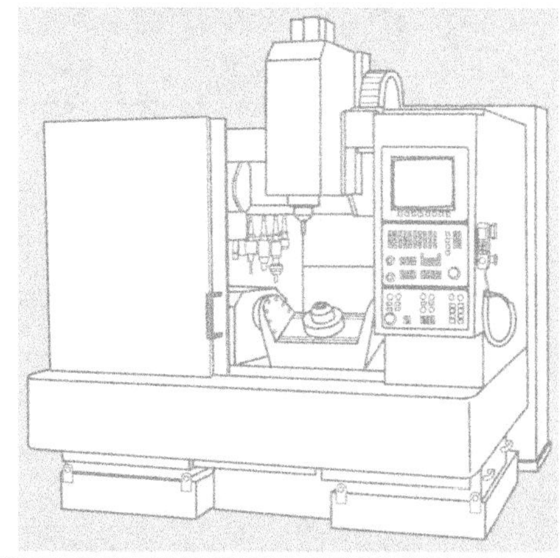

centrer [centre (GB), center (US)]

(v.tr.) Faire coïncider des éléments géométrique entre eux.

centrifuge [centrifugal]

(adj.) Se dit de FORCE tendant à pousser la MASSE (sens 1) en périphérie d'un objet en ROTATION, à s'éloigner du CENTRE.

◊ Contr. : CENTRIPÈTE.

centripète [centripetal]

(adj.) Qui tend à attirer ou à se rapprocher du CENTRE.

Ex. : Le POIDS est une force centripète qui tend à attirer les MASSES (sens 2) vers le centre de la terre.

◊ Contr. : CENTRIFUGE.

céramique [ceramics]

(n.f.) MATÉRIAU de formule chimique combinaison d'un élément MÉTALlique (Al, Ti, W, Si, Fe, Zr, Mg…) et d'un autre non-métallique (B, C, N, O…), élaboré par « cuisson » puis REFROIDISSEMENT.

A. Voir à la rubrique TABLEAU PÉRIODIQUE DES ÉLÉMENTS, ceux qui sont des NON-MÉTAUX. Ils ne représentent que 16 % du tableau, le reste étant des MÉTAUX.

B. Les MATÉRIAUX céramiques peuvent être classées en deux catégories :

C É R A M I Q U E S

TRADITIONNEL	INDUSTRIEL DE SYNTHÈSE
Silico-alumineux (SiO2 + Al2O3) Argile, Terre cuite Faïence, Grès Porcelaine Verre Ciment	Titanate d'aluminium (Al2TiO5) Zircone (ZrO2) Carbures (WC, TiC, SiC) Magnésie (MgO) Nitrures (CBN, TiN, Si3N4, AlN,...) Ferrite (Fe2O3)

C. Ne pas confondre avec l'ALLIAGE qui provient de l'association de différents atomes dans la même STRUCTURE CRISTALLINE sans qu'il y ait RÉACTION CHIMIQUE.

D. Ne pas confondre non plus avec les (COMPOSITES), MATÉRIAUX COMPOSITES qui sont des associations de MATÉRIAUX non-miscibles sans autre lien qu'un COLLAGE ou ADHÉRENCE physique entre les différents constituants :

	ALLIAGE	CÉRAMIQUE	COMPOSITE
Constituants	Atome métal 1 (Fe) +atome (Ni) métal 2	Atome métal + (Al) Atome non-métal (O)	Matrice + Renfort
Échelle d'association	Atomique	Atomique	Macroscopique (visible à l'oeil nu)
Nature liaison	Cristalline (Fe)(Ni)(Fe) (Ni)(Fe)(Ni) Alliage INVAR	Chimique (Al)(Al) (O)(O)(O) Alumine Al2O3	Collage Adhérence
	Liaison principalement métallique	Liaison principalement covalente ou ionique	Liaison faible dite de Van der Waals

E. Les céramiques sont des MATÉRIAUX très DURS, non-DUCTILES et avec des TEMPÉRATURES DE FUSION très élevées. Les PROCÉDÉS de FABRICATION tels que l'USINAGE, la MISE EN FORME PAR DÉFORMATION et les TECHNIQUES de FONDERIE par FUSION préalable sont donc en général peu appropriées ou impossible à mettre en œuvre pour ces MATÉRIAUX. Les PROCÉDÉS les plus adaptés sont le FRITTAGE et le COULAGE suivi d'un séchage.

F. Les domaines d'application des céramiques sont vastes :

• Habitat et utilisation domestique : vaisselle, carrelage, sanitaire, brique, tuile, poterie...
• Énergétique et transport : FOUR haute TEMPÉRATURE, radiateur infrarouge, bougie d'allumage et de préchauffage, filtre à particules...
• Médical : biocéramiques, prothèse dentaire, chirurgie réparatrice...
• Électrotechnique et électronique : isolateur, condensateur multiCOUCHE, COMPOSANT piézoélectrique, thermistance, AIMANTS PERMANENTs, haut-parleur...
• Aéronautique et spatial : MATRICE (sens 2) de (COMPOSITES) MATÉRIAUX COMPOSITES, volet de tuyère, revêtement de chambre de combustion, bord d'attaque, bouclier thermique navette spatiale...
• Revêtements techniques : OUTILS DE COUPE, DÉPÔTS de borures, CARBURES, nitrures, carbonitrures, CARBONE et OXYDE...

cerclage [strip strapping]

(n.m.) Emballage ou maintien d'objet par entourage avec un RUBAN MÉTALLIQUE ou autre.
Ex : *Cerclage d'un rouleau (sens 1) de* TÔLE *avec du* FEUILLARD :

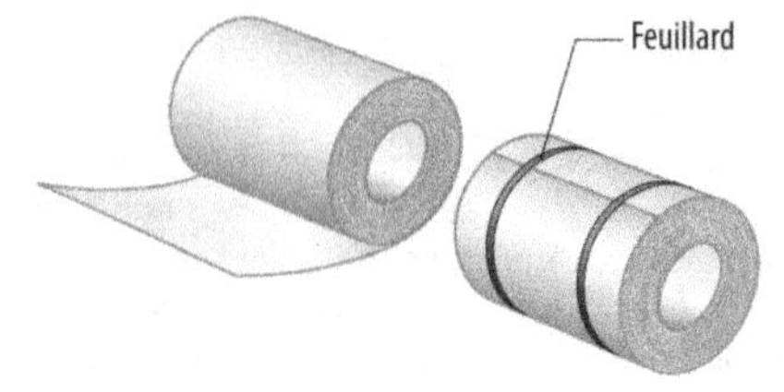

cercle [circle]

(n.m.) COURBE géométrique dont tous les points sont à égale DISTANCE d'un endroit particulier au milieu appelé CENTRE.

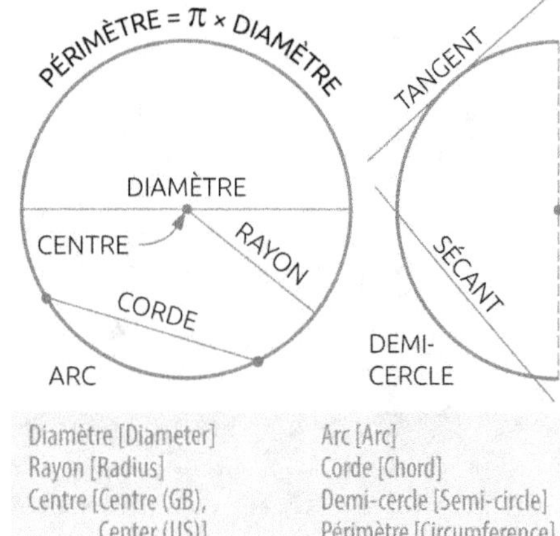

Diamètre [Diameter]
Rayon [Radius]
Centre [Centre (GB), Center (US)]
Arc [Arc]
Corde [Chord]
Demi-cercle [Semi-circle]
Périmètre [Circumference]

• Note : Ne pas confondre avec le DISQUE qui est la SURFACE délimitée par le cercle.

cermet [cermet]

(n.m.) Contraction de CÉRAMIQUE et de MÉTAL. Terme générique pour les MATÉRIAUx mélange de CÉRAMIQUE et de MÉTAL.

A. À ce titre, ils font partie de la famille des (COMPOSITES), MATÉRIAUX COMPOSITES. Lorsque c'est le MATÉRIAU | CÉRAMIQUE qui sert de REN-FORT (sens 2) dans une MATRICE (sens 2) de MÉTAL, il s'agit de « céramique à matrice métallique » [MMC : Metal Matrix Composite]. Par exemple, du TiN, TiC ou NbC dans une MATRICE (sens 2) de COBALT, NICKEL ou MOLYBDÈNE. Ils bénéficient des avantages de DURETÉ et de RÉSISTANCE MÉ-CANIQUE à haute TEMPÉRATURE des CÉRAMIQUES associés à la RÉSISTANCE AU CHOC des MÉTAUX, ce qui en font des MATÉRIAUX de choix pour la FA-BRICATION des OUTILS DE COUPE.

B. Quelquefois, le MATÉRIAU | CÉRAMIQUE est en plus grande quantité et constitue la MATRICE (sens 2). Ce sont les « composites à matrice céramique » [CMC : Ceramic Matrix Composite]. Par exemple, les applications nécessitant à la fois CONDUCTIVITÉ ÉLECTRIQUE et résistance à la chaleur comme les résistances électriques font partie de leur champ d'utilisation.

certification [certification]

(n.f.) Procédure d'évaluation, de vérification et de confirmation écrite par un organisme indé-pendant de la conformité d'un PRODUIT par rap-port aux exigences d'un CAHIER DE CHARGES de départ.

CFAO [CAD/CAM]

Sigle pour CONCEPTION ET FABRICATION ASSISTÉE PAR ORDINATEUR.

CFC

Sigle pour Cubique Face Centré.
→ Voir STRUCTURE CRISTALLINE.

chaîne [chain]

(n.f.) Succession de petits ORGANES liés les uns aux autres pour former une grande LONGUEUR d'un DISPOSITIF permettant le LEVAGE ou la TRANSMISSION DE MOUVEMENT.
→ Voir CHAÎNE DE LEVAGE ; CHAÎNE DE TRANSMIS-SION.

chaîne cinématique [kinematic chain]

(n.f.) L'ensemble des SYSTÈMES de TRANSMISSION DE MOUVEMENT d'une MACHINE, considérés bout à bout de la source motrice jusqu'à l'ACTION-NEUR final.

Ci-dessous, par exemple, la représentation schématique de la chaîne cinématique d'un bo-gie tracteur d'une locomotive électrique :

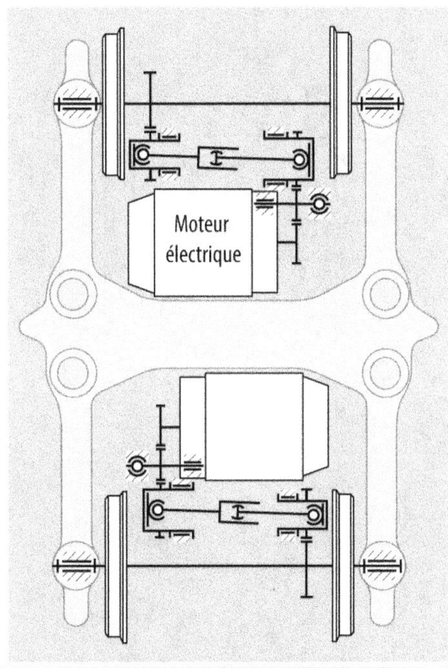

chaîne de cotes [chain dimensioning]

(n.f.) MÉTHODE en COTATION FONCTIONNELLE pour représenter graphiquement toutes les COTEs entrant en compte dans la réalisation d'une FONCTION et de définir les TOLÉRANCES DI-MENSIONNELLES pour chaque PIÈCE (sens 1).

A. La chaîne de cotes a pour but de définir les spécifications dimensionnelles des pièces de telle sorte à garantir leur INTERCHANGEABILITÉ et leur fabrication indépendante les unes des autres.

B. Prenons un exemple. Dans le DESSIN D'EN-SEMBLE page suivante, une des conditions à remplir pour que la PIÈCE **1** puisse bouger libre-ment est qu'il existe un JEU **J** représentée par une flèche double tournée, par convention, à droite. La MÉTHODE de chaîne de cotes consiste à partir de l'origine du vecteur **J** et de tracer vers la gauche tous les vecteurs-cotes impli-qués, puis continuer vers la droite, puis boucler en terminant sur l'extrémité du vecteur **J**. Tous les vecteurs-cotes orientés vers la gauche sont affectés du signe moins (-). Ceux orientés vers la droite du signe plus (+).

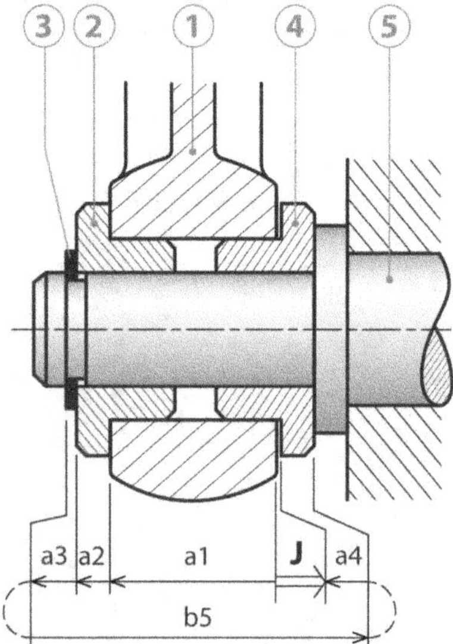

La condition permettant de réaliser le JEU **J** est obtenue en ajoutant toutes les COTES avec leurs signes respectifs. Ce qui s'écrit :

$$J = b_5 - a_1 - a_2 - a_3 - a_4$$

C. L'étape suivante consiste à définir l'INTERVALLE DE TOLÉRANCE de la condition de fonctionnement du SYSTÈME. Dans l'exemple considéré, le JEU MINIMAL J_{min} est fixé à 0,1 mm pour permettre un MOUVEMENT libre de la LIAISON. Le JEU MAXIMAL J_{max} est limitée, par exemple à 0,6 mm pour éviter les VIBRATIONS. On peut écrire la relation donnant le JEU MINIMAL qui est obtenu avec les valeurs minimales des COTES avec le signe (+) et les valeurs maximales des COTES avec le signe (-) :

$$J_{min} = b_{5\,min} - a_{1\,max} - a_{2\,max} - a_{3\,max} - a_{4\,max}$$

À l'opposé, le JEU MAXIMAL est obtenu lorsque les cotes en plus (+) sont maximales et les cotes en moins (-) minimales :

$$\Delta J = J_{max} - J_{min} = \Delta b_5 + \Delta a_1 + \Delta a_2 + \Delta a_3 + \Delta a_4$$

Par ailleurs, l'INTERVALLE DE TOLÉRANCE de la condition de fonctionnement qui peut s'écrire $\Delta J = J_{max} - J_{min} = 0,6 - 0,1$ mm, n'est rien d'autre que la somme des INTERVALLES DE TOLÉRANCE de toutes les COTES entrant en ligne de compte :

$$\Delta J = J_{max} - J_{min} = \Delta b_5 + \Delta a_1 + \Delta a_2 + \Delta a_3 + \Delta a_4$$

Cette remarque très importante provient des propriétés particulières des incertitudes de mesure. Elle a pour conséquence d'obliger à répartir sur toutes les COTES constituant un MÉCANISME, l'INTERVALLE DE TOLÉRANCE de la condition de fonctionnement **ΔJ**. Ainsi, plus le nombre de cotes intervenant est important, c'est à dire plus le nombre de PIÈCES (sens 1) utilisées est élevé, plus étroites doivent être les TOLÉRANCES de FABRICATION respectives de chacune, ce qui nécessite des moyens de plus en plus précis et de plus en plus coûteux. Ainsi, **pendant la période de conception, il est primordial de minimiser le nombre de PIÈCES intervenant dans la réalisation d'une condition de fonctionnement pour réduire au plus court la chaîne de cotes.**

D. La façon la plus évidente de répartir l'INTERVALLE DE TOLÉRANCE de la condition de fonctionnement est de la diviser de façon égale sur toutes les COTES. Il est, cependant, plus judicieux d'adapter les INTERVALLES DE TOLÉRANCE de chaque COTE en fonction des TECHNIQUES DE FABRICATION disponibles, des types de DIMENSIONS à laquelle elles sont appliquées, ainsi que de la valeur absolue de chaque COTE. Ainsi, une TOLÉRANCE plus grossière doit être préférentiellement assignée aux DIMENSIONS INTÉRIEURES par rapport aux DIMENSIONS EXTÉRIEURES car elles sont généralement plus difficiles à réaliser. De même, une COTE de plus grande valeur absolue doit être assortie d'une plus grande INTERVALLE DE TOLÉRANCE.

E. Le diagramme ci-contre donne l'ordre de grandeur de ces INTERVALLES DE TOLÉRANCES en fonction de la valeur des COTES auxquelles elles sont appliquées et du (TOLÉRANCE), GRADE DE TOLÉRANCE INTERNATIONAL envisagé.

Le tableau des valeurs d'INTERVALLE DE TOLÉRANCE telles que les NORMES l'ont définies sont à la rubrique (TOLÉRANCE), GRADE DE TOLÉRANCE INTERNATIONAL ainsi que les TECHNIQUES de FABRICATION envisageables pour chaque grade de tolérance international.

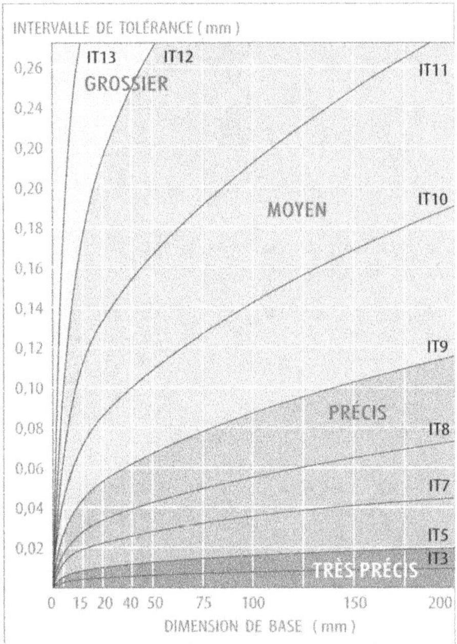

F. Pour l'assemblage de PIÈCES (sens 1) du MÉCA-NISME considéré ci-dessus, voici, par exemple, comment les INTERVALLES DE TOLÉRANCES peuvent être réparties :

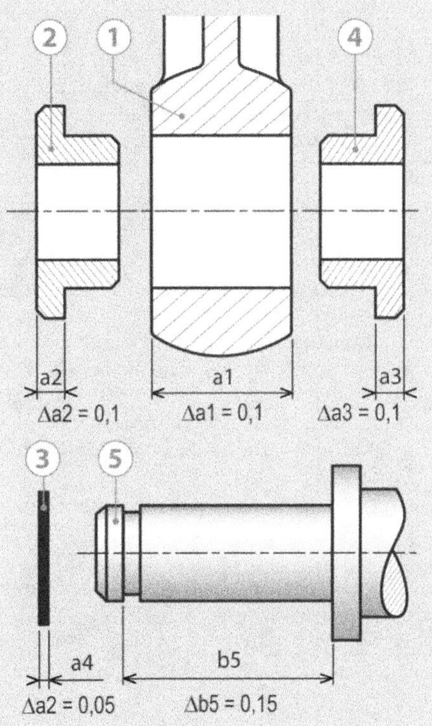

Ainsi, la cote **b5** de plus grande valeur absolue porte une INTERVALLE DE TOLÉRANCE plus large par rapport à la cote **a4** de valeur plus faible. Finalement, les cotes définitives tolérancées de chaque PIÈCE (sens 1) peuvent être apposées. Il est important de choisir des nombres les plus simples possibles en évitant par exemple, les décimales trop compliquées afin de faciliter la lecture du DESSIN.

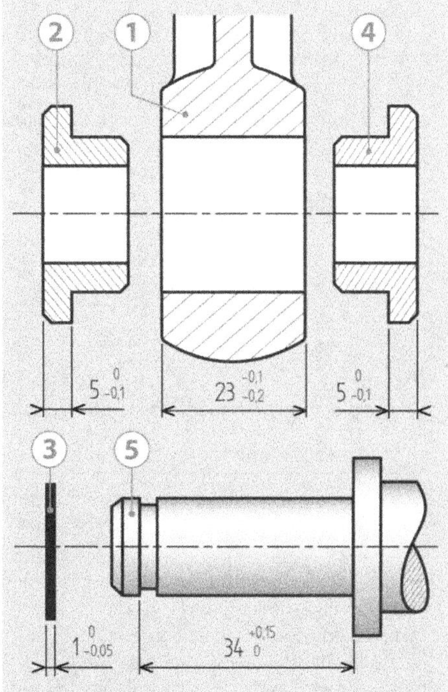

→ Voir également COTATION FONCTIONNELLE qui contient d'autres exemples d'utilisation de chaînes de cotes.

chaîne de levage [load chain, lift chain]

(n.f.) Succession d'ANNEAUX MÉTALLIQUES accro-chés les uns aux autres et formant un DISPOSITIF pour soulever des CHARGES (sens 1).

Chaîne à anneau droit.

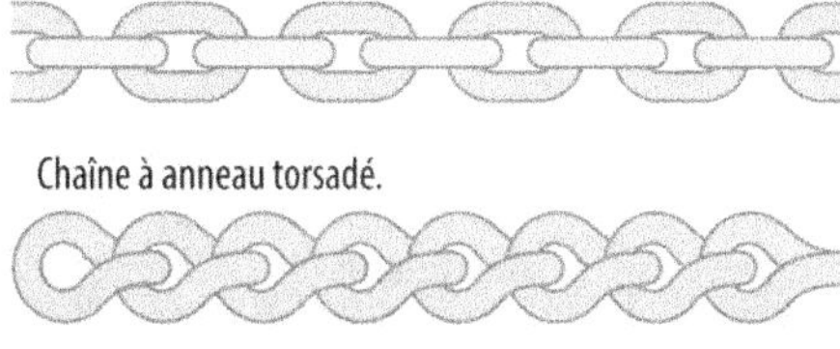

Chaîne à anneau torsadé.

👍 **Avantages**

A. Par rapport au CÂBLE, accepte tous les RAYONS DE COURBURE même les plus faibles.

 **Inconvénients**

B. Encombrant. Bruyant.

chaîne de transmission [chain gearing, chain drive]

(n.f.) ORGANE fait d'une multitude d'ARTICULATIONS liée les unes aux autres et pouvant s'enrouler sur les DENTS d'une ROUE pour transmettre un MOUVEMENT DE ROTATION à une autre ROUE située plus loin.

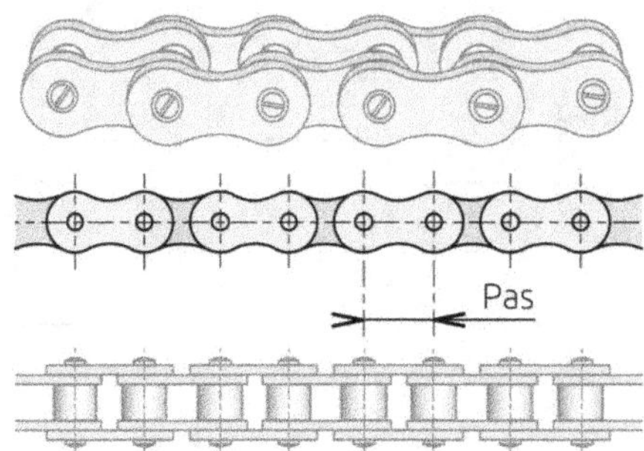

Par rapport à la TRANSMISSION par COURROIE, les avantages et inconvénients de la chaîne sont :

 **Avantages**

A. GLISSEMENT impossible, ce qui garantit un RAPPORT DE TRANSMISSION rigoureux. Permet de transmettre des COUPLES DE FORCE très élevés. Permet de transmettre un MOUVEMENT à des ARBRES (sens 2) très éloignés ou rapprochés. Plus compact en LARGEUR. Très bon RENDEMENT MÉCANIQUE (meilleur que celui d'une COURROIE). Applique moins d'EFFORT sur les PALIERS. Permet de transmettre un MOUVEMENT à plusieurs ARBRES (sens 2) en même temps. Peut supporter des conditions de travail rudes (TEMPÉRATURE, CHOC…) DURÉE DE VIE plus élevée que les COURROIES.

 **Inconvénients**

B. Bruyant. Ne permet pas des VITESSES très élevées à cause de sa MASSE (sens 2) et de son INERTIE (VITESSE maximale de l'ordre de 10 m/s alors qu'une COURROIE peut atteindre dix fois plus). Coût de FABRICATION élevé. Nécessite un MONTAGE (sens 2) soigné et une bonne MAINTENANCE. Nécessite une LUBRIFICATION. Nécessite un CARTER car MÉCANISME très dangereux. Peut produire des fluctuations de VITESSE si elle est incorrectement tendue. Relativement limitée en RAPPORT DE TRANSMISSION.

C. Ci-dessous un exemple de configuration complète en ordre de fonctionnement :

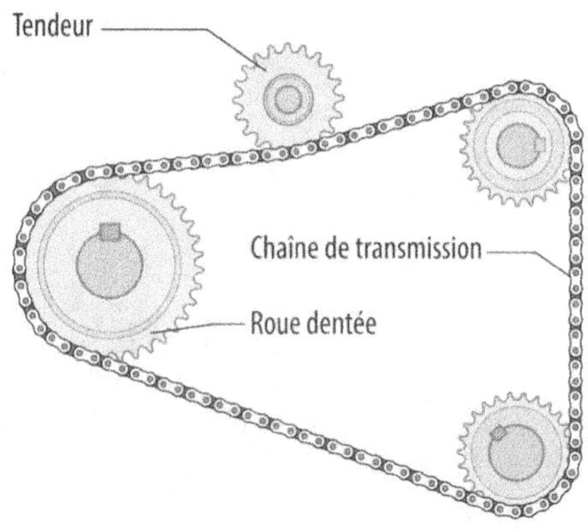

D. Représentation schématique :

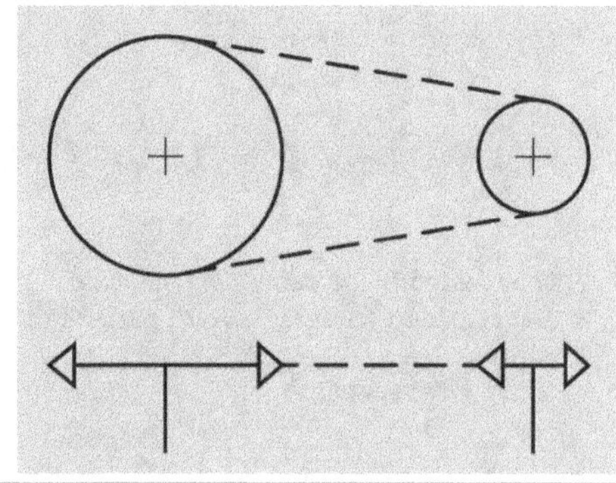

chaleur [heat]

(n.f.) Une des formes d'énergie dont l'effet est d'augmenter ou de diminuer la TEMPÉRATURE ou de provoquer un (ÉTAT), CHANGEMENT D'ÉTAT.

chaleur latente de fusion [latent heat of fusion]

(n.f.) Quantité de CHALEUR nécessaire pour transformer de SOLIDE en LIQUIDE une UNITÉ (sens 1) de MASSE (sens 2) d'un CORPS lorsqu'il est à la TEMPÉRATURE permettant cette TRANSFORMATION (sens 1).

A. Ainsi, son UNITÉ (sens 1) dans le (UNITÉ), SYSTÈME INTERNATIONAL D'UNITÉS (S.I.) est le J/kg (JOULE par KILOGRAMME) ou J/g.

B. Quelques valeurs de chaleur latente de fusion :

Aluminium	388	J/g
Fer	272	J/g
Cuivre	205	J/g
Or	65	J/g

C. Ne pas confondre avec la CHALEUR SPÉCIFIQUE ou CAPACITÉ CALORIFIQUE.

chaleur spécifique [specific heat]

(n.f.) Quantité de CHALEUR nécessaire pour élever de 1°C la TEMPÉRATURE d'une UNITÉ (sens 1) de MASSE (sens 2) d'un CORPS.

Ainsi, son UNITÉ (sens 1) dans le (UNITÉ), SYSTÈME INTERNATIONAL D'UNITÉS (S.I.) est le J/(kg·K) ou le J/(kg·°C).

Cette grandeur est caractéristique de chaque CORPS. Plus sa valeur est élevée, plus un CORPS est difficile à chauffer.

◆ Syn. : CAPACITÉ CALORIFIQUE.

chalumeau [oxufuel gas torch, oxyacetylene torch]

(n.m.) APPAREIL à brûler un mélange de GAZ | ACÉTYLÈNE et OXYGÈNE pour obtenir une FLAMME à très haute TEMPÉRATURE permettant le SOUDAGE et le DÉCOUPAGE.

A. La TEMPÉRATURE de la partie la plus chaude de la flamme, le DARD, atteint 3250°C dans le cas des chalumeaux oxyacétyléniques.

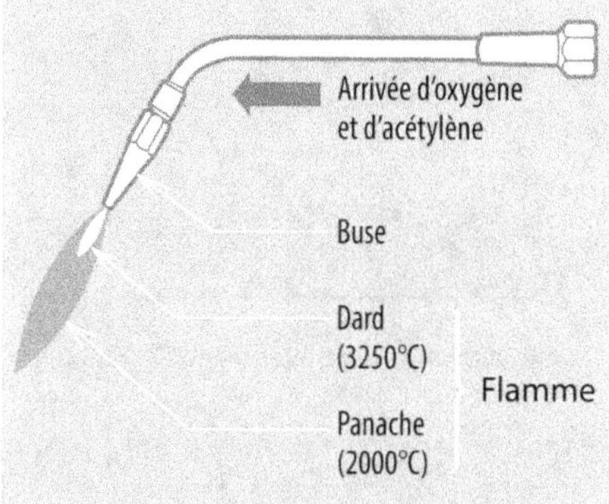

B. Ainsi, il existe deux types principaux de chalumeau :
• le CHALUMEAU DE SOUDAGE.
• le CHALUMEAU D'OXYCOUPAGE.

→ Voir FLAMME pour les détails des zones de TEMPÉRATURE.

chalumeau de soudage [oxyfuel gas welding torch, oxyacetylene welding torch]

(n.m.) Type de CHALUMEAU brûlant un mélange d'OXYGÈNE et d'ACÉTYLÈNE à son extrémité pour produire une CHALEUR intense capable de faire fusionner localement des PIÈCES (sens 1) MÉTALLIQUES en donnant un ASSEMBLAGE (sens 2) | INDÉMONTABLE.

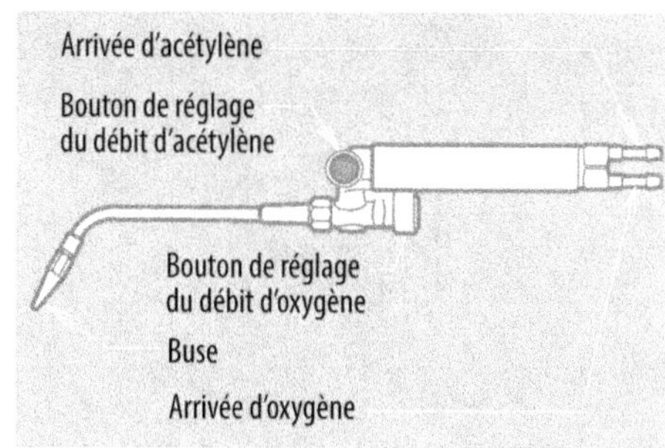

chalumeau d'oxycoupage [oxyfuel gas cutting torch, oxyacetylene cutting torch]

(n.m.) Type de CHALUMEAU mélangeant de l'ACÉTYLÈNE et de l'OXYGÈNE à sa BUSE pour donner une FLAMME capable de fondre une zone d'une PIÈCE (sens 1) métallique en vue de brûler le MÉTAL. Une fois la pièce localement chauffée, une gachette permet d'envoyer de l'OXYGÈNE pur qui permet d'entretenir la combustion locale de la pièce et de chasser le mélange oxyde et liquide de la zone de coupe.

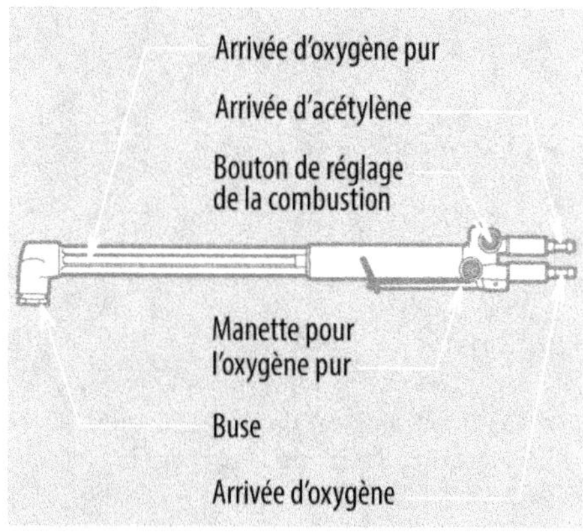

→ Voir les détails à OXYCOUPAGE.

chambrage

(n.m.)

1. [recess] Zone creuse pratiquée à l'intérieur d'un ALÉSAGE (sens 1) déjà existant. Il sert à diminuer la SURFACE DE CONTACT entre un ARBRE (sens 2) et son PALIER.

• Note : Ne pas confondre avec l'ÉVIDEMENT (sens 1) (voir page suivante).

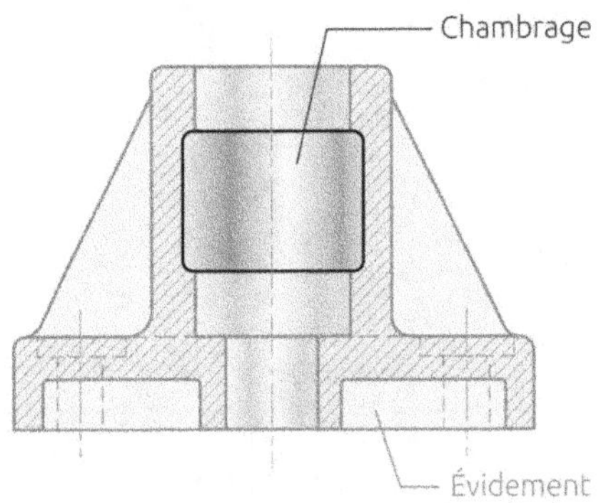

→ **Voir aussi** GORGE INTÉRIEURE ; PORTÉE (sens 1).
2. [recessing] OPÉRATION permettant d'obtenir une cavité dans un TROU déjà existant.

chanfrein [chamfer]

(n.m.) Petite SURFACE inclinée par rapport à son voisinage, pour faire disparaître un ANGLE vif ou pour enlever des BAVURES.

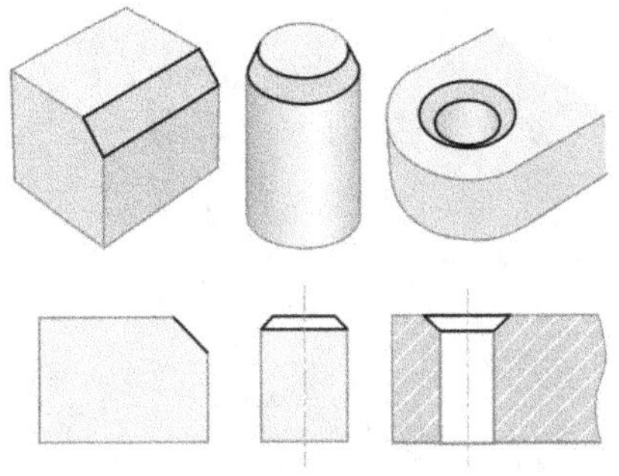

A. Les chanfreins sur un AXE (sens 1) ou un TROU permettent aussi de faciliter le MONTAGE (sens 2).
B. Ne pas confondre avec la FRAISURE.
→ **Voir également** CHANFREIN DE SOUDURE.

chanfreinage [chamfering]

(n.m.) OPÉRATION d'USINAGE de CHANFREIN.

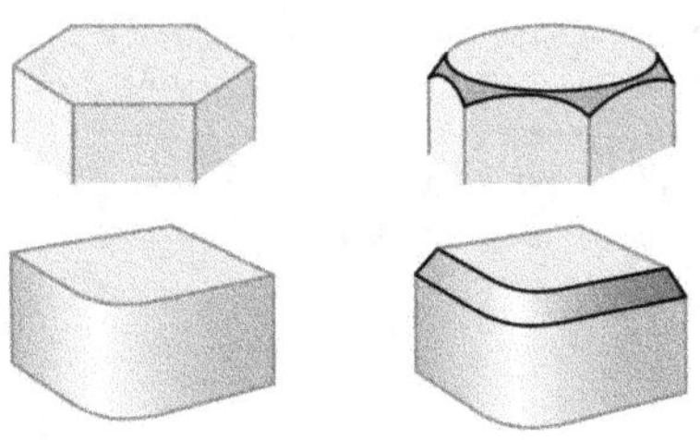

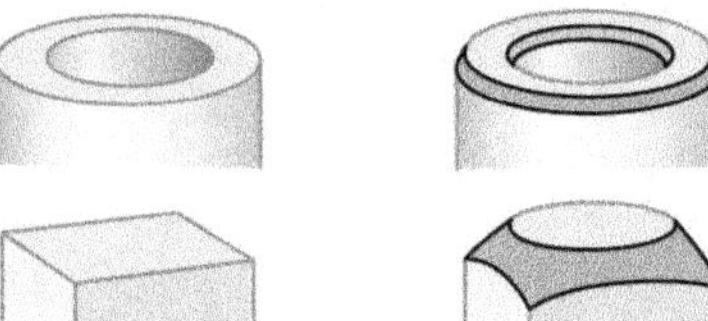

A. Il peut être réalisé par FRAISAGE, PERÇAGE, TOURNAGE ou des MACHINES spécifiques appelées CHANFREINEUSE.
Ex. : *Chanfreinage d'un* TROU *avec une* FRAISE À CHANFREINER.

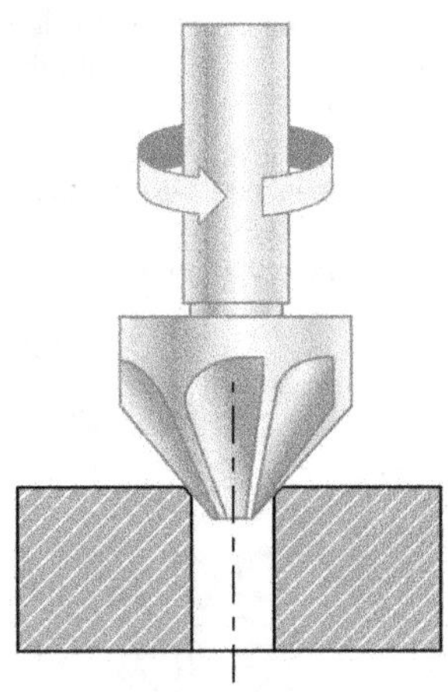

B. Ne pas confondre avec le FRAISURAGE.
→ **Voir aussi** CASSAGE D'ANGLE.

chanfrein de soudure [groove weld]

(n.m.) SURFACES inclinées aménagées sur les bords des TÔLES à souder pour favoriser la pénétration des CORDONS DE SOUDURE.

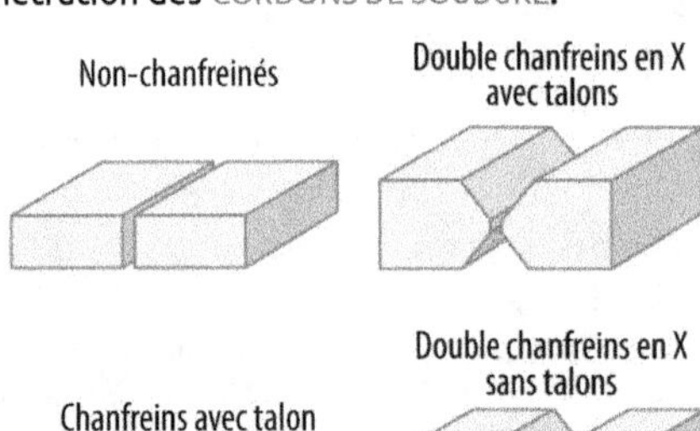

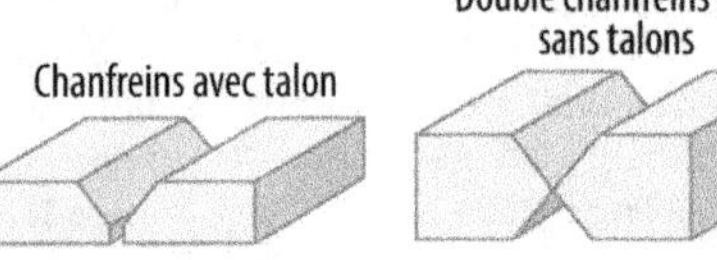

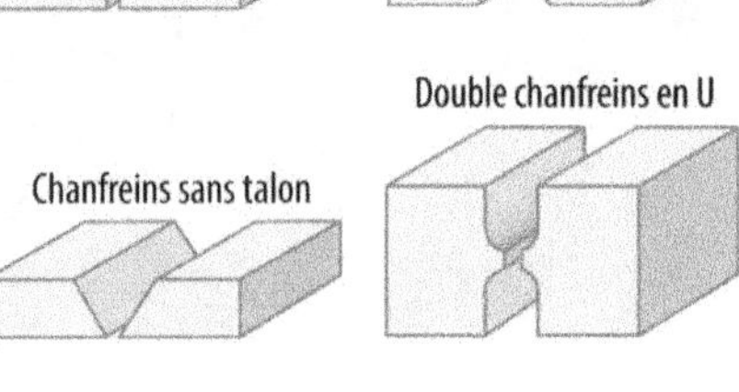

Les chanfreins de soudure sont réalisés par OXY-COUPAGE, MEULAGE, USINAGE ou GRIGNOTAGE.

chanfreineuse [bevelling machine]

(n.f.) MACHINE ou APPAREIL avec un OUTIL DE COUPE et un guide permettant de retirer de la MATIÈRE sur l'ANGLE vif d'une PIÈCE prismatique ou CIRCULAIRE.

Ex. 1 : *Chanfreineuse de* PIÈCES *prismatiques.*

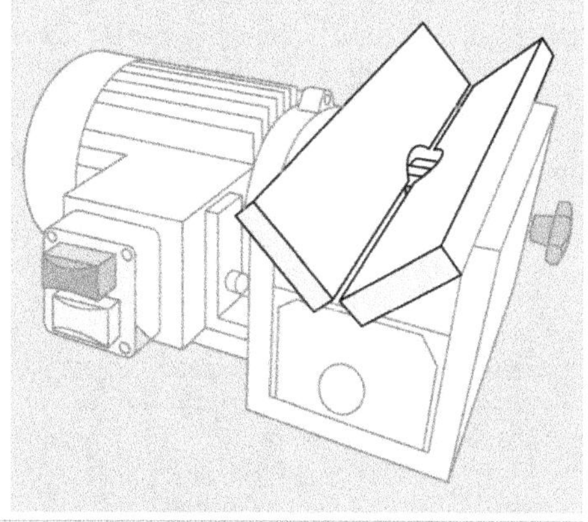

chant [board edge]

(n.m.) FACE (sens 1) la plus étroite et la plus longue d'une PIÈCE (sens 1) parallélépipédique.

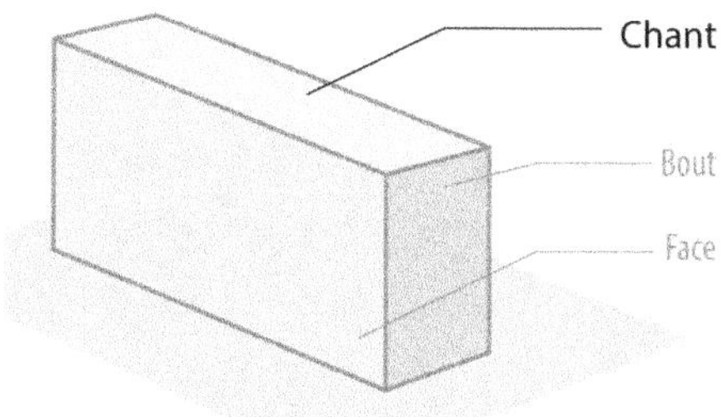

Dans l'exemple ci-dessus, la PIÈCE est dite « posée sur chant ». Les autres FACES | PERPENDI-CULAIRES sont appelées FACE (sens 3) et BOUT (sens 2).

→ Voir aussi CUBAGE.

chape [clevis]

(n.f.) ORGANE | MÉCANIQUE en FORME de FOURCHE destiné à recevoir un AXE (sens 2) pour servir d'AR-TICULATION.

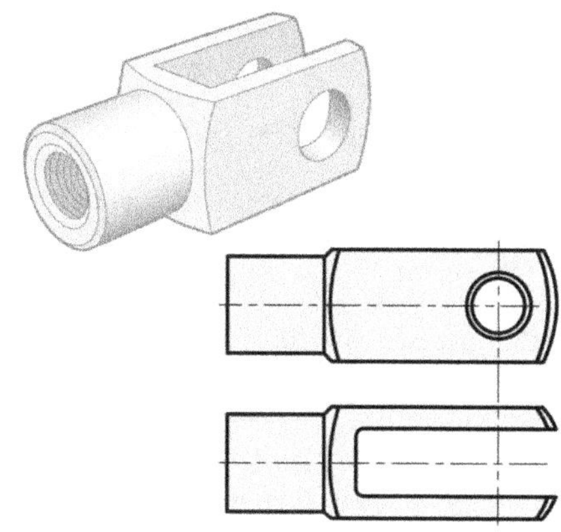

Le terme FOURCHE est plus général pour les OR-GANES possédant deux branches qui se séparent, sans être forcément destiné à une ARTICULATION.

charge

(n.f.)

1. [load] Toutes les FORCES qui alourdissent un SYSTÈME.

A. Il s'agit essentiellement de la FORCE qui attire une MASSE (sens 2) vers le sol, c'est à dire le POIDS. La particularité de cette FORCE est d'être toujours VERTICALE et dirigée vers le bas. La charge résultant d'une MASSE (sens 2) de 1 kg est environ 0,981 daN. Dans les pratiques quoti-diennes elle est arrondie à 1 daN.

B. La notion de charge peut cependant être étendue à d'autres FORCES qui ne sont pas for-cément VERTICALES. C'est le cas, par exemple, pour les effets du vent dans lesquels on parle de (VENT), CHARGE DE VENT. L'évolution des charges en fonction du temps permet de les classer en deux catégories :

• la CHARGE STATIQUE tel que le POIDS d'une OS-SATURE ou d'un CHÂSSIS, par exemple.

• la CHARGE VARIABLE tel qu'un véhicule roulant sur un pont, par exemple.

C. En ce qui concerne la répartition de la charge sur la zone où elle est appliquée, deux catégo-ries peuvent également être distinguées :

• la CHARGE PONCTUELLE ou CHARGE CONCENTRÉE.

• la CHARGE RÉPARTIE.

2. [filler] SUBSTANCE | PULVÉRULENTE mélangée et dispersée à une MATIÈRE de base (POLYMÈRE, CAOUTCHOUC, papier... par exemple) mais sans qu'il y ait RÉACTION CHIMIQUE.

A. La charge sert essentiellement à modifier les CARACTÉRISTIQUES économiques d'une MATIÈRE, soit par le biais d'un coût avantageux, soit en améliorant les PROCÉDÉS de TRANSFORMATION

(sens 3), en diminuant, par exemple, les temps de cycle de FABRICATION. Ce qui les différencie des RENFORTS (sens 2) plus spécifiquement destinés à influencer les PROPRIÉTÉS MÉCANIQUES.
→ Voir à ce sujet (COMPOSITES), MATÉRIAU COMPOSITE.
B. Néanmoins, les charges ont inévitablement un impact sur les autres PROPRIÉTÉS PHYSIQUES, notamment la MASSE VOLUMIQUE et surtout mécaniques (telle que la DURETÉ et la RÉSISTANCE).
C. Ne pas confondre la charge avec les ÉLÉMENTS D'ALLIAGE qui s'associent à l'échelle atomique dans le RÉSEAU CRISTALLIN des éléments auxquels ils sont ajoutés.

charge axiale [thrust load]

(n.f.) Type de CHARGE (sens 1) dont l'ORIENTATION est PARALLÈLE à la grande LONGUEUR de l'ORGANE qui la subit.
◊ Contr. : CHARGE RADIALE.

charge critique d'Euler [critical load, buckling load]

(n.f.) CHARGE (sens 1) à laquelle une PIÈCE (sens 1) de grande LONGUEUR sollicitée en COMPRESSION suivant son AXE (sens 1) longitudinal commence à montrer des DÉFORMATIONS latérales d'INSTABILITÉ appelées FLAMBEMENT :

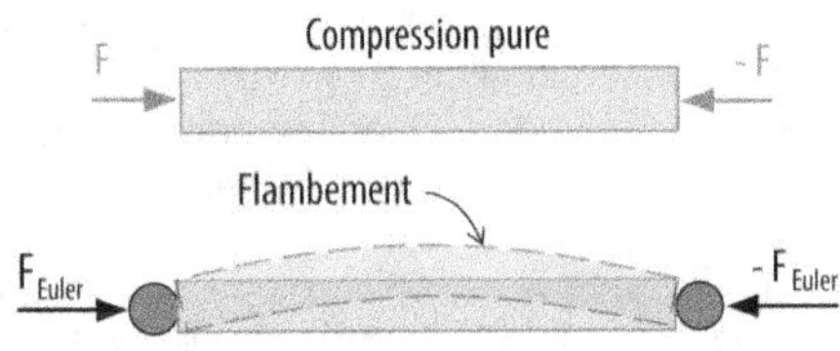

• Note : Euler est un mathématicien et physicien suisse (1707-1783) :

→ Voir aussi ÉLANCEMENT ; FLAMBEMENT.

charge concentrée [concentrated load]

(n.f.) CHARGE (sens 1) appliquée à une zone très étroite comme un POINT.
◆ Syn. : CHARGE PONCTUELLE.
◊ Contr. : CHARGE RÉPARTIE.

charge de rupture [breaking load]

(n.f.) CHARGE (sens 1) maximale enregistrée après la cassure d'une ÉPROUVETTE lors d'un ESSAI MÉCANIQUE.
• Note : Cette charge sert à évaluer la RÉSISTANCE MÉCANIQUE.
→ Voir, par exemple (TRACTION), COURBE DE TRACTION CONVENTIONNELLE.

charge de vent [wind loading]

(n.f.) CHARGE (sens 1) appliquée par le DÉPLACEMENT naturel de MASSE (sens 2) d'air lié aux conditions climatiques.
→ Voir (VENT), CHARGE DE VENT ; PRESSION.

charge dynamique [dynamic load]

(n.f.) CHARGE (sens 1) qui n'est pas constante dans le temps ou dont le POINT d'application change de place sur la STRUCTURE (sens 2) concernée. Une CHARGE ROULANTE est, par exemple, une charge dynamique. La CHARGE DE VENT est aussi une charge dynamique car inconstante dans le temps.
◊ Contr. : CHARGE STATIQUE qui ne change ni de place ni d'INTENSITÉ dans le temps.

chargement [loading]

(n.m.)
1. La totalité de toutes les CHARGES (sens 1) sur le même support.
2. OPÉRATION de mise en place ou façon de disposer les CHARGES (sens 1).

charge permanente [permanent load]

(n.f.) CHARGE (sens 1) appliquée de façon persistante.
◊ Contr. : CHARGE VARIABLE.

charge ponctuelle [concentrated load, point load]

(n.f.) CHARGE (sens 1) appliquée à une région très restreinte d'une STRUCTURE (sens 2) :

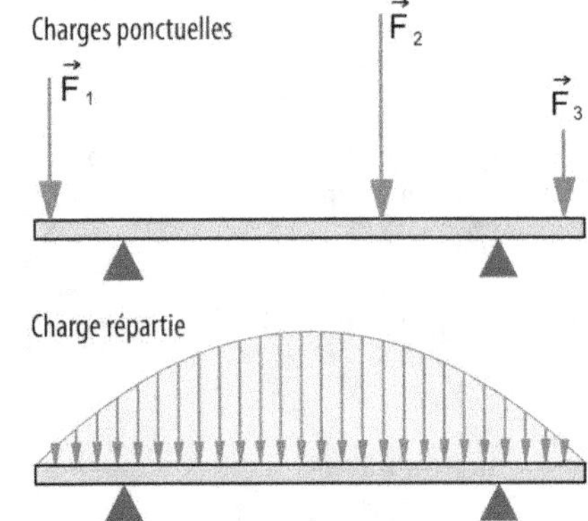

◆ **Syn.** : CHARGE CONCENTRÉE.
◊ **Contr.** : CHARGE RÉPARTIE.

charge radiale [radial load]

(n.f.) Type de CHARGE (sens 1) dont l'ORIENTATION est PERPENDICULAIRE à l'AXE (sens 1) de l'ORGANE qui la subit.

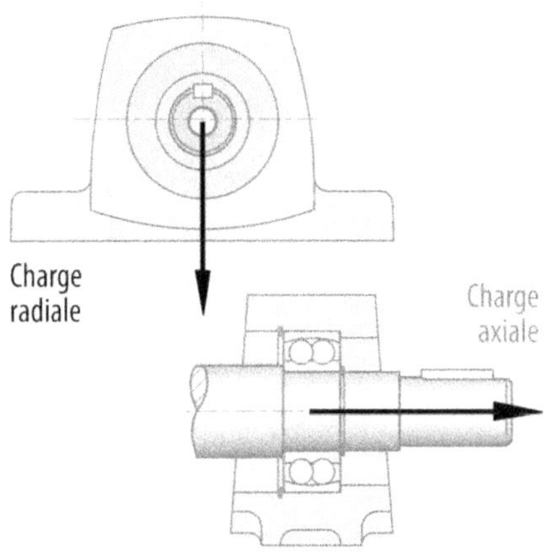

◊ **Contr** : CHARGE AXIALE.

charge répartie [distributed load]

(n.f.) Type de CHARGE (sens 1) appliquée à une zone élargie.

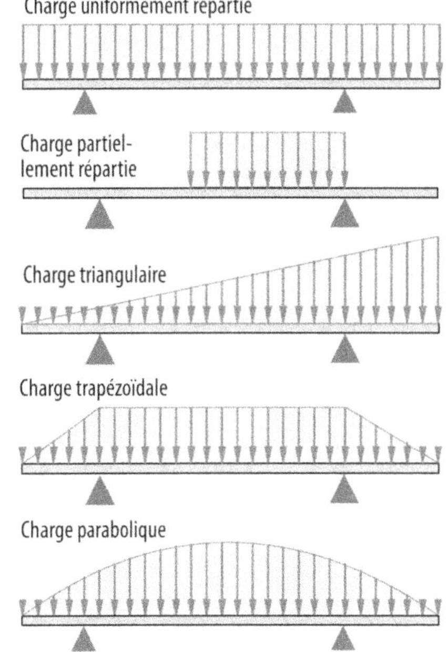

◊ **Contr.** : CHARGE PONCTUELLE.

charge roulante [live load]

(n.f.) Type de CHARGE (sens 1) changeant de POSITION ou de SENS sur une STRUCTURE (sens 2). C'est le cas, par exemple, d'un véhicule se déplaçant sur un pont ou un palan sur une POUTRE.
◊ **Contr.** : CHARGE STATIQUE.

charge statique [static load]

(n.f.) CHARGE (sens 1) dont la valeur ne varie pas dans le temps ou dont le POINT d'application ne se déplace pas sur la STRUCTURE (sens 2) concernée.
◊ **Contr.** : CHARGE VARIABLE.

charge uniformément répartie [uniform load]

(n.f.) CHARGE (sens 1) étalée de façon identique sur l'étendue d'une STRUCTURE (sens 2).

charge variable [variable load]

(n.f.) CHARGE (sens 1) dont la valeur change au cours du temps.
La CHARGE DE VENT est, par exemple, généralement une charge variable.

chariot [carriage]

(n.m.) DISPOSITIF capable d'un DÉPLACEMENT guidé, par exemple, par des GLISSIÈRES ou des RAILS.

chariotage [straight turning]

(n.m.) OPÉRATION de TOURNAGE permettant d'obtenir un CYLINDRE (sens 1) ou un CÔNE.

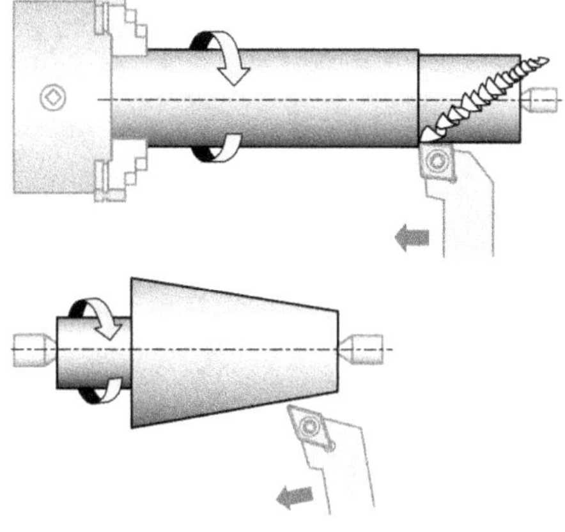

charnière [hinge]

(n.f.) DISPOSITIF souvent à base d'ARTICULATION permettant de faire pivoter et de changer l'ORIENTATION d'un ORGANE par rapport à un autre.

charpente [framework]

(n.f.) Ensemble des STRUCTURES (sens 2) destinées à supporter la toiture d'un OUVRAGE ainsi que les CHARGES (sens 1) pouvant l'alourdir (neige, vent, etc.)

Photo : Petrovv

→ Voir aussi OSSATURE.

chasse-cône [drift]

(n.m.) OUTIL avec une FORME inclinée permettant d'enlever facilement un CONE MORSE maintenu par coincement dans son logement.

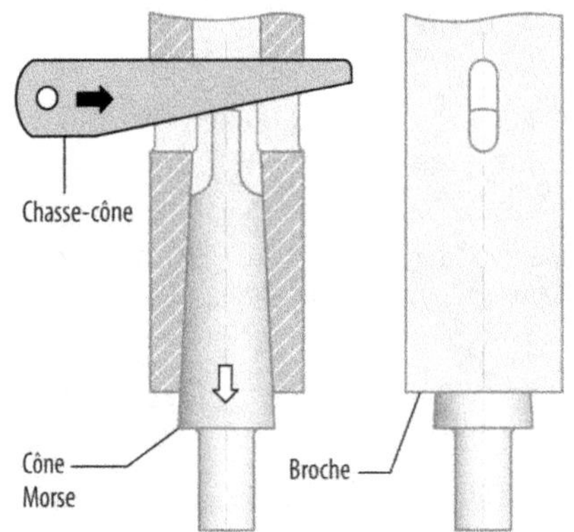

chasse-cône semi-automatique [semi-automatic drift]

(n.m.) Type de CHASSE-CÔNE avec un MÉCANISME à CRÉMAILLÈRE pour faire avancer la FORME pentue qui, par rapport à un CHASSE-CÔNE classique, pousse plus facilement le CÔNE MORSE hors de la BROCHE (sens 2).

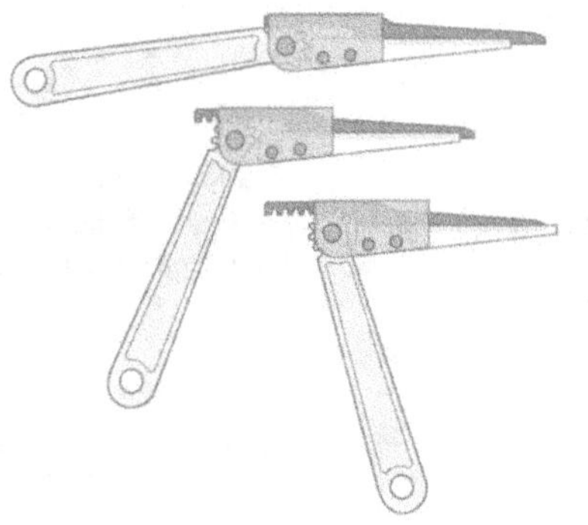

chasse-goupille [pin punch]

(n.m.) Petit OUTIL longiline permettant de pousser une GOUPILLE hors de son logement.
Ex. : *Jeu de chasse-goupilles de différents diamètres.*

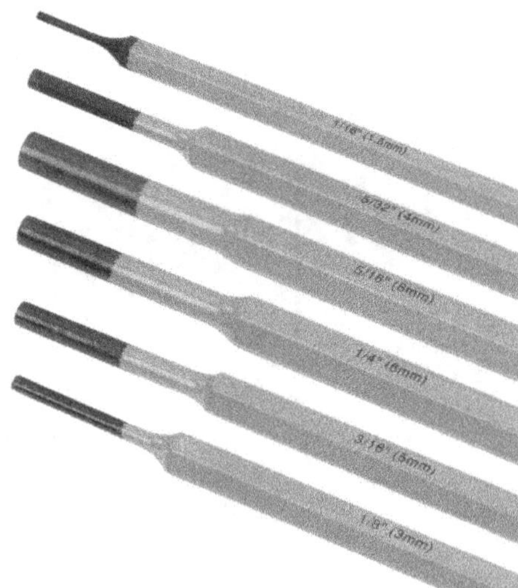

Le chasse goupille ne convient que pour les TROUS DÉBOUCHANTS. Pour les TROUS BORGNES, la GOUPILLE doit comporter un TARAUDAGE.

châssis [frame]

(n.m.) Ensemble rigide de PIÈCES (sens 1) destiné à supporter toutes les CHARGES (sens 1) et sur lequel sont fixés tous les autres COMPOSANTS d'un SYSTÈME.
Ex. 1 : *Châssis d'un véhicule automobile.*

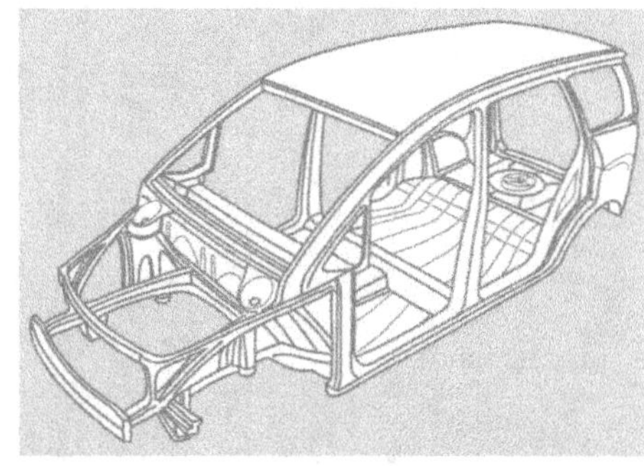

Ex. 2 : *Châssis d'un petit avion.*

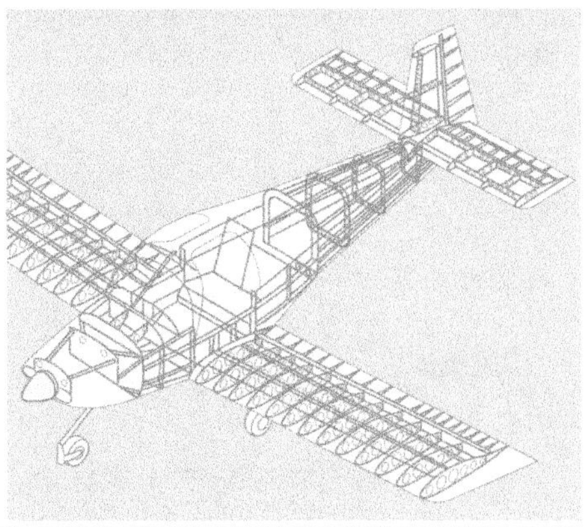

(Locution). Se dit des PROCÉDÉS DE FABRICATION dans lesquels les ÉBAUCHES de PIÈCE (sens 1) sont préalablement chauffées afin de diminuer l'ÉNERGIE de TRANSFORMATION (sens 3) nécessaire. Ex. : ESTAMPAGE *à chaud.*

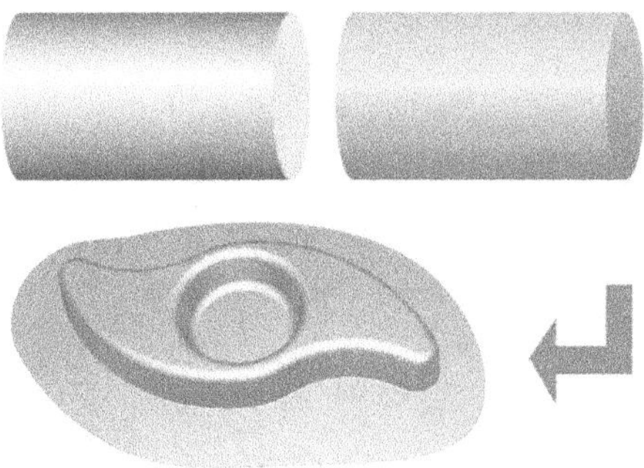

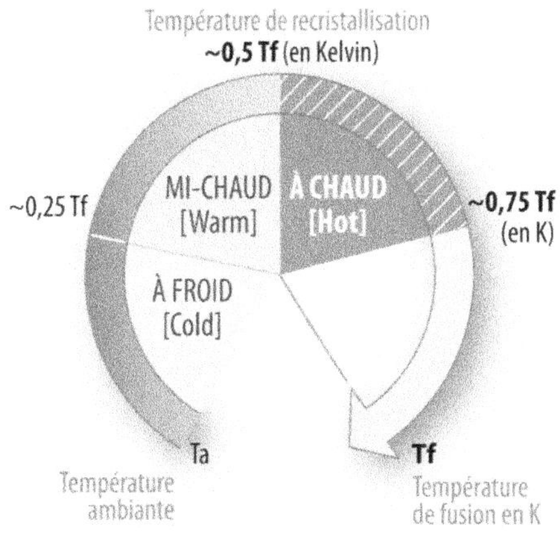

A. Pour les MÉTAUX, en particulier, la gamme de TEMPÉRATURE concernée se situe au-dessus de la TEMPÉRATURE de RECRISTALLISATION entre 0,5 fois à environ 0,75 fois la TEMPÉRATURE DE FUSION en KELVIN (K) :

B. Ci-dessous, à titre d'exemple, le PROCÉDÉ d'ÉTIRAGE effectué à chaud.

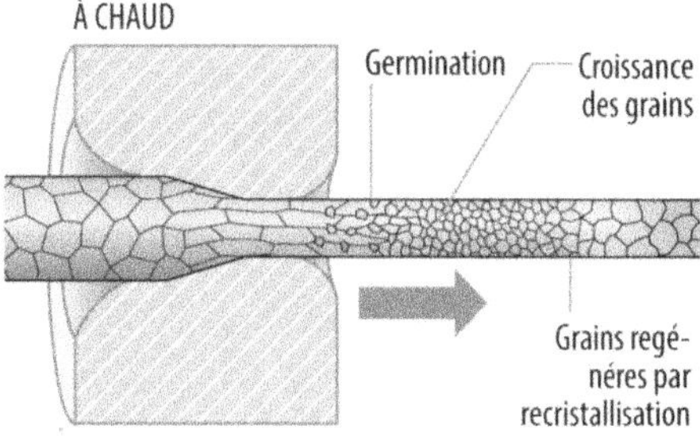

À comparer avec le même PROCÉDÉ appliqué à froid à la rubrique (FROID), À FROID.
→ Voir aussi LAMINAGE À CHAUD ; LAMINAGE À FROID.

👍 Avantages

C. Peut être appliqué à des MÉTAUX à faible DUCTILITÉ. Permet d'obtenir un taux de DÉFORMATION plus important sans ÉCROUISSAGE ni CRAQUELURES. A tendance à faire disparaître les DÉFAUTS comme les POROSITÉS et les FISSURES. Donne une STRUCTURE (sens 1) granulaire plus fine favorable à de bonnes CARACTÉRISTIQUES MÉCANIQUES. N'introduit pas d'ANISOTROPIE des PROPRIÉTÉS physico-mécaniques. Réduction des PHÉNOMÈNES de SÉGRÉGATION car la DIFFUSION atomique est favorisée par la chaleur. Dispense de TRAITEMENT THERMIQUE de RECUIT ultérieur. Requiert des FORCES et PUISSANCES moindres. Donne des PIÈCES (sens 1) plus résistantes au CHOC et à la FATIGUE.

👎 Inconvénients

D. PRÉCISION dimensionnelle et ÉTAT DE SURFACE relativement GROSSIERS. RÉACTIONS CHIMIQUES en SURFACE avec l'ENVIRONNEMENT (sens 2) (OXYDATION, DÉCARBURATION, etc.) Les OUTILLAGES (sens 2) durent moins longtemps car ils sont soumis à plus rude épreuve. Manipulation et MANUTENTION plus délicates des PIÈCES (sens 1) à cause de la TEMPÉRATURE élevée.
◊ Contr. : (FROID), À FROID.

(n.f.) Ensemble des activités industrielles mettant en FORME des TÔLES, des PROFILÉS, des TUBES et les assemblant par MÉCANO-SOUDURE, BOULONNAGE et RIVETAGE en vue d'obtenir des ÉQUIPEMENTS de grande taille tels que les réservoirs, les citernes, les cuves, les réacteurs, les chaudières, les TUYAUTERIES et canalisations, etc.

Ex. : *Canalisation et réacteur obtenus en chau-dronnerie.*

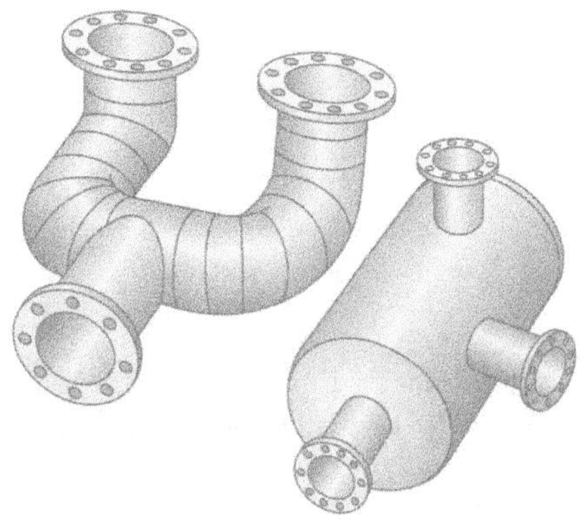

A. La chaudronnerie est utilisée pour les secteurs de l'alimentaire, du transport, de la pétrochimie, du nucléaire, de la navale, etc.
B. À ses origines, la chaudronnerie n'intervenait que sur des MÉTAUX mais les (PLASTIQUES), MATIÈRES PLASTIQUES et les (COMPOSITES), MATÉRIAUX COMPOSITES sont désormais considérés aussi par ce métier.

chaussure de sécurité [industrial safety shoes]

(n.f.) ÉQUIPEMENT de protection du pied caractérisé, en particulier, par une coque très résistante au CHOC d'objets lourds et tranchants en pointe avant.
La chaussure de sécurité doit aussi être ANTIDÉRAPANTE pour prévenir des chutes.

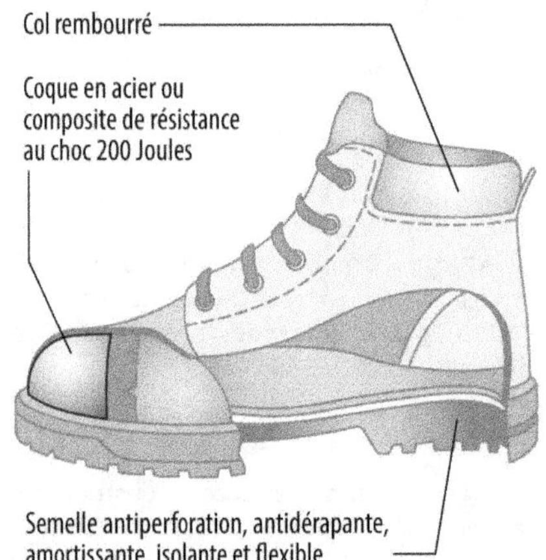

→ Voir aussi SÉCURITÉ AU TRAVAIL pour les autres ÉQUIPEMENTS de sécurité individuels.

chevauchement [overlay]

(n.m.) État de deux choses qui se recouvrent partiellement.
→ Voir, par exemple, SOUDURE EN CLIN.

cheville [rawplug]

(n.f.) (FIXATION), ÉLÉMENT DE FIXATION permettant l'ANCRAGE c'est à dire un amarrage dans un MATÉRIAU support tel que le BÉTON, le PLÂTRE, etc. par FROTTEMENT ou FORME d'ACCROCHAGE :

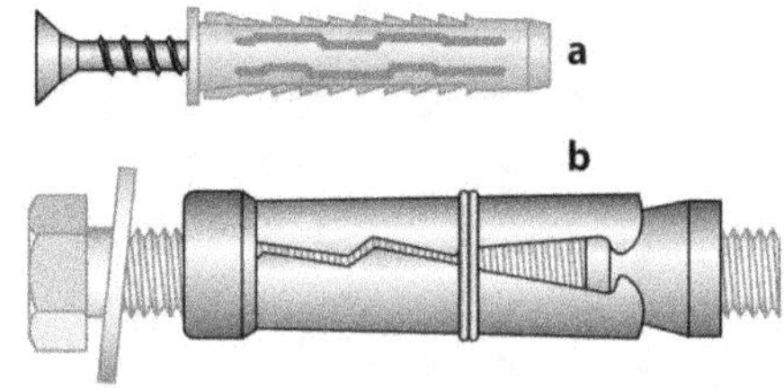

a. Cheville plastique	b. Cheville métallique

→ Voir CHEVILLE BASCULE ; CHEVILLE À RESSORT ; CHEVILLE À EXPANSION ; CHEVILLE CHIMIQUE ; CHEVILLE EPDM, CHEVILLE RÉTRACTABLE.

cheville à bascule [zip fix spring toggle anchor]

(n.f.) Type de CHEVILLE pouvant se poser (AVEUGLE), EN AVEUGLE grâce à une MÉCANISME pouvant osciller de 90° pour se mettre en travers après avoir traversé le TROU de FIXATION :

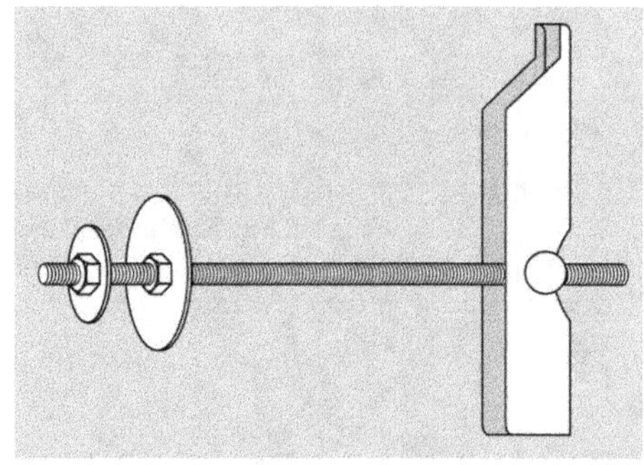

A. Ci-dessous, le principe de fonctionnement :

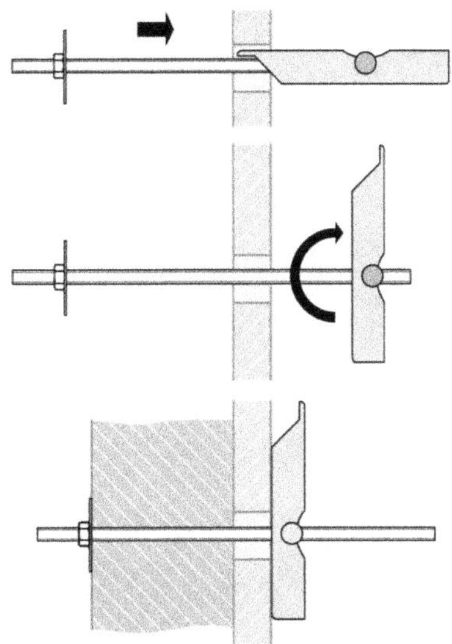

B. Ne pas confondre avec la CHEVILLE À RESSORT.

cheville à expansion [expansion rawplug]

(n.f.) Type de CHEVILLE métallique à corps fen-due en deux parties qu'un CÔNE écarte lorsqu'il est tiré par la VIS (sens 2) de sorte à la plaquer et à l'accrocher fortement contre les parois du TROU de FIXATION.

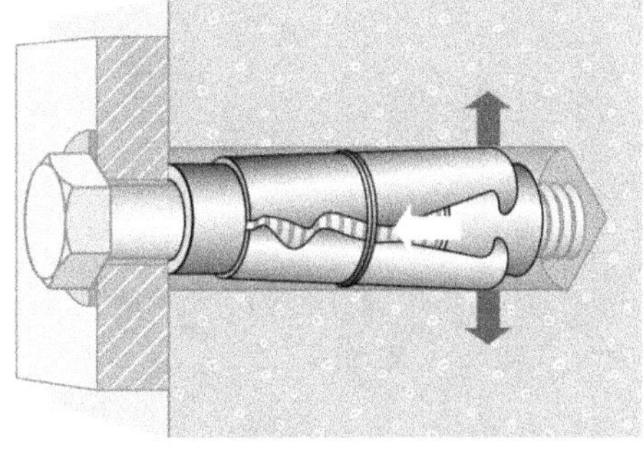

cheville à ressort [spring toggle anchor]

(n.f.) Type de CHEVILLE pouvant se poser (AVEUGLE), EN AVEUGLE grâce à un MÉCANISME à RESSORT se déployant en obstacle pour per-mettre le SERRAGE :

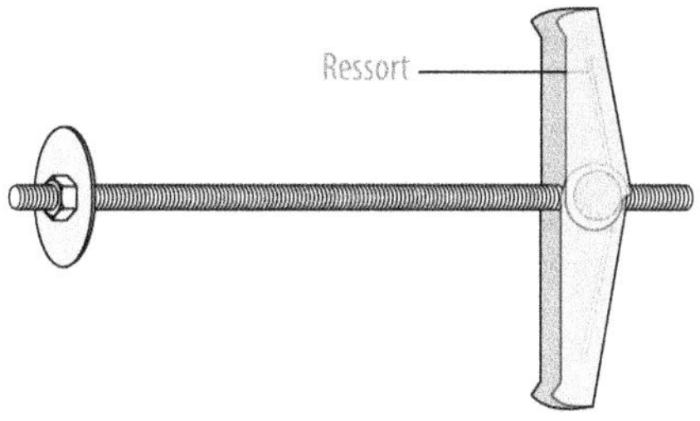

A. Ci-dessous le principe de fonctionnement :

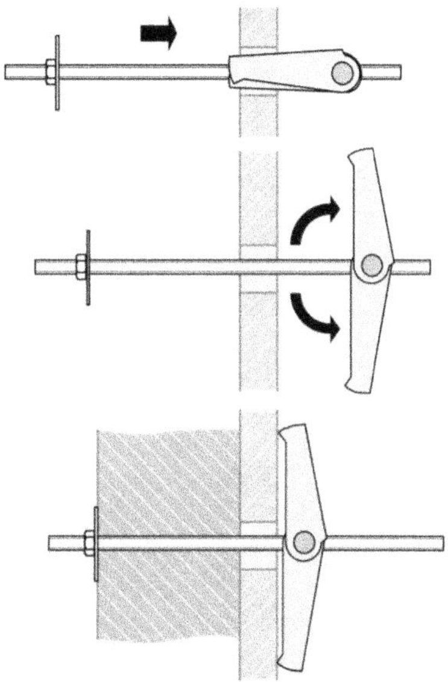

B. Ne pas confondre avec la CHEVILLE À BASCULE, d'un principe légèrement différent.

cheville chimique [bonded anchor]

(n.f.) Type de CHEVILLE constituée d'une TIGE FI-LETÉE dont l'ACCROCHAGE dans le TROU de FIXA-TION est assuré par un mortier synthétique.
Ex. : *Cheville chimique à ampoule.*

Ampoule de mortier

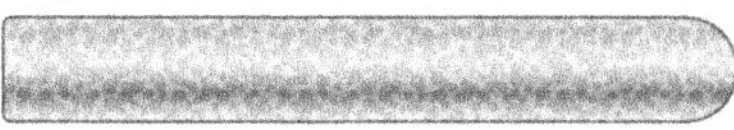

Tige filetée

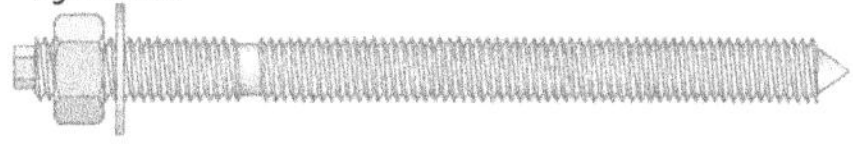

La procédure de mise en place est décrite sur les figures ci-dessous :

1. Perçage

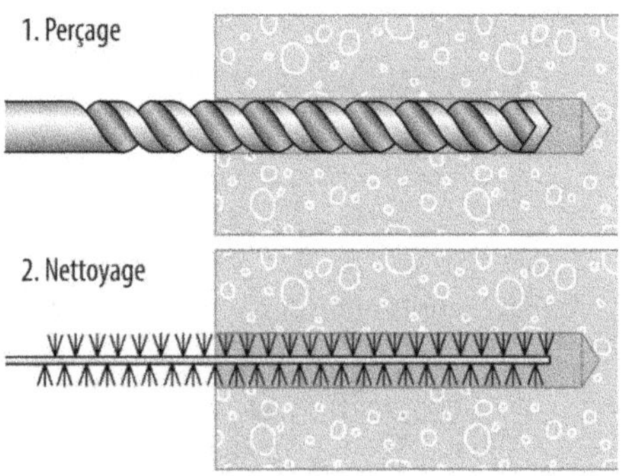

2. Nettoyage

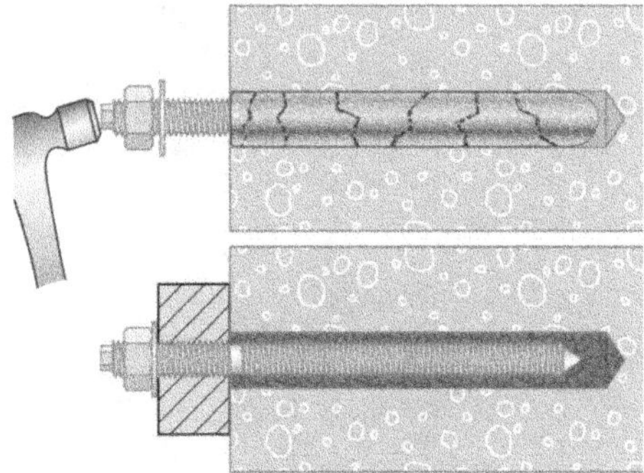

3. Introduction et cassage de l'ampoule au marteau

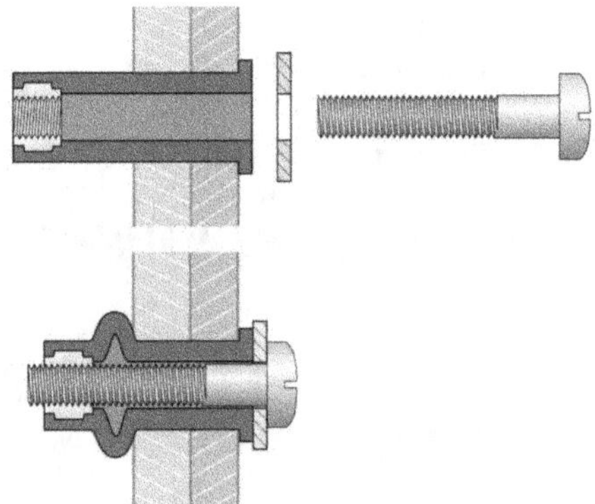

4. Serrage de la fixation après séchage et prise

cheville EPDM [rubber nut]

(n.f.) Type de CHEVILLE **dont le corps est en** MATIÈRE **très** SOUPLE **capable de se replier pour former un** BOURRELET **lorsque la** VIS (sens 2) **est serrée :**

cheville rétractable [expanding wall plug anchor]

(n.f.) Type de CHEVILLE MÉTALLIQUE **avec une** GRIFFE **pour s'accrocher sur des** MATIÈRES TENDRES **comme le** BOIS **et le** PLÂTRE **et qui s'expand en étoile par le** SERRAGE **de la** VIS (sens 2) **pendant sa mise en place.**

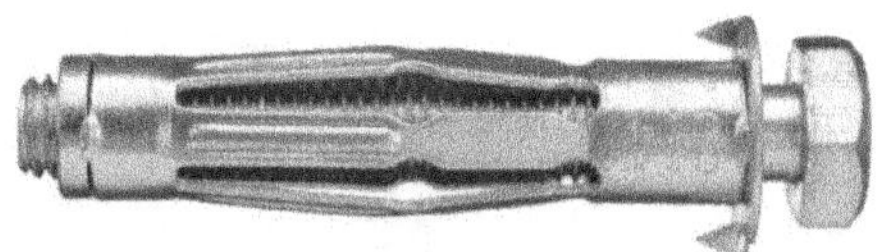

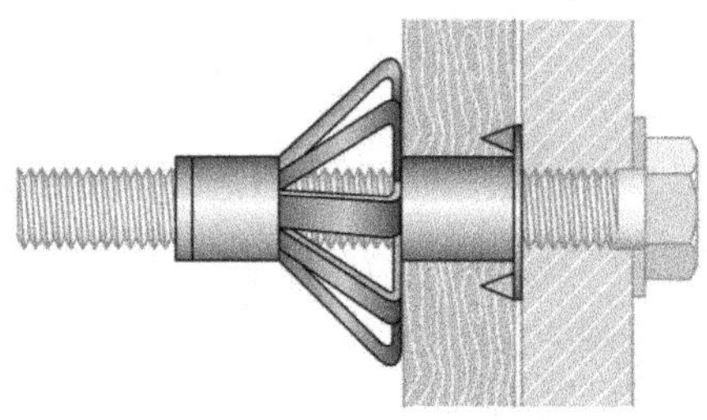

chèvre [shear legs, shears derrick]

(n.f.) APPAREIL DE LEVAGE **d'atelier constitué d'un** CHÂSSIS **à** ROULETTE **assurant la** STABILITÉ **et le** DÉPLACEMENT **ainsi qu'un** BRAS **téléscopique actionné par un** VÉRIN **pour soulever des** CHARGES (sens 1) **moyennes.**

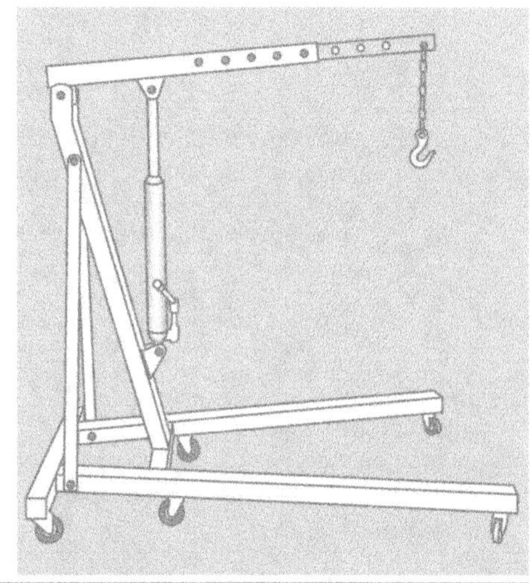

chiffon [rag, duster]

(n.m.) Morceau de TISSU**, papier froissé ou** NON-TISSÉ **pour le** NETTOYAGE**.**

A. Le chiffon est très utile en MÉCANIQUE DE CONSTRUCTION **pour débarrasser les** PIÈCES (sens 1) **des impuretés, débris,** GRAISSE**,** HUILES**,**

SUBSTANCES diverses provenant des PROCÉDÉS de FABRICATION.

👍 Avantages

B. Dégraisse plus que la SOUFFLETTE.

👎 Inconvénients

C. L'action frottante produit de l'électricité statique notamment avec les (PLASTIQUES), MATIÈRES PLASTIQUES. Le FROTTEMENT peut produire quelquefois des RAYUREs.

→ Voir aussi SOUFFLETTE qui est un autre principe de NETTOYAGE utilisant de l'AIR COMPRIMÉ.

chlore (Cl) [chlorine]

(n.m.) ÉLÉMENT CHIMIQUE non-métallique de la famille des halogénures.

A. On le trouve couramment dans la nature, combiné sous forme de sels (notamment le chlorure de sodium dans l'eau de mer et les gisements miniers, mais aussi le chlorure de potassium).

B. Il est utilisé pour le blanchiment des matières végétales (papier, coton, lin), la purification de l'eau ainsi que pour la désinfection. Sa plus grosse utilisation industrielle est la production d'acide chlorhydrique, de POLYMÈRE | PVC, d'antiseptique, d'insecticide, de colorant, de médicaments, etc.

C. L'ion chlorure est un élément particulièrement redoutable pour la CORROSION des MÉTAUX, y compris sur les ACIERS dits INOXYDABLES. Des formes de destruction très sévères peuvent être initiées et se développer notamment par PIQÛRATION ou CORROSION SOUS CONTRAINTE.

chlorure de polyvinyle [polyvinyle choride]

(n.m) (PLASTIQUE), MATIÈRE PLASTIQUE | THERMOPLASTIQUE de consommation courante appartenant à la famille des vinyliques.

→ Voir PVC.

choc [crash, bump, impact shock]

(n.m.) CONTACT brutal de deux objets. Effet d'une FORCE appliquée brutalement.

(choc), essai de choc [impact test]

(n.m.) Mise à l'épreuve d'échantillon de MATÉRIAU avec des SOLLICITATIONS MÉCANIQUES appliquées brutalement pour en déterminer la RÉSISTANCE AU CHOC ou RÉSILIENCE.

→ Voir ESSAI DE CHOC.

(choc), essai de choc de charpy [charpy impact test]

(n.m.) Type d'ESSAI DE CHOC dans lequel l'échantillon sous forme d'un barreau entaillé ou non est posé sur deux APPUIS puis frappé par un couteau qui vient le sectionner brutalement en son milieu.

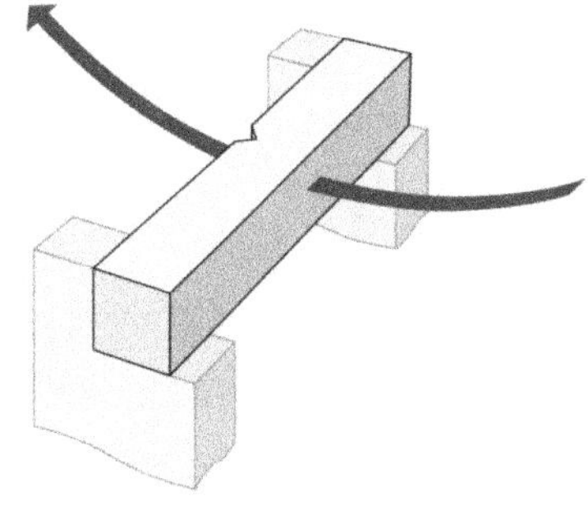

L'éprouvette peut être non-entaillée ou entaillée avec les formes d'entaille suivantes en V ou en U :

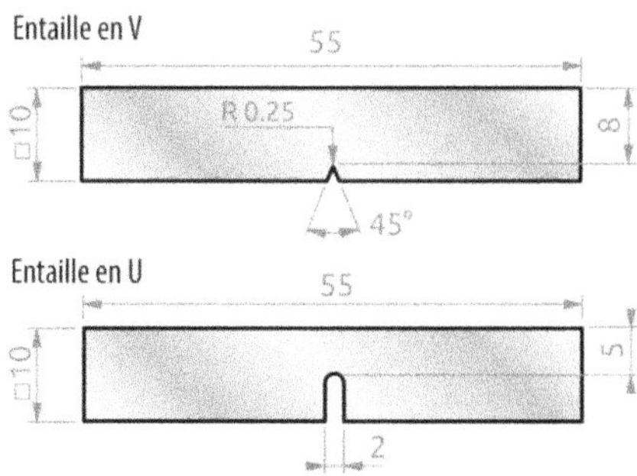

→ Voir ESSAI DE CHARPY.

(choc), essai de choc d'Izod [Izod impact test]

(n.m.) Type d'ESSAI DE CHOC dans lequel l'échantillon entaillé ou non est en partie fermement maintenu dans un ÉTAU, l'autre partie en PORTE-À-FAUX subit l'action brutale d'un marteau pour en déterminer la RÉSISTANCE AU CHOC ou RÉSILIENCE.

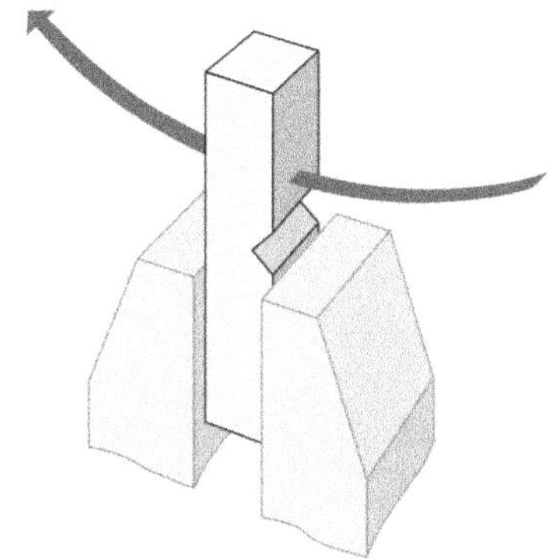

→ Voir ESSAI D'IZOD.

(choc), essai de choc en traction [tensile impact test]

(n.m.) Type d'ESSAI DE TRACTION dans lequel une ÉPROUVETTE du même type que l'ESSAI DE TRACTION classique subit une SOLLICITATION MÉCANIQUE brutale dans le sens de sa LONGUEUR.

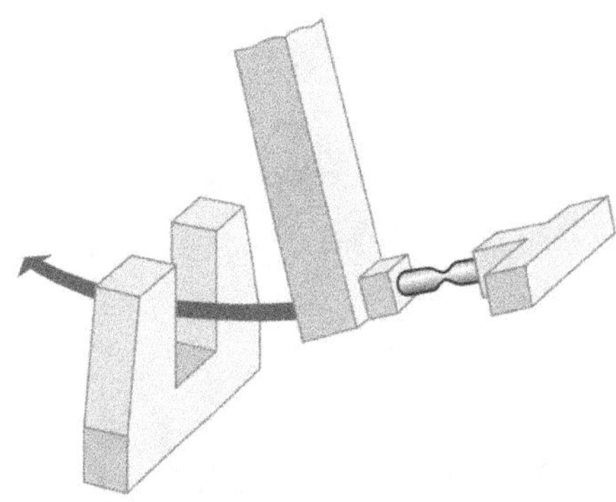

On peut considérer qu'il s'agit d'un ESSAI DE TRACTION à très haute VITESSE de DÉFORMATION pour en déterminer la RÉSISTANCE AU CHOC ou RÉSILIENCE.

choc thermique [thermal shock]

(n.m.) Changement de TEMPÉRATURE brusque.
→ Voir, par exemple, TREMPE ; VITESSE DE REFROIDISSEMENT.

chromage [chromizing]

(n.m.) DÉPÔT (sens 1) d'un REVÊTEMENT de CHROME à la SURFACE d'un substrat.
Ex. : *Aspect du chromage sur un robinet.*

Source : Grohe ®

A. Le chromage peut avoir pour fonction la décoration. Dans ce cas, la COUCHE est de l'ordre du micromètre. Mais il peut aussi avoir un but plus TECHNIQUE de REVÊTEMENT | ANTI-USURE.
→ Voir à ce sujet CHROMAGE DUR.

B. Le chromage peut être réalisé par voie électrolytique (GALVANOPLASTIE) ou par PROJECTION (sens 1) (MÉTALLISATION).

C. Tableau comparatif des différents PROCÉDÉS de REVÊTEMENTS de CHROME :

PROCÉDÉ	PRINCIPE	ÉPAISSEUR	MAXI
Chromage [Chromizing]	Électrolytique	qqs µm	5 µm
Chromage dur [Hard Cr plating]	Électrolytique	qqs dixièmes mm	500 µm
Chromisation [Cr diffusion]	Diffusion	qqs dizaines µm	50 µm
Chromatation [Chromatizing]	Conversion	qqs dixièmes µm	0,5 µm
Dépôt sous vide [Vacuum deposit]	Pulvérisation	qqs dizaines nm	0,05 µm
Métallisation [Metal spraying]	Project° chaud	qqs mm	5000 µm
Projection à froid [Cold spray]	Project° froid	qqs mm	10000 µm

D. Ne pas confondre avec la CHROMISATION qui est réalisée par DIFFUSION.

chromage dur [hard chromium plating]

(n.m.) REVÊTEMENT ÉLECTROLYTIQUE de CHROME épais de quelques dixièmes de millimètres dans le but d'améliorer essentiellement la RÉSISTANCE À L'USURE.
• Note : Ne pas confondre avec le CHROMAGE tout court à but plus décoratif et dont l'épaisseur est 100 fois plus faible, plutôt de l'ordre de quelques micromètres.
→ Voir CHROMAGE pour un tableau comparatif de tous les PROCÉDÉS.

chromatation [chromatizing]

(n.f.) DÉPÔT de chromate par CONVERSION à la SURFACE d'un MÉTAL, c'est à dire d'un composé du CHROME, en vue de protéger contre la CORROSION.
• Note : Ne pas confondre avec le CHROMAGE qui est un DÉPÔT de REVÊTEMENT de CHROME par voie électrolytique (GALVANOPLASTIE).
→ Voir CHROMAGE pour un tableau comparatif des différents PROCÉDÉS de DÉPÔT du même MÉTAL.

chrome (Cr) [chromium]

(n.m.) MÉTAL blanc bleuâtre DUR souvent mélangé avec le FER et d'autres éléments pour obtenir l'ACIER INOXYDABLE.

A. Il est aussi utilisé comme REVÊTEMENT améliorant la RÉSISTANCE À LA CORROSION, la RÉSISTANCE À L'USURE et permettant d'obtenir un aspect POLI miroir. Ses composés permettent d'obtenir des pigments de PEINTURE.

B. Quelques CARACTÉRISTIQUES.

Symbole chimique :	Cr
État physique à l'ambiante :	Solide
Couleur :	Blanc bleuâtre
Numéro atomique :	24
Masse volumique :	$7,190 \text{ g/cm}^3$
T° de fusion :	1857°C
Structure cristalline :	Cubique Corps Centré

C. Aspect, couleur et rendu du MÉTAL.

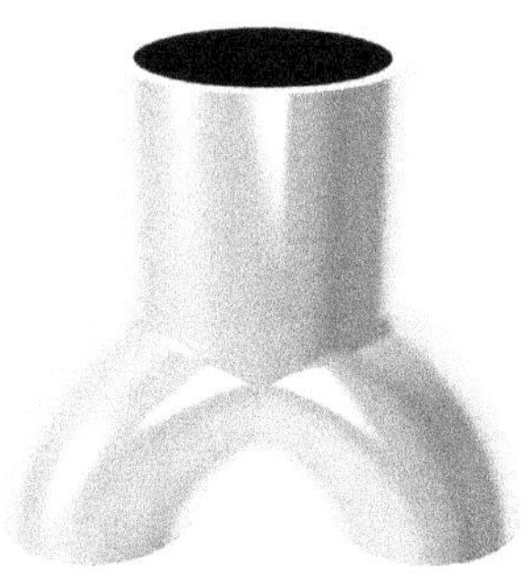

---

chromisation [chromium diffusion-hardening]

(n.f.) TRAITEMENT THERMOCHIMIQUE visant à déposer du CHROME par DIFFUSION à la SURFACE d'un autre MÉTAL pour en améliorer la RÉSISTANCE À L'USURE et la RÉSISTANCE À LA CORROSION.

• Note : Ne pas confondre avec le CHROMAGE qui se fait par voie électrolytique (GALVANOPLASTIE) ou par MÉTALLISATION. Ne pas confondre non plus avec la CHROMATATION qui est un dépôt par CONVERSION de composé du CHROME.

→ Voir CHROMAGE pour le tableau comparatif des différents PROCÉDÉS de dépôt du même MÉTAL.

---

chutage [cropping]

(n.m.) Élimination par COUPE (sens 1) au CHALUMEAU, par SCIAGE ou CISAILLAGE des extrémités contenant des défauts de POROSITÉS, de SOUFFLURES, de SÉGRÉGATIONS, d'HÉTÉROGÉNÉITÉS sur les produits métallurgiques pour en prélever la partie réellement utile.

Ex. : *Chutage d'un lingot.*

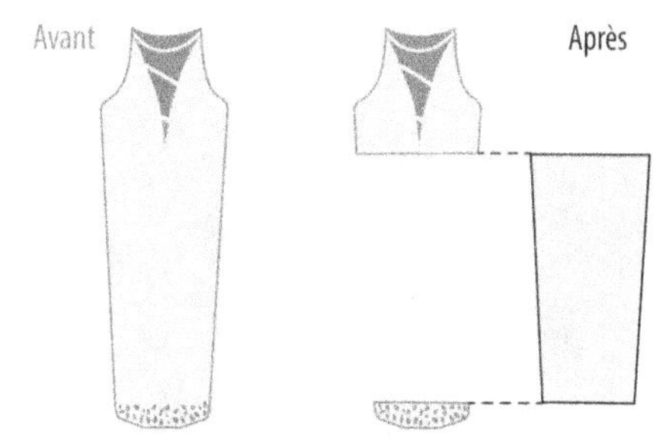

(n.f.)

1. [fall] Écroulement d'un objet d'un endroit vers un autre plus bas.

2. [off-cuts] Reste de TÔLE, PLAQUE, FEUILLE ou BARRE de PROFILÉ classé en DÉCHETS après en avoir prélevé la partie utile.

Ex. 1 : *Chutes de découpage-poinçonnage appelées aussi débouchures.*

Photo : Bernd Kelichhaus

Ex. 2 : *Chute de poinçonnage de tôle de CUIVRE.*

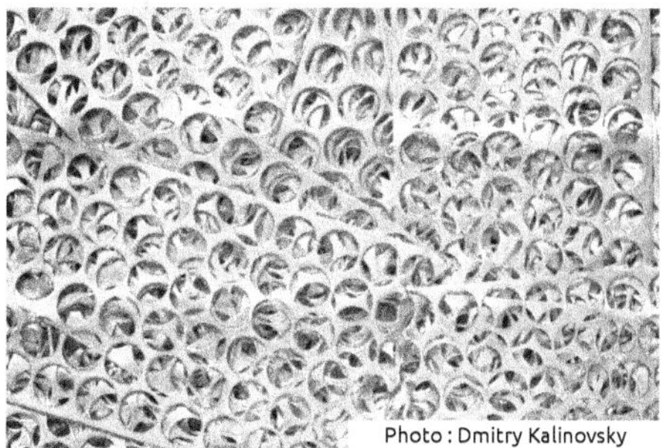

Photo : Dmitry Kalinovsky

Ex. 3 : *Chute de* COUPE *(sens 1) de* PROFILÉ *en (PLASTIQUE), MATIÈRE PLASTIQUE.*

Photo : Nuttawut Uttamaharad

A. Quelquefois, la chute est encore utilisable par RECYCLAGE.

B. Ne pas confondre avec le COPEAU qui est le débris de MATÉRIAU provenant de l'USINAGE avec un OUTIL DE COUPE et qui est en principe inutilisable, à moins d'être refondu.

⟶ Voir aussi DÉCHET.

ciment [cement]

(n.m.) MATÉRIAU DE CONSTRUCTION en POUDRE devenant SOLIDE par RÉACTION CHIMIQUE avec l'eau à laquelle il est mélangé.

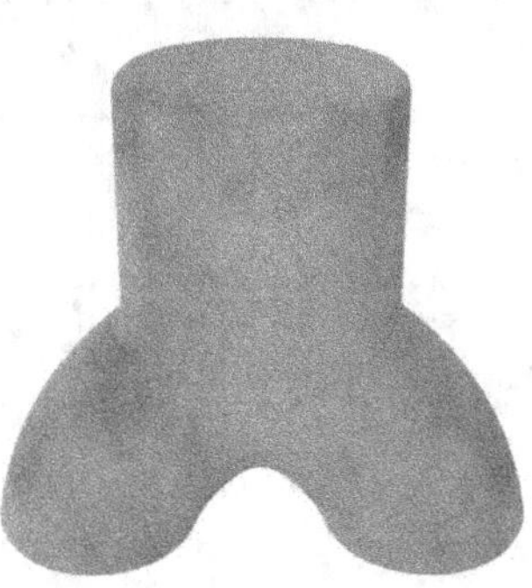

A. Il est utilisé comme LIANT pour obtenir le BÉTON.

B. À remarquer que le ciment peut être classé dans la catégorie CÉRAMIQUE de la famille des MATÉRIAUX car c'est un mélange de chaux (CaO), de silice (SiO_2), d'alumine (Al_2O_3) et d'OXYDE de FER (Fe_2O_3). Le BÉTON et le béton armé, quand à eux, sont plutôt des (COMPOSITES), MATÉRIAUX COMPOSITES car ils sont un mélange de ciment, de gravat, de sable et d'ACIER.

cinématique [kinematics]

(n.f.)

1. Discipline de la MÉCANIQUE étudiant les changements de POSITION, vitesses, accélérations et TRAJECTOIRE d'un objet en fonction du temps, mais sans considération de la FORCE qui a provoqué le MOUVEMENT.

La discipline qui tient compte des FORCES en relation avec les MOUVEMENTS est la DYNAMIQUE.

2. Visualisation de la TRAJECTOIRE d'un objet animé d'un MOUVEMENT.

cinématique [kinematical]

(adj.) Qui a un rapport avec le MOUVEMENT.

⟶ Voir, par exemple, CHAÎNE CINÉMATIQUE.

cintrage [bending]

(n.m.) TECHNIQUE de FORMAGE de PROFILÉ initialement droit pour le rendre COURBE.

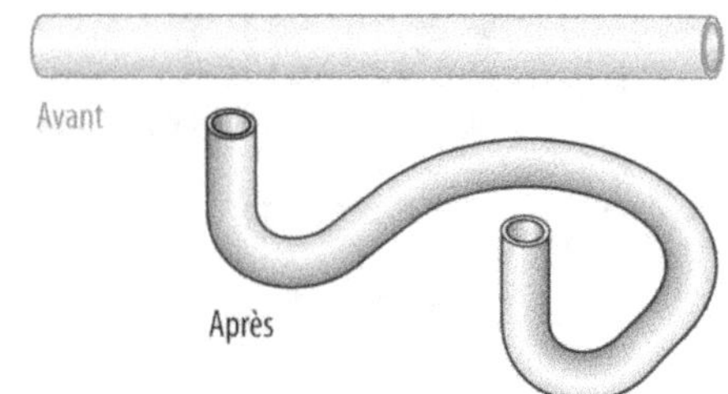

Il existe quatre PROCÉDÉS de cintrage avec des spécificités légèrement différentes :

A. **Cintrage à trois galets [Roll bending].**

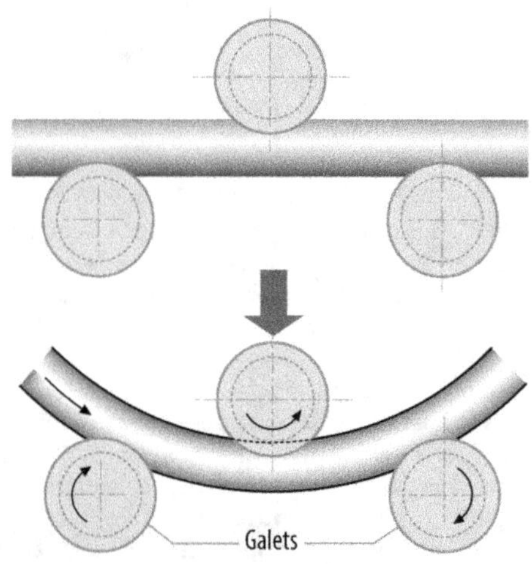

Le PROFILÉ défile entre trois ROULEAUX (sens 2) épousant la FORME du PROFILÉ et dont un est désalignés par rapport aux deux autres. Le RÉGLAGE de DÉSALIGNEMENT permet d'accentuer progressivement la COURBURE jusqu'à la valeur désirée.

👍 Avantages

a. Principe simple et économique. Ne nécessite pas de FORCE de DÉFORMATION particulière autre que celle qui est nécessaire pour faire avancer le PROFILÉ. Applicable à toutes les FORMES de PROFILÉS. Utilisable pour les plus petits PROFILÉS comme pour les plus grands, même (FROID), À FROID. Seule MÉTHODE applicable aux TUBES de très grand DIAMÈTRE jusqu'à Ø 2000. Le même jeu de ROULEAUX (sens 2) permet de réaliser plusieurs RAYONS DE COURBURE différents. Permet de très grands RAYONS DE COURBURE et des LONGUEURS importantes.

👎 Inconvénients

b. RAYON DE COURBURE ne pouvant pas être très serré. Cintrage dans un seul PLAN (sens 1) (ne permet pas la 3D). LONGUEUR finale de PROFILÉ difficile à maîtriser.

B. **Cintrage par enroulement [Rotary draw bending]** : le PROFILÉ est appliqué sur une FORME | CIRCULAIRE tournante avec le RAYON à obtenir et possédant (CREUX), EN CREUX la forme de la SECTION du PROFILÉ à courber. Un MANDRIN (sens 2) (non-obligatoire) est inséré à l'intérieur du TUBE pour empêcher l'écrasement et les PLISSURES. La FORME | CIRCULAIRE tourne et entraîne le PROFILÉ en l'obligeant à épouser sa FORME :

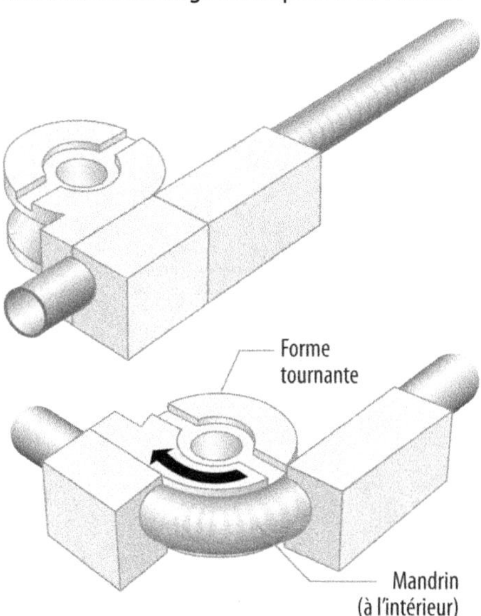

👍 Avantages

a. TECHNIQUE donnant la plus grande PRÉCISION de FORMAGE avec le minimum de DÉFAUTs (sens 1). Permet des RAYONS DE COURBURE très serrés type 1d (une fois le diamètre du tube). Cintrage 3D (dans tous les PLANS (sens 1)) possible.

👎 Inconvénients

b. TECHNOLOGIE (sens 2) plutôt chère. Nécessité d'avoir un JEU (sens 2) de FORME et de MANDRIN (sens 2) pour chaque TUBE et chaque RAYON DE COURBURE.

C. **Cintrage par compression [Compress bending]** : à la différence du cintrage par enroulement, le profilé est posé sur une FORME fixe possédant le RAYON à obtenir et la FORME | EN CREUX de la SECTION du PROFILÉ. Un patin se déplace, le plaque et le contraint à épouser la FORME arrondie. Contrairement au cintrage par enroulement, ce PROCÉDÉ n'utilise pas de MANDRIN (sens 2) à l'intérieur du PROFILÉ.

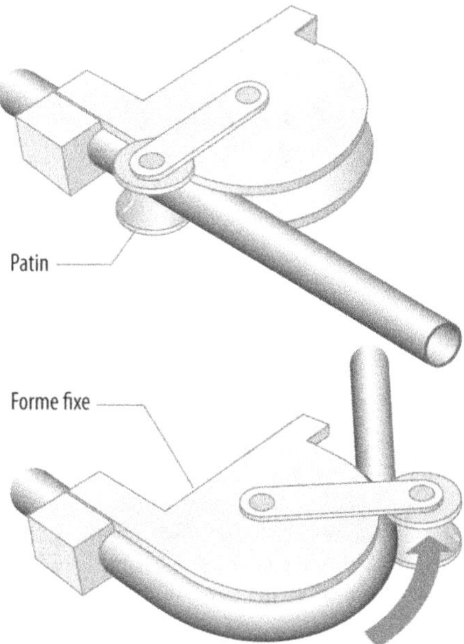

👍 Avantages

a. PROCÉDÉ plutôt économique car n'utilisant pas de MANDRIN (sens 2). RAYON DE COURBURE plus serré que le « cintrage à trois galets » et le « cintrage par presse », sans toutefois atteindre les performances du « cintrage par enroulement ». Permet le cintrage 3D dans plusieurs PLANS (sens 1). Convient bien à la COMMANDE NUMÉRIQUE.

👎 Inconvénients

b. Qualité moindre par rapport au cintrage par enroulement.

D. **Cintrage par presse [Stretch or ram bending]** : le PROFILÉ à cintrer est posé entre deux APPUIS entre lesquels une FORME arrondie vient le pousser jusqu'à obtenir le RAYON DE COURBURE recherché. La FORCE peut provenir d'un SYSTÈME | PNEUMATIQUE, HYDRAULIQUE ou autres.

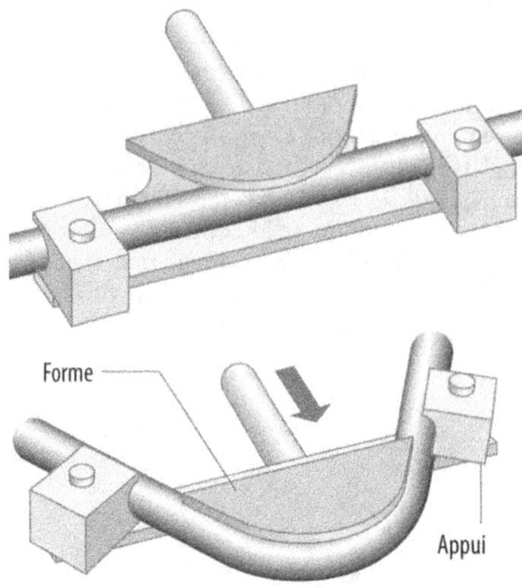

👍 Avantages

a. TECHNIQUE simple et bon marché. Le même OUTILLAGE (sens 2) peut servir à plusieurs configurations de cintrage.

👎 Inconvénients

b. Le fonctionnement requiert une FORCE importante. Peu précis. Ne permet qu'un seul cintrage sur le même PROFILÉ. Ne sert vraiment que pour des interventions manuelles.

E. Ne pas confondre le cintrage avec le CAMBRAGE qui concerne spécifiquement les FILS.

---

cintreuse [bending machine]

(n.f.) MACHINE-OUTIL possédant les capacités de donner une COURBURE à un PROFILÉ initialement droit.

Plusieurs types existent selon les différents principes de CINTRAGE.

• Cintreuse à trois galets :

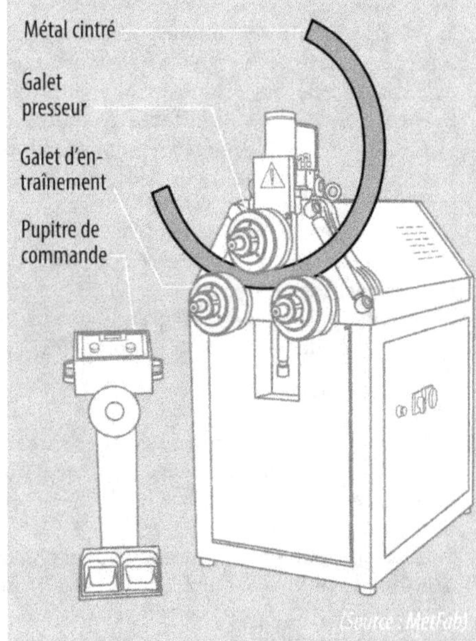

• Cintreuse par presse emboutissage :

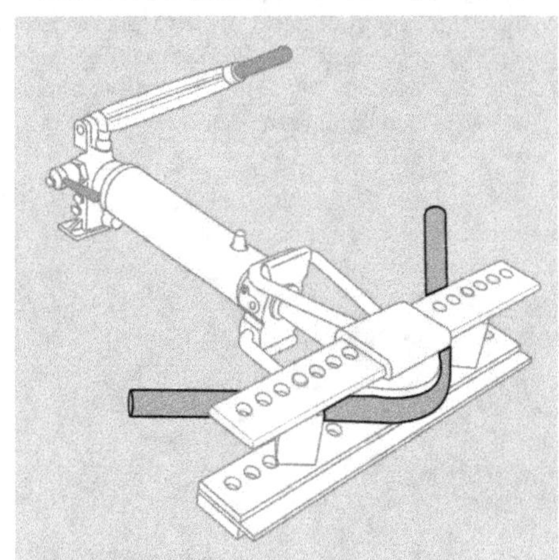

• Cintreuse à COMMANDE NUMÉRIQUE :

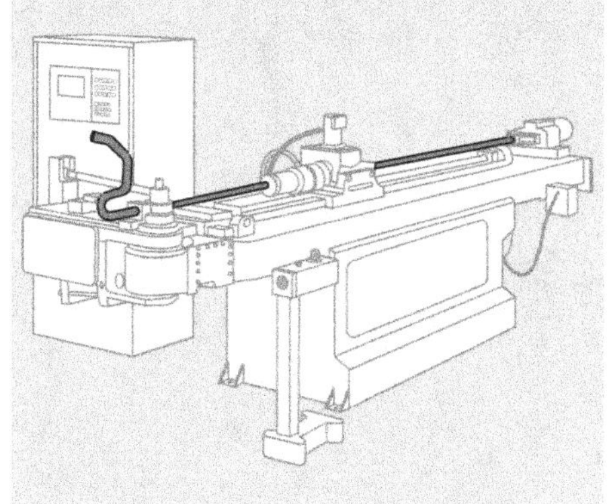

cintreuse-voluteuse [volute bender]

(n.f.) MACHINE permettant de donner à une BARRE une FORME de SPIRALE appelée VOLUTE.

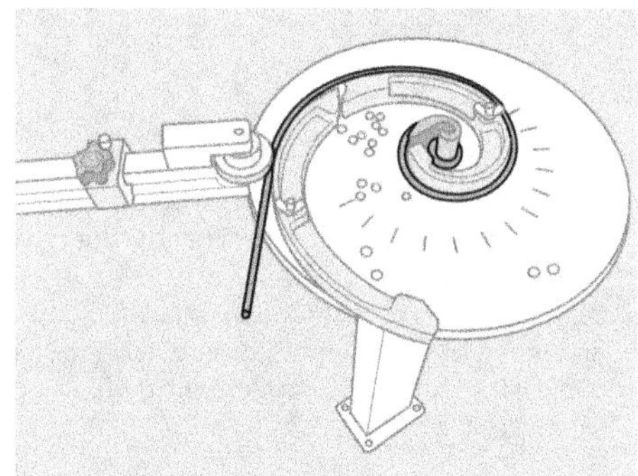

La cintreuse-voluteuse est un ÉQUIPEMENT indissociable de la FERRONNERIE.

circlip [elastic ring, retaining ring]

(n.m.) Petit ORGANE à insérer dans une GORGE INTÉRIEURE d'un ARBRE (sens 2), d'un ALÉSAGE (sens 1) ou simplement AJUSTÉ pour empêcher une PIÈCE | COAXIALE de se translater longitudinalement.

A. Quelques exemples.

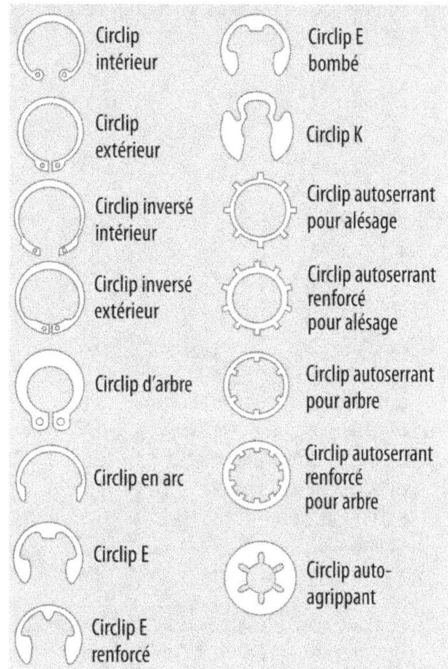

B. Cet ORGANE possède une grande capacité de DÉFORMATION ÉLASTIQUE. C'est pourquoi, il est aussi quelquefois appelé ANNEAU ÉLASTIQUE.

circonférence [circumference]

(n.f.) MESURE (sens 2) du PÉRIMÈTRE d'un CERCLE. → Voir CERCLE.

circonscrit [circumscribed]

(adj.) Se dit d'une figure géométrique qui touche une autre et qui l'englobe complètement.

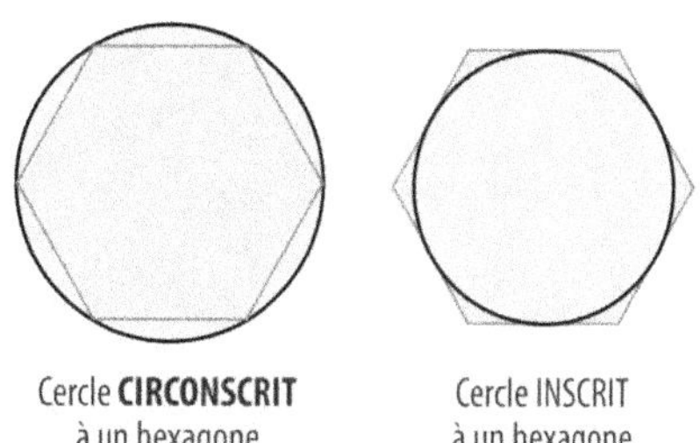

◊ Contr. : INSCRIT.

circulaire [circular]

(adj.) En forme de CERCLE.

circularité [roundness]

(n.f.) PROPRIÉTÉ d'un CONTOUR coïncidant parfaitement avec un CERCLE.

A. Ci-dessous la façon de la spécifier sur un DESSIN TECHNIQUE avec les TOLÉRANCES associées :

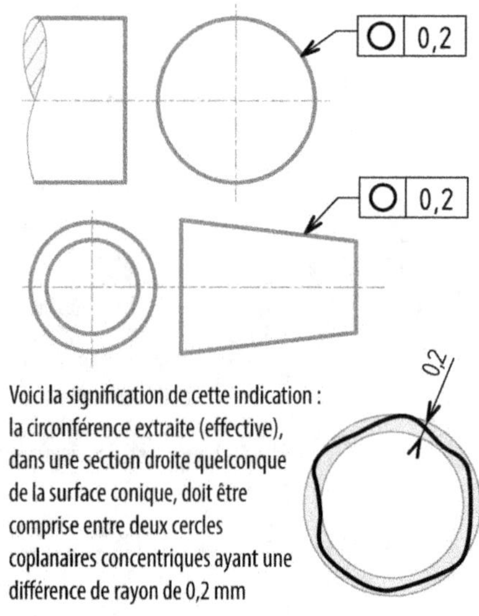

Voici la signification de cette indication : la circonférence extraite (effective), dans une section droite quelconque de la surface conique, doit être comprise entre deux cercles coplanaires concentriques ayant une différence de rayon de 0,2 mm

B. Le CONTRÔLE de cette PROPRIÉTÉ en MÉTROLOGIE peut être effectué à l'aide d'un COMPARATEUR de la façon suivante :

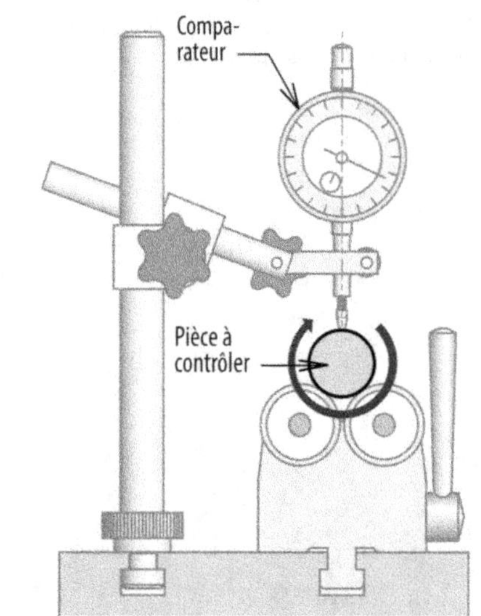

Comparateur

Pièce à contrôler

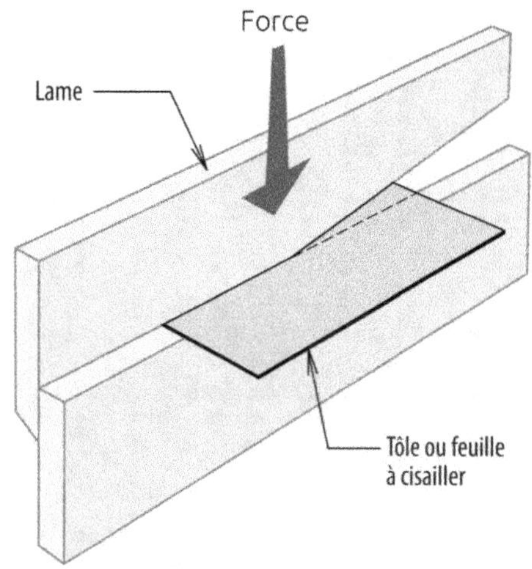

A. Le cisaillage est une OPÉRATION.
B. Ne pas confondre avec le CISAILLEMENT qui est un PHÉNOMÈNE.

cisaille [shearing machine]

(n.f.) MACHINE-OUTIL avec deux grandes LAMES, l'une fixe et l'autre se rapprochant progressivement pour couper une TÔLE ou une FEUILLE intercalée entre elles. Sa LONGUEUR peut atteindre plusieurs mètres. Elle est indispensable en TÔLERIE en complément de la PLIEUSE ou de la PRESSE-PLIEUSE.

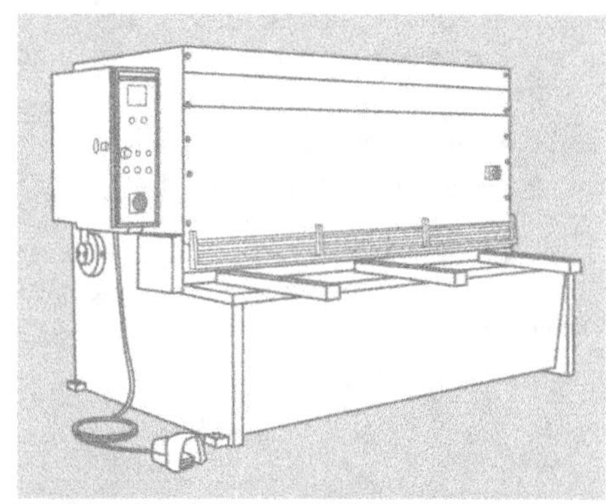

cisaille à main [metal shears]

(n.f.) OUTILLAGE MANUEL à deux LAMES tranchantes en ciseaux permettant de découper de la TÔLE | MÉTALLIQUE.

cisaillage [shearing]

(n.m.) Action de cisailler, c'est à dire de couper une TÔLE ou une FEUILLE entre deux LAMES pour séparer un pan du MATÉRIAU de l'autre.

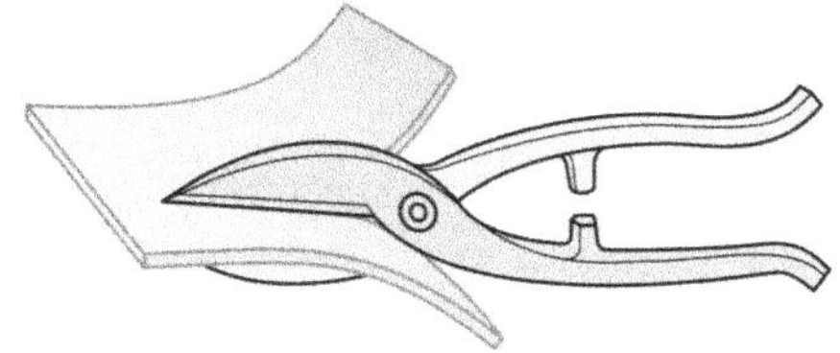

• Note : Ne pas confondre avec la CISAILLE MA-NUELLE qui est une MACHINE de plus grande taille.

cisaille manuelle [sheet metal shears]

(n.f.) MACHINE simple avec une TABLE et une LAME tranchante entre lesquelles peut être découpée une TÔLE | MÉTALLIQUE de faible épaisseur ou en MATÉRIAU tendre.

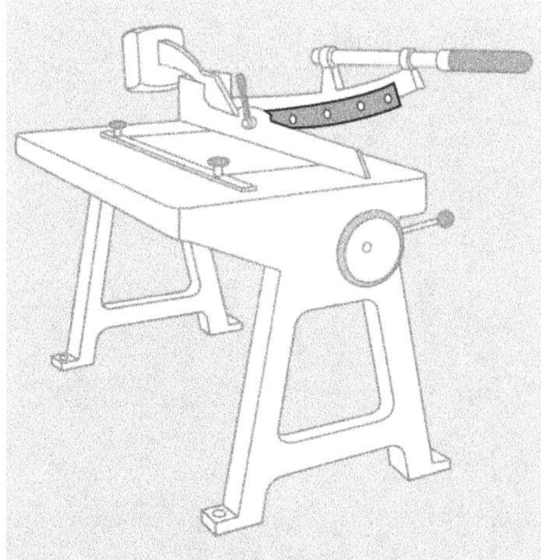

• Note : Ne pas confondre avec la CISAILLE À MAIN qui est un OUTILLAGE MANUEL.

cisaillement [shear]

(n.m.) PHÉNOMÈNE tendant à diviser un morceau de MATÉRIAU en deux en dévoilant une SURFACE coupée PARALLÈLE au plan des FORCES qui l'ont causé.

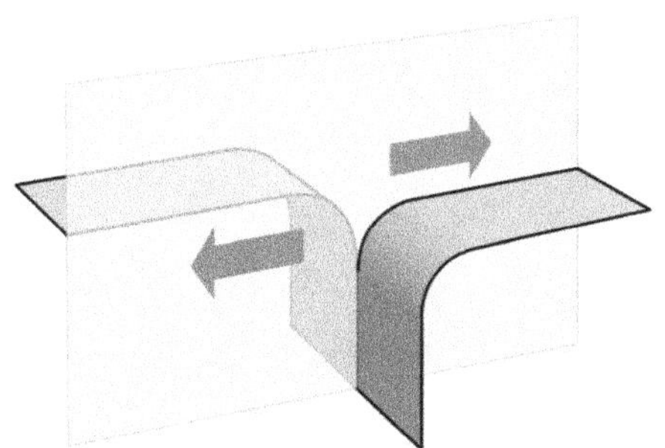

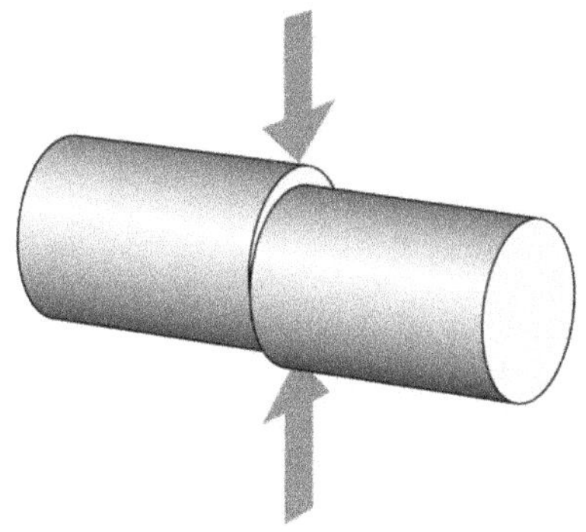

• Note : Ne pas confondre avec le CISAILLAGE qui est une OPÉRATION et non un PHÉNOMÈNE.
→ Voir également CONTRAINTE DE CISAILLE-MENT.

cisaillement pur [pure shear]

(n.m.) État de CONTRAINTE MÉCANIQUE dans lequel il n'y a aucune CONTRAINTE NORMALE à la SURFACE considérée et seule des CONTRAINTES TANGENTIELLES existent.
• Note : Le cisaillement pur ne se produit pratiquement jamais en réalité si ce n'est dans une SECTION transversale soumise à TORSION ou sur l'AXE NEUTRE d'une POUTRE fléchie. La plupart du temps, il existe toujours une petite composante de CONTRAINTE NORMALE.

clavetage [keying]

(n.m.)
1. SOLUTION TECHNIQUE de LIAISON en ROTATION d'un ARBRE (sens 2) et d'un ALÉSAGE (sens 1) par insertion d'une petite PIÈCE (sens 1) | MÉTAL-LIQUE les chevauchant.
• Note : Ne pas confondre avec le GOUPILLAGE.
2. Action d'installer une CLAVETTE entre un ARBRE et un ALÉSAGE.

(clavetage), rainure de clavetage [keyseat]

(n.f.) FORME creuse sur un ARBRE ou dans un ALÉSAGE pour le logement d'une CLAVETTE.

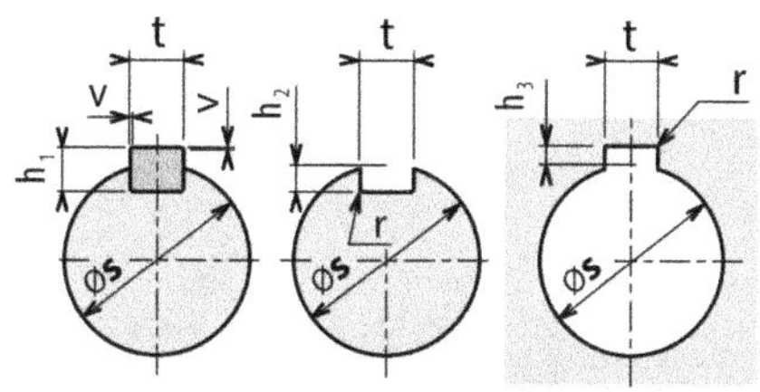

Le tableau en page suivante donne les DIMEN-SIONS de la RAINURE à prendre en compte en fonction du DIAMÈTRE de l'ARBRE (sens 2) qui doit la recevoir.

Ø]s ... s]		t	h_1	h_2	h_3	v	r
6	8	2	2	1,2	1	0,2	0,2
8	10	3	3	1,8	1,4	0,2	0,2
10	12	4	4	2,5	1,8	0,2	0,2
12	17	5	5	3	2,3	0,3	0,2
17	22	6	6	3,5	2,8	0,3	0,2
22	30	8	7	4	3,3	0,5	0,2
30	38	10	8	5	3,3	0,5	0,3
38	44	12	8	5	3,3	0,5	0,3
44	50	14	9	5,5	3,8	0,5	0,3
50	58	16	10	6	4,3	0,5	0,3
58	65	18	11	7	4,4	0,5	0,3
65	75	20	12	7,5	4,9	0,7	0,5
75	85	22	14	9	5,4	0,7	0,5
85	95	25	14	9	5,4	0,7	0,5
95	110	28	16	10	6,4	0,7	0,5
110	130	32	18	11	7,4	1,1	0,8
130	150	36	20	12	8,4	1,1	0,8

Sur l'ALÉSAGE, la rainure de clavetage peut être obtenue de trois manières :

• Par MORTAISAGE, pour les travaux unitaires et les petites séries :

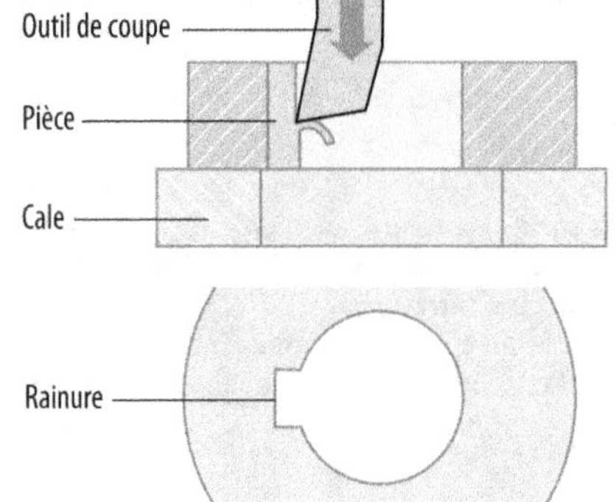

• Par BROCHAGE pour les grandes séries :

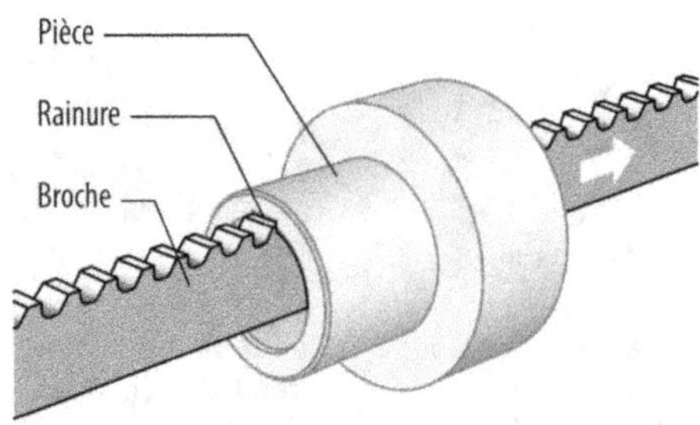

• Par ÉLECTROÉROSION À FIL :

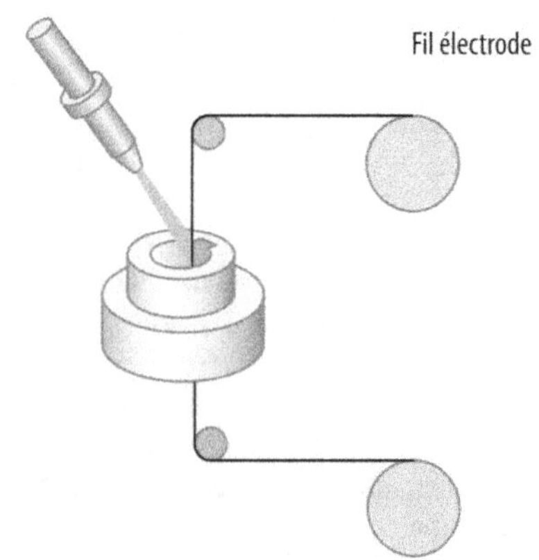

Sur l'ARBRE (sens 2), la RAINURE est la plupart du temps réalisée par FRAISAGE vertical ou horizontal :

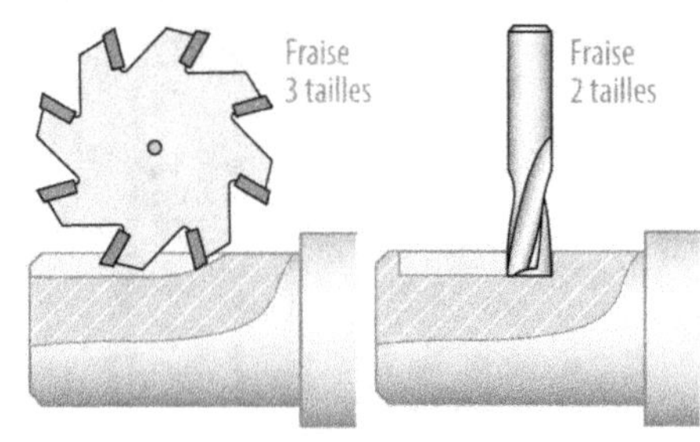

(n.f.) Petit ORGANE à insérer pour moitié dans un ARBRE (sens 2) et l'autre moitié dans un ALÉSAGE afin d'empêcher la ROTATION de l'un par rapport à l'autre :

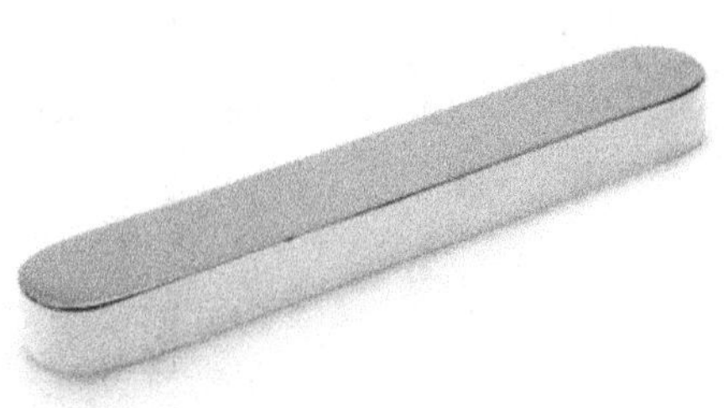

A. Configuration générale d'une clavette entre un ARBRE (sens 2) et un MOYEU :

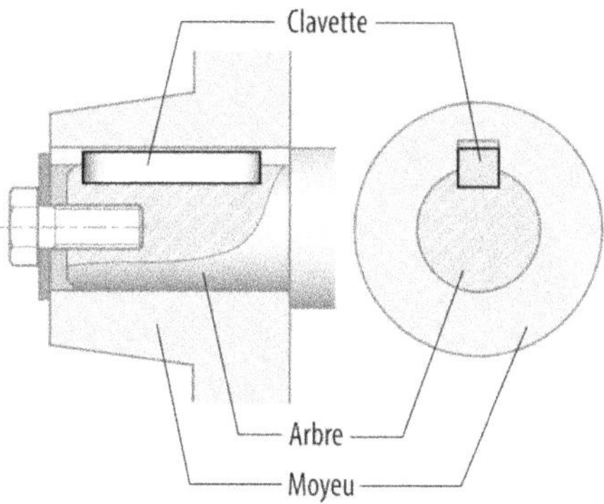

B. Ci-dessous les types les plus utilisés :

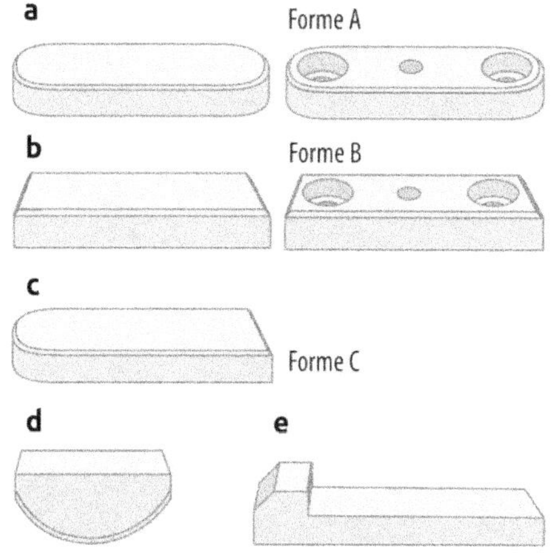

a. clavette parallèle bouts arrondis
b. clavette parallèle bouts plats
c. clavette à un bout arrondi
d. clavette disque
e. clavette à talon

clavette à talon [gib head key]

(n.f.) Type de CLAVETTE avec une SURFACE en pente pour la coincer dans son logement, et une FORME en saillie permettant de l'extraire facilement de son logement.

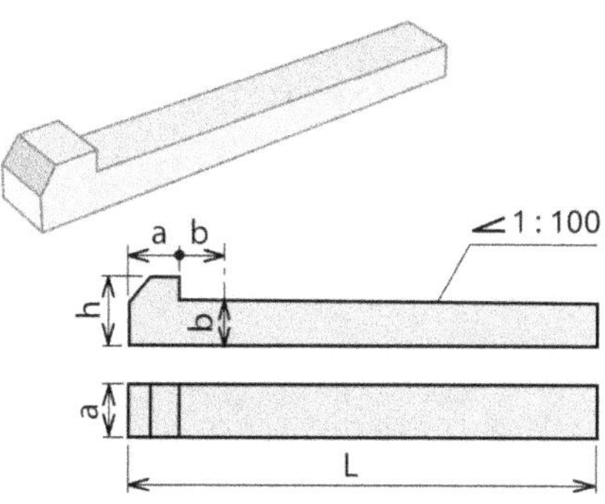

A. Exemple de désignation :

Clavette à talon a × b × L, [MATIÈRE]

B. Exemple d'utilisation : Liaison d'un moyeu de poulie avec son ARBRE (sens 2).

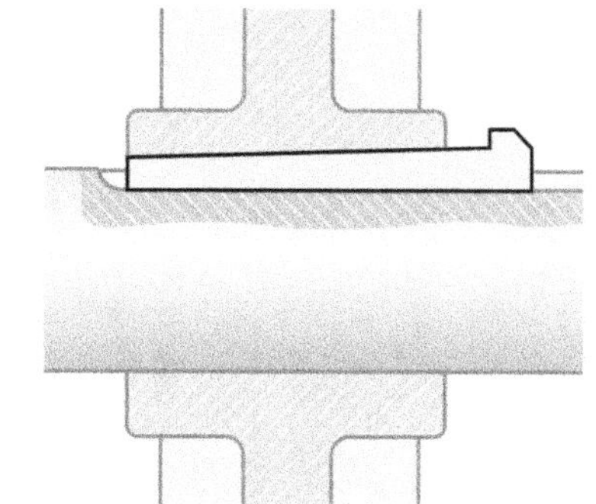

C. C. Extracteur de clavette et son utilisation :

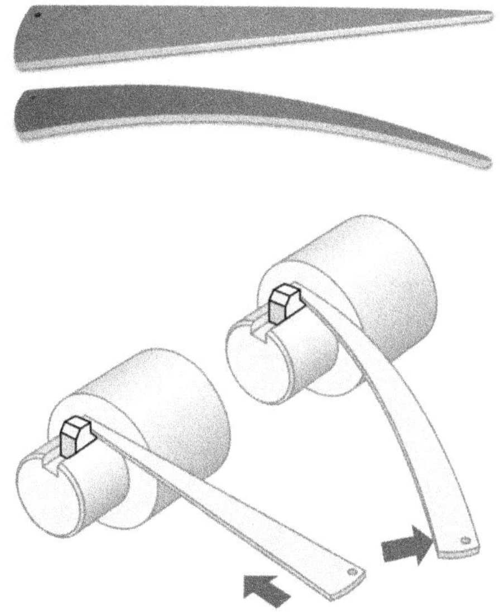

clavette disque [woodruff key]

(n.f.) Type de CLAVETTE taillée à partir d'un CYLINDRE (sens 1) tronçonné en rondelle puis coupé transversalement.

A. Exemple de désignation :

Clavette disque a × b × c, [MATIÈRE]

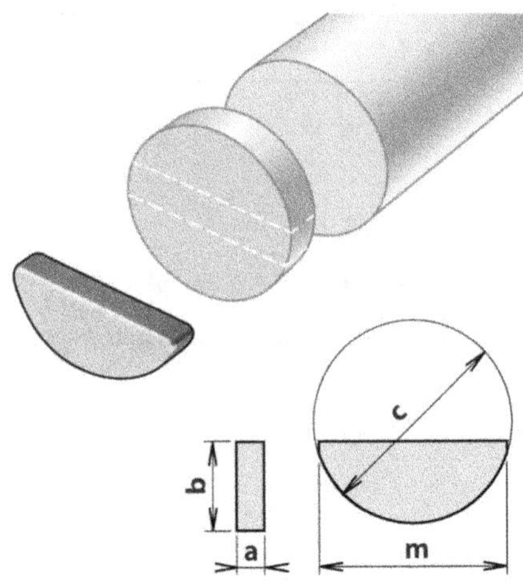

a	b	c	m
2	2,6	7	8
2,5	3,7	10	9
3	3,7	10	9
3	5	13	11,5
3	6,5	16	15
4	5	13	11,5
4	6,5	16	15
4	7,5	19	17,5
5	6,5	22	15
5	7,5	22	17,5
5	9	25	20,5
6	9	28	20,5
6	10	32	23
6	11	28	25,5
6	13	32	30
8	11	28	25,5
8	13	32	30
8	15	38	35
8	16	45	41
10	16	45	41
10	19	65	56
12	19	65	56
12	24	80	70

B. Exemple d'application : Liaison d'entraînement d'une HÉLICE (sens 2) par son ARBRE (sens 2) à BOUT (sens 1) | CONIQUE.

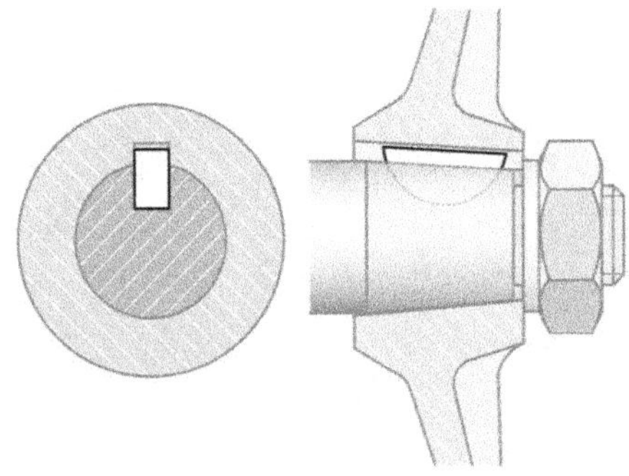

👍 Avantages

C. FABRICATION relativement facile de la clavette. USINAGE de la RAINURE aisée.

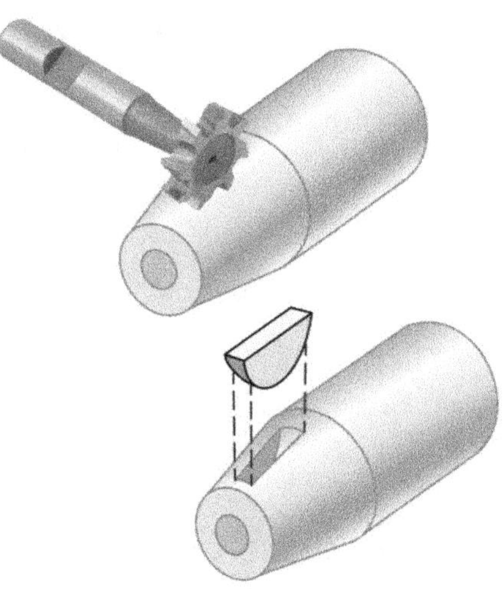

La FORME incurvée convient bien à un BOUT D'ARBRE | CONIQUE. Parfaitement maintenue dans son logement en fonctionnement.

👎 Inconvénients

D. COUPLE DE FORCE transmis modéré. La PROFONDEUR de la RAINURE affaiblit notablement l'ARBRE (sens 2). Ne convient pas pour une TRANSLATION longitudinale de l'ARBRE (sens 2) ou du MOYEU.

E. Le terme en anglais de la clavette disque provient du nom de son inventeur Woodruff (brevet déposé en 1887).

clavette parallèle [parallel key]

(n.f.) Type de CLAVETTE en FORME de PRISME à base RECTANGULAIRE avec des extrémités parfois arrondies.

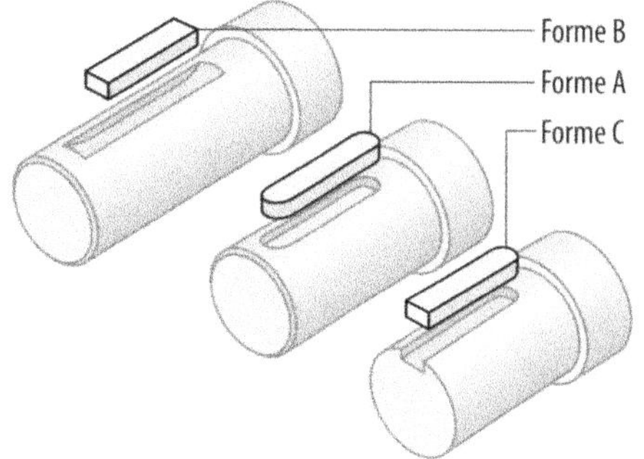

A. Exemple d'application : liaison d'une POULIE avec un ARBRE (sens 2).

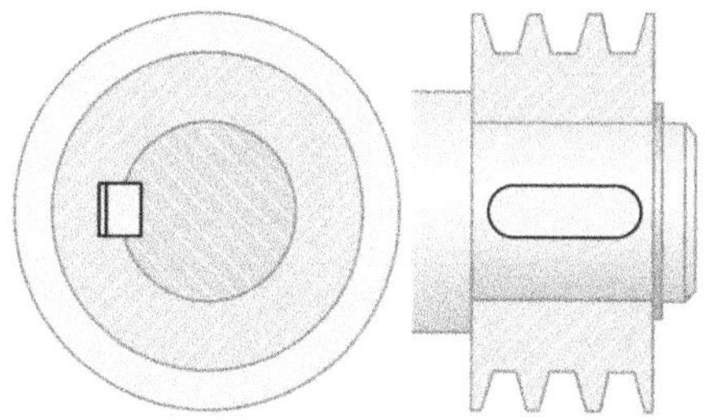

B. Exemple de désignation :

Clavette parallèle forme [X] a × b ×L, [MATIÈRE]

X étant les lettres A, B ou C.

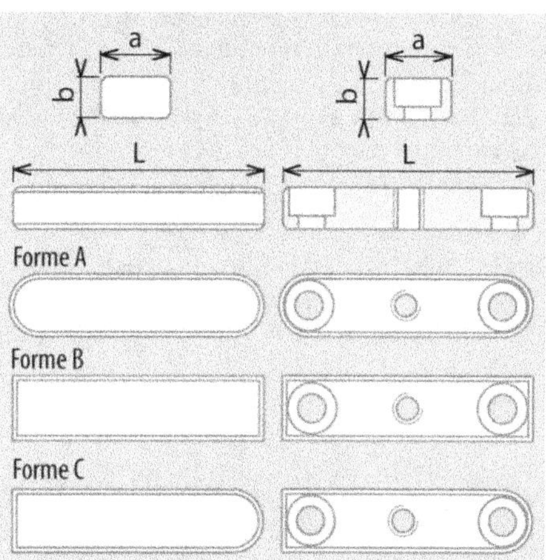

Elles sont prélevées dans des BARRES d'ACIER | ÉTIRÉES. Les extrémités arrondies sont obtenues par FRAISAGE avec des FRAISES DE FORME. C. USINAGE de la rainure de clavetage.

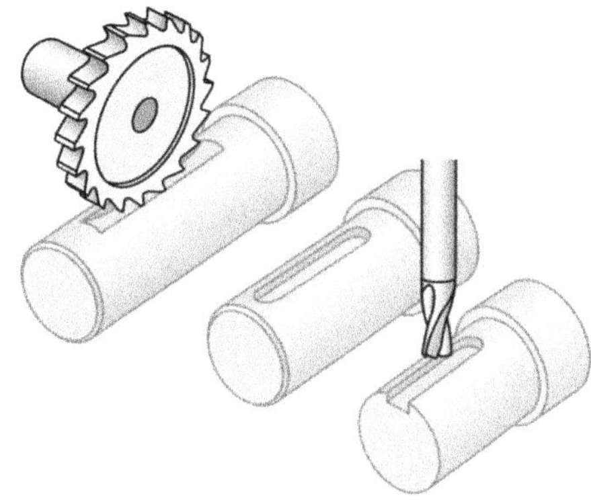

D. Les dimensions des clavettes sont calculées au CISAILLEMENT et au MATAGE.

👍 Avantages

E. Relativement économique. Élément normalisé. Mise en place facile. Calcul de DIMENSIONNEMENT précis et peu compliqué. Permet éventuellement une TRANSLATION | LONGITUDINALE tout en transmettant un COUPLE DE FORCE.

👎 Inconvénients

F. COUPLE DE FORCE transmis modéré bien que plus élevé que pour la CLAVETTE-DISQUE. PRESSION de MATAGE élevée. La RAINURE affaiblit l'ARBRE (sens 2) et crée des CONCENTRATIONs DE CONTRAINTE. Ne permet pas un CENTRAGE rigoureux. Peu recommandé pour des TRANSLATIONS fréquentes.

→ Voir CONTRAINTE DE CISAILLEMENT ; (CLAVETAGE), RAINURE DE CLAVETAGE ; LIAISON EN ROTATION.

clé

(n.f.)

1. [Key] Petit ORGANE à conserver sur soi et permettant de contrôler l'accès à un DISPOSITIF plus grand.

2. [Spanner (GB), wrench (US)] OUTILLAGE MANUEL avec une FORME D'ENTRAÎNEMENT et un manche servant de LEVIER pour serrer ou desserrer une VIS (sens 2), un ÉCROU.

A. À ce titre et pour une plus grande clarté, elle peut être appelée CLÉ DE SERRAGE.

B. Ne pas confondre avec le TOURNEVIS qui n'est pas un LEVIER. Ne pas confondre non plus avec la PINCE qui est un ORGANE de MAINTIEN et non de SERRAGE.

clé à chaîne pour tube [chain pipe spanner (GB), chain pipe wrench (US)]

(n.f.) Type de CLÉ (sens 2) avec une multitude de maillons articulés pour s'enrouler autour d'un TUBE et l'entraîner en ROTATION.

La clé à chaîne est essentiellement utilisée pour les travaux de TUYAUTERIE.
→ Voir aussi CLÉ À TUBE.

clé à choc [impact spanner (GB), impact wrench (US)]

(n.f.) OUTILLAGE ÉLECTROPORTATIF souvent PNEUMATIQUE pour serrer des VIS et ÉCROUS à des valeurs de COUPLES élevées grâce à des À-COUPS.

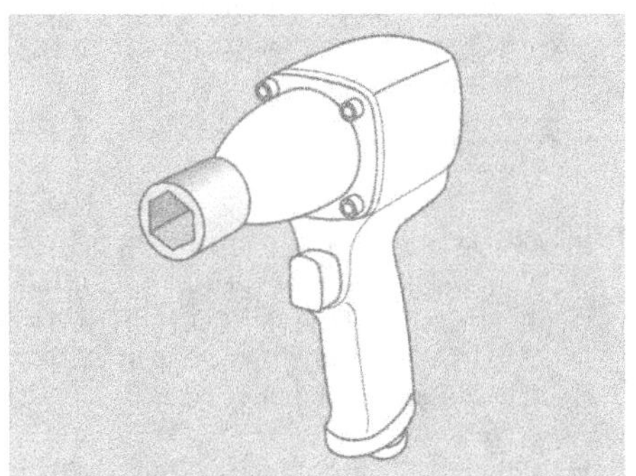

A. D'une façon générale, la clé à choc donne une PRÉCISION de SERRAGE grossière. Pour des SERRAGES plus précis, préférer la CLÉ DYNAMOMÉTRIQUE.
B. Ne pas confondre avec la CLÉ DE FRAPPE.
→ Voir aussi (VIS), SERRAGE.

clé à cliquet [ratchet spanner (GB), ratchet wrench (US)]

(n.f.) Type de CLÉ (sens 2) ne nécessitant pas d'être enlevée de la FORME D'ENTRAÎNEMENT à chaque TOUR (sens 2) car elle comporte déjà un MÉCANISME anti-retour ROUE LIBRE permettant un MOUVEMENT DE VA ET VIENT avec ENTRAÎNEMENT dans un seul SENS.

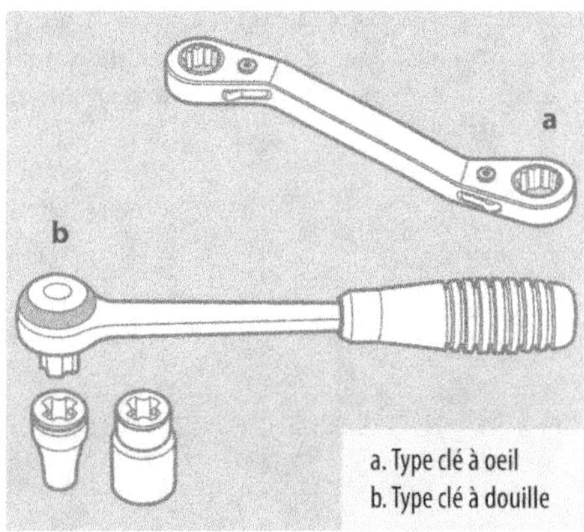

a. Type clé à oeil
b. Type clé à douille

👍 **Avantages**

A. Permet de travailler plus rapidement.

👎 **Inconvénients**

B. Plus encombrante, plus lourde et plus chère. Ne convient pas aux endroits exigus.

clé à crémaillère [monkey spanner (GB), monkey wrench (US)]

(n.f.) Type de CLÉ (sens 2) avec un MÉCANISME de VIS SANS FIN et CRÉMAILLÈRE permettant de faire varier l'ouverture de la FORME D'ENTRAÎNEMENT.

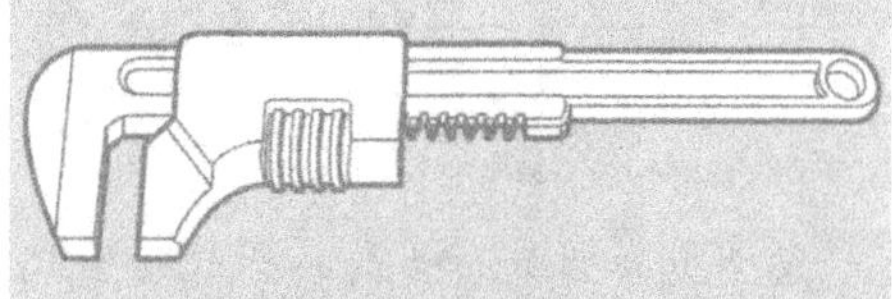

A. Ne pas confondre avec la CLÉ À MOLETTE dont on peut également faire varier la FORME D'ENTRAÎNEMENT mais avec un MÉCANISME disposé autrement.
B. D'une façon générale, la clé à crémaillère est plus robuste que la CLÉ À MOLETTE.

clé à douille [box spanner (GB), box wrench (US)]

(n.f.) Type de CLÉ (sens 2) dont la FORME D'ENTRAÎNEMENT amovible appelée DOUILLE est interchangeable selon la DIMENSION (sens 1) voulue.
→ Voir CLÉ À CLIQUET.

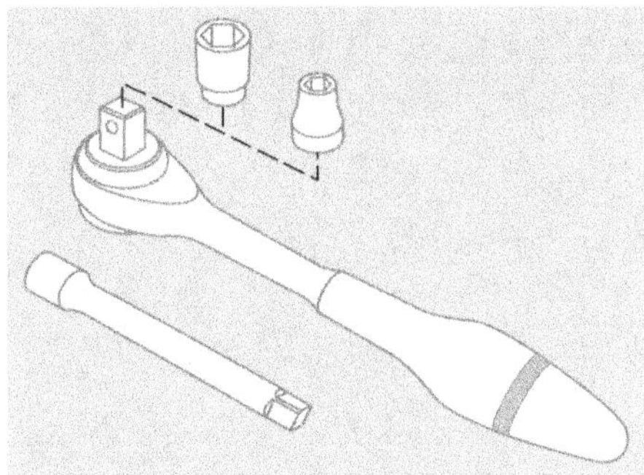

clé à ergot [hook spanner, pin spanner (GB), hook wrench, pin wrench (US)]

(n.f.) CLÉ (sens 2) pour les ÉCROUS À ENCOCHES et tous les ÉCROUS non-normalisés.

Ci-dessous, quelques types parmi les plus répandus :

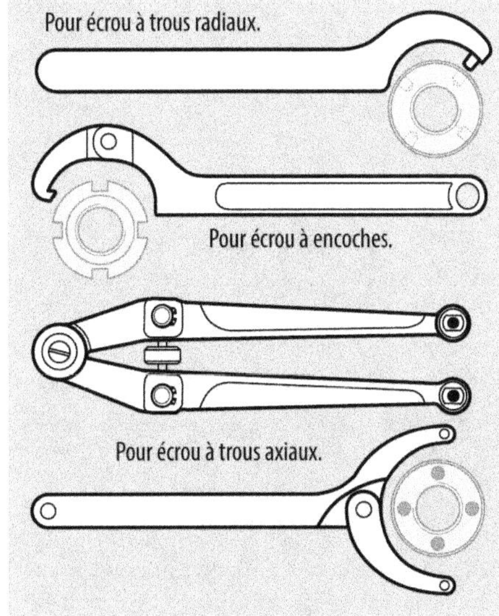

clé à griffe [grip spanner (GB), grip wrench (US)]

(n.f.) Même signification que CLÉ SERRE-TUBE.

clé alêne [allen key (GB), allen wrench, hexagon socket wrench, hex wrench (US)]

(n.f.) Type de CLÉ (sens 2) à SECTION hexagonale pour l'EMPREINTE hexagonale creuse comme sur les VIS À TÊTE CYLINDRIQUE HEXAGONALE CREUSE ou les VIS À TÊTE BOMBÉE HEXAGONALE CREUSE.

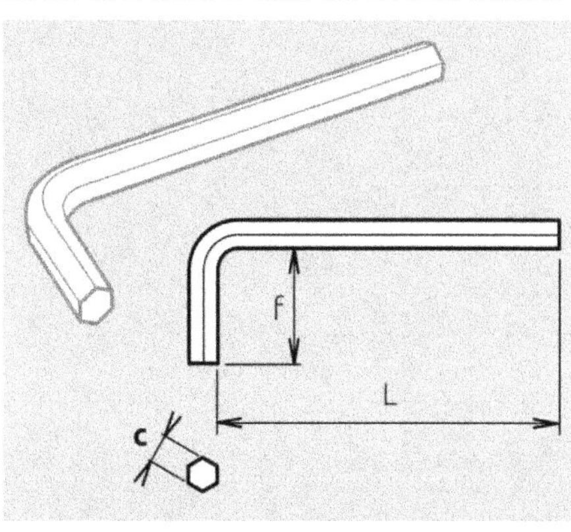

c	0,7	0,9	1,3	1,5	2	2,5	3	4	5	6
L	32	32	40	45	50	56	63	70	80	90
f	6	10	12	14	16	18	20	25	28	32

c	8	10	12	14	17	19	22	24	27	32
L	100	112	125	140	160	180	200	224	250	315
f	36	40	45	56	63	70	80	90	100	125

👍 Avantages

A. Le CONTACT de la clé et de la (VIS), TÊTE DE VIS se fait et se répartit sur six faces. Le COUPLE DE SERRAGE maximal applicable est naturellement limité par la LONGUEUR et la SECTION de la clé. La clé peut aider à l'introduction de la vis en la plaçant dans son prolongement. Permet des (VIS), TÊTEs DE VIS moins encombrantes. Utilisable sur une VIS SANS TÊTE.

👎 Inconvénients

B. L'EMPREINTE peut se détériorer assez facilement si le COUPLE DE SERRAGE est trop élevé. L'introduction de la clé peut être problématique si l'EMPREINTE est obstruée par de la souillure comme la ROUILLE, la peinture, etc.

→ Voir FORME D'ENTRAÎNEMENT pour ses CARACTÉRISTIQUEs comparées aux autres types de CLÉ (sens 2).

◆ Syn. : CLÉ BTR ; CLÉ À SIX PANS CREUX.

clé à molette [adjustable spanner (GB), adjustable wrench (US)]

(n.f.) Type de CLÉ (sens 2) dont l'ouverture de la FORME D'ENTRAÎNEMENT est réglable grâce à un MÉCANISME de roue à VIS SANS FIN striée et de CRÉMAILLÈRE.

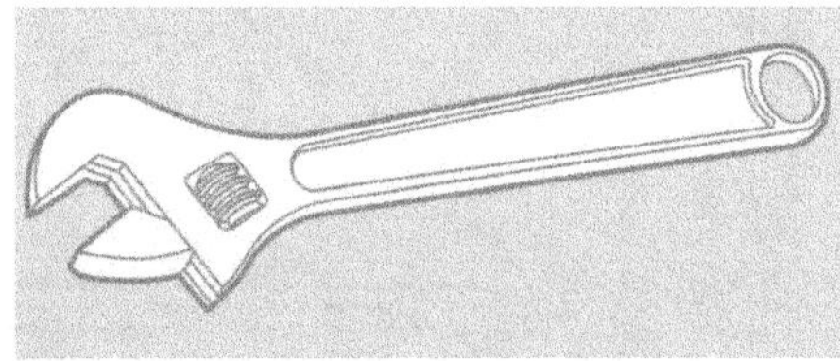

👍 Avantages

A. Permet de remplacer plusieurs CLÉS PLATES différentes.

👎 Inconvénients

B. EFFORT de SERRAGE modéré. Encombrant. Ne permet pas de travailler rapidement car nécessitant un RÉGLAGE préalable. Se dérègle facilement.

C. Ne pas confondre avec la CLÉ À CRÉMAILLÈRE dont le MÉCANISME est disposé différemment.

clé anglaise [adjustable spanner (GB), adjustable wrench(US)]

(n.f.) Même signification que la CLÉ À MOLETTE.

clé à pipe [box spanner (GB), socket wrench (US)]

(n.f.) Type de CLÉ (sens 2) permettant de serrer une VIS À TÊTE HEXAGONALE dans une empreinte profonde.

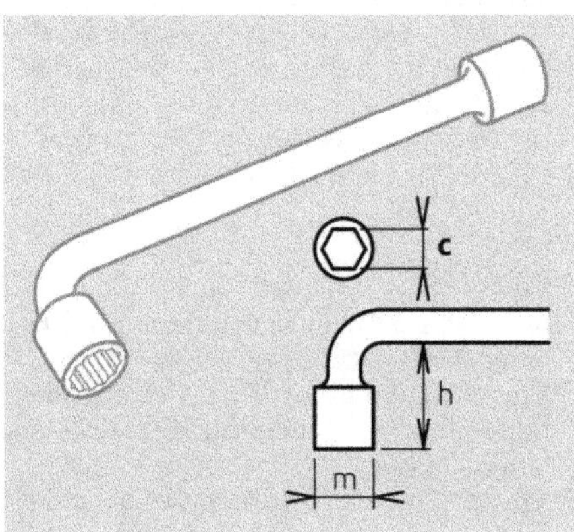

c	6	7	8	10	11	13	14	15	16
m	10	11	12,5	15	16,5	19,5	21	22,5	24
h	15	17	19	23	25	30	32	34	37

c	17	18	19	21	22	24	27	30	36
m	25,5	26,5	28,5	30,5	32	34,5	38,5	42	49,5
h	39	40	41	46	48	54	58	64	82

clé à pipe débouchée [offset socket wrench]

(n.f.) Type de CLÉ (sens 2) coudé permettant, en particulier, de manœuvrer un ÉCROU HEXAGONAL sur une tige filetée très dépassante car un passage est aménagé dans l'axe de l'empreinte hexagonale.

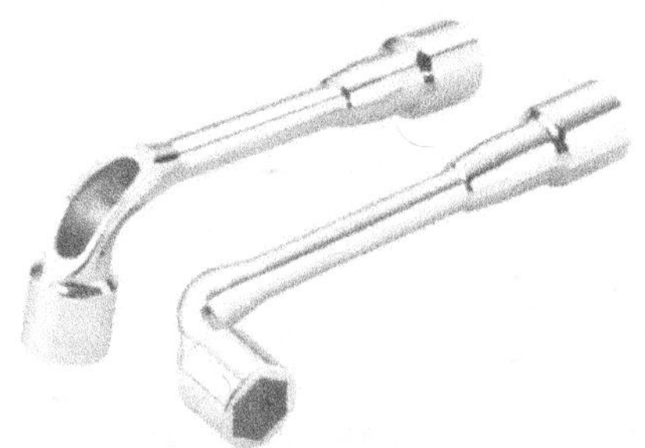

clé à six pans creux [allen key (GB), allen wrench, hexagon socket wrench, hex wrench (US)]

(n.f.) Même signification que la CLÉ ALÈNE.

clé BTR [allen key (GB), allen wrench, hexagon socket wrench, hex wrench (US)]

(n.f.) Même signification que la CLÉ ALÈNE.

clé contre-coudée [offset spanner]

(n.f.) Type de CLÉ (sens 2) dont la FORME du manche est recourbée de sorte à pouvoir atteindre des endroits inaccessibles avec une CLÉ PLATE classique.

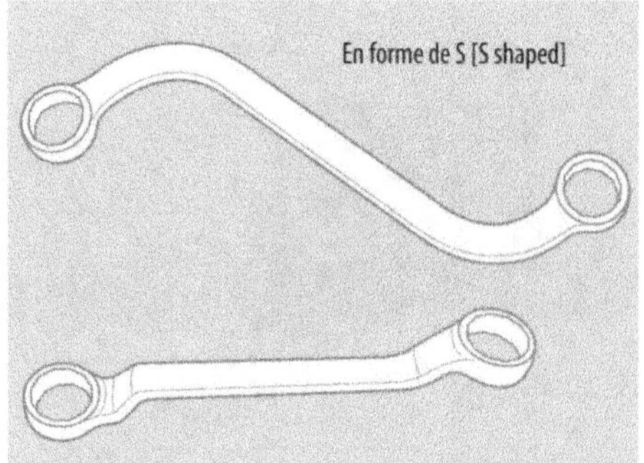

clé de frappe [slugging spanner (GB), slugging wrench (US)]

(n.f.) Type de CLÉ (sens 2) ressemblant à une CLÉ PLATE ou à une CLÉ POLYGONALE mais spécialement conçue pour être utilisée par le CHOC d'un MARTEAU ou d'une MASSE (sens 3).

A. La clé de frappe permet des SERRAGES extrêmes.

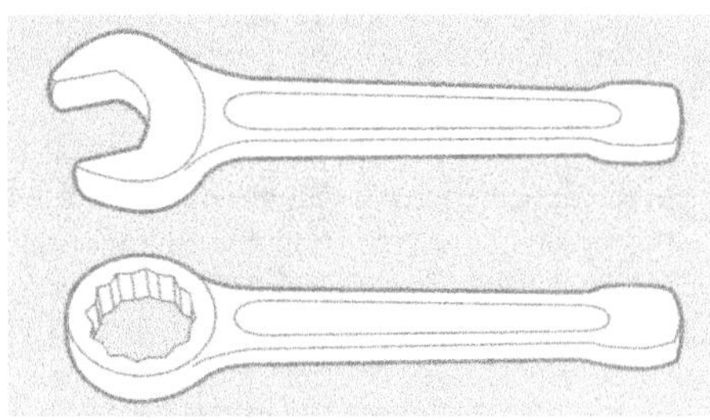

B. La particularité de cette clé est sa TÉNACITÉ supérieure aux clés habituelles.

clé de mandrin [chuck key]

(n.f.) CLÉ (sens 2) spéciale pour déplacer et serrer les MORS d'un MANDRIN (sens 1).

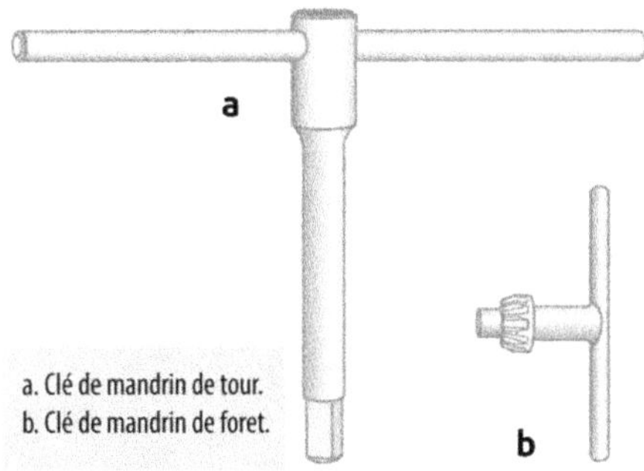

a. Clé de mandrin de tour.
b. Clé de mandrin de foret.

clé de serrage [spanning tool , tightening wrench]

(n.f.) OUTILLAGE MANUEL pour manœuvrer des ÉLÉMENTS DE FIXATION à FILETAGE ou TARAUDAGE comme les VIS (sens 2) et les ÉCROUS.
◆ Syn. : OUTIL DE SERRAGE.

clé dynamométrique [torque spanner (GB), torque wrench (US)]

(n.f.) CLÉ (sens 2) permettant de limiter le COUPLE DE SERRAGE d'une VIS (sens 2) ou d'un ÉCROU à une valeur bien précise.

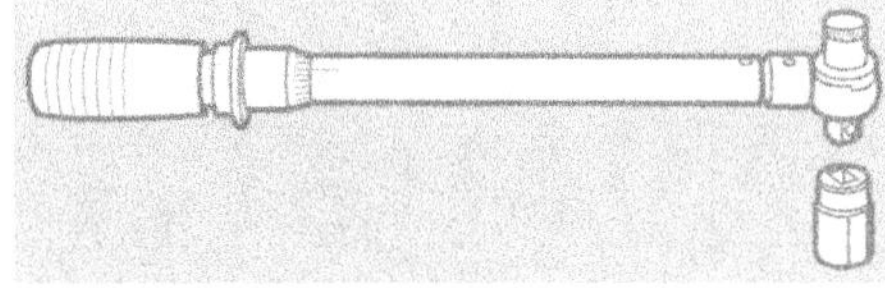

→ Voir aussi (VIS), SERRAGE.

clé emmanchée [handle spanner (GB), handle wrench (US)]

(n.f.) CLÉ (sens 2) pour VIS (sens 2), ou ÉCROU HEXAGONAL ou VIS À SIX PANS CREUX qui ne possède pas de LEVIER comme les CLÉS À PIPE ou les CLÉS ALÊNES mais qui est manœuvrée à l'aide d'un manche comme un TOURNEVIS.

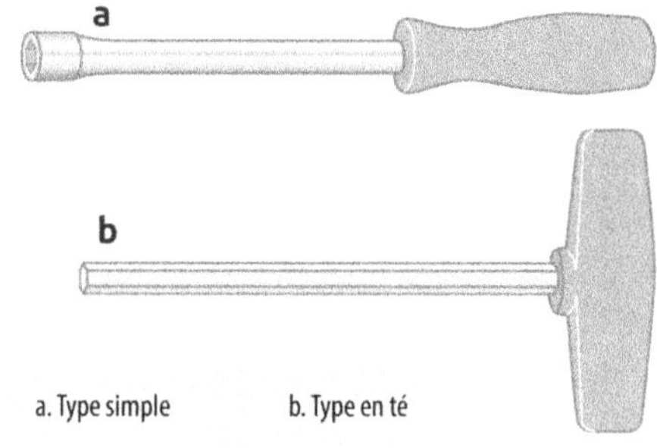

a. Type simple   b. Type en té

La clé emmanchée permet de travailler vite mais le COUPLE DE SERRAGE est très modéré.

clé en croix [four way socket spanner (GB), four way socket wrench (US)]

(n.f.) Type de CLÉ (sens 2) avec quatre branches terminées par des FORMES D'ENTRAÎNEMENT différentes.

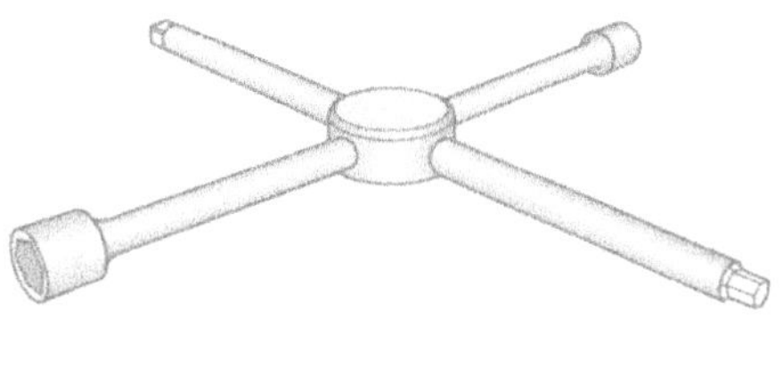

Avantages

A. Donne l'assurance que toutes les CLÉS (sens 2) qui doivent aller ensemble ne se dispersent pas.

Inconvénients

B. Très encombrant.

clé en tube [tubular box spanner (GB), tubular box wrench (US)]

(n.f.) Type de CLÉ (sens 2) pour les VIS À TÊTE HEXAGONALE ou ÉCROU HEXAGONAL, fabriquée avec un TUBE de SECTION | HEXAGONALE et utilisable avec les VIS (sens 2) de très grande LONGUEUR ou dans des LAMAGES (voir page suivante).

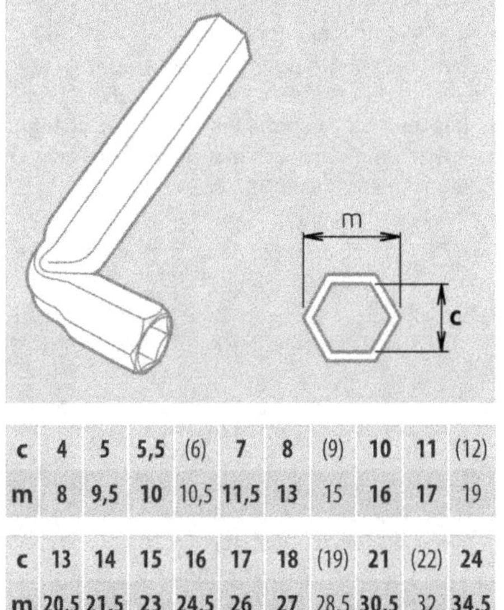

c	4	5	5,5	(6)	7	8	(9)	10	11	(12)
m	8	9,5	10	10,5	11,5	13	15	16	17	19

c	13	14	15	16	17	18	(19)	21	(22)	24
m	20,5	21,5	23	24,5	26	27	28,5	30,5	32	34,5

c	27	30	(32)	34	36	41	46	50	55	60
m	38,5	42	45	48	50	57	63	69	75	81

• Note : Ne pas confondre avec la CLÉ À TUBE et la CLÉ À PIPE.

clé hydraulique [hydraulic torque spanner (GB); hydraulic torque wrench (US)]

(n.f.) Type de CLÉ DE SERRAGE prévue pour fournir elle-même le COUPLE DE FORCE nécessaire grâce à un VÉRIN | HYDRAULIQUE associé à un MÉCANISME de CLIQUET.
Ex. : *Clé hydraulique à douille hexagonale.*

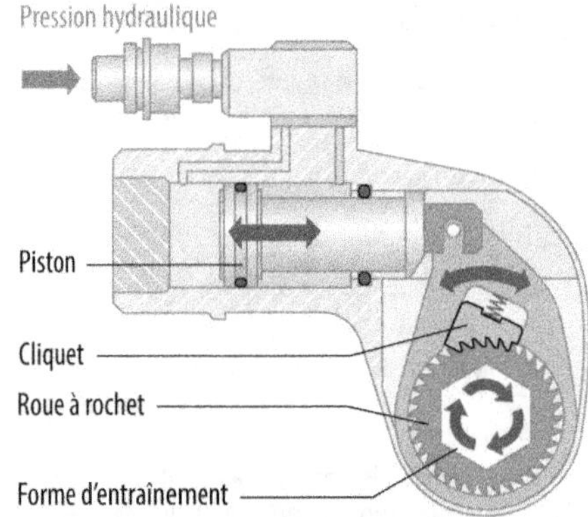

A. Son mode de fonctionnement s'apparente à celui de la CLÉ À CLIQUET, sauf l'origine du COUPLE DE FORCE qui n'est pas musculaire mais provenant d'un LIQUIDE sous-pression.

B. Elle est surtout utilisée pour les grosses dimensions de CLÉ (sens 2) (en général à partir de 19 mm) afin de diminuer la pénibilité des OPÉRATIONS de SERRAGE.

👍 Avantages

C. Permet un SERRAGE sans effort physique. Bonne PRÉCISION et REPRODUCTIBILITÉ de SERRAGE grâce à la maîtrise de la PRESSION | HYDRAULIQUE appliquée.

👎 Inconvénients

D. Nécessite un équipement conséquent pour fournir la PRESSION hydraulique nécessaire. Plutôt onéreuse. N'existe pas pour les petites dimensions de CLÉ (< 19 mm). Génère des CONTRAINTES DE TORSION indésirables dans la VIS (sens 2), contrairement à la méthode (PRÉTENSION), SERRAGE PAR PRÉTENSION. Ne convient pas aux endroits exigus. Nécessite un point d'appui pour empêcher la ROTATION du SYSTÈME.

clé mixte [combination spanner (GB), combination wrench (US)]

(n.f.) D'une façon générale, type de CLÉ (sens 2) dont les FORMES D'ENTRAÎNEMENT sont différentes à ses deux extrémités.
La plus répandue est la CLÉ (sens 2) pour VIS (sens 2) ou ÉCROU HEXAGONAL : un des cotés est du type CLÉ PLATE, l'autre est du type CLÉ POLYGONALE, avec des DIMENSIONS identiques.

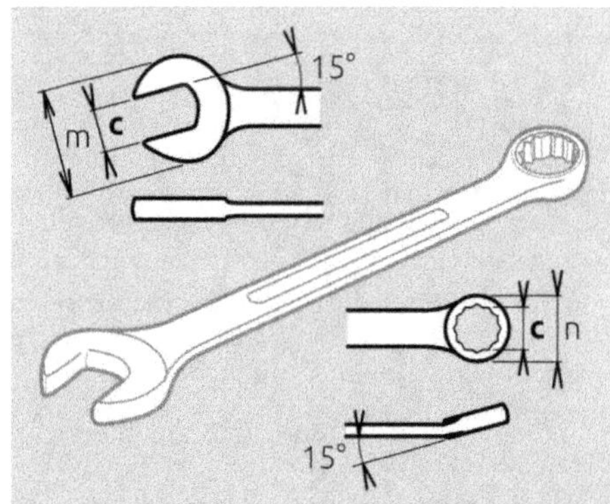

→ Voir FORME D'ENTRAÎNEMENT pour une comparaison de ses CARACTÉRISTIQUES avec les autres types de CLÉS (sens 2).

c	3,2	4	5	5,5	7	8	10	11	13
m	14	15	18	19	22	24	28	30	34
n	7	8	10	10,5	12,5	14	17	18,5	21,5

c	15	16	(17)	18	(19)	21	(22)	24	27
m	39	41	43	45	47	51	53	57	64
n	24,5	26	27,5	29	30,5	33,5	35	38	42,5

c	30	32	34	36	41	46	50	55	60
m	70	74	78	83	93	104	112	123	133
n	47	50	53	56	63,5	71	77	84,5	92

clé plate à fourche [open end spanner (GB), open end wrench (US)]

(n.f.) Type de CLÉ (sens 2) pour les VIS À TÊTE HEXAGONALE et les ÉCROUS HEXAGONAUX et dont la FORME D'ENTRAÎNEMENT est ouverte sur un côté comparée à une CLÉ POLYGONALE.

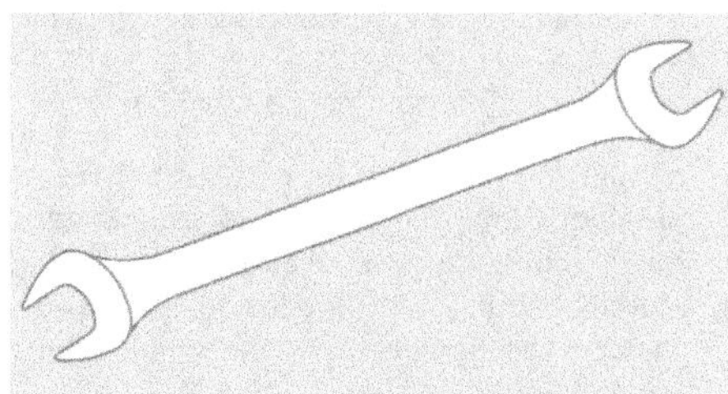

→ Voir CLÉ MIXTE pour ses dimensions caractéristiques.
→ Voir FORME D'ENTRAÎNEMENT pour une comparaison de ses CARACTÉRISTIQUES avec les autres types de CLÉS (sens 2).

clé polygonale [ring spanner (GB), box end spanner (US)]

(n.f.) Type de CLÉ (sens 2) pour VIS (sens 2) et ÉCROUS HEXAGONAUX, dont la FORME D'ENTRAÎNEMENT n'est pas ouverte comme la CLÉ PLATE À FOURCHE et permet ainsi des EFFORTS plus importants.

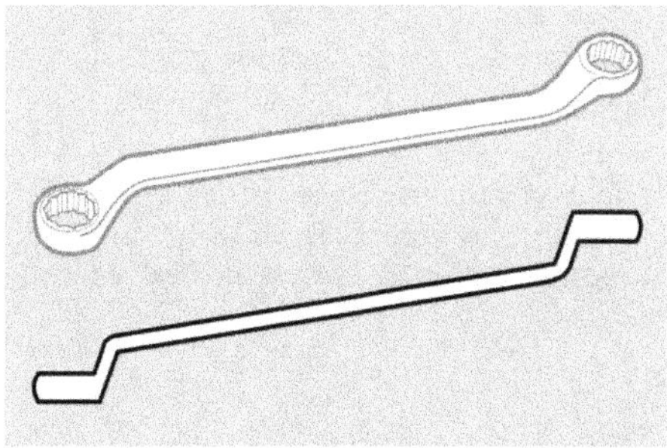

• Note : À remarquer que les deux côtés de cette clé sont de DIMENSIONS légèrement différentes.
→ Voir CLÉ MIXTE pour ses DIMENSIONS caractéristiques.
→ Voir également la rubrique CLÉ CONTRE-COUDÉE.

clé serre-tube [pipe wrench]

(n.m.) OUTIL DE SERRAGE permettant d'agripper un PROFILÉ de SECTION ronde pour le faire tourner et serrer un FILETAGE, par exemple.
La clé serre-tube est un OUTIL utilisé essentiellement pour les travaux de TUYAUTERIE.

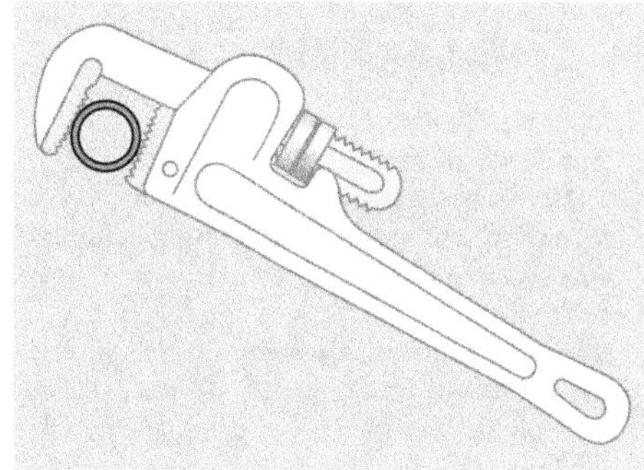

♦ Syn. : CLÉ À GRIFFE.
→ Voir CLÉ À CHAÎNE POUR TUBE qui est un autre outil à manœuvrer les TUBES.

clinchage [clinching]

(n.m.) TECHNIQUE d'ASSEMBLAGE (sens 1) de deux TÔLES superposées par DÉFORMATION PERMANENTE simultanée d'une zone entre une MATRICE (sens 1) et un POINÇON possédant une FORME spéciale.
A. Ci-dessous les différentes étapes du PROCÉDÉ :

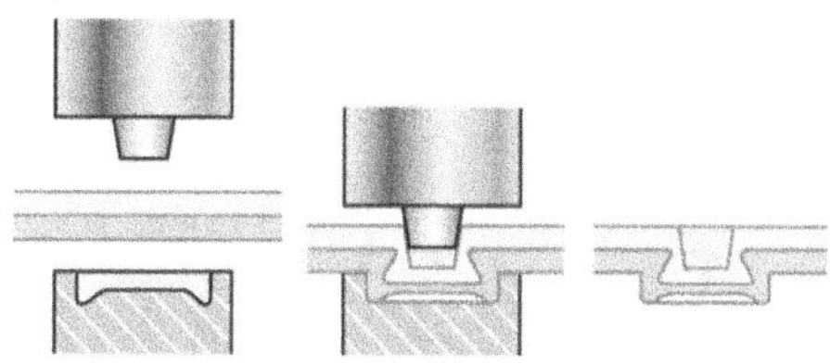

Avantages

B. Comparé au RIVETAGE, il est très adapté à la ROBOTISATION car ne requiert d'autres PIÈCES (sens 1) que les deux TÔLES. Comparé au SOUDAGE, il est utilisable avec les TÔLES PRÉLAQUÉES et toutes les TÔLES qui ont déjà reçu un TRAITEMENT DE SURFACE, d'une façon générale (voir page suivante).

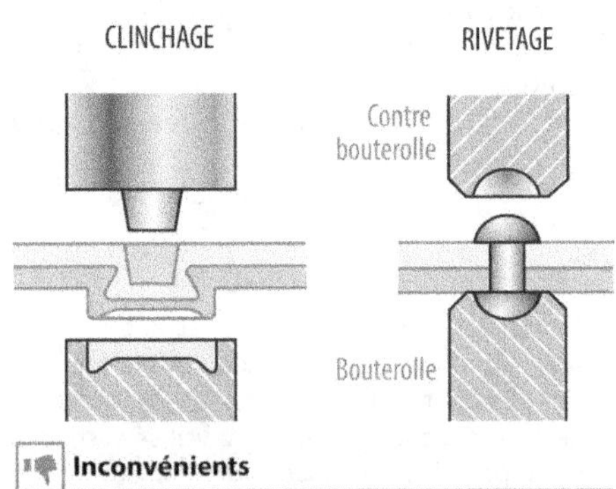

Inconvénients

C. RÉSISTANCE MÉCANIQUE de l'ASSEMBLAGE (sens 2) relativement modeste.

clinquant [shims, metal foil]

(n.m.) CALE de faible ÉPAISSEUR jusqu'à 0,02 mm (2/100), permettant des RÉGLAGES de PRÉCISION.
A. Le clinquant existe sous forme de plaquettes ou de ruban-dévidoir à couper à la LONGUEUR désirée.
B. Ne pas confondre avec le FEUILLARD qui n'a pas vocation à être d'ÉPAISSEUR très précise.
→ Voir aussi CALE PELABLE dont la fonction est similaire.

clip [clip]

(n.m.) ORGANE flexible se mettant en place par DÉFORMATION ÉLASTIQUE afin de constituer un ASSEMBLAGE (sens 2).
→ Voir ENCLIQUETAGE.

clipage, clipsage [snap-fit, snap-on installation]

(n.m.) Même signification que ENCLIQUETAGE (sens 2).

cliquet [pawl]

(n.m.) ORGANE s'insérant dans les creux d'une ROUE À ROCHET pour en bloquer le MOUVEMENT DE ROTATION dans un SENS et pas dans l'autre.

→ Voir, par exemple, CLÉ À CLIQUET ; CLÉ HYDRAULIQUE.

cloquage [blistering]

(n.m.) DÉFAUT de décollage d'un REVÊTEMENT de son SUBSTRAT en donnant de nombreuses FORMEs saillantes par endroit sur une SURFACE.

Le cloquage peut provenir de bulles de GAZ ou humidité emprisonnées ou de produits de CORROSION.
→ Voir aussi COULURE qui est un autre type de DÉFAUT de REVÊTEMENT.

clou [nail]

(n.m.) (FIXATION), ORGANE DE FIXATION en TIGE métallique pointue sur un côté et avec une FORME souvent plate sur l'autre pour l'enfoncer à force avec un MARTEAU dans du BOIS ou un MATÉRIAU relativement TENDRE :

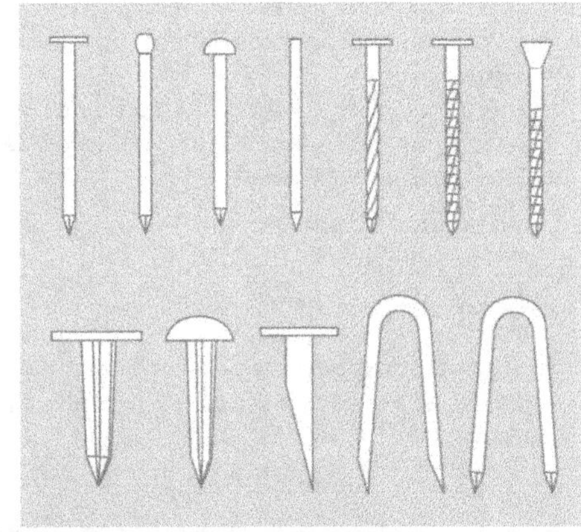

clou à frapper [hammerdrive rivet]

(n.m.) (FIXATION), ORGANE DE FIXATION à tête, dont la mise en place se fait (AVEUGLE), EN AVEUGLE en enfonçant au MARTEAU une TIGE centrale qui écarte la deuxième extrémité.

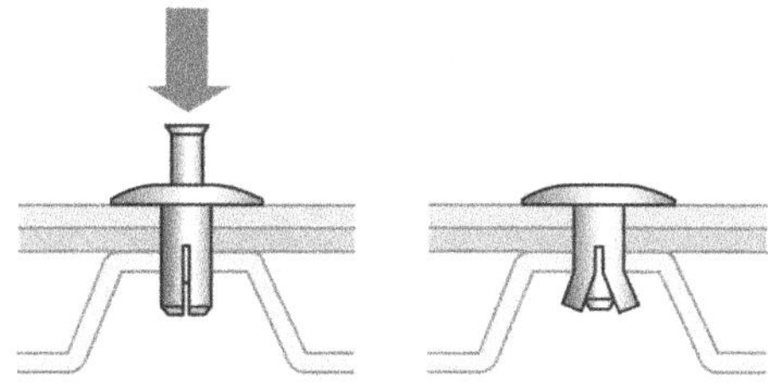

◆ **Syn.** : RIVET À EXPANSION.

CN [CNC : computer numerical control]

Sigle pour **C**OMMANDE **N**UMÉRIQUE.

Co

Symbole pour l'ÉLÉMENT CHIMIQUE | COBALT.

coalescence [coalescence]

(n.f.)

1. PHÉNOMÈNE de TRANSFORMATION (sens 2) à l'état SOLIDE de la MICROSTRUCTURE | LAMELLAIRE d'un MATÉRIAU en STRUCTURE (sens 1) GLOBU-LAIRE par DIFFUSION atomique, plus facile à usiner et à mettre en FORME.

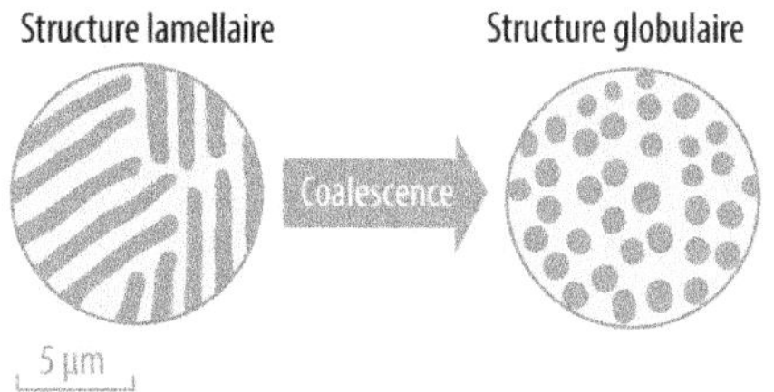

2. Le TRAITEMENT THERMIQUE de RECUIT permet de transformer à l'état SOLIDE la MICROSTRUCTURE | LAMELLAIRE d'un MATÉRIAU en structure GLOBULAIRE.

◆ **Syn.** : GLOBULISATION ; SPHÉROÏDISATION.

coaxial [coaxial]

(adj.) Qui possède le même AXE (sens 1).

coaxialité [coaxiality]

(n.f.) Propriété de FORMES DE RÉVOLUTION dont les AXES (sens 1) coïncident.

A. Ci-contre la façon de le spécifier sur un DESSIN TECHNIQUE avec les TOLÉRANCES associées :

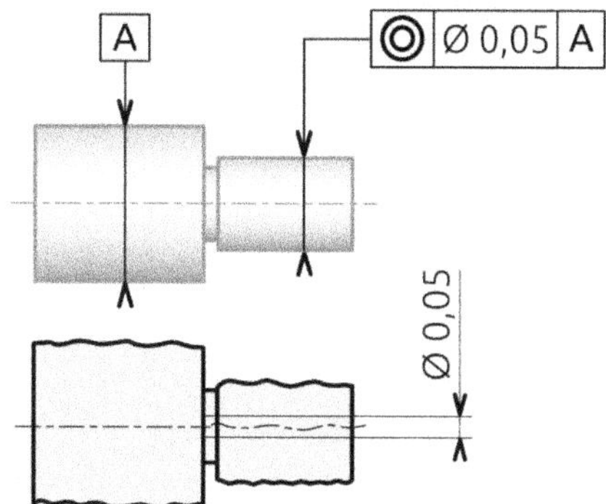

Voici la signification de cette indication : la ligne médiane extraite (effective) du cylindre tolérancé doit être comprise dans une zone cylindrique de diamètre 0,05 ayant pour axe la droite de référence A, l'axe du plus petit cylindre circonscrit minimisant les écarts.

B. Ci-dessous une façon pratique de CONTRÔLER cette PROPRIÉTÉ en MÉTROLOGIE :

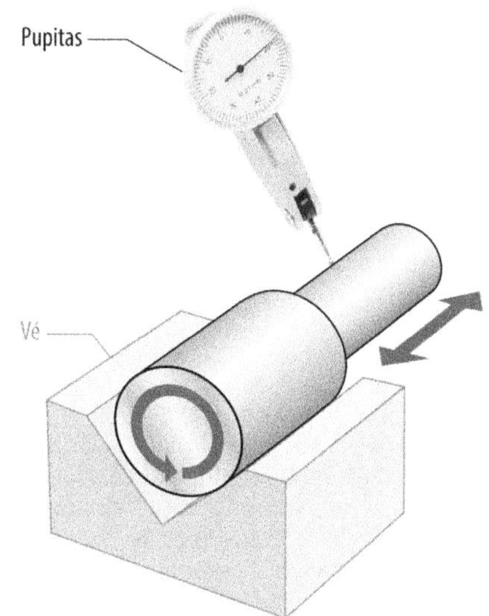

À noter que la notion de CONCENTRICITÉ utilise le même symbole. Elle consiste en la coïncidence de CENTRES et non pas forcément d'AXES (sens 1) en entier.

cobalt (Co) [cobalt]

(n.m.) MÉTAL ressemblant au FER et au NICKEL mais plus DUR et plus FRAGILE.

A. Il est utilisé pour les SUPERALLIAGES, les ACIERS INOXYDABLES, les électrodes de batterie, les AIMANTS PERMANENTS, la fabrication de CÉRAMIQUES (CARBURES MÉTALLIQUES) et de pigments bleus, la catalyse, etc.

B. Quelques CARACTÉRISTIQUES.

Symbole chimique :	Co
État physique à l'ambiante :	Solide
Couleur :	Gris
Numéro atomique :	27
Masse volumique :	8,6 g/cm^3
T° de fusion :	1495°C
Structure cristalline :	Cubique Face Centrée Hexagonal compact

C. Aspect, couleur et rendu du MÉTAL.

COBAPRESS ™

(nom commercial déposé). PROCÉDÉ hybride breveté par la société française Saint Jean Industries (F69220 Belleville en Beaujolais) pour l'obtention de pièce MÉTALLIQUE par combinaison de la FONDERIE (sens 1) et du FORGEAGE. Le MATÉRIAU sur lequel il est le plus souvent appliqué est l'ALUMINIUM.

A. Il consiste à produire une ÉBAUCHE par MOULAGE EN COQUILLE, puis après ÉBARBAGE, la pièce subit une deuxième OPÉRATION de mise à dimension finale par ESTAMPAGE ou FRAPPE.

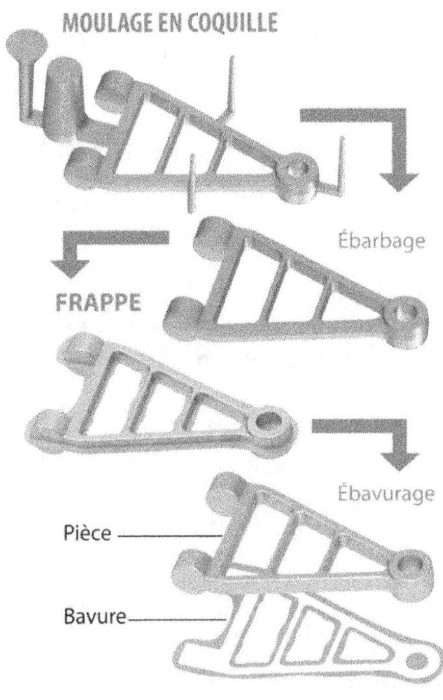

Avantages

B. Bonne PRÉCISION géométrique. Bon ÉTAT DE SURFACE. Pièce finale avec une STRUCTURE MICROSCOPIQUE compacte sans RETASSURES ni SOUFFLURES. Bonne RÉSISTANCE MÉCANIQUE. Meilleure tenue en FATIGUE provenant de l'état de surface et de la déformation des GRAINS qui retardent la propagation de FISSURES. Utilise des ALLIAGES classiques de FONDERIE (sens 2).

Inconvénients

C. PROCÉDÉ contenant beaucoup d'étapes et de manipulations.

D. La principale application est la FABRICATION de pièces automobile très sollicitées : bras de suspension, train de roulage, etc.

E. Le nom du PROCÉDÉ provient de la contraction de COulé -BAsculé-PRESSé.

cobot [cobot]

(n.m.) ROBOT conçu pour assister l'homme dans ses travaux manuels et pour pouvoir partager avec lui son espace de travail, ce qui le différencie des ROBOTS classiques qui doivent être enfermés dans des cages pour des raisons de SÉCURITÉ.

A. Contrairement à ces derniers, leurs particularités est d'être plus à taille humaine, avec une capacité de CHARGES (sens 1) plus faible (de l'ordre de dix à cent fois moins qu'un robot industriel

habituel) et une PRÉCISION et RÉPÉTABILITÉ moindres (le centième ou dixième de mm habituellement rencontrés en ROBOTIQUE classique n'est pas forcément utile à tous les travaux). Ainsi, ils ont l'avantage de plus de flexibilité, d'universalité, une plus grande facilité d'utilisation et de programmation et un prix modéré.
Ex. : *Cobot de soudage.*

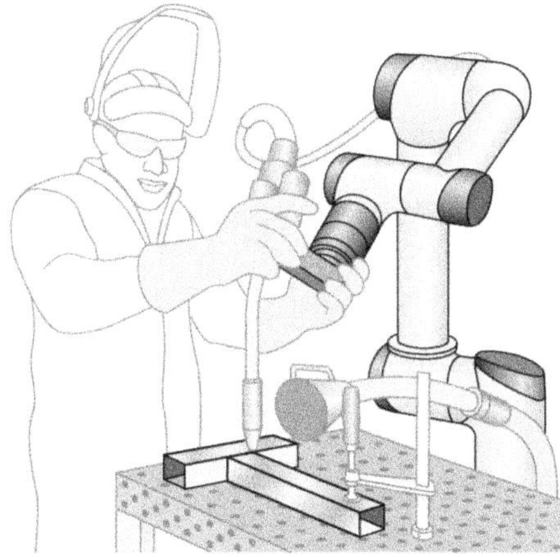

B. Dans le cas précis ci-dessus, l'opérateur commence par montrer et apprendre, en quelque sorte, à la machine le travail à faire, sans passer par une programmation laborieuse et coûteuse, après quoi le cobot exécute tout seul et de façon RÉPÉTABLE les opérations demandées.
C. Les cobots ont des applications dans des domaines aussi divers que l'industrie (FABRICATION, ASSEMBLAGE, etc.), la logistique (CONDITIONNEMENT, packaging, etc.), le médical, etc.
D. Le terme cobot est la contraction de « collaborative robot ».

cobotique [cobotics]

(n.f.) Discipline traitant de la collaboration entre l'homme et la MACHINE.
• Note : Le terme provient de la contraction de « collaborative » et « robotique ».

coefficient de dilatation thermique [coefficient of thermal expansion, thermal expansion coefficient]

(n.m.) Voir les explications à la rubrique (DILATATION), COEFFICIENT DE DILATATION.

coefficient de frottement [coefficient of friction, frictional coefficient, friction factor]

(n.m.) Nombre sans UNITÉ (sens 1) rendant compte de la difficulté du déplacement relatif entre deux objets en CONTACT. Plus le nombre est grand, plus le déplacement relatif demande beaucoup d'EF-

FORT, c'est à dire plus le FROTTEMENT est important.
A. Considérons le FROTTEMENT par GLISSEMENT d'un CORPS appuyé sur un SUPPORT plan par une FORCE P. Son DÉPLACEMENT parallèlement à la SURFACE du PLAN (sens 1) nécessite une FORCE F.

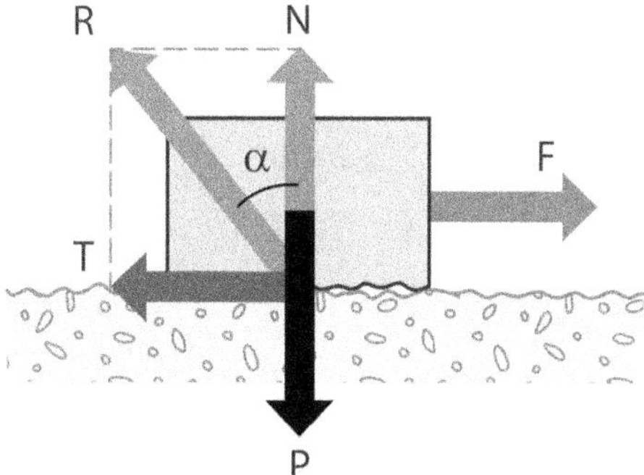

Le coefficient de frottement est le rapport de la FORCE F nécessaire et la FORCE d'appui P. C'est aussi le rapport de la FORCE T qui s'oppose au DÉPLACEMENT et de la RÉACTION D'APPUI normale N :

$$\mu = \tan\alpha = \frac{F}{P} = \frac{T}{N}$$

B. La résistance au DÉPLACEMENT existe également pour un CORPS qui roule sur une SURFACE, bien que le FROTTEMENT en ROULEMENT (sens 1) soit sensiblement moindre que la résistance au GLISSEMENT :

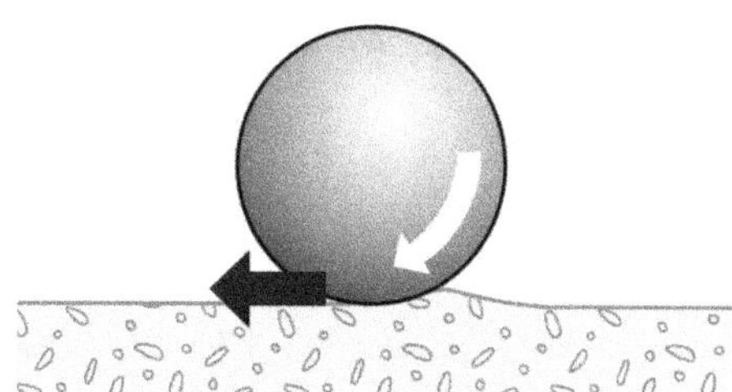

C. Le frottement peut s'effectuer « à sec » lorsqu'aucune SUBSTANCE n'est intercalée entre les SURFACES en CONTACT. Il peut être « lubrifié » lorsqu'une SUBSTANCE s'intercale entre les SURFACES en CONTACT, ce qui réduit les FORCES de RÉSISTANCE (sens 2). Et enfin, il peut être « hydrodynamique » lorsque la SUBSTANCE intermédiaire empêche tout CONTACT ce qui réduit encore plus les FORCES de RÉSISTANCE (sens 2). En page suivante, les ordres de grandeur des coefficients de frottement.

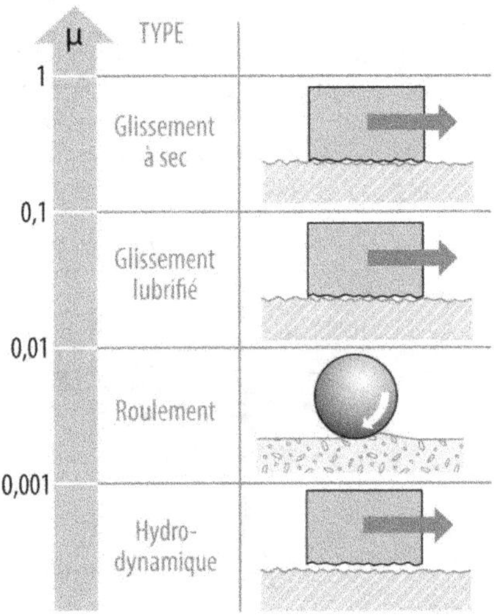

D. Lorsque le CORPS est au repos, on parle de FROTTEMENT STATIQUE. Lorsqu'il est en MOUVEMENT, il s'agit de FROTTEMENT DYNAMIQUE. Le coefficient de frottement STATIQUE μ_s est, en général, légèrement plus élevé que le coefficient de frottement dynamique μ_d. Le tableau ci-dessous donne quelques valeurs de coefficient de frottement pour quelques couples de MATÉRIAUX. Ces valeurs sont données à titre purement indicatif et peuvent varier sensiblement selon différents facteurs, notamment la RUGOSITÉ.

| | STATIQUE μ_s | | DYNAMIQUE μ_d | |
	Sec	Graissé	Sec	Graissé
Acier sur				
Acier	0,3~0,6	0,1	0,2~0,4	0,04~0,1
Fonte grise	0,16~0,25	0,1	0,15~0,25	0,03~0,16
Bronze	0,2	0,1	0,16~0,28	0,04~0,12
Aluminium	0,2	0,1	0,2	0,04~0,16
Plomb			0,3~0,5	
Cuir	0,5	0,2	0,2~0,26	0,12
Garniture frein			0,4~0,6	0,2~0,45
PTFE			0,04~0,20	
Polyamide			0,28~0,4	0,1
Glace	0,025		0,014	
Fonte gr. sur				
Fonte grise	0,2	0,15		0,05~0,15
Bronze	0,2	0,1	0,2	0,1
Autres mat.				
Bronze/Bronze	0,2	0,1	0,2	0,04~0,08
Métal/bois	0,5~0,65	0,1	0,2~0,5	0,04~0,1
Bois/bois	0,4~0,65	0,15~0,2	0,2~0,4	0,04~0,18

→ Voir FROTTEMENT pour les causes de ce PHÉNOMÈNE.

→ Voir aussi ANTI-DÉRAPANT ; GLISSANT.

coefficient de Poisson [Poisson's ratio]

(n.m.) Nombre sans UNITÉ (sens 1), rapport de la contraction de la LARGEUR d'un SOLIDE par son ALLONGEMENT lorsqu'il est soumis à une TRACTION dans le DOMAINE ÉLASTIQUE.

A. Lorsqu'un MATÉRIAU s'allonge de façon ÉLASTIQUE, sa LARGEUR diminue nécessairement pour respecter la conservation du VOLUME. Pour le cas de l'ACIER, par exemple, lorsqu'une BARRE | CYLINDRIQUE s'allonge de 1 %, son DIAMÈTRE diminue de 0,3 %, car son coefficient de Poisson est d'environ 0,3. Voici son expression mathématique :

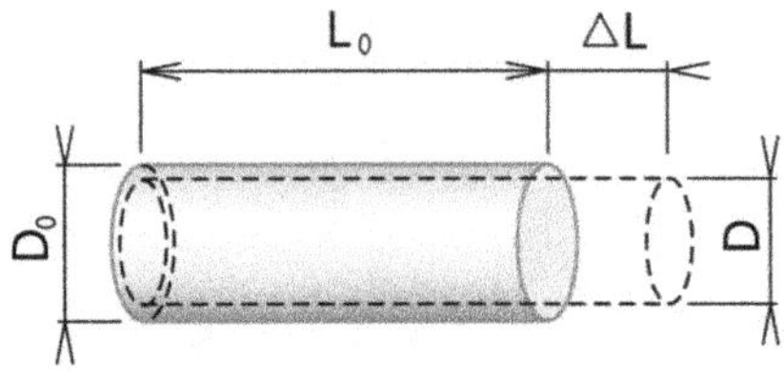

$$\nu = \frac{\dfrac{\Delta D}{D_0}}{\dfrac{\Delta L}{L_0}} \qquad \Delta D = D_0 \text{-} D$$

B. Cette grandeur possède en principe une valeur comprise entre 0,5 et 0. Ci-dessous, les valeurs de coefficient de Poisson pour certains MATÉRIAUX :

Caoutchouc	0,5
Acier	0,29
Aluminium	0,34
Plomb	0,43
Verre	0,26
Béton	0,30
Liège	~0

C. Remarquer le cas particulier du LIÈGE dont le coefficient de Poisson est nul, ce qui veut dire qu'en raccourcissant ou en s'allongeant, sa DIMENSION | TRANSVERSALE ne varie pas !

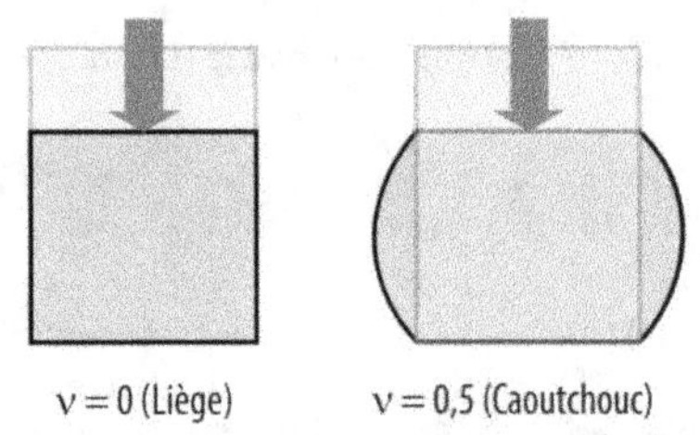

D. Quelques rares SUBSTANCES notamment des tissus biologiques ont un coefficient de Poisson négatif, c'est à dire qu'elles augmentent de LARGEUR lorsqu'elles sont tirées dans le SENS de la LONGUEUR !

E. Le coefficient de Poisson est indispensable pour l'étude de l'ÉLASTICITÉ et permet, par exemple, de faire la relation entre le MODULE D'ÉLASTICITÉ LONGITUDINAL (MODULE DE YOUNG) et le MODULE D'ÉLASTICITÉ TRANSVERSAL (MODULE DE COULOMB).

F. Poisson Siméon Denis est un physicien français (1781-1840) ayant étudié l'ÉLASTICITÉ des MATÉRIAUX.

coefficient de sécurité [safety factor]

(n.m.) Facteur par lequel le DIMENSIONNEMENT d'un SYSTÈME est majoré pour obtenir une marge couvrant les imprévus et les incertitudes et d'éviter ainsi les DÉFAILLANCES, accidents et dysfonctionnements.

A. Par exemple, en RÉSISTANCE DES MATÉRIAUX, la RÉSISTANCE (sens 1) réelle contient une certaine incertitude due aux MÉTHODES d'évaluation, des DÉFAUTS dans la MATIÈRE, des imperfections de FABRICATION, des négligences humaines dans la construction. Il existe également des imprécisions sur les MÉTHODES de calcul ainsi que les CHARGES (sens 1) réellement appliquées dont il faut tenir compte.

B. Au final, le coefficient de sécurité est le rapport de la CHARGE (sens 1) maximale d'utilisation par la CHARGE (sens 1) faisant apparaître des DÉFAILLANCES.

C. Quelques indications de coefficients de sécurité pour différentes situations de divers SYSTÈMES.

Coefficient de sécurité	Conditions de calcul	Exemples
1,5 à 2	Cas exceptionnels de légèreté Hypothèse de charge surévaluée	Classique
2 à 3	Cas de légèreté Hypothèse de charge défavorable	Aviation
3 à 4	Bonne constructuon Calcul soigné	Haubans fixes
4 à 5	Construction courante Légers efforts dynamiques	Treuils
5 à 8	Effort alterné difficile à évaluer, Calcul sommaire, chocs,	Appareil manutention
8 à 10	Matériaux non homogènes Chocs	Élingues levage
10 à 15	Efforts très mal connus Chocs très importants	Presses Ascenseurs

coextrusion [co-extrusion]

(n.f.) PROCÉDÉ d'EXTRUSION (sens 3) simultanée de plusieurs (PLASTIQUES), MATIÈRES PLASTIQUES différentes sur le même PROFILÉ.

Avant   Après

La coextrusion nécessite une deuxième EXTRUDEUSE et un OUTILLAGE (sens 2) FILIÈRE particulier conçu pour diriger les flux de matière vers le résultat recherché.

Ex. : *Coextrusion d'une* COUCHE *de* MATIÈRE *de couleur sur un profilé en* MATIÈRE *de recyclage (voir page suivante).*

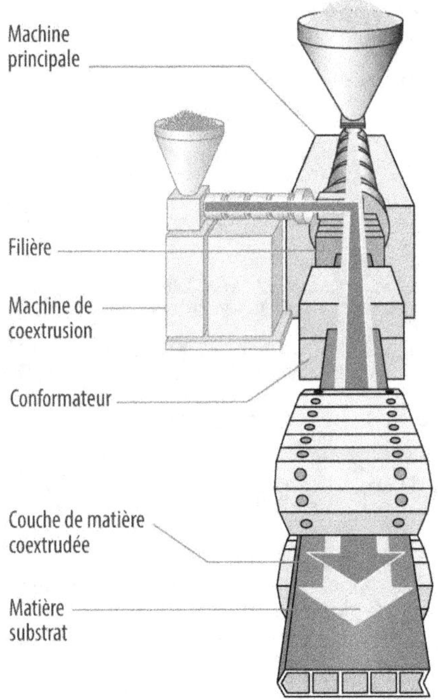

Autres réalisations :

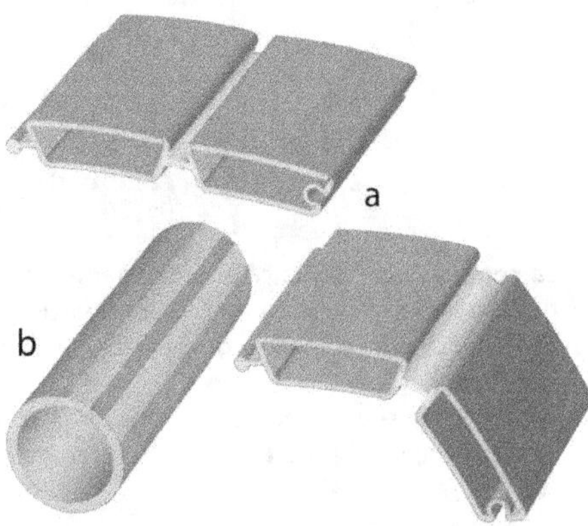

a. Profilé rigide en deux parties articulées avec une matière souple (lames de volet roulant).
b. Tube canalisation avec des lisérés de couleur.

• Note : autre appellation : EXTRUSION BI-MA-TIÈRE.

cohésion [cohesion]

(n.f.) FORCE attractive maintenant ensemble des molécules ou particules de MATIÈRE.

coincé [uptight]

(adj.) Placé dans une situation voulue ou non qui n'autorise aucun MOUVEMENT.

coincement [sticking]

(n.m.) État voulu ou non de ce qui ne peut plus avoir de MOUVEMENT.

co-injection [co-injection moulding (GB); co-injection molding (US)]

(n.f.) PROCÉDÉ de MOULAGE PAR INJECTION DE PLASTIQUE dans lequel deux MATIÈRES sont introduites par la même entrée dans le MOULE de manière à ce que l'une constitue une peau externe enveloppant complètement l'autre.

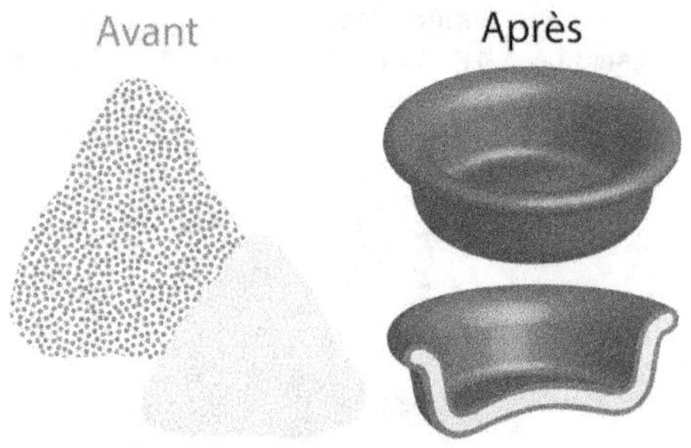

A. La co-injection est à l'injection ce que la COEXTRUSION est à l'EXTRUSION (sens 3). Elle permet d'optimiser les coûts en utilisant, par exemple, une MATIÈRE RECYCLÉE dans le coeur de la pièce et une matière noble seulement en surface.

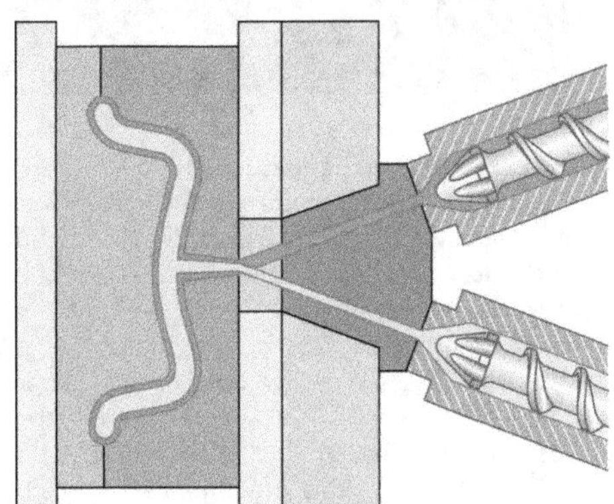

B. Ne pas confondre avec l'INJECTION BI-MATIÈRE ou BI-INJECTION dans laquelle plusieurs MATIÈREs différentes sont introduites par des entrées différentes de manière à ne recouvrir qu'une partie de la PIÈCE (sens 1).

colaminage [roll bonding]

(n.m.) MÉTHODE d'application de REVÊTEMENT consistant à presser les COUCHES de MATÉRIAUX à unir avec des CYLINDRES (sens 1) tournants.
→ Voir, par exemple, PLACAGE PAR COLAMINAGE.

collage [glueing, adhesive bonding]

(n.f.) PROCÉDÉ d'ASSEMBLAGE (sens 1) de PIÈCES (sens 1) en les joignant par une SUBSTANCE chimique appelée COLLE possédant la capacité de durcir et d'adhérer fortement aux MATÉRIAUX à assembler.

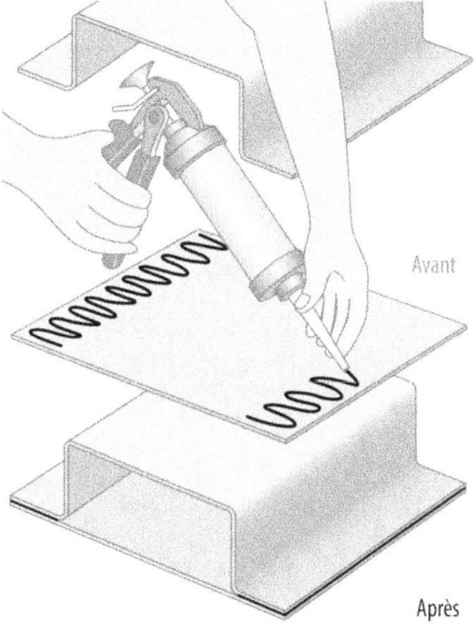

A. Le collage peut être envisagé pour tous les types de MATÉRIAUX : MÉTAL, BOIS, VERRE, (PLASTIQUE), MATIÈRE PLASTIQUE, (CÉRAMIQUE), MATÉRIAU CÉRAMIQUE. Les couples de MATIÈRES très différentes sont aussi possibles, comme, par exemple, les MÉTAUX et le VERRE ou le BOIS et les (PLASTIQUES), MATIÈRES PLASTIQUES.

B. Dans la CONCEPTION des ASSEMBLAGES (sens 2) par collage, tous les types de SOLLICITATIONS MÉCANIQUES ne sont pas favorables. La figure ci-dessous donne les configurations à préférer.

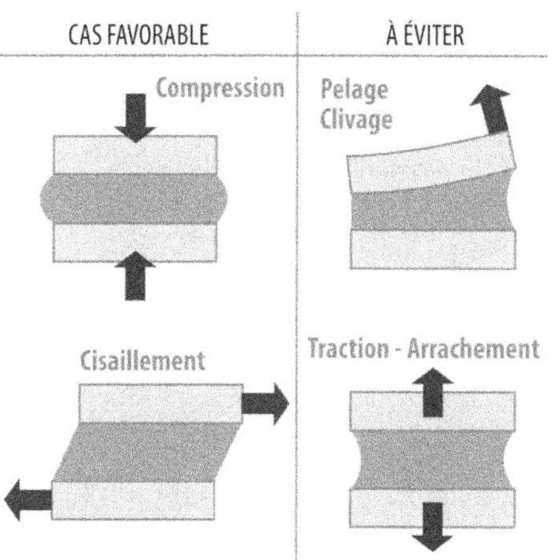

C. Les colles industrielles peuvent être classées en deux grandes catégories selon leur principe de prise :

a. **Les colles à prise physique** : ce sont déjà des POLYMÈRES dans leur formulation finale mais sous forme LIQUIDE dans un solvant. La prise consiste à évacuer le solvant sans qu'il y ait RÉACTION CHIMIQUE.
• Thermofusible.
• COLLE en solution.
• Adhésif sensible à la PRESSION.

b. **Les colles à prise chimique** : ce sont des POLYMÈRES réactifs. Une réaction de POLYMÉRISATION ou de RÉTICULATION permet de passer de leur état initial souvent LIQUIDE à l'état SOLIDE.
• Époxy.
• Acrylique.
• Anaérobie.
• Cyanoacrylate.
• Polyuréthane.
• Uréthane.
• SILICONE.
• Néoprène.
...

 **Avantages**

D. Permet l'ASSEMBLAGE (sens 1) de MATÉRIAUX très dissemblables, aussi bien en nature qu'en ÉPAISSEUR. Permet l'ASSEMBLAGE (sens 1) de MATÉRIAU d'ÉPAISSEUR très faible. Répartit les CONTRAINTES MÉCANIQUES de façon homogène. La figure suivante donne la répartition de CONTRAINTE (sens 3) dans une configuration de deux PLAQUES collées sollicitées en CISAILLEMENT.

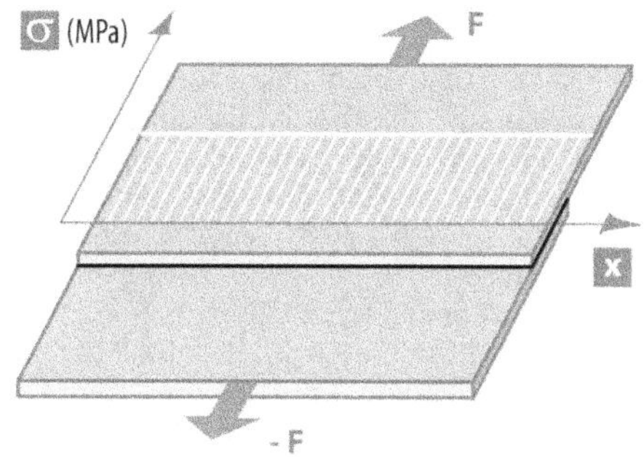

À titre de comparaison, un ASSEMBLAGE (sens 2) par RIVETAGE pour la même configuration donnerait la répartition de CONTRAINTE MÉCANIQUE ci-après.

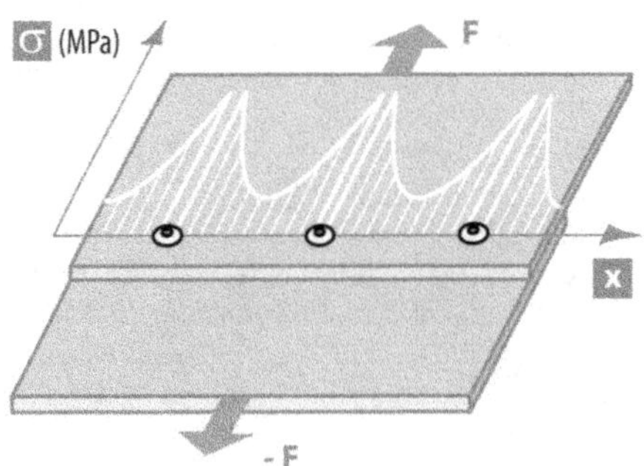

Ainsi, n'introduit pas de CONCENTRATIONS DE CONTRAINTE. Préserve les MATÉRIAUX | SUBSTRATS car n'induit ni effet thermique ni effet MÉCANIQUE. N'introduit pas de CONTRAINTES RÉSIDUELLES par la chaleur car ASSEMBLAGE (sens 1) effectué à TEMPÉRATURE ambiante. Peut apporter une ÉTANCHÉITÉ. Peut procurer une isolation électrique. Favorise l'isolation phonique. Réduit les risques de CORROSION. Le joint de COLLE peut avoir un rôle amortissant les CHOCS et VIBRATIONS | MÉCANIQUES. Esthétique car aucun élément visible. Permet une plus grande liberté de DESIGN. Simplification des CONCEPTIONS. Gain de MASSE (sens 2) car la COLLE pèse généralement moins lourd que les ÉLÉMENTS de FIXATION métalliques. AUTOMATISATION aisée de la mise en œuvre.

Inconvénients

E. Nécessite préalablement un NETTOYAGE rigoureux des PIÈCES (sens 1) à assembler. La mise en œuvre nécessite généralement des conditions de propreté stricte, une ambiance dépourvue de POUSSIÈRE et d'humidité ainsi que des conditions de TEMPÉRATURE bien contrôlées. Temps de prise parfois très long. DURABILITÉ limitée à cause du VIEILLISSEMENT de la SUBSTANCE constituant la COLLE. Résistance à la chaleur généralement faible. Ne convient pas à tous les types de SOLLICITATIONS MÉCANIQUES. Faible RÉSISTANCE (sens 1) au PELAGE. NON-DÉMONTABLE ce qui conduit à des difficultés en cas de nécessité de DÉMONTAGE. Les produits chimiques ne sont pas toujours sans danger pour la santé ce qui nécessite des précautions et protections, lors de la mise en œuvre. Peut compromettre la RECYCLABILITÉ en cas d'assemblage de différents MATÉRIAUX.

colle [glue]

(n.f.) SUBSTANCE souvent VISQUEUSE capable d'adhérer fortement sur divers MATÉRIAUX pour obtenir des ASSEMBLAGES (sens 2).
→ Voir aussi COLLAGE.

collerette [end collar, flange]

(n.f.) FORME | CYLINDRIQUE de plus grand DIAMÈTRE et de même AXE (sens 1) en BOUT D'ARBRE ou de TUBE.

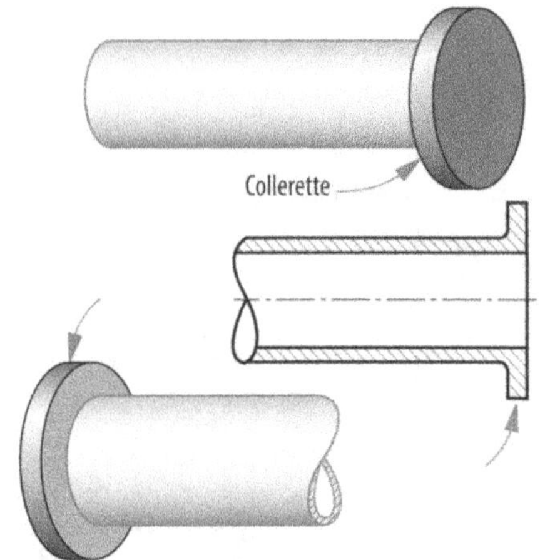

• Note : Ne pas confondre avec le COLLET qui n'est pas en BOUT.

collet [collar]

(n.m.) FORME de COURONNE autour d'une SURFACE | CYLINDRIQUE pour empêcher un DÉPLACEMENT | AXIAL ou servir d'APPUI.

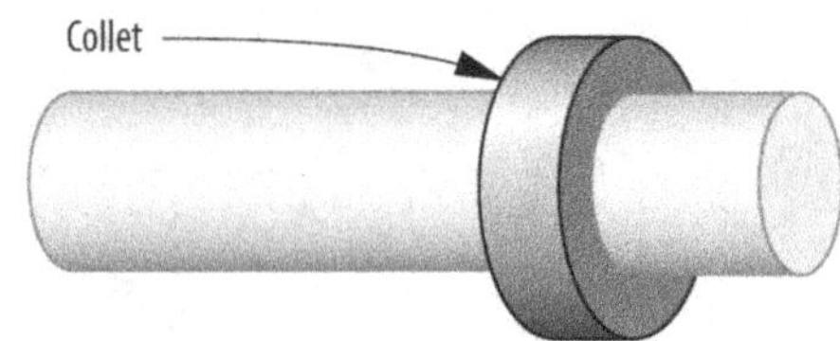

A. Elle peut être RAPPORTÉE et porte le nom de BAGUE D'ARRÊT.
B. Ne pas confondre avec la COLLERETTE qui se trouve en extrémité.

collier de serrage [clamping ring]

(n.m.) ORGANE en FORME de boucle dont le DIAMÈTRE peut être augmenté ou diminué avec un SYSTÈME de vis-PAS DE FILETAGE :

Le collier de serrage sert, par exemple, à fixer l'extrémité d'une TUYAUTERIE sur un conduit.

colonne [column]

(n.f.) ÉLÉMENT STRUCTURAL disposée verticalement et sollicitée essentiellement en COMPRESSION.
→ Voir BARRE.

colorant [colorants]

(n.m.) SUBSTANCE fort en pigment pour teinter une MATIÈRE dans sa MASSE (sens 1).
• Note : Ne pas confondre avec la PEINTURE destinée à recouvrir une SURFACE.
→ Voir, par exemple, MÉLANGE-MAÎTRE.

combustibilité [combustibility]

(n.f.) Indice indiquant l'aptitude d'un MATÉRIAU à brûler et à produire une flamme.

combustible [combustible]

(n.m.) Toute SUBSTANCE pouvant brûler avec l'OXYGÈNE de l'air ou d'un mélange GAZEUX pour produire une quantité de chaleur exploitable dans d'autres applications.
→ Voir, par exemple, ACÉTYLÈNE.
→ Voir aussi (FEU), CLASSEMENT AU FEU.

combustible [combustible]

(adj.) Qui est capable de brûler, de produire et d'entretenir un feu en parlant d'une SUBSTANCE.
◊ Contr. : INCOMBUSTIBLE, IGNIFUGÉ.

commande numérique [numerical control]

(n.f.) Principe de fonctionnement de MACHINE-OUTIL dont chaque action est coordonnée, décidée et déclenchée par un programme informatique préalablement établi, sans l'intervention d'un opérateur si ce n'est la mise en marche initiale.
A. La commande numérique permet d'automatiser complètement le fonctionnement d'une MACHINE ce qui convient bien à la PRODUCTION industrielle qui nécessite une vitesse et CADENCE élevée, une grande PRÉCISION géométrique, une bonne RÉPÉTABILITÉ, une flexibilité et adaptabilité.

B. La commande numérique permet également la réalisation de FORMES géométriques très élaborées grâce à des TRAJECTOIRES d'OUTILS déterminées en FABRICATION ASSISTÉE PAR ORDINATEUR.
Ex. : *Fraisage en commande numérique d'une turbine de compresseur :*

Photo : Dmitry Kilinovsky

→ Voir aussi MACHINE À COMMANDE NUMÉRIQUE.

(commande numérique), à commande numérique [numerically controlled]

(Locution). Qui fonctionne par logique informatique et non par des ORGANES DE MANŒUVRE classiques, en parlant de pilotage de MACHINE.

compacité [compactness]

(n.f.) Caractère de ce qui est bien agencé, sans espace vide en parlant de la STRUCTURE (sens 1) de MATÉRIAU.

compact [compact]

(adj.) Tassé. Qui n'occupe pas beaucoup de place. Qui occupe un minimum de place.
◊ Contr. : PULVÉRULENT.

compactage [compaction, compacting]

(n.m.) Action de comprimer une MATIÈRE de manière à occuper le moins de place possible, de ne laisser qu'un minimum d'espace entre les constituants et au final en augmenter au maximum la DENSITÉ.
→ Voir, par exemple, FRITTAGE.

compacter [compact]

(v.tr.) Comprimer de la MATIÈRE pour la rendre la plus DENSE (sens 2) possible.

comparateur [dial comparator, dial indicator]

(n.m.) APPAREIL DE MESURE capable d'indiquer la différence entre deux DIMENSIONS, l'une considérée comme RÉFÉRENCE.

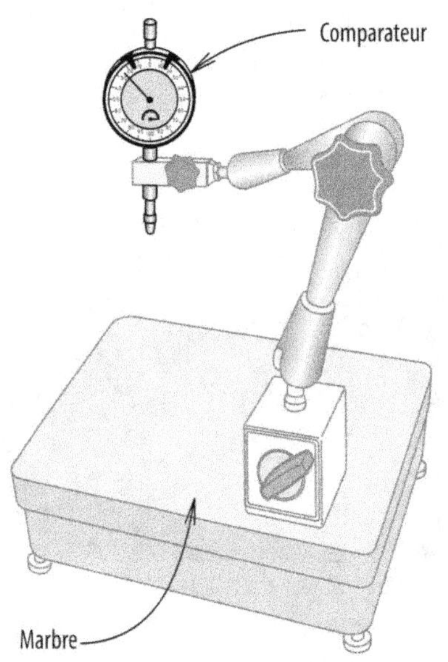

Sa PRÉCISION est de l'ordre du centième de millimètre et parfois jusqu'au millième de millimètre.

compas [compass, dividers]

(n.m.) INSTRUMENT à deux branches pouvant s'écarter plus ou moins pour tracer des CERCLES ou pour prendre des mesures de DISTANCE.
Quelques types de compas :
a. Pour le DESSIN TECHNIQUE.

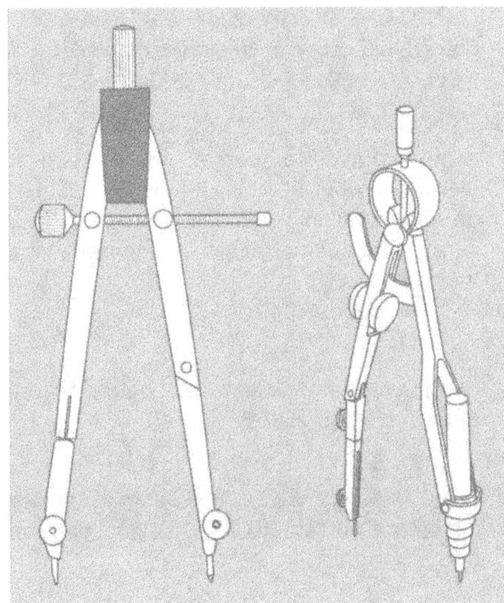

b. Pour le tracé sur MÉTAL (compas à pointes sèches):

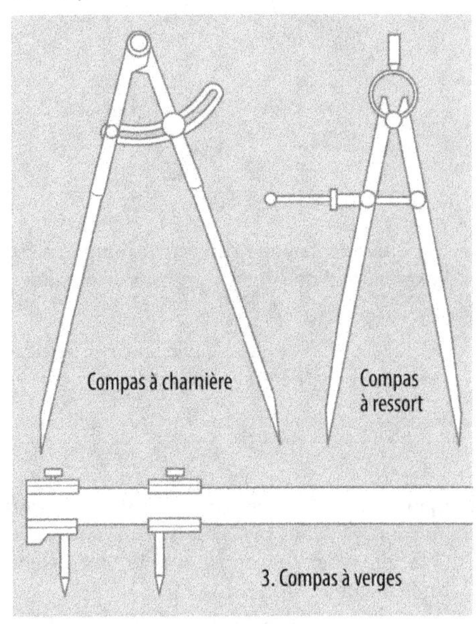

c. Pour la MESURE (sens 3) :

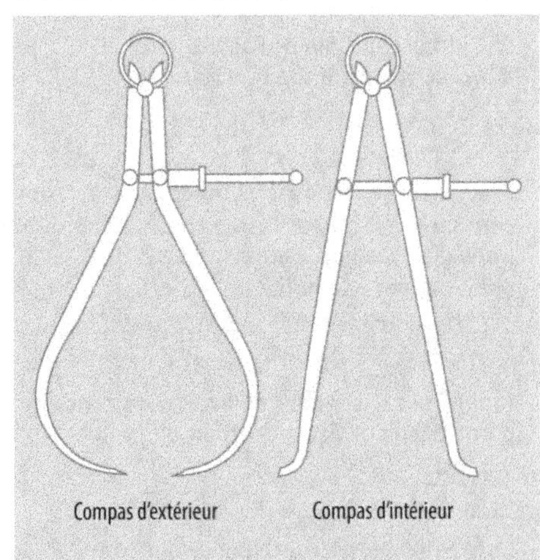

compas d'extérieur [outside caliper]

(n.m.) Type de COMPAS pour prendre les DIMENSIONS d'une FORME VOLUMIQUE, c'est à dire d'une DIMENSIONS EXTÉRIEURES.

compas d'intérieur [inside caliper]

(n.m.) Type de COMPAS pour prendre les DIMENSIONS (sens 1) d'une FORME creuse, c'est à dire des DIMENSIONS INTÉRIEURES.
→ Voir COMPAS.

compétitivité [competitiveness]

(n.f.) Aptitude d'une entreprise à affronter la concurrence.

D'une façon générale, la compétitivité résulte des trois facteurs principaux suivants :

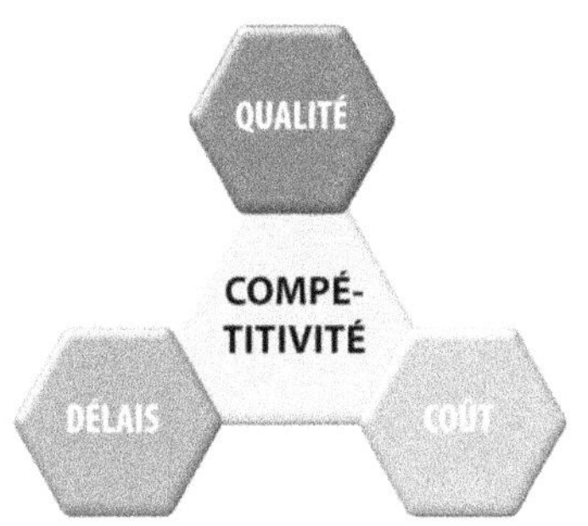

complaisance [compliance, flexibility]

(n.f.) PROPRIÉTÉ d'un MATÉRIAU à se déformer facilement sous l'effet d'une SOLLICITATION MÉCANIQUE.

• Note : La complaisance est l'inverse de la RIGIDITÉ.

♦ Syn. : SOUPLESSE.

comportement [behaviour(GB); behavior (US)]

(n.m.) Manière de réagir, de fonctionner, d'être, d'agir, de se conduire.

Ex. : *Comportement d'un matériau face à une SOLLICITATION.*

composant [component]

(n.m.) Objet ou ORGANE pris individuellement et ne pouvant être utile et FONCTIONNEL qu'une fois associé à un ENSEMBLE.

composé chimique [chemical compound]

(n.m.) SUBSTANCE obtenue par RÉACTION d'au moins deux ÉLÉMENTS CHIMIQUES.

Ex. : H_2O ; Fe_2O_3 ; SiC ; AlN...

• Note : Ne pas confondre avec le (COMPOSITE), MATÉRIAU COMPOSITE.

◊ Contr. : CORPS PUR.

(composite), matériau composite [composite material]

(n.m.) MATÉRIAU issu de la combinaison de plusieurs MATÉRIAUX non-miscibles pour accroître les PROPRIÉTÉS MÉCANIQUES, par rapport à chacun des constituants considérés séparément.

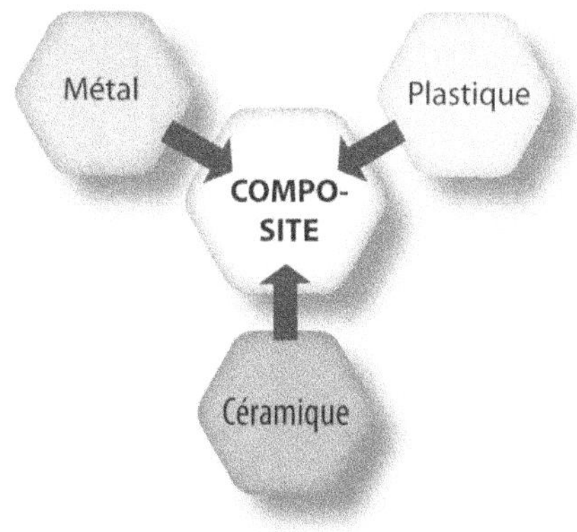

A. La STRUCTURE MACROSCOPIQUE (visible à l'oeil nu) des matériaux composites est HÉTÉROGÈNE avec une MATIÈRE de base appelée MATRICE (sens 2) dans laquelle est noyé et éparpillé un RENFORT (sens 2).

Ex. 1 : *STRUCTURE (sens 2) en composite FIBRE DE CARBONE imprégnée de RÉSINE.*

Photo : Pragasitlalao

Ex. 2 : *Composite à renfort fibre courte.*

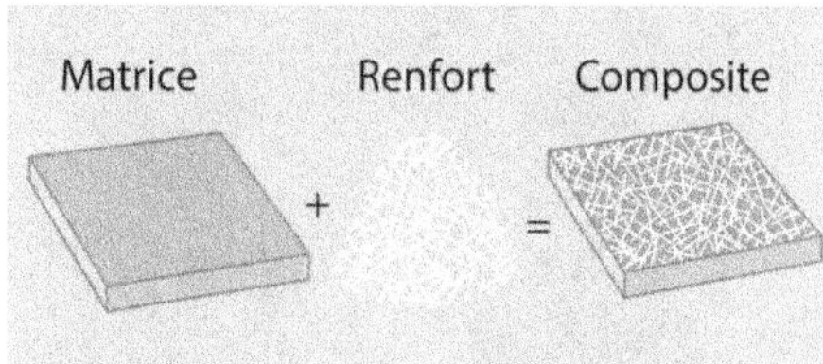

Ex. 3 : *Composite à renfort particules.*

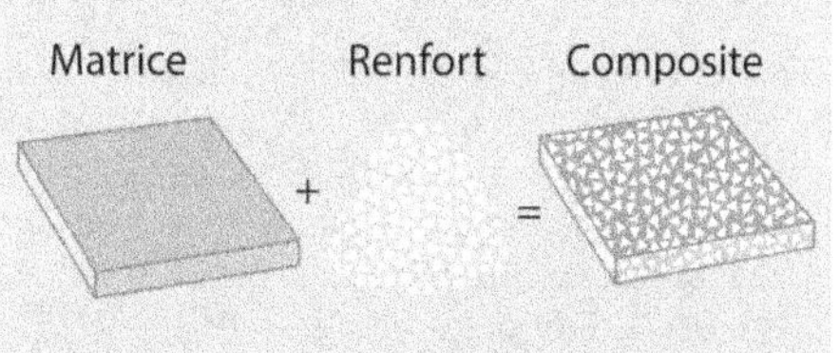

Ex. 4 : *Composite à renfort fibres longues.*

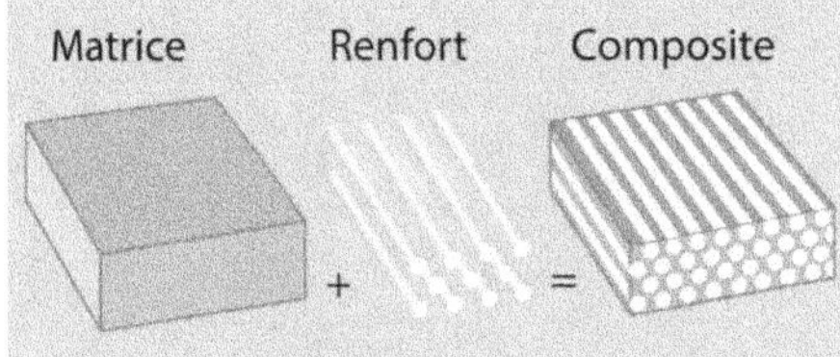

Ex. 5 : *Composite à renfort fibres croisées.*

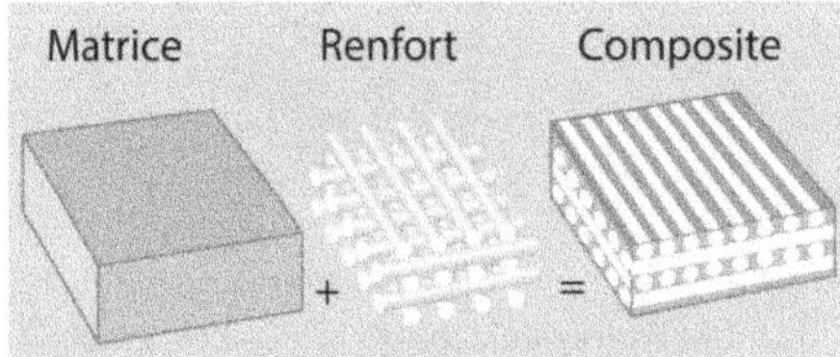

Ex. 6 : *Composite à renfort fibres tissées.*

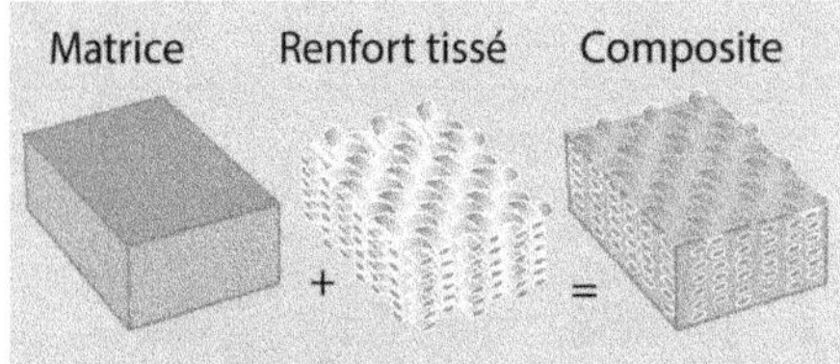

B. Globalement, le RENFORT (sens 2) sert à supporter l'essentiel des EFFORTS appliqués. La MATRICE (sens 2) garantit la cohésion de l'ensemble, assure une bonne tenue des RENFORTS en empêchant, par exemple, leur FLAMBEMENT en COMPRESSION. Elle protège aussi les RENFORTS et donne la FORME à la PIÈCE (sens 1).

C. Les renforts peuvent être d'origine organique (KEVLAR ™...), minéral (FIBRE DE CARBONE, FIBRE DE VERRE, ALUMINE, CÉRAMIQUE, ...), MÉTAL-lique (fibre de BORE, BÉRYLLIUM...), végétal (chanvre, lin...) avec diverses STRUCTURES (sens 1) : particules, fibres courtes ou longues, tissage, tressage tridimensionnel... La MATRICE (sens 2) est souvent en RÉSINE époxy, polyamide, polyuréthane, phénolique...

D. À noter qu'il existe aussi des composites mélange de CÉRAMIQUE et de MÉTAL appelés CERMET.

E. Les différents PROCÉDÉS pour fabriquer les composites sont :
- Le MOULAGE AU CONTACT.
- L'ENROULEMENT FILAMENTAIRE.
- La PULTRUSION.
- L'INFUSION.
- L'INJECTION DE RÉSINE.
- Le MOULAGE PAR COMPRESSION DE MAT PRÉIMPRÉGNÉ.
- Le MOULAGE PAR PROJECTION SIMULTANÉE.
- Le moulage par centrifugation de composite.

F. Les principaux secteurs utilisateurs des composites sont l'aéronautique, l'automobile, l'éolien, le ferroviaire, le nautisme, les sports et loisirs...

Avantages

G. RÉSISTANCE et RIGIDITÉ optimisées notamment dans le sens des FIBRES. Rapport RIGIDITÉ-poids (RIGIDITÉ SPÉCIFIQUE) très intéressant favorisant la légèreté. Bonne RÉSISTANCE À LA FATIGUE. Bonne RÉSISTANCE À LA CORROSION. Permet d'ajuster les PROPRIÉTÉS MÉCANIQUES aux besoins en variant la nature, le taux, l'ORIENTATION et l'architecture des FIBRES, ainsi que la nature de la MATRICE (sens 2). Grande variété d'autres PROPRIÉTÉS possible : isolant ou conducteur, DILATABILITÉ ajustable... FORME complexe et très grande DIMENSION possible. Possibilité de FABRICATION intégrant des éléments FONCTIONNELS (INSERTS, décor, protection...) Une certaine originalité de DESIGN.

Inconvénients

H. Coût élevé des MATÉRIAUX de RENFORT (sens 2) et de MATRICE (sens 2). FABRICATION relativement difficile et coûteuse. Mise en œuvre délicate notamment à cause des dégagements de produits volatils. ANISOTROPIE des PROPRIÉTÉS : RÉSISTANCE MÉCANIQUE généralement faible dans la DIRECTION | TRANSVERSALE aux RENFORTS (sens 2). Une certaine sensibilité aux CHOCs. Difficulté de RÉPARATION en cas de dommages. Peu compatible avec les préoccupations environnementales car peu RECYCLABLE, peu RÉUTILISABLE, difficile à revaloriser.

I. Au final, les composites combinent à la fois les avantages des MÉTAUX et ceux des (PLASTIQUES), MATIÈRES PLASTIQUES avec cependant quelques inconvénients tels le coût et la non-RECYCLABILITÉ.

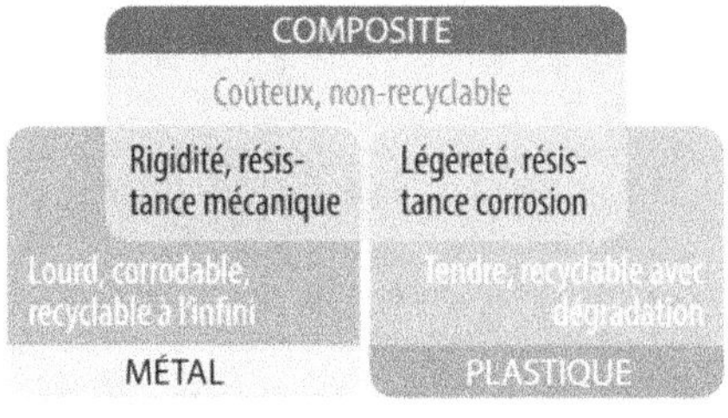

J. Ne pas confondre avec BI-COMPOSANT.

composition chimique [chemical composition]

(n.f.) Expression de la quantité de tous les ÉLÉMENTS CHIMIQUES présents dans une substance mélange ou un ALLIAGE.
La composition chimique peut être exprimée en proportion volumique ou massique et il convient de le préciser systématiquement pour éviter les confusions.
→ Voir ACIER À HAUTE LIMITE D'ÉLASTICITÉ ; INCONEL, à titre d'exemple.

compresseur [compressor]

(n.m.) MACHINE s'apparentant à une POMPE destinée à aspirer de l'air à PRESSION normale et à le refouler avec une PRESSION plus élevée pour l'accumuler dans un réservoir.
Ex. : *Compresseur à palettes.*

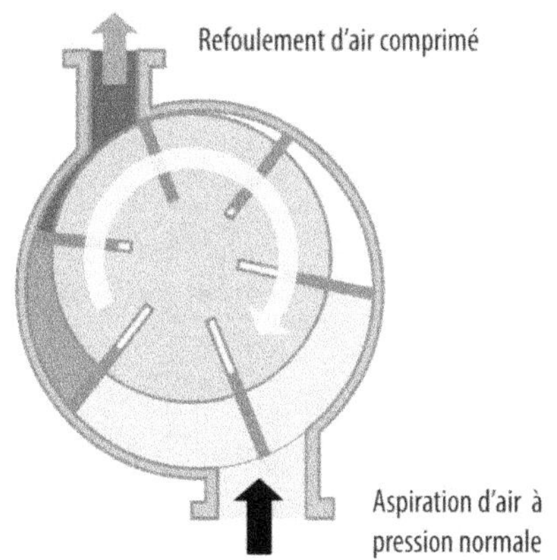

A. Le compresseur est un équipement fournissant l'énergie des DISPOSITIFS PNEUMATIQUES.
B. À signaler que le schéma ci-dessus fonctionne aussi pour une pompe à vide ou un MOTEUR.
→ Voir aussi l'illustration de la rubrique VUE ÉCORCHÉE.

compression [compression]

(n.f.) PHÉNOMÈNE résultant de l'application de FORCES tendant à raccourcir la LONGUEUR d'un SOLIDE ou à diminuer le VOLUME d'un FLUIDE.
→ Voir CONTRAINTE DE COMPRESSION.

concave [concave]

(adj.) Qui est de FORME | COURBE | CREUSE par rapport à son entourage.
◊ Contr : CONVEXE.
→ Voir CONCAVITÉ.

concavité [concavity]

(n.f.) FORME | COURBE | CREUSE comparée à son entourage.

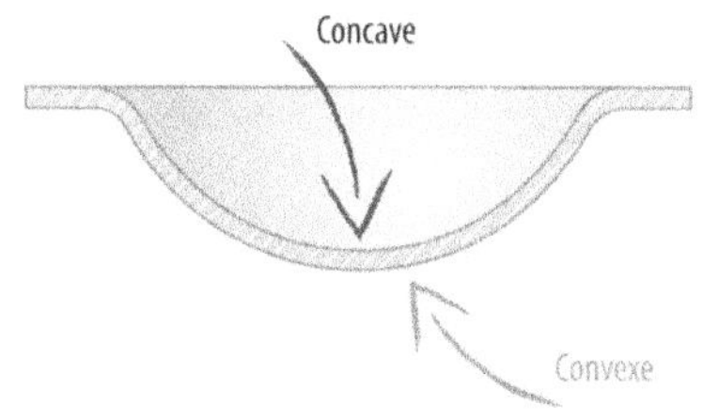

◊ Contr. : CONVEXITÉ.

concentration [concentration]

(n.f.)
1. Accumulation de choses à un endroit plus que normalement ou habituellement.
2. Quantité de SUBSTANCE dissoute dans une autre, rapportée à la MASSE (sens 2) ou au VOLUME de la deuxième SUBSTANCE.

concentration de contrainte [stress concentration]

(n.f.) PHÉNOMÈNE d'augmentation sensible de la CONTRAINTE MÉCANIQUE sur une PIÈCE (sens 1) lorsque sa SECTION varie de façon brusque, par exemple, au voisinage d'un TROU, RAINURE, ÉPAULEMENT, GORGE, fond de FISSURE...
A. En tirant une BARRE de SECTION constante, la CONTRAINTE (sens 3) est répartie de façon uniforme.

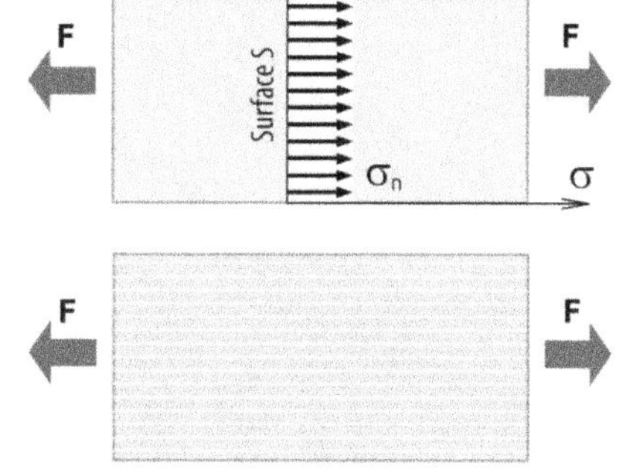

→ Voir aussi CONTRAINTE DE TRACTION.

B. En pratiquant une ENTAILLE, une GORGE, un TROU ou un ÉPAULEMENT sur la même BARRE, la CONTRAINTE MÉCANIQUE augmente sensiblement au voisinage du changement de SECTION et devient **K** fois plus élevée (K > 1) que ce qu'elle aurait dû être si la SECTION était constante (appelée aussi CONTRAINTE NOMINALE σ_n) :

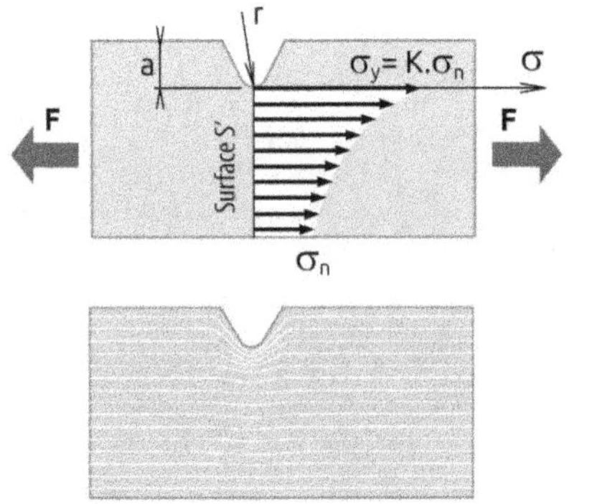

Ainsi, la zone où se produit la concentration de contrainte est susceptible de se rompre plus facilement. D'une façon générale, plus le changement de SECTION est brutal, plus la concentration de contrainte est accentuée, c'est à dire plus le facteur **K** est elevé.

C. Ce PHÉNOMÈNE peut compromettre gravement la CONCEPTION d'une PIÈCE (sens 1) | MÉCANIQUE. Il est très important de le minimiser en cherchant à changer le plus progressivement possible les SECTIONS. C'est la raison pour laquelle **aucun angle vif ne doit exister dans les coins : des** CONGÉS **doivent y être systématiquement aménagés.**

Exemple de CONCEPTION *améliorée de pièce pour minimiser les concentrations de contrainte. Il s'agit de la connexion de l'attelage d'éjection en* MOULAGE PAR INJECTION DE PLASTIQUE :

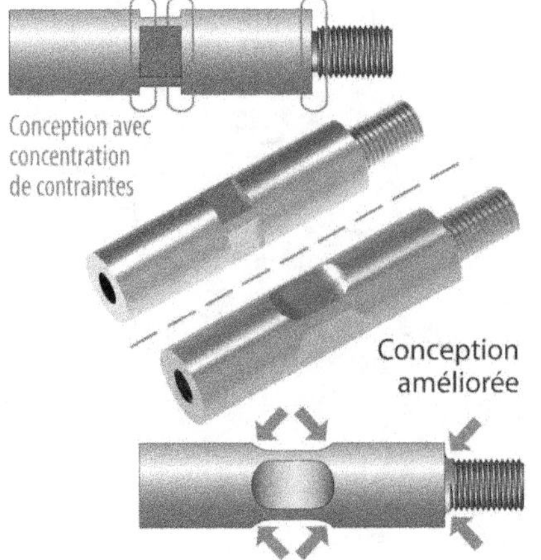

→ Voir (CONTRAINTE), COEFFICIENT DE CONCENTRATION DE CONTRAINTE, dans quelle proportion le coefficient **K** varie en fonction de la GÉOMÉTRIE (sens 2) et des configurations de SOLLICITATION MÉCANIQUE.

• Note : Il est à remarquer qu'au delà de leurs « vertus » purement mécaniques, les CONGÉS ainsi aménagés possèdent un aspect pratique certain en étant moins des endroits sur lesquels peuvent se déposer poussières, crasses et salissures. Et quand bien même cela se produit, les FORMEs arrondies en coin permettent plus facilement de les retirer et de maintenir la pièce propre. En pratique et quand c'est possible, un congé de raccordement de l'ordre de R 10 (correspondant approximativement au rayon des bouts des doigts humains) permet un essuyage simple dans de bonnes conditions avec un CHIFFON, par exemple. Au final, on peut affirmer que les congés de raccordement favorise aussi la NETTOYABILITÉ.

D. La concentration de contrainte apparaît également au voisinage d'un TROU pratiqué au milieu d'une PLAQUE :

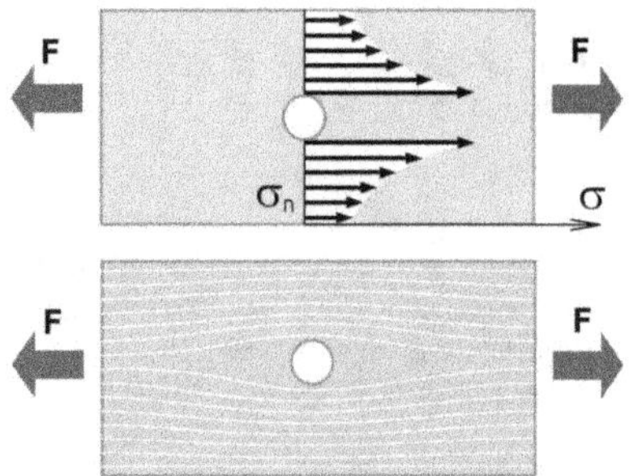

Dans ce cas précis, on peut montrer que la présence du TROU amplifie la CONTRAINTE MÉCANIQUE d'un facteur trois !

→ Voir à ce sujet (CONTRAINTE), COEFFICIENT DE CONCENTRATION DE CONTRAINTE.

E. À noter que la concentration de contrainte se produit aussi sur tous les autres types de contraintes telle que la FLEXION :

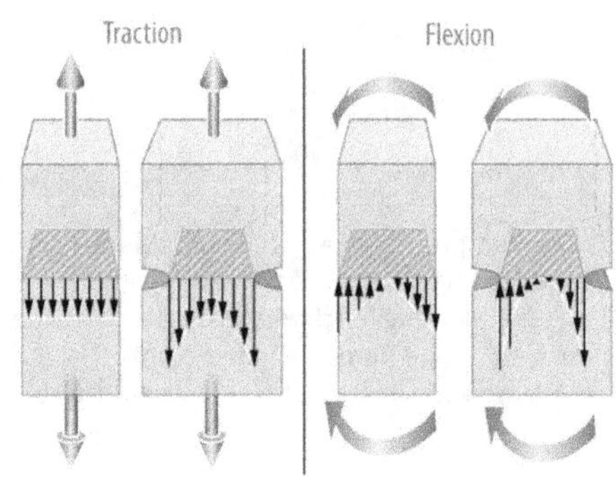

C'est aussi vrai pour la TORSION et le CISAILLE-
MENT :

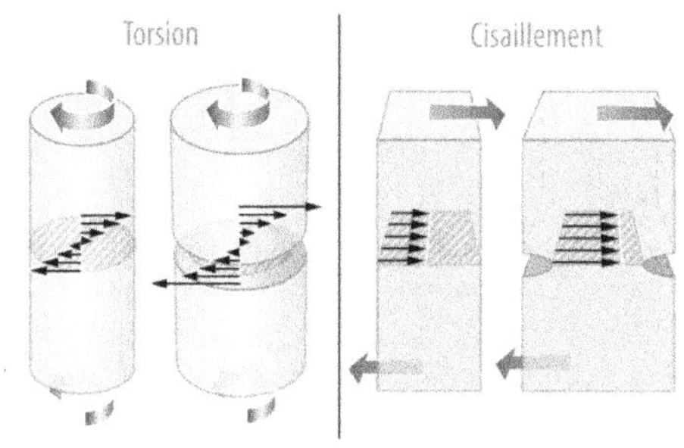

concentricité [concentricity]

(n.f.) PROPRIÉTÉ de CERCLES ou de FORMES DE RÉ-
VOLUTION dont les CENTRES coïncident.
A. Ci-dessous, la façon de le spécifier sur un DES-
SIN TECHNIQUE avec les TOLÉRANCES associées :

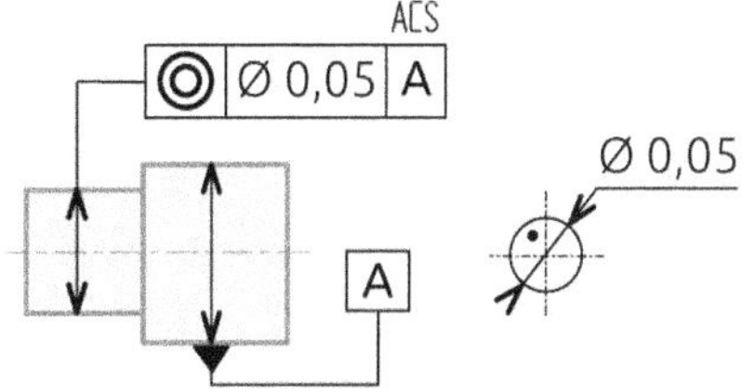

Voici la signification de cette indication : le centre extrait
(effectif) du cercle doit être compris dans un cercle de
diamètre 0,05 concentrique au point de référence A dans
la section droite.
La zone de tolérance est limitée par un cercle de diamètre
0,05, la valeur de la tolérance doit être précédée du
symbole Ø. Le centre de la zone de tolérance circulaire
coïncide avec le point de référence.

B. À noter que le même symbole et la même si-
gnification sont données à la notion de COAXIA-
LITÉ qui correspond non plus seulement aux
CENTRES mais à des AXES (sens 1) tout entier.
→ Voir aussi COAXIALITÉ.

concentrique [concentric]

(adj.) Dont les CENTRES ou AXES (sens 1) sont
confondus.

concepteur [designer]

(n.m.) Personne possédant les connaissances et
capacités intellectuelles pour réfléchir et définir les actions permettant d'obtenir un SYSTÈME
capable d'assurer des FONCTIONS bien précises.
Lorsque la personne s'occupe également de
l'aspect ESTHÉTIQUE, il s'agit de styliste ou DESI-
GNER.

conception [design, engineering design]

(n.f.) Démarche d'effort intellectuel, en appliquant des connaissances TECHNIQUES et scientifiques pour définir des DISPOSITIFS, des
PROCESSUS ou des SYSTÈMES dans tous leurs détails en vue de leur réalisation concrète.
A. Le diagramme synoptique suivant donne les
différents aspects devant être simultanément
pris en compte dans la démarche de conception
d'un PRODUIT en MÉCANIQUE DE CONSTRUCTION.

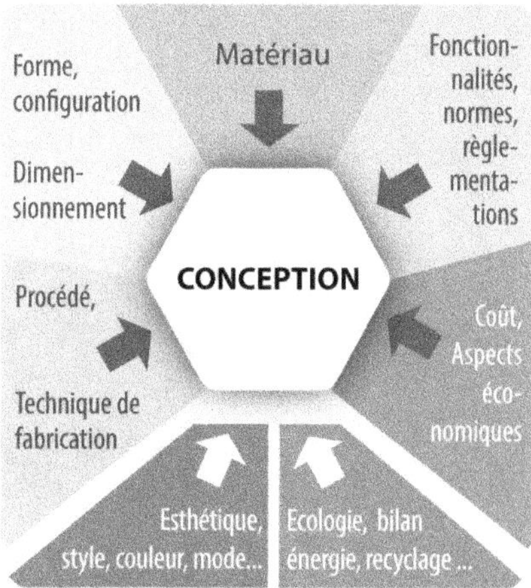

B. Lorsque des considérations de STYLE, ESTHÉ-
TIQUE et mode sont également prises en
compte, ce qui n'est pas toujours le cas notamment pour les pièces ou dispositifs purement
mécaniques, on peut parler de DESIGN ou STY-
LIQUE.
C. Les préoccupations et enjeux écologiques
sont aussi de plus en plus à considérer (respect
de l'ENVIRONNEMENT (sens 1), RECYCLAGE, bilan
énergétique, etc.)
D. La conception est souvent effectuée par les
BUREAUX D'ÉTUDES.
→ Voir (PRODUIT), CYCLE DE VIE D'UN PRODUIT à
quel moment la conception intervient et en particulier les démarches qui la précèdent obligatoirement.
→ Voir aussi IDÉATION.
Ex. : *Documents de conception de la « Magazine
table » du designer Thomas Elliott Burns tel que
le bureau d'études peut le produire à l'aide d'un
logiciel de CONCEPTION ASSISTÉE PAR ORDINATEUR
(voir page suivante).*

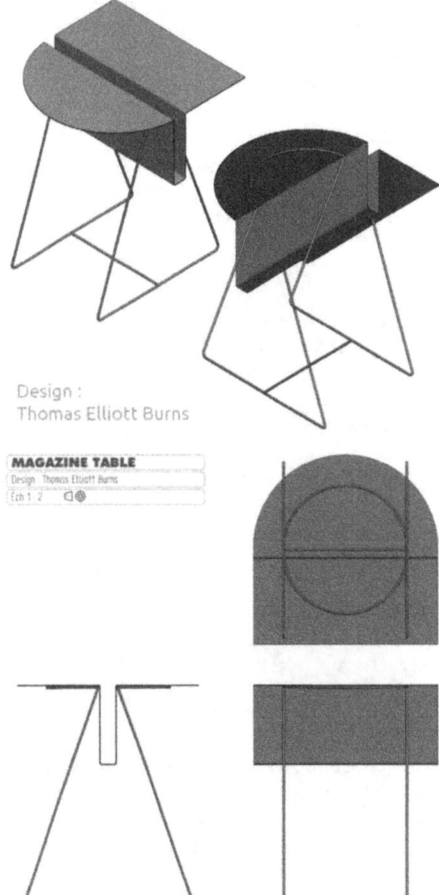

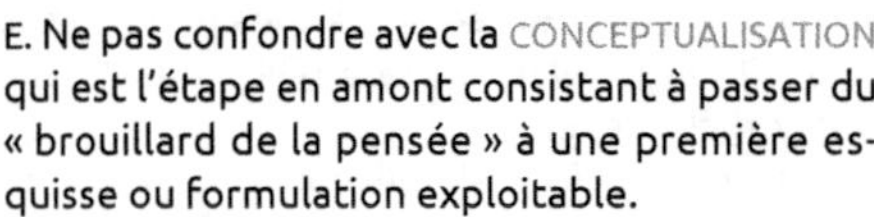

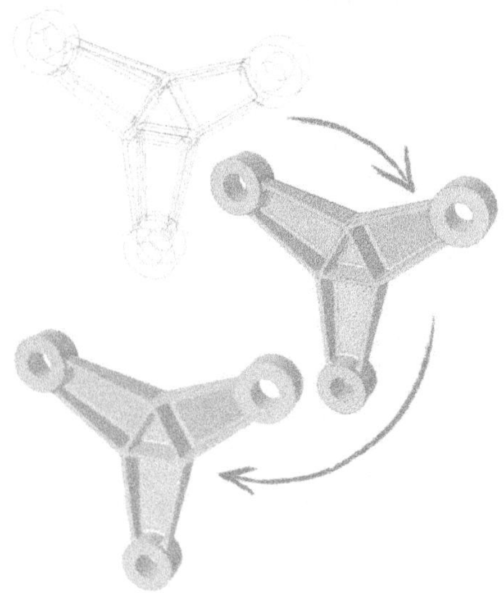

A. Les représentations ou modèles ainsi obtenus peuvent notamment être visualisés sous tous les angles voulus.

B. La génération de FORME est réalisée à partir d'ESQUISSES en 2D auxquelles on fait subir des OPÉRATIONS géométriques d'EXTRUSION (sens 2), de RÉVOLUTION ou de BALAYAGE de SECTIONS suivant des TRAJECTOIRES prédéfinies.

E. Ne pas confondre avec la CONCEPTUALISATION qui est l'étape en amont consistant à passer du « brouillard de la pensée » à une première esquisse ou formulation exploitable.
→ Voir aussi OPTIMISATION TOPOLOGIQUE.

Conception Assistée par Ordinateur (CAO) [Computer-Aided Design: CAD]

(n.f.) Discipline de création de FORMES, d'objets, de PIÈCES (sens 1), d'ASSEMBLAGE (sens 2), de MÉCANISME virtuel à l'aide d'un logiciel capable de représentation en 3 dimensions assez réaliste appelé MODÈLE (sens 1).

Ex. 1 : *Pièce générée par* EXTRUSION *(sens 2).*

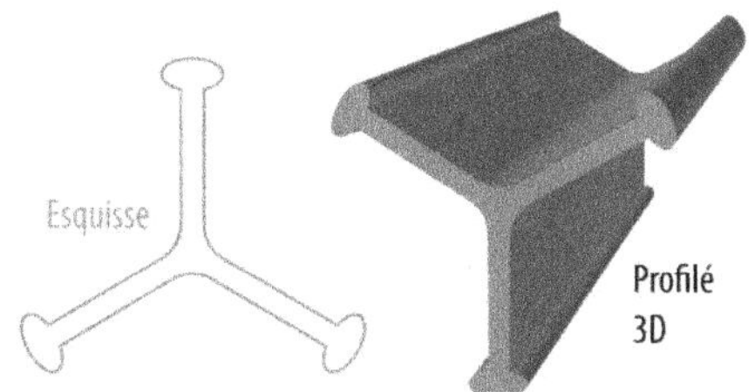

Ex. 2 : *Pièce obtenue par* RÉVOLUTION.

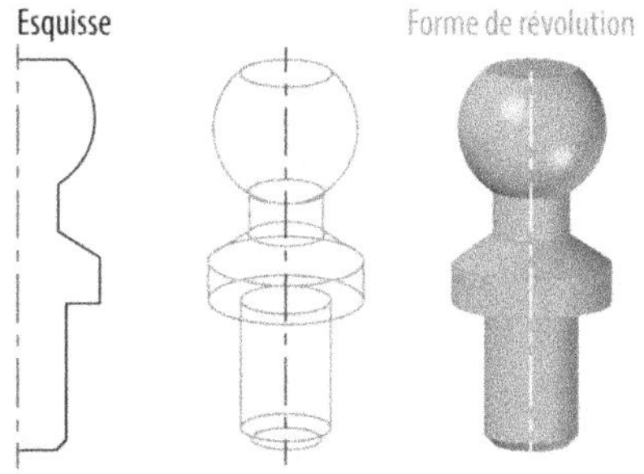

Ex. 3 : *Poignée de porte générée par un* BALAYAGE *surfacique passant par quelques* SECTIONS *circulaires et une courbe guide.*

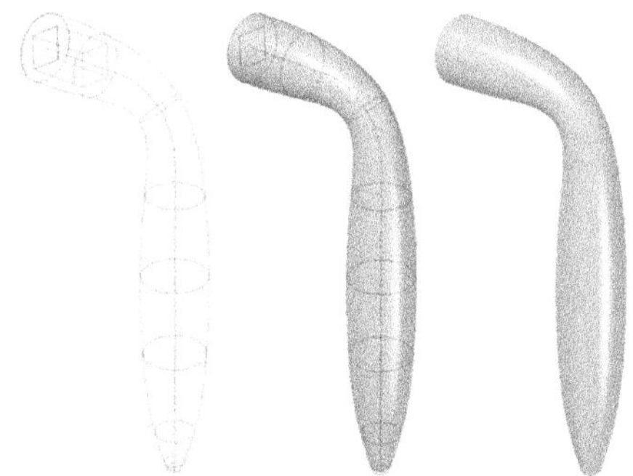

C. L'aspect de l'interface d'un logiciel de CAO se présente comme ci-contre (logiciel Solid Edge ™ de la société Siemens Digital Industries Software ®) :

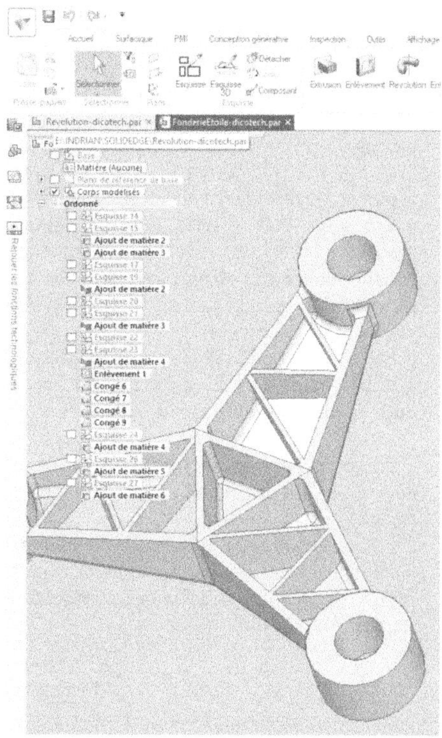

→ Voir aussi MODÈLE (sens 1) ; ARBRE DE CONSTRUCTION ; CONTRAINTE (sens 2) ; ESQUISSEUR ; PARAMÉTRIQUE.

D. Quelques noms de logiciels de CAO orientés CONCEPTION | MÉCANIQUE parmi les plus connus (liste établie en Janvier 2020) :

logiciels	éditeurs
CATIA 3Dexperience ™	Dassault systems ®
CREO ™	Parametric Technology ®
NX ™	Siemens ®
SOLID EDGE ™	Siemens ®
SOLIDWORKS ™	Dassault systems ®
INVENTOR ™	Autodesk ®
FUSION360 ™	Autodesk ®
TOPSOLID ™	Missler software ®
SPACECLAIM ™	Ansys ®
ALIBREDESIGN ™	Alibre ®
COBALT ™	Ashlar-Vellum ®
IRONCAD ™	Ironcad ®
KEYCREATOR ™	Kubotek3D ®
THINKDESIGN ™	DPT ®
VARICAD ™	Varicad ®

E. À signaler qu'il est aussi possible de visualiser les MODÈLES (sens 2) générés en conception assistée par ordinateur avec un rendu amélioré appelé RENDU RÉALISTE grâce à des logiciels spécialisés, de façon à constituer une MAQUETTE VIRTUELLE, réellement très proche de la réalité.
→ Voir RENDU RÉALISTE ; MAQUETTE VIRTUELLE.

conceptualisation [conceptualisation (GB); conceptualization (US)]

(n.f.) Effort mental de formulation, de développement, de clarification sous une forme stable et communicable d'idées empiriques ou abstraites.

A. La conceptualisation est l'étape qui consiste à passer du brouillard de la pensée aux premières ESQUISSES visibles. Elle est l'étape en amont de la CONCEPTION proprement dite qui consiste elle, en un effort intellectuel de définition de tous les aspects d'un SYSTÈME en vue de sa réalisation concrète.

B. L'outil privilégié pour la conceptualisation est le DESSIN manuel car il est rapide et efficace. En outre, il peut être pratiqué à n'importe quel endroit et dans n'importe quelle position, là où l'inspiration peut arriver (par exemple, en étant couché sur l'herbe, ou sur la terrasse d'un café, etc.)

Ex. : *Conceptualisation de la table dénommée « magazine table » avec un emplacement pour mettre des magazines par le designer californien Thomas Elliott Burns.*

Design : Thomas Elliott Burns

C. Lorsque les idées sont plus précises, elles peuvent être traduites dans des logiciels spécialisés. Quelques noms de logiciels de conceptualisation parmi les plus connus (liste établie en janvier 2020).

logiciels	éditeurs
ALIAS ™	Autodesk ®
RHINO3D ™	Rhino ®
SOLIDTHINKING ™	Altair ®
SKETCHUP ™	Trimble ®

→ Voir aussi CONCEPTION pour la suite du TRAITEMENT appliqué au projet « magazine table » sur un logiciel de CONCEPTION ASSISTÉE PAR ORDINATEUR en vue de la phase préparative de l'INDUSTRIALISATION.

D. Ci-dessous, l'aspect du PROJET après sa réalisation finale.

Design : Thomas Elliott Burns

→ Voir aussi IDÉATION.

concourant [convergent]

(adj.) Susceptible de se rejoindre en parlant d'une DROITE ou d'un AXE (sens 1) géométrique.
◊ Contr. : PARALLÈLE.
→ Voir, par exemple, ENGRENAGE CONIQUE À AXES CONCOURANTS.

conditions de fonctionnement [operating conditions]

(n.f.) État particulier dans lequel un ENVIRONNEMENT (sens 2) doit se trouver pour garantir la marche correcte d'un APPAREIL, d'une MACHINE ou d'un DISPOSITIF.

Les conditions de fonctionnement englobent un intervalle de TEMPÉRATURE et de PRESSION, la propreté de l'air ambiant, le taux d'humidité, l'exposition ou non aux intempéries, la présence ou non d'ondes électromagnétiques, etc.
→ Voir aussi ENVIRONNEMENT (sens 2).

conditionnement

(n.m.)
1. [Package] Regroupement d'objets unitaires ou fractionnement de VRAC dans un premier contenant ou enveloppe pour définir une quantité de base facilitant la comptabilisation, le STOCKAGE, la commercialisation, le transport, la livraison.

A. Ne pas confondre avec l'emballage qui rejoint et complète généralement le conditionnement mais dont la fonction réelle est la protection, la conservation, l'identification et les préoccupations marketing.

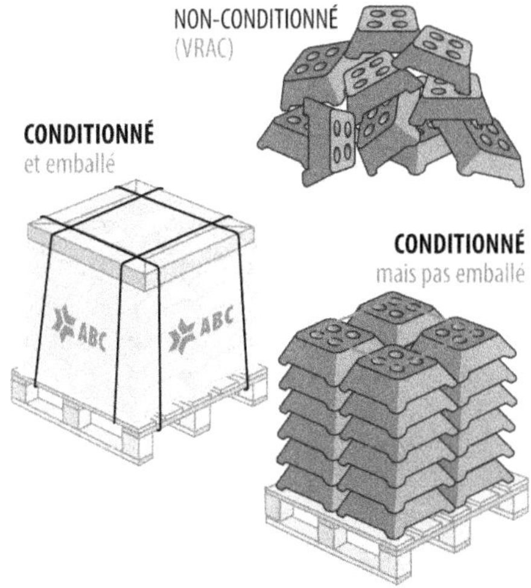

B. Le conditionnement doit être pris en compte très tôt dès la phase d'ANALYSE FONCTIONNELLE et de CONCEPTION des PRODUITS, notamment pour les objets de grandes DIMENSIONS (sens 1). En particulier, pour optimiser le transport, les ENCOMBREMENTS des objets une fois dans leur emballage doivent être des sous-multiples des dimensions standard des équipements de transport tels que les plateaux de camion et les conteneurs. Les MASSES (sens 2) des conditionnements doivent aussi être en rapport avec les capacités du matériel de LEVAGE à disposition tels que les chariots élévateurs, les TRANSPALETTES, les grues, etc.

◊ Contr. : VRAC.

→ Voir aussi ANALYSE FONCTIONNELLE ; ENCOMBREMENT.

2. [Packaging] Action de regrouper des objets unitaires ou de fractionner du VRAC en une quantité de base pour faciliter toutes les OPÉRATIONS de gestion logistique et commerciale : comptabilisation, STOCKAGE, vente, transport, livraison, etc.

conductance électrique [electrical conductance]

(n.f.) Grandeur rendant compte de la capacité d'un COMPOSANT à se laisser traverser plus ou moins facilement par un courant électrique.

A. Son UNITÉ (sens 1) est le Siemens **(S)**.

B. Ne pas confondre avec la CONDUCTIVITÉ ÉLECTRIQUE exprimée en **S/m** qui est une CARACTÉRISTIQUE intrinsèque à un MATÉRIAU indépendamment de sa GÉOMÉTRIE (sens 2) et de sa DIMENSION (sens 1). La conductance est l'inverse de la résistance électrique exprimée en **ohm**. La CONDUCTIVITÉ ÉLECTRIQUE est l'inverse de la RÉSISTIVITÉ ÉLECTRIQUE exprimée elle en **ohm.m**.

conducteur électrique [electrical conductor]

(n.m.) ORGANE ou MATIÈRE dont la fonction première est de laisser circuler le mieux possible le courant électrique.

Les conducteurs électriques sont essentiellement des MÉTAUX comme le CUIVRE, l'ALUMINIUM, les MÉTAUX PRÉCIEUX comme l'OR et l'ARGENT. Mais il existe aussi à présent des POLYMÈRES conducteurs.

conducteur thermique [thermal conductor]

(n.m.) ORGANE fait d'une MATIÈRE dont l'utilité principale est de conduire au mieux la chaleur d'un endroit à un autre.

conductibilité thermique [thermal conductivity]

(n.f.) Même signification que CONDUCTIVITÉ THERMIQUE.

conductivité électrique [electric conductivity]

(n.f.) PROPRIÉTÉ d'un MATÉRIAU et grandeur caractéristique rendant compte de sa capacité à se laisser traverser plus ou moins facilement par un courant électrique.

Elle est mesurée avec l'UNITÉ (sens 1) siemens par mètre **(S/m)**.

◊ Contr. : RÉSISTIVITÉ ÉLECTRIQUE.

conductivité thermique [thermal conductivity]

(n.f.) Aptitude et grandeur rendant compte de la capacité d'un MATÉRIAU à transmettre la chaleur d'un point à un autre plus éloigné.

Elle est mesurée avec l'UNITÉ (sens 1) **W/(m·K)**.

cône [cone, taper]

(n.m.) FORME DE RÉVOLUTION dont le DIAMÈTRE de la SECTION | PERPENDICULAIRE augmente ou diminue progressivement.

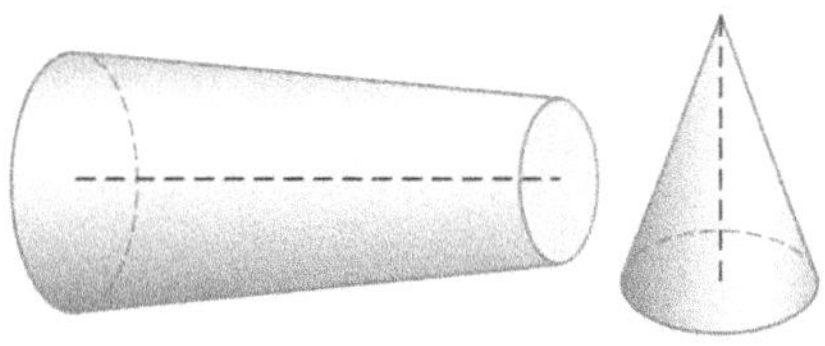

• Note : Ne pas confondre avec la PYRAMIDE dont la SECTION n'est pas CIRCULAIRE mais carrée ou RECTANGULAIRE.

◊ Contr. : CYLINDRE.

cône de réduction [drill sleeve]

(n.m.) ACCESSOIRE d'ATTACHEMENT associé à un OUTIL DE COUPE à CÔNE MORSE trop petit, pour pouvoir être utilisé avec une BROCHE (sens 2) ou un PORTE-OUTIL plus grand.

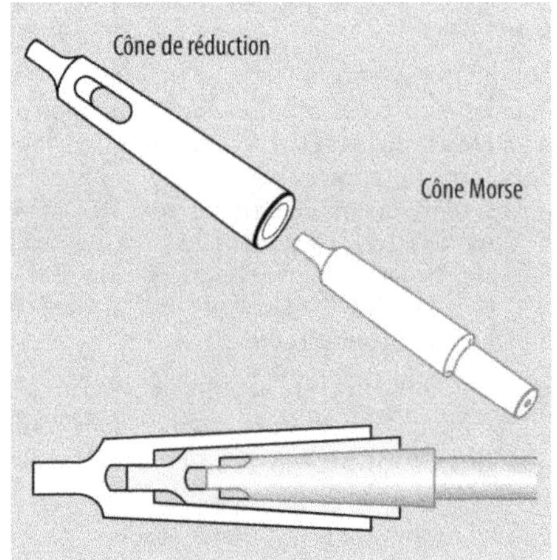

cône HSK [HSK attachment]

(n.m.) Type d'ATTACHEMENT évolué pour OUTIL DE COUPE ROTATIF à grande VITESSE, caractérisé par un SYSTÈME de FIXATION très rapide adapté aux MACHINES à COMMANDE NUMÉRIQUE.

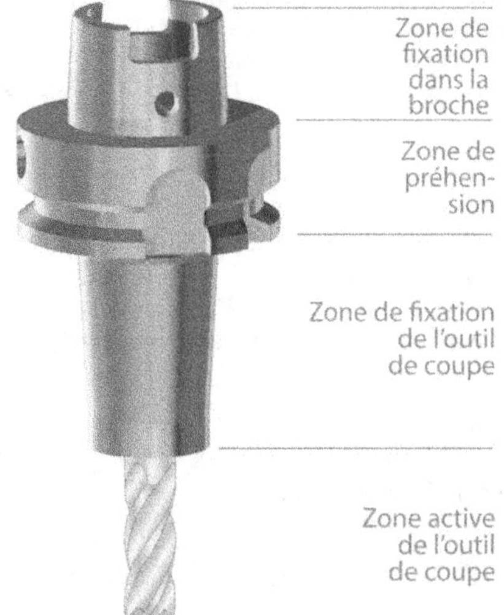

cône morse [morse taper]

(n.m.) Type d'ATTACHEMENT à faible CONICITÉ de manière à se coincer facilement dans la BROCHE (sens 2) d'une MACHINE sans nécessiter un SYSTÈME de MAINTIEN particulier. Le cône Morse est essentiellement utilisé pour les FORETS.

→ Voir CHASSE-CÔNE et CHASSE-CÔNE SEMI-AUTOMATIQUE pour l'OUTIL permettant de le dégager de la BROCHE (sens 2).

conformation [conformation]

(n.f.) Action de solidifier la (PLASTIQUE), MATIÈRE PLASTIQUE en sortie d'EXTRUSION dans un tunnel avec des éléments refroidisseurs pour calibrer définitivement la FORME et les DIMENSIONs (sens 1) du PROFILÉ.
→ Voir aussi EXTRUSION (sens 3).

conformité [conformance]

(n.f.) Concordance par rapport à une exigence.

congé [fillet]

(n.m.)
1. FORME d'ARC DE CERCLE sur un ANGLE intérieur.

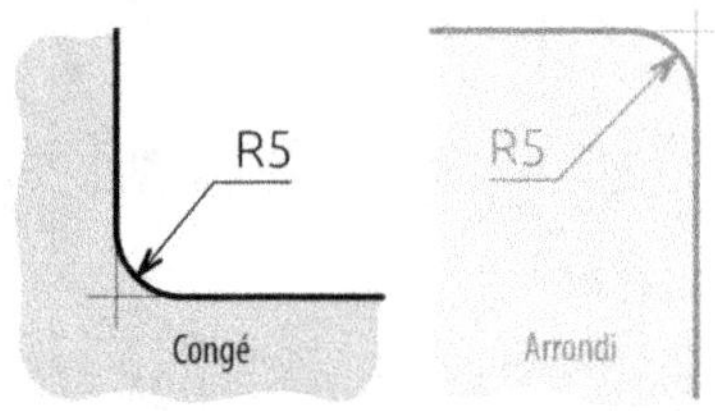

A. Les congés sont d'une très grande importance dans le DESSIN et la définition de FORME en CONCEPTION de PIÈCES (sens 2) car ce sont des endroits qui peuvent être déterminantes et critiques pour la RÉSISTANCE MÉCANIQUE obtenue au final, à cause du phénomène de CONCENTRATION DE CONTRAINTE.
→ Voir aussi (CONTRAINTE), COEFFICIENT DE CONCENTRATION DE CONTRAINTE.
B. Ne pas confondre avec l'ARRONDI qui se trouve sur une ARÊTE.
→ Voir aussi FORME FONCTIONNELLE.
2. Fonction d'un logiciel de CONCEPTION ASSISTÉE PAR ORDINATEUR permettant d'arrondir les ARÊTES d'une FORME VOLUMIQUE :

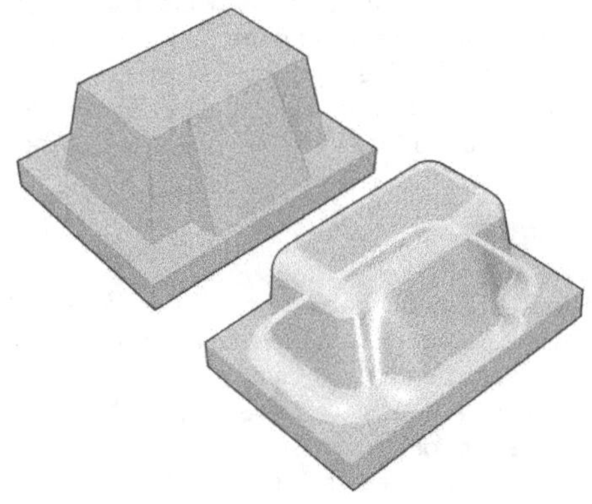

conicité [conicity]

(n.f.) Grandeur de MESURE (sens 1) de la réduction ou de l'augmentation de la SECTION d'un CÔNE. Rapport de la différence des DIAMÈTRES aux extrémités par la LONGUEUR du CÔNE :

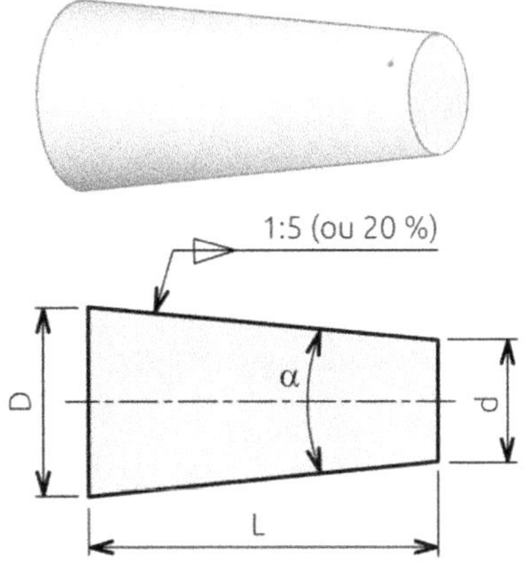

A. Sa définition mathématique :

$$\text{Conicité} = \frac{D-d}{L} = 2\tan\left(\frac{\alpha}{2}\right)$$

B. Dans l'exemple ci-dessus, la conicité est de 1 : 5 ou 20 %. Ci-dessus la façon de l'indiquer sur un DESSIN TECHNIQUE. Pour le cas des CÔNES MORSE utilisés pour tenir les FORETS, la conicité est de l'ordre de 5 %, légèrement variable selon les tailles. Pour le cas des cônes de FRAISE, elle est de 7/24.

	CONICITÉ	PENTE
Schéma	Δd, L, α	h, β, L, b
Calcul valeur	$c = \dfrac{\Delta d}{L} = 2\tan\left(\dfrac{\alpha}{2}\right)$	$p = \dfrac{h}{b} = \tan\beta$
Calcul angle	$\alpha = 2\tan^{-1}\left(\dfrac{\Delta d}{2L}\right)$	$\beta = \tan^{-1}\left(\dfrac{h}{b}\right)$
Symbole cotation dessin		(inclinaison)

C. Ne pas confondre avec la PENTE ou l'INCLINAISON.
→ Voir aussi GOUPILLE CONIQUE à titre d'autre exemple.

conique [conical]

(adj.) En forme de CÔNE.

connexion

(n.f.)
1. [Connection] Raccordement de deux ORGANES initialement séparés pour en assurer la continuité.
→ Voir, par exemple, JONCTION,
2. [Connecting] Action de raccorder pour assurer la continuité.

console [bracket]

(n.f.) ÉLÉMENT STRUCTURAL | EN PORTE-À-FAUX associé à une COLONNE pour servir d'APPUI pour les éléments HORIZONTAUX.

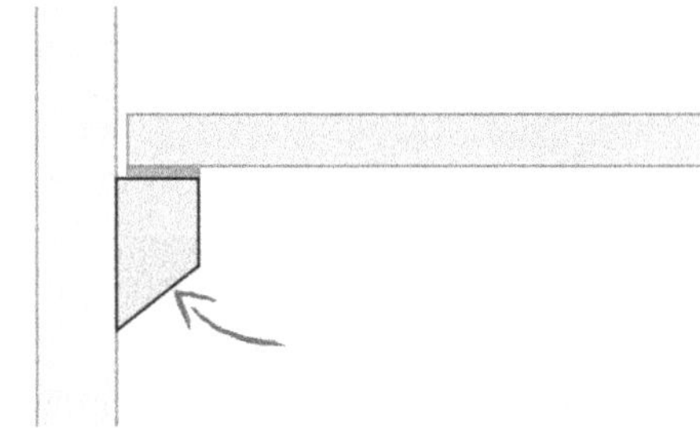

consommable [consumable]

(n.m.) SUBSTANCE absorbée ou usée par le fonctionnement d'une MACHINE ou d'un SYSTÈME et qui nécessite d'être renouvelée régulièrement. Ex. : *Lubrifiant, carburant, gaz, fil de soudage...*
• Note : Lorsqu'il s'agit d'une PIÈCE (sens 1) ou ORGANE à durée de vie limitée et prévu pour être remplacé, on parle de PIÈCE D'USURE.

consommation [consumption]

(n.f.)
1. Action d'utiliser quelque chose en la faisant « disparaître » en autre chose.
2. Quantité de SUBSTANCE ou d'ÉNERGIE absorbée par le fonctionnement d'une MACHINE, d'un SYSTÈME.

constantan ©

(n.m. déposé). ALLIAGE particulier de CUIVRE et de NICKEL dont la RÉSISTIVITÉ ÉLECTRIQUE ne varie pas en fonction de la TEMPÉRATURE. Cet alliage rentre dans la composition des couples de MATÉRIAUX pour les thermocouples.

constructeur [manufacturer]

(n.m.) Personne ou entreprise dont l'activité est la FABRICATION et l'ASSEMBLAGE (sens 1) de PRODUITS.
• Note : Ce terme est souvent utilisé pour les manufacturiers d'objets volumineux et complexes comme les MACHINES. Pour les objets plus petits et plus simples, le terme FABRICANT est plus souvent utilisé.

construction [construction]

(n.f.)

1. L'ensemble des OPÉRATIONS de FABRICATION et d'ASSEMBLAGE (sens 1) de toutes les PIÈCES (sens 1) permettant de réaliser une MACHINE ou un OUVRAGE.

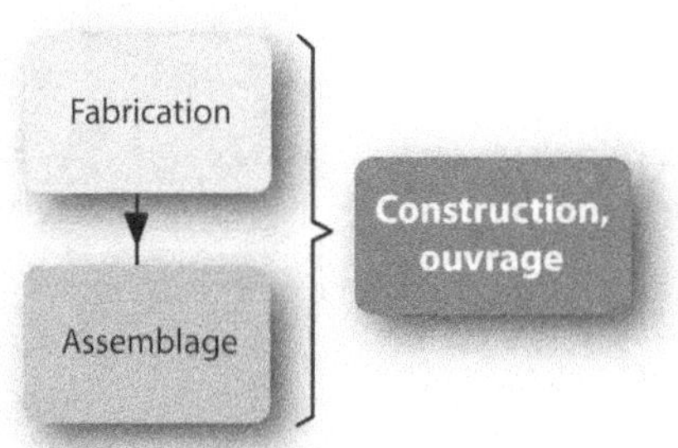

2. OUVRAGE résultat d'OPÉRATIONS de FABRICATION et d'ASSEMBLAGE (sens 1) de PIÈCES (sens 1).

contact [contact]

(n.m.) État de deux objets qui se touchent.

(contact), en contact [in touch]

(Locution). Qui se touchent.

contour [outline]

(n.m.)

1. Limite extérieure d'un objet visible ou d'une SURFACE.

2. Zone périphérique d'une VUE d'un DESSIN TECHNIQUE.

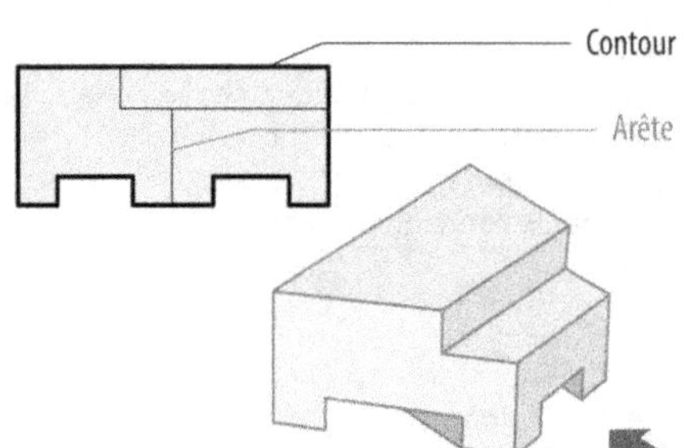

contournage [contouring]

(n.m.) PROCÉDÉ de FRAISAGE produisant une FORME de CONTOUR grâce à une TRAJECTOIRE de FORME similaire obtenue après correction avec le RAYON de la FRAISE.

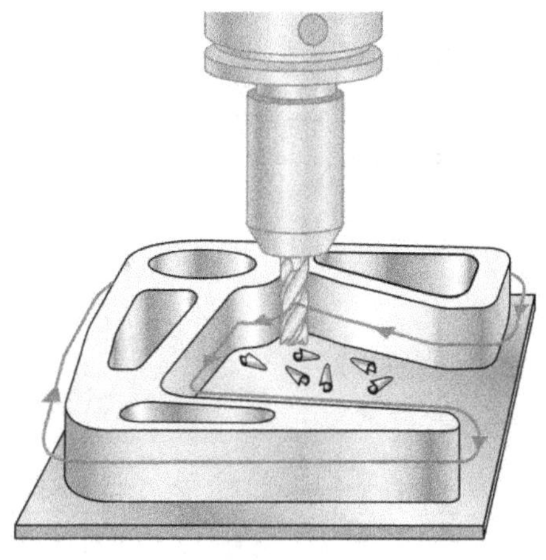

contraction [contraction]

(n.f.) Réduction de LONGUEUR ou de VOLUME d'un CORPS sous l'effet d'une diminution de sa TEMPÉRATURE.

• Note : Ne pas confondre avec le RETRAIT qui est aussi une réduction de LONGUEUR ou de VOLUME, mais sous l'effet de différentes TRANSFORMATIONS (sens 2) telles que le CHANGEMENT D'ÉTAT, par exemple.

Causes	Diminution	Augmentation
Contrainte mécanique	RACCOURCISSEMENT [SHORTENING]	ALLONGEMENT [EXTENSION]
Changement de température	**CONTRACTION [CONTRACTION]**	DILATATION [EXPANSION]
Changement de structure, d'état	RETRAIT [SHRINKAGE]	GONFLEMENT [SWELLING]

◊ **Contr. :** DILATATION.

contrainte

(n.f.)

1. [constraint] Impératif incontournable.

Ex. : *Contraintes économiques.*

2. [constraint] Obligation imposée à un élément géométrique d'une ESQUISSE 2D ou au positionnement d'un objet 3D dans un logiciel de CONCEPTION ASSISTÉE PAR ORDINATEUR pour qu'il reste invariant en toute circonstance quels que soient les tracés et modifications effectués ailleurs.

A. Exemple de contraintes appliquées à une géométrie dans un ESQUISSEUR | PARAMÉTRIQUE.

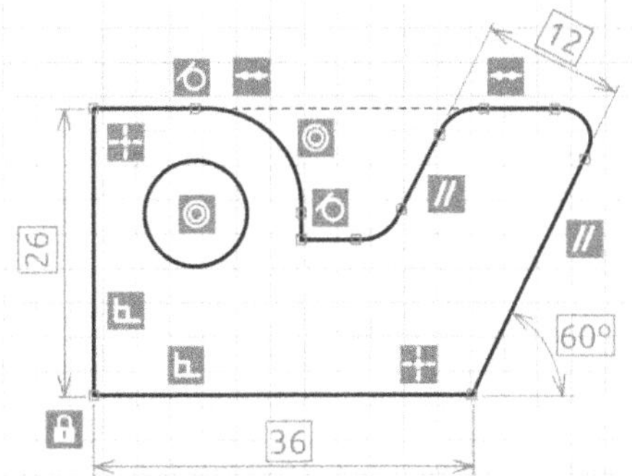

Chaque contrainte est visualisée par un petit pictogramme apposé sur l'élément graphique concerné.

B. Dans l'exemple, ci-dessus, voici les significations de chaque pictogramme :

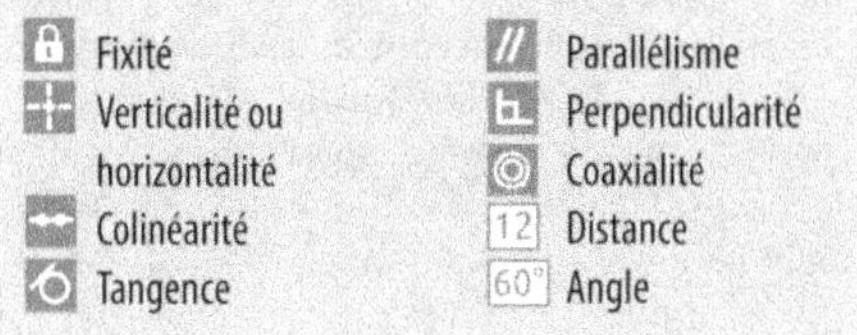

🔒 Fixité		∥ Parallélisme	
✚ Verticalité ou horizontalité		⊥ Perpendicularité	
⊟ Colinéarité		◎ Coaxialité	
◔ Tangence		12 Distance	
		60° Angle	

3. [stress] PRESSION interne au sein d'un MATÉRIAU résultant de l'application de FORCES globales externes.
→ Voir CONTRAINTE MÉCANIQUE.

(n.f.) CONTRAINTE MÉCANIQUE maximale due aux CHARGES (sens 1) multipliée par un COEFFICIENT DE SÉCURITÉ tenant compte des inconnues et des impératifs de SÉCURITÉ.

(contrainte), coefficient de concentration de contrainte, facteur de concentration de contrainte [stress concentration factor]

(n.m.) Nombre sans UNITÉ (sens 1) supérieur à 1 par lequel la CONTRAINTE MÉCANIQUE est augmentée au voisinage d'une irrégularité géométrique d'une SECTION. Elle est notée **K** ou **K$_t$** (l'indice **t** sert à spécifier qu'il s'agit d'une valeur théorique).

A. Le PHÉNOMÈNE de CONCENTRATION DE CONTRAINTE a comme effet d'amplifier la CONTRAINTE NOMINALE σ_{nom} par le facteur **K** pour atteindre une valeur maximale σ_{max} sensiblement plus élevée. La figure ci-contre montre une configuration de PLAQUE percée d'un TROU elliptique et sollicitée en TRACTION. On peut écrire $\sigma_{max} = K \cdot \sigma_{nom}$:

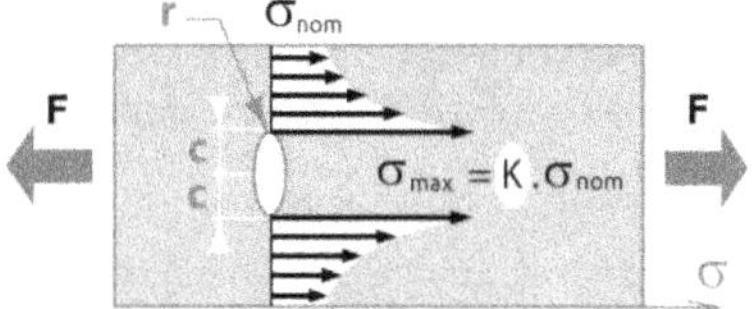

La même écriture est valable pour une SOLLICITATION DE CISAILLEMENT : $\tau_{max} = K \cdot \tau_{nom}$.

B. Il est indispensable de prendre en compte ce PHÉNOMÈNE lors des CONCEPTIONs de PIÈCES (sens 1) sous peine de SOUS-DIMENSIONNEMENT pouvant entraîner des dégâts aux conséquences graves. En effet, les zones de concentration de contrainte sont souvent sujets aux initiations de RUPTURE. Il est donc utile de connaître une estimation de la valeur du coefficient de concentration de contrainte suivant la situation rencontrée.

C. Cette grandeur dépend essentiellement des facteurs géométriques de l'irrégularité notamment le RAYON **r** de fond d'ENTAILLE et sa PROFONDEUR **c** ainsi que la configuration de sollicitation (TRACTION, COMPRESSION, FLEXION, CISAILLEMENT, TORSION). Outre l'utilisation de logiciels et applications spécialisés, à signaler deux MÉTHODES classiques permettant d'en obtenir la valeur :
• Lecture d'ABAQUE. Chaque situation est cernée par un abaque spécifique.

Ex. : *Coefficient de concentration de contrainte pour le cas d'une plaque épaulée soumise à traction (source CETIM) :*

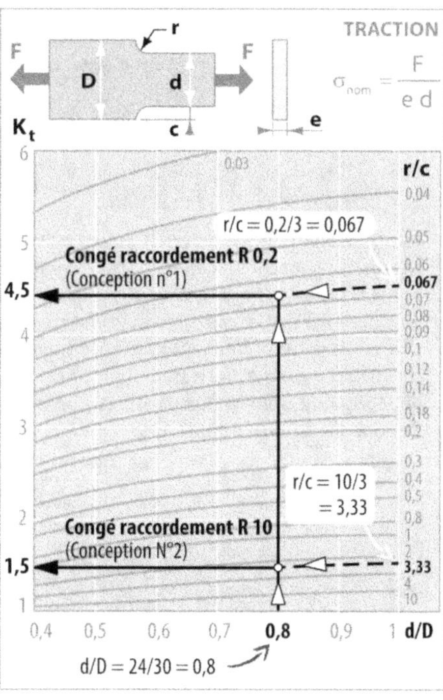

Ci-dessous, un exemple de CONCEPTION illustrant l'utilisation de l'ABAQUE pour évaluer le facteur de concentration de contrainte. Il s'agit de la pièce de LIAISON de l'attelage d'éjection d'un MOULE en MOULAGE PAR INJECTION PLASTIQUE. Elle est soumise à une alternance de TRACTION et COMPRESSION. On ne considère ici que l'hypothèse de ces SOLLICITATIONS MÉCANIQUES, bien qu'en réalité elle subisse aussi de la TORSION lors du SERRAGE des FILETAGES :

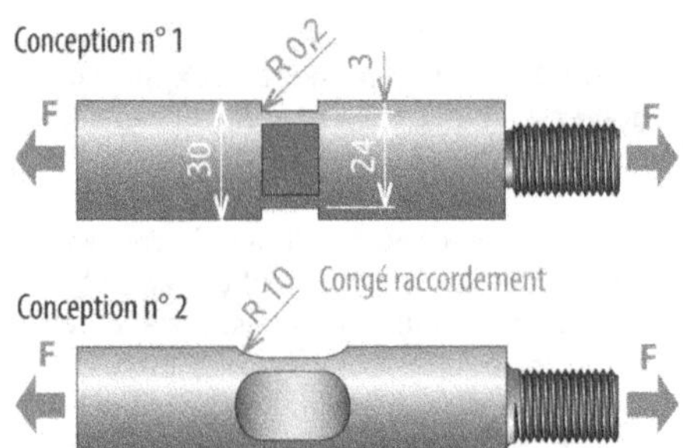

La conception n° 1 avec un CONGÉ de raccordement **R 0,2** sur le MÉPLAT destiné à la CLÉ DE SERRAGE conduit à au moins quadrupler la contrainte de traction-compression : $K_t \sim 4{,}5$ soit une augmentation d'environ 350 %.

La conception n° 2 avec un congé **R 10** permet de limiter cette augmentation à environ 50 % : $K_t \sim 1{,}5$.

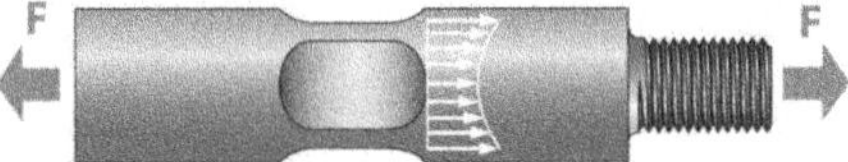

• Utilisation de formules analytiques : plusieurs expressions mathématiques plus ou moins élaborées et plus ou moins précises existent mais leur exploitation n'est pas toujours très commode. Il existe un cas de figure académique intéressant à connaître car d'un grand intérêt pédagogique pour comprendre le phénomène de concentration de contrainte :

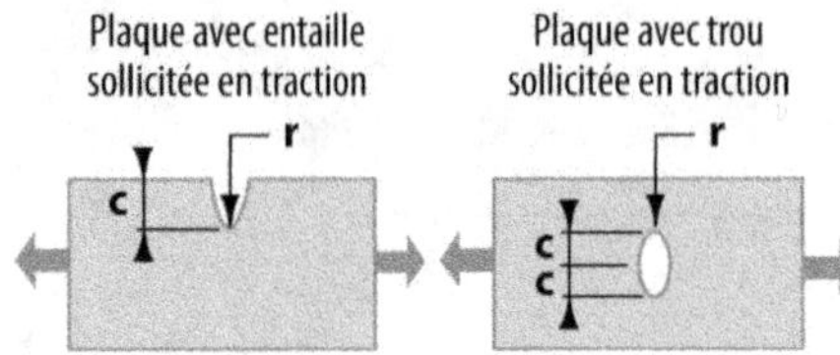

Il s'agit d'une PLAQUE sollicitée en TRACTION avec une ENTAILLE relativement peu profonde ou un TROU suffisamment éloigné du bord. Le coefficient de concentration de contrainte est donnée par la formule approximative suivante :

$$K_t = 1 + 2\sqrt{\frac{c}{r}}$$

r : rayon de fond d'ENTAILLE.
c : profondeur d'ENTAILLE.
À remarquer en premier lieu que cette formule permet de retrouver aisément le résultat d'une PLAQUE en TRACTION percée d'un TROU rond exposé à la rubrique CONCENTRATION DE CONTRAINTE. Dans ce cas, c = r, ce qui donne $K_t = 3$.
D. Cette relation laisse également entrevoir que lorsque la RAYON d'ENTAILLE tend vers zéro, ce qui s'apparenterait à une FISSURE, le coefficient de concentration de contrainte deviendrait très grand. Ce qui veut dire que la CONTRAINTE MÉCANIQUE croît de façon dramatiquement élevée conduisant vraisemblablement à une RUPTURE rapide.
→ Voir aussi (ENTAILLE), EFFET D'ENTAILLE.
E. À signaler une MÉTHODE purement expérimentale permettant une visualisation directe des contraintes par PHOTOÉLASTICIMÉTRIE.
Ex. : *Visualisation de la concentration de contrainte sur une entaille en V par photoélasticimétrie* :

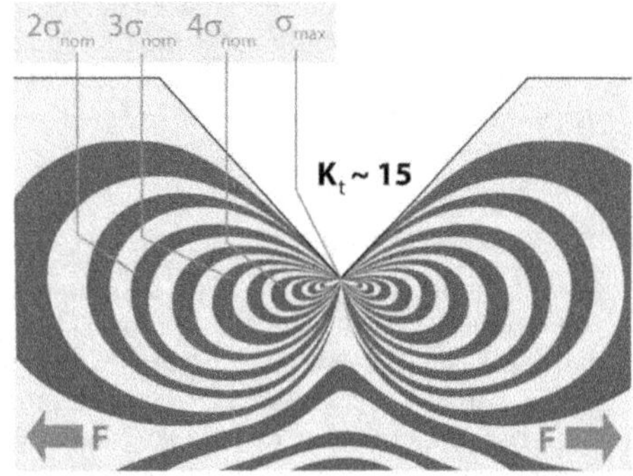

F. Le (ÉLÉMENTS FINIS), CALCUL PAR ÉLÉMENTS FINIS peut aussi donner de précieuses indications.

Ex. : *Représentation des* CONTRAINTES MÉCA-
NIQUES *dans une* PLAQUE *percée d'un* TROU *sollicitée en* TRACTION :

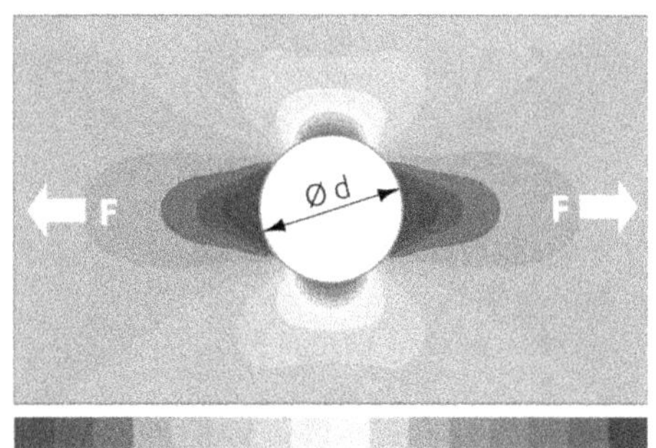

contrainte conventionnelle [engineering stress, conventional stress]

(n.f.) CONTRAINTE MÉCANIQUE au cours d'un ESSAI DE TRACTION, obtenue par le quotient de la FORCE appliquée par la SURFACE initiale de la SECTION de l'ÉPROUVETTE <u>considérée comme in-variable</u>.

A. C'est cette SURFACE initiale A_0 de la SECTION qui est prise en compte pendant la totalité de l'ESSAI, afin de faciliter le calcul de la CONTRAINTE MÉCANIQUE, l'obtention de la COURBE DE TRACTION et son analyse. Il est cependant évident que cette hypothèse est erronée. En effet, comme expliqué à la rubrique COEFFICIENT DE POISSON, la SECTION diminue toujours quand un MATÉRIAU s'allonge, en particulier pendant la STRICTION.

B. En réalité, cette diminution doit être prise en compte dans le calcul de la CONTRAINTE (sens 3) afin d'obtenir la CONTRAINTE RÉELLE qui conduit à la COURBE DE TRACTION RATIONNELLE. La contrainte réelle (CONTRAINTE RATIONNELLE ou CONTRAINTE VRAIE) est reliée à la contrainte conventionnelle par la formule :

$$\sigma_{r\acute{e}el} = \sigma_{conv}(1+a)$$

dans laquelle **a** est l'ALLONGEMENT RELATIF ou ALLONGEMENT CONVENTIONNEL. Ci-contre, un aperçu de la différence entre une telle courbe et la courbe de contrainte conventionnelle.

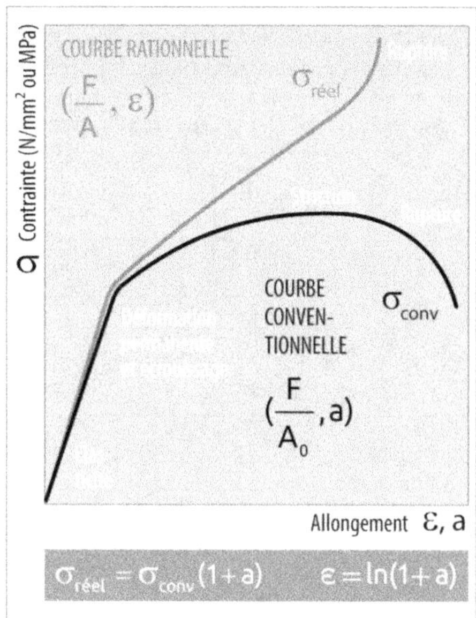

Dans la COURBE DE TRACTION RATIONNELLE, la contrainte augmente logiquement jusqu'à la RUPTURE. Cependant, les différents PHÉNO-MÈNES apparaissent de façon plus évidente sur la COURBE DE TRACTION CONVENTIONNELLE d'où son intérêt, malgré une signification réelle discutable.

◊ Contr. : CONTRAINTE VRAIE.

contrainte cyclique [cyclic stress]

(n.f.) Type de CONTRAINTE MÉCANIQUE changeant fréquemment de SENS ou de valeur.
Ce type de contrainte peut faire apparaître des endommagements du type FATIGUE.
◊ Contr. : CONTRAINTE STATIQUE.
→ Voir, par exemple, ESSAI DE FATIGUE ; ESSAI DYNAMIQUE ; ESSAI STATIQUE.

contrainte de cisaillement [shear stress]

(n.f.) Type de CONTRAINTE TANGENTIELLE provenant de l'action de deux FORCES opposées dans le même PLAN (sens 1) et qui tend à faire glisser un pan de MATÉRIAU par rapport à l'autre moitié.

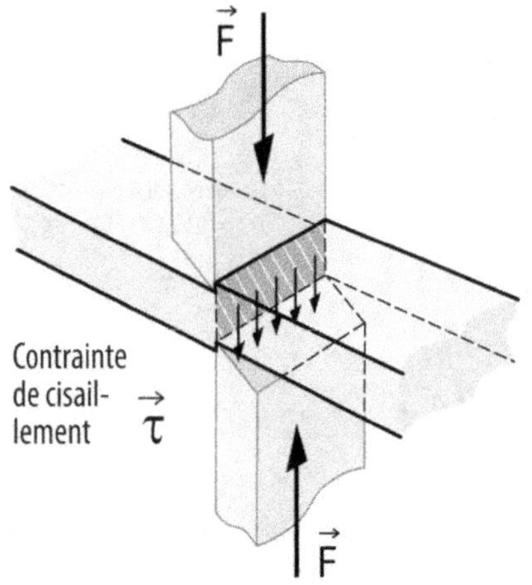

C'est ce type de CONTRAINTE (sens 3) qui est appliquée aux CLAVETTES, RIVETS et GOUPILLES, par exemple.

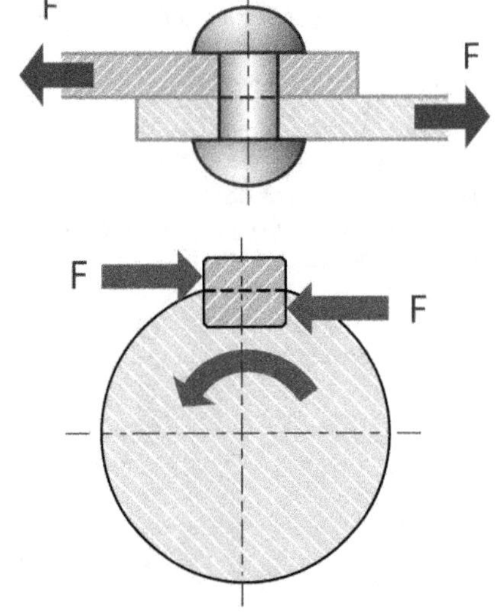

contrainte de compression [compressive stress]

(n.f.) Type de CONTRAINTE NORMALE provenant de l'action de deux FORCES alignées et face à face qui tendent à raccourcir le MATÉRIAU qui se trouve entre elles.

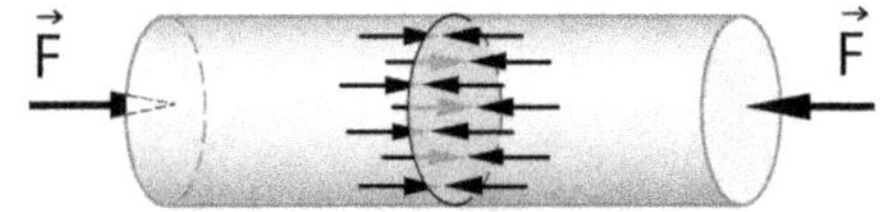

C'est ce type de CONTRAINTE (sens 3) qui est appliquée sur les BÂTIS de MACHINE, les piliers de pont, les COLONNEs, etc.

contrainte de flexion [bending stress, flexural stress]

(n.f.) CONTRAINTES MÉCANIQUES provenant de FORCES opposées mais non-alignées, c'est à dire un MOMENT DE FORCE qui tend à courber et à accentuer la COURBURE d'un objet maintenu par des APPUIS.

A. La FLEXION est un PHÉNOMÈNE complexe faisant apparaître plusieurs types de contraintes :
• Des CONTRAINTES DE TRACTION | LONGITUDINALES sur le côté CONVEXE (en renflement) de la POUTRE ou PLAQUE. Des CONTRAINTES DE COMPRESSION sur l'autre côté CONCAVE (en creux). Il existe entre les deux une surface où la CONTRAINTE (sens 3) est égale à zéro appelée AXE NEUTRE :

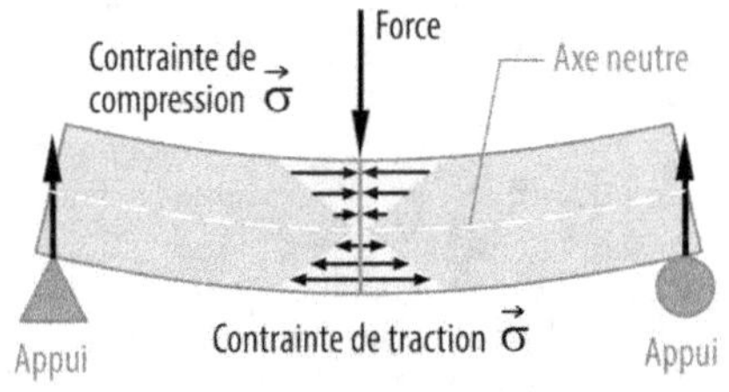

Lorsque, par hypothèse simplificatrice, seules ces CONTRAINTEs DE TRACTION et de COMPRESSION sont prises en compte, il s'agit de FLEXION PURE. En toute rigueur, les types de CONTRAINTEs (sens 3) suivants doivent aussi être considérés :
• Des CONTRAINTES DE CISAILLEMENT dans le SENS | TRANSVERSAL provenant d'EFFORT TRANCHANT :

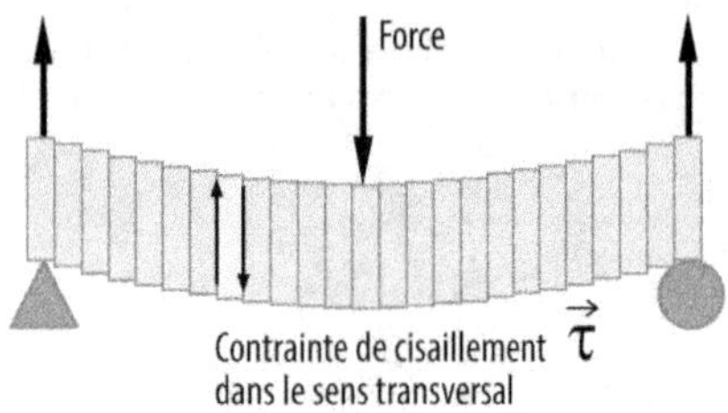

Lorsque ce type de CONTRAINTE (sens 3) est prise en compte en plus des précédentes, il s'agit alors de FLEXION SIMPLE.

• Des CONTRAINTES DE CISAILLEMENT dans le SENS | LONGITUDINAL dues à un EFFORT normal (à la SECTION) :

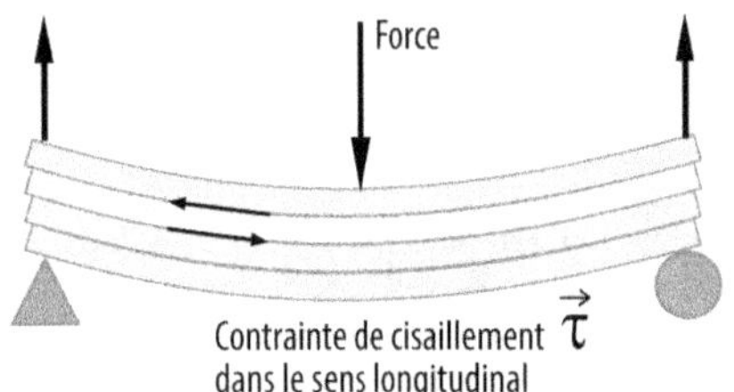

Contrainte de cisaillement $\vec{\tau}$
dans le sens longitudinal

Lorsque tous ces types de CONTRAINTES (sens 3) sont envisagés, on parle de FLEXION COMPOSÉE. Selon les proportions géométriques de la POUTRE (ÉLANCEMENT) et sa MATIÈRE, l'une ou l'autre de ces CONTRAINTES (sens 3) peut être prépondérante, les autres négligeables.

B. La FLEXION est le type de CONTRAINTE (sens 3) que subit, par exemple, un tablier de pont, un plancher ou les PANNES (sens 2) d'une toiture.

contrainte de torsion [torsional stress]

(n.f.) Type de CONTRAINTE TANGENTIELLE provenant de FORCES opposées mais non-alignées, c'est à dire un COUPLE DE FORCE qui tend à faire tourner en sens contraire deux régions voisines d'une section de MATÉRIAU :

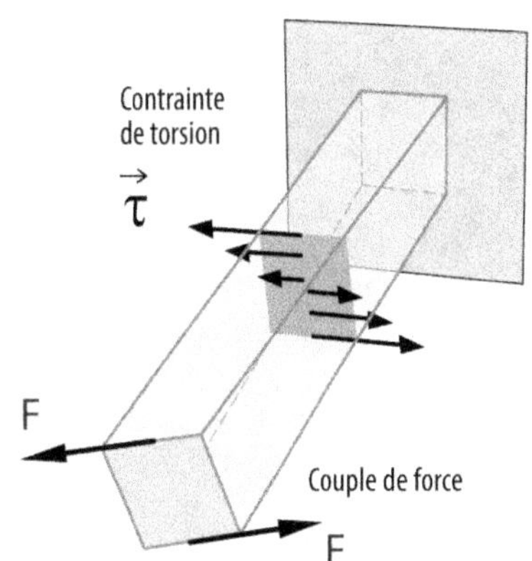

C'est le type de CONTRAINTE (sens 3) qui est appliqué aux ARBRES DE TRANSMISSION, par exemple.

contrainte de traction [tensional stress]

(n.f.) Type de CONTRAINTE NORMALE provenant de deux FORCES opposées en ALIGNEMENT qui tendent à allonger le morceau de MATÉRIAU qui les subit :

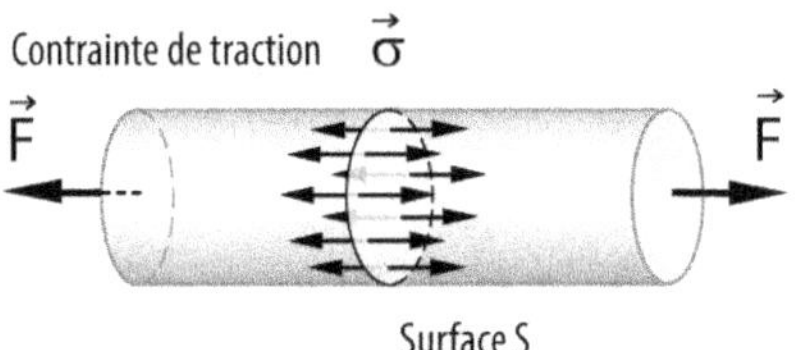

C'est ce type de CONTRAINTE (sens 3) qui est appliqué aux CÂBLES et CHAÎNES, par exemple.

contrainte mécanique [stress]

(n.f.) FORCE par UNITÉ (sens 1) de SURFACE appliquée au sein d'un MATÉRIAU lorsqu'on le soumet à une SOLLICITATION MÉCANIQUE globale extérieure.

A. Il s'agit donc d'une PRESSION interne à la MATIÈRE exprimée avec l'UNITÉ (sens 1) PASCAL, c'est à dire le N/m^2. Son multiple mégapascal (MPa) est plus pratique car il correspond à 1 N/mm^2. De plus, le N/mm^2 ou MPa est l'UNITÉ (sens 1) retenue par les NORMES pour les RÉSISTANCES MÉCANIQUES. Voici les correspondances avec les autres unités :

1 MPa =		
	10^{-6}	N/m^2
	0,1	daN/mm^2
	1	N/mm^2
	10	bar
	145,04	psi
	0,145	ksi

B. D'une façon générale, une contrainte mécanique est toujours la RÉSULTANTE de deux types de contraintes mécaniques, selon leurs DIRECTIONS par rapport à la SURFACE sur laquelle elles sont appliquées :

• la CONTRAINTE NORMALE | PERPENDICULAIRE à la SURFACE.

• la CONTRAINTE TANGENTIELLE, PARALLÈLE à la SURFACE et qui peut être décomposée suivant deux DIRECTIONS | PERPENDICULAIRES.

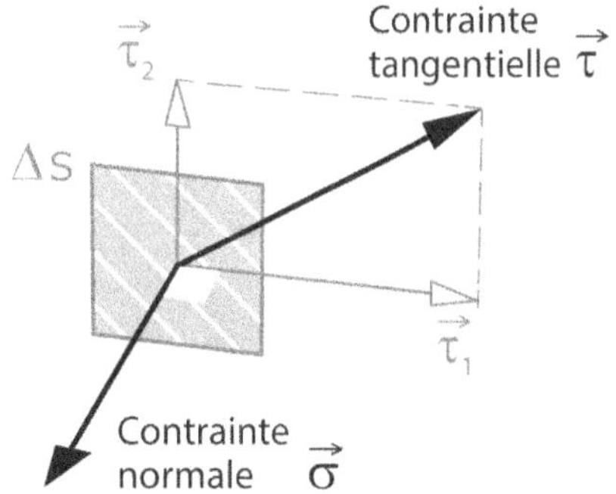

Ainsi, la contrainte mécanique peut être considérée comme une PRESSION interne orientée. Remarquer les deux lettres grecques différentes affectées pour désigner chaque type de CONTRAINTE (sens 3).

C. Le mode d'application des SOLLICITATIONS MÉCANIQUES sur les MATÉRIAUX permettent de classer les CONTRAINTES (sens 3) résultantes selon les types suivants :
- CONTRAINTE DE TRACTION.
- CONTRAINTE DE COMPRESSION.
- CONTRAINTE DE CISAILLEMENT.
- CONTRAINTE DE FLEXION.
- CONTRAINTE DE TORSION.
→ Voir DÉFORMATION.

D. Les contraintes mécaniques peuvent être déterminées par calcul analytique grâce aux formules de RÉSISTANCE DES MATÉRIAUX ou par évaluation purement numérique grâce au (ÉLÉMENTS FINIS), CALCUL PAR ÉLÉMENTS FINIS. Elles peuvent aussi dans certaines conditions être visualisées par PHOTOÉLASTICIMÉTRIE.

E. Ne pas confondre la contrainte mécanique avec la PRESSION, même si elles sont exprimées avec la même UNITÉ (sens 1).

contrainte nominale [nominal stress]

(n.f.) Valeur de CONTRAINTE MÉCANIQUE sans considération du PHÉNOMÈNE de CONCENTRATION DE CONTRAINTE. Elle est considérée comme uniformément répartie sur la SURFACE qui subit la SOLLICITATION.

contrainte normale [normal stress, direct stress]

(n.f.) Type de CONTRAINTE MÉCANIQUE faisant un ANGLE | PERPENDICULAIRE avec la zone de SURFACE qui la subit.

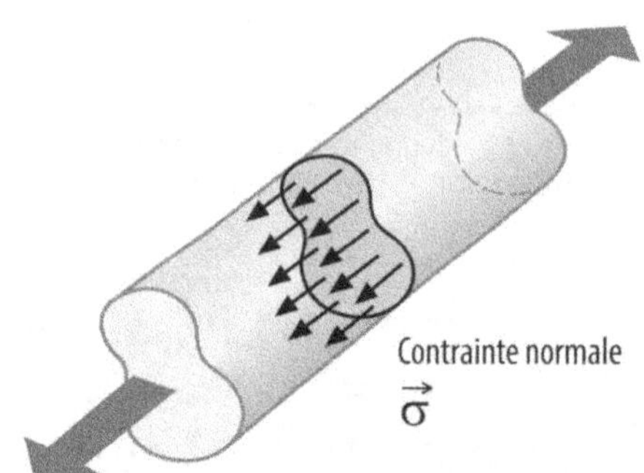

Les CONTRAINTES DE TRACTION, de COMPRESSION et une partie de la FLEXION sont des contraintes normales.
◊ Contr. : CONTRAINTE TANGENTIELLE.

contrainte rationnelle [true stress]

(n.m.) CONTRAINTE MÉCANIQUE dans l'ÉPROUVETTE au cours d'un ESSAI DE TRACTION calculée en considérant la diminution de la SECTION due à l'ALLONGEMENT.
Ainsi, elle est aussi appelée la CONTRAINTE VRAIE.
◊ Contr. : CONTRAINTE CONVENTIONNELLE.

contrainte résiduelle [residual stress]

(n.f.) CONTRAINTE MÉCANIQUE permanente existant à l'intérieur d'un MATÉRIAU en l'absence de toutes SOLLICITATIONS MÉCANIQUES extérieures et qui provient généralement des PROCÉDÉS de FABRICATION et de TRAITEMENT THERMIQUE.

contrainte statique [static stress]

(n.f.) CONTRAINTE MÉCANIQUE dont la valeur et le SENS ne varient jamais au cours du temps.
◊ Contr. : CONTRAINTE CYCLIQUE.

contrainte tangentielle [shear stress]

(n.f.) Type de CONTRAINTE MÉCANIQUE orientée parallèlement à la SURFACE sur laquelle elle est appliquée.

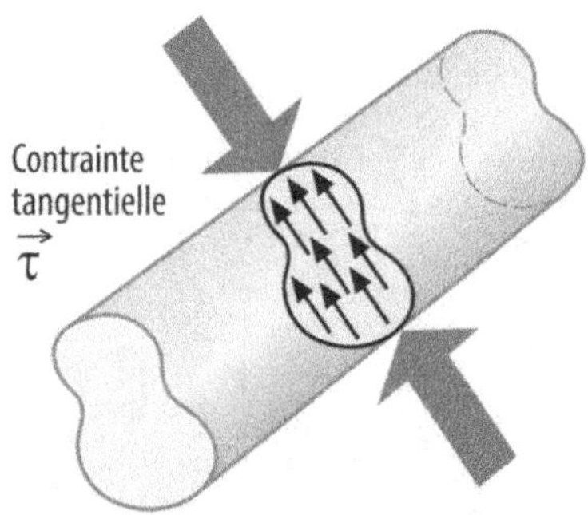

Les CONTRAINTES DE CISAILLEMENT et DE TORSION sont des contraintes tangentielles.

contrainte thermique [thermal stress]

(n.f.) CONTRAINTE MÉCANIQUE provoquée par la DILATATION ou la CONTRACTION d'un MATÉRIAU, résultant d'un changement de TEMPÉRATURE.
→ Voir (DILATATION), CONTRAINTE DE DILATATION pour les détails.

contrainte vraie [true stress]

(n.f.) Même signification que CONTRAINTE RATIONNELLE.

contre-dépouille [back draft, counterdraft, reverse taper]

(n.f.) FORME ou légère obliquité qui contrarie le MOUVEMENT de DÉMOULAGE d'un MOULE.

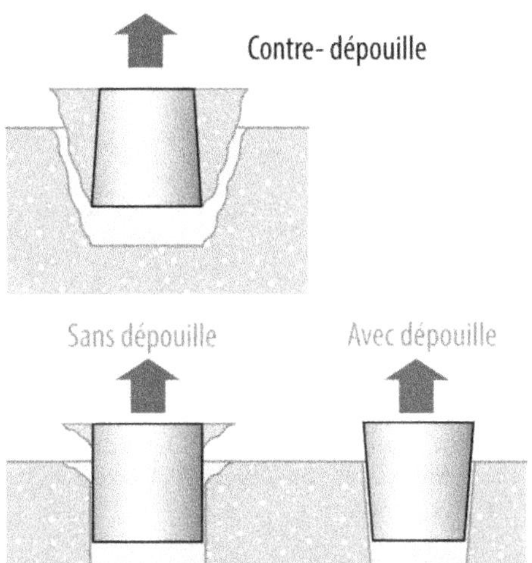

A. La contre-dépouille est à éviter dans la CONCEPTION d'une PIÈCE DE FONDERIE et tout PROCÉDÉ de MISE EN FORME PAR SOLIDIFICATION ou par DÉFORMATION PLASTIQUE afin de faciliter le DÉMOULAGE et de préserver ainsi la PIÈCE (sens 1) mais aussi le MOULE. Dans le cas de la FONDERIE type sable avec moule destructible, la dépouille sert à démouler le MODÈLE (sens 2). Pour la FONDERIE avec moule permanent, pour l'ESTAMPAGE et le MATRIÇAGE, la dépouille sert à permettre de démouler et extraire la PIÈCE (sens 1). L'exemple suivant montre une modification de CONCEPTION d'une PIÈCE (sens 1) de FONDERIE afin d'éliminer les contre-dépouilles.

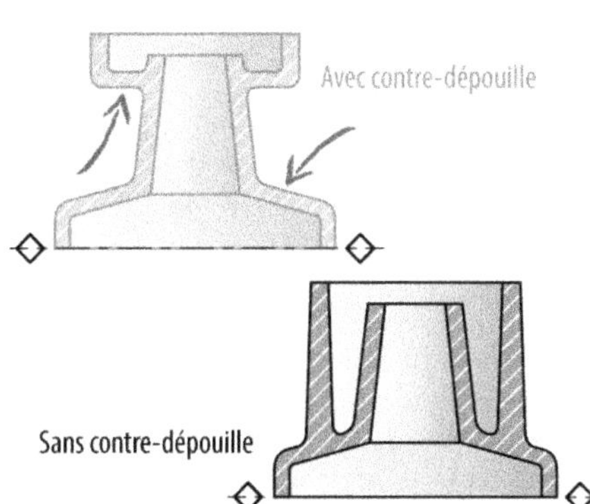

B. Il est cependant à noter qu'il existe des PROCÉDÉS de MOULAGE ou MISE EN FORME qui acceptent les contre-dépouilles.

→ **Voir** MOULAGE À LA CIRE PERDUE ; MOULAGE AU SABLE À MODÈLE VAPORISABLE, IMPRESSION 3D.

contre-écrou [lock nut, jam nut, back nut]

(n.m.) Deuxième ÉCROU serré contre un autre afin de se bloquer mutuellement.

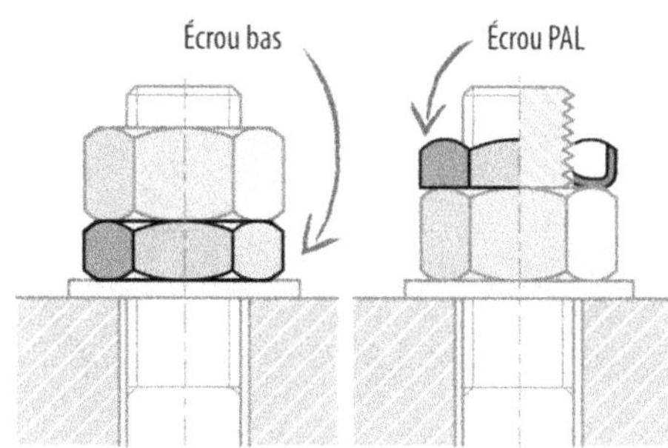

Le contre-écrou sert à constituer une BUTÉE ou quelquefois FREINAGE DE FILETAGE. Afin de réduire la place occupée par l'ensemble, on utilise souvent un ÉCROU BAS ou un ÉCROU PAL.

contreflèche [camber]

(n.f.) COURBURE intentionnellement donnée à une POUTRE, en sens inverse d'une FLÈCHE (sens 2) due à une CHARGE (sens 1) de manière à la compenser et à rendre la POUTRE | DROITE une fois chargée.

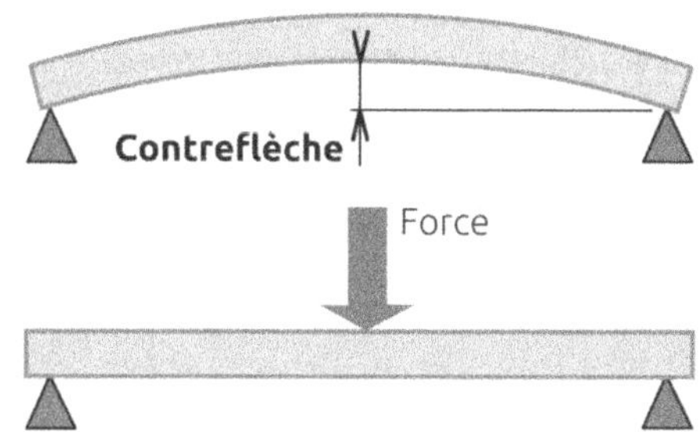

contremaître [foreman]

(n.m.) Personne qui dirige et supervise le travail d'une équipe d'OUVRIERs.

contre-perçage [counter-drilling]

(n.m.) PERÇAGE dans lequel une PIÈCE (sens 1) comportant déjà un TROU est placée devant pour servir de guide au FORET et s'assurer que les deux TROUs sont bien alignés (voir page suivante).

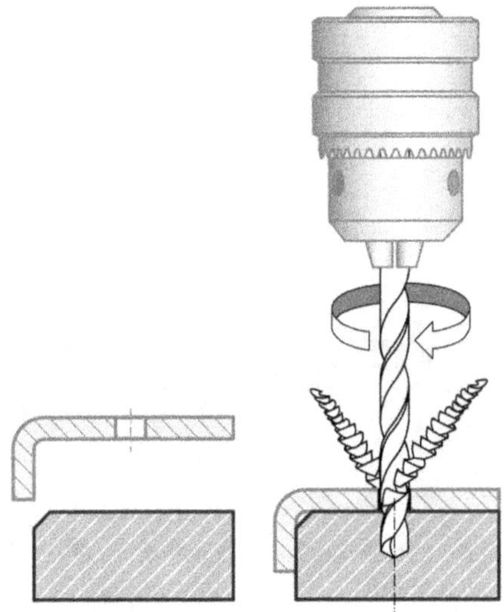

contre-pointe [tailstock, cone center]

(n.f.) ORGANE | CONIQUE pointu pour soutenir une PIÈCE (sens 1) sur l'extrémité opposée à la BROCHE (sens 2) d'un TOUR (sens 1).
→ Voir aussi CONTRE-POUPÉE ; ENTRE-POINTES ; TOC.

contre-poupée [tailstock]

(n.f.) ORGANE d'un TOUR (sens 1) reposant sur le banc à l'extrémité opposée à la BROCHE (sens 2).

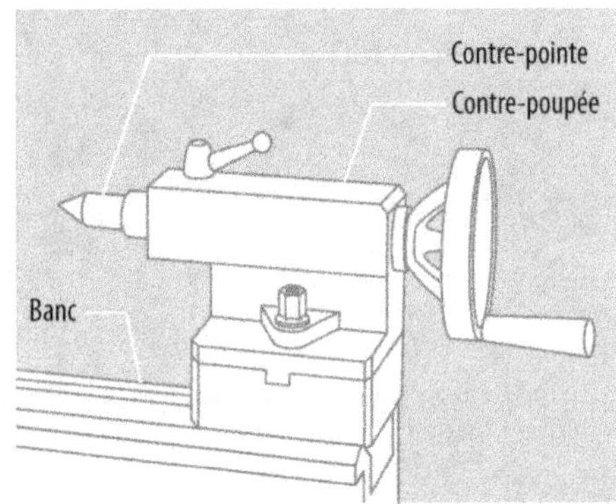

contre-tête [counterhead]

(n.f.) Partie opposée à la tête d'un RIVET, obtenue par DÉFORMATION de la TIGE.

contreventement [bracing]

(n.m.) ÉLÉMENT DE STRUCTURE assurant, à l'origine, la STABILITÉ d'une CONSTRUCTION vis à vis des effets horizontaux du vent mais dont l'utilité est étendue à l'amélioration de l'indéformabilité générale, notamment par TRIANGULATION.

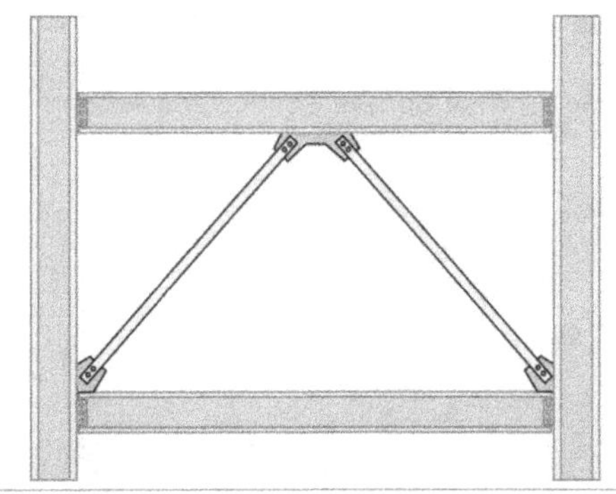

contrôle [inspection]

(n.m.) Examen et VÉRIFICATION des CARACTÉRISTIQUES d'un objet ou d'un SYSTÈME conformément à un PROTOCOLE établi et une RÉFÉRENCE considérée comme correcte.
A. En ce qui concerne l'impact du contrôle sur les objets concernés, ils peuvent être classés en deux catégories :
• les CONTRÔLES DESTRUCTIFS.
• les CONTRÔLES NON-DESTRUCTIFS.
B. En ce qui concerne le moment où ils sont effectués, les contrôles peuvent aussi être divisés en deux catégories :
• le CONTRÔLE EN COURS DE FABRICATION.
• le CONTRÔLE FINAL.
C. D'une façon générale, le contrôle est une VÉRIFICATION qui s'effectue pendant ou dans la suite des OPÉRATIONS de FABRICATION. L'INSPECTION est une vérification effectuée bien après la FABRICATION une fois l'objet considéré comme fini.

contrôle destructif [destructive inspection]

(n.m.) Type de CONTRÔLE nécessitant de mettre hors d'usage l'objet ou le SYSTÈME contrôlé.
◊ Contr. : CONTRÔLE NON-DESTRUCTIF.

contrôle dimensionnel [dimensional inspection]

(n.m.) VÉRIFICATION des COTES et éléments géométriques d'une PIÈCE (sens 1) ou ASSEMBLAGES (sens 2) grâce aux MÉTHODES et INSTRUMENTS de MÉTROLOGIE.
→ Voir aussi TOLÉRANCE GÉOMÉTRIQUE.

contrôle en cours de fabrication [inspection during production]

(n.m.) CONTRÔLE effectué entre les différentes OPÉRATIONS de la FABRICATION d'une PIÈCES (sens 1) et qui permet de détecter le plus tôt possible les DÉFAUTS (sens 1) et imperfections.
◊ Contr. : CONTRÔLE FINAL.

contrôle final [final inspection]

(n.m.) CONTRÔLE effectué à la fin d'une FABRICATION sur un PRODUIT FINI.
◊ Contr. : CONTRÔLE EN COURS DE FABRICATION.

contrôle non-destructif (CND) [non destructive inspection]

(n.m.) Type de CONTRÔLE ne nécessitant pas d'altérer l'objet ou le SYSTÈME contrôlé.
Ce sont des MÉTHODES permettant d'examiner l'état d'intégrité de PIÈCES (sens 1) ou de STRUCTURE (sens 2) sans qu'il y ait besoin de les dégrader. Les MÉTHODEs les plus connus et les plus utilisés sont les suivantes :

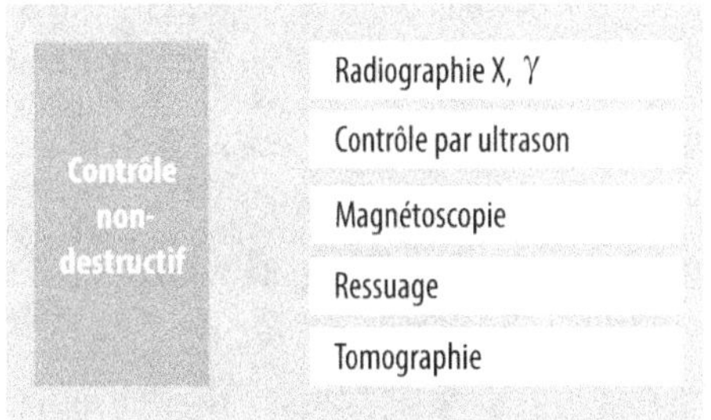

contrôle visio-tactile [visual tactile inspection]

(n.m.) CONTRÔLE ne nécessitant pas d'APPAREIL DE MESURE particulier mais qui est fait uniquement par jugement de l'oeil et du toucher.

conversion [conversion]

(n.f.) TRAITEMENT DE SURFACE consistant à faire apparaître superficiellement un COMPOSÉ CHIMIQUE du SUBSTRAT en vue d'obtenir des PROPRIÉTÉs plus intéressantes.
→ Voir, par exemple, PHOSPHATATION ; CHROMATATION ; ANODISATION ; PASSIVATION.

convertisseur [converter]

(n.m.) APPAREIL utilisé en SIDÉRURGIE pour brûler le CARBONE de la FONTE afin d'obtenir de l'ACIER.
Il s'agit d'une cuve RÉFRACTAIRE orientable dans laquelle peut être insufflés de l'OXYGÈNE ou d'autres GAZ pour réagir avec le CARBONE ou brasser le MÉTAL fondu pour une meilleure homogénéité.
→ Voir AFFINAGE.

convertisseur de couple [torque converter]

(n.m.) DISPOSITIF mécanique de TRANSMISSION DE MOUVEMENT constitué de deux ROUES | CONCENTRIQUES tournantes à AILETTES et une fixe, entre lesquelles circule un FLUIDE pour constituer un ACCOUPLEMENT temporaire.

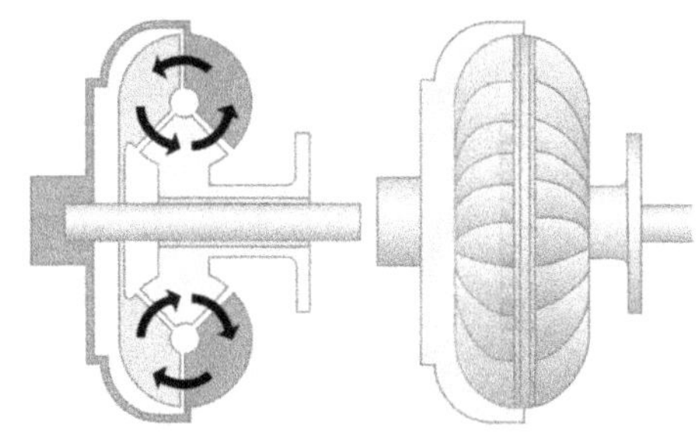

convexe [convex]

(adj.) Qui est de FORME | COURBE en bosse par rapport à son entourage.
◊ Contr. : CONCAVE.
→ Voir aussi CONVEXITÉ.

convexité [convexity]

(n.f.) FORME | COURBE en bosse comparée à son entourage.

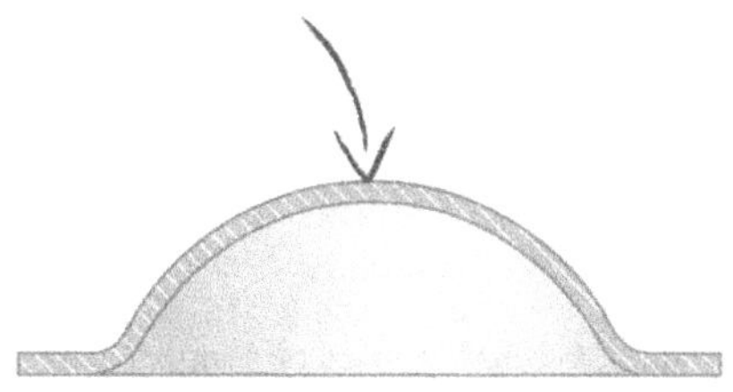

◊ Contr. : CONCAVITÉ.

copeau [chip]

(n.m.) Débris de MATÉRIAU inutilisable se détachant lors de l'USINAGE avec un OUTIL DE COUPE.

Photo : Angel Alvarez Perez

Photo : Yevgeniv Sambulov

→ Voir aussi PERÇAGE ; FRAISAGE ; TOURNAGE ; OUTIL DE COUPE ; DÉCHET.

A. La figure ci-dessous montre le détail de la formation du copeau lors de l'USINAGE.

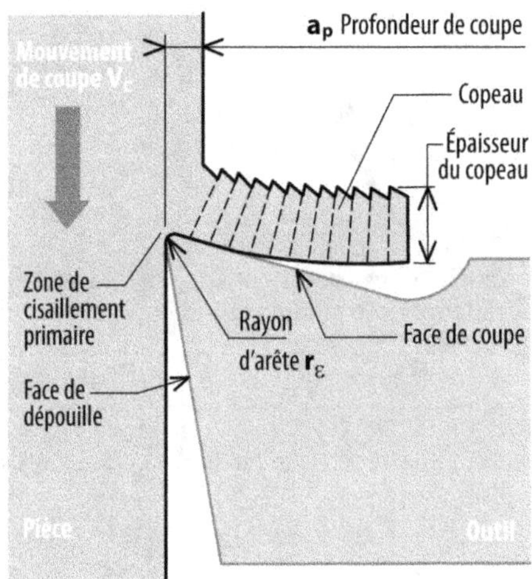

• Note : L'ÉPAISSEUR du copeau est, au final, environ 40 % supérieure à l'ÉPAISSEUR de MATIÈRE enlevée (PROFONDEUR DE COUPE a_p).

B. Il est important que les copeaux ne soient pas trop longs ni trop enchevêtrés, ce qui en complique l'évacuation hors de l'espace de travail. En effet, le VOLUME apparent deviendrait trop important et risque d'endommager les SURFACES nouvellement usinées. En TOURNAGE, par exemple, ils peuvent s'enrouler autour de la PIÈCE (sens 1) en gênant l'outil et peuvent constituer un danger pour l'opérateur. A l'opposé, des copeaux trop petits peuvent obturer les filtres du circuit de LUBRIFICATION.

C. Ci-après les différents types habituels de copeaux selon la norme ISO 3685 :

TRÈS BON	Aiguille	Fragmenté	Arc détaché
BON	Spirale plat	Spirale conique	Arc attaché
MOYEN	Ruban court	Tubulaire court	Hélicoïdal court

ACCEPTABLE	Tubulaire long	Hélicoïdal conique	Conique court
MAUVAIS	Hélicoïdal long	Enchevêtré	Enchevêtré
TRÈS MAUVAIS	Ruban long	Enchevêtré long	Enchevêtré

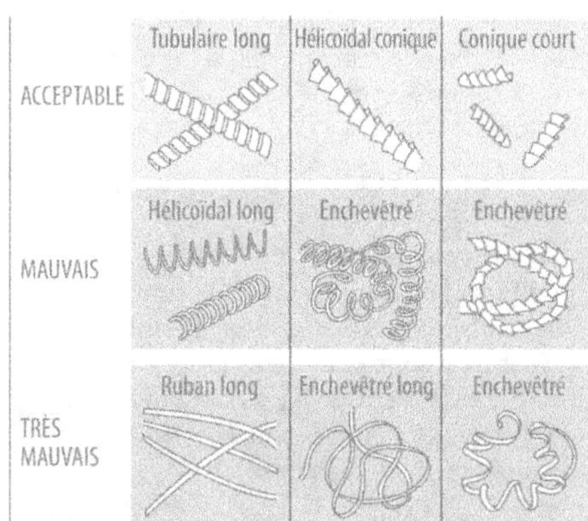

D. Les copeaux sont, en général, très tranchants et brûlants après leur formation. De plus, ils se trouvent toujours au voisinage d'un ORGANE en MOUVEMENT, ce qui en augmente encore la dangerosité. Il convient de prendre toutes les précautions pour les manipuler afin d'éviter les accidents de travail. En aucun cas, il ne doivent être retirés à la main.

→ Voir CROCHET À COPEAUX pour un exemple d'ustensile permettant de les manipuler sans danger.

copeau minimum [minimum chip thickness]

(n.m.) Valeur la plus faible d'ÉPAISSEUR de COPEAU ou PROFONDEUR DE PASSE que peut tailler un OUTIL DE COUPE. Il est dû notamment au RAYON de l'ARÊTE, si petit soit-il. En dessous de la valeur du copeau minimum, l'OUTIL repousse la MATIÈRE et l'écrouit avec sa FACE DE DÉPOUILLE sans l'entamer, ce qui produit une USURE prématurée de ce dernier et un mauvais ÉTAT DE SURFACE de la pièce.

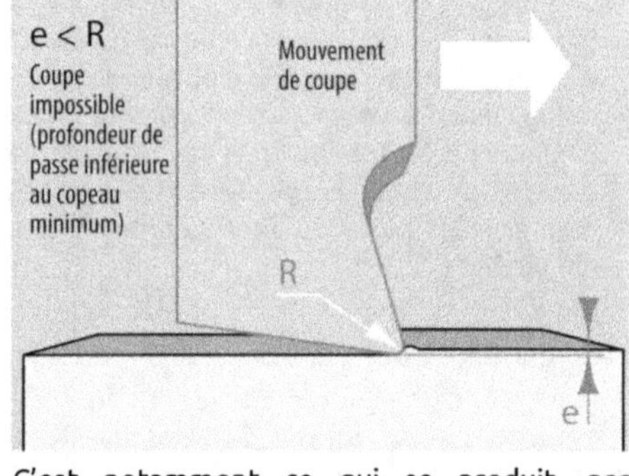

C'est notamment ce qui se produit, par exemple, en FRAISAGE EN OPPOSITION dans lequel la FRAISE entame la MATIÈRE avec un copeau d'épaisseur nulle.

→ Voir FRAISAGE EN OPPOSITION.

À titre de comparaison, ci-dessous l'illustration d'une COUPE (sens 2) correcte dans laquelle le rayon de la pointe de l'outil est plus petit que le copeau minimum.

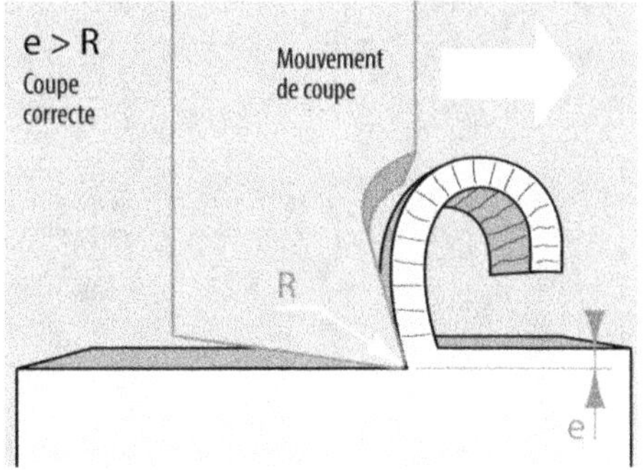

copiage [duplication]

(n.m.) OPÉRATION de dédoublement ou reproduction d'une chose à partir d'un MODÈLE (sens 2).

coplanaire [coplanar]

(adj.) Qui sont situés dans le même PLAN (sens 1).

copolymère [copolymer]

(n.m.) POLYMÈRE obtenu avec plusieurs motifs de MONOMÈRES différents.

Ex. : *Copolymère de polyéthylène (A) et de polypropylène (B).*

A. Lorsqu'un POLYMÈRE est constitué d'un seul type de motif moléculaire, il est appelé HOMOPOLYMÈRE.

B. Ne pas cependant confondre avec l'ALLIAGE qui est obtenu par pure association sans liaison chimique.

coque [shell]

(n.f.)

1. ÉLÉMENT STRUCTURAL dont la SURFACE est courbe avec deux DIMENSIONS (sens 1) sensiblement plus grandes que la troisième appelée ÉPAISSEUR.

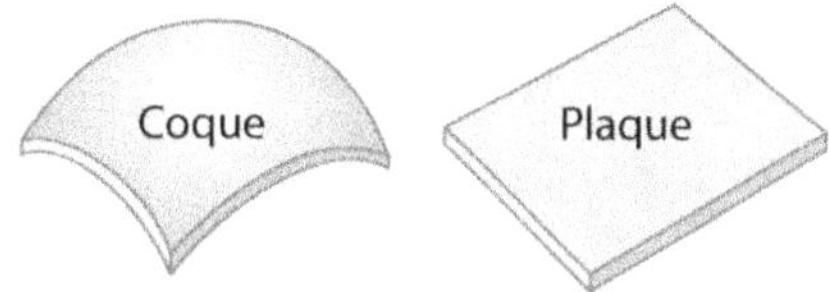

Lorsque la SURFACE est plate et non courbe, il s'agit d'une PLAQUE.

→ Voir aussi ÉLÉMENT STRUCTURAL.

2. Fonction d'un logiciel de CONCEPTION ASSISTÉE PAR ORDINATEUR permettant d'évider un VOLUME pour ne garder qu'une paroi mince.

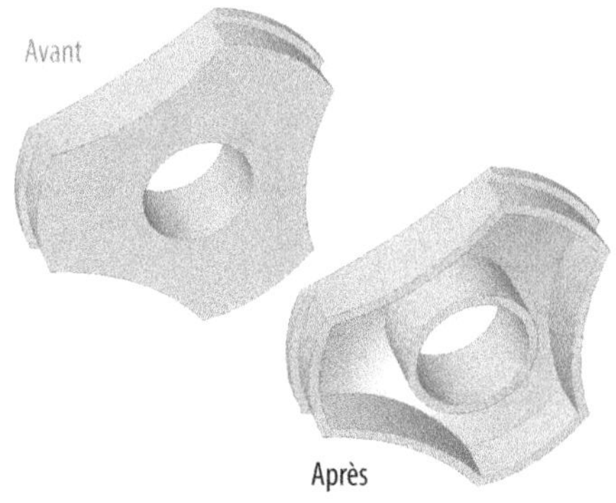

corde

1. [rope] Long enchevêtrement de fils pouvant être enroulé et servant à lier.

2. [chord] Longueur du segment de DROITE reliant deux POINTS d'un CERCLE sans passer par le CENTRE.

→ Voir CERCLE.

cordon de soudure [weld bead]

(n.m.) TRACE (sens 1) laissée par la FUSION partielle de MATIÈRE à la suite d'une OPÉRATION de SOUDAGE.

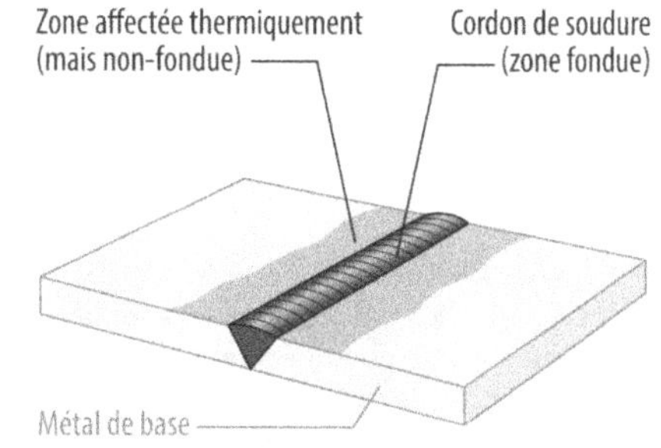

→ Voir ZONE AFFECTÉE THERMIQUEMENT (ZAT).

cornière [angle, angle iron]

(n.f.) PROFILÉ avec deux AILES à ANGLE DROIT. Les AILES peuvent être de même DIMENSION (sens 1) ou de DIMENSIONS différentes.

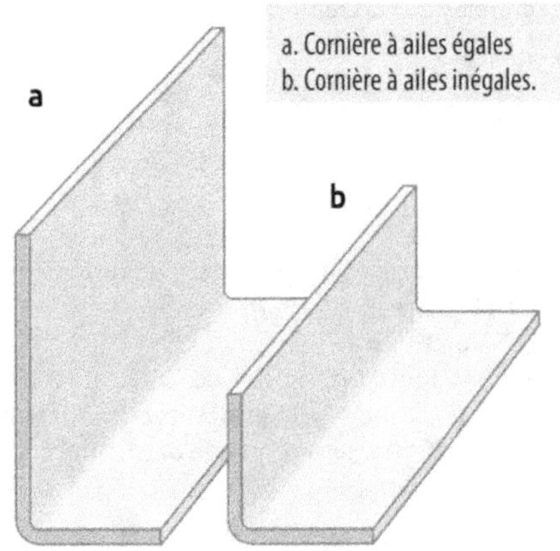

cornière à ailes inégales [unequal angle]

(n.f.) PROFILÉ avec deux AILES de DIMENSIONS (sens 1) différentes et à ANGLE DROIT.
→ Voir CORNIÈRE.

corps [substance]

(n.m.) Toute SUBSTANCE matérielle.
Ex. : *Corps solide.*

corps creux [hollow body]

(n.m.) Tout objet ou PIÈCE (sens 1) constitué de VIDE (sens 1), cavité, TROU à l'intérieur.
Ex. : *Les bouteilles, les flacons, les réservoirs, les tubulures, les conduites de fluide, etc. sont des corps creux.*
A. Les SURFACES internes ainsi constituées peuvent être entièrement ou partiellement invisibles de l'extérieur.
B. Quelques PROCÉDÉS permettant d'obtenir des corps creux :
- L'EXTRUSION-SOUFFLAGE.
- Le ROTOMOULAGE.
- Le THERMOFORMAGE DOUBLE PAROI.
- L'ENROULEMENT FILAMENTAIRE.
- L'INJECTION ASSISTÉE PAR GAZ.
- L'HYDROFORMAGE.
- La CHAUDRONNERIE.
- L'IMPRESSION 3D.

...

corps pur [pure substance]

(n.m.) SUBSTANCE constituée d'une seule espèce chimique (atome ou molécule).
A. Selon le type de molécule qui les constitue, les corps purs peuvent être classés comme suit :

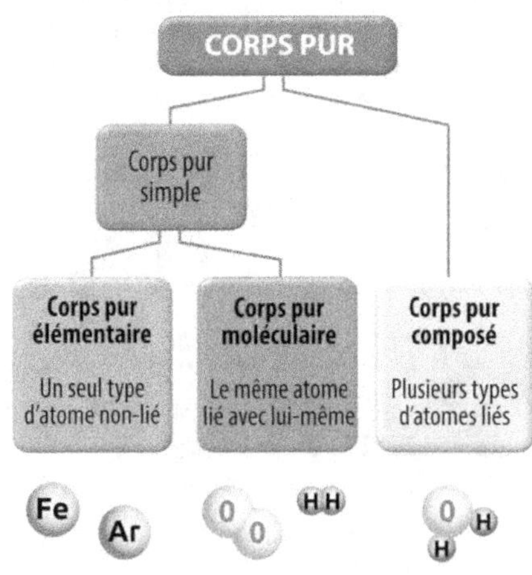

B. Le corps pur est souvent opposé au MÉLANGE ou ALLIAGE. En réalité, un corps est rarement complètement pur. Il contient toujours des TRACES (sens 2) de réactifs ou de solvants ayant servi à le produire ou de SUBSTANCES initialement présentes dans les MATIÈRES PREMIÈRES. La notion de corps pur doit toujours être précisée avec un pourcentage légèrement inférieur à 100 %.
Ex. : *Fer pur à 99,98 % en MASSE (sens 2).*
→ Voir aussi SUBSTANCE pour un diagramme général.

corrosif [corrosive]

(adj.) Qui déclenche et favorise la CORROSION.

corrosion [corrosion]

(n.f.) Détérioration progressive d'un MATÉRIAU due à une RÉACTION CHIMIQUE avec un ENVIRONNEMENT (sens 2) agressif tel que l'eau, l'humidité, l'air, la pollution, le sel, divers produits chimiques (acide, base, solvants...), les bactéries, etc.
Ex. : *Corrosion d'une chaîne préalablement protégée par ÉLECTROZINGAGE.*

A. La corrosion peut toucher toutes sortes de MATÉRIAU (MÉTAL, CÉRAMIQUE, (PLASTIQUE), MATIÈRE PLASTIQUE) dans des ENVIRONNEMENTs (sens 2) très variables (milieu aqueux, atmosphérique, GAZEUX à l'ambiante ou à haute TEMPÉRATURE, produits chimiques, etc.). Au delà des préoccupations purement esthétiques, la corrosion est un problème industriel important car pouvant être à l'origine d'accidents graves par affaiblissement et RUPTURE de PIÈCES (sens 1). Par ailleurs, la dégradation par corrosion représente un coût économique conséquent et doit donc être minimisée par la mise en œuvre de tous les moyens de protection et facteurs ralentissants.

B. En ce qui concerne le cas des MÉTAUX, les différents types connus sont les suivants selon la classification de Pierre R. Roberge dans son ouvrage « Corrosion Engineering » (Ed. McGraw Hill) [66] :

• Corrosion visible à l'oeil nu :

CORROSION VISIBLE À L'OEIL NU

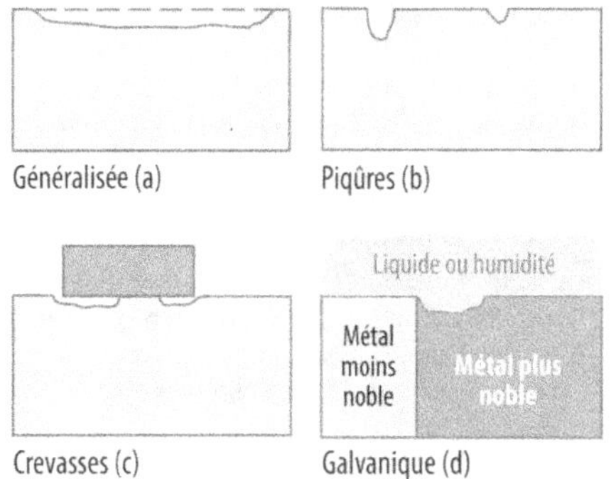

Dans cette catégorie, on retrouve la « corrosion généralisée » (a) comme la ROUILLE ; la « corrosion par piqûres » (b) faite d'une multitude de points régulièrement dispersés sur une SURFACE exposée, par exemple, à de l'eau salée ; la « corrosion par crevasse » (c) se développant aux interstices étroites entre des PIÈCES (sens 1) et la CORROSION GALVANIQUE (d) provoquée par le CONTACT de deux MÉTAUX différents en CONTACT avec un LIQUIDE.

• Corrosion pouvant être constatée uniquement avec un ÉQUIPEMENT spécialisé :

CORROSION CONSTATABLE AVEC DES APPAREILS D'INSPECTION

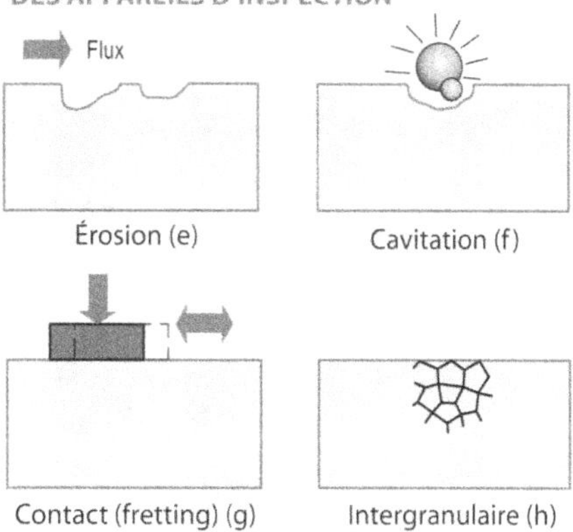

• Corrosion visible uniquement au MICROSCOPE :

CORROSION CONSTATABLE UNIQUEMENT AU MICROSCOPE

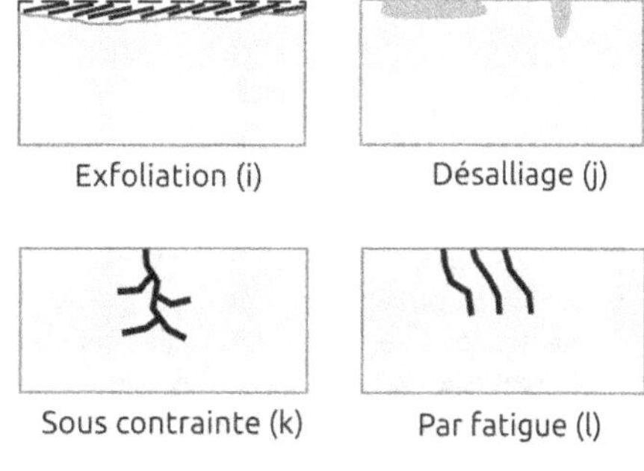

corrosion galvanique [galvanic corrosion]

(n.f.) PHÉNOMÈNE de dégradation électrochimique d'un MÉTAL en CONTACT avec un autre très différent, les deux étant immergés dans un même LIQUIDE permettant une conduction électrique :

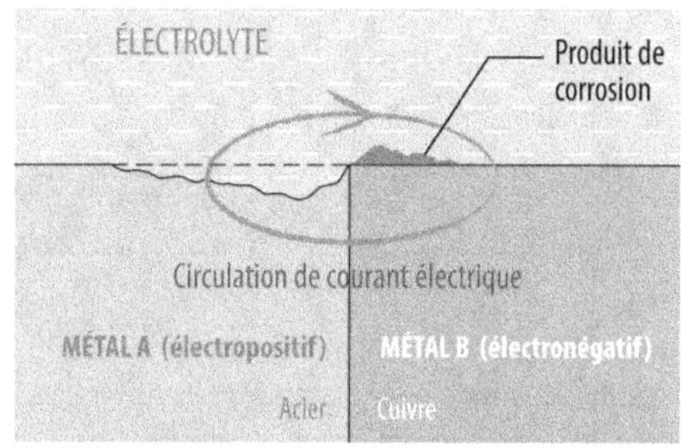

A. Chaque MÉTAL ou ALLIAGE possède une valeur caractéristique de potentiel électrique.

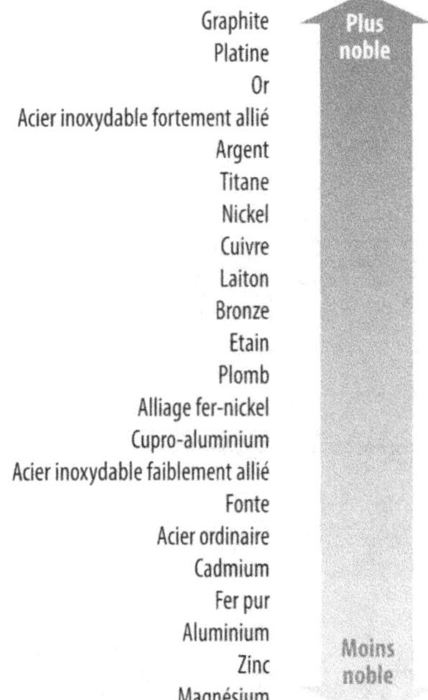

B. Lorsque deux MÉTAUX aux potentiels électriques très différents sont en CONTACT, une pile électrique se forme. Lorsqu'en plus un LI-QUIDE entre en CONTACT avec les deux MÉTAUX, un courant électrique se forme, accompagné de la dissolution du MÉTAL le moins noble.

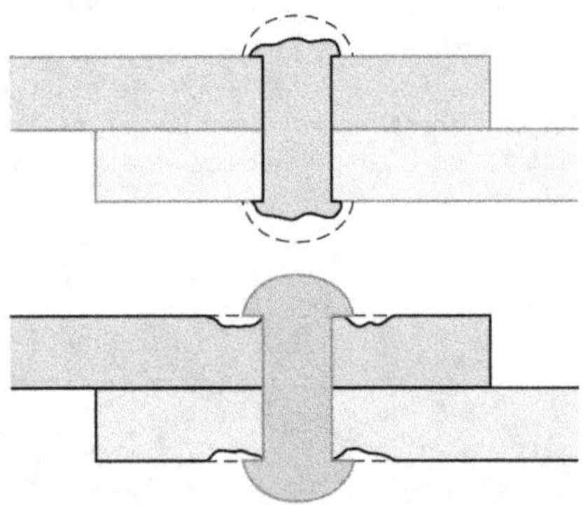

corrosion généralisée [uniform corrosion]

(n.f.) Forme de CORROSION affectant l'intégralité de la SURFACE d'une PIÈCE (sens 1).
Ex. : *Corrosion généralisée de la coque d'un navire.*

→ Voir aussi ROUILLE.

corrosion localisée [localized corrosion]

(n.f.) CORROSION n'affectant qu'une fraction d'une SURFACE totale.
Dans cette catégorie, on peut citer, par exemple, la CORROSION par PIQÛRATION, la CORROSION SOUS CONTRAINTE, etc.
◊ Contr. : CORROSION GÉNÉRALISÉE.

corrosion sous contrainte [stress-corrosion]

(n.f.) Détérioration d'un MATÉRIAU sous l'effet **conjugué** d'une CONTRAINTE MÉCANIQUE généralement de TRACTION et d'un milieu agressif généralement aqueux, les deux facteurs pris séparément n'étant pas susceptibles d'entraîner de dégradation.
Elle se manifeste le plus souvent par des FISSURES se propageant perpendiculairement à la DIRECTION des CONTRAINTES (sens 3) et pouvant conduire à une RUPTURE plus ou moins rapide.
Ex. : *Corrosion sous contrainte d'ACIER INOXYDABLE en présence d'ions chlorure.*

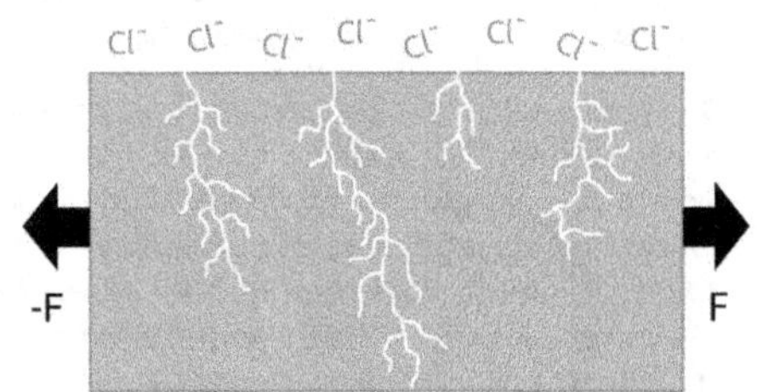

corroyage [kneeding]

(n.m.) DÉFORMATION PLASTIQUE d'un MÉTAL réalisée, par exemple, par LAMINAGE, FORGEAGE, MATRIÇAGE, FILAGE... pour obtenir des produits ou DEMI-PRODUITS. Pendant cette OPÉRATION, la MICROSTRUCTURE aura tendance à être texturée dans la DIRECTION des DÉFORMATIONS par ALLONGEMENT des GRAINS (sens 2). Si la TEMPÉRATURE et le taux de DÉFORMATION restent suffisamment bas pour ne pas produire de RECRISTALLISATION dynamique, le MÉTAL conserve sa STRUCTURE (sens 1).

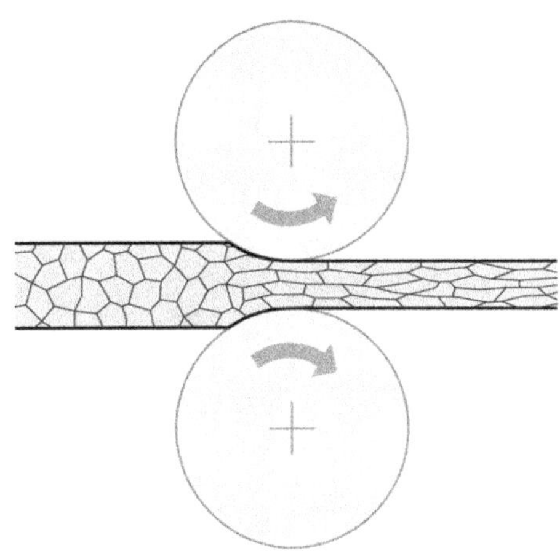

Le corroyage peut être effectué (CHAUD), À CHAUD, à TEMPÉRATURE modérée (mi-chaud) ou (FROID), À FROID. Par définition, le taux de corroyage est le rapport entre la SECTION initiale et la SECTION finale obtenue.

• Note : Ne pas le confondre avec l'ÉCROUISSAGE qui est le PHÉNOMÈNE physico-métallurgique de DURCISSEMENT d'un MÉTAL lorsqu'il est amené dans le DOMAINE PLASTIQUE.

corundum [corundum]

(n.m.) ABRASIF naturel ou artificiel à base d'OXYDE d'ALUMINIUM Al_2O_3 et d'IMPURETÉS diverses.

cotation [dimensioning]

(n.f.)

1. Ensemble des indications d'ÉTAT DE SURFACES, de DIMENSIONS, de FORMES, d'ORIENTATIONS et de POSITIONS avec les TOLÉRANCES et SPÉCIFICATIONS associées sur un DESSIN TECHNIQUE pour le rendre le plus explicite possible et le plus facile à lire.

La cotation est régie par une NORME spécifique dite de GPS [Geometrical Product specification].

→ Voir, par exemple, COTATION FONCTIONNELLE qui est une MÉTHODE particulière pour sa réalisation.

→ Voir aussi TOLÉRANCE GÉOMÉTRIQUE.

2. Action d'apposer les indications d'ÉTAT DE SURFACE, de DIMENSIONS, d'ORIENTATIONS, de FORMES et POSITIONS sur un DESSIN TECHNIQUE.

cotation d'angle [angle dimensioning]

(n.f.) Indication sur un DESSIN TECHNIQUE de la MESURE (sens 1) de l'ORIENTATION entre deux DIRECTIONS différentes.

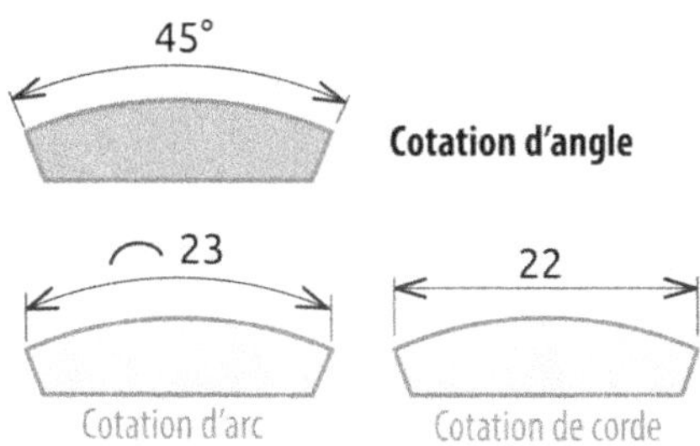

• Note : Ne pas confondre avec la cotation d'ARC DE CERCLE et la cotation de CORDE (sens 2) comme indiquées dans l'illustration ci-dessus.

cotation fonctionnelle [functional dimensioning]

(n.f.) MÉTHODE de COTATION prenant en compte le rôle et FONCTIONS à remplir par chaque PIÈCE (sens 1) au sein d'un ENSEMBLE.

A. En réalité, une PIÈCE (sens 1) isolée ne peut être cotée rationnellement sans en connaître le contexte d'utilisation. L'apposition de COTES au hasard ne peut que mener à un taux de REBUT élevé, constaté seulement au moment de l'ASSEMBLAGE (sens 1). Il est donc indispensable d'expliciter préalablement les conditions de fonctionnement d'un SYSTÈME considéré dans son ENSEMBLE. Ensuite, il faut expliciter la CHAÎNE DE COTES intervenant dans la réalisation de chaque condition de fonctionnement. Et enfin seulement, chaque PIÈCE (sens 1) pourra être isolée et recevoir sa cotation finale assortie des INTERVALLES DE TOLÉRANCE adaptées.

→ Voir CHAÎNE DE COTES pour les détails de toutes ces étapes.

B. Les deux exemples de MONTAGE (sens 1) page suivante illustrent l'utilisation d'une même PIÈCE (sens 1) pour deux fonctions différentes, ce qui conduit à deux cotations différentes. Le premier MONTAGE (sens 1) est une LIAISON par un axe 1 d'une pièce 2 en MOUVEMENT DE ROTATION par rapport à une PLAQUE 3. La première condition de fonctionnement permettant le MOUVEMENT de la PIÈCE 1 est le JEU axial J_a. La deuxième condition de FIXATION correcte de l'AXE (sens 1) sur la PLAQUE est la présence du JEU J_c (dite « réserve de fin de filets »). Une dernière condition J_b sur le dépassement de la partie FILETÉE de l'AXE (sens 1) doit aussi être respectée.

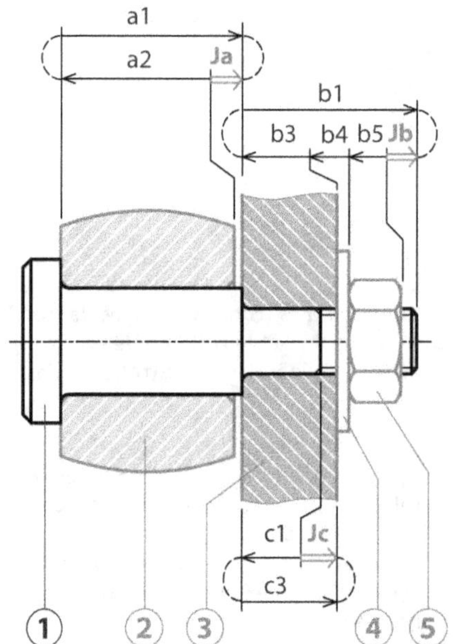

Ainsi définies, les CHAÎNES DE COTES correspondant aux différentes conditions de fonctionnement mettent en évidence les cotes fonctionnelles de chaque PIÈCE (sens 1). En isolant l'AXE 1 dont il est question ici, nous obtenons sa cotation fonctionnelle.

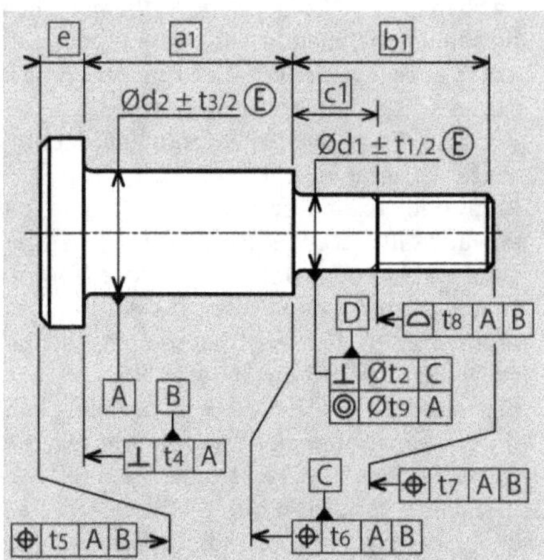

Une COTE complémentaire e a été ajoutée pour définir complètement la FORME de l'AXE (sens 2). C. Le deuxième MONTAGE (sens 1) reprend les mêmes COMPOSANTS mais dans lequel la pièce 2 est complètement immobilisée sur la PLAQUE 3 par l'axe **1**. Les conditions de fonctionnement permettant le SERRAGE sont **Js** et **Jt**. Comme précédemment, une dernière condition **Jr** de

dépassement de la partie FILETÉE doit être remplie.

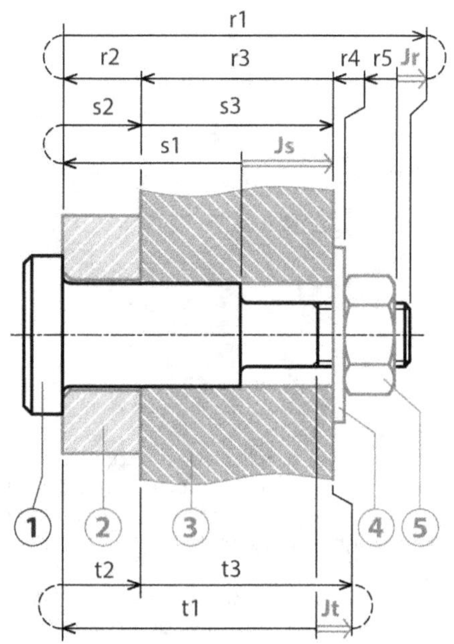

La pièce 1, une fois isolée porte la cotation fonctionnelle suivante :

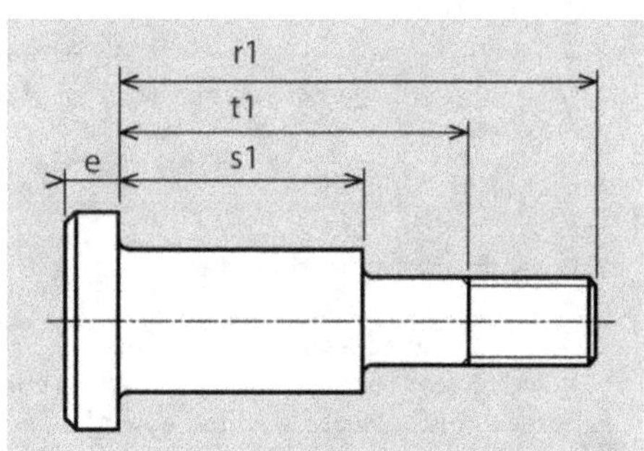

D. Cet exemple montre bien qu'une PIÈCE (sens 1) strictement identique peut porter deux cotations différentes selon sa FONCTION. On peut remarquer que dans chacun des cas, la SURFACE | FONCTIONNELLE à partir de laquelle les COTES sont mesurées est différente. Dans le premier exemple, la SURFACE DE RÉFÉRENCE est l'ÉPAULEMENT entre la TIGE FILETÉE et le CYLINDRE (sens 1) de l'AXE (sens 1). Dans le deuxième cas, c'est l'ÉPAULEMENT de la tête de l'AXE (sens 2).

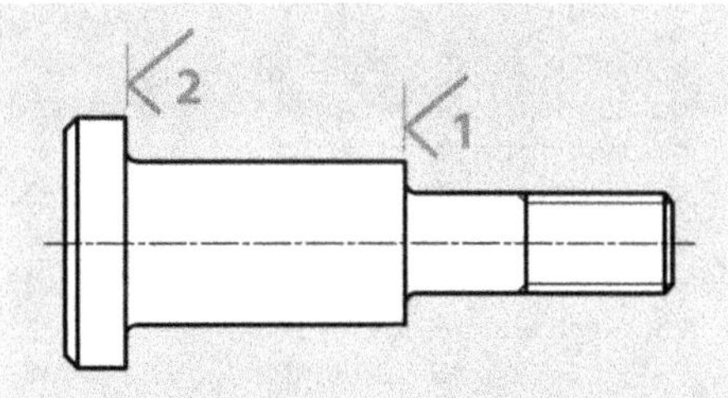

E. Il existe des méthodes de cotation fonctionnelle comme, par exemple, celle mise au point
par B. Anselmetti.
→ Voir en bibliographie la référence [63].

(n.f.) Indication des DISTANCES entre deux endroits.

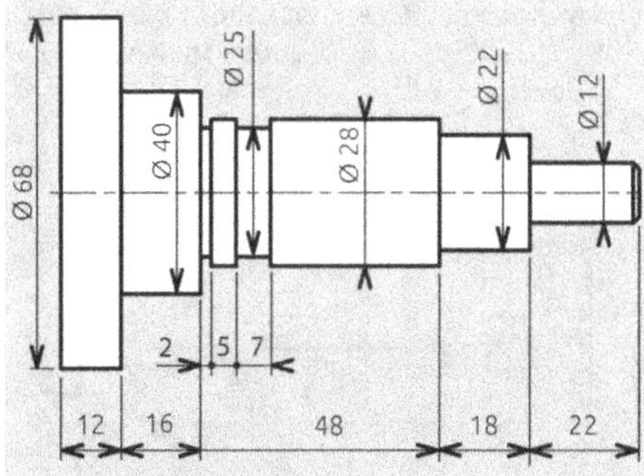

A. Remarquer que si l'espace pour mettre des
flèches n'est pas suffisante, elles peuvent être
remplacées par des points.
Cotation de distances successives :

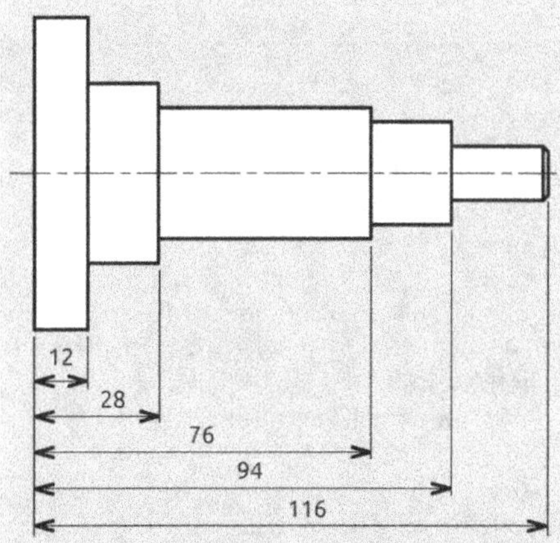

B. Il existe une autre façon moins encombrante
pour la cotation de distances successives : c'est
la cotation superposée.

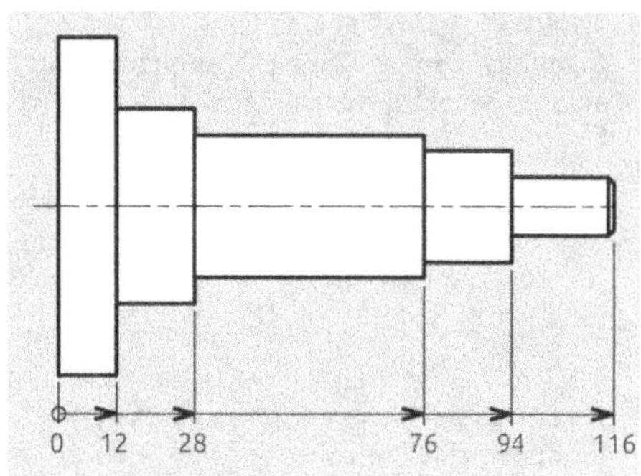

(n.f.) Chiffres et lettres explicitant sans ambiguïté sur un DESSIN TECHNIQUE les DIMENSIONs et
ANGLEs d'un élément graphique. La cote est
l'élément inscrit sur un DESSIN ou CROQUIS. La DI-
MENSION est la DISTANCE ou ANGLE réel tels que
peut l'indiquer un INSTRUMENT DE MESURE. **Dans
la NORME de DESSIN TECHNIQUE, il a été conve-
nu que toutes les cotes de DISTANCE sont exprimées en « millimètre (mm) » et la
RUGOSITÉ en « micromètre (µm) » sans qu'il
soit besoin de l'écrire et de le préciser.**
Lorsque d'autres UNITÉS (sens 1) sont utilisées, il
est indispensable de les spécifier clairement en
ajoutant le symbole de l'UNITÉ (sens 1) en question. Ci-dessous, tous les types de cotes que l'on
peut rencontrer en DESSIN TECHNIQUE :

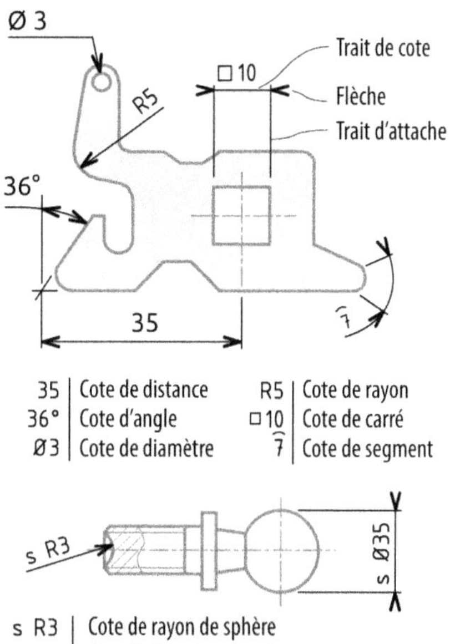

35	Cote de distance	R5	Cote de rayon
36°	Cote d'angle	□ 10	Cote de carré
Ø 3	Cote de diamètre	⌒7	Cote de segment

s R3	Cote de rayon de sphère
s Ø35	Cote de diamètre de sphère

Note : les cotes d'un DESSIN, ainsi que la façon
de les réaliser sont appelées COTATION.

côté [side]

(n.m.) Une des FACES (sens 1) parmi plusieurs qui sont disposées différemment.

coté [dimensional]

(adj.) Qui contient des indications de DIMENSIONS, FORMES et POSITIONS.
→ Voir, par exemple, DESSIN COTÉ.

cote de fabrication [manufacturing dimension]

(n.f.) Indication de DIMENSION ne faisant pas partie des COTES FONCTIONNELLES et qui ne figurant pas sur le DESSIN DE DÉFINITION d'une PIÈCE (sens 1) mais déduite par calcul pour faciliter les OPÉRATIONS d'USINAGE.

Sur le DESSIN DE DÉFINITION ci-après, par exemple, les COTES FONCTIONNELLES sont **a** et **b**. Pour des raisons de commodité d'USINAGE et de VÉRIFICATION dimensionnelle en cours de FABRICATION, la SURFACE D'APPUI étant sur les MORS, il est plus pratique de considérer la COTE **X = a + b**. En effet, l'USINAGE se fait dans ce cas sans DÉMONTAGE de la PIÈCE (sens 1) ce qui permet de simplifier la FABRICATION. Dans le cas contraire, il aurait fallu démonter et retourner la PIÈCE (sens 1) sur le MORS.

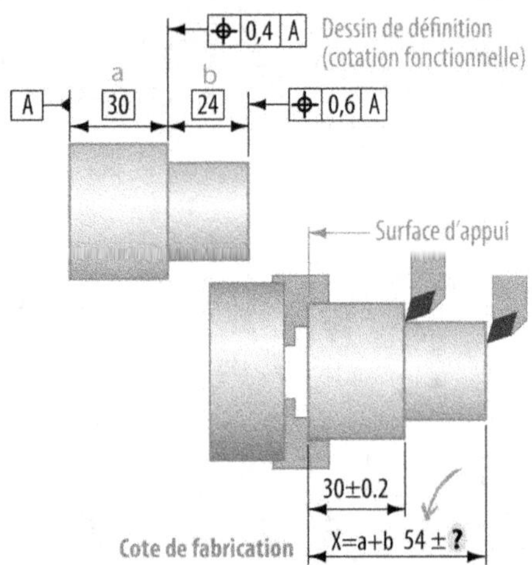

Si le calcul de la cote de fabrication nominale (ici 54) ne pose aucun problème particulier, la redéfinition de la TOLÉRANCE associée est plus ardue. C'est une démarche qui s'appelle (COTE), TRANSFERT DE COTE.

côter [dimension]

(v.tr.) Apposer les indications de DISTANCE et d'ANGLE sur un SCHÉMA ou DESSIN TECHNIQUE.

cote surabondante [reference dimension]

(n.f.) COTE sans signification FONCTIONNELLE et qui est déjà exprimée par l'addition ou la soustraction d'autres cotes.

A. Dans l'exemple suivant, la COTE **28** est dite « surabondante » car elle n'est rien d'autre que la somme des deux COTES FONCTIONNELLES **12** et **16**. Ainsi, elle ne doit pas figurer sur un DESSIN TECHNIQUE car elle peut introduire des ambiguïtés. Pour la VÉRIFICATION de la PIÈCE (sens 1), par exemple, seules les COTES **12** et **16** doivent être prises en compte.

B. Cependant, les cotes surabondantes sont quelquefois conservées pour des questions pratiques, car donnant, par exemple, directement l'ENCOMBREMENT ou la LONGUEUR de l'ÉBAUCHE (sens 1) nécessaire à la FABRICATION. Elle doit, dans ce cas, être mise entre parenthèses pour signifier qu'elle n'est pas valide pour la VÉRIFICATION. C'est le cas de la cote **116** dans l'exemple ci-dessous :

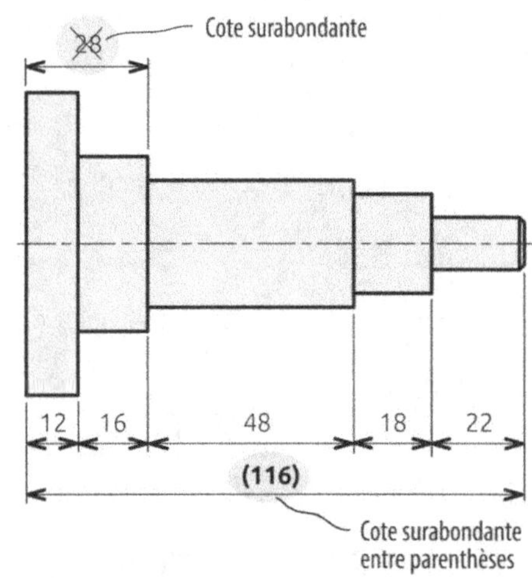

(cote), transfert de cote [dimension transferring]

(n.m.) OPÉRATION de recalcul des TOLÉRANCES d'une COTE DE FABRICATION qui n'est pas une COTE FONCTIONNELLE mais déduite de la COTATION du DESSIN DE DÉFINITION, de manière à faciliter les OPÉRATIONS d'USINAGE.

A. En reprenant l'exemple de la rubrique COTE DE FABRICATION, le transfert de cote donne :

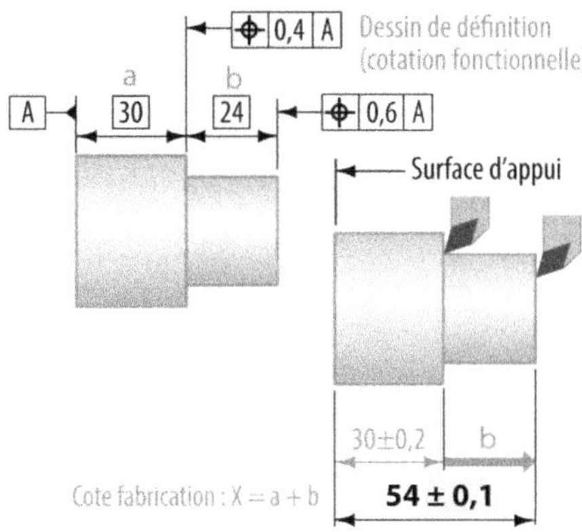

La cote à substituer **b** est considérée comme un JEU : **b = X - a**

bmax = Xmax - amin

Xmax = bmax + amin = 24,3 + 29,8 = 54,1

bmin = Xmin - amax

Xmin = bmin + amax = 23,7 + 30,2 = 53,9

Ce qui permet d'obtenir : **X = 54 ± 0,1**

B. L'intervalle de tolérance de la cote transférée **X** est réduite par rapport à la COTE FONCTIONNELLE b de départ, ce qui demande une plus grande PRÉCISION d'exécution. Au final, les INTERVALLES DE TOLÉRANCE se répartissent comme suit : **ITb = ITa + ITX**

L'INTERVALLE DE TOLÉRANCE de la cote à transférer doit être répartie sur les deux autres COTES. Dans le cas où ce n'est pas possible, lorsque ITb < ITa, l'INTERVALLE DE TOLÉRANCE de **a** doit être revue à la baisse.

En résumé, les avantages et inconvénients du transfert de cote sont les suivants :

👍 Avantages

C. Simplifie la FABRICATION en évitant les DÉMONTAGES et REPRISE D'USINAGE.

👎 Inconvénients

D. Exige des TOLÉRANCES plus serrées, ce qui n'est pas toujours possible.

couchage [coating]

(n.m.) PROCÉDÉ permettant d'appliquer une COUCHE de MATIÈRE sur une FEUILLE.
→ Voir aussi PLACAGE : PLACAGE PAR COLAMINAGE.

couche [layer]

(n.f.) L'une des ÉPAISSEURS de MATIÈRE souvent faible parmi plusieurs superposées.
Ex. : *couche de peinture.*

couche de conversion [conversion coating]

(n.f.) Fine ÉPAISSEUR de produit de réaction d'un MÉTAL ou de sa COUCHE corrodée avec un milieu choisi de manière à renforcer l'effet de protection.
→ Voir BICHROMATAGE ; PHOSPHATATION.

coude [elbow]

(n.m.) Élément de TUYAUTERIE recourbé et faisant un ANGLE.

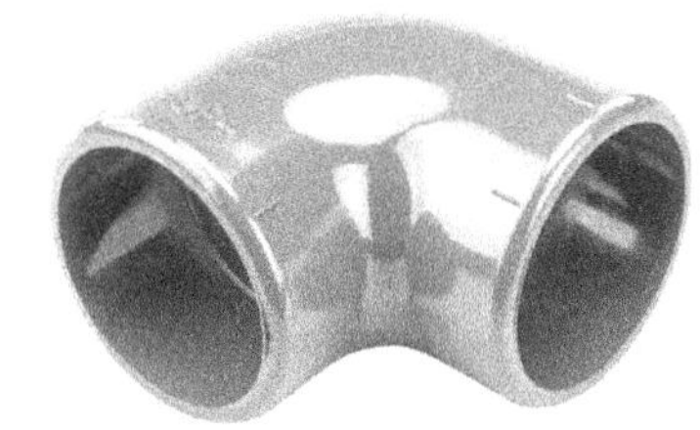

coulabilité [mouldability (GB), moldability (US)]

(n.f.) Capacité d'un MATÉRIAU à l'état FONDU à remplir les cavités dans lesquelles il est versé et à en épouser au mieux les FORMES.
A. La coulabilité est une évaluation de l'aptitude d'un MATÉRIAU au PROCÉDÉ de MISE EN FORME par MOULAGE.
B. Il existe plusieurs façons de l'évaluer, dont notamment une MÉTHODE consistant à verser le MÉTAL fondu dans un MOULE en FORME de sillon en SPIRALE d'une SECTION donnée (la plus connue est l'éprouvette de Curie). La coulabilité est exprimée avec la LONGUEUR atteinte à une TEMPÉRATURE donnée par le MÉTAL | LIQUIDE avant qu'il ne se fige. Plus la SPIRALE est longue meilleure est la coulabilité.

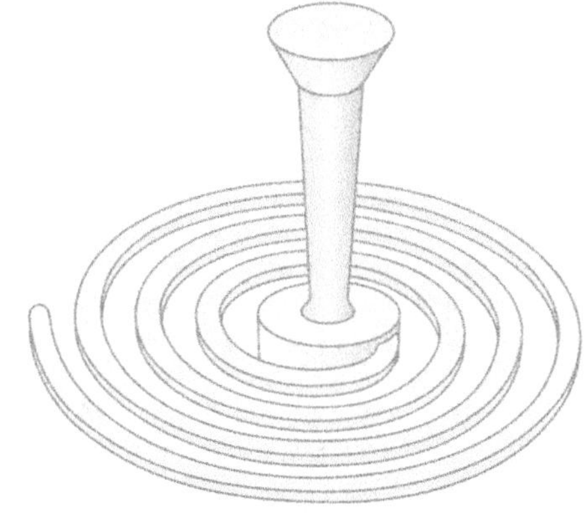

C. Quelques valeurs comparatives de coulabilité de quelques MÉTAUX usuels à leurs TEMPÉRATURES respectives de mise en œuvre :

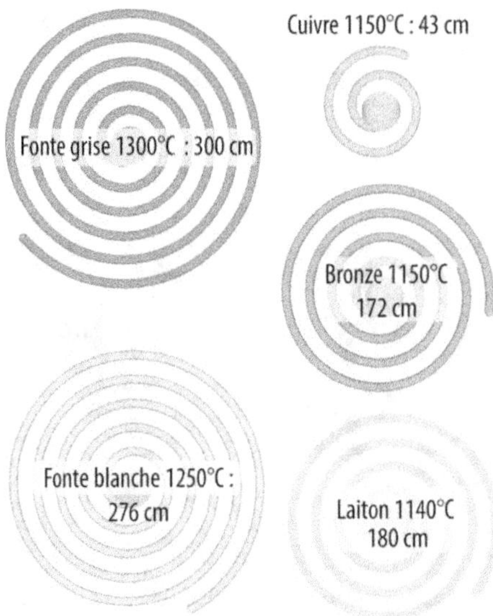

D. La coulabilité est d'autant meilleure que l'écart entre la TEMPÉRATURE de COULÉE et le LIQUIDUS (TEMPÉRATURE de début de SOLIDIFICATION) est important et que l'intervalle de SOLIDIFICATION (différence entre le LIQUIDUS et le SOLIDUS) est faible.

E. Dans le cas des (PLASTIQUES), MATIÈRE PLASTIQUES, la notion de coulabilité est évaluée de façon pratique par des MESURES (sens 3) de VISCOSITÉ avec des essais NORMALISÉS.

→ Voir aussi MOULABILITÉ.

coulage [pouring]

(n.m.) Action de libérer de la MATIÈRE | LIQUIDE ou VISQUEUSE pour qu'elle s'écoule par gravité dans un MOULE ou sur une SURFACE, et se solidifier sans l'application d'une PRESSION particulière.

Ex. : *Coulage de* BÉTON.

Le coulage est un PROCÉDÉ de FABRICATION adapté à certains MATÉRIAUX impossible à mettre en œuvre autrement, tels que le BÉTON et certaines CÉRAMIQUES, par exemple. À signaler aussi le procédé particulier du coulage de monomère PMMA entre deux plaques de VERRE pour aboutir à une plaque d'une qualité supérieure à celles obtenues par EXTRUSION (sens 3).

coulée [casting]

(n.f.) PROCÉDÉ consistant à relâcher par gravité de la MATIÈRE | LIQUIDE ou VISQUEUSE dans un MOULE afin de la solidifier.

coulée continue [continuous casting]

(n.f.) Mode d'ÉLABORATION d'ALLIAGE | MÉTALLIQUE dans lequel le MÉTAL fondu est relâché par gravitation et refroidi progressivement dans un moule sans fond pour obtenir sans interruption les PRODUITS INTERMÉDIAIRES appelés BRAME ou BLOOM.

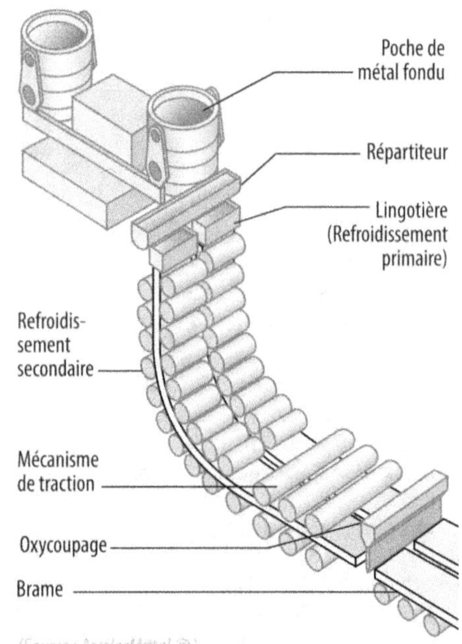

A. La coulée continue permet d'obtenir des PRODUITS INTERMÉDIAIRES assez proches des DEMI-PRODUITS recherchés ce qui limite le nombre de cycles de LAMINAGE ultérieurs.

B. Par rapport à la coulée en LINGOTS, elle permet aussi un REFROIDISSEMENT plus rapide, garantie d'une STRUCTURE (sens 1) métallurgique plus fine favorable à la QUALITÉ de l'ACIER avec moins de DÉFAUTS d'ÉLABORATION.

(coulée), moulage plastique par coulée [resin casting]

(n.m.) PROCÉDÉ de MISE EN FORME de (PLASTIQUE), MATIÈRE PLASTIQUE à l'état initial fluide versé dans un MOULE sans PRESSION de manière à en prendre la FORME après DURCISSEMENT.

A. Le DURCISSEMENT est, par exemple, obtenu par l'ajout d'un catalyseur qui enclenche la RÉACTION CHIMIQUE de POLYMÉRISATION, juste avant la coulée.

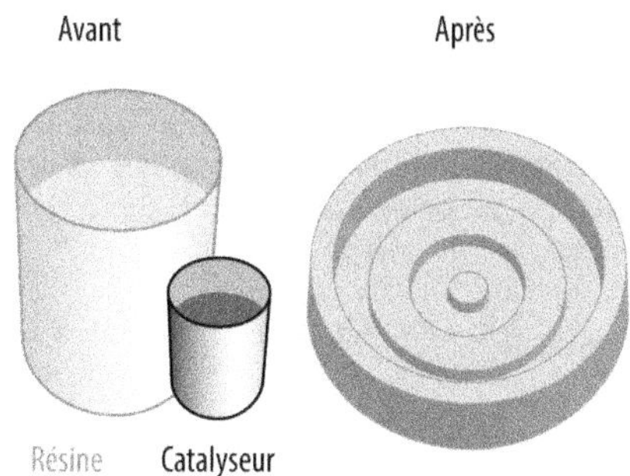

B. Les différentes étapes du PROCÉDÉ sont les suivantes :

• Coulée de la (PLASTIQUE), MATIÈRE PLASTIQUE mélangée à un catalyseur de DURCISSEMENT :

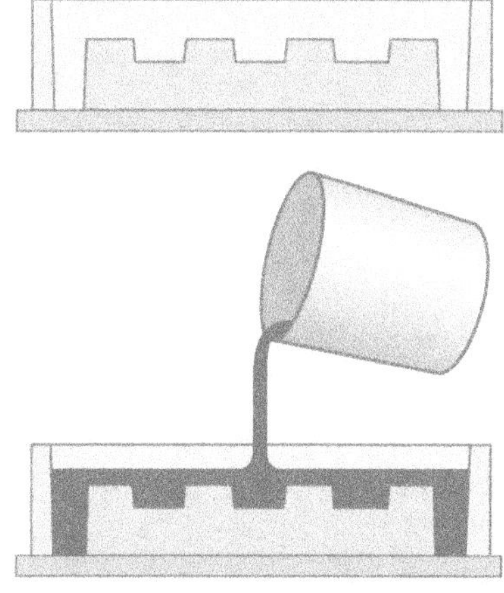

• DÉMOULAGE :

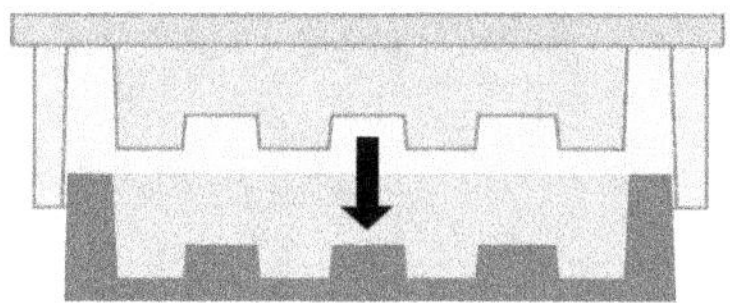

👍 Avantages

C. OUTILLAGE (sens 2) simple et économique. Convient bien au PROTOTYPAGE.

👎 Inconvénients

D. RETRAIT pouvant être significatif. Précautions à prendre pour éviter les bulles dans la MATIÈRE.
⟶ Voir (PLASTIQUE), TRANSFORMATION DES PLASTIQUES.

coulisse [channel]

(n.f.) PROFILÉ de SECTION en FORME de U avec deux AILES (sens 1) | PARALLÈLES.
Les deux AILES (sens 1) peuvent être égales ou inégales :

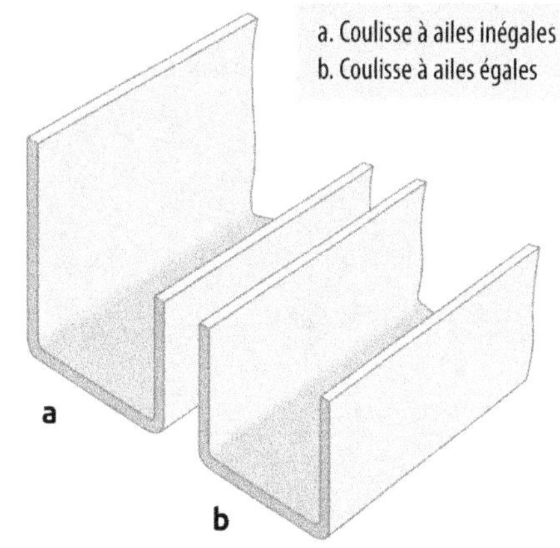

coulisseau [slide]

(n.m.) Partie mobile d'un SYSTÈME de GUIDAGE EN TRANSLATION.

coulure [drip, sagging]

(n.f.) Excès de produit de TRAITEMENT DE SURFACE qui dégouline en donnant un DÉFAUT (sens 1) d'aspect.
Ex. : *Coulure de peinture ou de GALVANISATION.*

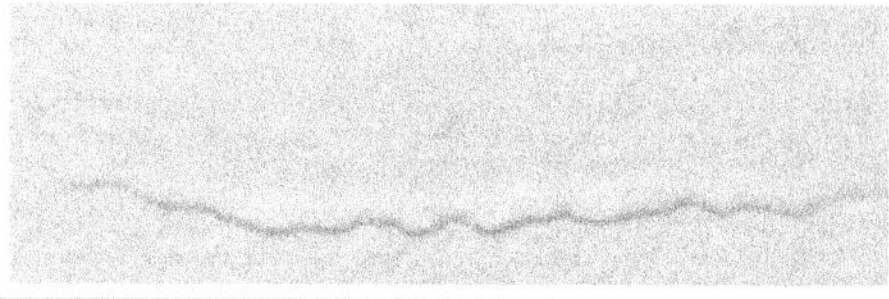

coupe

(n.f.)
1. [cutting] Action qui divise en deux un objet solide et qui rompt ainsi sa continuité.
A. Note : Ne pas confondre avec la DÉCOUPE qui est aussi une coupe mais réalisée suivant un CONTOUR particulier.

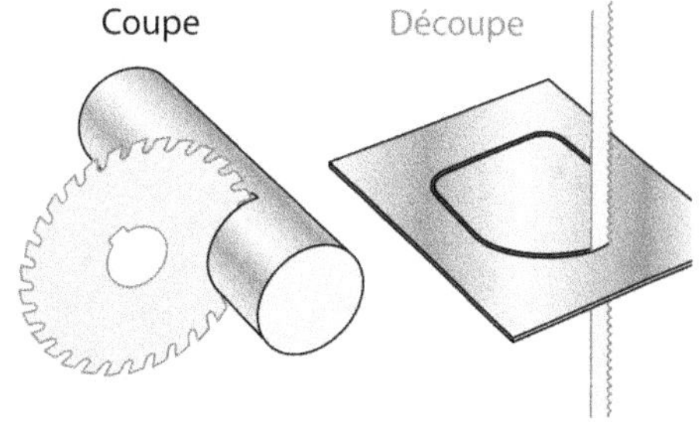

B. La coupe peut être essentiellement réalisée par SCIAGE ainsi que par certains procédés de DÉCOUPE tels que l'OXYCOUPAGE, la DÉCOUPE PAR PLASMA, etc.

2. [cutting] Enlèvement de MATIÈRE avec un OUTIL à tranchant par petites quantités progressives d'un bloc de MATÉRIAU qui se transforment en ruban enroulé ou fragmenté appelé COPEAU.

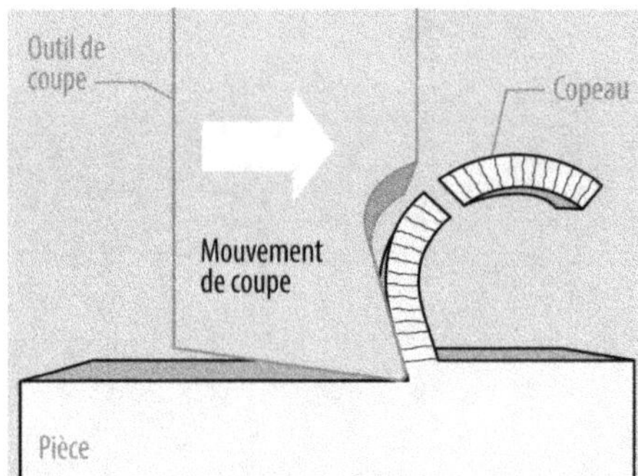

◆ Syn. : USINAGE.

3. [cross section] Mode de représentation en DESSIN TECHNIQUE permettant de voir plus clairement les FORMES intérieures d'une PIÈCE (sens 1) creuse.

La MÉTHODE consiste à « couper » en deux de façon abstraite la ou les PIÈCES (sens 1) par un PLAN (sens 1) unique ou multiple, d'enlever l'une des moitiés et de représenter ainsi la moitié restante.

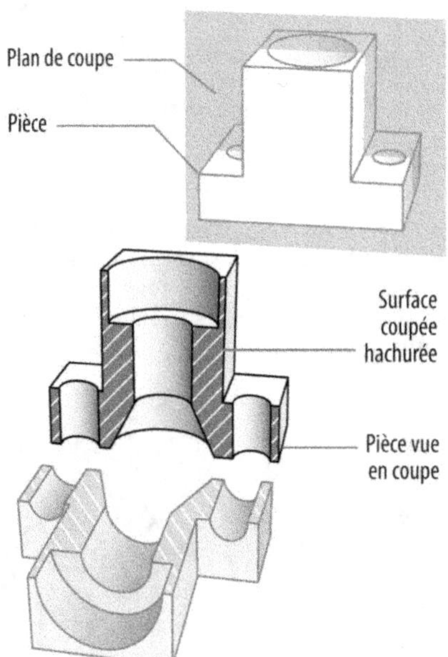

A. Le PLAN (sens 1) utilisé s'appelle le PLAN DE COUPE. Il peut être constitué de plusieurs morceaux de PLANS (sens 1). Une telle coupe est appelée COUPE BRISÉE. Les parties ayant subi la coupe sont hachurées. Dans une certaine mesure, le motif de HACHURE renseigne sur la nature du MATÉRIAU de la PIÈCE (sens 1).
→ Voir HACHURE.

B. À titre d'exemple, ci-après la coupe d'un robinet.

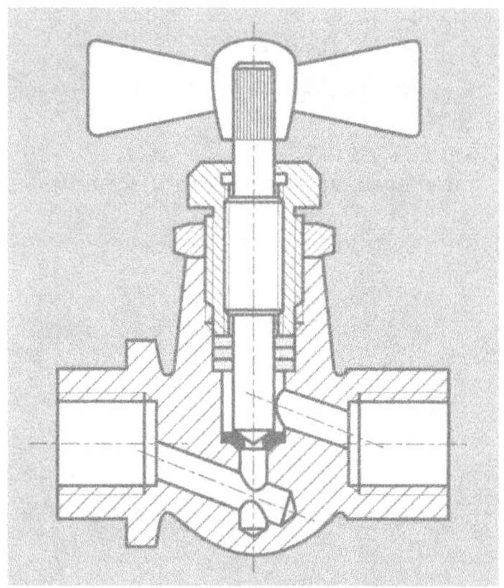

C. À comparer avec la même vue non-coupée ci-dessous avec représentation des lignes cachées.

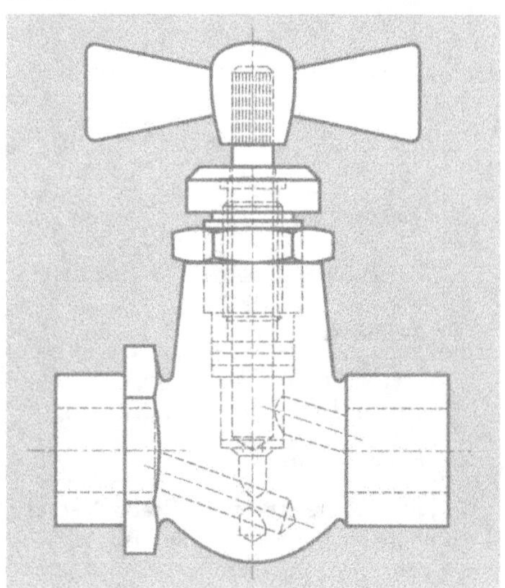

D. Ne pas confondre avec la SECTION.

coupe à onglet, coupe d'onglet [mittre cutting]

(n.f.) COUPE (sens 1) à un ANGLE non-PERPENDICU-LAIRE au PROFILÉ en vue d'un ASSEMBLAGE (sens 1) en ANGLE.
Ex. : *Coupe d'onglet à 45°.*

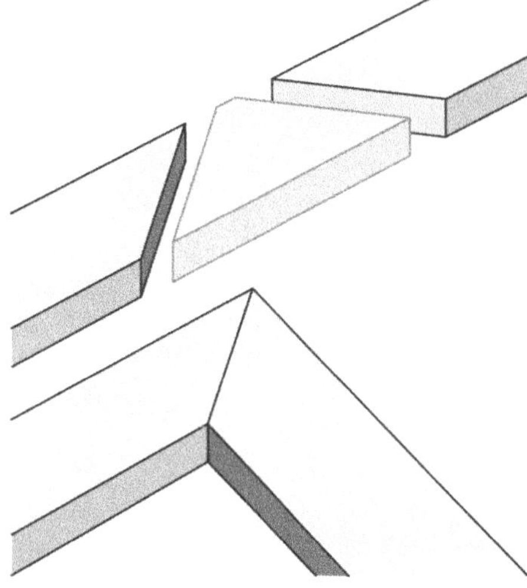

◊ **Contr.** : COUPE DROITE.

coupe brisée [offset section]

(n.f.) Type de COUPE (sens 3) sur un DESSIN TECH-NIQUE passant par des morceaux de PLANS (sens 1) différents.
Ex. 1 : *Coupe par plusieurs plans parallèles.*

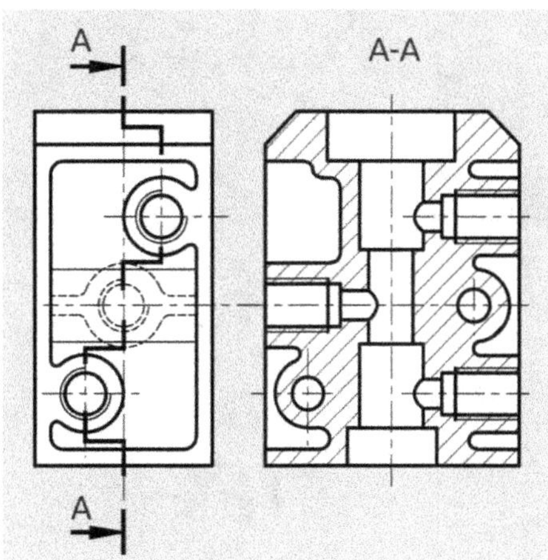

Ex. 2 : *Coupe par deux plans CONCOURANTS.*

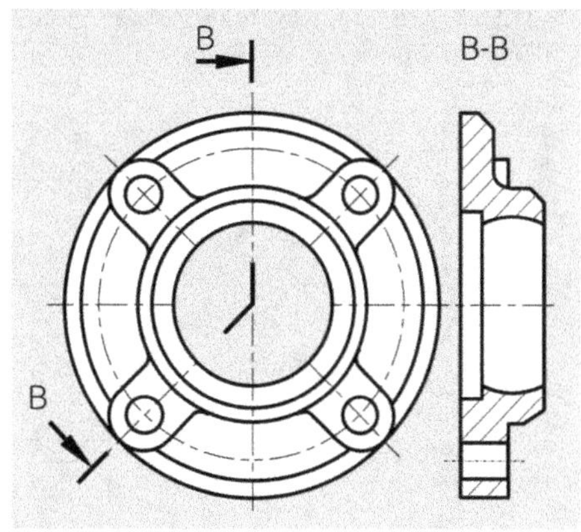

coupe d'équerre [square cut]

(n.f.) COUPE (sens 1) à ANGLE DROIT par rapport à la LONGUEUR de la PIÈCE (sens 1).
◆ **Syn.** : COUPE DROITE.

coupe droite [straight-line cut]

(n.f.) COUPE (sens 1) PERPENDICULAIRE à la grande LONGUEUR d'une BARRE ou PROFILÉ.

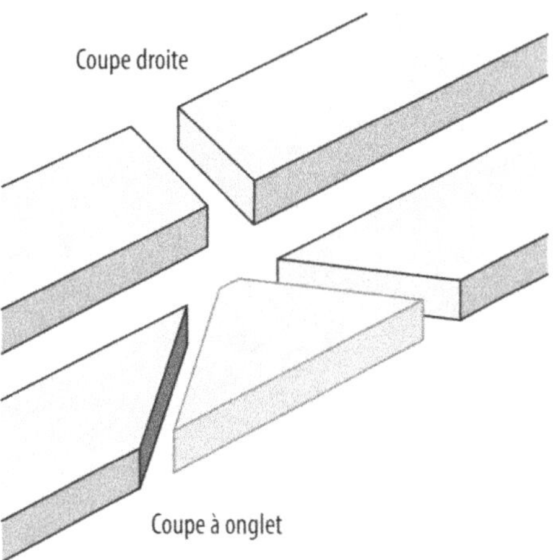

◆ **Syn.** : COUPE D'ÉQUERRE.

coupe longitudinale [longitudinal section]

(n.f.) COUPE (sens 3) **suivant la grande** LONGUEUR **d'une** PIÈCE **(sens 1).**

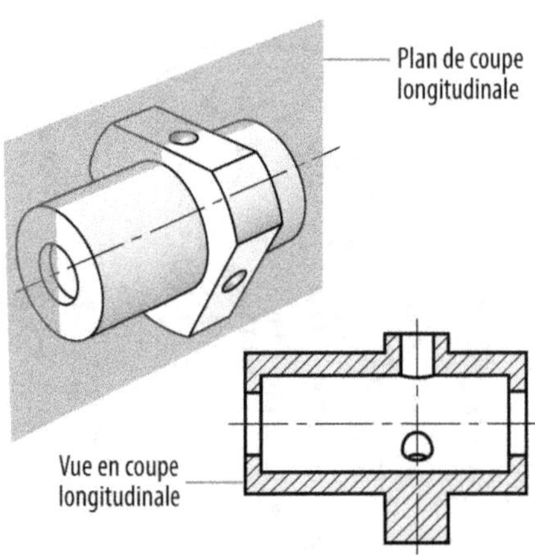

◊ **Contr. :** COUPE TRANSVERSALE.

(coupe), matériau de coupe [cutting tool material]

(n.m.) MATIÈRE **très** DURE **capable d'entamer un autre** MATÉRIAU **pour le mettre en** FORME **par enlèvement de** COPEAUX.

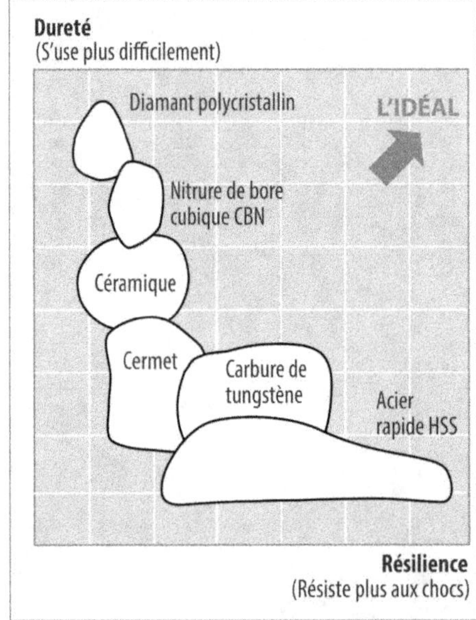

coupe partielle [broken-out section]

(n.f.) COUPE (sens 3) **appliquée seulement à une partie d'une** PIÈCE (sens 1) **et non sa totalité.**

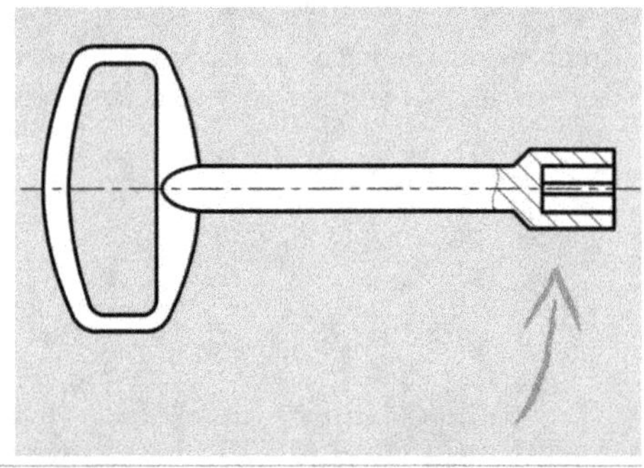

couper [cut]

(v.tr.) **Rompre la continuité et diviser en deux.**
• **Note : Ne pas confondre avec découper qui consiste à rompre suivant un** CONTOUR.

coupe transversale [cross section]

(n.f.) COUPE (sens 3) **selon la** LARGEUR **d'une** PIÈCE **(sens 1).**

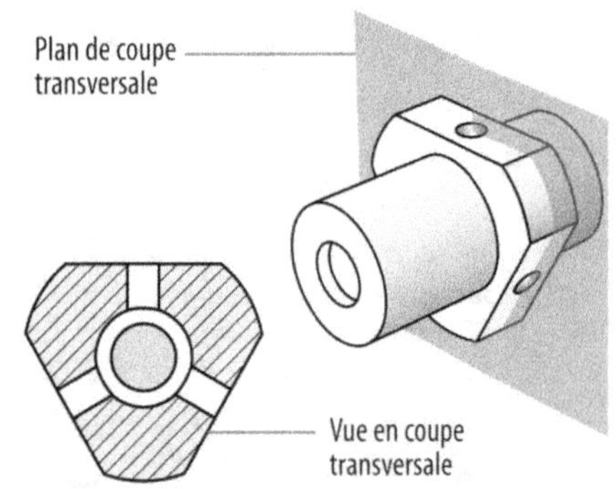

◊ **Contr. :** COUPE LONGITUDINALE.

coupe-tube [tube cutting tool, tube cutter]

(n.m.) OUTIL MANUEL **permettant de sectionner un** TUBE | CIRCULAIRE **par** PRESSION **du tube via un** (VIS-ÉCROU), SYSTÈME VIS-ÉCROU **sur un** GALET **tranchant.**

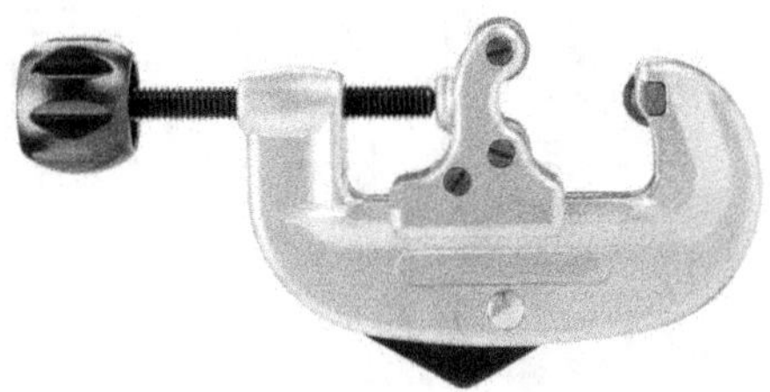

Le coupe-tube est un OUTIL **pour les travaux de** TUYAUTERIE.

couple de force [torque]

(n.f.)

1. Deux FORCES de même INTENSITÉ et de SENS opposés mais dont les DIRECTIONS ne coïncident pas de telle sorte qu'elles tendent à faire tourner l'objet qui les subit.

2. Action MÉCANIQUE tendant à faire tourner un objet autour d'un PIVOT.
→ Voir MOMENT D'UN COUPLE.

couple de serrage [clamping torque]

(n.m.) Valeur de COUPLE DE FORCE permettant de mettre correctement en TENSION et sans excès une VIS (sens 2) ou un BOULON.
→ Voir (SERRAGE), COUPLE DE SERRAGE.

coupleur [coupler]

(n.m.) DISPOSITIF capable de transmettre le MOUVEMENT DE ROTATION d'un ORGANE en ALIGNEMENT par rapport à un autre avec la possibilité de glisser lorsque le COUPLE DE FORCE dépasse un seuil limité. Le coupleur peut être considéré comme l'association d'un EMBRAYAGE et d'un LIMITEUR DE COUPLE dans le même DISPOSITIF. Il peut fonctionner suivant un principe HYDRAULIQUE ou électrique.

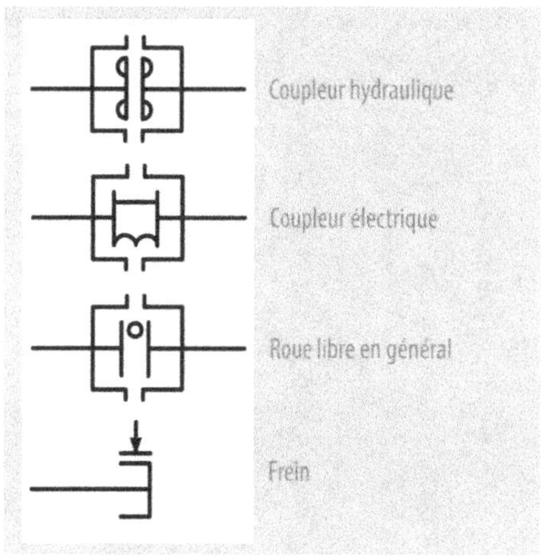

→ Voir aussi CONVERTISSEUR DE COUPLE.

courbe [curved]

(adj.) Qui n'est pas droit.
◊ Contr. : RECTILIGNE.

courbé [bent]

(adj.) Qui a subi une DÉFORMATION de telle sorte à ne plus être droit.

courbe [curve]

(n.f.) Ensemble d'une multitude de POINTS répartis tout en longueur et formant une figure continue. On peut distinguer deux types principaux de courbe :
• la COURBE PLANE.
• la COURBE GAUCHE.

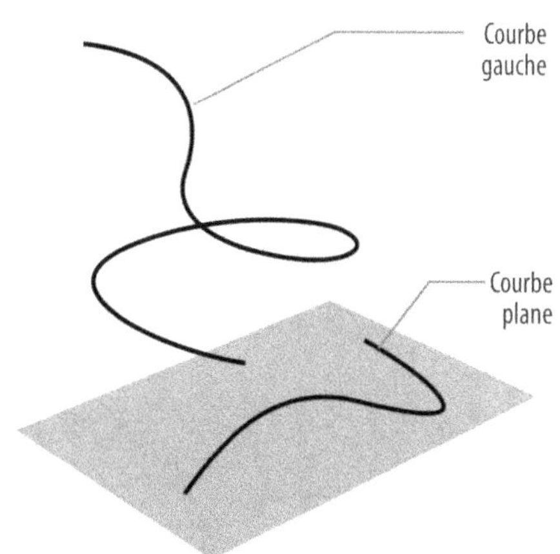

**courbe de contrainte-déformation
[stress strain diagram]**

(n.f.) Représentation graphique établie par enregistrement du changement de GÉOMÉTRIE (sens 2) d'une ÉPROUVETTE en fonction de la FORCE qu'on lui applique lors d'un ESSAI. La courbe de contrainte-déformation la plus connue est la COURBE DE TRACTION, mais toutes les autres sortes de SOLLICITATIONS MÉCANIQUES peuvent donner lieu à une courbe de contrainte-déformation.

courbe de revenu [tempering curve]

(n.f.) Représentation graphique sur la même figure de diverses CARACTÉRISTIQUES MÉCANIQUES d'un MATÉRIAU en fonction de la TEMPÉRATURE et du temps du TRAITEMENT THERMIQUE appliqué.
La courbe et temps de revenu permet de choisir les TEMPÉRATURES de TRAITEMENT pour ajuster précisément les caractéristiques du MATÉRIAU traité.
→ Voir REVENU pour un exemple.

courbe de traction [stress strain curve]

(n.f.) Représentation graphique établie par enregistrement de la CONTRAINTE MÉCANIQUE dans un MATÉRIAU en fonction de son ALLONGEMENT au cours d'un ESSAI DE TRACTION.

A. Voir les détails de sa réalisation aux rubriques (TRACTION), COURBE DE TRACTION CONVENTIONNELLE et (TRACTION), MACHINE DE TRACTION. La courbe ainsi établie renseigne sur les principales CARACTÉRISTIQUES MÉCANIQUES du MATÉRIAU, à savoir :

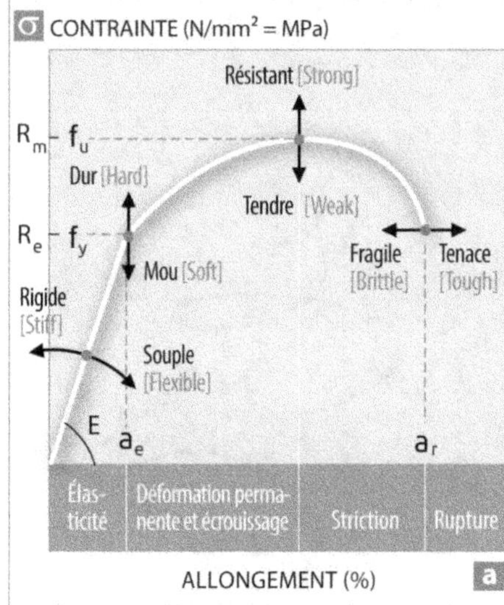

• la RÉSISTANCE À LA LIMITE D'ÉLASTICITÉ notée σ_e, **R_e** ou **f_y** exprimée en N/mm² (MPa), ou en daN/mm².

• la RÉSISTANCE À LA RUPTURE EN TRACTION σ_r, **R_m** ou **f_u** exprimée en N/mm² (MPa), ou en daN/mm².

• le MODULE D'ÉLASTICITÉ LONGITUDINALE ou MODULE DE YOUNG notée **E** et qui correspond à la pente du début de la courbe de traction dans la zone d'ÉLASTICITÉ. Il est exprimé, par exemple, en N/mm² (MPa) ou encore en daN/mm².

• l'ALLONGEMENT À RUPTURE ε_r sans UNITÉ (sens 1) ou en pourcentage.

B. La courbe de traction permet également la comparaison de divers MATÉRIAUX. Les significations physiques des différents éléments de la courbe sont présentés dans l'exemple ci-dessus. Prendre garde, les proportions de la courbe ne sont pas forcément respectées pour les besoins de l'illustration.

→ Voir ACIER NON ALLIÉ, ACIER À HAUTE LIMITE D'ÉLASTICITÉ, LOI DE HOOKE, ECROUISSAGE pour d'autres exemples de courbes de traction.

courbe gauche [space curve]

(n.f.) Tracé géométrique situé dans l'espace et non seulement dans un PLAN (sens 1).

◊ Contr. : COURBE PLANE.

→ Voir COURBE.

courbe plane [planar curve, plane curve]

(n.f.) Tracé géométrique confiné à une SURFACE PLANE.

◊ Contr. : COURBE GAUCHE qui se situe dans l'espace.

→ Voir COURBE pour une illustration comparative.

courbure [curvature]

(n.f.) Valeur de RAYON caractérisant une GÉOMÉTRIE (sens 2) en FORME d'ARC.

Une courbure faible correspond à un grand RAYON. À l'inverse, une courbure serrée ou accentuée correspond à une faible valeur de RAYON.

→ Voir aussi RAYON DE COURBURE.

couronne [ring]

(n.f.) Pièce ANNULAIRE de relativement grand DIAMÈTRE et de faible ÉPAISSEUR.

Ex. : *Couronne d'orientation dentée.*

courroie [drive belt]

(n.f.) ORGANE de TRANSMISSION DE MOUVEMENT fait d'une LANIÈRE | SOUPLE mise en boucle et enroulée autour des ROUES à entraîner.

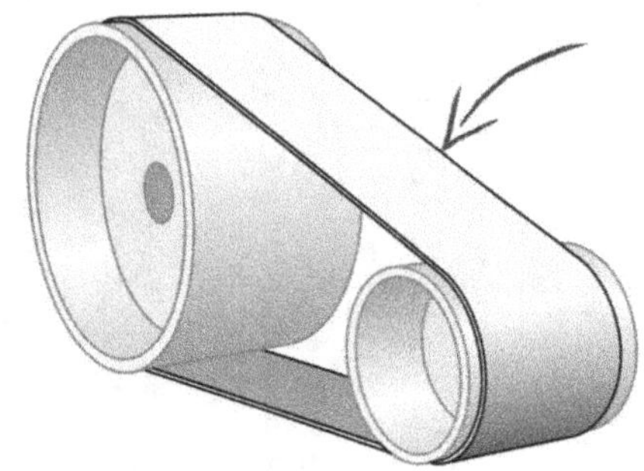

A. Diverses SECTIONS de courroie sont utilisables :

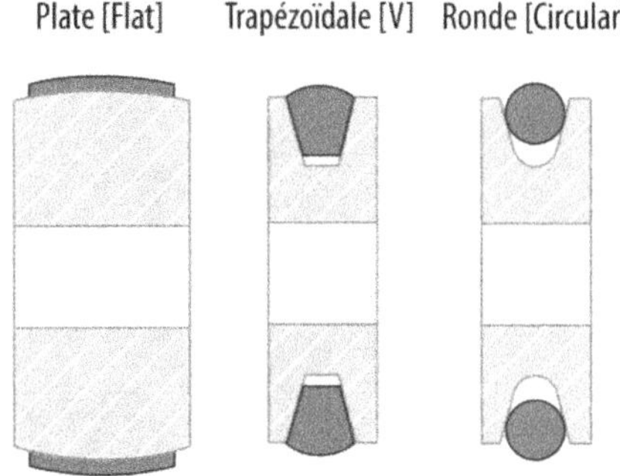

👍 Avantages

B. Produit moins de bruit que les CHAÎNES ou les ENGRENAGES. Permet de grandes VITESSES (jusqu'à 100 m/s pour les courroies plates ; moins de 50 m/s pour les courroies trapézoïdales). Les ARBRES DE TRANSMISSION peuvent être plus ou moins éloignés les uns des autres. Possibilité de faire varier L'ENTRE-AXE des ARBRES (sens 2). Permet plusieurs ARBRES (sens 2) récepteurs. Les ARBRES (sens 2) peuvent être dans des plans différents. Réduit et amortit les VIBRATIONS ce qui augmente la DURÉE DE VIE des ORGANES moteur et récepteur. Atténue les CHOCS et À-COUPS. Peut agir comme LIMITEUR DE COUPLE sauf la COURROIE CRANTÉE. Ne nécessite pas de LUBRIFICATION. Permet de concevoir des VARIATEURS DE VITESSE.

👎 Inconvénients

C. Nécessite un SYSTÈME de TENSION qui applique un effort supplémentaire sur les PALIERS. Le RAPPORT DE TRANSMISSION n'est pas rigoureux car il existe un GLISSEMENT sauf pour les COURROIES CRANTÉES synchrones. Sensible aux différences de TEMPÉRATURE qui peuvent modifier la TENSION et le COUPLE DE FORCE transmissible. DURÉE DE VIE limitée ce qui nécessite une MAINTENANCE régulière. Ne convient pas aux conditions difficiles (hautes TEMPÉRATURES, POUSSIÈRE, ambiance huileuse…) Généralement plus encombrant que les autres SYSTÈMES de TRANSMISSION.

D. Représentation schématique.

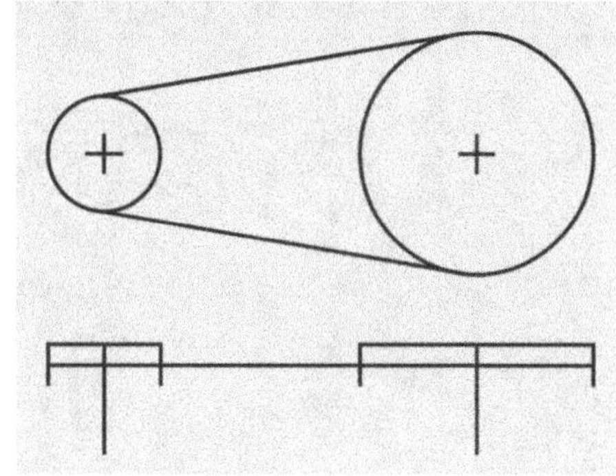

→ Voir TRANSMISSION DE MOUVEMENT pour une comparaison avec les autres SYSTÈMES de TRANSMISSION.

(n.f.) Type de COURROIE munie de DENTURES pour éviter tout GLISSEMENT.

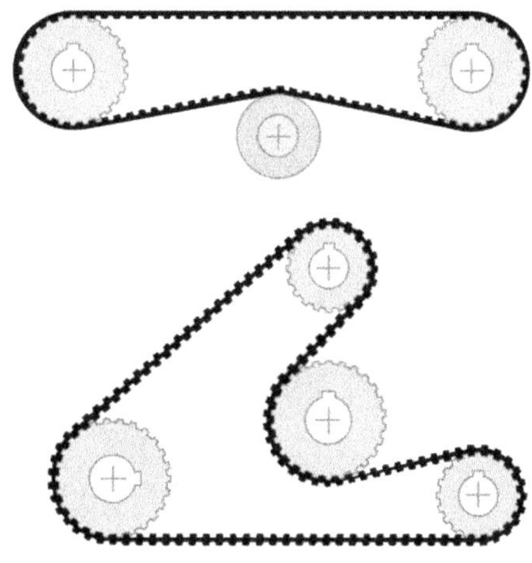

👍 Avantages

Permet une transmission SYNCHRONE, d'où son autre appellation « courroie synchrone »).
→ Voir aussi TRANSMISSION PAR COURROIE.

courroie plate [flat belt]

(n.f.) Type de COURROIE de SECTION | RECTANGU-LAIRE.

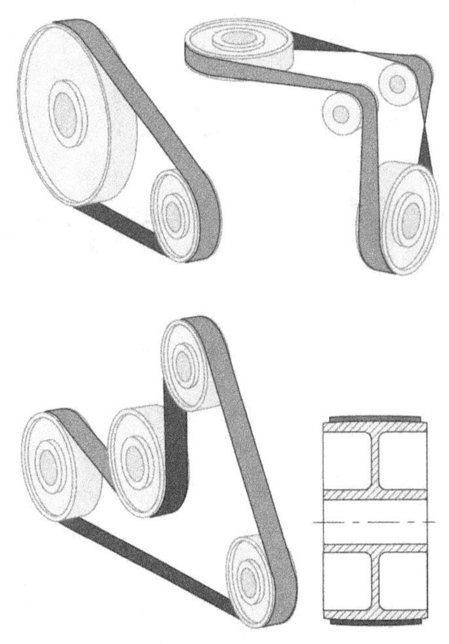

courroie poly-v [poly-v belt]

(n.f.) Type de COURROIE de SECTION à plusieurs FORMES TRAPÉZOÏDALES reliées par une partie plate.

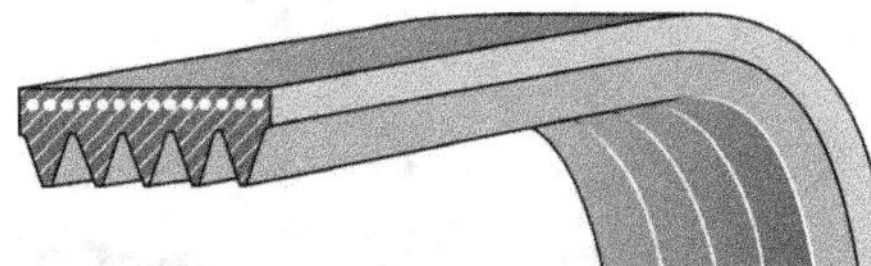

La courroie poly-V est en quelque sorte une combinaison de la COURROIE PLATE et de plusieurs COURROIES TRAPÉZOÏDALES.

👍 Avantages

A. SURFACE de CONTACT plus importante que tous les autres types de COURROIE à LARGEUR égale. Au final, permet de transmettre plus de PUISSANCE à encombrement égal. RAYON DE COURBURE possible plus faible que la COURROIE TRAPÉZOÏDALE ce qui permet des RAPPORTS DE TRANSMISSION plus importants. STRUCTURE (sens 2) monobloc ce qui permet une mise en place plus rapide par rapport à plusieurs COUR-ROIES TRAPÉZOÏDALES séparées.

courroie trapézoïdale [v-belt]

(n.f.) Type de COURROIE à flancs inclinés qui se loge dans une GORGE de la POULIE afin d'en augmenter l'ADHÉRENCE.

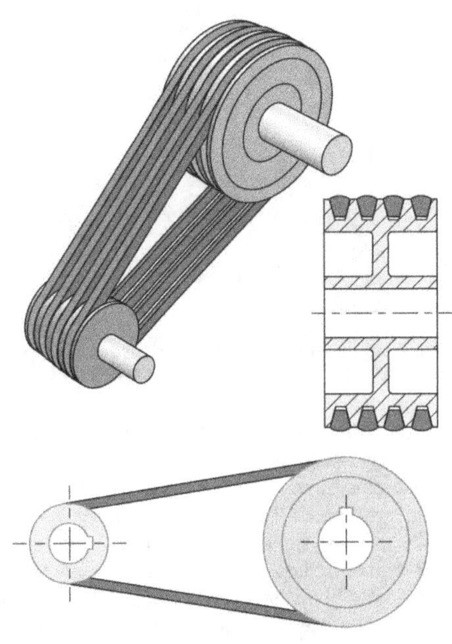

course [stroke, throw]

(n.f.) DISTANCE entre les positions extrêmes d'une PIÈCE en MOUVEMENT. La course peut être linéaire ou ANGULAIRE.

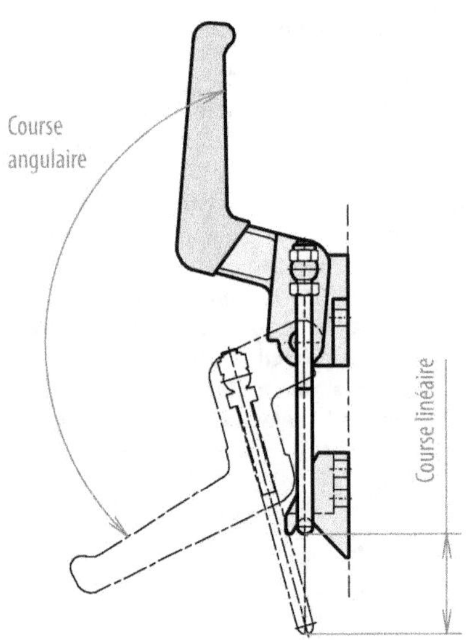

→ Voir aussi EXCENTRIQUE.

coussinet [bearing bush]

(n.m.) BAGUE intercalée entre un PALIER et un ARBRE (sens 2) pour supporter une CHARGE (sens 1) tournante afin de réduire le FROTTEMENT et l'USURE.

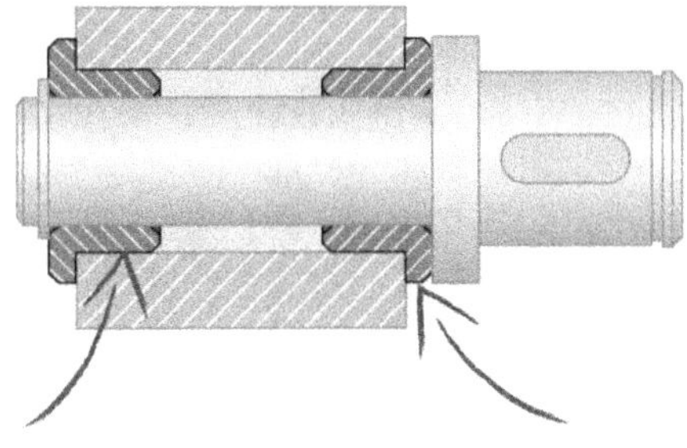

→ Voir aussi PALIER.

Cr

Symbole pour l'ÉLÉMENT CHIMIQUE | CHROME.

crampon [spike]

(n.m.) ORGANE | MÉCANIQUE avec des FORMEs géométriques favorisant l'ACCROCHAGE (sens 2) et le MAINTIEN.

crapaudine [pivot bearing, vertical thrust bearing]

(n.f.) PALIER supportant un ARBRE (sens 2) VERTI-CAL.

craquelure [crack]

(n.f.) DÉFAUT de fendillement en SURFACE d'une COUCHE de MATIÈRE, parfois accompagné d'un décollement partiel :

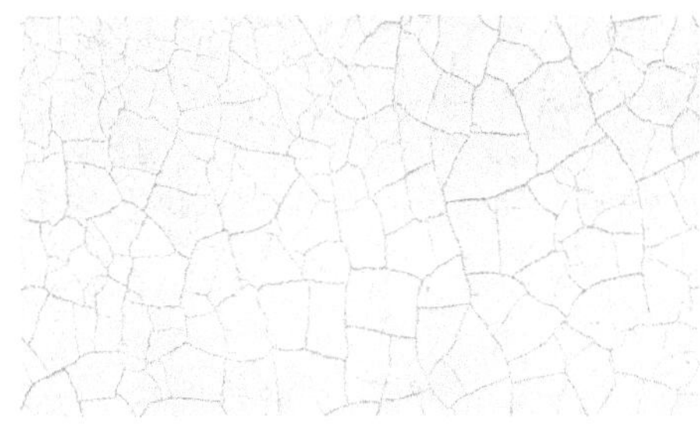

• Note : Ne pas confondre avec le CLOQUAGE ou la FISSURATION.

créativité [creativity]

(n.f.) Capacité à imaginer des choses nouvelles et inédites.
→ Voir aussi IDÉATION.

crémaillère [rack]

(n.f.) ORGANE à DENTURE permettant de trans-former un MOUVEMENT DE ROTATION en MOUVE-MENT DE TRANSLATION et vice-versa lorsqu'il est associé à une ROUE DENTÉE.

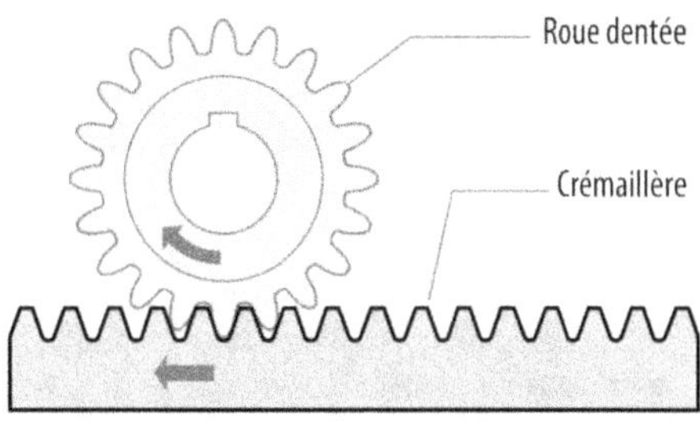

A. La crémaillère n'est finalement rien d'autre qu'un ENGRENAGE de RAYON DE COURBURE infini ! Voici le PROFIL de sa denture tel que les NORMES l'ont défini.

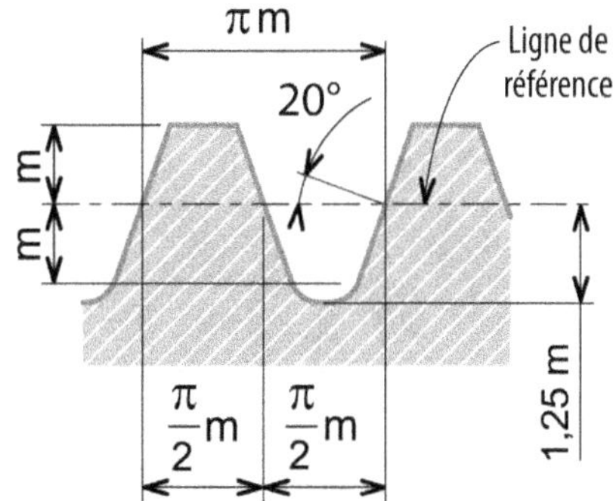

m est le module caractéristique de la taille de la DENTURE déduite du DIMENSIONNEMENT et des calculs d'effort.
→ Voir MODULE D'ENGRENAGE pour les valeurs préconisées.
B. Il existe deux types de crémaillère selon l'ORIENTATION de la DENTURE :
a. La crémaillère à denture droite.

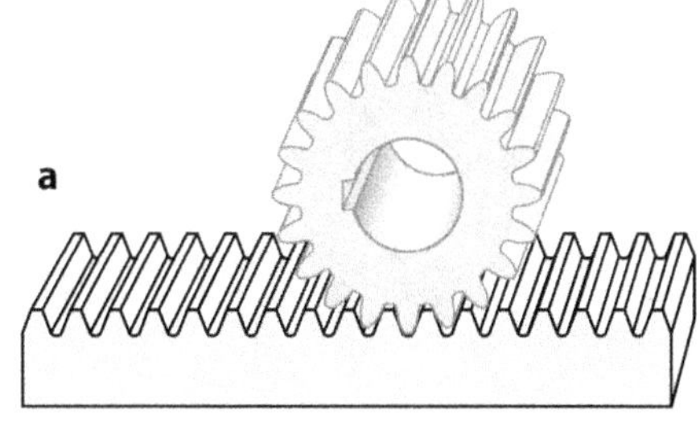

b. La crémaillère à denture hélicoïdale.

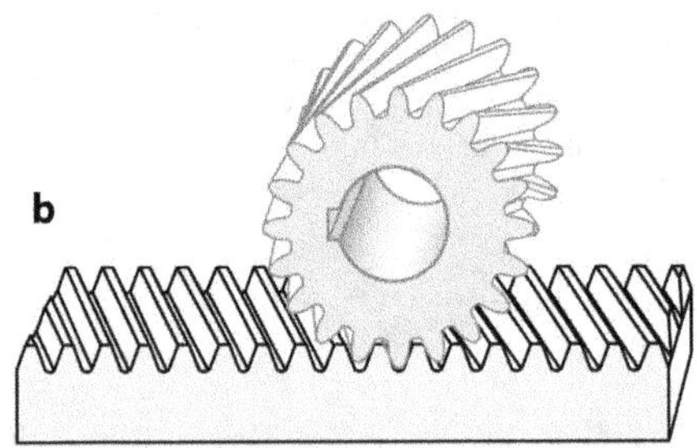

creuset [crucible, melting pot]

(n.m.) Récipient en MATÉRIAU | RÉFRACTAIRE pour contenir du MÉTAL fondu.

creux [hollow]

(adj.) Dont l'intérieur est vide.
Ex. : *Profilé creux.*
→ Voir aussi CORPS CREUX.

(creux), en creux [recessed]

(Locution). Sous forme de cavité ou EMPREINTE.

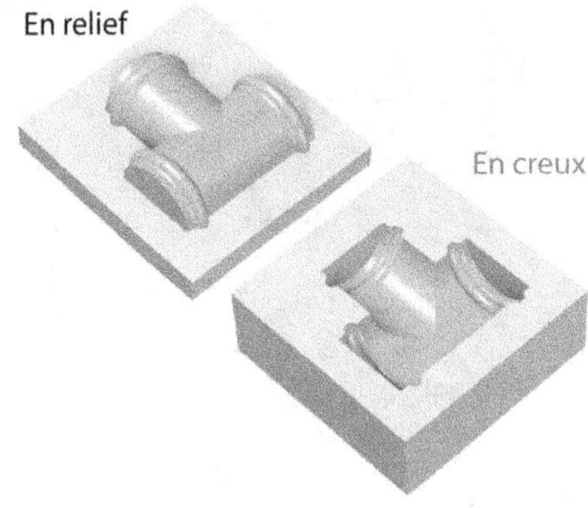

En relief

En creux

◊ Contr. : (RELIEF), EN RELIEF.

crevage [lancing]

(n.m.) POINÇONNAGE partiel d'une TÔLE sans générer de DÉBOUCHURE.

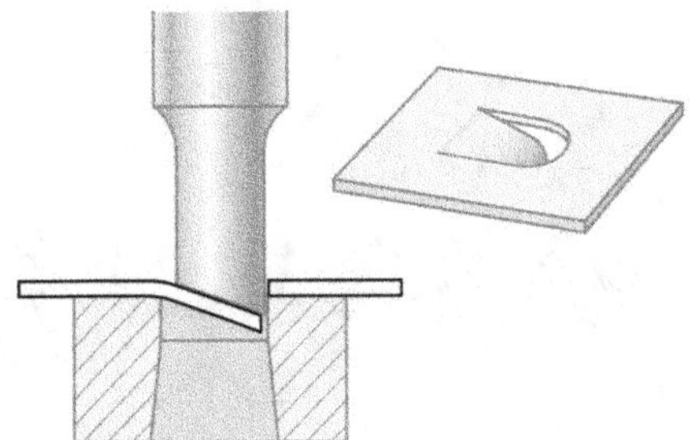

crevé [lanced]

(n.m.) Partie partiellement poinçonnée d'une PLAQUE ou TÔLE.

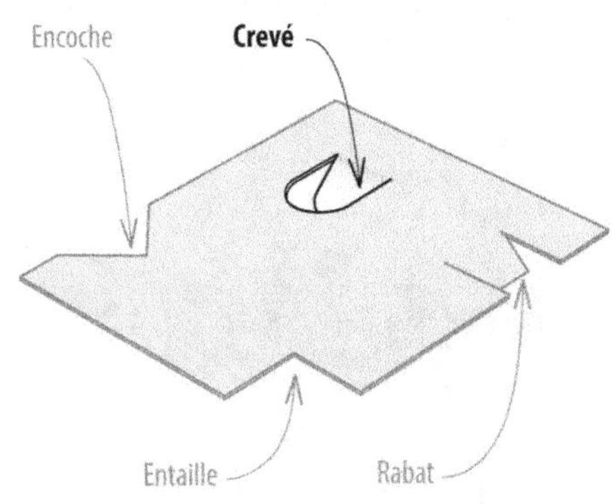

crique [crack]

(n.f.) Fente ouverte, de GÉOMÉTRIE (sens 2) irrégulière, provenant de la décohésion des GRAINS d'un MATÉRIAU | POLYCRISTALLIN, sous l'effet de CONTRAINTES MÉCANIQUES anormales.
Ex. : *Crique de soudure :*

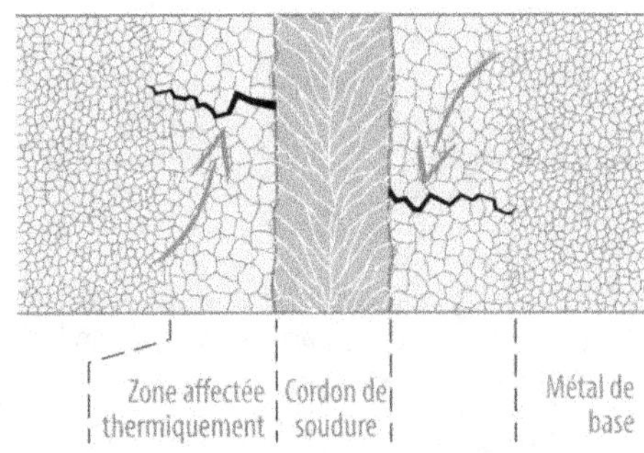

→ Voir également FISSURATION ; TAPURE.

cristal [crystal]

(n.m.) Arrangement répétitif régulier d'atomes pour former un CORPS | SOLIDE.
→ Voir aussi STRUCTURE CRISTALLINE ; CRISTALLITE.

cristallin [crystalline]

(adj.) Constitué d'un arrangement répétitif et régulier d'atomes.
◊ Contr. : AMORPHE.

cristallinité [crystallinity]

(n.f.) Proportion de zone cristallisée, c'est à dire avec un certain ordre et répétitivité des atomes ou molécules, dans une MATIÈRE. Une MATIÈRE sans cristallinité est dite AMORPHE. L'opposé est dit CRISTALLINE. Lorsque des zones amorphes coexistent avec des zones cristallines, la MATIÈRE est dite SEMI-CRISTALLINE.

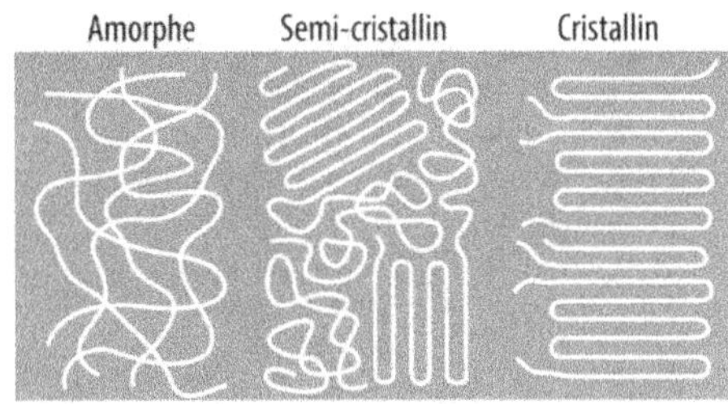

→ **Voir aussi** THERMOPLASTIQUE ; SEMI-CRISTAL-LIN.

cristallisation [crystallization]

(n.f.) PHÉNOMÈNE d'apparition de CRISTAUX SO-LIDES **pendant la** SOLIDIFICATION **d'une** MATIÈRE **à partir de l'état** LIQUIDE.
→ **Voir** GERMINATION ; GRAINS (sens 2).

cristallite [crystallite]

(n.m.) **Un** GRAIN **de** CRISTAL **considéré isolément parmi un ensemble de** GRAINS **d'**ORIENTATION **différente constituant la** STRUCTURE MICROSCO-PIQUE **d'un** MATÉRIAU.

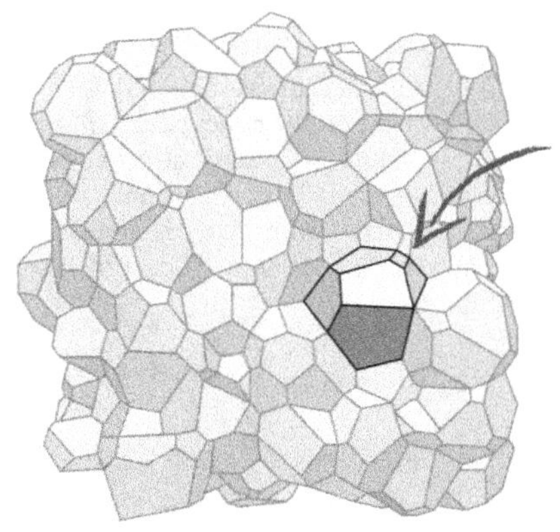

→ **Voir aussi** GRAIN (sens 2) ; POLYCRISTALLIN.

cristallographie [crystallography]

(n.f.) **Discipline de la** SCIENCE DES MATÉRIAUX **qui étudie l'arrangement compact et répétitif des atomes de la** MATIÈRE **à l'intérieur d'un** CRISTAL. **L'outil d'investigation principal de la cristallographie est la diffraction aux rayons X. Elle permet d'approcher l'**ÉCHELLE (sens 3) **de** DIMENSION (sens 1) **de l'ordre du nanomètre.**

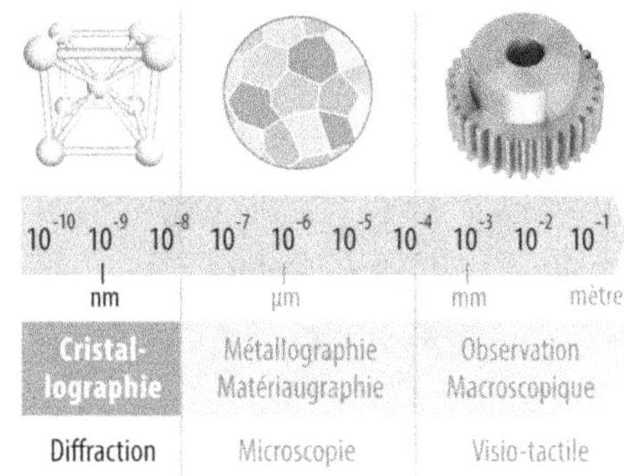

→ **Voir également** ÉCHELLE MICROSCOPIQUE ; NANOSCOPIQUE.

crochet [hook]

(n.m.) ORGANE **avec une** FORME **recourbée permettant de suspendre une** CHARGE (sens 1) **à lever.**

crochet à copeaux [chip hook]

(n.m.) **Ustensile permettant de retirer en relative** SÉCURITÉ **les débris de** COPEAU **dans la zone d'**USINAGE **d'une** MACHINE-OUTIL.

croisillon [cross shaft]

(n.m.) ORGANE avec quatre PORTÉES (sens 1) CY-LINDRIQUES disposées à 90°.
Ex. : *Croisillon d'un joint de cardan.*

croix [cross]

(n.f.) FORME avec quatre branches PERPENDICU-LAIRES partant du CENTRE.

croquage [pinching]

(n.m.) OPÉRATION de ROULAGE de TÔLES consistant à supprimer les parties plates qui subsistent grâce à un MOUVEMENT | TRANSVERSAL complémentaire des ROULEAUX (sens 2).

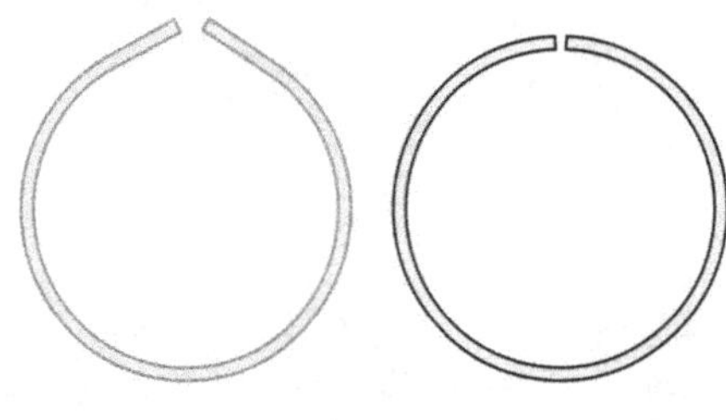

A. Le croquage est souvent réalisé sur une presse avant l'opération de ROULAGE.
B. Le croquage permet aussi, notamment de réaliser des ROULAGES avec des RAYONS évolutifs.
→ Voir aussi ROULAGE-CROQUAGE.

croquis [sketch]

(n.m.) Type de DESSIN À MAIN LEVÉE peu soigné, permettant d'exprimer rapidement des idées pas encore très claires ou des réflexions pas encore très abouties.
Ils peuvent comporter une COTATION pour plus de clarté.

cruciforme [cruciform]

(adj.) En FORME de CROIX.
→ Voir, par exemple, TOURNEVIS.

cubage

(n.m.) USINAGE préalable d'un PARALLÉLÉPIPÈDE c'est à dire trois paires de SURFACES DE RÉFÉRENCE à angle droit très précis sur un bloc de MATIÈRE brute pour faciliter toutes les OPÉRATIONS ultérieures.

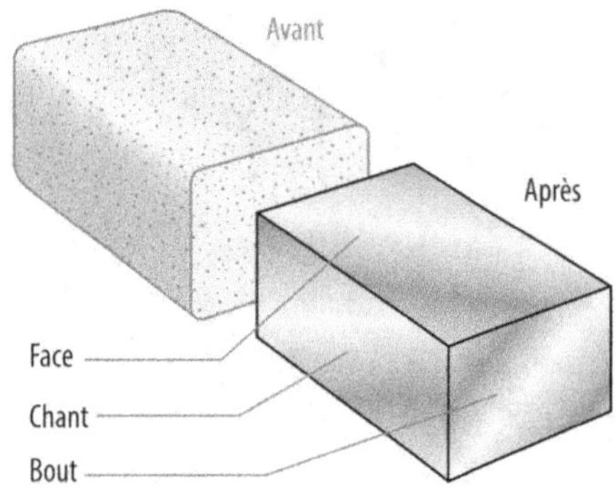

Le cubage s'effectue principalement par FRAISAGE | SURFAÇAGE. Les SURFACES | PERPENDICU-LAIRES obtenues sont les FACES, les CHANTS et les BOUTS (sens 2).

cubilot [cupola]

(n.m.) FOUR vertical dans lequel du MÉTAL (généralement de la FONTE de récupération) est chargé par le haut en couche alternée avec un combustible, du charbon calciné (coke) ainsi que de la castine (carbonate de chaux $CaCO_2$), pour être fondu, en vue d'une utilisation en FONDERIE (sens 2).

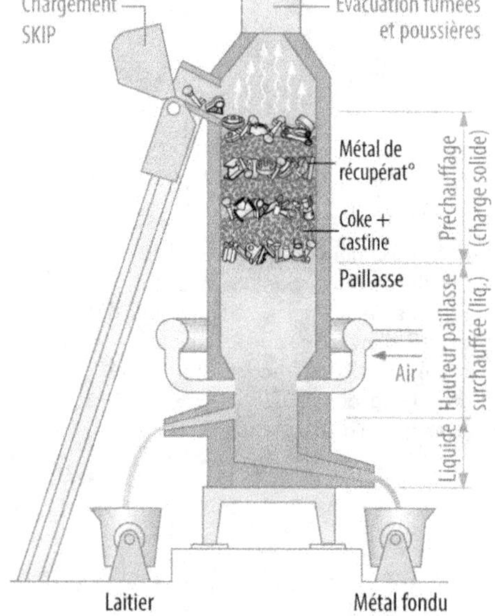

De l'air est introduit pour alimenter la combustion apportant la chaleur nécessaire à la FUSION. Le MÉTAL liquide est récupéré en partie basse pour approvisionner les installations de FONDERIE (sens 2). Les résidus mélangés à la castine forment du verre liquide (LAITIER) qui surnage et est évacué, par ailleurs.

→ **Voir aussi** HAUT FOURNEAU.

(cuir et chair), entre cuir et chair [grub screw, grub pin]

(Locution). Se dit d'un ÉLÉMENT DE FIXATION placé « à cheval » entre deux PIÈCES (sens 1).
Ex. : *Vis entre cuir et chair.*

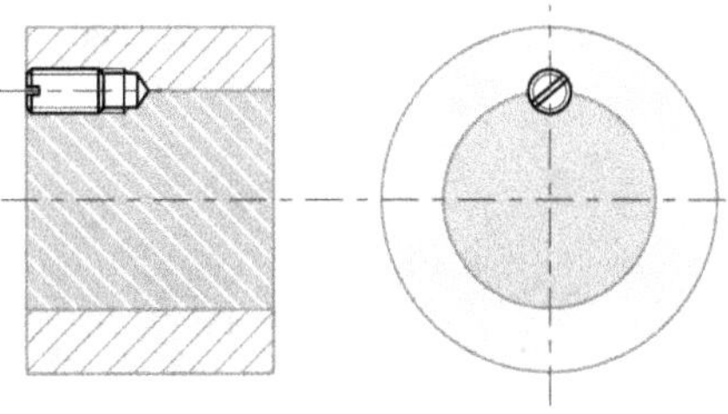

→ **Voir aussi** GOUPILLE.

cuivrage [copper plating]

(n.m.) PROCÉDÉ de TRAITEMENT DE SURFACE déposant du CUIVRE par GALVANOPLASTIE.

cuivre (Cu) [copper]

(n.m.) MÉTAL **rougeâtre** | DUCTILE | MALLÉABLE et **excellent** CONDUCTEUR THERMIQUE et ÉLECTRIQUE.

A. Le cuivre est le premier MÉTAL à avoir été utilisé par l'homme (9000 av. J.-C.) car il existe à l'état natif dans la nature et ne nécessitait pas d'EXTRACTION (sens 2) particulière.

B. Quelques CARACTÉRISTIQUES.

Symbole chimique :	Cu
État physique à l'ambiante :	Solide
Couleur :	Rougeâtre
Numéro atomique :	29
Masse volumique :	8,96 g/cm^3
T° de fusion :	1084°C
Structure cristalline :	Cubique Face Centrée

C. Aspect, couleur et rendu du MÉTAL.

D. Exemples d'application courante.
a. Câble électrique.

Photo : Minaret2010

b. Tuyauterie.

Photo : Scanrail

E. Le CUIVRE est utilisé avec d'autres MÉTAUX pour obtenir des CUPRO-ALLIAGES. Associé à l'ÉTAIN, il donne le BRONZE. Avec le ZINC il donne le LAITON. Avec l'ALUMINIUM Il donne les cupro-aluminiums, avec le nickel les cupro-nickels.

👍 Avantages

F. Bonne aptitude générale à la MISE EN FORME provenant de sa DUCTILITÉ. Tous les PROCÉDÉS habituels sont applicables : LAMINAGE, FORGEAGE, ÉTIRAGE, FILAGE, TRÉFILAGE, USINAGE, etc. Excellente CONDUCTIVITÉ ÉLECTRIQUE et CONDUCTIVITÉ THERMIQUE. Couleur caractéristique appréciée en décoration. Possède des PROPRIÉTÉS **antibactériennes.** RECYCLABLE à l'infini.

👎 Inconvénients

G. **Cher.** DENSE (sens 2).
→ **Voir aussi** RECYCLAGE ; MÉTAL.

cupro-alliage [copper alloy]

(n.m.) ALLIAGE de CUIVRE.
Quelques exemples.

LAITON = CUIVRE + ZINC
BRONZE = CUIVRE + ÉTAIN

cupro-aluminium [aluminium copper, aluminium bronze]

(n.m.) ALLIAGE à base de CUIVRE et 4 à 14 % d'ALUMINIUM réputé pour une excellente RÉSISTANCE À LA CORROSION marine (comme pour les hélices de bateaux), à l'ÉROSION et à la CAVITATION.

cupro-nickel [cupronickel]

(n.m.) ALLIAGE de CUIVRE avec moins de 50 % de NICKEL caractérisé par une bonne RÉSISTANCE À LA CORROSION en eau de mer agitée, ce qui le destine à des applications de canalisation d'eau salée, d'évaporateur, d'échangeur de chaleur… Les ALLIAGES à teneur plus élevée en NICKEL sont plutôt appelés Nickel-Cuivre.
→ Voir, par exemple, MONEL.

curette [file scorer]

(n.m.) Petite PLAQUE en MATIÈRE peu DURe comme le LAITON et dont la tranche sert à nettoyer la LIMAILLE incrustée dans la DENTURE des LIMES.
→ Voir aussi CARDE À LIME qui est un autre accessoire pour nettoyer les LIMES.

curviligne [curvilinear]

(adj.) Qui n'est pas droit.
◊ Contr. : RECTILIGNE.

cycle [cycle]

(n.m.) Répétition selon une période de temps.

cycloïde [cycloid]

(n.m.) COURBE décrite par un POINT d'un CERCLE roulant sans glisser sur une DROITE.

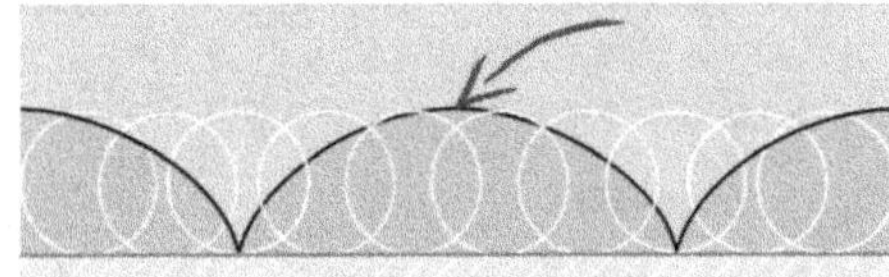

→ Voir aussi ÉPICYCLOÏDE.

cylindre [cylinder]

(n.m.)
1. FORME VOLUMIQUE dont toutes les SECTIONS | PERPENDICULAIRES sont des DISQUES (sens 1) de même DIAMÈTRE.

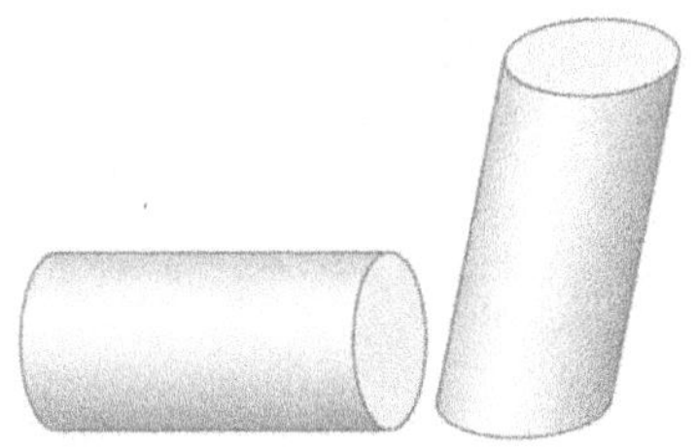

◊ Contr. : CÔNE dont la SECTION | CIRCULAIRE varie progressivement.
2. ALÉSAGE de SECTION généralement CIRCULAIRE dans lequel coulisse un ORGANE de FORME complémentaire pour faire varier le VOLUME d'un compartiment ou d'une chambre.
Ex. : *Cylindres d'un bloc-moteur thermique.*

cylindricité [cylindricity]

(n.f.) PROPRIÉTÉ d'une FORME DE RÉVOLUTION dont le DIAMÈTRE est identique quel que soit l'endroit considéré.
Ci-dessous la façon de la spécifier sur un DESSIN TECHNIQUE avec les TOLÉRANCES associées :

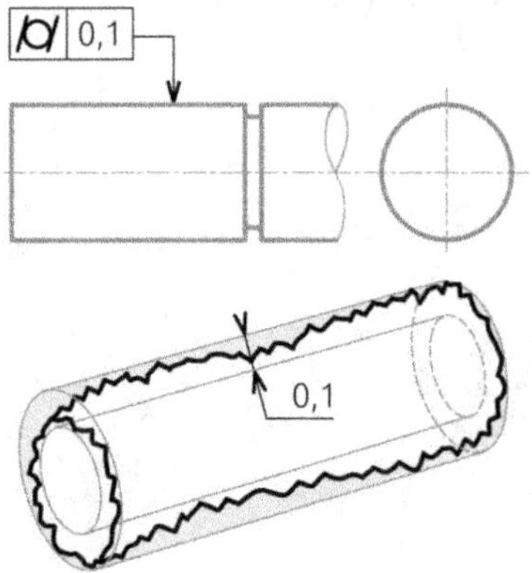

Voici la signification de cette indication : le contour concerné (la surface cylindrique extraite) doit être compris(e) dans l'intervalle de 0,1 mm entre deux cylindres concentriques.

Le CONTRÔLE de cette PROPRIÉTÉ en MÉTROLOGIE peut, par exemple, être effectué à l'aide d'un COMPARATEUR et de BILLES de PRÉCISION de la façon suivante :

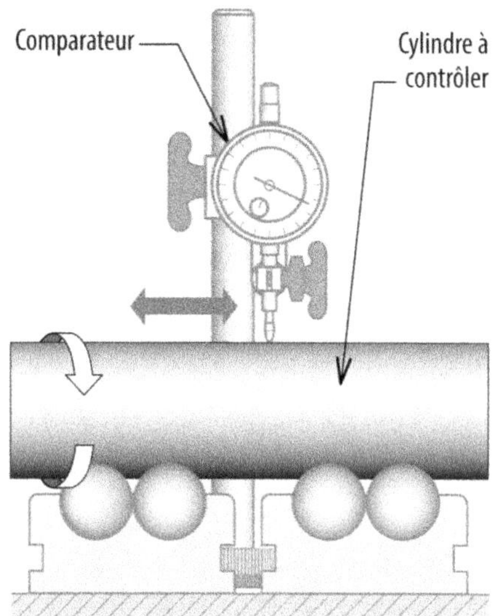

À noter cependant que cette procédure ne correspond pas strictement au sens de la spécification décrite par la norme ISO 1101.

cylindrique [cylindrical]

(adj.) Qui a la FORME d'un CYLINDRE.

D, d

2D, deux dimensions [two-dimension]

(adj.) Qui est confiné dans un PLAN (sens 1). Se dit notamment des représentations graphiques d'objet volumique ramenées dans un seul PLAN (sens 1).

A. C'est le cas des PROJECTIONS ORTHOGONALES. Ce type de représentation nécessite, en général, pour être complète, plusieurs VUEs correspondant à des DIRECTIONS d'observation différentes. Chaque VUE ne contient que deux DIMENSIONS (sens 1), la LONGUEUR et la LARGEUR, par exemple, d'où l'appellation 2D.

Ex 1 : *Vue de face et de dessus d'une PIÈCE (sens 1).*

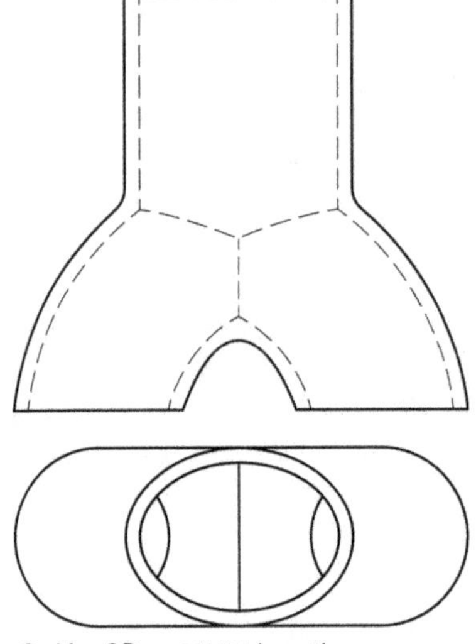

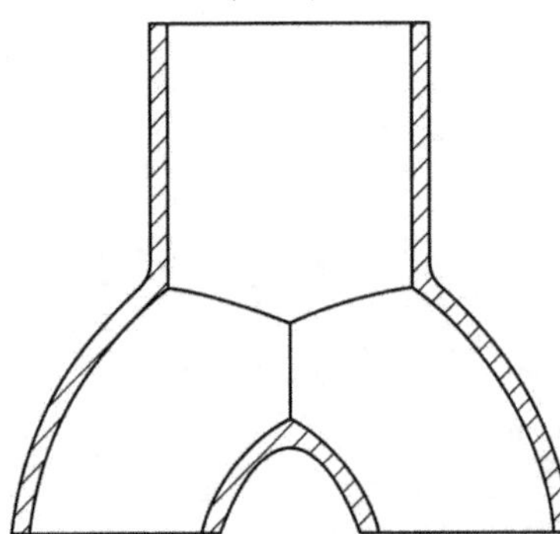

Ex. 2 : *Vue 2D en COUPE (sens 3) :*

B. Ce terme est souvent utilisé pour spécifier la différence avec 3D.
→ Voir 3D.

2,5D, deux dimensions et demi [two and half dimension]

(adj.) Qui est confiné dans un PLAN (sens 1) mais représenté pour obtenir une sensation de volume. Se dit notamment de représentation graphique par un ensemble de lignes dans un PLAN (sens 1), c'est à dire du type 2D mais qui ressemble à un objet volumique réel lorsque certaines lignes sont effacées.

A. L'illustration ci-dessous est à l'origine un MODÈLE FIL DE FER, mais débarrassé de quelques lignes pour donner une apparence d'objet volumique.

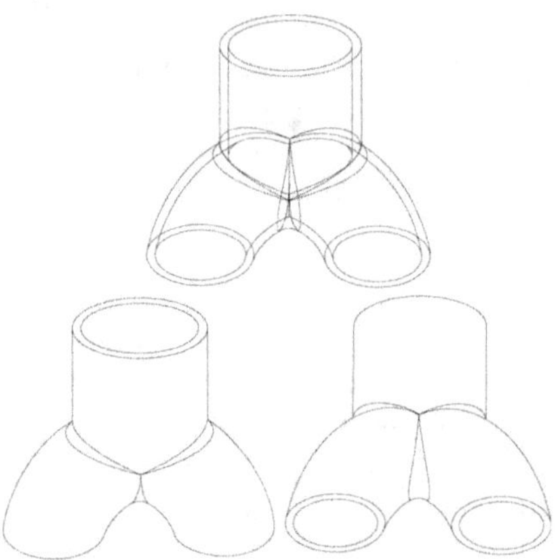

B. En réalité, cette représentation n'est pas du type 3D car ne permettant pas d'obtenir les CARACTÉRISTIQUES telles que le VOLUME, la SURFACE, les MOMENTS DE RÉSISTANCE comme dans un véritable MODÈLE VOLUMIQUE. Il s'agit donc d'une représentation intermédiaire d'où l'appellation 2,5D ou 2D et demi.

C. À remarquer que la même représentation « fil de fer » donne lieu à deux interprétations différentes selon les lignes effacées !

3D, trois dimensions [three-dimension]

(adj.) Qui est considéré dans l'espace et non seulement dans un PLAN (sens 1).

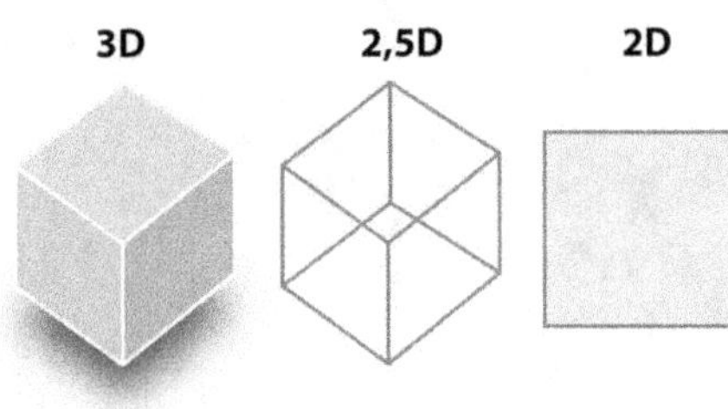

A. Se dit notamment de représentation proche d'un objet volumique réel car les DIMENSIONS (sens 1) de base, c'est à dire la LONGUEUR, la LARGEUR et la PROFONDEUR sont visibles simultanément avec un effet de relief :

B. Des VUES sous tous les ANGLES peuvent être obtenues.

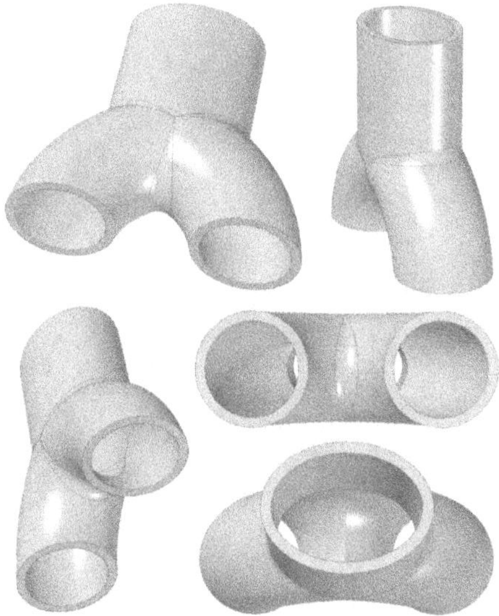

C. Les PROPRIÉTÉS physiques comme le VOLUME, la SURFACE et les MOMENTS D'INERTIE peuvent être extraites.

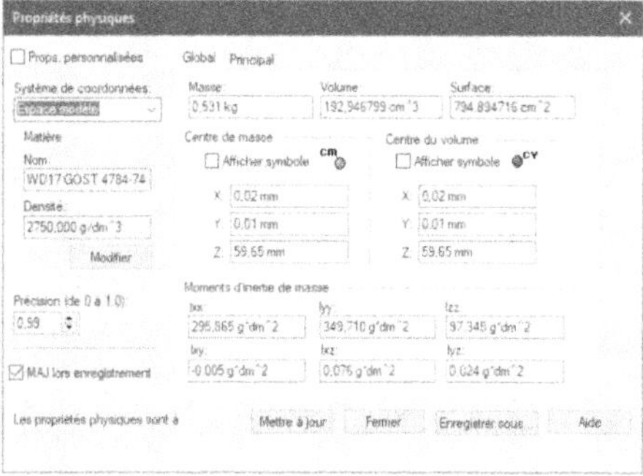

D. En réalité, la représentation 3D est une représentation complète, ce qui la différencie des représentations 2D ou 2,5D qui sont partielles.
→ Voir aussi MODÈLE VOLUMIQUE ; DÉCOUPE 3D.

DAO [CADD: computer-aided design and drafting]

Sigle pour DESSIN ASSISTÉ PAR ORDINATEUR.

dard [inner cone]

(n.m.) La partie la plus chaude de la FLAMME d'un CHALUMEAU oxyacétylénique, juste à la sortie de la BUSE.
Sa TEMPÉRATURE atteint 3200°C à 3500°C.

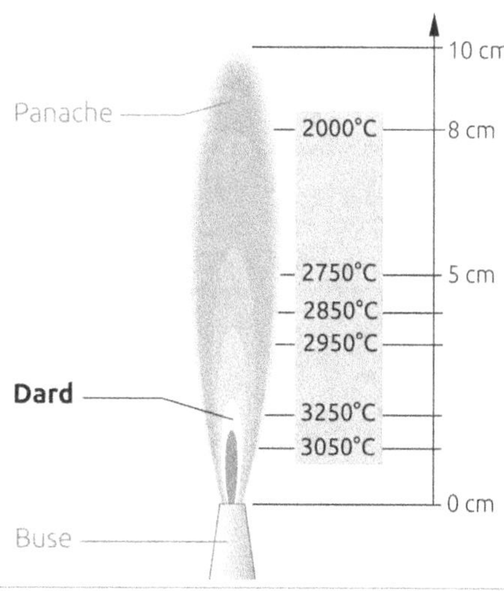

débit [flow rate]

(n.m.) Quantité de choses défilant par UNITÉ (sens 1) de temps à un endroit donné.
Ex. : *Débit d'eau d'une rivière exprimé, par exemple, en « m³/s ». Débit de voiture sur une route exprimé par exemple en «nombre de véhicules/heure». Débit de données dans un réseau informatique exprimé en « bit/s ».*
• Note : Ne pas confondre avec la VITESSE qui est une DISTANCE parcourue par UNITÉ (sens 1) de temps exprimée, par exemple, « en m/s » (unité officielle) ou « km/h » (unité non-officielle).

débitage [blank production]

(n.m.) DÉCOUPAGE d'une BARRE de grande LONGUEUR en plusieurs PIÈCES (sens 1) ÉBAUCHES plus petites ou LOPIN.
Il peut être réalisé, par exemple, par SCIAGE, TRONÇONNAGE ou CISAILLAGE.

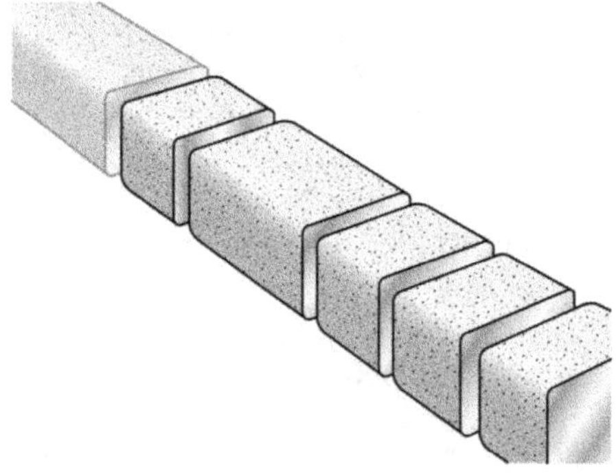

→ Voir aussi LOPIN.

débouchure [slug]

(n.m.) Morceau de matière détachée sur une feuille ou TÔLE par un POINÇON lors d'un POIN-ÇONNAGE et constituant un DÉCHET.

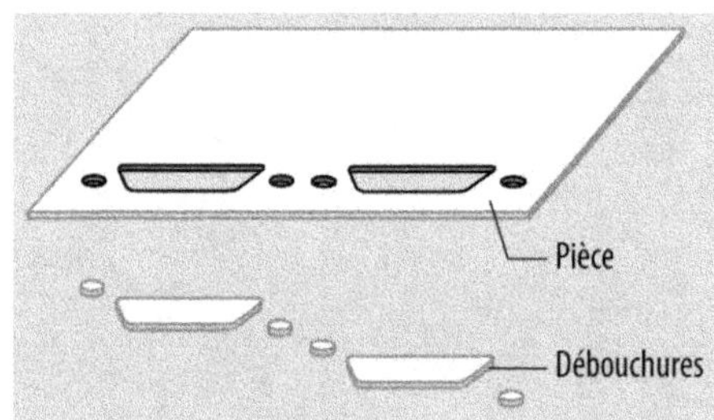

débrayage [declutching]

(n.m.) Interruption de la TRANSMISSION d'un MOUVEMENT DE ROTATION grâce à un DISPOSITIF qui cesse momentanément d'assurer la LIAISON entre les ORGANES concernés.
◊ Contr. : EMBRAYAGE (sens 2).

décalage [shift]

(n.m.)
1. DISTANCE non-nulle entre deux objets qui au-raient dû être alignés ou en CONTACT.
2. Action de désaligner ce qui est aligné ou de séparer légèrement ce qui est en CONTACT.

décalaminage [descaling]

(n.m.) Élimination de la COUCHE d'OXYDE épaisse sur les DEMI-PRODUITS en ALLIAGE FERREUX obtenus par DÉFORMATION PLASTIQUE (CHAUD), À CHAUD.
Le décalaminage peut être réalisé mécanique-ment, par exemple, par GRENAILLAGE, SABLAGE, ÉCROÛTAGE, etc. ou chimiquement par DÉRO-CHAGE, bain d'acides, etc.

décamètre [decametre (GB), decameter (US)]

(n.m.)
1. UNITÉ (sens 1) de MESURE (sens 2) valant 10 m.

$$1 \text{ dam} = 10 \text{ m}$$

2. INSTRUMENT DE MESURE de LONGUEUR attei-gnant 10 m, fait d'un RUBAN | SOUPLE pouvant être déroulé et enroulé selon les besoins.

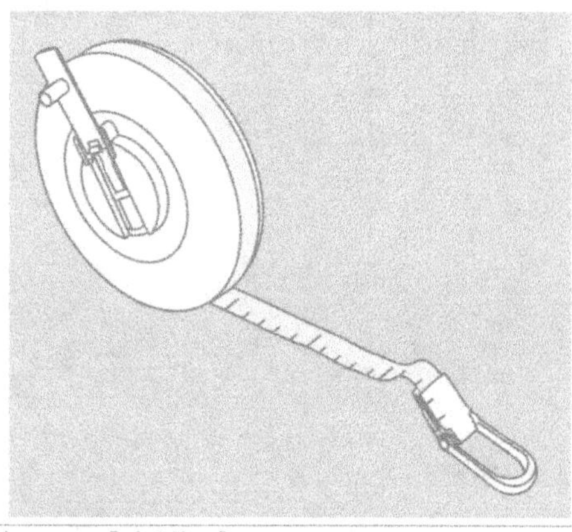

décapage [pickling]

(n.m.) OPÉRATION | MÉCANIQUE ou chimique d'enlèvement des DÉPÔTS (OXYDE, GRAISSE, sel...) indésirables sur une SURFACE. Le déca-page est souvent une OPÉRATION qui précède un TRAITEMENT de REVÊTEMENT.

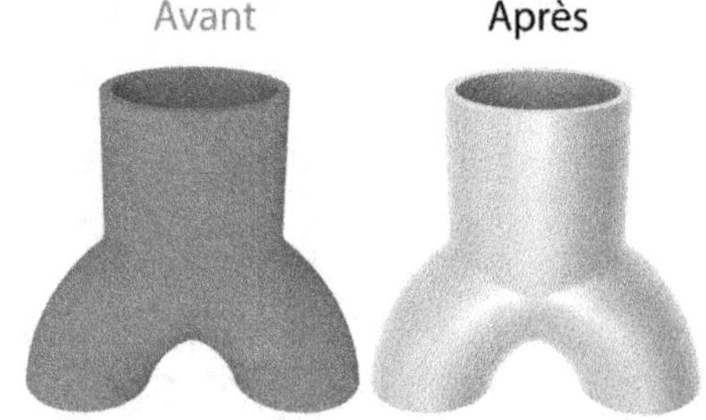

→ Voir SABLAGE pour un exemple.

décarburation [decarburization]

(n.f.) Enlèvement ou perte de CARBONE à la SUR-FACE d'un ACIER ou d'une FONTE pendant une TRANSFORMATION (sens 3) (CHAUD), À CHAUD en présence d'un milieu pouvant réagir avec lui.

décélération [deceleration]

(n.f.)
1. Action de réduire la VITESSE.
◊ Contr. : ACCÉLÉRATION (sens 1).
2. PHÉNOMÈNE résultant de la diminution de la VITESSE.
3. Grandeur servant à mesurer la diminution de la VITESSE. La décélération n'est rien d'autre qu'une ACCÉLÉRATION (sens 3) négative. Son UNI-TÉ (sens 1) est donc aussi le « m/s/s » ou « m·s^{-2} ».

déchet [scrap]

(n.m.) Le reste de MATÉRIAU inutilisable après une TRANSFORMATION (sens 3) par une TECHNIQUE de FABRICATION.

A. Quelques exemples de déchets correspondant à quelques TECHNIQUES de FABRICATION.

a. COPEAUX : **déchets de l'**USINAGE.

Photo : Brad Calkins

b. CHUTES (sens 2) **de** DÉCOUPE : **déchet de** DÉCOUPE LASER, OXYCOUPAGE, DÉCOUPE PLASMA, DÉCOUPE JET D'EAU, **etc.**

Photo : Safak Çakir

c. CHUTES (sens 2) **de** POINÇONNAGE : **déchets de** POINÇONNAGE.

Photo : Nordroden

d. BAVURES (sens 2) : **déchets de l'**ESTAMPAGE **et du** MATRIÇAGE.

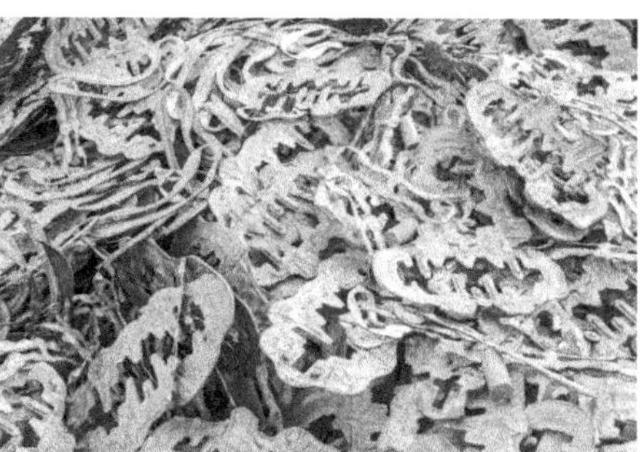

e. CAROTTE : **déchet de** MOULAGE PAR INJECTION PLASTIQUE.

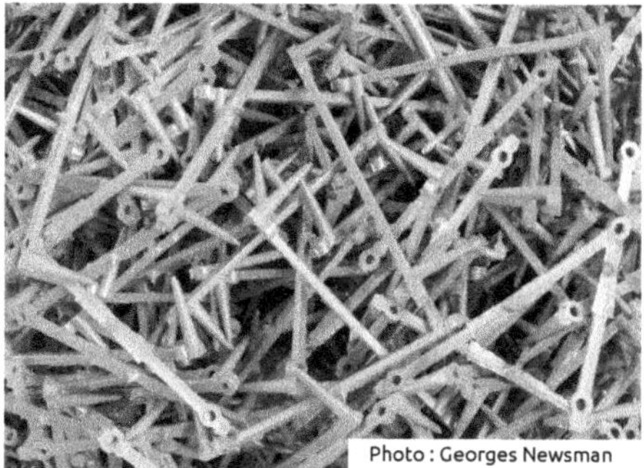

Photo : Georges Newsman

f. CHUTES (sens 2) **de** COUPE (sens 1) **de** PROFILÉS **extrudés en** (PLASTIQUE), MATIÈRE PLASTIQUE.

Photo : Georges Newsman

g. CHUTES (sens 2) **de** COUPE (sens 1) **de** PROFILÉ ALUMINIUM.

Photo : Georges Newsman

B. Certains déchets apparaissent avant la TRANS-FORMATION (sens 3). C'est le cas, par exemple, de l'EXTRUSION (sens 3) de (PLASTIQUE), MATIÈRE PLASTIQUE dans laquelle une partie non-négligeable de la MATIÈRE DE BASE est perdue dans les RÉGLAGEs avant d'obtenir des PIÈCES BONNES. *Déchet de réglage de profilés d'extrusion (sens 3).*

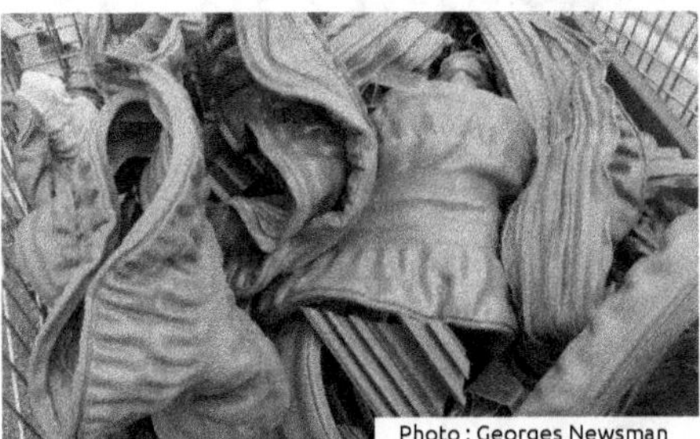

Photo : Georges Newsman

C. Les déchets peuvent être quantifiées avec le rapport de la quantité de MATIÈRE perdue par la quantité de MATIÈRE DE BASE. Généralement, le plus facile à mesurer est la MASSE (sens 2) de la MATIÈRE DE BASE et celle de la PIÈCE BONNE finie. Le pourcentage de déchet peut s'écrire :

$$\% \text{ déchet} = 100 \times \left(1 - \frac{\text{Masse pièce finie}}{\text{Masse matière de base}}\right)$$

Par exemple, pour une pièce de 250 g taillée par USINAGE à partir d'un bloc de 400 g, le pourcentage de déchet transformé en COPEAUx est :

100×(1-250/400) = 37,5 %

Pour une pièce obtenue par INJECTION DE PLASTIQUE de 82 g et dont la CAROTTE est de 16 g, le pourcentage de déchet est :

100×(1-82/(82+16)) = 16,32 %

Pour une production de 800 kg de profilé en (PLASTIQUE) MATIÈRE PLASTIQUE obtenue par EXTRUSION (sens 3) et dont la mise en route et les RÉGLAGES ont fait perdre préalablement 65 kg de MATIÈRE, le pourcentage de déchets est :

100×(1-800/(800+65)) = 7,5 %

À remarquer que, dans ce cas, le pourcentage de déchets est surtout fonction de la quantité globale fabriquée au cours d'une campagne de PRODUCTION. Une faible quantité fabriquée se traduit malencontreusement par un pourcentage de déchet élevé, difficilement justifiable économiquement. Dans l'exemple précédent, si la quantité produite n'est que de 40 kg, le pourcentage de déchets s'élève à :

100×(1-40/(40+65)) = 61,9 %

la quantité de déchet étant toujours la même à chaque démarrage de PRODUCTION.

D. Le pourcentage de déchets doit toujours être pris en compte dans les calculs économiques de prix de revient de PIÈCES (sens 1). Il va de soi que les PROCÉDÉS à fort pourcentage de déchets peuvent conduire à un manque de COMPÉTITIVITÉ, voire à un gaspillage. Ce qui nécessite une OPTIMISATION ou des considérations de rationalisation industrielle comme, par exemple, l'IMBRICATION ou la MISE EN BANDE en TÔLERIE.

E. Les déchets des MATÉRIAUX sont quelquefois REVALORISABLES, en utilisant, par exemple, des PROCÉDÉS de RECYCLAGE avec des RECYCLABILITÉS diverses pouvant être à l'infini ou avec dégradation de CARACTÉRISTIQUES.

→ Voir REBUT qui sont aussi, d'une certaine manière, des déchets.

→ Voir aussi CHUTE (sens 2) ; RECYCLAGE.

déclassé [seconds]

(n.m.) PRODUITS ou DEMI-PRODUITS contenant des DÉFAUTS (sens 1) les rendant, en principe, inutilisables ou non-commercialisables comme l'est le REBUT, mais qui peuvent être tolérés pour certaines applications moins exigeantes.

◊ Contr. : PREMIER CHOIX.

décochage [shakeout; knockout]

(n.m.) Action de dégager une pièce nouvellement moulée du MOULE en sable qui a servi à la fabriquer.

→ Voir, par exemple, MOULAGE AU SABLE.

décolletage [bar turning]

(n.m.) OPÉRATION de TOURNAGE de PIÈCES (sens 1) les unes à la suite des autres sur une BARRE, en moyenne ou en grande SÉRIE DE PIÈCES avec une PRODUCTIVITÉ et une PRÉCISION élevées à l'aide d'une MACHINE entièrement AUTOMATIQUE.

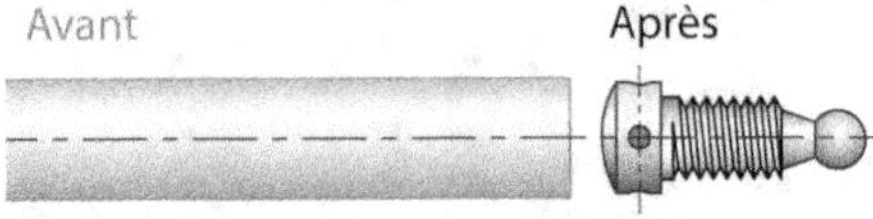

A. Le décolletage de la PIÈCE (sens 1) ci-dessus se décompose, par exemple, comme ci-dessous avec la durée en secondes de chaque OPÉRATION :

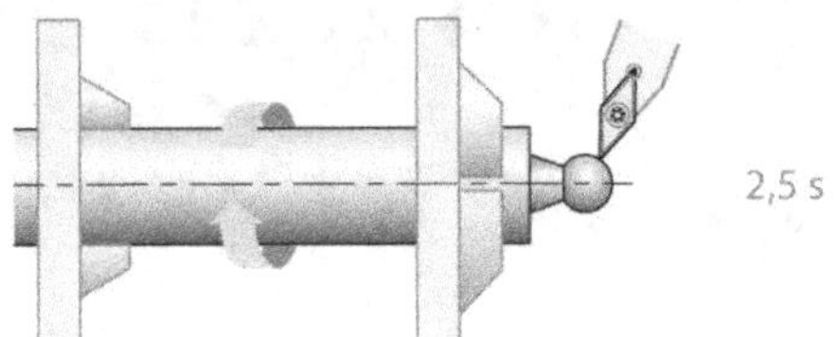

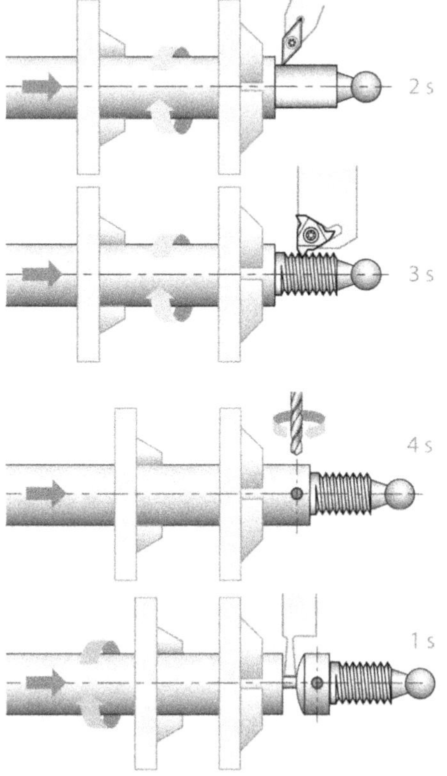

→ **Voir aussi** TOUR MULTI-BROCHE.

B. **Quelques exemples de** PIÈCES (sens 1) **obtenues par décolletage :**

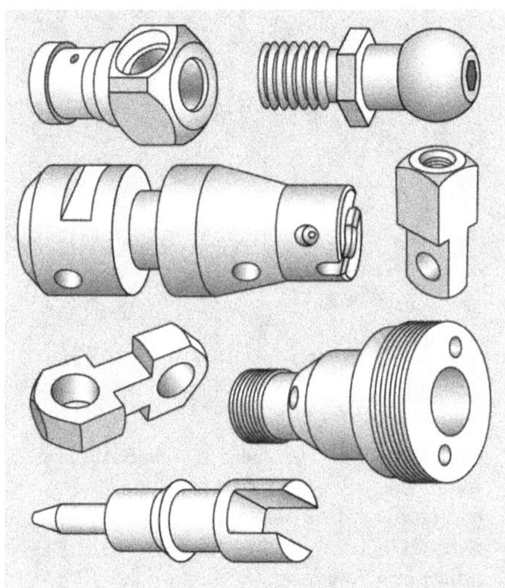

Photo : Yauhen Akulich

C. TOLÉRANCE DIMENSIONNELLE (IT).

Très précis	Précis	Moyen	Grossier	Très Grossier
1 2 3 4 5	6 7 8 9	10 11 12	13 14 15	16 17 18
	Décolletage			
$10 \pm 0,002$	$10 \pm 0,01$	$10 \pm 0,05$	$10 \pm 0,2$	10 ± 1
$100 \pm 0,005$	$100 \pm 0,02$	$100 \pm 0,1$	$100 \pm 0,4$	100 ± 2

D. ÉTAT DE SURFACE, RUGOSITÉ Ra (µm) :

0,012	0,025	0,05	0,1	0,2	0,4	0,8	1	1,6	3,2	6,3	10	12	25	50	100	200
			Décolletage													

* Symbole ne faisant plus partie des normes

E. COÛT OUTILLAGE (sens 2) :

Aucun	Faible	Moyen	Élevé	Très élevé
	Décolletage			

F. SÉRIE DE PIÈCES économique :

Proto	Unitaire	Petite	Moyenne	Grande	Très Grande
1	10	100	1 000	10 000	100 000
		Décolletage			

G. Le terme «décolletage» désignait initialement au XVIIIe siècle, une OPÉRATION d'USINAGE consistant à tronçonner le COLLET subsistant après avoir diminué partiellement le DIAMÈTRE d'une BARRE pour former une VIS (sens 2).

découpage [cutting]

(n.m.) Même signification que DÉCOUPE, c'est à dire OPÉRATION de COUPE (sens 1) suivant un CONTOUR particulier.

Ex. : *Découpage d'une tôle.*

découpage-poinçonnage [stamping, blanking]

(n.m.) COUPE (sens 1) suivant un CONTOUR par CISAILLEMENT avec un POINÇON rentrant dans une MATRICE (sens 1).

Ex. 1 : *Découpage-poinçonnage d'une boucle de ceinture de sécurité.*

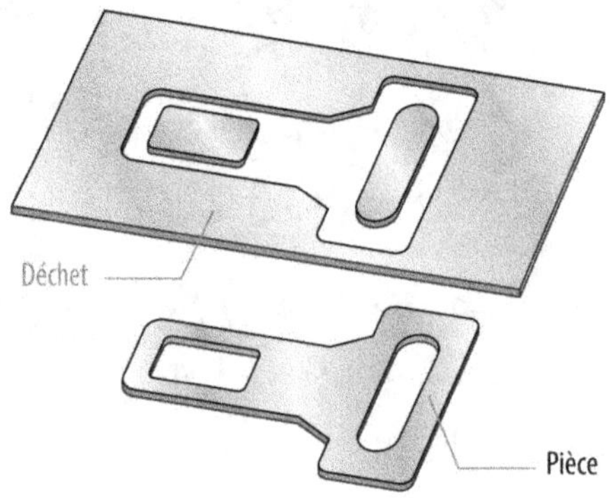

Ex. 2 :

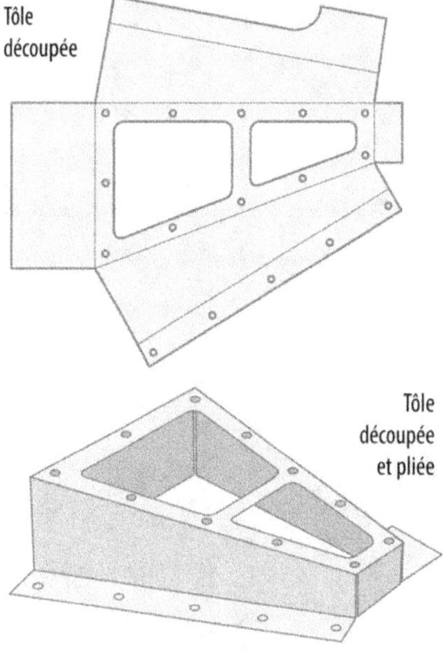

• Note : À remarquer que la PIÈCE (sens 1) est le morceau de MATÉRIAU détaché par le POINÇON, ce qui le distingue du POINÇONNAGE dans lequel la pièce réellement utile est le reste de matière après que le POINÇON en ait retiré une partie.

---

découpage fin [fine blanking]

(n.m.) PROCÉDÉ de DÉCOUPE de FEUILLE ou TÔLE par CISAILLEMENT entre un POINÇON et une MATRICE (sens 1) possédant la FORME du CONTOUR voulu et dans laquelle le FLAN, c'est à dire l'ÉBAUCHE de TÔLE est complètement maintenue pour une COUPE (sens 1) très précise.

A. Dans l'illustration ci-contre, une PIÈCE (sens 1) dénommée SERRE-FLAN appuie fermement le FLAN contre la MATRICE (sens 1), ce qui lui permet

d'éviter tout MOUVEMENT parasite pouvant compromettre la QUALITÉ de la DÉCOUPE.

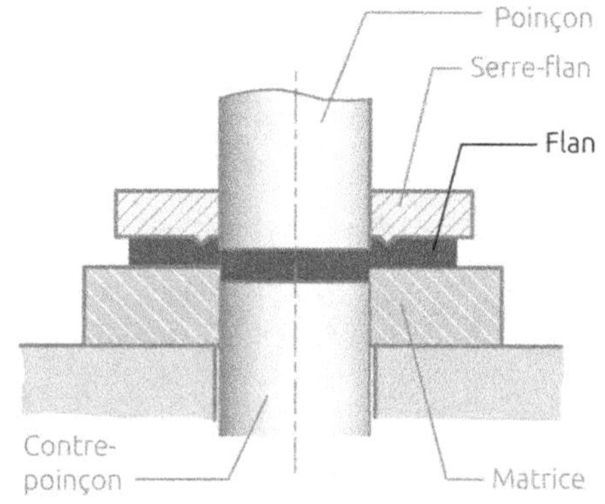

B. Ainsi, ne pas confondre avec le POINÇONNAGE simple dans lequel le FLAN n'est pas maintenu, ce qui donne généralement une COUPE (sens 1)plus GROSSIÈRE.

C. La séquence de découpage fin est la suivante :

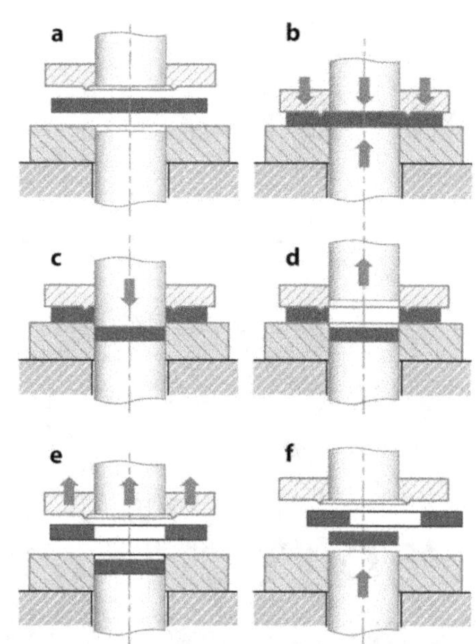

---

découpe [cutting]

(n.f.) Type de COUPE (sens 1) suivant un CONTOUR particulier qui n'est pas forcément une LIGNE droite, ni confiné dans un PLAN (sens 1) mais pouvant être une COURBE GAUCHE dans l'espace (voir page suivante).

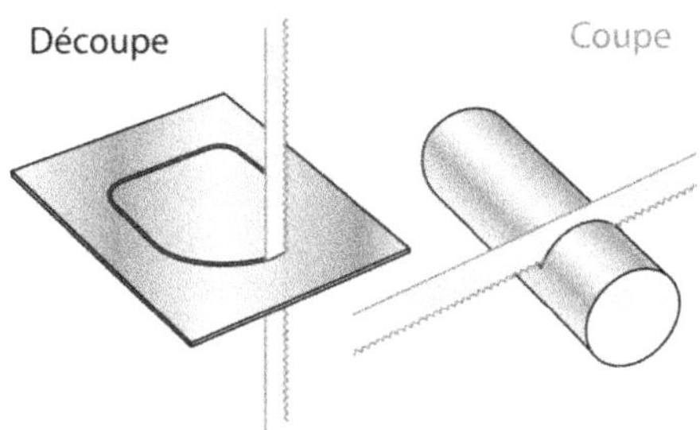

Ci-dessous les principaux PROCÉDÉS de découpe disponibles ainsi qu'un tableau comparatif :
- le SCIAGE.
- le CISAILLAGE.
- le POINÇONNAGE.
- l'OXYCOUPAGE.
- la DÉCOUPE JET D'EAU.
- la DÉCOUPE LASER.
- la DÉCOUPE PLASMA.
- l'ÉLECTROÉROSION.
- la DÉCOUPE CHIMIQUE.

* fumées, déformat°, modificat°, ...	Matériaux possibles	Capacité épaisseur	Précision (en mm)	Qualité coupe (bavures,...)	Absence Effets nocifs *	Coût pièce
SCIAGE	Tout	2000 mm	± 0.5			FAIBLE
CISAILLAGE	Tout	50 mm	± 0.5			TRÈS FAIBLE
POINÇON-NAGE	Ductile	10 mm	± 0,2			MOYEN
OXY-COUPAGE	Métaux seuls	1000 mm	± 1			MOYEN
JET D'EAU	Tout	250 mm	± 0,2			MOYEN
LASER		30 mm	± 0,1			MOYEN
PLASMA	Métaux seuls	150 mm	± 0,5			MOYEN
ÉLECTRO-ÉROSION	Métaux seuls	400 mm	± 0,001			TRÈS ÉLEVÉ
DÉCOUPE CHIMIQUE	Métaux seuls	2 mm	± 0,01			MOYEN

Légende : Mauvais — Faible — Moyen — Bon — Excellent

→ Voir aussi DÉCOUPE 3D.

(n.f.) Type de DÉCOUPE suivant un CONTOUR qui n'est pas dans un PLAN (sens 1) mais dans l'espace ou COURBE GAUCHE.

A. Ci-dessous, par exemple, *la découpe 3D par faisceau laser.*

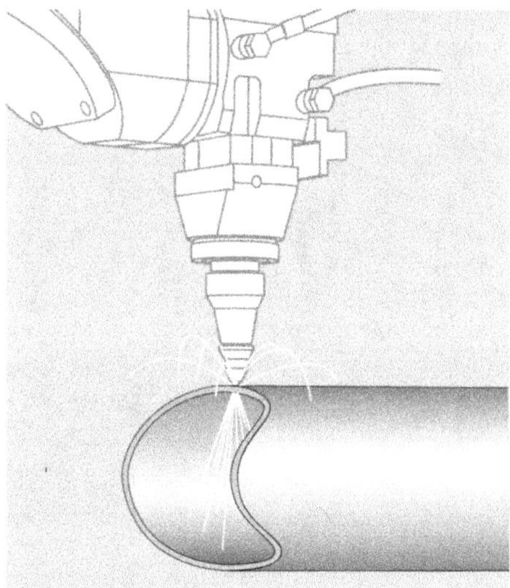

→ Voir aussi LASER TUBE.

B. Autre exemple : *Découpe 3D par JET D'EAU.*

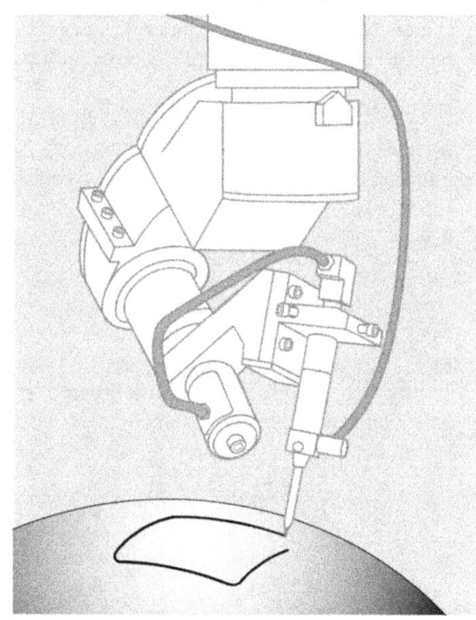

(n.f.) PROCÉDÉ de DÉCOUPE par dissolution avec un LIQUIDE agressif type acide des parties non-protégées d'une feuille de MÉTAL. La PIÈCE (sens 1) obtenue correspond aux SURFACES préalablement occultées par MASQUAGE (épargnage) avec une COUCHE de SUBSTANCE insensible à l'agressivité du liquide.

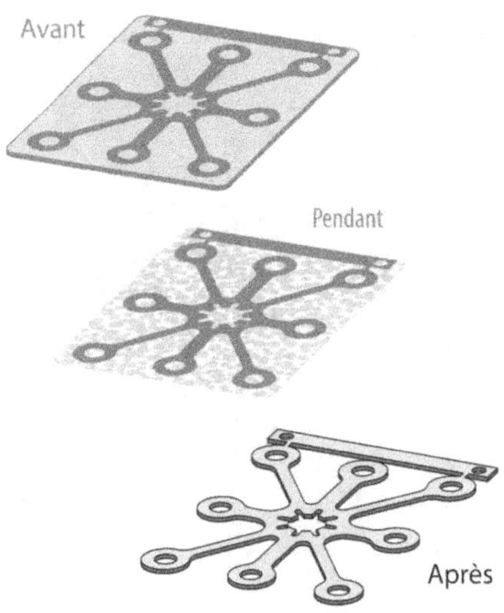

👍 Avantages

A. Pas de DÉFORMATIONS MÉCANIQUES, ni de CONTRAINTES RÉSIDUELLES, ni d'AMORCE DE RUPTURE, ni de ZONE AFFECTÉE THERMIQUEMENT. DÉCOUPE nette, précise et sans BAVURE. Convient particulièrement aux ÉPAISSEURS très faibles.

👎 Inconvénients

B. Ne convient qu'aux MATÉRIAUX MÉTALLIQUES. Capacité en ÉPAISSEUR de COUPE (sens 1) relativement faible (< 2mm).
◆ Syn. : USINAGE PHOTOCHIMIQUE.

découpe de matière [laminated object manufacturing™: LOM]

(n.f.) PROCÉDÉ de PROTOTYPAGE RAPIDE consistant à prélever sur une FEUILLE de MATIÈRE le CONTOUR de chaque SECTION pour les empiler et les coller entre elles jusqu'à constituer l'objet volumique.

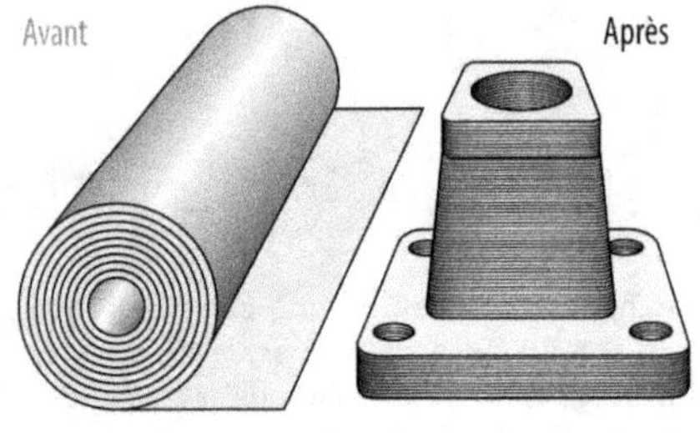

A. La MATIÈRE DE BASE de la feuille initiale peut être du papier, du (PLASTIQUE), MATIÈRE PLASTIQUE, des dérivés du bois type contreplaqué ou MDF (fibre densité moyenne) ou parfois du MÉTAL.
B. Vue générale du PROCÉDÉ.

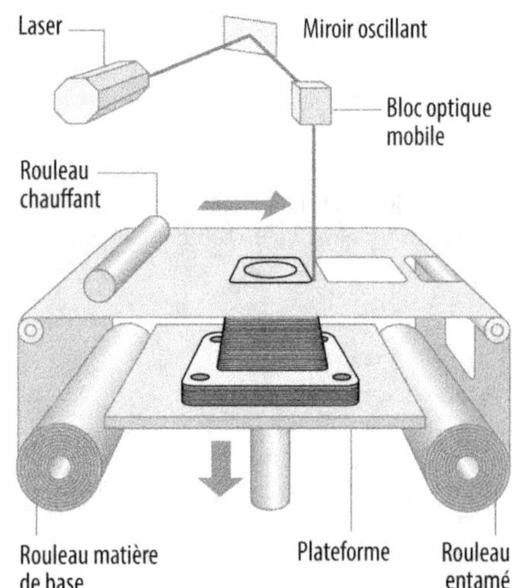

La FEUILLE est déroulée au dessus d'une plateforme destinée à porter la PIÈCE (sens 1). La plate-forme est pourvue d'un MOUVEMENT de monte et baisse. La feuille est découpée section par section par un laser. La DÉCOUPE peut aussi être assurée par un couteau. Chaque SECTION découpée est collée à la précédente grâce à un ROULEAU (sens 2) chauffé qui applique une PRESSION. Puis la plate-forme descend de la valeur d'une ÉPAISSEUR pour la SECTION suivante et ainsi de suite.

👍 Avantages

C. PROCÉDÉ simple, rapide et peu coûteux. Permet des PIÈCES (sens 1) de relativement grande DIMENSION. Pas de RÉACTION CHIMIQUE ni de produits volatils (sauf les produits de combustion du papier).

👎 Inconvénients

D. Ne convient pas pour les GÉOMÉTRIES (sens 2) complexes. Génère beaucoup de DÉCHETS, contrairement aux autres TECHNIQUES d'IMPRESSION 3D à un tel point qu'il s'apparente plutôt à une FABRICATION soustractive. Nécessite un PARACHÈVEMENT. Finalement, procédé peu répandu.
→ Voir aussi STRATOCONCEPTION® qui est une autre technique par ASSEMBLAGE (sens 1) de strates de MATIÈRE prédécoupées.

découpe jet d'eau [waterjet cutting]

(n.f.) TECHNIQUE de DÉCOUPE utilisant l'énergie d'un jet très fin de LIQUIDE | SOUS-PRESSION pour transpercer de la MATIÈRE suivant un CONTOUR.

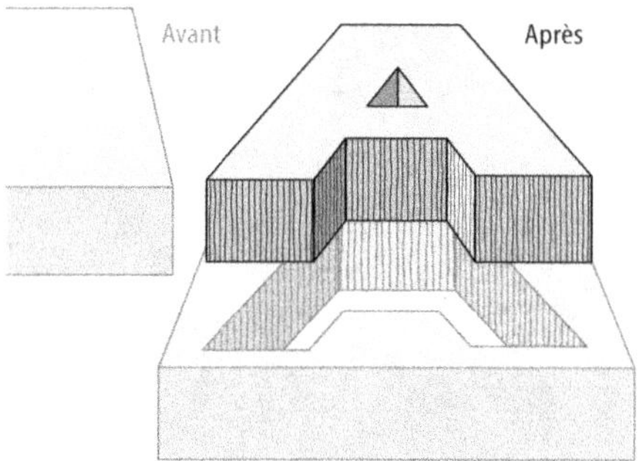

A. La PRESSION d'eau mise en jeu est de l'ordre de 2000 à 4000 bars* (200 à 400 MPa) avec une VITESSE de jet de l'ordre de 600 à 900 m/s (2000 à 3000 km/h). Le jet d'eau possède un DIAMÈTRE de l'ordre de 0,1 à 2 mm pour un DÉBIT allant de 0,5 à 4 l/mn. Le jet d'eau peut être utilisé tel quel ou, pour un effet supérieur, additionné d'ABRASIFS. Tous les MATÉRIAUX peuvent être découpés, du plus TENDRE comme le CAOUT-CHOUC, le (PLASTIQUE), MATIÈRE PLASTIQUE, le TIS-SU, le carton, le papier, le BOIS, etc. aux plus DURS, comme le MÉTAL, le VERRE, la CÉRAMIQUE, la pierre, etc. mais dans ce cas, de l'ABRASIF doit être incorporé dans le jet d'eau.

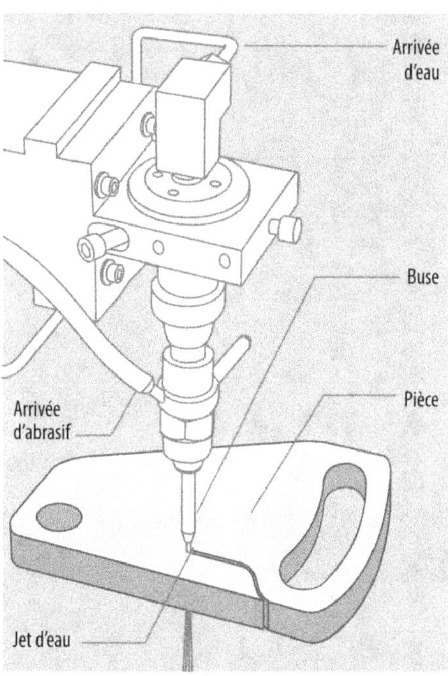

* À titre de comparaison, la pression habituellement rencontrée dans les équipements hydrauliques comme les VÉRINS, ne dépassent pas généralement 1 000 bars.

B. TOLÉRANCE DIMENSIONNELLE (IT)

Très précis	Précis	Moyen	Grossier	Très Grossier
1 2 3 4 5	6 7 8 9	10 11 12	13 14 15	16 17 18
			Jet d'eau	
10 ± 0,002	10 ± 0,01	10 ± 0,05	10 ± 0,2	10 ± 1
100 ± 0,005	100 ± 0,02	100 ± 0,1	100 ± 0,4	100 ± 2

C. ÉTAT DE SURFACE, RUGOSITÉ Ra (µm)

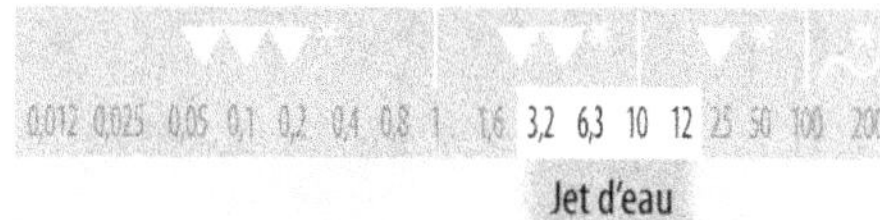

0,012	0,025	0,05	0,1	0,2	0,4	0,8	1	1,6	3,2	6,3	10	12	25	50	100	200

Jet d'eau

* Symbole ne faisant plus partie des normes

D. Coût OUTILLAGE (sens 2) (Hors coût MACHINE) :

Aucun	Faible	Moyen	Élevé	Très élevé

Jet d'eau *

* Parfois coût d'abrasifs souvent à usage unique.

E. SÉRIE DE PIÈCES économiquement envisageable :

Proto	Unitaire	Petite	Moyenne	Grande	Très Grande
1	10	100	1 000	10 000	100 000

Découpe jet d'eau

👍 Avantages

F. Convient à tous les MATÉRIAUX des plus MOUS aux plus DURS, conducteurs ou pas. Ne met pas en œuvre d'effet thermique, ce qui évite de générer des DÉFORMATIONS MÉCANIQUES, de ZONEs AFFECTÉES PAR LA CHALEUR, notamment des modifications de STRUCTURE métallurgique, ou de dégagements de GAZ ou vapeurs toxiques. Effets de DÉFORMATION relativement limités. ARÊTE DE COUPE nette et soignée ne nécessitant pas de PARACHÈVEMENT. Capacité de COUPE (sens 2) en ÉPAISSEUR relativement importante.

👎 Inconvénients

G. Mouillage des PIÈCES (sens 1) pour certains matériaux. DÉPOUILLE importante. DÉLAMINAGE possible des MATÉRIAUX feuilletés. Bruit de fonctionnement pouvant être assez assourdissant. MACHINE nécessitant beaucoup d'ENTRETIEN et de CONSOMMABLES.

découpe laser [laser cutting]

(n.f.) PROCÉDÉ de DÉCOUPAGE utilisant l'énergie d'un faisceau intense de lumière, capable de fondre localement et de transpercer les MATÉRIAUX balayés.

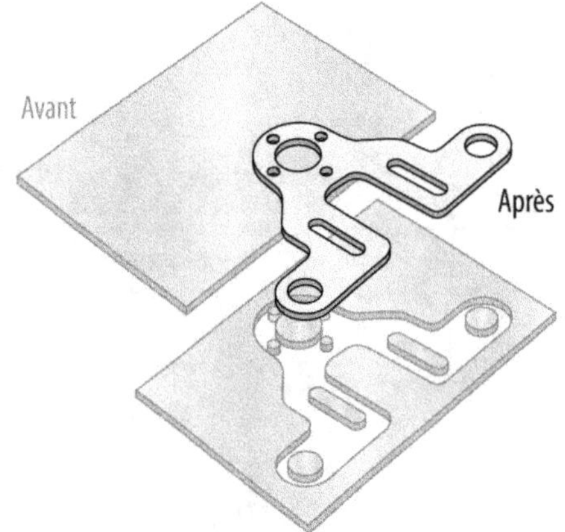

A. Exemple de découpe laser d'une TÔLE :

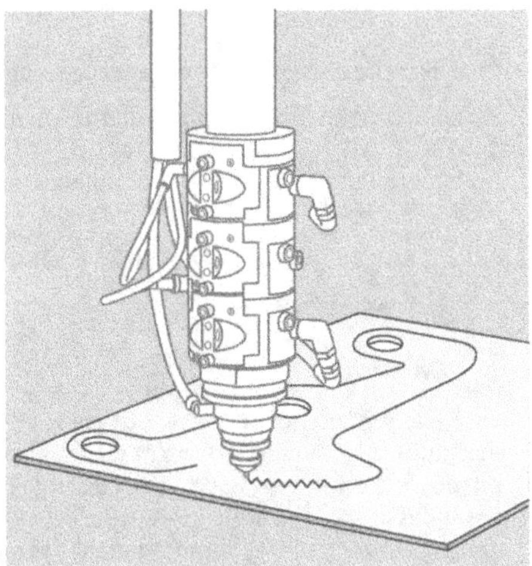

B. Exemples de PIÈCES (sens 1) obtenues avec ce PROCÉDÉ :

C. Le terme laser est l'acronyme de « Light Amplification by Stimulated Emission of Radiation », c'est à dire « Amplification de lumière par émission de radiations stimulées ».

D. TOLÉRANCE DIMENSIONNELLE (IT) :

Très précis	Précis	Moyen	Grossier	Très Grossier
1 2 3 4 5	6 7 8 9	10 11 12	13 14 15	16 17 18
			Laser	
10 ± 0,002	10 ± 0,01	10 ± 0,05	10 ± 0,2	10 ± 1
100 ± 0,005	100 ± 0,02	100 ± 0,1	100 ± 0,4	100 ± 2

E. ÉTAT DE SURFACE, RUGOSITÉ Ra (µm) :

0,012	0,025	0,05	0,1	0,2	0,4	0,8	1,6	3,2	6,3	10	12	25	50	100	200
								Laser							

* Symbole ne faisant plus partie des normes

F. Coût OUTILLAGE (sens 2) (hors coût MACHINE) :

Aucun	Faible	Moyen	Élevé	Très élevé
	Laser *			

* Nécessite parfois des gaz spécifiques pour la découpe.

G. SÉRIE DE PIÈCES économique :

Proto	Unitaire	Petite	Moyenne	Grande	Très Grande
1	10	100	1 000	10 000	100 000
Découpe laser					

👍 Avantages

H. Pas de CONTACT | MÉCANIQUE, ce qui limite aussi les DÉFORMATIONS. Capacité de COUPE (sens 1) en ÉPAISSEUR relativement importante.

👎 Inconvénients

I. Ne convient pas à tous les MATÉRIAUX. Dégagement possible de GAZ et fumées TOXIQUES dans les cas des MATÉRIAUX organiques. Léger effet thermique se traduisant, par exemple, par une auréole.
→ Voir DÉCOUPE 3D ; MACHINE DE DÉCOUPE LASER.

découpe plasma [plasma cutting]

(n.f.) PROCÉDÉ de DÉCOUPE utilisant l'énergie d'un jet de GAZ ionisé à TEMPÉRATURE très élevée et à haute VITESSE appelé PLASMA, sortant d'une TORCHE pour entamer la MATIÈRE suivant un CONTOUR.

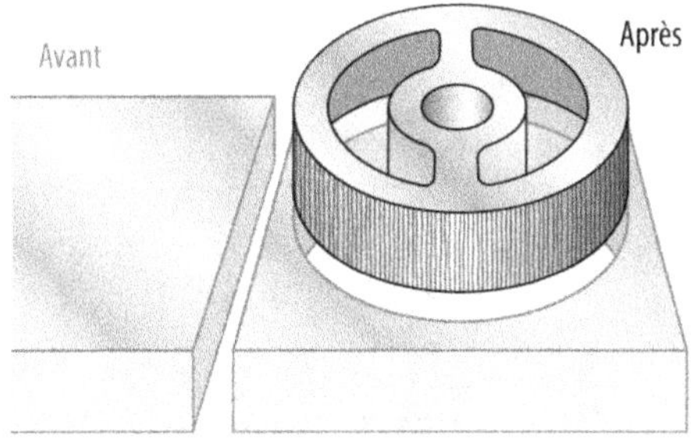

A. À titre de rappel, le PLASMA est le quatrième ÉTAT DE LA MATIÈRE ne pouvant être obtenu qu'à très haute TEMPÉRATURE. Il s'agit d'un mélange confus d'électrons et de noyaux séparés les uns des autres, alors qu'ils sont unis dans les autres états de la MATIÈRE tels que le GAZ, le LIQUIDE et le SOLIDE.

B. La torche est une BUSE dans laquelle circule un flux GAZEUX soumis à l'effet d'un ARC ÉLECTRIQUE produit entre une électrode négative et le métal à découper qui sert d'électrode positive. Le GAZ est ionisé et devient un plasma projeté à très haute TEMPÉRATURE (~20 000°C) et à haute VITESSE sur le MÉTAL, ce qui entraîne une FUSION locale créant la DÉCOUPE. Ainsi, la découpe plasma ne peut être applicable que sur les MATÉRIAUX bon conducteurs d'électricité, c'est à dire les MÉTAUX. Le GAZ utilisé est généralement de l'AIR COMPRIMÉ, de l'OXYGÈNE, de l'AZOTE ou de l'ARGON.

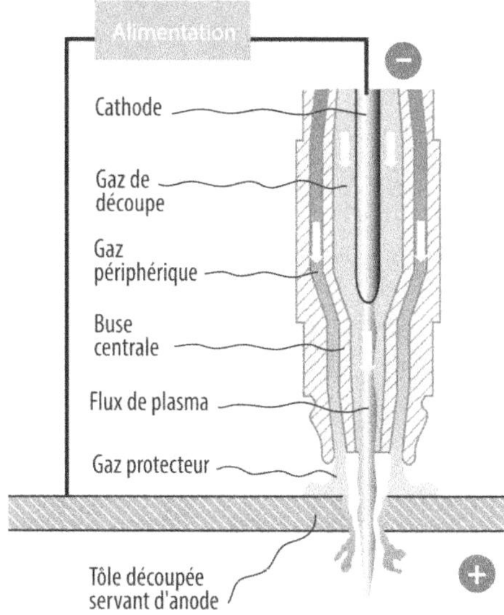

C. Les TORCHES de découpe plasma peuvent être mises en œuvre sous forme d'UNITÉ (sens 3) manuelle transportable appelée (DÉCOUPE PLASMA), POSTE DE DÉCOUPE ou sous forme d'UNITÉ (sens 3) automatisée robotisée montée sur une TABLE.
• TORCHE manuelle d'un APPAREIL transportable.

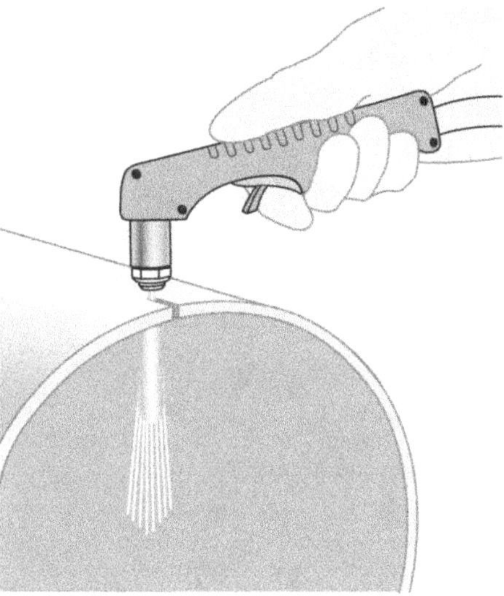

→ Voir aussi (DÉCOUPE PLASMA), POSTE DE DÉCOUPE PLASMA ; TORCHE PLASMA.

• TORCHE associée à une TABLE robotisée.

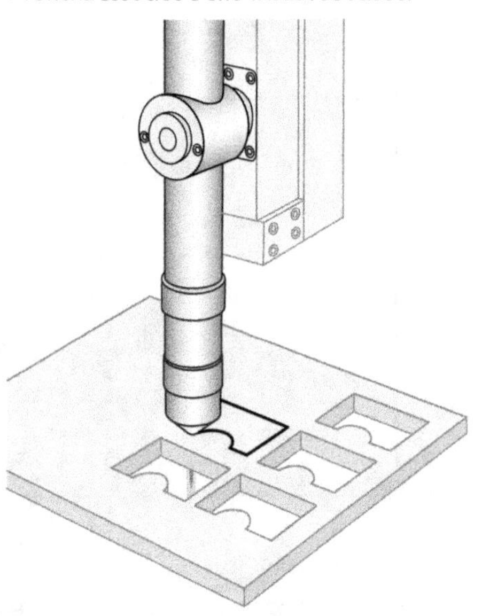

D. TOLÉRANCE DIMENSIONNELLE (IT) :

Très précis	Précis	Moyen	Grossier	Très Grossier
1 2 3 4 5	6 7 8 9	10 11 12	13 14 15	16 17 18
			Plasma	
10 ± 0,002	10 ± 0,01	10 ± 0,05	10 ± 0,2	10 ± 1
100 ± 0,005	100 ± 0,02	100 ± 0,1	100 ± 0,4	100 ± 2

E. ÉTAT DE SURFACE, RUGOSITÉ Ra (µm) :

0,012	0,025	0,05	0,1	0,2	0,4	0,8	1	1,6	3,2	6,3	10	12	25	50	100	200
										Plasma						

* Symbole ne faisant plus partie des normes

F. Coût OUTILLAGE (sens 2) (hors coût MACHINE) :

Aucun	Faible	Moyen	Élevé	Très élevé
Plasma *				

* Coût du gaz nécessaire.

G. SÉRIE DE PIÈCES économique :

Proto	Unitaire	Petite	Moyenne	Grande	Très Grande
1	10	100	1 000	10 000	100 000
Découpe plasma					

(n.m.) APPAREIL portatif constitué d'une alimentation électrique et d'une TORCHE conçues pour projeter un jet de GAZ ionisé à très haute TEMPÉRATURE et à très haute VITESSE permettant de fondre localement et de découper du MÉTAL.

A. En plus d'une alimentation électrique produisant l'ARC ÉLECTRIQUE nécessaire à la production du plasma, le poste de découpe doit aussi être relié à une source de GAZ, généralement de l'AIR COMPRIMÉ, de l'OXYGÈNE, de l'AZOTE ou de l'ARGON.

B. À signaler que la torche est munie d'une cathode parcourue par une très haute tension provoquant l'amorçage du plasma pendant un court instant au début de la DÉCOUPE.

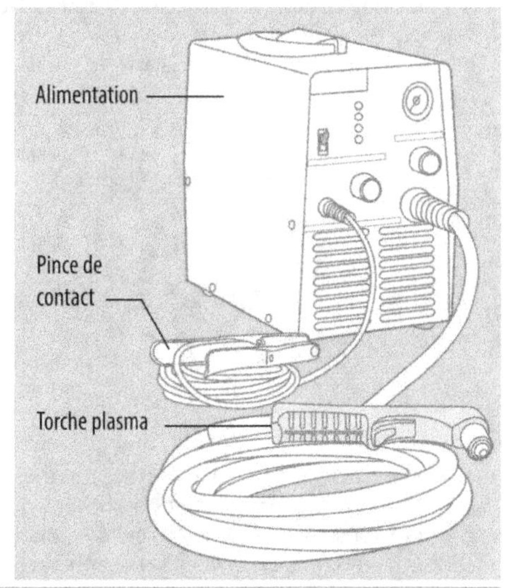

décrochement [step]

(n.m.) SURFACES | PARALLÈLES en retrait par rapport à deux autres.

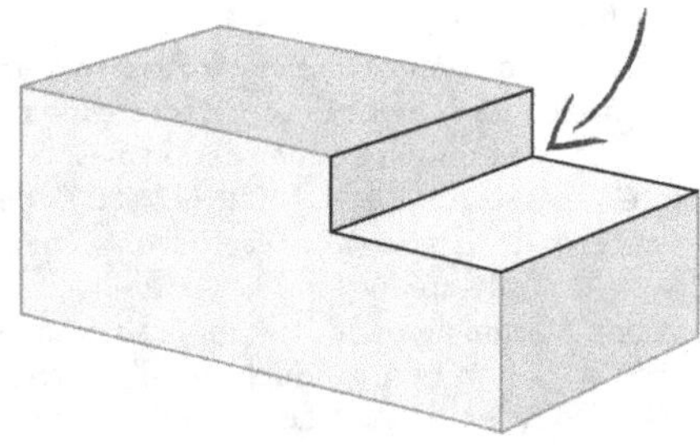

• Note : Ne pas confondre avec l'ÉPAULEMENT qui concerne une FORME DE RÉVOLUTION.
→ Voir à la rubrique PIED À COULISSE, la façon de mesurer un décrochement.

défaillance [failure]

(n.f.) Incapacité à assurer les fonctionnalités requises.

L'analyse des causes d'une défaillance peut être effectuée à l'aide d'un diagramme « cause-effet » ou diagramme en « arête de poisson [fishbone diagram] » mis au point par Ishikawa.

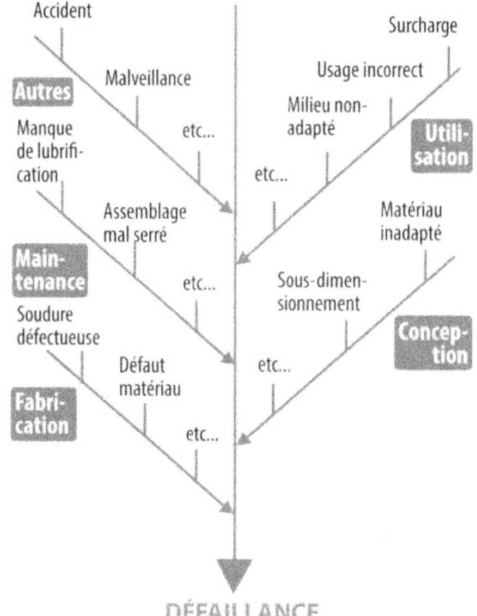

défaut [defect]

(n.m.)
1. NON-CONFORMITÉ par rapport à ce qui a été défini et considéré comme correct.
→ Voir DÉFAUT GÉOMÉTRIQUE.
2. Imperfection ou irrégularité d'une STRUCTURE CRISTALLINE censée être rigoureusement répétitive.
→ Voir DÉFAUT CRISTALLIN.

défaut cristallin [crystal defect]

(n.m.) Imperfections, irrégularités, accident dans la répétitivité de la STRUCTURE CRISTALLINE d'un MATÉRIAU à l'état SOLIDE.
• Note : La considération des défauts cristallins est d'une grande importante en SCIENCE DES MATÉRIAUX car d'eux dépendent en grande partie les PROPRIÉTÉS de la MATIÈRE solide.
→ Voir STRUCTURE CRISTALLINE.

défaut géométrique [geometric defect]

(n.m.) NON-CONFORMITÉ ou écart d'une FORME par rapport à ce qui est défini en théorie.
Ex. : *Défauts géométriques rencontrés sur un PROFILÉ LAMINÉ À CHAUD en ACIER.*

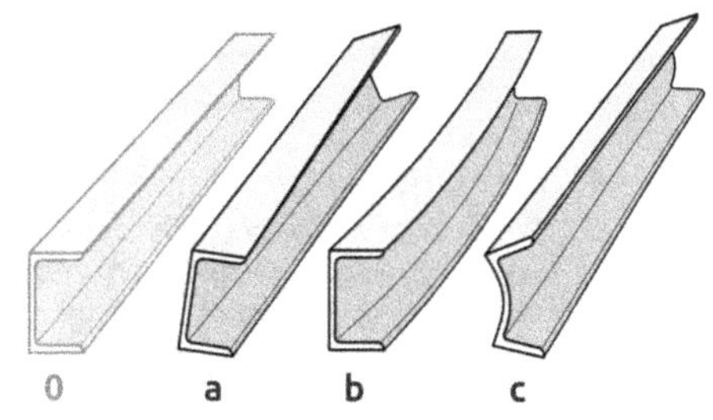

→ **Voir aussi** GAUCHISSEMENT.

défauthèque [defective sample collection]

(n.m.) Collection de REBUTS rassemblés à un endroit en vue de leur étude et observation afin de les éviter dans le futur et améliorer ainsi la QUALITÉ.

défectueux [out of order, defective, faulty]

(adj.) Qui n'a pas les qualités requises. Qui contient des DÉFAUTS (sens 1) ou imperfections.

défectuosité [defect]

(n.f.) Même signification que DÉFAUT.

défonçeuse [wood router]

(n.f.) OUTILLAGE ÉLECTROPORTATIF pour le travail du BOIS.
Elle est constituée d'un moteur ÉLECTROBROCHE verticale faisant tourner une FRAISE DE FORME et d'une semelle HORIZONTALE pour la déplacer manuellement sur la SURFACE à travailler. L'électrobroche peut coulisser verticalement de telle sorte que la FRAISE puisse rentrer plus ou moins dans la MATIÈRE à usiner.

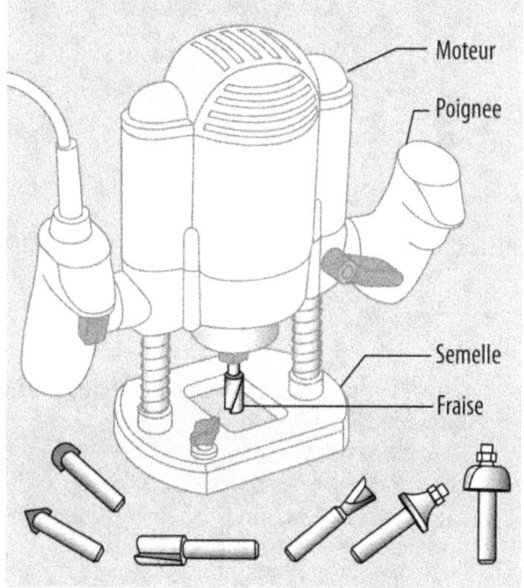

déformabilité [deformability]

(n.f.) Capacité d'un objet SOLIDE à accepter facilement une modification d'apparence géométrique.

◊ Contr. : RIGIDITÉ ; INDÉFORMABILITÉ.

• Note : Ne pas confondre avec la FORMABILITÉ qui est aussi la capacité à accepter un changement de GÉOMÉTRIE (sens 2), mais de façon définitive, notamment par une TECHNIQUE de MISE EN FORME.

déformable [deformable]

(adj.) Qui est susceptible de changer d'apparence géométrique.

⟶ Voir INDÉFORMABLE pour l'illustration et la comparaison avec le contraire.

déformation

(n.f.)

1. [strain] PHÉNOMÈNE de changement de GÉOMÉTRIE (sens 2) due à une CONTRAINTE MÉCANIQUE.

A. Lorsqu'un MATÉRIAU subit, par exemple, une TRACTION, le résultat est un ALLONGEMENT. Lorsque la CONTRAINTE (sens 3) est de TORSION (sens 2), le résultat est une TORSION (sens 1). Lorsque le MATÉRIAU est fléchi, le résultat est une FLEXION, etc.

B. Ci-dessous une synthèse de tous les types de déformation existants. La FLEXION n'est rien d'autre que la conjugaison simultanée des déformations d'ALLONGEMENT, de COMPRESSION et de CISAILLEMENT.

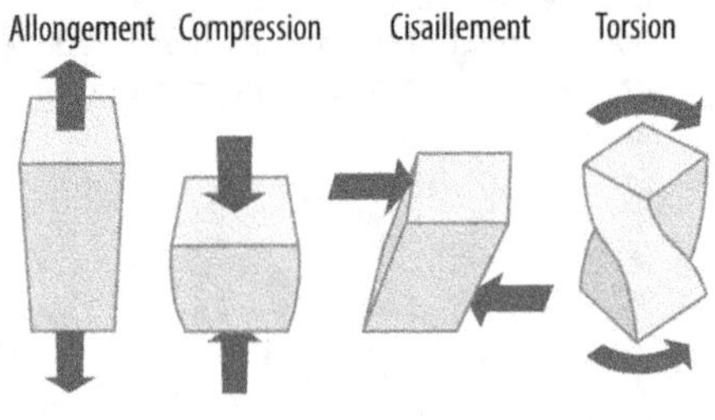

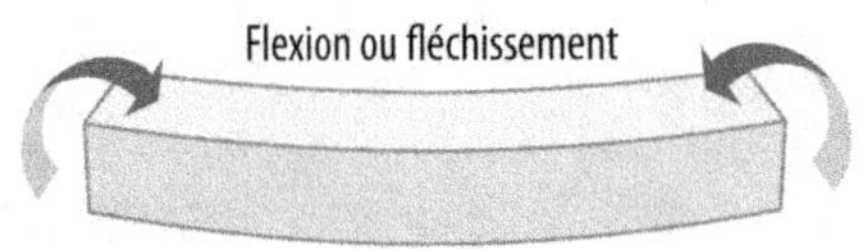

C. Les déformations peuvent être classées en deux types distincts :
• la DÉFORMATION ÉLASTIQUE.
• la DÉFORMATION PLASTIQUE.

2. [deformation] Action produisant une modification de GÉOMÉTRIE (sens 2).

déformation à chaud [hot deformation]

(n.f.) Résultat de la modification ou OPÉRATION de modification de la GÉOMÉTRIE (sens 2) d'un MATÉRIAU après avoir été préalablement porté à une TEMPÉRATURE sensiblement supérieure à la TEMPÉRATURE AMBIANTE. Elle permet généralement de réduire l'effort nécessaire.

⟶ Voir (CHAUD), À CHAUD.

déformation à froid [cold deformation]

(n.f.) Résultat de la modification ou OPÉRATION de la modification de la géométrie d'un MATÉRIAU à TEMPÉRATURE AMBIANTE. D'une façon générale, la déformation à froid demande plus d'énergie.

⟶ Voir (FROID), À FROID.

déformation élastique [elastic deformation]

(n.f.) Changement temporaire de FORME et de DIMENSION d'un MATÉRIAU sous l'effet d'une FORCE et qui disparaît lorsque la FORCE n'est plus appliquée. Pour la plupart des MATÉRIAUX, la déformation élastique n'excède pas 1 ou 2 pour 1000 (0,1 à 0,2 %) à l'exception notable du CAOUTCHOUC et des ÉLASTOMÈRES qui, en général, peuvent facilement au moins doubler de longueur (100 % d'ALLONGEMENT).

⟶ Voir ÉLASTICITÉ.

déformation permanente [permanent deformation]

(n.f.) Changement définitif de la GÉOMÉTRIE (sens 2) d'une PIÈCE (sens 1) ou d'un ensemble de PIÈCES à cause de SOLLICITATIONS MÉCANIQUES trop fortes dépassant la LIMITE D'ÉLASTICITÉ.

déformation plastique [plastic deformation]

(n.f.) Modification irréversible de la GÉOMÉTRIE (sens 2) d'une PIÈCE (sens 1) par l'application d'une SOLLICITATION MÉCANIQUE suffisamment forte de sorte qu'il n'y ait plus possibilité de revenir à la FORME initiale.

⟶ Voir aussi PLASTICITÉ.

déformation temporaire [elastic deformation]

(n.f.) Même signification que DÉFORMATION ÉLASTIQUE.

déformée [deflection curve]

(n.f.) Représentation graphique de la modification de GÉOMÉTRIE (sens 2) d'une PIÈCE (sens 1) résultant de l'application de SOLLICITATIONS MÉCANIQUES.

Souvent, la représentation de la modification est exagérée par rapport à la réalité pour être bien visible.

Ex. 1 : *Déformée d'un bâti de presse à injecter.*

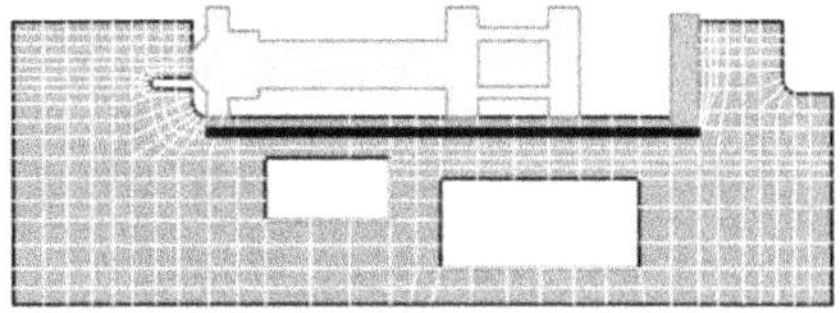

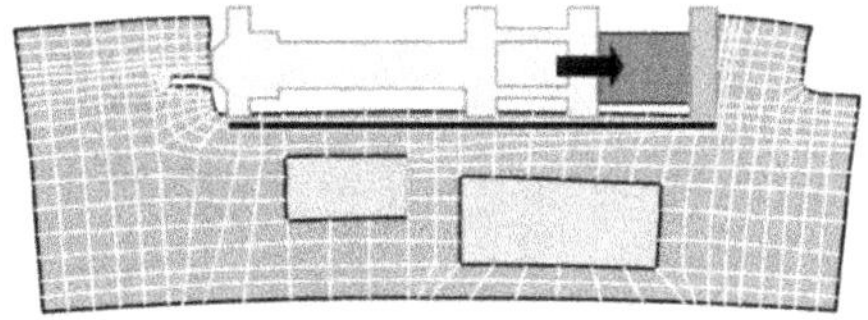

Ex. 2 : *Déformée de la structure d'une table.*

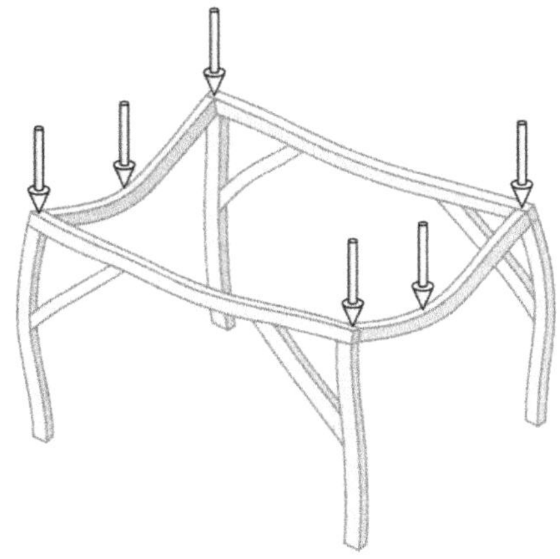

→ Voir également (ÉLÉMENT FINIS), CALCUL PAR ÉLÉMENTS FINIS.

dégagement [relief]

(n.m.) Espace pour éviter le CONTACT de deux PIÈCES (sens 1) suivant une ligne.
Ex. : *Dégagement sur une* GLISSIÈRE *en* QUEUE D'ARONDE.

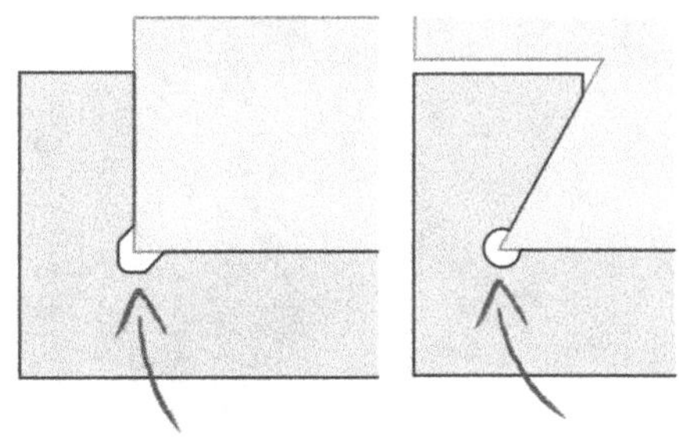

dégazage [degassing process]

(n.m.) TRAITEMENT de chauffage d'un MÉTAL dans une ATMOSPHÈRE CONTRÔLÉE pour minimiser le risque de FRAGILISATION PAR L'HYDROGÈNE. En FONDERIE d'ALUMINIUM, le dégazage consiste à faire barboter de l'AZOTE dans le MÉTAL liquide afin de réduire la quantité de diHYDROGÈNE en solution.

dégraissage [degreasing]

(n.m.) OPÉRATION d'enlèvement des CORPS gras sur une SURFACE.
Le dégraissage est obligatoire avant les OPÉRATIONS de PEINTURE, de COLLAGE, de TRAITEMENT DE SURFACE, de GALVANISATION, etc. car pouvant compromettre la qualité du résultat. Elle est effectuée avec des produits chimiques et solvants spécifiques appelés DÉGRAISSANTS.

dégraissant [degreaser]

(n.m.) SUBSTANCE liquide pour enlever les CORPS gras (HUILE et GRAISSE) de la SURFACE d'une PIÈCE (sens 1).
• Note : Ne pas confondre avec le DÉGRIPPANT.

degré [degree]

(n.m.) UNITÉ (sens 1) de MESURE (sens 1) de l'ANGLE PLAN.
A. Elle est symbolisée par un petit rond placé en exposant (°).
Ex. : *L'angle droit mesure 90°.*
B. À remarquer que le degré n'est pas l'UNITÉ (sens 1) d'ANGLE PLAN officielle du (UNITÉ), SYSTÈME INTERNATIONAL D'UNITÉS. L'UNITÉ (sens 1) officielle est le RADIAN (rad) avec la correspondance suivante :

$$\pi \text{ rad} = 180°$$

Le choix du nombre 180 est justifié par le fait qu'il possède trois diviseurs de plus que le nombre 100 ou 200, par exemple, a priori plus logique !
C. Ne pas confondre avec l'UNITÉ (sens 1) de MESURE (sens 1) de la TEMPÉRATURE qui est aussi le degré mais doit être suivi d'une lettre indiquant l'ÉCHELLE (sens 4) utilisée qui peut être le Celsius (C) ou le Farenheit (F).

degré Celsius [Celsius degree]

(n.m.) UNITÉ (sens 1) de TEMPÉRATURE dont le zéro correspond à la SOLIDIFICATION de l'eau à la PRESSION atmosphérique normale.

degré de liberté [degree of freedom]

(n.m.) Possibilités de MOUVEMENT DE TRANSLATION ou ROTATION d'un objet dans l'espace. La liberté de MOUVEMENT total d'un objet peut être ramenée à trois MOUVEMENTS DE TRANSLATION suivants trois AXES (sens 1) principaux et trois MOUVEMENTS DE ROTATION autour de ces AXES (sens 1).

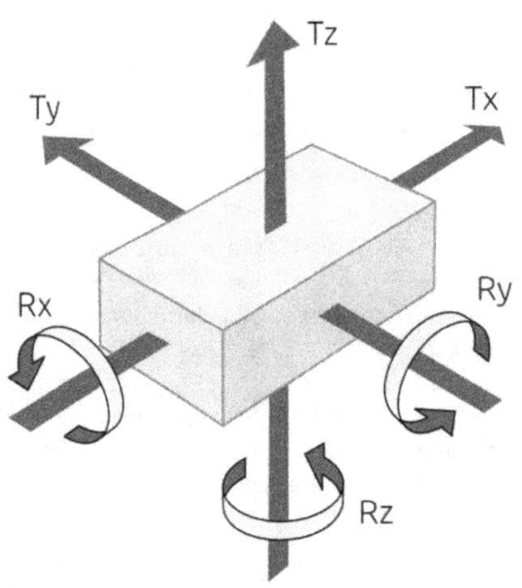

dégrippage [unseizing]

(n.m.) OPÉRATION de séparation de PIÈCES (sens 1) rendues solidaires par un PHÉNOMÈNE de MICROSOUDURE non-desirée appelé GRIPPAGE.
Le dégrippage peut être facilité par l'utilisation d'une SUBSTANCE liquide appelée DÉGRIPPANT.

dégrippant [anti seize]

(n.m.) SUBSTANCE liquide souvent huileuse facilitant la séparation de PIÈCES (sens 1) s'accrochant l'une à l'autre par des PHÉNOMÈNES de MICROSOUDURE appelée GRIPPAGE.
• Note : Ne pas confondre avec le DÉGRAISSANT.

dégrossissage [roughing]

(n.m.) Voir la définition à la rubrique ÉBAUCHAGE, car même signification.

délaminage [delamination]

(n.m.) Séparation d'un REVÊTEMENT du SUBSTRAT sur lequel il a été déposé ou décollement de COUCHES de MATÉRIAU, en principe, solidaires.
Ex. : *Délaminage d'une plaque de (COMPOSITE), MATÉRIAU COMPOSITE :*

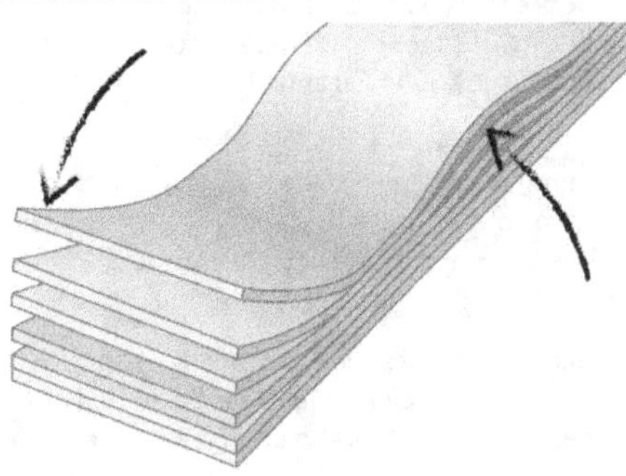

démagnétisation [demagnetizing]

(n.f.) PHÉNOMÈNE de disparition des PROPRIÉTÉS magnétiques.

demi-coupe [half section]

(n.f.) COUPE (sens 2) appliquée à la moitié seulement d'une PIÈCE (sens 1) | SYMÉTRIQUE, l'autre moitié étant représentée normalement.
A. La demi-coupe permet de voir sur la même VUE l'intérieur et l'extérieur d'une PIÈCE (sens 1).

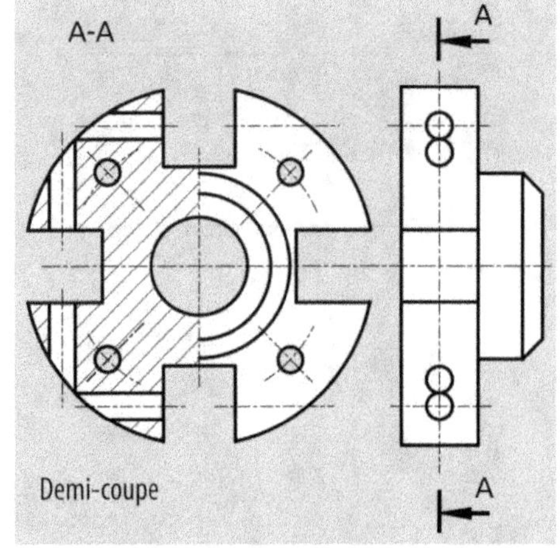

B. Ne pas confondre avec une DEMI-VUE ni avec la COUPE PARTIELLE.
→ Voir aussi VIS À BILLE.

demi-finition [semi-finishing]

(n.f.) L'avant-dernière OPÉRATION dans la FABRICATION d'une PIÈCE (sens 1).
A. Dans le cas de l'USINAGE, c'est l'avant-dernière PASSE avant la mise à DIMENSION finale.

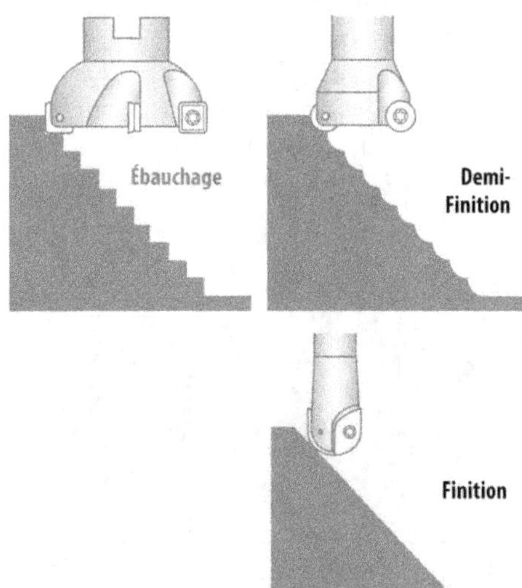

La demi-finition est réalisée avec une PROFON-
DEUR DE PASSE suffisamment faible pour ne pas
engendrer trop de DÉFORMATIONS ni de VIBRA-
TIONS pouvant compromettre la PRÉCISION et
l'ÉTAT DE SURFACE.

B. Le diagramme ci-dessous situe la demi-finition en termes de PRÉCISION dimensionnelle et
d'ÉTAT DE SURFACE :

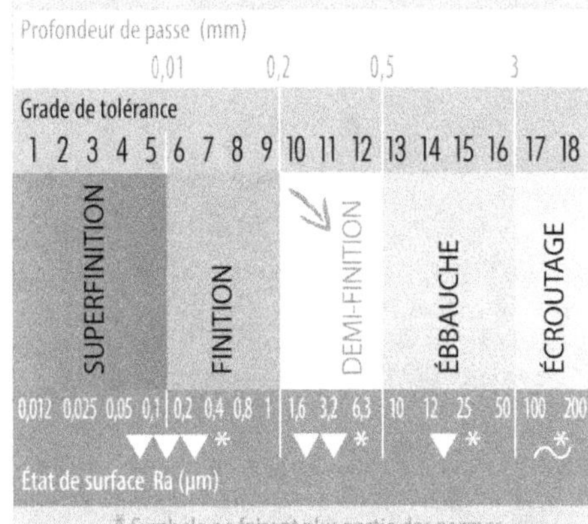

demi-produit [semi-finished product]

(n.m.) PRODUIT INTERMÉDIAIRE de TRANSFORMA-
TION (sens 3) utilisé comme point de départ pour
la FABRICATION d'un PRODUIT FINI.

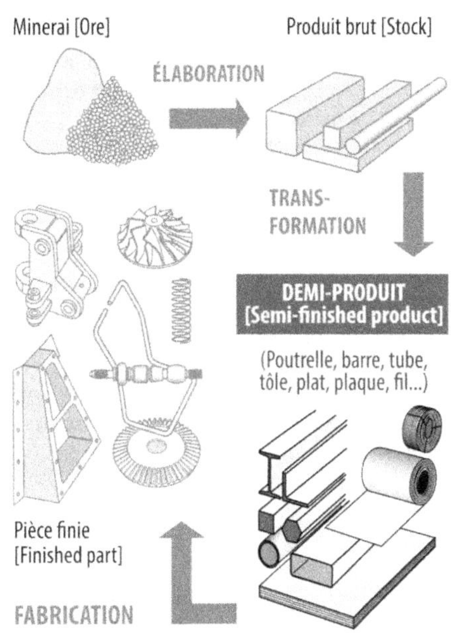

A. Quelques exemples de demi-produits.
• TUBES ou PROFILÉS CREUX.

Photo : Kianlin

• PROFILÉS PLEINS, les PLAQUES, les TÔLES, les
FILS, etc.

B. Ne pas confondre avec le PRODUIT BRUT aux
FORMES et à la composition souvent encore
GROSSIÈRES et qui est directement issu de l'ÉLA-
BORATION.

demi-vue [half view]

(n.f.) Représentation en DESSIN TECHNIQUE dans
laquelle seule la moitié des objets est montrée
par souci de gain de place, l'autre pouvant être
facilement reconstituée par SYMÉTRIE.

A. La demi-vue est signifiée par des petits traits
PARALLÈLES | PERPENDICULAIRES à l'AXE DE SYMÉTRIE.

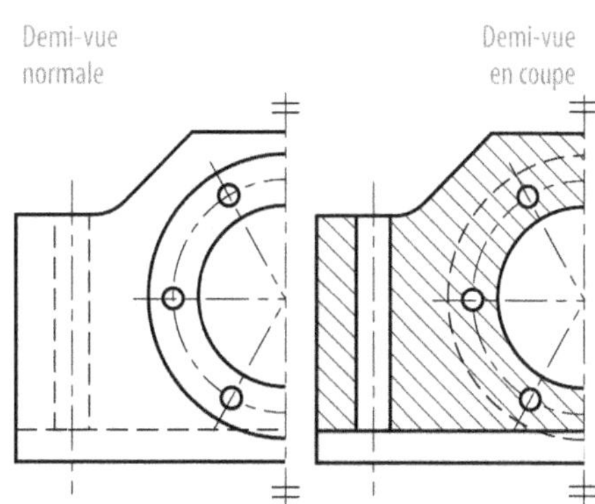

B. Ne pas confondre la demi-vue en coupe avec
la DEMI-COUPE qui est une vue complète à moitié
coupée.

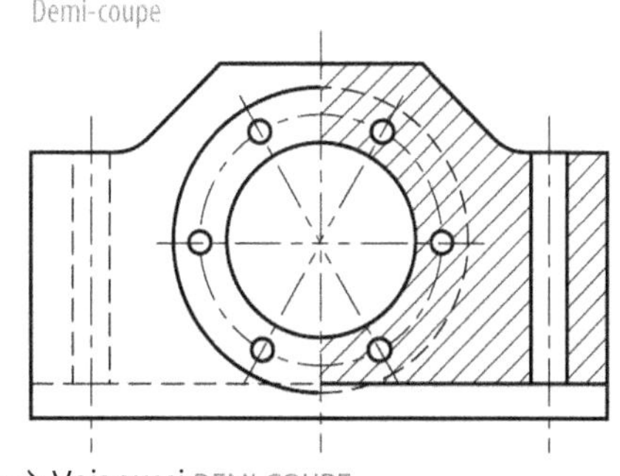

→ Voir aussi DEMI-COUPE.

démontabilité [demountability]

(n.f.) Attribut de ce qui peut être être mis en PIÈCES DÉTACHÉES ou retiré de l'ensemble auquel il appartient sans rien abîmer.

démontable [dismountable]

(adj.) Dont on peut séparer tous les COMPOSANTS sans les abîmer.
• Note : Ne pas confondre avec AMOVIBLE.
◊ Contr. : NON-DÉMONTABLE.
→ Voir, par exemple, ASSEMBLAGE DÉMONTABLE.
→ Voir aussi FIXATION.

démontage [dismantling]

(n.m.) Séparation d'un ou de plusieurs COMPOSANTS d'un SYSTÈME ou d'un ASSEMBLAGE (sens 2), sans les abîmer.

démoulage [unmoulding (GB); unmolding (US)]

(n.m.) Action d'extraire une PIÈCE (sens 1) hors de la cavité d'un MOULE dans laquelle elle vient de se former et de se solidifier.
Ex. : *Démoulage d'une* PIÈCE *(sens 1) injectée en plastique à l'aide d'*ÉJECTEURS *après ouverture du moule.*

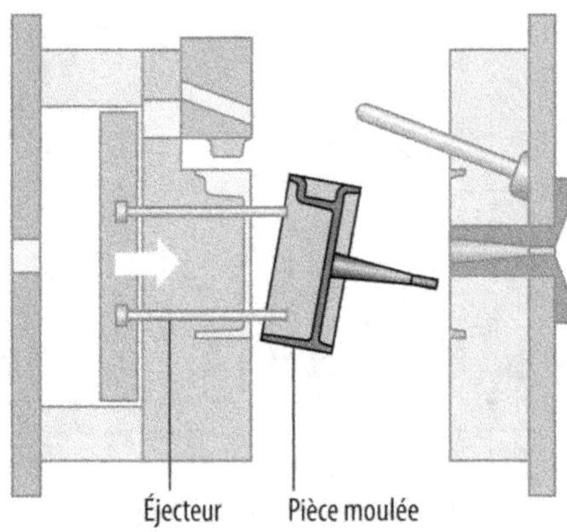

A. Cette étape fait suite au MOULAGE proprement dit, c'est à dire l'introduction et la SOLIDIFICATION de la MATIÈRE dans le moule fermé.

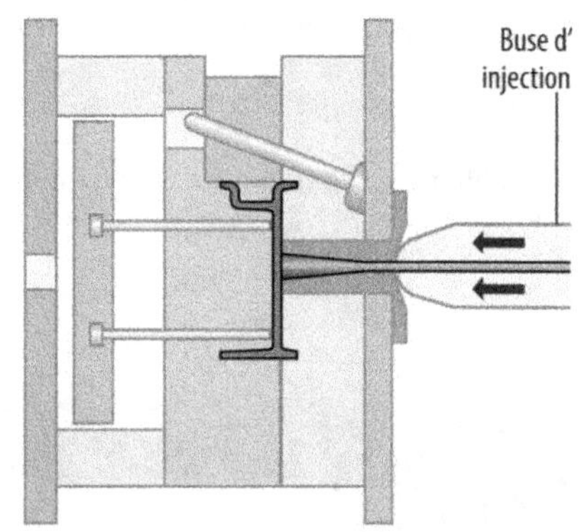

B. En FONDERIE (sens 1) sable (avec destruction de MOULE), l'OPÉRATION d'ouverture du MOULE et d'extraction de la (ou des) PIÈCES (sens 1) est appelée DÉCOCHAGE.

dense

(adj.)
1. [compact] Qui est COMPACT en parlant de la structure d'un MATÉRIAU.
◊ Contr. : CELLULAIRE, EXPANSÉ.
2. [dense] Qui est de MASSE VOLUMIQUE élevée.
◊ Contr. : LÉGER.

densité

(n.f.)
1. [relative density (GB); specific gravity (US)]
Nombre sans DIMENSION (sens 2) rapport de la MASSE (sens 2) d'une SUBSTANCE comparée à une autre de même VOLUME.
A. La densité sert notamment à savoir si une SUBSTANCE flotte lorsqu'il est immergé dans une autre. La SUBSTANCE utilisée pour la comparaison peut être un LIQUIDE ou un GAZ. En absence de toute indication, il s'agit de l'eau dont la MASSE VOLUMIQUE est égale à 1 kg/dm^3 ou 1 g/cm^3. Ainsi, toutes les SUBSTANCES dont la densité est inférieure à 1 flotte dans l'eau. À l'inverse, toutes les substances, de densité supérieure à 1 coule.
B. Ci-dessous quelques valeurs de densité par rapport à l'eau.

Platine	21,45
Or	19,3
Tungstène	19,3
acier	7,8
aluminium	2,7
Plastique PVC	1,4
Eau	1
plastique Pe	0,95
plastique PP	0,90
Glace	0,9
Liège	0,15

2. [density] Quantité de chose par UNITÉ (sens 1) de SURFACE ou de VOLUME.
Ex. : *Densité de* DISLOCATIONS *; densité de population en habitants/km²*.

dent [tooth]

(n.f.) Une des FORMES proéminentes et pointues parmi plusieurs autres adjacentes.
⟶ Voir, par exemple, ENGRENAGE ; CRÉMAILLÈRE ; LAME DE SCIE.

dent de scie [sawtooth waveform]

(n.f.) Une des FORMES pointues successive sur une bande métallique ou un DISQUE de DÉCOUPE.

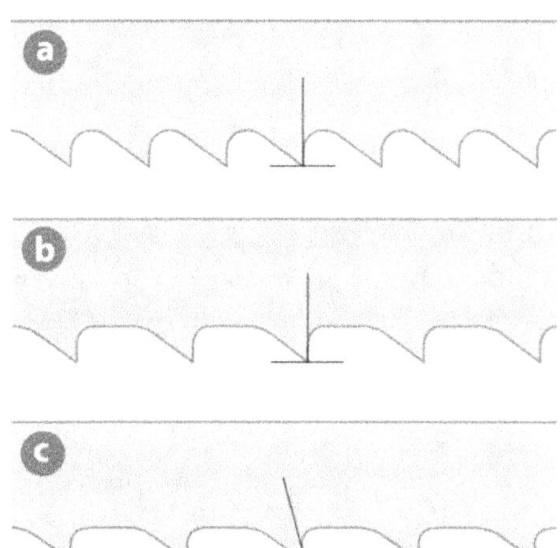

(dent de scie), en dent de scie [serrated]

(Locution). En FORME de plusieurs pointes disposées successivement.

dentelure [serration]

(n.f.) Fines proéminences augmentant le pouvoir d'accrochage ou petites CANNELURES destinées au POSITIONNEMENT | ANGULAIRE sans pouvoir transmettre beaucoup d'EFFORT.
Ex. 1 : *Dentelure de rondelles.*

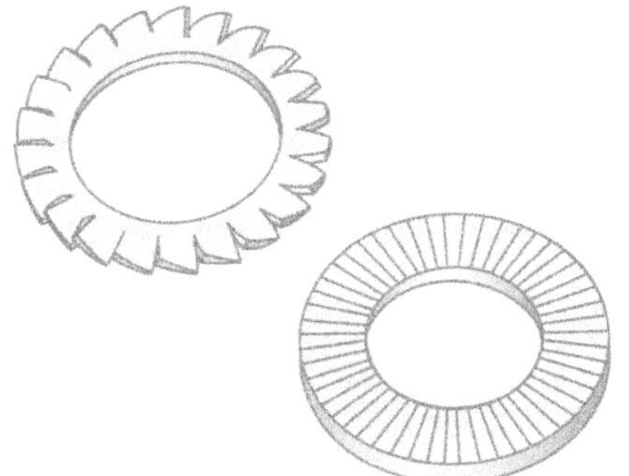

Ex. 2 : *Dentelure d'un axe.*

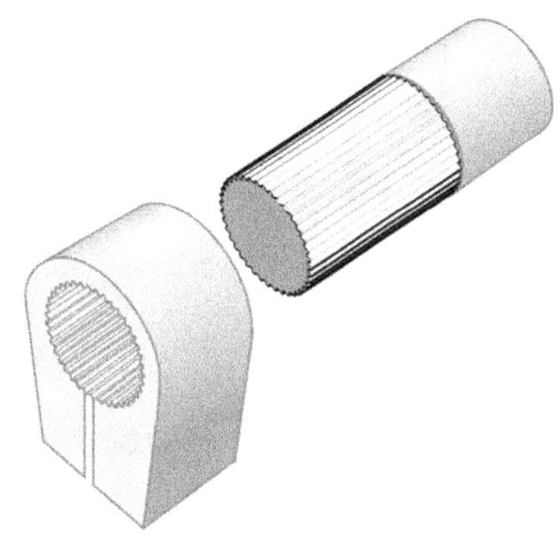

Ex. 3 : *Dentelure d'une plaque.*

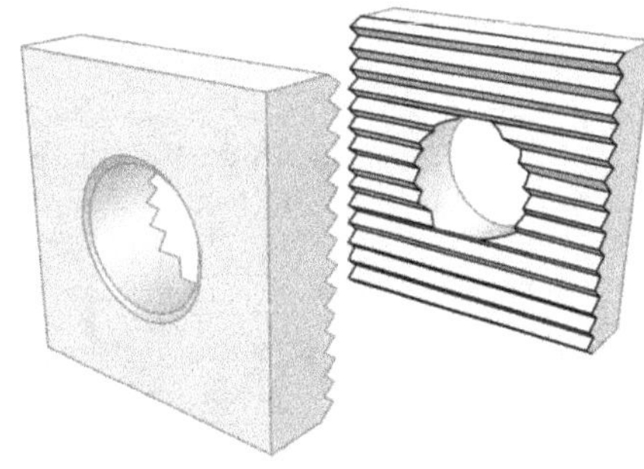

• Note : Ne pas confondre avec la DENTURE.

denture [teeth]

(n.f.) L'ensemble constitué par plusieurs DENTS adjacentes.
⟶ Voir, par exemple, ROUE DENTÉE.

dépannage [troubleshooting]

(n.m.) OPÉRATION de remise en état provisoire d'un SYSTÈME défectueux en attendant une vraie RÉPARATION.
⟶ Voir aussi MAINTENANCE PALLIATIVE.

déplacement [displacement]

(n.m.)
1. Changement de l'endroit où se trouve un objet.
2. Action de changer l'endroit où se trouve un objet.
3. DÉFORMATION subie par une pièce sous l'effet d'une SOLLICITATION MÉCANIQUE.

dépolissage [dull rubbing]

(n.m.) OPÉRATION augmentant la RUGOSITÉ d'une SURFACE pour la rendre moins lisse et moins brillante. Le dépolissage est souvent réalisé par SABLAGE.

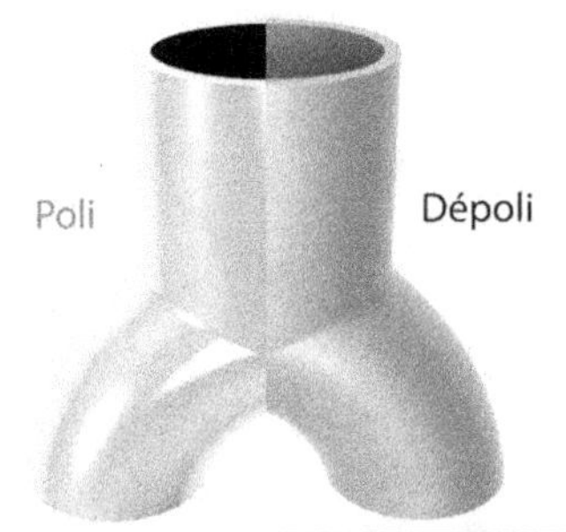

dépôt

(n.m.)

1. [layer deposition] Action de placer une ÉPAISSEUR de MATIÈRE sur un SUBSTRAT.

2. [layer] Fine COUCHE de MATIÈRE placée en recouvrement d'une SURFACE.

◆ Syn. : REVÊTEMENT (sens 1).

dépôt de fil fondu [fused deposition modelling: FDM]

(n.m.) PROCÉDÉ d'IMPRESSION 3D dans lequel une MATIÈRE sous forme de FIL est déroulée à partir d'une bobine puis ramollie par une BUSE chauffante pour être déposée sur un plateau qui bouge en reproduisant COUCHE par COUCHE le dessin d'un MODÈLE (sens 2) CAO jusqu'à obtenir l'objet correspondant.

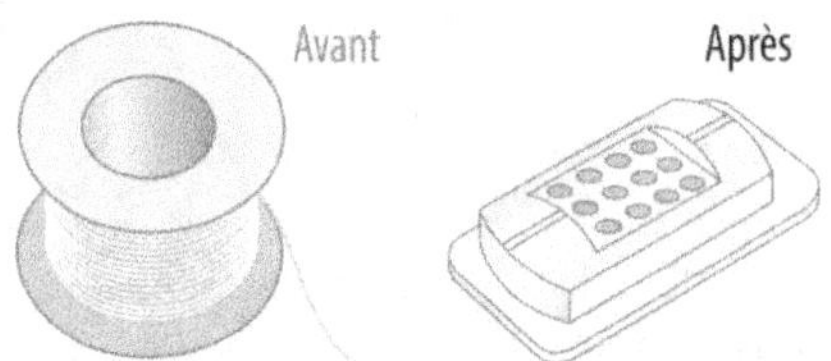

A. Le PROCÉDÉ peut-être schématisé comme ci-dessous :

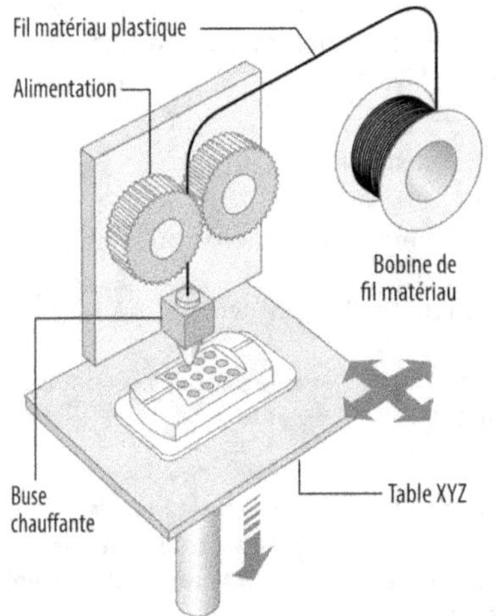

Une TABLE XY fournit le MOUVEMENT de balayage permettant de générer chaque COUCHE de la PIÈCE (sens 1). La table est aussi pourvue d'un mouvement d'abaissement pour commencer la couche suivante et ainsi de suite.

B. Un large éventail de MATIÈRES est utilisable : ABS, PC, PET, PS, ASA, PVA, NYLON, ULTEM™ et de nombreux filaments en (COMPOSITES), MATIÈRES COMPOSITES.

👍 Avantages

C. MACHINES abordables. Faible coût général. Rapidité intéressante dans le cas des pièces de petites dimensions. TECHNOLOGIE (sens 2) relativement simple et accessible au grand public. Fonctionne avec des MATIÈRES | STANDARD (sens 2). Permet des FABRICATIONS multi-MATIÈRES. Permet la couleur. Bonnes PROPRIÉTÉS MÉCANIQUES.

👎 Inconvénients

D. Difficultés de gestion des DÉFORMATIONS des pièces pendant l'IMPRESSION 3D. Nécessite de prévoir des SUPPORTS pour soutenir les PIÈCES (sens 1) en PORTE-À-FAUX. ANISOTROPIE des PROPRIÉTÉS MÉCANIQUES, plus faible suivant l'AXE (sens 1) z. Ne permet pas des détails fins, ni des parois trop minces. Nécessite une dernière étape de FINITION (post-TRAITEMENT).

E. Exemple :

Photo : Mari1408

→ Voir aussi IMPRIMANTE 3D.

dépôt électrolytique [electroplating]

(n.m.)

1. Couche fine de MATIÈRE placée en recouvrement d'une SURFACE par une réaction d'électrolyse c'est à dire d'une RÉACTION CHIMIQUE assistée par un courant électrique.

2. Action de mettre une COUCHE de MATIÈRE en recouvrement d'une SURFACE par une RÉACTION CHIMIQUE mettant en œuvre du courant électrique.

◆ Syn. : GALVANOPLASTIE ; ÉLECTRODÉPOSITION ; REVÊTEMENT ÉLECTROCHIMIQUE.

dépouille [draft]

(n.f.) Légère obliquité d'une SURFACE pour permettre le DÉMOULAGE d'une PIÈCE (sens 1) ou pour empêcher le FROTTEMENT d'une face d'un OUTIL DE COUPE.

Ex. : *Dépouille d'une* PIÈCE *de fonderie.*

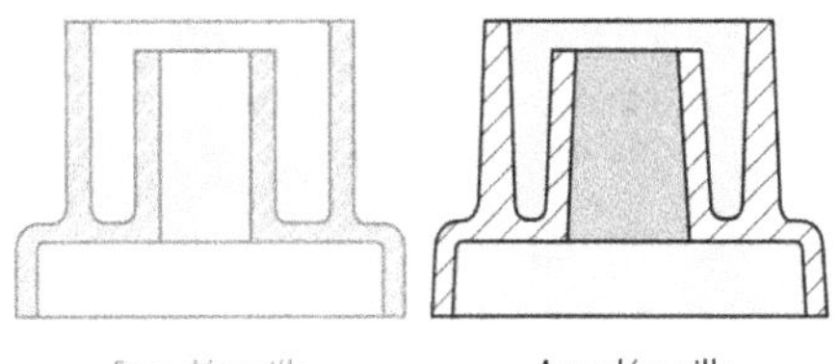

• Note : Lorsque l'obliquité est en sens contraire du DÉMOULAGE, il s'agit de CONTRE-DÉPOUILLE.
⟶ Voir aussi ANGLE DE DÉPOUILLE.

déréglage [missetting, decalibration]

(n.m.) Anomalie troublant le parfait fonctionnement d'un SYSTÈME ou d'un MÉCANISME et diminuant son RENDEMENT ou efficacité sans toutefois l'immobiliser à la PANNE (sens 1).

déréglé [out-of-adjustment]

(adj.) Qui n'est pas réglé de façon optimale, ce qui peut entraîner un manque d'EFFICACITÉ ou un mauvais RENDEMENT, sans toutefois immobiliser à la PANNE (sens 1).

dérochage [pickling]

(n.m.) PROCÉDÉ de TRAITEMENT DE SURFACE par DÉCAPAGE avec de l'acide, afin d'obtenir une légère RUGOSITÉ qui favorise l'accrochage d'une PEINTURE.

• Note : Ne pas confondre avec le DÉCALAMINAGE qui vise à enlever simplement la COUCHE d'OXYDE.

déroulage [uncoiling]

(n.m.) Déployage d'une BOBINE ou ROULEAU (sens 1) de TÔLE pour devenir une PLAQUE PLANE.

Les TÔLES sont plus faciles à transporter et à stocker lorsqu'elles sont enroulées, car l'ENCOMBREMENT est plus faible et les MASSES (sens 2) mieux réparties. Par ailleurs, elles sont souvent d'emblée sous cette forme par leur PROCÉDÉ de FABRICATION continue notamment par LAMINAGE. La phase de déroulage est donc indispensable au moment d'utiliser la TÔLE.

⟶ Voir aussi REFENDAGE qui est un déroulage et un PROCÉDÉ de coupe suivant la LONGUEUR ;

PLANAGE qui permet de faire disparaître les DÉFAUTS de PLANÉITÉ d'une TÔLE.

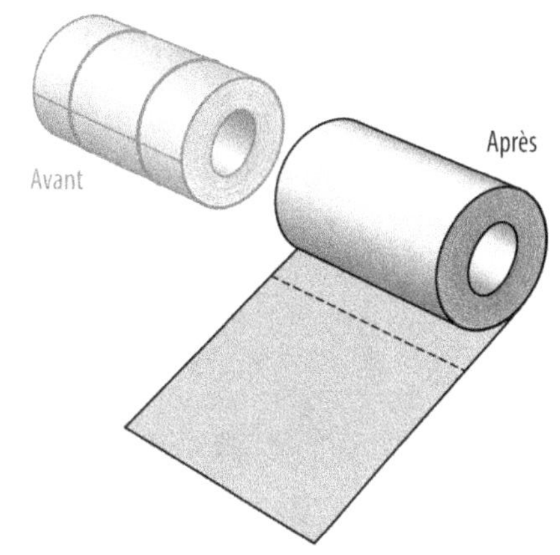

désalignement [misalignment]

(n.m.) DÉFAUT de coïncidence géométrique d'éléments qui auraient dû être dans le prolongement du même AXE (sens 1) ou du même PLAN (sens 1).

Ex. 1 : *Désalignement d'*ARBRES *de* MACHINES *tournantes qui doivent être couplées et qui nécessitent un* ORGANE *particulier appelé* JOINT *(sens 2). Ce joint peut être un* ACCOUPLEMENT SOUPLE *(dits élastiques) ou rigide (dits positifs).*

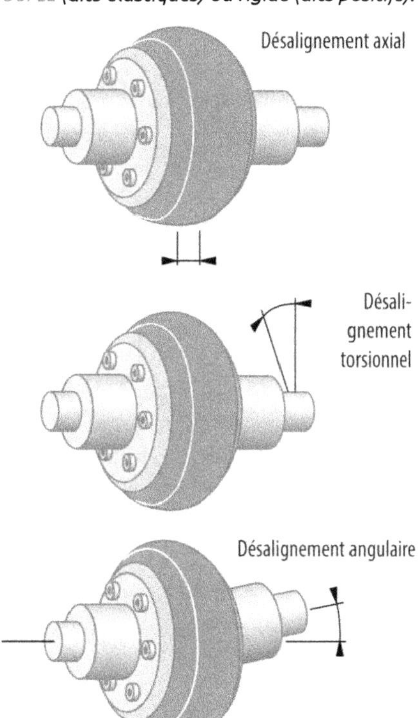

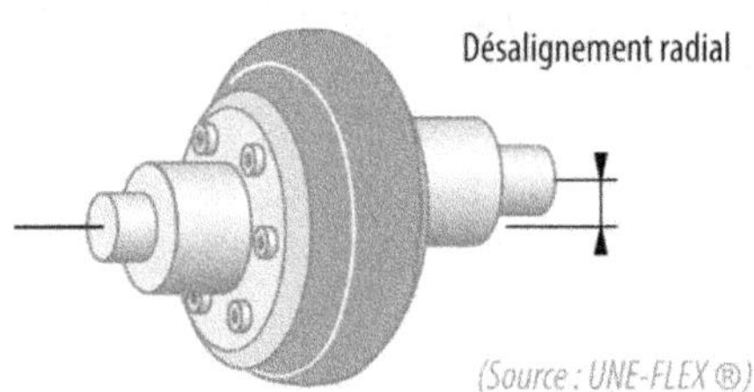

Ex. 2 : *Désalignement d'une* COURROIE *de* TRANSMISSION :

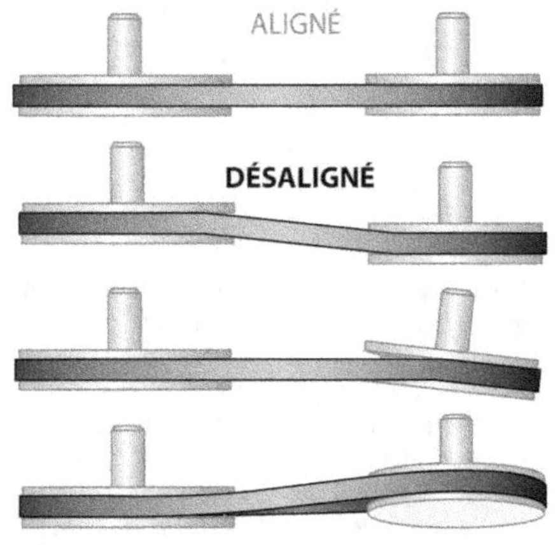

désaxé [offset]

(adj.) Qui devrait être PARALLÈLE ou COAXIAL mais qui est orienté dans une DIRECTION différente.

désignation [nomenclature, designation]

(n.f.) Appellation rigoureuse plus ou moins explicite permettant d'identifier un objet.
Une désignation peut contenir des noms et des caractères alphanumériques dont la signification est régie par une convention.
→ Voir, par exemple, (ACIER), DÉSIGNATION DES ACIERS.

désignation normalisée [standardized designation, standardized name]

(n.f.) Appellation codifiée par une convention pour être comprise de façon universelle.
Ex. 1 : *Désignation normalisée d'un acier.*

Ex. 2 : *Désignation normalisée d'une* VIS À TÊTE BOMBÉE HEXAGONALE CREUSE.

> ## Vis BHC M8 - 50 - 30 CL10.8 EZ

design, esthétique industrielle [styling]

(n.m., n.f.) Discipline de CONCEPTION d'objets pour l'INDUSTRIE dans laquelle la préoccupation n'est pas seulement de les rendre FONCTIONNELS mais aussi d'être agréables aux sens, en particulier à la vue.

A. Tout compte fait, le design consiste à considérer simultanément les aspects FONCTIONNEL et ERGONOMIQUE, ESTHÉTIQUES et la facilité d'INDUSTRIALISATION :

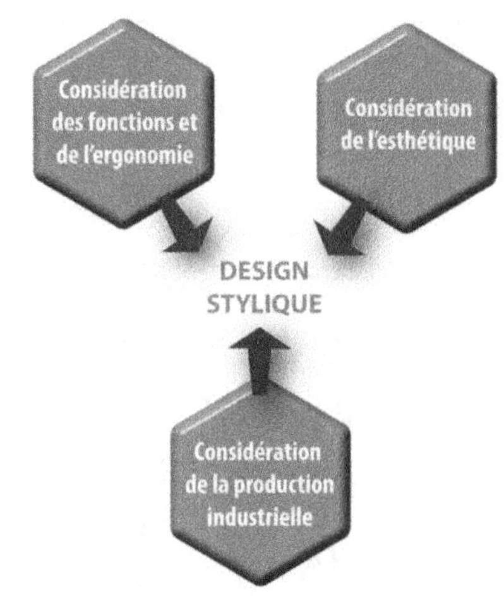

B. L'approche ESTHÉTIQUE du design consiste en une recherche et un choix sur les MATÉRIAUX et leurs TRAITEMENTS DE DÉCORATION, les FORMES, la taille et PROPORTION, les textures, les couleurs…
Ci-dessous, par exemple, l'œuvre du designer Ron Arad qui a créé une chaise confortable dénommé « Fantastic elastic chair ». Elle est facile à ranger et à empiler, d'une allure originale et peu banale, et fabricable facilement et rapidement. L'assise et le dossier sont en (PLASTIQUE), MATIÈRE PLASTIQUE, la STRUCTURE est en PROFILÉ ALUMINIUM.

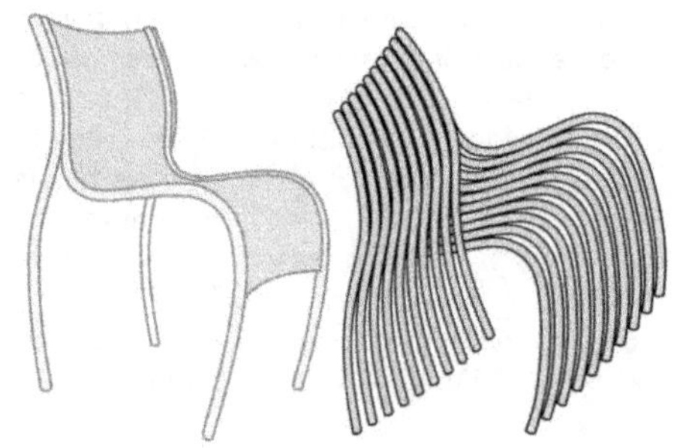

C. Le terme officiel français STYLIQUE possède la même signification que design mais est relativement peu employé !
→ **Voir aussi** STYLE.

designer [styler]

(n.m.) Personne possédant les connaissances et surtout le talent pour créer des objets remplissant simultanément les considérations ESTHÉTIQUES, ERGONOMIQUES et de conformité aux logiques d'INDUSTRIALISATION.
→ **Voir aussi** DESIGN, ESTHÉTIQUE INDUSTRIELLE.

désoxydation [deoxidation, deoxidizing]

(n.f.) Évacuation de l'OXYGÈNE dans du MÉTAL fondu.
→ **Voir, par exemple,** CALMAGE ; ACIER CALMÉ.

desserrage, desserrement [untightening, loosening]

(n.m.) Action ou fait de relâchement de ce qui a été préalablement serré.

dessin [drawing]

(n.m.)
1. Représentation graphique de FORME à l'aide de TRAITS et de COURBES tracés sur une SURFACE plane.
2. Discipline traitant de la représentation de FORME avec des LIGNES et des COURBES sur un PLAN (sens 1).

dessin à l'échelle [scaled drawing]

(n.m.) Représentation graphique de FORME, de POSITION et d'ASSEMBLAGE (sens 2) d'objets dans laquelle les PROPORTIONS sont rigoureusement respectées.
A. Le dessin à l'échelle nécessite des INSTRUMENTS DE DESSIN ou est exécuté avec un logiciel de DESSIN ASSISTÉ PAR ORDINATEUR (DAO). Il peut être à l'ÉCHELLE RÉELLE c'est à dire de la même taille que la réalité ou à une ÉCHELLE DE RÉDUCTION ou d'AGRANDISSEMENT.
B. Le dessin à l'échelle est une définition rigoureuse de ce qui est exprimé.
◊ Contr. : SCHÉMA qui ne respecte pas forcément les PROPORTIONS.

dessin à main levée [freehand sketch, freehand sketching]

(n.m.) DESSIN ne nécessitant pas d'INSTRUMENTS DE DESSIN tels que la RÈGLE, l'ÉQUERRE, le COMPAS, le PISTOLET ou le RAPPORTEUR mais qui est exécuté entièrement avec un crayon et l'habileté des mains. À remarquer qu'il peut être numérique avec l'équipement adéquat (tablette à stylet, écran tactile).

Ex. 1 :

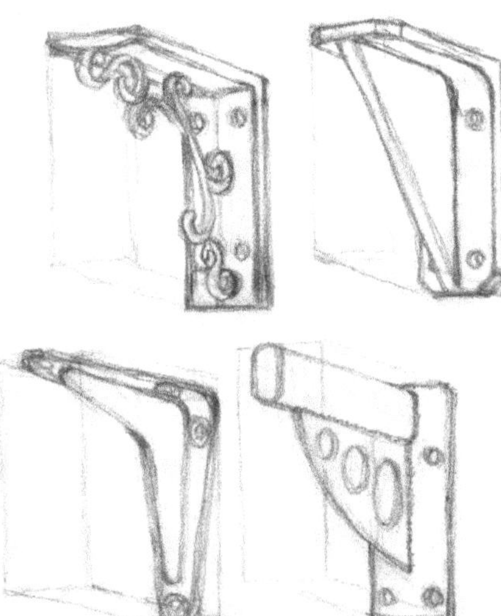

À comparer avec le dessin d'illustration assistée par ordinateur (ne pas confondre avec le DESSIN ASSISTÉ PAR ORDINATEUR (DAO) qui se rapporte plus au DESSIN TECHNIQUE).

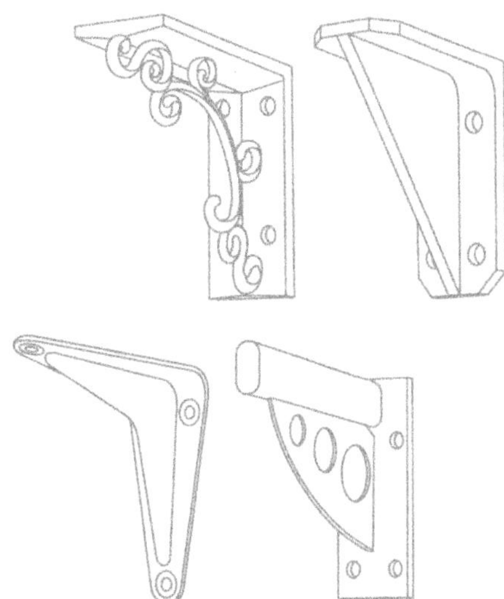

→ **Voir aussi** MISE EN FORME.
Ex. 2 : *Comparer avec l'illustration de la rubrique PROFILAGE.*

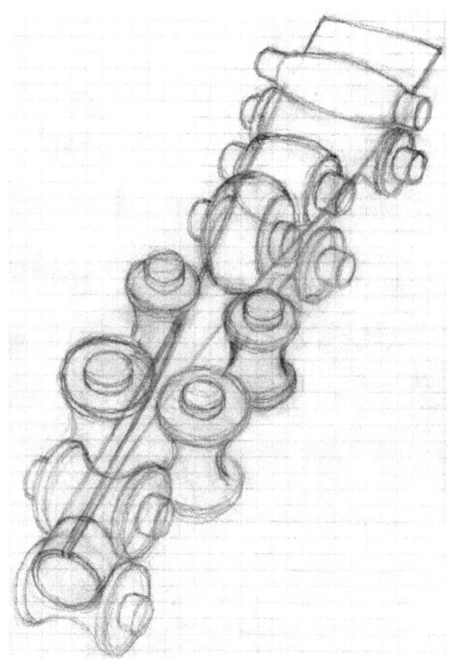

◊ **Contr.** : DESSIN AUX INSTRUMENTS ; DESSIN ASSISTÉ PAR ORDINATEUR.
→ **Voir aussi** DESSIN ÉCLATÉ.

Dessin Assisté par Ordinateur : DAO [computer-aided drawing]

(n.m.) Moyen d'exécution de DESSIN TECHNIQUE en 2D par l'informatique, à l'aide d'un logiciel, d'un ordinateur et d'une imprimante ou traceur.
A. Ci-dessous, un aperçu de l'équipement matériel :

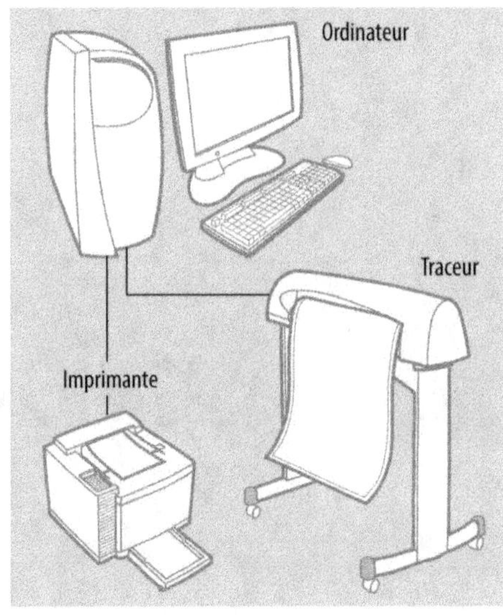

B. Un exemple d'aperçu de l'écran d'un logiciel de dessin assisté par ordinateur :

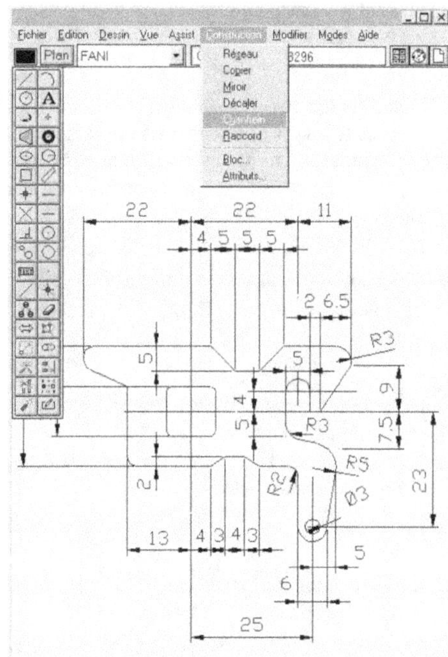

C. Ne pas confondre avec la CONCEPTION ASSISTÉE PAR ORDINATEUR qui est en 3D. Ne pas confondre non plus avec la MISE EN PLAN.
D. Quelques noms de logiciels de DAO orientés conception mécanique parmi les plus connus (liste établie en Janvier 2020) :

logiciels	éditeurs
AUTOCAD ™	Autodesk ®
TURBOCAD ™	IMSI Design ®
SOLID EDGE 2D ™	Siemens ®
DRAFTSIGHT ™	Dassault systems ®
PROGECAD ™	Intellicad ®
MICROSTATION ™	Bentley ®
NANOCAD ™	Nanosoft ®
BRICSCAD ™	Bricsys ®
DIRECTDRAFT ™	PTC ®

---

dessinateur [draughtsman (GB), draftsman (US), drafter, draftperson]

(n.m.) Personne possédant les compétences pour réaliser les DESSINS.
→ **Voir aussi** la rubrique PROJETEUR.

---

dessin au trait [line drawing]

(n.m.) Type de représentation graphique constituée uniquement de COURBES, de CONTOURS et d'ARÊTES et non de SURFACES colorées.
A. Les DESSINS TECHNIQUES et les SCHÉMAS sont des dessins au trait.

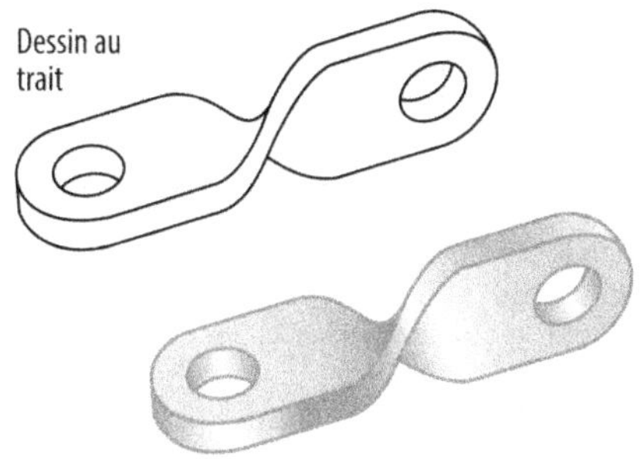

B. Ce terme est surtout utilisé pour faire la différence avec les images constituées de multitudes de points colorés, d'effets d'ombrage et de dégradés.
→ Voir aussi DESSIN COTÉ.

dessin aux instruments [by instrument drafting]

(n.m.) Réalisation de DESSIN à l'aide d'outils traditionnels tels que la RÈGLE, l'ÉQUERRE, le COMPAS, le PISTOLET et le RAPPORTEUR, appelés INSTRUMENTS DE DESSIN.
Si l'outil utilisé est un ordinateur avec un logiciel, il s'agit de DESSIN ASSISTÉ PAR ORDINATEUR (DAO).
◊ Contr. : DESSIN À MAIN LEVÉE.

dessin coté [dimensional drawing]

(n.m.) Représentation graphique d'objets TECHNIQUES complétée par des indications dimensionnelles.
Ex. *Dessin coté réalisé à main levée.*

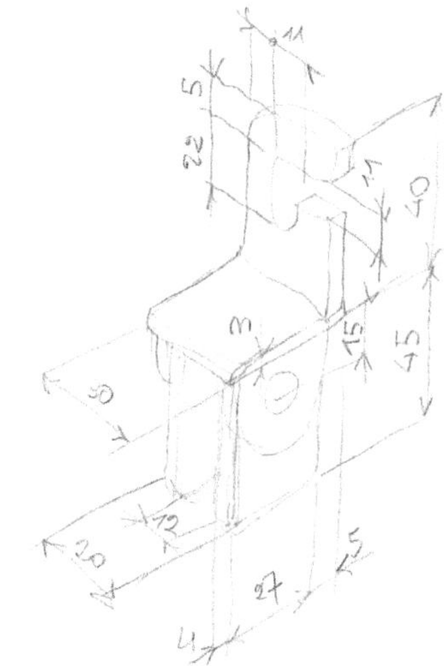

dessin de définition [detail drawing, single part drawing]

(n.m.) Type de DESSIN TECHNIQUE d'une PIÈCE (sens 1) seule et contenant toutes les informa-

tions sans équivoque nécessaires à sa FABRICATION : COTES, TOLÉRANCES, ÉTAT DE SURFACE, MATIÈRE, TRAITEMENT DE SURFACE et toutes les indications nécessaires à sa réalisation.

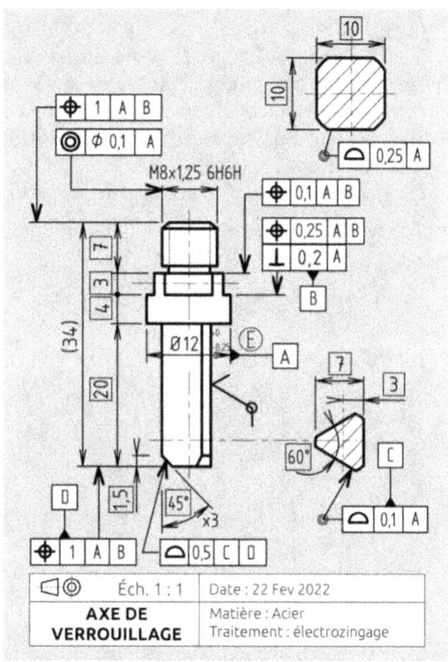

dessin d'ensemble [assembly drawing]

(n.m.) DESSIN TECHNIQUE contenant toutes les PIÈCES (sens 1) et leurs situations dans un SYSTÈME.
A. Le dessin d'ensemble doit être complété par sa NOMENCLATURE pour être le plus explicite possible.

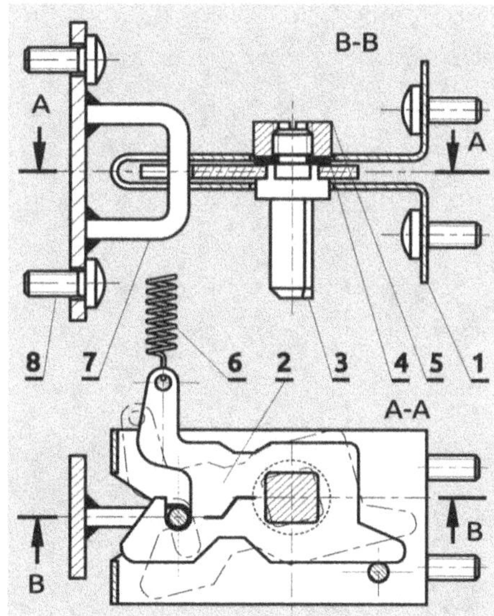

B. Le dessin d'ensemble peut aussi être présenté sous forme de DESSIN ÉCLATÉ pour plus de clarté.
→ Voir aussi NOMENCLATURE ; DESSIN ÉCLATÉ.

dessin éclaté [exploded view]

(n.m.) Type de DESSIN D'ENSEMBLE dans lequel les différentes PIÈCES (sens 1) ont été séparées les unes des autres et déplacées de leurs POSITIONS initiales pour entrevoir la manière dont elles ont été assemblées ou pour dresser plus clairement une NOMENCLATURE.

Ex. 1 : *Dessin éclaté d'un système de fermeture.*

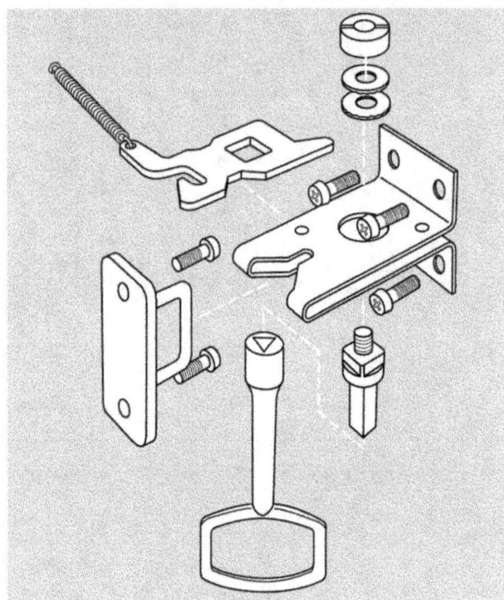

Ex. 2 : *Dessin éclaté réalisé en DESSIN À MAIN LEVÉE. Il s'agit d'un moule pour MATÉRIAU mousse expansible.*

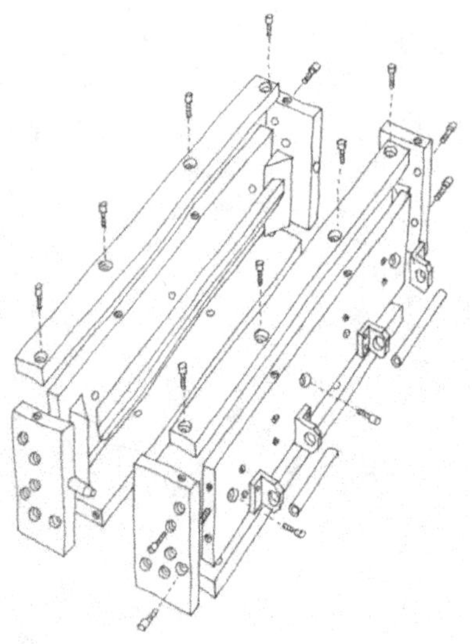

→ Voir aussi VUE ÉCLATÉE.

dessin industriel [technical drawing]

(n.m.) Autre appellation pour le DESSIN TECHNIQUE.

dessin technique [technical drawing, drafting, draughting]

(n.m.) Représentation géométrique sur un PLAN (sens 1) de FORMES, POSITION et ASSEMBLAGE (sens 2) d'objets grâce à des TRAITS et des COURBES.

A. Le dessin technique permet aux ingénieurs et techniciens d'exprimer et de transmettre le fruit de leurs réflexions afin de transformer les PROJETS en réalités. C'est un «langage» universel permettant au monde entier de communiquer. Les objets à représenter sont souvent du type 3D et nécessitent un PROCÉDÉ de PROJECTION (sens 2) pour être transposé sur un PLAN (sens 1).

B. Il existe deux types de PROJECTION (sens 2) :
• la PROJECTION PERSPECTIVE ou PROJECTION AXONOMÉTRIQUE.

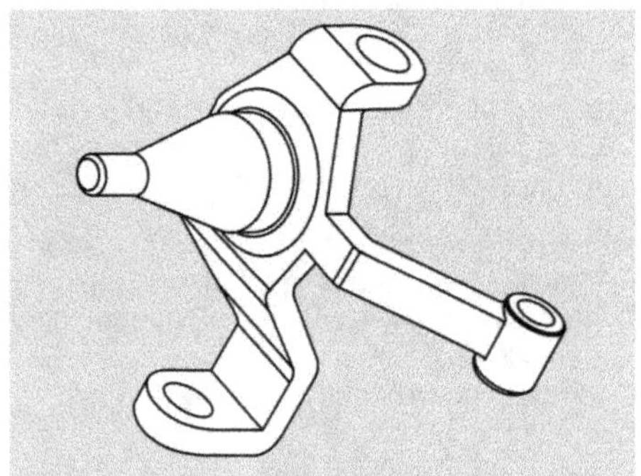

• la PROJECTION ORTHOGONALE.

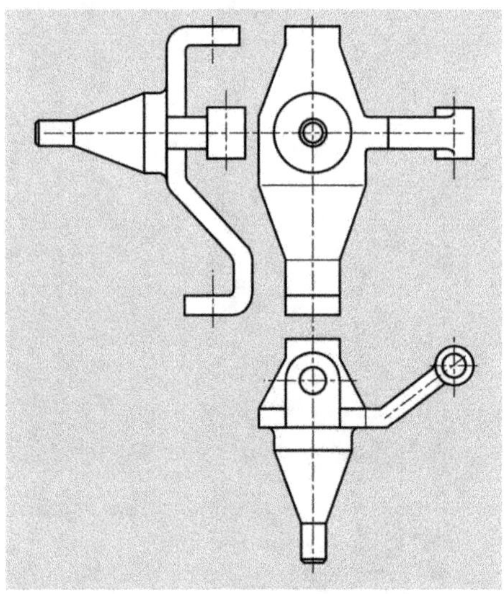

C. En ce qui concerne son utilisation, les dessins techniques peuvent être classés en deux types :
• les SCHÉMAS.
• les DESSINS À L'ÉCHELLE.
D. Le dessin technique était autrefois exécuté sur du papier avec des INSTRUMENTS DE DESSIN (crayon, gomme, règle, équerre, compas, etc.) et nécessitait de la part du DESSINATEUR une certaine dextérité. Cette approche est à présent supplantée par le DESSIN ASSISTÉE PAR ORDINATEUR (DAO) ou dessin 2D, beaucoup plus souple et pratique. L'approche la plus récente consiste à définir directement en 3D les objets et ASSEMBLAGES (sens 2) par CONCEPTION ASSISTÉE PAR ORDINATEUR (CAO), le dessin technique proprement dit étant obtenu, dans ce cas, par une fonction de MISE EN PLAN automatique, à partir du MODELE (sens 1) 3D.
E. Le terme dessin technique est souvent utilisé pour le différencier du dessin artistique.

détail [detail]

(n.m.) Particularités les plus fines d'une chose plus grande ou plus compliquée.

détensionnement [stress relieving]

(n.m.) TRAITEMENT visant à restreindre ou à éliminer complètement les CONTRAINTES RÉSIDUELLES ou TENSIONS internes provenant d'OPÉRATIONS à effets thermiques (SOUDAGE, USINAGE, TREMPE, MISE EN FORME À CHAUD, etc.) mais aussi de MISE EN FORME | (FROID), À FROID générant de l'ÉCROUISSAGE.
Il peut être obtenu par un TRAITEMENT THERMIQUE de RECUIT ou REVENU consistant en un chauffage et maintien à une TEMPÉRATURE en dessous des TEMPÉRATURES de TRANSFORMATIONS (sens 2) métallurgiques, suivi d'un REFROIDISSEMENT lent, ou en faisant intervenir des VIBRATIONS | MÉCANIQUES.

détente [stress relieving treatment]

(n.f.) Même signification que DÉTENSIONNEMENT.
→ Voir également RELAXATION DE CONTRAINTE ; STABILISATION.

détourage [border removal]

(n.m.) Enlèvement de l'excès de MATIÈRE en périphérie d'une PIÈCE (sens 1) pour lui donner sa FORME finale.
Ex. : *Détourage d'une PIÈCE (sens 1) obtenue par EMBOUTISSAGE.*
• Note : Ne pas confondre avec le CONTOURNAGE qui est un PROCÉDÉ particulier de FRAISAGE permettant effectivement le détourage.
→ Voir aussi ÉBARBAGE.

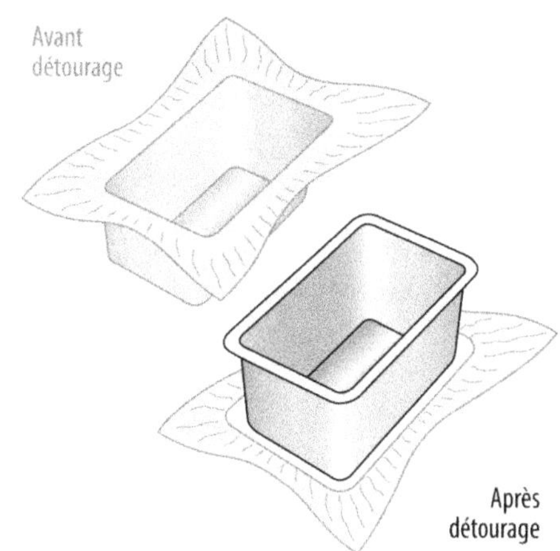

détrompeur [foolproof, mechanical coding system]

(n.m.) DISPOSITIF destiné à éviter l'erreur humaine dans le SENS d'ASSEMBLAGE (sens 1) de PIÈCES (sens 1).

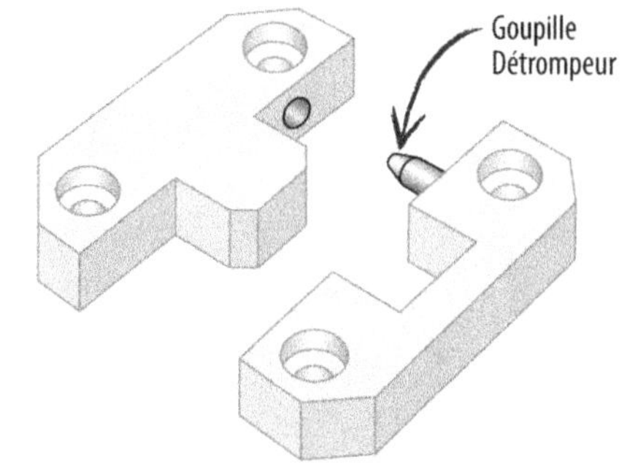

deuxième choix [seconds]

(n.m.) Voir les explications à la rubrique DÉCLASSÉ car même signification.

développante de cercle [involute of a circle]

(n.f.) COURBE PLANE décrite par l'extrémité d'une ficelle préalablement enroulée autour d'un CERCLE lorsqu'on la déroule en la maintenant tendue.

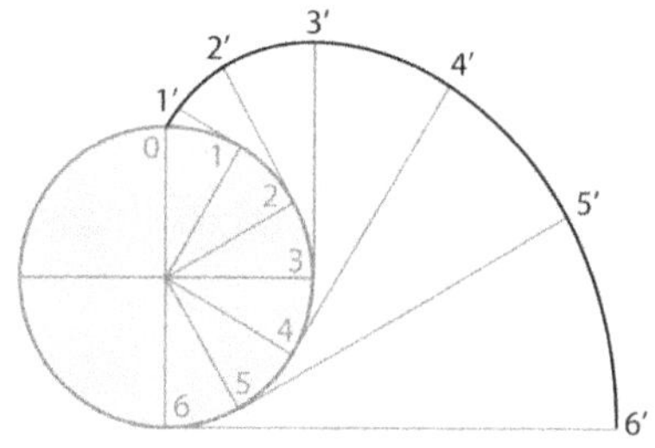

A. Les remarquables PROPRIÉTÉS de la développante de cercle sont notamment exploitées dans les PROFILS de CAME et d'ENGRENAGE.
B. Ne pas confondre avec l'ÉPICYCLOÏDE.
→ Voir aussi ENGRÈNEMENT.

développée [blank development]

(n.f.) LONGUEUR totale d'un FIL ou d'un PROFIL de TÔLE lorsqu'il est entièrement déplié :
Ex. 1 : *Développée d'un fil :*

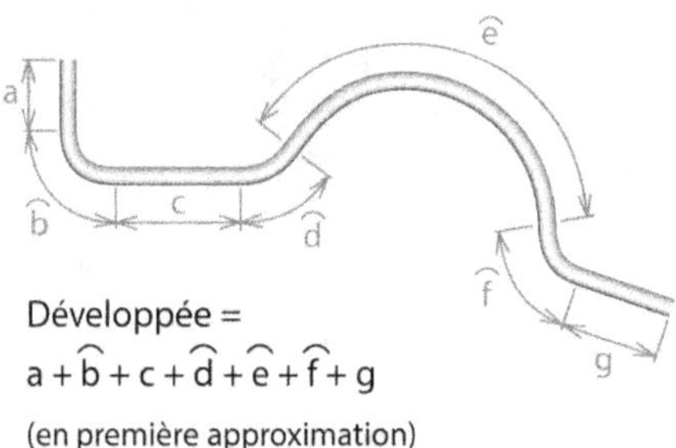

Développée =
$$a + \widehat{b} + c + \widehat{d} + \widehat{e} + \widehat{f} + g$$

(en première approximation)

Ex. 2 : *Développée d'une tôle :*

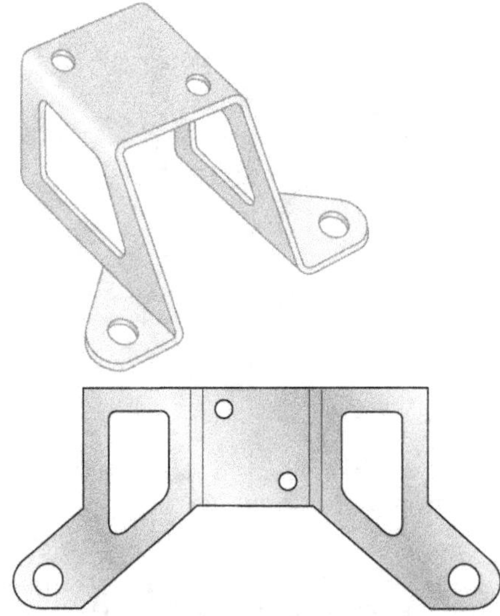

A. La développée sert à définir à l'avance la DIMENSION (sens 1) et le CONTOUR de la MATIÈRE DE BASE pour les OPÉRATIONS de MISE EN FORME telles que le PLIAGE, le ROULAGE, etc.
B. À noter que la définition précise de la développée demande de prendre en compte les «pertes aux plis» [bend deduction] où interviennent notamment les phénomènes d'excentration de la FIBRE NEUTRE.

déversement [lateral buckling]

(n.m.) PHÉNOMÈNE d'INSTABILITÉ d'une POUTRE sollicitée en FLEXION mais dont une partie de la DÉFORMATION se fait dans une DIRECTION différente de la SOLLICITATION, notamment en TORSION.

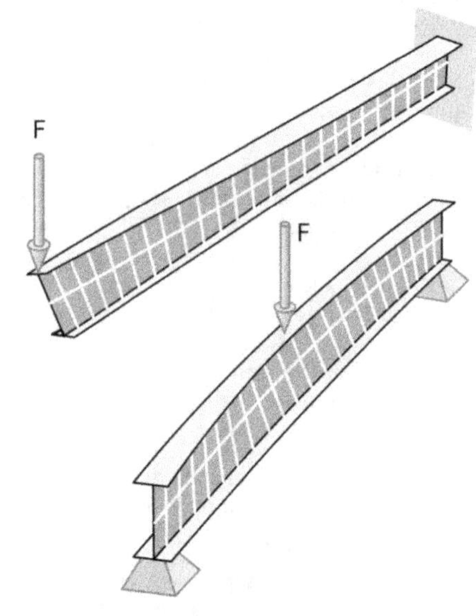

dévêtissage [stripping]

(n.m.) Action séparant une TÔLE et le POINÇON qui vient de la traverser.
Lors de sa remontée après le POINÇONNAGE proprement dit, le POINÇON a tendance à s'accrocher à la TÔLE, ce qui nécessite de la retenir. Cette FONCTION est assurée par le DÉVÊTISSEUR.

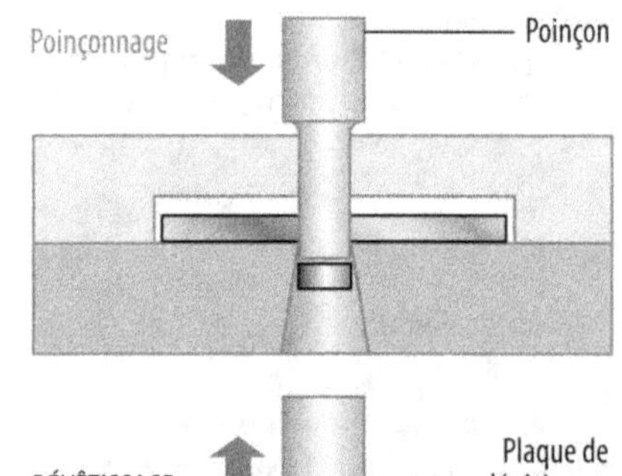

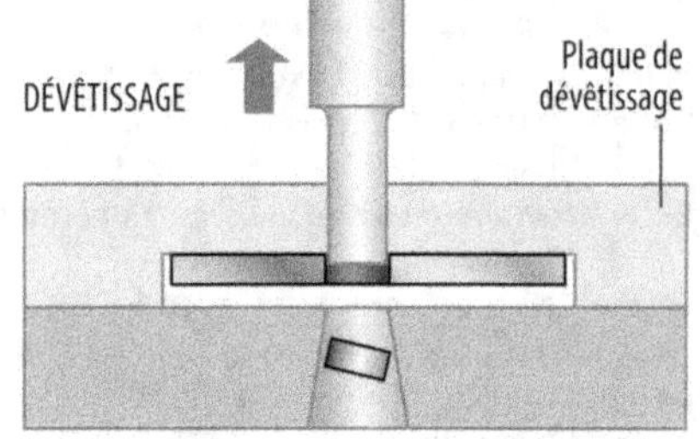

dévêtisseur [stripper]

(n.m.) ORGANE d'un DISPOSITIF de POINÇONNAGE permettant de séparer une TÔLE du POINÇON qui vient de la traverser.
Ex. : *Dévêtisseur en polyuréthane souple.*

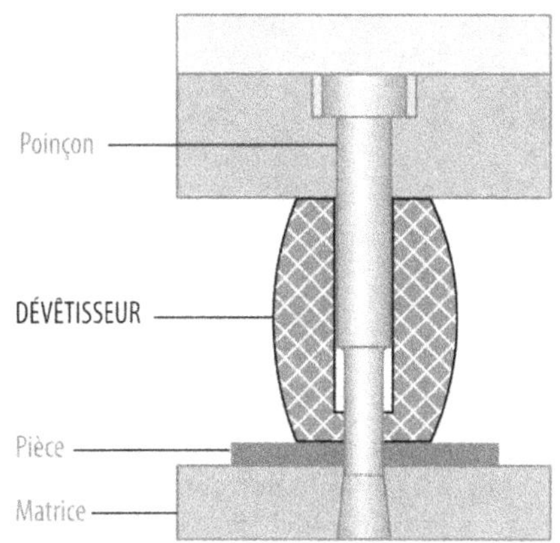

→ Voir également DÉVÊTISSAGE.

dévissage [unscrewing]

(n.m.) ROTATION d'une VIS (sens 2) ou d'un ÉCROU qui entraîne un DESSERRAGE, c'est à dire une diminution de la TENSION d'un ASSEMBLAGE (sens 2).

DFN 3D

Sigle pour **D**éfinition de **F**ormes **N**umériques, c'est à dire un fichier informatique décrivant un MODÈLE (sens 2) ou ASSEMBLAGE (sens 2) 3D virtuels élaborés avec un logiciel de CONCEPTION ASSISTÉE PAR ORDINATEUR.
→ Voir également FORMAT D'ÉCHANGE DE FICHIER qui regroupe tous les types de fichier informatique pouvant être utilisés pour les DFN.

diagnostic [diagnosis, diagnostics]

(n.m.) Conclusion résultat de l'analyse de causes d'anomalie et de DÉFAILLANCE en vue d'y remédier.

diagonale [diagonal]

(n.f.) Segment reliant deux sommets non-adjacents d'un POLYGONE ou d'un polyèdre.

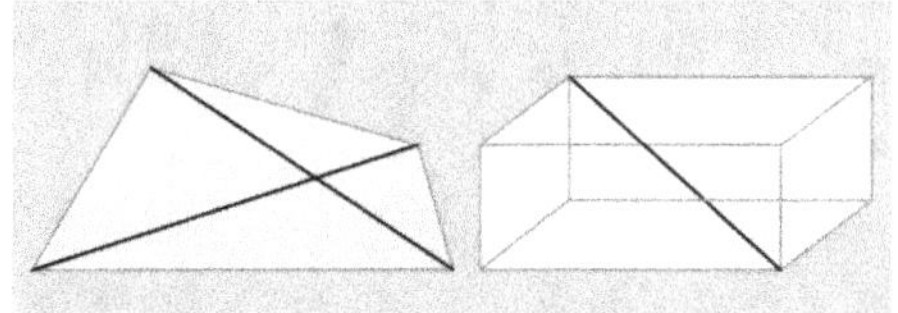

diagramme de phase [phase diagram, equilibrum diagram, constitutive diagram]

(n.m.) Représentation graphique des TEMPÉRATURES de TRANSFORMATION (sens 2) dans les ALLIAGES en fonction de leurs COMPOSITIONS CHIMIQUES et qui, en relation avec des observations métallographiques, renseigne sur leurs différents constituants appelés PHASES (sens 2).
A. Ci-dessous, un premier exemple de diagramme de phase correspondant aux différents ALLIAGES possibles de deux MÉTAUX parfaitement miscibles quelle que soit leur composition.

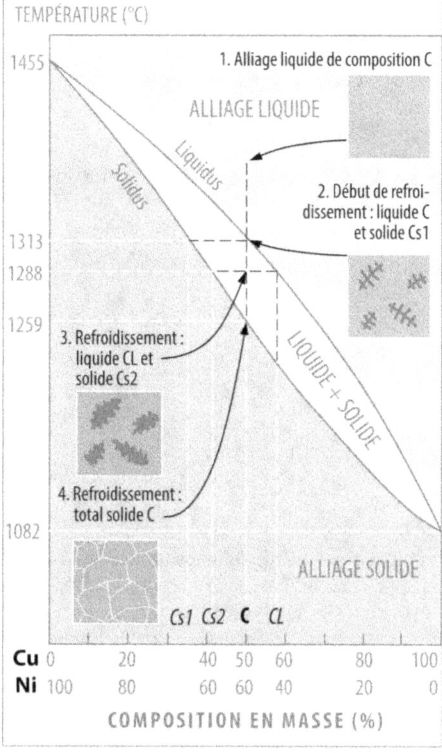

Les différentes zones du diagramme correspondent à des états particuliers de l'ALLIAGE pendant son REFROIDISSEMENT à partir de l'état LIQUIDE. Elles sont délimitées par deux lignes principales : le LIQUIDUS qui est l'ensemble des températures de **début** de SOLIDIFICATION ; le SOLIDUS qui est l'ensemble des températures de **fin** de SOLIDIFICATION. Il s'agit dans cet exemple d'ALLIAGES BINAIRES de CUIVRE et de NICKEL qui se solidifient en donnant, quelle que soit les PROPORTIONS respectives des deux MÉTAUX, une SOLUTION SOLIDE par substitution (on parle aussi de miscibilité totale dans ce cas).
→ Voir ALLIAGE pour un aperçu de la STRUCTURE CRISTALLINE d'un tel ALLIAGE.

B. Ci-dessous, un deuxième exemple de diagramme de phase dans lequel les constituants obtenus peuvent être différents selon la COMPOSITION CHIMIQUE considérée :

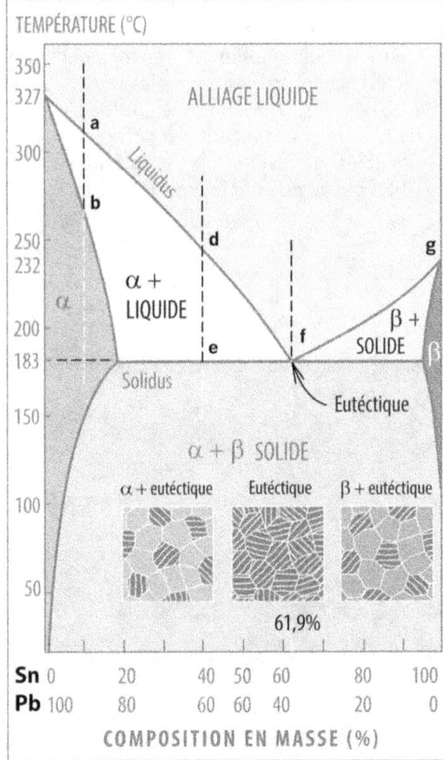

Il s'agit du diagramme de phase de l'ALLIAGE ÉTAIN-PLOMB (Sn-Pb). Le REFROIDISSEMENT fait apparaître plusieurs constituants différents appelés SOLUTIONS SOLIDES α et β qui coexistent dans la MICROSTRUCTURE. En particulier, il se forme des plages mixtes avec une MICROSTRUCTURE spéciale appelée EUTÉCTIQUE. Il a comme particularité de se solidifier comme un CORPS PUR à une TEMPÉRATURE précise. L'ALLIAGE correspondant à l'eutéctique est notamment mis à profit dans la TECHNIQUE de BRASAGE ou la FONDERIE (sens 1).

C. D'autres types de diagramme existent avec un nombre plus élevé de constituants et d'autres PHÉNOMÈNES. Les différentes TEMPÉRATURES de chaque diagramme de phase sont déterminées par ANALYSE THERMIQUE qui sont des enregistrements de TEMPÉRATURE en fonction du temps durant le REFROIDISSEMENT. Les enregistrements ci-contre sont, par exemple, à l'origine du diagramme de phase Sn-Pb discuté précédemment.

→ Voir aussi ANALYSE THERMIQUE ; ACIER.

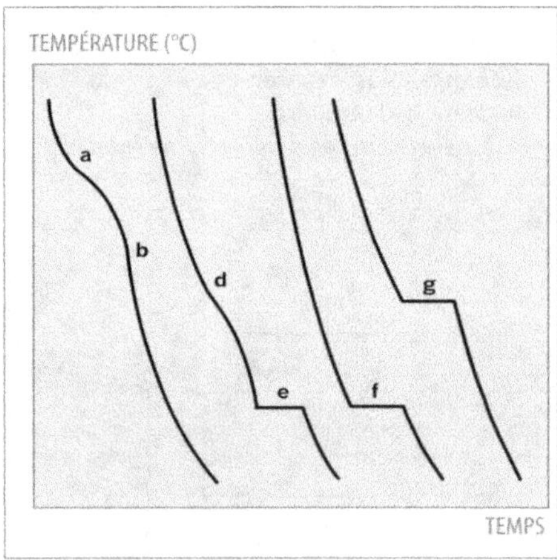

diagramme TRC [TRC diagram]

(n.m.) Diagramme **T**emps **R**efroidissement **C**ontinu. Représentation graphique de la TEMPÉRATURE en fonction du temps pendant un TRAITEMENT THERMIQUE de TREMPE, fournissant les différents constituants qui se forment selon la courbe de REFROIDISSEMENT suivie.

A. Ce diagramme permet d'évaluer la VITESSE DE REFROIDISSEMENT à appliquer pour obtenir le résultat escompté, notamment la DURETÉ.

Ex. : Diagramme TRC d'un ACIER de TREMPE : la courbe de REFROIDISSEMENT très rapide (a) permet d'obtenir de la MARTENSITE très DURE. La courbe de REFROIDISSEMENT de rapidité moyenne (b) donne de la BAINITE de dureté intermédiaire ; la courbe de REFROIDISSEMENT normal (c) donne les constituants classiques FERRITE et PERLITE.

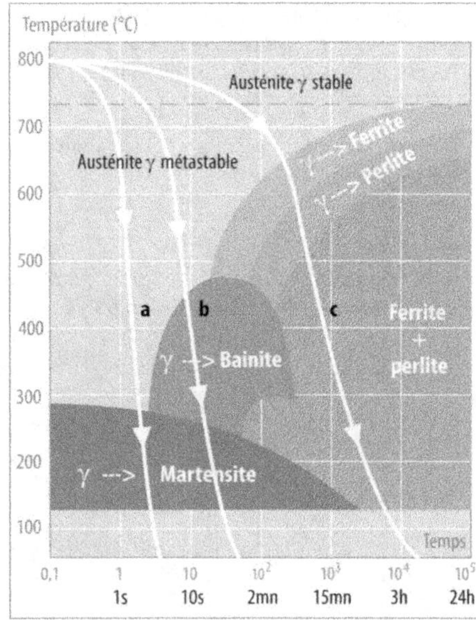

B. Il existe un autre type de diagramme permettant de prévoir le résultat de TRAITEMENT de trempe.
→ Voir DIAGRAMME TTT.

diagramme TTT [TTT diagram]

(n.m.) Diagramme **T**emps **T**empérature **T**ransformation. Représentation graphique du temps écoulé du début à la fin du changement de STRUCTURE (sens 1) d'un MATÉRIAU pendant le TRAITEMENT THERMIQUE de TREMPE lorsque la TEMPÉRATURE est abaissée brutalement et maintenue à la TEMPÉRATURE considérée.
A. La lecture du diagramme se fait suivant une ligne horizontale (isotherme). Elle donne les différentes PHASES qui se forment à l'issue du TRAITEMENT. Elle fournit aussi une indication du temps dont on dispose pour atteindre la TEMPÉRATURE de TRAITEMENT ainsi que la durée de TRANSFORMATION (sens 2).
Ex. : *Diagramme TTT d'un* ACIER *de* TREMPE.

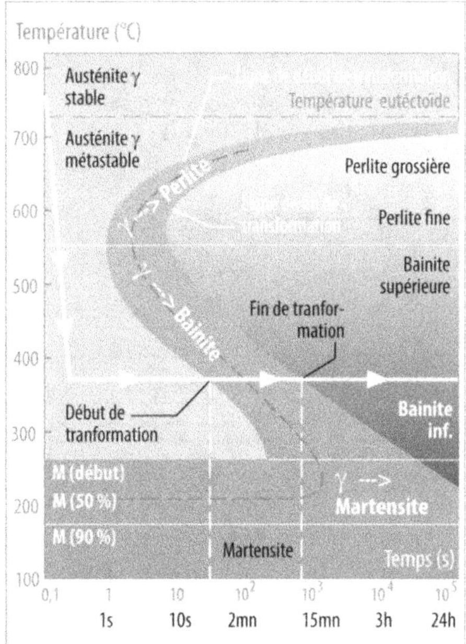

B. Le diagramme TTT est relativement délicat à obtenir en pratique. De plus, son interprétation n'est pas aisée car ne correspondant pas directement à ce qui se passe dans la réalité. Un autre type de diagramme plus commode et plus adapté pour cerner la TREMPE existe.
→ Voir DIAGRAMME TRC.

diamant [diamond]

(n.m.) SUBSTANCE naturelle ou synthétique constituée d'une forme cristalline très pure du CARBONE, connue pour être le MATÉRIAU le plus DUR qui soit. Industriellement, le diamant est utilisé comme ABRASIF ou OUTIL DE COUPE pour l'USINAGE.

diamantage [diamond machining]

(n.m.)
1. USINAGE de FINITION avec un OUTIL DE COUPE serti de DIAMANT de manière à obtenir un ÉTAT DE SURFACE très lisse et brillant.
2. Dressage ou profilage de MEULE.
→ Voir DRESSAGE DE MEULE.

diamètre [diameter]

(n.m.) DISTANCE des points les plus éloignés d'un CERCLE ou d'une SPHÈRE.

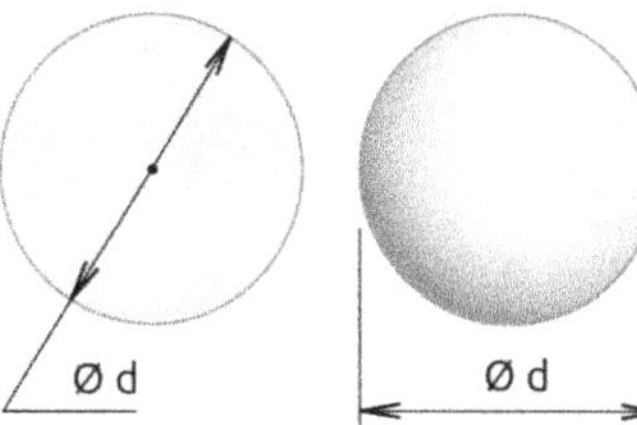

diélectrique [dielectric]

(adj.) Isolant. Non-conducteur d'électricité.

différentiel [differential]

(n.m.) DISPOSITIF | MÉCANIQUE à base d'ENGRENAGES dont une partie appelée « satellite » tourne non seulement sur son propre AXE (sens 2) mais aussi suivant un autre axe PERPENDICULAIRE, ce qui permet de renvoyer un MOUVEMENT DE ROTATION vers deux ARBRES à des VITESSES différentes. Le MÉCANISME fonctionne de telle sorte que la diminution de VITESSE de l'un des ARBRES DE SORTIE se répercute sur l'autre par un accroissement, ce qui crée le «différentiel de vitesse». Ce DISPOSITIF est notamment utilisé dans la CHAÎNE CINÉMATIQUE de véhicules pour que les ROUES puissent tourner à des vitesses différentes dans les virages.

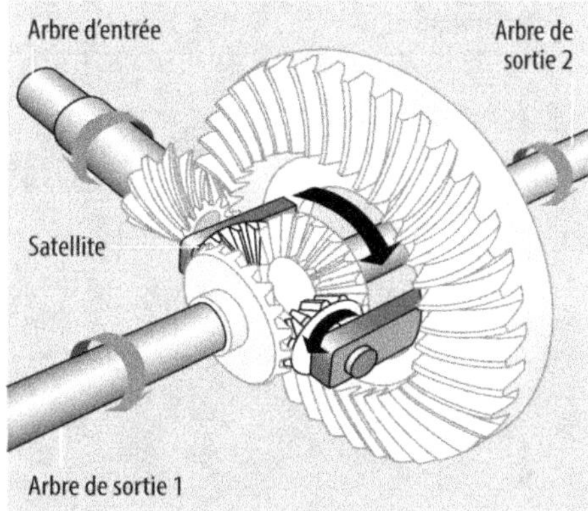

→ Voir aussi TRAIN ÉPICYCLOÏDAL.

diffusion [diffusion]

(n.f.) PHÉNOMÈNE physique de déplacements d'atomes thermo-activés dans un milieu hétérogène.

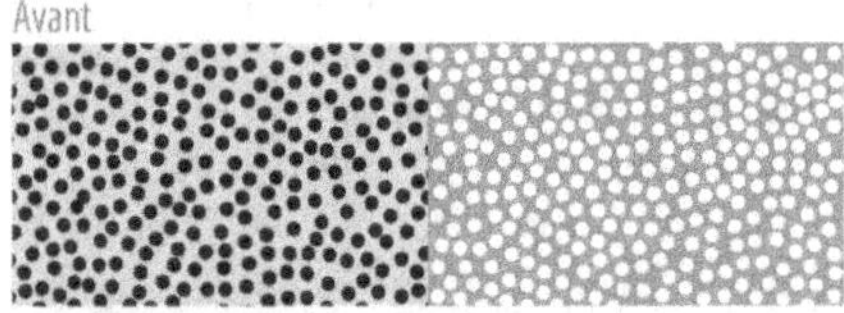

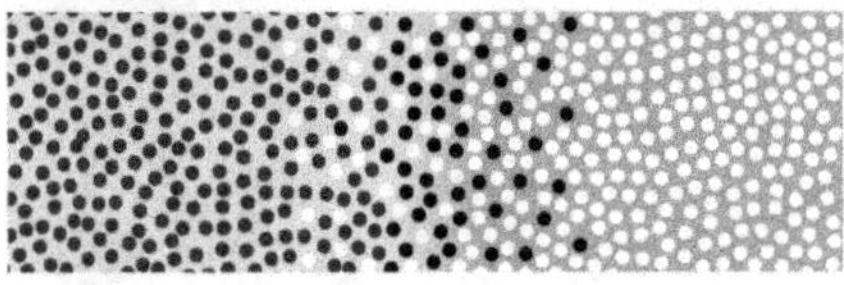

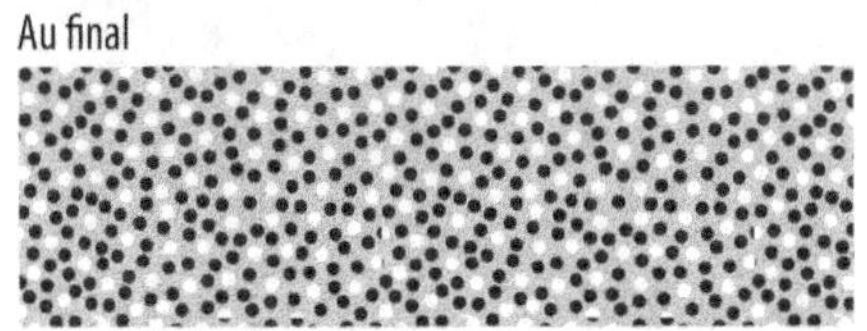

La diffusion tend à rendre homogène des milieux adjacents de compositions différentes, ce qui correspond à un état thermodynamiquement plus stable. Elle est, par exemple, utilisée dans des TRAITEMENTS THERMOCHIMIQUES de CÉMENTATION, NITRURATION, CHROMISATION, SPHÉROÏDISATION, SHÉRARDISATION, mais aussi dans des PROCÉDÉS de FABRICATION tels que le FRITTAGE, SOUDAGE PAR DIFFUSION, etc.

→ Voir aussi BRASAGE et FRITTAGE pour d'autres applications.

dilatabilité [dilatability]

(n.f.) PROPRIÉTÉ d'un MATÉRIAU à changer de LONGUEUR ou de VOLUME à cause de la variation de TEMPÉRATURE qui augmente les distances interatomiques.

dilatation [thermal expansion]

(n.f.) Augmentation de LONGUEUR ou de VOLUME d'une SUBSTANCE sous l'effet d'un changement de TEMPÉRATURE. La grandeur permettant de définir ce PHÉNOMÈNE est le (DILATATION), COEFFICIENT DE DILATATION.

A. La dilatation peut être évaluée de la façon suivante. Considérons deux BARRES de même LONGUEUR L_0 à la TEMPÉRATURE initiale T_a :

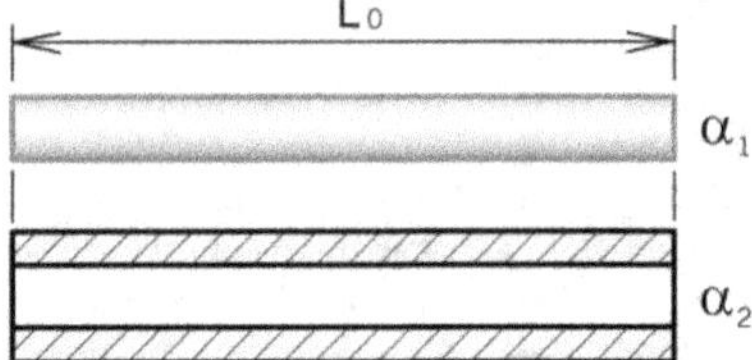

Les deux BARRES sont fabriquées en deux MATÉRIAUX différents de COEFFICIENTS DE DILATATION THERMIQUE respectifs α_1 et α_2. Si la TEMPÉRATURE s'élève à une valeur T_b, voici les constatations :

Dilatation de la barre 1 :

$$\Delta L_1 = (L_1 - L_0) = \alpha_1 L_0 (T_b - T_a)$$

Dilatation de la barre 2 :

$$\Delta L_2 = (L_2 - L_0) = \alpha_2 L_0 (T_b - T_a)$$

Les deux BARRES augmentent de LONGUEUR. Cependant, si le coefficient de dilatation de la barre 1 est inférieur à celui de la barre 2, cette dernière devient plus longue :

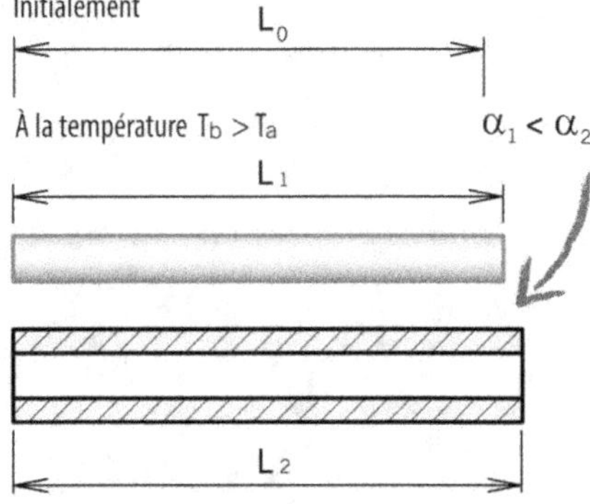

Si la BARRE 1 est en ACIER et la BARRE 2 en ZINC, toutes les deux ayant 1 m de LONGUEUR à la TEMPÉRATURE initiale et si l'augmentation de TEMPÉRATURE est de 100°C, voici les dilatations obtenues :

Barre 1 (acier) :
13.10^{-3} mm/(m·°C) × 1m × 100°C = 1,3 mm0

Barre 2 (zinc) :
30.10^{-3} mm/(m·°C) × 1m × 100°C = 3 mm

B. Il est important de tenir compte de ce PHÉNOMÈNE dans toute étude et CONCEPTION en MÉCANIQUE car il peut entraîner des désordres importants. Par exemple, des JEUX suffisants doivent être aménagés dans les ASSEMBLAGES

(sens 2) sous peine de COINCEMENT ou d'apparition de CONTRAINTE MÉCANIQUE parasite, ou bien les CONDITIONS DE FONCTIONNEMENT en TEMPÉRATURE doivent être maîtrisés par la LUBRIFICATION ou un SYSTÈME de REFROIDISSEMENT.
→ Voir (DILATATION), CONTRAINTE DE DILATATION pour ce que peuvent être les conséquences de cette différence de dilatation dans un ASSEMBLAGE (sens 2).
C. À remarquer qu'à cause de ce PHÉNOMÈNE, toutes les DIMENSIONS (sens 1) en FABRICATION | MÉCANIQUE sont définies à la TEMPÉRATURE de 20°C, en particulier, pour les INSTRUMENTS DE MESURE très précis comme le MICROMÈTRE.
D. Ne pas confondre la dilatation avec l'ALLONGEMENT.

Causes	Diminution	Augmentation
Contrainte mécanique	RACCOURCISSEMENT [SHORTENING]	ALLONGEMENT [EXTENSION]
Changement de température	CONTRACTION [CONTRACTION]	DILATATION [EXPANSION]
Changement de structure, d'état	RETRAIT [SHRINKAGE]	GONFLEMENT [SWELLING]

(dilatation), coefficient de dilatation [coefficient of thermal expansion]

(n.m.) Grandeur caractérisant le changement de DIMENSION (sens 1) ou de VOLUME d'un MATÉRIAU lorsque sa TEMPÉRATURE change.
A. Son UNITÉ (sens 1) de MESURE (sens 2) est l'augmentation de LONGUEUR par UNITÉ (sens 1) de LONGUEUR initiale et par °C. Plus cette grandeur est élevée, plus le MATÉRIAU se dilate. En prenant, par exemple, la valeur correspondant au CUIVRE 17 μm/(m°·C), voici la signification de ce coefficient : 1 m de CUIVRE s'allonge de 17 μm lorsque sa température augmente de 1°C.
Autre exemple : en considérant un PROFILÉ en PVC de 10 m de longueur, lorsque la TEMPÉRATURE augmente de 30°C, par exemple, entre la nuit et le jour, le PROFILÉ s'allonge de :
10 m × 0,1 mm/(m·°C) × 30 °C = 30 mm = 3 cm
B. Plus un MATÉRIAU est RIGIDE (MODULE DE YOUNG élevé), plus son coefficient de dilatation a tendance à être faible.
C. La liste de coefficient de dilatation ci-dessous est donnée dans l'ordre des MATÉRIAUX les moins dilatable au plus dilatable.

Quartz	0,5	μm/(m·°C)
Invar ™	1,5	μm/(m·°C)
Graphite	3	μm/(m·°C)
Verre Pyrex	3,2	μm/(m·°C)
Porcelaine	4	μm/(m·°C)
Tungstène	4,3	μm/(m·°C)
Molybdène	4,9	μm/(m·°C)
Brique	6	μm/(m·°C)
Bois	6,5	μm/(m·°C)
Platine	9	μm/(m·°C)
Verre ordinaire	9	μm/(m·°C)
Béton	10	μm/(m·°C)
Fonte	10,5	μm/(m·°C)
Acier non allié	13	μm/(m·°C)
Cuivre	17	μm/(m·°C)
Argent	20	μm/(m·°C)
Étain	23	μm/(m·°C)
Aluminium	24	μm/(m·°C)
Plomb	30	μm/(m·°C)
Zinc	30	μm/(m·°C)
Plastique PC	68	μm/(m·°C)
Plastique PMMA	75	μm/(m·°C)
Plastique Nylon	90	μm/(m·°C)
Plastique PVC	100	μm/(m·°C)
Caoutchouc	150	μm/(m·°C)

D. Il est à noter que le même coefficient est aussi valable pour la CONTRACTION dans laquelle le MATÉRIAU diminue de longueur au lieu de s'allonger.
→ Voir également (DILATATION), CONTRAINTE DE DILATATION.

(dilatation), contrainte de dilatation [thermal stress]

(n.f.) CONTRAINTE MÉCANIQUE résultant de la différence de DILATATION entre deux MATÉRIAUX différents qui ne peuvent s'expandre librement dans un ASSEMBLAGE (sens 2) ou par des hétérogénéités de TEMPÉRATURE sur une même pièce ou un assemblage.
A. Le MONTAGE (sens 2) d'un ENSEMBLE de PIÈCES (sens 1) se faisant généralement à la TEMPÉRATURE AMBIANTE, la TEMPÉRATURE réelle de fonctionnement ou d'utilisation est parfois assez différente et entraîne des différences dimensionnelles qui peuvent avoir des conséquences sur le fonctionnement. Une des conséquences peut être l'apparition de contrainte de dilatation.
B. Selon les développements aux rubriques DILATATION et CONTRACTION, les MATÉRIAUX de nature différente ne s'allongent pas de la même façon lorsque la TEMPÉRATURE augmente ou diminue. Ainsi, lorsque certaines PIÈCES (sens 1) n'ont pas la possibilité de s'expanser librement parce qu'elles sont entravées par d'autres, des EFFORTS supplémentaires pouvant perturber les ASSEMBLAGES (sens 2) apparaissent.
C. Considérons l'exemple des BARRES de la rubrique DILATATION dans lequel l'axe 1 porte des COLLERETTES qui emprisonnent le tube 2 :

Température initiale : Ta

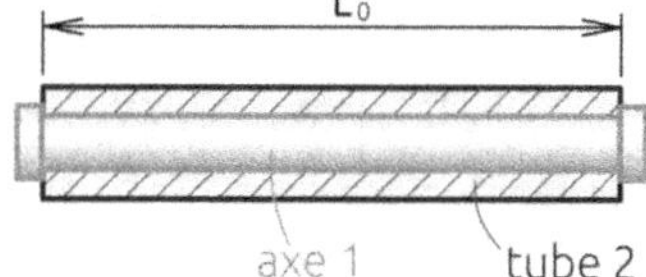

La contrainte de dilatation peut être évaluée comme suit lorsque la TEMPÉRATURE s'élève de T_b à T_a :

Dilatation de l'axe 1 :

$$\Delta L_1 = \alpha_1 L_0 (T_b - T_a)$$

Dilatation du tube 2 :

$$\Delta L_2 = \alpha_2 L_0 (T_b - T_a)$$

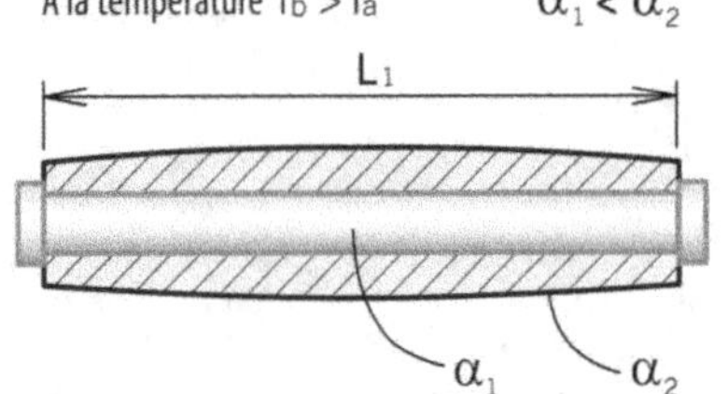

Dilatation du tube 2 ne pouvant s'allonger librement :

$$\Delta L = \Delta L_2 - \Delta L_1 = (\alpha_2 - \alpha_1) L_0 (T_b - T_a)$$

D'autre part, la (HOOKE), LOI DE HOOKE permet de relier la CONTRAINTE et la DÉFORMATION :

$$\sigma_2 = E_2 \frac{\Delta L}{L_0}$$

E_2 est le MODULE D'ÉLASTICITÉ du MATÉRIAU du tube 2. Le calcul de la «contrainte de dilatation» dans le tube 2 s'écrit finalement :

$$\sigma_2 = (\alpha_2 - \alpha_1) E_2 (T_b - T_a)$$

Si l'axe 1 est en ACIER et le tube 2 en ZINC de longueur 1 m et si la TEMPÉRATURE s'élève de 100°C, la contrainte de dilatation dans le tube 2 est :
$(30-13) \times 10^{-6}$ m/(m·°C) × 10 500 daN/mm^2 × 100°C = 17,85 daN/mm^2

dilatomètre [dilatometer]

(n.m.) APPAREIL de MESURE (sens 3) du changement de DIMENSION (sens 1) d'un MATÉRIAU sous l'effet de la CHALEUR, du froid ou de TRANSFORMATIONS (sens 2) de la STRUCTURE CRISTALLINE.

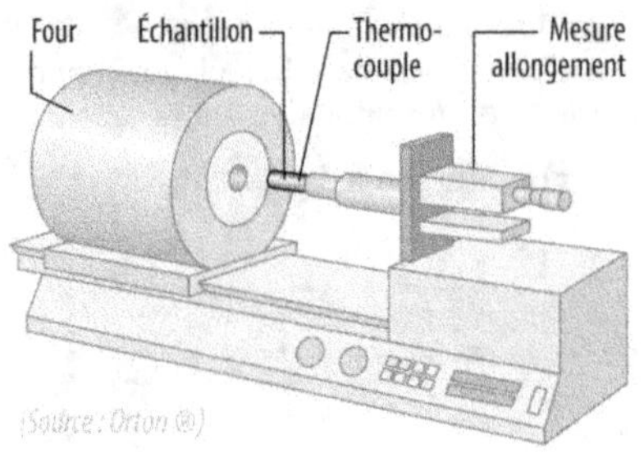

Le dilatomètre est principalement utilisé pour l'ANALYSE DILATOMÉTRIQUE.

dilatométrie [dilatometry]

(n.f.) TECHNIQUE d'étude MACROSCOPIQUE d'un MATÉRIAU par la MESURE (sens 3) des variations de DIMENSION (sens 2) due à la CHALEUR. Elle permet, en particulier, de s'apercevoir des changements de STRUCTURE CRISTALLINE.
→ Voir aussi ANALYSE DILATOMÉTRIQUE.

dimension

(n.f.)
1. [size] DISTANCE ou LONGUEUR caractérisant la grosseur d'un objet visualisable ou d'une FORME.
Ex. : *La dimension d'un TROU.*
La caractérisation géométrique d'un objet SOLIDE nécessite globalement l'utilisation de trois dimensions suivant trois DIRECTIONS différentes de l'espace : la LONGUEUR, la LARGEUR, la PROFONDEUR. D'où la notion de 3D.
→ Voir aussi 2D ; 2,5D ; 3D.
2. [dimension] Type de grandeur avec une UNITÉ (sens 1) associée et combinée avec un nombre pour définir une quantité.
Ex. : *Le volume possède la dimension d'une longueur à la puissance trois. L'énergie et le couple de force ont la même dimension.*
Dans le (UNITÉ), SYSTÈME INTERNATIONAL D'UNITÉS (S.I.), sept dimensions de base sont utilisées et combinées pour obtenir toutes les autres UNITÉS.
→ Voir UNITÉ DE BASE ; UNITÉ DÉRIVÉE.

dimension extérieure [external dimension]

(n.f.) DIMENSION (sens 1) d'une FORME | MÂLE comme un ARBRE ou toute FORME VOLUMIQUE.

dimension intérieure [internal dimension]

(n.f.) DIMENSION (sens 1) d'une cavité comme un TROU ou une RAINURE.

dimension limite [limits]

(n.f.) La DIMENSION (sens 1) la plus grande ou la plus petite après l'application des TOLÉRANCES. À titre d'exemple, pour la cote 25 ± 0,1 les dimensions limites sont 25,1 et 24,9.

dimensionnement [sizing]

(n.m.) Démarche de raisonnement pour définir une quantité ou une grosseur de manière à satisfaire des SPÉCIFICATIONS ou un CAHIER DES CHARGES.
→ Voir aussi SURDIMENSIONNÉ.

dimension nominale [basic size]

(n.f.) DIMENSION (sens 1) de base choisie et utilisée dans la DÉSIGNATION ou toute évocation d'une entité géométrique.

direction [direction]

(n.f.) DROITE définissant une ORIENTATION, c'est à dire, faisant un ANGLE bien déterminé par rapport à une droite prise comme RÉFÉRENCE.
• Note : Ne pas confondre avec le SENS.

direction de laminage [rolling direction]

(n.f.) DROITE | PERPENDICULAIRE à l'AXE (sens 1) des CYLINDRES de LAMINAGE, suivant laquelle les GRAINS du MÉTAL laminés ont tendance à s'allonger.

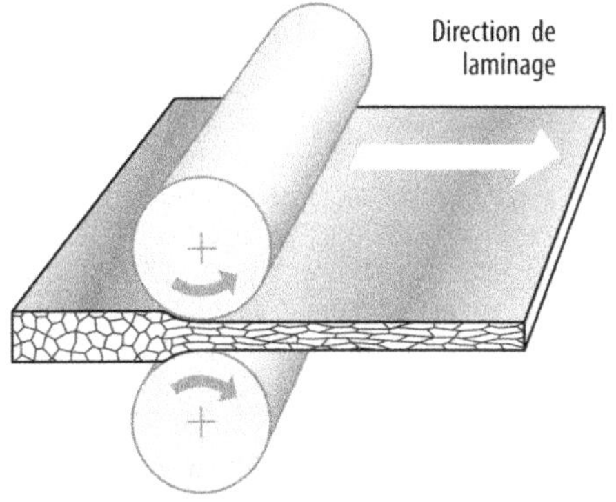

Une ANISOTROPIE, c'est à dire une différence des CARACTÉRISTIQUES MÉCANIQUES et MAGNÉTIQUES par rapport aux autres DIRECTIONS a tendance à apparaître.
→ Voir aussi CORROYAGE.

dislocation [dislocation]

(n.f.) Irrégularité, distorsion, DÉFAUT de la STRUCTURE CRISTALLINE d'un MATÉRIAU solide qui devrait être, en principe, rigoureusement répétitive mais qui contient un plan incomplet se terminant par une ligne appelée justement «ligne de dislocation» (ici perpendiculaire au plan de la figure et signifiée symboliquement par une lettre **T** majuscule).
Ex. : *Dislocation coin.*

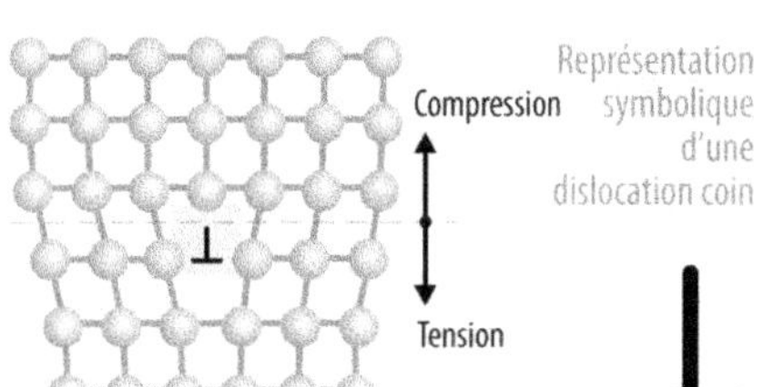

A. D'autres configurations de dislocation existent (dislocation vis, mixte, en boucle, etc.)
B. Ces DÉFAUTS par leur nature, leur nombre, leur densité peuvent déterminer en grande par-

tie les PROPRIÉTÉS MÉCANIQUES d'un MATÉRIAU, notamment dans le DOMAINE PLASTIQUE : DÉFORMATION PERMANENTE, DURETÉ, DUCTILITÉ... Les dislocations introduisent aussi des TENSIONS internes à la STRUCTURE (sens 1) de la MATIÈRE.
C. Ne pas confondre avec les MACLES.
→ Voir, par exemple, ÉCROUISSAGE.
→ Voir aussi STRUCTURE CRISTALLINE.

dispositif [device]

(n.m.) Ensemble de PIÈCES (sens 1) et COMPOSANTS résultat d'une CONSTRUCTION MÉCANIQUE pour remplir une FONCTION précise.

disque [disk (GB), disc (US)]

(n.m.)
1. SURFACE délimitée par un CONTOUR | CIRCULAIRE.

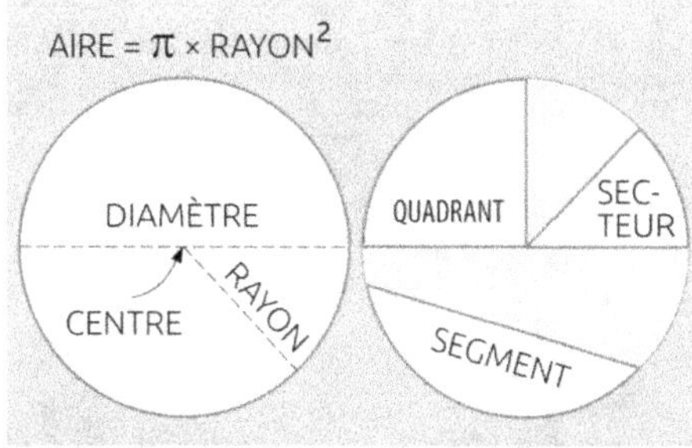

Aire, surface [Area]
Diamètre [Diameter]
Rayon [Radius]
Centre [Centre (GB) ; Center (US)]
Quadrant [Quadrant]
Secteur [Sector]
Segment [Segment]

2. ORGANE plat de FORME | CIRCULAIRE.
Ex. : *Disque de frein de vélo tout terrain.*

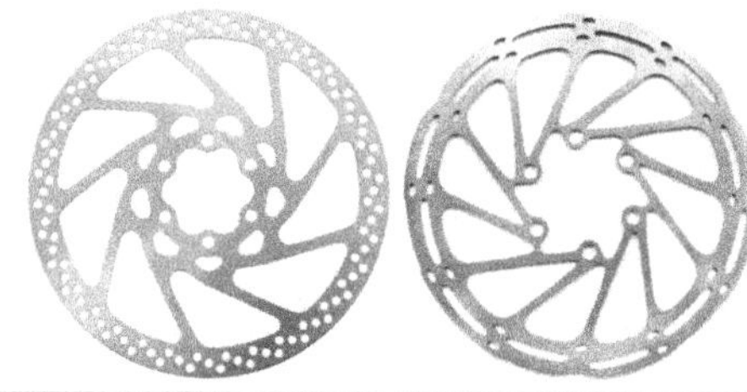

disque abrasif [grinding wheel]

(n.m.) OUTIL tournant constitué de lamelles de TISSU | ABRASIF disposées en CERCLE pour être adapté sur un APPAREIL ELECTROPORTATIF appelé MEULEUSE ou DISQUEUSE et qui sert à nettoyer des SURFACES par FROTTEMENT et USURE.

disque de tronçonnage [cutoff wheel, abrasive cutoff saw, slitting wheel]

(n.m.) MEULE de faible ÉPAISSEUR fait avec des ABRASIFS liés par une résine sur une toile de verre et destinée à la COUPE (sens 1) de MATÉRIAUX plus rapidement qu'avec une SCIE manuelle.

→ Voir DISQUEUSE.

disqueuse [grinder]

(n.f.) APPAREIL | ÉLECTROPORTATIF à DISQUE DE TRONÇONNAGE (ou MEULAGE) pour la COUPE (sens 1) de tous les MATÉRIAUX, même les plus DURS, avec une VITESSE plus rapide qu'une SCIE classique à LAME à DENTURE.

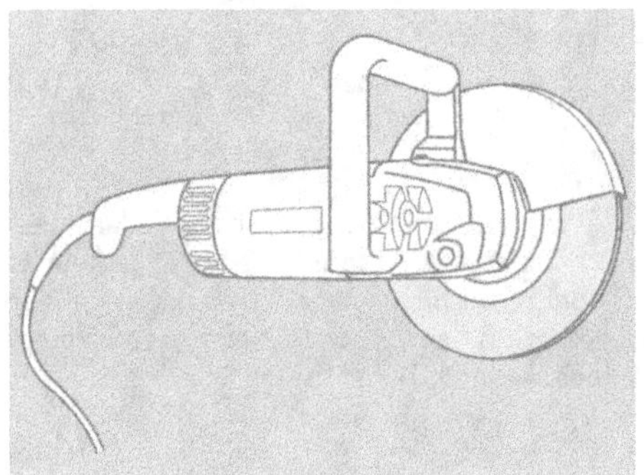

Elle permet aussi le POLISSAGE, le PONÇAGE, le CHANFREINAGE, etc.

Quelquefois, c'est simplement une MEULEUSE qui est transformée en disqueuse en remplaçant l'OUTIL D'ABRASION par un DISQUE DE TRONÇONNAGE.

dissymétrique [asymmetrical]

(adj.) Qui n'est pas SYMÉTRIQUE, c'est à dire sans correspondance particulière de FORME par rapport à un POINT, à un AXE (sens 1) ou à un PLAN (sens 1).

distance [distance]

(n.f.) L'écart de LONGUEUR entre deux objets placés en des endroits différents.

(diviseur), appareil diviseur [dividing plate, dividing head, indexing plate, indexing head]

(n.m.) DISPOSITIF de MAINTIEN de PIÈCE (sens 1) sur une MACHINE-OUTIL, avec une BROCHE (sens 2) permettant un POSITIONNEMENT | ANGULAIRE par PAS régulier par rapport à l'OUTIL DE COUPE.
A. L'appareil diviseur est, par exemple, utilisé en FRAISAGE et RECTIFICATION de ROUE DENTÉE ou d'ARBRE CANNELÉ.

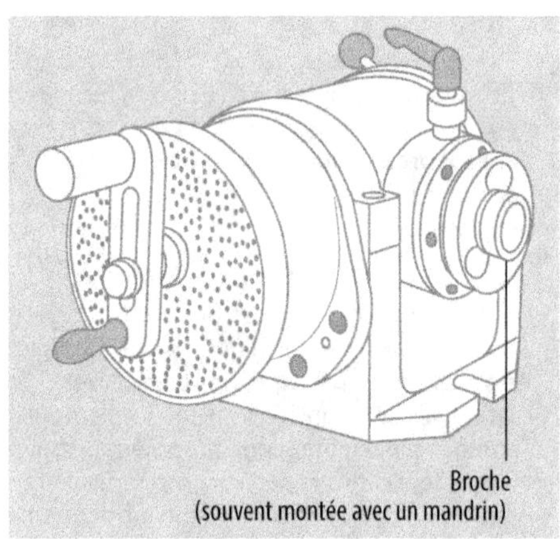

Broche
(souvent montée avec un mandrin)

B. Ne pas confondre avec le RAPPORTEUR D'ANGLE.

documentation technique [technical documentation]

(n.f.) Ensemble d'informations sous forme écrites ou illustrées associé à un ORGANE, un APPAREIL, un DISPOSITIF ou un SYSTÈME, et qui en précise les CARACTÉRISTIQUES générales, les conditions et procédure d'utilisation ainsi que des indications sur la MAINTENANCE.
→ Voir NOTICE D'UTILISATION ; NOTICE D'INSTALLATION ; NOTICE DE MONTAGE.

domaine élastique [elastic domain]

(n.m.) Comportement d'un MATÉRIAU pouvant revenir à sa FORME initiale après suppression de la SOLLICITATION MÉCANIQUE qui l'a déformé.
Sur une COURBE DE TRACTION, le domaine élastique s'étend de l'origine à la LIMITE D'ÉLASTICITÉ.

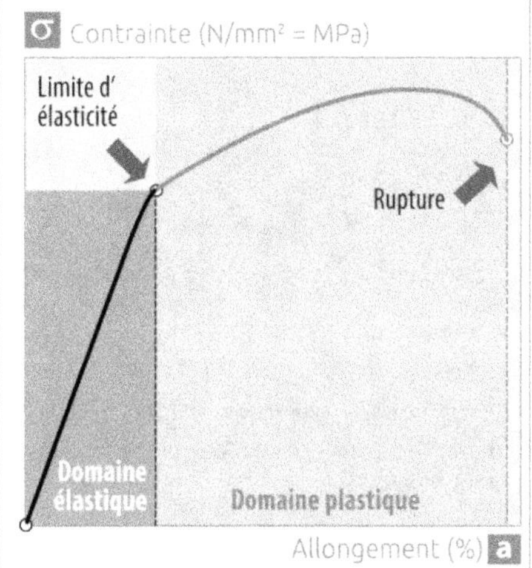

• Note : Dans la COURBE DE TRACTION ci-dessus, le domaine élastique a été représenté de façon exagérément étendue pour plus de clarté. En réalité, le domaine élastique est relativement restreint par rapport au domaine plastique, de l'ordre de 100 fois moins large, par exemple, pour l'ACIER DOUX.
→ Voir, par exemple, ÉCROUISSAGE pour une COURBE DE TRACTION aux proportions réelles.
◊ Contr. : DOMAINE PLASTIQUE.

domaine plastique [plastic domain]

(n.m.) Comportement d'un MATÉRIAU ne revenant plus à sa FORME initiale après avoir subi une DÉFORMATION provenant d'une SOLLICITATION MÉCANIQUE. Sur une COURBE DE TRACTION, le domaine plastique s'étend au-delà de la LIMITE D'ÉLASTICITÉ jusqu'à la RUPTURE.
→ Voir PLASTICITÉ.

dôme [dome]

(n.m.) OUVRAGE de CONSTRUCTION avec une FORME extérieure de CALOTTE SPHÉRIQUE.

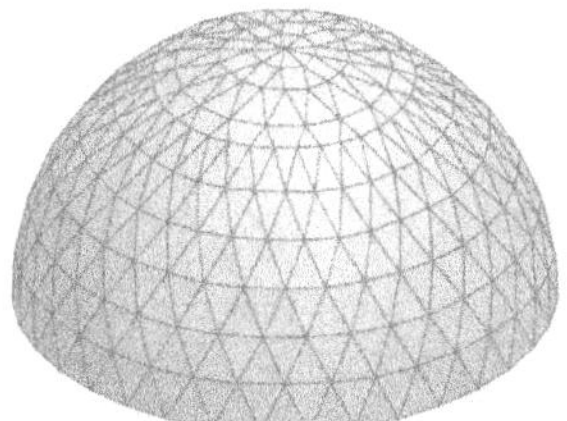

donneur d'ordre [purchaser]

(n.m.) Personne physique ou morale qui définit et communique ses exigences contractuelles à un SOUS-TRAITANT ou prestataire en vue de l'exécution d'un travail ou d'un service.

double [dual, twin]

(adj.) Constitué de deux choses identiques ou de même nature.
Ex. : *Adhésif double face ; roulement à double rangée de billes...*

douille [bush, bushing, sleeve]

(n.f.) D'une façon générale, PIÈCE (sens 1) creuse s'intercalant entre deux autres et servant d'intermédiaire. Parfois, elle est aussi appelée INSERT.

douille autotaraudeuse [self tapping sleeve]

(n.f.) ORGANE DE FIXATION creux CYLINDRIQUE FILETÉ à l'extérieur et TARAUDÉ à l'intérieur destinée à être enfilée dans un TROU lisse pour servir d'intermédiaire entre une VIS DE FIXATION et le MATÉRIAU dans lequel elle est montée :

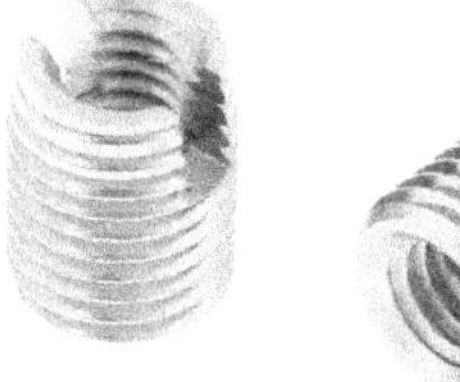

Ainsi, la douille autotaraudeuse permet un ASSEMBLAGE (sens 2) plus résistant dans les MATÉRIAUX relativement TENDRES comme les ALLIAGES LÉGERS, le (PLASTIQUE), MATIÈRE PLASTIQUE et le BOIS, son DIAMÈTRE étant plus important que celui de la VIS (sens 2). Le mode de mise en place est le suivant :

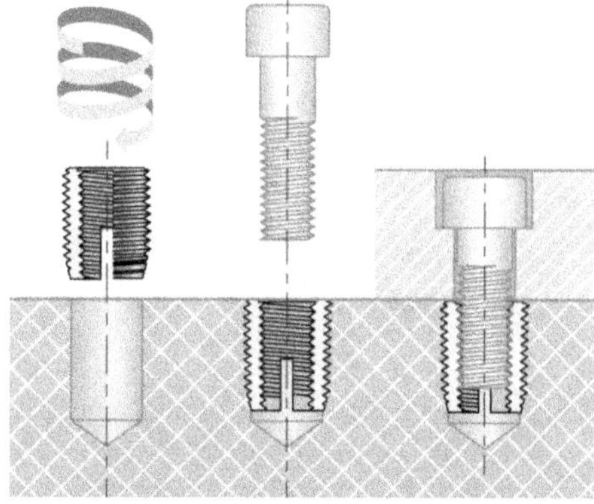

→ Voir FILET RAPPORTÉ pour un autre moyen de réaliser des ASSEMBLAGES (sens 2) plus résistants dans les MATIÈRES tendres.

douille de serrage [spanner socket, socket wrench]

(n.f.) ORGANE avec une FORME D'ENTRAÎNEMENT femelle à associer avec un manche formant LE-VIER pour pouvoir manœuvrer une (VIS), TÊTE DE VIS, à la place d'une CLÉ (sens 2).

Par rapport à un JEU (sens 2) de CLÉS DE SERRAGE classique, un ensemble de douilles de serrage de différentes DIMENSIONS permettent un gain de place dans une caisse à outil.
→ Voir son utilisation à CLÉ À DOUILLE.

dressage [facing]

(n.m.) OPÉRATION de TOURNAGE permettant d'obtenir une SURFACE | PERPENDICULAIRE à l'AXE (sens 2) de la PIÈCE (sens 1).

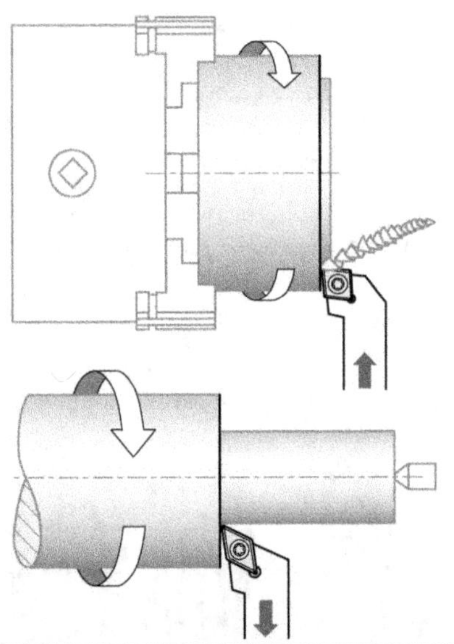

dressage de meule [truing of grinding wheel, dressing]

(n.m.) OPÉRATION de rectification de la GÉOMÉ-TRIE (sens 2) du PROFIL d'un OUTIL ABRASIF très DUR grâce à un autre MATÉRIAU encore plus DUR à base de DIAMANT.

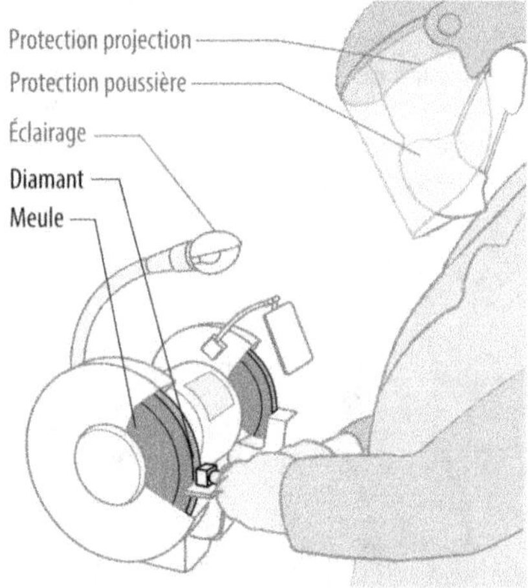

→ Voir DRESSEUR pour l'OUTIL utilisé.

dressage de fil [wire straightening]

(n.m.) OPÉRATION d'élimination de la COURBURE d'un FIL enroulé.

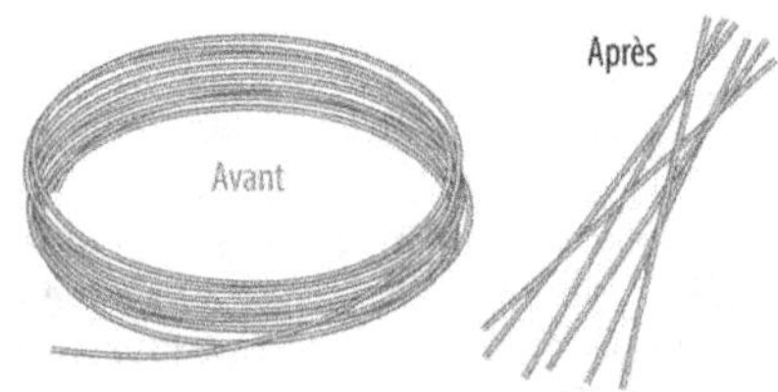

A. Ce PROCÉDÉ est notamment appliqué aux MÉ-TAUX. Pour des raisons pratiques, dans la FABRI-CATION des FILS par TRÉFILAGE, ils sont enroulés pour occuper moins de place et mieux répartir les MASSES (sens 2) en vue de faciliter les mani-pulations et le transport. Cependant, le FIL a tendance à garder une mémoire de FORME en conservant une COURBURE.
B. Le dressage de fil consiste à le passer entre des ROULEAUX (sens 2) alternés qui rééquilibrent les CONTRAINTES RÉSIDUELLES dans la MATIÈRE, ce qui le rend droit, stable et apte à l'utilisation.

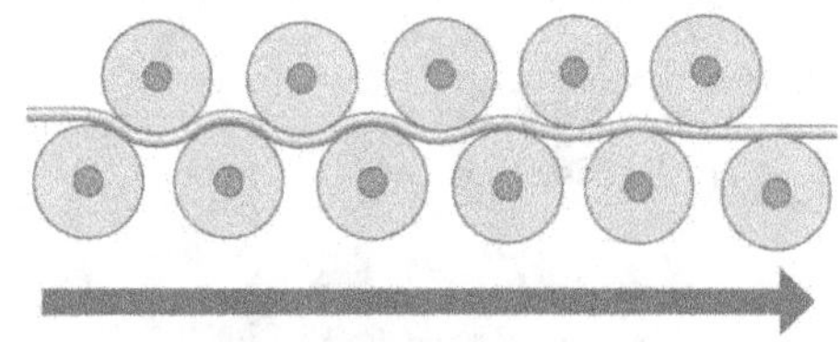

→ Voir aussi PLANAGE pour les TÔLES.

dresseur [diamond dresser]

(n.m.) OUTIL manuel à manche avec à son extré-mité une ou plusieurs pointes diamantées pour rectifier la GÉOMÉTRIE (sens 2) d'une MEULE.

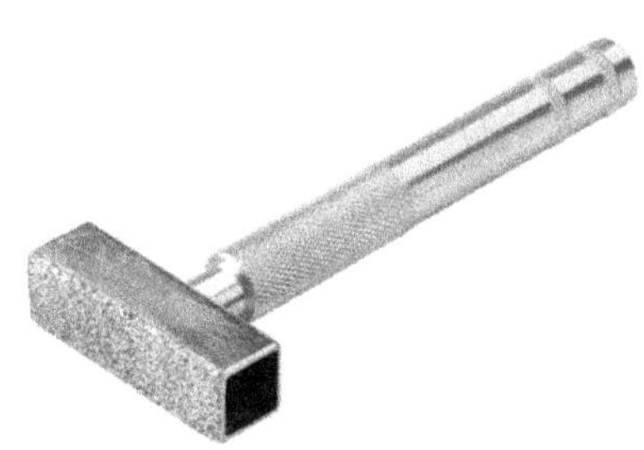

Il existe aussi des SYSTÈMES sur AXE libre pour éclater les GRAINS (sens 1) et dresser les MEULES avec LIANT vitrifié ou résinoïde.
→ Voir aussi DRESSAGE DE MEULE.

droit [straight]

(adj.) Rectiligne. Qui ne contient aucune COURBURE.

droite

(n.f.)
1. [righthand] Un des côtés opposé à l'autre appelé GAUCHE.
2. [straight line] Ligne graphique sans la moindre COURBURE.

ductile [ductile]

(adj.) Qui peut subir facilement une DÉFORMATION PLASTIQUE sans RUPTURE NETTE.
A. En courbant, par exemple, une barre de MÉTAL, voici les cas de figure possibles, selon les PROPRIÉTÉS du MATÉRIAU :

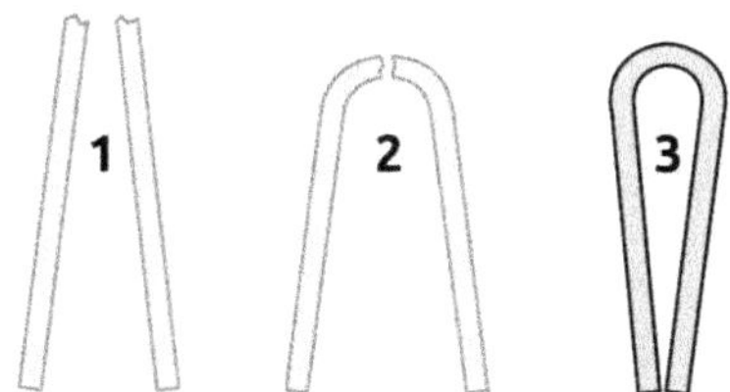

Après application d'une CONTRAINTE DE FLEXION, la BARRE n°1 ne se déforme pratiquement pas mais se rompt net directement. Il s'agit d'un MATÉRIAU | FRAGILE. La barre n°2 se déforme légèrement de façon permanente puis se rompt. On peut dire qu'un tel MATÉRIAU possède une DUCTILITÉ moyenne. La barre n°3 se plie en deux sans jamais se rompre. Il s'agit d'un MATÉRIAU ductile.
B. Un MATÉRIAU ductile est reconnaissable sur sa COURBE DE TRACTION par une zone de DÉFORMATION PERMANENTE sensiblement plus étendue que la zone de DÉFORMATION ÉLASTIQUE.

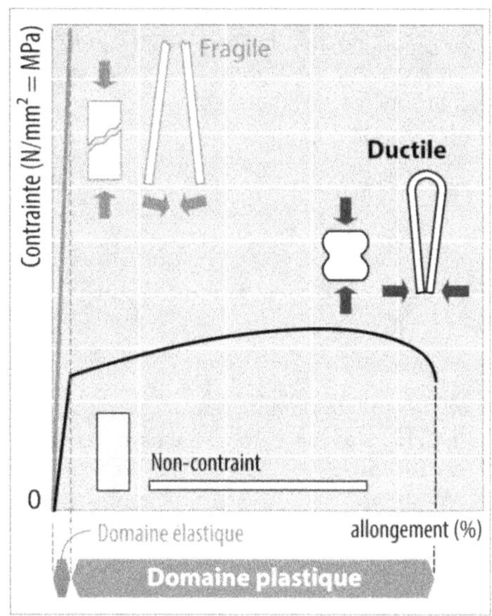

◊ Contr. : FRAGILE.

ductilité [ductility]

(n.f.) PROPRIÉTÉ d'un MATÉRIAU lui permettant d'accepter une grande DÉFORMATION PERMANENTE sans RUPTURE.
→ Voir DUCTILE.
A. Cette PROPRIÉTÉ peut être évaluée simplement avec l'ALLONGEMENT À RUPTURE. Les MATÉRIAUX possédant un ALLONGEMENT À LA RUPTURE supérieur à 5 % peuvent être considéré comme DUCTILE. À rappeler que par comparaison, l'ALLONGEMENT À LA LIMITE D'ÉLASTICITÉ n'est généralement que de 0,2 %.
B. Les MÉTAUX présentant les plus importantes ductilité sont de STRUCTURE CRISTALLINE cubique (CFC ou CC). Ci-dessous un classement des MÉTAUX selon leur ductilité, en commençant par le plus DUCTILE.

or	CFC
argent	CFC
platine	CFC
fer	CFC
nickel	CFC
cuivre	CFC
aluminium	CFC
tungstène	CC
zinc	HC
étain	tétragonal
plomb	CFC
etc.	

C. La ductilité provient des possibilités de glissement des plans atomiques dans la STRUCTURE CRISTALLINE ainsi que des mécanismes de déplacement de DISLOCATIONS.
→ Voir STRUCTURE CRISTALLINE.

dur [hard]

(adj.) Qui ne peut facilement être pénétré par un autre MATÉRIAU ou qui ne s'use pas facilement même en étant frotté contre cet autre MATÉRIAU.

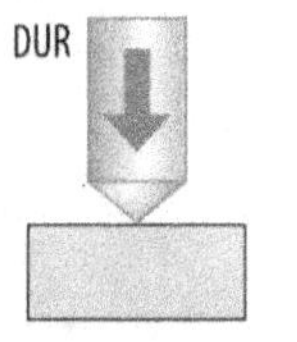
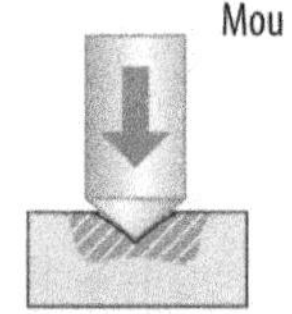

◊ Contr. : MOU.

durabilité [durability]

(n.f.) Le laps de temps pendant lequel une chose (un APPAREIL, une MACHINE, un DISPOSITIF, un OUTIL, une PIÈCE, etc.) peut fonctionner correctement avant la PANNE complète.

◆ Syn. : DURÉE DE VIE.

⟶ Voir MTBF pour une MESURE (sens 3) de la notion de durabilité

durcir [harden]

1. (v.intr.) Se renforcer en augmentant la RÉSISTANCE à la pénétration d'un autre MATÉRIAU ou la RÉSISTANCE À L'USURE par FROTTEMENT.

2. (v.tr.) Rendre plus résistant à la pénétration d'un autre MATÉRIAU ou à l'usure par FROTTEMENT.

durcissement [hardening]

(n.m.)

1. PHÉNOMÈNE augmentant la RÉSISTANCE à la pénétration d'un autre MATÉRIAU ou la RÉSISTANCE À L'USURE par FROTTEMENT.

2. Action rendant plus résistant à la pénétration d'un autre MATÉRIAU ou plus résistant à l'usure par FROTTEMENT.

durcissement localisé [localized hardening]

(n.m.) Augmentation de la DURETÉ sur seulement une zone limitée d'une PIÈCE (sens 1) et non la PIÈCE (sens 1) entière.

Ex. : *Durcissement localisé d'une PIÈCE (sens 1) métallique à l'aide d'un faisceau laser focalisé à un endroit.*

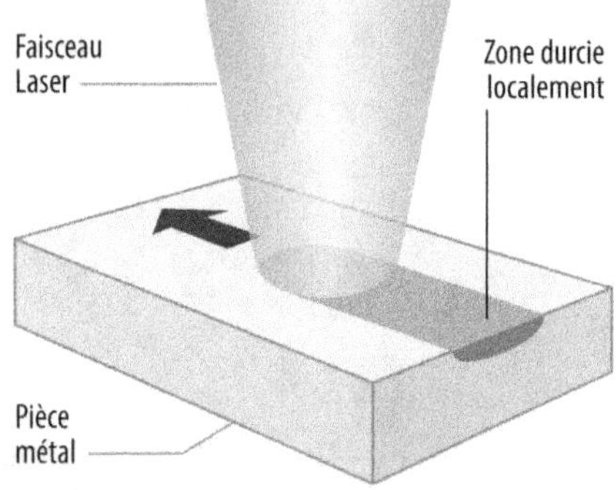

• Note : Ne pas confondre avec le DURCISSEMENT SUPERFICIEL qui concerne l'ensemble d'une PIÈCE mais seulement sur une faible ÉPAISSEUR à partir de la SURFACE.

durcissement superficiel [case hardening, SURFACE hardening]

(n.m.)

1. DURCISSEMENT appliqué uniquement à une zone externe d'une PIÈCE (sens 1) sans modifier les CARACTÉRISTIQUES MÉCANIQUES des parties internes.

Ex. : *Durcissement superficiel d'un ENGRENAGE et d'un ARBRE CANNELÉ.*

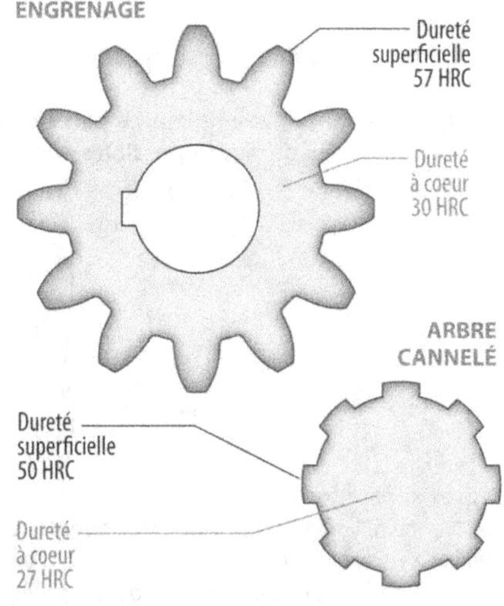

Le durcissement superficiel permet d'obtenir des PIÈCES (sens 1) DURES résistantes au FROTTEMENT et au MATAGE en partie externe, tout en étant TENACE, c'est à dire résistante au CHOC en partie interne.

⟶ Voir, par exemple, NITRURATION, CÉMENTATION, TREMPE SUPERFICIELLE, ANODISATION DURE,

CHROMAGE DUR pour quelques façons de réaliser le durcissement superficiel.

2. OPÉRATION permettant d'augmenter la DURETÉ seulement en partie externe.

durée [duration]

(n.f.) MESURE (sens 1) du temps entre le début et la fin d'un PHÉNOMÈNE ou d'un ÉVÉNEMENT.

durée de vie [lifetime]

(n.f.) Longueur de temps durant laquelle un objet, un MÉCANISME ou un SYSTÈME, d'une façon générale, peut remplir pleinement sa FONCTION. Elle peut être, par exemple, spécifiée avec la notion de MTBF.

◆ Syn. : DURABILITÉ.

dureté [hardness]

(n.f.) PROPRIÉTÉ MÉCANIQUE permettant à un MATÉRIAU de s'opposer à la pénétration d'un autre corps ou à l'USURE par FROTTEMENT.

A. Selon les MÉTHODES de MESURE (sens 3) appliquées, ci-dessous les duretés les plus utilisées en MÉCANIQUE :

Pour les MÉTAUX :

- la DURETÉ BRINELL.
- la DURETÉ ROCKWELL.
- la DURETÉ VICKERS.
- la DURETÉ KNOOP.

→ Voir la comparaison de ces MÉTHODES de MESURE à la rubrique (DURETÉ), MESURE DE DURETÉ.

Pour les autres MATÉRIAUS, en particulier les (PLASTIQUES), MATIÈRES PLASTIQUES :

- la DURETÉ SHORE.

B. Ci-dessous une classification comparative de dureté de quelques SUBSTANCES, en commençant par la plus DURE.

diamant	8000 HK
nitrure de bore	4500 HK
carbure de bore	3000 HK
carbure de silicium	2500 HK
carbure de tungstène	2000 HK
oxyde d'aluminium	1800 HK
acier de coupe	900 HK
acier trempé	800 HK
céramique	600 HK
verre	500 HK
acier inoxydable	160 HB
acier doux	100 HB
fer	60 HB
cuivre	30 HB
aluminium	23 HB
plomb	6 HB

C. Ne pas confondre la dureté avec la TÉNACITÉ.

dureté Brinell [Brinell hardness]

(n.f.) MÉTHODE de (DURETÉ), MESURE DE DURETÉ de MÉTAL utilisant un PÉNÉTRATEUR | BILLE en ACIER trempé ou en CARBURE de TUNGSTÈNE.

A. La dureté Brinell est définie par le rapport de la FORCE **F** appliquée sur la BILLE par la SURFACE **S** de la CALOTTE SPHÉRIQUE de l'EMPREINTE résultante :

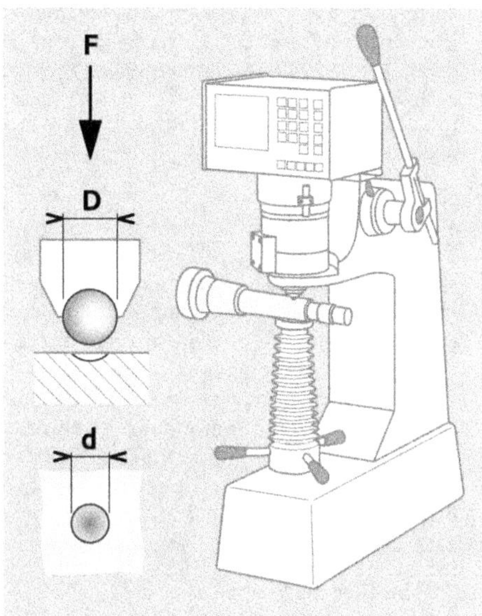

Si **D** (mm) est le DIAMÈTRE de la bille et **d** (mm) le DIAMÈTRE de l'EMPREINTE mesurée à la SURFACE du MATÉRIAU testé, la dureté Brinell est définie comme suit :

$$HB = k\frac{F}{S} = 0{,}102\frac{2F}{\pi D\,(D - \sqrt{D^2 - d^2}\,)}$$

F (en N).

D et **d** (en mm).

k = 0,102 est un coefficient d'harmonisation de l'ancienne UNITÉ (sens 1) kilogramme-force (kgf) avec les UNITÉS (sens 1) du (UNITÉ), SYSTÈME INTERNATIONAL D'UNITÉS (S.I.).

B. Bien que la dureté soit le rapport d'une FORCE (N) par une SURFACE (mm²·), c'est à dire de même DIMENSION (sens 2) qu'une PRESSION, elle est toujours donnée sans UNITÉ (sens 1) selon l'écriture suivante :

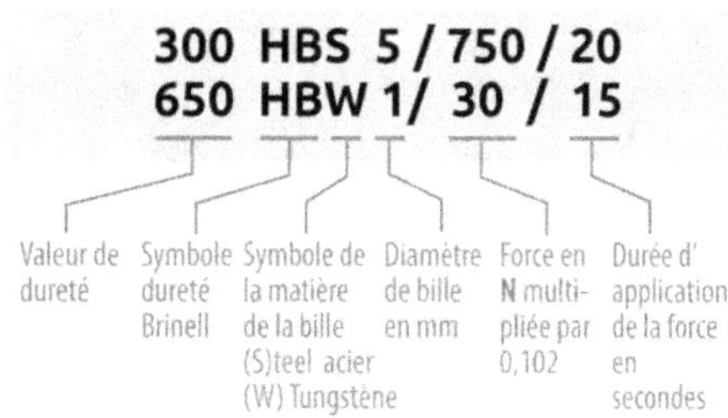

Le premier exemple ci-dessus signifie une dureté de 300 Brinell mesurée avec une BILLE en ACIER de Ø 5 mm avec une FORCE de 7353 N (750 kgf) appliquée pendant 20 s. Le deuxième exemple correspond à une dureté Brinell de 650 mesurée avec une BILLE en TUNGSTÈNE de Ø 1 mm avec une FORCE de 294 N (anciennement 30 kgf) appliquée pendant 15 s.

C. Johan August Brinell (1849-1925) est un ingénieur métallurgiste suédois.

👍 Avantages

D. Convient bien aux STRUCTURES (sens 2) grossières de grande taille comme les PIÈCES (sens 1) forgées ou PIÈCES (sens 1) de FONDERIE car la grande dimension de l'empreinte entre en contact avec de nombreux cristaux de la MATIÈRE en fournissant une valeur moyenne. La taille importante de l'empreinte est plus facile à mesurer. La SURFACE de mesure peut être brute, sans préparation particulière. Nombreuses valeurs de FORCE et de DIAMÈTRE de BILLE disponibles.

👎 Inconvénients

E. Grand risque de DÉFORMATION des pièces compte tenu des valeurs élevées de CHARGE (sens 1). Ne convient pas pour les MATÉRIAUX très DURS et FRAGILES. Ne convient pas pour les faibles ÉPAISSEURS. Plutôt difficile à automatiser car nécessitant une MESURE (sens 3) visuelle de l'EMPREINTE.

→ Voir (DURETÉ), MESURE DE DURETÉ la comparaison avec les autres TECHNIQUES de MESURE (sens 3).

dureté Knoop [Knoop hardness]

(n.f.) MÉTHODE d'évaluation de DURETÉ utilisant comme PÉNÉTRATEUR une pointe en DIAMANT de FORME pyramidale à base losange appliquée durant 10 à 15 s. Le rapport entre la grande et la petite DIAGONALE est sensiblement de 7 :

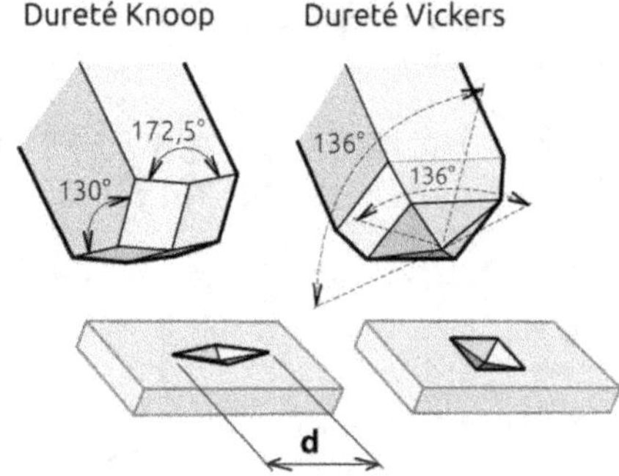

A. La dureté Knoop est définie par le rapport de la FORCE F appliquée à la pointe diamantée par la **surface projetée A** de l'EMPREINTE pyramidale creuse allongée résultante. La SURFACE projetée est exprimée en fonction de la plus grande DIAGONALE **d** :

$$HK = k\frac{F}{A} = 1{,}451\frac{F}{d^2}$$

F (en N)
d (en mm)

B. La dureté Knoop est exprimée selon l'écriture-type suivante :

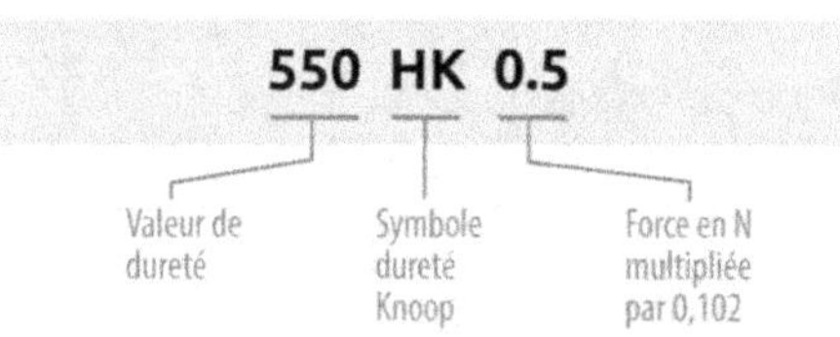

L'exemple ci-dessus signifie une dureté Knoop de 550 obtenue en utilisant une CHARGE (sens 1) de 4,9 N (anciennement 0,5 kgf).

👍 Avantages

C. Convient à tous les MATÉRIAUX des plus TENDRES aux plus DURS car l'échelle couvre une large étendue. PROFONDEUR de pénétration très faible (moitié moins par rapport à la méthode Vickers), ce qui convient particulièrement bien aux petites pièces et aux couches de très faibles ÉPAISSEURS ainsi qu'aux MATÉRIAUX cassants comme la CÉRAMIQUE et le VERRE, par exemple, pour lesquels aucune autre méthode ne convient. De part sa forme et la faible largeur de l'empreinte, est très adaptée aux filiations (série de mesures rapprochées) avec pas très faible (comme pour les PHASES (sens 2) différentes d'un MATÉRIAU) et même dans les sections de couches minces. Un seul PÉNÉTRATEUR peut convenir à toutes les spécifications de mesure. L'évaluation est plus précise que la méthode Vickers car la diagonale est plus longue (de l'ordre de 3 fois plus) à profondeur de pénétration égale. Ne génère qu'un faible endommagement de la surface testée (plus faible que la méthode Vickers). La PROFONDEUR de pénétration et le risque de formation de FISSURES en bordure de l'empreinte pour le VERRE et la CÉRAMIQUE sont plus faibles qu'avec la méthode Vickers.

👎 Inconvénients

D. Nécessite un très bon état de surface par PONÇAGE ou POLISSAGE car la mesure est optique. Méthode lente par rapport à la méthode Rockwell, surtout en tenant aussi compte du temps de préparation. Convient peu à l'AUTOMATISATION car nécessite une MESURE (sens 3) visuelle de l'EMPREINTE. Machine plus chère que les testeurs Rockwell, en raison notamment de la nécessité d'un système optique performant.

(dureté), mesure de dureté [hardness test]

(n.f.) ESSAI consistant à évaluer la capacité d'un MATÉRIAU à ne pas se laisser pénétrer ou user par un objet DUR.

A. Les différentes grandes familles de MÉTHODES de détermination sont regroupées dans le diagramme ci-dessous. Les différentes méthodes sont souvent désignées par le nom de leurs inventeurs :

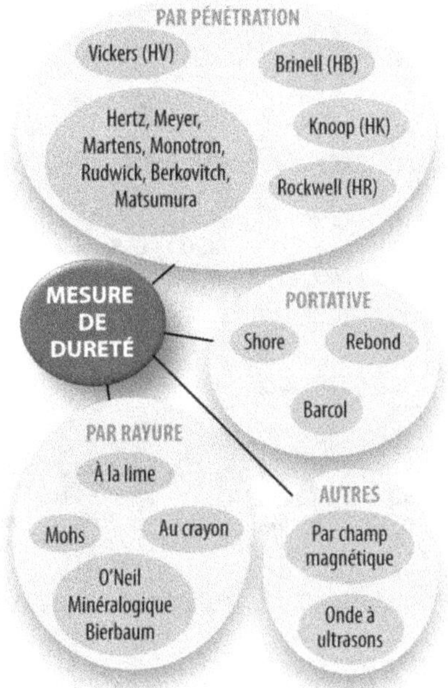

B. Les MÉTHODES par pénétration sont les plus universellement utilisées. Elles consistent à enfoncer sur la SURFACE du MATÉRIAU à tester un objet DUR appelé PÉNÉTRATEUR ou INDENTEUR par l'action d'une FORCE contrôlée et de mesurer les CARACTÉRISTIQUES géométriques de l'EMPREINTE résultante. Pour les MÉTAUX en particulier, voici les PÉNÉTRATEURS les plus souvent utilisés. La gamme de FORCE utilisée est également donnée ainsi que l'ordre de gran-

deur de l'EMPREINTE obtenue sur les MATÉRIAUX MÉTALLIQUES courants :

Brinell Rockwell B	Rockwell	Vickers	Knoop
10 à 30 000 N	100 à 1 500 N	0,1 à 1 000 N	< 10 N
	120°	136°	172,5°
Bille en acier ou en carbure de tungstène (sphère Ø 1 ; 2,5 ; 5 ; 10 mm)	Diamant conique (partie utile ~ Ø 1 mm)	Diamant pyramidal carré (partie utile ~□ 2 mm)	Diamant pyramidal en losange (partie utile large 1,5 mm)
PROFONDEUR MAXI DE L'EMPREINTE			
~ 1 mm	~ 0,14 mm	~ 0,14 mm	~ 0,033 mm
FORME ET DIMENSION EMPREINTE			
0,5 à 5 mm	0,05 à 0,5 mm	0,01 à 1 mm	0,01 à 1 mm
RAPPORT d/t			
> 5	3,46	7	30,5

C. Pour les autres MATÉRIAUX tels que les (PLASTIQUES), MATIÈRES PLASTIQUES, voir les explications à la rubrique DURETÉ SHORE.

D. Par rapport aux autres types d'ESSAI MÉCANIQUE, les MESURES (sens 3) de dureté ont l'avantage d'être simples, rapides, pratiques et finalement peu coûteuses car elles ne requièrent la préparation d'aucune ÉPROUVETTE particulière. Une petite SURFACE de quelques millimètres carrés suffit et généralement l'ESSAI peut être considéré comme NON-DESTRUCTIF car les tailles des EMPREINTES sont souvent suffisamment petites pour ne pas gêner l'utilisation ultérieure des PIÈCES (voir le tableau précédent).

E. La MESURE (sens 3) peut être effectuée en LABORATOIRE pour des investigations scientifiques mais elle trouve aussi sa place, en usine ou en atelier, pour des CONTRÔLES et VÉRIFICATIONS rapides sur des lignes de FABRICATION, par exemple et ce à tous les stades de la PRODUCTION.

F. La MESURE (sens 3) de dureté sert essentiellement à évaluer la RÉSISTANCE À L'USURE et à l'ABRA-

SION, à caractériser les MATÉRIAUX, à vérifier le résultat de TRAITEMENT THERMIQUE, à contrôler l'homogénéité d'une PIÈCE, à cerner l'USINABILITÉ, etc. Mais elle permet aussi de donner un certain aperçu de la notion de RÉSISTANCE MÉCANIQUE telles que les ESSAIS DE TRACTION peuvent la fournir. En effet, par son principe, la MESURE (sens 3) de dureté, fait intervenir une DÉFORMATION PLASTIQUE du MATÉRIAU testé. Il n'est donc pas étonnant qu'un lien existe avec les CARACTÉRISTIQUES de RÉSISTANCE purement MÉCANIQUE. Pour chaque famille de MATÉRIAU, on peut établir une relation étroite entre la DURETÉ et, par exemple, la RÉSISTANCE À LA RUPTURE. Le diagramme suivant donne un exemple de cette relation pour le cas particulier de l'ACIER NON ALLIÉ :

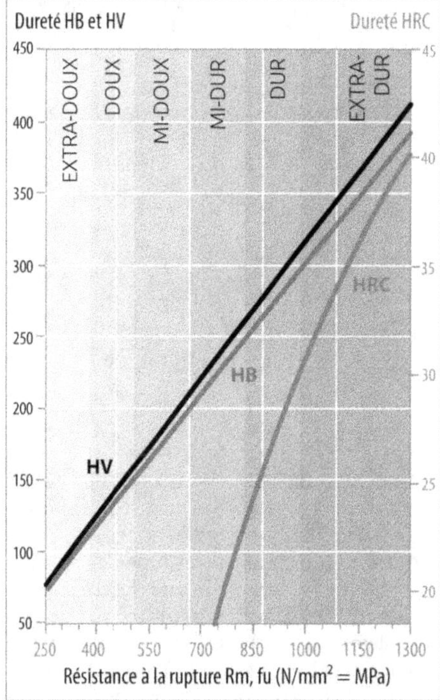

G. Ces données ne peuvent cependant être utilisées qu'à titre estimatif car les conversions de dureté en RÉSISTANCE À LA RUPTURE et vice-versa ne peuvent en aucun cas remplacer les mesures par les ESSAIS normalisés réels. Plusieurs ÉCHELLES (sens 4) de dureté ayant chacune leurs qualités particulières existent. L'ÉCHELLE (sens 4) de DURETÉ VICKERS est l'une des plus pratiques par son étendue et la linéarité remarquable de correspondance avec la RÉSISTANCE MÉCANIQUE notamment de l'ACIER. Les tableaux suivants donnent une correspondance de ces ÉCHELLES (sens 4) pour le cas le

plus courant de l'ACIER NON ALLIÉ et des ACIERS FAIBLEMENT ALLIÉS selon la norme ISO 18265 :

Dureté Vickers (HV 10)	Dureté Brinell (HB)	Dureté Rockwell				Résistance rupture Rm (MPa)
		(HRA)	(HRB)	(HRF)	(HRC)	
80	76		41,0	82,6		255
85	80,7		48,0			270
90	85,5		52,0	87,0		285
95	90,2		56,2			305
100	95,0					320
105	99,8		62,3	90,5		335
110	105					350
115	109		66,7	93,6		370
120	114					385
125	119					400
130	124		71,2	96,4		415
135	128					430
140	133		75,0	99,0		450
145	138					465
150	143		78,7	101,4		480
155	147		81,7	103,6		495
160	152					510
165	156		85,0	105,5		530
170	162					545
175	166					560
180	171		87,1	107,2		575
185	176					595
190	181		89,5	108,7		610
195	185					625
200	190		91,5	110,1		640
205	195		92,5	111,3		660
210	199		93,5			675
215	204		94,0	112,4		690
220	209		95,0			705
225	214		96,0			720
230	219	60,7	96,7	113,4	20,3	740
235	223	61,2			21,3	755
240	228	61,6	98,1	114,3	22,2	770
245	233					785
250	238		99,5	115,1		800
255	242	62	(101)		23,1	820
260	247	62,4			24	835
265	252	62,7	(102)		24,8	850
270	257	63,1			25,6	865
275	261	63,5			26,4	880
280	268	63,8	(104)		27,1	900
285	271	64,2			27,8	915
290	276	64,5	(105)		28,5	930
295	280	64,8			29,2	950
300	285	65,2			29,8	965
310	295	65,8			31,0	995
320	304	66,4			32,2	1030
330	314	67,0			33,3	1060
340	323	67,6			34,4	1095
350	333	68,1			35,5	1125
360	342	68,7			36,6	1155
370	352	69,2			37,7	1190
380	361	69,8			38,8	1220
390	371	70,3			39,8	1255
400	380	70,8			40,8	1290

Dureté Vickers (HV)	Dureté Brinell (HB)	Dureté Rockwell				Résistance rupture Rm (MPa)
		(HRA)	(HRB)	(HRF)	(HRC)	
410	390	71,4			41,8	1320
420	399	71,8			42,7	1350
430	409	72,3			43,6	1385
440	418	72,8			44,5	1420
450	428	73,3			45,3	1455
460	**437**	**73,6**			**46,1**	**1485**
470	**447**	**74,1**			**46,9**	**1520**
480	**465**	**74,5**			**47,7**	**1555**
490	**466**	**74,9**			**48,4**	**1595**
500	**475**	**75,3**			**49,1**	**1630**
510	485	75,7			49,8	1665
520	494	76,1			50,5	1700
530	504	76,4			51,1	1740
540	513	76,7			51,7	1775
550	523	77			52,3	1810
560	**532**	**77,4**			**53,0**	**1845**
570	**542**	**77,8**			**53,6**	**1880**
580	**551**	**78,0**			**54,1**	**1920**
590	**561**	**78,4**			**54,7**	**1955**
600	**570**	**78,6**			**55,2**	**1995**
610	580	78,9			55,7	2030
620	589	79,2			56,3	2070
630	599	79,5			56,8	2105
640	608	79,8			57,3	2145
650	618	80,0			57,8	2180

Dureté Vickers (HV)	Dureté Brinell (HB)	Dureté Rockwell				Résistance rupture Rm (MPa)
		(HRA)	(HRB)	(HRF)	(HRC)	
660		80,3			58,3	
670		80,6			58,8	
680		80,8			59,2	
690		81,1			59,7	
700		81,3			60,1	
720		**81,8**			**61,0**	
740		**82,2**			**61,8**	
760		**82,6**			**62,5**	
780		**83,0**			**63,3**	
800		**83,4**			**64,0**	
820		83,8			64,7	
840		84,1			65,3	
860		84,4			65,9	
880		84,7			66,4	
900		85,0			67,0	
920		**85,3**			**67,5**	
940		**85,6**			**68,0**	

dureté Rockwell [Rockwell hardness]

(n.f.) MÉTHODE de (DURETÉ), MESURE DE DURETÉ de MATÉRIAU utilisant un PÉNÉTRATEUR | BILLE en ACIER trempé ou un CÔNE en DIAMANT d'ANGLE au sommet 120°.

A. La dureté Rockwell est déterminée dans des conditions précises à partir de la DISTANCE d'enfoncement rémanent **e** du PÉNÉTRATEUR après une premier enfoncement dû à une précharge,

puis application d'une surcharge et enfin enlèvement de la surcharge tout en maintenant la précharge :

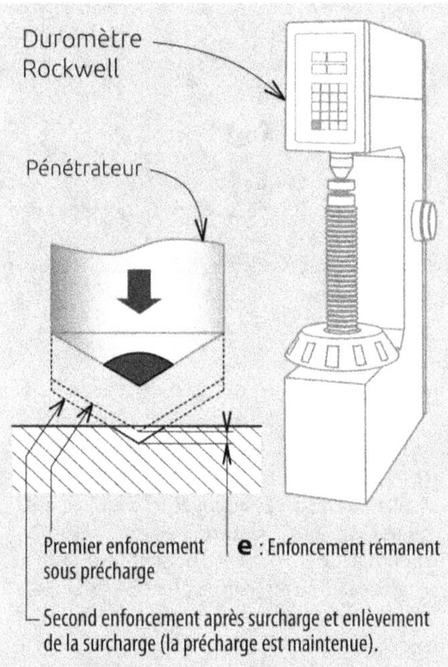

B. En fonction des CHARGES (sens 1), types et DIMENSIONS de PÉNÉTRATEUR, il existe plusieurs duretés Rockwell repérées par des lettres et calculées selon les formules suivantes.

• Pour HRA, HRC, HRD (PÉNÉTRATEUR | DIAMANT | CONIQUE) :

$$HR^* = 100 - \frac{e}{2} \quad (e \text{ en } \mu m)$$

• Pour HRB, HRE, HRF, HRG, HRH, HRK, HRL, HRM, HRP, HRR, HRS, HRV (PÉNÉTRATEUR | BILLE) :

$$HR^* = 130 - \frac{e}{2} \quad (e \text{ en } \mu m)$$

• Pour les duretés superficielles HRN, HRT, HRW, HRX et HRY (PÉNÉTRATEUR | DIAMANT | CONIQUE ou BILLE) :

$$HR^* = 100 - e \quad (e \text{ en } \mu m)$$

 **Avantages**

C. ESSAI complètement automatisé très rapide. N'a pas besoin d'une visualisation de l'EM-

PREINTE. La valeur de la DURETÉ peut être directement lue sur un cadran ou un AFFICHEUR. Ne nécessite pas, en général, de préparation de SURFACE particulière. Convient bien aux CONTRÔLES d'une PRODUCTION industrielle. Machine moins chère car sans dispositif optique coûteux. ESSAI NON-DESTRUCTIF.

👎 Inconvénients

D. Moins précis que les ESSAIS à MESURE (sens 3) de SURFACE (Vickers, Brinell...) Nécessite de bien étalonner les PÉNÉTRATEURS pour des résultats corrects. Plus la dureté est élevée, plus la méthode a du mal à différencier les MATÉRIAUX.

dureté Shore [Shore hardness]

(n.f.) MÉTHODE portative d'évaluation de DURETÉ de MATIÈRES plutôt TENDRES comme les (PLASTIQUES) MATIÈRES PLASTIQUES, les ÉLASTOMÈRES, le cuir, le BOIS, etc.

A. Elle consiste à appuyer manuellement une pointe de FORME déterminée sur le MATÉRIAU à mesurer. La DURETÉ est donnée par la PROFONDEUR de pénétration de la pointe. Trois FORMES de PÉNÉTRATEUR existent pour couvrir les ÉCHELLES (sens 3) de DURETÉ utiles.

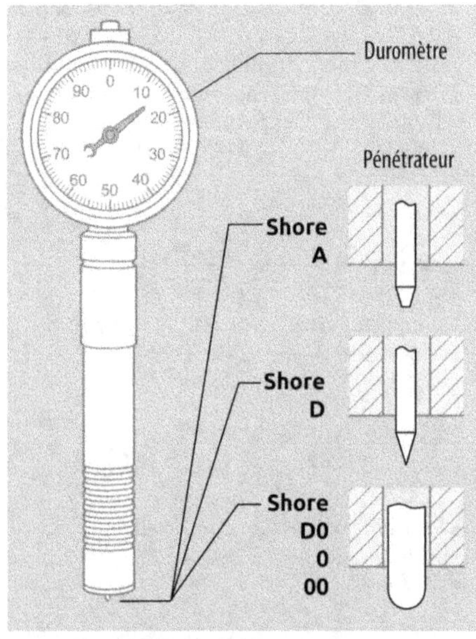

→ Voir aussi RIGIDITÉ.

dureté Vickers [Vickers hardness]

(n.f.) MÉTHODE d'évaluation de DURETÉ utilisant comme PÉNÉTRATEUR une pointe en DIAMANT de FORME pyramidale à base carrée et d'ANGLE au sommet de 136°.

A. La dureté Vickers est définie par le rapport de la FORCE **F** appliquée à la pointe diamantée par la SURFACE totale **S** de l'EMPREINTE pyramidale creuse résultante :

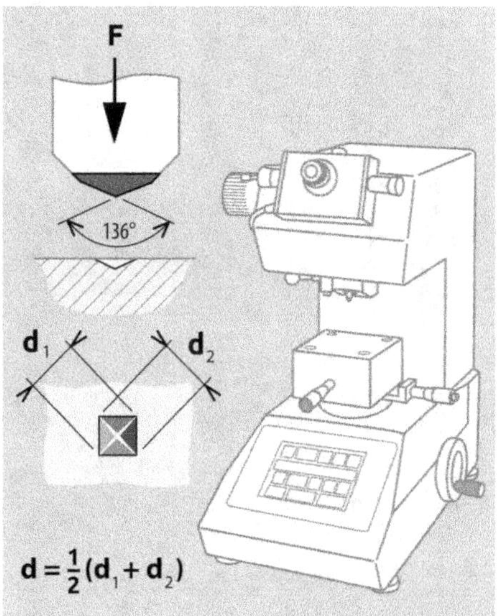

$$d = \frac{1}{2}(d_1 + d_2)$$

Si **d** (mm) est la moyenne des deux DIAGONALES de l'EMPREINTE mesurées à la SURFACE du MATÉRIAU testé, la dureté Vickers est définie comme suit :

$$HV = k\frac{F}{S} = 0{,}102\,\frac{2F\sin\left(\dfrac{136°}{2}\right)}{d^2}$$

$$= 0{,}1891\,\frac{F}{d^2}$$

F : force en N.
d : moyenne des deux DIAGONALES en mm.
k : coefficient d'harmonisation d'UNITÉS (sens 1).

B. La dureté Vickers est exprimée selon l'écriture suivante :

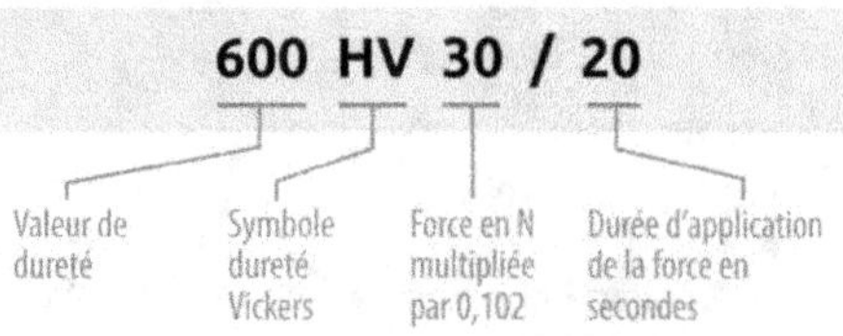

L'exemple ci-dessus signifie une dureté Vickers de 600 obtenue par application d'une FORCE de 294 N (anciennement 30 kgf) pendant 20 s.

👍 Avantages

C. Par rapport aux DURETÉ BRINELL et DURETÉ ROCKWELL, elle est relativement indépendante de la CHARGE (sens 1) appliquée, ce qui donne une ÉCHELLE (sens 4) de valeur très étendue et surtout une grande PRÉCISION.

👎 Inconvénients

D. Nécessite un SYSTÈME optique plus élaboré pour mesurer les DIAGONALES de l'EMPREINTE. Requiert un bon ÉTAT DE SURFACE du MATÉRIAU testé ce qui la prédestine plus aux utilisations de LABORATOIRE.

duromètre [hardness tester, durometer]

(n.m.) APPAREIL DE MESURE de la DURETÉ.

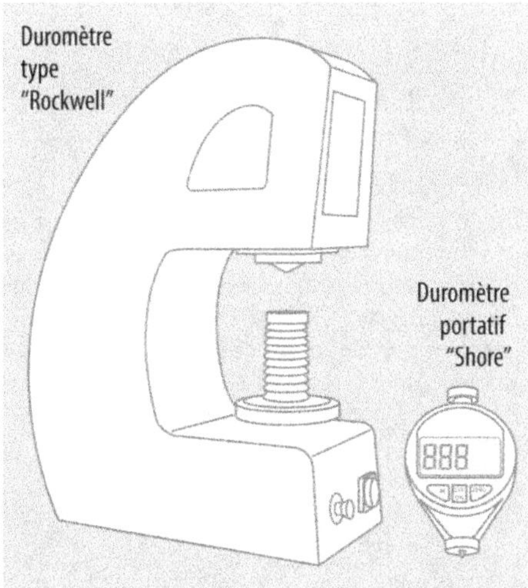

Il peut être fixe ou portatif.
→ Voir également DURETÉ VICKERS ; DURETÉ BRINELL ; DURETÉ ROCKWELL ; DURETÉ SHORE.

dynamique [dynamics]

(n.f.) Branche de la MÉCANIQUE (sens 1) étudiant les MOUVEMENTS d'un CORPS en rapport avec la FORCE qui l'a animé.

dynamique [dynamic]

(adj.) Qui bouge dans l'espace, qui varie dans le temps.

dynamomètre [dynamometer]

(n.m.) APPAREIL DE MESURE de l'INTENSITÉ d'une FORCE.

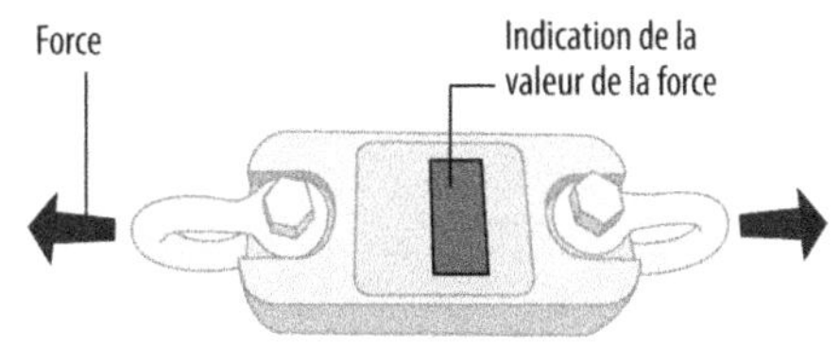

dystechnie [dystechnia]

(n.f.) Entrave psychologique à l'acceptation de l'omniprésence de la TECHNOLOGIE (sens 2). Phobie, rejet de la présence envahissante de la technique.

A. Le phénomène est amplifié par le fait que les contenus internes (mécanismes, algorithmes, etc.) des outils et systèmes matériels ne sont plus accessibles et assimilables par l'utilisateur courant, entraînant parfois une fracture technologique. Toutes proportions gardées, la dystechnie peut être mises en parallèle avec les troubles reconnus de la capacité, comme la dyslexie (trouble de la lecture ou de la transcription par écrit du langage), la dyspraxie (trouble de l'harmonie des gestes et de la perception de l'espace) ou la dyschronie (trouble de la perception du temps, des durées et de la chronologie) et se traduit plus par de l'incompétence que par la défiance dans la compréhension, l'utilisation et la maîtrise des concepts et matériels techniques.

B. La dystechnie est relativement répandue mais assez peu reconnue. Elle représente un obstacle à l'optimisation des performances et efficacités organisationnelles et technologiques de notre société. À l'échelle de l'individu ou d'une équipe, la dystechnie se traduit par un manque d'efficacité, voire une paresse provenant d'une foi aveugle que la technologie s'occupera de tout et fonctionnera toujours.

E, e

Symbole pour le MODULE DE YOUNG ou MODULE D'ÉLASTICITÉ LONGITUDINALE.

ébarbage [fettling]

(n.m.) OPÉRATION d'enlèvement de BARBE, c'est à dire des excès de MATIÈRE débordant accidentellement du PLAN DE JOINT d'un MOULE de FONDERIE (sens 1).
Ex. : *Ébarbage d'une pièce de fonderie avec une fraise manuelle.*

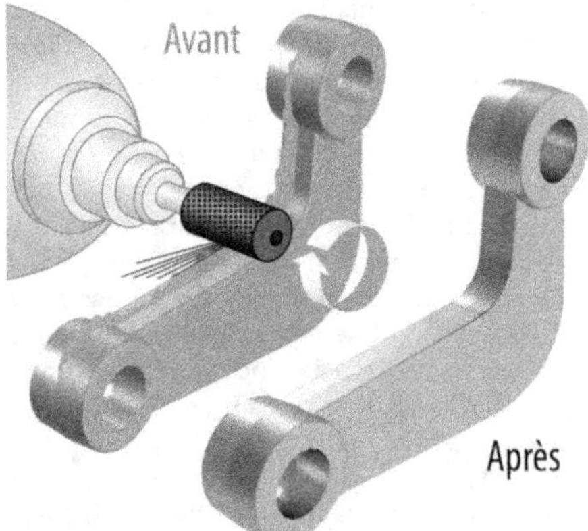

A. La notion d'ébarbage inclut aussi la suppression de tout le surplus de matière associé aux PROCÉDÉS de FONDERIE (sens 1) : NOYAU (dénoyautage ou débourrage), MASSELOTTE (sens 2) (démasselottage), attaque de remplissage, canaux de COULÉE, trous d'ÉVENT, etc. Ces opérations sont très souvent robotisées.
B. L'ébarbage peut être effectué avec une MEULEUSE, une PONCEUSE À BANDE, un TOURET À MEULER, une SCIE VERTICALE, une FRAISE électroportative, etc.
C. Ne pas confondre avec l'ÉBAVURAGE (sens 2).

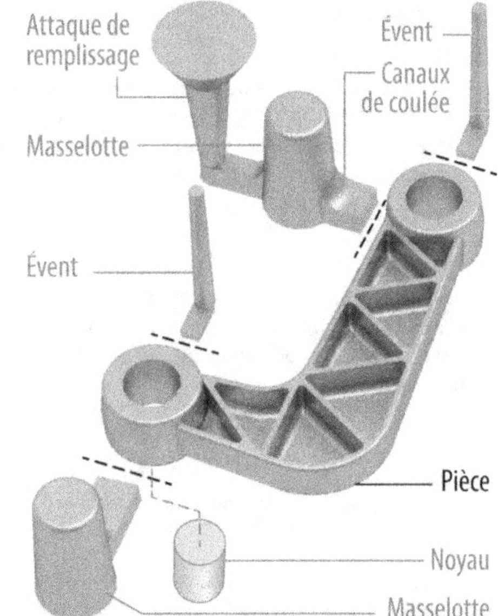

ébauchage [roughing]

(n.m.) OPÉRATION de FABRICATION visant à retirer en moins de temps possible et sans souci de PRÉCISION, les FORMES les plus GROSSIÈRES ou les excédents de MATIÈRE d'une PIÈCE BRUTE pour se rapprocher de la GÉOMÉTRIE (sens 2) finale recherchée.
Ex. : *Ébauchage en fraisage.*

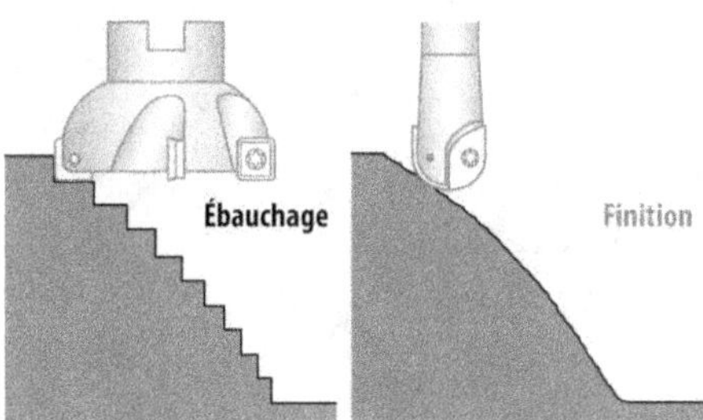

L'ébauchage doit être nécessairement suivi d'OPÉRATIONs plus soignées de DEMI-FINITION et de FINITION.

ébauche [rough]

(n.f.) PIÈCE (sens 1) GROSSIÈRE se rapprochant de la pièce finale mais nécessitant encore un travail particulier de FINITION ou de PARACHÈVEMENT.

ébavurage

(n.m.)
1. [deburring] OPÉRATION d'enlèvement des restes de MATIÈRE indésirables accrochés à une PIÈCE (sens 1) à la suite d'un USINAGE, d'un POINÇONNAGE ou d'un DÉCOUPAGE (voir page suivante).

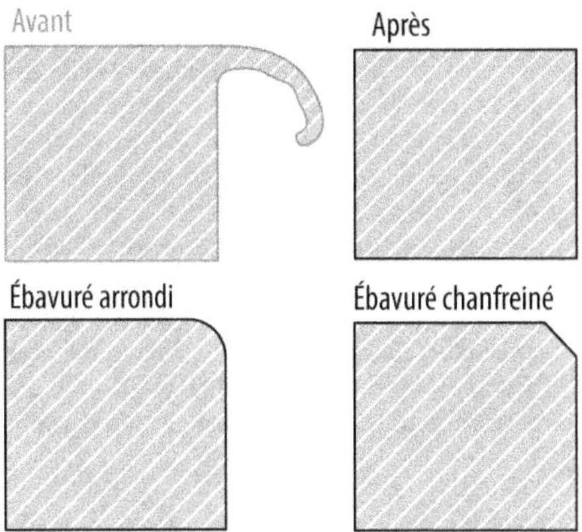

Ex. : *Ébavurage avec une* FRAISE À ÉBAVURER *d'un* TROU *percé par un* FORET HÉLICOÏDAL.

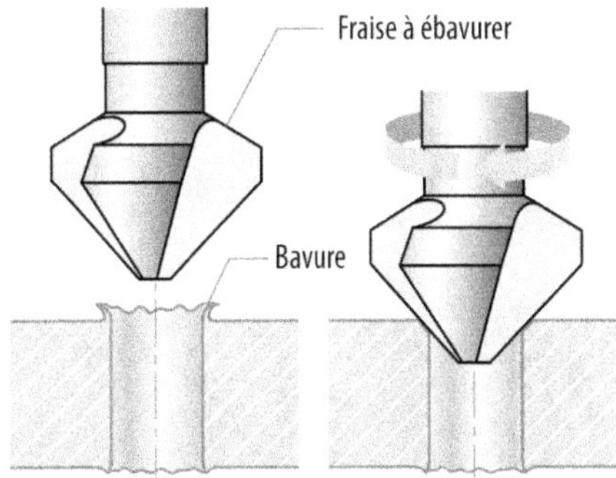

A. C'est une OPÉRATION complémentaire de FINITION consécutive à des PROCÉDÉS de MISE EN FORME. L'ébavurage est la plupart du temps incontournable car les BAVURES sont presque toujours impossible à éviter.

B. L'ébavurage peut être entièrement manuel c'est à dire effectué au jugé par les MOUVEMENTS d'un opérateur humain utilisant un ÉQUIPEMENT relativement simple.
→ Voir ÉBAVURAGE MANUEL.

C. Mais il peut aussi être conduit de façon industrielle avec plusieurs MÉTHODES :
- ÉBAVURAGE MÉCANIQUE ou TRIBOFINITION.
- ÉBAVURAGE ÉLECTROCHIMIQUE.
- ÉBAVURAGE PAR JET D'EAU SOUS PRESSION.
- ÉBAVURAGE ROBOTISÉ.
- ÉBAVURAGE PAR BROSSAGE.
- ÉBAVURAGE THERMIQUE (uniquement pour les MÉTAUX).
- ÉBAVURAGE CRYOGÉNIQUE (uniquement pour les (PLASTIQUES), MATIÈRES PLASTIQUES.

2. [trimming, deflashing] OPÉRATION d'enlèvement du surplus de MATIÈRE appelé « cordon de bavure » débordant d'un OUTILLAGE (sens 2) d'ESTAMPAGE ou de MATRIÇAGE, ou résultant d'une OPÉRATION de SOUDAGE PAR FRICTION ou SOUDAGE À FROID PAR PRESSION.

Ex. 1 : *Ébavurage du cordon de bavure d'*ESTAMPAGE *ou de* MATRIÇAGE.

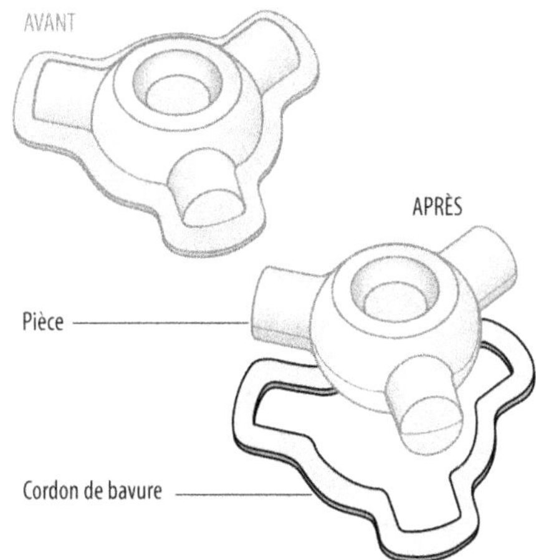

Ex. 2 : *Ébavurage d'une* SOUDURE *par pression :*

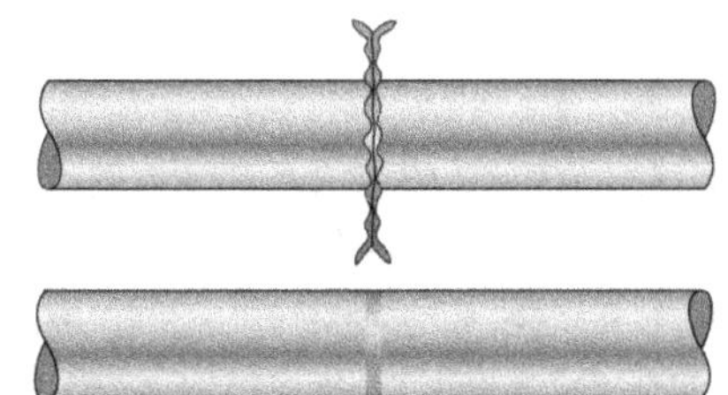

Dans le cas du MATRIÇAGE ou de l'ESTAMPAGE, la pièce nouvellement fabriquée et comportant encore son cordon de bavure est placée sur une MATRICE (sens 1) possédant le profil adéquat, puis poussée à travers elle par un POINÇON à l'aide d'une PRESSE, de manière à la séparer du cordon de bavure par CISAILLEMENT.

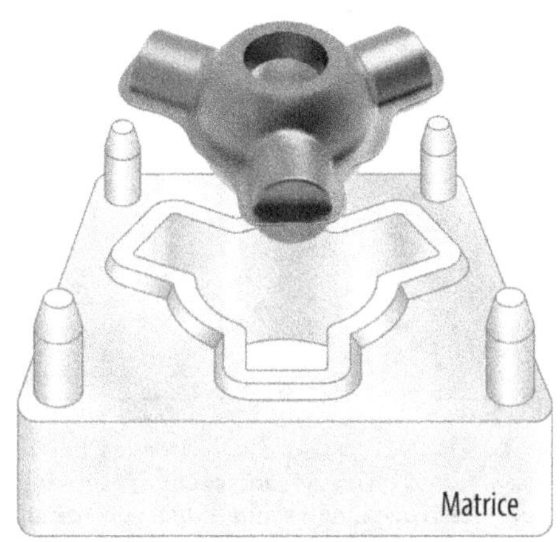

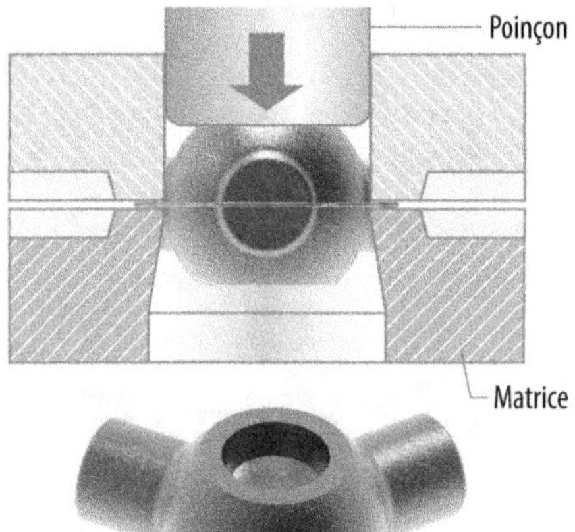

→ **Voir aussi** MATRIÇAGE.

ébavurage cryogénique [cryogenic deburring, cryogenic deflashing]

(n.m.) TECHNIQUE permettant de retirer les débordements indésirables de MATIÈRE provenant des PROCÉDÉS de FABRICATION en refroidissant les PIÈCES (sens 1) à des températures très basses de manière à fragiliser les BAVURES pour pouvoir être détachées facilement par un bombardement de particules. C'est un procédé réservé aux (PLASTIQUES), MATIÈRES PLASTIQUES (THERMOPLASTIQUES, ÉLASTOMÈRES, CAOUTCHOUCS, SILICONES).

ébavurage électrochimique [electrochemical deburring]

(n.m.) PROCÉDÉ d'élimination des débordements indésirables de MATIÈRE issus des OPÉRATIONS d'USINAGE, par dissolution dans une solution liquide à l'aide d'une réaction chimique assistée d'un courant électrique.

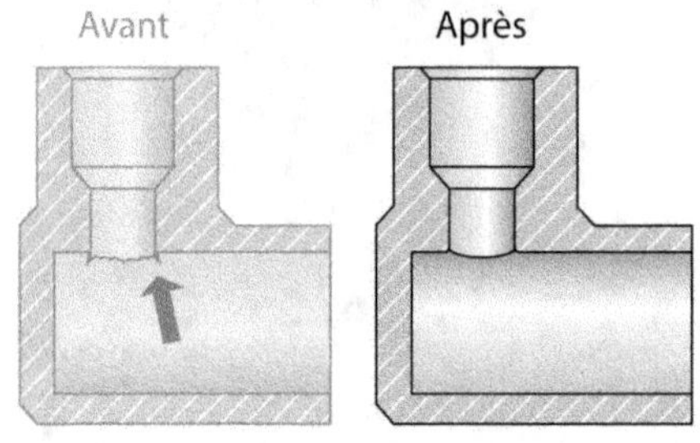

A. Le PROCÉDÉ consiste à retirer les BAVURES (sens 1) sans qu'il y ait contact et de façon ciblée, par électrolyse entre une électrode négative (cathode) positionnée au bon endroit et la pièce constituée en électrode positive (anode). Le MÉTAL des bavures se détache ion par ion par une réaction électrochimique et se retrouve en solution dans l'électrolyte. Par les lois physiques de distribution de courant électrique, l'électro-dissolution s'effectue préférentiellement sur les parties les plus fines et les plus acérées que sont les BAVURES.

B. Vue générale du PROCÉDÉ : à noter la présence d'un circuit de recyclage et de filtrage de l'électrolyte, ce qui permet d'évacuer les produits chimiques provenant de l'enlèvement de MATIÈRE.

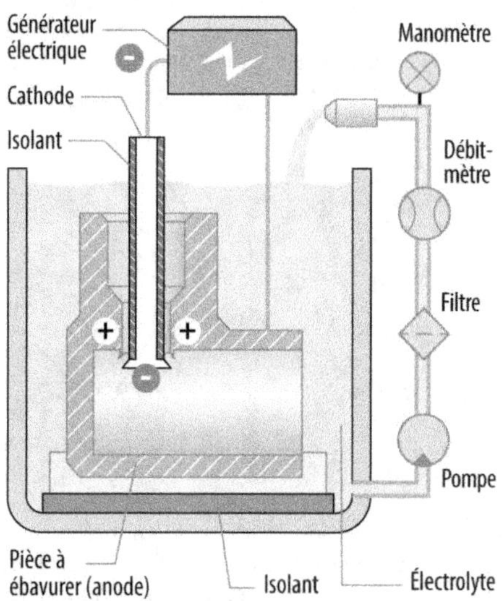

👍 Avantages

C. Efficace, précis, rapide et REPRODUCTIBLE. Procédé ne demandant pas beaucoup de MAIN D'ŒUVRE (sens 2). N'introduit pas de perturbations mécaniques et thermiques sur le MATÉRIAU de la pièce traitée.

👎 Inconvénients

D. Nécessite d'atteindre le voisinage de la BAVURE (sens 1) avec une électrode. Le liquide électrolyte peut engendrer des problèmes de CORROSION à l'ÉQUIPEMENT, à l'électrode et à la PIÈCE (sens 1) s'il est mal évacué et regénéré. Ne fonctionne que sur les MATÉRIAUX conducteurs d'électricité. Ne convient que pour des productions industrielles car l'ÉQUIPEMENT est coûteux. Nécessite un moyen de FIXATION électriquement isolée pour la pièce.

E. À remarquer que ce même principe électro-chimique est aussi exploité pour l'USINAGE proprement dit. Ainsi, ce sont exactement les mêmes MACHINES qui servent aussi bien pour l'ébavurage que pour l'USINAGE. À noter, cependant, que contrairement à l'ébavurage, l'électrode reçoit un MOUVEMENT D'AVANCE de plongée à l'intérieur de la pièce, dans le cas de l'USINAGE.

→ Voir USINAGE ÉLECTROCHIMIQUE.

ébavurage manuel [manual deburring]

(n.m.) Opération d'enlèvement des débordements de matière à la suite d'un USINAGE ou d'une MISE EN FORME grâce aux MOUVEMENTS et à l'habileté d'un opérateur humain utilisant un ÉQUIPEMENT relativement simple.

Ex. 1 : *Ébavurage manuel avec un ÉBAVUREUR d'un tube après une COUPE (sens 1).*

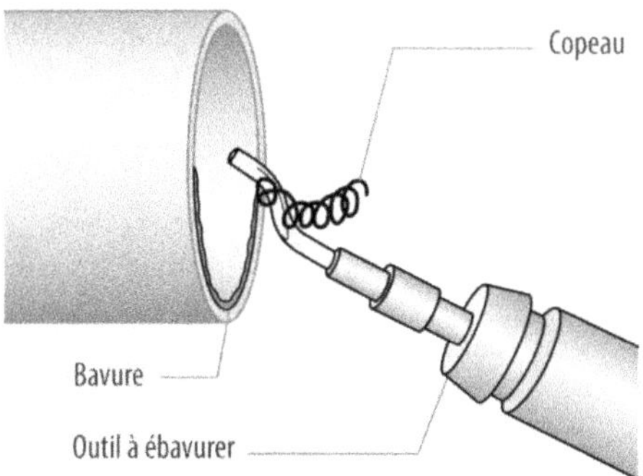

Ex. 2 : *Ébavurage avec une FRAISE électroportative.*

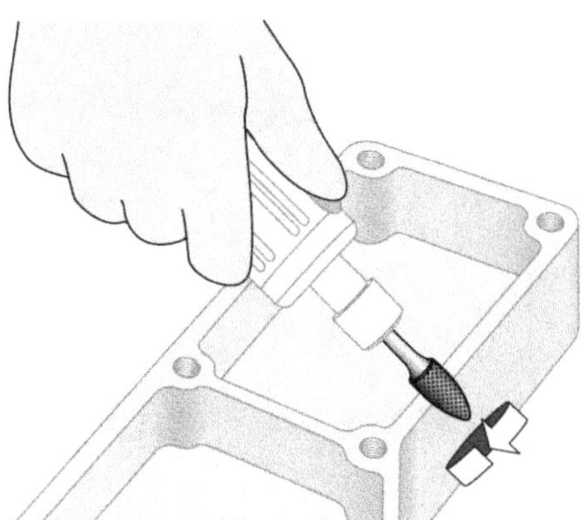

Ex. 3 : *Ébavurage manuel avec une LIME.*

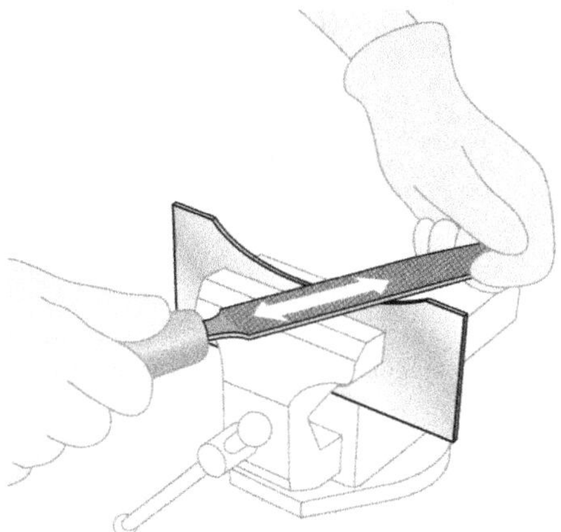

Ex. 4 : *Ébavurage manuel avec une MEULE.*

Avantages

A. Mise en œuvre très facile. Ne nécessite pas d'ÉQUIPEMENTS coûteux.

Inconvénients

B. Peu productif car laborieux en MAIN D'ŒUVRE (sens 2). Ne convient pas pour les PRODUCTIONS industrielles. Limité à des BAVURES (sens 1) relativement petites avec des GÉOMÉTRIES (sens 2) simples et très accessibles. Résultat aléatoire dépendant de l'habileté et de l'assiduité de l'opérateur. Risque d'oubli de certaines BAVURES (sens 1) ce qui peut favoriser des DÉFAILLANCES.

◊ Contr. : ÉBAVURAGE ROBOTISÉ.

ébavurage par brossage [deburring with brushes]

(n.m.) PROCÉDÉ d'enlèvement des débordements non-désirés de matière laissés par les procédés de MISE EN FORME, grâce au FROTTEMENT d'un OUTIL hérissé de brins plus ou moins rigides capable de retirer toutes les fines saillies sur une SURFACE.

A. Cette technique peut être envisagée de façon purement manuelle ou complètement automatisée par ÉVAVURAGE ROBOTISÉ.

Avantages

B. Rapide, efficace et économique car les BROSSES ne coûtent pas cher par rapport aux autres OUTILS d'ébavurage. Applicable à des FORMES très complexes.

Inconvénients

C. Peut nécessiter plusieurs BROSSES (CONSOMMABLE).

ébavurage par jet d'eau [waterjet deburring]

(n.m.) PROCÉDÉ d'enlèvement des saillies de MATIÈRE laissées par des USINAGES, DÉCOUPAGES ou POINÇONNAGES, grâce à l'énergie mécanique d'un mince filet de liquide propulsé à très haute pression sur la PIÈCE (sens 1).

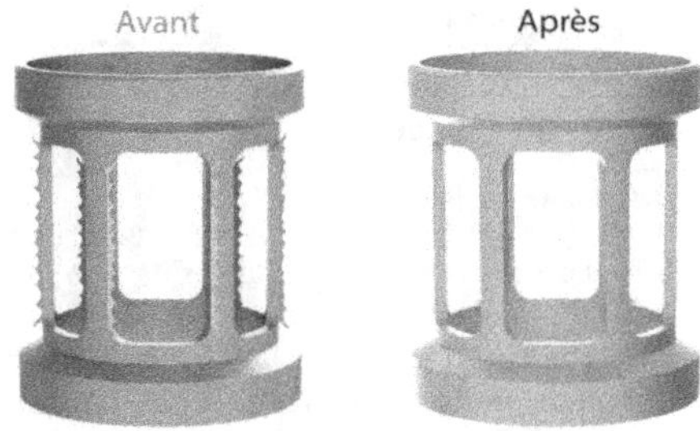

A. vue générale du PROCÉDÉ :

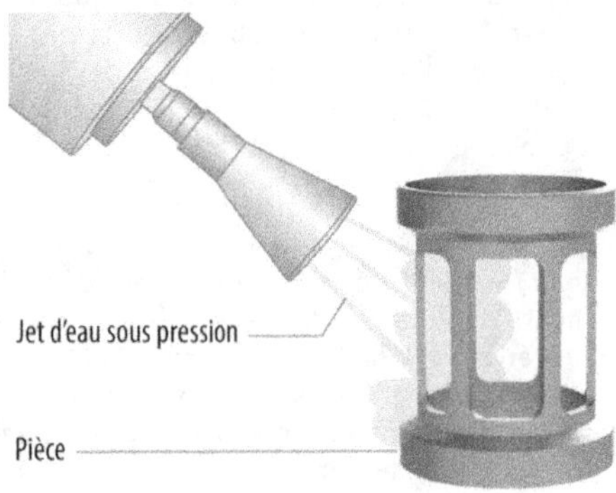

Avantages

B. Efficacité générale. Enlève en même temps les débris et contaminants de surface : COPEAUX, HUILE, GRAISSE, traces de doigts...

Inconvénients

C. Équipement très coûteux. Nécessite une ROBOTISATION. Nécessite ultérieurement un séchage pour éviter la CORROSION, notamment des ALLIAGES FERREUX.

ébavurage robotisé [robotic deburring]

(n.m.) TECHNIQUE d'enlèvement des débordements de MATIÈRE appelés BAVURES (sens 1) provenant des OPÉRATIONS d'USINAGE, grâce à une MACHINE À COMMANDE NUMÉRIQUE qui dirige avec PRÉCISION et de façon très REPRODUCTIBLE la TRAJECTOIRE d'un OUTIL aux endroits concernés.

A. L'OUTIL peut être une FRAISE, une MEULE ou une BROSSE.

Photo : Frescomovie

Ex. : *Ébavurage robotisé avec une MEULE.*

Photo : Dmitry kalinovsky

Ex. 2 : *Ébavurage robotisé avec une* BROSSE.

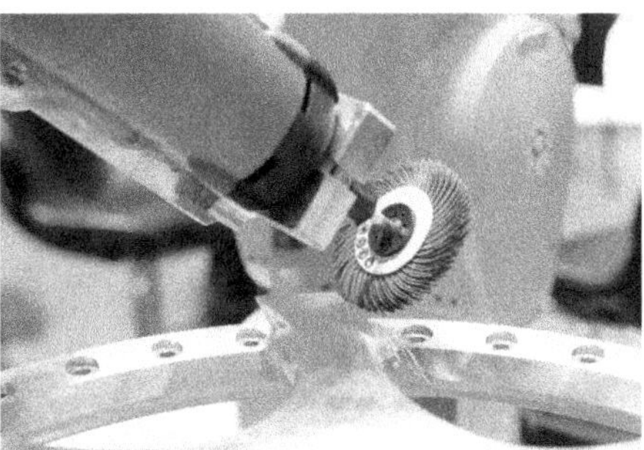

B. L'ébavurage robotisé permet de s'affranchir de l'aspect aléatoire de l'ÉBAVURAGE MANUEL dont le résultat dépend essentiellement de l'habileté et de l'assiduité de l'opérateur.

 **Avantages**

C. Précis, efficace, REPRODUCTIBLE car ne dépendant pas de facteurs humains.

Inconvénients

D. Approche coûteuse envisageable uniquement pour une PRODUCTION industrielle en grande série.
◊ Contr. : ÉBAVURAGE MANUEL.

ébavurage thermique [thermal deburring]

(n.m.) PROCÉDÉ utilisant l'effet d'une explosion d'un mélange de GAZ | COMBUSTIBLE et d'OXYGÈNE pour oxyder, « brûler », et enlever toutes les parties fines dépassantes appelées BAVURES (sens 1) laissées par les OPÉRATIONS d'USINAGE (FRAISAGE, PERÇAGE, etc.)

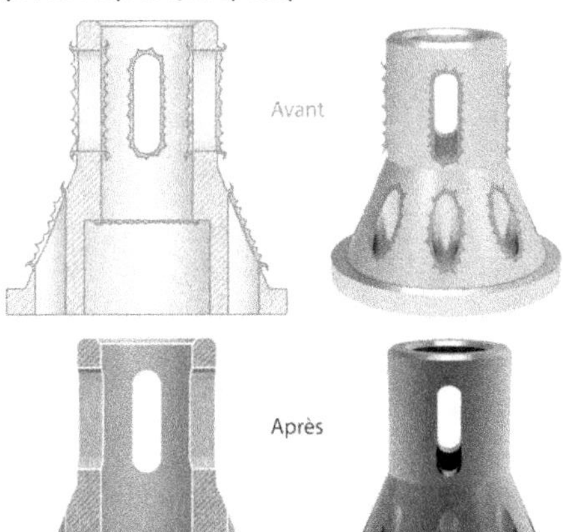

A. Vue générale du PROCÉDÉ :

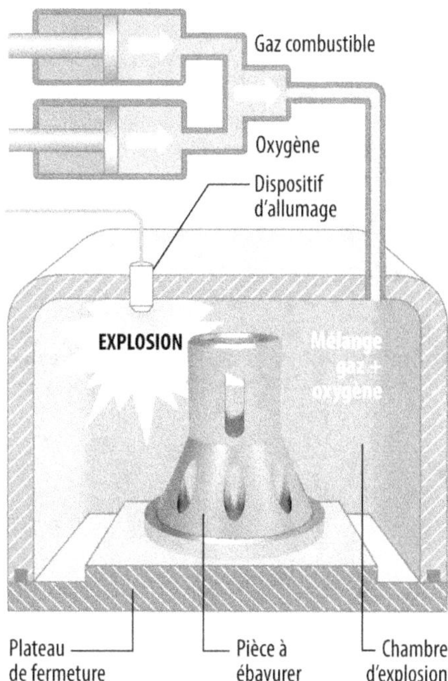

B. La pièce à ébavurer est enfermée dans une enceinte close remplie d'OXYGÈNE et de COMBUSTIBLE sous pression (hydrogène ou méthane). Un système d'allumage par étincelle enflamme le mélange en produisant instantanément des températures très élevées (> 3000°C) durant un temps très court. Le faible volume des BAVURES (sens 1) au regard de la masse globale de la pièce fait qu'elles se consument et se vaporisent rapidement en réagissant avec l'oxygène en excès par l'effet du choc thermique. Dans le même temps, la partie massive de la pièce absorbe aussi de la chaleur mais s'échauffe très peu (< 100°C) à cause de son volume sensiblement plus important. Au final, la pièce est débarrassée de ses bavures sans être endommagée et affectée thermiquement. À remarquer que ce PROCÉDÉ permet aussi d'éliminer par la même occasion tous contaminants (reste de COPEAUX, huile, etc.)

Avantages

C. Efficacité générale sur n'importe quelle GÉOMÉTRIE (sens 2) de pièce. Permet d'atteindre les parties internes les plus inaccessibles. Méthode très rapide. Bonne RÉPÉTABILITÉ. Aucun risque de replier ou d'enfoncer les BAVURES dans la MATIÈRE. Ne laisse pas de débris si ce n'est une fine couche d'oxyde sous forme de poudre facile à éliminer. PRODUCTIVITÉ élevée.

👎 Inconvénients

D. Ne convient que pour les MÉTAUX (ACIER, FONTE, ALLIAGE de ZINC, ALUMINIUM, ALLIAGE de CUIVRE, etc.) A priori, PROCÉDÉ uniquement industriel car nécessitant un ÉQUIPEMENT spécifique. Nécessite une OPÉRATION de NETTOYAGE ultérieure.

ébavureur [deburring tool]

(n.m.) OUTIL manuel à ARÊTE tranchante recourbée pivotant sur son AXE (sens 1) et permettant d'enlever les restes de MATIÈRE indésirables accrochés à une PIÈCE (sens 1) à la suite d'un USINAGE ou d'une COUPE (sens 1).

→ Voir ÉBAVURAGE (sens 1) pour son utilisation.

écaillage [chipping, flaking]

(n.m.) Arrachement accidentel par RUPTURE FRAGILE d'un morceau de MATÉRIAU ou d'OUTIL en cours d'un USINAGE.
Ex. 1 : *Écaillage d'un TROU.*

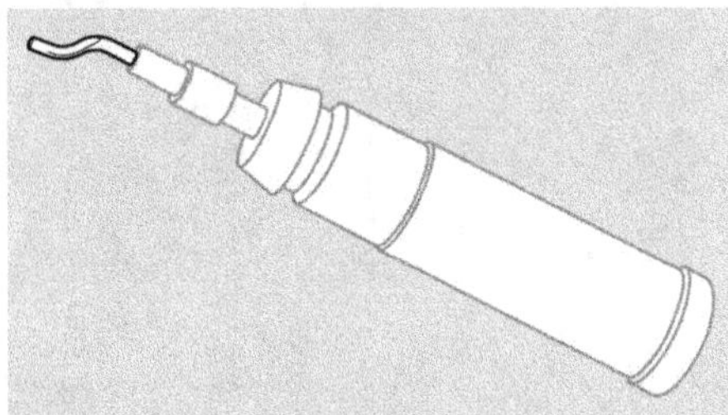

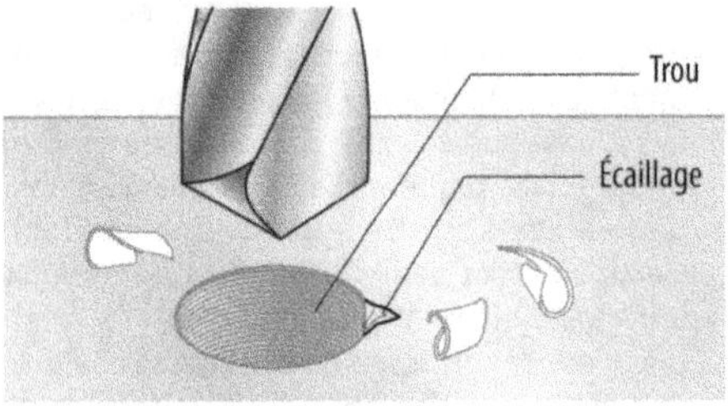

Ex. 2 : *Écaillage de l'arête d'un OUTIL DE COUPE.*

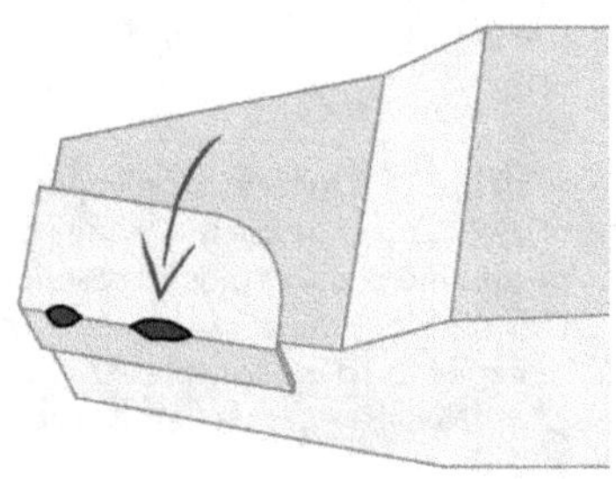

• Note : L'écaillage est en quelque sorte l'inverse de la BAVURE (sens 1).

écartement [space]

(n.m.) DISTANCE du vide séparant deux objets.

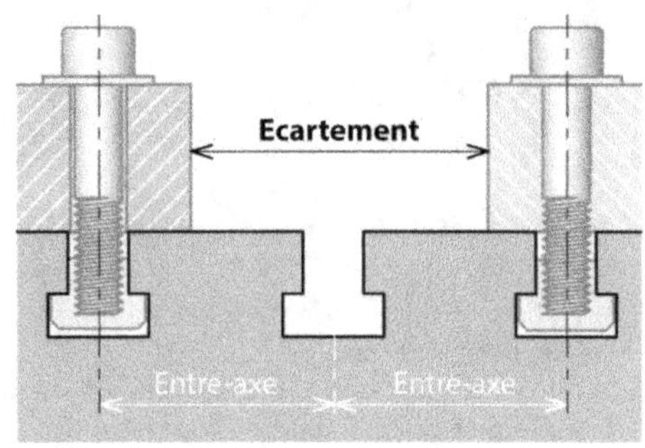

• Note : Ne pas confondre avec l'ENTRE-AXE.

échancrure [notch]

(n.f.) Petite DÉCOUPE sur le bord d'une PIÈCE (sens 1).
Ex. 1 :

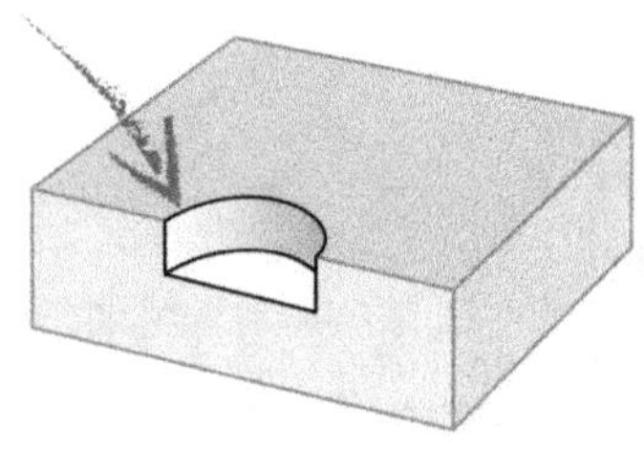

Ex. 2 : *Échancrure de marquage de VIS (sens 2) et ÉCROU pas à gauche.*

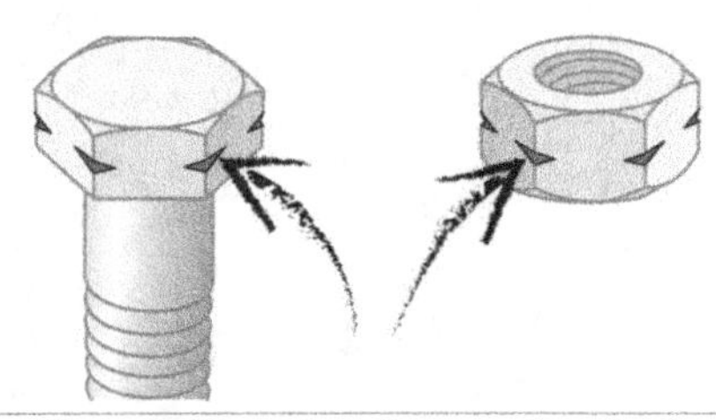

échauffement [burn, burning, overheating]

(n.m.) Augmentation excessive de la TEMPÉRATURE d'un MATÉRIAU.

A. Par exemple, dans le cas de l'USINAGE des MÉTAUX l'échauffement provoque une modification de la STRUCTURE MICROSCOPIQUE et une détérioration de certaines CARACTÉRISTIQUES, comme la DURETÉ. D'une façon générale, l'échauffement se manifeste par une coloration (OXYDATION) du MÉTAL en bleu ou en jaune, par exemple.

B. Plusieurs causes peuvent en être l'origine : l'absence ou l'insuffisance de FLUIDE DE COUPE, une VITESSE DE COUPE dépassant l'acceptable, une VITESSE D'AVANCE mal choisie, un OUTIL DE COUPE émoussée ou de GÉOMÉTRIE (sens 2) inadaptée au MATÉRIAU usiné, etc.

échelle

(n.f.)

1. [ladder] ÉQUIPEMENT à deux BARRES | VERTICALES reliées par plusieurs TRAVERSES | HORIZONTALES permettant d'accéder à des endroits élevés ou plus bas.

2. [scale] Rapport de grandeur entre une représentation graphique ou une MAQUETTE et la DIMENSION (sens 1) réelle de l'objet.

A. Les formats de papier utilisables en DESSIN TECHNIQUE sont NORMALISÉS et limités en taille. Il est donc nécessaire d'adapter les représentations au format de papier choisi.

→ Voir FORMAT.

Dans le cas de la réalisation de MAQUETTES, il peut être judicieux d'appliquer une échelle, par exemple, de réduction pour diminuer les coûts de FABRICATION, en utilisant moins de MATIÈRE.

B. Lorsque l'objet est de grandeur comparable au FORMAT du papier, il est fortement conseillé de le représenter sans changement de taille : c'est l'ÉCHELLE RÉELLE. Lorsque l'objet est trop grand, sa représentation doit être plus petite : c'est l'ÉCHELLE DE RÉDUCTION. À l'inverse, lorsque l'objet est trop petit, la représentation doit être plus grande pour une meilleure lisibilité : c'est l'ÉCHELLE D'AGRANDISSEMENT.

C. Dans tous les cas, l'échelle doit impérativement être indiquée sur un DESSIN TECHNIQUE à l'intérieur du CARTOUCHE de la façon suivante :

• Pour une ÉCHELLE RÉELLE :

Éch 1 : 1

• Pour une ÉCHELLE DE RÉDUCTION :

Éch 1 : Y

Y étant un nombre plus grand que **1.** Cette indication signifie que 1 cm sur le dessin correspond à Y cm en réalité.

• Pour une ÉCHELLE D'AGRANDISSEMENT :

Éch Y : 1

Y étant un nombre plus grand que **1.** Cette indication signifie que Y cm sur le dessin correspond à 1 cm en réalité.

D. La représentation à l'ÉCHELLE RÉELLE doit être préférée chaque fois que c'est possible, ce qui permet, par exemple, de superposer directe-ment sur le dessin la PIÈCE réalisée ou de mesurer plus facilement sur le DESSIN des COTES manquantes. Pour les échelles autres, le taux d'agrandissement ou de réduction doit être choisi de façon à faciliter les MESURES (sens 3) et calculs.

→ Voir ÉCHELLE D'AGRANDISSEMENT et ÉCHELLE DE RÉDUCTION pour les valeurs conseillées.

E. Il arrive que certains détails particuliers d'un DESSIN à une échelle globale donnée doivent être représentés à une échelle différente. Dans ce cas, l'échelle du détail doit être spécifiée comme ci-dessous :

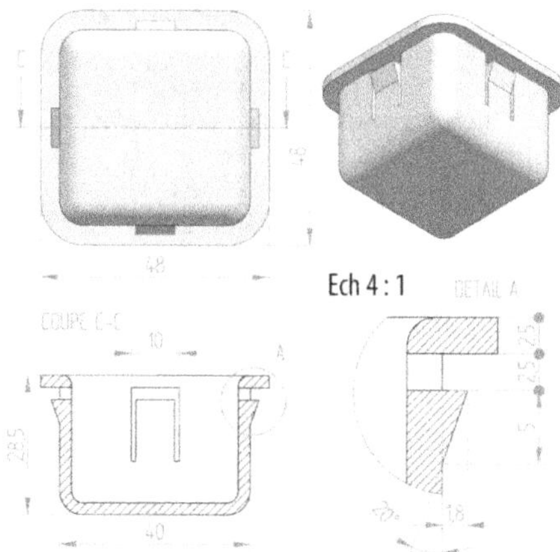

3. [scale] Ordre de grandeur de détail d'observation.

Ex. : *L'échelle atomique est l'ordre de grandeur des atomes et des structures cristallines.*

→ Voir aussi ÉCHELLE MICROSCOPIQUE.

4. [scale] Ensemble des graduations sur un INSTRUMENT ou SYSTÈME de MESURE (sens 3).

Ex. : *Échelle de température Celsius.*

échelle d'agrandissement [enlargement scale]

(n.f.) ÉCHELLE (sens 2) correspondant à une représentation géométrique plus grande que la réalité.

Elle est utilisée pour les objets minuscules tels qu'un MÉCANISME de montre, par exemple. Les valeurs préconisées sont les suivantes :

100 : 1	**50 : 1**
10 : 1	**5 : 1**
4 : 1	**2 : 1**

échelle de réduction [reduction scale]

(n.f.) ÉCHELLE (sens 2) correspondant à une représentation géométrique plus petite que la réalité.

Elle est utilisée pour les réalisations de grande taille comme les OUVRAGES d'architecture, les

MACHINES volumineuses, etc. Les valeurs préconisées sont :

1 : 2	1 : 4	1 : 5	1 : 10
1 : 20	1 : 50	1 : 100	1 : 200
1 : 500	1 : 1000		

échelle réelle [full size, full scale]

(n.f.) ÉCHELLE (sens 2) correspondant à une représentation graphique de taille identique à la réalité. C'est l'échelle 1 : 1.

échelle microscopique [microscopic scale, microscale]

(n.f.) Ordre de grandeur dimensionnelle d'études et d'observation des MATÉRIAUX entre 0,1 mm (10^{-4} m) et 0,01 µm (10^{-8} m).
A. C'est l'échelle de visualisation de la STRUCTURE MICROSCOPIQUE des GRAINS et JOINTS DE GRAIN grâce à la MÉTALLOGRAPHIE ou la MATÉRIALOGRAPHIE, avec l'aide des différents MICROSCOPES.

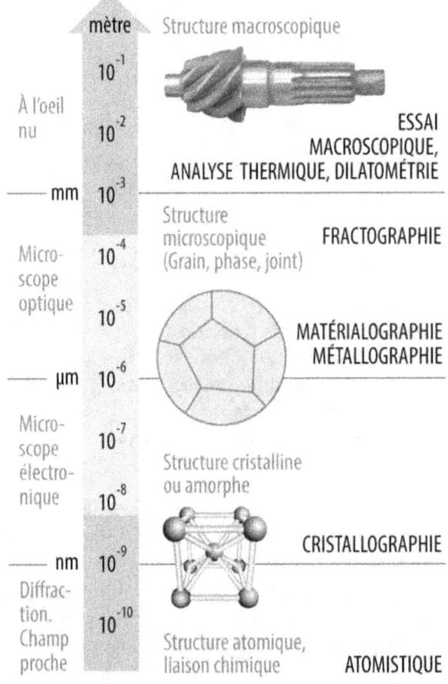

B. L'échelle plus grosse concerne les ESSAIS | MACROSCOPIQUES. L'échelle plus fine est dite NANOSCOPIQUE correspondant aux STRUCTURES CRISTALLINE et atomique.

éclissage [splinting]

(n.m.)
1. DISPOSITIF | MÉCANIQUE assurant la jonction bout à bout de deux PROFILÉS.

Ex. : *Éclissage d'un profilé en* I.

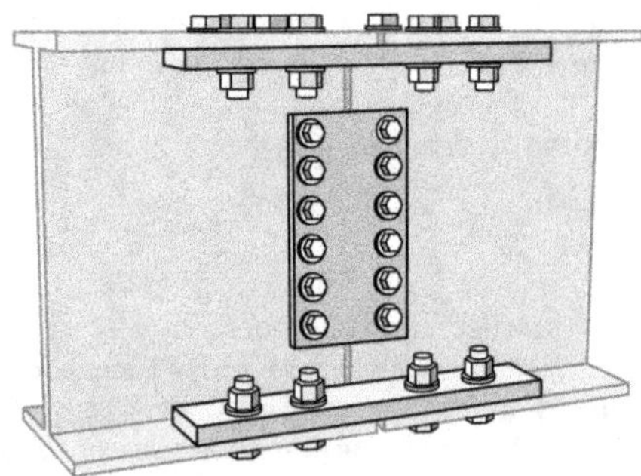

Les PIÈCES (sens 1) assurant la JONCTION sont appelées ÉCLISSES.
2. Action de joindre deux PROFILÉS en prolongement avec des ÉCLISSES.
→ Voir ABOUTAGE pour d'autres façons de joindre deux PROFILÉS.

éclisse [sleeve, splice bar]

(n.f.) ORGANE fixé sur les parois de deux PROFILÉS ou de deux TUBES pour les rabouter.
Ex. 1 : *Éclisse de rails de chemin de fer.*

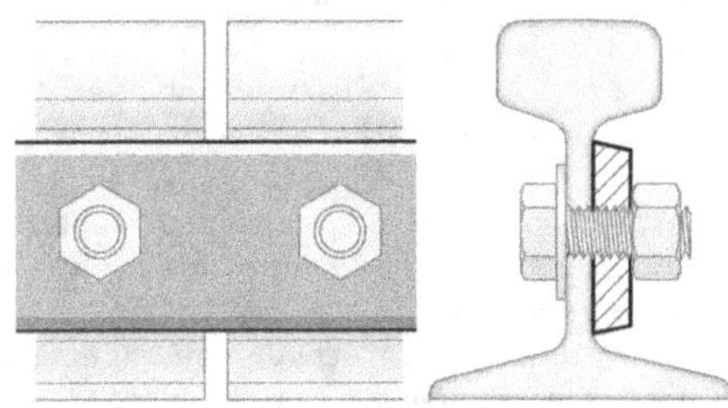

Ex. 2 : *Éclisse pour tubes.*

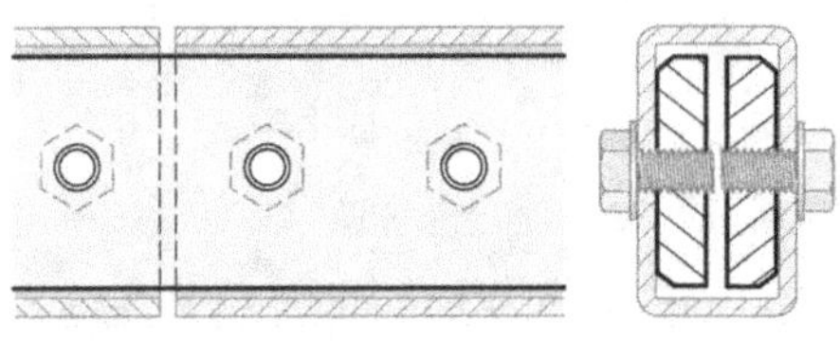

→ Voir ABOUTAGE pour d'autres façons d'assembler bout à bout des PROFILÉS.

éco-conception [eco-design, design for environment, green design, sustainable design]

(n.f.) Prise en compte des préoccupations d'ENVIRONNEMENT (sens 1) dans la création d'un nouvel objet.
Cela consiste, par exemple, à privilégier l'utilisation de MATÉRIAUX | RECYCLABLES. Ou encore à

éviter de mettre dans un ensemble ou un AS-SEMBLAGE des MATÉRIAUX très différents qui nécessiteraient un tri très élaboré et coûteux.
→ Voir aussi ENCLIQUETAGE (sens 2).

écorché [cutaway view]

(n.m.) Représentation d'un objet dont une partie a été retirée pour mieux voir d'autre partie, notamment son intérieur.
→ Voir VUE ÉCORCHÉE ; (VIS-ÉCROU), SYSTÈME VIS-ÉCROU.

écoulement [flow]

(n.m.) Déplacement d'un LIQUIDE, GAZ, SUBSTANCE PÂTEUSE ou PULVÉRULENTE.
Les disciplines scientifiques relatives aux écoulements sont la MÉCANIQUE DES FLUIDES et la RHÉOLOGIE.

écriture technique [technical lettering]

(n.f.) FORMES particulières NORMALISÉES de caractères alphanumériques utilisés pour toutes les indications sur un DESSIN TECHNIQUE, telles que les COTES, les NOMENCLATURES et le contenu de CARTOUCHE.
A. Si **h** est la HAUTEUR en millimètres de la lettre capitale, ci-après les valeurs préconisées par les NORMES ainsi que les PROPORTIONS géométriques à respecter :

h (mm) : 2,5 - 3,5 - 5 - 7 - 10 - 14 - 20

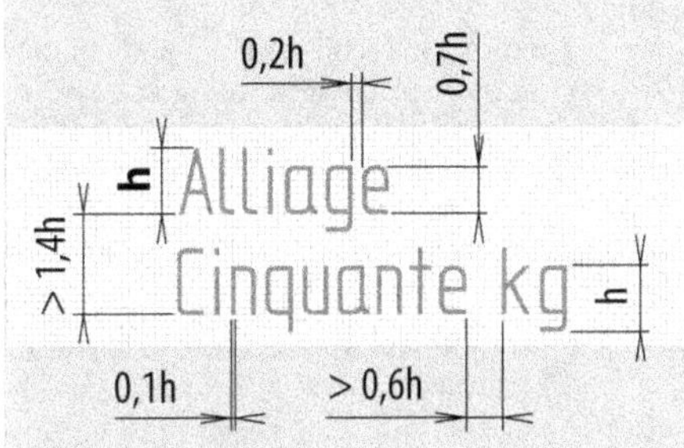

B. À titre indicatif, ci-dessous, les polices de caractères telles que les NORMES l'ont définies :
• Police de caractères normale :

• Police de caractères italique :

C. Les FORMES de caractères ont été spécialement définies pour éviter au maximum les ambiguïtés, source d'erreur. En particulier, la lettre **l** minuscule comporte une petite partie recourbée à sa base pour éviter d'être confondue avec la lettre **I** majuscule ou le chiffre **1**.

écrou [nut]

(n.m.) Petit ORGANE DE FIXATION comportant un TROU TARAUDÉ et une FORME D'ENTRAÎNEMENT permettant de le monter sur une VIS (sens 2), GOUJON ou TIGE FILETÉE et de serrer ainsi des PIÈCES (sens 1).
A. Ci-dessous les modèles NORMALISÉS les plus répandus :

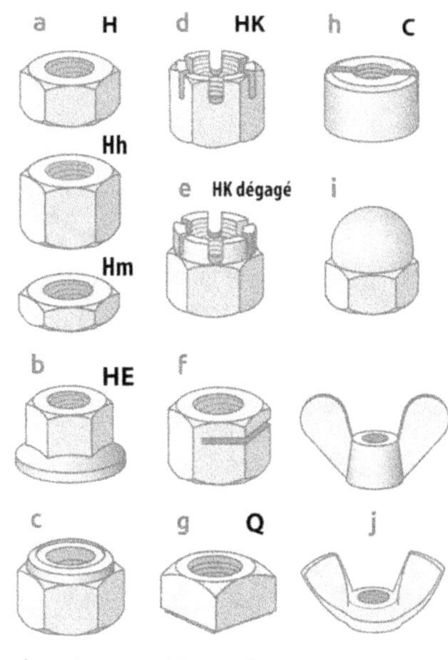

a. Écrou hexagonal [hex nut]   H
b. Écrou à embase [hex flange nut]   He
c. Écrou-frein [Stiff nut]
d. Écrou à crénaux [Slotted nut]
e. Écrou à créneaux dégagés [castle nut]   Hk
f. Écrou autofreiné [lock nut ; elastic stop nut]
g. Écrou carré [square nut]   Q

h. écrou cylindrique [round nut]
i. écrou borgne [Acorn nut]
j. écrou à oreille [Wing nut]

B. Des types d'écrous non-NORMALISÉS existent également.

→ Voir ÉCROU SPÉCIAL.

C. L'association d'un écrou et d'une VIS (sens 2) est appelée BOULON.

→ Voir aussi CONTRE-ÉCROU.

écrou à créneaux [slotted nut, castle nut]

(n.m.) Type d'ÉCROU HEXAGONAL muni de plusieurs RAINURES | PERPENDICULAIRES à l'AXE (sens 1) du TARAUDAGE, et permettant de CONTRE-PERCER la TIGE FILETÉE engagée pour recevoir une GOUPILLE empêchant le DESSERRAGE.

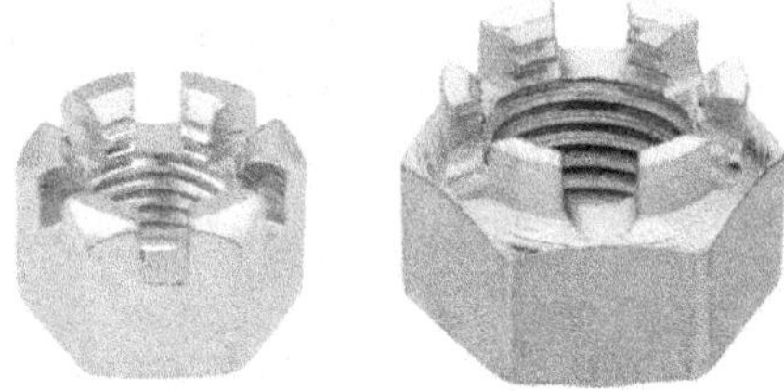

A. Le type de GOUPILLE le plus adapté est la GOUPILLE FENDUE.

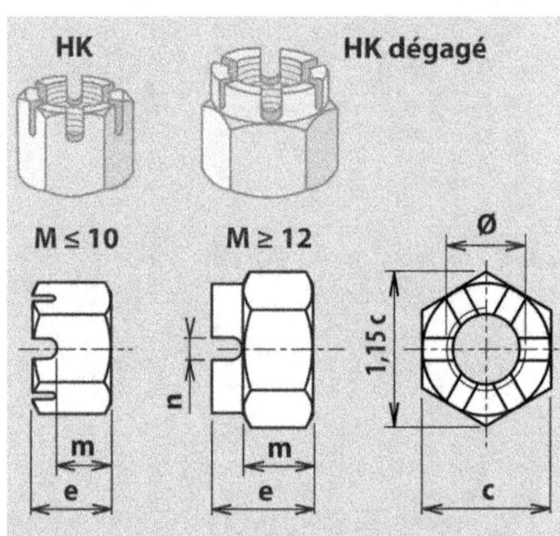

Ø	5	6	(7)	8	10	12	(14)	16	(18)	20
pas	0,8	1	1	1,25	1,5	1,75	2	2	2,5	2,5
c	8	10	11	13	16*	18*	21*	24	27	30
e	6	7,5	8	9,5	12	15	16	19	21	22
m	4	5	6	6,5	8	10	11	13	15	16
n	1,4	2	2	2,5	2,8	3,5	3,5	4,5	4,5	4,5
Goupille	1,2 × 12	1,6 × 14	1,6 × 14	2 × 16	2,5 × 20	3,2 × 22	3,2 × 25	4 × 28	4 × 32	4 × 36

* Dimensions remaniées　　　　　() À éviter

Ø	(22)	24	(27)	30	33	36	(39)	42	45	48
pas	2,5	3	3	3,5	3,5	4	4	4	4,5	4,5
c	34*	36	41	46	50	55	60	65	70	75
e	26	27	30	33	35	38	40	46	48	50
m	18	19	22	24	26	29	31	34	36	38
n	5,5	5,5	5,5	7	7	7	7	9	9	9
Goupille	5 × 36	5 × 40	5 × 45	6,3 × 50	6,3 × 56	6,3 × 63	6,3 × 71	8 × 71	8 × 80	8 × 80

* Dimensions remaniées　　　　　() À éviter

B. À remarquer que jusqu'au DIAMÈTRE 39, le nombre de FENTES est de six. Au-delà, l'écrou à créneaux en comporte huit.

C. Ci-dessous, un exemple de DÉSIGNATION NORMALISÉE avec sa signification :

Écrou HE M10 CL6 zingué
Écrou HK dégagé M36 CL8 zingué

|HK| FORME | HEXAGONALE à créneaux. Pour les DIAMÈTRES supérieurs à 12, la zone comportant les créneaux est CYLINDRIQUE et l'écrou est dit « HK dégagé ».

|M| TARAUDAGE métrique à FILET TRIANGULAIRE PROFIL ISOMÉTRIQUE.

|10| DIAMÈTRE NOMINAL Ø du TARAUDAGE en mm.

|8| (VIS), CLASSE DE RÉSISTANCE DE VISSERIE : indication facultative et valable uniquement pour la visserie en ACIER AU CARBONE. Le MATÉRIAU doit être précisé quand il est autre que l'ACIER AU CARBONE (ACIER INOXYDABLE, LAITON...)

|zingué|
Le type de TRAITEMENT DE SURFACE peut être précisé (brut, électrozingué (EZ), bichromaté, SHÉRARDISÉ...)
Parfois, la NORME régissant l'ÉCROU est spécifiée (DIN...)

D. Exemple d'utilisation avec une GOUPILLE FENDUE :

👍 Avantages

E. FIABILITÉ absolue sans DESSERRAGE possible. Permet des INSPECTIONS et VÉRIFICATIONS visuelles faciles de la présence ou non de la GOUPILLE. Ce qui en fait un ORGANE apprécié pour les applications où la SÉCURITÉ doit être absolue telle que dans l'aviation, par exemple.

👎 Inconvénients

F. Le CONTRE-PERÇAGE du TROU de la GOUPILLE est une OPÉRATION contraignante. La remise en place après un DESSERRAGE est quelquefois problématique car le TROU de GOUPILLE déjà existant ne coïncide pas forcément avec les créneaux. Encombrant et peu ESTHÉTIQUE. La partie dépassante de la VIS (sens 2) ainsi que la GOUPILLE peuvent être blessantes.

G. Ne pas confondre avec l'ÉCROU À ENCOCHES.

(n.m.) Type d'ÉCROU HEXAGONAL avec une partie élargie à sa base permettant d'augmenter la SURFACE D'APPUI et contenant des motifs en relief pour éviter les DESSERRAGES intempestifs.

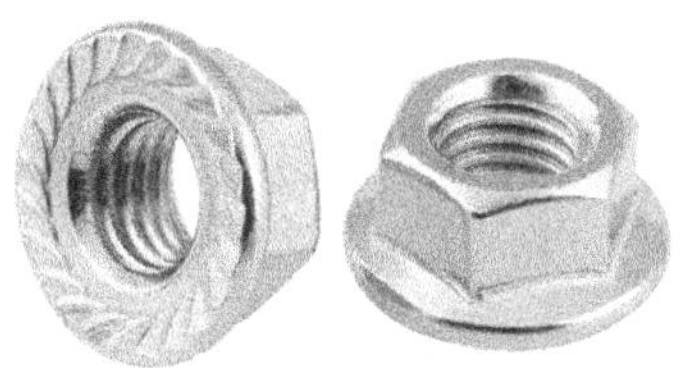

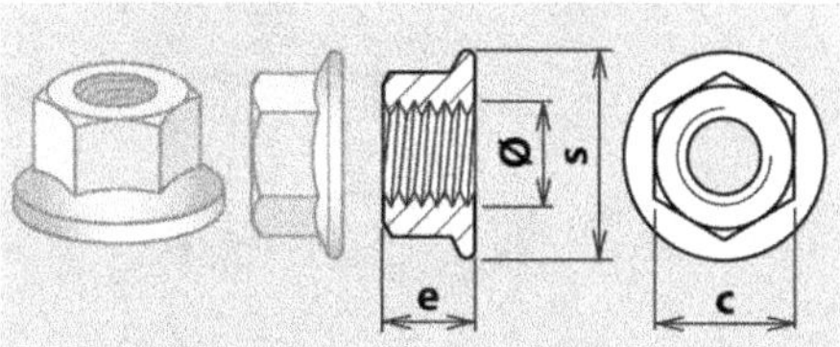

Ø	5	6	8	10	12	16
pas	0,8	1	1,25	1,5	1,75	2
c	8	10	13	16	18	24
e	5	6	8	10	12	16
s	11,8	14,2	17,9	21,8	26	34,5

A. Ci-dessous un exemple de DÉSIGNATION NORMALISÉE avec sa signification :

Écrou HE M10 CL6 zingué

|HE| FORME | HEXAGONALE à embase.

|M| TARAUDAGE métrique à FILET TRIANGULAIRE PROFIL ISOMÉTRIQUE.

|10| DIAMÈTRE NOMINAL Ø du TARAUDAGE en mm.

|6| (VIS), CLASSE DE RÉSISTANCE DE VISSERIE : indication facultative et valable uniquement pour la VISSERIE en ACIER AU CARBONE. Le MATÉRIAU doit être précisé quand il est autre que l'ACIER AU CARBONE (ACIER INOXYDABLE, LAITON...)

|zingué| Le type de TRAITEMENT DE SURFACE peut être précisé (brut, électrozingué (EZ), bichromaté, SHÉRARDISÉ...).
Parfois, la NORME régissant l'écrou est spécifiée (DIN...)

👍 Avantages

B. N'a pas besoin de RONDELLE ni de FREINAGE DE FILETAGE car la SURFACE de contact comporte déjà des STRIES.

👎 Inconvénients

C. Plus encombrant que l'ÉCROU HEXAGONAL classique. Les STRIES laissent des TRACES (sens 1).

(n.m.) ÉCROU non-NORMALISÉ pour des FILETAGES de gros DIAMÈTRE et souvent avec un PAS FIN pour être moins encombrant.

A. Sa périphérie comporte des ouvertures permettant la manœuvre avec une CLÉ (sens 2) mais aussi pour insérer une LANGUETTE d'une RONDELLE-FREIN afin de l'empêcher de se desserrer accidentellement :

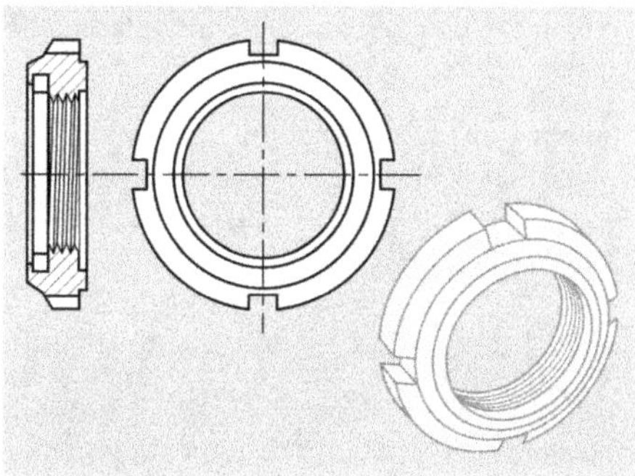

B. La CLÉ DE SERRAGE pour l'écrou à encoches est la CLÉ À ERGOT.

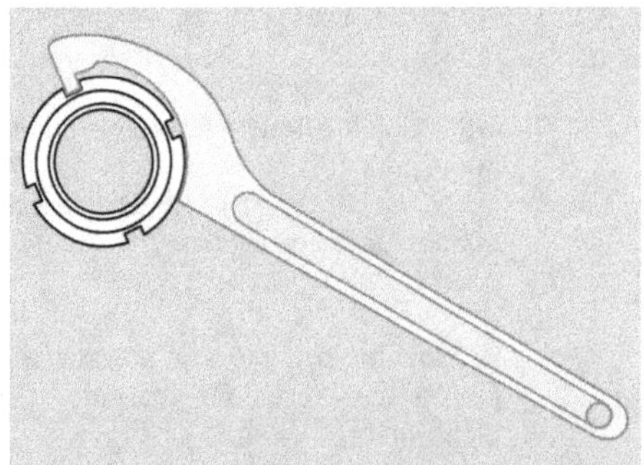

C. Ci-dessous, un exemple d'application pour retenir la BAGUE intérieure d'un ROULEMENT (sens 2) :

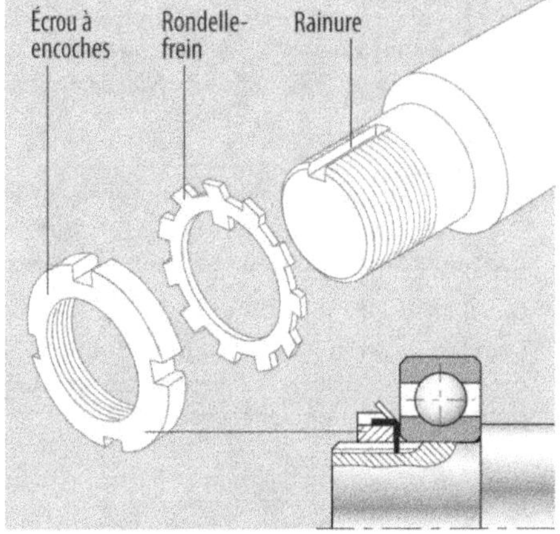

D. Ainsi, comme indiqué précédemment, les ENCOCHES servent aussi au FREINAGE DE FILETAGE par l'intermédiaire d'une RONDELLE-FREIN.
E. Ne pas confondre avec l'ÉCROU À CRÉNEAUX.

écrou à frapper [tee nut]

(n.m.) Même signification que l'ÉCROU À GRIFFE.

écrou à griffes [tee nut]

(n.m.) Type d'ÉCROU muni de FORMES pointues pouvant s'enfoncer dans un MATÉRIAU | TENDRE comme le BOIS, pour se mettre en place et l'empêcher de tourner.

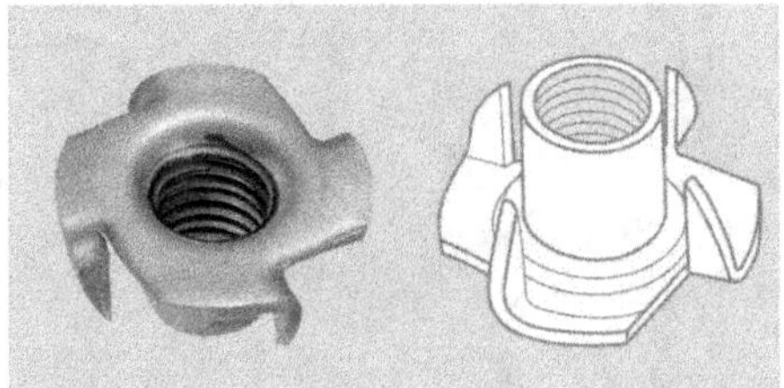

Exemple d'utilisation : *fixation de plot d'escalade sur une plaque de bois* :

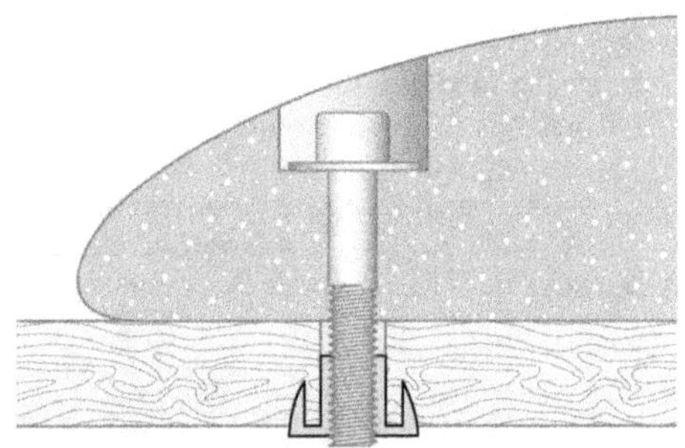

écrou à oreilles [wing nut]

(n.m.) Même signification que l'ÉCROU PAPILLON.

écrou à portée sphérique [spherical seat nut]

(n.m.) Type d'ÉCROU dont une SURFACE D'APPUI est en FORME de CALOTTE SPHÉRIQUE pour permettre un appui avec un ANGLE quelconque.

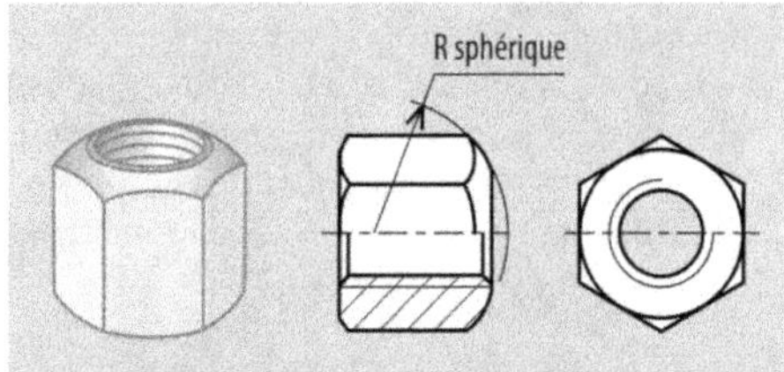

Exemple d'utilisation : SERRAGE sur un PLAN INCLINÉ en association avec une RONDELLE À PORTÉE SPHÉRIQUE.

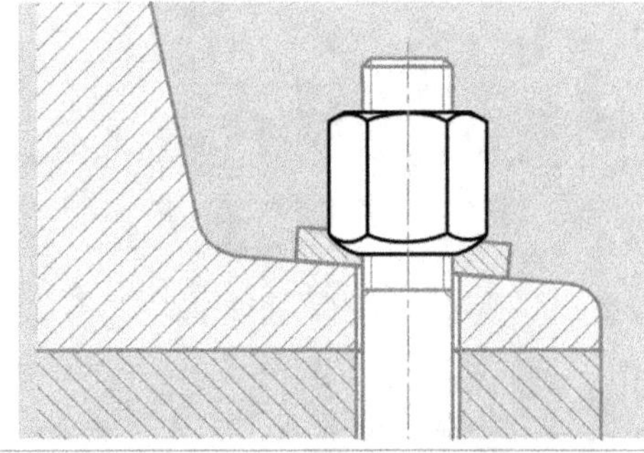

écrou à sertir [nut threaded insert]

(n.m.) Type d'ÉCROU à fixer sur une paroi et dont une extrémité est DÉFORMABLE par TRACTION à l'aide d'un OUTIL spécial pour former un BOURRELET qui le maintient immobilisé.

A. Principe de mise en place.

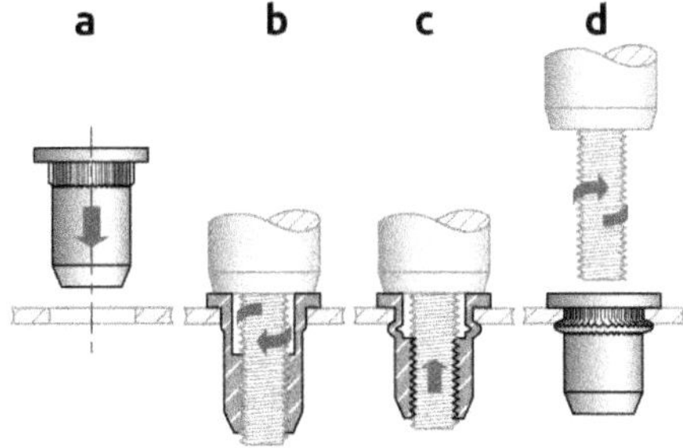

B. Exemples d'utilisation :

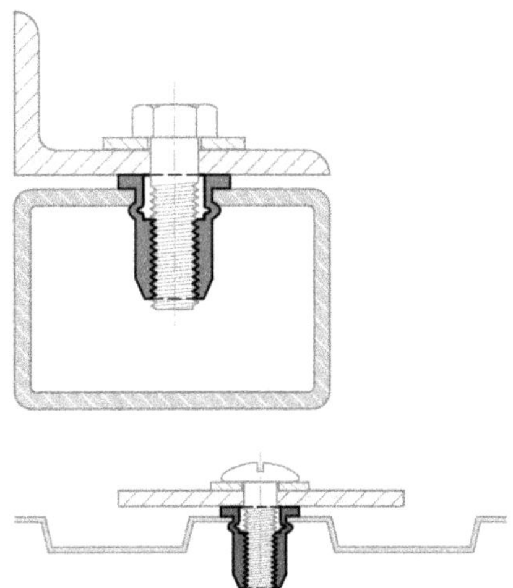

C. Par le principe de SERTISSAGE qui comprime fortement la paroi sur laquelle il est posé, l'écrou à sertir ne peut bien se fixer que sur des MATÉRIAUX | RIGIDES tel que les MÉTAUX.

D. Pour les MATÉRIAUX plus TENDRES comme le (PLASTIQUE), MATIÈRE PLASTIQUE, il existe un autre type d'ÉCROU de principe légèrement différent appelé ÉCROU RÉTRACTABLE.

E. Ne pas confondre avec l'INSERT TARAUDÉ.

👍 Avantages

F. Permet de s'affranchir des OPÉRATIONS de TARAUDAGE en apportant un gain de temps à l'INDUSTRIALISATION. Ne nécessite que des TROUS de PERÇAGE ronds. Permet des FIXATIONS sur des PIÈCES dont une FACE (sens 1) n'est pas accessible c'est à dire (AVEUGLE), EN AVEUGLE. Permet de se fixer correctement sur des TÔLES de relativement faible ÉPAISSEUR.

👎 Inconvénients

G. Nécessite une MACHINE ou un OUTIL de pose spécial. En cas de pose défaillante, l'ÉCROU tourne dans le vide et il devient impossible de desserrer la VIS (sens 2) qui reste emprisonnée. Ne convient pas pour les MATÉRIAUX trop TENDRES comme les (PLASTIQUES), MATIÈRES PLASTIQUES.

écrou à souder [weld nut]

(n.m.) Type d'ÉCROU avec des aménagements particuliers pour en faciliter la FIXATION (sens 1) par FUSION locale avec une autre pièce (sens 1).

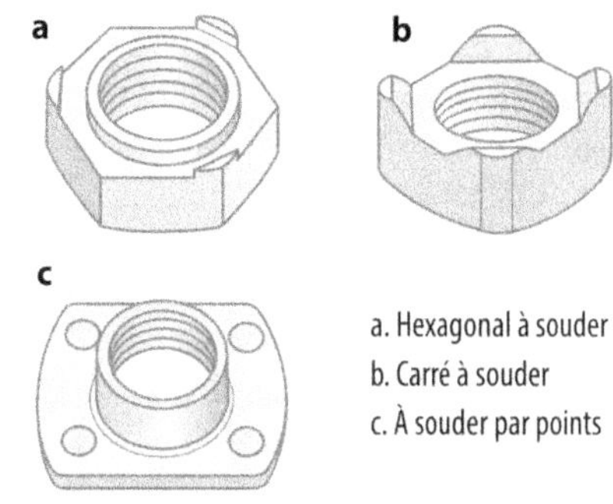

⟶ Voir ÉCROU CARRÉ À SOUDER.

écrou à tôle [hexagon nut metallic insert]

(n.m.) ÉCROU de type HEXAGONAL avec une partie CYLINDRIQUE striée prévue pour être fixée par AJUSTEMENT SERRÉ sur une PLAQUE mince.

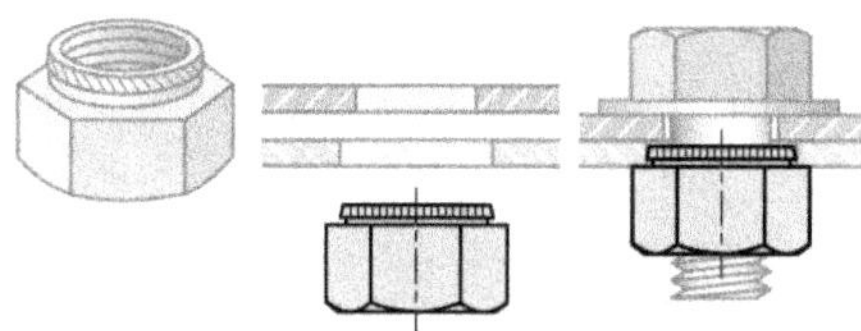

• Ne pas confondre avec l'ÉCROU-TÔLE.
⟶ Voir également ÉCROU CAGE pour un autre type d'ÉCROU qui peut s'adapter sur une TÔLE.

👍 Avantages

Par rapport à l'écrou cage, le TROU nécessaire est CYLINDRIQUE et peut donc être obtenu par un simple PERÇAGE au FORET.

écrou auto-freiné [elastic stop nut]

(n.m.) Type d'ÉCROU avec en prolongement du TARAUDAGE un MATÉRIAU prévu pour se déformer élastiquement lorsqu'il est traversé par la VIS (sens 2) de manière à constituer un FREINAGE DE FILETAGE.

◆ Syn. ÉCROU-FREIN, Nylstop ®.

écrou bas [thin nut]

(n.m.) ÉCROU HEXAGONAL dont l'ÉPAISSEUR est plus faible que l'ÉCROU habituel. Elle est de la moitié de son DIAMÈTRE NOMINAL contre 0,8 fois pour l'ÉCROU normal. L'écrou bas est surtout utilisé comme CONTRE-ÉCROU afin de limiter l'encombrement de l'ensemble. À savoir qu'il existe aussi un ÉCROU HAUT dont l'ÉPAISSEUR est égale au DIAMÈTRE NOMINAL.

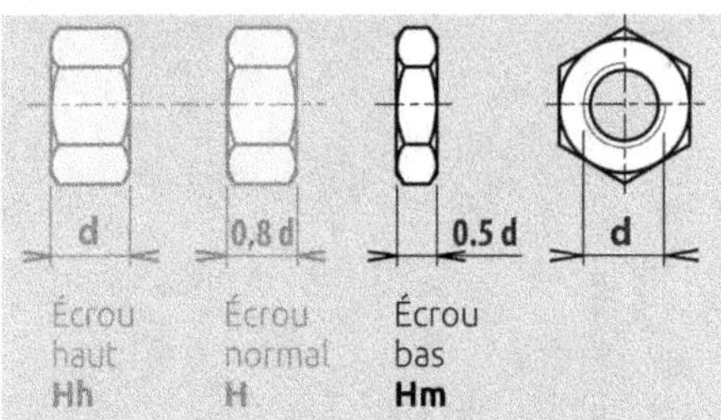

→ Voir ÉCROU HEXAGONAL pour toutes les DIMENSIONS.

Exemple de DÉSIGNATION NORMALISÉE avec sa signification :

Écrou Hm M10 CL8 EZ

|Hm| FORME | HEXAGONALe. Type bas (mince).

|M| TARAUDAGE métrique à FILET TRIANGULAIRE PROFIL ISOMÉTRIQUE.

|10| DIAMÈTRE NOMINAL Ø du TARAUDAGE en mm.

|8| (VIS), CLASSE DE RÉSISTANCE DE VISSERIE : indication facultative et valable uniquement pour la visserie en ACIER AU CARBONE. Le MATÉRIAU doit être précisé quand il est autre que l'ACIER AU CARBONE (ACIER INOXYDABLE, ALUMINIUM, LAITON...)

|EZ| Le type de TRAITEMENT DE SURFACE peut être précisé (brut, électrozingué (EZ), bichromaté, SHÉRARDISÉ...)
Parfois, la NORME régissant l'écrou est spécifiée (DIN...)

écrou borgne [acorn nut]

(n.m.) Type d'ÉCROU HEXAGONAL dont un coté est fermé par une CALOTTE SPHÉRIQUE destinée à cacher et à protéger l'extrémité de la VIS (sens 2) sur laquelle il est serré.

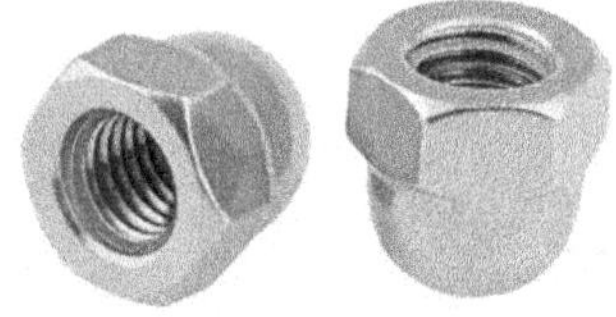

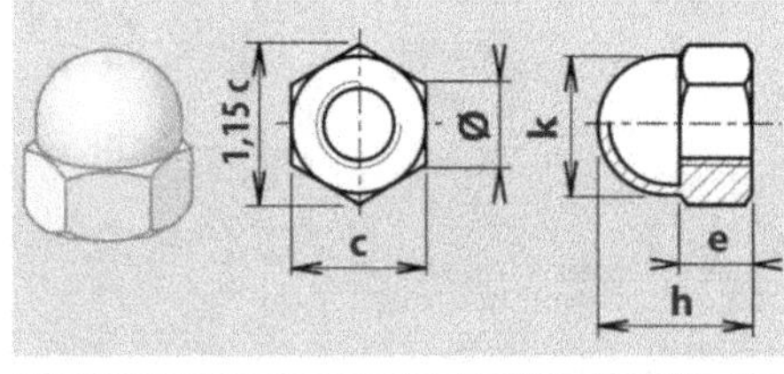

Ø	4	5	6	8	10	12	16	20
pas	0,7	0,8	1	1,25	1,5	1,75	2	2,5
c	7	8	10	13	17	19	24	30
e	3,2	4	5	6,5	8	10	13	16
h	8	10	12	15	18	22	28	34
k	6,5	7,5	9,5	12,5	16	18	23	28

A. Exemple de DÉSIGNATION NORMALISÉE :

Écrou borgne H M12 CL5 EZ

👍 **Avantages**

B. Permet d'améliorer l'aspect ESTHÉTIQUE et sécurisant.

👎 **Inconvénients**

C. La partie dépassante de la TIGE FILETÉE est strictement limitée. Relativement encombrant.

écrou cage [cage nut]

(n.m.) ÉCROU de type CARRÉ (sens 1) avec une armature extérieure permettant de l'installer sur une TÔLE.

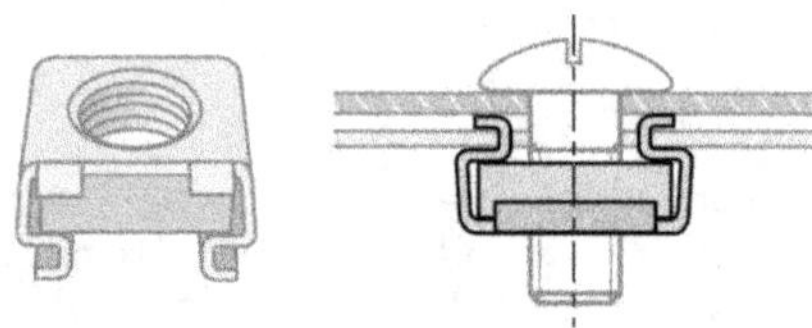

A. Sa mise en place nécessite un TROU carré préalablement aménagé dans la TÔLE.
B. Ne pas confondre avec l'ÉCROU À TÔLE.

écrou carré [square nut]

(n.m.) Type d'ÉCROU dont la FORME D'ENTRAÎNEMENT est un PRISME à quatre côtés identiques. Il est surtout utilisé dans le bâtiment.

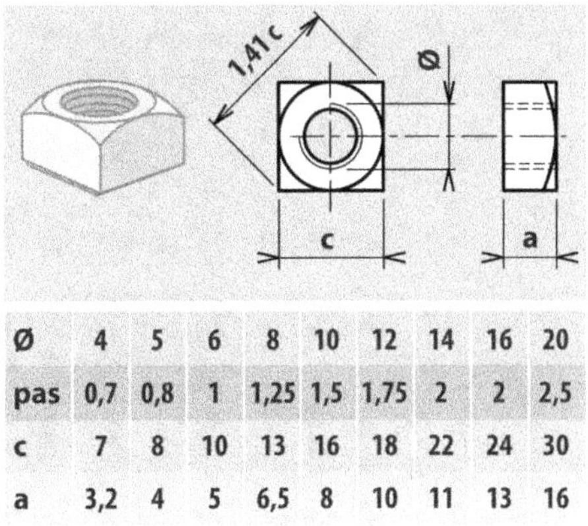

Ø	4	5	6	8	10	12	14	16	20
pas	0,7	0,8	1	1,25	1,5	1,75	2	2	2,5
c	7	8	10	13	16	18	22	24	30
a	3,2	4	5	6,5	8	10	11	13	16

A. Exemple de DÉSIGNATION NORMALISÉE avec sa signification :

Écrou Q M10 CL4 zingué

|Q| FORME carrée.

|M| TARAUDAGE métrique à FILET TRIANGULAIRE PROFIL ISOMÉTRIQUE.

|10| DIAMÈTRE NOMINAL Ø du TARAUDAGE en mm.

|4| (VIS), CLASSE DE RÉSISTANCE DE VISSERIE : indication facultative et valable uniquement pour la visserie en ACIER AU CARBONE. Le matériau doit être précisé quand il est autre que l'ACIER AU CARBONE (ACIER INOXYDABLE, LAITON...)

|zingué| Le type de TRAITEMENT DE SURFACE peut être précisé (brut, électrozingué (EZ), bichromaté, SHÉRARDISÉ...) Parfois, la NORME régissant l'ÉCROU est spécifiée (DIN...)

👍 **Avantages**

B. Permet un SERRAGE très fort. La FORME carrée est moins sensible à la détérioration par rapport à FORME | HEXAGONALE. Très grande SURFACE D'APPUI de la tête.

👎 **Inconvénients**

C. Le SERRAGE doit se faire par ROTATION relativement importante de 90° environ. Encombrant et peu ESTHÉTIQUE. Les FORMES anguleuses de l'ÉCROU peuvent être blessantes. Pas de version BORGNE avec une CALOTTE SPHÉRIQUE comme pour l'ÉCROU HEXAGONAL.

D. Cet ÉCROU existe aussi en version basse avec une hauteur ~ 0,5×d.

E. Il existe une version particulière de cet ÉCROU avec des aménagements favorisant sa FIXATION (sens 1) par SOUDAGE.
→ Voir la rubrique ÉCROU CARRÉ À SOUDER.

(n.m.) Type d'ÉCROU à quatre côtés avec des FORMES aménagées pour favoriser la pénétration de CORDONS DE SOUDURE.

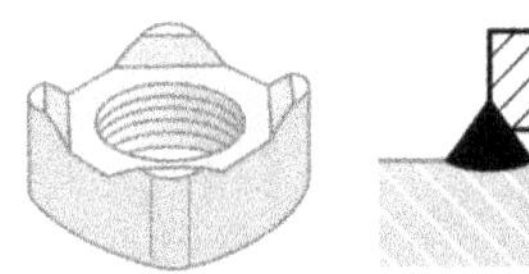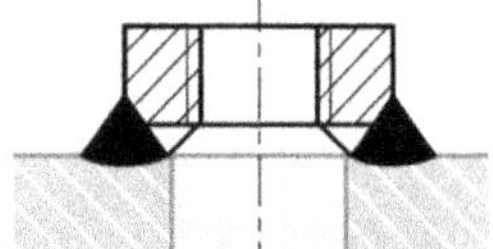

Le même type d'ÉCROU existe aussi en HEXAGONAL.
→ Voir ÉCROU À SOUDER.

(n.m.) Type d'ÉCROU en forme de PRISME de SECTION | CIRCULAIRE muni d'une FENTE pour TOURNEVIS. Pour cette raison, le SERRAGE obtenu est relativement faible et limite son utilisation aux petits ASSEMBLAGES (sens 2) avec de faible DIAMÈTRE dans le domaine de l'électronique, par exemple.

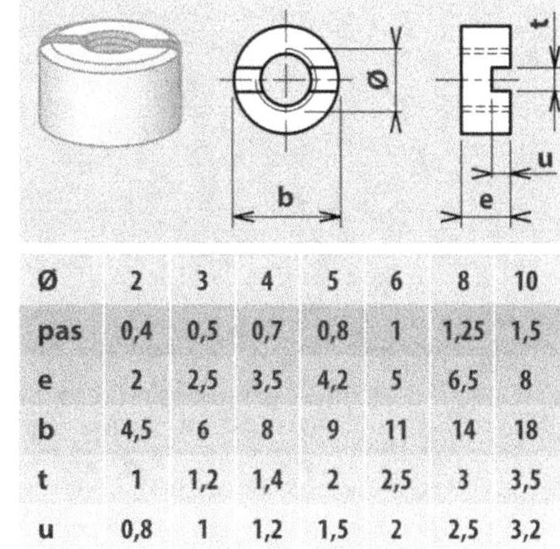

Ø	2	3	4	5	6	8	10
pas	0,4	0,5	0,7	0,8	1	1,25	1,5
e	2	2,5	3,5	4,2	5	6,5	8
b	4,5	6	8	9	11	14	18
t	1	1,2	1,4	2	2,5	3	3,5
u	0,8	1	1,2	1,5	2	2,5	3,2

A. Ci-dessous, un exemple de DÉSIGNATION NORMALISÉE avec sa signification :

Écrou C M6 bichromaté

|C| FORME | CYLINDRIQUE.

|M| TARAUDAGE métrique à FILET TRIANGULAIRE PROFIL ISOMÉTRIQUE.

|6| DIAMÈTRE NOMINAL Ø du TARAUDAGE en mm. Le MATÉRIAU doit être précisé quand il est autre que l'ACIER AU CARBONE (ACIER INOXYDABLE, LAITON, CUIVRE...).

|bichromaté|

Le type de TRAITEMENT DE SURFACE peut être précisé (brut, électrozingué (EZ), bichromaté, SHÉRARDISÉ...)

Parfois, la NORME régissant l'écrou est précisé (DIN...).

👍 Avantages

B. Le même OUTIL, c'est à dire le TOURNEVIS, peut être utilisé pour plusieurs DIAMÈTRES d'ÉCROU différents.

👎 Inconvénients

C. Gamme de DIAMÈTRE très limitée. COUPLE DE SERRAGE très faible. Inadapté à la ROBOTISATION.

écrou fendu [castigated nut]

(n.m.) Type d'ÉCROU partiellement séparé en deux puis légèrement déformé de telle sorte à appliquer un effort sur le FILET qui lui est associé, ce qui constitue un FREINAGE DE FILETAGE.

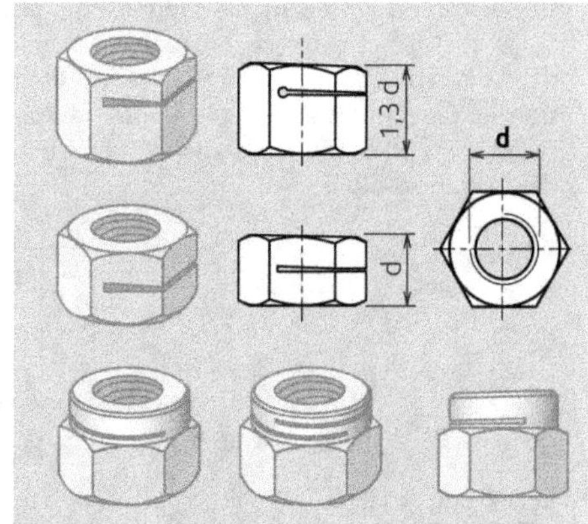

écrou frein [stiff nut]

(n.m.) Type d'ÉCROU avec, en prolongement du TARAUDAGE, un ANNEAU de MATIÈRE non-TARAUDÉ se déformant plastiquement lorsqu'il est traversé par la VIS (sens 2) ce qui empêche le DESSERRAGE intempestif.

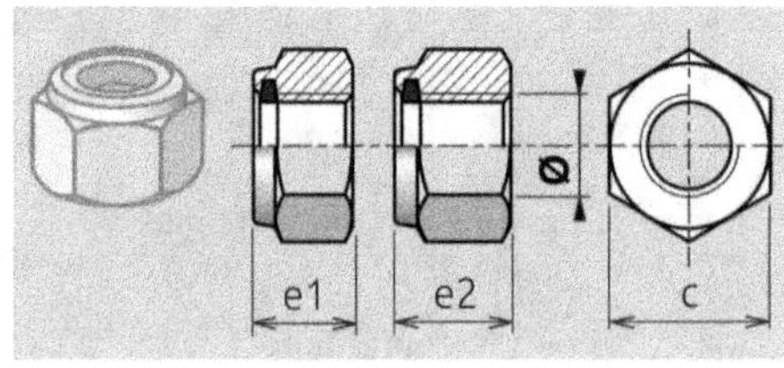

Ø	3	4	5	6	(7)	8	10	12	(14)	16
pas	0,5	0,7	0,8	1	1	1,25	1,5	1,75	2	2
c	5,5	7	8	10	11	13	16*	18*	21*	24
e1	4	5	5	6	7,5	8	10	12	14	16
e2			6,3	8		9,5	11,5	14	16	18

Ø	(18)	20	(22)	24	(27)	30	(33)	36	(39)	42
pas	2,5	2,5	2,5	3	3	3,5	3,5	4	4	4,5
c	27	30	34*	36	41	46	50	55	60	65
e1	18,5	20	22	24	27	30	33	36	39	42
e2	20	22	25	28						

* Dimensions remaniées () À éviter

Exemple de DÉSIGNATION NORMALISÉE :

Écrou-Frein H M8 CL8.8 EZ

L'anneau de MATIÈRE faisant office de FREINAGE DE FILETAGE peut être du NYLON, d'où l'une des appellations commerciales : Nylstop ®.

◆ Syn. : ÉCROU AUTO-FREINÉ.

écrou haut [thick nut]

(n.m.) ÉCROU HEXAGONAL dont l'ÉPAISSEUR est égale au DIAMÈTRE NOMINAL. L'ÉCROU HEXAGONAL normal possède une ÉPAISSEUR de 0,8 fois le DIAMÈTRE NOMINAL. À savoir qu'il existe également un ÉCROU BAS dont l'ÉPAISSEUR est de la moitié du DIAMÈTRE NOMINAL.

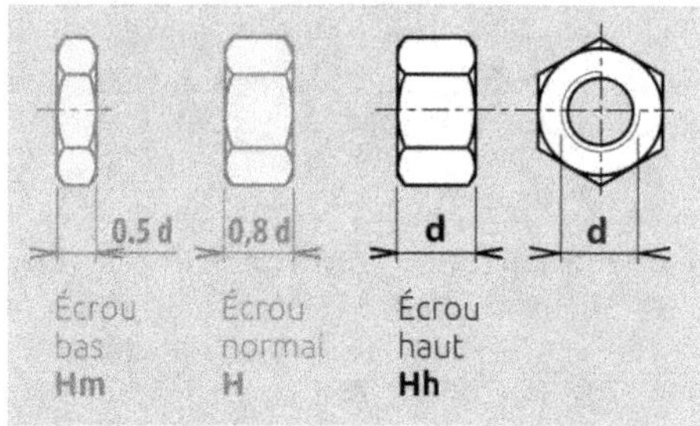

→ Voir ÉCROU HEXAGONAL pour toutes les DIMENSIONS.

Exemple de DÉSIGNATION NORMALISÉE avec sa signification :

Écrou Hh M10 CL8 EZ

|Hh| FORME | HEXAGONALe. Type haut.

|M| TARAUDAGE métrique à FILET TRIANGULAIRE PROFIL ISOMÉTRIQUE.

|10| DIAMÈTRE NOMINAL Ø du TARAUDAGE en mm.

|8| (VIS), CLASSE DE RÉSISTANCE DE VISSERIE : indication facultative et valable uniquement pour la visserie en ACIER AU CARBONE. Le MATÉRIAU doit être précisé quand il est autre que l'ACIER AU CARBONE (ACIER INOXYDABLE, ALUMINIUM, LAITON…)

|EZ| Le type de TRAITEMENT DE SURFACE peut être précisé (brut, électrozingué (EZ), bichromaté, SHÉRARDISÉ…)
Parfois, la NORME régissant l'ÉCROU est spécifiée (DIN…)

écrou hexagonal [hex nut]

(n.m.) Type d'ÉCROU très répandu dont la FORME D'ENTRAÎNEMENT est un PRISME à six côtés égaux.
A. Il existe avec diverses ÉPAISSEURS, l'écrou normal étant celui dont l'ÉPAISSEUR est égale à 0,8 fois le DIAMÈTRE NOMINAL. Les deux autres types sont l'ÉCROU BAS et l'ÉCROU HAUT.

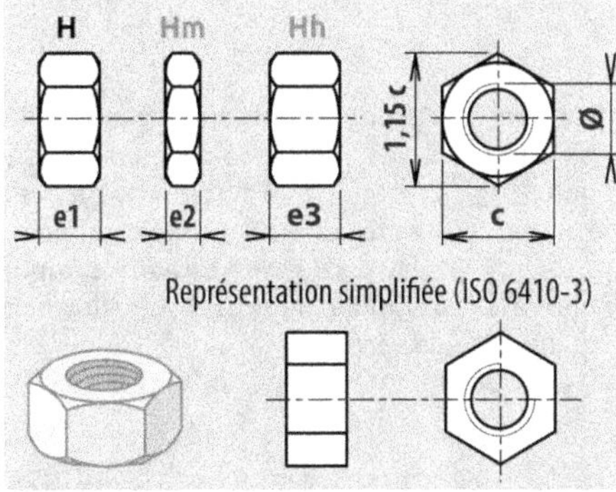

Représentation simplifiée (ISO 6410-3)

ISO 4032/4034

Ø	2,5	3	4	5	6	8	10	12	(14)
pas	0,45	0,5	0,7	0,8	1	1,25	1,5	1,75	2
c	5	5,5	7	8	10	13	16*	18*	21*
e1	2	2,4	3,2	4	5	6,5	8	10	11
e2	1,6	1,8	2,2	2,7	3,2	4	5	6	7
e3			4	5	6	8	10	12	14

Ø	16	(18)	20	(22)	24	(27)	30	(33)	36
pas	2	2,5	2,5	2,5	3	3	3,5	3,5	4
c	24	27	30	34*	36	41	46	50	55
e1	13	15	16	18	19	22	24	26	29
e2	8	9	10	11	12	13,5	15	16,5	18
e3	16	18	20	22	24	27	30	33	36

* Dimensions remaniées ( ) À éviter

B. Ci-dessous, un exemple de DÉSIGNATION NORMALISÉE de l'écrou normal avec sa signification. Pour les autres types, voir aux rubriques ÉCROU BAS et ÉCROU HAUT.

Écrou H M16 × 1,5 CL8 brut

|H| FORME | HEXAGONALE.

|M| TARAUDAGE métrique à FILET TRIANGULAIRE PROFIL ISOMÉTRIQUE.

|16| DIAMÈTRE NOMINAL Ø du TARAUDAGE en mm.

|×1,5| Valeur du PAS en mm quand il s'agit d'un PAS FIN. Les PAS GROS ne sont jamais indiqués.

|8| (VIS), CLASSE DE RÉSISTANCE DE VISSERIE : indication facultative et valable uniquement pour la visserie en ACIER AU CARBONE. Le MATÉRIAU doit être précisé quand il est autre que l'ACIER AU CARBONE (ACIER INOXYDABLE, ALUMINIUM, LAITON…)

|brut| Le type de TRAITEMENT DE SURFACE peut être précisé (brut, électrozingué (EZ), bichromaté, SHÉRARDISÉ…)
Parfois, la NORME régissant l'ÉCROU est spécifiée (DIN…)

👍 Avantages

C. Large éventail de CLÉS DE SERRAGE adaptées aux différentes conditions de travail. Permet un SERRAGE fort par petites avancées ANGULAIRES. Bonne SURFACE D'APPUI de la tête. Très répandu, facilement trouvable dans le commerce en PAS GROS. Large gamme de DIMENSIONS (sens 1) et de MATIÈRES. Bon marché.

👎 Inconvénients

D. Encombrant et peu esthétique. La partie dépassante de la VIS (sens 2) ainsi que les FORMES anguleuses peuvent être blessantes. Cependant, ces aspects peuvent être améliorés par l'utilisation de CACHE-VIS. Il existe également un ÉCROU du même type avec une CALOTTE SPHÉRIQUE destinée à cacher l'extrémité de VIS (sens 2).
→ Voir ÉCROU BORGNE.

écrou hexagonal conique [conical shaped nut]

(n.m.) ÉCROU à six pans avec une partie CONIQUE à FENTES légèrement resserrée de telle sorte qu'il s'ouvre au fur et à mesure que la VIS (sens 2) s'engage en appliquant un FREINAGE DE FILETAGE.

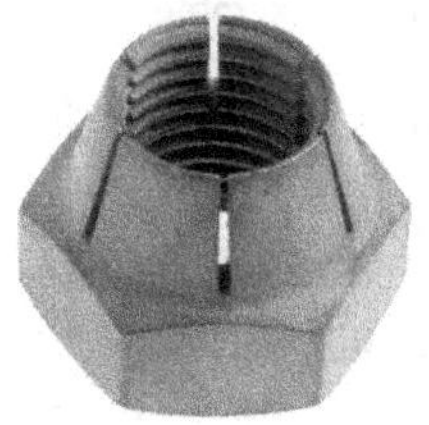

 **Avantages**

A. Résiste aux TEMPÉRATURES élevées car contrairement à l'ÉCROU-FREIN ne contient pas d'autres MATIÈRES sensibles à la chaleur.

 **Inconvénients**

B. Non-NORMALISÉ. Peu répandu.
• Note : Ne pas confondre avec l'ÉCROU FENDU.

écroui [strain hardened]

(adj.) Qui a été déformé (FROID), À FROID de façon PLASTIQUE au point d'avoir augmenté de DURETÉ et de RÉSISTANCE MÉCANIQUE, en parlant d'un MATÉRIAU | MÉTALLIQUE.
→ Voir ÉCROUISSAGE pour les détails des explications de ce PHÉNOMÈNE.
Physiquement, cela se traduit par une DÉFORMATION des GRAINS de sa MICROSTRUCTURE ainsi que l'apparition d'une multitude de perturbations et DÉFAUTS (sens 2) de sa STRUCTURE CRISTALLINE comme les DISLOCATIONS (irrégularités dans la répétitivité de la structure d'un CRISTAL) et/ou les MACLES (défauts d'empilement des couches d'atomes dans le CRISTAL).

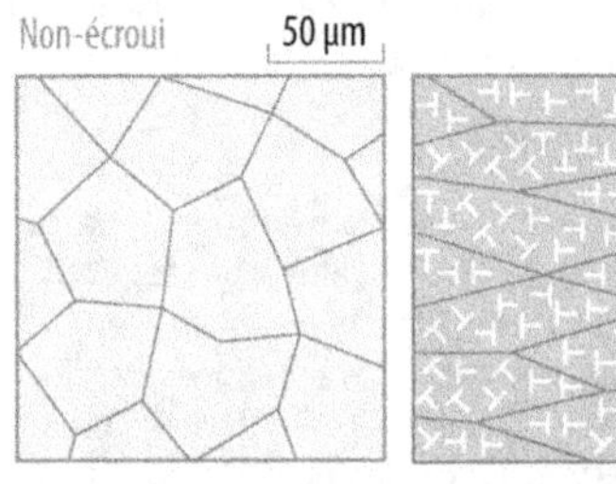

Les motifs ⊥ ne sont que des représentations symboliques des dislocations présentes à l'échelle atomique et non des défauts réellement observables en microscopie optique classique.

→ **Voir aussi** STRUCTURE CRISTALLINE.

écrou inviolable [tamper proof nut]

(n.m.) ÉCROU non-NORMALISÉ impossible à desserrer une fois mise en place ou nécessitant un type de CLÉ (sens 1) peu répandu.

A. L'écrou inviolable est indispensable pour des FIXATIONS (sens 2) protégées contre le vandalisme.
Ex. 1 : *Écrou indesserrable.* ÉCROU *spécialement conçu pour ne pouvoir être tourné que dans le sens du* SERRAGE.

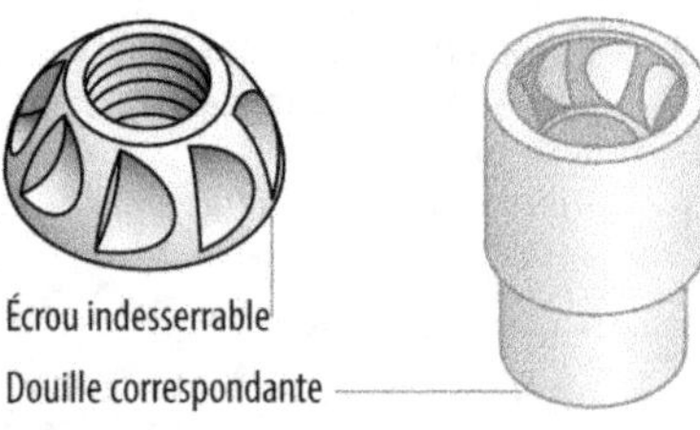

Ex. 2 : *Écrou à rupture.*

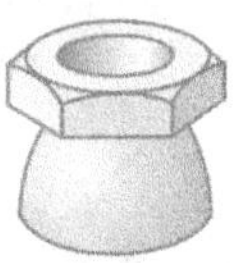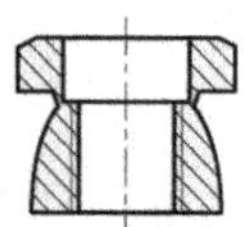

B. L'écrou est constitué de deux zones reliées par une paroi très fine. L'une des zones possède une FORME | HEXAGONALE habituelle mais sans TARAUDAGE, l'autre de FORME lisse comporte un TARAUDAGE. Parfois, l'étage taraudé comporte une tête hexagonale de desserrage plus petite que la tête de serrage.
C. Sa procédure de pose est la suivante :

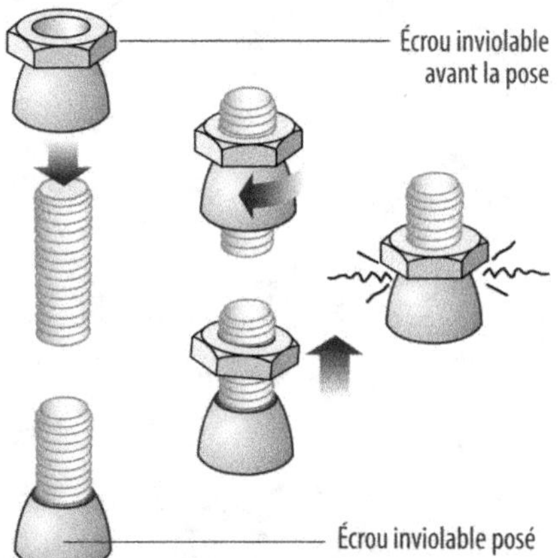

Lorsque l'écrou est suffisamment serré, il se rompt net au niveau de la paroi fine, laissant en place juste la FORME lisse qui devient alors impossible à desserrer, la FORME | HEXAGONALE étant retirée.

écrouissage [strain hardening, work hardening]

(n.m.) PHÉNOMÈNE physico-métallurgique associé à la DÉFORMATION PLASTIQUE | (FROID), À FROID d'un MATÉRIAU | MÉTALLIQUE et qui se traduit par une augmentation de la RÉSISTANCE MÉCANIQUE et de la DURETÉ accompagnée d'une diminution de la DUCTILITÉ.

A. Ce PHÉNOMÈNE est clairement mis en évidence sur les COURBES DE TRACTION des MÉTAUX comme l'ACIER DOUX. À noter que sur cette courbe la partie correspondant au DOMAINE ÉLASTIQUE (ab) est relativement peu étendue par rapport au reste. En effet, pour la plupart des MATÉRIAUX, l'ALLONGEMENT À LA LIMITE D'ÉLASTICITÉ ne dépasse guère 0,2 %, alors que l'ALLONGEMENT À LA RUPTURE peut atteindre 100 fois plus :

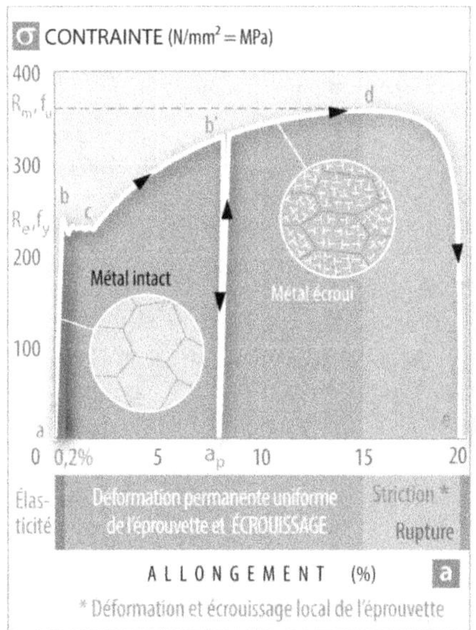

→ **Voir aussi** (TRACTION), COURBE DE TRACTION CONVENTIONNELLE.

B. Dans la partie correspondant au DOMAINE PLASTIQUE (bcd), la CONTRAINTE MÉCANIQUE continue de croître malgré que le MATÉRIAU se trouve en DÉFORMATION PERMANENTE (cd). On pourrait penser qu'il aurait plutôt tendance à perdre ses qualités et à « flancher » immédiatement. En réalité, il se produit une certaine « consolidation » de ses PROPRIÉTÉS de RÉSISTANCE MÉCANIQUE qui continuent de « s'améliorer ». Ce PHÉNOMÈNE provient de l'apparition et de la multiplication de DÉFAUTS appelés DISLOCATIONS et MACLES à l'ÉCHELLE (sens 3) de sa STRUCTURE CRISTALLINE.
→ **Voir** ÉCROUI.
Lorsqu'on relaxe la CONTRAINTE (sens 3) dans cette zone (point b'), elle revient à zéro en suivant la même pente que dans le DOMAINE ÉLASTIQUE. Le MÉTAL présente un ALLONGEMENT PERMANENT a_p ce qui est normal puisqu'il a subi une DÉFORMATION PERMANENTE. Mais lorsqu'on reprend de nouveau l'ESSAI à partir de ce point, la courbe revient à son niveau de contrainte préalable, en suivant toujours la même pente que le DOMAINE ÉLASTIQUE. Ce qui veut dire qu'il a conservé son MODULE D'ÉLASTICITÉ LONGITUDINALE mais avec une nouvelle RÉSISTANCE LIMITE À L'ÉLASTICITÉ plus élevée que celle du MÉTAL intact : c'est précisément l'écrouissage. Il est cependant à remarquer que la RÉSISTANCE À LA RUPTURE reste la même. La partie (d-e) de la courbe correspond à la STRICTION qui conduit à la RUPTURE.

C. L'écrouissage se produit et est exploité dans toutes les TECHNIQUES de FORMAGE | À FROID des métaux telles que le LAMINAGE, le PLIAGE, le CINTRAGE, le ROULAGE, le FILAGE, le PROFILAGE, le TRÉFILAGE, l'ÉTIRAGE, l'EMBOUTISSAGE, le REPOUSSAGE, le REFOULAGE, l'HYDROFORMAGE, etc. Il explique la différence notable de RÉSISTANCE MÉCANIQUE en faveur de PIÈCES (sens 1) obtenues par CORROYAGE (FROID), À FROID par rapport aux PIÈCES de FONDERIE.

D. S'il peut être un avantage pour améliorer les PROPRIÉTÉS MÉCANIQUES d'un MÉTAL, l'écrouissage s'accompagne aussi de perturbations, de « désordre », d'« instabilité » de la STRUCTURE (sens 1) métallurgique et de CONTRAINTES RÉSIDUELLES qui peuvent compromettre l'utilisation ou les OPÉRATIONS de MISE EN FORME ultérieures. En effet, une partie de l'énergie mécanique de DÉFORMATION PLASTIQUE appliquée est stockée dans ces DÉFAUTS (sens 2) et peuvent être libérée, par la suite, de façon incongrue. Il convient donc parfois de l'éliminer tout de suite par des TRAITEMENTS THERMIQUES de RECRISTALLISATION ou de RESTAURATION. C'est le cas, par exemple, du FIL DE FER dont la FABRICATION par TRÉFILAGE introduit un fort écrouissage. On l'appelle alors FIL CLAIR. Il est nécessaire de lui faire subir un RECUIT pour lui redonner la possibilité d'être plié et tordu sans se casser, tel que l'exigent certaines de leur utilisation.

(écrouissage), coefficient d'écrouissage [strain hardening exponent, strain hardening index]

(n.m.) Nombre sans UNITÉ (sens 1) notée **n** apparaissant en exposant dans la représentation mathématique empirique de la partie parabolique correspondant à l'ÉCROUISSAGE sur la (TRACTION), COURBE DE TRACTION RATIONNELLE.

$$\sigma = \sigma_0 + k\,\varepsilon^n$$

k est une constante. Pour les ACIERS DOUX, σ_0 est voisin de zéro. Ce qui donne l'expression simplifiée suivante :

$$\sigma = k\,\varepsilon^n$$

La valeur du coefficient d'écrouissage est déterminée avec la pente de la courbe représentée avec des échelles logarithmiques. Ce coefficient est utilisé comme critère de DUCTILITÉ d'un MATÉRIAU, nécessaire pour évaluer son aptitude à la MISE EN FORME PAR DÉFORMATION. Il indique notamment l'aptitude du MATÉRIAU à répartir la DÉFORMATION au cours du FORMAGE.

écrou moleté [knurled nut]

(n.m.) ÉCROU se manœuvrant directement à la main sans OUTIL DE SERRAGE car il comporte des STRIES qui favorise la prise en main.

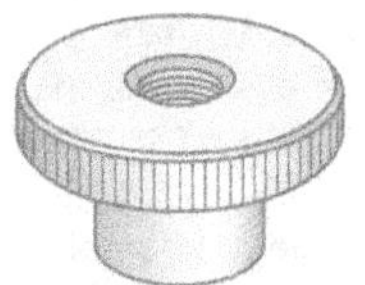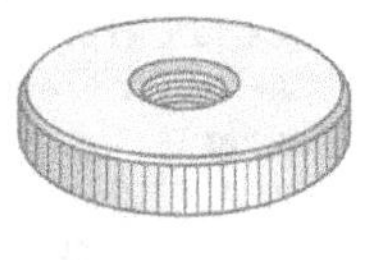

écrou PAL [hex speed nut]

(n.m.) Type d'ÉCROU HEXAGONAL simplifié en TÔLE d'ACIER À RESSORT découpée et emboutie.

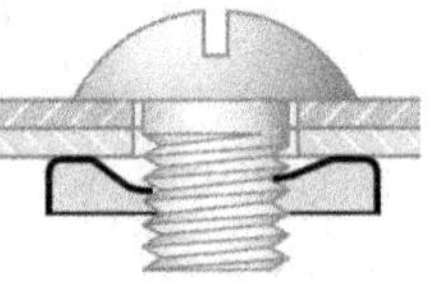

A. Il est souvent utilisé comme CONTRE-ÉCROU.
B. Exemple de DÉSIGNATION :

Écrou PAL M8 Acier EZ

 **Avantages**

C. Très économique. Peu encombrant. Léger.

 **Inconvénients**

D. Ne convient que pour des ASSEMBLAGES (sens 2) légers.
→ Voir aussi ÉCROU TÔLE.

écrou papillon [wing nut]

(n.m.) Type d'ÉCROU ne nécessitant pas d'OUTIL DE SERRAGE car il comporte déjà deux FORMES spéciales aplaties permettant de le manœuvrer facilement à la main.

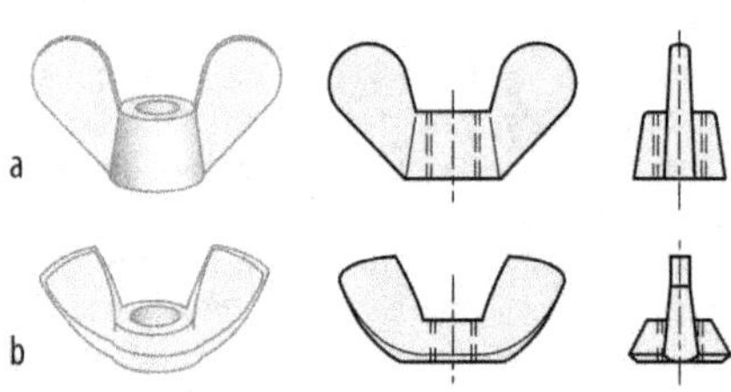

A. Exemple de DÉSIGNATION :

Écrou Papillon M10 Forme américaine

 **Avantages**

B. Ne requiert aucun OUTIL DE SERRAGE.

 **Inconvénients**

C. Force de SERRAGE limitée par les capacités de l'opérateur. A tendance à faire mal aux doigts !
D. À savoir qu'il existe une VIS (sens 2) avec les mêmes formes de manœuvre.
→ Voir VIS À OREILLES ; VIS PAPILLON.
♦ Syn. : ÉCROU À OREILLES.

écrou pour rainure en té [nut t-slot]

(n.m.) ÉCROU avec un PROFIL de FORME complémentaire à une RAINURE EN TÉ pour pouvoir s'y loger. Il est utilisé sur les TABLES XY ou les PLATEAUX des DISPOSITIFS d'USINAGE pour brider les PIÈCES (sens 1).

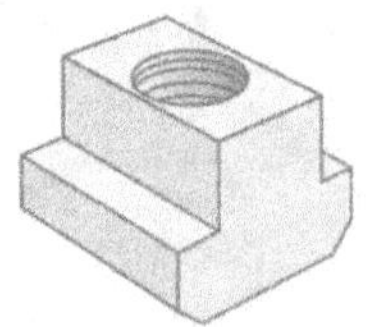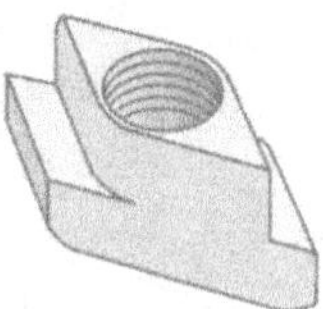

♦ Syn. : TASSEAU ; LARDON.

écrou rétractable [retractable nut]

(n.m.) Type d'ÉCROU pouvant se fixer (AVEUGLE), EN AVEUGLE sur une paroi, par repliement en étoile d'une extrémité (voir page suivante).

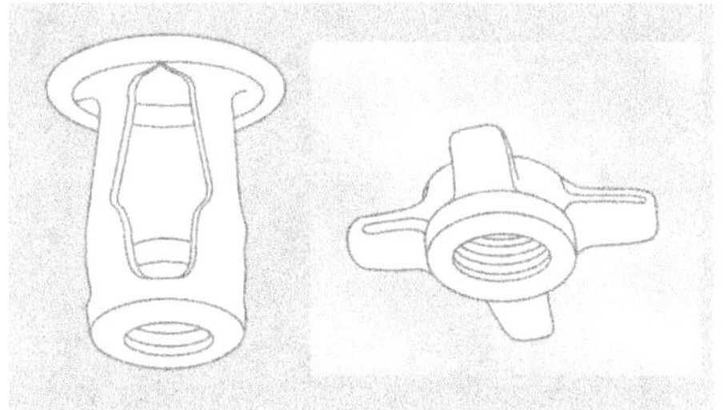

A. Le repliement est obtenu avec une simple VIS (sens 2) ou avec un OUTIL dédié. L'écrou rétractable convient bien pour les MATÉRIAUX | TENDRES tels que les (PLASTIQUES), MATIÈRES PLASTIQUES ou FRIABLES tels que le PLÂTRE.

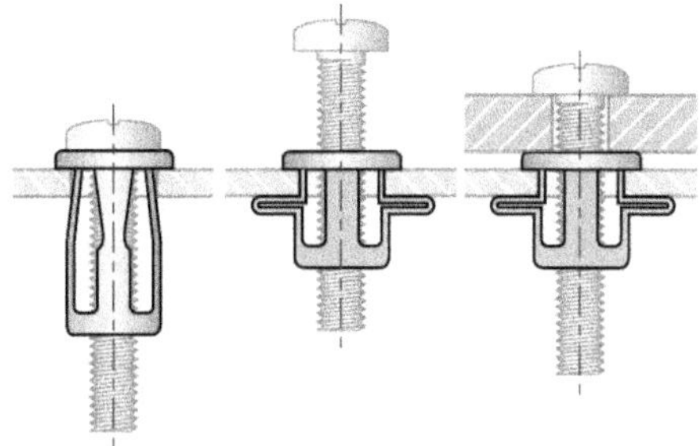

B. Ne pas confondre avec l'ÉCROU À SERTIR qui ne convient bien, en principe, que pour les MATÉRIAUX RIGIDES tels que les MÉTAUX.
→ Voir aussi CHEVILLE RÉTRACTABLE.

écrou spécial [non-standardized nut]

(n.m.) ÉCROU qui ne fait l'objet d'aucune NORMALISATION particulière.

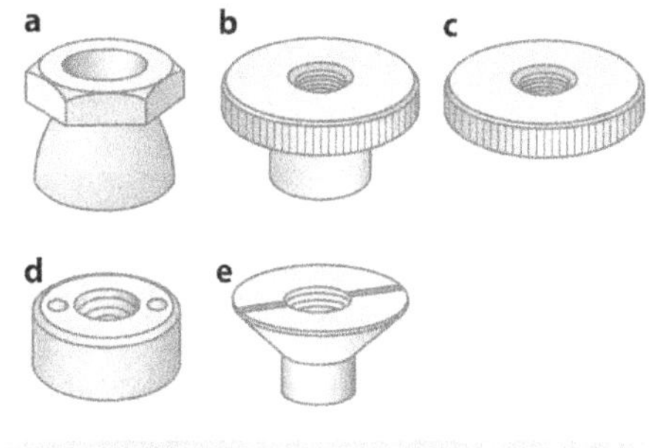

a. Écrou inviolable
b. Écrou à molette haut
c. Écrou à molette bas
d. Écrou cylindrique 2 trous
e. Écrou fraisé

écroûtage [bar peeling]

(n.m.) USINAGE d'une BARRE ou d'un TUBE en translation par des OUTILS DE COUPE tournant autour, pour en enlever la COUCHE de CALAMINE ou de ROUILLE.

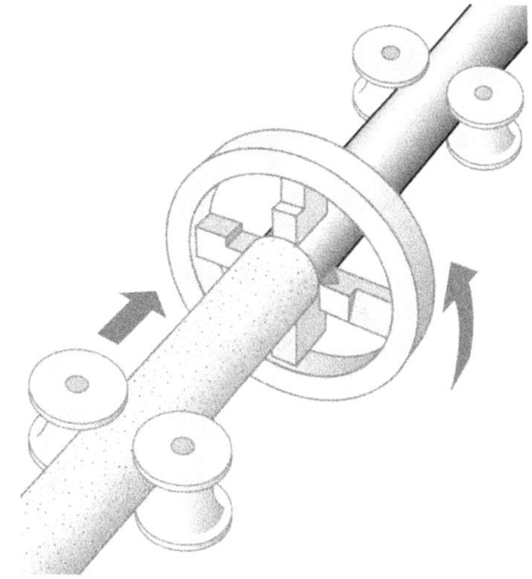

écrou-tôle [speed nut]

(n.m.) Type d'ÉCROU simplifié en FEUILLARD découpé et embouti.

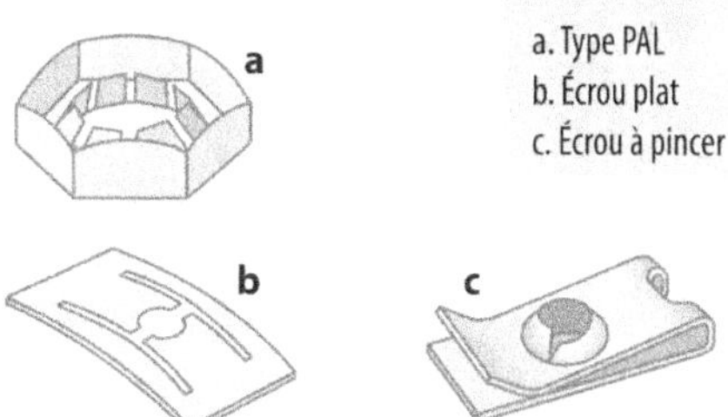

a. Type PAL
b. Écrou plat
c. Écrou à pincer

Les écrous-tôles ne permettent que des FIXATIONS (sens 2) légères supportant de faibles CHARGES (sens 1).

efficace [efficient]

(adj.) Qui donne de bons résultats mais sans forcément des considérations de rendement économique.
• Note : Ne pas confondre avec EFFICIENT qui, en plus d'être efficace, contient une dimension économique en étant obtenu à moindre coût.

efficacité [efficiency]

(n.f.) Rapport des résultats obtenus comparés aux objectifs préalablement fixés, mais sans tenir compte des moyens et efforts mis en œuvre.
• Note : Ne pas confondre avec l'EFFICIENCE qui est le rapport des résultats obtenus comparés aux moyens et efforts mis en œuvre pour l'obtenir. Ainsi, un processus peut être efficace car donnant les résultats escomptés mais peu efficient car consommant des moyens démesurés, et au final économiquement peu rentable.

efficience [efficiency]

(n.f.) Rapport des résultats obtenus comparés aux moyens et efforts mis en œuvre pour l'obtenir. Par rapport à l'EFFICACITÉ, l'efficience inclut, en plus, une dimension de rentabilité ou de rendement économique. L'efficience est l'efficacité à moindre coût.

efficient

(adj.) Qui donne de bons résultats à moindre coût, ce qui le différencie du terme EFFICACE qui ne prend pas forcément en compte des considérations de rendement économique.

effort [load]

(n.m.) Même signification que la FORCE mais souvent utilisé pour les forces STATIQUES.

effort tranchant [shear force]

(n.m.) FORCE interne d'une POUTRE chargée en FLEXION, tendant à en cisailler transversalement chaque SECTION.

A. En considérant une POUTRE subissant une FORCE globale P et ses RÉACTIONS D'APPUIS **R**, comme une juxtaposition de lamelles de MATIÈRE, chacune subit un effort qui a tendance à la trancher de son voisin :

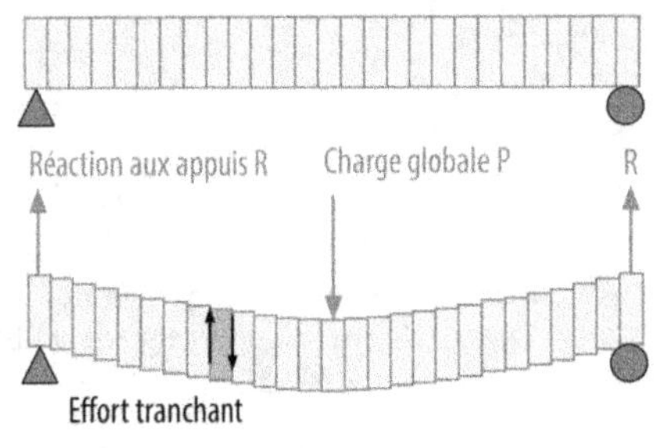

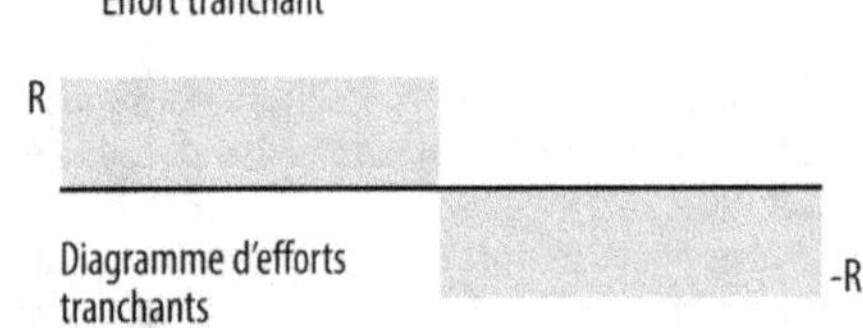

B. En plus des CONTRAINTES DE TRACTION et de COMPRESSION générées longitudinalement sur la POUTRE fléchie, la CONTRAINTE DE CISAILLEMENT due à l'effort tranchant est aussi à prendre en compte pour son DIMENSIONNEMENT. Dans le cas de faible ÉLANCEMENT, de certaines GÉOMÉTRIES (sens 2) et certains MATÉRIAUX comme le BÉTON, elle peut même être prépondérante.
→ Voir CONTRAINTE DE FLEXION.

éjecteur [ejector]

(n.m.) TIGE destinée à pousser une PIÈCE (sens 1) moulée hors de l'EMPREINTE d'un MOULE.

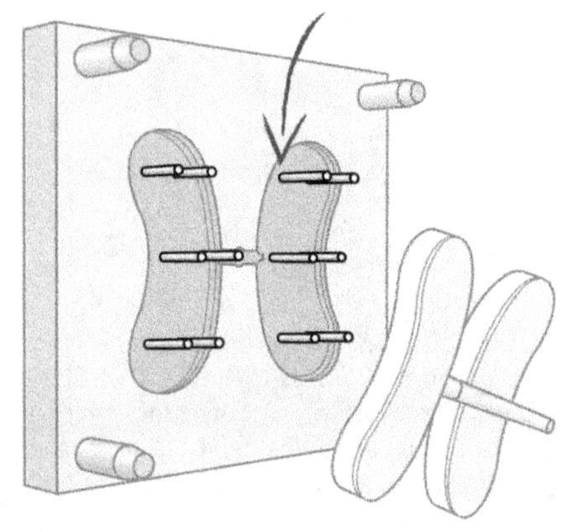

→ Voir aussi DÉMOULAGE.

élaboration [metal making, smelting]

(n.f.) OPÉRATION de TRANSFORMATION (sens 2) de MINERAI en MÉTAL.
→ Voir, par exemple, ACIER (section J et K).

(élaboré), trop élaboré [over-engineered]

(Locution). Qui est conçu excessivement au delà du raisonnable et du nécessaire.
→ Voir aussi SURQUALITÉ.

élancement [slenderness ratio]

(n.m.) Nombre sans UNITÉ (sens 1) rapport de la LONGUEUR d'une POUTRE par les CARACTÉRISTIQUES géométriques de sa SECTION et qui sert à cerner sa sensibilité au FLAMBEMENT lorsqu'elle est sollicitée en COMPRESSION.

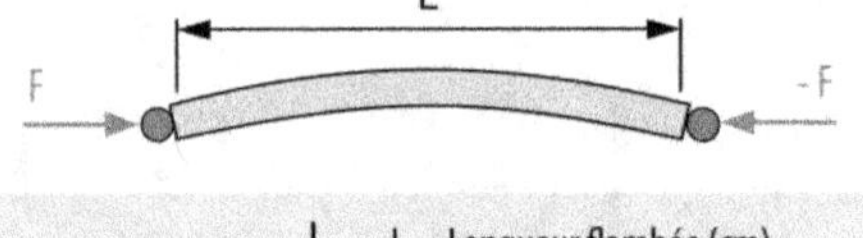

$$\text{Elancement } \lambda = \frac{L}{\sqrt{\dfrac{I}{A}}}$$

L = Longueur flambée (cm)
I = moment inertie section (cm4)
A = Aire de la section (cm2)

En rapport avec la CHARGE CRITIQUE D'EULER qui est la CHARGE (sens 1) à ne pas dépasser pour éviter le flambement, un élancement limite peut être défini, en dessous duquel la POUTRE est théoriquement à l'abri de ce PHÉNOMÈNE.

élasticité [elasticity]

(n.f.) Faculté d'un MATÉRIAU lui permettant de revenir à sa FORME, DIMENSION et VOLUME initiaux après avoir subi une DÉFORMATION due à une CONTRAINTE MÉCANIQUE.

A. C'est, par exemple, le cas des RESSORTS ou des ÉLASTOMÈRES.

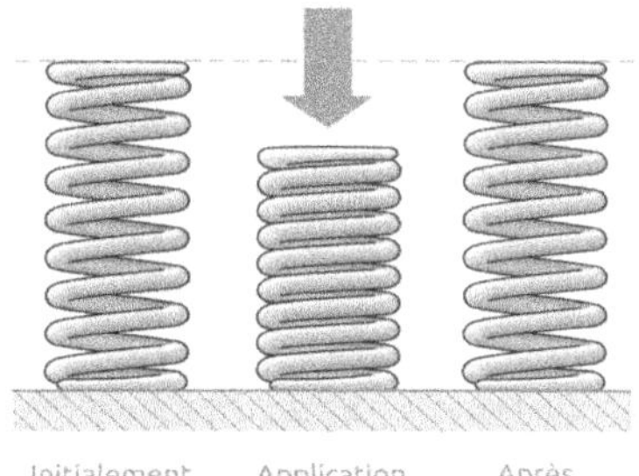

→ Voir aussi et comparer avec PLASTICITÉ.

B. D'une façon générale, tous les MATÉRIAUX possèdent une élasticité plus ou moins marquée. Cette PROPRIÉTÉ MÉCANIQUE peut être cernée avec les grandeurs suivantes :
• Le MODULE D'ÉLASTICITÉ LONGITUDINALE.
• La RÉSISTANCE À LA LIMITE D'ÉLASTICITÉ.
• L'ALLONGEMENT À LA LIMITE D'ÉLASTICITÉ.
• Le COEFFICIENT DE POISSON.

élastique [elastic]

(adj.) Capable de retrouver ses DIMENSIONS initiales après avoir subi une DÉFORMATION provoquée par une SOLLICITATION MÉCANIQUE.

(élastique), phase élastique, domaine élastique [elastic domain]

(n.f., n.m.) Les conditions de SOLLICITATIONS MÉCANIQUES qui font apparaître une DEFORMATION ÉLASTIQUE d'un MATÉRIAU, notamment pendant l'ESSAI DE TRACTION.

C'est le premier segment de la (TRACTION), COURBE DE TRACTION.

→ Voir COURBE DE TRACTION.

élastomère [elastomer material]

(n.m.) POLYMÈRE | RÉTICULÉ c'est à dire dont les chaînes moléculaires sont reliés par des « ponts » qui leur confère une ÉLASTICITÉ exceptionnellement élevée par rapport aux THERMOPLASTIQUES.

	Thermoplastique	**ÉLASTOMÈRE**	Thermodurcissable
Structure	Amorphe Semi-cristalline	Faiblement réticulée	Fortement réticulée
Rigidité mécanique	Moyen	Élastique	Dur
Allongement à la limite d' élasticité	< 1 %	>10 à 1000 %	< 0,2 %

A. Quelques noms d'élastomères parmi les plus connus :

Désignation	Symbole
Caoutchouc naturel	NR
Caoutchouc butadiène Acrylonitrile	NBR
Caoutchouc butadiène acrylonitrile hydrogéné	HNBR
Caoutchouc nitrile carboxydé	XNBR
Polyacrylate	ACM
Caoutchouc d'éthylène acrylate	AEM
Caoutchouc d'éthylène propylène diène	EPDM
Caoutchouc styrène butadiène	SBR
Polybutadiène	BR
Polyuréthane	PUR (AU/EU)
Caoutchouc fluoré	FKM
Caoutchouc perfluoré	FFKM
Caoutchouc silicone polysyloxane vinyle méthyle	VMQ
Caoutchouc fluorosilicone	FVMQ
Caoutchouc silicone polysyloxane phényle vinyle méthyle	PVMQ
Caoutchouc buthyl	IIR
Caoutchouc chlorobuthyl	CIIR
Caoutchouc bromobuthyl	BIIR
Polychloropene	CR
Polyéthylène chlorosulfoné	CSM
Caoutchouc d'épichlorodine	ECO

B. Quelques utilisations des élastomères.
• Dans l'automobile : pneumatique, JOINT D'ÉTANCHÉITÉ, COURROIE, SOUFFLET, conduits, supports antivibratoire, essuie-glace, etc.
• Dans l'industrie : bande transporteuse, isolant de câble conducteur, TUYAU, ACCOUPLEMENT, etc.
• Dans le bâtiment : joint d'isolation, structure gonflable, réservoirs souples, APPUI de pont, plot antisismique, patin, BUTÉE, etc.
• Équipements de la maison et loisirs : matelas, balle et ballon, bateaux pneumatiques, équipements de plongée, combinaison, masque, palme, etc.
• Habillement : semelle de chaussure, botte, bretelles, élastiques, CHAUSSURE DE SÉCURITÉ, etc.
• Médical : gants, équipement pour bébés, sonde, garrot, bouchon, piston seringue, etc.

C. Les élastomères sont aussi utilisés comme ADDITIF appelé PLASTIFIANT pour les autres (PLASTIQUES), MATIÈRES PLASTIQUES notamment pour améliorer la RÉSISTANCE AU CHOC.

 **Avantages**

D. MATÉRIAU unique sans équivalent pour son élasticité exceptionnelle.

 **Inconvénients**

E. Non-recyclable ou difficilement RECYCLABLE.

F. Exemple d'aspect.

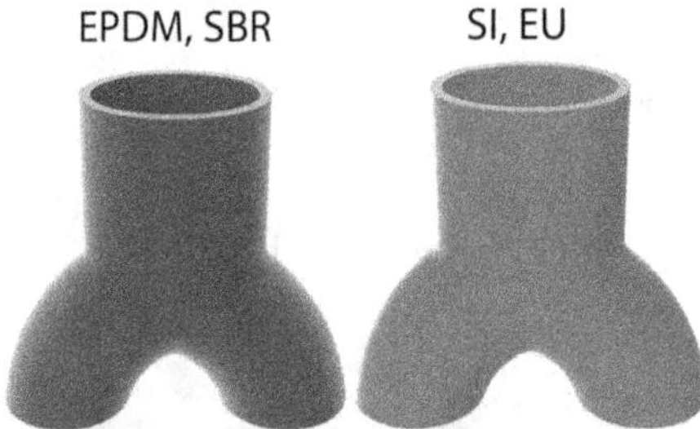

G. Exemple de profilés élastomère :

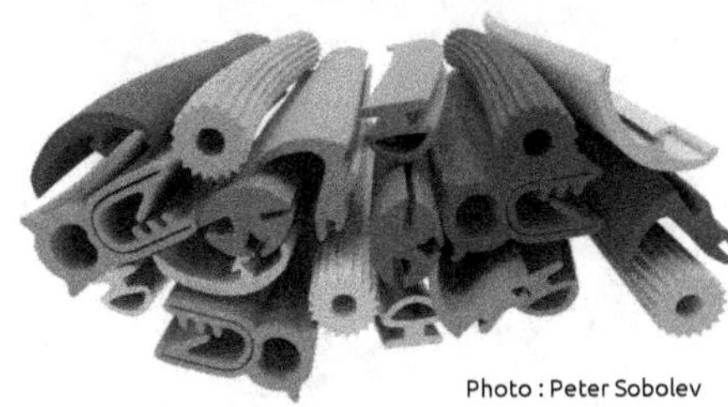

Photo : Peter Sobolev

H. Le terme élastomère provient de la contraction de « elastic polymer ».
◆ Syn. : CAOUTCHOUC.
→ Voir aussi (PLASTIQUE), MATIÈRE PLASTIQUE ; RIGIDE.

électro-aimant [electromagnet]

(n.m.) Type d'AIMANT dont le fonctionnement nécessite le passage d'un courant électrique.
• Note : Ne pas confondre avec la VENTOUSE ÉLECTROMAGNÉTIQUE.
→ Voir PLATEAU ÉLECTROMAGNÉTIQUE pour un exemple d'utilisation.

électrobroche [electro spindle]

(n.f.) BROCHE (sens 2) d'une MACHINE-OUTIL qui est également l'AXE (sens 1) du MOTEUR qui l'anime.

électrodéposition [electroplating]

(n.f.) Même signification que DÉPÔT ÉLECTROLYTIQUE ou REVÊTEMENT ÉLECTROCHIMIQUE.

électroérosion [electrical discharge machining, spark erosion, EDM]

(n.f.) PROCÉDÉ d'USINAGE de MATÉRIAU MÉTALLique par des décharges électriques entretenues entre une électrode et la PIÈCE (sens 1), de manière à la rogner petit à petit.
A. Chaque étincelle fond et évapore une petite quantité de MATIÈRE. Un LIQUIDE diélectrique est mise en circulation entre la PIÈCE (sens 1) et l'électrode pour permettre la production de l'étincelle, évacuer les particules et refroidir les SURFACES dans la zone d'USINAGE. Les étincelles sont produites par un générateur électrique à impulsions. Selon leur énergie, l'effet des étincelles peut s'exercer de 1 µm à 1 mm, ce qui augmente plus ou moins la quantité de MATIÈRE retirée et donne une PRÉCISION et un ÉTAT DE SURFACE plus ou moins bons. Ainsi, ce PROCÉDÉ est aussi parfois appelé ÉTINCELAGE. L'electroérosion peut s'effectuer de deux façons :
B. Soit par une électrode possédant la FORME voulue et qui pénètre petit à petit dans le MATÉRIAU à usiner : c'est l'ÉLECTROÉROSION ENFONÇAGE.

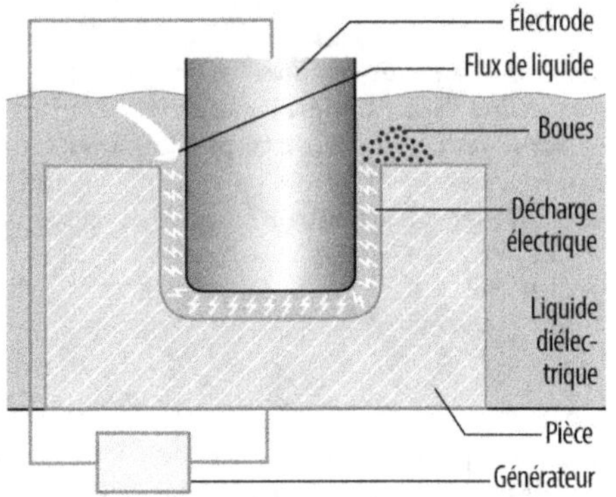

Le plus souvent, l'électrode est en CUIVRE ou en GRAPHITE. Cette MÉTHODE est aussi exploitée pour des PERÇAGES PROFONDS.
C. Soit par une électrode sous forme de FIL qui se déplace transversalement petit à petit pour effectuer une DÉCOUPE suivant une TRAJECTOIRE précise et programmée.

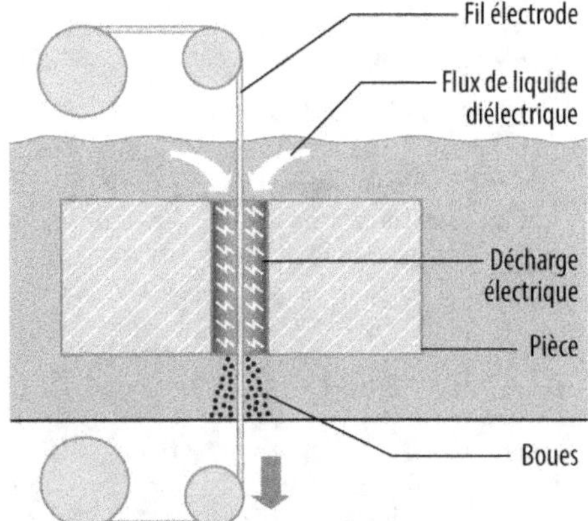

Le fil de DIAMÈTRE entre 0,02 à 0,4 mm est le plus souvent du LAITON. Le LIQUIDE diélectrique est soit de l'eau filtrée déminéralisée, soit une HUILE spéciale.

👍 Avantages

D. PROCÉDÉ très précis pouvant donner de très bons ÉTATS DE SURFACE. Un ÉTAT DE SURFACE | GRANITÉ régulier est également possible. USINAGE sans BAVURE. Permet d'usiner des MATÉRIAUX très DURS comme les CARBURES de TUNGSTÈNE, à condition qu'ils soient conducteurs d'électricité. USINAGE de FORMES complexes, sans DÉFORMATION | MÉCANIQUE ni effet de la chaleur (en réalité, il y a une légère ZONE AFFECTÉE THERMIQUEMENT qui est très superficielle). Permet d'usiner des coins sans RAYON et des cavités impossibles à obtenir avec d'autres MÉTHODES.

👎 Inconvénients

E. PROCÉDÉ relativement lent réservé à de la petite SÉRIE DE PIÈCES. Impossibilité d'usiner des MATÉRIAUX non-conducteurs. Électrode sujet à l'USURE.

F. Ne pas confondre avec l'USINAGE ÉLECTROCHIMIQUE qui agit par dissolution localisée de la pièce avec une réaction électrochimique sans qu'il y ait usure de l'électrode.

→ Voir aussi ÉLECTROÉROSION À FIL ; ÉLECTROÉROSION ENFONÇAGE.

électroérosion à fil [wire electrical discharge machining, wire edm]

(n.f.) PROCÉDÉ de DÉCOUPAGE de MATÉRIAU par un fil électrode se déplaçant transversalement en générant des étincelles qui rognent petit à petit la MATIÈRE.

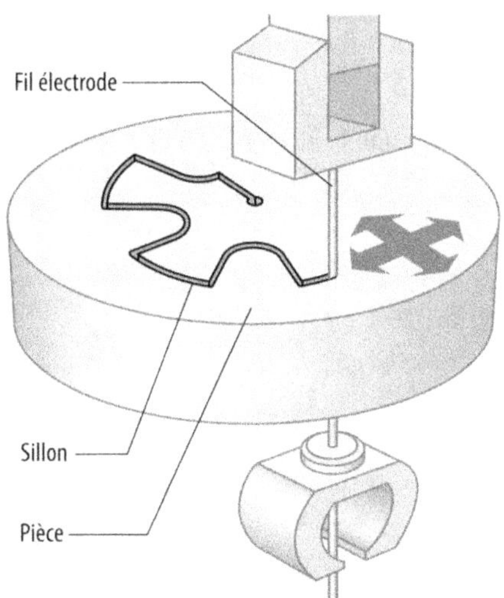

A. La MATIÈRE à découper doit être obligatoirement conductrice d'électricité. Le fil électrode est le plus souvent en LAITON typiquement de DIAMÈTRE 0,25 mm. Il est déroulé continuellement pour compenser l'USURE. L'électrode et la PIÈCE (sens 1) sont immergées dans un LIQUIDE diélectrique en MOUVEMENT pour créer les étincelles, évacuer les particules et refroidir les SURFACES concernées. Un générateur applique la tension électrique variable nécessaire. Les MOUVEMENTS de DÉPLACEMENT transversaux de la PIÈCE (sens 1) ou du FIL sont contrôlés par COMMANDE NUMÉRIQUE.

B. Toutes proportions gardées, l'électroérosion à fil peut être imaginé comme « un fil à couper le beurre », mais appliqué à la DÉCOUPE des MÉTAUX. Il peut être considéré aussi comme une SCIE à LAME défilante dont les DENTS seraient des étincelles ! Il est cependant très important de faire remarquer qu'à aucun moment, le FIL n'entre en CONTACT avec la PIÈCE (sens 1), car cela se traduirait par un court-circuit qui anéantirait le PROCÉDÉ !

C. Vue générale du PROCÉDÉ :

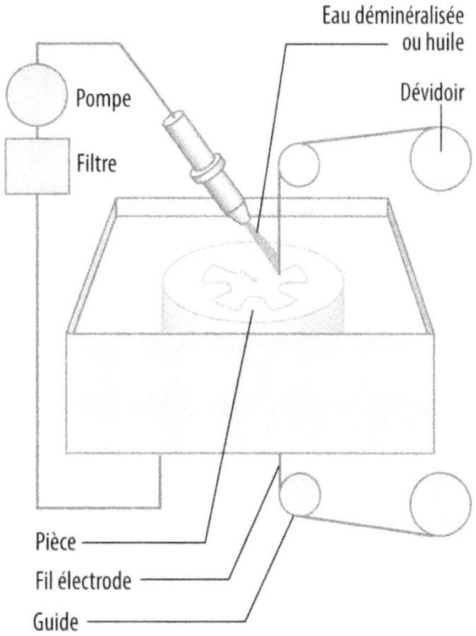

Ex. 1 : *plaque d'un* OUTILLAGE *(sens 2) d'*EXTRUSION *(sens 3) :*

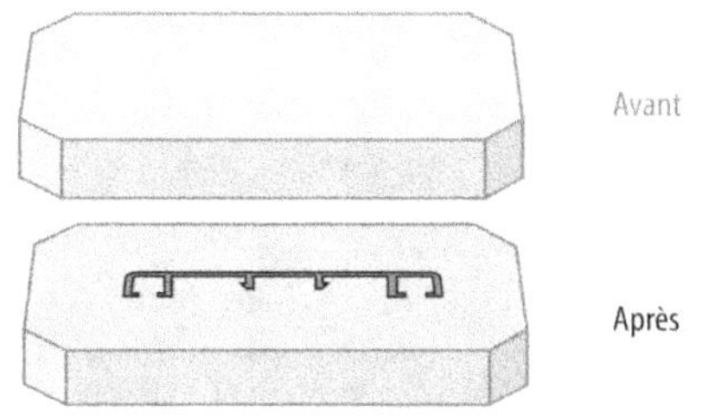

Ex. 2 :

D. Le FIL peut être incliné pour obtenir des PIÈCES (sens 1) avec DÉPOUILLE ou avec des PROFILS différents de chaque coté d'une PLAQUE comme le sont les FILIÈRES d'EXTRUSION (sens 3) des (PLASTIQUES), MATIÈRES PLASTIQUES.
Ex. 3 :

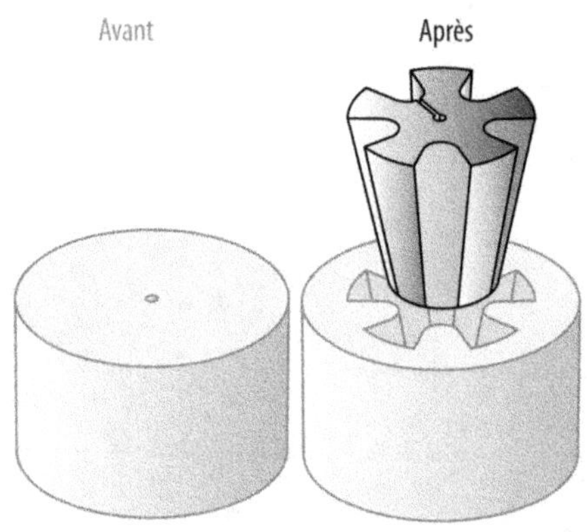

E. TOLÉRANCE dimensionnelle (IT) :

Très précis	Précis	Moyen	Grossier	Très Grossier
1 2 3 4 5	6 7 8 9	10 11 12	13 14 15	16 17 18
Érosion fil				
10 ± 0,002	10 ± 0,01	10 ± 0,05	10 ± 0,2	10 ± 1
100 ± 0,005	100 ± 0,02	100 ± 0,1	100 ± 0,4	100 ± 2

F. ÉTAT DE SURFACE, RUGOSITÉ Ra (µm) :

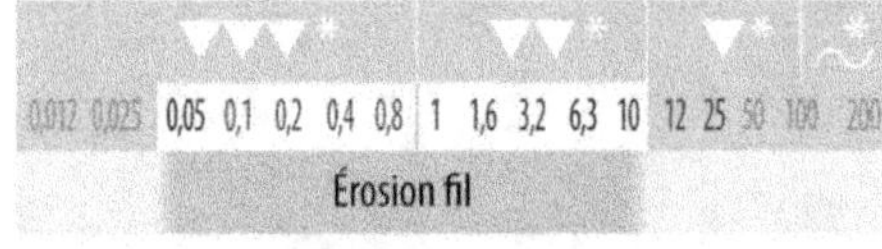

0,012	0,025	0,05	0,1	0,2	0,4	0,8	1	1,6	3,2	6,3	10	12	25	50	100	200
		Érosion fil														

* Symbole ne faisant plus partie des normes

G. Coût OUTILLAGE (sens 2) (hors coût MACHINE) :

Aucun	Faible	Moyen	Élevé	Très élevé
	Érosion Fil			

H. SÉRIE DE PIÈCES économique :

Proto	Unitaire	Petite	Moyenne	Grande	Très Grande
1	10	100	1 000	10 000	100 000
Érosion fil					

I. La capacité de DÉCOUPE d'une MACHINE est exprimée par la SURFACE susceptible d'être générée par unité de temps :

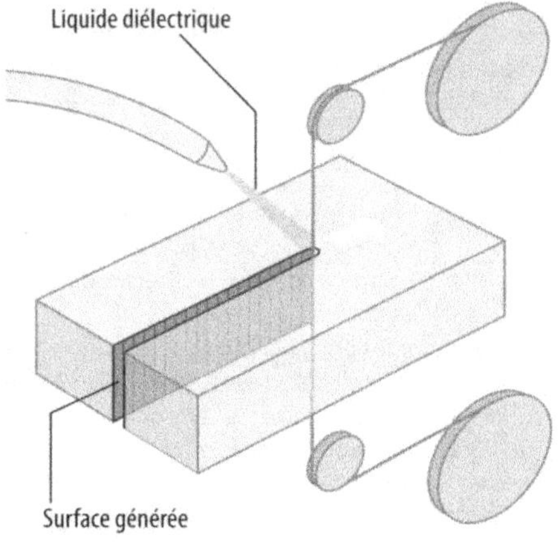

Elle est, souvent, exprimée en mm^2/mn. Les capacités moyennes des MACHINES actuelles sont de l'ordre d'une centaine à quelques centaines de mm^2/mn, en ce qui concerne la DÉCOUPE de l'ACIER. Certains MATÉRIAUX se découpent plus facilement que les autres.
J. Afin d'optimiser les temps d'USINAGE, la DÉCOUPE est d'abord effectuée dans la MASSE (sens 1), en ÉBAUCHE, avec un ÉTAT DE SURFACE peu soigné. Ensuite, les SURFACES ainsi générées subissent une FINITION par un deuxième passage destiné à enlever les aspérités résiduelles :

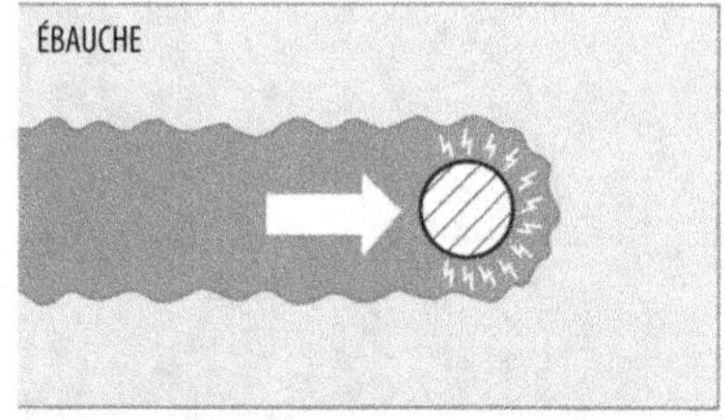

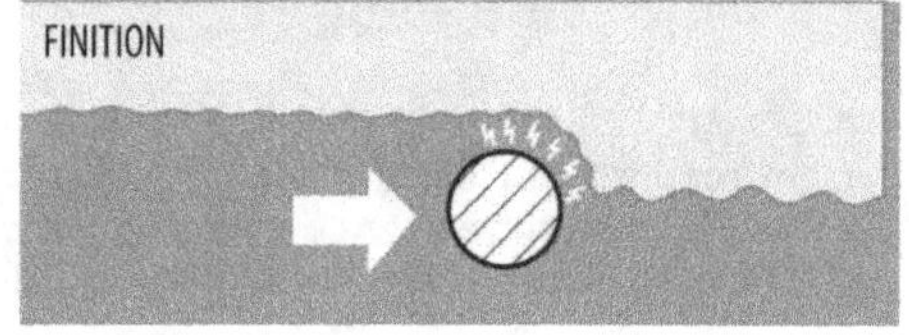

K. L'abaque ci-dessous établi pour un ACIER MI-DUR donne, en fonction de l'ÉPAISSEUR découpée, un exemple de VITESSES de DÉCOUPE, en ÉBAUCHE et en FINITION, sur une MACHINE de performance moyenne. Attention, l'ÉCHELLE (sens 4) de VITESSE de DÉCOUPE est logarithmique :

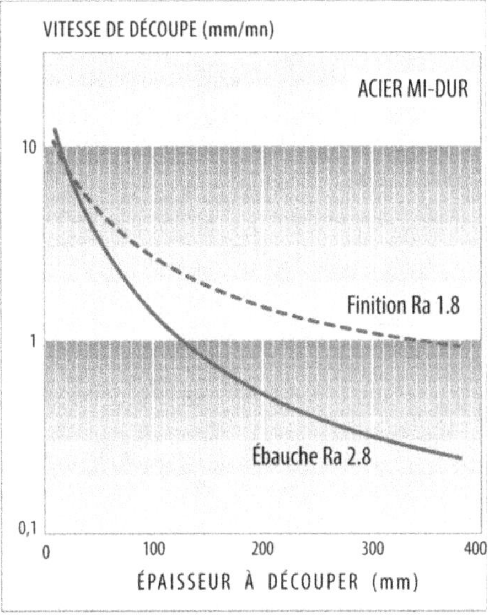

 **Avantages**

L. Possibilité d'usiner des parois fines fragiles car il n'y a pas de CONTACT | MÉCANIQUE ni de DÉFORMATION par la chaleur. Possibilité d'usiner de grande PROFONDEUR avec une faible LARGEUR, comme des RAINURES ou des SAIGNÉES. Possibilité d'usiner des FORMES en coin pratiquement sans RAYON. Possibilité d'usiner des PIÈCES (sens 1) minuscules qui ne nécessitent que des moyens de FIXATION simple car le PROCÉDÉ ne génère ni CONTRAINTES MÉCANIQUES ni VIBRATIONS. PROCÉDÉ ne faisant pas apparaître de CONTRAINTES RÉSIDUELLES dans la PIÈCE (sens 1) usinée. Grande PRÉCISION d'USINAGE car il n'y a ni EFFORT ni VIBRATIONS. « Outil de coupe » très simple sous forme de FIL pratiquement STANDARD. PROCÉDÉ très adapté à la COMMANDE NUMÉRIQUE. Programme plus simple à réaliser car l'outil fil est de GÉOMÉTRIE (sens 2) constante. Possibilité de générer des SURFACES très complexes avec un programme relativement simple. Possibilité d'usiner des MATÉRIAUX très DURS inattaquables avec des OUTILS DE COUPE conventionnels car le PROCÉDÉ vaporise plus la MATIÈRE qu'il ne la coupe. USINAGE sans BAVURE. Possibilité d'usiner des MÉTAUX précieux avec le minimum de perte. Possibilité d'usiner des MA-TIÈRES inflammables ou pouvant produire des émanations dangereuses car l'USINAGE s'effectue dans l'eau.

Inconvénients

M. Impossibilité d'usiner des MATÉRIAUX non-conducteurs comme les CÉRAMIQUES. PROCÉDÉ relativement lent.
→ Voir CLAVETAGE pour un exemple d'application. Voir également ÉLECTROÉROSION.
N. Machine d'électroérosion à fil.

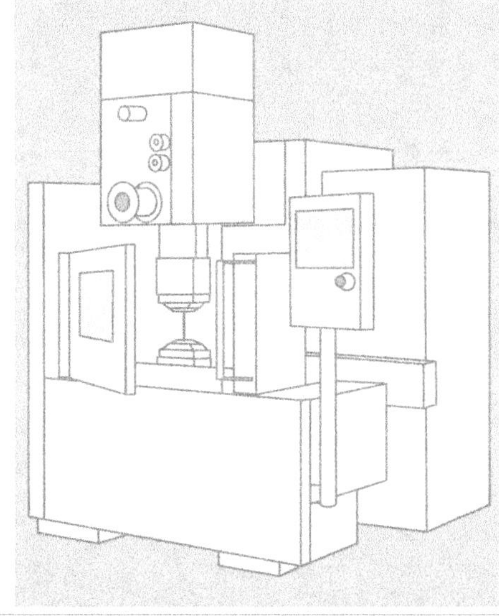

électroérosion enfonçage [die sinking electrical discharge machining, EDM, sinker EDM, plunger EDM, ram edm]

(n.f.) PROCÉDÉ d'USINAGE de FORME dans un MATÉRIAU, en y plongeant une électrode avec la FORME inverse à obtenir et produisant des étincelles qui rognent petit à petit la MATIÈRE.
A. L'électrode est souvent en CUIVRE ou en GRAPHITE. Le MATÉRIAU doit obligatoirement être conducteur d'électricité.
B. Un LIQUIDE diélectrique est mis en circulation entre l'électrode et la PIÈCE (sens 1) pour évacuer les particules provenant de l'enlèvement de MATIÈRE et de l'USURE des électrodes, mais aussi pour refroidir la zone usinée. Il est à noter qu'il n'y a jamais de CONTACT | MÉCANIQUE entre l'électrode et la PIÈCE (sens 1).

C. Vue générale du PROCÉDÉ :

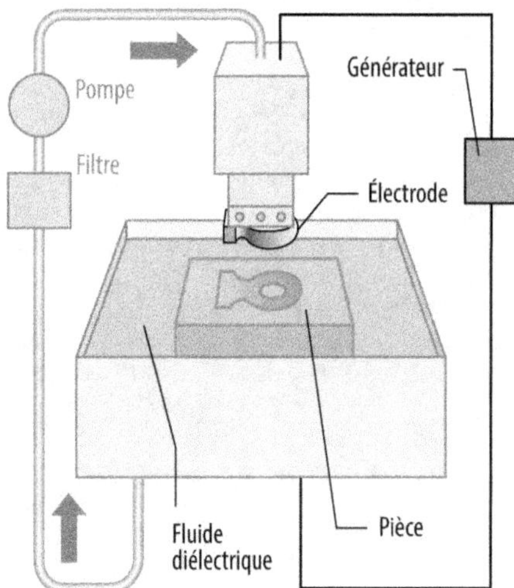

Vue de détail :

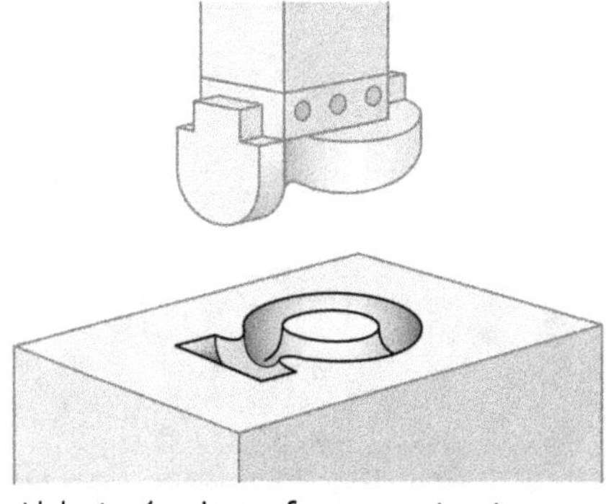

D. L'electroérosion enfonçage est notamment utilisée pour réaliser les cavités de MOULE.
Ex. 1 :

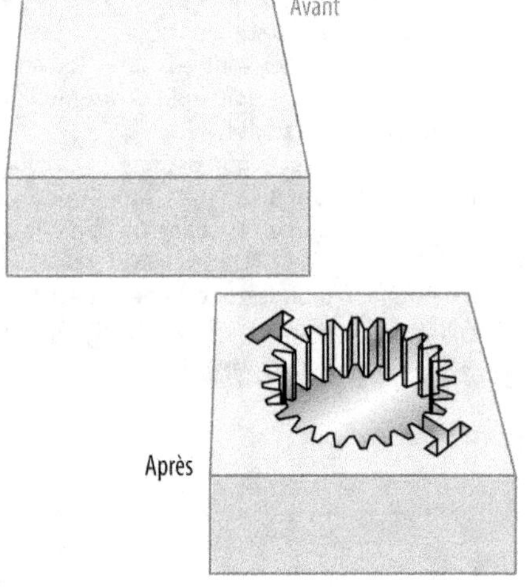

Ex. 2 :

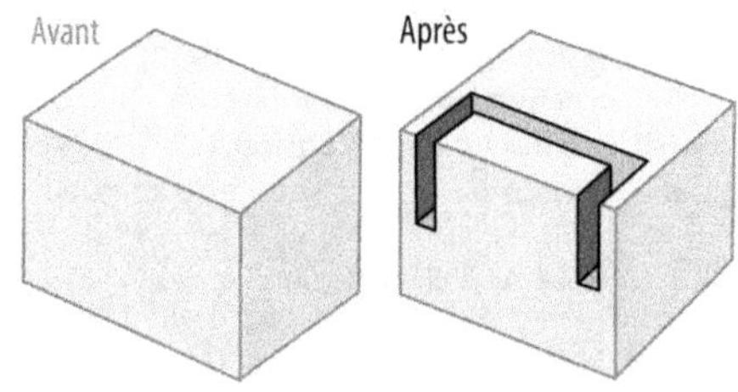

E. TOLÉRANCE **dimensionnelle (IT) :**

Très précis	Précis	Moyen	Grossier	Très Grossier
1 2 3 4 5	6 7 8 9	10 11 12	13 14 15	16 17 18
Érosion enfonçage				
10 ± 0,002	10 ± 0,01	10 ± 0,05	10 ± 0,2	10 ± 1
100 ± 0,005	100 ± 0,02	100 ± 0,1	100 ± 0,4	100 ± 2

F. ÉTAT DE SURFACE, RUGOSITÉ **Ra (µm) :**

0,012	0,025	0,05	0,1	0,2	0,4	0,8	1	1,6	3,2	6,3	10	12	25	50	100	200
							Érosion enfonçage									

* Symbole ne faisant plus partie des normes

G. Coût OUTILLAGE **(sens 2) (hors coût** MACHINE**) :**

Aucun	Faible	Moyen	Élevé	Très élevé
	Enfonçage			

H. SÉRIE DE PIÈCES **économique :**

Proto	Unitaire	Petite	Moyenne	Grande	Très Grande
1	10	100	1 000	10 000	100 000
Enfonçage					

I. Machine électroérosion-enfonçage.

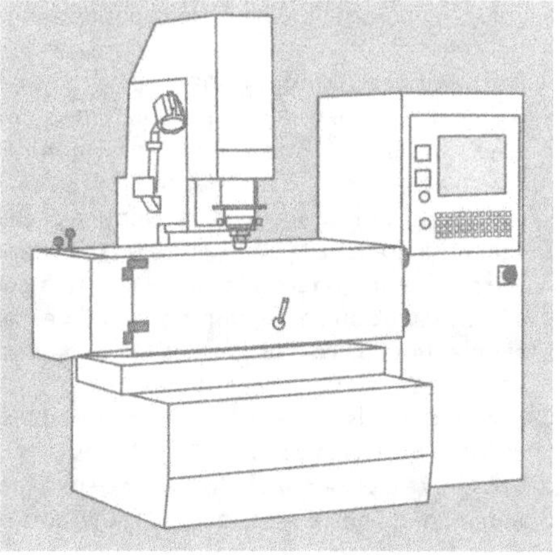

J. Ne pas confondre avec l'USINAGE ÉLECTRO-CHIMIQUE qui agit par dissolution avec une RÉACTION CHIMIQUE assistée d'un courant électrique.

 Avantages

K. Permet l'USINAGE de toutes sortes de FORME impossible à réaliser par les PROCÉDÉS conventionnels. Permet d'usiner des pièces minuscules. Permet d'obtenir des parois très fines. Permet d'usiner les MATÉRIAUX les plus DURS à partir du moment où ils sont conducteurs d'électricité. PROCÉDÉ sans contact mécanique ce qui évite toute DÉFORMATION parasite et CONTRAINTE MÉCANIQUE résiduelle. Ne nécessite pas de BRIDAGE élaboré de la pièce. Ne génère aucune BAVURE (sens 1). Grande PRÉCISION dimensionnelle et excellent ÉTAT DE SURFACE.

Inconvénients

L. Procédé lent. La fabrication de l'outil électrode prend du temps supplémentaire. Contrairement à l'USINAGE ÉLECTROCHIMIQUE, l'outil électrode s'use petit à petit. Ne fonctionne que sur les MATÉRIAUX conducteurs d'électricité. Peut occasionner des perturbations métallurgiques de la MATIÈRE usinée sur une fine couche superficielle. Plus coûteux que les PROCÉDÉS d'USINAGE CONVENTIONNEL. Consommation d'énergie importante.
→ Voir également ÉLECTROÉROSION.

électrométallurgie [electrometallurgy]

(n.f.) Ensemble des TECHNIQUES d'ÉLABORATION ou d'AFFINAGE de MÉTAL faisant intervenir de l'ÉNERGIE électrique par produire de la chaleur, ou pour générer et alimenter une réaction électrochimique.
→ Voir, par exemple, FOUR À INDUCTION ; FOUR À ARC ÉLECTRIQUE.

électropolissage [electropolishing]

(n.m.) Même signification que POLISSAGE ÉLECTROLYTIQUE et POLISSAGE ÉLECTROCHIMIQUE.

électroportatif [portable power]

(adj.) Qui fonctionne à l'électricité et tenu librement à la main en parlant d'OUTILLAGE (sens 1).
→ Voir, par exemple, (ÉLECTROPORTATIF), OUTILLAGE ÉLECTROPORTATIF.

(électroportatif), outillage électroportatif [portable power tool]

(n.m.) APPAREIL fonctionnant à l'électricité et tenu librement à la main pour de petits travaux.

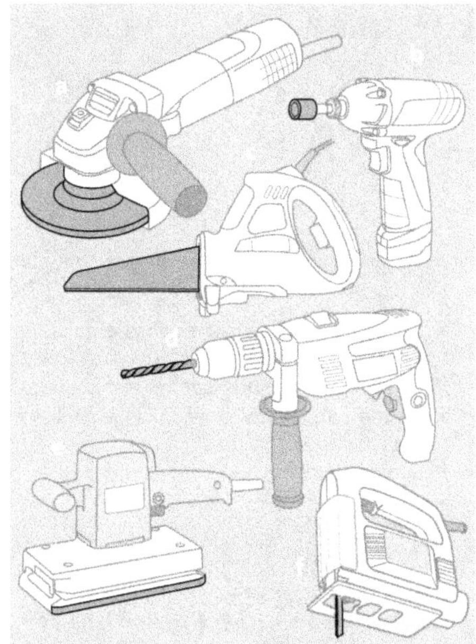

a. Disqueuse
b. Visseuse
c. Scie sabre
d. Perceuse
e. Ponceuse
f. Scie sauteuse

• Note : Le terme outillage électroportatif sert à spécifier qu'il ne s'agit pas d'une MACHINE fixe à un endroit.

électrostatique [elctrostatic]

(adj.) Susceptible d'accumuler des charges électriques en parlant d'un MATÉRIAU.
A. Ce phénomène se produit surtout dans certaines MATIÈRES électriquement isolantes telles les (PLASTIQUES), MATIÈRES PLASTIQUES. Le FROTTEMENT puis la séparation de ces MATÉRIAUX peuvent engendrer une accumulation de charges électriques qui se manifeste par une attraction entre les éléments chargés et peut conduire à une décharge électrique sous forme d'étincelle lorsqu'il y a contact avec un CORPS conducteur.
B. Les phénomènes électrostatiques peuvent produire des accidents en milieu industriel et nécessitent parfois des précautions et des équipements spécifiques.
◊ Contr. : ANTISTATIQUE.

électrozingage [zinc plating]

(n.m.) TRAITEMENT DE SURFACE de protection de l'ACIER contre la CORROSION, obtenu par DÉPÔT ÉLECTROLYTIQUE de ZINC.

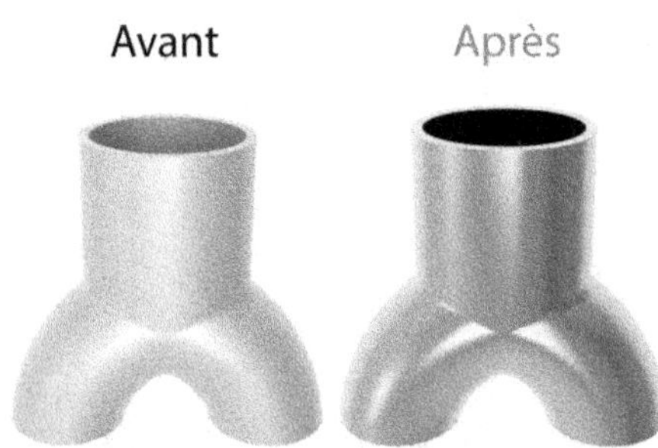

A. L'ÉPAISSEUR de ZINC est de l'ordre de 10 µm.
B. Ne pas confondre avec la GALVANISATION (sens 1) qui est obtenue par immersion dans un bain fondu de ZINC et dont l'ÉPAISSEUR est plutôt de l'ordre de 100 µm.
→ Voir GALVANISATION (sens 1).

👍 Avantages

C. Ne déforme pas la PIÈCE (sens 1) car il n'y a pas d'effet thermique. SURÉPAISSEUR très faible et uniforme ce qui ne gêne pas ou très peu les AJUSTEMENTS. Plutôt esthétique.

👎 Inconvénients

D. Protection insuffisante pour les applications extérieures exposées aux intempéries. Nécessite un point d'accrochage MÉCANIQUE et de CONTACT électrique pour l'immersion dans un bain électrolytique et la circulation du courant, ce qui laisse souvent une TRACE (sens 1) disgracieuse.
→ Voir aussi ZINGAGE.

électrozingué [zinc plated]

(adj.) Ayant reçu un TRAITEMENT DE SURFACE par ÉLECTROZINGAGE.

élément chimique [chemical element]

(n.m.) Un type d'atome caractérisé par un nombre précis de protons dans son noyau.
A. Chaque élément chimique est désigné par une combinaison de lettres souvent en rapport avec son nom. Parfois, les combinaisons de lettres s'expliquent par l'histoire et le lien avec le nom n'est pas évident. Voici, par exemple, l'élément chimique ALUMINIUM tel qu'il peut être représenté dans une table périodique :

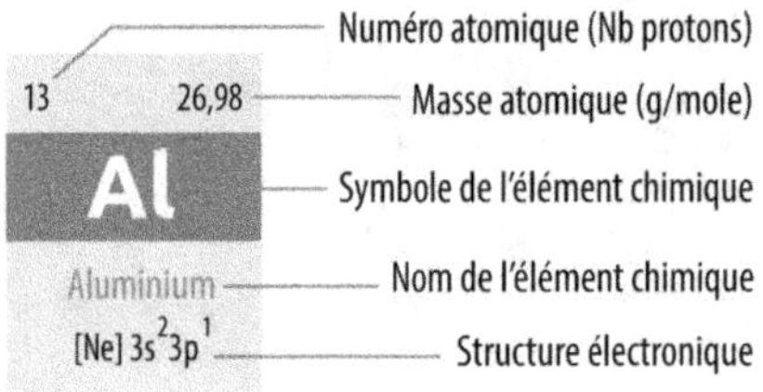

→ Voir TABLEAU PÉRIODIQUE DES ÉLÉMENTS.
B. À ce jour, il existe 92 éléments chimiques naturels, le plus léger étant l'HYDROGÈNE, le plus lourd l'URANIUM. D'autres éléments plus lourds peuvent être créés artificiellement. Un élément chimique est rarement utilisé seul sous forme de CORPS PUR. La plupart du temps, chaque élément est combiné avec lui-même ou avec d'autres pour former un COMPOSÉ CHIMIQUE ou un ALLIAGE.

élément d'addition [alloying element]

(n.m.) Voir les explications à la rubrique (ALLIAGE), ÉLÉMENT D'ALLIAGE car même signification.

élément de base [base element]

(n.m.) SUBSTANCE en plus grande quantité à laquelle est ajouté une autre pour former un ALLIAGE ou un mélange.
• Note : Ne pas confondre avec la notion de solvant contenant un soluté.

élément de fixation [fasteners]

(n.m.) ORGANE dont la fonction est de maintenir fermement ensemble plusieurs PIÈCES (sens 1). Ce sont les VIS (sens 2), ÉCROUS, BOULONS, CHEVILLES, RIVETS, ÉTRIERS, AGRAFES...

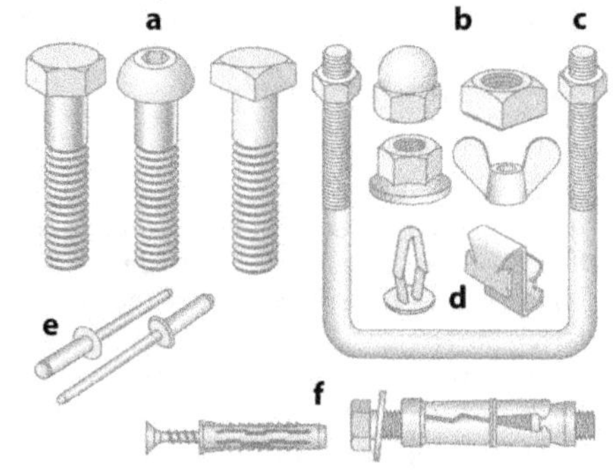

a. Vis et boulon	d. Agrafe
b. Écrou	e. Rivet
c. Étrier	f. Cheville

◆ Syn. : ORGANE DE FIXATION.

(éléments finis), calcul par éléments finis [finite element computing method, finite element analysis: FEA]

(n.m.) MÉTHODE de calcul numérique, utilisée en physique, pour résoudre des problèmes dont la solution possède un lien avec une FORME géométrique compliquée ne pouvant être exprimée avec une fonction mathématique analytique.
A. La FORME étudiée est considérée comme une juxtaposition d'une multitude d'éléments orga-

nisés en MAILLE, ce qui permet d'exprimer les PHÉNOMÈNES physiques dans chacun d'eux avec des paramètres. Lorsque les lois générales de la physique régissant le PHÉNOMÈNE sont appliquées à l'ensemble de la FORME, il est possible de résoudre les valeurs des paramètres afin d'obtenir la solution numérique.

B. Cette MÉTHODE est utilisée pour la SIMULATION de toutes sortes de PHÉNOMÈNES physiques parmi lesquels :

• le MAGNÉTISME pour la distribution de champ magnétique.

• l'« électrostatique » pour l'accumulation de charges électriques.

• l'« électrochimie » pour la distribution de champ électrique et les lignes de courant.

• la « thermique » pour la distribution des TEMPÉRATURES.

• la MÉCANIQUE DES FLUIDES pour les ÉCOULEMENTS.

Et enfin, la discipline la plus en rapport avec cet ouvrage :

• le CALCUL DE STRUCTURE pour obtenir les CONTRAINTES et les DÉFORMATIONS quelle que soit la complexité de FORME de la PIÈCE (sens 1) ou du SYSTÈME étudié.

C. Ci-dessous, à titre d'exemple, une utilisation du calcul par éléments finis pour le DIMENSIONNEMENT d'une PIÈCE (sens 1) nouvellement conçue mais dont la complexité de FORME ne permet pas l'analyse par la RÉSISTANCE DES MATÉRIAUX classiques. Les différentes étapes de l'analyse sont :

• L'élaboration d'un MODÈLE VOLUMIQUE, c'est à dire la définition de la FORME et la représentation de la zone sur laquelle sera appliquée l'analyse. Cette étape est souvent réalisée en CONCEPTION ASSISTÉE PAR ORDINATEUR.

Modélisation

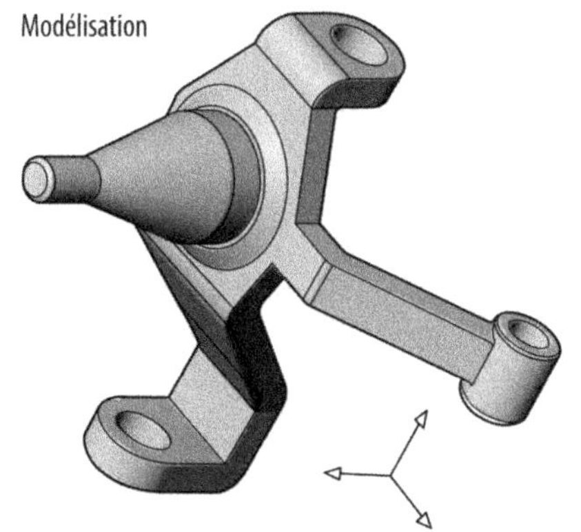

• Le choix et la définition des lois physiques de comportement à considérer (en l'occurence ici les

lois de la mécanique des solides déformables) ; introduction des PROPRIÉTÉS des MATÉRIAUX en rapport avec le type de problème posé.

• Le « découpage » ou MAILLAGE de la FORME VOLUMIQUE en petits éléments et définition des paramètres exprimant le PHÉNOMÈNE physique dans chacun des éléments (discrétisation). Plus le maillage est serré avec un grand nombre de mailles, plus précis est le résultat de l'analyse, mais plus long est aussi le temps de calcul nécessaire, ce qui requiert un ordinateur plus puissant.

Maillage

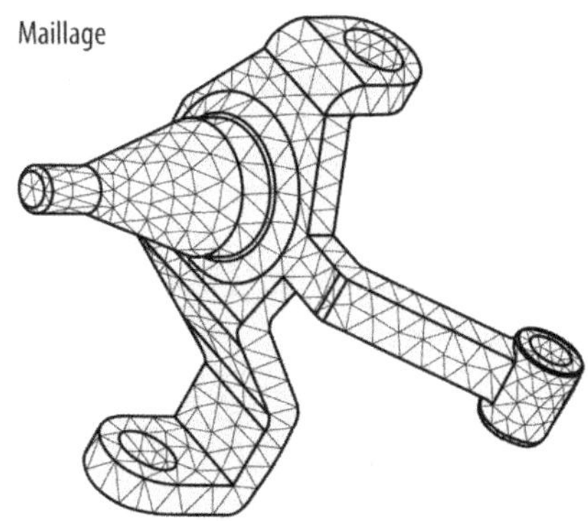

• L'application des CHARGES (sens 1) et définition des « conditions aux limites » (comportements particuliers imposés en certains endroits du modèle) et conditions initiales (valeurs à l'instant t=0 des paramètres du système étudié pour les analyses dépendant du facteur temps .

Chargement et conditions aux limites

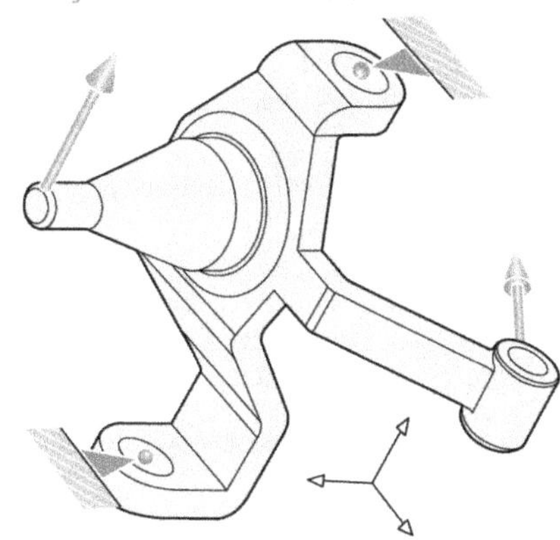

• La résolution du problème, c'est à dire le calcul de tous les paramètres lorsque les lois régissant le comportement MÉCANIQUE des MATÉRIAUX sont appliquées.

• L'exploitation des résultats, ce qui aboutit, par exemple, à une représentation de la distribution des CONTRAINTES MÉCANIQUES,

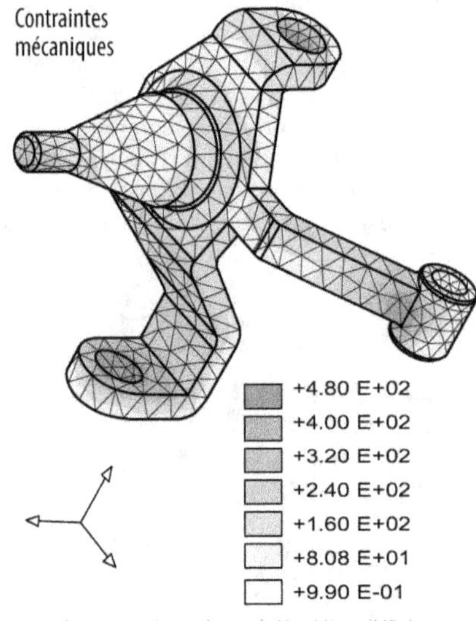

ainsi que la DÉFORMÉE :

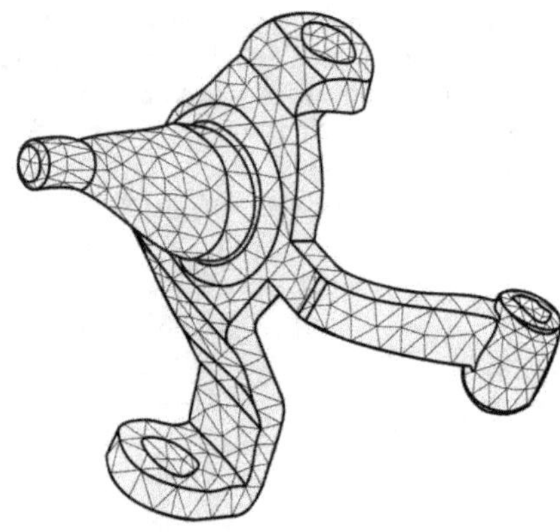

À remarquer que sur cette représentation, les DÉFORMATIONS sont amplifiées par rapport à la réalité, pour plus de clarté.
→ Voir également (STRUCTURE), CALCUL DE STRUCTURE ; MAILLAGE ; OPTIMISATION TOPOLOGIQUE.

élément résiduel [residual element]

(n.m.) ÉLÉMENT CHIMIQUE en très petite quantité dans un ALLIAGE et dont la présence n'a pas été voulue.
→ Voir également TRACE (sens 2) qui est un élément en si petite quantité qu'elle n'est même pas mesurable.

élément structural, élément de structure [member, structural member, structural element]

(n.m.) COMPOSANT assurant la fonction de RÉSISTANCE et de STABILITÉ | MÉCANIQUE d'un ENSEMBLE ou OUVRAGE.
A. Dans le cas d'un bâtiment, par exemple, ce sont les COLONNES, les POUTRES, les planchers, les murs porteurs, etc.
B. Pour les études de RÉSISTANCE DES MATÉRIAUX ou de CALCUL DE STRUCTURE les éléments structuraux peuvent être classés comme suit :

	DROIT	COURBE
Tridimensionnel 3D (3 dimensions du même ordre de grandeur)		Solide 3D
Bidimensionnel 2D (1 dimension plus petite)	Plaque	Coque
Monodimensionnel 1D (1 dimension plus grande)	Poutre	Arc

émaillage [enameling]

(n.m.) Dépôt sur une SURFACE MÉTALLIQUE d'un REVÊTEMENT minéral vitrifié à très haute TEMPÉRATURE.

embase [base plate]

(n.f.) FORME large d'une PIÈCE (sens 1) servant d'APPUI. Pièce à large SURFACE plane destinée à être fixée ou à s'appuyer sur une autre.

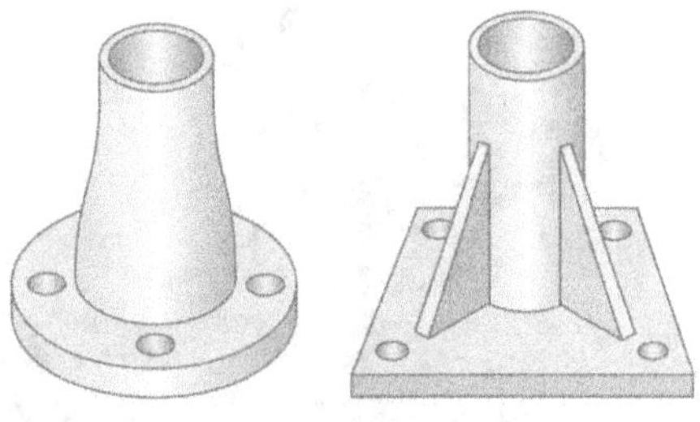

→ Voir aussi PLATINE ; FORME TECHNIQUE ; ÉCROU À EMBASE.

emboîtement [fitting]

(n.m.) ASSEMBLAGE (sens 2) | MÂLE-FEMELLE pas forcément très précis comme peut l'être un AJUSTEMENT.

emboîter [fit together]

(v.tr.) Enfiler une chose à l'intérieur d'une autre légèrement plus grande, sans que l'ASSEMBLAGE (sens 2) obtenu soit très précis.

embout [tip]

(n.m.) FORME FONCTIONNELLE adaptable à l'extrémité d'un ORGANE allongé ou détachable de celui-ci.
• Note : Ne pas confondre avec le BOUT (sens 1) qui est indissociable de l'objet sur lequel il se trouve.

embout de vissage [drive, screwing bit]

(n.m.) Extrémité amovible MÂLE d'un OUTIL DE SERRAGE pouvant s'adapter sur une VISSEUSE pour manœuvrer la tête d'une VIS (sens 2).

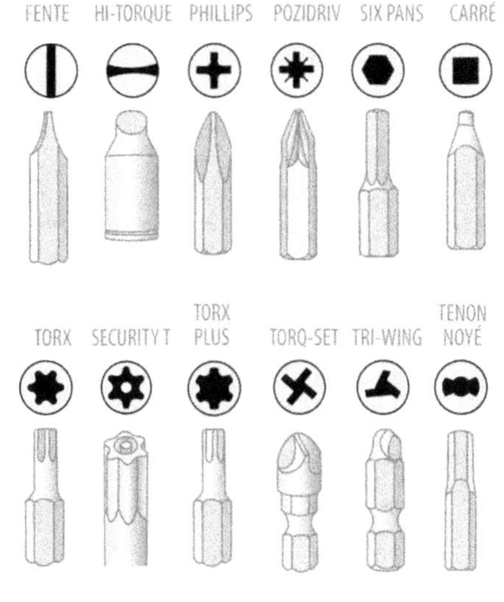

• Note : Ne pas confondre avec la DOUILLE DE SERRAGE qui est FEMELLE.
→ Voir aussi POZIDRIV.

emboutissage [deep drawing]

(n.m.) TECHNIQUE de FORMAGE | (FROID), À FROID ou (CHAUD), À CHAUD de TÔLE | PLANE pour devenir une FORME | CREUSE ou (RELIEF), EN RELIEF. La TÔLE | PLANE appelée FLAN est pressée entre un OUTILLAGE (sens 2) constitué d'une MATRICE (sens 1) et d'un POINÇON avec les formes recherchées complémentaires pour lui appliquer une DÉFORMATION PERMANENTE avec la GÉOMÉTRIE (sens 2) voulue.

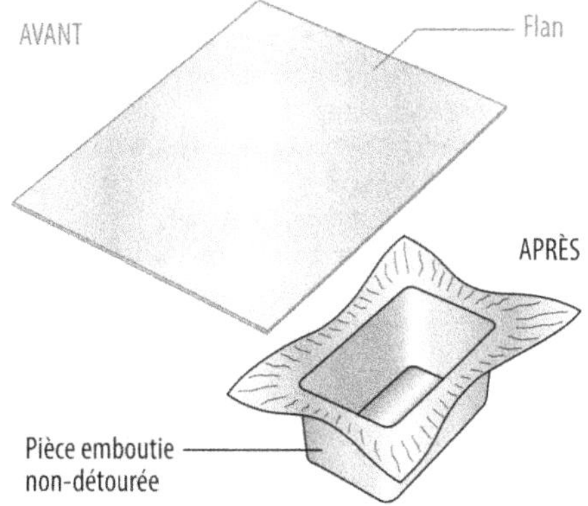

A. Ci-dessous, les différentes étapes du processus :

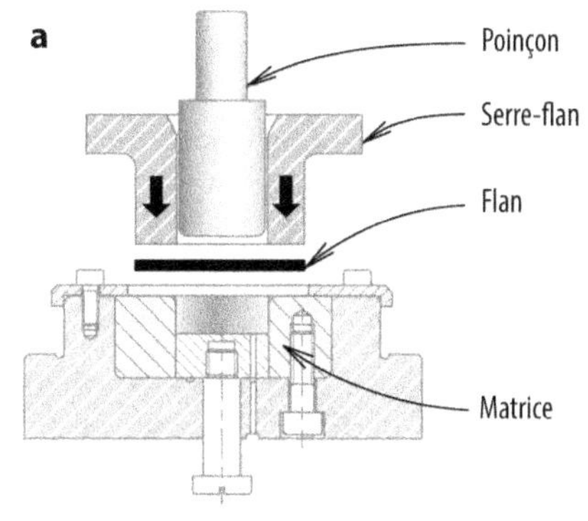

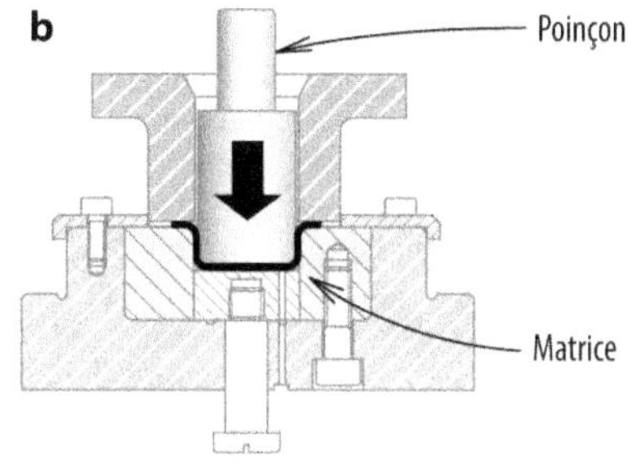

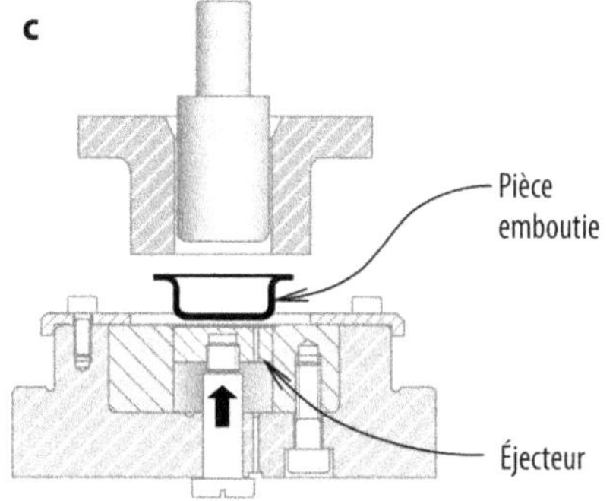

a. Mise en place du FLAN entre la MATRICE (sens 1) et le POINÇON, puis descente du SERRE-FLAN afin de le maintenir appuyé avec une PRESSION prédéterminée.
b. Action du POINÇON qui s'enfonce dans le FLAN pour le déformer.
c. Éjection de la pièce emboutie.
B. Le PROCÉDÉ est complétée par une OPÉRATION de PARACHÈVEMENT appelée DÉTOURAGE pour retirer les parties inutiles et parfois plissées.
→ Voir PLISSAGE, PLISSEMENT.
C. D'une façon générale, l'emboutissage ne modifie que très peu l'ÉPAISSEUR de la TÔLE initiale (le FLAN), ce qui le distingue de l'ESTAMPAGE, du MATRIÇAGE et surtout du FLUOTOURNAGE.

👍 Avantages

D. Cycle de fabrication très court permettant une PRODUCTIVITÉ élevée. Possibilité d'automatisation très poussée. Bon aspect de surface de la pièce obtenue, ce qui nécessite relativement peu de FINITION. Permet d'obtenir des formes géométriques complexes.

👎 Inconvénients

E. OUTILLAGES (sens 2) onéreux ne pouvant se justifier que pour la production de grandes séries de pièces. Leur mise au point (MATRICE (sens 1) et POINÇON) n'est pas évidente et nécessite un savoir-faire. Notamment, pour obtenir des pièces précises, le PHÉNOMÈNE de retour ÉLASTIQUE doit être pris en compte grâce, par exemple, à la SIMULATION NUMÉRIQUE. Mise en place industrielle et réglages assez complexes. Amincissement de la TÔLE dans les zones d'étirement.
F. Coût OUTILLAGE (sens 2) (hors coût MACHINE) :

Aucun	Faible	Moyen	Élevé	Très élevé
			Emboutissage	

G. SÉRIE DE PIÈCES économique :

Proto	Unitaire	Petite	Moyenne	Grande	Très Grande
1	10	100	1 000	10 000	100 000
				Emboutissage	

→ Voir FORMAGE INCRÉMENTAL pour un autre PROCÉDÉ permettant le FORMAGE de TÔLE mais en petite série, voire en PROTOTYPE, sans utiliser d'OUTILLAGE (sens 2) particulier.

embrayage

(n.m.)
1. [clutch] DISPOSITIF permettant d'accoupler et de désaccoupler à la demande deux ARBRES (sens 2) | COAXIAUX. L'embrayage peut être considéré comme un ACCOUPLEMENT temporaire.
Ex. 1 : *Embrayage multi-disque.*

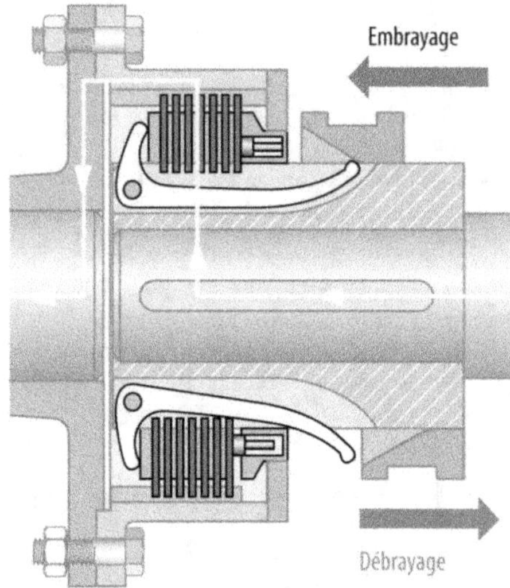

A. Ne pas confondre avec le COUPLEUR qui intègre en plus une fonction de LIMITEUR DE COUPLE.
B. Représentation symbolique de différents types d'embrayage selon la NORME NF EN ISO 3952-3.

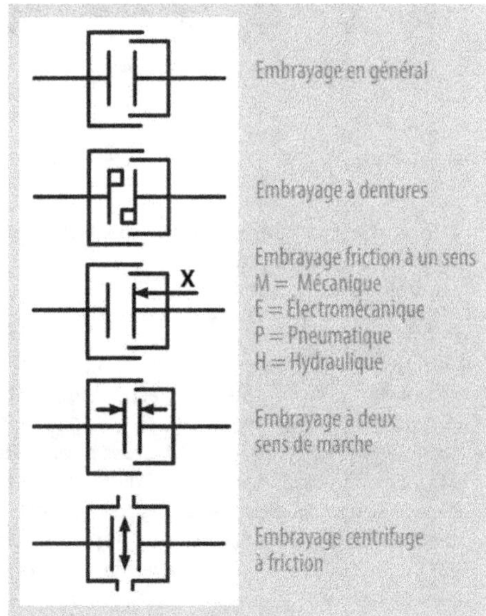

2. [engaging the clutch] Action d'accoupler momentanément deux ARBRES (sens 2) grâce à un DISPOSITIF adapté pour transmettre un MOUVEMENT DE ROTATION.
◊ **Contr.** : DÉBRAYAGE.

émeri [emery]

(n.m.) ABRASIF naturel de grande DURETÉ, à base d'OXYDE d'ALUMINIUM (ALUMINE).
Il est le plus souvent utilisé sous forme de GRAINS fixés par un LIANT sur un support (toile, bande, DISQUE…) SOUPLE.

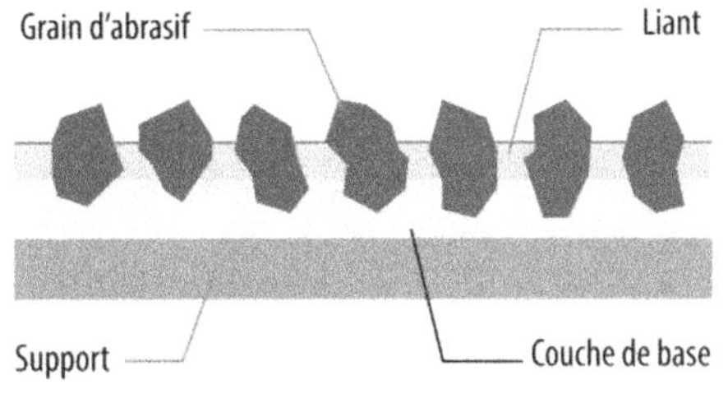

Les GRAINS peuvent être aussi projetés librement sur une SURFACE comme dans le PROCÉDÉ de SABLAGE.
⟶ Voir également TOILE ÉMERI.

emplacement [location]

(n.m.) Lieu où quelque chose se trouve déjà ou y sera posé.

emporte-pièce [hollow punch]

(n.m.) OUTILLAGE (sens 2) simplifié à bord tranchant composé d'un POINÇON avec la FORME voulue et quelquefois d'une MATRICE (sens 1) permettant de découper par CISAILLEMENT un objet sur une PLAQUE de MATIÈRE.
Ex. : *Emporte-pièce pour découper une éprouvette de traction sur une plaque en plastique :*

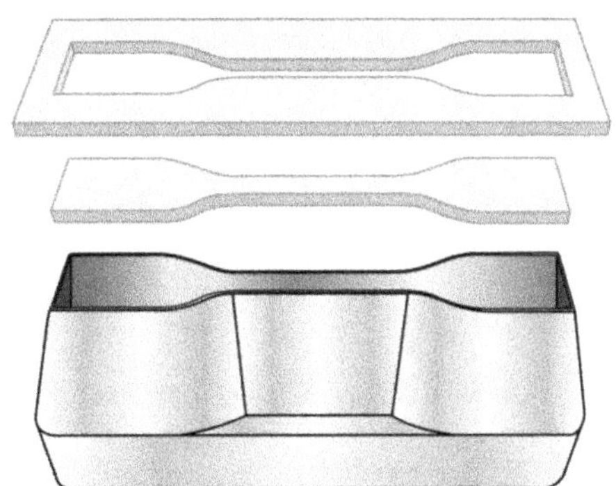

empreinte [impression]

(n.f.) D'une façon générale, FORME creuse possédant sa correspondance (RELIEF), EN RELIEF.
Ex. : *Empreinte d'un MOULE.*

émulsion [emulsion]

(n.f.) Mélange miscible d'eau et d'HUILE donnant un FLUIDE DE COUPE.

encastrement [built-in end, restraint]

(n.m.) Type d'APPUI d'une POUTRE qui n'autorise aucun DEGRÉ DE LIBERTÉ.
⟶ Voir APPUI ENCASTRÉ.

encliquetage

(n.m.)
1. [ratchet] MÉCANISME permettant l'ENTRAÎNEMENT en ROTATION dans un SENS mais pas dans l'autre, grâce à une ROUE DENTÉE asymétrique dans laquelle une PIÈCE (sens 1) appelée CLIQUET vient constituer obstacle.
⟶ Voir également (ROCHET), ROUE À ROCHET.
2. [snap-fit] SYSTÈME d'ASSEMBLAGE (sens 1) avec des éléments possédant des FORMES qui constituent obstacle après une DÉFORMATION ÉLASTIQUE. L'encliquetage peut être DÉMONTABLE ou NON-DÉMONTABLE.
◆ **Syn.** : CLIPAGE ou CLIPSAGE.
Ex. 1 : *Encliquetage pouvant être démontable ou non-démontable.*

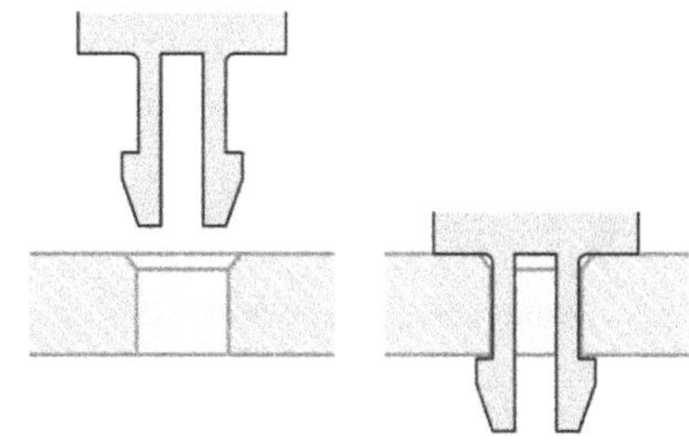

A. La LANGUETTE d'encliquetage ne doit pas se déformer au delà de la LIMITE D'ÉLASTICITÉ du MATÉRIAU qui la compose. La FLÈCHE (sens 2) d'encliquetage admissible **y** est donnée par la formule suivante :

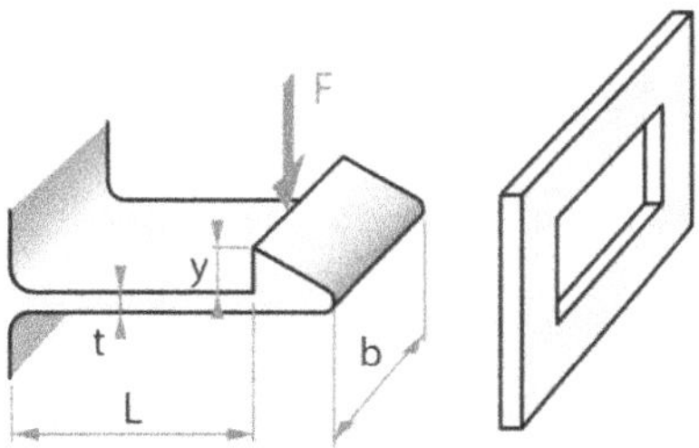

$$y = \frac{2}{3}\frac{R_e\,L^2}{E\,t} = 0{,}67\frac{R_e\,L^2}{E\,t}$$

R_e = RÉSISTANCE À LA LIMITE D'ÉLASTICITÉ (en MPa)

E = MODULE D'ÉLASTICITÉ LONGITUDINALE (en MPa)

L = LONGUEUR de la LANGUETTE (en mm)

t = ÉPAISSEUR de la LANGUETTE (en mm)

La FORCE maximale F (en N) de l'encliquetage est donnée par :

$$F = \frac{R_e\, b\, t^2}{6L}$$

b = LARGEUR de la LANGUETTE (en mm)

B. La CONCEPTION peut être améliorée en aménageant une PENTE sur la LANGUETTE, ce qui augmente d'environ 60 % sa capacité de FLÉCHISSEMENT | ÉLASTIQUE :

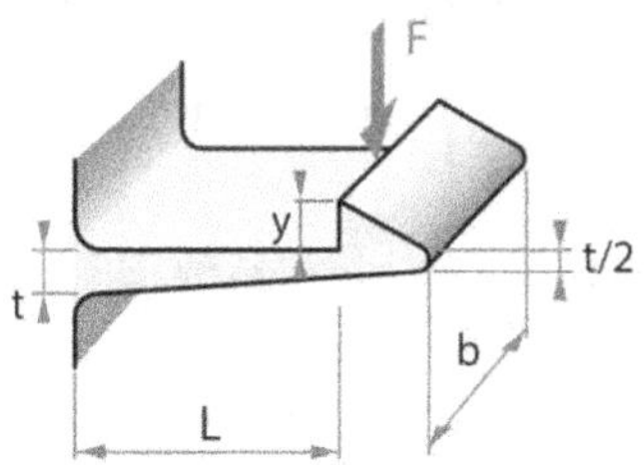

$$y = 1{,}09\,\frac{R_e\, L^2}{E\, t}$$

Ex. 2 : *Encliquetage non-démontable.*

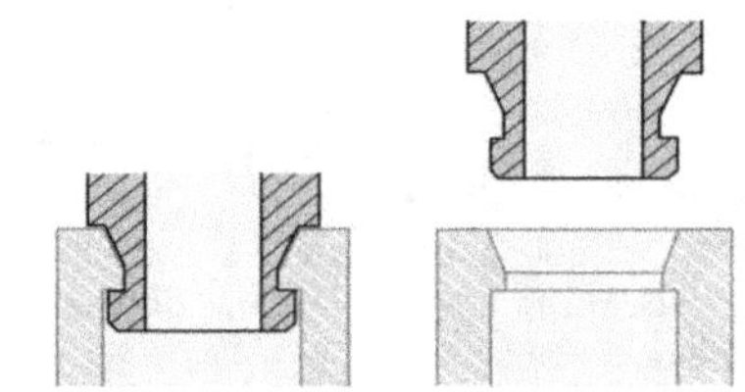

Ex. 3 : *Encliquetage démontable.*

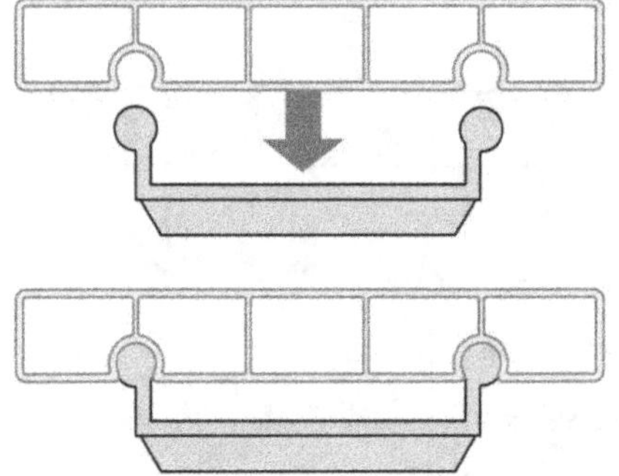

C. L'encliquetage est une SOLUTION TECHNIQUE qui va dans le sens de l'ÉCO-CONCEPTION, notamment pour les (PLASTIQUES), MATIÈRES PLASTIQUES car il permet d'éviter d'utiliser des systèmes de FIXATIONS avec des VIS (sens 2) et des RIVETS souvent métalliques, ce qui nécessiterait, en fin de vie du produit, un tri élaboré lors du RECYCLAGE.

enclume [anvil]

(n.f.) Bloc de MÉTAL massif avec des FORMES adaptées utilisé comme APPUI contre lequel sont frappées et martelées les PIÈCES (sens 1) en FORGEAGE.

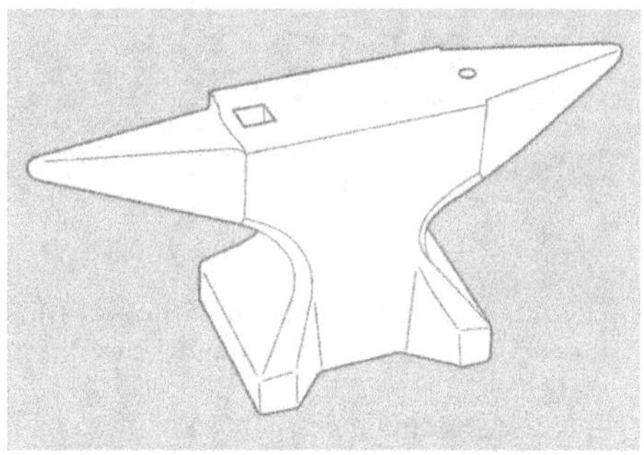

→ Voir aussi FORGEAGE AU MARTEAU.

encochage [notching]

(n.m.) OPÉRATION de réalisation d'une ENCOCHE.

encoche [notch]

(n.f.) Petite partie retirée sur le bord d'une PLAQUE ou TÔLE ou d'une PIÈCE (sens 1) peu épaisse.

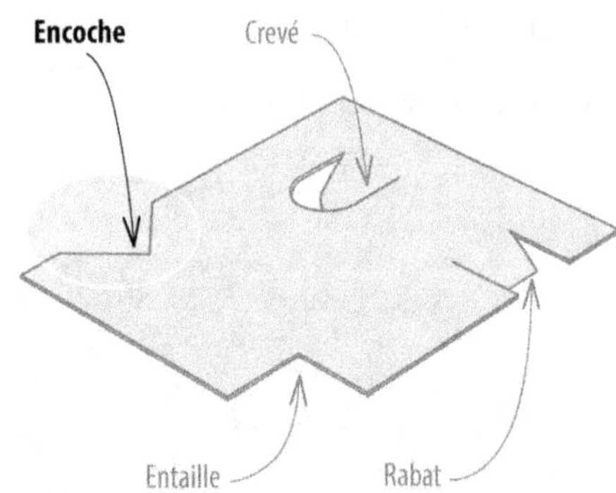

• Note : Ne pas confondre avec l'ENTAILLE qui se trouve à un ANGLE.

→ Voir, par exemple, ÉCROU À ENCOCHES.

encocheuse [notching machine]

(n.f.) MACHINE-OUTIL avec une TABLE et une LAME en angle à MOUVEMENT | VERTICAL pour retirer une partie du bord d'une feuille de TÔLE.

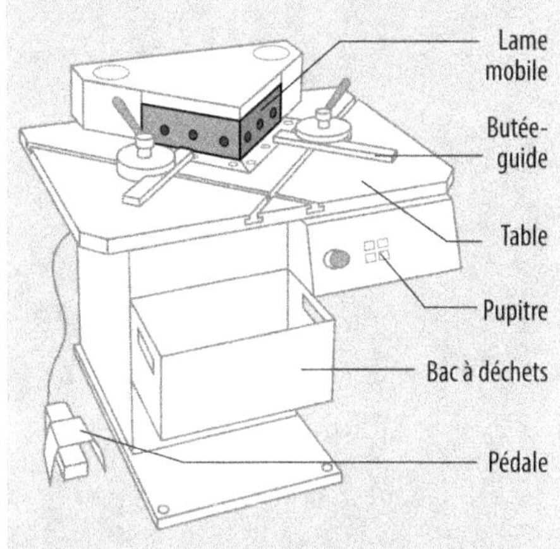

A. Bien que cette MACHINE s'appelle encocheuse, elle convient très bien aussi pour les ENTAILLES.
B. Ne pas confondre avec la POINÇONNEUSE.

encombrement [overall dimensions]

(n.m.) DIMENSIONS (sens 1) de l'espace occupé par quelque chose.
A. En général, l'encombrement est donné par trois DIMENSIONS (sens 1) : la LONGUEUR, la LARGEUR et la HAUTEUR.
B. La connaissance de l'encombrement est utile pour la logistique de STOCKAGE et de transport.
C. Ne pas confondre avec le VOLUME.
$\longrightarrow$ Voir aussi CONDITIONNEMENT.

encrassage [clogging]

(n.m.) Dépôt ou accumulation de saletés ou débris sur un MÉCANISME et qui a comme conséquence d'en perturber le fonctionnement ou d'en diminuer l'EFFICACITÉ.

endommagement [damage]

(n.m.) Dégradation des CARACTÉRISTIQUEs MÉCANIQUES, physico-chimiques et géométriques d'une STRUCTURE (sens 1) qui lui fait perdre sa capacité à résister aux SOLLICITATIONS qu'elle doit normalement supporter.

enduction [spread coating, surface application]

(n.f.) PROCÉDÉ permettant d'imprégner un support PLAN avec de la (PLASTIQUE), MATIÈRE PLASTIQUE ou divers produits chimiques (COLLE, par exemple) par DÉPÔT (sens 1) d'une COUCHE uniforme.

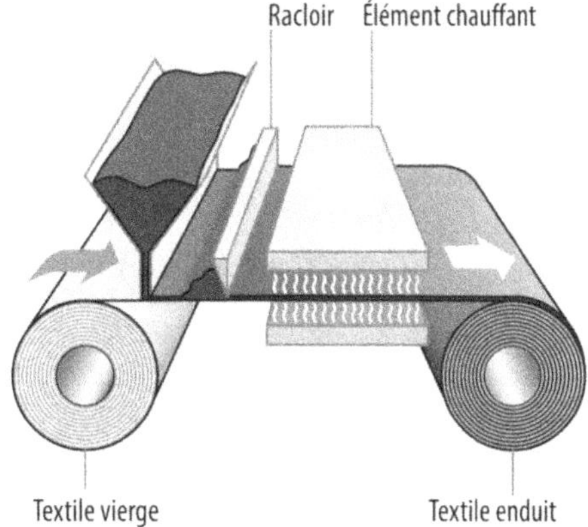

Plusieurs COUCHES peuvent être superposées.
$\longrightarrow$ Voir aussi COUCHAGE.

endurance [endurence]

(n.f.) Autre terme pour la RÉSISTANCE LIMITE À LA FATIGUE.

énergie [energy]

(n.f.) PHÉNOMÈNE physique de natures diverses susceptible d'apporter des modifications à un SYSTÈME.
Elle peut être d'ordre MÉCANIQUE, thermique, électrique, chimique, etc.

énergie cinétique [kinetic energy]

(n.f.) ÉNERGIE | MÉCANIQUE active possédée par un CORPS en MOUVEMENT.
Dans le cas d'un corps en TRANSLATION, elle est donnée en JOULES par $\frac{1}{2}\,\mathbf{mv^2}$ dans laquelle $\mathbf{m}$ est la MASSE (sens 2) du CORPS en kg et $\mathbf{v}$ sa VITESSE en m/s.
$\longrightarrow$ Voir aussi ÉNERGIE POTENTIELLE.

énergie de choc [impact energy value]

(n.f.) Valeur de l'ÉNERGIE | MÉCANIQUE qui provoque la RUPTURE NETTE d'un MATÉRIAU, mesurée avec un ESSAI DE CHOC tel que l'ESSAI DE CHARPY ou l'ESSAI D'IZOD.
L'UNITÉ (sens 1) habituellement utilisée est le kJ/m^2.

énergie potentielle [potential energy]

(n.f.) ÉNERGIE | MÉCANIQUE passive qu'un CORPS est susceptible de libérer.
Un CORPS de MASSE (sens 2) $\mathbf{m}$ (en kg) susceptible de tomber d'une HAUTEUR $\mathbf{h}$ (en m) a comme énergie potentielle $\mathbf{m \cdot g \cdot h}$ exprimée en JOULEs, dans laquelle $\mathbf{g}$ est l'ACCÉLÉRATION de la pesanteur en $m \cdot s^{-2}$.
$\longrightarrow$ Voir aussi ÉNERGIE CINÉTIQUE.

enfonçage [sinking edm]

(n.m.) PROCÉDÉ d'USINAGE NON CONVENTIONNEL par une électrode qui rogne petit à petit la MA-TIÈRE avec des étincelles électriques à travers un électrolyte.

→ Voir ÉLECTROÉROSION ENFONÇAGE.

engrenage [gears]

(n.m.) MÉCANISME permettant de transmettre un MOUVEMENT DE ROTATION d'un ARBRE (sens 2) à un autre rapproché, de changer le SENS de RO-TATION, la VITESSE DE ROTATION et le MOMENT DE COUPLE par des ROUES DENTÉES interpéné-trantes.

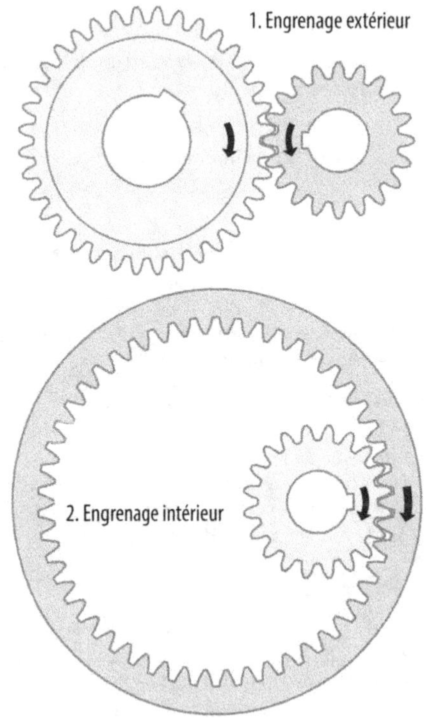

A. D'un point de vue purement CINÉMATIQUE, les engrenages peuvent être considérés comme des SURFACES | CYLINDRIQUES ou CONIQUES appe-lées « surfaces primitives », en CONTACT et rou-lant l'une sur l'autre sans GLISSEMENT.

→ Voir ENGRÈNEMENT pour les conditions né-cessaires permettant l'interpénétration des DENTS.

B. La terminologie d'un engrenage est rassem-blée dans la figure suivante. Voir, en particulier, la notion de RAPPORT DE TRANSMISSION :

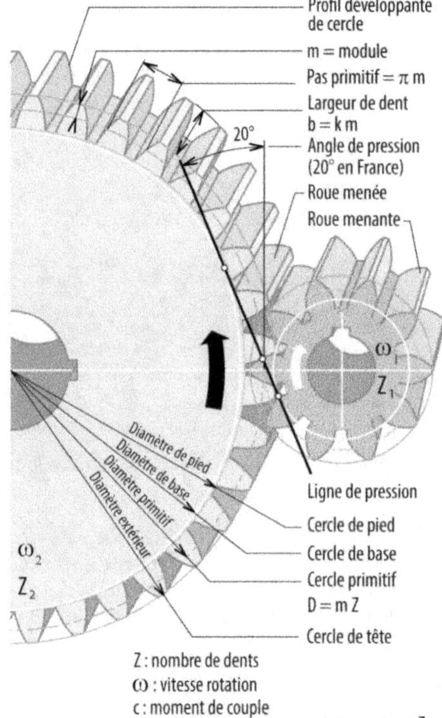

Z : nombre de dents
ω : vitesse rotation
c : moment de couple

Rapport de transmission : $r = \dfrac{\omega_2}{\omega_1} = \dfrac{c_1}{c_2} = \dfrac{Z_1}{Z_2}$

C. Les engrenages sont utilisés dans les do-maines les plus minuscules comme les montres jusqu'aux applications les plus gigantesques comme les MACHINES génératrice d'électricité. D'une façon générale et par rapport aux autres SYSTÈMES de TRANSMISSION, ses avantages et in-convénients sont les suivants :

Avantages

D. Fonctionne sans le moindre GLISSEMENT ce qui donne un RAPPORT DE TRANSMISSION rigou-reux quelle que soit la CHARGE (sens 1). HOMOCI-NÉTIQUE. Toutes les ORIENTATIONS des AXES (sens 1) sont envisageables. Permet de relier une petite MACHINE à une grande. ENCOMBRE-MENT relativement faible. FIABILITÉ et DURÉE DE VIE élevée. RENDEMENT très correct. ENTRETIEN facile. Ne nécessite pas de surveillance perma-nente.

👎 Inconvénients

E. INTERCHANGEABILITÉ limitée. Nécessite un ENTRE-AXE rigoureux. Niveau de bruit et de VIBRATION pouvant être gênants. TRANSMISSION rigide entre les ARBRES (sens 2). Ne peut servir de LIMITEUR DE COUPLE. Aucune possibilité d'absorber les À-COUPS et les VIBRATIONS. Réalisation non simple et coût pouvant être élevés. LUBRIFICATION nécessaire. Nécessite un CARTER ou CARÉNAGE de protection car MÉCANISME en MOUVEMENT très dangereux.

F. Les différents types d'engrenage peuvent être classés selon l'ORIENTATION relative des AXES (sens 1) et la FORME générale des DENTUREs :

a. ENGRENAGES CYLINDRIQUES À AXES PARALLÈLES. On retrouve dans cette catégorie :
- **les** ENGRENAGES CYLINDRIQUES À DENTURE DROITE.
- **les** ENGRENAGES CYLINDRIQUES HÉLICOÏDAUX.
- **les** ENGRENAGES À CHEVRONS.

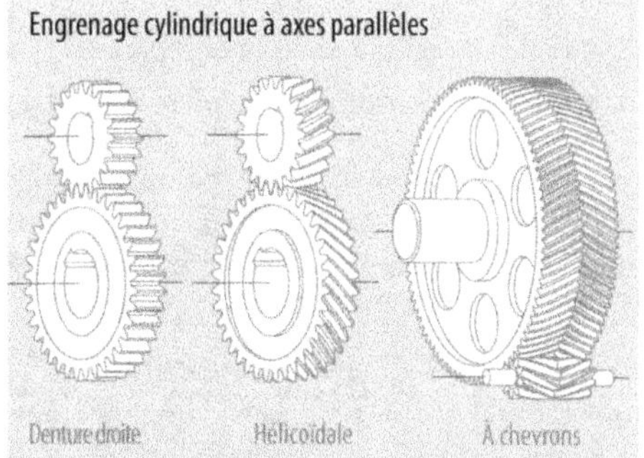

Engrenage cylindrique à axes parallèles

Pour ce type d'engrenage, la DENTURE peut être extérieure ou intérieure.

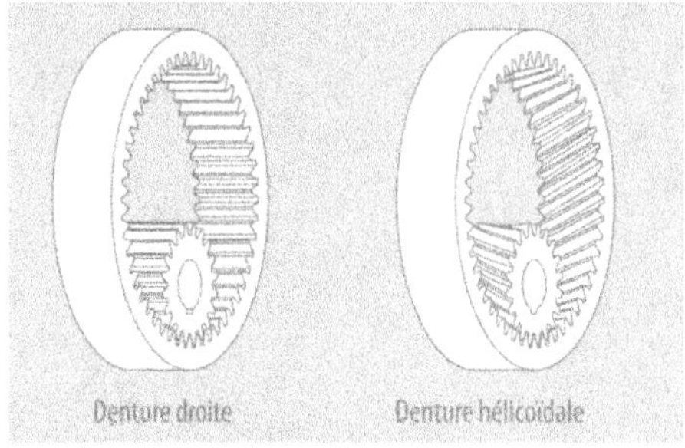

b. ENGRENAGE CONIQUE À AXES CONCOURANTS ou CONIQUE HYPOÏDE. Danc cette catégorie, on retrouve :
- **les** ENGRENAGES CONIQUES À DENTURE DROITE.
- **les** ENGRENAGES CONIQUES HÉLICOÏDAUX.
- **les** ENGRENAGES HYPOÏDES.

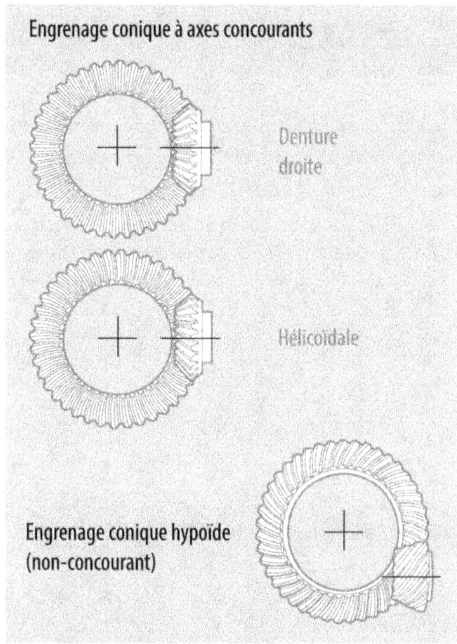

Engrenage conique à axes concourants

Engrenage conique hypoïde (non-concourant)

c. ENGRENAGES À AXES CROISÉS. Dans cette catégorie, on trouve :
- **les** ROUES ET VIS SANS FIN.
- **les** ENGRENAGES HÉLICOÏDAUX À AXES CROISÉS.

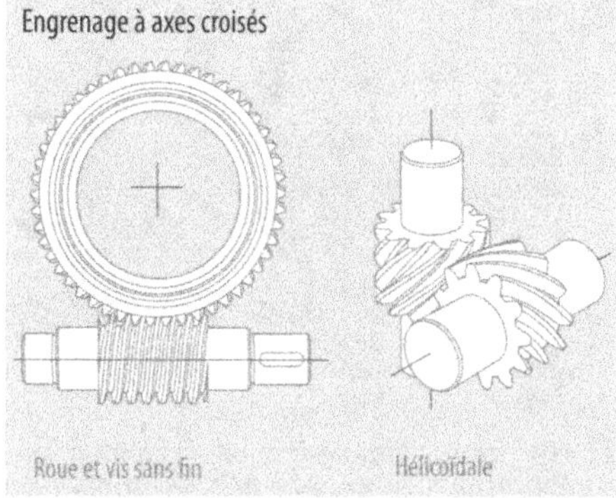

Engrenage à axes croisés

À remarquer que les ENGRENAGES HYPOÏDES sont aussi des ENGRENAGES À AXES CROISÉS. Cependant, il paraît plus logique de les classer dans la même catégorie que les ENGRENAGES CONIQUES. Pour compléter l'énumération, il est indispensable de mentionner un ORGANE à DENTURE sur une barre au lieu d'une ROUE, permettant de transformer un MOUVEMENT DE ROTATION en MOUVEMENT DE TRANSLATION et vice versa :

d. la CRÉMAILLÈRE dont la DENTURE peut être droite ou hélicoïdale.

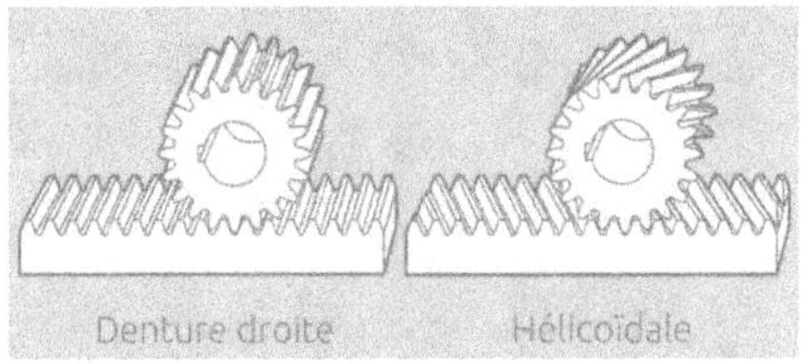

G. Ci-dessous, un tableau récapitulatif et comparatif des différents types d'engrenages :

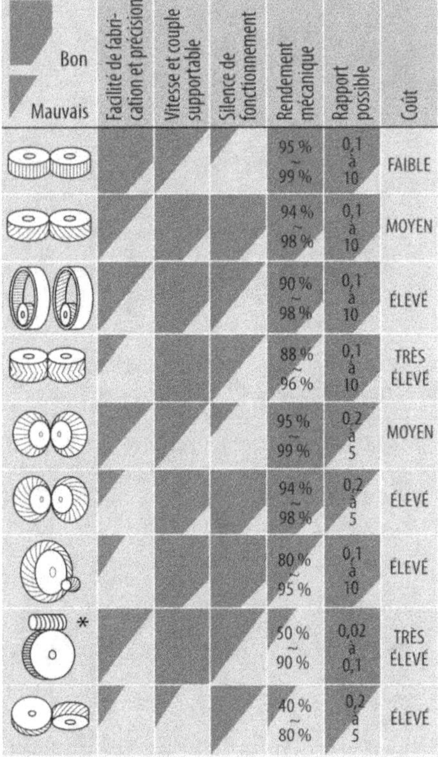

	Facilité de fabrication et précision	Vitesse et couple supportable	Silence de fonctionnement	Rendement mécanique	Rapport possible	Coût
Bon / Mauvais						
				95 % ~ 99 %	0,1 à 10	FAIBLE
				94 % ~ 98 %	0,1 à 10	MOYEN
				90 % ~ 98 %	0,1 à 10	ÉLEVÉ
				88 % ~ 96 %	0,1 à 10	TRÈS ÉLEVÉ
				95 % ~ 99 %	0,2 à 5	MOYEN
				94 % ~ 98 %	0,2 à 5	ÉLEVÉ
				80 % ~ 95 %	0,1 à 10	ÉLEVÉ
*				50 % ~ 90 %	0,02 à 0,1	TRÈS ÉLEVÉ
				40 % ~ 80 %	0,2 à 5	ÉLEVÉ

* Irréversible

H. Les engrenages ne sont pas forcément CIRCULAIRES. Des modèles à FORMES particulières permettent d'obtenir des CINÉMATIQUES spéciales non-uniformes utiles dans des applications spécifiques.
→ Voir ENGRENAGE NON-CIRCULAIRE.

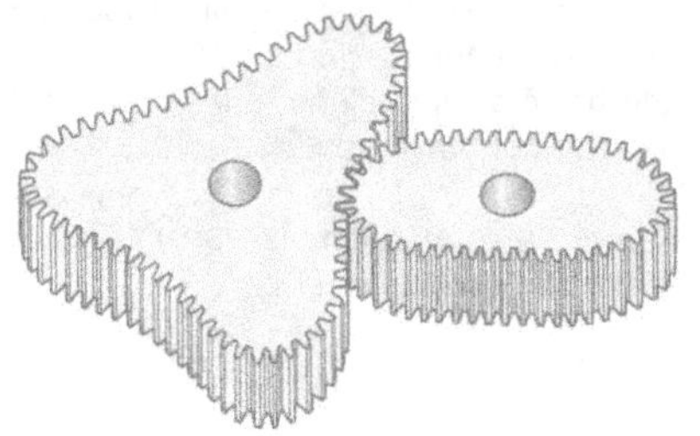

I. Les engrenages sont des ORGANES subissant d'importants FROTTEMENTS. Il est donc primordial de les dimensionner correctement, de choisir les MATÉRIAUX adéquats possédant les bonnes CARACTÉRISTIQUES MÉCANIQUES de DURETÉ et d'étudier soigneusement la LUBRIFICATION sous peine d'un manque de FIABILITÉ.
→ Voir TAILLAGE D'ENGRENAGE pour les différentes MÉTHODES de FABRICATION de ces éléments.

---

engrenage à axes croisés [crossed axe gear]

(n.m.) ENGRENAGE dont les AXES sont PERPENDICULAIRES, non-CONCOURANTS et situés dans deux PLANS (sens 1) différents. Voici les deux types d'engrenage à axes croisés :
• l'ENGRENAGE HÉLICOÏDAL À AXES CROISÉS.
• l'ENGRENAGE ROUE ET VIS SANS FIN.
D'une façon générale, les engrenages à axes croisés fonctionnent avec beaucoup de FROTTEMENT, comparés, par exemple, aux ENGRENAGES CYLINDRIQUES, ce qui leur donne un RENDEMENT MÉCANIQUE plutôt faible. L'ENGRENAGE ROUE ET VIS SANS FIN est même IRRÉVERSIBLE.

---

engrenage à chevrons [herringbone gear, double helical tooth gear]

(n.m.) Type d'ENGRENAGE CYLINDRIQUE HÉLICOÏDAL, à AXES | PARALLÈLES et deux DENTURES à INCLINAISONS opposées pour équilibrer les POUSSÉES | AXIALES provoquées par ces INCLINAISONS.

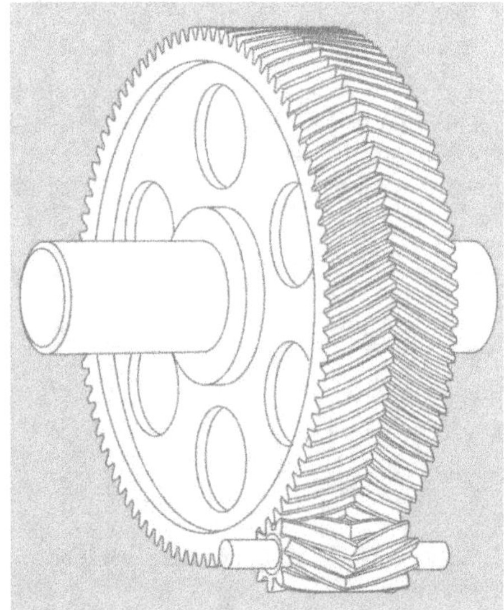

👍 Avantages

A. ENGRÈNEMENT progressif sans À-COUP comme l'ENGRENAGE HÉLICOÏDAL. Relativement peu bruyant. Pas de POUSSÉE axiale ce qui dispense de PALIERS, BUTÉES et ROULEMENTS spéciaux pour supporter ces POUSSÉES.

 **Inconvénients**

B. Réalisation coûteuse et complexe. N'est réellement justifié que pour les COUPLES DE FORCE très élevés.

C. Représentation en DESSIN TECHNIQUE :

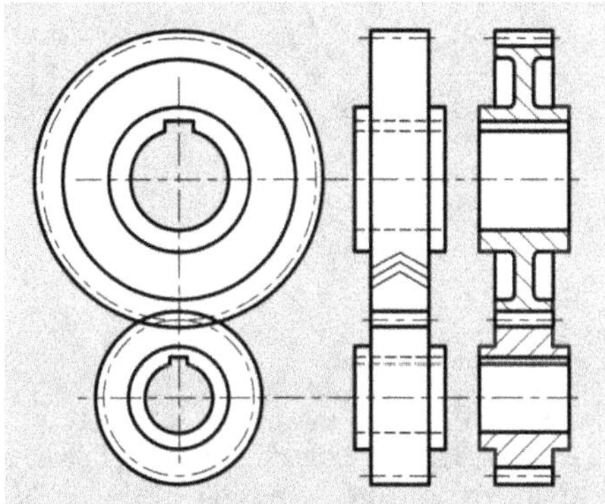

engrenage conique à axes concourants [bevel gear, miter gears, angular gear]

(n.m.) ENGRENAGE dont les AXES (sens 1) sont dans le même PLAN (sens 1) et faisant un ANGLE. La DENTURE peut être droite ou SPIRALE.

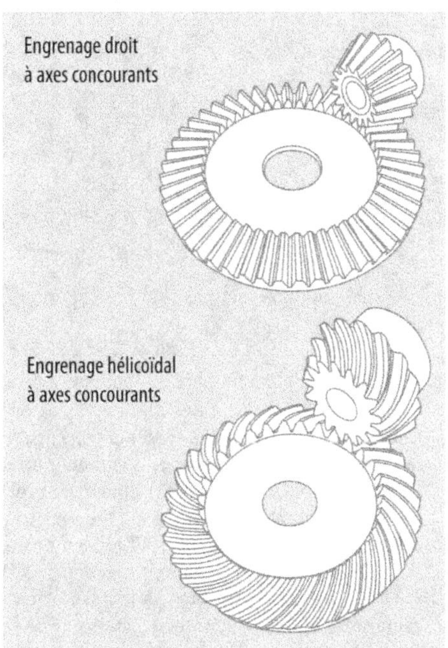

Les engrenages coniques permettent de transmettre un MOUVEMENT entre deux AXES (sens 1) quel que soit l'ANGLE d'ORIENTATION de l'un par rapport à l'autre :

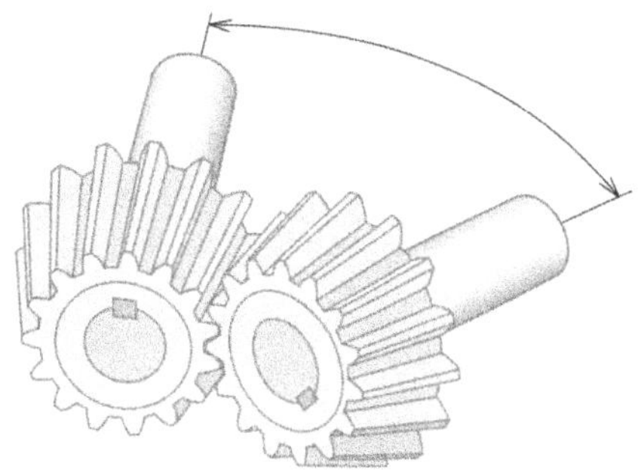

Représentation en DESSIN TECHNIQUE :

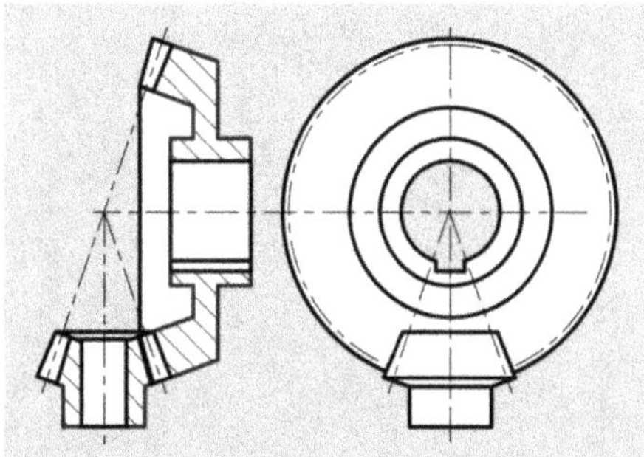

Représentation schématique :

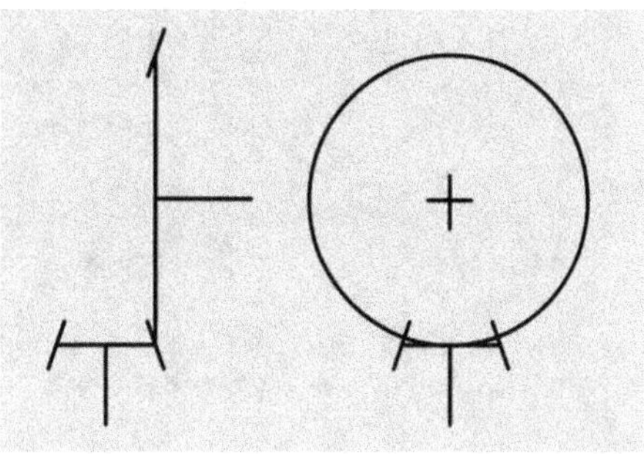

engrenage cylindrique à axes parallèles [parallel shaft gear]

(n.m.) ENGRENAGE dont les AXES (sens 1) ont la même ORIENTATION ce qui implique que les ROUES DENTÉES sont forcément du type CYLINDRIQUE.

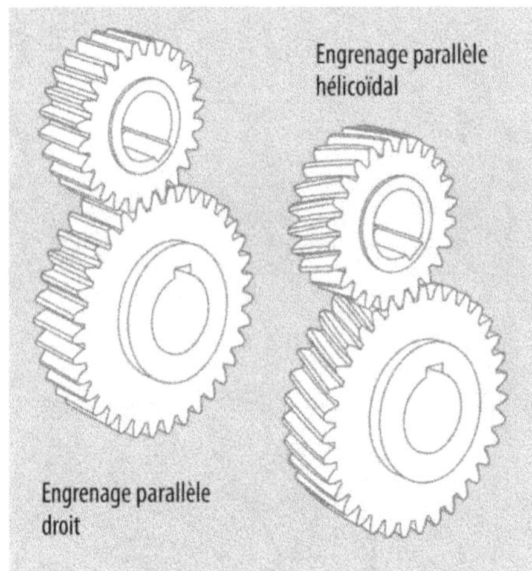

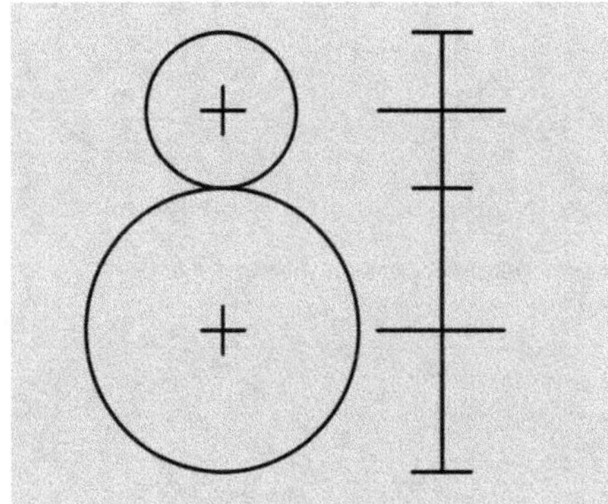

engrenage cylindrique à denture droite [spur gear, straight toothed gear]

(n.m.) ENGRENAGE dont les AXES (sens 1) des ROUES ainsi que l'ORIENTATION des DENTS sont PARALLÈLES.

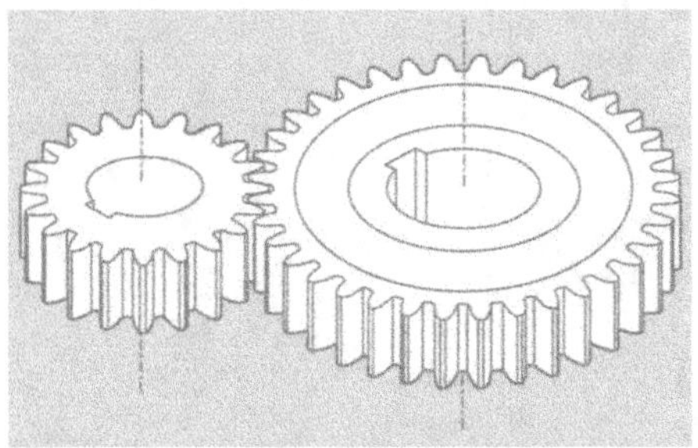

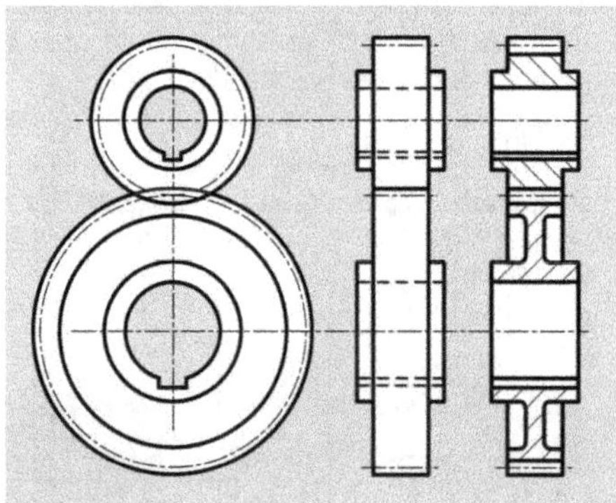

👍 Avantages

A. Facile à réaliser. Bon RENDEMENT MÉCANIQUE. Pas de POUSSÉE | AXIALE sur les PALIERS.

👎 Inconvénients

B. Solution rudimentaire. ENGRÈNEMENT peu progressif. Assez bruyant. Ne permet pas d'obtenir, en principe, n'importe quel ENTRE-AXE avec une valeur NORMALISÉE de MODULE.

C. Cependant, il existe une façon appelée « déport de denture » permettant de faire varier légèrement l'ENTRE-AXE en répercutant le décalage sur les proportions géométriques de la DENTURE (devenant dans ces cas plus large ou plus fine).

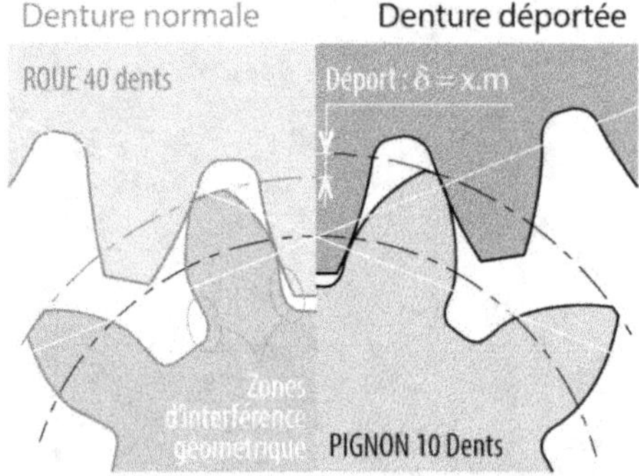

Cette méthode permet, par ailleurs de résoudre les problèmes d'interférence géométrique des DENTS pour les PIGNONS à faible nombre de dents (systématique pour Z < 13 dents, quelquefois pour Z < 17 dents). Elle permet aussi d'améliorer les performances mécaniques des DENTURES en les élargissant à la base et en les taillant de manière à éviter au mieux le phénomène de CONCENTRATION DE CONTRAINTE. L'uniformisation de l'USURE le long du profil de la denture peut se faire en choisissant un couple de déports adaptés entre la ROUE et le PIGNON.

engrenage cylindrique hélicoïdal [helical gears]

(n.m.) Type d'ENGRENAGE dont les AXES des ARBRES (sens 2) sont PARALLÈLES mais dont la DENTURE présente un ANGLE d'INCLINAISON par rapport à ces AXES (sens 1).

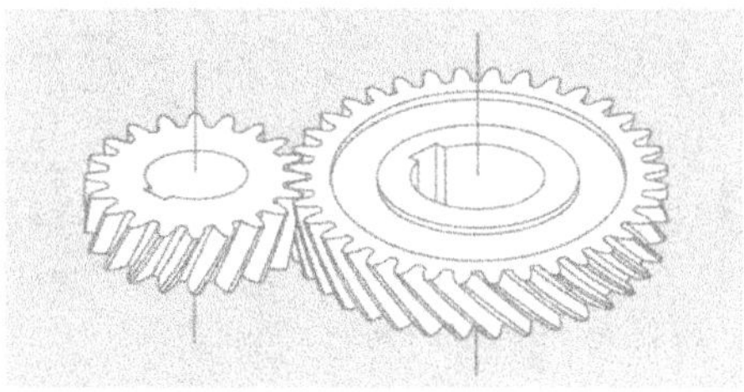

→ Voir aussi ANGLE D'HÉLICE.

Ainsi, pour que deux ROUES s'engrènent leurs ANGLES D'HÉLICE doivent être opposés.

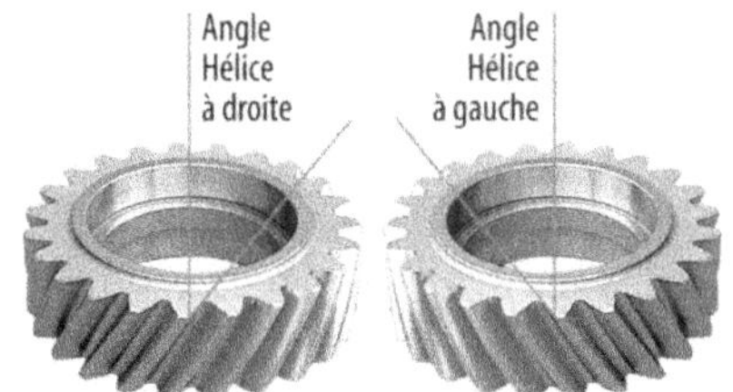

A. Représentation normalisée :

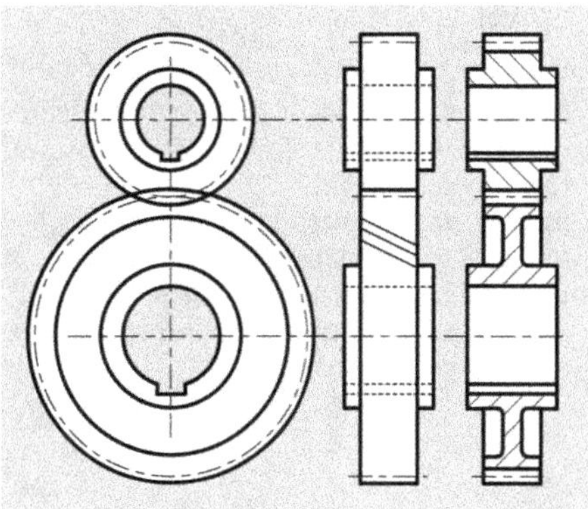

B. Exemple d'application pour une BOÎTE DE VITESSES :

Avantages

C. ENGRÈNEMENT progressif sans À-COUP. Relativement peu bruyant. Bon RENDEMENT MÉCANIQUE. Permet de respecter n'importe quel ENTRE-AXE avec un MODULE | NORMALISÉ, en jouant sur l'ANGLE D'HÉLICE.

Inconvénients

D. POUSSÉE | AXIALE ce qui nécessite PALIERS, BUTÉES et ROULEMENTS (sens 2) spéciaux pour supporter ces POUSSÉES.

engrenage extérieur [external gear]

(n.m.) ENGRENAGE dont la DENTURE est à la périphérie d'un CYLINDRE.

◊ Contr. : ENGRENAGE INTÉRIEUR.

engrenage hélicoïdal à axes croisés [skew gears, crossed helical gears]

(n.m.) Type d'ENGRENAGE | CYLINDRIQUE dont les AXES (sens 1) ne sont pas dans le même PLAN (sens 1) et les DENTS forment un ANGLE avec les AXES (sens 1).

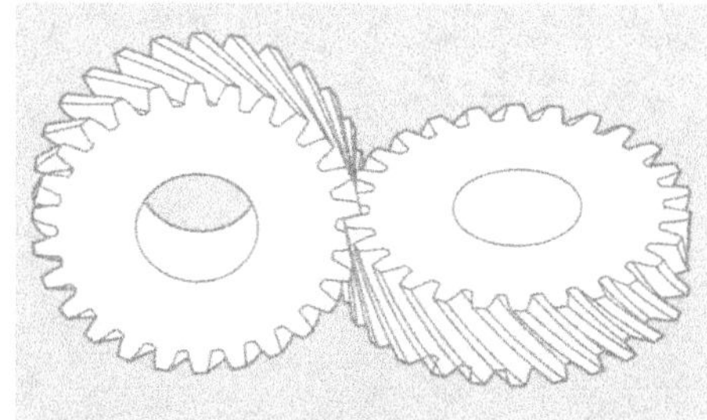

Représentation schématique :

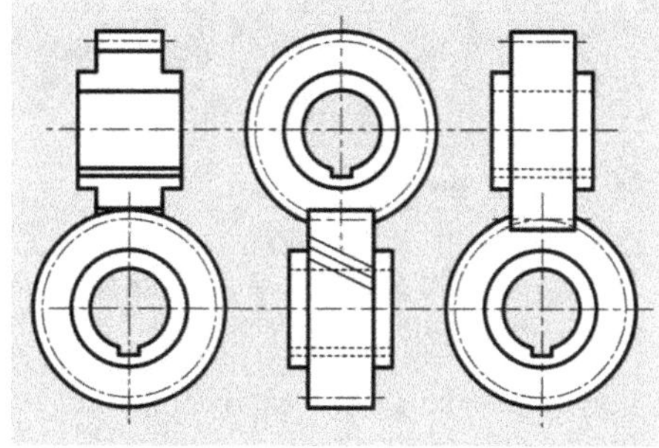

engrenage hélicoïdal à axes parallèles [single helical tooth spur gear]

(n.m.) Voir ENGRENAGE CYLINDRIQUE HÉLICOÏDAL, même signification.

engrenage hypoïde [hypoid gear]

(n.m.) ENGRENAGE similaire à l'ENGRENAGE SPIRO-CONIQUE mais avec des AXES (sens 1) non-CONCOU-RANTS.

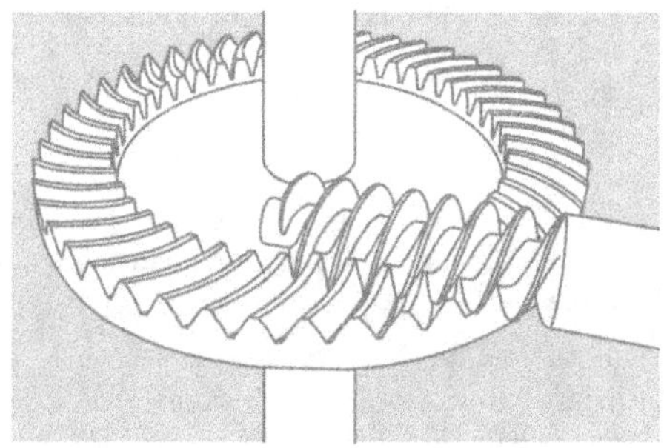

engrenage intérieur [internal gear]

(n.m.) ENGRENAGE dont la DENTURE est sur l'ALÉ-SAGE d'une COURONNE de l'une des ROUES. La DENTURE peut être droite ou HÉLICOÏDALE.

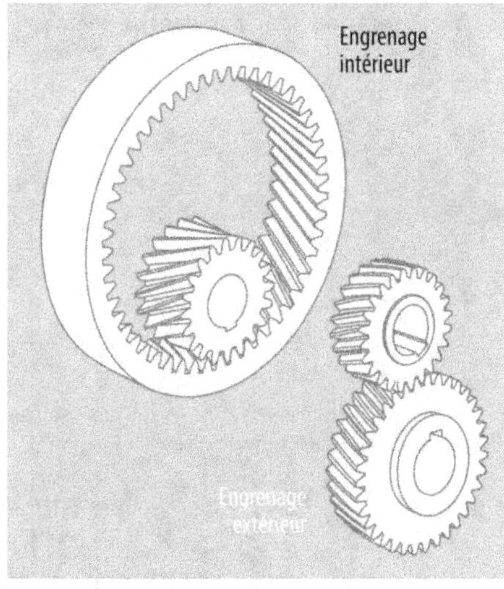

👍 Avantages

A. ENCOMBREMENT moindre. Moins dangereux car la DENTURE est davantage protégée par la COURONNE. Permet de concevoir des ENGRE-NAGES ÉPICYCLOÏDAUX. Permet de transmettre des COUPLES plus importants par rapport à leurs équivalents extérieurs.

👎 Inconvénients

B. Une certaine difficulté de réalisation par rapport à l'ENGRENAGE EXTÉRIEUR.

C. Représentation en DESSIN TECHNIQUE :

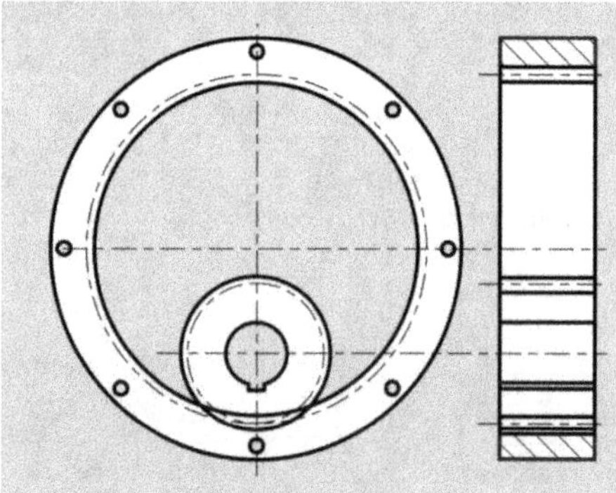

D. Représentation schématique :

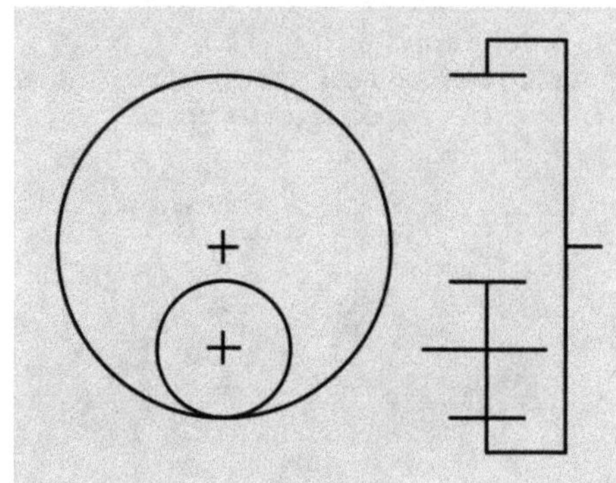

◊ Contr. : ENGRENAGE EXTÉRIEUR.
→ Voir aussi ENGRENAGE.

engrenage non-circulaire [non-circular gear]

(n.m.) ENGRENAGE dont les SURFACES primitives ne sont pas des CERCLES mais des FORMES quel-conques conjuguées.

Ils sont utilisés, par exemple, pour les MÉCA-NISMES d'essuie-glace, de MOUVEMENT de LAME de cisaille, d'ouverture de porte, de TRANSMIS-SION à COUPLE DE FORCE variable progressif, etc.

Ex. 1 : *Engrenage carré.*

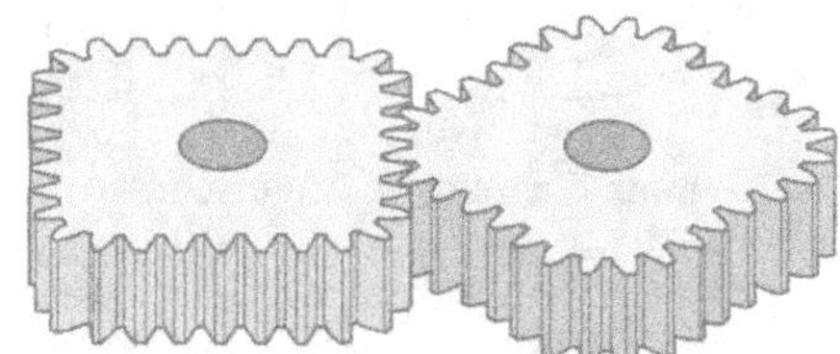

Ex. 2 : *Engrenage elliptique centré.*

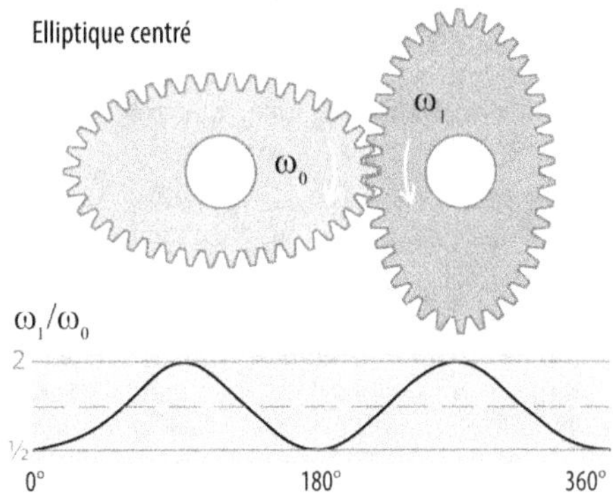

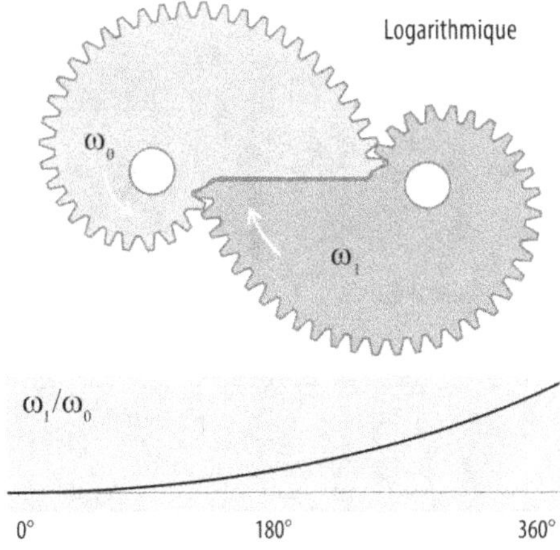

Ex. 3 : *Engrenage logarithmique.*

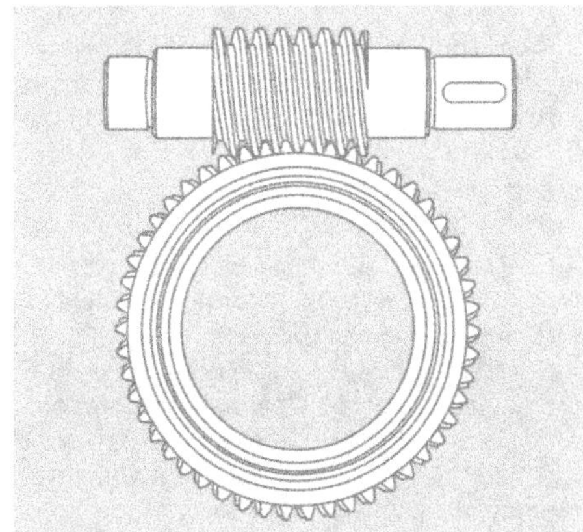

engrenage roue et vis sans fin [worm and wheel gear]

(n.m.) Type d'ENGRENAGE dont les AXES (sens 1) se situent dans deux PLANS | PERPENDICULAIRES et ce sont les FILETS d'une VIS (sens 1) qui s'interpénètrent avec la DENTURE d'une ROUE.

A. L'engrenage roue et vis sans fin est IRRÉVERSIBLE, le MOUVEMENT ne pouvant être transmis que de la VIS à la ROUE DENTÉE, l'inverse n'étant pas permis par les PHÉNOMÈNES de FROTTEMENT.

B. Représentation en DESSIN TECHNIQUE :

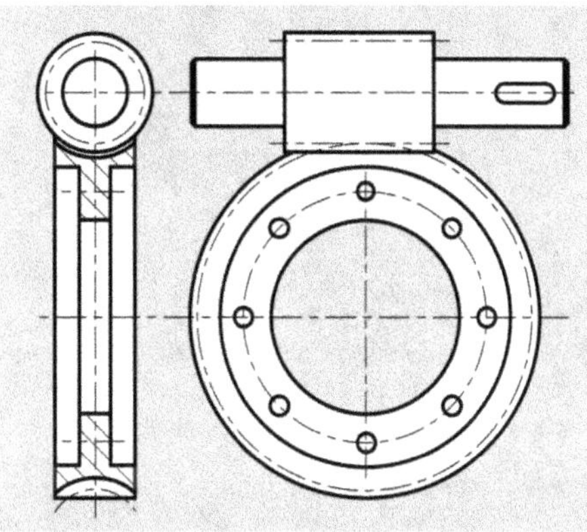

C. Représentation schématique :

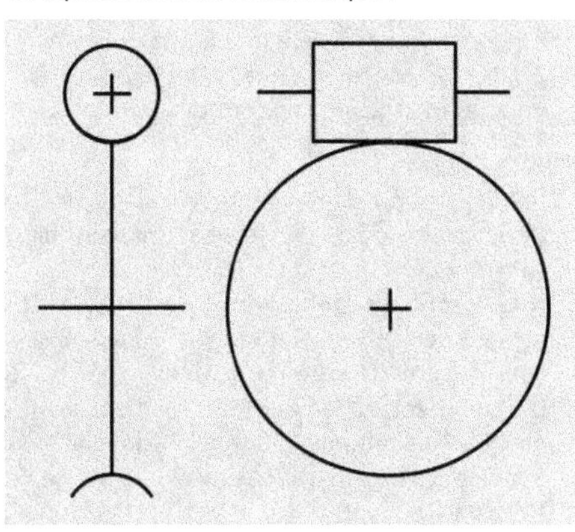

Avantages

A. Permet un rapport de réduction elevé tout en étant relativement peu encombrant. IRRÉVERSIBLE ce qui est un avantage pour les APPAREILS de LEVAGE, par exemple.

Inconvénients

B. Mauvais RENDEMENT MÉCANIQUE dû à un FROTTEMENT important.

engrenage spiro-conique [spiral bevel gears]

(n.m.) Type d'ENGRENAGE CONIQUE À AXES CONCOURANTS dont la DENTURE est HÉLICOÏDALE incurvée.

👍 Avantages

A. Plutôt silencieux car ENGRÈNEMENT progressif. Possibilité de RENVOI D'ANGLE. TRANSMISSION de PUISSANCE élevée.

👎 Inconvénients

B. GÉOMÉTRIE (sens 2) compliquée à optimiser. Pas de formulation mathématique des PROFILS. Équipement spécialisé dédié à sa FABRICATION.
→ Ne pas confondre avec l'ENGRENAGE HYPOÏDE dont les AXES (sens 1) ne sont pas CONCOURANTS.

engrènement [gear mesh]

(n.m.) Principe d'interpénétration de DENTURE de ROUE ou de FILET de VIS (sens 1) pour une TRANSMISSION DE MOUVEMENT.

A. Le profil de denture d'ENGRENAGE est en forme de DÉVELOPPANTE DE CERCLE. Cette courbe possède la remarquable PROPRIÉTÉ qu'à tout moment, au moins une DENT d'une ROUE est en CONTACT tangent d'une DENT de la ROUE opposée pour transmettre le MOUVEMENT de l'une à l'autre. Pendant le MOUVEMENT DE ROTATION, le « point de contact » se situe et se déplace constamment sur la « ligne d'action » fixe formant un « angle de pression » par rapport aux AXES (sens 1) des ROUES :

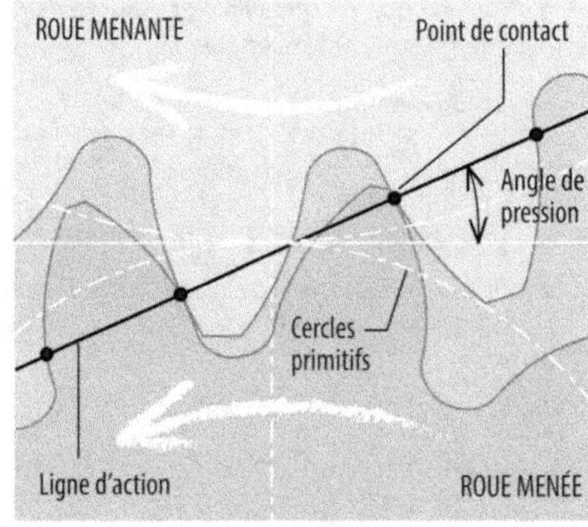

B. Pour que deux ROUES DENTÉES puissent s'engrener, elles doivent être strictement de même MODULE. De plus, pour les ENGRENAGES HÉLICOÏDAUX, les ANGLES D'HÉLICE doivent être identiques et orientés de façon opposée.
→ Voir MODULE D'ENGRENAGE ; ENGRENAGE.

enroulement filamentaire [filament winding]

(n.m.) PROCÉDÉ de FABRICATION de PIÈCE (sens 1) en (COMPOSITE), MATÉRIAU COMPOSITE de SYMÉTRIE | CIRCULAIRE (CYLINDRE (sens 2), CÔNE...) par DÉPÔT (sens 1) simultané de RÉSINE et bobinage d'un faisceau de FILS ou bandelettes RENFORT (sens 2) sur un MANDRIN (sens 2) tournant.

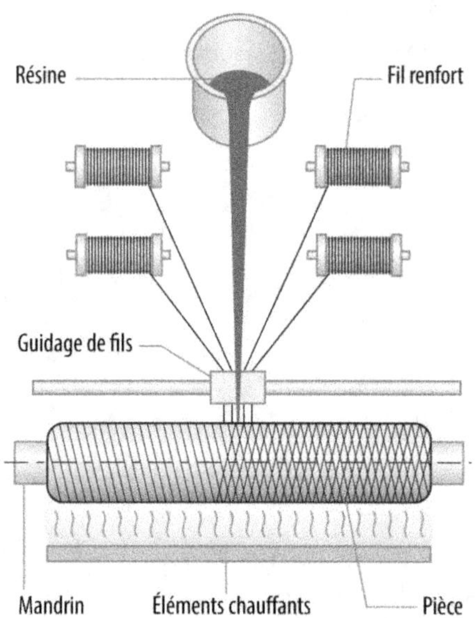

A. Le RENFORT (sens 2) peut aussi être préimprégnés avant l'enroulement. Des FORMES plus complexes sont envisageables avec des SYSTÈMES de bobinage plus évolués à plusieurs AXES (sens 1).

B. Les applications typiques sont les réservoirs, citernes, silos, pipelines, tuyaux de canalisation, fuselages d'avion, pales d'éolienne, ARBRE DE TRANSMISSION...

👍 Avantages

C. PIÈCE (sens 1) obtenue à très haute RÉSISTANCE MÉCANIQUE car RENFORT continu et orienté préférentiellement suivant les CONTRAINTES MÉCANIQUES. Taux de RENFORT (sens 2) pouvant être très élevé. Toutes DIMENSIONS possibles en DIAMÈTRE et en LONGUEUR. Nécessite peu de MAIN D'ŒUVRE car le PROCÉDÉ est très automatisé par nature. PRODUCTIVITÉ élevée.

🗨 Inconvénients

D. Une seule FACE (sens 1) lisse (SURFACE interne). Limitée aux FORMES DE RÉVOLUTION ou approchant. Ligne de FABRICATION coûteuse.

ensemble [assembly]

(n.m.) Association de plusieurs choses considérées comme une seule.
⟶ Voir, par exemple, DESSIN D'ENSEMBLE.
⟶ Voir aussi SOUS-ENSEMBLE.

ensemblier [assembly system supplier]

(n.m.) Entreprise s'occupant de l'ASSEMBLAGE (sens 1) et de l'intégration des COMPOSANTS pour former un ENSEMBLE ou un SOUS-ENSEMBLE.

entaillage [slotting]

(n.m.) Enlèvement d'une petite partie dans l'ANGLE d'une TÔLE ou d'une FEUILLE.
A. Ne pas confondre avec l'ENCOCHAGE qui consiste à retirer une zone de bordure autre qu'un ANGLE.
B. Dans les deux cas, la MACHINE utilisée est, par exemple, l'ENCOCHEUSE. Toutes les MACHINES de TÔLERIE, telles que la POINÇONNEUSE sont utilisables ainsi que toutes les MACHINES de DÉCOUPE (laser, jet d'eau, plasma, etc.) bien entendu.

entaille

(n.f.)
1. [slot] Petite partie retirée dans l'ANGLE d'une PLAQUE de TÔLE.

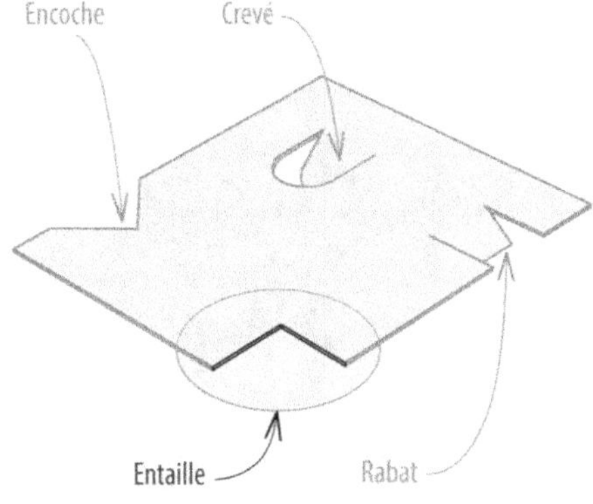

• Note : Ne pas confondre avec l'ENCOCHE qui n'est pas dans l'ANGLE.
2. [notch] Ouverture ou coupure susceptible d'entraîner la RUPTURE d'un MATÉRIAU.
⟶ Voir CONCENTRATION DE CONTRAINTE ; (CONTRAINTE), COEFFICIENT DE CONCENTRATION DE CONTRAINTE.

(entaille), effet d'entaille [notch effect]

(n.m.) Augmentation très importante de la sensibilité à la FISSURATION d'un MATÉRIAU à cause du PHÉNOMÈNE de CONCENTRATION DE CONTRAINTE sur une variation brusque de SECTION.
⟶ Voir (CONTRAINTE), COEFFICIENT DE CONCENTRATION DE CONTRAINTE.

entraînement [drive]

(n.m.) Action de reporter un MOUVEMENT, notamment de ROTATION d'un ORGANE à un autre grâce à une LIAISON MÉCANIQUE.
Ex : *Arbre d'entraînement ; forme d'entraînement.*

(entraînement), forme d'entraînement [drive]

(n.f.) Aspect géométrique permettant de transmettre un MOUVEMENT et un COUPLE DE SERRAGE.
⟶ Voir EMBOUT ; FORME D'ENTRAÎNEMENT.

entre-axe [spacing]

(n.m.) DISTANCE séparant deux AXES (sens 1) PARALLÈLES.
Ex. 1 : *Entre-axe de rainure en té.*

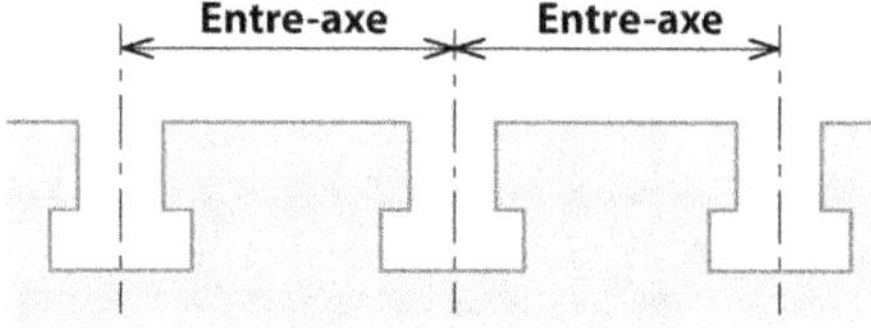

Ex. 2 : *Entre-axe de perçage de TROU.*

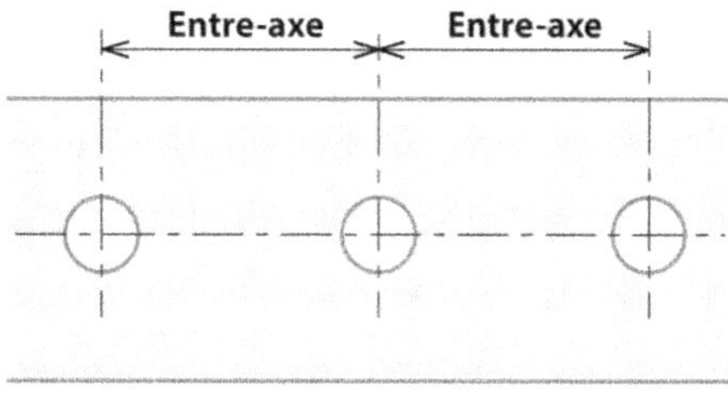

entre - n'entre pas [go - no go]

(Locution). Principe de fonctionnement de CALIBRE de VÉRIFICATION dimensionnelle avec deux parties séparées coïncidant avec les deux DIMENSIONS LIMITES.
• Note : L'une des parties doit accepter l'élément vérifié et « entre [go] ». L'autre ne doit pas accepter « n'entre pas [no go] ». Les deux conditions doivent être vérifiées simultanément pour que l'élément soit déclaré acceptable. Idéal pour vérifier les cotes avec exigence d'enveloppe Ⓔ.
⟶ Voir, par exemple, CALIBRE À MÂCHOIRE ; JAUGE PLATE ; TAMPON LISSE.

entre-pointes [between centers]

(adj.) Mode de MONTAGE D'USINAGE de PIÈCE (sens 1) de RÉVOLUTION soutenue à chaque extrémité par deux CÔNES rentrant dans des TROUS de CENTRAGE.

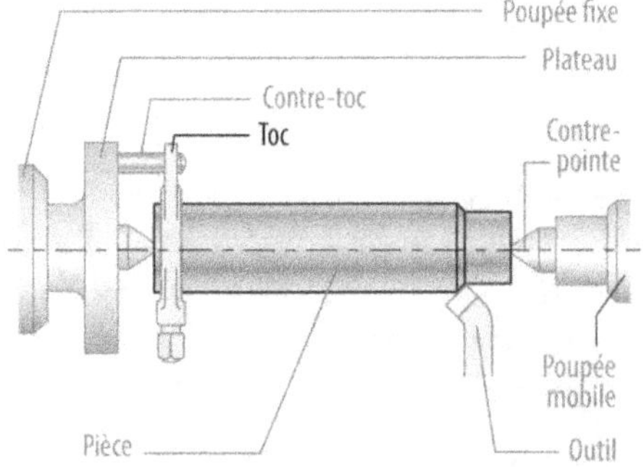

A. Le MONTAGE (sens 2) entre-pointes garantit un CENTRAGE très rigoureux et REPRODUCTIBLE même après DÉMONTAGE. Idéal pour des reprises, comme, par exemple, pour effectuer une FINITION par RECTIFICATION CYLINDRIQUE.
B. Le TROU de CENTRAGE est pratiqué avec un FORET À CENTRER.

entretien [maintenance, servicing]

(n.m.) Soins périodiques apportés à un SYSTÈME, un MÉCANISME, un objet pour les conserver en bon état et les préserver de la détérioration ou de la PANNE (sens 1).

entretoise [distance ring, spacer]

(n.f.) ORGANE maintenant un ÉCARTEMENT précis entre deux autres.
Ex. 1 : *Entretoise de deux poutres.*

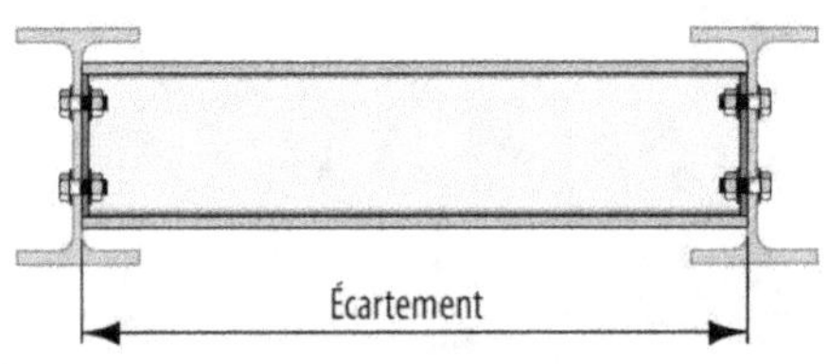

entretoisement [bracing]

(n.m.) OPÉRATION de mise en place d'ENTRETOISE.

enveloppe Soleau

(n.f.) Disposition administrative permettant d'apposer une date de création à une idée inédite en la décrivant sur un document papier qui est ensuite enfermé dans une enveloppe, puis transpercé d'une écriture de la date par un organisme d'état appelé INPI (Institut de la Propriété Industrielle).

A. L'enveloppe Soleau est élaborée en deux exemplaires, l'un détenu comme preuve par le déposant, l'autre conservé par l'INPI pour traiter les litiges.
B. L'enveloppe Soleau permet de revendiquer l'antériorité d'une idée ou création technique, sans en donner l'exclusivité. C'est une protection simplifiée qui doit être, en principe, confirmée par une autre démarche de portée plus étendue : le BREVET D'INVENTION. Ainsi, l'enveloppe Soleau permet d'exploiter une idée nouvelle sans pouvoir empêcher le détenant d'un BREVET D'INVENTION plus formel sur le même sujet.
→ Voir aussi PROPRIÉTÉ INDUSTRIELLE.

environnement

(n.m.)
1. [environment] Ensemble des éléments naturels constituant le lieu d'existence des êtres humains.
En fait partie, par exemple, la terre, l'air, l'eau, la mer, la végétation, les roches, les animaux, la nature d'une façon générale.
Ex. : *Protection de l'environnement.*
→ Voir aussi RECYCLAGE.
2. [surroundings] Espace, voisinage direct entourant un objet, une MACHINE, un SYSTÈME.
A. L'environnement est d'une grande importance car de ses caractéristiques appelées CONDITIONS DE FONCTIONNEMENT dépend la bonne marche d'une MACHINE ou le bon comportement d'un objet en cours d'utilisation. Le diagramme suivant rassemble les CONTRAINTES (sens 1) d'environnement que l'on peut rencontrer :

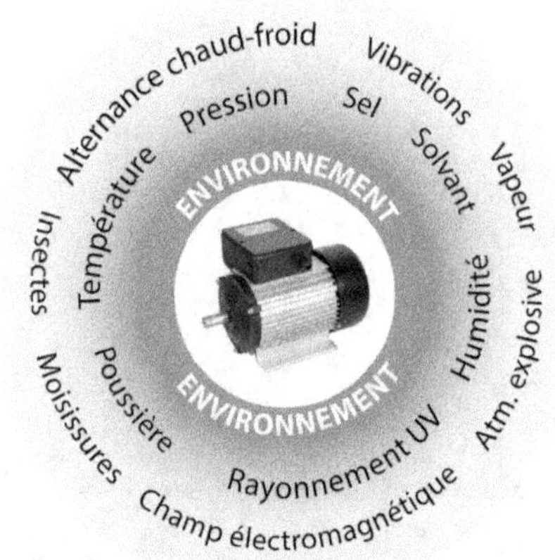

B. La connaissance de l'environnement dans lequel sera placé un objet ou une MACHINE est primordiale au cours de sa CONCEPTION. Par exemple, il est important de connaître et de

prendre en compte dès la phase d'ANALYSE FONC-TIONNELLE, si l'objet nouvellement conçue va être ou non exposé aux intempéries. La CONCEP-TION d'un objet destiné à endurer des conditions à l'extérieur (outdoor) est radicalement différente de ceux destinés aux conditions intérieures (indoor), notamment vis à vis du PHÉNOMÈNE de CORROSION.
→ Voir aussi INDICE DE PROTECTION ; CONDITIONS DE FONCTIONNEMENT.

épaisseur [thickness]

(n.f.) DISTANCE séparant les deux FACES (sens 1) d'un objet plus ou moins mince.
D'une façon générale, l'épaisseur est la plus petite DISTANCE d'un objet mince.
Ex. : *Épaisseur de tôle.*

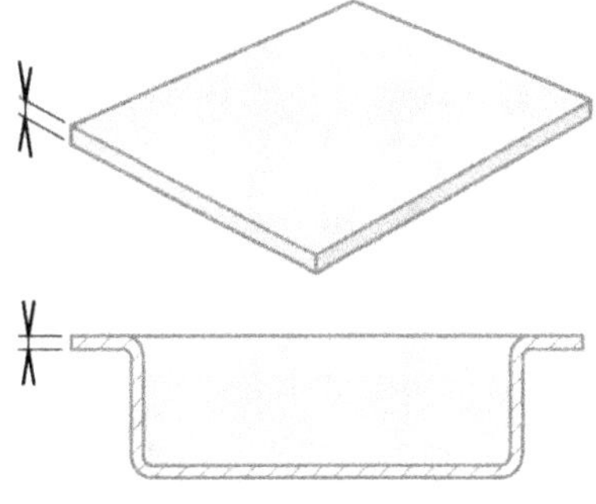

→ Voir aussi SURÉPAISSEUR ; (FILM), MESURE D'ÉPAISSEUR DE FILM.

épaulement [shoulder]

(n.m.) SURFACE | PERPENDICULAIRE à l'AXE (sens 1) d'un ARBRE à cause d'un changement brusque du DIAMÈTRE.

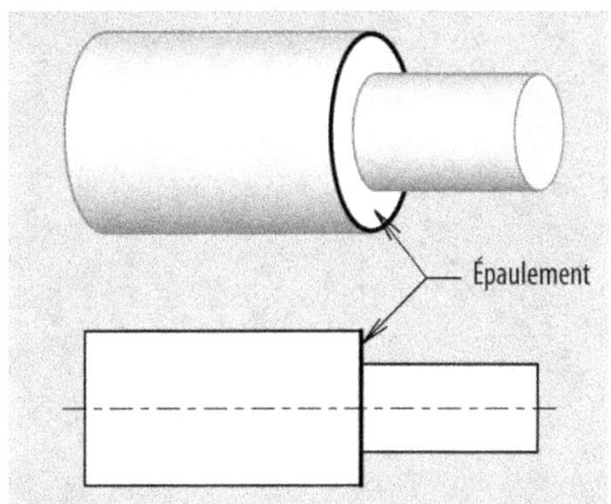

A. L'épaulement est souvent utilisé comme SUR-FACE D'APPUI ou BUTÉE pour supporter des CHARGES AXIALES.
B. Ne pas confondre avec le DÉCROCHEMENT qui concerne une FORME PRISMATIQUE.

épicycloïdal [epicycloidal]

(adj.) Qui a un rapport avec l'ÉPICYCLOÏDE.
→ Voir, par exemple, TRAIN ÉPICYCLOÏDAL.

épicycloïde [epicycloid]

(n.f.) COURBE géométrique décrite par un POINT d'un CERCLE qui roule sans GLISSEMENT sur l'extérieur d'un autre CERCLE fixe.

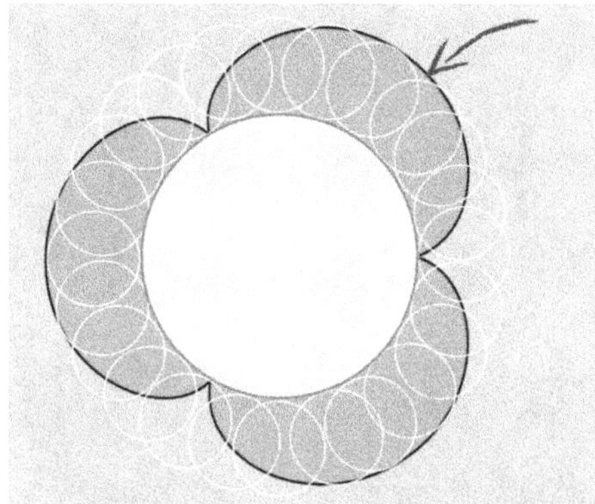

A. Lorsque le CERCLE roule sur l'intérieur du CERCLE fixe, il s'agit d'une « hypocycloïde ».

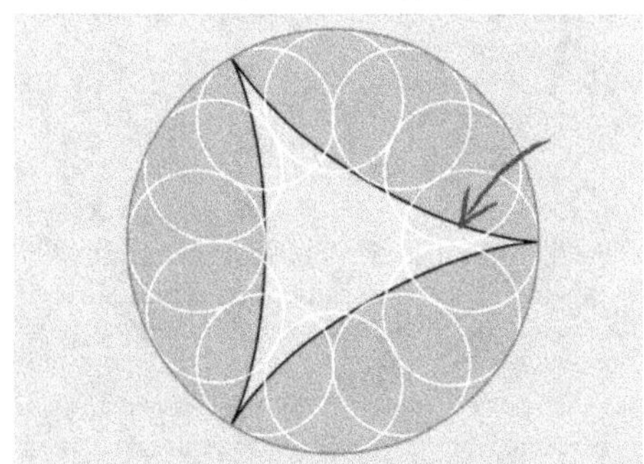

B. Lorsqu'il roule sur une DROITE c'est un CY-CLOÏDE. Les PROPRIÉTÉS de l'épicycloïde sont, par exemple, utilisées pour un MÉCANISME de réduction de VITESSE appelé TRAIN ÉPICYCLOÏDAL ou TRAIN PLANÉTAIRE :

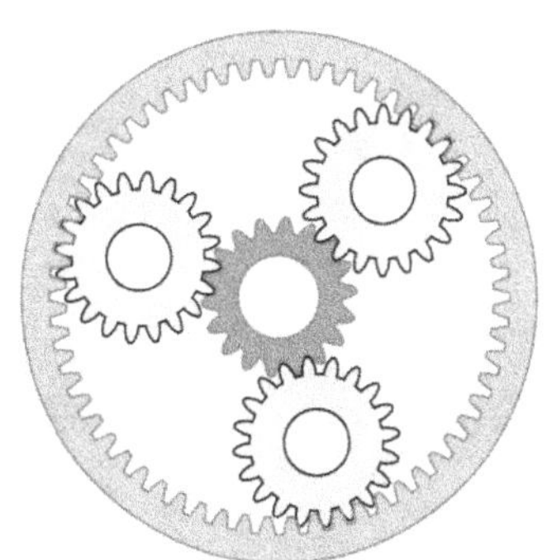

C. Ne pas confondre avec la DÉVELOPPANTE DE CERCLE.

éprouvette, éprouvette d'essai [specimen test]

(n.f.) Échantillon de MATÉRIAU prélevé pour effectuer les MESURES (sens 3) de ses PROPRIÉTÉS physiques et MÉCANIQUES ainsi que les tests de VÉRIFICATION de ses APTITUDES FONCTIONNELLES.

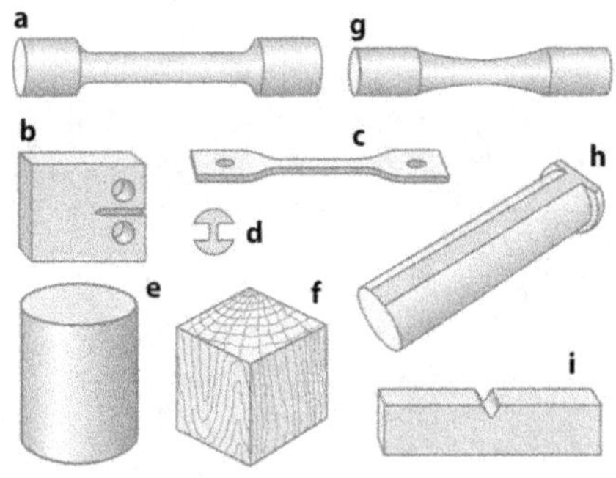

a. Traction métal
b. Traction entaillée
c. Traction plastique
d. Traction mini
e. Compression béton
f. Cisaillement bois
g. Fatigue
h. Trempabilité Jominy
i. Choc entaillé

→ Voir aussi ÉPROUVETTE DE TRACTION.

éprouvette de traction [tensile test specimen]

(n.f.) Échantillon de MATIÈRE prélevé dans une PIÈCE FINIE ou un DEMI-PRODUIT avec une GÉOMÉTRIE (sens 2) bien définie pour effectuer les MESURES (sens 3) de PROPRIÉTÉS MÉCANIQUES en DÉFORMATION (sens 1) | AXIALE.

La GÉOMÉTRIE (sens 2) doit être conforme à une certaine PROPORTION précisée par des NORMES :

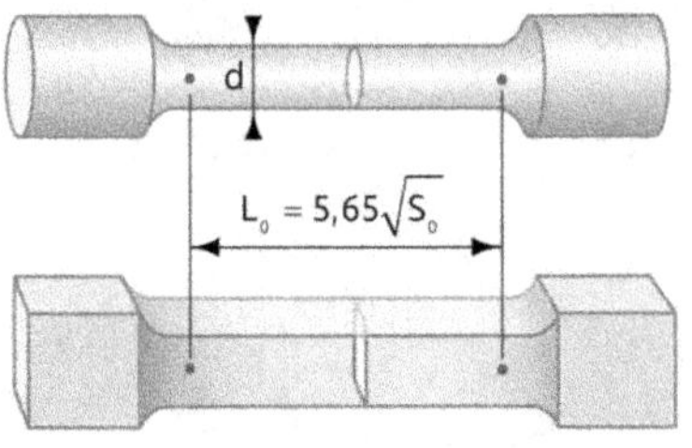

→ Voir aussi ESSAI DE TRACTION ; ÉPROUVETTE.

épure [working drawing]

(n.f.) Tracé graphique précis en TRAIT FIN pour des utilisations de GÉOMÉTRIE (sens 1) : détermination de l'intersection de SURFACES ou VOLUMES, étude de TRAJECTOIRE, visualisation d'ENCOMBREMENT, etc.

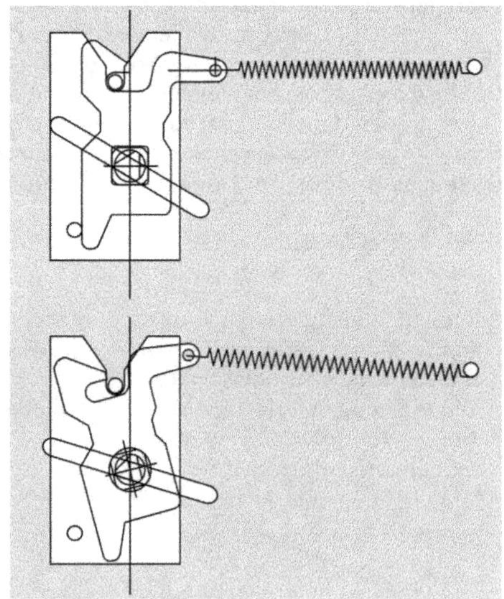

équerrage [squaring]

(n.m.) OPÉRATION de POSITIONNEMENT de deux PIÈCES (sens 1) de manière à faire un ANGLE DROIT.

équerre [triangle]

(n.f.) INSTRUMENT DE DESSIN ou OUTIL DE TRAÇAGE ou de VÉRIFICATION d'ANGLE dont la valeur est figée.

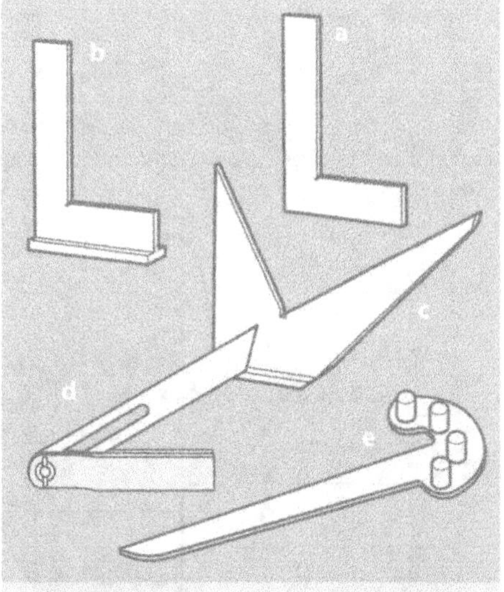

a. Équerre simple
b. Équerre à chapeau
c. Équerre à 135°
d. Fausse équerre
e. Équerre à centrer

→ Voir aussi INSTRUMENT DE DESSIN pour d'autres types d'équerre.
• Note : Ne pas confondre avec le RAPPORTEUR.

(équerre), d'équerre [squarely]

(Locution). Qui fait un ANGLE DROIT.

(équerre), fausse équerre [bevel square]

(n.f.) OUTIL de MESURE (sens 2) et de CONTRÔLE d'ANGLE quelconque ou pour reporter un ANGLE quelconque sur une PIÈCE (sens 1).

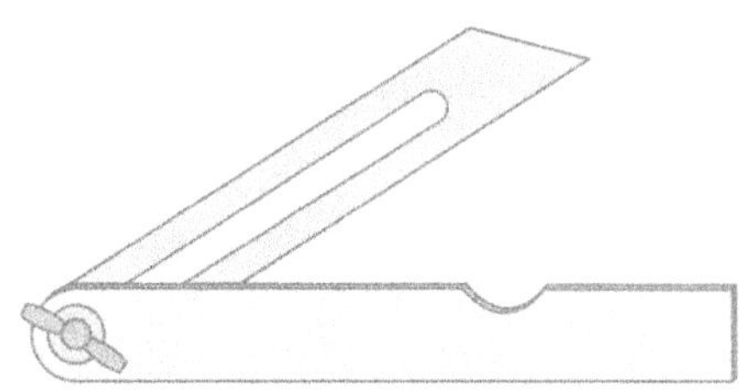

→ Voir ÉQUERRE.

équidistant [equally-spaced]

(adj.) Éloigné de la même DISTANCE par rapport à une RÉFÉRENCE.

équilibrage [balancing, dynamic balancing, running balance]

(n.m.) Action de contrebalancer les BALOURDS d'un objet tournant à grande VITESSE afin d'éviter les VIBRATIONS.

A. L'équilibrage consiste à ramener le CENTRE DE GRAVITÉ de l'objet tournant sur son AXE DE ROTATION grâce, par exemple, à des MASSES (sens 2) additionnelles appelées MASSELOTTE (sens 1) judicieusement positionnées.

Ex. : *Équilibrage d'une* MEULE *de* RECTIFICATION *sur un banc spécialement conçu.*

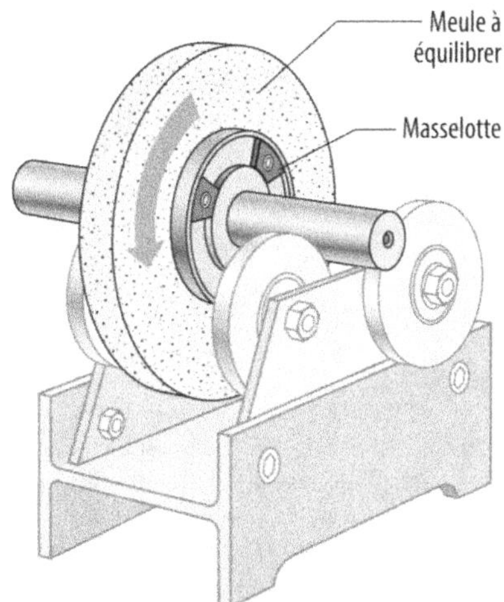

B. D'une façon générale, toutes les MACHINES tournantes à haute vitesse nécessitent un équilibrage sous peine de détérioration prématurée

à cause de problèmes vibratoires et de FATIGUE. C'est le cas des ROUES, des rotors, des HÉLICES (sens 2)...

équipement [equipment]

(n.m.) Collection d'objets, d'APPAREILS, d'INSTRUMENTS, d'OUTILLAGES nécessaires à l'exercice d'une activité ou à l'accomplissement d'une OPÉRATION.

• Note : Le terme MATÉRIEL, de signification similaire, est néanmoins de portée plus restreinte. L'équipement évoque toujours un ensemble d'objets alors que la notion de collection n'est pas essentielle pour le MATÉRIEL. L'équipement est toujours nécessairement en ordre de marche alors que le MATÉRIEL ne l'est pas forcément. L'équipement est souvent fortement lié à la pratique de l'activité pour laquelle il a été conçu alors que ce lien n'est pas forcément précisé avec le MATÉRIEL.

Ex. : *Équipement de sécurité ; équipement de navigation...*

ergot [nib]

(n.m.) Petite FORME proéminente pour assurer un BLOCAGE ou un ENTRAÎNEMENT.

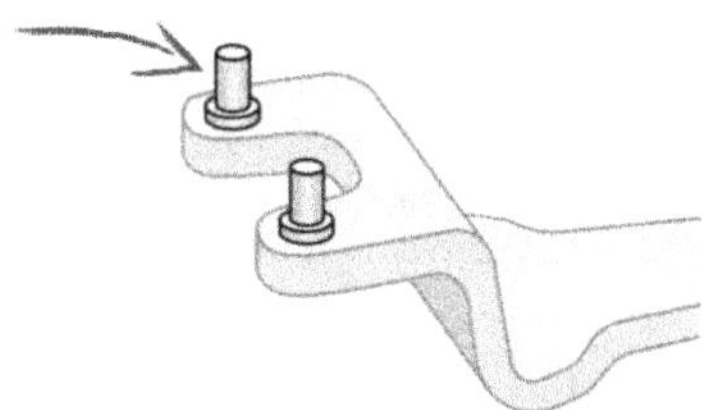

→ Voir aussi CLÉ À ERGOT ; FORME FONCTIONNELLE.

ergonomie [ergonomics, human engineering]

(n.f.)

1. Discipline d'études et d'adaptation des conditions de travail ou des modes d'utilisation d'un DISPOSITIF de manière à apporter dans leur exécution ou leur usage le maximum de confort, de SÉCURITÉ et d'EFFICACITÉ.

2. Caractère définissant la facilité et la commodité d'utilisation d'un DISPOSITIF.

→ Voir aussi SIMPLEXITÉ.

ergonomique [ergonomic]

(adj.) D'une utilisation commode et facile. Qui apporte le maximum de confort, de SÉCURITÉ et d'EFFICACITÉ dans l'usage d'un DISPOSITIF ou la pratique d'une activité.

(Erichsen), essai d'Erichsen [Erichsen test, cupping test]

(n.m.) ESSAI permettant d'évaluer la capacité d'un MATÉRIAU au PROCÉDÉ de MISE EN FORME par EMBOUTISSAGE, en évaluant ses capacités à l'expansion. Il consiste à enfoncer un poincon de FORME | SPHÉRIQUE dans un échantillon de TÔLE maintenu sur l'ensemble de son rebord, jusqu'à l'apparition d'une FISSURE ou AMORCE DE RUPTURE.

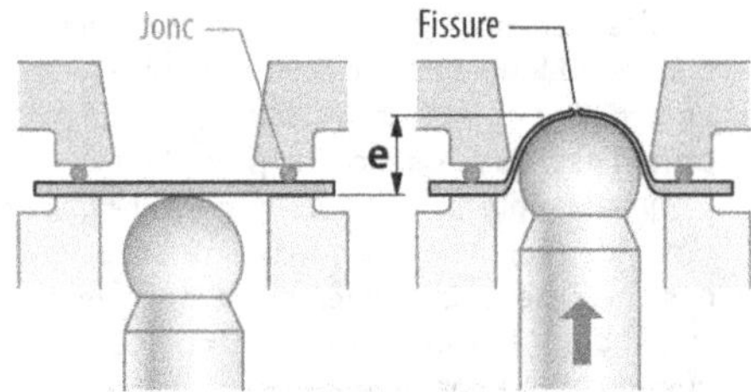

A. L'essai permet de déterminer la PROFONDEUR de pénétration du poinçon ainsi que la FORCE nécessaire. La PROFONDEUR exprimée en millimètre donne un nombre **e** qui constitue l'indice d'emboutissage Erichsen.
B. L'essai d'Erichsen permet aussi d'évaluer la tenue d'un REVÊTEMENT sur son SUBSTRAT.

érosion [erosion]

(n.f.) USURE non-désirée de la SURFACE d'un SOLIDE à cause du CONTACT avec un FLUIDE en MOUVEMENT contenant des particules abrasives. L'érosion est souvent accompagnée de CORROSION.

esquisse [sketch]

(n.f.)
1. LIGNES graphiques tracées en premier lieu pour rechercher des FORMES ou SOLUTIONS TECHNIQUES. Les esquisses peuvent être clarifiées lorsque les idées sont plus précises.

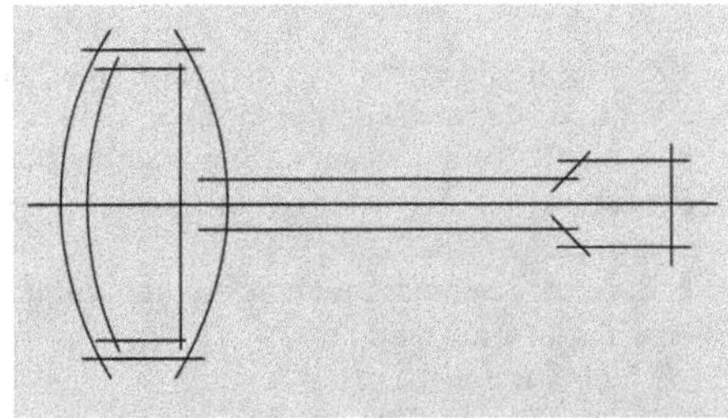

2. GÉOMÉTRIE (sens 2) 2D tracée dans l'ESQUISSEUR d'un logiciel de CONCEPTION ASSISTÉE PAR ORDINATEUR, à partir de laquelle sont générés les MODÈLES (sens 1) ou objets 3D.

Ex. : *Esquisse en CAO.*

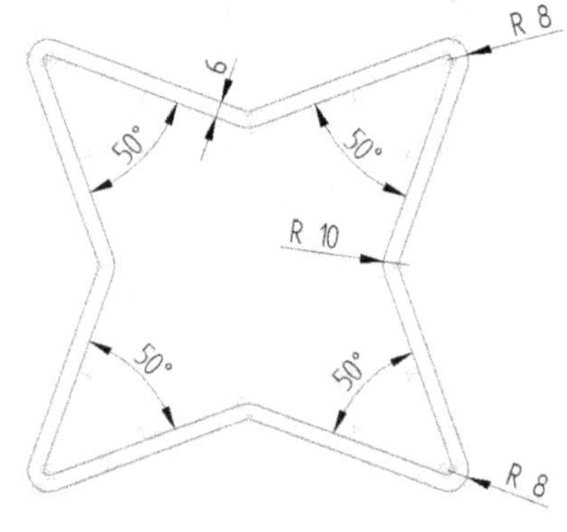

→ Voir CONTRAINTE (sens 2).

esquisseur [sketcher]

(n.m.) Module d'un logiciel de CONCEPTION ASSISTÉE PAR ORDINATEUR permettant de dessiner sur un PLAN (sens 1) les FORMES géométriques 2D en vue de générer par la suite des objets 3D.

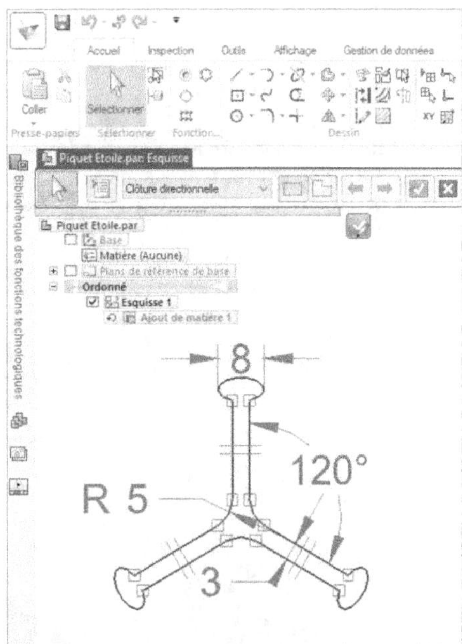

• Note : Ne pas confondre avec la DAO qui est un logiciel de dessin 2D à part entière sans aucun lien particulier avec la 3D. Néanmoins, sur le marché des logiciels de CONCEPTION ASSISTÉE PAR ORDINATEUR, il existe un produit unique qui réunit dans le même logiciel les deux approches avec une interface commune. Ce qui vaut au logiciel Solid Edge™ de Siemens Digital Industrie Software ® le qualificatif particulier de « logiciel hybride 2D/3D ».

essai [test, testing, trial]

(n.m.) Mise à l'épreuve d'un échantillon de SYS-TÈME (MATÉRIAU, MACHINE, DISPOSITIF...) dans des conditions précises pour en observer le comportement, afin d'évaluer ses PROPRIÉTÉS et CARACTÉRISTIQUES face à ce que seront les conditions réelles d'utilisation.

Les essais sont une étape indispensable dans le (PRODUIT), CYCLE DE VIE D'UN PRODUIT.

→ Voir ÉCHELLE MICROSCOPIQUE pour les autres ordres de grandeur d'études et d'observation des MATÉRIAUX.

essai climatique [artificial weathering]

(n.m.) Mise à l'épreuve avec des conditions de TEMPÉRATURE et d'humidité bien définies afin de cerner les DÉFAILLANCES possibles en utilisation réelle.

A. Les principales CONDITIONS D'UTILISATION reproduites dans les essais climatiques sont les suivantes :
• TEMPÉRATUREs extrêmes : chaud ou froid.
• Variation rapide de TEMPÉRATURE.
• Choc thermique.
• Humidité. Combinaison de chaleur et d'humidité.
• Givre, glace et neige.
• Pluie et vent.

B. Les modes de DÉFAILLANCE pouvant être mis en évidence et cernés par les essais climatiques sont :
• les DÉFORMATIONS MÉCANIQUES.
• les variations dimensionnelles.
• l'apparition de FISSURE.
• Gonflement ou DURCISSEMENT de certains MATÉRIAUX.
• DÉGAZAGE de certains composés.
• Dégradation de RÉSISTANCE MÉCANIQUE.
• CORROSION et oxydation.
• Court-circuit d'appareillage électrique et électronique.
...

C. Ne pas confondre avec les ESSAIS D'ENVIRONNEMENT qui prennent en compte d'autres CONDITIONS DE FONCTIONNEMENT telles qu'une PRESSION environnante inhabituelle (surpression, dépression), la présence de sable et poussière, de sel, de moisissures, de rayonnement UV, d'ondes électromagnétiques...

D. Le diagramme suivant situe les essais climatiques dans l'ensemble des principales familles d'ESSAIS existants :

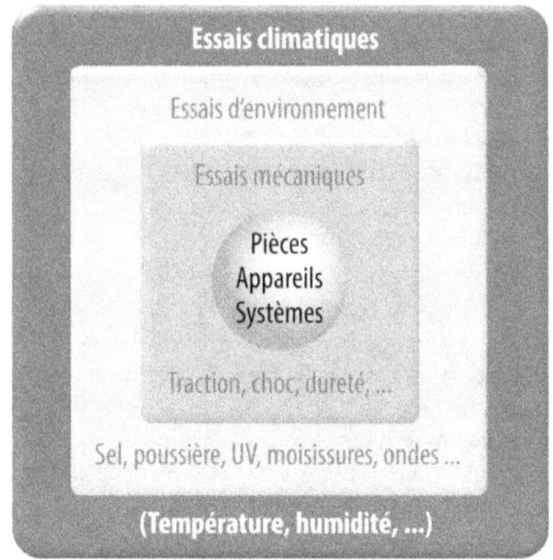

essai de Charpy [Charpy impact test]

(n.m.) ESSAI DE CHOC d'une ÉPROUVETTE entaillée placée entre deux APPUIS et subissant l'impact d'une MASSE (sens 2) pour en déterminer la RÉSILIENCE.

A. L'ÉPROUVETTE est un barreau de SECTION carrée avec une ENTAILLE en FORME de V (PROFONDEUR 2 mm, rayon 0,25 mm) ou de U (profondeur 5 mm, rayon 1 mm).

→ Voir (CHOC), ESSAI DE CHOC DE CHARPY.

Globalement l'entaille en V est préférable pour les MATÉRIAUX peu FRAGILES. L'ENTAILLE en U est plus sélective pour les MATÉRIAUX plus FRAGILES. La configuration générale de l'ESSAI est la suivante, représentée ici avec une ENTAILLE en V :

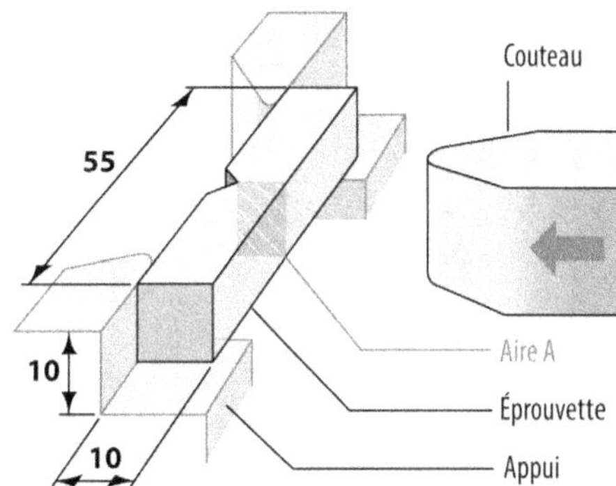

B. L'essai est réalisé sur une MACHINE D'ESSAI appelée MOUTON DE CHARPY. Généralement, ce type de MACHINE est capable d'appliquer une ÉNERGIE de l'ordre de 300 ± 100 Joules à une VITESSE d'impact de l'ordre de 4 ± 1 m/s (14,4 ± 3,6 km/h).

C. Pour permettre des comparaisons rigoureuses, l'ESSAI est normalisé NF EN 10 045, EN ISO 179, ASTM E 23. L'indication de la RÉSILIENCE ou RÉSISTANCE AU CHOC est donnée par la

valeur de l'énergie brute absorbée ou l'ÉNERGIE rapportée à l'unité de SURFACE à l'issue du choc. Elle est notée avec les symboles suivants :
- Pour l'ENTAILLE en forme de V :
  KV (exprimée en JOULES)
  KCV (en J/cm^2) avec KCV = KV/A
- Pour l'ENTAILLE en forme de U :
  KU (en JOULEs)
  KCU (en J/cm^2) avec KCU = KU/A

D. Pour la détermination de l'ÉNERGIE absorbée, voir à la rubrique ESSAI DE CHOC. Sur les MACHINES modernes, cette valeur est directement mesurée et indiquée par l'APPAREIL. La TEMPÉRATURE possède une influence importante sur la RÉSISTANCE AU CHOC. En général, une MATIÈRE est plus fragile et plus cassante à basse TEMPÉRATURE. Il existe une TEMPÉRATURE dite de transition de part et d'autres de laquelle un MATÉRIAU passe d'un comportement DUCTILE à FRAGILE. Le diagramme ci-après montre les valeurs de RÉSILIENCE d'un ACIER À OUTIL non-trempé et trempé-revenu à différentes TEMPÉRATURES. Pour l'ACIER non-trempé la TEMPÉRATURE se situe à environ -100°C :

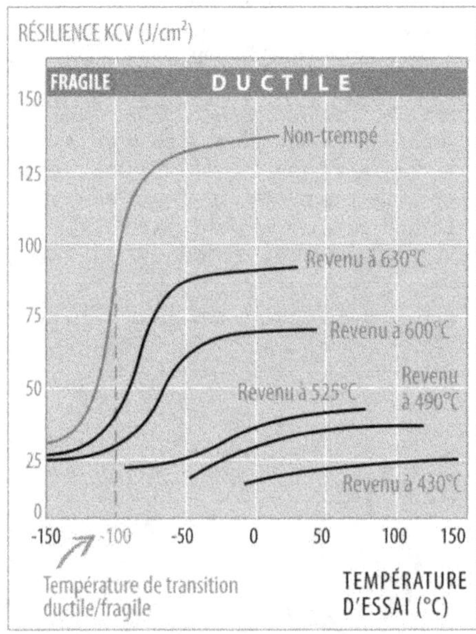

E. Il est très important de choisir et de spécifier la TEMPÉRATURE des ESSAIS en fonction de l'utilisation des MATÉRIAUX à tester.
Ex. : *Désignation des résultats d'un essai :*

> Résistance au choc Charpy entaillé ISO 179 à 23°C :
> KV= 80 Joules
> Résistance au choc Charpy entaillé ISO 179 à 23°C :
> KCV= 100 J/cm^2

F. ESSAI très facile à conduire. Le placement de l'ÉPROUVETTE n'a pas besoin de FIXATION ce qui facilite l'OPÉRATION à l'extrême. Évaluation facile de la validité de l'ESSAI : RUPTURE NETTE ou non.

G. ESSAI DESTRUCTIF. La préparation de l'ÉPROU-VETTE demande beaucoup de soin d'USINAGE, notamment pour l'ENTAILLE. Le RAYON de fond d'ENTAILLE est difficile à calibrer ce qui peut occasionner des dispersions de MESURE (sens 2). Ne convient pas pour les (PLASTIQUES), MATIÈRE PLASTIQUE car le placement de l'ÉPROUVETTE sans FIXATION ne favorise pas une RUPTURE NETTE.

H. À remarquer qu'il n'existe pas de calcul permettant le DIMENSIONNEMENT de pièces mécaniques à partir des valeurs mesurées par l'essai de Charpy. Les valeurs de RÉSISTANCE AU CHOC minimales sont choisies de façon empirique.
→ Voir aussi ESSAI D'IZOD.

I. À signaler qu'il existe aussi pour les POLYMÈRES, une valeur de TEMPÉRATURE à laquelle la MATIÈRE passe d'un comportement FRAGILE (état vitreux) à un comportement DUCTILE (état caoutchoutique).
→ Voir TEMPÉRATURE DE TRANSITION VITREUSE.

essai de choc [impact test]

(n.m.) ESSAI de MESURE (sens 3) de la TENACITÉ, c'est à dire la capacité d'un MATÉRIAU à ne pas se rompre net sous l'effet d'une FORCE appliquée brutalement. L'ESSAI le plus courant consiste à faire tomber sur l'ÉPROUVETTE d'une HAUTEUR h_0, une MASSE (sens 1) pendulaire **m**.

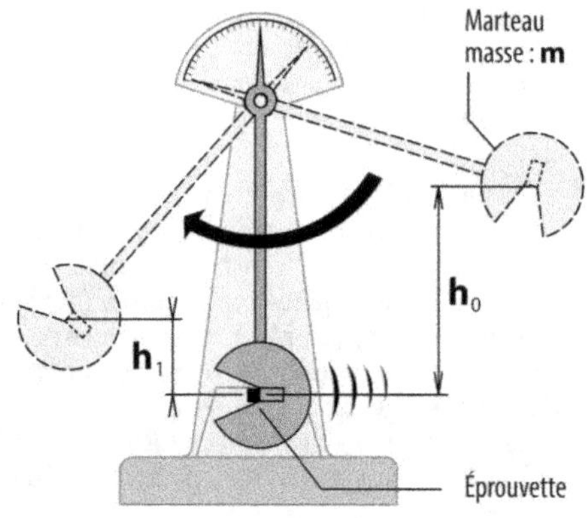

Après le CHOC, la MASSE (sens 2) continue sa COURSE, mais seulement d'une HAUTEUR h_1 inférieure à h_0, car une partie se son ÉNERGIE a été utilisée pour rompre l'ÉPROUVETTE. L'ÉNERGIE absorbée exprimée en JOULEs s'écrit :

K = m g (h$_0$-h$_1$)

m : MASSE (sens 2) en kg

g : ACCÉLÉRATION de la pesanteur 9,81 m/s^2. En pratique et pour simplifier les calculs, elle est prise égale à 10 m/s^2.

h : HAUTEURS en m

Plus K est grand, plus le MATÉRIAU testé est résistant au choc. Plusieurs configurations sont pratiquées selon les matériaux utilisés. Les plus courants sont :

• L'ESSAI DE CHARPY, **pour les** MÉTAUX.

• L'ESSAI D'IZOD, **pour les** MÉTAUX **et les** (PLASTIQUES), MATIÈRE PLASTIQUES.

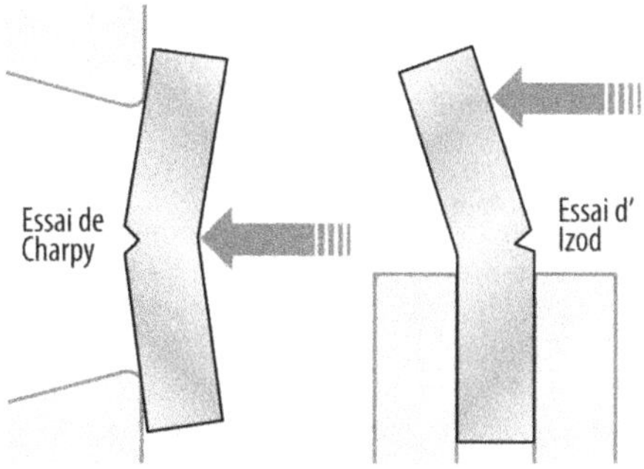

• L'ESSAI DE CHOC MULTIAXIAL.

Ex. : *Essai de* RÉSISTANCE AU CHOC *d'un* TUBE *de canalisation en* (PLASTIQUE), MATIÈRE PLASTIQUE :

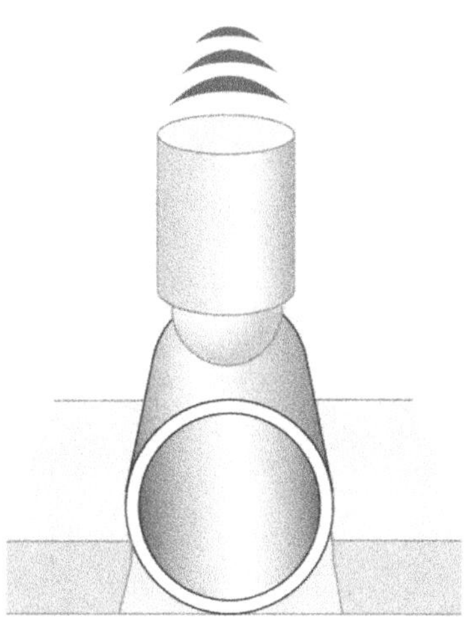

→ **Voir aussi** INDICE DE PROTECTION **au paragraphe b, indice de protection IK.**

(n.m.) Type d'ESSAI DE CHOC consistant à faire tomber d'une HAUTEUR **h** une MASSE (sens 2) **m** avec une extrémité de GÉOMÉTRIE (sens 2) définie sur un échantillon de MATÉRIAU.

A. La valeur d'ÉNERGIE **m.g.h** (en JOULES) entraînant un endommagement de l'échantillon constitue une MESURE (sens 2) de sa RÉSISTANCE AU CHOC (**g** étant l'accélération de la pesanteur ~ 9,81 m/s^2). Néanmoins, les résultats de cet ESSAI ne peuvent servir que pour des comparaisons directes et non de MESURES (sens 2) absolues.

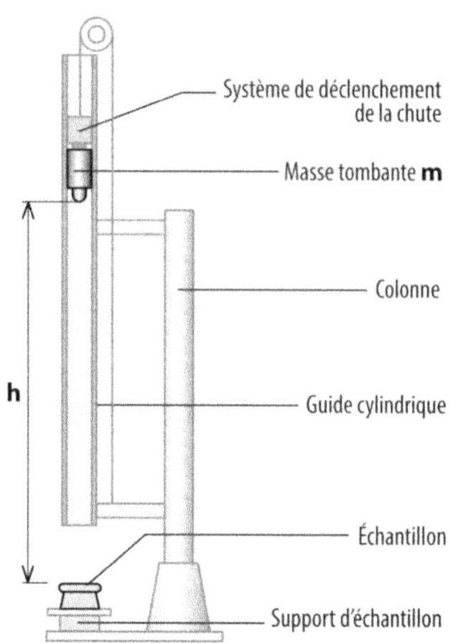

B. Cependant, l'essai de choc multiaxial possède l'avantage très pratique de ne nécessiter aucune préparation particulière de l'échantillon, ce qui en fait un ESSAI très adapté au suivi, par exemple, d'une PRODUCTION industrielle.

(n.m.) Mise à l'épreuve d'un morceau de MATÉRIAU par un effort tranchant tendant à le séparer suivant une SURFACE | PARALLÈLE aux FORCES appliquées.

Ex. 1 : *Essai de cisaillement à double* SECTION.

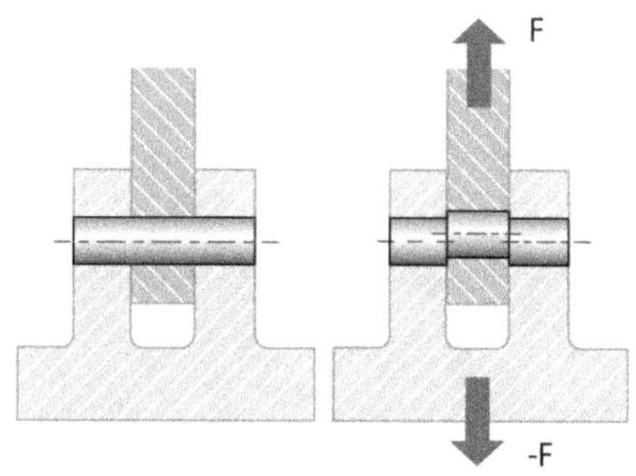

Il s'agit d'un essai dans lequel une TIGE subit une CONTRAINTE DE CISAILLEMENT sur deux sections dictinctes. Il sert, par exemple, à la détermination de la RÉSISTANCE MÉCANIQUE de VIS (sens 2), RIVET, GOUPILLE, TIGE, etc. ainsi que pour l'évaluation des FORCES requises pour les PROCÉDÉS de FABRICATION par CISAILLAGE et POINÇONNAGE. Ex. 2 : *Essai de cisaillement à simple SECTION d'un cube de BOIS.*

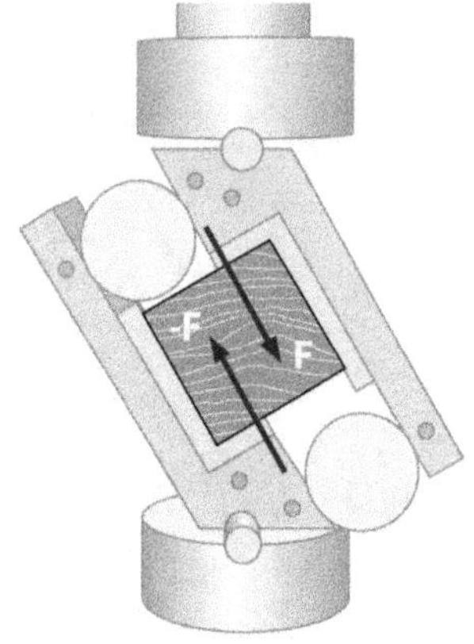

---

essai de compression [compression test]

(n.m.) Type d'ESSAI MÉCANIQUE pressant entre deux plaques planes une ÉPROUVETTE de FORME | CYLINDRIQUE ou PRISMATIQUE pour en déterminer les CARACTÉRISTIQUES MÉCANIQUES.

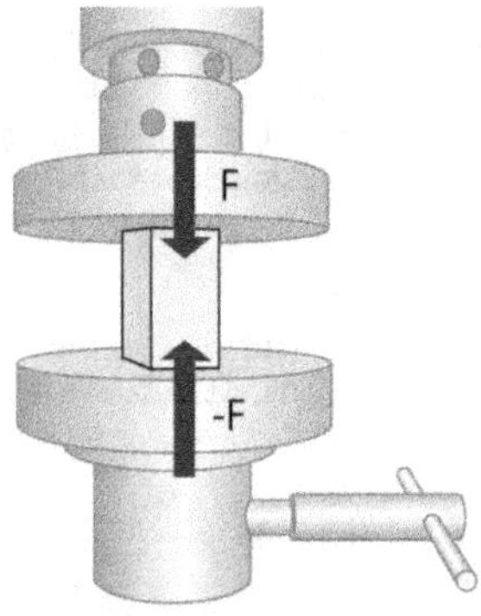

A. L'essai de compression est surtout utilisé pour les MATÉRIAUX FRAGILEs difficiles à tirer tels que le VERRE, la CÉRAMIQUE, le BÉTON, le BOIS, etc. pour déterminer leurs RÉSISTANCES À LA RUPTURE.

B. Ci-contre la configuration générale de l'ESSAI :

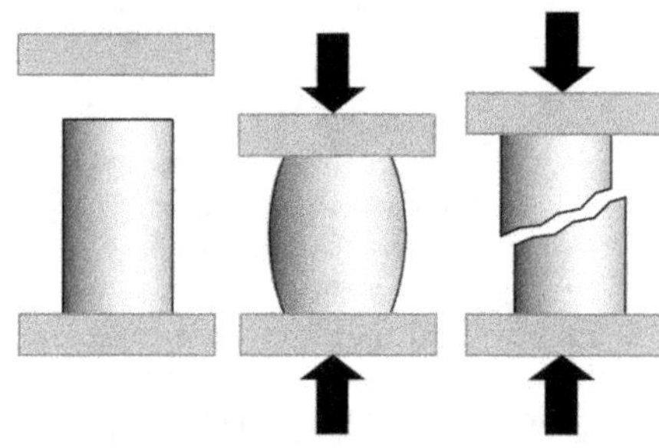

👍 Avantages

C. La FABRICATION des ÉPROUVETTEs est plus facile que pour les ESSAIS DE TRACTION car il n'est pas nécessaire d'aménager des FORMES spéciales de MAINTIEN.

👎 Inconvénients

D. L'interprétation de cet ESSAI n'est pas aisée. Les différentes SECTIONS ne se déforment pas de la même façon à cause du FROTTEMENT du CONTACT entre la MACHINE D'ESSAI et l'ÉPROUVETTE qui prend une forme de tonneau.

---

essai de dureté [hardness test]

(n.m.) ESSAI MÉCANIQUE consistant à enfoncer un ORGANE | DUR appelé INDENTEUR dans un MATÉRIAU pour en évaluer la capacité à ne pas se laisser pénétrer.

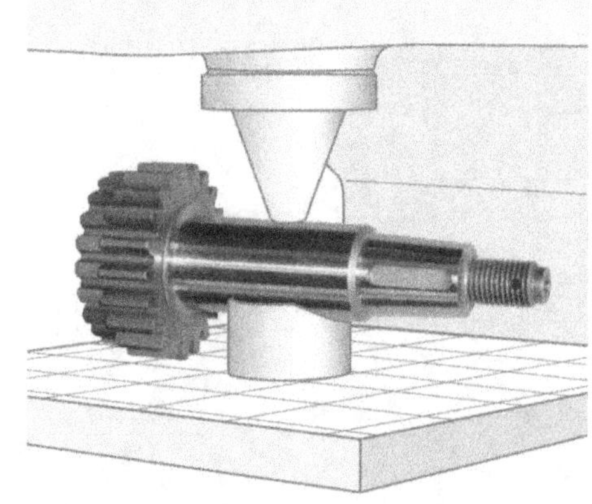

• Note : Ne pas confondre avec le (RAYURE), ESSAI DE RAYURE.
→ Voir (DURETÉ), MESURE DE DURETÉ.

---

essai de fatigue [fatigue test]

(n.m.) Mise à l'épreuve d'ÉCHANTILLON de MATÉRIAU sous une SOLLICITATION MÉCANIQUE **cycli-**

que afin de déterminer les conditions permettant d'éviter les DÉFAILLANCES.

A. Lorsqu'un MATÉRIAU subit un mode de SOLLICITATION non-constante dans lequel CHARGEMENT (sens 2) et déchargement alternent plus ou moins rapidement, il peut se rompre en étant bien en-dessous de sa RÉSISTANCE LIMITE À L'ÉLASTICITÉ. C'est la FATIGUE. C'est le cas, par exemple, de tout ce qui tourne de 1 à 1 kHz (MOTEUR, HÉLICE, etc.) notamment en cas de BALOURD et déséquilibre, tout ce qui vibre (1 kHz à 1 MHz), tout ce qui amortit (RESSORT, amortisseur, tampon, etc.), tout ce qui subit des CHARGEMENTS lentement variables (fuselage aéronautique, etc.), tout ce qui subit des gradients de TEMPÉRATURE répétés (culasse moteur, TUYAUTERIE, etc.) (fatigue thermique). La figure ci-dessous montre, par exemple, un enregistrement de la CONTRAINTE MÉCANIQUE subie par la suspension d'un véhicule en cours de marche.

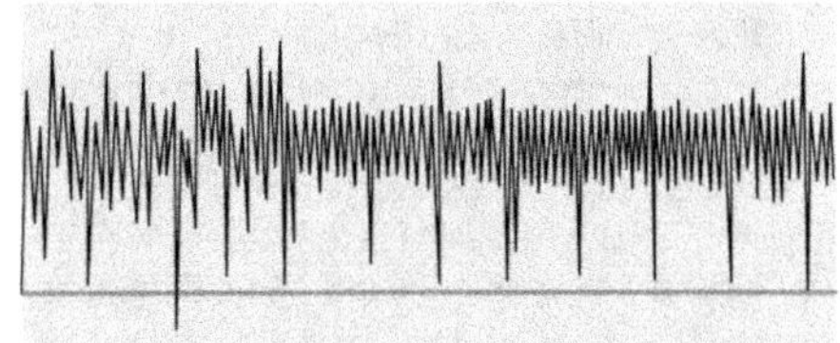

B. Le PHÉNOMÈNE de FATIGUE est lié aux CONCENTRATIONS DE CONTRAINTE avec un fort effet des SURFACES sur lesquelles s'initient les FISSURES qui sont à l'origine des DÉFAILLANCES.

C. L'essai de fatigue consiste à reproduire le changement cyclique de la CONTRAINTE MÉCANIQUE, par exemple, avec une variation sinusoïdale et de mesurer le nombre d'alternances qui conduit à la RUPTURE.

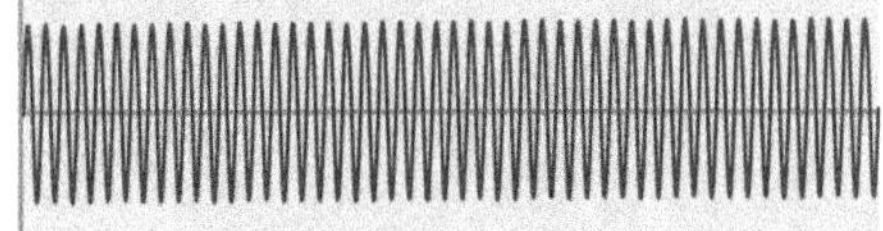

La figure suivante montre un DISPOSITIF constitué d'un MOTEUR entrainant en ROTATION une éprouvette en PORTE À FAUX chargée à son extrémité. Sous l'effet de la ROTATION du MOTEUR d'entraînement, l'éprouvette subit une succession de FLEXION alternée dont le nombre est compté par un DISPOSITIF de la machine.

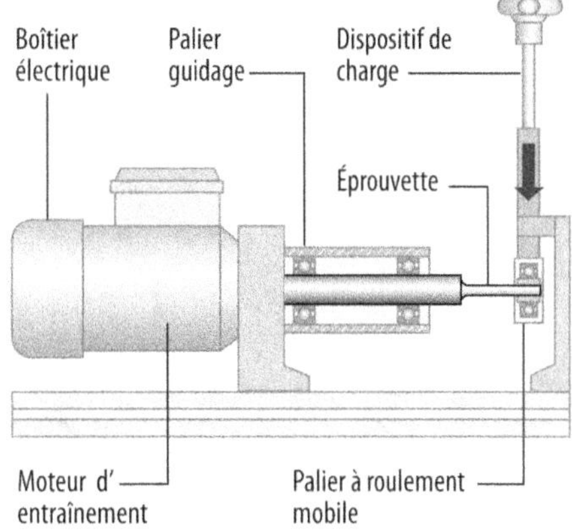

D. L'analyse des résultats se fait avec la courbe S-N [Stress - Number of cycles] ou (WÖHLER), COURBE DE WÖHLER. Le nombre de cycles auquel apparaît la RUPTURE est représenté pour chaque valeur de contrainte appliquée.

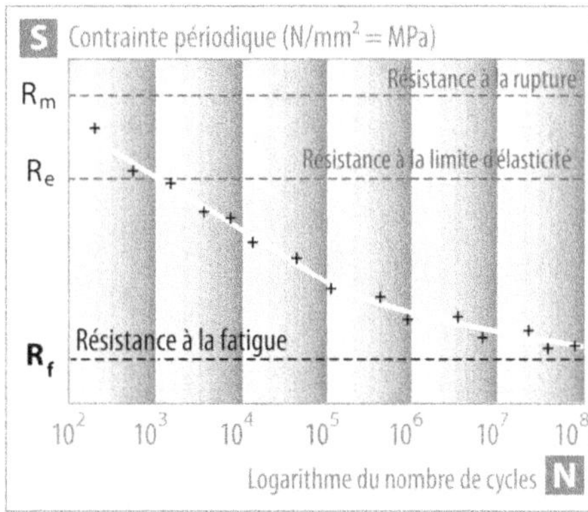

E. La courbe fait apparaître une valeur asymptotique de CONTRAINTE (sens 3) à laquelle le MATÉRIAU est à l'abri de la RUPTURE quel soit le nombre de cycles : c'est la RÉSISTANCE À LA FATIGUE. La courbe permet aussi de déterminer le nombre de cycles qu'il ne faut pas dépasser pour un niveau de CONTRAINTE (sens 3) donné.

→ Voir aussi FATIGUE ; (WÖHLER), COURBE DE WÖHLER.

essai de flexion [flexural test]

(n.m.) Mise à l'épreuve d'une BARRE posée sur deux APPUIS en lui appliquant une FORCE pour la courber.

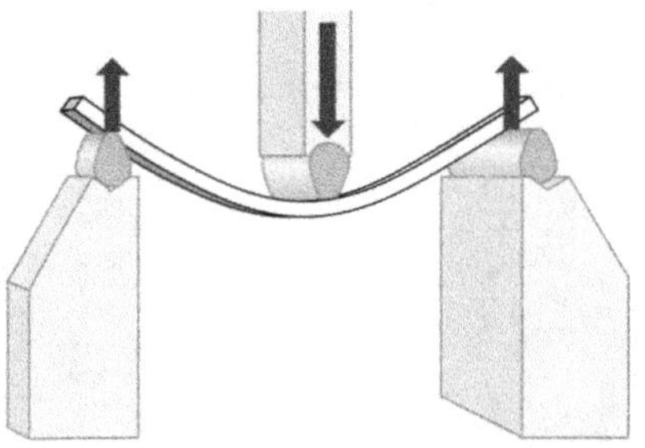

A. L'essai de flexion est une autre MÉTHODE de CARACTÉRISATION | MÉCANIQUE. Il a l'avantage de reproduire assez exactement les SOLLICITATIONS MÉCANIQUES des MATÉRIAUX dans leur utilisation courante. Il permet d'évaluer la RÉSISTANCE À LA RUPTURE notamment des MATÉRIAUX | FRAGILES.
B. L'essai de flexion peut être du type 3 points

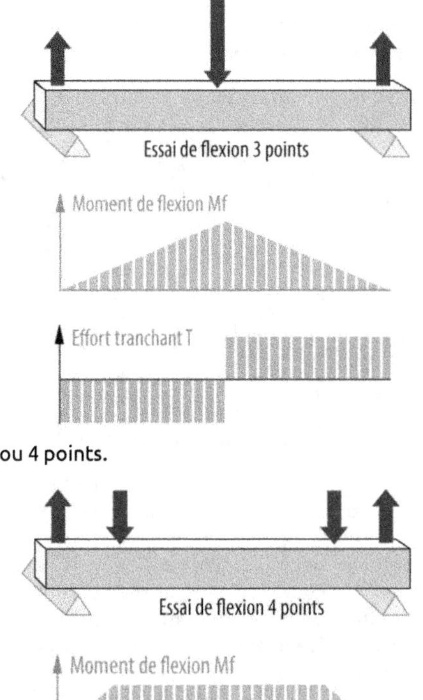

Essai de flexion 3 points

Moment de flexion Mf

Effort tranchant T

ou 4 points.

Essai de flexion 4 points

Moment de flexion Mf

Effort tranchant T

L'essai de flexion quatre points se différencie de celui en trois points par le fait que la FORCE n'est pas appliquée à l'endroit présumé de la RUPTURE. Il permet d'avoir un couple pur (sans EFFORT TRANCHANT) sur toute la partie centrale de l'ÉPROUVETTE.

 **Avantages**

C. L'ÉPROUVETTE n'a pas besoin de GÉOMÉTRIE (sens 2) particulière de MAINTIEN. Elle peut être un simple PROFILÉ. Sa mise en place ne nécessite ni SERRAGE ni COLLAGE. Ce qui en fait un ESSAI apprécié, par exemple, pour le suivi d'une PRODUCTION industrielle. Facilite les ESSAIS autres qu'à TEMPÉRATURE AMBIANTE. DÉPLACEMENTS plus grands plus faciles à mesurer que dans l'ESSAI DE TRACTION, ce qui en fait un essai privilégié pour mesurer le MODULE DE YOUNG.

essai de fluage [creep test]

(n.m.) Mise à l'épreuve d'un échantillon de MATÉRIAU par une CONTRAINTE MÉCANIQUE prolongée à une TEMPÉRATURE plutôt élevée afin d'évaluer son affaissement progressif au cours du temps.
A. L'exposition prolongée d'un MATÉRIAU à une TEMPÉRATURE haute peut avoir, à la longue, une influence néfaste sur ses CARACTÉRISTIQUES MÉCANIQUES. En effet, des mécanismes de dégradation inexistants à TEMPÉRATURE AMBIANTE peuvent être activés et faire en sorte que la MATIÈRE perde petit à petit ses qualités de façon irréversible en s'effondrant et en pouvant même déboucher sur une RUPTURE : c'est le PHÉNOMÈNE de FLUAGE.
B. L'essai de fluage a pour but d'évaluer la dégradation d'un MATÉRIAU sous SOLLICITATION MÉCANIQUE constante à haute TEMPÉRATURE sur des durées importantes. Il consiste à maintenir une CHARGE (sens 1) constante à une TEMPÉRATURE donnée et à mesurer la DÉFORMATION en fonction du temps jusqu'à l'effondrement et la RUPTURE.
C. Un exemple de DISPOSITIF est représenté sur la figure ci-dessous. L'ÉPROUVETTE est enfermée dans une enceinte thermiquement isolée portée à la TEMPÉRATURE de l'ESSAI. Une CHARGE (sens 1) sous forme de MASSE (sens 2) suspendue est appliquée par un système de TRINGLERIE.

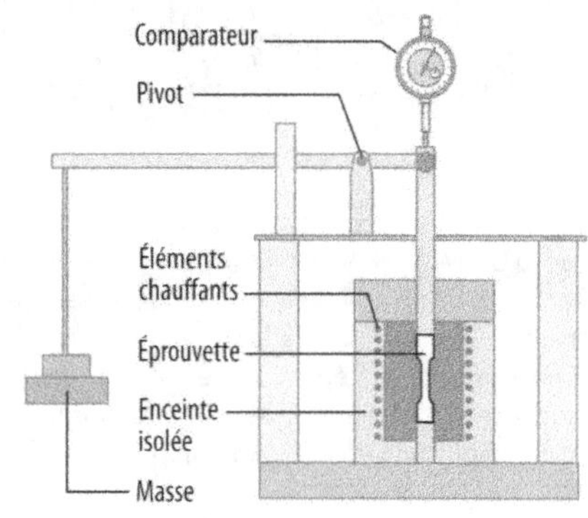

D. La forme classique de la courbe de FLUAGE est représentée ci-dessous (en noir).

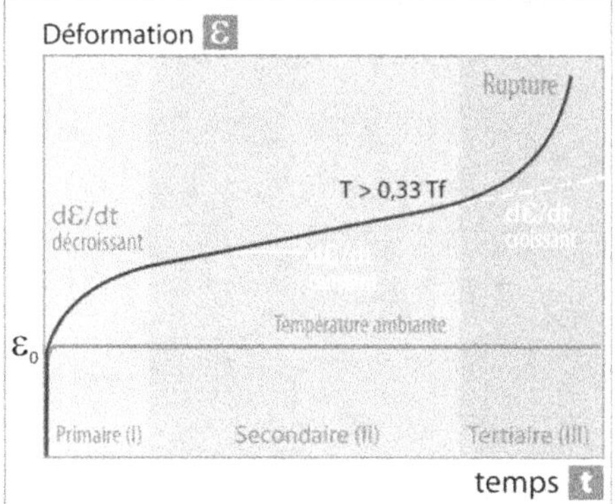

L'éprouvette est mise en charge en dessous de la LIMITE D'ÉLASTICITÉ avec la valeur de DÉFORMATION ε_0. La première partie de la courbe correspond au fluage primaire (I) ou fluage transitoire dans laquelle la VITESSE de DÉFORMATION décroît. La deuxième partie correspondant à une VITESSE de DÉFORMATION constante : c'est le fluage secondaire (II) ou fluage permanent. La troisième partie de la courbe correspond à un accroissement de la VITESSE de DÉFORMATION jusqu'à la RUPTURE : c'est le fluage tertiaire (III).

E. Globalement, pour les différentes familles de MATÉRIAU (MÉTAL, (PLASTIQUE), MATIÈRE PLASTIQUE, CÉRAMIQUE), le PHÉNOMÈNE de fluage ne prend généralement une importance significative qu'à partir des TEMPÉRATUREs supérieures à 0,33 fois la TEMPÉRATURE DE FUSION exprimée en °C. À TEMPÉRATURE AMBIANTE, il est relativement négligeable. À titre de comparaison, la courbe horizontale de la figure ci-dessus représente un ESSAI à TEMPÉRATURE AMBIANTE.

F. Différents paramètres des MATÉRIAUX étudiés peuvent être extraits de cette courbe, comme par exemple :
• le temps **t** correspondant à une DÉFORMATION donnée ε (0,1 % ; 1 % ; 10 % etc.)
• la DÉFORMATION ε après un temps donné d'essai (100, 1 000, 10 000 heures, etc.)
• le temps à rupture t_r.
• la VITESSE de DÉFORMATION constante pendant le fluage secondaire.

G. Les essais sont menés sur des durées raisonnables (par exemple 9 000 heures ~ 1 an). Des modèles théoriques plus ou moins élaborés étayés par des MESURES (sens 3) réelles existent et permettent d'extrapoler des résultats et d'établir des équivalences pour des durées plus longues ou des TEMPÉRATURES différentes.

(n.m.) Mise à l'épreuve de MATÉRIAUX, de SYSTÈMES dans des milieux aux CARACTÉRISTIQUES particulières bien contrôlées afin de cerner les DÉFAILLANCES pouvant survenir dans la réalité. Les CARACTÉRISTIQUES d'ENVIRONNEMENT (sens 2) pouvant être reproduites sont :
• le brouillard salin.
• le sable et la POUSSIÈRE.
• les conditions d'altitude (dépression).
• le rayonnement UV.
• les ondes électromagnétiques.
• les moisissures.
…
Les essais d'environnement s'ajoutent souvent aux ESSAIS CLIMATIQUES prenant essentiellement en compte la TEMPÉRATURE et l'humidité.
→ Voir ESSAI CLIMATIQUE.

(n.m.) Même signification que l'ESSAI DE CHOC.

(n.m.) Type d'ESSAI nécessitant de mettre hors d'usage l'échantillon testé.
◊ Contr. : ESSAI NON-DESTRUCTIF.

(n.m.) Type d'ESSAI MÉCANIQUE | NORMALISÉ consistant à allonger progressivement à VITESSE relativement lente une ÉPROUVETTE et à enregistrer simultanément l'ALLONGEMENT et la FORCE appliquée de manière à établir une (TRACTION), COURBE DE TRACTION caractéristique du MATÉRIAU.

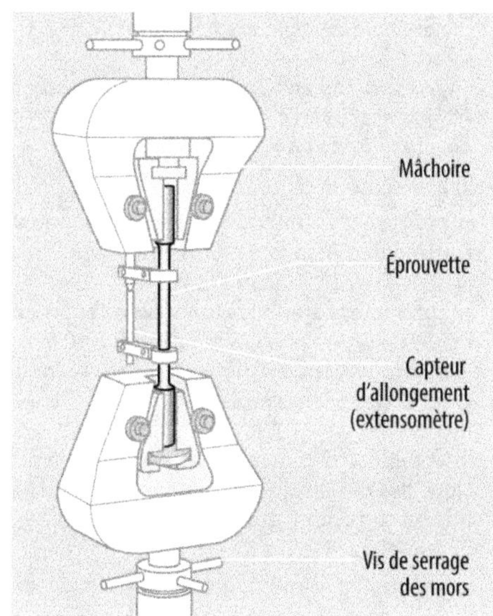

L'essai de traction est une MÉTHODE très utilisée de CARACTÉRISATION permettant d'extraire un certain nombre de CARACTÉRISTIQUES MÉCANIQUES.
→ Voir COURBE DE TRACTION ; (TRACTION), COURBE DE TRACTION CONVENTIONNELLE, ÉPROUVETTE DE TRACTION.

essai d'Izod [Izod impact test]

(n.m.) ESSAI DE CHOC d'une ÉPROUVETTE entaillée ou non, fixée sur un ÉTAU et dont une partie en PORTE-À-FAUX subit l'impact d'un marteau pendulaire. L'ESSAI est mené sur un MOUTON PENDULE du même type que pour l'ESSAI DE CHARPY.

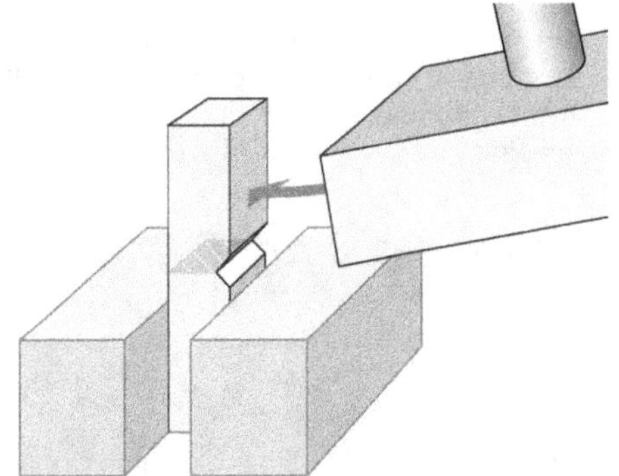

L'essai d'Izod sert à l'évaluation de la RÉSISTANCE AU CHOC ou RÉSILIENCE. Il est particulièrement adapté aux (PLASTIQUES), MATIÈRE PLASTIQUES.
De la même manière que pour l'ESSAI DE CHARPY, la RÉSILIENCE est exprimée par l'ÉNERGIE absorbée par le CHOC de l'essai rapporté à l'AIRE de la SECTION initiale de l'ÉPROUVETTE. L'UNITÉ (sens 1) généralement utilisée est le KJ/m^2.
• Pour l'éprouvette lisse :
  A_{iU} (exprimée en KJ/m^2)
• Pour l'éprouvette à ENTAILLE :
  A_{iN} (exprimée en KJ/m^2)

essai dynamique [dynamic test]

(n.m.) Type d'ESSAI MÉCANIQUE ne durant qu'une fraction de seconde ou avec une SOLLICITATION MÉCANIQUE continûment variable.
A. Ce sont les essais effectués avec des VITESSES de DÉFORMATION de l'ordre de 100 à 10 000 s^{-1} avec des durées exprimées en millisecondes. C'est le cas, par exemple, des ESSAIS DE CHOC et des ESSAIS VIBRATOIRES.
B. Le tableau ci-contre donne un aperçu synthétique des durées d'essai avec les régimes MÉCANIQUES correspondants.

Durée essai (s)		Vitesse déformation (s^{-1})	Régime mécanique	Exemple essai
10^6	9 mois	10^{-6}	Statique	Fluage
10^4		10^{-4}	Quasi statique	Traction classique
10^2	15 mn	10^{-2}		
1	1 s	1	Intermédiaire	
10^{-2}	1 ms	10^2	Dynamique	Choc Charpy Vibratoire
10^{-4}		10^4		
10^{-6}	1 µs	10^6	Impact	Crash test

◊ Contr. : ESSAI STATIQUE.

essai Jominy [Jominy test, end quench test]

(n.m.) ESSAI permettant d'évaluer la capacité d'un MÉTAL ou ALLIAGE à durcir par un TRAITEMENT THERMIQUE de REFROIDISSEMENT rapide.
A. Pour le cas des ACIERS, il consiste à chauffer l'ÉPROUVETTE de forme cylindrique (Ø 25, longueur 100 mm) à la TEMPÉRATURE d'AUSTÉNITISATION puis à refroidir l'une des extrémités grâce à un jet d'eau continu.

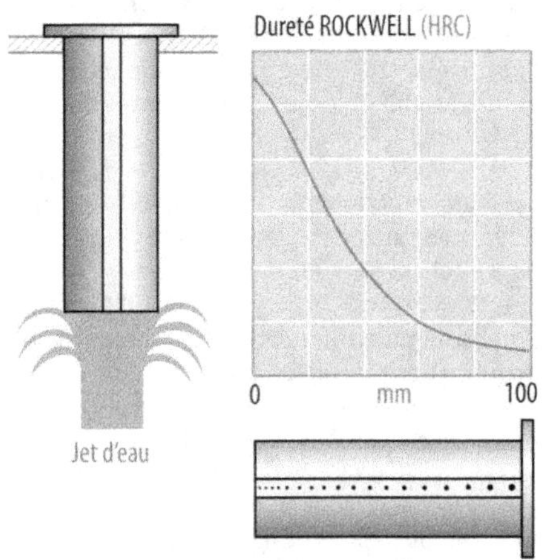

B. Le dépouillement consiste à mesurer une filiation des DURETÉS obtenues le long d'une génératrice du CYLINDRE (sens 1) sur un MÉPLAT spécialement aménagé. Ensuite, les valeurs de DURETÉ obtenues sont représentées sur une courbe en fonction de la distance par rapport à l'extrémité arrosée de l'éprouvette.
C. Le diagramme page suivante rassemble, par exemple, les résultats pour trois ACIERS différents.

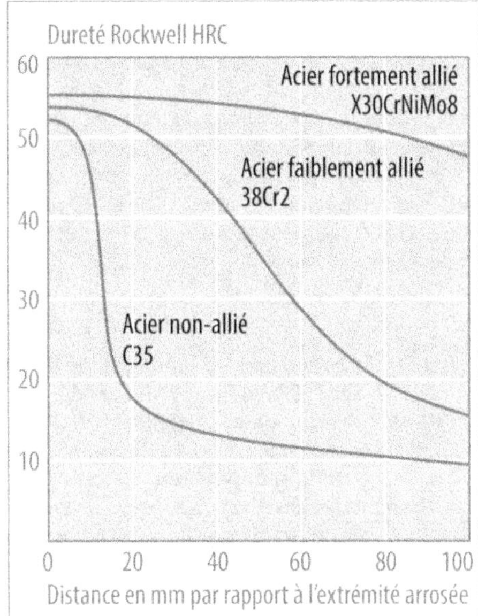

Dans ce cas précis, l'ACIER FORTEMENT ALLIÉ possède la meilleure pénétration de TREMPE car la décroissance de DURETÉ en PROFONDEUR est relativement limitée. À l'inverse, l'ACIER NON ALLIÉ a une plus faible TREMPABILITÉ en profondeur car seule une ÉPAISSEUR faible de MATIÈRE est concernée par le TRAITEMENT THERMIQUE.
→ Voir aussi TREMPABILITÉ.

essai mécanique [mechanical test]

(n.m.) Application de FORCE et MESURE (sens 3) des DÉFORMATIONS et ENDOMMAGEMENTS résultants, à des échantillons de MATÉRIAU pour en déterminer les COMPORTEMENTS et CARACTÉRISTIQUES MÉCANIQUES.

A. L'illustration suivante rassemble les principaux essais mécaniques connus correspondant aux diverses sortes de SOLLICITATIONS MÉCANIQUES :

B. Le tableau ci-après contient les différents types de CARACTÉRISTIQUES MÉCANIQUES et les MÉTHODES d'essais mécaniques correspondantes.

C. Afin de permettre des comparaisons, les essais mécaniques sont généralement régis et encadrés par des NORMES.

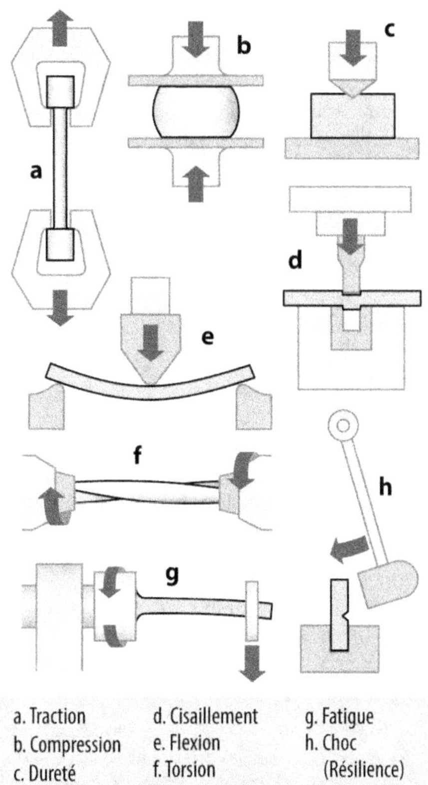

a. Traction	d. Cisaillement	g. Fatigue
b. Compression	e. Flexion	h. Choc
c. Dureté	f. Torsion	(Résilience)

CARACTÉRISTIQUES MÉCANIQUES	MÉTHODES D'ESSAIS
Élasticité	Mesure de propagation d'onde ultrasonique. Mesure de fréquence de résonance.
Comportement quasi-statique d'élasticité et de plasticité	Essai de traction, de compression, de torsion, de cisaillement
Dureté	Essai de dureté Brinell Rockwell, Vickers, Knoop Essai shore, scléromètre
Résistance au choc, résilience Tenacité	Essai de choc, essai de Charpy, essai d'Izod, essai de choc multiaxial
Comportement au fluage	Essai de fluage
Comportement à la fatigue	Essai de fatigue (essai de Wöhler)

essai non-destructif [non-destructive testing]

(n.m.) Type d'examen donnant des informations sur la SANTÉ d'une PIÈCE (sens 1) ou d'une STRUCTURE (sens 2), sans en altérer les aptitudes à être utilisée par la suite. Les essais non-destructifs ont pour objectif de détecter à l'avance tout DÉFAUT pouvant compromettre la conformité et la SÉCURITÉ d'utilisation. Les principales MÉTHODES connues sont :

- L'examen visuel.
- Le RESSUAGE.
- La magnétoscopie.
- Les courants de Foucault.
- Les ultrasons.
- La radiographie.

essai quasi-statique [quasi static test]

(n.m.) ESSAI MÉCANIQUE dans lequel la CHARGE (sens 2) est appliquée de façon progressive sur une durée de quelques minutes à quelques dizaines de minutes, ce qui correspond à des VITESSEs de DÉFORMATION de l'ordre de 10^{-3} s^{-1} (0,1 % par s).

C'est le cas, par exemple, de l'ESSAI DE TRACTION, de COMPRESSION, de CISAILLEMENT, de TORSION.

→ Voir ESSAI STATIQUE.

essai statique [static test]

(n.m.) ESSAI MÉCANIQUE dans lequel la CHARGE (sens 2) d'ESSAI est invariable et la VITESSE de DÉFORMATION est très faible, de l'ordre de $10^{-6}s^{-1}$ (0,0001 % par seconde).

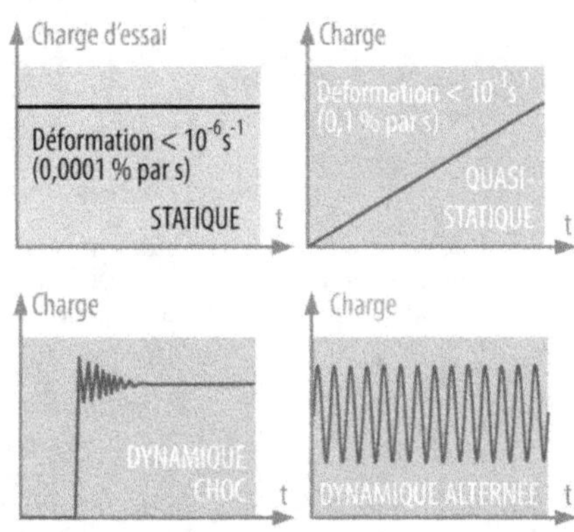

C'est, par exemple, le cas de l'ESSAI DE FLUAGE qui peut durer de plusieurs jours à plusieurs mois.

→ Voir aussi ESSAI QUASI-STATIQUE.

◊ Contr. : ESSAI DYNAMIQUE.

essai vibratoire [vibration testing]

(n.m.) ESSAI MÉCANIQUE consistant à soumettre un SYSTÈME (MACHINE, APPAREIL, DISPOSITIF, etc.) à des MOUVEMENTS DE VA ET VIENT avec des fréquences plus ou moins élevées.

L'essai vibratoire sert, par exemple, à tester le comportement et la FIABILITÉ d'ÉQUIPEMENTS prévus pour être embarqués dans des véhicules (avion, automobile, train, satellite, etc.) ou encore de dispositifs destinés à fonctionner à proximité de source de VIBRATIONS comme les MACHINES tournantes ou des ÉQUIPEMENTS industriels.

estampage [closed-die forging, impression die forging]

(n.m.) TECHNIQUE de MISE EN FORME de bloc de MÉTAL frappé (FROID), À FROID ou (CHAUD), À CHAUD entre les deux parties d'un OUTILLAGE (sens 2) possédant la FORME voulue mais (CREUX), EN CREUX, afin d'épouser cette FORME.

A. On peut dire que l'estampage est un PROCÉDÉ de FORGEAGE entre des MATRICES (sens 1), par opposition au FORGEAGE LIBRE.

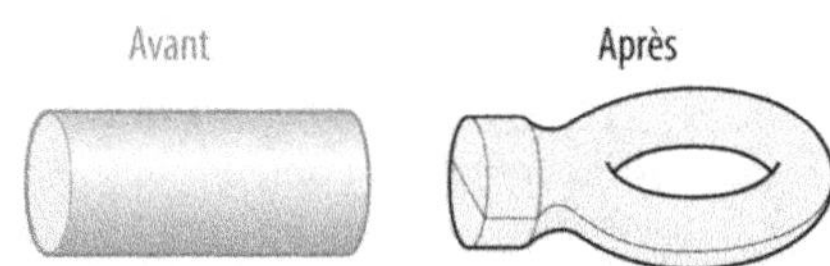

B. L'estampage est pratiqué sur des PRESSES relativement rapides (> 3 m/s) qui procède plus par CHOC.

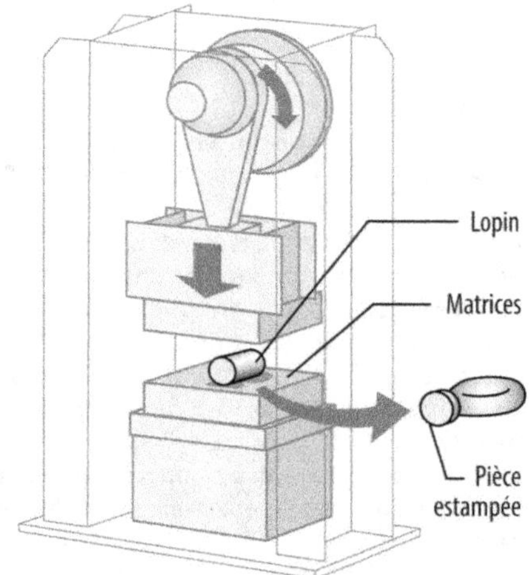

C. Le PROCÉDÉ est constitué des étapes suivantes :

- Le CISAILLAGE d'une barre de MÉTAL pour obtenir des petits morceaux appelés LOPIN (voir schéma page suivante).

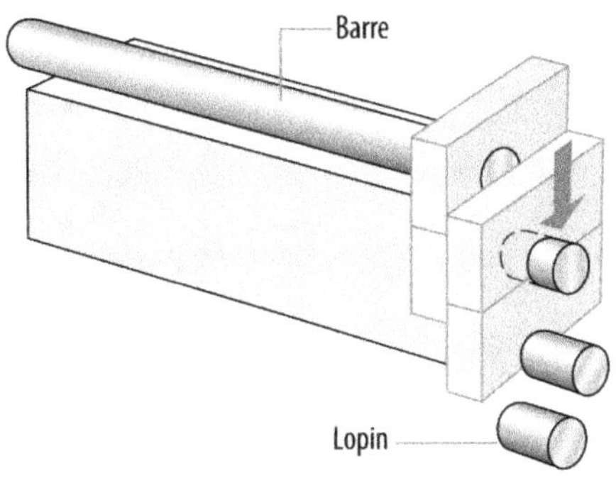

• Dans le cas de l'estampage (CHAUD) À CHAUD, le CHAUFFAGE des lopins à la TEMPÉRATURE de MISE EN FORME.

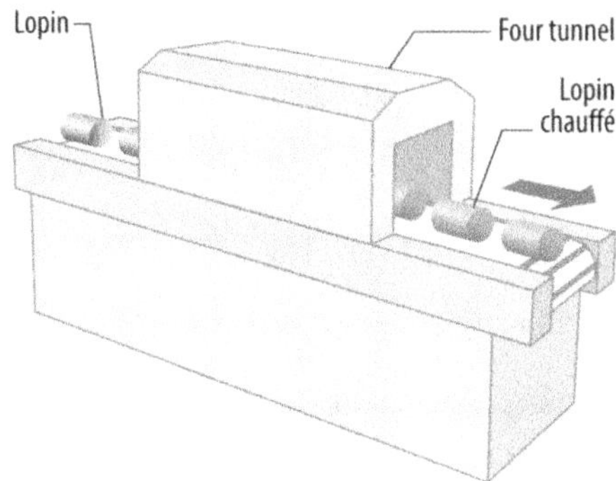

• L'estampage, proprement dit, (FROID) À FROID ou (CHAUD), À CHAUD :

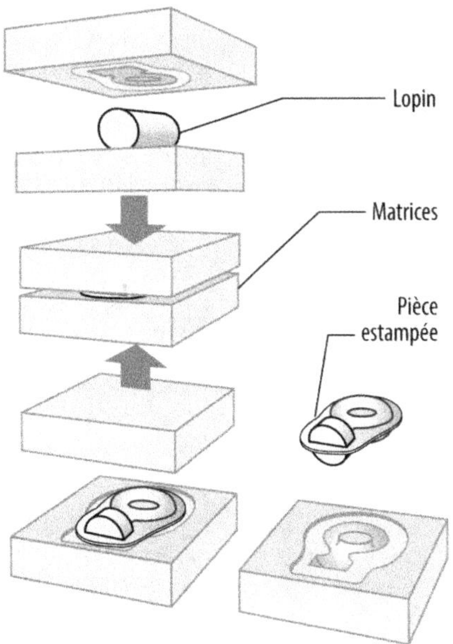

• L'ÉBAVURAGE ou DÉTOURAGE du cordon de BAVURE :

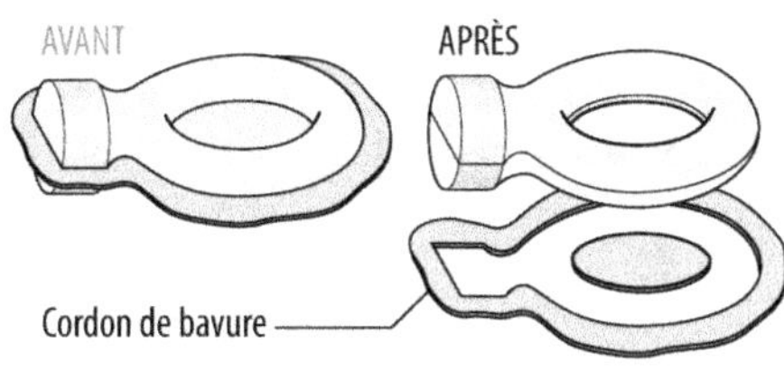

D. L'estampage est généralement appliqué aux ALLIAGES FERREUX. Un PROCÉDÉ similaire appelé MATRIÇAGE est réservé aux ALLIAGES NON-FER-REUX et procède plus par pressage que par CHOC (vitesse de presse < 1 m/s).

MATRIÇAGE	ESTAMPAGE
1 m/s	3 m/s

Vitesse de frappe

E. TOLÉRANCE dimensionnelle (IT) :

Très précis	Précis	Moyen	Grossier	Très Grossier
1 2 3 4 5	6 7 8 9	10 11 12	13 14 15	16 17 18
			Estampage	
$10 \pm 0,002$	$10 \pm 0,01$	$10 \pm 0,05$	$10 \pm 0,2$	10 ± 1
$100 \pm 0,005$	$100 \pm 0,02$	$100 \pm 0,1$	$100 \pm 0,4$	100 ± 2

F. ÉTAT DE SURFACE, RUGOSITÉ Ra (µm) :

0,012	0,025	0,05	0,1	0,2	0,4	0,8	1	1,6	3,2	6,3	10	12	25	50	100	200
									Estampage							

* Symbole ne faisant plus partie des normes

G. Coût OUTILLAGE (sens 2) (Hors coût MACHINE) :

Aucun	Faible	Moyen	Élevé	Très élevé
			Estampage	

H. SÉRIE DE PIÈCES économique :

Proto	Unitaire	Petite	Moyenne	Grande	Très Grande
1	10	100	1 000	10 000	100 000
				Estampage	

👍 Avantages

I. CADENCE de FABRICATION plutôt élevée. Le PROCÉDÉ conserve une partie de l'orientation microstructurale du LOPIN initial dont la BARRE a été obtenue par LAMINAGE. Si l'ACIER du LOPIN contient des défauts, conserver leur orientation par rapport aux FORMES de la pièce permet de ne pas dégrader la RÉSISTANCE MÉCANIQUE. Cette précaution est moins essentielle aujourd'hui qu'au 19e siècle avec l'utilisation d'aciers « puddlés » qui pouvaient contenir plusieurs dizaines de pourcents d'INCLUSIONS non-métalliques.

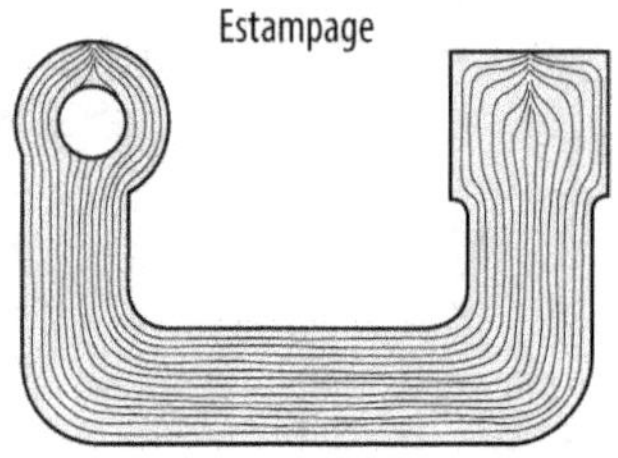

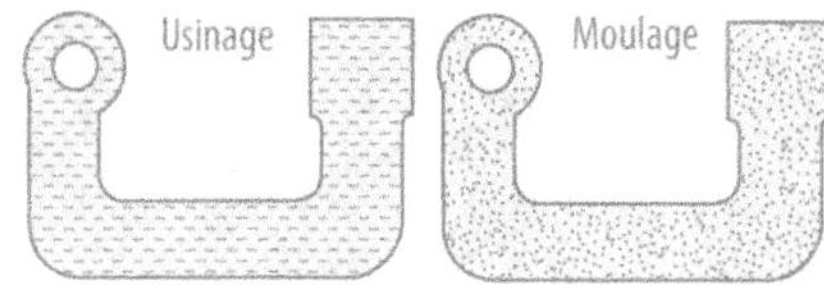

👎 Inconvénients

J. Les OUTILLAGES (sens 2) sont soumis à rude épreuve et doivent être changés relativement souvent (de l'ordre de 50 000 pièces).

K. Ne pas confondre avec l'EMBOUTISSAGE qui est une TECHNIQUE de FORMAGE de TÔLE sans changement d'ÉPAISSEUR.

esthétique [aesthetics]

(n.f.) Caractère de ce qui est agréable aux sens, en particulier à la vue.

esthétique [aesthetic]

(adj.) Qui est agréable à la vue, et à tous les sens, d'une façon générale.

établi [workbench]

(n.m.) TABLE comportant le nécessaire bien ordonné pour faciliter le travail manuel en CONSTRUCTION MÉCANIQUE tels que l'AJUSTAGE, les RETOUCHES, l'ENTRETIEN, etc.

A. En plus de l'OUTILLAGE MANUEL, l'établi doit être équipé d'un ÉTAU pour fixer les PIÈCES (sens 1) à travailler.

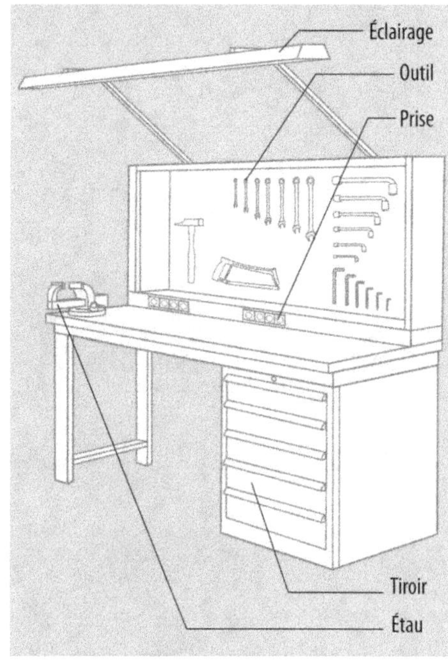

B. Ne pas confondre avec le POSTE DE TRAVAIL qui est plus destiné à la PRODUCTION.

C. Ne pas confondre non plus avec la SERVANTE.

étain (Sn): stannum [tin]

(n.m.) MÉTAL blanchâtre similaire à l'ARGENT. Il est MALLÉABLE et plutôt DUCTILE.

A. Il est utilisé comme REVÊTEMENT de protection contre la CORROSION pour les autres métaux. C'est le cas, par exemple, des boîtes de conserve à base de FER avec une COUCHE d'étain déposée par ÉTAMAGE et appelé FER BLANC. L'étain permet d'obtenir divers ALLIAGES comme pour les SOUDURES en électronique, ou encore le BRONZE lorsqu'il est associé au CUIVRE. La plupart des processus de FABRICATION du VERRE utilise également de l'étain fondu pour obtenir une SURFACE parfaitement PLANE.

B. Quelques CARACTÉRISTIQUES :

Symbole chimique :	Sn
État physique à l'ambiante :	Solide
Couleur :	Blanchâtre
Numéro atomique :	50
Masse volumique :	7,293 g/cm^3
T° de fusion :	232°C
Structure cristalline :	Cubique

C. Aspect, couleur et rendu du MÉTAL.

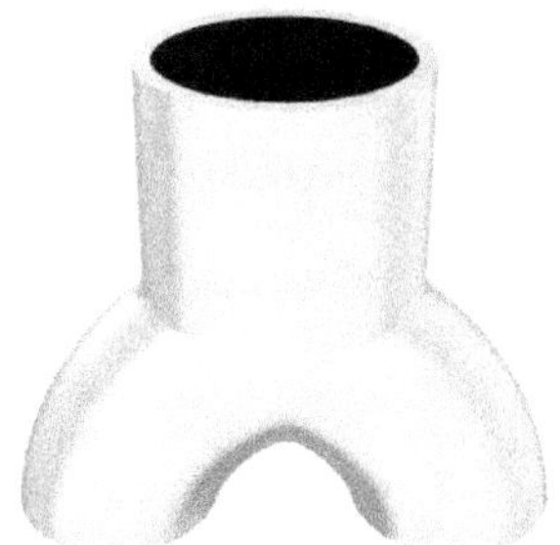

D. Pour les TEMPÉRATURES inférieures à une trentaine de degrés Celsius, la DÉFORMATION PLASTIQUE se fait plus par apparition de MACLES (maclage) que par déplacement des DISLOCATIONS. Ce phénomène est à l'origine du crissement (appelé aussi « cric de l'étain ») que l'on entend lorsqu'on le déforme.

étalon [measurement standard]

(n.m.) Réalisation de la définition d'une grandeur physique donnée avec une valeur déterminée dont les défauts sont connus.

étalonnage [calibration]

(n.m.) VÉRIFICATION et RÉGLAGE d'un APPAREIL de MESURE (sens 2) pour donner des indications exactes, fiables et REPRODUCTIBLES.
• Note : Ne pas confondre avec le TARAGE.

étamage [tinning, tin plating]

(n.m.) Dépôt d'une fine COUCHE d'ÉTAIN sur un autre MÉTAL pour le protéger de la CORROSION. Lorsque la COUCHE d'ÉTAIN est déposée sur de l'ACIER, on obtient ce que l'on nomme communément le FER BLANC.

étamé [tinned]

(adj.) Recouvert d'une couche d'ÉTAIN.
Ex. : *Acier étamé = FER BLANC.*

étanche [watertight, airtight, leak proof, proof]

(adj.) Qui ne laisse pas le LIQUIDE ou le GAZ contenu s'échapper.
Ex. : *Soudure étanche aux eaux de pluie. Soudure étanche à une pression de 0,5 MPa (5 bar).*

étanchéité [watertightness, airtightness, tightness]

(n.f.) Caractère de ce qui ne laisse pas le LIQUIDE ou le GAZ qu'il contient s'échapper.
La notion d'étanchéité doit être précisée avec les conditions auxquelles elle est garantie, par exemple, les conditions de PRESSION.
→ Voir aussi INDICE DE PROTECTION.

(étanchéité), organe d'étanchéité [sealing device]

(n.m.) DISPOSITIF ayant pour rôle d'empêcher qu'un FLUIDE se disperse.
→ Voir JOINT D'ÉTANCHÉITÉ.

(état), changement d'état [change of state]

(n.m.) TRANSFORMATION (sens 2) de l'aspect physique d'une SUBSTANCE.
Ci-dessous, les cas les plus classiques :

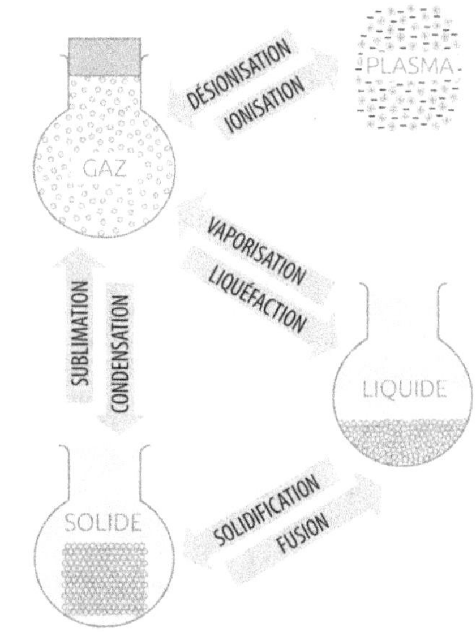

état de la matière [state of matter]

(n.m.) Aspect physique particulier d'une SUBSTANCE pouvant changer en fonction de la TEMPÉRATURE et de la PRESSION qui lui sont appliquées.
A. Ci-dessous, les états de la matière les plus courants :

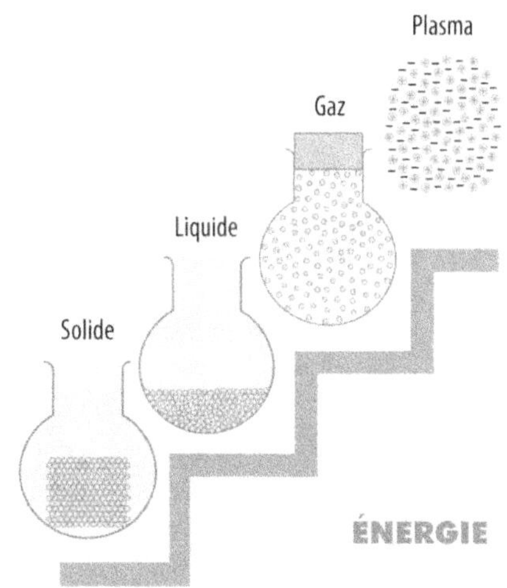

La description va des ÉNERGIEs les plus faibles aux plus élevées :

• aux TEMPÉRATURES les plus faibles, chaque atome a relativement peu d'ÉNERGIE et est relativement immobile par rapport à ses voisins. Les FORCES qui lient chaque atome à ses voisins sont relativement fortes, ce qui donne une STRUCTURE (sens 1) d'ensemble rigide et dont le VOLUME et les FORMES globales sont bien définis. C'est le SOLIDE.

• aux TEMPÉRATURES plus élevées, tous les atomes ont plus de mobilité par rapport à leurs voisins mais restent liés sans possibilité de s'écarter les uns des autres. Ainsi, le VOLUME global est bien défini mais la FORME est délimitée par celle du récipient qui les contient. C'est le LIQUIDE.

• aux TEMPÉRATURES encore plus élevées, les atomes sont complètement libres les uns par rapport aux autres et peuvent s'éloigner ou se rapprocher selon la PRESSION appliquée. Ainsi, leur VOLUME n'est pas bien défini et dépend du récipient qui les contient. C'est le GAZ.

• lorsqu'on augmente encore plus la TEMPÉRATURE, la structure de l'atome est détruite. Les électrons se séparent des noyaux et forment un nuage confus. C'est le PLASMA.

→ Voir les explications complémentaires à cette rubrique ainsi qu'un exemple d'utilisation à la rubrique DÉCOUPE PLASMA.

B. Le tableau comparatif suivant résume les tendances générales des caractéristiques des différents états de la MATIÈRE.

	SOLIDE	LIQUIDE	GAZ
Masse volumique	Élevée	Élevée	Faible
Ordre atomes ou molécules	Très ordonné	Peu ordonné	Désordonné
Distance entre atomes	Rapprochée	Rapprochée	Éloignée
Force de liaison entre atomes	Forte	Moyenne	Faible
Mouvement entre atomes	Aucune	Glissement	Agitation
Fluidité	Aucune	Écoulement	Écoulement
Compressibilité	Peu compressible	Pas compressible	Compressible et expansible
Forme propre	Bien définie	Forme du récipient	Aucune

À noter l'existence d'un état super critique intermédiaire entre le liquide et le gaz.

→ Voir également (ÉTAT), CHANGEMENT D'ÉTAT.

état de surface [surface roughness]

(n.m.) RUGOSITÉ d'une PIÈCE (sens 1), c'est à dire son aspect plus ou moins râpeux ou lisse lorsqu'elle est palpée ou examinée de près.

A. Les OUTILS DE COUPE ou les OUTILLAGES servant à fabriquer les PIÈCES (sens 1) laissent toujours des TRACES (sens 1), RAYURES et STRIES plus ou moins marquées. Cependant, l'ÉTAT DE SURFACE peut être d'une importance capitale dans la fonction d'une PIÈCE (sens 1). Il a, par exemple, une influence indéniable sur les aspects suivants :

- PROPRIÉTÉS de FROTTEMENT, de GLISSEMENT et de ROULEMENT car un bon état de surface gêne moins les mouvements relatifs.
- fonctions d'ÉTANCHÉITÉ, un bon état de surface est sensiblement plus favorable, voire crucial.
- tenue en FATIGUE car chaque aspérité peut constituer une AMORCE DE RUPTURE plus ou moins marquée.
- RÉSISTANCE À L'USURE car des aspérités trop marquées sont susceptibles de s'user davantage et produire par exemple, des JEUX exagérés.
- AJUSTAGE et emmanchement
- résistance à l'ÉCOULEMENT de FLUIDE et de LUBRIFIANT, une surface lisse gênant moins leur circulation.
- ADHÉRENCE des TRAITEMENTS DE SURFACE, car une rugosité marquée a tendance à favoriser l'accrochage de DÉPÔT (sens 2).

B. Les spécifications d'ÉTAT DE SURFACE doivent donc être définies de la façon la plus rigoureuse possible et les TECHNIQUES de FABRICATION choisies de façon appropriée pour pouvoir les respecter.

→ Voir RUGOSITÉ pour les possibilités d'état de SURFACE des différentes TECHNIQUES de FABRICATION.

C. Les détails sur les MÉTHODES et grandeurs utilisées pour spécifier les états de SURFACE sont exposés à la rubrique (RUGOSITÉ), PARAMÈTRE DE RUGOSITÉ.

→ Voir RUGOSIMÈTRE pour l'APPAREIL servant à l'évaluer et à la mesurer.

D. Dans l'ensemble, les états de SURFACE peuvent être classés en trois catégories. Le « paramètre moyen arithmétique de RUGOSITÉ **Ra** », le plus fréquemment utilisé et exprimé en µm a été choisi (voir page suivante).

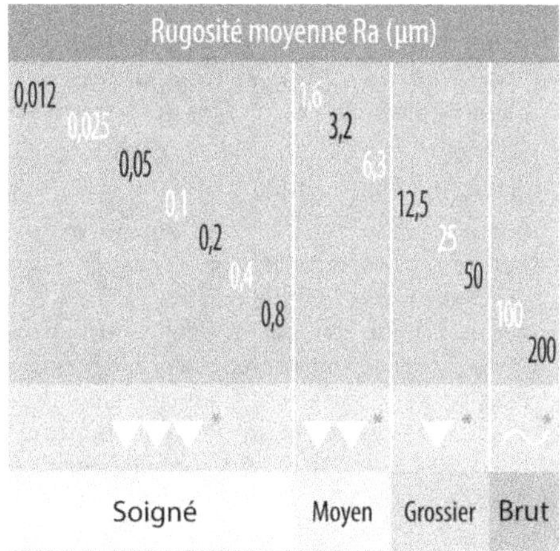

• **a > 10 µm :** ÉTAT DE SURFACE grossier, c'est à dire peu soigné. D'une façon générale, pour des valeurs supérieures à 100, son obtention ne requiert aucun USINAGE ni FINITION particulière, mais peut rester brute de MOULAGE ou de DÉCOUPAGE par les différentes MÉTHODES existantes.

• **1 µm < Ra < 10 µm :** ÉTAT DE SURFACE moyen. Son obtention nécessite une reprise par USINAGE avec les moyens conventionnels, tels que le FRAISAGE, le TOURNAGE, le PERÇAGE, etc.

• **Ra < 1 µm :** ÉTAT DE SURFACE soigné. Son obtention nécessite des OPÉRATIONS spécifiques telles que la RECTIFICATION et le POLISSAGE, etc.

E. Ainsi, la notion d'état de surface fait partie des indications à préciser obligatoirement sur un DESSIN DE DÉFINITON de PIÈCE (sens 1) avec le symbole général suivant.

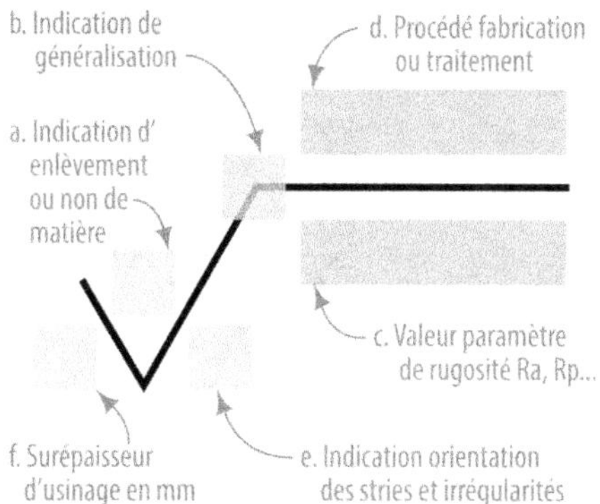

a. Indication d'enlèvement de matière ou non.

b. Indication d'usinage intégral.

c. Valeur en µm du (RUGOSITÉ), PARAMÈTRE DE RUGOSITÉ exprimé en Ra, Rq, Rp, Rt, Rv, Rz.

d. Indication du procédé de FABRICATION **utilisé.** Les abréviations normalisées suivantes peuvent être utilisées :

alésage (al)	brochage (br)
découpage (de)	dressage (dr)
électro-érosion (ee)	électro-formage (ef)
électro-polissage (ep)	estampage (es)
étincelage (ei)	étirage (et)
filetage (fl)	fraisage en bout (frb)
fraisage en roulant (frr)	forgeage (fo)
galetage (ga)	grattage (gr)
grenaillage angulaire (gna)	grenaillage spérique (gns)
lamage (lm)	laminage à chaud (lac)
laminage à froid (laf)	meulage (me)
moulage coquille (moc)	moulage sable (mos)
perçage (pe)	pierrage (pi)
polissage (po)	rabotage (ra)
rectification cylindrique (rcc)	rectification plane (rcp)
rodage (rd)	sablage humide (sah)
sablage à sec (sas)	sciage (sc)
superfinition (sf)	tournage (to)

e. Indication de l'orientation des STRIES **et irrégularités :**

Symbole	Signification	Exemple
=	Stries parallèles au plan dans lequel se trouve le symbole	
⊥	Stries perpendiculaires au plan dans lequel se trouve le symbole	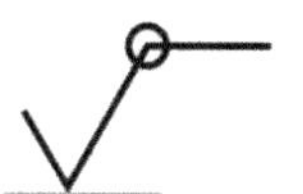
×	Stries croisées par rapport au plan dans lequel se trouve le symbole	

M	Stries multidirectionnelles	
C	Stries approximativement circulaires par rapport au centre de la surface	
R	Stries approximativement radiales par rapport au centre de la surface	
P	Stries particulières sans orientation	

F. Indication de SURÉPAISSEUR d'USINAGE en mm. Au final, l'indication d'état de surface prend, par exemple, la forme suivante :

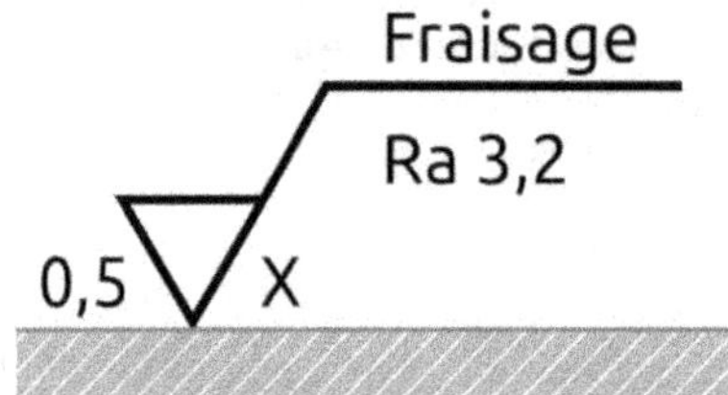

F. Ci-après un exemple de PIÈCE (sens 1) avec les indications NORMALISÉES d'état de SURFACE :

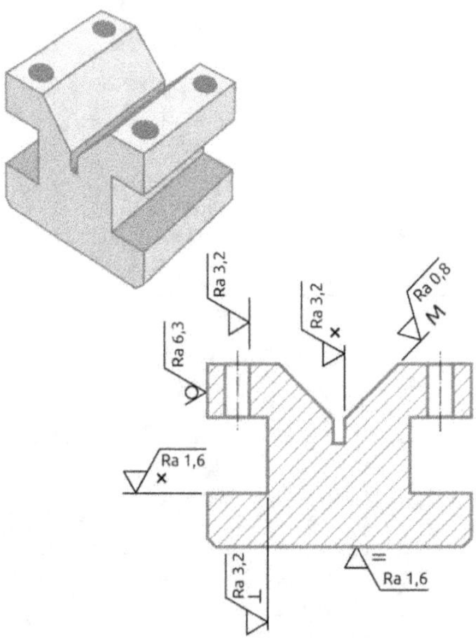

→ Voir **aussi** SPÉCIFICATION GÉOMÉTRIQUE.

état limite [limit state]

(n.m.) Conditions MÉCANIQUES extrêmes qu'une STRUCTURE (sens 2) ne doit pas dépasser sous peine de ne plus satisfaire les performances requises.

étau [vice (GB), vise (US)]

(n.m.) ÉQUIPEMENT d'ATELIER équipé de MORS permettant l'immobilisation ferme par SERRAGE de PIÈCES (sens 1) à travailler.

A. L'étau peut être fixé sur un ÉTABLI, une MACHINE-OUTIL ou simplement tenu à la main.

B. Selon son utilisation, il peut être d'une plus ou moins grande PRÉCISION. Globalement, les ÉTAUX-MACHINES sont sensiblement plus précis que les ÉTAUX D'ÉTABLI.

→ Voir ÉTAU D'ÉTABLI, ÉTAU-MACHINE et ÉTAU À MAIN.

étau à main [hand vice (GB), hand vise (US)]

(n.m.) Type d'ÉTAU léger et de petite taille sans forme ni ORGANE particulier pour sa FIXATION sur un autre objet. Il permet de maintenir des PIÈCES (sens 1) de petite taille :

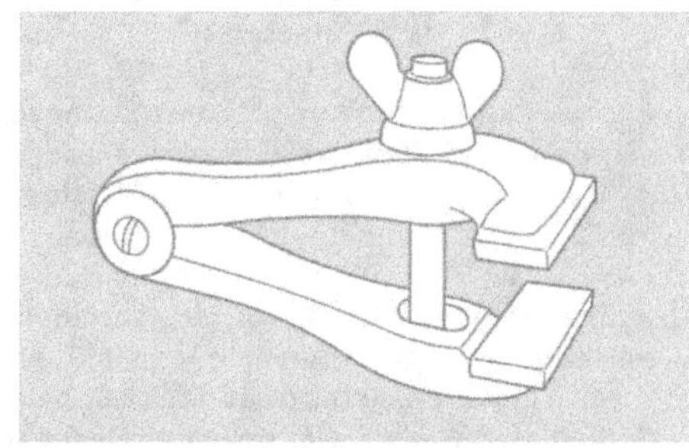

• Note : Ne pas confondre avec la PINCE-ÉTAU.

étau d'établi [workbench vice, bench vice (GB), workbench vise, bench vise (US)]

(n.m.) Type d'ÉTAU pas forcément très PRÉCIS et même plutôt GROSSIER, destiné à immobiliser une PIÈCE (sens 1) à travailler sur une table d'atelier.

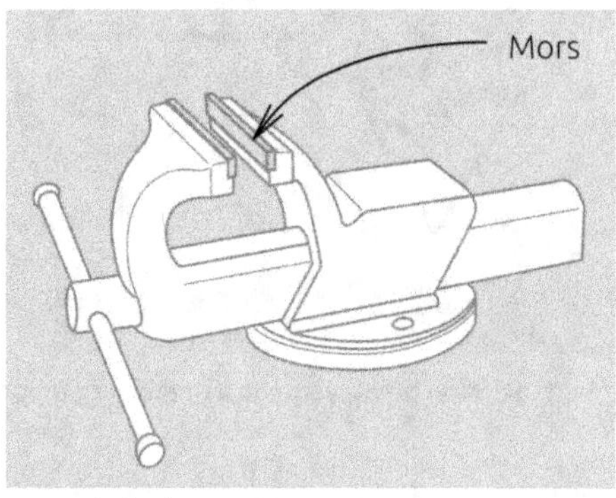

→ Voir également ÉTABLI.

étau-limeur [shaping machine, shaper]

(n.m.) MACHINE-OUTIL d'USINAGE de SURFACE PLANS ou PRISMATIQUE grâce à un OUTIL DE COUPE animé d'un MOUVEMENT DE VA-ET-VIENT.

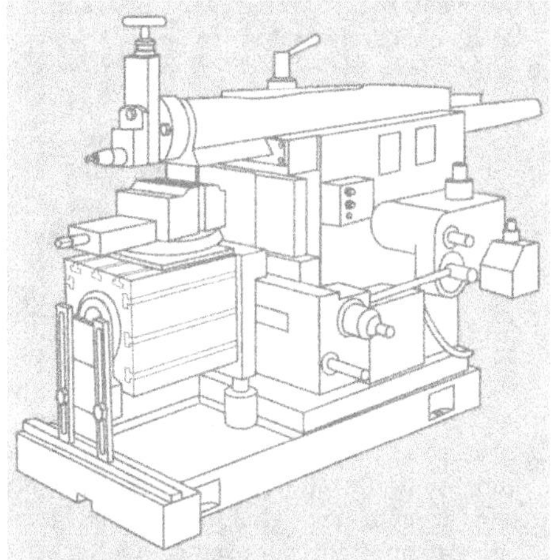

L'étau-limeur est une MACHINE archaïque remplacée par les FRAISEUSES et les CENTRES D'USINAGE. Cependant, il a l'avantage d'un coût relativement modéré.

étau-machine [machine vice (GB), machine vise (US)]

(n.m.) Type d'ÉTAU très PRÉCIS destiné à immobiliser des PIÈCES (sens 1) sur une MACHINE-OUTIL et servant de SURFACE DE RÉFÉRENCE pour l'USINAGE.

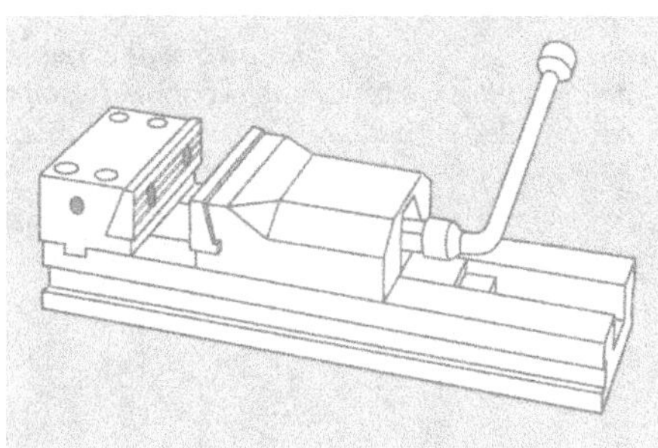

étincelage [electrical discharge machining]

(n.m.) Autre appellation pour le PROCÉDÉ de l'ÉLECTROÉROSION.

étirage [drawing]

(n.m.) PROCÉDÉ de FABRICATION de TUBE SANS SOUDURE par TRACTION d'une ÉBAUCHE à travers un TROU | CONIQUE appelé FILIÈRE, avec quelquefois un MANDRIN (sens 2) central pour obtenir un PROFILÉ de grande LONGUEUR à la DIMENSION désirée.

A. Le PROCÉDÉ peut être pratiqué (FROID), À FROID ou (CHAUD), À CHAUD.

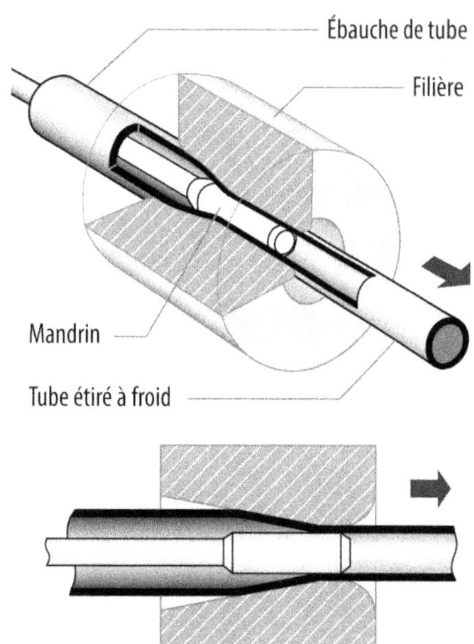

B. TOLÉRANCE dimensionnelle (IT) :

Très précis	Précis	Moyen	Grossier	Très Grossier
1 2 3 4 5	6 7 8 9	10 11 12	13 14 15	16 17 18
		Étirage		
10 ± 0,002	10 ± 0,01	10 ± 0,05	10 ± 0,2	10 ± 1
100 ± 0,005	100 ± 0,02	100 ± 0,1	100 ± 0,4	100 ± 2

C. ÉTAT DE SURFACE, RUGOSITÉ Ra (µm) :

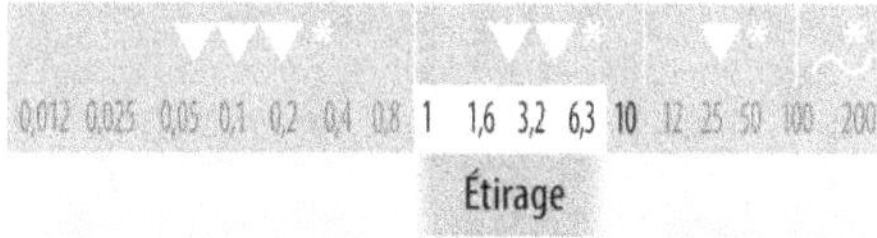

0,012	0,025	0,05	0,1	0,2	0,4	0,8	1	1,6	3,2	6,3	10	12	25	50	100	200

Étirage

* Symbole ne faisant plus partie des normes

D. Coût OUTILLAGE (sens 2) (hors coût MACHINE) :

Aucun	Faible	Moyen	Élevé	Très élevé
		Étirage		

E. SÉRIE DE PIÈCES économique :

Proto	Unitaire	Petite	Moyenne	Grande	Très Grande
1	10	100	1 000	10 000	100 000
			Étirage		

F. Ne pas confondre avec le FILAGE qui procède par POUSSÉE et non par TRACTION.

→ **Voir** PROFILÉ OBTENU PAR FILAGE.
→ **Voir aussi** TUBE SANS SOUDURE ; TRÉFILAGE qui est une TECHNIQUE similaire pour obtenir des FILS.

étiré

(n.m.) PROFILÉ MÉTALLIQUE obtenu par le PROCÉDÉ de FABRICATION | ÉTIRAGE.
→ **Voir** PROFILÉ ÉTIRÉ.

étiré [drawn]

(adj.) Qui a été déformé par ALLONGEMENT.

étrier [U bolt]

(n.m.) ORGANE de FIXATION (sens 2) constitué de TIGE | CYLINDRIQUE recourbée et FILETÉE à une ou ses deux extrémités.

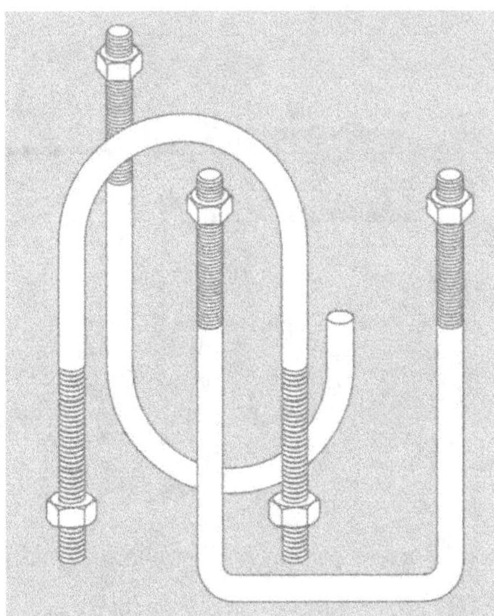

Les étriers servent, par exemple, à assembler des PROFILÉS entre eux.
Ex. : *Assemblage d'un tube sur un profilé en I :*

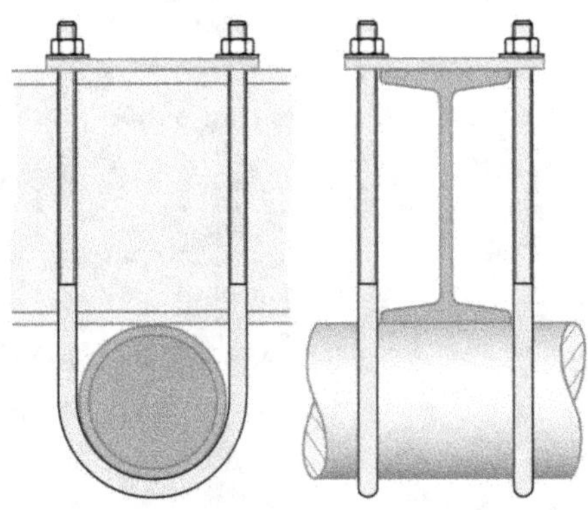

étuvage [stoving]

(n.m.) Séchage et élimination de l'humidité accumulée dans un MATÉRIAU par son contact avec une atmosphère ou un milieu humide.
L'étuvage est, par exemple, une étape préalable obligatoire pour la TRANSFORMATION (sens 3) de certaines (PLASTIQUE), MATIÈRES PLASTIQUES telles que les POLYAMIDES, les POLYESTERS et toutes les MATIÈRES HYGROSCOPIQUES d'une façon générale, afin d'éviter les DÉFAUTS d'aspect provenant de la présence de vapeur d'eau : bulles, givrures, stries superficielles, etc. Une dégradation des CARACTÉRITIQUES MÉCANIQUES (fragilisation) peut aussi se produire en absence d'étuvage.

étuve [stove, oven]

(n.f.) Enceinte chauffée et régulée en TEMPÉRATURE par la circulation d'un GAZ possédant les bonnes CARACTÉRISTIQUES (température, pression, composition, etc.) produisant l'atmosphère permettant, par exemple, de sécher, de stériliser, de désinfecter ou d'autres traitements industriels, etc.
• Note : Ne pas confondre avec le FOUR dont la source de chaleur est autre et ne provient pas de l'atmosphère instaurée dans l'enceinte.

eutéctique [eutectic]

(n.m.) MICROSTRUCTURE d'un ALLIAGE métallique de COMPOSITION CHIMIQUE particulière constituée d'un agrégat de deux PHASES se solidifiant ou fondant à une TEMPÉRATURE précise à la façon d'un CORPS PUR.
Ex. : *MICROSTRUCTURE d'un acier eutéctique (appelé « perlite » dans ce cas spécifique) composé de lamelles de carbure Fe_3C dans une matrice (sens 2) de* FERRITE.

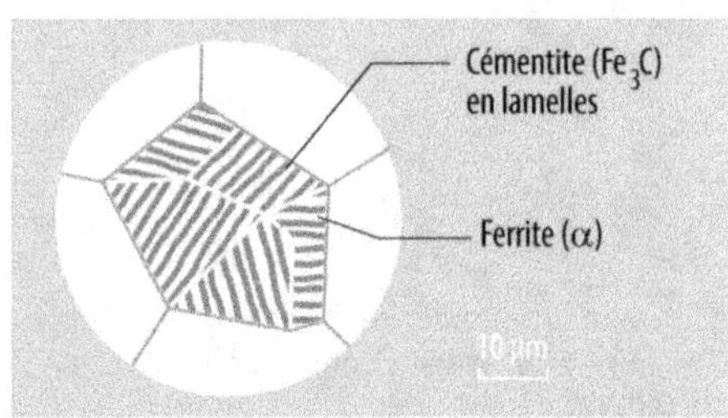

A. Les propriétés de ces ALLIAGES les rendent intéressants pour la FONDERIE et le BRASAGE.
B. Par convention, les ALLIAGES de composition à gauche et à droite de ce pourcentage particulier sur un DIAGRAMME DE PHASE sont dits respectivement HYPOEUTÉCTIQUE et HYPEREUTÉCTIQUE.

évasement

(n.m.)
1. [flare] FORME s'élargissant à l'extrémité d'un TUBE.

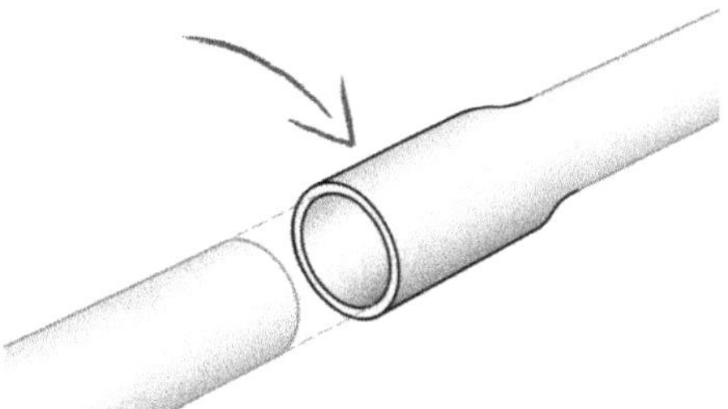

L'évasement sert, par exemple à EMBOÎTER deux extrémités de TUBES.
2. [flaring] OPÉRATION d'élargissement de l'extrémité d'un TUBE.
Elle est aussi quelquefois appelée TULIPAGE.

évent [vent]

(n.m.) TROU minuscule dans un POINÇON ou une MATRICE (sens 1) pour faire entrer de l'air et éviter un effet de succion ou encore dans un MOULE pour chasser les poches d'air.
Ex. : Évent d'un moule d'injection de (PLASTIQUE), MATIÈRE PLASTIQUE.

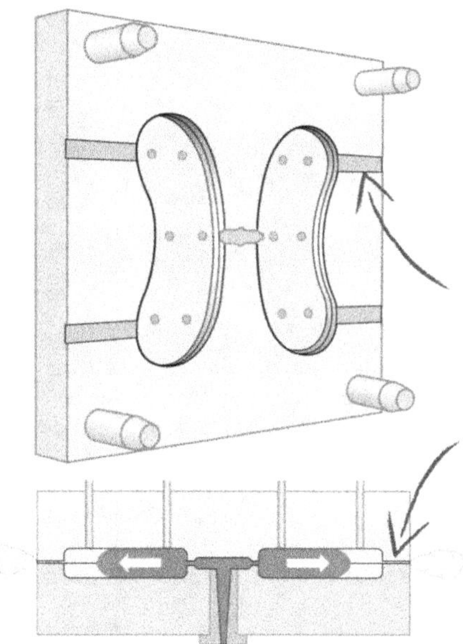

évidement [recessing]

(n.m.) Partie creuse aménagée dans un VOLUME pour diminuer le poids d'une PIÈCE (sens 1) ou réduire la SURFACE de CONTACT.

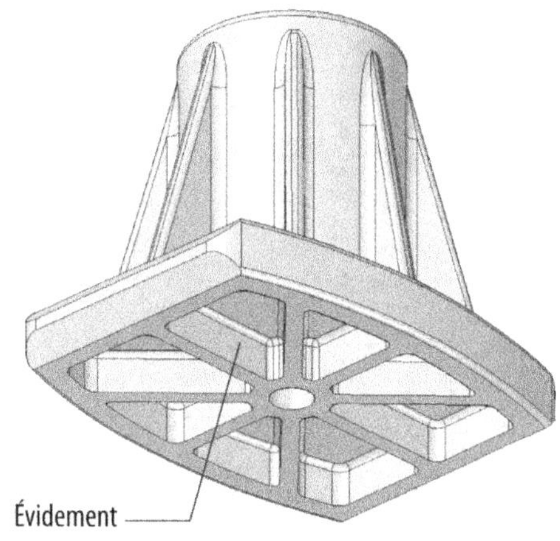

→ **Voir aussi** FORME FONCTIONNELLE.

exactitude de mesure [measurement accuracy]

(n.f.) MESURE (sens 1) de l'écart entre une valeur mesurée et sa valeur théorique exacte.
→ **Voir aussi** JUSTESSE ; (TOLÉRANCE), GRADE DE TOLÉRANCE INTERNATIONALE.

excentricité [eccentricity]

(n.f.) DISTANCE de DÉCALAGE entre les CENTRES non-coïncidants de deux CERCLEs.
Ex. : *Excentricité d'une CAME de serrage.*

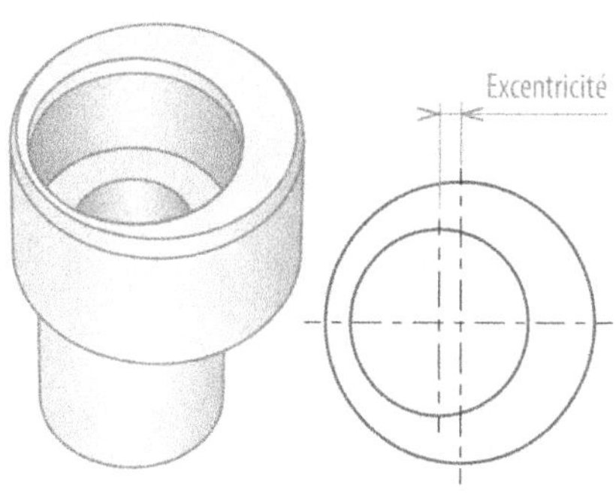

• Note : D'une façon générale, l'excentricité est un effet recherché. Ainsi, ne pas confondre avec le FAUX-ROND qui est un DÉFAUT.

excentrique [eccentric]

(n.m.) MÉCANISME permettant de transformer un MOUVEMENT DE ROTATION en MOUVEMENT DE VA ET VIENT.

Exemple de réalisation.

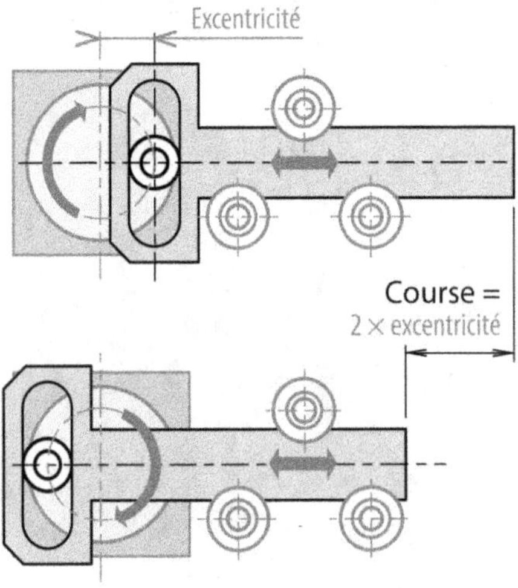

---

expansé [expanded]

(adj.) Qui est parsemé de VIDE (sens 1) en son sein en parlant de la texture d'une MATIÈRE, de sorte que sa MASSE VOLUMIQUE deviennent très faible.

◆ Syn. : CELLULAIRE.

◊ Contr. : Dense.

→ Voir MOUSSE ; STRUCTURE MACROSCOPIQUE.

(explosion), formage par explosion [explosive forming]

(n.m.) PROCÉDÉ de DÉFORMATION de TÔLE | MÉTALLIQUE par le souffle brutal d'une déflagration.

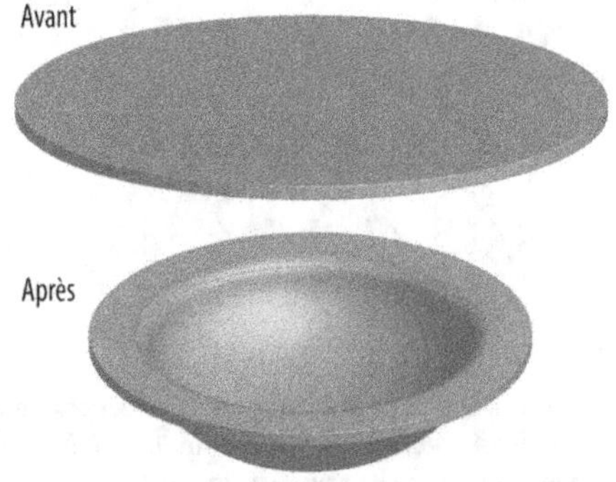

A. La plaque de TÔLE initiale est placée entre la MATRICE (sens 1) possédant la FORME voulue et une charge explosive. Pour augmenter l'effet de souffle, la charge est immergée dans de l'eau.

Configuration avant l'explosion :

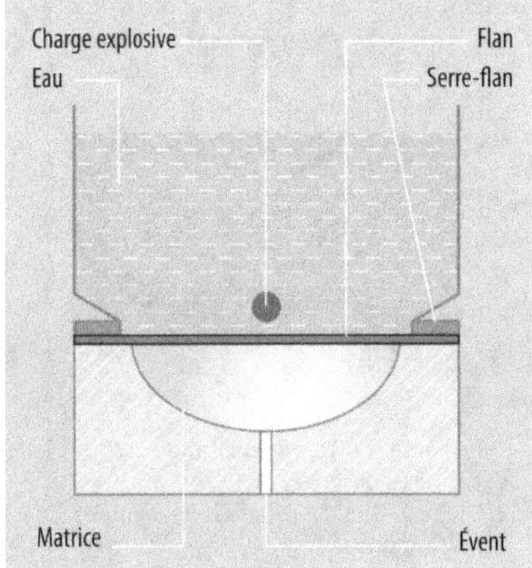

Tir de formage :

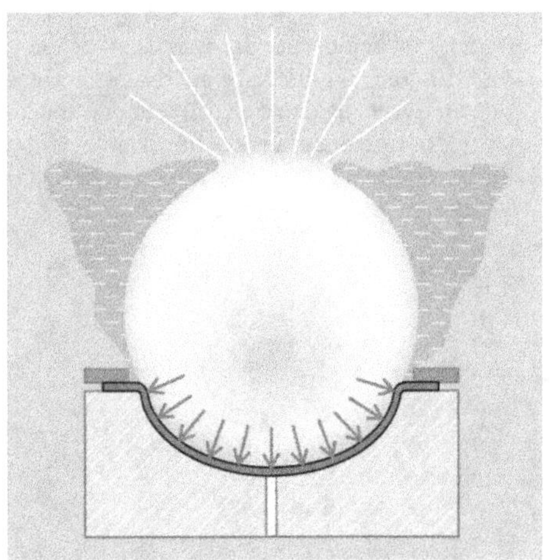

👍 Avantages

B. Simplicité du principe ne nécessitant pas de mécanique complexe comme sur les PRESSES. Compatible avec des PIÈCES (sens 1) de grande taille inadaptée aux MACHINES classiques. ÉPAISSEUR de TÔLE importante possible. Bonne PRÉCISION de DIMENSION (sens 1). Grande diversité de FORMES possibles. Permet de petites séries. Ne nécessite qu'une MATRICE (sens 1) (pas besoin de POINÇON).

👎 Inconvénients

C. Mise en œuvre empirique reposant sur l'expérience et le savoir-faire en maniement d'explosif. Aspect sécurité contraignant à prendre en compte. Nuisance sonore et VIBRATIONS im-

portantes pour le voisinage. Difficilement automatisable.
→ Voir aussi SOUDAGE PAR EXPLOSION.

extensomètre [strain gage]

(n.m.) DISPOSITIF de mesure de l'ALLONGEMENT d'un MATÉRIAU durant un ESSAI MÉCANIQUE.
→ Voir, par exemple, ESSAI DE TRACTION.

extracteur [puller]

(n.m.) OUTIL pour retirer de son ARBRE (sens 2), une BAGUE montée avec un AJUSTEMENT SERRÉ.
Ex. : *Extracteur utilisé pour démonter un* ROULEMENT *(sens 2).*

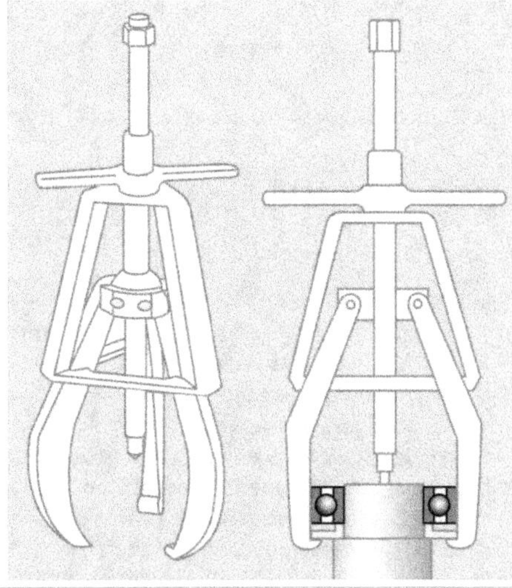

extraction [extraction]

1. Arrachement d'un objet de l'endroit où il est solidement ancré.
2. Séparation d'une SUBSTANCE utile de son MINERAI.
→ Voir, par exemple, la rubrique ACIER.

extruder [extrude]

(v.tr.) Étendre une section pour générer un PROFILÉ de grande longueur.

extrudeuse [extruder]

(n.f.) MACHINE de TRANSFORMATION (sens 3) de (PLASTIQUES), MATIÈRES PLASTIQUES en POUDRE ou GRANULÉS pour devenir un PROFILÉ de SECTION constante et de grande LONGUEUR.
A. Elle est constituée d'une trémie pour faire entrer les GRANULÉS ou POUDRE de matière plastique, d'une VIS (sens 1) de plastification avec son fourreau chauffés par des résistances électriques pour ramollir la MATIÈRE et la pousser à travers une fente appelée FILIÈRE.

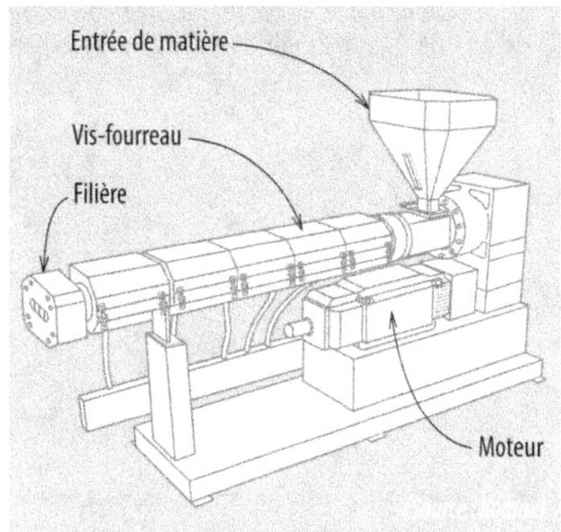

B. L'extrudeuse est complété par un ensemble de « périphériques » en ligne pour refroidir le PROFILÉ (conformateur), le tirer (la chenille de tirage), le couper (SCIE), ainsi que des PARACHÈVEMENTs divers…
→ Voir EXTRUSION (sens 3) pour les détails complets du PROCÉDÉ.

extrusion [extrusion]

(n.f.)
1. OPÉRATION d'extension d'un PROFIL perpendiculairement à sa SURFACE pour former une FORME VOLUMIQUE de SECTION uniforme appelée PROFILÉ.

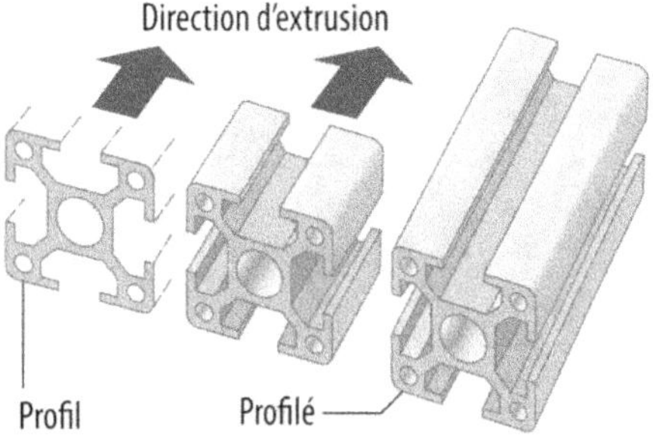

2. Fonction d'un logiciel de CONCEPTION ASSISTÉE PAR ORDINATEUR permettant de générer un objet 3D en étendant une GÉOMÉTRIE (sens 2) 2D dessinée dans un ESQUISSEUR, suivant une DIRECTION | rectiligne PERPENDICULAIRE à sa SURFACE.
→ Voir aussi CONCEPTION ASSISTÉE PAR ORDINATEUR.
3. TECHNIQUE de TRANSFORMATION (sens 3) de (PLASTIQUES), MATIÈRES PLASTIQUES en POUDRE ou GRANULÉS par RAMOLLISSEMENT, passage dans une fente appelée FILIÈRE puis SOLIDIFICATION

pour devenir un PROFILÉ, GAINE, FILM ou PLAQUE de grande LONGUEUR et de SECTION constante.

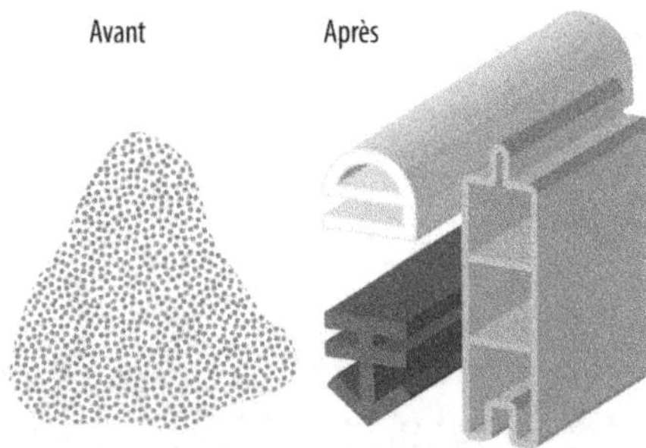

A. Ci-dessous, la configuration générale d'une « ligne d'extrusion » constituée d'une MACHINE appelée EXTRUDEUSE et de son ensemble de « périphériques » (banc de conformation, tirage, SCIE…) :

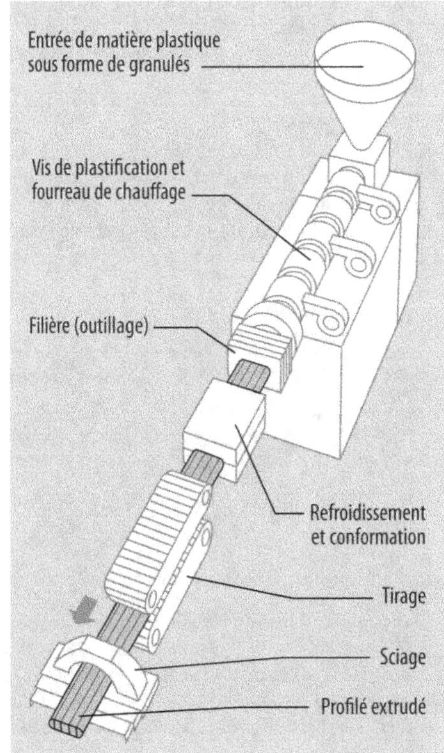

B. Le PROCÉDÉ comprend les étapes successives suivantes :

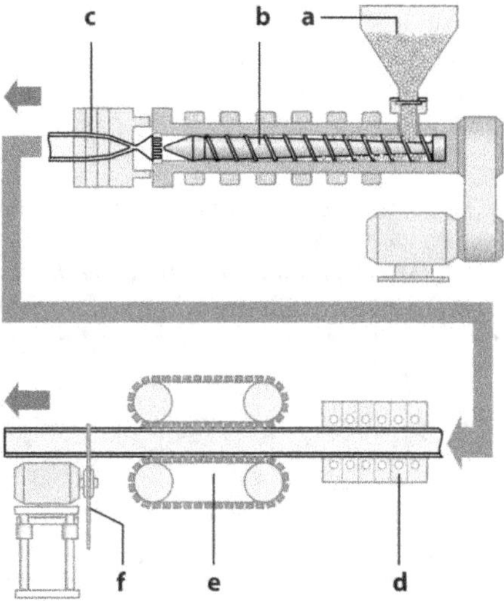

a. Introduction des GRANULÉS ou POUDRE de (PLASTIQUE), MATIÈRE PLASTIQUE par une trémie. À ce stade, certains autres constituants de la MATIÈRE peuvent être ajoutés comme les COLORANTS ou divers agents (anti-UV, etc.)

b. La MATIÈRE passe entre la VIS (sens 1) et le fourreau préalablement chauffés pour se ramollir et avancer petit à petit à l'état PÂTEUX.

c. La MATIÈRE est poussée à travers un OUTILLAGE (sens 2) constitué de plusieurs PLAQUES avec des FENTES dont les FORMES évoluent progressivement d'une FORME | CIRCULAIRE ou doublement circulaire (la section de la VIS) jusqu'à la FORME du PROFILÉ final.

→ Voir FILIÈRE, exemple b.

La MATIÈRE sort alors tout en LONGUEUR avec une SECTION constante de cette FORME.

d. À l'étape précédente, la MATIÈRE est encore à l'état pâteux et nécessite d'être refroidie et figée dans sa SECTION. Elle passe alors dans une sorte de « tunnel » avec un circuit de REFROIDISSEMENT à eau appelé « conformateur » ou « calibreur » qui aspire le PROFILÉ pour le plaquer sur ses parois. Ainsi, le PROFILÉ est complètement rigidifié et prend sa DIMENSION définitive.

e. Pour faire défiler le profilé, un DISPOSITIF appelé « tireuse » et qui s'apparente à une chenille l'enserre et le fait avancer progressivement.

f. Quand le PROFILÉ est parfaitement conformé, il est coupé à la bonne LONGEUR grâce à une SCIE qui suit le MOUVEMENT DE TRANSLATION du tirage.

C. TOLÉRANCE dimensionnelle (IT) :

Très précis	Précis	Moyen	Grossier	Très Grossier
1 2 3 4 5	6 7 8 9	10 11 12	13 14 15	16 17 18
			Extrusion	
10 ± 0,002	10 ± 0,01	10 ± 0,05	10 ± 0,2	10 ± 1
100 ± 0,005	100 ± 0,02	100 ± 0,1	100 ± 0,4	100 ± 2

D. ÉTAT DE SURFACE, RUGOSITÉ Ra (µm) :

0,012	0,025	0,05	0,1	0,2	0,4	0,8	1	1,6	3,2	6,3	10	12	25	50	100	200
							Extrusion									

* Symbole ne faisant plus partie des normes

E. Coût OUTILLAGE (sens 2) (hors coût MACHINE) :

Aucun	Faible	Moyen	Élevé	Très élevé
			Extrusion	

F. SÉRIE DE PIÈCEs économique :

Proto	Unitaire	Petite	Moyenne	Grande	Très Grande
1	10	100	1 000	10 000	100 000
				Extrusion	

G. À noter que la préparation des GRANULÉS de (PLASTIQUE), MATIÈRE PLASTIQUE eux-même se fait aussi par extrusion et une COUPE (sens 1) rotative immédiatement à la sortie de la FILIÈRE, ce qui produit les GRANULÉS, billes ou pastilles.

👍 Avantages

H. LONGUEUR de PROFILÉ illimitée. PROCÉDÉ continu automatisé à l'extrême. Débit de TRANSFORMATION (sens 3) élevé.

👎 Inconvénients

I. Coût d'OUTILLAGE (sens 2) relativement élevé devant être justifié par une grande quantité de production.

J. Le PROCÉDÉ d'extrusion peut être perfectionné et étendu à la mise en œuvre simultanée de plusieurs MATIÈRES différentes. Par exemple, des MATIÈRES | RIGIDE et SOUPLE adjacentes ou encore sous forme de superposition de COUCHES multiples.

→ Voir COEXTRUSION.

→ Voir également EXTRUSION GONFLAGE DE FILM pour une autre variante de cette TECHNIQUE.

→ Voir aussi (PLASTIQUE), TRANSFORMATION DES PLASTIQUES pour l'ensemble des TECHNIQUES de mise en œuvre des PLASTIQUES, MATIÈRES PLASTIQUEs.

extrusion bi-matière

(n.f.) Autre appellation de la COEXTRUSION.

extrusion de tube annelé [corrugated pipe extrusion]

(n.f.) PROCÉDÉ permettant d'obtenir un TUBE en (PLASTIQUE), MATIÈRE PLASTIQUE dont le pourtour est constitué d'une succession de creux et de crête formés grâce à une « chenille de tirage » en deux demi-MATRICES possédant ces motifs géométriques.

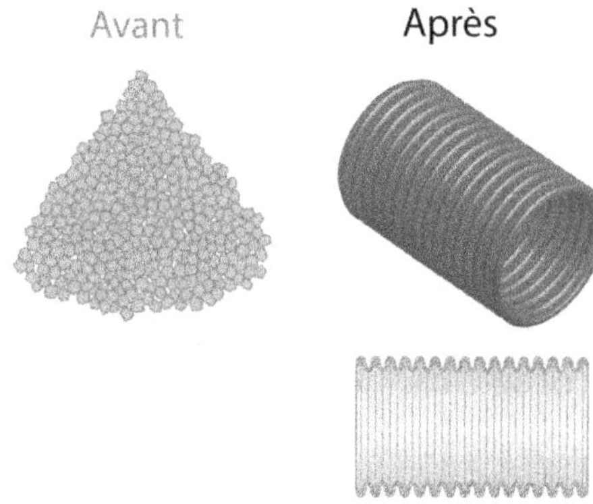

Avant   Après

Vue générale du PROCÉDÉ :

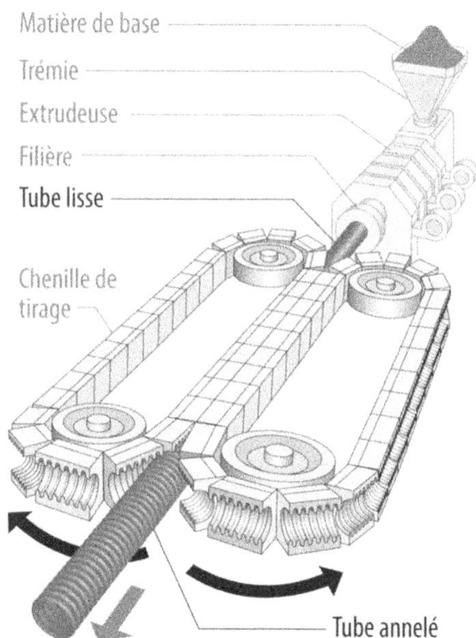

extrusion gonflage de film [blow film extrusion]

(n.f.) TECHNIQUE de MISE EN FORME de (PLASTIQUE), MATIÈRE PLASTIQUE par EXTRUSION d'un

TUBE mince soumis par son intérieur à une PRESSION d'air qui l'agrandit et diminue son ÉPAISSEUR pour devenir une GAINE de FILM mince.

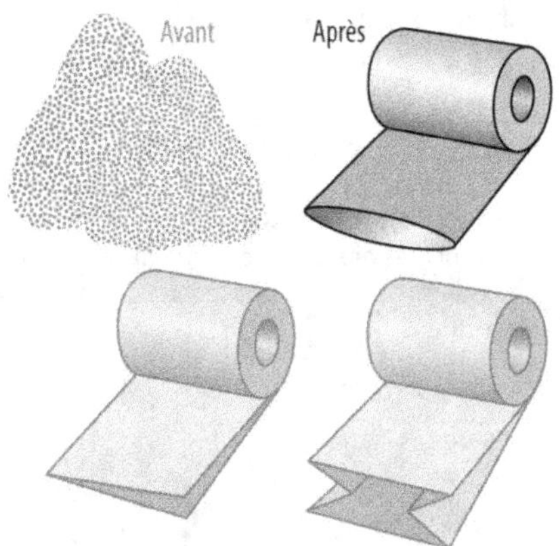

Typiquement, par rapport à sa taille à la sortie de la FILIÈRE, le DIAMÈTRE de la GAINE est de l'ordre de 1,5 à 4 fois. Elle est ensuite aplatie et enroulée pour le STOCKAGE. Les ÉPAISSEURS obtenues peuvent être aussi faibles que 10 μm.
A. Configuration du PROCÉDÉ.

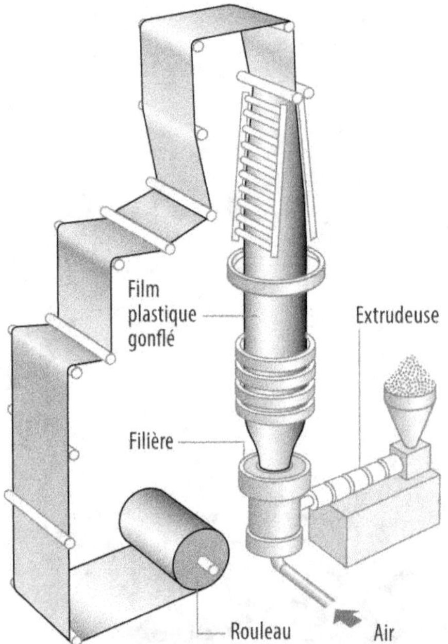

B. Les GAINES de FILM PLASTIQUE ainsi obtenues servent de point de départ à la FABRICATION des sachets et toutes sortes d'emballages plastiques (sac poubelle, etc.)

C. Les MATIÈRES pouvant être transformées par ce PROCÉDÉ sont les THERMOPLASTIQUES PEhd, PEbd, PP, PA, PET, PVC souple…

Avantages

D. PROCÉDÉ continu automatisé à l'extrême. Débit de TRANSFORMATION (sens 3) élevé. Possibilité de superposer plusieurs COUCHES de MATIÈRES différentes.

Inconvénients

E. Coûts d'OUTILLAGE (sens 2) et d'installations TECHNIQUES très élevés. Ne convient que pour de grande quantité de PRODUCTION. TRANSPARENCE moyenne du PRODUIT, due au défilement de l'extrusion.
→ Ne pas confondre avec l'EXTRUSION-SOUFFLAGE.

extrusion-soufflage [blow moulding (GB), blow molding (US)]

(n.f.) TECHNIQUE de MISE EN FORME de (PLASTIQUE), MATIÈRE PLASTIQUE en CORPS CREUX comme les bouteilles et flacons, réservoirs par gonflage à l'intérieur d'un MOULE d'un BOUT (sens 3) de TUBE préalablement extrudé appelé PARAISON.

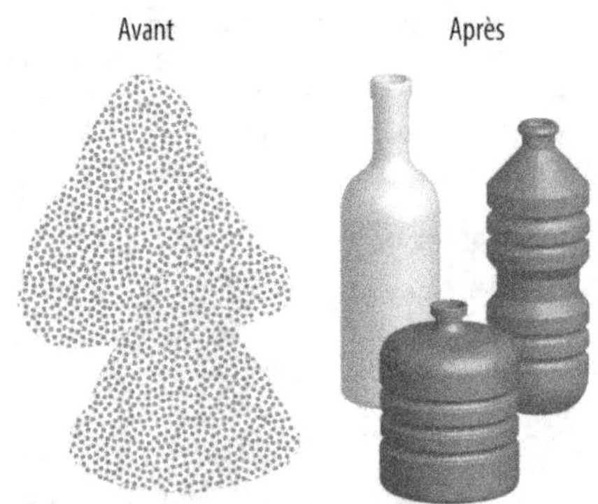

A. Voici les différentes étapes du PROCÉDÉ :
a. Introduction du bout de tube nouvellement extrudé et encore mou (PARAISON) dans le MOULE. Il est ensuite mis en relation avec le TUYAU d'arrivée d'air.

b. Fermeture du MOULE et introduction de l'AIR COMPRIMÉ.

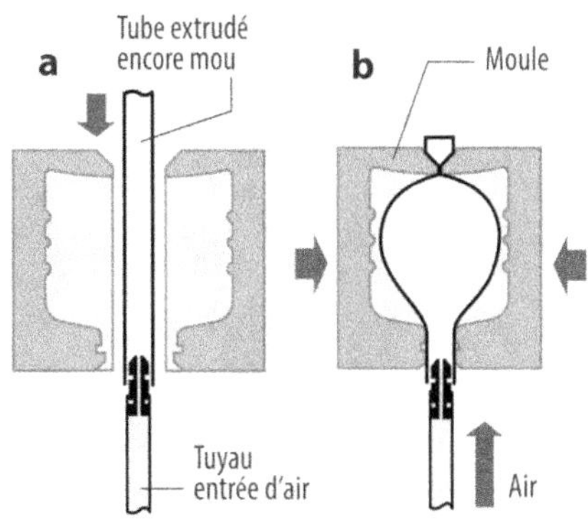

c. Gonflage de la PARAISON jusqu'à prendre complètement la FORME du MOULE.

d. Après REFROIDISSEMENT complet, la PIÈCE (sens 1) est sortie du MOULE.

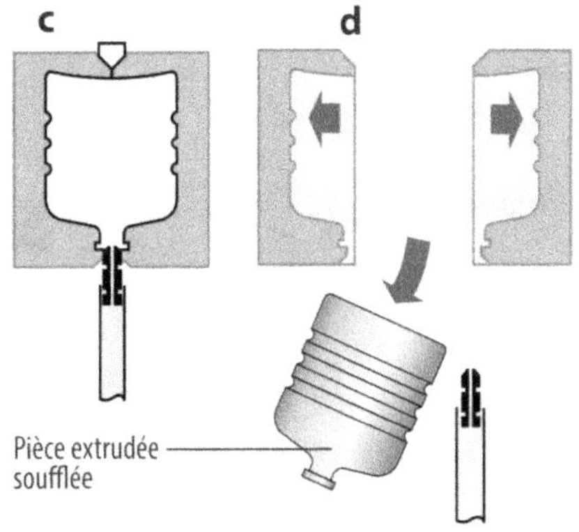

 **Avantages**

B. Plus rentable pour des PIÈCES (sens 1) plus grandes par rapport à l'INJECTION SOUFFLAGE car la PARAISON est plus économique. Convient bien pour des PIÈCES (sens 1) à plusieurs COUCHES de MATIÈRE comme pour les contenants utilisés en médecine et pharmacie. Moins d'effet d'ORIENTATION de la MATIÈRE. Coût d'OUTILLAGE (sens 2) globalement moins élevé que pour l'INJECTION-SOUFFLAGE.

Inconvénients

C. Régularité d'ÉPAISSEUR moins précise qu'avec l'INJECTION-SOUFFLAGE. TOLÉRANCE dimensionnelle moins précise. Génère des pertes de MATIÈRE. Moins bonne transparence finale à cause des stries d'eXTRUSION (sens 3). FINITION générale

moins bonne qu'avec l'INJECTION-SOUFFLAGE. En particulier, la zone pincée de la paraison laisse une TRACE (sens 1) d'ESTHÉTIQUE discutable.

D. Ne pas confondre avec l'EXTRUSION GONFLAGE DE FILM qui permet la FABRICATION d'une GAINE continue.

→ Voir également INJECTION-SOUFFLAGE, une autre TECHNIQUE de FABRICATION de bouteilles et flacons.

→ Voir (PLASTIQUE), TRANSFORMATION DES PLASTIQUES pour l'ensemble de toutes les TECHNIQUES de MOULAGE des (PLASTIQUE), MATIÈRES PLASTIQUES.

F, f

(n.f.) PROPRIÉTÉ des MATÉRIAUX en relation avec leur facilité de MISE EN FORME pour obtenir des PIÈCES FINIES. Attribut de ce qui peut être matériellement réalisé.

Le tableau suivant regroupe les différentes sortes de fabricabilité liées chacune aux principales familles de PROCÉDÉS de FABRICATION :

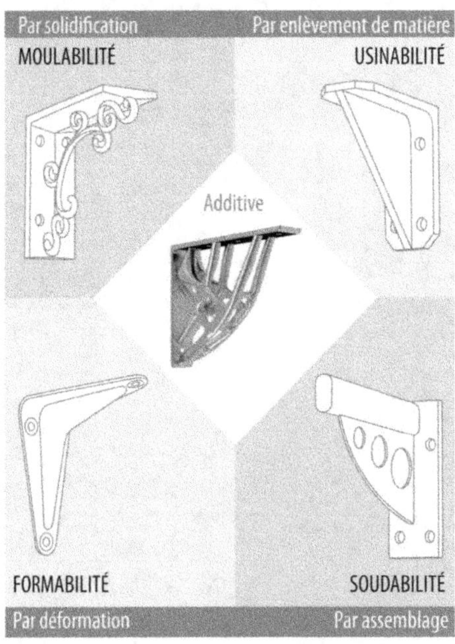

• MISE EN FORME PAR SOLIDIFICATION : la PROPRIÉTÉ en rapport est la MOULABILITÉ ou COULABILITÉ.
• MISE EN FORME PAR ENLÈVEMENT DE MATIÈRES : la PROPRIÉTÉ en rapport est l'USINABILITÉ.
• MISE EN FORME PAR DÉFORMATION : la PROPRIÉTÉ en rapport est la FORMABILITÉ.
• MISE EN FORME PAR ASSEMBLAGE : la PROPRIÉTÉ en rapport est la SOUDABILITÉ.
• MISE EN FORME PAR FABRICATION ADDITIVE : la propriété en rapport ne porte pas de nom particulier (peut-être l'« imprimabilité 3D ») !

(n.m.) Personne ou entreprise possédant le matériel et le savoir-faire pour transformer de la MATIÈRE BRUTE en PRODUIT FINI.

Pour les MACHINES, on parle souvent de « constructeur » à la place de fabricant.

• Note : Le terme fabricant est souvent utilisé pour faire la distinction avec les personnes ou entreprises à vocation commerciale telles que le « revendeur » ou le « distributeur ».

(n.f.) TRANSFORMATION (sens 3) de PRODUIT SEMI-FINI ou DEMI-PRODUIT en objet prêt pour l'utilisation, c'est à dire en PRODUIT FINI ou ASSEMBLAGE (sens 1) de composants en SYSTÈME fonctionnel.
→ Voir aussi REFABRICATION.

(n.f.) PROCÉDÉ d'obtention de PIÈCE (sens 1) par dépôt et agglomération de MATIÈRE COUCHE par COUCHE jusqu'à obtenir la FORME désirée.
Ex. : *Fabrication additive par* DÉPÔT DE FIL.

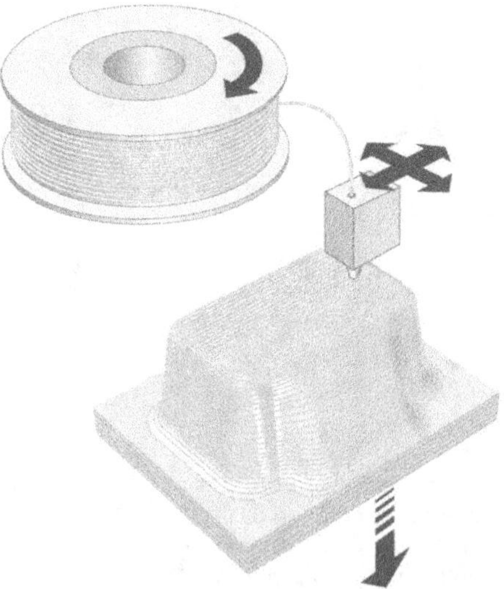

Le PROCÉDÉ consiste à partir d'une MATIÈRE sous forme de FIL enroulé en bobine. Elle est fondue à travers une BUSE chauffante et déposée par des MOUVEMENTS de balayage sur plusieurs COUCHES. En comparaison, la FABRICATION soustractive consiste à partir d'un bloc de MATIÈRE et à retirer petit à petit des morceaux pour atteindre la FORME recherchée.

Ex. : *Fabrication soustractive par* FRAISAGE *d'un bloc de* MATIÈRE.

Fabrication Assistée par Odinateur : FAO
[computer-aided manufacturing: CAM]

(n.f.) FABRICATION réalisée de façon AUTOMATIQUE avec une MACHINE À COMMANDE NUMÉRIQUE après MODÉLISATION de la FORME à obtenir avec un logiciel de CONCEPTION ASSISTÉE PAR ORDINATEUR. Un logiciel spécialisé détermine le PARCOURS D'OUTIL permettant l'USINAGE ou la DÉCOUPE.

Ex. : *Fabrication assistée par ordinateur d'une pièce en* FRAISAGE.

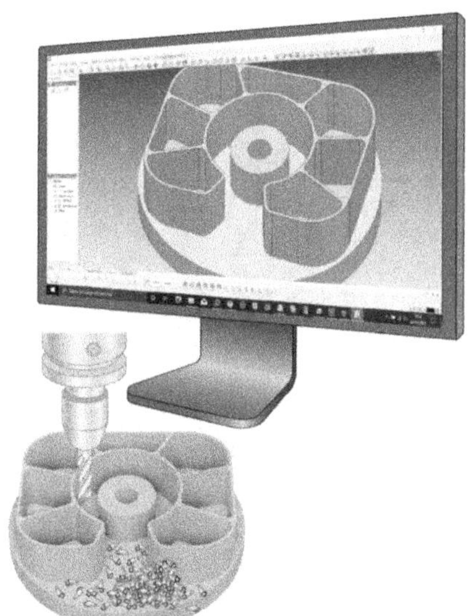

• Note : Ne pas confondre avec la FABRICATION ADDITIVE qui est réalisée COUCHE par COUCHE avec des IMPRIMANTES 3D.

(fabrication), procédé de fabrication
[manufacturing process]

(n.f.) TECHNIQUE appliquée à une MATIÈRE DE BASE pour qu'elle prenne la FORME et l'aspect qui correspondent à ce qui sera son utilité.

→ Voir MISE EN FORME pour les grandes familles de PROCÉDÉ de FABRICATION.

Chaque famille possède ses spécificités, points forts et faiblesses. Le choix du PROCÉDÉ le plus adapté à chaque projet et à chaque MATÉRIAU doit se faire en tenant compte de quelques critères. Ils sont répartis en quatre groupes sur le diagramme suivant :

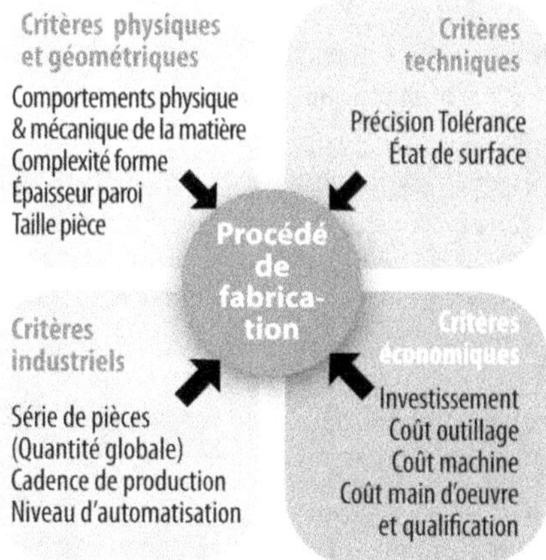

→ Voir (TOLÉRANCE), GRADE DE TOLÉRANCE INTERNATIONALE pour le critère de PRÉCISION géométrique susceptible d'être satisfait par les différents PROCÉDÉS.

→ Voir RUGOSITÉ pour les ÉTATS DE SURFACE fournis par chaque PROCÉDÉ.

→ Voir SÉRIE DE PIÈCES pour la quantité globale de PIÈCES (sens 1) à fabriquer.

face [face]

(n.f.)
1. Surface plane à l'extérieur d'un SOLIDE.
2. La partie avant la plus visible.
3. La SURFACE la plus large d'un PARALLÉLÉPIPÈDE.

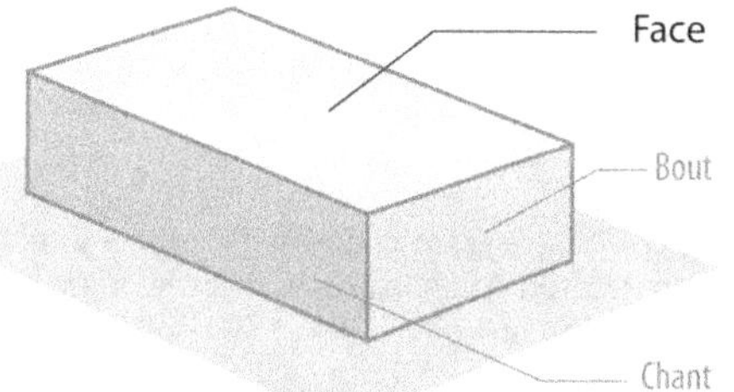

Dans l'illustration ci-dessus, la PIÈCE (sens 1) est dite « posée à plat ». Les autres SURFACES | PERPENDICULAIRES sont appelées CHANT et BOUT.
→ Voir aussi CUBAGE.

face de coupe [cutting face, rake face]

(n.f.) FACE (sens 1) de l'OUTIL DE COUPE sur laquelle se forme le COPEAU.
→ Voir (OUTIL DE COUPE), GÉOMÉTRIE DE L'OUTIL DE COUPE.

face de dépouille [flank]

(n.f.) SURFACE à l'opposé de la FACE (sens 1) où se forme le COPEAU sur un OUTIL DE COUPE.
→ Voir (OUTIL DE COUPE), GÉOMÉTRIE DE L'OUTIL DE COUPE.

façonnage [forming]

(n.m.) Autre terme pour la MISE EN FORME.

faisabilité [feasibility]

(n.f.) Caractère de ce qui est réalisable compte tenu des possibilités de la TECHNIQUE, des TECHNOLOGIES (sens 2), des moyens humains et financiers.

(faisceau d'électron), soudage par faisceau d'électron [electron beam welding]

(n.m.) Voir les détails du PROCÉDÉ à la rubrique SOUDAGE PAR FAISCEAU D'ÉLECTRONS.

FAO [CAM]

Sigle pour FABRICATION ASSISTÉE PAR ORDINATEUR.

fatigue [fatigue]

(n.f.) PHÉNOMÈNE sur un MATÉRIAU subissant des CONTRAINTES CYCLIQUES et qui peuvent l'endommager ou le rompre bien avant d'avoir atteint la RÉSISTANCE LIMITE D'ÉLASTICITÉ.
• Note : Ne pas confondre avec le FLUAGE.
→ Voir aussi RÉSISTANCE LIMITE À LA FATIGUE.

faux-rond [off center, eccentricity, radial runout]

(n.m.) MOUVEMENT DE ROTATION dont l'AXE (sens 1) ne coïncide pas avec l'AXE (sens 1) de la PIÈCE tournante, ce qui a tendance à produire des VIBRATIONS ou des BALOURDS indésirables.
• Note : Ne pas confondre avec l'EXCENTRIQUE qui est un effet recherché.
→ Voir aussi BATTEMENT.

(femelle), pièce femelle [female part]

(n.f.) PIÈCE (sens 1) contenante c'est à dire avec un TROU ou ALÉSAGE pouvant accueillir un ARBRE (sens 1) ou une (MÂLE), PIÈCE MÂLE.

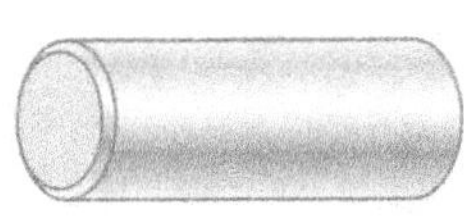

→ Voir également ASSEMBLAGE MÂLE-FEMELLE.

fendu [slotted]

(adj.) Muni d'une RAINURE très étroite appelée FENTE ou SAIGNÉE.
• Note : Ne pas confondre avec FISSURÉ qui est un DÉFAUT (sens 1).

fente [groove, slot]

(n.f.) RAINURE très étroite avec une GÉOMÉTRIE (sens 2) bien définie.
• Note : Ne pas confondre avec la FISSURE qui est un DÉFAUT.
◆ Syn. : SAIGNÉE.

fer (Fe) [iron]

(n.m.) MÉTAL gris clair, DUR et subissant facilement la CORROSION.

A. Le fer est rarement utilisé à l'état pur. Il est souvent mélangé avec le CARBONE, le NICKEL, le CHROME, le VANADIUM, le MANGANÈSE, etc. pour donner divers ALLIAGES comme l'ACIER, la FONTE, les ACIERS INOXYDABLES. C'est un MÉTAL important pour l'industrie.

B. Quelques CARACTÉRISTIQUES :

Symbole chimique :	Fe
État physique :	Solide
Couleur :	Gris clair
Numéro atomique :	26
Masse volumique :	7,87 g/cm^3
T° de fusion :	1535°C
Structure cristalline :	Cubique corps Centré (α, δ)
	Cubique face centrée (γ)

C. Aspect, couleur et rendu du MÉTAL.

D. Le fer existe sous plusieurs formes ALLOTROPIQUES.
→ Voir aussi MÉTAL.

fer à béton [reinforcing bar, rebar]

(n.m.) TIGE d'ACIER avec des FORMES proéminentes permettant de s'accrocher et de constituer une ARMATURE dans le BÉTON pour en augmenter la RÉSISTANCE MÉCANIQUE.

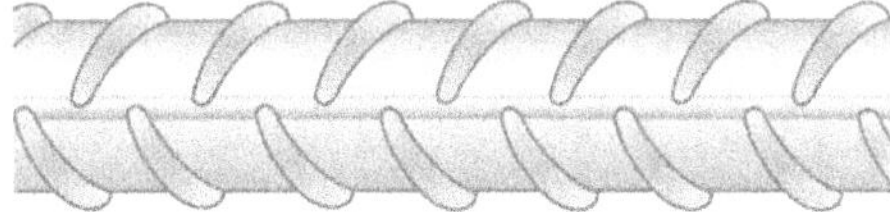

En règle générale, le fer à béton est fait avec un ACIER de bas de gamme, fortement ÉCROUI, atteignant une RÉSISTANCE À LA LIMITE D'ÉLASTICITÉ de l'ordre de 560 MPa.

fer blanc [tinplate]

(n.m.) TÔLE d'ACIER revêtue d'une COUCHE d'ÉTAIN par GALVANOPLASTIE pour empêcher la ROUILLE.

 **Avantages**

Apporte à l'ACIER COURANT une ALIMENTARITÉ.

ferblanterie [tin plate making]

(n.f.) Métier et commerce des objets en TÔLE d'ACIER DOUX revêtue d'une fine COUCHE d'ÉTAIN.

ferraille [scrap]

(n.f.) REBUTS de PIÈCES (sens 1) et d'APPAREILS, CHUTE (sens 2), débris en ACIER ou ALLIAGES FERREUX destinés à être refondus en vue de RECYCLAGE.
Ex. : *CHUTE (sens 2) de profilé ACIER.*

A. Le terme ferraille n'a aucune consonance péjorative en MÉTALLURGIE car elle a tendance à être plutôt une source de bonne qualité pour l'ÉLABORATION de l'ACIER.
B. Dans le langage courant le terme ferraille est utilisé pour tout type de MÉTAUX et pas seulement le FER et ses ALLIAGES.
Ex. : *Ferraille provenant de COPEAU d'ALUMINIUM.*

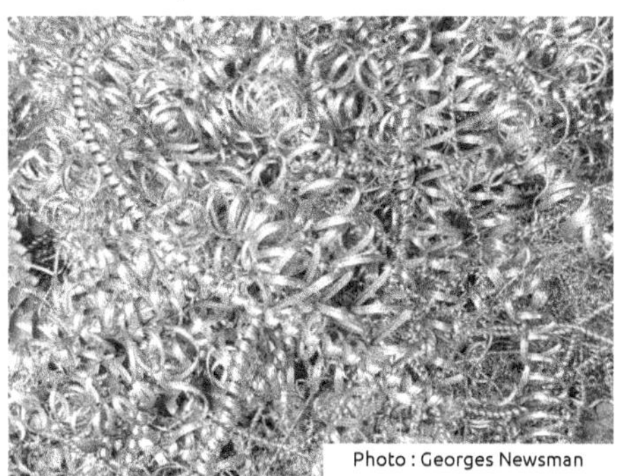

Photo : Georges Newsman

→ Voir aussi DÉCHET ; CHUTE (sens 2) ; FOUR À INDUCTION.

ferrailleur [scrap merchant]

(n.m.) Personne ou entreprise exerçant le métier de collecte et de tri de PIÈCES, de MACHINES, de CHUTE (sens 2) et de débris de MÉTAUX pour le RECYCLAGE.

ferreux [ferrous]

(adj.) Ayant un lien avec le FER.
Ex. : *ALLIAGE FERREUX.*

ferrimagnétique [ferrimagnetic]

(adj.) Qui a un caractère d'AIMANT PERMANENT faible.
→ Voir MAGNÉTISME ; FERROMAGNÉTIQUE.

ferrite [ferrite]

(n.m.) CÉRAMIQUE contenant de l'OXYDE de FER Fe_2O_3.

ferrite [ferrite]

(n.f.) SOLUTION SOLIDE de CARBONE dans le FER avec une STRUCTURE CRISTALLINE cubique corps centré (CC) appelée Fer-α.

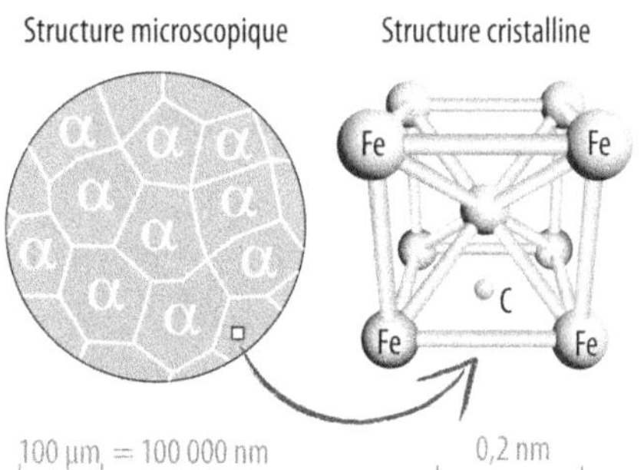

A. La solubilité du CARBONE y est très faible, de l'ordre de 0,022 % en MASSE (sens 2) dans le meilleur des cas. La ferrite est un constituant relativement TENDRE de DURETÉ de l'ordre de 80 HB. Elle est très DUCTILE (ALLONGEMENT À LA RUPTURE ε% ~ 35 %) et possède une bonne RÉSILIENCE. Elle est FERROMAGNÉTIQUE.

B. Il existe un autre type de SOLUTION SOLIDE du FER et du CARBONE mais avec une STRUCTURE CRISTALLINE cubique face centré (CFC) γ et une solubilité plus élevée de CARBONE jusqu'à 2 % : c'est l'AUSTÉNITE.

→ Voir aussi ACIER.

ferritique [ferritic]

(adj.) Qui a un lien avec la FERRITE.
Ex. : *Acier ferritique.*

ferromagnétique [ferromagnetic]

(adj.) Qui a un caractère d'AIMANT PERMANENT fort.

A. Chaque atome d'un tel MATÉRIAU se comporte comme de minuscules aimants dont toutes les contributions s'ajoutent pour donner un gros AIMANT PERMANENT.

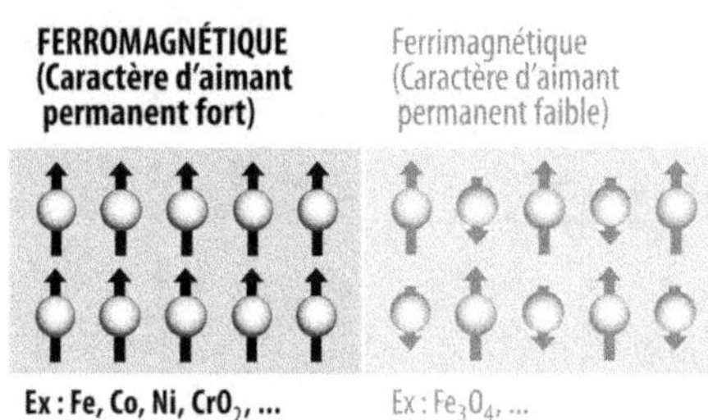

C'est le cas de la famille d'alliage ALNICO ainsi que les TERRES RARES.

B. Ne pas confondre avec FERRIMAGNÉTIQUE qui est un caractère d'aimant faible.

→ Voir aussi MAGNÉTISME.

ferromagnétisme [ferromagnetism]

(n.m.) PROPRIÉTÉ de MATÉRIAU donnant un caractère d'AIMANT PERMANENT fort.

→ Voir aussi MAGNÉTISME.

ferronnerie [art metalworking]

(n.f.) PROCÉDÉ et TECHNIQUE utilisant essentiellement la FORGE et le SOUDAGE pour fabriquer des objets domestiques de décoration pour la maison : garde-corps, portail, clôture, lustre, meuble, grille, etc.

Ex. 1 : *Portail en fer forgé.*

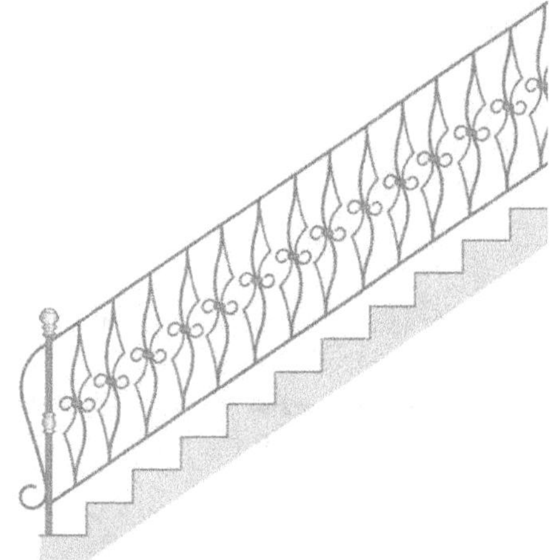

Ex. 2 : *Rampe d'escalier.*

Ex. 3 : *Grille de fenêtre.*

(feu), classement au feu, classement de réaction au feu [fire rating]

(n.m.) Classification d'un MATÉRIAU selon son INFLAMMABILITÉ, c'est à dire sa capacité ou impossibilité à déclencher un feu lorsqu'il est exposé à une source de chaleur intense et sa contribution en tant que COMBUSTIBLE ou non au développement de ce feu.

A. Un MATÉRIAU peut être complètement insensible à l'action d'un feu et ne pas contribuer à un incendie comme un autre peut brûler et constituer COMBUSTIBLE alimentant et propageant un incendie en produisant des flammes et des fumées. La connaissance du classement au feu est donc importante pour le choix des MATÉRIAUX en fonction des applications envisagées. Son évaluation est effectuée avec des essais normalisés consistant à soumettre les PRODUITS à des sollicitations thermiques et en mesurant le temps d'ignition (durée au bout de laquelle la matière s'enflamme), le débit calorifique (quantité d'énergie calorifique dégagée), des durées de persistance des flammes, leur VITESSE de propagation, les LONGUEURS endommagées des échantillons, l'opacité des fumées, la présence ou non de gouttes de MATÉRIAUX fondus, etc.
B. Deux règlementations coexistent en France, l'une européennes appelées Euroclasses, l'autre française (classement M) avec des correspondances plus ou moins évidentes.

Exposition d'un échantillon à la flamme d'un brûleur (~30 s)		
	Euroclasses	France
	A1	Incombustible
	A2-s1,d0	M0
	A2-s1,d1	
	A2-s1 / s2 / s3 d0 / d1	M1
	B-s1 ou s2 ou s3 d0 ou d1	
	C-s1 ou s2 ou s3 d0 ou d1	M2
	D-s1 ou s2 ou s3 d0 ou d1	M3
	E	M4
	F	

• Note : Ne pas confondre avec la (FEU), RÉSISTANCE AU FEU qui définit la durée pendant laquelle un MATÉRIAU conserve ses qualités en présence d'un feu.

(feu), résistance au feu [fire resistance]

(n.f.) Durée pendant laquelle un MATÉRIAU d'un élément de construction (STRUCTURE, mur, cloison, plafond, etc.) conserve ses qualités face à un feu.
• Note : Ne pas confondre avec la (FEU), RÉACTION AU FEU qui définit la capacité au non d'un MATÉRIAU à déclencher un feu en présence d'une source de chaleur puis à se comporter en COMBUSTIBLE pour l'alimenter et à l'entretenir.

feuillard [strip, foil, tape]

(n.m.) RUBAN métallique de faible LARGEUR utilisé, par exemple, pour l'emballage.
→ Voir aussi CERCLAGE.

feuille [sheet]

(n.f.) DEMI-PRODUIT de faible ÉPAISSEUR par rapport aux deux autres DIMENSIONS (sens 1) (en général le rapport dimension / épaisseur est supérieur à 100).
• Note : Pour des ÉPAISSEURS plus importantes (rapport dimension/épaisseur inférieur à 100), le terme PLAQUE est plus approprié.
→ Voir TÔLE.

fiabilité [reliability]

(n.f.) Aptitude d'une PIÈCE (sens 1), d'un APPAREIL ou d'une MACHINE à fonctionner sans incident pendant une période déterminée.
→ Voir MTBF.

fiable [reliable]

(adj.) Qui ne se dégrade, ni ne se détériore, ni ne tombe EN PANNE même en étant utilisé longtemps.

fibrage [fiber]

(n.m.) ORIENTATION préférentielle de la STRUCTURE (sens 1) métallurgique de MÉTAUX ou des chaînes moléculaires de (PLASTIQUE), MATIÈRES PLASTIQUES dans une DIRECTION, ce qui lui confère des CARACTÉRISTIQUES MÉCANIQUES légèrement plus avantageuses dans cette DIRECTION.
Ex. : *Fibrage d'une PIÈCE (sens 1) forgée.*

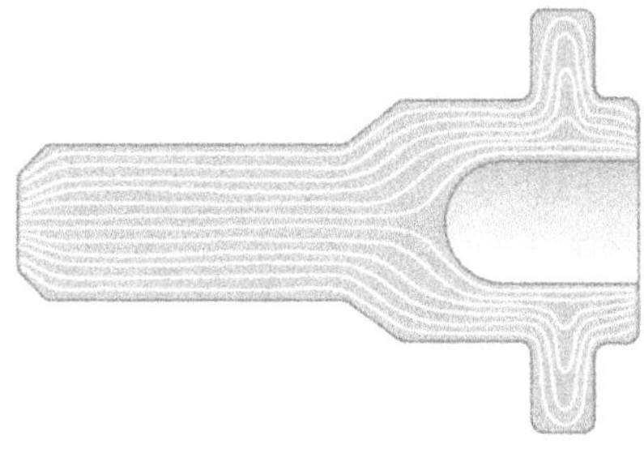

Ce terme provient de l'analogie avec certains MATÉRIAUX qui possèdent réellement des FIBRES

orientées, tel que le BOIS et certains (COMPOSITES) MATÉRIAUX COMPOSITES.
→ Voir aussi CORROYAGE.

fibre [fiber]

(n.f.) Chacun des filaments constitutifs de certaines MATIÈRES dans lesquelles ils sont regroupés en faisceaux.

fibre de carbone [carbon fiber]

(n.m.) MATÉRIAU sous forme de FILS très fins (quelques μm) et très résistants obtenu en enlevant d'un POLYMÈRE tout ce qui n'est pas CARBONE par un processus s'apparentant à la pyrolyse appelé « carbonisation ».

A. La fibre de carbone est regroupée en nappes puis tressée sous forme de TISSUS pour constituer le RENFORT (sens 2) d'un (COMPOSITE), MATÉRIAU COMPOSITE mécaniquement très performant et très léger après imprégnation dans une RÉSINE.

Photo : Anthony Watts

B. Quelques CARACTÉRISTIQUES comparées avec d'autres MATÉRIAUX.

Caractéristique	Résistance à la traction (MPa)	Module d' élasticité (MPa)	Allongement maxi (%)	Masse volumique (kg/dm3)	Rapport résistance masse
Fibre de carbone	4000	230 000 à 600 000	1,7	1,8	2222
Fibre de kevlar	2750	152 000	2,5	1,45	1896
Fibre de verre	3200	72 000	5,5	2,5	1280
Fibre de bore	3400	400 000	1	2,6	1307
Alliage titane	600	114 000	15	4,4	136
Acier haute résistance	1000	210 000	8	7,8	128
Alliage aluminium	400	70 000	17	2,7	148

 **Avantages**

C. Légère et mécaniquement très résistante. Bon conducteur de chaleur et d'électricité. Insensible à la CORROSION.

Inconvénients

D. Coût de FABRICATION élevé. Résiste mal au CHOC.
→ Voir aussi (COMPOSITE), MATÉRIAU COMPOSITE.

fibre de verre [glass fiber]

(n.m.) MATÉRIAU sous forme de FILS obtenu à partir de silice SiO_2 et de différents additifs (ALUMINE, carbonate de chaux, magnésie, oxyde de bore...)
Ex. : *Fibre de verre tissé.*

Photo : Valery Sibrikov

Il est utilisé en RENFORT (sens 2) pour des (COMPOSITES), MATÉRIAUX COMPOSITES de la même façon que la FIBRE DE CARBONE.
→ Voir aussi FIBRE DE CARBONE.

fibre neutre [neutral axis]

(n.f.) Région particulière d'une POUTRE fléchie ou d'une PLAQUE pliée qui ne subit aucune CONTRAINTE MÉCANIQUE ni de TRACTION ni de COMPRESSION.
Ex. 1 : *Fibre neutre d'une poutre soumise à flexion.*

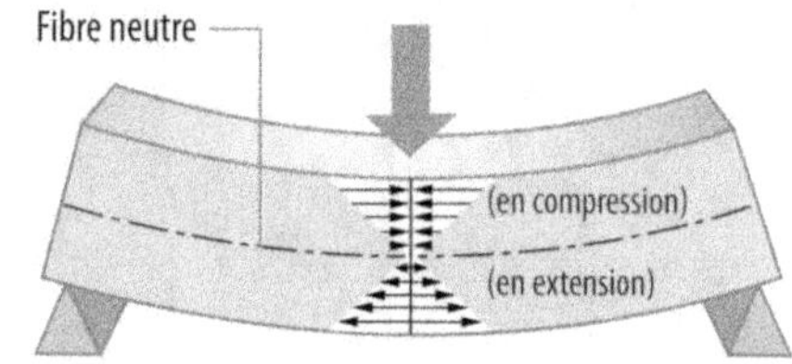

Ex. 2 : *Fibre neutre d'une plaque de tôle pliée.*

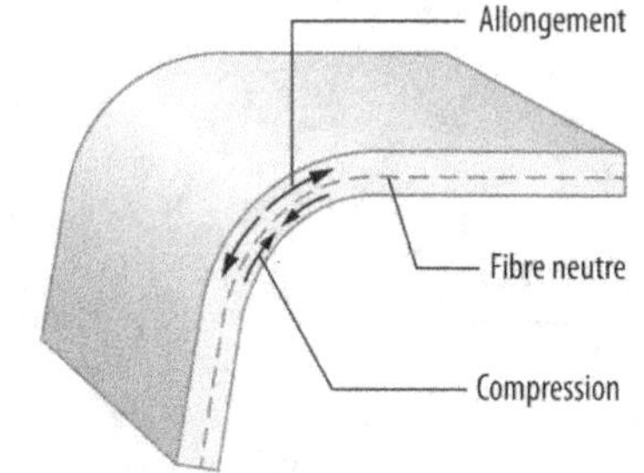

• Note : Ne pas confondre avec l'AXE D'INERTIE.
◆ Syn : AXE NEUTRE.

fidélité [precision]

(n.f.) Étroitesse de l'accord entre les indications ou les valeurs mesurées obtenues par des MESU-RAGES répétés du même objet ou d'objets similaires dans des conditions spécifiques.

On peut ainsi mesurer plusieurs fois une pièce avec un MICROMÈTRE et obtenir toujours la même valeur, le micromètre aura une bonne fidélité. Mais ce micromètre peut être mal étalonné et donner toujours une valeur 12 microns au dessus de la valeur vraie de la pièce. Ce micromètre aura une erreur de justesse de 12 microns.

fil [thread]

(n.m.) MATÉRIAU tout en LONGUEUR avec une SECTION suffisamment faible pour permettre l'enroulement.
→ Voir FIL DE FER ; TRÉFILAGE.

filage [extrusion]

(n.m.) PROCÉDÉ de FABRICATION de PROFILÉ FERMÉ ou PROFILÉ OUVERT par pressage d'un bloc de MATIÈRE ramolli à travers une FENTE appelée FILIÈRE.
A. Filage de profilé en ALUMINIUM. La BILLETTE est préalablement chauffée à environ 500°C, encore loin de la FUSION à 660°C, avant d'être poussée à travers l'OUTILLAGE (sens 2) qui donne la FORME du PROFILÉ.

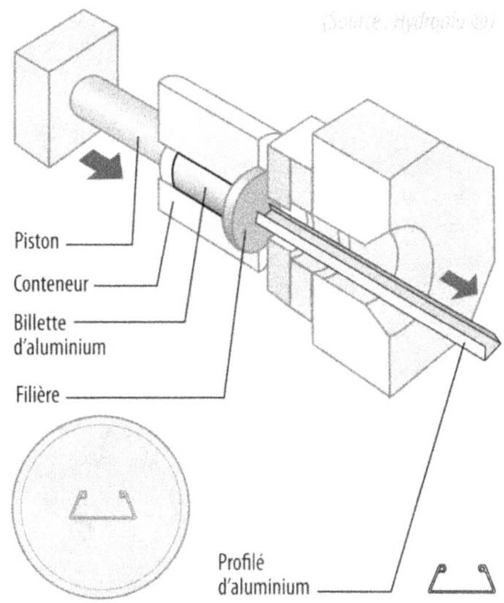

B. Filage direct de TUBE rond en ACIER.

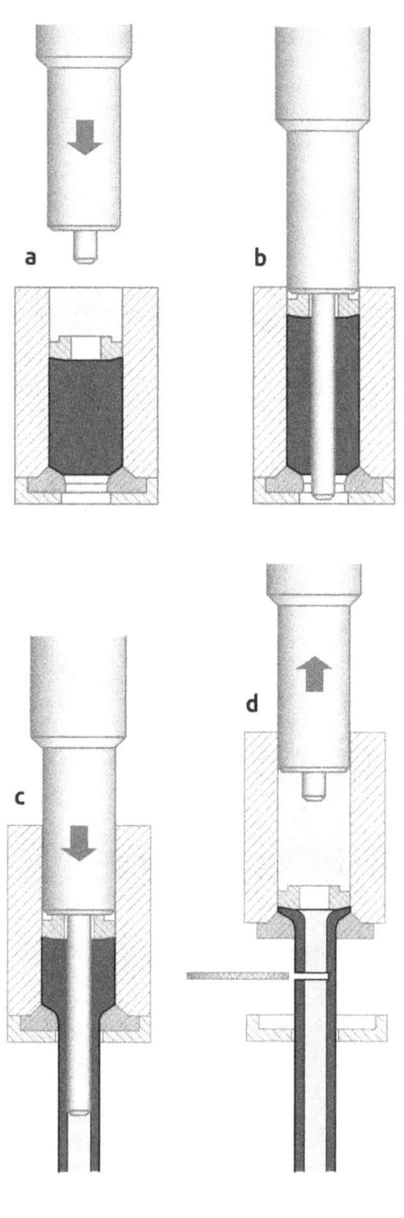

C. Filage inverse.

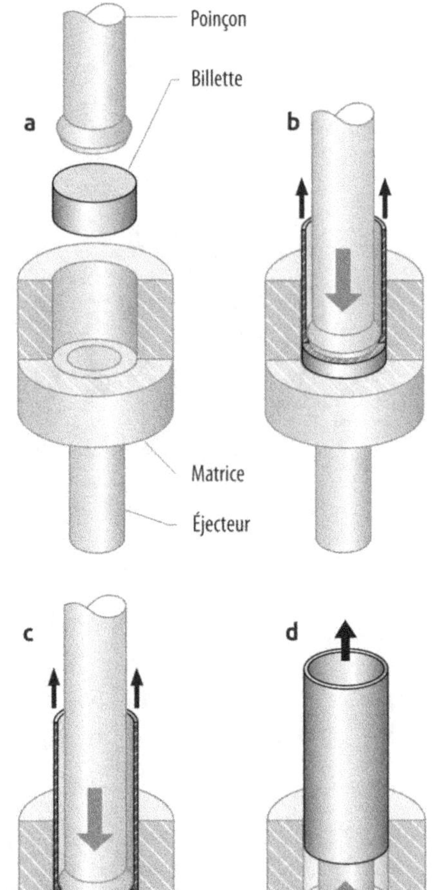

D. TOLÉRANCE dimensionnelle (IT) :

Très précis	Précis	Moyen	Grossier	Très Grossier
1 2 3 4 5	6 7 8 9	10 11 12	13 14 15	16 17 18
		Filage		
10 ± 0,002	10 ± 0,01	10 ± 0,05	10 ± 0,2	10 ± 1
100 ± 0,005	100 ± 0,02	100 ± 0,1	100 ± 0,4	100 ± 2

E. ÉTAT DE SURFACE, RUGOSITÉ Ra (μm) :

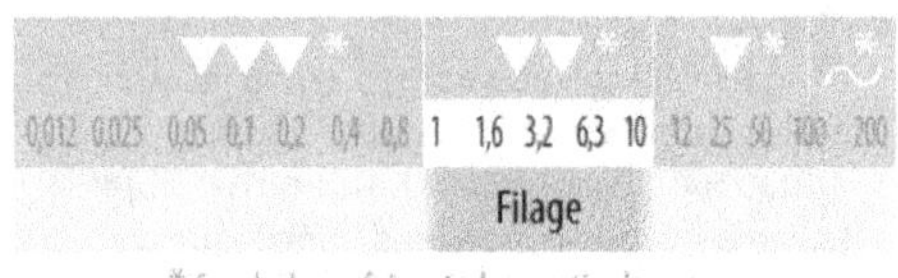

0,012 0,025	0,05 0,1 0,2 0,4 0,8	1 1,6 3,2 6,3 10	12 25 50 100 200
		Filage	

* Symbole ne faisant plus partie des normes

F. Coût OUTILLAGE (sens 2) :

Aucun	Faible	Moyen	Élevé	Très élevé
			Filage	

G. SÉRIE DE PIÈCES envisageable :

Proto	Unitaire	Petite	Moyenne	Grande	Très Grande
1	10	100	1'000	10 000	100 000
				Filage	

H. Ne pas confondre le filage plus destiné aux MATÉRIAUX métalliques, avec l'EXTRUSION (sens 3) plus spécifique aux (PLASTIQUES), MATIÈRES PLASTIQUES.
→ Voir aussi PROFILÉ OBTENU PAR FILAGE.

fil clair

(n.m.) FIL DE FER tel qu'il est obtenu par TRÉFILAGE, c'est à dire fortement ÉCROUI car n'ayant pas subi de RECUIT.
Il se distingue du fil recuit par une RÉSISTANCE À LA LIMITE D'ÉLASTICITÉ plus élevée mais aussi un certain manque de DUCTILITÉ.

fil de fer [wire]

(n.m.) DEMI-PRODUIT | MÉTALLIQUE tout en LONGUEUR et de faible SECTION généralement CIRCULAIRE de telle sorte à pouvoir s'enrouler facilement.
Ex. : ROULEAU (sens 1) de fil de fer tel qu'il est produit à la sortie d'une TRÉFILERIE.

Photo : Donkeyru

A. Voir TRÉFILAGE pour le PROCÉDÉ de FABRICATION du fil de fer.
B. Il est utilisé pour la FABRICATION de CÂBLE, de GRILLAGE, de RESSORT, etc.
→ Voir aussi DRESSAGE DE FIL qui est une MÉTHODE permettant de rendre droit un fil enroulé.

(fil de fer), modèle fil de fer [wireframe model]

(n.m.) Représentation 3D de FORME VOLUMIQUE à partir des ARÊTES de délimitation.

Le modèle fil de fer ou MODÈLE FILAIRE est le plus sommaire de tous les modèles 3D car n'est pas suffisamment complet et défini sans ambiguïté pour permettre une FABRICATION ASSISTÉE PAR ORDINATEUR ou être utilisé pour des SIMULATIONS. Pour cette raison, il est quelquefois appelé modèle 2,5D (2D et demi) !

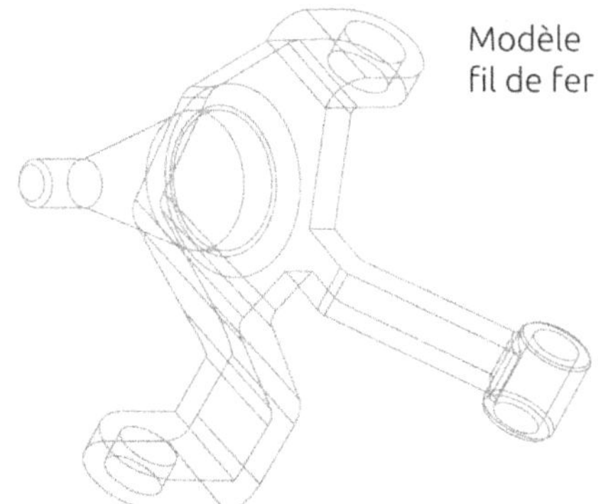

Modèle fil de fer

→ **Voir** MODÈLE SURFACIQUE et MODÈLE VOLUMIQUE pour une comparaison avec les autres types de MODÈLE (sens 1) plus élaborés.

filet [thread]

(n.m.) FORME saillante HÉLICOÏDALE sur un CYLINDRE ou un CÔNE, obtenue après creusement d'un sillon en forme d'HÉLICOÏDE.

Filet cylindrique

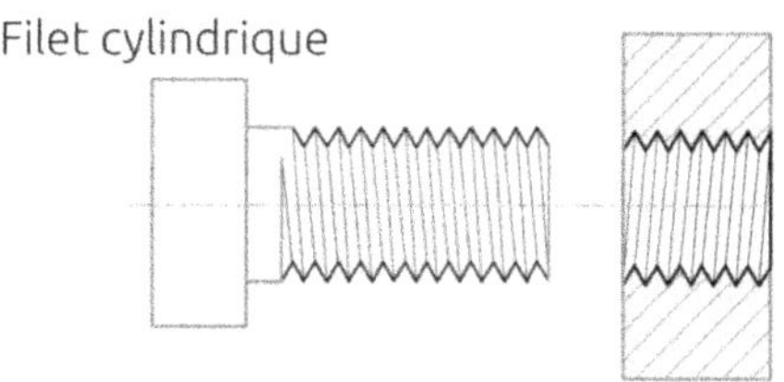

Filet conique

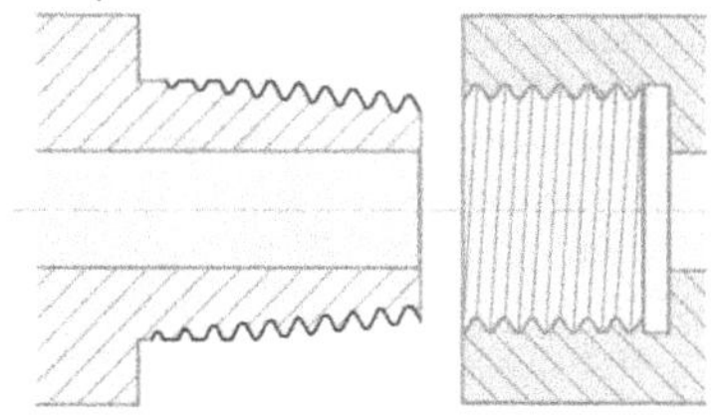

Lorsque le sillon HÉLICOÏDAL est sur une TIGE | CYLINDRIQUE, le filet est appelé FILETAGE (sens 1). S'il est sur la paroi d'un TROU, le filet est appelé TARAUDAGE (sens 1). Le filet peut être unique ou multiple.
→ **Voir** FILETAGE À PLUSIEURS FILETS.

La mise en commun d'un FILETAGE et d'un TARAUDAGE donne une LIAISON permettant les fonctions suivantes :
• ASSEMBLAGE (sens 1) DÉMONTABLE comme avec les VIS (sens 2), les BOULONS et les GOUJONS.
• TRANSFORMATION DE MOUVEMENT et démultiplication d'effort comme avec les (VIS-ÉCROUS), SYSTÈMES VIS-ÉCROU.
• Base de MESURE (sens 3) dimensionnelle précise, comme dans les MICROMÈTRES.
→ **Voir** (FILET), PROFIL DE FILET les FORMES les plus répandues de filet.
→ **Voir** FILET PROFIL TRIANGULAIRE, FILET PROFIL TRAPÉZOÏDAL, FILET PROFIL ROND, FILET D'ARTILLERIE, FILETAGE CONIQUE pour les détails des différentes CARACTÉRISTIQUES des filets spécifiques respectives.

filetage

(n.m.)
1. [thread] FORME|HÉLICOÏDALE obtenue par USINAGE, FORMAGE sur une BARRE ou TIGE | CYLINDRIQUE et parfois un CÔNE ou directement moulée. Ci-dessous une terminologie des éléments d'un filetage.

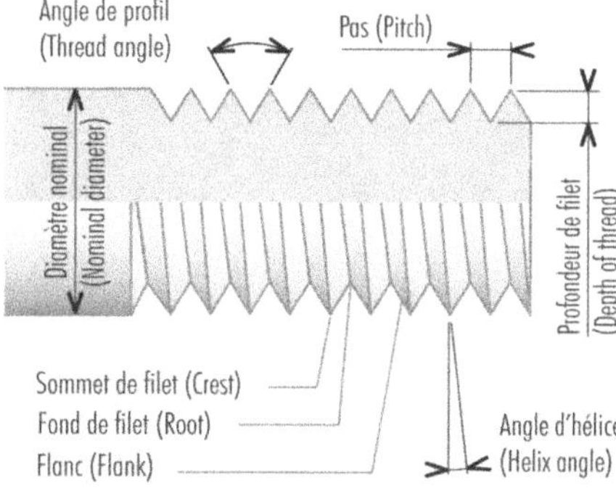

Les différents paramètres qui le caractérisent sont :
• le type de PROFIL DE FILET.
• le DIAMÈTRE NOMINAL.
• la CONICITÉ pour certains cas.
• le PAS DE FILETAGE.
• le SENS des SPIREs qui peut être « à droite » ou « à gauche ».
• le nombre de filets qui est en général unique sauf pour le FILETAGE À PLUSIEURS FILETS.

Lorsque la FORME | HÉLICOÏDALE est usinée ou formée dans un TROU, on parle de TARAUDAGE (sens 1). Il faut remarquer que pour qu'un filetage puisse être associé à un TARAUDAGE, il est absolument indispensable que toutes les caractéristiques citées précédemment concordent en tout point de vue. Le filetage sert à la FIXATION, à la

TRANSFORMATION DE MOUVEMENT ou comme base précise de MESURE (sens 3) dimensionnelle.

2. [threading] OPÉRATION D'USINAGE ou de FORMAGE permettant d'obtenir une FORME | HÉLICOÏDALE sur une BARRE ou TIGE | CYLINDRIQUE ou CONIQUE.

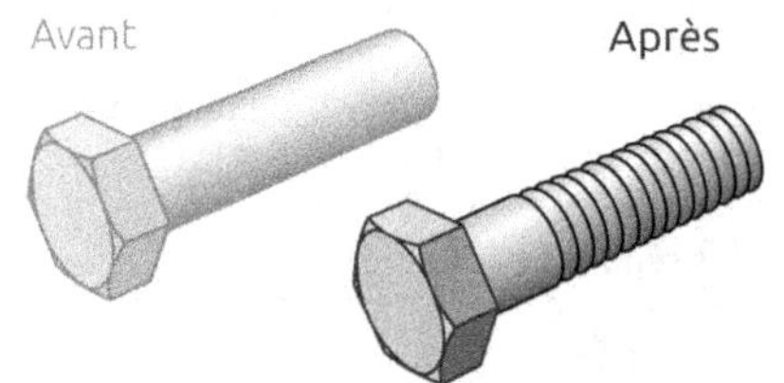

A. Les TECHNIQUES de filetage peuvent être classées en deux catégories :
a. le FILETAGE PAR ENLÈVEMENT DE COPEAUX, qui consiste à retirer petit à petit la MATIÈRE d'une TIGE | CYLINDRIQUE avec un OUTIL COUPANT ou ABRASIF jusqu'à obtention d'une RAINURE | HÉLICOÏDALE.

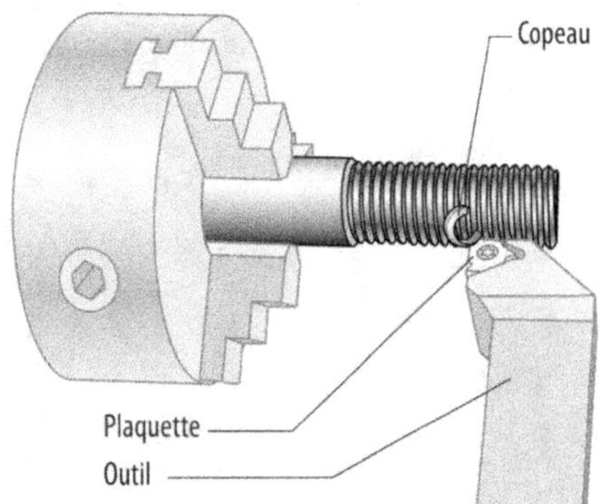

→ Voir FILETAGE PAR ENLÈVEMENT DE COPEAUX.
b. le FILETAGE PAR ROULAGE ou filetage par déformation, qui consiste à appuyer une TIGE | CYLINDRIQUE entre des MOLETTES ou des OUTILS à SILLONS droits possédant la FORME requise et en MOUVEMENT, jusqu'à une DÉFORMATION PERMANENTE faisant apparaître une RAINURE | HÉLICOÏDALE. À remarquer que cette TECHNIQUE ne produit pas de COPEAUX, contrairement à la première.

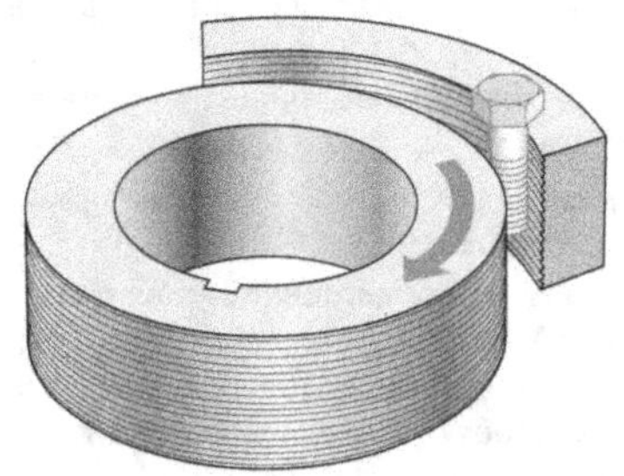

B. Des différences importantes doivent être soulignées entre ces deux TECHNIQUES. Dans le PROCÉDÉ par « enlèvement de copeaux », la MATIÈRE est retirée petit à petit, de telle sorte qu'il n'y a plus de continuité dans la STRUCTURE (sens 1) de la MATIÈRE entre les FILETS. Dans le PROCÉDÉ par roulage (déformation), aucune MATIÈRE n'est retirée. Elle est déplacée par FORMAGE de telle sorte qu'on peut affirmer qu'il subsiste une certaine continuité de la STRUCTURE (sens 1) du MATÉRIAU même si les parois et FONDS DE FILET sont comprimés comme illustré ci-après :

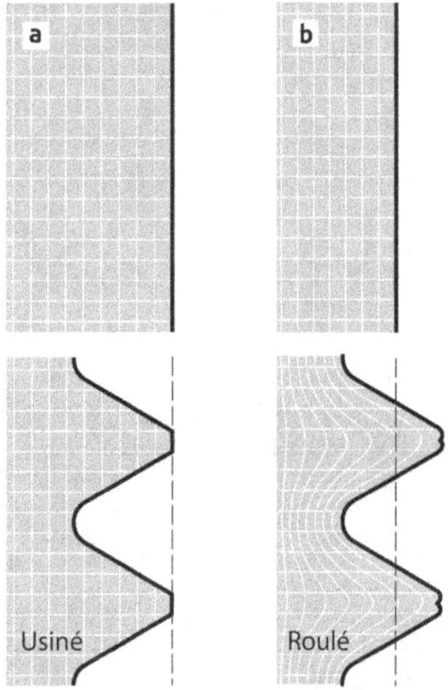

À remarquer que dans le « filetage par enlèvement de copeaux » la TIGE | CYLINDRIQUE est déjà initialement au DIAMÈTRE NOMINAL, contrairement au « filetage par roulage » où le DIAMÈTRE initial est plus faible pour atteindre seulement le bon DIAMÈTRE après FORMAGE. À signaler aussi que dans le cas du filetage par déformation, les sommets des FILETS ne sont pas complets et il subsiste toujours un léger pli. Pour cette raison, le filetage par déformation n'est pas accepté dans certains domaines comme l'agroalimentaire ou le médical (à cause de nucléation dans la zone de pli), le vissage automatique (possibilité de coincement de la vis dans le pli), l'aéronautique.

C. Le PROCÉDÉ de FABRICATION du FILETAGE (sens 1) possède une influence sur la qualité du FILET et de ses CARACTÉRISTIQUES MÉCANIQUES. D'une façon générale, le « filetage par roulage » donne une meilleure PRÉCISION et un ÉTAT DE SURFACE plus lisse, ce qui réduit le FROTTEMENT.

Il donne aussi de meilleures performances mécaniques car la SURFACE comprimée du MATÉRIAU est plus DURE et la RÉSISTANCE À LA RUPTURE plus élevée. La RÉSISTANCE LIMITE À LA FATIGUE est également améliorée car, comme signalé précédemment, il subsiste une certaine continuité de la STRUCTURE (sens 1) du MATÉRIAU, ainsi que des CONTRAINTES DE COMPRESSION en surface. De plus, le bon ÉTAT DE SURFACE diminue les AMORCES DE RUPTURE.

D. En ce qui concerne la durée de réalisation, le « filetage par roulage » est sensiblement plus rapide que le « filetage par enlèvement de copeaux ». Ce qui le rend très adapté aux contraintes de la production (SÉRIE), EN SÉRIE, même très grande. Le seul inconvénient réel du filetage par roulage est le coût élevé des OUTILLAGES (sens 2) correspondants.

filetage à plusieurs filets [multi-lead thread, multi-start thread]

(n.m.) FILETAGE comportant au moins deux FILETS. Il permet d'augmenter l'AVANCE (sens 2), c'est à dire la distance de déplacement pour un TOUR (sens 2) ou « pas hélicoïdal P_h ». L'avance est, dans ce cas, la valeur du PAS **P** multipliée par le nombre **n** de FILETS. L'exemple ci-dessous montre un filetage à trois FILETS. À chaque tour, la VIS avance de trois fois le PAS.

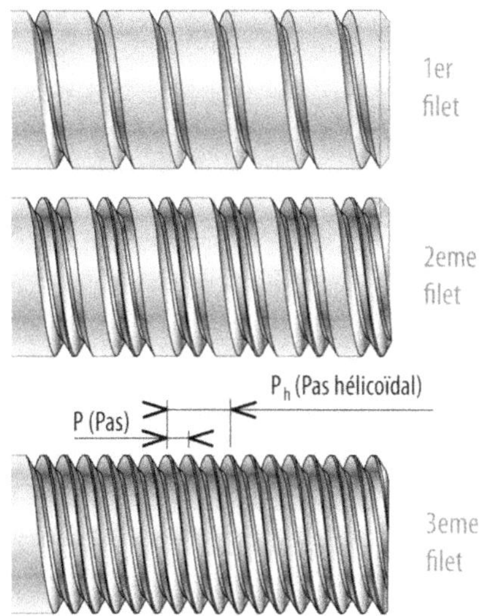

filetage BSP [british standard pipe thread]

(n.m.) Autre nom du (WHITWORTH), FILETAGE WHITWORTH ou du filetage pas gaz (G).

filetage conique [taper thread, tapered thread]

(n.m.) Sillon | HÉLICOÏDAL creusé sur un CÔNE et non un CYLINDRE comme le plus habituellement.
A. Le filetage conique est surtout utilisé pour les accessoires de TUYAUTERIE car il permet un ASSEMBLAGE (sens 2) ÉTANCHE. Il est à remarquer que seul le FILETAGE est CONIQUE, le TARAUDAGE lui étant dans un TROU cylindrique.
Ex. 1 : *Utilisation de filetage conique pour la fixation d'un GRAISSEUR.*

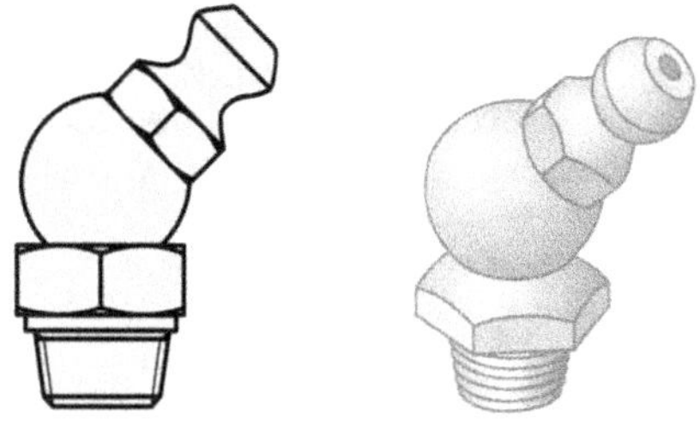

Ex. 2 : *Filetage conique pour* RACCORD *de* TUYAUTERIE :

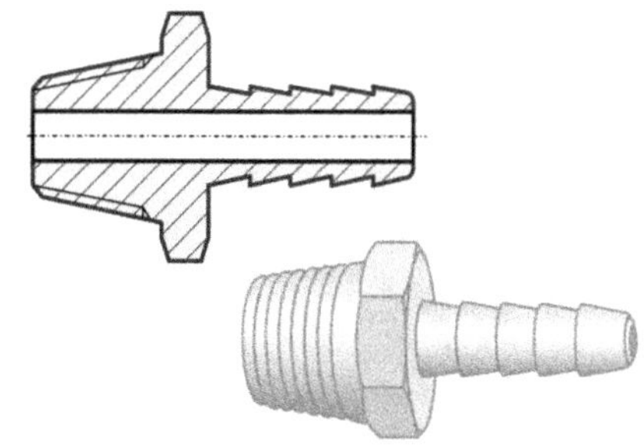

(filetage), désignation de filetage [thread designation, thread nomenclature]

(n.f.) Nom, symboles rigoureux et NORMALISÉS exprimant tout ce qui doit être connu sur un FILETAGE pour en garantir l'INTERCHANGEABILITÉ.
Ex. : *Filetage métrique à pas fin M16°1,5-20 6g 6g.*

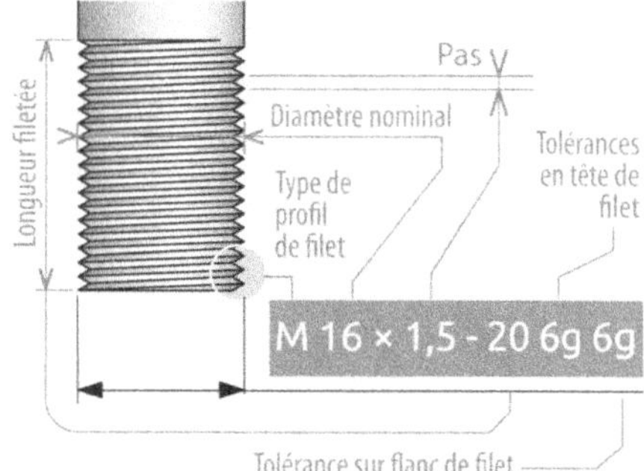

→ Voir (FILET), PROFIL DE FILET pour les autres types de FILETAGE.

filetage NPT [national pipe thread]

(n.m.) Type de FILETAGE DE RACCORDEMENT très utilisé pour les applications de TUYAUTERIE en Amérique du Nord dont l'ANGLE de FILET est de 60° (contre 55° pour le FILETAGE BSP) et avec une CONICITÉ pour assurer l'ÉTANCHÉITÉ.

filetage par enlèvement de copeaux [cut thread]

(n.m.) TECHNIQUE de FABRICATION DE FILETAGE dans laquelle le sillon HÉLICOÏDAL est creusé petit à petit en plusieurs PASSES en évacuant de la MATIÈRE sur un CYLINDRE ou un CÔNE avec un OUTIL COUPANT.

Ex. : *Filetage par enlèvement de copeaux sur un* TOUR *(sens 1) :*

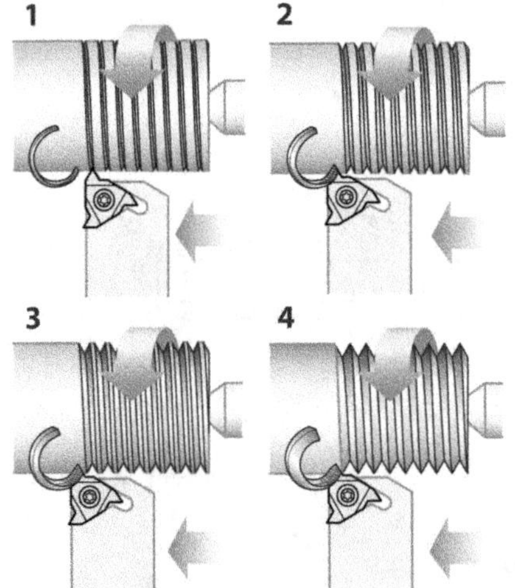

A. Conformément à l'illustration ci-dessus, l'USINAGE du FILETAGE nécessite plusieurs PASSES. Il existe trois façons d'avancer l'OUTIL DE COUPE entre chaque passe :

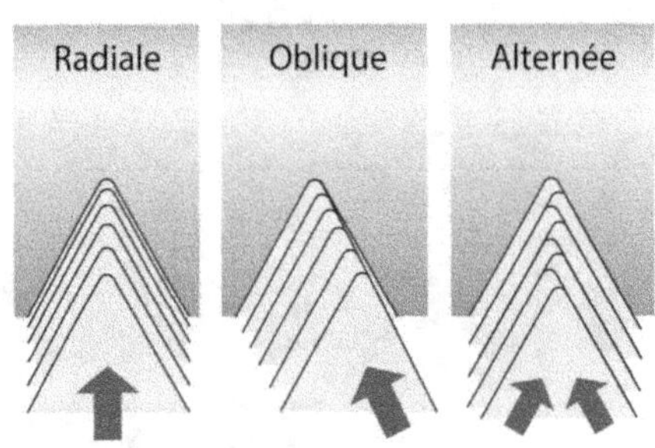

B. Ci-dessous une autre MÉTHODE de réalisation de filetage par enlèvement de copeaux grâce à une FILIÈRE (sens 1).

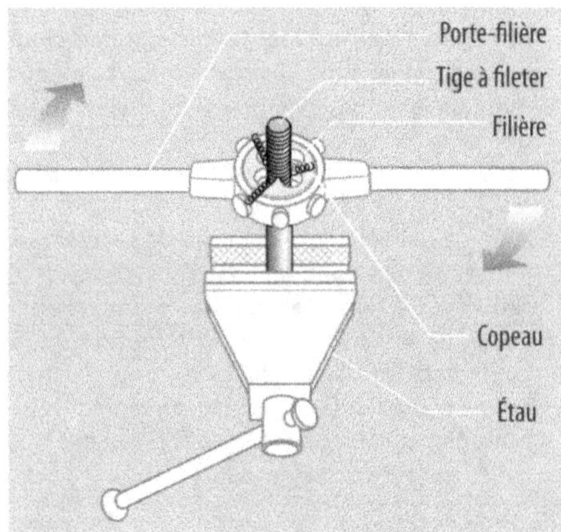

Il s'agit sur cette illustration d'un PROCÉDÉ | MANUEL. Il ne permet pas de travailler rapidement car à chaque fin de filetage, la filière doit être dégagée par ROTATION inverse comme pour un TARAUD. Pour une meilleure rapidité de fonctionnement, il existe des filières dont les parties coupantes appelées « peignes » peuvent s'écarter de manière à dégager rapidement la TIGE nouvellement filetée. Le MOUVEMENT de dégagement des peignes peut être RADIAL (cas a), TANGENTIEL (cas b) ou encore par PIVOTEMENT (cas c).

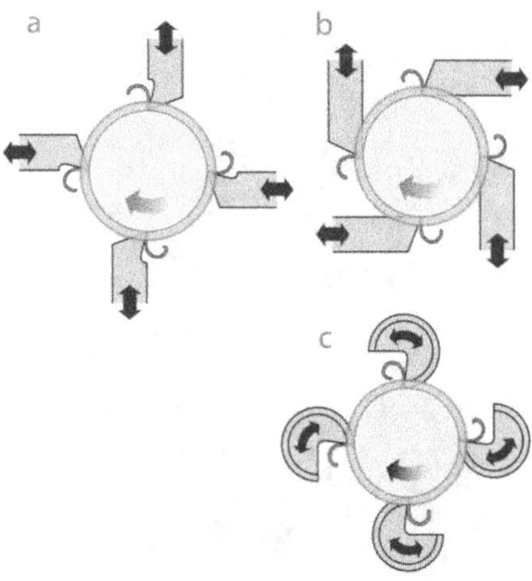

Page suivante, son utilisation sur un TOUR (sens 1).

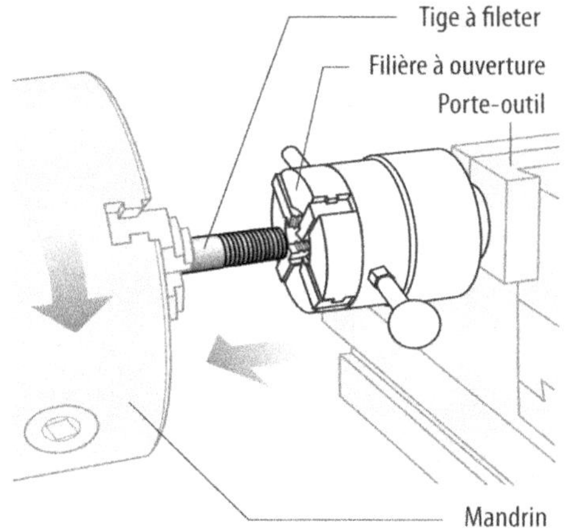

→ Voir FILIÈRE.

filetage par déformation [formed thread]

(n.m.) Même signification que FILETAGE PAR ROULAGE.

filetage par roulage [rolled thread]

(n.m.) TECHNIQUE de FABRICATION DE FILETAGE dans laquelle un OUTILLAGE (sens 2) DUR | CYLINDRIQUE ou PLAN avec le sillon HÉLICOÏDAL voulu est appuyé sur la TIGE à fileter, de manière à reproduire le motif HÉLICOÏDAL par refoulement et DÉFORMATION PERMANENTE.

A. Ce PROCÉDÉ ne produit pas de COPEAU. Afin de tenir compte du refoulement de MATIÈRE, la TIGE à fileter possède initialement un DIAMÈTRE plus faible que le DIAMÈTRE NOMINAL final. Globalement tous les MÉTAUX usuels peuvent être travaillés avec ce PROCÉDÉ à condition que la DURETÉ ne dépasse pas 40 HRC et avec un ALLONGEMENT À RUPTURE d'au moins 5 %. Les TECHNIQUES de « filetage par roulage » peuvent être classées en trois catégories selon la FORME de l'OUTIL utilisé :

a. Filetage par roulage avec un OUTIL DE FORME | PLANE. La TIGE à fileter est pressée entre deux « peignes » plats munis de RAINURES de même FORME que le PROFIL DE FILETAGE voulu et animés d'un MOUVEMENT DE VA ET VIENT.

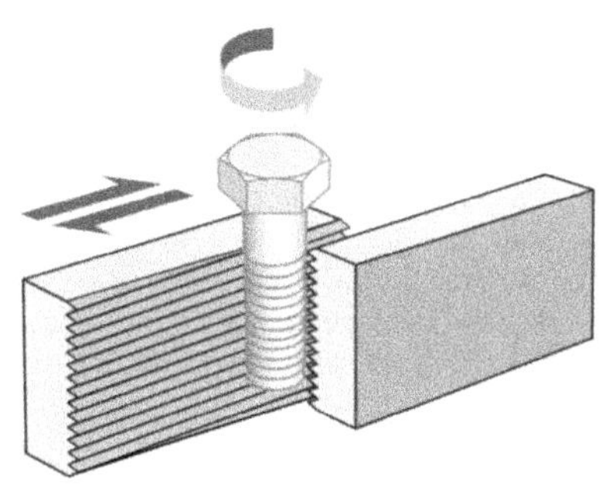

b. Filetage par roulage avec des MOLETTES CIRCULAIRES. Ils peuvent être au nombre de deux ou trois :

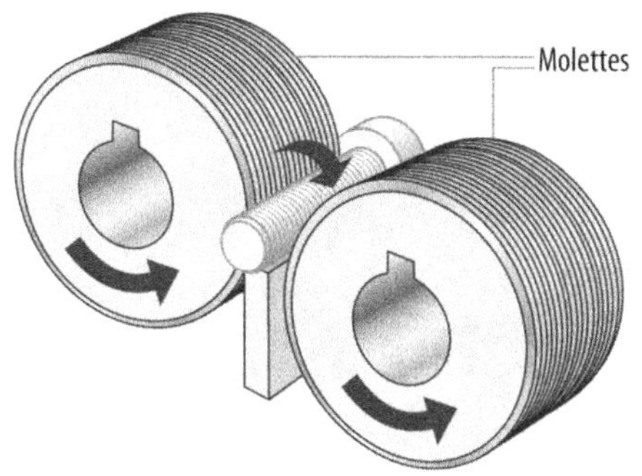

Ci-dessous, un aperçu de la partie active de la MACHINE :

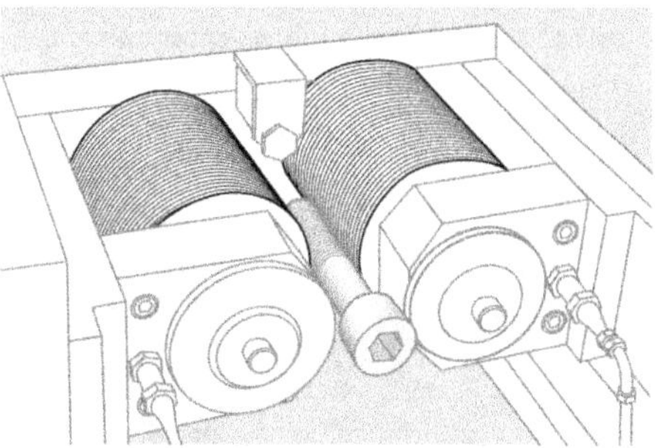

ainsi qu'une vue générale :

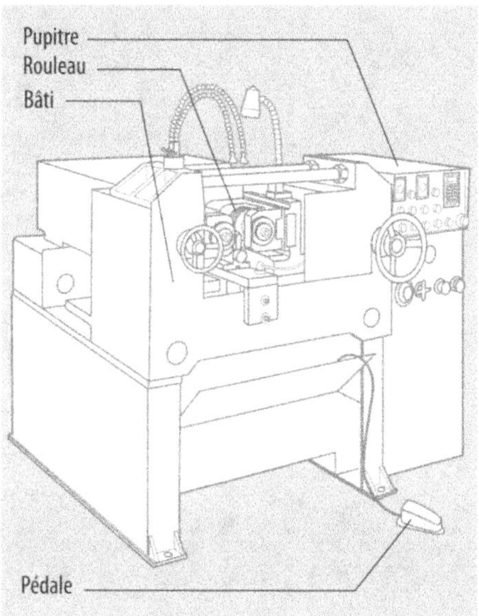

Le nombre de ROULEAUX (sens 2) peut être porté à trois lorsqu'une COAXIALITÉ plus parfaite entre le FILETAGE et la TIGE est recherchée :

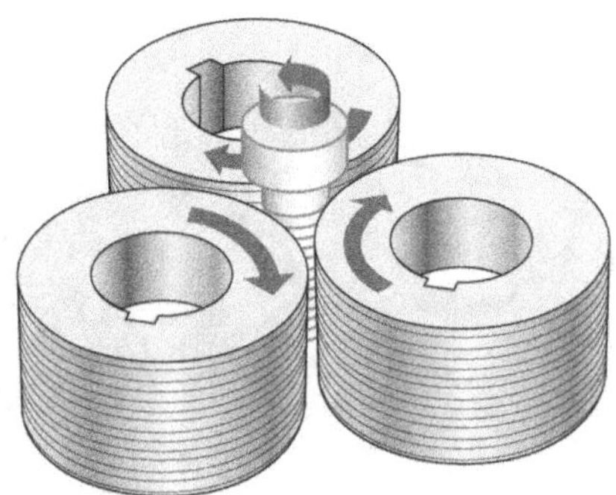

Le déplacement des ROULEAUX (sens 2) par rapport à la TIGE peut se faire de trois façons :
• Déplacement TANGENTIEL : les ROULEAUX (sens 2) avancent progressivement vers la TIGE jusqu'à entrer en CONTACT par TANGENCE :

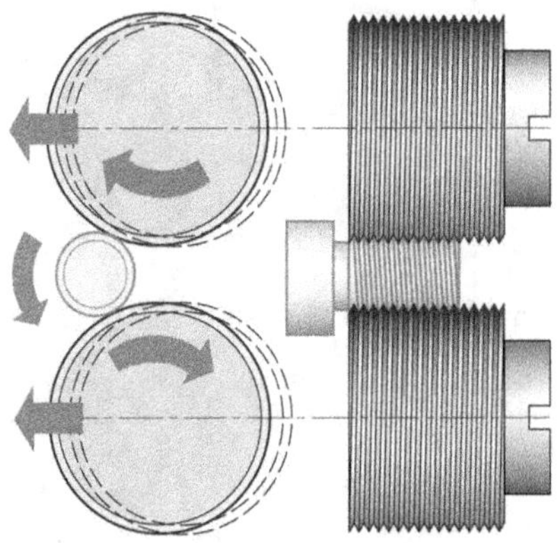

À savoir qu'il n'y a aucun MOUVEMENT AXIAL dans cette configuration. La LONGUEUR de FILETAGE est limitée par la LARGEUR des ROULEAUX (sens 2).
• Déplacement RADIAL : les ROULEAUX (sens 2) avancent petit à petit de l'extérieur vers le CENTRE de la TIGE.

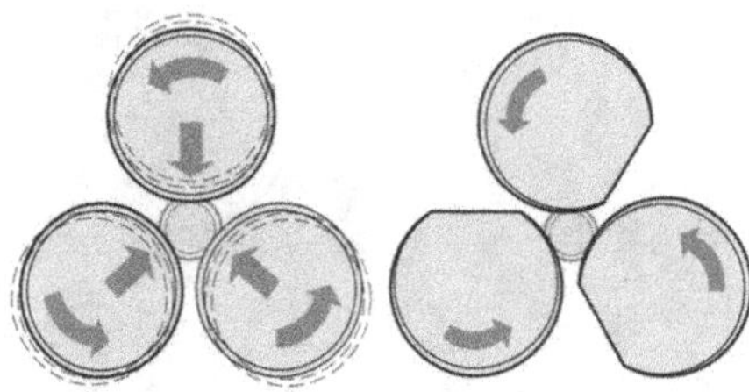

Comme précédemment, il n'y a pas non plus de MOUVEMENT AXIAL dans cette configuration. La

LONGUEUR maximale de la partie FILETÉE est limitée par la LARGEUR des ROULEAUX (sens 1).
• Déplacement AXIAL de la TIGE ou des ROULEAUX (sens 2) : ils sont disposés avec un léger DÉCALAGE | ANGULAIRE de manière à engendrer le MOUVEMENT axial.

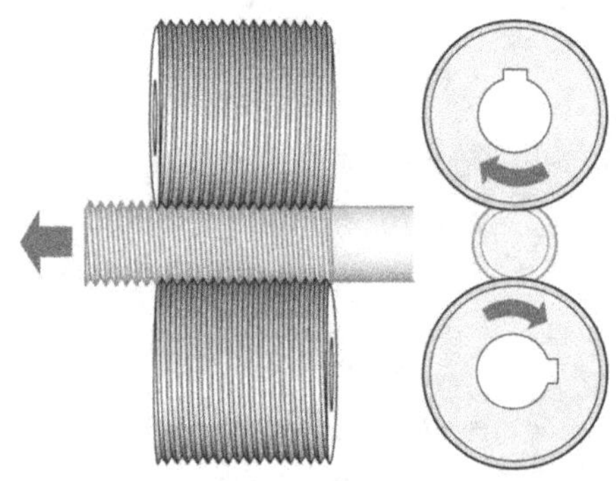

Il n'y a pas de limite dans la LONGUEUR possible du FILETAGE comme pour les TIGES FILETÉES.
c. « Filetage par roulage » avec un outil de FORME planétaire :

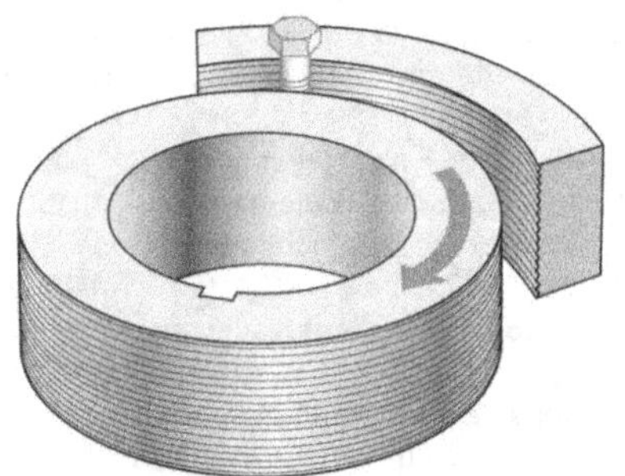

→ Voir VIS (sens 2) dont la FABRICATION utilise cette TECHNIQUE.

(filetage), représentation de filetage [thread conventional representation]

(n.f.) Moyen NORMALISÉ pour faire figurer les TIGES FILETÉES et les TROUS TARAUDÉS sur un DESSIN TECHNIQUE.
A. Une représentation réelle étant fastidieuse et alourdissant l'aspect du dessin sans en favoriser la lisibilité, une convention a été mise en place dans un but de simplification. D'une façon générale, le FOND DE FILET est remplacé par un TRAIT FIN, droit pour une VUE DE PROFIL, en trois quart de CERCLE pour une VUE DE FACE. Les TIGES ou les TROUS sont représentés comme habituellement.

B. Ci-dessous les représentations pour les PIÈCES (sens 2) isolées :

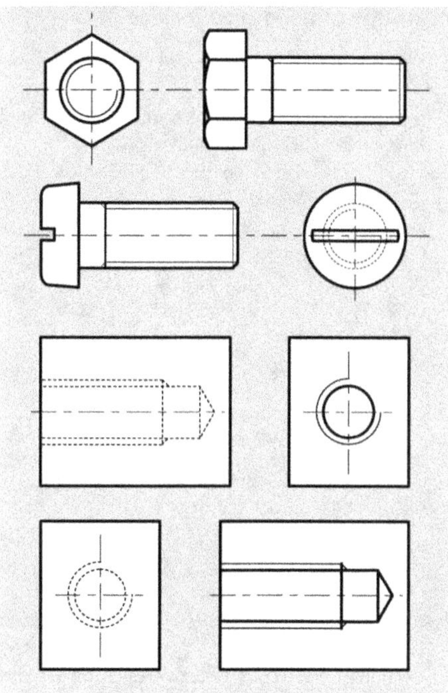

C. Parfois, les vues de FILETAGES sont aussi coupées. Voici sa représentation :

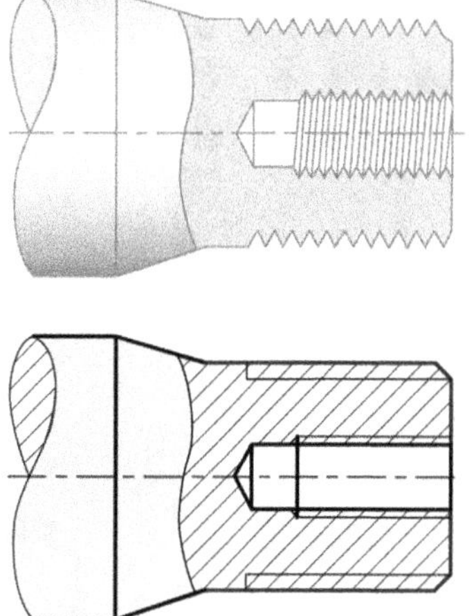

D. Ci-contre la représentation d'ASSEMBLAGE (sens 2) de VIS (sens 2) et de GOUJON :

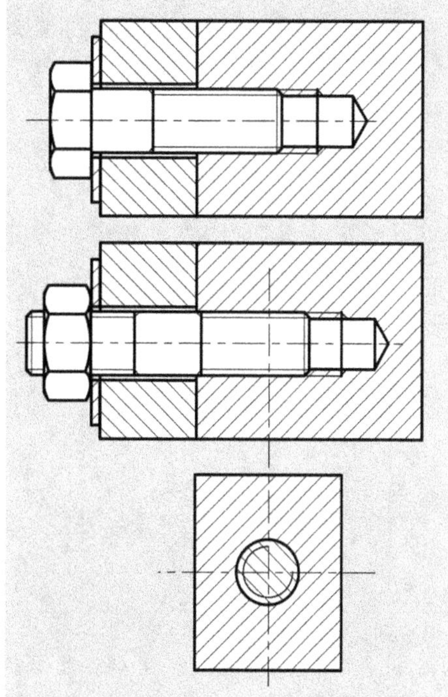

E. À remarquer que le PAS DE FILETAGE peut être gros ou fin. Dans tous les cas, les proportions de représentation à respecter sont les suivantes :
• Pour le PAS GROS :

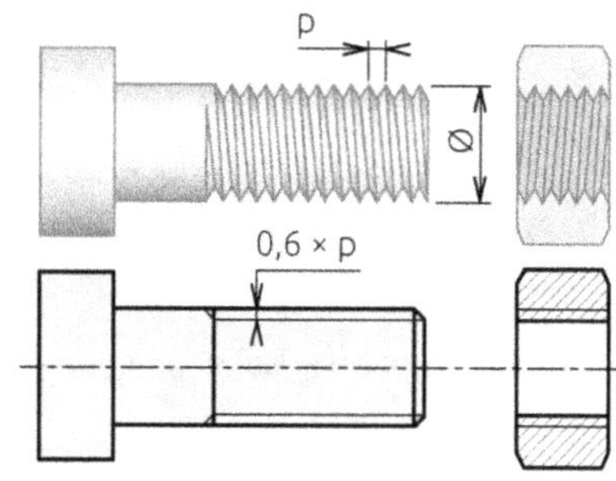

• Pour le PAS FIN :

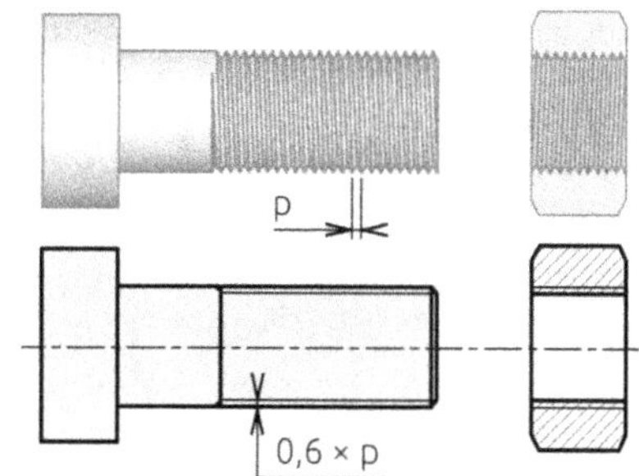

filet d'artillerie [buttress thread]

(n.m.) PROFIL DE FILET asymétrique en forme de dents de scie. L'angle peut être 45° ou 30°. L'exemple ci-dessous correspond au filet d'artillerie 3°/30° :

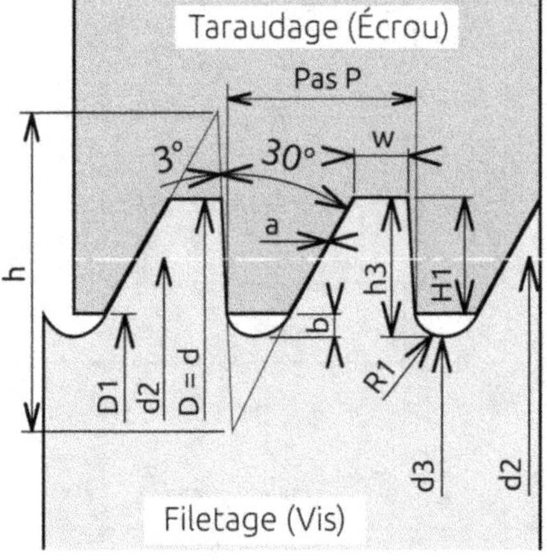

P : pas
D = d : diamètre nominal de la vis
a : jeu $= 0,1\sqrt{P}$
b = 0,11777 P
w = 0,26384 P
D1 : diamètre alésage écrou = d - 1,5 P
D2 : diamètre référence écrou
d2 : diamètre référence vis = d - 0,75 P
d3 : diamètre noyau vis = d - 2 h
H : hauteur triangle définition = 1,5878 P
H1 : hauteur filetage en contact = 0,75 P
h3 : hauteur filetage vis = 0,86777 P
R : rayon fond de filet vis = 0,12427 P

A. Désignation et cotation :

S [diamètre D] (en mm) × **[pas P]** (en mm)

Ex. : *S 48 × 8*

B. Le filet d'artillerie permet de résister à des chocs violents et répétés dans un sens comme dans les culasses d'armes d'où son nom. Il est aussi utilisé sur des PRESSES hydrauliques, des PRESSES à vis, des équipements de levage, le matériel d'exploitation minière, les MANDRINS de TOUR (sens 1) et FRAISEUSE, certaines vannes haute pression, bouchon de certains récipients…

fileté [threaded]

(adj.) Qui comporte un sillon HÉLICOÏDAL appelé FILETAGE.
→ Voir TIGE FILETÉE.

fileter [thread]

(v.tr.) USINER ou FORMER un sillon HÉLICOÏDAL sur une tige cylindrique ou conique.

(filet), profil de filet [thread form, thread basic profile]

(n.m.) FORME de FILET vue selon une SECTION dans un plan longitudinal.

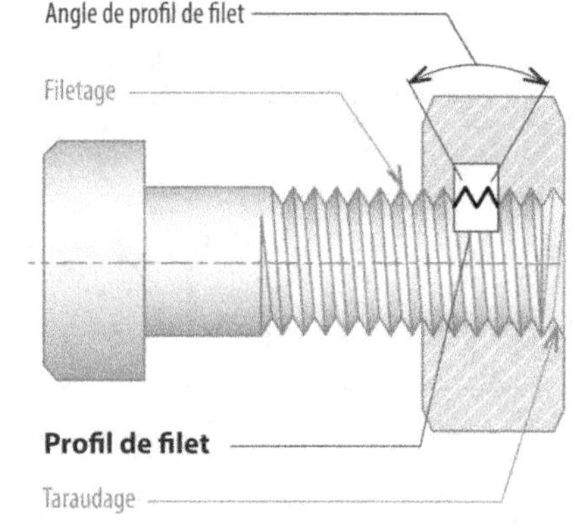

A. Le profil de filet donne une définition géométrique des CARACTÉRISTIQUES du FILET. Ci-dessous, les FORMES les plus répandues pour les MATÉRIAUX métalliques :

Profil		Dénomination	Désignation
a	60°	Filet triangulaire isométrique	**M** M 16 M 16 × 1,5
b	55°	Filet gaz cylindrique Whitworth	**G** (non-étanche) G 1 ½ **Rp** (étanche) Rp 1/8
c	55° 1:16	Filet gaz conique	**R** R ¾
d	60° 1°47'	Filet gaz conique (USA)	**NPT** (étanche) NPT 1¼
e	30°	Filet trapézoïdal	**Tr** M 30 × 6
f	30°	Filet rond	**Rd** Rd 40 × 5

	Filet en dent de scie métrique (filet d'artillerie)	**S** S 48 × 8
	Filet carré (obsolète)	
	Filet Edison (pour les ampoules électriques) À ne pas utiliser en mécanique	**E** E 27

a. FILET TRIANGULAIRE PROFIL ISOMÉTRIQUE : voir des détails à cette rubrique. C'est le profil le plus répandu car il est NORMALISÉ à l'échelle internationale et facile à réaliser. La mécanique générale et la plupart des ÉLÉMENTS DE FIXATION l'utilisent.

b. Profil de filet anglais pour la TUYAUTERIE et les CONNEXIONS | ÉTANCHES ou non-étanches.

c. Profil de filet pour la TUYAUTERIE | ÉTANCHE.

d. Profil de filet américain pour la TUYAUTERIE | ÉTANCHE.

e. FILET PROFIL TRAPÉZOÏDAL : utilisé surtout pour la TRANSFORMATION (sens 2) de MOUVEMENT dans les (VIS-ÉCROUS), SYSTÈMES VIS-ÉCROUS avec des efforts importants.

f. FILET PROFIL ROND : utilisé pour des EFFORTS très importants accompagnés de CHOCS car la FORME arrondie des FONDS de FILET réduit la CONCENTRATION DE CONTRAINTES.

g. Profil de filet ASYMÉTRIQUE : pour les efforts axiaux dans un seul SENS.

h. Profil carré : très ancien profil devenu obsolète car sans qualité particulière.

i. Profil de filet pour les culots des lampes électriques. À ne pas utiliser en mécanique.

B. Les profils de filet doivent être strictement identiques pour être compatibles.

→ Voir FILETAGE (sens 1) pour toutes les conditions nécessaires pour qu'un FILETAGE puisse concorder avec un TARAUDAGE.

C. Ci-contre, d'autres exemples de profil de filet plus spécifique aux VIS À PLASTIQUE, VIS À BOIS et VIS À TÔLE. À remarquer que contrairement aux VIS À MÉTAUX, ces profils dans les MATÉRIAUX cités n'ont pas besoin d'être préalablement TARAUDÉS. Ainsi, il n'est pas nécessaire qu'ils soit NORMALISÉS.

Profil de filet pour les (PLASTIQUES), MATIÈRES PLASTIQUES :

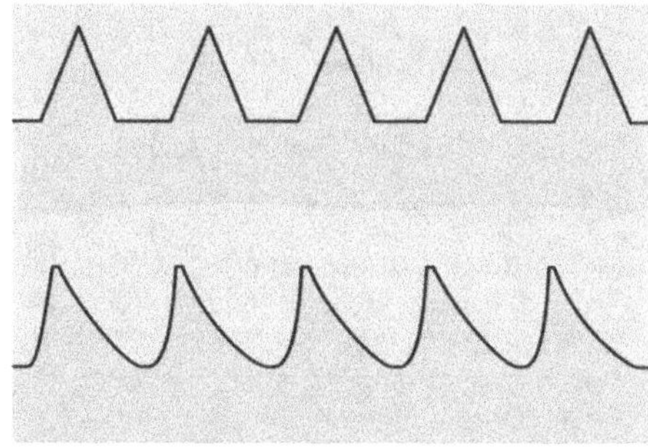

Profil de filet pour le BOIS :

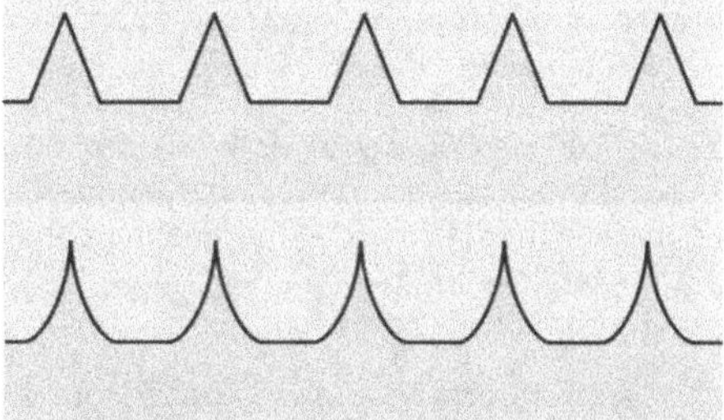

Profil de filet pour TÔLE :

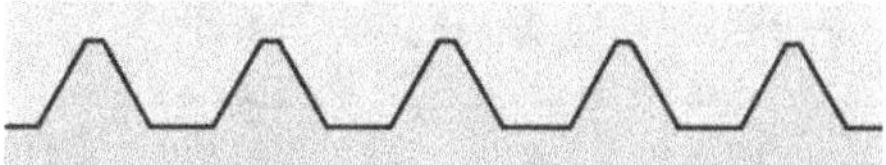

→ Voir VIS À PLASTIQUE, VIS À BOIS, VIS À TÔLE pour les justifications de ces FORMES.

(n.m.) FILET dont l'inclinaison des FLANCS ou ANGLE de profil est de 30° (Selon la NORME NF ISO 2901) :

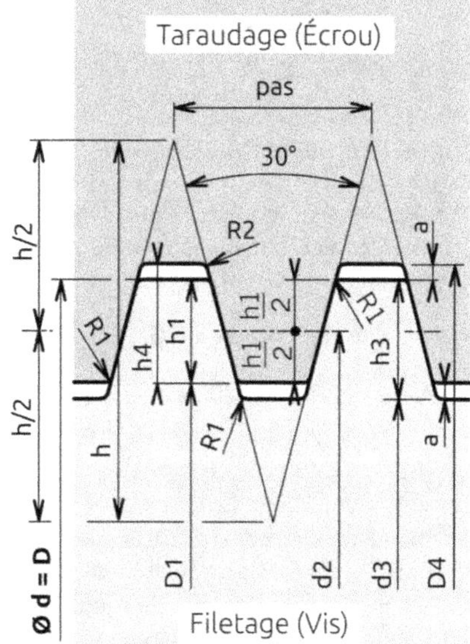

P : pas
n : nombre de filets
Ph : pas hélicoïdal = n × P
D = d : diamètre nominal de la vis
a : fond de filet
D1 : diamètre perçage écrou = d - P
D2 = d2 : diamètre sur flancs = d - 0,5 P
d3 : diamètre noyau de la vis = d - P - 2a
D4 : diamètre fond de filet écrou = d + 2a
h : hauteur triangle definition = 1,866 P
h1 : hauteur filetage en contact = 0,5 P
h3 : hauteur filetage vis = 0,5 P + a
h4 : hauteur filetage écrou = 0,5 P + a
R1 : rayon au sommet max = 0,5 a
R2 : rayon au fond max = a

Il est surtout utilisé pour les TRANSFORMATIONS DE MOUVEMENT, (VIS-ÉCROU), SYSTÈME VIS-ÉCROU ou démultiplication d'EFFORT comme dans les crics, les ÉTAUX, etc.

A. Désignation et cotation :

Tr [diamètre D] (en mm) × **[pas P]** (en mm)

Ex. : *Tr 30 × 6*

filet rapporté [helical thread insert]

(n.m.) ORGANE en HÉLICOÏDE destiné à être inséré dans un TARAUDAGE abîmé pour effectuer une réparation ou en améliorer la RÉSISTANCE MÉCANIQUE.

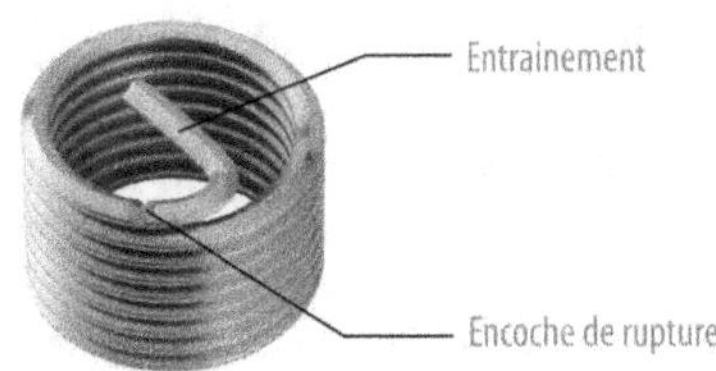

filet rond [round thread]

(n.m.) FILET dont l'inclinaison des FLANCS est de 30° avec des RAYONS de sommet et de fond de filet très grands. Ainsi, ce profil de filet est très résistant au CHOC et à la FATIGUE car moins sensible aux CONCENTRATIONS DE CONTRAINTE :

D : diamètre nominal de la vis
P : pas
R1 : rayon du sommet de la vis = 0,238 P
R2 : rayon du fond de la vis = 0,238 P
R3 : rayon du sommet de l'écrou = 0,256 P
R4 : rayon du fond de l'écrou = 0,221P
h : hauteur des filets = 0,5 P
d : diamètre d'alésage de l'écrou = D – 0,9 P
J1 : jeu de fond de filet de l'écrou = 0,05 P
J2 : jeu de fond de filet de la vis = 0,05 P

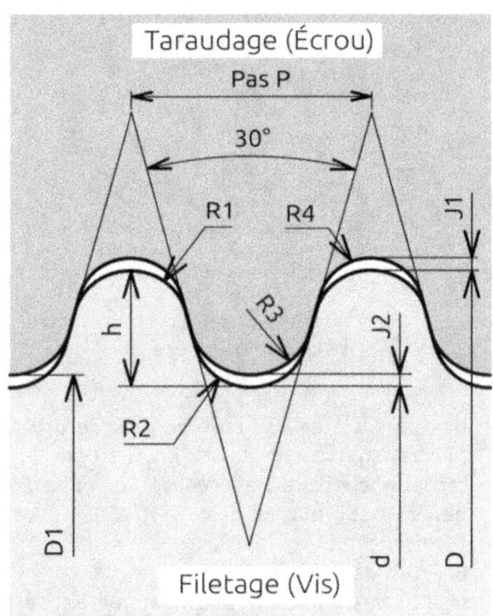

A. Désignation et cotation :

Rd [diamètre D] (en mm) × **[pas P]** (en mm)

Ex. : *Rd 40 × 5*

B. Le filet rond est cependant peu utilisé à cause d'une certaine difficulté de réalisation. On le trouve, par exemple, sur du matériel ferroviaire, sur les culots d'ampoule électrique, sur des bouchons de bouteille et de flacon...

filet triangulaire profil isométrique [ISO 60° vee thread]

(n.m.) FILET dont l'ANGLE d'INCLINAISON ou ANGLE de profil est de 60°. Il est normalisé à l'échelle internationale (NF ISO 68-1) et est largement utilisé dans la MÉCANIQUE générale et la plupart de tous les ÉLÉMENTS DE FIXATION.

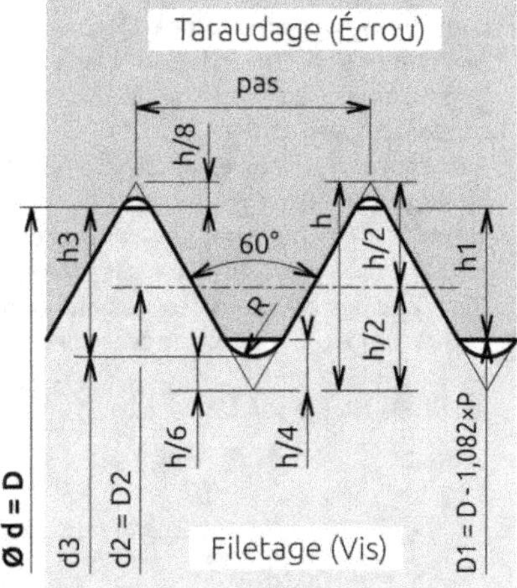

P : pas
D = d : diamètre nominal de la vis
D1 : diamètre perçage écrou = d - 1,0825 P
D2 = d2 : diamètre sur flancs = d - 0,6495 P
d3 : diamètre noyau vis = d - 1,2268 P
h : hauteur triangle définition = 0,866 P
h1 : hauteur filet en contact = 0,5412 P
h3 : hauteur filet vis = 0,6134 P
R = 0,1443 P (théorique)

A. Désignation et cotation :

• Pour les PAS GROS :

M [diamètre D] (en mm)

Ex. : *M 16*

• Pour les PAS FINS :

M [diamètre D] (en mm) × **[pas P]** (en mm)

Ex. : *M 16 × 1,5*

filière [die]

(n.f.) D'une façon générale, c'est un OUTILLAGE (sens 2) muni d'un TROU ou d'une FENTE pour mettre en FORME tout ce qui passe à travers.

Ci-dessous deux exemples d'objets désignés par ce terme :

A. OUTILLAGE de FILETAGE. Ci-dessous, par exemple, une filière manuelle.

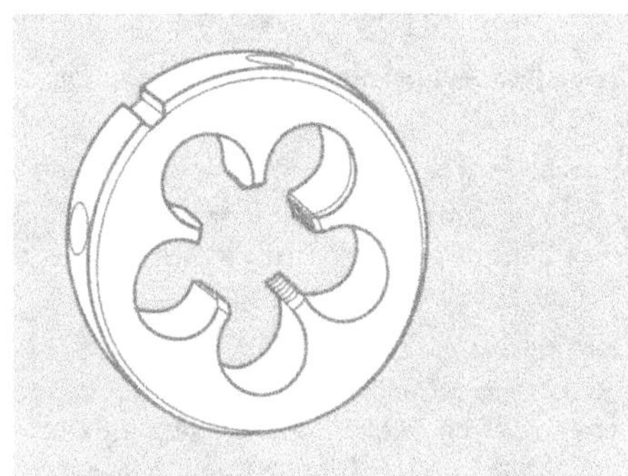

Exemple de filière :

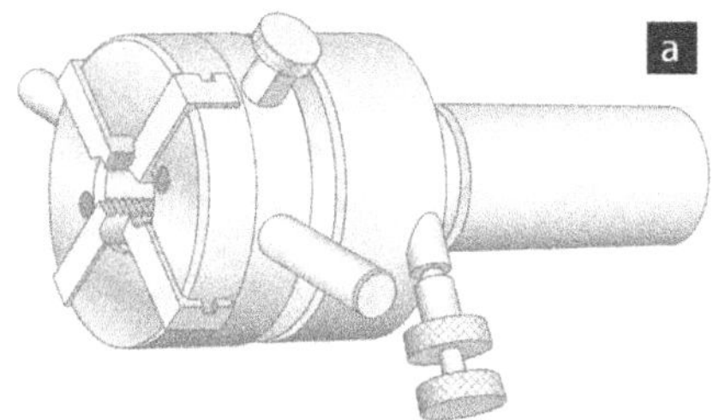

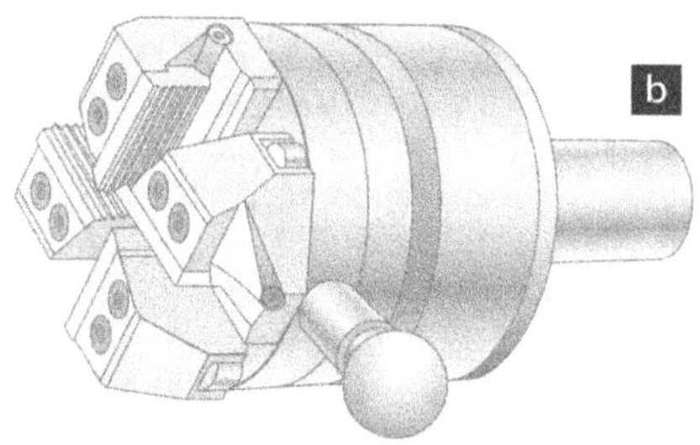

B. Filière d'EXTRUSION de (PLASTIQUES), MATIÈRES PLASTIQUES.

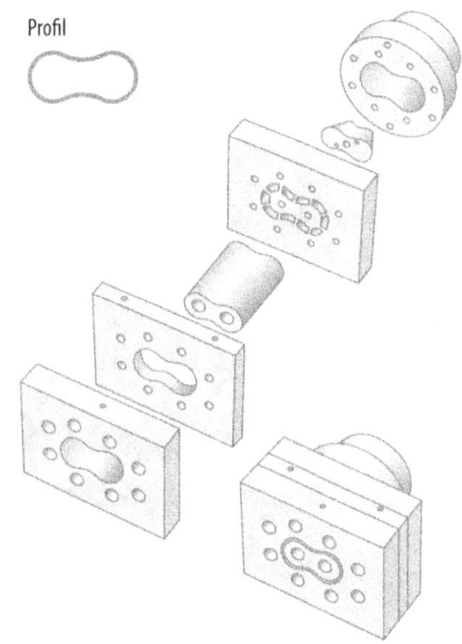

C. Filière en deux parties pour le FILAGE de PROFILÉ en ALUMINIUM.

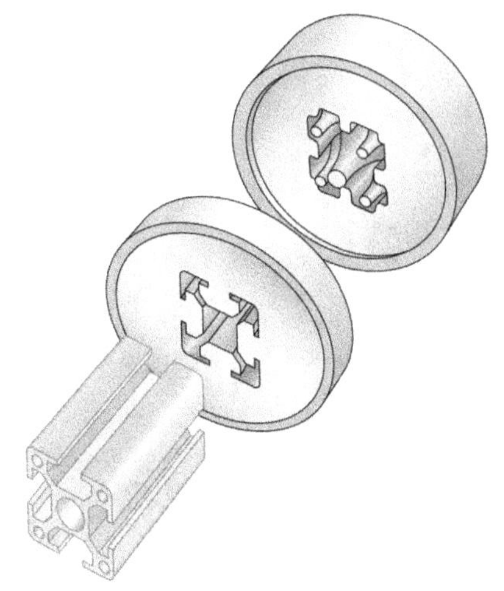

film [Film]

(n.m.) FEUILLE d'ÉPAISSEUR très faible, en-dessous de 0,1 mm dans les considérations usuelles. Les FEUILLES d'ÉPAISSEUR plus forte sont plutôt appelées FEUILLES ou PLAQUES.

Film [Film]	Feuille [Sheet]	Plaque [Plate]

0,1 mm   1 mm   10 mm

É P A I S S E U R

(film), mesure d'épaisseur de film [film thickness measurement]

(n.f.) Évaluation de la distance entre les deux faces d'un MATÉRIAU très mince.

Elle peut être réalisée de façon commode par un appareil s'apparentant à un COMPARATEUR comme ci-dessous.

Photo : Erichsen ®

film plastique [plastic film]

(n.m.) FEUILLE de très faible ÉPAISSEUR en POLYMÈRE pouvant être de quelques MICROMÈTRES seulement.

→ Voir EXTRUSION-GONFLAGE et CALANDRAGE pour les PROCÉDÉS de FABRICATION des films plastiques.

finition [finishing]

(n.f.)

1. Dernière OPÉRATION effectuée avec un soin particulier pour donner à une PIÈCE (sens 1) sa FORME et ses DIMENSIONS, son aspect final et en améliorer l'ESTHÉTIQUE.

Les opérations de finition sont, par exemple, l'ÉBAVURAGE, le POLISSAGE, les TRAITEMENTS DE SURFACE, le NETTOYAGE, etc.

• Note : Ne pas confondre avec le PARACHÈVEMENT qui ne se soucie pas forcément de l'aspect esthétique.

2. Aspect final plus ou moins soigné d'un PRODUIT à l'issue de sa FABRICATION.

→ Voir FINITION BRILLANTE ; (MAT), FINITION MATE.

finition brillante [bright finish]

(n.f.) FINITION (sens 2) reflétant bien la LUMIÈRE (sens 1).

Une finition intermédiaire est dite SATINÉE.

◊ Contr. : (MAT), FINITION MATE.

fissuration [cracking]

(n.f.) Apparition d'un sillon de discontinuité de MATIÈRE qui peut se propager et provoquer une RUPTURE totale.

fissure [crack]

(n.f.) Discontinuité de la MATIÈRE qui se manifeste par un petit sillon susceptible de provoquer une RUPTURE totale s'il se propage.

→ Voir aussi CRIQUE ; TAPURE ; (RESSUAGE), CONTRÔLE PAR RESSUAGE.

fixation [fastening]

(n.f.)

1. Action de rendre solidaires plusieurs objets.

2. DISPOSITIF, TECHNIQUE ou moyen pouvant rendre solidaires plusieurs objets.

A. Le diagramme page suivante donne un aperçu de tous les moyens connus.

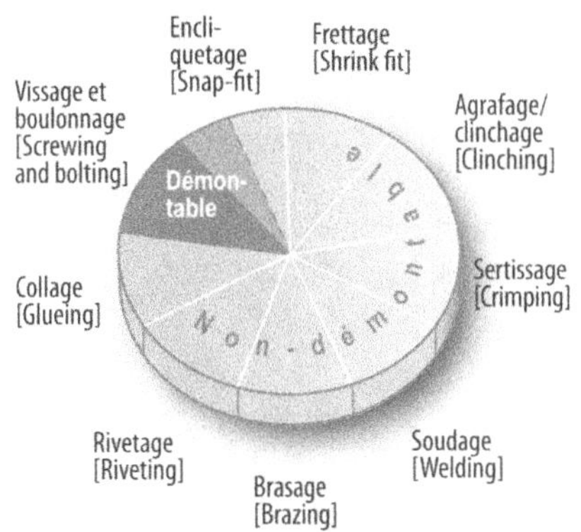

B. À remarquer que la majorité des moyens de fixation est NON-DÉMONTABLE à l'exception notable des VIS (sens 2), BOULONS et certains CLIPSAGES (dits aussi ENCLIQUETAGES).

C. À signaler tout de même deux moyens démontables mais qui relèvent plus du MAINTIEN (c'est à dire temporaire) que de la FIXATION : l'AIMANT PERMANENT et le VELCRO.

(fixation), élément de fixation [fastener]

(n.m.) Même signification que ORGANE DE FIXATION.

fixation en aveugle [blind fastening]

(n.f.) FIXATION (sens 2) par un PROCÉDÉ qui ne nécessite pas d'avoir accès à l'une des deux FACES (sens 1) des objets à solidariser.

→ Voir, par exemple, RIVET AVEUGLE, ÉCROU RÉTRACTABLE, ÉCROU À SERTIR, CHEVILLE À BASCULE, CHEVILLE À RESSORT, BOULON AJAX ONESIDE®.

flambage, flambement [buckling]

(n.m.) PHÉNOMÈNE et état d'INSTABILITÉ d'un ÉLÉMENT STRUCTURAL allongé subissant une FORCE de COMPRESSION, mais dont la DÉFORMATION est un FLÉCHISSEMENT dans une DIRECTION | PERPENDICULAIRE à la CONTRAINTE MÉCANIQUE.

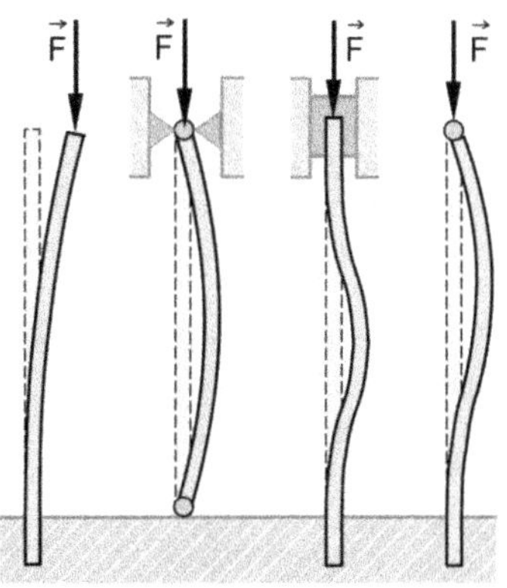

Ex. : *Flambage de la partie comprimée d'une poutre de pont.*

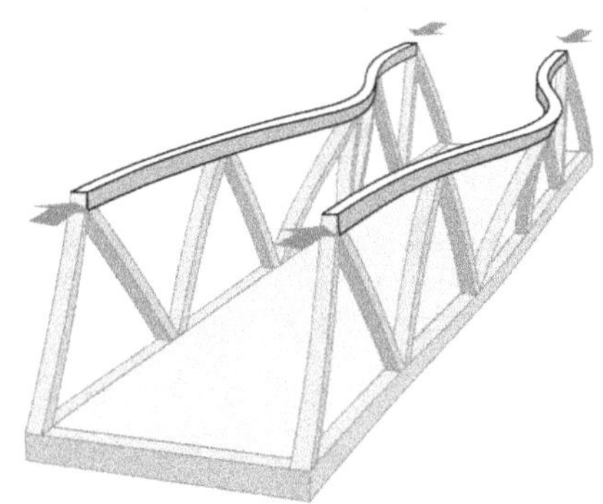

→ Voir aussi DÉVERSEMENT ; ÉLANCEMENT ; VOILEMENT.

flammage [flame treatment, flaming]

(n.m.) TRAITEMENT consistant à exposer la SURFACE d'un MATÉRIAU à l'effet d'un brûleur pour améliorer sa capacité de liaison par COLLAGE, d'ADHÉRENCE de TRAITEMENT de SURFACE, d'encre de marquage, de vernis.

A. Ce TRAITEMENT est surtout appliqué aux POLYOLÉFINES (PE, PP) qui contrairement au PVC ne sont pas des molécules polaires ce qui ne favorise pas, voire interdit les applications de COLLAGE et de PEINTURE. Le flammage permet de remédier au problème en faisant disparaître les tensions superficielles et en procurant aux molécules en SURFACE des fonctions polaires et chimiques qui donnent des aptitudes de liaison (mouillabilité, affinité pour les COLLES et ADHÉSIFS...)

B. Le TRAITEMENT permet aussi d'éliminer les contaminants résiduels (GRAISSE et HUILE) pouvant compromettre les liaisons. La flamme provient de la combustion d'hydrocarbure (butane, propane) dont la TEMPÉRATURE est moins élevée que celle obtenue par l'ACÉTYLÈNE utilisé en SOUDAGE.

Ex. : *Flammage d'un revêtement pour recouvrir une* MATIÈRE *de base en feuille.*

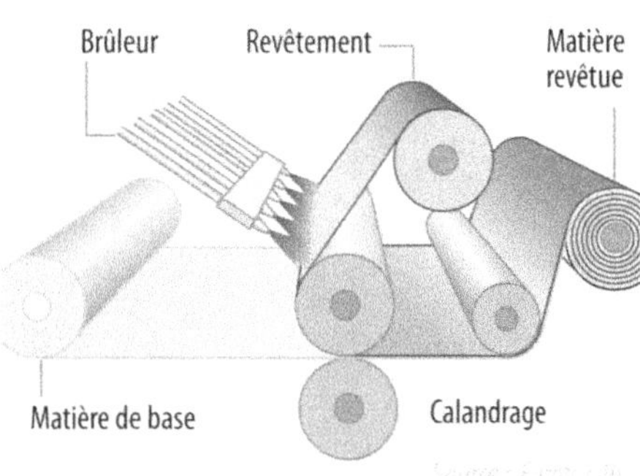

flamme [flame]

(n.f.) LUMIÈRE (sens 1) plus ou moins intense, très chaude sortant d'une BUSE et provenant d'une combustion.

La flamme est une source de chaleur pour différentes applications : SOUDAGE, BRASAGE, FLAMMAGE, TRAITEMENT THERMIQUE, MÉTALLISATION, etc.

Ex. : *Flamme utilisée en* SOUDAGE *provenant de la combustion de mélange d'*ACÉTYLÈNE *+* OXYGÈNE.

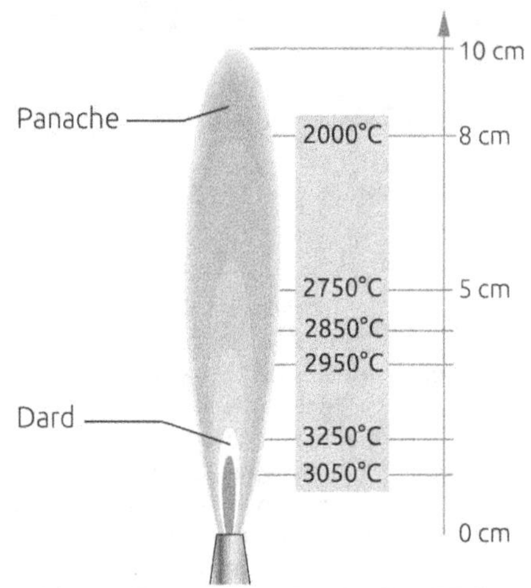

flan [blank]

(n.m.) PLAQUE de TÔLE préalablement découpée en vue d'autres OPÉRATIONS de MISE EN FORME.

Ex. : *Flan, point de départ de l'*EMBOUTISSAGE.

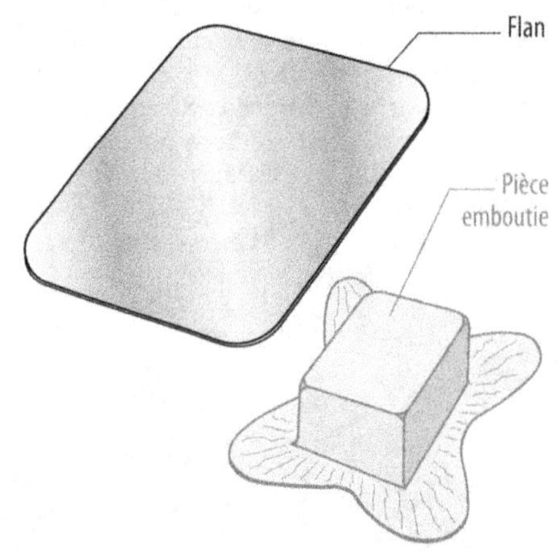

→ Voir aussi REPOUSSAGE ; EMBOUTISSAGE.

flanc [flank]

(n.m.) Côté latéral.

flasque [flange]

(n.m.) PIÈCE (sens 1) plate placée de part et d'autre d'une autre.

Ex. : *Flasques d'une poulie pour courroie crantée :*

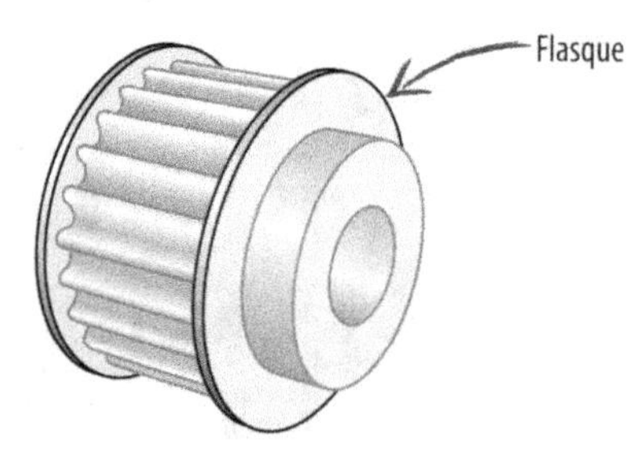

flèche

(n.f.)

1. [arrow] TRAIT ou COURBE dont une extrémité porte une FORME pointue pour désigner quelque chose, montrer une DIRECTION ou un SENS.

2. [deflection] DISTANCE de changement de position d'un endroit, par exemple, sur une POUTRE subissant une FLEXION sous l'effet d'une CHARGE (sens 1).

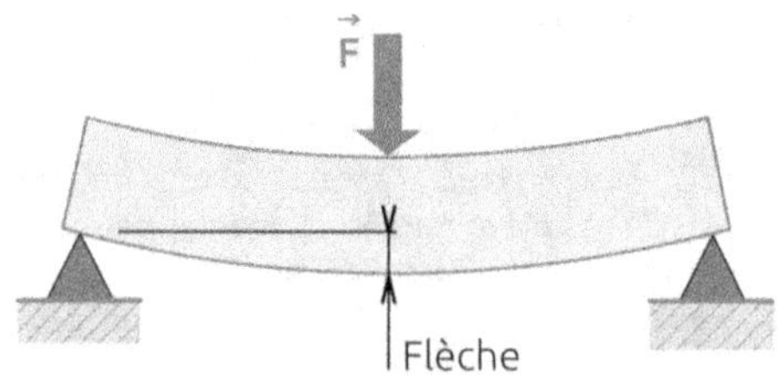

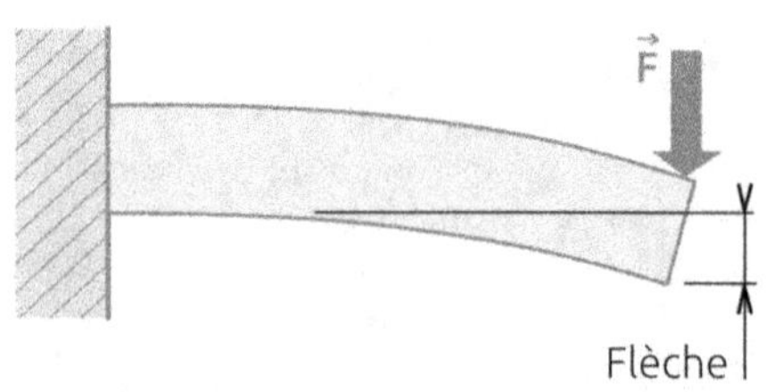

À remarquer que sur les figures précédentes, ce sont les flèches « maximales » qui sont représentées. En réalité, chaque endroit de la poutre possède sa propre flèche. Cependant, en l'absence de toute indication plus précise, le terme flèche désigne la « flèche maximale ».

→ Voir aussi FLAMBAGE ; FLAMBEMENT.

fléchissement [deflection, sagging]

(n.m.) PHÉNOMÈNE d'accentuation de la COURBURE d'un objet allongé ou PLAN à cause des CHARGES (sens 1) qu'on lui applique.

◆ Syn. : FLEXION (sens 1).

flex hone ®

(Marque commerciale). OUTIL ROTATIF constitué d'une multitude de petites boules ABRASIVES fixées sur des TIGES flexibles pour le RODAGE de CYLINDRE (sens 2).

◆ Syn. : BROSSE À HONER.

flexibilité [flexibility]

(n.f.)

1. Capacité à se déformer facilement sous l'action d'une FORCE.

◊ Contr. : RAIDEUR.

2. Capacité à changer facilement de configuration pour s'adapter à autre chose.

flexible [flexible]

(n.m.) ORGANE prévu pour accepter de grande COURBURE de DÉFORMATION notamment pour transmettre un MOUVEMENT DE ROTATION ou pour conduire un FLUIDE.

flexible [flexible]

(adj.) Susceptible de se courber facilement.

flexion [bending]

(n.f.)

1. PHÉNOMÈNE de DÉFORMATION en COURBE ou (CREUX), EN CREUX d'un objet droit long ou PLAN, par l'application d'un MOMENT ou de FORCE | PERPENDICULAIRE à l'AXE (sens 1) longitudinal de l'objet ou à la SURFACE du plan.

Ex. 1 : *Flexion d'une poutre soumise à des moments de force.*

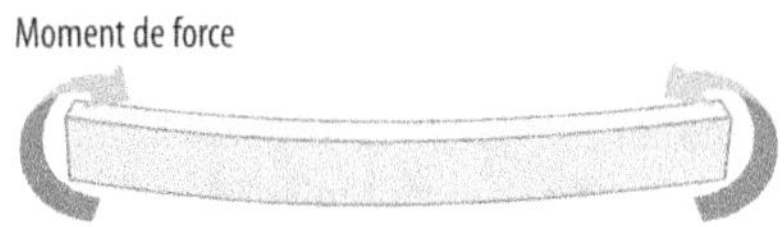

Ex. 2 : *Flexion d'une* POUTRE *sur deux appuis libres :*

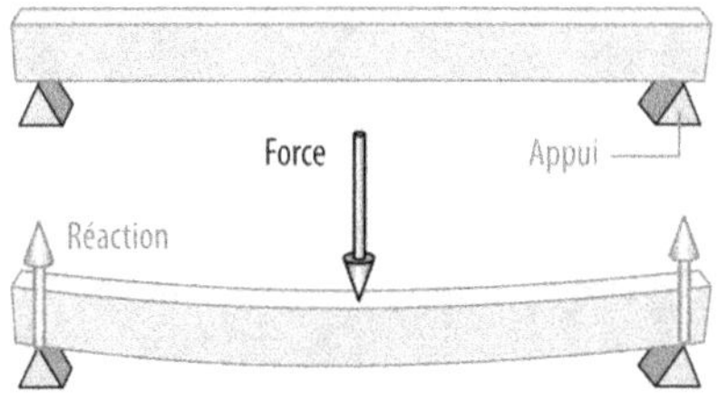

Ex. 3 : *Flexion d'une plaque sur quatre appuis libres.*

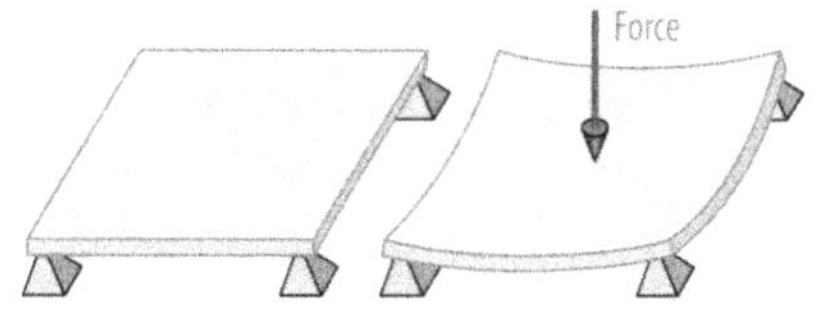

La DISTANCE d'affaissement de la POUTRE ou de la PLAQUE est appelée FLÈCHE (sens 2).

◆ Syn. : FLÉCHISSEMENT.

→ Voir aussi CONTRAINTE DE FLEXION.

2. Action conduisant à la DÉFORMATION en COURBE ou (CREUX), EN CREUX d'un objet long ou PLAN par l'application d'une FORCE | PERPENDICULAIRE à l'AXE (sens 1) longitudinal ou à la SURFACE du PLAN (sens 1).

flexion biaxiale [biaxial bending]

(n.f.) Type de FLEXION agissant simultanément suivant deux AXES (sens 1) | PERPENDICULAIRES.

Dans l'exemple ci-dessous, deux MOMENTS DE FORCE sont appliqués l'un suivant l'axe y, l'autre suivant z.

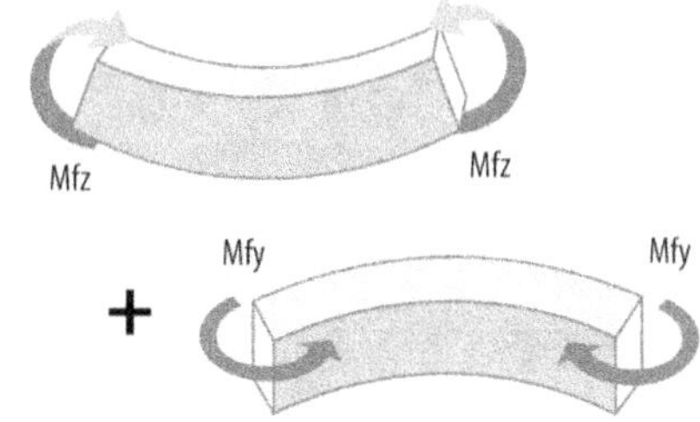

◊ Contr. : FLEXION PLANE.

→ Voir aussi FLEXION DÉVIÉE, FLEXION GAUCHE.

flexion composée [combined bending]

(n.f.) Cas de FLEXION (sens 1) dans lequel toutes les FORCES et MOMENT DE FORCE sans exception agissant sur une POUTRE ou PLAQUE sont totalement pris en compte pour les considérations de RÉSISTANCE DE MATÉRIAU.

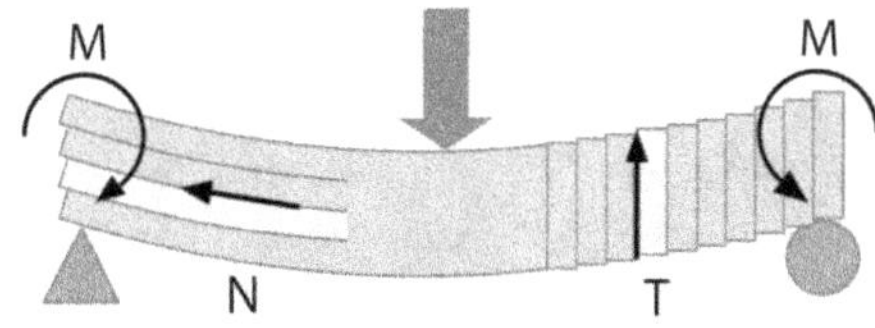

M : Moment fléchissant
T : Effort tranchant
N : Effort normal ou longitudinal

flexion déviée, flexion gauche [biaxial flexion]

(n.f.) Type de FLEXION agissant suivant une DIRECTION différente de la DIRECTION principale de la POUTRE.

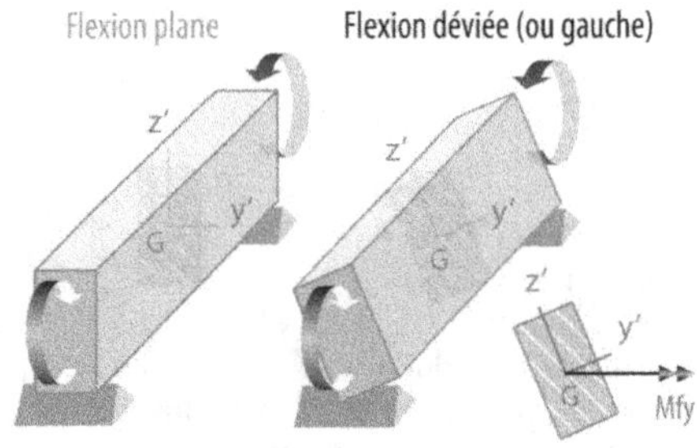

Elle peut être vue comme la composition de deux FLEXIONS simultanées suivant les deux DIRECTIONS principales de la POUTRE.
◊ Contr. : FLEXION PLANE.
→ Voir aussi FLEXION BIAXIALE.

flexion plane [In plane bending]

(n.f.) Cas de FLEXION (sens 2) dans laquelle toutes les FORCES appliquées se situent dans le même plan contenant un axe principal.
◊ Contr. : FLEXION DÉVIÉE, FLEXION GAUCHE.

flexion pure [pure bending]

(n.f.) Cas de FLEXION (sens 1) dans lequel seul est pris en compte le MOMENT FLÉCHISSANT, en excluant des considérations de RÉSISTANCE DES MATÉRIAUX, les EFFORTS TRANCHANTS et efforts longitudinaux (ou normaux).

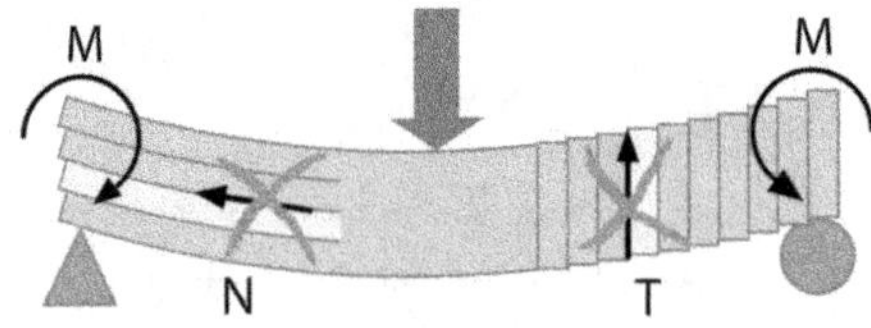

flexion simple [uniaxial bending]

(n.f.) Cas de FLEXION (sens 1) dans lequel sont pris en compte le MOMENT FLÉCHISSANT et les EFFORTS TRANCHANTS, à l'exclusion des efforts normaux.

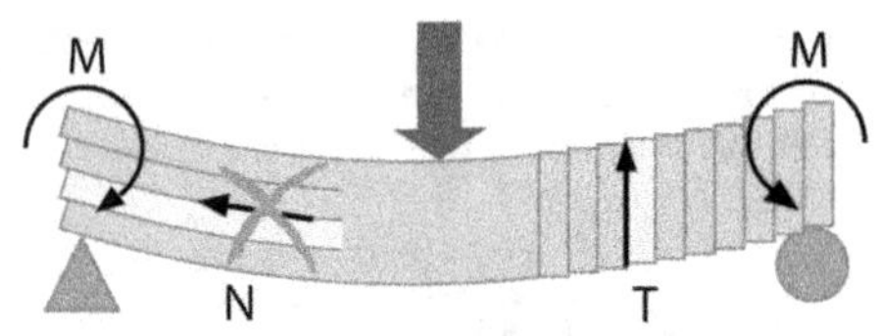

fluage [creep]

(n.m.) PHÉNOMÈNE de DÉFORMATION PERMANENTE irréversible d'un MATÉRIAU due à l'application prolongée d'une CHARGE (sens 1) sur une très longue durée et souvent à TEMPÉRATURE élevée.

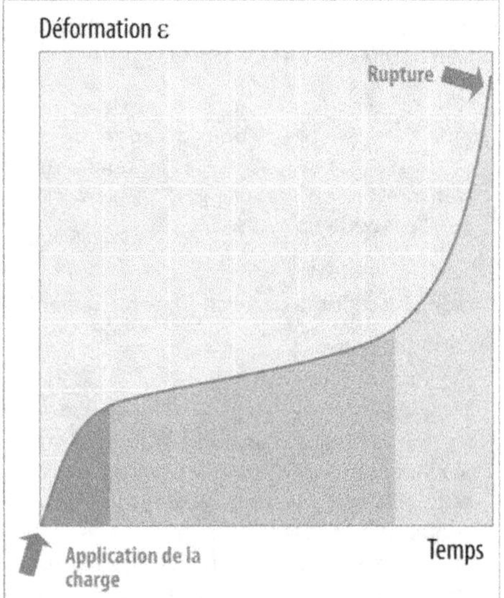

• Note : Ne pas confondre avec la FATIGUE.
→ Voir ESSAI DE FLUAGE.

fluer [creep]

(v.tr.) Se déformer lentement avec le temps en parlant d'un MATÉRIAU ou d'une PIÈCE (sens 1).

fluide [fluid]

(n.m.) MATIÈRE pouvant s'écouler librement et prendre la FORME du récipient qui le contient.

fluide [fluid]

(adj.) Se dit de SUBSTANCE pouvant prendre la FORME du récipient qui le contient et qui peut s'écouler librement.

En réalité, l'ÉCOULEMENT s'effectue plus ou moins facilement selon la VISCOSITÉ de la SUBSTANCE.

◊ Contr. : VISQUEUX.

fluide de coupe [coolant, cutting fluid, metalworking fluid]

(n.m.) LIQUIDE utilisé pour assister la COUPE (sens 2) des MATÉRIAUX en :
- évacuant la chaleur générée dans la pièce et sur l'OUTIL par la plastification et les FROTTEMENTS d'un OUTIL DE COUPE avec la PIÈCE (sens 1) USINÉE.
- lubrifiant le contact outil-pièce.
- évacuant les COPEAUX de la zone de coupe.

A. L'OUTIL DE COUPE doit obligatoirement être refroidi sous peine d'ÉCHAUFFEMENT qui peut détruire ses CARACTÉRISTIQUES MÉCANIQUES, ce qui justifie l'aspersion, par exemple, d'ÉMULSION.

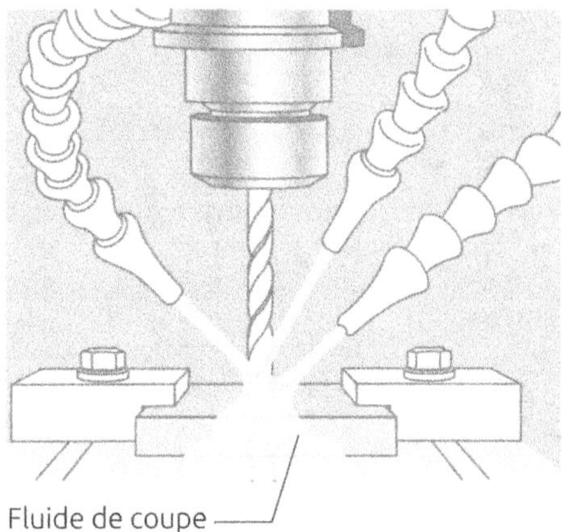

Fluide de coupe

B. Le fluide de coupe sert également à la LUBRIFICATION de l'ARÊTE DE COUPE d'un OUTIL.

→ Voir aussi LUBRIFICATION ; USINAGE À SEC.

fluidité [fluidity]

(n.f.) PROPRIÉTÉ d'une SUBSTANCE | LIQUIDE, PÂTEUSE ou PULVÉRULENTE à bien s'écouler ou à bien remplir une cavité dans laquelle elle est versée.

A. C'est l'inverse de la VISCOSITÉ.

B. Pour la FONDERIE et les PROCÉDÉS de MOULAGE, on parle aussi de COULABILITÉ.

fluoperçage [flow drilling, thermal drilling]

(n.m.) TECHNIQUE de PERÇAGE de TROU DÉBOUCHANT rond avec un OUTIL sans ARÊTE DE COUPE, mis en FROTTEMENT intense par ROTATION et PRESSION sur le MATÉRIAU à usiner, de façon à le ramollir et à le transpercer aisément.

A. Le MATÉRIAU de l'OUTIL est le plus souvent le CARBURE de TUNGSTÈNE. La FORME de l'extrémité est CONIQUE.

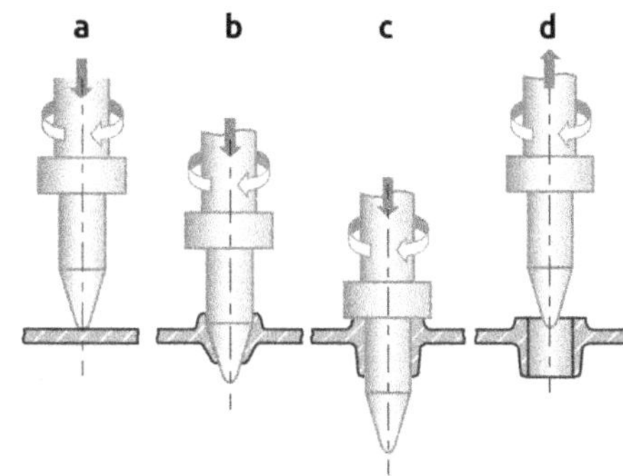

B. Ce PROCÉDÉ est utilisable sur tous les MÉTAUX usuels tels que l'ACIER NON ALLIÉ, l'ACIER INOXYDABLE, les CUPRO-ALLIAGES, l'ALUMINIUM... Cependant, le PROCÉDÉ ne donne pas de bon résultat sur le ZINC et l'ÉTAIN.

👍 Avantages

C. Cycle de PERÇAGE très court procurant un gain de temps. OUTIL à longue DURÉE DE VIE. Pas de COPEAU, de perte de MATIÈRE, de BAVURE ni de débris à évacuer.

👎 Inconvénients

D. ÉCHAUFFEMENT plus important par rapport au PERÇAGE classique, ce qui nécessite plus de précautions de sécurité pendant la manipulation des PIÈCES (sens 1) pour éviter les brûlures.

→ Voir aussi VIS FLUOPERCEUSE.

fluotournage [flow forming, flow spinning, shear spinning, power spinning]

(n.m.) TECHNIQUE de FORMAGE de MÉTAL permettant d'obtenir des FORMES DE RÉVOLUTION par amincissement de la MATIÈRE entre un MANDRIN (sens 2) tournant et un GALET ou MOLETTE.

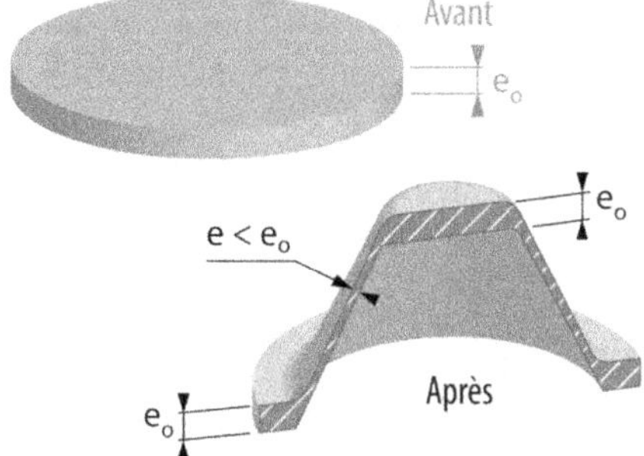

Ex. 1 : *Fluotournage conique.*

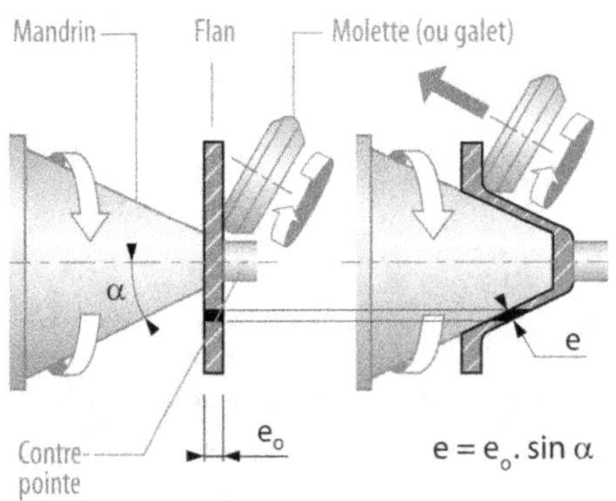

Ex. 1 : *Fluotournage cylindrique.*

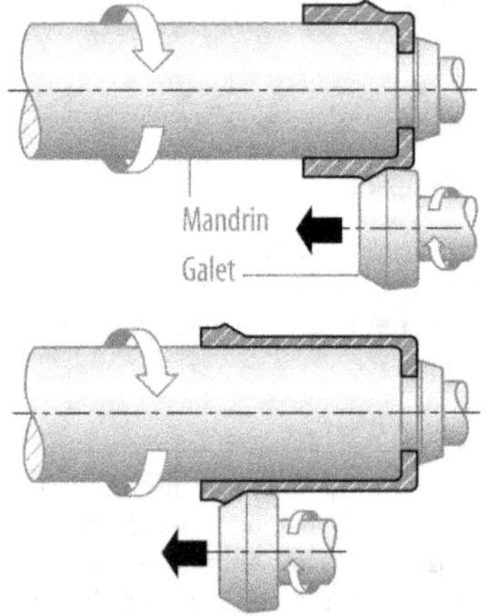

A. Le fluotournage peut être pratiqué (FROID), À FROID ou (CHAUD), À CHAUD. Les MATÉRIAUX pouvant être mis en oeuvre sont les MÉTAUX courants DUCTILES tels que les ACIERS AU CARBONE, les ACIERS INOXYDABLES, les ALLIAGES d'ALUMINIUM, les ALLIAGES de CUIVRE, les ALLIAGES de NICKEL (INCONEL ®, etc.), les ALLIAGES de TITANE, etc. Tous les autres MÉTAUX moins courants mais DUCTILES tels que le TANTALE, le ZIRCONIUM, l'OR, l'ARGENT, le PLATINE, etc. peuvent aussi être fluotournés.

B. Les machines utilisées s'apparentent à des TOURs avec les MOLETTEs à la place des OUTILs DE COUPE. Les mêmes machines servent pour le fluotournage et le REPOUSSAGE.

C. TOLÉRANCE dimensionnelle (IT) :

Très précis	Précis	Moyen	Grossier	Très Grossier
1 2 3 4 5	6 7 8 9	10 11 12	13 14 15	16 17 18
		Fluotournage		
$10 \pm 0,002$	$10 \pm 0,01$	$10 \pm 0,05$	$10 \pm 0,2$	10 ± 1
$100 \pm 0,005$	$100 \pm 0,02$	$100 \pm 0,1$	$100 \pm 0,4$	100 ± 2

D. ÉTAT DE SURFACE, RUGOSITÉ Ra (µm) :

0,012	0,025	0,05	0,1	0,2	0,4	0,8	1	1,6	3,2	6,3	10	12	25	50	100	200

Fluotournage

** Symbole ne faisant plus partie des normes*

E. Coût OUTILLAGE (sens 2) (hors coût MACHINE) :

Aucun	Faible	Moyen	Élevé	Très élevé
	Fluotournage			

F. SÉRIE DE PIÈCES économique :

Proto	Unitaire	Petite	Moyenne	Grande	Très Grande
1	10	100	1 000	10 000	100 000
		Fluotournage			

👍 **Avantages**

G. Principe relativement simple. Pas de perte de MATIÈRE. OUTILLAGE peu coûteux. Permet des rapports longueur/diamètre plus profond que l'EMBOUTISSAGE. Permet des diminutions d'ÉPAISSEUR spectaculaire (parfois jusqu'à 80% plus faible). ÉPAISSEURS finales pouvant être très fines (quelques dixièmes de millimètres). Souvent, une seule PASSE suffit ce qui rend le PROCÉDÉ très compétitif. Économie de MATIÈRE et gain de poids des pièces par optimisation locale des ÉPAISSEURS, ce qui en fait un PROCÉDÉ très apprécié par l'aéronautique et l'aérospatiale, par exemple. Très bon ÉTAT DE SURFACE et excellente PRÉCISION dimensionnelle aussi bien sur le diamètre intérieur qu'extérieur, ce qui permet d'éviter des opérations D'USINAGE. Amélioration des CARACTÉRISTIQUES mécaniques par ÉCROUISSAGE dans le cas du fluotournage (FROID), À FROID. Effort mécanique nécessaire relativement modéré.

H. Les domaines d'application du fluotournage sont vastes :
- aéronautique et aérospatiale : arbre de moteur d'avion, arbre de transmission d'hélicoptère, tuyère, réservoir, nez d'aéronef, coiffe et corps de missile, etc.

- automobile et ferroviaire : jante et flasque de roue, cylindre de frein, enjoliveur, poulie, etc.
- équipements hydrauliques : cylindre, piston, vérin, fond de cuve, bouteilles de gaz et d'extincteur, etc.
- armement : enveloppe et douille de munitions, etc.
- orfèvrerie et ustensiles ménagers : coupe, plat, casserole, poêle, vase, seau à champagne, bibelot, etc.

...

I. Ne pas confondre avec le REPOUSSAGE qui n'apporte pas de diminution d'ÉPAISSEUR du FLAN.

flux

(n.m.)
1. [flow] Écoulement de MATIÈRE.
2. [flux] Produits utilisés en SOUDAGE, BRASAGE et FONDERIE pour éliminer les OXYDES de la surface du JOINT (sens 2) à réaliser ou pour réduire l'OXYDATION et fluidifier le MÉTAL en FUSION.
A. Ils se présentent sous forme de POUDRE, GRANULÉS, pastilles ou PÂTE. Dans le cas du SOUDAGE et du BRASAGE, ils sont soit répandus sur la surface des bords à joindre, soit introduits dans le bain au moyen de la BAGUETTE d'apport. Dans le cas de la FONDERIE, il sont rajoutés en couverture de la surface du bain au cours de sa formation.
→ Voir, par exemple, SOUDAGE À L'ARC ÉLECTRIQUE ; SOUDAGE À L'ARC SUBMERGÉ.

foirage [stripping]

(n.m.) PHÉNOMÈNE de détérioration du PAS DE VIS d'un FILETAGE ou d'un TARAUDAGE, en particulier lorsque la VIS (sens 2) a été engagée et serrée de travers dans le TROU TARAUDÉ.
→ Voir FILET RAPPORTÉ ; DOUILLE AUTOTARAUDEUSE qui sont des moyens pour réparer un taraudage FOIRÉ.

foiré [stripped]

(adj.) Se dit d'un FILETAGE ou TARAUDAGE abîmé, notamment parce que la VIS (sens 2) a été engagée et serrée de travers.

fonction [function]

(n.f.) Ce à quoi sert un objet ou un APPAREIL. Ce qu'ils sont capable de faire ou de réaliser.
Ex. : *La fonction d'une clé est de serrer ou de desserrer une vis.*
→ Voir aussi ANALYSE FONCTIONNELLE.

fonction de service [service capacity, service function]

(n.f.) En ANALYSE FONCTIONNELLE, aptitude demandée à un PRODUIT pour satisfaire les BESOINS d'un utilisateur.
La fonction de service est constituée de la FONCTION D'USAGE et de la FONCTION D'ESTIME.

fonction d'estime [esteem function]

(n.f.) En ANALYSE FONCTIONNELLE, aptitude demandée à un PRODUIT | TECHNIQUE pour satisfaire les goûts et les ressentis des utilisateurs, au delà de la fonction réelle appelée FONCTION D'USAGE.

fonction d'usage [use function]

(n.f.) En ANALYSE FONCTIONNELLE, aptitude demandée à un PRODUIT pour réaliser une FONCTION.

fonctionnalité [functionality]

(n.f.) Possibilité d'assurer une FONCTION.

fonctionnel [functional]

(adj.) Qui a un rapport avec la FONCTION. Qui remplit parfaitement la FONCTION qu'on en attend.

fond [dished end, dished head]

(n.m.) ORGANE destiné à fermer les extrémités d'un PROFILÉ.
→ Voir FOND À SOUDER.

fond à souder [dished end]

(n.m.) PIÈCE (sens 1) MÉTALLIQUE en FORME de CALOTTE SPHÉRIQUE destinée à fermer le BOUT d'un TUBE avec lequel elle est assemblée par FUSION locale.

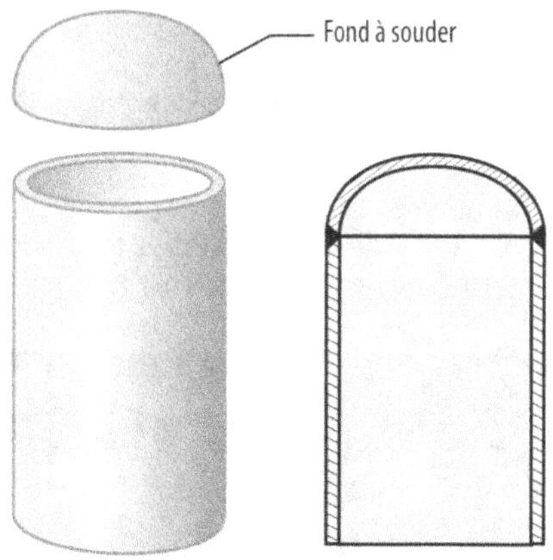

A. Ne pas confondre avec l'ABOUT qui est ajusté et fixé par VIS (sens 2) ou RIVET.
B. Selon sa taille et l'ÉPAISSEUR de paroi, le fond à souder peut être obtenu par EMBOUTISSAGE,

REPOUSSAGE, BORDAGE ou (EXPLOSION), FORMAGE PAR EXPLOSION.

fond bombé [dished end, dished head]

(n.m.) PIÈCE (sens 1) de TÔLE en FORME de CALOTTE SPHÉRIQUE pour fermer l'extrémité d'un réservoir, d'une cuve ou d'un réacteur, par exemple.

A. Le fond bombé peut être obtenu par EMBOUTISSAGE, BORDAGE ou (EXPLOSION), FORMAGE PAR EXPLOSION, FORMAGE INCRÉMENTAL pour les plus grands.
→ Voir, par exemple, BORDAGE ; BORDEUSE.

fond de filet [thread root]

(n.m.) Partie creuse d'un FILETAGE ou d'un TARAUDAGE.

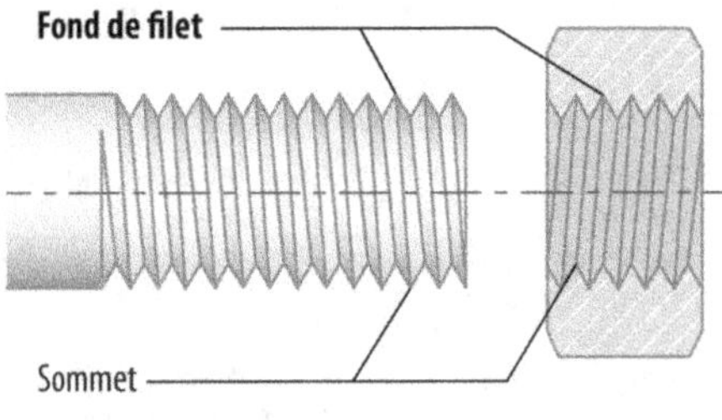

◊ Contr. : Sommet.

fonderie

(n.f.)

1. [casting] PROCÉDÉ de MISE EN FORME par FUSION préalable d'un MATÉRIAU puis SOLIDIFICATION dans un MOULE possédant la FORME voulue mais (CREUX), EN CREUX pour en obtenir une réplique.
→ Voir MOULAGE DES MÉTAUX.

2. [foundry] Usine ou atelier dans lequel du MÉTAL est fondu en vue d'une MISE EN FORME par MOULAGE.

(fonderie), pièce de fonderie [casting]

(n.f.) PIÈCE (sens 1) obtenue par FUSION d'un MATÉRIAU, puis COULÉE dans un MOULE possédant la FORME voulue mais (CREUX), EN CREUX pour en obtenir une réplique après SOLIDIFICATION.

fondu [molten]

(adj.) Qui est passé de l'état SOLIDE à l'état LIQUIDE.

fonte [cast iron]

(n.m.) ALLIAGE de FER saturé en CARBONE avec un pourcentage en MASSE (sens 2), supérieur à 2 %, généralement autour de 4 %. D'autres ÉLÉMENTS CHIMIQUES sont souvent aussi présents tels que le MANGANÈSE, le SILICIUM, le SOUFRE...
A. En cours d'ÉLABORATION, le CARBONE précipite la plupart du temps sous forme de GRAPHITE de formes diverses ou se retrouve sous forme de CÉMENTITE Fe_3C.

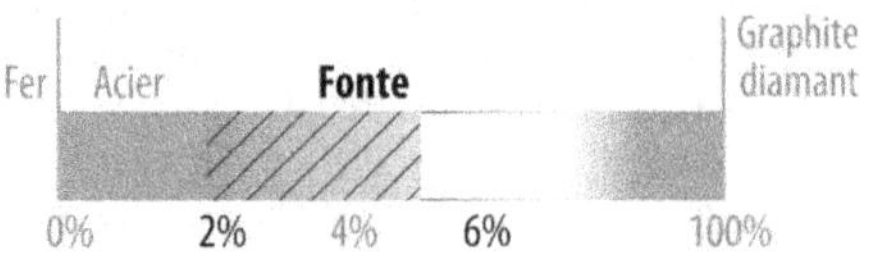

B. Par rapport à l'ACIER, la fonte possède une meilleure COULABILITÉ qui en fait un très bon MATÉRIAU pour le MOULAGE en FONDERIE.
→ Voir COULABILITÉ.
Le tableau page suivante rassemble les MICROSTRUCTURES et CARACTÉRISTIQUES des différents types de fonte. À remarquer les différentes formes de GRAPHITE qu'ils contiennent, mais aussi les différentes MATRICES (sens 2) qui peuvent être FERRITIQUE, PERLITIQUE ou ferrito-perlitique, ce qui influence grandement les CARACTÉRISTIQUES MÉCANIQUES.

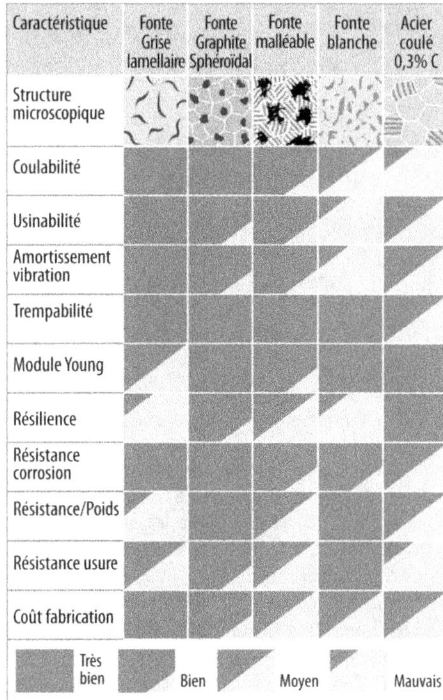

Caractéristique	Fonte Grise lamellaire	Fonte Graphite Sphéroïdal	Fonte malléable	Fonte blanche	Acier coulé 0,3% C
Structure microscopique					
Coulabilité					
Usinabilité					
Amortissement vibration					
Trempabilité					
Module Young					
Résilience					
Résistance corrosion					
Résistance/Poids					
Résistance usure					
Coût fabrication					

Très bien — Bien — Moyen — Mauvais

👍 Avantages

C. Bonne COULABILITÉ (meilleure que l'ACIER). TEMPÉRATURE DE FUSION plus faible. Nécessite peu, voire pas de MASSELOTTAGE. Bonne USINABILITÉ. RÉSISTANCE À LA CORROSION. Capacité à absorber les VIBRATIONS et à conduire la chaleur. Économique car l'ÉLABORATION est plus simple que celle de l'ACIER avec moins d'étapes.

👎 Inconvénients

D. MATÉRIAU n'existant pas en DEMI-PRODUIT prêt à l'utilisation. Sa mise en œuvre se fait essentiellement par MOULAGE. Tendance à la FRAGILITÉ dans le cas de la FONTE GRISE.

fonte à graphite lamellaire [lamellar cast iron]

(n.f.) Type de FONTE obtenue en ÉLABORATION classique par REFROIDISSEMENT lent dans laquelle le CARBONE est présent sous forme de lamelles éparpillées dans la MATRICE (sens 2) MÉTALLIQUE.
• Note : La formation de GRAPHITE sous forme de lamelles est favorisé par un REFROIDISSEMENT lent et une inoculation (ajout d'éléments modifiant le processus de SOLIDIFICATION d'un MÉTAL liquide) juste avant le remplissage par ajout de germes en utilisant du ferro-silicium.
→ Voir FONTE À GRAPHITE SPHÉROÏDAL pour une comparaison de sa STRUCTURE MICROSCOPIQUE.

fonte à graphite sphéroïdal [nodular iron, ductile iron]

(n.f.) Type de FONTE spécialement élaborée, avec des ÉLÉMENTS D'ADDITION (ferro-silicium et ferro-manganèse) qui transforment le GRAPHITE en nodules sphériques.
A. La figure ci-dessous donne une comparaison de la STRUCTURE MICROSCOPIQUE d'une FONTE À GRAPHITE LAMELLAIRE et d'une fonte à graphite sphéroïdal.

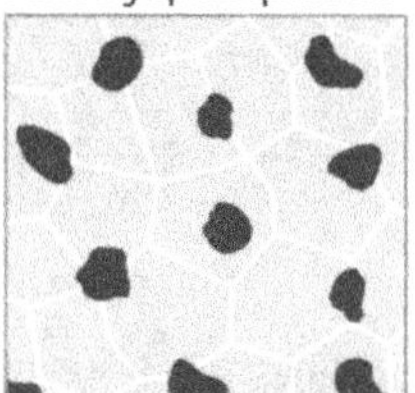

Une telle STRUCTURE (sens 1) a pour effet d'éliminer les inconvénients de la FONTE À GRAPHITE LAMELLAIRE (ou FONTE GRISE) tout en conservant les avantages.

👍 Avantages

B. Bonne RÉSISTANCE AU CHOC. Bonne capacité de DÉFORMATION avant RUPTURE. RÉSISTANCE À LA TRACTION sensiblement plus élevée comparable à l'ACIER COURANT. MODULE D'ÉLASTICITÉ LONGITUDINAL voisin de celui des ACIERS. Bonne COULABILITÉ permettant l'obtention de FORMES complexes. Bonne USINABILITÉ. Bonne capacité d'amortissement des vibrations. Bonnes PROPRIÉTÉS de FROTTEMENT. LIMITE DE FATIGUE importante lors d'efforts cycliques. 8 % moins DENSE (sens 2) que l'ACIER.
C. Les avantages de ces fontes les destinent tout particulièrement aux PIÈCES (sens 1) soumises à des conditions MÉCANIQUES très sévères, telles que les ENGRENAGES, VILEBREQUINS, corps de pompes, MATRICES (sens 1) d'EMBOUTISSAGE, corps de vanne, plateaux de TOURS (sens 1), moyeux de roues, CARDANS de TRANSMISSION, TUYAUX de canalisations soumises à de très hautes PRESSIONS ou à des conditions d'exploitation très difficiles.
◆ Syn. : FONTE DUCTILE.
À comparer avec la FONTE À GRAPHITE LAMELLAIRE.

fonte blanche [pig iron]

(n.f.) Type de FONTE ne contenant pas de CARBONE sous forme GRAPHITE car il est entièrement sous forme de carbure Fe_3C.

Ce type de fonte est obtenu par un REFROIDISSE-MENT en MOULE. Sa particularité est d'être très DURE et très résistante à l'USURE. En contrepartie, elle est d'une grande FRAGILITÉ.

(fonte), désignation des fontes [cast iron code designation]

(n.f.) Appellation normalisée contenant des chiffres et des lettres permettant d'identifier et de différencier sans ambiguïté une FONTE d'une autre.

A. La constitution de la DÉSIGNATION selon la NORME européenne est la suivante, appliquée à un exemple :

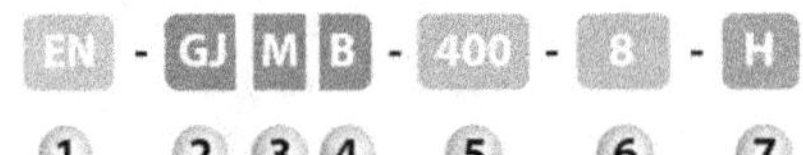

Symbole 1 : Norme de référence.

EN	Indication de «norme européenne»

Symbole 2 : Symbole de MATÉRIAU.

G	Fonte
J	Fer

Symbole 3 : Symbole de structure de GRAPHITE.

L	Lamellaire
M	Malléable
S	Sphéroïdal
V	Vermiculaire
N	Sans graphite
Y	Structure spéciale

Symbole 4 : Symbole de MICROSTRUCTURE.

A	Austénitique
B	Recuit sans décarburation (Black)
F	Ferrite
L	Lédéburitique
P	Perlite
Q	Trempé
T	Trempé et revenu
W	Recuit avec décarburation (White)

Symbole 5 : Valeur de résistance mécanique ou symbole de composition chimique.

400	Valeur minimale de résistance à la traction Rm exprimée en N/mm²

Symbole 6 : Valeur de DÉFORMATION ou de DURETÉ.

8	Valeur d'**allongement à rupture A** minimale exprimée en % avec indication de méthode de prélèvement d'éprouvette : S = coulée séparément C = prélevée sur la pièce ou **Dureté** (HB, HV, ou HR)

Symbole 7 : Exigences supplémentaires.

H	Pièce recevant un traitement thermique
W	Aptitude au soudage

B. Ainsi, l'exemple considéré précédemment **EN-GJMB-400-8-H** signifie : « fonte malléable à coeur noir, de résistance minimale à la traction 400 MPa (N/mm²) et un allongement minimal de 8 %, recevant un TRAITEMENT THERMIQUE ».
Autres exemples de DÉSIGNATION :
EN-GJL-350 : « fonte à graphite lamellaire de résistance minimale à la traction de 350 N/mm² ».
EN-GJS-600-3 : « fonte à graphite sphéroïdal de résistance minimale à la traction de 600 N/mm² et d'allongement minimal de 3 % ».
C. À remarquer que les différents types de fonte, aux propriétés opposées, sont obtenues à partir du même MÉTAL en FUSION en fonction des VITESSES DE REFROIDISSEMENT en MOULE et en jouant sur les ajouts de ferro-alliages juste avant (ou pendant) la COULÉE. Les fontes sont donc désignées par leurs CARACTÉRISTIQUES MÉCANIQUES, contrairement aux autres ALLIAGES qui sont identifiés par leur composition chimique.

fonte ductile [ductile cast iron]

(n.f.) Même signification que FONTE À GRAPHITE SPHÉROÏDAL.

fonte grise [grey cast iron]

(n.f.) Même signification que FONTE À GRAPHITE LAMELLAIRE.

fonte malléable [malleable cast iron]

(n.f.) Type de FONTE sans CARBONE pur obtenu sur une base de FONTE BLANCHE ayant subi un TRAITEMENT THERMIQUE pour améliorer leur DUCTILITÉ. Ainsi, elles sont destinées à la FABRICATION de PIÈCES (sens 1) minces.
• Note : Ce type de fonte contenue en TRAITEMENT THERMIQUE de graphitisation a été remplacée quasi totalement par le développement des FONTES À GRAPHITE SPHÉROÏDAL depuis les années cinquante.

[foot, feet]

(Nom anglais). Unité de MESURE (sens 2) anglo-saxonne pour les LONGUEURS. Il vaut :

$$1 \text{ ft} = 1' = 0{,}3048 \text{ m}$$

Il est subdivisé en 12 parties dont chacune est appelée INCH ou POUCE et valant :

$$1 \text{ in} = 1'' = 25{,}4 \text{ mm}$$

forage [deep drilling, gun drilling]

(n.m.) PERÇAGE d'un TROU de grande PROFONDEUR supérieure à dix fois le DIAMÈTRE. Le forage est aussi appelé PERÇAGE PROFOND.

force [force]

(n.f.) PHÉNOMÈNE provoquant un MOUVEMENT, une modification de MOUVEMENT ou une DÉFORMATION (sens 1).

A. Les FORCES peuvent être classées en deux catégories :
• les FORCES DE CONTACT.
• les FORCES À DISTANCE.

B. La FORCE est une grandeur dite vectorielle c'est à dire caractérisée par une INTENSITÉ, une DIRECTION, un SENS, un point d'application. Elle est, en général, représentée schématiquement par une FLÈCHE (sens 1) de LONGUEUR proportionnelle à son INTENSITÉ :

C. À remarquer la petite flèche au dessus de la lettre F pour signifier qu'il s'agit d'un vecteur.
→ Voir aussi MOMENT DE FORCE.

force à distance [distance force]

(n.f.) FORCE dont l'application ne nécessite pas de CONTACT entre deux CORPS.
Ex. : *Le magnétisme, l'électromagnétisme, la gravitation sont des forces à distance.*
◊ Contr. : FORCE DE CONTACT.

force de contact [contact force]

(n.f.) FORCE dont l'application nécessite à deux CORPS de se toucher.
Ex. : *FROTTEMENT, **collision**, POUSSÉE...*
◊ Contr. : FORCE À DISTANCE.

foret [drill]

(n.m.) OUTIL DE COUPE ROTATIF pour l'USINAGE de TROU rond de PRÉCISION moyenne.

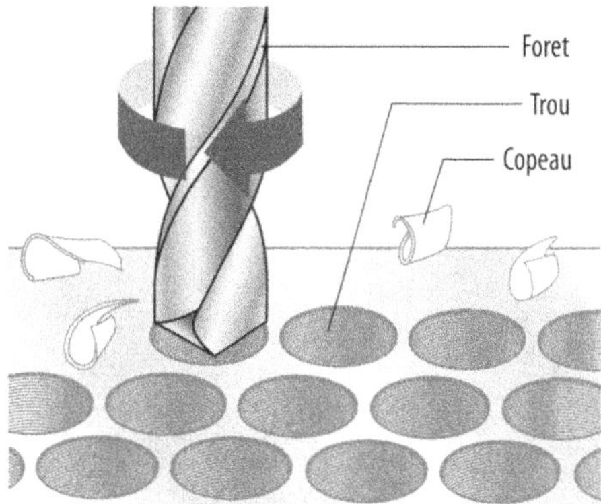

A. En terme de (TOLÉRANCE), GRADE DE TOLÉRANCE INTERNATIONALE, la précision envisageable est au mieux IT10 pour un ÉTAT DE SURFACE moyen de Ra 3,2 µm.
B. Ne pas confondre avec l'ALÉSAGE (sens 1) qui est d'une PRÉCISION supérieure.
C. Les différentes parties d'un foret sont indiquées ci-dessous :

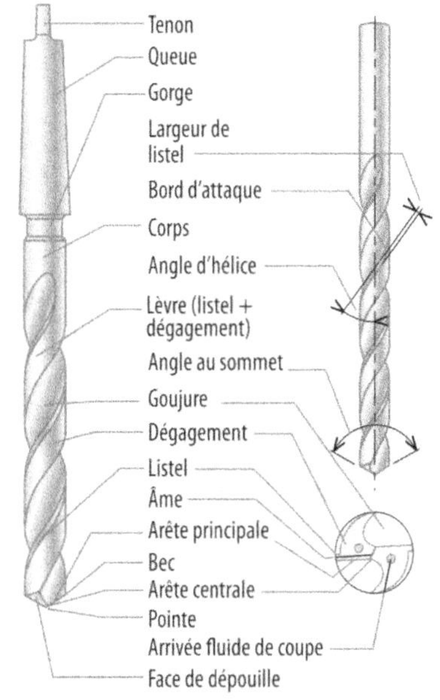

D. L'OPÉRATION d'USINAGE utilisant le foret est appelée PERÇAGE. Cet outil peut être utilisé sur une PERCEUSE, une FRAISEUSE, un TOUR (sens 1), un CENTRE D'USINAGE.
E. L'arête centrale présente une COUPE (sens 3) très négative à cause de la présence de l'âme. La majorité de l'effort d'AVANCE est consommée par cette petite arête dont l'effet peut être réduit par un AFFÛTAGE par amincissement d'âme.

F. Ci-dessous quelques types de foret usuels :

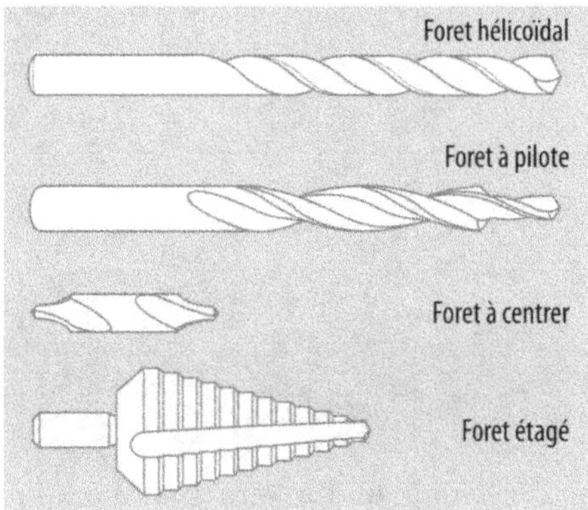

Des variantes de foret plus adaptées à différents types de MATÉRIAU existent.

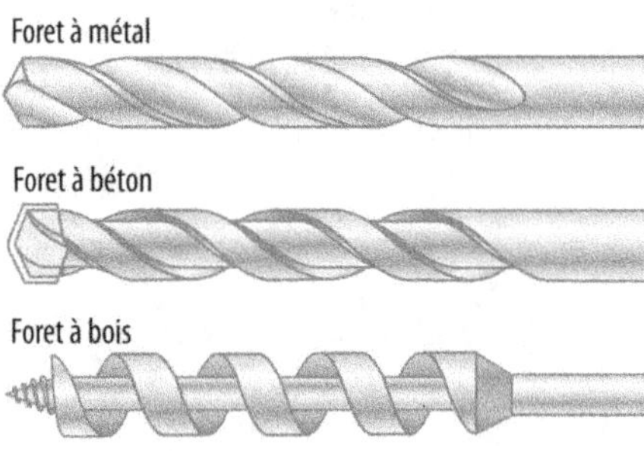

foret à centrer [center drill]

(n.m.) Type de FORET pour obtenir un TROU de CENTRAGE en vue d'un montage ENTRE-POINTES, d'un montage avec CONTRE-POINTE.

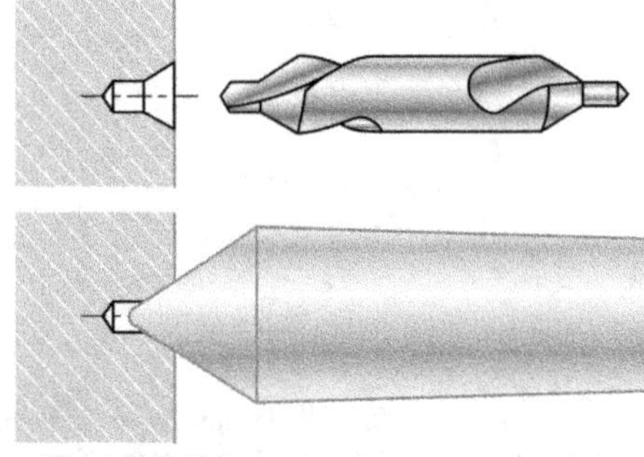

→ Voir aussi CENTRAGE.

foret à dépointer [spotweld drill]

(n.m) FORET spécialement conçu pour retirer des SOUDURES par point.

Il est caractérisé par une extrémité pointue capable de pénétrer dans la matière afin de stabiliser tout de suite le foret pendant le reste de l'OPÉRATION. Les lèvres sont PERPENDICULAIRES à l'AXE du foret de manière à entamer directement la MATIÈRE sur tout le DIAMÈTRE.

foret 3/4 [gun drill]

(n.m.) Type de FORET pour PERÇAGE PROFOND constitué d'une longue BARRE | CYLINDRIQUE avec une GOUJURE droite en FORME de RAINURE en VÉ et de canaux de passage de LIQUIDE sur toute sa LONGUEUR.

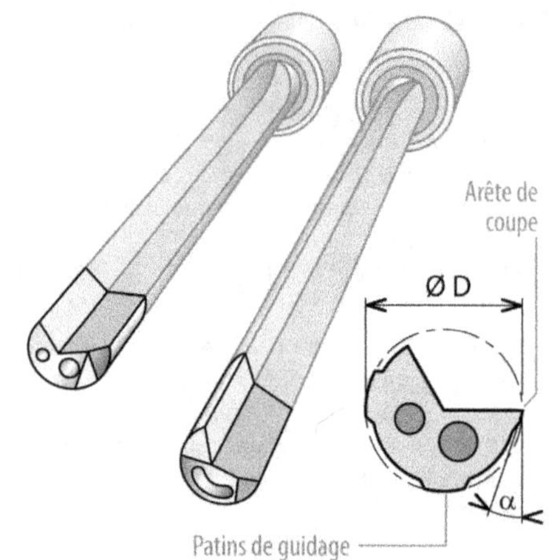

• Note : L'utilisation de ce type de foret demande le PERÇAGE préalable d'un AVANT-TROU court de GUIDAGE au diamètre D.
→ Voir aussi PERÇAGE PROFOND.

foret étagé [step drill]

(n.m.) Type de FORET avec plusieurs DIAMÈTRES superposés.

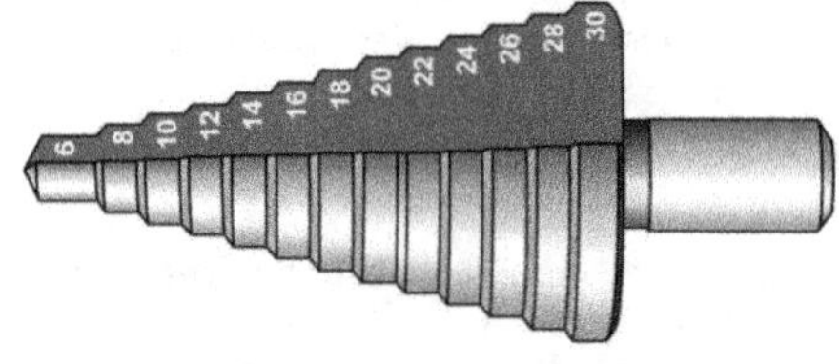

Le foret étagé permet de percer un TROU de gros DIAMÈTRE sur une TÔLE relativement mince en procédant par agrandissement progressif.

foret hélicoïdal [twist drill]

(n.m.) FORET dont la GOUJURE est une RAINURE en HÉLICOÏDE.

forge [forge]

(n.f.) Ensemble des TECHNIQUES et lieu de MISE EN FORME de MÉTAL par DÉFORMATION PLASTIQUE en COMPRESSION.
→ Voir FORGEAGE MANUEL.

forgeage [forging]

(n.m.) TECHNIQUE de MISE EN FORME de bloc de MÉTAL par COMPRESSION et DÉFORMATION PLASTIQUE jusqu'à la GÉOMÉTRIE (sens 2) désirée.

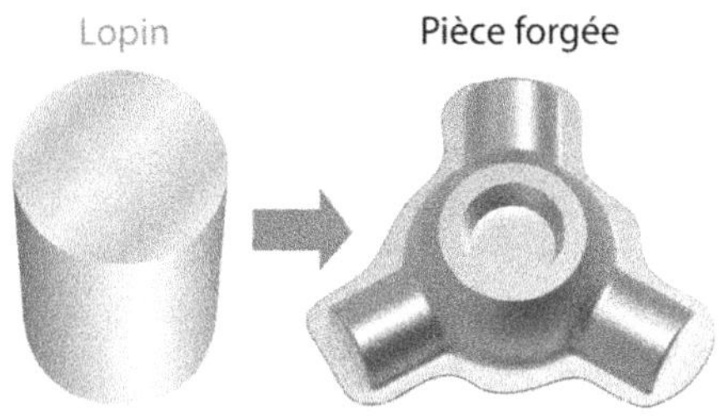

Ex. : PROCÉDÉ de forgeage à chaud de la pièce précédente entre deux demi-MATRICES (sens 1).

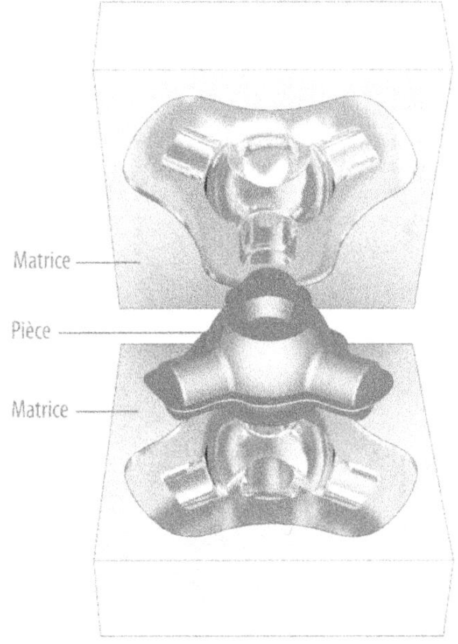

• Note : Dans ce cas précis, le forgeage est complété par une OPÉRATION d'ÉBAVURAGE (sens 2) pour la débarrasser du surplus de MATIÈRE et obtenir la pièce réellement utile.
→ Voir ÉBAVURAGE (sens 2) ; ESTAMPAGE ; MATRIÇAGE.

A. Le forgeage peut être effectué (FROID), À FROID ou (CHAUD), À CHAUD, par CHOC simple ou répété ou encore par PRESSION progressive. Il peut être effectué librement sans OUTILLAGE (sens 2) ou bien avec une MATRICE (sens 1). Le diagramme suivant donne une vue d'ensemble des différents PROCÉDÉS exploitant ce principe.

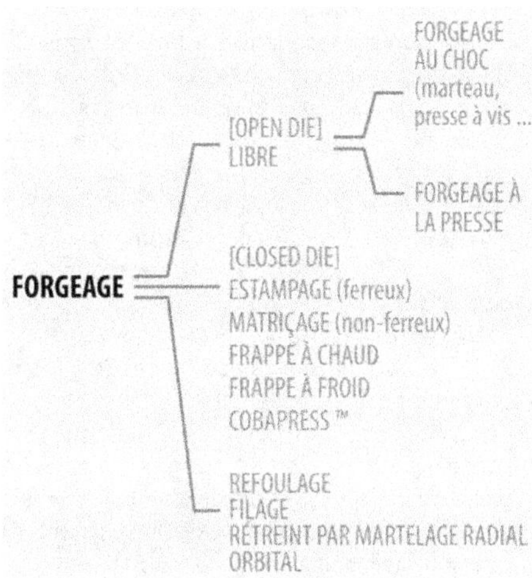

B. TOLÉRANCE DIMENSIONNELLE (IT) :

Très précis	Précis	Moyen	Grossier	Très Grossier
1 2 3 4 5	6 7 8 9	10 11 12	13 14 15	16 17 18
		Net shape	Forgeage	
$10 \pm 0,002$	$10 \pm 0,01$	$10 \pm 0,05$	$10 \pm 0,2$	10 ± 1
$100 \pm 0,005$	$100 \pm 0,02$	$100 \pm 0,1$	$100 \pm 0,4$	100 ± 2

C. ÉTAT DE SURFACE, RUGOSITÉ Ra (µm) :

0,012 0,025 0,05 0,1 0,2 0,4 0,8 1 1,6   3,2 6,3 10 12 25 50 100 200

Forgeage

* Symbole ne faisant plus partie des normes

D. Coût OUTILLAGE (sens 2) (hors coût MACHINE) :

Aucun	Faible	Moyen	Élevé	Très élevé
Forgeage libre			Estampage	

E. SÉRIE DE PIÈCES économique :

Proto	Unitaire	Petite	Moyenne	Grande	Très Grande
1	10	100	1 000	10 000	100 000
Forgeage libre				Estampage	

F. Il existe des procédés de forgeage de précision dits « net shape » qui permettent, par exemple, de réaliser des PIGNONS fonctionnels brut de FORGE.
→ Voir FORGEAGE ORBITAL.

Avantages

G. Permet d'atteindre un degré extrême de DÉFORMATION aboutissant à des GÉOMÉTRIES (sens 2) complexes. Limite les opérations d'USINAGE en permettant de s'approcher au mieux de la GÉOMÉTRIE (sens 2) finale. Bonnes PROPRIÉTÉS MÉCANIQUES grâce au FIBRAGE de la MATIÈRE qui consiste en un resserrement et ORIENTATION des GRAINS de la MATIÈRE suivant des DIRECTIONS privilégiées. Améliore notamment la RÉSISTANCE LIMITE DE FATIGUE. Affinage des GRAINS dans le cas du forgeage (CHAUD), À CHAUD ce qui est favorable à la RÉSISTANCE MÉCANIQUE. ÉCROUISSAGE dans le cas du forgeage à froid ce qui favorise aussi la RÉSISTANCE MÉCANIQUE. Ne nécessite pas d'OUTILLAGE (sens 2) dans le cas du forgeage libre. PROCÉDÉ engendrant peu de perte de MATIÈRE. Temps de FABRICATION relativement court. Bonne PRODUCTIVITÉ pour le forgeage utilisant une MATRICE (sens 1).

Inconvénients

H. PROCÉDÉ nécessitant beaucoup d'ÉNERGIE. TOLÉRANCE DIMENSIONNELLE et ÉTAT DE SURFACE grossiers. Faible PRODUCTIVITÉ dans le cas du FORGEAGE LIBRE.

→ Voir aussi FIBRAGE.

forgeage à la presse [press forging]

(n.m.) FORGEAGE LIBRE dans lequel le CHOC ou la FORCE nécessaire est procuré par une MACHINE.

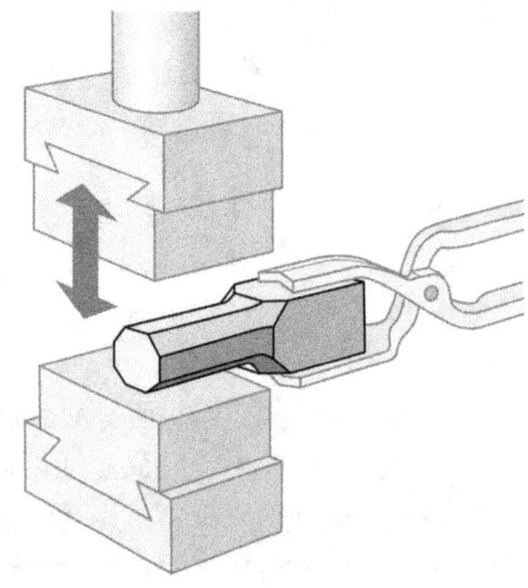

◊ Contr. : FORGEAGE AU MARTEAU.

forgeage au marteau [hammer forging]

(n.m.) PROCÉDÉ de MISE EN FORME artisanal consistant à frapper la PIÈCE (sens 1) à travailler manuellement avec une MASSE (sens 2) de MÉTAL sur une ENCLUME.

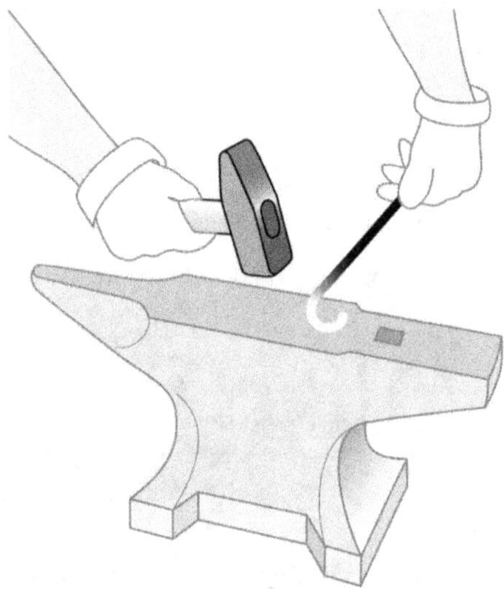

Le MATÉRIAU est souvent préalablement chauffé pour réduire l'effort nécessaire et augmenter l'aptitude à sa DÉFORMATION.
◊ Contr. : FORGEAGE À LA PRESSE.

forgeage libre [open-die forging]

(n.m.) PROCÉDÉ de MISE EN FORME par FRAPPE répétée d'un bloc de MÉTAL entre une ENCLUME et un pilon ou marteau jusqu'à la GÉOMÉTRIE (sens 2) désirée.

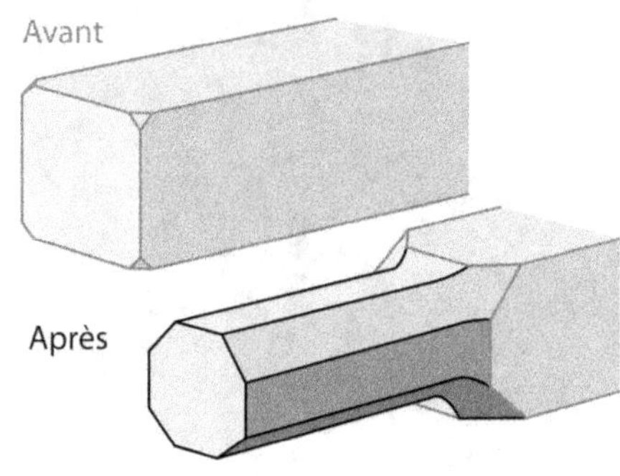

A. Le forgeage libre peut être pratiqué de deux façons :
• FORGEAGE AU MARTEAU.
• FORGEAGE À LA PRESSE.

Avantages

B. Ne nécessite aucun OUTILLAGE spécifique. Permet d'obtenir des PIÈCES (sens 1) unitaires ou de très petite SÉRIE DE PIÈCES avec un délai court. Permet de réaliser des PIÈCES (sens 1) de très grande taille impossible à obtenir avec d'autres TECHNIQUES.

 Inconvénients

C. Le résultat dépend de l'habileté et de l'expérience de l'opérateur. Inadapté aux grandes séries. FORME envisageable moins complexe qu'en ESTAMPAGE.

→ Voir aussi FORGEAGE À LA PRESSE ; FORGEAGE AU MARTEAU.

Forgeage orbital [orbital forging]

(n.m.) PROCÉDÉ de MISE EN FORME de LOPIN ou PRÉFORME MÉTALLIQUE par COMPRESSION et DÉFORMATION PLASTIQUE entre une MATRICE (sens 1) inférieure possédant la FORME recherchée complémentaire et une MATRICE (sens 1) supérieure à extrémité conique animée d'un MOUVEMENT DE ROTATION oscillant suivant un axe incliné.

Ex. : *Pignon conique obtenu par forgeage orbital.*

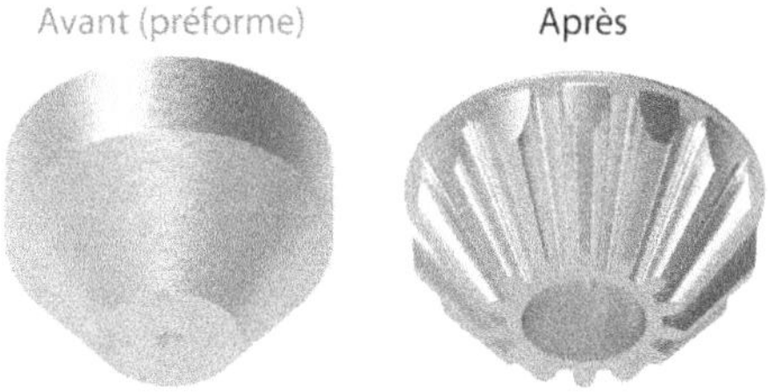

A. Configuration générale en VUE ÉCLATÉE :

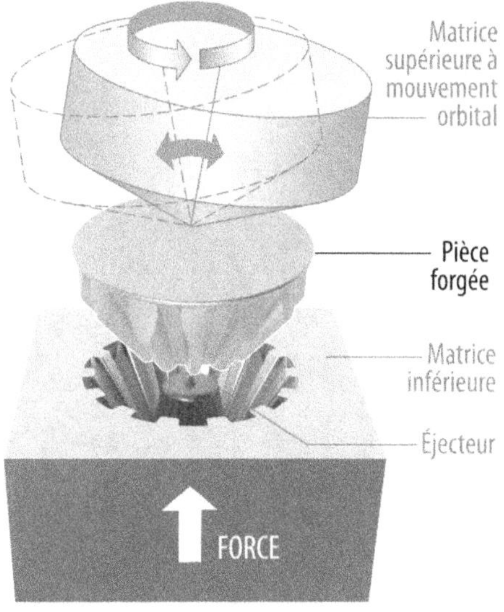

Pendant le MOUVEMENT orbital de la matrice supérieure, une FORCE est appliquée sur la matrice inférieure de manière à maintenir la pièce constamment en COMPRESSION. La zone de contact entre la matrice supérieure et la pièce est relativement réduite. À chaque instant, seule une fraction de la pièce est réellement déformée, ce qui diminue de façon significative l'effort nécessaire.

Comparaison de la surface réellement comprimée en forgeage orbital et classique.

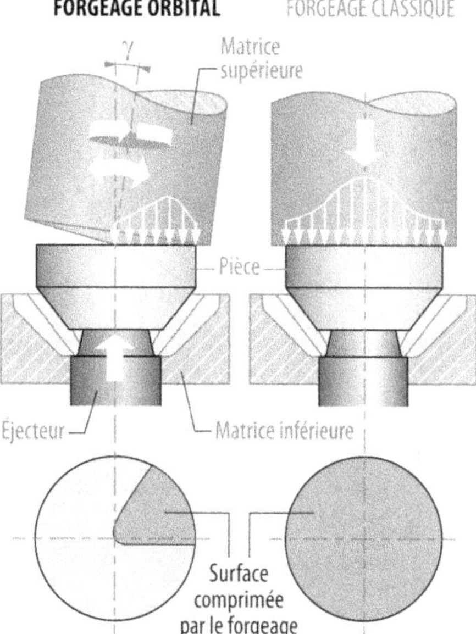

Par ailleurs, contrairement au forgeage classique, il y a moins de FROTTEMENT entre la matrice supérieure et la pièce, ce qui facilite l'écoulement latéral de la MATIÈRE.

B. Tous les métaux et ALLIAGES DUCTILES peuvent être mis en œuvre : ACIER bas carbone, ACIER INOXYDABLE, LAITON, ALUMINIUM, CUIVRE, TITANE, MAGNÉSIUM, etc. Le PROCÉDÉ est généralement pratiqué (FROID), À FROID de manière à obtenir des pièces d'une PRÉCISION directement fonctionnelle. Mais rien n'empêche de l'effectuer à température (à tiède ou (CHAUD), À CHAUD), notamment pour les métaux manquant de DUCTILITÉ.

C. TOLÉRANCE DIMENSIONNELLE :

Très précis	Précis	Moyen	Grossier	Très Grossier
1 2 3 4 5	6 7 8 9	10 11 12	13 14 15	16 17 18
		Orbital	Classique	
10 ± 0,002	10 ± 0,01	10 ± 0,05	10 ± 0,2	10 ± 1
100 ± 0,005	100 ± 0,02	100 ± 0,1	100 ± 0,4	100 ± 2

D. ÉTAT DE SURFACE, RUGOSITÉ **Ra (µm) :**

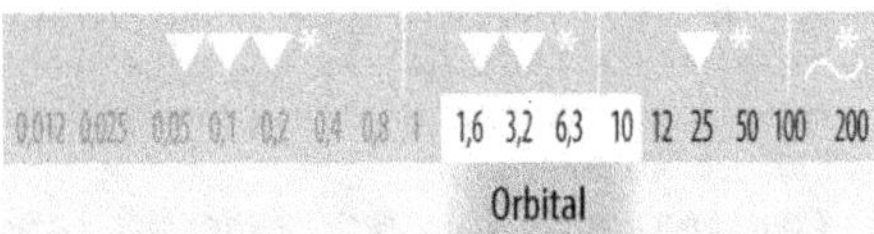

0,012	0,025	0,05	0,1	0,2	0,4	0,8	1	1,6	3,2	6,3	10	12	25	50	100	200
								Orbital								

* Symbole ne faisant plus partie des normes

E. Coût OUTILLAGE **(sens 2) (hors coût** MACHINE**) :**

Aucun	Faible	Moyen	Élevé	Très élevé
Forgeage libre		Orbital		

F. SÉRIE DE PIÈCES **économique :**

Proto	Unitaire	Petite	Moyenne	Grande	Très Grande
1	10	100	1 000	10 000	100 000
Forgeage libre			Forgeage orbital		

👍 Avantages

G. OUTILLAGE (sens 2) mécaniquement moins sollicité. Moins bruyant que le forgeage classique. Plutôt PRÉCIS à un tel point que les pignons obtenus peuvent être, par exemple, utilisés brut de forgeage (net shape).

👎 Inconvénients

H. Cycle de forgeage plus long que les MÉTHODES classiques. Généralement limité à des FORMES DE RÉVOLUTION ou approchant (des mouvements autres que orbital permettent les autres GÉOMÉTRIES (sens 2)). MACHINES plus complexes.

I. Ainsi, le forgeage orbital permet de fabriquer des pièces telles que PIGNONS et ROUES DENTÉES, CAMES, MOYEUX, ARBRES, BAGUES, GALETS, FLASQUES, etc.

J. À signaler qu'il existe une variante du PROCÉDÉ dans laquelle la MATRICE (sens 1) inférieure est aussi animée d'un MOUVEMENT DE ROTATION.

---

formabilité [workability, formability, fabricability]

(n.f.) Aptitude d'un MATÉRIAU à être changé facilement de FORME géométrique en PHASE (sens 2) solide avec des TECHNIQUES ne générant ni COPEAUX, ni DÉCHETS, ni CHUTE (sens 2).
Parmi ces TECHNIQUES, on peut citer le PLIAGE, le CINTRAGE, le ROULAGE, l'EMBOUTISSAGE...

formage [forming]

(n.m.) Action ou PROCÉDÉ qui change l'aspect géométrique d'un MATÉRIAU à l'état SOLIDE, par DÉFORMATION PLASTIQUE sans RUPTURE, pour aboutir à une FORME plus utile ou plus FONCTIONNELLE.

A. Les différents PROCÉDÉS de formage peuvent être classés en deux grandes catégories :
• Le « formage de bloc massif » dans lequel la DÉFORMATION est provoquée dans toutes les DIRECTIONS de l'espace.

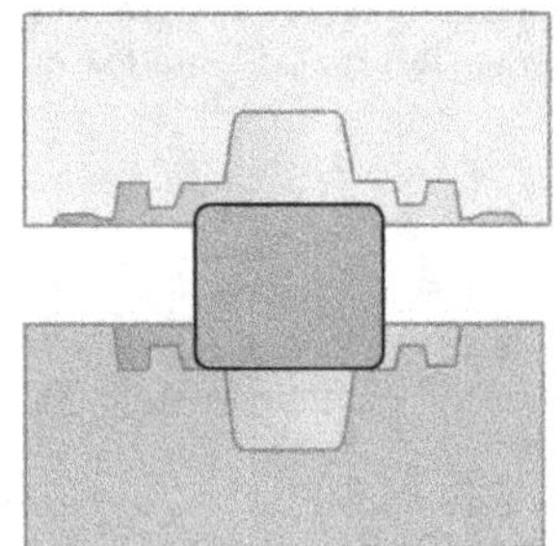

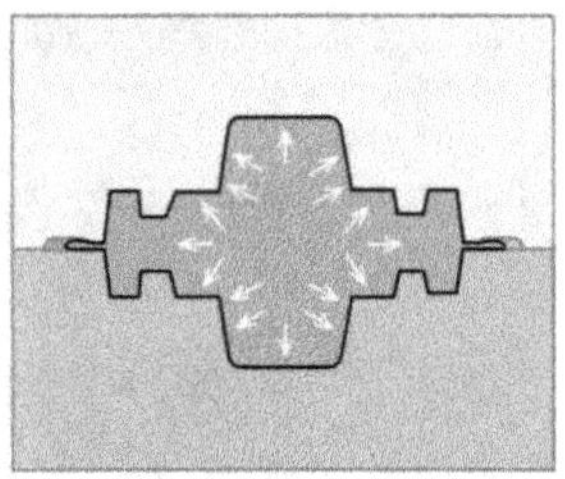

• Le « formage de paroi mince » dans lequel la DÉFORMATION n'est effectuée que par expansion et RÉTREINT dans la DIRECTION | PERPENDICULAIRE à une ÉPAISSEUR de MATIÈRE plus ou moins importante.

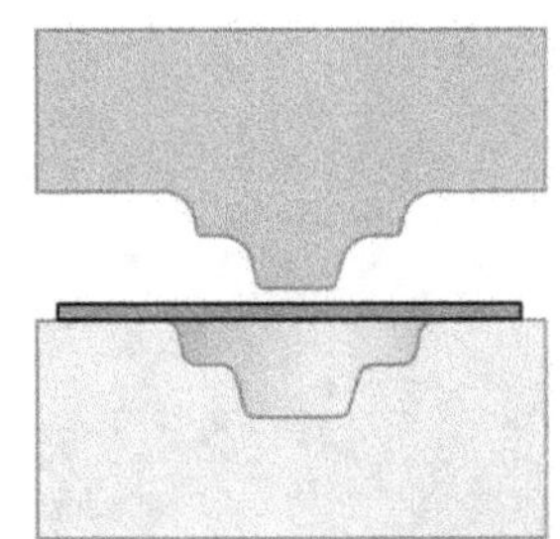

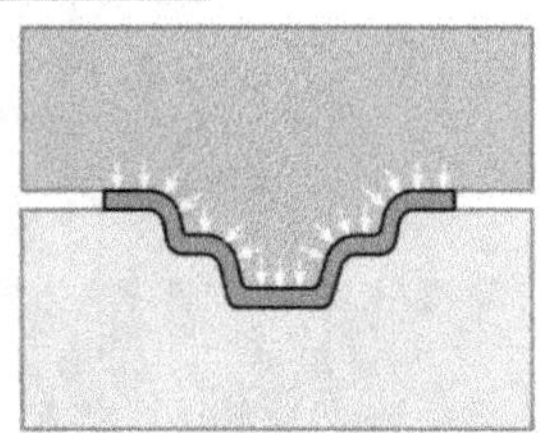

B. Le diagramme synoptique suivant donne un aperçu de tous les PROCÉDÉS de formage :

FORMAGE

DE BLOC MASSIF [Bulk]	DE PAROI MINCE [Sheet]
Laminage [Rolling]	Emboutissage [Deep drawing]
• Plan [Flat]	Pliage [Bending]
• Circulaire [Ring]	Profilage [Roll forming]
• Transverse	Repoussage [Spinning]
• Retour	Cintrage [Tube bending]
• De forme [Shape]	Roulage [Roll bending]
• De filets [Thread]	Formage étirage [Stretching]
Forgeage [Forging]	Hydroformage [Hydroforming]
• Libre [Open-die]	
• Estampage [Closed-die]	Explosion [Explosive]
• Matriçage [Closed-die]	Magnétoformage [Magnetic pulse forming]
• Refoulage [Upset]	Incrémental [Incremental]
• Rétreint [Swaging]	
• Orbital [Orbital]	
• COBAPRESS ™	
Filage [Extrusion]	
• Direct	
• Inverse	
Étirage [Drawing]	
• Tréfilage [Wire drawing]	
• Tube [Tube drawing]	

D'une façon générale, par rapport à la FONDERIE et à l'USINAGE, les avantages et inconvénients des TECHNIQUES de formage sont les suivants :

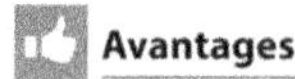 **Avantages**

C. Procurent une RÉSISTANCE MÉCANIQUE légèrement supérieure car ils procèdent par écoulement plastique en gardant la compacité de la MATIÈRE. Génère peu de perte de MATIÈRE.

Inconvénients

D. Nécessite beaucoup d'ÉNERGIE | MÉCANIQUE.
E. Le terme formage est souvent opposé à l'USINAGE ou MISE EN FORME PAR ENLÈVEMENT DE COPEAUX.

(n.m.) Action de changer la FORME géométrique d'un MATÉRIAU par DÉFORMATION PLASTIQUE, en augmentant préalablement la TEMPÉRATURE pour diminuer l'ÉNERGIE nécessaire. Pour le cas des MÉTAUX, il s'agit de chauffer préalablement le MATÉRIAU au-dessus de la TEMPÉRATURE de RECRISTALLISATION.

C'est, par exemple, le cas de l'ESTAMPAGE, du MATRIÇAGE, du FILAGE.
→ Voir (CHAUD), À CHAUD.

(n.m.) Action de changer la FORME géométrique à la TEMPÉRATURE AMBIANTE. Pour le cas des MÉTAUX, il s'agit de considérer la MISE EN FORME à une TEMPÉRATURE qui ne fait pas encore apparaître la RECRISTALLISATION ou la RESTAURATION. Dans la pratique courante, le formage à froid est effectué à une TEMPÉRATURE inférieure à 0,25 fois la TEMPÉRATURE DE FUSION T_F exprimée en Kelvin.
→ Voir aussi (FROID), À FROID.

(n.m) PROCÉDÉ de MISE EN FORME de TÔLE MÉTALLIQUE souvent de grande dimension, en l'appliquant et la tendant au delà de sa LIMITE D'ÉLASTICITÉ sur une FORME afin d'en épouser le GALBE.

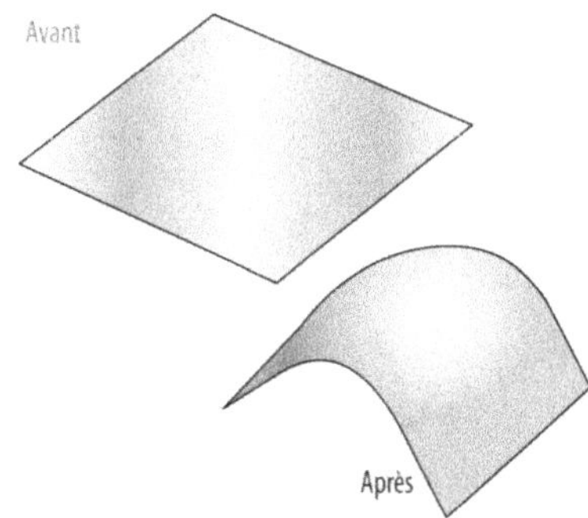

A. La TÔLE, préalablement maintenue sur deux côtés opposés par des mâchoires, est posée sur la forme à obtenir, puis mise en tension.

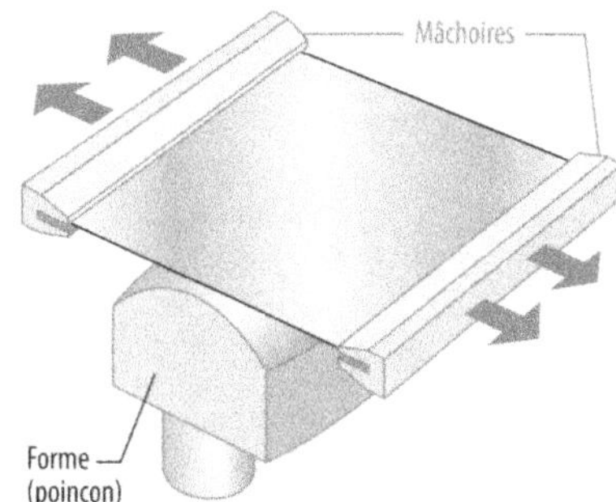

La forme remonte ensuite pour forcer la TÔLE à l'épouser, comme sur la figure suivante :

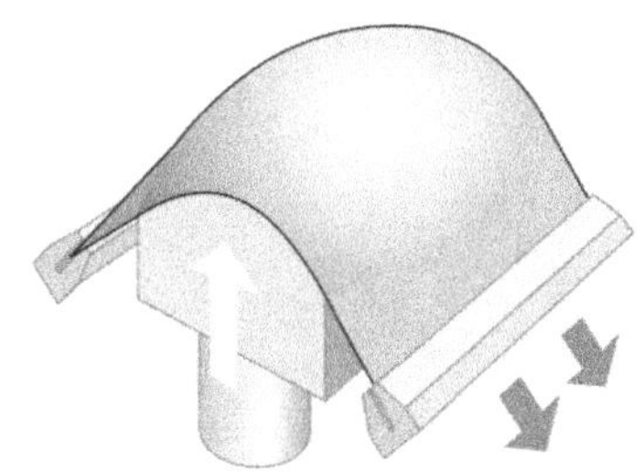

B. Le formage-étirage est applicable à tous les MÉTAUX en feuille tels que l'ACIER, l'ACIER INOXYDABLE, l'ALUMINIUM, le LAITON, les ALLIAGEs de TITANE...

C. Le formage-étirage est, par exemple, utilisé pour la FABRICATION de pièces de fuselage, d'éléments d'ailes et portes d'avions, de capot-moteur, de plafond de camions, de wagons de train, de composants de carrosserie et châssis automobile, etc.

---

formage incrémental [incremental forming]

(n.f.) PROCÉDÉ de MISE EN FORME de TÔLE mince par DÉFORMATION PLASTIQUE localisée avec un OUTIL à extrémité hémisphérique qui suit un parcours défini avec une MACHINE À COMMANDE NUMÉRIQUE à partir d'un MODÈLE (sens 1) CAO. L'OUTIL déplace de proche en proche la zone déformée jusqu'à obtenir la DÉFORMATION globale de la FORME voulue.

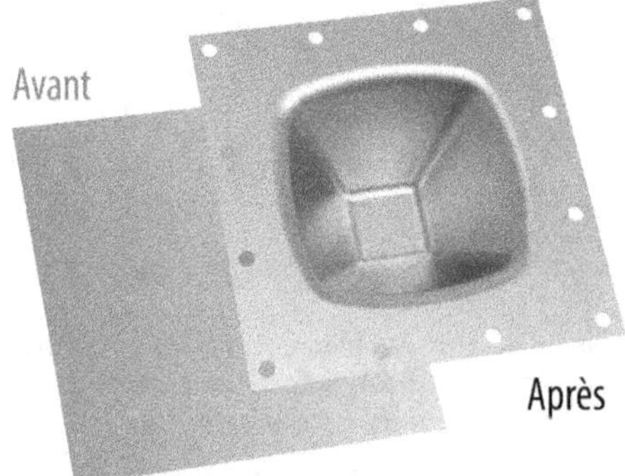

A. Configuration générale :

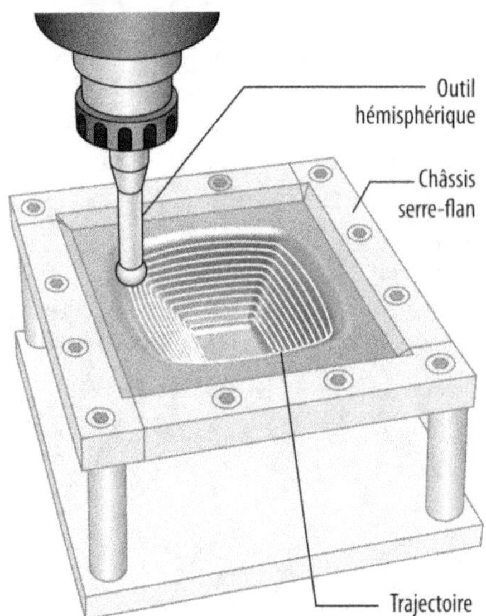

La TÔLE est généralement encastrée sur son pourtour grâce à un châssis SERRE-FLAN afin d'éviter qu'elle plisse et qu'elle glisse au milieu. Le PROCÉDÉ peut être pratiqué avec ou sans le soutien d'une MATRICE (sens 2) inférieure possédant la forme complémentaire (formage incrémental un point), sachant que la matrice apporte une PRÉCISION meilleure mais constitue un coût supplémentaire. Il existe cependant une variante permettant la même PRÉCISION pratiquement sans coût supplémentaire en soutenant l'autre côté de la tôle avec un appui-support qui s'adapte au MOUVEMENT de l'OUTIL (formage incrémental deux points).

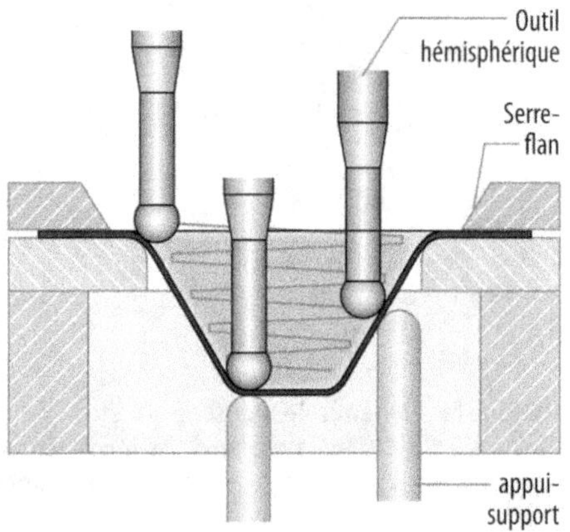

Dans tous les cas, une bonne LUBRIFICATION est nécessaire pour minimiser le FROTTEMENT entre la pointe de l'OUTIL et la TÔLE. Le PROCÉDÉ peut être pratiqué à TEMPÉRATURE pour réduire encore plus les FORCES mises en jeu. Ce PROCÉDÉ est particulièrement adapté au formage des pièces de grandes dimensions comme, par exemple, les fonds de cuve de plusieurs mètres de DIAMÈTRE.

👍 Avantages

B. FABRICATION directe de pièces à partir d'un MODÈLE (sens 1) CAO. FORCE de formage nécessaire relativement faible ce qui permet d'utiliser les MACHINES à COMMANDE NUMÉRIQUE standard. Possibilité de s'affranchir de tout OUTILLAGE (sens 2) spécifique, ce qui permet de réaliser à faible coût des PROTOTYPES ou des FABRICATIONS en petite série. La faible zone déformée à chaque instant contribue à une meilleure FORMABILITÉ.

⬛ Inconvénients

C. Temps de formage sensiblement plus long comparé à l'EMBOUTISSAGE (quelques dizaines de minutes au moins contre quelques secondes). Angle vif difficile à réaliser car nécessitant plusieurs passages. Retour élastique difficile à prévoir et nécessitant une correction sur la programmation de la TRAJECTOIRE de l'OUTIL. PRÉCISION dimensionnelle moins bonne par rapport à l'EMBOUTISSAGE. Marque du poinçon sur la pièce.

D. Coût OUTILLAGE (sens 2) (hors coût MACHINE) :

Aucun	Faible	Moyen	Élevé	Très élevé
Incrémental			Emboutissage	

E. SÉRIE DE PIÈCES économique :

Proto	Unitaire	Petite	Moyenne	Grande	Très Grande
1	10	100	1 000	10 000	100 000
Incrémental			Emboutissage		

format [sheet size]

(n.m.) Taille de feuille de papier préalablement définie, notamment pour le DESSIN TECHNIQUE.

A. Il est défini comme ceci par la NORME internationale ISO 216 (International System Organization). Le format de base est A0 d'aire 1 m^2. Le rapport de dimension longueur-largeur est $\sqrt{2}$. Tous les autres formats plus faibles sont obtenus par pliage en deux du format précédent. Le rapport des dimensions de tous ces formats est donc aussi $\sqrt{2}$. Voici ces formats, du plus grand A0 au plus petit A5 :

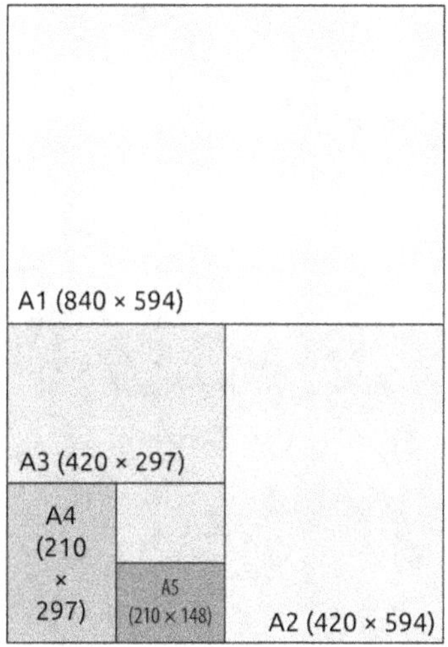

→ Voir également FORMATS ALLONGÉS.

format allongé, format rallongé

(n.m.) FORMAT de papier combinaison sur ses deux dimensions de formats différents :

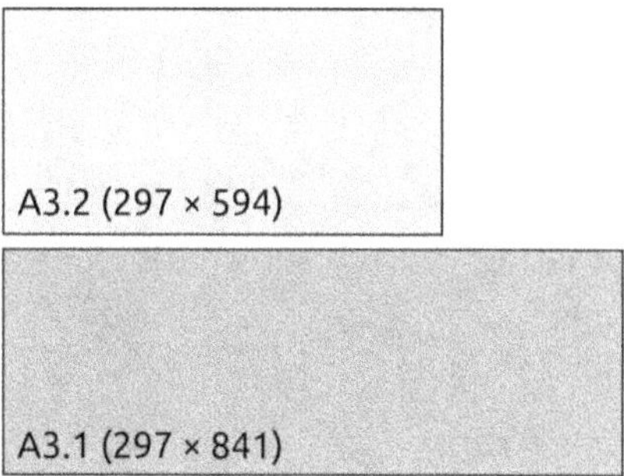

format d'échange de fichier [data format exchange]

(n.m.) Type de fichier informatique compatible entre des logiciels de CONCEPTION ASSISTÉE PAR ORDINATEUR provenant d'éditeurs différents et permettant de transférer des GÉOMÉTRIES (sens 2), des MODÈLES (sens 1) ou ASSEMBLAGES (sens 2) 3D des uns vers les autres.

Le format d'échange de fichier permet aussi de fournir les données aux MACHINES À COMMANDE NUMÉRIQUE.

Les formats d'échange les plus connus :

	Type fichier	Éditeur
2D	.dxf	Autodesk ®
3D	.sat	ACIS ®
	.xt	Parasolid (Shape data)
	.step ou stp	STEP
	.igs	IGES
	.stl	Stéréolithographie
	.jt	Siemens ®

→ Voir aussi PRODUCT MANUFACTURING INFORMATION.

formation

(n.m.)

1. [formation] Constitution de quelque chose. Ex. : *Formation de rouille sur une pièce.*

2. [training] Apprentissage et entraînement afin d'acquérir les connaissances et les habiletés nécessaires à la maîtrise d'une discipline.

forme [shape]

(n.f.) CONTOUR géométrique visuel caractérisant un objet concret et palpable.

forme d'entraînement [drive]

(n.f.) Aspect géométrique particulier de la tête d'une VIS (sens 2) ou d'un ÉCROU permettant d'appliquer dans de bonnes conditions le COUPLE DE SERRAGE.

A. Ci-dessous les plus répandues :

Désignation	Forme	Symbole	Capacité de serrage	Durabilité
HEXAGONAL		H		
CARRÉ		Q		
6 LOBES EXTERNES (TORX EXTERNE)				
HEXAGONALE CREUSE (6 PANS CREUX)		HC		
6 LOBES INTERNES TORX CREUSE		X		
CRUCIFORME «PHILIPS»		M		
CRUCIFORME «POSIDRIV»		Z		
FENTE TOURNEVIS		S		
FENTE PIÈCE DE MONNAIE				
À ENCOCHES				
HEXAGONALE À FENTE		HS		
HEXAGONALE CREUSE À FENTE		HCS		

B. D'autres formes d'entraînement d'usage spécifique existent tel que le triangle pour les coffrets électriques, ou « deux trous » pour le matériel de transport. Les préoccupations de protection contre le vandalisme ont aussi amené à la création d'EMPREINTES très particulières.

→ Voir VIS INVIOLABLE ; EMBOUT.

forme de révolution [axisymmetric shape]

(n.f.) Type de FORME VOLUMIQUE obtenue par ROTATION d'un PROFIL autour d'un AXE (sens 1).

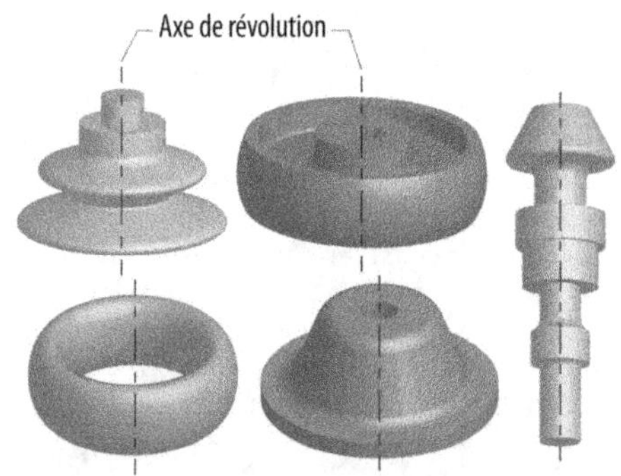

Sa particularité est de posséder un CONTOUR identique en permanence lorsqu'on le fait tourner par rapport à cet AXE (sens 1).

→ Voir aussi RÉVOLUTION.

forme fonctionnelle [functional form]

(n.f.) FORME conçue et fabriquée spécialement pour permettre à la PIÈCE (sens 1) qui la porte d'accomplir ce à quoi elle est destinée.

A. Ainsi, ce terme est souvent utilisé pour être opposé aux FORMES de remplissage, de liaisons ou purement ESTHÉTIQUES.

B. Ci-dessous, les formes fonctionnelles les plus utiles en FABRICATION MÉCANIQUE.

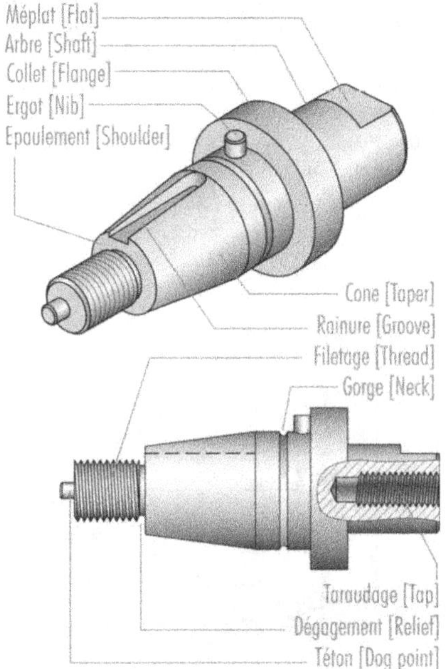

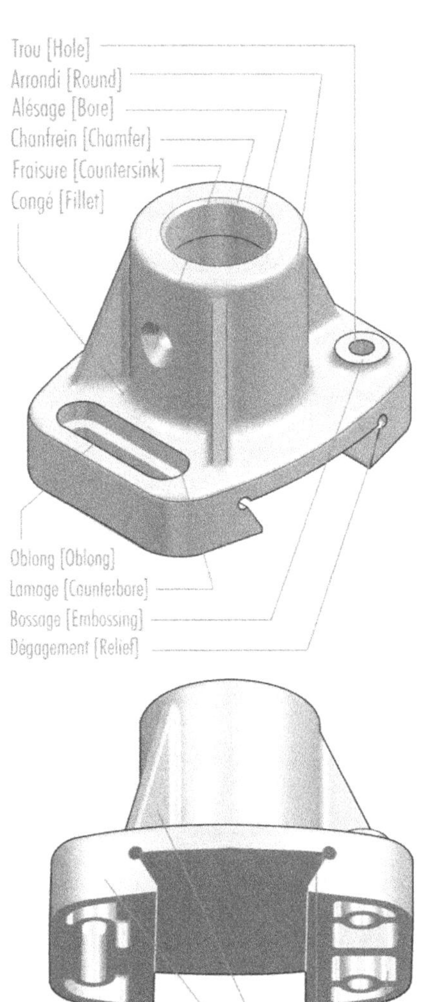

forme surfacique [surface form]

(n.f.) FORME délimitant un espace clos mais dont l'intérieur n'est pas défini et ne contient rien.
A. Un ballon gonflé est, par exemple, une forme surfacique car elle n'est définie que par son enveloppe extérieure.
B. Ce terme sert à faire la différence avec la FORME VOLUMIQUE. Cette distinction est nécessaire dans les logiciels de CONCEPTION ASSISTÉE PAR ORDINATEUR à cause de modes de fonctionnement très différents.
→ Voir aussi FORME VOLUMIQUE.

forme technique [technical form]

(n.f.) FORME facile à fabriquer avec les TECHNIQUES de FABRICATION habituelles et capable d'assurer des FONCTIONS utiles en CONSTRUCTION MÉCANIQUE.

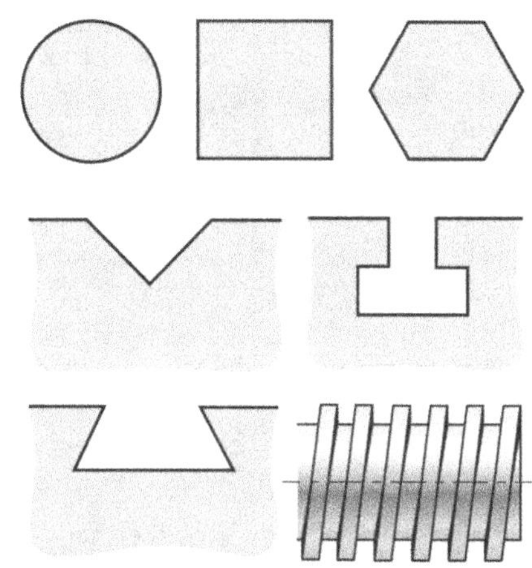

Par exemple, le CYLINDRE (sens 1) est utile pour les GUIDAGES EN ROTATION ; la QUEUE D'ARONDE sert au GUIDAGE EN TRANSLATION ; le VÉ permet une POSITION précise d'un cylindre ; la RAINURE EN TÉ facilite la FIXATION et le RÉGLAGE de POSITION longitudinale ; l'HÉLICOÏDE permet de transformer un MOUVEMENT DE ROTATION en MOUVEMENT DE TRANSLATION...

forme volumique [volume form]

(n.m.) FORME délimitant un espace et dont l'intérieur est rempli et bien défini. Une statue de pierre est par exemple, une forme volumique.
Ce terme sert à faire la différence avec la FORME SURFACIQUE dont l'intérieur n'est pas défini. Cette distinction est notamment nécessaire dans les logiciels de CONCEPTION ASSISTÉE PAR ORDINATEUR car leurs modes de fonctionnement sont complètement différents d'un cas à l'autre.

four [furnace]

(n.m.) Enceinte à paroi RÉFRACTAIRE, fermée, isolée thermiquement et dont l'espace intérieur peut être porté à très haute TEMPÉRATURE pour l'ÉLABORATION de MATÉRIAU, le TRAITEMENT THERMIQUE ou pour tout PROCÉDÉ requérant de la chaleur : FONDERIE, FRITTAGE, BRASAGE, SOUDAGE PAR DIFFUSION, etc.
• Note : Ne pas confondre avec l'ÉTUVE.
→ Voir FOUR À ARC ÉLECTRIQUE ; FOUR À INDUCTION ; FOUR TUNNEL ; CUBILOT.

four à arc électrique [electric arc furnace]

(n.m.) Enceinte RÉFRACTAIRE utilisée en SIDÉRURGIE et pouvant être chargée en FERRAILLE pour être fondue avec des électrodes en GRAPHITE traversées par une forte intensité de courant électrique.

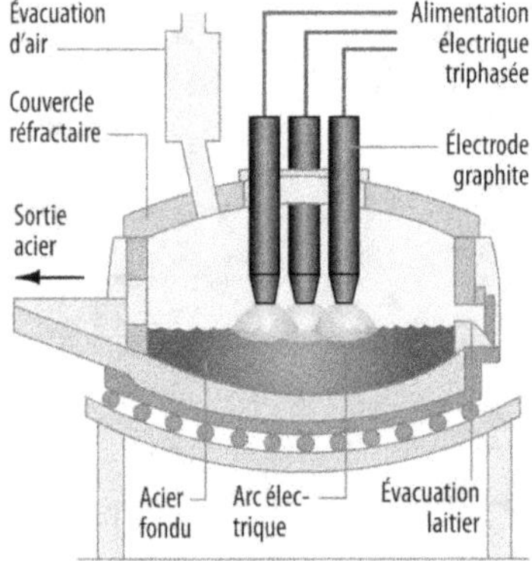

La partie supérieure de la cuve est munie d'un couvercle amovible permettant le chargement de la FERRAILLE. Sur les côtés, de part et d'autre, des fentes sont aménagées pour verser le MÉTAL fondu et évacuer les résidus sous forme de LAITIER.

four à induction [induction furnace]

(n.m.) ÉQUIPEMENT permettant la FUSION pendant l'ÉLABORATION de MÉTAL et exploitant les PROPRIÉTÉS d'une bobine traversée par un courant haute fréquence. Ce courant crée un champ magnétique qui induit un autre courant dit de Foucault dans tout MATÉRIAU | MÉTALLIQUE plongé dans son voisinage. Par effet Joule de sa résistivité au passage du courant, le MÉTAL peut s'échauffer jusqu'à atteindre l'état LIQUIDE.

Ex. : *Four à induction de fusion de FERRAILLE de RECYCLAGE :*

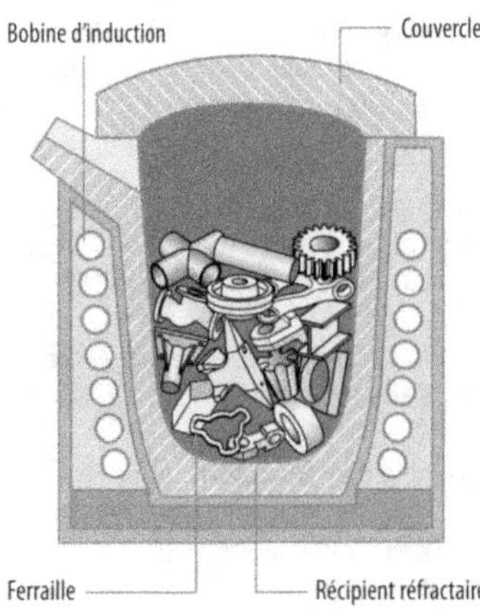

Par rapport au FOUR À ARC ÉLECTRIQUE, niveau de bruit acoustique moins élevé, perturbations moindres rejetées dans le réseau électrique d'alimentation.

four électrique [electric furnace]

(n.m.) APPAREIL avec une enceinte pouvant être portée à très haute TEMPÉRATURE grâce à des résistances électriques.

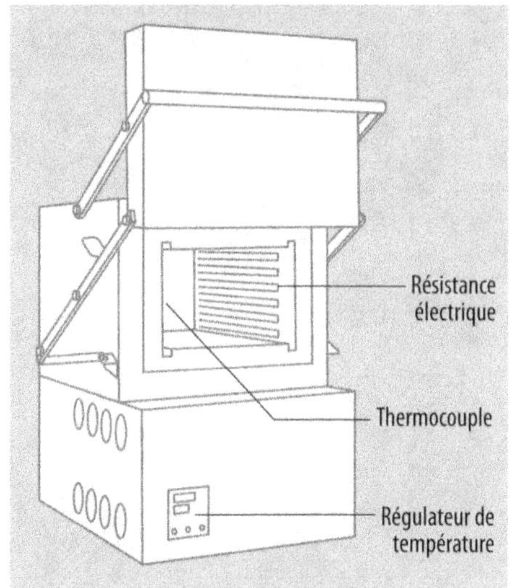

A. Le four électrique sert à toutes les OPÉRATIONS nécessitant un apport de chaleur comme les TRAITEMENTS THERMIQUES, le FRITTAGE, le BRASAGE, le SOUDAGE PAR DIFFUSION, etc.
B. Ne pas confondre avec le FOUR À ARC ÉLECTRIQUE et le FOUR À INDUCTION dont la source d'ÉNERGIE est aussi électrique mais fonctionnant avec d'autres principes et sont plus spécifiquement adaptés aux OPÉRATIONS de FUSION.

fourche [fork]

(n.f.) ORGANE se séparant en deux branches à son extrémité.
Ex. : *Fourche d'articulation d'une tringle.*

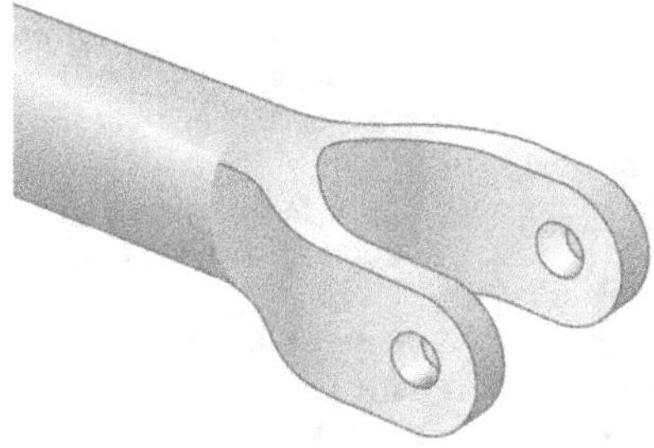

fournisseur [supplier]

(n.m.) Personnes ou entreprise exécutant les demandes d'autres personnes ou entreprises qui les sollicitent contractuellement.

four tunnel [continuous furnace]

(n.m.) Enceinte de grande capacité à paroi RÉFRACTAIRE et équipé d'un DISPOSITIF roulant permettant de transporter des PIÈCEs (sens 1) à l'intérieur pour être portées à très haute TEMPÉRATURE.

Ex. : Four tunnel pour le RECUIT de rouleau (sens 1) de tôle d'acier.

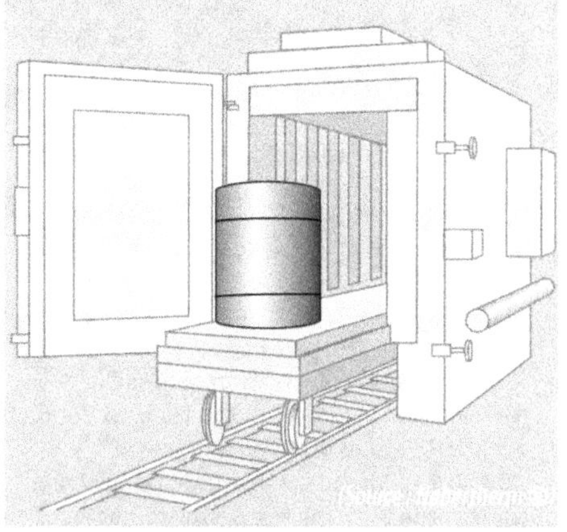

→ Voir aussi FRITTAGE.

fractographie [fractography]

(n.f.) Discipline d'observation, d'analyse et d'investigation de la SURFACE nouvellement dévoilée par la RUPTURE d'un MATÉRIAU pour en connaître les causes.

fracture [fracture]

(n.f.)
1. SURFACE nouvellement dévoilée suite à la RUPTURE d'un MATÉRIAU.
La discipline d'étude de l'aspect et des causes des fractures est appelée FRACTOGRAPHIE.
2. Action conduisant à une cassure.

fragile [brittle]

(adj.) Qui peut se rompre sans DÉFORMATION PLASTIQUE, en parlant d'un MATÉRIAU.
→ Voir RUPTURE FRAGILE.
A. Un MATÉRIAU fragile est reconnaissable sur sa (TRACTION), COURBE DE TRACTION par l'absence de DOMAINE PLASTIQUE après le DOMAINE ÉLASTIQUE. C'est le cas, par exemple, du VERRE, de la CÉRAMIQUE, du BÉTON, du l'ACIER TREMPÉ...

B. Ci-dessous un comparatif de COURBE DE TRACTION d'un MATÉRIAU FRAGILE avec son contraire c'est à dire DUCTILE ou TENACE.

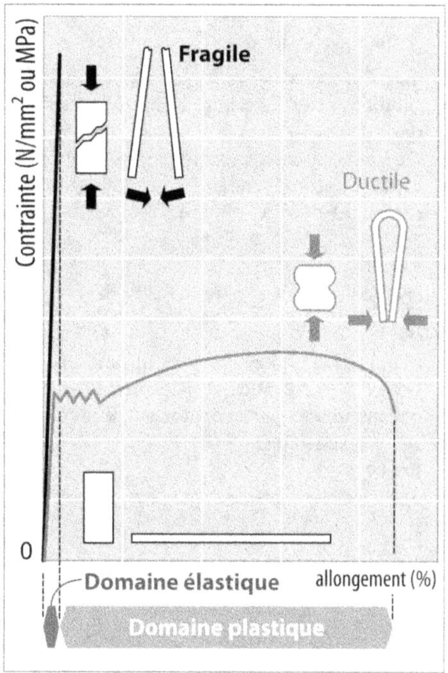

◊ **Contr.** : DUCTILE ; TENACE.

fragilisation par l'hydrogène [hydrogen embrittlement]

(n.f.) PHÉNOMÈNE d'insertion d'atomes d'hydrogène entre les JOINTS DE GRAINS d'un MATÉRIAU, ce qui en réduit la cohésion et peut provoquer une RUPTURE | INTERGRANULAIRE.

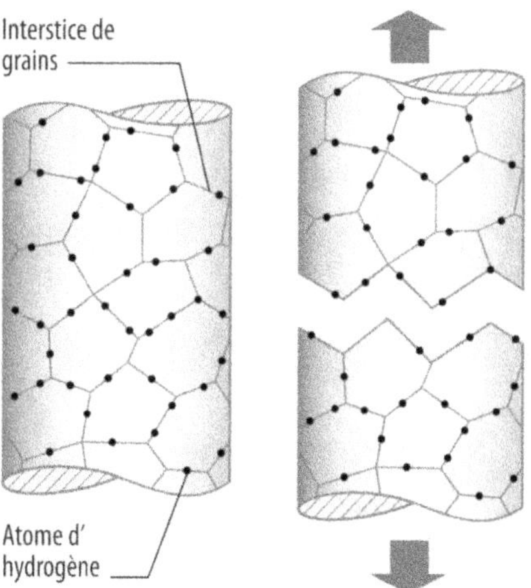

Les TRAITEMENTS DE SURFACE par électrolyse ont tendance à favoriser la fragilisation par l'hydrogène, ce qui est à proscrire, par exemple, pour la VISSERIE À HAUTE RÉSISTANCE.

fragilité [brittleness]

(n.f.) Caractère des MATÉRIAUX qui se brisent facilement et se rompent net lorsqu'ils subissent des CHOCS.

C'est un caractère typique des MATÉRIAUX n'acceptant pas beaucoup de DÉFORMATION PERMANENTE tel que le VERRE, la CÉRAMIQUE, l'ACIER TREMPÉ, la FONTE ordinaire, le BÉTON, etc.

◊ Contr. : DUCTILITÉ ; TENACITÉ.

→ Voir FRAGILE ; RUPTURE FRAGILE.

fraisage [milling]

(n.m.) TECHNIQUE d'USINAGE utilisant un OUTIL DE COUPE ROTATIF multi-DENTS appelé FRAISE pour obtenir des SURFACES planes et toutes sortes de FORMES spéciales.

Ex. 1 :

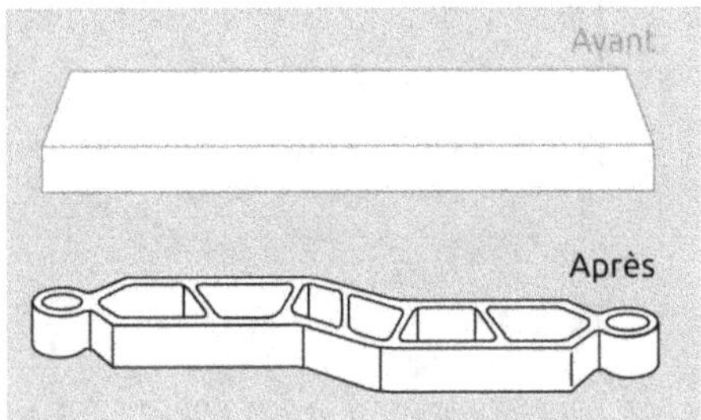

Ex. 2 :

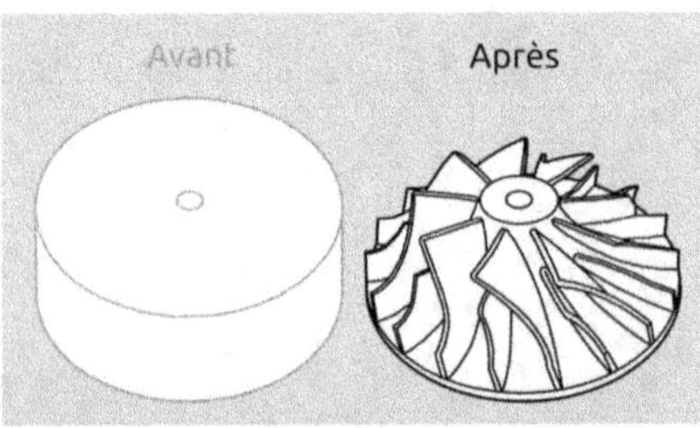

Photo : Dmitry Kilinovsky

A. Le fraisage est une TECHNIQUE de COUPE (sens 2) discontinue. Les ARÊTES DE COUPE sont animées d'un MOUVEMENT DE COUPE circulaire qui entre et sort de la MATIÈRE, ce qui produit des COPEAUX d'ÉPAISSEUR variable accompagnés de CHOCS et de changement constant d'effort de coupe.

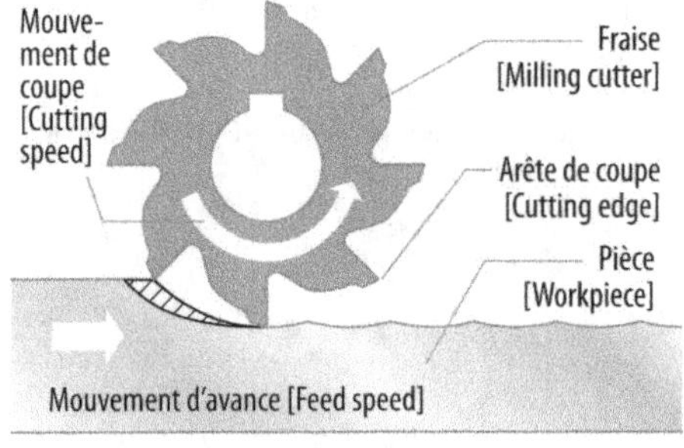

B. Le MOUVEMENT DE COUPE peut être opposé au MOUVEMENT D'AVANCE, ce qui donne le FRAISAGE EN OPPOSITION. Lorsque le MOUVEMENT D'AVANCE et le MOUVEMENT DE COUPE sont dans le même SENS, on parle de FRAISAGE EN AVALANT (c'est le cas de l'illustration ci-dessus).

→ Voir FRAISAGE EN AVALANT pour les détails des avantages et inconvénients de ces MÉTHODES.

C. La COUPE (sens 2) en fraisage peut être effectuée par la DENTURE en périphérique ou en extrémité de la fraise, ce qui conduit à deux configurations de base possibles :

a. le FRAISAGE EN ROULANT ou FRAISAGE CYLINDRIQUE ou FRAISAGE PÉRIPHÉRIQUE lorsque c'est la DENTURE périphériques qui effectue l'USINAGE.

b. le FRAISAGE EN BOUT lorsque la DENTURE d'extrémité entame aussi la MATIÈRE.

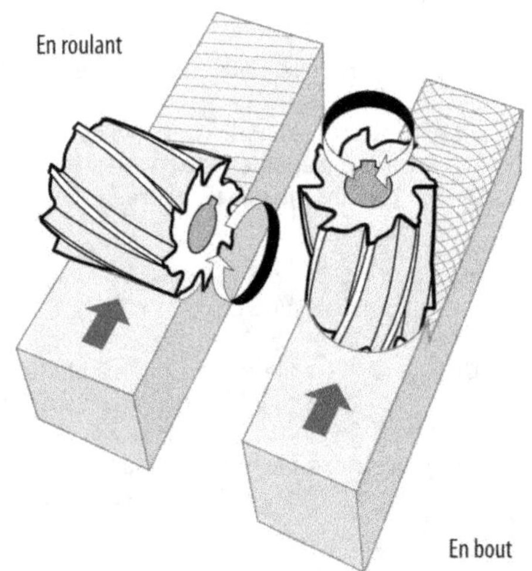

D. Le fraisage peut être pratiqué sur une FRAI-
SEUSE, comme ci-dessous :

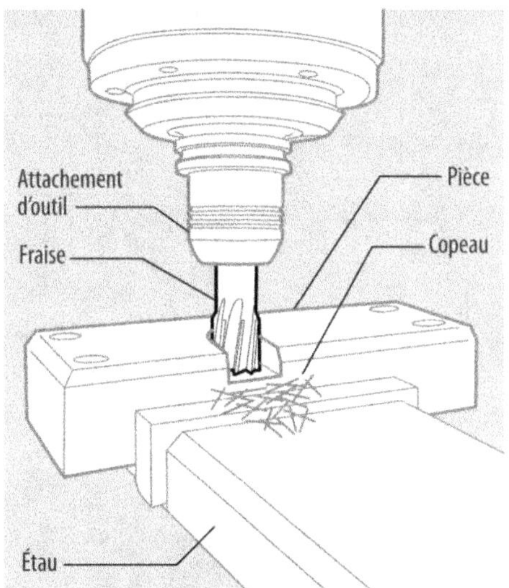

Il peut aussi être effectué sur un CENTRE D'USI-
NAGE comme ci-dessous :

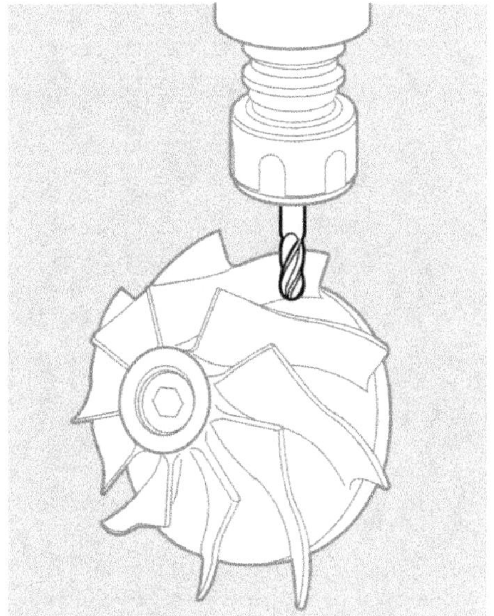

E. La figure suivante donne un aperçu général
des différentes OPÉRATIONS réalisables avec
cette TECHNIQUE :

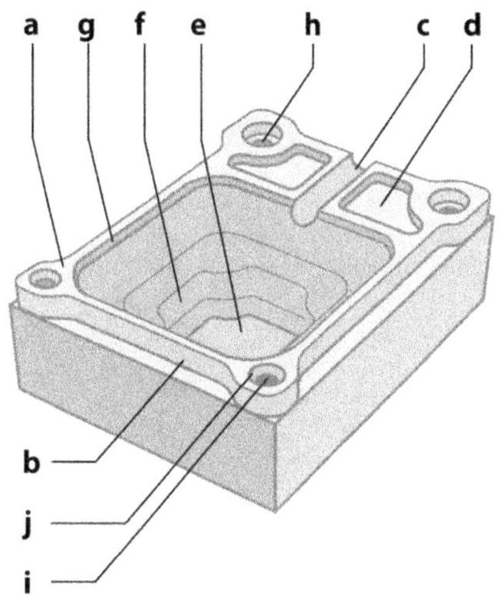

a. Surfaçage	f. Fraisage-copiage
b. Contournage	g. Chanfreinage
c. Rainurage	h. Perçage
d. Lamage	i. Alésage
e. Fraisage de poche	j. Fraisurage

F. TOLÉRANCE DIMENSIONNELLE (IT) :

Très précis	Précis	Moyen	Grossier	Très Grossier
1 2 3 4 5	6 7 8 9	10 11 12	13 14 15	16 17 18
	Fraisage			
10 ± 0,002	10 ± 0,01	10 ± 0,05	10 ± 0,2	10 ± 1
100 ± 0,005	100 ± 0,02	100 ± 0,1	100 ± 0,4	100 ± 2

G. ÉTAT DE SURFACE, RUGOSITÉ Ra (µm) :

0,012 0,025	0,05 0,1 0,2	0,4 0,8 1	1,6 3,2 6,3 10	12 25	50 100 200
			Fraisage		

* Symbole ne faisant plus partie des normes

H. Coût OUTIL (hors coût MACHINE) :

Aucun	Faible	Moyen	Élevé	Très élevé
	Fraisage			

I. SÉRIE DE PIÈCES économiquement envisageable :

Proto	Unitaire	Petite	Moyenne	Grande	Très Grande
1	10	100	1 000	10 000	100 000
		Fraisage			

fraisage en avalant [climb cut milling, down milling]

(n.m.) MÉTHODE de FRAISAGE dans laquelle le MOUVEMENT DE COUPE et le MOUVEMENT D'AVANCE sont dans le même SENS.

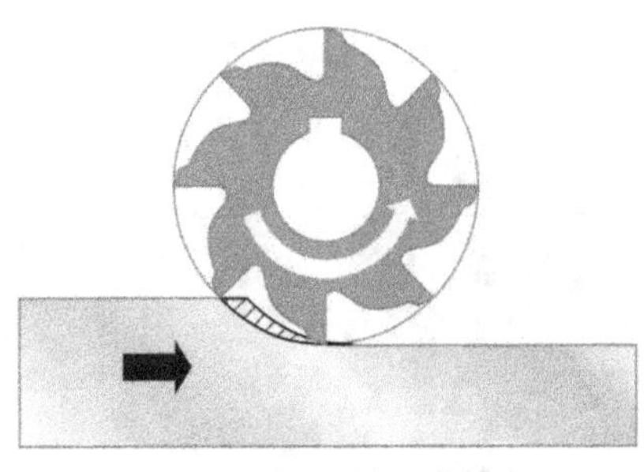

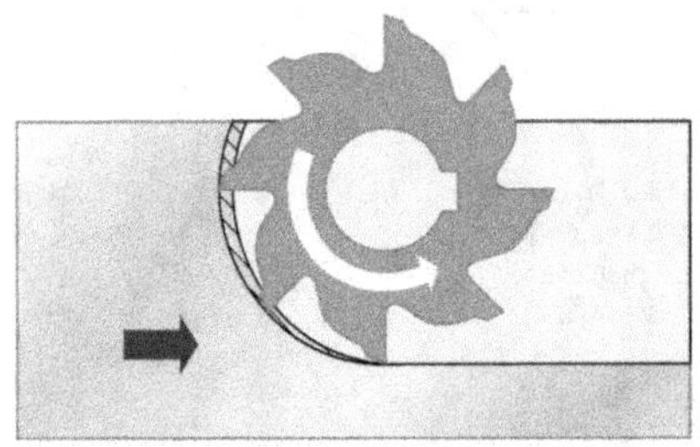

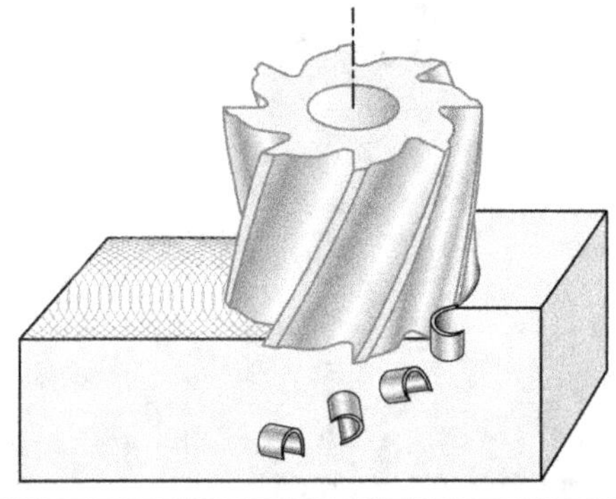

A. Chaque DENT entame la MATIÈRE avec l'ÉPAISSEUR maximale de COPEAU pour terminer à une ÉPAISSEUR nulle.

 **Avantages**

B. Tendance à plaquer la PIÈCE (sens 1). COUPE (sens 2) plus efficace et DURÉE DE VIE de l'OUTIL plus élevée. Meilleur ÉTAT DE SURFACE. C'est la MÉTHODE de fraisage à privilégier si la FRAISEUSE la permet.

Inconvénients

C. Risque de casse des DENTS qui attaquent avec la plus forte ÉPAISSEUR de COPEAU. Nécessite une MACHINE rigide avec une TABLE à RATTRAPAGE DE JEU.
◊ Contr. : FRAISAGE EN OPPOSITION.

fraisage en bout [face milling, end-face milling]

(n.m.) Configuration de FRAISAGE permettant d'obtenir des SURFACES | PLANES | PERPENDICULAIRES avec l'AXE (sens 1) de la FRAISE.

fraisage en opposition [standard milling]

(n.m.) MÉTHODE de FRAISAGE dans laquelle le MOUVEMENT DE COUPE et le MOUVEMENT D'AVANCE sont en sens contraire.

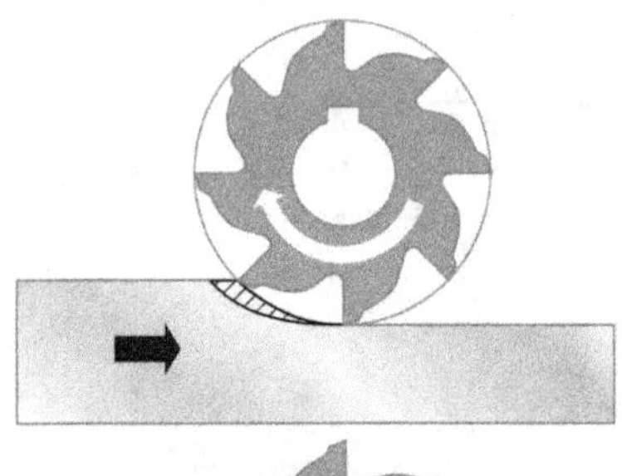

A. Chaque DENT entame la MATIÈRE avec un COPEAU d'ÉPAISSEUR nulle et se termine avec l'ÉPAISSEUR maximale.

 **Avantages**

B. Utilisable sur n'importe quelle MACHINE, même d'ancienne génération peu RIGIDE et sans RATTRAPAGE DE JEU de la TABLE.

 **Inconvénients**

C. Tendance à soulever la PIÈCE (sens 1). Mauvais ÉTAT DE SURFACE et forte USURE dus à un FROTTEMENT important de la FACE DE DÉPOUILLE de l'OUTIL sur la PIÈCE (sens 1) à chaque DENT avant que ne commence à se former le COPEAU.
◊ Contr. : FRAISAGE EN AVALANT.

fraisage en roulant [side milling]

(n.m.) Configuration de FRAISAGE permettant d'obtenir une SURFACE plane PARALLÈLE à l'AXE (sens 1) de la FRAISE.

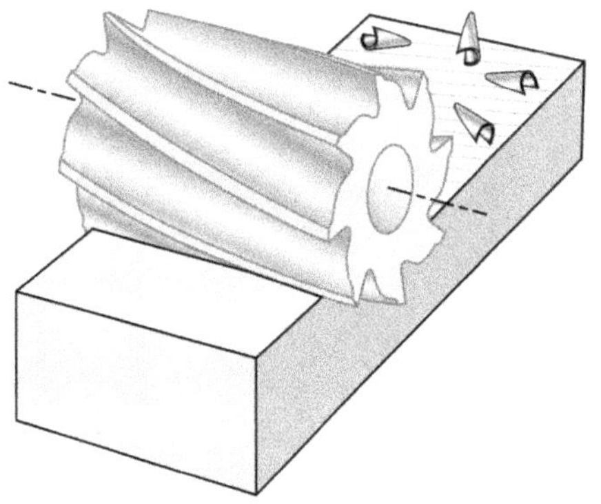

◆ Syn. : FRAISAGE CYLINDRIQUE ; FRAISAGE PÉRIPHÉRIQUE.

◊ Contr. : FRAISAGE EN BOUT.

fraisage par interpolation [interpolation milling]

(n.m.) MÉTHODE de FRAISAGE sur CENTRE D'USINAGE mettant en œuvre des MOUVEMENTS conjugués sur plusieurs AXES (sens 1) pour obtenir des FORMES complexes.

A. Chaque point du déplacement de la PIÈCE (sens 1) ou de l'OUTIL DE COUPE est déterminé et relié entre eux par des méthodes mathématiques de « lissage » de TRAJECTOIRE appelé interpolation.

B. Par exemple, ci-dessous le fraisage par interpolation HÉLICOÏDALE d'une cavité CYLINDRIQUE.

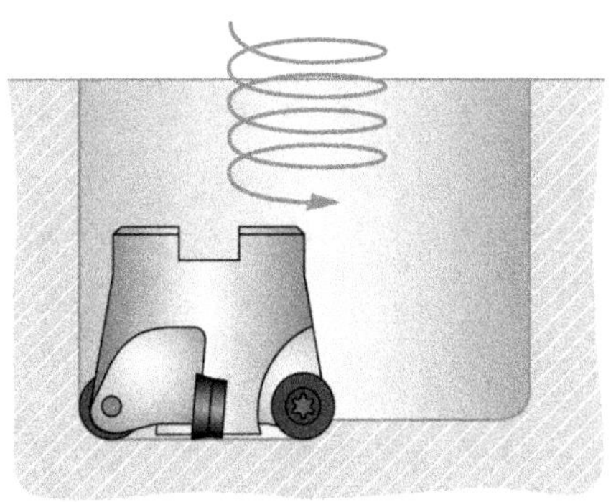

fraise [milling cutter]

(n.f.) OUTIL DE COUPE ROTATIF à une ou plusieurs DENTS permettant d'obtenir des SURFACES planes et toutes sortes de FORMES spéciales.

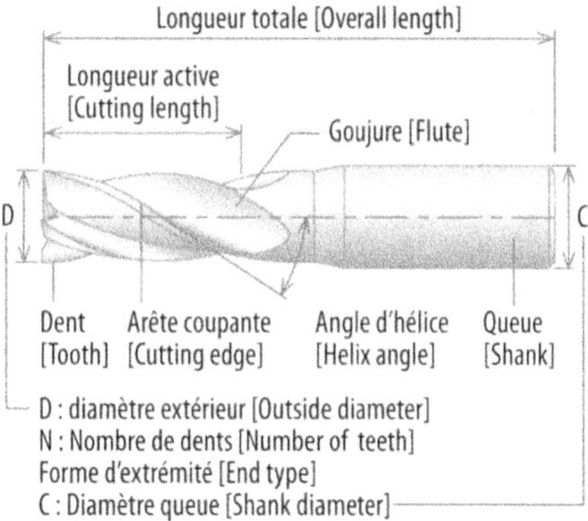

Les fraises peuvent être classées en deux grandes catégories :
- les FRAISES MONOBLOCS.
- les FRAISES À PLAQUETTES.

fraise à clavette [key cutter]

(n.f.) FRAISE pour usiner des RAINURES de logement de CLAVETTE.

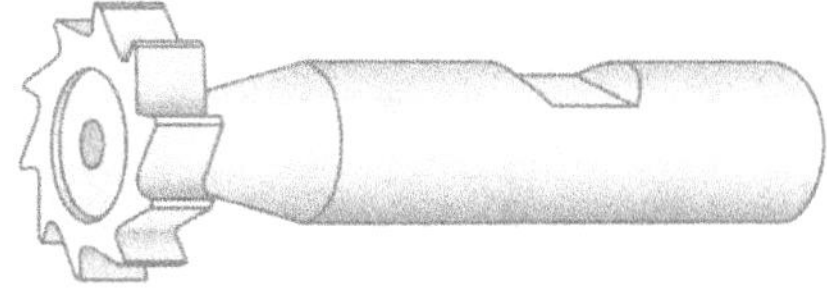

→ Voir, par exemple, CLAVETTE DISQUE.

fraise à copier [copy milling cutter]

(n.f.) FRAISE conçue pour être capable d'USINER des cavités et contours compliqués.

Sa particularité est d'avoir des ARÊTES DE COUPE plutôt arrondies de manière à s'accommoder de toutes les TRAJECTOIRES possibles.

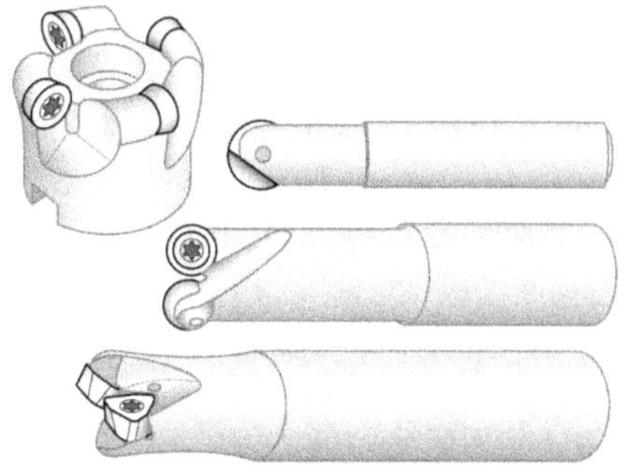

fraise à denture droite [straight teeth plain milling cutter]

(n.f.) FRAISE dont les ARÊTES DE COUPE sont PARALLÈLES à son AXE DE ROTATION.

◊ **Contr. :** FRAISE À DENTURE HÉLICOÏDALE.

fraise à denture hélicoïdale [helical teeth milling cutter]

(n.f.) FRAISE dont les ARÊTES DE COUPE sont en HÉLICE.

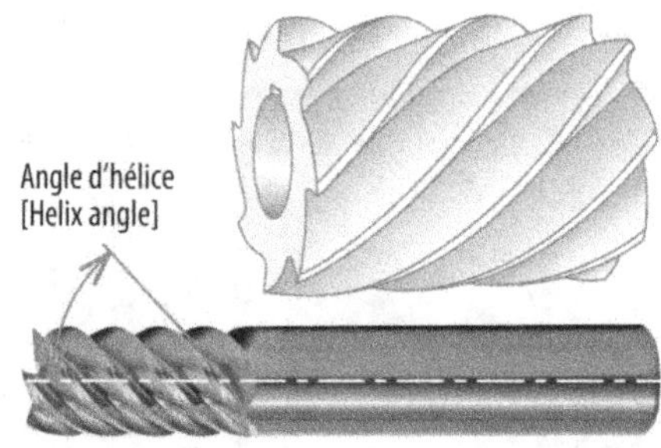

A. La fraise à denture hélicoïdale est caractérisée par son ANGLE D'HÉLICE. D'une façon générale, les faibles ANGLES D'HÉLICE < 30° sont moins productifs car la LONGUEUR totale d'ARÊTE coupante est plus faible. Par ailleurs, l'effort de coupe essentiellement radial ne permet pas des AVANCES importantes. Cependant, les faibles ANGLES D'HÉLICE sont moins sensibles aux VIBRATIONS de résonance. La DENTURE est moins agressive ce qui convient bien aux MATIÈRES | TENDRES. Les grands ANGLES D'HÉLICE > 30° sont plus favorables à la PRODUCTIVITÉ car la LONGUEUR d'ARÊTE DE COUPE est plus importante. Le dégagement des COPEAUX a tendance à se faire axialement. L'effort de coupe a tendance à être plus AXIAL que RADIAL ce qui limite la FLEXION de l'OUTIL et permet des AVANCES plus importantes. Cependant, ils sont tendance à être plus sensibles aux VIBRATIONS de résonance.

👍 Avantages

B. Permet une COUPE (sens 2) plus progressive entre les DENTS, et donc améliore la continuité de COUPE (sens 2) en diminuant les VIBRATIONS et BROUTAGE. Favorable à des FINITIONS meilleures.
◊ **Contr. :** FRAISE À DENTURE DROITE.

fraise à deux tailles [end milling cutter, side milling cutter]

(n.f.) FRAISE avec des DENTS en périphérie et aussi en extrémité, ce qui permet d'usiner simultanément deux FACES (sens 1).

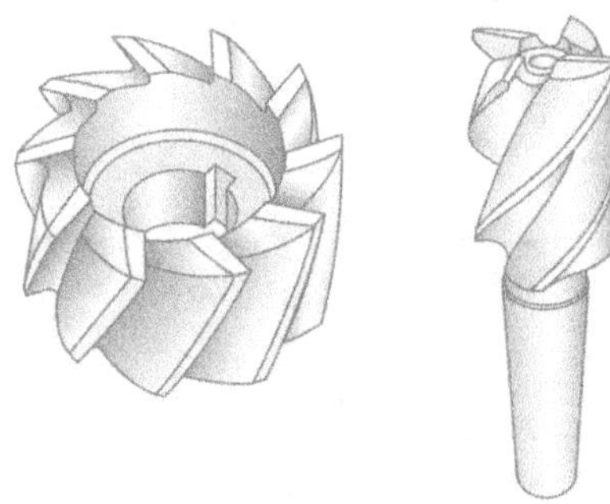

fraise à ébavurer [deburring drill bit]

(n.f.) FRAISE de FORME | CONIQUE destinée à retirer les restes de MATIÈRE accrochés sur les bords d'un TROU après un PERÇAGE.

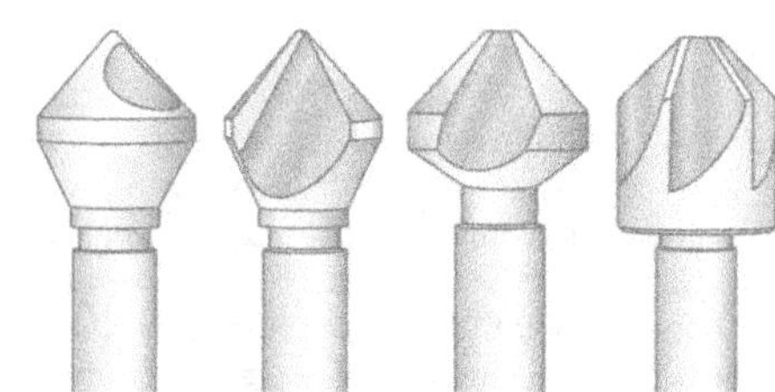

fraise à lamer [counterbore end milling cutter]

(n.f.) FRAISE pour usiner dans le prolongement d'un TROU rond une FORME creuse cylindrique appelée LAMAGE.

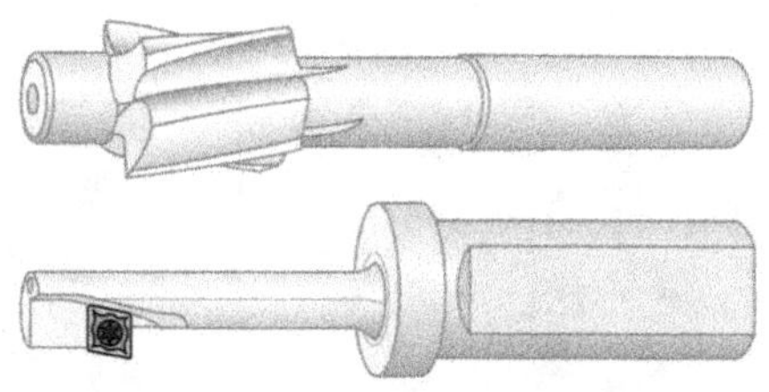

Fraise de travail en tirant

→ Voir LAMAGE.

fraise à plaquettes [inserted teeth milling cutter]

(n.f.) Type de FRAISE dont les parties coupantes en MATIÈRE très dures sont rapportées et vissées sur le corps et l'ATTACHEMENT de l'OUTIL.

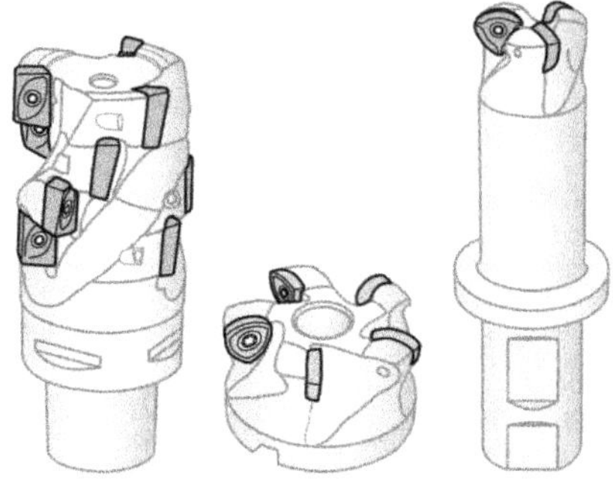

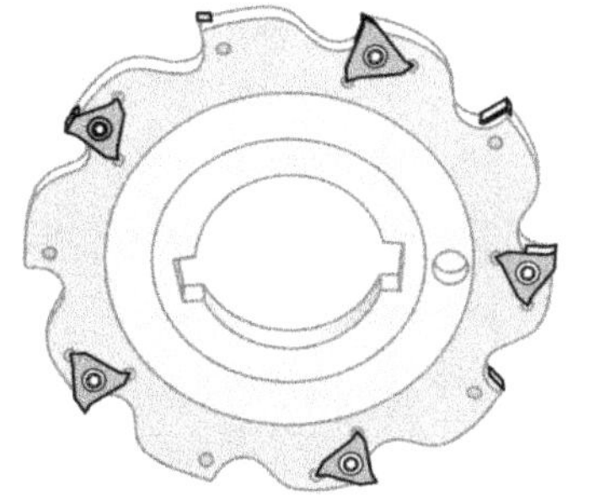

fraise à rainure en té [t slot milling cutter]

(n.f.) FRAISE À TROIS TAILLES pour l'USINAGE de RAINURE EN TÉ.

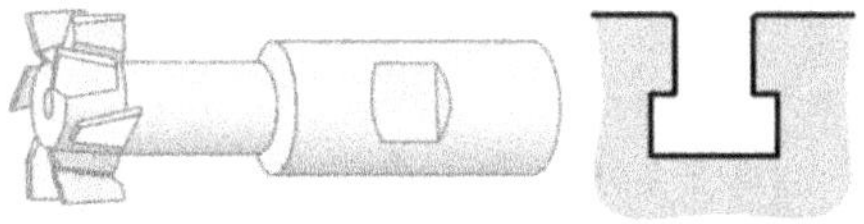

fraise à surfacer [face milling cutter]

(n.f.) FRAISE permettant d'USINER une SURFACE plane | PERPENDICULAIRE à son AXE DE ROTATION.

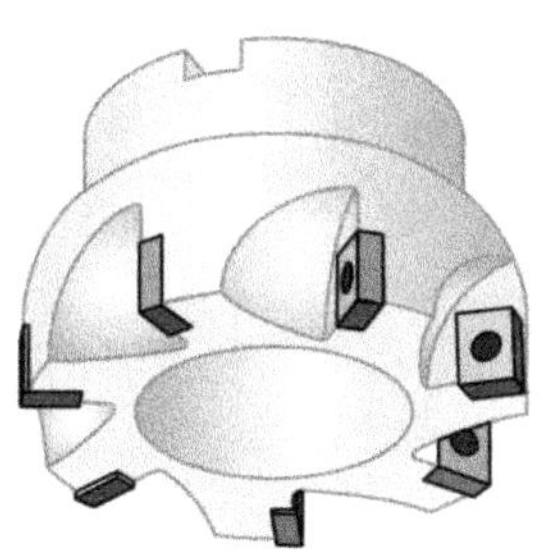

→ Voir aussi FRAISE TOURTEAUX.

fraise à trois tailles [side cutter mill]

(n.f.) FRAISE avec des DENTS en périphérie ainsi que sur les deux autres FACES et permettant d'usiner simultanément trois SURFACES.

→ Voir, par exemple, FRAISE MONOBLOC ; FRAISE À RAINURE EN TÉ.

fraise à une dent [one tooth milling cutter]

(n.f.) FRAISE, souvent de petit DIAMÈTRE avec une DENT unique.

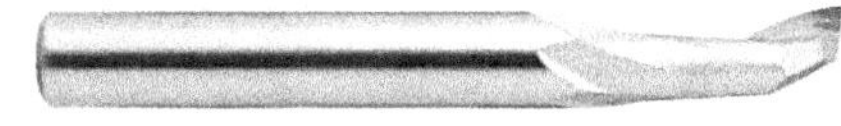

👍 Avantages

A. Offre plus d'espace pour le dégagement des COPEAUX et plus de RAIDEUR par rapport aux FRAISES multi-DENTS, notamment pour le cas des DIAMÈTRES inférieurs à 10 mm.

👎 Inconvénients

B. Moins de continuité de COUPE (sens 2) et donc risque de VIBRATION et de BROUTAGE plus important.

fraise à une taille [plain milling cutter]

(n.f.) FRAISE avec des DENTS uniquement en périphérie et ne permettant d'USINER qu'une seule FACE à la fois.

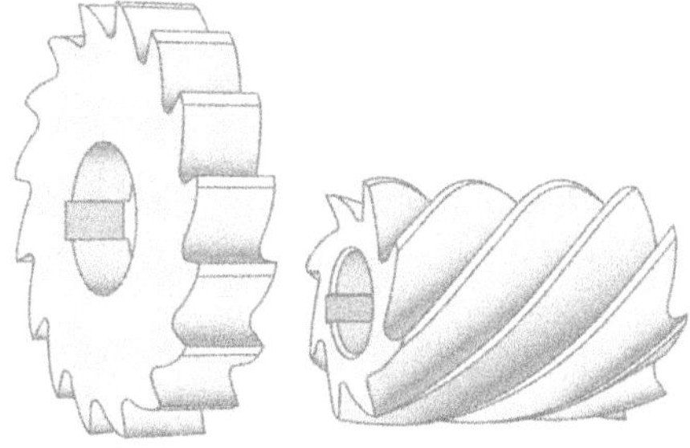

• Note : Ne pas confondre avec la FRAISE À UNE DENT. Comparer avec l'illustration de la rubrique FRAISE À DEUX TAILLES et FRAISE À TROIS TAILLES.

fraise de forme [formed cutter]

(n.f.) FRAISE dont le PROFIL est déjà de la GÉOMÉTRIE (sens 2) voulue sur la PIÈCE (sens 1) à usiner. C'est par exemple, le cas des fraises à engrenages (type fraise-module ou fraise-mère, etc.)

fraise monobloc [solid milling cutter]

(n.f.) FRAISE dont l'intégralité est fabriquée dans le même MÉTAL, généralement de l'ACIER RAPIDE ou du CARBURE, puis AFFÛTÉE pour obtenir les ARÊTES DE COUPE. Page suivante, quelques types usuels.

a. Fraise à trois tailles
b. Fraise à fraisurer
c. Fraise-module pour engrenages
d. Fraise à deux tailles
e. Fraise deux tailles à 10 dents

La fraise monobloc peut être réaffûtée plusieurs fois à chaque fois qu'elle est émoussée. Le terme fraise monobloc est souvent utilisé pour l'opposer à la FRAISE À PLAQUETTES.

fraise-scie [slitting saw]

(n.f.) FRAISE de faible ÉPAISSEUR par rapport à son DIAMÈTRE. Le rapport DIAMÈTRE/ÉPAISSEUR dépasse 20.

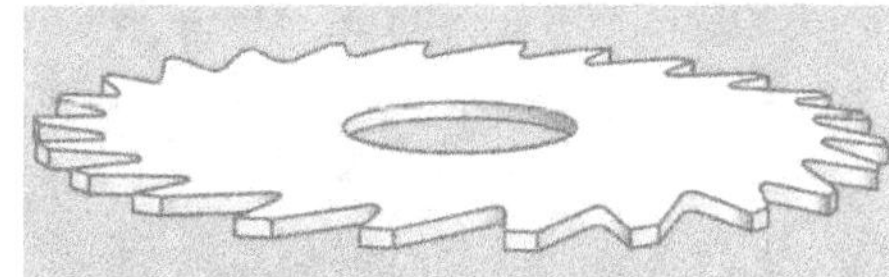

fraise tourteau [face milling cutter]

(n.f.) FRAISE À SURFACER avec des plaquettes rapportées.

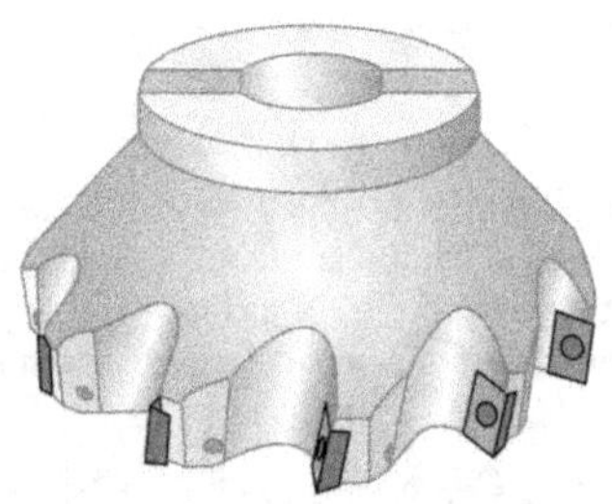

→ Voir aussi SURFAÇAGE.

fraiseuse [mill, milling machine]

(n.f.) MACHINE-OUTIL avec une TABLE À MOUVEMENTS CROISÉS et une BROCHE (sens 2) faisant tourner un OUTIL DE COUPE multi-DENTS appelée FRAISE pour USINER des FORMES planes, PRISMATIQUES et spéciales de toutes sortes.

Une FRAISEUSE peut être conventionnelle ou À COMMANDE NUMÉRIQUE. Elle peut être HORIZONTALE ou universelle. Certaines spécialisées pour les PIÈCES (sens 1) de grandes DIMENSIONS.
→ Voir FRAISEUSE À BANC ; FRAISEUSE À PORTIQUE.

fraiseuse à banc [bed type milling machine, bed mill]

(n.f.) Type de FRAISEUSE à grande capacité avec une grande TABLE fixe et un BÂTI mobile supportant la BROCHE (sens 2).

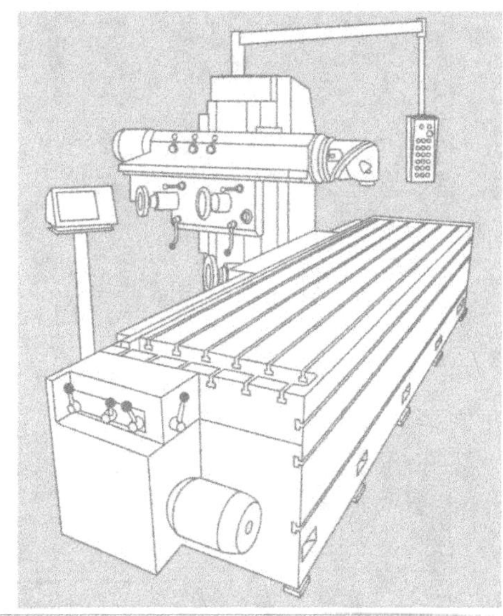

fraiseuse à portique [gantry milling machine]

(n.f.) Type de FRAISEUSE à grande capacité avec des COLONNES mobiles et une TRAVERSE guidant la BROCHE (sens 2) et enjambant la TABLE de travail fixe.

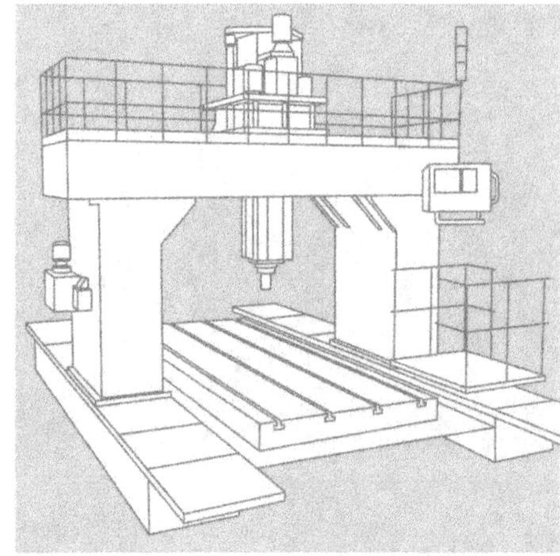

• Note : Ne pas confondre avec la FRAISEUSE À BANC.

fraiseuse conventionnelle [conventional milling machine]

(n.f.) FRAISEUSE dont la mise en œuvre s'effectue à l'aide de VOLANT, MANIVELLE, LEVIER actionné manuellement.

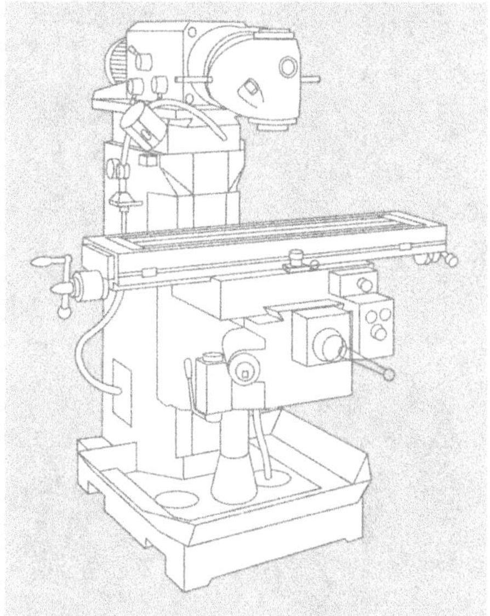

◊ **Contr. :** FRAISEUSE À COMMANDE NUMÉRIQUE dont le fonctionnement est assuré par un programme informatique.

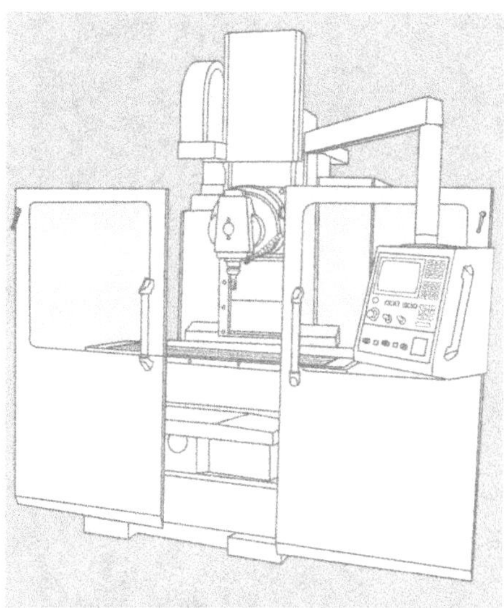

fraiseuse horizontale [horizontal milling machine]

(n.f.) MACHINE-OUTIL avec une TABLE À MOUVEMENTS CROISÉS et un ARBRE (sens 2) horizontal faisant tourner une FRAISE pour USINER des FORMES | PRISMATIQUES et des RAINURES.

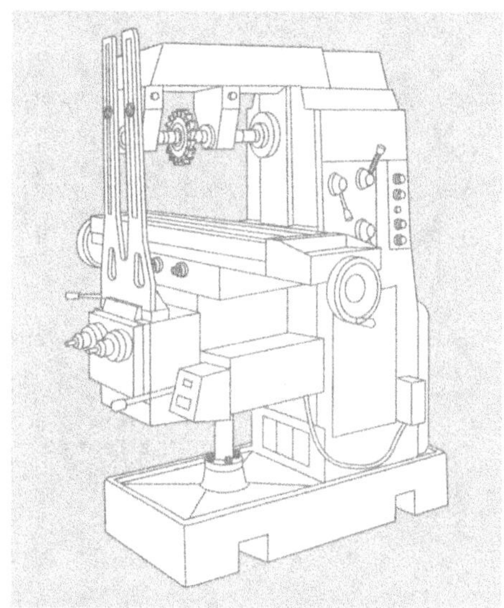

◊ **Contr. :** FRAISEUSE UNIVERSELLE.

fraiseuse universelle [universal milling machine]

(n.f.) FRAISEUSE dont la BROCHE (sens 2) peut être orientée dans toutes les DIRECTIONS, contrairement à une FRAISEUSE HORIZONTALE.

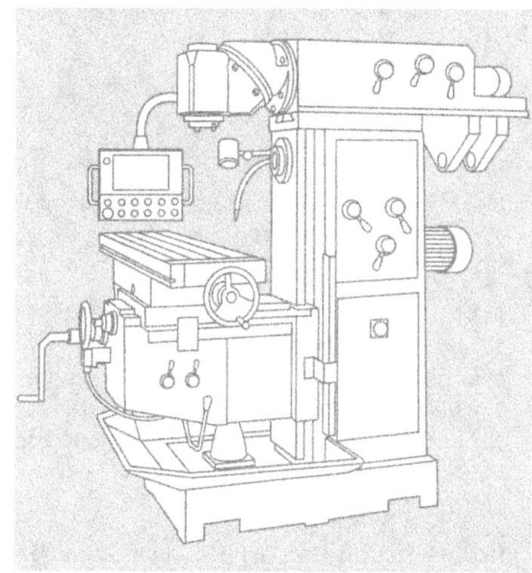

fraisurage [countersinking]

(n.m.) USINAGE d'une FORME | CONIQUE appelée FRAISURE à l'entrée d'un TROU pour loger, par exemple, la tête d'une VIS (sens 2).

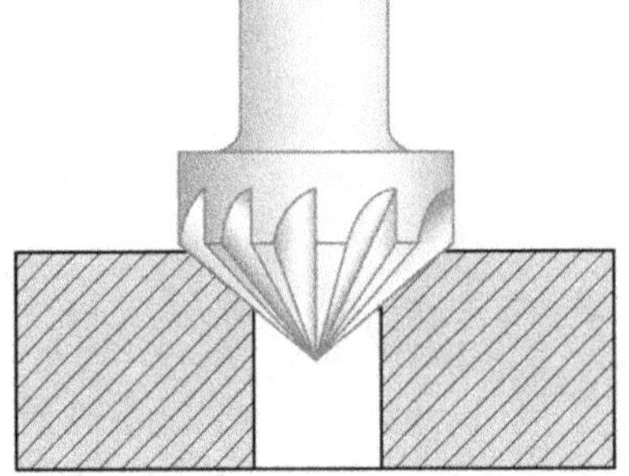

• Note : Ne pas confondre avec le CHANFREINAGE destiné à enlever les BAVURES ou à faciliter les MONTAGES.

fraisure [countersink]

(n.f.) FORME | CONIQUE creuse à l'entrée d'un TROU | CYLINDRIQUE pour loger la tête d'une VIS (sens 2).

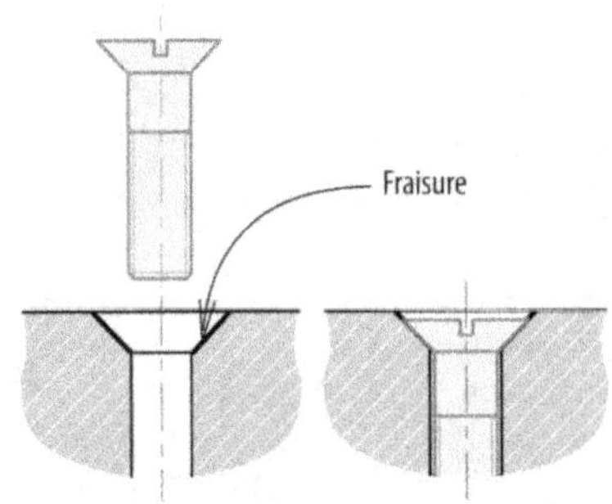

• Note : Ne pas confondre avec le LAMAGE.
→ Voir également FRAISURAGE.

fraisuré [countersunk]

(adj.) Muni d'une FRAISURE, c'est à dire d'une FORME | CONIQUE creuse.

frappe

(n.f.)
1. [striking] Application brutale d'une FORCE sous forme de CHOC.
2. [stamping] PROCÉDÉ de FORMAGE de MÉTAL par l'application de plusieurs CHOCS successifs pour obtenir une DÉFORMATION PLASTIQUE.

frappe à chaud [hot stamping]

(n.f.) PROCÉDÉ de MISE EN FORME de LOPIN de MÉTAL, généralement en plusieurs étapes d'ESTAMPAGES successifs à haute TEMPÉRATURE avec divers OUTILLAGES (sens 2) qui se rapprochent progressivement de la FORME finale recherchée.

Ex : *Étapes de frappe à chaud d'un vilebrequin :*

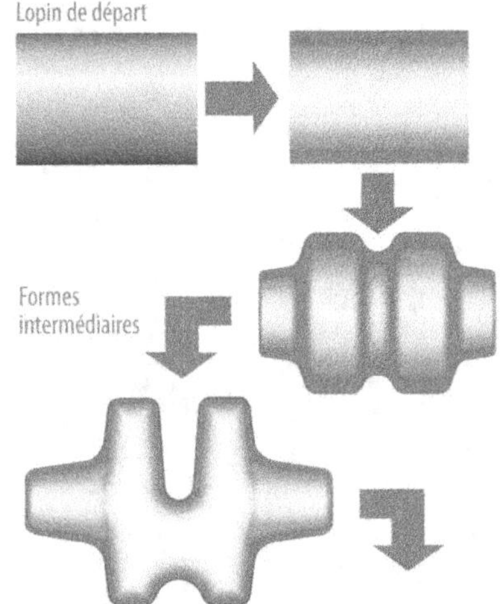

Étape finale de forgeage entre 2 demi-matrices :

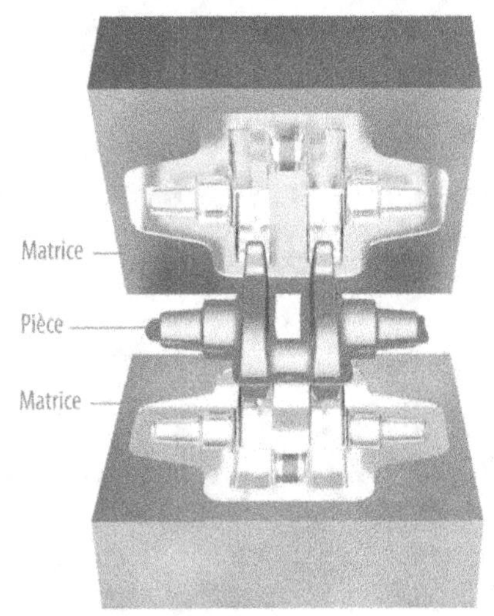

Pièce obtenue en sortie de forgeage :

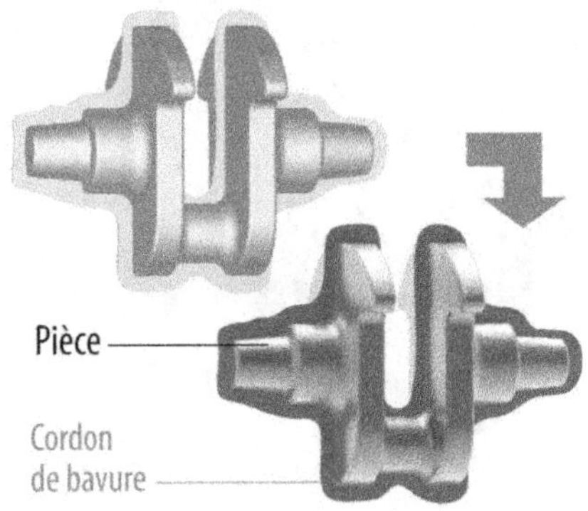

• Note : L'opération est complétée par un ÉBAVURAGE (sens 2) pour obtenir la pièce réellement utile.

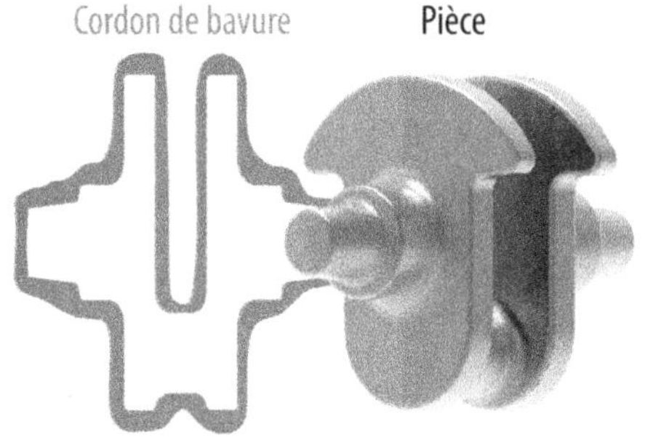

frappe à froid [cold heading]

(n.f.) PROCÉDÉ d'ESTAMPAGE à TEMPÉRATURE AMBIANTE dans lequel un LOPIN est déformé et refoulé à CADENCE élevée par plusieurs CHOCS successifs dans des MATRICES (sens 1) différentes jusqu'à la FORME finale.
A. La frappe à froid est notamment utilisée pour la FABRICATION d'ÉLÉMENTS DE FIXATION et de quincaillerie.
Ex. : *Vis de fixation :*

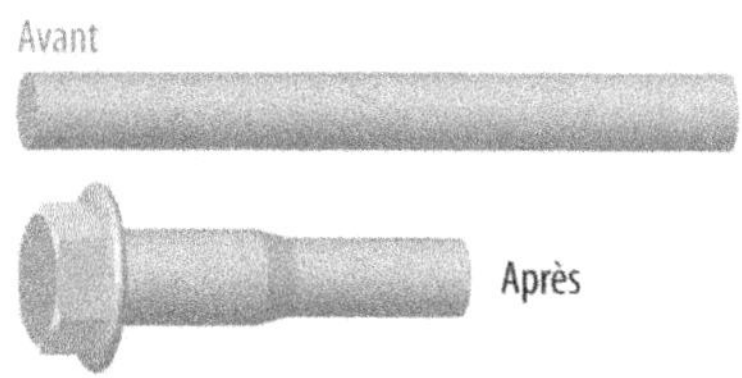

B. Les différentes étapes de la frappe à froid de la pièce précédente :

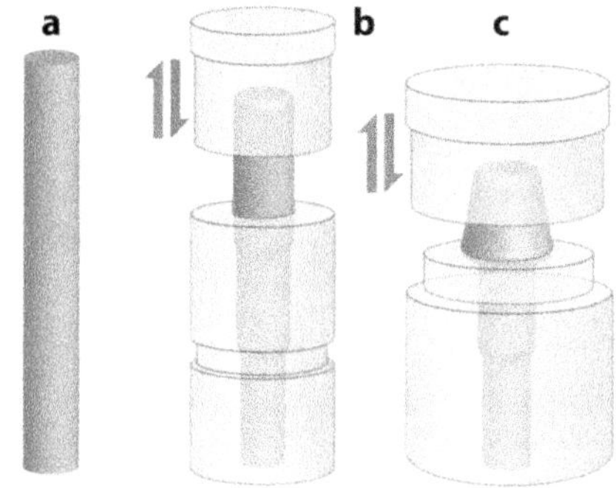

(a) Lopin de départ.
(b) Formation de la tige et du fût de la vis.
(c) Ébauche de refoulement de la tête.

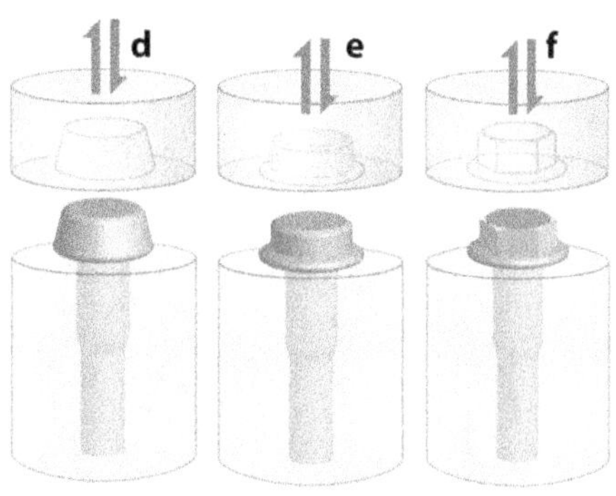

(d) Refoulement intermédiaire.
(e) Refoulement final.
(f) Formation du six pans, calibrage et MARQUAGE.
• Note : Dans ce cas précis, la FABRICATION est complétée par une opération de FILETAGE PAR ROULAGE.
→ Voir aussi VIS (sens 2) ; FILETAGE PAR ROULAGE.

frein [brake]

(n.m.) APPAREIL ou ORGANE destiné à réduire la VITESSE d'un CORPS en MOUVEMENT ou à l'immobiliser complètement pendant le temps voulu.

freinage de filetage [thread locking]

(n.m.) Précaution évitant aux VIS (sens 2) et ÉCROUS déjà en place de se desserrer accidentellement sous l'effet des VIBRATIONS, des CHOCS et des changements de TEMPÉRATURE.

freinfillet [threadlocker]

(n.m.) SUBSTANCE liquide à déposer sur les FILETS de VIS (sens 2), et qui en séchant, constitue un obstacle empêchant la VIS (sens 2) de se desserrer accidentellement.
Plusieurs types de freinfillet existent avec des effets de FREINAGE DE FILETAGE plus ou moins accentués, notamment ceux qui permettent le DÉMONTAGE et ceux destinés aux MONTAGES définitifs. Le freinfillet est l'un des moyens d'assurer le FREINAGE DE FILETAGE.

frettage [interference fit]

(n.m.) TECHNIQUE de LIAISON EN ROTATION et/ou en TRANSLATION d'un ARBRE (sens 2) et d'un MOYEU grâce à un ASSEMBLAGE (sens 1) par AJUSTEMENT très SERRÉ.

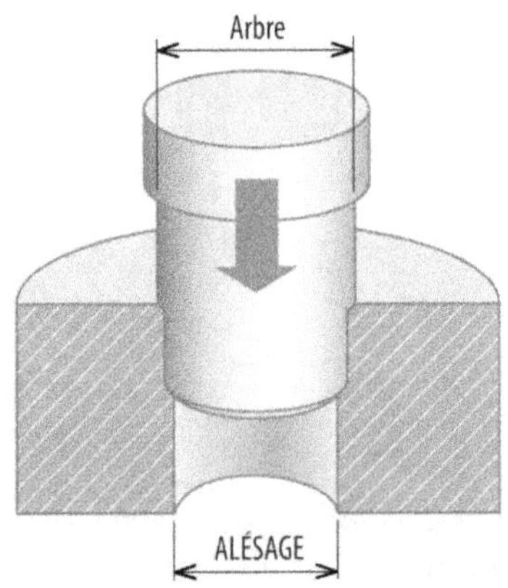

A. La LIAISON ainsi obtenue est capable de transmettre un effort axial, un MOUVEMENT DE ROTATION et un COUPLE DE FORCE. Dans ce cas, le DIAMÈTRE de l'ARBRE (sens 2) est supérieur à celui de l'ALÉSAGE (sens 1) de sorte que le MONTAGE (sens 1) exige l'utilisation d'une PRESSE ou bien se fait par CONTRACTION préalable de l'ARBRE (sens 2) et DILATATION de l'ALÉSAGE (sens 1).

B. Type d'AJUSTEMENTS utilisables avec le SERRAGE exprimé en µm entre l'ARBRE et l'ALÉSAGE :

Ø nominal / Ajustement	Ø 10	Ø 50	Ø 150	Ø 400
H7/p6	30 à 24 µm	51 à 42 µm	83 à 68 µm	119 à 98 µm
H7/r6	34 à 28 µm	59 à 50 µm	104 à 90 µm	171 à 150 µm
H7/s6	38 à 32 µm	68 à 59 µm	140 à 125 µm	–

À remarquer que ces indications d'ajustement ne sont réellement valables que pour les dimensions nominales supérieures ou égales à 50. Pour les dimensions plus faibles, les TOLÉRANCES DE FABRICATION des pièces deviennent prépondérantes par rapport au serrage à obtenir. Il est alors nécessaire de trier et d'apparier les pièces au cas par cas pour obtenir le serrage correspondant à un frettage correct.

C. Les efforts à transmettre permettent de calculer la PRESSION à l'interface et donc le serrage minimum nécessaire. Les INTERVALLES DE TOLÉRANCE permettent de vérifier le non-dépassement des RÉSISTANCES À LA LIMITE D'ÉLASTICITÉ DES MATÉRIAUX.

 **Avantages**

D. Aucune ENTAILLE, ce qui limite les CONCENTRATIONS DE CONTRAINTE. Réalisation relativement facile car peu d'USINAGE. Coût plutôt faible. Pas de BALOURD. Permet de transmettre des COUPLES élevés. Permet des ASSEMBLAGES des PIÈCES (sens 1) composées de MATIÈRES différentes. DÉMONTABLE à condition de prévoir une injection d'huile à haute pression à l'interface de l'ASSEMBLAGE.

Inconvénients

E. NON-DÉMONTABLE sans détérioration partielle en situation normale. VITESSE limitée par la FORCE centrifuge. EFFICACITÉ de l'ASSEMBLAGE (sens 1) sensible aux variations de TEMPÉRATURE. → Voir LIAISON EN ROTATION et la comparaison avec tous les autres SYSTÈMES permettant d'associer un ARBRE (sens 2) avec son MOYEU.

F. À signaler que le frettage par emmanchement conique offre tous les avantages du frettage cylindrique sans les inconvénients. À savoir un centrage parfait tout en permettant un MONTAGE et DÉMONTAGE plus faciles. Néanmoins, la réalisation des cônes demande plus de PRÉCISION.

frette [collar]

(n.f.) DISPOSITIF permettant la LIAISON d'un ORGANE avec un ARBRE (sens 2) par pincement et SERRAGE de manière à pouvoir transmettre un effort axial et un COUPLE.

Ex. : *Frette reliant un JOINT DE CARDAN avec un arbre.*

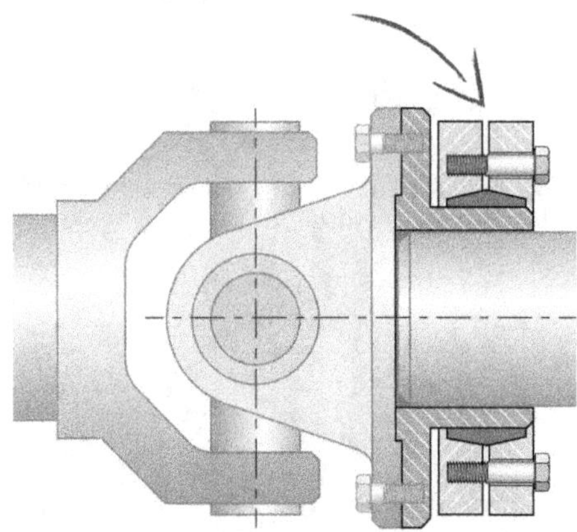

friable [friable]

(adj.) Qui se fragmente facilement, en parlant d'un MATÉRIAU.

◊ **Contr.** : MALLÉABLE.

friction [friction]

(n.f.) CONTACT avec FROTTEMENT.
→ Voir, par exemple, TRANSMISSION PAR FRICTION.

frittage [sintering]

(n.m.) TECHNIQUE de FABRICATION par COMPACTAGE de POUDRES avec la FORME voulue puis cuisson sans FUSION permettant d'agglomérer par DIFFUSION à l'état SOLIDE des GRAINS afin d'obtenir des PIÈCES (sens 1) consolidées :

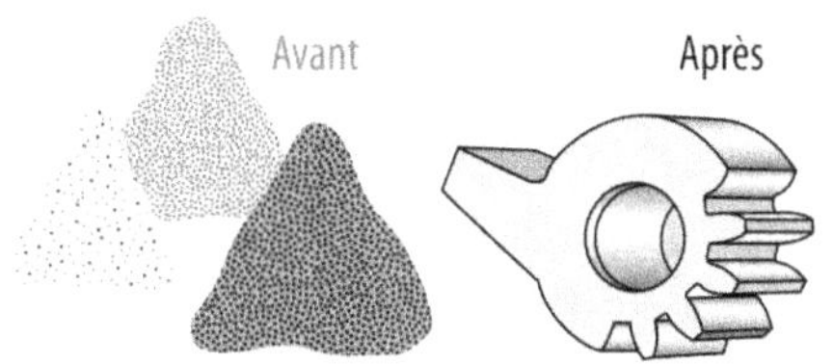

A. La MATIÈRE DE BASE du frittage est toujours une POUDRE, soit de MÉTAL, de CÉRAMIQUE, de CERMET ou un mélange. Les CARACTÉRISTIQUES MÉCANIQUES et physiques à obtenir sont déterminées par le dosage du mélange. La nature morphologique de la POUDRE de départ (sphérique, cubique, éponge, irrégulière, fibreux, flocon, polygonal...) influence aussi le résultat final. Des ADDITIFS, LIANTS et LUBRIFIANTS peuvent aussi être ajoutés.

B. Le PROCÉDÉ de frittage peut être décomposés avec les étapes suivantes :

• **Élaboration des poudres** : certains MATÉRIAUX comme les CÉRAMIQUES sont déjà sous forme de POUDRE par leur PROCÉDÉ d'obtention. Ils peuvent aussi nécessiter une étape de BROYAGE. Les MÉTAUX quant à eux doivent être réduits en POUDRE par PULVÉRISATION ou ATOMISATION à partir d'un état fondu. La grande VITESSE DE REFROIDISSEMENT engendrée par ce PROCÉDÉ permet d'obtenir des MICROSTRUCTURES fines :

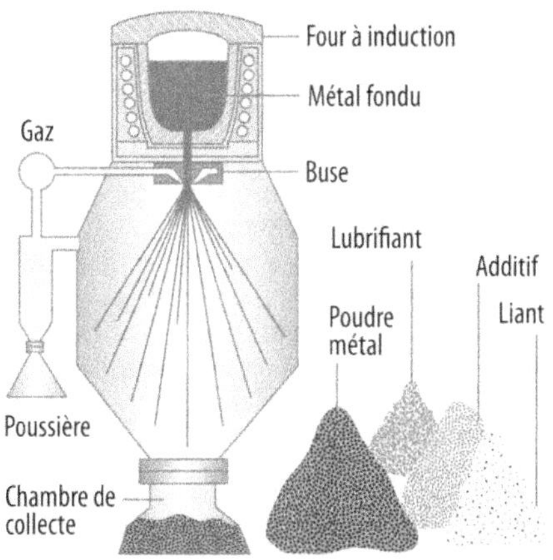

• **Mélange des poudres** : Il est effectué par des PROCÉDÉS | MÉCANIQUES de combinaison de MOUVEMENTS DE ROTATION. À la MATIÈRE de base sont ajoutés un LUBRIFIANT pour faciliter le COMPACTAGE, un LIANT et d'autres ADDITIFS :

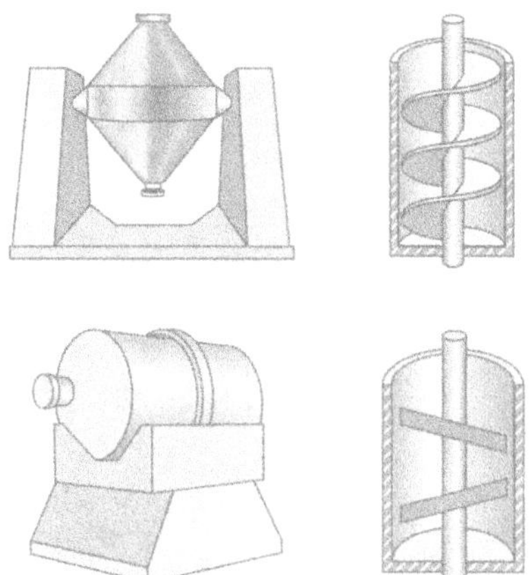

• **COMPRESSION à froid et à haute pression ou COMPACTAGE du mélange de poudres** : cette étape permet de lui donner la FORME recherchée et une tenue MÉCANIQUE suffisante pour les manipulations ultérieures. Elle est réalisée sur des PRESSES avec des OUTILLAGES (sens 2) possédant la FORME désirée mais (CREUX), EN CREUX. La PRESSION appliquée de l'ordre de 200 à 1500 MPa est choisie en fonction de la DENSITÉ à atteindre. Cette étape augmente les SURFACES DE CONTACT entre les gains tout en diminuant les espaces vides :

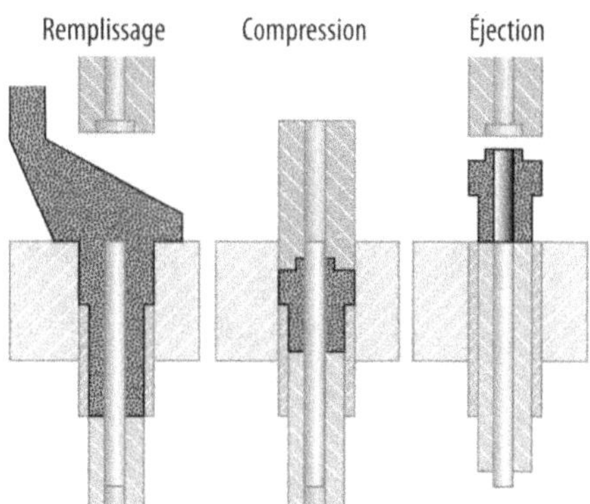

La PIÈCE (sens 1) obtenue est dite « à vert ». Elle n'a pas encore sa consistance finale mais est suffisamment résistante pour supporter les manipulations ultérieures.

• **Le frittage proprement dit** : il consiste à chauffer les PIÈCES (sens 1) compactées à TEMPÉRATURE élevée sans atteindre la FUSION de manière à lier les GRAINS entre eux par un PHÉNOMÈNE de DIFFUSION à l'état SOLIDE. Cette étape peut être précédée du déliantage qui élimine le liant ajouté au départ pour obtenir une cohésion temporaire suffisante. À l'issue du passage dans le FOUR, la PIÈCE (sens 1) acquiert sa STRUCTURE (sens 1), RÉSISTANCE et RIGIDITÉ finale. Il est à remarquer qu'il subsiste une certaine POROSITÉ, ce qui signifie que la DENSITÉ d'une PIÈCE frittée est inférieure à une PIÈCE du même MÉTAL massif.

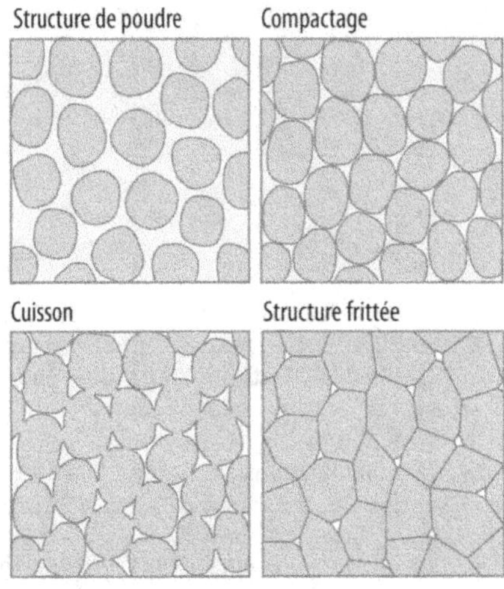

Le frittage est effectué dans des FOURS sous atmosphère contrôlée.

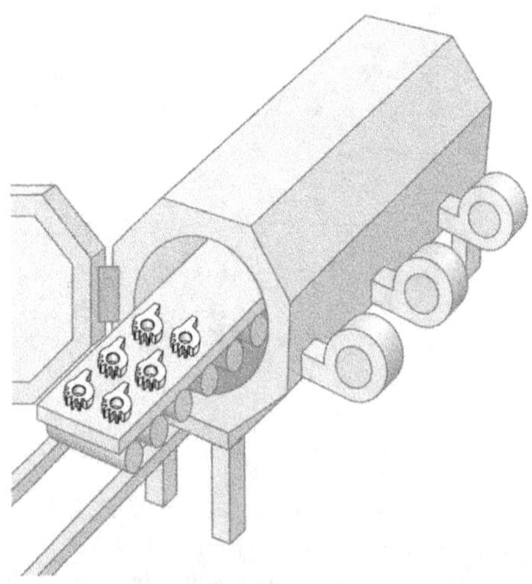

Quelques exemples de pièces obtenues par frittage.

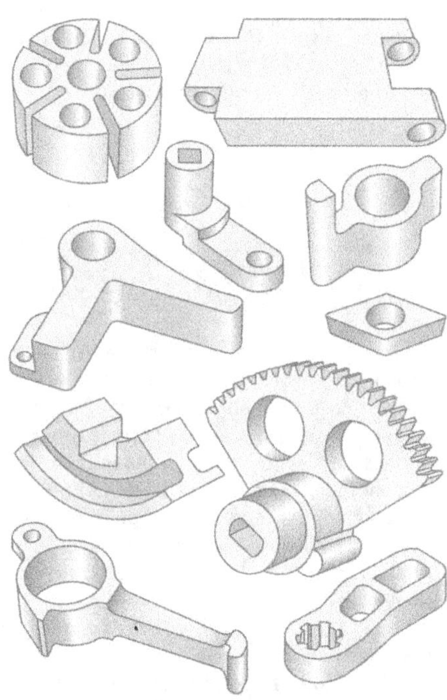

D'une façon générale, les avantages et inconvénients du frittage sont les suivants :

👍 Avantages

C. Permet d'obtenir des FORMES très élaborées par compactage comme les ENGRENAGES, CANNELURES, etc. Bonne PRÉCISION dimensionnelle. IT 9 à 10 dans le sens perpendiculaire au compactage. IT 11 à 13 dans le sens du COMPACTAGE. Bon ÉTAT DE SURFACE. Bonnes CARACTÉRISTIQUES de FROTTEMENT car la RUGOSITÉ est faible et constituée d'une succession de SURFACES planes et de creux correspondant aux POROSITÉS et non des pics et des creux comme en USINAGE. PROCÉDÉ fiable et répétable. CARACTÉRISTIQUES MÉCANIQUES | ISOTROPES. Permet d'obtenir des COMPOSITIONS CHIMIQUES homogènes impossible à envisager avec la FUSION. Peu de perte de MATIÈRE car tout est utilisable. OUTILLAGE (sens 2) de COMPACTAGE durable car ne subissant pas la chaleur. La microporosité de la MATIÈRE peut être exploitée pour en faire des MATÉRIAUX AUTOLUBRIFIANTS en emmagasinant de l'HUILE. USINAGE ultérieur possible. Les microporosités amortissent les VIBRATIONS. Les microporosités procurent un gain de poids car elles allègent la MATIÈRE.

👎 Inconvénients

D. PROCÉDÉ nécessitant de nombreuses étapes et des moyens importants. OUTILLAGE (sens 2) de COMPRESSION coûteux. Ne convient que pour les grandes séries. Taille de PIÈCES (sens 2) limitées par la PRESSION nécessaire au COMPACTAGE. Quelques limitations de FORMES : n'accepte pas les formes d'ALÉSAGES (sens 1) transversaux ou de TARAUDAGE, par exemple.

E. Ne pas confondre avec le MOULAGE PAR INJECTION DE MÉTAL (MIM) même s'il y a de fortes similarités.

frittage laser sélectif [selective laser sintering: SLS]

(n.m.) PROCÉDÉ d'IMPRESSION 3D dans lequel un lit de POUDRE est chauffé aux endroits de chaque SECTION de la PIÈCE (sens 1) balayée et dessinée par un rayon laser à partir d'un MODÈLE (sens 2) de CAO, de manière à s'agglomérer et constituer COUCHE par COUCHE la PIÈCE (sens 1) complète.

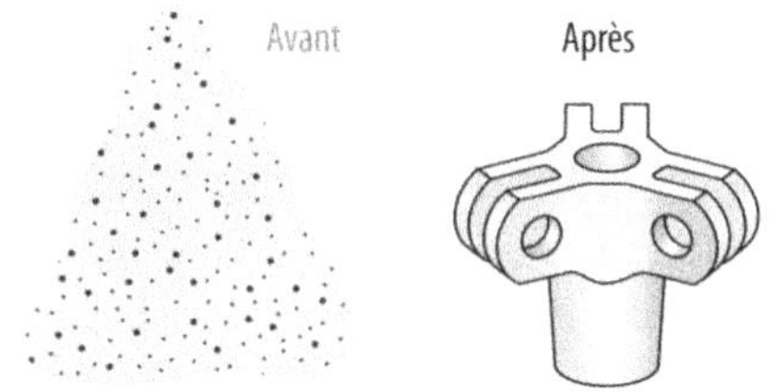

A. La poudre utilisée est du type POLYMÈRE, par exemple, du NYLON, du POLYPROPYLÈNE ou d'autres (PLASTIQUES), MATIÈRES PLASTIQUES plus TECHNIQUES.

B. Le PROCÉDÉ est schématisé sur la figure ci-dessous. Après le FRITTAGE de chaque COUCHE, le plateau support de PIÈCE dans la chambre de FABRICATION descend de la valeur d'une épaisseur, typiquement de l'ordre de 0,1 mm. Un racleur replace et étale de la POUDRE neuve préalablement stockée dans la chambre d'alimentation pour réaliser la COUCHE suivante. La POUDRE épargnée par l'action du rayon laser ainsi que celle qui tombe dans la chambre de collecte est réutilisable.

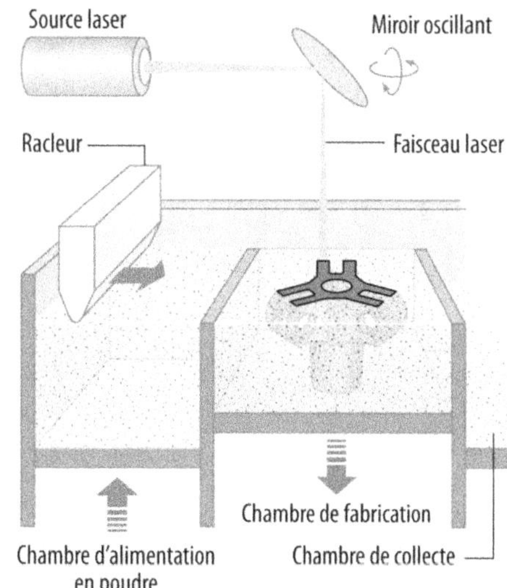

👍 Avantages

C. PROCÉDÉ plûtôt rapide. MATIÈRE DE BASE assez standard. Large choix de MATIÈRE. Ne nécessite aucun MAINTIEN particulier de la PIÈCE (sens 1) qui est soutenue par la POUDRE, ce qui permet les GÉOMÉTRIES (sens 2) les plus complexes.

👎 Inconvénients

D. PROCÉDÉ relativement compliqué. ÉTAT DE SURFACE moyen : rendu granuleux. PROPRIÉTÉS MÉCANIQUES en dessous de celles du MATÉRIAU de base. Relativement FRIABLE. Effets thermiques de distorsion du POLYMÈRE. Nécessite des OPÉRATIONS de retouches, PARACHÈVEMENT ou FINITION ultérieures.

E. Ce PROCÉDÉ peut aussi être utilisé directement sur une POUDRE de MÉTAL afin d'obtenir des PIÈCES | FONCTIONNELLES. Le PROCÉDÉ porte dans ce cas le nom de FRITTAGE LASER DIRECT DE MÉTAL. → Voir aussi STÉRÉOLITHOGRAPHIE, DÉPÔT DE FIL FONDU pour les autres PROCÉDÉS d'IMPRESSION 3D.

frittage laser direct de métal [direct laser metal sintering: DLMS]

(n.m.) Même PROCÉDÉ d'IMPRESSION 3D que le FRITTAGE LASER SÉLECTIF mais qui permet de réaliser des PIÈCES | FONCTIONNELLES, en remplaçant le POLYMÈRE par une POUDRE du MÉTAL final de la PIÈCE (sens 1).

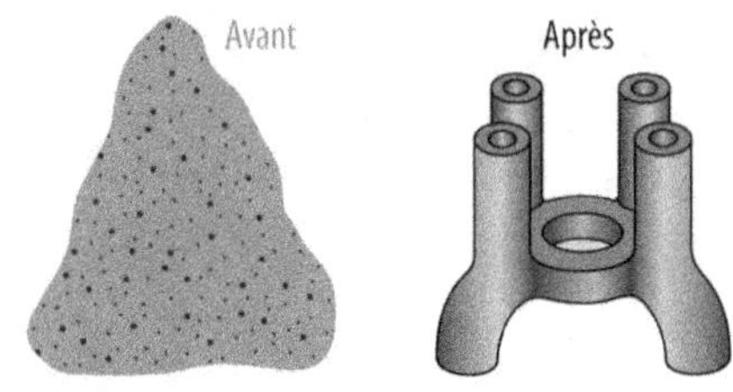

A. Schéma du PROCÉDÉ :

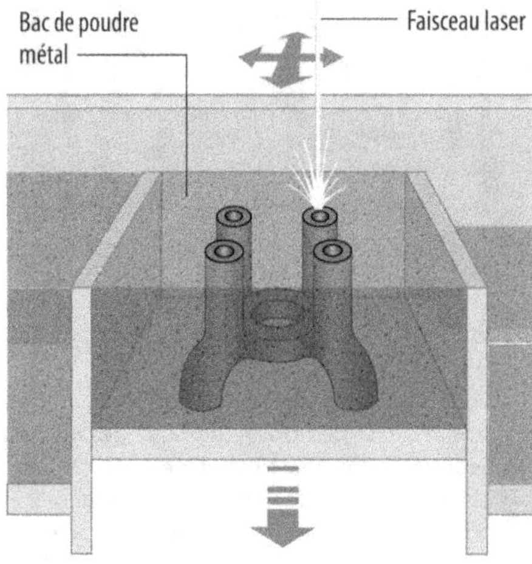

👍 Avantages

B. Permet d'obtenir des PIÈCES (sens 1) de RÉSISTANCE MÉCANIQUE proche de la MATIÈRE DE BASE et apte à une utilisation réelle. Large gamme de MÉTAUX utilisables.

👎 Inconvénients

C. ÉTAT DE SURFACE rugueux. Prix de PIÈCES (sens 1) relativement élevé. Nécessite des OPÉRATIONS de PARACHÈVEMENT et de FINITION.

D. Exemple de pièce obtenue par frittage laser direct de métal. Il s'agit d'une roue de turbine d'un moteur d'avion.

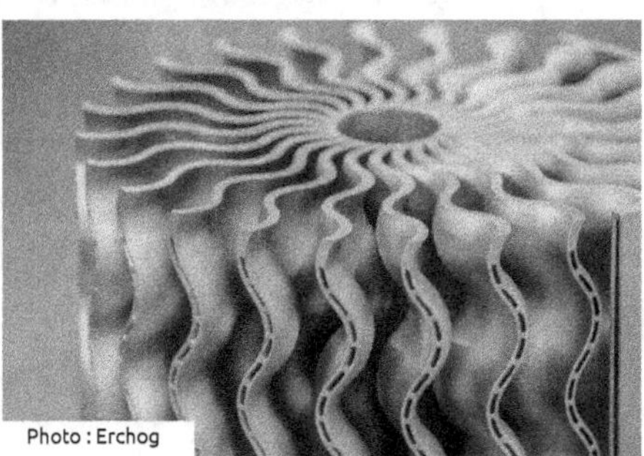

Photo : Erchog

(adj.) Obtenu à partir d'une POUDRE agglomérée par PRESSION et DIFFUSION pour devenir un MATÉRIAU | SOLIDE.

(froid), à froid [cold worked]

(Locution). Se dit des TECHNIQUES de FORMAGE pratiquées à TEMPÉRATURE AMBIANTE, c'est à dire sans chauffage préalable.
Ex. : ESTAMPAGE *à froid.*

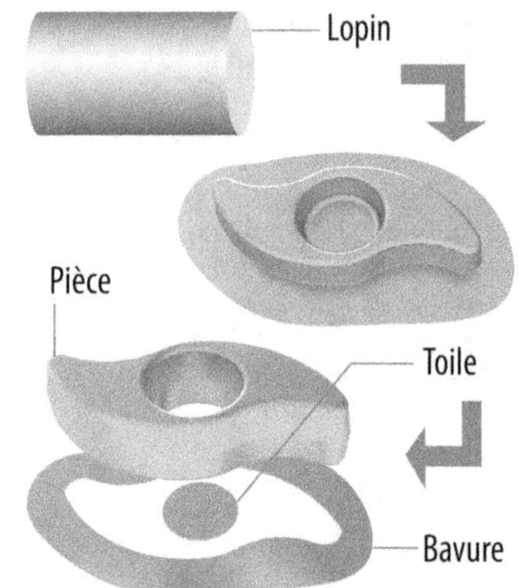

A. Dans le cas des MÉTAUX, en particulier, ce sont les gammes de TEMPÉRATURE très en dessous de la TEMPÉRATURE de RECRISTALLISATION jusqu'à environ 0,25 fois la TEMPÉRATURE DE FUSION (en kelvin) :

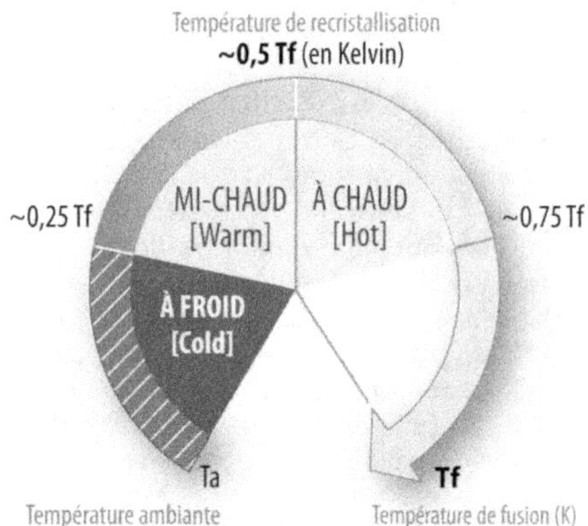

B. La particularité du FORMAGE À FROID est de déformer les GRAINS et d'introduire de l'ÉCROUISSAGE. Ci-contre, le PROCÉDÉ d'ÉTIRAGE réalisé à froid, à comparer avec le même PROCÉDÉ effectué à chaud à la rubrique (CHAUD), À CHAUD.

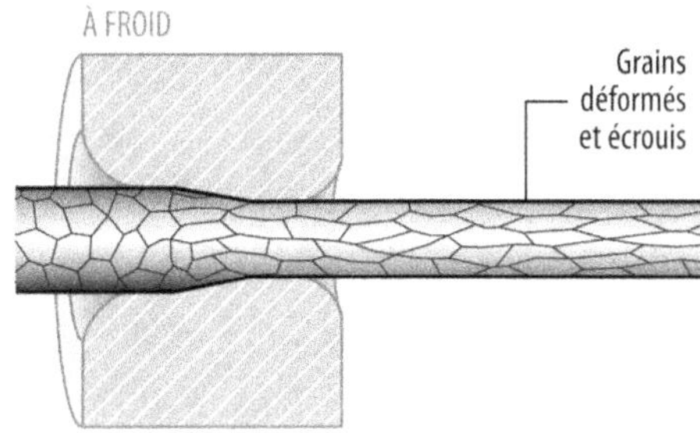

D'une façon générale, et pour le cas des MÉTAUX, les avantages et inconvénients des PROCÉDÉS de formage « à froid », par rapport aux TECHNIQUES « à chaud », sont les suivants :

👍 Avantages

C. Meilleure PRÉCISION dimensionnelle et meilleur ÉTAT DE SURFACE. Meilleure REPRODUCTIBILITÉ et INTERCHANGEABILITÉ des PIÈCES (sens 1). Amélioration de la RÉSISTANCE MÉCANIQUE notamment à la FATIGUE, et de la DURETÉ, due au PHÉNOMÈNE d'ÉCROUISSAGE. Pas d'OPÉRATION préalable de chauffe. Manipulation plus aisée des PIÈCES (sens 1) à cause de la TEMPÉRATURE plus faible. Pas de problème de contamination et d'oxydation.

👎 Inconvénients

D. Nécessite des FORCES et PUISSANCES plus importantes. OUTILLAGES (sens 2) encombrants et de coût plus élevé. Équipements plus lourds et plus coûteux. La SURFACE de la PIÈCE (sens 1) doit être propre et sans dépôts. Donne des PIÈCES moins DUCTILES. Des CONTRAINTES RÉSIDUELLES non-désirables peuvent subsister dans les PIÈCES (sens 1). Le résultat requiert parfois un TRAITEMENT THERMIQUE de DÉTENSIONNEMENT. Pour les OPÉRATIONS multiples, nécessite parfois un TRAITEMENT de RECUIT intermédiaire. Introduit parfois de l'ANISOTROPIE des propriétés physico-mécaniques.
◊ Contr. : (CHAUD), À CHAUD.
⟶ Voir aussi, par exemple, LAMINAGE À FROID ; FRAPPE À FROID ; FILETAGE PAR DÉFORMATION.

frottage [rubbing]

(n.m.) Action de maintenir une PRESSION sur une SURFACE tout en effectuant des MOUVEMENTS dans le but, par exemple, d'un NETTOYAGE ou de DÉCAPAGE.

frottement [friction]

(n.m.) FORCE qui s'oppose au MOUVEMENT relatif entre deux SUBSTANCES simplement en CONTACT.
A. Au début d'un MOUVEMENT, le frottement a tendance à être plus intense qu'une fois le MOUVEMENT bien établi. Ainsi, on distingue le FROTTEMENT STATIQUE au démarrage du déplacement et le FROTTEMENT DYNAMIQUE pendant le DÉPLACEMENT.
B. Le frottement est plus élevé pour le MOUVEMENT de GLISSEMENT. Il est moindre pour le MOUVEMENT de ROULEMENT mais existe bel et bien. Ce PHÉNOMÈNE est mesuré et quantifié avec le COEFFICIENT DE FROTTEMENT.

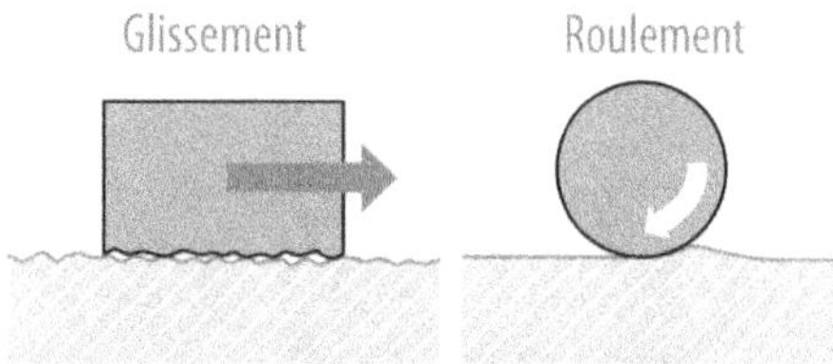

⟶ Voir aussi COEFFICIENT DE FROTTEMENT.
C. Les causes de la résistance au mouvement sont :
• Les irrégularités et RUGOSITÉS des SURFACES en CONTACT. Plus l'ÉTAT DE SURFACE est mauvais, plus le frottement est important.
• Les FORCES d'attraction moléculaire qui dépendent de la nature du couple de MATÉRIAUX en CONTACT.
D. Le frottement est un PHÉNOMÈNE utile et favorisé pour certaines utilisations comme les FREINS. Il est nuisible et combattu pour d'autres applications telles que les GUIDAGES.

(frottement), coefficient de frottement [friction coefficient]

(n.m.) Voir les explications à la rubrique COEFFICIENT DE FROTTEMENT.

frottement dynamique [dynamic friction]

(n.m.) PHÉNOMÈNE s'opposant au déplacement d'une PIÈCE (sens 1) en CONTACT et en MOUVEMENT par rapport à une autre. Ce phénomène est cependant moins intense que pour une pièce immobile au début de son MOUVEMENT dans quel cas, il s'agit de FROTTEMENT STATIQUE.
⟶ Voir aussi COEFFICIENT DE FROTTEMENT.

frottement statique [static friction]

(n.m.) PHÉNOMÈNE s'opposant à la mise en MOUVEMENT d'une PIÈCE (sens 1) immobile en CONTACT avec une autre. Lorsque la PIÈCE (sens 1) est en MOUVEMENT, le phénomène d'opposition conti-

nue d'exister mais avec une intensité légèrement plus faible appelée FROTTEMENT DYNAMIQUE.
⟶ **Voir** COEFFICIENT DE FROTTEMENT.

fuite[leak, leakage]

(n.f.) Déperditions indésirables de LIQUIDE ou de GAZ s'échappant accidentellement de RÉCIPIENTS ou de TUYAUTERIES censés les contenir.
⟶ **Voir aussi** ÉTANCHÉITÉ.

fusion [melting]

(n.f.)
1. PHÉNOMÈNE de (ÉTAT), CHANGEMENT D'ÉTAT du SOLIDE en LIQUIDE.

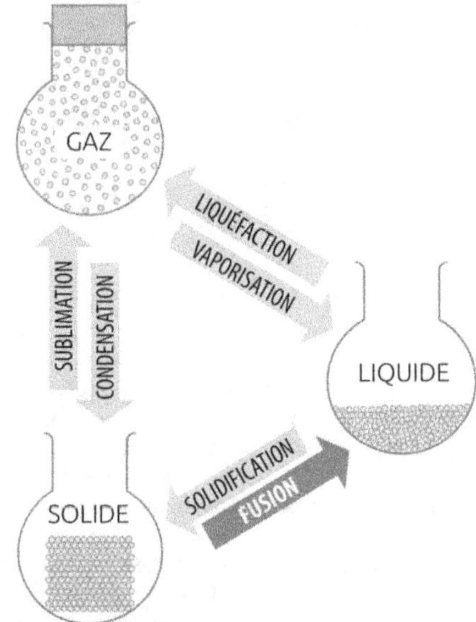

Ce PHÉNOMÈNE apparaît à une TEMPÉRATURE précise (pouvant varier en fonction des phénomènes de « surfusion ») appelée TEMPÉRATURE DE FUSION pour les CORPS PURS et certains ALLIAGES particuliers. Pour les autres ALLIAGES, la fusion s'effectue sur une PLAGE DE TEMPÉRATURE.
⟶ **Voir aussi** TEMPÉRATURE DE FUSION, pour les valeurs caractéristiques de certains ÉLÉMENTS CHIMIQUES.
2. OPÉRATION permettant d'obtenir le (ÉTAT), CHANGEMENT D'ÉTAT d'un SOLIDE en LIQUIDE.

fusion sous vide [vacuum melting]

(n.f.) TRANSFORMATION (sens 1) de l'état d'un SOLIDE en LIQUIDE en absence d'air ou de tout autre GAZ afin d'éviter les RÉACTIONS CHIMIQUES telles que l'OXYDATION, par exemple, qui peuvent altérer la SUBSTANCE concernée.

G, g

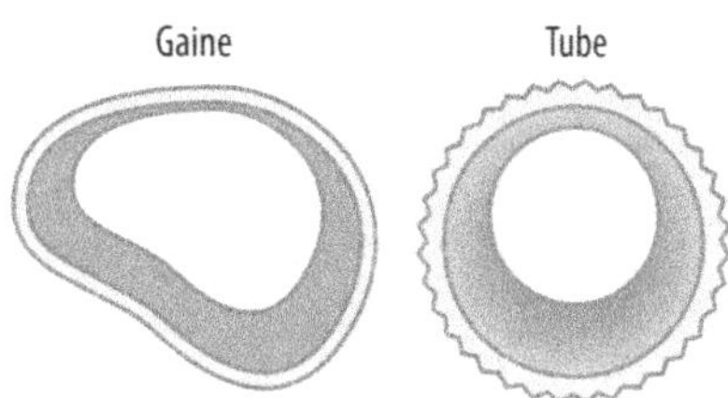

gabarit [template]

(n.m.)

1. INSTRUMENT DE DESSIN guidant et facilitant le tracé de COURBE et figures diverses.
Ex : *Gabarit pour le DESSIN TECHNIQUE.*

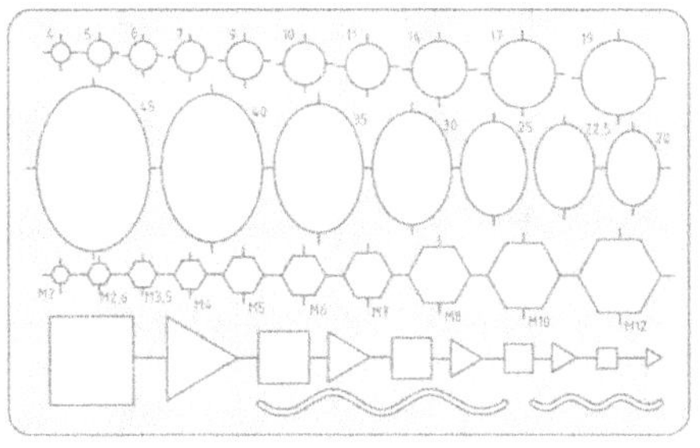

2. DISPOSITIF guide de POSITIONNEMENT et d'ORIENTATION garantissant la REPRODUCTIBILITÉ d'une FABRICATION.
Ex. : *Gabarit de SOUDAGE d'un cadre de moto.*

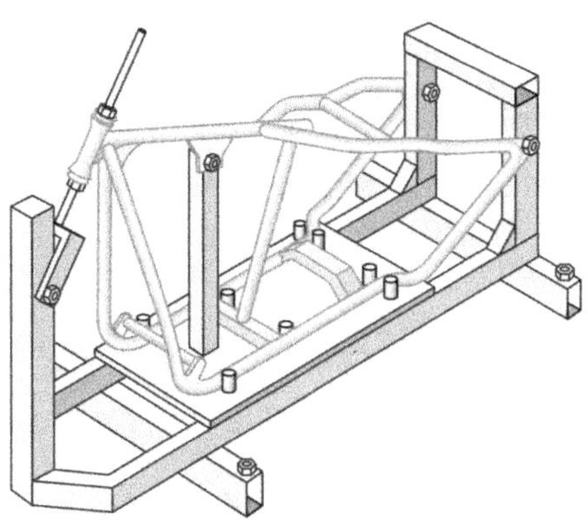

gaine [flue]

(n.f.) PROFILÉ tubulaire de consistance souple, à cause de la MATIÈRE ou de la faible ÉPAISSEUR des parois.

• Note : Ne pas confondre avec le FILM qui n'est pas tubulaire.
→ Voir EXTRUSION GONFLAGE pour un PROCÉDÉ de FABRICATION de gaine.

galbe [curved surface]

(n.m.) SURFACE de forme arrondie.

galet [roller]

(n.m.) Roulette de petite taille destinée à supporter de fortes CHARGES (sens 1) et PRESSION.
→ Voir, par exemple, FLUOTOURNAGE ; GALETAGE.

galetage [burnishing]

(n.m.) PROCÉDÉ de FINITION de SURFACE sans enlèvement de MATIÈRE, consistant à compacter/écraser superficiellement la PIÈCE (sens 1) avec des ROULEAUX (sens 2) très lisses de grande DURETÉ pressés fortement sur la SURFACE.

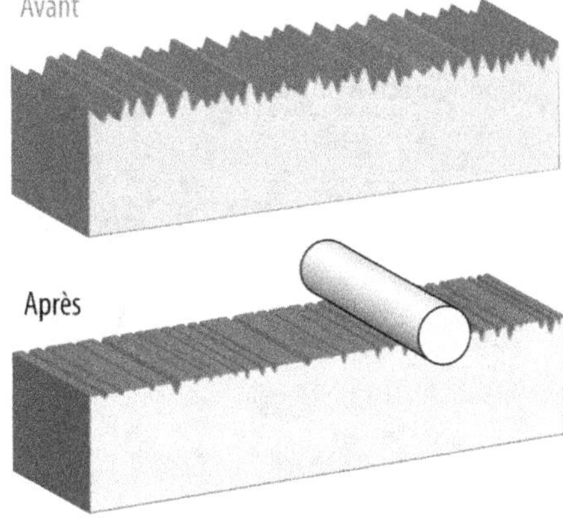

A. Les ROULEAUX (sens 2) écrasent à froid les pics d'aspérités et les refoulent dans les creux. Ainsi, les effets obtenus par le galetage sont :
• amélioration de l'ÉTAT DE SURFACE.
• amélioration de la RÉSISTANCE À LA FATIGUE par diminution des amorces de FISSURE en SURFACE et surtout en créant des CONTRAINTES DE COMPRESSION superficielles.
• augmentation de la DURETÉ | SUPERFICIELle.
• amélioration de la tenue à la CORROSION.

B. Tous les MATÉRIAUX MÉTALLIQUES d'une DURETÉ inférieure à 45 HRC peuvent subir le galetage. Certains OUTILLAGES (sens 1) diamantés permettent d'en venir à bout des DURETÉs de 60 HRC.

C. TOLÉRANCE DIMENSIONNELLE (IT) :

Très précis	Précis	Moyen	Grossier	Très Grossier
1 2 3 4 5	6 7 8 9	10 11 12	13 14 15	16 17 18
	Galetage			
$10 \pm 0,002$	$10 \pm 0,01$	$10 \pm 0,05$	$10 \pm 0,2$	10 ± 1
$100 \pm 0,005$	$100 \pm 0,02$	$100 \pm 0,1$	$100 \pm 0,4$	100 ± 2

D. ÉTAT DE SURFACE, RUGOSITÉ Ra (µm) :

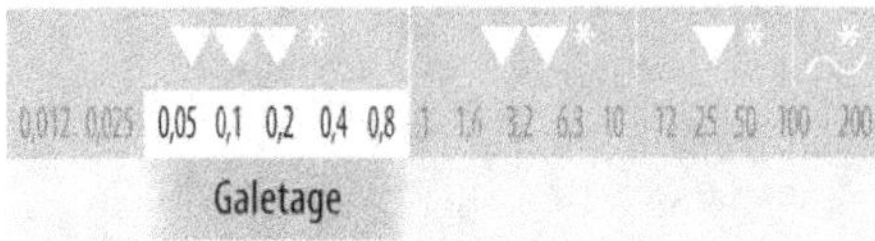

0,012 0,025	0,05 0,1 0,2 0,4 0,8	1 1,6 3,2 6,3 10	12 25 50 100 200
	Galetage		

* Symbole ne faisant plus partie des normes

E. Coût OUTILLAGE (sens 2) (hors coût MACHINE) :

Aucun	Faible	Moyen	Élevé	Très élevé
	Galetage			

F. SÉRIE DE PIÈCES économique :

Proto	Unitaire	Petite	Moyenne	Grande	Très Grande
1	10	100	1 000	10 000	100 000
	Galetage				

G. Configuration de galetage intérieur.

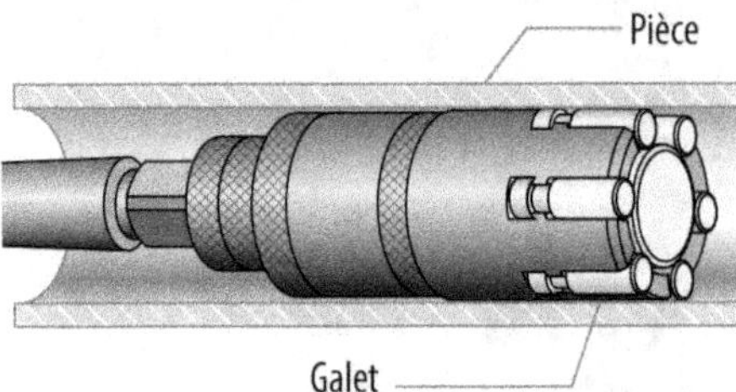

H. Configuration de galetage extérieur.

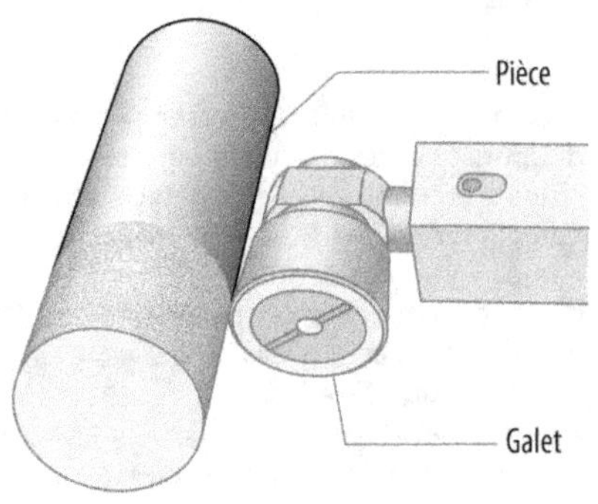

Avantages

I. Très précis. Coût d'OUTILLAGE (sens 2) avantageux. Plus économique que la RECTIFICATION. Bonne PRODUCTIVITÉ en COMMANDE NUMÉRIQUE.

1. [galvanization, hot-dip galvanizing] TRAITEMENT DE PROTECTION contre la CORROSION de l'ACIER et de la FONTE par immersion dans du ZINC fondu (450°C), d'où l'appellation « à chaud ».

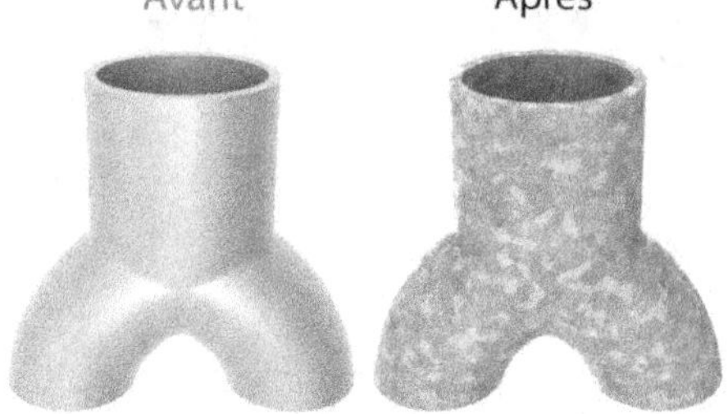

A. Le ZINC à l'état LIQUIDE s'allie facilement avec le FER en donnant un REVÊTEMENT de protection fortement adhérent d'environ 70 µm d'ÉPAISSEUR (5 g/dm^2). Ci-dessous, la STRUCTURE (sens 1) de la COUCHE comparée à ce qui est obtenu par voie électrochimique, c'est à dire par ÉLECTROZINGAGE. Il se forme entre l'ACIER et le revêtement de ZINC des COUCHES intermédiaires d'ALLIAGE des deux MÉTAUX de plus en plus riches en ZINC jusqu'au ZINC pur en SURFACE. À titre de remarque, les COUCHES d'ALLIAGES de ZINC et de FER intermédiaires ont la particularité d'être plus DURES que le SUBSTRAT généralement en ACIER NON ALLIÉ et la COUCHE de protection en ZINC pur, comme indiqué sur l'illustration ci-dessous.

B. La galvanisation est l'un des PROCÉDÉS de protection les plus efficaces et économiques au regard de son coût. Elle agit de deux façons :

• la COUCHE de ZINC constitue d'abord une barrière protectrice physique à la façon d'une PEINTURE ou d'un REVÊTEMENT organique en évitant le contact de l'ALLIAGE FERREUX avec l'air et l'humidité corrosifs. De plus, par sa STRUCTURE (sens 1) d'ALLIAGE, elle est très adhérente et résistante aux CHOCS et à l'ABRASION.

• mais surtout, par ses PROPRIÉTÉS electrochimiques, le ZINC subit prioritairement la CORROSION en épargnant l'ALLIAGE FERREUX, d'où son nom de galvanisation en référence au mode d'action par « effet Galvani » de pile électrochimique » entre deux MÉTAUX en CONTACT. Et dans le cas de détérioration locale du REVÊTEMENT, la CORROSION du ZINC produit des sels qui ont tendance à colmater les zones non-revêtues, ce que ne peut faire un REVÊTEMENT classique du type PEINTURE. Les schémas comparatifs ci-dessous illustrent les comportements respectifs de REVÊTEMENT galvanique et de PEINTURE en cas de détérioration de la COUCHE protectrice.

Revêtement par galvanisation

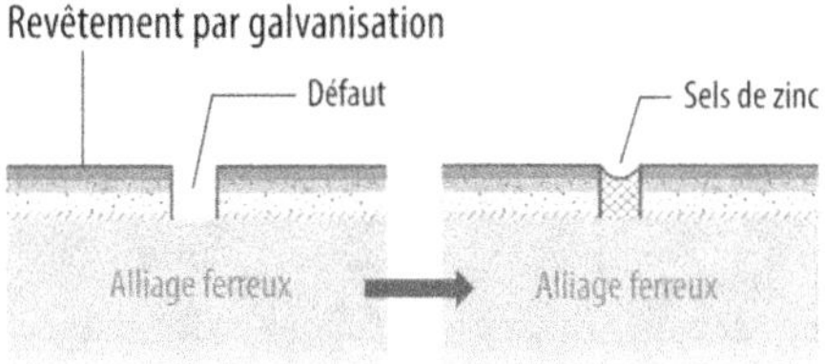

Revêtement de peinture

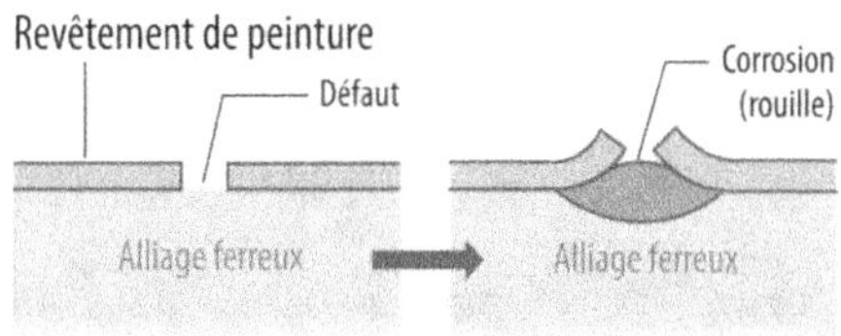

C. Ainsi, dans la plupart des cas usuels, la protection par galvanisation peut facilement prétendre au minimum à une garantie décennale et même bien au-delà en utilisation extérieure exposée aux intempéries. Le diagramme suivant donne les durées de protection escomptables suivant l'ÉPAISSEUR du DÉPÔT, la nature et l'agressivité du milieu ambiant.

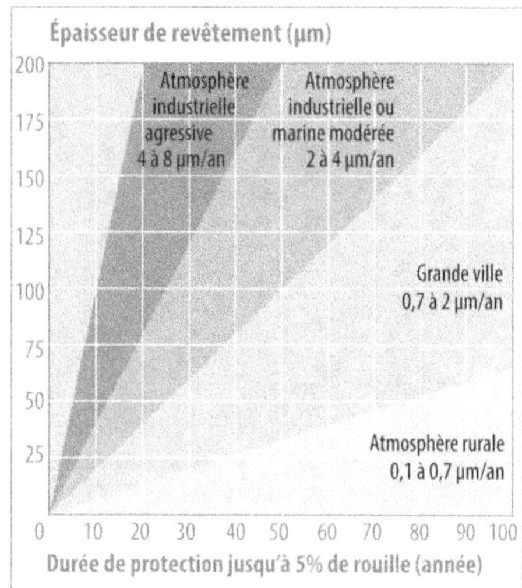

À titre de comparaison, dans les mêmes conditions, le revêtement obtenu par ÉLECTROZINGAGE ne peut guère résister à quelques années ! D. La galvanisation peut être appliquée en discontinu pour les PIÈCES (sens 1) unitaires ou volumineuses ou en continu dans le cas des FILS, TÔLES enroulées, etc.

→ Voir GALVANISATION SENDZIMIR.

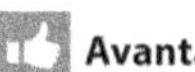 **Avantages**

E. Excellente qualité de protection provenant de deux effets : l'enrobage des SURFACES et l'effet électrochimique sacrificiel du ZINC qui se consomme à la place du SUBSTRAT. Grâce à son mode d'application par immersion, la galvanisation garantit que les moindres recoins même les plus inaccessibles (CORPS CREUX, TUBES...) de la PIÈCE (sens 1) à protéger peuvent être atteints par le TRAITEMENT. Excellente ADHÉRENCE de la COUCHE de protection car elle forme un ALLIAGE avec le SUBSTRAT.

 **Inconvénients**

F. Irrégularités de l'ÉPAISSEUR de la COUCHE de ZINC avec des résidus (COULURE, GRATTON, etc.) La PIÈCE (sens 1) à galvaniser doit être conçue de telle sorte que toutes les cavités communiquent entres elles et avec l'extérieur afin d'assurer l'écoulement du bain et éviter la surpression de GAZ emprisonné dans des cavités fermées. Ainsi, des TROUS d'au moins Ø 10 mm doivent être aménagés aux endroits ou le zinc est susceptible de s'accumuler.

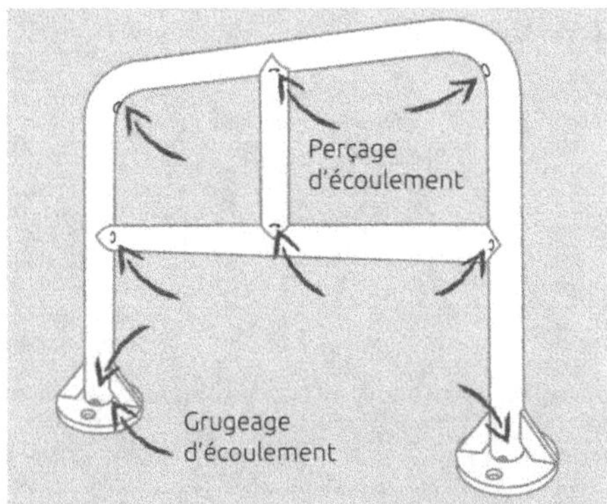

La TEMPÉRATURE de TRAITEMENT relativement élevée (450°C), favorise des DÉFORMATIONS issues généralement de la libération de CONTRAINTES RÉSIDUELLES. Aspect ESTHÉTIQUE peu convaincant. Bien que brillantes à l'origine, les SURFACES galvanisées se « patinent » très vite par les sels de ZINC blanchâtres. Les GRAINS de ZINC peuvent être très visibles. Traitement obstruant les FILETAGES et TARAUDAGES. Difficultés d'accrochage de PEINTURE, ce qui nécessite des TRAITEMENTS intermédiaires.
G. Le ZINC peut également être déposé par d'autres PROCÉDÉS :
• par voie électrochimique ou ÉLECTROZINGAGE.
• par PROJECTION (sens 1) à chaud ou MÉTALLISATION.
• par impact mécanique ou MATOPLASTIE.
• par DIFFUSION thermochimique ou SHÉRARDISATION.
Le ZINC est même parfois appliqué sous forme de POUSSIÈRE contenue dans une PEINTURE.
→ Voir aussi ZINGAGE (sens 1).
2. [galvanizing, hot dip galvanizing] OPÉRATION de DÉPÔT (sens 1) sur une surface d'ALLIAGE FERREUX, de ZINC par immersion dans un bain fondu à 450°C.
Ex. : *Galvanisation d'un réservoir* MÉCANO-SOUDÉ *en* ACIER.

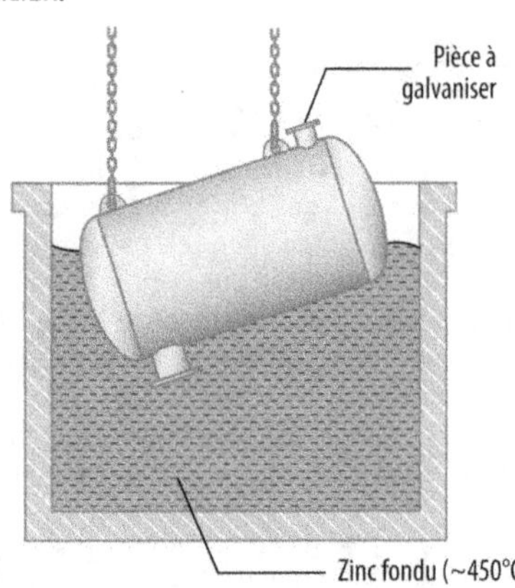

Ci-dessous, les différentes étapes de préparation indispensables avant la galvanisation proprement dite. Notez les étapes intermédiaires de rinçage obligatoires pour éviter la pollution des différents bains successifs :

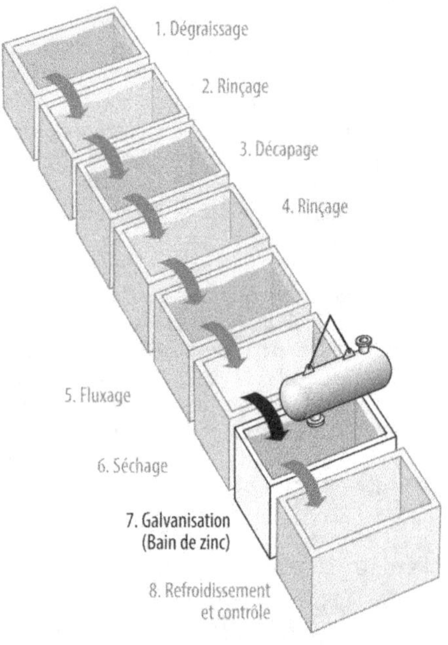

---

galvanisation par centrifugation [centrifugal galvanizing]

(n.f.) PROCÉDÉ de GALVANISATION dans lequel les PIÈCES (sens 1) subissent après l'immersion dans le MÉTAL fondu un MOUVEMENT DE ROTATION qui évacue l'excès de ZINC et uniformise les ÉPAISSEURS de DÉPÔT.
Les différentes étapes du PROCÉDÉ :

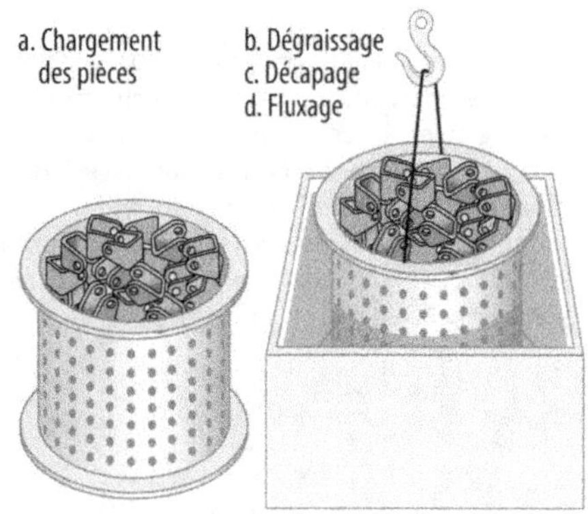

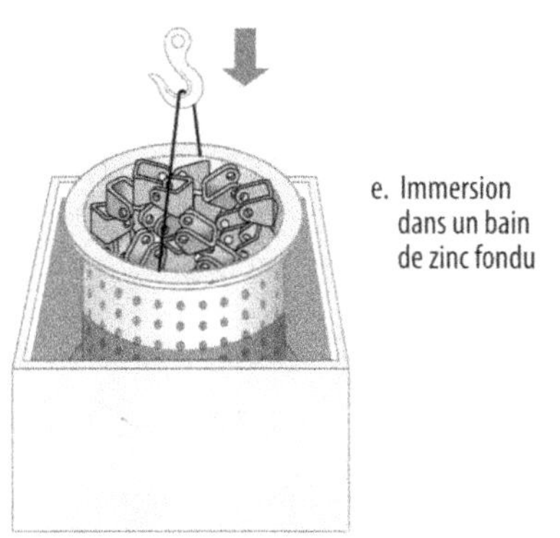

e. Immersion dans un bain de zinc fondu

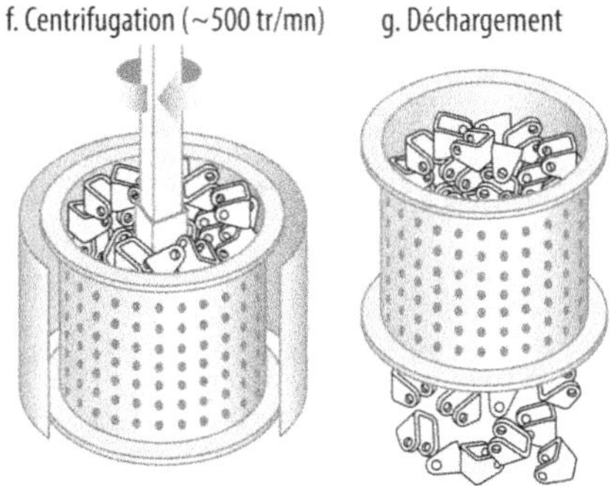

f. Centrifugation (~500 tr/mn) g. Déchargement

→ **Voir aussi** GALVANISATION SENDZIMIR.

galvanisation Sendzimir [Sendzimir galvanizing]

(n.f.) PROCÉDÉ de GALVANISATION en continu de TÔLE en ROULEAU (sens 1), suivie d'un essorage avec un flux d'air soufflé permettant d'uniformiser l'ÉPAISSEUR de ZINC déposé.

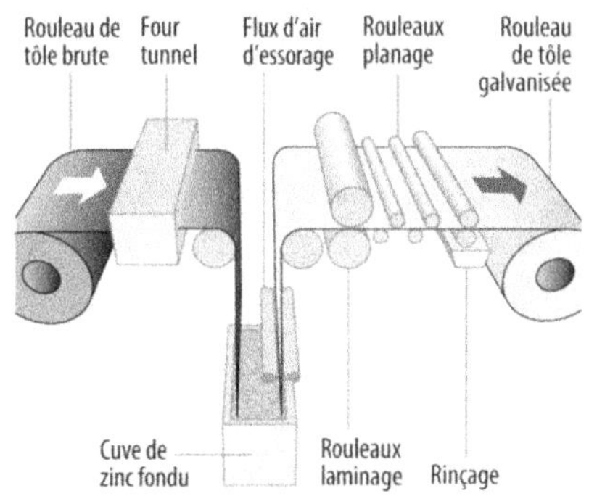

• **Note :** Procédé du nom de son inventeur Tadeusz Sendzimir (1894-1989), par ailleurs inventeur aussi, entre autres, d'un SYSTÈME de LAMINOIR.
→ **Voir** LAMINOIR.

galvanisé [galvanized]

(adj.) Ayant reçu une COUCHE de ZINC déposée par immersion dans un bain fondu.
Ex. : *Tôle galvanisée, fil galvanisé.*

galvanoplastie [electroplating]

(n.f.) PROCÉDÉ de dépôt de COUCHE métallique sur un SUBSTRAT grâce à une RÉACTION CHIMIQUE assistée par un courant électrique dans un électrolyte contenant un sel du MÉTAL à déposer.

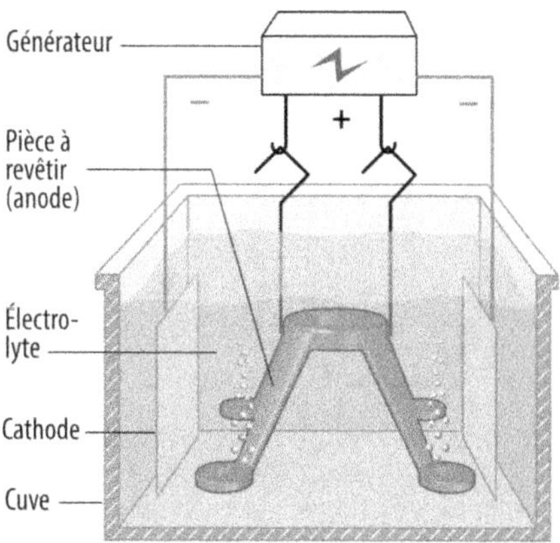

A. La galvanoplastie a pour but de protéger, durcir ou décorer la SURFACE d'un MATÉRIAU. Tous les MÉTAUX peuvent pratiquement être déposés : l'ÉTAIN (Sn) par ÉTAMAGE, le NICKEL (Ni) par NICKELAGE, le ZINC (Zn) par ZINGAGE, le CUIVRE (Cu) par CUIVRAGE, le CADMIUM (Cd) par CADMIAGE, le CHROME (Cr) par CHROMAGE, l'ALUMINIUM (Al) par ALUMINISATION, l'OR (Au) par DORURE, l'ARGENT (Ag) par ARGENTURE, etc.

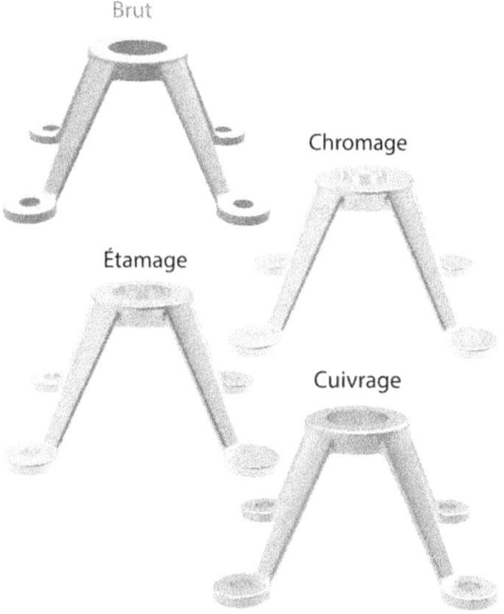

B. Tous les MATÉRIAUX | SUBSTRATS sont envisageables à partir du moment où ils sont conducteurs d'électricité. À l'exception toutefois des MÉTAUX qui ont tendance à former à leurs SURFACES des OXYDES qui empêchent ou compliquent la galvanoplastie. C'est le cas du CHROME, de l'ALUMINIUM, du TITANE, de l'ÉTAIN, du TUNGSTÈNE, etc. Les MATÉRIAUX non-conducteurs tels le VERRE et les (PLASTIQUES), MATIÈRES PLASTIQUES peuvent être préalablement recouverts d'une COUCHE conductrice par DÉPÔT (sens 2) purement chimique. La galvanoplastie doit être précédée d'un TRAITEMENT de NETTOYAGE et de DÉCAPAGE car la propreté de la SURFACE est une condition nécessaire pour la réussite de l'OPÉRATION.

 Avantages

C. Permet d'atteindre toutes les SURFACES même internes. Permet la protection contre la CORROSION. Résultat toujours ESTHÉTIQUE.

Inconvénients

D. Nécessité de suspendre les PIÈCES (sens 1) et d'établir le CONTACT électrique, ce qui peut laisser des traces disgracieuses. Nécessite préalablement un NETTOYAGE. Nécessite un rinçage après l'OPÉRATION. Précaution à prendre avec les produits chimiques qui peuvent être à risque voire toxiques. Nécessité de traiter les produits pour éviter la pollution de l'ENVIRONNEMENT (sens 1).
◆ Syn. : DÉPÔT ÉLECTROLYTIQUE, revêtement électrochimique, ÉLECTRODÉPOSITION, PLACAGE.

gamme de fabrication [operation sheet, planning sheet, process chart, manufacturing data sheet]

(n.f.) Description chronologique des différentes OPÉRATIONS qui permettent d'aboutir à la réalisation d'une PIÈCE (sens 1).

gant de travail [labor gloves]

(n.m.) ÉQUIPEMENT pour envelopper les mains et les protéger des blessures, des coupures et des brûlures pendant les activités de travaux manuels.

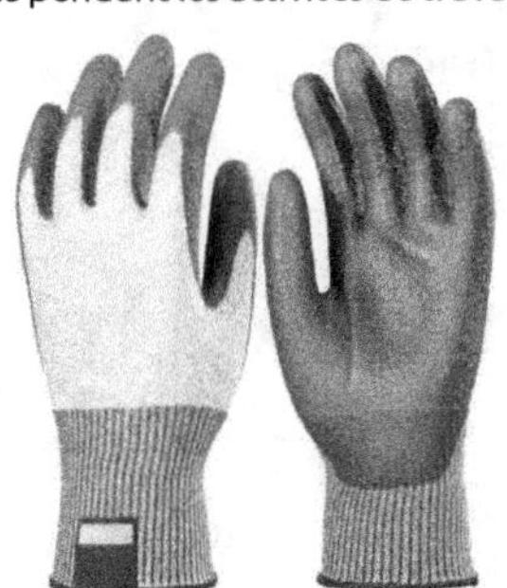

Par exemple, en SOUDAGE, il est obligatoire de se protéger avec des gants de travail (ainsi que d'autres ÉQUIPEMENTS sur tout le reste du corps) car cette TECHNIQUE produit beaucoup de particules brûlantes et de rayonnements UV pouvant agresser la peau. Dans ce cas précis, le gant doit être IGNIFUGÉ.
→ Voir (SOUDAGE), ÉQUIPEMENT DE PROTECTION.

gauche

(adj.)
1. [left] Qui se situe du côté où il y a le coeur humain !
2. [skew] Qui se situe dans les trois DIMENSIONS (sens 1) de l'espace et non seulement dans un PLAN.
→ Voir (GAUCHE), COURBE GAUCHE.

(gauche), courbe gauche [skew curve]

(n.f.) COURBE située dans l'espace et non confinée dans un PLAN.

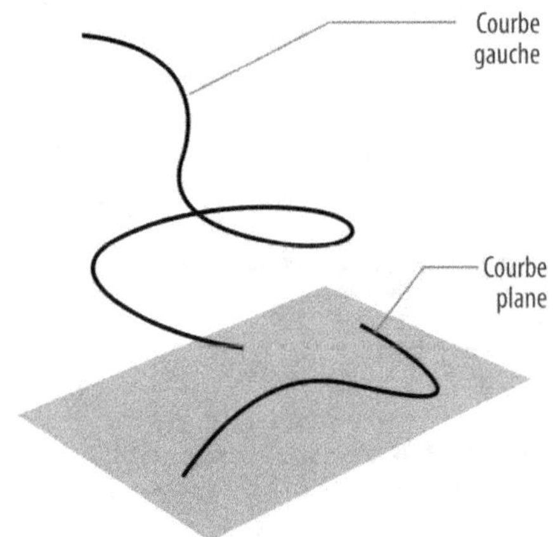

gauchissement [warping, warpage]

(n.m.) DÉFORMATION provenant de CONTRAINTES RÉSIDUELLES et de RETRAIT DIFFÉRENTIEL.
Ex. 1 : *Gauchissement de pièce plastique obtenue par MOULAGE INJECTION.*

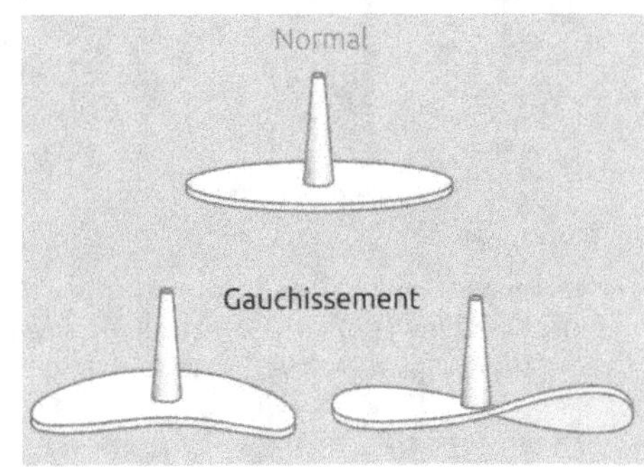

Ex. 2 : *PROFILÉ PLASTIQUE* **obtenu par** *EXTRUSION (sens 3).*

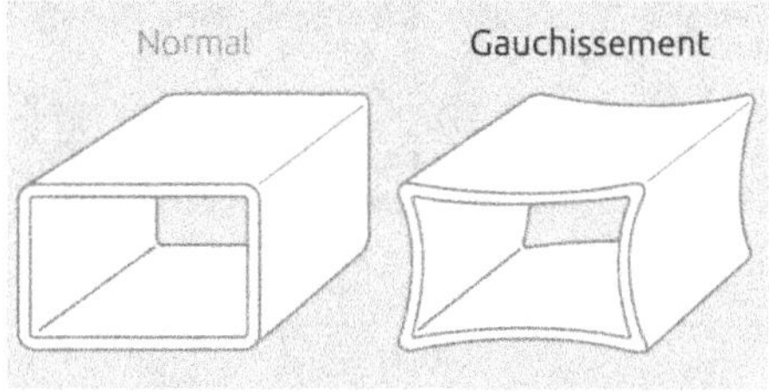

→ **Voir aussi** RETRAIT DIFFÉRENTIEL ; RETASSURE.

gaz [gas]

(n.m.) SUBSTANCE **dont la** FORME **et le** VOLUME **ne** sont pas bien définis et qui remplit complètement le récipient dans lequel elle est enfermée.

Le GAZ **est l'un des** ÉTATS DE LA MATIÈRE.
→ **Voir** SOLIDE, LIQUIDE **et** PLASMA **pour les autres** ÉTATS DE LA MATIÈRE.

gaz de protection [shielding gas]

(n.m.) GAZ inerte utilisé en SOUDAGE ou ÉLABORATION de MÉTAL pour chasser l'OXYGÈNE, évitant ainsi les PHÉNOMÈNES d'OXYDATION.
Les GAZ utilisés pour la protection sont essentiellement l'AZOTE, l'ARGON et le gaz carbonique CO_2.

GD&T

Sigle pour « **G**eometric **D**imensioning and **T**olerancing », remplacé à présent par GPS.
→ **Voir** TOLÉRANCE GÉOMÉTRIQUE ; GPS.

géométrie [geometry]

(n.f.)
1. Discipline d'études mathématiques des PROPRIÉTÉS des figures dans l'espace.
2. Caractéristique de FORMEs ou figures dans un PLAN ou dans l'espace.
Ex. : *Géométrie d'une* PIÈCE *(sens 1).*

géométrie descriptive [descriptive geometry]

(n.f.) Discipline traitant de la représentation dans un PLAN (sens 1) à deux DIMENSIONS (sens 1) d'objets volumiques en trois dimensions.

C'est un langage graphique utilisé notamment en DESSIN INDUSTRIEL et dessin d'architecture pour exprimer sans ambiguïté des FORMES et intersections de FORMES. Elle exploite les différentes TECHNIQUES de PROJECTION (sens 2).

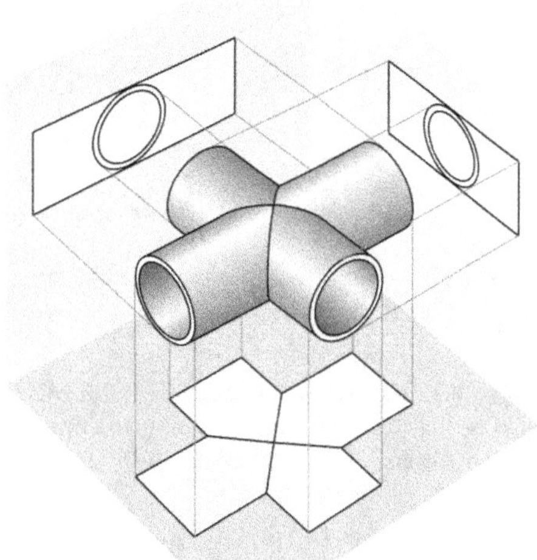

→ **Voir** PROJECTION ORTHOGONALE ; PROJECTION AXONOMÉTRIQUE ; PROJECTION PERSPECTIVE.

germination [germination]

(n.f.) Apparition disséminée d'embryons de MATIÈRE | SOLIDE qui grossissent petit à petit pour former un bloc entier de MATÉRIAU massif. Il arrive parfois un retard à la germination qui est responsable des phénomènes de SURFUSION (les germes doivent avoir une dimension supérieure à une taille critique sans quoi ils se redissolvent à cause de leur énergie de surface trop grande par rapport à leur énergie de volume gagnée).
Ex. : *Exemple de germination de cristaux dans un bain de* MÉTAL *fondu pour former un bloc de* MATÉRIAU *solide.*

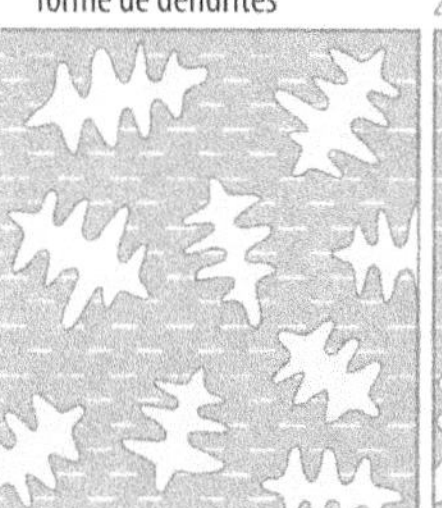

1. Germination de cristaux sous forme de dendrites

2. Croissance des germes

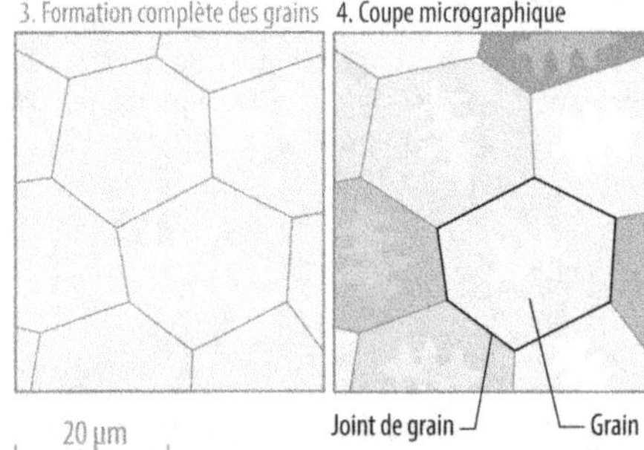

À remarquer qu'il existe d'autres modes de germination.

→ Voir, par exemple, SOLIDIFICATION.

→ Voir aussi RECRISTALLISATION ; RESTAURATION.

glissant [gliding]

(adj.) Qui permet un MOUVEMENT facile en étant en CONTACT avec une SURFACE (sans interposition d'éléments roulants) à cause d'un faible COEFFICIENT DE FROTTEMENT.

Coefficient de frottement dynamique : μ_d

0	0,3	0,5	1
GLISSANT		ANTI-DÉRAPANT	
0°	16,7°	26,5°	45°

Angle de frottement dynamique : $\tan^{-1}\mu_d$
(Angle du plan incliné sur lequel un objet reste en équilibre)

◊ Contr. : ANTI-DÉRAPANT.

glissement [slipping]

(n.m.) DÉPLACEMENT l'un par rapport à l'autre de deux SOLIDES en CONTACT avec FROTTEMENT et sans qu'il y ait ROULEMENT (sens 1).

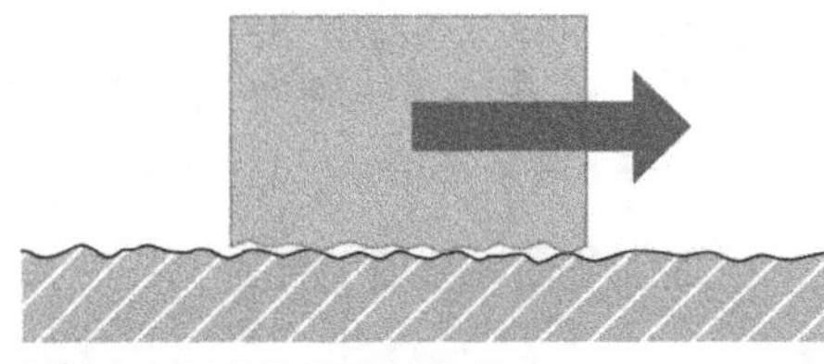

◊ Contr. : ROULEMENT (sens 1).

glissière [guide, slide]

(n.f.) ORGANE allongé contraignant un autre ORGANE à suivre toujours la même TRAJECTOIRE rectiligne.

◆ Syn. : GUIDE.

→ Voir GUIDAGE EN TRANSLATION.

globulaire [globular]

(adj.) Qui est sous forme de motifs approximativement CIRCULAIRES en parlant de la MICROSTRUCTURE d'un MATÉRIAU.

A. Le contraire est LAMELLAIRE, de forme allongée ou ACICULAIRE, en forme d'AIGUILLES.

B. Comparaison entre différentes FORMES de STRUCTURE MICROSCOPIQUE vue au MICROSCOPE métallurgique :

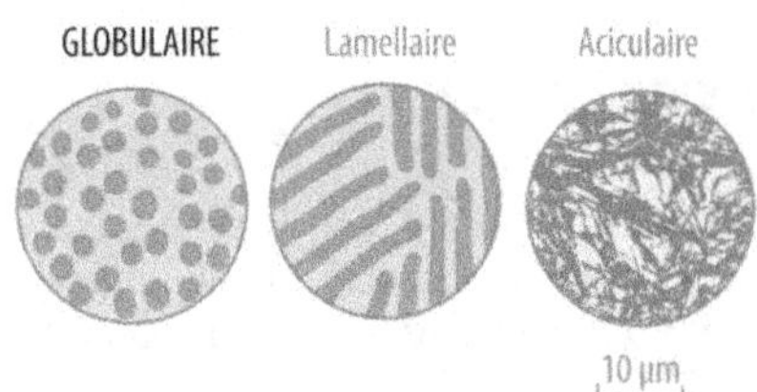

→ Voir GLOBULISATION pour un TRAITEMENT THERMIQUE permettant d'obtenir ce motif.

globulisation [spherodizing]

(n.f.) TRAITEMENT THERMIQUE de RECUIT transformant une STRUCTURE MICROSCOPIQUE en FORME PLUS STABLE de lamelles en sphères.

Ex. : *Globulisation d'une structure lamellaire de PERLITE.*

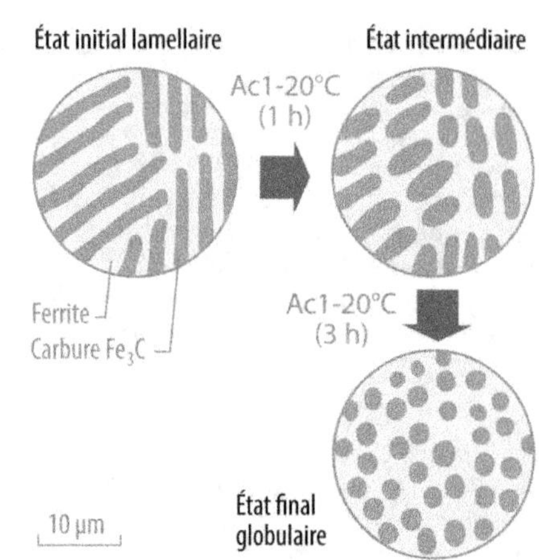

La globulisation permet d'améliorer les propriétés d'USINABILITÉ et l'aptitude à la DÉFORMATION À FROID.

◆ Syn. : SPHÉROÏDISATION ; COALESCENCE (sens 2).

→ Voir aussi PERLITE.

gonflement [swelling]

(n.m.) Augmentation du VOLUME ou diminution de la MASSE VOLUMIQUE due au changement de STRUCTURE (sens 1) de la MATIÈRE.

• Note : Ne pas confondre le gonflement avec la DILATATION.

CAUSES	Diminution	Augmentation
Contrainte mécanique	RACCOURCISSEMENT [SHORTENING]	ALLONGEMENT [EXTENSION]
Changement de température	CONTRACTION [CONTRACTION]	DILATATION [EXPANSION]
Changement de structure, d'état	RETRAIT [SHRINKAGE]	GONFLEMENT [SWELLING]

◊ Contr. : RETRAIT.

gonflement de tube [bulging]

(n.m.) PROCÉDÉ permettant d'agrandir localement la SECTION d'un CORPS CREUX en MÉTAL.

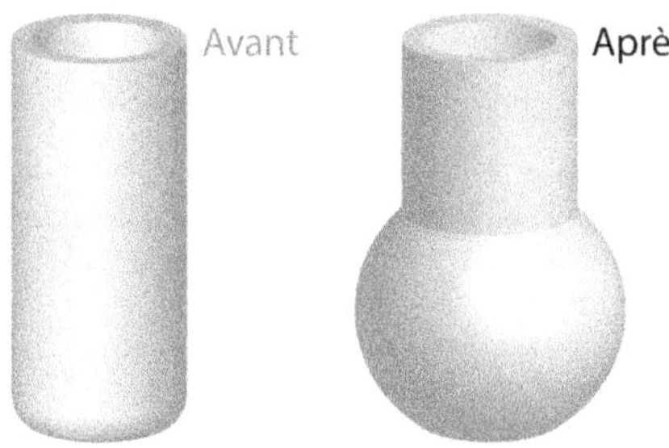

A. Il consiste à placer une ÉBAUCHE dans une MATRICE (sens 1) en deux parties, puis à y introduire un corps DÉFORMABLE (a) et enfin à presser ce corps pour déformer et plaquer l'ébauche sur les parois de la matrice (b).

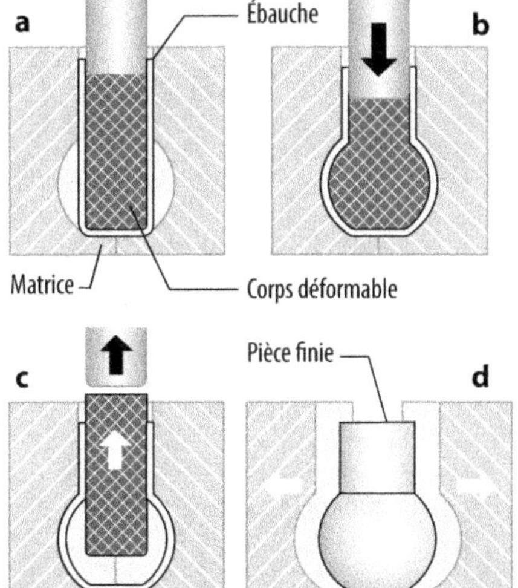

Le corps DÉFORMABLE reprend sa FORME initiale dès que la PRESSION est relâchée ce qui permet de le retirer (c). La PIÈCE FINIE est extraite en séparant les deux parties de la MATRICE (sens 1) (d).
B. Le corps DÉFORMABLE peut être un ÉLASTOMÈRE, généralement du POLYURÉTHANE. La PRESSION hydraulique d'un LIQUIDE peut aussi être utilisée ou encore des FORCES électromagnétiques.
→ Voir HYDROFORMAGE ; MAGNÉTOFORMAGE.
C. Une TECHNIQUE similaire existe pour obtenir des CORPS CREUX en (PLASTIQUE), MATIÈRE PLASTIQUE ou en VERRE en utilisant de l'AIR COMPRIMÉ à la place du corps DÉFORMABLE.
→ Voir INJECTION-SOUFFLAGE ; EXTRUSION-SOUFFLAGE.

gorge [neck]

(n.f.) Zone étroite avec une légère diminution du DIAMÈTRE sur un CYLINDRE (sens 1) et utilisée comme DÉGAGEMENT ou logement pour un ANNEAU ÉLASTIQUE ou CIRCLIP.

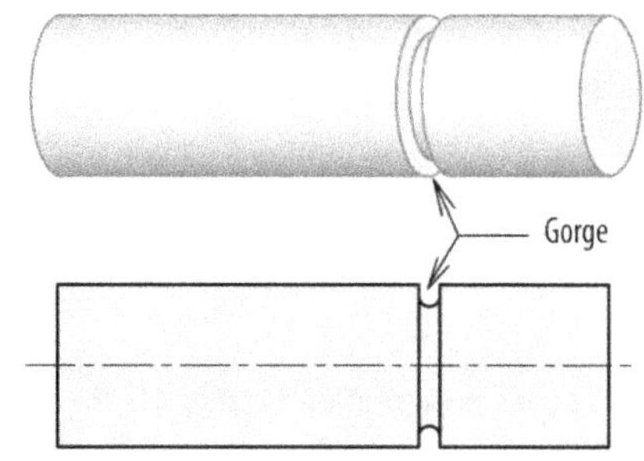

gorge intérieure [inner groove]

(n.f.) Cavité CIRCULAIRE étroite se superposant à un TROU.

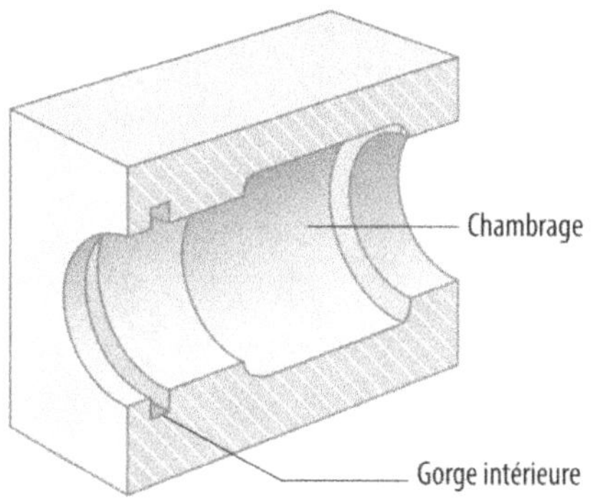

Elle sert, par exemple, de logement à un CIRCLIP.
• Note : Ne pas confondre avec le CHAMBRAGE qui est aussi une cavité mais de plus grande DIMENSION (sens 1).

gougeage [gouging]

(n.m.) OPÉRATION d'enlèvement de l'excès de MÉTAL et de DÉPÔTS (sens 2) indésirables sur un CORDON DE SOUDURE ou creusement d'un SILLON pour permettre une autre PASSE de SOUDAGE dans de bonnes conditions.

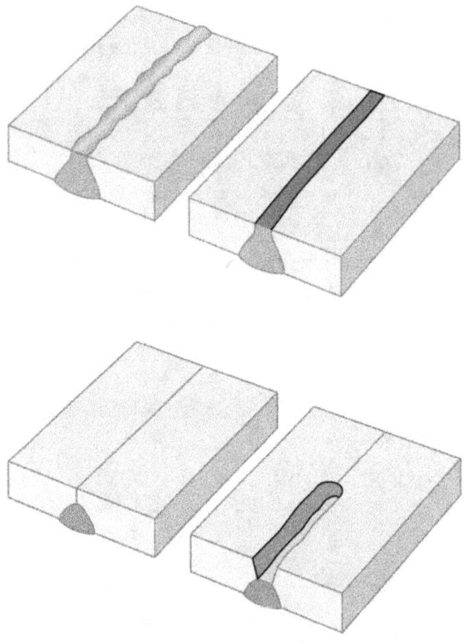

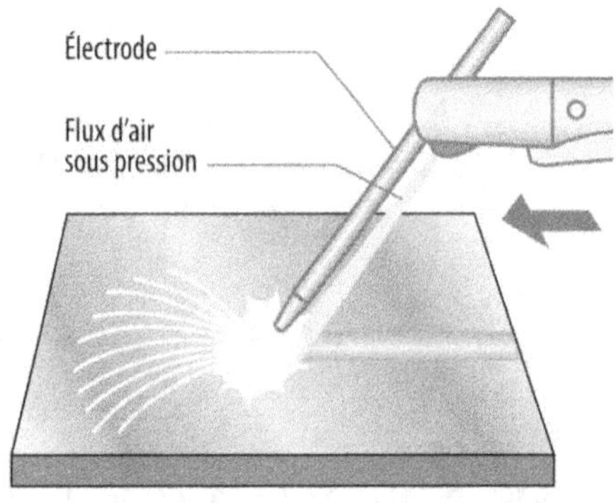

A. Le gougeage peut être assimilé à un MEULAGE très grossier ou à un brûlage contrôlé d'une SURFACE métallique.

B. Le gougeage peut être réalisé par FUSION localisée du MÉTAL avec un ARC ÉLECTRIQUE assorti d'un jet d'air sous PRESSION pour repousser et évacuer la MATIÈRE fondue. C'est le procédé arc-air.

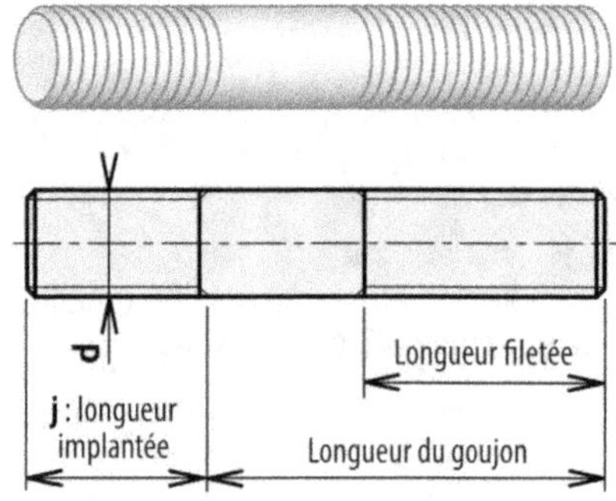

Le PLASMA et l'OXYCOUPAGE peuvent aussi être utilisés.

goujon [stud]

(n.m.) (FIXATION), ORGANE DE FIXATION en FORME de TIGE | CYLINDRIQUE | FILETÉE aux deux extrémités. Une des extrémités est entièrement vissée et bloquée à demeure dans un TROU TARAUDÉ. L'autre sert à serrer une autre PIÈCE (sens 1) à l'aide d'un ÉCROU, comme avec un BOULON :

A. Faire attention à la notion de LONGUEUR d'un goujon. Ce n'est pas la LONGUEUR totale de l'ORGANE mais la LONGUEUR visible restante lorsqu'il est mis en place dans le TARAUDAGE. Cette LONGUEUR part du dernier filet partiellement formé du côté du TARAUDAGE à implanter jusqu'à l'autre extrémité.

B. Exemple de DÉSIGNATION NORMALISÉE d'un goujon :

Goujon M10-60-40 j=20 CL5.6 EZ

|M| TARAUDAGE métrique à FILET TRIANGULAIRE PROFIL ISOMÉTRIQUE.

|10| DIAMÈTRE NOMINAL **d** du taraudage en mm.

|60| LONGUEUR du goujon en mm.

|40| LONGUEUR filetée en mm.

|j=20| LONGUEUR à implanter en mm.

|5.6| (VIS), CLASSE DE RÉSISTANCE DE VISSERIE : indication facultative et valable uniquement pour la VISSERIE en ACIER AU CARBONE. Le MATÉRIAU doit être précisé quand il est autre que l'ACIER AU CARBONE (ACIER INOXYDABLE, LAITON...)

|EZ| Le type de TRAITEMENT DE SURFACE peut être précisé (brut, électrozingué (EZ), bichromaté, SHÉRARDISÉ...)
Parfois, la NORME régissant le goujon est spécifiée (DIN...).

C. Représentation du goujon en DESSIN INDUSTRIEL :

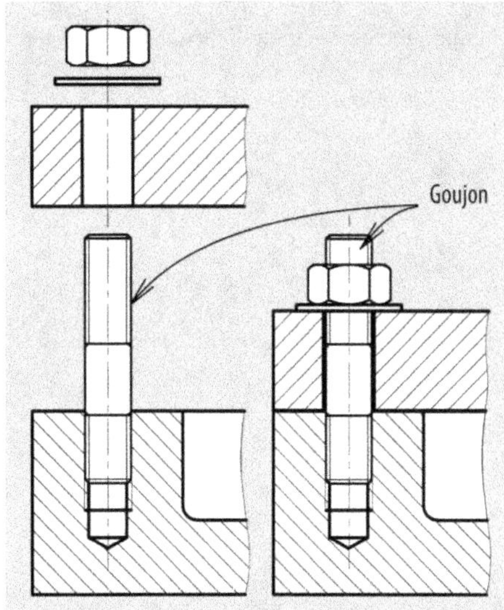

D. Le goujon ne possède pas de FORME D'ENTRAÎ-NEMENT mais un OUTIL DE SERRAGE adapté appelé GOUJONNEUSE est prévue.
→ Voir GOUJONNEUSE.

E. Ne pas confondre avec la TIGE FILETÉE qui porte un FILETAGE sur toute sa LONGUEUR.

👍 Avantages

F. Facilite le CENTRAGE et la mise en place de la PIÈCE (sens 1) à fixer.

👎 Inconvénients

G. Plus difficile à réparer en cas de détérioration. Nécessite un outillage spécial d'extraction appelé DÉGOUJONNEUSE ou extracteur de goujon qui rend ce dernier inutilisable.

goujon à souder [weld stud]

(n.m.) Type de GOUJON dont une extrémité est aménagée pour être assemblée à son support par ARC ÉLECTRIQUE. Pour les petits DIAMÈTRES (< 8 mm), le goujon à souder comporte un petit TÉTON pour amorcer l'ARC ÉLECTRIQUE :

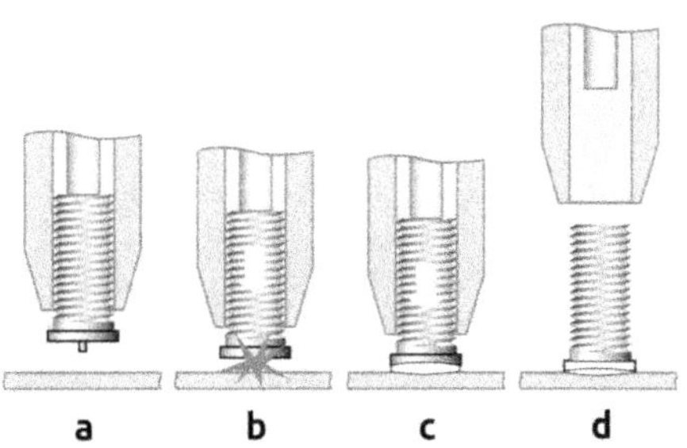

Pour les gros DIAMÈTRES > 8 mm :

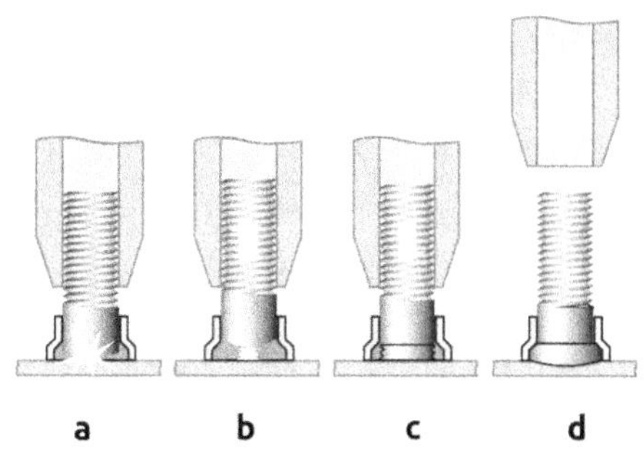

Les prises de masse sont souvent montées avec ces goujons sur les structure en TÔLES telles que les armoires électriques.

goujonneuse [studrunner]

(n.f.) OUTIL DE SERRAGE manuel ou ÉLECTROPORTATIF pour manœuvrer les GOUJONS.
Ex. 1 : *OUTIL DE SERRAGE manuel.*

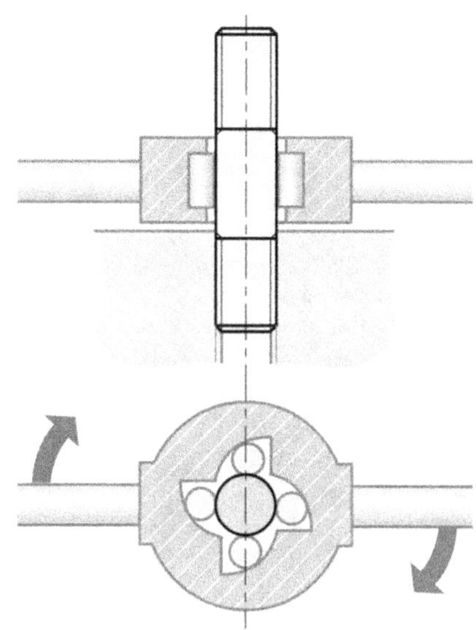

Ex. 2 : *OUTILLAGE ÉLECTROPORTATIF.*

goujure [flute]

(n.f.) RAINURE sur un OUTIL DE COUPE ROTATIF, permettant d'évacuer les COPEAUX qui s'y forment. La goujure sert aussi d'arrivée de FLUIDE DE COUPE. Elle peut être droite PARALLÈLE à l'AXE (sens 1) de l'OUTIL ou HÉLICOÏDALE.

Ex. 1 : *Goujures droites sur un* TARAUD *et un* ALÉSOIR.

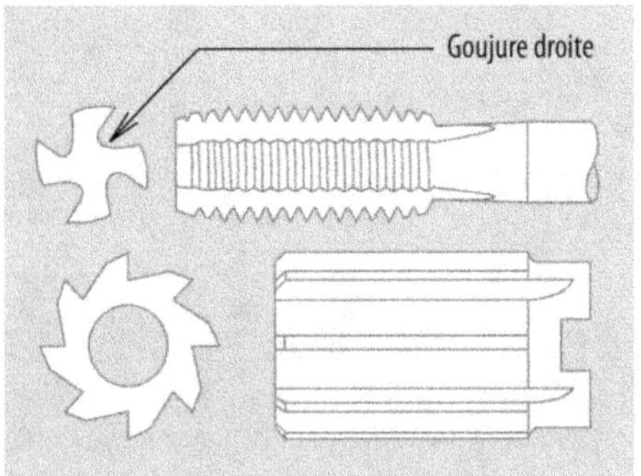

Ex. 2 : *Goujure* HÉLICOÏDALE *sur un* FORET *et une* FRAISE :

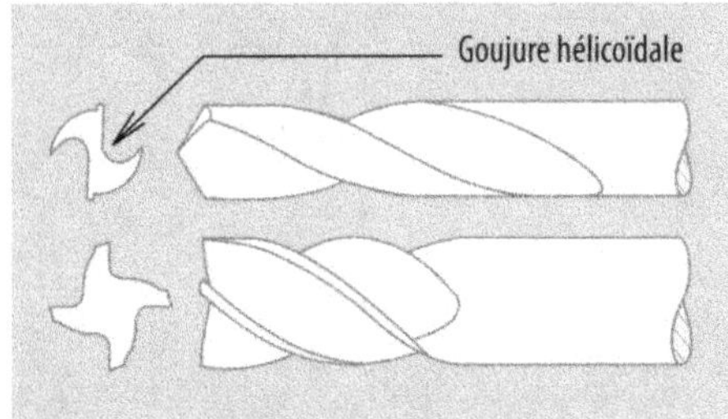

goupillage [pinning]

(n.m.)
1. Action d'effectuer un ASSEMBLAGE (sens 1) **avec une** GOUPILLE.
2. Le résultat d'un ASSEMBLAGE (sens 2) **mettant en œuvre une** GOUPILLE.

goupille [pin]

(n.f.) **Petit** ORGANE DE FIXATION **destiné à être placé en travers d'un axe et à subir des efforts de** CISAILLEMENTS.
A. Elle peut être disposée de différentes manières.

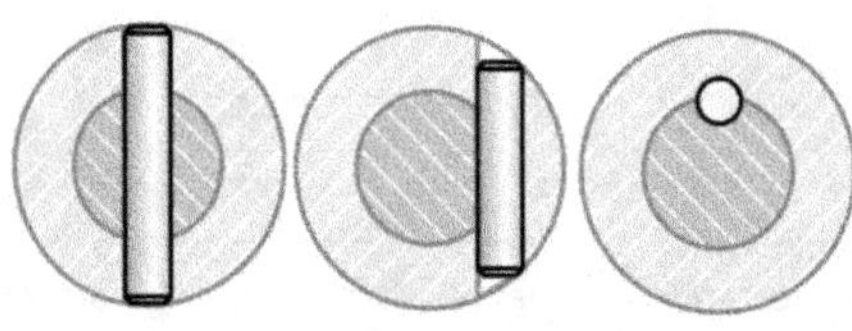

B. Les fonctions pouvant être assurées par les goupilles sont :
• l'immobilisation d'une PIÈCE (sens 1) par rapport à une autre.
• le positionnement d'une PIÈCE (sens 1) par rapport à une autre.

• AXE (sens 2) d'ARTICULATION.
• élément de sécurité limiteur par RUPTURE en CISAILLEMENT.
Ex. : *Goupille d'un bouton fileté.*

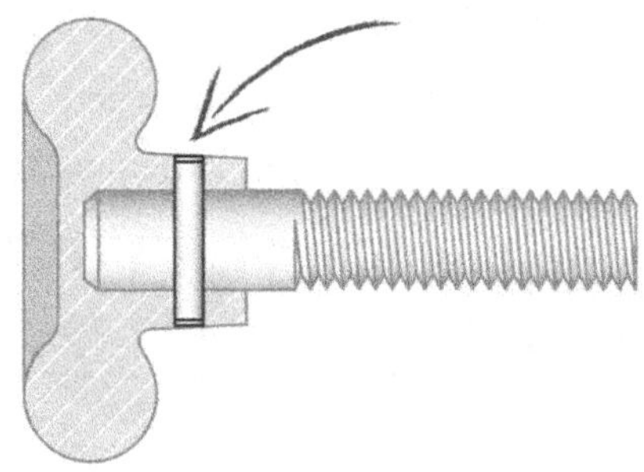

Principaux types de goupilles :

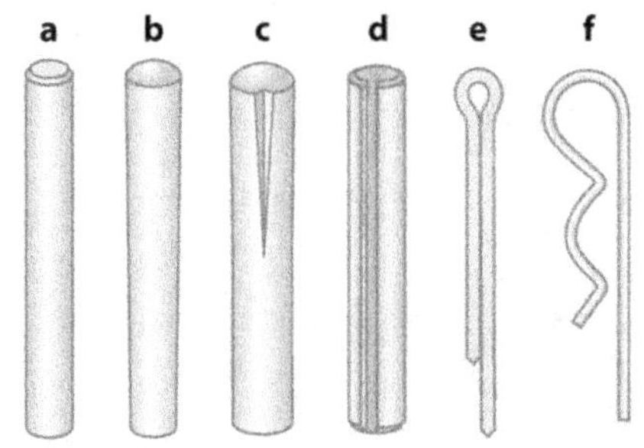

a. goupille cylindrique   b. goupille conique
c. Goupille cannelée   d. Goupille élastique
e. Goupille fendue   f. Goupille bêta

👍 Avantages

C. Mise en place facile car ne nécessitant généralement aucun OUTILLAGE (sens 1) particulier. Bon marché.

👎 Inconvénients

D. RÉSISTANCE MÉCANIQUE modérée. Le TROU qui la reçoit peut affaiblir mécaniquement l'AXE (sens 2) car favorisant les AMORCES DE RUPTURE et les CONCENTRATIONS DE CONTRAINTES.
→ Voir CHASSE-GOUPILLE pour l'outil permettant d'enlever une goupille de son logement.

goupille bêta [hitch pin clip]

(n.f.) Type de GOUPILLE en FIL à RESSORT recourbée avec une forme ÉLASTIQUE adaptée à l'AXE (sens 2) sur lequel elle est installée, afin de ne pas se défaire accidentellement. Sa forme rappelle la lettre grecque β d'où l'appellation.

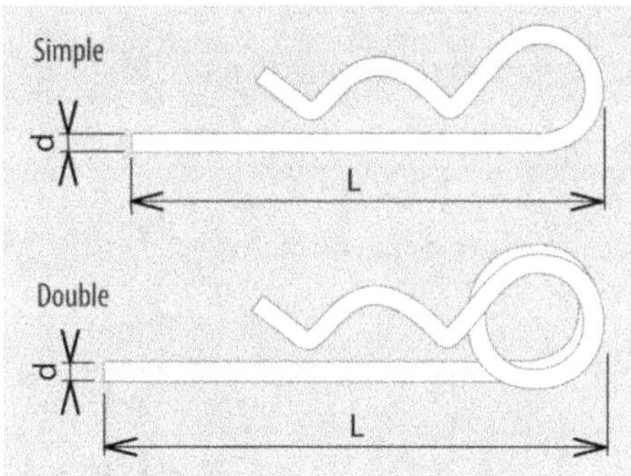

A. Exemple de désignation :

Goupille bêta [Nb spires], d × L [MATIÈRE]

Le [nombre de spires] est soit « simple » ou
« double ».
Exemple d'utilisation :

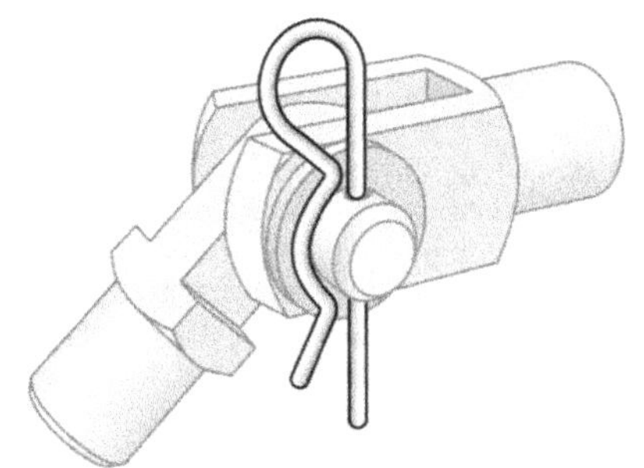

👍 Avantages

B. Peut être mise en place et retirée aisément
sans OUTIL particulier. Se satisfait d'un TROU relativement grossier.

👎 Inconvénients

C. Effort supporté faible.
♦ Syn. GOUPILLE ÉPINGLE.

goupille cannelée [grooved pin]

(n.f.) Type de GOUPILLE comportant une RAI-
NURE complète ou partielle sur sa LONGUEUR, ce
qui en augmente légèrement la SECTION pour se
coincer dans le TROU qui l'accueille.
Ex. : *Axe d'articulation pour une chape.*

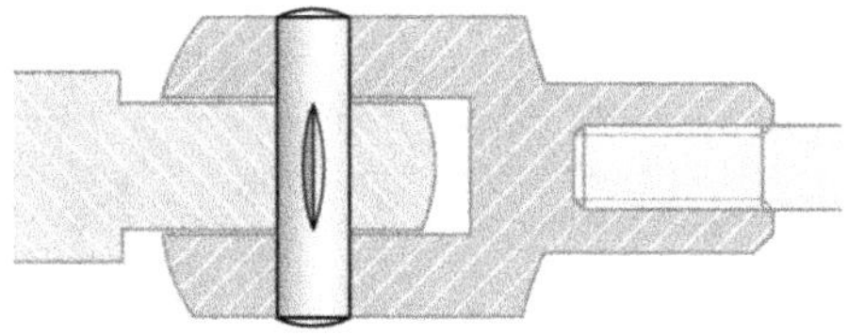

Différentes variantes de goupille cannelée :

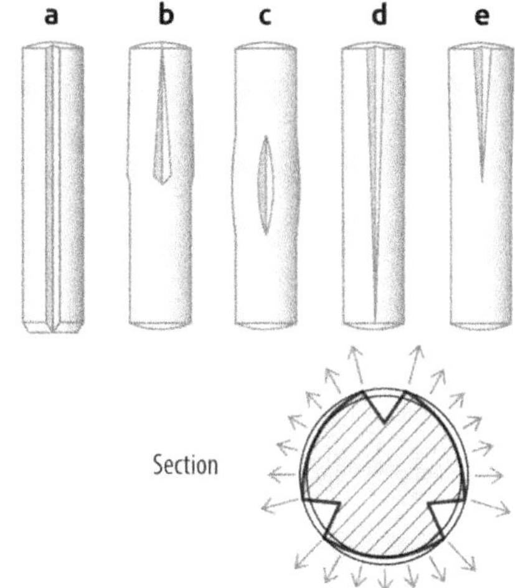

a. Cannelures parallèles sur la longueur
b. Cannelure effilée inversée à mi-longueur
c. Cannelure centrée
d. Cannelure effilée sur la longueur
e. Cannelure effilée à mi-longueur

goupille cavalier [hair pin clip]

(n.f.) Type de GOUPILLE ne traversant pas l'AXE
(sens 2) qui la reçoit mais le chevauchant sur une
GORGE spécialement aménagée.

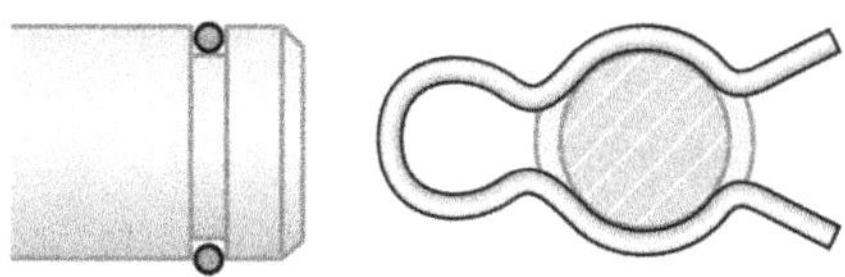

👍 Avantages

Facilement démontable sans OUTIL particulier.

goupille clip [lynch pin]

(n.f.) Type de GOUPILLE avec un ANNEAU rabat-
table sur l'AXE (sens 2) où elle est installée pour
l'empêcher de se détacher sous l'effet des
VIBRATIONS, par exemple.

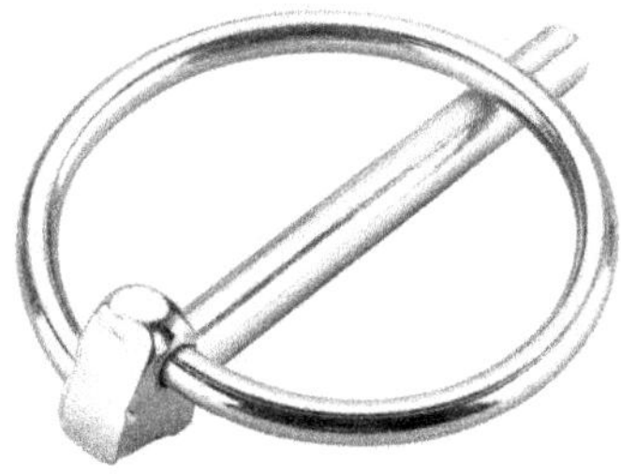

goupille conique [taper pin]

(n.f.) Type de GOUPILLE à SECTION | CIRCULAIRE dont le DIAMÈTRE d'une extrémité est plus petit que l'autre.

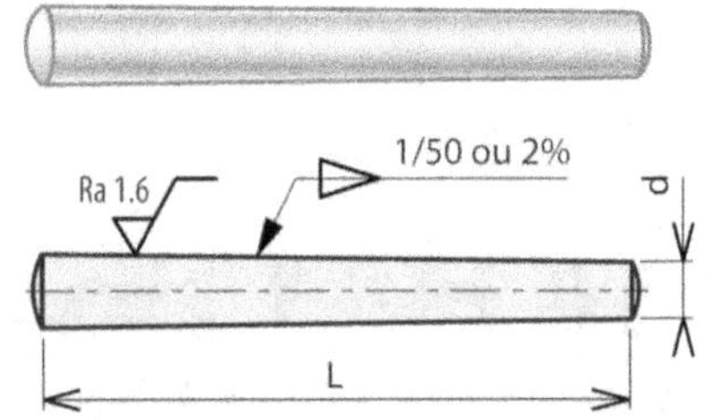

A. Exemple de désignation :

Goupille conique [forme], d × L [MATIÈRE]

La [forme] est, souvent désignée par une lettre selon le catalogue du fabricant ou par une NORME. Le DIAMÈTRE **d** correspond au côté le plus petit.
B. Le TROU est fini avec un ALÉSOIR conique :

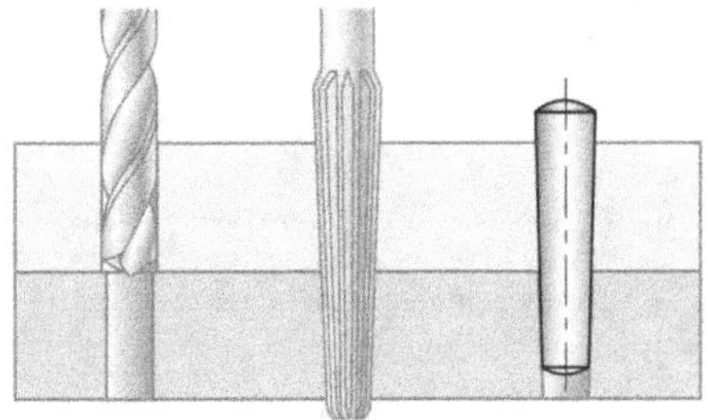

👍 Avantages

C. La CONICITÉ favorise le COINCEMENT de la goupille dans son logement. Résiste notamment aux VIBRATIONS.

👎 Inconvénients

D. Nécessite un TROU conique très précis dont l'exécution peut être délicate. Demande des OUTILS spécifiques.

goupille cylindrique [dowel pin]

(n.f.) Type de GOUPILLE dont toutes les SECTIONS sont CIRCULAIRES et identiques. Son DIAMÈTRE peut être très précis (IT 6 à 11) l'ÉTAT DE SURFACE très soigné (Ra 0,8 à 3,2) :

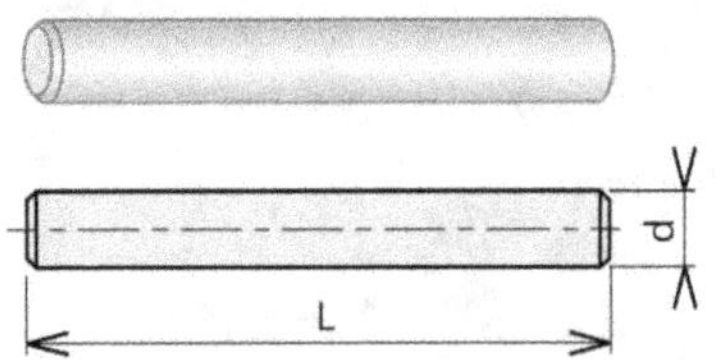

A. Exemple de désignation :

Goupille cylindrique [forme], d × L [MATIÈRE]

La [forme] est, souvent désignée par une lettre selon le catalogue du fabricant ou par une NORME.
B. Exemple d'application : ENTRAÎNEMENT d'un ARBRE (sens 2) :

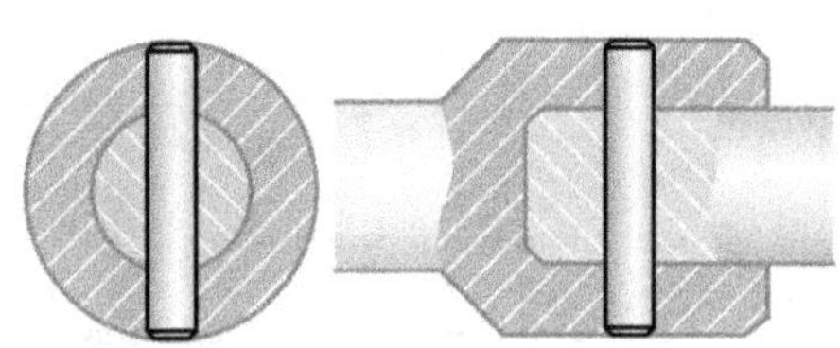

👍 Avantages

C. Grande PRÉCISION permettant de réaliser, par exemple, des POSITIONNEMENTS rigoureux.

👎 Inconvénients

D. Nécessite un TROU | CYLINDRIQUE très précis dont l'exécution peut être délicate.
E. Lorsque la goupille cylindrique est destinée à un TROU BORGNE, elle comporte en plus un TARAUDAGE pour en permettre l'extraction et un léger MÉPLAT sur toute la LONGUEUR pour chasser l'air pendant son introduction.
→ Voir GOUPILLE CYLINDRIQUE TARAUDÉE.

goupille cylindrique taraudée [extractable dowel pin]

(n.f.) Type de GOUPILLE CYLINDRIQUE adaptée aux TROUS BORGNES. Elle comporte un TARAUDAGE pour la retirer et un MÉPLAT pour évacuer l'air comprimé dans le TROU qui risque d'éclater la paroi ou de refaire sortir ultérieurement la goupille.

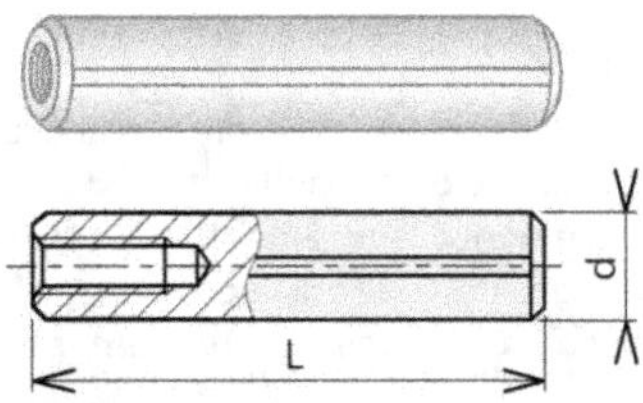

goupille élastique [spring tension pin]

(n.f.) Type de GOUPILLE dont le DIAMÈTRE peut se rétrécir élastiquement pour faciliter la mise en place et assurer le BLOCAGE par expansion une fois placée.

A. Elles sont fabriquées en ACIER À RESSORT ou en ACIER INOXYDABLE. L'ÉLASTICITÉ est obtenue grâce à une FENTE longitudinale. Diverses FORMES de fentes existent, notamment pour empêcher l'enchevêtrement durant le STOCKAGE, les PROCÉDÉS de TRAITEMENT DE PROTECTION ou l'utilisation en ASSEMBLAGE (sens 1) automatique dans des bols vibrants, par exemple :

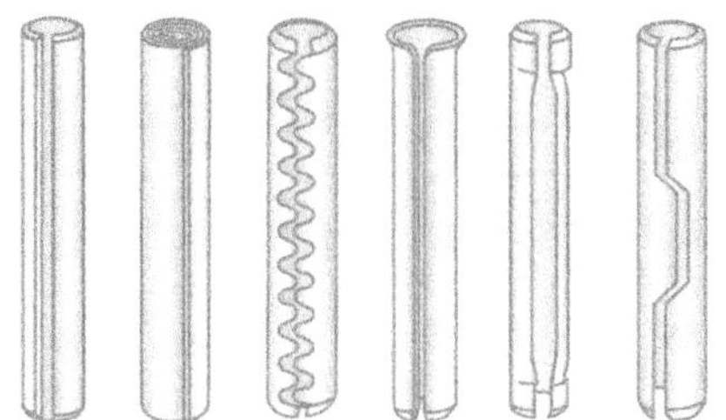

B. Afin d'en augmenter la RÉSISTANCE MÉCANIQUE au CISAILLEMENT, il est possible d'insérer une goupille de plus petit DIAMÈTRE dans une autre plus grande. Dans ce cas, il faut placer les FENTES en position opposée (montage « compound »).
C. Exemple de désignation :

Goupille élastique [forme], d × L, [matériau]

La [forme] est, souvent désignée par une lettre selon le catalogue du fabricant ou par une NORME.
Ex. : *Retenue d'une* BAGUE *sur un* AXE *(sens 2) :*

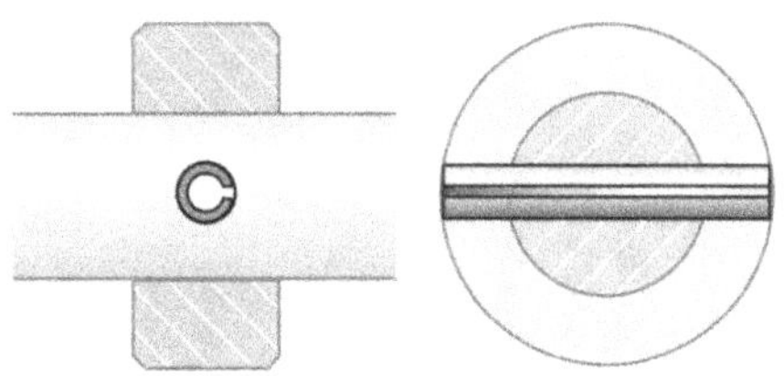

• Note : Ne pas confondre cependant avec la GOUPILLE FENDUE.
Autre appellation : Goupille « mécanindus ».

goupille épingle [hair pin clip]

(n.f.) Autre appellation de la GOUPILLE BÊTA.

goupille fendue [cotter pin]

(n.f.) Type de GOUPILLE de SECTION en demi-CERCLE recourbé et pouvant être écartée à une extrémité pour le MAINTIEN en place.

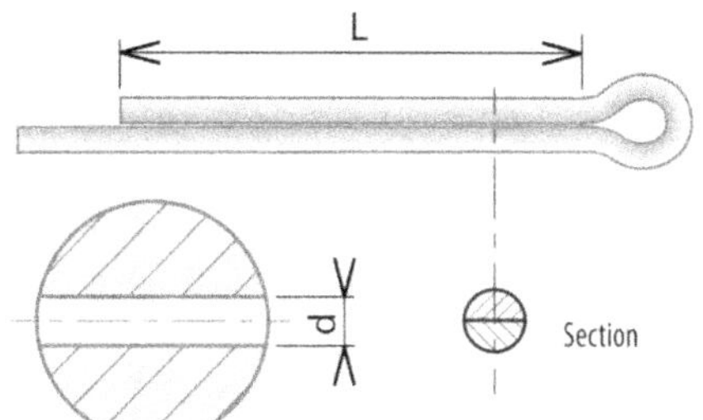

A. Exemple de désignation :

Goupille fendue, d × L [MATIÈRE]

Le DIAMÈTRE **d** correspond au TROU qui reçoit la goupille fendue et non à son DIAMÈTRE proprement dit.
B. Exemple d'utilisation pour retenir l'AXE (sens 1) d'une ROULETTE :

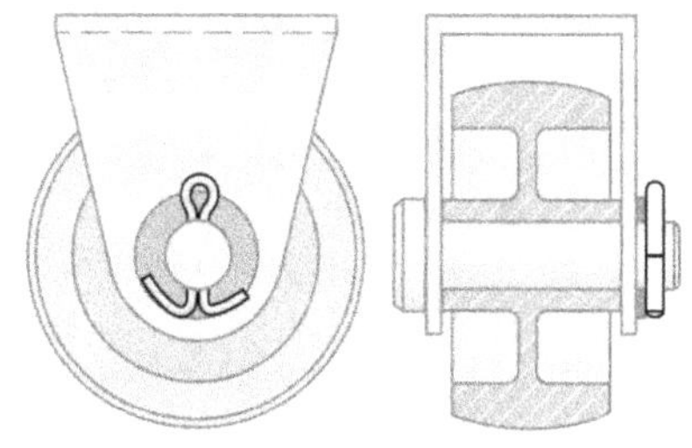

👍 Avantages

C. Mise en place assez facile. Se satisfait d'un TROU peu précis.

Inconvénients

D. Effort supporté faible.
E. La goupille fendue est aussi celle qui est associée à l'ÉCROU À CRÉNEAUX.
→ Voir aussi ÉCROU À CRÉNEAUX.

goupille spiralée [coiled spring pin]

(n.f.) Type de GOUPILLE enroulée sur elle-même. Elle possède la même particularité d'ÉLASTICITÉ | RADIALE que la GOUPILLE ÉLASTIQUE avec l'avantage supplémentaire de ne pas s'enchevêtrer.

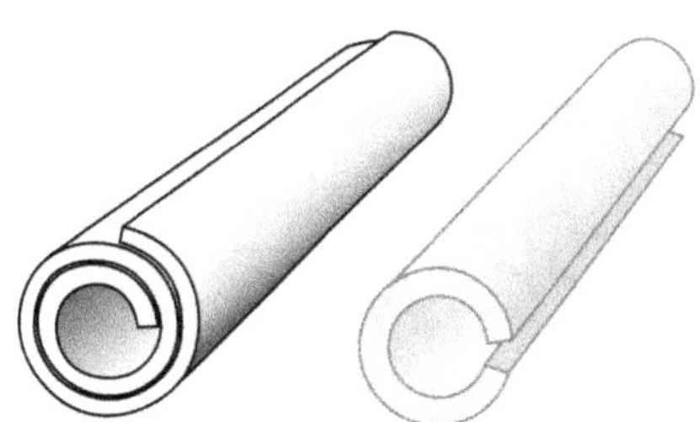

gousset [gusset]

(n.m.) FORME plate joignant deux parties d'une même PIÈCE (sens 1) pour le renforcer et le rigidi-fier.

Ex. 1: *Gousset d'une pièce moulée.*

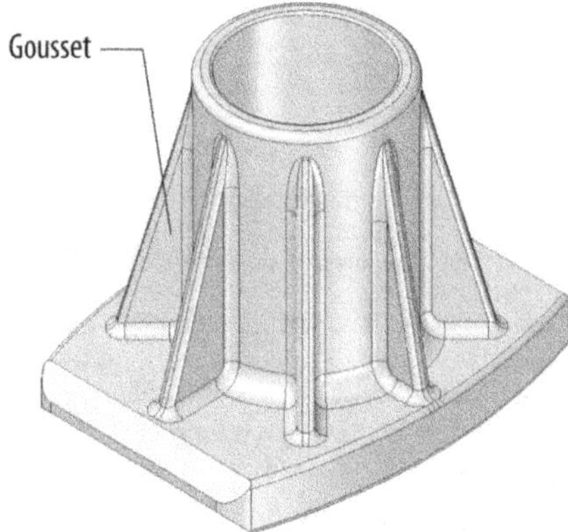

Le gousset est une FORME particulière de NER-VURE.

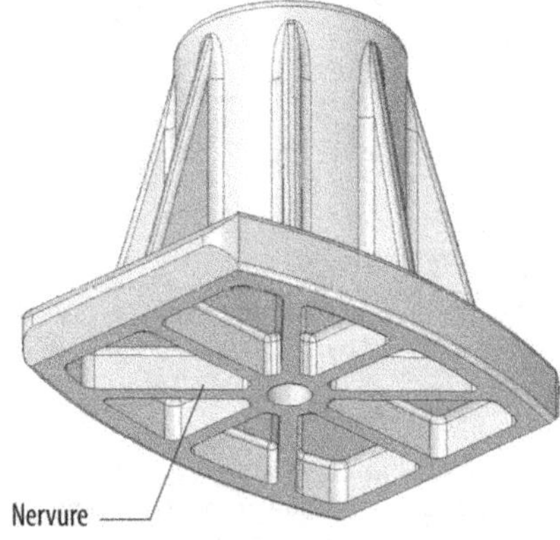

→ Voir également FORME FONCTIONNELLE.

Dans une représentation en COUPE LONGITUDI-NALE, le gousset n'est jamais coupé :

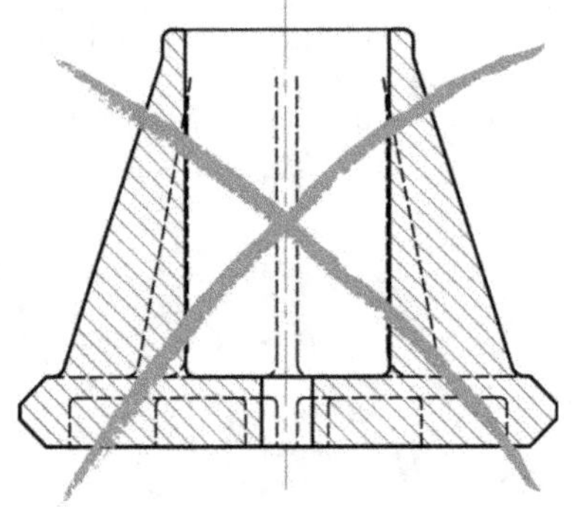

La représentation correcte est la suivante. À re-marquer qu'en COUPE TRANSVERSALE le gousset subit bien la COUPE (sens 3) comme le reste :

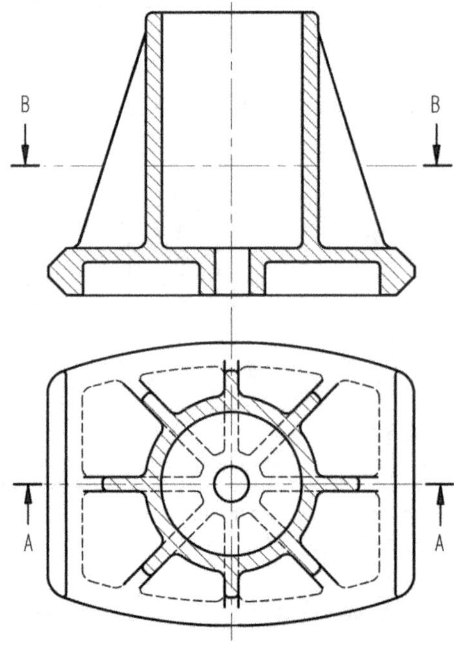

Ex. 2 : *Gousset sur une pièce MÉCANO-SOUDÉE.*

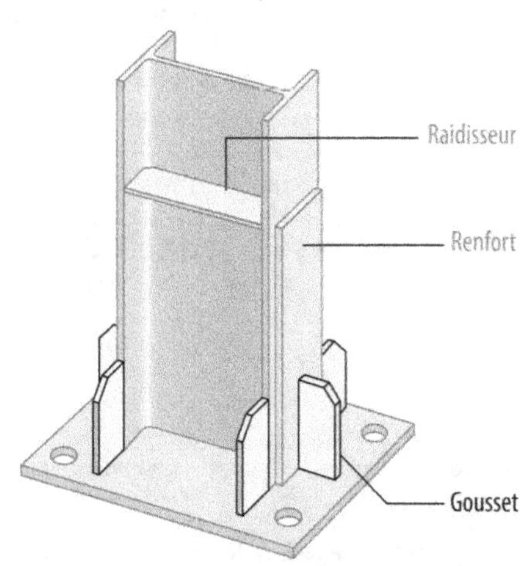

• Note : Ne pas confondre avec le RENFORT (sens 1) et le RAIDISSEUR.

goutte de suif [mushroom head]

(n.f.) FORME de CALOTTE SPHÉRIQUE en bout d'une autre FORME.

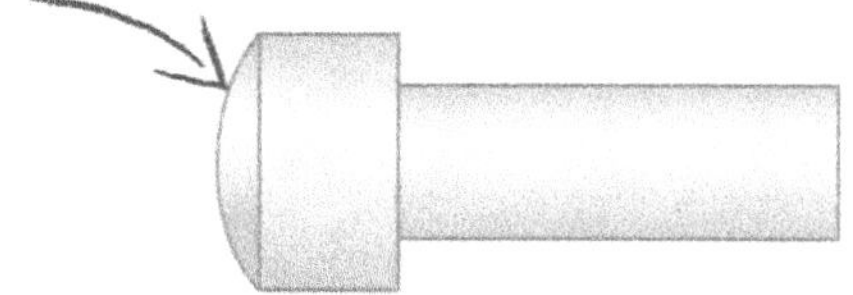

GPAO [CAMM: computer-aided management and manufacturing]

Acronyme pour **G**estion de **P**roduction **A**ssistée par **O**rdinateur.

GPS

Acronyme pour [Geometrical Product Specification] : norme ISO régissant la COTATION et le TOLÉRANCEMENT dans la CONCEPTION des objets pour la FABRICATION MÉCANIQUE.
→ **Voir aussi** TOLÉRANCE GÉOMÉTRIQUE.

grain

(n.m.)
1. [particle] Une des particules plus ou moins grosse constituant un MATÉRIAU divisé sous forme de POUDRE, GRANULÉ ou granulat.
2. [grain] CRISTAL élémentaire d'un MATÉRIAU | POLYCRISTALLIN.
A. Mis à part les MONOCRISTAUX dont l'obtention requiert des conditions très spéciales, la plupart des MATÉRIAUX MÉTALLIQUES sont constitués d'une juxtaposition de multitudes de CRISTAUX orientés différemment les uns par rapport aux autres.

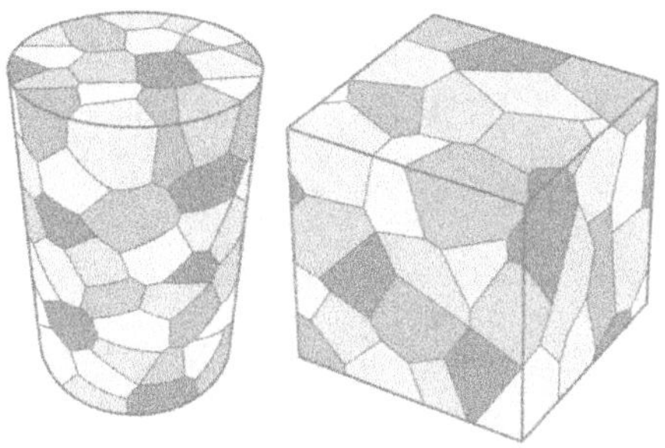

B. Une telle STRUCTURE (sens 1) provient de l'historique de formation du MATÉRIAU | SOLIDE à partir de l'état LIQUIDE (SOLIDIFICATION) par lequel il passe en cours d'ÉLABORATION. Durant le REFROIDISSEMENT, une multitude de germes de CRISTAUX apparaissent et croissent pour se toucher en formant des GRAINS entiers limités par les GRAINS voisins. Les frontières entre les GRAINS sont appelées JOINTS DE GRAIN. Les figures ci-contre illustrent les PHÉNOMÈNES mis en jeu.

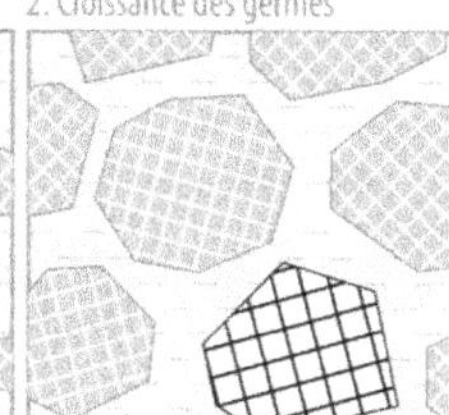
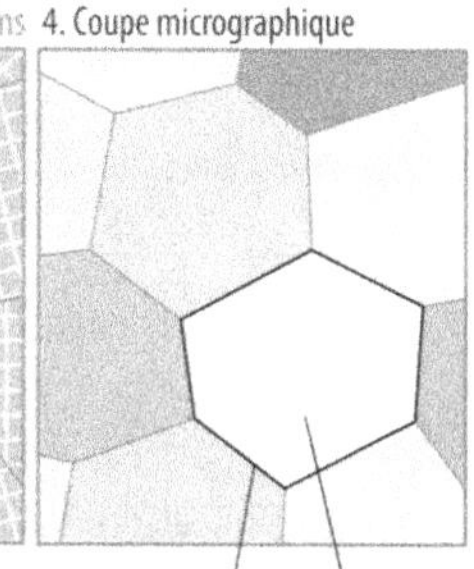

La figure 4 montre l'aspect d'un GRAIN sur une observation micrographique d'un échantillon préalablement poli et dont les joints ont été révélés par une attaque chimique.
→ **Voir aussi** CRISTALLITE ; POLYCRISTALLIN ; GERMINATION.
C. La RÉSISTANCE MÉCANIQUE du MATÉRIAU constitué est grandement influencée par la TAILLE DE GRAIN. Globalement, les tailles plus fines procurent une meilleure RÉSISTANCE MÉCANIQUE. Ainsi, bien qu'elle soit avant tout déterminée par les PROPRIÉTÉS intrinsèques du MATÉRIAU, elle peut aussi être plus ou moins contrôlée par certains PROCÉDÉS d'ÉLABORATION et de TRAITEMENT THERMIQUE qui agissent sur sa structure granulaire.
→ **Voir** ACIER À HAUTE LIMITE D'ÉLASTICITÉ ; TAILLE DE GRAIN ; GROSSISSEMENT DE GRAINS.

grainage [graining]

(n.m.) OPÉRATION d'accentuation volontaire de la RUGOSITÉ de la SURFACE d'un MOULE de manière à obtenir sur les PIÈCES (sens 1) moulées une SURFACE granuleuse à but décoratif.

Le grainage est généralement obtenu par SA-BLAGE ou DÉPOLISSAGE d'une SURFACE lisse, ou encore directement par ÉLECTROÉROSION ENFONÇAGE.
→ Voir aussi GRANITÉ.

grain d'abrasif [abrasive grit]

(n.m.) Particules de MATIÈRE très DURES agglomérées ensemble par un LIANT pour former un OUTIL DE COUPE agissant par FROTTEMENT et USURE.
→ Voir ABRASIFS pour les MATIÈRES les constituant ainsi que leur GRANULOMÉTRIE.

(grain), taille de grain [grain size]

(n.f.)
→ Voir TAILLE DES GRAINS pour les grosseurs de CRISTAUX dans la MICROSTRUCTURE d'un MATÉRIAU.
→ Voir ABRASIF en ce qui concerne les GRAINS D'ABRASIF.

graissage [lubrication, greasing]

(n.m.) Application sur un MÉCANISME d'une SUBSTANCE grasse et huileuse afin de diminuer les FROTTEMENTS, éviter l'ÉCHAUFFEMENT, empêcher la CORROSION et d'une façon générale diminuer son USURE.
→ Voir aussi GRAISSEUR.

graisse [grease]

(n.f.) SUBSTANCE grasse et huileuse de consistance PÂTEUSE utilisée pour la LUBRIFICATION et la protection contre la CORROSION.
A. Ne pas confondre avec l'HUILE de consistance plus fluide.
Par rapport aux HUILES, les avantages et inconvénients de la graisse sont :

👍 Avantages

B. Permet le GRAISSAGE À VIE. Facilement applicable même aux endroits difficiles d'accès. Convient bien aux VITESSES lentes et PRESSIONS élevées. Supporte mieux les CHOCS et VIBRATIONS. Simplifie la CONCEPTION des MÉCANISMEs. Peut contribuer à l'ÉTANCHÉITÉ. Économique.

👎 Inconvénients

C. Ne convient pas aux VITESSES élevées, ni les TEMPÉRATURES d'utilisation élevées. Tendance au vieillissement par durcissement ou RAMOLLISSEMENT.

graissé à vie [grease packed]

(Locution). Qui est enfermé définitivement dans un CARTER étanche avec une SUBSTANCE huileuse de manière à être lubrifié sans plus jamais avoir besoin d'autre ENTRETIEN.

graisseur [oil cap]

(n.m.) ORGANE à fixer sur un MÉCANISME et dont l'orifice permet d'injecter sans le laisser s'échapper une SUBSTANCE grasse et huileuse en vue d'une LUBRIFICATION.

granité [granite like]

(adj.) ÉTAT DE SURFACE avec une RUGOSITÉ très prononcée spécialement voulue et à but décoratif.

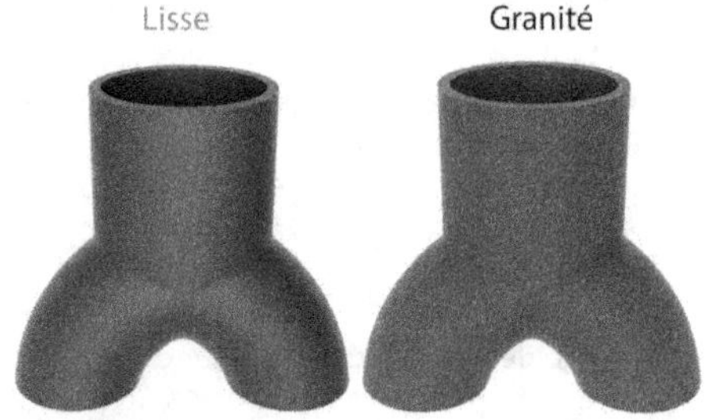

Ex. : *Peinture granitée*

◊ Contr. : Lisse.
→ Voir également GRAINAGE.

granularité [granularity]

(n.f.) CARACTÉRISTIQUE géométrique des particules d'une MATIÈRE sous forme de GRAINS plus ou moins minuscules.
Elle peut être exprimée de façon pragmatique par les tailles des grains les plus petits et les plus gros.
Ex. : *Gravier de granularité 6 à 16 mm.*
→ Voir aussi GRANULOMÉTRIE (sens 2).
En FONDERIE, les tailles des sables sont caractérisées par l'indice AFS (American Foundry Society) qui se calcule en fonction des refus de chaque tamis de tri des tailles.

granulé [pellet]

(n.m.) SUBSTANCE formée d'une multitude de GRAINS sans FORCES de cohésion particulière entre eux, ce qui leur permet de s'écouler comme un LIQUIDE.

Photo : Georges Newsman

A. Dans les considérations usuelles, la GRANULOMÉTRIE ou taille de chaque grain est de l'ordre du millimètre ou supérieure. En dessous de 0,1 mm, il est plus correct de parler de POUDRE. Entre ces deux valeurs, il y a ambiguïté !

Grosseur de grain

B. Le mot granulé est surtout utilisé pour les MATIÈRES de faible MASSE VOLUMIQUE comme les (PLASTIQUES), MATIÈRES PLASTIQUES et le BOIS. Pour les MATIÈRES | MÉTALLIQUES plus lourdes, le terme GRENAILLE est plus approprié. Pour les MATIÈRES minérales, le terme granulat est plus utilisé.

granuleux [granular]

(adj.) Se dit de SUBSTANCE formée de multitude de GRAINS sans FORCES de cohésion entre eux, ce qui leur permet de s'écouler comme un LIQUIDE.
• Note : Ne pas confondre avec PULVÉRULENT qui se rapporte plus aux POUDRES.
→ Voir GRANULÉ.

granulométrie

(n.f.)

1. [granulometry, grain size analysis] OPÉRATION de détermination des tailles de particules ou GRAINS, de leurs FORMES, de leur arrangement et des proportions des GRAINS de même DIMENSION d'une SUBSTANCE sous forme de POUDRE, de GRANULÉS ou de granulat. La granulométrie peut être déterminée par tamisage, sédimentation ou par des MÉTHODES optiques d'analyse d'images. La connaissance de la granulométrie est utile pour la maîtrise de process de FABRICATION à partir de MATIÈRE PREMIÈRE | PULVÉRULENTE ou GRANULEUSE, ainsi que pour la composition et l'ajustement de la STRUCTURE (sens 1) des MATIÈRES contenant des CHARGES (sens 3).

2. [particle size] Résultat de l'étude de GRANULOMÉTRIE (sens 1), c'est à dire les données concernant la taille, la FORME, l'arrangement et les proportions des GRAINS de même taille d'une MATIÈRE pulvérulente ou granuleuse.

A. La granulométrie peut être plus ou moins fine.

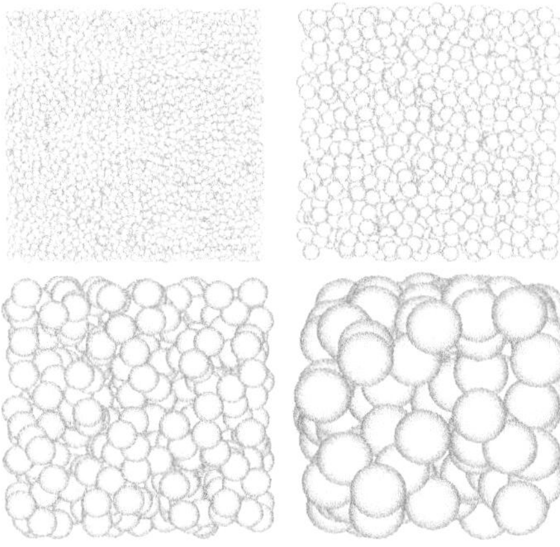

B. Elle peut être uniforme ou variée :

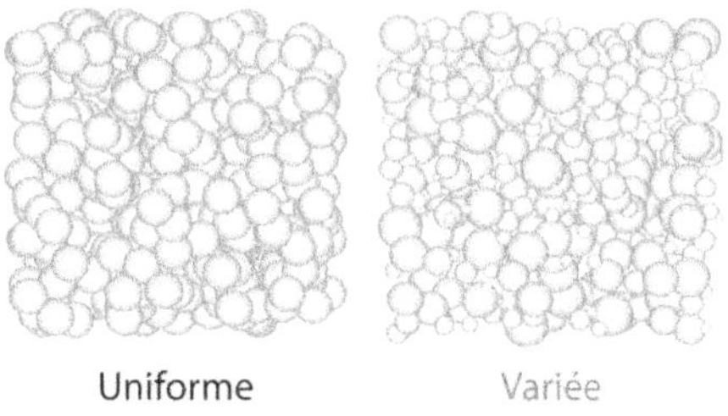

→ Voir aussi GRANULARITÉ.

graphite [graphite]

(n.m.) MATIÈRE minérale noire naturelle ou élaborée industriellement qui constitue l'une des formes ALLOTROPIQUES du CARBONE.

A. Le graphite est une SUBSTANCE qui résiste à la plupart des produits chimiques. Excellent conducteur de chaleur et d'électricité. Faible coefficient de FRICTION. Faible DILATATION THERMIQUE. Haute TEMPÉRATURE DE FUSION. Pour ces raisons, il est exploité pour les usages suivants :
• mine de crayon et électrode de pile.
• revêtement de MOULE et briques RÉFRACTAIRES des installations sidérurgiques.
• pigment PEINTURE.
• garniture de frein et d'EMBRAYAGE, conducteur électrique.
• LUBRIFIANT industriel.
...

B. La structure du graphite est constituée de feuillets d'atomes de carbone agencés avec des liaisons covalentes fortes en hexagone, appelés « graphènes » et qui sont empilés avec des liaisons plus faibles dites de Van der Waals. Les propriétés lubrifiantes du graphite proviennent de la facilité de glissement de ces feuillets sur les liaisons de Van der Waals.

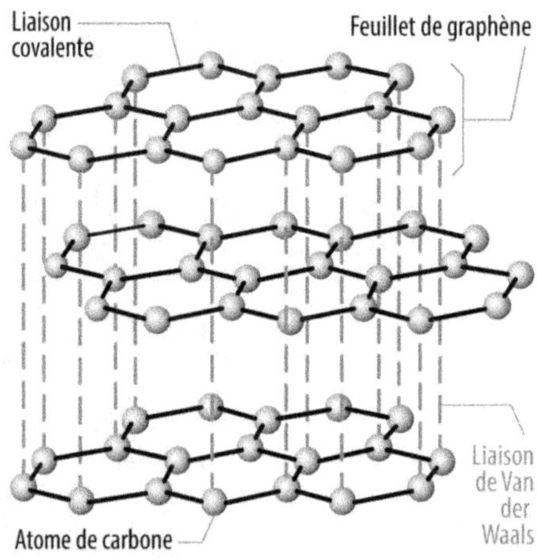

C. Quelques CARACTÉRISTIQUES :

Masse volumique :	$2,2 \pm 0,1$ g/cm^3
T° de fusion :	3652°C
Conductivité thermique :	150 W/m·K
Coefficient dilatation :	8,2 µm/m·°C

D. Il existe une forme de graphite usinable élaborée par EXTRUSION, moulage-pressage isostatique. En plus de ses PROPRIÉTÉS classiques, l'USINABILITÉ ouvre d'autres champs d'application tels que la manipulation du VERRE chaud.

grattage [metal scraping]

(n.m.) TECHNIQUE de SUPERFINITION et d'AJUSTAGE consistant à racler avec un OUTIL manuel ou électroportatif appelé GRATTOIR une SURFACE aux endroits présentant une irrégularité par rapport au reste.

A. Le grattage permet de corriger des DÉFAUTS de l'ordre du MICROMÈTRE (µm) afin de parfaire le CONTACT entre deux PIÈCES (sens 1).

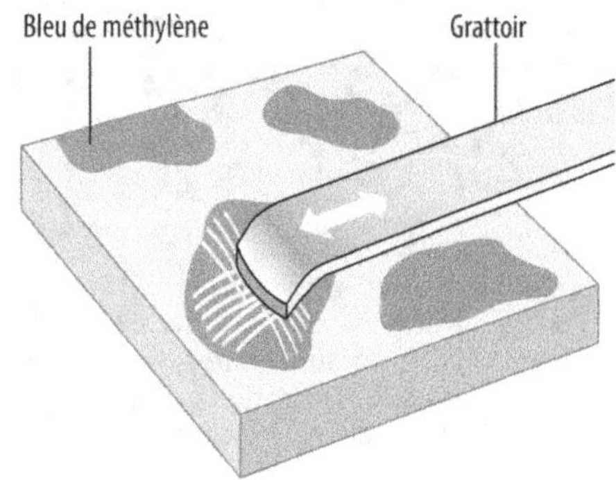

B. La MÉTHODE consiste d'abord à déterminer les zones à gratter en mettant en CONTACT la PIÈCE (sens 1) concernée avec une SURFACE DE RÉFÉRENCE préalablement enduite d'une fine COUCHE de bleu de méthylène. Les zones à retoucher se colorent en bleu (MÉTHODE de la tache). Il suffit ensuite d'éliminer ces SURÉPAISSEURS par grattage en croisant les traits. Plus les taches sont nombreuses et rapprochées, plus le contact entre PIÈCES (sens 1) sera parfait.

C. Le grattage est une discipline demandant un certain doigté. Il est pratiqué par les mécaniciens monteurs AJUSTEUR de MACHINE pour des applications telles que le MONTAGE (sens 1) des culasses de moteur automobile, les GUIDAGES de MACHINE-OUTILS, l'AJUSTEMENT de CARTERS, etc.

grattoir [scraper]

(n.m.) OUTIL manuel DUR dont l'extrémité s'apparente à un OUTIL DE COUPE de RABOTAGE pour retoucher les SURFACES planes ou légèrement bombées.

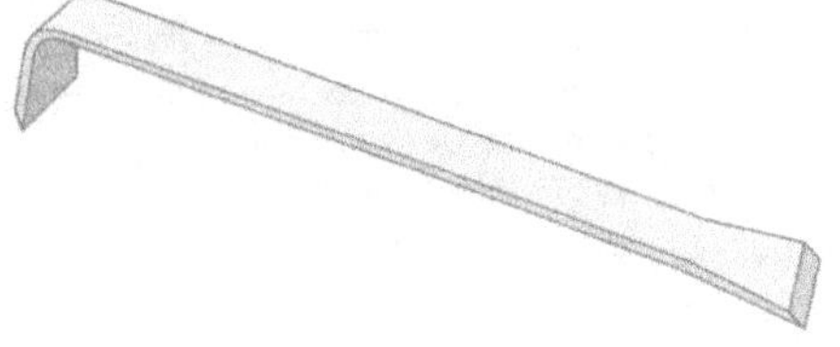

gratton de soudure [welding particle]

(n.m.) Même signification que GRÊLON DE SOU-
DURE.

grêlon de soudure [welding particle]

(n.m.) Projections de particules de MÉTAL D'AP-
PORT qui viennent se souder sur le MÉTAL DE
BASE sous forme de petites BILLES.

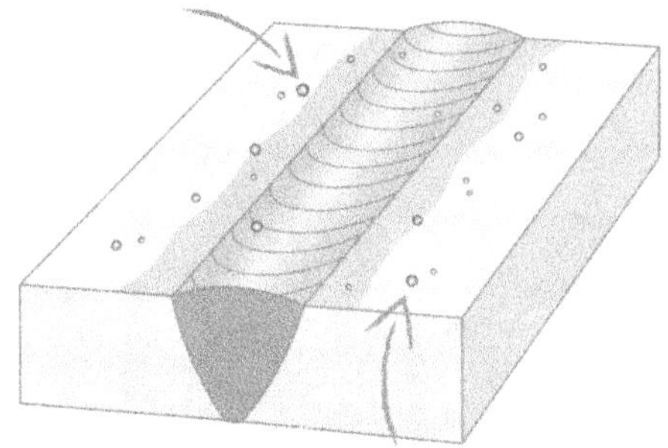

A. Les grêlons de soudure nécessitent une OPÉ-
RATION de PARACHÈVEMENT par MEULAGE pour
les retirer, en même temps qu'une FINITION des
CORDONS DE SOUDURE.
B. L'optimisation des paramètres de SOUDAGE et
de la préparation des pièces à souder permet
d'en limiter les apparitions.
♦ Syn. : Gratton de soudure.

grenaillage [shot peening, shot blasting]

(n.m.) PROCÉDÉ | MÉCANIQUE de NETTOYAGE de
SURFACE par PROJECTION (sens 1) à grande VITESSE
de BILLES de MÉTAL, de VERRE ou de CÉRAMIQUE.

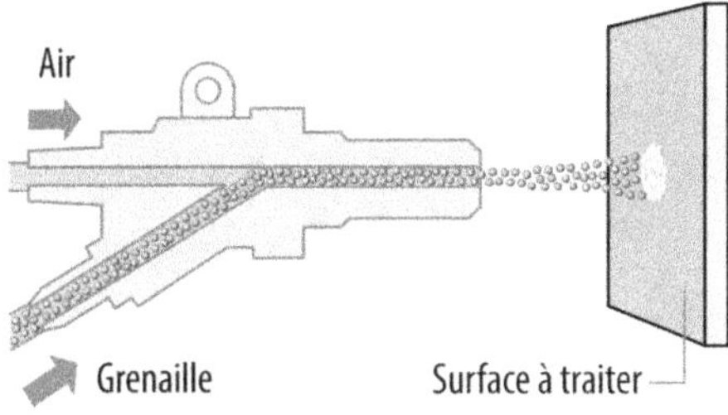

• Note : Ne pas confondre avec le SABLAGE qui
agit plus par ABRASION alors que le grenaillage
procède davantage par MARTELAGE, MATAGE et
ÉCROUISSAGE.

grenaille [shot, pellet]

(n.f.) BILLE plus ou moins sphérique en général
MÉTALLIQUE utilisée en grande quantité pour
être projetée sur une SURFACE afin de la marteler, la nettoyer.

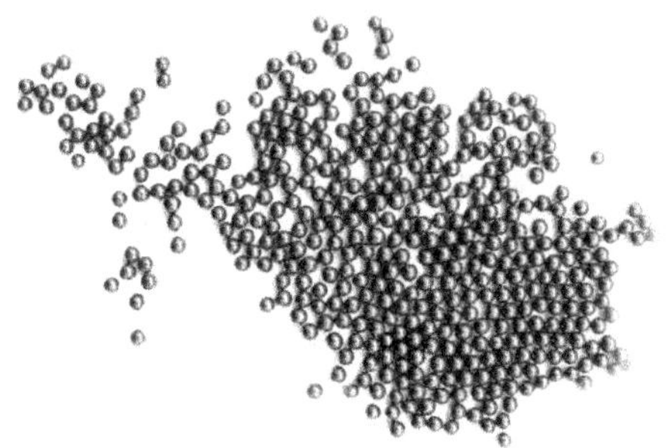

• Note : Pour les autres MATIÈRES telles que le
(PLASTIQUE), MATIÈRE PLASTIQUE et le BOIS, le
terme GRANULÉ est plus approprié.

griffe [claw]

(n.f.) FORME acérée prévue pour s'enfoncer
dans une MATIÈRE | TENDRE afin de favoriser un
MAINTIEN ou un ACCROCHAGE.
Ex. : *ÉCROU À GRIFFES*.

→ Voir aussi, par exemple, CHEVILLE RÉTRAC-
TABLE.

grignotage [nibbling]

(n.m.) POINÇONNAGE progressif de petits TROUS
ou ENCOCHES adjacents dans une TÔLE afin de
réaliser une grande DÉCOUPE globale.

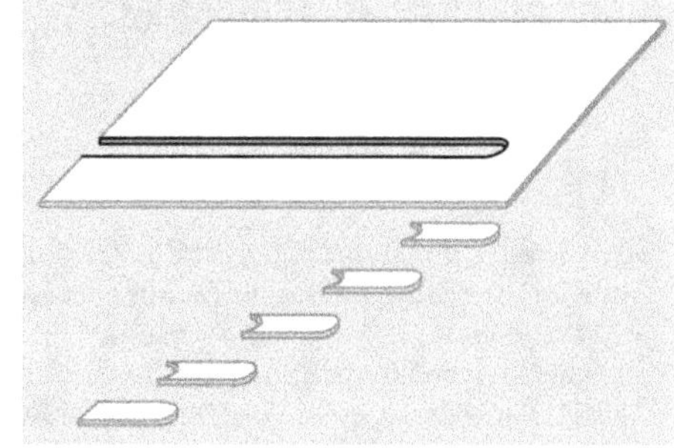

grignoteuse [nibbling machine]

(n.f.) MACHINE fixe ou OUTILLAGE ÉLECTROPORTA-
TIF permettant de poinçonner de proche en
proche une TÔLE de manière à réaliser une DÉ-
COUPE rectiligne ou courbe.

grippage [seizure]

(n.m.) PHÉNOMÈNE de microSOUDURE entre deux ORGANES | MÉCANIQUES et qui gêne le MOUVE-MENT de l'un par rapport à l'autre.

A. Le grippage peut provenir de DILATATION qui resserre les AJUSTEMENTS ou des produits de COR-ROSION qui encrassent les SURFACES de CONTACT non-démontées depuis longtemps ou encore d'autres causes comme de fortes PRESSIONS de contact.

B. Ne pas confondre avec le COINCEMENT. Ne pas confondre non-plus avec l'ARC-BOUTEMENT.

grippé [seized]

(adj.) Se dit d'ORGANES pouvant, en principe, bouger ou être séparés, mais ne pouvant se faire à cause de PHÉNOMÈNE de microSOUDURE.
→ Voir GRIPPAGE pour les causes possibles.

grossier [coarse]

(adj.) Peu soigné, peu précis, rugueux, de mauvaise QUALITÉ, de FINITION rudimentaire.
◊ Contr. : PRÉCIS ; (QUALITÉ), DE QUALITÉ.

grossissement de grains [grain growth]

(n.m.) Augmentation de la taille moyenne des CRISTAUX dans un MATÉRIAU | POLYCRISTALLIN.

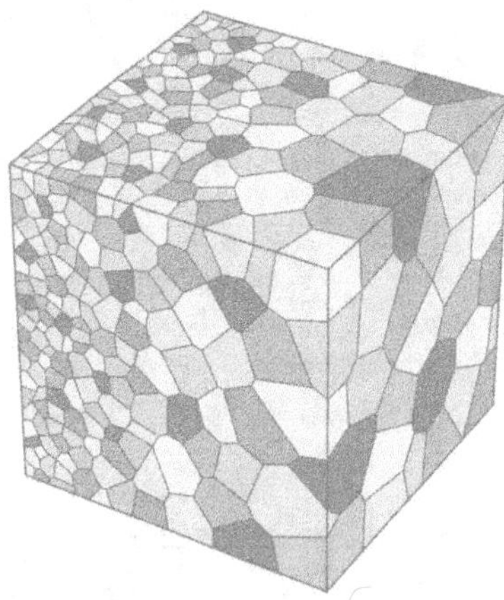

A. Le grossissement de GRAINS est dû à une loi de stabilité thermodynamique qui favorise les états où l'étendue des JOINTs DE GRAIN est minimisée. Lorsque les conditions d'apport d'ÉNERGIE sont réunies par chauffage, les GRAINS de plus grande taille font disparaître les plus petits jusqu'à une certaine limite. Au final, la SURFACE globale des joints est moins étendue ce qui amène à un état thermodynamiquement plus stable.

B. Le grossissement des grains peut aussi apparaître sur des MÉTAUX ayant subi des taux d'ÉCROUISSAGE faible donnant très peu de sites de GERMINATION au moment de la RECRISTALLISATION.

C. Ne pas confondre cependant avec la RECRIS-TALLISATION.

→ Voir ZONE AFFECTÉE THERMIQUEMENT pour un autre exemple de grossissement de grains.

grugeage [notching, coping]

(n.m.) Enlèvement d'une petite partie d'un PRO-FILÉ.
Ex. : *Grugeage d'un profilé en I et d'une* COULISSE.

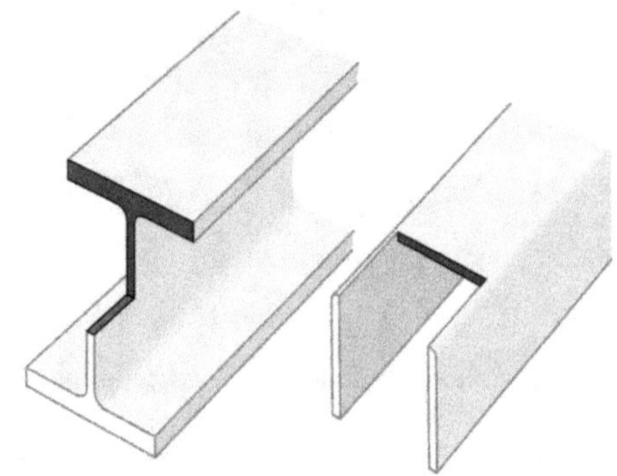

→ Voir aussi ENTAILLAGE qui est un enlèvement d'une petite partie d'une TÔLE ou d'une FEUILLE.

gueule de loup [half-round groove]

(n.f.) FORME de DÉCOUPE en demi-CERCLE de l'extrémité d'un TUBE pour pouvoir l'assembler parfaitement avec un autre TUBE | CIRCULAIRE.

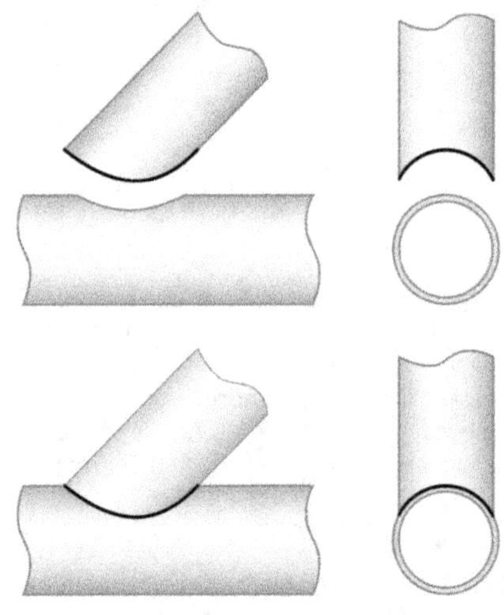

→ Voir DÉCOUPE 3D pour une des MÉTHODES de grugeage.

gueuse [pig ingot]

(n.f.) Bloc de MÉTAL lourd grossièrement moulé en sortie d'ÉLABORATION pour servir comme point de départ pour toutes les autres OPÉRATIONS de TRANSFORMATION (sens 3) comme la refusion.

guidage [guiding]

(n.m.) Disposition prise pour que le MOUVEMENT d'une PIÈCE (sens 1) suive toujours la même TRAJECTOIRE souvent avec FIABILITÉ.

A. Le guidage permet, par exemple, d'assurer une TRANSLATION ou une ROTATION.

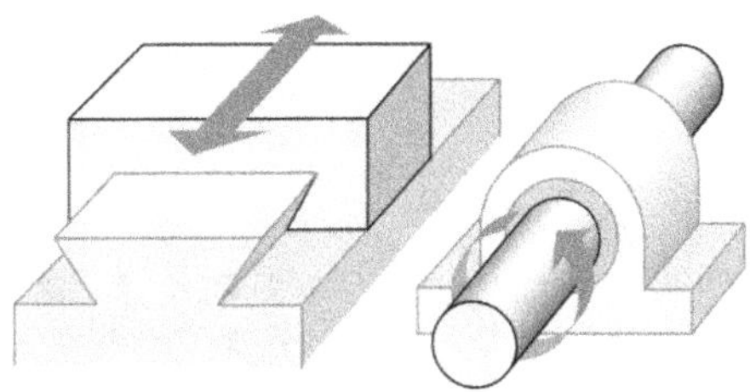

Guidage en translation   Guidage en rotation

B. Lorsque la TRANSLATION est simultanée à la ROTATION, il s'agit d'un guidage HÉLICOÏDAL.

C. Représentations schématiques des différents types de guidage selon la norme NF EN ISO 3952-1.

Liaison complète (sans guidage)

Guidage en rotation
(liaison pivot)

Guidage en translation
(liaison glissière)

Guidage en rotation et translation
(liaison pivot glissant)

Guidage hélicoïdal
(liaison hélicoïdale)

→ Voir GUIDAGE EN ROTATION ; GUIDAGE EN TRANSLATION.

guidage en rotation [rotational guiding, rotational guidance, bearings]

(n.m.) DISPOSITIF | MÉCANIQUE garantissant un MOUVEMENT | CIRCULAIRE plus ou moins précis en supportant une CHARGE (sens 1) plus ou moins élevée avec plus ou moins de FROTTEMENT.

A. Les dispositifs de guidage en rotation peuvent être classés en cinq grandes catégories avec des performances diverses comme indiquées dans le tableau suivant :

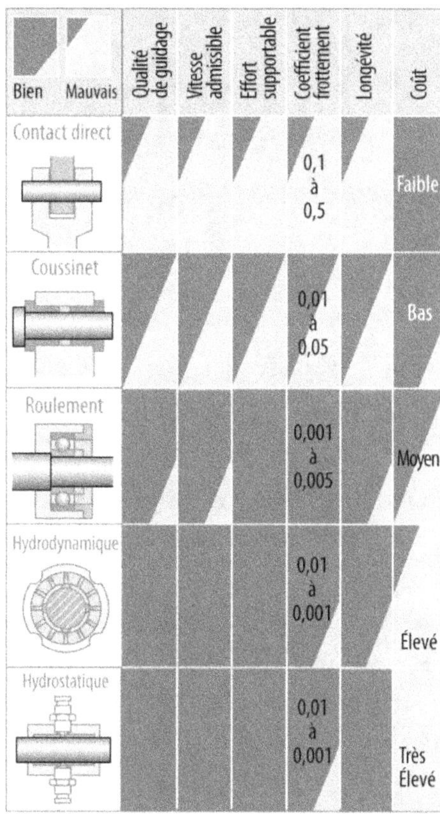

Bien / Mauvais	Qualité de guidage	Vitesse admissible	Effort supportable	Coefficient frottement	Longévité	Coût
Contact direct				0,1 à 0,5		Faible
Coussinet				0,01 à 0,05		Bas
Roulement				0,001 à 0,005		Moyen
Hydrodynamique				0,01 à 0,001		Élevé
Hydrostatique				0,01 à 0,001		Très Élevé

B. À remarquer que toutes ces technologies de guidage en rotation possèdent leurs équivalents en GUIDAGE EN TRANSLATION.

C. Ne pas confondre avec la LIAISON EN ROTATION.

(n.m.) DISPOSITIF contraignant un ORGANE à se déplacer suivant une TRAJECTOIRE de LIGNE droite.

Ex. *Guidage en translation d'un coulisseau.*

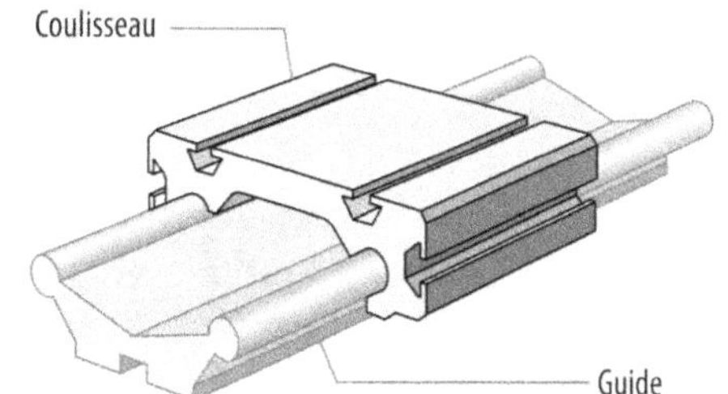

guide [guide]

(n.m.) ORGANE contraignant un autre à suivre toujours la même TRAJECTOIRE.
→ Voir, par exemple, GUIDAGE EN TRANSLATION.

guidé [guided]

(adj). Qui est contraint de suivre toujours la même TRAJECTOIRE.

H, h

hachures [hatching]

(n. f.) Motif graphique indiquant sur un DESSIN TECHNIQUE les SURFACES ayant subi des COUPES (sens 3) ou des SECTIONS

Le motif général est un ensemble de LIGNES parallèles obliques. Dans une certaine mesure, les hachures permettent d'avoir une première idée des familles de MATÉRIAU des PIÈCES (sens 1) coupées. Ci-dessous les plus courants :

▨	Tous les métaux et leurs alliages, d'une façon générale
▨	Cuivre et alliage cuivreux (Laiton, bronze, etc...)
▨	Aluminium et alliages légers
▨	Matières plastiques
▨	Matériaux antifrictions
▨	Bois sens transversal
▨	Bois sens longitudinal
▨	Béton

→ Voir aussi COUPE (sens 3) ; (TRAIT), TYPE DE TRAIT ; GOUSSET.

hauteur [height]

(n.f.) DISTANCE mesurée suivant le SENS | VERTICAL.

haut fourneau [blast furnace]

(n.m.) Installation TECHNIQUE de SIDÉRURGIE permettant d'extraire le FER de son MINERAI par FUSION et RÉDUCTION (sens 3), en utilisant comme COMBUSTIBLE du charbon calciné appelé « coke ».
A. Il s'agit d'une tour RÉFRACTAIRE par le haut de laquelle sont chargés en COUCHES alternées le MINERAI et le coke. Celui-ci brûle en atteignant 2000°C sous l'effet de l'air introduit par les tuyères. La RÉACTION CHIMIQUE de RÉDUCTION (sens 3) du MINERAI s'effectue par le monoxyde de carbone et la FONTE en FUSION est recueillie à la base du haut fourneau. Le résidu appelé lAITIER surnage sur la FONTE et est évacué par ailleurs :

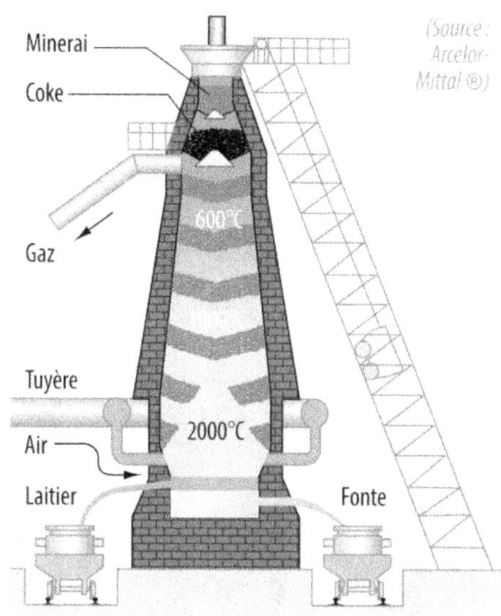

B. La FONTE dite de première FUSION ainsi obtenue est ensuite transportée dans des wagons vers des installations d'AFFINAGE pour la débarrasser de son excès de CARBONE et la transformer en ACIER.
→ Voir ACIER.

HC

Sigle pour Hexagonal Compact.
→ Voir STRUCTURE CRISTALLINE.

HEA, HEB, HEM

Abréviation pour « poutrelle Européenne en H ».
POUTRELLE normalisée en ACIER obtenue par LAMINAGE À CHAUD, constituée de deux SEMELLES parallèles à AILES (sens 1) larges reliées par une ÂME (sens 1) de telle sorte que leur FORME rappelle la lettre majuscule H :

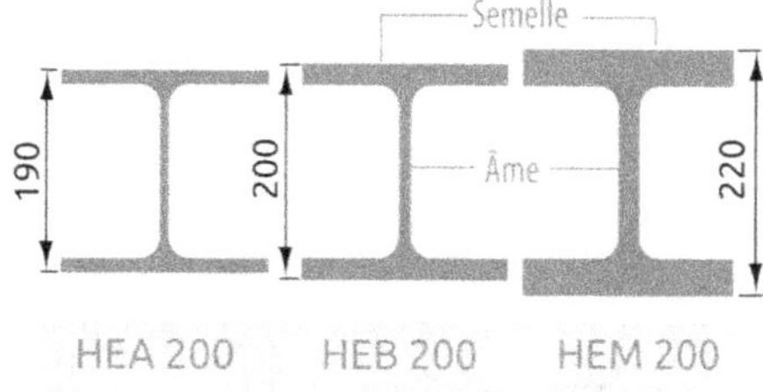

A. Pour une même HAUTEUR nominale, elles existent avec des ÉPAISSEURS plus ou moins importantes désignées par une lettre majuscule **A**, **B**, **M** suivie de la DIMENSION | NOMINALe de HAUTEUR.

B. Exemple de DÉSIGNATION :

HEA 120 ; HEB 300 ; HEM 200

C. En réalité, pour une même HAUTEUR nominale, la HAUTEUR réelle est différente selon la série. C'est la DISTANCE entre les SEMELLES (sens 2) qui est invariante à cause du PROCÉDÉ de FABRICATION par LAMINAGE utilisant toujours les mêmes trains de ROULEAUX (sens 2) :

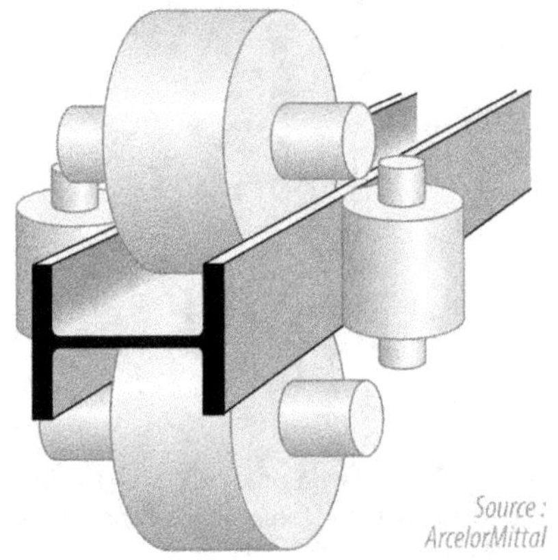

Les HAUTEURS nominales s'échelonnent de 100 à 1000. À remarquer que la PROPORTION géométrique des SECTIONS est sensiblement carrée jusqu'à 300, RECTANGULAIRE au-delà.

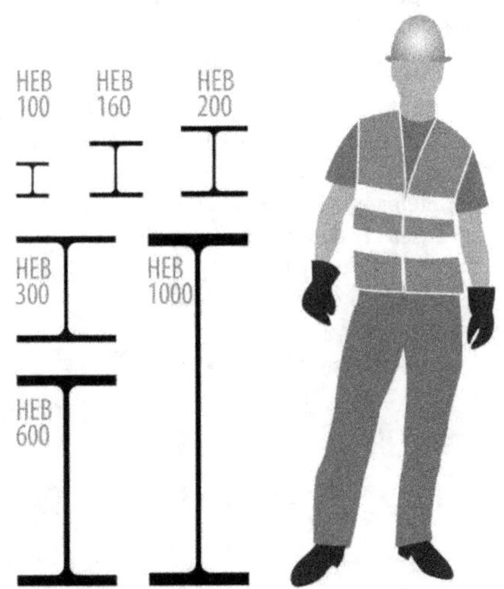

D. Ces poutrelles sont essentiellement utilisées comme ÉLÉMENTS STRUCTURAUX destinés à résister à la FLEXION. Ces poutrelles peuvent être découpées d'une certaine façon au niveau de leurs ÂMES (sens 1) puis reconstituées par SOUDURE de manière à obtenir des POUTRES mécaniquement plus performantes et plus pratiques dans leur utilisation.

→ Voir POUTRE ALVÉOLAIRE.

E. Ne pas confondre avec les poutrelles type IPN, IPE, IPEA, ni UAP ou UPN.

→ Voir aussi LAMINAGE ; PROFILÉ LAMINÉ À CHAUD.

hélice

(n.f.)

1. [helix] COURBE GAUCHE obtenue avec un MOUVEMENT DE ROTATION autour d'un AXE (sens 1), simultané à un MOUVEMENT DE TRANSLATION suivant cet AXE (sens 1).

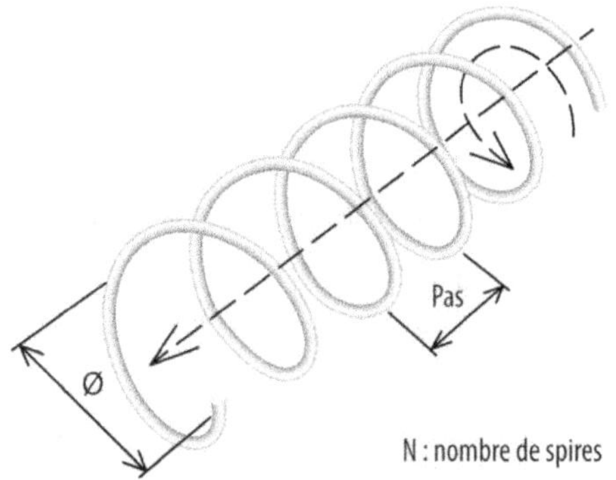

Une hélice est caractérisée par son DIAMÈTRE, son PAS et son nombre de SPIRES.

→ Voir SPIRE ; ANGLE D'HÉLICE ; HÉLICOÏDE.

2. [propeller] ORGANE tournant avec plusieurs pales galbées en HELICOÏDE pour propulser un bateau ou un avion ou mettre un FLUIDE en MOUVEMENT.

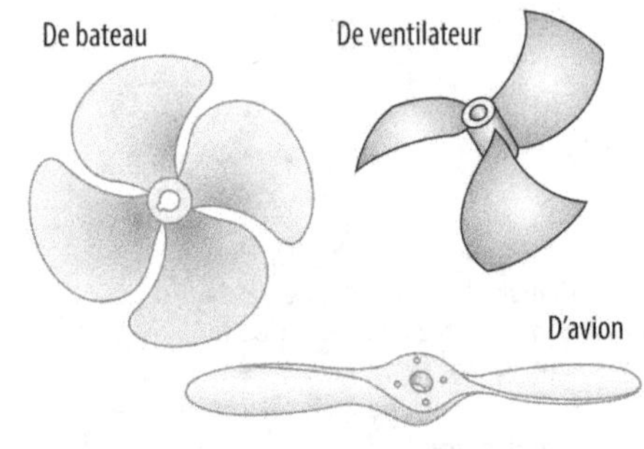

(hélice), angle d'hélice [helix angle]

(n.m.) Voir les détails à la rubrique ANGLE D'HÉLICE.

hélicoïde [helicoid]

(n.m.) SURFACE générée par un MOUVEMENT DE ROTATION simultanée à un MOUVEMENT DE TRANSLATION | LONGITUDINAL.
A. Ci-dessous quelques exemples d'hélicoïdes :

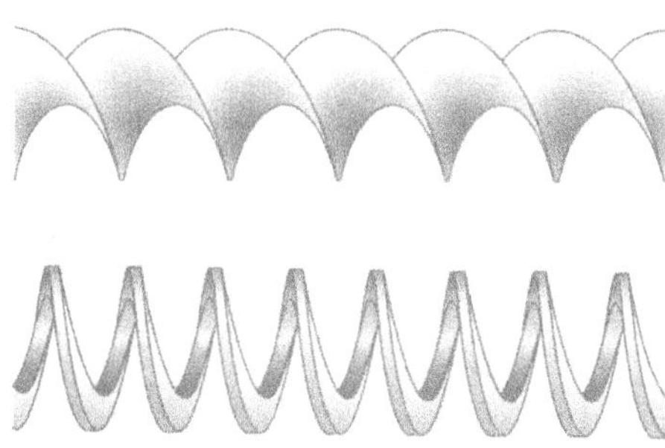

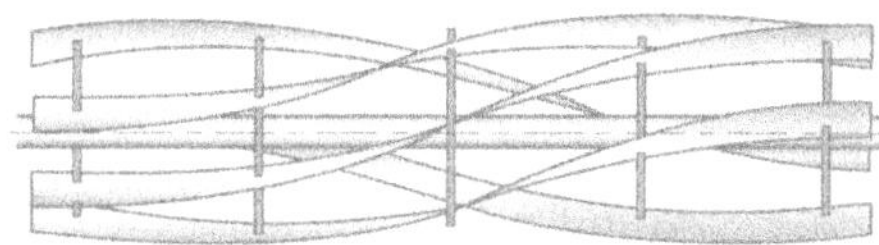

→ Voir aussi VIS ; VIS D'ARCHIMÈDE ; VIS SANS FIN.
B. Ne pas confondre avec la SPIRALE qui est aussi obtenue par la conjugaison d'un MOUVEMENT DE ROTATION et d'un MOUVEMENT DE TRANSLATION, mais qui est RADIAL au lieu d'être LONGITUDINAL.

hélicoïdal [helical]

(adj.) En forme d'HÉLICE (sens 1) ou d'HÉLICOÏDE.
Ex. : *Forme hélicoïdale des lames d'une tondeuse à gazon.*

→ Voir aussi RESSORT HÉLICOÏDAL ; MOUVEMENT HÉLICOÏDAL.

hexagone [hex]

(n.m.)
1. POLYGONE à six cotés et six ANGLES. Dans l'utilisation en MÉCANIQUE, l'hexagone est souvent régulier, c'est à dire que les six côtés et les six ANGLES sont identiques.
→ Voir aussi POLYGONE ; POLYGONNAGE pour un PROCÉDÉ d'USINAGE de FORME hexagonale.
2. PROFILÉ laminé, étiré ou forgé de SECTION hexagonale.

homocinétique [homocinetic]

(adj.) Se dit d'un SYSTÈME de TRANSMISSION DE MOUVEMENT de ROTATION strictement à la même VITESSE d'un ORGANE à l'autre.

homogène [homogeneous]

(adj.) Dont les CARACTÉRISTIQUES et la composition sont identiques quel que soit l'endroit d'une SUBSTANCE où on les considère. Ci-dessous, par exemple, la représentation shématique de la répartition de CHARGE (sens 2) au sein d'une MATIÈRE :

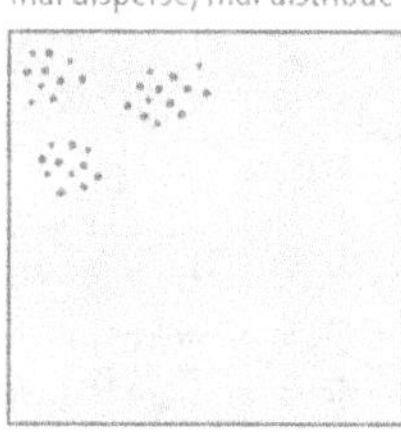

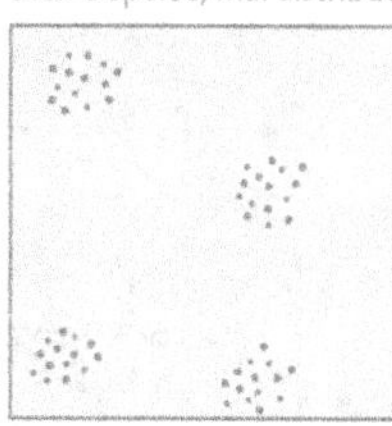

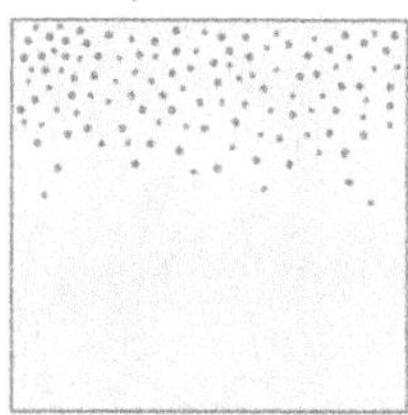

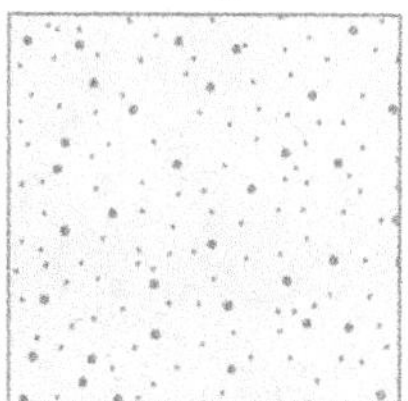

◊ Contr. : Hétérogène.

homogénéisation [homogenezing]

(n.f.)
1. Action rendant identiques les CARACTÉRISTIQUES et la composition d'une SUBSTANCE quel que soit l'endroit considéré.
2. TRAITEMENT THERMIQUE de RECUIT à haute TEMPÉRATURE pour réduire ou faire disparaître par DIFFUSION les disparités de COMPOSITION CHIMIQUE dues au PHÉNOMÈNE de SÉGRÉGATION apparues lors de la SOLIDIFICATION.
→ Voir aussi RECUIT.

homopolymère [homopolymer]

(n.m.) POLYMÈRE formé à partir d'un motif moléculaire unique. À l'inverse, lorsque plusieurs motifs entrent dans la composition d'un POLYMÈRE, il est appelé COPOLYMÈRE.
→ Voir COPOLYMÈRE.

honoir [flex hone]

(n.m.) OUTIL tournant à branches souples terminées par un élément ABRASIF permettant de lisser, ébavurer les parois d'un CYLINDRE.
→ Voir, par exemple, BROSSE À HONER ; RODOIR.

(hooke), loi de hooke [hooke's law]

(n.f.) Loi de proportionnalité entre la DÉFORMATION et la CONTRAINTE (sens 3) qui l'a causée, dans le DOMAINE ÉLASTIQUE d'un MATÉRIAU.

A. Pour une sollicitation AXIALE de TRACTION, par exemple, elle s'énonce comme ci-dessous :

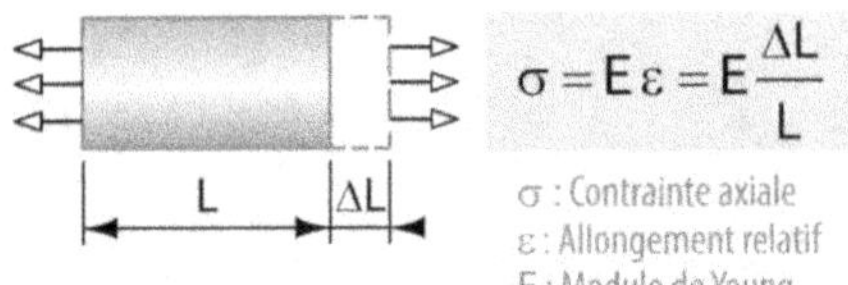

$$\sigma = E\varepsilon = E\,\frac{\Delta L}{L}$$

B. Elle apparaît sur une (TRACTION), COURBE DE TRACTION sous forme d'un segment de droite dans la première partie de la courbe. La pente de cette portion de COURBE représente le MODULE D'ÉLASTICITÉ LONGITUDINAL ou MODULE DE YOUNG :

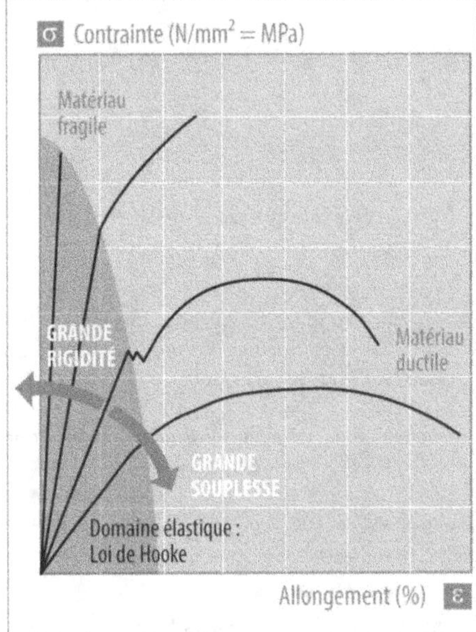

C. Pour les SOLLICITATIONS MÉCANIQUES transversales ou de CISAILLEMENT et de la même manière, la loi de Hooke peut s'exprimer comme suit :

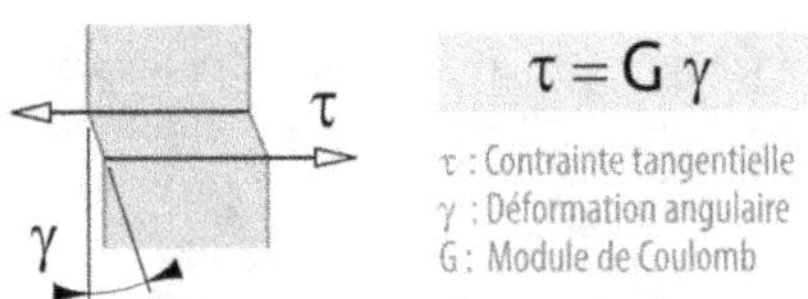

$$\tau = G\,\gamma$$

G est le MODULE D'ÉLASTICITÉ TRANSVERSALE ou MODULE DE COULOMB.

D. À noter que la DUCTILITÉ et la RAIDEUR n'ont pas de lien (contrairement à ce que peut laisser penser le diagramme ci-haut).

E. Les modules d'élasticité caractérisent la RIGIDITÉ de la MATIÈRE. Plus ces grandeurs sont élevées, plus le matériau concerné est RIGIDE.
→ Voir MODULES D'ÉLASTICITÉ LONGITUDINALE pour quelques valeurs.
→ Voir aussi RIGIDE.
F. Robert Hooke (1635-1703) est un physicien et astronome anglais. En 1678, il énonça la loi de proportionnalité qui porte désormais son nom par la citation latine : « Ut tensio sic vis », ce qui veut dire : « Telle extension, telle force ».

G. Son compatriote Thomas Young laissa aussi son empreinte dans cette loi en explicitant le coefficient de proportionnalité qui porte son nom : le MODULE DE YOUNG.

(adj.) Suivant la DIRECTION de la SURFACE de l'eau.
◊ Contr. : VERTICAL.

huile [oil]

(n.f.) SUBSTANCE | LIQUIDE grasse d'origine minérale, végétale ou animale utilisée pour des applications de LUBRIFICATION (diminution du FROTTEMENT), de REFROIDISSEMENT (évacuation de calories), en HYDRAULIQUE (fluide de transmission d'énergie) ou de protection contre la CORROSION.
A. Une huile est généralement caractérisée par sa VISCOSITÉ et sa TEMPÉRATURE limite d'utilisation.
B. Ne pas confondre avec la GRAISSE qui est de consistance plus VISQUEUSE.

huile de coupe [cutting oil]

(n.f.) LIQUIDE de consistance grasse mais relativement fluide utilisé pour refroidir et lubrifier la pointe d'un OUTIL DE COUPE au cours d'un USINAGE.
→ Voir FLUIDE DE COUPE.

huile soluble [soluble oil]

(n.f.) HUILE miscible avec de l'eau, généralement pour constituer une ÉMULSION utilisée comme FLUIDE DE COUPE. Le taux d'huile se trouve généralement entre 3 et 10 %.

→ Voir, par exemple, LUBRIFICATION et FLUIDE DE COUPE pour son utilisation.

hydraulique [hydraulics]

(n.f.)

1. Discipline scientifique étudiant le comportement des liquides.

2. TECHNOLOGIE (sens 2) utilisant les PROPRIÉTÉS des LIQUIDES.

hydraulique [hydraulic]

(adj.) Qui a un rapport avec les LIQUIDES.

Ex. : *Vérin hydraulique, moteur hydraulique, etc.*

hydroformage [hydroforming]

(n.m.) TECHNIQUE de MISE EN FORME, à l'intérieur d'une MATRICE (sens 1), d'une ÉBAUCHE métallique creuse dont la paroi interne est poussée par de l'eau SOUS PRESSION pour la contraindre à épouser la FORME de la matrice :

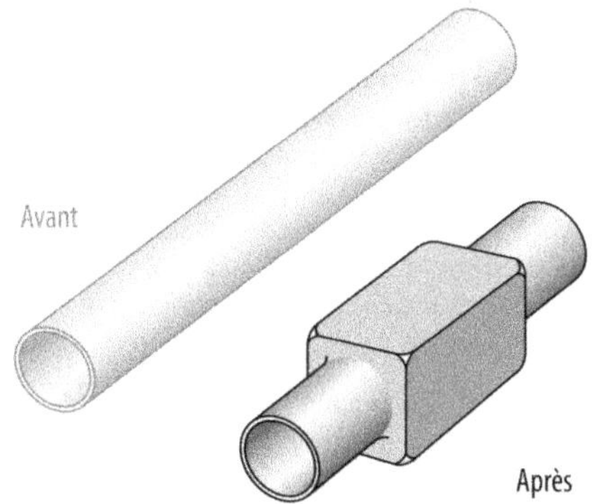

A. les différentes étapes du PROCÉDÉ :

1. Introduction de l'ébauche dans la matrice

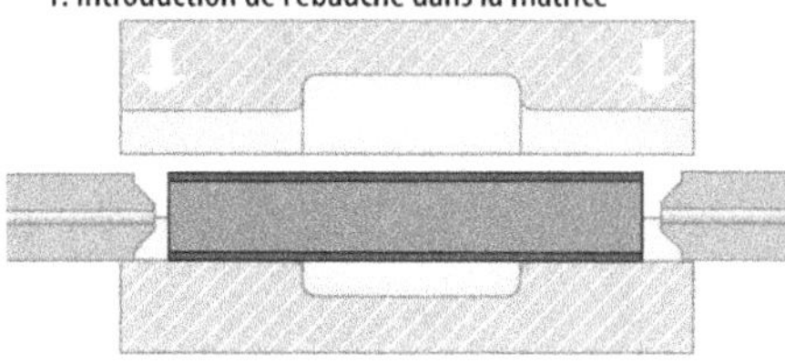

2. Fermeture de la matrice et remplissage en eau

3. Formage de la pièce par la pression de l'eau

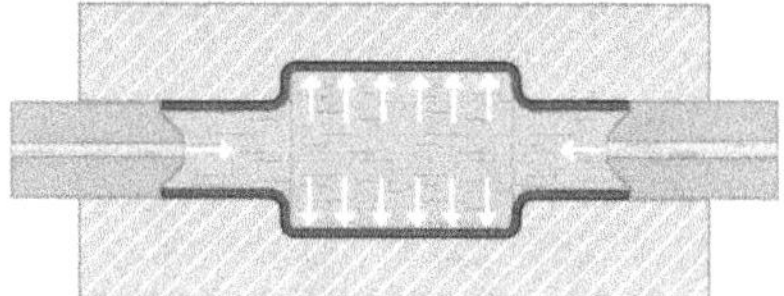

4. Ouverture de la matrice et extraction de la pièce

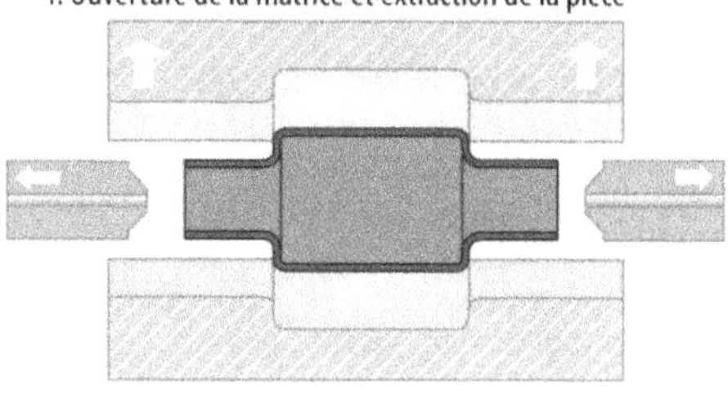

B. Quelques exemples de PIÈCES (sens 1) obtenues par hydroformage :

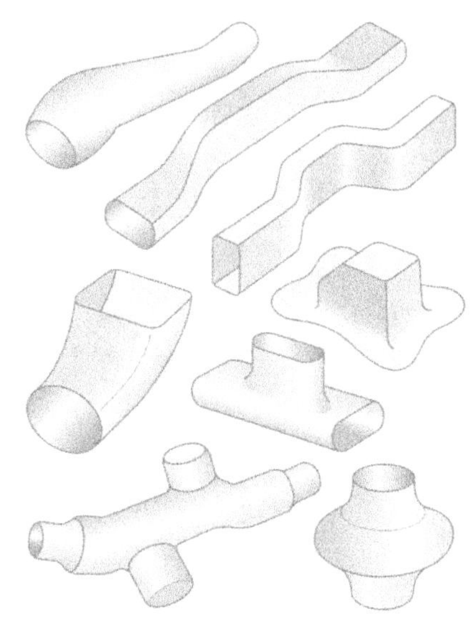

hydrogène (H) [hydrogen]

(n.m.) Le plus petit atome de l'univers de numéro atomique 1.

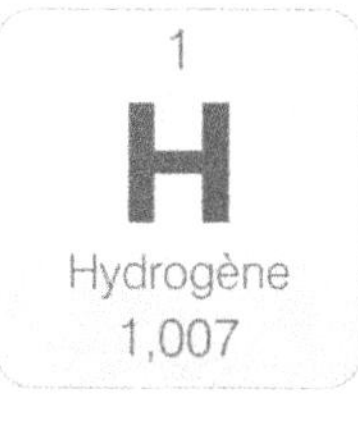

Associé à d'autres atomes, il entre dans la composition des SUBSTANCES qui nous entourent, l'eau, les hydrocarbures, les composés organiques en général, etc. Utilisé seul, il sert de source d'énergie.

→ Voir aussi FRAGILISATION PAR L'HYDROGÈNE.

hydrophobe [hydrophobic]

(adj.) Qui n'absorbe pas d'eau ou d'humidité en parlant d'un MATÉRIAU.
◊ Contr. : HYGROSCOPIQUE.

hygroscopique [hygroscopic]

(adj.) Qui absorbe et retient l'humidité ambiante de l'air en parlant d'un MATÉRIAU.
◊ Contr. : HYDROPHOBE.

hypereutéctique [hypereutectic]

(adj.) Qui se rapporte à un ALLIAGE dont la composition est à droite, par convention, d'un point particulier du DIAGRAMME DE PHASE où l'alliage fond comme un CORPS PUR.

Ex. : *Acier hypereutéctique* = ACIER dont le pourcentage en CARBONE est supérieur au point « eutéctoïde » situé à 0,77 %.

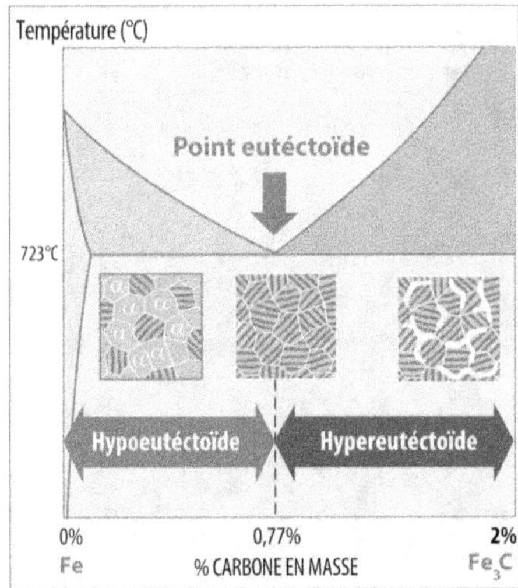

Les ALLIAGES à gauche du point particulier sont dits HYPOEUTÉCTIQUES.

hyperstatique [statically inderterminate]

(adj.) Qui possède plus de SUPPORTS que nécessaire en parlant d'une STRUCTURE (sens 2) supportant une CHARGE (sens 1). Cela signifie que les seules considérations de calcul STATIQUE ne suffisent pas pour déterminer les RÉACTIONS D'APPUI mais il faut aussi prendre en compte son ÉLASTICITÉ.

Ex. : *Poutre hyperstatique sur quatre appuis* :

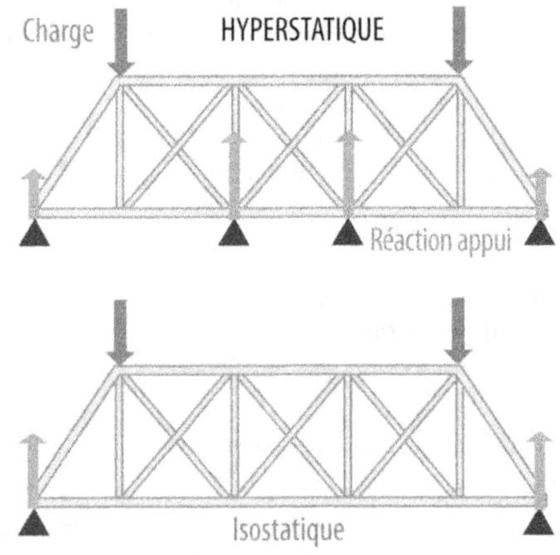

◊ Contr. : ISOSTATIQUE.
→ Voir aussi RÉACTION D'APPUI.

hypertrempe [ultrafast quenching]

(n.f.) TRAITEMENT THERMIQUE d'ACIER INOXYDABLE à structure AUSTÉNITIQUE et qui sert à homogénéiser la COMPOSITION CHIMIQUE du MÉTAL en remettant en SOLUTION les PRÉCIPITÉS de CARBURES et de nitrures présents.

• Note : Ce terme peut porter à confusion car l'hypertrempe n'est pas à proprement parler un TRAITEMENT de DURCISSEMENT. En faisant disparaître les composés indésirables susceptibles de provoquer des PHÉNOMÈNES de CORROSION, elle peut plutôt être vue comme un TRAITEMENT anti-corrosion.

hypoeutéctique [hypoeutectic]

(adj.) Qui se rapporte à un ALLIAGE dont la composition est à gauche, par convention, d'un point particulier du DIAGRAMME DE PHASE où l'alliage fond comme un CORPS PUR.

Ex. : *Acier hypoeutéctique* = ACIER dont le pourcentage en CARBONE est inférieur au point « eutéctoïde » situé à 0,77 % de carbone.
→ Voir HYPEREUTÉCTIQUE.

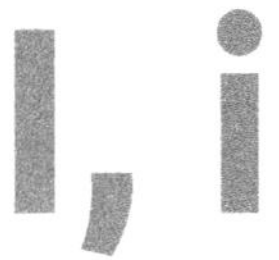

I, i

IAO [CAE : computer-aided engineering]

Sigle pour Ingénierie Assistée par Ordinateur.

idéation [ideation]

(n.f.) Processus de stimulation de la CRÉATIVITÉ pour favoriser la génération d'idées nouvelles, leur développement et leur transmission afin d'apporter des SOLUTIONS TECHNIQUES et approches innovantes à des problèmes posés, dans le cadre de la CONCEPTION d'un PRODUIT ou de la mise en place d'un service.

L'idéation est l'étape du cycle de développement d'un produit ou service consistant à traduire en réalités exploitables les éléments formalisés par l'ANALYSE FONCTIONNELLE. Elle est généralement effectuée en groupe afin de favoriser les échanges interactifs et synergiques entre les personnes d'une équipe. Elle a comme objectif d'aboutir à la CONCEPTUALISATION qui permet de rendre visibles, communicables et analysables les résultats des fruits de l'imagination et de la réflexion.

→ Voir REMUE-MÉNINGES ; ANALYSE FONCTIONNELLE.

ignifugé [fireproof]

(adj.) Qui empêche la combustion ou retarde la propagation d'une FLAMME en parlant d'une SUBSTANCE.

◊ Contr. : COMBUSTIBLE.

ignifugeant [flame retardant]

(n.m.) SUBSTANCE ayant la faculté de retarder l'inflammation de la MATIÈRE à laquelle elle est mélangée ou d'en diminuer la combustibilité.

→ Voir, par exemple, ADJUVANT ; MÉLANGE MAÎTRE pour les (PLASTIQUES), MATIÈRES PLASTIQUES.

illustration [illustration]

(n.f.) Représentation graphique soignée à but pédagogique, souvent en perspective, dans laquelle les proportions ne sont pas forcément tenues d'être respectées.

A. La raison d'être de l'illustration est d'être le plus clair possible et d'être accessible à tout le monde contrairement au DESSIN TECHNIQUE qui requiert la connaissance préalable de conventions de représentation. Cependant, sa réalisa-

tion est sensiblement plus difficile et nécessite une certaine dextérité.

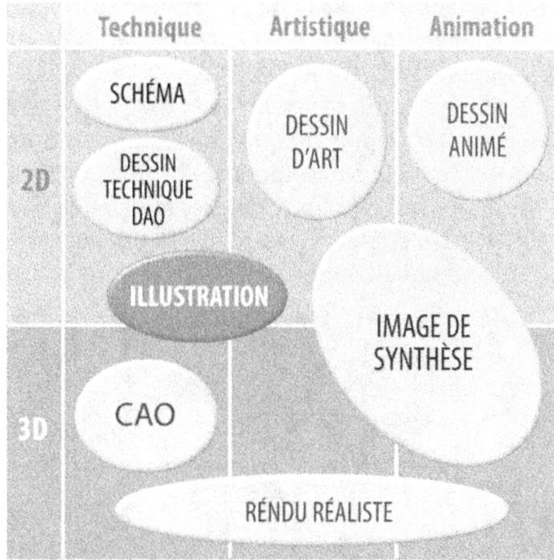

Ex. 1 : *Illustration à main levée.*

Ex. 2 : Illustration assistée par ordinateur (à ne pas confondre avec le DESSIN ASSISTÉ PAR ORDINATEUR qui se rapporte plus au DESSIN TECHNIQUE).

B. Elle est, par exemple, utilisée pour les NO-TICES TECHNIQUES, NOTICES DE MONTAGE, les NO-TICES D'INSTALLATION, les NOTICES D'UTILISATION, les documents technico-commerciaux et même pour la CONCEPTUALISATION.

C. Ne pas confondre avec le RENDU RÉALISTE qui vise à être le plus ressemblant et le plus proche possible de la réalité pour les besoins de validation marketing. Dans ce cas, même les MATÉRIAUX, les couleurs, les textures et finitions de SURFACE sont évoqués :

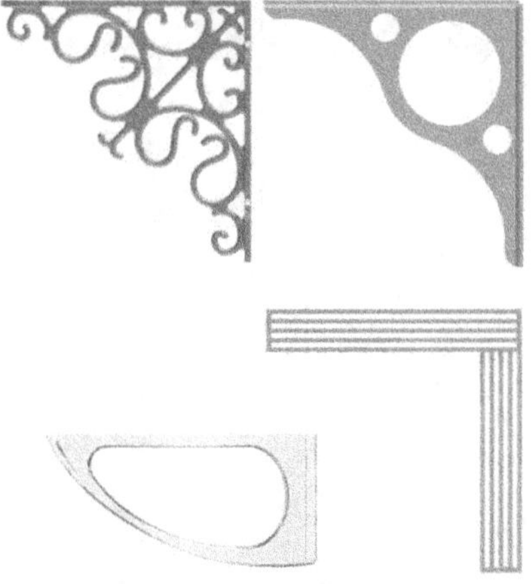

image [image]

(n.f.) Ensemble de minuscules POINTs avec diverses couleurs et contraste sur un support, qui reproduisent une réalité visuelle.

imbrication [nesting]

(n.f.) Disposition sur une plaque de TÔLE des PIÈCEs (sens 1) à découper de façon à générer le minimum de CHUTE (sens 2) ou DÉCHETs.

Ex. : Imbrication de pièces découpées au laser sur une tôle d'acier. (La photo montre le DÉCHET, une fois que les pièces utiles ont été prélevées).

A. Par exemple, l'imbrication suivante de la même pièce sur la même plaque de tôle donne des résultats plus ou moins favorables en nombre de pièces obtenues :

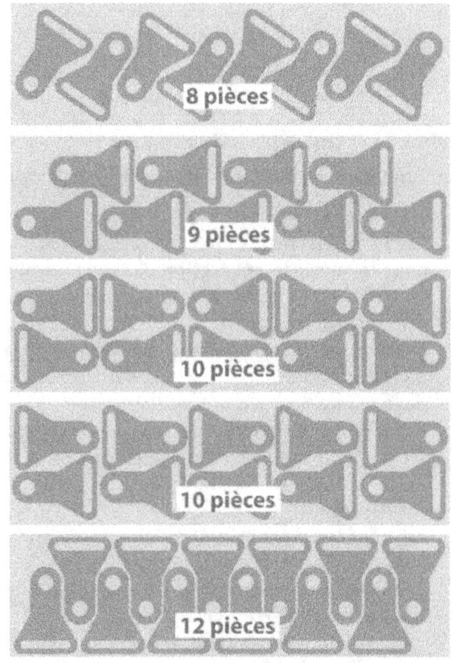

B. L'imbrication est une préoccupation de PRODUCTIVITÉ dont la solution peut être aisément donnée par des logiciels spécialisés de TÔLERIE.

C. À noter qu'il est important de prendre en compte le problème d'imbrication dès la phase de CONCEPTION et d'adapter, par exemple, les DIMENSIONs des PIÈCES (sens 1) de telle sorte que leur multiple coïncide avec les formats standard de tôle.

→ Voir aussi MISE EN BANDE.

immergé [submerged, submersed]

(adj.) Baignant entièrement dans un milieu.

immobile [motionless]

(adj.) Figé. Sans mouvement.

imperméable [impermeable]

(adj.) Qui ne se laisse pas traverser par une SUBSTANCE (LIQUIDE ou GAZ) ou par d'autres phénomènes physiques (électromagnétique, magnétique et autres particules élémentaires, etc.), en parlant d'un MATÉRIAU.

◊ Contr. : PERMÉABLE ; POREUX.

impression 3D [3D printing, additive manufacturing]

(n.f.) TECHNIQUE de FABRICATION de PIÈCE (sens 1) **par ajout de** MATIÈRE | COUCHE **par** COUCHE, **en partant d'un** MODÈLE (sens 1) **virtuel préalablement généré avec un** MODELEUR **ou logiciel de** CONCEPTION ASSISTÉE PAR ORDINATEUR (CAO). **Le modèle est ensuite virtuellement découpé en tranches par un logiciel spécialisé (slicer) qui transmet les données informatiques nécessaires au** SYSTÈME **de** FABRICATION.

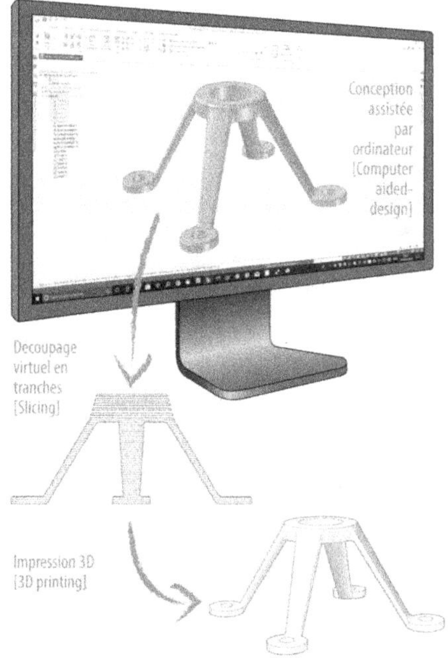

A. De la même façon que pour les impressions en 2D sur papier, ces PROCÉDÉS **utilisent des** MACHINES **appelées** IMPRIMANTE 3D **et des** MATÉRIAUX **dits** CONSOMMABLES **pour former les objets volumiques.**
B. Trois grands principes sont exploités pour générer les PIÈCES (sens 1) :
• Le dépôt de MATIÈRE.
• La solidification par l'effet d'un rayonnement photonique (laser, UV).
• La solidification par l'effet agglomérant d'un LIANT.
• La solidification par transition vitreuse.
C. Les MATIÈRES **utilisables peuvent être classées en trois catégories :**

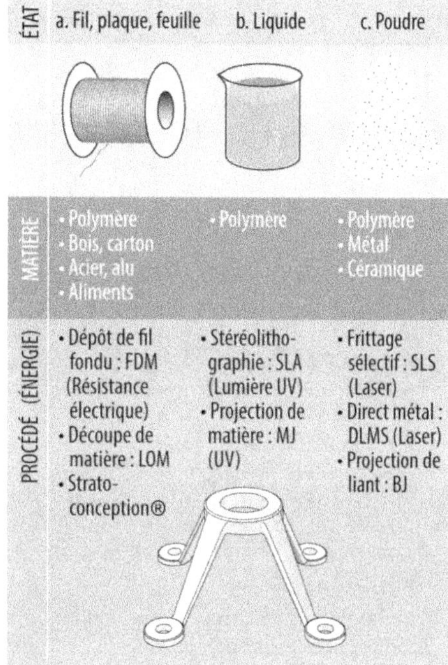

ÉTAT	a. Fil, plaque, feuille	b. Liquide	c. Poudre
MATIÈRE	• Polymère • Bois, carton • Acier, alu • Aliments	• Polymère	• Polymère • Métal • Céramique
PROCÉDÉ (ÉNERGIE)	• Dépôt de fil fondu : FDM (Résistance électrique) • Découpe de matière : LOM • Strato-conception®	• Stéréolitho-graphie : SLA (Lumière UV) • Projection de matière : MJ (UV)	• Frittage sélectif : SLS (Laser) • Direct métal : DLMS (Laser) • Projection de liant : BJ

a. PROCÉDÉS **utilisant des** MATIÈRES **solides compactes** (FIL, PLAQUE, FEUILLE) :
• DÉPÔT DE FIL FONDU **[Fused Deposition Modelling : FDM].**
• DÉCOUPE DE MATIÈRE **[Laminated object manufacturing : LOM].**
• STRATOCONCEPTION ®.

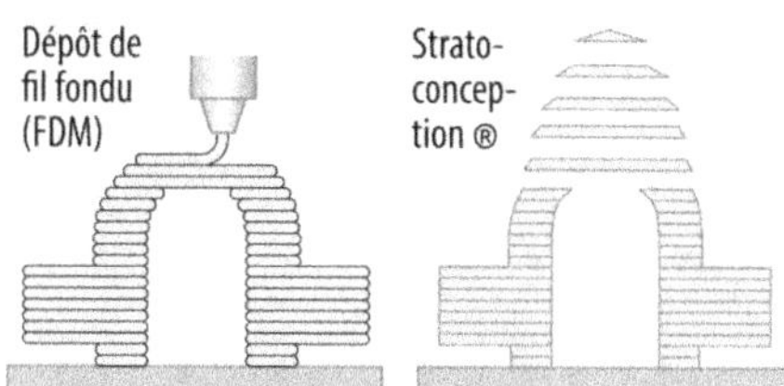

b. PROCÉDÉS **utilisant du liquide :**
• STÉRÉOLITHOGRAPHIE **[Stereolithography : SLA].**
• PROJECTION DE MATIÈRE **[Material Jetting : MJ].**

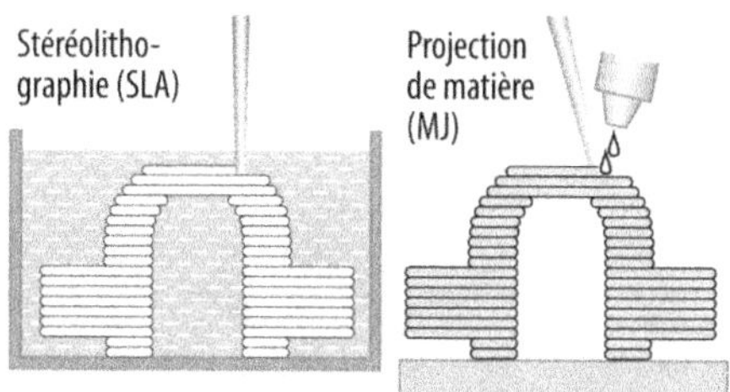

c. PROCÉDÉS utilisant de la POUDRE :
• FRITTAGE LASER SÉLECTIF [Selective Laser Sintering : SLS].
• FRITTAGE LASER DIRECT DE MÉTAL [Direct Metal Laser Sintering : DMLS]
• PROJECTION DE LIANT [Binder Jetting : BJ].

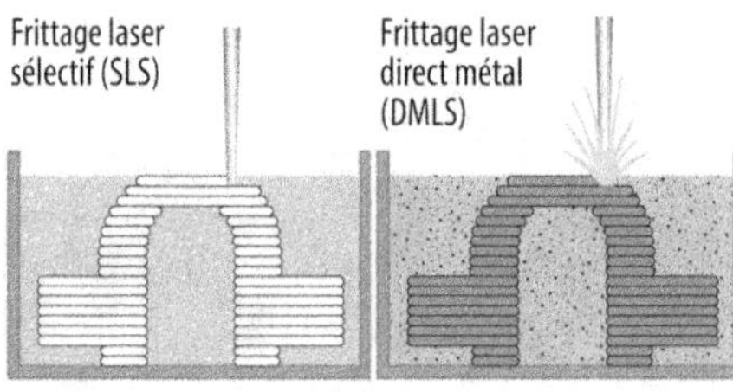

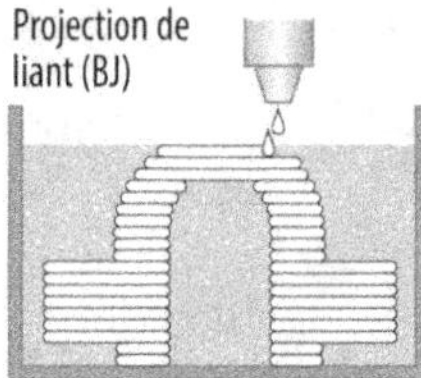

Voir les détails de chacun de ces PROCÉDÉS aux rubriques correspondantes.
D. Le tableau comparatif suivant situe les performances de chacune des TECHNIQUES comparées aux autres :

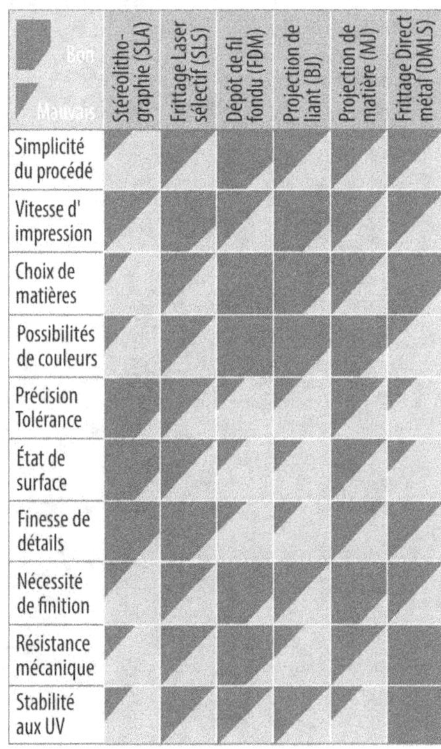

	Stéréolithographie (SLA)	Frittage Laser sélectif (SLS)	Dépôt de fil fondu (FDM)	Projection de liant (BJ)	Projection de matière (MJ)	Frittage Direct métal (DMLS)
Simplicité du procédé						
Vitesse d'impression						
Choix de matières						
Possibilités de couleurs						
Précision Tolérance						
État de surface						
Finesse de détails						
Nécessité de finition						
Résistance mécanique						
Stabilité aux UV						

Avantages

E. Aucune limitation des FORMES envisageables. Économiquement intéressant pour les séries unitaires. Permet de vérifier immédiatement le résultat d'une CONCEPTION. Raccourcit sensiblement le cycle de développement d'un produit. Peu de perte de MATIÈRE. Permet de mettre en œuvre l'OPTIMISATION TOPOLOGIQUE. Permet la FABRICATION de PIÈCES (sens 1) pleinement fonctionnelles pour certains PROCÉDÉS, notamment pour le cas du FRITTAGE LASER DIRECT MÉTAL. Ne requiert pas de compétence de fabrication mais plutôt de CONCEPTION ASSISTÉE PAR ORDINATEUR. MACHINE bien plus compacte que les autres types de machine de fabrication.

Inconvénients

F. PROPRIÉTÉS MÉCANIQUES en dessous de celles des MATIÈRES DE BASE. ANISOTROPIE des PROPRIÉTÉS. Aspect de SURFACE souvent rugueux. PRÉCISION dimensionnelle moyenne notamment sur l'AXE (sens 1) **z**. Ne permet pas de grande SÉRIE DE PIÈCES. Pas d'économie d'échelle pour les FABRICATIONS en quantité. Taille de PIÈCE (sens 1) limitée. Nécessite des OPÉRATIONS de FINITION et de PARACHÈVEMENT. Engendre des problèmes juridiques de PROPRIÉTÉ INDUSTRIELLE (copyright).
G. Exemple d'impression 3D par le PROCÉDÉ de DÉPÔT DE FIL FONDU.

Photo : Aleksey Popov

H. Ne pas confondre avec la FABRICATION ASSISTÉE PAR ORDINATEUR.
◆ Syn. : FABRICATION par COUCHE, PROTOTYPAGE RAPIDE, FABRICATION numérique, FABRICATION ADDITIVE.

---

imprimante 3D [3D printer]

(n.f.) MACHINE capable de déposer COUCHE par COUCHE de la MATIÈRE selon les instructions d'un ordinateur pour former un objet SOLIDE correspondant à un MODÈLE (sens 1) 3D préalablement élaboré dans un logiciel de CONCEPTION ASSISTÉE PAR ORDINATEUR.

L'illustration de l'imprimante 3D ci-dessous correspond au PROCÉDÉ de DÉPÔT DE FIL FONDU.

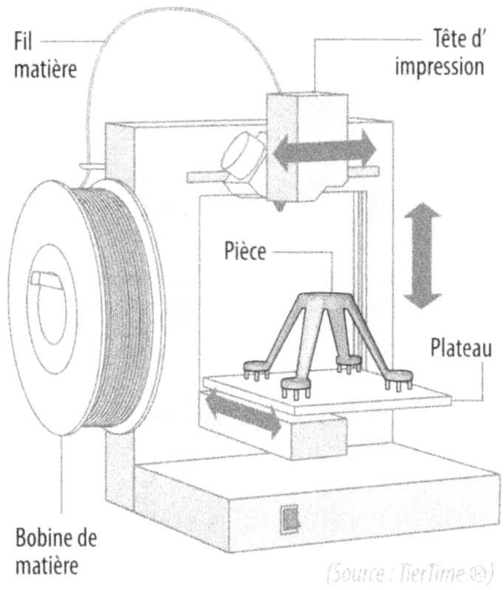

→ Voir aussi IMPRESSION 3D.

impureté [impurity]

(n.f.) ÉLÉMENT CHIMIQUE ou composé chimique présent dans un MATÉRIAU mais dont l'existence est indésirable ou inévitable.

En général, des NORMES fixent la quantité maximale d'impureté tolérée pour chaque ÉLÉMENT CHIMIQUE de telle sorte que les CARACTÉRISTIQUES MÉCANIQUES et autres PROPRIÉTÉS puissent être garanties.

→ Voir, par exemple, INCLUSION.

imputrescible [rotproof]

(adj.) Qui ne peut subir de pourrissement.
◊ Contr. : PUTRESCIBLE.

incandescent [incandescent]

(adj.) Se dit d'un MÉTAL fortement chauffé jusqu'à produire une LUMIÈRE (sens 1) vive de couleur fonction de la TEMPÉRATURE.

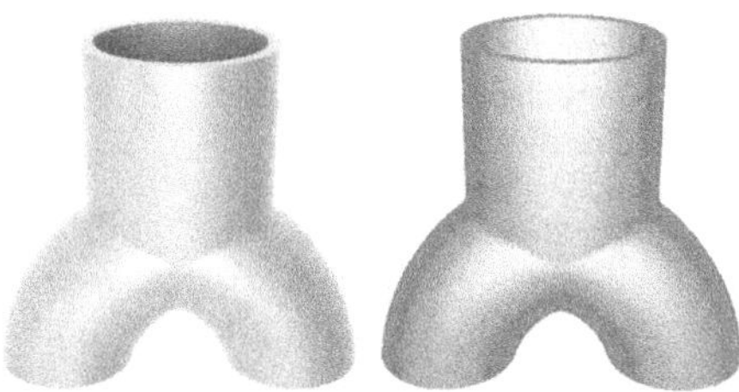

[inch]

UNITÉ (sens 1) de LONGUEUR anglo-saxonne appelée POUCE en français.

A. Voici sa correspondance avec les unités métriques :

$$1 \text{ inch} = 1 \text{ in} = 1 \text{ pouce} = 1'' = 25,4 \text{ mm}$$

B. Elle est complétée par une autre UNITÉ (sens 1) PIED ou FOOT constituée de 12 inches :

$$1 \text{ ft} = 1' = 12 \text{ inches} = 0,3048 \text{ m}$$

inclinaison [inclination]

(n.f.) ORIENTATION suivant une DIRECTION sensiblement différente de l'horizontale ou de la verticale.

inclusion [inclusion]

(n.f.) PHASE (sens 2) de composition étrangère et indésirable dans la MATRICE (sens 2) d'un ALLIAGE.

A. Les inclusions perturbent la STRUCTURE (sens 1) de l'ALLIAGE en affectant ses CARACTÉRISTIQUES MÉCANIQUES et physico-chimiques. Ce sont notamment de potentielles AMORCES DE RUPTURE. À ce titre, elles sont considérées comme des IMPURETÉS. Ce sont, par exemple, des inclusions métalliques ou non-métalliques (phosphates, silicates, OXYDES, sulfures, LAITIER, sable, scories, etc.) Leur influence nocive varie selon leur taille, leur répartition, leur nature et leur FORME.

Ex. : *Inclusions dans un* CORDON DE SOUDURE.

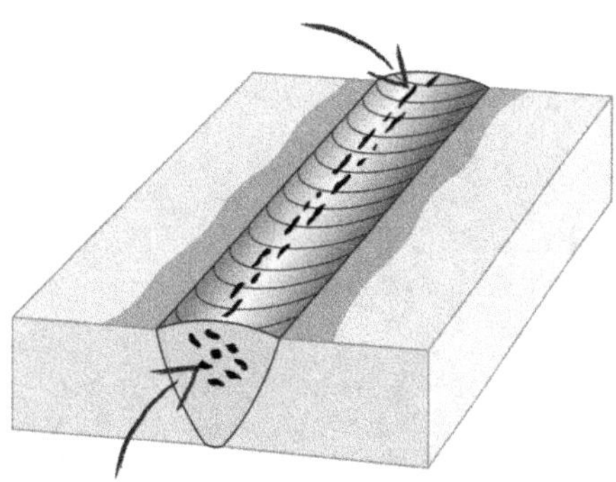

B. Ne pas confondre avec les SÉGRÉGATIONS qui ont tendance à s'accumuler sur les JOINTS DE GRAIN ou dans les derniers lieux de SOLIDIFICATION.

→ Voir aussi STRUCTURE CRISTALLINE.

incolore [colourless (GB); colorless (US)]

(adj.) TRANSPARENT et sans couleur (voir page suivante).

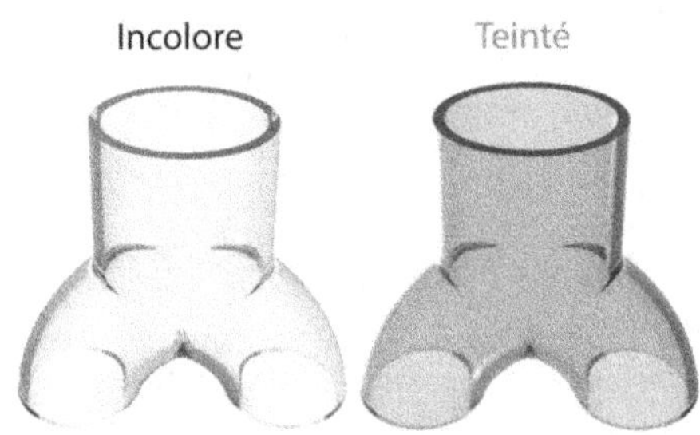

C'est le cas du VERRE et de certaines (PLAS-TIQUES), MATIÈRES PLASTIQUES comme le PMMA, le PC, le PVC, le PET, le PS cristal, le SAN, etc.
◊ Contr. : TEINTÉ.

incombustible [flame-proofed]

(adj.) Qui ne peut brûler. Qui ne produit pas de flamme en parlant d'une MATIÈRE.
Ce sont les MATÉRIAUX de la classe M0 (classification française) ou A1 (Euroclasse) tels que la brique, la pierre, le ciment, la porcerlaine, le VERRE, l'ACIER, la FONTE, etc.
→ Voir aussi (FEU), CLASSEMENT AU FEU.
♦ Syn. : ININFLAMMABLE.
◊ Contr. : COMBUSTIBLE.

inconel ®

(n.m. commercial déposé par la société Special Metals Corporation). SUPERALLIAGE à base de NICKEL élaboré pour des CARACTÉRISTIQUES MÉCANIQUES très élevées et une excellente RÉSISTANCE À LA CORROSION nécessaire dans les applications haute TEMPÉRATURE de l'aéronautique, du spatial, du nucléaire, du maritime, etc.
Exemple de composition type (Inconel 718).

Ni%	Cr%	Fe%	Nb%	Mo%	Ti%	Al%
52	20	18,5	5	3	1	0,5

→ Voir aussi CARACTÉRISTIQUE THERMO-MÉCANIQUE.

indéformable [deformation resistant]

(adj.) RIGIDE. Susceptible de conserver son aspect géométrique même en subissant des FORCES intenses.
Ex. : *Le triangle est le seul POLYGONE indéformable :*

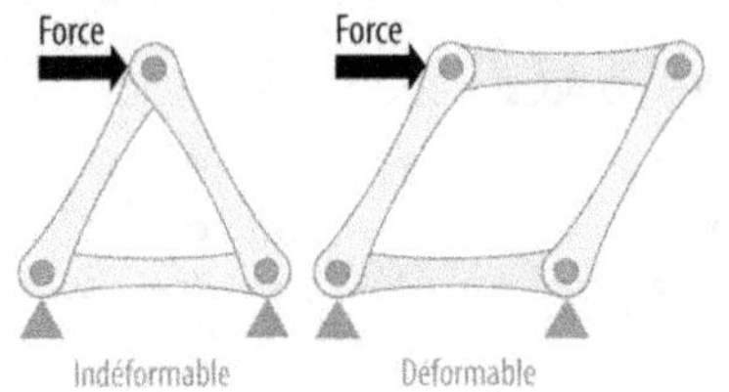

→ Voir aussi TRIANGULATION.

indémontable [unremovable]

(adj.) Qui ne peut être séparé ou enlevé d'un ENSEMBLE sans être détruit ou endommagé.
C'est le cas, par exemple, des ASSEMBLAGES (sens 2) | MÉCANO-SOUDÉS.

indenteur [indenter]

(n.m.) ORGANE très DUR à GÉOMÉTRIE (sens 2) particulière destiné à s'enfoncer dans un autre MATÉRIAU pour en mesurer la DURETÉ.
Ci-dessous les indenteurs les plus courants dans les mesures de dureté :

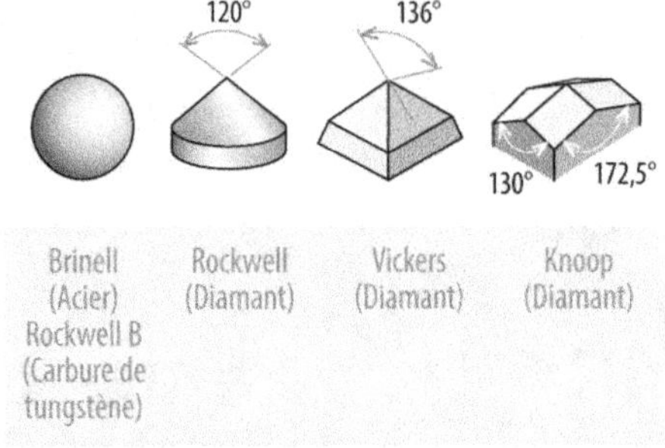

♦ Syn. : PÉNÉTRATEUR.
→ Voir aussi (DURETÉ), MESURE DE DURETÉ.

indice de protection [ingress protection]

(n.m.) Indication précisant l'aptitude d'un DISPOSITIF à ne pas être troublé par des agressions extérieures qui peuvent perturber son fonctionnement.
A. L'indice de protection est la MESURE (sens 2) de la capacité de l'enveloppe d'un appareil à préserver son contenu de ce qui peut l'endommager. Il doit être défini à l'avance dans un PROCESSUS de CONCEPTION car de lui dépend la longévité et la FIABILITÉ du PRODUIT nouvellement conçu. Il est déterminé et vérifié grâce à des ESSAIS NORMALISÉS effectués par des organismes spécialisés.
B. À l'origine, l'indice de protection a été mis en place pour les appareillages utilisant de l'électricité. Mais il peut être appliqué à tout autre DISPOSITIF.
C. Il existe deux types d'indice de protection :
• L'indice de protection IP.
• L'indice de protection IK.
a. **Indice de protection IP.**
C'est une indication de la capacité à être préservé de l'intrusion de CORPS | SOLIDE et LIQUIDE.

Elle est constitué de la façon suivante :

PREMIER CHIFFRE :
Indication de la protection contre les corps solides

DEUXIÈME CHIFFRE :
Indication de la protection contre les corps liquides

Les significations de chaque chiffre sont regroupées dans le tableau suivant.

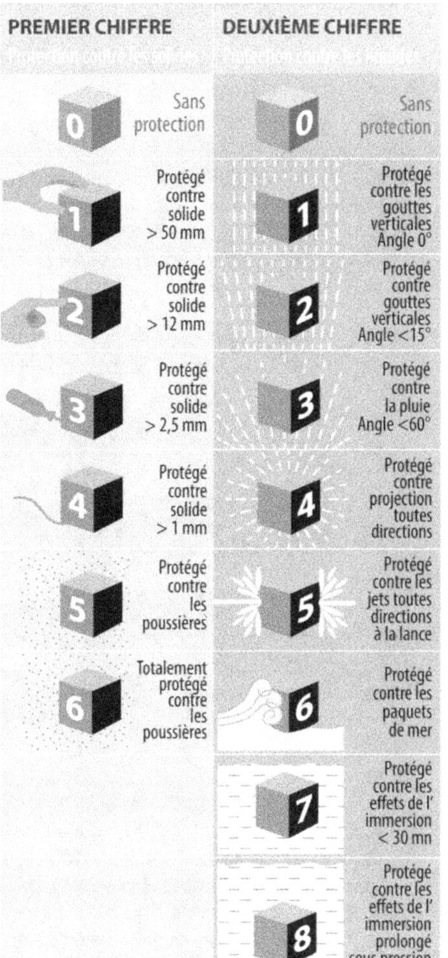

PREMIER CHIFFRE	DEUXIÈME CHIFFRE
0 — Sans protection	0 — Sans protection
1 — Protégé contre solide > 50 mm	1 — Protégé contre les gouttes verticales Angle 0°
2 — Protégé contre solide > 12 mm	2 — Protégé contre gouttes verticales Angle <15°
3 — Protégé contre solide > 2,5 mm	3 — Protégé contre la pluie Angle <60°
4 — Protégé contre solide > 1 mm	4 — Protégé contre projection toutes directions
5 — Protégé contre les poussières	5 — Protégé contre les jets toutes directions à la lance
6 — Totalement protégé contre les poussières	6 — Protégé contre les paquets de mer
	7 — Protégé contre les effets de l'immersion < 30 mn
	8 — Protégé contre les effets de l'immersion prolongé sous pression

b. **Indice de protection IK.**
C'est une indication de la capacité à résister aux impacts d'objets extérieurs. Elle est constituée de la façon suivante :

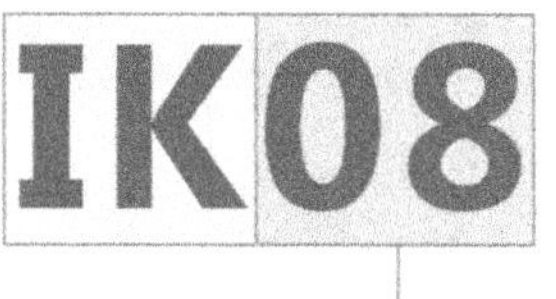

DEUX CHIFFRES :
Indication de la protection contre le choc d'objets extérieurs

Les significations des chiffres sont précisées dans le tableau suivant.

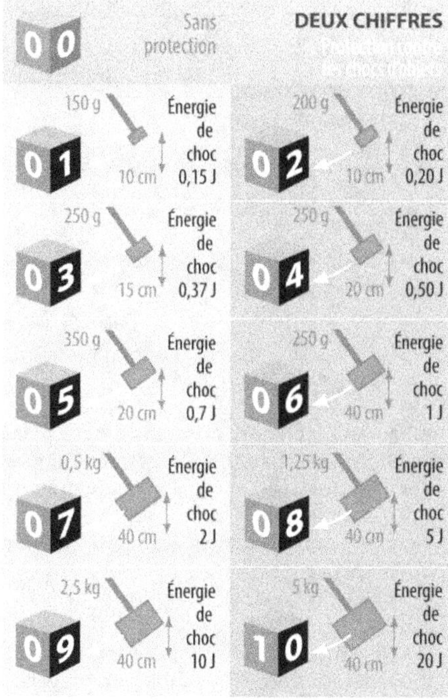

DEUX CHIFFRES			
00 — Sans protection			
01 — 150 g, 10 cm, Énergie de choc 0,15 J	02 — 200 g, 10 cm, Énergie de choc 0,20 J
03 — 250 g, 15 cm, Énergie de choc 0,37 J	04 — 250 g, 20 cm, Énergie de choc 0,50 J
05 — 350 g, 20 cm, Énergie de choc 0,7 J	06 — 250 g, 40 cm, Énergie de choc 1 J
07 — 0,5 kg, 40 cm, Énergie de choc 2 J	08 — 1,25 kg, 40 cm, Énergie de choc 5 J
09 — 2,5 kg, 40 cm, Énergie de choc 10 J	10 — 5 kg, 40 cm, Énergie de choc 20 J

(n.f.) Démarche d'organisation et mise en œuvre de TECHNIQUES pour produire des biens ou services en grande quantité, de façon REPRODUCTIBLE en QUALITÉ, à un coût optimisé et dans un délai prédictible.

A. Le but essentiel de l'industrialisation est une rationalisation des MÉTHODES de PRODUCTION favorisant une PRODUCTIVITÉ qui débouche sur la COMPÉTITIVITÉ. L'industrialisation est essentiellement à la charge du BUREAU DES MÉTHODES comme le montre le diagramme suivant indiquant à quel moment elle intervient dans le (PRODUIT), CYCLE DE VIE D'UN PRODUIT.

B. En réalité, elle est prise en compte bien en amont de la PRODUCTION proprement dite, pendant la phase de CONCEPTION et même de CONCEPTUALISATION dans laquelle les SOLUTIONS TECHNIQUES sont choisies pour faciliter et optimiser la FABRICATION.
→ Voir à ce sujet DESIGN, ESTHÉTIQUE INDUSTRIELLE.
→ Voir aussi PRODUCTIQUE qui est la discipline d'amélioration des MÉTHODES et moyens de PRODUCTION industrielle.

(n.f.) Ensemble des activités économiques visant à produire en grande quantité des biens matériels par transformation plus ou moins automatisée de MATIÈRE PREMIÈRE à l'aide d'une source d'énergie.

(adj.) Qui se rapporte à l'industrie.
Ex. : *Design industriel, dessin industriel, organisation industrielle, propriété industrielle...*
◊ Contr. : artisanal ou artistique.

(n.f.) Résistance d'un objet à tous types de changement.
→ Voir, par exemple, MOMENT D'INERTIE.

(n.f.) Comportement d'un MATÉRIAU qui en présence d'une source de chaleur peut constituer un combustible déclenchant et entretenant un feu.
→ Voir (FEU), CLASSEMENT AU FEU.

(adj.) Susceptible de prendre feu et de constituer combustible entretenant une flamme en présence d'une source de chaleur.
◊ Contr. : ININFLAMMABLE.

(n.f.) PROCÉDÉ de FABRICATION de PIÈCE (sens 1) en (COMPOSITE), MATÉRIAU COMPOSITE par injection de RÉSINE entre un MOULE et un sac étanche sous vide et à l'intérieur desquels sont préalablement disposés des RENFORTS (sens 2).
A. Les applications types sont les bateaux.

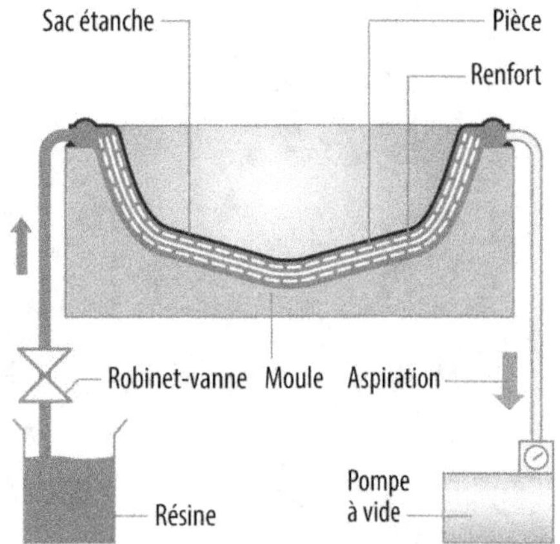

🖒 **Avantages**

B. Excellente REPRODUCTIBILITÉ et homogénéité des résultats. Taux de RENFORT (sens 2) élevé. Bon compactage et bonne imprégnation des renforts. Pas de limitation de DIMENSIONS (sens 1). MOULE simple et économique. Peu d'émission de composé volatils incommandants.

👎 **Inconvénients**

C. Une seule face lisse. Mise au point complexe, paramètres difficiles à maîtriser. Le sac étanche est un CONSOMMABLE qu'il faut renouveler à chaque FABRICATION. **Faible** PRODUCTIVITÉ.

ingénierie [engineering]

(n.f.) Ensemble des activités de réflexion et d'études préalables nécessaires à la réalisation pratique d'un PROJET | TECHNIQUE.

ingénierie assistée par ordinateur (IAO) [computer-aided engineering: CAE]

(n.f.) Discipline de réflexions et d'études préalables en vue de la réalisation de PROJETS | TECHNIQUES en utilisant des moyens de calcul importants et des logiciels spécialisés très élaborés.

A. Elle inclut des moyens de CONCEPTUALISATION, de CONCEPTION, de SIMULATION de PHÉNOMÈNES physiques, d'OPTIMISATION de solution, de planification de process, de moyens de gestion des PROCÉDÉS de FABRICATION, d'outils d'estimation et d'OPTIMISATION de coût.

 **Avantages**

B. Réduction de la durée et du coût de développement tout en améliorant la qualité globale des résultats.

ingénierie mécanique [mechanical engineering]

(n.f.) Ensemble des études techniques préalables à la réalisation d'un PROJET et incluant la CONCEPTUALISATION, le DESSIN TECHNIQUE ou DESSIN ASSISTÉ PAR ORDINATEUR, la CONCEPTION classique ou la CONCEPTION ASSISTÉE PAR ORDINATEUR, le DIMENSIONNEMENT, les calculs de RÉSISTANCE DES MATÉRIAUX, le CALCUL DE STRUCTURE, les PROTOTYPAGES, etc.

→ **Voir aussi** INGÉNIERIE ASSISTÉE PAR ORDINATEUR.

ininflammable [nonflammable]

(adj.) Qui ne peut prendre feu, en parlant d'un MATIÈRE.

Ce sont les MATÉRIAUX de la classe M0 (classification française) ou A1 (Euroclasse) tels que la brique, la pierre, le ciment, la porcelaine, le VERRE, l'ACIER, la FONTE, etc.

→ **Voir aussi** (FEU), CLASSEMENT AU FEU.

◆ **Syn. :** INCOMBUSTIBLE.

◊ **Contr. :** INFLAMMABLE.

initial [initial]

(adj.) Qui est au début, au commencement.

injection assistée par gaz [gas assisted injection moulding (GB), gas assisted injection molding (US)]

(n.f.) PROCÉDÉ de MOULAGE PAR INJECTION DE PLASTIQUE dans lequel un GAZ est insufflé au mi-

lieu de la MATIÈRE pour créer un VIDE (sens 1) constituant un CORPS CREUX.

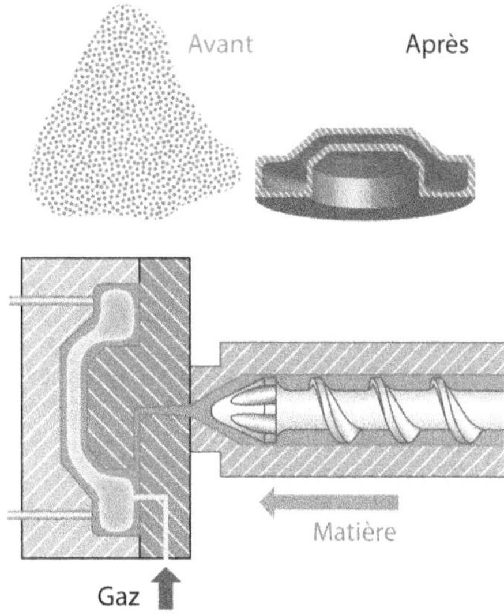

injection bi-matière [bi-injection moulding (GB); bi-injection molding (US)]

(n.f.) PROCÉDÉ de MOULAGE PAR INJECTION DE PLASTIQUE se faisant en deux temps avec deux MATIÈRES différentes, la deuxième venant compléter ou recouvrir partiellement la première.

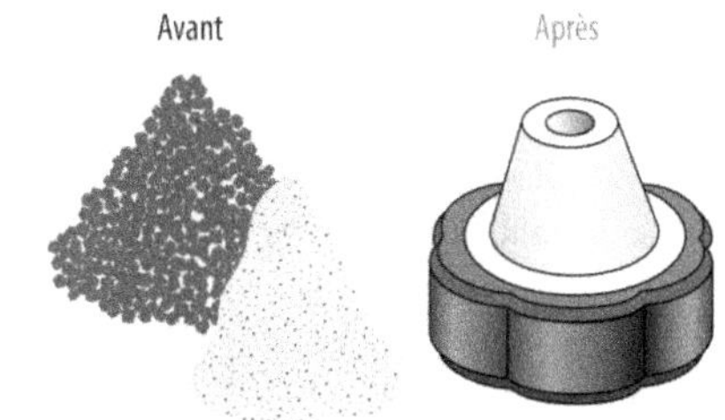

A. Schéma du PROCÉDÉ :

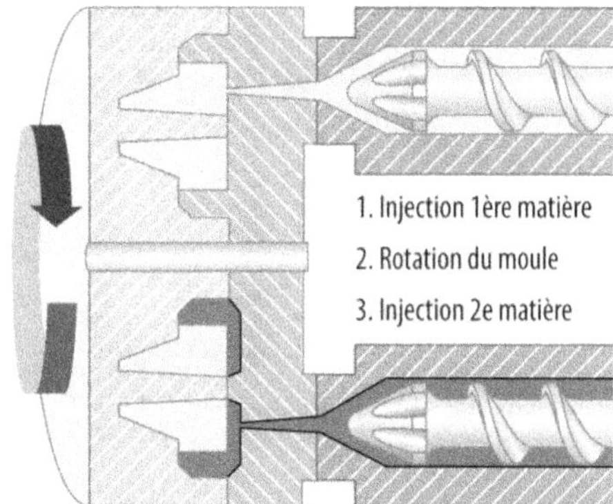

B. Ne pas confondre avec le SURMOULAGE. Ne pas confondre non plus avec la CO-INJECTION.

(injection), moulage injection [injection moulding (GB), injection molding (US)]

(n.m.) Voir les détails à la rubrique MOULAGE PAR INJECTION DE PLASTIQUE.

---

injection étirement soufflage [injection stretch blow moulding (GB), injection stretch blow molding (US)]

(n.f.) PROCÉDÉ de MISE EN FORME de (PLASTIQUE), MATIÈRE PLASTIQUE en CORPS CREUX tels que les bouteilles, flacons et contenant divers, par extension suivant la LONGUEUR grâce au DÉPLACEMENT d'une TIGE, puis suivant la LARGEUR grâce à un jet d'AIR COMPRIMÉ jusqu'à épouser les parois d'un MOULE.

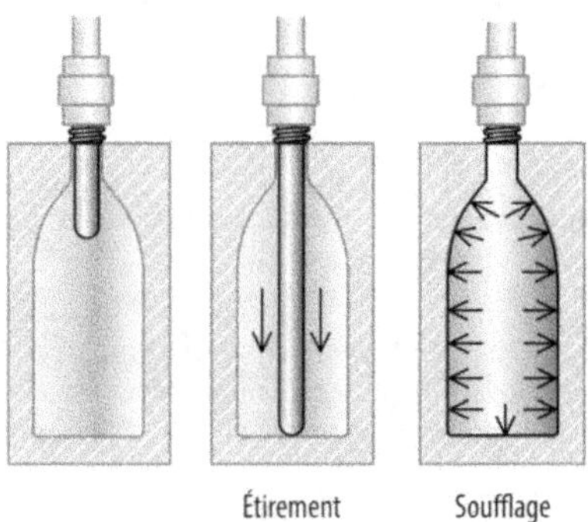

Par rapport au PROCÉDÉ similaire d'INJECTION-SOUFFLAGE, l'étirement préalable permet par la suite une meilleure régularité de l'ÉPAISSEUR obtenue.

---

injection-soufflage [injection blow moulding (GB), injection blow molding (US)]

(n.f.) PROCÉDÉ de mise en forme de (PLASTIQUE), MATIÈRE PLASTIQUE en CORPS CREUX tels que les bouteilles, flacons par gonflement d'une ébauche appelée PRÉFORME avec un jet d'air comprimé jusqu'à épouser les parois d'un MOULE.

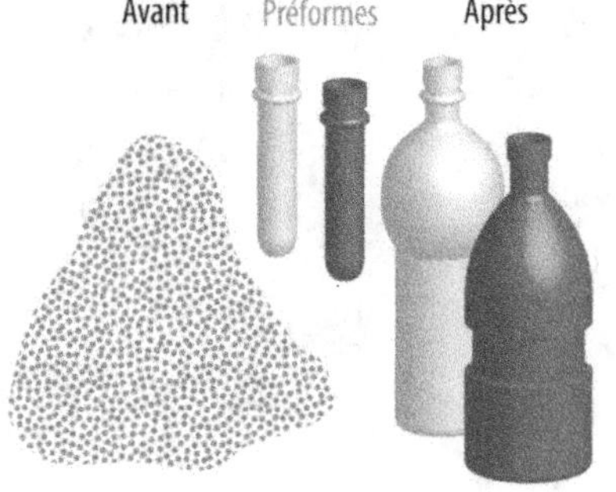

A. La PRÉFORME de départ est fabriquée par MOULAGE INJECTION classique. Elle est ensuite reprise et réchauffée, puis transférée dans un MOULE et enfin branchée sur un système pneumatique qui lui applique une PRESSION la plaquant sur les parois du moule.

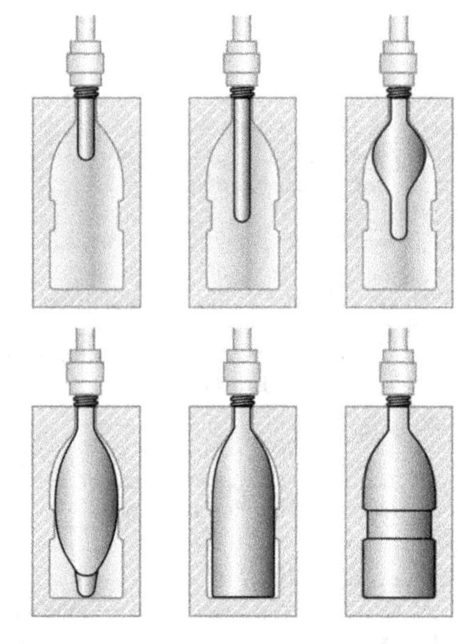

👍 Avantages

B. Meilleure régularité d'ÉPAISSEUR par rapport à l'EXTRUSION-SOUFFLAGE. TOLÉRANCE DIMENSIONNELLE plus précise. Génère moins de pertes de MATIÈRE. CADENCE de PRODUCTION élevée. Économiquement plus rentable pour de petits flacons. Meilleure transparence de la MATIÈRE. Meilleur aspect final général.

👎 Inconvénients

C. Coût d'OUTILLAGE (sens 2) globalement plus élevé que pour l'extrusion-soufflage. Ne convient pas pour de grands contenants comme les réservoirs. Paroi multi-COUCHE plus difficile à réaliser.

D. Exemples de pièces :

Photo : Alexandr Kornienko

→ **Voir** INJECTION ÉTIREMENT SOUFFLAGE **pour** une variante améliorée de ce PROCÉDÉ ; (PLASTIQUE), TRANSFORMATION DES PLASTIQUES.

inoxydable [stainless]

(adj.) Qui est remarquable pour sa RÉSISTANCE À LA CORROSION.
→ **Voir** ACIER INOXYDABLE.

inscrit [inscribed]

(adj.) Se dit d'une figure géométrique touchant une autre et entièrement contenue dans celle-ci.

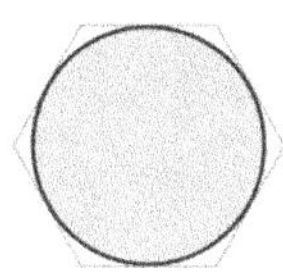 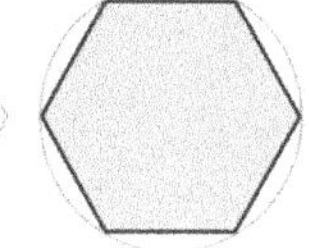

Cercle INSCRIT
dans un hexagone

Hexagone INSCRIT
dans un cercle

◊ **Contr.** : CIRCONSCRIT.

insert [insert]

(n.m.) PIÈCE (sens 1) creuse à associer à une autre et servir d'intermédiaire pour accueillir une troisième.
→ **Voir, par exemple,** INSERT TARAUDÉ.
♦ **Syn.** : DOUILLE.

insert taraudé [threaded insert]

(n.m.) Même signification que DOUILLE AUTOTARAUDEUSE.
• **Note** : Ne pas confondre avec l'ÉCROU À SERTIR.

inspection [inspection]

(n.f.) VÉRIFICATION effectuée bien après la FABRICATION sur un objet considéré comme fini.
• **Note** : Ne pas confondre avec le CONTRÔLE qui fait partie des OPÉRATIONS de FABRICATION pour justement en évaluer tout de suite l'acceptabilité.

instabilité [instability]

(n.f.) Caractère de ce qui ne peut rester en place ou qui a tendance à varier.
Ex. 1 : *Instabilité d'une* STRUCTURE *(sens 2)* MÉTALLIQUE.

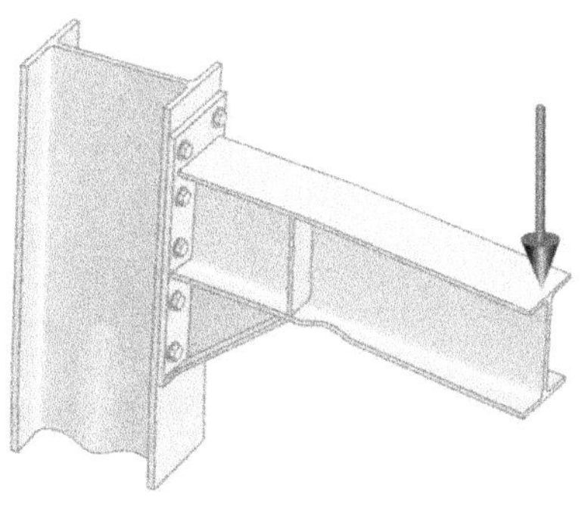

Ex. 2 : *Instabilité d'un* TUBE *comprimé.*

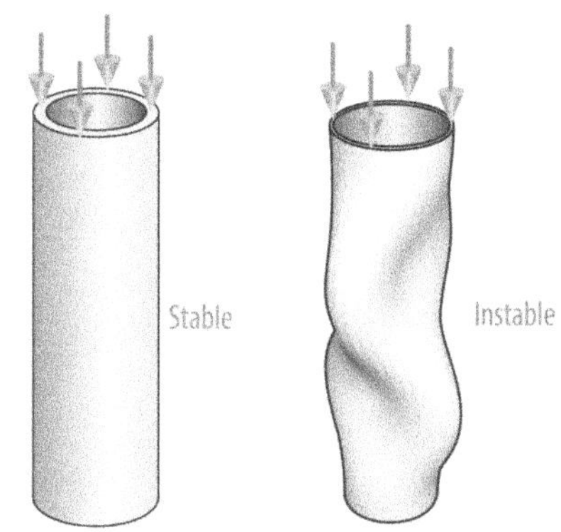

→ **Voir aussi** FLAMBEMENT ; VOILEMENT ; DÉVERSEMENT.

instable [unstable]

(adj.) Qui a tendance à ne pas tenir en place ou à se modifier spontanément.

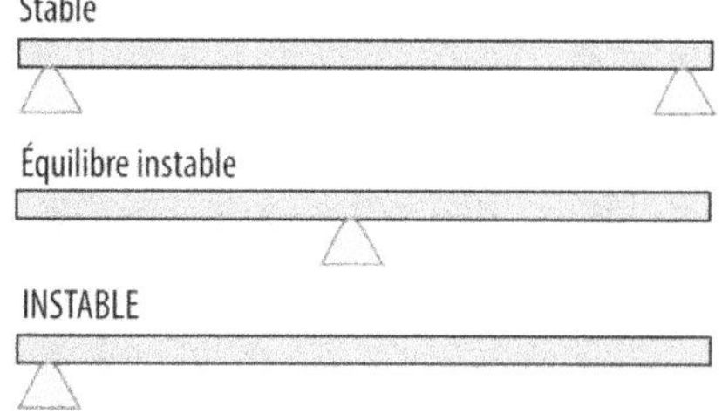

◊ **Contr.** : STABLE.

instrument [instrument]

(n.m.) Objet relativement élaboré et précis, destiné à être mis en œuvre manuellement pour réaliser une action.
D'une façon générale, un instrument est plus soigné et plus raffiné que les OUTILS ou les ustensiles, en général plus simples et plus sommaires.

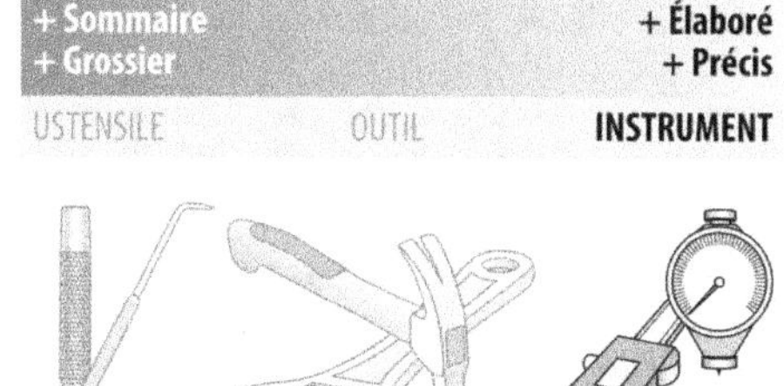

Ex. : *INSTRUMENT DE MESURE, INSTRUMENT DE DESSIN, etc.*

instrument de dessin [drawing tool, drawing instrument]

(n.m.) OUTIL de tracé géométrique sur du papier pour la communication graphique.

A. En fait partie, la règle, les ÉQUERRES, le RAPPORTEUR, etc.

→ Voir aussi PISTOLET et COMPAS.

B. Les INSTRUMENTS DE DESSIN ont tendance à être remplacés progressivement par l'approche informatique avec des logiciels de DESSIN ASSISTÉ PAR ORDINATEUR (DAO).

C. Ne pas confondre avec les OUTILS DE TRAÇAGE utilisés en FABRICATION tels que les RÉGLETS, les POINTES À TRACER, etc.

instrument de mesure [measurement device]

(n.m.) APPAREIL capable d'indiquer avec PRÉCISION et de manière REPRODUCTIBLE les CARACTÉRISTIQUES mesurées pouvant être exprimées avec des nombres et des UNITÉS (sens 1).

intensité [intensity]

(n.f.) Niveau de grandeur et d'importance d'un PHÉNOMÈNE.

Ex. : *Intensité d'une FORCE, d'une lumière...*

interchangeabilité [interchangeability]

(n.f.) PROPRIÉTÉ de ce qui peut être remplacé en lieu et place d'une autre chose.

◊ Contr. : APPAIRAGE.

interchangeable [interchangeable]

(adj.) Qui peut être remplacé en lieu et place d'une autre chose.

intergranulaire [intergranular]

(adj.) Qui intervient entre les GRAINS d'une STRUCTURE MICROSCOPIQUE.

À titre d'exemple, ci-dessous une illustration simplifiée d'une RUPTURE intergranulaire (dite aussi transgranulaire).

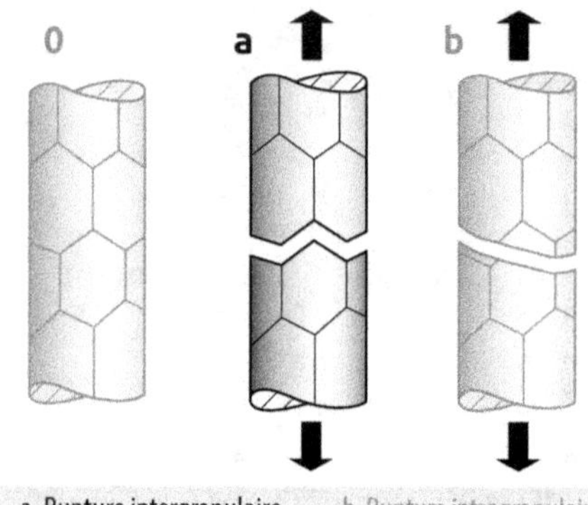

◊ Contr. : INTRAGRANULAIRE.

→ Voir aussi FRAGILISATION PAR L'HYDROGÈNE ; CRIQUE.

intermittent [erratic]

(adj.) Qui n'est pas régulier au cours du temps. Entrecoupé d'arrêt et de redémarrage. Discontinu. Sporadique.

interstice [interstice]

(n.f.) Espace vide entre les atomes d'un CRISTAL, dans lequel peuvent se placer des atomes plus petits pour former un ALLIAGE par SOLUTION SOLIDE d'insertion.

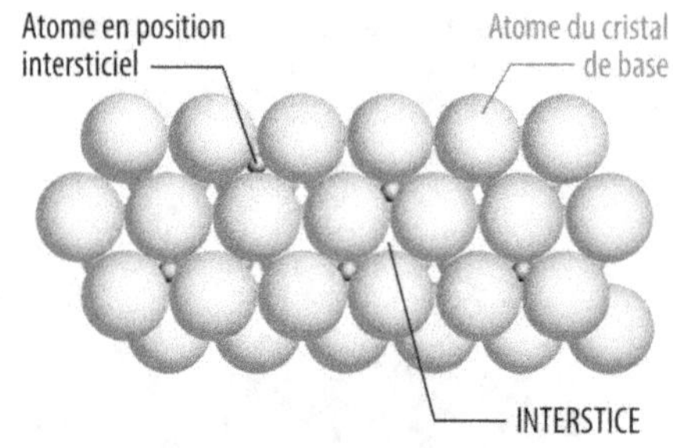

→ Voir aussi ALLIAGE ; ACIER.

intervalle [interval]

(n.f.) Écart entre deux valeurs d'une grandeur.

intervalle de tolérance [tolerance range]

(n.f.) Différence entre la valeur la plus élevée et la plus faible acceptable pour une grandeur.

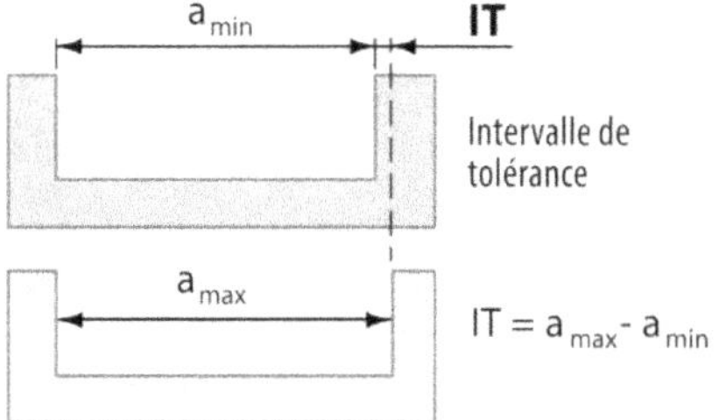

L'intervalle de tolérance indique avec quelle dispersion la grandeur est définie.
→ Voir aussi TOLÉRANCE DIMENSIONNELLE.

intissé [non-woven]

(n.m.) Même signification que NON-TISSÉ.

intragranulaire [intragranular]

(adj.) Qui intervient en traversant un GRAIN de CRISTAL.
◆ Syn. : Transgranulaire.
◊ Contr. : INTERGRANULAIRE.
→ Voir aussi RUPTURE.

intrusion [intrusion]

(n.f.) Voir les explications à la rubrique MOULAGE PAR INTRUSION.

invar ™

(n.m. commercial) ALLIAGE FERREUX possédant l'un des plus faibles COEFFICIENTS DE DILATATION THERMIQUE.
A. Voir la valeur à la rubrique (DILATATION), COEFFICIENT DE DILATATION ainsi que la comparaison par rapport aux autres MATÉRIAUX.
B. Sa COMPOSITION CHIMIQUE est la suivante :

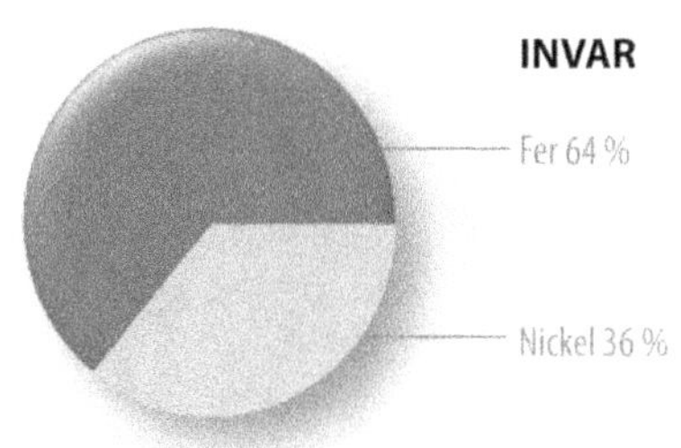

C. Il sert, par exemple, à la FABRICATION de réservoir ou de cuve pour le stockage et le transport de GAZ sous forme liquide.

IPE

Abréviation pour « **P**outrelle **E**uropéenne en I ».
A. Ce sont des PROFILÉS ACIER obtenus par LAMINAGE À CHAUD, constitué de deux AILES (sens 1) étroites reliées par une ÂME (sens 1) de telle sorte que leurs FORMES rappellent la lettre I majuscule. Il existe trois séries : IPE avec AILES parallèles ; IPEA avec AILES parallèles et ÂME plus fines ; IPN avec AILES en PENTE.

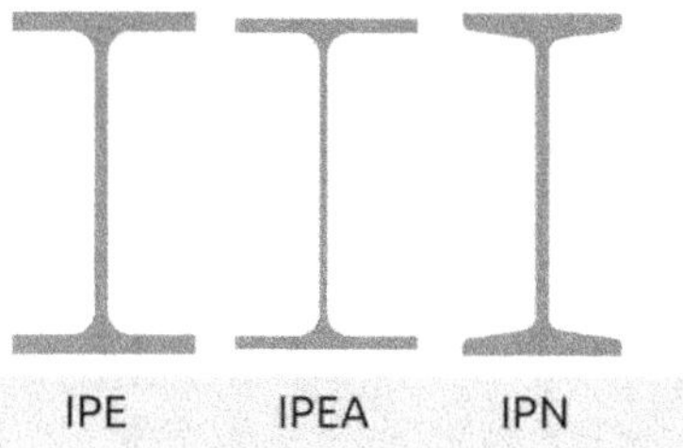

B. Exemple de désignation :

IPE 300 ; IPEA 120 ; IPN 200

IPN

Abréviation pour « **P**outrelle **N**ormalisée Européenne en I ».
→ Voir aussi IPE.

iridium (Ir) [iridium]

(n.m.) MÉTAL très DUR et cassant de couleur brillant argenté.

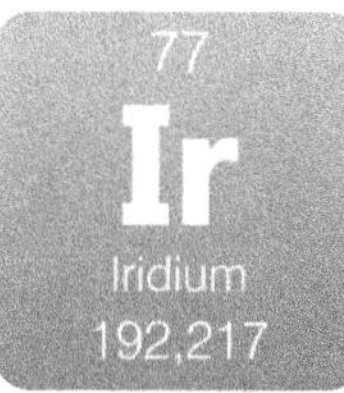

A. Il possède une RÉSISTANCE À LA CORROSION exceptionnelle. Il résiste même à l'eau régale (un mélange d'acides chlorhydrique et nitrique concentrés capable de dissoudre l'OR !)
B. Quelques CARACTÉRISTIQUES.

Symbole chimique :	Ir
État physique à l'ambiante :	Solide
Couleur :	Argenté brillant
Numéro atomique :	77
Masse volumique :	22,56 g/cm^3
T° de fusion :	2446°C
Structure cristalline :	Cubique faces centrées

C. L'iridium est utilisé comme agent durcissant du PLATINE et en ÉLÉMENT D'ALLIAGE pour les ÉQUIPEMENTS devant supporter des TEMPÉRATURES élevées : creuset, bougie d'allumage de moteur, etc.)

irréversible [non-reversible]

(adj.) Qui peut fonctionner dans un SENS mais pas dans l'autre.

ISO

Sigle pour **I**nternational **S**ystem **O**rganization, organisme centralisant des NORMES de coordination de plusieurs disciplines à l'ÉCHELLE (sens 3) mondiale.

isostatique [statically determinate]

(adj.) Se dit de SYSTÈME subissant CHARGES (sens 1) et FORCES agencées avec un nombre de LIAISONS juste nécessaires pour le maintenir mécaniquement en équilibre.

A. La conséquence est que les RÉACTIONS (sens 2) des LIAISONS peuvent être entièrement déterminées avec les lois de l'équilibre statique sans avoir besoin de connaître le comportement de DÉFORMATION ÉLASTIQUE.

Ex. : *Poutre isostatique avec deux* APPUIS *: les* RÉACTIONS *peuvent être déduites directement de la* CHARGE *(sens 1) par les lois de l'équilibre statique.*

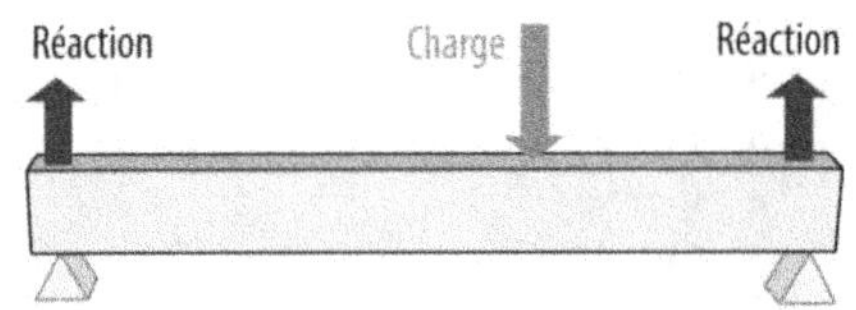

B. Le contraire est HYPERSTATIQUE dans lequel il y a plus de LIAISONS qu'il n'en faut de sorte que les réactions dépendent aussi de la DÉFORMATION du système.

En ajoutant, par exemple, deux appuis supplémentaires à la poutre précédente, elle devient hyperstatique car elle possède plus de liaisons qu'il n'en faut : la détermination des réactions nécessitent, dans ce cas, en plus des lois de l'équilibre statique, la connaissance de la déformation de la poutre.

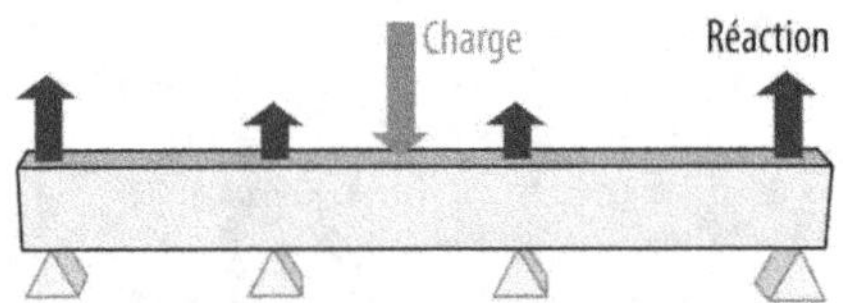

C. Autre exemple : une table à trois pieds disposés en triangle est isostatique car c'est le nombre d'appuis juste nécessaire pour la maintenir en équilibre. La même table avec un pied supplémentaire devient hyperstatique car ce pied supplémentaire n'est pas nécessaire pour son équilibre.
◊ Contr. : HYPERSTATIQUE.

isotrope [isotropic]

(adj.) Qui est de même propriété physique quelle que soit la DIRECTION considérée.
Ex. : *Matériau isotrope.*

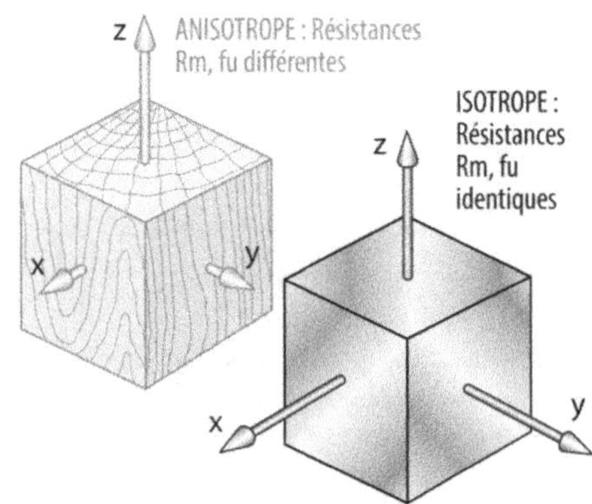

◊ Contr. : ANISOTROPE.

isotropie [isotropy]

(n.f.) Particularité de ce qui possède les mêmes PROPRIÉTÉS PHYSIQUES quelle que soit la DIRECTION considérée.
◊ Contr. : ANISOTROPIE.

IT [international tolerance]

Acronyme de **I**nternational **T**olerance c'est à dire (TOLÉRANCE), GRADE DE TOLÉRANCE INTERNATIONALE. Ce sont les catégories normalisées de précision dimensionnelle permettant d'harmoniser et de garantir l'INTERCHANGEABILITÉ des AJUSTEMENTS à l'échelle mondiale.

J, j

jambe de force [brace, bracing, strut]

(n.f.) ÉLÉMENT STRUCTURAL | OBLIQUE renforçant un POTEAU ou une TRAVERSE.

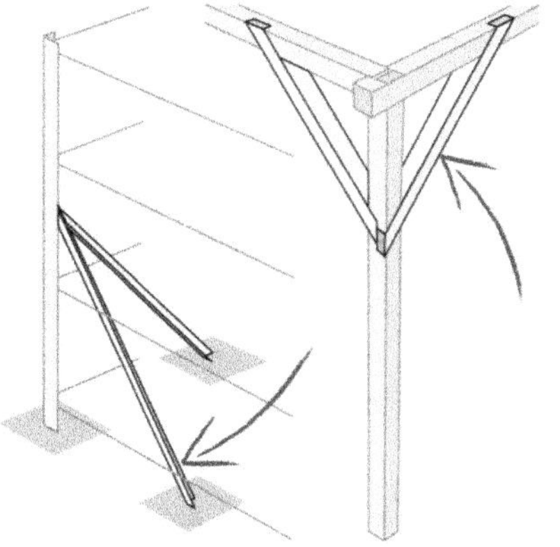

jarret [haunch]

(n.m.) FORME souvent triangulaire élargissant une POUTRE à sa JONCTION avec une COLONNE afin de mieux supporter le MOMENT DE FLEXION plus élévé à cet endroit.

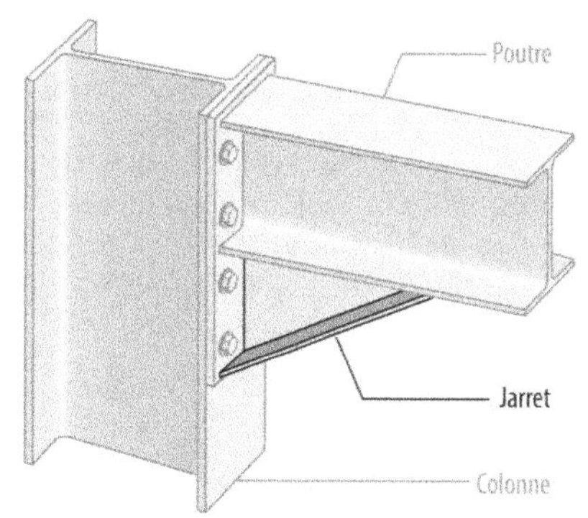

→ **Voir aussi** RAIDISSEUR ; GOUSSET.

jauge de filet, jauge de filetage [thread pitch gage, screw pitch gage]

(n.f.) INSTRUMENT DE MESURE du PAS DE FILETAGE, constitué de plaquettes portant la silhouette de différentes dimensions de (FILET), PROFIL DE FILET.

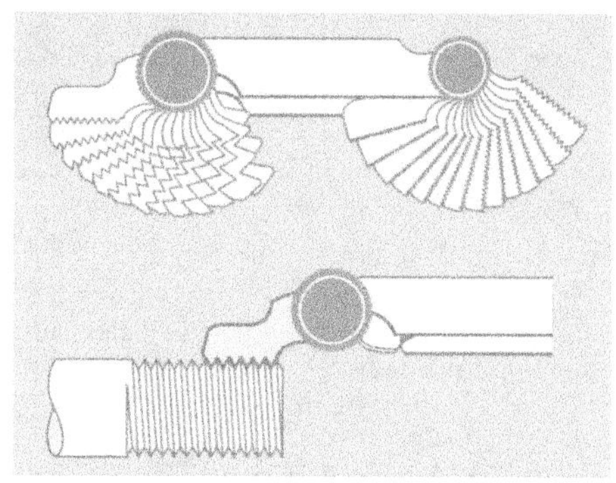

Il permet par CONTACT direct et par comparaison de déterminer les CARACTÉRISTIQUES du FILETAGE.

jauge d'épaisseur [thickness gage, feeler gage]

(n.f.) INSTRUMENT DE MESURE de DIMENSION INTÉRIEURE très faible (en-dessous du millimètre), constitué de plusieurs LAMES d'ÉPAISSEUR progressive.

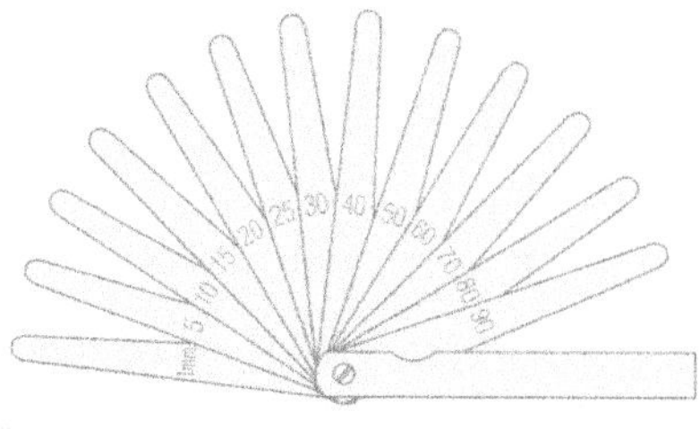

jauge de profondeur [depth gage]

(n.f.) INSTRUMENT DE MESURE d'un DÉCROCHEMENT ou de la DISTANCE entre deux SURFACES décalées.

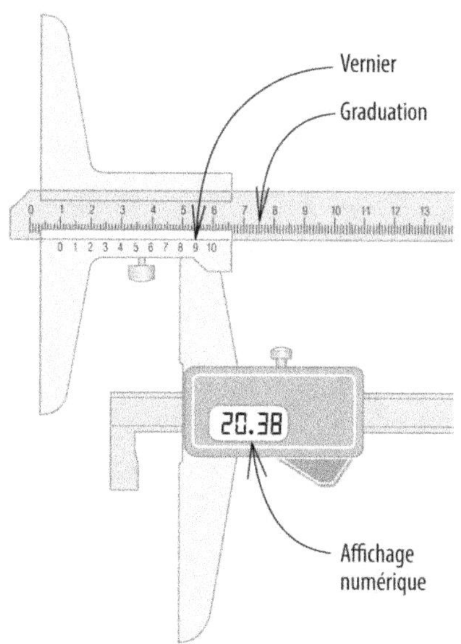

(jauge), plan de jauge [jauge plane]

(n.m.) PLAN (sens 1) virtuel accessible aux INSTRUMENT DE MESURE pour faciliter l'appréciation des DIMENSIONS (sens 1) de GÉOMÉTRIES (sens 2) CONIQUES.

→ Voir PLAN DE JAUGE.

jauge plate [flat gauge]

(n.f.) INSTRUMENT de VÉRIFICATION d'une DIMENSION INTÉRIEURE avec deux parties mâles, correspondant aux deux DIMENSIONS LIMITES.

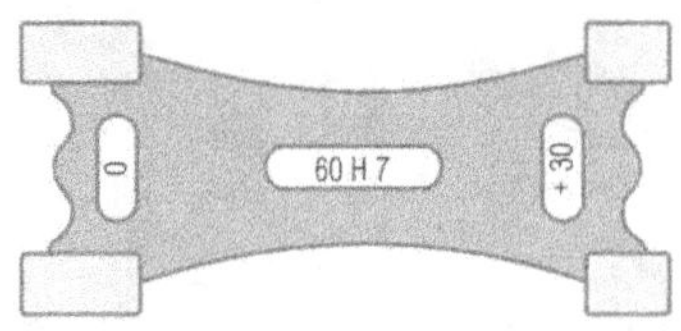

La jauge plate fonctionne suivant le principe ENTRE-N'ENTRE PAS.

jet d'eau [waterjet]

(n.m.) PROCÉDÉ de DÉCOUPE de MATÉRIAU utilisant l'ÉNERGIE d'un fin filet d'eau sous haute PRESSION.

→ Voir DÉCOUPE JET D'EAU.

jet de matière [material jetting]

(n.m.) PROCÉDÉ d'IMPRESSION 3D dans lequel une BUSE animée d'un MOUVEMENT de balayage correspondant à chaque SECTION du MODÈLE (sens 1) CAO dépose goutte par goutte la MATIÈRE qui est tout de suite durcie par un rayonnement UV.

◆ Syn. : PROJECTION DE MATIÈRE.

→ Voir aussi IMPRESSION 3D.

jeu

(n.m.)

1. [allowance, clearance] Espace plus ou moins faible entre une PIÈCE | MÂLE et une PIÈCE | FEMELLE.

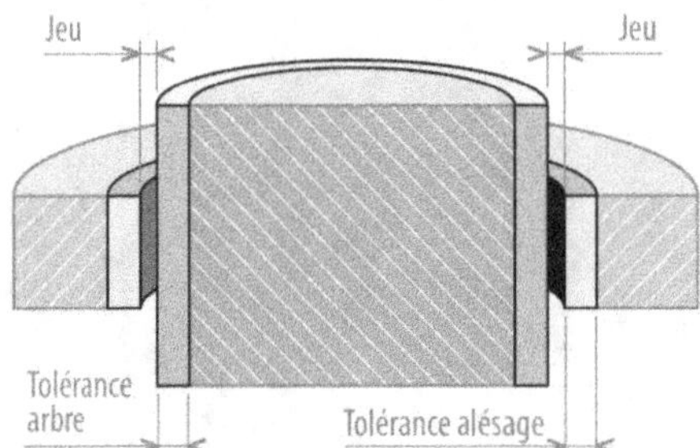

Le JEU peut être négatif, c'est à dire que la pièce mâle est plus grande, ce qui conduit à un AJUS-

TEMENT SERRÉ une fois l'ASSEMBLAGE (sens 2) effectué.

→ Voir FRETTAGE.

2. [set] Ensemble de choses considérées comme de la même famille.

Ex. : *Jeu de clés.*

jeu de fonctionnement [running clearance]

(n.m.) Espace aussi faible soit-il entre deux PIÈCES (sens 1) pour permettre un MOUVEMENT relatif correspondant, par exemple, à une FONCTION de GUIDAGE.

jeu maximum, jeu maximal [minimumm clearance]

(n.m.) JEU (sens 1) le plus élevé encore compatible avec le fonctionnement d'un ASSEMBLAGE (sens 2) ou d'un MÉCANISME.

Par exemple, pour un ORGANE tournant, au delà d'une certaine valeur de jeu, les BATTEMENTS et VIBRATIONS peuvent rapidement dégrader un SYSTÈME. Il est donc important de définir le plus rigoureusement possible le jeu maximum.

jeu minimum, jeu minimal [maximum clearance]

(n.m.) JEU le plus faible encore compatible avec le fonctionnement d'un ASSEMBLAGE (sens 2) ou d'un MÉCANISME.

Par exemple, pour un organe tournant, un jeu trop faible peut conduire à un COINCEMENT par DILATATION à cause d'une augmentation de TEMPÉRATURE. Il est donc important de définir la plus rigoureusement possible le jeu minimum.

joint

(n.m.)

1. [seal] ORGANE en MATIÈRE souple intercalé entre deux PIÈCES (sens 1) pour apporter une ÉTANCHÉITÉ en colmatant les VIDES (sens 1). Dans ce cas, il convient de l'appeler JOINT D'ÉTANCHÉITÉ.

2. [joint] ORGANE ou zone faisant le lien entre deux PIÈCES (sens 1) ou deux étendues.

→ Voir par exemple, JOINT D'ARTICULATION ; JOINT D'ASSEMBLAGE ; JOINT DE GRAIN.

joint anti-poussière [dust seal]

(n.m.) JOINT D'ÉTANCHÉITÉ destiné à des DISPOSITIFS contenant de l'HUILE ou de la GRAISSE, pour empêcher qu'elles se mélangent avec de minuscules particules en formant un dépôt pouvant être nocif.

→ Voir, par exemple, JOINT D'ÉTANCHÉITÉ.

joint d'articulation [knuckle]

(n.m.) DISPOSITIF permettant de lier deux ORGANES tout en permettant de changer l'ORIENTATION de l'un par rapport à l'autre.

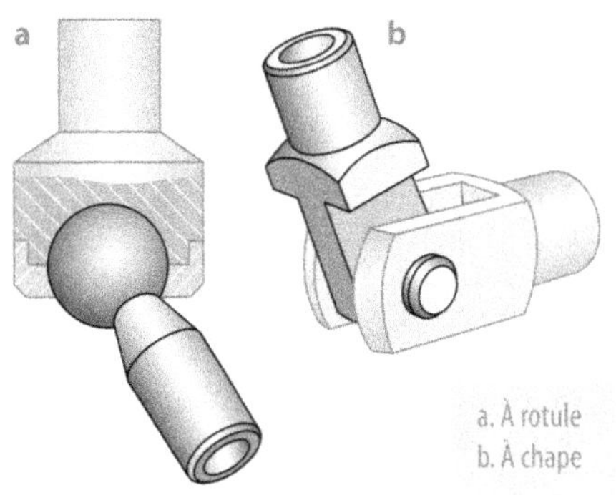

a. À rotule
b. À chape

→ **Voir aussi** ARTICULATION ; TRINGLERIE ; CHARNIÈRE, BRAS.

(n.m.) Zone entre deux PIÈCES (sens 1) permettant de les lier pour qu'elles deviennent un seul et même élément.

Ex. : *Différents types de joints d'assemblage en* SOUDAGE *:*

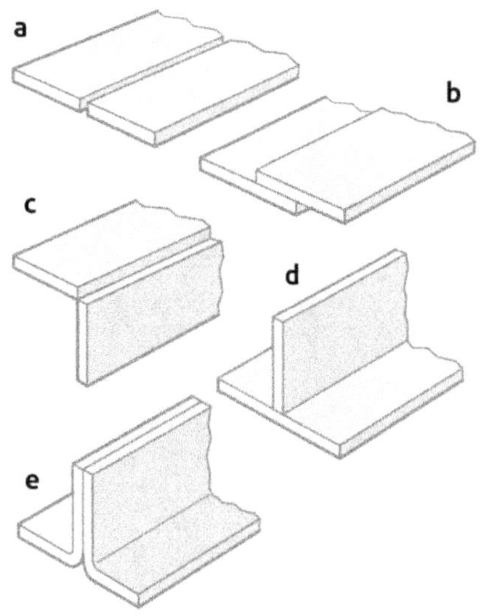

a. bout à bout b. à recouvrement
c. en angle d. en té
e. À bords relevés

(n.m.) MÉCANISME permettant de transmettre un MOUVEMENT DE ROTATION **entre deux** ARBRES (sens 2) **faisant un** ANGLE **quelconque pouvant être continûment variable. Il est constitué de deux** CHAPES **articulées autour d'un** CROISILLON **central.**

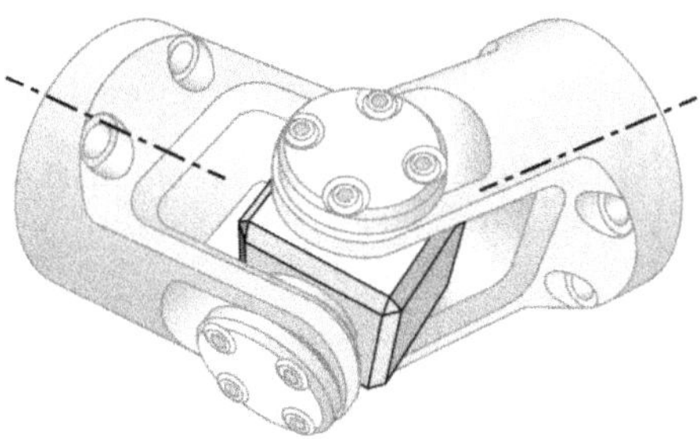

À noter que le joint de cardan n'est pas HOMOCINÉTIQUE. Ce problème peut néanmoins être résolu en disposant deux joints avec des angles identiques de manière à ce que l'un annihile le défaut de l'autre.

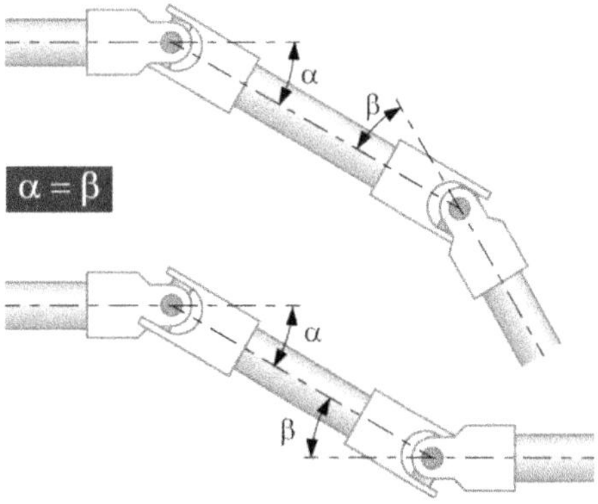

→ **Voir aussi** JOINT TRIPODE ; JOINT THOMPSON ; JOINT RZEPPA.

(n.m.) Frontière de chaque cristal élémentaire par rapport à ses voisins d'ORIENTATION différente dans un agrégat POLYCRISTALLIN.

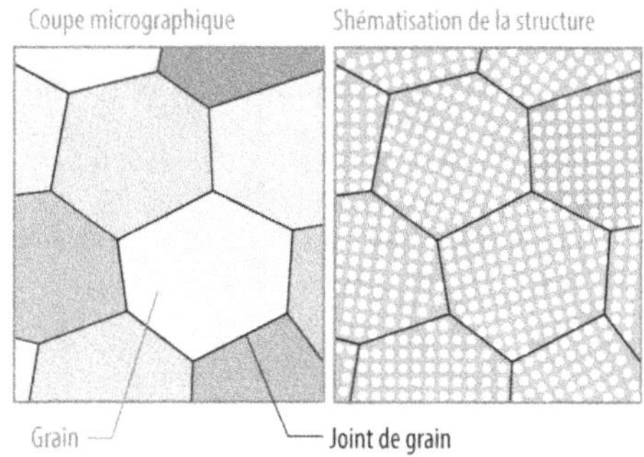

Les joints de grains ont une influence sur la RÉSISTANCE MÉCANIQUE en agissant comme des barrières pour les mécanismes d'endommagement, les phénomènes de PLASTICITÉ et dans les

mécanismes de DURCISSEMENT des matériaux polycristallins.
→ Voir, par exemple, ACIER À HAUTE LIMITE D'ÉLASTICITÉ.
→ Voir GRAIN pour une illustration de la formation des joints de grain.
→ Voir aussi STRUCTURE CRISTALLINE.

joint d'étanchéité [gasket, seal]

(n.m.) ORGANE généralement en MATIÈRE | SOUPLE destiné à combler le VIDE (sens 1) entre deux PIÈCES (sens 1) de manière à éviter la fuite ou l'éparpillement d'un FLUIDE.
Ex. 1 : *Joint d'étanchéité statique d'une* BRIDE.

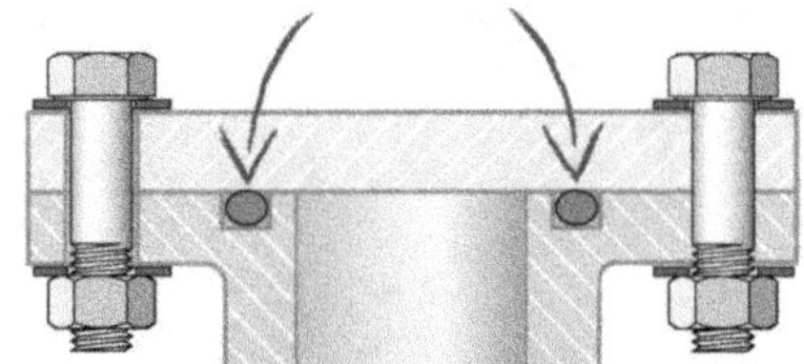

Ex. 2 : *Joint d'étanchéité dynamique entre un* ARBRE *(sens 2) et un* PALIER À ROULEMENT *(sens 2).*

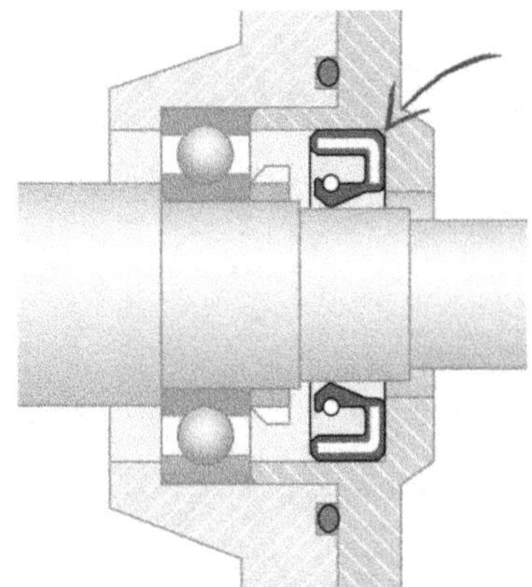

Le joint d'étanchéité est la plupart du temps en ÉLASTOMÈRE car c'est un MATÉRIAU possédant suffisamment d'ÉLASTICITÉ pour combler efficacement les VIDES (sens 1) des ÉTATS DE SURFACE rugueux. Il peut être aussi en CUIVRE ou d'autres MÉTAUX | DUCTILES pour des applications en TEMPÉRATURE.

Joint d'Oldham [Oldham coupling]

(n.m.) MÉCANISME permettant de transmettre un MOUVEMENT DE ROTATION entre deux ARBRES avec un léger DÉSALIGNEMENT | RADIAL.

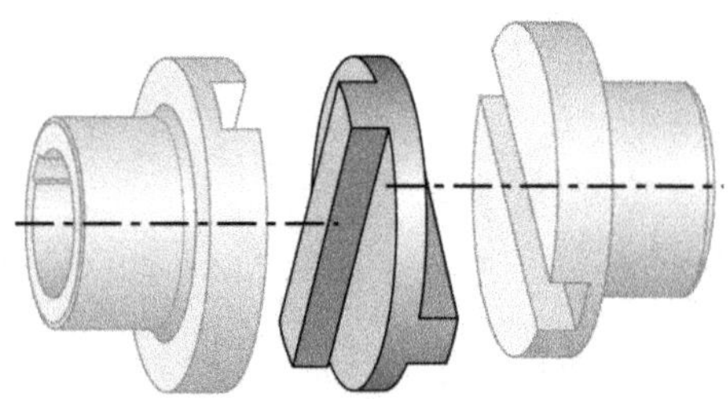

Le joint d'Oldham est HOMOCINÉTIQUE mais a tendance à produire beaucoup de FROTTEMENT lorsque le DÉSALIGNEMENT est très important.
→ Voir aussi JOINT SCHMIDT.

joint Rzeppa [Rzeppa joint]

(n.m.) MÉCANISME permettant de transmettre de façon HOMOCINÉTIQUE un MOUVEMENT DE ROTATION entre deux ARBRES (sens 2) faisant un ANGLE pouvant être continûment variable.
A. Il est constitué d'un noyau emboîté dans une « cloche » avec des RAINURES galbées. Des billes font obstacle entre les deux PIÈCES (sens 1) pour transmettre le MOUVEMENT et le COUPLE DE FORCE tout en donnant la possibilité d'ORIENTATION des ARBRES (sens 2) dans diverses DIRECTIONS. Une cage maintient les BILLES en place éloignées les unes des autres, à la manière d'une cage de ROULEMENT (sens 2).

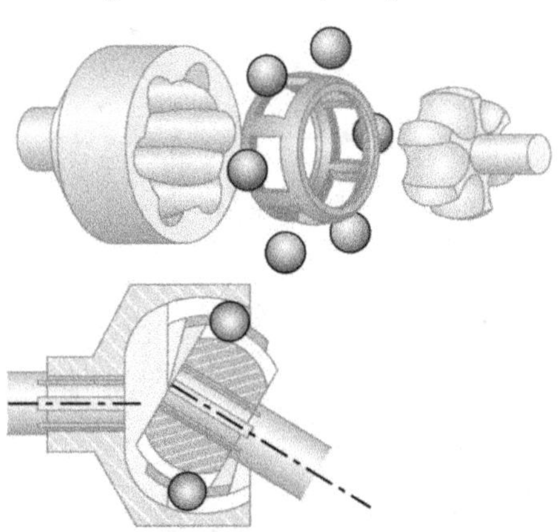

B. Ne pas confondre avec les ROULEMENTS À ROTULE.
→ Voir JOINT DE CARDAN et JOINT TRIPODE pour d'autres SYSTÈMES réalisant la même FONCTION.

joint Schmidt [Schmidt coupling]

(n.m.) MÉCANISME permettant de transmettre un MOUVEMENT DE ROTATION entre deux ARBRES présentant un DÉSALIGNEMENT axial.

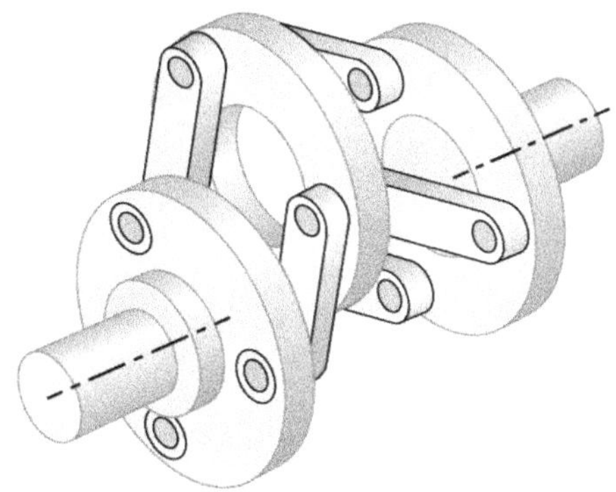

Il est constitué de plateaux reliés par des BIEL-LETTES.

→ Voir aussi ASSEMBLAGE (sens 3) ; JOINT D'OLD-HAM.

joint Thompson [Thompson coupling]

(n.m.) DISPOSITIF de TRANSMISSION de MOUVE-MENT de ROTATION entre deux ARBRES (sens 1) faisant un ANGLE pouvant être continûment va-riable. Il est constitué de deux JOINTS DE CAR-DAN imbriqués et reliés par des BIELLETTES.

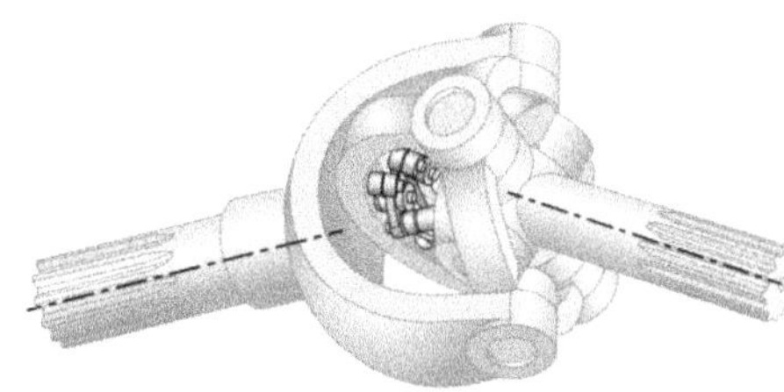

• Note : Le joint Thompson est HOMOCINÉTIQUE, contrairement au JOINT DE CARDAN.

joint torique [O-ring]

(n.m.) JOINT D'ÉTANCHÉITÉ en forme d'un AN-NEAU de SECTION | CIRCULAIRE.

joint tournant [revolving joint, rotating joint, swivel joint]

(n.m.) DISPOSITIF permettant d'assurer la conti-nuité et l'ÉTANCHÉITÉ de circulation d'un FLUIDE même si une partie de la TUYAUTERIE subit un MOUVEMENT DE ROTATION.

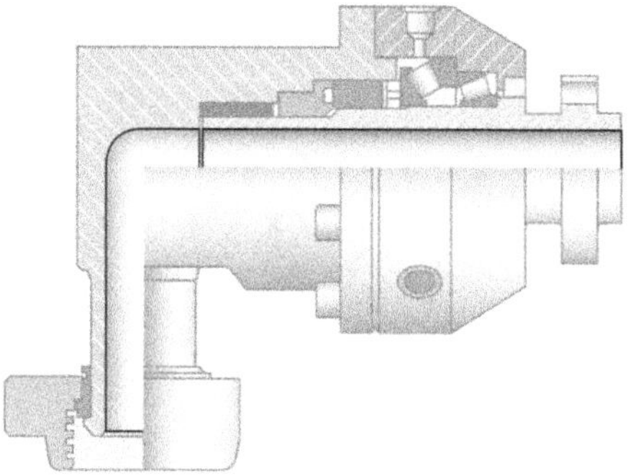

joint tripode [tripod joint]

(n.m.) MÉCANISME permettant de transmettre un MOUVEMENT DE ROTATION et un COUPLE DE FORCE entre deux ARBRES (sens 2) faisant un ANGLE quelconque pouvant être continûment variable.

A. Il est constitué sur l'un des ARBRES (sens 2) de trois GALETS disposés à 120° engagés dans trois RAINURES de l'autre ARBRE (sens 2).

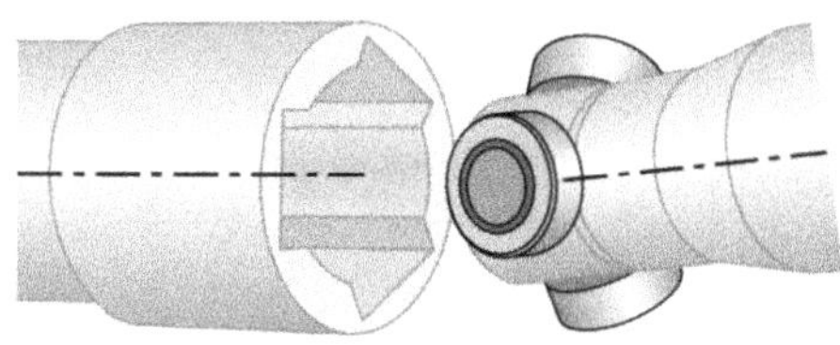

B. À noter qu'il est pratiquement HOMOCINÉTIQUE (à environ 1 % près). Cependant, son fonctionne-ment a tendance à générer des VIBRATIONS | AXIALES.

• Note : Ne pas confondre avec le JOINT DE CAR-DAN, ni le JOINT RZEPPA.

jonc [band]

(n.m.) PROFILÉ plein, de consistance SOUPLE à cause de la MATIÈRE ou de ses DIMENSIONS faibles par rapport à la LONGUEUR.

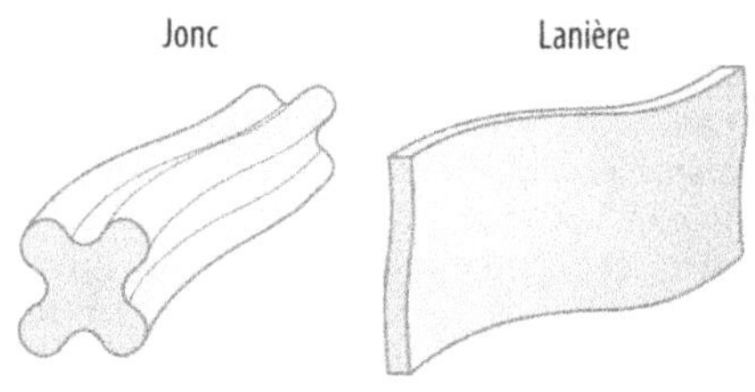

• Note : Ne pas confondre avec la LANIÈRE qui est aussi de consistance SOUPLE mais sous forme de bande.

jonction [junction, joining]

(n.f.) Raccordement de deux ORGANES initialement séparés.

Ex. : *Jonction d'éléments de tuyauterie par* BRIDAGE.

Photo :
Curraheeshutter

joule (J)

(n.m.) UNITÉ (sens 1) de MESURE (sens 2) de travail et d'ÉNERGIE.

Joule James Prescott (1818-1889) est un éminent scientifique anglais.

juste à temps [just in time]

(Locution). MÉTHODE d'organisation de l'approvisionnement d'une PRODUCTION en réduisant au minimum les stocks.

justesse de mesure [measurement accuracy]

(n.f.) Étroitesse de l'accord entre la moyenne d'un nombre infini de valeurs mesurées répétées et une valeur de référence.

Dans l'exemple ci-contre, l'instrument montre une mauvaise répétabilité (courbe gaussienne de largeur importante), mais la moyenne d'un nombre de points très importants montre que cette valeur est proche de la valeur vraie, indiquant une bonne justesse.

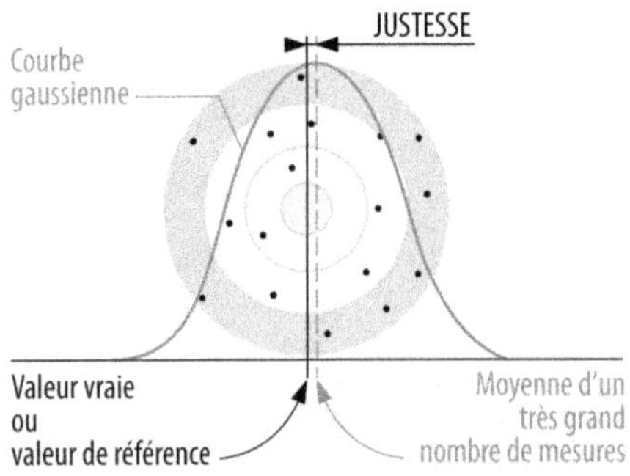

Les opérations de MÉTROLOGIE de faible écart d'exactitude demandent couramment de répéter de nombreuses fois la même mesure pour bénéficier d'un faible écart de justesse.

K, k

Kaizen

Mode de gestion créé au japon signifiant « changement en mieux ».

Il consiste en une démarche d'amélioration continue de l'entreprise par l'implication participative des ouvriers et des dirigeants utilisant plus le bon sens commun que de gros investissements financiers.

kelvin

(n.m.) UNITÉ (sens 1) de TEMPÉRATURE absolue et unité officielle de TEMPÉRATURE dans le (UNITÉS), SYSTÈME INTERNATIONAL D'UNITÉS (S.I.).

Correspondance par rapport au DEGRÉ CELSIUS :

$$0\ K = -273,15°C$$

kevlar®

(n.m.) FIBRE synthétique de la catégorie des ARAMIDES, eux-même de la famille des POLYAMIDES.

A. Sa formule chimique :

B. Le Kevlar® est caractérisé par une très forte RÉSISTANCE À LA TRACTION, une très grande RIGIDITÉ, une grande RÉSISTANCE AU CHOC, une bonne RÉSISTANCE À LA FATIGUE et une MASSE VOLUMIQUE relativement faible.

C. Le kevlar® est très apprécié pour des applications en aéronautique, de gilets pare-balles et en sport de compétition notamment en RENFORT (sens 2) pour les (COMPOSITES), MATÉRIAUX COMPOSITES. Sa légèreté et sa RÉSISTANCE exceptionnelle leur procurent une excellente RÉSISTANCE SPÉCIFIQUE et RIGIDITÉ SPÉCIFIQUE.

→ Voir aussi FIBRE DE CARBONE ; FIBRE DE VERRE ; ARAMIDE ; POLYAMIDE.

kilogramme [kilogram]

(n.m.) UNITÉ DE BASE de la MASSE (sens 1) dans le (UNITÉ), SYSTÈME INTERNATIONAL D'UNITÉS (S.I.).

À remarquer que le kilogramme est déjà un multiple du gramme. À ce titre, c'est le gramme qui devrait être l'UNITÉ DE BASE. Cependant, c'est bien le kilogramme qui a été retenu par le (UNITÉS), SYSTÈME INTERNATIONAL D'UNITÉS (S.I.) ! Néanmoins, dans l'expression des multiples, c'est bien le mot « gramme » qui est utilisé avec les préfixes. Ainsi, on écrit :

10^{-6} kg = 1 mg (1 milligramme)
et non 1 µkg (micro-kilogramme) !

kit [kit]

(n.m.) Ensemble des PIÈCES (sens 1) d'un même DISPOSITIF fournies démontées dans le même CONDITIONNEMENT pour être assemblées plus tard.

Le kit est une solution pour réduire les ENCOMBREMENTS de transport ainsi que le coût des produits en reportant la MAIN D'ŒUVRE (sens 2) de MONTAGE (sens 2) à l'utilisateur. Ainsi, le kit est toujours accompagné d'un document appelé NOTICE DE MONTAGE précisant la façon d'effectuer l'ASSEMBLAGE (sens 1).

(kit), en kit [in kit form]

(Locution). Conditionné sous forme de KIT.

L, l

laboratoire [laboratory]

(n.m.) Lieu de travail avec des APPAREILLAGES évolués permettant des MESURES (sens 3) et des expériences scientifiques nécessitant un ENVIRONNEMENT (sens 2) propre et bien contrôlé.

• Note : Le terme laboratoire est souvent utilisé pour faire la distinction avec les autres lieux de travail tels que les ateliers et les bureaux.

laine de verre [glass wool]

(n.f.) MATÉRIAU | ISOLANT THERMIQUE fait de fins fils de VERRE enchevêtrés comme du coton.

• Note : Ne pas confondre avec la FIBRE DE VERRE.

laitier [dross, slag]

(n.m.) Sous-produit d'OPÉRATION métallurgique à base de silicates qui surnage au-dessus d'un MÉTAL en FUSION.

→ Voir, par exemple, HAUT FOURNEAU ; CUBILOT. Le laitier apparaît aussi pour protéger de l'OXYDATION les CORDONS DE SOUDURE. C'est une sorte de croûte qui nécessite une OPÉRATION de NETTOYAGE et de FINITION.

laiton [brass]

(n.m.) ALLIAGE de CUIVRE et de ZINC.

A. Le laiton en PHASE (sens 2) α (de 15 à 35 % de ZINC) est très MALLÉABLE et DUCTILE. Avec une proportion de ZINC de 35 à 45 %, le laiton présente une structure biphasée α et β, plus DURE et plus FRAGILE. Il possède une très bonne aptitude à la MISE EN FORME supérieure à la plupart des ALLIAGES industriels et par toutes les TECHNIQUES : MOULAGE, MATRIÇAGE, USINAGE...

B. Les applications du laiton sont la robinetterie, l'horlogerie, la monnaie, la serrurerie et quincaillerie, les douilles d'obus et d'armes à feu, les instruments de musique à vent, etc.

Photo : Titelio

C. Aspect, couleur et rendu du MÉTAL.

👍 Avantages

D. Excellentes FORMABILITÉ et USINABILITÉ. Couleur ESTHÉTIQUE appréciée pour l'ornement et la décoration.

E. Ne pas confondre avec le BRONZE qui est un alliage de CUIVRE et d'ÉTAIN.

→ Voir aussi MÉTAL.

laize [width]

(n.f.) LARGEUR d'une MATIÈRE | SOUPLE enroulée.

lamage

(n.m.)

1. [counterbore, spotfacing] FORME creuse CYLINDRIQUE devant un TROU coaxial et qui sert de SURFACE D'APPUI pour une (VIS), TÊTE DE VIS ou pour rendre celle-ci non-saillante (on dit qu'elle est noyée).

A. DIAMÈTRE de lamage normalisé pour les VIS CYLINDRIQUES HEXAGONALES CREUSES et les ÉCROUS et VIS À TÊTE HEXAGONALES.

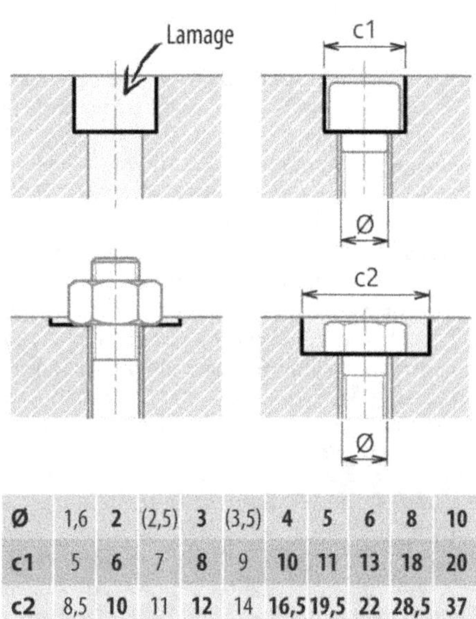

Ø	1,6	2	(2,5)	3	(3,5)	4	5	6	8	10
c1	5	6	7	8	9	10	11	13	18	20
c2	8,5	10	11	12	14	16,5	19,5	22	28,5	37

Ø	12	(14)	16	(18)	20	24	(27)	30	(33)	36
c1	22	26	30	32	36	42	48	53	56	63
c2	42	47	52	60	64	79	90	96	96	98

👍 Avantages

B. Permet de cacher (noyer) une tête de VIS (sens 2) ce qui améliore l'ESTHÉTIQUE. Ne nécessite pas de SURÉPAISSEUR.

👎 Inconvénients

C. Engendre une zone de CONCENTRATION DE CONTRAINTE contrairement au BOSSAGE.
→ Voir BOSSAGE.
D. Ne pas confondre avec la FRAISURE qui est aussi une FORME creuse devant un TROU mais de GÉOMÉTRIE (sens 2) CONIQUE.
2. [counterboring] OPÉRATION d'USINAGE de FORME | CYLINDRIQUE creuse devant un TROU.

lame [blade]

(n.f.) ORGANE plat allongé de très faible ÉPAISSEUR.

lame de scie [saw blade]

(n.f.) ORGANE plat avec des DENTS acérées généralement en MATIÈRE | DURE permettant la COUPE (sens 1) et le DÉCOUPAGE.
Quelques exemples :

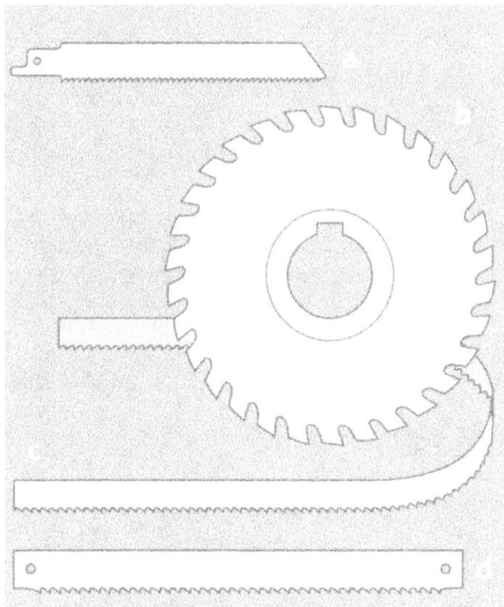

a. Lame de scie sabre ou scie sauteuse.
b. Lame de scie circulaire.
c. Lame de scie à ruban
d. Lame de scie alternative.

lamer [counterbore]

(v.tr.) Usiner une FORME | CYLINDRIQUE creuse devant un TROU pour servir d'appui à une (VIS), TÊTE DE VIS ou pour la rendre non-saillante.

laminage [rolling]

(n.m.) TECHNIQUE de TRANSFORMATION (sens 3) de MÉTAL le faisant passer entre deux ROULEAUX (sens 2) | CYLINDRIQUES de ROTATION inverse pour en diminuer petit à petit, après chaque passage, l'ÉPAISSEUR jusqu'à devenir une TÔLE, une FEUILLE ou un PROFILÉ d'épaisseur souhaitée.
A. Selon la TEMPÉRATURE à laquelle est effectuée l'OPÉRATION, le PROCÉDÉ de laminage peut être classé en deux catégories :
• le LAMINAGE À CHAUD.
• le LAMINAGE À FROID.
D'une façon générale, le LAMINAGE À CHAUD permet de réduire de plus forte ÉPAISSEUR. Le LAMINAGE À FROID permet d'obtenir des ÉPAISSEURS plus précises.
Ex. 1 : *Laminage d'une tôle.*

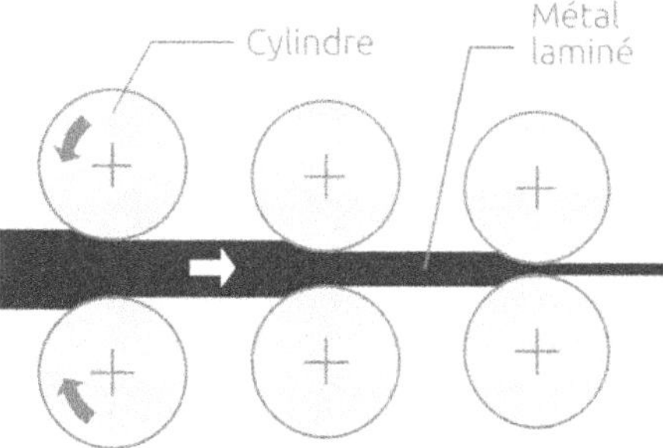

Ex. 2 : *Laminage d'un* PROFILÉ ACIER | (CHAUD), À CHAUD.

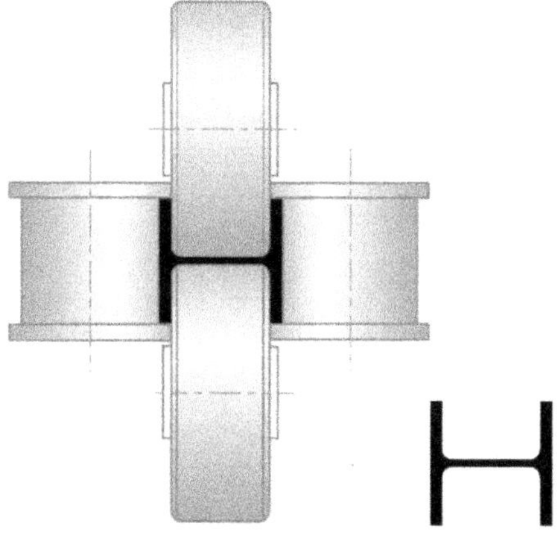

B. Ne pas confondre avec le PROFILÉ ACIER À FROID obtenu par PROFILAGE.
→ Voir aussi HEA, HEB, HEM.

laminage à chaud [hot-rolling]

(n.m.) Type de LAMINAGE dans lequel le MÉTAL est préalablement porté à très haute TEMPÉRATURE, entre 0,5 et 0,75 fois la TEMPÉRATURE de FUSION, ce qui fait apparaître le PHÉNOMÈNE de RECRISTALLISATION empêchant la consolidation par ÉCROUISSAGE.

A. Après avoir été écrasé par les CYLINDRES (sens 1), de nouveaux germes de GRAIN de MÉTAL apparaissent et grossissent pour reconstituer une MICROSTRUCTURE proche de l'initiale, c'est à dire avec un faible taux de DISLOCATIONS.

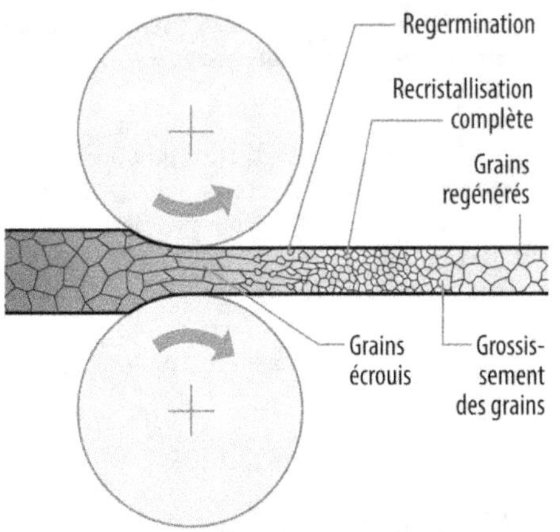

Ainsi, contrairement au LAMINAGE À FROID, le laminage à chaud permet d'éviter le phénomène d'ÉCROUISSAGE.

→ Voir LAMINOIR pour l'ensemble du PROCESSUS. Comparer avec le LAMINAGE À FROID.

👍 Avantages

B. Permet de diminuer des ÉPAISSEURS plus importantes en évitant l'ÉCROUISSAGE. Nécessite des FORCES et PUISSANCE moindres. STRUCTURE MICROSCOPIQUE obtenue contenant relativement peu de CONTRAINTE RÉSIDUELLE.

👎 Inconvénients

C. Les ÉPAISSEURS obtenues sont peu précises. Les ÉTATS DE SURFACE sont assez GROSSIERS. Le MÉTAL réagit avec le milieu ambiant en se couvrant, par exemple, d'une COUCHE d'OXYDE.

→ Voir également la rubrique (CHAUD), À CHAUD.

laminage à froid [cold rolling]

(n.m.) Type de LAMINAGE effectué à TEMPÉRATURE AMBIANTE, sans chauffage préalable du MÉTAL.

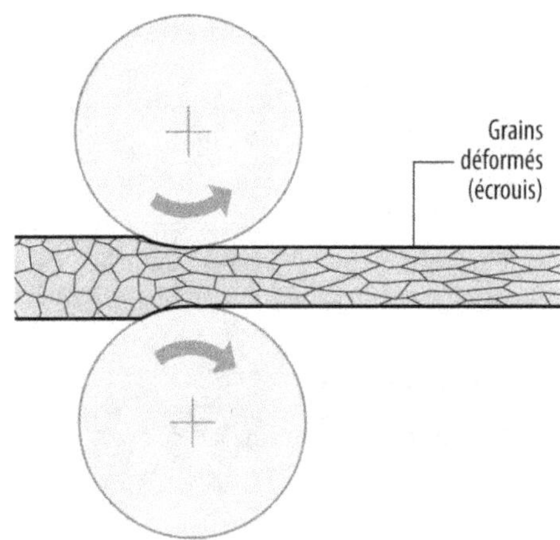

Comparé au LAMINAGE À CHAUD, le laminage à froid permet d'obtenir des ÉPAISSEURS plus précises. Cependant, il fait apparaître le PHÉNOMÈNE d'ÉCROUISSAGE.

◊ Contr. : LAMINAGE À CHAUD.

laminage circulaire [ring rolling]

(n.m.) PROCÉDÉ de FABRICATION de COURONNE en MÉTAL par amincissement progressif d'une BAGUE à l'aide de ROULEAUX (sens 2) | CYLINDRIQUES et CONIQUES rotatifs.

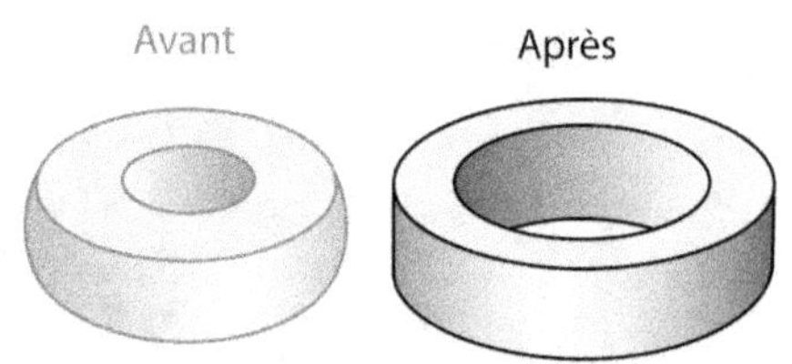

A. Le laminage circulaire est souvent effectué (CHAUD), À CHAUD. La SECTION initiale de l'ÉBAUCHE est réduite petit à petit pendant que le DIAMÈTRE de la COURONNE augmente jusqu'à la DIMENSION finale désirée.

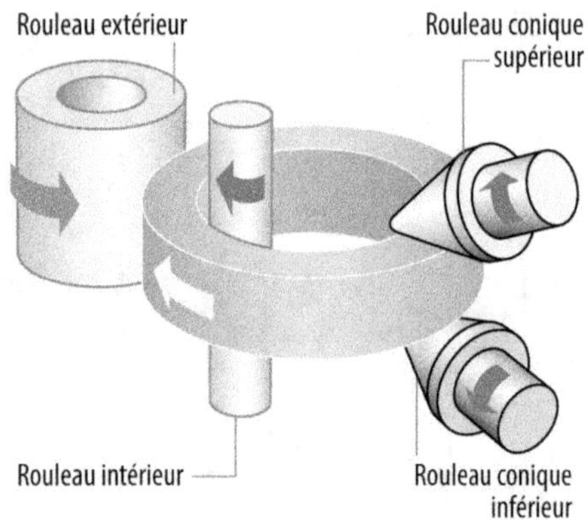

B. À remarquer que le laminage circulaire pro-
prement dit est, en réalité, précédé de deux
OPÉRATIONS préalables :
• Écrasement d'un LOPIN :

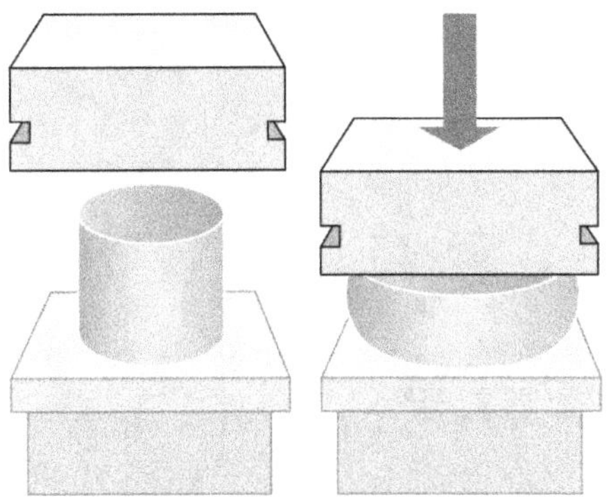

• PERCEMENT du LOPIN écrasé :

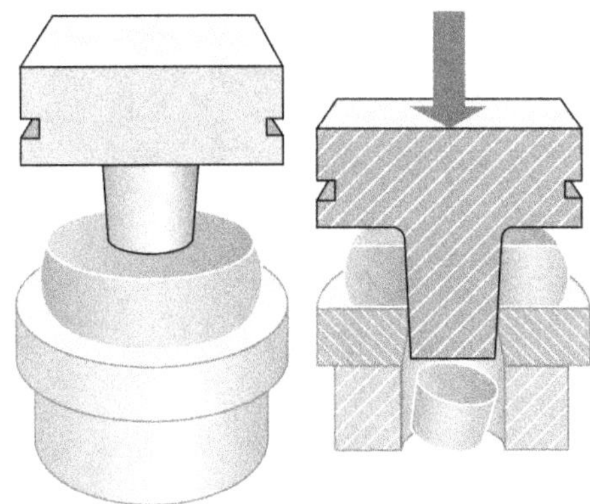

laminage de bille [skew rolling]

(n.m.) PROCÉDÉ d'obtention de PIÈCES (sens 1)
SPHÉRIQUES par passage d'un FIL ou d'une BARRE
entre des ROULEAUX (sens 2) possédant un SIL-
LON | HÉLICOÏDAL en forme de demi-CERCLE.

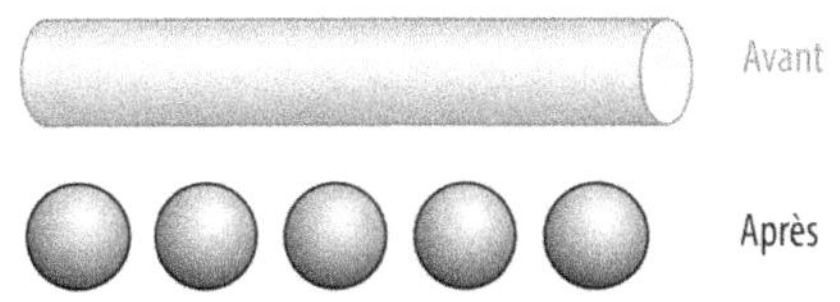

laminage retour [roll forging]

(n.m.) PROCÉDÉ de LAMINAGE de BARRE de MÉTAL
suivant le sens de sa LONGUEUR, entre des ROU-
LEAUX tournant en sens inverse et possédant
sur sa circonférence et ses FLASQUEs les motifs
géométriques à obtenir. Il est généralement effectué (CHAUD), À CHAUD.

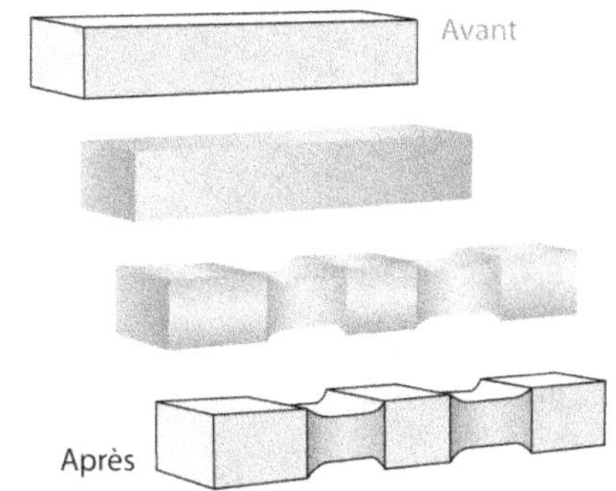

A. Vue générale du procédé :

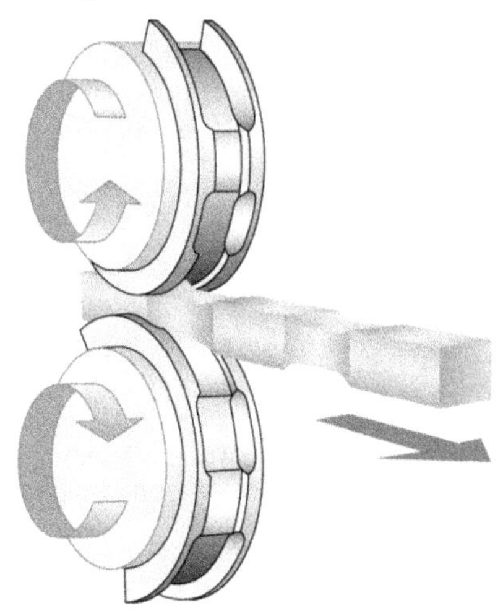

B. Principe de fonctionnement :

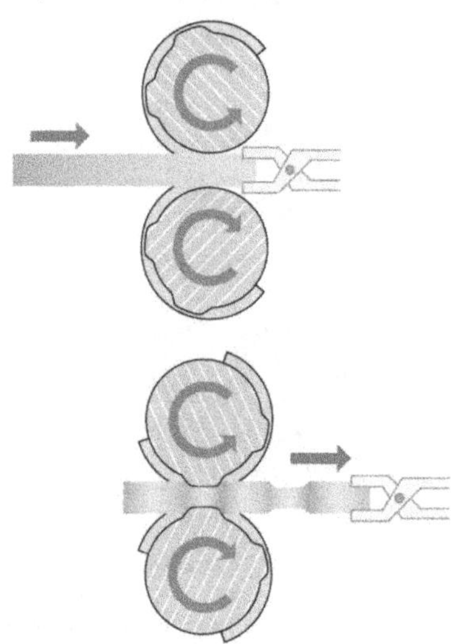

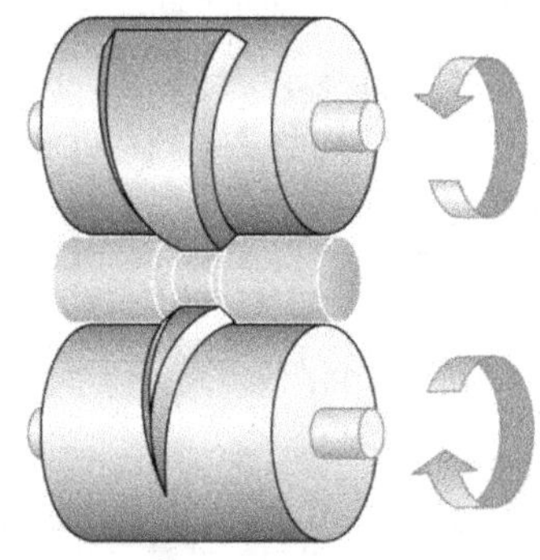

Il peut être aussi sous forme de PLAQUE pour le même résultat.

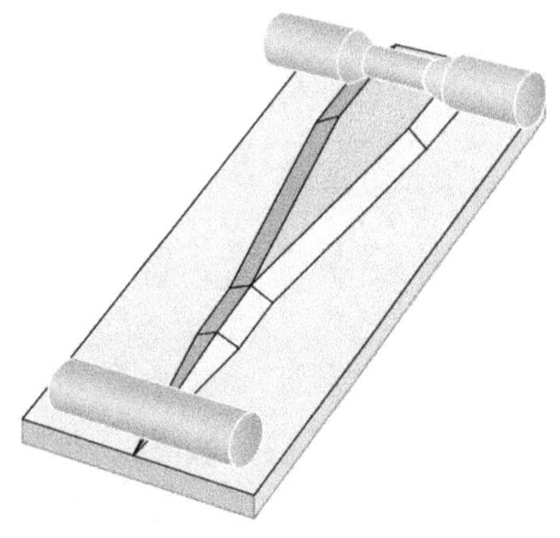

Avantages

C. Cycle de fabrication très court ce qui permet une PRODUCTIVITÉ élevée. Apporte une orientation préférentielle des GRAINS (sens 2) du MÉTAL ce qui est favorable à de bonnes CARACTÉRISTIQUES MÉCANIQUES.

Inconvénients

D. OUTILLAGE soumis à rude épreuve.
• Note : À remarquer que les anglo-saxons classent plus le laminage retour dans la catégorie des PROCÉDÉS de FORGEAGE.

laminage transversal [transverse rolling, roll forging]

(n.m.) PROCÉDÉ de MISE EN FORME de LOPIN | CYLINDRIQUE en FORMES DE RÉVOLUTION diverses avec des OUTILLAGES (sens 2) à motif en relief en forme de coin qui déforme le MÉTAL dans le sens RADIAL et suivant son AXE (sens 1) | LONGITUDINAL.

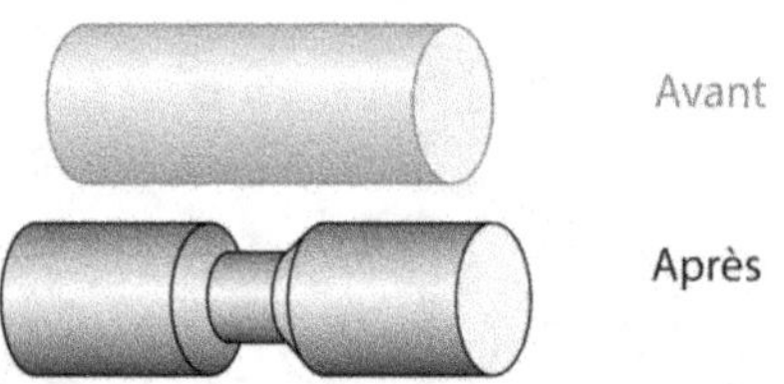

L'OUTILLAGE (sens 2) peut se présenter sous forme de ROULEAUX (sens 2) tournant en sens inverse.

laminé [laminated]

(adj.) Qui a subi une diminution d'ÉPAISSEUR par l'action de ROULEAUX (sens 2) tournant en sens contraire en parlant de MATÉRIAU ayant subi une OPÉRATION de MISE EN FORME.

laminé marchand [merchant bar]

(n.m.) PROFILÉ | DEMI-PRODUIT en ACIER obtenu par LAMINAGE À CHAUD.

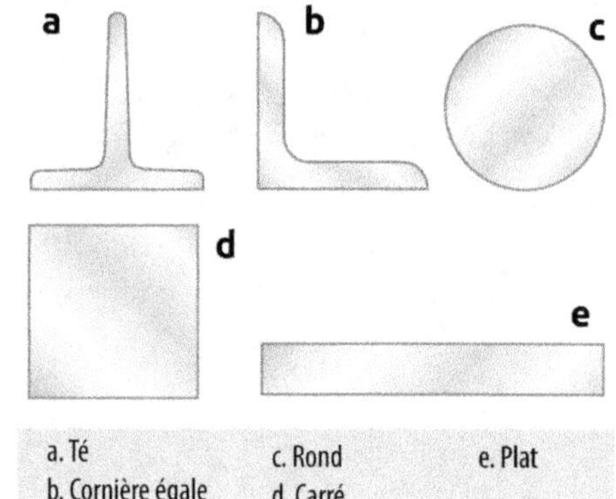

En réalité, il n'y a aucune différence particulière entre les laminés marchands et les PROFILÉS LAMINÉS À CHAUD. Leurs DIMENSIONS relativement petites imposent juste des étapes de LAMINAGE supplémentaires.
→ Voir LINGOT.

laminer [roll]

(v.tr.) Diminuer l'ÉPAISSEUR d'un bloc de MATIÈRE en la faisant passer entre deux CYLINDRES de ROTATION contraire.

laminoir [rolling mill]

(n.m.) MACHINE de TRANSFORMATION (sens 3) des MÉTAUX constituée de CYLINDRES (sens 1) tournant en sens inverse entre lesquels passe un bloc de MÉTAL pour en diminuer progressivement l'ÉPAISSEUR.
Ex. : *Train de laminoirs de tôle. Il s'agit de* LAMINAGE À CHAUD :

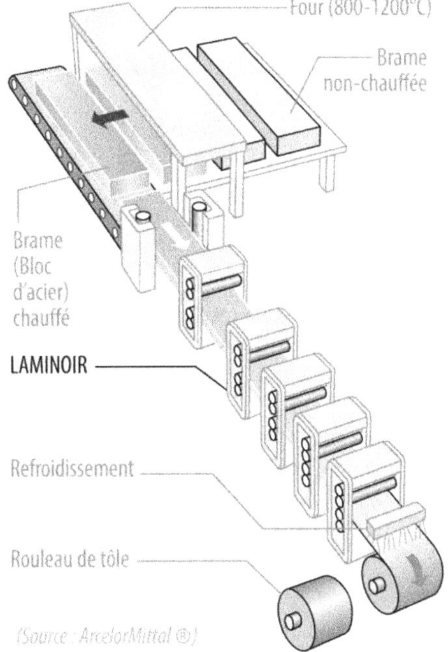

Quelques autres exemples de laminoirs :

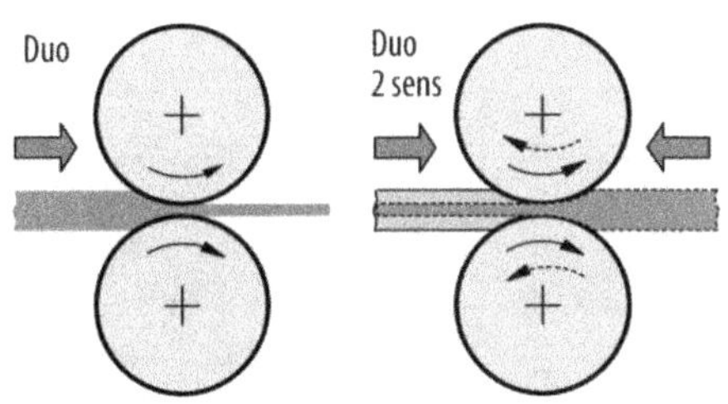

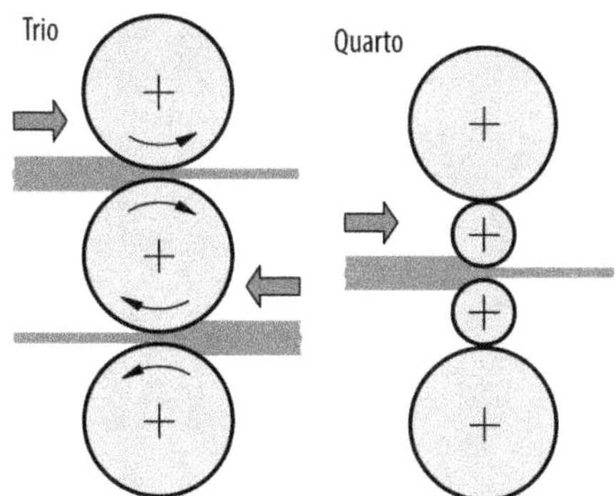

Autre exemple : *Laminoir Sendzimir, permet de limiter la* FLEXION *sur les* CYLINDRES *de grande longueur.*

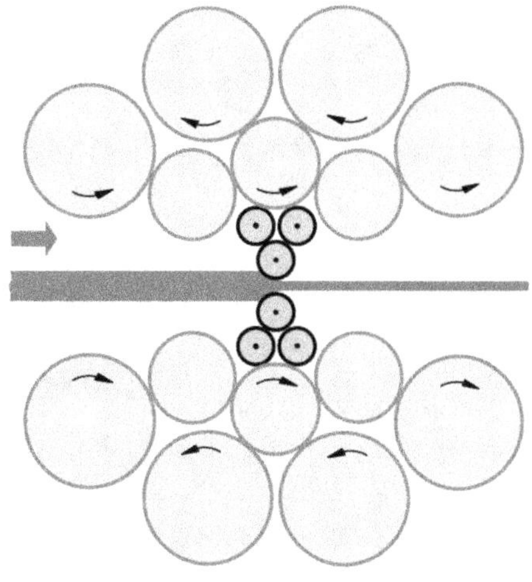

languette [tongue]

(n.f.) ORGANE allongé en saillie.

lanière [strap]

(n.f.) Bande de MATIÈRE de consistance SOUPLE.
→ Voir aussi JONC.

lanterne de transmission [bellhousing]

(n.f.) ORGANE solidarisant le CHÂSSIS d'un MOTEUR sur le CARTER d'un SYSTÈME de TRANSMISSION DE MOUVEMENT comme, par exemple, un RÉDUCTEUR ou une BOÎTE DE VITESSE. Il joue aussi le rôle de protection pour l'ACCOUPLEMENT transmettant le MOUVEMENT.

Ex. : *Lanterne de transmission reliant un* MOTEUR *électrique et un* RÉDUCTEUR.

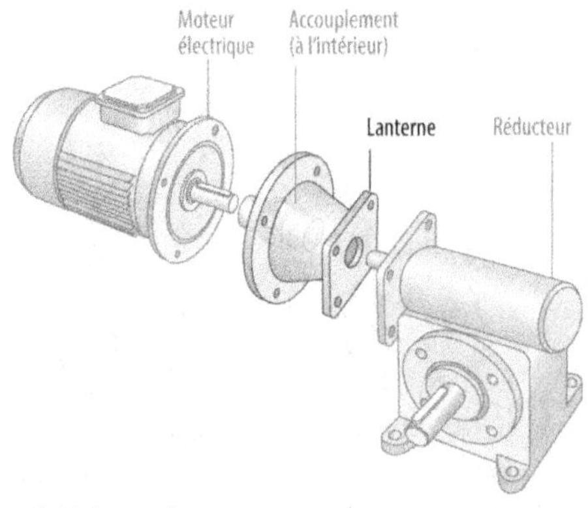

→ **Voir aussi** ARBRE D'ENTRÉE.

lardon [gib]

(n.m.) Cale PRISMATIQUE réglable placée entre GUIDE et COULISSEAU pour réduire le JEU DE FONCTIONNEMENT d'un GUIDAGE.

Ex. : *Lardon de* RATTRAPAGE DE JEU *d'un* GUIDAGE EN TRANSLATION *par* QUEUE D'ARONDE.

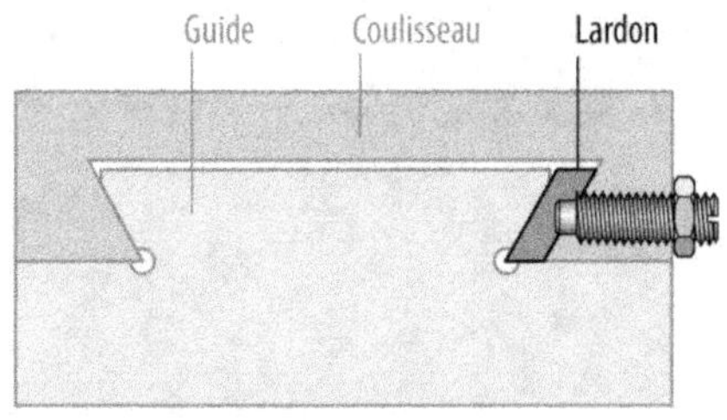

→ **Voir aussi** RATTRAPAGE DE JEU.

large plat

(n.m.) PROFILÉ de SECTION rectangulaire très aplatie dont la LARGEUR est supérieure à 150 mm.
• Note : Lorsque la largeur du PROFILÉ est inférieure ou égale à 150 mm, il est tout simplement appelé PLAT.

largeur [width]

(n.f.) L'une des DIMENSIONS d'un objet plus petite que la LONGUEUR (sens 2).

laser tube [tube laser cutting 2d]

(n.m.) Technique de DÉCOUPE LASER dans laquelle un PROFILÉ de grande LONGUEUR à découper est animée d'un MOUVEMENT DE ROTATION et de TRANSLATION devant la torche laser.

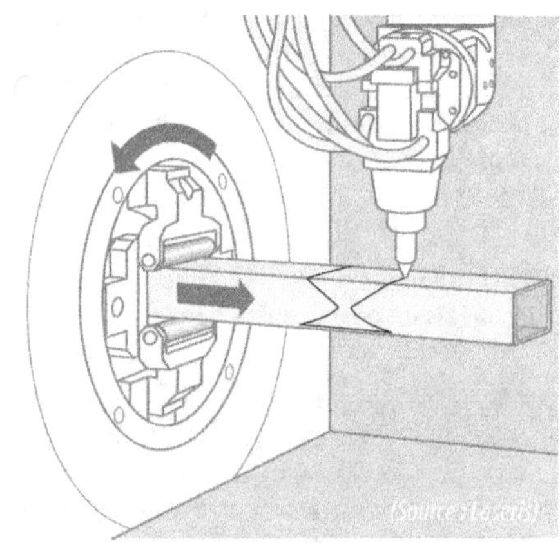

Ci-dessous un exemple de réalisation permettant de plier facilement un tube pour former un angle :

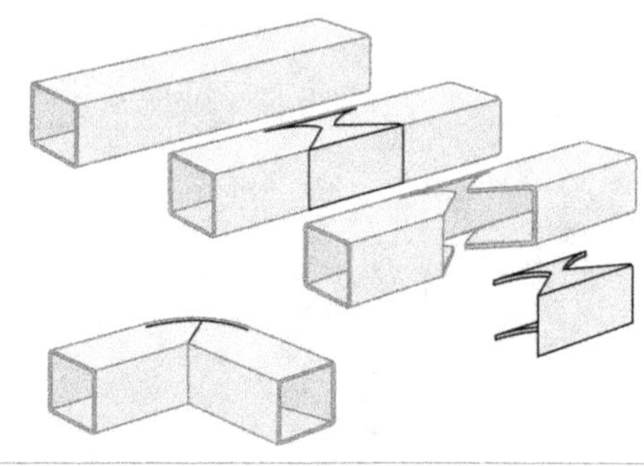

levage [lifting]

(n.m.) Action de bouger une MASSE (sens 2) vers un endroit plus en hauteur.

levier [lever]

(n.m.) ORGANE allongé posé sur un APPUI et permettant de diminuer la FORCE à appliquer à un endroit pour soulever une CHARGE (sens 1) appliquée à un autre endroit. En fonction de l'endroit où se situe l'APPUI par rapport à la CHARGE (sens 1) et la FORCE, il existe trois configurations de levier :

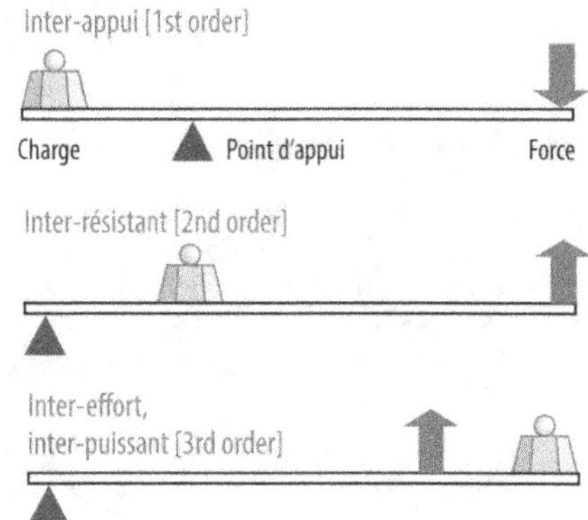

liaison [connection]

(n.f.) Relation de CONTACT entre deux PIÈCES (sens 1) qui autorise une mobilité plus ou moins importante (en fixant entre zéro et six DEGRÉS DE LIBERTÉ) de l'une par rapport à l'autre.
→ Voir LIAISON EN ROTATION.

liaison en rotation [shaft-hub connection, shaft-hub coupling]

(n.f.) DISPOSITIF rendant solidaire un ARBRE (sens 2) et un MOYEU afin de transmettre un COUPLE DE FORCE et un MOUVEMENT DE ROTATION.
A. Le tableau suivant donne un aperçu des principaux SYSTÈMES de liaison en rotation avec leurs CARACTÉRISTIQUES principales :

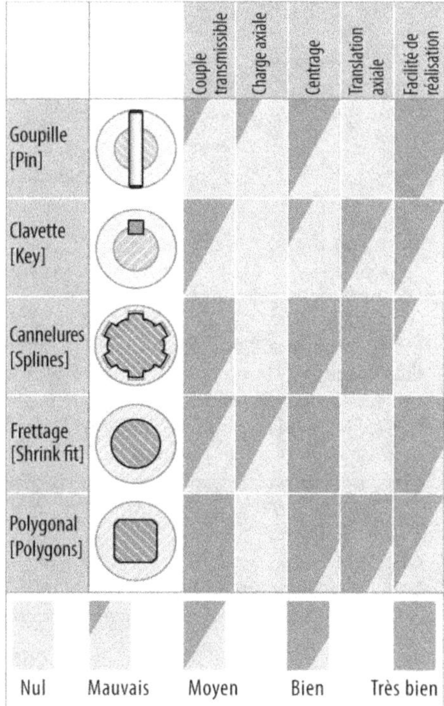

B. Ne pas confondre avec le GUIDAGE EN ROTATION.

liant [bond, binder]

(n.m.) SUBSTANCE permettant de faire tenir ensemble une multitude de particules PULVÉRULENTES ou GRANULEUSES qui deviennent un bloc SOLIDE.
A. Un liant permet, par exemple, de tenir ensemble des GRAINS D'ABRASIF et de les mettre en forme pour les transformer en OUTIL D'ABRASION tel que les MEULES. Le liant peut, dans ce cas, être du CAOUTCHOUC, du (PLASTIQUE), MATIÈRE PLASTIQUE, de la CÉRAMIQUE ou un MÉTAL, etc.

B. Le CIMENT est aussi un liant pour agglomérer du sable, des gravillons et des TIGES métalliques qui deviennent un MATÉRIAU DE CONSTRUCTION appelé BÉTON.
◆ Syn. : AGGLOMÉRANT.

liège [cork]

(n.m.) MATÉRIAU naturel léger provenant de l'écorce d'un arbre et possédant des PROPRIÉTÉS en tous genres assez remarquables.
A. Sa particularité est de posséder un COEFFICIENT DE POISSON égale à zéro. Ce qui veut dire qu'il ne diminue pas de LARGEUR quand on l'étire en LONGUEUR.
B. Il est utilisé en construction comme REVÊTEMENT de sol et PLAQUE d'isolation thermique et phonique. Il existe sous forme de bloc de MATIÈRE, de FEUILLE, de ROULEAUX (sens 1), d'AGGLOMÉRÉ, de GRANULÉ.
C. Aspect du MATÉRIAU :

D. Quelques CARACTÉRISTIQUES :

Masse volumique :	$0,15 \pm 0,05$ g/cm^3
Conductivité thermique :	0,074 W/m·K
Classement au FEU :	M3

Avantages

E. Très léger. Bonne isolation thermique, électrique et phonique. Imperméable aux LIQUIDES et GAZ. IMPUTRESCIBLE (résistant aux moisissures et champignons). Durable. ANTISTATIQUE. ANTIVIBRATOIRE. Bonne stabilité dimensionnelle à la TEMPÉRATURE et à l'humidité. N'absorbe pas d'eau ce qui le rend insubmersible. Chimiquement inerte. ALIMENTARITÉ sans risque. Inodore. Bonnes PROPRIÉTÉS adhésives permettant le COLLAGE. Large plage de TEMPÉRATURE D'UTILISATION de -80°C à 140°C. N'est pas FRAGILE.

 **Inconvénients**

F. Bien que ressource naturelle renouvelable, il est relativement peu ABONDANT.

ligne [line]

(n.f.) Trait, tracé géométrique permettant de figurer le CONTOUR d'un objet.
→ Voir aussi (TRAIT), TYPE DE TRAIT.

limage [filing]

(n.m.) OPÉRATION de frottage en aller et retour d'un MATÉRIAU avec un OUTIL | MÉTALlique DUR et doté de DENTS appelé LIME.

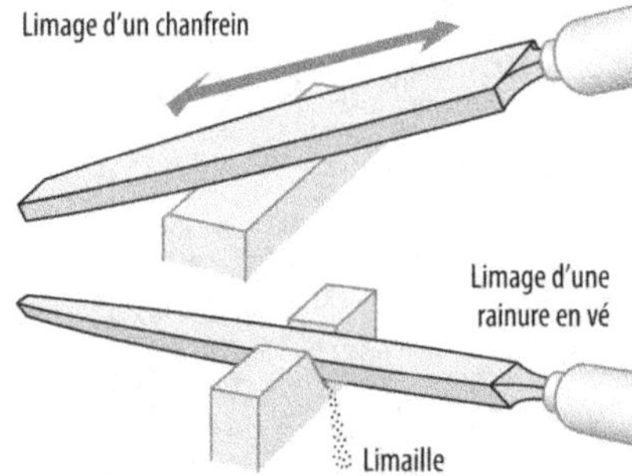

Limage d'un chanfrein

Limage d'une rainure en vé

Limaille

→ Voir aussi ÉBAVURAGE MANUEL.

limaille [swarf, filings]

(n.f.) POUDRE | MÉTALLIQUE fine arrachée par l'OPÉRATION de LIMAGE.
• Note : Ne pas confondre avec le COPEAU qui est, en général, de plus grosse taille et souvent enroulé.
→ Voir LIMAGE.
→ Voir CARDE À LIME pour le petit ustensile permettant d'enlever la limaille encrassant la DENTURE des LIMES.

lime [file]

(n.f.) OUTILLAGE MANUEL | DUR et doté de DENTS permettant de tailler petit à petit le MATÉRIAU sur lequel il est frotté.

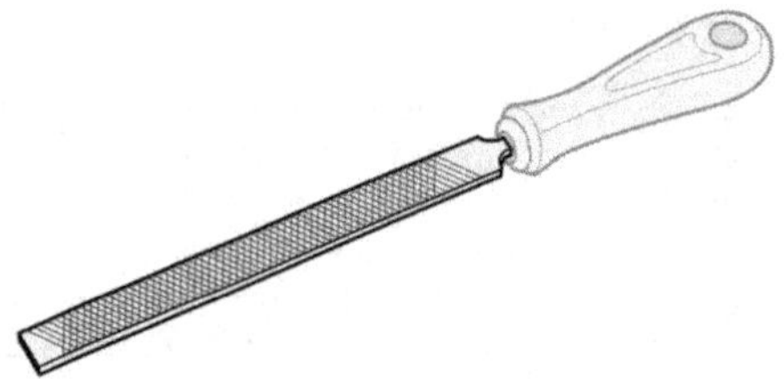

A. La lime est un OUTIL pour l'ÉBAVURAGE, l'ÉBARBAGE, l'AJUSTEMENT ou la FINITION et non pour la PRODUCTION.
→ Voir, par exemple, ÉBAVURAGE MANUEL.
Elle est le plus souvent en ACIER à haute teneur en CARBONE ou en ACIER ALLIÉ au CHROME de DURETÉ au moins 65 HRC.
B. Une lime est définie par les CARACTÉRISTIQUES suivantes :
• le PROFIL de sa SECTION. Ci-dessous les plus courants :

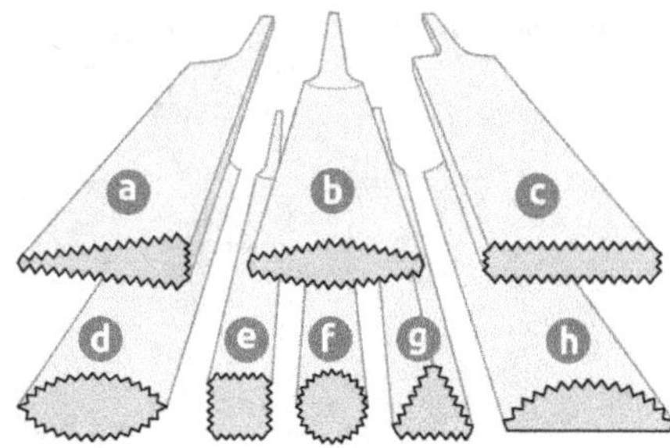

a. Lime couteau
b. Lime à fendre
c. Lime plate
d. Lime feuille de sauge
e. Lime carrée
f. Lime ronde
g. Lime triangle (tiers-point)
h. Lime demi-ronde

• le type de motif de RUGOSITÉ ou la « taille ». Elle détermine le MATÉRIAU pouvant être travaillé. Les plus répandues sont :
La « taille double ou croisée » adaptée à tous les matériaux métalliques, en général.

La « taille simple » pour l'ACIER uniquement.

La « taille courbe » pour les TÔLES fines ou les métaux tendres.

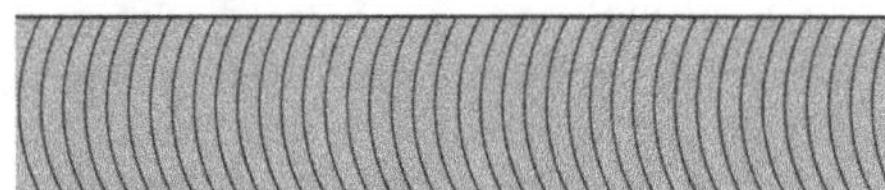

La « taille râpe » pour le BOIS et les (PLASTIQUES), MATIÈRES PLASTIQUES.

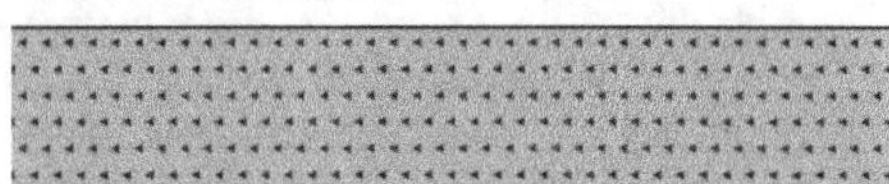

Le choix de la taille de la lime en fonction des MATÉRIAUX travaillés est résumé dans le tableau suivant :

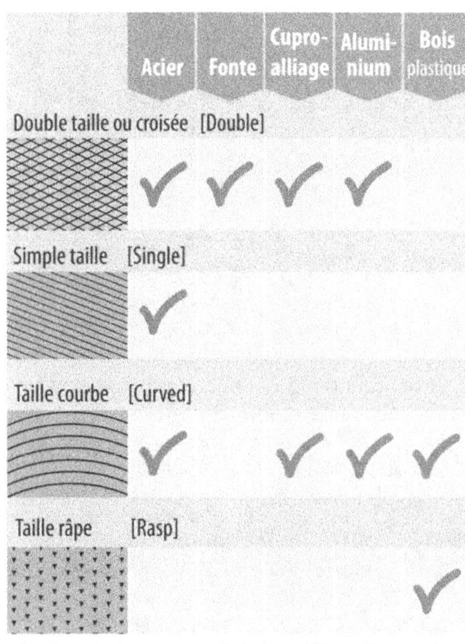

	Acier	Fonte	Cupro-alliage	Alumi-nium	Bois plastique
Double taille ou croisée [Double]	✓	✓	✓	✓	
Simple taille [Single]	✓				
Taille courbe [Curved]	✓		✓	✓	✓
Taille râpe [Rasp]					✓

• le degré de RUGOSITÉ de la taille qui peut être « bâtarde » c'est à dire très grossière pour l'ÉBAUCHE, « demi-douce » c'est à dire moyenne pour les travaux courants et enfin « douce », c'est à dire fine pour les OPÉRATIONS de FINITION.
• la LONGUEUR de la lime mesurée sans la queue est de l'ordre de 30 cm pour les gros modèles (12 pouces) et 12 à 15 cm (5 à 6 pouces) pour les petits modèles.

limite de fatigue [endurance limite, fatigue limit]

(n.f.) Valeur de CONTRAINTE MÉCANIQUE cyclique bien en dessous de la RÉSISTANCE À LA RUPTURE, à partir de laquelle un MATÉRIAU peut tout de même se rompre à cause de la répétitivité de la SOLLICITATION MÉCANIQUE.
$\longrightarrow$ Voir RÉSISTANCE LIMITE À LA FATIGUE pour les détails.

limite d'élasticité [elastic limit]

(n.m.) Valeur de CONTRAINTE MÉCANIQUE de TRACTION au delà de laquelle un MATÉRIAU ne revient plus à sa FORME initiale même si la CONTRAINTE (sens 3) est relâchée.
Sur une (TRACTION), COURBE DE TRACTION CONVENTIONNELLE, la limite d'élasticité est le point au delà duquel la LOI DE HOOKE de proportionnalité entre la CONTRAINTE MÉCANIQUE et l'ALLONGEMENT n'est notablement plus valide.
Sur la courbe ci-dessus, la limite d'élasticité est R_e exprimée en MPa ou N/mm^2.

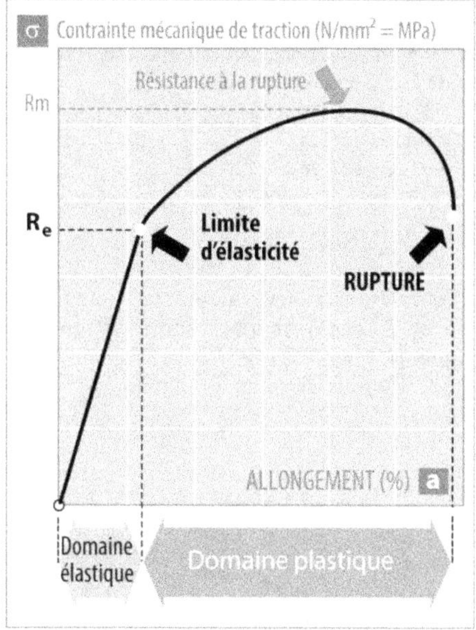

• Note : Pour la clarté de l'explication, les proportions de la COURBE DE TRACTION ne sont pas respectées, en particulier l'étendue du domaine élastique est ici très exagérée.
$\longrightarrow$ Voir ÉCROUISSAGE pour un exemple de COURBE DE TRACTION avec les proportions réelles.

limite d'élasticité apparente [apparent elastic limit]

(n.m.) Valeur de RÉSISTANCE LIMITE D'ÉLASTICITÉ d'un MATÉRIAU correspondant à une irrégularité bien visible de la (TRACTION), COURBE DE TRACTION CONVENTIONNELLE.

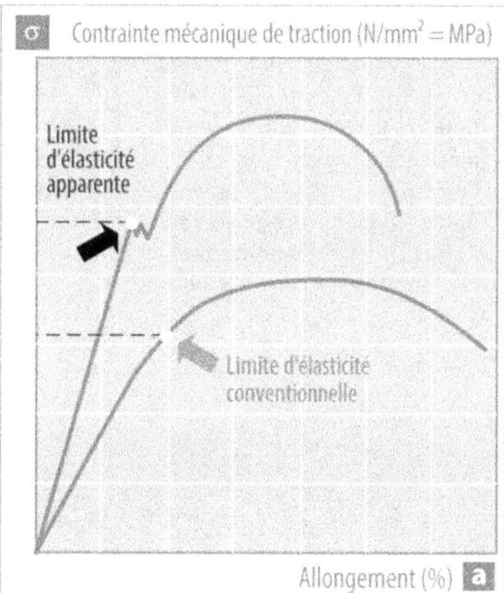

Pour certains MATÉRIAUX (ACIER DUR, POLY-
MÈRE...), la limite d'élasticité n'est pas clairement visible. Dans ces cas, elle est déterminée
de façon conventionnelle.
→ Voir LIMITE D'ÉLASTICITÉ CONVENTIONNELLE
pour les détails.
→ Voir également LOI DE HOOKE.

limite d'élasticité conventionnelle [yield strength]

(n.f.) Valeur de RÉSISTANCE LIMITE D'ÉLASTICITÉ
pour les MATÉRIAUX sans LIMITE D'ÉLASTICITÉ AP-
PARENTE et qui est prise, par convention, correspondant à la DÉFORMATION PERMANENTE de
0,2 % ou 0,002.

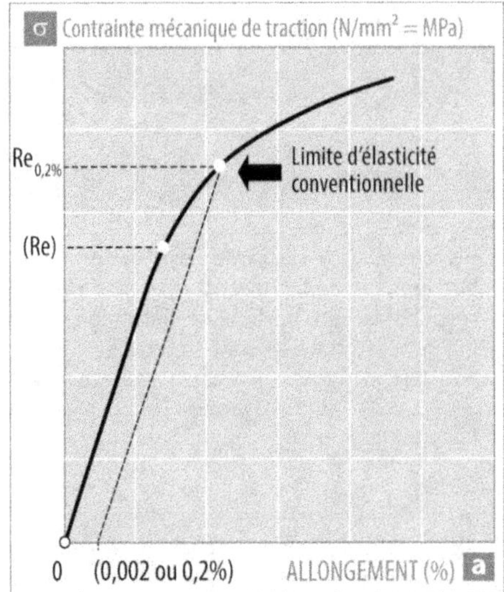

→ Voir MODULE D'ÉLASTICITÉ LONGITUDINALE
pour la justification de cette valeur de DÉFOR-
MATION.

limiteur de couple [torque limiter]

(n.m.) DISPOSITIF conçu pour cesser de transmettre un MOUVEMENT DE ROTATION lorsque
l'effort MÉCANIQUE correspondant devient trop
élevé, afin de protéger le reste de la CHAÎNE CI-
NÉMATIQUE de possibles avaries.
Ex. : *Limiteur de couple à billes.*

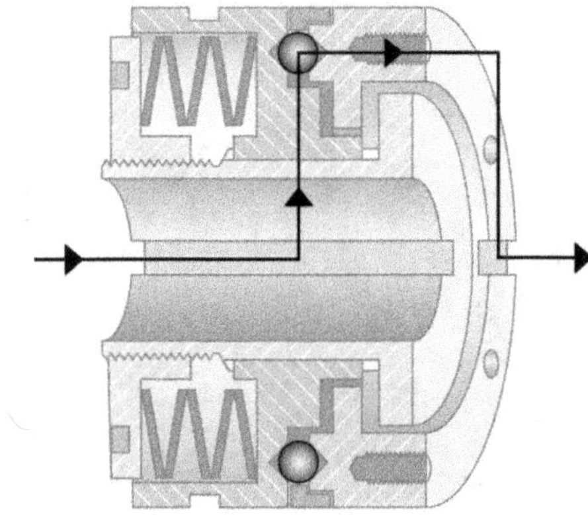

Le limiteur de couple agit comme un DÉBRAYAGE
évitant, par exemple, de caler et d'endommager un MOTEUR en cas de BLOCAGE des DISPOSI-
TIFS qu'il entraîne.
→ Voir aussi RONDELLE-RESSORT.

lingot [ingot]

(n.m.) Bloc de MÉTAL issu de la première COULÉE
lors de son ÉLABORATION.
A. L'ÉLABORATION de la plupart des MÉTAUX
passe par l'état LIQUIDE suivi d'une étape de SO-
LIDIFICATION plus ou moins contrôlée qui produit le MATÉRIAU avec une MICROSTRUCTURE plus
ou moins homogène. La séquence ci-après décrit un exemple de solidification d'un ALLIAGE
dans une lingotière.

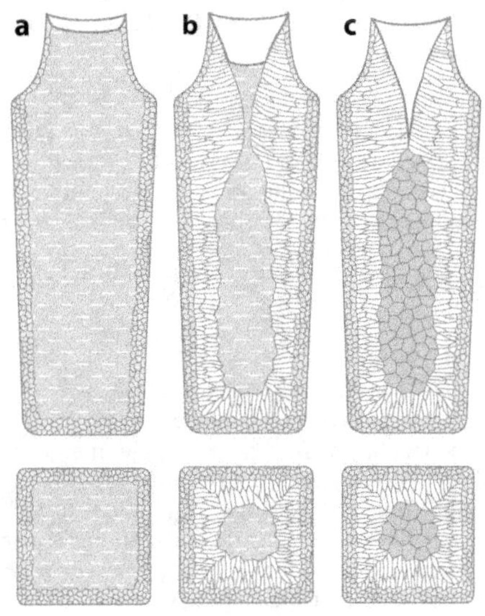

→ Voir aussi SOLIDIFICATION.

D'une façon générale, la MICROSTRUCTURE d'un lingot est encore inapte à l'utilisation et nécessite des étapes de CORROYAGE et de TRAITEMENTS THERMIQUES.

B. L'illustration suivante montre les différents PRODUITS INTERMÉDIAIRES (BRAME, BLOOM, etc.) issus du lingot d'ACIER et qui permettent d'obtenir les DEMI-PRODUITS (LAMINÉ, PLAT, TÔLE, BARRE, TUBE, etc.) disponibles dans le commerce pour la FABRICATION de PIÈCE FINIE :

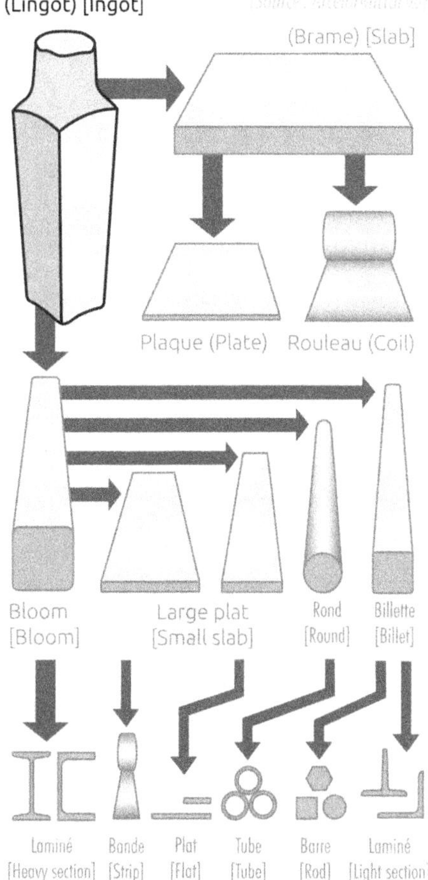

C. Pour le cas de l'ACIER, la COULÉE en lingot est progressivement supplantée par la COULÉE CONTINUE qui possède l'avantage de diminuer le nombre des OPÉRATIONS intermédiaires de CORROYAGE tout en fournissant un MÉTAL de meilleure qualité.

→ Voir aussi CALMAGE et ACIER CALMÉ.

liquide [liquid]

(n.m.) SUBSTANCE à VOLUME bien défini, pouvant s'écouler et prenant la FORME du récipient le contenant.

Le liquide est l'un des ÉTATS DE LA MATIÈRE.

liquide [liquid]

(adj.) Capable de s'écouler en parlant d'une SUBSTANCE. Qui a un VOLUME bien défini et prenant la forme du récipient le contenant.

liquide d'arrosage [coolant]

(n.m.) SUBSTANCE fluide pour asperger un OUTIL DE COUPE afin de le refroidir, le lubrifier et évacuer les COPEAUX.

◆ Syn. : FLUIDE DE COUPE.
→ Voir aussi LUBRIFICATION.

liquidus [liquidus]

(n.m.) Ligne sur un DIAGRAMME DE PHASE d'ALLIAGES, représentant les TEMPÉRATURES de FUSION complète pendant le chauffage ou le début de SOLIDIFICATION pendant le REFROIDISSEMENT.

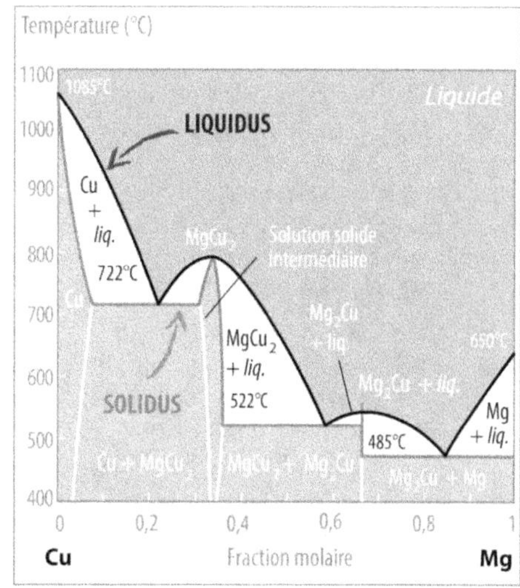

→ Voir DIAGRAMME DE PHASE ; SOLIDUS.

listel [margin]

(n.m.) Partie CYLINDRIQUE | RECTIFIÉE sur la lèvre HÉLICOÏDALE d'un FORET pour servir de GUIDAGE.
A. C'est le listel qui donne au FORET son DIAMÈTRE NOMINAL car ce sont les points les plus saillants. Des bonnes CARACTÉRISTIQUES du listel dépendent en partie la qualité (fini de SURFACE, RECTITUDE, CIRCULARITÉ) du TROU percé.
B. D'une façon générale, un FORET classique possède deux listels (un par ARÊTE DE COUPE). Certains modèles en possèdent trois ou quatre pour des travaux particuliers nécessitant de meilleures PRÉCISIONS (OUTILLAGES (sens 2)...) En effet, le listel supplémentaire apporte une stabilité sensiblement meilleure du MOUVEMENT du FORET.

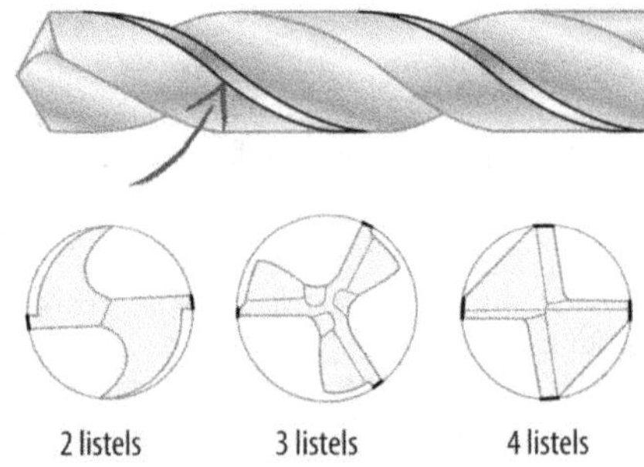

loi de hooke [hooke's law]

(n.f.) Voir les détails à la rubrique (HOOKE), LOI DE HOOKE.

longitudinal [longitudinal]

(adj.) Suivant le SENS de la LONGUEUR.
◊ Contr. : TRANSVERSAL ; RADIAL.

longueur [length]

(n.f.)
1. DIMENSION (sens 1) totale d'un objet d'une extrémité à l'autre.
Ex. : *Longueur d'un profilé.*
2. La plus grande DIMENSION (sens 1) d'un objet, la plus petite étant l'ÉPAISSEUR.
Ex. : *Longueur d'un rectangle.*

lopin [bar stock]

(n.m.) Petite portion d'une BARRE obtenue par DÉBITAGE et utilisé comme point de départ pour une OPÉRATION de MISE EN FORME.

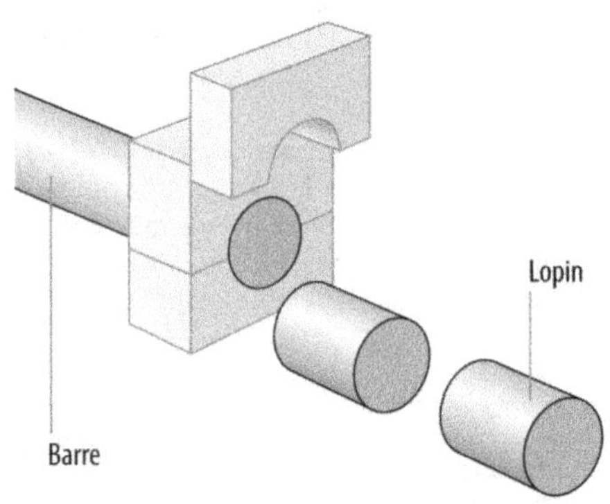

→ Voir aussi DÉBITAGE.

lot [set]

(n.m.) Un ensemble de plusieurs choses considérées comme une seule.
Ex. : *Un lot de* PIÈCES.

lubrifiant [lubricant]

(n.m.) SUBSTANCE grasse ou huileuse permettant de réduire le FROTTEMENT ou empêcher l'ÉCHAUFFEMENT.

lubrification [lubrication]

(n.f.) Aspersion ou immersion dans de l'HUILE ou de la GRAISSE pour diminuer le FROTTEMENT ou éviter l'ÉCHAUFFEMENT.
Ex. 1 : *Lubrification d'*ENGRENAGES.

Photo : Maxuser2

Ex. 2 : *Lubrification d'une pièce en cours de* FRAI-SAGE.

Photo : Dmitry Kilinovsky

La lubrification peut être réalisée par les façons suivantes :
• Lubrification manuelle par application au pinceau, BURETTE, spray ou pompe manuelle.
• Lubrification compte-goutte.
• Lubrification par barbotage ou BAIN D'HUILE.
• Lubrification par barbotage et projection.
• Lubrification par circulation d'huile sous-pression.
• Lubrification par brouillard d'huile.
→ Voir aussi BAIN D'HUILE.

lumière

(n.f.)
1. [light] PHÉNOMÈNE éclairant.
2. [aperture] Ouverture étroite à travers une PIÈCE (sens 1) pleine.

lunette [support-bearing]

(n.f.) ÉQUIPEMENT d'un TOUR (sens 1) évitant le FLÉCHISSEMENT d'une PIÈCE (sens 1) très longue pendant son USINAGE, en agissant comme support. Elle peut être fixe par rapport au BÂTI de la MACHINE ou mobile suivant le CHARIOT.

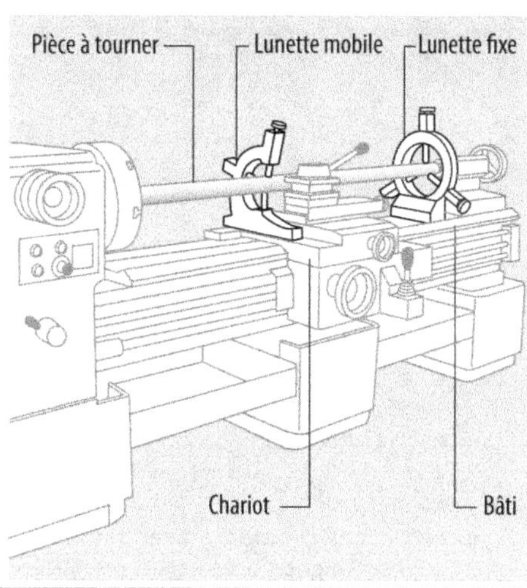

lunette de protection [goggles]

(n.f.) ÉQUIPEMENT de SÉCURITÉ empêchant des particules ou des rayonnements d'atteindre les yeux d'un opérateur.
La lunette de protection est obligatoire pour tous les travaux dangereux tels que le SOUDAGE, le MEULAGE, l'AFFÛTAGE, etc.

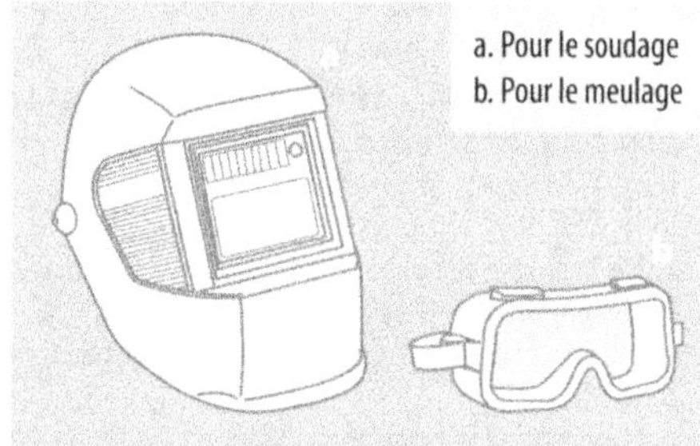

→ Voir aussi VISIÈRE pour un autre ÉQUIPEMENT de sécurité du visage et des yeux.

M, m

machine [engine]

(n.f.) Produit de l'ASSEMBLAGE (sens 1) de PIÈCES (sens 1), d'ORGANEs, de DISPOSITIFs ou MÉCANISMES souvent complexes utilisant de l'ÉNERGIE ou la transformant pour effectuer des OPÉRATIONS | MÉCANIQUES dépassant les capacités de l'homme.

• Note : Ne pas confondre avec APPAREIL qui n'est pas forcément d'ordre MÉCANIQUE. Cependant, la distinction entre machine et APPAREIL n'est pas toujours claire. Dans le langage quotidien, une machine est plutôt de taille encombrante de telle sorte qu'elle ne puisse pas être déplacée facilement ; un APPAREIL est de plus petite taille et est susceptible d'être déplacé aisément.

machine à commande manuelle [manually controlled machine]

(n.f.) MACHINE dont le contrôle se fait par l'action des mains et des pieds par l'intermédiaire d'ORGANES DE MANŒUVRE tels que la MANIVELLE, le LEVIER, la MANETTE, la PÉDALE, etc.

A. Ce terme est surtout utilisé pour spécifier la différence avec les MACHINES À COMMANDE NUMÉRIQUE contrôlée par des programmes informatiques.

B. Ne pas confondre avec l'OUTILLAGE ÉLECTROPORTATIF.

machine à commande numérique [numerically controlled machine]

(n.f.) Type de MACHINE automatique dont le contrôle est assuré par un programme informatique qui coordonne, définit et déclenche tous les MOUVEMENTS, au lieu d'être actionné par les mains ou les pieds avec des ORGANES DE MANŒUVRE.

Ex. : *Pupitre de commande d'un CENTRE D'USINAGE.*

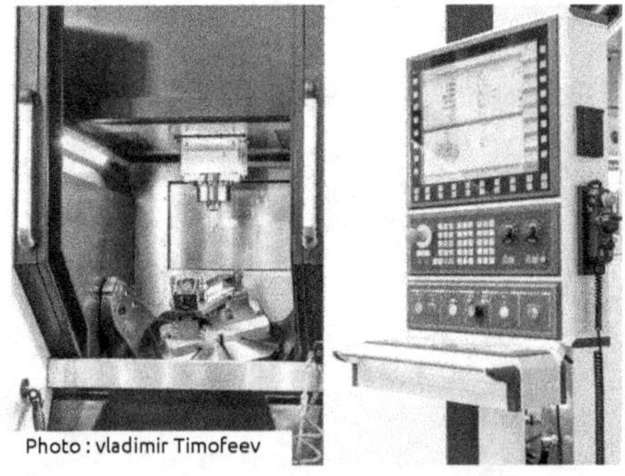

Photo : vladimir Timofeev

◊ **Contr. :** MACHINE À COMMANDE MANUELLE ; MACHINE CONVENTIONNELLE.

→ **Voir aussi** COMMANDE NUMÉRIQUE.

machine à mesurer tridimensionnelle [coordinate measurement machine, coordinate measuring machine]

(n.f.) MACHINE très précise de MÉTROLOGIE équipée d'un MARBRE (sens 1) sur laquelle est posée la PIÈCE (sens 1) à mesurer et d'un PALPEUR se déplaçant suivant trois ORIENTATIONS perpendiculaires.

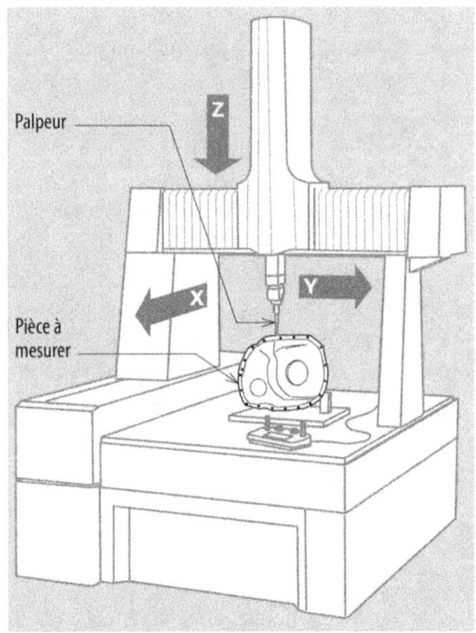

Le PALPEUR peut parcourir toute la PIÈCE (sens 1)pour acquérir toutes les DIMENSIONS (sens 1) permettant de décider, après calcul, si elle est conforme aux SPÉCIFICATIONS du PLAN (sens 2). La machine à mesurer tridimensionnelle est capable de donner l'écart des DÉFAUTS dimensionnels, de FORME et de POSITION.

Ex. : *Palpeur d'une machine à mesurer tridimensionnelle en page suivante.*

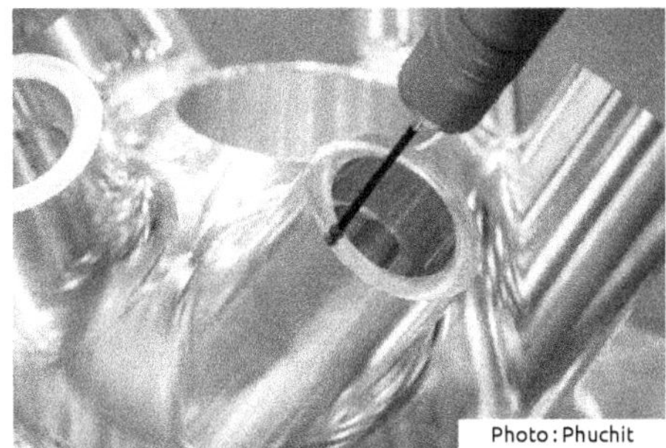

Photo : Phuchit

machine conventionnelle [manually controlled machine]

(n.f.) Même signification que MACHINE À COMMANDE MANUELLE, c'est à dire MACHINE actionnée avec les mains ou les pieds par l'intermédiaire d'ORGANES DE MANŒUVRE tels que les MANIVELLES, les MANETTES, les LEVIERS, les PÉDALES, etc.
• Note : Ce terme est souvent utilisé pour spécifier la différence avec les MACHINES À COMMANDE NUMÉRIQUE.

machine de découpe jet d'eau [waterjet machine]

(n.f.) MACHINE À COMMANDE NUMÉRIQUE à TABLE | HORIZONTALE supportant une TÔLE, une FEUILLE ou une PIÈCE (sens 1) à découper par une tête animée d'un parcours précis et projetant de l'eau et un ABRASIF SOUS-PRESSION.
La tête peut quelquefois changer d'ORIENTATION pour permettre une DÉCOUPE 3D.

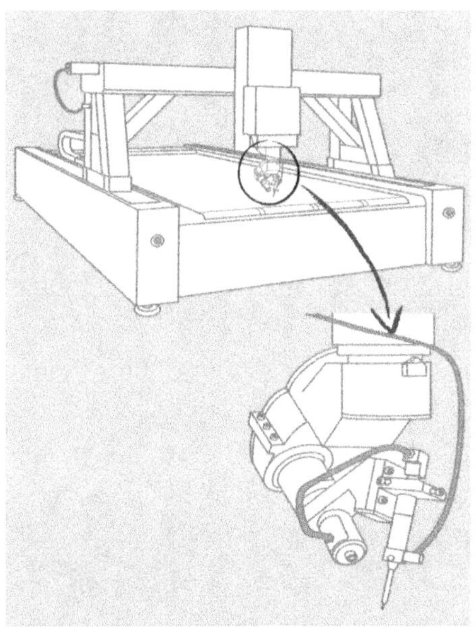

→ Voir DÉCOUPE JET D'EAU.

machine de découpe laser [laser cutting machine]

(n.f.) MACHINE À COMMANDE NUMÉRIQUE à TABLE | HORIZONTALE supportant une TÔLE, une FEUILLE ou une PIÈCE (sens 1) qu'une tête animée d'un parcours précis et projetant un faisceau de lumière à haute énergie vient entamer et couper.

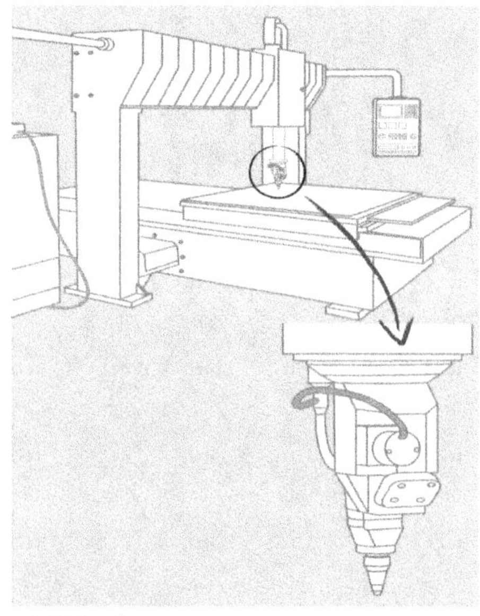

→ Voir DÉCOUPE LASER.

machine de découpe plasma [plasma cutting machine]

(n.f.) MACHINE À COMMANDE NUMÉRIQUE à TABLE | HORIZONTALE supportant une TÔLE MÉTALLIQUE à découper par une TORCHE PLASMA animée d'un parcours suivant un CONTOUR précis.

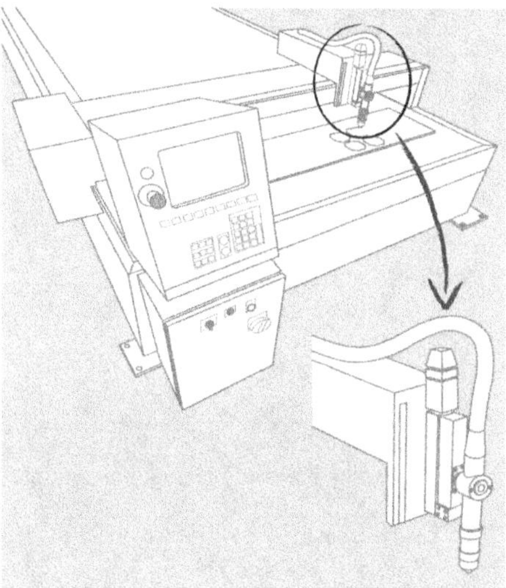

machine d'essai [test machine]

(n.f.) MACHINE à mesurer les CARACTÉRISTIQUES de MATÉRIAU ou la FIABILITÉ d'un MÉCANISME. Quelques exemples :

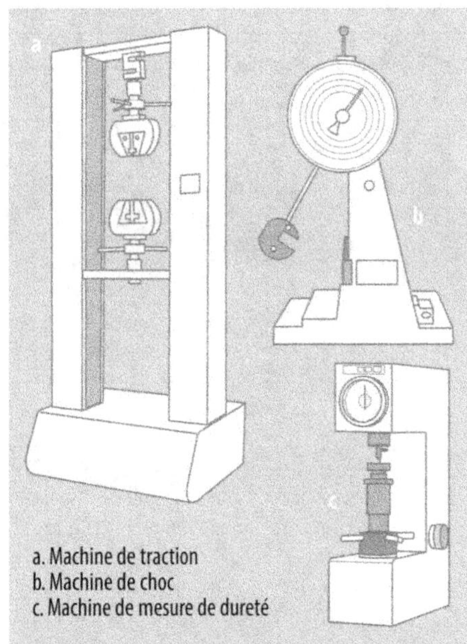

a. Machine de traction
b. Machine de choc
c. Machine de mesure de dureté

machine d'oxycoupage [oxy-cutting machine]

(n.f.) MACHINE À COMMANDE NUMÉRIQUE à TABLE | HORIZONTALE supportant une TÔLE à découper par un CHALUMEAU animé d'un parcours suivant un CONTOUR précis.

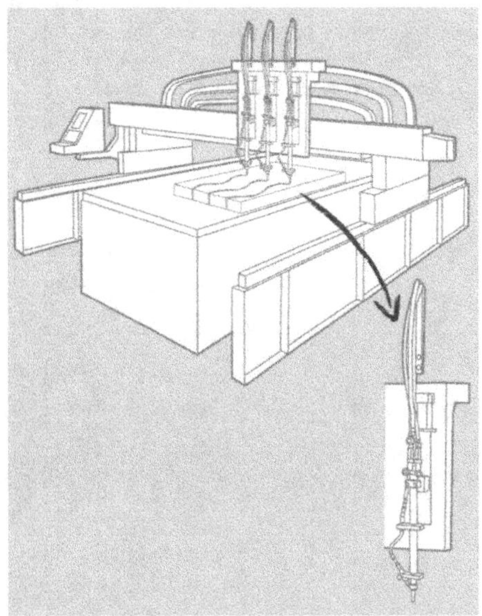

machine-outil [machine tool]

(n.f.) MACHINE à mettre en forme des MATÉRIAUX par DÉFORMATION ou enlèvement de MATIÈRE grâce au MOUVEMENT précis d'OUTILLAGES (sens 2) ou d'OUTILs adaptés dessus.

A. Quelques exemples de machines-outils par enlèvement de copeaux :

Ex. 1 : *TOUR CONVENTIONNEL*.

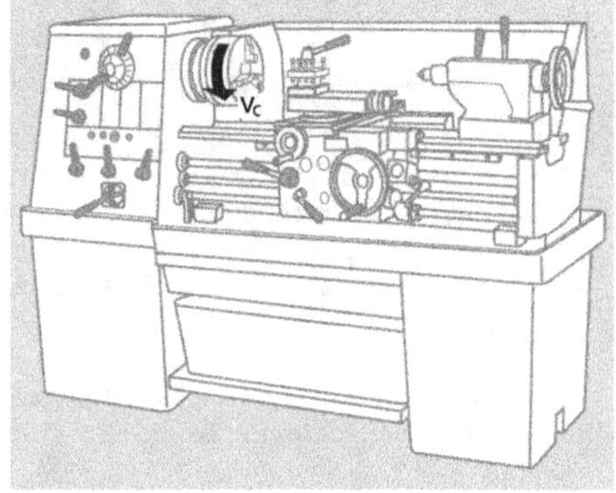

Ex. 2 : *MORTAISEUSE*.

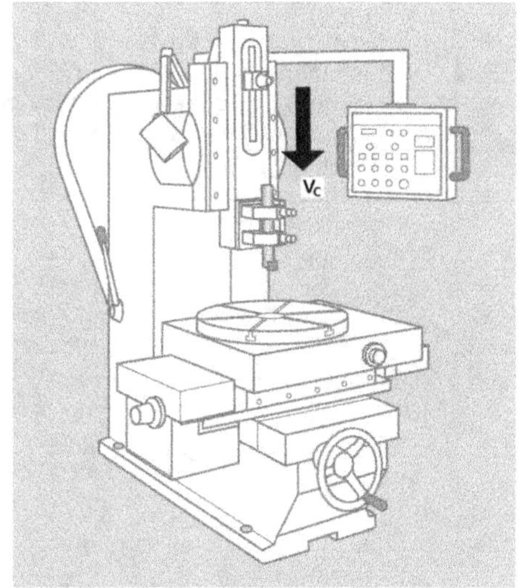

Ex. 3 : *PERCEUSE RADIALE.*

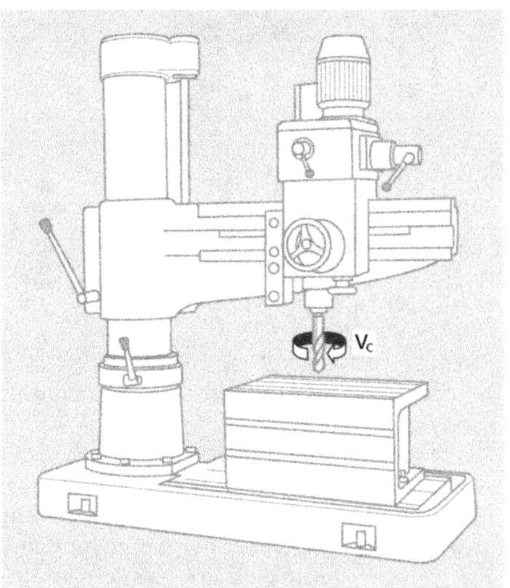

B. Une machine-outil peut être du type conventionnel ou À COMMANDE NUMÉRIQUE.
→ **Voir aussi** FRAISEUSE, PERCEUSE, RABOTEUSE, ÉTAU-LIMEUR, RECTIFIEUSE.

---

macle [twins]

(n.f.) Anomalie, irrégularités dans l'ordre de la séquence d'empilement des plans d'atomes d'une STRUCTURE CRISTALLINE ou décalage symétrique d'un ou plusieurs plans entiers par CISAILLEMENT.
A. Schéma de maclage à l'échelle NANOSCOPIQUE du CRISTAL :

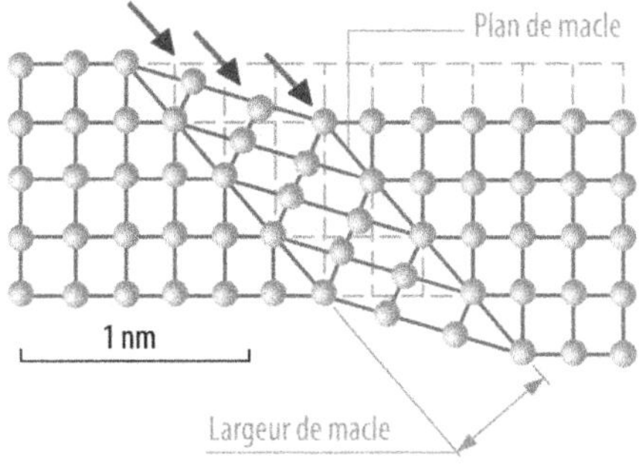

• Note : L'échelle ne concerne que la maille du cristal, pas pour les atomes !
Ci-contre, une visualisation des lignes de macles sur une coupe micrographique à l'échelle MICROSCOPIQUE :

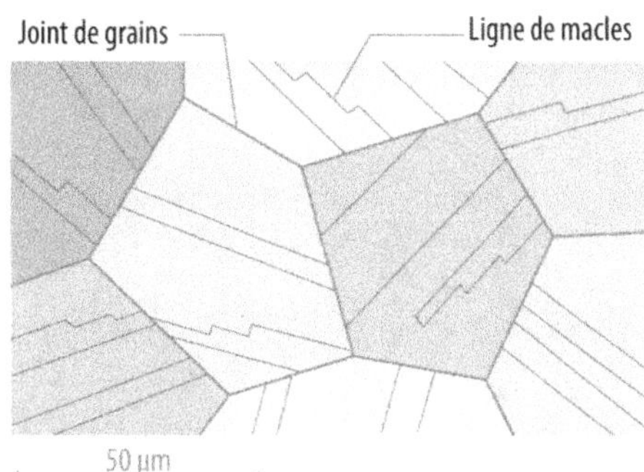

B. Les macles ont une influence sur les PROPRIÉTÉS MÉCANIQUES des MATÉRIAUX, notamment sur la PLASTICITÉ (l'ÉTAIN pur à TEMPÉRATURE AMBIANTE se déforme plastiquement par la formation d'importantes quantités de macles qui produisent un bruit caractéristique). Ces macles sont courantes dans les MÉTAUX à structure cubique face centrée, comme, par exemple, l'AUSTÉNITE. À signaler aussi que les macles sont à l'origine des PROPRIÉTÉS étonnantes des ALLIAGES à mémoire de forme.
C. Ne pas confondre avec les DISLOCATIONS.
→ **Voir aussi** STRUCTURE MICROSCOPIQUE.

---

macromolécule [macromolécule]

(n.f.) Molécule contenant un grand nombre d'atomes (généralement de l'ordre de mille à un million) dont les enchaînements produisent des structures linéaires, lamellaires ou tridimensionnelles.
Les POLYMÈRES sont, par exemple, des MACROMOLÉCULES (linéaires enchevêtrées avec quelquefois des ramifications) obtenues par répétition d'un même motif. À titre d'illustration, chaque MACROMOLÉCULE de POLYÉTHYLÈNE basse densité (PEhd) est souvent constitué de l'enchaînement de 4 000 à 40 000 motifs identiques. Le polyéthylène à ultra haut poids moléculaire (PEuhpm) quand à lui peut être constitué de 100 000 à 250 000 motifs identiques.

---

macroscopique [macroscopic]

(adj.) Qui est de l'échelle de grandeur supérieure à 0,1 mm (10^{-4} m) et qui est visible à l'oeil nu, sans l'aide de moyens particuliers.

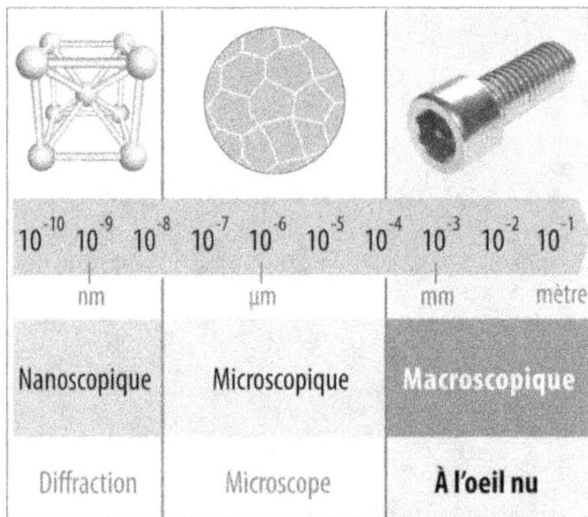

Les ÉCHELLES (sens 3) plus petites nécessitant des APPAREILS d'observation particuliers sont appelées MICROSCOPIQUE et NANOSCOPIQUE.
→ Voir aussi STRUCTURE MACROSCOPIQUE.

MAG [Metal Active Gas]

Acronyme d'un PROCÉDÉ de SOUDAGE À L'ARC ÉLECTRIQUE dans lequel un fil utilisé comme électrode se consume en constituant en même temps MÉTAL D'APPORT. Le PROCÉDÉ s'effectue en présence d'un GAZ DE PROTECTION ayant une influence sur les paramètres de réglage et sur le CORDON DE SOUDURE contrairement au SOUDAGE MIG.
→ Voir SOUDAGE MAG.

magnésium (Mg) [magnesium]

(n.m.) MÉTAL blanc très léger et de DURETÉ moyenne.

A. Il peut facilement brûler à l'air en émettant une lumière intense lorsqu'il est sous forme de poudre ou de filament. Il est DUCTILE, MALLÉABLE et facilement MOULABLE. Le CORPS PUR est utilisé pour la FABRICATION de lampe flash et de feux d'artifice, etc. Il peut être mélangé à d'autres MÉTAUX comme l'ALUMINIUM pour donner des ALLIAGES utilisés dans l'aéronautique.
B. Quelques CARACTÉRISTIQUEs :

Symbole chimique :	Mg
État physique à l'ambiante :	Solide
Couleur :	Blanchâtre
Numéro atomique :	12
Masse volumique :	$1{,}738\ \text{g/cm}^3$
T° de fusion :	649°C
Structure cristalline :	Hexagonal Compact

C. Aspect, couleur et rendu du MÉTAL.

magnétisme [magnetism]

(n.m.) PHÉNOMÈNE physique dans les MATÉRIAUX qui leur permet de s'attirer ou de se repousser sans qu'il y ait CONTACT.
A. Le magnétisme provient de la PROPRIÉTÉ de chaque atome à se comporter plus ou moins comme un minuscule AIMANT et de l'arrangement global de ces atomes dans un bloc de MATÉRIAU qui favorise plus ou moins l'attraction ou la répulsion d'un autre bloc.
B. La classification ci-dessous donne les principaux types de MATÉRIAU selon leur comportement au magnétisme. La classification va du moins susceptible au plus susceptible aux PHÉNOMÈNES magnétiques.

Diamagnétique (aucun caractère d'aimant possible)

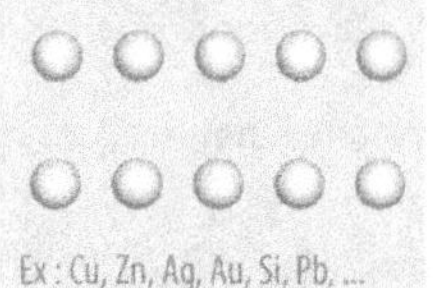

Ex : Cu, Zn, Ag, Au, Si, Pb, ...

Paramagnétique (Caractère d'aimant dispersé)

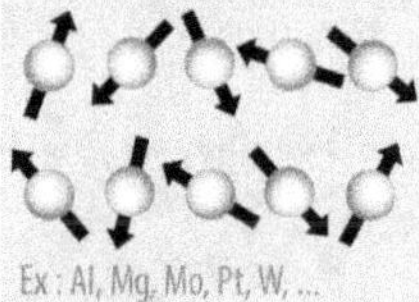

Ex : Al, Mg, Mo, Pt, W, ...

Antiferromagnétique (Caractère d'aimant en opposition)

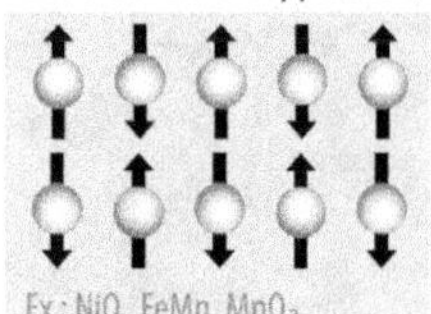

Ex : NiO, FeMn, MnO_2

Ferrimagnétique (caractère d'aimant permanent faible)

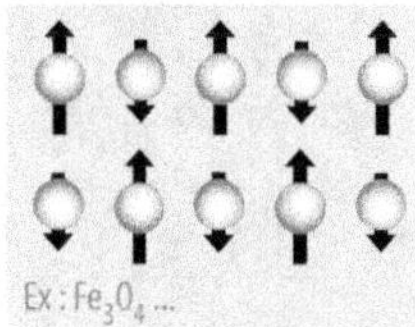

Ex : Fe_3O_4 ...

Ferromagnétique (Caractère d'aimant permanent fort)

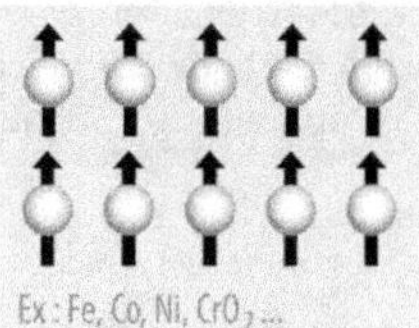

Ex : Fe, Co, Ni, CrO_2 ...

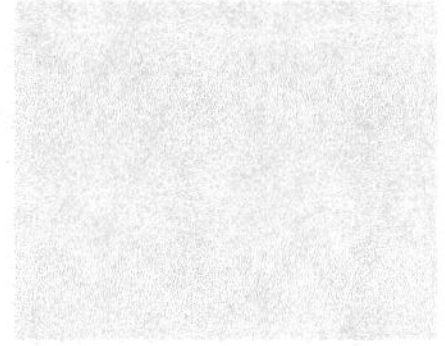

C. Le magnétisme est exploité dans des domaines aussi divers que l'enregistrement d'in-

formation, la MANUTENTION, les MOTEURS et conversion d'énergie, les INSTRUMENTS de navigation, les haut-parleurs, etc. ainsi que pour les FIXATIONS temporaires ou MAINTIEN.
→ Voir aussi AIMANT PERMANENT.

magnétoformage [Magnetic pulse forming]

(n.m.) PROCÉDÉ de MISE EN FORME | (FROID), À FROID utilisant des forces électromagnétiques impulsionnelles pour déformer à très grande vitesse des ébauches métalliques contre une MATRICE (sens 2).

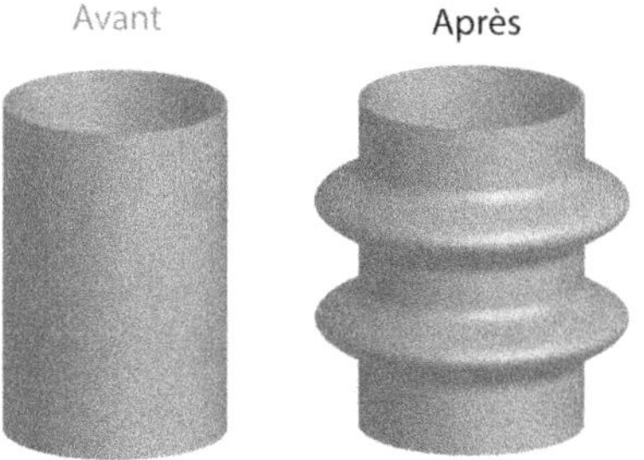

A. La PIÈCE (sens 1) à former est placée entre une bobine qui joue le rôle de POINÇON et une MATRICE (sens 2) possédant la forme recherchée. Lorsque la bobine est traversée par une décharge électrique de forte intensité, elle crée un champ magnétique intense et brusque qui, grâce aux forces de Laplace, projette et déforme la pièce à vitesse élevée (~150 m/s) en un temps très court sur la paroi de la MATRICE (sens 2). Dans un régime de DÉFORMATION aussi violente, la MATIÈRE se comporte différemment de l'état SOLIDE normal en acquérant une FORMABILITÉ plus favorable par rapport aux PROCÉDÉs classiques plus lents (EMBOUTISSAGE, REPOUSSAGE, HYDROFORMAGE, etc.).

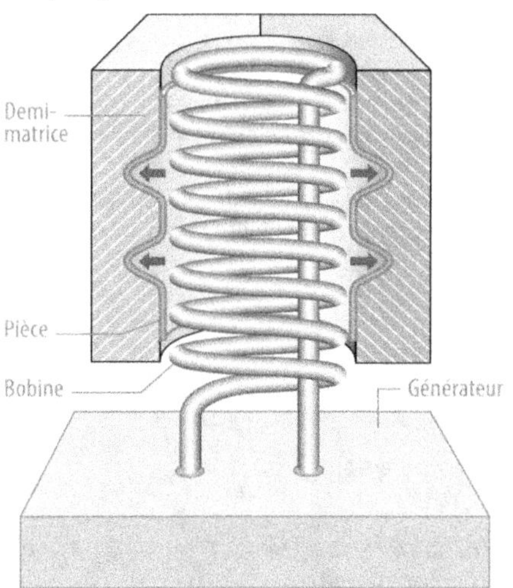

B. Le PROCÉDÉ fonctionne sur les MÉTAUX même non-MAGNÉTIQUES comme l'ALUMINIUM et le CUIVRE, mais aussi ceux avec une mauvaise CONDUCTIVITÉ ÉLECTRIQUE, comme l'ACIER INOXYDABLE. La DÉFORMATION peut s'effectuer en expansion ou en contraction. Le magnétoformage est aussi utilisé pour le SERTISSAGE, le SOUDAGE et la DÉCOUPE.

Avantages

C. Permet d'obtenir des FORMES complexes avec des arêtes très vives et une grande finesse de détails. Peu de retour ÉLASTIQUE de la MATIÈRE après DÉFORMATION. Aucune CONTRAINTE RÉSIDUELLE. Propre car ne nécessitant pas de SUBSTANCE de LUBRIFICATION. Moins de risque de déchirure par FROTTEMENT car aucun contact entre la pièce et le SYSTÈME qui produit la FORCE. Un seul OUTILLAGE (sens 2) requis. ÉTAT DE SURFACE identique à celui de l'OUTILLAGE (sens 2).

Inconvénients

D. Ne convient qu'aux MATÉRIAUX MÉTALLIQUES. ÉQUIPEMENT coûteux.

maillage [meshing]

(n.m.) Découpage géométrique d'une SURFACE ou d'un VOLUME en petites parcelles pour permettre l'application du (ÉLÉMENTS FINIS), CALCUL PAR ÉLÉMENTS FINIS.

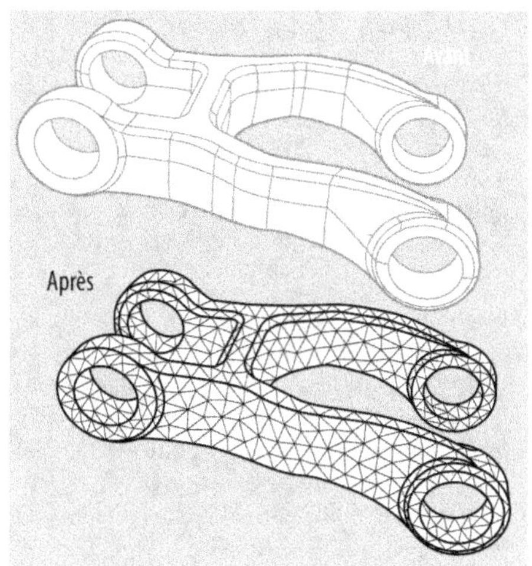

maillechort [nickel silver]

(n.m.) ALLIAGE de CUIVRE, de ZINC et de NICKEL ressemblant à l'ARGENT.
A. Sa COULABILITÉ et sa faible réactivité avec l'ACIER des MOULES permanents en fait un MATÉRIAU de choix pour la COULÉE en grande série de petites pièces.

B. Il est DUR et possède une bonne RÉSISTANCE À LA CORROSION.

C. Il est utilisé en bijouterie et pour la FABRICATION d'INSTRUMENTS scientifiques.

maillet [mallet, soft hammer]

(n.m.) Sorte de MARTEAU dont la zone de frappe est en MATÉRIAU | TENDRE comme le CAOUTCHOUC, par exemple, de manière à ne pas marquer l'objet frappé.

• Note : Ne pas confondre avec le MARTEAU.

main d'œuvre

(n.f.)

1. [labour, workforce] Personnel ouvrier chargé d'accomplir des travaux manuels.

2. [labour cost] Coût du travail manuel exécuté par le personnel ouvrier chargé de l'accomplir. La main d'œuvre entre dans le calcul du coût de revient d'un produit fabriqué en plus du coût de MATIÈRE, du coût de TRANSFORMATION (sens 3) (temps MACHINE, énergie), l'amortissement des ÉQUIPEMENTS (MACHINE, OUTILLAGE (sens 2), etc.), frais d'environnement (administratif, études, manutention, logistique, etc.)

maintenance [maintenance, servicing]

(n.f.) OPÉRATION d'ENTRETIEN d'un SYSTÈME pour en garantir le bon fonctionnement en toute circonstance. Elle peut être envisagée principalement avec deux stratégies très différentes.

→ Voir MAINTENANCE PRÉVENTIVE ; MAINTENANCE CORRECTIVE.

maintenance corrective [corrective maintenance]

(n.f.) Stratégie de MAINTENANCE dans laquelle l'intervention n'est effectuée sur un SYSTÈME qu'à la suite de l'apparition d'une PANNE (sens 1), de DÉFAILLANCE ou de DYSFONCTIONNEMENT. Elle peut être du type MAINTENANCE PALLIATIVE ou MAINTENANCE CURATIVE.

◊ Contr. : MAINTENANCE PRÉVENTIVE.

maintenance curative [remedial maintenance]

(n.f.) Type de MAINTENANCE CORRECTIVE consistant à remettre complètement en état un DISPOSITIF tombé EN PANNE ou défaillant.

• Note : Ne pas confondre avec la MAINTENANCE PALLIATIVE.

maintenance palliative [stop-gap maintenance, palliative maintenance]

(n.f.) Type de MAINTENANCE CORRECTIVE consistant en un DÉPANNAGE provisoire et à moindre coût en attendant une intervention définitive en bonne et due forme appelée MAINTENANCE CURATIVE.

maintenance préventive [preventive maintenance]

(n.f.) Stratégie de MAINTENANCE dans laquelle il s'agit de réduire au mieux la probabilité d'une PANNE (sens 1) par des OPÉRATIONS d'INSPECTION, de CONTRÔLE, de visite à intervalle régulier ou non et d'une politique de remplacement régulier des parties sensibles d'un SYSTÈME.

◊ Contr. : MAINTENANCE CORRECTIVE.

maintien [maintaining]

(n.m.) FIXATION temporaire.

→ Voir, par exemple, AIMANT PERMANENT ; VELCRO®.

(mâle), pièce mâle [male part]

(n.f.) ORGANE destiné à rentrer dans un autre comportant un TROU, un ALÉSAGE (sens 1) ou une RAINURE.

malléable [malleable]

(adj.) Qui est capable d'accepter des DÉFORMATIONS PLASTIQUES de grande amplitude, en parlant d'un MATÉRIAU.

◊ Contr. : FRIABLE.

→ Voir MALLÉABILITÉ pour un classement de MÉTAUX selon leur aptitude pour cette PROPRIÉTÉ.

malléabilité [malleability]

(n.f.) Capacité d'un MATÉRIAU à accepter les DÉFORMATIONS PLASTIQUES de grande amplitude. Plus un MATÉRIAU est MALLÉABLE, meilleure sera sa capacité à être mise en forme par LAMINAGE, FORGEAGE, DÉCOUPAGE, etc.

A. La malléabilité est une PROPRIÉTÉ fréquemment rencontrée dans les métaux à structure cubique.

B. Ci-dessous une liste de MÉTAUX usuels rangés par ordre de malléabilité croissante :

or	(CFC)
argent	(CFC)
aluminium	(CFC)
cuivre	(CFC)
Étain	(tétragonal)
plomb	(CFC)
zinc	(HC)
etc.	

→ Voir aussi DUCTILITÉ.

manchon [sleeve]

(n.m.) ORGANE souvent CYLINDRIQUE utilisé pour réunir deux autres PIÈCES (sens 1).

Ex. : *Manchon de raccord de tuyauterie.*

---

mandrin

(n.m.)

1. [chuck] DISPOSITIF s'adaptant sur la BROCHE (sens 2) d'une MACHINE-OUTIL et permettant de maintenir fermement un OUTIL DE COUPE ROTATIF ou une PIÈCE (sens 1).

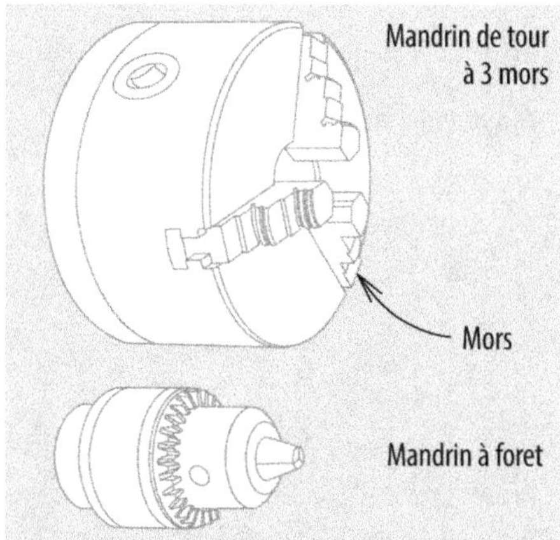

2. [mandrel] Organe CYLINDRIQUE placé dans une ÉBAUCHE creuse de MATIÈRE en vue de la MISE EN FORME intérieure d'un TUBE par FILAGE, ÉTIRAGE, FLUOTOURNAGE, CINTRAGE ou FORGEAGE.

→ Voir, par exemple, ÉTIRAGE ; FLUOTOURNAGE ; TUBE SANS SOUDURE.

---

mandrin à foret [drill chuck]

(n.m.) Type de MANDRIN (sens 1) spécifiquement adapté au SERRAGE d'OUTIL de PERÇAGE.

→ Voir MANDRIN (sens 1).

---

mandrin à mors concentriques [concentric chuck, self-centering chuck]

(n.m.) Type de MANDRIN (sens 1) dont les trois ORGANES de MAINTIEN appelé MORS se déplacent de façon synchrone pour serrer la PIÈCE (sens 1) dans l'AXE (sens 1) du MANDRIN (sens 1).

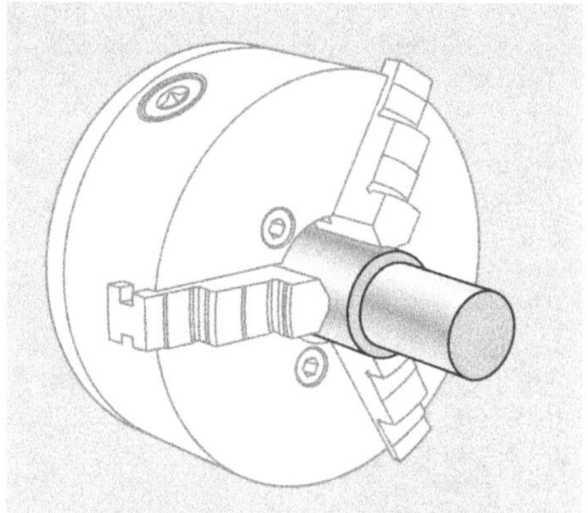

Le mandrin à trois mors concentriques est destiné généralement aux PIÈCES (sens 1) | CYLINDRIQUES. La CONCENTRICITÉ envisageable est de l'ordre de quelques dizièmes de millimètres à quelques centièmes de millimètres pour les meilleurs. Les MORS sont généralement du type durs. Ils peuvent être remplacés par des MORS DOUX qui sont susceptibles d'être usinés une fois en place pour une CONCENTRICITÉ encore plus précise.

◊ Contr. : MANDRIN À MORS INDÉPENDANTS.

---

mandrin à mors indépendants [independant jaw chuck]

(n.m.) Type de MANDRIN (sens 1) à ORGANES de MAINTIEN pouvant être actionnés indépendamment les uns des autres pour des PIÈCES (sens 1) de FORMES pas forcément CYLINDRIQUES.

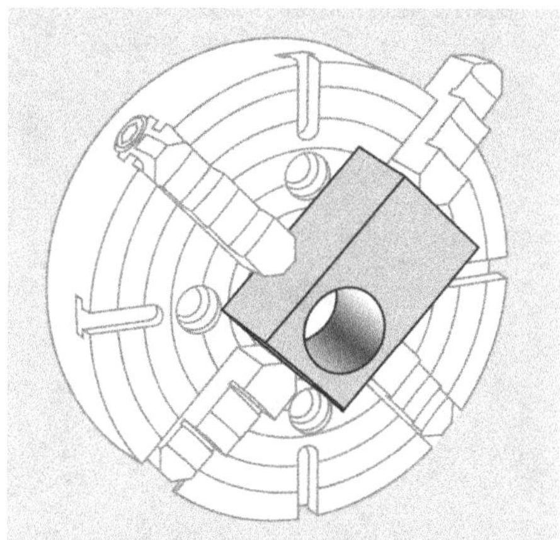

Les mandrins à mors indépendants sont indispensables pour des PIÈCES (sens 1) à FORMES non-CONCENTRIQUES ou PRISMATIQUES.

◊ Contr. : MANDRIN À MORS CONCENTRIQUES.

maneton [crankpin]

(n.m.) Partie du VILEBREQUIN sur laquelle s'effectue la LIAISON avec la BIELLE.
→ Voir TOURILLON (sens 1).

manette [hand-lever]

(n.f.) Petit LEVIER utilisé comme ORGANE DE MANŒUVRE.

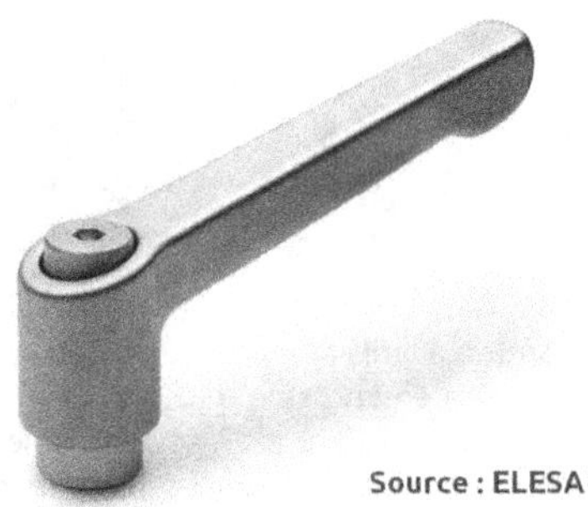

Source : ELESA®

manganèse (Mn) [manganese]

(n.m.) MÉTAL blanc grisâtre, DUR et FRAGILE.

A. Il est souvent utilisé en ÉLÉMENT D'ALLIAGE de l'ACIER pour en améliorer la DURETÉ et les PROPRIÉTÉS MÉCANIQUES, d'une façon générale.

B. Quelques CARACTÉRISTIQUEs :

Symbole chimique :	Mn
État physique à l'ambiante :	Solide
Couleur :	Blanc grisâtre
Numéro atomique :	12
Masse volumique :	7,3 g/cm^3
T° de fusion :	1246°C
Structure cristalline :	Cubique Centré

C. Aspect, couleur et rendu du MÉTAL.

manipulateur [pick and place unit)

(n.m.) DISPOSITIF de préhension et de MANUTENTION permettant de déplacer aisément des objets lourds.

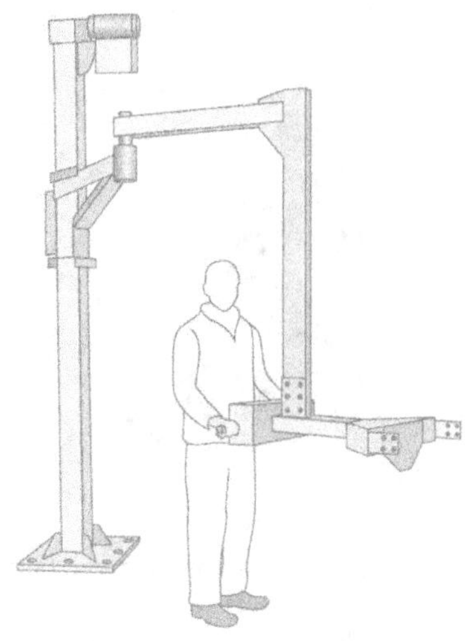

→ Voir aussi COBOTIQUE.

manivelle [handwheel]

(n.f.) ORGANE DE MANŒUVRE muni d'une POIGNÉE permettant de le tourner à la main pour commander une MACHINE.

Source : ELESA ®

• Note : Ne pas confondre avec le VOLANT ni la MANETTE.

manœuvre

(n.f.)
1. [manoeuvring (GB), maneuvering (US)] Maniement d'un objet lourd pour un DÉPLACEMENT précis.
2. [unskilled worker] Ouvrier sans qualification professionnelle particulière affecté à aider un autre plus spécialisé.

manuel [handbook, engineering manual]

(n.m.) Livre présenté sous une forme facilement maniable pour accompagner au travail ou à l'école.
→ Voir aussi MÉMENTO.

manuel [hand-operated]

(adj.) Qui a un rapport avec la main de l'homme. Ex. : *Manutention manuelle ; commande manuelle ; ÉBAVURAGE MANUEL.*

manutention [handling]

(n.f.) LEVAGE et déplacement de CHARGES (sens 1) souvent lourdes.

Selon l'importance de la CHARGE (sens 1), elle peut être manuelle ou mécanisée.

⟶ Voir MANUTENTION MANUELLE ; MANUTENTION MÉCANISÉE ; MANIPULATEUR.

manutention manuelle [manual handling]

(n.f.) LEVAGE et DÉPLACEMENT de CHARGE (sens 1) par la seule FORCE musculaire de l'être humain. Les valeurs de CHARGES (sens 1) envisageables pour le corps humain et compatibles avec la SÉCURITÉ AU TRAVAIL sont les suivantes selon les parties du corps sollicitées :

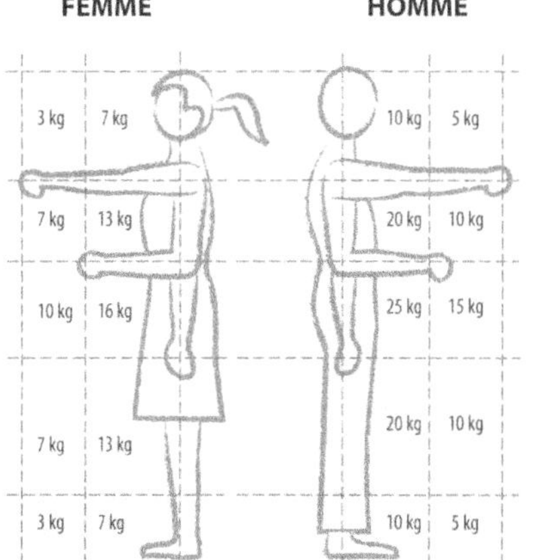

manutention mécanisée [mechanized handling]

(n.f.) LEVAGE et déplacement de CHARGE (sens 1) lourde à l'aide d'une MACHINE spécialement élaborée pour cela.

Ex. : *Manutention mécanisée d'un fût.*

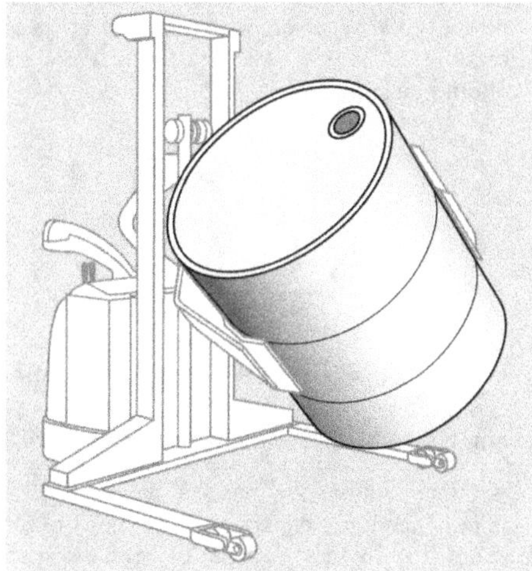

⟶ Voir aussi MANIPULATEUR.

maquette [mock-up, scale model]

(n.f.) Objet concret fabriqué pour prévisualiser à une certaine ÉCHELLE (sens 2) ou à ÉCHELLE RÉELLE ce que sera l'objet final en vue de la VÉRIFICATION, de l'évaluation, de test et de VALIDATION d'une CONCEPTION.

A. Une maquette peut être plus ou moins complète, plus ou moins conforme à l'objet final et plus ou moins FONCTIONNELLE selon le degré de fidélité que nécessite la VALIDATION de CONCEPTION.

B. Elle peut rester à l'état numérique sous forme de MODÈLE (sens 1) CAO ou RÉALITÉ VIRTUELLE sans réalisation physique.

⟶ Voir MAQUETTE VIRTUELLE.

◆ Syn. : PROTOTYPE.

maquette virtuelle [digital mock-up]

(n.f.) Représentation 3D d'un objet ou DISPOSITIF à l'aide d'un logiciel de CONCEPTION ASSISTÉE PAR ORDINATEUR, à titre de PROTOTYPE en vue de la VALIDATION d'une CONCEPTION.

Ex. : *Maquette virtuelle d'une roue Mecanum ™ en rendu CAO.*

Il s'agit d'une roue brevetée par la société Mecanum ®, permettant de se diriger dans n'importe quelle DIRECTION, notamment perpendiculairement au sens de marche habituelle.

A. La maquette virtuelle dispense de la FABRICATION d'un PROTOTYPE réel beaucoup plus coûteux et souvent assez long à réaliser. Ainsi, elle peut faire gagner un temps considérable dans le PROCESSUS de CONCEPTION d'un PRODUIT. Du reste, elle est une étape indispensable pour la réalisation éventuelle de PROTOTYPE réel par IMPRESSION 3D.

B. D'autre part, les moyens informatiques modernes de représentation en RÉALITÉ VIRTUELLE permettent sans frais excessif d'avoir une vision extrêmement précise et réaliste d'un produit

qui n'existe pas encore, en simulant la texture des MATÉRIAUX et des FINITIONS.
Ex. : *La même maquette précédente présentée en RENDU RÉALISTE.*

La maquette peut même être représentée dans ce qui sera son futur ENVIRONNEMENT (sens 2).
◆ Syn. : PROTOTYPE VIRTUEL.
⟶ Voir aussi ASSEMBLAGE (sens 3).

marbre

(n.m.)
1. [surface plate, granite measuring table] ÉQUIPEMENT avec une large SURFACE d'une PLANÉITÉ très PRÉCISE utilisée comme SURFACE DE RÉFÉRENCE en MÉTROLOGIE.

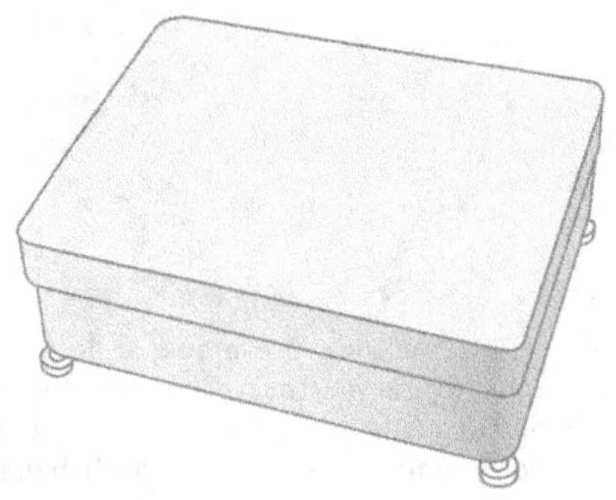

• Note : Contrairement à ce que peut laisser penser son nom, le marbre est très souvent en MATÉRIAUX | DURS et dimensionnellement stables comme le granit ou la FONTE.
⟶ Voir également TRUSQUIN ; COMPARATEUR.
2. [marble] Pierre de CONSTRUCTION à motifs mouchetés décoratifs.

marbrure [marbling]

(n.f.) Plusieurs couleurs entremêlées dessinant des motifs bigarrés non-uniformes.

Ex. 1 : *Marbrure d'une pièce obtenue en MOULAGE PAR INJECTION PLASTIQUE.*

Ex. 2 : *Marbrure sur un PROFILÉ, provenant du mauvais réglage de COEXTRUSION.*

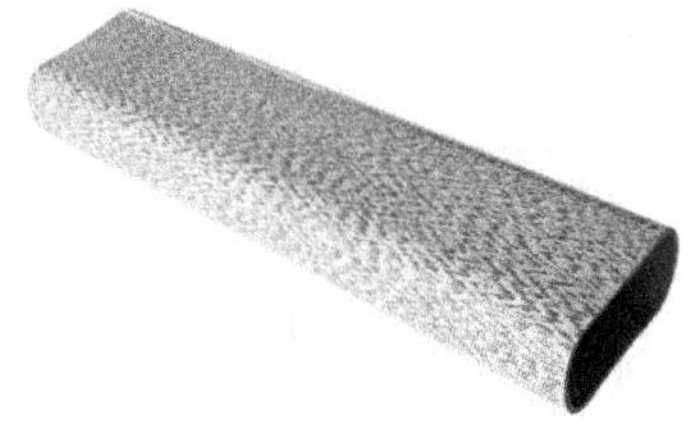

La marbrure peut être un DÉFAUT ou un effet recherché. Elle peut provenir, par exemple, du mélange accidentel de (PLASTIQUES), MATIÈRES PLASTIQUES de différentes couleurs.

marquage [marking]

(n.m.) Inscription de caractères ou signes sur une SURFACE pour l'identification ou la décoration.

marquage CE [CE marking]

(n.f.) Indication signifiant « Conformité Européenne » qui permet à un produit d'être commercialisé en Europe et qui indique que le fabricant assume la responsabilité de respecter toutes les exigences européennes en matière de santé, de sécurité, de rendement et de protection de l'ENVIRONNEMENT (sens 1) qui s'appliquent à son produit.

• Note : Le marquage CE n'est ni une marque de certification, ni une indication de l'origine géographique du produit, ni un label de qualité.

marquage fraisage [CNC mill engraving]

(n.m.) Technique d'inscription de motif géométrique sur un MATÉRIAU par un USINAGE à COMMANDE NUMÉRIQUE d'un sillon correspondant au

MARQUAGE voulu grâce à une FRAISE de faible DIAMÈTRE.

marquage laser [laser marking]

(n.m.) Inscription de motifs graphiques sur une SURFACE par l'effet d'un rayonnement optique très intense animé d'un MOUVEMENT de balayage.

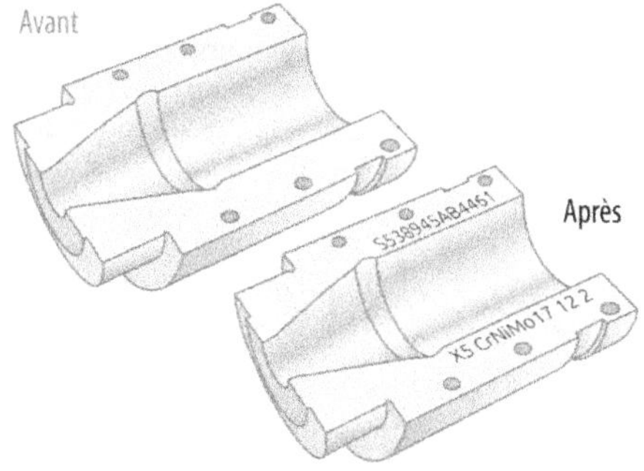

Schéma du dispositif :

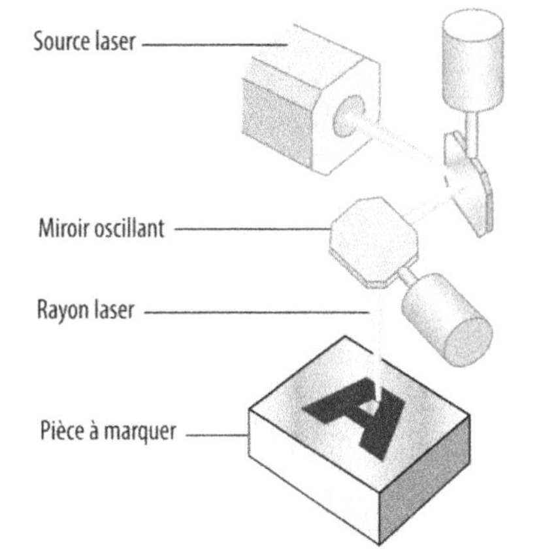

marque

1. [mark] TRACE (sens 1) ou motif visible pour identifier un objet.

2. [brand] Nom et signe associé à un produit pour ne pas le confondre avec d'autres.

marque commerciale [brand]

(n.f.) Nom et signe spécifiques associés à un produit ou à une entreprise pour en permettre l'identification et la promotion à la vente.

marteau [hammer]

(n.m.) OUTILLAGE MANUEL constitué d'un manche et d'une partie DURE et lourde permettant de cogner, d'enfoncer ou de casser ce qui est frappé avec.

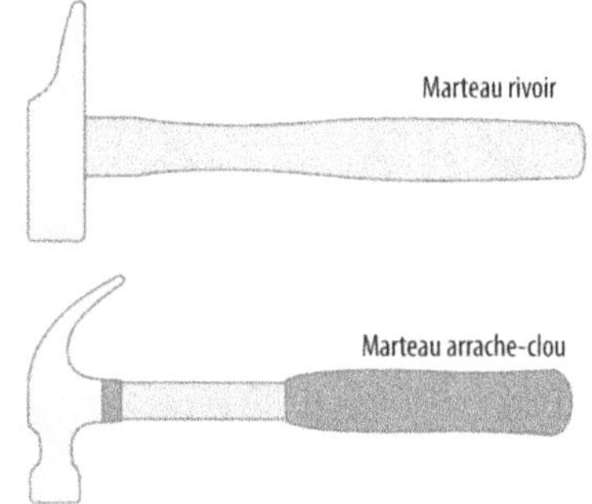

• Note : Ne pas confondre avec la MASSE (sens 3) ou le MAILLET.

marteau-pilon [drop hammer, forging hammer]

(n.m.) MACHINE de FORGEAGE fonctionnant uniquement par l'action du POIDS d'une grosse MASSE (sens 1) tombante et non par un MÉCANISME particulier qui donne l'EFFORT nécessaire.

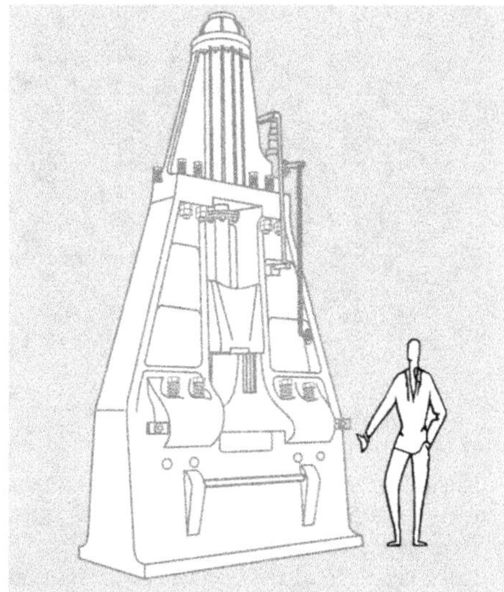

• Note : Ne pas confondre avec la PRESSE À FORGER.

martelage [striking]

(n.m.) Action d'appliquer des coups répétitifs pour mettre en forme un MATÉRIAU.
Ex. : *Martelage d'une TÔLE métallique.*

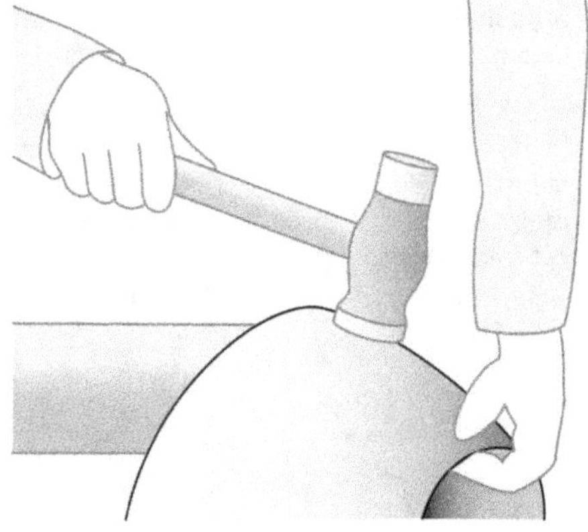

→ Voir aussi FORGEAGE AU MARTEAU.

martensite [martensite]

(n.f.) STRUCTURE MICROSCOPIQUE | MÉTASTABLE de l'ACIER obtenue par le TRAITEMENT THERMIQUE appelé TREMPE.
A. Lorsque l'AUSTÉNITE obtenue par chauffage préalable de l'ACIER au-dessus de 723°C est refroidie brutalement, la maille, en principe cubique centrée (CC) de la FERRITE qui est l'un des produits de TRANSFORMATION (sens 2) normal, subit une forte distorsion et devient une maille quadratique sursaturée en CARBONE : c'est la martensite de STRUCTURE MICROSCOPIQUE en AIGUILLES (sens 1).

Structure microscopique · Structure cristalline quadratique de la martensite

20 μm = 20 000 nm · 0,2 nm

B. C'est un constituant très DUR et très FRAGILE. Il est de la même composition que l'AUSTÉNITE de départ. Il est FERROMAGNÉTIQUE.
C. Il existe un autre constituant issu de la trempe appelé BAINITE.

→ Voir TREMPE pour des informations complémentaires sur sa formation ainsi que ses PROPRIÉTÉS comparés à d'autres constituants.

masquage [masking]

(n.m.) Protection temporaire d'une partie de la SURFACE d'une PIÈCE (sens 1) de façon à ne pas être atteint par un TRAITEMENT DE SURFACE.
Par exemple, les FILETAGES et TARAUDAGES doivent faire l'objet de masquage avec des GRAISSES spéciales ou produits en SILICONE avant une GALVANISATION À CHAUD pour éviter de les rendre inopérants par l'ÉPAISSEUR de ZINC déposée.
◆ Syn. : Épargnage.

masse

(n.f.)
1. [block] Gros bloc de MATIÈRE.
Ex. : *Tailler dans la masse.*
2. [mass] MESURE (sens 1) de la quantité de MATIÈRE exprimée en KILOGRAMME.
• Note : À remarquer que l'UNITÉ DE BASE est le kilogramme et non le gramme qui malgré les apparences est déjà un sous-multiple !
3. [sledgehammer] Gros MARTEAU lourd dépassant généralement 4 ou 5 kg et dont la manipulation nécessite l'action des deux mains.

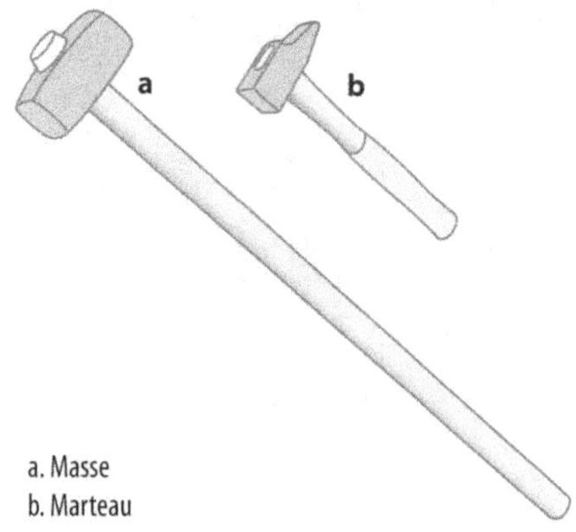

a. Masse
b. Marteau

• Note : Ne pas confondre avec le vrai MARTEAU.

masse linéique [line mass]

(n.f.) MASSE (sens 2) par UNITÉ (sens 1) de LONGUEUR, par exemple, le kg/m.
C'est l'une des grandeurs qui caractérise les PROFILÉS.

masselottage [risering]

(n.m.) Pratique de FONDERIE consistant à prévoir une ou des MASSELOTTES (sens 2).

masselotte

(n.f.)

1. [balancing weight] Petite MASSE (sens 1) fixée sur un ORGANE en ROTATION pour l'équilibrer et éviter les VIBRATIONS.

→ Voir, par exemple, ÉQUILIBRAGE.

2. [riser] Volume supplémentaire aménagé dans un MOULE de FONDERIE (sens 1), et qui se solidifie après la pièce, pour constituer une réserve de MATIÈRE destinée à compenser le RETRAIT liquide et le retrait de SOLIDIFICATION et à éviter ainsi les RETASSURES.

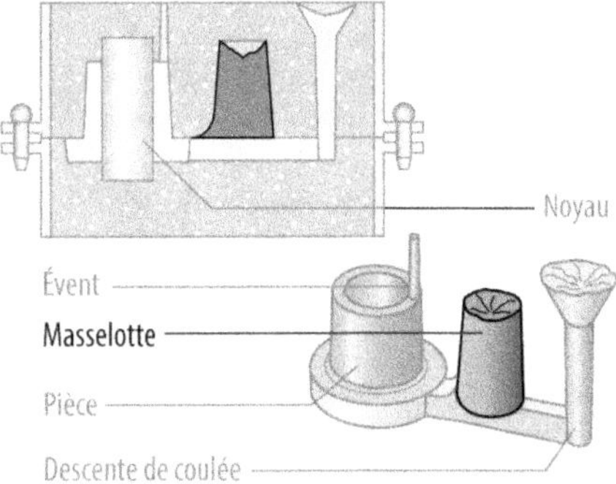

→ Voir aussi MOULAGE AU SABLE ; ÉBARBAGE.

masse surfacique [surface mass]

(n.f.) Grandeur caractérisant les PLAQUES et MATÉRIAU de faible ÉPAISSEUR obtenue par sa MASSE (sens 2) rapportée à l'unité de SURFACE. Elle est, par exemple, exprimée en kg/m^2.

masse volumique [density]

(n.f.) Quotient de la MASSE (sens 2) d'une SUBSTANCE par son VOLUME.

A. Plus cette grandeur est élevée, plus la SUBSTANCE est lourde. L'unité utilisée pour la mesurer est le kg/dm^3 ou g/cm^3.

B. Ci-dessous les masses volumiques de certaines substances. Ces valeurs ont été obtenues à la température de 20°C et à la pression normale de 1013 hPa :

osmium	22,57	g/cm^3 = kg/dm^3
platine	21,45	g/cm^3
tungstène	19,34	g/cm^3
or	19,3	g/cm^3
uranium	19,07	g/cm^3
mercure	13,6	g/cm^3
plomb	11,3	g/cm^3
argent	10,5	g/cm^3
molybdène	10,2	g/cm^3
cuivre	8,96	g/cm^3
cobalt	8,92	g/cm^3
nickel	8,9	g/cm^3
bronze	8,7	g/cm^3
laiton	8,6	g/cm^3
fer	7,8	g/cm^3
manganèse	7,35	g/cm^3
étain	7,29	g/cm^3
chrome	7,2	g/cm^3
zinc	7,14	g/cm^3
zirconium	6,5	g/cm^3
vanadium	6,11	g/cm^3
titane	4,5	g/cm^3
diamant	3,5	g/cm^3
aluminium	2,7	g/cm^3
argile	2,6	g/cm^3
verre	2,5	g/cm^3
béton	2,2	g/cm^3
plastique PTFE	2,18	g/cm^3
brique	1,9	g/cm^3
béryllium	1,84	g/cm^3
magnésium	1,74	g/cm^3
plastique nylon	1,7	g/cm^3
plastique PVC	1,4	g/cm^3
eau	1	g/cm^3
plastique PE	0,95	g/cm^3
caoutchouc	0,93	g/cm^3
plastique PP	0,90	g/cm^3
glace	0,9	g/dm^3
pétrole	0,83	g/cm^3
alcool	0,8	g/cm^3
essence	0,7	g/cm^3
bois	0,7 -...	g/cm^3
liège	0,24	g/cm^3
air	0,0013	g/cm^3

...

C. Ne pas confondre avec la DENSITÉ bien qu'il y ait un lien évident.

→ Voir (PLASTIQUE), MATIÈRE PLASTIQUE.

mastic [mastic]

(n.m.) SUBSTANCE | PÂTEUSE souvent utilisée pour combler les VIDES (sens 1) ou les interstices des JOINTS.

matage [peening]

(n.m.) PHÉNOMÈNE de DÉFORMATION PLASTIQUE localisée en surface d'un MÉTAL ayant subi une succession de FRAPPE ou de CHOC, ou bien une pression surfacique au-delà de sa résistance.

A. Ci-dessous, par exemple, le matage d'une TIGE | MÉTALLIQUE régulièrement frappée avec un MARTEAU.

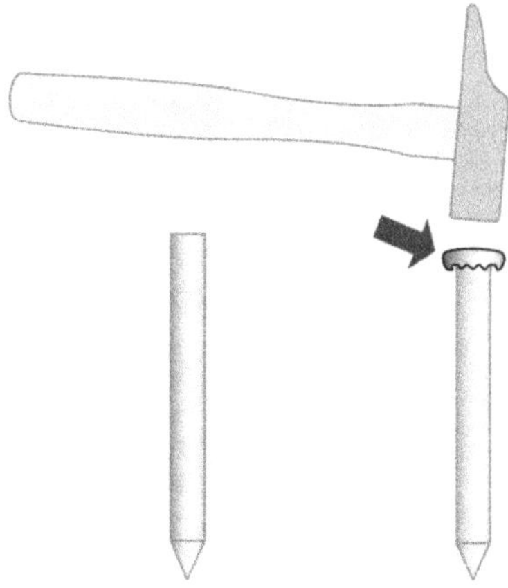

B. Le calcul de non-matage est couramment vérifié dans la construction mécanique pour éviter la détérioration des surfaces causées par des PRESSIONS trop importantes. Il fait, par exemple, partie des calculs de DIMENSIONNEMENT des ENGRENAGES, des surfaces de contact de tête de vis, des CLAVETTES, etc.

(mat), finition mate [matt finish, matte finish]

(n.f.) FINITION terne ne reflétant pas beaucoup la lumière.

◊ **Contr.** : FINITION BRILLANTE ; FINITION SATINÉE.

matérialographie [materialography]

(n.f.) Discipline d'étude de la STRUCTURE MICROSCOPIQUE des MATÉRIAUX afin d'en comprendre certaines PROPRIÉTÉS.

A. Elle consiste essentiellement à observer au MICROSCOPE avec des grossissements allant de 100× à 1 000 000× l'aspect des SURFACES prélevées sur des échantillons et préalablement préparées (POLISSAGE, révélation des frontières des GRAINS et contraste entre constituants, etc.)

B. Dans le cas des MATÉRIAUX métalliques, cette discipline est plus communément appelée MÉTALLOGRAPHIE, même si, par définition, la métallographie inclut aussi les ESSAIS de caractérisation mécanique.

matériau [material]

(n.m.) CORPS physique SOLIDE pour la FABRICATION et la CONSTRUCTION.

A. Il existe plusieurs façons de classer les différentes familles de MATÉRIAUX. La classification suivante est simple et accessible aux non-spécialistes :

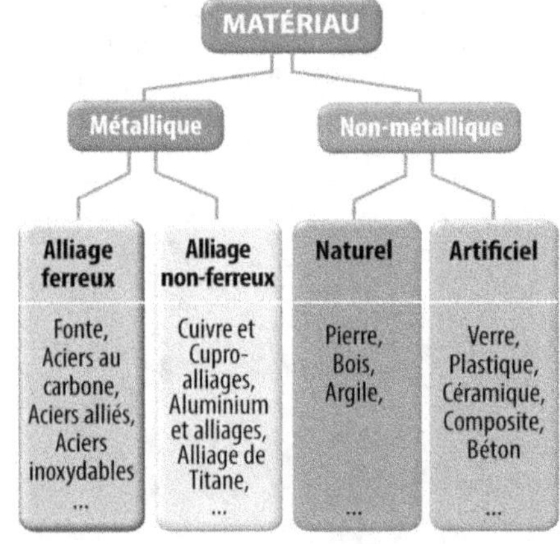

B. Pour l'étude et la considération des PROPRIÉTÉS MÉCANIQUES, la classification suivante est plus pratique :

Cette classification se base en partie sur les types de liaisons atomiques (liaison covalente, liaison métallique, liaison ionique, liaison faible), ce qui explique les PROPRIÉTÉS des MATÉRIAUX et le fait que la RIGIDITÉ, la TEMPÉRATURE DE FUSION et la SOUPLESSE des matériaux évoluent dans le même sens.

C. Chaque famille de MATÉRIAUX présente des tendances de PROPRIÉTÉS et CARACTÉRISTIQUES tel que le montre le tableau suivant :

	CÉRAMIQUE	MÉTAL	PLASTIQUE	COMPOSITE
Densité (g/cm^3)	Haute	Haute	Basse	Moyenne
Rigidité (GPa)	Élevée	Élevée	Faible	Élevée
Résistance méca. (MPa)	Très élevée	Élevée	Faible	Élevée
Ténacité (kJ/m^2)	Faible	Très bonne	Moyenne	Bonne
Dureté (H)	Élevée	Élevée	Faible	Moyenne
Ductilité (A%)	Très mauvaise	Bonne	Très bonne	Moyenne
Conductivité électrique	Mauvaise	Bonne	Mauvaise	Mauvaise
Conductivité thermique	Bonne	Bonne	Mauvaise	Mauvaise
Dilatation thermique	Faible	Moyenne à faible	Forte	Moyenne
Résistance à la corrosion	Très bonne	Moyenne à faible	Très bonne	Bonne
Température utilisation (°C)	Très élevée	Élevée	Faible	Moyenne à faible
Formabilité	Difficile	Facile	Très facile	Moyenne
Coût	Élevé	Moyen	Faible	Très élevé

D. Quelques MATÉRIAUx classiques aux aspects et CARACTÉRISTIQUEs très différents :

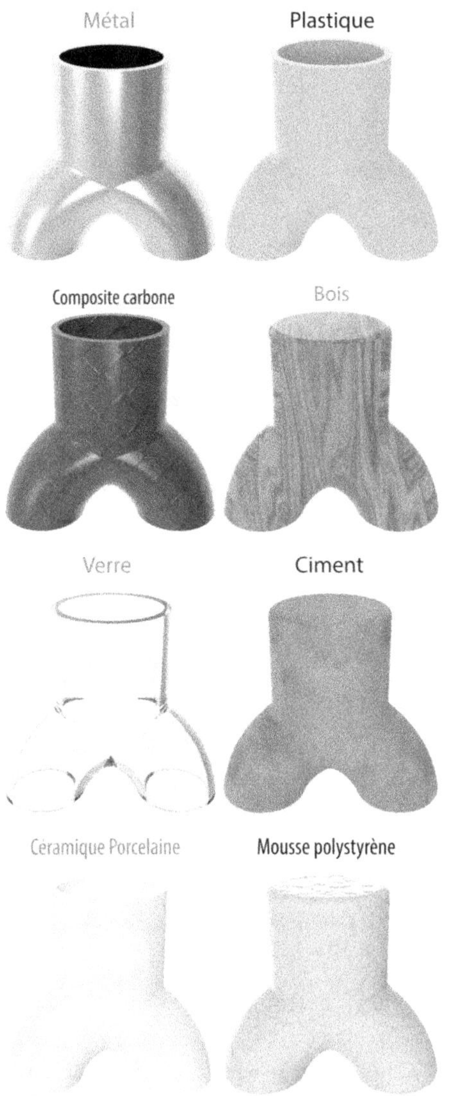

(n.m.) Analyse des exigences fonctionnelles, TECHNIQUES et économiques que doit satisfaire une PIÈCE (sens 1) afin de déterminer la MATIÈRE la plus adaptée pour sa FABRICATION.

A. La démarche de CONCEPTION d'une PIÈCE (sens 1) consiste à définir quasi-simultanément quatre paramètres étroitement liés les uns aux autres : la FORME, les aspects FONCTIONNELS, le MATÉRIAU et les PROCÉDÉS de FABRICATION :

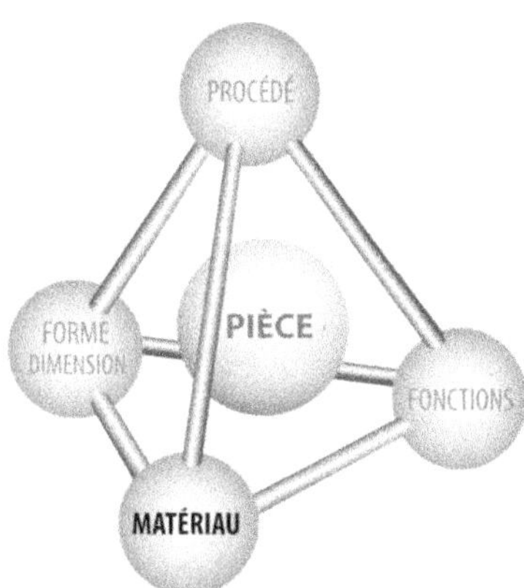

Le choix de MATÉRIAU dont il est question ici peut, quant à lui, être considéré comme la prise en compte de quatre grands types de CARACTÉRIS-TIQUES tel que le montre le diagramme suivant :

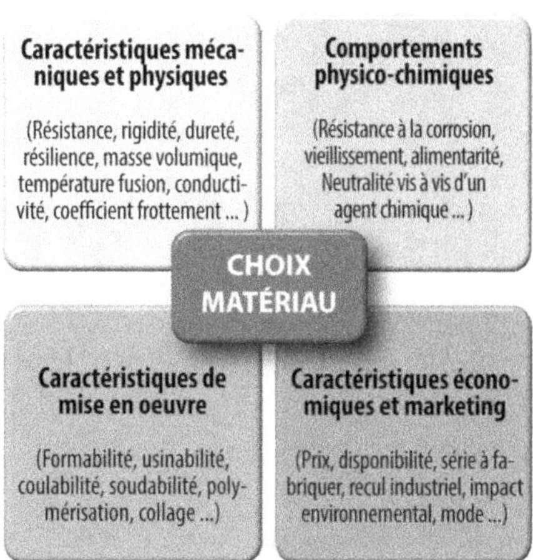

B. CARACTÉRISTIQUES MÉCANIQUES et physiques : ce sont les caractères intrinsèques du MATÉRIAU liés à sa STRUCTURE (sens 1) à l'ÉCHELLE (sens 1) atomique, MICROSCOPIQUE, MACROSCOPIQUE et qu'il doit posséder vis à vis des phénomènes de DÉFORMATION et de SOLLICITATIONS purement physiques qu'il doit subir. Pour une application de câble électrique, par exemple, il est nécessaire que le MATÉRIAU conduise bien l'électricité et possède aussi une RÉSISTANCE MÉCANIQUE suffisante. L'exemple ci-dessous donne un aperçu des caractéristiques mécaniques et physiques que doit avoir une canne à pêche pour remplir sa fonction. En l'occurence, il doit être léger, résistant mécaniquement, pas trop SOUPLE, ni trop FRAGILE.

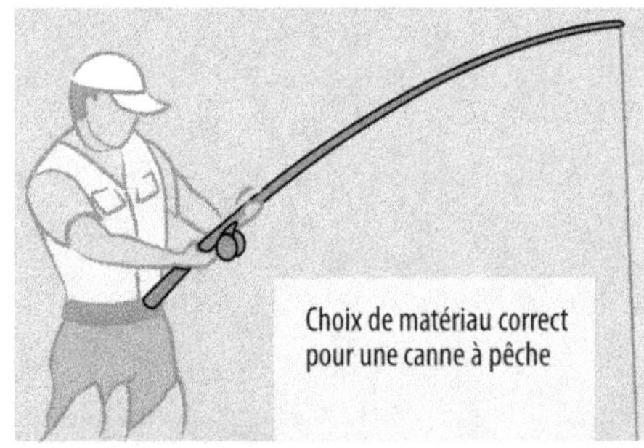

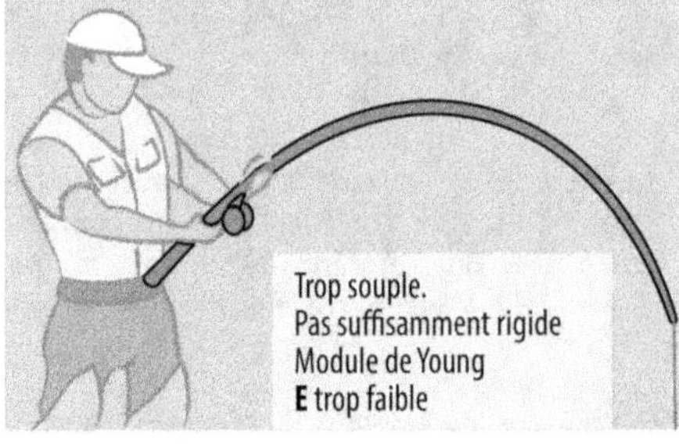

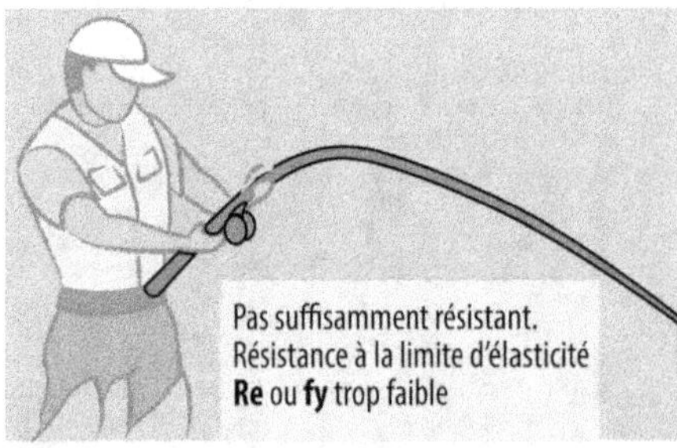

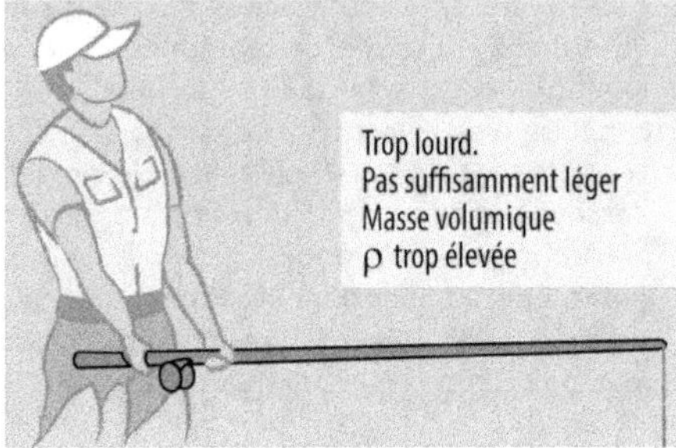

→ Voir CARACTÉRISTIQUE MÉCANIQUE pour la liste détaillée des grandeurs liées aux comportements MÉCANIQUES : la RIGIDITÉ, la LIMITE ÉLASTIQUE, la RÉSISTANCE À LA RUPTURE, la DURETÉ, la LIMITE DE FATIGUE, la RÉSILIENCE, l'ALLONGEMENT À RUPTURE, les données de FLUAGE, le COEFFICIENT DE FROTTEMENT.

→ Voir CARACTÉRISTIQUES PHYSIQUES pour les grandeurs définissant les aspects physiques : la MASSE VOLUMIQUE, la TEMPÉRATURE DE FUSION, les TEMPÉRATURES maximale et minimale d'utilisation, le coefficient de DILATATION THERMIQUE, la CAPACITÉ CALORIFIQUE, la CONDUCTIVITÉ THERMIQUE, la CONDUCTIVITÉ ÉLECTRIQUE, la permitivité diélectrique, la perméabilité magnétique, les propriétés optiques (indice de réfraction, réflectivité, etc.)

• Premier exemple de démarche pour le choix de matériau d'une canne à pêche. Elle peut être modélisée comme une poutre de SECTION | CIRCULAIRE encastrée sur un côté et ponctuellement chargée à l'autre extrémité.

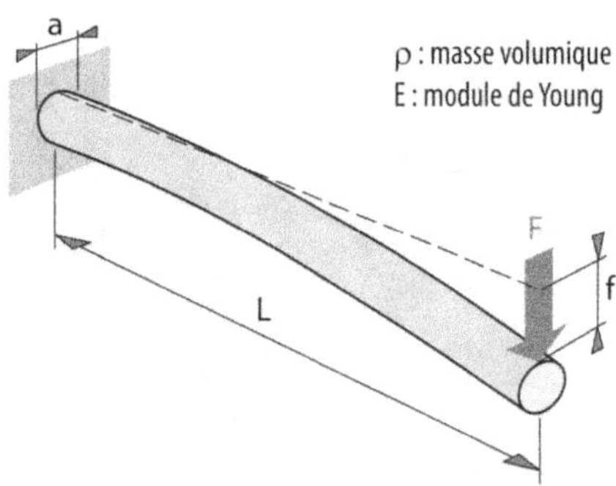

La MASSE (sens 2) et la FLÈCHE (sens 2) de la POUTRE s'écrivent respectivement :

$$m = \frac{\pi}{4}\rho L a^2 \;;\; f = \frac{64\,FL^3}{3\pi\,Ea^4}$$

Après réarrangement, la MASSE (sens 2) devient une combinaison distincte des paramètres purement fonctionnels, purement géométriques ainsi que des CARACTÉRISTIQUES purement physico-mécaniques du MATÉRIAU :

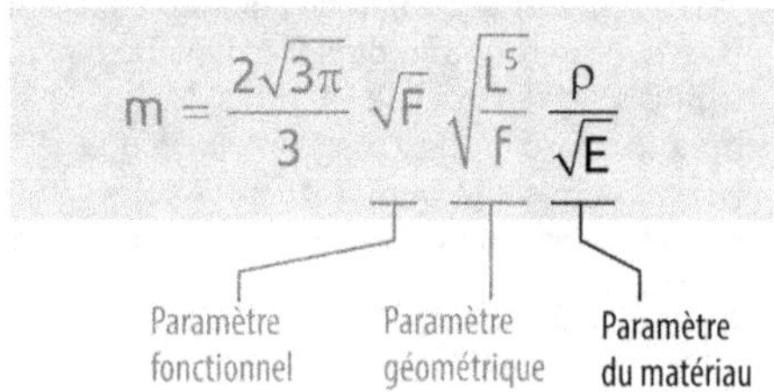

$$m = \frac{2\sqrt{3\pi}}{3}\,\sqrt{F}\;\sqrt{\frac{L^5}{f}}\;\frac{\rho}{\sqrt{E}}$$

Cette relation montre que pour minimiser la MASSE (sens 2), il faut choisir le MATÉRIAU pour lequel le paramètre suivant possède la valeur maximale :

$$\frac{\sqrt{E}}{\rho}$$

En d'autres termes, le meilleur MATÉRIAU pour une canne à pêche est celui qui est à la fois le plus rigide et le plus léger. La grandeur précédente est appelée « indice de performance » pour le problème posé. Elle peut être assimilée ici à la notion de RIGIDITÉ SPÉCIFIQUE valable uniquement pour le cas précis de SOLLICITATION MÉCANIQUE et de configuration géométrique présentées. Le tableau suivant donne par ordre du plus performant les MATÉRIAUX envisageables :

	E (MPa)	ρ (kg/dm^3)	$\sqrt{E}/\rho$
Fibre de carbone	450 000	1,8	372
Diamant	900 000	3,5	271
Bambou	18 000	0,90	149
Bois	10 000	0,80	125
Verre	68 000	2,5	104
Aluminium	70 000	2,7	98
Titane	105 000	4,5	72
Béton	25 000	2,2	72
Acier	210 000	7,8	59
Plastique PVC	3 000	1,5	36,5
Plastique PEhd	800	0,95	29
Plastique PTFE	500	2,15	10,4

Les (ASHBY), DIAGRAMMES D'ASHBY (Materials selection in mechanical design, Ed. Elsevier [13]) qui combinent au moins deux CARACTÉRISTIQUES sur la même représentation visuelle donnent aussi un aperçu synoptique des MATÉRIAUX disponibles et d'en déduire graphiquement les plus favorables grâce aux lignes-guides correspondant à chaque indice de performance.
Sur ce diagramme, les MATÉRIAUX les plus performants pour l'application en question se situent au dessus à gauche de la ligne guide $\sqrt{E}/\rho$.
Si l'aspect coût doit être pris en compte, ce qui est souvent le cas dans l'industrie, l'indice de performance s'écrit :

$$\frac{\sqrt{E}}{\rho\,c}$$

dans lequel **c** est le coût par UNITÉ (sens 1) de MASSE (sens 2) du MATÉRIAU.

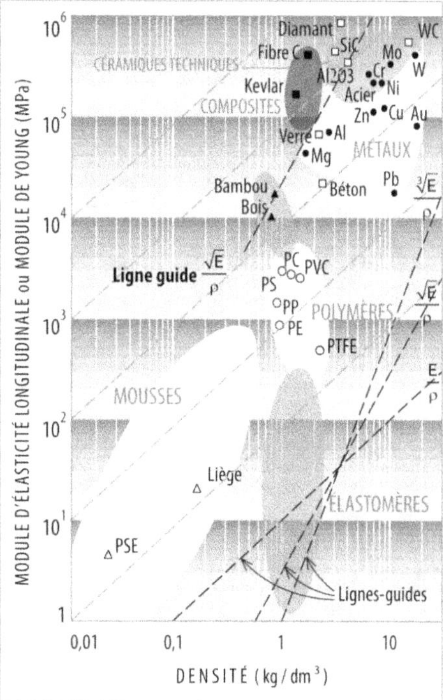

Le tableau précédent devient comme suit, classé dans l'ordre du plus intéressant économiquement au moins intéressant :

	E (MPa)	ρ (kg/dm^3)	Coût c (€/kg)	$\dfrac{\sqrt{E}}{\rho\,c}$
Bambou	18 000	0,9	0,5	298
Bois	10 000	0,8	0,5	250
Béton	25 000	2,2	0,5	144
Verre	68 000	2,5	1,5	69
Acier	210 000	7,8	1	59
Aluminium	70 000	2,7	2,5	39
Plastique PEhd	800	0,95	1,5	20
Plastique PVC	3 000	1,5	2	18
Titane	105 000	4,5	5	14
Fibre de carbone	450 000	1,8	100	3,72
Plastique PTFE	500	2,15	13	0,8
Diamant	900 000	3,5	10^7	0,000027

• Deuxième exemple de choix de MATÉRIAU pour une barrière destinée à contenir un animal dans un enclos. Il s'agit de maximiser l'énergie mécanique que la barrière peut emmagasiner de façon ÉLASTIQUE lorsqu'elle est poussée par l'animal, de telle sorte à ne pas être endommagée tout en arrêtant progressivement l'élan de l'animal.

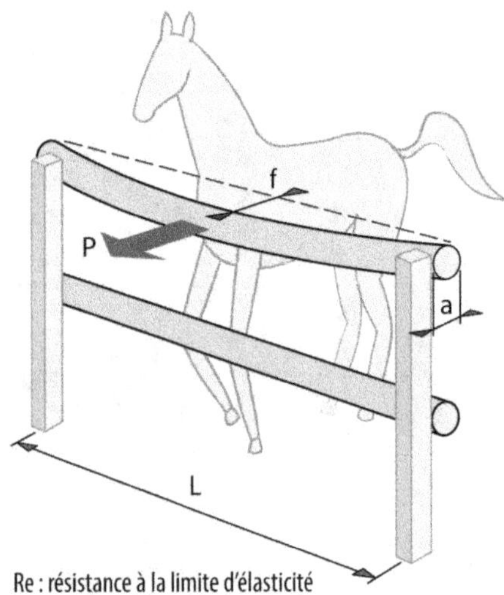

Re : résistance à la limite d'élasticité
E : module d'élasticité longitudinale

La barrière est modélisée par une POUTRE reposant sur deux APPUIs et ponctuellement chargée en son milieu. L'énergie mécanique emmagasinée élastiquement par la POUTRE fléchie est donnée par :

$$W = \int_0^{f_{max}} P(f)\,.df = \frac{1}{2}\,P_{max}\,.f_{max}$$

Après calcul et réarrangement, elle devient une combinaison des paramètres purement géométriques et des CARACTÉRISTIQUEs purement mécaniques du MATÉRIAU :

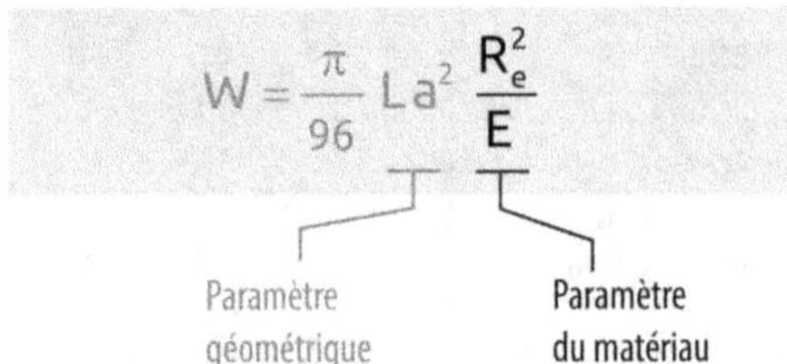

$$W = \frac{\pi}{96}\,La^2\,\frac{R_e^2}{E}$$

R_e est la RÉSISTANCE À LA LIMITE D'ÉLASTICITÉ du MATÉRIAU de la barrière, **E** son MODULE D'ÉLASTICITÉ LONGITUDINALE ou MODULE DE YOUNG. De la même manière que précédemment, il apparaît un indice de performance

$$\frac{R_e^2}{E}$$

qui doit être maximisé de sorte que l'énergie mécanique élastiquement emmagasinée soit maximale. Le tableau suivant donne par ordre

du plus performant les MATÉRIAUx envisageables :

	Re (MPa)	E (MPa)	$\frac{R_e^2}{E}$
Composite fibre carbone	4000	450 000	35,55
Bambou	180	18 000	1,80
Plastique PVC	60	3 000	1,20
Plastique PEhd	30	800	1,12
Bois	100	10 000	1
Acier HLE	400	210 000	0,762
Alu 6060 T5	160	70 000	0,366
Acier courant	240	210 000	0,274
Verre	70	68 000	0,072
Béton	25	25 000	0,025

Lorsque le POIDS du SYSTÈME doit aussi entrer en ligne de compte pour favoriser, par exemple, la légèreté, l'indice de performance devient :

$$\frac{R_e^2}{E\rho}$$

dans lequel ρ est la MASSE VOLUMIQUE du MATÉRIAU. Le classement du tableau précédent devient comme suit, rangé du plus pertinent au moins pertinent :

	Re (MPa)	E (MPa)	ρ (kg/dm³)	$\frac{R_e^2}{E\rho}$
Composite carbone	4000	450 000	1,8	19,75
Bambou	180	18 000	0,9	2
Bois	100	10 000	0,8	1,25
Plastique PEhd	30	800	0,95	1,18
Plastique PVC	60	3 000	1,5	0,8
Alu 6060 T5	160	70 000	2,7	0,135
Acier HLE	400	210 000	7,8	0,097
Acier courant	240	210 000	7,8	0,035
Verre	70	68 000	2,5	0,028
Béton	25	25 000	2,2	0,011

D'une façon générale, ce type d'indice se retrouve dans tous les problèmes faisant intervenir l'ÉLASTICITÉ comme par exemple, les RESSORTS, les arcs pour tirer des flèches, etc.

À chaque type ou configuration de problème de choix de matériau correspond un indice de performance pouvant être la combinaison de CARACTÉRISTIQUES PHYSIQUES, MÉCANIQUES et de coût de MATIÈRE.

Outre les indices liés aux problèmes de comportement purement MÉCANIQUE (RÉSISTANCE, DÉFORMATION, VIBRATION...), des indices de performance particuliers correspondent, par exemple, à des problèmes de CONDUCTIBILITÉ

THERMIQUE, CONDUCTIVITÉ ÉLECTRIQUE, ÉLECTRO-MÉCANIQUE ou optique.

Comme signalé précédemment, en plus de la nature du MATÉRIAU, les facteurs de FORME et de GÉOMÉTRIE (sens 2) constituent aussi un critère important qui entre en ligne de compte et qui contribue à l'efficacité du résultat dans l'INGÉNIERIE et le DIMENSIONNEMENT de PIÈCES (sens 1). Notamment, pour les cas de SOLLICITATIONS de FLEXION et de TORSION, certaines répartitions géométriques de MATIÈRE dans les SECTIONS de PROFILÉ sont mécaniquement plus favorables et donnent lieu à des performances mécaniques sensiblement plus bénéfiques.

→ Voir MOMENT QUADRATIQUE AXIAL ; MOMENT QUADRATIQUE POLAIRE ; PROFIL FERMÉ pour le choix et l'OPTIMISATION des GÉOMÉTRIES (sens 2).

C. Comportements physico-chimiques : ce sont les caractères de la MATIÈRE en relation directe avec la nature des atomes et des molécules qui la constitue. L'un des caractères physico-chimiques le plus important dont il faut tenir compte pour la CONCEPTION et l'utilisation de PIÈCES (sens 1) est la RÉSISTANCE À LA CORROSION.

→ Voir RÉSISTANCE À LA CORROSION.

D. Caractéristiques de mise en œuvre : c'est l'aptitude des MATÉRIAUX à se laisser plus ou moins facilement façonner par divers PROCÉDÉS.

→ Voir FABRICABILITÉ ; MISE EN FORME.

E. Caractéristiques économiques et marketing : ce sont les particularités d'un MATÉRIAU en rapport avec le contexte de marché et d'environnement économique dans lequel il est appelé à évoluer. On peut citer :
- Coût de MATIÈRE, disponibilité, abondance, contexte stratégique...
- Impact sur l'ENVIRONNEMENT (sens 1), possibilité de REVALORISATION, RECYCLABILITÉ, recul industriel...
- NORME et législation.
- Mode et tendance.
etc.

matériau brut [feedstock]

(n.m.) MATIÈRE DE BASE ayant déjà subi une ÉLABORATION, c'est à dire sous forme de DEMI-PRODUIT mais pas encore façonnée. Pour les MÉTAUX, ce sont des blocs, des BARRES, des PROFILÉS, des PLAQUES, des feuilles. Pour les (PLASTIQUES), MATIÈRES PLASTIQUES, ce sont des GRANULÉS ou de la POUDRE.

→ Ne pas confondre avec la MATIÈRE PREMIÈRE qui est encore à l'état naturel.

◆ Syn. : MATIÈRE DE BASE ; MATIÈRE BRUTE.

matériau composite [composite material]

(n.m.) MATÉRIAU obtenu par l'association de deux autres non-miscibles de manière à obtenir des performances supérieures.

→ Voir (COMPOSITE), MATÉRIAU COMPOSITE.

matériau de construction [building materials]

(n.m.) MATÉRIAU essentiellement destiné à l'édification des ouvrages du bâtiment et des travaux publics : brique, CIMENT, pierre, sable, BOIS, etc.

(matériau), propriété de matériau [material property]

(n.f.) Caractère d'une MATIÈRE rendant compte de son comportement face à des PHÉNOMÈNES physiques en tous genres.

A. Les principaux types de propriété de matériau sont regroupés sur le diagramme suivant :

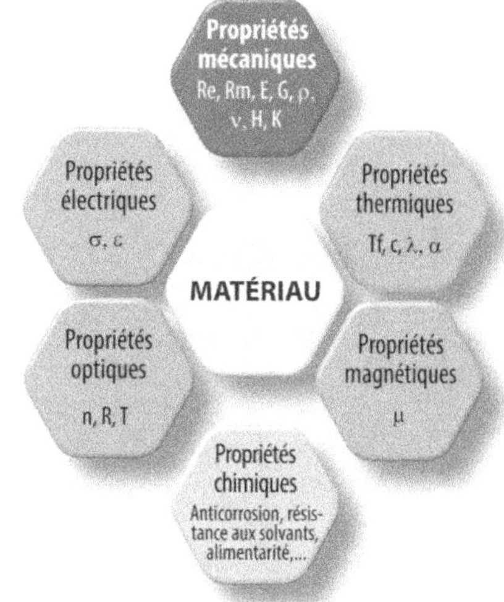

Chaque PROPRIÉTÉ de MATÉRIAU est traduite pour la plupart par une grandeur caractéristique avec ou sans UNITÉ (sens 1), en relation avec les PHÉNOMÈNES physiques concernés.

→ Voir CARACTÉRISTIQUE MÉCANIQUE ; CARACTÉRISTIQUE PHYSIQUE.

B. Bien que ces grandeurs et particularités aient été rigoureusement étudiées et décrites par la science, il règne une certaine confusion dans les termes utilisés pour les qualifier dans le langage courant. Il paraît utile de les redéfinir plus minutieusement en précisant les extrêmes de chaque propriété :

a. Propriétés mécaniques :

Résistant [Strong]	Tendre [Weak]
Rigide [Stiff]	Souple [Flexible]
plastique [plastic]	fragile [fragile] ; cassant [brittle]

élastique [elastic] — raide [rigid]
Dur [Hard] — Mou, doux [Soft]
Tenace [Tough] — Fragile [Brittle]
Ductile [Ductile] — Cassant [Breakable]
Malleable [Malleable] — Friable [Friable]
Antidérapant [Non-skid] — Glissant [Gliding]
Isotrope [Isotropic] — Anisotrope [Anisotropic]

b. Propriétés physiques :

Lourd, dense [Heavy] — Léger [Light]
Isolant thermiquement [Thermally insulating] — Conducteur thermiquement [Thermally conductive]
diélectrique [dielectric] — Conducteur [conductive]
électrostatique [electrostatic] — antistatique [antistatic]
Magnétique [Magnetic] — Amagnétique [Non-magnetic]
Imperméable [Impermeable] — perméable [permeable]
— Poreux [Porous]
compact [compact] — pulvérulent [powdery]
Massif [Massive] — Granuleux [Granular]
dense [solid] — expansé, cellulaire [expanded]
Homogène [homogeneous] — hétérogène [heterogeneous], Composite [composite]
Dilatable [Expansible] — Thermostable [Stable]
Réfractaire [Refractory] — Fusible [Fusible]
inflammable [flammable] — ininflammable [nonflammable]
combustible [combustible] — incombustible, ignifugé [flame-proofed]
Inoxydable [Stainless] — Corrodable [Corrodible]
imputrescible [rotproof] — putréfiable [putrescible]
hygroscopique [hygroscopic] — hydrophobe [hydrophobic]

c. Propriétés optiques :

opaque [opaque] — transparent [transparent]
incolore [colourless (GB) ; colorless (US) — teinté [tinted]
brillant [bright] — mat [matt (GB), matte (US)]
réfléchissant [reflective] — absorbant [absorbent]

d. Propriétés diverses :

Économique [Cheap] — Coûteux [Expensive]
Bon marché [Cheap] — Cher [Expensive]
Naturel [Natural] — Synthétique [Synthetic]
abondant [abundant] — rare [rare]
courant [common] — précieux [precious]
recyclable [recyclable] — non-recyclable [non recyclable]
inodore [odourless ; odorless] — odorant [odorous]
Alimentaire [Food compatible] — Toxique [Toxic]
Biodégradable [Biodegradable] — Polluant [Polluting]
Biocompatible [Biocompatible] — Bio-incompatible [Non-biocompatible]

matériau réfractaire [refractory material]

(n.m.) MATÉRIAU susceptible d'être utilisé dans des ENVIRONNEMENTS (sens 2) très sévères et des TEMPÉRATURES très élevées de l'ordre de 1200°C.

matériel [equipment]

(n.m.) Ensemble d'objets, d'APPAREILS, d'INSTRUMENTS, d'OUTILLAGES (sens 1) utilisés pour une activité ou pour la réalisation d'une OPÉRATION.
• Note : Cependant, ce terme est de signification moins étendue que le terme ÉQUIPEMENT qui contient des nuances supplémentaires. Le mot matériel n'évoque pas forcément l'idée de collection d'objets et de MACHINES. En outre, le mot matériel n'est pas forcément très lié à ce à quoi il est destiné. Et enfin, le matériel n'est pas nécessairement en ordre de marche. Globalement, le matériel c'est l'équipement considéré pour lui-même, de façon inerte, sans considération de son utilité.

matière [matter]

(n.f.) SUBSTANCE possédant une MASSE (sens 2), occupant de l'espace et pouvant être SOLIDE, LIQUIDE, GAZEUX ou autres.

matière brute [stock]

(n.f.) MATÉRIAU tel qu'il est avant la FABRICATION.
A. La matière brute d'une PIÈCE (sens 1) en (PLASTIQUE), MATIÈRE PLASTIQUE est par exemple, des GRANULÉS, de la POUDRE, ou une RÉSINE liquide. La matière brute d'une PIÈCE (sens 1) MÉTALLIQUE pliée est, par exemple, une TÔLE d'ACIER, un LOPIN. La matière brute pour la FABRICATION d'un TISSU est, par exemple, du fil de coton. La matière brute pour la FABRICATION d'un vêtement est, par exemple, un TISSU, etc.
B. Ne pas confondre avec la MATIÈRE PREMIÈRE.
◆ Syn. : MATIÈRE DE BASE ; MATÉRIAU BRUT.

matière de base [stock]

(n.f.) MATÉRIAU utilisé comme point de départ pour la FABRICATION.
◆ Syn. : MATIÈRE BRUTE ; MATÉRIAU BRUT.

matière première [raw material]

(n.f.) MATIÈRE dans l'état tel qu'on peut la trouver dans la nature et nécessitant une ÉLABORATION ou une TRANSFORMATION (sens 3) avant de pouvoir être utilisée en FABRICATION.
A. Dans le cas des MÉTAUX, par exemple, les matières premières sont des MINERAIS extraits du sous-sol. Pour le cas des (PLASTIQUES), MATIÈRES PLASTIQUES, la matière première est essentiellement les déchets du pétrole.
B. Autres exemples de matière première : le BOIS, la laine, la pierre, le cuir, etc.

matière recyclée [recycled material]

(n.f.) MATÉRIAU élaboré à partir de DÉCHETS, de CHUTES (sens 2), de REBUTS ou de PIÈCES (sens 1) usagées refondus ou broyés avec un processus global appelé RECYCLAGE.
Les MÉTAUX, par exemple, se prêtent particulièrement bien au recyclage. Ils peuvent être réutilisés à l'infini.

👍 Avantages

A. Coût attrayant. Contribue à la protection de l'ENVIRONNEMENT (sens 1) : préserve les ressources naturelles, fait disparaître la notion de déchets et au final réduit la pollution.

🖒 Inconvénients

B. CARACTÉRISTIQUES généralement en deçà des MATIÈRES VIERGES, sauf pour les MÉTAUX qui ont tendance à être une très bonne source. CARACTÉRISTIQUES et QUALITÉ pouvant être plus aléatoires ce qui complique la maîtrise des PROCÉDÉS de TRANSFORMATION (sens 3). Approvisionnement soumis au contexte économique.

◊ Contr. : MATIÈRE VIERGE.

⟶ Voir RECYCLAGE.

matière vierge [virgin material]

(n.f.) MATÉRIAU élaboré à partir de MATIÈRE PREMIÈRE jamais utilisée.

Ex. : *MATIÈRE plastique vierge sous forme de GRANULÉS comparée à de la MATIÈRE RECYCLÉE provenant de l'isolant de câble électrique de récupération.*

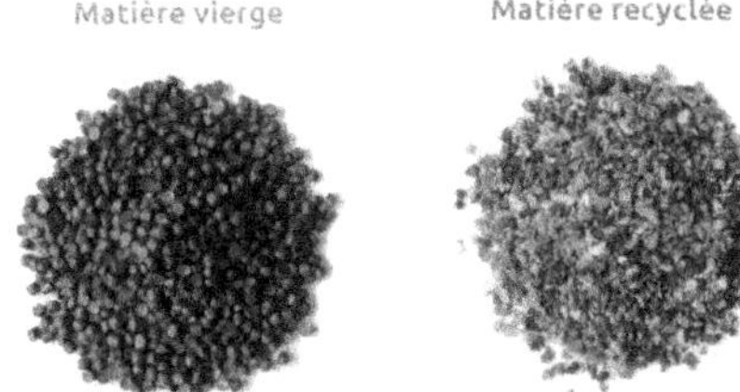

◊ Contr. : MATIÈRE RECYCLÉE.

matoplastie [mechanical plating]

(n.f.) PROCÉDÉ de DÉPÔT (sens 1) MÉTALLIQUE sur un SUBSTRAT en faisant entrechoquer les PIÈCES (sens 1) et le MÉTAL en POUDRE, en présence de BILLES d'impact en VERRE, d'eau et d'autres produits chimiques.

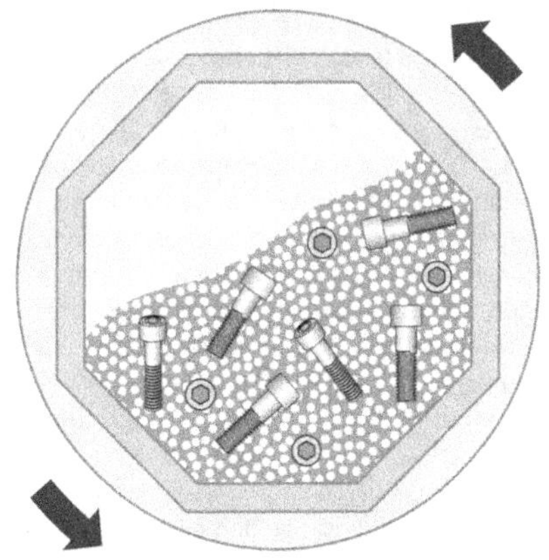

A. Il s'agit donc d'un PROCÉDÉ purement MÉCANIQUE. La matoplastie est effectuée en vrac dans un caisson animé d'un MOUVEMENT DE RO-

TATION. Les MÉTAUX pouvant être déposés sont, entre autres, le ZINC, l'ÉTAIN, le CADMIUM, le PLOMB, et des mélanges comme le zinc/aluminium. Les ÉPAISSEURS de REVÊTEMENT vont de 5 µm à près de 100 µm.

🖒 Avantages

B. Excellente performance de protection contre la CORROSION. ÉPAISSEUR de REVÊTEMENT (sens 1) plus uniforme qu'avec la GALVANISATION À CHAUD. Permet, par exemple, d'éviter de boucher les FILETAGES, ce qui en fait un TRAITEMENT de choix pour la VISSERIE. ÉPAISSEUR contrôlable par la quantité globale de POUDRE utilisée. Permet d'éviter la FRAGILISATION PAR L'HYDROGÈNE. PROCÉDÉ plus écologique car ne dégageant pas de fumée toxique et consommant moins d'ÉNERGIE. TRAITEMENT en vrac. ÉQUIPEMENT relativement simple. Coût compétitif.

🖒 Inconvénients

C. Taille de PIÈCE (sens 1) limitée à une vingtaine de centimètres. Bien que non-toxiques, nécessité de traiter les effluents (eaux, produits chimiques).

⟶ Voir aussi TONNELAGE pour un PROCÉDÉ similaire mais pour le DÉCAPAGE de SURFACE.

matriçage [press forging]

(n.m.) PROCÉDÉ de MISE EN FORME | (CHAUD), À CHAUD ou (FROID), À FROID de LOPIN d'ALLIAGE NON-FERREUX pressé entre deux MATRICES (sens 1) creuses ou dont l'une est en relief, possédant la FORME voulue.

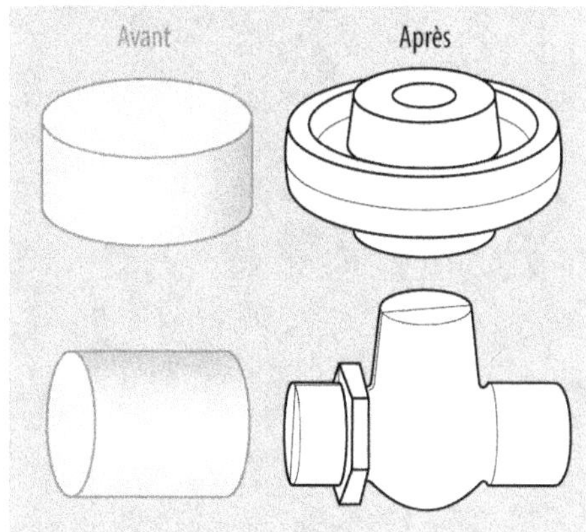

A. Le matriçage est effectué avec des PRESSES | MÉCANIQUES ou HYDRAULIQUES plutôt lentes (< 1m/s). Le cycle de FABRICATION contient le PRESSAGE proprement dit, suivi d'une OPÉRATION d'ÉBAVURAGE.

a. PRESSAGE :

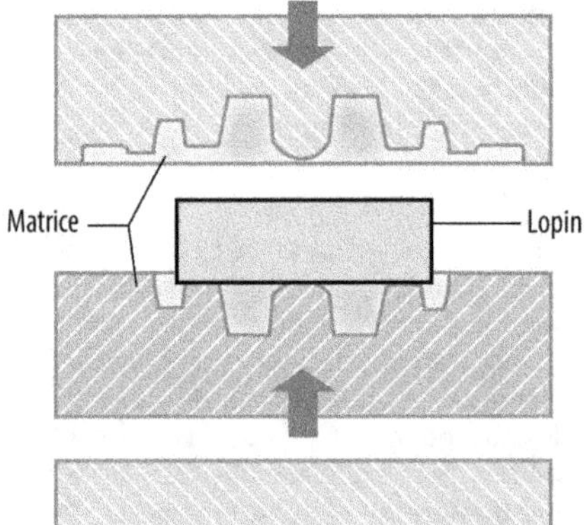

b. ÉBAVURAGE :

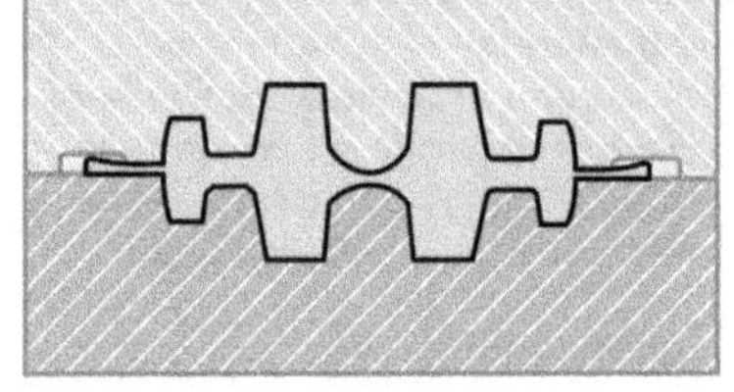

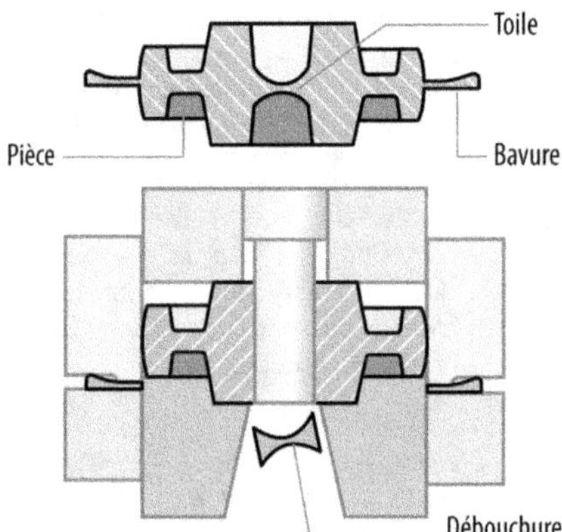

B. TOLÉRANCE DIMENSIONNELLE (IT) :

Très précis	Précis	Moyen	Grossier	Très Grossier
1 2 3 4 5	6 7 8 9	10 11 12	13 14 15	16 17 18
		Matriçage		
$10 \pm 0,002$	$10 \pm 0,01$	$10 \pm 0,05$	$10 \pm 0,2$	10 ± 1
$100 \pm 0,005$	$100 \pm 0,02$	$100 \pm 0,1$	$100 \pm 0,4$	100 ± 2

C. ÉTAT DE SURFACE, RUGOSITÉ Ra (µm) :

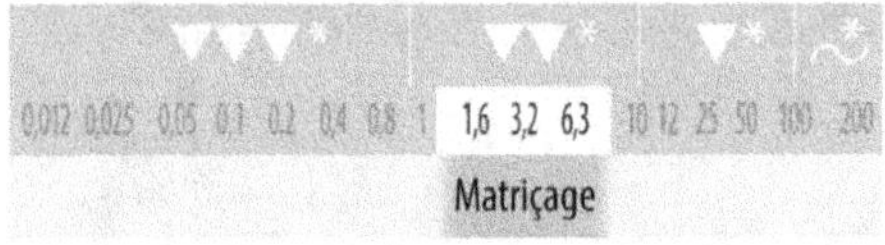

* Symbole ne faisant plus partie des normes

D. Coût OUTILLAGE (sens 2) (hors coût MACHINE) :

Aucun	Faible	Moyen	Élevé	Très élevé
			Matriçage	

E. SÉRIE DE PIÈCES économique :

Proto	Unitaire	Petite	Moyenne	Grande	Très Grande
1	10	100	1 000	10 000	100 000
			Matriçage		

👍 Avantages

F. **Contrairement aux autres** PROCÉDÉS **de** TRANSFORMATION (sens 3) **par enlèvement de** COPEAUX **ou par fusion-solidification, conserve dans une certaine mesure l'orientation microstructurale héritée du procédé de** LAMINAGE **ayant réalisé la** BARRE **dans laquelle est tiré le** LOPIN **de départ. Ce qui a comme conséquence d'augmenter la** RÉSISTANCE **dans cette direction (à la** TRACTION, **au** CHOC **et à la** FATIGUE**).**

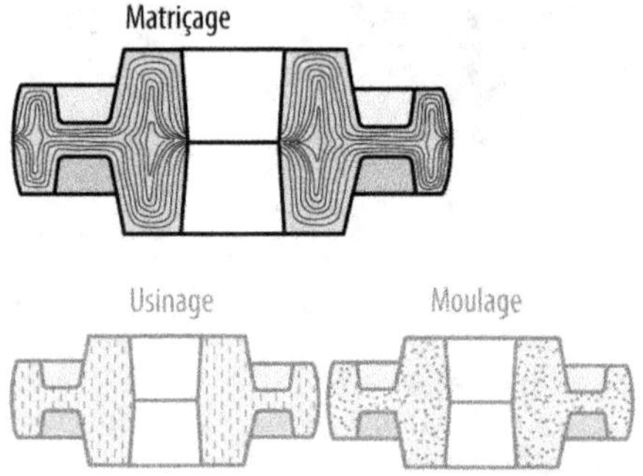

La COMPRESSION de la MATIÈRE favorise l'élimination de tous les DÉFAUTS tels que les CRIQUES, les RETASSURES, les POROSITÉS ou les SOUFFLURES. Ce qui est très apprécié pour les ÉQUIPEMENTS de TUYAUTERIE et de robinetterie dont la vocation est d'être ÉTANCHE. Toutes ces particularités font du matriçage un PROCÉDÉ très apprécié dans les domaines très exigeants en sécurité tel que l'aéronautique ou les éléments de circuits hydrauliques. Permet des CADENCES élevées de FABRICATION pouvant atteindre 3 000 pièces par heure.

G. Le même PROCÉDÉ peut être appliqué à des MÉTAUX FERREUX sous le nom d'ESTAMPAGE mais qui procède plutôt par FRAPPE, c'est à dire par effet de CHOC (vitesse de presse > 3 m/s).

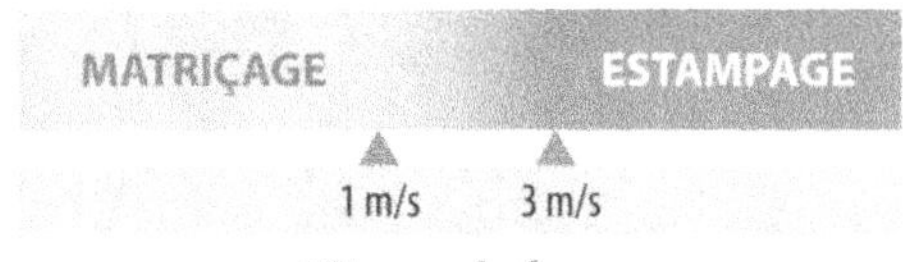

H. Un PROCÉDÉ similaire existe aussi pour les MATÉRIAUX | ÉLASTOMÈRES et est appelé MOULAGE PAR COMPRESSION.

matrice

(n.f.)

1. [die] OUTILLAGE (sens 2) avec une FORME sur laquelle une MATIÈRE est fortement pressée pour en épouser la GÉOMÉTRIE (sens 1) ou être cisaillée.
Ex. : *Matrice d'EMBOUTISSAGE de TÔLE.*

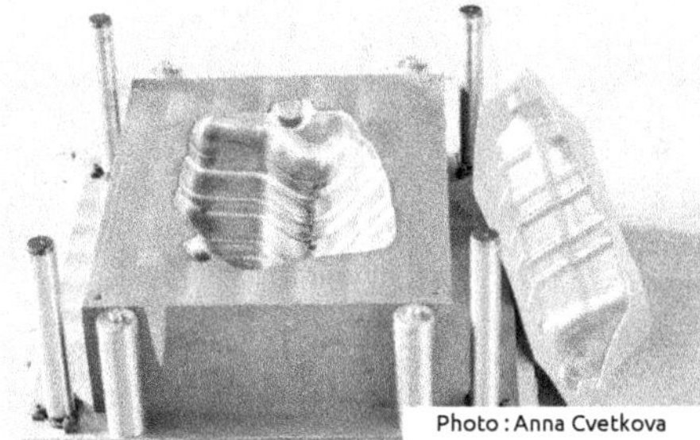
Photo : Anna Cvetkova

• Note : Ne pas confondre avec le MOULE qui se rapporte plus aux PROCÉDÉS de FONDERIE et MOULAGE, c'est à dire une MISE EN FORME en passant par un état LIQUIDE, PÂTEUX ou semi-liquide.
→ Voir aussi MATRIÇAGE ; ESTAMPAGE ; EMBOUTISSAGE ; HYDROFORMAGE.

2. [matrix] Matière de base dans laquelle est noyée et éparpillée une autre MATIÈRE | RENFORT (sens 2) pour constituer un (COMPOSITE), MATÉRIAU COMPOSITE.
→ Voir (COMPOSITE), MATÉRIAU COMPOSITE.
• Note : On parle aussi de matrice dans le cas de la MICROSTRUCTURE de la FONTE qui est constituée d'une base dans laquelle est éparpillé le GRAPHITE sous différentes formes.
→ Voir FONTE.

mécanique [mechanics]

(n.f.)

1. Branche de la PHYSIQUE traitant des FORCES, MOUVEMENTS et DÉFORMATIONS.
A. Il convient d'appeler cette discipline « science mécanique » pour ne pas la confondre avec les activités plus pragmatiques de la MÉCANIQUE DE CONSTRUCTION.
B. B. Elle est subdivisée en plusieurs sous-disciplines selon la nature des milieux étudiés :

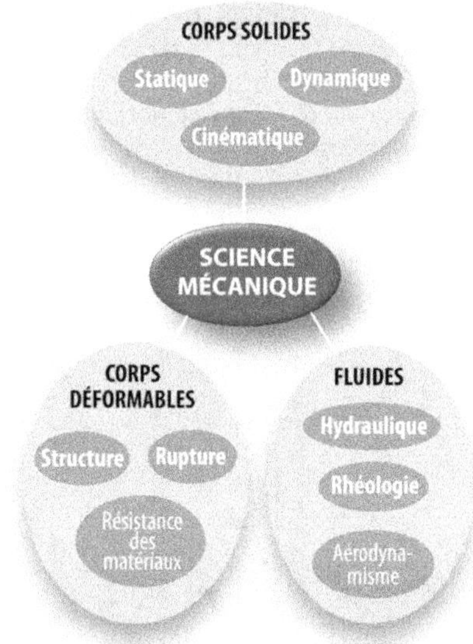

2. Activité de FABRICATION et de MONTAGE (sens 2) de MÉCANISME, MACHINE et OUVRAGE.
• Note : Il convient de l'appeler MÉCANIQUE DE CONSTRUCTION pour ne pas la confondre avec l'aspect plus théorique appelé SCIENCE MÉCANIQUE.

mécanique [mechanical]

(adj.)

1. Qui possède un lien avec les FORCES, les MOUVEMENTS et les DÉFORMATIONS.
2. Qui est animé par un MÉCANISME.

mécanique de construction [mechanical engineering]

(n.f.) Discipline pragmatique de la MÉCANIQUE consistant à fabriquer et à assembler des PIÈCES (sens 1) pour en faire des MÉCANISMES, des MACHINES, des OUVRAGES, etc.
• Note : À ne pas confondre avec la branche plus scientifique et plus théorique de la MÉCANIQUE qu'il convient d'appeler plutôt SCIENCE MÉCANIQUE.

mécanique de précision [precision engineering]

(n.f.) Discipline, activité de FABRICATION et de montage de PIÈCES (sens 1) avec des (TOLÉRANCES), GRADE DE TOLÉRANCE entre IT0 et IT5.
C'est le domaine des OUTILLAGES (sens 2) et des APPAREILS DE MESURE.

mécanique des fluides [fluid mechanics]

(n.f.) Discipline scientifique étudiant l'équilibre et le MOUVEMENT des LIQUIDES et des GAZ.

(mécanique), science mécanique [mechanics]

(n.f.) Discipline d'étude théorique et expérimentale des PHÉNOMÈNES de MOUVEMENT, de FORCE et de DÉFORMATIONS.
La science mécanique fait notamment appel aux mathématiques et à la PHYSIQUE.

mécanisme [mechanism]

(n.m.) Ensemble de PIÈCES (sens 1) assurant des FONCTIONS de MOUVEMENTS.
Ex. : *Mécanisme faisant fonctionner un* COMPARATEUR.

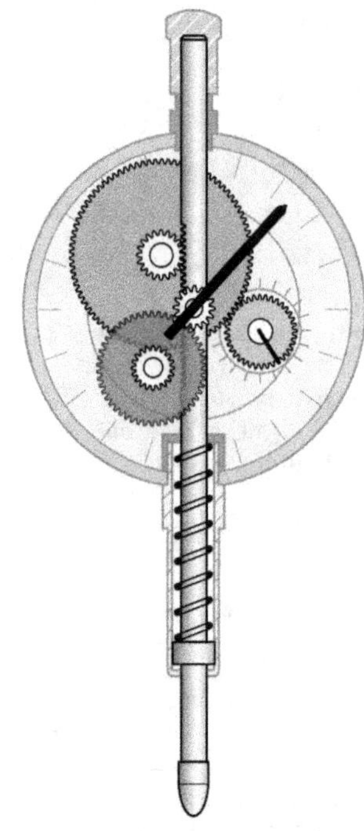

mécano-soudé [fabricated]

(adj.) Qui est construit par ASSEMBLAGE (sens 1) de plusieurs PIÈCES (sens 1) élémentaires localement fondues pour devenir monobloc.
→ Voir MÉCANO-SOUDURE.

mécano-soudure [welding fabrication]

(n.f.) Mode de CONSTRUCTION par ASSEMBLAGE (sens 1) de plusieurs PIÈCES (sens 1) élémentaires localement fondues pour devenir monobloc.
La PIÈCE (sens 1) suivante est, par exemple, un ASSEMBLAGE (sens 2) de PIÈCES (sens 1) préalablement obtenues par TOURNAGE, SCIAGE, DÉCOUPE type laser, jet d'eau ou OXYCOUPAGE, PLIAGE, PERÇAGE, etc.

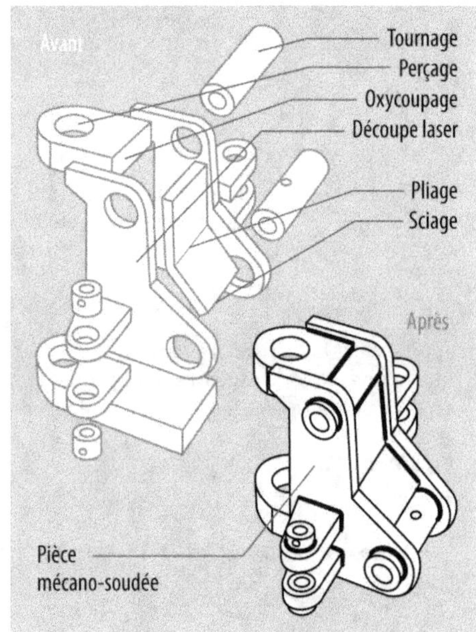

→ Voir aussi PROFILÉ RECONSTITUÉ SOUDÉ (PRS).

mécatronique [mechatronics]

(n.f.) Fusion des TECHNOLOGIES (sens 2) de la MÉCANIQUE, de l'informatique et de l'électronique.

mèche [drill bit]

(n.f.) OUTIL DE COUPE ROTATIF pour le PERÇAGE de TROUS dans du BOIS.

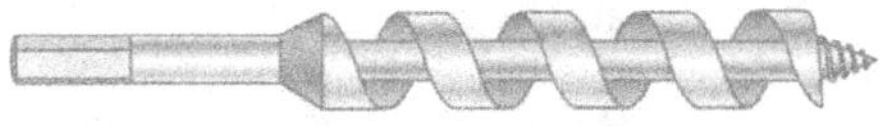

• Note : Elle se distingue d'un FORET classique par une GOUJURE pouvant contenir plus de COPEAUX, une pointe de GUIDAGE plus marquée et une lèvre qui entame d'abord la MATIÈRE en périphérie pour une meilleure COUPE (sens 2) des fibres du BOIS.
→ Voir FORET pour une comparaison illustrée avec les autres types de foret.

mélange maître [masterbatch]

(n.m.) GRANULÉS de POLYMÈRES très concentrés en SUBSTANCES actives diverses (ADDITIFS, ADJUVANTS) et destinés à être mêlés à de la (PLASTIQUE), MATIÈRE PLASTIQUE pour en ajuster les CARACTÉRISTIQUES.
A. La notion de mélange-maître évoque souvent une SUBSTANCE très concentrée en pigments afin de teinter une MATIÈRE.

Photo : Xxlphoto

Mais des CARACTÉRISTIQUES autres que la couleur peuvent aussi faire l'objet de mélange-maître. Par exemple :
- Anti-UV.
- Anti-buée (améliorant la clarté des films ; empêchant l'eau de se condenser sur la surface de film).
- ANTISTATIQUE.
- Agent mouillant, agent dispersant (facilite le mélange des différents additifs).
- Agent matifiant (diminuant la brillance).
- Agent d'expansion ou agent gonflant (permettant d'obtenir des MOUSSES).
- Anti-oxydant (réduit l'action des RÉACTIONS CHIMIQUES avec l'OXYGÈNE aussi bien pendant la TRANSFORMATION (sens 3) qu'en usage).
- IGNIFUGEANT ou retardateur de flamme.
- PLASTIFIANT.
- Lubrifiant (facilitant la mise en œuvre en réduisant l'ADHÉRENCE de la MATIÈRE sur les parois des MACHINES de TRANSFORMATION (sens 3) et des OUTILLAGES (sens 2)).
- STABILISANT.
- Anti-bloquant (pour faciliter l'ouverture des sachets et le déroulage des films).
- Fongicide et anti-microbien (réduit l'effet de l'attaque des micro-organismes et champignons).
- Durcissant (favorisant la RÉTICULATION).
- Neutralisant d'odeurs.
- Agent parfumant.
- Effets visuels spéciaux (paillettes, apparence métal, brillant gloss...)
- Effet de fluorescence lumineuse.
etc.
Par rapport aux autres formes d'ADDITIFS que sont la POUDRE et le LIQUIDE, les avantages pratiques du mélange maître sous forme de GRANULÉS sont les suivants :

 **Avantages**

B. Permet un meilleur contrôle des mélanges par simple pesée. Ne nécessite pas d'ÉQUIPE-MENT particulier de dosage. Meilleure dispersion et mélange avec le (PLASTIQUE), MATIÈRE PLASTIQUE. Moins salissant. Présente moins de risque pour la santé par rapport à la POUSSIÈRE de la POUDRE ou les taches et éclaboussures de LIQUIDE. Permet de réduire le nombre de MATIÈRE DE BASE à stocker.
→ Voir aussi ADDITIF ; ADJUVANT.
C. Pour les ALLIAGES MÉTALLIQUES, il existe la même notion appelée « alliage-mère ».

membrane [diaphragm]

(n.f.) Fine ÉPAISSEUR de MATIÈRE séparant deux compartiments.

membrure [member]

(n.f.) Chaque ÉLÉMENT STRUCTURAL d'un (TRIANGULÉ), SYSTÈME TRIANGULÉ.

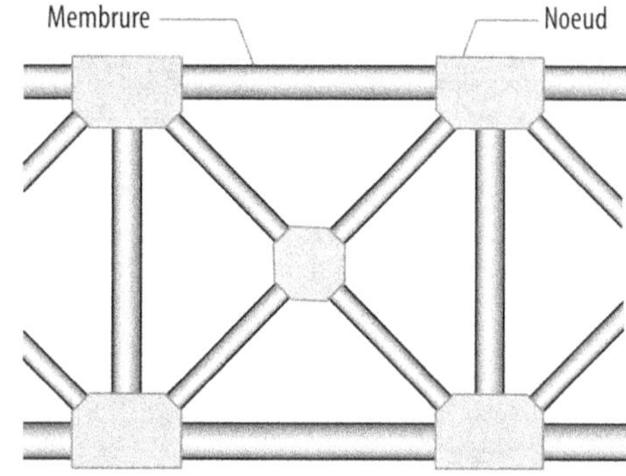

→ Voir aussi TRIANGULATION.

mémento [guide, reminder]

(n.m.) Petit livre contenant les bases d'une ou plusieurs disciplines et que l'on peut consulter instamment en cours de travail.
◆ Syn. : AIDE-MÉMOIRE.

méplat [flat]

(n.m.) SURFACE | PLANE aménagée sur un ARBRE | CYLINDRIQUE pour servir de SURFACE D'APPUI ou de FORME D'ENTRAÎNEMENT.

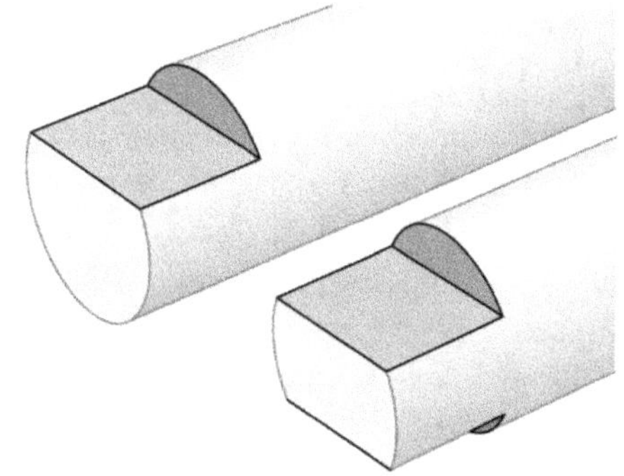

mercure (Hg: hydrargyre) [mercury]

(n.m.) MÉTAL brillant LIQUIDE à TEMPÉRATURE AMBIANTE.

A. Quelques CARACTÉRISTIQUES.

Symbole chimique	Hg
État physique à l'ambiante :	Liquide
Couleur :	Argenté blanc
Masse volumique :	13,5 g/cm^3
T° fusion :	-39°C
T° vaporisation :	356°C
Conductivité électrique :	1,04 × 10^6 S/m

B. Aspect du MÉTAL.

C. Les utilisations du mercure sont les piles et accumulateurs, les prothèses dentaires, la pharmacie, l'extraction de l'OR, les électrodes d'électrochimie, la MESURE (sens 3) de PRESSION et de TEMPÉRATURE, etc.

D. À signaler que le mercure est TOXIQUE.

mesurage [Measurement]

(n.m.) Action de déterminer la valeur d'une grandeur.

mesure

(n.m.)

1. [measure] D'une façon générale, toute grandeur possédant une UNITÉ (sens 1).

Ex : *Le watt est une mesure de puissance.*

2. [measurement] Grandeur de DISTANCE. En font partie, la LONGUEUR, la LARGEUR, la HAUTEUR, la PROFONDEUR.

Ex. : *Les mesures d'une pièce.*

◆ Syn. : DIMENSION (sens 1).

3. [measurement] Action de déterminer la valeur d'une grandeur.

◆ Syn. : MESURAGE.

métal [metal]

(n.m.) SUBSTANCE physico-chimique caractérisée par une forte CONDUCTIBILITÉ THERMIQUE et CONDUCTIVITÉ ÉLECTRIQUE, un éclat particulier brillant, une aptitude à la DÉFORMATION et une tendance marquée à former des ions positifs, c'est à dire à perdre des électrons pour se combiner avec un autre ÉLÉMENT CHIMIQUE.

Ces PROPRIÉTÉS sont caractéristiques des liaisons atomiques dites métalliques qui constituent la cohérence de la MATIÈRE.

A. Dans le TABLEAU PÉRIODIQUE DES ÉLÉMENTS les métaux sont au centre et à gauche.

→ Voir TABLEAU PÉRIODIQUE des éléments.

B. Tableau de classification usuel des métaux…

Courants	Précieux	Rares
Fer (Fe)	Argent (Ag)	Cérium (Ce)
Aluminium (Al)	Or (Au)	Dysprosium (Dy)
Cuivre (Cu)	Platine (Pt)	Erbium (Er)
Zinc (Zn)	Rhodium (Rh)	Europium (Eu)
Étain (Sn)	Iridium (Ir)	Gadolinium (Gd)
Plomb (Pb)	Palladium (Pd)	Holmium (Ho)
Cobalt (Co)	Rhénium (Re)	Lanthane (La)
Nickel (Ni)	Ruthénium (Ru)	Lutécium (Lu)
Tungstène (W)	**Osmium (Os)**	Néodyme (Nd)
Titane (Ti)	Indium (In)	Praséodyme (Pr)
Molybdène (Mo)	Tantale (Ta)	Prométhium (Pm)
Chrome (Cr)	Scandium (Sc)	Samarium (Sm)
Vanadium (V)	Germanium (Ge)	Terbium (Tb)
Manganèse (Mn)		Thulium (Tm)
Antimoine (Sb)		Ytterbium (Yb)
Magnésium (Mg)		Yttrium (Y)
Gallium (Ga)		Uranium (U)
Bismuth (Bi)		**Plutonium (Pu)**
Thallium (Tl)		…
Radium (Ra)		
Zirconium (Zr)		
Mercure (Hg)		
Cadmium (Cd)		
Niobium (Nb)		
Béryllium (Be)		

En gras : toxique ou dangereux

→ Voir aussi les classifications en MÉTAL LOURD et ALLIAGE LÉGER.

C. À savoir que 84 % des éléments du tableau périodique appartient à la catégorie des MÉTAUX à un tel point que les autres éléments sont tout simplement appelés des NON-MÉTAUX et MÉTALLOÏDES !

D. Aspects, couleurs et rendus caractéristiques de quelques MÉTAUX connus, facilement reconnaissables.

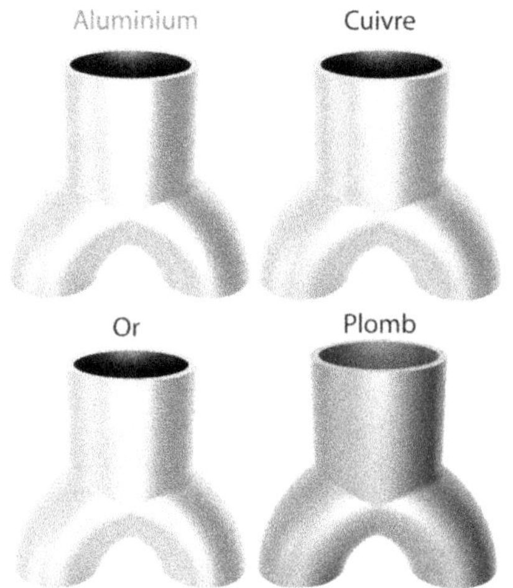

E. La frise chronologique historique suivante donne des indications sur les époques d'apparition et découverte des principaux MÉTAUX. Prendre garde, l'ÉCHELLE (sens 4) de temps avant et après l'an 0 n'est pas la même.

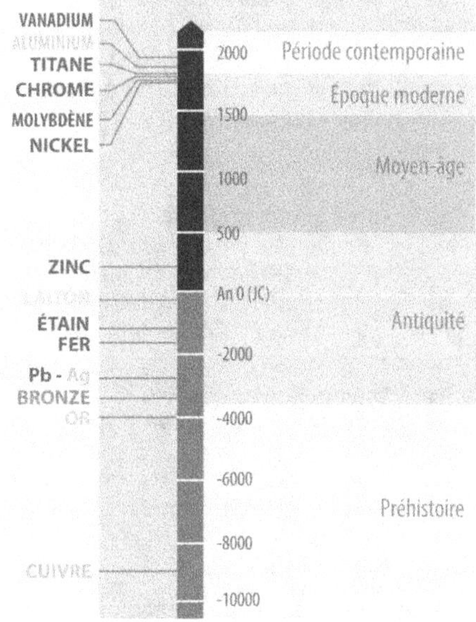

À remarquer que le CUIVRE est le MÉTAL le plus anciennement connu depuis l'époque préhistorique car il existe à l'état natif dans la nature.
→ Voir aussi MÉTALLOÏDE.

métal d'apport [filler metal]

(n.m.) MÉTAL ajouté pendant un PROCÉDÉ de SOUDAGE pour être fondu en même temps que les PIÈCES (sens 1) à joindre afin d'effectuer la LIAISON et constituer le CORDON DE SOUDURE.

métal de base [parent metal, base metal]

(n.m.)
1. L'élément métallique principal en plus grande quantité, auquel sont ajoutés d'autres ÉLÉMENTS CHIMIQUES pour former un ALLIAGE.
2. En SOUDAGE, le matériau métallique de départ à joindre avec un MÉTAL apporté sur le CORDON DE SOUDURE.

métal déployé [expanded metal]

(n.m.) Type de GRILLAGE obtenu par POINÇONNAGE partiel suivant un motif régulier d'une TÔLE puis DÉFORMATION dans un sens pour faire apparaître les parties vides.

métal léger [light metal]

(n.m.) Élément MÉTALLIQUE dont la MASSE VOLUMIQUE est inférieure à 5 kg/dm^3.
→ Voir ALLIAGE LÉGER ; MÉTAL LOURD.

métallique [metallic]

(adj.) Qui a un rapport avec le MÉTAL.
Ex. : *Matériau métallique.*

métallisation [metal spraying, metallizing]

(n.f.) PROCÉDÉ de DÉPÔT (sens 1) d'une COUCHE de MÉTAL sur un SUBSTRAT par FUSION et PULVÉRISATION, c'est à dire réduction en fines gouttelettes, puis PROJECTION (sens 1) à grande VITESSE sur la SURFACE à couvrir.
A. La FUSION peut être obtenue par une FLAMME oxyacétylénique, par PLASMA ou par ARC ÉLECTRIQUE. La PULVÉRISATION est provoquée avec un jet d'AIR COMPRIMÉ. Le MÉTAL à déposer peut être initialement à l'état de FIL, BAGUETTE ou POUDRE.
→ Voir PROJECTION THERMIQUE qui est une extension de ce PROCÉDÉ à des MATÉRIAUX autres que les MÉTAUX.
B. Métallisation à la flamme à partir d'un FIL | MÉTALLIQUE :

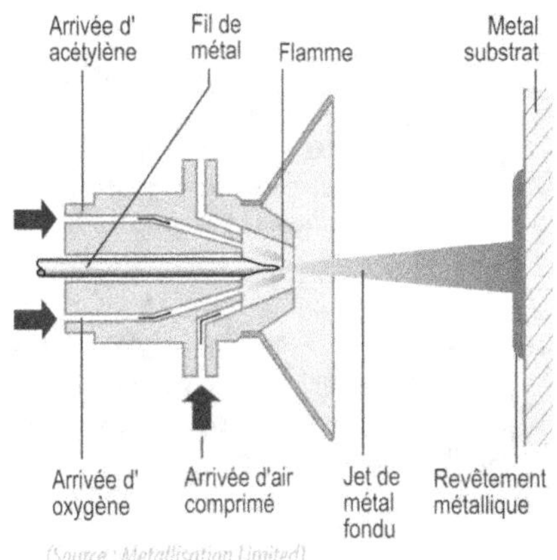

C. Métallisation à la flamme à partir d'une POUDRE **métallique :**

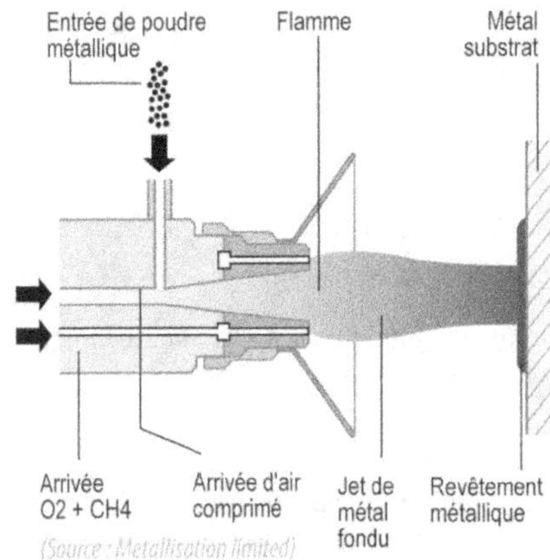

D. Métallisation par ARC ÉLECTRIQUE **:**

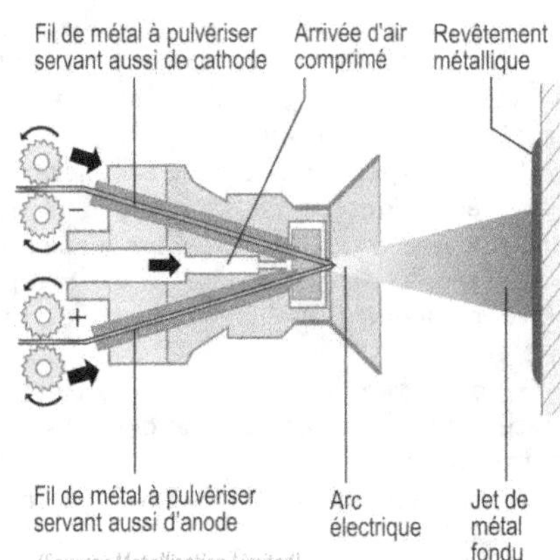

E. Étant basée sur la PROJECTION (sens 1) de MÉTAL fondu, la métallisation est un PROCÉDÉ très dangereux qui nécessite une protection intégrale de l'opérateur.

Détail d'un pistolet de métallisation.

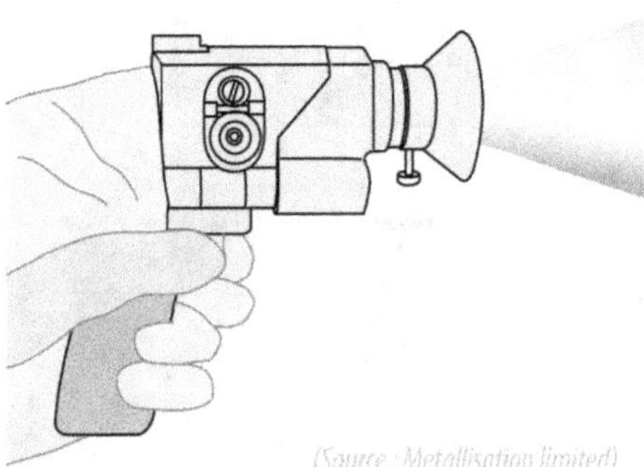

👍 Avantages

F. Pratiquement tous les MÉTAUX peuvent être projetés. Taille de PIÈCE (sens 1) traitée illimitée. Peut être appliquée à des PIÈCES (sens 1) déjà assemblées. Par rapport aux PROCÉDÉS par immersion, impact thermique moindre donnant moins de DÉFORMATION | MÉCANIQUE. La métallisation peut être réalisée artisanalement. Pas de délai de séchage ni de REFROIDISSEMENT.

👎 Inconvénients

G. Difficile à automatiser. Nécessite un GRENAILLAGE préalable. Ne permet pas d'atteindre les CORPS CREUX et les endroits exigus. Précautions de SÉCURITÉ assez contraignantes. ÉPAISSEUR de DÉPÔT (sens 2) assez aléatoire dépendant de l'action de l'opérateur. Couche de MÉTAL moins adhérente qu'avec les autres PROCÉDÉS. EFFICACITÉ de l'accrochage dépendant de la préparation de la SURFACE.

H. Le PROCÉDÉ peut aussi être appliqué, d'une façon plus générale, à d'autres MATÉRIAUX tels que les CÉRAMIQUES. Dans ce cas, il est appelé PROJECTION THERMIQUE.

métallographie [metallography]

(n.f.) Discipline de la SCIENCE DES MATÉRIAUX étudiant et observant au MICROSCOPE la STRUCTURE (sens 1) des MÉTAUX à l'ÉCHELLE (sens 3) du centième de micron 0,01 µm au dixième du millimètre 0,1 mm. Les ESSAI MÉCANIQUES font aussi partie de la métallographie.

C'est l'ÉCHELLE (sens 3) des GRAINS et de leurs joints qui nécessitent des grossissements de l'ordre de 100× à 1 000 000×.

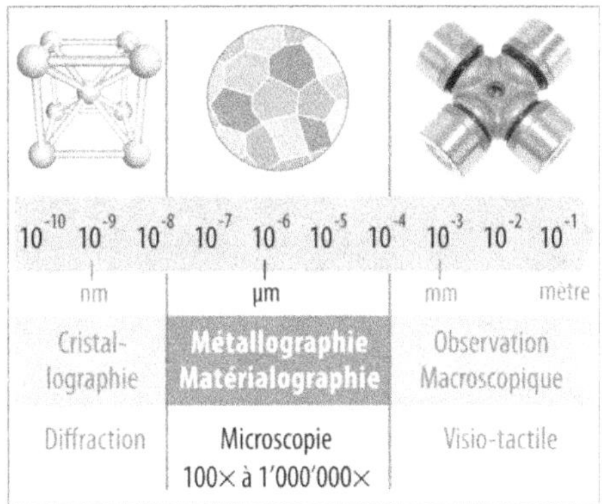

→ Voir aussi MATÉRIALOGRAPHIE.

métalloïde [metalloid]

(n.m.) ÉLÉMENT CHIMIQUE dont les PROPRIÉTÉS physico-chimiques sont intermédiaires entre les MÉTAUX et les NON-MÉTAUX.

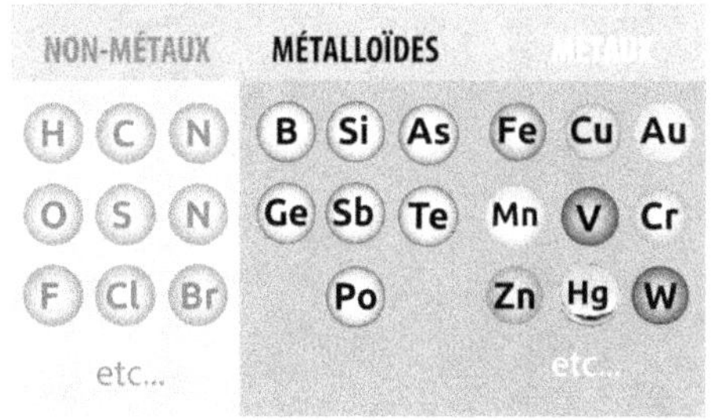

En particulier, ils ne sont ni très CONDUCTEURS, ni très ISOLANTS.

métallurgie

(n.f.)

1. [smelting] L'art d'extraire les MÉTAUX de leurs MINERAIS, de les transformer en DEMI-PRODUITS intermédiaires et de les mettre sous forme de PRODUITS FINIS pour l'utilisation finale.

• Note : Ne pas confondre avec la SIDÉRURGIE qui est spécifique au FER.

2. [metallurgy] Discipline de la SCIENCE DES MATÉRIAUX spécifiques aux MÉTAUX. Elle consiste en :

• l'étude des PROPRIÉTÉS physiques et physico-chimiques des métaux par les différents ESSAIS ainsi que des observations MACROSCOPIQUES et MICROSCOPIQUES (MÉTALLORAPHIE).

• l'étude de leur STRUCTURE CRISTALLINE et atomique, en particulier par les MÉTHODES de diffractions.

• la modification, l'amélioration et l'adaptation de leurs PROPRIÉTÉS aux différentes utilisations par l'ajout d'ÉLÉMENTS D'ALLIAGE ou des TRAITEMENTS THERMIQUES.

métallurgie des poudres [powder metallurgy]

(n.f.) Mise en œuvre des MÉTAUX sous forme PULVÉRULENT, c'est à dire de granulés finement divisés, et rassemblés pour obtenir par FRITTAGE des FORMES VOLUMIQUES aux PROPRIÉTÉS MÉCANIQUES proches des MÉTAUX classiques.

métal lourd [heavy metal]

(n.m.) MÉTAL dont la MASSE VOLUMIQUE est sensiblement supérieure à la moyenne des MÉTAUX, soit dépassant 10 g/cm^3.

LÉGER	MOYEN	LOURD
5 g/cm^3	10 g/cm^3	
Magnésium	Zinc	Argent
Beryllium	Chrome	Plomb
Aluminium	Étain	Mercure
Titane	Fer	Uranium
...	Nickel	Or
	Cobalt	Tungstène
	Cuivre	Platine
	...	...

• Note : Il s'agit d'une classification purement traditionnelle qui ne possède aucune signification scientifique, juridique ou administrative.

◊ Contr. : ALLIAGE LÉGER.

métal précieux [precious metal]

(n.m.) MÉTAL ne réagissant pas chimiquement ou difficilement avec l'OXYGÈNE de l'air de sorte à ne jamais subir de CORROSION.

A. Cette PROPRIÉTÉ ainsi que la rareté leur font acquérir une valeur commerciale très élevée d'où leur nom.

→ Voir MÉTAL.

B. Dans cette catégorie, on retrouve parmi les plus connus l'ARGENT, l'OR, le PLATINE, le PALLADIUM, l'IRIDIUM, etc.

métal pur [pure metal]

(n.m.) MÉTAL ne contenant aucun ÉLÉMENT D'ALLIAGE ni IMPURETÉ.

Le métal pur est d'une obtention souvent difficile et n'est réellement utilisé que pour les études de laboratoire.

métastable [metastable]

(adj.) Qui ne devrait pas exister thermodynamiquement mais qui l'est tout de même parce que la réaction de décomposition ne peut démarrer ou est très lente.

méthode [method]

(n.f.) Principes immuables, manières rigoureuses, démarches avec des étapes successives permettant de parvenir à une réalisation.

mètre [meter]

(n.m.) UNITÉ DE BASE de LONGUEUR du (UNITÉS), SYSTÈME INTERNATIONAL D'UNITÉS (S.I.).

mètre-ruban [tape measure]

(n.m.) INSTRUMENT DE MESURE de DISTANCE pouvant atteindre plusieurs MÈTRES ou plusieurs dizaines de mètres avec une PRÉCISION de l'ordre du millimètre, fait en MATÉRIAU souple permettant de l'enrouler complètement.

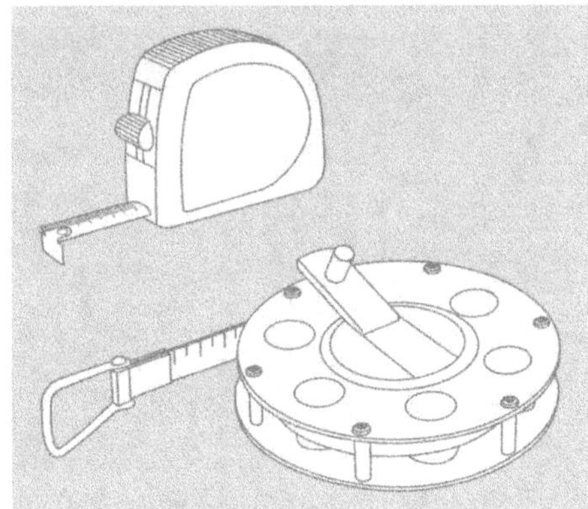

→ Voir aussi DÉCAMÈTRE.

métrique [metric]

(adj.) Qui est en rapport avec le MÈTRE.
Ex. : *Filetage métrique.*

métrologie [metrology]

(n.f.) Discipline de mesure de grandeurs physiques avec des INSTRUMENTS et APPAREILLAGES plus ou moins évolués.

meulage [grinding]

(n.m.) OPÉRATION semi-manuelle d'ABRASION relativement GROSSIÈRE avec un OUTIL ABRASIF en ROTATION sur un OUTILLAGE ÉLECTROPORTATIF ou un TOURET À MEULER.
Ex. 1 : *Meulage d'un CORDON DE SOUDURE avec une MEULEUSE.*

Ex. 2 : *Meulage d'un outil de coupe sur un touret à meuler.*

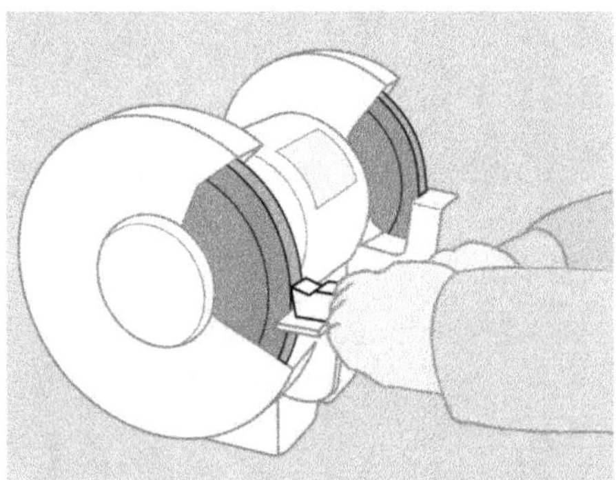

A. Ne pas confondre avec la RECTIFICATION qui est un USINAGE précis avec un OUTIL ABRASIF sur une MACHINE-OUTIL. Ne pas confondre non plus avec le PONÇAGE et le POLISSAGE dont le but est d'obtenir un ÉTAT DE SURFACE très lisse sans forcément une grande PRÉCISION géométrique.

B. TOLÉRANCE DIMENSIONNELLE (IT) :

Très précis	Précis	Moyen	Grossier	Très Grossier
1 2 3 4 5	6 7 8 9	10 11 12	13 14 15	16 17 18
				Meulage
$10 \pm 0{,}002$	$10 \pm 0{,}01$	$10 \pm 0{,}05$	$10 \pm 0{,}2$	10 ± 1
$100 \pm 0{,}005$	$100 \pm 0{,}02$	$100 \pm 0{,}1$	$100 \pm 0{,}4$	100 ± 2

C. ÉTAT DE SURFACE, RUGOSITÉ **Ra (µm)** :

0,012 0,025 0,05 0,1 0,2 0,4 0,8 1 1,6 3,2 6,3	10 12 25 50 100 200
	Meulage

* Symbole ne faisant plus partie des normes

D. Coût d'OUTIL (hors coût MACHINE) :

Aucun	Faible	Moyen	Élevé	Très élevé
	Meulage			

E. SÉRIE DE PIÈCES économique :

Proto	Unitaire	Petite	Moyenne	Grande	Très Grande
1	10	100	1 000	10 000	100 000
	Meulage				

meule [grinding wheel, abrasive wheel]

(n.f.) OUTIL constitué de fines particules très DURES appelées ABRASIF, agglomérées en diverses FORMES géométriques adaptées à l'USINAGE.

Ex.

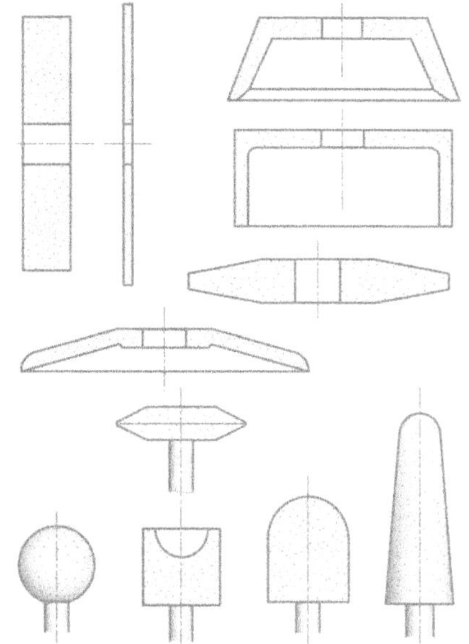

Les CARACTÉRISTIQUEs définissant une meule sont :
• le type d'ABRASIF.
• la grosseur de GRAIN.
• la DURETÉ.
• la STRUCTURE (sens 1).
• l'AGGLOMÉRANT.

meule de forme [shaped grinding wheel]

(n.f.) OUTIL ABRASIF ROTATIF dont le PROFIL possède déjà la GÉOMÉTRIE (sens 2) à obtenir.
→ Voir, par exemple, RECTIFICATION DE FORME.

meuleuse [grinder]

(n.f.) OUTILLAGE ÉLECTROPORTATIF avec un OUTIL ABRASIF ROTATIF.

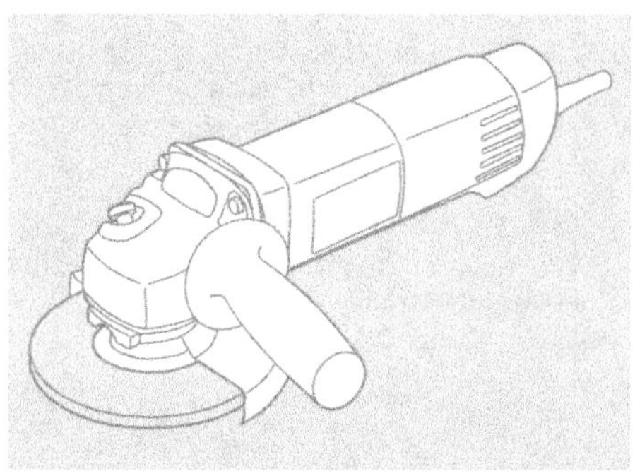

microbillage [shot peening]

(n.m.) PROCÉDÉ | MÉCANIQUE de préparation de SURFACE de MATÉRIAU par martèlement avec des BILLES de VERRES ou de CÉRAMIQUE de GRANULOMÉTRIE choisie afin de donner un aspect MAT ou SATINÉ.
• Note : Ne pas confondre avec le SABLAGE qui procède plus par ABRASION que par martèlement.

microdureté [microhardness]

(n.f.) Mesure de DURETÉ avec des FORCES inférieures à 10 N.
A. Les EMPREINTES sont très petites, inférieures au dixième de millimètre, contre quelques dixièmes pour la (DURETÉ), MESURE DE DURETÉ classique. L'INDENTEUR le plus adapté est le PÉNÉTRATEUR Knoop ou VICKERS.

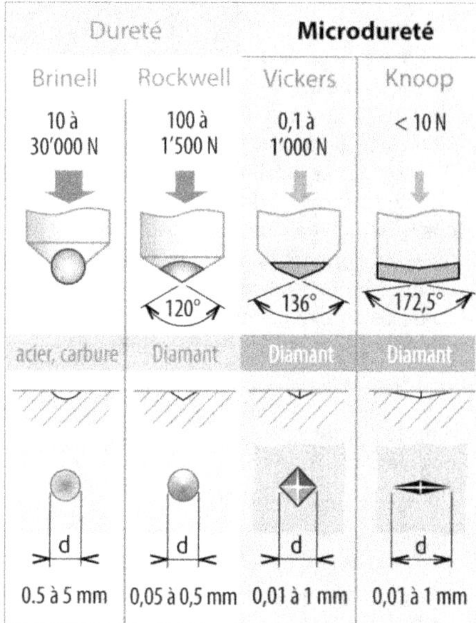

B. La microdureté est utilisée pour les MATÉRIAUX très minces, les SURFACES très petites ou l'étude des PHASES nécessitant des MESURES (sens 3) très rapprochées (filiation).

microfissure [microcrack]

(n.f.) FISSURE invisible à l'oeil nu et ne pouvant être constatée qu'avec des MÉTHODES particulières telles que le (RESSUAGE), CONTRÔLE PAR RESSUAGE et le courant de Foucault.

micrographie [microscopy]

(n.f.) Action et résultat d'observation au MICROSCOPE des motifs de GRAINS et de PHASES | MICROSCOPIQUES sur un MATÉRIAU.

Ex. : *Micrographie d'un acier montrant les* JOINTS DE GRAIN.

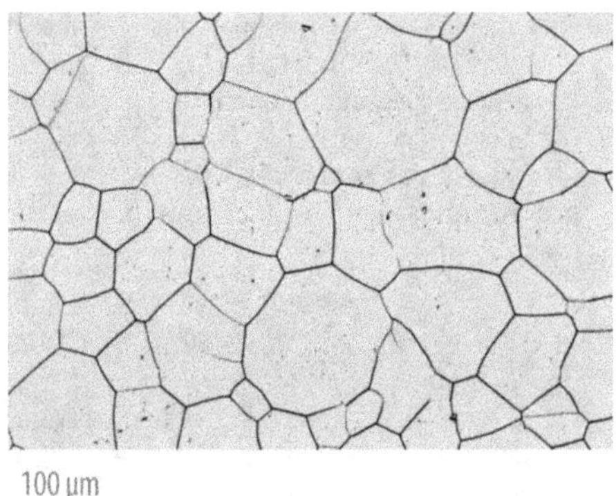

100 µm

→ **Voir aussi** MATÉRIALOGRAPHIE ; POLYCRISTALLIN.

micro-lubrification [minimum quantity lubrication: MQL]

(n.f.) Principe de REFROIDISSEMENT de l'arête d'un OUTIL DE COUPE en USINAGE par l'action d'un mélange de liquide lubrifiant et de gaz comprimé en donnant un aérosol, ce qui permet d'atteindre « généralement quelques bars » et d'utiliser une quantité minimale de LUBRIFIANT.
A. Les performances du procédé sont telles qu'il peut permettre de réduire d'un facteur cent la quantité d'huile nécessaire avec tous les avantages économiques et environnementaux que cela apporte.
B. La micro-lubrification est aussi exploitée pour la lubrification d'éléments de machine ou pour la protection contre la CORROSION.

micromètre [micrometer]

(n.m.)
1. UNITÉ (sens 1) de MESURE (sens 2) de LONGUEUR valant un millionième de MÈTRE et aussi appelé MICRON.
2. APPAREIL de MESURE (sens 3) de LONGUEUR dont la PRÉCISION atteint le centième ou le millième de millimètre.

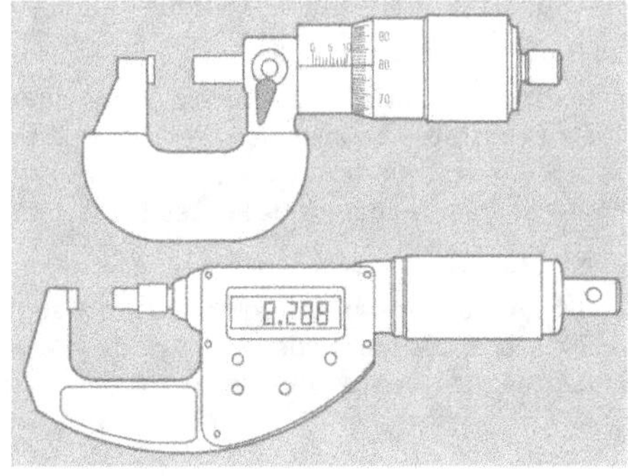

micromètre de filetage [thread micrometer]

(n.m.) APPAREIL DE MESURE de LONGUEUR à touches diamétralement opposées, l'une en forme de VÉ, l'autre en forme de pointe, de manière à s'appuyer sur les flancs des filets hélicoïdaux d'une TIGE FILETÉE pour en évaluer la PROFONDEUR.

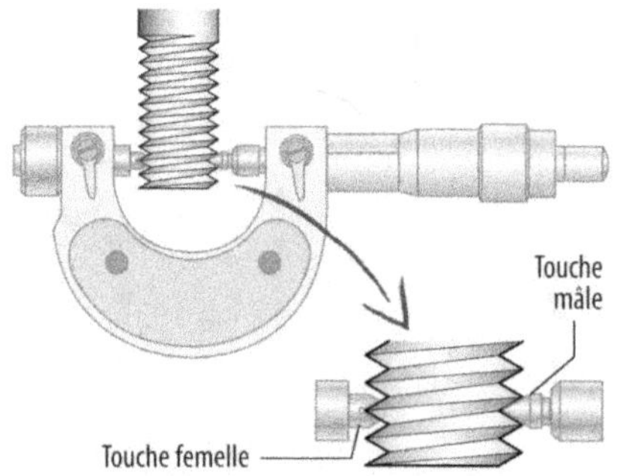

Sa PRÉCISION est généralement du centième de millimètre. Les meilleurs atteignent le millième de millimètre.
→ **Voir** JAUGE DE FILETAGE pour un autre INSTRUMENT de VÉRIFICATION de la FORME et le PAS d'un FILETAGE.

micromètre de profondeur [depth micrometer]

(n.m.) APPAREIL DE MESURE de LONGUEUR avec une TIGE capable de plonger au fond d'un TROU ou d'un DÉCROCHEMENT pour en mesurer le décalage par rapport à une SURFACE DE RÉFÉRENCE plane.

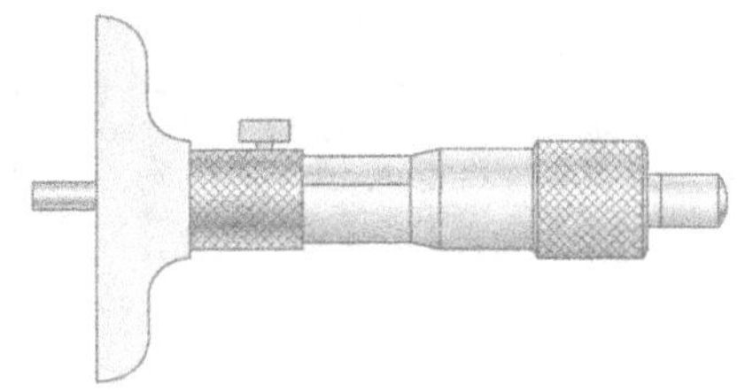

Sa PRÉCISION est couramment du centième de millimètre et atteint le millième de millimètre pour les modèles les plus performants.
→ **Voir** JAUGE DE PROFONDEUR.

micromètre d'intérieur [inside micrometer]

(n.m.) APPAREIL DE MESURE avec des touches à déplacement radiaux pour mesurer des DIAMÈTRES d'ALÉSAGES (sens 1).

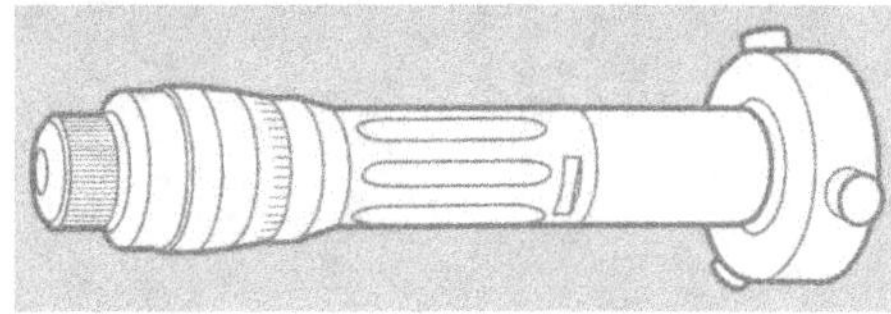

micron (µm) [micron, micrometer]

(n.m.) UNITÉ (sens 1) de MESURE (sens 1) de LONGEUR sous-multiple du mètre.

$$1\ \mu m = 0,001\ mm = 10^{-6}\ m$$

Le micron est notamment utilisé pour exprimer les TOLÉRANCES des AJUSTEMENTS ainsi que les MESURES (sens 1) de RUGOSITÉ.

micronisation [micronisation]

(n.f.) Pulvérisation de MATIÈRE | SOLIDE en fines particules devenant au final une POUDRE.

L'état de POUDRE est plus favorable pour certains PROCÉDÉ de TRANSFORMATION (sens 3) comme le ROTOMOULAGE ou le FRITTAGE ou encore pour certaines RÉACTIONS CHIMIQUES.

microscope [microscope]

(n.m.) APPAREIL d'observation capable de grossir de l'ordre de 100× à 1 000× pour les versions optiques et jusqu'à 1 000 000× pour les versions électroniques.

Ex. : *Microscope optique à platine inversée pour la MICROGRAPHIE en MATÉRIALOGRAPHIE.*

Source : Olympus ®

microscopique [microscopic]

(adj.) Qui est de l'ÉCHELLE (sens 3) de grandeur comprise entre 0,1 mm (10^{-4} m) et 0,01 µm (10^{-8} m) et dont l'observation nécessite des grossissements comprises entre 100× et 1 000 000× avec les MICROSCOPES optiques et électroniques.

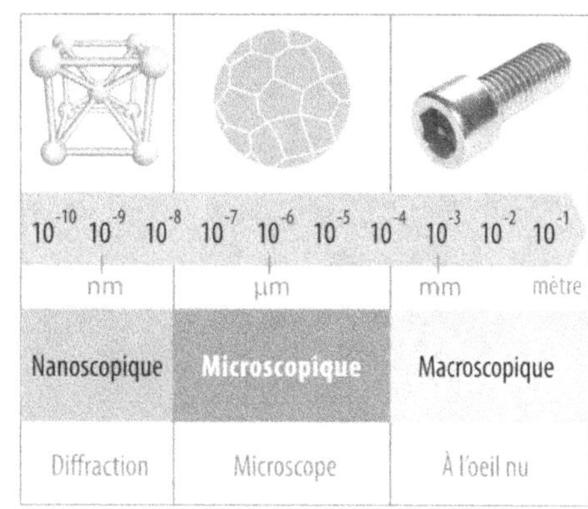

microstructure [microstructure]

(n.m.) Arrangement des différents constituants d'un MATÉRIAU tel qu'on peut l'observer à l'échelle d'environ 0,1 mm (10^{-4} m) à 0,01 µm (10^{-8} m), soit un grossissement de l'ordre de 100× à 1 000 000×.

C'est l'ÉCHELLE (sens 3) qui permet de visualiser les GRAINS, les JOINTS DE GRAINS, les différentes PHASES (sens 2), les INCLUSIONS…

→ Voir à la rubrique ÉCHELLE MICROSCOPIQUE une vue générale des échelles d'observation des MATÉRIAUX.

◆ Syn. : STRUCTURE MICROSCOPIQUE.

MIG [Metal Inert Gas]

Acronyme pour « Metal Inert Gas », PROCÉDÉ de SOUDAGE À L'ARC ÉLECTRIQUE.

MIM [Metal Injection Moulding]

Acronyme et abréviation pour « Metal Injection Moulding ».

→ Voir MOULAGE PAR INJECTION DE MÉTAL.

minerai [ore]

(n.m.) Agrégat de MATIÈRE minérale naturelle prélevée à la terre et à partir duquel sont extraites des MATIÈRES de plus grande valeur comme les MÉTAUX, grâce à un TRAITEMENT élaboré.

Les principaux minerais sont des OXYDEs, des silicates, des sulfures, des halogénures…

→ Voir HAUT FOURNEAU.

mise en bande [nesting]

(n.f.) Recherche de la meilleure disposition de PIÈCES (sens 1) sur une longue SURFACE de MATIÈRE pour rationaliser les OPÉRATIONS de FABRICATION par défilement et éviter au maximum les DÉCHETS ou CHUTES (sens 2).

Ex. : *Mise en bande pour un poinçonnage avec un outil progressif.*

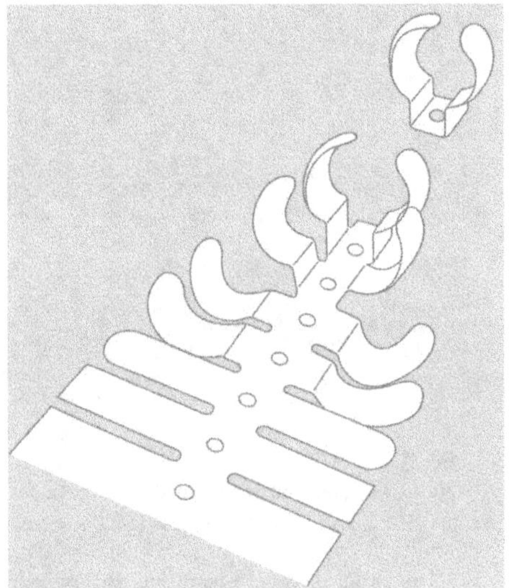

• Note : Ne pas confondre avec IMBRICATION qui concerne plus une PLAQUE de TÔLE.

mise en forme [forming, material processing]

(n.f.) TECHNIQUE et PROCÉDÉ de TRANSFORMATION (sens 3) appliqués à un DEMI-PRODUIT pour obtenir une PIÈCE (sens 1) dans son aspect géométrique final utilisable.

A. Les TECHNIQUES de mise en forme peuvent être classées en cinq grandes familles distinctes :

a. MISE EN FORME PAR SOLIDIFICATION.

b. MISE EN FORME PAR ENLÈVEMENT DE MATIÈRE.

c. MISE EN FORME PAR DÉFORMATION.

d. MISE EN FORME PAR ASSEMBLAGE.

e. FABRICATION ADDITIVE.

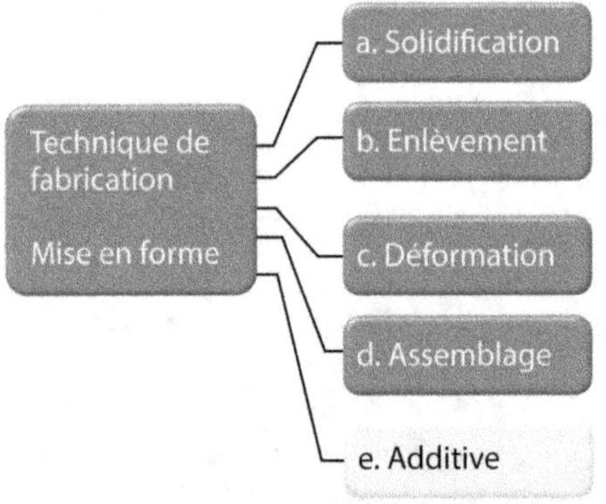

B. Ci-contre, l'exemple d'une PIÈCE (sens 1) de la vie courante fabriquée selon les cinq MÉTHODES différentes de mise en forme. Il s'agit d'une équerre support pour étagère. La PIÈCE (sens 1) possède la même FONCTION et les FORMES sont adaptées aux CONTRAINTES (sens 1) et possibilités des différentes MÉTHODES de FABRICATION :

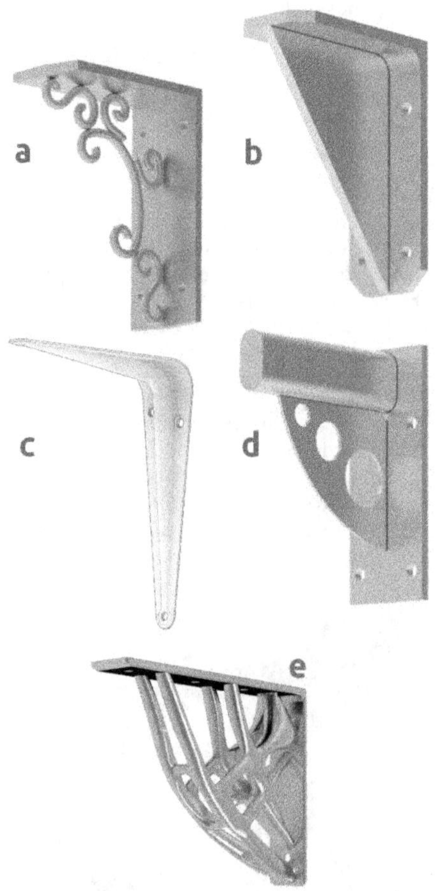

La PIÈCE (a) est obtenue par MOULAGE, c'est à dire par FUSION du MATÉRIAU puis COULÉE dans un MOULE et enfin DÉMOULAGE après SOLIDIFICATION. La pièce (b) a été taillée par enlèvement de COPEAUX à partir d'un bloc de MATÉRIAU. La pièce (c) provient d'une FEUILLE ayant subi une DÉFORMATION par EMBOUTISSAGE. La pièce (d) est issue d'un ASSEMBLAGE par MÉCANO-SOUDURE de TUBE, PLAQUE et PLAT. La pièce (e) est obtenue par dépôt de MATIÈRE COUCHE par COUCHE en IMPRESSION 3D.

C. Le tableau suivant donne un comparatif des CARACTÉRISTIQUES de ces familles de PROCÉDÉS.

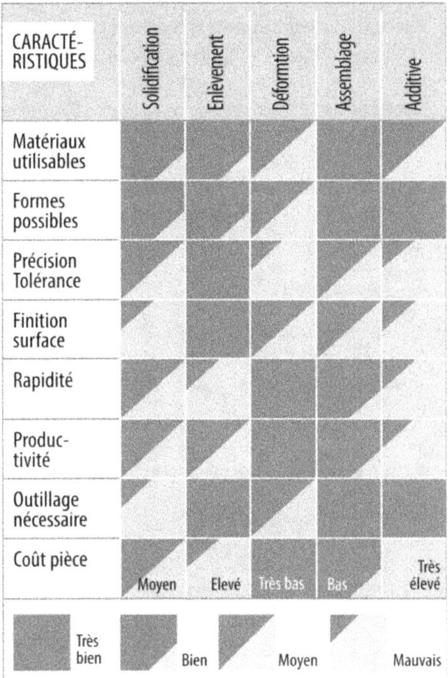

D. Il est évident que la PIÈCE (sens 1) à obtenir doit être conçue suivant les CONTRAINTES (sens 1) et exigences de chaque TECHNIQUE de mise en forme.

→ Voir (FABRICATION), PROCÉDÉ DE FABRICATION pour les critères à prendre en compte dans le choix de la bonne TECHNIQUE pour chaque PROJET.

E. La frise chronologique suivante donne un aperçu historique de l'époque d'émergence des grandes familles de TECHNIQUES de MISE EN FORME. Prendre garde, les échelles des années avant et après l'an 0 ne sont pas les mêmes.

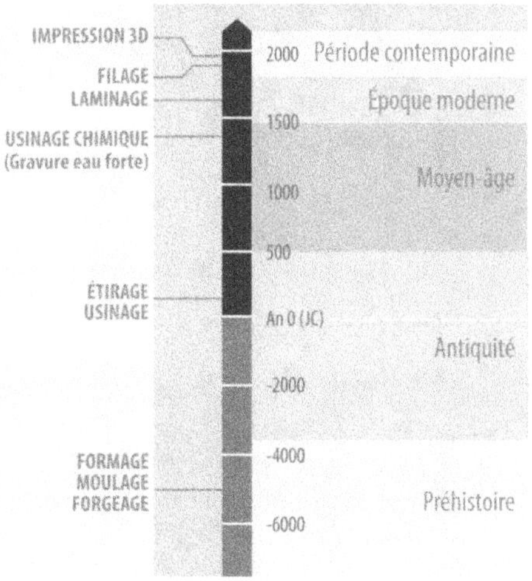

Bien entendu, chaque famille de TECHNIQUE a évolué et a donné lieu à des améliorations notables provenant des différentes avancées technologiques.

→ Voir aussi (MATÉRIAU), CHOIX DE MATÉRIAU.

mise en forme par assemblage [consolidation process]

(n.f.) TECHNIQUE de FABRICATION consistant à rassembler et à joindre plusieurs éléments fabriqués par ailleurs pour constituer un objet monolithique considéré comme une PIÈCE (sens 1).

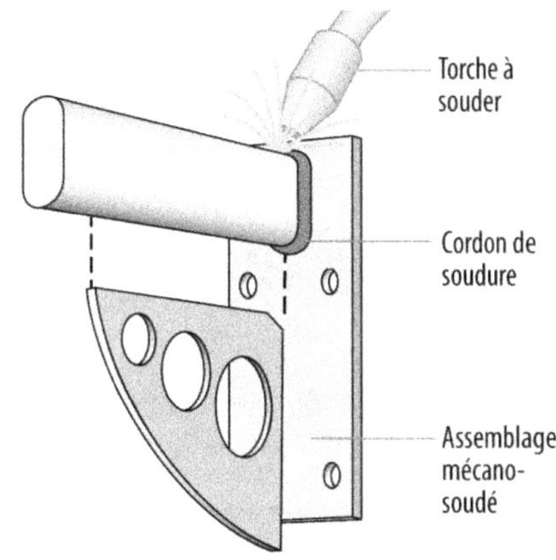

A. La mise en forme par assemblage peut être réalisée par :
• SOUDAGE ou BRASAGE. On parle de MÉCANO-SOUDURE.
• COLLAGE.
• RIVETAGE.
• VISSAGE ou BOULONNAGE.
• ENCLIQUETAGE (sens 2) (appelé aussi CLIPSAGE).
• FRETTAGE.

 **Avantages**

B. Plutôt facile et rapide.

Inconvénients

C. Résultat pas toujours esthétique.

mise en forme par déformation [deformation process]

(n.f.) TECHNIQUE de FABRICATION partant d'une ÉBAUCHE primaire qui est contrainte à changer de GÉOMÉTRIE (sens 2) de façon permanente par l'application d'une FORCE jusqu'à obtenir l'aspect désiré.

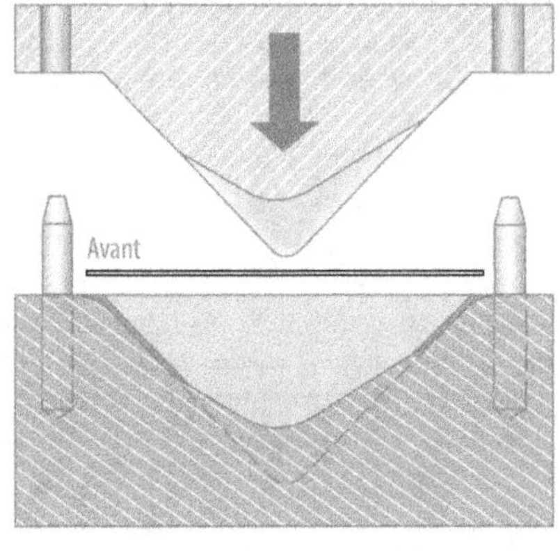

A. Cette famille de PROCÉDÉ est aussi génériquement appelée FORMAGE. Les PROCÉDÉS appartenant à cette famille peuvent être divisées en deux catégories suivant la nature de départ de la MATIÈRE :
• sous forme de bloc massif.
• sous forme de paroi mince (feuille).

 **Avantages**

B. Peu de perte de MATIÈRE. PROCÉDÉS souvent très rapides.

Inconvénients

C. TOLÉRANCE de FABRICATION plutôt grossière.
→ Voir aussi FORMAGE.

mise en forme par enlèvement de matière [machining, material removing process]

(n.f.) TECHNIQUE de MISE EN FORME dans laquelle la MATIÈRE est retirée petit à petit d'un bloc par taillage avec un OUTIL DE COUPE, un OUTIL D'ABRASION ou autres (électrodes, etc.).

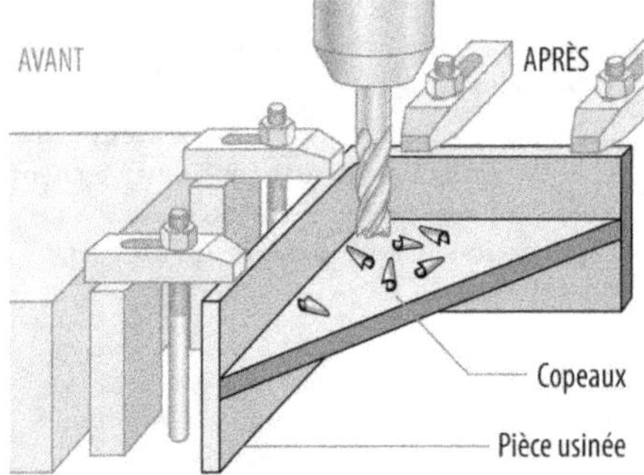

A. Les débris de MATÉRIAU provenant de cette OPÉRATION sont appelés des COPEAUX.
B. Les TECHNIQUES de mise en forme par enlèvement de MATIÈRE sont divisées en deux catégories :
• les PROCÉDÉS d'USINAGE CONVENTIONNEL.
• les PROCÉDÉS d'USINAGE NON-CONVENTIONNEL.
C. Pour cette famille de PROCÉDÉ, on parle aussi quelquefois de fabrication soustractive, par opposition à FABRICATION ADDITIVE.

 **Avantages**

D. Permet toutes les TOLÉRANCES de FABRICATION, de la plus grossière à la plus précise. Permet des FORMES très élaborées.

 **Inconvénients**

E. Perte de MATIÈRE. N'est pas toujours très rapide.
♦ Syn. : USINAGE.

mise en forme par fabrication additive [additive manufacturing process]

(n.f.) TECHNIQUE de FABRICATION de PIÈCES (sens 1) par déposition COUCHES par COUCHES de MATIÈRE selon un modèle 3D élaboré avec un logiciel de CONCEPTION ASSISTÉE PAR ORDINATEUR.

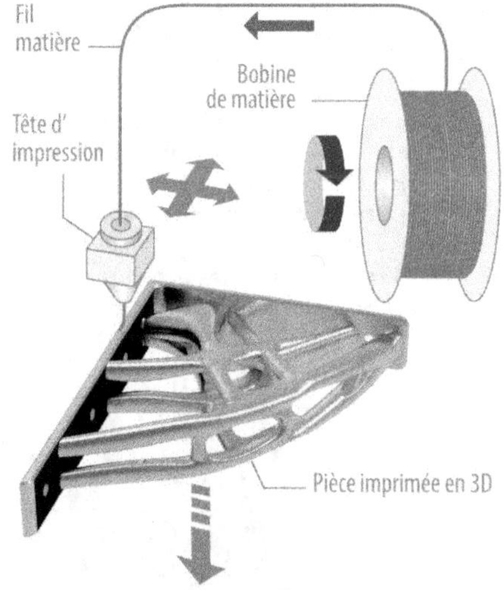

→ Voir IMPRESSION 3D pour l'ensemble des PROCÉDÉS disponibles.

 **Avantages**

A. Sans aucune restriction sur les FORMES possibles. Peu de perte de MATIÈRE (sauf le support, s'il est nécessaire). Permet la FABRICATION de PIÈCES (sens 1) PROTOTYPE unitaire à un coût raisonnable. Permet parfois des pièces pleinement fonctionnelles pour les VÉRIFICATIONS et VALIDATION de résultat de CONCEPTION.

 Inconvénients

B. PROPRIÉTÉS MÉCANIQUES des PIÈCES obtenues en deçà de la MATIÈRE DE BASE. Aspect de SURFACE souvent rugueux. PRÉCISION dimensionnelle moyenne. Ne permet pas de grande SÉRIE DE PIÈCES. Taille de PIÈCE (sens 1) limitée. Nécessite des OPÉRATIONS de FINITION et de PARACHÈVEMENT.

mise en forme par solidification [casting process]

(n.f.) TECHNIQUE de MISE EN FORME de MATÉRIAU par FUSION puis COULÉE dans un MOULE possédant la FORME voulue mais (CREUX), EN CREUX, et enfin REFROIDISSEMENT et retour à l'état SOLIDE pour obtenir la PIÈCE (sens 1).

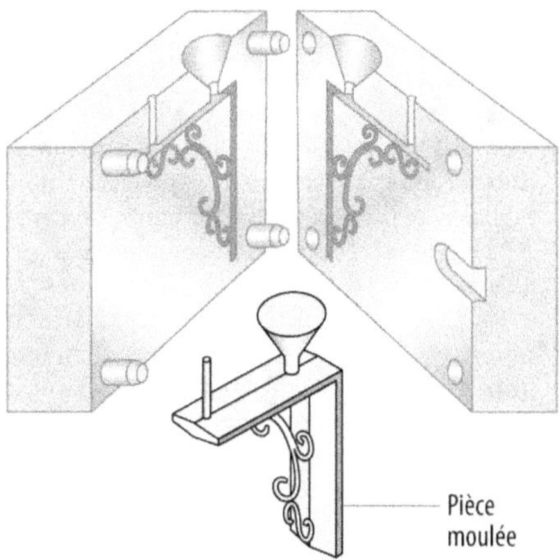

Pièce moulée

A. Les PROCÉDÉS de mise en forme par solidification peuvent être classés suivants les MATIÈRES à travailler :
• Pour les MÉTAUX :
→ Voir MOULAGE DES MÉTAUX.
• Pour les (PLASTIQUES), MATIÈRES PLASTIQUES, les COMPOSITES et les CÉRAMIQUES :
→ Voir (PLASTIQUE), TRANSFORMATION DES MATIÈRES PLASTIQUES.
B. Bien que les CÉRAMIQUES soient une famille de MATÉRIAUX à part, leurs PROCÉDÉS de MISE EN FORME, essentiellement par FRITTAGE, ont été placés dans cette catégorie par similarité.

 Avantages

C. Permet des FORMES très élaborées.

 Inconvénients

D. Demande des précautions de SÉCURITÉ contre la chaleur.

mise en plan [layout]

(n.f.) Représentation en PROJECTION (sens 2) obtenue automatiquement par un logiciel de CONCEPTION ASSISTÉE PAR ORDINATEUR à partir d'un MODÈLE (sens 1) 3D.
Ex. : *Mise en plan d'un corps de pompe.*

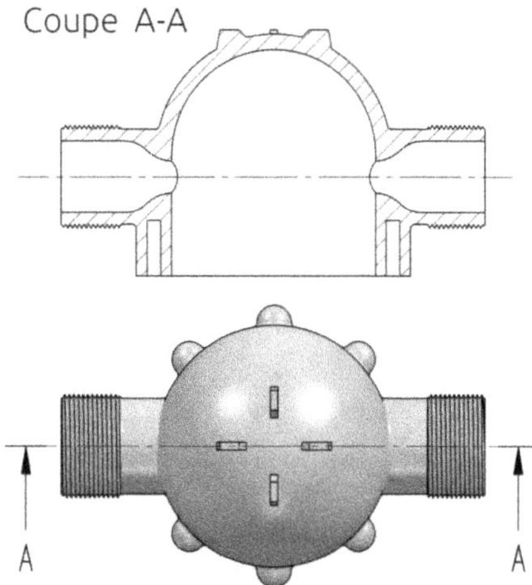

La mise en plan précédente a été obtenue à partir du modèle 3D suivant :

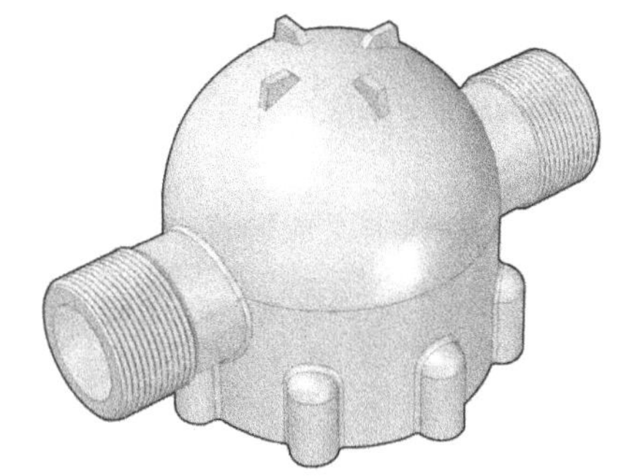

modèle

(n.m.)
1. [model] Représentation mathématique très précise et 3D de FORMES géométriques permettant d'appliquer les actions suivantes :
• enregistrer, conserver, transmettre et afficher suivant toutes les ORIENTATIONs voulues.

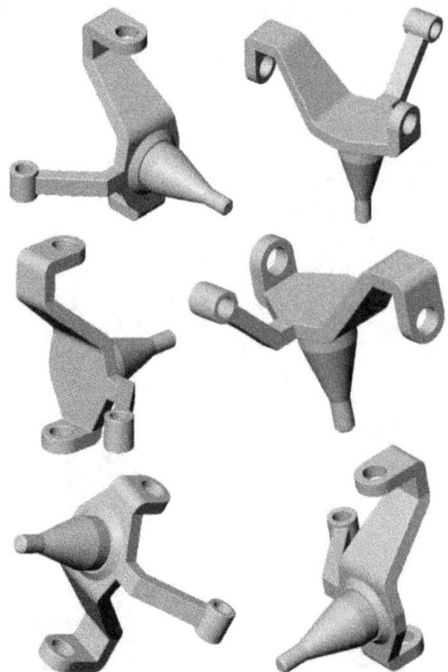

• calculer les PROPRIÉTÉS en relation avec les FORMES telles que le VOLUME, l'AIRE, les MOMENTS DE RÉSISTANCE, l'emplacement du CENTRE DE GRAVITÉ, etc.

• fabriquer directement sur une MACHINE de PROTOTYPAGE RAPIDE (IMPRESSION 3D) ou une MACHINE À COMMANDE NUMÉRIQUE.

• simuler les comportements physiques, notamment avec le (ÉLÉMENTS FINIS), CALCUL PAR ÉLÉMENTS FINIS. Appliquer l'OPTIMISATION TOPOLOGIQUE.

• produire des représentations très proches de la réalité appelées RENDU RÉALISTE, en évoquant les MATÉRIAUX et les aspects de surface, grâce à à l'application de textures adéquates.

A. Le modèle n'est pas seulement un ensemble de lignes et de TRAITS sur un PLAN (sens 1) comme un DESSIN TECHNIQUE mais une véritable représentation complète quasi réelle d'un VOLUME et qui est susceptible d'être manipulé dans tous les sens comme un objet matériel. Il peut être montré sous tous les ANGLES d'observation. Comparer l'illustration ci-dessus avec l'illustration de la rubrique DESSIN TECHNIQUE.

→ Voir CONCEPTION ASSISTÉE PAR ORDINATEUR ; (ÉLÉMENTS FINIS), CALCUL PAR ÉLÉMENTS FINIS.

B. Il existe trois types de modèle plus ou moins évolués. Du moins élaborés au plus aboutis, on peut citer :

• le MODÈLE FIL DE FER.

• le MODÈLE SURFACIQUE.

• le MODÈLE VOLUMIQUE.

C. Le MODÈLE FIL DE FER est une représentation uniquement avec les ARÊTES et les sommets de l'objet, (un peu comme le fil de fer du bouchon de champagne, par exemple). Il évoque une vague idée de la FORME de l'objet. Cette représentation peut être orientée dans tous les sens et donner diverses VUES. Cependant, elle ne peut pas être colorée pour prendre un aspect réaliste car elle ne possède pas de SURFACE : c'est uniquement une sorte d'ossature (appelée aussi quelquefois « squelette »). Ainsi, l'intérieur de la représentation est vide et elle ne permet donc pas de calculer les caractéristiques liées à la FORME telles que le VOLUME, la MASSE, l'AIRE, etc. Comme l'intérieur n'est pas précisé, il est impossible de vérifier si l'objet peut réellement exister ou est juste une vue de l'imagination. Ainsi, il n'est absolument pas envisageable de fabriquer l'objet correspondant par MACHINE à COMMANDE NUMÉRIQUE. Le modèle fil de fer est une représentation simplifiée très incomplète. Son seul avantage est de se satisfaire d'un ordinateur avec très peu de puissance de calcul. Ne pas confondre cependant un modèle filaire avec la représentation filaire de certains MODELEURS surfaciques ou volumique qui n'est qu'une option d'affichage.

D. Le MODÈLE SURFACIQUE est une représentation de FORME par sa peau externe (comme le papier du bouchon de champagne, par exemple). Elle est plus claire que le modèle fil de fer car toutes les SURFACES sont définies, ce qui permet de lui attribuer une couleur ou une texture de MATÉRIAU.

→ Voir par exemple, RENDU RÉALISTE.

On peut vérifier si l'objet peut réellement exister et non seulement une vue de l'esprit. Ce qui le rend réalisable par FABRICATION ASSISTÉE PAR ORDINATEUR et IMPRESSION 3D. Cependant, le contenu intérieur n'est pas défini. Ce qui ne permet pas d'appréhender son comportement face à des PHÉNOMÈNES physiques comme les SOLLICITATIONS mécaniques, la propagation de la chaleur, etc. Le modèle surfacique est plus évolué que le modèle filaire. Il est surtout utilisé pour la définition de FORME très complexe comme pour la carrosserie ou le DESIGN INDUSTRIEL, d'une façon générale.

E. Le MODÈLE VOLUMIQUE est une représentation complète d'un objet contenant les aspects géométrique et physique. En plus de ce qui est possible avec le modèle surfacique, il peut servir à toute sorte de calcul : VOLUME, CENTRE DE GRAVITÉ, MOMENTS de RÉSISTANCE, etc. et de SI-

MULATIONS diverses : évaluation de CONTRAINTE MÉCANIQUE, DÉFORMÉE, distribution de TEMPÉRATURE, flux de chaleur, etc. On peut aussi vérifier le fonctionnement de MÉCANISME dans les ASSEMBLAGES (sens 2). C'est le plus évolué et le plus parfait des modèles.

2. [pattern] Objet utilisé comme point de départ à imiter pour la FABRICATION d'un autre.

Ex. : *Modèle pour la constitution d'un* MOULE *de* FONDERIE :

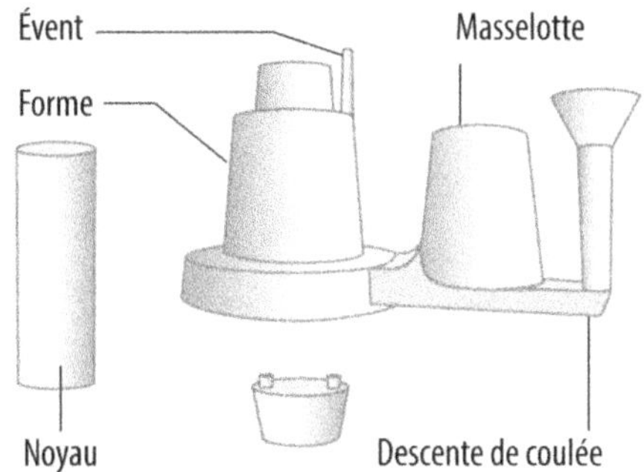

→ Voir aussi MOULAGE AU SABLE, pour un exemple de FABRICATION de modèle.

(modèle), dépôt de modèle [design registration]

(n.m.) Démarche administrative conférant au déposant un titre de propriété avec une date d'effet certaine pour ses créations sous forme de dessin et qui lui donne un droit exclusif d'exploitation et un droit d'action en contrefaçon.

• Note : Pour le cas de la France, le dépôt de modèle est effectué auprès de l'office administratif INPI (Institut National de la Propriété Intellectuelle).

→ Voir aussi PROPRIÉTÉ INDUSTRIELLE.

modèle fil de fer [wireframe model]

(n.m.) MODÈLE (sens 1) défini uniquement par ses arêtes.

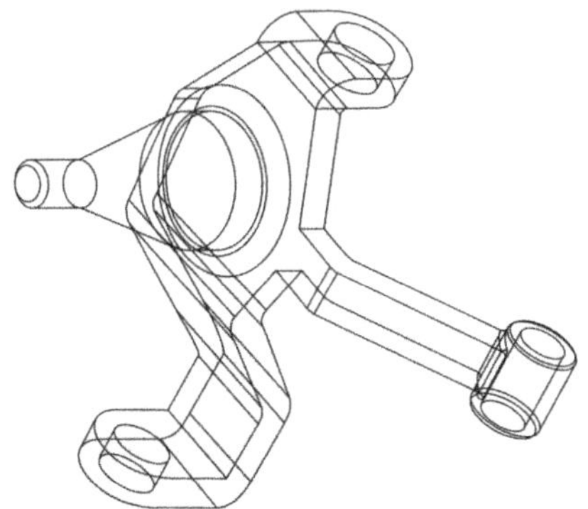

→ Voir aussi MODÈLE (sens 1).

modèle surfacique [surface model]

(n.m.) MODÈLE (sens 1) défini uniquement par son enveloppe extérieure sans que le contenu intérieur soit déterminé.

→ Voir MODÈLE (sens 1) ; FORME SURFACIQUE.

modeleur [modelling software]

(n.m.) Logiciel permettant de définir en 3D des FORMES en vue de les visualiser, les fabriquer par COMMANDE NUMÉRIQUE ou les utiliser dans des SIMULATIONS.

Ce sont, par exemple, les logiciels de CONCEPTUALISATION et de CONCEPTION ASSISTÉE PAR ORDINATEUR.

modèle volumique [solid model]

(n.m.) MODÈLE (sens 1) défini par son enveloppe externe et le contenu interne de cette enveloppe.

→ Voir MODÈLE (sens 1), FORME VOLUMIQUE.

modulaire [modular]

(adj.) Construit de façon à être constitué de plusieurs COMPOSANTS compatibles entre eux et permettant de former diverses configurations.

module de cisaillement [shear modulus]

(n.m.) Autre appellation du MODULE DE COULOMB ou du MODULE D'ÉLASTICITÉ TRANSVERSALE.

module de Coulomb [Coulomb's modulus]

(n.m.) Autre appellation pour le MODULE D'ÉLASTICITÉ TRANSVERSALE.

• Note : Coulomb Charles-Augustin (1736-1806) est un physicien français connu, par ailleurs, pour ses travaux en électricité et en MAGNÉTISME. Son nom a été adopté dans le (UNITÉ), SYSTÈME INTERNATIONAL D'UNITÉS (S.I.) pour la charge électrique.

module d'élasticité longitudinale [modulus of elasticity]

(n.m.) CARACTÉRISTIQUE MÉCANIQUE d'un MATÉRIAU exprimant sa capacité à la DÉFORMATION ÉLASTIQUE sous l'effet d'une CONTRAINTE DE TRACTION.

A. Sa définition mathématique est donnée ci-après :

$$E = \frac{\sigma}{\frac{\Delta L}{L_0}} \quad (N/mm^2)$$

σ Contrainte de traction en N/mm^2

$\Delta L/L_0$ Allongement relatif (sans unité)

C'est le quotient de la CONTRAINTE DE TRACTION par l'ALLONGEMENT RELATIF résultant. Elle est exprimée le plus souvent en N/mm^2 = MPa ou encore en GPa. Plus la valeur de cette caractéristique est élevée, plus le MATÉRIAU concerné est RIGIDE. Le module d'élasticité longitudinale peut être déterminée à partir de la (TRACTION), COURBE DE TRACTION. C'est la valeur de la pente dans le DOMAINE ÉLASTIQUE. En réalité, pour garantir, une meilleure précision, il est déduit de la MESURE (sens 3) de la fréquence de VIBRATION du MATÉRIAU, avec laquelle il a un lien.

B. Ci-dessous, une liste de valeurs de module d'élasticité longitudinale pour quelques MATÉRIAUX connus. Ces valeurs sont des valeurs moyennes indicatives susceptibles de variation, notamment selon les conditions d'ÉLABORATION.

matériaux	module (Mpa)
Métaux et composés de métal	
acier de construction	210 000
acier à ressorts	220 000
acier inox 18-10	203 000
aluminium (Al)	69 000
alliage AU4G	75 000
argent (Ag)	83 000
arsenic (As)	8 000
baryum (Ba)	13 000
béryllium (Be)	240 000
bismuth (Bi)	32 000
bronze	124 000
bronze au béryllium	130 000
cadmium (Cd)	50 000
carbure de chrome (Cr_3C_2)	373 130
carbure de titane (TiC)	440 000
carbure de tungstène (WC)	650 000
cesium (Cs)	1 700
chrome (Cr)	289 000
cobalt (Co)	209 000
cuivre (Cu)	124 000
étain (Sn)	41 500
fer (Fe)	196 000
germanium (Ge)	89 600
invar ™	140 000
indium (In)	110 000
iridium (Ir)	528 000
laiton (80 % Cu, 20 % Zn)	100 000
lithium (Li)	4 900
magnésium (Mg)	45 000
manganèse (Mn)	198 000
molybdène (Mo)	329 000
mullite ($Al6Si_2O_{13}$)	145 000
nickel (Ni)	214 000
niobium (Nb)	105 000
or (Au)	78 000
oxyde d'aluminium (Al_2O_3)	390 000
oxyde de béryllium (BeO)	380 000
oxyde de magnésium (MgO)	250 000
oxyde de zirconium (ZrO)	200 000
palladium (Pd)	121 000
platine (Pt)	168 000
plutonium (Pu)	96 000
rhodium (Rh)	275 000
rubidium (Rb)	2 400
ruthénium (Ru)	447 000
scandium (Sc)	74 000
sélénium (Se)	10 000
sodium (Na)	10 000
tantale (Ta)	186 000
titane (Ti)	116 000

titanate d'aluminium (Ti$_3$Al)	140 000
titanate de baryum (BaTiO$_3$)	67 000
tungstène (W)	406 000
uranium (U)	208 000
vanadium (V)	128 000
zinc (Zn)	78 000
zirconium (Zr)	68 000

Verres, céramiques, minéraux

arséniure de gallium (AsGa)	85 500
béton	27 000
brique	14 000
carbure de silicium (SiC)	450 000
diamant (C)	1 000 000
granite	60 000
marbre	26 000
saphir	420 000
silicium (Si)	107 000
verre	69 000

Bois

acajou (Afrique)	12 000
bambou	20 000
bois de rose (Brésil)	16 000
bois de rose (Inde)	12 000
chêne	12 000
contreplaqué	12 400
epicéa	13 000
erable	10 000
frêne	10 000
séquoia	9 500

Polymères

fibre de carbone	190 000
kevlar	112 000
nanotubes (Carbone)	1 100 000
nylon	2 000 à 4 000
plexiglass	2 380
polyamide	3 000 à 5 000
Polycarbonate	2 300
polyester	1 000 à 5 000
polyéthylène	200 à 700
polystyrène	3 000 à 3 400
PVC rigide	2 800
PVC souple	< 1 000
résine epoxy	3 500

Bio-matériaux

cartilage	24
cheveux	10'000
collagène	6
fémur	17 200
humérus	17 200
radius	18 600
soie d'araignée	60 000
tibia	18 100
vertèbre cervicale	230
vertèbre lombaire	160

C. Le diagramme ci-contre permet d'avoir un aperçu comparatif des modules d'élasticité longitudinale de tous les MATÉRIAUX par famille :

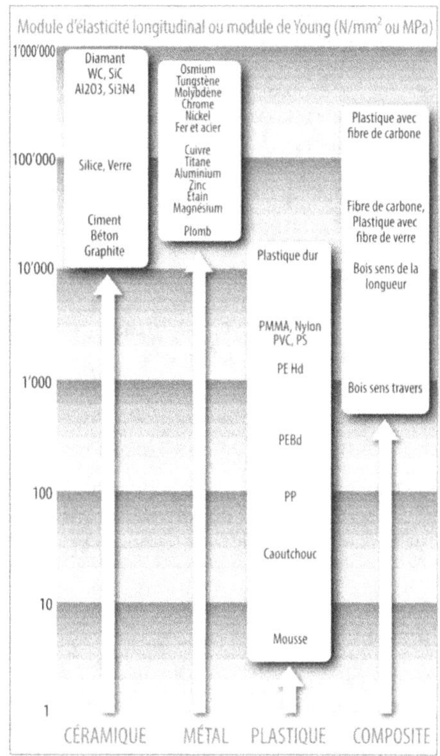

Remarquer, en particulier, que la SUBSTANCE la plus RIGIDE est le DIAMANT et la plus SOUPLE est la MOUSSE.

→ Voir aussi RIGIDE ; (ASHBY), DIAGRAMME D'ASHBY.

D. Le module d'élasticité longitudinale possède la même UNITÉ (sens 1) que la CONTRAINTE DE TRACTION. Cependant, les valeurs constatées sont de plusieurs ordres de grandeur plus élevés que les contraintes habituellement rencontrées dans l'utilisation des matériaux, ce qui ne facilite pas la compréhension de sa signification. Le module d'élasticité longitudinale peut être considéré comme la contrainte qui allongerait de 100 % le MATÉRIAU de façon ÉLASTIQUE (c'est à dire qui en doublerait la longueur). Il est cependant bien connu que les MATÉRIAUX acceptant un tel comportement sont rares, l'exception notable étant le CAOUTCHOUC. Dans ces conditions, considérons plutôt le millième de la CONTRAINTE (sens 3) et de l'ALLONGEMENT. En prenant comme exemple, le module de l'ACIER, il peut aussi être écrit comme suit :

$$E = \frac{210'000\,N\,/\,mm^2}{100\%} = \frac{210\,N\,/\,mm^2}{0{,}1\%}$$

Ainsi, **le millième du « module d'élasticité longitudinale » est la** CONTRAINTE DE TRACTION **qui provoque un** ALLONGEMENT **de 0,1 %.** E. Compte tenu des valeurs courantes de RÉSISTANCE LIMITE D'ÉLASTICITÉ habituellement rencontrées dans les MATÉRIAUX (par exemple ici de l'ordre de 240 à 420 N/mm² pour l'ACIER), cette remarque montre que l'ALLONGEMENT ÉLASTIQUE maximal correspondant ne dépasse pas 0,2 % dans la plupart des situations. Pour les cas des MATÉRIAUX dont la RÉSISTANCE LIMITE D'ÉLASTICITÉ n'est pas clairement apparente sur la COURBE DE TRACTION, la valeur de 0,2 % ou 0,002 a été choisie par convention pour définir une LIMITE D'ÉLASTICITÉ CONVENTIONNELLE souvent notée **Rp$_{0,2\%}$**.
→ Voir LIMITE D'ÉLASTICITÉ CONVENTIONNELLE ; LIMITE D'ÉLASTICITÉ APPARENTE.

F. Le module d'élasticité longitudinale est utilisé pour évaluer la DÉFORMATION en TRACTION, la FLÈCHE en FLEXION. Elle sert aussi dans l'étude des PHÉNOMÈNES de FLAMBEMENT et de VOILEMENT. Il est aussi appelé MODULE DE YOUNG ou MODULE DE TRACTION.

G. Ne pas confondre avec le MODULE DE COULOMB ou MODULE D'ÉLASTICITÉ TRANSVERSALE.

module d'élasticité transversale [transverse modulus of elasticity]

(n.m.) CARACTÉRISTIQUE MÉCANIQUE d'un MATÉRIAU donnant sa DÉFORMATION en INCLINAISON lorsqu'il est sollicité en CISAILLEMENT. Son UNITÉ (sens 1) est le N/mm² ou MPa ou GPa.
A. Voici sa définition mathématique :

$$G = \frac{\tau}{\gamma} \quad (N/mm^2)$$

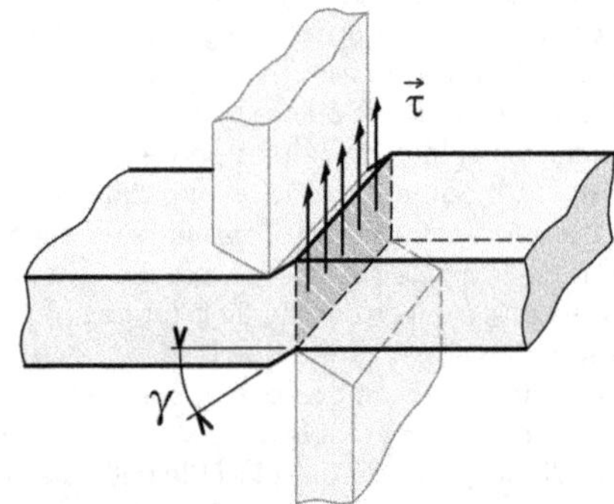

τ contrainte de cisaillement (N/mm²)
γ Angle de déformation (rd)

B. Il existe un lien entre le module d'élasticité transversale et le MODULE D'ÉLASTICITÉ LONGITUDINALE. Elle fait intervenir le COEFFICIENT DE POISSON ν. Ce lien s'écrit :

$$G = \frac{E}{2(1+\nu)}$$

C. Ci-dessous, quelques valeurs pour certains matériaux usuels :

Matériau	Module d'élasticité longitudinale E (Module de Young)	Coefficient de Poisson ν	Module d'élasticité transversale G (Module de Coulomb)
Tungstène	400 000 N/mm²	0,28	156 000 N/mm²
Chrome	259 000 N/mm²	0,21	107 000 N/mm²
Acier	210 000 N/mm²	0,29	81 000 N/mm²
Platine	150 000 N/mm²	0,38	54 000 N/mm²
Cuivre	125 000 N/mm²	0,34	47 000 N/mm²
Zinc	105 000 N/mm²	0,25	42 000 N/mm²
Or	83 000 N/mm²	0,44	29 000 N/mm²
Aluminium	70 000 N/mm²	0,34	26 000 N/mm²
Verre	68 000 N/mm²	0,24	27 000 N/mm²
Plomb	18 000 N/mm²	0,44	6 250 N/mm²
Nylon	2 500 N/mm²	0,40	890 N/mm²

D. Le module d'élasticité transversale est aussi appelé MODULE DE COULOMB ou MODULE DE CISAILLEMENT.

module de flexion [elastic section modulus, flexural modulus]

(n.m.) Quotient du MOMENT QUADRATIQUE AXIAL d'une SECTION fléchie par la plus grande distance par rapport à l'AXE NEUTRE. Son UNITÉ (sens 1) est une distance à la puissance 3, par exemple le **m³**. Cette grandeur intervient dans le calcul de la CONTRAINTE DE FLEXION.

module d'engrenage [module]

(n.m.) Nombre caractérisant la dimension de la DENTURE d'un ENGRENAGE ou d'une CRÉMAILLÈRE.
A. Pour une ROUE DENTÉE, c'est le quotient du DIAMÈTRE primitif D par le nombre de DENTS Z.

$$\text{module} = m = D/Z$$

Il est conventionnellement exprimé en millimètres :

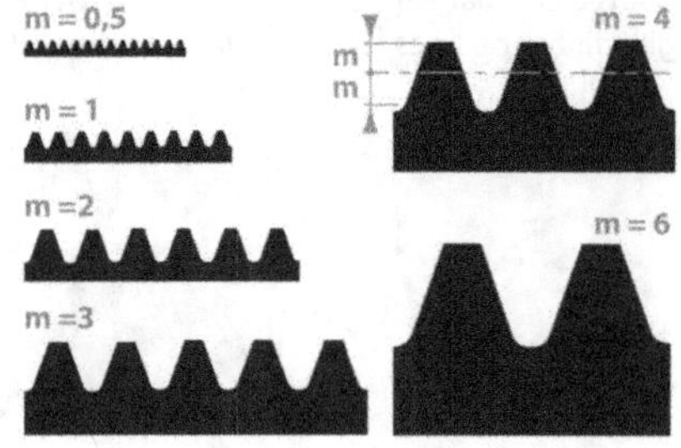

B. Le module est déduit des calculs de DIMEN-SIONNEMENT qui prennent en compte les EF-FORTS à transmettre. Les valeurs normalisées à privilégier sont les suivantes. Préférer les valeurs marquées en gras :

Module m			
0,5	**1,5**	**5**	**16**
0,55	1,75	5,5	18
0,6	**2**	**6**	**20**
0,7	2,25	7	22
0,8	**2,5**	**8**	**25**
0,9	2,75	9	28
1	**3**	**10**	**32**
1,125	3,5	11	36
1,25	**4**	**12**	**40**
1,375	4,5	14	45
			50

C. Toutes les autres CARACTÉRISTIQUES géométriques de la DENTURE (PAS, HAUTEUR des DENTS, etc.) sont exprimées en fonction de ce nombre.
→ Voir CRÉMAILLÈRE ; ENGRENAGE.

module de torsion [torsional modulus]

(n.m.) Quotient du MOMENT QUADRATIQUE POLAIRE d'une SECTION tordue par la plus grande DISTANCE par rapport à l'AXE (sens 1) de TORSION. Son UNITÉ (sens 1) est une DISTANCE à la puissance 3, par exemple le **m³**. Cette grandeur intervient dans le calcul de la CONTRAINTE DE TORSION.

module de Young [Young's modulus, elastic coefficient]

(n.m.) Autre appellation pour le MODULE D'ÉLASTICITÉ LONGITUDINALE.
Thomas Young (1773-1829) est un savant anglais connu notamment pour ses travaux d'optique et de déchiffrement d'hiéroglyphe égyptien.

moletage [knurling]

(n.m.)
1. Motifs (CREUX), EN CREUX et (RELIEF), EN RELIEF très prononcés recouvrant une SURFACE | CYLINDRIQUE et ayant pour but d'améliorer la prise en main d'une PIÈCE (sens 1).
2. OPÉRATION d'USINAGE de STRIES croisées en creux et relief sur une SURFACE | CYLINDRIQUE pour en améliorer la prise en main.

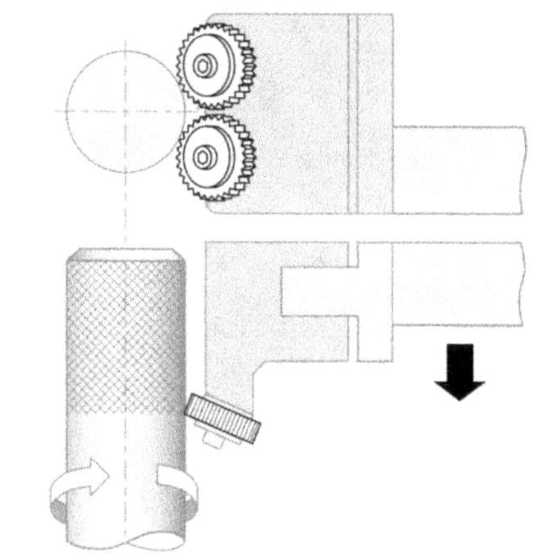

(moleter), outil à moleter [knurling tool]

(n.m.) OUTIL à roulettes capables de graver des motifs de STRIES croisées sur une SURFACE | CYLINDRIQUE afin d'en faciliter la prise en main.

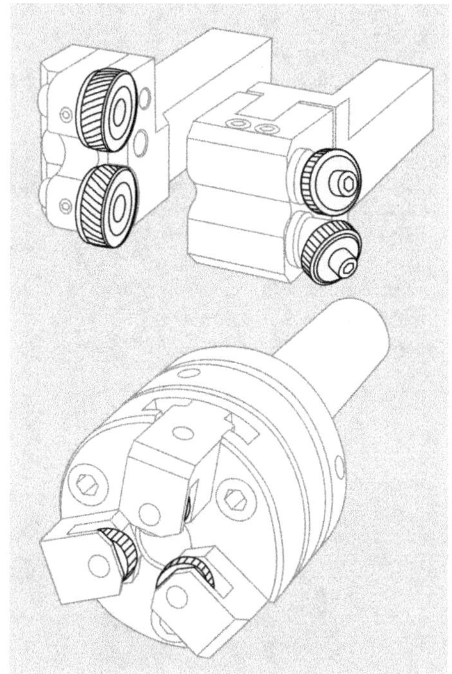

molette [serrated wheel]

(n.f.) CYLINDRE (sens 1) strié pour manœuvrer un autre ORGANE ou servir d'OUTIL pour apposer des STRIES sur une SURFACE.

→ Voir, par exemple, CLÉ À MOLETTE ; (MOLE-TER), OUTIL À MOLETER.
Une molette aussi est utilisée pour le FILETAGE PAR DÉFORMATION ou FILETAGE PAR ROULAGE sur un TOUR (sens 1).
→ Voir FILETAGE PAR ROULAGE.

molybdène (Mo) [molybdenum]

(n.m.) MÉTAL grisâtre DUR, TENACE et RÉFRAC-TAIRE dont les CARACTÉRISTIQUES ressemblent à celles du CHROME et du TUNGSTÈNE et l'aspect au PLOMB.

A. Il est utilisé comme ÉLÉMENT D'ALLIAGE pour les ACIERS ALLIÉS acceptant bien la TREMPE.
B. Quelques CARACTÉRISTIQUES :

Symbole chimique :	Mo
État physique à l'ambiante :	Solide
Couleur :	Gris clair
Numéro atomique :	42
Masse volumique :	$10,2 \text{ g/cm}^3$
T° de fusion :	2610°C
Structure cristalline :	Cubique corps centré

C. Aspect, couleur et rendu du MÉTAL.

→ Voir aussi MÉTAL.

moment [moment]

(n.m.) D'une façon générale, grandeur caractérisant l'effet d'une autre grandeur physique en prenant aussi en compte son éloignement par rapport à un POINT ou à un AXE (sens 1) de RÉFÉRENCE.
A. Certaines grandeurs produisent des effets plus ou moins intenses selon leur localisation et répartition dans l'espace par rapport à un emplacement particulier. Le MOMENT D'UNE FORCE caractérise, par exemple, l'effet de ROTATION que tend à produire la FORCE à cause de son éloignement plus ou moins grand par rapport à l'AXE (sens 1) de pivotement. Le MOMENT D'INERTIE caractérise la RÉSISTANCE (sens 2) à la mise en ROTATION d'un corps par rapport à un AXE (sens 1). Le MOMENT STATIQUE caractérise l'équilibre général de la répartition géométrique d'une SURFACE par rapport à un AXE (sens 1), ce qui permet, par exemple, d'en déterminer le CENTRE DE GRAVITÉ. Le MOMENT QUADRATIQUE AXIAL caractérise la capacité d'une SECTION à résister à une sollicitation de FLEXION par rapport à son AXE D'INERTIE, etc.
B. Généralement, un moment a pour UNITÉ (sens 1) une grandeur fois une distance ou la puissance d'une distance.

Exemples :
Moment d'une force =   N·m
Moment d'un couple = N·m
Moment d'inertie = kg·m^2
Moment cinétique = $\text{kg·m}^2\text{/s}$
Moment statique = $\text{m}^2\text{·m} = \text{m}^3$
Moment quadratique axial = $\text{m}^2\text{·m}^2 = \text{m}^4$
Moment quadratique polaire = $\text{m}^2\text{·m}^2 = \text{m}^4$

moment cinétique [angular momentum]

(n.m.) Grandeur caractérisant la QUANTITÉ DE MOUVEMENT d'un corps en ROTATION ou MOUVEMENT | ANGULAIRE :

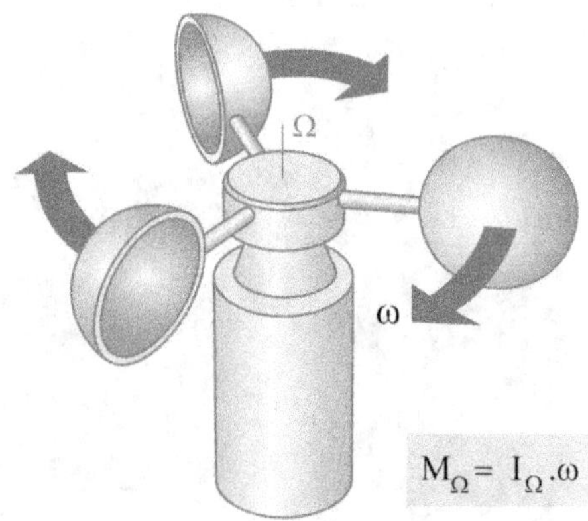

Le moment cinétique est à la ROTATION ce qu'est la QUANTITÉ DE MOUVEMENT pour la TRANSLATION. Plus il y a de MASSE (sens 2) éloignée de l'AXE (sens 1) et plus la VITESSE DE ROTATION est élevée, plus le moment cinétique est grand. Il est égal au MOMENT D'INERTIE **I** multiplié par la VITESSE | ANGULAIRE w. Son UNITÉ (sens 1) est le **kg·m²/s**.
→ Voir MOMENT D'INERTIE.

moment de flexion [bending moment]

(n.m.) RÉSULTANTE des MOMENTS de toutes les FORCES (RÉACTIONS D'APPUI comprises) situées soit à gauche, soit à droite de la SECTION considérée d'une POUTRE fléchie.

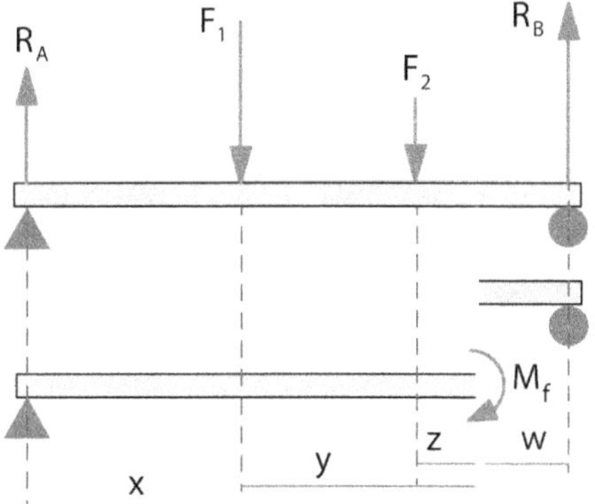

$$M_f = -R_A.x + F_1.y + F_2.z$$
$$R_B.w$$

Le moment de flexion sert à déterminer la CONTRAINTE DE FLEXION. Il peut être représenté sous forme d'un diagramme pour l'ensemble de la POUTRE.
→ Voir (MOMENT FLÉCHISSANT), DIAGRAMME DE MOMENT FLÉCHISSANT.

moment de torsion [torsional moment]

(n.m.) Deux MOMENTS DE FORCE dans le même PLAN (sens 1) et en SENS opposé tendant à vriller une BARRE :

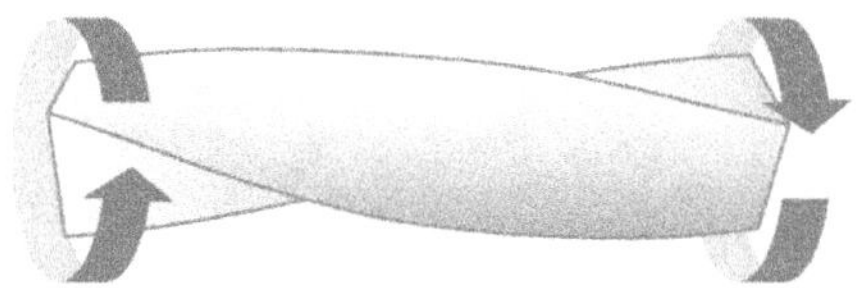

Le moment de torsion entre dans l'expression de la CONTRAINTE DE TORSION.

moment d'inertie [moment of inertia]

(n.m.) Grandeur caractérisant la RÉSISTANCE (sens 2) à la mise en ROTATION d'un CORPS par rapport à un AXE (sens 1). C'est la somme de tous les éléments de MASSE (sens 2) multipliés par le CARRÉ (sens 2) de leurs éloignements respectifs par rapport à l'AXE DE ROTATION.

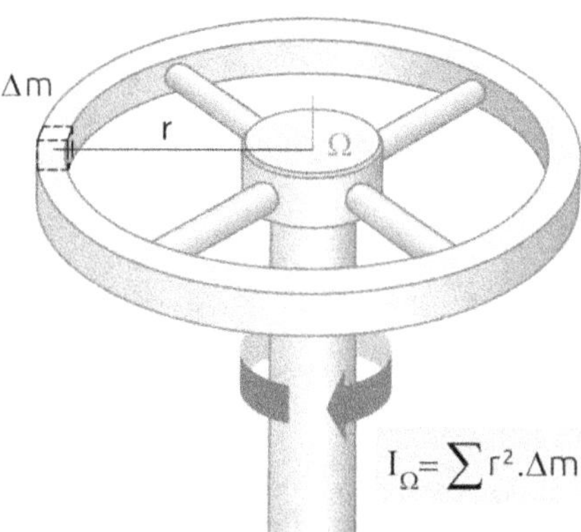

$$I_\Omega = \sum r^2.\Delta m$$

Dans les problèmes de mise en MOUVEMENT de CORPS, le moment d'inertie est à la ROTATION ce que la MASSE (sens 2) est à la TRANSLATION. Plus il y a de MASSE (sens 2) répartie loin de l'AXE (sens 1), plus le CORPS est difficile à faire tourner. Son UNITÉ (sens 1) est le **kg·m²**.
→ Voir aussi MOMENT CINÉTIQUE.

moment d'inertie en flexion [flexural modulus of inertia]

(n.m.) Autre appellation du MOMENT QUADRATIQUE AXIAL. Appellation à éviter car pouvant porter confusion avec le MOMENT D'INERTIE tout court, de nature et d'UNITÉ (sens 1) très différente.
→ Voir MOMENT QUADRATIQUE AXIAL.

moment d'inertie en torsion [torsional modulus of inertia]

(n.m.) Autre appellation du MOMENT QUADRATIQUE POLAIRE. Appellation à éviter car pouvant porter confusion avec le MOMENT D'INERTIE tout court, de nature et d'UNITÉ (sens 1) complètement différente.
→ Voir MOMENT QUADRATIQUE POLAIRE.

moment d'un couple [moment of a couple]

(n.m.) Grandeur caractérisant l'effet de ROTATION que tend à produire deux FORCES opposées de même INTENSITÉ en prenant aussi en compte la DISTANCE séparant les deux FORCES. Le moment **C** d'un COUPLE DE FORCE **F** est égal à l'INTENSITÉ d'une FORCE multipliée par la DISTANCE **d** séparant les deux FORCES.
L'UNITÉ (sens 1) du moment d'un couple est le **N·m**.

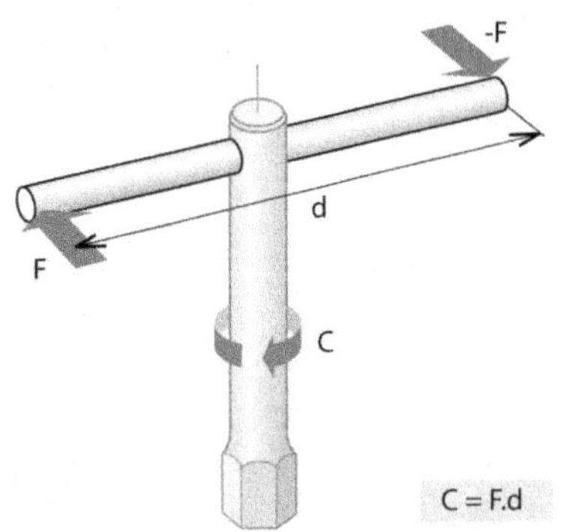

$$C = F.d$$

moment d'une force [moment of a force]

(n.m.) Grandeur caractérisant l'effet de MOUVEMENT | ANGULAIRE que tend à produire une FORCE et prenant aussi en compte l'éloignement de son point d'application par rapport à l'AXE (sens 1) de pivotement.

A. Le moment **M** d'une FORCE **F** est égal à son INTENSITÉ multipliée par son BRAS DE LEVIER **d**.

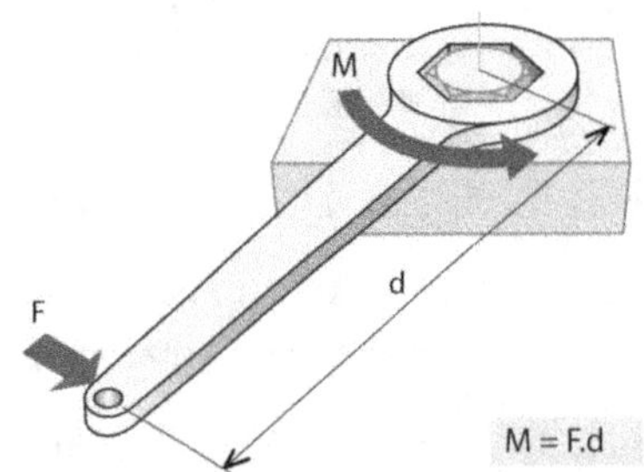

$$M = F.d$$

B. Le moment d'une force est schématiquement représenté par une FLÈCHE (sens 1) à double pointe placée suivant l'AXE (sens 1) de pivotement. La double pointe de la flèche signifie qu'il s'agit d'une grandeur résultat d'une opération mathématique (appelée produit vectoriel) de deux vecteurs, la FORCE et son BRAS DE LEVIER.

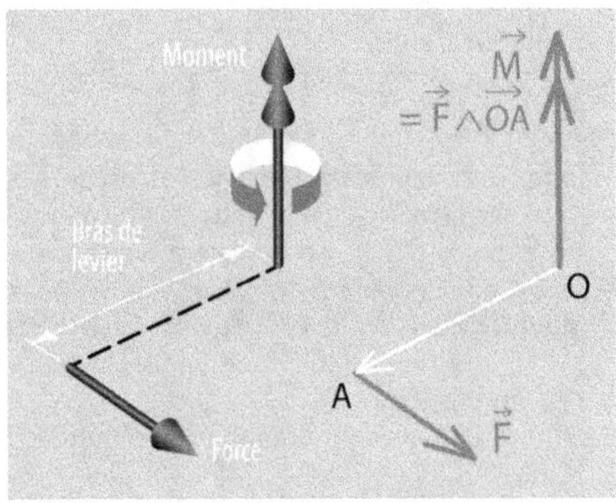

C. L'unité du moment d'une force est le **N·m**.
→ **Voir aussi** FORCE.

(moment fléchissant), diagramme de moment fléchissant [bending moment diagram]

(n.m.) Représentation globale des MOMENTS DE FLEXION à chaque SECTION d'une POUTRE fléchie.

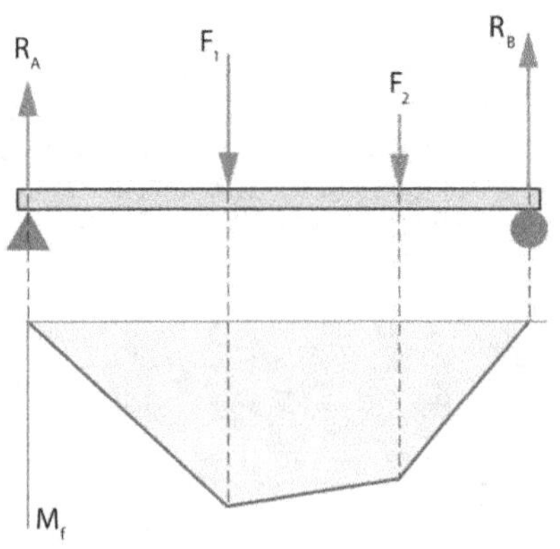

→ **Voir aussi** MOMENT DE FLEXION.

moment quadratique axial [flexural modulus of inertia]

(n.m.) Grandeur caractéristique de la GÉOMÉTRIE (sens 2) d'une SECTION de PIÈCE (sens 1), rendant compte de sa capacité à résister à la FLEXION.

A. Elle est généralement définie par rapport à un AXE (sens 1) passant par le CENTRE DE GRAVITÉ. Plus le moment quadratique axial est elevé, plus la PIÈCE (sens 1) concernée est difficile à fléchir d'où parfois son appellation MOMENT D'INERTIE EN FLEXION (appellation cependant à éviter car pouvant porter confusion avec le MOMENT D'INERTIE tout court de nature complètement différente).

B. Cette grandeur est utile pour l'évaluation du MODULE DE FLEXION, de la CONTRAINTE DE FLEXION, de la FLÈCHE (sens 2), de la RAIDEUR, etc. Son UNITÉ (sens 1) est une LONGUEUR à la puissance 4, souvent le **cm⁴**. Voici sa définition mathématique prise, par exemple, par rapport à l'AXE (sens 1) **yy'** :

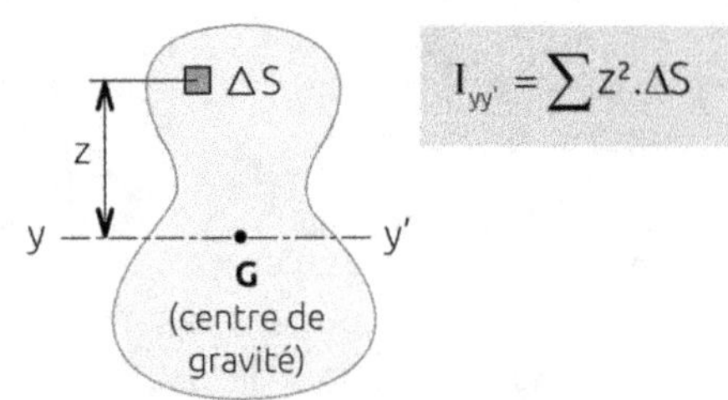

$$I_{yy'} = \sum z^2.\Delta S$$

C. Cette formule peut paraître compliquée. Sa signification peut facilement être comprise avec quelques exemples. Considérons les quatres SECTIONS suivantes faites d'un assemblage de petits carrés élémentaires d'AIRE 1 cm² :

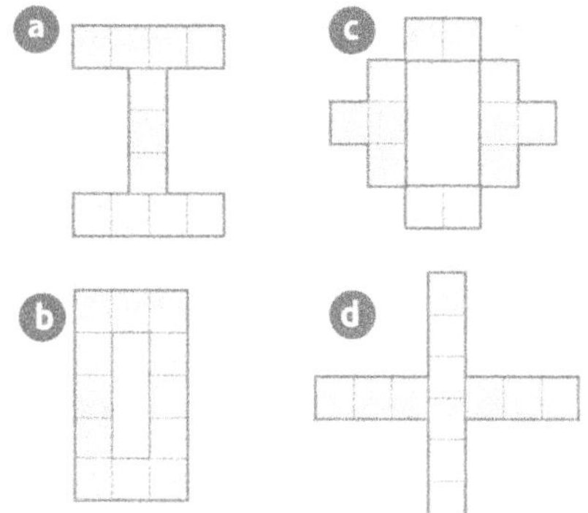

Les valeurs respectives des AIRES des SECTIONS sont comparables (11 ou 12 cm²). Leurs HAUTEURS respectives aussi (5 ou 6 cm) mais les FORMES sont très différentes. Calculons les moments quadratiques axiaux respectifs selon l'AXE (sens 1) **yy'**. Il s'agit de multiplier la SURFACE de chaque carré élémentaire par sa DISTANCE à l'AXE (sens 1) **yy'** élevée au carré, puis d'additionner tous les résultats obtenus. Pour la SECTION ⓐ, le calcul donne :

ⓐ S = 11 cm²   ΔS = 1 cm²

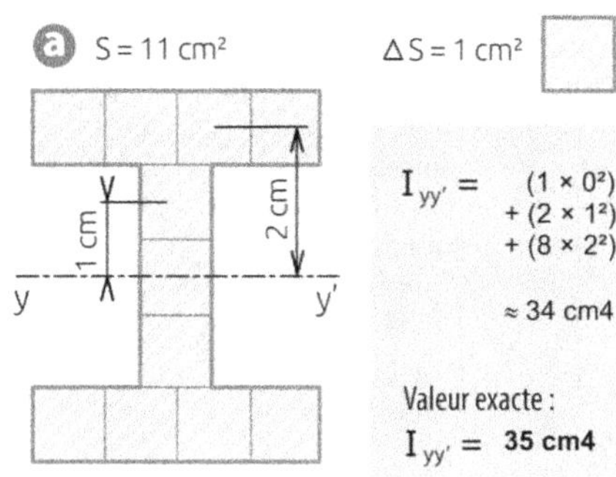

$$I_{yy'} = \begin{array}{l} (1 \times 0^2) \\ + (2 \times 1^2) \\ + (8 \times 2^2) \end{array}$$

$$\approx 34 \text{ cm4}$$

Valeur exacte :
$$I_{yy'} = \mathbf{35 \text{ cm4}}$$

Pour la section ⓑ :

ⓑ S = 12 cm²

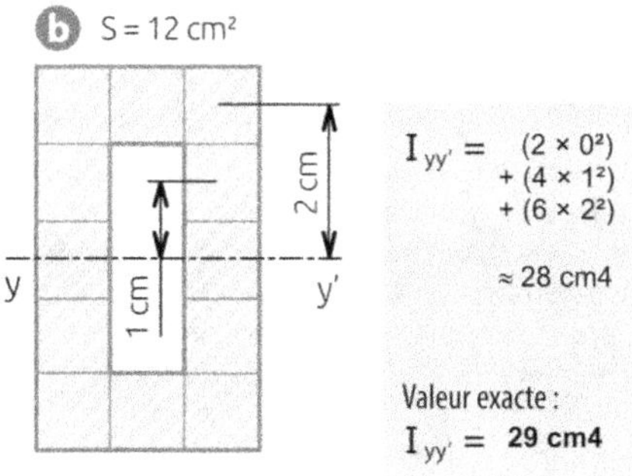

$$I_{yy'} = \begin{array}{l} (2 \times 0^2) \\ + (4 \times 1^2) \\ + (6 \times 2^2) \end{array}$$

$$\approx 28 \text{ cm4}$$

Valeur exacte :
$$I_{yy'} = \mathbf{29 \text{ cm4}}$$

Pour la section ⓒ :

ⓒ S = 12 cm²

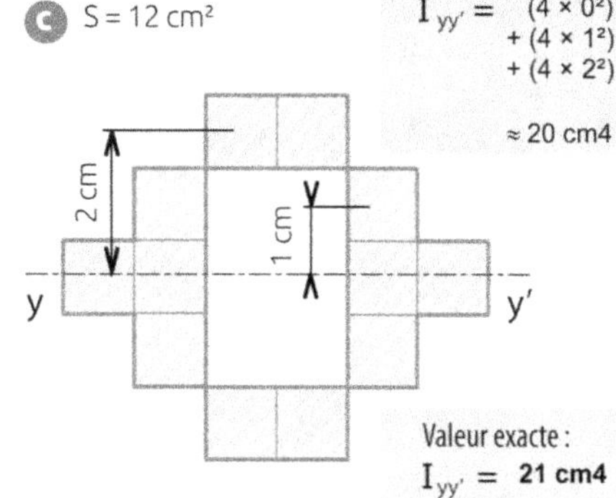

$$I_{yy'} = \begin{array}{l} (4 \times 0^2) \\ + (4 \times 1^2) \\ + (4 \times 2^2) \end{array}$$

$$\approx 20 \text{ cm4}$$

Valeur exacte :
$$I_{yy'} = \mathbf{21 \text{ cm4}}$$

Et enfin, la section ⓓ :

ⓓ S = 12 cm²

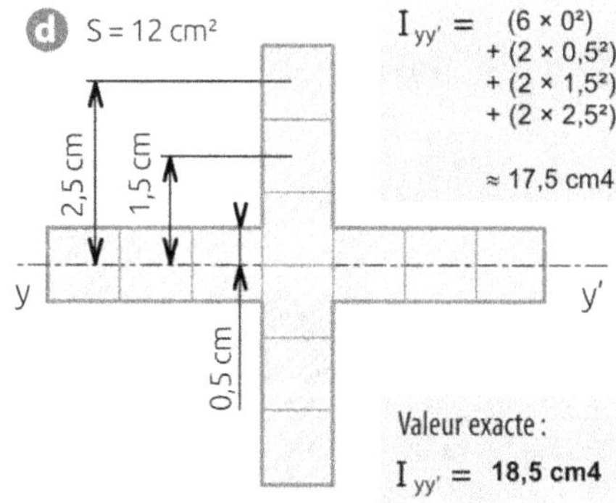

$$I_{yy'} = \begin{array}{l} (6 \times 0^2) \\ + (2 \times 0{,}5^2) \\ + (2 \times 1{,}5^2) \\ + (2 \times 2{,}5^2) \end{array}$$

$$\approx 17{,}5 \text{ cm4}$$

Valeur exacte :
$$I_{yy'} = \mathbf{18{,}5 \text{ cm4}}$$

En décomposant les SECTIONS en petits carrés de 1cm², les résultats obtenus ne sont qu'approximatifs. En toute rigueur, pour obtenir la valeur exacte, il faut décomposer les SECTIONS en éléments de SURFACE infiniment petits.

D. Ce calcul peut être réalisé de façon analytique pour certaines FORMES géométriques simples (CERCLE, RECTANGLES, etc.).

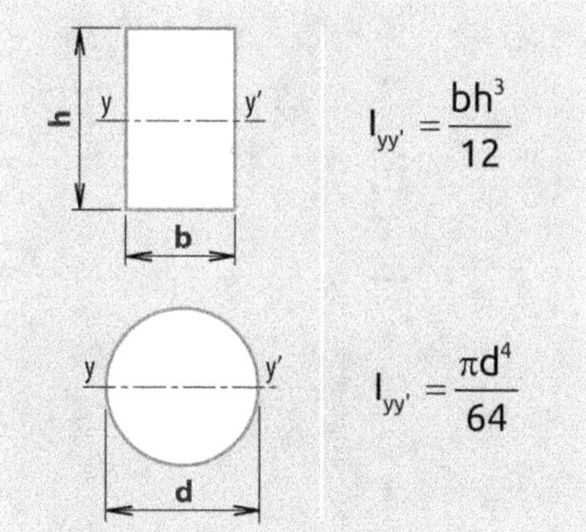

Pour les FORMES plus compliquées, on peut utiliser les logiciels de DESSIN ASSISTÉE PAR ORDINATEUR qui possèdent toujours une fonction de calcul numérique quelle que soit la FORME de SECTION.

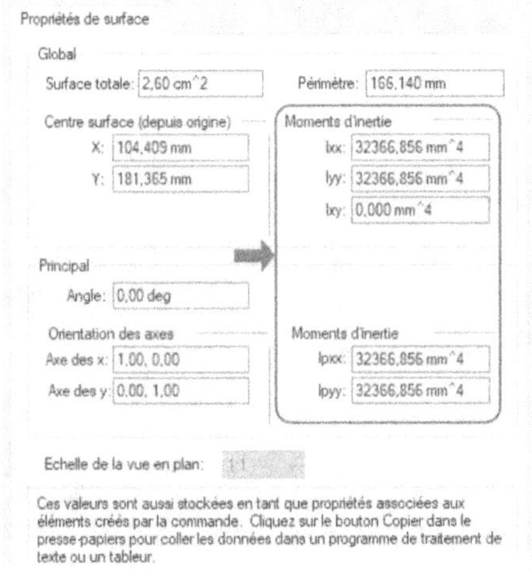

E. Cette comparaison montre clairement qu'à AIRE et HAUTEUR sensiblement égales, la SECTION n°1 est celle qui résiste le mieux à la FLEXION car elle possède le plus grand moment quadratique axial (ici 35 cm^4) même si son AIRE est la plus faible (ici 11 cm^2 contre 12 cm^2 pour les trois autres sections). C'est pour cette raison que les profilés les mieux adaptés aux SOLLICITATIONS en FLEXION sont les PROFILÉS en I type IPE, IPN, etc.

$\rightarrow$ Voir, par exemple, PROFILÉ LAMINÉ À CHAUD. Le diagramme suivant donne une comparaison, à SURFACE égale et à hauteur sensiblement égale, de la capacité de différentes SECTIONs à résister à la FLEXION. La première SECTION est la plus performante :

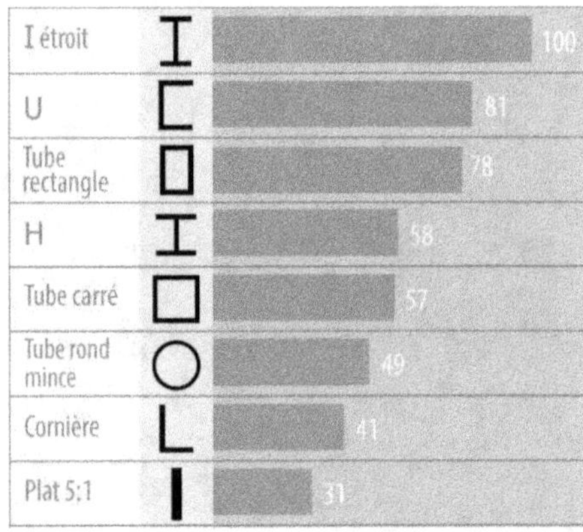

I étroit	I	100
U	[	81
Tube rectangle	☐	78
H	I	58
Tube carré	☐	57
Tube rond mince	○	49
Cornière	L	41
Plat 5:1	▮	31

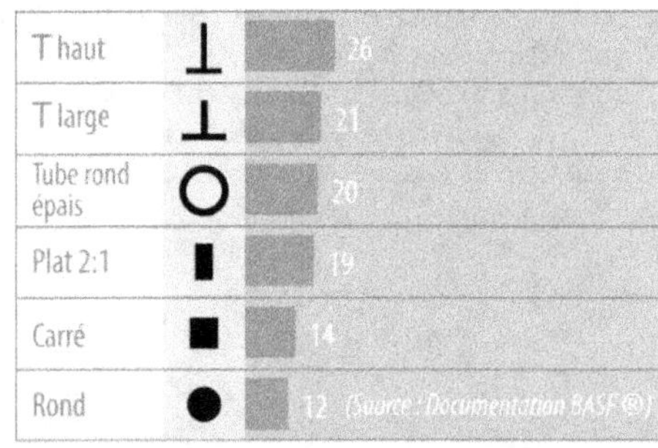

T haut	⊥	26
T large	⊥	21
Tube rond épais	○	20
Plat 2:1	▮	19
Carré	■	14
Rond	●	12

(Source : Documentation BASF®)

À remarquer que pour des problèmes de TORSION, ce classement est entièrement bouleversé.

$\rightarrow$ Voir MOMENT QUADRATIQUE POLAIRE ; PROFIL FERMÉ.

moment quadratique polaire [polar moment of inertia]

(n.m.) Grandeur caractéristique de la GÉOMÉTRIE (sens 2) d'une SECTION de PIÈCE (sens 1), rendant compte de sa capacité à résister à la TORSION.

A. Elle doit toujours être définie par rapport à un POINT, le plus souvent le CENTRE DE GRAVITÉ de la SECTION. Plus le moment quadratique polaire est elevé, plus la PIÈCE (sens 1) concernée est difficile à tordre d'où aussi l'appellation MOMENT D'INERTIE EN TORSION (cette appellation est cependant à éviter car pouvant porter à confusion avec le MOMENT D'INERTIE tout court).

B. Cette grandeur est indispensable pour l'évaluation du MODULE DE TORSION, de la CONTRAINTE DE TORSION, des DÉFORMATIONS | ANGULAIRES, etc. Son UNITÉ (sens 1) est une LONGUEUR à la puissance 4, souvent le **cm^4**. Voici sa définition mathématique prise, par exemple, par rapport au point O :

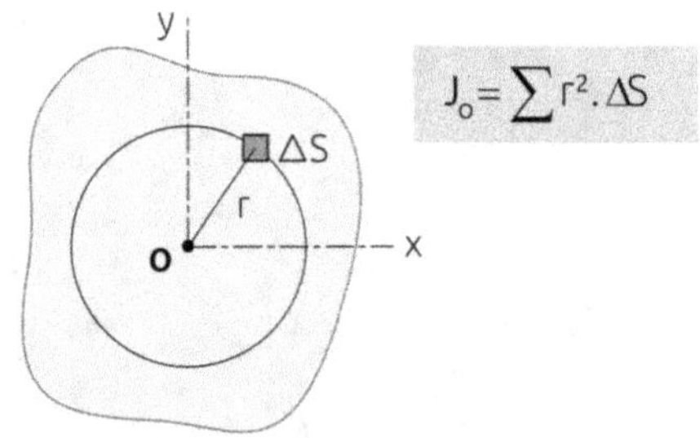

$$J_o = \sum r^2 . \Delta S$$

C. Certaines FORMES de SECTION sont plus avantageuses que d'autres face aux SOLLICITATIONS en TORSION. Le diagramme ci-contre donne une comparaison, à AIRE égale, de la capacité de différentes SECTIONS à résister à la TORSION. La première SECTION est la plus performante.

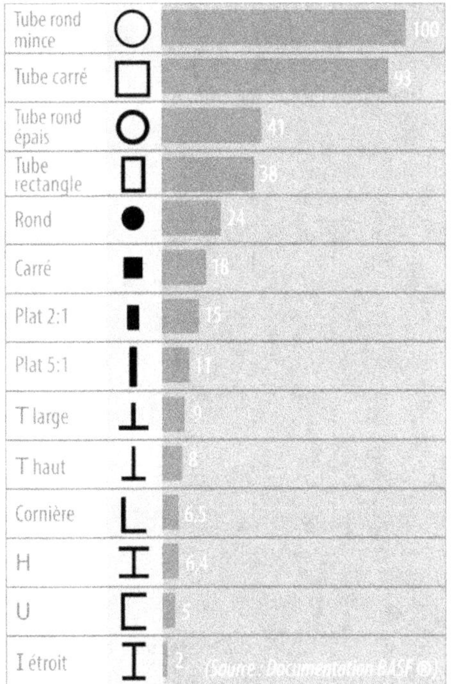

D'une façon générale, les PROFILÉS tubulaires sont largement plus performants en TORSION comparés aux PROFILÉS OUVERTS.

D. À remarquer que pour des problèmes de FLEXION, ce classement est entièrement bouleversé.

$\rightarrow$ Voir MOMENT QUADRATIQUE AXIAL ; PROFIL FERMÉ.

moment statique [static moment, first moment of an area]

(n.m.) Grandeur caractérisant la répartition de SURFACE d'une FORME géométrique par rapport à un AXE (sens 1). C'est la somme de tous les éléments de SURFACE multipliés par leur DISTANCES respectives par rapport à l'axe considéré.

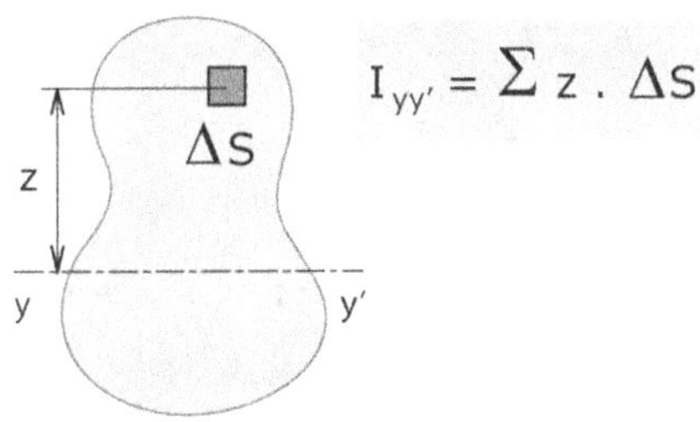

A. Le moment statique sert, par exemple, à déterminer le CENTRE DE GRAVITÉ d'une SURFACE.
B. Son UNITÉ (sens 1) est le $m^2 \cdot m = m^3$.

monel ®

(Nom commercial déposé par la société Special Metals Corporation ®). Alliage de NICKEL et de CUIVRE qui possède une bonne RÉSISTANCE MÉCANIQUE et une excellente RÉSISTANCE À LA CORROSION, notamment dans l'eau de mer. Ce qui le destine à l'ingénierie marine, les canalisations de l'industrie chimique et des hydrocarbures, la robinetterie, les échangeurs de chaleur...
Lorsque l'ALLIAGE contient plus de CUIVRE que de NICKEL, il est plutôt appelé CUPRO-ALLIAGE.

monocristal [monocrystal, single crystal]

(n.m.) MATÉRIAU constitué d'un arrangement d'atomes orienté toujours de la même façon.

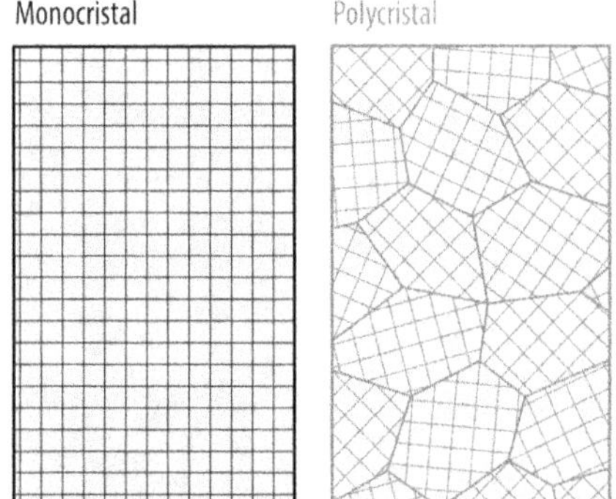

A. Le contraire est le POLYCRISTAL constitué d'un assemblage d'une multitude de GRAINs orientés différemment.
B. Le monocristal ne peut être obtenu en pratique qu'au prix de précautions d'ÉLABORATION assez compliquées.

monomère [monomer]

(n.m.) Motif moléculaire relativement court pouvant être enchaîné pour former une molécule plus longue appelée POLYMÈRE.
Ex. : *Le monomère éthylène à l'origine du polyéthylène :*

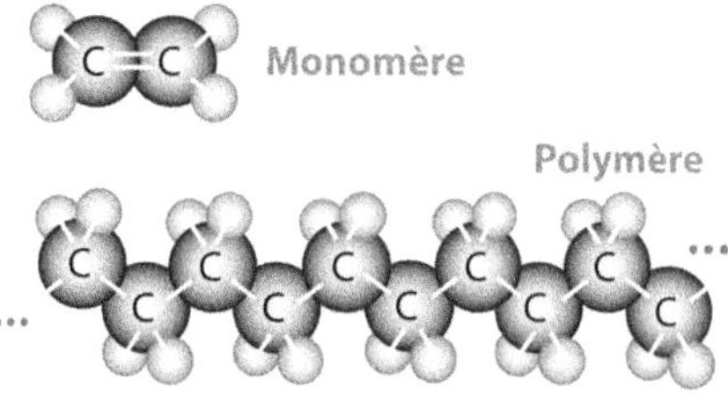

$\rightarrow$ Voir également POLYMÈRE.

montage [mounting]

(n.m.)
1. Ensemble de constituants réunis chacun à sa place pour être en état de fonctionnement.
2. Action d'assembler différents constituants pour obtenir un ensemble en état de fonctionnement.

montage à blanc [testing assembly]

(n.m.) ASSEMBLAGE (sens 1) préalable en atelier d'un DISPOSITIF nouvellement fabriqué pour vérifier qu'il n'y a pas d'erreurs avant d'être redémonté pour le transport, la livraison et le MONTAGE (sens 2) définitif sur site.

montage d'usinage [machining fixture, workholding]

(n.m.) DISPOSITIF pouvant être MODULAIRE ou dédié, pour maintenir fermement et de façon REPRODUCTIBLE une PIÈCE (sens 1) de FORME plus ou moins compliquée sur une MACHINE-OUTIL, en vue de son façonnage par enlèvement de COPEAUX.
Ex. : *Montage d'usinage pour une* PIÈCE DE FONDERIE :

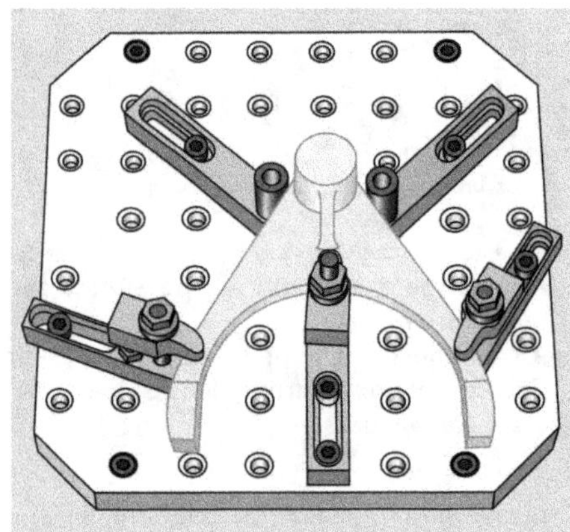

montant [post]

(n.m.) ÉLÉMENT STRUCTURAL disposé verticalement.

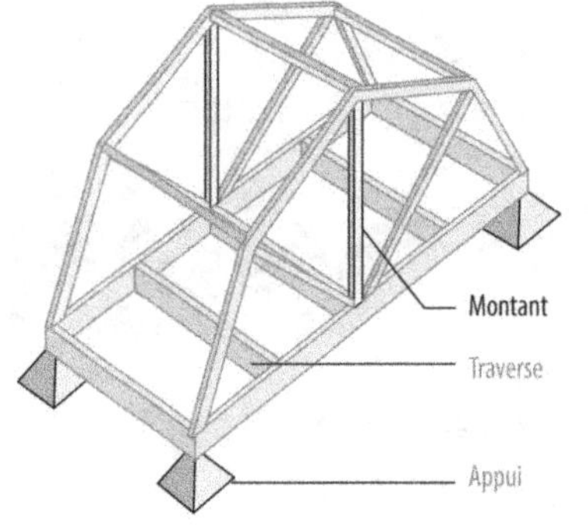

mordache [soft jaw]

(n.f.) ORGANE en MATÉRIAU MOU entreposé entre les MORS d'un ÉTAU et la PIÈCE (sens 1) à serrer pour éviter de laisser des MARQUES (sens 1).

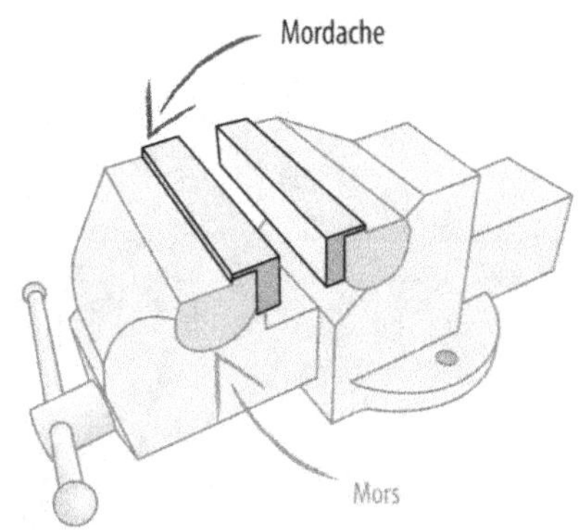

La mordache est souvent en PLOMB, en LAITON, en CUIVRE ou en (PLASTIQUE), MATIÈRE PLASTIQUE | DURE.

mors [jaw]

(n.m.) ORGANE qui réalise la mise en position et qui applique une forte PRESSION d'immobilisation sur un DISPOSITIF de MAINTIEN de PIÈCE (sens 1) ou d'OUTIL DE COUPE.
Ex. : *Mors de mandrin (sens 1) et d'étau.*

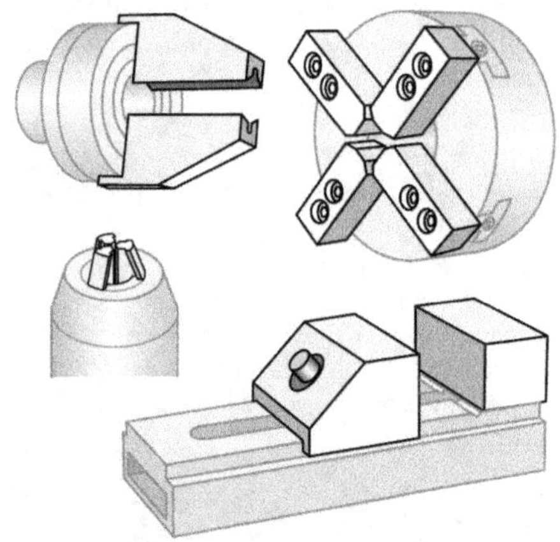

mors doux [soft jaw]

(n.m.) MORS en MATÉRIAU facilement usinable par les MÉTHODES conventionnelles de manière à pouvoir être entamé par un OUTIL, une fois en place, afin d'obtenir des SURFACES DE RÉFÉRENCE très rigoureusement alignés avec les AXES machine.
• Note : Ne pas confondre avec la MORDACHE.
◊ Contr. : MORS DUR.

mors dur [hard jaw]

(n.m.) MORS en MATÉRIAU à forte DURETÉ de manière à s'user le moins possible face aux conditions d'utilisation. Permet la mise en position et le maintien des pièces brutes pour l'USINAGE.
◊ Contr. : MORS DOUX.

mortaisage [slotting]

(n.m.) Principe d'USINAGE s'apparentant au RABOTAGE mais dont le MOUVEMENT DE COUPE est disposé verticalement, ce qui facilite, par exemple, la réalisation de RAINURE dans un ALÉSAGE (sens 1).

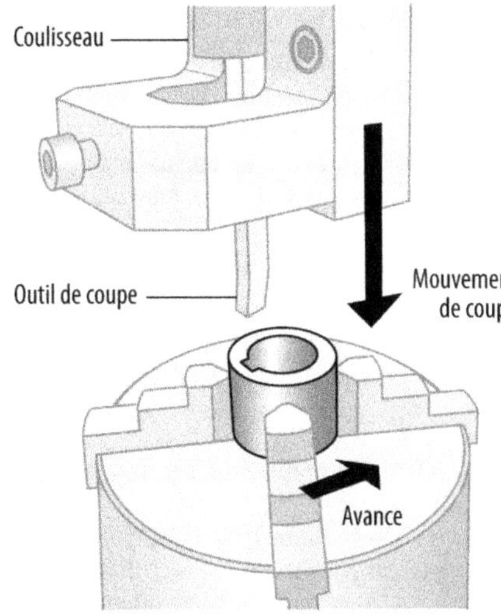

A. L'OPÉRATION est réalisée sur une MACHINE-OUTIL appelée MORTAISEUSE. Le COULISSEAU PORTE-OUTIL est animé du MOUVEMENT DE COUPE en va et vient pendant que le MOUVEMENT D'AVANCE est appliqué à la PIÈCE (sens 1). La configuration permet d'avoir une bonne visibilité sur l'OPÉRATION.

B. TOLÉRANCE DIMENSIONNELLE (IT) :

Très précis	Précis	Moyen	Grossier	Très Grossier
1 2 3 4 5	6 7 8 9	10 11 12	13 14 15	16 17 18
	Mortaisage			
10 ± 0,002	10 ± 0,01	10 ± 0,05	10 ± 0,2	10 ± 1
100 ± 0,005	100 ± 0,02	100 ± 0,1	100 ± 0,4	100 ± 2

C. ÉTAT DE SURFACE, RUGOSITÉ Ra (µm) :

0,012	0,025	0,05	0,1	0,2	0,4	0,8	1	1,6	3,2	6,3	10	12	25	50	100	200

Mortaisage

* Symbole ne faisant plus partie des normes

D. Coût OUTILLAGE (sens 2) (hors coût MACHINE) :

Aucun	Faible	Moyen	Élevé	Très élevé
	Mortaisage			

E. SÉRIE DE PIÈCES économique :

Proto	Unitaire	Petite	Moyenne	Grande	Très Grande
1	10	100	1 000	10 000	100 000
	Mortaisage				

→ Voir aussi (CLAVETAGE), RAINURE DE CLAVETAGE.

mortaise [mortise, mortice]

(n.f.) FORME creuse destinée à recevoir par EMBOÎTEMENT la même FORME mâle complémentaire appelée TENON, en vue d'un ASSEMBLAGE (sens 1).

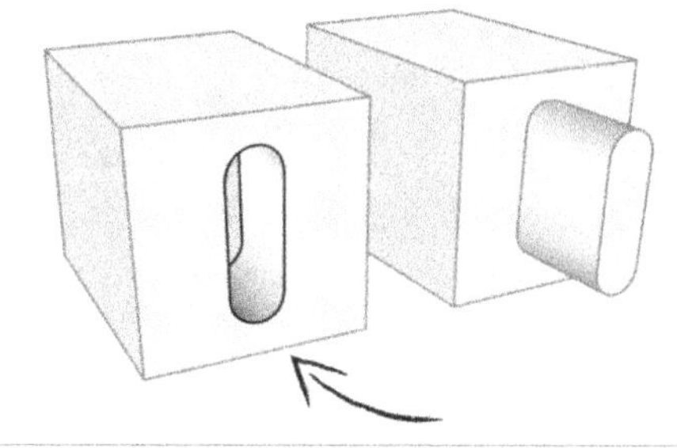

mortaiseuse [slotting machine]

(n.f.) MACHINE-OUTIL s'apparentant à un ÉTAU-LIMEUR mais dont le MOUVEMENT DE COUPE est VERTICAL pour une meilleure visibilité de la zone usinée.

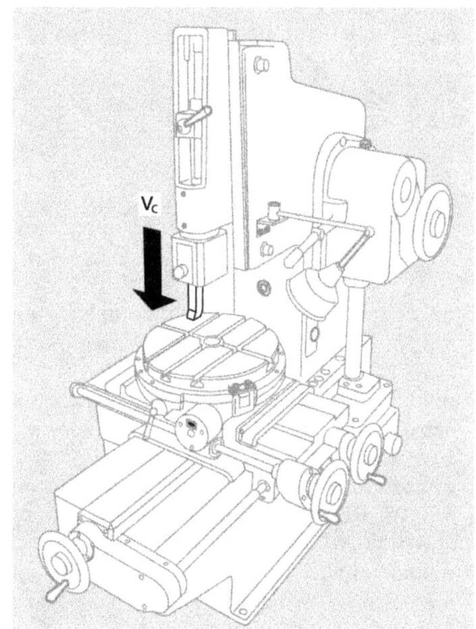

Elle est utilisée, par exemple, pour l'USINAGE des RAINURES DE CLAVETAGE sur les MOYEUX. L'OPÉRATION est appelée MORTAISAGE.
⟶ Voir MORTAISAGE.

moteur [motor, engine]

(n.m.) MACHINE à créer un COUPLE ou parfois une FORCE, à partir de sources diverses.

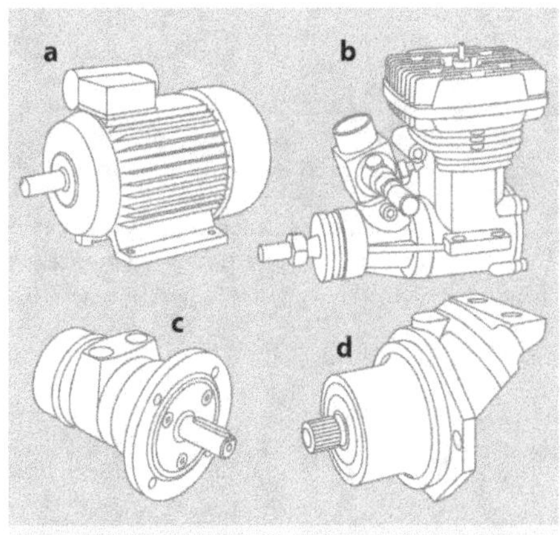

a. Moteur électrique   b. Moteur à essence
c. Moteur pneumatique   d. Moteur hydraulique

motoréducteur [gearmotor, geared motor]

(n.m.) MOTEUR muni d'un RÉDUCTEUR à sa sortie dans le même bloc CARTER.

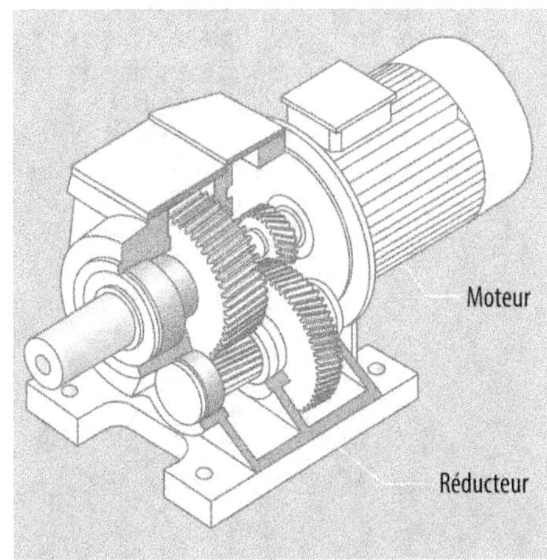

mou [soft]

(adj.) Qui se laisse pénétrer facilement par un autre MATÉRIAU en parlant d'une SUBSTANCE. Qui se laisse user facilement par FROTTEMENT.
• Note : Ne pas confondre avec TENDRE bien qu'il y ait un lien.
◊ Contr. : DUR.

moulabilité [castability]

(n.f.) Aptitude d'un MATÉRIAU à être fondu puis versé dans une cavité appelée MOULE pour en prendre la FORME et se transformer en objet SOLIDE avec une bonne SANTÉ matière, une fois refroidi.
La moulabilité peut être évaluée et mesurée avec l'essai de COULABILITÉ pour le cas des MÉTAUX et par la MESURE (sens 1) de la VISCOSITÉ pour le cas des (PLASTIQUES), MATIÈRES PLASTIQUES.
Ex. : *La* FONTE *possède une meilleure moulabilité par rapport à l'*ACIER.
⟶ Voir COULABILITÉ ; VISCOSITÉ.

moulable [castable]

(adj.) Susceptible d'être amené à l'état fondu ou PÂTEUX puis MIS EN FORME PAR SOLIDIFICATION à l'intérieur d'une cavité appelé MOULE possédant la FORME voulue pour en obtenir une réplique.

moulage [casting, foundry, moulding (GB), molding (US)]

(n.m.) PROCÉDÉ de MISE EN FORME de MATÉRIAU préalablement FONDU ou naturellement LIQUIDE, à l'état PÂTEUX ou PULVÉRULENT, versé dans une cavité possédant la FORME désirée appelé MOULE pour en obtenir une réplique après SOLIDIFICATION.
A. Le moulage s'applique à toutes les familles de MATÉRIAUX, c'est à dire les MÉTAUX, les (PLASTIQUES), MATIÈRES PLASTIQUES, les (COMPOSITES), MATÉRIAUX COMPOSITES et les CÉRAMIQUES. Il convient cependant de considérer séparément le cas des MÉTAUX compte tenu des TEMPÉRATURES de mise en œuvre pouvant être très élevées.
⟶ Voir à ce sujet, MOULAGE DES MÉTAUX.
Le cas des (PLASTIQUES), MATIÈRES PLASTIQUES est étudié à la rubrique (PLASTIQUE), TRANSFORMATION DES MATIÈRES PLASTIQUES.
D'une façon générale, les avantages et inconvénients du moulage sont :

👍 Avantages

B. Permet d'obtenir des PIÈCES (sens 1) à cavités de FORMES très complexes. Permet de réduire ou même d'éliminer les OPÉRATIONS d'USINAGE, ce qui apporte un gain de temps et de MATIÈRE. Très large gamme de MATIÈRES utilisables.

👎 Inconvénients

C. Nécessite la réalisation préalable d'un OUTILLAGE (sens 2) MOULE. Nécessite beaucoup de précautions de sécurité à cause de la chaleur mise en jeu pour la FUSION des MATÉRIAUX.

moulage à la cire perdue [investment casting, lost wax casting process]

(n.m.) PROCÉDÉ de MOULAGE de MATÉRIAU | MÉTALLIQUE dans lequel un MODÈLE (sens 2) est fabriqué dans une MATIÈRE à bas POINT DE FUSION puis enrobé de CÉRAMIQUE | RÉFRACTAIRE. La MATIÈRE à bas POINT DE FUSION, en l'occurrence de la cire, est ensuite éliminée par chauffage. Le MÉTAL fondu est ensuite versé dans la cavité ainsi obtenue pour obtenir la PIÈCE DE FONDERIE. L'enrobage est enfin éliminé par SABLAGE pour dégager la PIÈCE (sens 1).

A. Les différentes étapes du PROCÉDÉ sont les suivantes :

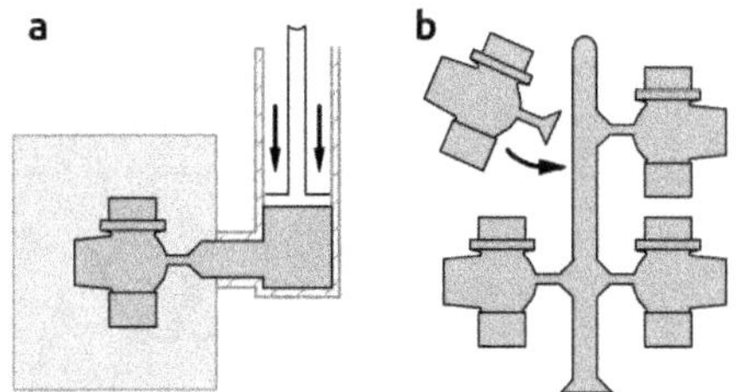

a. Fabrication des MODÈLES (sens 2) en cire par injection dans un « pré-moule » en ALLIAGE d'ALUMINIUM.
b. Montage des MODÈLES (sens 2) en grappe.

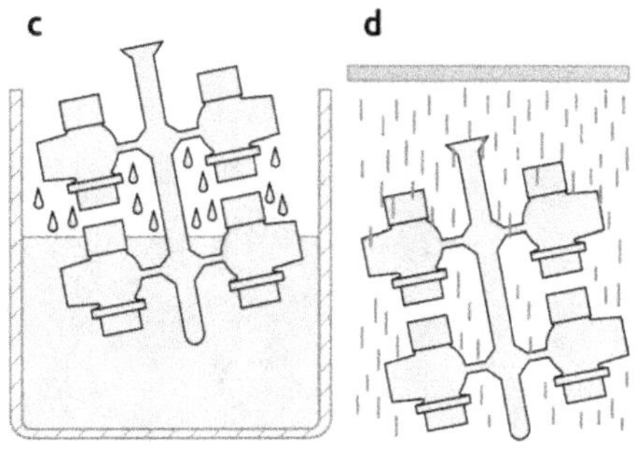

c. Enrobage des MODÈLES (sens 2) dans des COUCHES de CÉRAMIQUE | RÉFRACTAIRE déposées en de nombreux cycles d'immersion et son poudrage.
d. Séchage et cuisson du MODÈLE (sens 2) enrobé.

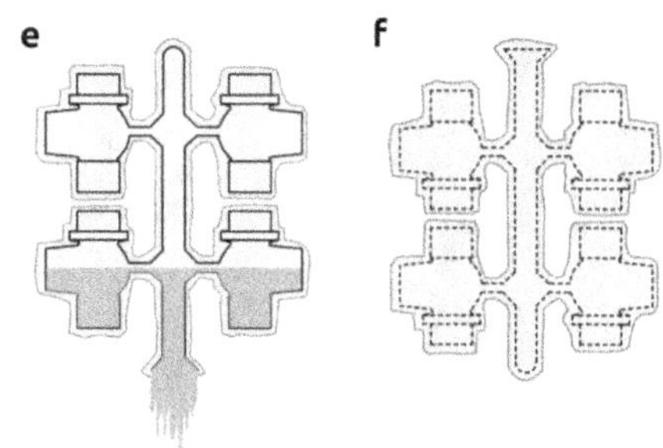

e. Élimination de la cire par chauffage.
f. MOULE prêt à l'emploi.

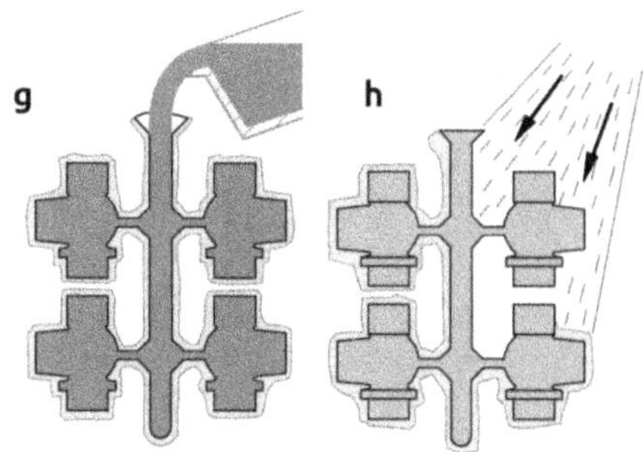

g. COULAGE du MÉTAL fondu et REFROIDISSEMENT.
h. Élimination de l'enrobage par VIBRATION, jet d'eau ou GRENAILLAGE.

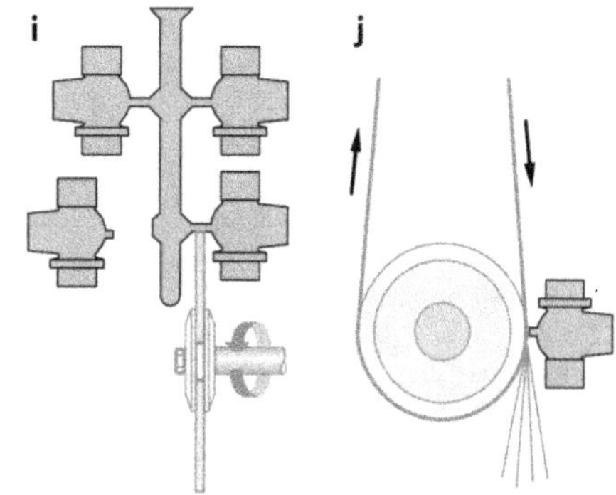

i. Dégrappage des PIÈCES (sens 1).
j. PARACHÈVEMENT.
B. Les MÉTAUX pouvant être mis en œuvre sont l'ACIER NON ALLIÉ, l'ACIER INOXYDABLE, l'ACIER À OUTIL, l'ALUMINIUM, le LAITON, le BRONZE, le ZINC, etc.

C. TOLÉRANCE DIMENSIONNELLE **(IT) :**

Très précis	Précis	Moyen	Grossier	Très Grossier
1 2 3 4 5	6 7 8 9	10 11 12	13 14 15	16 17 18
			Moulage cire	
$10 \pm 0{,}002$	$10 \pm 0{,}01$	$10 \pm 0{,}05$	$10 \pm 0{,}2$	10 ± 1
$100 \pm 0{,}005$	$100 \pm 0{,}02$	$100 \pm 0{,}1$	$100 \pm 0{,}4$	100 ± 2

D. ÉTAT DE SURFACE, RUGOSITÉ **Ra (µm) :**

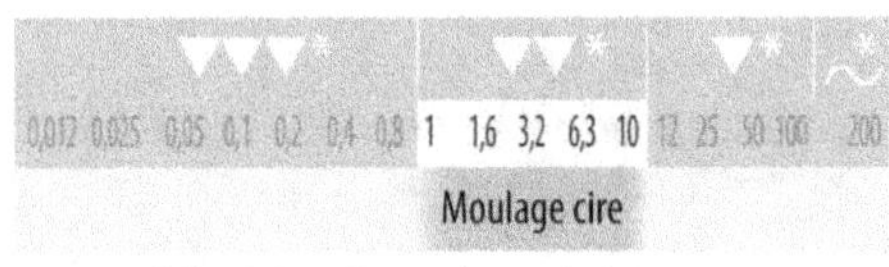

0,012 0,025	0,05 0,1 0,2 0,4 0,8	1 1,6 3,2 6,3 10	12 25 50 100	200
		Moulage cire		

* Symbole ne faisant plus partie des normes

E. Coût d'OUTILLAGE **(sens 2) (hors coût** MACHINE**) :**

Aucun	Faible	Moyen	Élevé	Très élevé
		Moulage cire		

F. F. SÉRIE DE PIÈCE**s économique :**

Proto	Unitaire	Petite	Moyenne	Grande	Très Grande
1	10	100	1 000	10 000	100 000
		Moulage cire			

👍 Avantages

G. Bonne PRÉCISION **dimensionnelle et bon** ÉTAT DE SURFACE. FORME**s très complexes possibles y compris avec des** FORME**s creuses et des** CONTRE-DÉPOUILLES. **La cire est** RECYCLABLE **et réutilisable. Pas de** PLAN DE JOINT **ce qui limite les** OPÉRATIONS **d'**ÉBARBAGE.

👎 Inconvénients

H. TECHNIQUE **contenant beaucoup d'étapes, ce qui en fait un** PROCÉDÉ **assez cher. Requiert une** MAIN D'ŒUVRE **(sens 1) qualifiée.**
→ **Voir** MOULAGE DES MÉTAUX **pour une comparaison avec les autres** PROCÉDÉS.

---

moulage au contact [hand lay-up, wet lay-up]

(n.m.) PROCÉDÉ **d'obtention de** PIÈCES **(sens 1) de** FORME **en (COMPOSITE),** MATÉRIAU COMPOSITE **par dépôt alterné de** COUCHE **de** POLYMÈRE **et de** RENFORT **(sens 2)** FIBREUX **ou de** TISSU **imprégné de** RÉSINE.
A. Le DÉPÔT **(sens 1) des** COUCHES **est réalisé manuellement au pinceau, au rouleau ou au pistolet jusqu'à l'obtention de l'**ÉPAISSEUR **voulue. La** POLYMÉRISATION **peut être obtenue à** TEMPÉRATURE AMBIANTE **ou accélérée par chauffage. Les différentes étapes du** PROCÉDÉ **sont les suivantes :**

a. DÉPÔT (sens 1) **de la première** COUCHE **dite « gel-coat » qui donne l'aspect de** SURFACE **de la** PIÈCE (sens 1) :

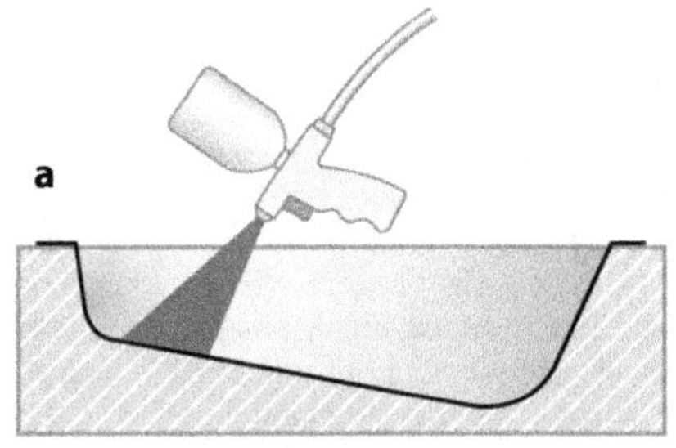

b. DÉPÔT (sens 1) **de** COUCHE **de** RENFORT (sens 2) **en** TISSU **ou** FIBRE.

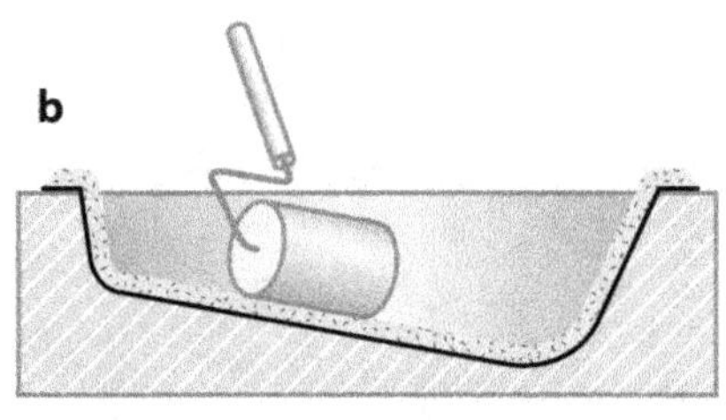

c. **Imprégnation de** RÉSINE. **Les** RENFORTS (sens 2) **peuvent aussi être pré-imprégnés. L'**OPÉRATION **de** DÉPÔT (sens 1) **de renfort-imprégnation est renouvelée plusieurs fois jusqu'à obtenir l'**ÉPAISSEUR **et la consistance voulue :**

d. RÉTICULATION, DÉMOULAGE **et** FINITION **de la** PIÈCE (sens 1) :

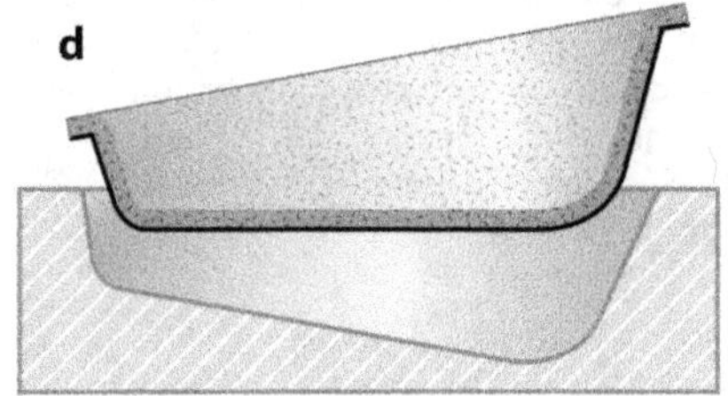

B. Les utilisations typiques de ce PROCÉDÉ sont la carrosserie automobile prototype, les coques de bateau, les carénages, les piscines, le mobilier urbain, etc.

👍 Avantages

C. Permet la réalisation de PIÈCES (sens 1) de grande taille avec diverses possibilités de FORME. ÉPAISSEURS variables possibles, de quelques millimètres à quelques centimètres. Possibilité d'ORIENTATION préférentielle des RENFORTS (sens 2). Mise en place aisée d'INSERTS et de COMPOSANTS de FIXATION. OUTILLAGE (sens 2) et ÉQUIPEMENT relativement simples et peu coûteux. Convient bien aux PROTOTYPES et petites séries. Bel aspect de SURFACE sur un des cotés (Gel-Coat).

👎 Inconvénients

D. Le facteur habileté humaine conditionne beaucoup la qualité du résultat. Demande une MAIN D'ŒUVRE (sens 1) très qualifiée. Une seule FACE lisse possible. Conditions de travail peu commode à cause des dégagements de vapeur de produit chimique. Pollution atmosphérique. Nécessite un grand espace de travail. Faible PRODUCTIVITÉ.

→ Voir MOULAGE PAR PROJECTION SIMULTANÉE, un autre PROCÉDÉ d'obtention de PIÈCES de FORME en (COMPOSITE), MATÉRIAU COMPOSITE.

→ Voir aussi (PLASTIQUE), TRANFORMATION DES PLASTIQUES pour l'ensemble des PROCÉDÉS de TRANSFORMATION (sens 3) des (COMPOSITES), MATÉRIAUX COMPOSITES.

---

moulage au sable [sand casting]

(n.m.) PROCÉDÉ de MOULAGE d'ALLIAGE | MÉTALlique en FUSION coulé par gravité dans un MOULE non-réutilisable (dit destructible) fait d'une MATIÈRE | RÉFRACTAIRE | PULVÉRULENTE compactée.

A. La PIÈCE (sens 1) est obtenue après SOLIDIFICATION complète et dégagée par destruction du MOULE (opération dite de « décochage »). On met autant de pièces dans le MOULE que le châssis peut en contenir. Un même MODÈLE (sens 2) est utilisé pour fabriquer plusieurs MOULES en sable.

B. B. Le sable de MOULAGE est constitué de silice dont la cohésion est réalisée par addition d'un LIANT tel que l'argile + eau, le CIMENT ou une RÉSINE. Historiquement, le moulage au sable est la MÉTHODE traditionnelle millénaire pour l'obtention de PIÈCES de FONDERIE.

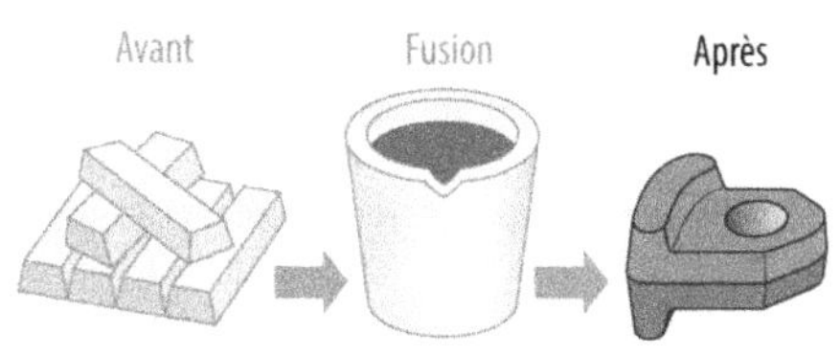

C. Les différentes étapes du PROCÉDÉ sont les suivantes :

• Préparation du MODÈLE (sens 2) de PIÈCE (sens 1) constitué de plusieurs éléments : les demi-modèles et le NOYAU correspondant à la PIÈCE (sens 1) mais aussi les éléments périphériques nécessaires à la réalisation du COULAGE : la descente de coulée, la MASSELOTTE, les ÉVENTS, les différents canaux, etc. Tous ces éléments peuvent être en BOIS, (PLASTIQUE), MATIÈRE PLASTIQUE, PLÂTRE ou MÉTAL.

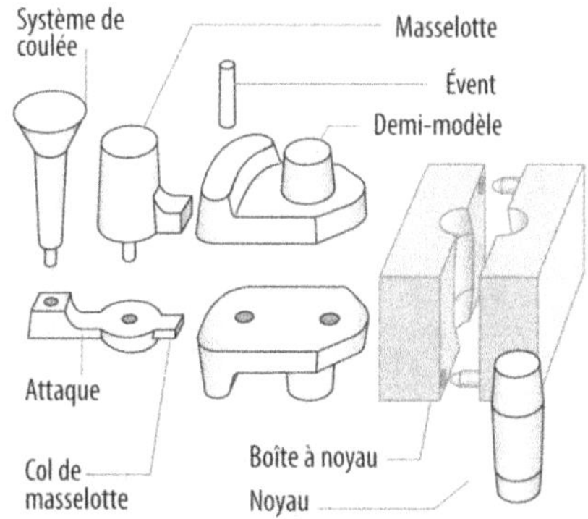

→ Voir aussi MASSELOTTE.

• Note : L'ÉVENT est optionnel, la perméabilité du MOULE est souvent suffisante pour évacuer l'air et les gaz produits pendant le remplissage.

• Confection du MOULE :

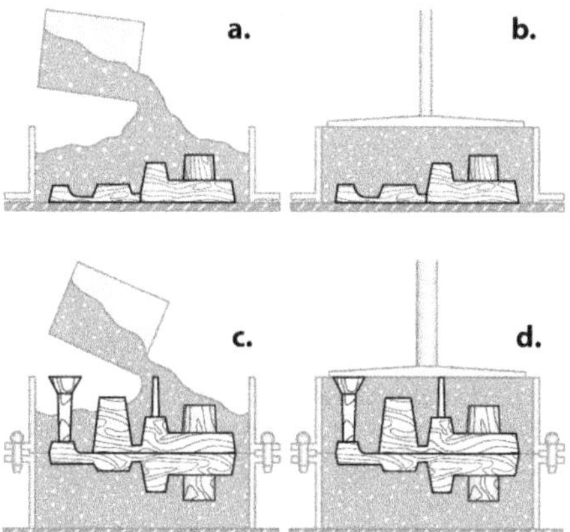

a. Versement du sable sur le demi-modèle dans la première moitié de MOULE.

b. Serrage du sable par secousse, VIBRATION, COMPRESSION.

c. Retournement de la première moitié de MOULE, pulvérisation d'un agent de démoulage et remplissage de la deuxième moitié sur l'autre moitié de modèle additionnée des FORMES de coulée (entonnoir, ÉVENT, canal, MASSELOTTE...)

d. Serrage de la deuxième moitié de MOULE.

e. Réalisation du NOYAU en sable rigide (silice + liant organique ou minéral).

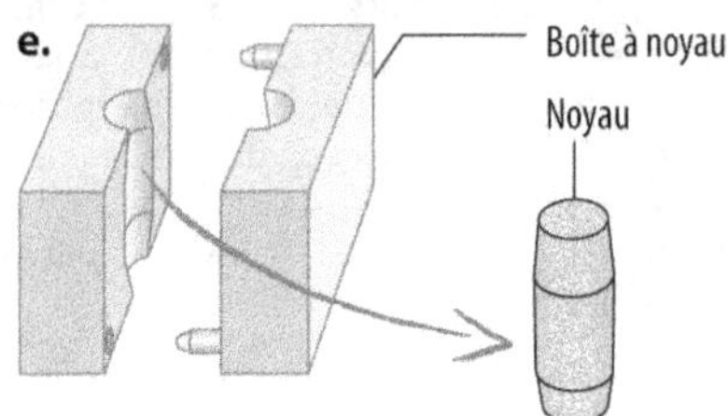

• Coulée de la MATIÈRE fondue.

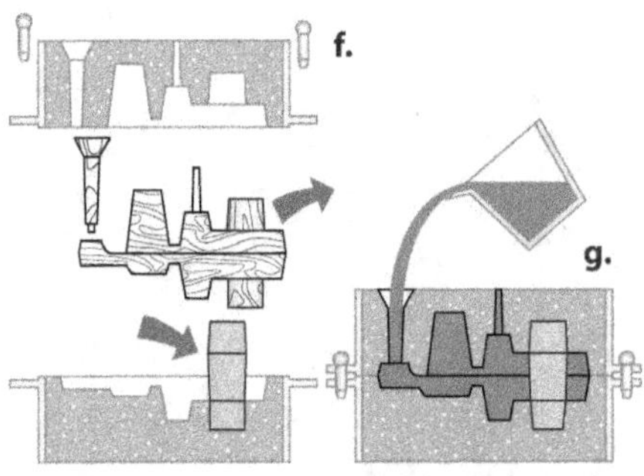

f. Enlèvement du MODÈLE (sens 2) et remoulage du NOYAU.

g. Fermeture du MOULE et remplissage de la cavité avec la MATIÈRE fondue.

• Décochage et FINITION.

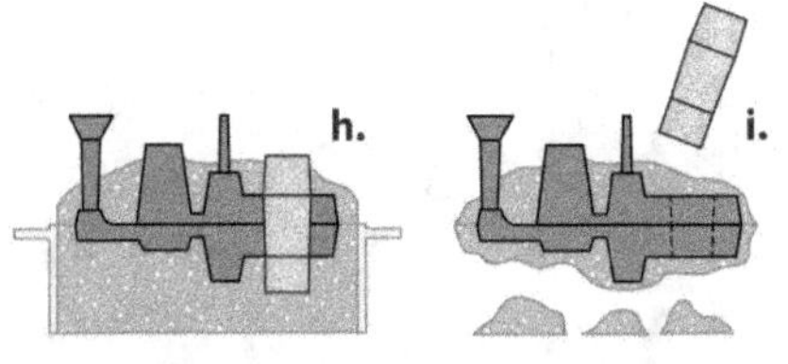

h. Après SOLIDIFICATION et REFROIDISSEMENT, ouverture et destruction du MOULE.

i. Enlèvement du NOYAU et élimination du sable pour dégager la PIÈCE (sens 1).

j. ÉBARBAGE, PARACHÈVEMENT, NETTOYAGE, et CONTRÔLE final.

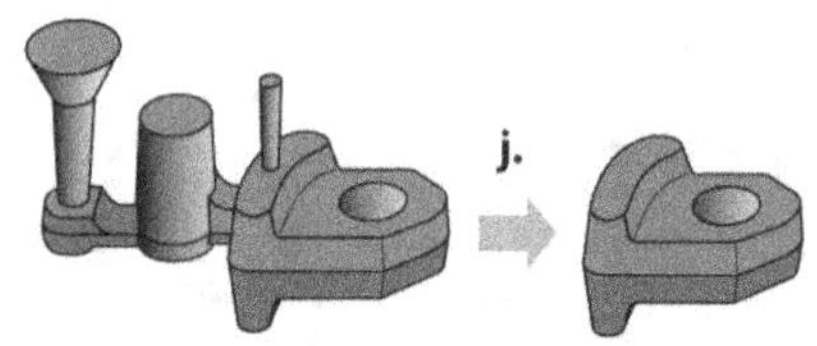

D. TOLÉRANCE DIMENSIONNELLE (IT) :

Très précis	Précis	Moyen	Grossier	Très Grossier
1 2 3 4 5	6 7 8 9	10 11 12	13 14 15	16 17 18
				Moulage sable
10 ± 0,002	10 ± 0,01	10 ± 0,05	10 ± 0,2	10 ± 1
100 ± 0,005	100 ± 0,02	100 ± 0,1	100 ± 0,4	100 ± 2

E. ÉTAT DE SURFACE, RUGOSITÉ Ra (µm) :

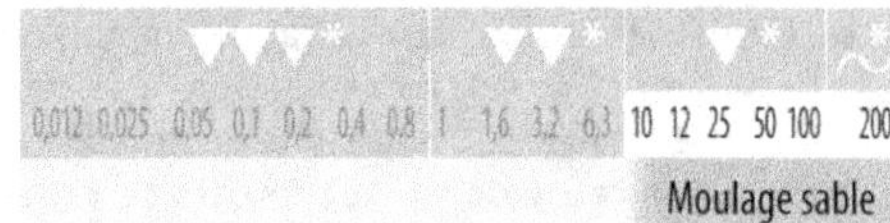

0,012 0,025 0,05 0,1 0,2 0,4 0,8 1 1,6 3,2 6,3	10 12 25 50 100 200
	Moulage sable

* Symbole ne faisant plus partie des normes

F. Coût OUTILLAGE (sens 2) (hors coût MACHINE) :

Aucun	Faible	Moyen	Élevé	Très élevé
	Moulage sable			

G. SÉRIE DE PIÈCES économique :

Proto	Unitaire	Petite	Moyenne	Grande	Très Grande
1	10	100	1 000	10 000	100 000
	Moulage sable				

👍 Avantages

H. FORMES très complexes envisageables. Coût d'OUTILLAGE (sens 2) faible. Petite SÉRIE DE PIÈCES possible. Convient pour tous les ALLIAGES.

👎 Inconvénients

I. ÉPAISSEUR minimale de paroi possible plutôt importante ≥ 4 mm. Obligation d'aménager des DÉPOUILLEs pour pouvoir extraire le MODÈLE (sens 2) hors du MOULE (le MOULAGE AU SABLE À MODÈLE VAPORISABLE résout cet inconvénient en permettant des CONTRE-DÉPOUILLES). CADENCE de FABRICATION faible car le temps de réalisation du MOULE est important. Coût de PIÈCE élevé si le PROCÉDÉ n'est pas automatisé. PLAN DE JOINT nécessitant un ÉBARBAGE. Quantité de

MATIÈRE utilisée importante par rapport au VOLUME réel de la PIÈCE (sens 1) car il faut ajouter la MASSELOTTE (sauf pour les pièces en FONTE d'épaisseur inférieure au centimètre), les ÉVENTS, les canaux de remplissage... Problème environnementaux d'élimination du sable et des fumées.

→ Voir MOULAGE EN CARAPACE, MOULAGE EN MOTTE et MOULAGE AU SABLE À MODÈLE VAPORISABLE ; MOULAGE DES MÉTAUX.

moulage au sable à modèle vaporisable [lost foam casting, lost pattern casting, evaporative foam process, full-mold process]

(n.m.) PROCÉDÉ de FONDERIE dans lequel un MODÈLE (sens 2) en POLYSTYRÈNE expansé est recouvert d'un enduit RÉFRACTAIRE et entouré de sable sans LIANT, puis le MÉTAL fondu est versé et prend la place du MODÈLE (sens 2) qui s'évacue sous forme de GAZ après SUBLIMATION. À aucun moment, le MOULE n'a besoin d'être ouvert. Mais il faut autant de MODÈLES (sens 2) et de MOULES que de PIÈCES (sens 1) à produire.

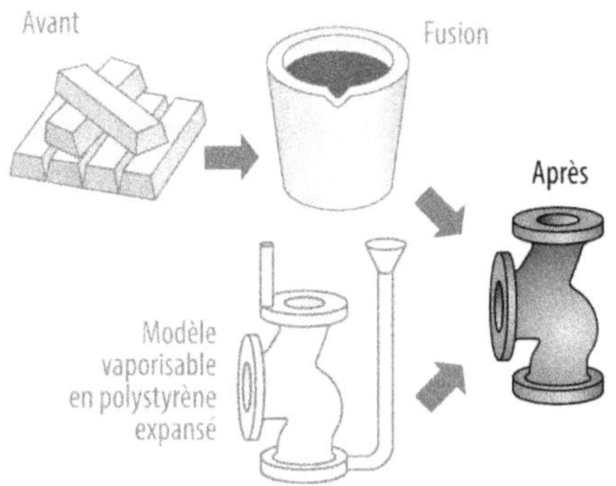

A. Les différentes étapes du PROCÉDÉ sont les suivantes :

• FABRICATION du MOULE en polystyrène expansé ou en polymétacrylate (PMMA) avec intégration des appendices fonctionnels de coulée :

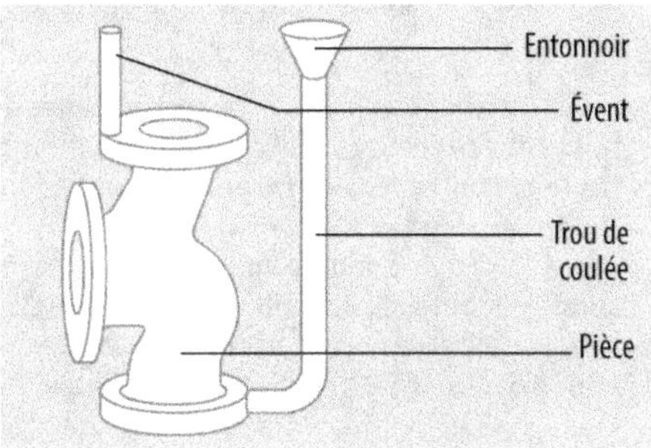

• Application d'un enduit RÉFRACTAIRE autour du MOULE, par PROJECTION (sens 1) :

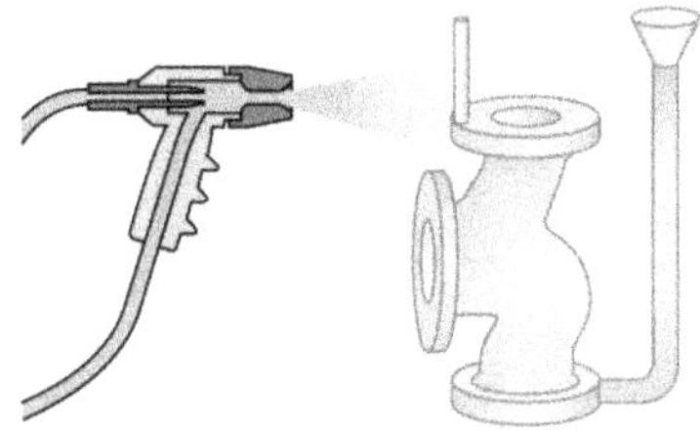

L'enduit peut aussi être appliqué par immersion.

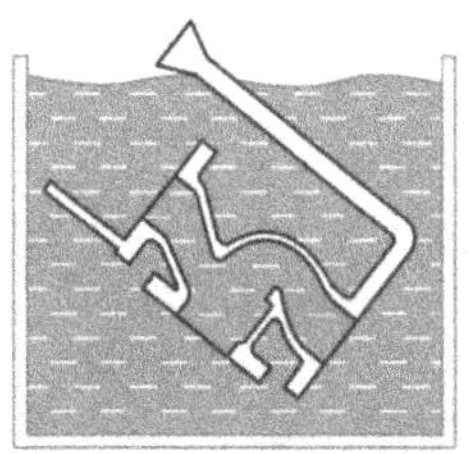

• Constitution du MOULE par addition et COMPACTAGE vibratoire du sable.

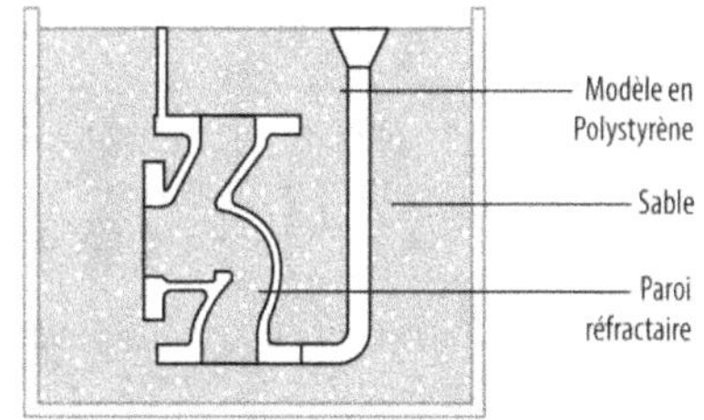

• COULAGE du MÉTAL fondu qui prend la place du MODÈLE (sens 2) en polystyrène devenu GAZ à cause de la SUBLIMATION provoquée par la chaleur du MÉTAL fondu :

• Décochage du MOULE, élimination du sable et dégagement de la PIÈCE (sens 1).

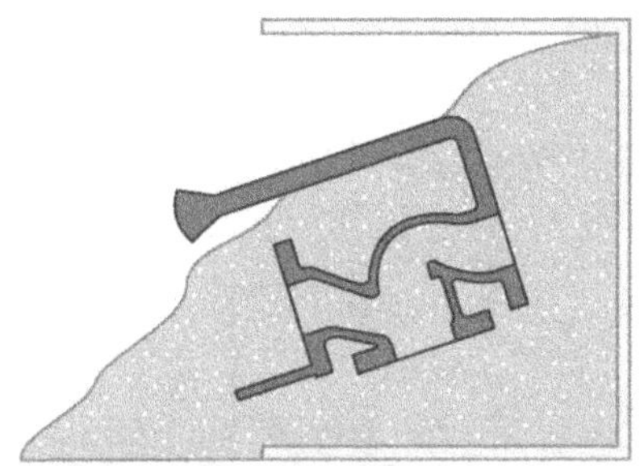

• PARACHÈVEMENT, NETTOYAGE et CONTRÔLE final.

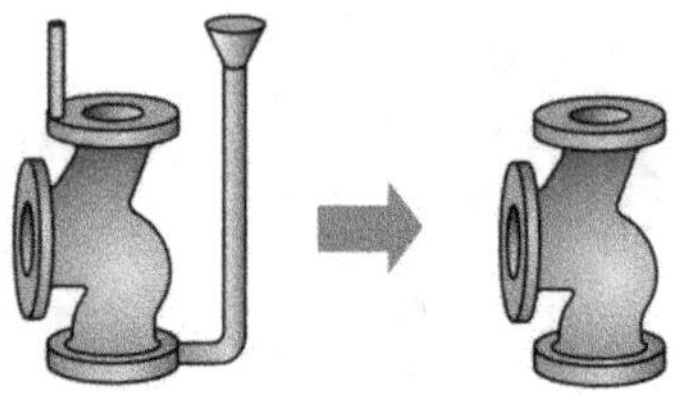

👍 Avantages

B. FORMES très complexes possibles avec des cavités et même des CONTRE-DÉPOUILLES. Il n'est pas nécessaire de retirer le MODÈLE (sens 2) du MOULE. Le MOULE n'a pas besoin d'être en plusieurs parties. Moins de BARBES à enlever car il n'y a plus de PLAN DE JOINT. Convient pour les ALLIAGES à haute TEMPÉRATURE DE FUSION > 1000°C. Sable réfractaire du MOULE réutilisable à l'infini.

👎 Inconvénients

C. Un nouveau MODÈLE (sens 2) est nécessaire pour chaque coulée. L'intérêt économique du PROCÉDÉ dépend du coût de FABRICATION des MODÈLES (sens 2). Problèmes environnementaux d'élimination des fumées.
→ Voir MOULAGE DES MÉTAUX.

moulage au sable à prise chimique [no bake moulding]

(n.m.) Variante du MOULAGE AU SABLE destructible dans lequel l'argile + eau du sable silico-argileux, dit « sable à vert », est remplacée par un LIANT chimique dont le DURCISSEMENT permet d'obtenir la tenue mécanique recherchée sans avoir recours à un serrage MÉCANIQUE. Cependant, le sable ainsi mélangé n'est plus réutilisable sans un processus mécanique ou thermique contrairement au sable silico-argileux (sable à vert).

• Note : Ne pas confondre avec le MOULAGE EN CARAPACE.
Autre appellation : Moulage au sable rigide.

moulage des métaux [metal casting]

(n.m.) PROCÉDÉ de MISE EN FORME de MATÉRIAU | MÉTALLIQUE préalablement fondu puis versé dans une cavité possédant la FORME voulue appelée MOULE pour en obtenir une réplique après SOLIDIFICATION et REFROIDISSEMENT.

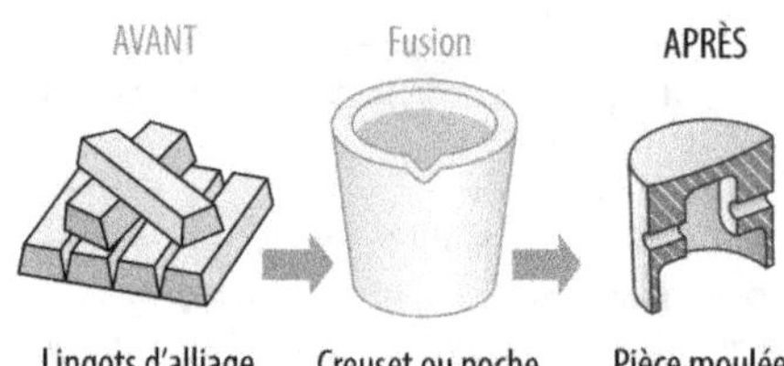

A. Vue générale du PROCÉDÉ. *Exemple du moulage d'un piston en aluminium de moteur thermique :*

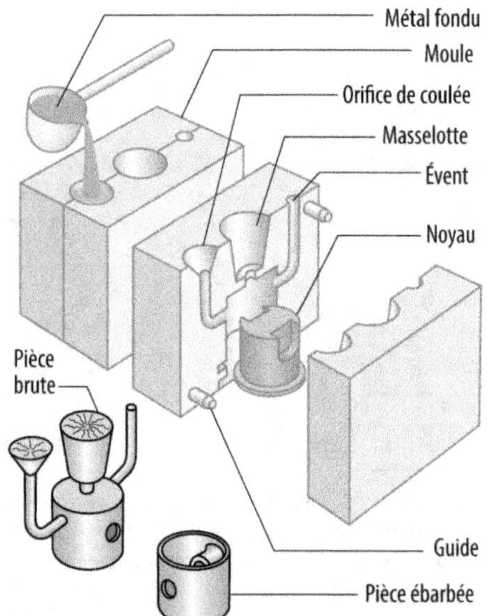

B. Les différents PROCÉDÉS de moulage des métaux sont regroupés sur le diagramme synoptique ci-contre. Les différents PROCÉDÉS sont classés en deux groupes distincts :
• les PROCÉDÉS à moule non-permanents (dits aussi à moule destructible) dans lesquels le MOULE doit être détruit après chaque COULAGE pour extraire la PIÈCE (sens 1) ou les pièces.
• les MOULES permanents qui sont utilisables pour des centaines de milliers de PIÈCES (sens 1).

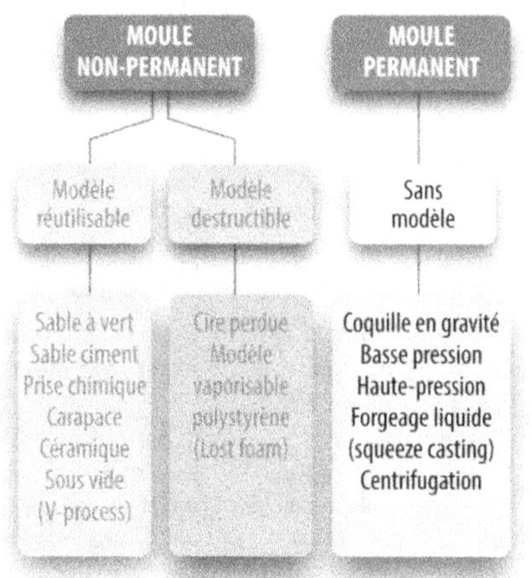

C. Selon la TEMPÉRATURE DE FUSION de l'ALLIAGE à mettre en œuvre, certains PROCÉDÉS sont plus ou moins adaptés ou inutilisables. Le tableau suivant donne des indications sur la FAISABILITÉ des PROCÉDÉS en fonction du MÉTAL à considérer :

| T° fusion | 1500°C | 1500°C | 1300°C | 1100°C | 660°C | 650°C | 420°C |
Procédé	Acier	Ni/Co	Fonte	Cu	Al	Mg	Zn
Sable silico-argileux	Très courant	Parfois	Très courant	Courant	Courant	Parfois	Parfois
Sable à prise chimique	Très courant	Parfois	Très courant	Courant	Parfois	Parfois	Parfois
Carapace	Très courant	Parfois	Très courant	Courant	Parfois	Parfois	Parfois
Sous vide (V process)	Très courant		Très courant	Courant	Courant	Parfois	Parfois
Modèle vaporisable	Parfois	Parfois	Très courant		Parfois	Parfois	Parfois
Cire perdue	Courant	Courant			Courant	Parfois	Parfois
Centrifugation	Parfois	Parfois	Courant	Parfois	Parfois	Parfois	Parfois
Coquille gravité			Fonte ADI	Courant	Courant	Parfois	Parfois
Basse pression					Courant	Parfois	Parfois
Haute pression					Très courant	Très courant	Courant
Moulage forgeage					Très courant	Courant	Courant
Thixo Rheo moulage					Parfois	Parfois	Parfois

Légende : Très courant — Courant — Parfois

D. D'une façon générale, les ALLIAGES à bas POINT DE FUSION < 1000°C (Al, Mg, Zn) sont moulés dans des MOULES permanents (métalliques) avec parfois l'application d'une PRESSION plus ou moins importante. Les ALLIAGES à plus haut POINT DE FUSION > 1000°C (à base de FER, CUIVRE, NICKEL et COBALT) sont moulés par gravité dans des MOULES non-permanents en sable RÉFRACTAIRE ou avec des PROCÉDÉS à destruction du MODÈLE (sens 2) (cire perdue, modèle vaporisable). Ainsi, globalement, à cause des MATÉRIAUX utilisés pour leur FABRICATION, les MOULES permanents souvent MÉTALLIQUES donnent de meilleures PRÉCISIONS dimensionnelles (Type IT 13 à IT15) et ÉTAT DE SURFACE (Ra 1 à 6,3 µm). Inversement, les MOULES destructibles souvent en sable donnent des PRÉCISIONS plus faibles (IT 16 à IT18) et des ÉTATS DE SURFACE plus grossiers (Ra 10 à 100 µm). Dans tous les cas, PRÉCISION et ÉTAT DE SURFACE sont bien inférieurs à ce qui est obtenu avec les PROCÉDÉS d'USINAGE.

E. Le tableau suivant donne une comparaison des caractéristiques TECHNIQUES et économiques des différents PROCÉDÉS de moulage des métaux :

Procédé	Poids pièce (kg)	Épaisseur paroi (mm)	Tolérance (mm)	Rugosité (µm)	Coût outillage	Coût main d'oeuvre	Série pièces
Sable silico-argileux	0,01 à 10'000	≥4	1 à 3	5 à 25	Faible	Elevé	1 à 10'000
Sable à prise chimique	0,01 à 10'000	≥4	1 à 3	5 à 25	Faible	Moyen	1 à 10'000
Carapace	0,01 à 100	≥3	0,25 à 0,50	1 à 3,2	Faible	Moyen	10 à 10'000
Sous-vide (V process)	0,01 à 100	≥3	0,25 à 0,50	1 à 3,2	Faible	Moyen	10 à 10'000
Modèle * vaporisable	0,01 à 100	≥3	1 à 3	5 à 25	Faible	Moyen	1 à 1'000
Cire * perdue	0,001 à 100	≥2	0,05 à 0,25	0,3 à 2	Faible	Elevé	1 à 10'000
Centrifugation	0,01 à 5000	≥3	1 à 3	2 à 10	Moyen	Moyen	100 à 10'000
Coquille gravité	0,1 à 300	≥3	0,5 à 2	2 à 6	Moyen	Moyen	1000 à 100'000
Basse pression	0,1 à 50	≥2	0,5 à 1	1 à 3,2	Moyen	Moyen	1000 à 100'000
Haute pression	0,01 à 50	≥1	0,15 à 1	1 à 2	Elevé	Faible	1000 à 100'000
Moulage forgeage							
Thixo Rheo moulage	0,01 à 100	≥1	0,15 à 1	1 à 2	Elevé	Faible	1000 à 100'000

* Contre-dépouille possible

👍 Avantages

F. Permet d'obtenir des FORMES très complexes avec des cavités intérieures. Permet d'obtenir d'emblée des PIÈCES (sens 1) très proches de la FORME et DIMENSIONS finales (exemple des aubes de turbine de réacteur qui sont les pièces les plus sollicitées d'un avion et qui sont brutes de FONDERIE, sans USINAGE. PIÈCES de très grandes DIMENSIONS possibles. Possibilité d'utiliser quasiment tous les MÉTAUX FERREUX ou NON-FERREUX. Possibilité d'utiliser comme MATIÈRE DE BASE des MATÉRIAUX de récupération, des DÉCHETS, des REBUTS, de la FERRAILLE, des COPEAUX... PROCÉDÉ conduisant à des PROPRIÉTÉS | ISOTROPES. PRODUCTION en grande ou petite SÉRIE DE PIÈCES.

👎 Inconvénients

G. Une certaine limitation des PROPRIÉTÉS MÉCANIQUES. Faible PRÉCISION dimensionnelle et ÉTAT DE SURFACE souvent rugueux. PROCÉDÉ pouvant être dangereux par la manipulation de MATÉRIAU à haute TEMPÉRATURE. Problèmes environnementaux (fumées, POUSSIÈRES minérales, élimination de sable, etc.)

(n.m.) PROCÉDÉ de MOULAGE DE MÉTAUX dans lequel le MOULE est une fine COUCHE de sable aggloméré au moyen d'une RÉSINE thermodurcissable. Mise à part la nature un peu particulière du MOULE ainsi constitué, la MÉTHODE s'apparente au MOULAGE AU SABLE classique avec quelques avantages supplémentaires.

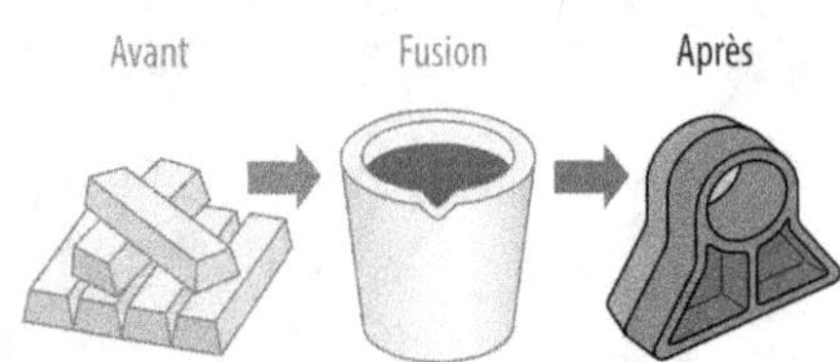

A. Les différentes étapes du PROCÉDÉ sont les suivantes :
• Préparation du MOULE.

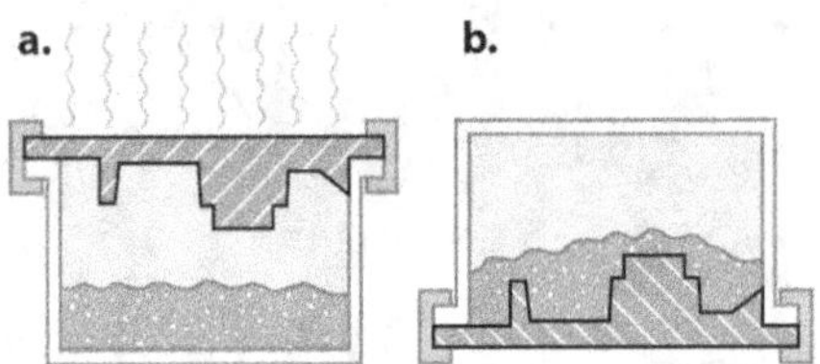

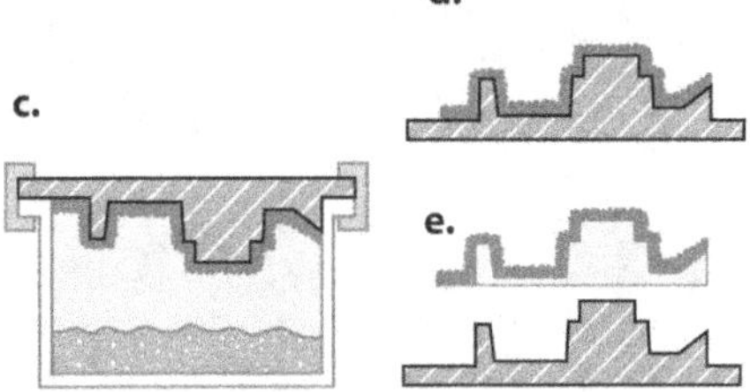

a. Préchauffage du demi-modèle souvent métallique dans un bac rempli de sable mélangé à un agent polymérisant.
b. Retournement du MOULE. Le sable entre en CONTACT avec le MODÈLE (sens 2) puis se durcit en se polymérisant par élévation de température lors du contact avec le modèle chaud.
c. Une croûte appelée « carapace » se forme autour des demi-modèles.
d. Chaque demi-carapace est consolidée par chauffage supplémentaire dans un FOUR.
e. Séparation des demi-carapaces et des demi-modèles.
• COULAGE et extraction de la PIÈCE (sens 1) par destruction du MOULE et du NOYAU.

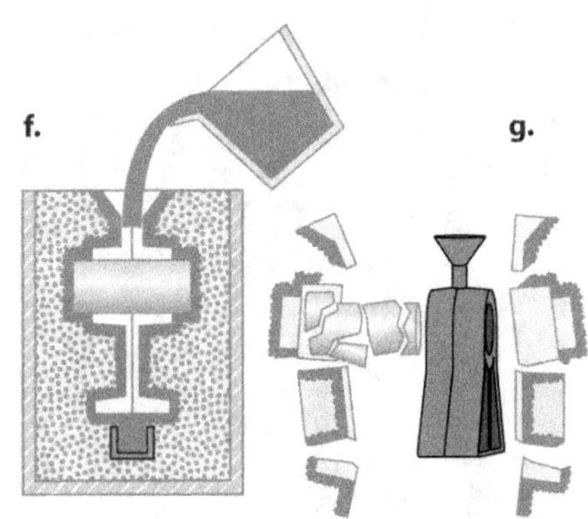

f. Constitution du MOULE par remoulage du NOYAU en sable rigide et assemblage des demi-carapaces. L'ensemble est maintenu dans une boîte avec du sable ou des billes métalliques. Le MÉTAL fondu est coulé dans la cavité ainsi formée.
g. Après SOLIDIFICATION et REFROIDISSEMENT, ouverture du MOULE, extraction, PARACHÈVEMENT et CONTRÔLE final de la PIÈCE DE FONDERIE.

👍 Avantages

B. Meilleur ÉTAT DE SURFACE par rapport au sable classique. Bonne PRÉCISION dimensionnelle. Ne nécessite pas obligatoirement de MACHINE (sablerie, machine de moulage...) Peut être mécanisé pour les grandes séries. Moins de consommation de sable.

🗨 Inconvénients

C. Plaque MODÈLE (sens 2) plus coûteuse. Difficilement justifiable pour une petite SÉRIE DE PIÈCES.
D. Ne pas confondre cependant avec le MOULAGE AU SABLE À PRISE CHIMIQUE.
→ Voir aussi MOULAGE DES MÉTAUX.

moulage en coquille basse pression [low pressure casting process, low pressure die casting]

(n.m.) PROCÉDÉ de MOULAGE dans lequel le MÉTAL fondu est poussé dans un MOULE | MÉTALlique par la PRESSION d'un GAZ neutre de l'ordre de quelques BARS.

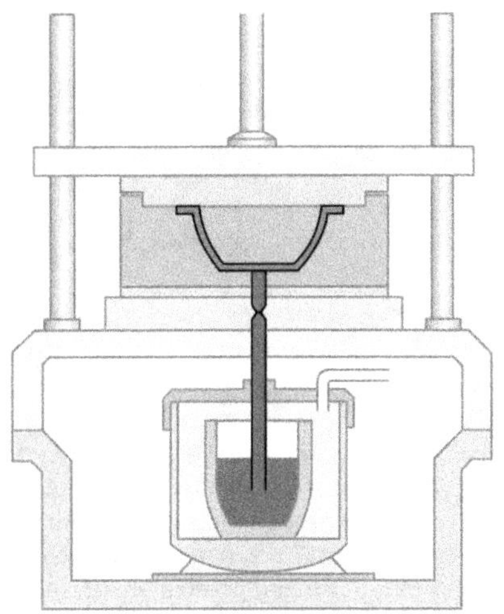

A. Il est considéré comme une amélioration du MOULAGE EN COQUILLE PAR GRAVITÉ. Il permet, en particulier, une AUTOMATISATION plus poussée.

👍 Avantages

B. B. Coulée directe du FOUR dans le MOULE sans turbulence et pratiquement sans OXYDATION ce qui procure une bonne SANTÉ interne de PIÈCE (sans POROSITÉ et autres DÉFAUTs). L'effet de la PRESSION permet d'obtenir des parois plus fines par rapport au moulage par gravité. Moins de problèmes environnementaux par suppression de la coulée par poche. Installation compacte et pouvant être entièrement automatisée. Réduction du MASSELOTTAGE.

🗨 Inconvénients

C. Investissement MACHINE élevé. OUTILLAGE (sens 2) coûteux. Inadapté aux petites séries. Ne permet pas de points d'alimentation multiples.
D. Ne pas confondre avec le MOULAGE EN COQUILLE HAUTE PRESSION dans lequel le MÉTAL fondu est poussé par l'action MÉCANIQUE plus conséquente d'un piston à quelques dizaines de BARS.
→ Voir MOULAGE DES MÉTAUX pour une comparaison avec les autres PROCÉDÉS.

moulage en coquille haute pression [pressure die casting, high pressure die casting]

(n.m.) PROCÉDÉ de MOULAGE dans lequel le MÉTAL | fondu est poussé par un piston dans un CYLINDRE pour remplir l'EMPREINTE du MOULE avec une PRESSION de quelques dizaines de BARs.
A. La PRESSION est maintenue durant la phase de SOLIDIFICATION et de REFROIDISSEMENT. Le moulage en coquille haute pression peut être pratiqué suivant deux TECHNOLOGIES (sens 2) légèrement différentes :
• en chambre froide : le CYLINDRE dans lequel le MÉTAL fondu est mis SOUS-PRESSION n'est pas chauffé. À chaque coulée, le MÉTAL fondu est d'abord versé dans ce CYLINDRE :

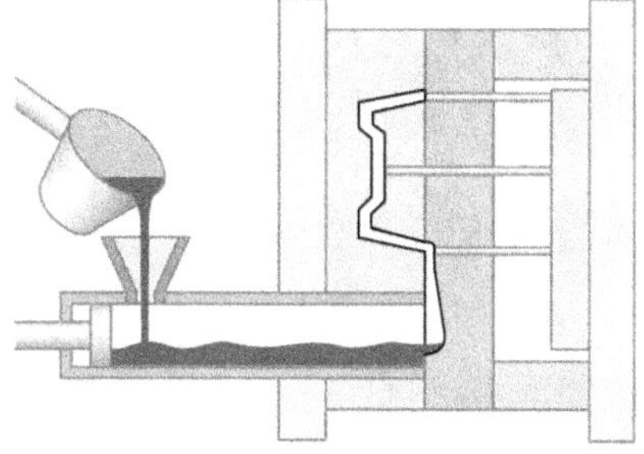

Ensuite, il est poussé dans le MOULE par un piston. La PRESSION est maintenue durant le REFROIDISSEMENT pour compenser le RETRAIT liquide et de SOLIDIFICATION.

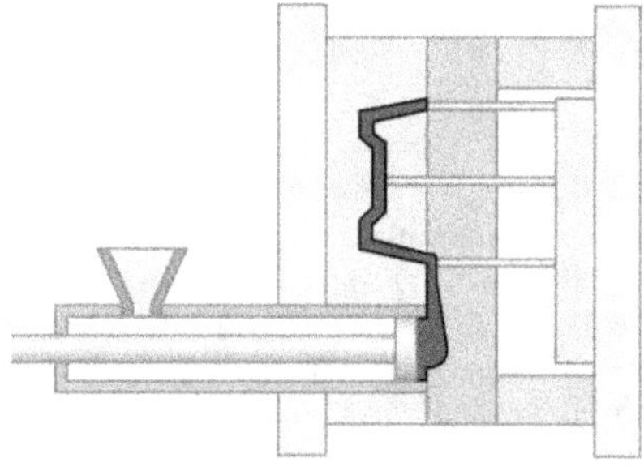

Et enfin, la PIÈCE DE FONDERIE est éjectée du MOULE :

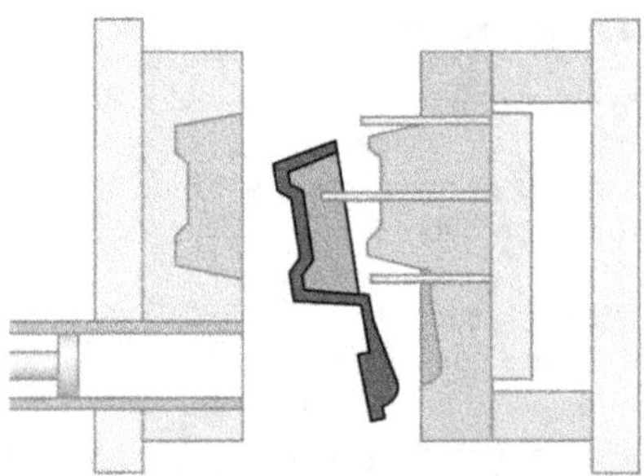

• en chambre chaude : le CYLINDRE qui doit pousser le MÉTAL liquide fait partie du FOUR maintenant le MÉTAL à l'état LIQUIDE. L'OPÉRATION de mise sous pression du MÉTAL fondu se fait donc directement sans nécessité de le transvaser préalablement, d'où une plus grande CADENCE. Néanmoins, par rapport à la chambre froide, le CYLINDRE est soumis à plus rude épreuve.

1ère étape : Coulée sous-pression :

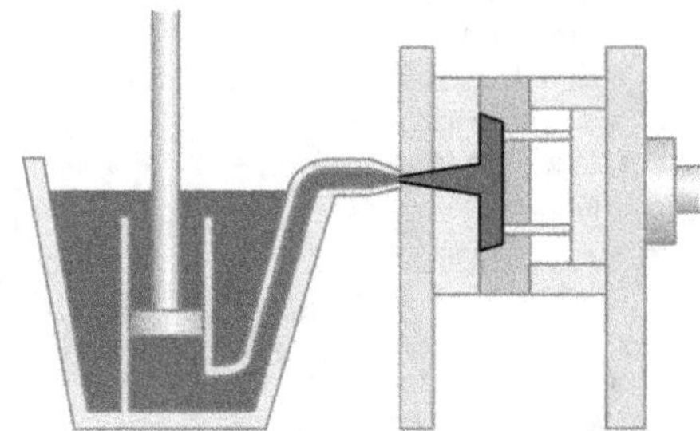

2e étape : Éjection de la PIÈCE (sens 1) :

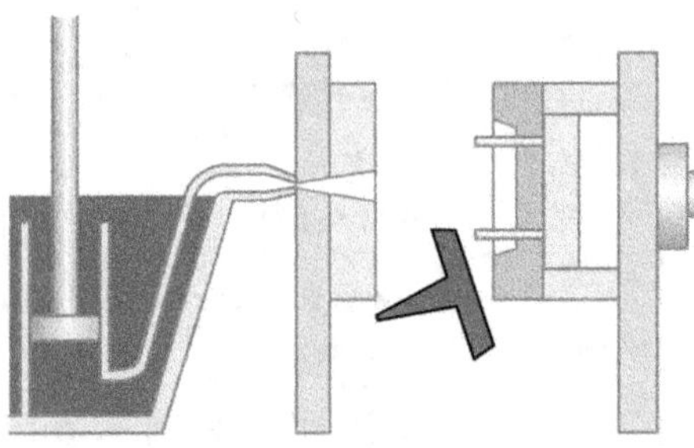

👍 Avantages

B. Très bon ÉTAT DE SURFACE. Très bonne PRÉCISION dimensionnelle. ÉPAISSEUR de paroi possible plus fine par rapport aux autres PROCÉDÉS. CADENCE de PRODUCTION très élevée. Moins de réactivité du MÉTAL avec le MOULE car ce dernier est froid. Absence de POTEYAGE. Absence de RETASSURES car la pièce continue à être alimentée pendant sa SOLIDIFICATION par la PRESSION d'injection.

👎 Inconvénients

C. Investissement MACHINE très élevé. OUTILLAGE (sens 2) coûteux qui doit être justifié par une série importante. Complexité de FORME possible relativement limitée. En particulier, pas de CONTRE-DÉPOUILLE possible. Les gaz dissous dans les pièces empêchent tout traitement de TREMPE et durcissement structural ultérieurs.

→ Voir MOULAGE PAR INJECTION DE MÉTAL pour un autre PROCÉDÉ concurrent du moulage en coquille haute pression.

→ Voir aussi MOULAGE DES MÉTAUX pour une comparaison avec les autres PROCÉDÉS.

moulage en coquille par gravité [gravity die casting]

(n.m.) PROCÉDÉ de MOULAGE DES MÉTAUX avec un MOULE | MÉTALLIQUE en deux ou plusieurs parties réutilisables pour une grande SÉRIE DE PIÈCES.

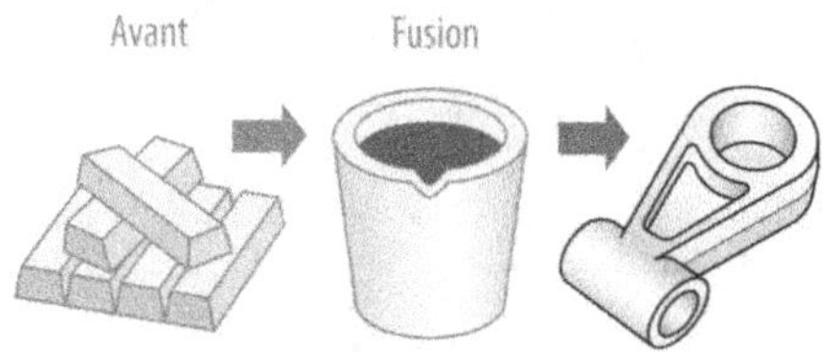

A. Le MOULE | MÉTALLIQUE est souvent en ACIER ou en FONTE mais peut aussi être en TUNGSTÈNE ou MOLYBDÈNE pour être encore plus RÉFRACTAIRE. Il est conçu pour fonctionner avec une ouverture et fermeture précises. Avant chaque coulée, les parois du MOULE sont préalablement recouverts d'un enduit RÉFRACTAIRE pour le protéger (POTEYAGE), faciliter le DÉMOULAGE et réguler le REFROIDISSEMENT. Le MÉTAL fondu est ensuite versé par le dessus du MOULE à la PRESSION atmosphérique et descend dans l'EMPREINTE sous l'effet de son propre POIDS.

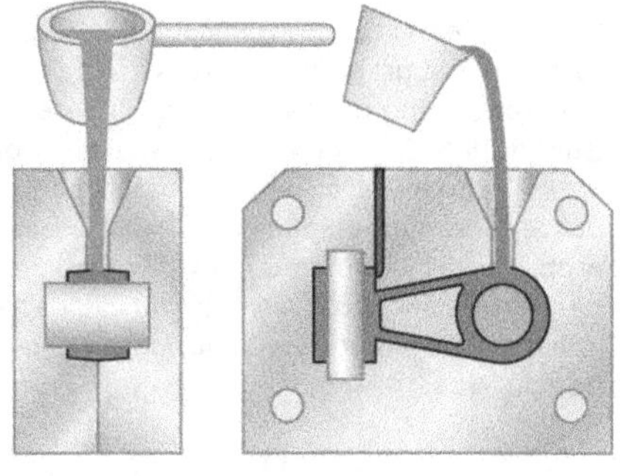

Et enfin, le MOULE est ouvert et la PIÈCE (sens 1) extraite :

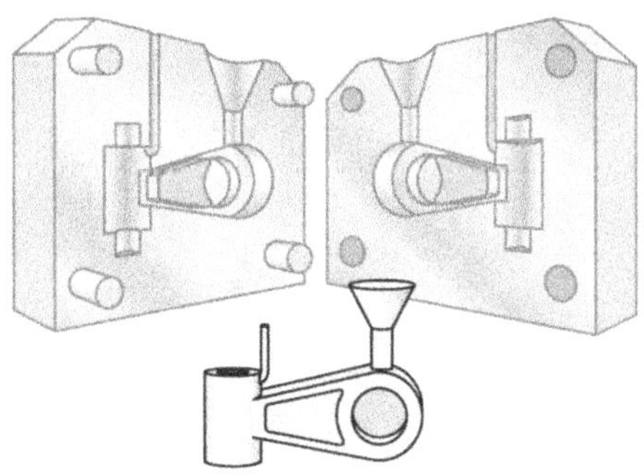

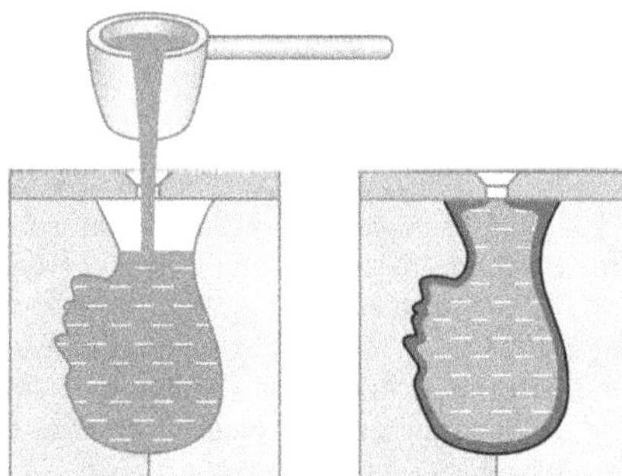

Avantages

B. Bonne PRÉCISION des DIMENSIONS et des ÉTATS DE SURFACE. SOLIDIFICATION plus rapide due à une meilleure CONDUCTIVITÉ THERMIQUE du MOULE | MÉTALLIQUE, ce qui permet d'obtenir des GRAINS plus fins favorables à une meilleure tenue mécanique des PIÈCES moulées.

Inconvénients

C. Limité aux MÉTAUX à relativement basse TEMPÉRATURE DE FUSION < 1000°C. GÉOMÉTRIE (sens 2) plus limitée des PIÈCES par des FORMES et DÉPOUILLES obligatoires permettant le DÉMOULAGE. Pas de CONTRE-DÉPOUILLE possible. PLAN DE JOINT nécessitant un éventuel ÉBARBAGE. Coût d'OUTILLAGE (sens 2) élevé.
→ Voir MOULAGE EN COQUILLE BASSE PRESSION et MOULAGE EN COQUILLE HAUTE PRESSION pour les autres PROCÉDÉS reprenant le même principe en appliquant une PRESSION plus ou moins élevée.
→ Voir aussi MOULAGE DES MÉTAUX pour une comparaison avec les autres PROCÉDÉS.

moulage en coulée renversée [slush casting, static casting]

(n.m.) PROCÉDÉ de MOULAGE s'apparentant au MOULAGE EN COQUILLE PAR GRAVITÉ mais dans lequel le MÉTAL encore sous forme LIQUIDE au milieu de la PIÈCE (sens 1) partiellement solidifiée est déversé afin d'obtenir un CORPS CREUX.
A. Les différentes étapes sont les suivantes :
• Remplissage du MOULE avec le MÉTAL fondu et début de SOLIDIFICATION sur les parois :

• Basculement du MOULE et déversement à l'extérieur, du reste de MÉTAL encore LIQUIDE du milieu de la PIÈCE (sens 1) :

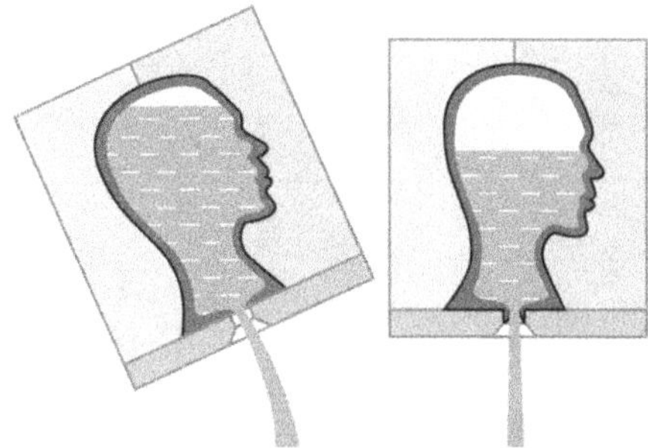

• DÉMOULAGE de la PIÈCE DE FONDERIE :

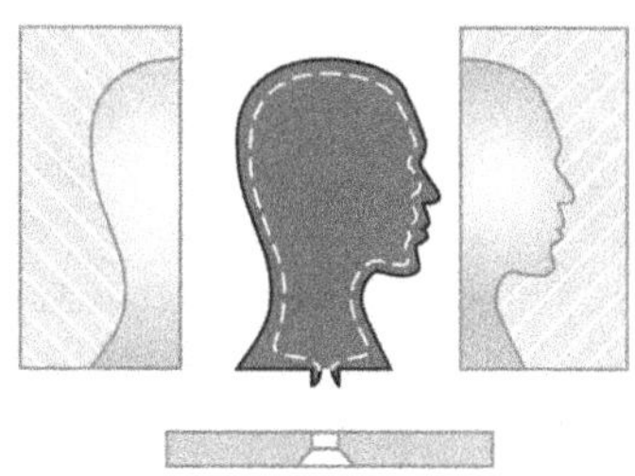

Avantages

B. Permet d'obtenir un CORPS CREUX sans utiliser de NOYAU. Les PIÈCES (sens 1) ont un VOLUME externe avantageux sans l'inconvénient du POIDS.

Inconvénients

C. ÉPAISSEURS de paroi difficiles à maîtriser. Ce qui en fait un PROCÉDÉ inadapté aux PIÈCES TECHNIQUES mais plutôt réservé aux objets d'art dont seul l'aspect extérieur importe.
D. Ce procédé est assez similaire dans son principe à la réalisation de pièces creuses en faïence par coulée de barbotine dans un MOULE en PLÂTRE.

→ Voir MOULAGE PAR CENTRIFUGATION pour une autre TECHNIQUE d'obtention de PIÈCE (sens 1) moulée creuse sans recours aux NOYAUX.

moulage en motte [flaskless molding]

(n.m.) Évolution du MOULAGE EN SABLE par FABRICATION d'un motif de MOULE unique qui, mis bout à bout, constituent un enchaînement de MOULES finaux très adaptés à l'AUTOMATISATION et à la PRODUCTION (SÉRIE), EN SÉRIE. Chaque élément de moule est appelé « motte ». Ce PROCÉDÉ est couramment appelé Disamatic ®, du nom du détenteur du brevet.

A. Les différentes étapes du PROCÉDÉ sont les suivantes :

• FABRICATION de la motte par COMPACTAGE de sable avec une PRESSE spécialisée :

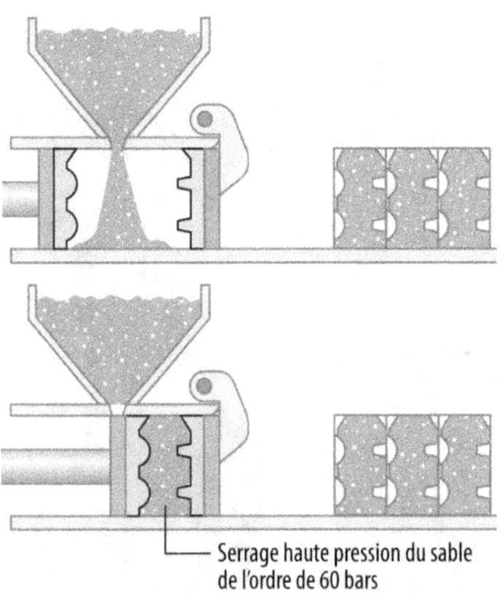

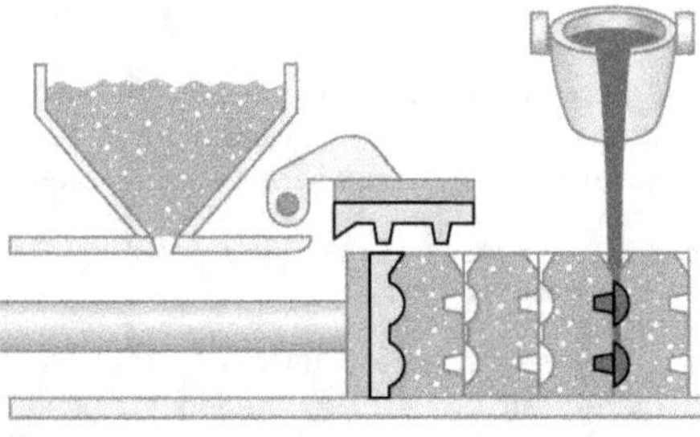
Serrage haute pression du sable de l'ordre de 60 bars

• Déplacement de la motte et coulée du métal fondu :

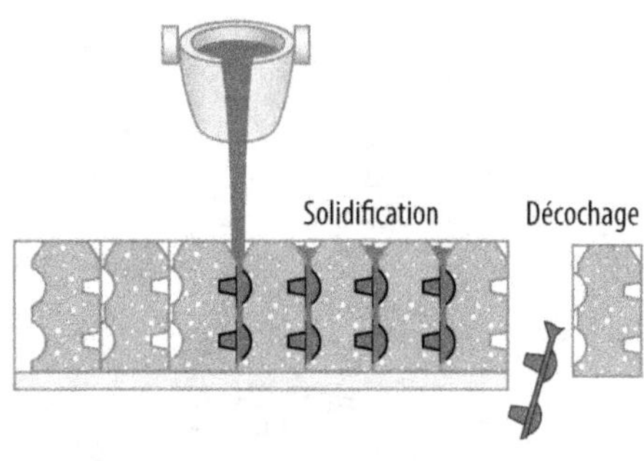

Avantages

B. AUTOMATISATION très poussée nécessitant très peu d'opérateurs. CADENCE de PRODUCTION très élevée. Grande PRODUCTIVITÉ. Pas de châssis extérieur, le sable tenant juste par la PRESSION de COMPACTAGE.

Inconvénients

C. Inadapté aux petites séries. Investissement MACHINE initial important.

moulage forgeage [squeeze casting]

(n.m.) PROCÉDÉ de MOULAGE DES MÉTAUX dans lequel une partie du MOULE est utilisé comme piston pour appliquer une PRESSION pendant la SOLIDIFICATION de la PIÈCE (sens 1).

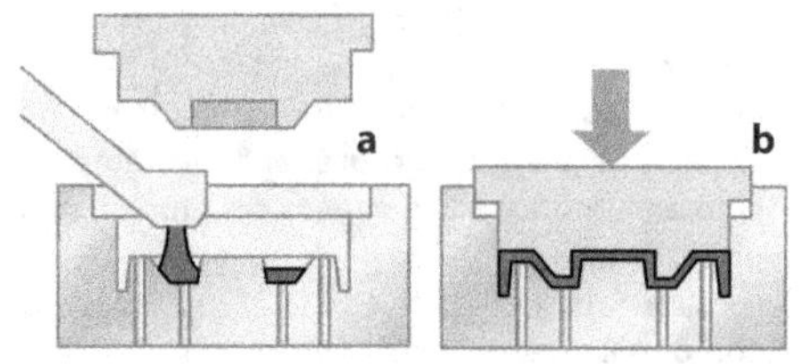

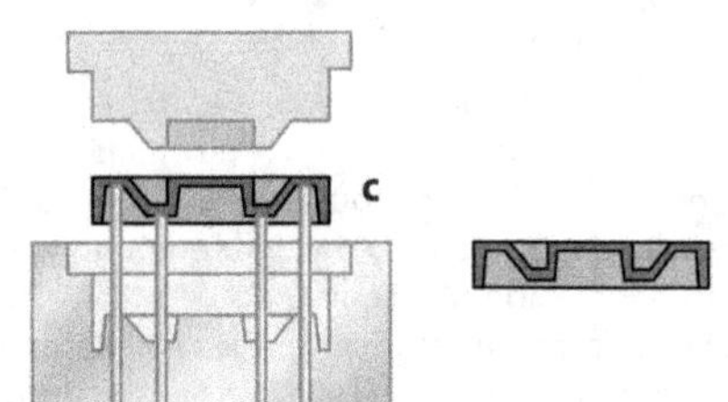

Avantages

A. Ne nécessite pas de canaux d'alimentation, ni de SYSTÈME de remplissage, ni de MASSELOTTE. Très bon ÉTAT DE SURFACE et très bonne PRÉCISION dimensionnelle. Très bonne SANTÉ interne du MATÉRIAU (peu de POROSITÉ, etc.). TRAITE-

MENT THERMIQUE non problématique. CADENCE de PRODUCTION élevée.

 Inconvénients

B. Coût d'OUTILLAGE (sens 2) élevé. Inadapté aux petites SÉRIES DE PIÈCES.
C. Le moulage forgeage est un PROCÉDÉ concurrent du MOULAGE EN COQUILLE HAUT PRESSION.
⟶ Voir MOULAGE DES MÉTAUX pour une comparaison avec les autres PROCÉDÉS.

moulage infusion de composite [composite resin infusion moulding (GB); composite resin infusion molding (US)]

(n.m.) Voir les explications à la rubrique INFUSION.

moulage injection [injection moulding (GB), injection molding (US)]

(n.m.) Même signification que MOULAGE PAR INJECTION DE PLASTIQUE.

moulage par centrifugation [centrifugal casting, rotocasting]

(n.m.) PROCÉDÉ de MOULAGE DES MÉTAUX dans lequel le MOULE est soumis à un MOUVEMENT DE ROTATION de manière à plaquer le MÉTAL | LIQUIDE sur les parois par la FORCE | CENTRIFUGE.
A. Ainsi, il n'est pas nécessaire d'avoir recours à un NOYAU pour obtenir une PIÈCE (sens 1) creuse. L'AXE DE ROTATION (sens 2) du MOULE peut être HORIZONTAL pour les PIÈCES de grande LONGUEUR, comme les tubes de canalisation :

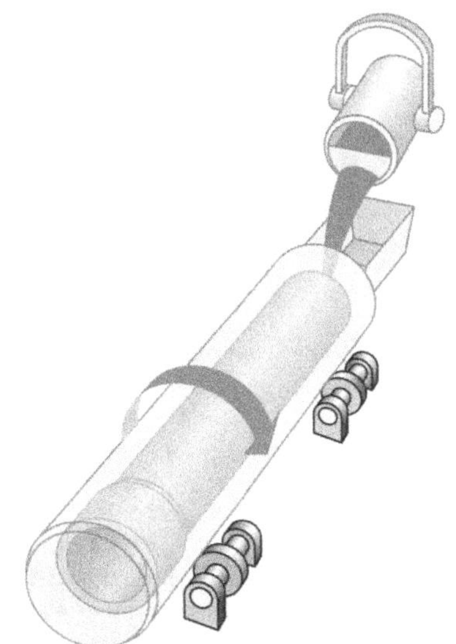

Pour les PIÈCES (sens 1) plus courtes et larges, l'AXE DE ROTATION (sens 2) est plutôt VERTICAL :

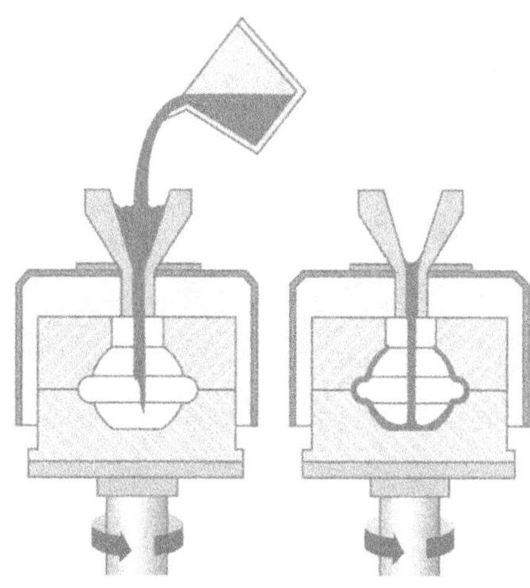

 Avantages

B. Permet d'obtenir un CORPS CREUX sans utiliser de NOYAU. La ROTATION favorise la compacité des PIÈCES (sens 1). Le REFROIDISSEMENT rapide donne une STRUCTURE (sens 1) de GRAINS fins. Autorise le moulage de COUCHES de MÉTAUX différents. Permet de mettre en œuvre de grande quantité de MATIÈRE.

 Inconvénients

C. Investissements MACHINE et OUTILLAGE (sens 2) importants qui doivent être justifiés par une SÉRIE DE PIÈCES conséquente. N'est réellement utilisable que pour des PIÈCES (sens 1) à FORME DE RÉVOLUTION.
D. À noter que le même PROCÉDÉ peut être appliqué au cas des (COMPOSITES), MATÉRIAU COMPOSITE.
⟶ Voir la rubrique MOULAGE PAR CENTRIFUGATION DE COMPOSITE.
⟶ Voir MOULAGE DES MÉTAUX pour une comparaison avec les autres PROCÉDÉS.

moulage par compression [compression moulding (GB); compression molding (US)]

(n.m.) TECHNIQUE de MOULAGE de (PLASTIQUE), MATIÈRE PLASTIQUE amenée à l'état ramolli par la chaleur ou encore LIQUIDE et écrasée entre les deux parties d'un MOULE pour en épouser la FORME.
A. La MATIÈRE de départ peut être sous forme de GRANULÉS, de POUDRE, de LIQUIDE ou de PÂTE avec une PRÉFORME. Historiquement, le moulage par compression est l'un des premiers PROCÉDÉS de TRANSFORMATION (sens 3) à avoir été

mis au point pour les (PLASTIQUES), MATIÈRES PLASTIQUES.

Ex. 1 : *Moulage par compression partant d'une préforme.*

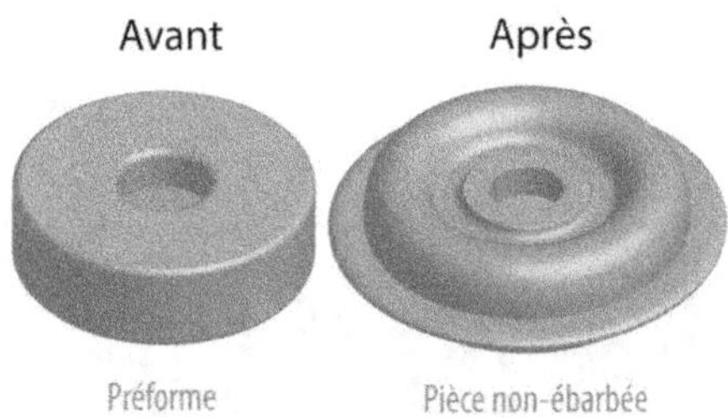

Configuration avant la fermeture du MOULE :

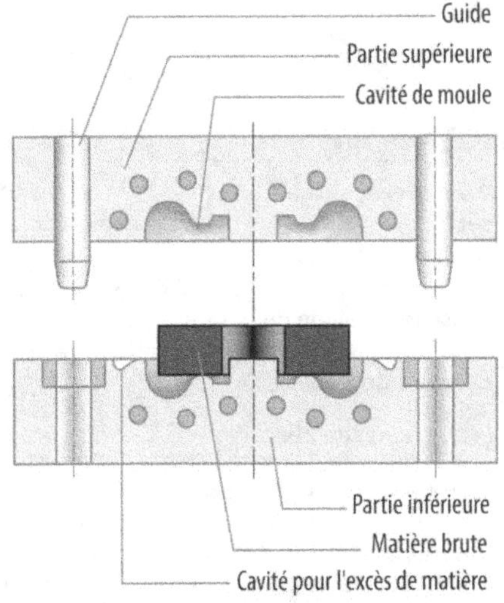

Configuration après fermeture du MOULE :

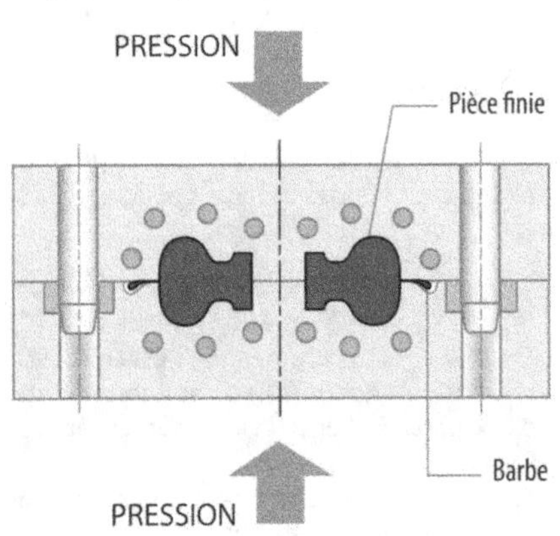

Ex. 2 : *Moulage par compression à partir de* GRANULÉS.

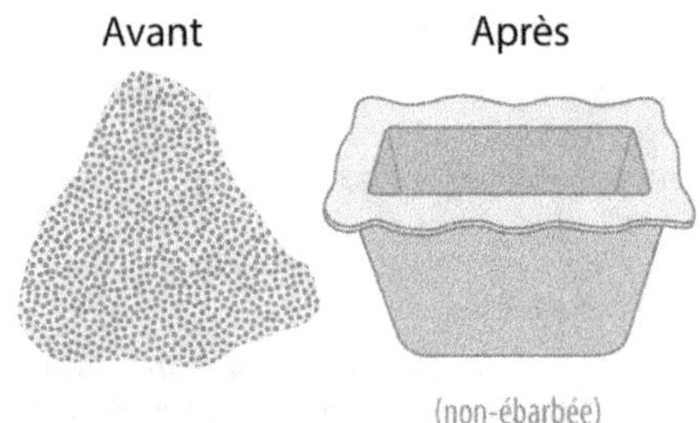

Configuration du MOULE avant fermeture :

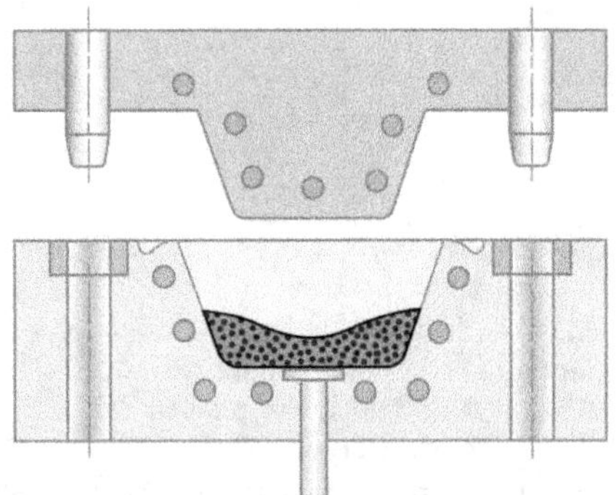

Configuration du MOULE après fermeture :

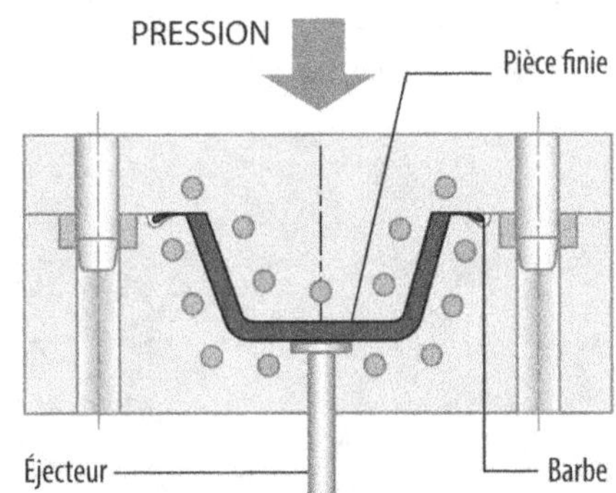

A. Le moulage par compression est applicable à tous les types de (PLASTIQUES), MATIÈRES PLASTIQUES. Pour les THERMOPLASTIQUES, le DURCISSEMENT de la PIÈCE (sens 1) est obtenu par REFROIDISSEMENT. Dans le cas des ÉLASTOMÈRES et des THERMODURCISSABLES, il est obtenu par chauffage activant la RÉTICULATION, c'est à dire la RÉACTION CHIMIQUE qui fige définitivement la MATIÈRE par création des « liaisons de pontage » entre les MACROMOLÉCULES. Dans tous les cas, après le DÉMOULAGE, l'obtention de la PIÈCE (sens 1) finale nécessite une OPÉRATION d'ÉBARBAGE.

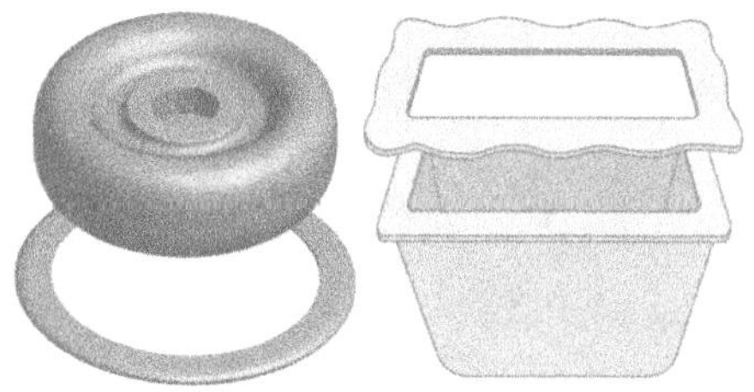

B. TOLÉRANCE DIMENSIONNELLE (IT) :

Très précis	Précis	Moyen	Grossier	Très Grossier
1 2 3 4 5	6 7 8 9	10 11 12	13 14 15	16 17 18
			Compression	
10 ± 0,002	10 ± 0,01	10 ± 0,05	10 ± 0,2	10 ± 1
100 ± 0,005	100 ± 0,02	100 ± 0,1	100 ± 0,4	100 ± 2
1000 ± 0,010	1000 ± 0,05	1000 ± 0,3	1000 ± 1,5	1000 ± 5

C. ÉTAT DE SURFACE, RUGOSITÉ Ra (µm) :

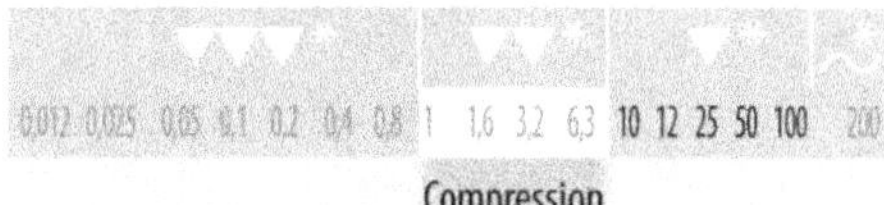

0,012	0,025	0,05	0,1	0,2	0,4	0,8	1	1,6	3,2	6,3	10	12	25	50	100	200
							Compression									

* Symbole ne faisant plus partie des normes

D. Coût OUTILLAGE (sens 2) (hors coût MACHINE) :

Aucun	Faible	Moyen	Élevé	Très élevé
		Compression		

E. SÉRIE DE PIÈCES économique :

Proto	Unitaire	Petite	Moyenne	Grande	Très Grande
1	10	100	1 000	10 000	100 000
	Compression				

👍 Avantages

F. PROCÉDÉ très adapté aux MATIÈRES contenant beaucoup de CHARGES (sens 3) car la MATIÈRE ne passe pas par des TROUS et des canaux de coulée étroits. OUTILLAGE (sens 2) de réalisation encore relativement simple car sans DISPOSITIFS d'arrivée de MATIÈRE, ce qui correspond à des coûts d'investissement plutôt réduits. Mise en œuvre rapide ce qui en fait une TECHNIQUE adaptée au LABORATOIRE et à la réalisation de PROTOTYPES. PIÈCES (sens 1) de très gros VOLUME possible. Relativement peu de perte de MATIÈRE, le VOLUME de départ étant nécessairement bien dosé avec précision pour limiter les BARBES. Possibilité de mouler des INSERTS. PROCÉDÉ aisément AUTOMATISABLE.

👎 Inconvénients

G. Nécessité de calibrer soigneusement le VOLUME de la MATIÈRE de départ. OPÉRATION d'ÉBARBAGE contraignante et coûteuse. Cycle de FABRICATION relativement long. Le MOULE ne peut être à plusieurs EMPREINTES. Ne permet pas des FORMES très compliquées. Tendance à l'ANISOTROPIE des CARACTÉRISTIQUES MÉCANIQUES de la PIÈCE (sens 1) finale.

H. Le moulage par compression est aux (PLASTIQUE), MATIÈRES PLASTIQUES ce que le MATRIÇAGE est aux MÉTAUX.

→ Voir MOULAGE PAR TRANSFERT pour une évolution de ce PROCÉDÉ.

→ Voir aussi (PLASTIQUE), TRANSFORMATION DES PLASTIQUES pour l'ensemble de toutes les TECHNIQUES de MOULAGE des (PLASTIQUES), MATIÈRES PLASTIQUES.

I. Le moulage par compression est également utilisable pour le moulage des (COMPOSITES), MATIÈRES COMPOSITES.

→ Voir, pour cela, MOULAGE PAR COMPRESSION DE MAT PRÉIMPRÉGNÉ ; MOULAGE PAR COMPRESSION DE COMPOUND.

moulage par compression de compound [bulk moulding compound (GB), bulk molding compound (US), bmc]

(n.m.) PROCÉDÉ d'obtention de PIÈCE (sens 1) en (COMPOSITE), MATÉRIAU COMPOSITE par écrasement d'une MASSE (sens 1) de composés pré-imprégnés à l'intérieur d'un MOULE fermé :

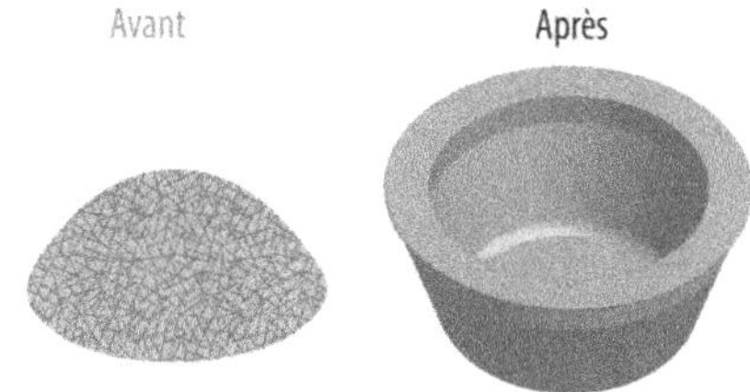

A. Il s'agit exactement du même PROCÉDÉ que le MOULAGE PAR COMPRESSION classique mais partant d'une MASSE (sens 1) de MATIÈRES pré-mélangées (RÉSINE, RENFORT (sens 2), ADDITIFS divers, catalyseur...).

B. Les différentes étapes du PROCÉDÉ sont les suivantes :

a. Introduction de la MASSE (sens 1) de MATIÈRE pré-mélangée dans le MOULE :

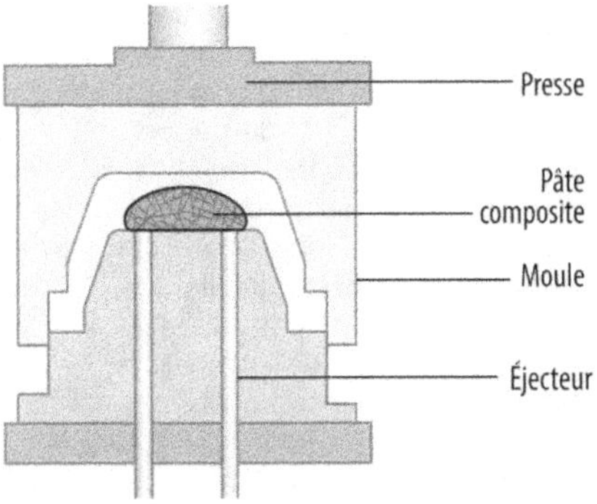

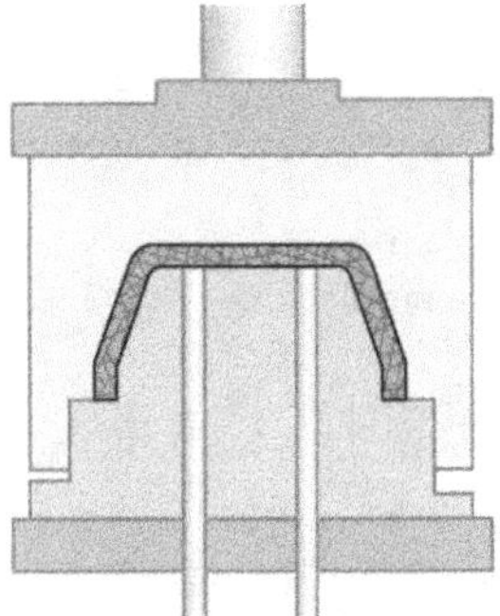

b. Fermeture du MOULE et DURCISSEMENT :

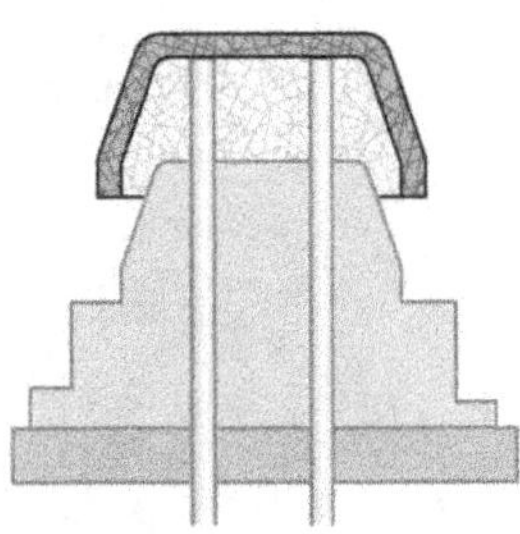

c. Après POLYMÉRISATION complète, DÉMOU-LAGE et FINITION de la PIÈCE (ÉBARBAGE...) :

C. Le même PROCÉDÉ existe partant de nappes de FILS et de TISSUS RENFORT (sens 2) imprégnés de RÉSINE catalysée.

---

moulage par compression de mat préimprégné [sheet moulding compound (GB), sheet molding compound (US), smc]

(n.m.) PROCÉDÉ de mise en œuvre de (COMPO-SITE), MATÉRIAU COMPOSITE initialement en nappe de FILS ou TISSUS | RENFORT (sens 2) pré-imprégnés par tassement à l'intérieur d'un MOULE refermé pour en prendre la FORME après POLYMÉRISATION :

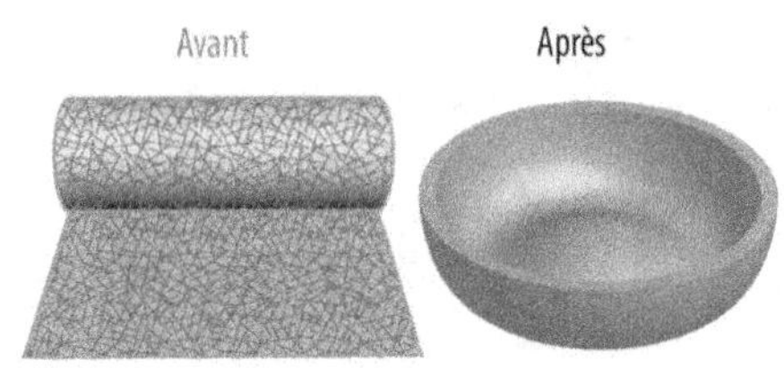

A. Les différentes étapes du PROCÉDÉ :

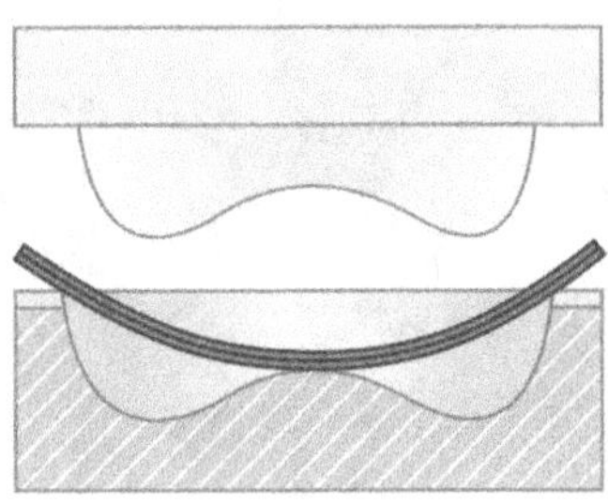

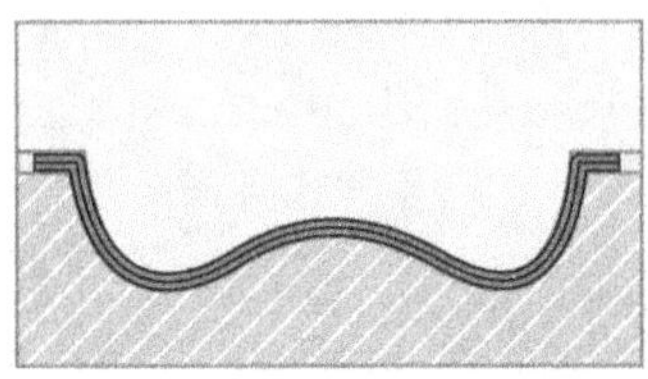

B. Le même PROCÉDÉ existe partant d'une MASSE (sens 1) de RÉSINE catalysée chargée de RENFORT (sens 2).
→ Voir MOULAGE PAR COMPRESSION DE COMPOUND pour les détails.

---

moulage par forgeage liquide [squeeze-casting]

(n.m.) Autre appellation pour le MOULAGE FORGEAGE.

---

moulage par injection de métal [metal injection moulding (GB); metal injection molding (US), MIM]

(n.m.) PROCÉDÉ de MISE EN FORME de POUDRE | MÉTALLIQUE qui s'apparente au MOULAGE PAR IN-JECTION DE PLASTIQUE.

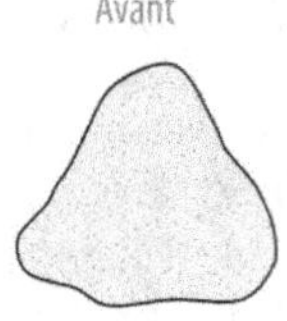
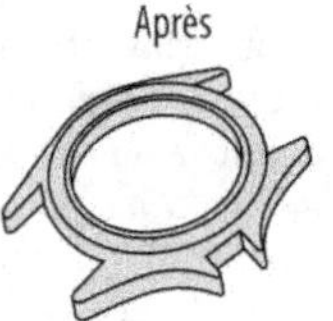

A. La première étape consiste à mélanger la POUDRE de MÉTAL à fine GRANULARITÉ (5 à 20 µm) avec un LIANT souvent organique, puis de les transformer en GRANULÉS prêt à l'emploi dans une EXTRUDEUSE classique. Tous les MÉTAUX et ALLIAGES sont a priori utilisables à l'exception de l'ALUMINIUM et du MAGNÉSIUM qui se couvrent d'une épaisse COUCHE d'OXYDE empêchant le COMPACTAGE de la POUDRE.

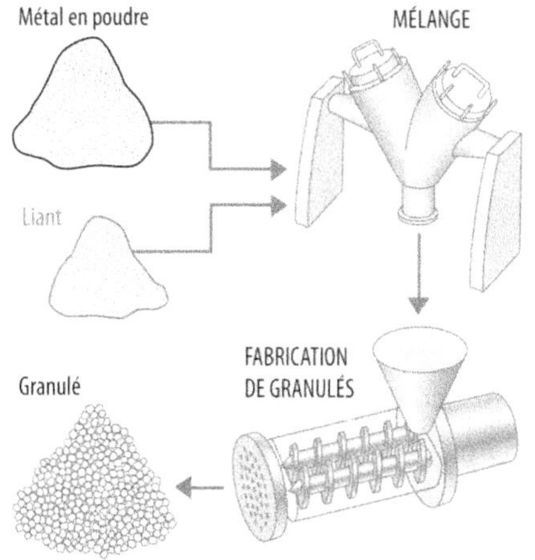

B. L'étape suivante est le MOULAGE par injection proprement dit. Les GRANULÉS sont amenés à l'état PÂTEUX et malaxés par une VIS (sens 1) puis introduits SOUS PRESSION dans le MOULE pour obtenir les PIÈCES (sens 1) mises en forme :

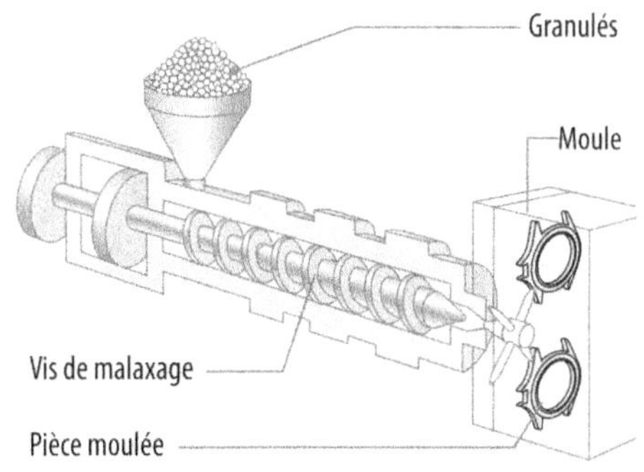

C. La dernière étape est la FINITION de la PIÈCE (sens 1) qui consiste à éliminer le LIANT : c'est le déliantage par solvant ou par voie thermique, à relativement basse TEMPÉRATURE, afin d'éviter des réactions du MÉTAL avec le LIANT. À ce stade, la PIÈCE (sens 1) est entièrement MÉTALLIQUE mais est encore fragile. Elle subit enfin une consolidation par FRITTAGE à haute TEMPÉRATURE pour acquérir sa COMPACITÉ et sa RÉSISTANCE MÉCANIQUE finales. Le FRITTAGE occasionne un RETRAIT de la PIÈCE (sens 1).

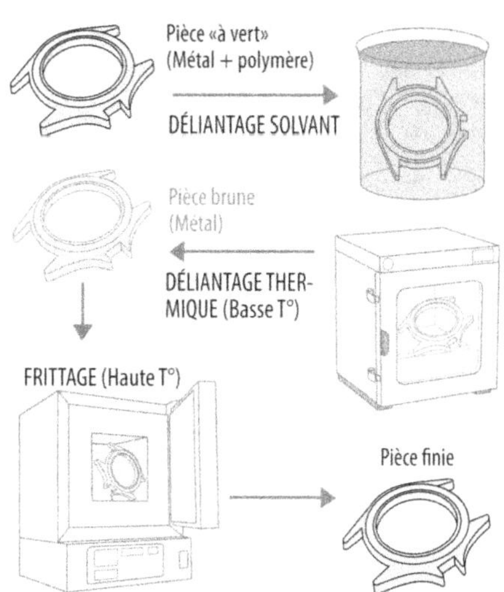

D. La COMPACITÉ de la PIÈCE FINIE atteint et dépasse 95 %. La RÉSISTANCE MÉCANIQUE est d'au moins 75 % du MÉTAL ou ALLIAGE de départ.

E. TOLÉRANCE DIMENSIONNELLE (IT) :

Très précis	Précis	Moyen	Grossier	Très Grossier
1 2 3 4 5	6 7 8 9	10 11 12	13 14 15	16 17 18
		MIM		
10 ± 0,002	10 ± 0,01	10 ± 0,05	10 ± 0,2	10 ± 1
100 ± 0,005	100 ± 0,02	100 ± 0,1	100 ± 0,4	100 ± 2

F. ÉTAT DE SURFACE, RUGOSITÉ Ra (µm) :

0,012	0,025	0,05	0,1	0,2	0,4	0,8	1	1,6	3,2	6,3	10	12	25	50	100	200
							MIM									

* Symbole ne faisant plus partie des normes

G. Coût OUTILLAGE (sens 2) (hors coût MACHINE) :

Aucun	Faible	Moyen	Élevé	Très élevé
			MIM	

H. SÉRIE DE PIÈCES économique :

Proto	Unitaire	Petite	Moyenne	Grande	Très Grande
1	10	100	1 000	10 000	100 000
				MIM	

👍 Avantages

I. Permet des FORMES très élaborées ne nécessitant pratiquement pas de PARACHÈVEMENT.

Temps de FABRICATION plus avantageux par rapport au MOULAGE À LA CIRE PERDUE. Très peu de perte de MATIÈRE. Très bonne PROPRIÉTÉ MÉCANIQUE approchant le MÉTAL brut. Large gamme de MÉTAL et ALLIAGE utilisable.

👎 Inconvénients

J. OUTILLAGE (sens 2) coûteux ne pouvant être justifié que pour de très grande SÉRIE DE PIÈCES. La MATIÈRE DE BASE sous forme de POUDRE est d'un coût plus élevé. Ne convient que pour des PIÈCES (sens 1) de relativement petite taille, typiquement de quelques fractions de grammes à quelques centaines de grammes en ACIER.
K. Les domaines utilisant le moulage par injection de métal sont très variés : l'automobile, l'armement, le médical, l'horlogerie, la lunetterie, la connectique...
L. Ne pas confondre avec le FRITTAGE, même s'il y a des similarités.
→ Voir MOULAGE EN COQUILLE HAUTE PRESSION, pour un PROCÉDÉ concurrent du moulage par injection de métal.

moulage par injection de plastique [plastic injection moulding (GB); plastic injection molding (US)]

(n.m.) PROCÉDÉ de MISE EN FORME de (PLASTIQUE), MATIÈRE PLASTIQUE | GRANULÉE qui est fondue et malaxée à forte TEMPÉRATURE, puis introduite SOUS PRESSION à l'intérieur d'un MOULE pour prendre sa FORME après REFROIDISSEMENT.

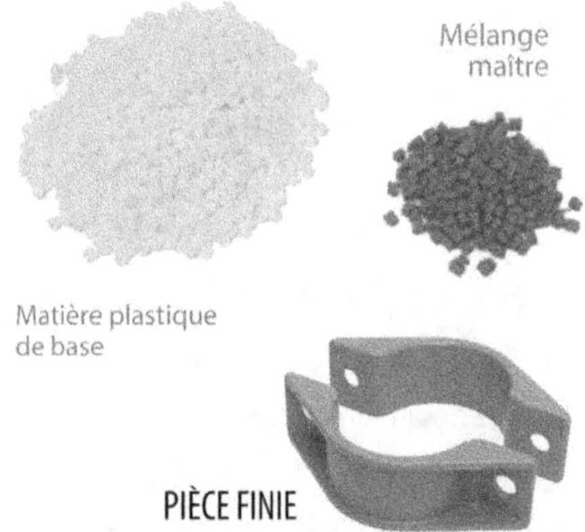

A. La TRANSFORMATION (sens 3) est effectuée sur une PRESSE À INJECTER. Le cycle d'injection est constitué des étapes suivantes :

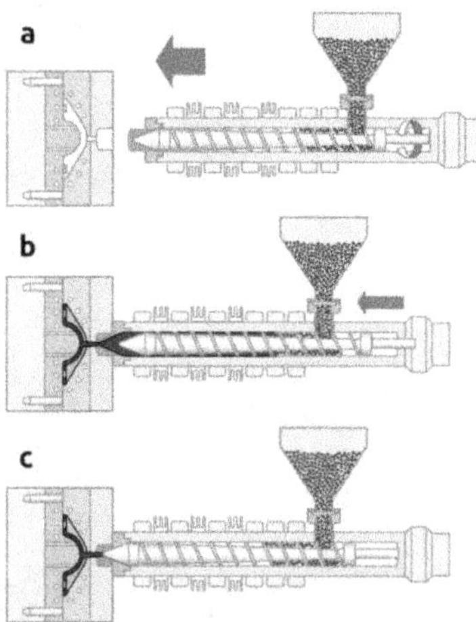

a. Chauffage, malaxage et transport de la (PLASTIQUE), MATIÈRE PLASTIQUE par une VIS (sens 1) jusqu'à l'entrée du MOULE.
b. Introduction de la MATIÈRE à l'état PÂTEUX à l'intérieur du MOULE par avancée de la VIS (sens 1) à la façon d'une seringue.
c. Maintien SOUS PRESSION du MOULE et début de REFROIDISSEMENT.

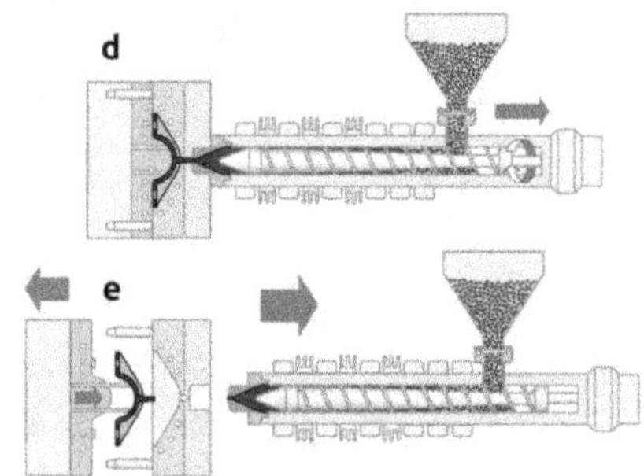

d. Fin de REFROIDISSEMENT et recul de la vis.
e. Ouverture du moule et DÉMOULAGE de la PIÈCE (sens 1).
B. Les MATIÈRES pouvant être transformées par cette technique sont pratiquement tous les THERMOPLASTIQUES, les ÉLASTOMÈRES, les SILICONES et quelques THERMODURCISSABLES.
C. TOLÉRANCE DIMENSIONNELLE (IT) :

Très précis	Précis	Moyen	Grossier	Très Grossier
1 2 3 4 5	6 7 8 9	10 11 12	13 14 15	16 17 18
		Injection		
10 ± 0,002	10 ± 0,01	10 ± 0,05	10 ± 0,2	10 ± 1
100 ± 0,005	100 ± 0,02	100 ± 0,1	100 ± 0,4	100 ± 2

D. ÉTAT DE SURFACE, RUGOSITÉ **Ra (µm)** :

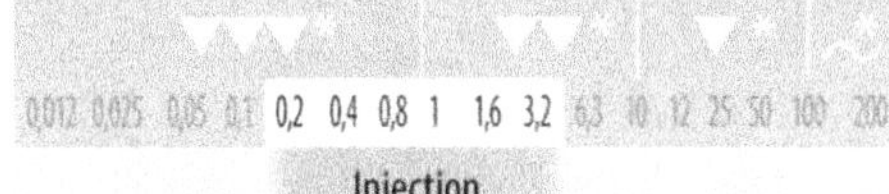

E. Coût OUTILLAGE (sens 2) (hors coût MACHINE) :

Aucun	Faible	Moyen	Élevé	Très élevé
			Injection	

F. SÉRIE DE PIÈCES **économique** :

Proto	Unitaire	Petite	Moyenne	Grande	Très Grande
1	10	100	1 000	10 000	100 000
				Injection	

G. Un PROCÉDÉ **similaire existe pour des** GRANULÉS MÉTALLIQUES.

→ **Voir** MOULAGE PAR INJECTION DE MÉTAL **ou** MIM **pour les détails.**

👍 Avantages

H. PROCÉDÉ **automatisé à l'extrême ce qui assure une** PRODUCTIVITÉ **très élevée avec le minimum de** MAIN D'ŒUVRE. **Coût de** PIÈCE **très faible. Bonne** PRÉCISION **dimensionnelle. Très bon aspect de** SURFACE. **Possibilité de** FORME **très complexe. Permet d'obtenir des** PIÈCES FINIES **en une seule** OPÉRATION **(ne nécessitant généralement pas de** TRAITEMENT DE SURFACE **ultérieur).** PROCÉDÉ **pouvant être cerné par** SIMULATION NUMÉRIQUE, **ce qui permet d'anticiper au mieux les problèmes pouvant survenir sur le résultat.**

👎 Inconvénients

I. OUTILLAGE (sens 2) **complexe (jeux fonctionnels réduits) et de coût parfois prohibitif car devant supporter des** PRESSIONS **très élevées. Nécessite de respecter des règles de** CONCEPTION : **uniformité d'**ÉPAISSEUR **de paroi,** ANGLE **de** DÉPOUILLE **obligatoire pour le** DÉMOULAGE, **etc. Généralement inadapté aux** CORPS CREUX **sauf avec l'**INJECTION ASSISTÉE PAR GAZ. **Très grande** PIÈCE (sens 1) **impossible à cause de la limitation des tonnages des** PRESSES. PROCÉDÉ **ne se justifiant que pour de très grandes** SÉRIES DE PIÈCES.

→ **Voir aussi** MOULAGE PAR INTRUSION **pour une autre** TECHNIQUE **voisine de l'injection.**

→ **Voir** (PLASTIQUE), TRANSFORMATION DES PLASTIQUES **pour l'ensemble de toutes les** TECHNIQUES **de** MOULAGE **des** (PLASTIQUES), MATIÈRES PLASTIQUES.

→ **Voir** PRESSE À INJECTER **pour la machine utilisée.**

→ **Voir aussi** SURMOULAGE ; INJECTION ASSISTÉE PAR GAZ.

moulage par injection de résine [resin transfer moulding (GB); resin transfer molding (US); rtm]

(n.m.) PROCÉDÉ **d'obtention de** PIÈCE (sens 1) **de** FORME **en** (COMPOSITE), MATÉRIAU COMPOSITE, **par introduction de** RÉSINE **autour d'un** RENFORT (sens 2) **préalablement positionné dans l'**EMPREINTE **d'un** MOULE **et contre-moule.**

A. **Les différentes étapes du** PROCÉDÉS **sont les suivantes :**

a. **Configuration générale avant la fermeture du** MOULE :

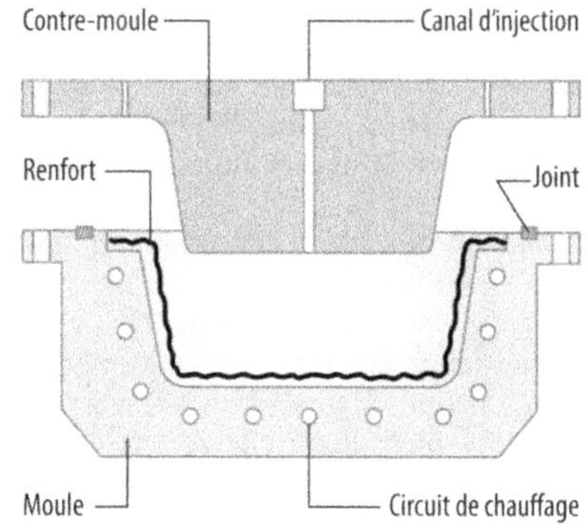

b. **Injection à faible** PRESSION **(1 à 5 bars) de la** RÉSINE **catalysée :**

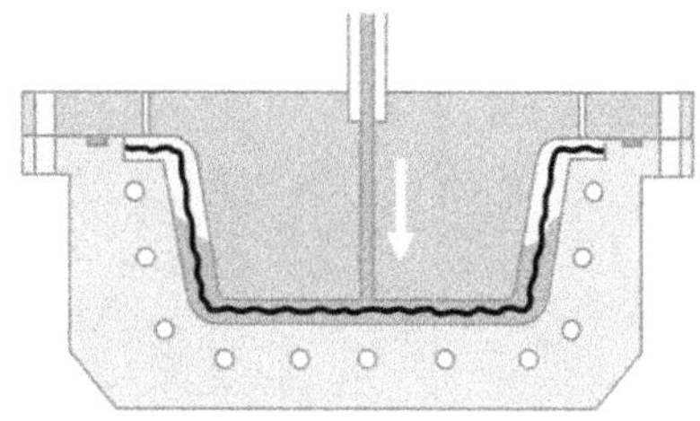

c. **Après** POLYMÉRISATION, DÉMOULAGE **et** FINITION **de la** PIÈCE (sens 1) :

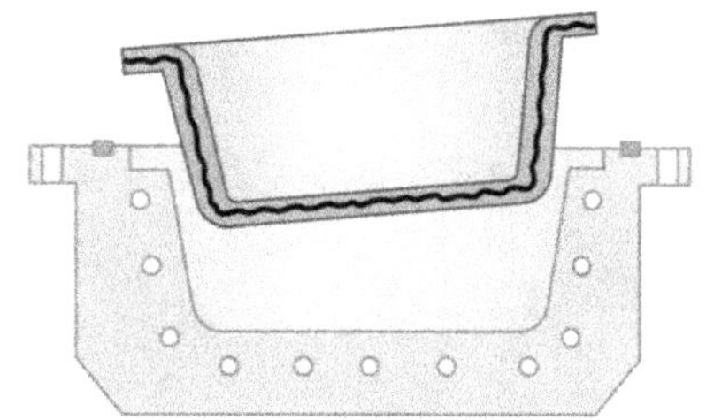

👍 Avantages

B. Bel aspect de FINITION car les deux FACES (sens 1) sont lisses, régularité d'ÉPAISSEUR, bonne REPRODUCTIBILITÉ ce qui convient bien aux PIÈCES (sens 1) de STRUCTURE (sens 2), moins d'émanations de vapeurs de produits chimiques car le MOULE est fermé, adapté aux petites et moyennes séries, investissements progressifs selon les séries envisagées par une AUTOMATISATION plus poussée.

👎 Inconvénients

C. Mise au point complexe. Limité aux FORMES moyennement complexes. MOULES coûteux.

moulage par intrusion [intrusion]

(n.m.) PROCÉDÉ de MISE EN FORME de (PLASTIQUE), MATIÈRE PLASTIQUE voisin du MOULAGE PAR INJECTION, mais dans lequel le remplissage du MOULE est assuré par la ROTATION de la VIS (sens 1) de malaxage et non par son déplacement axial.

A. Ainsi, ce PROCÉDÉ permet de mouler des PIÈCES (sens 1) de très gros VOLUME dépassant les capacités de la VIS (sens 1). Néanmoins, à la fin de chaque cycle de MOULAGE et pendant le REFROIDISSEMENT, la MATIÈRE est maintenue en PRESSION, soit toujours par la ROTATION de la VIS (sens 1), soit par déplacement axial comme pour l'injection.

B. Les différentes étapes du PROCÉDÉ sont :
• Remplissage du MOULE par ROTATION de la VIS (sens 1) de malaxage :

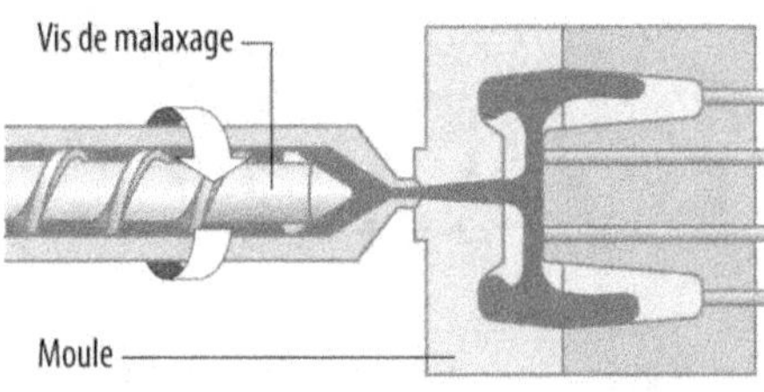

• Maintien en PRESSION par ROTATION ou par déplacement AXIAL de la VIS (sens 1) :

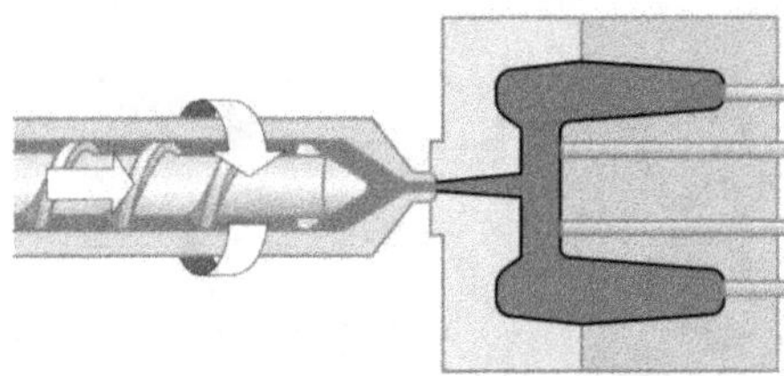

• DÉMOULAGE de la PIÈCE FINIE par éjection :

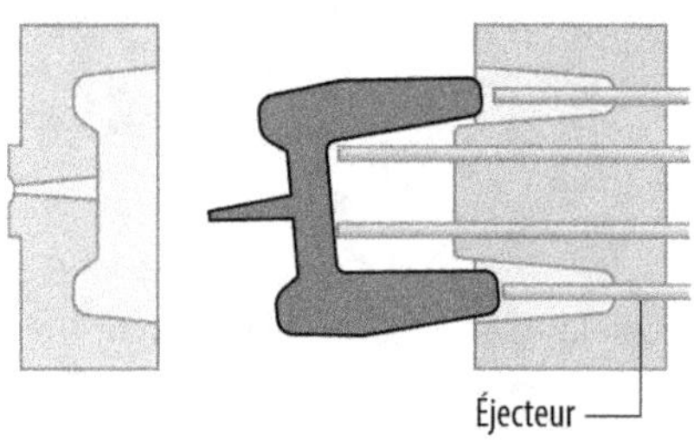

→ Voir (PLASTIQUE), TRANSFORMATION DES PLASTIQUES pour l'ensemble de toutes les TECHNIQUES de MOULAGE des (PLASTIQUES), MATIÈRES PLASTIQUES.

moulage par le vide [vacuum moulding (GB); vacuum molding (US)]

(n.m.) PROCÉDÉ de FABRICATION de (COMPOSITE), MATÉRIAU COMPOSITE appelé aussi INFUSION.
→ Voir INFUSION.
• Note : Ne pas confondre avec le MOULAGE SOUS VIDE destiné aux MÉTAUX.

moulage par projection simultanée [spray-up]

(n.m.) PROCÉDÉ d'obtention de PIÈCE (sens 1) de FORME en (COMPOSITE), MATIÈRE COMPOSITE, dans lequel l'ensemble RÉSINE et RENFORT (sens 2) découpé en morceaux est pulvérisé en même temps sur les parois d'un MOULE par de l'AIR COMPRIMÉ.

A. Le moulage par projection simultanée est une évolution du MOULAGE AU CONTACT afin d'améliorer la PRODUCTIVITÉ. Les différentes étapes du PROCÉDÉ sont les suivantes :
a. DÉPÔT (sens 1) de la première COUCHE dite « gel-coat » qui donne l'aspect de SURFACE de la PIÈCE (sens 1) :

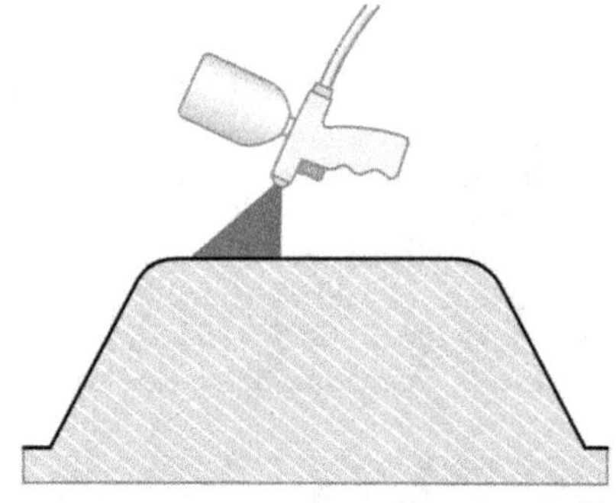

b. PROJECTION (sens 1) de RÉSINE et de débris de FIL découpés. Cette OPÉRATION peut être renouvelée plusieurs fois pour augmenter l'ÉPAISSEUR.

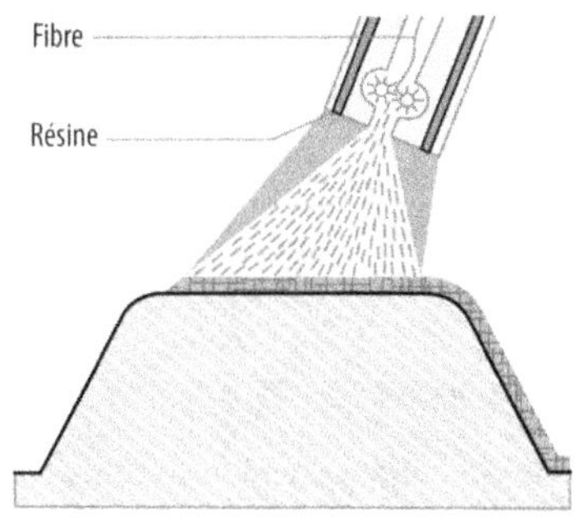

C. DÉMOULAGE de la PIÈCE (sens 1) après séchage POLYMÉRISATION et FINITION :

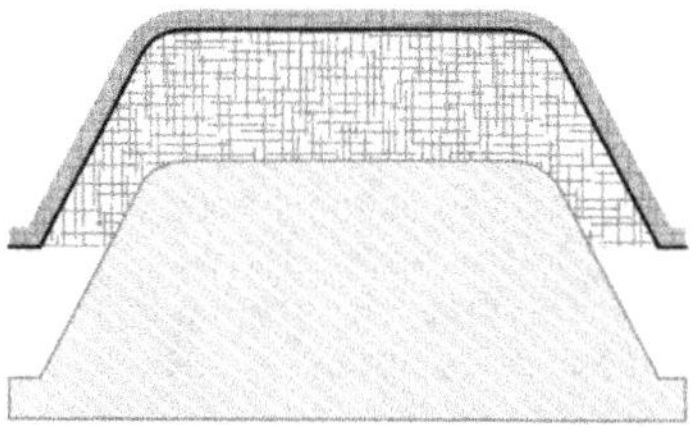

B. Les applications typiques sont les coques de bateaux, les piscines, les toboggans, les carénages et éléments de carrosserie, les cuves, les silos, les bacs, etc.

👍 Avantages

C. Coût d'OUTILLAGE (sens 2) et d'ÉQUIPEMENT relativement faibles. Permet la réalisation de PIÈCES (sens 1) de moyennes et très grandes DIMENSIONS. PROCÉDÉ économique pour de petites SÉRIES DE PIÈCES. Coût de MAIN D'ŒUVRE (sens 2) et de RENFORTS (sens 2) inférieurs au cas du MOULAGE PAR CONTACT classique. Meilleure PRODUCTIVITÉ par rapport au MOULAGE PAR CONTACT.

👎 Inconvénients

D. Une seule FACE (sens 1) lisse (Gelcoat). La régularité de l'ÉPAISSEUR dépend de l'habileté de l'opérateur. PROPRIÉTÉS MÉCANIQUES moyennes à cause des irrégularités. Conditions de travail incommodantes à cause des odeurs de produits chimiques. Moins bonne qualité de PIÈCE (sens 1) par rapport au contact. Limitation à des FORMES simples sans GORGES étroites par exemple.

moulage par transfert [transfer moulding (GB); transfer molding (US)]

(n.m.) TECHNIQUE de MOULAGE de (PLASTIQUE), MATIÈRE PLASTIQUE amenée à l'état ramolli par la chaleur dans une chambre adjacente à l'EMPREINTE d'un MOULE avant d'y être poussé pour en épouser la FORME.

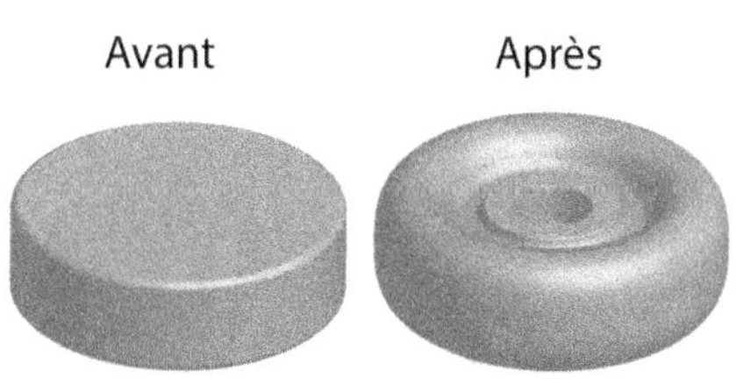

A. Cette configuration demande moins de manipulations par rapport au MOULAGE PAR COMPRESSION.

• Configuration de départ du MOULE :

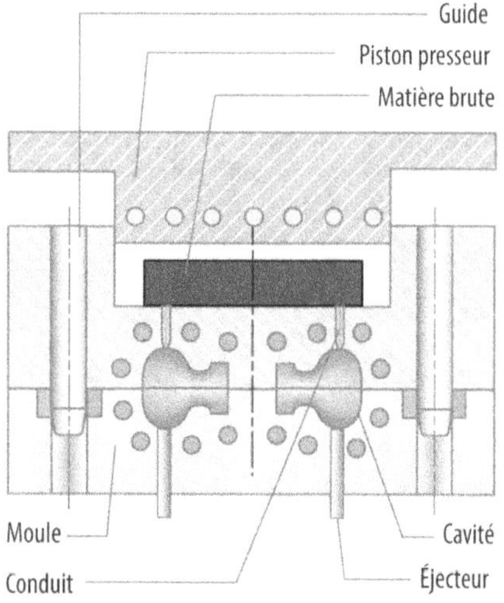

• Configuration du MOULE après le transfert de la MATIÈRE :

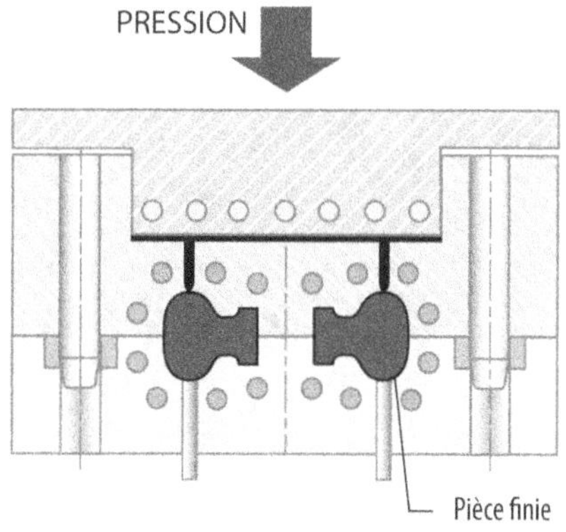

• Configuration de DÉMOULAGE :

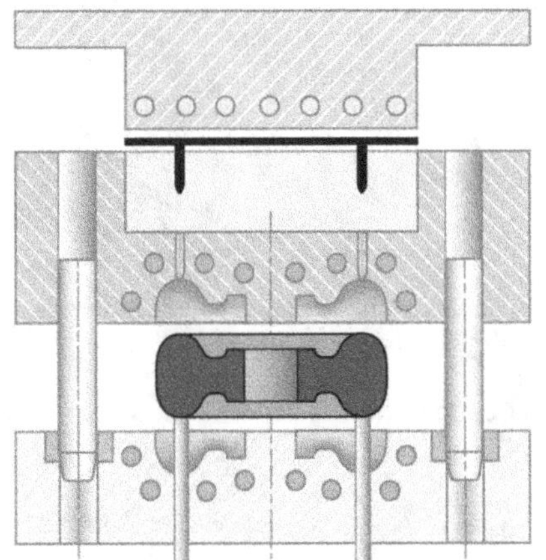

B. Le PROCÉDÉ de moulage par transfert est une TECHNIQUE intermédiaire entre le MOULAGE PAR COMPRESSION et le MOULAGE PAR INJECTION.

C. TOLÉRANCE DIMENSIONNELLE (IT) :

Très précis	Précis	Moyen	Grossier	Très Grossier
1 2 3 4 5	6 7 8 9	10 11 12	13 14 15	16 17 18
		Transfert		
10 ± 0,002	10 ± 0,01	10 ± 0,05	10 ± 0,2	10 ± 1
100 ± 0,005	100 ± 0,02	100 ± 0,1	100 ± 0,4	100 ± 2

D. ÉTAT DE SURFACE, RUGOSITÉ Ra (µm) :

0,012	0,025	0,05	0,1	0,2	0,4	0,8	1	1,6	3,2	6,3	10	12	25	50	100	200
									Transfert							

* Symbole ne faisant plus partie des normes

E. Coût OUTILLAGE (sens 2) (hors coût MACHINE) :

Aucun	Faible	Moyen	Élevé	Très élevé
		Transfert		

F. F. SÉRIE DE PIÈCEs économique :

Proto	Unitaire	Petite	Moyenne	Grande	Très Grande
1	10	100	1 000	10 000	100 000
		Transfert			

👍 **Avantages**

G. Le transfert de la MATIÈRE à travers un TROU d'écoulement uniformise la TEMPÉRATURE, ce qui conduit à une meilleure homogénéité et ISOTROPIE des CARACTÉRISTIQUES de la PIÈCE (sens 1) finale. Possibilité d'avoir plusieurs EMPREINTES dans le même MOULE. Permet des FORMES plus compliquées. Moins d'OPÉRATIONS d'ÉBARBAGE.

👎 **Inconvénients**

H. Coût d'OUTILLAGE (sens 2) plus élevé par rapport au MOULAGE PAR COMPRESSION. Perte de MATIÈRE plus importante.
→ Voir (PLASTIQUE), TRANSFORMATION DES PLASTIQUES pour l'ensemble de toutes les TECHNIQUES de MOULAGE des (PLASTIQUES), MATIÈRES PLASTIQUES.

moulage permanent [permanent mould casting (GB); permanent mold casting (US)]

(n.f.) PROCÉDÉ de MOULAGE dans lequel le MOULE est réutilisable un grand nombre de fois. Le MOULE est généralement en MÉTAL. C'est, par exemple, le cas du MOULAGE EN COQUILLE PAR GRAVITÉ, EN BASSE PRESSION ou EN HAUTE PRESSION, le MOULAGE PAR CENTRIFUGATION, etc.

moulage plastique par coulée [resin casting]

(n.m.) Voir les détails à la rubrique (COULÉE), MOULAGE PLASTIQUE PAR COULÉE.

moulage sous vide [v-process]

(n.m.) PROCÉDÉ de MOULAGE DE MÉTAUX dans lequel le sable du MOULE est enfermé entre deux FILMS PLASTIQUES puis sa cohésion est obtenue par une dépression d'air qui doit être maintenue jusqu'à la fin de la SOLIDIFICATION de la pièce.

A. Les différentes étapes du PROCÉDÉ sont les suivantes :

• Fabrication du MOULE :

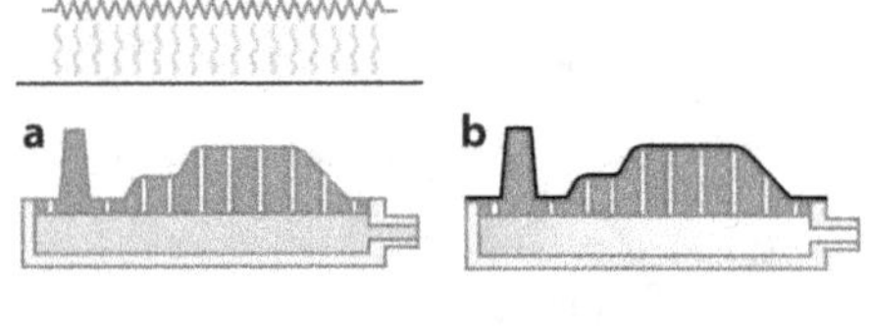

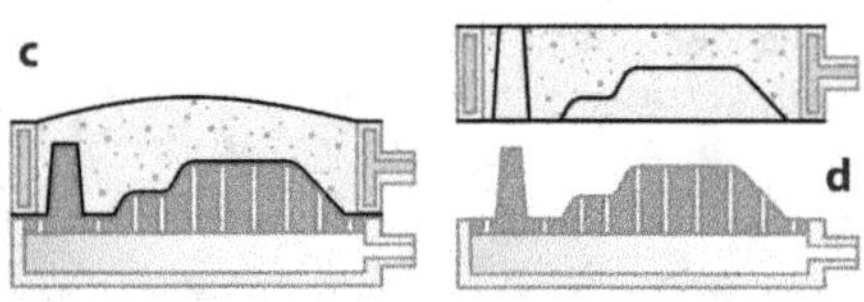

a. Chauffage du FILM PLASTIQUE par des résistances électriques au dessus du MODÈLE (sens 2) disposant d'ÉVENTS d'aspiration.

b. Aspiration du film qui se plaque sur le MODÈLE (sens 2) et prend sa FORME.

c. Versement du sable au dessus du MODÈLE (sens 2), application de VIBRATIONS pour en améliorer la compacité puis mise en place d'un deuxième film. Une dépression d'air est appliquée et fige le demi-moule.
d. DÉMOULAGE de l'EMPREINTE.
• Coulée de la PIÈCE (sens 1) :

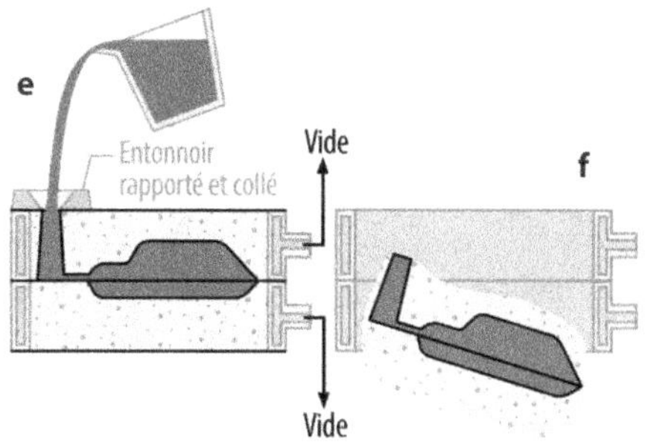

e. Coulage du MÉTAL fondu.
f. Démoulage de la PIÈCE (sens 1) par arrêt de la dépression d'air.

 **Avantages**

B. Peu d'usure du MODÈLE (sens 2). Meilleur ÉTAT DE SURFACE par rapport au sable classique. Bonne PRÉCISION dimensionnelle. Ne nécessite pratiquement pas de DÉPOUILLE. Sable réutilisable. Moins de pollution environnementale.

 **Inconvénients**

C. Fabrication de la plaque MODÈLE (sens 2) un peu coûteuse car elle doit comporter des petits trous dans les angles pour le tirage au vide. Difficilement justifiable pour une petite SÉRIE DE PIÈCES.
D. Ne pas confondre avec le MOULAGE PAR LE VIDE destiné aux (COMPOSITES), MATÉRIAUX COMPOSITE.
→ Voir aussi MOULAGE DES MÉTAUX pour une comparaison avec les autres PROCÉDÉS.

moule [mould (GB); mold (US)]

(n.m.) FORME creuse dans laquelle est enfermé un MATÉRIAU liquide ou à l'état PÂTEUX pour qu'il en prenne l'aspect en se solidifiant.
Ex. 1 : *Moule en sable pour* PIÈCE *(sens 1)* MÉTALlique *de* FONDERIE :

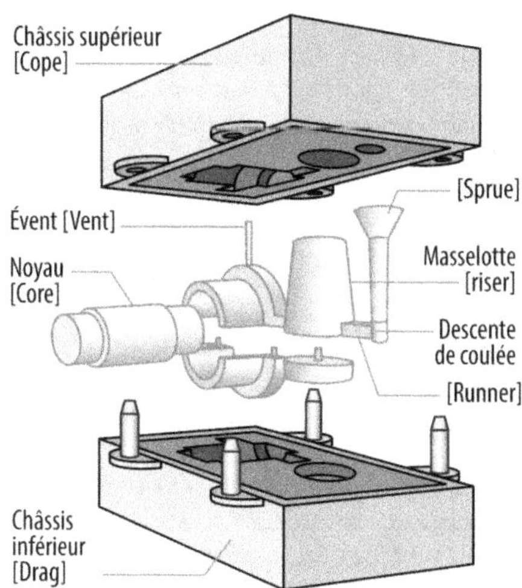

Ex. 2 : *Moule métallique pour injection de* PIÈCE *(sens 1) en* (PLASTIQUE), MATIÈRE PLASTIQUE.

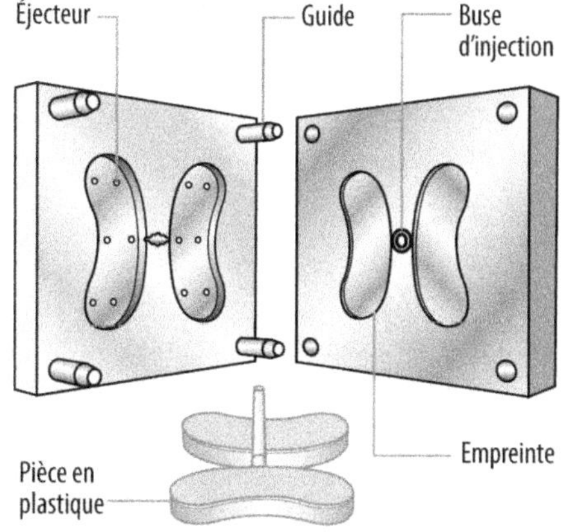

Ex. 3 : *Moule pour l'*EXTRUSION-SOUFFLAGE *de bouteilles en* (PLASTIQUE), MATIÈRE PLASTIQUE.

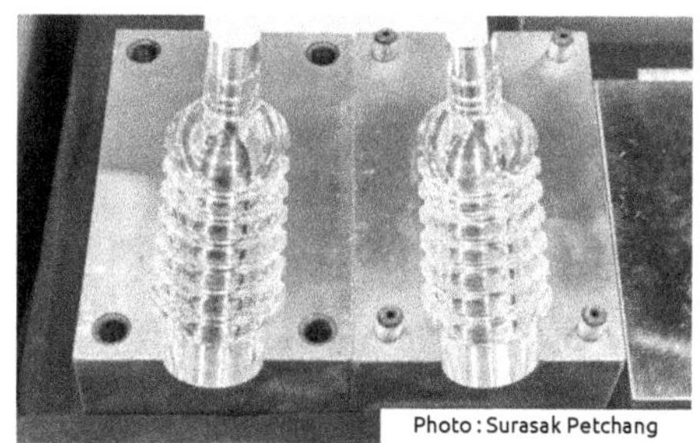
Photo : Surasak Petchang

mousse [foam]

(n.f.) MATÉRIAU dont la STRUCTURE (sens 1) contient des ALVÉOLES de VIDE (sens 1) qui en réduisent sensiblement la DENSITÉ et le rend souvent SOUPLE.

Ex. 1 : *Mousse de polyuréthane (MASSE VOLU-MIQUE 35 kg/m³ = 0,035 g/cm³).*

Ex. 2 : *Polystyrène expansé (MASSE VOLUMIQUE 20 kg/m³ = 0,02 g/cm³) :*

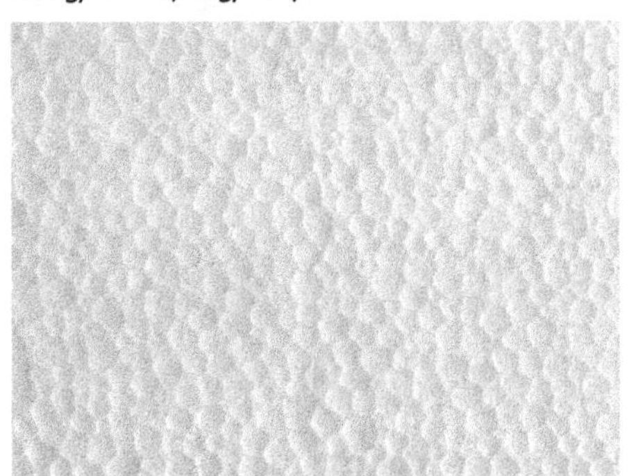

A. À titre de comparaison, pour les MATÉRIAUX | COMPACTS :

Polystyrène rigide	1040 kg/m³	= 1,04 g/cm³
PVC	1400 kg/m³	= 1,4 g/cm³
PTFE (Téflon™)	2200 kg/m³	= 2,2 g/cm³
VERRE	2500 kg/m³	= 2,5 g/cm³
ALUMINIUM	2700 kg/m³	= 2,7 g/cm³
ACIER	7800 kg/m³	= 7,8 g/cm³
PLOMB	11350 kg/m³	= 11,4 g/cm³
OR	19300 kg/m³	= 19,3 g/cm³

B. Les mousses peuvent être à cellules fermées dans quel cas elles n'absorbent pas d'eau. Dans le cas contraire, elles sont dites à cellules ouvertes.

C. Il existe aussi des mousses métalliques, le plus souvent en ALLIAGE d'ALUMINIUM.

mouton de Charpy [Charpy drop testing machine]

(n.m.) MACHINE D'ESSAI permettant de mesurer la RÉSISTANCE AU CHOC d'une MATIÈRE.

A. Il s'agit d'une MASSE (sens 1) suspendue à un balancier susceptible de tomber d'une HAUTEUR plus ou moins importante.

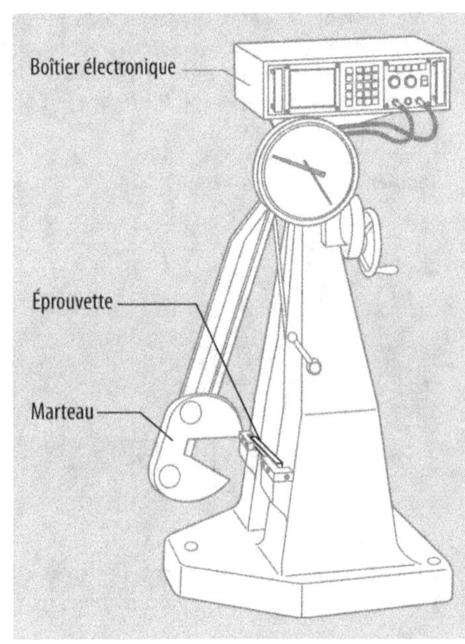

B. La RÉSISTANCE AU CHOC est mesurée par l'ÉNERGIE | MÉCANIQUE absorbée par l'impact rapportée à la SECTION de l'ÉPROUVETTE et en précisant les conditions de l'ESSAI.

→ Voir ESSAI DE CHOC pour les détails.

mouton pendule [pendulum sheep]

(n.m.) MACHINE D'ESSAI pour la MESURE (sens 3) de la RÉSISTANCE AU CHOC d'un MATÉRIAU constituée d'une MASSE (sens 1) qui se balance autour d'un AXE.

→ Voir, par exemple, MOUTON DE CHARPY.

mouvement [motion]

(n.m.) DÉPLACEMENT d'un objet d'une POSITION ou ORIENTATION vers une autre.

On peut distinguer deux types de mouvement élémentaires :
• le MOUVEMENT LINÉAIRE.
• le MOUVEMENT DE ROTATION.

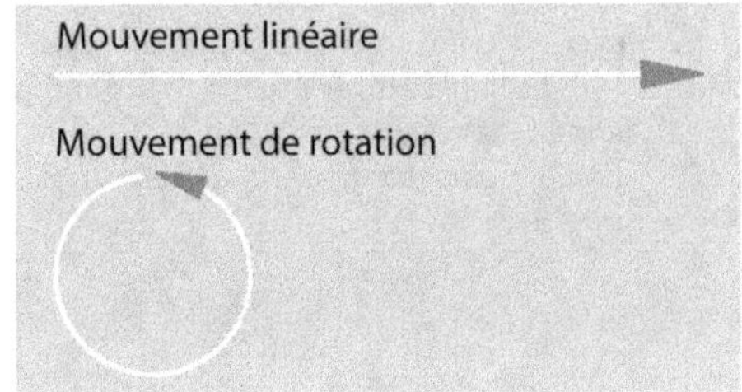

→ Voir également la notion de QUANTITÉ DE MOUVEMENT.

mouvement alternatif [reciprocating motion]

(n.m.) MOUVEMENT d'aller et retour répétitif entre deux POSITIONS limites extrêmes.

→ Voir, par exemple, EXCENTRIQUE pour un DISPOSITIF permettant d'obtenir ce type de MOUVEMENT.

◆ Syn. : MOUVEMENT DE VA ET VIENT.

mouvement d'avance [forward motion, feed motion]

(n.m.) MOUVEMENT complémentaire de DÉPLACEMENT progressif d'une PIÈCE (sens 1) ou d'un OUTIL DE COUPE permettant d'entamer petit à petit la MATIÈRE à USINER.

L'autre MOUVEMENT nécessaire au PROCÉDÉ d'USINAGE est le MOUVEMENT DE COUPE.

→ Voir aussi AVANCE ; PASSE.

mouvement de coupe [primary motion]

(n.m.) MOUVEMENT relatif d'une PIÈCE (sens 1) par rapport au tranchant d'un OUTIL DE COUPE pour entamer la MATIÈRE et la retirer par petits fragments appelés COPEAUX.

→ Voir COUPE (sens 3) ; COPEAU.

mouvement de rotation [rotational motion]

(n.m.) MOUVEMENT | CIRCULAIRE autour d'un AXE (sens 1).

mouvement de translation [rectilinear motion]

(n.m.) MOUVEMENT suivant une TRAJECTOIRE | RECTILIGNE.

mouvement de va et vient [reciprocating motion, reversal motion]

(n.m.) MOUVEMENT répétitif d'aller et retour entre deux POSITIONS extrêmes.

◆ Syn. : MOUVEMENT ALTERNATIF.

mouvement hélicoïdal [screw rotation]

(n.m.) MOUVEMENT conjugaison d'un MOUVEMENT DE TRANSLATION et de MOUVEMENT DE ROTATION.

mouvement linéaire [linear motion, rectilinear motion]

(n.m.) MOUVEMENT suivant une TRAJECTOIRE | RECTILIGNE.

mouvement uniforme [uniform motion]

(n.m.) MOUVEMENT dont la VITESSE ne varie pas dans le temps.

moyeu [hub]

(n.m.) Partie centrale d'une ROUE sur laquelle elle s'appuie pour tourner.

MTBF [Mean Time Between Failure]

Sigle signifiant « Temps de fonctionnement moyen entre défaillance ».

Il s'agit d'une MESURE (sens 1) de la DURABILITÉ d'un SYSTÈME exprimée, par exemple, en heures.

multiple d'unité [unit multiple]

(n.m.) Préfixe associé à un nombre qui augmente d'un certain facteur l'UNITÉ (sens 1) à laquelle il est appliqué.

Ci-dessous les multiples les plus couramment utilisés pour toutes les UNITÉS (sens 1), y compris celles des quantités d'informations en informatique (le bit et l'octet, par exemple).

Unité			
Yotta-	(Y)	1 000 000 000 000 000 000 000 000	10^{24}
Zetta-	(Z)	1 000 000 000 000 000 000 000	10^{21}
Exa-	(E)	1 000 000 000 000 000 000	10^{18}
Peta-	(P)	1 000 000 000 000 000	10^{15}
Téra-	(T)	1 000 000 000 000	10^{12}
Giga-	(G)	1 000 000 000	10^{9}
Méga-	(M)	1 000 000	10^{6}
Kilo-	(k)	1 000	10^{3}
Hecto-	(h)	100	10^{2}
Déca	(da)	10	10^{1}
Unité		1	1

→ Voir aussi SOUS-MULTIPLES.

multiplicateur de broche [spindle speeder]

(n.m.) APPAREIL adaptable sur l'ARBRE (sens 2) tournant d'une MACHINE-OUTIL pour en augmenter la VITESSE DE ROTATION.

Ex. : *Multiplicateur de broche avec train épicycloïdal :*

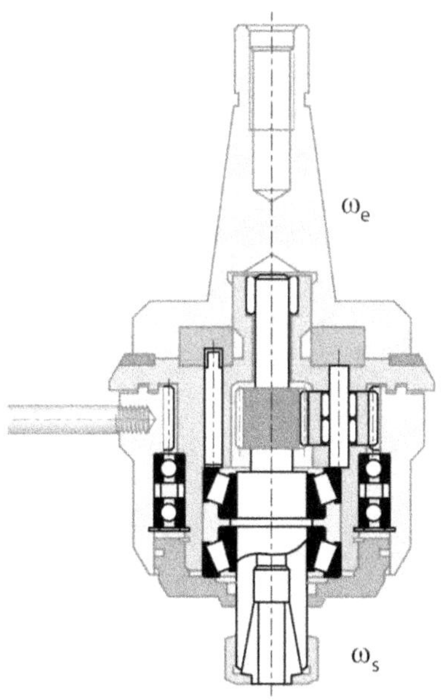

Le rapport de multiplication peut être calculé, dans ce cas, avec la formule de Willis en considérant que la couronne est immobilisée.

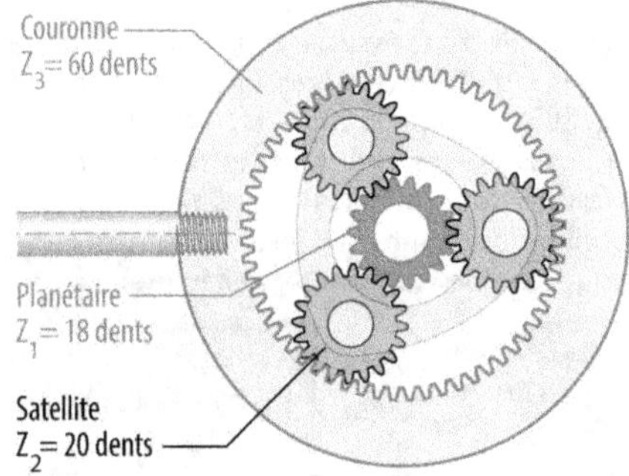

$$r = \frac{\omega_s}{\omega_e} = 1 + \frac{z_3}{Z_1} = 1 + \frac{60}{18} = 4{,}33$$

À remarquer que le nombre de dents des satellites n'intervient pas dans ce cas de figure.

N, n

N

1. Symbole de l'UNITÉ (sens 1) de MESURE (sens 2) de FORCE | NEWTON dans le (UNITÉ), SYSTÈME INTERNATIONAL D'UNITÉS (S.I.).
2. Symbole de l'ÉLÉMENT CHIMIQUE | AZOTE, « Nitrogen » en anglais.

nanoscopique [nanoscopic]

(adj.) Qui concerne les ÉCHELLES (sens 3) de grandeur de 10^{-10} m à 10^{-8} m (0,1 à 10 nanomètres).

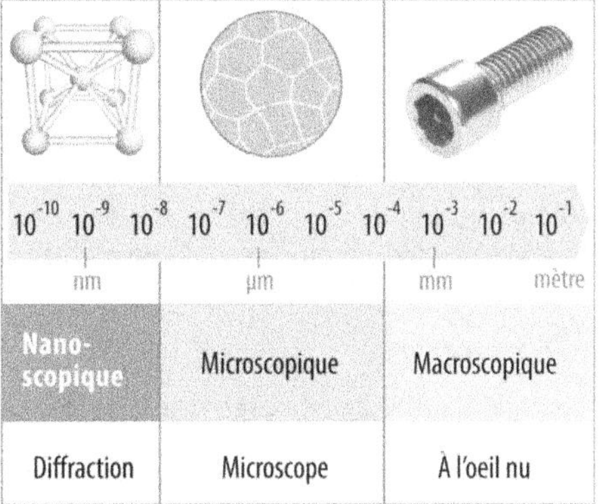

C'est l'ÉCHELLE (sens 3) des atomes et du RÉSEAU CRISTALLIN appréhendable uniquement par la diffraction rayon X.
→ **Voir aussi** MICROSCOPIQUE, MACROSCOPIQUE, ÉCHELLE MICROSCOPIQUE.

nervure [rib]

(n.f.) FORME améliorant la RIGIDITÉ d'une PIÈCE (sens 1) en augmentant ses capacités à résister aux CONTRAINTES MÉCANIQUES qui lui sont appliquées.
Ex. 1 : *Plis d'une* TÔLE.

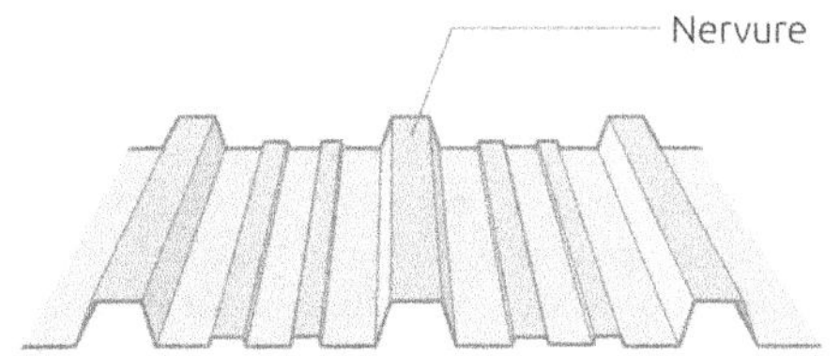

Ex. 2 : *Gousset.*

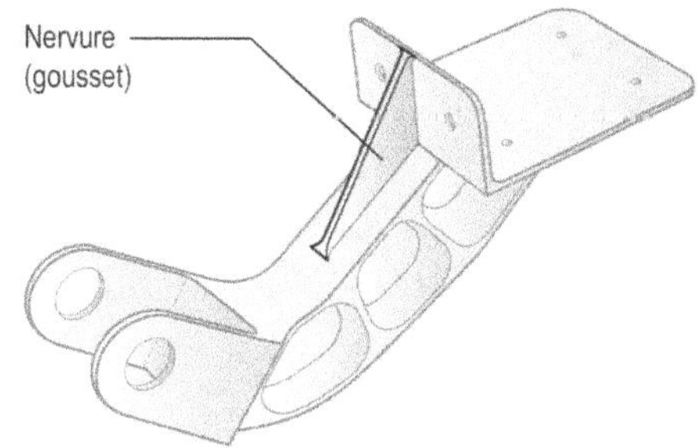

→ **Voir aussi** GOUSSET ; RENFORT (sens 1) ; RAIDISSEUR.

nettoyabilité [cleanability]

(n.f.) Aptitude d'un objet, d'un DISPOSITIF, d'une installation à être débarrassé facilement des souillures et salissures qui s'y déposent, grâce à l'application de divers PROCÉDÉS de NETTOYAGE.
• Note : La notion de nettoyabilité peut revêtir une importance cruciale dans certains domaines comme l'agro-alimentaire et le médical dans lesquels la propreté est de rigueur. Il convient donc d'en tenir compte dans les CONCEPTIONS des pièces et équipements, en évitant, par exemple, les FORMES et texture de surface les plus susceptibles d'accumuler les saletés ou faire en sorte qu'on puisse les retirer de la façon la plus aisée possible. Les MATÉRIAUX les plus adaptés doivent aussi être privilégiés dans les choix de CONCEPTION.
→ **Voir aussi** CONCENTRATION DE CONTRAINTE, section C

nettoyage [cleaning]

(n.m.) Enlèvement par différents PROCÉDÉS de tout contaminant et CORPS étrangers à la SURFACE d'une PIÈCE (sens 1).
A. Ces salissures, souvent inévitables, proviennent des différents PROCÉDÉS de FABRICATION, des manipulations, de l'ENVIRONNEMENT (sens 2) et nécessite une étape de nettoyage avant l'utilisation.
B. Le nettoyage peut être effectué par les moyens suivants :
• Action MÉCANIQUE : essuyage par FROTTAGE avec un CHIFFON, SABLAGE, GRENAILLAGE, BROSSAGE, VIBRATIONS, AIR COMPRIMÉ, jet d'eau, NETTOYAGE CRYOGÉNIQUE...
• Effet d'un rayonnement intense : NETTOYAGE LASER.
• Action chimique d'acides ou de bases ainsi que dissolution par des solvants.

C. Tableau comparatif des différents procédés de nettoyage :

(Bon / Mauvais)	Propreté du procédé	Substances secondaires	Effet abrasion indésirable	Efficacité dégraissage	Toxicité	Coût
Frottage						Bas
Sablage						Moyen
Grenaillage						Moyen
Brossage						Bas
Air comprimé						Bas
Laser						Élevé
Jet d'eau						Bas
Nettoyage cryogénique						Moyen
Vibrations Ultrasons						Bas
Chimique						Moyen

nettoyage cryogénique [dry ice blasting]

(n.m.) PROCÉDÉ de NETTOYAGE consistant à projeter à grande VITESSE avec de l'AIR COMPRIMÉ des bâtonnets (pellets) de glace carbonique CO_2 (à -80°C), qui en heurtant la SURFACE fissurent et éjectent les saletés puis s'évacuent en « disparaissant » sous forme GAZeux par SUBLIMATION.

Avant

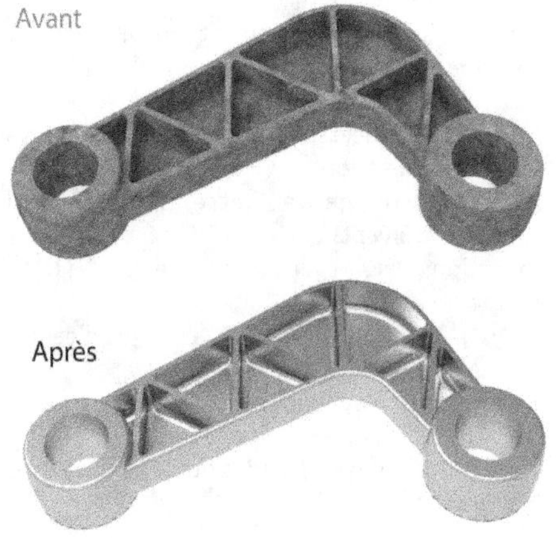

Après

A. Schéma de principe du PROCÉDÉ :

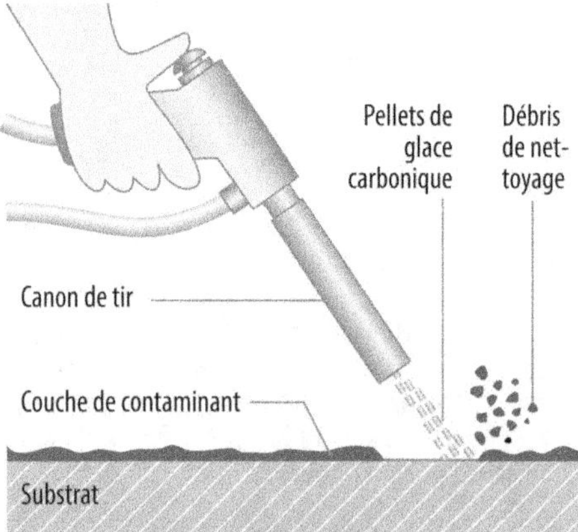

Le nettoyage cryogénique agit de la même façon que le SABLAGE et le GRENAILLAGE par l'action MÉCANIQUE des particules mais aussi avec un effet de choc thermique qui favorise le décrochage des impuretés. Mais contrairement à ces PROCÉDÉS, il n'y a pas de SUBSTANCES secondaires à collecter et à éliminer autre que les débris détachés par le NETTOYAGE. Toutefois, compte tenu de la DURETÉ relativement faible de la glace carbonique, il n'y a pas d'effet secondaire d'ABRASION.

👍 Avantages

B. Grande efficacité et rapidité. Pas de SUBSTANCES secondaires salissantes. N'engendre ni DÉFORMATION ni ABRASION. Préserve l'ENVIRONNEMENT (sens 1) car n'utilise aucun solvant ni produit chimique. ÉQUIPEMENT mobile et déplaçable. RÉGLAGE flexible de la PRESSION de l'air, de la VITESSE des particules, de la DISTANCE et ANGLE d'application selon les cas traités. Susceptible d'être utilisé sans danger pour des ENVIRONNEMENTS (sens 2) avec appareillage électrique sous tension (< 400 V) car il n'y a pas d'humidité. Précaution de SÉCURITÉ relativement facile à maîtriser.

👎 Inconvénients

C. Ne peut atteindre que difficilement les SURFACES internes. ÉQUIPEMENT relativement coûteux. Logistique contraignante car il faut s'approvisionner en pellets de glace carbonique et les conserver à bonne TEMPÉRATURE. Nécessite une source d'AIR COMPRIMÉ. PROCÉDÉ bruyant. Utilisation à éviter dans des endroits fermés sans renouvellement d'air car l'augmentation de la concentration en CO_2 peut être nocive.

D. Le nettoyage cryogénique est applicable sur tous types de SUBSTRAT : MÉTAL, BOIS, pierre, BÉTON, (PLASTIQUE), MATIÈRE PLASTIQUE, TISSU, (COMPOSITE), MATÉRIAU COMPOSITE, VERRE, etc. Il trouve son application dans les industries de l'aérospatiale, de l'automobile, de l'électronique, du médical, du pharmaceutique, du nucléaire, de l'agro-alimentaire, dans le nautisme, etc.

nettoyage laser [laser cleaning]

(n.m.) PROCÉDÉ de NETTOYAGE utilisant l'action d'un faisceau optique très intense à impulsions rapides et répétitives.

A. Le faisceau laser provoque la SUBLIMATION des contaminants de SURFACE et génère une onde de choc qui contribue à les éjecter du SUBSTRAT : c'est le PHÉNOMÈNE d'« ablation ».

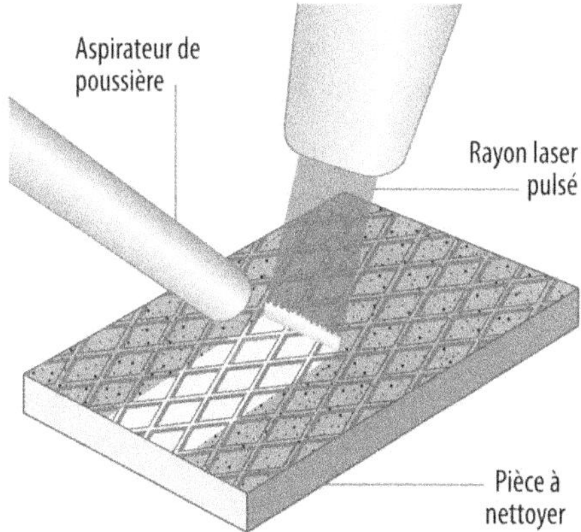

 **Avantages**

B. Ne nécessite aucun CONSOMMABLE. Respecte l'ENVIRONNEMENT (sens 1) car n'utilisant pas de solvant. Propre et sec. Mise en œuvre facile et immédiate. Agit sans CONTACT. Son action peut être dirigée avec PRÉCISION sur la surface voulue. L'action en PROFONDEUR est facilement contrôlable. N'agit que sur la PROFONDEUR contaminée. Ne dénature pas les SURFACES nettoyées même les plus délicates. Pas d'effet d'ABRASION. Compatible avec des FORMES compliquées à partir du moment où elles sont accessibles. Ne produit pas d'effet secondaire sur le SUBSTRAT. Résidus en faible quantité et faciles à éliminer. Au final, ne laisse aucun résidu. Niveau sonore raisonnable. Facilement AUTOMATISABLE. MAINTENANCE aisée.

Inconvénients

C. ÉQUIPEMENT très coûteux. Nécessite beaucoup de précautions de SÉCURITÉ à cause de la dangerosité du laser. Ne peut atteindre les endroits exigus et les SURFACES internes.

nettoyage par ultrasons [ultrasonic cleaning]

(n.m.) PROCÉDÉ de DÉCAPAGE de contaminant de SURFACE par immersion dans un liquide parcouru de VIBRATIONS à haute fréquence (quelques dizaines de kHz) qui produisent des variations de PRESSION générant des micro-bulles (c'est le phénomène de CAVITATION) susceptibles de libérer leur énergie et de décoller les impuretés lorsqu'elles implosent au voisinage des pièces à nettoyer.

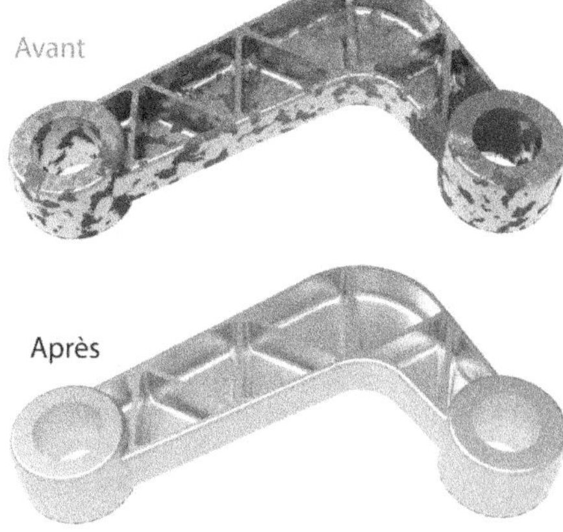

A. Aperçu du DISPOSITIF :

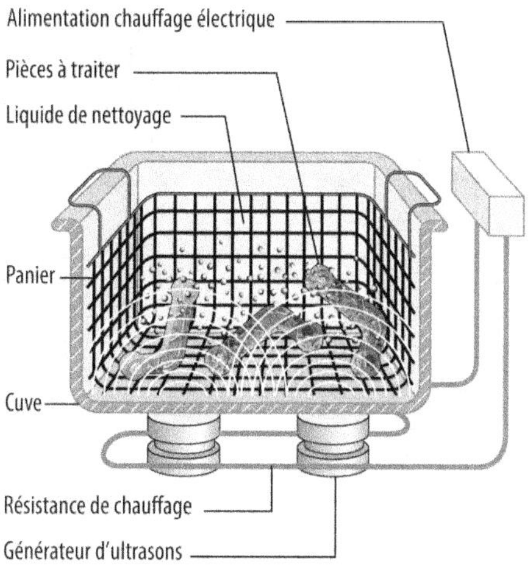

Le liquide peut être de l'eau distillée, un détergent ou un solvant.

 **Avantages**

B. Principe simple et économique procurant des résultats homogènes et REPRODUCTIBLES. Efficacité de nettoyage en profondeur sans risque de RAYURE, marque ou éraflures. Procédé relativement sans danger car les manipulations ne nécessitent pas de contact de solvant avec la peau. Convient à tous types de MATÉRIAU. Détache presque tous les types d'impuretés. Efficace même sur les surfaces à structure poreuse. Agit sur toutes les GÉOMÉTRIES (sens 2) même les plus complexes, les fentes étroites, les trous borgnes, les surfaces internes, à partir du moment où elles peuvent être atteintes par le liquide. Possibilité de réglage fin des paramètres (fréquence, intensité, nature du liquide, température, etc.) conditionnant le résultat du PROCÉDÉ. Temps de nettoyage plutôt court (quelques secondes à quelques minutes). Utilise moins de substance chimique avec des concentrations moindres par rapport au nettoyage conventionnel. Automatisable.

 **Inconvénients**

C. Les pièces sont obligatoirement mouillées à l'issue du PROCÉDÉ ce qui nécessite une étape de séchage incontournable. Nécessité de traiter et d'évacuer les effluents. Bruyant (c'est le bruit audible des vibrations du liquide et non des ultrasons !)
D. Exemple de machine industrielle de nettoyage par ultrason.

Photo : Baloncici

newton (N)

(n.m.) UNITÉ (sens 1) de MESURE (sens 2) de FORCE dans le (UNITÉ), SYSTÈME INTERNATIONAL D'UNITÉS (S.I.).
• Note : Newton Isaac (1643-1727) est un illustre savant anglais connu pour ses travaux de PHYSIQUE, mathématique, astronomie, alchimie, philosophie et théologie.

Dessin : Lucas Toscano

newton-mètre (N·m ou N m)

(n.m.) UNITÉ (sens 1) de MESURE (sens 2) du MOMENT D'UNE FORCE.
A. Remarquer que le point dans le symbole d'unité est un « point à mi-hauteur » selon la NORME.
B. Ne jamais écrire m·N qui peut être confondu avec le milliNewton (mN).

nickel (Ni) [nickel]

(n.m.) MÉTAL blanc brillant, DUR, DUCTILE et MALLÉABLE.

A. Il est utilisé en ÉLÉMENT D'ALLIAGE avec le FER et le CHROME pour obtenir l'ACIER INOXYDABLE réputé pour sa RÉSISTANCE À LA CORROSION. Allié avec le FER tout seul, il donne l'INVAR ™ connu pour avoir un faible COEFFICIENT DE DILATATION THERMIQUE. Allié avec le CUIVRE, il donne un ALLIAGE particulier appelé CONSTANTAN dont la RÉSISTIVITÉ ÉLECTRIQUE est invariable en fonction de la TEMPÉRATURE.
B. Quelques CARACTÉRISTIQUEs :

Symbole chimique :	Ni
État physique à l'ambiante :	Solide
Couleur :	Blanc brillant
Numéro atomique :	28
Masse volumique :	8,77 g/cm^3
T° de fusion :	1455°C
Structure cristalline :	Cubique Face Centrée

C. Aspect, couleur et rendu du MÉTAL.

---

nickelage [nickel plating]

(n.m.) DÉPÔT ÉLECTROLYTIQUE de NICKEL sur un autre MATÉRIAU.
→ Voir aussi GALVANOPLASTIE.

---

nid d'abeille [honeycomb]

(n.m) STRUCTURE (sens 1) de panneau très RIGIDE appelée (SANDWITH), PANNEAU SANDWITCH constituée de deux PLAQUES séparées par un réseau de parois cellulaires de FORME | HEXAGONALe :

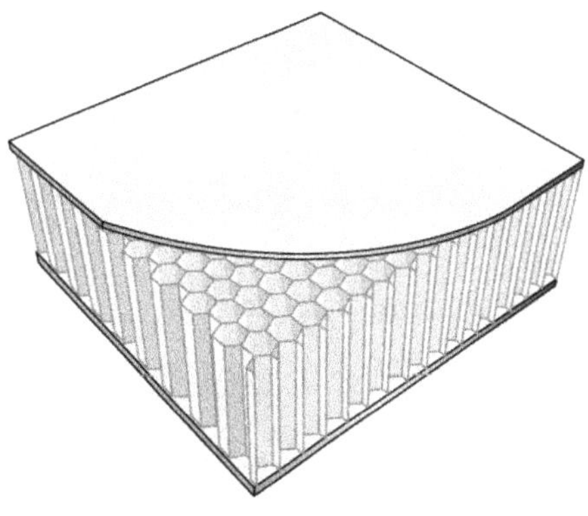

La STRUCTURE (sens 1) nid d'abeille permet d'obtenir une RIGIDITÉ SPÉCIFIQUE très favorable, nécessaire, par exemple, pour les applications en aéronautique.
→ Voir aussi (SANDWITH), PANNEAU SANDWITCH.

---

nimonic ®

(n.m. déposé par la société Special Metals Corporation) ALLIAGE | RÉFRACTAIRE de NICKEL et de CHROME additionné parfois de TITANE et de COBALT ayant une très grande RÉSISTANCE AU FLUAGE.

---

niobium (Nb) [niobium]

(n.m) MÉTAL | RÉFRACTAIRE gris utilisé essentiellement en ÉLÉMENT D'ALLIAGE pour améliorer les ACIERS.

A. Augmente sensiblement la RÉSISTANCE MÉCANIQUE et la DURETÉ, ce qui permet des gains de POIDS dans les STRUCTURES (sens 2). Améliore la RÉSISTANCE À LA CORROSION. Améliore la SOUDABILITÉ.

B. Quelques CARACTÉRISTIQUEs :

Symbole chimique :	Nb
État physique à l'ambiante :	Solide
Couleur :	Gris
Numéro atomique :	41
Masse volumique :	8,57 g/cm^3
T° de fusion :	2468°C
Structure cristalline :	Cubique Centré

C. Aspect, couleur et rendu du MÉTAL.

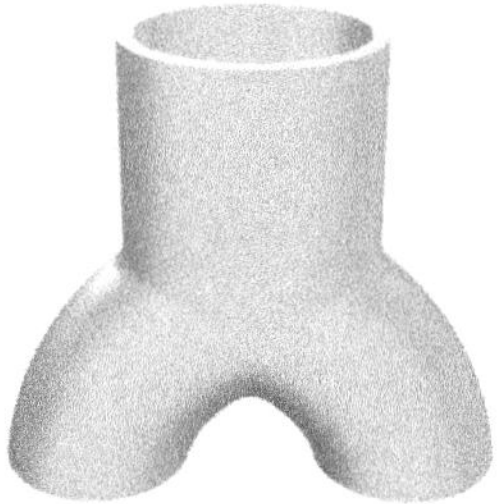

---

nitruration [nitriding, nitraling]

(n.f.) TRAITEMENT d'incorporation d'AZOTE à la SURFACE d'un ALLIAGE FERREUX, par chauffage et DIFFUSION avec une SUBSTANCE nitrurée de façon à augmenter sensiblement la DURETÉ | SUPERFICIELLE de l'ALLIAGE.

---

nitrure [nitride]

(n.f.) Composé de l'AZOTE (N).
Ex. : *Nitrure de* BORE *BN : nitrure d'*ALUMINIUM *AlN, nitrure de* TITANE *TiN, etc.*
→ Voir aussi CÉRAMIQUE.

---

noir [black]

(adj.)
1. Couleur la plus sombre contraire du blanc.
2. Se dit des DEMI-PRODUITS | ACIER dont la SURFACE extérieure porte encore une épaisse COUCHE d'OXYDE de couleur sombre provenant de son LAMINAGE | (CHAUD), À CHAUD.
• Note : Ce terme est utilisé pour spécifier la différence avec les PRODUITS déjà traités tels que ceux GALVANISÉS ou PRÉLAQUÉS.
Ex. : *Tôle noire.*

nomenclature [part list]

(n.f.) Liste de toutes les PIÈCES (sens 1) d'un SYS-TÈME qui accompagne un DESSIN D'ENSEMBLE.

A. Le lien de la liste avec le dessin est assuré par des repères numériques. La nomenclature contient aussi la quantité utilisée de chaque PIÈCE (sens 1) dans un ENSEMBLE.

B. Ci-dessous, un exemple de présentation de nomenclature en DESSIN TECHNIQUE :

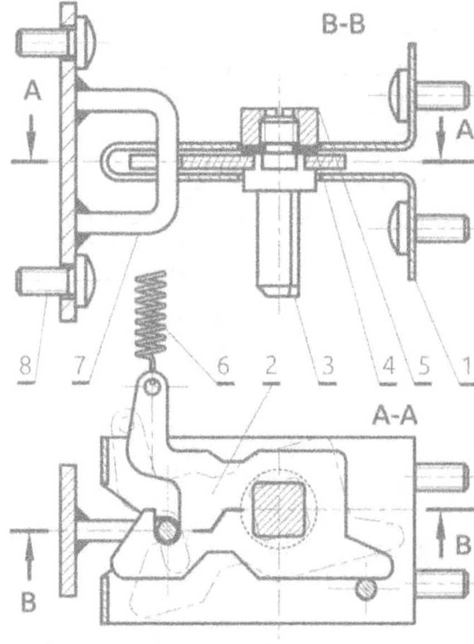

8	Vis M5×12	Acier	6
7	Gâche	Acier	1
6	Ressort	Acier	1
5	Écrou M5		1
4	Rondelle Ø 5		1
3	Axe		1
2	Loquet	Acier inoxydable	1
1	Support	Tôle acier	1
Rep	Désignation		Nb

C. Dans un MODÈLE (sens 1) d'ASSEMBLAGE (sens 3) 3D généré par un logiciel de CONCEPTION ASSISTÉE PAR ORDINATEUR moderne, la nomenclature est intégrée au « PRODUCT MANUFACTURING INFORMATION ».

nominal [nominal]

(adj.)

1. Qui sert à nommer.

Ex. : *La dimension nominale d'une* RONDELLE *est le* DIAMÈTRE *de la* VIS *(sens 2) pour lequel il est prévu.*

2. Se dit d'une valeur indiquée par un fabricant.

Ex. : *Puissance nominale d'une* MACHINE.

non-conformité [nonconformity]

(n.f.) DÉFAUT, déviation d'une CARACTÉRISTIQUE par rapport à ce qui a été défini. Non-respect d'une exigence.

non-corrosif [non-corrosive]

(adj.) Qui ne détériore pas chimiquement.
◊ Contr. : CORROSIF.

non-démontable [non-removable]

(adj.) Dont les COMPOSANTS ne peuvent être séparés les uns des autres sans les détériorer.

Ex : *Les montages mécano-soudés sont non-démontables.*

◊ Contr. : DÉMONTABLE.
→ Voir FIXATION.

non-destructif [non destructive]

(adj.) Qui ne détériore pas. Qui n'abîme pas.
→ Voir, par exemple, ESSAI NON-DESTRUCTIF.

non ferreux [non ferrous]

(adj.) Ne contenant absolument pas de FER, sauf sous forme d'IMPURETÉS ou de TRACES (sens 2).

Ex : *les* CUPRO-ALLIAGES *sont des alliages non-ferreux.*

non-métal [non-metal]

(adj.) Les ÉLÉMENTS CHIMIQUES se trouvant dans la partie supérieure droite du TABLEAU PÉRIODIQUE DES ÉLÉMENTS.

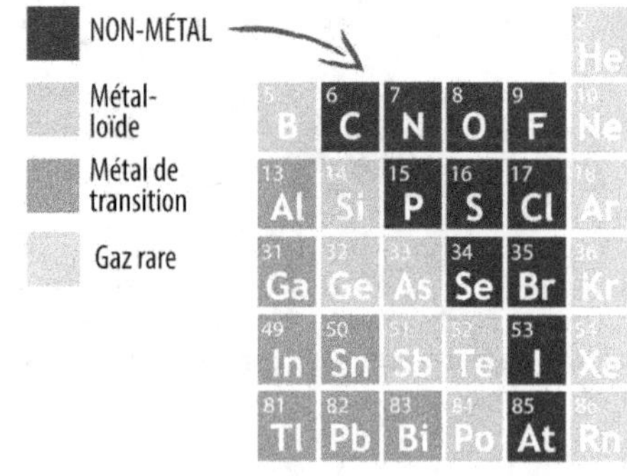

Ils se distinguent des MÉTAUX en n'étant pas CONDUCTEUR ÉLECTRIQUE. Ce sont des éléments qui ne peuvent avoir de liaison atomique dites métalliques, mais plutôt des liaisons types covalentes, ioniques ou de Van der Waals.

→ Voir aussi MÉTALLOÏDE.

non-recyclable [non-recyclable]

(adj.) Qui ne peut être reconsidérée en tant que MATIÈRE pour servir à une nouvelle FABRICATION.

• Note : Une matière peut être non-recyclable mais dont la REVALORISATION peut être faite dans d'autres circuits (par exemple, le RÉUSAGE

en production d'énergie en les incinérant ou en tant que MATIÈRE de remblaiement).
→ Voir REVALORISATION.

non-tissé [non-woven]

(n.m.) MATIÈRE en FEUILLE mince s'apparentant à du papier, faite d'un enchevêtrement non-structuré de FIBRES, contrairement aux étoffes dont l'enchevêtrement est régulier.

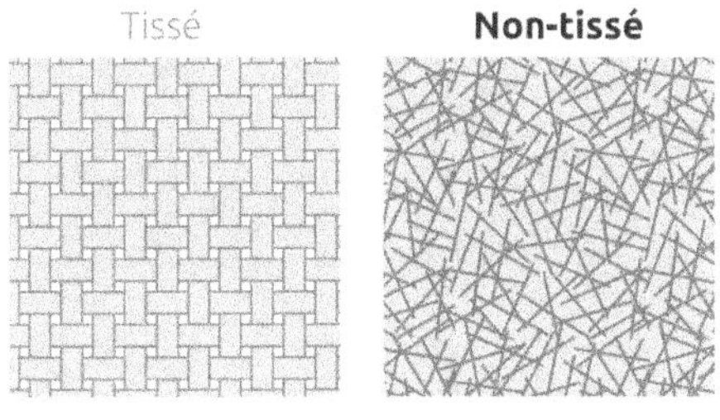

 **Avantages**

A. Coût raisonnable dû à un mode de FABRICATION sensiblement plus simple que le tissage, ce qui en fait la MATIÈRE idéale pour les usages uniques tels que les articles de propreté.

 **Inconvénients**

B. RÉSISTANCE MÉCANIQUE relativement faible comparée aux TISSUS.
◆ Syn. : INTISSÉ.
◊ Contr. : TISSU.

normal [normal]

(adj.)
1. Qui est comme il faut. Sans particularité par rapport aux situations habituelles.
Ex. : *Conditions normales d'utilisation.*
2. Qui fait un ANGLE DROIT avec une DROITE.

normale [normal line]

(n.f.) DROITE faisant un ANGLE DROIT par rapport à une autre.

normalisation

(n.f.)
1. [standardizing] Établissement de textes et documents de référence appelés NORME, régissant l'harmonisation d'un domaine TECHNIQUE.
2. [normalizing] TRAITEMENT THERMIQUE de RECUIT visant à réduire la TAILLE DE GRAINS de la MICROSTRUCTURE d'un MATÉRIAU exposé trop longtemps à une TEMPÉRATURE élevée lors, par exemple, d'une OPÉRATION de FORGEAGE, MOULAGE ou SOUDAGE.
Ex. : *Normalisation d'un* ACIER | HYPOEUTÉCTOÏDE.

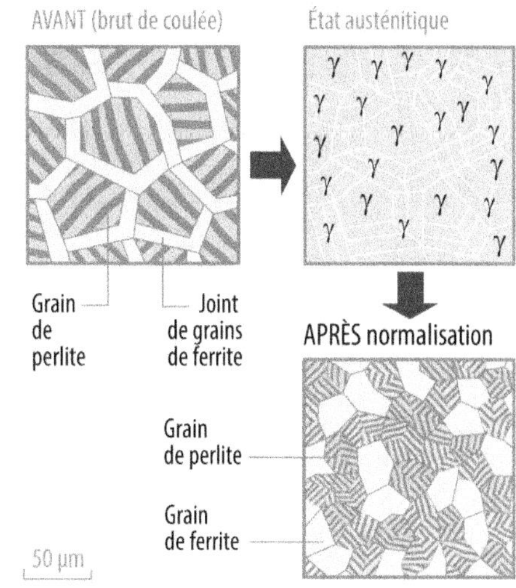

La normalisation sert à affiner, mais aussi à effacer la MICROSTRUCTURE en passant par l'état AUSTÉNITIQUE.
◆ Syn. : REGÉNÉRATION.

normalisé [standardized]

(adj.) Qui est conforme à une NORME.
Ex. : *Filetage normalisé.*

norme [standard]

(n.f.) Document de référence regroupant les exigences et prescriptions pouvant être obligatoires pour la réalisation, le CONTRÔLE, la mise en œuvre d'un SYSTÈME (MACHINE, MATÉRIAU, MÉTHODE, service...) en vue de favoriser la SÉCURITÉ, la QUALITÉ, l'INTERCHANGEABILITÉ ou une harmonie générale.
A. Les normes sont généralement établies dans un esprit de consensus par des organismes spécialisés regroupant les professionnels de chaque domaine concerné.
B. Quelques organismes de NORMALISATION à travers le monde.

Pays	Organisme		Logo
International	ISO	International System Organization	
France	AFNOR	Association Française de NORmalisation	
Allemagne	DIN	Deutsches Institut für Normung	
G-B (UK)	BSI	British Standards Institute	

G-B (UK)	BSI	British Standards Institute	bsi.
Etats-unis	ANSI	American National Standards Institute	ANSI
Japon	JISC	Japanese Industrial standard committee	JISC
Suisse	SNV	Schweizerische Normen Vereinigung	SNV
Italie	UNI	Ente Nazionale Italiano di Unificazione	UNI
Canada	SCC	Standards council of Canada	
Austra-lie	SA	Standards Australia	

C. Aperçu d'un exemple de page de garde de norme :

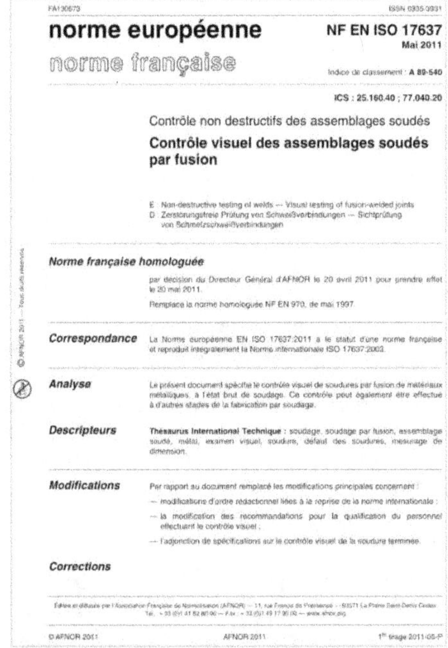

(n.f.) Document contenant les instructions permettant d'assembler un DISPOSITIF livré en KIT ou PIÈCES DÉTACHÉE.
Ex. : *Notice de montage d'un ventilateur livré démonté.*

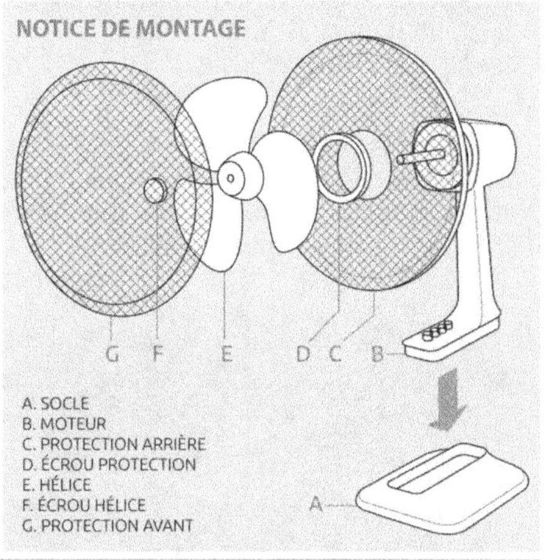

(n.f.) Document explicatif de la mise en place d'un PRODUIT nécessitant une FIXATION, un SCELLEMENT, un nivelage, un calage ou d'une façon générale, une mise en place particulière...
Ex. : *Notice d'installation au sol d'un pylône.*

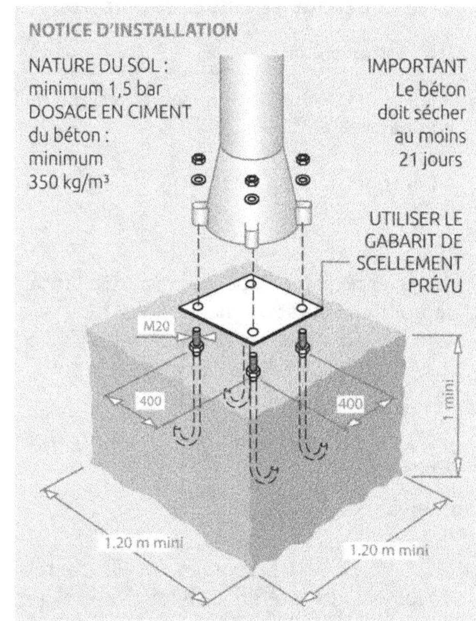

(n.f.) Document livré avec un PRODUIT pour en expliquer la mise en œuvre.
Ex. : *Notice d'utilisation d'une machine à café à capsules.*

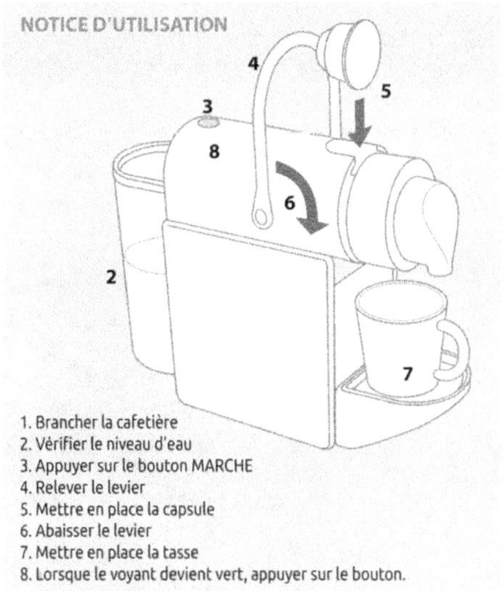

notice explicative [instruction manual]

(n.f.) Document parfois obligatoire fourni avec un PRODUIT et qui donne au consommateur toutes les informations nécessaires à son exploitation telles que les précautions à prendre, les limites d'utilisation, les prétentions de performance, les garanties, etc.

notice technique [data sheet]

(n.f.) Document explicatif pour la mise en œuvre et le fonctionnement d'une MACHINE, d'un APPAREIL.

noyau [core]

(n.m.) Bloc SOLIDE au sein d'un MOULE, correspondant à un VIDE (sens 1) sur la PIÈCE (sens 1) moulée.

En MOULAGE AU SABLE, le noyau est généralement en sable rigide et est obtenu par une opération de moulage, appelé noyautage, dans un OUTILLAGE (sens 2) appelé « boîte à noyau ». En MOULAGE PERMANENT, si les noyaux sont métalliques, on parle de BROCHES.

→ Voir aussi MOULAGE AU SABLE ; MOULAGE DES MÉTAUX.

nuance [grade]

(n.f.)

1. Variante d'une chose pouvant être légèrement différente.

2. Variante d'un ALLIAGE MÉTALLIQUE avec une COMPOSITION CHIMIQUE différente.

numérisation [digitizing]

(n.f.) Reconstitution du fichier informatique d'un MODÈLE (sens 2) 3D à partir d'un objet réel par acquisition d'un nuage de POINTS à l'aide d'un scanneur.

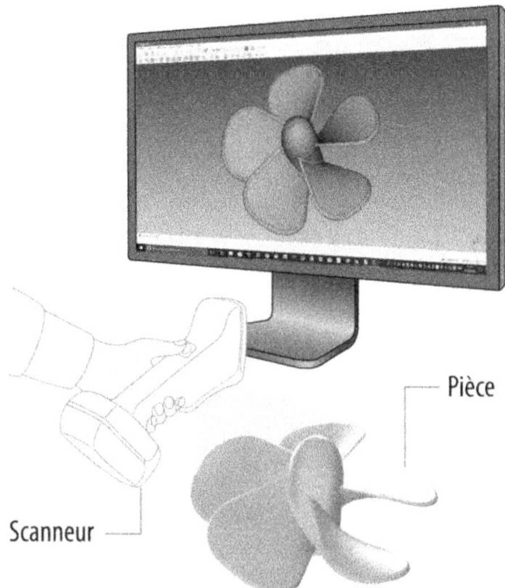

La numérisation est une TECHNIQUE et démarche utilisées en RÉTRO-INGÉNIERIE.
◆ Syn. : DIGITALISATION.

numéro atomique [atomic number]

(n.m.) Nombre de charges positives ou protons à l'intérieur du noyau d'un atome et qui caractérise chaque ÉLÉMENT CHIMIQUE.
→ Voir aussi ÉLÉMENT CHIMIQUE ; TABLEAU PÉRIODIQUE DES ÉLÉMENTS.

nylon ™

(n.m. déposé) MARQUE COMMERCIALE pour la (PLASTIQUE), MATIÈRE PLASTIQUE « polyamide 6.6 » (PA 6.6) de la famille des POLYAMIDES.
→ Voir aussi PA ; POLYAMIDE.

O, o

oblique [inclined]

(adj.) En biais. Qui fait un ANGLE sensiblement différent par rapport à ce qui est considéré comme droit.

oblong [oblong]

(adj.) De FORME allongée terminée par des demi-CERCLES à chaque extrémité.
Ex. : *TROU oblong de 25 par 12.*

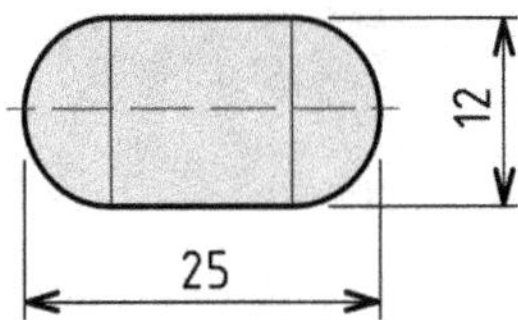

Oblong

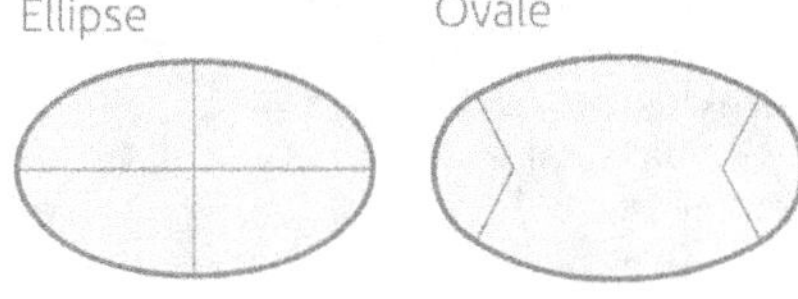

• Note : Ne pas confondre avec l'ELLIPSE ou l'OVALE.

ogive [ogive]

(n.f.) FORME | CYLINDRIQUE à l'origine et qui se rétrécit progressivement jusqu'à devenir pointu.

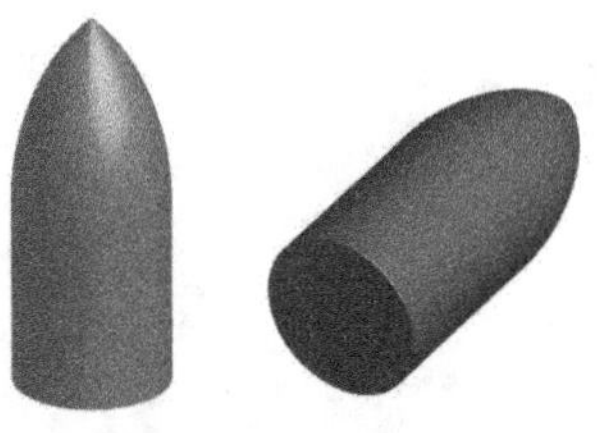

• Note : Ne pas confondre avec le CÔNE qui ne possède pas de partie CYLINDRIQUE.

ondulation [ondulation, crimp]

(n.f.) DÉFORMATIONS en FORME de vagues.
→ Voir aussi PLISSAGE.

onglet [mitre, miter]

(n.m.) Extrémité d'un PROFILÉ coupé à un ANGLE sensiblement de 45°, en vue d'un ASSEMBLAGE (sens 2) en coin.
→ Voir COUPE À ONGLET.

opaque [opaque]

(adj.) Qui ne se laisse pas traverser par la LUMIÈRE (sens 1).

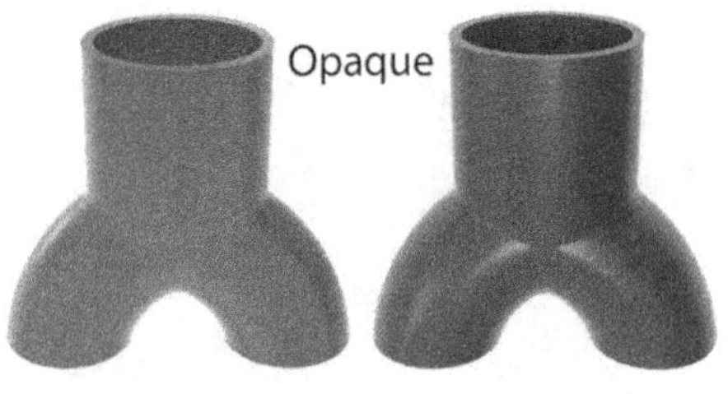

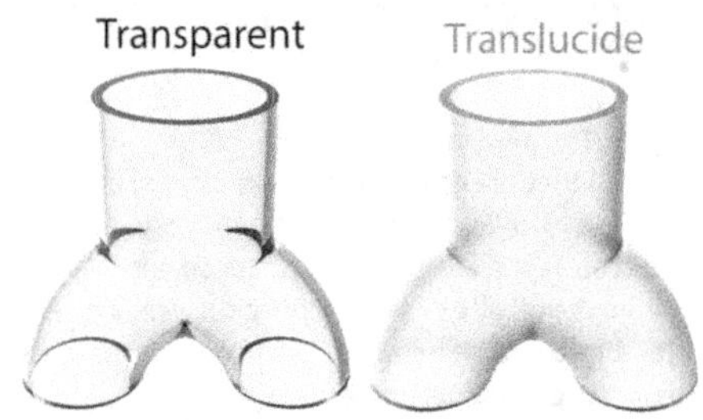

◊ Contr. : TRANSPARENT ; TRANSLUCIDE.

opérateur, opératrice [operator]

(n.m ou f.) Personne chargée d'accomplir une action.

opération [task]

(n.f.) Action élémentaire apportant un résultat.

optimisation [optimizing, optimization]

(n.f.) Démarche visant à obtenir la plus grande EFFICACITÉ et le meilleur RENDEMENT en affinant au mieux tous les paramètres conditionnant le résultat.

optimisation topologique [topological optimization]

(n.f.) Discipline utilisant ordinateur et logiciel pour trouver la répartition idéale de MATIÈRE soumise à des CONTRAINTES MÉCANIQUES pour un VOLUME donné.
A. L'optimisation topologique met notamment en œuvre le (ÉLÉMENTS FINIS), CALCUL PAR ÉLÉMENTS FINIS. Elle a pour but un gain de poids et de MATIÈRE sans sacrifier la RÉSISTANCE MÉCANIQUE. Ainsi, elle est très appréciée par l'aéronautique, le spatial, l'automobile, les équipements de sport de compétition, etc.

B. Exemple d'optimisation topologique d'une PIÈCE (sens 1) | MÉCANIQUE supportant une CHARGE (sens 1).

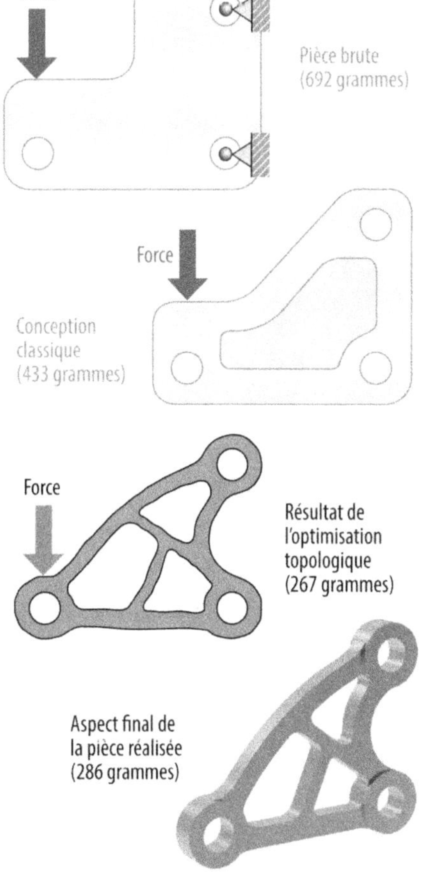

• Note : Il est à remarquer qu'en réalité, le concept d'optimisation topologique n'est rien d'autre que l'exploitation des moyens modernes de l'INGÉNIERIE ASSISTÉE PAR ORDINATEUR pour perfectionner et « automatiser » les approches classiques de la CONCEPTION de pièce mécanique. En effet, de façon traditionnelle et à la base, le DESSIN et le DIMENSIONNEMENT d'une pièce en MÉCANIQUE DE CONSTRUCTION ne sont rien d'autres qu'une réflexion et démarche créative pour déterminer ses FORMES et DIMENSIONS (sens 1) afin qu'elle puisse supporter au mieux les CONTRAINTES MÉCANIQUES qu'elle doit subir en utilisation, mais aussi pour qu'elle puisse satisfaire au mieux les BESOINS fonctionnels qu'elle est censée assurer. En d'autres termes, la CONCEPTION d'objets est l'art de disposer la MATIÈRE adéquate là où il y en a besoin, c'est à dire là où les SOLLICITATIONS MÉCANIQUES sont les plus fortes et là où elle peut être utile à ses FONCTIONS. À ce titre, par exemple, tous les coins doivent être « comblés » le plus possible avec de la MATIÈRE pour former des CONGÉS car, à cause du phénomène de CONCENTRATION DE CONTRAINTES, ce sont des endroits où les CONTRAINTES MÉCANIQUES s'accumulent (la poussière et les salissures aussi !) Au final, la pièce mécanique la mieux dessinée et la plus adaptée est celle qui est la plus à l'image des CONTRAINTES MÉCANIQUES qui lui seront appliquées et celle qui ressemble le plus à ce à quoi elle va servir. Simultanément, il ne faut pas oublier dans cette démarche les CONTRAINTES (sens 1) techniques de FABRICABILITÉ, le souci de rationalisation de l'INDUSTRIALISATION, la prise en compte des aspects économiques et éventuellement les préoccupations de STYLE, ESTHÉTIQUE et mode ainsi que les enjeux écologiques (RECYCLAGE, bilan énergétique, etc.)
→ Voir aussi CONCEPTION.

or (Au) [gold]

(n.m.) MÉTAL PRÉCIEUX jaune, très DUCTILE et le plus MALLÉABLE de tous les MÉTAUX.

A. Il est très bon conducteur d'électricité et de la chaleur. Il possède une RÉSISTANCE À LA CORROSION absolue.
B. Ses domaines d'utilisation sont la garantie monétaire, la bijouterie, les REVÊTEMENTS, les prothèses dentaires, les CONTACTS électriques, etc.
C. Quelques CARACTÉRISTIQUES :

Symbole chimique :	Au
État physique à l'ambiante :	Solide
Couleur :	Jaune
Numéro atomique :	79
Masse volumique :	19,32 g/cm^3
T° de fusion :	1065°C
Structure cristalline :	Cubique Face Centrée

D. Aspect, couleur et rendu du MÉTAL.

E. Son symbole chimique provient du nom latin *Aurum.*

ordonnancement [scheduling]

(n.m.) Organisation et mise en ordre préalable des OPÉRATIONS et tâches à accomplir de manière à les terminer dans le délai imparti sans gaspiller de temps, ni de ressources.

organe [system]

(n.m.) Partie élémentaire physiquement palpable d'un SYSTÈME ou d'un ENSEMBLE, capable de réaliser une FONCTION lorsqu'il est à sa place dans ce SYSTÈME ou cet ENSEMBLE.

organe de manœuvre [operating device]

(n.m.) DISPOSITIF à actionner avec les mains ou les pieds pour commander une MACHINE, un APPAREIL ou un MÉCANISME.
Ex. : *VOLANT ; PÉDALE ; MANETTE...*

orientable [adjustable]

(adj.) Qui peut être tourné pour changer l'ANGLE d'une POSITION par rapport à l'entourage.

orientation

(n.f.)
1. [direction] ANGLE de POSITION d'un objet par rapport à un autre considéré comme RÉFÉRENCE.
2. [directing] OPÉRATION de POSITIONNEMENT | ANGULAIRE.

origine [zero position]

(n.f.) Point de départ pour une MESURE (sens 3) de DISTANCE ou pour des coordonnées.

orthogonal [orthogonal]

(adj.) Qui se font un ANGLE DROIT.
◆ Syn. : PERPENDICULAIRE.

ossature [framework]

(n.f.) Ensemble d'ORGANES destinés à supporter les CHARGES (sens 1) et toutes les FORCES sollicitant un ASSEMBLAGE (sens 2).
◆ Syn. : STRUCTURE ; CHÂSSIS.

outil [tool]

(n.m.) ORGANE ou ensemble d'ORGANES destiné à faciliter le travail ou à entamer la MATIÈRE pour la mettre en FORME.
Une nuance de signification est attribuée entre outil, INSTRUMENT et ustensile. Un outil est souvent moins élaboré et moins précis qu'un instrument. Un ustensile est encore plus simple et plus rustique par rapport à l'outil et ne comporte généralement jamais de MÉCANISME.
→ Voir aussi INSTRUMENT.

outil abrasif [abrasive tool]

(n.m.) Même signification que OUTIL D'ABRASION mais terme utilisé pour bien le différencier de l'OUTIL COUPANT.

outil à plaquettes [tipped tool]

(n.m.) OUTIL DE COUPE dont la partie active est faite d'un petit morceau d'un autre MATÉRIAU très DUR fixé par un DISPOSITIF adapté.
Ex. 1 : *Outil à plaquette fixée par vis.*

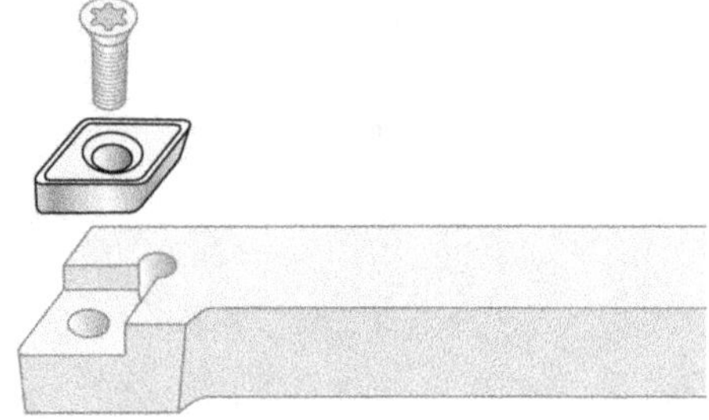

→ Voir aussi OUTIL RAPPORTÉ.

outil carbure [carbide tool]

(n.m.) OUTIL DE COUPE dont la pointe en CARBURE de TITANE de TUNGSTÈNE ou de TANTALE avec LIANT | COBALT ou NICKEL possède une tenue à la TEMPÉRATURE sensiblement plus élevées qu'un OUTIL en ACIER RAPIDE.

outil céramique [ceramic cutting tool]

(n.m.) OUTIL DE COUPE fabriqué avec un MATÉRIAU | CÉRAMIQUE fritté de DURETÉ très élevée.

outil coupant [cutting tool]

(n.m.) Même signification que OUTIL DE COUPE mais utilisé pour bien le différencier de l'OUTIL ABRASIF.

outil d'abrasion [grinding tool]

(n.m.) ORGANE constitué d'une agglomération de fines particules très DURES capables d'agir comme une multitude d'OUTILS DE COUPE et capable d'entamer ce qui est frotté contre.
→ Voir, par exemple, MEULE.

outil de coupe [cutting tool]

(n.m.) ORGANE à arête tranchante très DURE capable de réduire en COPEAUX un MATÉRIAU pour le mettre en FORME.

Ex. 1 : *Outil de coupe pour le* TOURNAGE.

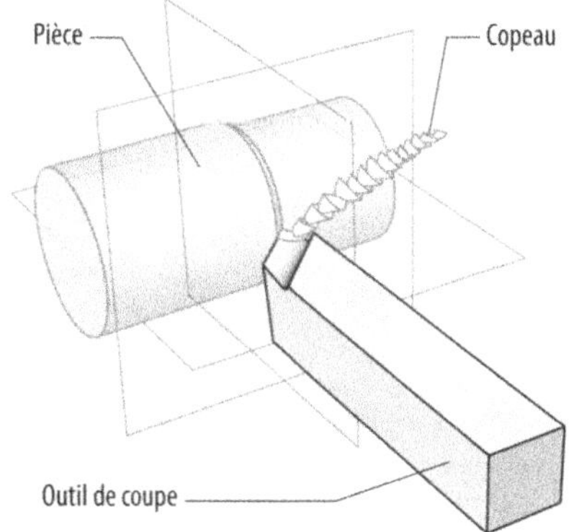

Ex. 2 : *Outil de coupe pour le* FRAISAGE.

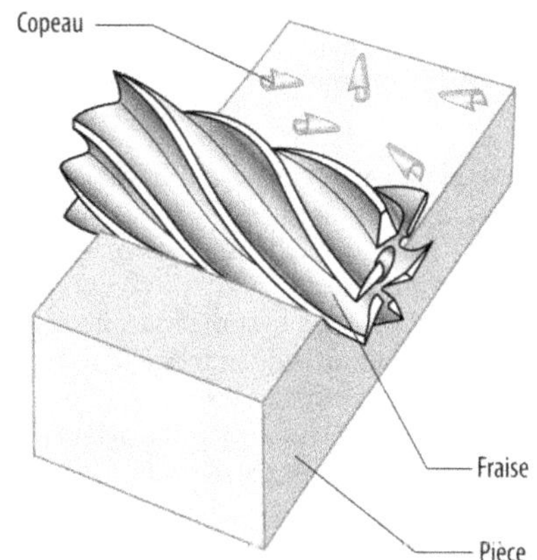

→ **Voir aussi** FRAISAGE ; PERÇAGE ; BROCHAGE ; RABOTAGE ; OUTIL RAPPORTÉ ; OUTIL À PLAQUETTE.

A. La figure ci-dessous indique les parties les plus importantes d'un outil de coupe classique.

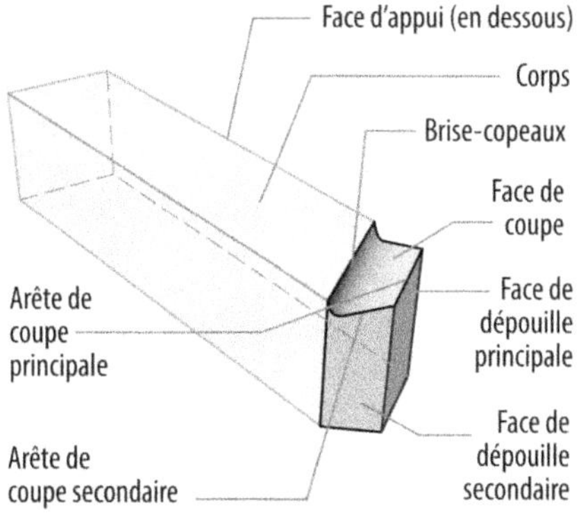

B. Ne pas confondre avec l'OUTIL D'ABRASION qui est constitué d'une multitude d'ARÊTES DE COUPE dont l'orientation est plus ou moins aléatoire.

(outil de coupe), géométrie d'outil de coupe [cutting tool geometry]

(n.f.) Paramètres de FORME définissant un OUTIL pour la MISE EN FORME PAR ENLÈVEMENT DE MATIÈRE.

Ex. : *Géométrie d'outil de coupe pour le* TOURNAGE *et le* RABOTAGE.

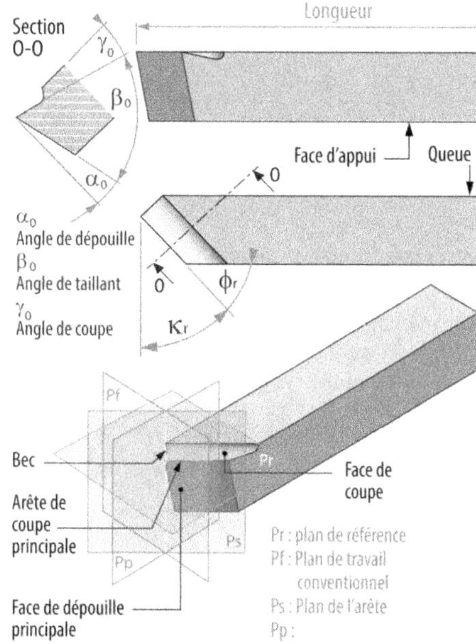

→ **Voir aussi** ANGLE DE COUPE ; ANGLE DE TAILLANT ; ANGLE DE DÉPOUILLE.

outil de coupe rotatif [rotary cutting tool]

(n.m.) ORGANE à arête tranchante destiné à entamer petit à petit de la MATIÈRE pour la mettre en forme avec un MOUVEMENT DE COUPE à TRAJECTOIRE | CIRCULAIRE :

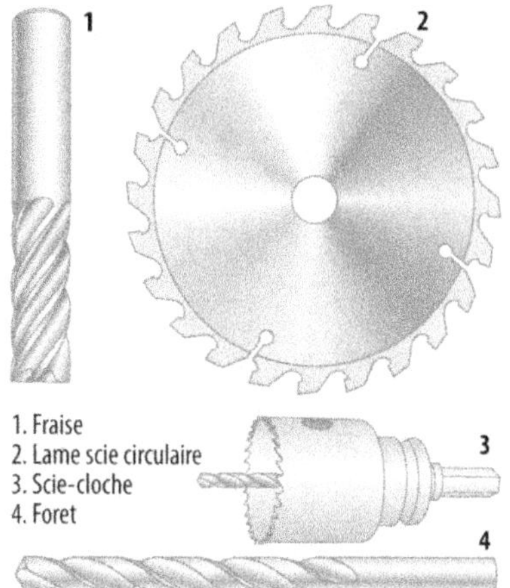

outil de forme [form tool]

(n.m.) OUTIL DE COUPE dont l'ARÊTE COUPANTE est déjà taillée avec la GÉOMÉTRIE (sens 2) à obtenir. L'opération d'usinage est ainsi plus rapide et directement lié à la qualité de réalisation de l'outil.

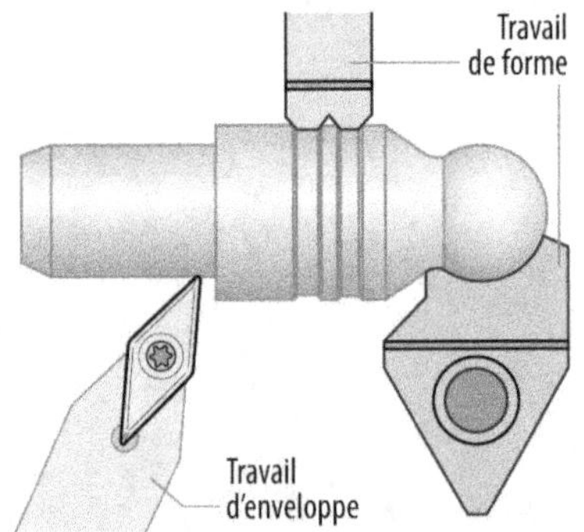

L'inverse du travail de forme est appelé « travail d'enveloppe », lorsque la GÉOMÉTRIE (sens 1) de la forme est obtenue par le déplacement d'une arête sur la surface.
→ Voir aussi FRAISE DE FORME.

outil de serrage [spanning tool]

(n.m.) OUTIL pour manœuvrer les ORGANES de FIXATION avec un FILETAGE ou TARAUDAGE tels que les VIS (sens 2), BOULONS et ÉCROUS.

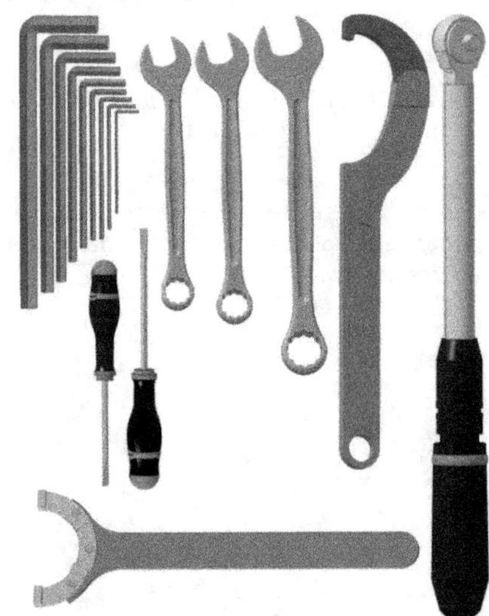

Ce sont toutes les CLÉS (sens 2).

outil de traçage [scribing tool]

(n.m.) Ustensile ou INSTRUMENT permettant d'inscrire des lignes, courbes ou repère sur une MATIÈRE pour guider et faciliter les OPÉRATIONS de MISE EN FORME ou toute autre intervention.

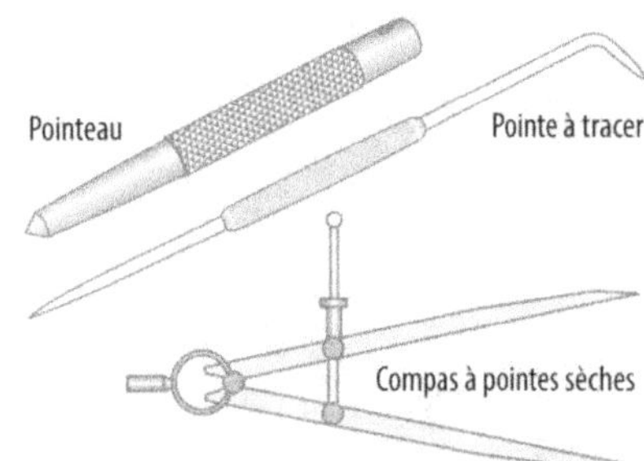

A. Les outils ci-dessus permettent de graver et marquer les surfaces métalliques de manière irréversible.
B. Les fins sillons laissés en surface des pièces peuvent être à l'origine de FISSURATIONS de FATIGUE. Ce type de MARQUAGE est donc déconseillé pour les pièces très sollicitées ou de sécurité comme dans l'aviation.

outillage [tooling]

(n.m.)
1. Assortiments d'OUTILS mis ensemble pour faciliter le travail dans un domaine.
2. DISPOSITIF spécialement conçu et aménagé pour permettre la PRODUCTION en grande SÉRIE DE PIÈCES d'un type spécifique et particulier lorsqu'il est associé et adapté à une MACHINE.
Ce sont, par exemple, les MOULES, les FILIÈRES (sens 2), les MATRICES (sens 1), les galets de PROFILAGE, les électrodes, etc.

outillage électroportatif [power tool]

(n.m.) APPAREIL tenu à la main et fonctionnant avec de l'électricité.
◊ Contr. : OUTILLAGE MANUEL.

outillage manuel [manual tool]

(n.m.) OUTIL fonctionnant uniquement avec la FORCE et les manipulations humaines et non une source d'ÉNERGIE autre.

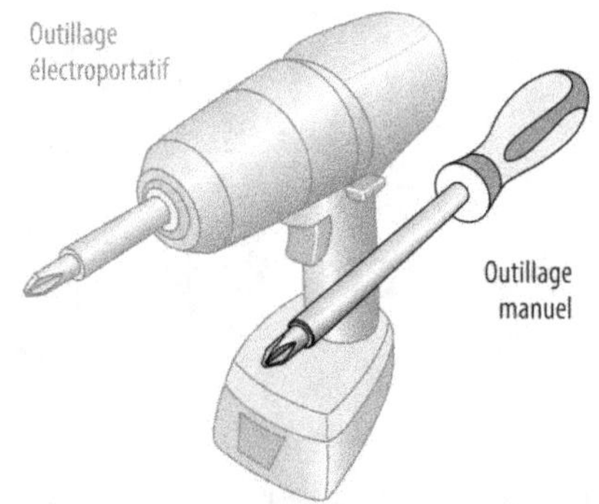

• Note : Ce terme sert à le distinguer de l'OUTILLAGE ÉLECTROPORTATIF.

outil rapporté [tool bit]

(n.m.) OUTIL DE COUPE dont la partie active est dans un MATÉRIAU différent du corps de l'outil sur lequel il est fixé par BRASAGE, BRIDAGE ou VISSAGE.

Outil rapporté en carbure brasé

Outil rapporté à plaquette céramique bridée

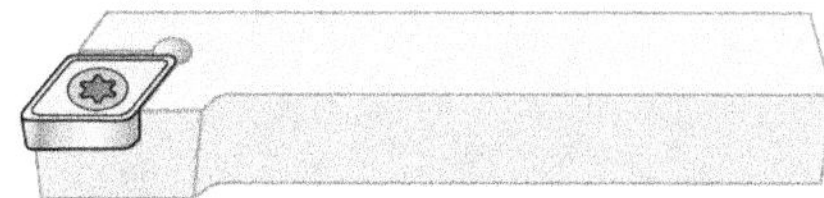
Outil rapporté à plaquette céramique vissée

→ Voir aussi OUTIL À PLAQUETTE ; ARÊTE RAPPORTÉE.

ouverture [opening]

(n.f.) VIDE (sens 1) pratiqué dans un objet plein et le traversant complèterment pour permettre un passage.

ouvrage [works]

(n.m.) Construction élaborée résultat d'un travail conséquent.

oval [oval]

(adj.) En forme de quatre arcs de cercle identiques deux à deux.
→ Voir OVALE.

ovale [oval]

(n.m.) Figure géométrique obtenue avec quatre arcs de cercle identiques deux à deux.

Ovale

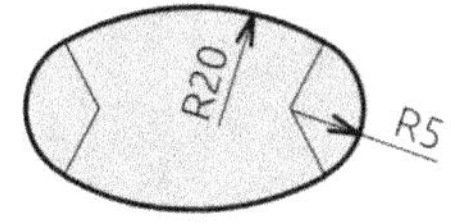

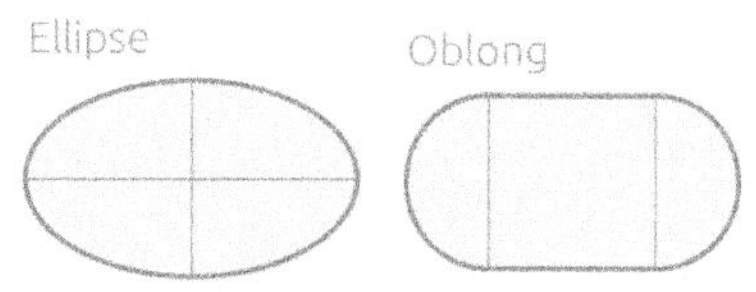

• Note : Ne pas confondre avec l'ELLIPSE et l'OBLONG.

ovalité [ovality]

(n.f.) CARACTÉRISTIQUE d'une FORME géométrique en principe CIRCULAIRE mais dont deux cotés opposés se sont aplatis pour devenir comme une ELLIPSE ou une OVALE.

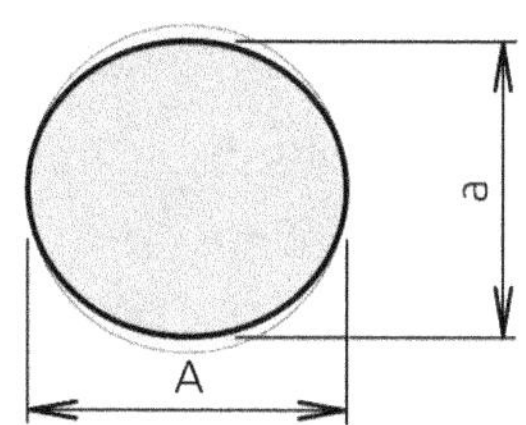

→ Voir aussi CIRCULARITÉ.

oxycoupage [oxyfuel cutting]

(n.m.) TECHNIQUE de DÉCOUPE de TÔLE par la chaleur produite par la combustion de l'OXYGÈNE et d'un COMBUSTIBLE, l'ACÉTYLÈNE, par exemple.
A. Le MÉTAL est progressivement chauffé et fondu avec une TORCHE, puis est ensuite brûlé avec un flux d'OXYGÈNE pur qui le transforme en OXYDE pour être évacué progressivement et obtenir la COUPE (sens 1) au fur et à mesure que la FLAMME avance.

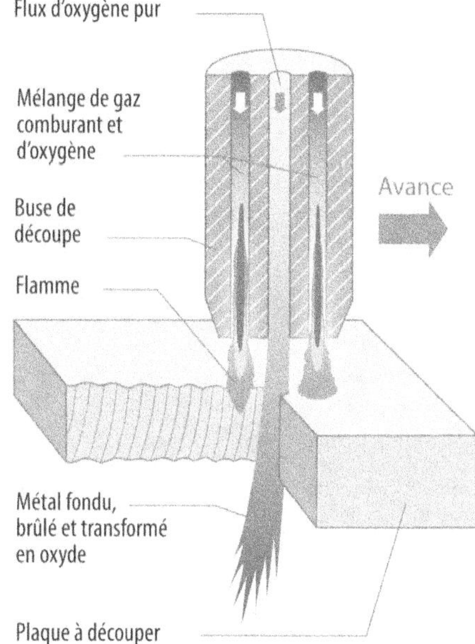

B. L'oxycoupage permet de découper des ÉPAISSEURS importantes de plusieurs centaines de millimètres pouvant atteindre jusqu'à 1 m dans l'ACIER AU CARBONE.
→ Voir aussi MACHINE D'OXYCOUPAGE.

C. TOLÉRANCE DIMENSIONNELLE **(IT) :**

Très précis	Précis	Moyen	Grossier	Très Grossier
1 2 3 4 5	6 7 8 9	10 11 12	13 14 15	16 17 18
				Oxycoupage
$10 \pm 0{,}002$	$10 \pm 0{,}01$	$10 \pm 0{,}05$	$10 \pm 0{,}2$	10 ± 1
$100 \pm 0{,}005$	$100 \pm 0{,}02$	$100 \pm 0{,}1$	$100 \pm 0{,}4$	100 ± 2

D. ÉTAT DE SURFACE, RUGOSITÉ **Ra (µm) :**

▽▽▽ *			▽▽ *		▽ *	∿
0,012 0,025	0,05 0,1	0,2 0,4 0,8	1 1,6 3,2 6,3	10	12 25 50 100 200	
					Oxycoupage	

* Symbole ne faisant plus partie des normes

E. Coût OUTILLAGE **(sens 2) (hors coût** MACHINE**) :**

Aucun	Faible	Moyen	Élevé	Très élevé
Oxycoupage				

F. SÉRIE DE PIÈCES **économique :**

Proto	Unitaire	Petite	Moyenne	Grande	Très Grande
1	10	100	1 000	10 000	100 000
Oxycoupage					

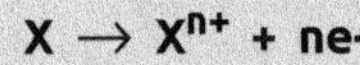 **Avantages**

G. TECHNIQUE **permettant le** DÉCOUPAGE **sous l'eau avec le** MATÉRIEL **spécialement adapté.**

→ Voir aussi DÉCOUPE pour une comparaison avec les autres techniques.

(n.f.)

1. RÉACTION CHIMIQUE **de combinaison d'un** MÉTAL **avec de l'**OXYGÈNE.

À titre d'exemple, réaction d'oxydation de l'ALUMINIUM **pour donner de l'**ALUMINE.

$$4Al + 3O_2 \rightarrow 2\ Al_2O_3$$

2. RÉACTION CHIMIQUE **dans laquelle un atome ou un ion perd un ou des électrons.**

Ex. :

$$X \rightarrow X^{n+} + ne\text{-}$$

◊ **Contr. :** RÉDUCTION (sens 3).

(n.m.) Produit résultat de la combinaison de l'OXYGÈNE **avec un autre** ÉLÉMENT CHIMIQUE.

Ex. : *oxyde de carbone* CO_2 *; oxyde de Fer* Fe_2O_3...

(n.m.) GAZ très réactif constituant 20 % de notre atmosphère terrestre. Il est l'élément nécessaire à toute combustion.

P, p

Abréviation pour **PolyA**mide. (PLASTIQUE), MATIÈRE PLASTIQUE **technique** THERMOPLASTIQUE | SEMI-CRISTALLINE dont le représentant le plus connu est le NYLON ®.

A. Ses formules chimiques générales :

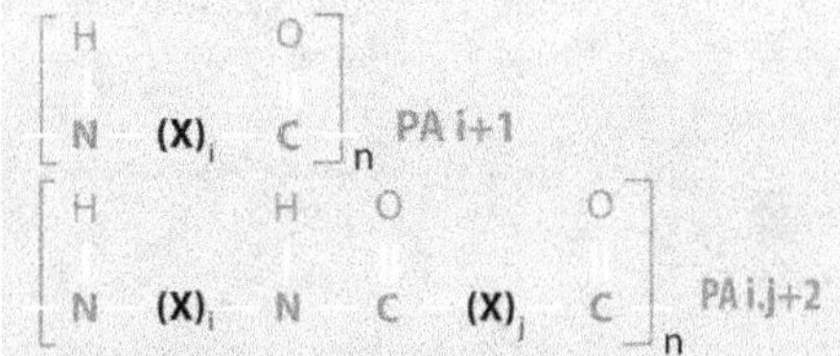

dans lesquelles X peuvent être :

$$X = \quad CH_2 \quad ou$$

Les polyamides portent des désignations faisant référence au nombre d'atomes de CARBONE contenus par leur motif moléculaire répétitif :

• HOMOPOLYMÈRES : • COPOLYMÈRES :

PA 6   PA 6/6.6
PA 6.6   PA 6.6/6.10
PA 6.9
PA 6.10
PA 6.12
PA 4.6
PA 11
PA 12

Lorsque le motif moléculaire contient le cyclohexane, le polyamide est appelé « aramide » pour « **ar**omatic poly**amide** ». C'est le cas, par exemple, du KEVLAR ™.

B. Quelques indications de caractéristiques :

Abréviation	PA 6	PA 6.6	PA11, PA12
Masse volumique	1,14 g/cm³	1,15 g/cm³	1,02 g/cm³
Module de Young	3000 MPa	3300 MPa	1800 MPa
Résistance à la rupture	80 ± 10 MPa	90 ± 10 MPa	50 ± 5 MPa
Dureté Shore D	82	83	78
Allongement à rupture	200 %	150 %	280 %
Température d'utilisation	-30 à +110 °C	-30 à +120 °C	-60 à +120 °C
Coefficient de dilatation	90 µm/(m·°C)	70 µm/(m·°C)	100 (µm/m·°C)
Absorpt° eau en masse	3 %	2,5 %	1 %

Globalement, les différents polyamides se distinguent par les qualités suivantes :

👍 Avantages

C. Bonne tenue thermique. Excellente résistance aux solvants et hydrocarbures. PROPRIÉTÉS MÉCANIQUES élevées (résistance à la traction, résistance au choc, résistance à la fatigue, résistance à l'abrasion...). Bonne RIGIDITÉ. COEFFICIENT DE FROTTEMENT très favorable à un bon GLISSEMENT.

👎 Inconvénients

D. Reprise d'humidité importante se traduisant par des variations dimensionnelles qui peuvent surprendre. Prix plus élevé que la moyenne.

E. Les polyamides sont généralement mis en œuvre par USINAGE à partir de DEMI-PRODUITS (Barre, jonc, TUBE, plaque, etc.) qui sont eux-mêmes fabriqués, soit par EXTRUSION (sens 3), soit par COULAGE de MONOMÈRE. Le MOULAGE PAR INJECTION et le THERMOFORMAGE sont aussi utilisés.

F. Les applications les plus courantes des polyamides sont la fabrication de fibres textiles et de PIÈCES TECHNIQUES pour la MÉCANIQUE DE CONSTRUCTION (ENGRENAGE, COUSSINET, GALET, etc.)

G. Quelques appellations commerciales :
Nylon ®, Zytel ®, Minlon ®, Kevlar ® (DuPont ®), Ertalon ® (Mitsubishi ®), Amilan ® (Toray ®), Capron ®, Ultramid ®, Miramid ®, Nypel ® (BASF ®), Akulon ® (DSM engineering ®), Bergamid ® (Avient PolyOne ®), Durethan ® (Lanxess ®), Grilamid ®, Grilon ®, Orgamid ® (EMS Grivory ®), Latamid ® (Lati ®), Lauramid ®

(Handtmann ®), Nomex ® (Fiberline ®), Nylatron ® (Boedeker ®), Perlon ® (Invista ®), Vydyne ® (Ascend ®), Technyl ®, Vestamid ®, Trogamid ® (Evonik ®), Versamid ® (Gabriel ®), Tactel ®, Schulamid ® (Lyondellbasell ®), Rilsan ® (Arkema ®), Novamid ®, Stanyl ® (DSM ®), Staramid ® (Eurostar ®)...
→ Voir aussi POLYAMIDE, KEVLAR ™.

palier [bearing]

(n.m.) ORGANE sur lequel repose un ARBRE (sens 2) en ROTATION afin de diminuer le FROTTEMENT.

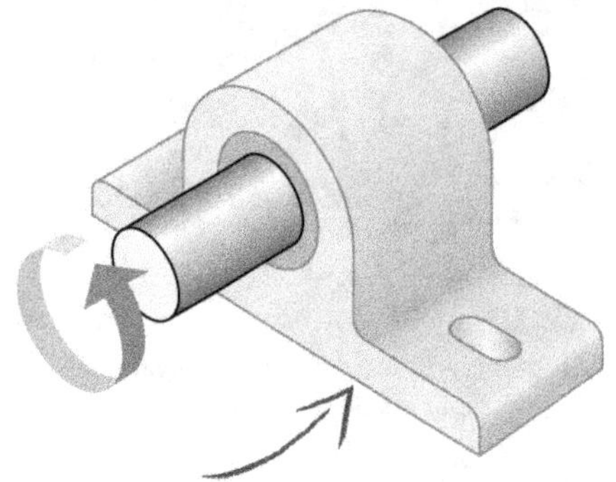

→ Voir aussi GUIDAGE EN ROTATION ; COUSSINET ; PORTÉE (sens 1) .

palpeur [probe]

(n.m.) ORGANE en CONTACT sur une SURFACE (sens 1) afin d'en mesurer les CARACTÉRISTIQUES d'ÉTAT DE SURFACE, dimensionnel, de FORME et de POSITION.
→ Voir RUGOSIMÈTRE ; MACHINE À MESURER TRI-DIMENSIONNELLE.

palplanche [piling, sheet piling]

(n.f.) PROFILÉ robuste en ACIER | LAMINÉ prévu pour être juxtaposé en plusieurs grâce à des RAI-NURES latérales et utilisé, par exemple, comme mur de soutènement, écran imperméable étanche une fois enfoncé dans le sol.

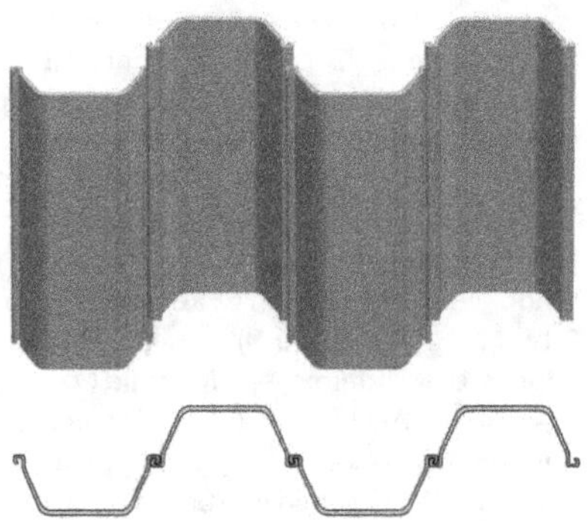

panne

(n.f.)
1. [breakdown, failure] Situation dans laquelle un APPAREIL ou un DISPOSITIF ne peut remplir correctement ses fonctions à cause d'une ano-malie.
La panne nécessite des interventions de RÉPA-RATION ou de MAINTENANCE CURATIVE.
2. [purlin] ÉLÉMENT DE STRUCTURE d'une CHAR-PENTE MÉTALLIQUE qui supporte le POIDS de la toiture et toutes les SURCHARGES (neige, vent, MASSES (sens 1) suspendues, etc.).

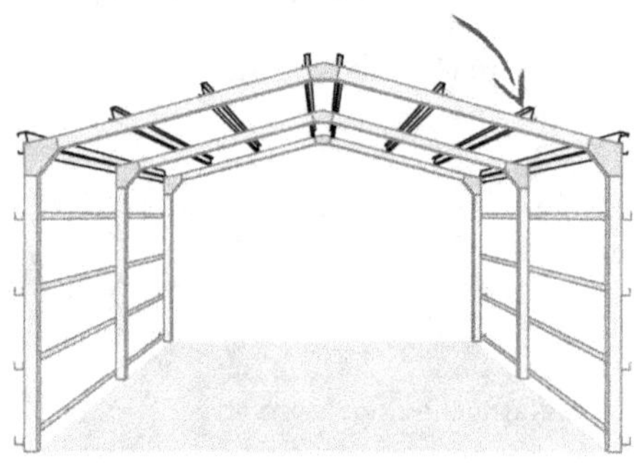

→ Voir aussi CHARPENTE MÉTALLIQUE.

(panne), en panne [broken-down]

(Locution). Contraint de ne plus fonctionner car DÉFECTUEUX.

parachèvement [completion]

(n.m.) Dernière OPÉRATION dans une PRODUC-TION industrielle pour obtenir un DEMI-PRODUIT ou un brut.
Ex. : *Parachèvement d'une PIÈCE DE FONDERIE.*

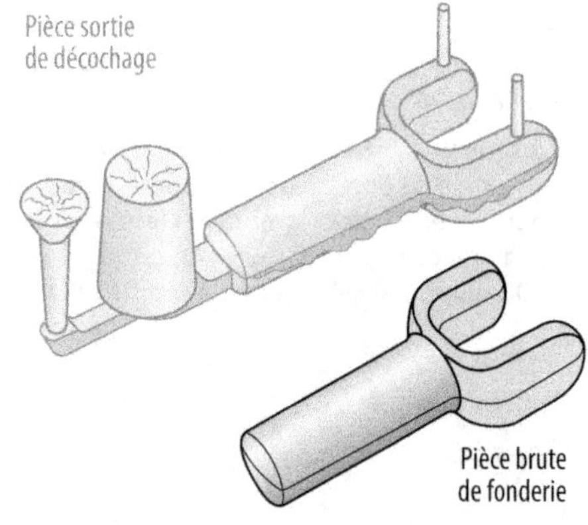

Les OPÉRATIONS de démasselottage, d'ÉBARBA-GE, de GRENAILLAGE font aussi partie du parachè-vement d'une pièce de fonderie.

• Note : Ne pas confondre avec la FINITION qui fait aussi partie des dernières OPÉRATIONS, mais qui est spécialement destinée à améliorer l'aspect ESTHÉTIQUE.

paraison [parison]

(n.f.) PRÉFORME pour l'EXTRUSION SOUFFLAGE du (PLASTIQUE), MATIÈRE PLASTIQUE ou le soufflage du VERRE.
→ Voir EXTRUSION-SOUFFLAGE.

parallèle [parallel]

(adj.) Se dit de deux LIGNES ou SURFACES dont la DISTANCE qui les sépare est identique quel que soit l'endroit considéré.

parallélépipède [parallelepiped]

(n.m.) FORME VOLUMIQUE à six FACES (sens 1) toutes PERPENDICULAIREs les unes par rapport aux autres.
→ Voir aussi CUBAGE, FACE (sens 3), CHANT, BOUT.

parallélisme [parallelism]

(n.f.) PROPRIÉTÉ de deux COURBES ou deux SUR-FACES dont la DISTANCE de l'une par rapport à l'autre est toujours égale quel que soit l'endroit considéré.
A. Ci-dessous la façon de spécifier le parallélisme sur un DESSIN TECHNIQUE :

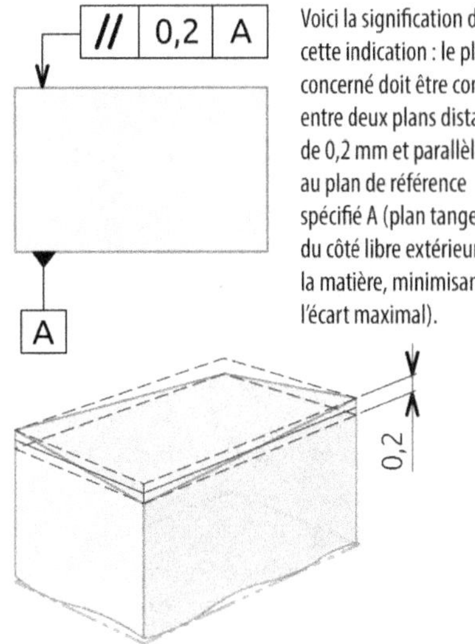

Voici la signification de cette indication : le plan concerné doit être compris entre deux plans distants de 0,2 mm et parallèles au plan de référence spécifié A (plan tangent du côté libre extérieur à la matière, minimisant l'écart maximal).

B. Le CONTRÔLE du parallélisme s'effectue en MÉTROLOGIE sur un MARBRE au moyen d'un COM-PARATEUR comme ci-contre :

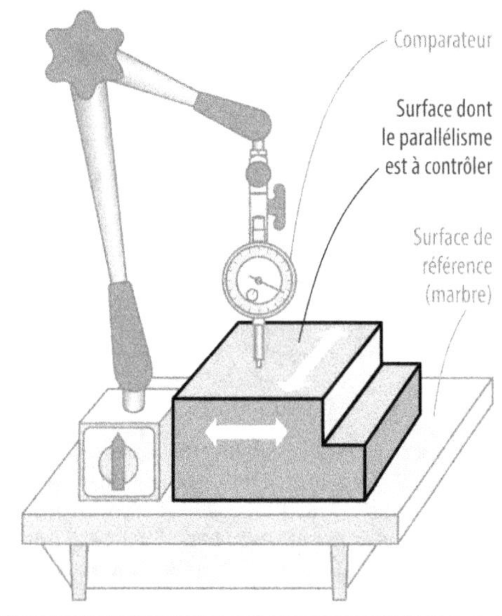

paramétrique [parametric]

(adj.) Qui caractérise le fonctionnement de logiciels de CAO ou DAO dans lesquels GÉOMÉTRIES (sens 2) et paramètres numériques affichés sont liés et interdépendants, avec en plus la possibilité d'imposer des particularités invariantes appelées CONTRAINTES (sens 2) aux éléments graphiques ou objets 3D.
A. Dans ce type de logiciel, la modification d'une valeur numérique affichée (dimension, angle) se répercute visuellement par la variation automatique de la GÉOMÉTRIE (sens 2) concernée. Inversement, la retouche d'une GÉOMÉTRIE (sens 2) s'accompagne instantanément d'une mise à jour de la valeur numérique associée et affichée.
B. Ainsi, le fonctionnement paramétrique apporte l'énorme avantage de permettre des retouches et modifications rapides et aisées des MODÈLES (sens 1) ou ASSEMBLAGES (sens 2) lors des activités de CONCEPTION, sans avoir à tout reprendre dès le début.
C. Le concept de paramétrique, assez révolutionnaire à ses débuts dans les années 90, a été inventé et popularisé par l'entreprise américaine Parametric Technology ® (PTC).
→ Voir aussi CONTRAINTE (sens 2).

parcours d'outil [tool path]

(n.m.) L'ensemble de tous les endroits par lesquels un OUTIL DE COUPE doit passer pendant l'USINAGE (voir page suivante).

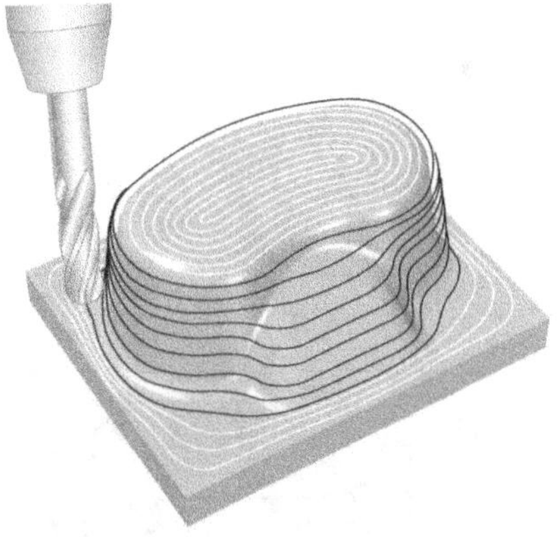

Le parcours d'outil est automatiquement déterminé par des logiciels spécialisés de FABRICATION ASSISTÉE PAR ORDINATEUR qui transforment les données géométriques d'un MODÈLE (sens 1) 3D en TRAJECTOIRE d'OUTIL selon des opérations et stratégies choisies par l'utilisateur.

parkérisation [parkerizing]

(n.f.) TRAITEMENT DE CONVERSION par PHOSPHATATION au MANGANÈSE.

→ Voir PHOSPHATATION.

paroi [inner surface]

(n.f.) Surface intérieure d'un CORPS CREUX.

pascal [pascal]

(n.m.) UNITÉ (sens 1) de PRESSION et de CONTRAINTE MÉCANIQUE dans le (UNITÉ), SYSTÈME INTERNATIONAL D'UNITÉS (S.I.).

A. Ci-après sa signification par rapport aux UNITÉS DE BASE :

$$1\ Pa = 1\ N/m^2 = 0{,}1\ daN/m^2$$
$$1\ MPa = 1 N/mm^2 = 0{,}1\ daN/mm^2$$
$$1\ GPa = 1000\ N/mm^2 = 100\ daN/mm^2$$

B. Pascal est un philosophe, écrivain et savant français (1623-1662).

pas de filetage [thread pitch, lead]

(n.m.) La DISTANCE entre deux sommets successifs d'un FILETAGE.

A. Ne pas confondre avec l'AVANCE (ou pas hélicoïdal P_h) qui est la distance de deux sommets correspondant à un TOUR (sens 2). On parle aussi de P_a (pas apparent). Pour un filetage à un seul filet, le « pas » et l'« avance » sont confondus :

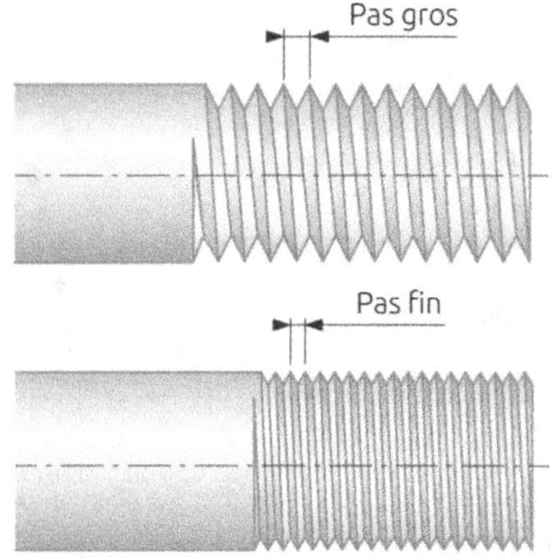

B. Il existe deux séries de pas de filetage :
• le PAS GROS, c'est à dire les valeurs les plus répandues.
• le PAS FIN, avec une valeur plus faible et plus rarement utilisée.
→ Voir FILET TRIANGULAIRE ; PAS FIN.
Concernant le sens de l'HÉLICOÏDE du filet, deux types sont possibles :
• le PAS DE FILETAGE À DROITE. D'une façon générale, c'est le sens défini comme STANDARD pour la VISSERIE et les applications courantes.
• le PAS DE FILETAGE À GAUCHE. Il n'est utilisé que pour des applications particulières très spéciales.
→ Voir PAS DE FILETAGE À DROITE pour la façon de distinguer ces deux SENS de pas de filetage.

pas de filetage à droite [righthand thread]

(n.m.) Un des sens de l'HÉLICOÏDE de FILET dans lequel le serrage se fait en tournant dans le sens de l'aiguille d'une montre. C'est le sens le plus couramment utilisé.

Pas à droite : serrage (sens horaire)

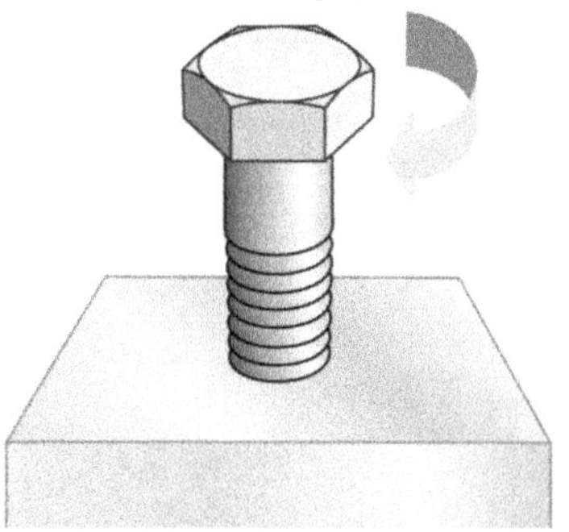

• Note : Voici comment reconnaître le sens d'un PAS DE FILETAGE. Lorsque la tige est disposée verticalement, le pas de filetage à droite monte vers la droite. Le PAS DE FILETAGE À GAUCHE monte vers la gauche comme ci-dessous :

Pas à droite   Pas à gauche

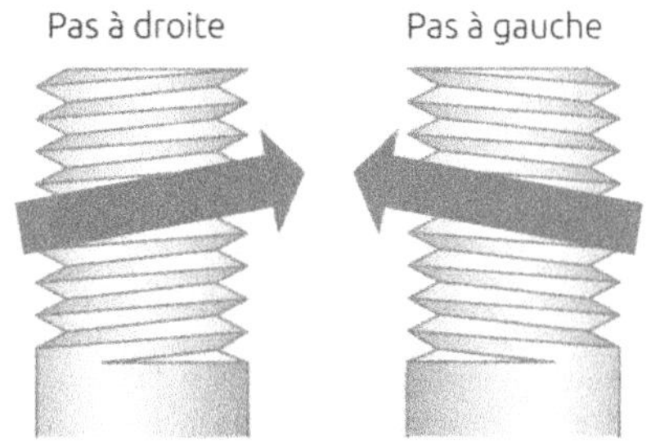

pas de filetage à gauche [lefthand thread]

(n.m.) Sens de l'HÉLICOÏDE d'un FILET dans lequel le SERRAGE se fait dans le sens inverse des aiguilles d'une montre.

A. Le pas de filetage à gauche ne doit être utilisé que pour des cas exceptionnels où il est réellement indispensable.

Pas à gauche : serrage (sens antihoraire)

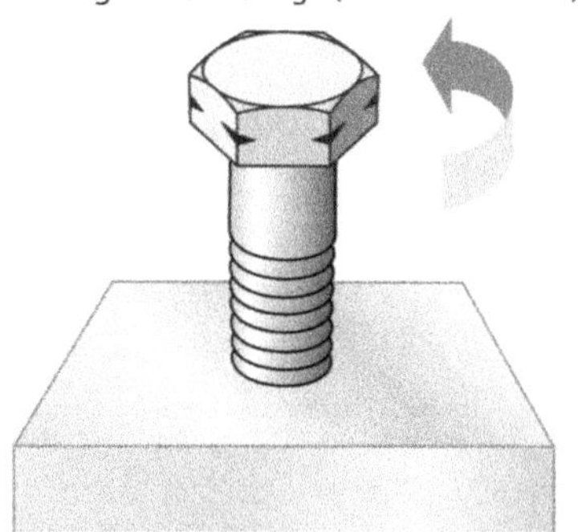

B. À remarquer que les VIS ou ÉCROUS avec pas à gauche portent toujours une marque particulière pour les distinguer de la VISSERIE normale. Dans le cas représenté ci-dessus d'une VIS À TÊTE HEXAGONALE, il s'agit de petites ÉCHANCRURES sur les ARÊTES de l'HEXAGONE.

C. Ci-dessous un exemple d'application d'un pas de filetage à droite et à gauche. Il s'agit d'un DISPOSITIF permettant de s'accrocher sur une POUTRE type HEB :

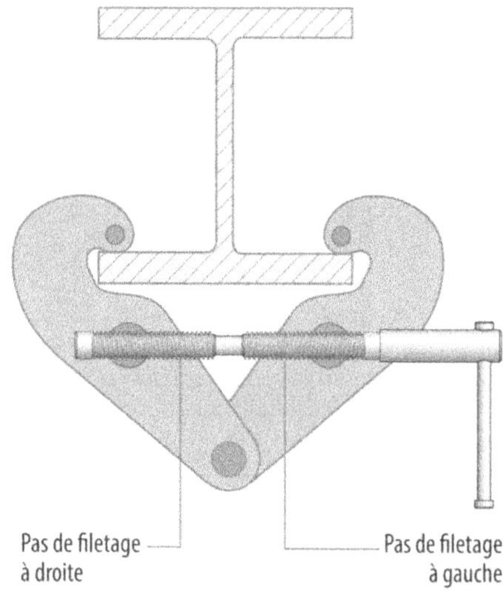

Pas de filetage à droite   Pas de filetage à gauche

pas de vis [thread pitch]

(n.m.) Même signification que le PAS DE FILETAGE.

pas fin [fine thread pitch]

(n.m.) PAS DE FILETAGE normalisé plus petit que ce qui est défini comme le STANDARD dénommé PAS GROS.

A. Une comparaison des avantages et inconvénients des deux types de « pas de filetage » :

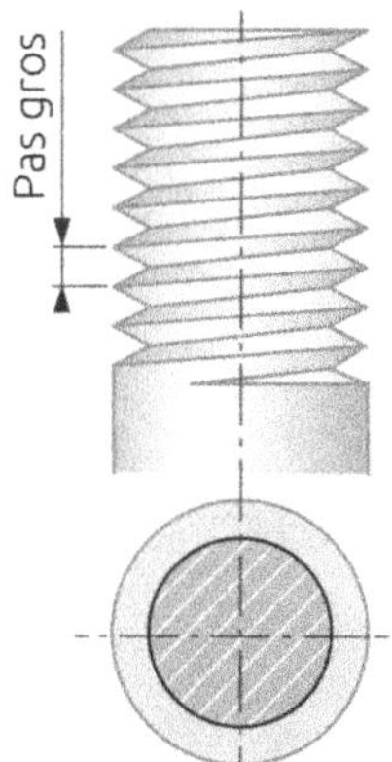

- Résiste mieux aux efforts alternés car la concentration de contrainte est plus faible pour un pas plus grand, car le rayon en fond de filet est plus grand.
- Permet un assemblage plus rapide car le serrage avance plus vite, compte tenu du pas plus grand.
- Permet une couche de traitement de surface plus épaisse car le jeu est plus important.
- Plus économique car plus répandu.

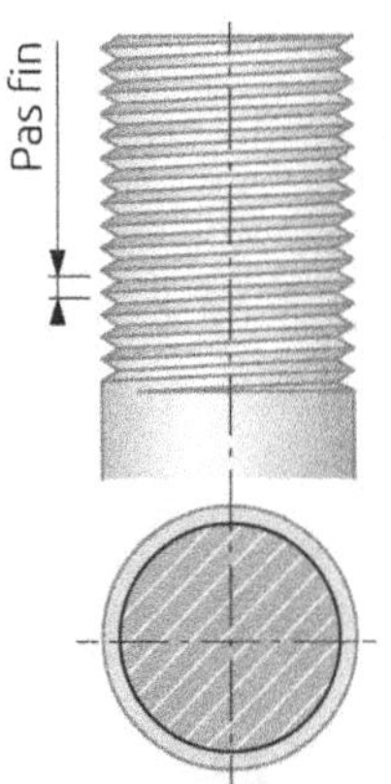

- Résiste mieux aux efforts statiques car la section est plus importante.
- Ne se desserre pas accidentellement même sans rondelle-frein, car les filets sont peu inclinés.
- Permet de doser avec précision les efforts de serrage

B. La PROPRIÉTÉ la plus intéressante du pas fin est de mieux résister aux VIBRATIONS et au DESSERRAGE accidentel car l'ANGLE D'HÉLICE est plus faible. Ainsi, il trouve tout son intérêt dans l'automobile et l'aéronautique pour les ORGANES les plus sensibles.

→ Voir ÉCROU À ENCOCHES pour un autre exemple d'utilisation du pas fin.

pas gros [coarse thread pitch]

(n.m.) PAS DE FILETAGE standard le plus grand pour un DIAMÈTRE | NOMINAL donné.

A. C'est le pas le plus couramment utilisé dans le système ISO. Le terme « pas gros » est souvent utilisé pour faire la distinction avec le PAS FIN qui n'est utilisé que rarement dans des applications spécifiques. Ainsi, au quotidien, en absence de toute indication, c'est le « pas gros » qui est considéré.

B. Pour les cas du FILET TRIANGULAIRE PROFIL ISOMÉTRIQUE, le tableau ci-dessous donne les valeurs normalisées de « pas gros » et de PAS FIN.

Ø nominal	1	1,2	(1,4)	1,6	(1,8)	2	(2,2)	2,5
Pas gros	0,25	0,25	0,3	0,35	0,35	0,4	0,45	0,45
Pas fin								

Ø nominal	3	3,5	4	5	6	(7)	8	10
Pas gros	0,5	0,6	0,7	0,8	1	1	1,25	1,5
Pas fin					0,75		1	1
								1,25

Ø nominal	12	(14)	16	(18)	20	(22)	24	(27)
Pas gros	1,75	2	2	2,5	2,5	2,5	3	3
Pas fin	1	1,5	1,5	1,5	1,5	1,5	1,5	1,5
	1,25			2	2	2	2	2
	1,5							

Ø nominal	30	(33)	36	(39)	42	48	52	60
Pas gros	3,5	3,5	4	4	4,5	5	5	5,5
Pas fin	1,5	1,5	1,5	1,5	1,5	1,5	1,5	4

Les diamètres nominaux entre parenthèses sont à éviter

passe [pass]

(n.f.) Un passage d'un OUTIL DE COUPE dans la MATIÈRE. Lorsque l'opération se fait axialement avec la même PROFONDEUR DE COUPE, on parle alors de passe de CHARIOTAGE. Lorsque l'AVANCE est radiale, on parle de passe de DRESSAGE.

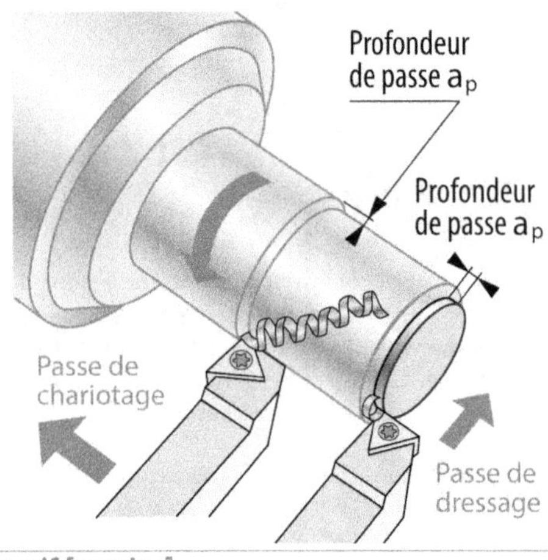

passif [passive]

(adj.)

1. Qui ne réagit pas chimiquement à cause d'une COUCHE protectrice formée par la croissance d'un composé du MÉTAL concerné lui-même, en parlant de la surface d'un MATÉRIAU.

2. Qui caractérise les composants électroniques ne pouvant augmenter le signal qui les traverse. C'est le cas des résistances électriques, les condensateurs, les transformateurs, etc.

◊ Contr. : Actif.

passivation [passivation]

(n.f.)

1. État d'une SURFACE qui ne peut réagir chimiquement à cause d'une COUCHE protectrice formée par un composé du MÉTAL concerné lui-même.

2. TRAITEMENT DE SURFACE visant à augmenter la RÉSISTANCE À LA CORROSION en faisant croître à la SURFACE d'une PIÈCE (sens 1) une COUCHE d'OXYDE protectrice.

→ Voir BICHROMATAGE pour un exemple d'application.

pâte [paste]

(n.f.) SUBSTANCE de consistance VISQUEUSE à mi-chemin entre le SOLIDE et le LIQUIDE.

→ Voir VISCOSITÉ.

pâteux, pâteuse [pasty]

(adj.) De consistance très VISQUEUSE en parlant d'une SUBSTANCE.

Ex. : *Lubrifiant pâteux.*

patine [patina]

(n.f.) Coloration que prennent avec le temps les surfaces de PIÈCES (sens 1) métalliques à cause de RÉACTIONS CHIMIQUES avec l'ENVIRONNEMENT, notamment l'OXYDATION.

→ Voir PATINÉ.

patiné [patinated]

(adj.) Qui a pris une coloration particulière à cause de RÉACTION CHIMIQUE avec le milieu environnant en perdant notamment sa brillance et l'aspect du neuf.

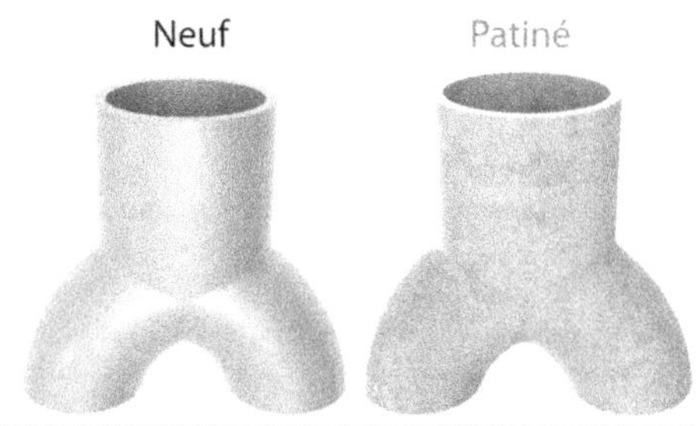

PC

Abréviation pour **PolyC**arbonate. (PLASTIQUE), MATIÈRE PLASTIQUE | THERMOPLASTIQUE | AMORPHE rassemblant un certain nombre de PROPRIÉTÉS intéressantes : très bonne RÉSISTANCE MÉCANIQUE, bonne RIGIDITÉ, une très bonne RÉSISTANCE AU CHOC et aux RAYURES, une transparence optique, une bonne résistance aux UV, de bonnes PROPRIÉTÉS d'isolation électrique, large plage de TEMPÉRATURE D'UTILISATION aussi bien pour le froid que pour la chaleur, etc.

A. Sa formule chimique :

B. Les PROCÉDÉS de TRANSFORMATION (sens 3) qui peuvent lui être appliqués sont : le MOULAGE PAR INJECTION PLASTIQUE, l'EXTRUSION (sens 3), l'EXTRUSION-SOUFFLAGE, le THERMOFORMAGE, le SOUDAGE, le COLLAGE.

C. Ses domaines d'application : vitrage incassable, véranda, abri, toiture, verrière, bouclier de force de police, casque de moto et de pompier, visière, verre de lunette, phare de voiture, hublot d'avion, feux de signalisation, protection machine, etc.

D. Quelques CARACTÉRISTIQUES indicatives :

Masse volumique	$1,2 \ \text{g/cm}^3$
Résistance au choc Charpy non-Ent	$35 \ \text{kJ/m}^2$
Module d'élasticité longitudinal	2500 MPa
Résistance à la rupture	65 MPa
Dureté Shore D	78
Allongement à la rupture	> 60 %
Transmission lumineuse	85 %
Absorption d'eau en masse	0,2 %
Température d'utilisation	-100°C à +120°C
Coefficient de dilatation linéaire	70 µm/(m.°C)
Classement au feu	M1
Retrait au moulage	0,6 %
Conductivité thermique à 23°C	0,21 W/(m·K)
Alimentarité	Non sûre

E. Quelques appellations commerciales : Lexan ™, Lexgard ™ (GE ®, Sabic ®) ; Makrolon (Bayer ®, Covestro ®), Axxis ®, Xantar (Mitsubishi ®) ; Calibre (Dow chemicals ®) ; Arla ® ; Radilux ® ; Panlite ™ (Teijin ®) ; Astalon ™ (Marplex ®) ; Carbotex ™ (Kotec ®)...

PE

Abréviation pour **PolyE**thylène. (PLASTIQUE), MATIÈRE PLASTIQUE | THERMOPLASTIQUE de consommation courante appartenant à la famille des POLYOLÉFINES et entièrement obtenue à partir de déchets de pétrole.

A. Sa formule chimique générale :

B. Selon le mode de synthèse, le polyéthylène se décline en plusieurs types avec des chaînes moléculaires et degré de ramifications plus ou moins longues et plus ou moins nombreuses. Les principaux et les plus connus sont :

• PEhd : Polyéthylène haute densité (HDPE en anglais : High Density PolyEthylen).

• PEbd : Polyéthylène basse densité (LDPE en anglais : Low Density PolyEthylen).

• PEbdL : Polyéthylène Basse Densité Linéaire (LLDPE : Linear Low Density PolyEthylen).

• PEuhpm : Polyéthylène ultra haut poids moléculaire (UHMWPE : Ultra High Molecular Weight PolyEthylen).

D'autres variantes moins importantes en tonnage mondial existent : PE-R (polyéthylène réticulé) ou PEX en anglais (cross-linked polyethylen) ; PEmd (polyéthylène moyenne densité) ou MDPE (medium density polyethylen) ; PEtbd (polyethylène très basse densité) ou VLDPE (very low density polyethylen), etc.

Abréviation	PEhd	PEbd	PEbdL
Nom complet	Polyéthylène haute densité	Polyéthylène basse densité	Polyéthylène basse densité linéaire
Densité (g/cm^3)	0,95 ± 0,02	0,92 ± 0,01	0,92 ± 0,02
Structure moléculaire	Très longues chaînes	Chaînes avec ramifications longues	Chaînes avec ramifications courtes
Structure cristalline	Très cristallin	Semi-cristallin	Semi-cristallin
Propriétés	Résistance mécanique	Résistance à l'impact basse température	Meilleure résistance mécanique et à l'impact
Codification Recyclage	♳ 2 PEhd	♴ 4 PEbd	♴ 4 PEbdL

C. Quelques caractéristiques utiles :

Abréviation	PEhd	PEbd	PEbdL
Module de Young	850 MPa	200 MPa	150 MPa
Résistance à la rupture	30 ± 10 MPa	15 ± 5 MPa	22 ± 6 MPa
Dureté Shore D	68	44	48
Allongement à rupture	150 %	400 %	500 %
Température d'utilisation	-70 à +70 °C	-60 à +60 °C	-70 à +50 °C
Coefficient de retrait	2,3 ± 1 %	2,5 ± 1 %	3 %
Coefficient de dilatation	150 µm/(m·°C)	150 µm/(m·°C)	200 µm/(m·°C)
Absorpt° eau en masse	< 0,01 %	< 0,01 %	< 0,01 %

D. Il peut être transformé par toutes les TECHNIQUES habituelles pour les THERMOPLASTIQUES : MOULAGE PAR INJECTION, INJECTION SOUFFLAGE, EXTRUSION (sens 3), EXTRUSION-SOUFFLAGE, EXTRUSION GONFLAGE DE FILM, ROTOMOULAGE, THERMOFORMAGE, CALANDRAGE, etc.

Avantages

E. Léger, Bonne RÉSISTANCE MÉCANIQUE, **très bonne** RÉSISTANCE AU CHOC **même à basse** TEMPÉRATURE, **bonne résistance à l'**ABRASION, **chimiquement inerte,** ALIMENTARITÉ **sûre,** RECYCLABLE, **économique…**

Inconvénients

F. Difficile à assembler par COLLAGE. Mauvaise tenue à la chaleur. Sensible aux UV en présence d'OXYGÈNE. Sensible à la FISSURATION sous CONTRAINTE (sens 3). Molécule non polaire ce qui ne permet pas le SOUDAGE HAUTE FRÉQUENCE DE PLASTIQUE. Prend moins bien les FORMES en EXTRUSION (sens 3) par rapport au PVC.
G. Quelques appellations commerciales : Lupolen ®, Hostalen ® (Lyondellbasell ®) ; Eltex ® (Solvay ®) ; Bynel ® (Dow ®) ; Rigidex ® (Ineos ®) ; Cestilene ® (Quadrant ®), Borstar ® (Borealis ®) ; Clearflex ® (Polimeri Europa ®) ; Zemid ® (Dupont ®) ; Novatec ® (Mitsubishi ®) ; etc.
→ Voir aussi AUTO-EXTINGUIBLE pour une comparaison avec le PVC.

pédale [pedal]

(n.f.) ORGANE de COMMANDE fait pour être actionné avec le pied.

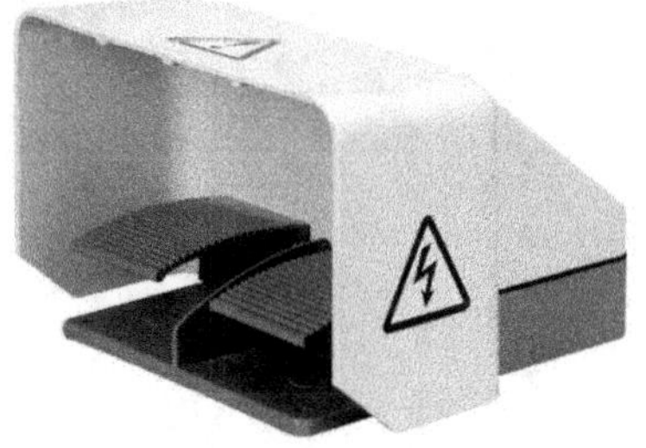

→ Voir, par exemple, POINÇONNEUSE et PRESSE.

peinture

(n.f.)
1. [paint] SUBSTANCE colorée appliquée en COUCHE fine sur une SURFACE pour lui donner une teinte, l'embellir, la protéger.
2. [painting] OPÉRATION d'application sur une SURFACE d'une COUCHE fine de SUBSTANCE colorée en guise de décoration et de protection.

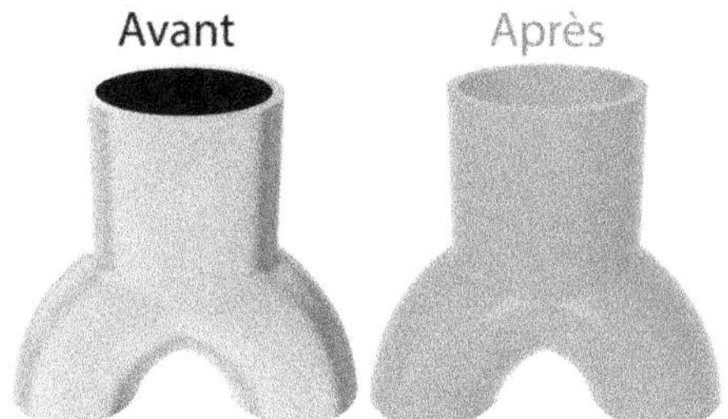

A. La peinture est la plupart du temps un TRAITE-MENT de FINITION et de décoration qui fait suite aux autres TRAITEMENTS DE SURFACE préalables plus axés sur la protection contre la CORROSION (ÉLECTROZINGAGE, BICHROMATAGE, GALVANISATION, CATAPHORÈSE, etc.)

B. Les principaux PROCÉDÉS d'application de peinture sont les suivants :

- la PEINTURE LIQUIDE.
- la PEINTURE POUDRE ou THERMOLAQUAGE.
- L'immersion, trempage.
- La CATAPHORÈSE.

peinture liquide [liquid paint, liquid painting]

(n.f.) PEINTURE dont les pigments colorés sont mélangés à un solvant aqueux ou organique.

A. Son application se fait industriellement par PULVÉRISATION avec un pistolet projetant par AIR COMPRIMÉ le mélange colorant + solvant. Les PIÈCES (sens 1) peintes sont prêtes à l'emploi une fois complètement séchées, c'est à dire lorsque le solvant s'est entièrement évaporé.

 **Avantages**

B. TECHNIQUE et MATÉRIEL relativement simples et abordables sauf pour les cabines permettant de contrôler les conditions de TEMPÉRATURE et d'humidité dans les applications exigeantes. Convient à tous les MATÉRIAUX car n'a pas besoin d'OPÉRATIONS supplémentaires de cuisson ou de chauffage, par exemple. Ainsi, les PIÈCES (sens 1) peuvent éventuellement être assemblées avant la peinture car il n'y a pas de risque de détérioration de composants fragiles et sensibles à la TEMPÉRATURE. Applicable aux PIÈCES (sens 1) de très grandes dimensions car il n'y a pas de limitation due à la taille d'un FOUR de cuisson. N'exige pas un TRAITEMENT préalable de NETTOYAGE et de DÉGRAISSAGE aussi rigoureux que le THERMOLAQUAGE. Permet de réaliser facilement dans de bonnes conditions et avec un résultat correct des petites RETOUCHES.

 **Inconvénients**

C. Problématique de nocivité des solvants pour la santé. Résistance à la RAYURE moins bonne par rapport au THERMOLAQUAGE. La peinture qui n'atteint pas la SURFACE à peindre est définitivement perdue. Conservation et péremption plus délicates de la peinture à cause des solvants.

→ Voir THERMOLAQUAGE ; FINITION BRILLANTE pour les différentes finitions de peinture.

peinture poudre [powder coating]

(n.f.) Même signification que THERMOLAQUAGE.

pelage [peel]

(n.m.) Mode de SOLLICITATION MÉCANIQUE d'un ASSEMBLAGE (sens 2) collé dans lequel les deux PIÈCES (sens 1) sont écartées l'une de l'autre graduellement.

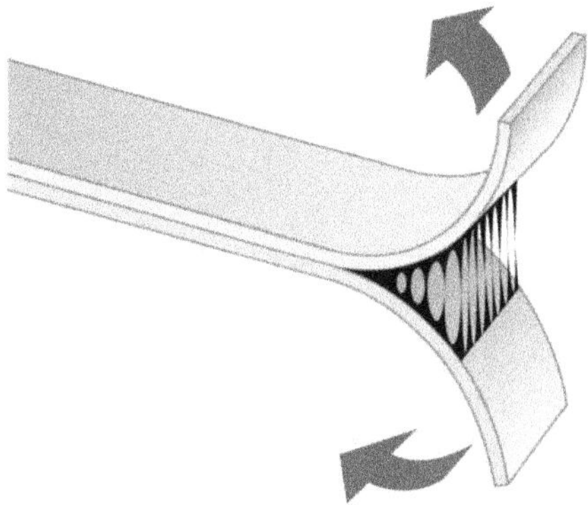

Dans ce cas, la COLLE est soumise à des CONTRAINTES DE TRACTION.
→ Voir aussi COLLAGE.

pénétrateur [penetrator, indenter, indentor]

(n.m.) ORGANE de formes diverses en MATÉRIAU très DUR comme le CARBURE de TUNGSTÈNE avec LIANT | COBALT et le DIAMANT, destiné à être pressé sur un autre MATÉRIAU pour en mesurer la DURETÉ.

→ Voir (DURETÉ), MESURE DE DURETÉ ; DURETÉ SHORE.
◆ Syn. : INDENTEUR.

pente [slope]

(n.f.) INCLINAISON par rapport à une LIGNE ou un PLAN horizontal. C'est l'altitude correspondant à la DISTANCE horizontale lorsque l'on parcourt la LIGNE ou le PLAN INCLINÉ (voir page suivante).

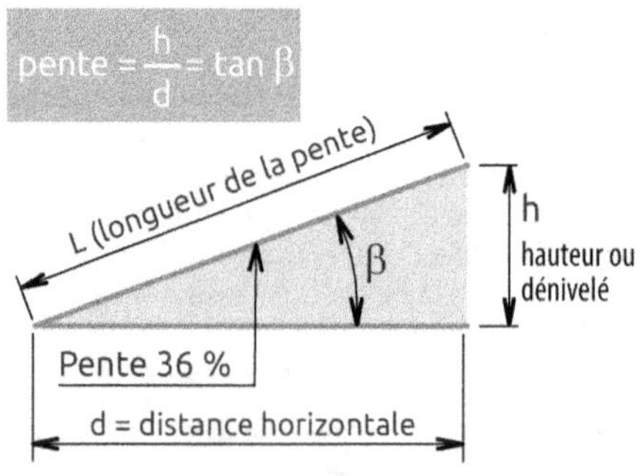

A. Elle est exprimée avec un nombre sans unité ou en pourcentage. Dans l'exemple ci-dessus, l'altitude augmente ou diminue de 36 pour un parcours de 100 suivant la distance horizontale. La pente est donc de 0,36 ou 36 %, ce qui correspond à un angle β d'environ 20° par rapport à l'horizontal.

B. Ne pas confondre la pente avec l'INCLINAISON, qui n'est pas forcément mesurée par rapport à l'horizontal.

→ Voir aussi CONICITÉ.

---

perçage [drilling]

(n.m.) OPÉRATION d'USINAGE permettant d'obtenir un TROU | CYLINDRIQUE d'une PRÉCISION moyenne.

A. D'une façon générale, la PRÉCISION est comprise entre IT10 et IT15 sur l'échelle de (TOLÉRANCE), GRADE DE TOLÉRANCE INTERNATIONALE.

	Très précis		Précis		Moyen	Grossier	Très Grossier
IT	1 2 3 4 5		6 7 8 9		10 11 12	13 14 15	16 17 18
Exemple	10 ± 0,002	10 ± 0,01			10 ± 0,05	10 ± 0,2	10 ± 1
	100 ± 0,005	100 ± 0,02			100 ± 0,1	100 ± 0,4	100 ± 2
	ALÉSAGE				**PERÇAGE**		

B. Ainsi, ne pas confondre avec l'ALÉSAGE (sens 1) d'une plus grande PRÉCISION et pas forcément de FORME | CYLINDRIQUE.

C. L'OUTIL DE COUPE utilisé est le FORET. La MACHINE-OUTIL habituellement mise en œuvre est la PERCEUSE, comme ci-contre :

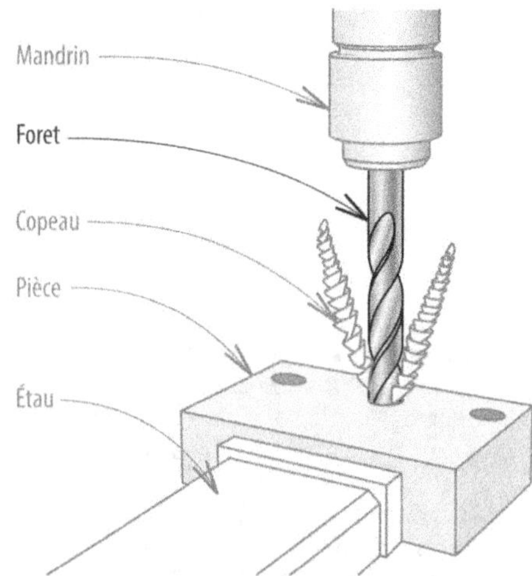

La FRAISEUSE et le TOUR (sens 1) peuvent aussi être utilisés ainsi que les appareillages ÉLECTRO-PORTATIFS tels que la PERCEUSE MANUELLE.

D. TOLÉRANCE DIMENSIONNELLE (IT) :

Très précis		Précis	Moyen	Grossier	Très Grossier
1 2 3 4 5		6 7 8 9	10 11 12	13 14 15	16 17 18
			Perçage		
10 ± 0,002	10 ± 0,01		10 ± 0,05	10 ± 0,2	10 ± 1
100 ± 0,005	100 ± 0,02		100 ± 0,1	100 ± 0,4	100 ± 2

E. ÉTAT DE SURFACE, RUGOSITÉ Ra (µm) :

0,012	0,025	0,05	0,1	0,2	0,4	0,8	1	1,6	3,2	6,3	10	12	25	50	100	200
								Perçage								

* Symbole ne faisant plus partie des normes

F. Coût d'OUTIL (hors coût MACHINE) :

Aucun	Faible	Moyen	Élevé	Très élevé
	Perçage			

G. SÉRIE DE PIÈCES économique :

Proto	Unitaire	Petite	Moyenne	Grande	Très Grande
1	10	100	1 000	10 000	100 000
		Perçage			

(perçage), banc de perçage [gang drilling machine]

(n.m.) MACHINE-OUTIL constituée de plusieurs PERCEUSES rassemblées sur un seul BÂTI afin de pouvoir percer plusieurs TROUS simultanément.

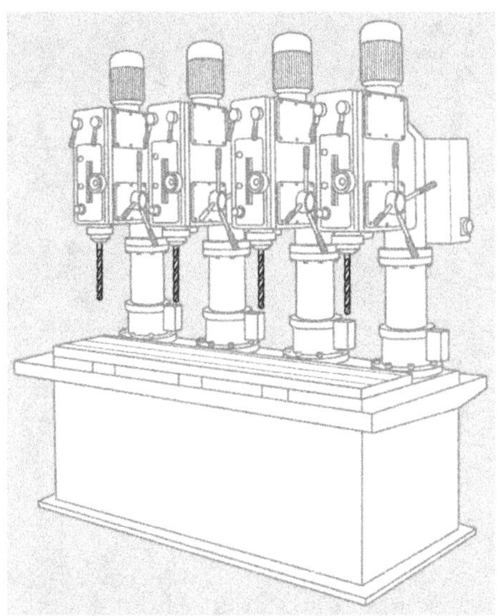

• Note : Ne pas confondre avec la PERCEUSE MULTI-BROCHE.

perçage profond [deep drilling, gun drilling]

(n.m.) USINAGE de TROU dont la PROFONDEUR dépasse 10 fois son DIAMÈTRE.

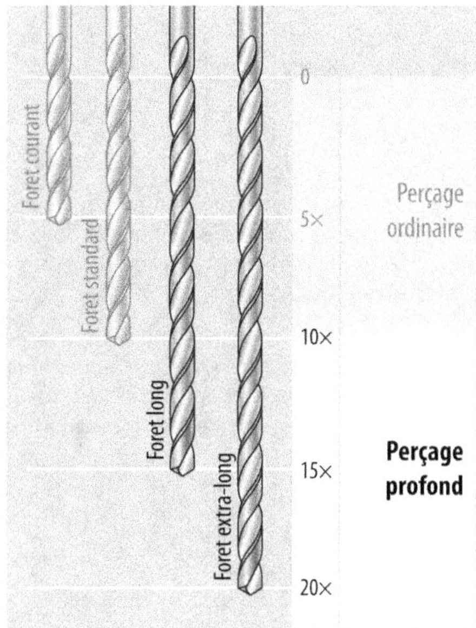

A. Il peut atteindre jusqu'à 150× le DIAMÈTRE. À titre de comparaison, pour le PERÇAGE ordinaire les LONGUEURS de FORET sont de l'ordre de 5 à 10× le DIAMÈTRE.
B. Le perçage profond peut être effectué de façon conventionnelle avec des FORETS spéciaux ou de façon non-conventionnelle par ÉLECTROÉROSION ou (ULTRASON), USINAGE PAR ULTRASONS. Dans le cas de l'utilisation de FORET, des précautions spécifiques doivent être prises pour évacuer les COPEAUX et éviter le FLAMBAGE de l'OUTIL. Ainsi, il est souvent pratiqué sur des UNITÉS D'USINAGE spécialisées dans lesquelles le FORET de grande LONGUEUR est constamment guidé par des CANONS DE PERÇAGE.
C. Les forets comportent aussi des canaux permettant d'envoyer un LIQUIDE | SOUS PRESSION (~ 80 bar / 8 MPa) à leur extrémité afin d'évacuer les COPEAUX ainsi que pour lubrifier et refroidir. Les FORETS 3/4 sont adaptés aux opérations de perçage profond.
D. Schéma synoptique d'une UNITÉ (sens 3) de perçage profond.

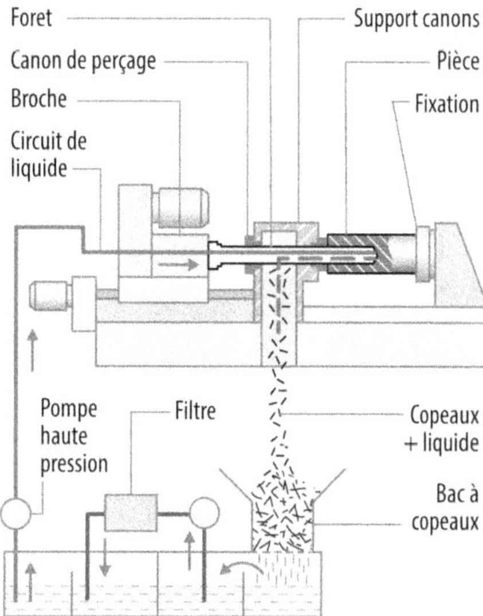

Pour le cas du perçage profond par ÉLECTROÉROSION ou (ULTRASON), USINAGE PAR ULTRASONS, l'OUTIL est une électrode.
E. Dans les OPÉRATIONS d'USINAGE, le perçage est celle qui possède le meilleur taux d'enlèvement de MATIÈRE. Les anglo-saxons parlent de « holemaker » pour décrire les métiers du perçage.
→ Voir FORET 3|4 pour un exemple d'OUTIL DE COUPE destiné à du perçage profond.
◆ Syn. : FORAGE.

percement [boring]

(n.m.) OPÉRATION d'obtention d'un TROU autrement qu'avec un OUTIL DE COUPE tel que le FORET.
→ Voir, par exemple, TUBE SANS SOUDURE ; LAMINAGE CIRCULAIRE.

perceuse [drilling machine]

(n.f.) MACHINE-OUTIL ou MACHINE ÉLECTROPORTATIVE munie d'une BROCHE (sens 2) tournante pouvant accueillir un FORET pour USINER des TROUS | CYLINDRIQUES. Plusieurs types existent :

- la PERCEUSE À COLONNE.
- la PERCEUSE RADIALE.
- la PERCEUSE D'ÉTABLI.
- PERCEUSE MULTI-BROCHE.
- la PERCEUSE À TOURELLE.
- le (PERÇAGE), BANC DE PERÇAGE.
- la PERSEUSE MANUELLE ou PERCEUSE À MAIN qui peut être avec ou sans fil.

perceuse à colonne [column drilling machine]

(n.f.) Type de PERCEUSE avec un pied VERTICAL posé sur le sol et sur lequel viennent s'appuyer la BROCHE (sens 2) et la TABLE. C'est la PIÈCE (sens 1) à percer qui est alignée avec la BROCHE (sens 2) au contraire de la PERCEUSE RADIALE.

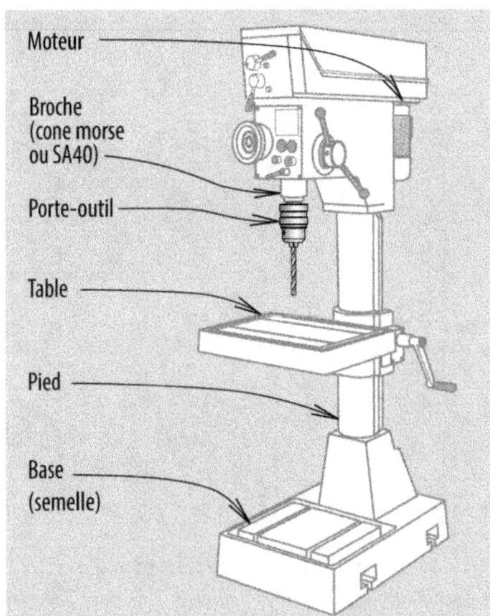

La perceuse à colonne est adaptée aux PIÈCES (sens 1) de taille moyenne. Pour les PIÈCES très lourdes, la PERCEUSE RADIALE convient davantage.

perceuse à main, perceuse manuelle [hand-operated drilling machine]

(n.f.) OUTILLAGE ÉLECTRO-PORTATIF faisant tourner une BROCHE (sens 2) permettant de percer des TROUS avec un FORET. La MACHINE ne prend appui ni sur un BÂTI ni sur le sol, et ne possède pas de TABLE pour la PIÈCE (sens 1). C'est l'opérateur qui guide et définit la POSITION du FORET. La perceuse manuelle peut être avec ou sans fil :
→ Voir également PERCEUSE SANS FIL.

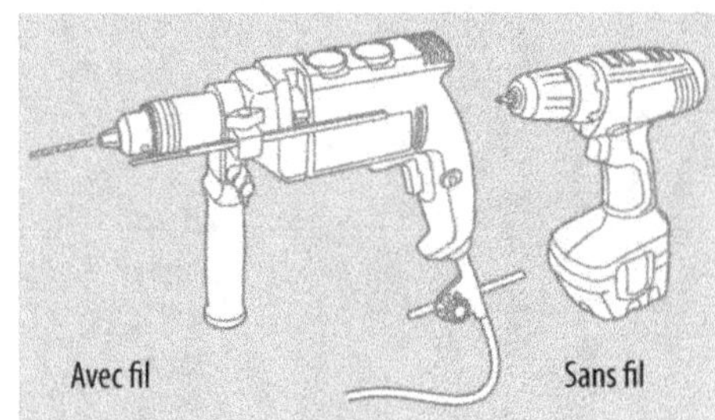

perceuse à tourelle [nc turret drilling machine]

(n.f.) MACHINE-OUTIL de PERÇAGE à PORTE-OUTIL multiple orientable, permettant de passer en un minimum de temps d'un outil à l'autre pour réduire le cycle d'USINAGE.

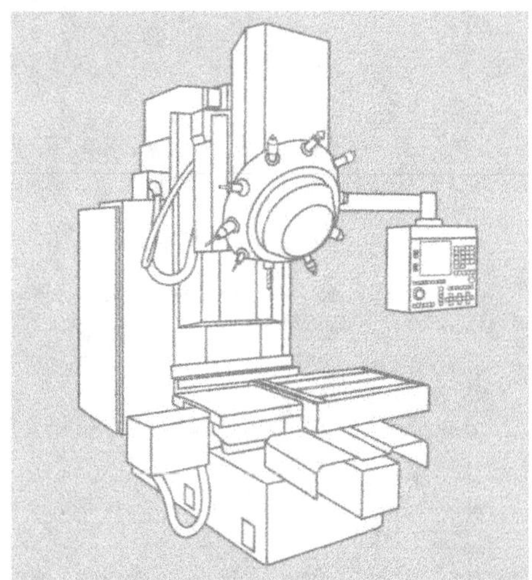

- Note : Ne pas confondre avec la PERCEUSE MULTI-BROCHE qui permet le perçage simultané de plusieurs TROUS.

perceuse d'établi [workbench drilling machine]

(n.f.) Type de PERCEUSE À COLONNE dont le pied n'atteint pas le sol et doit être posé sur une TABLE ou un ÉTABLI à hauteur de travail normale :

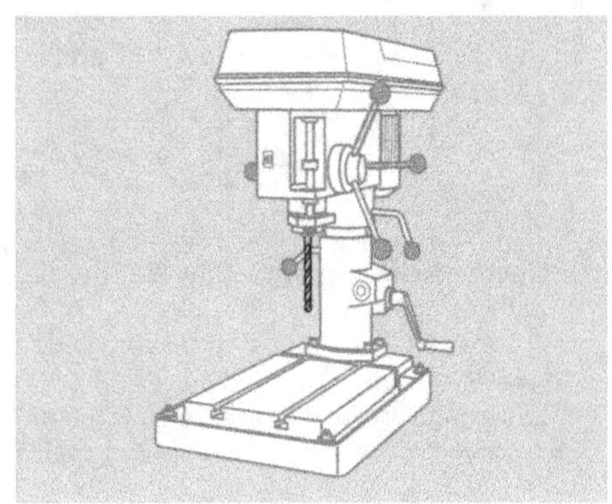

perceuse multi-broche [multi-spindle drilling machine]

(n.f.) MACHINE-OUTIL de PERÇAGE simultané de plusieurs TROUS.

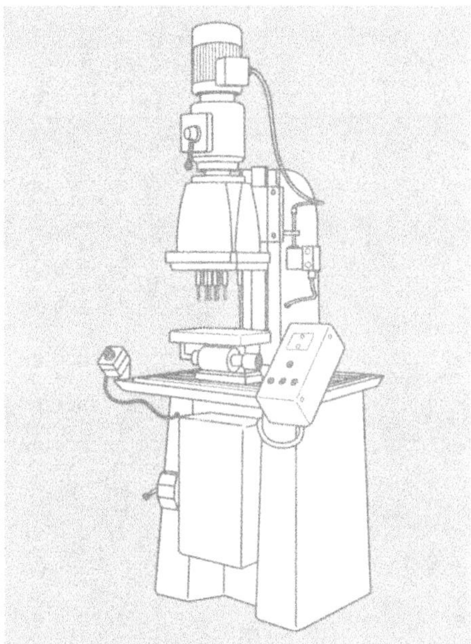

• Note : Ne pas confondre avec la PERCEUSE À TOURELLE qui n'exécute qu'une OPÉRATION à la fois mais permet un changement très rapide d'OUTIL.

perceuse radiale [radial drilling machine]

(n.f.) Type de PERCEUSE avec un pied VERTICAL reposant sur le sol comme la PERCEUSE À COLONNE mais avec la possibilité d'aligner la BROCHE (sens 2) avec la PIÈCE à percer car elle peut se rapprocher plus ou moins de la colonne du pied.

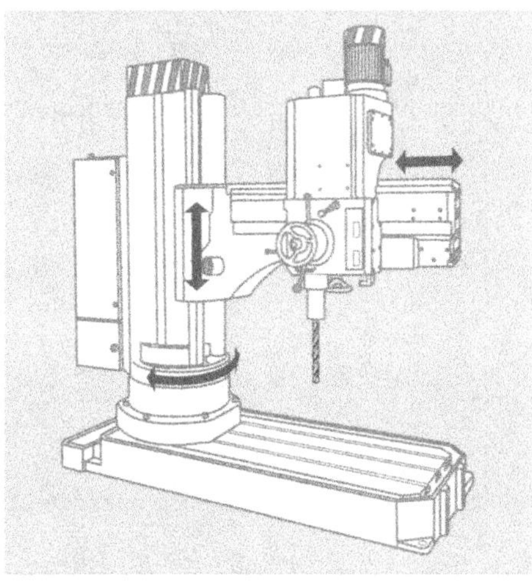

perceuse sans fil [wireless drilling machine]

(n.f.) PERCEUSE fonctionnant avec une batterie et non sur le secteur.

D'une façon générale, les perceuses sans fil sont d'une PUISSANCE moindre et d'une autonomie limitée. Elle ont cependant l'avantage pratique d'une bonne maniabilité.

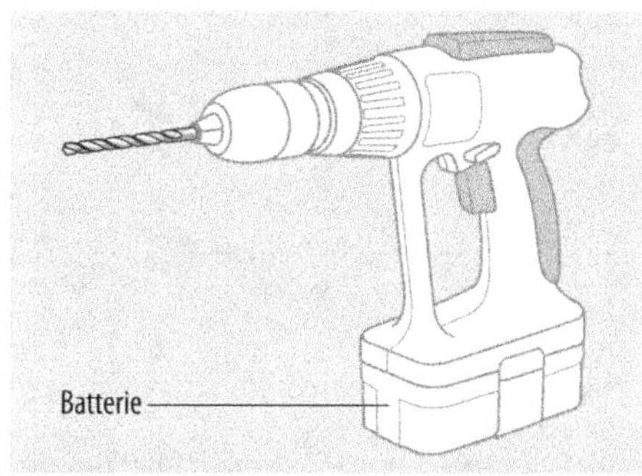

→ Voir aussi PERCEUSE À MAIN et OUTILLAGE ÉLECTRO-PORTATIF.

perforation

(n.f.)
1. [perforation] Multitude de TROUS rapprochés les uns des autres.
→ Voir, par exemple, TÔLE PERFORÉE.
2. [punching] OPÉRATION permettant d'obtenir une multitude de TROUS rapprochés les uns des autres.
→ Voir, par exemple, TÔLE PERFORÉE.

perforé [punched]

(adj.) Qui contient une multitude de TROUS rapprochés les uns des autres.
→ Voir TÔLE PERFORÉE.

performant [well performing]

(adj.) Qui peut réaliser un travail de QUALITÉ en un temps court. Qui donne un résultat très satisfaisant.

performance [performance]

(n.f.) Résultat optimal qu'un SYSTÈME est capable de fournir.

périmètre [perimeter]

(n.m.) LONGUEUR de la COURBE délimitant une SURFACE.

perlite [pearlite]

(n.f.) Une des STRUCTURES MICROSCOPIQUES de l'ACIER, constituées d'une alternance de deux PHASES (sens 2) LAMELLAIRES de FERRITE (α) et de CÉMENTITE (Fe_3C). La PERLITE correspond au constituant formé par la transformation eutéc-

toïde de l'ACIER, avec une composition de 0,77 %
de CARBONE.

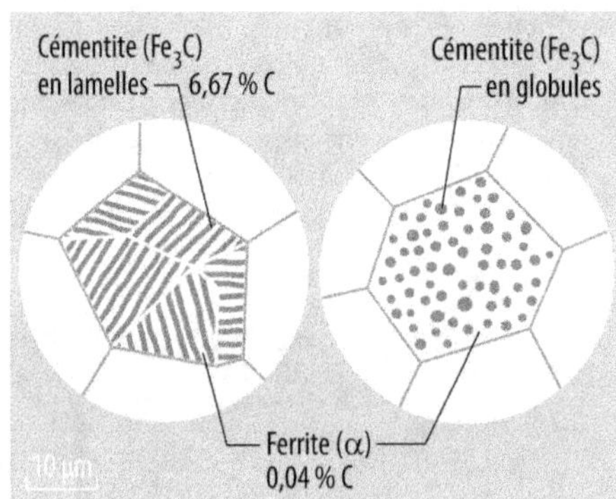

A. Elle peut exister sous forme GLOBULAIRE ob-
tenue avec un TRAITEMENT THERMIQUE appelé
GLOBULISATION.
B. La perlite est un constituant mi-dur de DURETÉ
moyenne de l'ordre de 200 HB. Elle est FERROMA-
GNÉTIQUE.
C. Son nom provient des reflets nacrés produits
par l'alternance fine des deux PHASES (sens 2).
→ Voir ACIER pour les diagrammes binaires du
SYSTÈME Fer-Carbone ainsi que la comparaison
avec d'autres MICROSTRUCTURES.

perlitique [perlitic]

(adj.) Qui a un rapport avec la PERLITE.
Ex. : *Acier perlitique ; microstructure perlitique.*

perméable [permeable]

(adj.) Qui se laisse traverser par une SUBSTANCE
(LIQUIDES ou GAZ) ou par d'autres phénomènes
physiques (électromagnétique, magnétique et
autres particules élémentaires, etc.), en parlant
d'un MATÉRIAU.
◊ Contr. : IMPERMÉABLE.

perpendiculaire [perpendicular]

(adj.) Qui fait un ANGLE DROIT avec autre chose.
◆ Syn. : NORMAL (sens 2).

perpendicularité [perpendicularity]

(n.f.) PROPRIÉTÉ de ce qui fait un ANGLE DROIT
par rapport à autre chose, c'est à dire 90°.
Ci-contre la manière de spécifier les TOLÉRANCES
de PERPENDICULARITÉ sur un DESSIN TECHNIQUE.
• Perpendicularité d'un PLAN (sens 1) par rapport
à un PLAN DE RÉFÉRENCE :

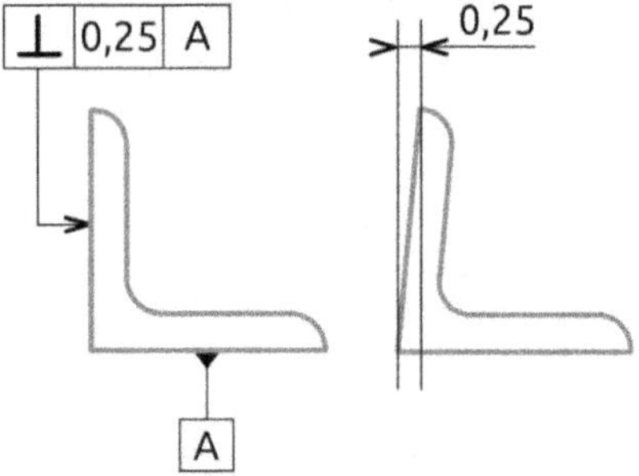

Voici la signification de cette indication :
le plan concerné doit être compris dans
l'intervalle de 0,25 mm entre deux plans
parallèles et perpendiculaires au plan de
référence notée A.

• Perpendicularité d'un AXE (sens 1) ou d'une
DROITE dans un PLAN (sens 1) par rapport à un
PLAN DE RÉFÉRENCE :

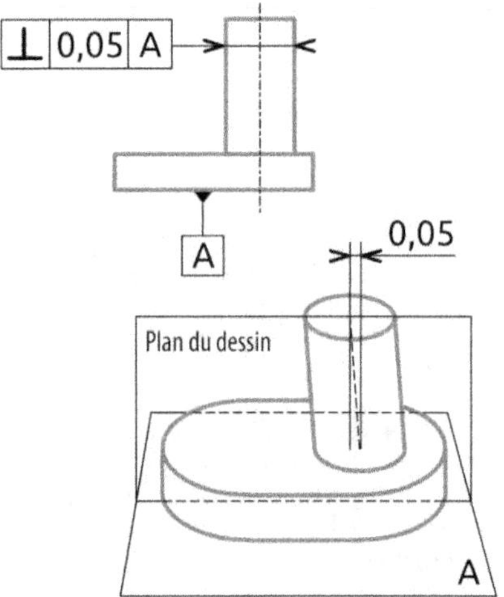

Voici la signification de cette indication :
l'axe ou la droite concernée doit se situer
dans l'intervalle de 0,05 mm entre deux
droites parallèles dans le plan du dessin
et perpendiculaires au plan de référence A.

• Perpendicularité d'un AXE (sens 1) ou d'une
DROITE dans l'espace par rapport à un PLAN DE
RÉFÉRENCE.

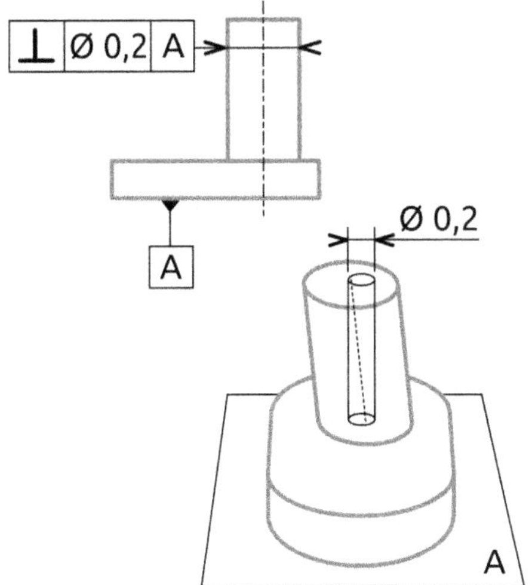

Voici la signification de cette indication :
l'axe ou la droite concernée doit être compris
dans un cylindre de 0,2 mm perpendiculaire
au plan de référence A.

perroquet [irregular curve, french curve]

(n.m.) Même signification que PISTOLET.

perspective [perspective drawing]

(n.f.) Mode de représentation graphique sur
une SURFACE | PLANE, d'un objet tridimensionnel
en procurant une sensation de VOLUME et de
profondeur.

A. Globalement, l'ORIENTATION de l'observation
n'est ni PARALLÈLE ni faisant un ANGLE DROIT
avec les LIGNES principales de l'objet, de sorte à
montrer simultanément trois FACES (sens 1) |
PERPENDICULAIRES. Généralement, une seule
VUE est suffisante en perspective pour décrire
entièrement un objet, contrairement à la PRO-
JECTION ORTHOGONALE qui en nécessite plusieurs. La perspective est sensiblement plus
facile à lire car c'est une lecture directe qui
n'exige pas d'effort mental de reconstitution
comme pour le cas de la PROJECTION ORTHOGO-
NALE. Cependant, sa réalisation est aussi sensiblement plus difficile quand elle est tracée à la
main.

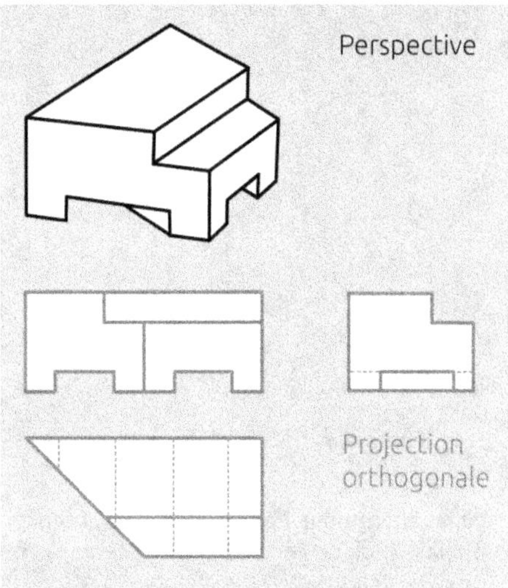

B. Quelques types de perspectives :
• Avec une face devant l'observateur.

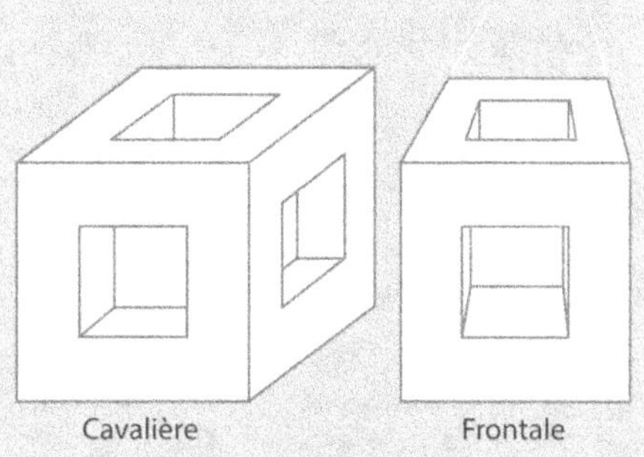

• Avec une arête devant l'observateur.

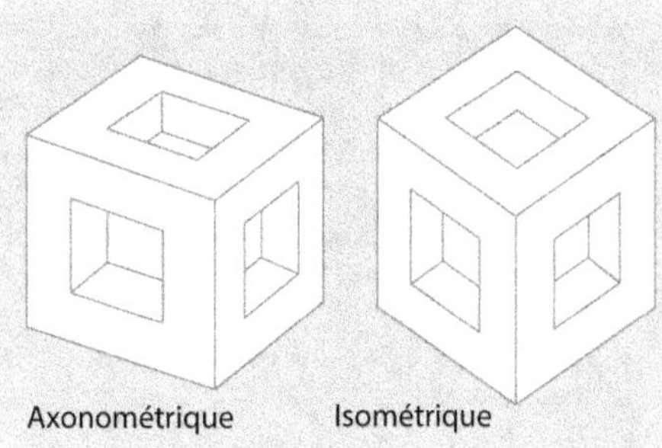

• Avec ANGLES et fuyantes.

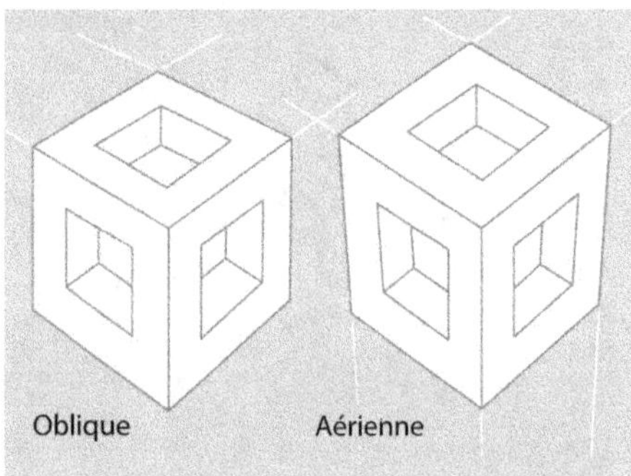

→ Voir aussi PROJECTION AXONOMÉTRIQUE.

PET

Abréviation pour **PolyE**thylen **T**erephtalate en anglais (Polytéréphtalate d'éthylène en français). (PLASTIQUE), MATIÈRE PLASTIQUE | THERMOPLASTIQUE de consommation courante de la famille des POLYESTERS et entièrement obtenue à partir d'un déchet du pétrole.

A. Sa formule chimique :

B. MATIÈRE SEMI-CRISTALLINE mais qui peut être AMORPHE et TRANSPARENTE avec un REFROIDISSEMENT lent. Bonne RÉSISTANCE MÉCANIQUE, Bonne RÉSISTANCE AU CHOC. Bonne RÉSISTANCE chimique. Bon MATÉRIAU barrière pour l'OXYGÈNE et le gaz carbonique. Bonne stabilité dimensionnelle. Faible absorption d'eau. Transparent aux micro-ondes. RECYCLABLE.

C. Les applications : FIBRE synthétique pour l'obtention de TISSU en association avec d'autres types de FIBRE (coton, laine, etc.) ; bouteilles, contenants et emballage divers ; carte de crédit de différents formats ; prothèse cardio-vasculaire...

D. Il peut être transformé par les TECHNIQUES suivantes pour les THERMOPLASTIQUES : MOULAGE PAR INJECTION, INJECTION SOUFFLAGE, EXTRUSION (sens 3), EXTRUSION-SOUFFLAGE, THERMOFORMAGE. Il peut aussi être mis en œuvre grâce à l'IMPRESSION 3D.

E. Quelques CARACTÉRISTIQUES indicatives du PET :

Masse volumique	1,38 g/cm³
Module d'élasticité longitudinal	3400 MPa
Résistance à la rupture	85 MPa
Allongement à la rupture	15 %
Dureté Shore D	84
Absorption d'eau en masse	0,25 %
Température d'utilisation	-20°C à +115°C
Coefficient de dilatation linéaire	60 μm/(m.°C)
Retrait au moulage	1 à 3 %
Conductivité thermique à 23°C	0,29 W/(m·K)
Classement au feu	
Alimentarité	Correcte

F. Codification du PET pour le RECYCLAGE.

G. Quelques noms commerciaux : Dacron ©, Crystar © (DuPont ®) ; Tergal ™ ; Terital ™ (Montecatini ©) ; Terylene ™ (ICI ©) ; Diolen © ; Terlenka © ; Lavsan © ; Vylopet © (Toyobo ©) ; Tripet © (Samyang ©) ; Sustadur © (Röchling) ; Skypet © (SK chemicals ©) ; Relpet © (Reliance industries ©) ; Petra © (BASF ©) ; Novapet © ; Nopla © (Kolon plastics ©) ; Murylat © (Murtfeldt Kunststoffe GmbH ©) ; RAMAPET ® (Indorama Ventures ©) ; Esmo © (Kuraray ©) ; Arnite © (DSM ©) ; Cleartuf © (M&G ©) ; Grilpet (EMS Chimie ©)...

H. Il existe sous une forme de COPOLYMÈRE appelé PET-G pour PolyEthylène Téréphtalate Glycol.

phase

(n.f.)

1. [stage] Chacune des périodes ou aspects successifs d'un PHÉNOMÈNE en évolution.

2. [phase] Constituant homogène, physiquement distincte et mécaniquement séparable d'une SUBSTANCE avec une COMPOSITION CHIMIQUE globale déterminée.

Ex. 1 : *Deux liquides non-miscibles dans le même récipient sont constitués de deux phases. S'ils sont miscibles, il n'y a qu'une seule phase.*

Ex. 2 : *Un mélange de GAZ ne possède qu'une phase.*

Ex. 3 : ALLIAGE BINAIRE | *PLOMB-ÉTAIN (70% Pb-30% Sn). Deux phases α et β :*

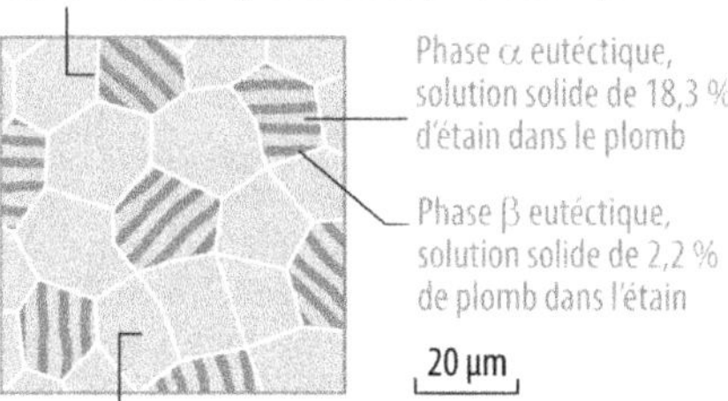

Constituant eutéctique, formé par la croissance lamellaire de deux phases lors du palier eutéctique

Phase α eutéctique, solution solide de 18,3 % d'étain dans le plomb

Phase β eutéctique, solution solide de 2,2 % de plomb dans l'étain

20 µm

Phase α primaire, formée lors du début de la solidification, solution solide de 18,3 % d'étain dans le plomb

---

phénomène [phenomenon]

(n.m.) Fait particulier méritant une attention, mais sans considération du moment où il se produit.

Ex. : *L'éclipse solaire est un phénomène naturel spectaculaire.*

• Note : Ainsi, ne pas confondre avec un ÉVÉNE-MENT qui est aussi un fait particulier mais associé à un moment bien précis.

Ex. : *Un événement spectaculaire s'est produit le 11 août 1999 dans le nord de la France à 11 h 03 car il y a eu une éclipse totale du soleil.*

phosphatation [phosphating, phosphatizing]

(n.f.) TRAITEMENT DE CONVERSION chimique transformant la SURFACE de certains MÉTAUX (ACIER, FONTE, ZINC, ALUMINIUM, TITANE, etc.) en phosphate métallique stable et insoluble. Cette COUCHE s'accroche au MÉTAL en lui conférant diverses CARACTÉRISTIQUES selon l'élément métallique associé au PHOSPHORE :

• Phosphatation MANGANÈSE ou PARKERISATION : permet d'améliorer les PROPRIÉTÉS de GLISSE-MENT sous LUBRIFICATION, évite le GRIPPAGE. Améliore également la RÉSISTANCE À LA CORROSION.

• Phosphatation ZINC ou bondérisation : sert de base d'accrochage pour de la PEINTURE ou du vernis. La couche poreuse de phosphate de ZINC est très adhésive et présente une forte capacité d'absorption des composés organiques. Ce traitement associé à une immersion dans des bains chauds de savons permet de former en surface des pièces destinées à être forgées à froid, un lubrifiant solide de stéarate de zinc.

• Phosphatation FER : améliore l'accrochage de PEINTURE.

---

phosphore (P) [phosphorus]

(n.m.) ÉLÉMENT CHIMIQUE non MÉTALLIQUE ne se trouvant à l'état naturel que sous forme de composés appelés phosphates.

Les applications principales des composés du phosphore sont la production de l'ACIER, les TRAITEMENTS DE SUR-FACE, la désoxydation du CUIVRE et des alliages cuivreux, la fertilisation agricole, les détergents, les applications pyrotechniques, les applications militaires, etc.

---

photoélasticimétrie [photoelasticimetry]

(n.f.) MÉTHODE expérimentale de visualisation directe des CONTRAINTES MÉCANIQUES dans certains MATÉRIAUX transparents ((PLASTIQUE), MATIÈRE PLASTIQUE, VERRE…) grâce à l'analyse sous une lumière particulière de ses PROPRIÉTÉS optiques avec lesquelles elles ont un lien.

A. La MÉTHODE permet de déceler optiquement les fortes variations de CONTRAINTES (sens 3) en soulignant les zones d'égales contraintes par des franges de différentes couleurs. La MÉTHODE permet ainsi de détecter les CONTRAINTES RÉSIDUELLES et les CONCENTRATIONS DE CONTRAINTE.

B. À titre d'exemple, ci-dessous l'état de CONTRAINTE (sens 3) de la fourche d'une CLÉ DE SERRAGE plate.

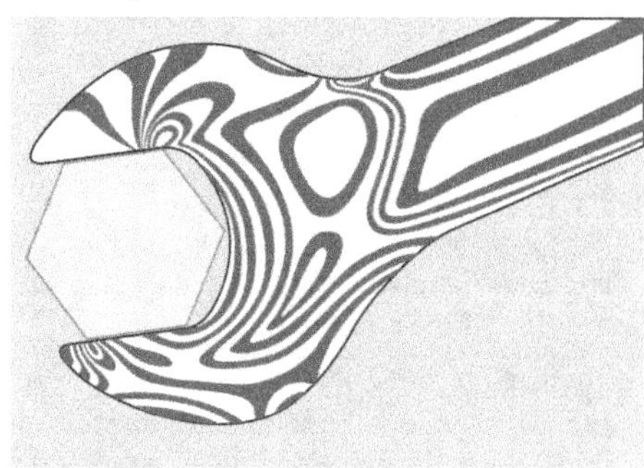

→ Voir aussi (CONTRAINTE), COEFFICIENT DE CONCENTRATION DE CONTRAINTE.

---

physique [physics]

(n.f.) Discipline scientifique s'efforçant de comprendre et de modéliser des PHÉNOMÈNES naturels en lien avec les MATIÈRES, les ÉNERGIES et leurs interactions.

---

pièce

(n.f.)
1. [part, workpiece] ORGANE élémentaire d'un seul tenant ne pouvant plus être décomposé.
Ex : *Pièce de rechange.*
2. [piece, item] Unité de nombre d'objets.
Ex. : *Conditionnement par 50 pièces.*
♦ Syn. : UNITÉ (sens 2).

pièce bonne [accept]

(n.f.) Pièce réalisée qui répond de façon satisfaisante aux BESOINS fonctionnels.
• Note : Ne pas confondre avec PIÈCE CONFORME qui signifie juste qu'elle répond aux spécifications de COTATION d'un PLAN (sens 2) sans forcément préjuger qu'elle puisse être bonne vis à vis de ses fonctions.
◊ Contr. : PIÈCE MAUVAISE ; REBUT.

pièce brute [raw part]

(n.f.) PIÈCE (sens 1) issue de la toute première OPÉRATION de FABRICATION et nécessitant généralement encore d'autres OPÉRATIONS.
Ex. : *Pièce brute de fonderie.*
◊ Contr. : PIÈCE FINIE.
⟶ Voir aussi PARACHÈVEMENT.

pièce conforme [compliant part]

(n.f.) PIÈCE (sens 1) sans reproches réalisée selon ce qui a été théoriquement défini sur le DESSIN DE DÉFINITION, sans pour autant préjuger de ses capacités à remplir les fonctions qu'on en attend.
• Note : Ne pas confondre avec PIÈCE BONNE qui signifie qu'elle répond entièrement aux besoins fonctionnels.
◊ Contr. : PIÈCE NON-CONFORME.

pièce de fonderie [casting]

(n.f.) PIÈCE (sens 1) obtenue par SOLIDIFICATION dans un MOULE d'une MATIÈRE préalablement fondue.

pièce détachée [spare part]

(n.f.) PIÈCE (sens 1) à part INTERCHANGEABLE prévue pour remplacer une autre défectueuse ou arrivée en fin d'utilisation.

pièce d'usure [wear part]

(n.f.) PIÈCE (sens 1) dont la détérioration progressive est inévitable et dont le remplacement doit être programmé à intervalle régulier.
• Note : Ne pas confondre avec le CONSOMMABLE qui concerne plus des SUBSTANCES.

pièce finie [finished part]

(n.f.) PIÈCE (sens 1) achevée, c'est à dire ayant déjà subi toutes les OPÉRATIONS prévues pour elle.
◊ Contr. : PIÈCE BRUTE.

pièce mauvaise [reject]

(n.f.) Pièce réalisée ne pouvant répondre aux besoins fonctionnels.
A. Ne pas confondre avec PIÈCE NON-CONFORME qui veut juste dire qu'elle ne correspond pas au PLAN DE FABRICATION, sans pour autant préjuger de ses capacités fonctionnelles réelles.
B. Parfois, les pièces mauvaises sont encore reconsidérées en DEUXIÈME CHOIX.
♦ Syn. : REBUT.
◊ Contr. : PIÈCE BONNE.

pièce non-conforme [non-compliant part]

(n.f.) Pièce ne correspondant pas à ce qui a été défini théoriquement sur un PLAN DE FABRICATION et qui est, en principe, inutilisable.

Pièce technique [technical part]

(n.f.) PIÈCE (sens 1) dont la fonction est fortement liée à un usage dans un MÉCANISME ou dans un DISPOSITIF mécanique évolué.
Ex. : ENGRENAGE ; CAME, etc.

pied [foot, feet]

(n.m.) UNITÉ (sens 1) de MESURE (sens 1) anglo-saxonne pour les LONGUEURS.
A. Il vaut :

$$1 \text{ ft} = 1' = 0{,}3048 \text{ m}$$

B. Il est subdivisé en 12 parties dont chacune est appelée INCH ou POUCE et valant :

$$1 \text{ in} = 1'' = 25{,}4 \text{ mm}$$

pied à coulisse [calliper rule]

(n.m.) APPAREIL DE MESURE de DIMENSIONS (sens 1) atteignant 20 à 50 cm avec une RÉSOLUTION du cinquantième de millimètre (1/50) pour ceux qui fonctionnent de façon purement MÉCANIQUE et du centième de millimètre (1/100) pour ceux qui sont électroniques.
A. On peut distinguer trois types :
• le pied à coulisse à GRADUATION et VERNIER. Il est robuste. La PRÉCISION est limitée au 1/50. La lecture des valeurs mesurées demande beaucoup d'attention.

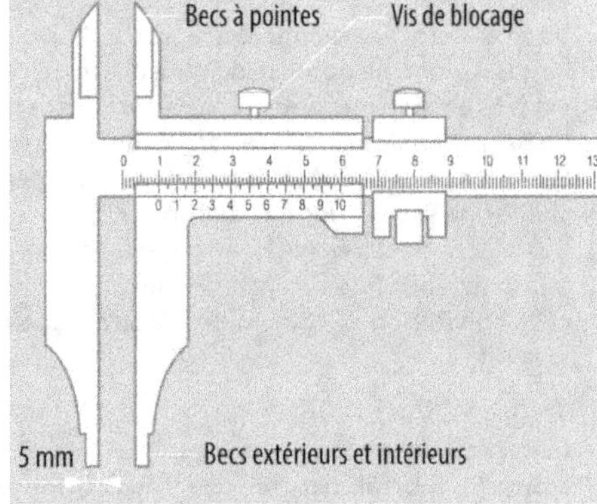

• le pied à coulisse électronique avec affichage numérique. Lecture directe et facile. Décalage possible du zéro (à ce titre, la mise à zéro doit être systématiquement vérifiée car pouvant facilement être une source grossière d'erreur). Peut fonctionner indifféremment en millimètre ou en INCH. Nécessite une alimentation à pile. Relativement fragile.

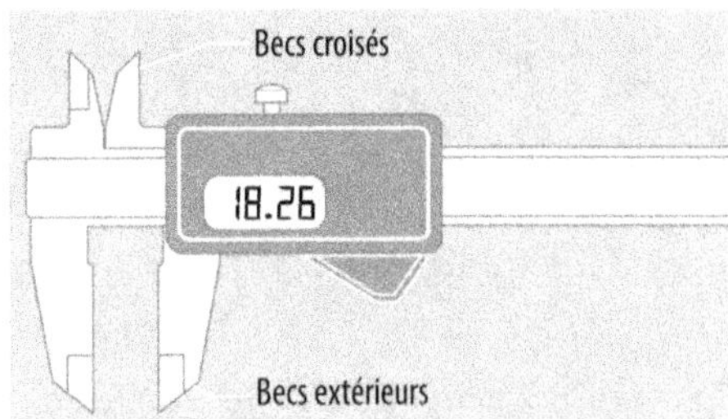

• le pied à coulisse à cadran (dit aussi « à montre »). Permet une lecture plus facile des décimales tout en étant plus robuste que le pied à coulisse à affichage digital.

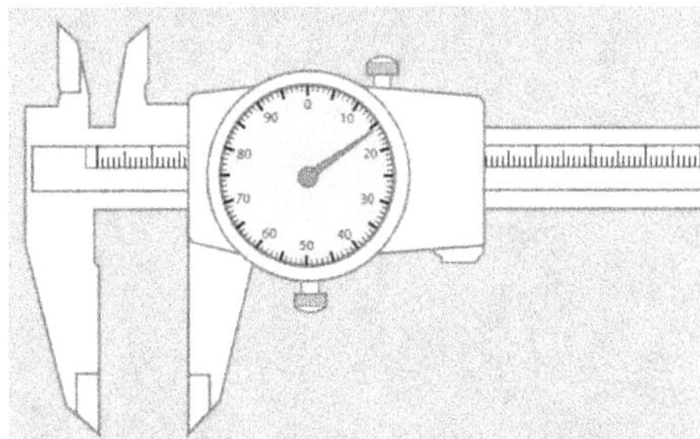

B. D'une façon générale, le pied à coulisse permet les MESURES (sens 3) des types de DIMENSIONS (sens 1) suivants :

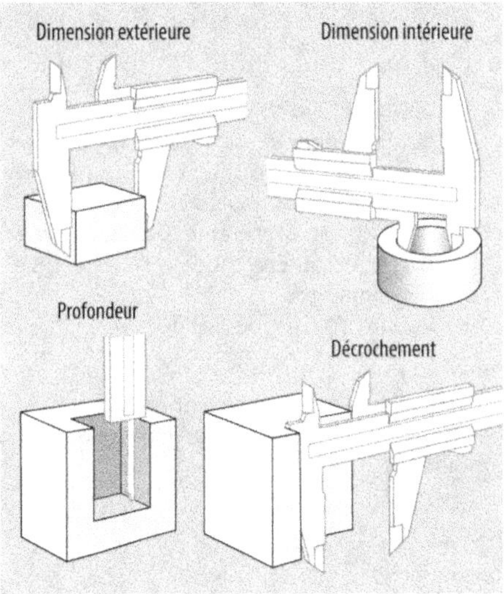

pige [dowel]

(n.f.) Petit ORGANE géométriquement très précis pour aider à effectuer des MESURES (sens 3) ou des POSITIONNEMENTS.

Ex. 1 : *Piges cylindriques pour effectuer des mesures sur une* QUEUE D'ARONDE.

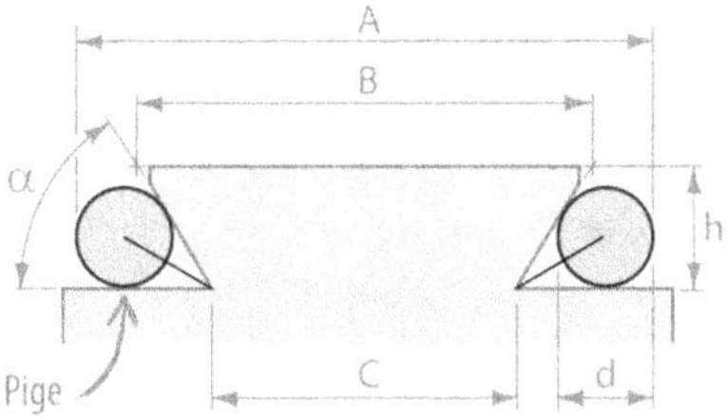

Ex. 2 : *Piges sphériques pour la vérification de* FILETAGE.

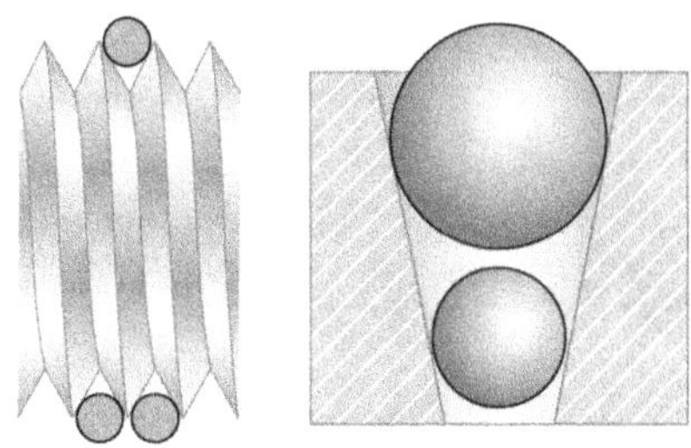

Ex. 3 (ci-dessus) : *Piges sphériques pour la vérification d'*ALÉSAGE / CONIQUE.

pignon [pinion]

(n.m.) La plus petite des ROUES DENTÉES d'un ENGRENAGE.

pignon arbré [stem pinion]

(n.m.) ROUE DENTÉE dont la DENTURE est directement taillée dans l'ARBRE (sens 2) qui lui est associé (voir page suivante).

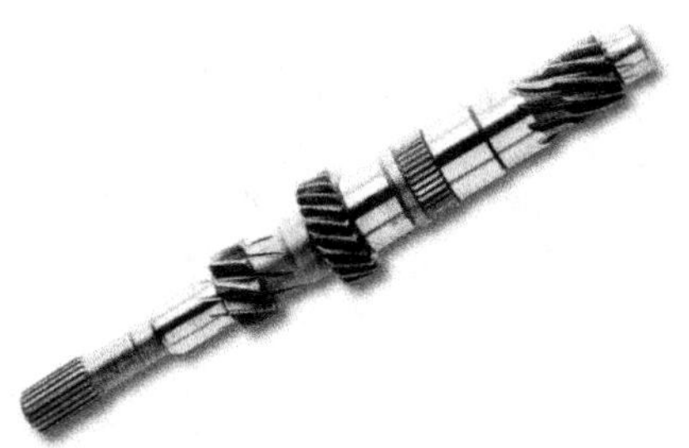

Le pignon arbré est une SOLUTION TECHNIQUE qui convient plutôt pour le cas des petits DIAMÈTRES.

pignon de renvoi [idler gear]

(n.m.) ROUE DENTÉE qui n'actionne rien et sert uniquement à transmettre un MOUVEMENT entre deux parties d'un MÉCANISME. Il peut changer le sens de ROTATION, par exemple, ou un ANGLE d'ORIENTATION d'ARBRE (sens 2).

pilote [pilot]

(n.m.) Partie CYLINDRIQUE à l'extrémité d'un OUTIL DE COUPE TOURNANT pour le guider.
Ex. : *Pilote d'un outil de* FRAISURAGE :

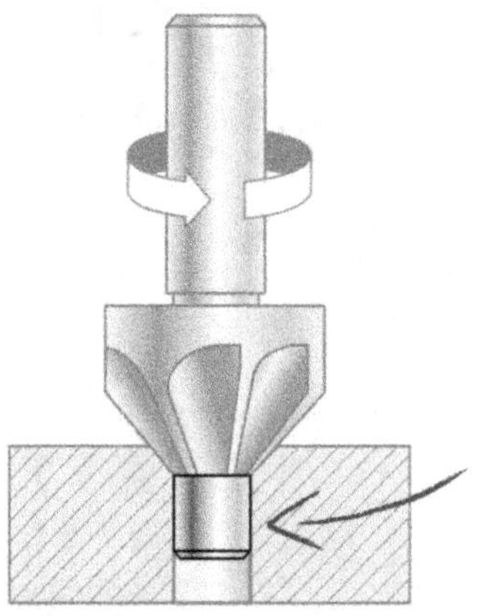

pimètre [tape measure]

(n.m.) INSTRUMENT DE MESURE directe de la CIRCONFÉRENCE d'une FORME | CIRCULAIRE.

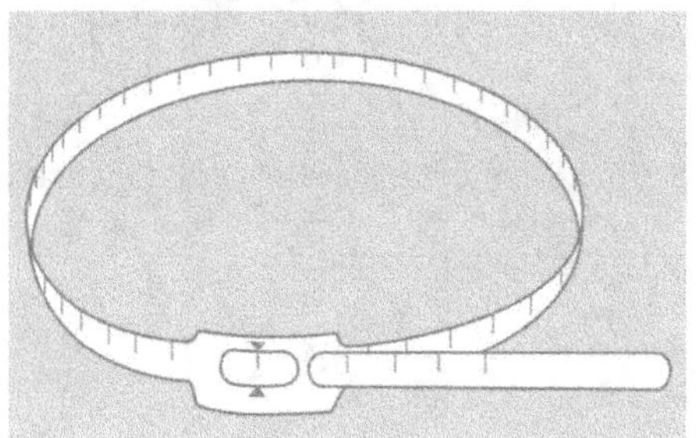

pince [pliers]

(n.f.) OUTIL ou DISPOSITIF pour saisir et serrer fermement.
Ex. : *Pince multi-prise.*

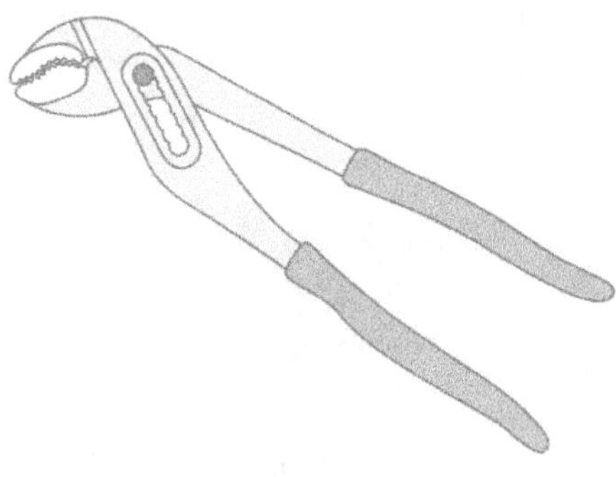

pince à rivet [riveting pliers]

(n.f.) OUTILLAGE MANUEL permettant de tracter et de casser la TIGE d'un RIVET À RUPTURE DE TIGE lors de sa pose.

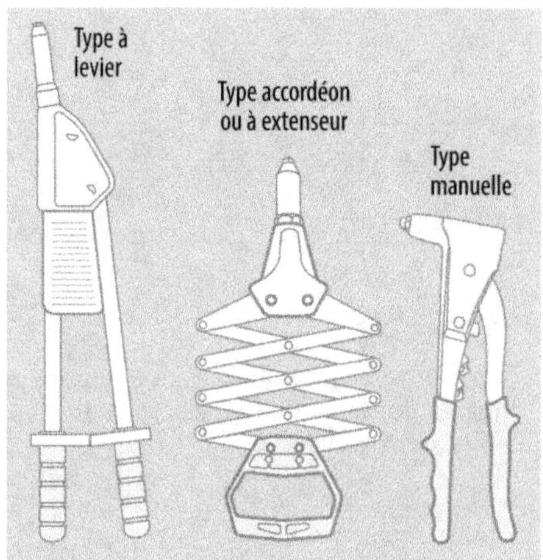

→ Voir RIVET POP ® pour les détails.
Cet outil requiert la FORCE des bras ou de la poignée ce qui le prédestine plus pour les travaux ponctuels. Pour les travaux répétitifs de la PRODUCTION, il est préférable d'utiliser un outil PNEUMATIQUE ou électrique à fonctionnement semi-automatique.
→ Voir RIVETEUSE pour les détails.

pince-étau [vise-grip pliers]

(n.f.) Type de PINCE qui maintient la PRESSION de SERRAGE même quand les poignées ne sont plus sollicitées.

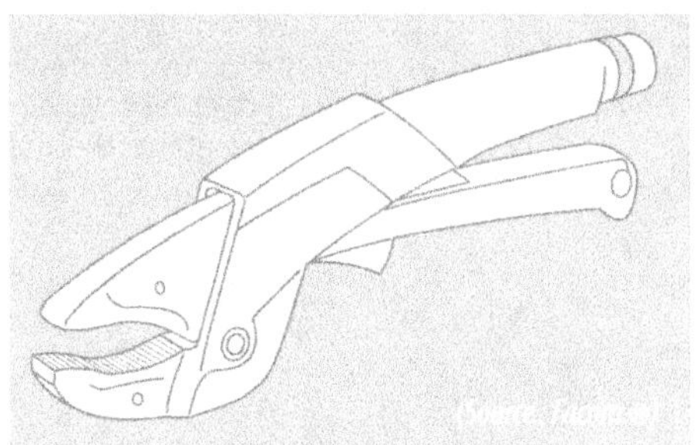

• Note : Ne pas confondre avec l'ÉTAU À MAIN dont l'effort de SERRAGE est fourni par un (VIS-ÉCROU), SYSTÈME VIS-ÉCROU.

pince universelle [combination pliers]

(n.f.) OUTIL réunissant les fonctions d'une PINCE plate pour saisir et courber des MATÉRIAUX et d'une pince coupante pour couper et dénuder des FILS.

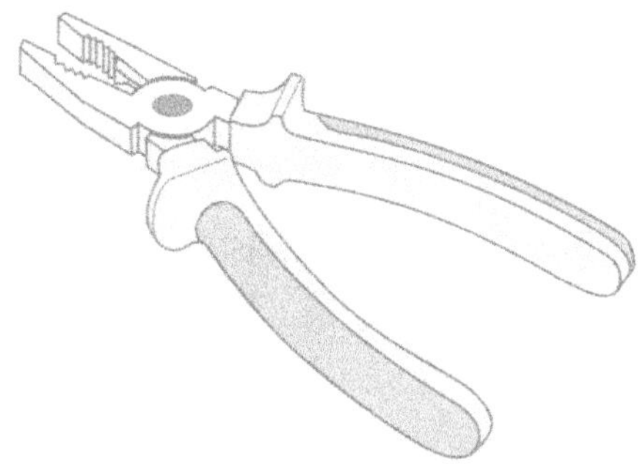

pinule de centrage [pin sight, edge finder]

(n.f.) DISPOSITIF à adapter sur une BROCHE (sens 2) de MACHINE-OUTIL pour l'aligner avec PRÉCISION par rapport à une SURFACE DE RÉFÉRENCE.

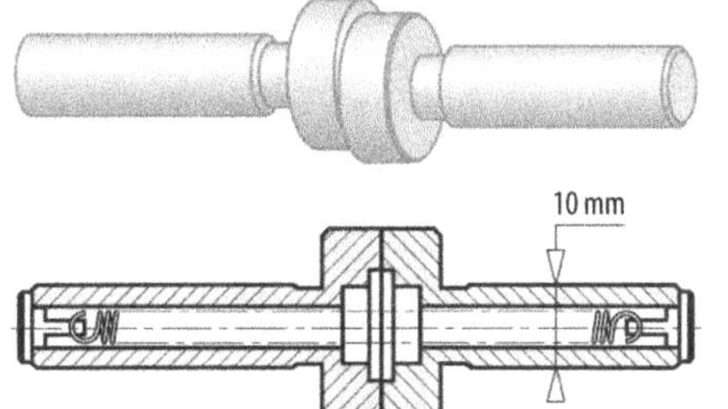

Principe de fonctionnement :

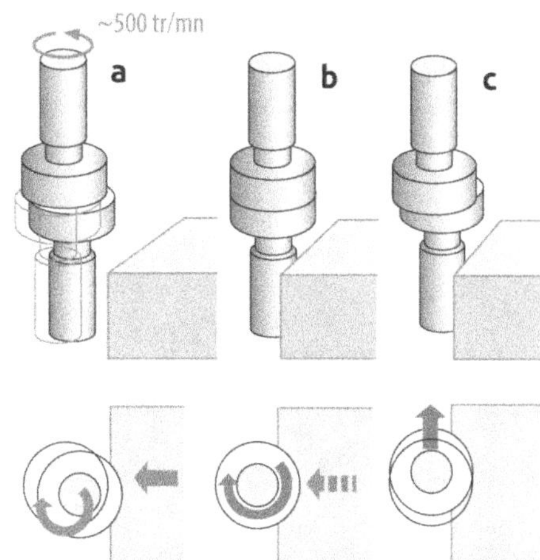

a. Approche.
b. Au contact de la surface, les deux parties de la pinule sont de moins en moins excentrées.
c. Au point de dépassement de la coaxialité des deux parties, la pinule s'excentre de manière brutale. La RÉPÉTABILITÉ de la POSITION palpée est de l'ordre de 5 µm

pique-carotte [sprue picker]

(n.f.) DISPOSITIF de préhension des PIÈCES (sens 1) pour les extraire des MOULES en MOULAGE PAR INJECTION DE PLASTIQUE en les saisissant par leur système d'injection.

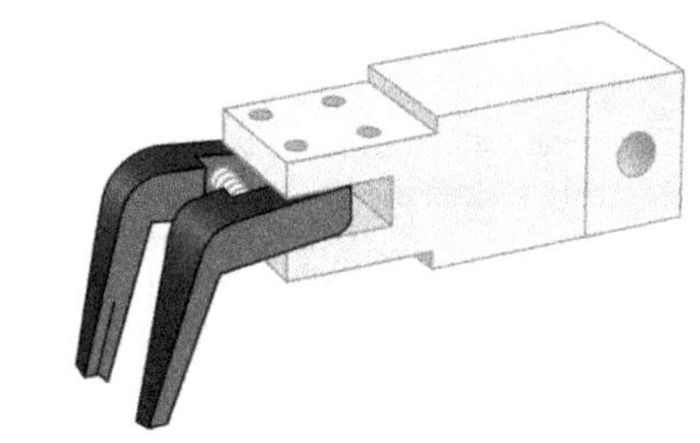

piqûration [pitting]

(n.f.) Apparition de CORROSION LOCALISÉE caractérisée par une multitude de points de détérioration parsemant une SURFACE.
→ Voir PIQÛRE.

piqûre [pit]

(n.f.) Point de CORROSION LOCALISÉE au milieu d'une SURFACE intacte.

Généralement, une piqûre n'est jamais isolée. On observe plus souvent une multitude de piqûres plus ou moins espacées parsemant une SURFACE.

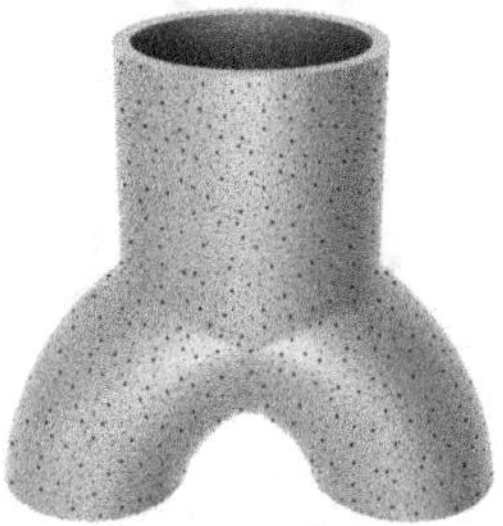

pistolet [irregular curve, french curve]

(n.m.) INSTRUMENT DE DESSIN sous forme de GABARIT (sens 1) pour tracer des COURBES à RAYON progressivement variable.

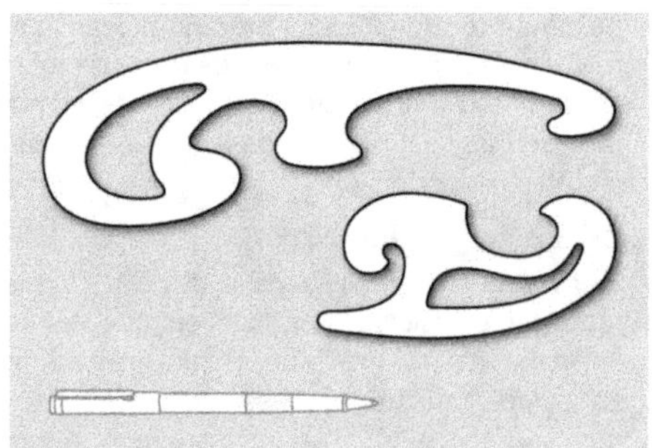

piston [piston]

(n.m.) ORGANE de SECTION généralement CIRCULAIRE coulissant dans un ALÉSAGE de forme complémentaire appelé CYLINDRE (sens 2) pour faire varier le VOLUME d'un compartiment ou d'une chambre. Le piston est utilisé pour la conversion d'une PRESSION en FORCE, ou réciproquement.

piton [screw eye]

(n.m.) ORGANE DE FIXATION caractérisé sur un côté par la présence d'un ANNEAU pour accrocher quelque chose.

• Note : À distinguer toutefois de l'ANNEAU DE LEVAGE plus spécifiquement destiné à la MANUTENTION qu'à la FIXATION.

pivot [fulcrum]

(n.m.) DISPOSITIF | MÉCANIQUE capable de supporter des CHARGES (sens 1) dans les trois directions de l'espace, tout en permettant toutes les ROTATIONS.

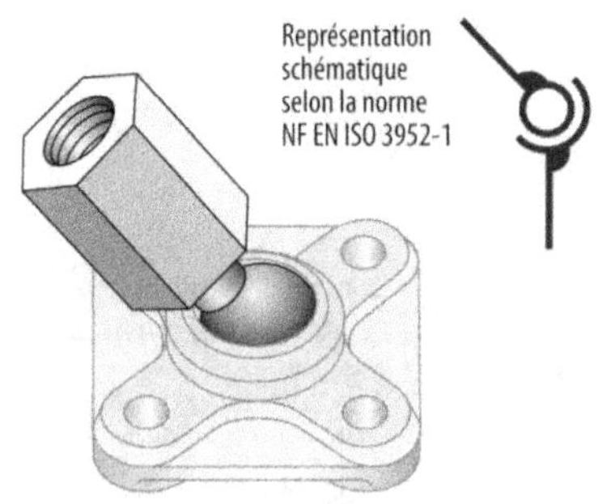

pivotement [pivoting]

(n.m.) ROTATION autour d'un AXE (sens 1) généralement VERTICAL.

placage [plating]

(n.m.)

1. REVÊTEMENT de MATIÈRE, en général plus noble, appliqué sur une autre pour la protéger ou la décorer. Ce terme est surtout utilisé pour les revêtements par DÉPÔT ÉLECTROLYTIQUE (GALVANOPLASTIE) ou par l'application MÉCANIQUE d'une FEUILLE (COLAMINAGE, explosion, etc.)

→ Voir les autres MÉTHODES de DÉPÔT (sens 1) aux rubriques MÉTALLISATION, RECHARGEMENT, etc.

2. OPÉRATION d'application d'un REVÊTEMENT de MATIÈRE sur une autre pour la protéger ou la décorer.

→ Voir, par exemple, GALVANOPLASTIE, COLAMINAGE et PLACAGE PAR EXPLOSION.

placage par colaminage [bonding co-rolling]

(n.m.) Application d'un revêtement sous forme de feuille sur une autre feuille par fort pressage entre des ROULEAUX (sens 2) pour les lier.

Ex. : *Colaminage sur deux faces :*

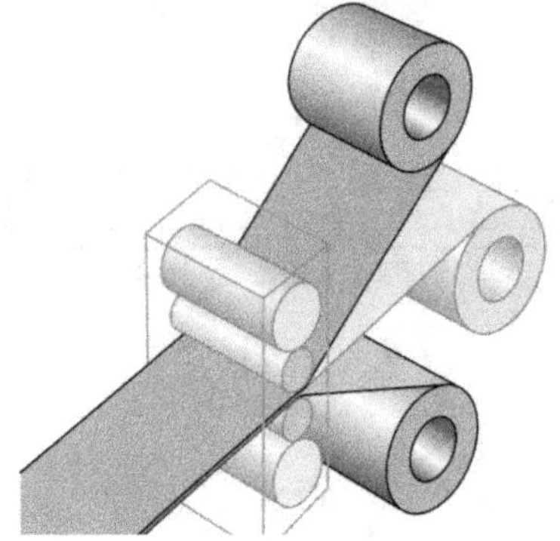

placage par explosion [explosion welding]

(n.m.) PROCÉDÉ d'application d'une COUCHE de REVÊTEMENT (sens 1) sur un SUBSTRAT par l'action du souffle brutal d'une déflagration.
Une COUCHE d'explosif est déposé au dessus du MÉTAL de REVÊTEMENT (sens 1) et du MATÉRIAU à revêtir. Après le tir, la PRESSION de l'explosion plaque et soude fortement les deux MATIÈRES :

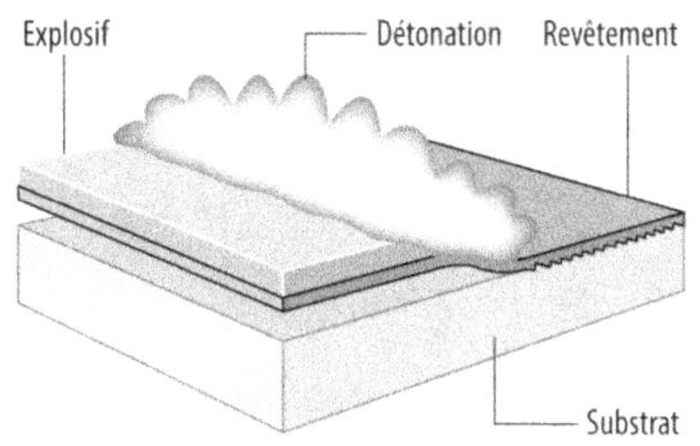

→ Voir aussi (EXPLOSION), FORMAGE PAR EXPLOSION ; SOUDAGE PAR EXPLOSION.

plage de température de fusion [melting temperature range]

(n.f.) Intervalle de TEMPÉRATURES entre lesquelles se produit la TRANSFORMATION (sens 2) LIQUIDE-SOLIDE de la plupart des ALLIAGES. Sur un diagramme binaire, elle correspond à la différence entre le LIQUIDUS et le SOLIDUS.
→ Voir également ANALYSE THERMIQUE ; DIAGRAMME DE PHASE ; LIQUIDUS ; SOLIDUS.

plan

(n.m.)
1. [plane] Zone géométrique étendue où tout est de même niveau et sans aspérités.
2. [drawing, engineering drawing] Document graphique sur un support de grande étendue.

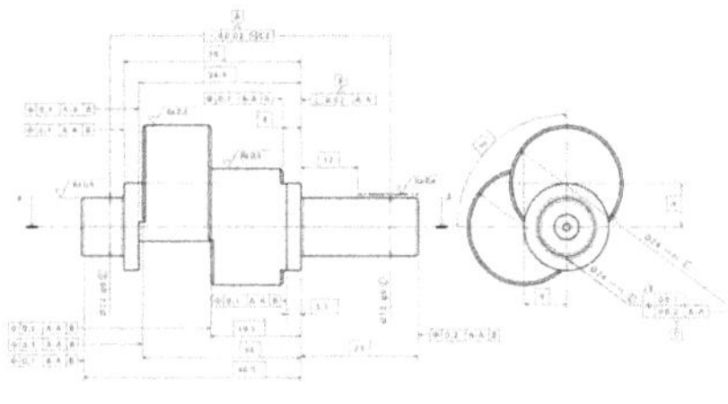

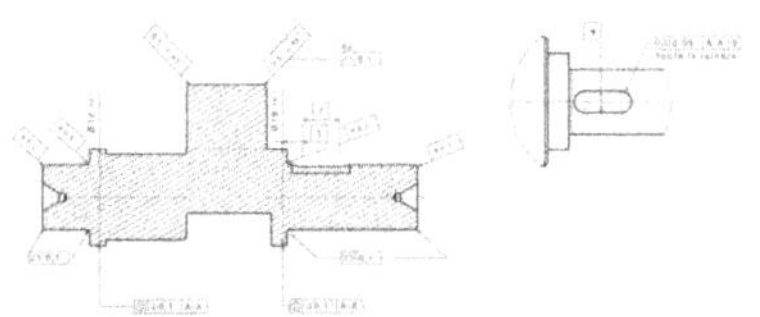

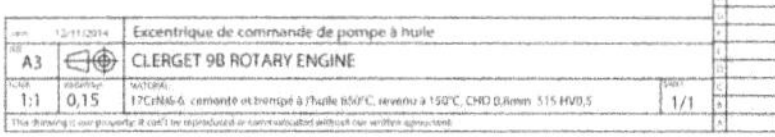

→ Voir PLAN DE FABRICATION ; PLAN 3D.

plan [flat]

(adj.) Qui est étendu et uniformément de même niveau, sans aspérités.

plan 3D [3D engineering drawing]

(n.m.) Représentation graphique informatisée d'un objet technique en PERSPECTIVE et contenant aussi la COTATION.

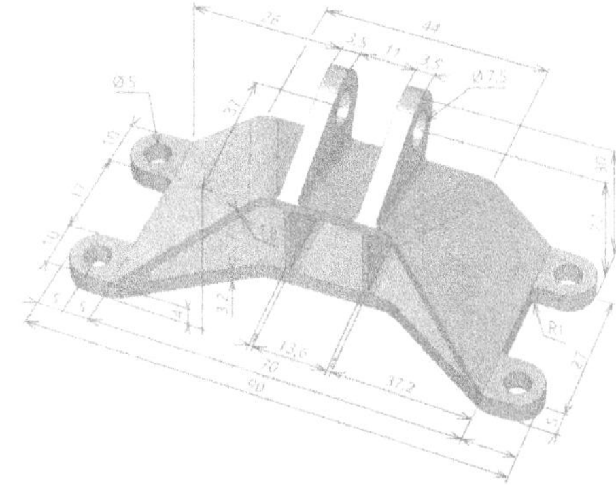

Le plan 3D est a priori d'une lecture plus facile pour le non-initié, par rapport à un plan classique en 2D et en PROJECTION (sens 2).
→ Voir aussi PLAN (sens 2) ; PRODUCT MANUFACTURING INFORMATION.

planage [sheet metal levelling]

(n.m.) OPÉRATION d'élimination des DÉFAUTS de PLANÉITÉ d'une TÔLE (ONDULATIONS, VOILEMENTS, etc.) provenant, par exemple, des PROCÉDÉS de FABRICATION, comme le LAMINAGE, ou des CONTRAINTES RÉSIDUELLES des PROCÉDÉS de COUPE et DÉCOUPE.

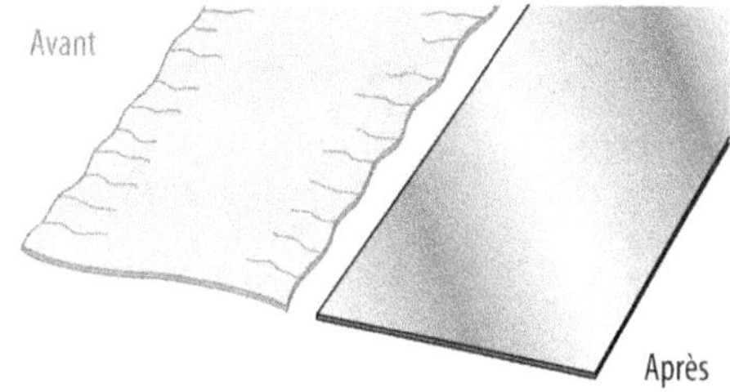

A. Une des TECHNIQUES consiste à faire passer la TÔLE à travers une série de ROULEAUX (sens 2) lui faisant subir des FLEXIONS alternées qui rééquilibrent les CONTRAINTES RÉSIDUELLES dans le MÉTAL (voir page suivante).

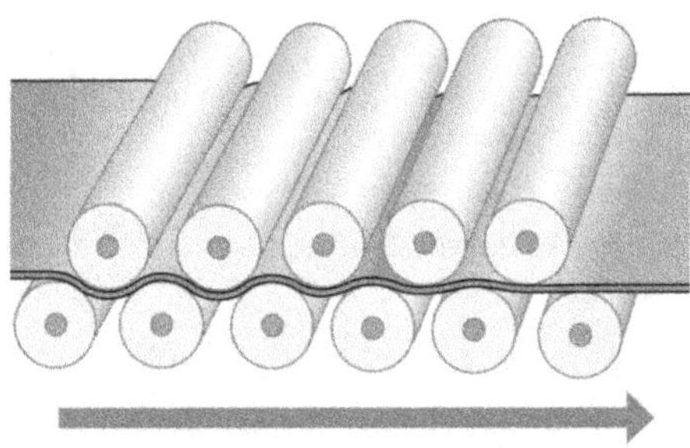

B. D'autres MÉTHODES existent : marteau et flamme, ROULEUSE, presse à redresser…
→ Voir DRESSAGE DE FIL pour une MÉTHODE équivalente d'élimination de la COURBURE des FILS obtenus par TRÉFILAGE.

plan de coupe [cutting plane]

(n.m.) PLAN (sens 1) virtuel selon lequel une PIÈCE (sens 1) est virtuellement tranchée pour donner une représentation claire du côté restant de cette PIÈCE creuse en DESSIN TECHNIQUE.
→ Voir COUPE (sens 3), COUPE BRISÉE, COUPE LONGITUDINALE, COUPE TRANSVERSALE, COUPE PARTIELLE, DEMI-COUPE.

plan de fabrication [manufacturing drawing]

(n.m.) Document graphique 2D représentant un objet avec toutes les indications permettant sa réalisation concrète.

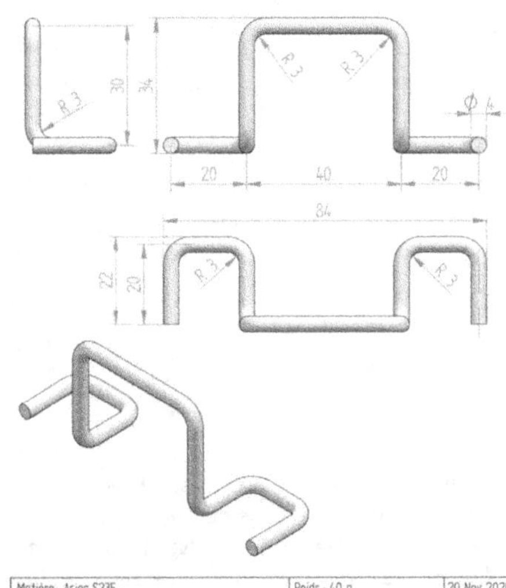

◆ Syn. : DESSIN DE DÉFINITION.
→ Voir, par exemple MISE EN PLAN ; DESSIN DE DÉFINITION.

plan de jauge [jauge plane]

(n.m.) PLAN DE RÉFÉRENCE virtuel sur lequel est mesuré le DIAMÈTRE caractéristique d'un CÔNE.
Exemple de spécification de cône selon la norme ISO 3040-2016 :

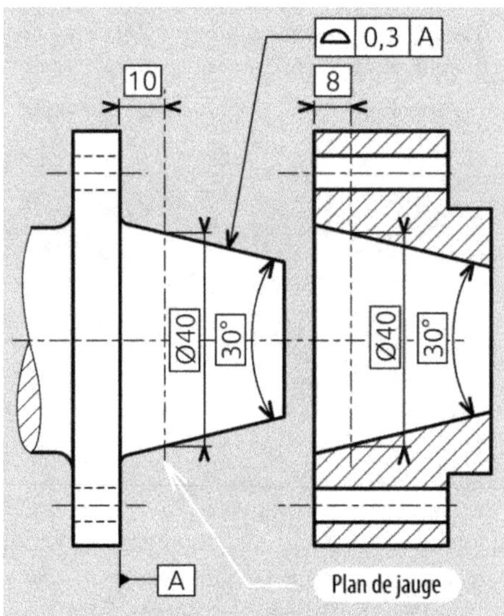

Les DIAMÈTRES délimitant les extrémités d'une FORME | CONIQUE ne peuvent pas toujours être mesurés précisément à cause du CONGÉ d'un ÉPAULEMENT ou d'une extrémité abrupte, par exemple. Il est donc nécessaire de définir un PLAN (sens 1) non matérialisé mais rigoureux et facilement accessible aux INSTRUMENTS DE MESURE.

plan de joint [parting line]

(n.m.) SURFACE séparant les deux côtés d'un MOULE et sur laquelle il se referme en en assurant l'ÉTANCHÉITÉ.
Ex. : *Plan de joint d'un moule :*

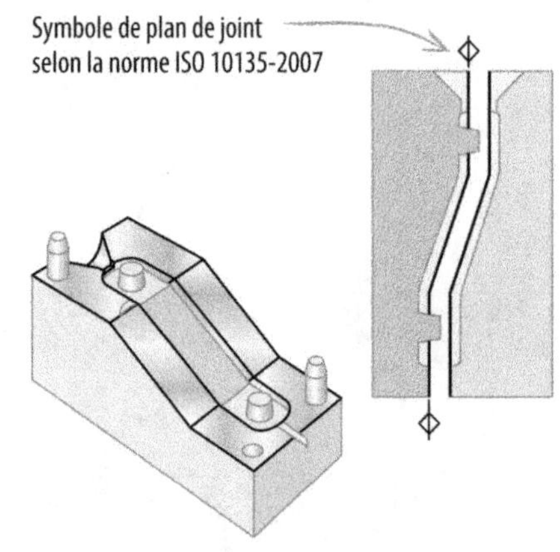

plan de référence [reference plane]

(n.m.) PLAN (sens 1) servant d'appui pour les USINAGES et à partir duquel toutes les autres MESURES (sens 3) sont effectuées.

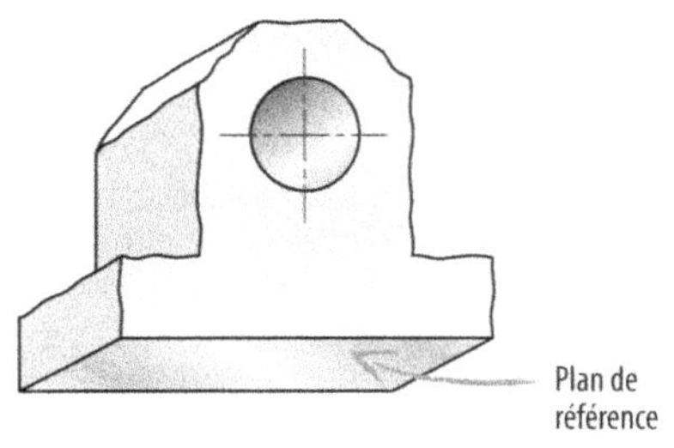

→ Voir aussi SURFACE DE RÉFÉRENCE.

planéité [flatness]

(n.f.) PROPRIÉTÉ d'une SURFACE sans aspérités et uniformément de même niveau.
Ci-dessous, la TOLÉRANCEMENT de cette propriété sur un DESSIN TECHNIQUE :

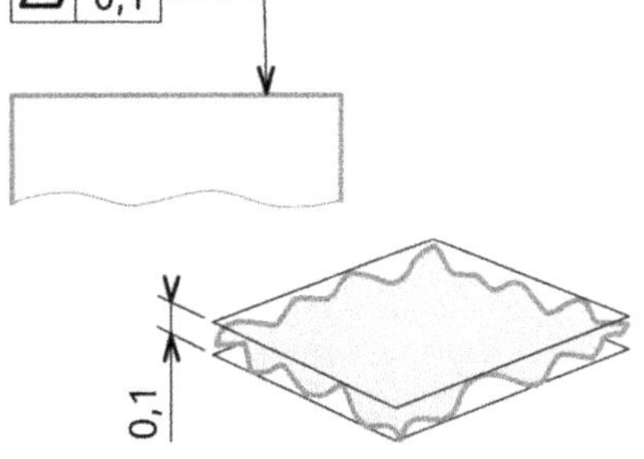

Voici la signification de cette indication :
La surface tolérancée doit être comprise dans une zone de tolérance constituée de 2 plans parallèles distants de 0,1 mm.

planeuse [planning machine]

(n.f.) MACHINE destinée à enlever ou atténuer les DÉFAUTS de PLANÉITÉ de TÔLE, tels que les ONDULATIONS, le VOILEMENT...
Elle est, par exemple, constituée d'une succession de ROULEAUX (sens 2) disposés de telle sorte que la TÔLE subisse des DÉFORMATIONS alternées de plus en plus faibles jusqu'à être complètement plane.
→ Voir PLANAGE.

plan incliné [inclined plane]

(n.m.) SURFACE plane formant un ANGLE quelconque par rapport à l'HORIZONTAL.

plaque [plate]

(n.f.) ÉLÉMENT STRUCTURAL dont la SURFACE est plane avec une ÉPAISSEUR sensiblement plus faible que les deux autres dimensions.

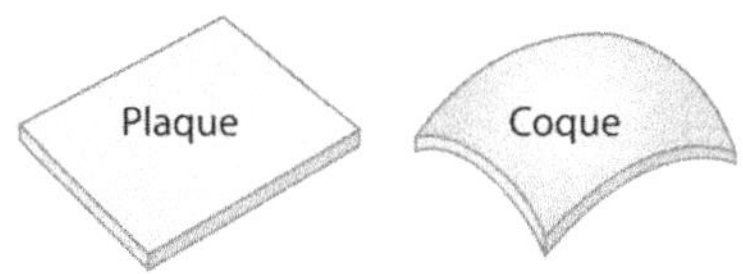

Lorsque la SURFACE n'est pas PLANE mais COURBE, il s'agit d'une COQUE.
→ Voir également ÉLÉMENT STRUCTURAL.

plaquette d'usinage [cutting insert]

(n.f.) Morceau de MATÉRIAU d'USINAGE très DUR, fixé sur un corps d'OUTIL et qui doit être changé lorsqu'il est émoussé car il n'est plus RÉAFFÛTABLE.
Les plaquettes d'usinage sont souvent fabriqués en poudre de CARBURE de TUNGSTÈNE avec un LIANT | COBALT ou en CÉRAMIQUE | FRITTÉE.

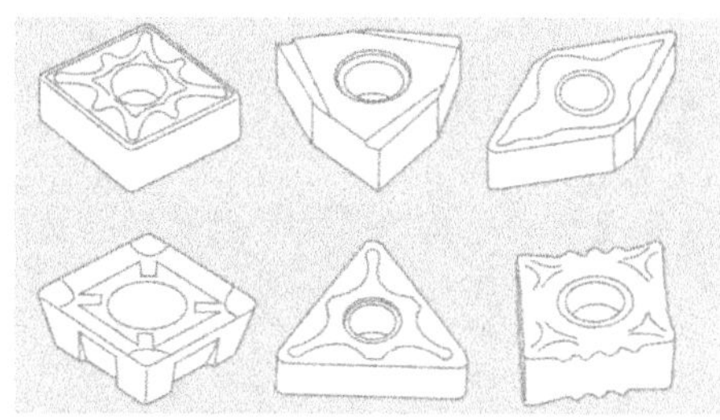

→ Voir aussi OUTIL À PLAQUETTE ; OUTIL CÉRAMIQUE ; OUTIL RAPPORTÉ.

plasticité [plasticity]

(n.f.) Caractère et capacité d'un MATÉRIAU à se déformer de façon permanente sans se rompre.
Ex . : *Plasticité d'un cylindre soumis à COMPRESSION.*

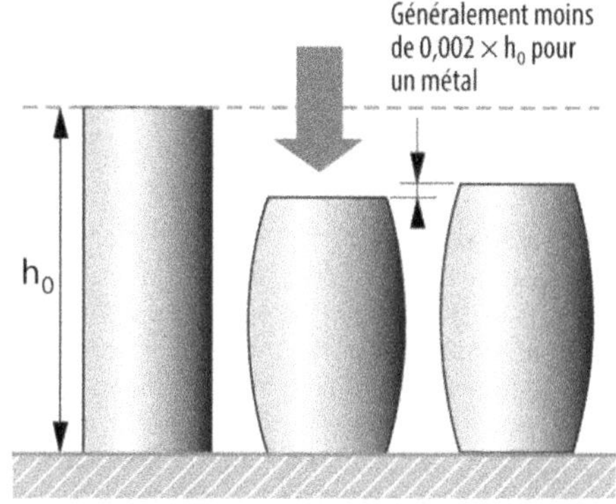

La plasticité est notamment exploitée pour les OPÉRATIONS de FORMAGE.
→ Voir aussi ÉLASTICITÉ ; DUCTILITÉ.

plastifiant [plastisizer]

(n.m.) SUBSTANCE chimique (ADDITIF) destinée à diminuer la RIGIDITÉ des (PLASTIQUES), MATIÈRES PLASTIQUES afin d'obtenir une MATIÈRE | SOUPLE et généralement plus résistante au CHOC.

• Note : Le terme plastifiant est un abus de langage. Il faudrait plutôt parler d'« assouplissant ».

plastique [plastic]

(adj.) Qui se déforme de façon permanente sans se rompre.

→ Voir aussi DUCTILE.

◊ Contr. : FRAGILE ; CASSANT.

(plastique), matière plastique [plastic material]

(n.f.) MATÉRIAU constitué d'un enchevêtrement de POLYMÈRES ou MACROMOLÉCULES auquel sont ajoutés des ADDITIFS (COLORANTS, STABILISANTS, PLASTIFIANT...) et des CHARGES (sens 2) divers pour en ajuster les PROPRIÉTÉS et CARACTÉRISTIQUES.

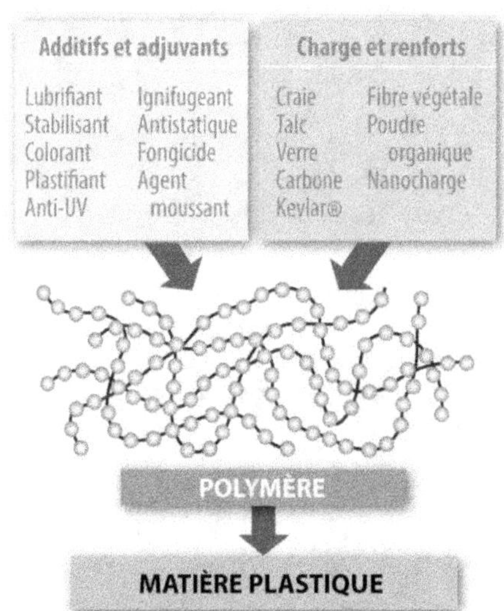

→ Voir aussi MÉLANGE-MAÎTRE.

A. Diverses STRUCTURES (sens 1) d'enchevêtrement existent et confèrent aux matières plastiques des comportements très différents, notamment face à la chaleur et aux SOLLICITATIONS MÉCANIQUES. Ainsi, sur le critère de la structure des chaînes moléculaires, les matières plastiques peuvent être classées en trois catégories principales :

• les THERMOPLASTIQUES : ce sont de longues chaînes moléculaires linéaires sans lien entre elles et avec peu de ramifications, à l'image, par exemple, d'une pelote de laine :

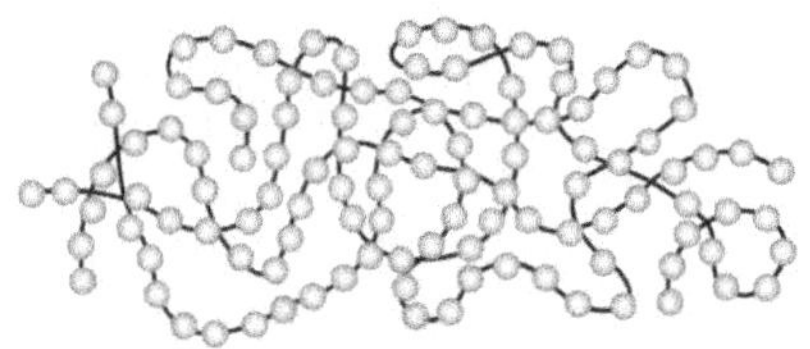

Comme les chaînes ont peu de liens, elles peuvent bouger facilement sous l'effet de la chaleur, ce qui se traduit par un RAMOLLISSEMENT de la MATIÈRE. Après REFROIDISSEMENT, elles reprennent leur DURETÉ initiale en conservant la dernière FORME qu'on leur a donnée. Cette PROPRIÉTÉ fait des THERMOPLASTIQUES des MATÉRIAUX aisément formables. Le cycle de réchauffement-REFROIDISSEMENT est RÉVERSIBLE et peut être répété plusieurs fois, ce qui en fait également des MATÉRIAUX très RECYCLABLES. Les THERMOPLASTIQUES constituent plus de 80 % du tonnage mondial des matières plastiques, du fait de leur facilité de mise en œuvre et de leur RECYCLABILITÉ.

Quelques exemples de THERMOPLASTIQUES parmi les plus courants : polyéthylène haute densité (PEHD), polyéthylène basse densité (PEBD), polychlorure de vinyle (PVC), polypropylène (PP), polystyrène (PS), polyamide (PA), polycarbonate (PC), polyméthacrylate de méthyle (PMMA), polytétrafluoroéthylène (PTFE), polyoxyméthylène (POM), polyéthylène téréphtalate (PET), Acrylonitrile Butadiène Styrène (ABS), Acrylonitrile Styrène Acrylate (ASA)...

Aspects de quelques matières thermoplastiques :

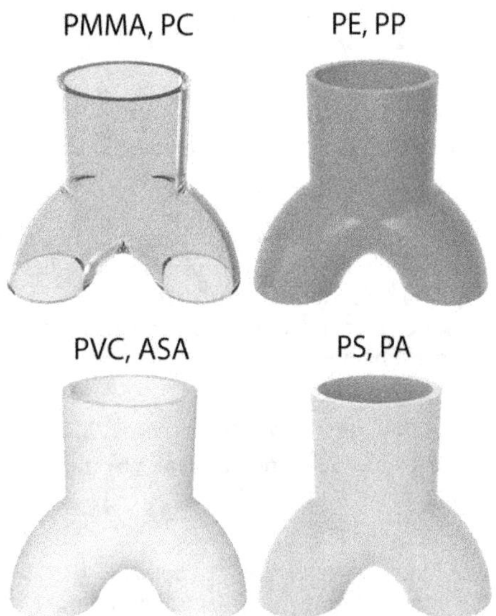

→ Voir THERMOPLASTIQUE.
• les ÉLASTOMÈRES : ce sont des MACROMOLÉ-CULES dites « faiblement réticulées », c'est à dire avec des mailles qui relient les chaînes moléculaires en certains endroits :

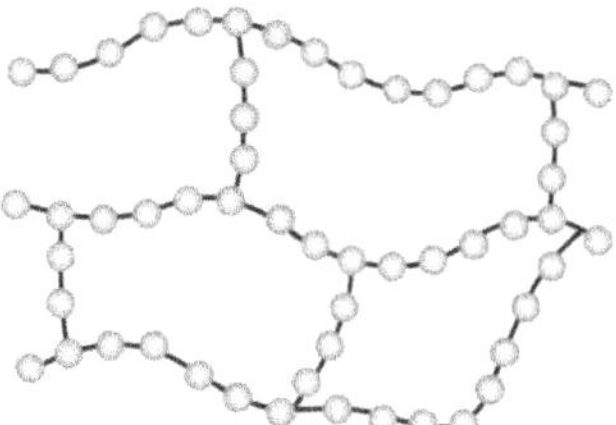

Leur particularité est de pouvoir accepter d'importantes DÉFORMATIONS ÉLASTIQUES pouvant dépasser 100 %. Les élastomères ne fondent pas mais brûlent directement aux TEMPÉRATURES élevées.
Quelques exemples d'élastomères : acrylonitrile butadiène (NBR), Ethylène Propylène Diène Monomère (EPDM), isoprène (NR ou IR), SILICONE (SI), Isobutylène Isoprène, styrène butadiène (SBR), uréthane (AU ou EU), néoprène (CR)...

EPDM, SBR   SI, EU

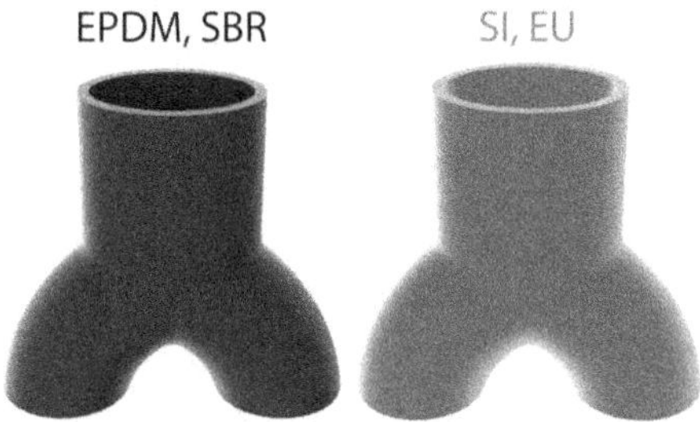

• les THERMODURCISSABLES : ce sont des macromolécules « fortement réticulées », c'est à dire avec des mailles serrées qui relient les chaînes moléculaires et qui apportent plus de RIGIDITÉ que les THERMOPLASTIQUES :

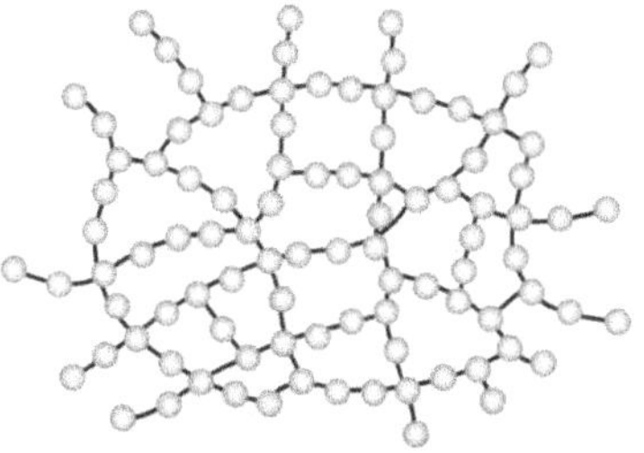

La particularité des thermodurcissables est de se durcir à la chaleur ou sous l'effet d'un catalyseur permettant la RÉTICULATION / POLYMÉRISATION

(durcisseur) sans plus pouvoir se ramollir une fois l'état SOLIDE atteint. L'excès de chaleur conduit directement à sa décomposition par brûlage. Il en découle que les thermodurcissables ne sont pas directement recyclables.
Quelques exemples de thermodurcissables : résines polyuréthanes (PUR), résines époxy (EP), résines polyester (SP), phénoplastes (PF), aminoplastes (MP)...

PUR   PF

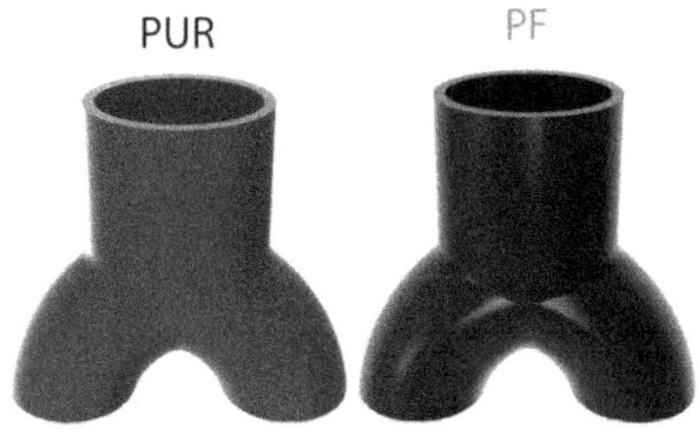

B. Le diagramme suivant donne une comparaison de l'évolution des PROPRIÉTÉS MÉCANIQUES des différentes familles de matières plastiques, en fonction de la TEMPÉRATURE subie :

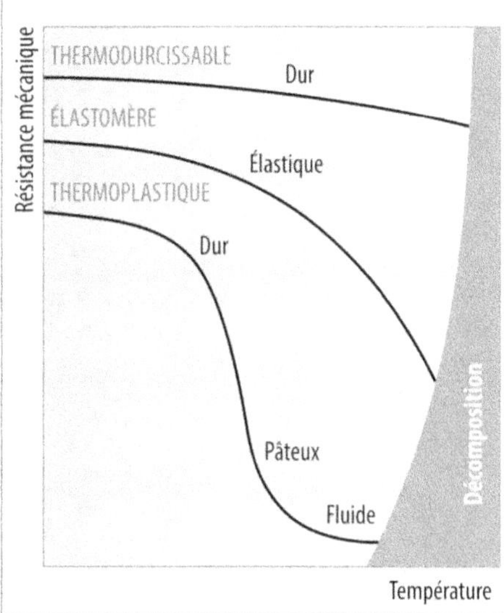

Les thermodurcissables ne se ramollissent pratiquement pas à la chaleur et brûlent directement aux TEMPÉRATURES élevées. Les ÉLASTOMÈRES ont tendance aussi à garder leur ÉLASTICITÉ malgré la chaleur et se décomposent directement à un seuil de TEMPÉRATURE supérieure. Quant aux THERMOPLASTIQUES, sous l'effet de la chaleur, ils passent par une PHASE (sens 1) de RAMOLLISSEMENT, puis deviennent pratiquement LIQUIDES avant de se décomposer. Dans les cas des matières plastiques AMOR-

PHES, en dessous d'une TEMPÉRATURE caractéristique dite de TRANSITION VITREUSE, la matière possède une tendance de comportement fragile comme du VERRE (état vitreux). Au dessus de cette température, la même MATIÈRE devient souple et molle (état caoutchoutique) avant de s'écouler comme un liquide.

→ Voir TEMPÉRATURE DE TRANSITION VITREUSE.

C. Le tableau suivant récapitule les PROPRIÉTÉS des différentes familles de matières plastiques :

Structure	Thermoplastique	Élastomère	Thermodurcissable
	Amorphe Semi-cristalline	Faiblement réticulée	Fortement réticulée
Rigidité mécanique	Moyen	Élastique	Dur
Fusibilité	Oui	Non	Non
Soudabilité	Oui	Non	Non
Résistance aux solvants	Non	Non	Oui
Usinabilité	Oui	Non	Oui
Recyclage	Oui	Non	Non

D. À moins d'avoir affaire à un COPOLYMÈRE ou à un mélange physique, la façon la plus saine de reconnaître les matières plastiques est d'en déterminer la MASSE VOLUMIQUE.

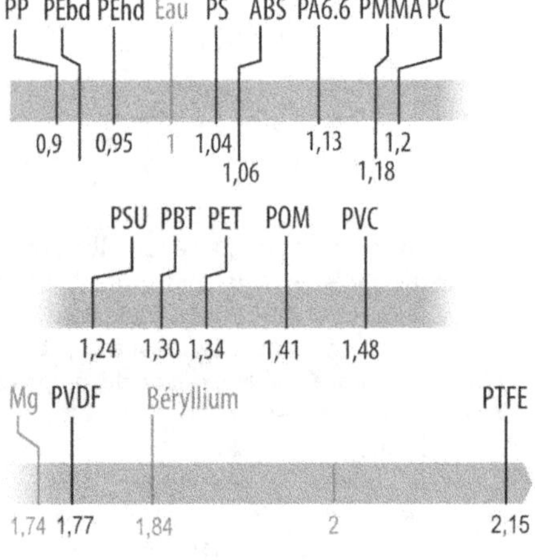

Pour des raisons évidentes de menace pour la santé, il paraît à présent important de ne plus jamais considérer les MÉTHODES consistant à brûler la matière plastique et à en sentir l'odeur ! La MÉTHODE des MASSES VOLUMIQUES est aussi parfois utilisée pour le tri et la séparation des DÉCHETS plastiques. Par rapport aux autres familles de MATÉRIAUX, les avantages et inconvénients des matières plastiques sont les suivantes, en gardant à l'esprit leurs limites :

Avantages

E. MASSE VOLUMIQUE faible sur une gamme très large atteignant un rapport 1 à 200 (de 2,15 g/cm^3 (PTFE) à 0,01 g/cm^3 pour les MOUSSES, EXPANSÉS ou ALVÉOLAIRES). En réalité, tous les MATÉRIAUX sont de MASSE VOLUMIQUE relativement faible sauf les MÉTAUX qui sont exceptionnellement DENSE (sens 2).

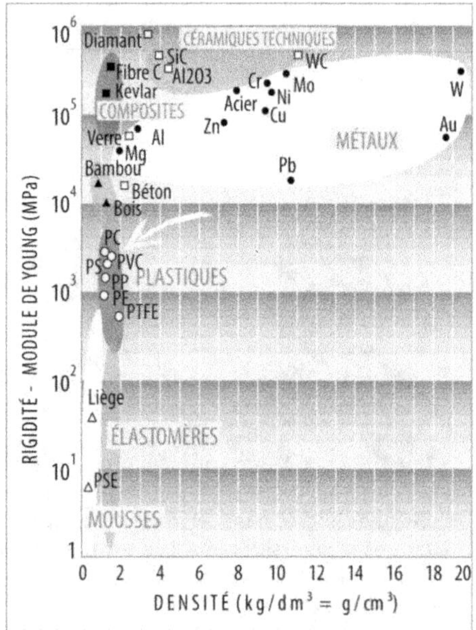

RÉSISTANCE et RIGIDITÉ moyennes mais selon une gamme de valeur très large. RÉSISTANCE SPÉCIFIQUE relativement correcte. Bon isolant électrique (bien qu'il existe à présent des POLYMÈRES conducteurs). Bon isolant thermique. Propriété d'isolation acoustique intéressante. Inaltérabilité généralement meilleure que les MÉTAUX face à la CORROSION et aux agents chimiques (sauf à certains solvants). RÉSISTANCE AU CHOC intéressante. Très large gamme de COEFFICIENT DE FROTTEMENT, du plus GLISSANT (PTFE) au plus ANTI-DÉRAPANT (CAOUTCHOUC). Capacité d'amortissement de choc. TEMPÉRATURE DE FUSION basse ce qui facilite le façonnage par la chaleur et la PRESSION. Aspect attrayant par la couleur, le toucher et même parfois par l'odorat. Ne nécessite pas de TRAITEMENT DE SURFACE. Entretien généralement très facile. Possibilité de TRANSPARENCE pour certaines MATIÈRES avec un coefficient de transmission de lumière visible supérieur au VERRE dans le cas du PMMA. À défaut, certaines MATIÈRES peuvent être TRANSLUCIDES. IMPERMÉABLE. Prix relativement bas.

Inconvénients

F. TEMPÉRATURE maximale d'utilisation relativement basse pour la grande majorité.
→ Voir TEMPÉRATURE LIMITE D'UTILISATION.
Valeurs absolues de RÉSISTANCE MÉCANIQUE et de MODULE D'ÉLASTICITÉ relativement basses comparées aux MÉTAUX. Sensible aux RAYURES. Sensible aux VIEILLISSEMENTS de toutes sortes : décoloration aux UV, oxydation (O_2, O_3). INFLAMMABLE. (DILATATION), COEFFICIENT DE DILATATION plutôt élevé, de l'ordre de 10 fois plus par rapport aux MÉTAUX en ce qui concerne les THERMOPLASTIQUES. RETRAIT pouvant être important pendant la TRANSFORMATION (sens 3) et même après. Instabilité dimensionnelle à craindre, par exemple, par absorption d'humidité ou exposition à la chaleur (soleil, radiateur électrique, etc.) Le stockage dans ces conditions, peut ainsi faire apparaître des GAUCHISSEMENTS et FLUAGES. Peut constituer un facteur d'allergie (cutanée, respiratoire, asthme, etc.) pour certaines personnes. Consomme une ressource non renouvelable : le pétrole. D'ou la nécessité de les recycler lorsque c'est possible ou au moins en valoriser les déchets. La légèreté du MATÉRIAU fait que le vent peut l'emporter facilement et le disperser dans la nature en tant qu'ordure. Cette MATIÈRE se fragmente lorsqu'elle se retrouve dans la nature en devenant des particules fines difficiles à éliminer et facilement ingérable par les organismes vivants avec tous les dangers et conséquences dramatiques que cela entraîne sur la faune terrestre et marine.
→ Voir également MATÉRIAU ; (PLASTIQUE), TRANSFORMATION DES MATIÈRES PLASTIQUES.

(plastique), désignation des plastiques [plastic acronym]

(n.f.) Appellation simplifiée avec sigle NORMALISÉ pour les (PLASTIQUES), MATIÈRES PLASTIQUES.
A. Les noms scientifiques sont très compliqués à retenir, à prononcer et à manipuler au quotidien, d'où la nécessité de noms plus simples et plus pratiques. Ci-dessous la liste des désignations des matières plastiques par ordre alphabétique.

B. La première liste concerne les HOMOPOLYMÈRES, c'est à dire les MATIÈRES qui ne sont constituées que d'un seul type de POLYMÈRE.

CA	acétate de cellulose
CAB	acétobutyrate de cellulose
CAP	acétopropionate de cellulose
CF	crésol-formaldéhyde
CMC	carboxyméthylcellulose
CN	nitrate de cellulose
CP	propionate de cellulose
CTA	triacétate de cellulose
EC	éthyle cellulose
EP	époxyde, époxy
FF	furanne-formaldéhyde
MC	méthyle cellulose
MF	mélamine-formaldéhyde
PA	polyamide
PAI	polyamide / imide
PAN	polyacrylonitrile
PAUR	polyester uréthanne
PB	polybutène-1
PBA	polybutyl acrylate
PBI	polybenzimidazole
PBT	polybutylène téréphtalate
PC	polycarbonate
PCTFE	polychlorotrifluoro-éthylène
PDAP	polyphtalatede diallyle
PE	polyéthylène
PEEK	polyéther éther cétone
PEI	polyether imide
PEOX	polyéthylène oxyde
PES	polyéther sulfone
PET	polyéthylène téréphtalate
PEUR	polyéther uréthanne
PF	phénol-formaldéhyde
PFA	perfluoro alcoxyle alcane
PI	polyimide
PIB	polyisobutène, polyisobutylène
PIR	polyisocyanurate
PMI	polyméthacrylimide
PMMA	polyméthacrylate de méthyle
PMP	polyméthyle-4 pentène-1
PMS	poly a-méthylstyrène
POM	polyoxyméthylène (polyacétal)
PP	polypropylène
PPE	polyphénylène éther
PPOX	polyoxyde de propylène
PPS	polysulfure de phénylène
PPSU	polyphénylène sulfone
PS	polystyrène
PSU	polysulfone
PTFE	polytétrafluoroéthylène
PUR	polyuréthanne
PVAC	polyacétate de vinyle
PVAL	polyalcool de vinyle
PVB	polybutyral de vinyle
PVC	polychlorure de vinyle
PVDC	polychlorure de vinylidène
PVDF	polyfluorure de vinylidène
PVF	polyfluorure de vinyle
VFM	polyformal de vinyle
PVK	polycarbazole de vinyle
PVP	polyvinylpyrrolidone
SI	silicone
SP	polyester saturé
UF	urée-formaldéhyde
UP	polyester non-saturé

C. La liste suivante concerne les COPOLYMÈRES, c'est à dire les MATÉRIAUX constitués de plusieurs POLYMÈRES :

ABA	acrylonitrile / butadiène / acrylate
ABS	acrylonitrile / butadiène / styrène
A/CPE/S	acrylonitrile / polyéthylène chloré / styrène
A/EPDM/S	acrylonitrile / caoutchouc / styrène
A/MMA	acrylonitrile / méthacrylate de méthyle
ASA	acrylonitrile / styrène / acrylate
E/EA	éthylène / acrylate d'éthyle
E/MA	éthylène / acide méthacrylique
E/P	éthylène / propylène
EPDM	éthylène / propylène / diène (caoutchouc)
E/TFE	éthylène / tétrafluoroéthylène
E/VAC	éthylène / acétate de vinyle
E/VAL	éthylène / alcool vinylique
FEP	(éthylène / propylène) perfluoré Tétrafluoroéthylène/hexafluoro propylène
MBS	méthacrylate / butadiène / styrène
MPF	mélamine / phénol-formaldéhyde
PEBA	polyéther bloc amide
SAN	styrène / acrylonitrile
S/B	styrène / butadiène
SMA	styrène / anhydride maléique
S/MS	styrène / a-méthylstyrène
VC/E	chlorure de vinyle / éthylène
VC/E/MA	chlorurede vinyle / éthylène / acrylate de méthyle
VC/E/VAC	chlorure de vinyle / éthylène / acétate de vinyle
VC/MA	chlorure de vinyle / acrylate de méthyle
VC/MMA	chlorure de vinyle / méthacrylate de méthyle
VC/OA	chlorure de vinyle / acrylate d'octyle
VC/VAC	chlorure de vinyle / acétate de vinyle
VC/VDC	chlorurede vinyle / chlorure de vinylidène

D. À savoir que chaque (PLASTIQUE), MATIÈRE PLASTIQUE porte aussi plusieurs appellations commerciales spécifiques à chaque fabricant. Quelques exemples :

Polyamide (PA) :
Nylon ™ (Du Pont ®) ; Rilsan ™ (Aquitaine ®) ; Ultramid ™ (BASF ®)...

Polychlorure de vinyle (PVC) :
Benvic ™ (Solvay ®) ; Vinoflex ™ (BASF ®)...

Polycarbonate (PC) :
Lexan ™ (General electric ®, Sabic ®) ; Makrolon ™ (Bayer ®)...

Acrylonitrile butadiène styrène (ABS) :
Novodur ™ (Bayer ®) ; Lustran ™ (Monsanto ®) ; Terluran ™ (BASF ®) ; Cycolac ™ (Borg Warner ®)...

Polyméthacrylate de méthyle (PMMA) :
Plexiglas ™ (Rohm ®) ; Altuglas ™ (CdF chimie ®), Diakon ™ (Aschulman ®) ; Perspex ®...

Polytétrafluoréthylène (PTFE) :
Teflon ™ (Du Pont ®) ; Hostaflon ™ (Hoechst ®)

Polyacétal (POM) :
Delrin ™ (Du Pont ®) ; Hostaform ™ (Hoechst ®) ; Ultraform ™ (BASF ®)...

(plastique), transformation des plastiques [plastic processing]

(n.f.) PROCÉDÉ de TRANSFORMATION (sens 3) permettant d'amener la (PLASTIQUE), MATIÈRE PLASTIQUE de son état initial à son aspect final en passant par un état intermédiaire et en la contraignant à prendre la FORME d'un OUTILLAGE (sens 2) possédant la GÉOMÉTRIE (sens 2) recherchée.

A. L'état initial peut être :
• pour les THERMOPLASTIQUEs :
POUDRE, GRANULÉS, billes.
• pour les THERMODURCISSABLES et les ÉLASTOMÈRES : RÉSINE | LIQUIDE, RÉSINE | PÂTEUSE.

B. Le diagramme synoptique suivant donne une vue d'ensemble de toutes les TECHNIQUES disponibles en fonction des familles de matières plastiques sur lesquelles elles sont applicables :

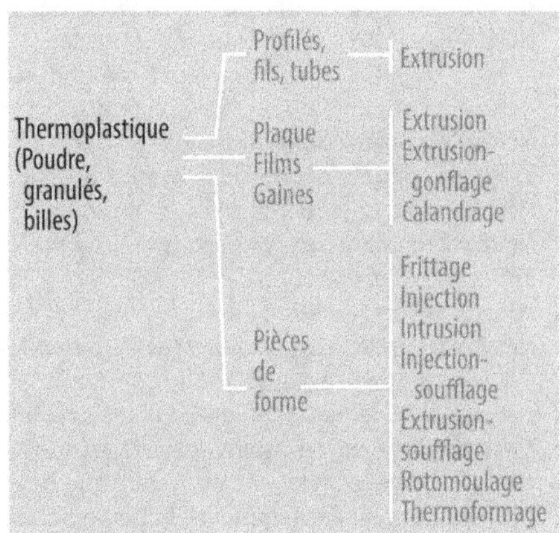

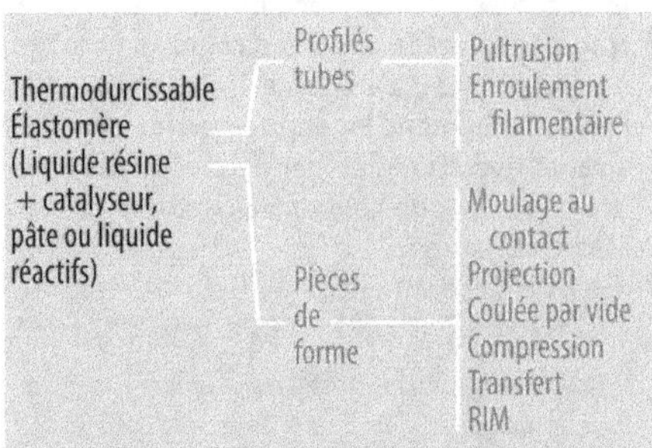

C. D'une façon générale, les TECHNIQUES de TRANSFORMATION (sens 3) des THERMOPLASTIQUES consistent d'abord à les amener à l'état VISQUEUX par la chaleur. Ensuite, ils sont mis en FORME par divers OUTILLAGES (sens 2) puis figés à cette FORME par REFROIDISSEMENT. Généralement, la TRANS-

FORMATION (sens 3) ne met en jeu aucune RÉACTION CHIMIQUE sauf pour les PROCÉDÉS mettant en œuvre initialement le MONOMÈRE qui polymérise pendant la MISE EN FORME (c'est le cas, par exemple, de la FABRICATION de PLAQUE de PMMA par COULAGE et non par EXTRUSION (sens 3)).
D. Pour les THERMODURCISSABLES et les ÉLASTOMÈRES, la TRANSFORMATION (sens 3) fait intervenir des RÉACTIONS CHIMIQUEs de POLYMÉRISATION ou de RÉTICULATION qui procurent à la MATIÈRE ses PROPRIÉTÉS physico-chimiques finales avec la FORME géométrique donnée par les OUTILLAGES (sens 2).

plasturgie [plastic processes]

(n.f.) L'ensemble des disciplines techniques concernant la MISE EN FORME des (PLASTIQUES), MATIÈRES PLASTIQUES.
La plasturgie est aux (PLASTIQUES), MATIÈRES PLASTIQUES ce que la MÉTALLURGIE est aux MÉTAUX.

plat [flat]

(adj.) Qui est PLAN (adj.) et de faible ÉPAISSEUR.

plat [flat plate]

(n.m.) PROFILÉ de SECTION | RECTANGULAIRE et dont l'ÉPAISSEUR est faible par rapport à l'autre DIMENSION.
• Note : Lorsque la LARGEUR du PROFILÉ excède 150 mm, il est appelé LARGE PLAT.

plateau [faceplate, platen]

(n.m.) ORGANE avec une SURFACE | PLANE sur laquelle peuvent être posés des objets et servir de SURFACE DE RÉFÉRENCE.
→ Voir aussi TABLE.

plateau diviseur [indexplate]

(n.m.) APPAREIL sur lequel peuvent être fixées des PIÈCES (sens 1) pour les orienter suivant des intervalles d'ANGLES réguliers et précis.

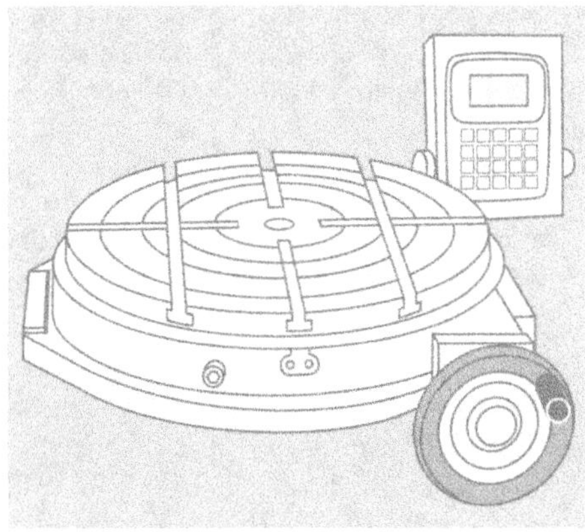

Le plateau diviseur est, par exemple, utilisé pour l'USINAGE des ENGRENAGES, des CANNELURES, des collections de TROUS.

plateau électromagnétique [electromagnetic plate]

(n.m.) APPAREIL à SURFACE plane pour le BRIDAGE de PIÈCE (sens 1) sur MACHINE-OUTIL dans lequel la FIXATION est assurée par un ÉLECTRO-AIMANT.

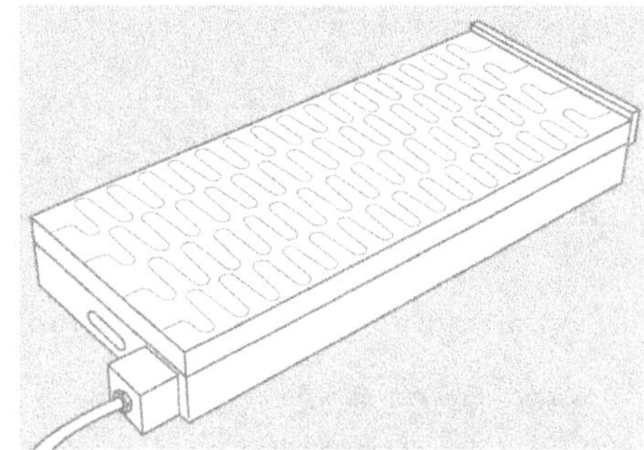

A. Il va de soi que cet APPAREIL ne convient que pour les pièces dont le MATÉRIAU est MAGNÉTIQUE comme l'ACIER COURANT et certains ACIERS INOXYDABLES.
B. Ne pas confondre avec le PLATEAU MAGNÉTIQUE qui fonctionne avec un AIMANT PERMANENT.

plateau magnétique [magnetic chuck]

(n.m.) APPAREIL à SURFACE | PLANE pour le BRIDAGE de PIÈCE (sens 1) sur MACHINE-OUTIL dans lequel la FIXATION est assurée par un AIMANT PERMANENT.

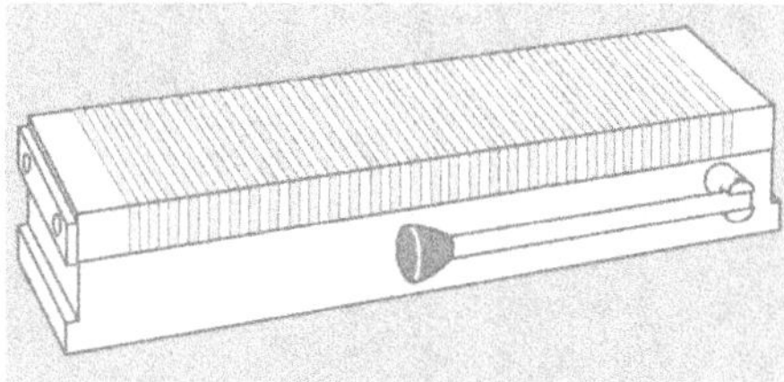

Le plateau magnétique est surtout utilisé pour les OPÉRATIONS d'USINAGE engendrant des efforts de COUPE (sens 2) relativement peu élevés telle que la RECTIFICATION, par exemple.

platine (Pt) [platinium (GB), platinum (US)]

(n.m.) MÉTAL PRÉCIEUX blanchâtre DUCTILE, MALLÉABLE et possédant une très bonne RÉSISTANCE À LA CORROSION. Son absence d'oxydation et donc la conservation de sa couleur blanchâtre lors d'un chauffage vif au CHALUMEAU permet de le reconnaître parmi les autres MÉTAUX.

A. Ses domaines d'utilisation sont : la bijouterie, l'électronique, les contacts électriques, les APPAREILS de laboratoire de PHYSIQUE et de chimie, la MESURE (sens 3) de TEMPÉRATURE, les catalyseurs de RÉACTION CHIMIQUE, etc.

B. Quelques CARACTÉRISTIQUES :

Symbole chimique :	Pt
État physique à l'ambiante :	Solide
Couleur :	Blanchâtre
Numéro atomique :	78
Masse volumique :	21,5 g/cm^3
T° de fusion :	1769°C
Structure cristalline :	Cubique Face Centrée

C. Aspect, couleur et rendu du MÉTAL.

platine [baseplate]

(n.f.) ORGANE | MÉCANIQUE plat pour la FIXATION d'ÉLÉMENTS STRUCTURAUX.

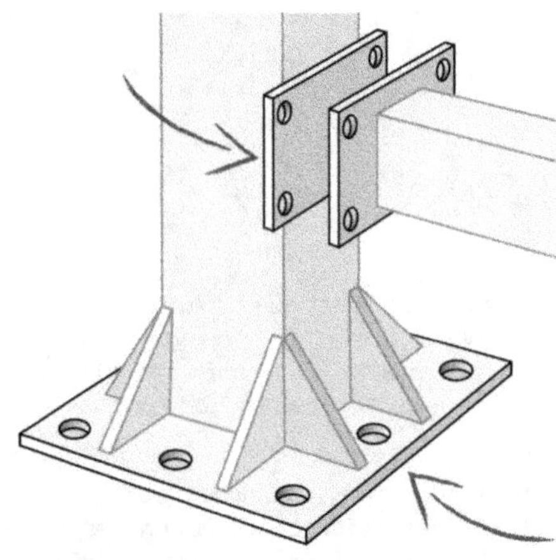

plâtre [plaster]

(n.m.) MATÉRIAU DE CONSTRUCTION obtenu par broyage et calcinage d'une roche naturelle appelée gypse de formule $CaSO_4, 2H_2O$ pour la débarrasser partiellement de ses molécules H_2O.

A. Les mécanismes mis en jeu sont résumés sur la figure suivante.

B. La MATIÈRE obtenue est sous forme de poudre blanchâtre de GRANULARITÉS diverses. Pour son utilisation, le plâtre est mis en œuvre en le mélangeant à de l'eau. Il se produit une RÉACTION CHIMIQUE de prise et le plâtre revient à l'état SOLIDE du gypse.

C. Aspect et rendu du MATÉRIAU.

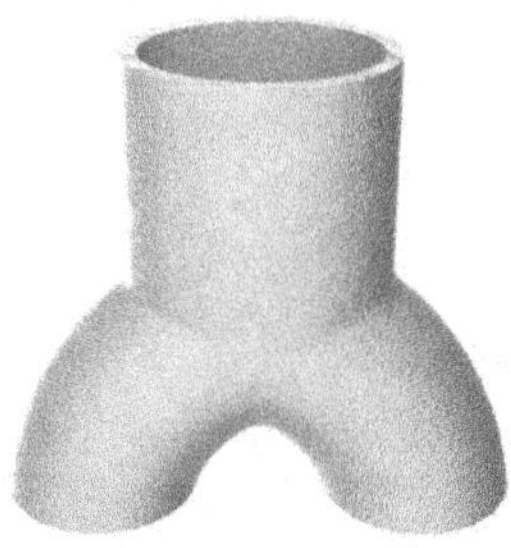

D. Le plâtre est utilisé en CONSTRUCTION comme MATÉRIAU d'enduit ou sous forme de plaque à cloison.

E. Quelques CARACTÉRISTIQUES :

Masse volumique :	~ 1,5 g/cm^3
Conductivité thermique :	0,35 W/(m·K)
Classement au feu	M1 ou A2-s1-d0

👍 Avantages

F. MATÉRIAU | INCOMBUSTIBLE. Bon isolant thermique et phonique. RECYCLABLE à l'infini. Économique.

👎 Inconvénients

G. Corrode les MÉTAUX. N'adhère pas sur tous les MATÉRIAUX notamment sur le BOIS.

(plat), sur plat [across flats]

(Locution). Mesuré par rapport à deux SURFACES planes PARALLÈLES.
Ex. : *Cote sur plat.*

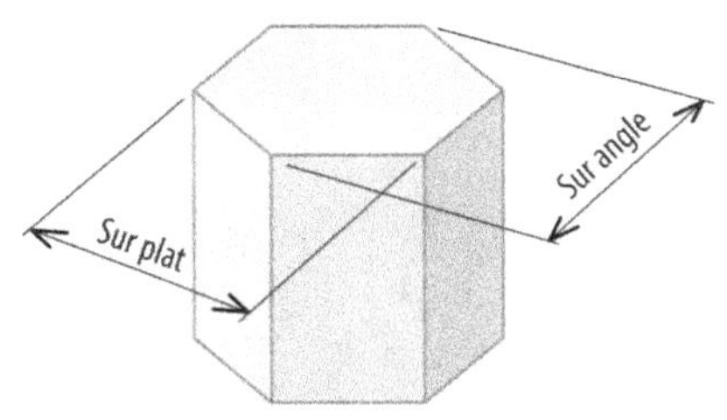

◊ **Contr. :** (ANGLE), SUR ANGLE.

pliage [sheet bending]

(n.m.) TECHNIQUE de MISE EN FORME de FEUILLE qui est contrainte à se rabattre généralement (FROID), À FROID **suivant une** LIGNE **droite.**

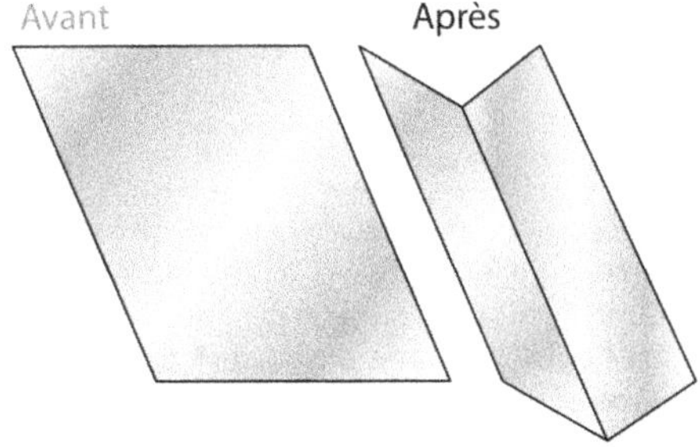

A. Le pliage peut être appliqué à de la TÔLE | MÉTALLIQUE, à des feuilles de certaines (PLASTIQUES), MATIÈRES PLASTIQUES (comme le PET, le PC, etc.) ou à du carton.
Les différentes MÉTHODES de pliage sont les suivantes :
B. Pliage en vé [V-bending]. Il consiste à presser la FEUILLE **entre un** POINÇON **et une** MATRICE (sens 1) **en forme de VÉ sur une machine appelée** PRESSE PLIEUSE.

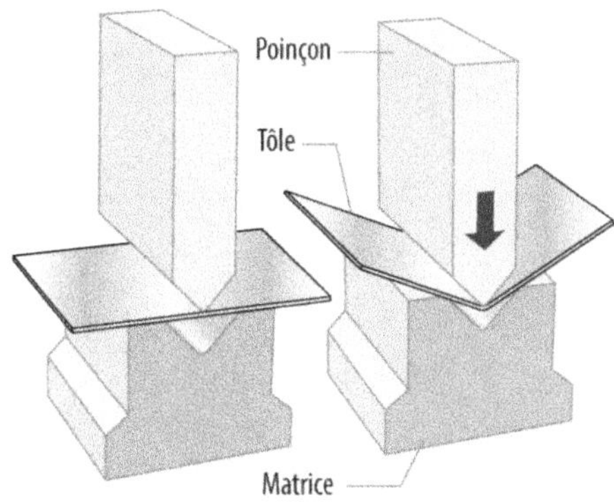

Quelques autres exemples de pliage en vé courant :

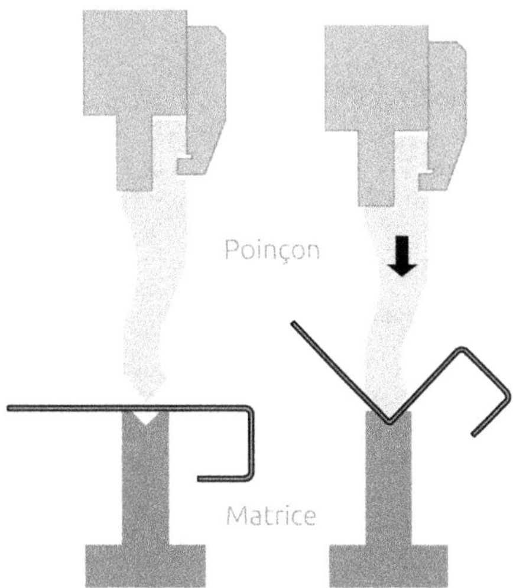

Des **exemples de pliage avec des** OUTILLAGES (sens 2) **plus spéciaux :**

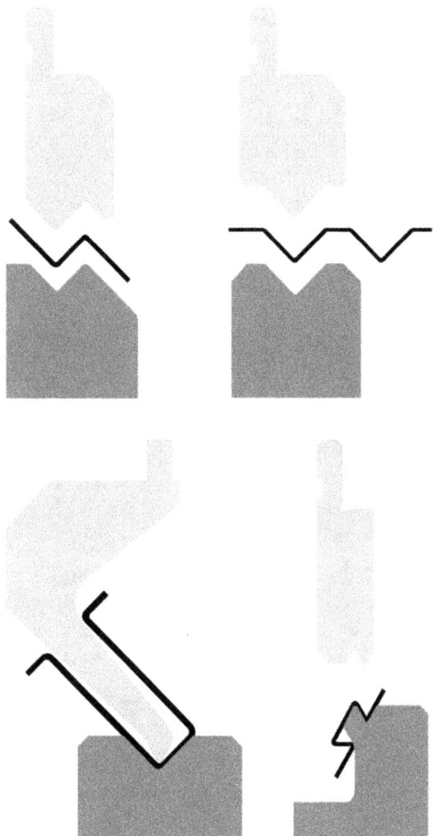

Cette méthode de pliage peut être pratiquée de deux façons :
- le PLIAGE EN L'AIR.
- le PLIAGE EN FRAPPE.

👍 Avantages

Permet de plier des ÉPAISSEURS de TÔLES très fortes. Permet des longueurs de pli importants. Machine relativement simple avec un seul MOUVEMENT. Ne nécessite pas de FIXATION ou de BRIDAGE de la TÔLE.

👎 Inconvénients

Possibilité moindre en complexité géométrique par rapport au « pliage en encastrement » (ci-dessous). Pendant le pliage, la tôle doit rester en contact avec les deux bords du vé, ce qui ne permet pas de faire des plis rapprochés ou sur des bords étroits des TÔLES. Peut laisser des traces de FROTTEMENT entre la TÔLE et la MATRICE (sens 1) . Ce problème est résolu par le « pliage en vé en rotation » (voir plus loin).
C. **Pliage en U [U-bending]** : Méthode identique à la précédente mais avec une MATRICE (sens 2) en forme de la lettre U :

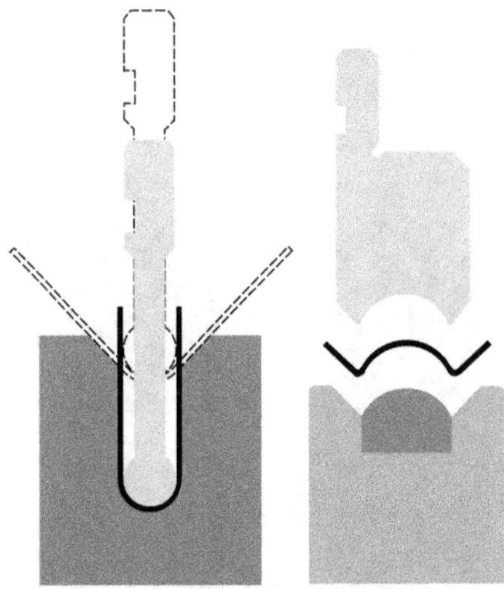

D. **Pliage en encastrement [Folding]**. La MÉTHODE consiste à serrer la FEUILLE entre un OUTIL et une TABLE puis une console se charge de rabattre la partie libre. La MACHINE utilisée est une PLIEUSE À TABLIER.

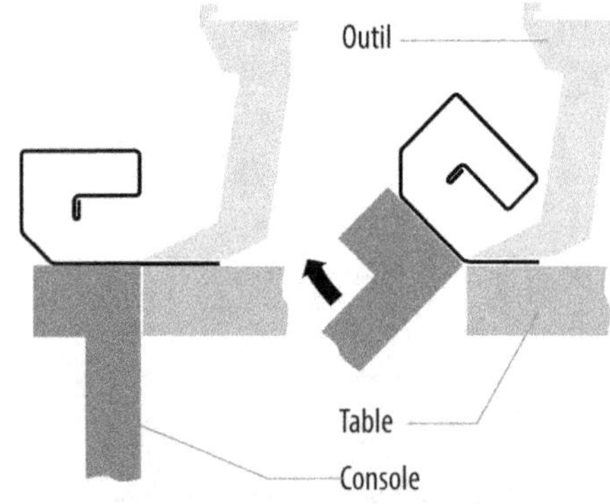

👍 Avantages

Permet des FORMES plus compliquées par rapport au pliage en vé.

👎 Inconvénients

Épaisseur de TÔLE relativement limitée par rapport au « pliage en vé ». MACHINE plus complexe car incluant un moyen de maintien de la TÔLE.
E. **Pliage en tombé de bord [Edge bending ; wipe bending]**. Il s'agit d'une méthode qui s'apparente à de l'EMBOUTISSAGE. Le FLAN est partiellement maintenu entre une MATRICE (sens 1) et un SERRE-FLAN. Un POINÇON vient rabattre la partie en PORTE-À-FAUX du FLAN.

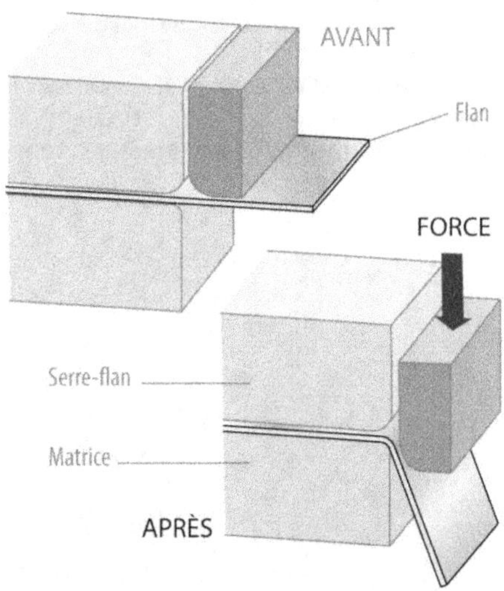

👍 Avantages

Permet de bien contrôler le RAYON DE PLIAGE.

Inconvénients

Produit des RAYURES sur une partie de la TÔLE.
F. **Pliage en rotation [Rotary bending]** : Le POINÇON ou lame de cambrage en forme de V est susceptible de subir un MOUVEMENT DE ROTATION.

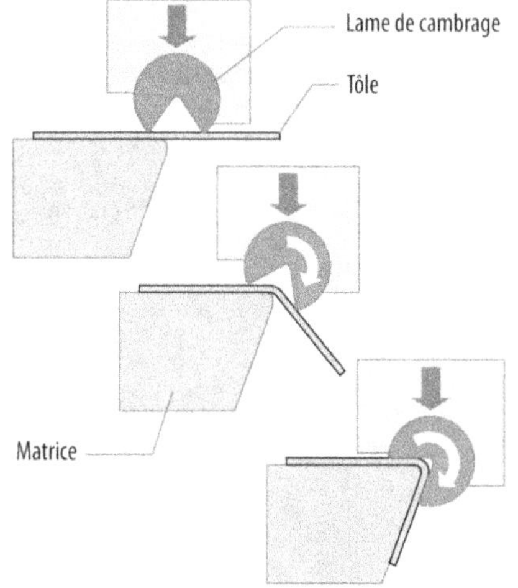

Avantages

Évite les traces de FROTTEMENT sur la TÔLE. Ne nécessite pas de moyen de SERRAGE spécifique de la TÔLE. Permet des pliages serrés avec un angle sensiblement plus élevé que 90°.
G. **Pliage en vé en rotation [Rotary V-bending]**. Amélioration du « pliage en vé » dans lequel la MATRICE (sens 1) est constituée de deux parties appelées « lames de cambrage » pouvant pivoter de manière à s'adapter en permanence à l'angle de pliage.

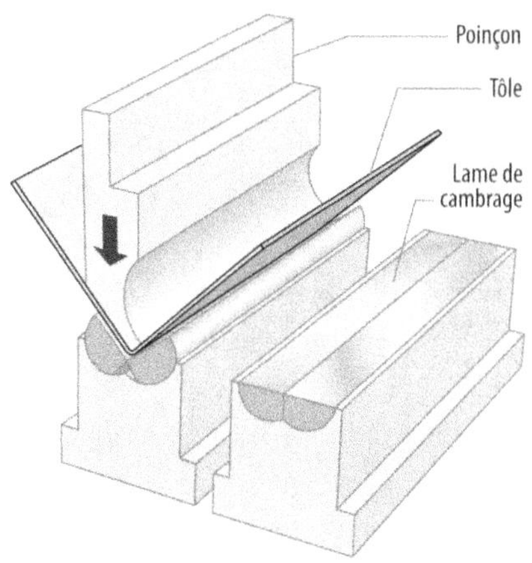

Avantages

Permet de réduire les traces de FROTTEMENT sur la TÔLE. La même lame de cambrage peut servir à toutes les valeurs d'ANGLE.
H. Quelques exemples de ferrures obtenues par PLIAGE.

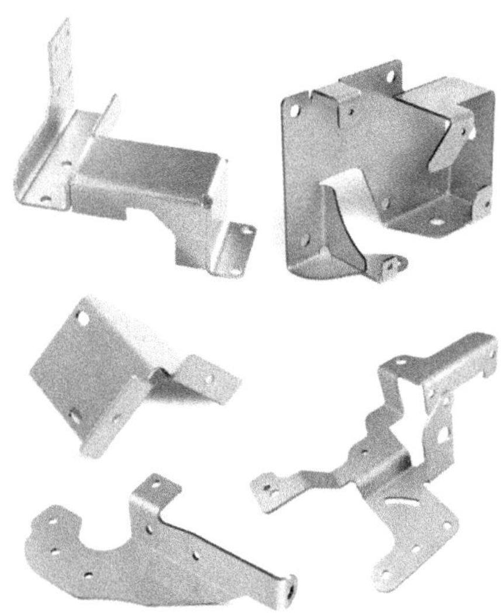

→ Voir aussi PLI ÉCRASÉ.

pliage écrasé [hemming, flattening]

(n.m.) PLIAGE à 180° faisant toucher les FACES (sens 1) en vis à vis.
Ex. 1 : *Pli écrasé en pliage.*

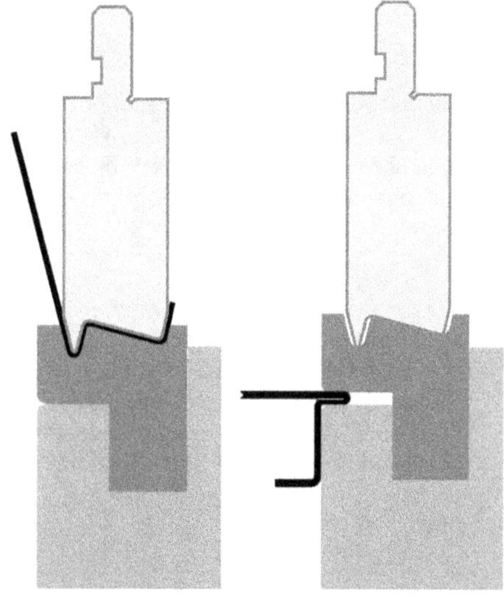

Ex. 2 : *Pli écrasé en* PROFILAGE.

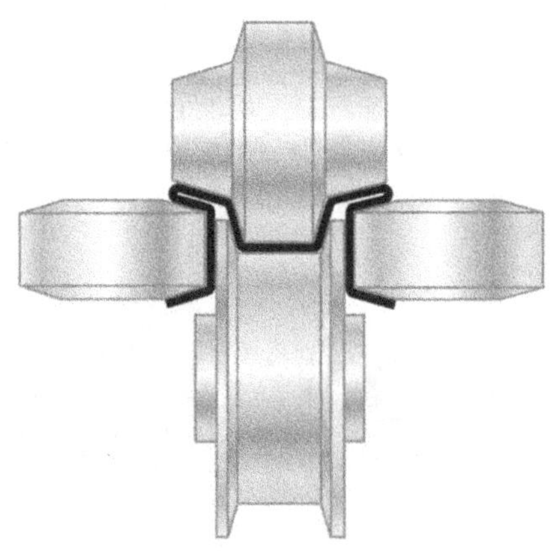

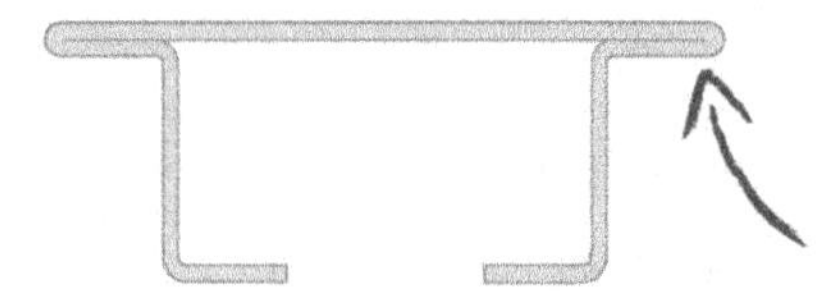

pliage en frappe [bottoming, coining]

(n.m.) MÉTHODE de PLIAGE dans laquelle le POINÇON vient en butée sur la MATRICE (sens 1).

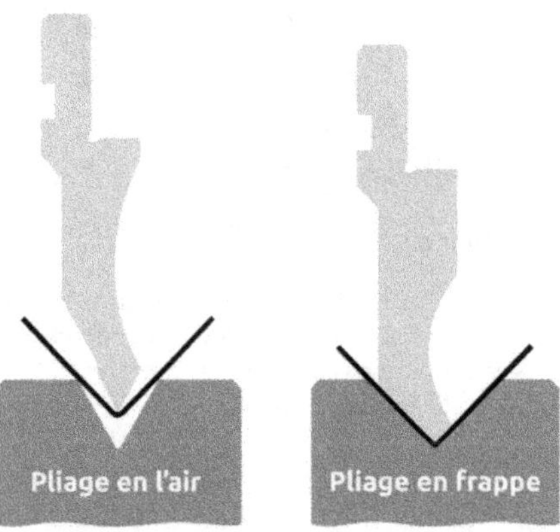

Cette méthode permet de mieux maîtriser la REPRODUCTIBILITÉ et réduit le retour élastique de l'angle obtenu. Le rayon intérieur du pli correspond au rayon du POINÇON.
◊ Contr. : PLIAGE EN L'AIR.

pliage en l'air [air bending]

(n.m.) MÉTHODE de PLIAGE dans laquelle le POINÇON ne vient pas en butée sur la MATRICE (sens 1). Offre une infinité d'angle réalisable à partir du moment où ils sont en dessous de l'angle du VÉ. Le rayon de pliage est une conséquence du rayon de poinçon, de la largeur du vé, de l'épaisseur de la tôle et de l'angle du pliage.
◊ Contr. : PLIAGE EN FRAPPE.

pli écrasé [hem]

(n.m.) Résultat d'un PLIAGE à 180° dans lequel les deux faces de TÔLE ou FEUILLE en vis à vis se rejoignent jusqu'à se toucher.

plieuse à tablier [folding machine]

(n.f.) MACHINE-OUTIL avec une TABLE fixe de grande LONGUEUR sur laquelle est maintenue une TÔLE qui est rabattue par une autre TABLE basculante appelée tablier.

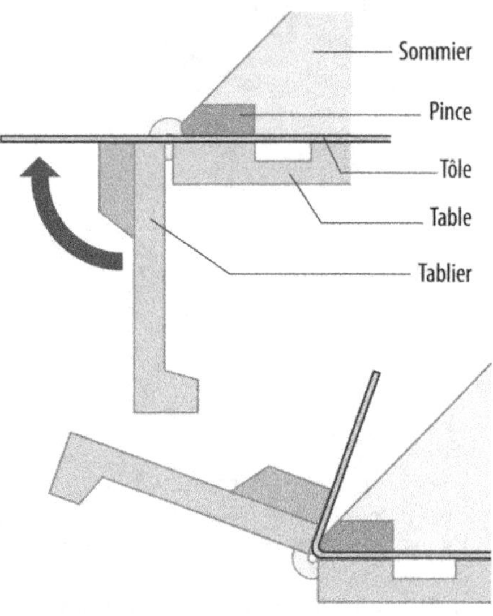

→ Voir également PLIAGE.

👍 Avantages

A. Ces machines permettent également avec les accessoires adéquats de faire du ROULAGE sur MANDRIN (sens 2).

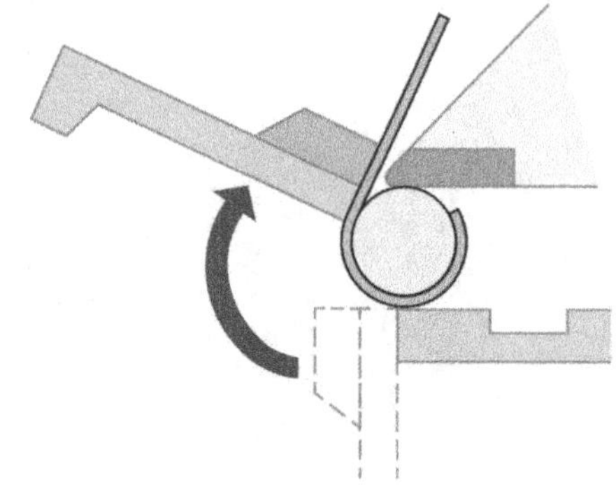

B. Aspect général de la MACHINE :

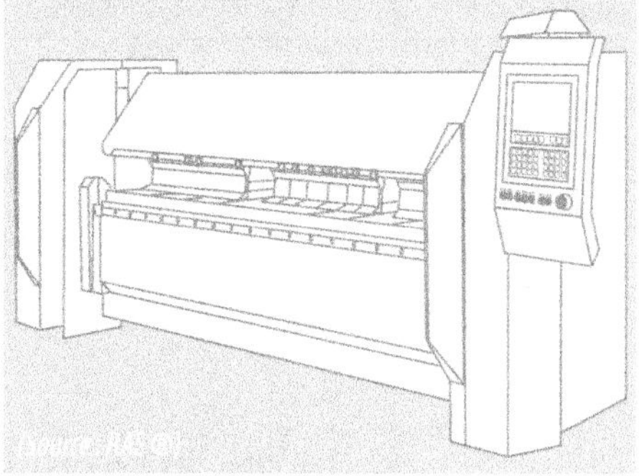

→ Voir aussi PRESSE-PLIEUSE.

plissage, plissement [wrinkling]

(n.m.) Ondulations indésirables apparaissant lors d'un CINTRAGE à RAYON DE COURBURE trop faible,

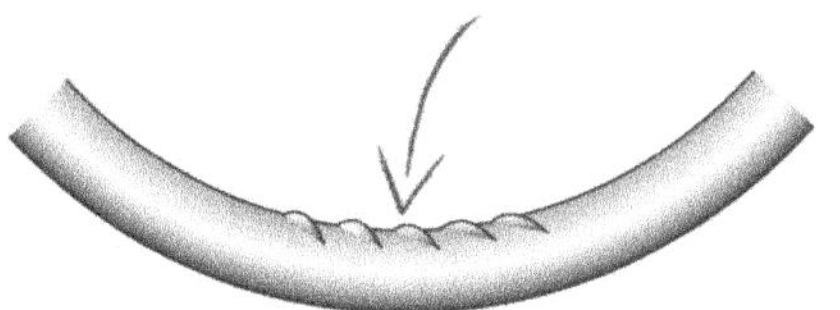

ou lors de rétreint trop important en EMBOUTIS-SAGE.

(À ne pas confondre avec les cornes d'EMBOUTIS-SAGE qui sont causées par l'ANISOTROPIE des TÔLES.)

plissure [wrinkling]

(n.f.) Même signification que PLISSAGE ou PLISSE-MENT.

plomb (Pb) [lead]

(n.m.) MÉTAL LOURD, MOU, peu résistant, DUCTILE avec un reflet gris pâle.

A. Il possède une très bonne RÉSISTANCE À LA CORROSION et sert quelquefois à contenir des LIQUIDES très agressifs. Le plomb possède une certaine TOXICITÉ pour les organismes vivants et un impact ENVIRONNE-MENTAL (sens 1) préoccupant, ce qui a tendance à en limiter l'utilisation. Il est encore utilisé pour les batteries et surtout comme barrière de protection aux rayons ionisants pour les réacteurs nucléaires et les équipements à rayon X. L'OXYDE de plomb est utilisé dans la FABRICA-TION du cristal.

B. Quelques CARACTÉRISTIQUES.

Symbole chimique :	Pb
État physique à l'ambiante :	Solide
Couleur :	Gris foncé pâle
Numéro atomique :	82
Masse volumique :	11,35 g/cm^3
T° de fusion :	327°C
Structure cristalline :	Cubique Face Centré

C. Aspect, couleur et rendu du MÉTAL.

PMMA

Abréviation pour **PolyMethyl MethAcrylate** en anglais (Polyméthacrylate de méthyle en français). (PLASTIQUE), MATIÈRE PLASTIQUE | THER-MOPLASTIQUE pouvant être OPAQUE ou TRANSPARENT et qui est dans ce cas remarquable pour ses PROPRIÉTÉS optiques et sa bonne RÉSIS-TANCE aux UV.

A. Sa formule chimique :

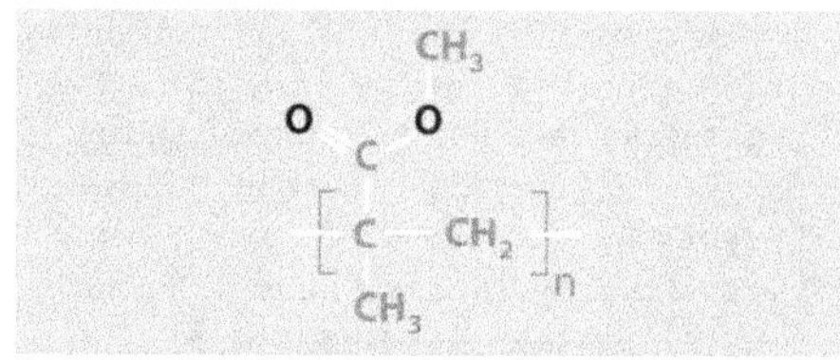

B. Il est essentiellement mis en œuvre par COU-LAGE (FABRICATION de PLAQUE à partir du MONO-MÈRE correspondant), EXTRUSION (sens 3), THERMOFORMAGE et MOULAGE PAR INJECTION DE PLASTIQUE.

C. Quelques applications courantes : utilisation en verre organique pour l'optique, vitrage, aquarium, hublot, cockpit, plaque signalétique, enseigne, panneaux lumineux, plaque et articles publicitaires, aménagement magasin, fibre optique...

D. Quelques CARACTÉRISTIQUES pratiques.

Masse volumique	1,18 g/cm^3
Résistance au choc Izod entaillé	1,3 KJ/m^2
Module d'élasticité longitudinal	2400 à 3300 MPa
Résistance à la rupture	70 à 80 MPa
Dureté Shore D	80
Allongement à la rupture	4 à 5 %
Transmission lumineuse	92 %
Absorption d'eau en masse	0,5 %
Température d'utilisation	-40°C à +70°C
Coefficient de dilatation linéaire	60 à 70 µm/(m·°C)
Classement au feu	M4
Retrait au moulage	0,4 %
Conductivité thermique à 23°C	0,19 W/(m·K)
Alimentarité	Sans réserve

 **Avantages**

E. TRANSPARENCE supérieure au VERRE minéral standard.

→ Voir TRANSPARENCE.

Seul POLYMÈRE transparente aux UV. Deux fois plus léger que le VERRE. Ne se casse pas en multitudes de morceaux en cas de RUPTURE. Très bonne RÉSISTANCE aux rayonnements UV. Bonne stabilité dimensionnelle. Usinable. Se découpe au laser dans de bonnes conditions pour sa version coulée. Décoratif. Apte au contact alimentaire. Compatible avec les applications médicales de stérilisation par rayon gamma.

Inconvénients

F. Sensible aux RAYURES. Peu résistant au CHOC. Ne résiste pas aux agents chimiques et solvants organiques. CLASSEMENT AU FEU faible mais ne dégage pas de fumée toxique.

G. Quelques autres appellations courantes et commerciales : verre acrylique ; verre organique ; Plexiglas ™ (Röhm ®) ; Altuglas ™, Oroglas ™ (Arkema ®) ; Diakon ™ (Lucite ®) ; Perspex ® ; Versato ® ; Deglas (Evonik ®) ; Paraglass ™ (Kuraray ®) ; Lucryl ™ (Barlo ®, BASF ®) ; Setacryl ™ (Madreperla ®)...

pneumatique [air actuated]

(adj.) Qui a un rapport avec l'utilisation de l'AIR COMPRIMÉ.

Ex. : *Vérin pneumatique.*

→ Voir aussi AIR COMPRIMÉ.

poids [weight]

(n.m.) FORCE À DISTANCE qui attire une MASSE (sens 2) vers le sol.

poignée [handle]

(n.f.) ORGANE DE MANŒUVRE ou accessoire assurant une bonne préhension manuelle.

Source : Sugatsune ®

poinçon [punch]

(n.m.)

1. ORGANE | MÉCANIQUE mâle destiné à rentrer dans un autre de même FORME mais creuse appelé MATRICE (sens 1) pour découper ou mettre en forme.

2. Ustensile dont la pointe en MATÉRIAU | DUR sert à laisser un marquage sur la surface d'une MATIÈRE.

→ Voir, par exemple, ALPHABET À FRAPPER.

poinçonnage [punching]

(n.m.) PROCÉDÉ de DÉCOUPAGE par CISAILLEMENT d'une TÔLE ou PLAQUE suivant le CONTOUR d'un POINÇON pénétrant dans une MATRICE (sens 1).

Ex. 1 : *Poinçonnage de TROUS pour poignée et canon de serrure.*

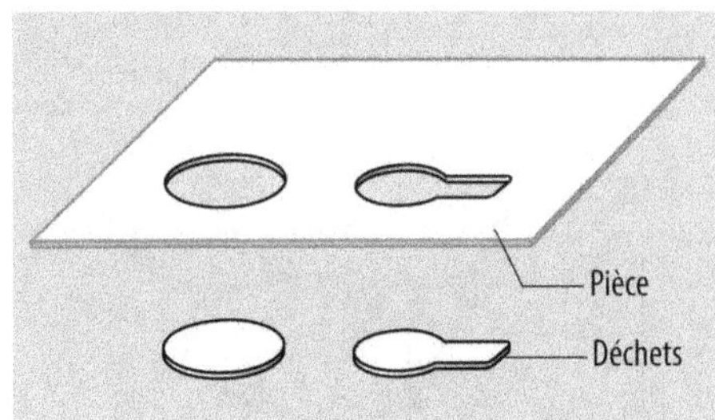

A. La TÔLE à poinçonner appelée aussi FLAN est placée entre le POINÇON et la MATRICE (sens 1), qui en rentrant l'un dans l'autre enlève un morceau de MATIÈRE en la cisaillant.

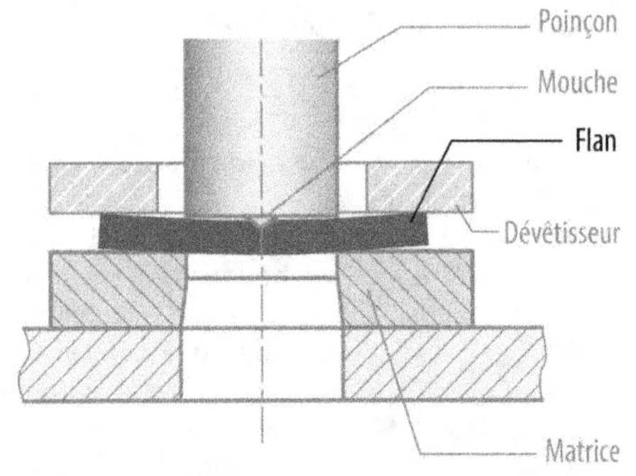

B. Ne pas confondre avec le DÉCOUPAGE FIN dans lequel la TÔLE est, en plus, maintenue pour une plus grande PRÉCISION de DÉCOUPE.

C. À remarquer que le morceau de MATÉRIAU détaché par le POINÇON est un DÉCHET, la PIÈCE (sens 1) réellement utile étant le reste, contrairement au procédé de DÉCOUPAGE-POINÇONNAGE.

poinçonnage progressif [progressive stamping]

(n.m.) PROCÉDÉ continu de MISE EN FORME en TÔLERIE par un OUTILLAGE unique prévu pour plusieurs OPÉRATIONS simultanées sur une bande de TÔLE qui défile jusqu'à obtenir la PIÈCE FINIE.

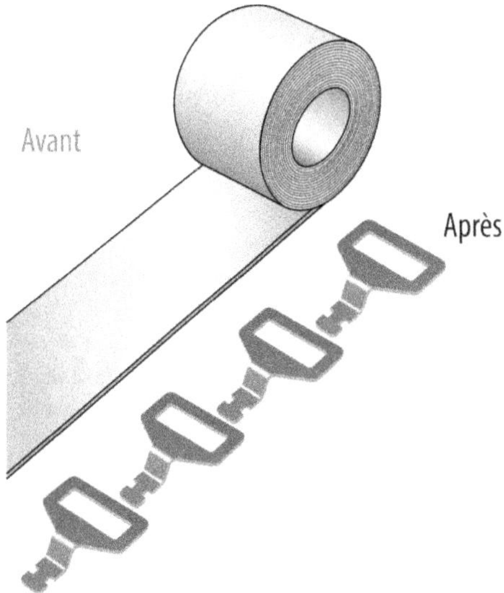

A. Chaque « station » de l'outillage effectue un POINÇONNAGE ou un FORMAGE qui complète la précédente au fur et à mesure que la bande de tôle avance.

B. Vue générale du procédé :

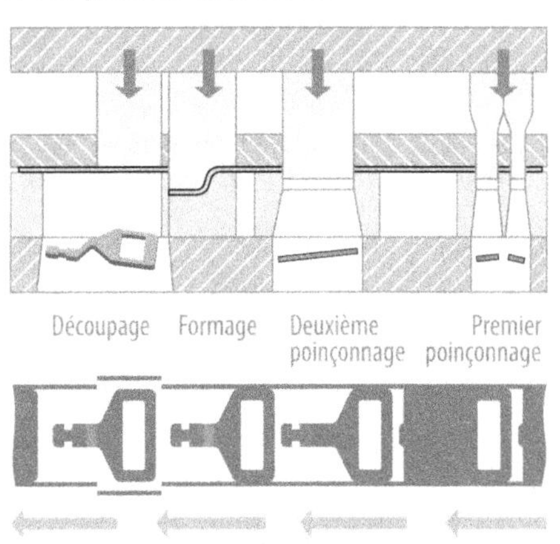

Défilement du rouleau de tôle

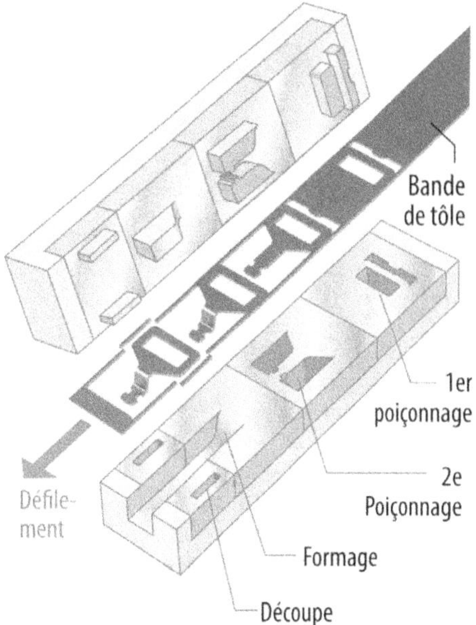

👍 Avantages

C. La continuité du PROCÉDÉ permet une PRODUCTIVITÉ très élevée. Permet de réduire au minimum les coûts de PRODUCTION. Permet des FORMES et GÉOMÉTRIE (sens 2) très élaborées grâce à l'association de divers types de PROCÉDÉS dans un OUTILLAGE (sens 2) unique. Ne génère que très peu de DÉCHETS. Permet une excellente REPRODUCTIBILITÉ. Mise en oeuvre très facile.

👎 Inconvénients

D. OUTILLAGE (sens 2) compliqué et coûteux ne se justifiant que pour la PRODUCTION d'une grande SÉRIE DE PIÈCES. PROCÉDÉ bruyant.
→ Voir aussi MISE EN BANDE.

poinçonnage rotatif [rotary punching]

(n.m.) PROCÉDÉ de DÉCOUPAGE de FORMES en continu dans une bande de MATIÈRE, grâce à deux CYLINDRES (sens 1) tournant en sens inverse, l'un comportant des POINÇONS et l'autre des TROUS formant les MATRICES (sens 1) permettant le CISAILLEMENT (voir page suivante).

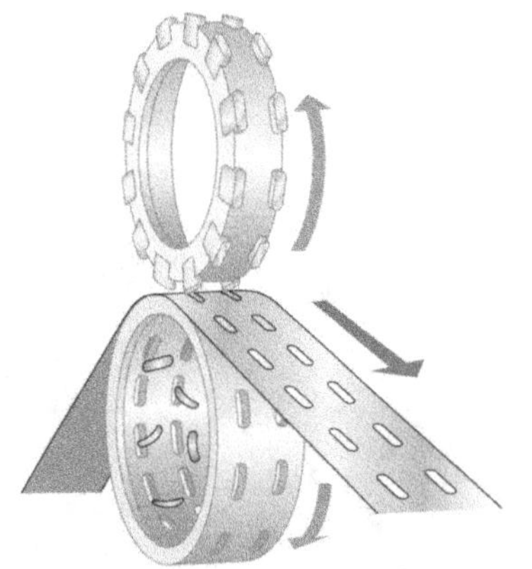

👍 Avantages

PRODUCTIVITÉ très élevée à cause du caractère continu du PROCÉDÉ. PROCÉDÉ moins bruyant que le poinçonnage classique car le cisaillement est plus progressif.

poinçonné [punched]

(adj.)
1. Qui a subi un DÉCOUPAGE suivant un contour donné par un POINÇON rentrant dans une MATRICE (sens 1).
2. Qui a subi un MARQUAGE avec un ustensile appelé POINÇON (sens 2), en parlant de la surface d'un MATÉRIAU.

poinçonneuse [punch press]

(n.f.) MACHINE-OUTIL à COMMANDE NUMÉRIQUE avec une TABLE X-Y supportant une TÔLE et une tête comportant plusieurs POINÇONS de différentes FORMES à changement rapide, destinés à transpercer la TÔLE par CISAILLEMENT.

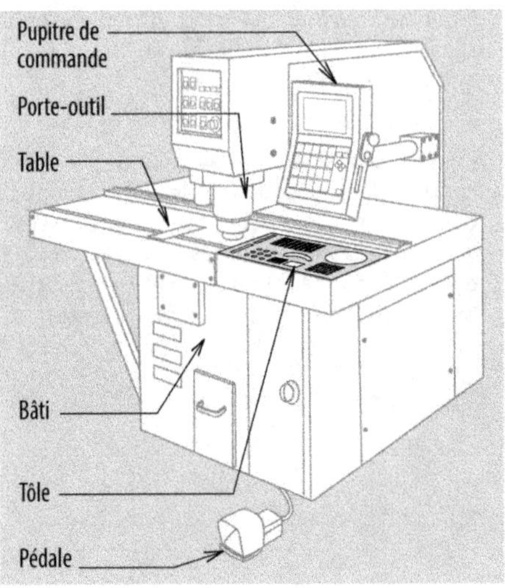

point [point]

(n.m.) Élément géométrique le plus petit possible ne possédant ni LONGUEUR ni SURFACE et destiné à définir et à matérialiser un EMPLACEMENT.

pointage [pointing]

(n.m.) Apposition d'un POINT comme repère pour matérialiser un endroit.

pointage de soudure [tack weld]

(n.m.) Petite SOUDURE permettant de maintenir en place les PIÈCES (sens 1) à souder, le temps de réaliser le CORDON DE SOUDURE définitif.

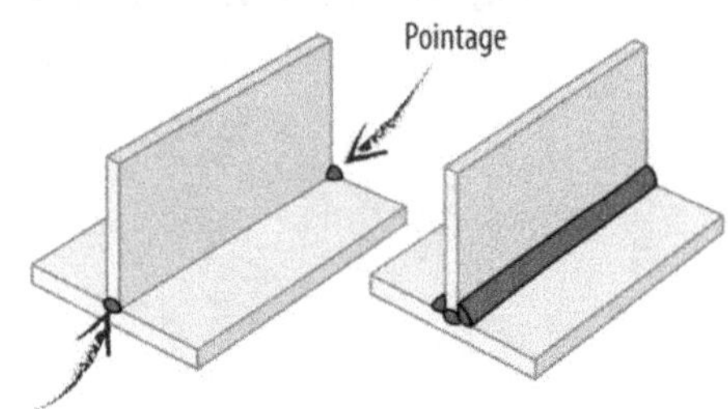

point d'appui [support point]

(n.m.) Endroit sur lequel repose un LEVIER et où s'exerce une RÉACTION D'APPUI lorsqu'il est soumis à une FORCE ou à une CHARGE (sens 1) par ailleurs.
→ Voir LEVIER.

point de contact [contact point, point of contact]

(n.m.) Zone de SURFACE très restreinte sur laquelle un ORGANE s'appuie sur un autre et où s'exerce les FORCES et RÉACTION D'APPUI.

point de fusion [melting point]

(n.m.) TEMPÉRATURE précise à laquelle une SUBSTANCE pur ou EUTÉCTIQUE passe de l'état SOLIDE à l'état LIQUIDE.
♦ Syn. : TEMPÉRATURE DE FUSION.

point dur [friction point]

(n.m.) Difficulté rendant ponctuellement plus difficile l'EMBOÎTEMENT d'une PIÈCE (sens 1) ou son libre MOUVEMENT.

pointe à tracer [scribe]

(n.f.) Petit OUTIL manuel à extrémité pointue permettant d'obtenir des TRAITS et des LIGNES à la SURFACE d'un MATÉRIAU.

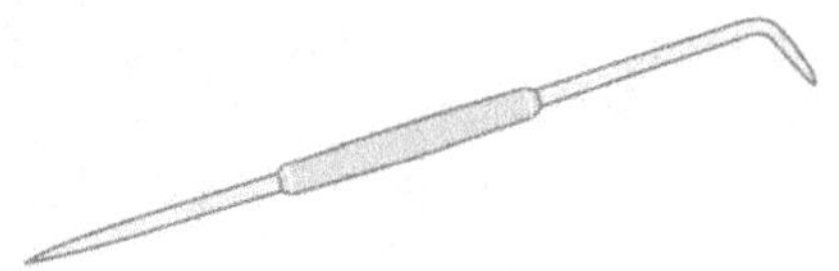

• Note : Ne pas confondre avec le POINTEAU qui permet d'obtenir une petite TRACE (sens 1) CONIQUE en creux assimilée à un POINT.

pointeau [centre punch (GB), center punch (US)]

(n.m.) Petit OUTILLAGE MANUEL allongé dont l'une des extrémités est pointue et DURE et l'autre prévue pour être frappée avec un MARTEAU de manière à laisser une TRACE (sens 1) CONIQUE en creux servant à guider la pointe d'un FORET.

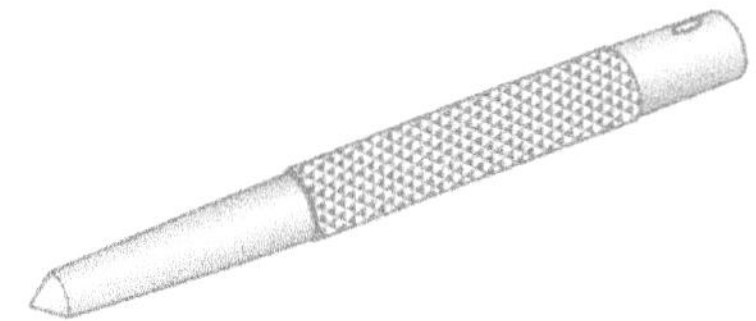

La trace de pointage est pratiquement obligatoire avant le PERÇAGE, sans quoi le FORET peut être facilement dévié et l'axe de perçage placé de façon peu précise.

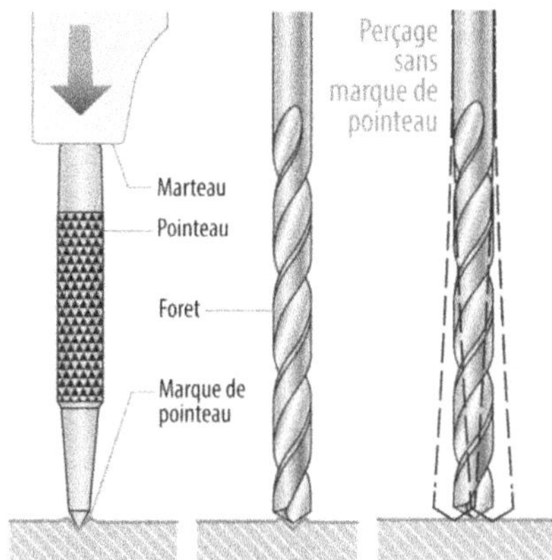

• Note : Ne pas confondre avec la POINTE À TRACER qui permet d'obtenir des traits et des lignes à la SURFACE d'un MATÉRIAU.

pointeau automatique [automatic centre punch (GB), automatic center punch (US)]

(n.m.) Type de POINTEAU qui ne nécessite pas l'emploi d'un MARTEAU mais qui s'actionne par une PRESSION | VERTICALe armant un RESSORT et produisant le CHOC nécessaire.

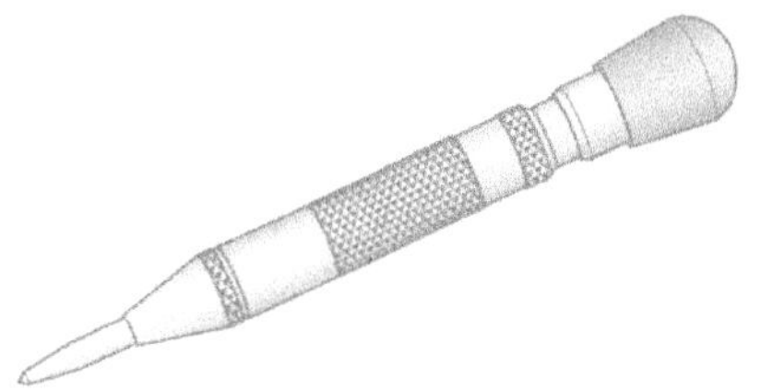

👍 Avantages

A. Plus précis en POSITIONNEMENT.

👎 Inconvénients

B. La TRACE (sens 1) est moins profonde, en particulier sur les MÉTAUX très DURS, car le CHOC est moins important que l'effet d'un MARTEAU.
• Note : L'idéal est de réaliser une première marque avec le pointeau automatique, puis de parfaire avec un pointeau classique.

poli [polished]

(adj.) Dont la SURFACE a été rendue lisse et réfléchissant la LUMIÈRE (sens 1).
→ Voir POLISSAGE.
Le degré de FINITION est spécifié avec un (RUGOSITÉ), PARAMÈTRE DE RUGOSITÉ ou par comparaison avec un (RUGOSITÉ), ÉTALON DE RUGOSITÉ.

polir [polish]

(v.tr.) Frotter, ABRASER pour enlever les RUGOSITÉS d'une SURFACE de manière à la rendre lisse et reflétant bien la LUMIÈRE (sens 1).

polissage [polishing, lapping]

(n.m.) OPÉRATION | MÉCANIQUE, chimique, électrochimique ou thermique visant à diminuer la RUGOSITÉ d'une SURFACE pour la rendre lisse et réfléchissant la LUMIÈRE (sens 1) mais sans forcément une PRÉCISION géométrique rigoureuse.
A. Ci-dessous, le (RUGOSITÉ), PROFIL DE RUGOSITÉ avant et après l'OPÉRATION de polissage.

Aspect de SURFACE avant et après le polissage.

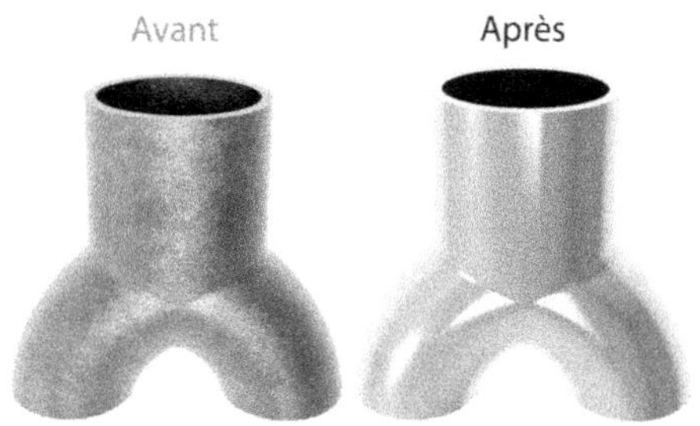

B. Le polissage peut être effectué de diverses manières :
• POLISSAGE MÉCANIQUE.
• POLISSAGE CHIMIQUE.
• POLISSAGE ÉLECTROCHIMIQUE.
• POLISSAGE LASER.

C. Les RUGOSITÉS envisageables pour chaque PROCÉDÉ sont les suivantes :

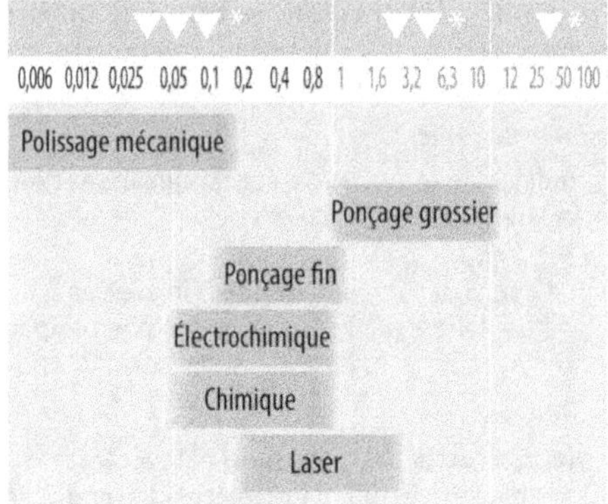

D. L'OPÉRATION inverse est le DÉPOLISSAGE.
E. Ne pas confondre avec la RECTIFICATION, le RODAGE, la SUPERFINITION qui ont, en plus, la préoccupation d'une grande PRÉCISION de GÉOMÉTRIE (sens 2). Le tableau suivant donne un aperçu comparatif des capacités et des CARACTÉRISTIQUES de chacune de ces TECHNIQUES :

Bon / Mauvais	Rectification	Superfinition	Rodage cylindre [honing]	Rodage plan [Lapping]	Polissage	Ponçage
État de surface						
Précision forme						
Tolérance dimension						
Précision position						
Rapidité usinage						
Coût pièce	Élevé	Élevé	Faible	Faible	Moyen	Faible

polissage chimique [chemical polishing]

(n.m.) PROCÉDÉ de POLISSAGE consistant à immerger les PIÈCES (sens 1) dans des produits chimiques capable de dissoudre les aspérités de SURFACE.

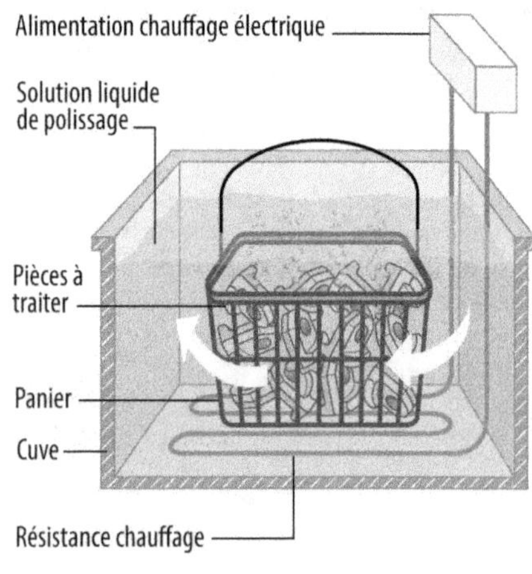

👍 Avantages

A. Permet d'atteindre toutes les SURFACES même les plus inaccessibles car le TRAITEMENT est effectué par immersion. Traitement en vrac, ce qui facilite la manipulation des PIÈCES (sens 1). Agit par effet purement chimique ce qui évite les effets secondaires MÉCANIQUES tels que l'ÉCROUISSAGE et les TENSIONS | MÉCANIQUES.

👎 Inconvénients

B. Nécessite un rinçage pour éliminer les TRACES (sens 1) de produits agressifs. Les produits chimiques peuvent être polluants et nécessiter un TRAITEMENT pour préserver l'ENVIRONNEMENT (sens 1).
C. Ne pas confondre avec le POLISSAGE ÉLECTROCHIMIQUE qui agit avec le passage d'un courant électrique entre la pièce et une cathode.

polissage électrochimique [electropolishing]

(n.m.) PROCÉDÉ de POLISSAGE faisant intervenir une RÉACTION CHIMIQUE assistée d'un courant électrique continu entre la pièce et UNE CATHODE.

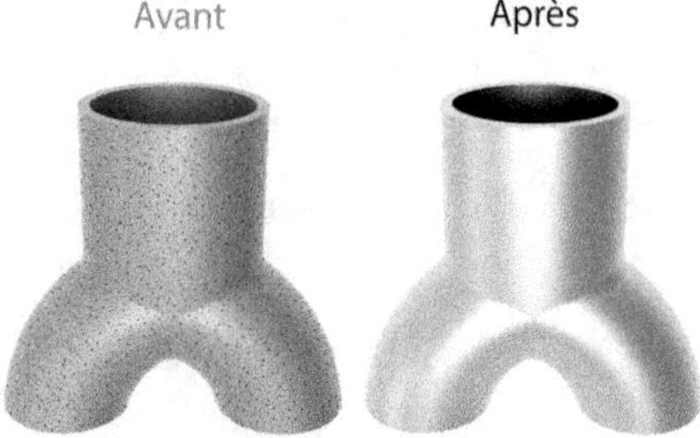

A. Le PROCÉDÉ s'effectue dans une cuve contenant l'électrolyte. Un générateur fait circuler le courant nécessaire entre une cathode et

l'anode constituée par la PIÈCE (sens 1) à traiter. La réaction électrochimique dissout la MATIÈRE en l'arrachant ion par ion, en priorité sur les pointes de RUGOSITÉ où la densité de courant est plus élevée. Ce qui élimine la moindre irrégularité et conduit à une SURFACE très lisse et brillante. Le PROCÉDÉ possède aussi l'avantage de supprimer les incrustations d'impuretés provenant des OPÉRATIONS d'USINAGE.
Configuration du PROCÉDÉ.

B. ÉTAT DE SURFACE, RUGOSITÉ Ra (µm) :

C. Coût OUTILLAGE (sens 2) (hors coût MACHINE) :

D. SÉRIE DE PIÈCES économique :

Proto	Unitaire	Petite	Moyenne	Grande	Très Grande
1	10	100	1 000	10 000	100 000
Polissage électrochimique					

👍 Avantages

E. Applicable aux GÉOMÉTRIES (sens 2) les plus complexes car il permet d'atteindre toutes les SURFACES d'une PIÈCE (sens 1), même les recoins mécaniquement inaccessibles. Pas de débris et d'impuretés résiduels. Excellent ÉTAT DE SURFACE. Garantit un faible niveau de contamination pour les applications du médical et du nucléaire. PROCÉDÉ industrialisable à grande échelle ce qui permet une grande PRODUCTIVITÉ. Aucun effet MÉCANIQUE ni thermique ce qui garantit un MÉTAL exempt de TENSIONS, de CONTRAINTES RÉSIDUELLES et d'ÉCROUISSAGE. Coût de TRAITEMENT raisonnable.

👎 Inconvénients

F. Ne convient qu'aux MATÉRIAUX conducteurs d'électricité. En particulier, les INCLUSIONS non-métalliques ne peuvent être dissoutes ce qui peut compromettre le résultat final. Chaque PIÈCE (sens 1) doit être individuellement suspendue dans l'électrolyte et reliée électriquement au générateur. Les PIÈCES (sens 1) tubulaires sont difficiles à installer et nécessite parfois de prévoir un TROU d'accrochage. Les zones de CONTACT électrique peuvent laisser des TRACES (sens 1) disgracieuses. Nécessite un DÉGRAISSAGE préalable car des DÉPÔTS gras peuvent empêcher l'uniformité du TRAITEMENT. Peut poser des problèmes sur un MATÉRIAU à plusieurs PHASES (sens 2) par différence de VITESSE de dissolution. Modification des DIMENSIONs des PIÈCES (sens 1) après TRAITEMENT ce qui peut poser problème dans les AJUSTEMENTS. TRAITEMENT à étudier au cas par cas. N'atteint pas la « RUGOSITÉ zéro » que peut atteindre le POLISSAGE MÉCANIQUE. Nécessite de traiter les produits chimiques LIQUIDES pour préserver l'ENVIRONNEMENT (sens 1).
◆ Syn. : ÉLECTROPOLISSAGE ; POLISSAGE ÉLECTROLYTIQUE.

polissage électrolytique [electropolishing]

(n.m.) Même signification que POLISSAGE ÉLECTROCHIMIQUE ou ÉLECTROPOLISSAGE.

polissage laser [laser polishing]

(n.m.) PROCÉDÉ de POLISSAGE consistant à faire fondre localement les pics d'aspérités d'une SURFACE avec un rayonnement optique intense pour combler les creux, ce qui se traduit par une diminution conséquente de la RUGOSITÉ.
A. Schéma de principe du PROCÉDÉ.

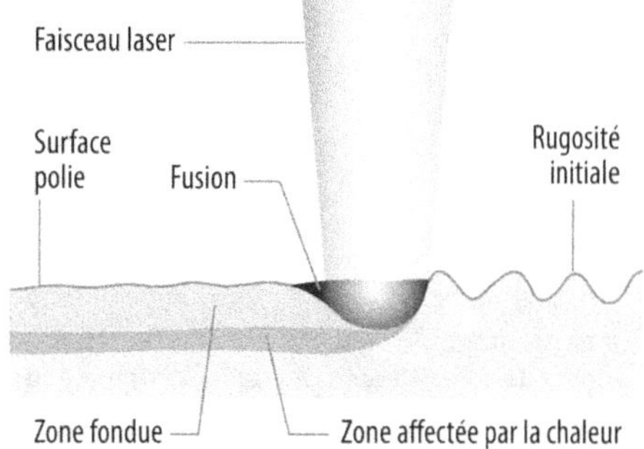

B. ÉTAT DE SURFACE, RUGOSITÉ Ra (µm).

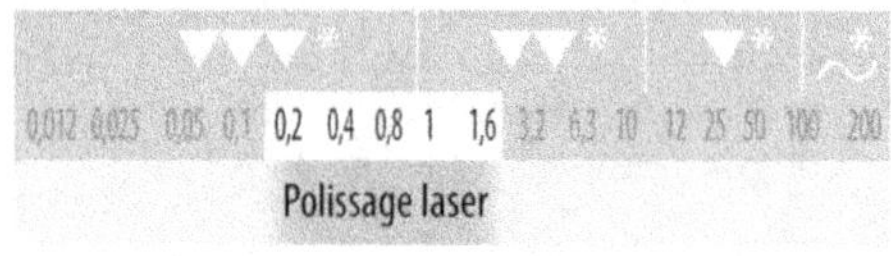

* Symbole ne faisant plus partie des normes

 Avantages

C. Les endroits à polir peuvent être localisés et définies avec grande PRÉCISION. Applicable aux GÉOMÉTRIES (sens 2) très complexes. AUTOMATISATION très poussée possible. Le résultat ne dépend que des RÉGLAGES et non de l'habileté de l'opérateur. Bonne REPRODUCTIBILITÉ. Applicable à beaucoup de MÉTAUX. Pas de débris ni incorporation de contaminants et CORPS étrangers. Pas d'effet MÉCANIQUE nocif tel que l'ÉCROUISSAGE.

 Inconvénients

D. ÉQUIPEMENT de coût très élevé ce qui le réserve pour des applications à haute valeur ajoutée : OUTILLAGE (sens 2), applications médicales. Ne convient que pour des étendues relativement restreintes. RUGOSITÉ ne rivalisant pas encore avec les autres MÉTHODES classiques. La dangerosité du laser nécessite des précautions de SÉCURITÉ. SURFACE et ZONE légèrement AFFECTÉES PAR LA CHALEUR.

---

polissage mécanique [mechanical polishing, buffing]

(n.m.) PROCÉDÉ de POLISSAGE par un MOUVEMENT de FROTTAGE et une PRESSION avec des GRAINS d'ABRASIF plus ou moins gros qui émoussent les crêtes de RUGOSITÉ en laissant une SURFACE très lisse.

Avant

Après

A. Le PROCÉDÉ peut être réalisé de deux façons :
• Avec des GRAINS d'ABRASIFS liés à un support rigide. Chaque GRAIN agit comme un minuscule OUTIL DE COUPE retirant une petite quantité de MATIÈRE.
• Avec des GRAINS d'ABRASIFS libres appliqués entre la PIÈCE (sens 1) et une contre-pièce de consistance plutôt SOUPLE. Les GRAINS frottent et roulent en usant la PIÈCE (sens 1) petit à petit.

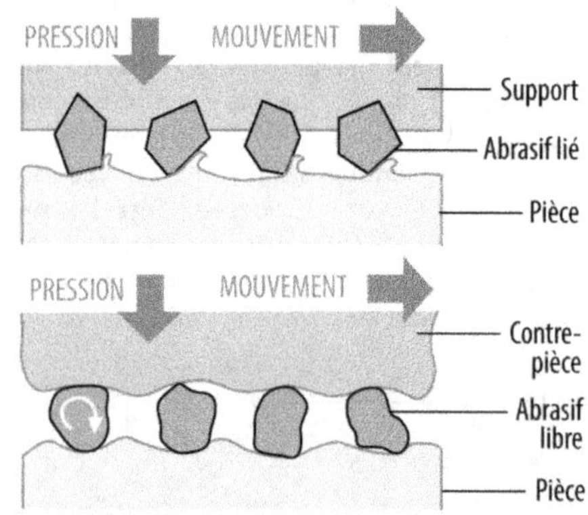

La finesse de polissage est directement reliée à la taille des GRAINS. Plus celle-ci est fine, meilleur est l'ÉTAT DE SURFACE. Pour un même résultat, les tailles des grains pour un polissage avec abrasif libre sont choisis deux fois plus gros que pour un abrasif avec support rigide.
→ Voir ABRASIF pour le diagramme faisant le lien entre RUGOSITÉ et taille d'ABRASIF.

B. Le polissage peut être réalisé manuellement :

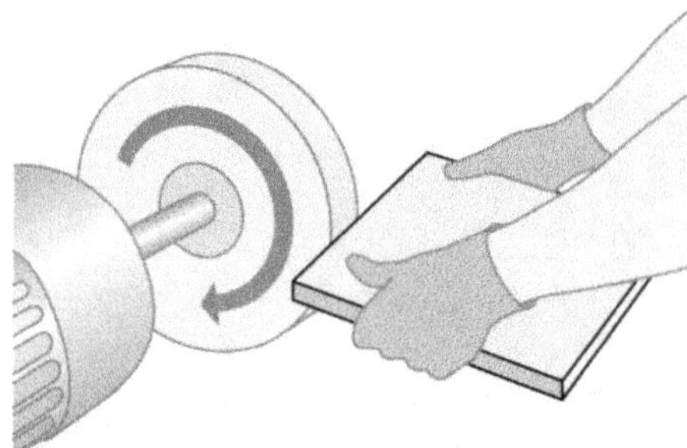

ou de façon entièrement mécanisée :

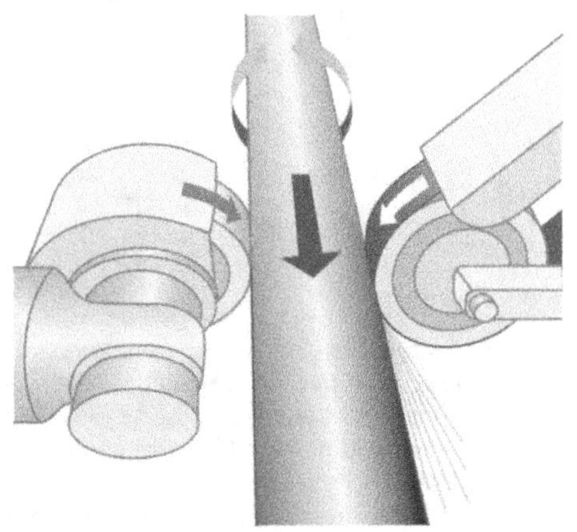

C. ÉTAT DE SURFACE, RUGOSITÉ **Ra (μm)** :

0,006 0,012 0,025 0,05 0,1 0,2 0,4 0,8 1 1,6 3,2 6,3 10 12 25 50 100

Polissage mécanique

Ponçage fin

Ponçage grossier

* Symbole ne faisant plus partie des normes

D. Coût OUTILLAGE (sens 2) **(hors coût** MACHINE**)** :

Aucun	Faible	Moyen	Élevé	Très élevé
Polissage mécanique				

👍 Avantages

E. Applicable à tous les MATÉRIAUX. PROCÉDÉ simple. Permet d'atteindre les RUGOSITÉS les plus faibles inaccessibles aux autres PROCÉDÉS.

👎 Inconvénients

F. OPÉRATION particulièrement laborieuse quand elle est réalisée manuellement. Le résultat dépend de l'habileté de l'opérateur pour le polissage manuel. OPÉRATION très difficile quand la GÉOMÉTRIE (sens 2) est compliquée. Peut ne pas être REPRODUCTIBLE. Laisse des débris, particules, divers polluants et contaminants. Nécessite un NETTOYAGE rinçage.

G. Ne pas confondre avec le MEULAGE, la RECTIFICATION et la SUPERFINITION.

polisseuse [polishing machine]

(n.f.) MACHINE pouvant fonctionner avec un principe MÉCANIQUE, chimique ou électrochimique pour rendre la SURFACE d'une PIÈCE (sens 1) lisse et réfléchissant la LUMIÈRE (sens 1).

polyacétal [polyacetal]

(n.m.) Autre appellation de la (PLASTIQUE), MATIÈRE PLASTIQUE technique POM.
→ Voir POM.

polyamide (PA) [polyamid]

(n.m.) Famille de POLYMÈRES contenant un motif moléculaire caractéristique appelé « amide » NH–CO

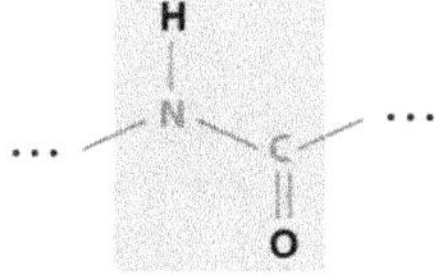

Dans cette famille, on retrouve un certain nombre de POLYMÈRES portant le même nom et différenciés par le nombre d'atomes de CARBONE contenus par leur motif moléculaire répétitif. Par exemple, le NYLON (PA 6.6) et le Rilsan ® (PA 11). On retrouve aussi les aramides (**aromatic** poly**amid**) comme le KEVLAR ®. Ce sont des (PLASTIQUES), MATIÈRES PLASTIQUES connues essentiellement pour la fabrication de fibres textiles et de PIÈCES TECHNIQUES.
→ Voir aussi PA ; ARAMIDE ; KEVLAR ™.

polycarbonate [polycarbonate]

(n.m.) MATIÈRE PLASTIQUE | THERMOPLASTIQUE | AMORPHE.
→ Voir PC.

polycristal [polycrystal]

(n.m.) STRUCTURE MICROSCOPIQUE d'un MATÉRIAU constituée de plusieurs CRISTAUX adjacents orientés différemment les uns des autres.

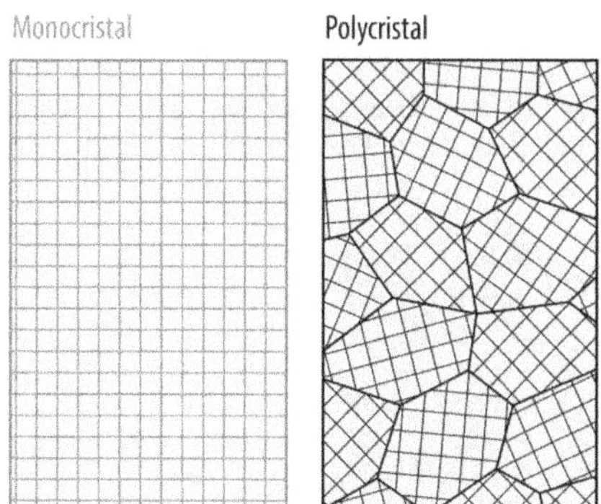

→ Voir POLYCRISTALLIN, CRISTALLITE ; GRAIN (sens 2) ; GERMINATION.
◊ Contr. : MONOCRISTAL

polycristallin [polycristalline]

(adj.) Qui est composé d'une multitude de minuscules CRISTAUX orientés différemment les uns par rapport aux autres en parlant de la MICROSTRUCTURE d'un MATÉRIAU.

A. À titre d'exemple, la figure en page suivante montre un MÉTAL | POLYCRISTALLIN tel qu'il peut être observé en MÉTALLOGRAPHIE après un POLISSAGE et une attaque chimique. Les GRAINS d'ORIENTATION différente possèdent des réactivités plus ou moins fortes avec le produit chimique, ce qui se traduit par le dépôt de COUCHES de produit de réaction de couleurs variées selon l'ÉPAISSEUR (voir page suivante).

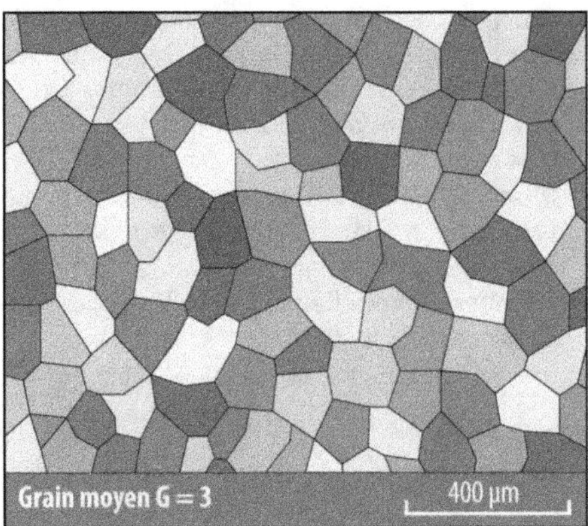

• Note : Ce type d'image peut aussi être obtenu par EBSD [Electron Back Scattered Diffraction] ou « diffraction d'électrons rétrodiffusés ».
B. Dans l'ensemble, tous les MÉTAUX issus des modes d'ÉLABORATION habituels sont polycristallins. Les MATÉRIAUX constitués d'un seul CRISTAL, c'est à dire MONOCRISTALLINS ne peuvent être obtenus qu'au prix de précautions relativement compliquées. Certains POLYMÈRES sont un mélange de zones cristallines et AMORPHES. On dit qu'ils sont SEMI-CRISTALLINS.
◊ Contr. : MONOCRISTALLIN.
→ Voir STRUCTURE CRISTALLINE ; POLYCRISTAL ; CRISTALLITE ; GERMINATION ; GRAIN (sens 2).

polyester [polyester]

(n.m.) Famille de POLYMÈRES contenant un motif moléculaire caractéristique oxygéné appelé « ester » O=C–O :

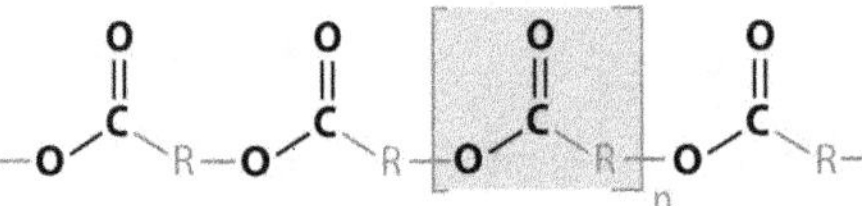

Dans cette famille, on retrouve surtout le PET, PET-G connus pour la fabrication des textiles et des bouteilles d'eau minérale.

polyéthylène [polyethylen]

(n.m) (PLASTIQUE), MATIÈRE PLASTIQUE | THERMOPLASTIQUE de consommation courante appartenant à la famille des POLYOLÉFINES.
→ Voir PE.

polygonal [polygonal]

(adj.) En FORME de POLYGONE.
→ Voir, par exemple, ARBRE POLYGONAL ; RECTIFICATION POLYGONALE.

polygone [polygon]

(n.m.) Figure PLANE fermée délimitée par des segments de DROITE.

A. Lorsque tous les segments et les ANGLES sont égaux, le polygone est dit régulier.
B. Les principaux polygones réguliers sont :

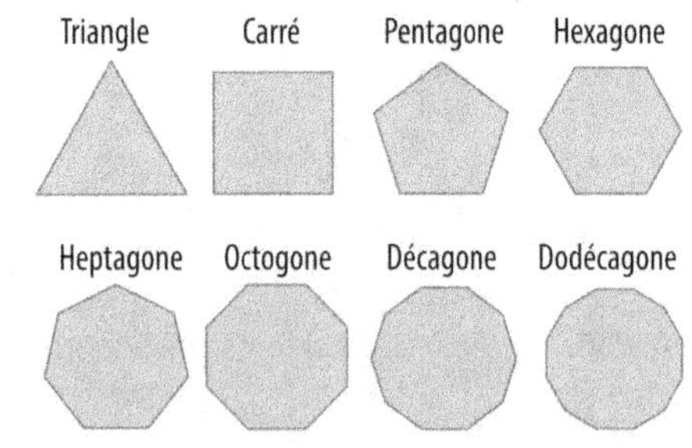

polygonnage [polygoning]

(n.m.) PROCÉDÉ d'USINAGE par TOURNAGE de facettes planes sur une PIÈCE (sens 1) initialement CYLINDRIQUE grâce à un OUTIL multi-DENT animé d'un MOUVEMENT DE ROTATION synchronisé avec la PIÈCE (sens 1).

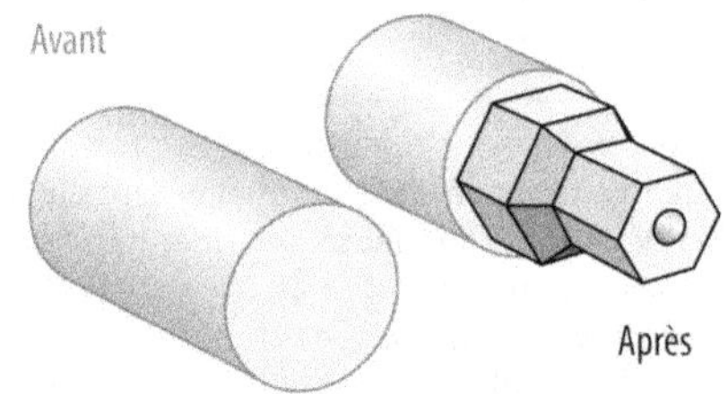

Ex. 1 : *Polygonnage de deux* MÉPLATS.

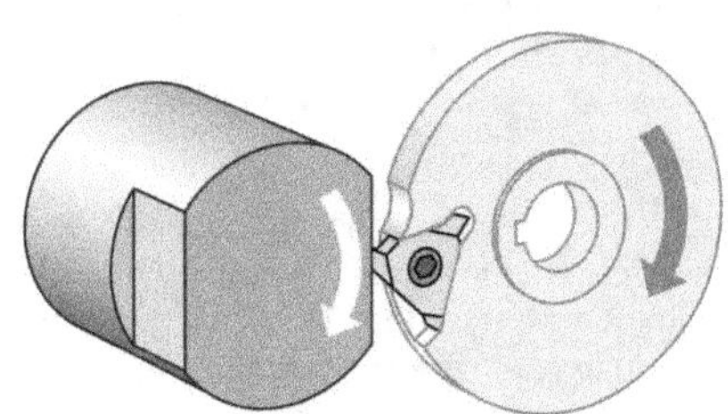

Ex. 2 : *Polygonnage d'un* HEXAGONE.

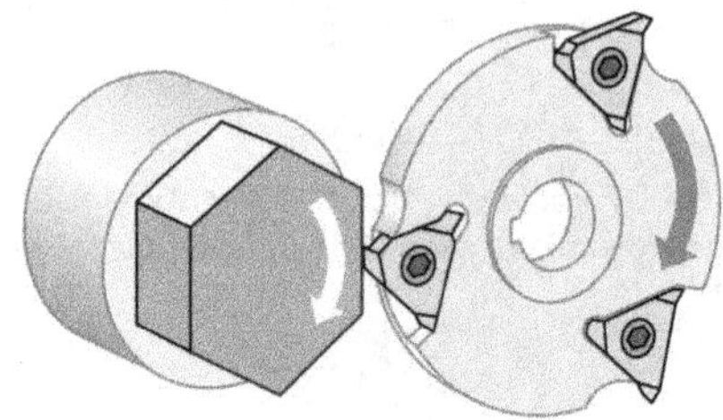

La PIÈCE (sens 1) et l'OUTIL tournent dans le même sens de manière à obtenir une COUPE (sens 2) comme pour le FRAISAGE EN OPPOSITION.

→ Voir aussi RECTIFICATION POLYGONALE pour un PROCÉDÉ permettant d'obtenir des ARBRES POLYGONAUX.

→ Voir aussi BROCHAGE ROTATIF pour un autre PROCÉDÉ d'obtention de FORMES extérieures ou creuses non-circulaires.

polymère [polymer]

(n.m.) Très longue chaîne, répétition d'un même motif moléculaire (MONOMÈRE), obtenue par une RÉACTION CHIMIQUE de POLYMÉRISATION. Elle est aussi appelée MACROMOLÉCULE.

A. Lorsque le polymère est obtenu avec un seul type de monomère, il est appelé « homopolymère ». À l'inverse, lorsque plusieurs monomères entre dans la constitution du polymère, il est appelé COPOLYMÈRE. La LONGUEUR des chaînes influence directement les PROPRIÉTÉS du polymère : FLUIDITÉ à l'état fondu, TEMPÉRATURE DE FUSION, RÉSISTANCE MÉCANIQUE à la TRACTION, module de RIGIDITÉ, RÉSISTANCE AU CHOC, COEFFICIENT DE FROTTEMENT... Les chaînes courtes (< 200 000 motifs) sont plus fluides, avec une meilleure RÉSISTANCE AU CHOC, mais moins résistantes à la TRACTION, moins RIGIDES et avec une TEMPÉRATURE DE FUSION plus faible. Les chaînes moyennes (entre 200 000 et 500 000 motifs) ainsi que les chaînes plus longues (> 500 000 motifs) sont plus VISQUEUX, moins résistantes aux CHOCS, mais plus résistantes à la TRACTION, plus RIGIDES et utilisables à plus haute TEMPÉRATURE :

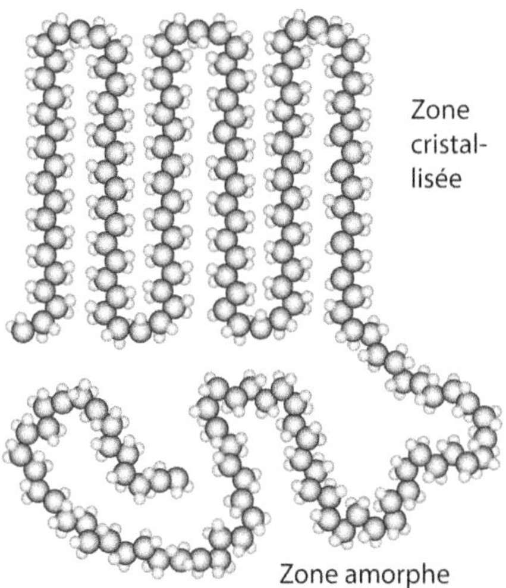

B. Les polymères sont des composés à base d'atome de CARBONE ou de SILICIUM associé à divers types d'autres atomes (HYDROGÈNE, OXYGÈNE, AZOTE, CHLORE, fluor, SOUFRE...) La chaîne moléculaire ainsi formée peut être plus ou moins ordonnée. Le plus ordonné est dit CRISTALLIN, le plus désordonné est AMORPHE. Dans certains polymères ces deux types d'arrangement coexistent. Les polymères forment les constituants de base des (PLASTIQUES), MATIÈRES PLASTIQUES. Cependant, le « polymère » ne peut être généralement utilisé tel quel. (À signaler le cas très particulier du COULAGE de PLAQUE de PMMA directement à partir du MONOMÈRE correspondant). Il faut souvent lui incorporer des ADDITIFS ou ADJUVANTS et quelquefois des CHARGES (sens 3) ou RENFORTS (sens 2) pour en ajuster les CARACTÉRISTIQUES et donner la (PLASTIQUE), MATIÈRE PLASTIQUE utilisable. Dans le langage quotidien, les termes « polymère » et « matière plastique » sont souvent confondus.

C. Quelques exemples de polymères :

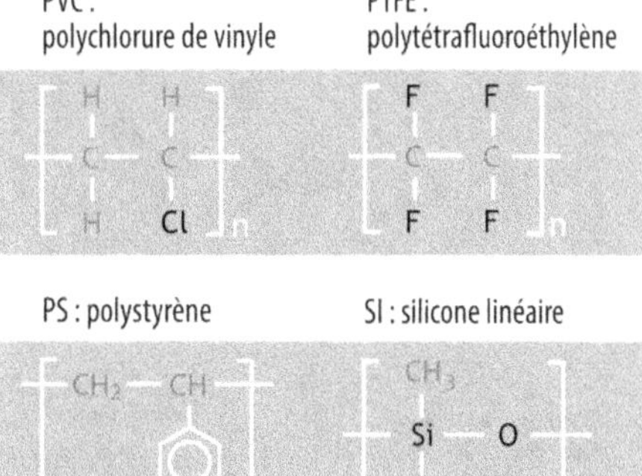

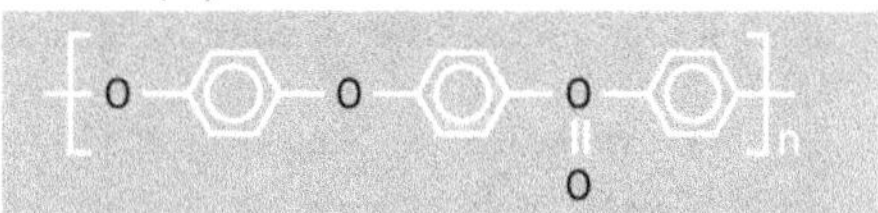

D. Les polymères sont essentiellement obtenus à partir d'un déchet du pétrole appelé « naphta » :

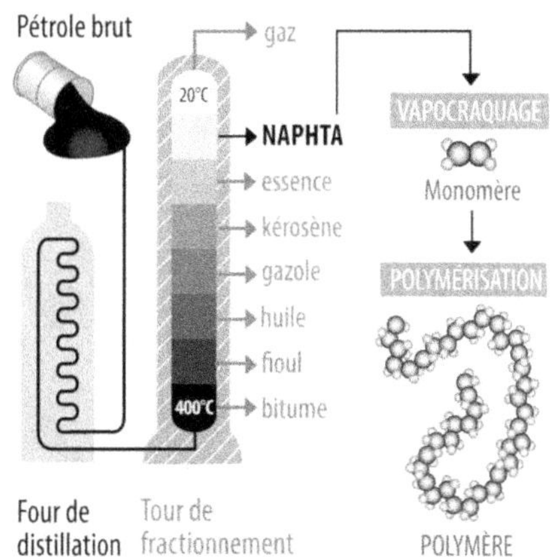

E. La frise chronologique suivante donne les années d'apparition des principaux polymères.

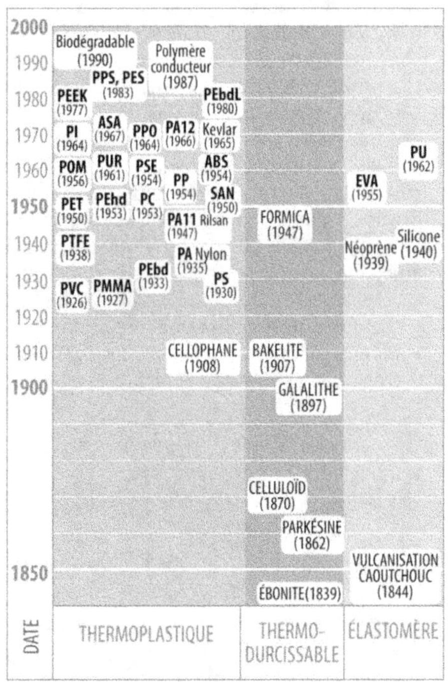

→ **Voir aussi** (PLASTIQUE), MATIÈRE PLASTIQUE pour l'ensemble des explications sur cette famille de MATÉRIAU.

---

polymérisation [polymerization]

(n.f.) RÉACTION CHIMIQUE créant un long enchaînement répétitif d'un même motif moléculaire, appelé POLYMÈRE.

Ex. 1 : *Polymérisation par polyaddition de l'éthylène en polyéthylène.*

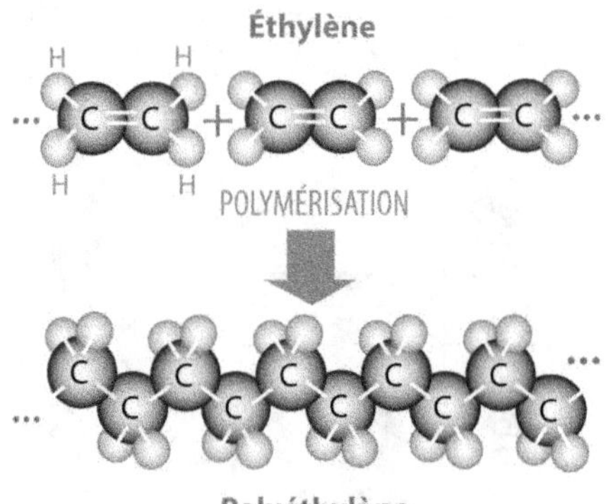

Ex. 2 : *Polymérisation radicalaire du styrène en polystyrène :*

Ex. 3 : *Polymérisation du polyuréthane par polycondensation de l'isocyanate et du polyol.*

A. La polymérisation permet de produire, à l'échelle industrielle, les (PLASTIQUES), MATIÈRES PLASTIQUES de base qui sont obtenues par adjonction d'ADDITIFS, d'ADJUVANTS et de CHARGES (sens 2) au POLYMÈRE proprement dit. Elles sont alors disponibles sous forme de POUDRES, GRANULÉS ou LIQUIDES prêts pour la TRANSFORMATION (sens 3).

B. La polymérisation est aussi quelquefois utilisée directement pour la MISE EN FORME comme, par exemple, dans la FABRICATION de plaque de PMMA par COULAGE du MONOMÈRE correspondant entre deux plaques de verre. Les plaques obtenues par cette méthode sont d'une qualité supérieure par rapport à celle provenant d'EXTRUSION (sens 3) car la matière n'a subi aucun chauffage et il n'y a aucune CONTRAINTE RÉSIDUELLE. La polymérisation est exploitée dans un autre exemple de MISE EN FORME par un PROCÉDÉ appelé RÉACTION INJECTION MOULAGE [RIM] dans lequel deux constituants liquides (l'isocyanate et le polyol) sont mélangés et se solidifient par polymérisation dans un MOULE en donnant une pièce en POLYURÉTHANE (voir la réaction chimique à l'exemple 3 ci-dessus) avec la FORME géométrique voulue.

→ **Voir** RÉACTION INJECTION MOULAGE [RIM] ; POLYURÉTHANE.

→ Voir aussi POLYMÈRE ; (PLASTIQUE), MATIÈRE PLASTIQUE.

polyoléfine [polyolefin]

(n.f.) **Famille de** (PLASTIQUE), MATIÈRE PLASTIQUE constituée d'enchaînements moléculaires basiques à liaison simple ne contenant que du CARBONE et de l'HYDROGÈNE.

Ce sont essentiellement le polyéthylène (PE) et ses dérivés (PE haute densité PEhd ; PE basse densité PEbd, PE basse densité linéaire (PEbdL, etc.) ainsi que le polypropylène (PP).

♦ Syn. : Oléfinique.

polypropylène [polypropylen]

(n.m) (PLASTIQUE), MATIÈRE PLASTIQUE | THERMOPLASTIQUE **de consommation courante appartenant à la famille des** POLYOLÉFINE**s.**

→ Voir PP.

polyuréthane [polyurethane]

(n.m.) (PLASTIQUE), MATIÈRE PLASTIQUE **de la famille des** THERMODURCISSABLES **contenant un motif particulier appelé « uréthane ».**

A. **Ils sont généralement obtenus par une** RÉACTION CHIMIQUE **de polycondensation de deux** SUBSTANCES **dites précurseurs.**

B. **Contrairement aux autres** (PLASTIQUES), MATIÈRES PLASTIQUES **aux** CARACTÉRISTIQUES **biens cernées, les polyuréthanes peuvent se présenter sous une très grande diversité, allant du très** SOUPLE **au très** RIGIDE, **de la texture** MOUSSE **au** DENSE **(sens 1)** (DENSITÉ **allant de 20 à 1300 kg/m^3, c'est à dire 0,020 à 1,3 g/cm^3), de l'**ÉLASTIQUE **au raide ; sous forme de peintures, revêtements, enduits, vernis, laques, mastics,** COLLES **et** LIANTS, **ce qui leur permet de couvrir des champs d'application très vastes :**

- Mousse de matelas, canapés, coussins et sièges…
- Mousse pour l'emballage…
- Mousse expansée pour l'isolation dans le bâtiment ou les équipements électroménagers…
- Fils de tissage de textiles ; semelle de chaussure…
- Planche de surf, etc.

C. **Les polyuréthanes sont mis en oeuvre par mélange des deux constituants en expansion libre ou injecté dans un** MOULE.

→ Voir POLYMÉRISATION ; RÉACTION INJECTION MOULAGE [RIM].

POM

Abréviation pour PolyOxyMéthylène. (PLASTIQUE), MATIÈRE PLASTIQUE **technique** THERMOPLASTIQUE **semi-cristalline opaque appelée aussi** POLYACÉTAL.

A. **Il existe sous deux formes principales l'une** HOMOPOLYMÈRE (POM-H), **l'autre** COPOLYMÈRE (POM-C) **avec des différences de caractéristiques peu marquées pour les usages courants.**

B. **Sa formule chimique :**

$$
-\overset{\displaystyle H}{\underset{\displaystyle H}{C}}-O-\overset{\displaystyle H}{\underset{\displaystyle H}{C}}-O-\left[\overset{\displaystyle H}{\underset{\displaystyle H}{C}}-O\right]_n\overset{\displaystyle H}{\underset{\displaystyle H}{C}}-O-
$$

C. **Quelques** CARACTÉRISTIQUES **indicatives :**

Masse volumique	1,42 g/cm^3
Résistance au choc Izod entaillé	9 KJ/m^2
Module d'élasticité longitudinal	3100 MPa
Résistance à la rupture	70 MPa
Allongement à la rupture	30 %
Dureté Shore D	83
Absorption d'eau en masse	0,3 %
Température maxi d'utilisation	-50°C à +100°C
Coefficient de dilatation linéaire	110 μm/(m.°C)
Retrait au moulage	2,5 %
Conductivité thermique à 23°C	0,30 W/(m·K)
Classement au feu	M3
Alimentarité	À l'état naturel

D. **Le** POM **peut être mis en œuvre par** MOULAGE INJECTION DE PLASTIQUE, EXTRUSION (sens 3), EXTRUSION-SOUFFLAGE, MOULAGE COMPRESSION, USINAGE. **Il peut aussi être assemblé par des éléments chauffants, par induction, par ultrasons, par friction.**

Avantages

E. **Résiste à la plupart des solvants connus.** RÉSISTANCE MÉCANIQUE, RIGIDITÉ **élevées. Bonne** RÉSISTANCE AU CHOC, **même à basse** TEMPÉRATURE. **Faible absorption d'eau (ce qui n'est pas le cas d'une matière similaire, le** PA). **Grande stabilité dimensionnelle (surtout comparé une fois de plus au** PA). **Bonne** RÉSISTANCE À L'USURE. **Bonne propriété de** GLISSEMENT. **Bonne tenue à la** FATIGUE **et au** FLUAGE. **Bon isolant électrique. Excellente** USINABILITÉ. **Peu** ÉLECTROSTATIQUE. ALIMENTARITÉ.

Inconvénients

F. **Mauvaise résistance aux** UV. **Ne peut être** TRANSPARENT. **Combustible. Plus lourd que le** PA.

G. **Utilisations typiques :**

Pièces mécaniques précises utilisée avec glissement : GLISSIÈRE, PALIER, COUSSINET, RAIL, GALET, ENGRENAGEs, etc.
Pièces emboîtées par CLIPSAGE.
Pièces d'isolation électrique.
Composants en contact avec l'eau.
Pièces exposées brillantes anti-rayures.
Composants pour l'industrie alimentaire et l'eau potable.
Technologies médicales et pharmaceutiques.
H. Quelques appellations commerciales :
Delrin ® (Dupont ®), Acetaver ®, Bergaform ® (Avient ®), Celcon ®, Hostaform, Kematal ® (Celanese ®), Ertacetal ® (Mitsubishi ®), Kepital ® (Korea engineering plastics ®), Kocetal ® (Kolon plastics ®), Sustarin ® (Röchling ®), Ultraform ® (BASF ®), Tecaform ® (Ensinger ®), Boracetal ® (Nylonbor ®), Centrodal ® (Centroplast engineering plastics ®), Deniform ® (VampTech ®), Acetron ® (Quadrant ®), Tenac ® (AKchem ®), Bluestar ® (ChemChina ®), Duracon ® (Polyplastic ®)...
→ Autre appellation : POLYACÉTAL.

pompe [pump]

(n.f.) MACHINE capable d'aspirer ou de refouler un LIQUIDE ou un GAZ, c'est à dire de provoquer leur ÉCOULEMENT.

ponçage [sanding]

(n.m.) Action de décaper, polir mécaniquement au moyen d'une SUBSTANCE | ABRASIVE libre ou fixée sur un support SOUPLE ou RIGIDE.
Il s'agit strictement du même PROCÉDÉ que le POLISSAGE MÉCANIQUE. Mais d'une façon générale, le résultat attendu du ponçage est un peu moins fin en terme de RUGOSITÉ.

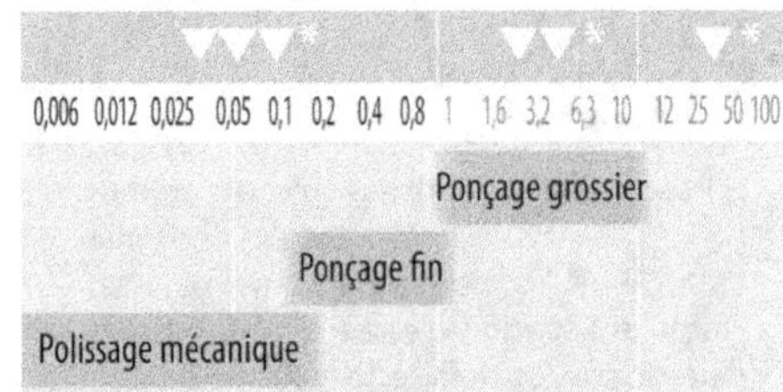

→ Voir aussi POLISSAGE.

ponceuse à bande [platen grinder, band polisher]

(n.f.) MACHINE s'apparentant à un TOURET À MEULER mais dont l'OUTIL D'ABRASION est un ruban SOUPLE garni d'ABRASIFS défilant en boucle continu sur lequel est appliquée la PIÈCE (sens 1) à travailler.

La ponceuse à bande sert principalement aux RETOUCHES manuelles telles que l'ÉBAVURAGE, l'ÉBARBAGE, etc.

pore [pore]

(n.m.) Espace vide de petite dimension à l'intérieur d'une SUBSTANCE | SOLIDE et qui en diminue la MASSE VOLUMIQUE ou en donne la possibilité d'emmagasiner du LIQUIDE.
◆ Syn. : ALVÉOLE (sens 1).

poreux [porous]

(adj.) Qui est SOLIDE et qui contient des espaces vides en parlant de la STRUCTURE MICROSCOPIQUE ou STRUCTURE MACROSCOPIQUE d'un MATÉRIAU.
◊ Contr. : COMPACT ; IMPERMÉABLE.
→ Voir, par exemple, MOUSSE.

porosité [porosity]

(n.f.) CARACTÉRISTIQUE des SUBSTANCES | SOLIDES contenant des espaces vides qui ont pour effet de diminuer la MASSE VOLUMIQUE.
La porosité est aussi parfois un DÉFAUT provenant, par exemple, de PROCÉDÉS de MOULAGE ou de SOUDAGE.
Ex. 1 : *Porosité d'une* PIÈCE DE FONDERIE.

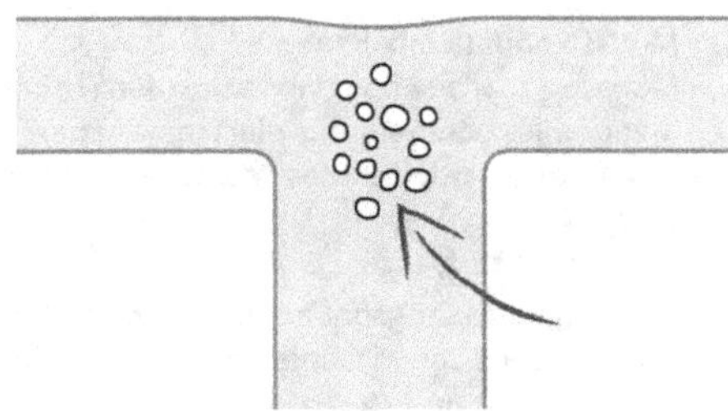

Ex. 2 : *Porosité d'un* CORDON DE SOUDURE.

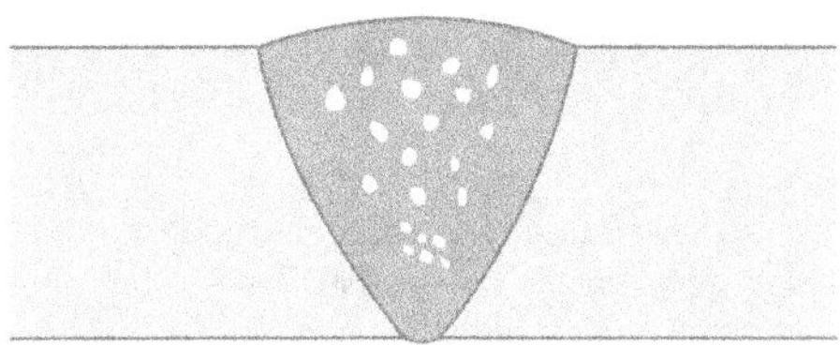

Dans ces exemples, les porosités peuvent être causées par le dégazage ou des micro-RETASSURES lors de la SOLIDIFICATION.
◊ Contr. : COMPACITÉ.
→ Voir aussi SOUFFLURE.

porte-à-faux [cantilever]

(n.m.) Partie d'une STRUCTURE (sens 2) s'avançant dans le VIDE (sens 1). LONGUEUR de la partie d'une STRUCTURE (sens 2) s'avançant dans le VIDE (sens 1).

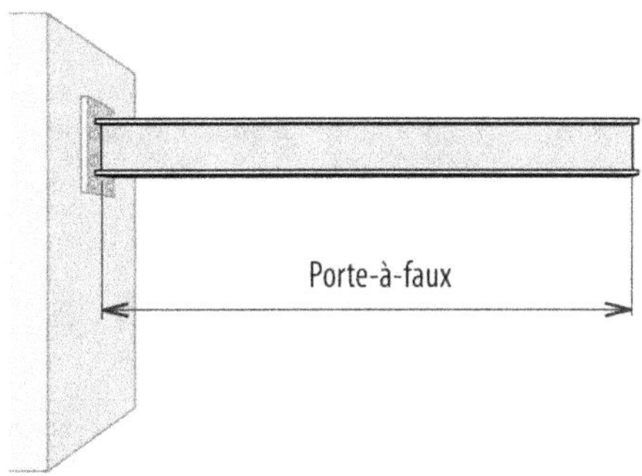

→ Voir aussi POUTRE À PORTE-À-FAUX ; POUTRE EN PORTE-À-FAUX.

(porte à faux), en porte à faux [overhanging]

(Locution). Qui contient une partie proéminente s'avançant dans le VIDE (sens 1).

portée

(n.f.)
1. [bearing, journal] Les SURFACES qui se touchent et qui frottent réellement sur un PALIER.

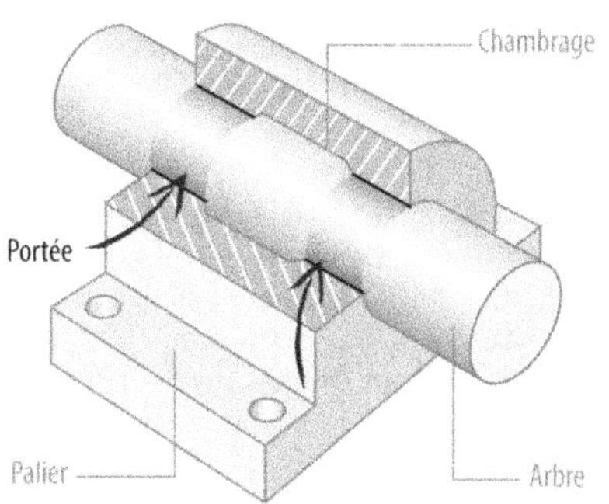

2. [span] DISTANCE entre deux APPUIS adjacents d'une POUTRE.

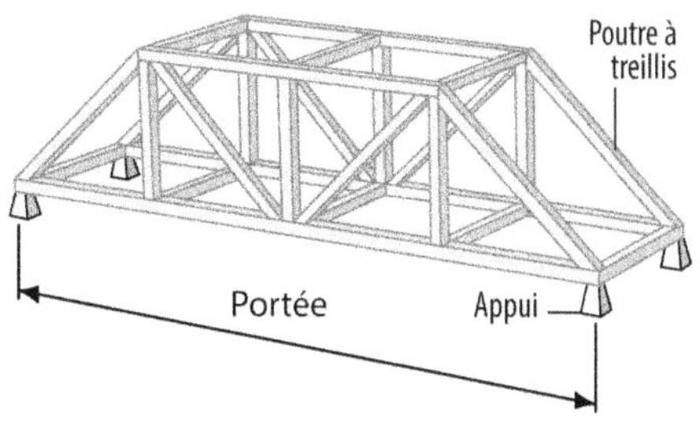

porte-filière [die holder]

(n.m.) OUTILLAGE MANUEL avec un SYSTÈME de FIXATION rapide d'une FILIÈRE (sens 1) muni de deux bras permettant de tourner l'ensemble pour réaliser un FILETAGE PAR ENLÈVEMENT DE COPEAUX.

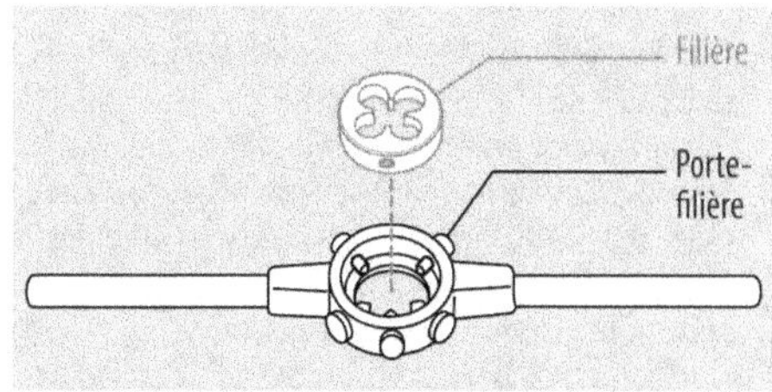

portique [post and beam construction, gantry]

(n.m.) OUVRAGE de CONSTRUCTION constitué d'une POUTRE | HORIZONTALE supportée par deux POTEAUX.

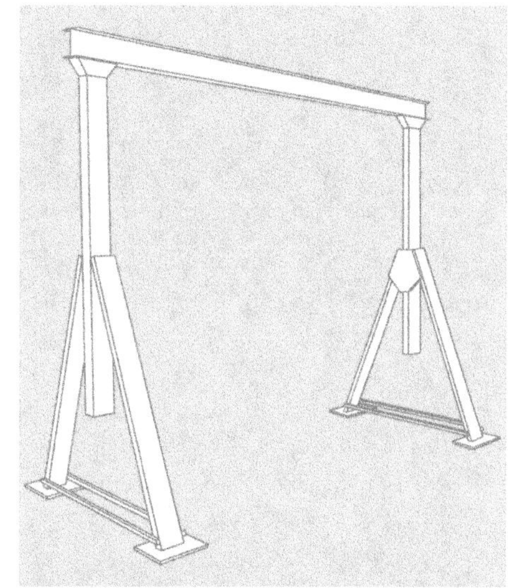

position [position]

(n.f.) Définition précise de l'EMPLACEMENT et de l'ORIENTATION d'un objet par rapport à son entourage.

positionnement [positioning]

(n.m.) Action de définir précisément l'EMPLACE-MENT et l'ORIENTATION d'un objet par rapport à son entourage.

positionneur [positioner]

(n.m.) Voir les explications à la rubrique VIREUR car même signification.

poste à souder [welding setup]

(n.m.) Voir les explications et l'illustration à la rubrique (SOUDAGE), POSTE À SOUDER.

postchauffage [postheating]

(n.m.) OPÉRATION consistant à maintenir les PIÈCES (sens 1) nouvellement soudées ou brasées à une TEMPÉRATURE sensiblement plus élevée que la TEMPÉRATURE AMBIANTE pour éviter les TENSIONS générées par un REFROIDISSEMENT trop rapide des JOINTS D'ASSEMBLAGE.

A. En effet, ces TENSIONS sont susceptibles de diminuer les PERFORMANCES des ASSEMBLAGES (sens 2), voire en entraîner la DÉFAILLANCE.

B. Le postchauffage peut être effectué avec un CHALUMEAU ou avec des résistances électriques.

→ Voir également PRÉCHAUFFAGE qui vise à résoudre les mêmes préoccupations.

poste de travail [work area, work station]

(n.m.) Meuble spécialement aménagé pour le confort d'un OPÉRATEUR et la rationalisation de ses tâches.

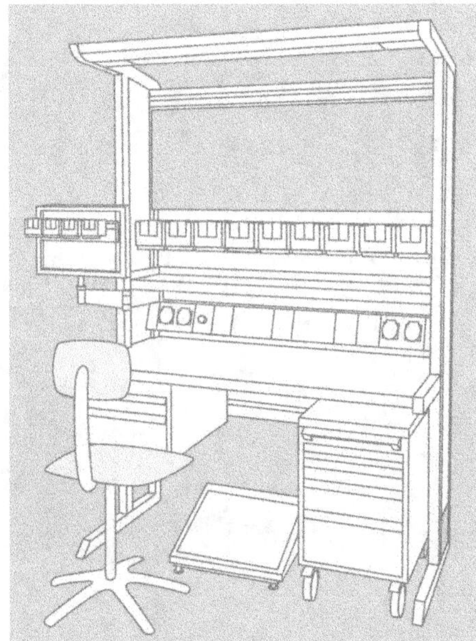

Il comprend notamment des casiers et tiroirs de rangement disposés à portée de main et dans l'ordre adéquat, un éclairage adapté, des sièges réglables en HAUTEUR et en ORIENTATION, des repose-pieds, etc.

post-retrait [post-shrinkage]

(n.m.) Diminution supplémentaire de DIMENSIONS (et donc de VOLUME aussi) d'une PIÈCE (sens 1) moulée ou extrudée longtemps (au moins 24 heures) après le RETRAIT à la sortie du MOULE.

→ Voir aussi RETRAIT.

poteau [post]

(n.m.) ÉLÉMENT STRUCTURAL souvent VERTICAL dont une extrémité est plantée ou fixée dans le sol pour se stabiliser et stabiliser ce qui est fixé dessus.

poteyage [spraying refractory compound]

(n.m.)

1. En FONDERIE, SUBSTANCE à appliquer sur les parois d'un MOULE MÉTALLIQUE pour le protéger, éviter le collage de la PIÈCE DE FONDERIE et réguler le REFROIDISSEMENT. Il est à base de charges isolantes (poteyage blanc) ou de GRAPHITE (poteyage noir).

2. Action d'appliquer sur les parois d'un MOULE une SUBSTANCE pour éviter le collage de la PIÈCE DE FONDERIE.

En moule sable, on parle plutôt de « couche ».

pouce [inch]

(n.m.) UNITÉ (sens 1) de LONGUEUR anglo-saxonne. Voici sa correspondance avec les UNITÉS (sens 1) du (UNITÉS), SYSTÈME INTERNATIONAL D'UNITÉS (S.I.).

> **1 pouce = 1 inch = 1 ″ = 25,4 mm**

À savoir que 12 pouces correspondent à une autre UNITÉ (sens 1) de LONGUEUR anglo-saxonne : le PIED ou (foot, feet au pluriel).

> **12 pouces = 1 pied = 1 ft = 1'**

poudre [powder]

(n.f.) SUBSTANCE constituée d'un amoncellement de GRAINS minuscules sans FORCE de cohésion de telle sorte qu'elles peuvent s'écouler comme un LIQUIDE.

A. Chaque GRAIN ne peut être distingué qu'en regardant de très près. Ainsi, ne pas confondre avec le GRANULÉ qui peut être facilement vu à l'oeil nu. Dans les considérations habituelles, la taille d'un GRAIN de poudre ou GRANULOMÉTRIE est sensiblement en dessous du millimètre.

Grosseur de grain

POUDRE   GRANULÉ

0,1 mm   1 mm

Pulvérulent
[Pulverulent]

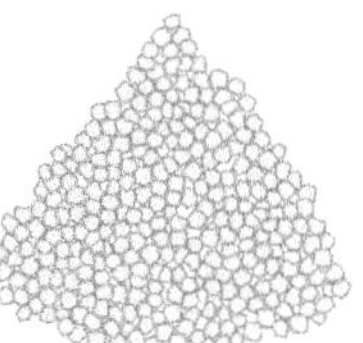

Granuleux
[Granular]

B. Ne pas confondre avec la POUSSIÈRE qui est aussi constituée de minuscules GRAINS, mais en suspension dans l'air ou répartis sur une SURFACE.
C. Une SUBSTANCE sous forme de poudre est dite PULVÉRULENTE.

poulie [pulley]

(n.f.) ORGANE | CIRCULAIRE sur lequel vient s'enrouler une COURROIE.

poulie étagée [cone pulley]

(n.f.) POULIE avec plusieurs DIAMÈTRES de manière à permettre des changements de RAPPORTS DE TRANSMISSION.
Ex. : *Poulie étagée pour courroie trapézoïdale.*

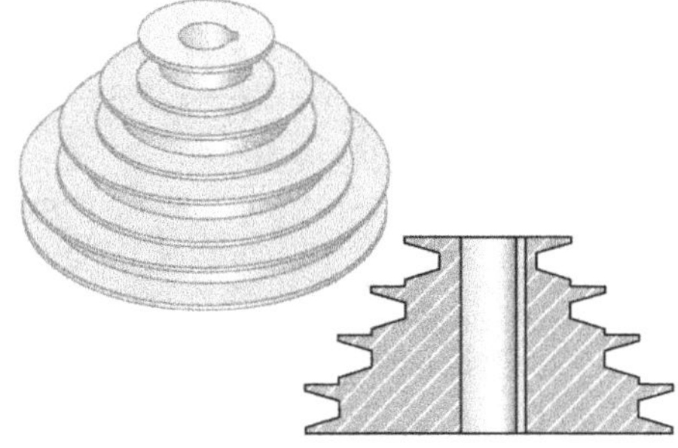

poulie réglable à l'arrêt [adjustable pulley]

(n.f.) POULIE constituée d'une FLASQUE permettant d'en changer le DIAMÈTRE utile.

poupée [stock]

(n.f.) ORGANE support de MAINTIEN d'une PIÈCE (sens 1) sur un TOUR (sens 1).
Le coté où se trouve la BROCHE (sens 2) et portant le MANDRIN (sens 1) est appelé « poupée fixe ». L'autre coté, supportant la CONTRE-POINTE est appelé « poupée mobile » car elle est susceptible de se translater sur le BANC de la MACHINE pour s'adapter à la LONGUEUR de la PIÈCE (sens 1) à tourner.

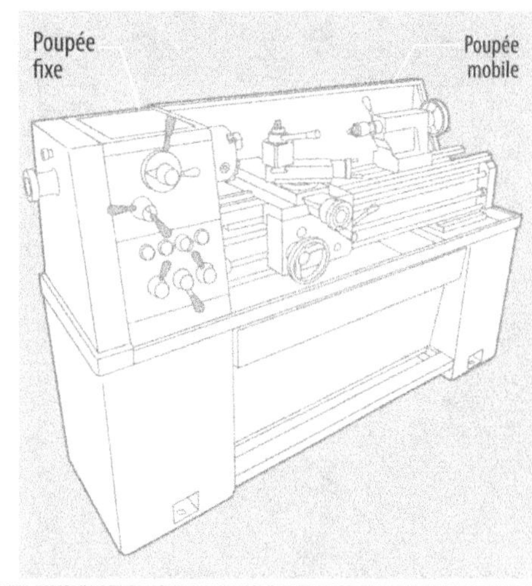

poupée fixe [headstock]

(n.f.) L'un des ORGANES support de MAINTIEN d'une PIÈCE (sens 1) sur un TOUR (sens 1) et qui se trouve du côté de la BROCHE (sens 2) qui porte le MANDRIN (sens 1). L'autre est appelée POUPÉE MOBILE.
→ Voir POUPÉE.

poupée mobile [tailstock]

(n.f.) L'un des ORGANES support de MAINTIEN d'une PIÈCE (sens 1) sur un TOUR (sens 1) et qui est susceptible de se translater sur le BANC de la MACHINE pour s'adapter à la LONGUEUR de la PIÈCE (sens 1) à tourner.
◆ Syn. : CONTRE-POUPÉE.
→ Voir POUPÉE.

poussée [thrust]

(n.f.) Impulsion de FORCE pour créer un MOUVEMENT ou produire une DÉFORMATION. PRESSION exercée par une FORCE.

poussière [dust]

(n.f.) Minuscules GRAINS de MATIÈRE en suspension dans l'air ou répartis sur une SURFACE.
• Note : Ne pas confondre avec la POUDRE.

poutre [beam]

(n.f.) ÉLÉMENT STRUCTURAL reposant sur un ou plusieurs APPUIS et sollicité en FLEXION par des CHARGES (sens 1) PERPENDICULAIRES à son AXE (sens 1) LONGITUDINAL (voir page suivante).

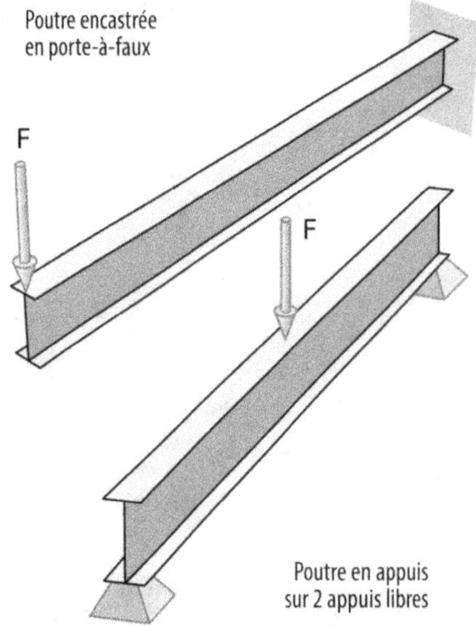

Une poutre peut être constituée par un PROFILÉ monobloc appelé POUTRELLE, parfois AJOURÉe, ou un ASSEMBLAGE (sens 2) plus ou moins élaboré d'ÉLÉMENTS STRUCTURAUX appelés POUTRE EN TREILLIS. Elle peut aussi être obtenue par PROFILÉ RECONSTITUÉ SOUDÉ.

poutre alvéolaire [castellated beam]

(n.f.) PROFILÉ | LAMINÉ en ACIER, dont l'ÂME (sens 1) a été AJOURÉE par OXYCOUPAGE ou réarrangée par DÉCOUPE et SOUDAGE de manière à favoriser ses performances mécaniques en FLEXION. Elle possède aussi un aspect pratique en permettant de faire passer facilement les canalisations et câbles électriques d'une installation.

Ex. 1 : *Poutre à alvéoles hexagonales sans intercalaire.*

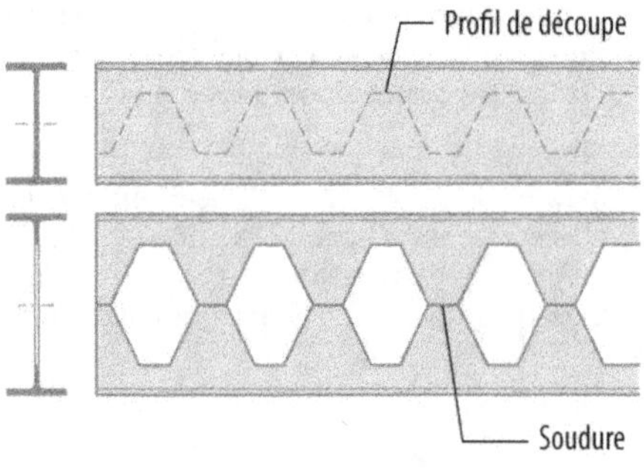

Ex. 2 : *Poutre à alvéoles octogonales avec intercalaire.*

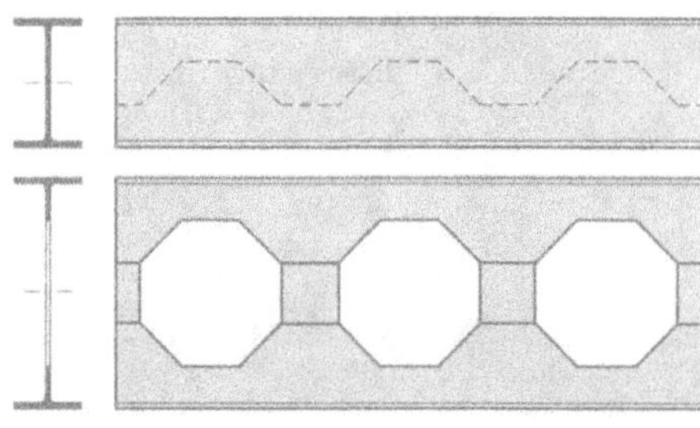

Ex. 3 : *Poutre à alvéoles circulaires.*

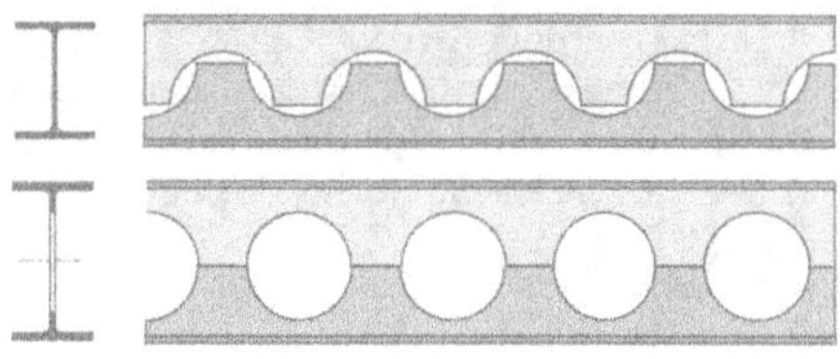

Ex. 4 : *Poutre Angelina™.*

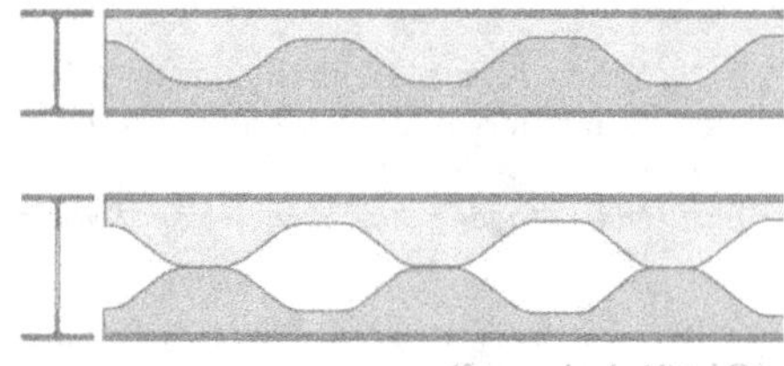

(Source : ArcelorMittal ®)

poutre à treillis [truss beam]

(n.f.) ÉLÉMENT STRUCTURAL destiné à supporter des CHARGES (sens 1) de FLEXION et constitué de plusieurs PROFILÉS reliés entre eux par TRIANGULATION afin de favoriser et d'optimiser sa RIGIDITÉ. Quelques types de poutre en treillis.

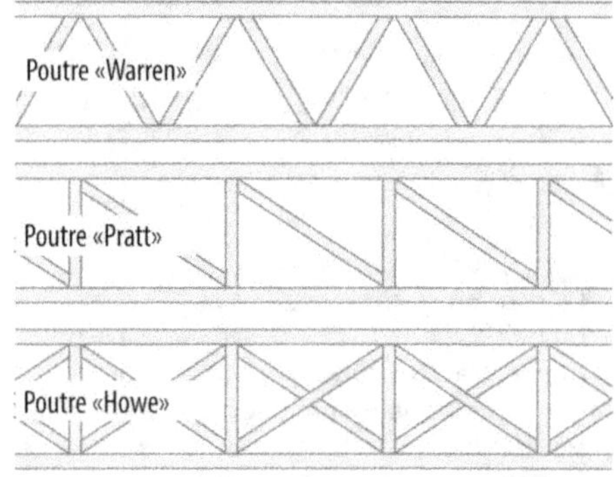

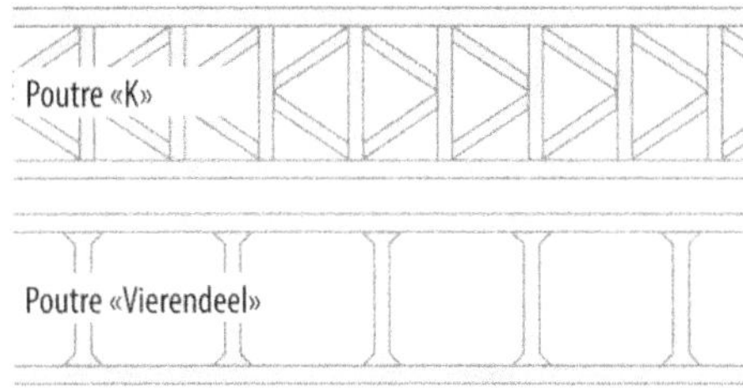

→ **Voir aussi** TRIANGULATION ; (TRIANGULÉ), SYSTÈME TRIANGULÉ.

poutre avec porte à faux [overhanging beam]

(n.f.) POUTRE dont une partie pend dans le VIDE (sens 1) sans soutien.

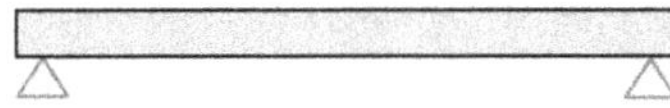

A. À titre de comparaison, voici une POUTRE sans forte-à-faux :

B. Ne pas confondre avec la POUTRE EN PORTE-À-FAUX.

poutre console [cantilever beam]

(n.m.) POUTRE ENCASTRÉE sur un côté et libre dans le VIDE (sens 1) sur l'autre.
◆ **Syn. :** POUTRE EN PORTE-À-FAUX.

poutre continue [continuous beam]

(n.f.) POUTRE unique avec plus de deux APPUIS.

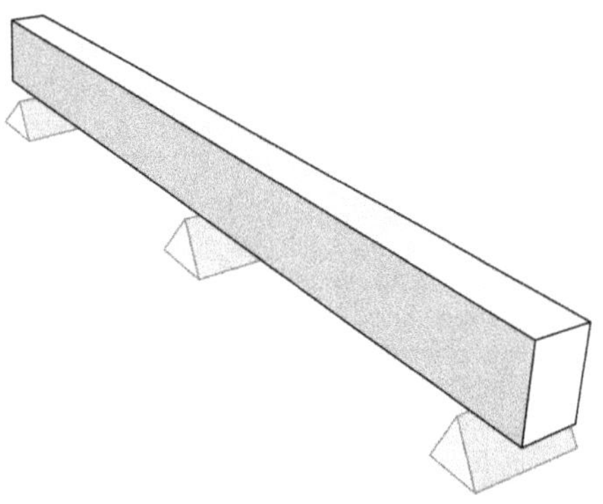

A. C'est, par exemple, le cas d'une travée de pont soutenue par plusieurs piliers.

B. La poutre continue est dite en équilibre HYPERSTATIQUE, c'est à dire qu'elle possède plus d'APPUIS que théoriquement nécessaire pour son isostatisme. Cependant, la multiplication d'APPUI augmente la capacité portante de la poutre.

poutre en appui libre [simply supported beam]

(n.f.) POUTRE posée simplement sur ses APPUIS de manière à conserver trois DEGRÉS DE LIBERTÉ (2 translations et une rotation).

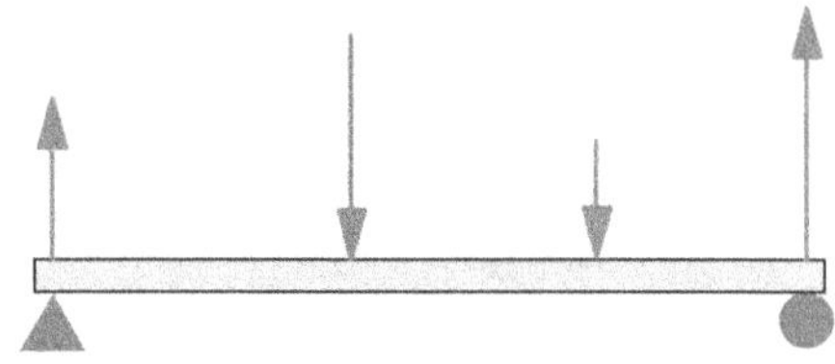

◊ **Contr. :** POUTRE ENCASTRÉE.

poutre encastrée [fixed beam]

(n.f.) POUTRE dont les deux extrémités sont entièrement maintenues sans aucun DEGRÉ DE LIBERTÉ.

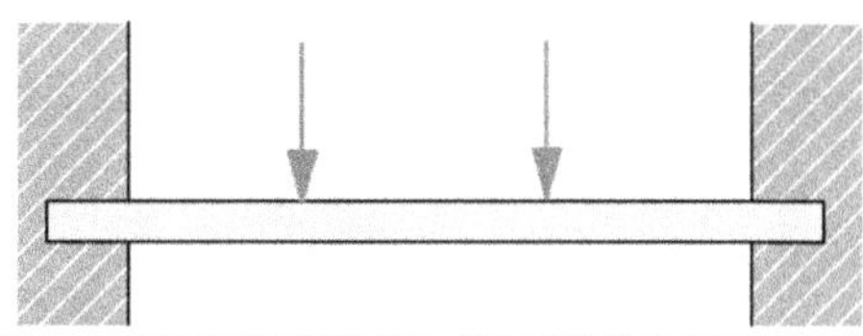

poutre en porte à faux [cantilever beam]

(n.f.) POUTRE tenue seulement par une extrémité, l'autre étant suspendue dans le VIDE (sens 1).

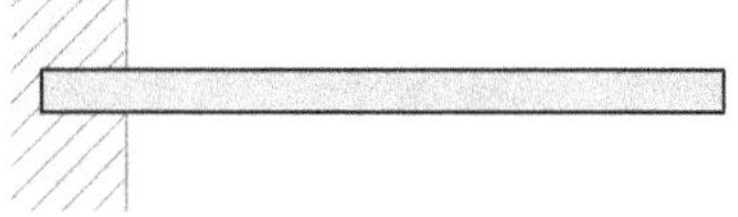

• **Note :** Ne pas confondre avec la POUTRE AVEC PORTE-À-FAUX.
◆ **Syn. :** POUTRE CONSOLE.
→ **Voir** PORTE-À-FAUX.

poutrelle [joist]

(n.f.)
1. PROFILÉ OUVERT en ACIER | LAMINÉ (CHAUD), À CHAUD ou (FROID), À FROID destiné à supporter des CHARGES (sens 1) de FLEXION. Ce sont, par exemple, tous les profilés HEA, HEB, HEI.
2. POUTRE de DIMENSION (sens 1) relativement petite fabriquée préalablement en BÉTON armé ou PRÉCONTRAINT avant d'être mise en place sur site.

poutrelle reconstituée soudée: PRS [welded plate girder]

(n.f.) Même signification que PROFILÉ RECONSTITUÉ SOUDÉ : PRS.

pozidriv ®

(Marque commerciale) FORME D'ENTRAÎNEMENT | CRUCIFORME destinée à être manœuvrée avec un TOURNEVIS ou un EMBOUT.

 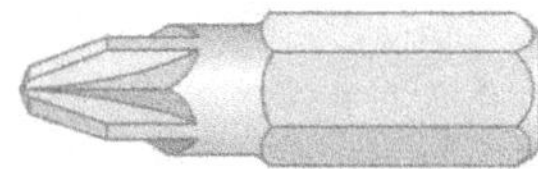

Il s'agit d'une évolution de l'EMPREINTE | CRUCIFORME Philips pour être davantage adapté à la ROBOTISATION.

→ Voir VIS À TÊTE CYLINDRIQUE BOMBÉE CRUCIFORME ; EMBOUT DE VISSAGE.

PP

Abréviation pour **PolyP**ropylène. (PLASTIQUE), MATIÈRE PLASTIQUE | THERMOPLASTIQUE de consommation courante appartenant à la famille des POLYOLÉFINES et entièrement obtenue à partir d'un déchet du pétrole.

A. Sa formule chimique :

$$-CH-CH_2-CH-CH_2-\left[CH-CH_2\right]_n-CH-CH_2-$$
$$\quad\ |\qquad\quad\ |\qquad\quad\ |\qquad\qquad\ |$$
$$\quad CH_3\qquad CH_3\qquad CH_3\qquad\ \ CH_3$$

B. C'est le POLYMÈRE | COMPACT le plus léger. Très polyvalent, il est plutôt DUR et RIGIDE, résiste à des TEMPÉRATURES relativement élevées, résiste aux agents chimiques, isolant électrique et compatible alimentaire.

C. Quelques CARACTÉRISTIQUES :

Masse volumique	0,91 g/cm^3
Résistance au choc Izod entaillé	KJ/m^2
Résistance au choc charpy entaillé	4 KJ/m^2
Module d'élasticité longitudinal	1600 MPa
Résistance à la rupture	30 MPa
Dureté Shore D	70
Allongement à la rupture	> 50 %
Absorption d'eau en masse	0,01 %
Température d'utilisation	0°C à +100°C
Coefficient de dilatation linéaire	170 µm/(m·°C)
Classement au feu	M4
Retrait au moulage	2 %
Conductivité thermique à 23°C	0,22 W/(m·K)
Alimentarité	Sans réserve

D. Les PROCÉDÉS pouvant être utilisés pour la TRANSFORMATION (sens 3) du polypropylène sont les TECHNIQUES habituelles pour les THERMOPLASTIQUES : MOULAGE PAR INJECTION, INJECTION SOUFFLAGE, EXTRUSION (sens 3), EXTRUSION-SOUFFLAGE, EXTRUSION GONFLAGE DE FILM, ROTOMOULAGE, THERMOFORMAGE, CALANDRAGE, etc.

👍 Avantages

E. Très léger. Bonne RÉSISTANCE À LA FATIGUE. Bonne résistance à l'ABRASION. Bonne résistance aux hautes TEMPÉRATURES. Bonne résistance aux produits chimiques. Insensible à la CORROSION. Chimiquement inerte. ALIMENTARITÉ sûre. Convient bien aux traitements de stérilisation et de pasteurisation. RECYCLABLE. Économique...

👎 Inconvénients

F. Difficile à assembler par COLLAGE. Devient cassant au froid. Sensible aux UV en présence d'OXYGÈNE. Molécule non polaire ce qui ne permet pas le SOUDAGE HAUTE FRÉQUENCE DE PLASTIQUE.

G. Ses utilisations :

• Dans l'automobile : pare-choc, tableau de bord, habillage de l'habitacle, réservoir d'essence et de liquide de frein, éléments de carrosserie, etc.

• Dans l'emballage et l'alimentaire : sachet, barquette, gobelet, pot de yaourt, bouteille de jus de fruit, cuve eau potable, etc.

• Dans le mobilier : table et chaise de jardin...

• Autres : tissus d'ameublement, vêtements professionnels jetables (combinaisons de peinture, masques chirurgicaux, etc.), sacs tissés à haute résistance, bagagerie, géotextiles et géomembranes pour les travaux publics, cordages, tapis synthétiques, moquette, etc.

H. Sa codification pour le RECYCLAGE :

I. Quelques appellations commerciales : Appryl, Fortilene ® (Ineos ®) ; Hostalen PP ®, Astryn ® (Lyondellbasell ®) ; Ensipro ®, Tecafine ® (Ensinger ®) ; Flametec ®, Sanatec ® (Vycom plastics ®) ; Akrolen ® (Akro-plastic ®) ; Versadur ®, Simolife ® (Simona ®) ; Propylux ® (Westlake plastics ®) ; Proteus ® (Mitsubishi chemical ®) ; Aplax ® (Ginar ®) ; Armlen ® (Polyplastic ®) ; Bapolene (Bamberger polymers) ; Bergaprop (Avient ®) ; Capilene ®

(Carmel olefins ®) ; Carboprene ® (Celanese Softer ®) ; Compel ® (Ticona ®) ; Corton ® (Polypacific ®) ; Daicel ® ; Daplen ® (Borealis ®) etc.

préchauffage [preheating, preheat]

(n.m.) OPÉRATION de chauffage préalable des zones à souder ou à braser pour éviter un REFROIDISSEMENT trop rapide susceptible de générer des TENSIONS ou des DÉFAUTS (CRIQUE, FISSURATION...) qui peuvent compromettre la tenue de l'ASSEMBLAGE (sens 2).

Le préchauffage peut être effectué avec un CHALUMEAU ou avec des résistances électriques.

→ Voir également POSTCHAUFFAGE qui vise à apporter une solutions aux mêmes préoccupations.

précipité [precipitate]

(n.m.) PHASE (sens 2) intermétallique formée dans un MATÉRIAU à partir d'éléments pouvant être des ÉLÉMENTS D'ADDITION ou l'ÉLÉMENT DE BASE lui-même.

A. Les précipités contribuent de façon notable aux PROPRIÉTÉS des ALLIAGES qui les contiennent. Dans le cas d'un ACIER, par exemple, l'addition en faible quantité d'ALUMINIUM, de TITANE, de VANADIUM, de NIOBIUM est susceptible de former des précipités de CARBURE, de NITRURE, de carbonitrure permettant d'ajuster et d'optimiser les PROPRIÉTÉS.

B. Le mécanisme de durcissement par précipitation d'une PHASE (sens 2) intermétallique, qui suit une opération de mise en solution et TREMPE se nomme « durcissement structural ». Les autres mécanismes de DURCISSEMENT sont l'ÉCROUISSAGE, la SOLUTION SOLIDE et l'affinement des GRAINS (sens 2).

C. Ne pas confondre avec les INCLUSIONS qui sont des éléments véritablement étrangers et en général indésirables.

→ Voir, par exemple, ACIER MARAGING.

→ Voir aussi STRUCTURE CRISTALLINE.

précis [accurate]

(adj.) Qui est déterminé avec le minimum d'incertitude. Dans le vocabulaire de tous les jours, qui est juste et fidèle à faible incertitude de mesure, en parlant d'un matériel. (Cette notion n'est pas normalisée dans le Vocabulaire International de métrologie (VIM)).

précision [accuracy]

(n.f.) Dans le langage courant, ce terme est omniprésent et est utilisé à mauvais escient pour désigner la RÉSOLUTION (sens 2) ou l'exactitude de MESURE (sens 1). Ce terme n'a pas de signification au sens de la MÉTROLOGIE (non-normalisé dans le Vocabulaire International de la Métrologie (VIM)).

précontraint [prestressed]

(adj.) Qui est assujetti à une CONTRAINTE MÉCANIQUE préalable avant le véritable CHARGEMENT de la mise en œuvre et mise en service.

→ Voir PRÉCONTRAINTE.

précontrainte [prestressing]

(n.f.) Artifice de construction consistant à créer dans un ÉLÉMENT STRUCTURAL des CONTRAINTES MÉCANIQUES préalables de signe contraire à ce qu'il devra subir en service, de manière à obtenir une situation de CONTRAINTE (sens 3) plus favorable une fois les CHARGES (sens 1) réelles appliquées.

A. Cette TECHNIQUE est, par exemple, utilisée pour certaines POUTRES en BÉTON. Ce MATÉRIAU possède un très bon comportement en COMPRESSION mais est facilement fissurable en TRACTION. Sur une POUTRE en FLEXION en utilisation classique, la partie soumise à TRACTION tend à faire apparaître des FISSURES.

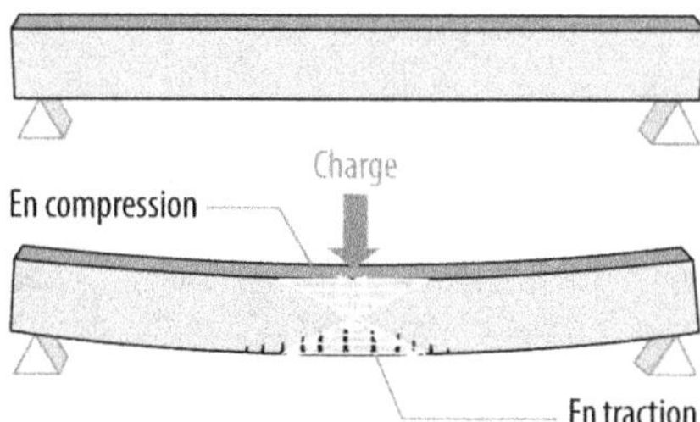

La précontrainte consiste à comprimer artificiellement la partie de la POUTRE destinée à être en TRACTION grâce à un CÂBLE tendu dans une GAINE au sein du BÉTON.

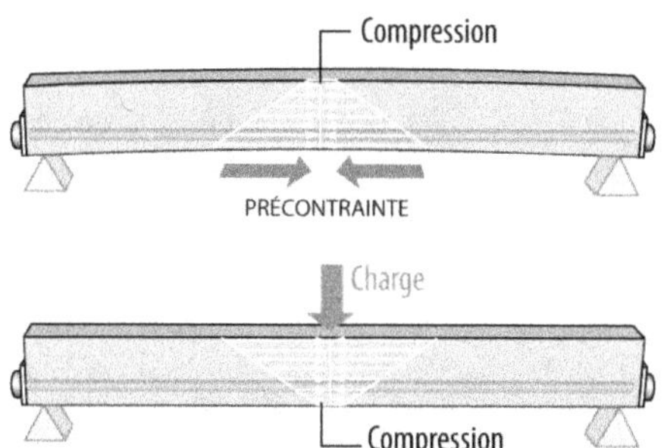

Une fois la CHARGE (sens 1) réelle appliquée, il n'y a globalement que des CONTRAINTES (sens 3) du type COMPRESSION dans la POUTRE en BÉTON, ce qui correspond à des PERFORMANCES bien plus favorables. Les CÂBLES sont souvent remplacés par des treillis mis en TRACTION et noyés dans la POUTRE lors de sa FABRICATION.

B. La précontrainte est aussi utilisée dans les éléments tendus tels que les CÂBLES et haubans de manière à éviter toute mise en COMPRESSION de ceux-ci pour laquelle ils n'ont aucune aptitude.

préforme [preform]

(n.f.) FORME approximative donnée à une MATIÈRE DE BASE pour faciliter certains PROCÉDÉS de TRANSFORMATION (sens 3).

Ex. : *Préforme pour l'INJECTION-SOUFFLAGE d'une bouteille en PET.*

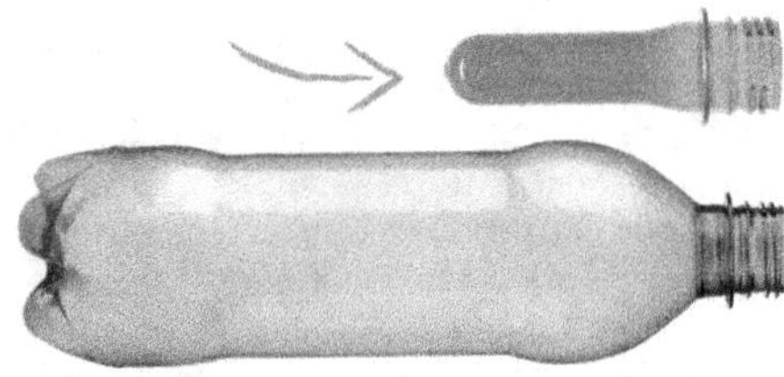

→ Voir aussi PARAISON qui est la préforme utilisée pour l'EXTRUSION-SOUFFLAGE.
→ Voir aussi INJECTION-SOUFFLAGE.

prélaqué [precoated]

(adj.) Qui est préalablement peint en parlant de DEMI-PRODUITS sous forme de TÔLES | MÉTALLIQUES.

Les tôles prélaquées permettent de concevoir des PRODUITS FINIS prêts à l'emploi après leur MISE EN FORME, sans avoir besoin de TRAITEMENT DE SURFACE. Les tôles prélaquées comportent généralement à leur surface un FILM de protection en (PLASTIQUE), MATIÈRE PLASTIQUE pour éviter les TRACES (sens 1) des OUTILLAGES (sens 2) lors des OPÉRATIONS de FAÇONNAGE telles que le PLIAGE, le POINÇONNAGE, le ROULAGE, etc.

(premier choix), matériau de premier choix [primes]

(n.m.) MATÉRIAU de la meilleure qualité dans ce qui est disponible.

A. Dans le cas des (PLASTIQUES), MATIÈRES PLASTIQUES, le matériau de premier choix est la MATIÈRE VIERGE, c'est à dire de la matière n'ayant jamais servi à la FABRICATION (dans ce cas, sous forme de POUDRE, GRANULÉS ou LIQUIDE). La MATIÈRE DE RECYCLAGE est alors toujours de qualité moindre.

B. Dans le cas des MÉTAUX, le matériau de premier choix peut provenir d'une filière de RECYCLAGE. La matière neuve appelée « métal de première fusion » a tendance à ne pas atteindre

la même qualité. Dans le cas de la FONDERIE, ce métal sous forme de LINGOTS ou de poches de liquide sera ensuite coulé pour obtenir des DEMI-PRODUITS ou des pièces. Lorsque le MÉTAL est issu d'un processus de RECYCLAGE, on parle alors de « MÉTAL ou ALLIAGE de seconde fusion ».

preneur d'ordre [supplier]

(n.m.) Personne physique ou entreprise pratiquant des activités de SOUS-TRAITANCE pour d'autres personnes ou entreprises DONNEURS D'ORDRE qui les sollicitent.

préperçage [pre-drilling hole]

(n.m.) TROU de plus faible DIAMÈTRE préalablement effectué pour faciliter, par exemple, le passage d'une VIS AUTARAUDEUSE ou d'un TARAUD.

Lors du PERÇAGE au FORET, un prétrou permet aussi de limiter les efforts de poussée sur les FORETS de grand diamètre en ne faisant pas travailler la pointe comportant des ANGLES DE COUPE très négatifs causés par la présence de l'âme.

◆ Syn. : AVANT-TROU.

preréglage [presetting]

(n.m.)

1. Paramètres d'un DISPOSITIF définis à sa FABRICATION et susceptible d'être modifiés pour son utilisation réelle.

◆ Syn. : RÉGLAGE D'USINE.

2. Dans le domaine des FABRICATIONS, réglage des OUTILS ou mesure de leur caractéristique en amont et en dehors de la MACHINE de production, de manière à gagner en temps de production et obtenir la première pièce bonne. Ces opérations sont réalisées sur des bancs de préréglage.

pré-série [pre-production]

(n.f.) SÉRIE DE PIÈCES fabriquées en quantité relativement restreinte avant la mise en PRODUCTION définitive afin de vérifier le bien fondé des solutions d'INDUSTRIALISATION choisies et mises en place.

pressage [stamping, pressing]

(n.m.) FAÇONNAGE d'une MATIÈRE par COMPRESSION entre deux FORMES possédant la GÉOMÉTRIE (sens 2) recherchée.

→ Voir, par exemple, MATRIÇAGE ; TUBE SOUDÉ ; MOULAGE PAR COMPRESSION.

presse [press]

(n.f.) MACHINE à PLATEAU fixe et un autre mobile pour comprimer les PIÈCES (sens 1) à travailler par l'intermédiaire d'un OUTILLAGE (sens 2) ou MATRICE (sens 1).

A. Les presses sont utilisées pour le MATRIÇAGE, l'ESTAMPAGE, l'EMBOUTISSAGE et d'une façon générale pour toutes les TECHNIQUES de FABRICATION nécessitant une force de COMPRESSION.

B. Divers principes qui donnent des VITESSES de DÉPLACEMENT plus ou moins rapides sont exploités pour obtenir l'effort de COMPRESSION :

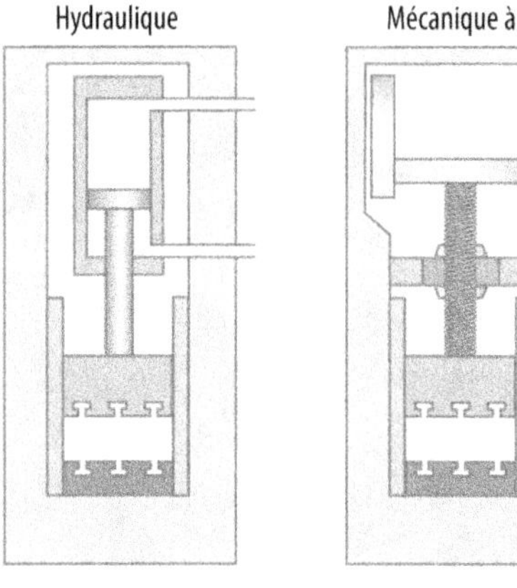

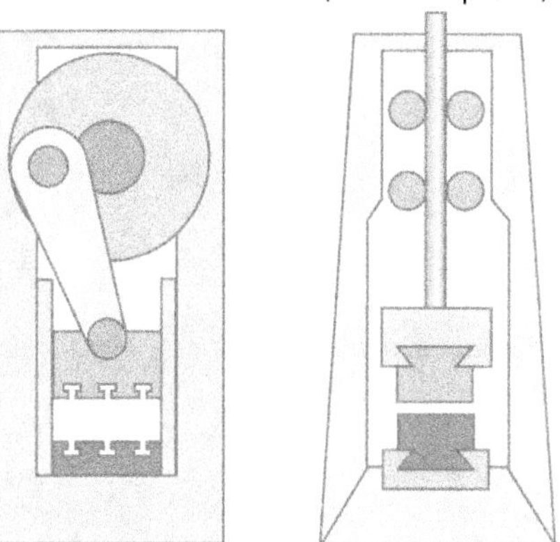

C. En ce qui concerne leur configuration, les presses peuvent être divisées en trois types :

• Presse à arcade :

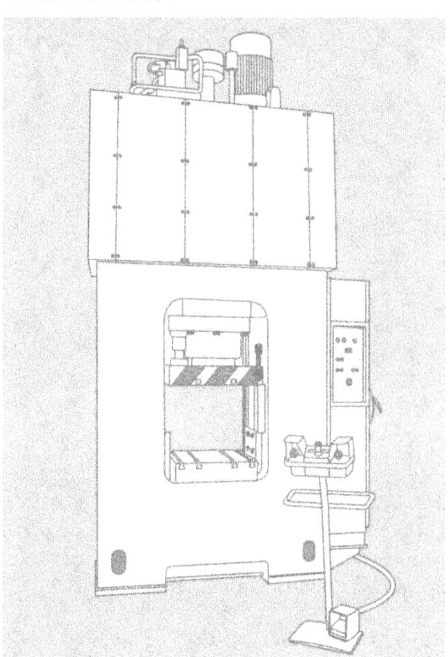

• Presse à col de cygne :

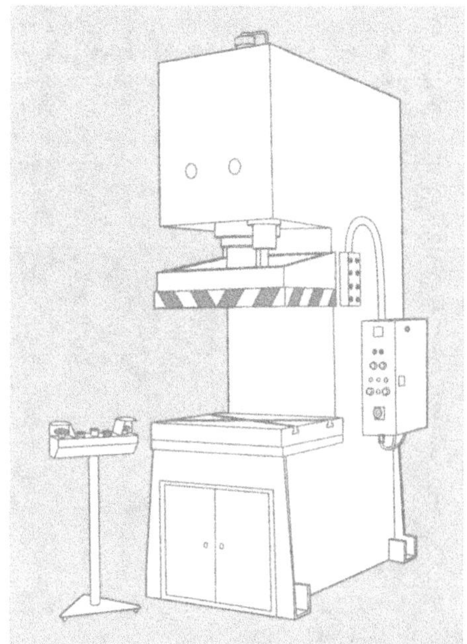

• Presse horizontale :

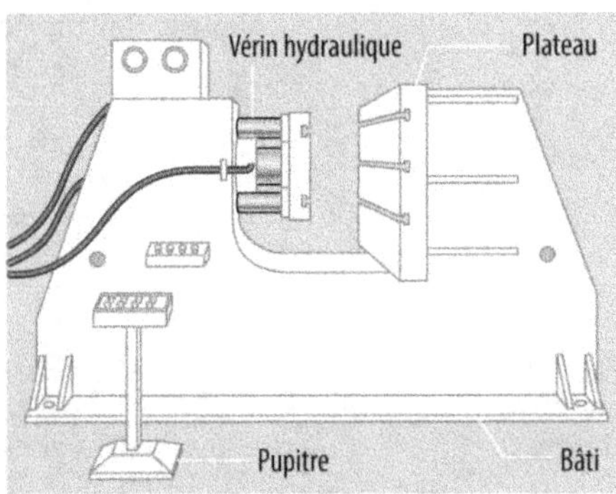

Des presses plus spécifiques à chaque PROCÉDÉ de TRANSFORMATION (sens 3) existent.
→ Voir, par exemple, PRESSE À INJECTER ; PRESSE-PLIEUSE ; MARTEAU-PILON.

(n.f.) Type de PRESSE procédant plus par CHOC que par PRESSION progressive pour des OPÉRATIONS de MISE EN FORME par DÉFORMATION PLASTIQUE.
→ Voir, par exemple, MARTEAU-PILON.

(n.f.) MACHINE-OUTIL destinée d'un côté à recevoir un MOULE, à en actionner l'ouverture et la fermeture, à en réguler la TEMPÉRATURE et de l'autre côté à ramollir de la (PLASTIQUE), MATIÈRE PLASTIQUE pour l'introduire sous PRESSION dans le MOULE afin d'obtenir des PIÈCES (sens 1) de façon relativement automatisée :

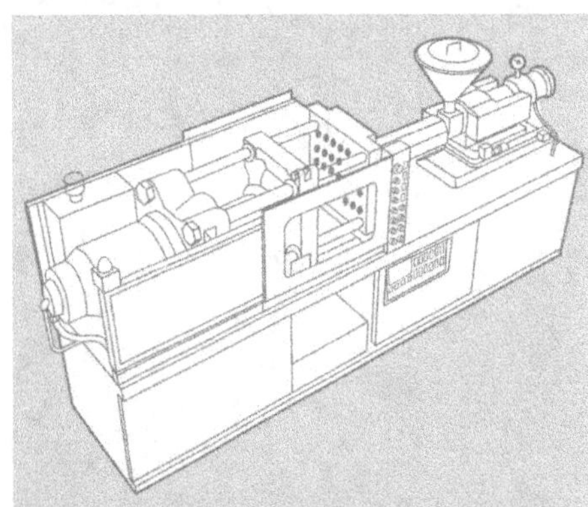

(n.f.) DISPOSITIF permettant de maintenir fermement ensemble deux PIÈCES (sens 1) formant un coin le temps de les souder ou de laisser une colle agir, par exemple.

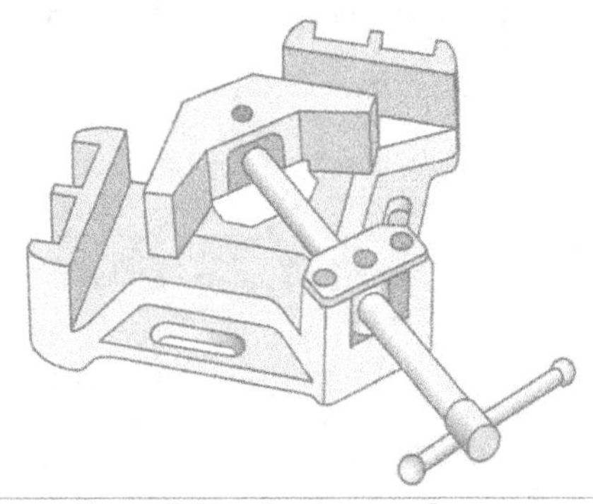

(n.f.) MACHINE-OUTIL avec une MATRICE (sens 1) longiligne fixe et un POINÇON mobile entre lesquels une TÔLE ou une FEUILLE est déformée de façon rectiligne.

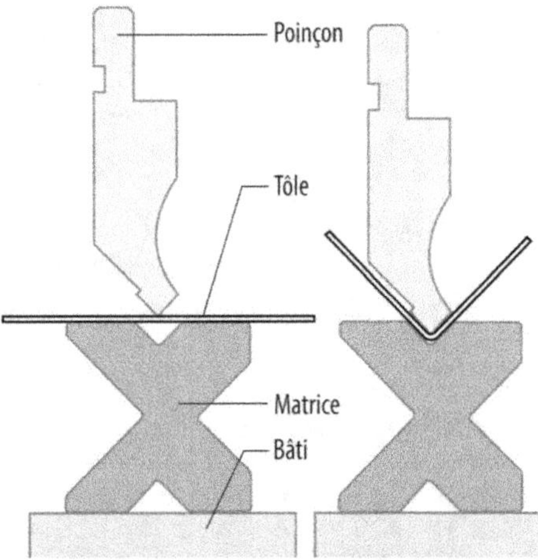

L'aspect général de la MACHINE est le suivant :

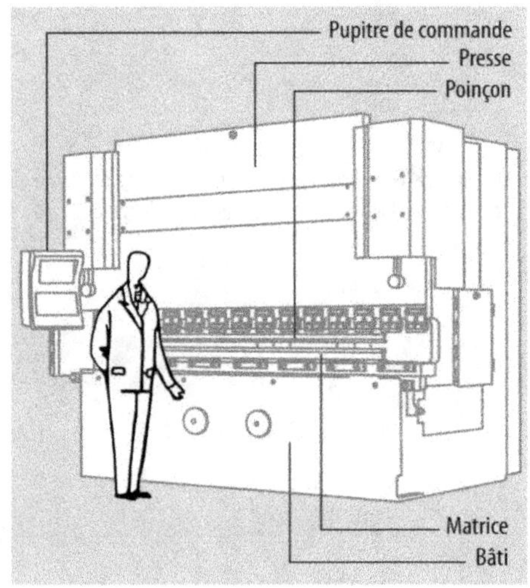

→ Voir également PLIEUSE À TABLIER pour un autre type de MACHINE à plier.

pression [pressure]

(n.f.) FORCE appliquée par UNITÉ (sens 1) de SUR-FACE (sens 2). Son UNITÉ (sens 1) est le PASCAL (Pa) et ses multiples.

1 Pa =	1	N/m^2
	10^{-6}	N/mm^2
1 hPa =	0,001	daN/cm^2
	1	mbar
1 MPa =	0,1	daN/mm^2
	145,04	psi

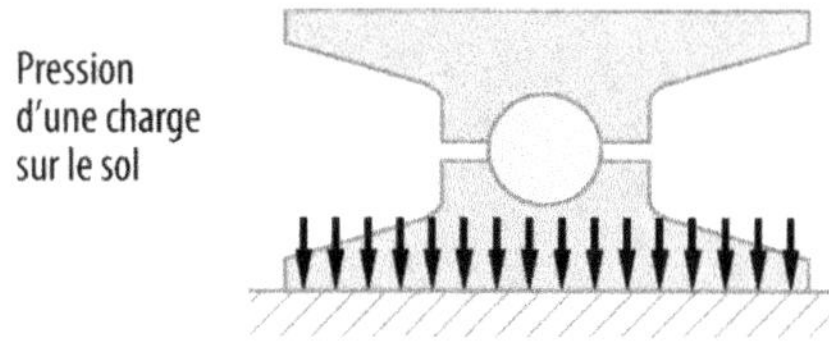

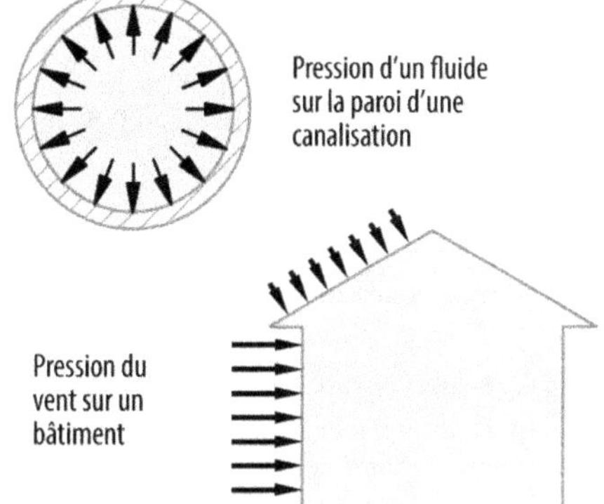

Pression d'une charge sur le sol

Pression d'un fluide sur la paroi d'une canalisation

Pression du vent sur un bâtiment

• Note : Ne pas confondre avec la CONTRAINTE MÉCANIQUE même si l'UNITÉ (sens 1) utilisée est la même.

pression atmosphérique [atmospheric pressure]

(n.f.) PRESSION normale de l'air ambiant au voisinage du sol.
Elle est égale à 1 013 hPa ou 1 013 mbar.

(pression), sous pression [under pressure]

(Locution). À une PRESSION supérieure à la PRESSION ATMOSPHÉRIQUE normale, c'est à dire au dessus de 1 013 hPa ou 1 013 mbar.

(prétension), serrage par prétension [bolt tensioning method]

(n.m) MÉTHODE de mise en place de BOULON dans laquelle la VIS (sens 2) ou le GOUJON est préalablement soumis à une FORCE de TRACTION, grâce, par exemple, à un VÉRIN | HYDRAULIQUE, ce qui permet de mettre l'ÉCROU en CONTACT avec la PIÈCE (sens 1) à serrer avec un COUPLE DE FORCE d'accostage minime évitant toute CONTRAINTE DE TORSION. Dès que la FORCE de TRACTION est relâchée, le BOULON est en place avec la bonne valeur de précharge.

A. Vue générale en coupe du DISPOSITIF :

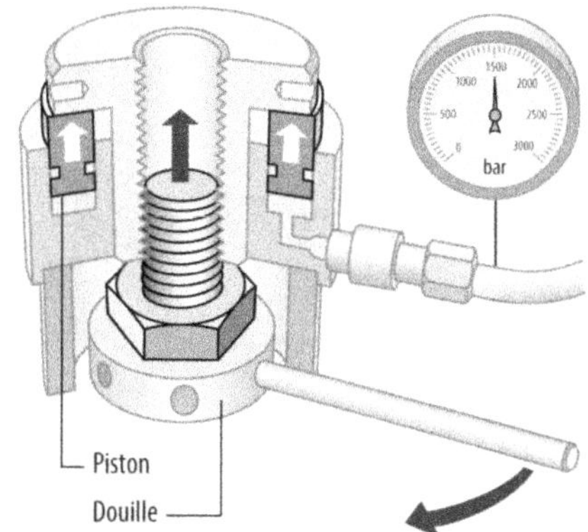

B. Sa séquence de fonctionnement est la suivante :
a. Mise en place du SYSTÈME | HYDRAULIQUE de TENSION autour de la VIS (sens 2). À remarquer la présence de la DOUILLE prévue pour manœuvrer l'ÉCROU.
b. La PRESSION hydraulique est appliquée sur le PISTON annulaire (par exemple ici 1500 bars) ce qui met la VIS (sens 2) en TENSION et soulève l'ÉCROU qui n'est plus en CONTACT avec la PIÈCE (sens 1) à serrer.

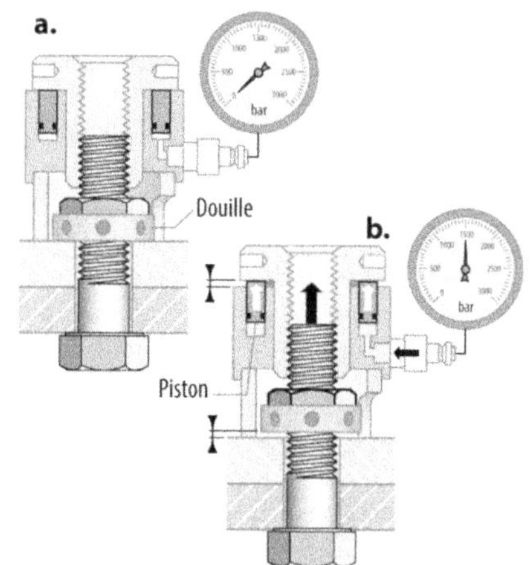

c. L'ÉCROU est remis en CONTACT (ACCOSTAGE) avec la pièce à serrer grâce à de légères manœuvres de ROTATION sur la DOUILLE.
d. La PRESSION hydraulique est relâchée et l'outil de mise en place retiré. La pose est terminée. Le BOULON est correctement mis en TENSION.

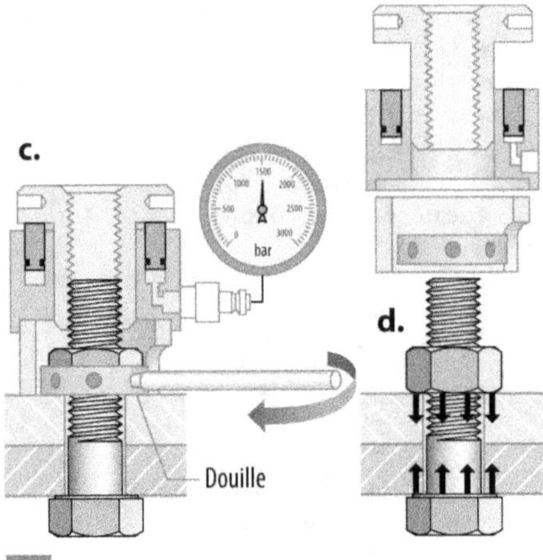

👍 **Avantages**

C. Ne nécessite pas de bloquer en rotation la tête de la VIS. Aucune CONTRAINTE DE TORSION résiduelle ou de FLEXION parasite dans le BOULON. Grande précision de la TENSION de SERRAGE essentiellement déterminée par la valeur de PRESSION hydraulique appliquée. Contrairement au serrage classique, il n'y a aucune incertitude provenant des phénomènes de FROTTEMENT. Mise en place aisée ne nécessitant que peu d'effort musculaire même pour les plus gros DIAMÈTRES (pénibilité réduite). Aucun risque de détérioration du BOULON car toutes les CONTRAINTES MÉCANIQUES sont maîtrisées et il n'y a pas de PRESSION de CONTACT élevée avec FROTTEMENT. Desserrage facile avec le même dispositif hydraulique. Serrage simultané possible de plusieurs BOULONS sans avoir à suivre des instructions de séquences. AUTOMATISATION et pilotage à distance envisageables.

👎 **Inconvénients**

D. Nécessite un ÉQUIPEMENT conséquent avec une source d'énergie hydraulique. Nécessite d'avoir une VIS (sens 2) sensiblement plus longue qui subsiste et dépasse de façon encombrante une fois la pose terminée. Nécessite de l'espace autour de l'ÉCROU pour loger le DISPOSITIF de prétension.
E. Le serrage par prétension est particulièrement utile pour le maintien des BRIDES de raccord de canalisation dans lesquelles un bon équilibre doit être respecté entre les BOULONS

afin de garantir l'ÉTANCHÉITÉ. Il est aussi utilisé sur les STRUCTURES de grande dimension qui nécessite une grande rigueur de mise en place pour un maximum de FIABILITÉ.
• Note : Ne pas confondre avec la CLÉ HYDRAULIQUE.

prévention [prevention]

(n.f.) Précaution prise à l'avance pour faire face à une situation plausible ou inévitable dans le futur.
→ Voir MAINTENANCE PRÉVENTIVE.

prismatique [prismatic]

(adj.) Qui a la forme d'un PRISME.

prisme [prism]

(n.m.) VOLUME décrit par deux POLYGONES égaux et parallèles reliés par des PARALLÉLOGRAMMES.

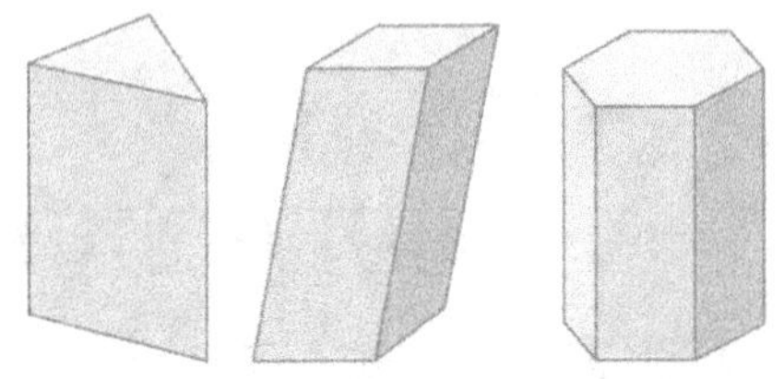

procédé [process]

(n.m.) MÉTHODE et TECHNIQUE de réalisation permettant d'aboutir à un produit. On parle de procédé d'obtention ou procédé de FABRICATION.

procédé industriel [industrial process]

(n.m.) TECHNIQUE, MÉTHODE de réalisation permettant l'élaboration en grande quantité et à grande ÉCHELLE (sens 2) d'un produit.

procédure [procedure]

(n.f.) MÉTHODE rigoureusement définie et consignée pour accomplir une tâche ou pour faire face à une situation.

processus [process]

(n.m.) Étape de TRANSFORMATION (sens 1) ou d'avancée vers la réalisation d'un PRODUIT ou d'un service.

production [production]

(n.f.) Action de fabriquer un PRODUIT, généralement en grande quantité, grâce à des MÉTHODES préalablement mises au point.

production en série [series production, serial production]

(n.f.) Action de fabriquer un PRODUIT en grande quantité grâce à des MÉTHODES répétitives préalablement mises au point et impliquant un ÉQUIPEMENT élaboré.

productique [production science]

(n.f.) Discipline d'amélioration des MÉTHODES et moyens de PRODUCTION | INDUSTRIELLE par l'informatique et l'AUTOMATIQUE dans le but de maîtriser les coûts, qualité et délai.

Ainsi la productique fait appel à la ROBOTIQUE, à la FABRICATION ASSISTÉE PAR ORDINATEUR (FAO).

productivité [productivity]

(n.f.) Aptitude à élaborer avec EFFICACITÉ des PRODUITS ou service conformes dans un délai et des conditions économiques satisfaisants pour affronter la concurrence.

[Product manufacturing Information (PMI)]

(Terme anglo-américain). Données complémentaires autres que purement géométriques ajoutées et rattachées à un MODÈLE (sens 1) 3D afin d'en compléter la description pour faciliter la transmission et l'échange d'informations entre des SYSTÈMES de CONCEPTION ASSISTÉE PAR ORDINATEUR différents.

Exemple de pièce assortie de « product manufacturing information ».

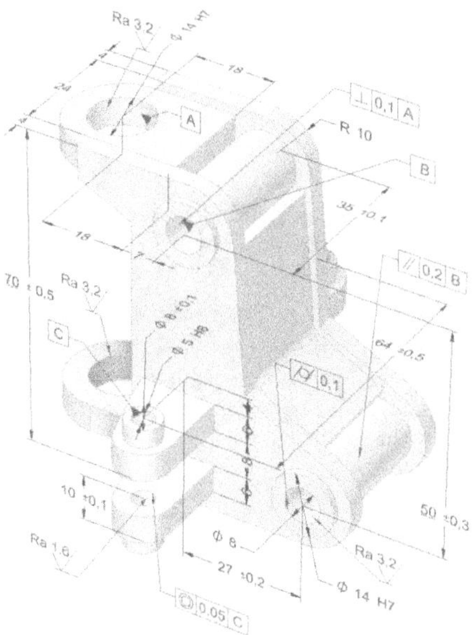

A. Les données pouvant être rattachées sont :

- les TOLÉRANCES DIMENSIONNELLES et TOLÉRANCES GÉOMÉTRIQUES (GD&T).
- les ÉTATS DE SURFACE et spécifications de RUGOSITÉ.
- les données et spécifications de MATÉRIAU.
- les symboles de SOUDURE.

- La NOMENCLATURE pour les ENSEMBLES ou ASSEMBLAGES (sens 3).
- Les notes et remarques des concepteurs.
- L'historique des modifications apportées.
- Les notices de PROPRIÉTÉ INDUSTRIELLE.
etc.

B. D'une façon générale, elles permettent de rendre les activités d'INGÉNIERIE et de FABRICATION plus efficaces en centralisant dans le même fichier informatique toutes les données utiles.

→ Voir aussi PLAN 3D.

produit [product]

(n.m.) Tout ce qui a été fabriqué et prêt à être laissé aux utilisateurs consommateurs, car correspondant à ses BESOINS.

produit brut [stock]

(n.m.) Tout ce qui est obtenu à la suite d'une ÉLABORATION, c'est à dire par la TRANSFORMATION (sens 3) directe de MATIÈRE PREMIÈRE.

Dans le cas des MÉTAUX, les produits bruts sont le LINGOT, la BRAME, le BLOOM, la BILLETTE, etc.

Dans le cas des (PLASTIQUES), MATIÈRES PLASTIQUES, le produit brut est une POUDRE ou des GRANULÉS de POLYMÈRES.

(produit), cycle de vie d'un produit [product lifetime cycle]

(n.m.) Cheminement de l'apparition d'un produit jusqu'à sa disparition.

Le diagramme suivant en donne les étapes principales :

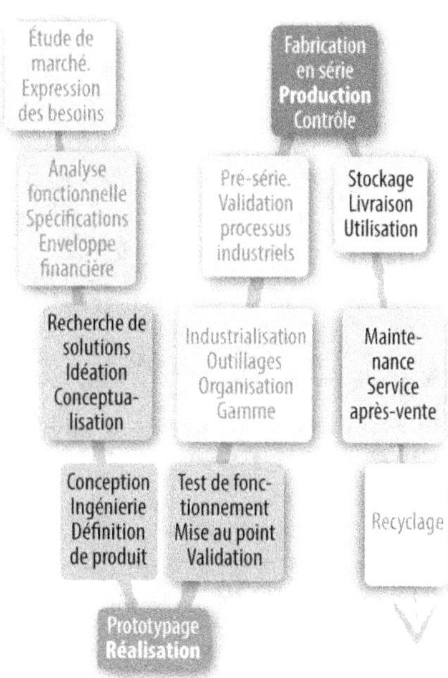

produit fini [finished product]

(n.m.) PRODUIT ayant déjà subi toutes les OPÉRATIONS prévues pour le rendre utilisable.

produit intermédiaire [intermediate product]

(n.m.) PRODUIT issu de l'ÉLABORATION et nécessitant encore une TRANSFORMATION (sens 3).

	MÉTAUX & ALLIAGES	MATIÈRES PLASTIQUES
Matière première	Minerai (oxydes, silicates, sulfures, etc...)	Pétrole (naphta)
	ÉLABORATION	
Produit intermédiaire	Lingot, brame, billette, etc...	Poudre, Granulé, résine,...
	TRANSFORMATION	
Demi-produit	Profilé, tôle, tube, fil, bande, feuillard, etc...	Profilé, film, plaque, barre, feuille, etc...
	FABRICATION	
Produit fini	Ressort, vis, casserole, clé, engrenage, etc...	Fenêtre, barquette, sachet, jouet, etc...

◆ Syn. : PRODUIT BRUT.

produit long [long product]

(n.m.) DEMI-PRODUIT ou PRODUIT SEMI-FINI dont les deux DIMENSIONS (sens 1) de sa SECTION sont du même ordre de grandeur et faible par rapport à sa LONGUEUR.

A. C'est le cas des TUBES, BARRES et PROFILÉS divers.

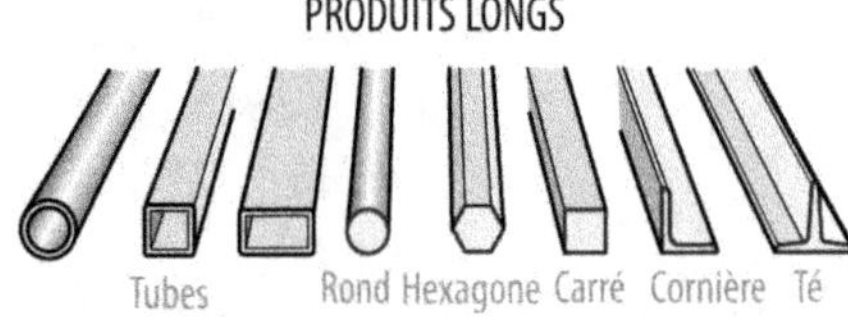

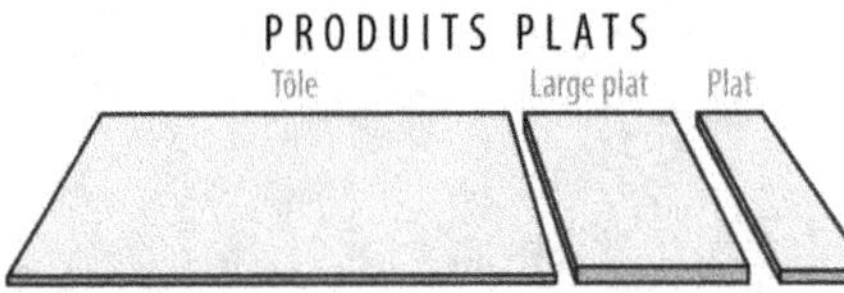

B. Ce terme est utilisé pour faire la différence avec les PRODUITS PLATS.

produit noir [black product]

(n.m.) DEMI-PRODUIT ou PRODUIT SEMI-FINI en ACIER qui n'a pas encore reçu de TRAITEMENT DE SURFACE et qui est encore couvert d'une épaisse COUCHE d'OXYDE de couleur sombre provenant du LAMINAGE À CHAUD.

produit plat [flat product]

(n.m.) DEMI-PRODUIT ou PRODUIT SEMI-FINI dont l'ÉPAISSEUR est faible par rapport aux deux autres DIMENSIONS (sens 1).

A. C'est le cas des FEUILLES, TÔLES et PLAQUES, des PLATS et LARGES PLATS.

B. Ce terme est souvent utilisé pour faire la différence avec les PRODUITS LONGS.

produit semi-fini [semi-finished product]

(n.m.) Même signification que DEMI-PRODUIT.

profil [profile]

(n.m.)
1. FORME vue de côté.
2. CONTOUR géométrique délimitant une SECTION | perpendiculaire d'un objet.

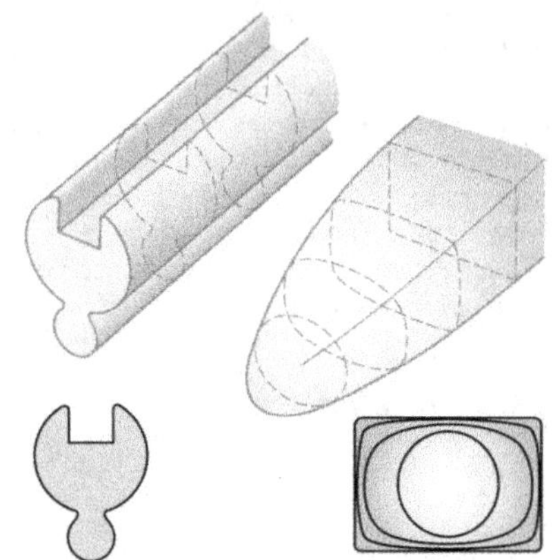

• Note : Ne pas confondre avec le PROFILÉ qui est l'objet volumique engendré à partir du profil par EXTRUSION.

profilage [roll forming, profiling]

(n.m.) PROCÉDÉ de MISE EN FORME de TÔLE d'ACIER en PROFILÉ rectiligne par passage entre des ROULEAUX (sens 2) qui lui donnent progressivement sa FORME de PROFIL sans en changer l'ÉPAISSEUR.

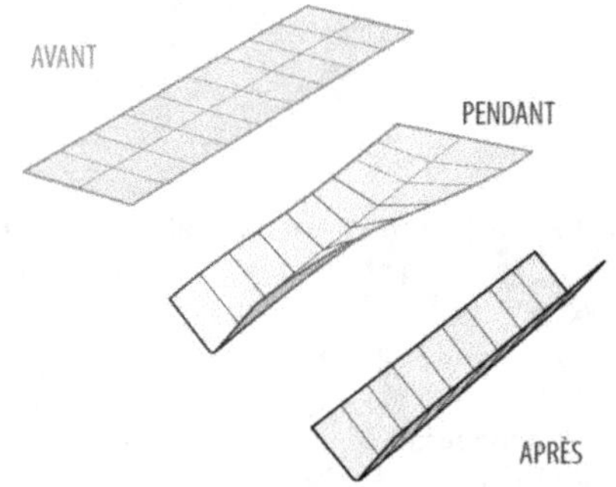

A. Le profilage se fait en plusieurs étapes continues successives appelées « stations ». La TRANSFORMATION (sens 3) se fait à TEMPÉRATURE AMBIANTE d'où le nom du produit obtenu : PROFILÉ À FROID.
Ex. 1 : *PROFILÉ OUVERT*.

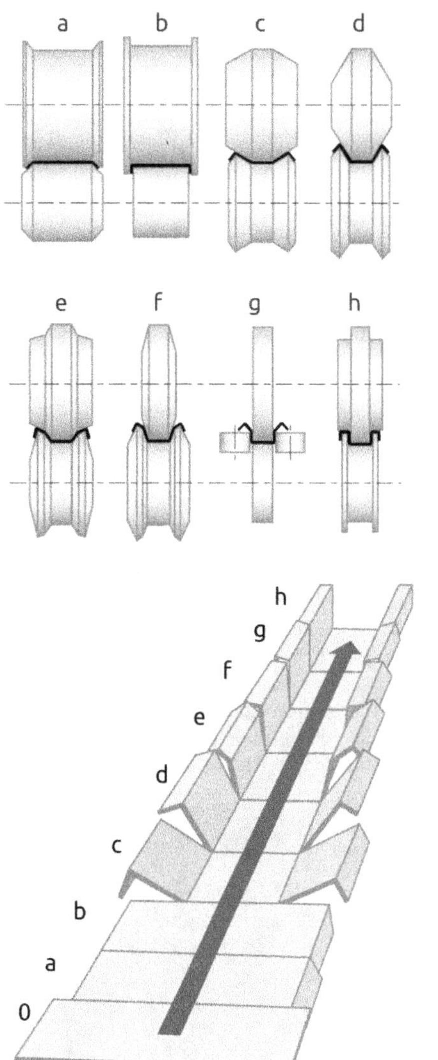

Ex. 2 : *PROFILÉ FERMÉ*, **tube de forme circulaire.**

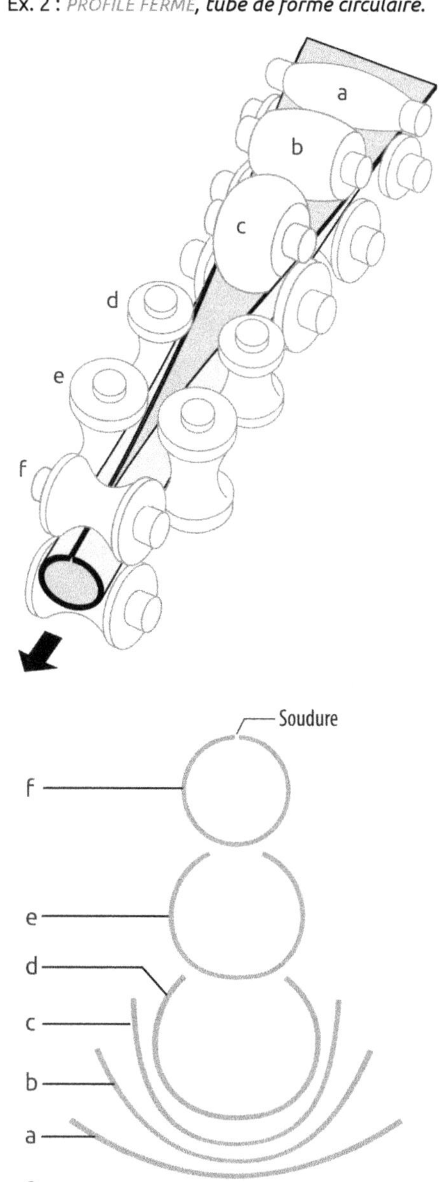

B. Plus le PROFILÉ est complexe, plus le nombre de stations requises est élevé. Ci-dessous quelques exemples avec des nombres de stations plus ou moins importants.

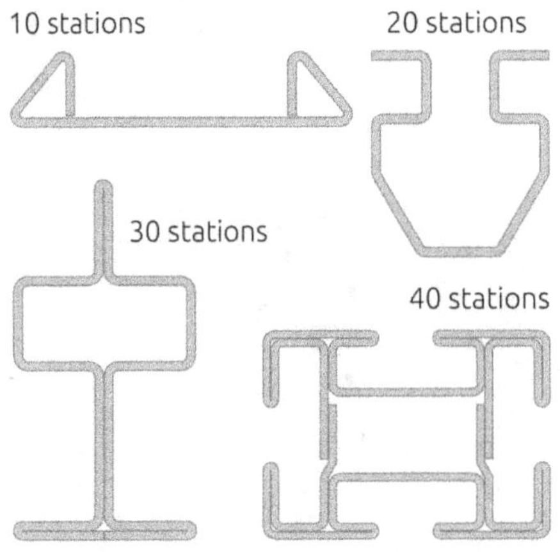

→ Voir PROFILÉ À FROID pour quelques autres profilés obtenus avec ce PROCÉDÉ.

C. TOLÉRANCE DIMENSIONNELLE (IT) :

Très précis	Précis	Moyen	Grossier	Très Grossier
1 2 3 4 5	6 7 8 9	10 11 12	13 14 15	16 17 18
			Profilage	
$10 \pm 0,002$	$10 \pm 0,01$	$10 \pm 0,05$	$10 \pm 0,2$	10 ± 1
$100 \pm 0,005$	$100 \pm 0,02$	$100 \pm 0,1$	$100 \pm 0,4$	100 ± 2

D. ÉTAT DE SURFACE, RUGOSITÉ Ra (µm) :

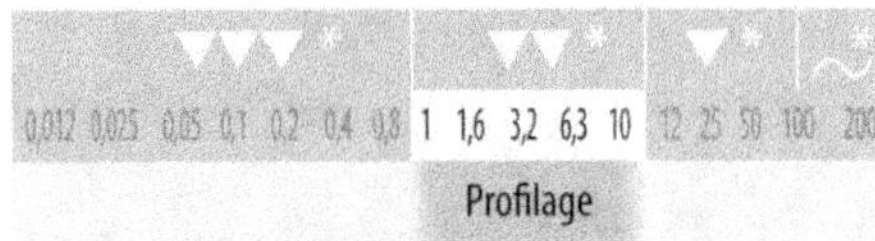

* Symbole ne faisant plus partie des normes

E. Coût d'OUTILLAGE (sens 2) (hors coût MACHINE) :

Aucun	Faible	Moyen	Élevé	Très élevé
			Profilage	

F. SÉRIE DE PIÈCES économiquement envisageable :

Proto	Unitaire	Petite	Moyenne	Grande	Très Grande
1	10	100	1 000	10 000	100 000
					Profilage

Comparaison entre PLIAGE et profilage :

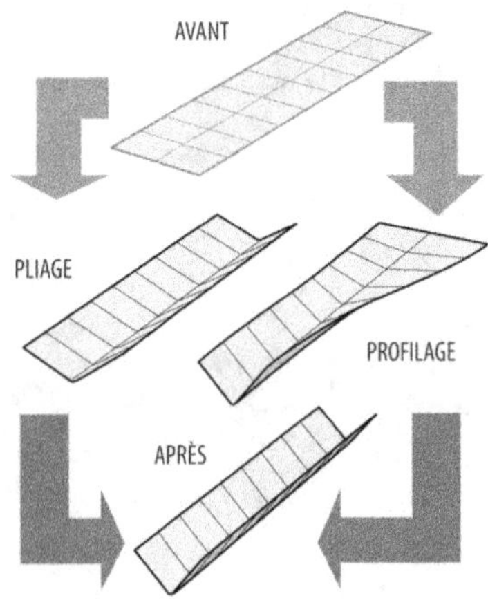

👍 Avantages

G. PROCÉDÉ continu capable de produire des PROFILÉS de LONGUEUR illimitée. PROCÉDÉ automatisé à l'extrême ce qui donne une PRODUCTIVITÉ élevée.

👎 Inconvénients

H. OUTILLAGE (sens 2) de coût très élevé qui ne peut se justifier que pour de très grandes SÉRIES DE PIÈCES. Complexité générale de l'ÉQUIPEMENT. Nécessite une SOUDURE si on souhaite former un PROFILÉ FERMÉ. CONTRAINTE RÉSIDUELLE pouvant se traduire par une « rémanence » de DÉFORMATION à la COUPE (sens 1) du PROFILÉ, ce qui peut engendrer des problèmes de TOLÉRANCE DIMENSIONNELLE.

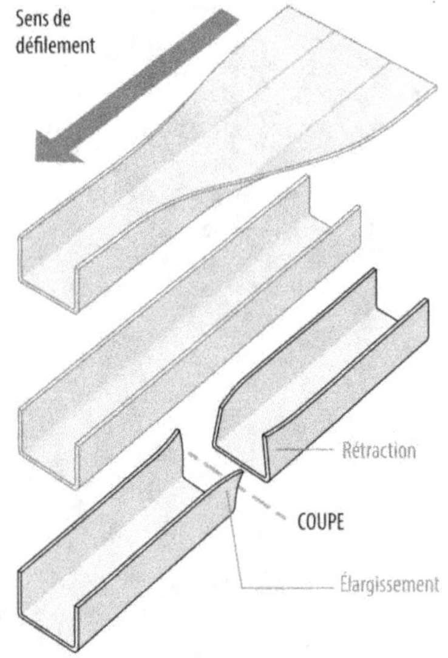

I. Ne pas confondre le profilage avec le LAMI-NAGE qui peut s'effectuer (CHAUD), À CHAUD et diminue l'ÉPAISSEUR du MÉTAL.

profilé [profile]

(n.m.) PRODUIT SEMI-FINI de grande LONGUEUR et dont toutes les SECTIONS | TRANSVERSALES sont identiques quel que soit l'endroit considéré.
• Note : Ne pas confondre avec le PROFIL qui est la GÉOMÉTRIE (sens 2) TRANSVERSALE caractérisant le profilé.

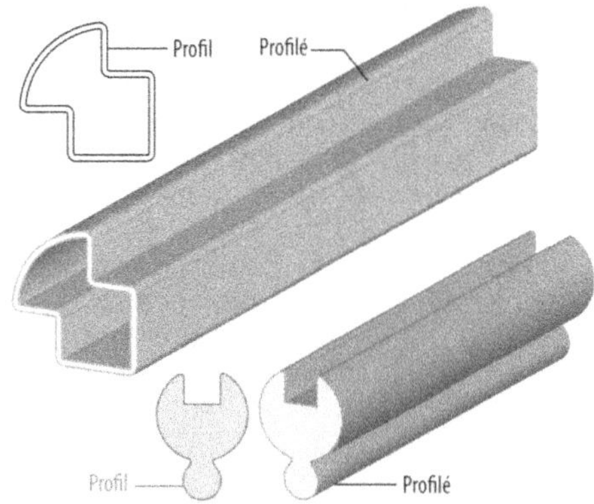

Selon le MATÉRIAU, plusieurs TECHNIQUES permettent de les obtenir :
• le LAMINAGE.
• le PROFILAGE.
• le PLIAGE.
• le FILAGE pour les MÉTAUX.
• l'EXTRUSION (sens 3) pour les (PLASTIQUES), MATIÈRES PLASTIQUES.
• l'ÉTIRAGE.
• le TRÉFILAGE.
→ Voir aussi EXTRUSION (sens 1).

profilé acier [steel profile]

(n.m.) PROFILÉ obtenu par PROFILAGE de TÔLE d'ACIER.
→ Voir PROFILAGE.

profilé à froid [cold-formed section, cold-formed profile]

(n.m.) PROFILÉ en ACIER obtenu par PROFILAGE, c'est à dire par passage d'une TÔLE entre des ROULEAUX (sens 2) qui lui donnent progressivement sa FORME.

Ex. 1 : *Profilés à froid ouverts de forme simple et classique :*

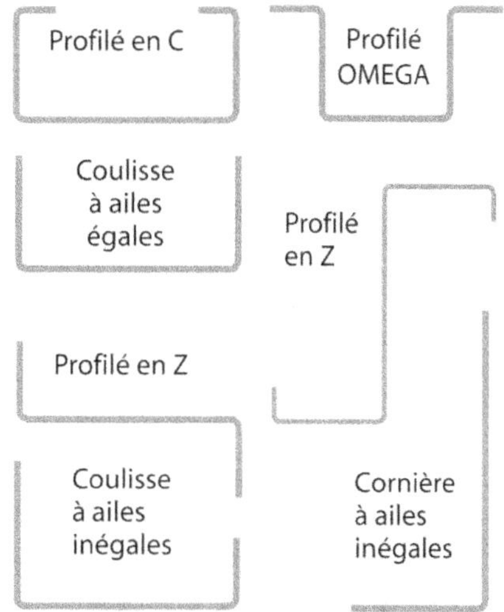

Ex. 2 : *Profilés à froid de formes plus élaborées :*

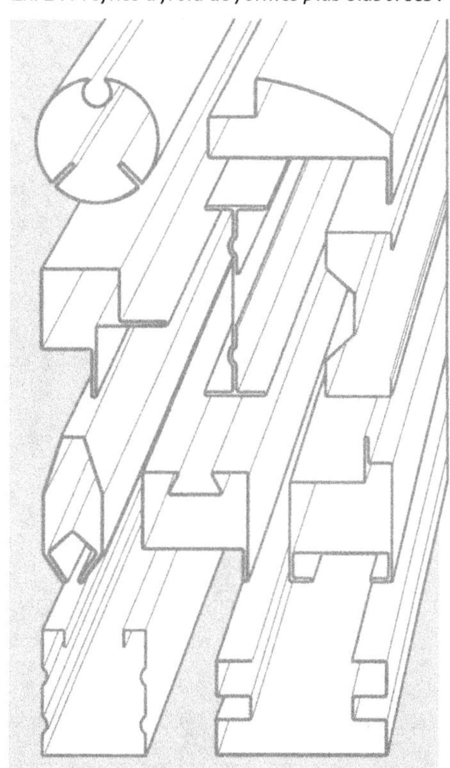

profilé aluminium [aluminium profile (GB), aluminum profile (US)]

(n.m.) Type de PROFILÉ obtenu par passage d'un LOPIN d'ALUMINIUM préchauffé à travers une FILIÈRE possédant la FORME du PROFIL recherché.
A. Ce PROCÉDÉ de TRANSFORMATION (sens 3) est appelé FILAGE.
B. Quelques exemples de PROFILS :

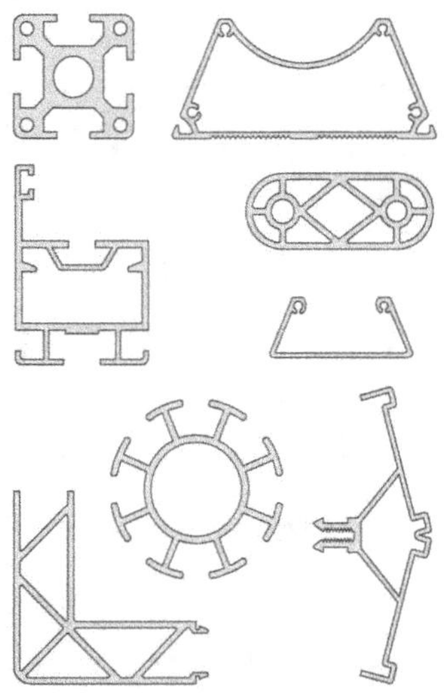

👍 Avantages

C. PRÉCISION géométrique sensiblement meilleure par rapport aux profilés ACIER ou plastique. Admet facilement les variations d'ÉPAISSEUR dans le PROFIL. Existe en profilé standard ainsi que sous forme de gamme complète. ESTHÉTIQUE. Résiste bien à la CORROSION. Nécessite peu d'entretien.

 Inconvénients

D. Les profilés anodisés ont tendance à retenir les TACHES (sens 1) et saletés éventuelles.
→ Voir aussi FILIÈRE (section c).

profilé creux [hollow section]

(n.m.) Même signification que PROFILÉ TUBULAIRE ou PROFILÉ FERMÉ, c'est à dire, PROFILÉ dont la SECTION | TRANSVERSALE possède une zone intérieure vide ne communiquant pas avec l'extérieur.
Le profilé creux prend tout son sens pour les applications de TUYAUTERIE et de canalisation, ainsi que pour les applications nécessitant une bonne RIGIDITÉ à la TORSION.
◊ Contr. : PROFILÉ OUVERT.
→ Voir PROFILÉ FERMÉ ; MOMENT QUADRATIQUE POLAIRE.

profilé étiré [drawn profile]

(n.m.) PROFILÉ en MÉTAL obtenu en tirant une BARRE | ÉBAUCHE à travers la FENTE d'un OUTILLAGE (sens 2) appelée FILIÈRE possédant la GÉOMÉTRIE (sens 2) recherchée, ce qui allonge la MATIÈRE et réduit la SECTION à la FORME et DIMENSION désirées.
• Note : Ne pas confondre avec les PROFILÉS OBTENUS PAR FILAGE.
→ Voir ÉTIRAGE pour les détails du PROCÉDÉ.

profilé extrudé [extruded profile]

(n.m.) PROFILÉ généralement en (PLASTIQUE), MATIÈRE PLASTIQUE obtenu par POUSSÉE de la MATIÈRE à l'état pâteux à travers la FENTE d'un OUTILLAGE (sens 2) appelé FILIÈRE possédant la GÉOMÉTRIE (sens 2) recherchée, puis calibrage et CONFORMATION de sa SECTION dans un tunnel refroidissant qui le fige à sa DIMENSION (sens 1) finale.
→ Voir EXTRUSION (sens 3) pour le PROCÉDÉ et PROFILÉ PLASTIQUE pour des exemples.
Un procédé du même type est aussi appliqué pour l'obtention de PROFILÉ ALUMINIUM.

profilé fermé [hollow section, tubular section]

(n.m.) Même signification que PROFILÉ TUBULAIRE et PROFILÉ CREUX.

profilé laminé à chaud [hot-rolled section, hot-rolled profile]

(n.m.) PROFILÉ en ACIER obtenu à haute TEMPÉRATURE par passage de la MATIÈRE à travers des ROULEAUX (sens 2) de la FORME adaptée. La TEMPÉRATURE élevée permet de réduire l'ÉNERGIE nécessaire et le nombre de passages dans les LAMINOIRS.
A. Quelques exemples classiques.

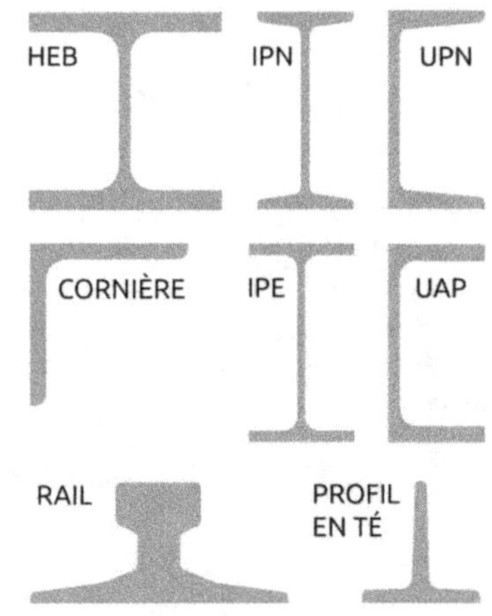

→ Voir LAMINAGE À CHAUD pour le PROCÉDÉ.
Exemples de séquence de LAMINAGE :

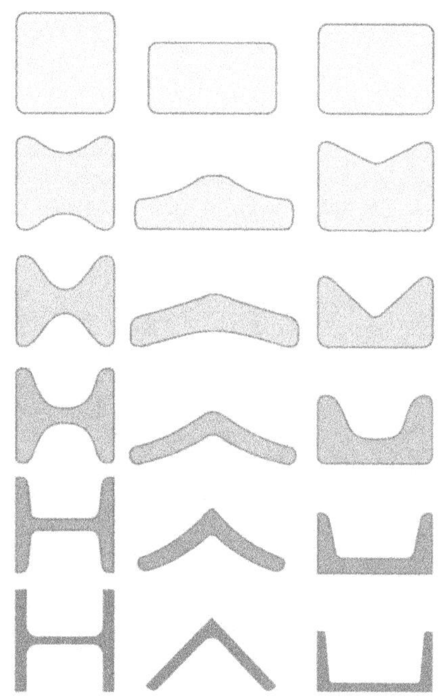

→ **Voir aussi** LAMINÉ MARCHAND.

profilé obtenu par filage [extruded profile]

(n.m.) PROFILÉ mise en forme en poussant en force un LOPIN de MÉTAL à travers une FILIÈRE.

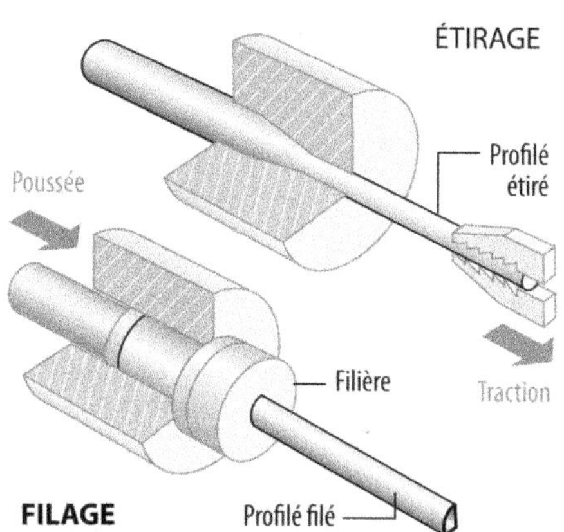

A. C'est le cas, par exemple, des PROFILÉS ALUMINIUM. Les profilés en CUPRO-ALLIAGES sont aussi généralement obtenus par ce PROCÉDÉ.
B. Ne pas confondre avec les PROFILÉS ÉTIRÉS, ni avec les PROFILÉS EXTRUDÉS.
→ **Voir** FILAGE.

profilé plastique [plastic profile]

(n.m.) Type de PROFILÉ obtenu par EXTRUSION (sens 3) de MATIÈRE à base de POLYMÈRE.

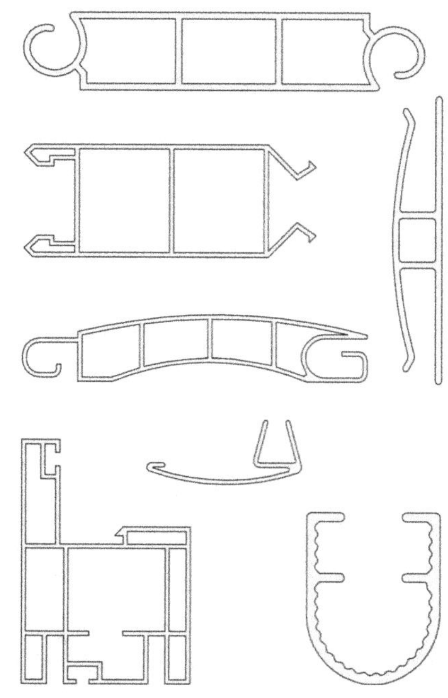

→ **Voir** EXTRUSION (sens 3) ; FILIÈRE (section b).

profilé reconstitué soudé: PRS [welded plate girder]

(n.f.) Profilé non-STANDARD en ACIER réalisé sur mesure selon les SPÉCIFICATIONS d'un client par DÉCOUPE des différents éléments puis assemblage par MÉCANO-SOUDURE.
Ex. 1 : *Poutre PRS à semelle brisée.*

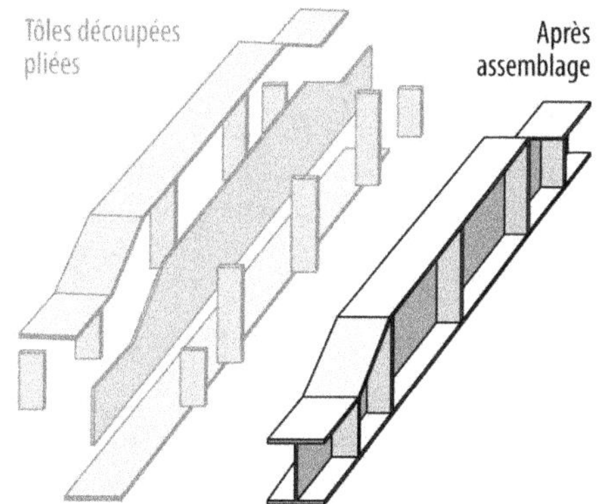

Ex. 2 : *Poutre PRS caisson courbe.*

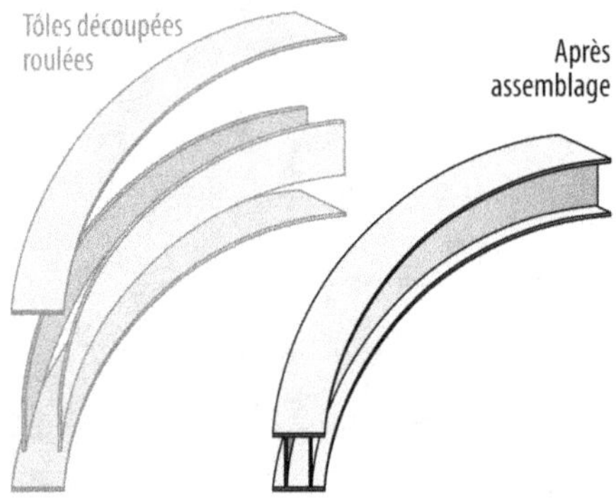

Ex. 3 : *Poutre gondole.*

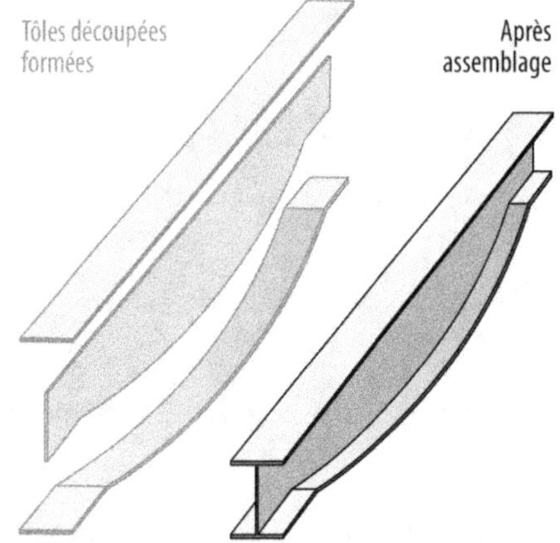

👍 Avantages

A. Permet une grande CRÉATIVITÉ. Permet des réalisations très personnalisées. OPTIMISATION encore plus poussée des performances MÉCANIQUES.

👎 Inconvénients

B. Coût nécessairement élevé aussi bien en frais de BUREAU D'ÉTUDES que de réalisation, car fabriqué à l'UNITÉ (sens 2).
◆ Syn. : POUTRE RECONSTITUÉE SOUDÉE.

profilé tubulaire [tubular section, tubular shape]

(n.m.) PROFILÉ dont la SECTION | TRANSVERSALE possède une zone intérieure vide ne communiquant pas avec l'extérieur. Les profilés tubulaires sont incontournables pour les applications de CANALISATION et de TUYAUTERIE ainsi que les applications nécessitant une bonne RIGIDITÉ en TORSION.
◆ Syn. : PROFILÉ FERMÉ.

◊ Contr. : PROFILÉ OUVERT.
→ Voir PROFIL FERMÉ ; MOMENT QUADRATIQUE POLAIRE.

profileuse [roll forming machine, profiling machine]

(n.f.) MACHINE constituée d'une succession de ROULEAUX (sens 2) appelés « stations » permettant de déformer de façon continue un ROULEAU (sens 2) de TÔLE pour prendre une FORME de SECTION plus élaborée.

Photo : Nordroden

→ Voir PROFILAGE.

profil fermé [closed cross-section profile]

(n.m.) PROFIL avec une zone centrale vide ne communicant pas avec l'extérieur.
A. C'est le cas de tous les TUBES. Ci-dessous un exemple comparé avec le contraire PROFIL OUVERT.

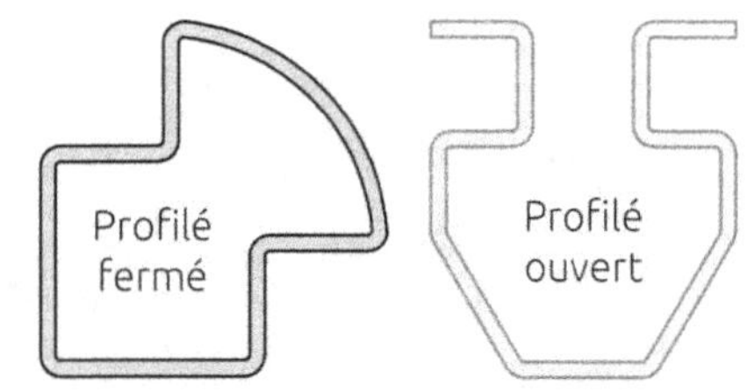

La particularité des profils fermés est de supporter la TORSION sensiblement mieux que les PROFILS OUVERTS. Le tableau ci-après donne une comparaison de divers profils fermés avec des MASSES LINÉIQUES comparables (autour de 20 kg/m) par rapport à deux PROFILÉS OUVERTS. Les comportements vis à vis de SOLLICITATION MÉCANIQUE en TORSION sont très différents et données par les valeurs respectives des MODULES DE TORSION J_t (MOMENT QUADRATIQUE POLAIRE) et de la constante de torsion C_t. À titre de curiosité, les MODULES D'INERTIE EN FLEXION ont été également donnés.

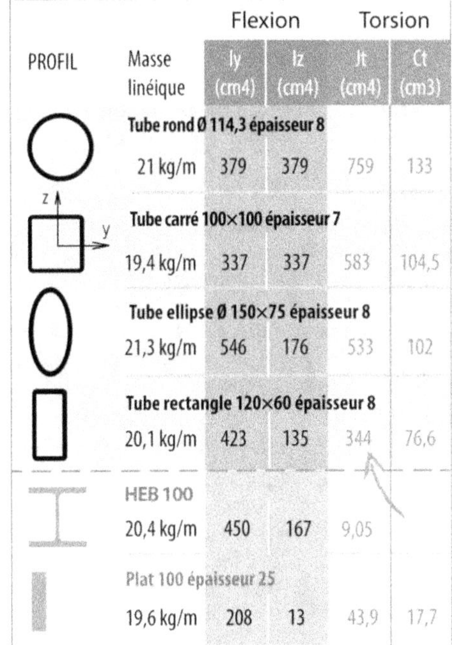

PROFIL	Masse linéique	Flexion		Torsion	
		Iy (cm4)	Iz (cm4)	Jt (cm4)	Ct (cm3)
	Tube rond Ø 114,3 épaisseur 8				
	21 kg/m	379	379	759	133
	Tube carré 100×100 épaisseur 7				
	19,4 kg/m	337	337	583	104,5
	Tube ellipse Ø 150×75 épaisseur 8				
	21,3 kg/m	546	176	533	102
	Tube rectangle 120×60 épaisseur 8				
	20,1 kg/m	423	135	344	76,6
	HEB 100				
	20,4 kg/m	450	167	9,05	
	Plat 100 épaisseur 25				
	19,6 kg/m	208	13	43,9	17,7

Ce tableau montre sans équivoque que les profilés fermés possèdent les CARACTÉRISTIQUES en TORSION les plus élevées. Il en résulte que **pour les CONSTRUCTIONS soumises à la TORSION, les TUBES ou PROFILÉS TUBULAIRES sont incontournables.** À l'inverse, les PROFILS OUVERTS ne sont absolument pas adaptés.

◆ Syn. : PROFILÉ TUBULAIRE.

◊ Contr. : PROFILÉ OUVERT.

→ Voir aussi MOMENT QUADRATIQUE POLAIRE.

profil ouvert [solid section, open cross sec tion profile]

(n.m.) PROFIL ne possédant pas de zone sans communication avec l'extérieur.

◊ Contr. : PROFIL FERMÉ.

profondeur [depth]

(n.f.) DISTANCE séparant un endroit en retrait par rapport à ce qui lui est plus extérieur.

Ex. : *Profondeur d'un TROU.*

profondeur de coupe [depth of cut]

(n.f.) Distance d'entrée de l'ARÊTE DE COUPE dans la MATIÈRE pendant une PASSE d'USINAGE.

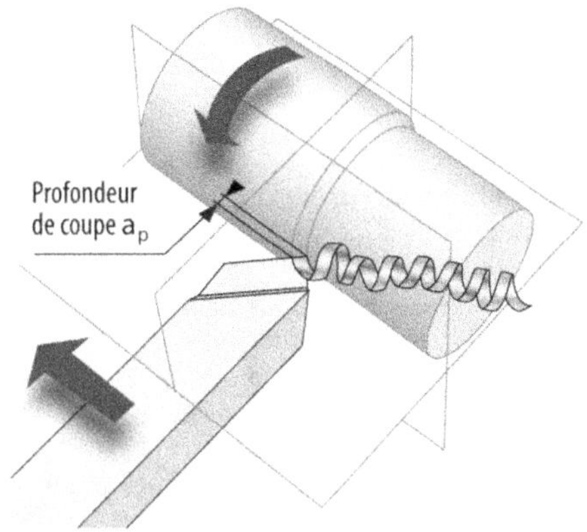

A. Ne pas confondre avec l'AVANCE.

B. Lorsque la profondeur de coupe ainsi que l'AVANCE sont trop faibles, l'OUTIL ne coupe plus, laboure la pièce et il se produit un FROTTEMENT de la pointe de l'outil qui se traduit par une USURE prématurée et un mauvais ÉTAT DE SURFACE. La profondeur de coupe la plus petite qui permet une COUPE (sens 2) correcte est appelée COPEAU MINIMUM.

→ Voir COPEAU MINIMUM.

projecteur de profil [optical contour projector, shadowgraph]

(n.m.) APPAREIL optique de MÉTROLOGIE capable de donner une vision agrandie de 5 à 100 fois d'un objet plan.

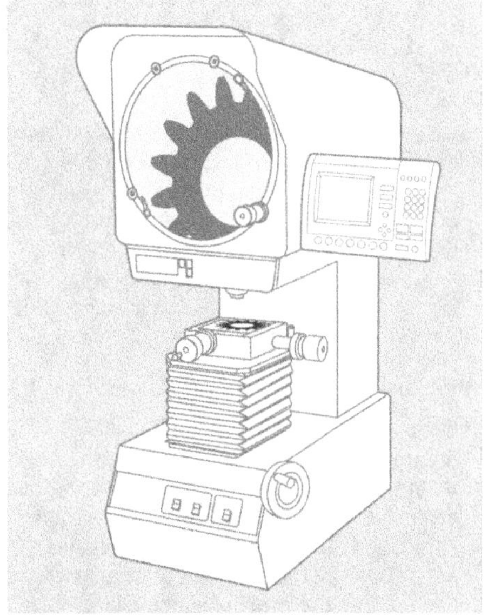

Il permet de faire des MESURES (sens 3) et de détecter visuellement des DÉFAUTS géométriques par comparaison avec une RÉFÉRENCE.

projection [projection]

(n.f.)

1. Éjection de SUBSTANCE à plus ou moins grande VITESSE.

→ Voir aussi PULVÉRISATION.

2. MÉTHODE géométrique issue de la GÉOMÉTRIE DESCRIPTIVE, permettant de représenter sur un PLAN un objet volumique.

C'est la projection qui permet d'obtenir toutes les représentations en DESSIN TECHNIQUE. Elles peuvent être classées en deux catégories :

• la PROJECTION ORTHOGONALE.

• la PROJECTION PERSPECTIVE ou PROJECTION AXONOMÉTRIQUE.

→ Voir aussi PERSPECTIVE.

projection à froid [cold spray]

(n.f.) PROCÉDÉ d'obtention d'une COUCHE superficielle de MATIÈRE en l'accélérant sous forme de POUDRE à une VITESSE supersonique dans une BUSE, de telle sorte que son impact sur la SURFACE à traiter l'aplatisse au moment de former le REVÊTEMENT.

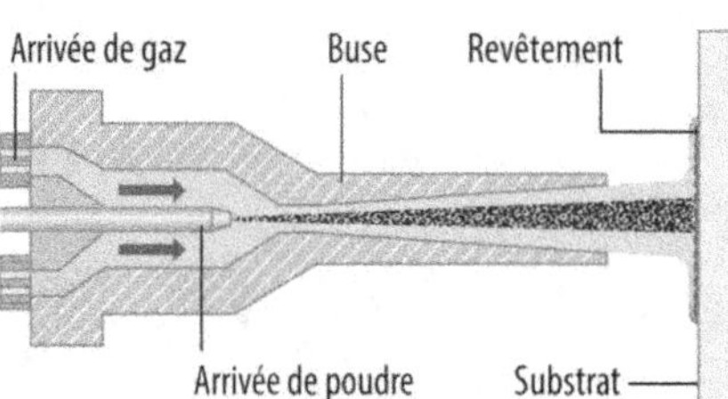

A. La MATIÈRE avant impact n'entre pas en FUSION et il n'y a pas de combustion des GAZ de PROJECTION (sens 1) qui peuvent être de l'AZOTE ou de l'hélium. Tous les MÉTAUX | DUCTILES peuvent être projetés (CUIVRE, ALUMINIUM, TITANE, ACIER INOXYDABLES, TANTALE, ZIRCONIUM, ZINC, NICKEL, COBALT, ARGENT, etc.). Le SUBSTRAT peut être MÉTALLIQUE, CÉRAMIQUE, POLYMÈRE ou COMPOSITE.

Avantages

B. Large variété de MATIÈRE utilisable. Permet d'obtenir des REVÊTEMENTS très épais pouvant atteindre le centimètre, ce qui en fait aussi un PROCÉDÉ de RECHARGEMENT. Permet des RÉPARATIONS. REVÊTEMENT dense pratiquement sans POROSITÉS et se rapprochant de la DENSITÉ du MÉTAL de départ. Pas d'OXYDATION de la POUDRE. REVÊTEMENT permettant d'établir une CONDUCTIVITÉ ÉLECTRIQUE. Bonne PROPRIÉTÉ d'ADHÉRENCE et de cohésion. Possibilité de procéder à des MASQUAGES. Réutilisation de la POUDRE non-consommée ce qui donne un très bon RENDEMENT. Pas ou peu d'effet thermique sur la PIÈCE (sens 1) à traiter. Pratiquement pas de limite de taille des PIÈCES (sens 1).

Inconvénients

C. Nécessite beaucoup de précautions de SÉCURITÉ. Nécessite une ROBOTISATION poussée. Ne permet pas d'atteindre les zones exigües et sans accès commode.

D. Ne pas confondre avec la PROJECTION THERMIQUE et la MÉTALLISATION qui font passer la MATIÈRE à déposer par un état de FUSION.

projection axonométrique [axonometric projection]

(n.f.) Type de représentation graphique utilisé en DESSIN TECHNIQUE et d'architecture d'un objet solide, en faisant apparaître dans le même PLAN trois FACES (sens 1) ORTHOGONALES avec trois ANGLES orientés de manière à obtenir une bonne vision spatiale de l'objet.

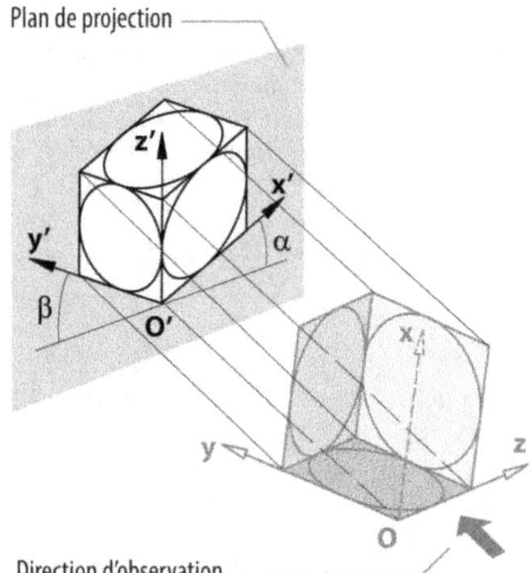

Suivant les ANGLES considérés, on distingue trois types de projections axonométriques :

ISOMÉTRIQUE — 3 angles égaux à 120°

DIMÉTRIQUE — 2 angles égaux

TRIMÉTRIQUE — 3 angles différents

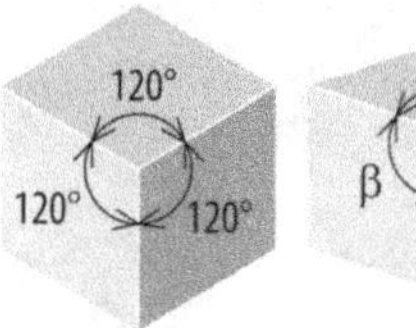

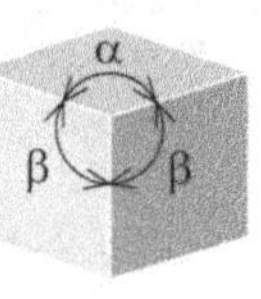

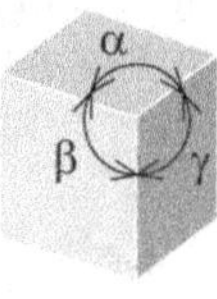

→ Voir aussi PERSPECTIVE.

projection de liant [binder jetting: BJ]

(n.f.) PROCÉDÉ d'IMPRESSION 3D constituant COUCHE par COUCHE une PIÈCE (sens 1) en déposant aux endroits correspondant à chaque SECTION un produit chimique qui agglomère une POUDRE de MATIÈRE déposée en lit.

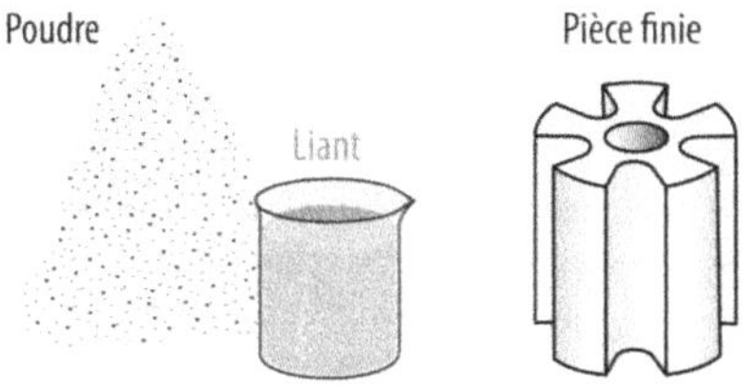

A. Les POUDRES utilisables sont des POLYMÈRES, de la POUDRE de gypse, du sable, des CÉRAMIQUES, des MÉTAUX.

B. Le PROCÉDÉ est schématisé ci-dessous :

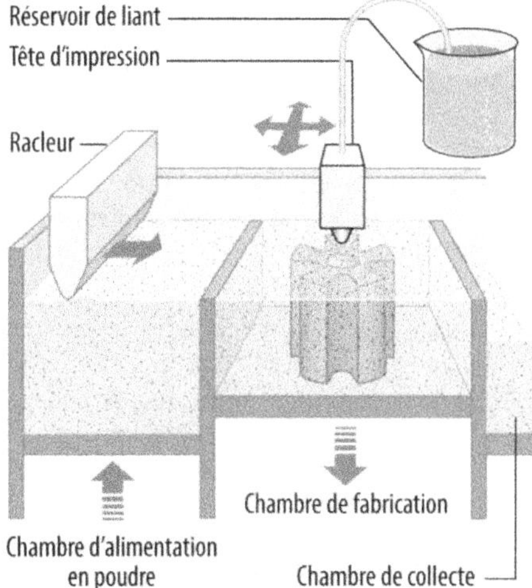

Une tête d'impression mobile balaye la SECTION de la PIÈCE (sens 1) telle qu'elle a été définie dans un logiciel de CAO et dépose le liant LIQUIDE sur le lit de poudre afin de l'agglomérer. Après chaque COUCHE, le PLATEAU de la chambre de FABRICATION s'abaisse pour commencer la COUCHE suivante. Un racleur renouvelle et étale la COUCHE de POUDRE.

👍 Avantages

C. Permet la FABRICATION simultanée de plusieurs PIÈCES (sens 1). Permet de coloriser des PIÈCES (sens 1). Ne nécessite aucun MAINTIEN particulier de la PIÈCE car elle est déjà soutenue par la POUDRE.

👎 Inconvénients

D. PROCÉDÉ lent et onéreux : 100× plus lent que la FONDERIE (sens 1) ; 1000× plus lent que la FORGE ; 100× plus cher. PROPRIÉTÉS MÉCANIQUES moyennes par rapport à la MATIÈRE DE BASE. POROSITÉ plus importante qu'avec le FRITTAGE. Nécessite des OPÉRATIONS de RETOUCHES, PARACHÈVEMENT ou FINITION ultérieures.

E. Ne pas confondre avec le FRITTAGE LASER SÉLECTIF.

projection de matière [material jetting: MJ]

(n.f.) PROCÉDÉ d'IMPRESSION 3D dans lequel une tête d'impression animée de MOUVEMENTs correspondant à la SECTION d'une PIÈCE (sens 1) dépose un MATÉRIAU en fines gouttelettes COUCHE par COUCHE afin de constituer un objet VOLUMIQUE. La MATIÈRE ainsi déposée est durcie juste après avec un rayonnement UV.

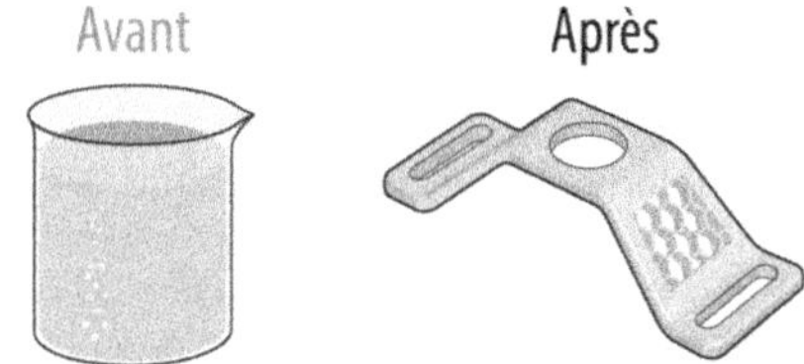

A. Schéma de principe :

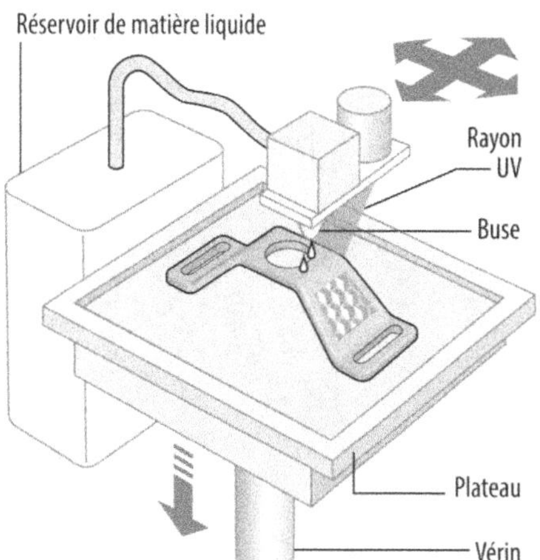

La PIÈCE (sens 1) est placée sur un PLATEAU monté sur VÉRIN qui descend de la HAUTEUR d'une COUCHE pour entamer la COUCHE suivante.

👍 Avantages

B. Permet la FABRICATION multi-MATÉRIAUX et multi-couleurs en juxtaposant plusieurs têtes d'impression. Donne des PROTOTYPES assez proches de la réalité permettant de visualiser, toucher, sentir le produit final.

👎 Inconvénients

C. PROPRIÉTÉS MÉCANIQUES moyennes par rapport à la MATIÈRE DE BASE. Nécessite une OPÉRATION de DURCISSEMENT final pour les MATIÈRES photosensibles. Comme toutes les MATIÈRES sensibles à la LUMIÈRE (sens 1), leurs PROPRIÉTÉS peuvent se dégrader très vite au cours du temps. Nécessite des OPÉRATIONS de RETOUCHES, PARACHÈVEMENT ou FINITION ultérieures.

D. Cette TECHNOLOGIE (sens 2) est notamment très appréciée par le domaine médical pour réaliser des modèles anatomiques. Les domaines artistiques et joaillerie sont aussi utilisateurs.

E. Ne pas confondre avec la STÉRÉOLITHOGRAPHIE et le TRAITEMENT NUMÉRIQUE DE LUMIÈRE qui utilisent aussi un LIQUIDE photosensible.

◆ Syn : JET DE MATIÈRE.

---

projection orthogonale [orthographic projection, multiview projection]

(n.f.) Représentation graphique utilisée en DESSIN TECHNIQUE dans laquelle un objet VOLUMIQUE est dessiné avec ses CONTOURS et ARÊTES sur des PLANS | PERPENDICULAIRES aux LIGNES principales de l'objet et suivant plusieurs ORIENTATIONS différentes appelées VUES :

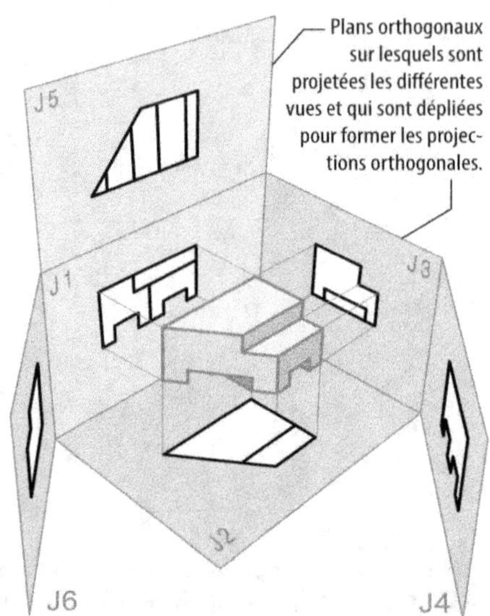

A. En insérant l'objet au milieu d'un CUBE, il est possible d'obtenir 6 VUES en PROJECTION (sens 2) (notées ici J1 à J6) correspondant à chacune des six côtés du CUBE. En le dépliant, on obtient

la projection orthogonale complète de l'objet en 2D. L'une des VUES est définie comme RÉFÉRENCE et appelée conventionnellement « vue de face ». Les autres VUES sont nommées par rapport à cette RÉFÉRENCE.

→ Voir (VUES), DÉSIGNATION DES VUES, DÉNOMINATION DES VUES pour les détails.

B. La façon de disposer les différentes VUES est normalisée par des conventions. Il en existe deux décrites à la rubrique (VUES, PLACEMENT DES VUES, DISPOSITION DES VUES.

C. D'une façon générale, les six vues sont rarement nécessaires pour définir entièrement l'objet. Deux ou trois suffisent pour une description sans ambiguïté. Les besoins de représentation de certains détails géométriques peuvent nécessiter des VUES particulières suivant des DIRECTIONS autres que les DIRECTIONS | ORTHOGONALES, dénommées VUE AUXILIAIRE et VUE LOCALE.

D. Dans les approches modernes de représentation d'un objet VOLUMIQUE à l'aide de logiciels de CONCEPTION ASSISTÉE PAR ORDINATEUR, la projection orthogonale peut être obtenue automatiquement à partir d'un MODÈLE (sens 2) 3D par une FONCTIONNALITÉ dite de MISE EN PLAN.

→ Voir PLAN (sens 2) ; PLAN DE FABRICATION ; DESSIN TECHNIQUE pour des exemples de projection orthogonale.

→ Voir aussi GÉOMÉTRIE DESCRIPTIVE.

---

projection perspective [perspective projection]

(n.f.) Représentation graphique faisant apparaître les objets avec une sensation de VOLUME, car les trois DIMENSIONS (sens 1) principales sont simultanément visibles.

→ Voir PERSPECTIVE ; DESSIN TECHNIQUE pour des exemples de projection perspective.

→ Voir aussi PROJECTION ORTHOGONALE pour un autre type de PROJECTION (sens 2).

---

projection thermique [thermal spraying]

(n.f.) PROCÉDÉ d'application d'un DÉPÔT (sens 2) par FUSION et PULVÉRISATION de la MATIÈRE de REVÊTEMENT qui est ensuite envoyée à grande VITESSE sur la SURFACE à revêtir.

La MATIÈRE à pulvériser est souvent un MÉTAL. La source d'ÉNERGIE permettant de la fondre est une FLAMME oxyacétylénique ou un ARC ÉLECTRIQUE ou encore le PLASMA. Le jet de MATIÈRE est souvent assuré par de l'AIR COMPRIMÉ.

Schéma de principe général :

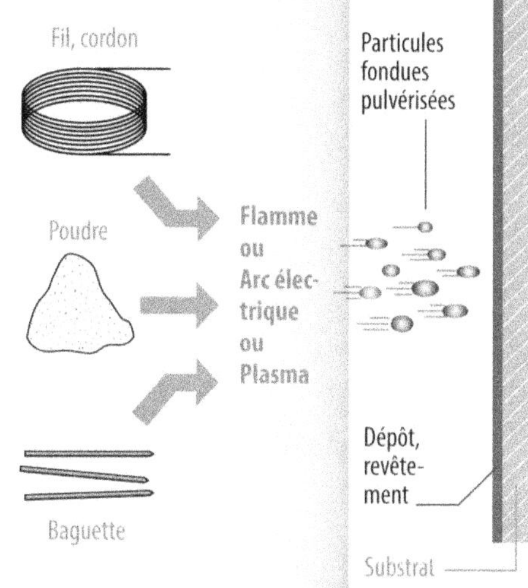

→ Voir MÉTALLISATION pour des exemples plus précis.

projet [project]

(n.m.) OPÉRATION inédite de plus ou moins grande ampleur envisagée pour le futur et dont la FAISABILITÉ et la réalisation nécessitent au présent, études et réflexion pour en lever au maximum les incertitudes.
→ Voir aussi AVANT-PROJET.

projeteur [design draftsman]

(n.m.) Personne de formation TECHNIQUE chargée de dessiner précisément ou de modéliser concrètement, avec des outils de CONCEPTION ASSISTÉE PAR ORDINATEUR, les PLANS (sens 2) et représentations des constructions à réaliser à partir des SPÉCIFICATIONS | TECHNIQUES et FONCTIONNELLES fournies par des ingénieurs ou architectes.

proportion [proportion]

(n.f.) La fraction de quantité d'une chose par rapport à un ensemble.

proportions

(n.f.pl.) Rapport et équilibre de DIMENSIONS (sens 1) ou de quantités.

proportionnel [proportional]

(adj.) Dont la quantité est définie par un rapport avec quelque chose d'autre.

propriété [property]

(n.f.) Ce que possède ou ce qui existe pour une chose et que ne possède ni n'existe pour une autre.

• Note : Ne pas confondre avec la CARACTÉRISTIQUE qui désigne ce qui permet de reconnaître et de différencier une chose par rapport à une autre similaire. La propriété d'un moteur est, par exemple de transformer une source en ÉNERGIE | MÉCANIQUE. Aucune autre chose ne possède cette particularité. La caractéristique d'un MOTEUR est, par exemple, sa PUISSANCE parce c'est ce qui permet de le différencier d'un autre moteur.

propriété industrielle [industrial property]

(n.f.) Ensemble de dispositions administratives permettant à des entreprises ou particuliers d'assigner une date à une création TECHNIQUE de manière à en revendiquer l'antériorité et l'exclusivité et à pouvoir s'opposer aux copies et contrefaçons.
Les dispositions prévues pour le cas de la France par un organisme d'état appelé INPI (Institut National de la Propriété Industrielle) sont :
• L'ENVELOPPE SOLEAU.
• Le DÉPÔT DE DESSINS ET MODÈLES.
• Le BREVET D'INVENTION.

propriété mécanique [mechanical property]

(n.f.) Particularité d'un MATÉRIAU ayant un lien avec son comportement en DÉFORMATION et aux conséquences des actions de FORCES, d'une façon générale.
On peut citer :
• La RÉSISTANCE À LA DÉFORMATION.
• Le MODULE DE YOUNG.
• Le MODULE DE COULOMB.
• Le COEFFICIENT DE POISSON.
• La RÉSISTANCE À LA RUPTURE.
• L'ALLONGEMENT À LA RUPTURE.
• La RÉSISTANCE AU CHOC.
• La RÉSISTANCE À L'USURE.
• La DURETÉ.
• Les PROPRIÉTÉs de FROTTEMENT.
etc.

protocole [protocol]

(n.m.) Ensemble de dispositions immuables consignées dans un document pour formaliser les étapes et conditions de réalisation d'une OPÉRATION.

prototypage [prototyping]

(n.m.) Action de réaliser et de matérialiser concrètement à une certaine ÉCHELLE (sens 2) ou à la taille réelle une MACHINE, une PIÈCE (sens 1), un DISPOSITIF envisagé dans le cadre d'un PROJET pour effectuer les VÉRIFICATIONS et TESTS du bien fondé des SOLUTIONS TECHNIQUES mises en œuvre avant la VALIDATION.

prototypage rapide [rapid prototyping, solid freeform fabrication]

(n.m.) Autre appellation de l'IMPRESSION 3D.

• Note : Si le temps de préparation de l'impression peut être considéré comme rapide, il en est moins dès que le volume de la pièce et la PRÉCISION d'impression devient importante (de l'ordre du litre). Les temps d'impression peuvent alors dépasser facilement des dizaines, voire des centaines d'heures. L'intérêt du prototypage rapide ne réside donc pas dans sa relative rapidité, mais dans la simplicité et l'automatisation de la mise en œuvre.

prototype [prototype]

(n.m.) MACHINE, APPAREIL, PIÈCE (sens 1) construit souvent en un seul exemplaire à une certaine ÉCHELLE (sens 2) ou en grandeur réelle pour effectuer les TESTS et ESSAIS nécessaires à sa mise au point et à valider le résultat d'une CONCEPTION. Le prototype sert à la vérification du bien-fondé des SOLUTIONS TECHNIQUES adoptées et du DIMENSIONNEMENT d'un DISPOSITIF. À ce titre, un prototype non-réussi est tout aussi instructif car il renseigne aussi sur les écueils à éviter. Ainsi, il permet de rectifier, d'améliorer et d'optimiser un produit avant la VALIDATION finale et le lancement de l'INDUSTRIALISATION.

◆ Syn. : MAQUETTE.

→ Voir (PRODUIT), CYCLE DE VIE D'UN PRODUIT.

prototype bonne matière [proper material prototype]

(n.m.) PROTOTYPE de PIÈCE (sens 1) réalisé dans une MATIÈRE possédant des PROPRIÉTÉS MÉCANIQUES identiques ou proches de ce qui est recherchées au final mais éventuellement fabriqué avec une autre MÉTHODE que le PROCÉDÉ de PRODUCTION industrielle envisagé.

prototype d'aspect [appearance model]

(n.m.) PROTOTYPE construit juste pour donner un aperçu visuel d'un PROJET sans pouvoir assurer les FONCTIONS dont il est sensé être capable.

• Note : Ce terme sert à l'opposer au PROTOTYPE FONCTIONNEL qui est capable d'assurer pleinement les services et prestations pour lesquels il a été conçu.

→ Voir aussi MAQUETTE VIRTUELLE.

prototype fonctionnel [operational prototype, working prototype]

(n.m.) PROTOTYPE capable d'assurer pleinement les services et prestations pour lequel il a été prévu dans le cadre d'un PROJET.

• Note : Ce terme sert à le différencier du PROTOTYPE D'ASPECT qui ne peut donner qu'un aperçu de l'aspect visuel.

prototype virtuel [digital mockup]

(n.m.) Même signification que MAQUETTE VIRTUELLE.

PS

Abréviation pour **PolyStyrène.** (PLASTIQUE), MATIÈRE PLASTIQUE | THERMOPLASTIQUE de grande consommation obtenu à partir d'un déchet du pétrole.

A. Sa formule chimique :

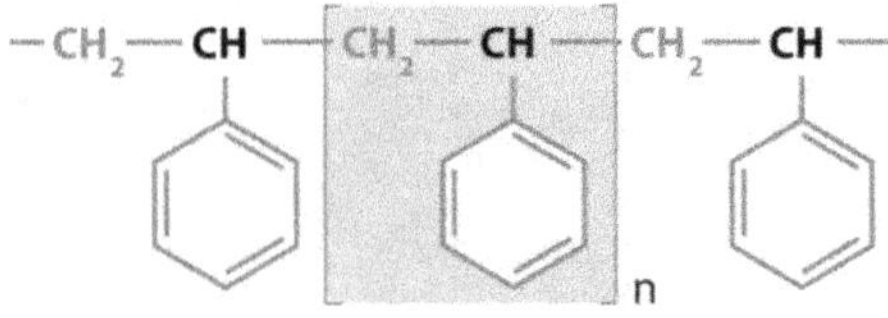

B. Il existe sous trois formes :

• Le polystyrène dit « cristal » à cause de sa TRANSPARENCE mais qui est en réalité AMORPHE et non CRISTALLIN ! RIGIDE et cassant. Sensible à la FISSURATION. Bel aspect brillant. Médiocres résistances aux UV et aux solvants.

• Le polystyrène dit « choc », plus SOUPLE et moins FRAGILE par ajout de PLASTIFIANT. Les autres CARACTÉRISTIQUES sont les mêmes que pour le PS cristal.

• Le polystyrène expansé (PSE) constitué de bulles d'air qui le rendent très léger et isolant thermiquement.

C. Quelques CARACTÉRISTIQUEs et aspect de la MATIÈRE :

Abréviation	PS cristal	PS choc	PSE
Masse volumique	1,05 g/cm³	1,05 g/cm³	Jusqu'à 0,010 g/cm³
Module de Young	3100 MPa	2200 MPa	5 MPa
Résistance à la rupture	42 ± 4 MPa	24 ± 4 MPa	0,2 MPa
Dureté Shore D	88	75	
Allongement à rupture	2,5 %	50 %	40 %
Température d'utilisation	-40 à +70 °C	-40 à +70 °C	-40 à +70 °C
Coefficient de retrait	0,5 %	0,6 %	
Coefficient de dilatation	70 µm/(m·°C)	70 µm/(m·°C)	70 µm/(m·°C)
Absorpt° eau en masse	< 0,4 %	< 0,4 %	< 0,4 %

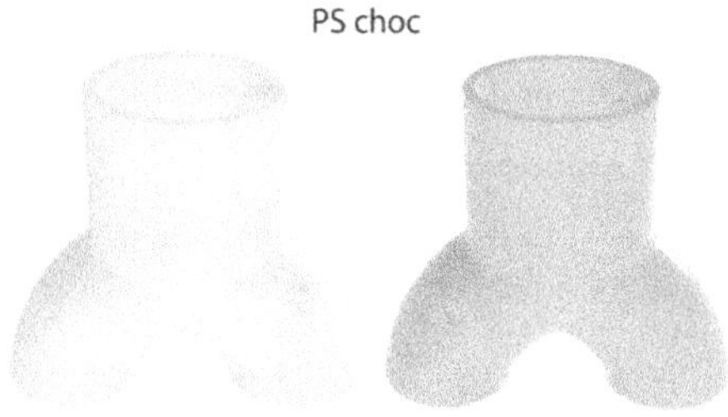

PS choc

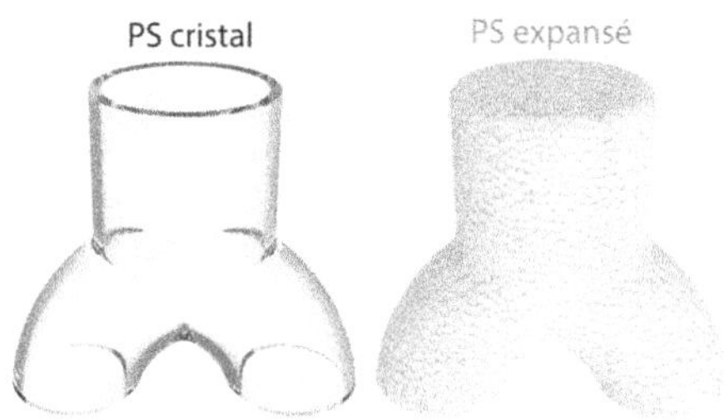

PS cristal   PS expansé

D. Les applications communes :
Matériel informatique, article de bureau, emballage alimentaire, isolation thermique, calage d'emballage, etc.

👍 Avantages

E. Léger. Coût faible. Se colle facilement. RECYCLABLE.

👎 Inconvénients

F. Brûle facilement ((FEU), CLASSEMENT AU FEU M4). Très ÉLECTROSTATIQUE.
G. Sa codification pour le RECYCLAGE :

H. Quelques appellations commerciales :
Polystyrol © (BASF ©) ; Cosden © (Atofina ©) ; Diarex © (Mitsubishi ©) ; Edistir ©, Extir © (Polimeri Europa ©) ; Raflite © (Mitsui chemical ©) ; Styron © (Trinseo ©) ; Versalis © (ENI ©) ; Valtra © (Chevron Phillips Chemical ©) ; Verex © (Nova chemical ©) ; Vestyron © (Degussa ©) ; Verex © (Nova chemical ©) ; Alphalac © (LG chem ©) ; Avantra © (INEOS ©)…

Abréviation pour **polytétrafluoroE**thylène. (PLASTIQUE), MATIÈRE PLASTIQUE | THERMOPLASTIQUE opaque, CRISTALLIN de couleur blanche et possédant la MASSE VOLUMIQUE la plus élevée de cette famille de MATÉRIAU. Dans son motif de POLYMÈRE, tous les atomes d'hydrogène sont remplacés par le fluor (F).
A. Sa formule chimique :

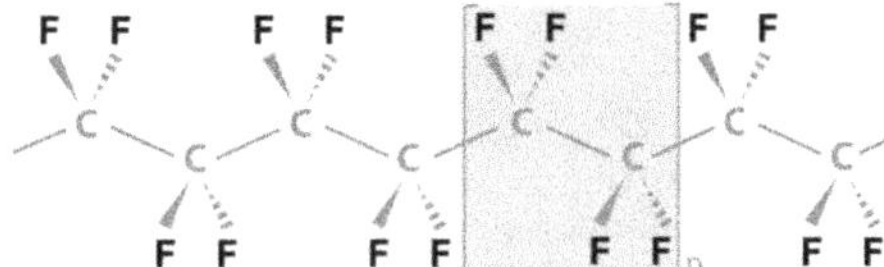

B. Quelques CARACTÉRISTIQUES utiles :

Masse volumique	$2{,}15 \pm 0{,}05$ g/cm^3
Résistance au choc Charpy entaillé	13 KJ/m·
Module d'élasticité longitudinal	600 ± 200 MPa
Résistance à la rupture	28 ± 4 MPa
Allongement à la rupture	300 à 400 %
Dureté Shore D	60 ± 5
Absorption d'eau en masse	< 0,01 %
Température maxi d'utilisation	-200°C à +260°C
Coefficient de dilatation linéaire	120 µm/(m·°C)
Conductivité thermique à 23°C	0,23 W/(m·K)
Classement au feu	M1
Alimentarité	Sûre

👍 Avantages

C. Grande inertie chimique. Résiste à la plupart des produits chimiques et solvants connus. Très large plage de TEMPÉRATURE D'UTILISATION aussi bien pour le froid que pour la chaleur. COEFFICIENT DE FROTTEMENT statique et dynamique très faible. AUTO-LUBRIFIANT. Anti-adhérent. Très bonne propriété DIÉLECTRIQUE.

👎 Inconvénients

D. RÉSISTANCE MÉCANIQUE plutôt basse. RIGIDITÉ en dessous de la moyenne. Une certaine difficulté de MISE EN ŒUVRE. MASSE VOLUMIQUE plus élevée que la moyenne des (PLASTIQUES), MATIÈRES PLASTIQUES. Prix élevé.
E. Le PTFE est essentiellement transformé par des PROCÉDÉS de FRITTAGE, EXTRUSION et USINAGE.
F. Les applications du PTFE sont les JOINTS D'ÉTANCHÉITÉ, les presses-étoupes, l'isolation électrique notamment de câble haute fréquence performant, les REVÊTEMENTS et garnitures non-adhésives de cuves, les prothèses médicales… Les deux applications grand public les plus connues sont le revêtement d'ustensiles de cuisine (Tefal ®) et le textile technique pour les activités sportives (Gore-tex ®).
G. Quelques appellations commerciales :
Teflon ® (Dupont ®) ; Hostaflon ® (Ticona ®) ; Fluon ® (Asahi Glass Company ®) ; Duraflon ® ;

Dyneon ® ; Tecaflon ® (Ensinger ®) ; Rulon ® (Saint-Gobain ®) ;   Polyflon ®   (Daikin ®) ; Algoflon ®, Polymist ® (Solvay ®), Halon ® (Ausimont ®), Replofon ® (Mikro-Tecknik ®), etc.

puissance [power]

(n.f.) Quantité d'ÉNERGIE délivrée par UNITÉ (sens 1) de temps.
C'est la grandeur physique rendant compte de la capacité d'une MACHINE à produire ou à absorber plus ou moins d'énergie en une période de temps plus ou moins courte. Son UNITÉ (sens 1) du (UNITÉ), SYSTÈME INTERNATIONAL D'UNITÉS (S.I.) est le WATT (W).

pultrusion [pultruding, pultrusion]

(n.f.) PROCÉDÉ de FABRICATION en continu de PROFILÉ en (COMPOSITE), MATÉRIAU COMPOSITE renforcé dans le SENS de la LONGUEUR par des FILS.

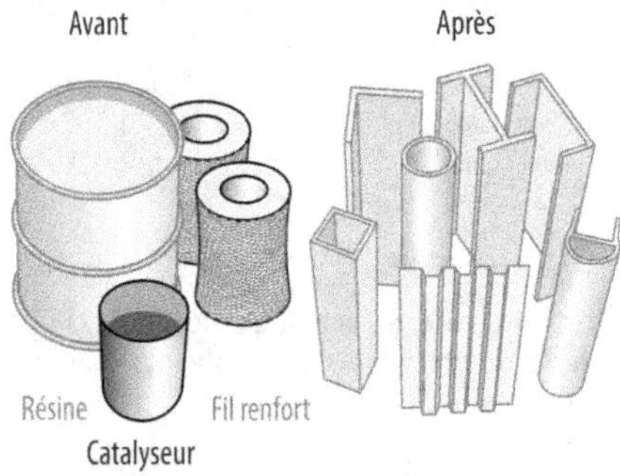

A. Configuration générale de la MACHINE :

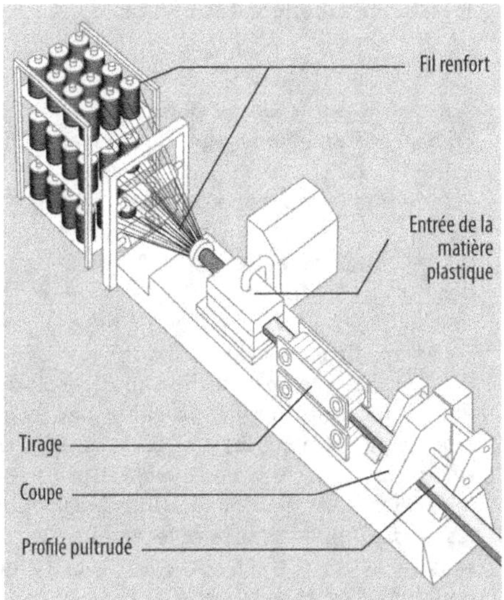

Elle consiste à dérouler une multitude de FILS RENFORT (sens 2) et à les imprégner de RÉSINE au travers d'une FILIÈRE afin de prendre la FORME de la SECTION voulue. Le PROFILÉ est continuellement tiré pour assurer son défilement puis coupé à la LONGUEUR d'utilisation ou de STOCKAGE.

👍 Avantages

B. LONGUEUR illimitée. PROCÉDÉ continu automatisé à l'extrême. PROPRIÉTÉS MÉCANIQUEs sensiblement meilleures que l'ALUMINIUM. En particulier, les PROFILÉs sont très légers avec une RIGIDITÉ SPÉCIFIQUE et une RÉSISTANCE SPÉCIFIQUE supérieures à l'ALUMINIUM, par exemple. Possibilité de varier les PROPRIÉTÉS MÉCANIQUEs par différentes natures et quantité de RENFORT (sens 2) selon le CAHIER DES CHARGES. Bonne résistance chimique et à la CORROSION. Bonne propriété d'isolation thermique et électrique. Possibilité de coloration dans la MASSE (sens 1) .

👎 Inconvénients

C. OUTILLAGE (sens 2) complexe de coût élevé. Complexité générale de l'ÉQUIPEMENT et des RÉGLAGES associés. Coût de PROFILÉ plus élevé que l'ALUMINIUM. Limitation dans les variations d'ÉPAISSEUR possible. CALCUL DE STRUCTURE associée délicat à cause de l'ANISOTROPIE, par nature, des PROFILÉS.

pulvérisation [spraying]

(n.f.) PROJECTION (sens 1) d'un LIQUIDE en fines gouttelettes par mélange avec un jet d'air SOUS-PRESSION.

pulvérulent [pulverulent]

(adj.) Qui est sous forme de POUDRE.
• Note : Ne pas confondre avec GRANULEUX.
→ Voir POUDRE pour un diagramme donnant l'ordre de grandeur de la taille de chaque GRAIN.

putréfiable, putrescible [putrescible]

(adj.) Susceptible de se décomposer en déchet organique sous l'effet de microbes.
◊ Contr. : IMPUTRESCIBLE.

PVC

Abréviation de « **p**ol**y**vinyle **c**hloride » en anglais, chlorure de polyvinyle en français. (PLASTIQUE), MATIÈRE PLASTIQUE | THERMOPLASTIQUE d'usage courant élaborée avec 57 % de sel marin (NaCl) et 43 % de ressource pétrolière.
A. C'est la seule matière plastique de consommation courante constituée pour plus de la moitié de MATIÈRE PREMIÈRE d'origine minérale (le sel marin) considérée comme inépuisable. De ce fait, sa part de ressource fossile non renouvelable (le pétrole) est moindre par rapport aux autres matières plastiques. D'autant plus que ce qui provient du pétrole brut et qui entre

dans la composition du PVC et des matières plastiques en général est déjà un résidu ou déchet de distillation : c'est le naphta qui ne représente qu'environ 4 % de la consommation mondiale.

B. La formule chimique du PVC. Il s'agit du même motif moléculaire que le POLYÉTHYLÈNE (PE) dans lequel l'un des atomes d'HYDROGÈNE a été substitué par un atome de CHLORE :

$$\begin{array}{cccc|cc|cc}
H & H & H & H & H & H & H & H \\
| & | & | & | & | & | & | & | \\
-C & -C & -C & -C & -C & -C & -C & -C- \\
| & | & | & | & | & | & | & | \\
H & Cl & H & Cl & H & Cl & H & Cl
\end{array}_n$$

C. Le PVC est une MATIÈRE très polyvalente car selon les ADDITIFS qui lui sont adjoints, il peut être RIGIDE ou SOUPLE, TRANSPARENT ou OPAQUE, INCOLORE ou TEINTÉ, massif ou EXPANSÉ, IGNIFUGE, ANTISTATIQUE, etc.

D. Il peut être transformé par toutes les TECHNIQUES habituelles pour les THERMOPLASTIQUES : MOULAGE PAR INJECTION, INJECTION SOUFFLAGE, EXTRUSION (sens 3), EXTRUSION-SOUFFLAGE, EXTRUSION GONFLAGE DE FILM, ROTOMOULAGE, THERMOFORMAGE, CALANDRAGE, etc.

E. Quelques exemples d'applications :
• Dans la construction : fenêtre et volet, store, revêtement de sol et de mur, cloison et bardage, canalisations d'adduction et d'évacuation, TUBES et gainage, gouttière, plinthes, clôture, etc.
Une application typique, la menuiserie (porte, fenêtre, etc.).

Photo : Alexander Sorokopud

• Dans l'emballage : bouteilles, flacons, FILMS souples, boîtes, etc.
• Dans l'équipement électrique : isolant de câbles, gaine, chemins de câble, boîtiers, etc.
• Dans les biens de consommation courante : textile, habillement, vêtements imperméables, chaussures et bottes, maroquinerie, articles de bureaux, jouets, gants, etc.
• Dans le médical : tube de transfusion, tuyau, poche de sang et de perfusion, drains, gants médicaux, alèses, etc.
• Dans l'automobile : tableau de bord, garnitures intérieures, PIÈCES TECHNIQUES, etc.

F. Quelques CARACTÉRISTIQUES indicatives du PVC rigide.

Masse volumique	1,45 g/cm^3
Résistance au choc Izod entaillé	4 à 6 KJ/m^2
Module d'élasticité longitudinal	3000 MPa
Résistance à la rupture	50 à 60 MPa
Allongement à la rupture	20 à 40 %
Dureté Shore D	78
Absorption d'eau en masse	0,2 %
Température maxi d'utilisation	-15°C à +60°C
Coefficient de dilatation linéaire	100 µm/(m°·C)
Retrait au moulage	0,4 à 0,5 %
Conductivité thermique à 23°C	0,16 W/(m·K)
Classement au feu	M1
Alimentarité	Pas sûre

👍 Avantages

G. Polyvalent. PROPRIÉTÉS ajustables par différentes formulations. Isolant électrique, thermique, phonique. Résistant à de nombreux agents chimiques agressifs. AUTOEXTINGUIBLE (ne propage pas la flamme). Une des rares POLYMÈRES de grande consommation (avec les polyuréthanes) à posséder une STRUCTURE (sens 1) polaire permettant l'application du PROCÉDÉ de SOUDAGE HAUTE FRÉQUENCE DE PLASTIQUE. Cette PROPRIÉTÉ lui permet aussi d'être facilement, imprimé, adhésivé et collé. Prend bien les FORMES complexes en EXTRUSION (sens 3) par rapport aux POLYOLÉFINES. Économique. RECYCLABLE.

👎 Inconvénients

H. Peut se dégrader vite à la chaleur pendant sa TRANSFORMATION (sens 3) malgré l'adjonction de STABILISANT au Ca-Zn, par exemple. Non-BIODÉGRADABLE. Résistance aux rayonnements UV relativement limitée pour les couleurs autres que le blanc obtenu par adjonction d'oxyde de titane (TiO_2). Son incinération dégage du gaz chlorhydrique, ce qui est peu adapté à la REVALORISATION par production d'énergie.

I. Codification du PVC pour le RECYCLAGE.

PVC

J. Quelques appellations commerciales : Benvic ®, Vinidur ® (Solvay ®) ; Trovidur © (Röchling ®) ; Lacovyl ® (Kem One ®, Arkoma ®) ; Vestolit ® (Degussa ®) ; Elvanol ® (Kuraray ®) ; Vinnolit ® ; Versadur ® (Simona ®), Marvilan ® (Tessenderlo ®) ; Nakan © (Westlake ®) ; Apiflex ® (Trinseo ®), Decelith ® (PCW Gmbh ®) ; Doeflex ®, Vinakon ® (Ineos ®) ; Etinox ® ; Fiberloc © (Geon ®) ; Formolon ® (Formosa plastics ®) ; Rottolin ® (Godiplast ®) ; Vinika ™ (Mitsubishi ®) ; Vinuran ® (BASF ®) ; Vinychlon ® (Mitsui ®)...
→ Voir aussi AUTO-EXTINGUIBLE pour une comparaison avec le POLYÉTHYLÈNE (PE).

pylône [pylon]

(n.m.) OUVRAGE de grande HAUTEUR pouvant atteindre plusieurs dizaines de mètres servant de STRUCTURE (sens 2) support pour des CÂBLES électriques, des câbles de transport ou des antennes :

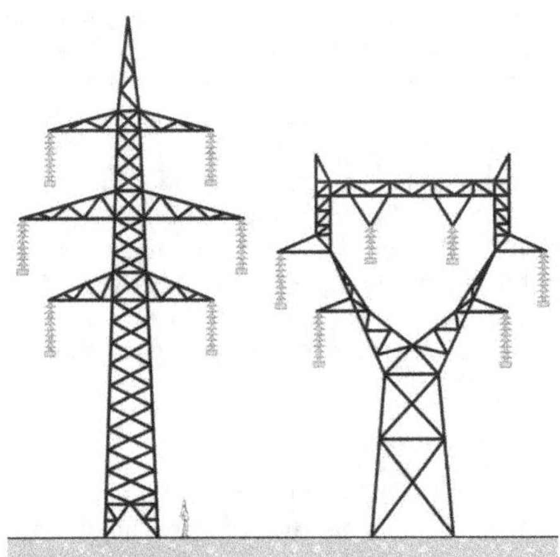

pyramide [pyramid]

(n.f.) FORME VOLUMIQUE de base carrée, RECTANGULAIRE ou en LOSANGE et dont la SECTION diminue progressivement jusqu'à devenir pointue.

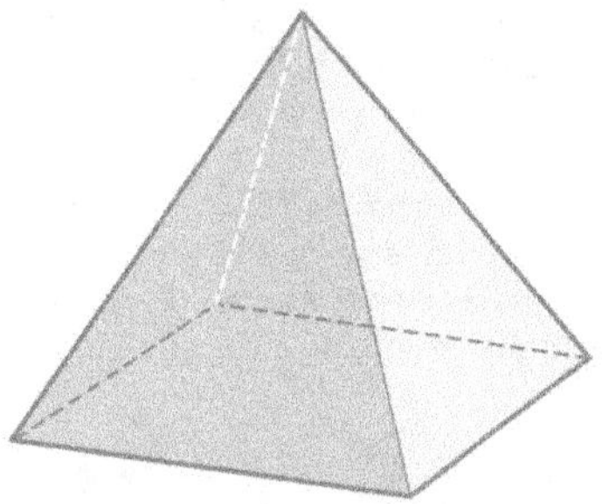

• Note : Ne pas confondre avec le CÔNE dont la BASE (sens 1) est CIRCULAIRE.

pyramide tronquée [truncated pyramid]

(n.f.) PYRAMIDE dont l'extrémité pointue a été enlevée.

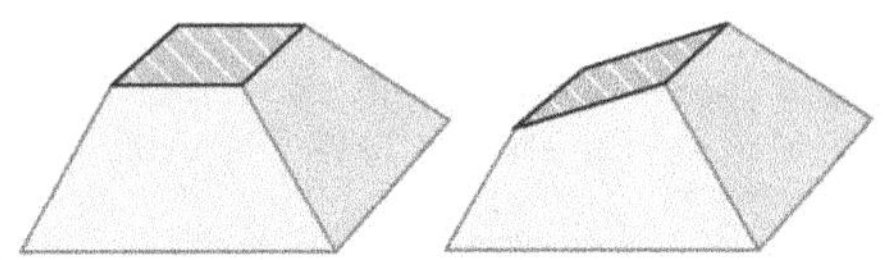

pyromètre [pyrometer]

(n.m.) INSTRUMENT DE MESURE de très haute TEMPÉRATURE comme celle rencontrée en MÉTALLURGIE, SIDÉRURGIE et en SOUDAGE, par exemple.
• Note : Ne pas confondre avec le THERMOMÈTRE qui est adapté à des TEMPÉRATURES plus basses et même pour le froid.

Q, q

quadrilatère [quadrilateral]

(n.m.) Figure POLYGONALE à quatre côtés.

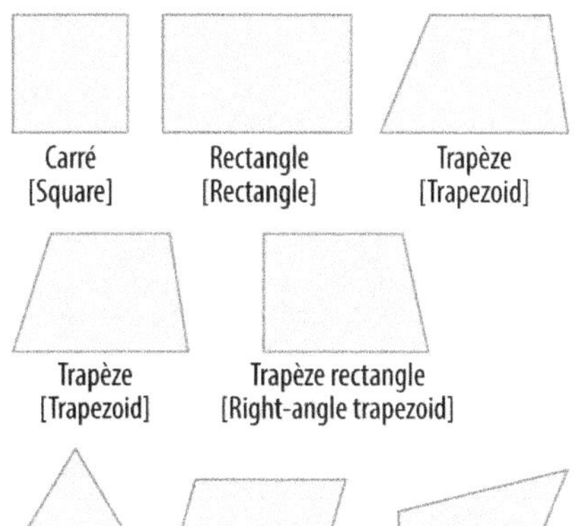

qualité [quality]

(n.f.) Conformité par rapport à ce qui est préalablement défini en théorie et en SPÉCIFICATIONS.
→ Voir aussi SURQUALITÉ.

quantité de mouvement [momentum]

(n.f.) Grandeur obtenue par le produit d'une MASSE (sens 2) par sa VITESSE.
Cette grandeur est notamment utilisée dans l'étude des CHOCS.

queue d'aronde [dovetail]

(n.f.) Profil de RAINURE ou TENON à parois latérales inclinées et utilisé pour les GUIDAGES EN TRANSLATION très PRÉCIS ou pour les ASSEMBLAGES (sens 2) MÂLE-FEMELLE.

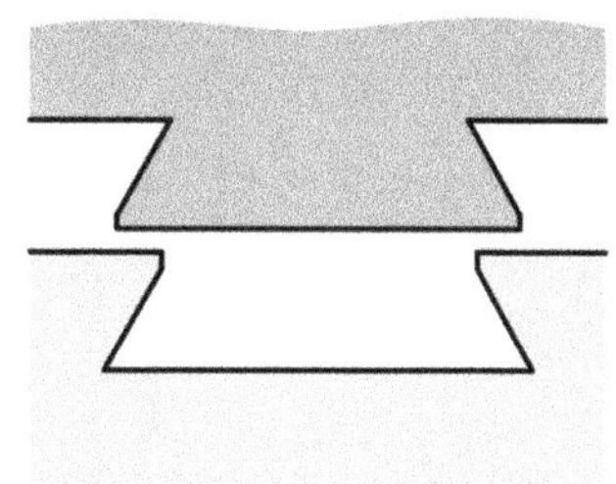

L'origine de ce terme est « queue d'hirondelle ». Le mot anglais signifie littéralement « queue de colombe ». Le terme utilisé par les suisses francophones est « queue d'aigle » !
→ Voir aussi PIGE ; RATTRAPAGE DE JEU.

(quinconce), en quinconce [in staggered arrangement]

(Locution). Disposé répétitivement en lignes mais dont chacune est décalée d'un demi-élément par rapport à la précédente.

Tôle perforée avec des trous oblongs en quinconce

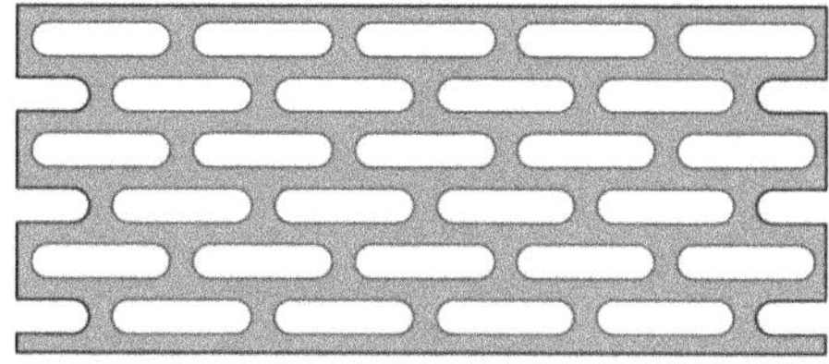

Tôle perforée avec des trous oblongs alignés

R, r

Ra

L'un des (RUGOSITÉ), PARAMÈTRES DE RUGOSITÉ le plus utilisé pour spécifier l'ÉTAT DE SURFACE.
→ Voir (RUGOSITÉ), PARAMÈTRE DE RUGOSITÉ ; ÉTAT DE SURFACE pour les détails.

rabat

(n.m.) Partie du bord d'une TÔLE partiellement découpée et légèrement pliée.
• Note : Ne pas confondre avec le CREVÉ.

rabotage [planing]

(n.m.) TECHNIQUE d'USINAGE de SURFACE | PLANE ou PRISMATIQUE avec un OUTIL DE COUPE classique comme en TOURNAGE, mais dont le MOUVEMENT DE COUPE est linéaire.
A. La MACHINE utilisée est soit un ÉTAU-LIMEUR, soit une RABOTEUSE. Ci-dessous, une des configurations de cette TECHNIQUE.

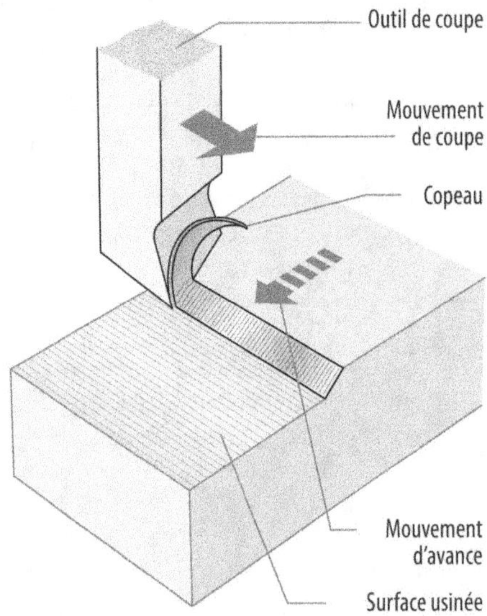

B. L'illustration ci-dessus correspond au cas de l'ÉTAU-LIMEUR dans lequel le MOUVEMENT DE COUPE est appliqué à l'outil, le MOUVEMENT D'AVANCE à la PIÈCE (sens 1). Dans le cas d'une RABOTEUSE, la configuration est inversée.
C. TOLÉRANCE DIMENSIONNELLE (IT) :

Très précis	Précis	Moyen	Grossier	Très Grossier
1 2 3 4 5	6 7 8 9	10 11 12	13 14 15	16 17 18
	Rabotage			
10 ± 0,002	10 ± 0,01	10 ± 0,05	10 ± 0,2	10 ± 1
100 ± 0,005	100 ± 0,02	100 ± 0,1	100 ± 0,4	100 ± 2

D. ÉTAT DE SURFACE, RUGOSITÉ Ra (µm) :

▽▽▽ *	▽▽ *	▽ *	～
0,012 0,025 0,05 0,1 0,2 0,4 0,8	1 1,6 3,2 6,3 10 12 25	50 100 200	
	Rabotage		

* Symbole ne faisant plus partie des normes

E. Coût OUTILLAGE (sens 2) (hors coût MACHINE) :

Aucun	Faible	Moyen	Élevé	Très élevé
	Rabotage			

F. SÉRIE DE PIÈCES économique :

Proto	Unitaire	Petite	Moyenne	Grande	Très Grande
1	10	100	1 000	10 000	100 000
Rabotage					

G. Le rabotage n'est plus utilisé dans l'industrie. Il a tendance à être complètement remplacé par le FRAISAGE (octobre 2022).

raboteuse [planing machine]

(n.f) MACHINE-OUTIL à grande TABLE animée d'un MOUVEMENT DE COUPE alternatif et sur laquelle est fixée la PIÈCE (sens 1) à usiner, et d'un PORTIQUE ou COLONNE supportant l'OUTIL DE COUPE qui donne le MOUVEMENT D'AVANCE.

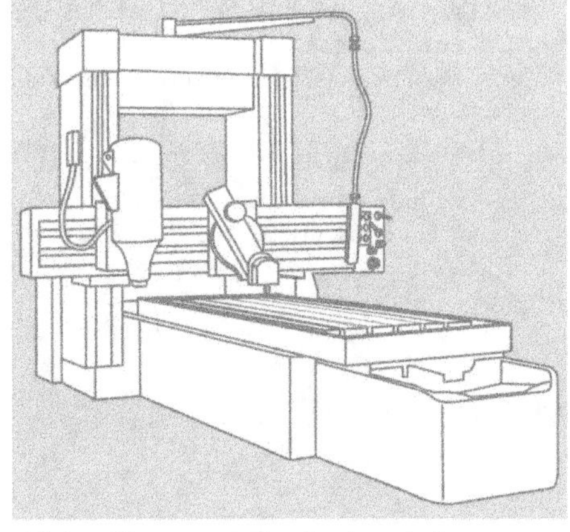

• Note : Ne pas confondre la raboteuse avec l'ÉTAU-LIMEUR.

raccord [connection]

(n.m.) ORGANE faisant le lien entre deux autres pour en assurer la continuité.
→ Voir aussi MANCHON.

radial [radial]

(adj.) Relatif au RAYON. Suivant la DIRECTION d'un RAYON.
→ Voir, par exemple, CHARGE RADIALE.

radian (rad) [radian]

(n.m.) UNITÉ (sens 1) officielle d'ANGLE PLAN dans le (UNITÉ), SYSTÈME INTERNATIONAL D'UNITÉS (S.I.).
A. Ci-après la correspondance avec le DEGRÉ :

$$\pi \text{ rad} = 180°$$

B. Ne pas confondre avec le STÉRADIAN qui est l'UNITÉ (sens 1) d'ANGLE SOLIDE.
→ Voir également DEGRÉ.

radiographie [radiography]

(n.f.) TECHNIQUE d'INSPECTION de l'intérieur d'un MATÉRIAU par rayon X.

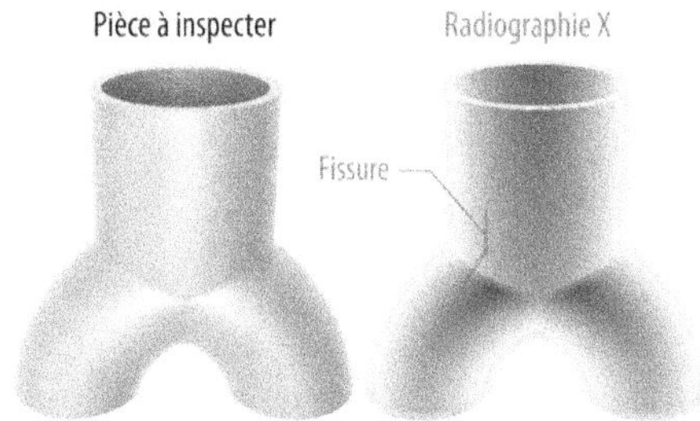

La radiographie permet de détecter des DÉFAUTS comme les FISSURES, les SOUFFLURES, les POROSITÉS, etc.

raideur [rigidity]

(n.f.) Faculté d'un MATÉRIAU, d'une PIÈCE, d'un ASSEMBLAGE (sens 2) à ne pas trop se déformer sous l'application d'une FORCE. Ce terme est généralement interchangeable avec RIGIDITÉ mais quelques auteurs scientifiques francophones leur attribuent des nuances de signification. Les anglo-saxons font plus clairement la différence entre « stiffness » et « rigidity » :

Type de sollicitation	STIFFNESS	RIGIDITY
Axial	EA/L	EA
Cisaillement	GA/L	GA
Torsion	GJ/L	GJ
Flexion	$3EI/L^3$	EI

(par exemple, pour une poutre en porte-à-faux ; dépend de la configuration)

A : Aire de la section sollicitée
L : Longueur sollicitée
E : MODULE DE YOUNG
G : MODULE DE COULOMB
J : MOMENT QUADRATIQUE POLAIRE
I : MOMENT QUADRATIQUE AXIAL
→ Voir aussi RIGIDITÉ.

raidisseur [stiffener]

(n.m.) Tout ÉLÉMENT STRUCTURAL empêchant la DÉFORMATION par INSTABILITÉ telles que le FLAMBEMENT, le VOILEMENT, etc. Globalement, les raidisseurs sont disposés PERPENDICULAIREMENT aux éléments dont ils doivent empêcher la DÉFORMATION.
Ex. 1 : *Raidisseurs des AILES (sens 1) de PROFILÉS en H.*

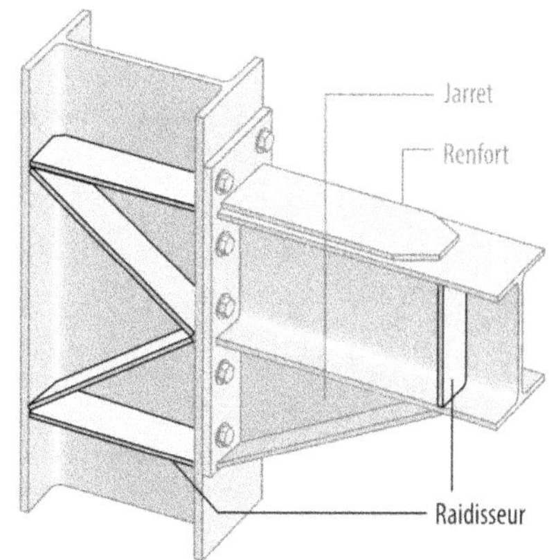

• Note : Ne pas confondre avec le RENFORT (sens 1) qui agit par augmentation de l'ÉPAISSEUR.
→ Voir aussi GOUSSET.

rail [rail]

(n.m.) PROFILÉ souvent MÉTALLIQUE servant de chemin de roulement pour des ROUES ou des ROULETTES.

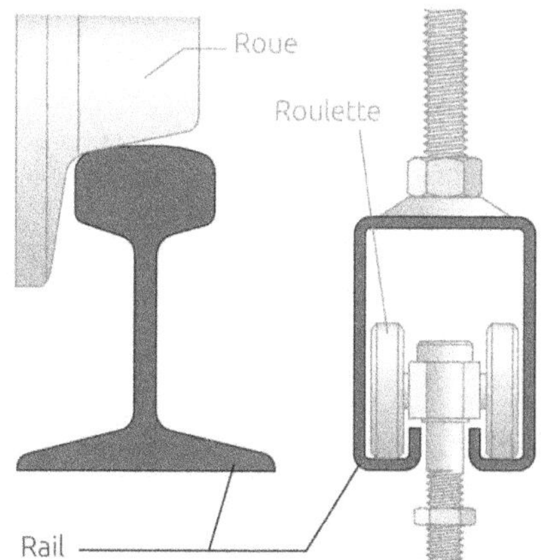

Les rails sont beaucoup utilisés pour le transport et la MANUTENTION.

rainurage [slotting]

(n.m.) OPÉRATION d'USINAGE de RAINURE.

rainure [slot, groove]

(n.f.) FORME creuse étroite de SECTION constante dans une FORME VOLUMIQUE.

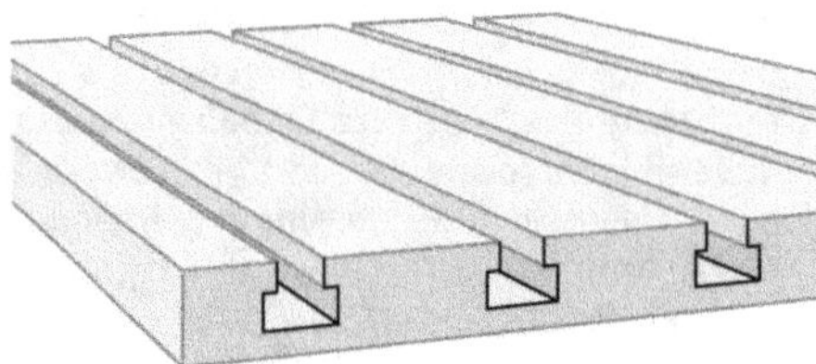

→ Voir, par exemple, RAINURE DE CLAVETAGE et RAINURE EN TÉ.

→ Voir SAIGNÉE qui est une rainure très étroite.

rainure de clavetage [keyway]

(n.f.) RAINURE sur un ALÉSAGE pour le passage d'une CLAVETTE.

• Note : Ne pas confondre avec le SIÈGE DE CLAVETAGE qui se trouve sur l'ARBRE (sens 2).

rainure en té [tee-slot, t-slot]

(n.f.) RAINURE de FORME complémentaire à la tête d'une VIS À TÊTE CARRÉE ou HEXAGONALE ou d'un LARDON.

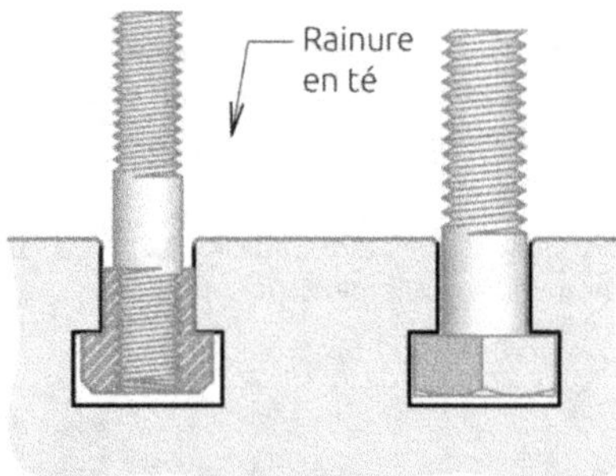

Les rainures en té permettent notamment une FIXATION sur les TABLES ou PLATEAUX de MACHINE-OUTIL.

ralentissement [deceleration, slowing down]

(n.m.)
1. Diminution de la VITESSE.
♦ Syn. : DÉCÉLÉRATION.
◊ Contr. : ACCÉLÉRATION.
2. Action entraînant une diminution de la VITESSE.

ramollir [soften]

(v.tr.) Diminuer la DURETÉ jusqu'à l'état PÂTEUX.

(ramollir), se ramollir [soften]

(v.intr.) Devenir plus MOU jusqu'à l'état PÂTEUX.

ramollissement [softening]

(n.m.) Fait et état de devenir moins DUR en parlant d'un MATÉRIAU ou d'une SUBSTANCE sans pour autant changer d'état.

râpe [rasp file]

(n.f.) Type de LIME avec une SURFACE rugueuse très grossière pour les MATÉRIAUX TENDRES comme le BOIS.
→ Voir LIME.

rapport de transmission [gear ratio, transmission ratio]

(n.m.) Nombre quotient de la VITESSE DE ROTATION de l'ARBRE DE SORTIE par la VITESSE DE ROTATION de l'ARBRE D'ENTRÉE d'un SYSTÈME de TRANSMISSION DE MOUVEMENT.

A. La formule du rapport de transmission **r** peut s'écrire :

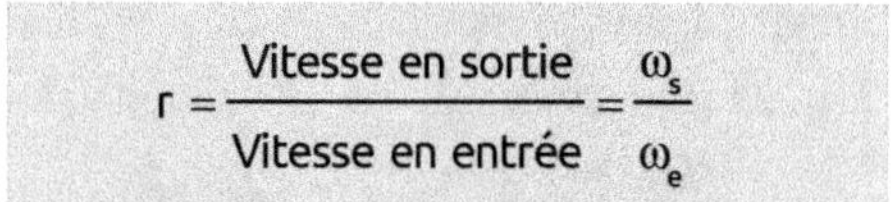

$$r = \frac{\text{Vitesse en sortie}}{\text{Vitesse en entrée}} = \frac{\omega_s}{\omega_e}$$

Ex. 1 : *Rapport de transmission d'un* TRAIN D'ENGRENAGES.

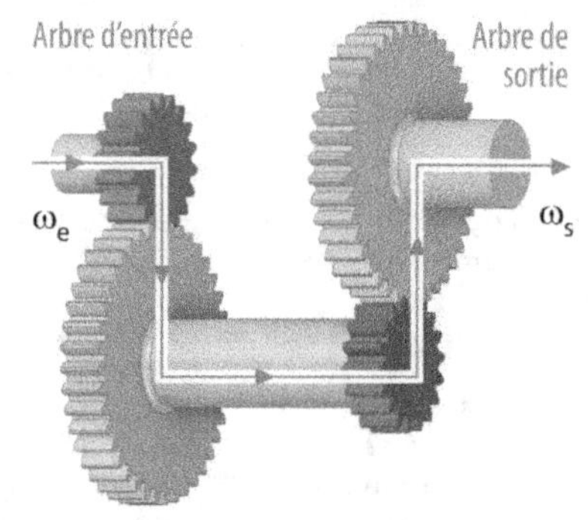

Ex. 2 : *Rapport de transmission pour une* COURROIE CRANTÉE.

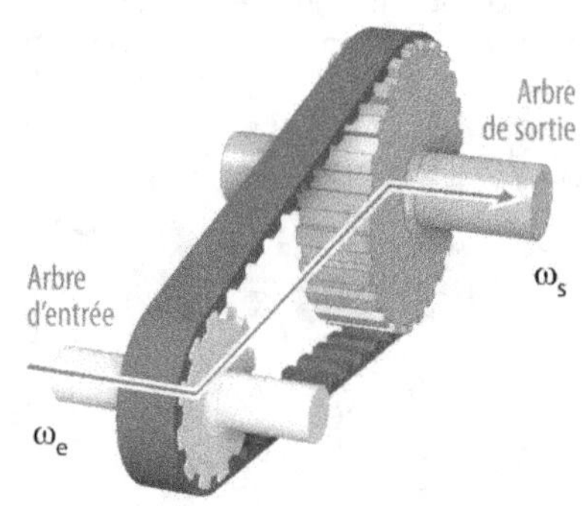

B. Trois cas différents peuvent se présenter :
r < 1 : il s'agit d'une RÉDUCTION de VITESSE.
r > 1 : c'est une démultiplication de vitesse
r = 1 : transmission sans changement de VITESSE
sauf parfois le SENS de ROTATION.

rapporté [inserted]

(adj.) Se dit d'une PIÈCE (sens 1) fabriquée à part puis assemblée pour ne former qu'un avec une autre.

• Note : Ce terme est souvent utilisé pour faire la distinction avec ce qui est d'emblée MONO-BLOC ou monolithique.
→ Voir par exemple, OUTIL RAPPORTÉ.

rapporteur [protractor]

(n.m.) INSTRUMENT DE MESURE ou de tracé d'ANGLE PLAN.
Ex. 1 : *Rapporteur utilisé en DESSIN TECHNIQUE ou DESSIN INDUSTRIEL.*

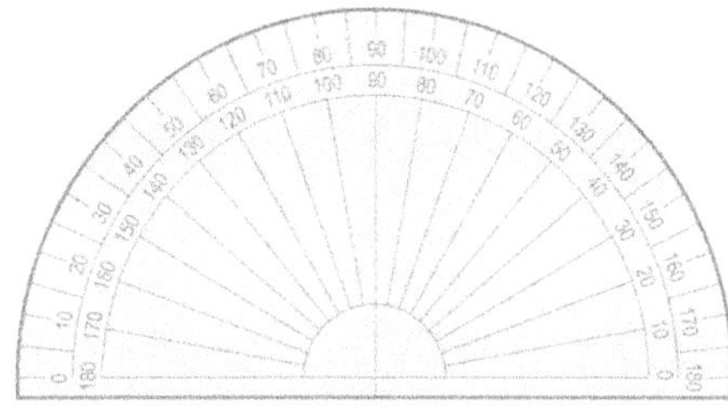

Ex. 2 : *Rapporteurs utilisés en FABRICATION.*

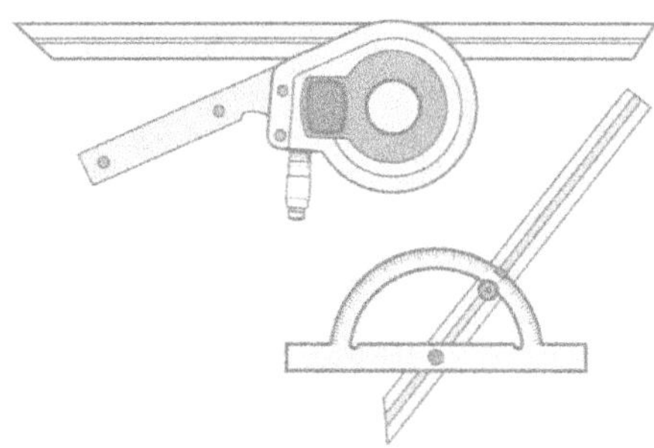

• Note : Ne pas confondre le rapporteur avec le « goniomètre » qui permet des MESURES (sens 3) d'ANGLE dans l'espace.

rapporteur d'atelier [bevel protractor]

(n.m.) INSTRUMENT DE MESURE et de tracé d'ANGLE généralement en MÉTAL pour résister aux conditions d'utilisation dans un lieu où l'on pratique des travaux manuels.

rattrapage de jeu [clearance compensation, tolerance compensation]

(n.m.)
1. DISPOSITIF capable d'éliminer le VIDE (sens 1) axial aussi petit soit-il entre deux PIÈCES (sens 1).
Ex. 1 : *Écrou à rattrapage de jeu :*

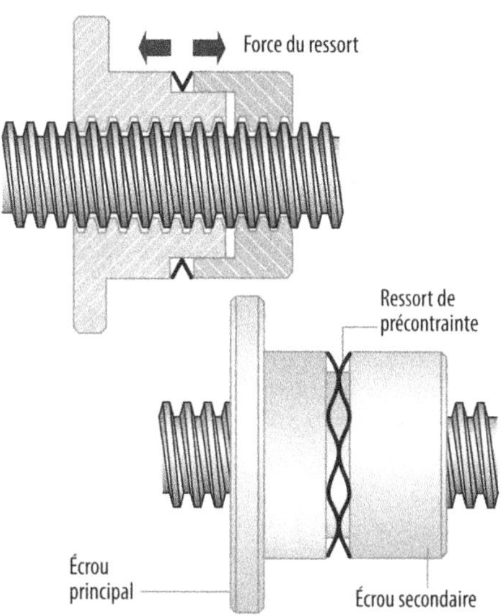

Ex. 2 : *Rattrapage de jeu d'une glissière en queue d'aronde :*

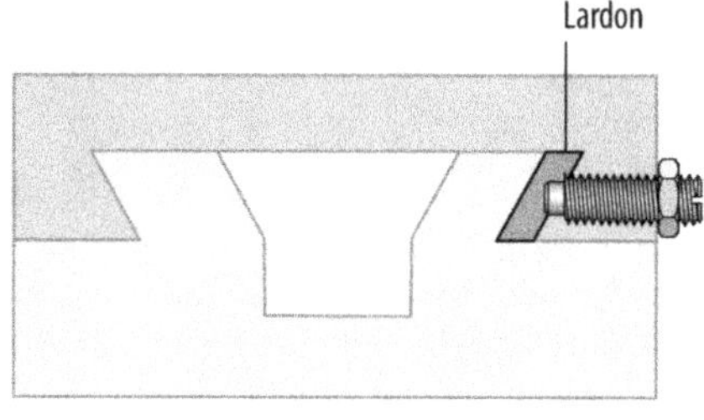

2. OPÉRATION de réduction du VIDE (sens 1) aussi petit soit-il entre deux PIÈCES (sens 1) pour rendre un AJUSTEMENT ou un GUIDAGE le plus précis possible.

rayon [radius]

(n.m.) DISTANCE entre son CENTRE et un endroit d'un CERCLE ou d'un ARC DE CERCLE.
→ Voir CERCLE.

rayon de courbure [bend radius]

(n.m.) DISTANCE du CENTRE d'un CERCLE tangent à un endroit d'une COURBE.

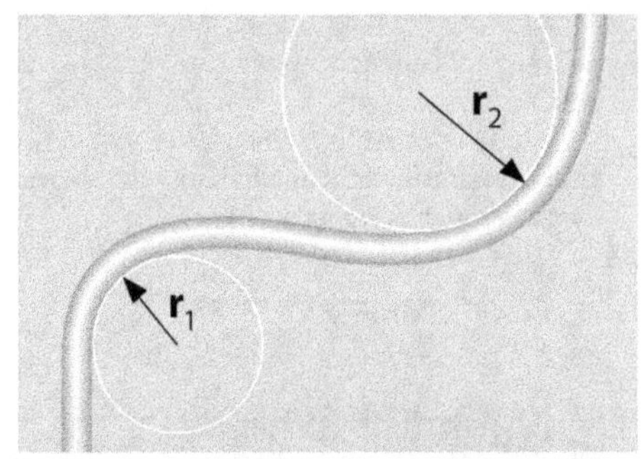

rayon de courbure minimal [minimum bend radius]

(n.m.) RAYON DE COURBURE le plus faible susceptible d'être obtenu par un PROCÉDÉ de FORMAGE tels que le CINTRAGE, le CAMBRAGE, le PLIAGE.

rayon de pliage [bend radius]

(n.m.) RAYON du PROFIL d'un OUTIL permettant de faire fléchir de façon permanente une PLAQUE de TÔLE.

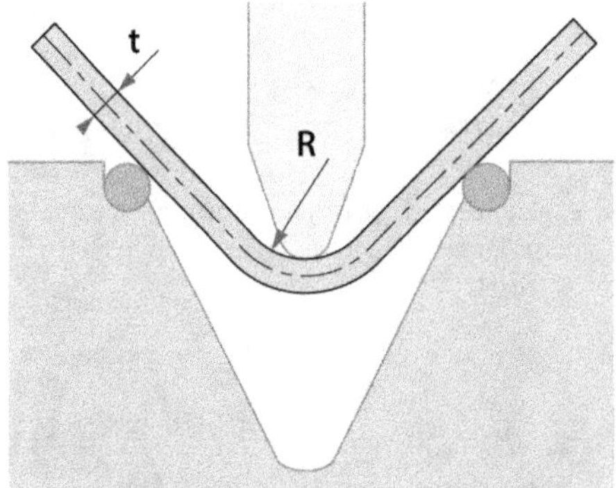

Le rayon de pliage **R** est généralement fourni par des ABAQUES selon l'ÉPAISSEUR **t** de la TÔLE et de la MATIÈRE qui la constitue. Le rayon de pliage peut varier de 1 à 7 fois l'ÉPAISSEUR.

rayonnage

(n.m.)
1. OPÉRATION consistant à arrondir l'arête vive d'une pièce.

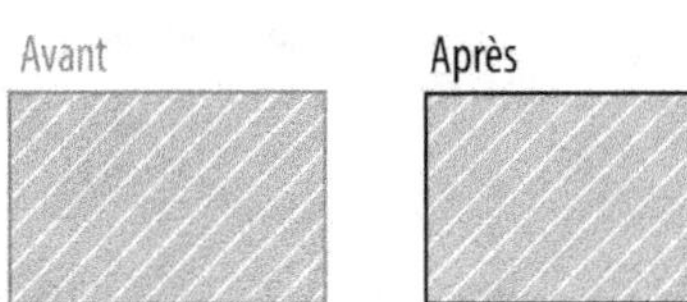

A. Le rayonnage n'a pas forcément besoin d'être défini par des SPÉCIFICATIONS GÉOMÉTRIQUES sur un DESSIN TECHNIQUE. Son objectif est surtout d'adoucir les ARÊTES pour rendre une pièce non coupante.

B. Il peut, par exemple, être réalisé par TRIBOFINITION ou TONNELAGE ainsi que par toutes les techniques d'ÉBAVURAGE (sens 1).

→ Voir aussi CASSAGE D'ANGLE.

2. Ensemble des surfaces de rangement superposées ou juxtaposées dans un meuble ou mobilier de stockage.

rayon sous-tête

(n.m.) CONGÉ de raccordement entre la TIGE d'une VIS (sens 2) et de sa (VIS), TÊTE DE VIS.

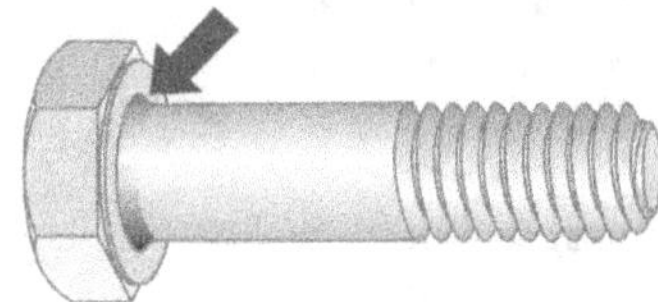

Ce rayon est rarement spécifié par les fabricants alors même que c'est l'une des zones potentielles de RUPTURE car sujet à CONCENTRATION DE CONTRAINTES, notamment pour des CONTRAINTES ALTERNÉES. Une valeur de rayon sous tête plus ou moins élevée peut faire la différence sur la QUALITÉ d'une VIS (sens 2), toutes choses égales par ailleurs.

rayure [flaw]

(n.f.) TRACE (sens 1) accidentelle laissée par un objet DUR et détruisant localement l'aspect de SURFACE d'un MATÉRIAU.

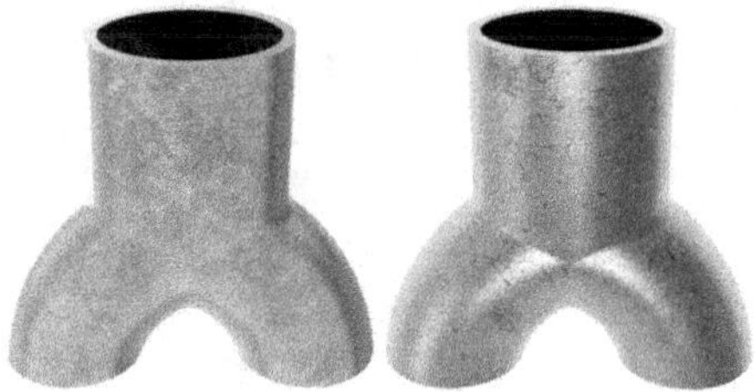

Les rayures sont des DÉFAUTS :

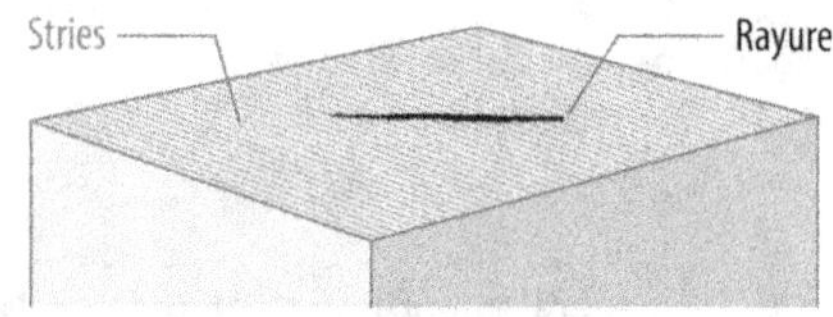

À ce titre, ne pas les confondre avec les STRIES qui sont des motifs réguliers PARALLÈLES ou croisés laissés par les PROCÉDÉS D'USINAGE (voir page suivante).

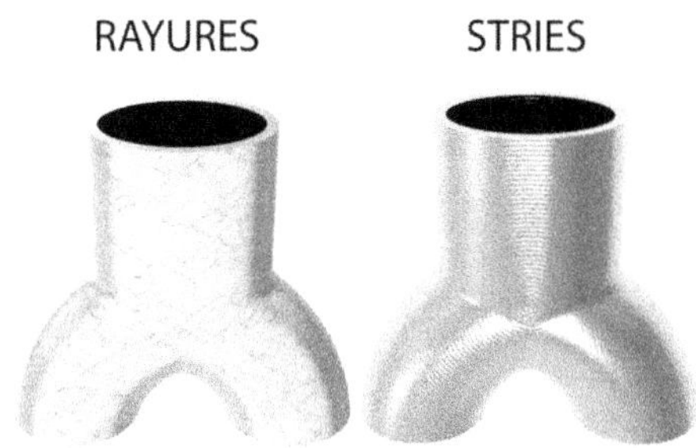

→ **Voir aussi** (RAYURE), TEST DE RAYURE.

(rayure), test de rayure [scratch test]

(n.m.) ESSAI permettant d'évaluer l'ADHÉRENCE et l'ENDOMMAGEMENT de REVÊTEMENT (PEINTURE, dépôt de film mince…) sur un SUBSTRAT.
A. L'ESSAI consiste à faire déplacer sur l'échantillon à tester un INDENTEUR | CONIQUE type Rockwell sous une CHARGE (sens 1) contrôlée et à VITESSE constante.

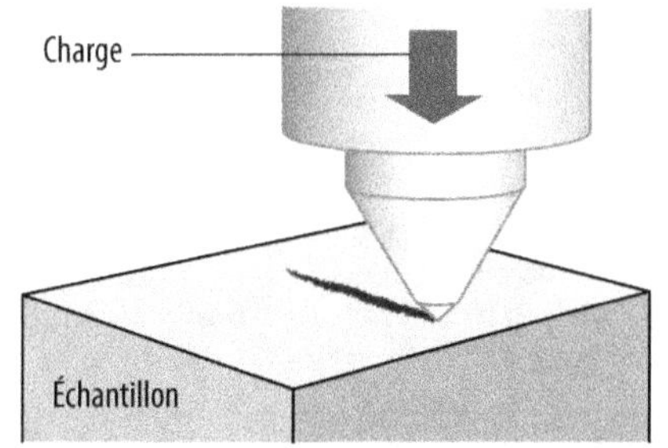

Les FORCES | TANGENTIELLES, la PROFONDEUR de pénétration et les émissions acoustiques sont enregistrés pour caractériser la RÉSISTANCE aux rayures du REVÊTEMENT. La RAYURE est également observée au MICROSCOPE afin de visualiser les décohésions, écaillages, FISSURATIONS et CLOQUAGES.
B. Exemple de MACHINE de test de rayure.

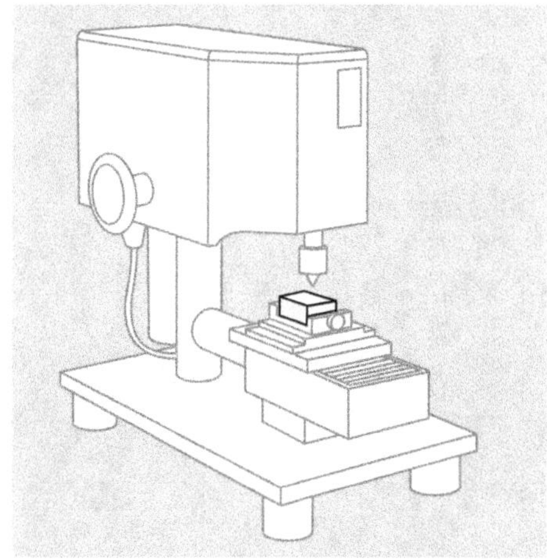

réaction chimique [chemical reaction]

(n.f.) PHÉNOMÈNE naturel de combinaison d'atomes ou de molécules pour donner une SUBSTANCE nouvelle aux PROPRIÉTÉS différentes.
→ Voir OXYDATION ; RÉDUCTION (sens 3) ; POLYMÉRISATION, à titre d'exemples.

réaction d'appui [reaction at the support]

(n.f.) FORCE DE CONTACT apparaissant sur les supports soutenant une PIÈCE (sens 1) ou un OUVRAGE et équilibrant les CHARGES (sens 1) appliquées.
Ex. 1 : *Réactions d'appui sur une poutre triangulée reposant sur deux appuis* ISOSTATIQUES.

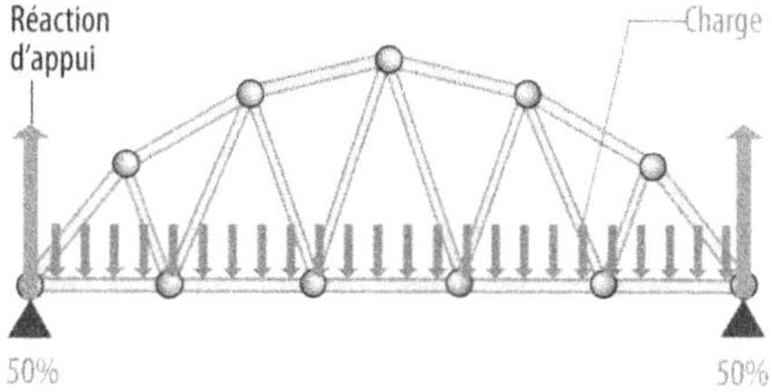

Ex. 2 : *Réactions d'appui d'une structure triangulée reposant sur 4 appuis* HYPERSTATIQUES.

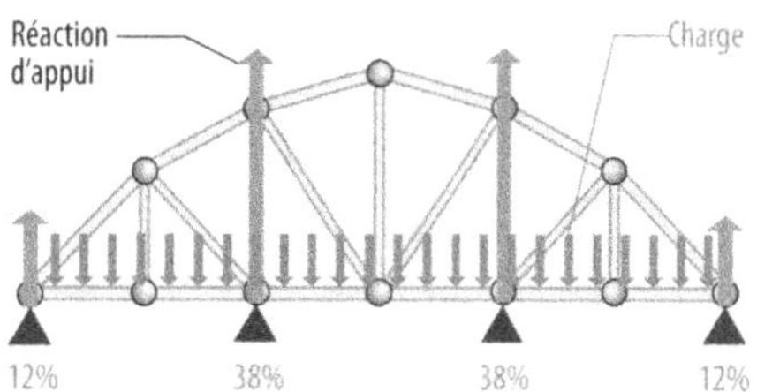

Les réactions d'appui se calculent avec les équations, hypothèses et loi de la STATIQUE pour les cas ISOSTATIQUES. Dans les cas HYPERSTATIQUES, il faut aussi faire intervenir les équations d'ÉLASTICITÉ.

réaction injection moulage [reaction injection moulding, RIM]

(n.f.) PROCÉDÉ de mise en œuvre de (PLASTIQUE), MATIÈRE PLASTIQUE initialement sous forme de deux constituants chimiques LIQUIDES mélangés juste avant d'être introduit dans un MOULE pour en épouser l'aspect après POLYMÉRISATION.

Ex. : *Réaction injection moulage de* POLYURÉ-THANE *sur une machine de coulée basse pression* :

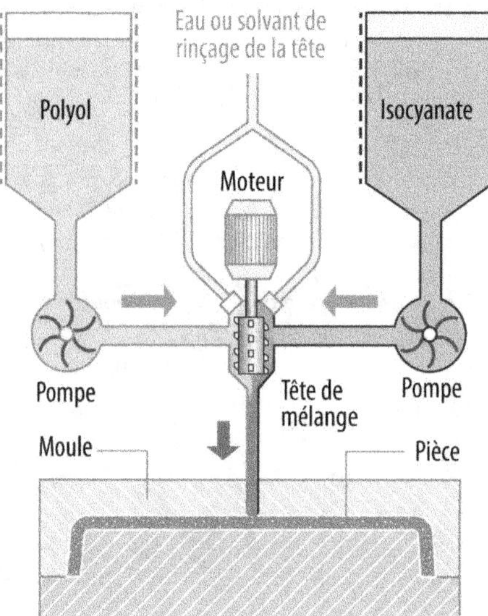

La machine représentée ci-dessus est constituée des cuves thermostatées des deux produits chimiques de départ (le polyol et l'isocyanate) reliées à une tête de mélange rotative qui brasse les produits pour démarrer la RÉACTION CHIMIQUE. Le mélange est ensuite dirigé (injecté) dans le MOULE dans lequel s'effectue la POLYMÉRISATION et le DURCISSEMENT final du POLYMÈRE avec la FORME géométrique recherchée. À la fin de chaque cycle d'injection, la tête de mélange est immédiatement rincée à l'eau ou au solvant pour la nettoyer afin d'éviter de l'encrasser et de la figer accidentellement avec les restes du mélange. Des principes de machine autres que la tête rotative existent avec des pressions plus élevées et un nettoyage purement mécanique sans solvant.

 Avantages

A. Coût d'OUTILLAGE (sens 2) modéré car le PROCÉDÉ ne fait pas intervenir de forte PRESSION nécessitant des MATÉRIAUX onéreux à usiner.

Inconvénients

B. Coût élevé des produits chimiques de départ. Odeurs de produit chimique pouvant être incommodantes dans les ateliers.
→ Voir aussi POLYURÉTHANE ; POLYMÉRISATION.

réaffûtable [resharpenable]

(adj.) Susceptible d'être de nouveau affûté, une fois usé ou émoussé.

C'est le cas, par exemple, des OUTILS DE COUPE en ACIER RAPIDE ou CARBURE. Ce n'est pas le cas, généralement, des OUTILS CÉRAMIQUES sous forme de plaquettes obtenues par FRITTAGE.

réaffûtage [regrinding]

(n.m.) ABRASION des parties actives d'un OUTIL DE COUPE qui ont été émoussées par une utilisation de manière à lui faire retrouver son tranchant.
→ Voir aussi AFFÛTAGE.

rebut [reject]

(n.m.) PIÈCE (sens 1) erronée ou non conforme aux spécifications des PLANS (sens 2) ou des NORMES et qui, en principe, n'est pas utilisable ni commercialisable.
À ce titre, le rebut peut être vu comme un DÉCHET.
• Note : Parfois, certains rebuts sont triés et récupérés pour être classés et réutilisés en DEUXIÈME CHOIX.
→ Voir aussi DÉCHET.

(rebut), mis au rebut [rejected]

(Locution). Se dit des PIÈCES (sens 1) erronées ou non conformes aux spécifications et qui sont écartées de celles qui sont utilisables et commercialisables.
• Note : Parfois, ces PIÈCES (sens 1) sont reconsidérées en DEUXIÈME CHOIX.

rechargement [resurfacing, overlay, hard facing, cladding]

(n.m.)
1. MÉTAL D'APPORT déposé sur un autre MÉTAL, par exemple, par SOUDAGE, pour permettre des RETOUCHES d'erreurs ou de remplacer de la MATIÈRE USÉE, défectueuse ou CORRODÉE.

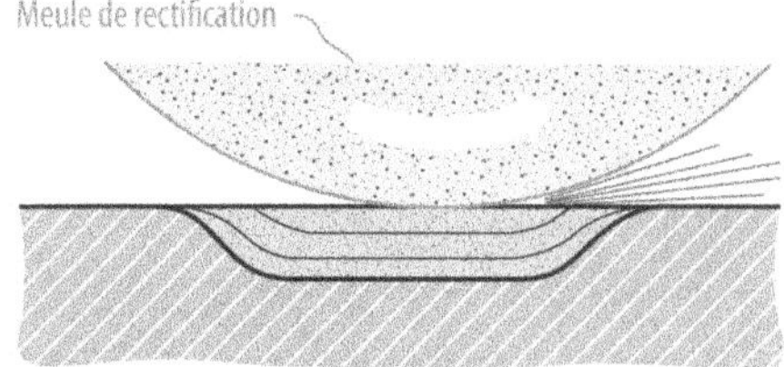

Il peut aussi être effectué par RECHARGEMENT LASER ou RECHARGEMENT PLASMA pour plus de PRÉCISION. La PROJECTION À FROID peut aussi être mis à profit.

2. OPÉRATION de DÉPÔT de MÉTAL D'APPORT sur de la MATIÈRE | USÉE, CORRODÉE, détériorée ou pour effectuer des RETOUCHES.

rechargement laser [laser cladding]

(n.m.) PROCÉDÉ d'apport de MÉTAL à la SURFACE d'un autre par FUSION d'une POUDRE ou d'une TIGE obtenue avec un rayonnement optique de densité énergétique élevée :

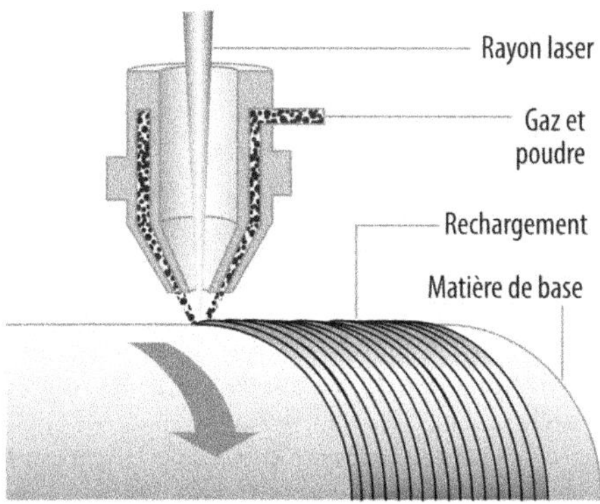

👍 Avantages

A. La MATIÈRE d'apport peut être placée avec PRÉCISION à l'endroit désiré. Large éventail de MATÉRIAUX pouvant être déposé. Bonne ADHÉRENCE de la COUCHE déposée qui fusionne avec le SUBSTRAT. ZONE AFFECTÉE THERMIQUEMENT très restreinte ce qui minimise les DÉFORMATIONS. Peut être automatisé et robotisé comme pour la FAO.

👎 Inconvénients

B. ÉQUIPEMENT coûteux.
→ Voir RECHARGEMENT PLASMA pour un autre PROCÉDÉ de rechargement.

rechargement plasma [plasma cladding]

(n.m.) PROCÉDÉ d'apport de MÉTAL à la SURFACE d'un autre par FUSION et dépôt d'une POUDRE avec une TORCHE PLASMA.

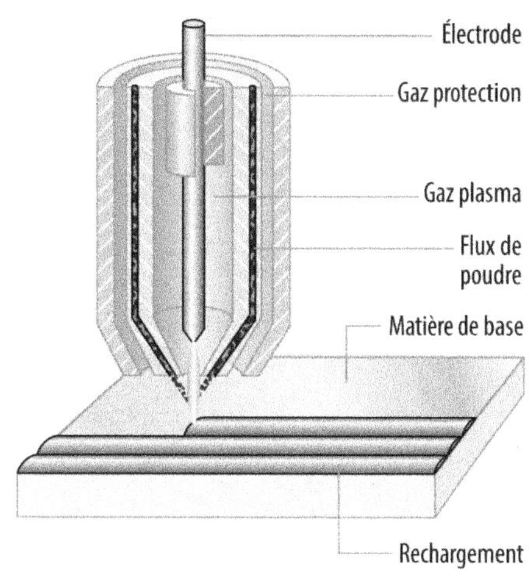

→ Voir RECHARGEMENT LASER pour un autre PROCÉDÉ de rechargement.

récipient [tank, vessel]

(n.m.) ORGANE creux disposant d'un VOLUME permettant de conserver un LIQUIDE, un GAZ, un MATÉRIAU | PULVÉRULENT ou GRANULEUX.

reconditionnement [reconditioning]

(n.m.) Remise à neuf d'un produit ou objet ayant déjà servi pour le réutiliser ou le remettre dans un circuit commercial pour la même vocation.
→ Voir aussi RÉEMPLOI ; REVALORISATION.

recristallisation [recrystallization]

(n.f.) TRAITEMENT THERMIQUE de RECUIT reconstituant la MICROSTRUCTURE ÉCROUIE d'un MÉTAL formé (FROID), À FROID, ce qui donne une nouvelle STRUCTURE (sens 1) plus ordonnée et exempte de CONTRAINTE RÉSIDUELLE.

A. La recristallisation consiste à chauffer à une TEMPÉRATURE en dessous de toute autre TRANSFORMATION (sens 2) métallurgique (environ 0,5 fois la TEMPÉRATURE DE FUSION) et à refroidir relativement lentement. Elle procède par REGERMINATION et croissance de nouveaux GRAINS avec une quantité réduite de défauts (DISLOCATIONS) qui remplacent les anciens :

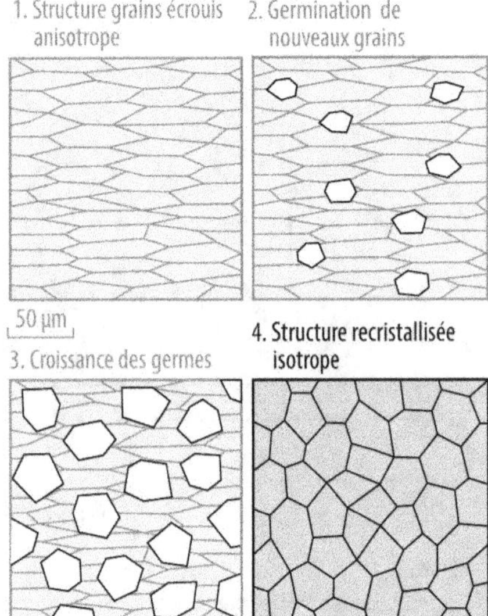

B. Le PHÉNOMÈNE d'ÉCROUISSAGE mis en jeu dans les TECHNIQUES de FORMAGE À FROID a tendance à introduire des hétérogénéités de la MICROSTRUCTURE qui peuvent nuire à leur utilisation.

→ Voir, par exemple, CORROYAGE ; DIRECTION DE LAMINAGE.

Le TRAITEMENT de recristallisation permet de les éliminer et de reconstituer la MICROSTRUCTURE du métal « à neuf ».

C. Ne pas confondre cependant avec la RESTAURATION qui tend aussi à faire disparaître les désordres et CONTRAINTES RÉSIDUELLES mais par annihilation ou au moins diminution de la densité de DÉFAUTS (sens 2) (DISLOCATIONS) à l'ÉCHELLE (sens 3) de la STRUCTURE CRISTALLINE sans REGERMINATION des GRAINS.

→ Voir RESTAURATION pour une comparaison.

rectification [grinding]

(n.f.) PROCÉDÉ d'USINAGE et de FINITION par ABRASION soignée, ce qui permet d'obtenir une grande PRÉCISION dimensionnelle et un excellent ÉTAT DE SURFACE.

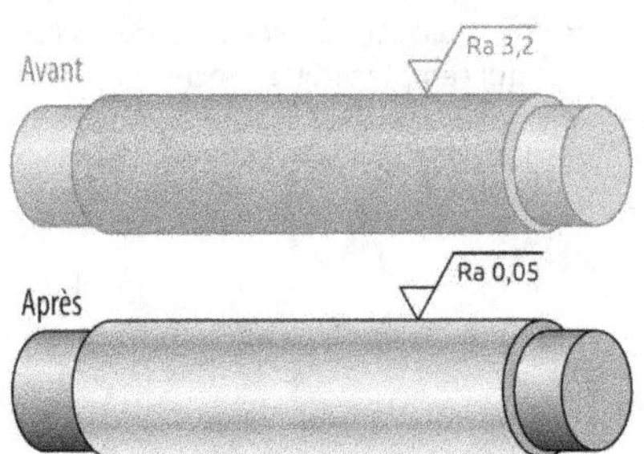

A. TOLÉRANCE DIMENSIONNELLE (IT) :

Très précis	Précis	Moyen	Grossier	Très Grossier
1 2 3 4 5	6 7 8 9	10 11 12	13 14 15	16 17 18
Rectification				
10 ± 0,002	10 ± 0,01	10 ± 0,05	10 ± 0,2	10 ± 1
100 ± 0,005	100 ± 0,02	100 ± 0,1	100 ± 0,4	100 ± 2

B. ÉTAT DE SURFACE, RUGOSITÉ Ra (µm) :

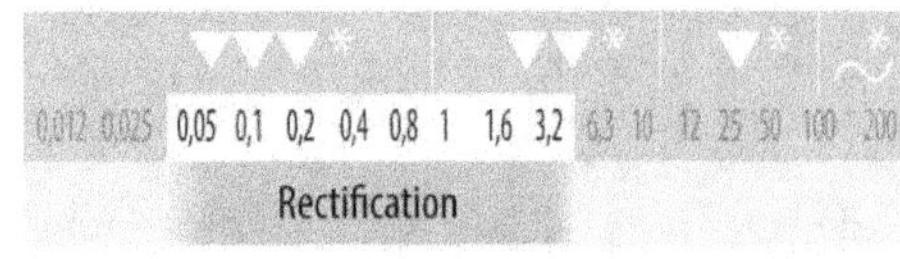

0,012	0,025	0,05	0,1	0,2	0,4	0,8	1	1,6	3,2	6,3	10	12	25	50	100	200

Rectification

* Symbole de faisant plus partie des normes

C. Coût OUTILLAGE (sens 2) (hors coût MACHINE) :

Aucun	Faible	Moyen	Élevé	Très élevé

Rectification

D. SÉRIE DE PIÈCES économique (sauf RECTIFICATION SANS CENTRE et RECTIFICATION PLANE À DOUBLE MEULE).

Proto	Unitaire	Petite	Moyenne	Grande	Très Grande
1	10	100	1 000	10 000	100 000
Rectification					

E. La rectification est indispensable lorsque les STRIES d'USINAGE en TOURNAGE et FRAISAGE ne peuvent satisfaire certaines exigences fonctionnelles telles que la diminution de FROTTEMENT ou l'ÉTANCHÉITÉ, par exemple. La rectification est également incontournable pour les MATÉRIAUX très DURS tels que l'ACIER | TREMPÉ et les CÉRAMIQUES impossible à usiner avec les OUTILS DE COUPE classiques.

F. L'OUTIL utilisé est une MEULE constituée de multitudes de GRAINS d'ABRASIF de GRANULOMÉTRIE plus ou moins fine et maintenus ensemble par un LIANT.

G. En fonction des GÉOMÉTRIES (sens 2) des FORMES abrasées, les PROCÉDÉS de rectification peuvent être classées en trois catégories :
• la RECTIFICATION PLANE.
• la RECTIFICATION CYLINDRIQUE.
• la rectification de SURFACE | GAUCHE (sens 2).

H. Ne pas confondre avec le MEULAGE, beaucoup plus GROSSIER.

→ Voir aussi SUPERFINITION qui va encore plus loin en terme de PRÉCISION dimensionnelle et d'ÉTAT DE SURFACE.

rectification cylindrique [cylindrical grinding]

(n.f.) ABRASION très soignée de FORME de SECTION | CIRCULAIRE afin d'obtenir des DIMENSIONS très précises et un très bon ÉTAT DE SURFACE. Selon la configuration de la SURFACE on distingue :
• La RECTIFICATION CYLINDRIQUE EXTÉRIEURE.
• La RECTIFICATION CYLINDRIQUE INTÉRIEURE.

rectification cylindrique intérieur [internal cylindrical grinding]

(n.f.) RECTIFICATION de FORME interne de SECTION | CIRCULAIRE.

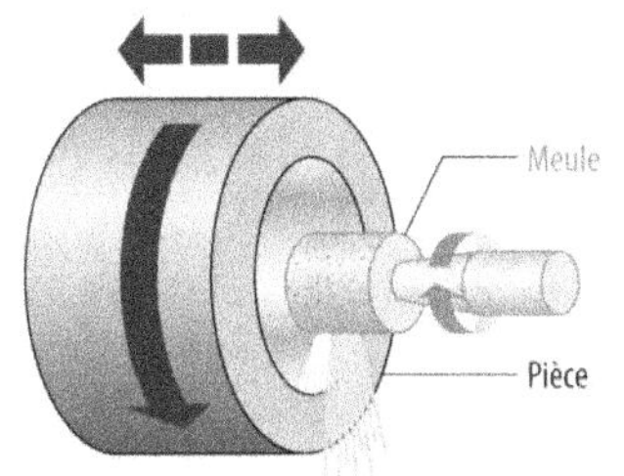

rectification cylindrique extérieure [external cylindrical grinding]

(n.f.) RECTIFICATION de FORME externe de SECTION | CIRCULAIRE.

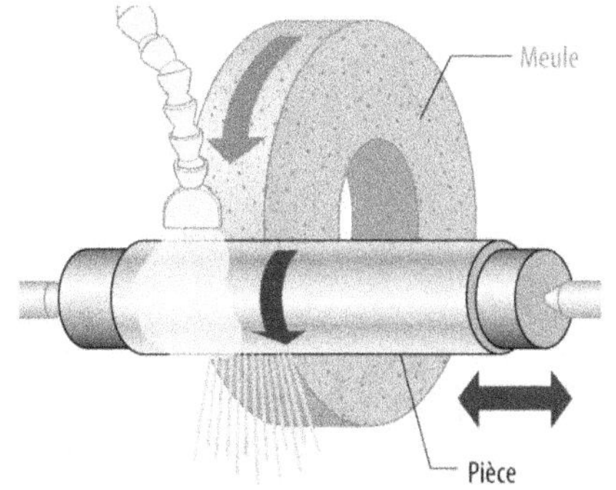

Ex. : *Rectification d'une* SURFACE *externe.*

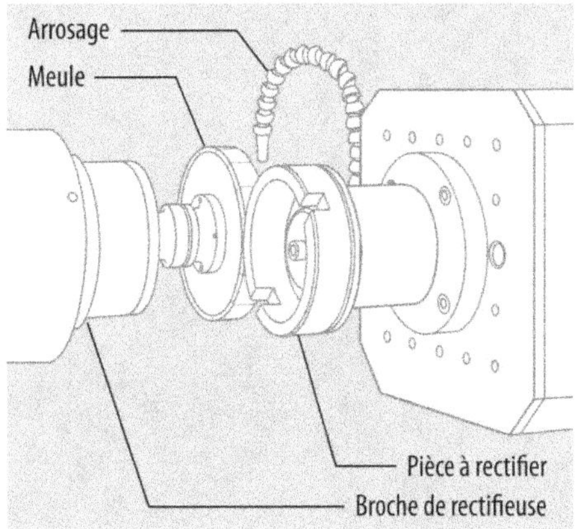

rectification de forme [form grinding]

(n.f.) RECTIFICATION de PROFIL géométrique particulier avec une MEULE possédant déjà la FORME en question.
Ex. : *Rectification de forme d'*ENGRENAGE.

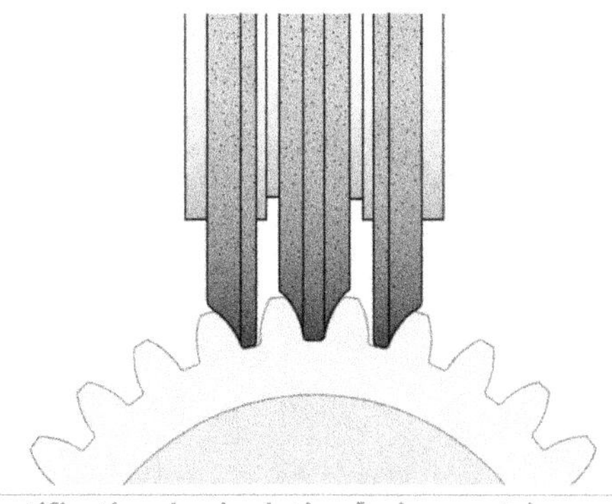

rectification de révolution [axisymmetric grinding]

(n.f.) RECTIFICATION de FORME possédant une SYMÉTRIE de ROTATION par rapport à un AXE (sens 1).
Ex. : *Rectification de révolution d'une* ROTULE *sphérique.*

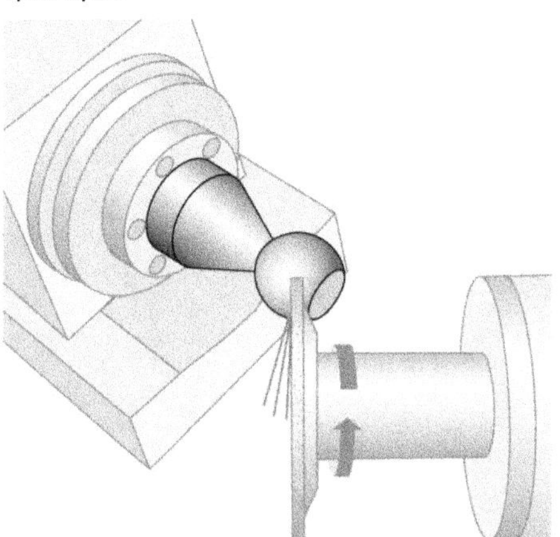

rectification plane [flat surface grinding]

(n.f.) ABRASION de SURFACE uniforme sans relief avec une grande PRÉCISION géométrique et un excellent ÉTAT DE SURFACE.
A. Plusieurs configurations classiques permettent de la réaliser :
a. AXE (sens 1) de MEULE horizontal ; TABLE à MOUVEMENT DE VA ET VIENT.

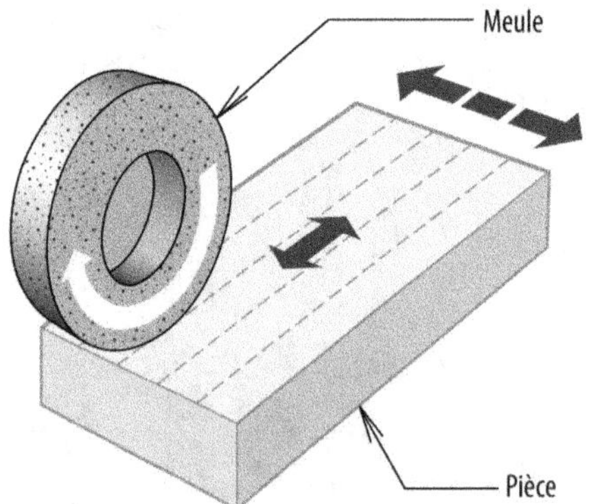

b. AXE (sens 1) de MEULE **horizontal** ; TABLE **tournante.**

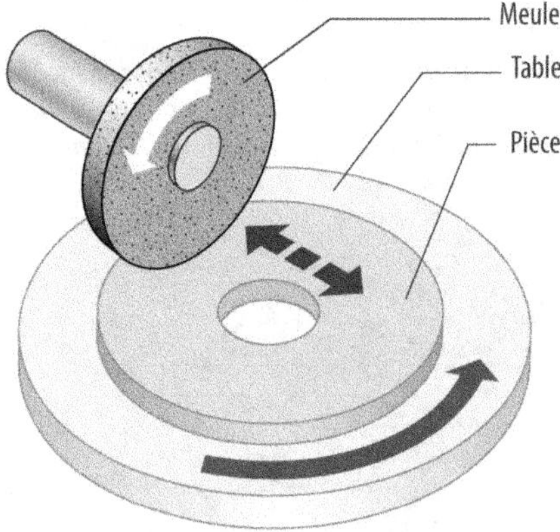

c. **Axe vertical** ; TABLE à MOUVEMENT VA ET VIENT.

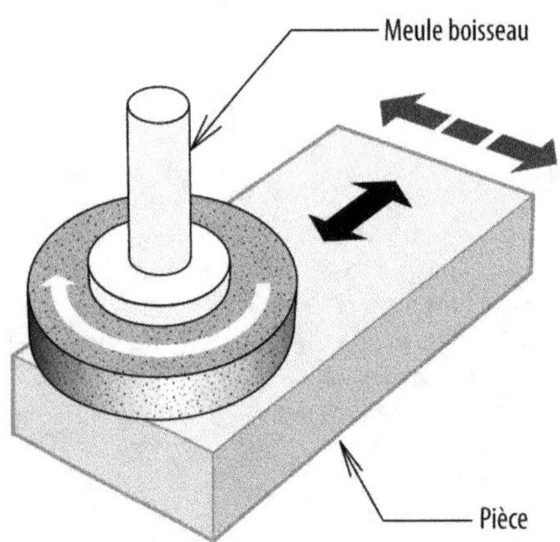

d. **Axe vertical** ; TABLE **tournante.**

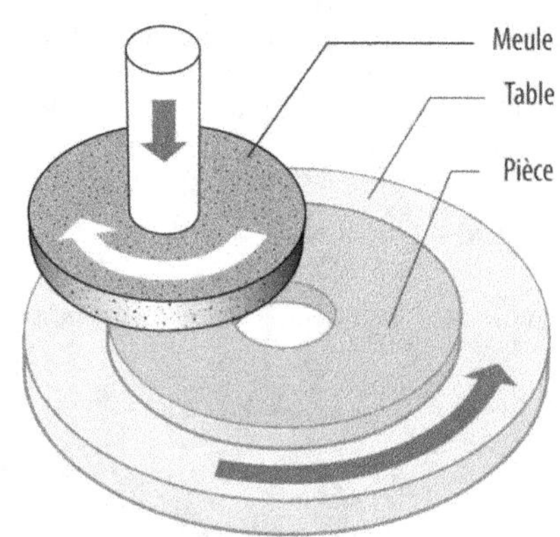

B. **Des configurations plus spéciales existent aussi pour des applications spécifiques.**
→ **Voir** RECTIFICATION PLANE À DOUBLE FACE.

---

rectification plane à double face [double sided flat grinding, double side grinding]

(n.f.) RECTIFICATION **simultanée des deux** FACES | PARALLÈLES **d'une même** PIÈCE **(sens 1) grâce à deux** MEULES **placées face à face.**
Ex. 1 : *Rectification plane à double face de* BAGUES DE ROULEMENT.

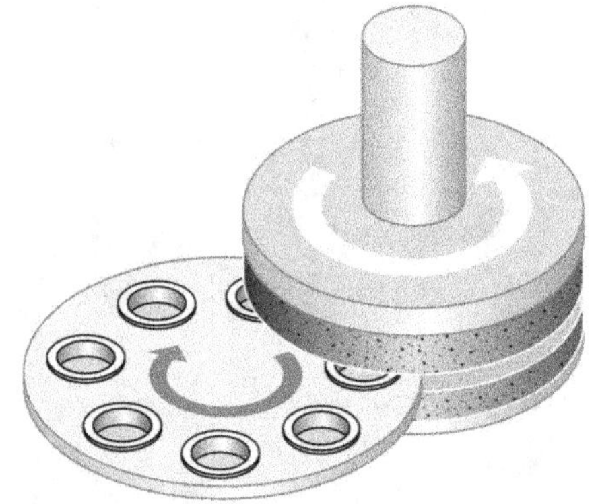

Ex. 2 :

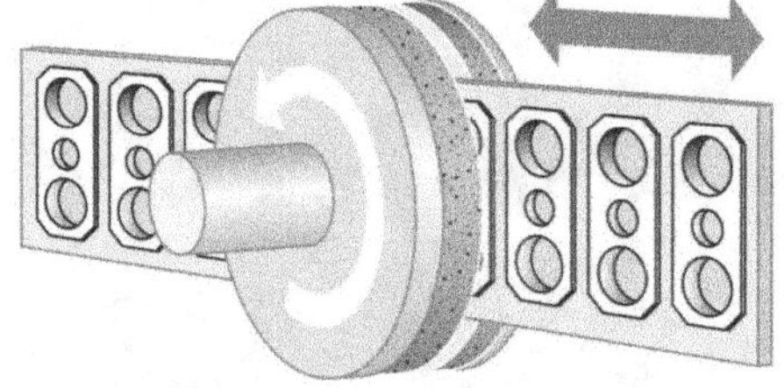

Ex. 3 : *Rectification plane à double face de bielles.*

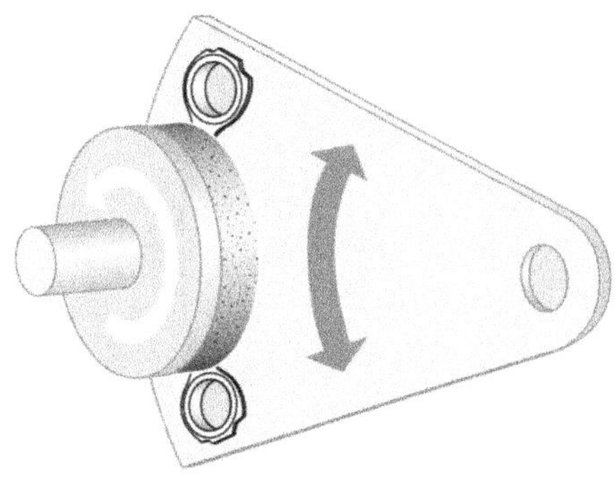

Autre appellation : rectification plane à double meule.

rectification polygonale [polygon grinding]

(n.f.) PROCÉDÉ de RECTIFICATION spéciale s'apparentant à la RECTIFICATION CYLINDRIQUE mais dans laquelle la MEULE est, en plus, animée d'un MOUVEMENT de DÉPLACEMENT | RADIAL synchronisé avec la ROTATION de la PIÈCE (sens 1) de manière à obtenir des FORMES | NON-CYLINDRIQUES telles que des carrés ou des triangles.
Ex. : *Rectification d'un* ARBRE POLYGONAL *triangulaire.*

rectification sans centre [centerless grinding]

(n.f.) PROCÉDÉ de RECTIFICATION DE RÉVOLUTION dans lequel la PIÈCE (sens 1) est placée sur un SUPPORT et deux CYLINDRES, l'un entraînant la PIÈCE (sens 1) en ROTATION et l'autre étant l'OUTIL D'ABRASION. C'est la légère inclinaison de la roue d'entraînement qui fait avancer axialement la pièce.

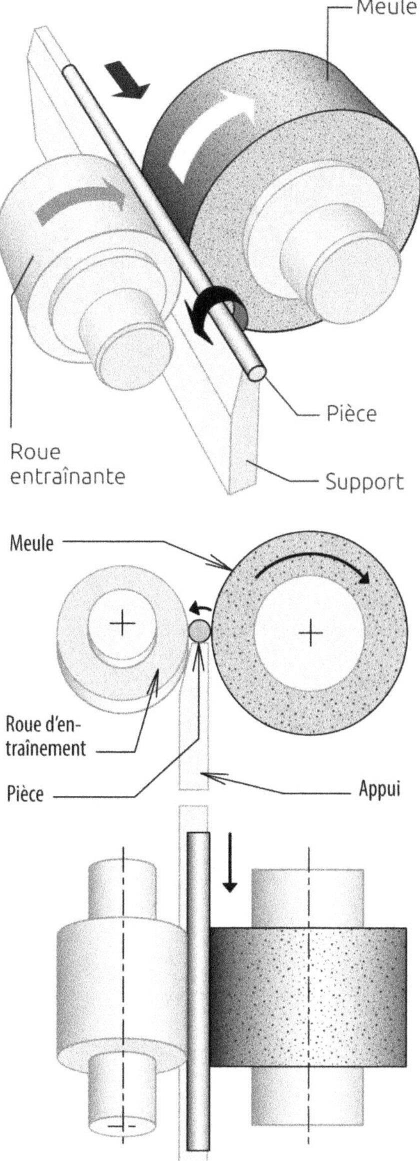

A. Ce PROCÉDÉ ne nécessite pas de MONTAGE D'USINAGE ni de MANDRIN (sens 1) ni de MONTAGE | ENTRE-POINTE, pour le MAINTIEN de la PIÈCE (sens 1), ce qui permet une grande PRODUCTIVITÉ.
B. SÉRIE DE PIÈCES économique :

Proto	Unitaire	Petite	Moyenne	Grande	Très Grande
1	10	100	1 000	10 000	100 000
			Rectification sans centre		

👍 Avantages

C. PRODUCTIVITÉ élevée car il n'y a pas de perte de temps dans la préparation de TROU de CENTRAGE, l'installation et le MAINTIEN des PIÈCES (sens 1). AUTOMATISATION très poussée possible. La PIÈCE (sens 1) est soutenue dans son ensemble, ce qui permet la RECTIFICATION sur de grande LONGUEUR et de faible DIAMÈTRE. Ce qui permet aussi de forte rectification d'ÉBAUCHES sans DÉFORMATIONS dommageables. Permet aussi d'usiner des MATIÈRES très TENDRES.

👎 Inconvénients

D. Peut faire apparaître des problèmes de CIRCULARITÉ en cas de mauvais réglage. La COAXIALITÉ n'est pas garantie par rapport à un ALÉSAGE déjà présent. La rectification en opposition n'est pas possible.

→ Voir RECTIFIEUSE SANS CENTRE pour la MACHINE utilisée pour ce type de RECTIFICATION.

---

rectifieuse cylindrique [cylindrical grinder]

(n.f.) MACHINE-OUTIL très précise constituée d'une MEULE tournante permettant d'obtenir des FORMES DE RÉVOLUTION très précises et d'excellents ÉTATS DE SURFACE.

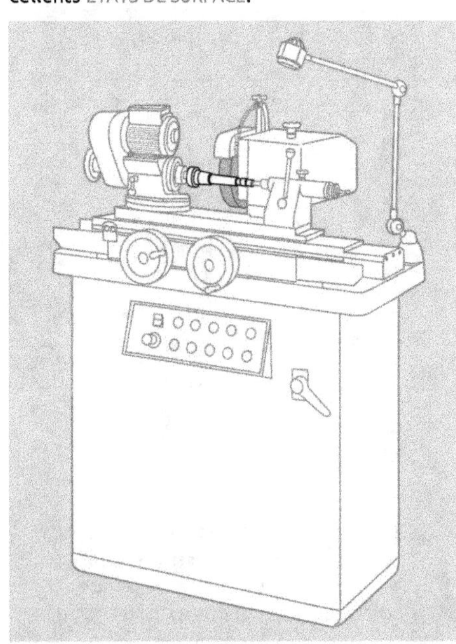

---

rectifieuse plane [surface grinder]

(n.f.) MACHINE-OUTIL très précise avec une MEULE tournante permettant d'abraser des PIÈCES animées de MOUVEMENTS divers afin d'obtenir des SURFACES planes très soignées en

PRÉCISION géométrique dimensionnelle et ÉTAT DE SURFACE.

Plusieurs configurations de machine existent :

a. Meule à AXE (sens 1) HORIZONTALE, utilisant sa périphérie en partie active. La PIÈCE (sens 1) à rectifier subit un MOUVEMENT DE VA ET VIENT.

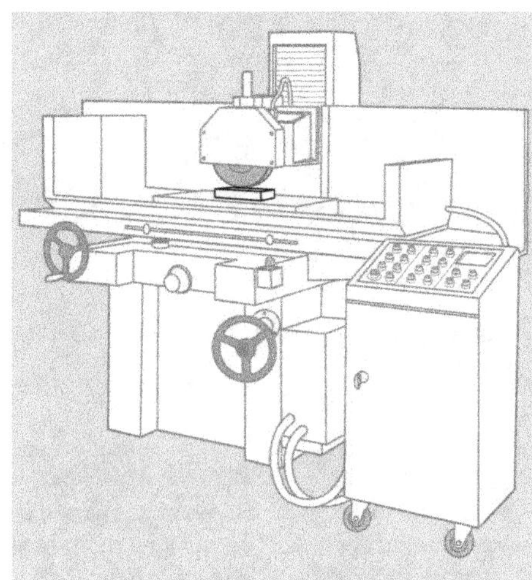

b. MEULE à AXE (sens 1) VERTICALE dont la parie active est la face. La PIÈCE (sens 1) à rectifier est animée d'un MOUVEMENT DE ROTATION.

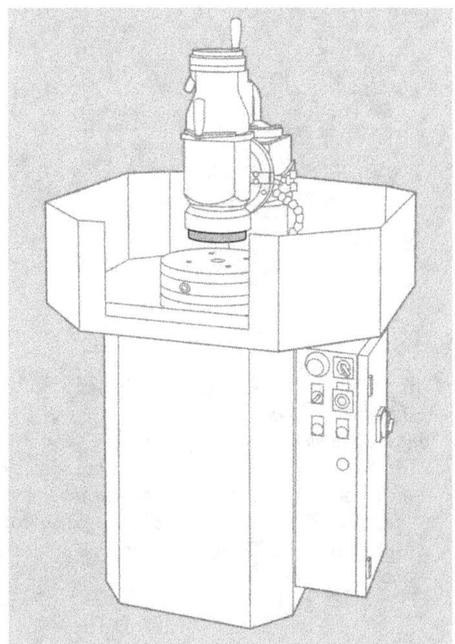

c. MEULE à AXE (sens 1) VERTICALE dont la partie active est la face. La PIÈCE à rectifier est animée d'un MOUVEMENT DE VA ET VIENT (voir page suivante).

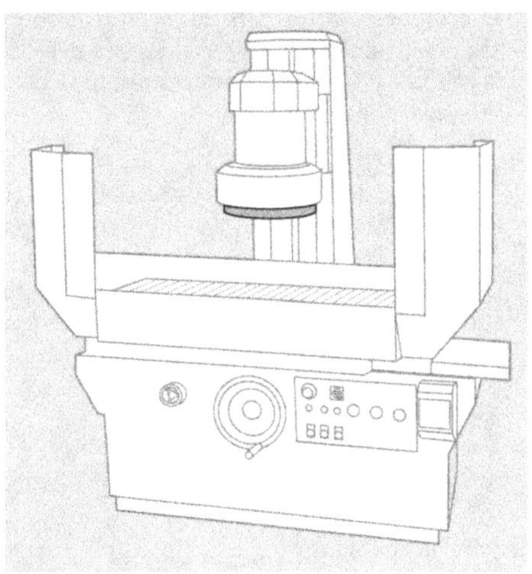

→ Voir RECTIFICATION PLANE.

rectifieuse sans centre [centerless grinding machine]

(n.f.) MACHINE-OUTIL constituée de deux MEULES dont une seulement est ABRASIVE, l'autre en MATIÈRE | SOUPLE comme le CAOUTCHOUC de grande DURETÉ sert à entraîner la PIÈCE (sens 1) en ROTATION sans qu'elle soit maintenue par son AXE (sens 1).

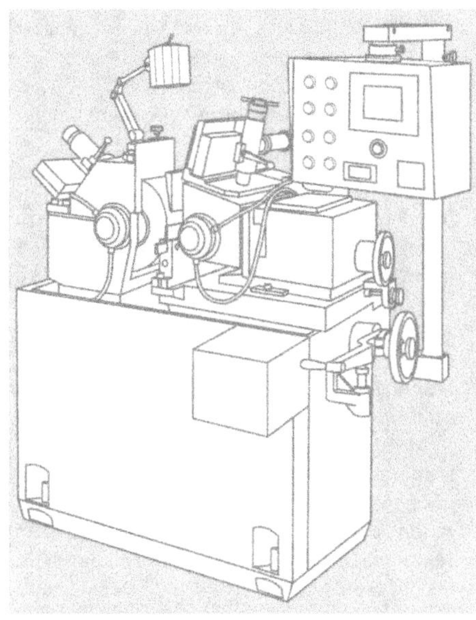

→ Voir RECTIFICATION SANS CENTRE.

rectiligne [straight, linear]

(adj.) Droit. Qui n'a pas la moindre COURBURE.

rectitude [straightness]

(n.f.) Caractère d'une FORME géométrique droite sans la moindre COURBURE.
La rectitude est spécifiée sur un DESSIN TECHNIQUE de la façon suivante :

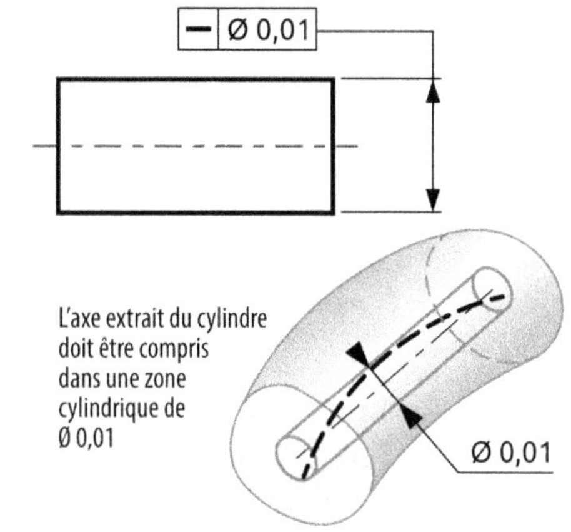

recuit [annealed]

(adj.) Qui a subi un chauffage et un REFROIDISSEMENT lents de manière à effacer les effets de DURCISSEMENT et de FRAGILISATION procurés par la TREMPE, ou par l'ÉCROUISSAGE...

recuit [annealing]

(n.m.) TRAITEMENT THERMIQUE consistant à chauffer lentement une MATIÈRE, à la maintenir à une certaine TEMPÉRATURE et durée puis à la refroidir lentement pour en diminuer la DURETÉ, la FRAGILITÉ et les défauts de MICROSTRUCTURE provenant d'autres TRAITEMENTS THERMIQUES ou des PROCÉDÉS de MISE EN FORME.
A. Plusieurs types de recuit existent et sont réalisés à des TEMPÉRATURES et des durées plus ou moins élevées et procurant chacun des effets spécifiques :
• Recuit complet.
• HOMOGÉNÉISATION.
• RECRISTALLISATION.
• REGÉNÉRATION ou NORMALISATION.
• SPHÉROÏDISATION, GLOBULISATION ou COALESCENCE, ADOUCISSEMENT.
• RESTAURATION.
• DÉTENSIONNEMENT, DÉTENTE, RELAXATION ou STABILISATION.
Les MICROSTRUCTURES procurées par les différents types de recuit sont résumés sur le tableau page suivante.

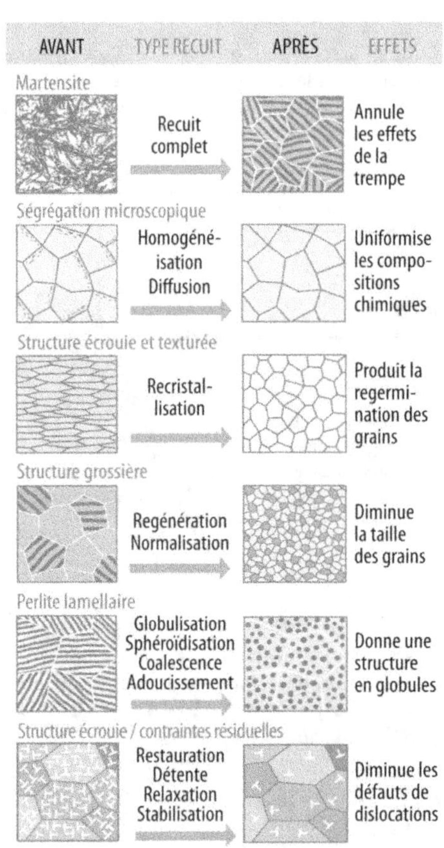

B. Le diagramme suivant valable pour l'ACIER NON ALLIÉ donne un aperçu des TEMPÉRATURES (en grisé) et des courbes de cycle thermique (en noir) pour les différents types de recuit :

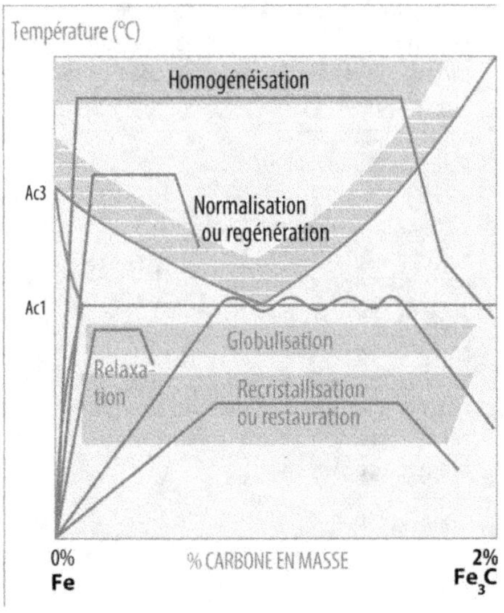

Chacun des TRAITEMENTs de recuit mentionnés ci-dessus peuvent corriger plusieurs défauts à la fois, les TEMPÉRATUREs mises en jeu se recouvrant partiellement.

(n.f.) Aptitude d'un MATÉRIAU déjà utilisé à être collecté, retraité et réutilisé de nouveau pour fabriquer des PIÈCES (sens 1) neuves. Cette notion peut être variable allant d'une recyclabilité totale à l'infini à une non-recyclabilité en passant par une recyclabilité intermédiaire avec dégradation progressive de la MATIÈRE RECYCLÉE :

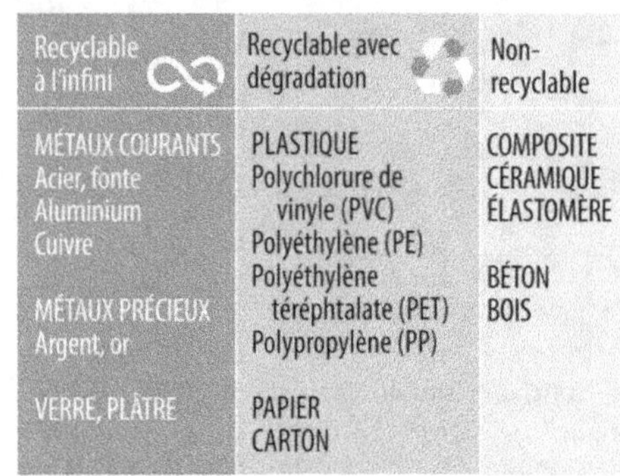

Recyclable à l'infini	Recyclable avec dégradation	Non-recyclable
MÉTAUX COURANTS Acier, fonte Aluminium Cuivre	PLASTIQUE Polychlorure de vinyle (PVC) Polyéthylène (PE) Polyéthylène téréphtalate (PET) Polypropylène (PP)	COMPOSITE CÉRAMIQUE ÉLASTOMÈRE
MÉTAUX PRÉCIEUX Argent, or		BÉTON BOIS
VERRE, PLÂTRE	PAPIER CARTON	

→ **Voir aussi** RECYCLAGE ; REVALORISATION.

recyclable [recyclable]

(adj.) Dont la MATIÈRE peut être reconsidérée, retraitée pour permettre la FABRICATION de nouveaux objets.

• Note : Ne pas confondre avec RÉUSAGEABLE et RÉEMPLOYABLE.

recyclage [recycling]

(n.m.) Chaîne de PROCÉDÉS de collecte, de tri, de retraitement total ou partiel du MATÉRIAU d'un objet usagé et délaissé en DÉCHETS ou ordure en vue de fabriquer de nouveaux objets.

A. La MATIÈRE subit généralement un processus de remise en condition (REGÉNÉRATION, regranulation, refusion, etc.) qui lui redonne son aptitude pour une nouvelle FABRICATION. Elle est appelée MATIÈRE RECYCLÉE ou MATIÈRE de recyclage, ou matière de seconde fusion en FONDERIE.

B. Le recyclage proprement dit est précédé en amont de deux autres processus consistant à réunir les DÉCHETS au même endroit et à séparer les différents types de MATIÈRE : c'est la collecte et le tri.

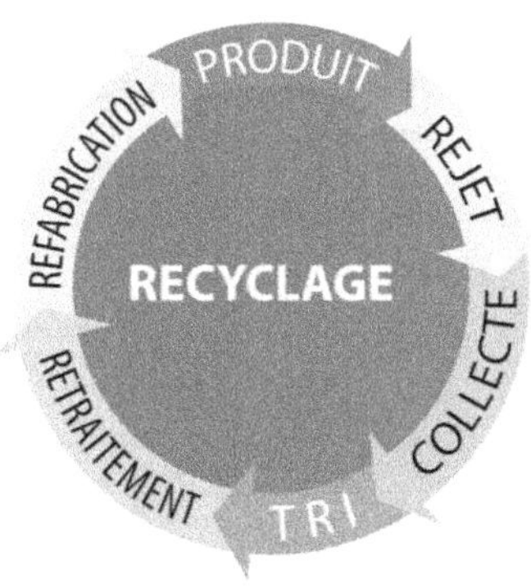

Ex. : *Recyclage de câbles électriques* :

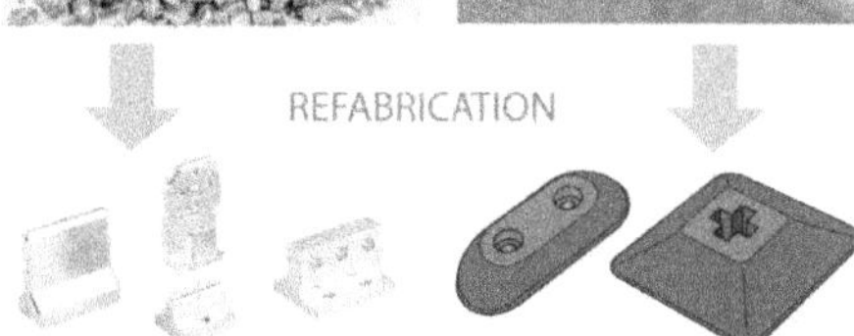

C. Les MATÉRIAUX qui font actuellement l'objet de recyclage sont : l'ACIER, le CUIVRE, l'ALUMINIUM, les MÉTAUX PRÉCIEUX (ARGENT, OR, etc.), le VERRE, le papier, le PLÂTRE et certaines (PLASTIQUES), MATIÈRES PLASTIQUES (PVC, PE, PET, PP, PS...).
D. Les meilleurs ACIERS sont obtenus à partir de matière recyclée.
→ Voir RECYCLABILITÉ.

 **Avantages**

E. Économise et préserve les ressources naturelles en MATIÈRE et ÉNERGIE. Diminue la pollution de l'ENVIRONNEMENT (sens 1).

 **Inconvénients**

F. Coût de TRAITEMENT non négligeable. Nécessite des installations très élaborées.
G. Ne pas confondre avec le RÉUSAGE qui est une reconsidération de DÉCHETS pas en tant que MATIÈRE pour les PROCÉDÉS de FABRICATION, mais, par exemple, en COMBUSTIBLE pour produire de l'ÉNERGIE ou en MATÉRIAU de remblaiement. Ne pas confondre non plus avec le RÉEMPLOI qui est une récupération d'objets en vue de la même réutilisation que sa vocation de départ après RECONDITIONNEMENT.

réducteur de vitesse [speed reduction unit]

(n.m.) DISPOSITIF | MÉCANIQUE permettant de diminuer la rapidité d'un MOUVEMENT DE ROTATION et par le principe de conservation de l'énergie, d'augmenter le COUPLE DE FORCE.

A. Le réducteur de vitesse est caractérisé par son RAPPORT DE TRANSMISSION, la VITESSE et le COUPLE nominaux qu'il peut transmettre.
B. Lorsque le réducteur de vitesse est intégré dans le même bloc CARTER qu'un MOTEUR, on parle de MOTORÉDUCTEUR.

réduction [reduction]

(n.f.)
1. Action de diminuer quelque chose.
2. Fait de quelque chose ayant diminué.
Ex. : *Réduction de vitesse.*

3. RÉACTION CHIMIQUE dans laquelle un ion ou un atome gagne un ou plusieurs électrons.

$$Y^{n+} + ne^- \rightarrow Y$$

Ex. : *Réduction d'un* OXYDE *de* FER *avec du* CARBONE *pour obtenir du* FER *[smelting].*

$$FeO + C \rightarrow Fe + CO$$

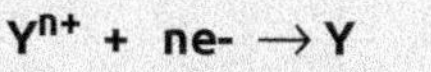

réemploi [re-use]

(n.m) Réutilisation pour la même vocation qu'à l'origine d'un objet ayant déjà servi, après RE-CONDITIONNEMENT.

réemployable [reusable]

(adj.) Susceptible d'être réutilisé avec la même vocation qu'à l'origine après RECONDITIONNE-MENT.

• Note : Ne pas confondre avec RÉUSAGEABLE et RECYCLABLE.

refabrication [refabrication]

(n.f.) Réutilisation d'une MATIÈRE déjà mise en œuvre auparavant puis soumis à un TRAITEMENT de RECYCLAGE en vue de redevenir une MATIÈRE DE BASE pour fabriquer d'autres objets.

→ Voir RECYCLAGE.

refendage [slitting]

(n.m.) TECHNIQUE de DÉCOUPE progressive d'enroulement de TÔLE suivant la LONGUEUR, à l'aide de ROULEAUX (sens 2) à bords tranchants, pour obtenir des enroulements de LARGEURS plus faibles.

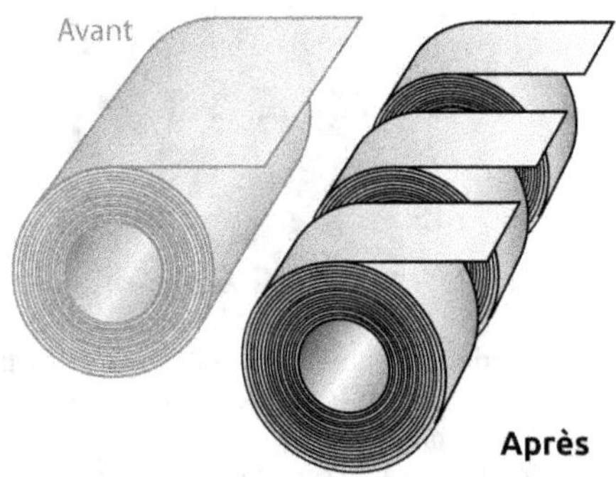

Principe du PROCÉDÉ :

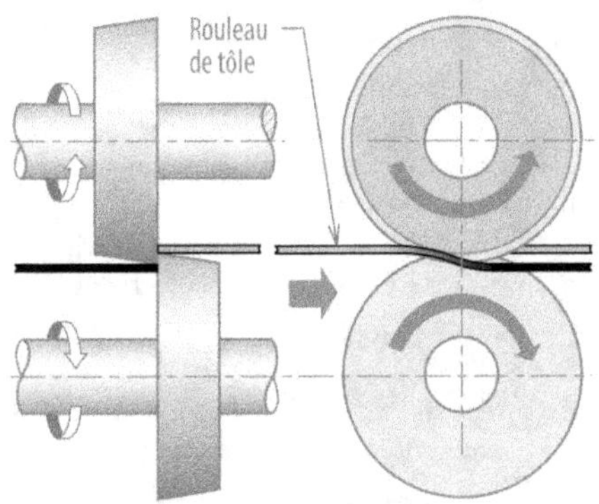

→ Voir (REFENDAGE), LIGNE DE REFENDAGE pour la MACHINE utilisée.

(refendage), ligne de refendage [slitting machine, rotary shear]

(n.f.) MACHINE de DÉCOUPE avec des GALETS à bords coupants, de ROULEAU (sens 1) de TÔLE déroulé progressivement suivant la LONGUEUR puis réenroulé en ROULEAUX (sens 2) moins larges après la COUPE (sens 1).

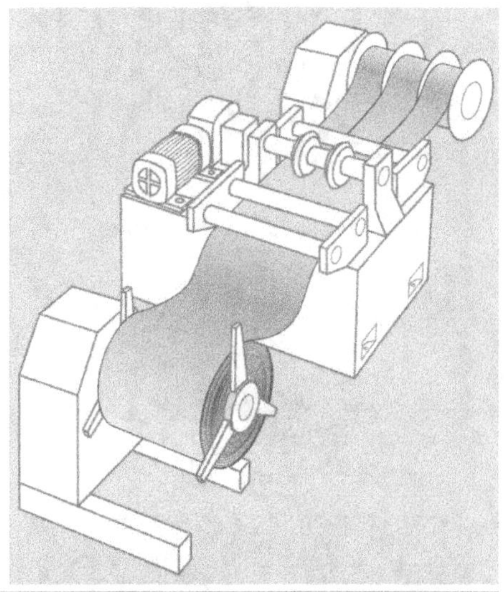

référence [reference]

(n.f.) Ce qui est reconnu et considéré comme ne pouvant être remis en cause et qui est pris comme base pour définir toute autre chose.

→ Voir, par exemple, SURFACE DE RÉFÉRENCE.

refoulage [upset forging, heading]

(n.m.) PROCÉDÉ de FABRICATION dans lequel la PIÈCE (sens 1) est partiellement pressée contre une MATRICE (sens 1) possédant la FORME à obtenir.

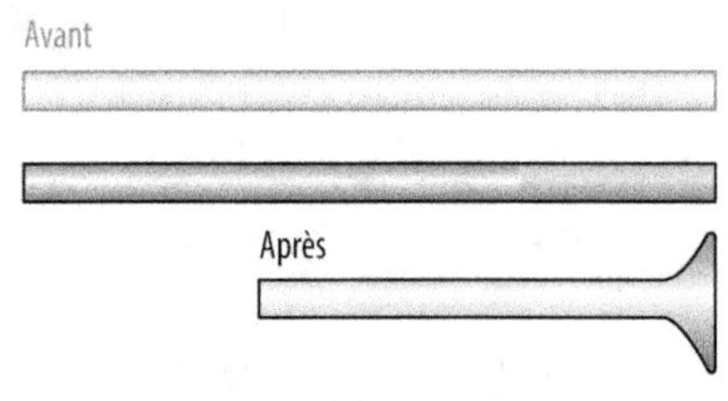

• Note : Ne pas confondre avec le MATRIÇAGE ou l'ESTAMPAGE dans lesquels un LOPIN entier est pressé à l'intérieur d'une MATRICE (sens 1).

→ Voir (REFOULAGE), ÉLECTRO-REFOULAGE.

(refoulage), électro-refoulage [electric upsetting]

(n.m.) PROCÉDÉ de REFOULAGE dans lequel le MÉTAL est préalablement chauffé par induction puis pressé sur une FORME.

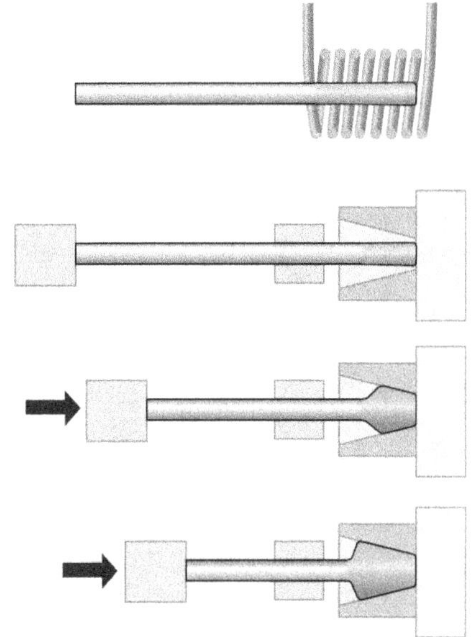

Cette opération est réalisée sur une presse horizontale.

réfractaire [refractory]

(adj.) Qui résiste à des TEMPÉRATURES extrêmes sans OXYDATION (sens 1), ni RUPTURE, ni FUSION. Dans les considérations usuelles, est dit réfractaire ce qui résiste à des TEMPÉRATURES supérieures à 1500°C, c'est à dire des MATÉRIAUX qui résistent à l'ACIER et à la FONTE fondue.
→ Voir (RÉFRACTAIRE), MATÉRIAU RÉFRACTAIRE.

(réfractaire), matériau réfractaire [refractory material]

(n.m.) MATÉRIAU dont la TEMPÉRATURE DE FUSION est plus élévée que celle des MÉTAUX usuels.
A. Dans les considérations habituelles, ce sont les matériaux qui résistent au FER, au COBALT et au NICKEL fondus, c'est à dire bien au delà de 1500°C environ. Dans les considérations pratiques, les matériaux réfractaires sont ceux qui résistent à des températures dépassant 2000°C. C'est le cas du TUNGSTÈNE, du MOLYBDÈNE, du NIOBIUM, du TANTALE, du RHÉNIUM, pour les MÉTAUX.
B. Les matériaux réfractaires sont utilisés, par exemple, pour la FABRICATION des récipients en MÉTALLURGIE tels que les CREUSETS, les lingotières ou pour les FOURS.
C. Les alliages réfractaires sont utilisés pour leur capacité à conserver une partie de leurs PROPRIÉTÉS MÉCANIQUES à des TEMPÉRATURES qui peuvent atteindre 1100°C pour certains. Les alliages les plus utilisés sont les SUPERALLIAGES,

initialement développés pour les moteurs à réaction (à base de NICKEL comme les INCONELS ® ou à base de COBALT) et les alliages de TITANE...

(réfractaire), métal réfractaire [refractory material]

(n.m.) MÉTAL dont la TEMPÉRATURE DE FUSION dépasse 2000°C. C'est le cas du TUNGSTÈNE, du MOLYBDÈNE, du NIOBIUM, du TANTALE, du RHÉNIUM.

refroidissement [cooling]

(n.m.)
1. Diminution de la TEMPÉRATURE.
→ Voir aussi VITESSE DE REFROIDISSEMENT.
2. Action d'abaisser la TEMPÉRATURE.

refroidissement à l'air [air cooling]

(n.m.) Diminution de la TEMPÉRATURE ne faisant intervenir que l'atmosphère à TEMPÉRATURE AMBIANTE et sans agitation ni FLUX (sens 1) particulier.
A. La VITESSE DE REFROIDISSEMENT dans ces conditions est de l'ordre de quelques °C/s (degrés Celsius par seconde), selon les dimensions et les TEMPÉRATURES des pièces.
→ Voir VITESSE DE REFROIDISSEMENT.
B. Ne pas confondre avec le REFROIDISSEMENT PAR AIR.

refroidissement par air [air cooling]

(n.m.) Principe d'abaissement de la TEMPÉRATURE par une circulation des GAZ de l'atmosphère.
• Note : Ne pas confondre avec le REFROIDISSEMENT À L'AIR.

regénération [regeneration]

(n.f.) Étape de certains PROCÉDÉS de RECYCLAGE de MATIÈRE, consistant à lui incorporer des ADDITIFS (par exemple, COLORANT ou STABILISANT, etc.) pour en raviver les PROPRIÉTÉS dégradées.

regermination [regermination]

(n.f.) PHÉNOMÈNE de reformation à l'état SOLIDE d'embryons sur les JOINTS DE GRAINS au sein de la MICROSTRUCTURE d'un MATÉRIAU pour aboutir à une nouvelle MICROSTRUCTURE en général plus équiaxe.

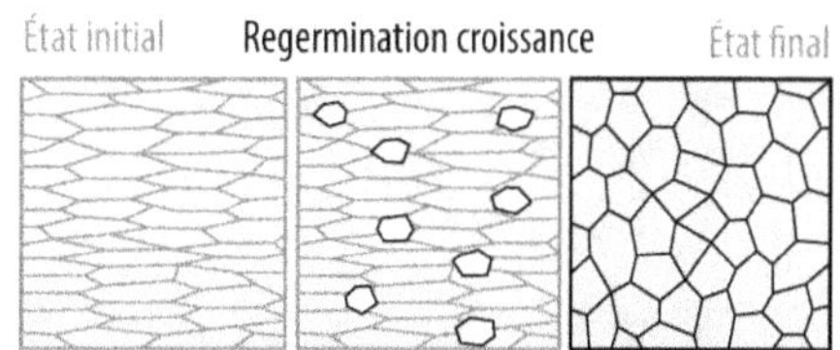

A. La regermination est le PHÉNOMÈNE initial qui intervient dans la RECRISTALLISATION.
B. Ne pas confondre avec la GERMINATION tout court qui part d'un état LIQUIDE pour engendrer un état SOLIDE | POLYCRISTALLIN.

réglable [adjustable]

(adj.) Dont les paramètres sont prévus pour être ajustés finement.

réglage [adjusting]

(n.m.) OPÉRATION d'ajustement fin des paramètres d'un SYSTÈME.

réglage d'usine [pre-setting]

(n.m.) Paramètres d'un SYSTÈME tels qu'ils sont définis à sa FABRICATION et qui sont susceptibles d'être modifiés par la suite lors de son utilisation réelle.
◆ Syn. : PRÉRÉGLAGE.

règle [rule]

(n.f.)
1. INSTRUMENT | RECTILIGNE gradué ou non servant à mesurer des LONGUEURS ou à vérifier des RECTITUDES.
2. Principe, prescription indispensable à respecter.

règle à retrait [shrunk rule]

(n.f.) RÈGLE (sens 1) utilisée pour fabriquer et contrôler les OUTILLAGES (sens 2) de FONDERIE et dont les GRADUATIONS sont légèrement plus espacées que la dimension réelle afin d'anticiper la rétractation de la pièce causée par le RETRAIT SOLIDE qui apparaît entre la TEMPÉRATURE de SOLIDIFICATION et l'ambiante. Pour plus de précision, on utilise aussi des PIEDS À COULISSE à retrait qui présentent jusqu'à 4 retraits différents.
• Note : Les pièces forgées (CHAUD), À CHAUD présentent également des RETRAITS qu'il faut anticiper dans les OUTILLAGES (sens 2).

règle de contrôle [straight edge]

(n.f.) Instrument rectiligne précis servant à la VÉRIFICATION de RECTITUDE.

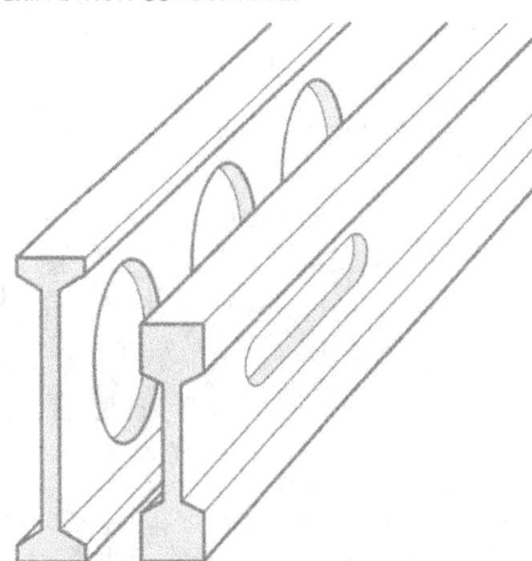

règle de l'art [rules of art]

(n.f.) Principes correspondant à l'état de la TECHNIQUE et constitués d'un ensemble de pratiques professionnelles spécifiques à chaque domaine et devant être respectées dans une réalisation contractuelle.
Les NORMES en font, par exemple, partie. Dans l'examen d'un litige, les tribunaux considèrent que les règles de l'art sont des obligations implicites dont le non-respect engage la responsabilité des acteurs.

régler [adjust]

(v.tr.) Ajuster finement les paramètres d'un SYSTÈME.

réglet [machinist's rule]

(n.m.) Petite RÈGLE (sens 1) métallique graduée utilisée en ATELIER pour les MESURES (sens 3) de DISTANCE avec une PRÉCISION de l'ordre du demi-millimètre.

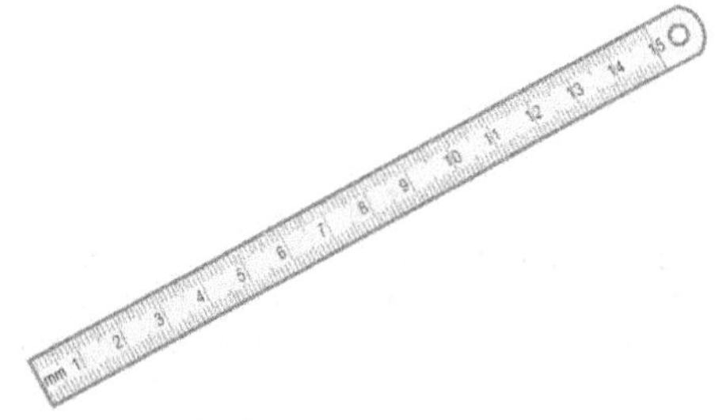

Sa LONGUEUR totale peut atteindre le mètre mais est le plus souvent de l'ordre de quelques décimètres.

régulier [regular]

(adj.) Dont tous les côtés, tous les ANGLES sont égaux en parlant de configuration géométrique.
Ex. : *Hexagone régulier.*

relaxation de contrainte [stress relaxation]

(n.f.) PHÉNOMÈNE provoqué de disparition de CONTRAINTES RÉSIDUELLES à l'échelle de la pièce par différents TRAITEMENTS THERMIQUES de RECUIT ou vibratoires.
◆ Syn. : STABILISATION (sens 2) ou DÉTENSIONNEMENT.

(relief), en relief [high relief]

(Locution). Qui est de FORME proéminente comparée à son entourage.
◊ Contr. : (CREUX), EN CREUX.

remue-méninges [brainstorming]

(n.m. invariable) MÉTHODE de travail mettant en œuvre la réflexion de groupe et la dynamique d'interactions collectives pour stimuler la CRÉA-TIVITÉ et déboucher sur des SOLUTIONS (sens 1). C'est le PROCESSUS d'IDÉATION visant à générer des idées nouvelles et des approches innovantes dans le cadre de la CONCEPTION d'un PRODUIT, de la mise en place d'un service ou de la résolution d'un quelconque problème, d'une façon générale.

• Note : Littéralement, le terme anglais signifie « tempête dans le crâne » ou « suractivation du cerveau ». Plus académiquement, on pourrait traduire « brainstorming » par « réunion de créativité ».

→ Voir aussi ANALYSE FONCTIONNELLE ; CONCEPTION ; IDÉATION.

rendement [efficiency]

(n.m.) D'une façon générale, quotient d'une quantité utile par la quantité investie pour l'obtenir.

→ Voir, par exemple, RENDEMENT MÉCANIQUE.

rendement mécanique [mechanical efficiency]

(n.m.) Rapport entre la PUISSANCE délivrée par un MÉCANISME et la PUISSANCE qui lui a été fournie. Le rendement mécanique est toujours inférieur à 1 car il y a toujours une déperdition, par FROTTEMENT, par exemple.

→ Voir TRAIN D'ENGRENAGES pour un exemple d'expression de rendement mécanique.

rendu réaliste [realistic rendering]

(n.m.) Imagerie numérique de synthèse avec une qualité très élevée la faisant ressembler à un objet véritable ou à une scène authentique.

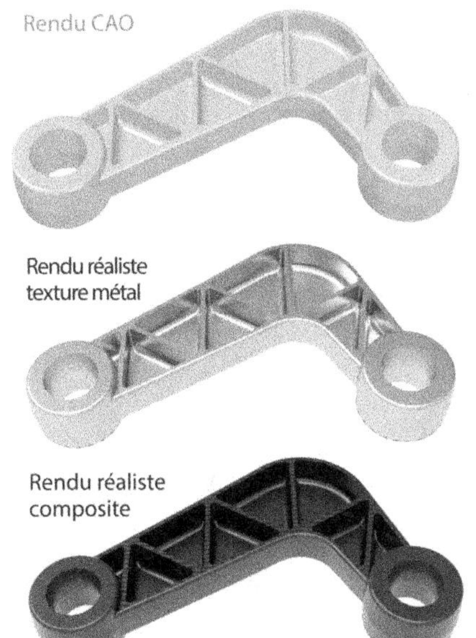

A. Les objets représentés peuvent en particulier, recevoir, une texture des MATÉRIAUX qui les composent.

B. Exemple de rendu réaliste d'une pièce comparée au rendu tel qu'on peut l'obtenir avec un logiciel de CONCEPTION ASSISTÉE PAR ORDINATEUR (CAO) (figure précédente).

→ Voir aussi MAQUETTE VIRTUELLE.

renforcement [strengthning]

(n.m.) Action d'améliorer la RÉSISTANCE MÉCANIQUE d'un OUVRAGE ou d'une STRUCTURE (sens 2) par un ou des éléments de construction supplémentaires.

renfort [reinforcement]

(n.m.)
1. ÉLÉMENT STRUCTURAL améliorant la RÉSISTANCE MÉCANIQUE d'un OUVRAGE ou d'une STRUCTURE (sens 2).

• Note : Ne pas confondre avec le RAIDISSEUR.

→ Voir RAIDISSEUR ; GOUSSET.

2. SUBSTANCE | PULVÉRULENTe ou sous forme de FIBRE destinée à être incorporée et dispersée à une MATRICE (sens 2) de POLYMÈRE afin d'en modifier ses PROPRIÉTÉS MÉCANIQUES, physiques, électriques, thermiques, chimiques.

A. La MATIÈRE ainsi obtenue est appelée (COMPOSITE), MATÉRIAU COMPOSITE.

B. Ne pas confondre avec la CHARGE (sens 2) dont le but essentiel est d'améliorer les CARACTÉRISTIQUES économiques, c'est à dire de diminuer les coûts des MATIÈRES.

renvoi d'angle [angle gearbox]

(n.m.) DISPOSITIF à ENGRENAGE CONIQUE À AXES CONCOURANTS permettant de transmettre un MOUVEMENT DE ROTATION à deux ARBRES (sens 2) orientés dans des DIRECTIONS non-PARALLÈLES.

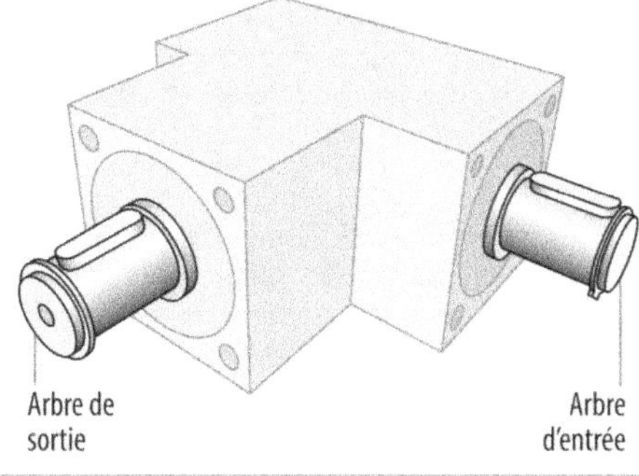

réparation [repair]

(n.f.) Action de remettre en état ce qui est DÉFECTUEUX ou de remettre en ordre de marche ce qui est EN PANNE.

• Note : Ne pas confondre avec le DÉPANNAGE.
→ Voir aussi MAINTENANCE CURATIVE.

répétabilité [repeatability]

(n.f.) PROPRIÉTÉ de ce qui peut être recommencé plusieurs fois en obtenant un résultat sensiblement identique et par l'utilisation des mêmes moyens et conditions de réalisation.

A. En représentant les résultats successifs d'un même PROCESSUS sur un diagramme en forme de cible et dont le centre représente la valeur vraie avec la TOLÉRANCE acceptée, ci-dessous les cas de figure possibles.

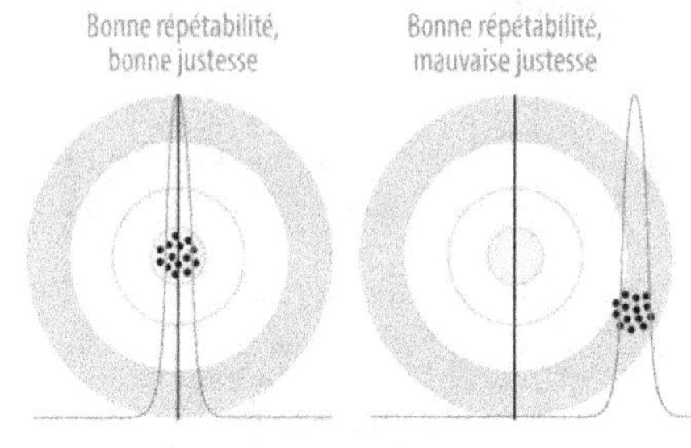

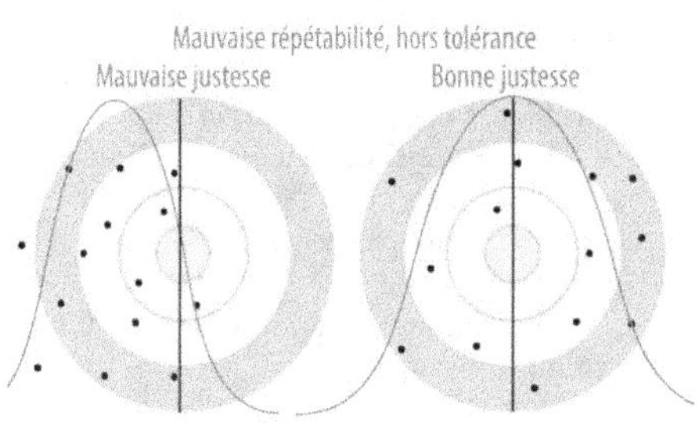

B. Dans un processus RÉPÉTABLE, l'ensemble des points est regroupé à un même endroit du diagramme (écart-type faible). À noter tout de même qu'un processus peut être répétable sans atteindre la justesse nécessaire.

C. Ne pas confondre avec la REPRODUCTIBILITÉ qui n'est pas nécessairement envisagée avec les mêmes moyens et conditions de réalisation.
→ Voir aussi CAPABILITÉ.

répétable [repeatable]

(adj.) Susceptible de donner des résultats successifs sensiblement identiques en utilisant les mêmes moyens et conditions de réalisation.

• Note : Ne pas confondre avec REPRODUCTIBLE qui ne demande pas forcément d'être réalisé avec les mêmes moyens et conditions.

RÉPÉTABLE	REPRODUCTIBLE
Qui donne des résultats successifs identiques à une tolérance près en utilisant des moyens et conditions strictement identiques. Mêmes méthodes, mêmes machines, mêmes instruments, mêmes opérateurs, même environnement et dans une période de temps rapprochée.	Apte à donner des résultats successifs identiques à une tolérance près sans nécessairement utiliser les mêmes moyens et conditions. Peut être des méthodes autres, des machines dissemblables, des opérateurs différents en des endroits différents et à des époques pouvant être éloignées les unes des autres.

repoussage [spinning]

(n.m.) TECHNIQUE de MISE EN FORME | (FROID), À FROID de FLAN | MÉTALLIQUE en FORME de DISQUE pour devenir une FORME DE RÉVOLUTION.

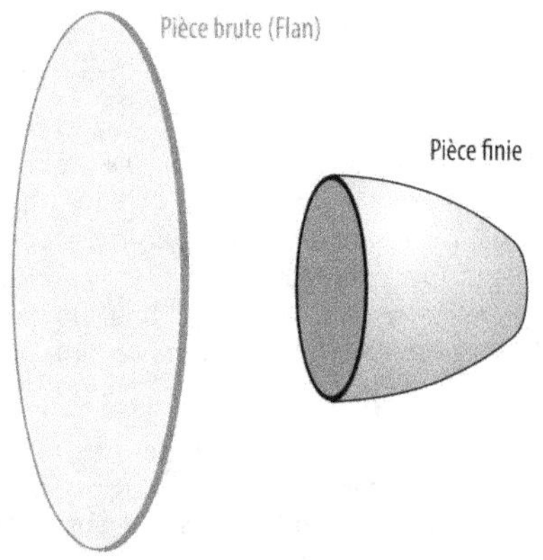

A. La MATIÈRE brute, c'est à dire le FLAN, est maintenue sur un MANDRIN possédant la FORME spéciale à obtenir, puis est plaquée en ROTATION sur cette FORME à l'aide d'une MOLETTE jusqu'à l'épouser entièrement.

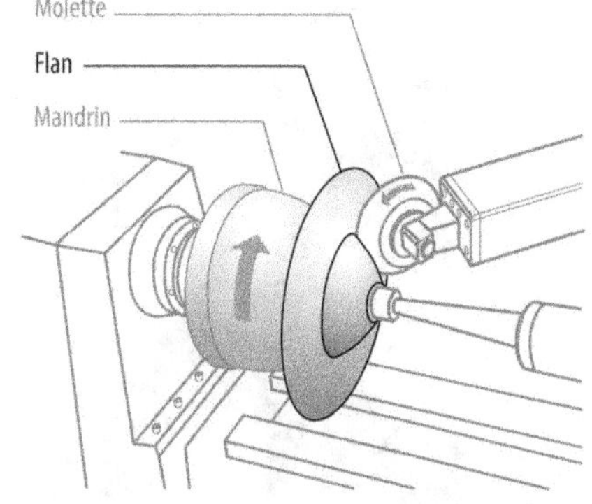

B. Ci-dessous une illustration détaillée par étape du PROCÉDÉ :

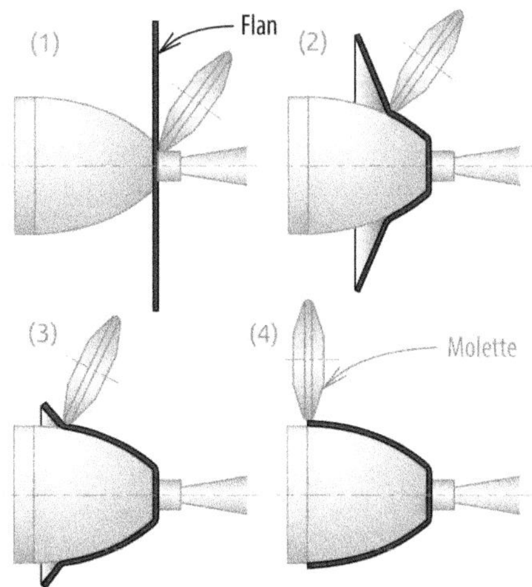

C. La pièce conserve sensiblement la même ÉPAISSEUR que le FLAN, ce qui différencie le PROCÉDÉ du FLUOTOURNAGE dont l'ÉPAISSEUR finale est régie par la règle dite du sinus.

D. TOLÉRANCE dimensionnelle (IT).

Très précis		Précis		Moyen	Grossier	Très Grossier
1 2 3 4 5		6 7 8 9		10 11 12	13 14 15	16 17 18
				Repoussage		
10 ± 0,002		10 ± 0,01		10 ± 0,05	10 ± 0,2	10 ± 1
100 ± 0,005		100 ± 0,02		100 ± 0,1	100 ± 0,4	100 ± 2

E. ÉTAT DE SURFACE. RUGOSITÉ Ra (µm).

F. Coût OUTILLAGE (sens 2) (Hors coût MACHINE).

Aucun	Faible	Moyen	Élevé	Très élevé
	Repoussage			

G. SÉRIE DE PIÈCES économique :

Proto	Unitaire	Petite	Moyenne	Grande	Très Grande
1	10	100	1 000	10 000	100 000
	Repoussage				

H. Ci-dessous, la MACHINE automatique utilisée pour cette OPÉRATION.

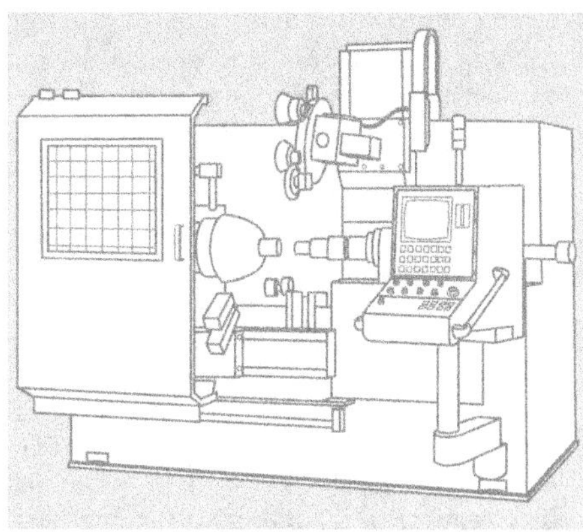

I. Des MACHINES manuelles existent également dans lesquelles seules la ROTATION du MANDRIN est assurée par un MOTEUR.

(Locution). Se dit d'une situation d'USINAGE dans laquelle la PIÈCE (sens 1) est repositionnée d'une autre façon pour une autre OPÉRATION.
→ Voir REPRISE D'USINAGE.

(n.f.) OPÉRATION d'enlèvement de MATIÈRE faisant suite à une autre OPÉRATION et nécessitant de repositionner la PIÈCE (sens 1) dans une autre configuration ou sur une autre MACHINE.

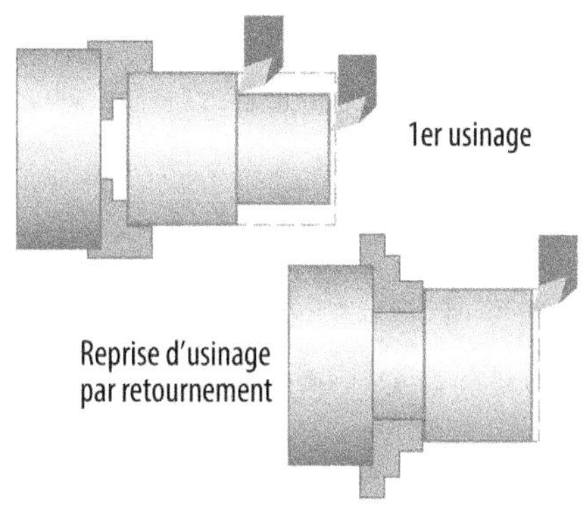

(n.f.) PROPRIÉTÉ de ce qui peut être recommencé plusieurs fois en obtenant un résultat sensiblement identique mais sans nécessairement utiliser les mêmes moyens et conditions de réalisation.
• Note : Ne pas confondre avec la RÉPÉTABILITÉ qui doit être envisagée avec strictement les mêmes moyens et conditions.
→ Voir RÉPÉTABLE.

reproductible [repeatable]

(adj.) De nature à donner des résultats successifs sensiblement identiques sans nécessairement utiliser les mêmes moyens et conditions de réalisation.

A. Ne pas confondre avec RÉPÉTABLE qui doit être réalisé avec les mêmes moyens et conditions.

B. La notion de reproductible renvoie au verbe « reproduire » qui consiste à refaire la même chose par n'importe quel moyen. Reproduire un dessin, par exemple, consiste à le refaire pas forcément avec le moyen de départ mais peut-être avec d'autres PROCÉDÉS ou MÉTHODES (photocopie, décalque, pantographe, numérisation, projection, etc.).

C. Répétable est, quant à lui, lié au verbe « répéter » qui consiste à recommencer la même chose dans les mêmes conditions et par les mêmes moyens. Répéter un dessin consiste à le refaire exactement de la même façon que la première fois, c'est à dire avec les mêmes TECHNIQUES, les mêmes INSTRUMENTS, les mêmes gestes, les mêmes supports, etc.

réseau cristallin [crystal lattice]

(n.m.) Agencement ordonné et régulier d'atomes constituant la STRUCTURE (sens 1) de certains MATÉRIAUX comme les MÉTAUX et les roches.
→ Voir STRUCTURE CRISTALLINE.

réservoir [tank]

(n.m.) Citerne ou contenant pour stocker un LIQUIDE.

résidu [residue, waste]

(n.m.) Ce qui reste quand on a enlevé une partie, mais sans forcément en présumer du devenir.
• Note : Ne pas confondre avec le DÉCHET qui est ce qui n'est absolument plus considéré une fois séparé de la partie utile.

résiduel [residual]

(adj.) Ce qui reste et qui persiste.
Ex. : *CONTRAINTE RÉSIDUELLE*.

résilience [impact energy, fracture toughness]

(n.f.) Grandeur de MESURE (sens 1) de la RÉSISTANCE AU CHOC, c'est à dire la capacité d'un MATÉRIAU à ne pas se ROMPRE NET après l'application brusque d'une FORCE.

A. La résilience est évaluée avec les ESSAIS DE CHOC. Elle est exprimée en JOULES ou rapportée à la section de l'ÉPROUVETTE d'essai en J/cm^2.
→ Voir ESSAI DE CHARPY ; ESSAI D'IZOD.

B. Ne pas confondre avec la TENACITÉ qui est la capacité à résister à la RUPTURE FRAGILE.

(résilience), essai de résilience [impact resistance test]

(n.m.) Même signification que ESSAI DE CHOC.
→ Voir ESSAI DE RÉSILIENCE.

résine [resin]

(n.f.) SUBSTANCE naturelle ou SYNTHÉTIQUE initialement VISQUEUSE et susceptible d'être durcie par un TRAITEMENT ultérieur pour former une (PLASTIQUE), MATIÈRE PLASTIQUE.

résistance [resistance]

(n.f.)

1. Capacité de quelque chose à ne pas se modifier ni à se détériorer lorsqu'elle subit des PHÉNOMÈNES susceptibles de la transformer ou la dégrader.
→ Voir, par exemple, RÉSISTANCE AU CHOC, RÉSISTANCE À LA CORROSION : RÉSISTANCE MÉCANIQUE.

2. Action ou PHÉNOMÈNE retardant ou empêchant la progression ou le développement de quelque chose.
Ex. : *Résistance de frottement*.

résistance à la corrosion [corrosion resistance]

(n.f.) Capacité d'un MATÉRIAU à ne pas se dégrader chimiquement sous l'effet d'un milieu environnant agressif tel que l'humidité, le sel, les rayonnements UV, les solvants et divers autres produits chimiques, les moisissures et champignons...

A. Le choix d'un MATÉRIAU doit tenir compte des agents agressifs qu'il peut rencontrer au cours de son utilisation sous peine d'une détérioration prématurée qui peut nuire à l'aspect ESTHÉTIQUE mais aussi provoquer des catastrophes en cas de RUPTURE ou perforation.

B. Le tableau synthétique suivant donne un premier aperçu du comportement des principaux groupes de MATÉRIAUX face aux principaux milieux agressifs :

	Air, eau humidité	Eau de mer	Rayon UV	Solvant organique	Acide fort	Base forte
Acier au carbone, acier faiblement allié, Fonte						
Acier inoxydable						
Aluminium et ses alliages						

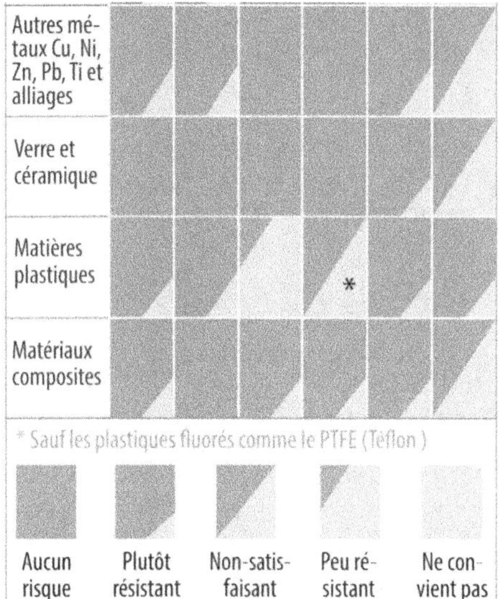

résistance à la limite conventionnelle [offset yield strength]

(n.f.) Valeur de RÉSISTANCE À LA LIMITE D'ÉLASTICI-TÉ correspondant à un ALLONGEMENT rémanent de 0,2 % ou 0,002 pour les MATÉRIAUX dont la frontière entre le DOMAINE ÉLASTIQUE et le DO-MAINE PLASTIQUE n'est pas nette. Elle est notée $R_{p\,0,2\%}$. Son unité est le PASCAL et ses multiples, le plus souvent MPa avec les correspondances suivantes :

$$1 \text{ MPa} = 1 \text{ N/mm}^2 = 0,1 \text{ daN/mm}^2$$

Ci-dessous, un exemple de COURBE DE TRACTION montrant la résistance à la limite convention-nelle :

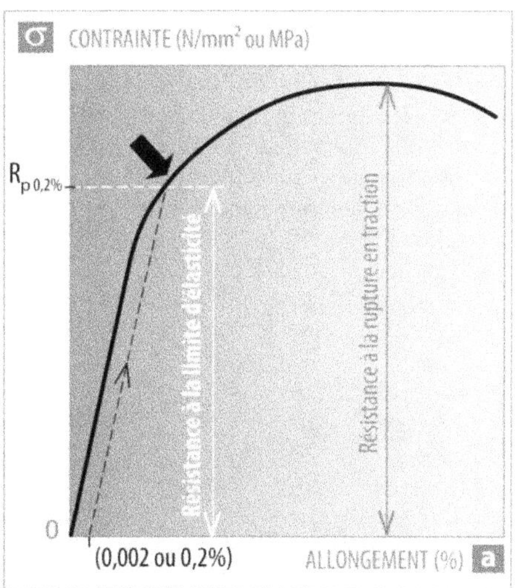

résistance à la limite d'élasticité [yield strength, tensile yield strength]

(n.f.) La CONTRAINTE MÉCANIQUE la plus élevée que l'on peut appliquer à un MATÉRIAU avant l'apparition de la DÉFORMATION PERMANENTE ou DÉFORMATION PLASTIQUE.

A. A. Les notations les plus couramment utili-sées pour cette grandeur sont R_e, σ_e ou f_y. Son UNITÉ (sens 1) est le PASCAL et ses multiples, le plus souvent MPa avec les correspondances suivantes :

$$1 \text{ MPa} = 1 \text{ N/mm}^2 = 0,1 \text{ daN/mm}^2$$

B. Ce sont les ESSAIS DE TRACTION qui permettent de la mesurer. Sur une (TRACTION), COURBE DE TRACTION, c'est la valeur de contrainte juste avant l'apparition d'irrégularités :

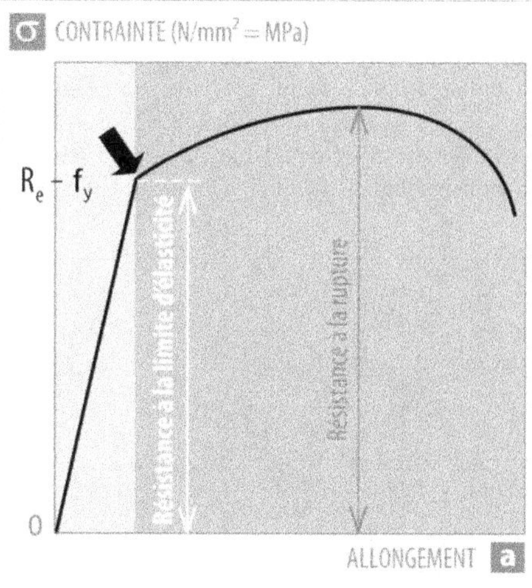

C. Cependant, pour certains MATÉRIAUX, la courbe ne comporte pas d'irrégularités no-tables. Dans ce cas, la résistance à la limite d'élasticité est prise, par convention, corres-pondant à un allongement rémanent de 0,002 ou 0,2 %. On l'appelle alors la RÉSISTANCE À LA LI-MITE CONVENTIONNELLE et notée $R_{p\,0,2\%}$ ou $R_{p\,0,002}$.

→ Voir RÉSISTANCE À LA LIMITE CONVENTION-NELLE.

→ Voir ESSAI DE TRACTION pour les détails de l'établissement de la COURBE DE TRACTION.

D. Pour les MATÉRIAUX | POLYCRISTALLINS comme les MÉTAUX, la valeur de la résistance à la limite d'élasticité provient de la contribution de plu-sieurs facteurs :

$$Re = Rc + \Delta Rs + \Delta Ro + \Delta Rp + \Delta Rg$$

Re : résistance à la limite d'élasticité
Rc : résistance propre au cristal
ΔRs : contribution d'autres atomes en solution solide
ΔRo : effet de l'écrouissage
ΔRp : effet de précipités
ΔRg : effet de la taille de grains

E. Quelques valeurs indicatives de résistance à la limite d'élasticité pour quelques MATÉRIAUX usuels :

acier courant	235 Mpa ou N/mm^2
acier à outil	1100 Mpa
aluminium	160 Mpa
plastique pvc	40 à 60 Mpa

F. La connaissance de la valeur de la résistance à la limite d'élasticité est primordiale dans les DIMENSIONNEMENTS en RÉSISTANCE DES MATÉRIAUX car elle est prise comme la contrainte appliquée la plus élevée à ne pas dépasser pour éviter la détérioration irréversible des PIÈCES (sens 1) subissant des SOLLICITATIONS MÉCANIQUES.

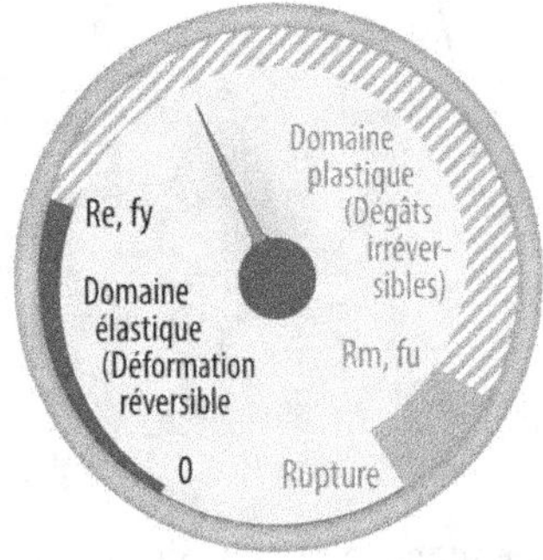

G. Cependant, pour les sollicitations cycliques ou CONTRAINTES PÉRIODIQUES et à cause du PHÉNOMÈNE de FATIGUE, il faut considérer une valeur limite bien inférieure à la résistance limite d'élasticité.
$\longrightarrow$ Voir RÉSISTANCE LIMITE DE FATIGUE.

résistance à la limite d'élasticité en cisaillement [shear yield strength]

(n.f.) La CONTRAINTE MÉCANIQUE de CISAILLEMENT la plus élevée acceptée par un MATÉRIAU avant qu'il ne se déforme de façon définitive en CISAILLEMENT ou en TORSION.
A. C'est l'équivalent de la RÉSISTANCE LIMITE À L'ÉLASTICITÉ R_e des sollicitations de TRACTION, COMPRESSION et FLEXION, mais pour le CISAILLEMENT et la TORSION. Elle est notée R_{eg} ou τ_e. En toute première approximation, elle peut être évaluée à partir de la relation suivante :

$$R_{eg} = \frac{R_e}{1 + R_{ec}/R_e}$$

dans laquelle R_{ec} est la LIMITE D'ÉLASTICITÉ en COMPRESSION et R_e la RÉSISTANCE À LA LIMITE D'ÉLASTICITÉ. Pour les MATÉRIAUX se comportant de façon à peu près identique en TRACTION et en COMPRESSION, la formule devient :

$$R_{eg} \approx 0,5\, R_e$$

C'est le cas, par exemple, de l'ACIER DOUX et de l'ALUMINIUM.
$\longrightarrow$ Voir aussi RÉSISTANCE À LA RUPTURE EN GLISSEMENT.
B. Représentation schématique des phénomènes de DÉFORMATION ÉLASTIQUE en CISAILLEMENT et en TRACTION d'un MATÉRIAU | CRISTALLIN.

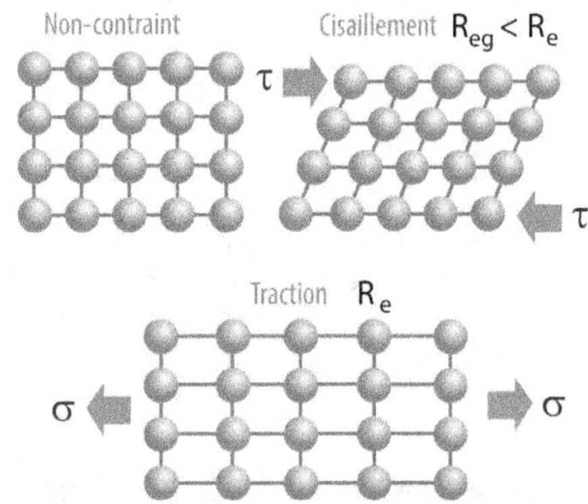

(n.f.) La CONTRAINTE MÉCANIQUE en CISAILLEMENT ou en TORSION notée R_{mg} ou τ_m qui entraîne la « déchirure » d'un MATÉRIAU.
A. D'une façon générale, la résistance au CISAILLEMENT est toujours plus faible que la résistance en TRACTION. Ce qui se vérifie par exemple, en constatant qu'il est toujours plus facile de déchirer une feuille de papier que de la rompre par traction !

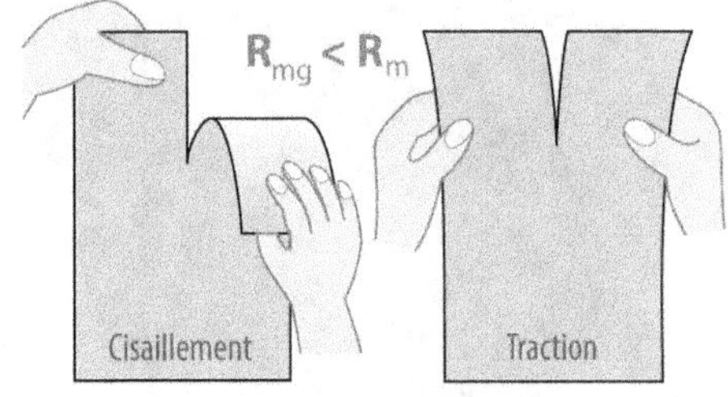

À remarquer que l'initiation de la RUPTURE demande plus d'effort que sa propagation qui se fait ensuite plus facilement par le PHÉNOMÈNE de CONCENTRATION DE CONTRAINTES, une fois la déchirure amorcée. C'est le cas, par exemple, pour ouvrir un paquet de chips : le plus difficile est d'amorcer une rupture, après quoi la déchirure complète se fait sans peine !

B. Représentation schématique à l'échelle de la STRUCTURE CRISTALLINE de la DÉFORMATION PERMANENTE en CISAILLEMENT d'un MATÉRIAU. Il fait intervenir le phénomène de déplacement de DÉFAUTS (sens 2) appelés DISLOCATIONS présentes dans la MATIÈRE dès sa SOLIDIFICATION.

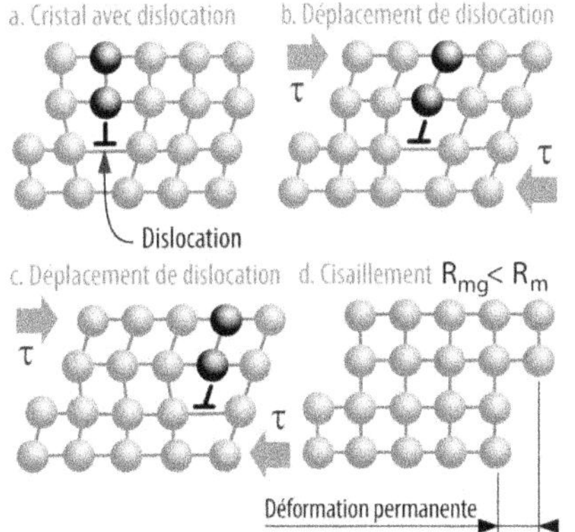

• Note : Dans la représentation ci-dessus, les boules sombres ne sont pas une espèce chimique différente. Ce sont juste les atomes du plan incomplet à l'origine de la DISLOCATION, ce qui permet de bien visualiser le déplacement du front de DÉFAUT (sens 2) pour aboutir à la DÉFORMATION PERMANENTE.

Ce mécanisme est plus en conformité avec les valeurs de RÉSISTANCE MÉCANIQUE réellement observées par rapport aux valeurs théoriques prédites par le modèle de glissement en bloc de plan atomique (de l'ordre de 1 000 fois trop élevées). En effet, la propagation de DISLOCATION ne sollicite localement que quelques liaisons atomiques ce qui nécessite sensiblement moins d'effort tout en aboutissant au même résultat final de CISAILLEMENT lorsque le DÉFAUT (sens 2) a balayé tout le plan atomique concerné.

→ Voir aussi RÉSISTANCE À LA LIMITE D'ÉLASTICITÉ EN GLISSEMENT.

(n.f.) La CONTRAINTE MÉCANIQUE nécessaire pour provoquer la cassure sans CHOC d'un MATÉRIAU en TRACTION simple.

A. Les notations les plus couramment utilisées pour cette grandeur sont R_m, σ_m ou f_u. Son UNITÉ (sens 1) est le PASCAL et ses multiples, le plus souvent MPa avec les correspondances suivantes :

$$1 \text{ MPa} = 1 \text{ N/mm}^2 = 0,1 \text{ daN/mm}^2$$

B. C'est l'ESSAI DE TRACTION qui permet de déterminer cette grandeur. Sa valeur est prise correspondante à la valeur la plus élevée obtenue sur la (TRACTION), COURBE DE TRACTION.

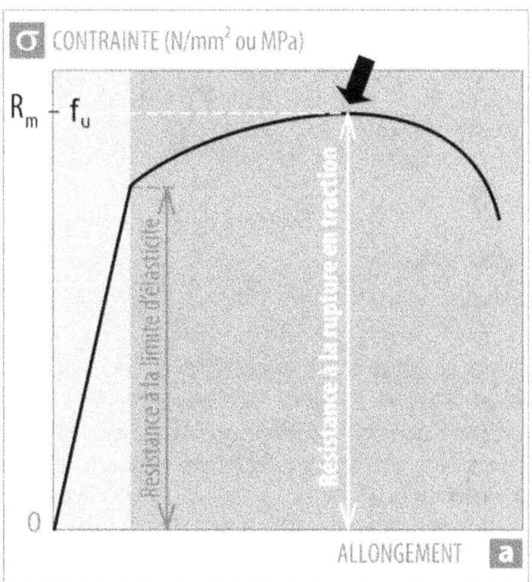

C. Quelques valeurs pour des MATÉRIAUX courants, à comparer avec la RÉSISTANCE LIMITE D'ÉLASTICITÉ :

fibre de carbone	1500~4 000 Mpa ou N/mm^2
acier courant	300 à 600 Mpa
alliage d'alu durci	240 Mpa
plastique pvc	60 à 100 Mpa

D. La connaissance de cette grandeur est primordiale dans la TRANSFORMATION (sens 3) des MATÉRIAUX, notamment le FORMAGE et l'USINAGE.

(n.f.) Même signification que la RÉSISTANCE À LA RUPTURE EN TRACTION.

(n.f.) Capacité d'un MATÉRIAU à ne pas se détériorer superficiellement par FROTTEMENT.

A. Elle est évaluée avec des essais d'ABRASION sur une MACHINE appelée ABRASIMÈTRE.

B. La résistance à l'usure dépend essentiellement de la DURETÉ SUPERFICIELLE. Elle peut être améliorée par des TRAITEMENTS DE SURFACE comme le CHROMAGE DUR, ou par des TRAITEMENTS THERMIQUES superficiels comme la TREMPE SUPERFICIELLE ou encore par des TRAITEMENTS THERMOCHIMIQUES comme la CÉMENTATION ou la NITRURATION sur les ACIERS.

résistance au choc [impact resistance]

(n.f.) Capacité d'un MATÉRIAU à ne pas se rompre par l'application brutale d'une FORCE.

A. Elle est mesurée par des ESSAIS DE CHOC, par exemple, sur un MOUTON DE CHARPY.

B. Sa valeur est généralement exprimée par l'ÉNERGIE nécessaire pour rompre l'ÉPROUVETTE rapportée par sa SECTION, avec l'UNITÉ (sens 1) kJ/cm^2.

résistance des matériaux [strength of materials]

(n.f.) Discipline de DIMENSIONNEMENT ou de VÉRIFICATION par calcul analytique d'une PIÈCE (sens 1) ou d'un ASSEMBLAGE (sens 2), pour qu'ils ne subissent pas de CONTRAINTES MÉCANIQUES dépassant ce qu'ils peuvent supporter ou des DÉFORMATIONS allant au delà des proportions acceptables.

résistance limite de fatigue [fatigue strength, fatigue limit, endurance limit]

(n.f.) La plus grande CONTRAINTE CYCLIQUE applicable à un MATÉRIAU sans entraîner de détérioration quel que soit le nombre de cycles.

A. Les ESSAIS MÉCANIQUES permettent d'établir que plus une CONTRAINTE PÉRIODIQUE est élevée, plus rapide apparaît la RUPTURE. Cette propriété mise en évidence sur la courbe ci-dessous est appelée FATIGUE. La contrainte périodique faisant apparaître la RUPTURE est représentée en fonction du nombre de cycles correspondant. Considérons un ACIER de RÉSISTANCE LIMITE D'ÉLASTICITÉ R_e = 360 MPa (N/mm^2) et de RÉSISTANCE À LA RUPTURE R_m = 460 MPa (N/mm^2).

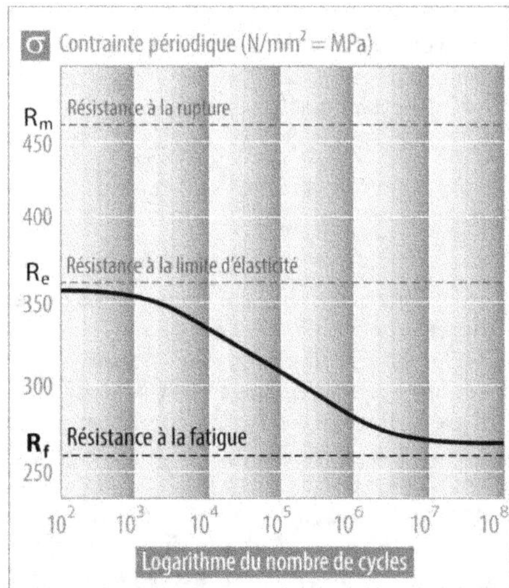

À une contrainte périodique appliquée de 350 MPa, 2 000 cycles suffisent à produire la RUPTURE. À une contrainte périodique de 300 MPa, il faut 200 000 cycles avant que la RUPTURE n'apparaisse. Et à la contrainte périodique de 260 MPa, la rupture n'apparaît jamais quel que soit le nombre de cycles. C'est cette valeur qui est appelée « résistance limite à la fatigue » et notée R_f ou σ_f.

B. Elle est primordiale pour le DIMENSIONNEMENT en RÉSISTANCE DES MATÉRIAUX des PIÈCES (sens 1) soumises à des efforts cycliques comme les bielles, par exemple. Dans ces conditions, c'est la résistance limite à la fatigue qui est considérée comme critère limite à la place de la RÉSISTANCE LIMITE D'ÉLASTICITÉ.

C. La courbe permettant de déterminer la résistance limite à la fatigue est appelée (WÖHLER), COURBE DE WÖHLER ou COURBE S-N pour « stress-number of cycles ».

résistance mécanique [mechanical strength]

(n.f.) Aptitude d'un MATÉRIAU à ne pas se déformer définitivement ni à se rompre lorsqu'on lui applique des efforts intenses.

La notion de résistance mécanique est généralement mesurée avec les grandeurs RÉSISTANCE À LA LIMITE D'ÉLASTICITÉ et RÉSISTANCE À LA RUPTURE, grâce, par exemple, à des ESSAIS DE TRACTION.

résistance spécifique [specific strength, strength-to-weight ratio]

(n.f.) RÉSISTANCE MÉCANIQUE d'une MATIÈRE considérée au regard de sa MASSE VOLUMIQUE.

A. Afin de faire le choix le plus adapté de MATIÈRE pour la résolution d'un problème de RÉSISTANCE MÉCANIQUE, il est nécessaire de rapprocher sa valeur de RÉSISTANCE LIMITE À L'ÉLASTICITÉ et ses CARACTÉRISTIQUES de MASSE VOLUMIQUE. Selon les cas de SOLLICITATIONS MÉCANIQUES et les configurations géométriques, la résistance spécifique prend l'une des formes suivantes :

$$\frac{R_e}{\rho} \; ; \; \frac{\sqrt{R_e}}{\rho} \; ; \; \frac{\sqrt[3]{R_e}}{\rho}$$

dans lesquels R_e est la RÉSISTANCE À L'ÉLASTICITÉ exprimée, par exemple, en MPa et ρ la MASSE VOLUMIQUE, par exemple en g/cm^3.

B. Pour plus de commodité, la résistance spécifique peut être mise sous la forme de représentation graphique dite de (ASHBY), DIAGRAMME D'ASHBY.

→ Voir RIGIDITÉ SPÉCIFIQUE pour le pendant dans les problèmes nécessitant d'optimiser non plus la RÉSISTANCE mais la RIGIDITÉ | MÉCANIQUE.

résistant [resistant]

(adj.) Susceptible de ne pas se modifier ni de se dégrader même en appliquant des SOLLICITATIONS.

résolution [resolution]

(n.f.)

1. Action de trouver la SOLUTION (sens 1) à un problème.

2. La plus petite différence entre indications affichées qui peut être perçue de manière significative.

Ex. : *Résolution d'un microscope ; résolution d'une image en pixel.*

Sur un système de mesure à affichage numérique, ce sera le pas du dernier digit. Sur un système de mesure à règle ou à vernier, ce sera l'écart entre deux traits.

respirateur [respirator, breathing apparatus]

(n.m.) ÉQUIPEMENT de sécurité insufflant de l'air frais à un OPÉRATEUR et éloignant les particules, vapeurs et GAZ nocifs pour la santé que dégagent certains PROCÉDÉS comme le SOUDAGE, les TRAITEMENTS THERMIQUES ou les OPÉRATIONS de SIDÉRURGIE, entre autres.

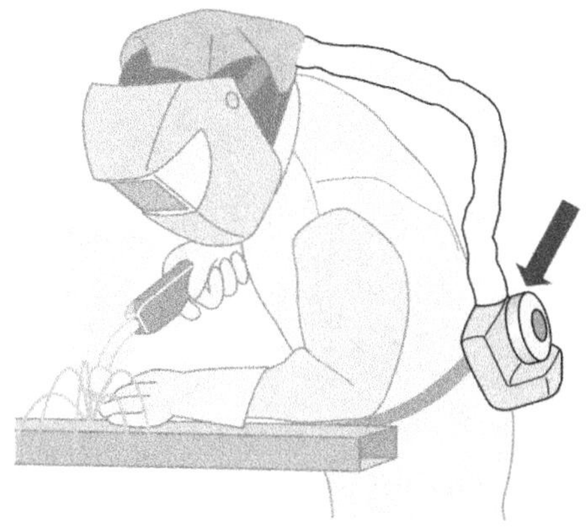

→ Voir aussi la rubrique (SOUDAGE), ÉQUIPEMENT DE PROTECTION.

ressort [spring]

(n.m.) ORGANE | MÉCANIQUE acceptant des DÉFORMATIONS | ÉLASTIQUES importantes en emmagasinant de l'ÉNERGIE | MÉCANIQUE pour pouvoir la restituer ensuite.

A. Différents types et configurations de ressort existent :

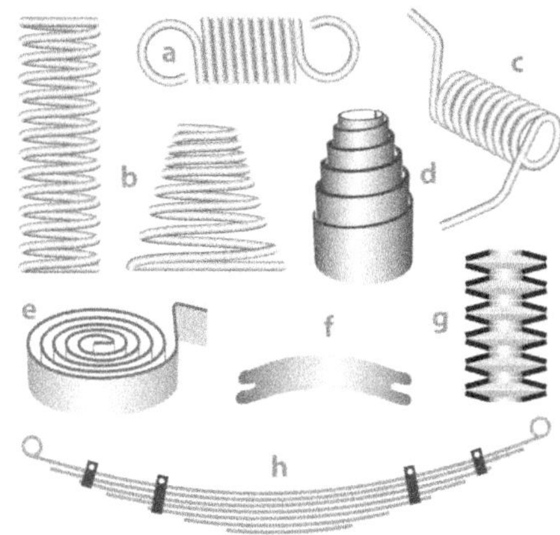

a. Ressort de traction	e. Ressort en spirale
b. Ressort de compression	f. Ressort plat
c. Ressort de torsion	g. Ressort rondelles
d. Ressort en volute	h. Ressort à lames

B. La majorité des ressorts est fabriquée en ACIER À RESSORT (souvent du C80 tréfilé, dit corde à piano pour les applications courantes) dont la particularité est d'avoir une bonne aptitude à la MISE EN FORME, une haute LIMITE D'ÉLASTICITÉ et une bonne RÉSISTANCE À LA FATIGUE. D'une façon générale, les MATIÈRES les plus adaptées à la FABRICATION des ressorts sont celles qui possèdent les indices de performance R_e^2/E et R_{eg}^2/G les plus favorables dans lesquels R_e est la RÉSISTANCE LIMITE À L'ÉLASTICITÉ en traction, E le MODULE D'ÉLASTICITÉ LONGITUDINALE, R_{eg} la RÉSISTANCE À LA LIMITE D'ÉLASTICITÉ EN CISAILLEMENT et G le MODULE D'ÉLASTICITÉ TRANSVERSALE.

C. Si de plus la RÉSISTANCE À LA CORROSION est exigée, on utilise des aciers qui s'apparentent à des ACIERS INOXYDABLES bien que leur RÉSISTANCE À LA FATIGUE soit moindre. Des MATÉRIAUX | NON-FERREUX sont également utilisés comme le LAITON et le BRONZE.

D. Chaque ressort est caractérisé par sa RAIDEUR. C'est le quotient de la FORCE qu'on lui applique par la DÉFORMATION qui en résulte. Elle est exprimée, par exemple, en daN/cm. Plus cette CARACTÉRISTIQUE est élevée, plus le ressort est difficile à déformer et plus il peut emmagasiner de l'ÉNERGIE mécanique.

E. Les ressorts servent à amortir des CHOCS, à exercer des FORCES, à accumuler de l'ÉNERGIE pour pouvoir la restituer prestement.

→ Voir aussi RONDELLE-RESSORT.

ressort hélicoïdal [coil spring]

(n.m.) Type de RESSORT de COMPRESSION ou de TRACTION, fait avec un FIL enroulé en SPIRES d'HÉLICOÏDE autour d'un CYLINDRE ou d'un CÔNE.
A. Le fil peut être de SECTION ronde ou carrée.
B. Ne pas confondre avec le RESSORT EN VOLUTE.
→ Voir RESSORT.

(ressort), représentation de ressort en dessin technique

(n.f.) Figure utilisée en communication graphique TECHNIQUE pour évoquer sans ambiguïté différentes sortes de RESSORT.
A. Les ressorts sont des objets fastidieux à représenter complètement. Des conventions sont utilisables en DESSIN TECHNIQUE pour faciliter le travail de représentation.
B. Ressort de traction :

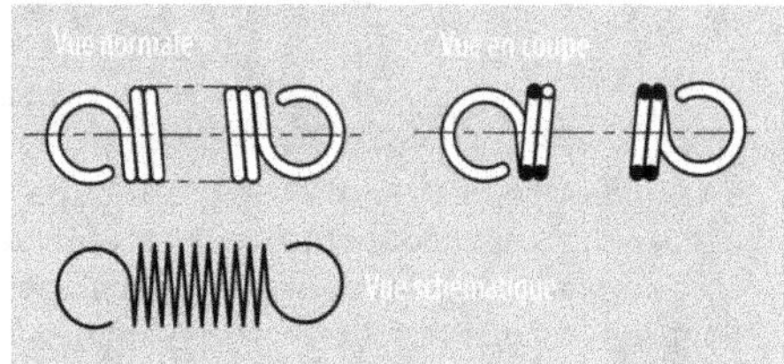

C. Ressort de compression hélicoïdal cylindrique :

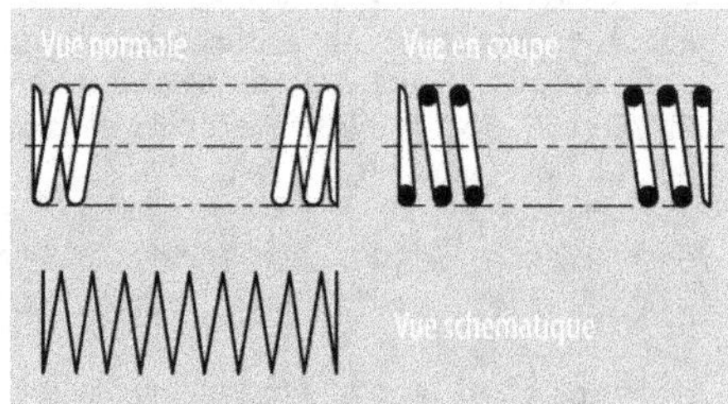

Ressort de compression hélicoïdal conique :

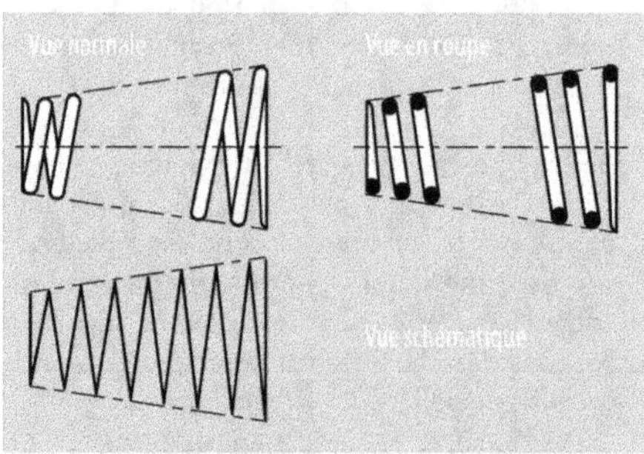

D. Ressort de torsion :

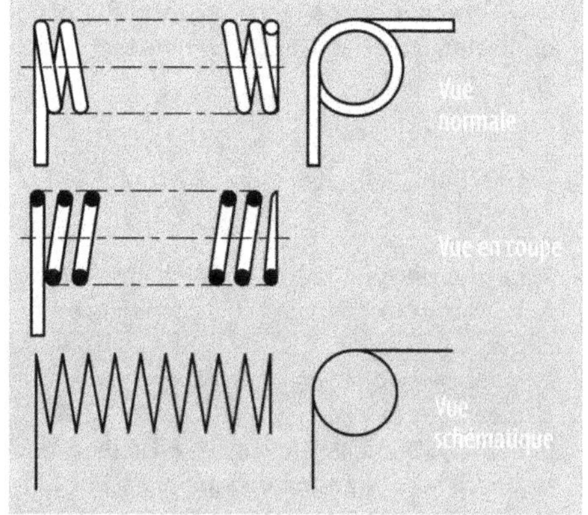

E. Ressort en volute :

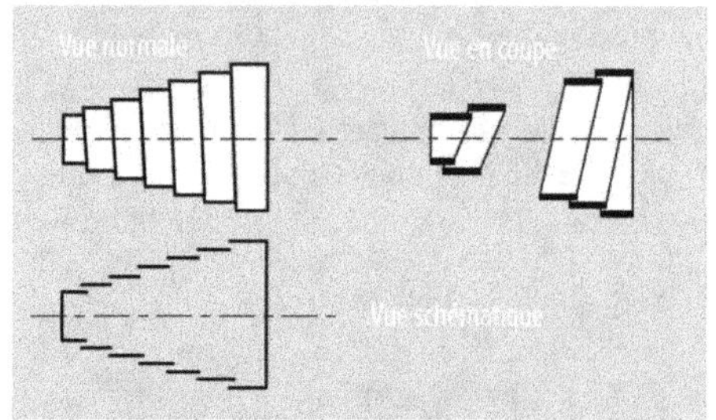

F. Ressort en spirale :

G. Ressort rondelles :

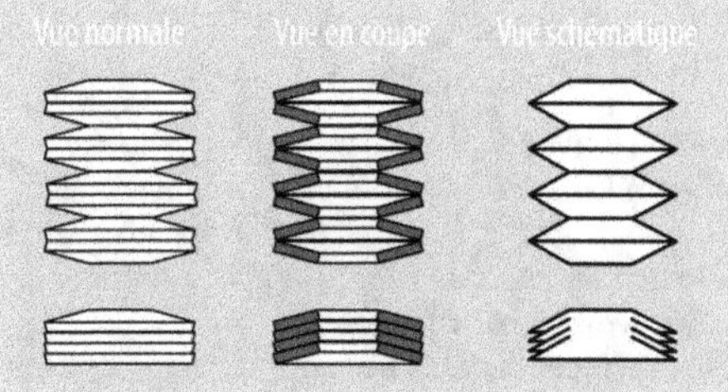

H. Ressort à lames :

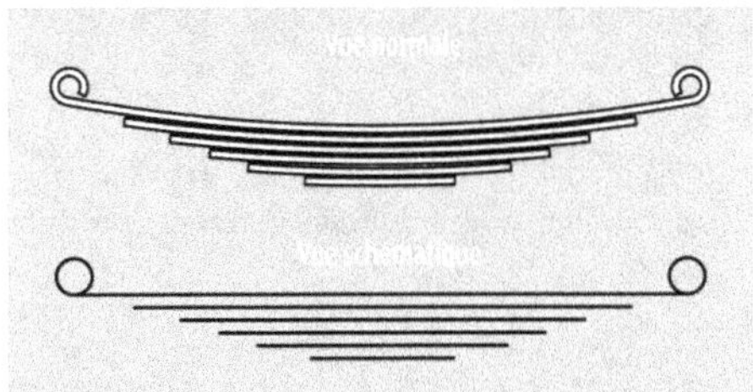

(ressuage), contrôle par ressuage [liquid penetrant control, dye-penetrant test]

(n.m.) Technique d'INSPECTION de PIÈCES (sens 1) MÉCANIQUES permettant de révéler des FISSUREs invisibles à l'oeil nu.

Elle consiste à badigeonner la SURFACE à contrôler d'un LIQUIDE coloré capable de s'infiltrer aisément par capillarité dans les interstices aussi fines soient-elles. Puis d'essuyer et d'étaler un produit révélateur de couleur claire. Le LIQUIDE coloré contenu dans les FISSUREs remonte à la SURFACE et matérialise le DÉFAUT de façon clairement visible à l'oeil nu.

1. Application du liquide pénétrant sur la surface à inspecter

2. Essuyage soigné

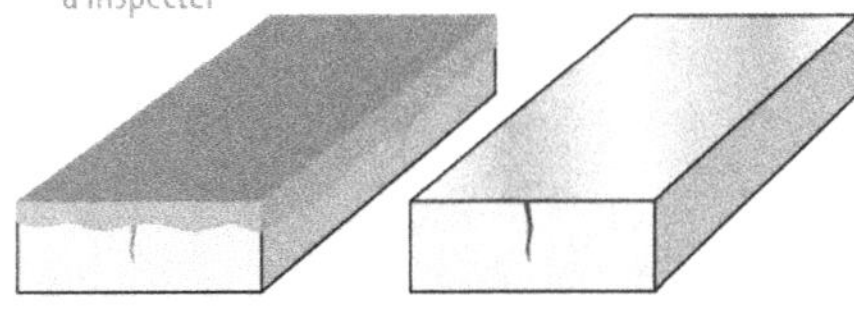

3. Application du révélateur de couleur claire

4. Ressuage du pénétrant Révélation du défaut

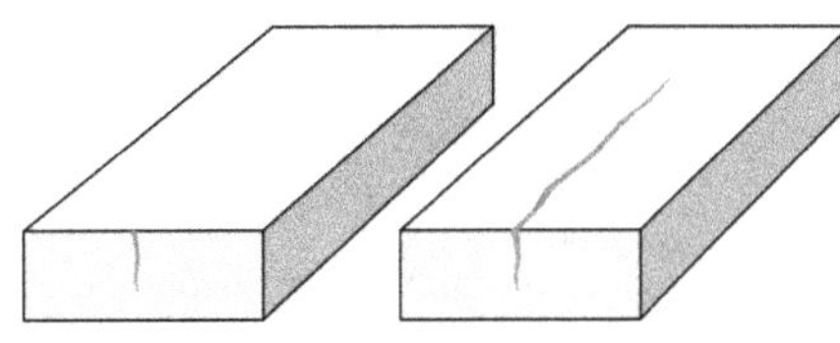

restauration [recovery]

(n.m.) TRAITEMENT THERMIQUE visant à rétablir (donc à adoucir), au moins partiellement, les CARACTÉRISTIQUES MÉCANIQUES d'un MÉTAL ayant subi de l'ÉCROUISSAGE, mais sans modification apparente de sa MICROSTRUCTURE.

A. L'élévation de TEMPÉRATURE permet de faciliter la DIFFUSION et donc la possibilité de réorganisation (polygonisation) ou l'annihilation des DISLOCATIONS.

B. Ainsi, ne pas confondre avec la RECRISTALLISATION qui consiste en une REGERMINATION complète des GRAINS reconstituant le métal « à

neuf ». L'illustration suivante explique la différence entre ces deux TRAITEMENTS :

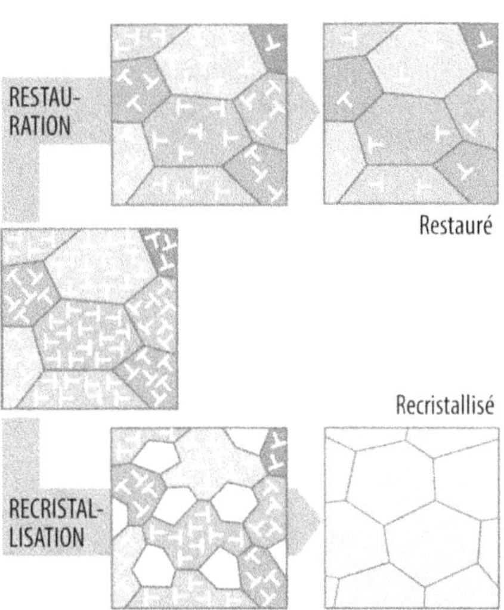

C. La restauration a pour effet de diminuer la RÉSISTANCE MÉCANIQUE mais en même temps améliore la DUCTILITÉ.

résultante [resultant]

(n.f.) Effet unique globalisée conséquence de l'action simultanée de plusieurs facteurs.
→ Voir, par exemple, CENTRE DE GRAVITÉ.

retassure [shrink, sink mark]

(n.f.) RETRAIT, c'est à dire une diminution de VOLUME, localisée à un endroit restreint d'une PIÈCE (sens 1).

Ex. 1 : *Retassure sur une PIÈCE (sens 1) moulée trop massive.*

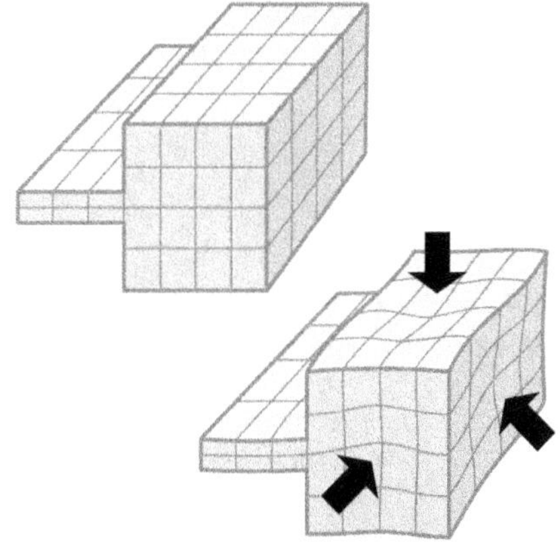

En FONDERIE (sens 1), la retassure est causée par le RETRAIT liquide et le retrait de SOLIDIFICATION de l'ALLIAGE. Ces défauts apparaissent dans les derniers lieux de SOLIDIFICATION de la pièce sous forme d'affaissement externe et/ou de cavités internes et/ou de microretassures dans les zones de dernière SOLIDIFICATION entre les grains ou cellules dendritiques.

Ex. 2 : *Retassure sur un profilé d'extrusion en plastique.*

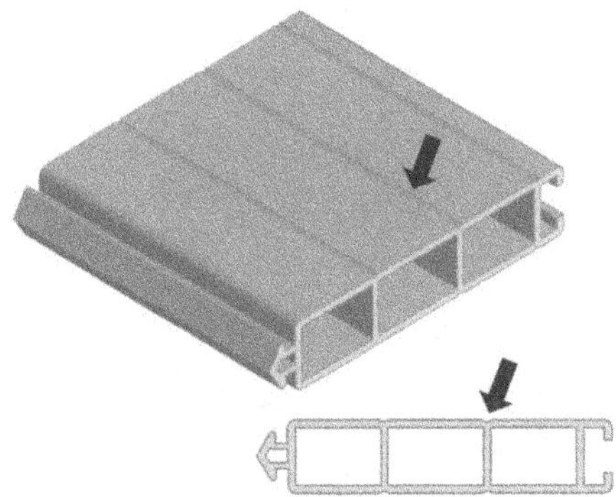

→ Voir aussi RETRAIT DIFFÉRENTIEL.

réticulation [crosslinkage]

(n.f.) RÉACTION CHIMIQUE créant des liaisons entre les chaînes de POLYMÈRE.

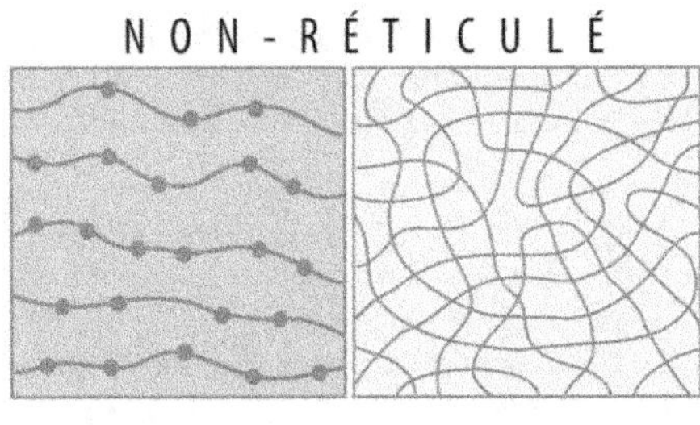

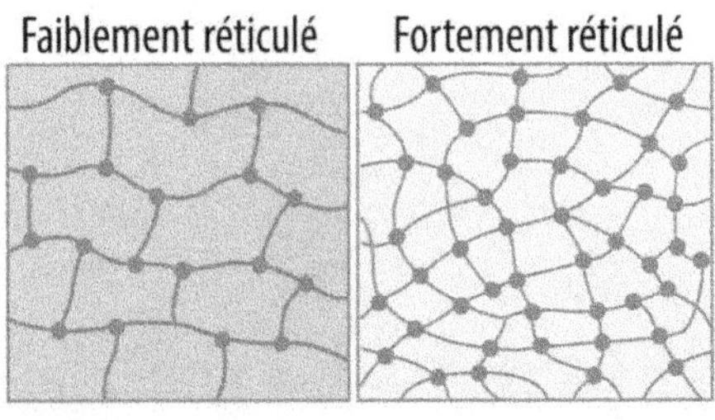

La réticulation modifie sensiblement les PROPRIÉTÉS MÉCANIQUES de la MATIÈRE. À faible dose, elle apporte une grande ÉLASTICITÉ. Inversement, à forte dose, elle rigidifie le MATÉRIAU.
→ Voir ÉLASTOMÈRE.

réticulé [crosslinked, reticulated]

(adj.) Qui caractérise un POLYMÈRE dont les différentes chaînes moléculaires sont reliées par des liens chimiques appelés « ponts » qui en

modifient fortement les PROPRIÉTÉS en les rendant soit très ÉLASTIQUES, soit très RIGIDES.
→ Voir RÉTICULATION.

retouche [rectification]

(n.f.) OPÉRATION visant à corriger une erreur ponctuelle, une anomalie mineure, un défaut minime.

retour rapide [quick return]

(n.m.) Déplacement à VITESSE élevée sans COUPE (sens 2) d'un élément de MACHINE-OUTIL après un USINAGE pour retrouver une autre POSITION.
→ Voir aussi AVANCE RAPIDE.

rétraction [rétraction]

(n.f.) Diminution de DIMENSIONS par RETRAIT, CONTRACTION ou d'autres causes.

retrait [shrinkage]

(n.m.) Diminution de LONGUEUR (donc de VOLUME aussi) due à un (ÉTAT), CHANGEMENT D'ÉTAT de la MATIÈRE du LIQUIDE ou de l'état PÂTEUX vers le SOLIDE lorsque sa TEMPÉRATURE s'abaisse.

Ex. : *RETRAIT SOLIDE d'une PIÈCE DE FONDERIE dans un MOULE.*

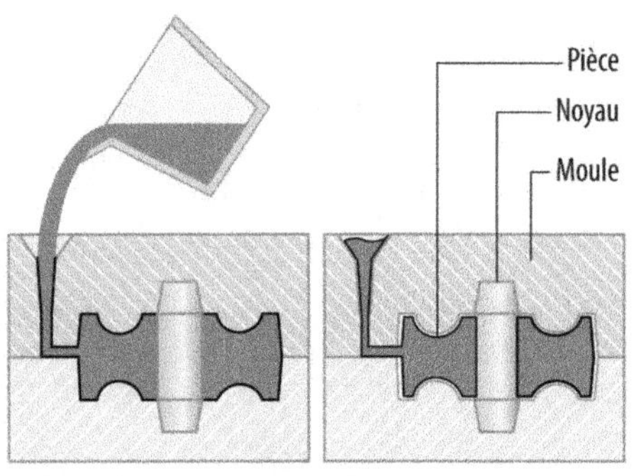

• Note : À remarquer que la pièce a tendance à enserrer le NOYAU.

A. Ainsi, le retrait peut être envisagé en terme de LONGUEUR, designé par **retrait linéaire** ou en terme de volume, appelé **retrait volumique**.

B. À partir de l'état fondu et au fur et à mesure de l'abaissement de TEMPÉRATURE qui mène jusqu'à la TEMPÉRATURE AMBIANTE, le retrait s'effectue en trois stades :
- Diminution du volume à l'état LIQUIDE : c'est le retrait liquide.
- Rétraction pendant la SOLIDIFICATION (avec présence simultanée de PHASES (sens 2) LIQUIDE et SOLIDE) : c'est le retrait de SOLIDIFICATION.
- Diminution de volume à l'état SOLIDE, de la température de SOLIDIFICATION jusqu'à la TEMPÉRATURE AMBIANTE : c'est le RETRAIT SOLIDE.

C. Le graphe ci-dessous correspondant à un ALU-MINIUM de FONDERIE AlSi7Mg06Sb (AS7G) montre, par exemple, ces différents PHÉNO-MÈNES et leurs effets sur la MASSE VOLUMIQUE pendant la diminution de TEMPÉRATURE dans le PROCÉDÉ de MOULAGE. Les retraits évoqués sont des retraits volumiques:

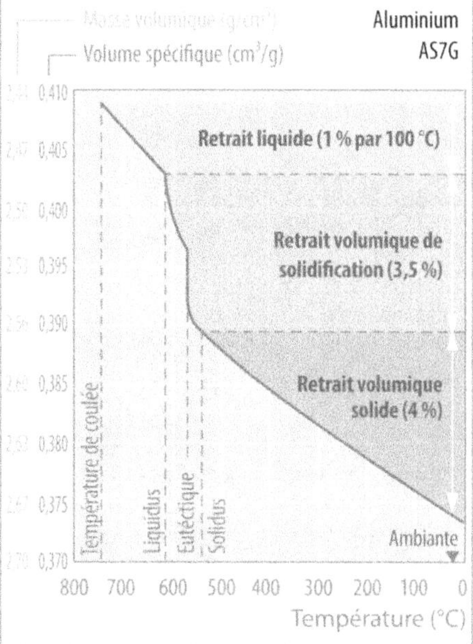

Le retrait est la somme de ces trois PHÉNO-MÈNES.

D. Les retraits liquide et de solidification sont généralement compensés par l'aménagement de MASSELOTTES (sens 3) qui constituent une réserve de MATIÈRE, en se solidifiant en dernier.

E. Par contre, une fois complètement solidifiée dans un MOULE, la MATIÈRE n'a plus la possibilité de se répartir dans la cavité car elle ne peut plus s'écouler. Le retrait se traduit alors par une rétraction homothétique (de façon homogène et proportionnelle dans l'ensemble) de la pièce qui a tendance à ne plus toucher les parois du MOULE et à se plaquer sur les NOYAUX et les BRO-CHES (sens 2). Il est alors nécessaire d'anticiper ce rétrécissement en prévoyant une cavité de MOULE légèrement plus grande afin d'obtenir, au final, des pièces aux DIMENSIONS (sens 1) voulues. Cet agrandissement est effectuée dans les proportions définies par une donnée caractéristique de chaque MATÉRIAU appelée (RETRAIT), COEFFICIENT DE RETRAIT SOLIDE. Dans ce cas, il s'agit d'un retrait linéaire (et non volumique). Le graphique précédent montre un retrait solide volumique de 4 %, correspondant à un re-

trait linéaire de 1,6 %. Dans un moule de fonderie, le retrait solide est contrarié par la forme de la pièce et par la PLASTICITÉ du moule en sable, expliquant la valeur usuelle de 1,25 % pour les ALLIAGES d'ALUMINIUM. Les MOULES métalliques en MOULAGE PERMANENT sont préchauffés à plusieurs centaines de degrés, expliquant un retrait réduit par rapport au retrait théorique entre les DIMENSIONS (sens 1) du MOULE et de la PIÈCE à froid.

→ Voir (RETRAIT), COEFFICIENT DE RETRAIT SO-LIDE.

F. Dans la MISE EN FORME des (PLASTIQUES), MA-TIÈRES PLASTIQUES, lorsque le retrait ne s'effectue pas de façon uniforme sur toute la GÉOMÉTRIE (sens 2) de la PIÈCE (sens 1) comme c'est souvent le cas, cela se traduit par des distorsions géométriques appelées GAUCHISSE-MENT et RETASSURES : c'est le RETRAIT DIFFÉRENTIEL.

Ex. 1 : *Retrait non uniforme d'une* PIÈCE *(sens 1) en* (PLASTIQUE), MATIÈRE PLASTIQUE *moulée :*

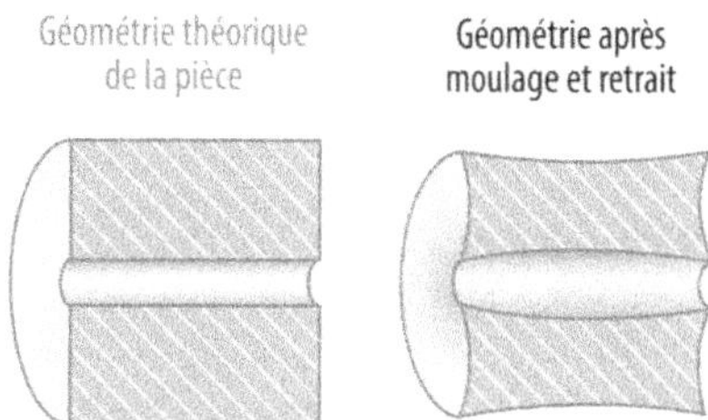

Ex. 2 : *Retrait d'un profilé en plastique extrudée :*

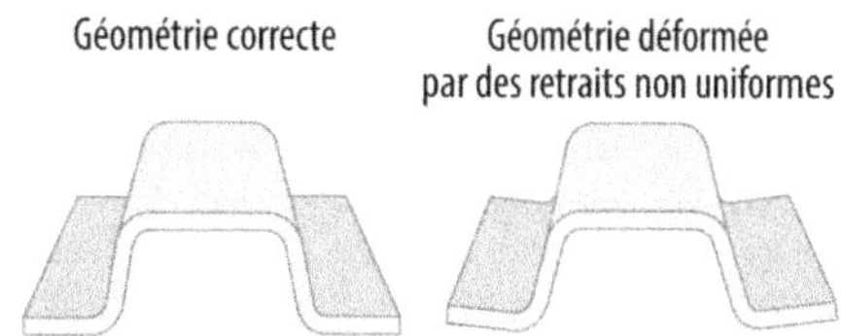

→ Voir RETRAIT DIFFÉRENTIEL.

G. Il est nécessaire de concevoir les PIÈCES (sens 1) de manière à ce que les retraits soient les plus uniformes possible. Des précautions doivent être prises pour que le REFROIDISSE-MENT s'effectue de façon homogène sur l'ensemble de la PIÈCE (sens 1). Par exemple, les ÉPAISSEURS de MATIÈRE doivent être les plus constantes possible. À défaut, les ÉPAISSEURS fortes doivent être plus refroidies. La CONCEP-TION de la PIÈCE (sens 1) précédente peut être sensiblement améliorée en l'évidant pour éliminer les grosses MASSES (sens 1) de MATIÈRE difficiles à refroidir :

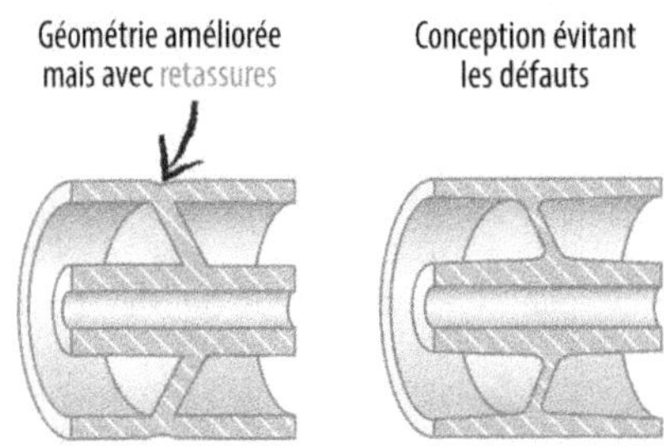

H. Ne pas confondre le retrait avec la CONTRACTION qui est l'effet d'une diminution de TEMPÉRATURE sans (ÉTAT), CHANGEMENT D'ÉTAT (c'est le contraire de la DILATATION).

Causes	Diminution	Augmentation
Contrainte mécanique	RACCOURCISSEMENT [SHORTENING]	ALLONGEMENT [EXTENSION]
Changement de température	CONTRACTION [CONTRACTION]	DILATATION [EXPANSION]
Changement de structure, d'état	**RETRAIT** [SHRINKAGE]	GONFLEMENT [SWELLING]

I. Ne pas non plus confondre avec le RÉTREINT qui est une TECHNIQUE de FORMAGE.

(retrait), coefficient de retrait solide
[shrinkage factor, shrinkage allowance]

(n.m.) Pourcentage de diminution de DIMENSIONS (sens 1) d'une PIÈCE (sens 1) au cours d'une MISE EN FORME PAR SOLIDIFICATION, à partir du moment où elle est devenue complètement SOLIDE.

A. Une PIÈCE (sens 1) moulée ou extrudée est toujours légèrement plus petite que les DIMENSIONS de l'EMPREINTE qui a permis de l'obtenir. Pour le cas des (PLASTIQUES), MATIÈRES PLASTIQUES, l'explication principale de ce PHÉNOMÈNE de rétraction réside dans le réarrangement des MACROMOLÉCULES qui ont tendance à occuper le moins de place possible, une fois refroidies. Il s'y ajoute également une certaine CONTRACTION due à la diminution de TEMPÉRATURE (le contraire de la DILATATION THERMIQUE). Pour le cas des MÉTAUX, l'(ÉTAT), CHANGEMENT D'ÉTAT occasionne une rétraction car les atomes passent de l'état désordonné du LIQUIDE à l'état plus ordonné du CRISTAL (ce retrait est appelé « retrait de solidification »). De la même façon que pour les (PLASTIQUES), MATIÈRES PLASTIQUES, la contraction purement thermique contribue aussi après la SOLIDIFICATION. Il est donc nécessaire de com-

penser ce rétrécissement par la conception d'un OUTILLAGE (sens 2) (MOULE ou FILIÈRE) légèrement plus grand.

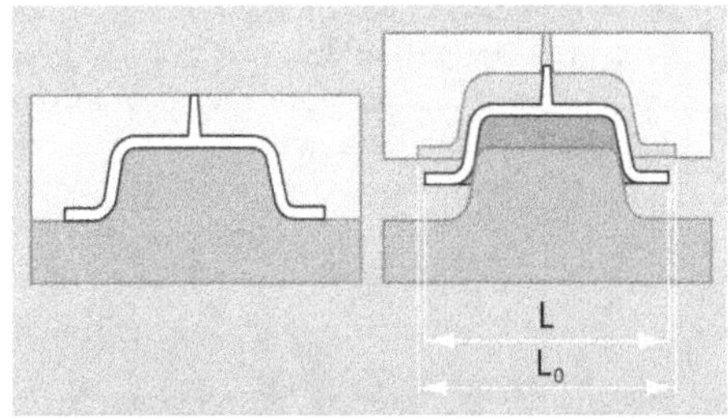

B. Pour celà, la connaissance du coefficient de retrait solide est indispensable car l'agrandissement des cavités de l'outillage est effectué à partir de cette donnée. Il s'agit ici de retrait linéaire (et non volumique) qui a comme expression :

$$r\% = 100\left(\frac{L_0 - L}{L_0}\right) = 100\left(1 - \frac{L}{L_0}\right)$$

C. Quelques valeurs de coefficient de retrait solide pour les (PLASTIQUES), MATIÈRES PLASTIQUES principales :

	Coefficient de retrait	Dilatation thermique	Température fusion
Matières plastiques amorphes			
PMMA	0,3 à 0,6 %	70 µm/(m.C°)	215 à 250°C
PS	0,5 à 0,6 %	70 µm/(m.°C)	182 à 238°C
PS choc	0,4 à 0,8 %	70 µm/(m.°C)	205 à 250°C
ABS	0,3 à 0,6 %	80 µm/(m.°C)	225 à 265°C
PVC	0,4 à 0,5 %	100 µm/(m.°C)	160 à 215°C
PC	0,5 à 0,7 %	65 µm/(m.°C)	280 à 300°C

	Coefficient de retrait	Dilatation thermique	Température fusion
Matières plastiques semi-cristallines			
PA 6	1 à 1,5 %	90 µm/(m.°C)	240 à 275°C
PA 11	1.2 à 2,5 %	150 µm/(m.°C)	200 à 230°C
POM	1,6 à 3,6 %	80 µm/(m.°C)	195 à 215°C
PEhd	2.1 à 4,5 %	120 µm/(m.°C)	200 à 250°C
PEbd	2 à 4 %	170 µm/(m.°C)	170 à 220°C
PP	1 à 2,5 %	110 µm/(m.°C)	200 à 250°C
PET	1 à 3 %	70 µm/(m.°C)	270 à 290°C

À remarquer que les MATIÈRES SEMI-CRISTALLINES possèdent des retraits solides sensiblement plus élevés car l'arrangement de la CRISTALLINITÉ partielle permet d'occuper moins de place une fois solidifié.

→ Voir également la notion de POST-RETRAIT à cette rubrique.

D. Quelques valeurs de coefficients de retrait solide pour les MÉTAUX utilisés en FONDERIE :

	Coefficient de retrait	Dilatation thermique	Température de fusion
Fonte	1 à 1,5 %	11 µm/(m.°C)	1230°C
Acier	2 à 2,4 %	13 µm/(m.°C)	1450 à 1500°C
Aluminium	1 à 1,3 %	21 µm/(m.°C)	600 à 640°C
Magnésium	5 %	26 µm/(m.°C)	650°C
Laiton	1,5 %	18,5 µm/(m.°C)	940°C
Bronze	1,2 à 1,4 %	18 µm/(m.°C)	900°C
Zamak	4 à 6 %	27,5 µm/(m.°C)	400 à 420°C

E. Le PHÉNOMÈNE de retrait fait aussi que les SURFACES internes de la PIÈCE (sens 1) tendent à se plaquer aux NOYAUX et BROCHES (sens 3) du MOULE, ce qui peut rendre le DÉMOULAGE très difficile. Il est donc important de le concevoir avec des SURFACES inclinées dites en DÉPOUILLE, sous peine de ne plus pouvoir extraire la PIÈCE (sens 1).

retrait différentiel [differential shrinkage]

(n.m.) Diminution **non-uniforme** des DIMENSIONS d'une PIÈCE (sens 1) après le REFROIDISSEMENT lors d'une MISE EN FORME PAR SOLIDIFICATION et qui se traduit par un GAUCHISSEMENT ou un écart de FORME par rapport à ce que doit être l'aspect final.

Ex. 1 : *Retrait différentiel d'un* PROFILÉ *en (PLASTIQUE), MATIÈRE PLASTIQUE obtenu par* EXTRUSION *(sens 3) mais refroidi de façon différente sur ses deux faces* : .

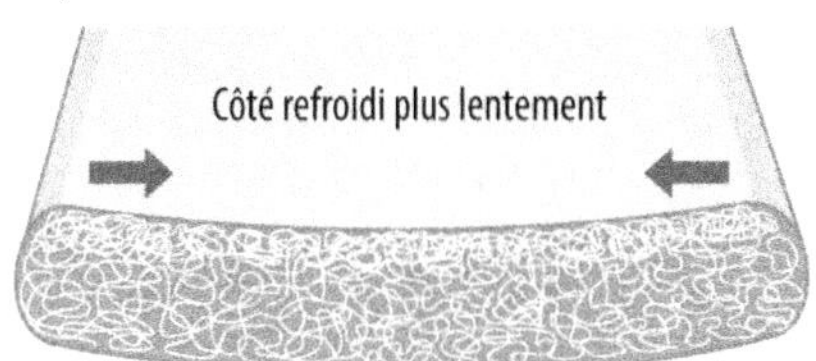

(La figure est une représentation schématique de l'enchevêtrement des MACROMOLÉCULES).

A. Lorsqu'un côté est refroidi plus rapidement que l'autre, les MACROMOLÉCULES de POLYMÈRE se figent plus vite, contrairement au côté où le REFROIDISSEMENT est plus lent et dans lequel elles ont le temps de bien se ranger pour occuper moins de place. Ainsi, le retrait différentiel se traduit au final par une DÉFORMATION globale en creux du côté du REFROIDISSEMENT déficient. À titre de curiosité, ci-contre le même PROFILÉ mais refroidi de façon uniforme.

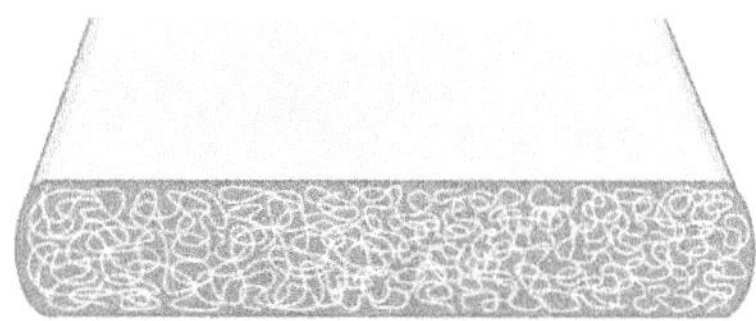
Refroidissement uniforme

Ex. 2 : *Retrait différentiel d'une* PIÈCE *(sens 1) en (PLASTIQUE), MATIÈRE PLASTIQUE obtenue en MOULAGE PAR INJECTION PLASTIQUE.*

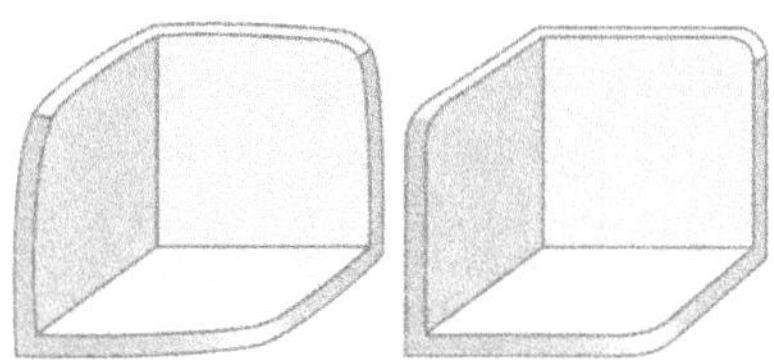
Retrait différentiel   Géométrie théorique

B. Le retrait différentiel provient de difficultés de REFROIDISSEMENT de la face interne qui se traduit au final par un GAUCHISSEMENT général. Ce problème peut être résolu en améliorant la capacité de REFROIDISSEMENT d'une partie du moule par l'utilisation d'un MATÉRIAU très conducteur de chaleur comme l'ALLIAGE de cuivre-béryllium, par exemple.

→ Voir GAUCHISSEMENT ; RETASSURE.

retrait solide [solid shrinkage]

(n.m.) Diminution des DIMENSIONS (sens 1) d'une PIÈCE (sens 1) à la suite d'une MISE EN FORME à partir de l'état LIQUIDE ou PÂTEUX, alors même qu'elle est déjà figée.

Ce phénomène signifie que la PIÈCE (sens 1) est, au final, plus petite que la cavité de l'OUTILLAGE (sens 2) (MOULE ou FILIÈRE) qui a servi à la fabriquer. En compensation, il est donc nécessaire d'agrandir légèrement ce dernier pour obtenir des pièces à la bonne DIMENSION (sens 1) finale. L'agrandissement est effectuée dans les proportions d'une donnée spécifique à chaque MATÉRIAU appelée (RETRAIT), COEFFICIENT DE RETRAIT SOLIDE.

→ Voir RETRAIT ; (RETRAIT), COEFFICIENT DE RETRAIT SOLIDE.

rétreint [swaging]

(n.m.) Tout PROCÉDÉ de FORMAGE permettant de diminuer la SECTION d'un PROFILÉ.

On peut citer le RÉTREINT PAR MARTELAGE RADIAL, le FILAGE, l'ÉTIRAGE, le TRÉFILAGE, le FORGEAGE, etc.

rétreint par martelage radial [swaging]

(n.m.) PROCÉDÉ de MISE EN FORME de MÉTAL par rétrécissement progressif de la SECTION grâce à un FORGEAGE | RADIAL | (FROID), À FROID.

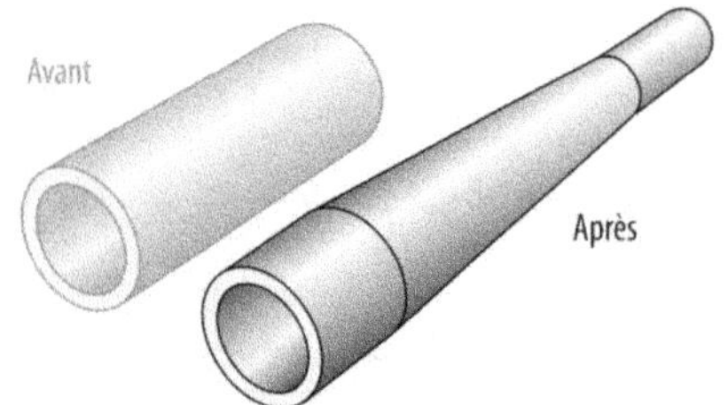

A. Exemple d'un DISPOSITIF de rétreint rotatif avec trois « marteaux » à déplacement radial actionné par un barillet.

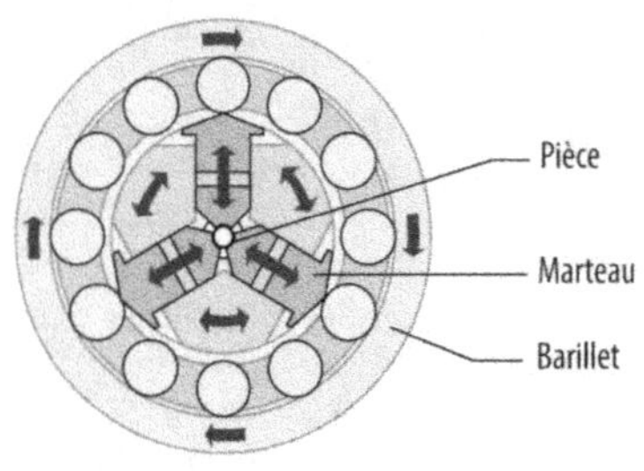

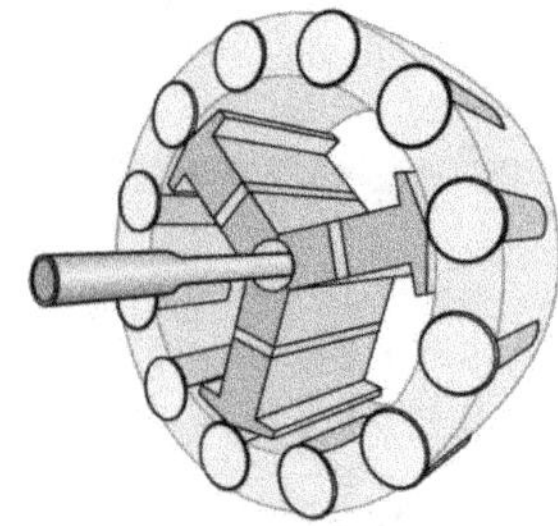

B. TOLÉRANCE DIMENSIONNELLE **(IT)** :

Très précis	Précis	Moyen	Grossier	Très Grossier
1 2 3 4 5	6 7 8 9	10 11 12	13 14 15	16 17 18
	Rétreint martelage			
10 ± 0,002	10 ± 0,01	10 ± 0,05	10 ± 0,2	10 ± 1
100 ± 0,005	100 ± 0,02	100 ± 0,1	100 ± 0,4	100 ± 2

C. ÉTAT DE SURFACE, RUGOSITÉ **Ra (μm)** :

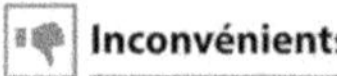

▽▽▽*			▽▽*		▽*		∿
0,012 0,025 0,05 0,1 0,2 0,4 0,8 1			1,6 3,2 6,3 10 12 **25 50** 100		200		
			Rétreint martelage				

** Symbole ne faisant plus partie des normes*

D. Coût OUTILLAGE (sens 2) (hors coût MACHINE) :

Aucun	Faible	Moyen	Élevé	Très élevé
			Rétreint martelage	

E. SÉRIE DE PIÈCES **économique** :

Proto	Unitaire	Petite	Moyenne	Grande	Très Grande
1	10	100	1 000	**10 000**	**100 000**
				Rétreint martelage	

F. Exemples de pièces.

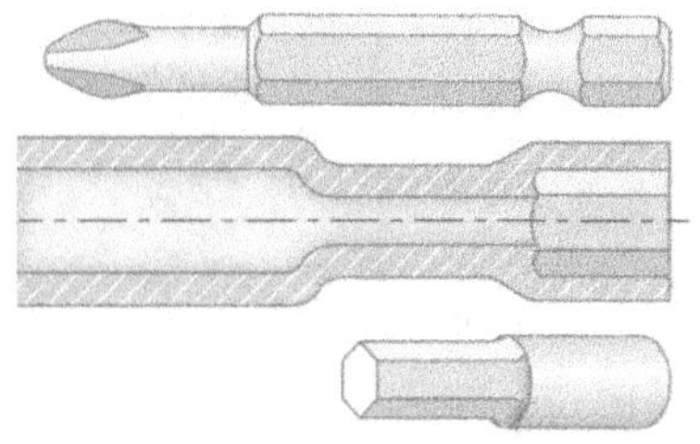

👍 Avantages

G. Pas de perte de MATIÈRE.

👎 Inconvénients

H. OUTILLAGE (sens 2) **coûteux**.

rétro-ingénierie [reverse engineering]

(n.f.) Pratique d'analyse et d'étude d'un objet fini pour comprendre la façon avec laquelle il a été conçu et fabriqué.

A. Elle consiste à collecter des informations TECHNIQUES sur un objet en vue de la CONCEPTION d'un produit concurrent ou pour copier l'existant.

B. L'un des outils de la rétro-ingénierie dans le cas des SYSTÈMES | MÉCANIQUES est la NUMÉRISATION en 3D d'une PIÈCE (sens 1). Elle permet de reconstituer un fichier informatique d'un MODÈLE (sens 2) 3D par acquisition d'un nuages de coordonnées de points sur un exemplaire de l'objet réel. Le fichier ainsi reconstitué peut être utilisé dans une REFABRICATION, par exemple, avec un PROCÉDÉ d'IMPRESSION 3D ou autres.

◆ Syn. : Ingénierie inverse.

réusage [re-use]

(n.m.) Récupération d'objets ayant déjà servi pour en utiliser les MATÉRIAUX dans une application autre que sa vocation de départ mais sans REFABRICATION.

• Note : Ne pas confondre avec RÉEMPLOI.

→ Voir aussi RÉUSAGEABLE ; REVALORISATION.

réusageable [reusable]

(adj.) Susceptible d'être réutilisé pour autre chose que son utilité de départ, en parlant d'un MATÉRIAU, sans qu'il y ait REFABRICATION.

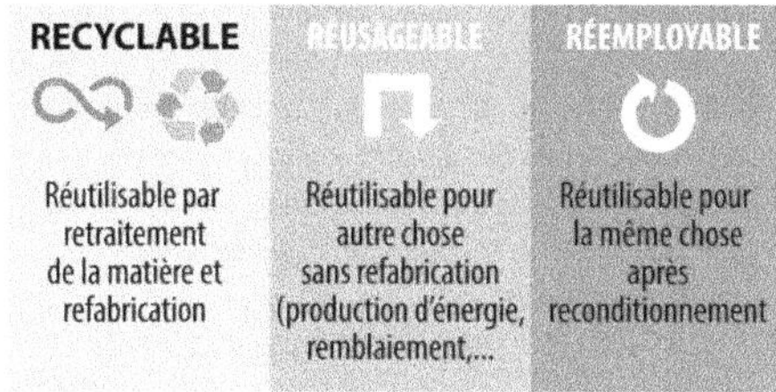

Par exemple, le BOIS est réusageable en le brûlant pour produire de l'ÉNERGIE. Le BÉTON est réusageable en l'utilisant comme MATÉRIAU de remblaiement.

• Note : Ne pas confondre avec RECYCLABLE dont la MATIÈRE est retraitée pour permettre une nouvelle FABRICATION.

→ Voir aussi RÉEMPLOYABLE qui est la possibilité d'être réutilisé pour la même chose qu'au départ après RECONDITIONNEMENT.

(n.f.) Tout PROCÉDÉ, action ou circuit permettant de reconsidérer un produit déjà utilisé et en fin de vie de façon à lui donner une nouvelle utilité pour ne pas finir en DÉCHETS et ordure.

Le diagramme suivant donne un aperçu simplifié des circuits de revalorisation que peuvent emprunter des objets usagés. Elle peut consister en un RECYCLAGE, RÉUSAGE ou RÉEMPLOI :

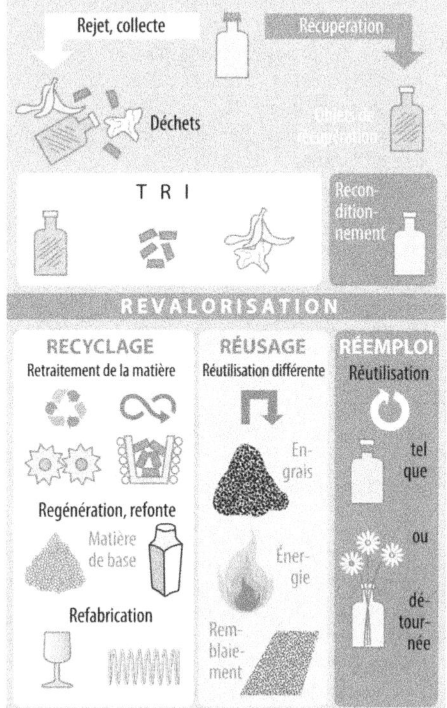

(n.m.) TRAITEMENT THERMIQUE complémentaire d'un précédent, souvent de la TREMPE visant à en atténuer les effets excessifs par chauffage à une TEMPÉRATURE intermédiaire puis REFROIDISSEMENT lent.

A. La trempe a tendance à durcir la MATIÈRE à l'extrême, à la fragiliser, la rendre CASSANTe et à favoriser de fortes CONTRAINTES RÉSIDUELLES qui peuvent la rendre inutilisable. D'une façon générale, une PIÈCE (sens 1) ayant subi une trempe doit toujours être suivi d'un revenu avant tout usage pour prévenir des risques de TAPURES, CRIQUES et FISSUREs. Le revenu réalise un compromis entre la DURETÉ et la RÉSISTANCE AU CHOC (RÉSILIENCE). Il diminue la DURETÉ, la LIMITE D'ÉLASTICITÉ et la RÉSISTANCE À LA RUPTURE mais augmente l'ALLONGEMENT et la RÉSILIENCE.

B. La courbe ci-dessous appelée COURBE DE REVENU, valable pour un ACIER de trempe indique les CARACTÉRISTIQUES susceptibles d'être obtenues en fonction de la TEMPÉRATURE de TRAITEMENT utilisée. Cette courbe permet d'optimiser le résultat du TRAITEMENT thermique en fonction des CARACTÉRISTIQUES d'emploi recherchées. Cet exemple correspond à un ACIER À OUTIL faiblement allié à partir d'un certain état de trempe. La courbe fournit les indications suivantes :

• La RÉSISTANCE À LA RUPTURE en daN/mm^2.
• La RÉSISTANCE À LA LIMITE D'ÉLASTICITÉ en daN/mm^2.
• La DURETÉ H en unité HRC.
• L'ALLONGEMENT A en %.
• La RÉSILIENCE K en J/cm^2.

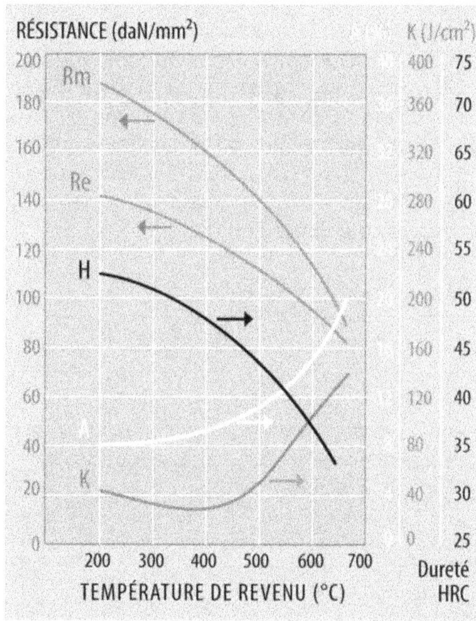

C. À remarquer que le revenu obtenu à la plus haute TEMPÉRATURE possible correspond à peu de chose près aux CARACTÉRISTIQUES de départ du MÉTAL non-traité.

réversible [reversible]

(adj.) Qui peut fonctionner dans un sens comme dans l'autre.

Ex. : *Système de transmission de mouvement réversible.*

revêtement

(n.m.)

1. [coat] Couche de MATIÈRE plus ou moins fine apportée de l'extérieur pour recouvrir la SURFACE d'un objet. L'utilité et la vocation d'un revêtement peuvent être les suivantes :
- Protection contre la CORROSION, amélioration de la RÉSISTANCE aux agressions chimiques.
- DURCISSEMENT, amélioration de la RÉSISTANCE À L'USURE.
- Décoration, amélioration de l'aspect ESTHÉTIQUE.
- Modification des CARACTÉRISTIQUES de FROTTEMENT, soit en diminuant le COEFFICIENT DE FROTTEMENT, c'est à dire en rendant la SURFACE plus glissante, ou au contraire en l'augmentant en la rendant plus ANTIDÉRAPANTE.
- Isolation thermique et électrique.
- Modification de PROPRIÉTÉS optiques : réflexion, transmission, etc.
- Obtention de biocompatibilité.
- Blindage électromagnétique.

→ Voir ci-dessous une énumération de tous les PROCÉDÉS d'obtention des revêtements.

→ Voir COULURE ; CLOQUAGE pour ce que peuvent être les DÉFAUTS ou NON-CONFORMITÉ des revêtements.

2. [coating] Opération permettant de recouvrir la surface d'un MATÉRIAU avec une autre MATIÈRE en couche plus ou moins fine appelée REVÊTEMENT (sens 1) apportée de l'extérieur.

A. Plusieurs PROCÉDÉS peuvent être mis en œuvre pour l'obtenir :
- REVÊTEMENT PAR IMMERSION.
- REVÊTEMENT PAR PROJECTION.
- REVÊTEMENT PAR DÉPÔT SOUS VIDE.
- REVÊTEMENT ÉLECTROCHIMIQUE.
- REVÊTEMENT CHIMIQUE.

B. Ainsi, ne pas confondre avec la CONVERSION qui consiste à transformer ce qu'il y a déjà en surface d'une MATIÈRE pour acquérir des PROPRIÉTÉS intéressantes.

revêtement électrochimique [electrochemical coating]

(n.m.) PROCÉDÉ et COUCHE superficielle de MATIÈRE obtenue par immersion dans une SOLUTION (sens 2) aqueuse appropriée de sels traversée par un courant électrique qui dépose sur la SURFACE un composé du LIQUIDE.

A. Dans cette catégorie, on peut trouver :
- l'ÉLECTROZINGAGE ou ZINGAGE ÉLECTROLYTIQUE, pour le dépôt de ZINC.
- la CHROMATATION, pour le dépôt de constituants à base de CHROME.
- Le CHROMAGE DUR.
- la CATAPHORÈSE, pour le dépôt de constituants organiques.

👍 Avantages

B. Grande variété de DÉPÔTS (sens 2) possible MÉTALLIQUE ou organique. La plupart des MÉTAUX peut être appliqué par ce PROCÉDÉ. Pureté et haute qualité du constituant déposé. Très bonne régularité de l'ÉPAISSEUR du DÉPÔT (sens 2), facilement maîtrisable. Permet d'atteindre même les endroits les plus inaccessibles d'une PIÈCE (sens 1). Les TOLÉRANCES de FABRICATION restent globalement valables sans nécessité de reprise ou de RETOUCHE.

👎 Inconvénients

C. ÉPAISSEUR de COUCHE relativement fine. Efficacité de protection contre la CORROSION moindre que les REVÊTEMENTS PAR IMMERSION.
→ Voir, par exemple, ZINGAGE (sens 1) pour une comparaison des ÉPAISSEURS de ZINC obtenues par différents PROCÉDÉS.
→ Voir aussi GALVANOPLASTIE.

revêtement électrolytique [electrochemical coating]

(n.m.) Même signification que REVÊTEMENT ÉLECTROCHIMIQUE.

revêtement par conversion [conversion coating]

(n.m.) Voir la rubrique TRAITEMENT DE CONVERSION car il s'agit plus d'une TRANSFORMATION (sens 2) superficielle d'un SUBSTRAT qu'un revêtement au sens d'un apport total de SUBSTANCE extérieure.

revêtement par dépôt sous vide [vaccum coating]

(n.m.) PROCÉDÉ et COUCHE superficielle obtenue par vaporisation ou SUBLIMATION de la MATIÈRE à déposer qui se recondense ensuite sur la SURFACE à traiter.

Autre appellation : Dépôt en phase vapeur [PVD].

revêtement par diffusion [diffusion coating]

(n.m.) PROCÉDÉ de DÉPÔT (sens 1) de SUBSTANCE par chauffage de ses atomes ou molécules qui pénètrent et s'immiscent dans le SUBSTRAT | SOLIDE par activation thermique.

On peut citer, par exemple :
- la CHROMISATION pour le dépôt de CHROME.
- la SHÉRARDISATION pour le dépôt de ZINC.
- la CÉMENTATION pour l'incorporation de CARBONE.
- la NITRURATION pour l'incorporation d'AZOTE.
→ Voir aussi DIFFUSION.

revêtement par immersion [dip coating]

(n.m.) PROCÉDÉ et COUCHE superficielle de MATIÈRE obtenue par trempage dans une SUBSTANCE | LIQUIDE, en général en FUSION.

Dans cette catégorie, on trouve les PROCÉDÉS de dépôt de métaux à bas POINT DE FUSION :
- la GALVANISATION À CHAUD pour le dépôt de ZINC.
- l'ÉTAMAGE pour le DÉPÔT (sens 1) d'ÉTAIN.
- l'ALUMINISATION pour le DÉPÔT (sens 1) d'ALUMINIUM.

revêtement par projection [spray coating]

(n.m.) PROCÉDÉ et COUCHE superficielle de MATIÈRE obtenue par jet de MATIÈRE finement pulvérisée expulsée à grande vitesse sur la SURFACE à recouvrir. On trouve dans cette catégorie :
- la PROJECTION THERMIQUE.
- la MÉTALLISATION.
- la PROJECTION À FROID.
- La PEINTURE, laque et vernis.

révision d'un plan [drawing revision]

(n.f.) Indication sur un DESSIN TECHNIQUE ou un PLAN DE FABRICATION précisant l'historique des modifications apportées, la date à laquelle elles ont été apportées, les personnes concernées.

A. La révision d'un plan donne une certaine TRAÇABILITÉ de l'évolution de l'objet représenté sur le plan.

Ex. : *Révision sur un PLAN 3D* (page suivante).

B. À remarquer qu'un repère (ici sous forme d'une lettre minuscule à l'intérieur d'un triangle) doit être apposé sur le dessin pour situer l'objet de la modification apportée.

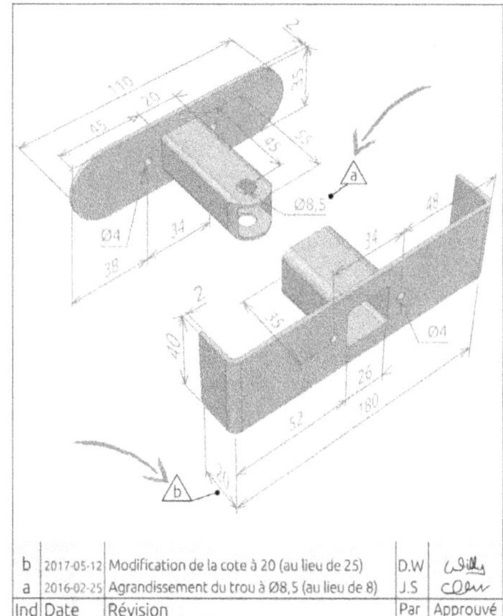

Ind	Date	Révision	Par	Approuvé
b	2017-05-12	Modification de la cote à 20 (au lieu de 25)	D.W	
a	2016-02-25	Agrandissement du trou à Ø8,5 (au lieu de 8)	J.S	

révolution [revolution]

(n.f.) Fonction d'un logiciel de CONCEPTION ASSISTÉE PAR ODINATEUR consistant à faire tourner une ESQUISSE (sens 2) autour d'un AXE (sens 1) pour générer un objet volumique à SECTIONS | CIRCULAIRES appelé justement FORME DE RÉVOLUTION.

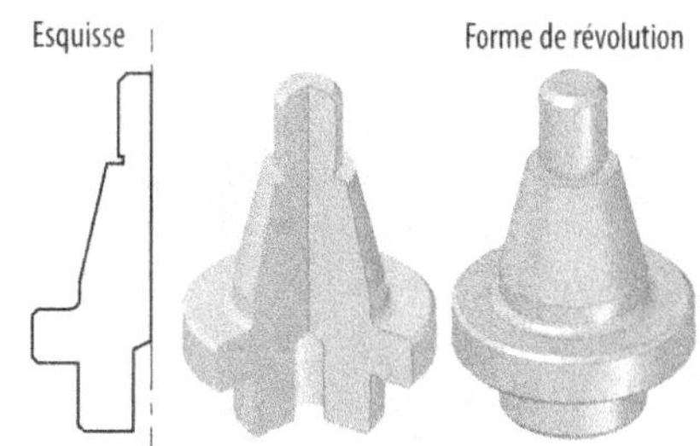

→ Voir aussi FORME DE RÉVOLUTION.

rhénium (Re) [rhenium]

(n.m.) MÉTAL gris à teinte argentée, très LOURD, DUCTILE et RÉFRACTAIRE. Il a une bonne RÉSISTANCE À LA CORROSION.

A. Il est surtout utilisé en ÉLÉMENT D'ALLIAGE pour obtenir des pièces monocristallins en SUPERALLIAGES destinés aux moteurs à réaction dans l'aéronautique. Il améliore la FATIGUE à chaud et sur le FLUAGE. Des ALLIAGES de 6e génération actuelle essayent de réduire à quelques pour-

cents l'utilisation du rhénium. Il est également utilisé pour des résistances de four électrique.
B. Quelques CARACTÉRISTIQUES :

Symbole chimique :	Re
État physique à l'ambiante :	Solide
Couleur :	Gris argentée
Numéro atomique :	75
Masse volumique :	21 g/cm^3
T° de fusion :	3185°C
Structure cristalline :	Hexagonal compact

rhéoformage [rheoforming]

(n.m.) PROCÉDÉ de MISE EN FORME d'ALLIAGE préalablement porté à l'état semi-solide par SOLIDIFICATION partielle du MÉTAL fondu.

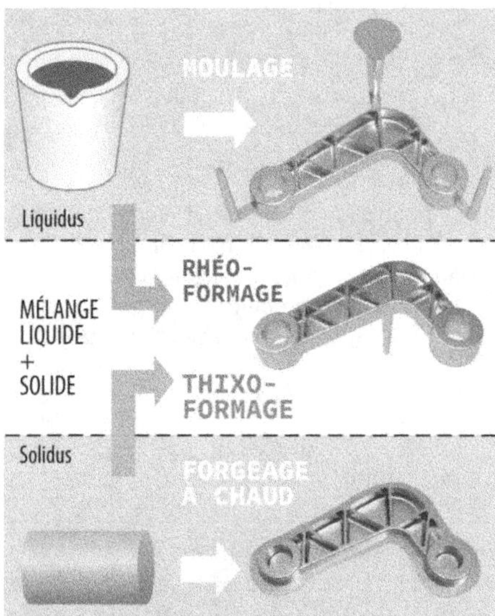

A. Vue générale du PROCÉDÉ :

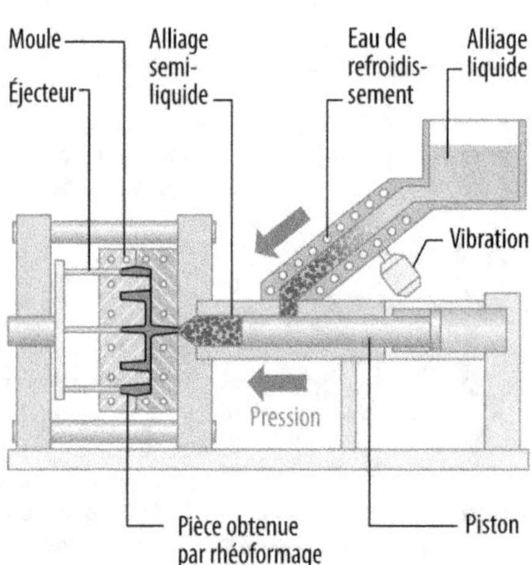

B. Ne pas confondre avec le THIXOFORMAGE, un état semi-solide obtenu par FUSION partielle.
C. Ne pas confondre avec le MOULAGE FORGEAGE qui consiste à maintenir une PRESSION sur la pièce en SOLIDIFICATION à la manière du MATRIÇAGE.
→ Voir aussi THIXOTROPIE.
D. Il existe un procédé particulier qui combine les avantages de la FONDERIE (sens 1) et du FORGEAGE appelé COBAPRESS ™.
→ Voir COBAPRESS ™.

rhéologie [rheology]

(n.f.) Branche de la SCIENCE MÉCANIQUE étudiant la DÉFORMATION et l'ÉCOULEMENT de la MATIÈRE. Elle établit le lien entre les PRESSIONS exercées et la PLASTICITÉ, la VISCOSITÉ, l'ÉLASTICITÉ.

rigide [rigid, stiff]

(adj.) Qui n'accepte pas facilement de DÉFORMATION | MÉCANIQUE en parlant d'un MATÉRIAU, d'une PIÈCE (sens 1) ou d'un ASSEMBLAGE.
A. La RIGIDITÉ d'une MATIÈRE peut être appréhendée avec le MODULE D'ÉLASTICITÉ LONGITUDINALE ou MODULE DE YOUNG. Plus la valeur est élevée, plus la MATIÈRE est rigide. La valeur de 1 000 MPa peut être arbitrairement considérée comme frontière entre les MATÉRIAUX | RIGIDE et SOUPLE.

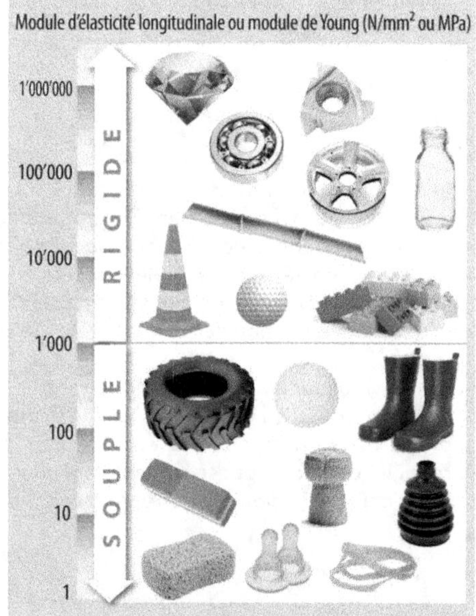

B. Pour le cas des (PLASTIQUES), MATIÈRES PLASTIQUES et ÉLASTOMÈRES, la notion de RIGIDITÉ ou SOUPLESSE est évaluée avec les différentes ÉCHELLEs (sens 4) de DURETÉ SHORE.

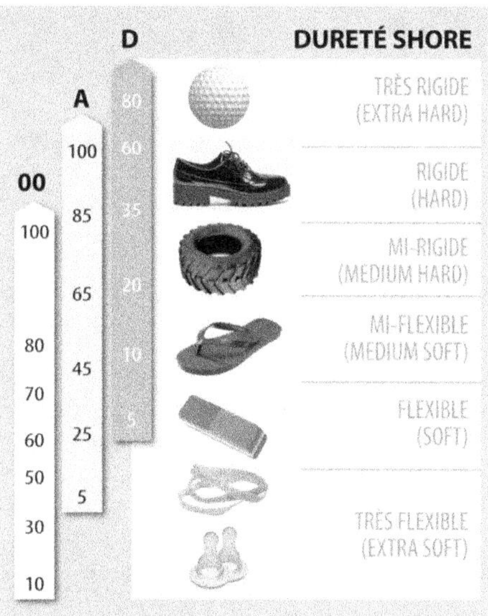

◊ Contr. : SOUPLE.

rigidité [stiffness]

(n.f.) Aptitude d'une MATIÈRE, d'une PIÈCE (sens 1), d'un ASSEMBLAGE (sens 2) à ne pas trop se déformer malgré l'application d'une FORCE, d'un MOMENT DE FORCE, d'une CHARGE (sens 1) ou d'une SOLLICITATION MÉCANIQUE, d'une façon générale.

Ex. : *Rigidité d'un* MATÉRIAU *; rigidité d'une* STRUCTURE *(sens 2).*

A. Cette notion peut être explicitée avec le quotient d'une force par la déformation qu'elle a provoquée :

$$\text{Rigidité [Stiffness]} = \frac{\text{Force appliquée}}{\text{Déformation causée}}$$

La rigidité peut être considérée à différentes ÉCHELLES (sens 3) :

B. À l'échelle de la MATIÈRE, c'est le caractère intrinsèque d'un MATÉRIAU lui permettant de ne pas trop se déformer par l'application d'une CONTRAINTE MÉCANIQUE, indépendamment de sa géométrie. La (HOOKE), LOI DE HOOKE permet d'obtenir :

$$\text{Rigidité} = \frac{\text{Contrainte mécanique}}{\text{Allongement relatif}} = \frac{\sigma}{\dfrac{\Delta L}{L}} = \frac{\sigma}{a} = E$$

Dans le cas de sollicitations par TRACTION, COMPRESSION ou FLEXION, la rigidité de la MATIÈRE est quantifiée par le MODULE D'ÉLASTICITÉ LONGITUDINALE ou MODULE DE YOUNG notée **E** et exprimée avec l'UNITÉ (sens 1) MPa ou GPa. Pour le cas du CISAILLEMENT et de la TORSION, elle est exprimée par une grandeur similaire **G** appelée MODULE D'ÉLASTICITÉ TRANSVERSALE ou MODULE DE COULOMB exprimé aussi en Mpa ou GPa. Plus ces grandeurs sont élevées, plus le MATÉRIAU est RIGIDE.

→ **Voir** MODULE D'ÉLASTICITÉ LONGITUDINALE ; RIGIDE.

C. À l'échelle de l'objet ou d'une construction, la rigidité est son aptitude à ne pas trop se déformer malgré l'application d'une FORCE. Dans ce cas, elle est fonction non seulement des caractéristiques des MATÉRIAUX le constituant mais aussi de ses paramètres géométriques. En réexprimant la loi de Hooke à l'ensemble d'une PIÈCE (sens 1) en traction uniaxiale, on obtient :

$$\text{Rigidité} = \frac{\text{Force}}{\text{Déformation axiale}} = \frac{F\,(\text{daN})}{\Delta L\,(\text{mm})} = \frac{E.A}{L} = \mathbf{K}$$

A : aire de la section perpendiculaire à la force
E : module d'élasticité longitudinale (Young)

La rigidité dite AXIALE dans ce cas de SOLLICITATION (TRACTION ou COMPRESSION) est E.A/L. De façon similaire, dans le cas du CISAILLEMENT, la rigidité TRANSVERSALE est G.A/L dans lequel G est le MODULE D'ÉLASTICITÉ TRANSVERSALE ou MODULE DE COULOMB. Pour la FLEXION, l'expression dépend de la configuration :

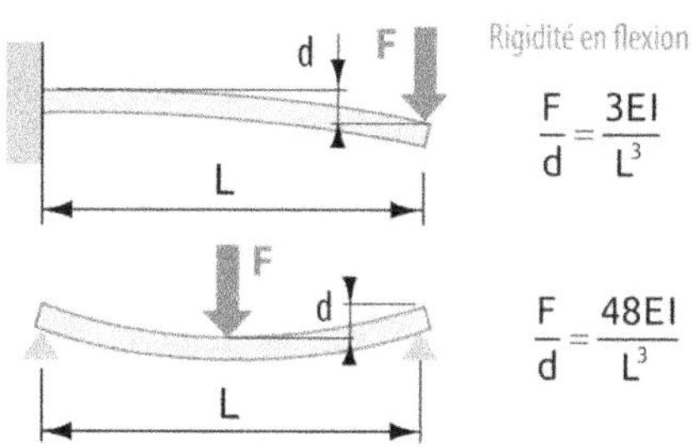

$$\frac{F}{d} = \frac{3EI}{L^3}$$

$$\frac{F}{d} = \frac{48EI}{L^3}$$

I est le MOMENT QUADRATIQUE AXIAL de la SECTION.

Pour le cas de la TORSION, la « rigidité torsionnelle » est donnée par :

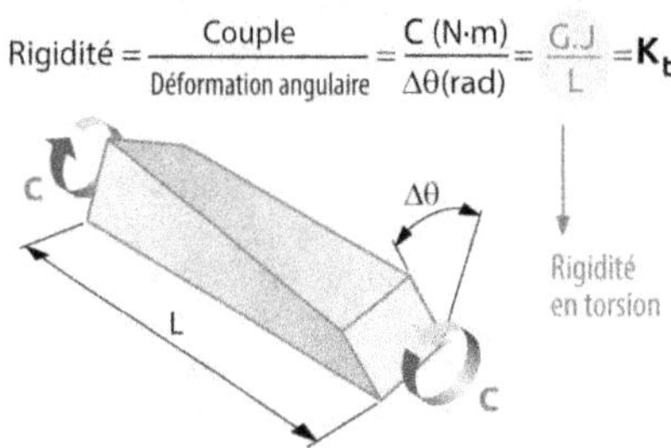

$$\text{Rigidité} = \frac{\text{Couple}}{\text{Déformation angulaire}} = \frac{C\,(\text{N·m})}{\Delta\theta\,(\text{rad})} = \frac{G.J}{L} = \mathbf{K_t}$$

Rigidité en torsion

J : moment quadratique polaire de la section
G : module d'élasticité transversale (Coulomb)

D. Par analogie, la notion de rigidité peut être appliquée aux RESSORTS.
• Pour une déformation axiale :

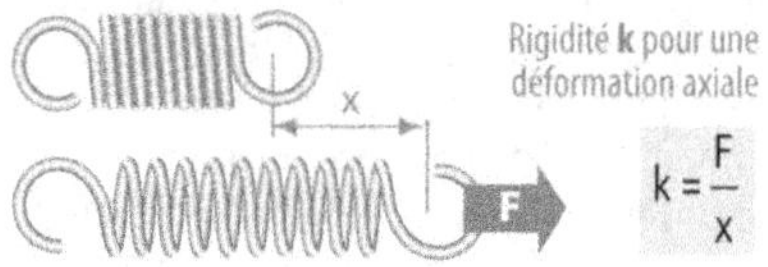

Rigidité **k** pour une déformation axiale

$$k = \frac{F}{x}$$

• Pour une DÉFORMATION | ANGULAIRE :

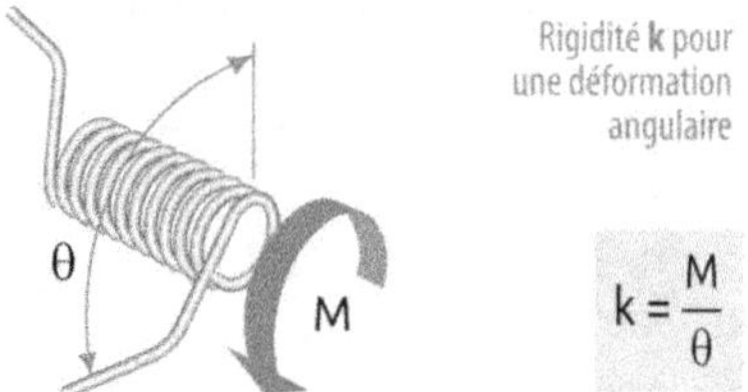

Rigidité **k** pour une déformation angulaire

$$k = \frac{M}{\theta}$$

Dans ces cas, on parle aussi quelquefois de RAIDEUR.
E. L'inverse de la rigidité est la COMPLAISANCE.
◊ Contr. : SOUPLESSE.
→ Voir aussi RAIDEUR.

(n.f.) MODULE D'ÉLASTICITÉ LONGITUDINALE **E** ou TRANSVERSALE **G** d'un MATÉRIAU considérés au regard de sa MASSE VOLUMIQUE ρ.
A. Dans les problèmes de CONCEPTION | MÉCANIQUE où la RIGIDITÉ des CONSTRUCTIONS est primordiale comme dans l'aérospatiale et l'aéronautique (aile d'avion, etc.) ou les STRUCTURES (sens 2) élancées (pont, mâts, etc.), il est nécessaire de mettre en relation les caractéristiques se rapportant à la RIGIDITÉ de la MATIÈRE et sa MASSE VOLUMIQUE de manière à faire le choix de la MATIÈRE la plus performante tout en en utilisant une masse minimale.
B. Dans le cas des BARRES en TRACTION ou COMPRESSION et POUTRES en FLEXION et en fonction des cas de figure géométrique, la notion de rigidité spécifique peut apparaître sous la forme des indices suivants :

$$\frac{E}{\rho}\;;\;\frac{\sqrt{E}}{\rho}\;;\;\frac{\sqrt[3]{E}}{\rho}$$

dans lesquels **E** est le MODULE D'ÉLASTICITÉ LONGITUDINALE ou MODULE DE YOUNG, par exemple en MPa et ρ la MASSE VOLUMIQUE, par exemple en g/cm^3.
→ Voir (MATÉRIAU), CHOIX DE MATÉRIAU pour un exemple de tableau de rigidité spécifique correspondant à divers MATÉRIAUX dans un problème de FLEXION d'une POUTRE.
C. Dans le cas d'ARBRE (sens 2) sollicité en TORSION et dans diverses conditions géométriques, la rigidité spécifique apparaît sous la forme des indices suivants :

$$\frac{G}{\rho}\;;\;\frac{\sqrt{G}}{\rho}\;;\;\frac{\sqrt[3]{G}}{\rho}$$

dans lesquels **G** est le MODULE D'ÉLASTICITÉ TRANSVERSALE ou MODULE DE COULOMB, par exemple en MPa et ρ la masse volumique, par exemple en g/cm^3. Pour plus de commodité, la rigidité spécifique peut être mise sous la forme de représentation dite de (ASHBY), DIAGRAMME D'ASHBY.
→ Voir RÉSISTANCE SPÉCIFIQUE qui est le pendant pour les problèmes de DIMENSIONNEMENT en RÉSISTANCE et non en rigidité.
→ Voir aussi (MATÉRIAU), CHOIX DE MATÉRIAU.

(n.m.) ORGANE DE FIXATION | NON-DÉMONTABLE fait d'une TIGE | CYLINDRIQUE, d'une tête et d'une partie déformable entre lesquelles les PIÈCES à assembler sont comprimées et maintenues ensemble.
A. Les rivets peuvent être classés en deux catégories, selon leur mode de mise en œuvre :
• les rivets dont la pose nécessite l'accès aux deux faces des PIÈCES à fixer : les RIVETS PLEINS, les RIVETS TUBULAIRES ou SEMI-TUBULAIRES...

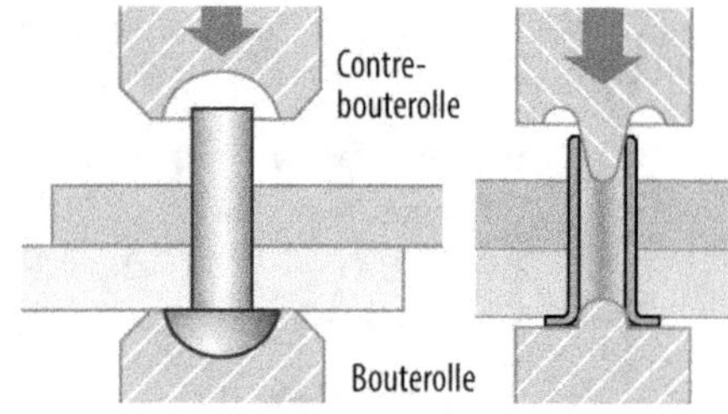

• les rivets qui peuvent être mis en place sans qu'il soit utile d'avoir accès à la deuxième face des PIÈCES à fixer : les RIVETS AVEUGLES, RIVETS À RUPTURE DE TIGE, RIVET À EXPANSION...

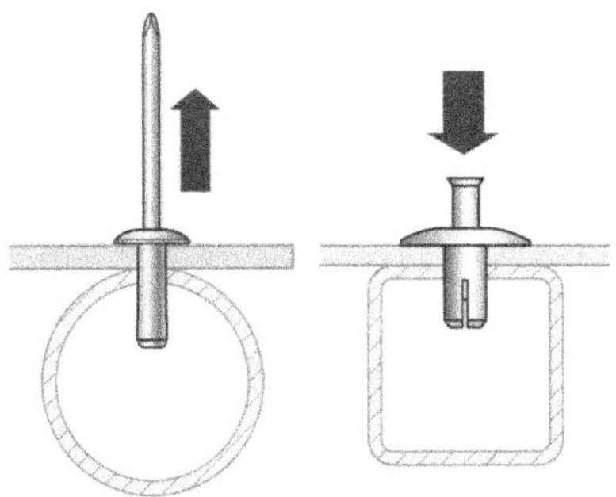

B. Ci-dessous un tableau comparatif général de tous les rivets existants avec leurs CARACTÉRISTIQUES et les principaux critères de choix :

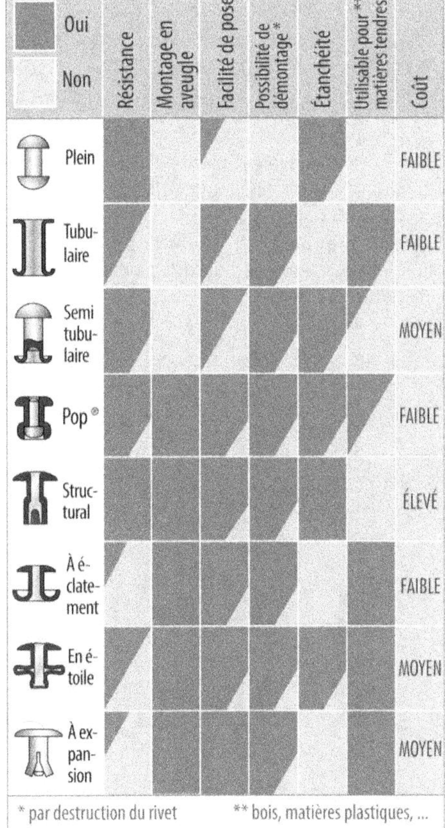

Légende : ■ Oui ☐ Non

	Résistance	Montage en aveugle	Facilité de pose	Possibilité de démontage*	Étanchéité	Utilisable pour matières tendres**	Coût
Plein							FAIBLE
Tubulaire							FAIBLE
Semi tubulaire							MOYEN
Pop®							FAIBLE
Structural							ÉLEVÉ
À éclatement							FAIBLE
En étoile							MOYEN
À expansion							MOYEN

* par destruction du rivet   ** bois, matières plastiques, ...

C. Certains types de rivets permettent cependant le DÉMONTAGE en les détruisant préalablement mais en prenant soin de ne pas affecter les PIÈCES (sens 1) assemblées. Ci-contre, par exemple, le DÉMONTAGE d'un ASSEMBLAGE (sens 2) par RIVET STRUCTURAL. L'OPÉRATION consiste à chasser la reste de TIGE centrale, puis à casser le rivet en deux par PERÇAGE avec un FORET :

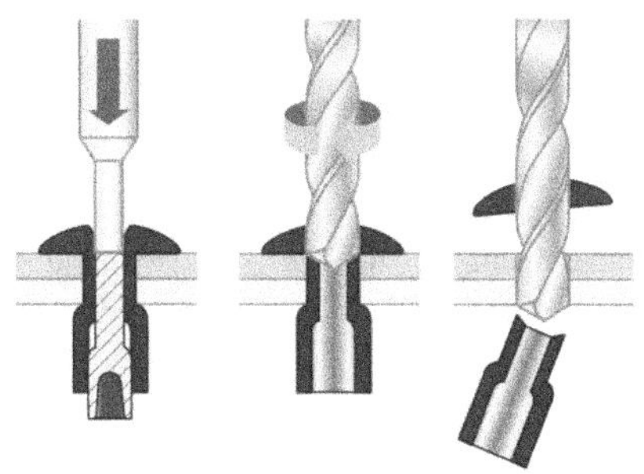

D. Il n'existe pas de NORMALISATION particulière pour la DÉSIGNATION des rivets. D'une façon générale, on donne le nom, le DIAMÈTRE du corps, sa LONGUEUR, le MATÉRIAU et le MATÉRIAU de la TIGE pour le cas des RIVETS À RUPTURE DE TIGE.

Rivet Ø 4,8 × 19 Alu - acier

👍 Avantages

E. Solution d'ASSEMBLAGE (sens 1) économique. Large éventail de modèles adaptés à tous les besoins et à toutes les situations. Pose automatisable.

👎 Inconvénients

F. Non-réutilisable. Quelquefois NON-DÉMONTABLE.

rivet à éclatement [peel rivet]

(n.m.) Type de RIVET AVEUGLE avec une TIGE centrale qui écarte et déploie par TRACTION l'extrémité déformable.

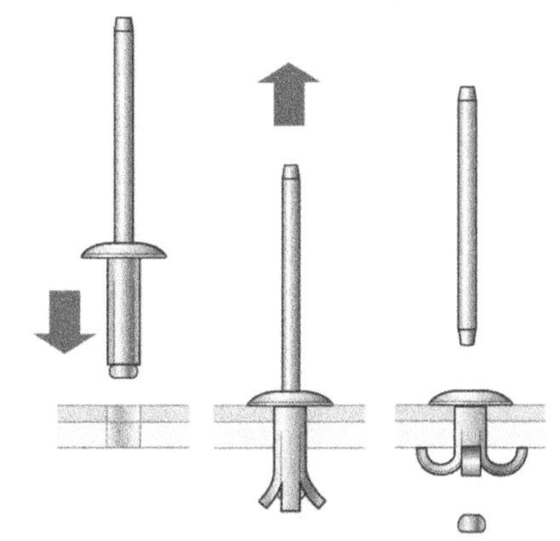

A. Le rivet à éclatement est utilisé pour des ASSEMBLAGES (sens 2) relativement légers de PIÈCES (sens 1) en MATIÈRE | TENDRE comme les

(PLASTIQUES), MATIÈRES PLASTIQUES. **La partie éclatée du rivet comprime relativement peu les** PIÈCES **(sens 1) assemblées.**

B. Ne pas confondre avec le RIVET À ÉTOILE **plus résistant, ni avec le** RIVET À EXPANSION.

→ **Voir également** RIVET AVEUGLE.

rivet à étoile [triform rivet, trifold rivet]

(n.m.) Type de RIVET AVEUGLE **dont l'extrémité déformable se rétracte en formant plusieurs** PLIS ÉCRASÉS. **Le rivet à étoile offre une grande** SURFACE D'APPUI **et convient aux** MATÉRIAUX | TENDRES **comme le** BOIS **et les** (PLASTIQUES), MATIÈRES PLASTIQUES.

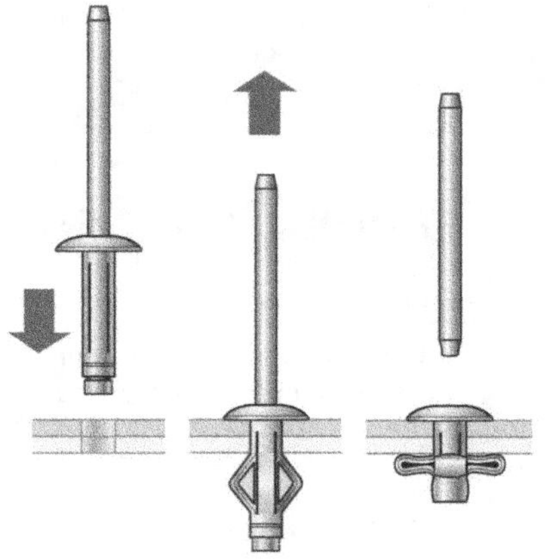

• **Note : Ne pas confondre avec le** RIVET À ÉCLATEMENT **moins résistant, ni avec le** RIVET À EXPANSION.

rivet à expansion [hammerdrive rivet]

(n.m.) Type de RIVET AVEUGLE **avec une** TIGE **centrale qui écarte l'extrémité déformable par poussée, lors de la mise en place.**

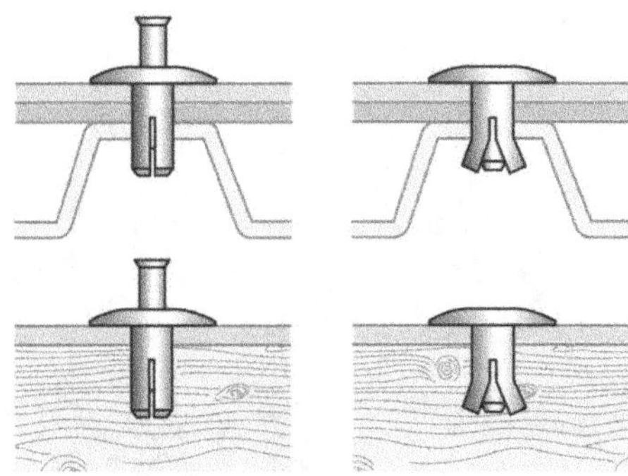

A. Ne pas confondre avec le RIVET À ÉCLATEMENT **dont l'écartement de l'extrémité est obtenu par** TRACTION.

Avantages

B. Ne nécessite aucun OUTIL **particulier autre qu'un** MARTEAU.

rivetage [riveting]

(n.m.)

1. PROCÉDÉ DE FIXATION **utilisant une petite** TIGE **à tête et une deuxième extrémité déformable.**

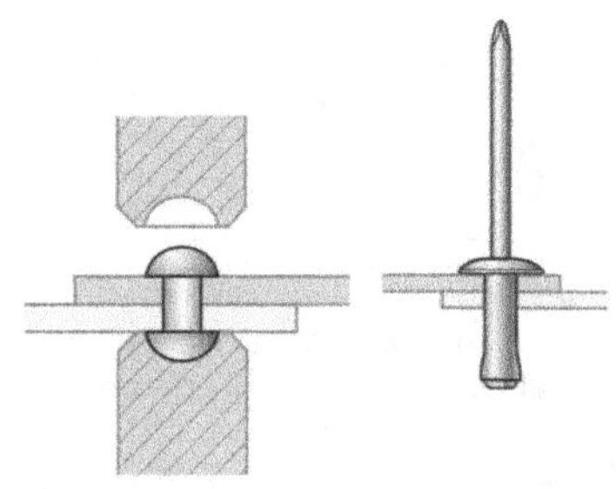

2. OPÉRATION **de mise en place de** RIVETS. **Il peut être manuel ou automatisé.**

rivet à rupture de tige [breakstem rivet]

(n.m.) Type de RIVET AVEUGLE **dans lequel la** DÉFORMATION **de la deuxième extrémité est obtenue par une** TIGE **centrale qui se casse à la fin de la mise en place.**

→ **Voir les détails à la rubrique** RIVET POP ®.

Ci-dessous les types de rivet à rupture de tige les plus courants :

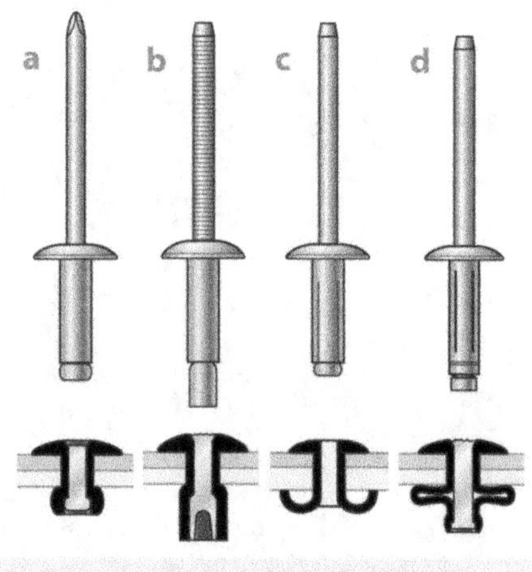

La mise en place des rivets à rupture de tige nécessite un outil particulier appelé PINCE À RIVET **ou encore** RIVETEUSE.

→ **Voir aussi** RIVET POP ®, RIVET À ÉCLATEMENT, RIVET À ÉTOILE.

rivet aveugle [blind rivet]

(n.m.) Type de RIVET pouvant être mis en place par une seule FACE (sens 1) des PIÈCES (sens 1) à assembler, grâce à une TIGE centrale qui assure la DÉFORMATION de la deuxième extrémité.
Ci-dessous les principaux types de rivet aveugle vus du côté de l'extrémité déformable.

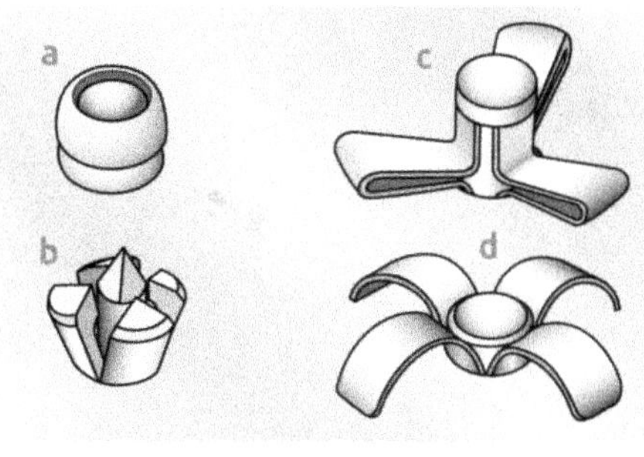

a. Rivet standard
b. Rivet à expansion
c. Rivet à étoile
d. Rivet à éclatement

→ **Voir** RIVETS À RUPTURE DE TIGE ; RIVET À EXPANSION.

rivet étoilé [triform rivet]

(n.m.) Même signification que le RIVET À ÉTOILE.

rivet expansé [hammerdrive rivet]

(n.m.) Même signification que le RIVET À EXPANSION.

riveteuse [rivet gun]

(n.f.) MACHINE semi-automatique donnant la FORCE de TRACTION nécessaire à la mise en place de RIVET À RUPTURE DE TIGE.

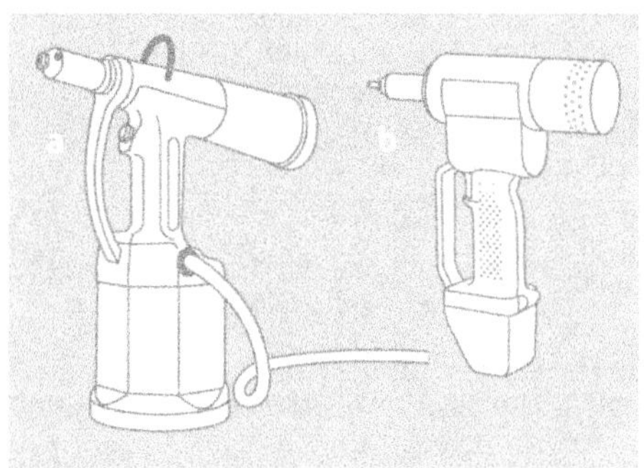

a. Riveteuse pneumatique
b. Riveteuse électrique

→ **Voir** PINCE À RIVET pour les OUTILLAGES MANUELS correspondants.

rivet plein [solid rivet]

(n.m.) Type de RIVET monobloc dont la mise en place nécessite de marteler ou de presser la deuxième extrémité. Les têtes peuvent avoir plusieurs FORMES différentes :

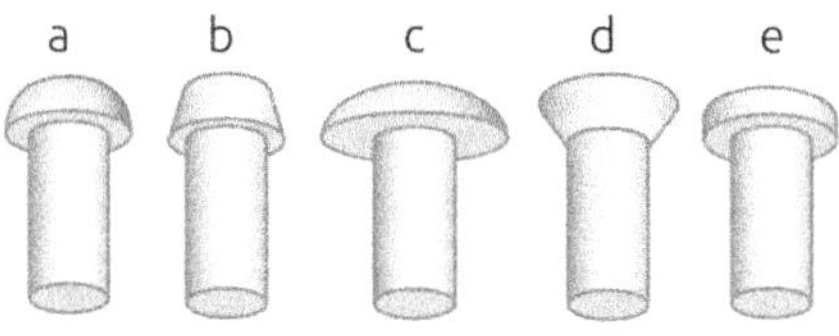

a. Tête ronde ou bombée   d. Tête fraisée
b. Tête conique   e. Tête plate
c. Tête goutte de suif

A. Les rivets pleins existent en différents MATÉRIAUX métalliques (ACIER, ACIER INOXYDABLE, ALUMINIUM, LAITON, CUIVRE, etc.) Prendre soin d'éviter les mauvaises associations de MÉTAUX favorisant la CORROSION GALVANIQUE.
B. Certains rivets en alliage aluminium de série 2000 (alliage au cuivre) subissent un traitement de mise en solution suivie d'une TREMPE. La pose est ainsi facilitée pendant plusieurs heures et le traitement de maturation se fait à température ambiante après la pose.
→ **Voir également** RIVET TUBULAIRE ; RIVET SEMI-TUBULAIRE.

rivet pop® [standard rivet]

(n.m.) Type de RIVET À RUPTURE DE TIGE avec une DÉFORMATION en BOURRELET de la deuxième extrémité obtenue par TRACTION de la TIGE centrale.

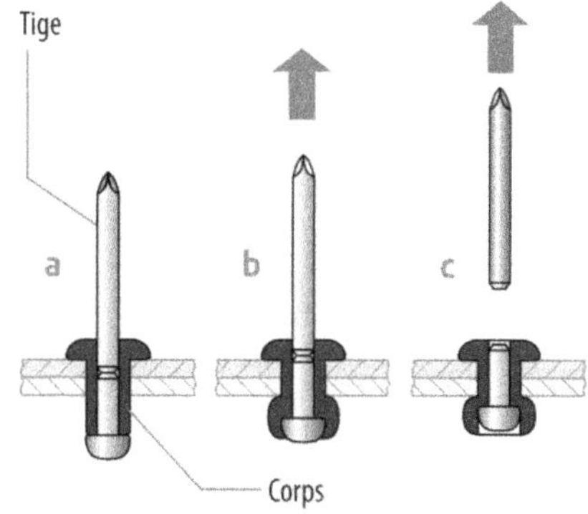

A. La pose ne peut être effectuée qu'avec un OUTILLAGE MANUEL appelé PINCE À RIVET ou un outil automatique appelé RIVETEUSE.
B. Le BOURRELET a tendance à solliciter fortement le MATÉRIAU serré. Ainsi le RIVET POP ® ne convient pas pour les MATÉRIAUX | TENDRES comme le BOIS et les (PLASTIQUES), MATIÈRES PLASTIQUES. Préférer par ordre de RÉSISTANCE décroissante le RIVET À ÉTOILE ou le RIVET À ÉCLATEMENT.

C. POP ® est un nom commercial qui a tendance à se généraliser dans le langage courant.
→ Voir RIVET À RUPTURE DE TIGE pour tous les autres rivets de la même famille.

rivet semi-tubulaire [semi-tubular rivet]

(n.m.) Type de RIVET PLEIN dont l'extrémité déformable a été amincie avec un TROU pour diminuer la FORCE nécessaire à la mise en place.

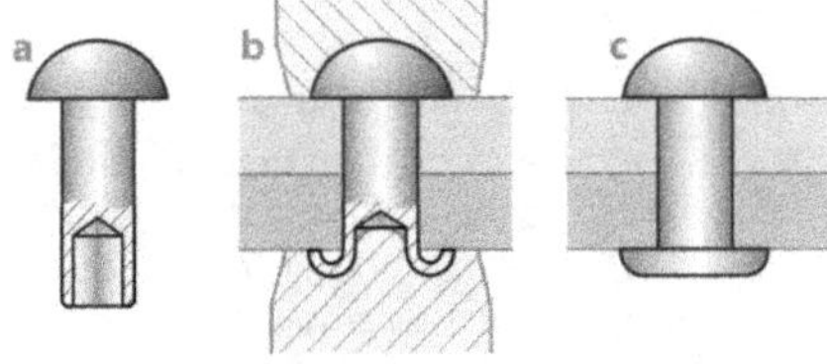

rivet structural [structural rivet]

(n.m.) Type de RIVET renforcé à RÉSISTANCE MÉCANIQUE supérieure grâce notamment à la garantie de conserver la TIGE centrale.

rivet tubulaire [hollow rivet]

(n.m.) RIVET creux à paroi fine pour diminuer la FORCE nécessaire à la DÉFORMATION de la deuxième extrémité.

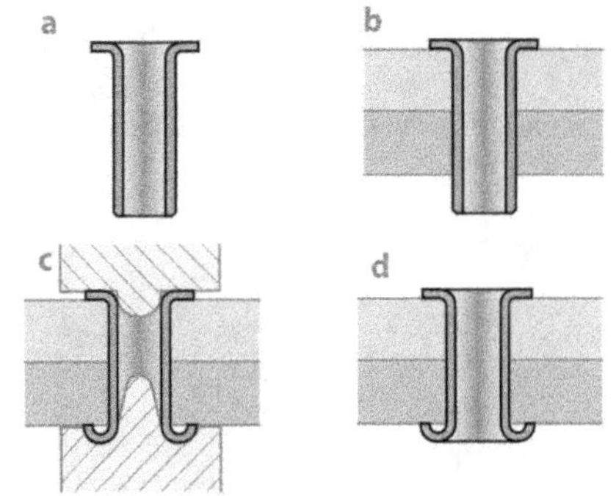

L'ASSEMBLAGE (sens 2) par rivet tubulaire est de RÉSISTANCE MÉCANIQUE relativement faible.

rivure [riveted joint]

(n.f.) ASSEMBLAGE (sens 2) permanent obtenu au moyen de RIVETS.

robot [robot]

(n.m.) MACHINE pouvant reproduire les gestes et MOUVEMENTS de l'homme mais avec une plus grande PRÉCISION, rapidité et RÉPÉTABILITÉ.
Ex. : *Robot de* SOUDAGE.

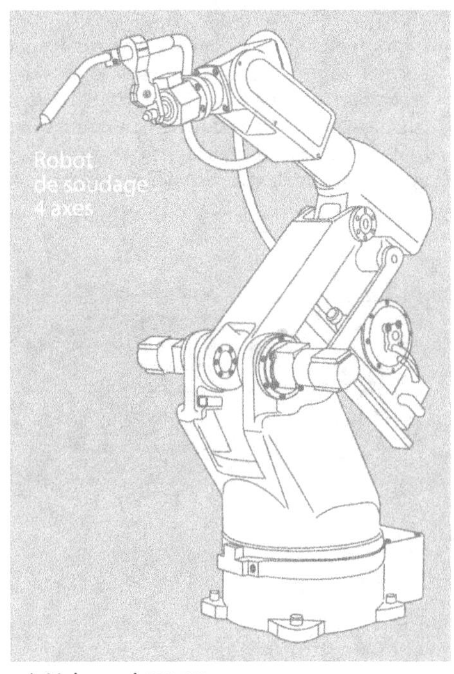

→ Voir aussi COBOT.

robotique [robotics]

(n.f.) Ensemble des TECHNIQUES et sciences permettant l'étude et la réalisation de DISPOSITIFS pouvant se substituer à l'homme dans ses fonctions de MOUVEMENT et de perception. Quand le robot est utilisé en collaboration avec l'homme, la discipline est appelée COBOTIQUE.

robotisation [robotization]

(n.f.) Démarche en milieu industriel consistant à remplacer l'homme par des MACHINES | AUTOMATIQUES dans les OPÉRATIONS de PRODUCTION ou de contrôle.

robotisé [robotized]

(adj.) Équipé de MACHINES | AUTOMATIQUES capable de remplacer l'opérateur.

robotiser [robotize]

(v.tr.) Remplacer l'opérateur par des MACHINES | AUTOMATIQUES.

(rochet), roue à rochet [ratchet]

(n.f.) ROUE DENTÉE ne pouvant tourner que dans un SENS car l'autre sens est bloqué par un ORGANE appelé CLIQUET.

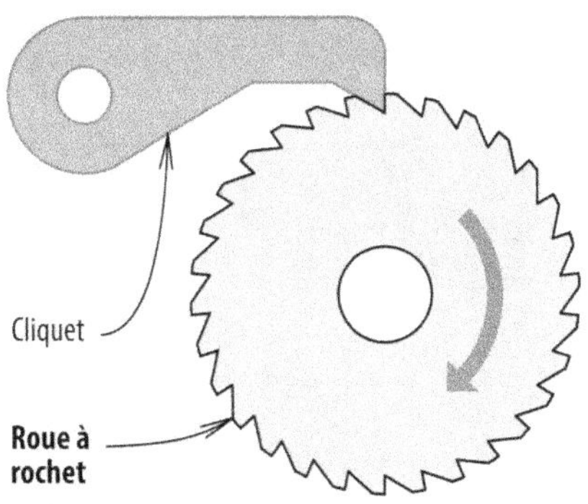

• Note : Ne pas confondre avec la ROUE LIBRE qui réalise le même effet avec un autre SYSTÈME.

---

rodage

(n.m.) OPÉRATION d'USINAGE en FINITION par ABRASION fine avec des MOUVEMENTS croisés afin d'obtenir une grande PRÉCISION géométrique (PLANÉITÉ, CIRCULARITÉ, CYLINDRICITÉ, etc.) des TOLÉRANCES dimensionnelles serrées, un ÉTAT DE SURFACE soigné avec des spécifications bien déterminées.

A. Le rodage est réalisé avec des éléments ABRASIFS appelés « pierres » montés sur des MANDRINS ou plateaux. L'enlèvement de faible quantité de MATIÈRE est effectué avec des PRESSIONS et des VITESSES suffisamment faibles pour que la TEMPÉRATURE ne s'élève pas.

B. Le rodage est désigné avec deux termes différents en anglais selon qu'il soit CYLINDRIQUE ou PLAN :

• [honing] Rodage CYLINDRIQUE permettant essentiellement d'obtenir des ALÉSAGES (sens 1) soignés ainsi que des FORMES DE RÉVOLUTION précises.

Ex.: *Rodage cylindrique intérieur d'un alésage.*

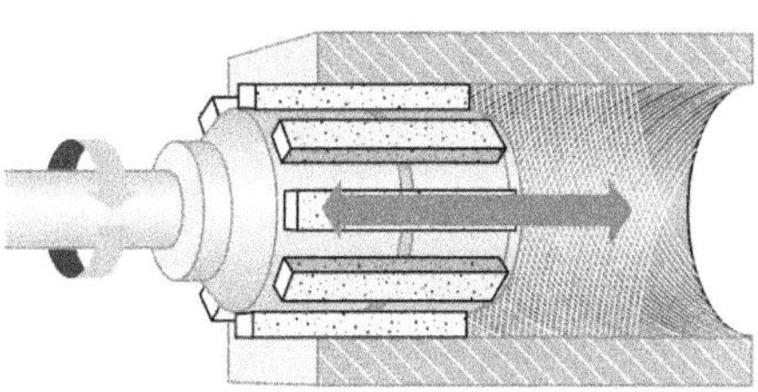

Dans ce cas, l'outil est animé d'un MOUVEMENT DE ROTATION autour de son AXE (sens 1), d'un MOUVEMENT DE VA ET VIENT | AXIAL ainsi que d'une expansion RADIALE.

Un cylindre de moteur thermique avec une surface glacée montrerait des problèmes de rup-

ture du lubrifiant. Les micro-rayures laissées et maîtrisées par le rodage permettent de garder le film d'huile.

→ Voir aussi BROSSE À HONER ; RODOIR.

• [lapping] Rodage plan : la pièce et le plateau de rodage subissent des MOUVEMENTS DE ROTATION tels que les TRAJECTOIRES d'ABRASION se croisent.

Ex. : *Rodage plan.*

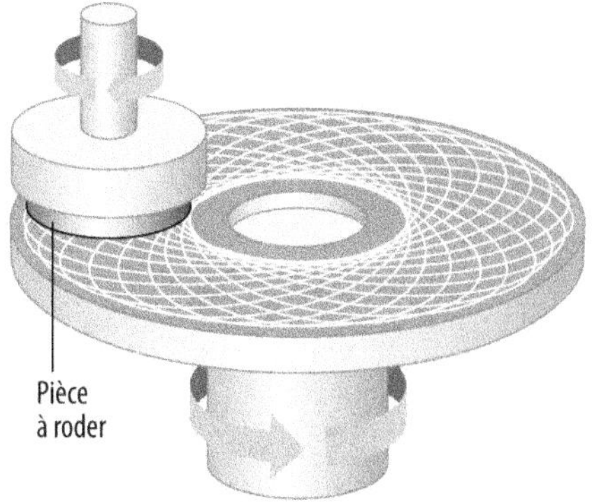

C. TOLÉRANCE DIMENSIONNELLE (IT) :

Très précis	Précis	Moyen	Grossier	Très Grossier
1 2 3 4 5	6 7 8 9	10 11 12	13 14 15	16 17 18
Rodage				
10 ± 0,002	10 ± 0,01	10 ± 0,05	10 ± 0,2	10 ± 1
100 ± 0,005	100 ± 0,02	100 ± 0,1	100 ± 0,4	100 ± 2

D. ÉTAT DE SURFACE, RUGOSITÉ Ra (µm) :

0,012 0,025	0,05 0,1 0,2 0,4 0,8 1	1,6 3,2 6,3 10	12 25 50 100 200
	Rodage		

* Symbole ne faisant plus partie des normes

E. Coût OUTILLAGE (sens 2) (hors coût MACHINE) :

Aucun	Faible	Moyen	Élevé	Très élevé
	Rodage			

F. SÉRIE DE PIÈCES économique :

Proto	Unitaire	Petite	Moyenne	Grande	Très Grande
1	10	100	1 000	10 000	100 000
Rodage					

G. Exemple de machine de rodage plan :

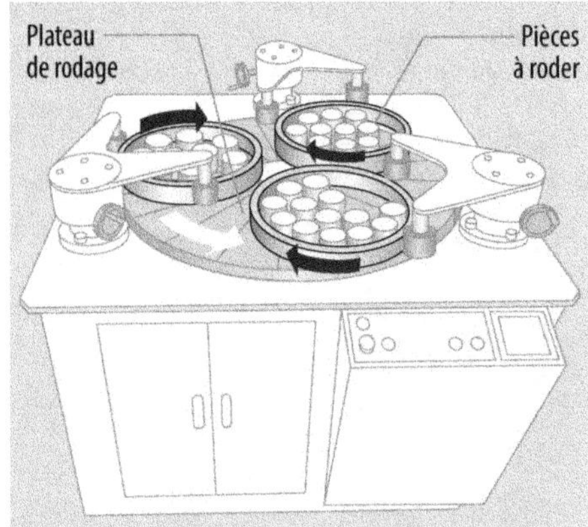

→ Voir aussi SUPERFINITION qui est basée suivant le même principe mais avec des amplitudes de MOUVEMENT DE VA ET VIENT plus faibles, une fréquence plus élevée et une PRESSION moindre entre l'OUTIL et la PIÈCE (sens 1).

rodoir [honing tool]

(n.m.) OUTIL ROTATIF avec des bras flexibles terminées par des éléments ABRASIFS permettant d'améliorer l'ÉTAT DE SURFACE des PAROIS intérieures d'un CYLINDRE.

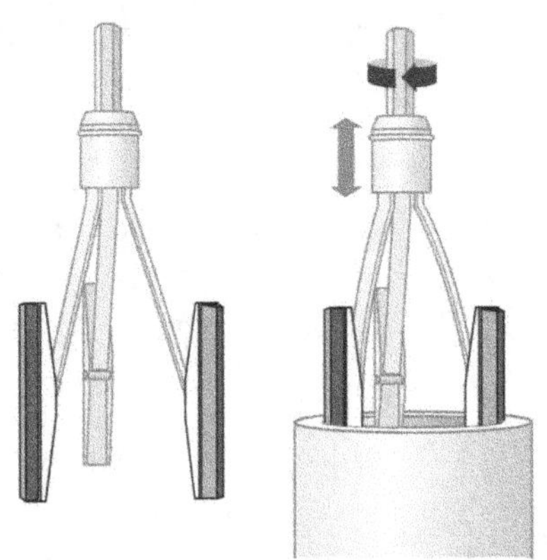

→ Voir également BROSSE À HONER pour un autre OUTIL permettant d'améliorer les SURFACES.

rompu net [broken]

(adj.) Cassé et séparé sans la moindre continuité. Les faces rompues ne montrent pas de DÉFORMATION PLASTIQUE. Les morceaux peuvent être réassemblés tels ceux d'un vase en céramique brisé.

→ Voir aussi RUPTURE FRAGILE.

rond [round]

(n.m.) DEMI-PRODUIT de SECTION | CIRCULAIRE pleine.
Ex. : *Rond en acier.*

rond [round]

(adj.) De FORME | CIRCULAIRE.

rondelle [washer]

(n.f.) Petit ORGANE plat peu épais avec un TROU au milieu, utilisé pour augmenter la SURFACE D'APPUI d'une VIS (sens 2) ou d'un ÉCROU et servant aussi parfois de FREINAGE DE FILETAGE.
A. Ci-dessous quelques modèles parmi les plus courants :

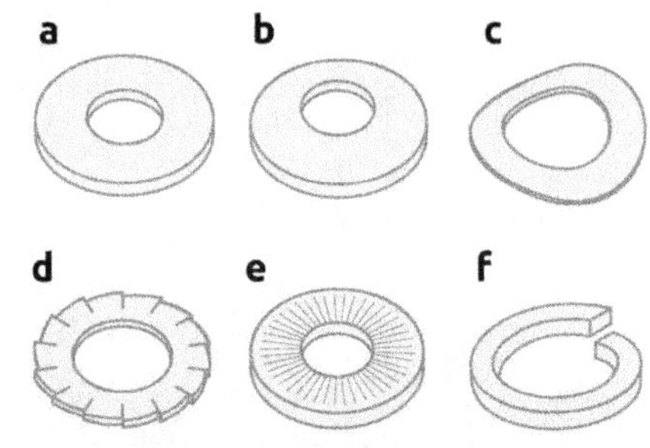

a. Rondelle plate	d. Rondelle éventail
b. Rondelle ressort	e. Rondelle striée
c. Rondelle élastique cintrée	f. Rondelle «Grower»

B. Le tableau récapitulatif ci-contre donne les principaux types de rondelles avec les différents critères de choix et de performances (selon l'ancienne norme E25-502).

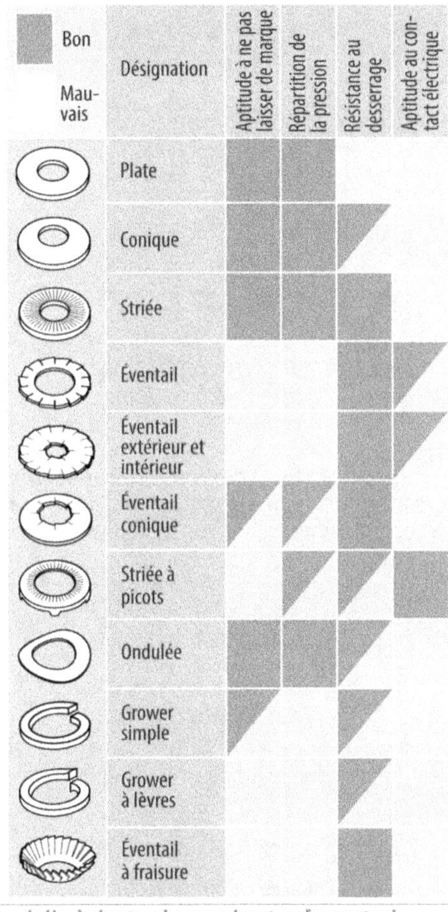

Légende : Bon (gris) / Mauvais (blanc) · ■ = bon, ◪ = moyen, □ = mauvais

Désignation	Aptitude à ne pas laisser de marque	Répartition de la pression	Résistance au desserrage	Aptitude au contact électrique
Plate	■	■	□	□
Conique	■	■	◪	□
Striée	■	■	■	◪
Éventail	□	□	■	◪
Éventail extérieur et intérieur	□	□	■	◪
Éventail conique	◪	◪	■	□
Striée à picots	□	◪	◪	■
Ondulée	■	■	◪	□
Grower simple	◪	□	◪	□
Grower à lèvres	□	□	◪	□
Éventail à fraisure	□	□	■	□

rondelle à dents chevauchantes [serrated washer]

(n.f.) Même signification que RONDELLE ÉVENTAIL.

rondelle à écrasement [crush washer]

(n.f.) Type de RONDELLE dont les bords comportent des lèvres susceptibles de se déformer sous l'action de SERRAGE de la VIS (sens 2) ou de l'ÉCROU. La MATIÈRE la plus utilisée pour la rondelle à écrasement est le NYLON.

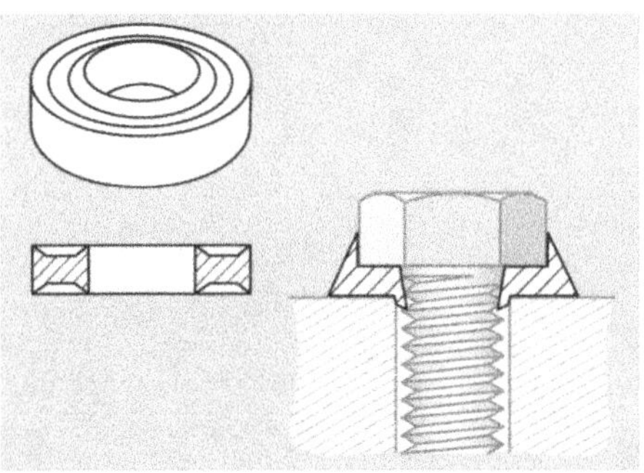

Avantages

A. Permet des ASSEMBLAGES (sens 1) ÉTANCHES, ISOLANT ÉLECTRIQUEMENT, et réduisant les VIBRATIONS. Assure également la fonction de FREINAGE DE FILETAGE.

 **Inconvénients**

B. Non-réutilisable. Après chaque DÉMONTAGE, il faut changer la rondelle.

rondelle à pan incliné [tapered washer]

(n.f.) Type de RONDELLE dont les SURFACES planes opposées ne sont pas PARALLÈLES ce qui permet d'utiliser des VIS et ÉCROUS sur un PLAN INCLINÉ tel que les AILES de PROFILÉ U ou I.

◆ Syn. : RONDELLE BIAISE.

rondelle à portée sphérique [spherical washer]

(n.f.) Type de RONDELLE en une ou deux parties avec une SURFACE D'APPUI incurvée permettant une ORIENTATION quelconque par rotulage.

Ex. : *Boulonnage avec une rondelle à portée sphérique sur un plan incliné :*

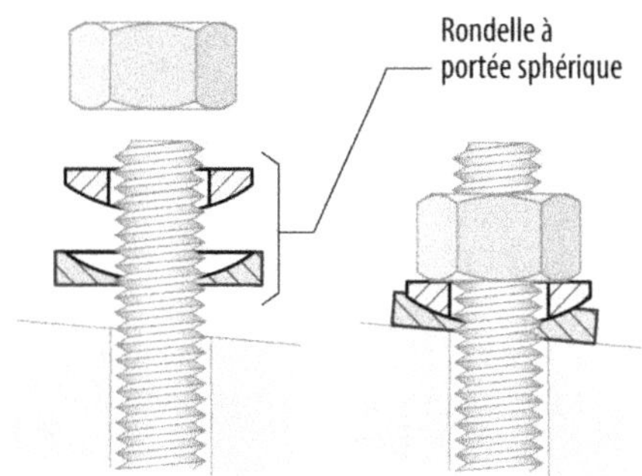

• Note : Ne pas confondre avec la RONDELLE BIAISE.

→ Voir également ÉCROU SPHÉRIQUE qui est utilisé avec ce type de rondelle.

rondelle auto-bloquante [nord-lock ® washer]

(n.f.) RONDELLE avec deux SURFACES en vis à vis en forme de CAME dont la PENTE est supérieure à l'INCLINAISON des FILETS de la VIS, ce qui l'immobilise par effet de coin.

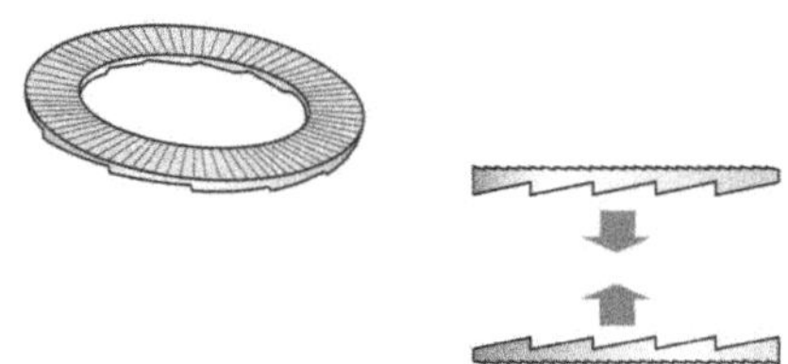

A. La ROTATION de la VIS (sens 2) a pour effet d'augmenter la TENSION entre la tête et la TIGE ce qui empêche définitivement le DESSERRAGE.

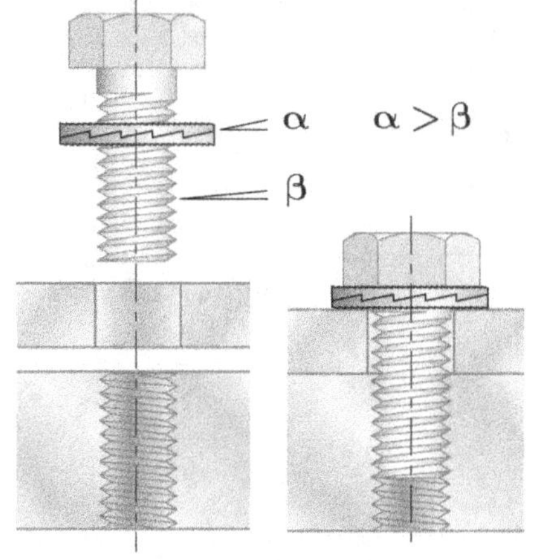

👍 Avantages

B. Grande FIABILITÉ. Résiste aux VIBRATIONS extrêmes. Conserve son efficacité malgré la TEMPÉRATURE et les produits de LUBRIFICATION. Réutilisable après DESSERRAGE.

👎 Inconvénients

C. Coût plus élevé. SENS de MONTAGE (sens 2) des deux parties de la rondelle à respecter.
Autre appellation : Rondelle Nord-lock ®.

rondelle belleville [belleville washer]

(n.f.) RONDELLE-RESSORT parfois avec des formes plus élaborées.

→ Voir RONDELLE-RESSORT.

rondelle biaise [tapered washer]

(n.f.) Type de RONDELLE dont les surfaces planes opposées ne sont pas PARALLÈLES ce qui permet d'utiliser des VIS (sens 2) et ÉCROUS sur un PLAN INCLINÉ tel que les AILES de PROFILÉ U ou I :

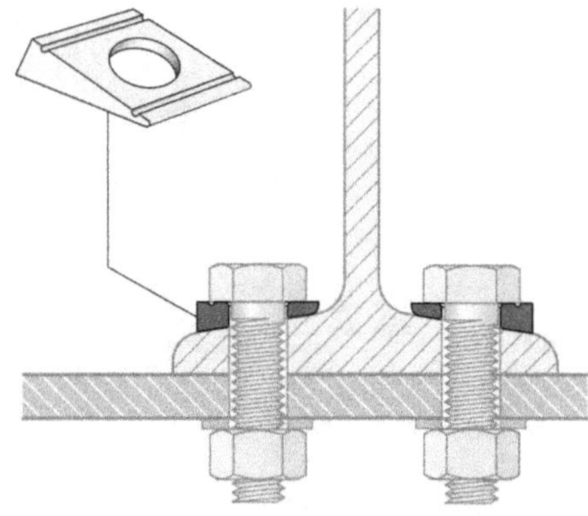

Il existe deux types de rondelle biaise avec deux INCLINAISONS différentes correspondant aux profilés U ou I :

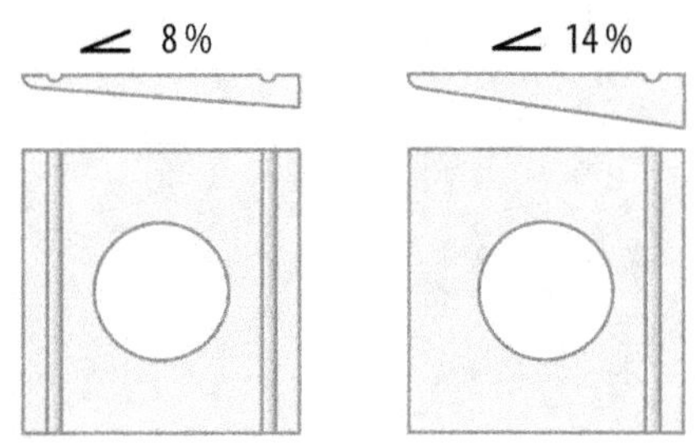

2 rainures pour profilés U   1 rainure pour profilés I

Autres appellations : RONDELLE BIAISE ; RONDELLE À PAN INCLINÉ.

rondelle-cuvette [conical seat washer]

(n.f.) RONDELLE à FRAISURE permettant d'utiliser une VIS À TÊTE FRAISÉE sur une SURFACE plane.

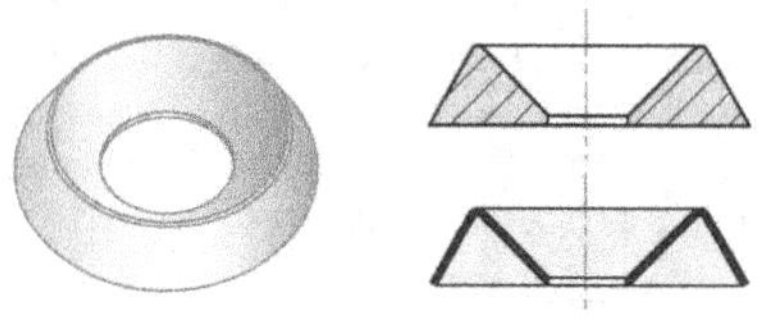

Exemple d'utilisation avec une VIS À BOIS :

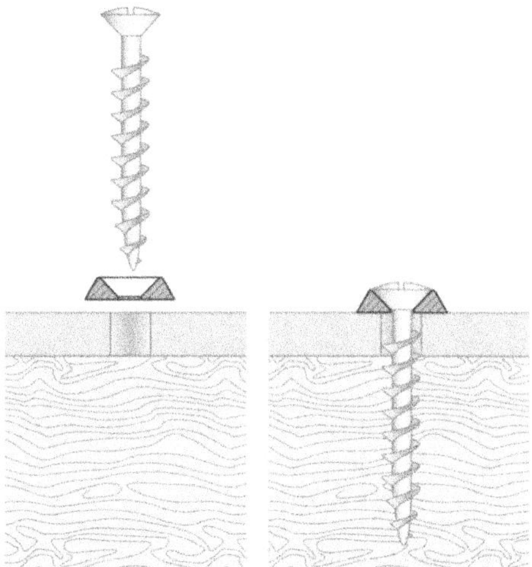

rondelle d'appui sphérique [spherical washer]

(n.f.) RONDELLE dont une des FACES (sens 1) est en forme de CALOTTE SPHÉRIQUE de manière à pouvoir s'adapter à une INCLINAISON anormale de la SURFACE sur laquelle elle repose :

→ Voir également RONDELLE À PORTÉE SPHÉRIQUE.

rondelle éventail [serrated washer]

(n.f.) Type de RONDELLE à bords découpés et relevés en se chevauchant pour pouvoir se déformer élastiquement, une fois serrée et exercer un effet de freinage sur la VIS (sens 2) ou l'ÉCROU qui lui est associée.
A. Les découpes peuvent être sur le bord externe, ou sur le bord du TROU ou sur les deux à la fois.

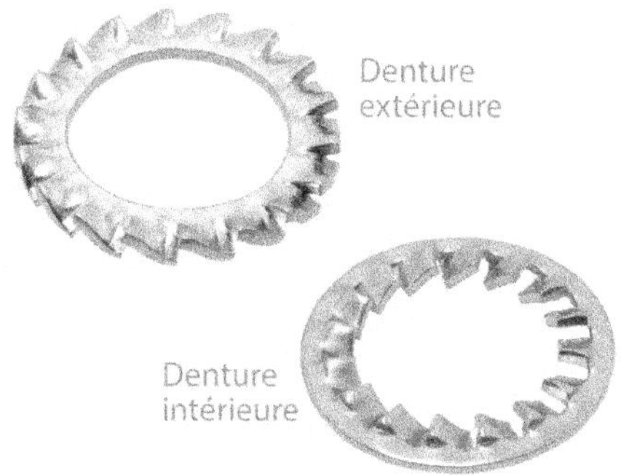

Avantages

B. BLOCAGE et indesserrabilité par incrustation des DENTS et par PRESSION sur le FILETAGE. Répartition uniforme de l'effet de freinage sur le pourtour de la tête de VIS (sens 2) ou ÉCROU. Les DENTURES favorisent un bon CONTACT électrique. Les rondelles ne s'emmêlent pas entre elles pendant le stockage (contrairement aux rondelles Grower). Existe pour les VIS À TÊTE FRAISÉE et constitue une rare solution utilisable pour ce type de VIS (sens 2).

Inconvénients

C. Produit une MARQUE sur les PIÈCES (sens 1) assemblées. Peu adaptée pour les MATIÈRES | TENDRES ((PLASTIQUE), MATIÈRE PLASTIQUE, ALUMINIUM, etc.).
→ Voir RONDELLE GROWER qui fonctionne suivant le même principe mais avec une configuration différente ; RONDELLE ONDULÉE pour un autre type de rondelle qui produit moins de marques sur les PIÈCES (sens 1).

rondelle fendue amovible [C-washer]

(n.f.) Type de RONDELLE avec une ouverture transversale permettant de la retirer ou la mettre en place sans enlever complètement la VIS (sens 2) ou l'ÉCROU.

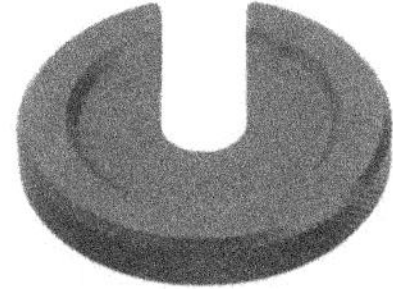

rondelle-frein [lockwasher]

(n.f.) Type de RONDELLE munies de LANGUETTES au niveau du TROU et de son pourtour afin de s'insérer dans une RAINURE prévue sur le FILETAGE et dans l'une des ENCOCHES de l'ÉCROU pour empêcher le DESSERRAGE de celui-ci.

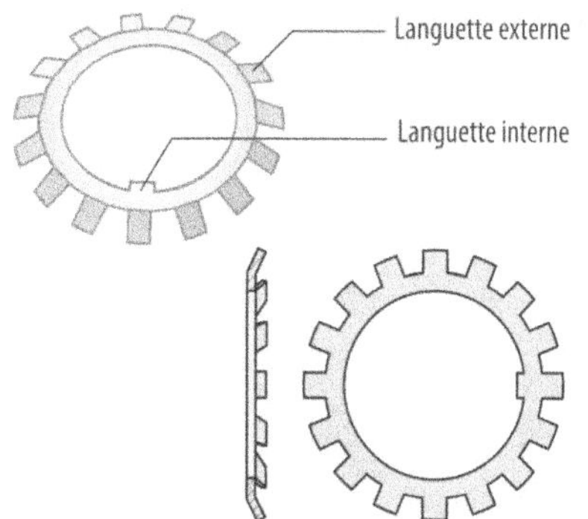

→ Voir ÉCROU À ENCOCHES pour son utilisation.

rondelle grower [single coil spring washer, helical spring lock washer]

(n.f.) Type de RONDELLE fendue à un endroit et avec un décalage entre les lèvres ainsi créées de manière à générer une TENSION lorsqu'elle est écrasée.

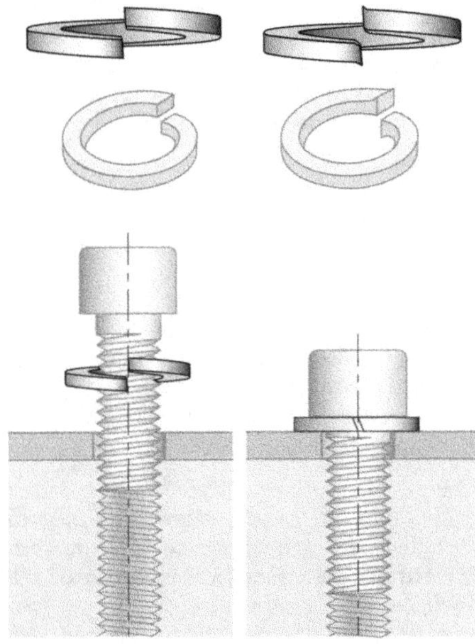

rondelle indicatrice de contrainte [direct tension indicator washer: DTI]

(n.f.) Type de RONDELLE conçue pour aider à la pose de BOULONS À HAUTE RÉSISTANCE en renseignant par des moyens très simples que le COUPLE DE SERRAGE est atteint.

A. Il existe deux types fonctionnant avec des principes différents mais ayant comme point commun des proéminences qui s'écrasent sous l'effet du SERRAGE :

Type 1 : La limitation de la PRÉCONTRAINTE est effectuée par MESURE (sens 3) de la DISTANCE d'écrasement de la rondelle grâce à une JAUGE D'ÉPAISSEUR :

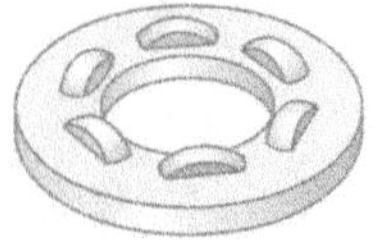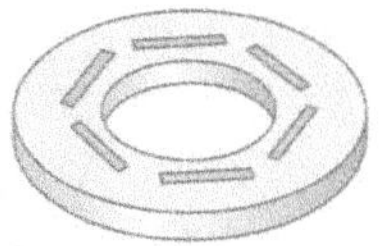

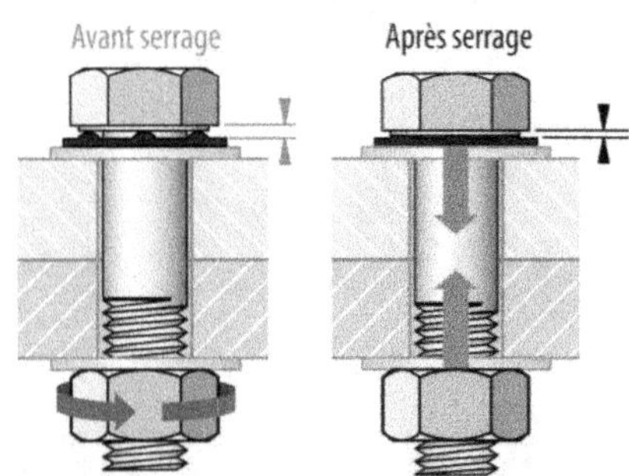

Type 2 : La rondelle contient dans ses parties creuses du SILICONE de couleur vive (généralement jaune orangée) susceptible de déborder à l'extérieur grâce à une RAINURE lorsque les proéminences sont écrasées par un SERRAGE suffisant. Ce débordement constitue l'indication de la bonne PRÉCONTRAINTE.

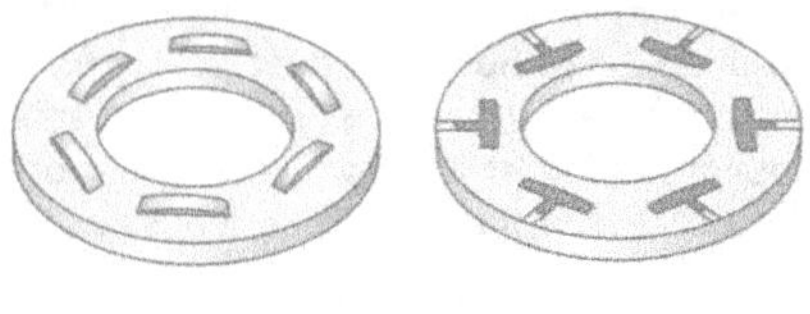

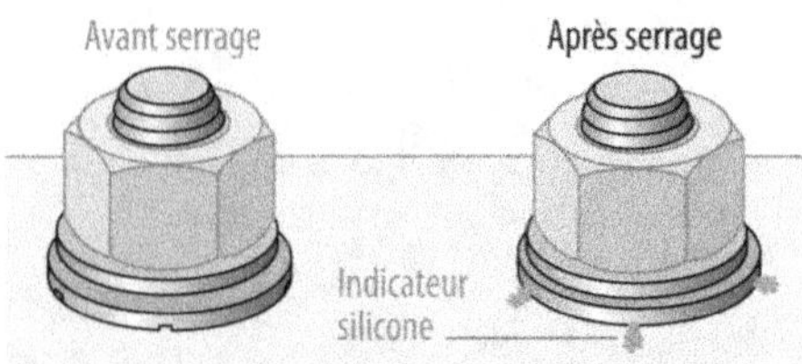

B. Exemple de désignation :

Rondelle DTI 24 Type2 CL10.9

|DTI| Rondelle indicatrice de contrainte.
|24| DIAMÈTRE NOMINAL Ø en mm de la TIGE recevant la rondelle. (Ce n'est pas le diamètre réel du TROU sur la rondelle qui est forcément plus grand).
|CL10.9| Indication facultative de la classe de résistance.

Avantages

C. Ne nécessite que des CLÉS DE SERRAGE standard.

Inconvénients

D. Non-réutilisable.

→ **Voir aussi** BOULON À INDICATEUR DE TENSION, une autre solution évoluée facilitant la pose de BOULONS À HAUTE RÉSISTANCE.

rondelle ondulée [wave washer, curved spring lock washer]

(n.f.) Type de RONDELLE dont la SURFACE est galbée de manière à exercer un EFFORT axial sur la VIS ou l'ÉCROU une fois aplatie, ce qui constitue un FREINAGE DE FILETAGE.

Source : Borrelly ®

• Note : Ne pas confondre avec la RONDELLE-RESSORT.

→ Voir RATTRAPAGE DE JEU pour un exemple d'utilisation.

rondelle plate [plain washer, flat washer]

(n.f.) RONDELLE la plus simple destinée à répartir la PRESSION de SERRAGE d'une VIS (sens 2) ou d'un ÉCROU et d'éviter de rayer les SURFACES de PIÈCE (sens 1).

A. Cette rondelle n'agit pas en FREIN DE FILETAGE, ce qui nécessite d'autres moyens. Le DIAMÈTRE extérieur peut être plus ou moins grand selon les quatre séries suivantes :
• la série étroite   S
• la série normale   N
• la série large   L
• la série très large   LL

B. Ci-dessous le mode de désignation d'une rondelle plate :

Rondelle ISO 10673 type N12 S235 Ez

|N| Rondelle plate série normale.

|12| DIAMÈTRE NOMINAL Ø en mm de la TIGE recevant la rondelle. (Ce n'est pas le DIAMÈTRE réel du TROU sur la rondelle qui est forcément plus grand).

|S235| Désignation de la matière (ici ACIER de RÉSISTANCE À LA LIMITE D'ÉLASTICITÉ 235 MPa).

|Ez| TRAITEMENT DE SURFACE (ici ÉLECTROZINGAGE).

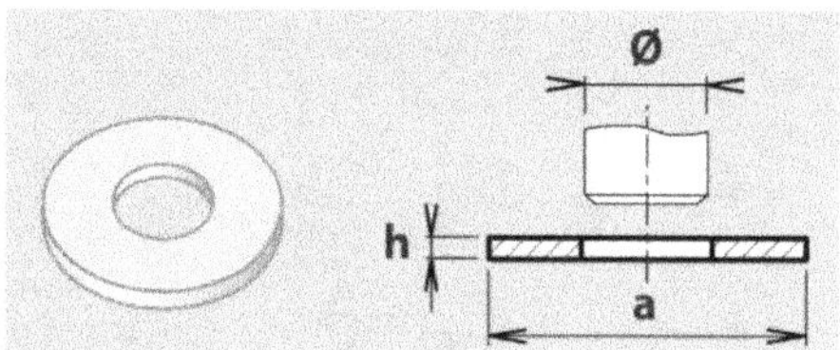

Ø	h	a			
		S	N	L	LL*
1,6	0,5	3,5	4	5	8
2	0,6	4,5	5	6	10
2,5	0,6	5	6	8	12
3	0,6	6	7	9	14
3,5	0,8	7	8	11	15
4	0,8	8	9	12	16
5	1	9	10	15	20
6	1,6	11	12	18	24
8	1,6	15	16	24	30
10	2	18	20	30	36
12	2,5	20	24	37	40
(14)	2,5	27	30	38	45
16	3	30	32	40	50
20	3	36	40	50	60
24	4	45	50	60	70
30	4	52	60	70	80

* non-normalisée

rondelle-ressort [disk spring washer, belleville conical washer]

(n.f.) Type de RONDELLE dont la SURFACE n'est pas plane de sorte à exercer un EFFORT | AXIAL une fois comprimée tout en pouvant revenir à sa FORME initiale par ÉLASTICITÉ.

A. Les rondelles-ressorts comme le nom l'indique sont utilisées pour reconstituer la FONCTION d'un RESSORT de COMPRESSION. Il permettent d'emmagasiner de l'ÉNERGIE | MÉCANIQUE pour la restituer ensuite. Les rondelles-ressort ont une cote d'écrasement maxi, sous peine de les voir se retourner.

B. Selon la RAIDEUR et la COURSE recherchées, les rondelles-ressorts peuvent être agencées de plusieurs façons.

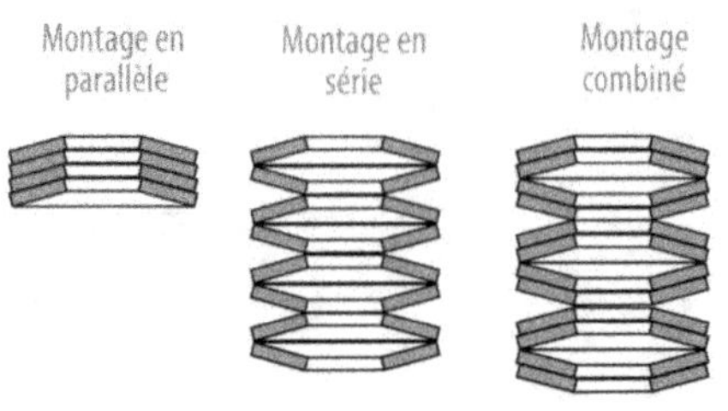

Ex. 1 : *Rondelle-ressort sur un support de tension de câble.*

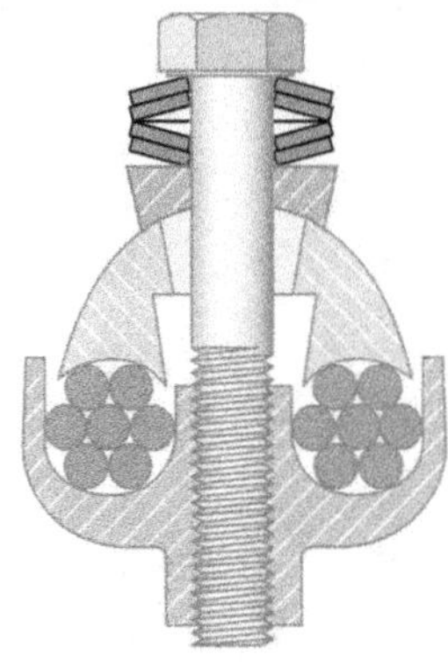

Ex. 2 : *Rondelle-ressort dans un* LIMITEUR DE COUPLE.

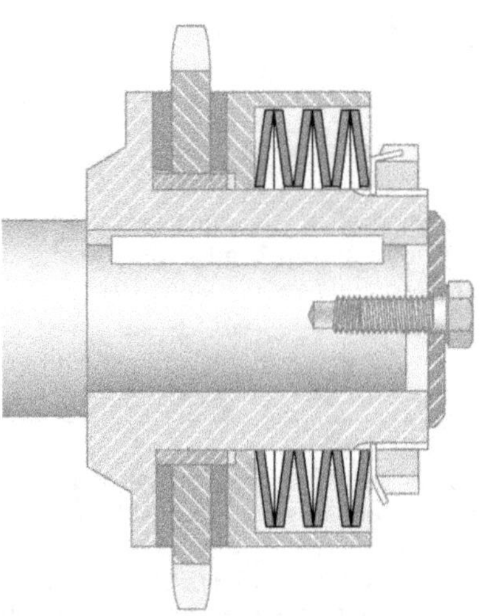

• Note : Ne pas confondre avec la RONDELLE ON-DULÉE.

Autre appellation : RONDELLE ÉLASTIQUE ; RONDELLE BELLEVILLE.

→ **Voir aussi** RESSORT ; (RESSORT), REPRÉSENTATION EN DESSIN TECHNIQUE.

rotation [rotation]

(n.f.) MOUVEMENT | CIRCULAIRE **autour d'un** AXE (sens 1).

rotomoulage [centrifugal casting]

(n.m.) PROCÉDÉ **de** MISE EN FORME **de** (PLASTIQUE), MATIÈRE PLASTIQUE **en** POUDRE **qui est chauffée dans un** MOULE **pour en tapisser par centrifugation les parois et devenir une** PIÈCE (sens 1) **creuse après** POLYMÉRISATION.

A. Configuration générale du PROCÉDÉ. **Il s'agit d'un** MOULE **monté sur un** DISPOSITIF **tournant sur plusieurs** AXES (sens 1) **et enfermé dans un** FOUR **:**

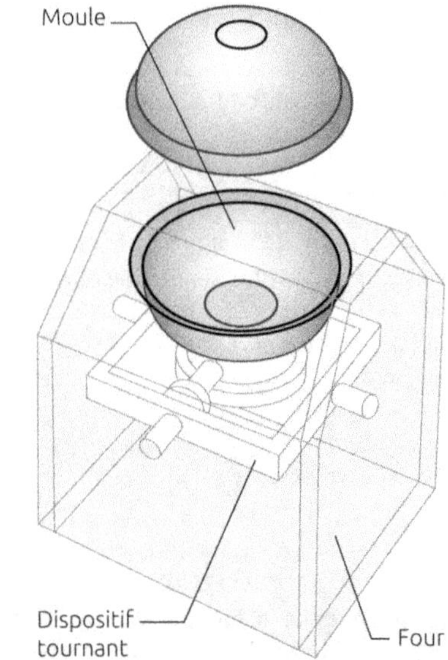

B. Les différentes étapes du cycle de rotomoulage peuvent être décomposées comme ci-dessous :

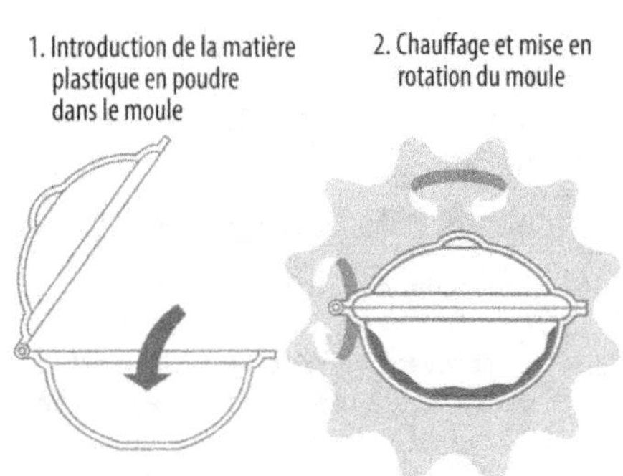

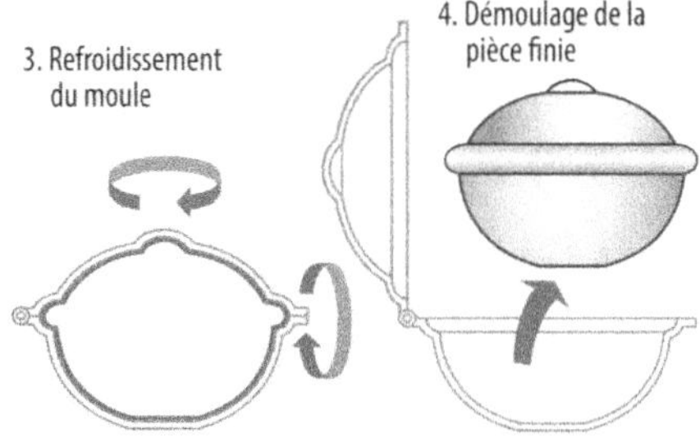

C. La MATIÈRE la plus adaptée pour le rotomoulage est le polyéthylène (PE). D'autre THERMOPLASTIQUEs sont envisageables : polypropylène (PP), polyamide (PA)…

D. TOLÉRANCE DIMENSIONNELLE (IT) :

Très précis	Précis	Moyen	Grossier	Très Grossier
1 2 3 4 5	6 7 8 9	10 11 12	13 14 15	16 17 18
				Rotomoulage
$10 \pm 0,002$	$10 \pm 0,01$	$10 \pm 0,05$	$10 \pm 0,2$	10 ± 1
$100 \pm 0,005$	$100 \pm 0,02$	$100 \pm 0,1$	$100 \pm 0,4$	100 ± 2
$1000 \pm 0,010$	$1000 \pm 0,05$	$1000 \pm 0,3$	$1000 \pm 1,5$	1000 ± 5

E. ÉTAT DE SURFACE, RUGOSITÉ Ra (µm) :

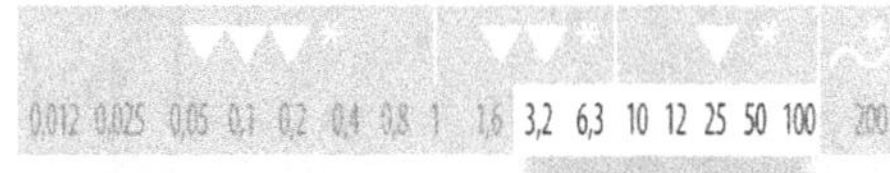

0,012	0,025	0,05	0,1	0,2	0,4	0,8	1	1,6	3,2	6,3	10	12	25	50	100	200
									Rotomoulage							

* Symbole ne faisant plus partie des normes

F. Coût OUTILLAGE (sens 2) (hors coût MACHINE) :

Aucun	Faible	Moyen	Élevé	Très élevé
		Rotomoulage		

G. SÉRIE DE PIÈCES économique :

Proto	Unitaire	Petite	Moyenne	Grande	Très Grande
1	10	100	1 000	10 000	100 000
			Rotomoulage		

👍 Avantages

H. Coût d'OUTILLAGE (sens 2) relativement modéré car le PROCÉDÉ ne fait pas intervenir de PRESSION nécessitant des MATÉRIAUX difficiles à usiner. Possibilité de fabriquer des PIÈCES (sens 1) de très grande taille. ÉPAISSEUR variable sans changement d'OUTILLAGE (sens 2). Pièce obtenue avec peu ou pas de CONTRAINTE RÉSIDUELLE. Pratiquement pas de perte car la quantité de MATIÈRE doit être déterminée à l'avance.

👎 Inconvénients

I. Cycle de FABRICATION assez long. Coût de MATIÈRE DE BASE plus élevé car doit être préparée spécialement sous forme de POUDRE (MICRONISATION). ÉPAISSEUR obligatoirement constante. Régularité d'ÉPAISSEUR difficile à maîtriser. Ne permet pas de FORME à ANGLES vifs.

rotule [swivel]

(n.f.) Type d'ARTICULATION capable de s'orienter dans toutes les DIRECTIONS de l'espace.

rouage [gear train]

(n.m.) Même signification que le TRAIN D'ENGRENAGES.

roue [wheel]

(n.f.) ORGANE | CIRCULAIRE tournant autour d'un AXE (sens 2) central appelé MOYEU, ce qui permet par ROULEMENT sans FROTTEMENT un déplacement linéaire aisé.
→ Voir aussi ROULETTE qui est une roue plus simple et de plus petit DIAMÈTRE.

roue à rochet [ratchet wheel]

(n.f.) ROUE DENTÉE à DENTURE asymétrique, ce qui lui interdit de tourner dans l'un des sens lorsque associée à un CLIQUET.

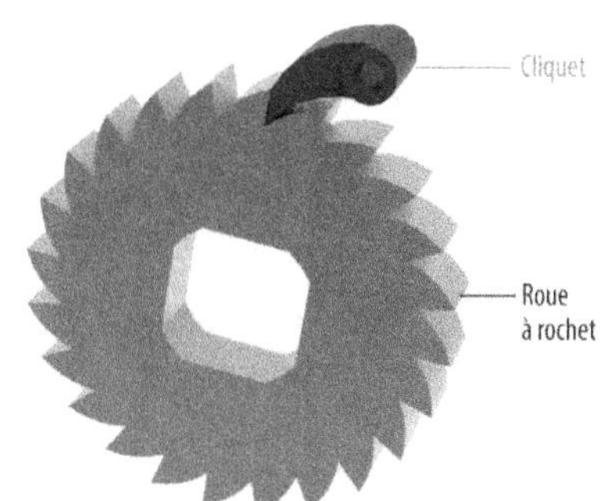

→ Voir aussi CLIQUET ; CLÉ HYDRAULIQUE.

roue de friction [friction wheel]

(n.f.) ROUE lisse faite d'une MATIÈRE | ANTIDÉRAPANTE capable de transmettre son MOUVEMENT DE ROTATION en roulant sur une autre roue ou sur un PLAN (sens 1). La roue de friction est un DISPOSITIF de transmission de mouvement qui sert en même temps de LIMITEUR DE COUPLE.
→ Voir TRANSMISSION PAR FRICTION.

roue dentée [toothed wheel]

(n.f.) ORGANE | CIRCULAIRE avec une multitude de FORMES proéminentes réparties sur sa périphérie.

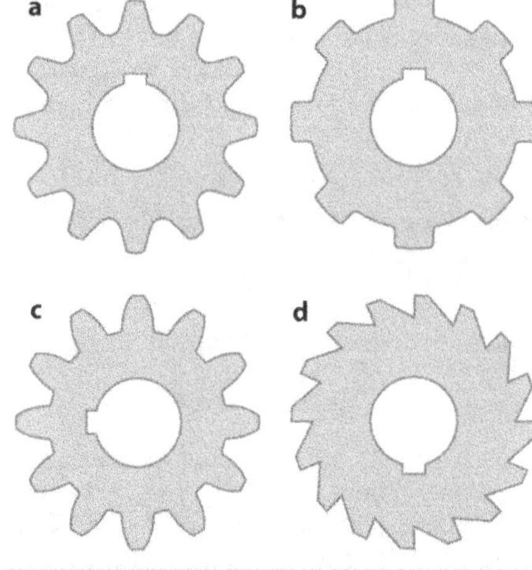

a. Roue de chaîne de transmission — c. Roue d'engrenage
b. Roue de courroie crantée — d. Roue à rochet

roue folle [idler wheel]

(n.f.) ROUE pouvant tourner librement suivant un ou plusieurs AXES (sens 1) sans aucune LIAISON avec un DISPOSITIF moteur ou de TRANSFORMATION DE MOUVEMENT.
Ex. : GALET *tendeur de poulie*, ROULETTE *de chariot, etc.*

roue libre [free wheel]

(n.f.) ROUE capable de libérer momentanément l'ENTRAÎNEMENT en ROTATION avec le MÉCANISME auquel il est relié originellement.
Ex. : *Roue à cliquet ; dériveur…*

rouille [rust]

(n.f.) PHÉNOMÈNE et produit de CORROSION du FER et de ses ALLIAGES qui entrent en RÉACTION CHIMIQUE avec l'OXYGÈNE de l'air ou de l'humidité pour devenir une COUCHE d'OXYDE rougeâtre.

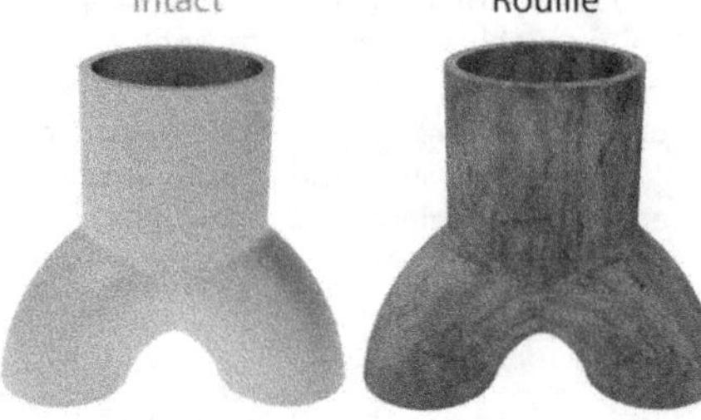

Ex. : *Rouille d'une chaîne.*

→ **Voir aussi** CORROSION ; ACIER CORTEN ®.

roulage [rolling]

(n.m.)
1. TECHNIQUE de FORMAGE de TÔLE ou FEUILLE consistant à les passer entre plusieurs ROULEAUX (sens 2) en ROTATION et non-alignés pour leur donner un PROFIL courbe.

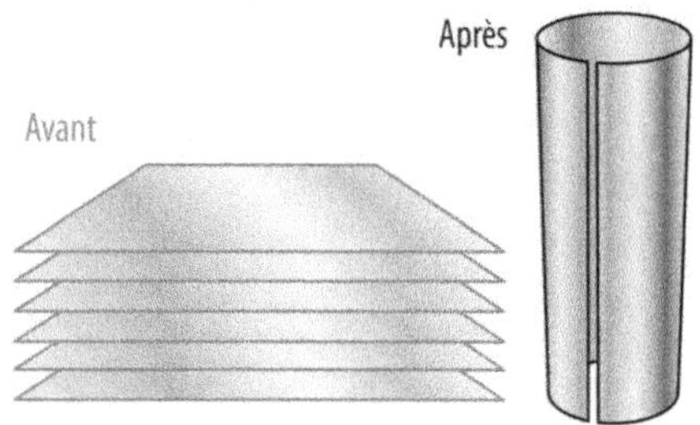

Ex. 1 : *Roulage de forme cylindrique :*

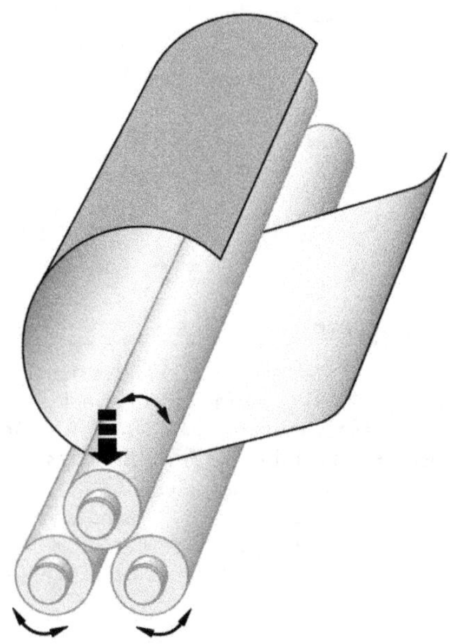

Ex. 2 : *Roulage de cône.*

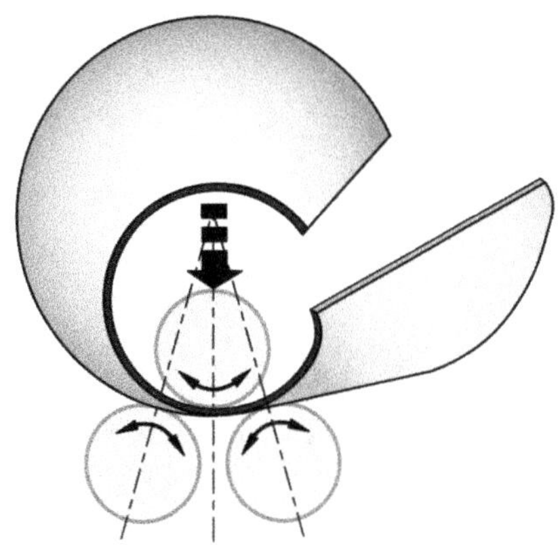

2. PROCÉDÉ d'obtention de FILETAGE par refoulement de la MATIÈRE.
→ **Voir** FILETAGE PAR ROULAGE.

roulage-croquage [rolling-pinching]

(n.m.) ROULAGE de TÔLE avec une variation progressive de la COURBURE. Il consiste à faire passer la FEUILLE entre des ROULEAUX (sens 2) dont certains se déplacent en accentuant plus ou moins le DÉSALIGNEMENT par rapport aux autres.

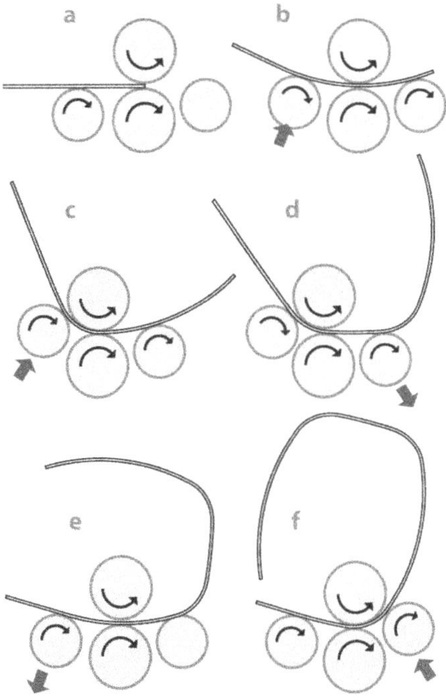

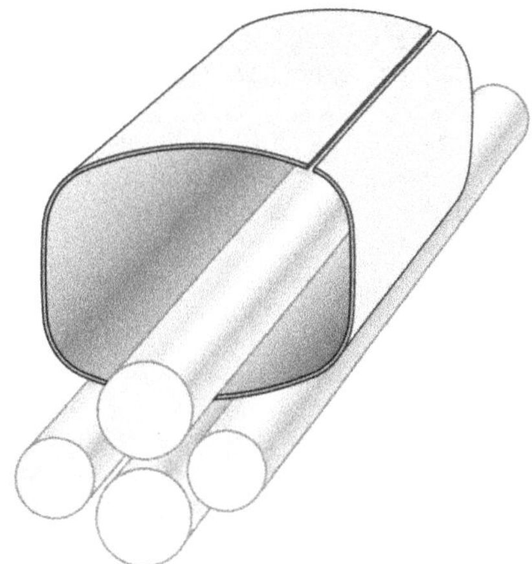

Le croquage permet aussi de faire disparaître les vestiges de parties planes au début et à la fin d'un ROULAGE | CIRCULAIRE.
→ **Voir** CROQUAGE pour une explication illustrée.

roulage de bord [beading]

(n.m.) PROCÉDÉ permettant de recourber un côté d'une TÔLE.

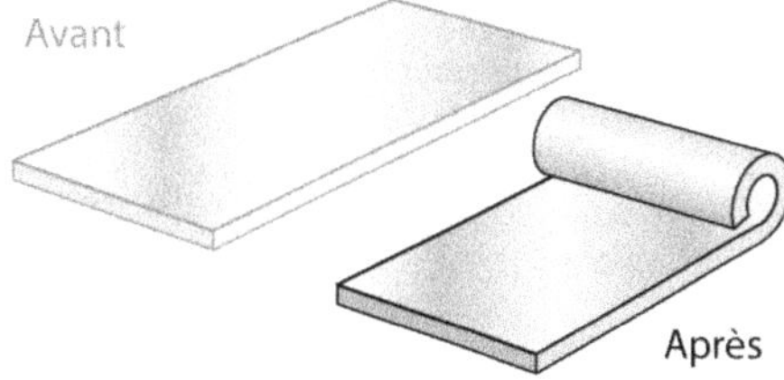

Il peut, par exemple, être réalisé par un outil adapté sur une PRESSE.

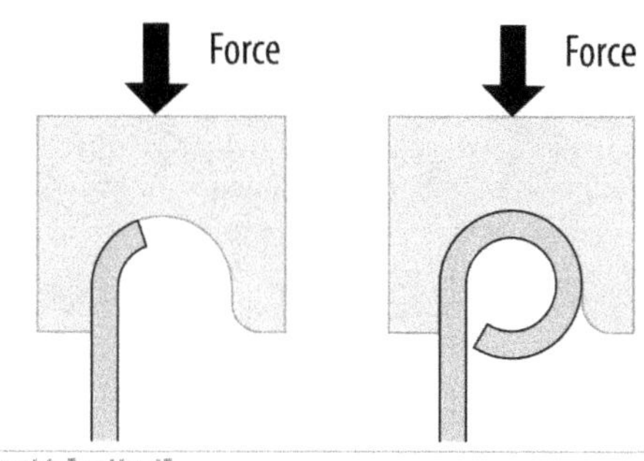

roulé [rolled]

(adj.) Qui a été déformé en COURBE grâce à des ROULEAUX (sens 2) ou MOLETTES.

rouleau [roller]

(n.m.)
1. Résultat de l'enroulement d'un MATÉRIAU sous forme de FEUILLE autour d'un CYLINDRE.

2. CYLINDRE permettant de déformer ou d'aplatir en roulant sur de la MATIÈRE.
→ Voir, par exemple, LAMINAGE ; ROULAGE ; ROULAGE-CROQUAGE.
3. ORGANE | CYLINDRIQUE réduisant le FROTTEMENT du MOUVEMENT d'autres objets que l'on fait déplacer dessus par interposition d'éléments roulants.
Ex. : *Rouleau de* MANUTENTION *; rouleaux de* ROULEMENT *(sens 2).*

---

roulement

(n.m.)
1. [rolling] MOUVEMENT DE ROTATION tout en étant en contact avec une SURFACE mais sans jamais glisser.
Ex. : ROULEMENT *d'un* CYLINDRE *sur une surface plane.*

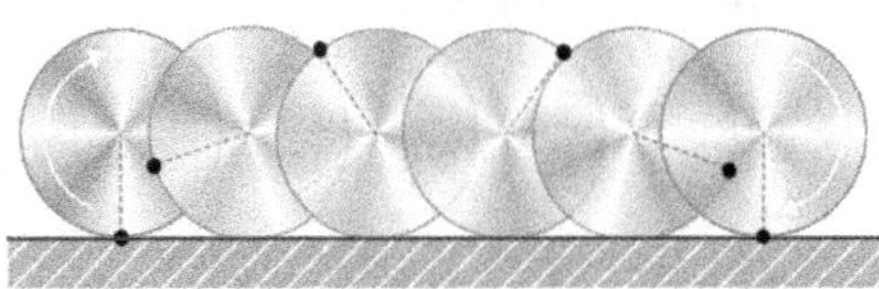

Le roulement possède la particularité d'opposer sensiblement moins de résistance de déplacement comparé au GLISSEMENT. Il est ainsi exploité dans des DISPOSITIFS de GUIDAGE destinés à réduire les phénomènes de FRICTION aussi bien en ROTATION, TRANSLATION que pour les (VIS-ÉCROU), SYSTÈMES VIS-ÉCROU.
◊ Contr. : GLISSEMENT.
→ Voir aussi COEFFICIENT DE FROTTEMENT.
2. [rolling bearing] ORGANE à deux ANNEAUX COAXIAux entre lesquels sont intercalés des BILLES ou des ROULEAUX (sens 3) pour réduire le FROTTEMENT entre ARBRE (sens 2) et PALIER d'un GUIDAGE EN ROTATION. De façon très globale et comparé à un ARBRE (sens 2) et PALIER classique à CONTACT surfacique ou à COUSSINET, les roulements permettent de diviser le COEFFICIENT DE FROTTEMENT d'un facteur proche de 100.
A. Ci-dessous, la structure générale d'un roulement quel qu'en soit le type :

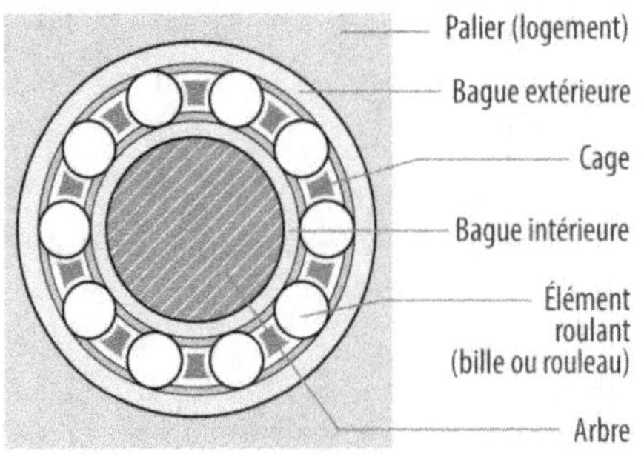

Les éléments roulants existants sont les suivants :

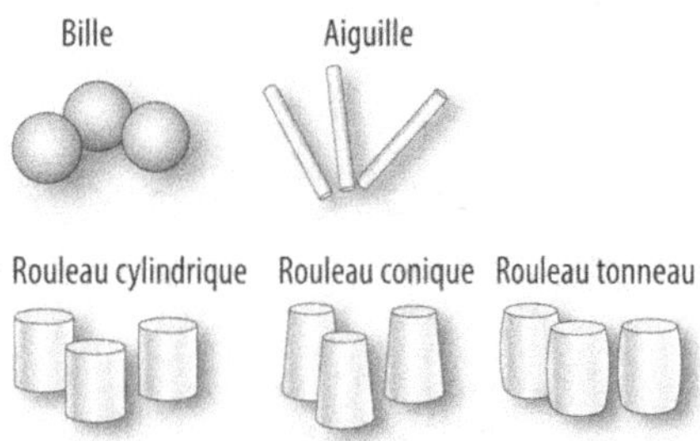

B. Ainsi, les roulements peuvent être classés en fonction de ces ORGANES comme suit :
• les ROULEMENTS À BILLES.
• les ROULEMENTS À AIGUILLES.
• les ROULEMENTS À ROULEAUX qui peuvent être CYLINDRIQUES, CONIQUES ou en TONNEAU.
• les BUTÉES qui peuvent aussi être à BILLES ou à ROULEAUX coniques.
C. Le tableau suivant donne des valeurs indicatives moyennes de COEFFICIENTS DE FROTTEMENT procurés par les différents types de roulement :

TYPE DE ROULEMENT	Coefficient μ de frottement
Roulement à billes à gorge profonde	0,0015
Roulement à billes à contact oblique 1 rangée	0,0020
Roulement à billes à contact oblique 2 rangées	0,0024
Roulement à bille 4 points de contact	0,0024
Roulement à rouleaux cylindriques avec cage	0,0011
Roulement à rouleaux cylindrique jointifs	0,0020
Roulement à rouleaux coniques	0,0018
Roulement à rouleaux à rotule	0,0018
Rouleaux à aiguilles avec cage	0,0030
Rouleaux à aiguilles jointifs	0,0050
Butée à billes	0,0013
Butée à aiguilles	0,0035
Butée à rouleaux cylindriques	0,0035
Butée à rotule sur rouleaux	0,0050

D. Globalement, les roulements ou butées à billes autorisent des VITESSES plus élevées que les autres types de roulement ou de butée. Les roulements ou butées à rouleaux peuvent supporter des CHARGES (sens 1) plus fortes.

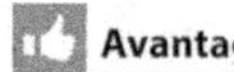 **Avantages**

E. COEFFICIENT DE FROTTEMENT faible, en particulier pour le FROTTEMENT DYNAMIQUE, ce qui convient bien aux MÉCANISMES intermittents.

La LUBRIFICATION n'a pas besoin d'être effectuée en continu comme pour les COUSSINETS. Tous les fabricants observent la même NORME ce qui garantit l'INTERCHANGEABILITÉ. Ainsi, ils sont plutôt faciles à se procurer.

 **Inconvénients**

F. Plus bruyant que les COUSSINETS. MONTAGE (sens 2)/ DÉMONTAGE demandant parfois des OUTILLAGES (sens 1) adaptés. Encombrement RADIAL important sauf pour les ROULEMENTS À AIGUILLES.
→ Voir aussi GUIDAGE EN ROTATION.

roulement à aiguilles [needle bearing]

(n.m.) Types de ROULEMENTS (sens 2) dont les éléments roulants sont des CYLINDRES (sens 1) très allongés et de DIAMÈTRE relativement faible.

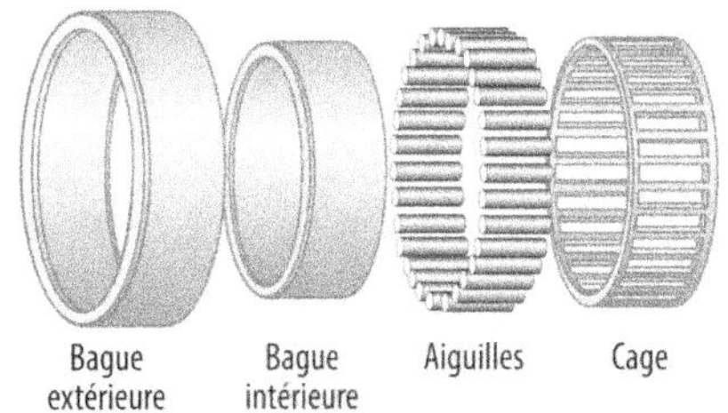

A. Représentation schématique normalisée pour les DESSINS TECHNIQUES :

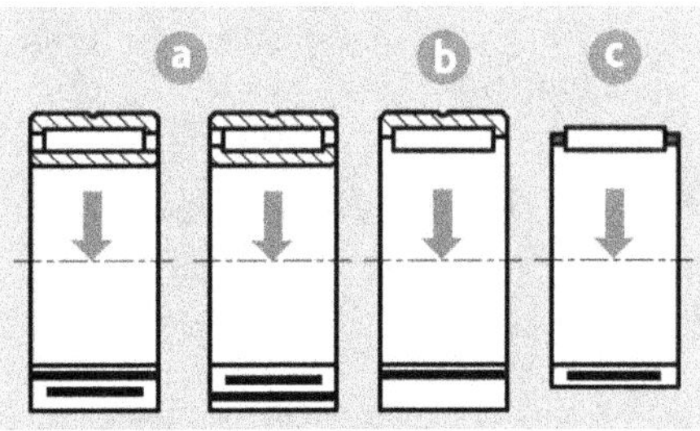

a. Roulement à aiguilles avec bague intérieure.
b. Roulement à aiguilles sans bague intérieure.
c. Cage à aiguilles.

 **Avantages**

B. Conviennent pour les fortes CHARGES RADIALES. Faible encombrement diamétral. Peuvent même être utilisés sans les BAGUES (cage à aiguilles à condition de traiter correctement les surfaces de contact).

 **Inconvénients**

C. Ne supportent aucune CHARGE AXIALE. Nécessitent un parfait ALIGNEMENT des BAGUES intérieures et extérieures.

D. Ne pas confondre avec les ROULEMENTS À ROULEAUX CYLINDRIQUES.

roulement à billes [ball bearing]

(n.m.) Type de ROULEMENTS (sens 2) dont les éléments roulants sont de FORME | SPHÉRIQUE roulant dans des GORGES.

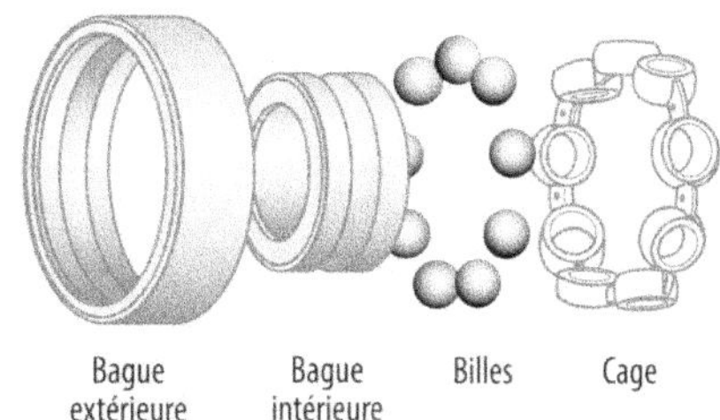

A. Les chemins de roulement peuvent être des GORGES à CONTACT radial, oblique ou à ROTULE sphérique.
B. Les différents types de roulement et leurs performances sont regroupés dans le tableau ci-après :

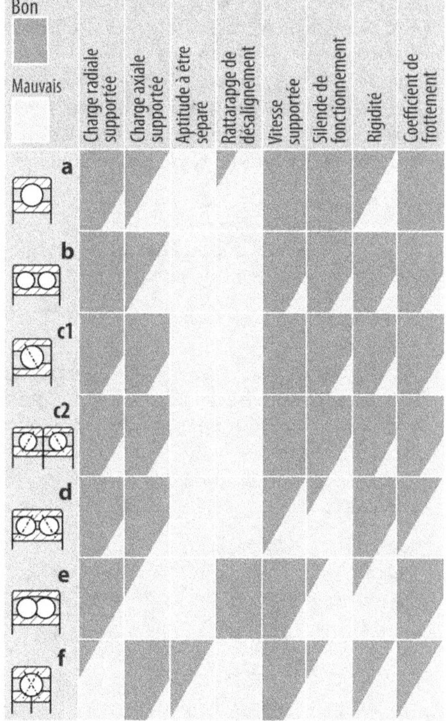

C. Représentation schématique normalisée pour les DESSINS TECHNIQUES :

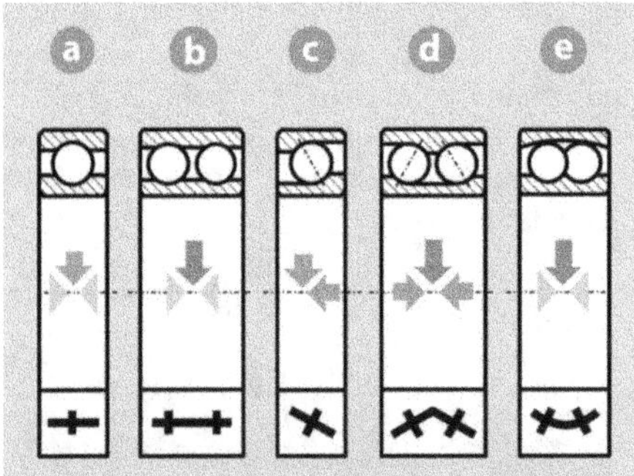

a. Roulement à billes à gorge profonde.
b. Roulement à double rangée de billes .
c. Roulement à bille à contact oblique.
d. Roulement à double rangée de billes à contact oblique.
e. Roulement à billes à rotule.

 Avantages

D. Permettent d'obtenir les COEFFICIENTS DE FROTTEMENT les plus avantageux. Admettent des VITESSES DE ROTATION élevées. Permettent de supporter aussi bien des CHARGES RADIALES que des CHARGES AXIALES. Tolère de très légers DÉSALIGNEMENT. Le meilleur rapport performance/prix de tous les roulements. Le moins bruyant des différents types de roulements.

 Inconvénients

E. CHARGES (sens 1) supportées plus faible que les autres types de roulement.

roulement à contact oblique [angular contact bearing]

(n.m.) Type de ROULEMENT À BILLES destinés à supporter davantage de CHARGE AXIALES grâce à une INCLINAISON accentué des points de CONTACT dans un SENS.
A. Plusieurs configurations de disposition sont possibles :

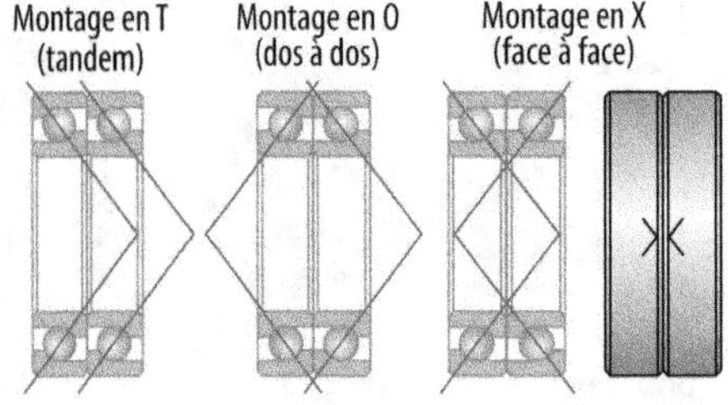

B. À remarquer que pour faciliter le MONTAGE (sens 2) et éviter les erreurs, le SENS de l'INCLINAISON est marqué sur la BAGUE extérieure par une petite flèche comme indiqué sur la figure ci-dessus.
→ Voir aussi ROULEMENT À ROULEAUX CONIQUES.

roulement à rotule [spherical roller bearing, self aligning bearing]

(n.m.) Type de ROULEMENT (sens 2) dont la SURFACE sur laquelle évolue les éléments roulants est de FORME | SPHÉRIQUE, de manière à autoriser un DÉSALIGNEMENT important entre les BAGUES intérieures et extérieures.

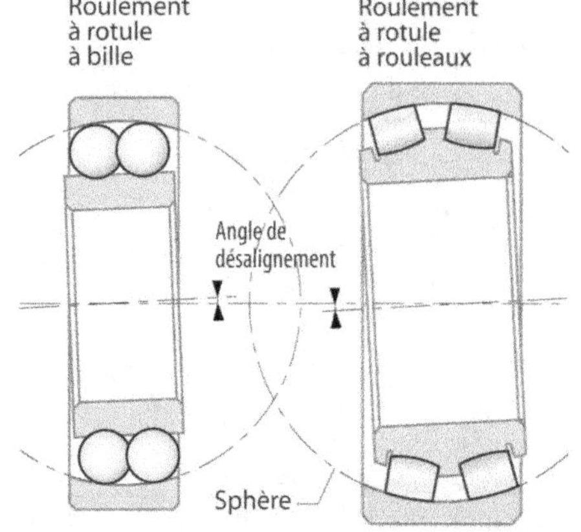

A. Ils peuvent être à simple ou double rangées et les éléments roulants peuvent être des BILLES ou des ROULEAUX (sens 3).
B. Le DÉSALIGNEMENT rattrapable peut atteindre quelques degrés (2 à 3°) contre 0,1° (maximum) pour les autres types de roulement.

roulement à rouleaux [roller bearing]

(n.m.) Type de ROULEMENT (sens 2) dont les éléments roulants sont des CYLINDRES (sens 1), des CÔNES ou des FORMES en tonneaux.
A. Les types principaux ainsi que leurs performances sont rassemblés dans le tableau suivant :

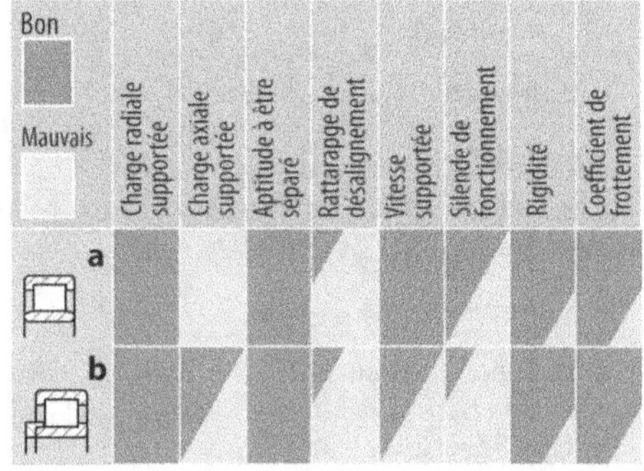

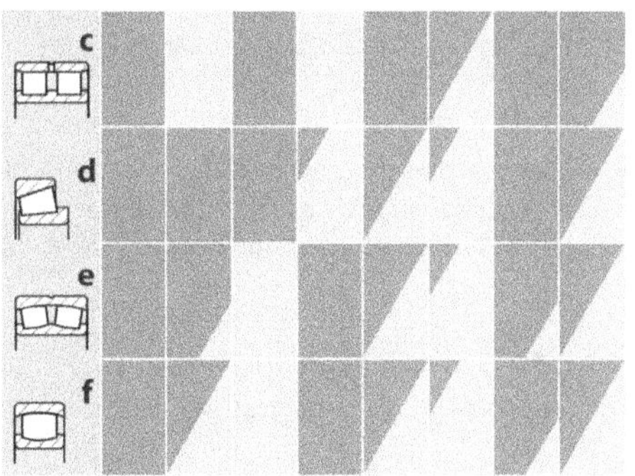

a. Roulement à rouleaux cylindriques simple rangée (NU).

b. Roulement à rouleaux cylindriques avec bague d'épaulement (NUP).

c. Roulement à rouleaux cylindriques à double rangée (NN).

d. Roulement à rouleaux coniques (3).

e. Roulement à rotule à double rangée de tonneaux (2).

f. Roulement à rotule à simple rangée de tonneaux (C).

B. Représentation schématique normalisée pour les DESSINS TECHNIQUES :

• ROULEMENT À ROULEAUX CYLINDRIQUES :

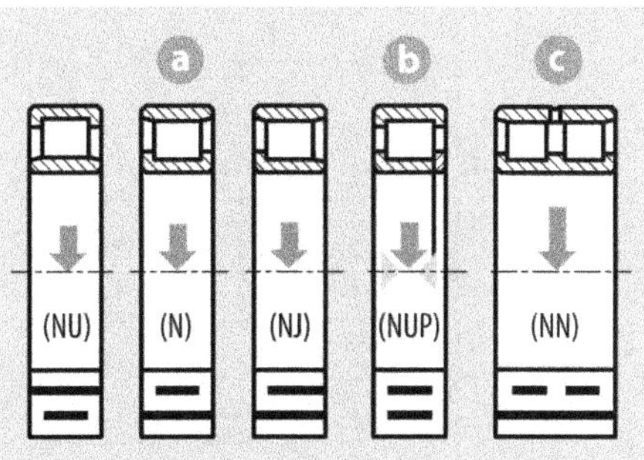

• Pour les autres types de ROULEAUX :

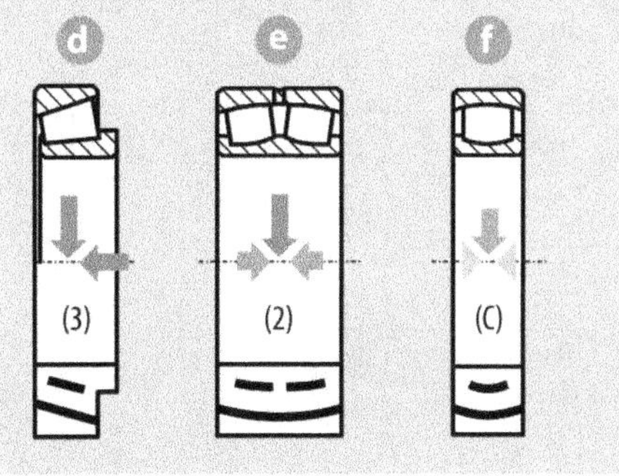

roulement à rouleaux coniques [conical bearing, tapered bearing]

(n.m.) Types de ROULEMENT (sens 2) dont les éléments roulants sont des FORMES DE RÉVOLUTION à SECTION | CIRCULAIRE de DIAMÈTRE augmentant progressivement d'un côté à l'autre.

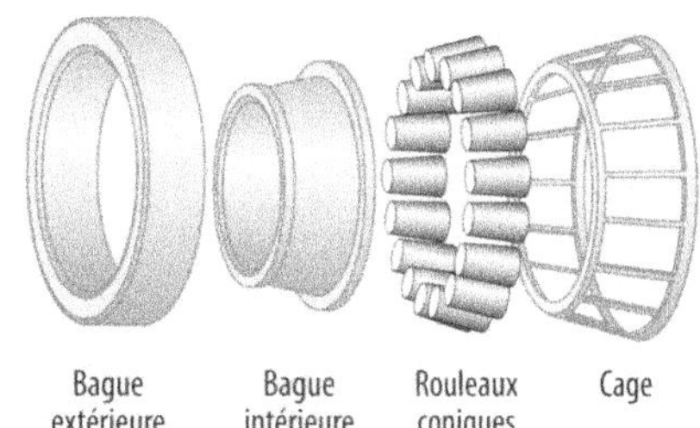

A. Le roulement à rouleaux coniques est généralement utilisé en opposition par paire pour supporter simultanément de fortes CHARGE RADIALES et d'importantes CHARGES AXIALES dans les deux SENS. Le montage peut se faire de deux façons dites en O ou en X.

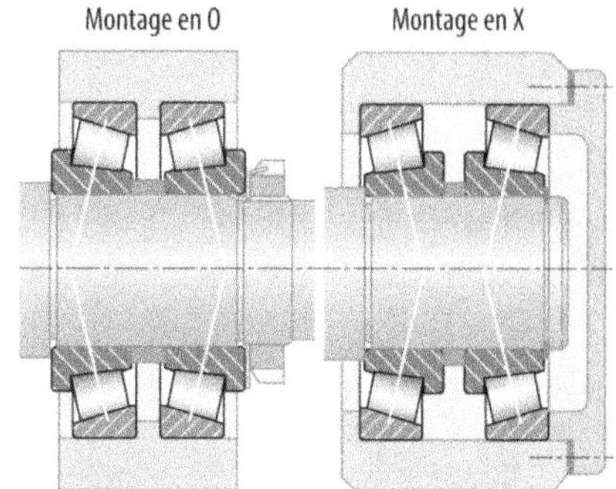

L'éloignement des centres de poussée du montage en O permet d'augmenter la raideur au basculement. Le montage en X donne un peu plus de souplesse sur le rotulage.

 Avantages

A. Supporte aussi bien des fortes CHARGES AXIALES que des CHARGES RADIALES importantes. Grande RIGIDITÉ grâce à la précharge.

Inconvénients

B. MONTAGE (sens 1) pas toujours aisé notamment à cause du RÉGLAGE délicat du JEU axial ou du serrage qu'il faut définir soigneusement sous peine de détérioration rapide. Ne permet pas de très grande VITESSE. Ne tolère pas de DÉSALIGNEMENT pour le montage en O, admet un peu plus de souplesse dans le montage en X, d'autant plus que les centres de poussée sont proches.

C. Ne pas confondre avec les ROULEMENTS À CONTACT OBLIQUE.

→ Voir aussi ROULEMENT À ROULEAUX ; (ROULEMENT), REPRÉSENTATION SCHÉMATIQUE DES ROULEMENTS.

roulement à rouleaux cylindriques [cylindrical roller bearing]

(n.m.) Type de ROULEMENT (sens 2) dont les éléments roulants sont des FORMES DE RÉVOLUTION à SECTION | CIRCULAIRE de DIAMÈTRE constant appelées CYLINDRES (sens 1).

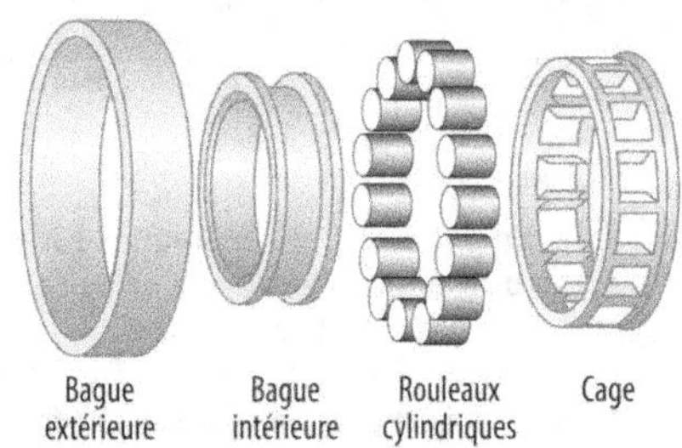

Bague extérieure · Bague intérieure · Rouleaux cylindriques · Cage

Avantages

A. Supporte de fortes CHARGES RADIALES. MONTAGE (sens 2) et DÉMONTAGE relativement faciles. Accepte un léger DÉPLACEMENT axial d'une BAGUE. Convient pour des VITESSES de ROTATION plutôt élevées.

Inconvénients

B. Ne supporte aucune CHARGE AXIALE, ce qui nécessite de l'associer avec d'autres types de roulement. Ne tolère pas de DÉSALIGNEMENT.

→ Voir aussi ROULEMENT À ROULEAUX ; (ROULEMENT), REPRÉSENTATION SCHÉMATIQUE DES ROULEMENTS.

roulement à rotule sur rouleaux [barrel roller bearing]

(n.m.) Type de ROULEMENT dont les éléments roulants ont la FORME de tonneaux circulant sur des SURFACES | SPHÉRIQUES de sorte à accepter des DÉSALIGNEMENTS importants atteignant quelques degrés (2 à 3°).

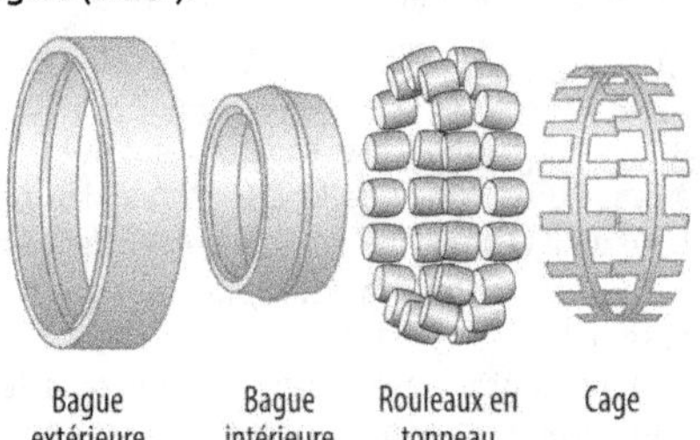

Bague extérieure · Bague intérieure · Rouleaux en tonneau · Cage

A. Le même type de ROULEMENT existe aussi avec des BILLES à la place des ROULEAUX (sens 3).

Avantages

B. Conçue pour accepter un DÉSALIGNEMENT important provenant, par exemple, d'une FLEXION des ARBRES. Convient pour des fortes CHARGES RADIALES.

Inconvénients

C. Ne convient pas aux grandes VITESSES de ROTATION.

→ Voir aussi ROULEMENT À ROTULE.

roulement à rouleaux tonneaux [barrel roller bearing]

(n.m.) Même signification que ROULEMENT À ROTULE SUR ROULEAUX.

(roulement), représentation schématique des roulements [schematic drawing of bearing]

(n.f.) Croquis simplifié avec une signification normalisée des ROULEMENTS pour en faciliter le tracé sur un DESSIN TECHNIQUE.

A. Il existe une représentation générale pour les AVANT-PROJETS dans lesquels le type exact de ROULEMENTS (sens 2) n'est pas encore connu. Ci-dessous, cette représentation :

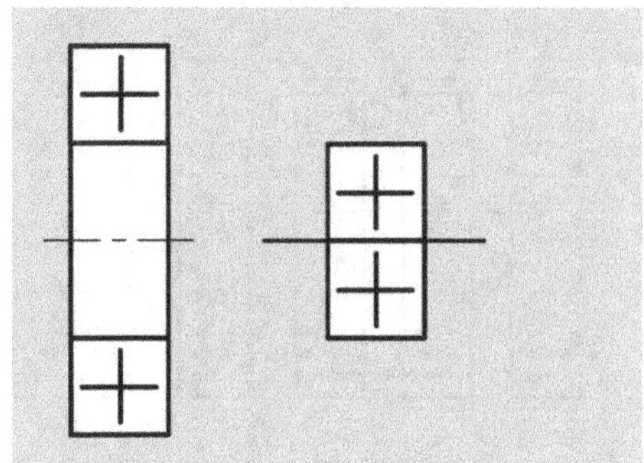

Voici un exemple de représentation schématique d'un RÉDUCTEUR DE VITESSE à ENGRENAGES :

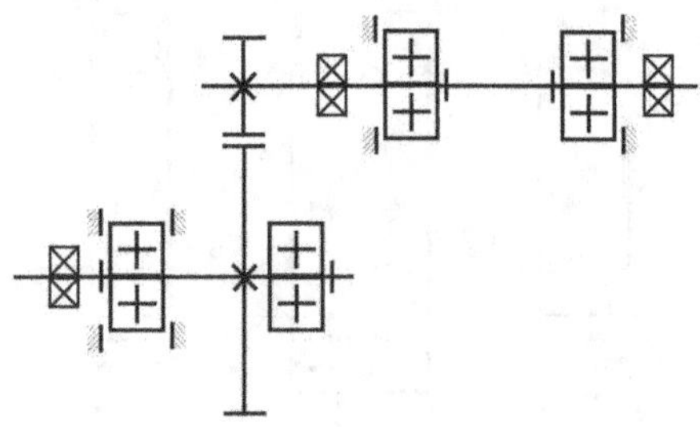

À titre de comparaison, voici la représentation réelle du même RÉDUCTEUR DE VITESSE :

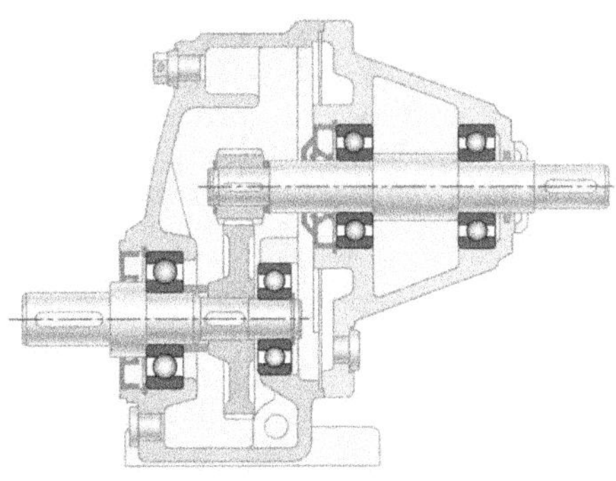

Dans cet exemple, ne pas confondre le roulement avec les (ÉTANCHÉITÉ), ORGANES D'ÉTANCHÉITÉ.

B. Lorsque le type exact de roulement est connu, des représentations normalisées peuvent être utilisées.

Pour l'exemple ci-dessus, voici la représentation selon les NORMES de DESSIN TECHNIQUE :

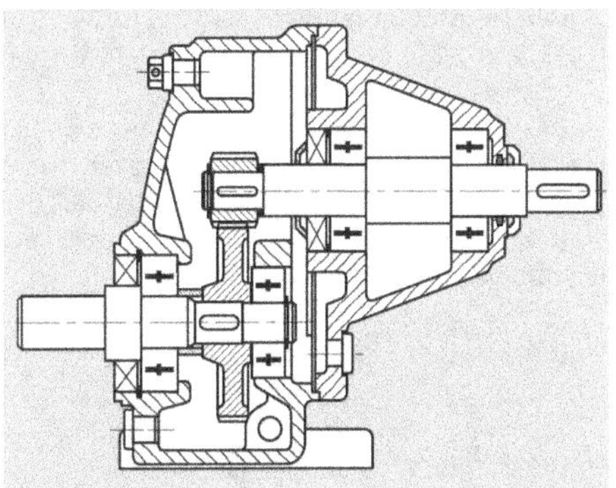

Autre exemple de représentation de roulements :

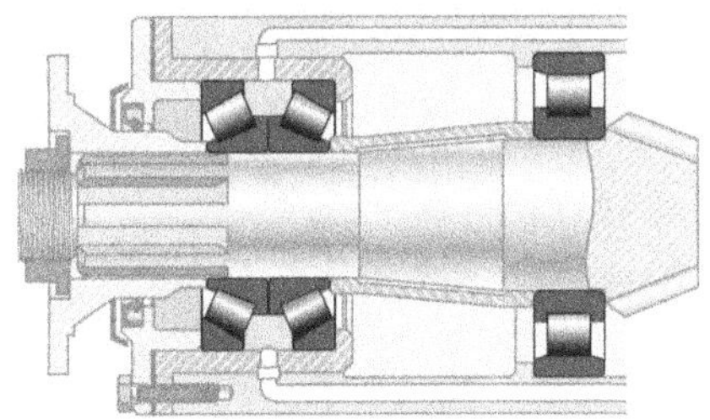

Représentation en DESSIN TECHNIQUE.

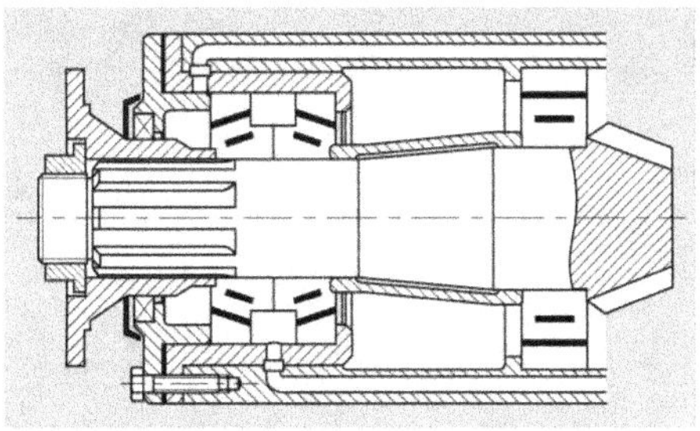

→ Voir aussi MULTIPLICATEUR DE BROCHE.

roulette [caster]

(n.f.) ROUE simplifiée et économique pour de faibles VITESSES et de DIAMÈTRE généralement inférieur à 200 mm.

rouleuse [rolling machine]

(n.f.) MACHINE-OUTIL à trois ou quatre ROULEAUX (sens 2) entre lesquels est passée une TÔLE plane pour qu'elle prenne un PROFIL courbe.

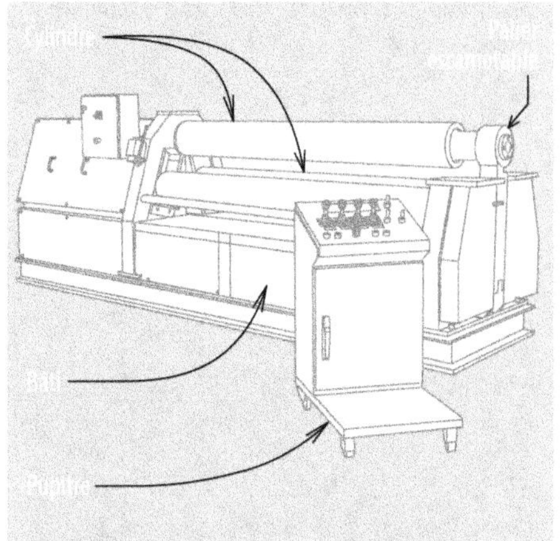

→ Voir ROULAGE pour les détails de ce PROCÉDÉ de FABRICATION.

ruban [strip]

(n.m.) Bande de MATIÈRE de faible ÉPAISSEUR et de faible LARGEUR.

rugosimètre [roughness tester, profilograph, surface finish analyzer]

(n.m.) APPAREIL électronique à PALPEUR capable d'enregistrer les ASPÉRITÉS géométriques d'une SURFACE pour établir un (RUGOSITÉ), PROFIL DE RUGOSITÉ et déterminer les (RUGOSITÉ), PARAMÈTRES DE RUGOSITÉ la concernant.

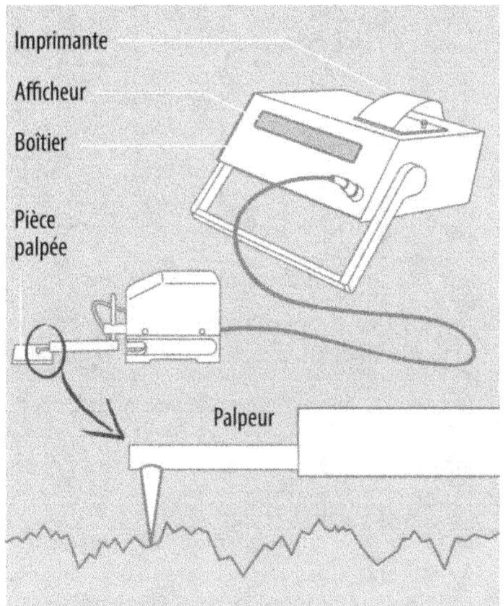

Exemple de résultat imprimé fourni par un rugosimètre :

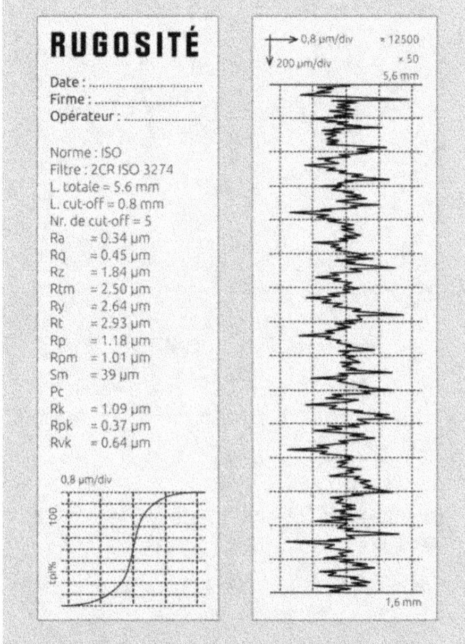

rugosité [roughness]

(n.f.) Petites ASPÉRITÉS d'une SURFACE (sens 1) examinée de très près. Elle est aussi appelée ÉTAT DE SURFACE.

A. La perception sensorielle de la rugosité est assez instinctive. L'aspect plus ou moins luisant d'une surface donne, par exemple, instantanément une idée de son ÉTAT DE SURFACE. Il en est de même pour les sensations produites par le toucher. Un des moyens d'appréciation de la rugosité est d'ailleurs la comparaison VISIO-TACTILE avec des ÉTALONS DE RUGOSITÉ ou RUGOTEST.

B. Sa MESURE (sens 3) et son expression rigoureuse sont, par contre, moins évidentes. Elles font appel à un TRAITEMENT de signal d'un (RUGOSITÉ), PROFIL DE RUGOSITÉ après une acquisition avec un APPAREIL spécialisé appelé RUGOSIMÈTRE. Plusieurs (RUGOSITÉ), PARAMÈTRES DE RUGOSITÉ différents ont été définis.

→ Voir (RUGOSITÉ), PARAMÈTRES DE RUGOSITÉ pour les définitions des plus courantes d'entre eux.

Le paramètre le plus universellement utilisé est l'« écart arithmétique moyen **Ra** » exprimé en micron (µm).

→ Voir (RUGOSITÉ), PARAMÈTRE DE RUGOSITÉ.

C. La rugosité d'une SURFACE est une CARACTÉRISTIQUE importante à connaître et à spécifier dans les CONCEPTIONS car elle possède un rôle fonctionnel primordial dans les applications où le FROTTEMENT doit être combattu ou encore pour les problèmes d'ÉTANCHÉITÉ.

→ Voir ÉTAT DE SURFACE pour la façon de la spécifier dans un DESSIN TECHNIQUE.

D. Ci-dessous des indications de valeurs de rugosité que l'on peut espérer obtenir avec diverses TECHNIQUES de MOULAGE et de FORMAGE. Le (RUGOSITÉ), PARAMÈTRE DE RUGOSITÉ utilisé est l'écart arithmétique moyen **Ra** exprimé en µm.

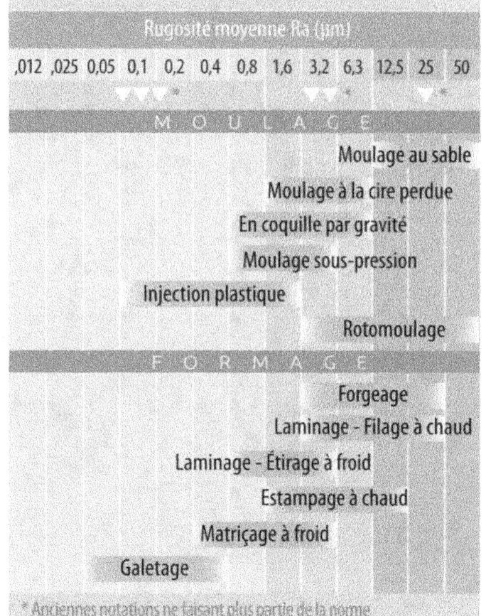

Le tableau suivant regroupe les valeurs de rugosité pour les différentes TECHNIQUEs d'USINAGE. Elles ont été classées en trois catégories :
• Les TECHNIQUES produisant des COPEAUX.
• Les TECHNIQUES par ABRASION.
• Les TECHNIQUES NON-CONVENTIONNELLES.

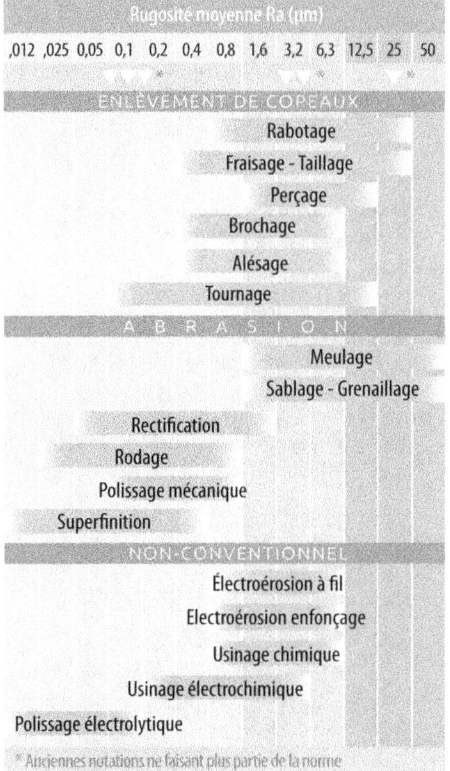

Et enfin, toutes les TECHNIQUEs de DÉCOUPE et les rugosités associées ont été regroupées dans le tableau ci-dessous :

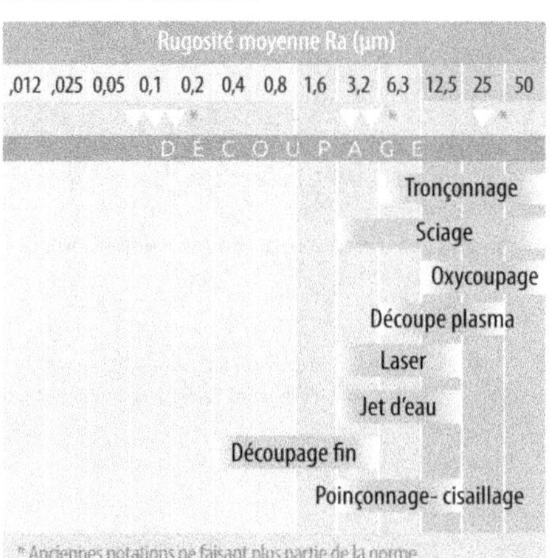

Il est à remarquer qu'il existe une certaine corrélation entre la rugosité et la PRÉCISION dimensionnelle. Il paraît facile à comprendre qu'un PROCÉDÉ donnant un bon ÉTAT DE SURFACE est aussi propice à une PRÉCISION dimensionnelle meilleure et inversement.
→ Voir aussi (TOLÉRANCE), GRADE DE TOLÉRANCE INTERNATIONALE.

(rugosité), étalon de rugosité [set of surface roughness]

(n.m.) Plaquette métallique comportant divers motifs modèles d'ASPÉRITÉS d'USINAGE pour des comparaisons VISIO-TACTILES.

µm Ra	12.5	6,3	3,2	1,6	0,8	0,4
µm Rt	50	32	16	8,0	4,0	2,5
Fraisage en roulant						
Fraisage en bout						
Tournage						
	N10	N9	N8	N7	N6	N5
	▽*		▽▽*		▽▽▽*	

* Ancienne notation ne faisant plus partie des normes

Les étalons de RUGOSITÉ permettent d'évaluer par comparaison visio-tactile, simplement, assez rapidement et de façon très économique la notion d'ÉTAT DE SURFACE sans passer par des MÉTHODES lourdes utilisant des APPAREILLAGES évolués appelés RUGOSIMÈTRE, certes plus précis et plus scientifique. Les étalons de rugosité sont aussi appelés RUGOTEST.

(rugosité), paramètre de rugosité [roughness parameter]

(n.m.) Valeur numérique calculée statistiquement pour caractériser un (RUGOSITÉ), PROFIL DE RUGOSITÉ.

A. Les données utilisées pour le calcul sont enregistrées avec un APPAREIL DE MESURE appelé RUGOSIMÈTRE.

B. Plusieurs définitions des paramètres de RU-
GOSITÉ existent. Les plus utilisés sont les sui-
vants, dans l'ordre du plus courant au plus rare :
• **Rugosité Ra, Pa** : Écart moyen arithmétique.
[Roughness average] :

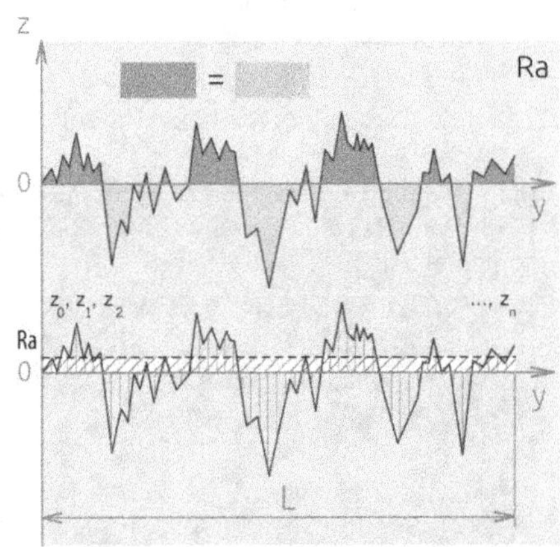

$$R_a = \frac{1}{L}\int_0^L |z(y)|\,dy$$

$$= \frac{|z_1| + |z_2| + ... + |z_n|}{n}$$

• **Rugosité Rq, Pq, Wq** : Écart quadratique.
[Root mean square roughness]

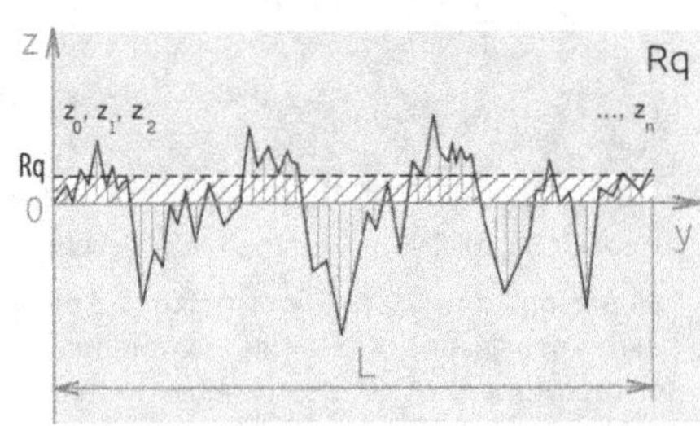

$$R_q = \sqrt{\frac{1}{L}\int_0^L z^2(y)\,dy}$$

$$= \sqrt{\frac{z_1^2 + z_2^2 + ... + z_n^2}{n}}$$

• **Rt, Pt, Wt**
Hauteur totale
[Maximum height of the profile]

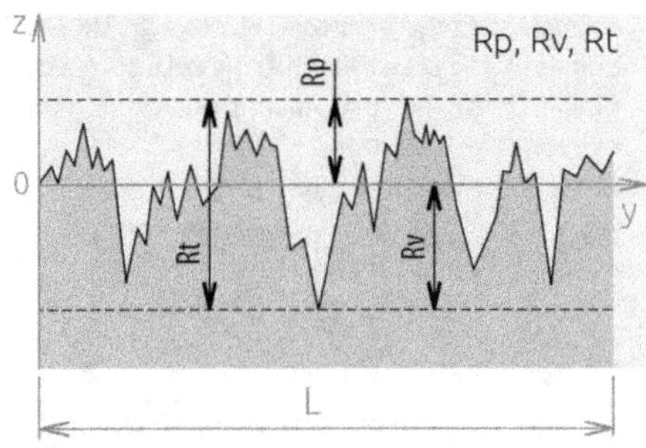

Rp, Pp, Wp
Hauteur maximale de saillie
[Maximum profile peak height]
Rv, Pv, Wv
Profondeur maximale de creux
[Maximum profile valley depth]

(n.m.) COURBE montrant les ASPÉRITÉS d'une
SURFACE examinée de très près suivant un PLAN |
PERPENDICULAIRE.

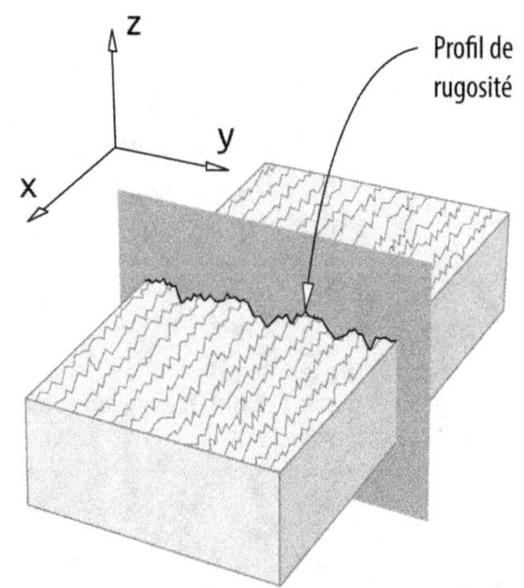

C'est cette courbe qui est analysée pour obtenir
les différents (RUGOSITÉ), PARAMÈTRES DE RUGO-
SITÉ caractérisant de façon mathématique la notion d'ÉTAT DE SURFACE.

rugotest [set of surface roughness]

(n.m.) Plaquette de divers motifs de RÉFÉRENCE
d'ÉTAT DE SURFACE permettant une comparaison
VISIO-TACTILE.
Autre appellation : étalon de rugosité.

rupture [fracture]

(n.f.) Séparation en deux parties d'un MATÉRIAU initialement monobloc, à cause d'une SOLLICITATION MÉCANIQUE dépassant ce qu'il peut supporter.

A. Les ruptures peuvent être classées en deux types :
• la RUPTURE DUCTILE.
• la RUPTURE FRAGILE.

Voir les explications et illustrations de ces deux rubriques. Ci-dessous quelques cas typiques de rupture.

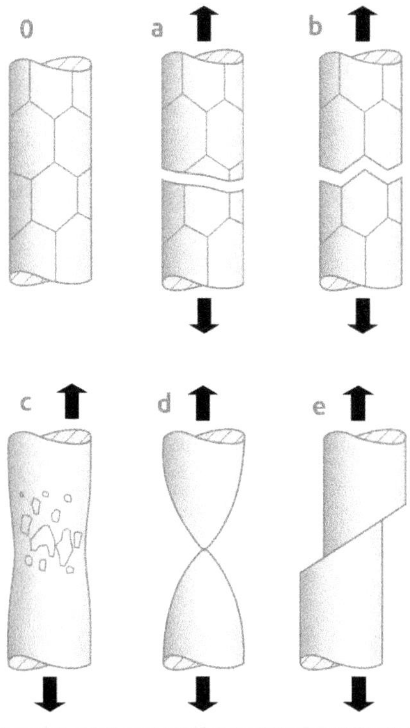

0. Initialement
a. Rupture intragranulaire
b. Rupture intergranulaire
c. Rupture en cupules
d. Rupture ductile
e. Rupture par clivage

B. Ne pas confondre avec la SECTION ou la COUPE (sens 1).

rupture ductile [ductile fracture]

(n.f.) Type de RUPTURE dans laquelle il se produit d'abord une importante DÉFORMATION PERMANENTE, puis la STRICTION, avant la RUPTURE NETTE.

Cas de la TRACTION :

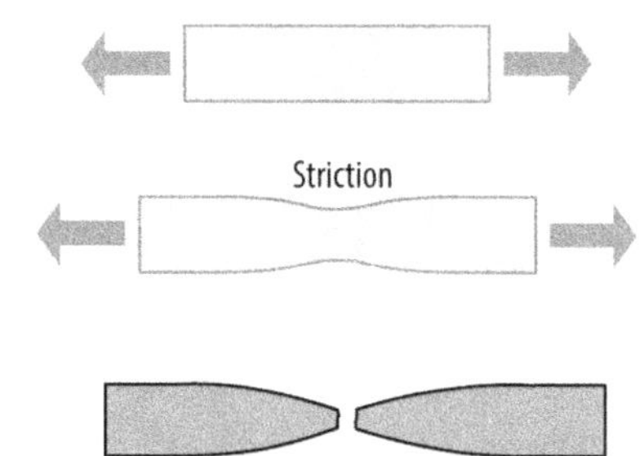

Cas de la FLEXION :

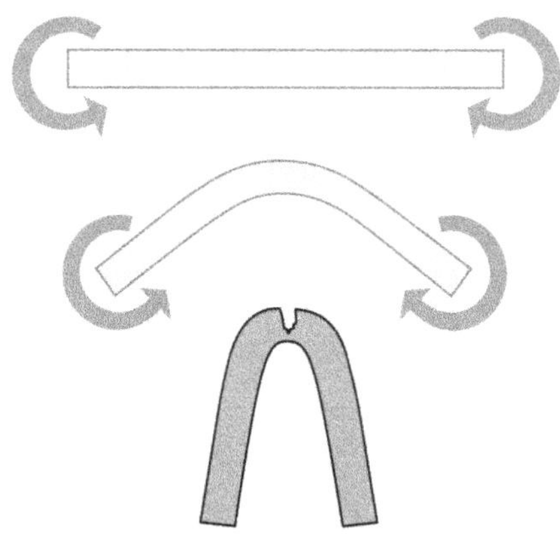

Et enfin, le cas de la TORSION :

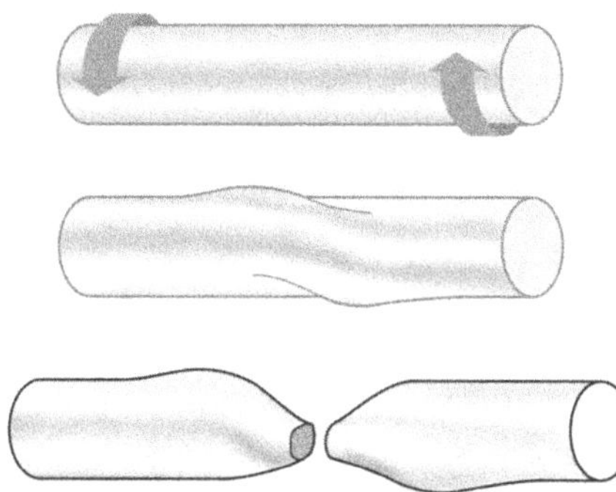

◊ Contr. : RUPTURE FRAGILE.

rupture fragile [brittle fracture]

(n.f.) Type de RUPTURE dans laquelle il ne se produit ni DÉFORMATION PERMANENTE ni STRICTION mais qui va directement à une RUPTURE NETTE brutale.

C'est, le cas, par exemple, du VERRE, du BÉTON, de l'ACIER TREMPÉ, etc.

Cas de la TRACTION :

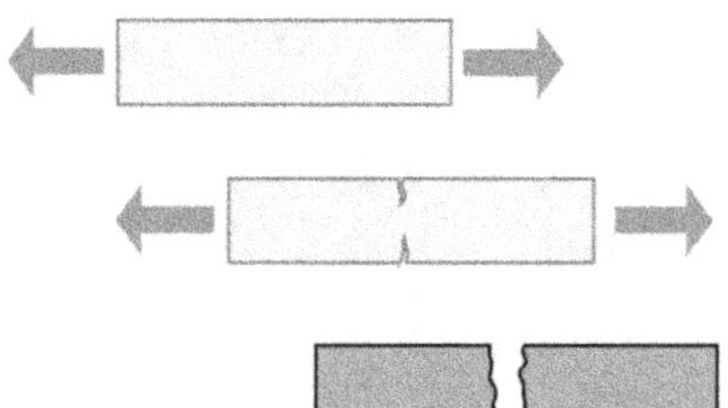

Cas de la FLEXION :

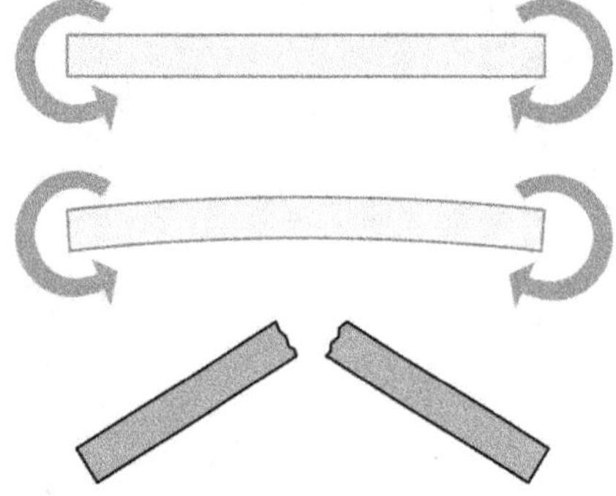

Cas de la TORSION :

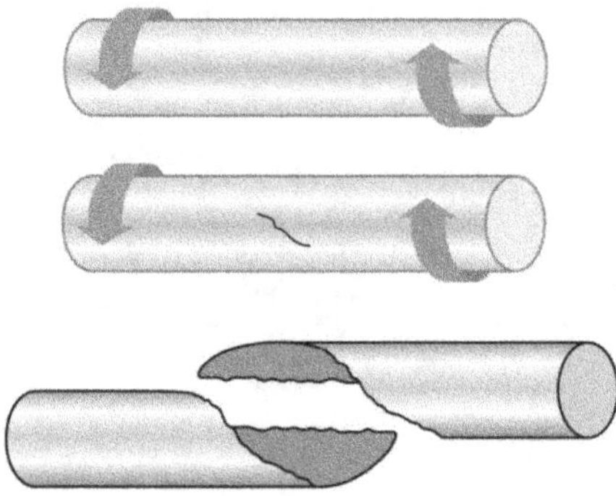

rupture nette [clean break]

(n.f.) Cassure brutale en deux parties distinctes par propagation rapide d'une AMORCE.
→ **Voir** ROMPU NET.

S, s

---

s

1. Abréviation de SIEMENS, UNITÉ (sens 1) de CONDUCTANCE ÉLECTRIQUE.
2. Symbole de l'ÉLÉMENT CHIMIQUE | SOUFRE.

sablage [sandblasting]

(n.m.) PROCÉDÉ | MÉCANIQUE de DÉCAPAGE de SURFACE par PROJECTION (sens 1) de particules fines plus ou moins ABRASIVES.

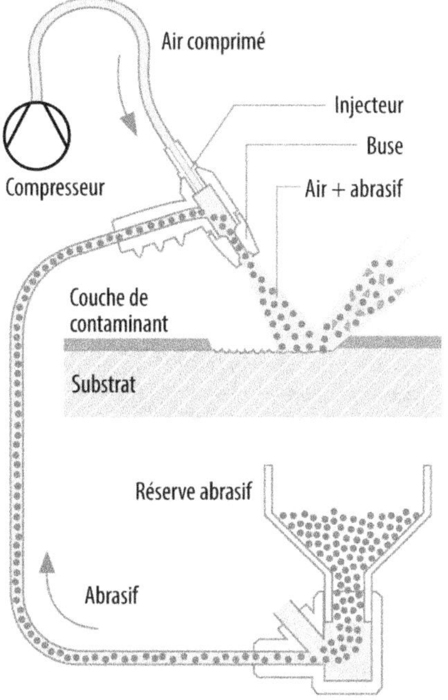

A. Les particules peuvent être propulsées à l'aide d'un jet d'AIR COMPRIMÉ (de l'ordre de 4 à 7 bars) ou parfois de LIQUIDE. Le jet de particules peut aussi être obtenu par pure action MÉCANIQUE sans l'ajout d'aucun FLUIDE porteur. Dans l'illustration ci-dessus, l'ABRASIF est aspiré par effet Venturi créé par le jet d'air. D'autres systèmes mettent SOUS-PRESSION le réservoir d'ABRASIF, permettant d'avoir un débit d'ABRASIF deux fois plus efficace.
B. Le but du sablage est de nettoyer, de désoxyder, de dépolir, de satiner ou de créer de la RU-

GOSITÉ afin de favoriser l'accrochage d'une PEINTURE, par exemple.

Avant | Après

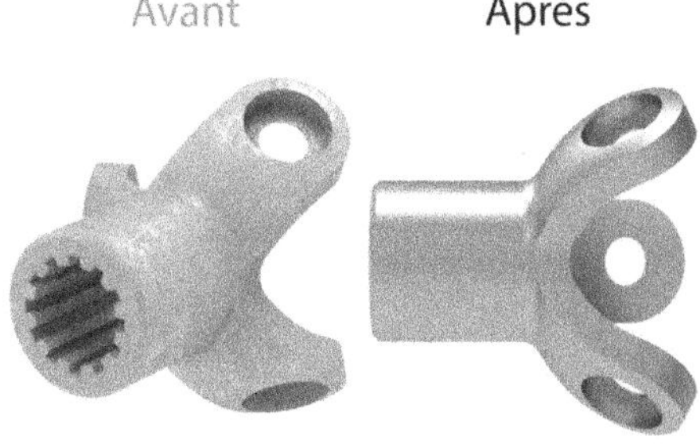

C. Les particules projetées sont plus ou moins DURES et anguleuses (CORINDON, débris de VERRE finement divisés, GRENAILLE | MÉTALLIQUE...) et arrachent de la MATIÈRE sur la SURFACE traitée. Les particules plus rondes (BILLES de VERRE, de CÉRAMIQUE ou de MÉTAL...) permettent des actions plus douces. L'ÉTAT DE SURFACE obtenu est fonction de l'ÉNERGIE de PROJECTION (sens 1). Il est aussi directement lié à la GRANULOMÉTRIE de l'ABRASIF projeté et à sa GÉOMÉTRIE (sens 2), donc également de son USURE.
D. ÉTAT DE SURFACE, RUGOSITÉ **Ra (μm)** :

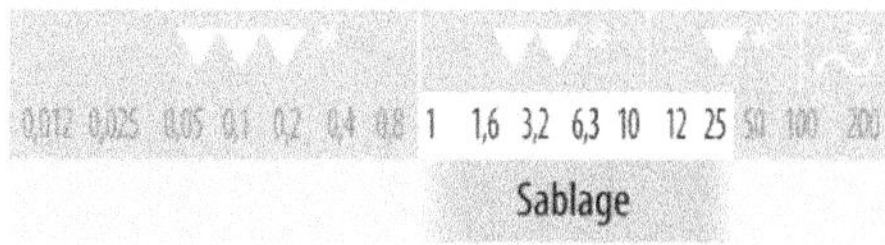

0,012	0,025	0,05	0,1	0,2	0,4	0,8	1	1,6	3,2	6,3	10	12	25	50	100	200
							Sablage									

** Symbole ne faisant plus partie des normes*

E. **Coût** OUTILLAGE (sens 2) (**hors coût** MACHINE) :

Aucun	Faible	Moyen	Élevé	Très élevé
	Sablage			

F. F. SÉRIE DE PIÈCEs économique :

Proto	Unitaire	Petite	Moyenne	Grande	Très Grande
1	10	100	1 000	10 000	100 000
	Sablage				

G. Le PROCÉDÉ, par son principe, génère beaucoup de PROJECTIONS (sens 1) et de POUSSIÈRE qui constituent des risques importants pour les voies respiratoires des OPÉRATEURS. Ainsi, le sablage ne peut être pratiqué qu'avec beaucoup de précautions pour la santé. Il existe deux façons principales selon la taille des PIÈCES (sens 1) à traiter :

• Les PIÈCES (sens 1) de grande taille sont sablées dans un local spécialisé ou à l'air libre. L'opérateur doit être, dans ce cas, complètement revêtu d'une protection intégrale (combinaison, masque, chaussure...) avec un RESPIRATEUR.

• Les PIÈCES (sens 1) de petite taille sont enfermées à l'intérieur d'une cellule boîte à gants entièrement hermétique muni de gants épais en CAOUTCHOUC plongés à l'intérieur, de telle sorte que l'opérateur n'ait besoin d'aucun ÉQUIPEMENT de protection particulier.

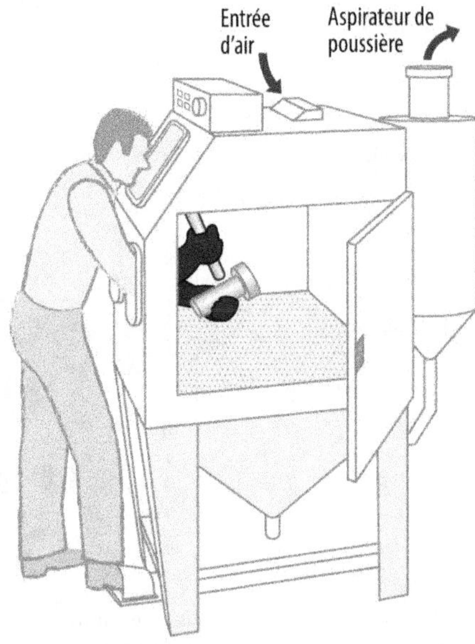

 Avantages

H. EFFICACITÉ générale de DÉCAPAGE.

Inconvénients

I. PROCÉDÉ manuel lent et difficilement automatisable. Précautions de sécurité assez conséquentes, en particulier pour les grosses PIÈCES (sens 1). Nécessité d'éliminer et de collecter le sable projeté et dispersé.

J. Ne pas confondre avec le GRENAILLAGE et le MICROBILLAGE, qui procèdent davantage par MARTELAGE, MATAGE et ÉCROUISSAGE, alors que le sablage agit plus par ABRASION. Néanmoins, le MICROBILLAGE est pratiqué avec le même ÉQUIPEMENT.

→ Voir aussi TONNELAGE, NETTOYAGE CRYOGÉNIQUE qui sont d'autres TECHNIQUES de NETTOYAGE de SURFACE.

saignée [kerf, relief]

(n.f.) Type de RAINURE très étroite obtenue, par exemple, avec une LAME DE SCIE ou une FRAISE-SCIE.

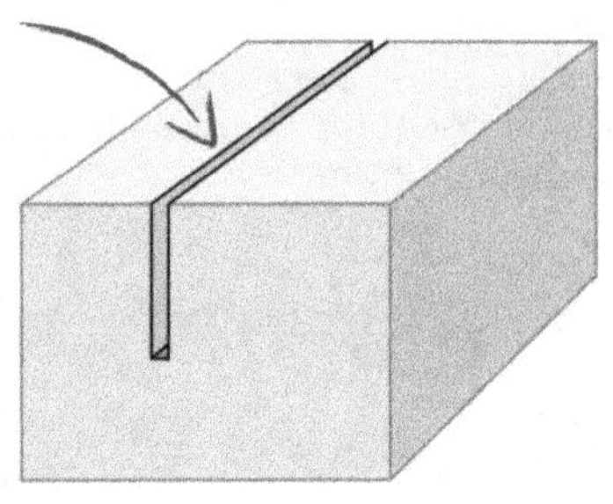

SAN

Abréviation pour **S**tyrène-**A**crylo**N**itrile. COPOLYMÈRE | THERMOPLASTIQUE | AMORPHE de consommation courante appartenant à la famille des STYRÉNIQUES dont le représentant le plus connu est le polystyrène (PS).

A. Sa formule chimique est constituée d'un enchaînement de styrène (70 à 80 % en masse) et d'acrylonitrile (20 à 30 %).

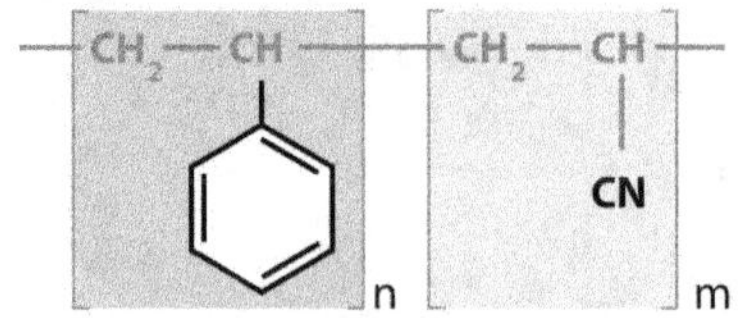

Cet agencement de deux types de MONOMÈRES offre une meilleure RÉSISTANCE MÉCANIQUE, RIGIDITÉ et résistance chimique par rapport au polystyrène.

B. Le SAN est caractérisé par une belle apparence brillante et esthétique, pouvant être transparente ou légèrement bleutée.

C. Ses domaines d'applications sont vastes. Par exemple :
- dans l'alimentaire : ustensiles de cuisine, vaisselle, gobelet, plateau de réfrigérateur, emballage alimentaire...
- dans le médical : seringue, emballage pharmaceutique...

- dans la construction : pièce automobile, boîte à gants, feux arrières, boîtier de batterie...
- dans l'ingénierie électrique : réflecteur, capot de lampe...
- dans l'ingénierie sanitaire : cabine de douche...
- dans les objets courants : briquet jetable, brosse à poils, emballage cosmétique, pièces d'électroménager, châssis de téléviseur...

D. Le SAN est essentiellement transformé avec la technique de MOULAGE PAR INJECTION PLASTIQUE.

E. Quelques caractéristiques utiles :

Masse volumique	$1{,}08$ g/cm^3
Résistance au choc Izod entaillé	$0{,}02$ kJ/m^2
Résistance au choc Charpy Entaillé	$1{,}5$ kJ/m^2
Module d'élasticité longitudinal	3400 MPa
Résistance à la rupture	54 MPa
Dureté Shore D	85
Allongement à la rupture	$2{,}4$ %
Transmission lumineuse	90 %
Absorption d'eau en masse	$0{,}2$ %
Température d'utilisation	$-40°C$ à $+90°C$
Coefficient de dilatation linéaire	70 µm/(m.°C)
Classement au feu	M
Retrait au moulage	$0{,}3 \pm 0{,}1$ %
Conductivité thermique à 23°C	$0{,}16$ W/(m·K)
Alimentarité	Acceptable
Alimentarité	Non sûre

 **Avantages**

F. Ensemble de bonnes propriétés générales : RÉSISTANCE MÉCANIQUE, RIGIDITÉ, DURETÉ. Bonne résistance aux produits chimiques (acides et bases dilués, graisses et huiles, etc.) Bonne stabilité dimensionnelle. Bonne résistance à la température. ALIMENTARITÉ acceptable. Collable facilement. Économique. RECYCLABLE.

 **Inconvénients**

G. Résistance aux UV moindre par rapport aux acryliques. En particulier, tendance à jaunir. Cassant. Très inflammable avec production de beaucoup de fumée noire. HYGROSCOPIQUE. Température de transformation plus élevée que le PS. Nécessite obligatoirement un ÉTUVAGE avant la TRANSFORMATION (sens 3).

H. Quelques appellations commerciales : Lupan ® (LG chemical ®), Tyril ® (Styron LLC ®), Anjalin ® (J&A plastics GmbH ®), Absolan ® (Ineos ®), Akril ® (Akay plastik ®), Astasan ® (Marplex Australia ®), Esan ® (Emas plastik ®), Estasan ® (Cossa polimeri ®), Eurokril, Novakril ® (MTG Gmbh ®), Gebasan ® (Geba GmbH ®), Hanasan ® (Honam petroche-

mical corporation ®), Hyril ® (Entec polymer ®), Isosan ® (Great Eastern resin industrial ®), Kibisan ® (Chi Mei corporation ®), Kostil ® (Versalis Spa ®), Tissan ® (Tisan Mühendislik Plastikleri ®), Tairisan ® (Formosa chemical ®), Synsan ® (Guiarat petrosynthese ®), Resan ® (polymarky ®), PolySan ® (Polykemi AB ®), Novakryl ® (Novaka ®), Bapolan ® (Bamberger polymer ®), Litac-A ® (Mitsui chemicals ®), Sanrex ® (Techno polymer ®)...

(n.m.) MATÉRIAU constitué de deux PLAQUES séparées par une ÂME (sens 2) de consistance légère de manière à concilier RÉSISTANCE MÉCANIQUE et faible MASSE SURFACIQUE.

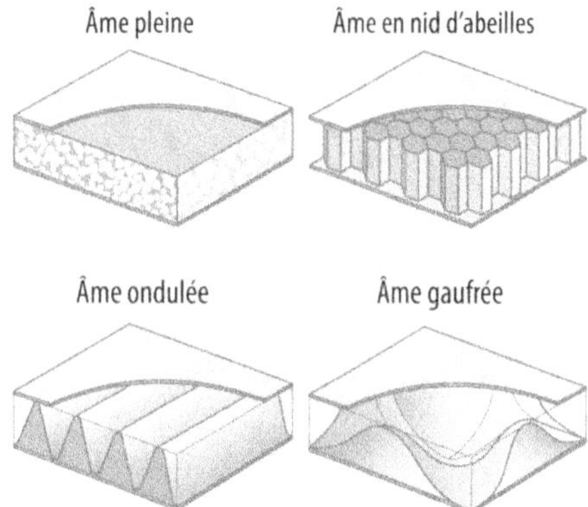

Âme pleine   Âme en nid d'abeilles

Âme ondulée   Âme gaufrée

Ainsi, les panneaux sandwichs permettent d'atteindre des RIGIDITÉS SPÉCIFIQUES très favorables.
→ Voir aussi NID D'ABEILLE.

(n.f.) État plus ou moins exempt de DÉFAUTS d'une PIÈCE (sens 1) après sa FABRICATION ou son utilisation.

(n.f.) ORGANE de MAINTIEN avec un verrouillage autour d'un point d'instabilité utilisant un MÉCANISME à LEVIER actionné par une MANETTE.
Ex. 1 :

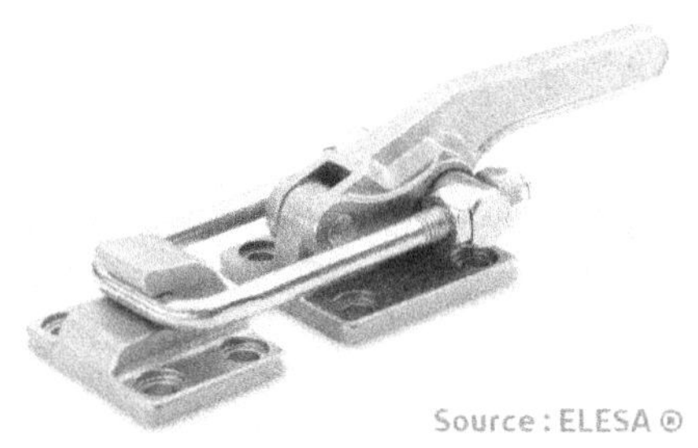

Source : ELESA ®

Ex. 2 :

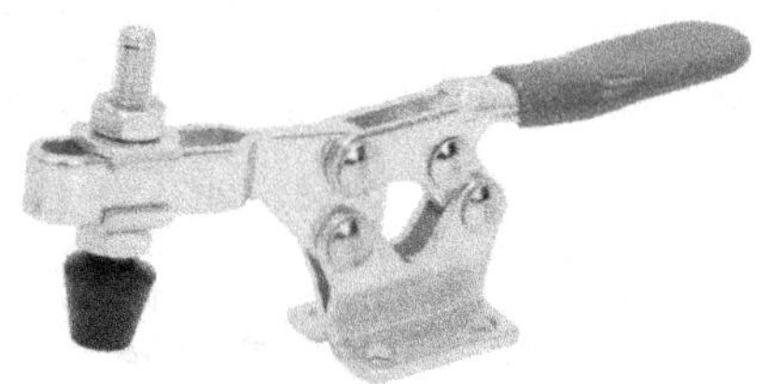

Sb [antimony]

Symbole de l'ÉLÉMENT CHIMIQUE | ANTIMOINE, de son nom latin *stibium*.

scellement [anchorage]

(n.m.) FIXATION (sens 2) d'un ORGANE dans un LIANT, tel que le ciment, par exemple.
Ex. 1 : *Scellement d'un* PYLÔNE *avec des* TIGES DE SCELLEMENT *dans un bloc de* BÉTON.

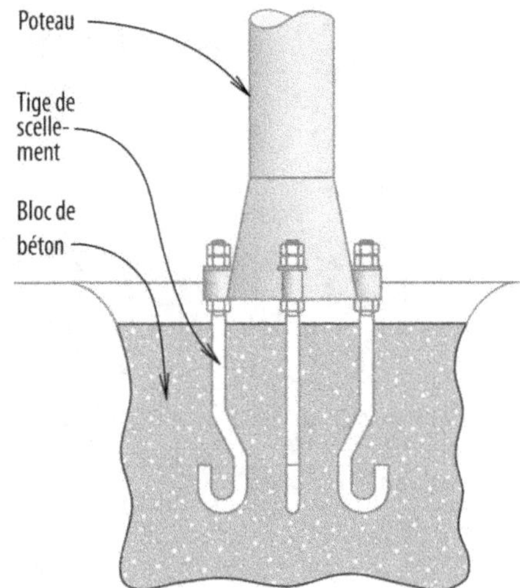

Ne pas confondre le scellement avec l'ANCRAGE qui ne nécessite pas de LIANT, mais se fait par pur ACCROCHAGE | MÉCANIQUE.
→ Voir aussi NOTICE D'INSTALLATION.

scellement chimique [bonded anchor]

(n.m.) FIXATION utilisant un mortier artificiel, par exemple à base de BI-COMPOSANT.
→ Voir, par exemple, CHEVILLE CHIMIQUE.

(scellement), tige de scellement [anchor bolt, foundation bolt]

(n.f.) ORGANE de FIXATION (sens 2) d'OUVRAGE par l'intermédiaire d'un LIANT comme le BÉTON.

A. Quelques exemples :

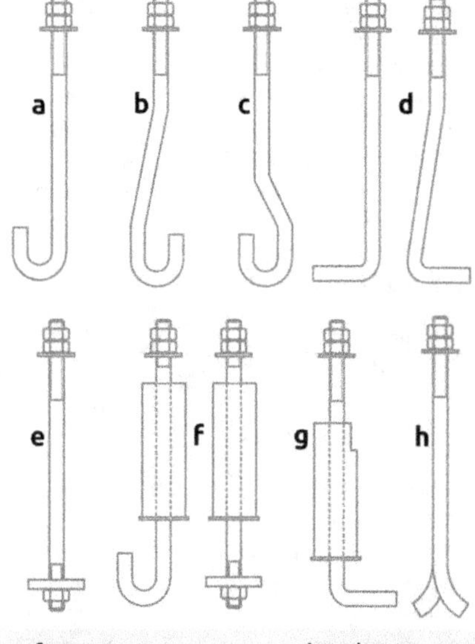

a. Crosse
b. Crosse contre-coudée
c. Crochet
d. Coudée
e. Avec plaque
f. Avec fourreau
g. Avec fourreau entaillé
h. Queue de carpe

B. Il est constitué d'une partie inférieure prévue pour bien s'ancrer dans le BÉTON et d'une partie supérieure FILETÉE pour boulonner l'OUVRAGE.
C. Exemple d'utilisation pour le scellement de la PLATINE d'un PYLÔNE.

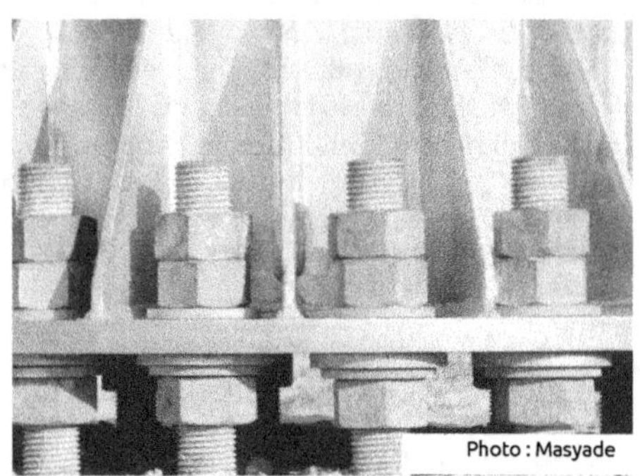
Photo : Masyade

→ Voir aussi SCELLEMENT.

schéma [schematic drawing, sketch]

(n.m.) Représentation graphique approximative de FORME, de POSITION et d'ASSEMBLAGE (sens 2) d'objets dans laquelle ni l'ÉCHELLE (sens 2) ni les PROPORTIONS ne sont tenues d'être respectées.
A. Le schéma a pour vocation de simplifier et de rendre plus rapide la réalisation de la représentation. Pour être le plus explicite possible, il peut utiliser des symboles normalisés de COM-

POSANTS ou de fonctions TECHNIQUES. Souvent, il est réalisé par DESSIN MANUEL sans nécessiter d'INSTRUMENTS DE DESSIN particuliers.

B. Généralement, on distingue dans l'ordre chronologique :

- le schéma cinématique minimal : pour la compréhension des fonctions du MÉCANISME et les calculs cinématiques.
- le schéma architectural : pour le paramétrage et les calculs des forces en statique et dynamique, le DIMENSIONNEMENT des composants.

Ex. : *Schéma architectural d'une pompe à piston :*

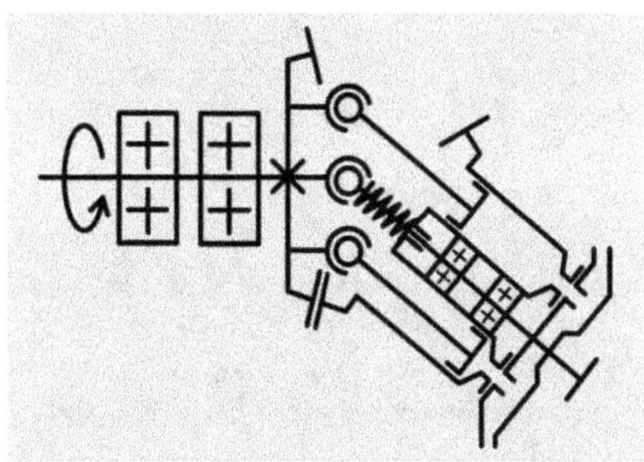

- le schéma technologique : pour détailler tous les choix de composants standard et les pièces spéciales.
- le DESSIN D'ENSEMBLE / de définition : pour la mise au propre à l'échelle.

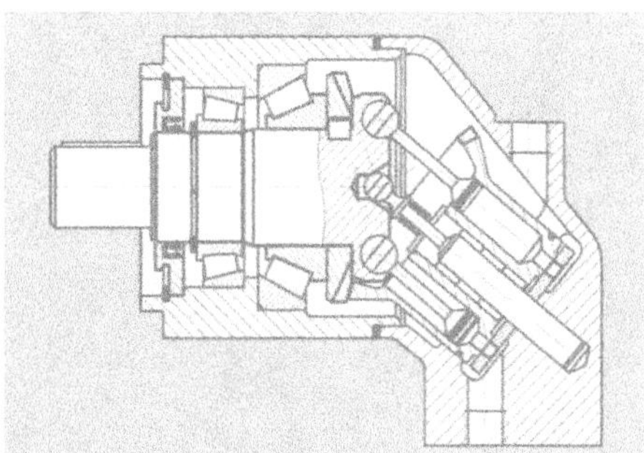

Voici la même pompe sous forme d'ILLUSTRATION plus précise et détaillée.

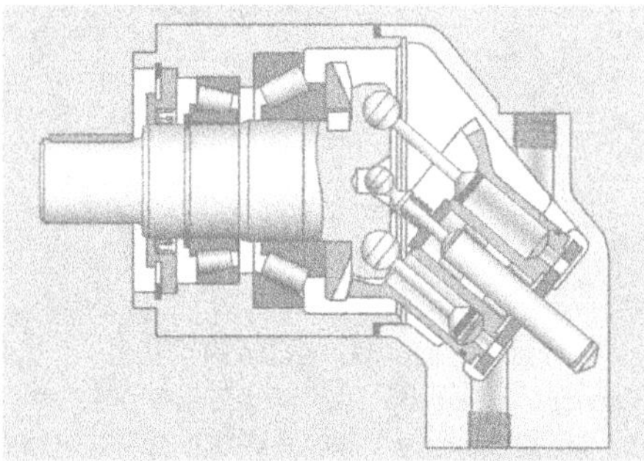

Comparer la lisibilité et la facilité de réalisation de ces différentes représentations :

C. D'autres types de schémas existent :
- le CROQUIS.
- l'ESQUISSE.
- l'ÉPURE.

→ Voir (ROULEMENT), REPRÉSENTATION SCHÉMATIQUE DES ROULEMENTS pour d'autres exemples de schémas.

schoopage [schoop process, metal spraying, thermal spraying]

(n.m.) PROCÉDÉ d'application de COUCHE de MÉTAL par PROJECTION (sens 1) à l'état fondu avec un pistolet sur la SURFACE d'un MATÉRIAU | SUBSTRAT.

◆ Syn. : MÉTALLISATION.

sciage [sawing]

(n.m.) TECHNIQUE de COUPE (sens 1) de MATÉRIAU consistant à retirer petit à petit la MATIÈRE avec un OUTIL de faible ÉPAISSEUR à DENTURE acérée appelée LAME DE SCIE.

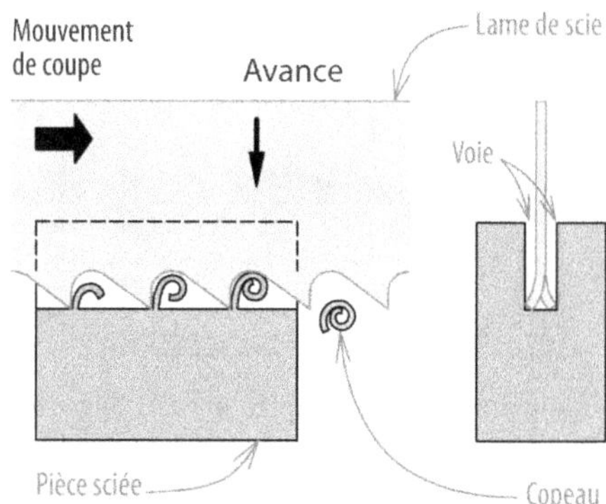

A. La LAME DE SCIE peut être CIRCULAIRE ou rectiligne :

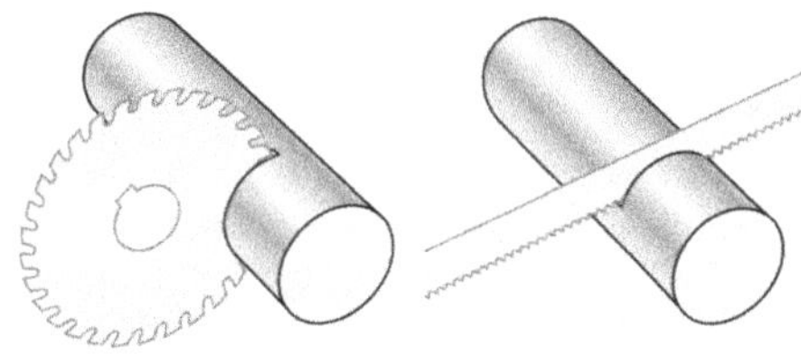

B. TOLÉRANCE DIMENSIONNELLE (IT) :

Très précis	Précis	Moyen	Grossier	Très Grossier
1 2 3 4 5	6 7 8 9	10 11 12	13 14 15	16 17 18
				Sciage
10 ± 0,002	10 ± 0,01	10 ± 0,05	10 ± 0,2	10 ± 1
100 ± 0,005	100 ± 0,02	100 ± 0,1	100 ± 0,4	100 ± 2

C. ÉTAT DE SURFACE, RUGOSITÉ Ra (µm) :

* Symbole ne faisant plus partie des normes

D. Coût OUTILLAGE (sens 2) (hors coût MACHINE) :

Aucun	Faible	Moyen	Élevé	Très élevé
	Sciage			

E. E. SÉRIE DE PIÈCES économique :

Proto	Unitaire	Petite	Moyenne	Grande	Très Grande
1	10	100	1 000	10 000	100 000
Sciage					

scie [hand hacksaw]

(n.f.) OUTIL ou MACHINE-OUTIL avec une LAME fine à DENTURE permettant de retirer petit à petit la MATIÈRE d'une PIÈCE (sens 1) jusqu'à la couper en deux.
Ex. : *SCIE MANUELLE*.

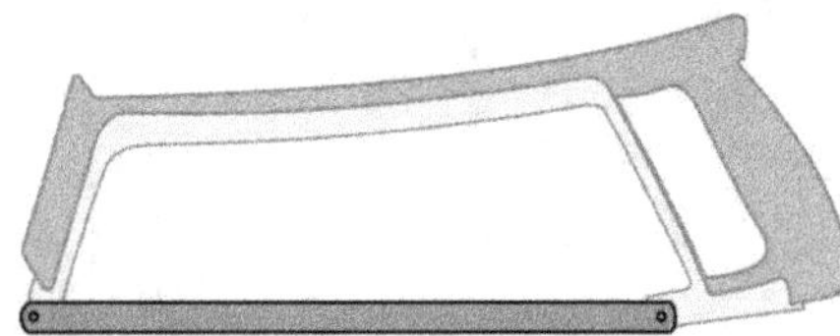

Voir également les différents types de MACHINE-OUTIL destinée au SCIAGE aux rubriques suivantes :
- SCIE CIRCULAIRE.
- SCIE À RUBAN HORIZONTAL.
- SCIE À RUBAN VERTICAL.
- SCIE ALTERNATIVE.
- SCIE SAUTEUSE.
- SCIE-SABRE.

scie alternative [hack saw machine]

(n.f.) MACHINE-OUTIL de SCIAGE avec une LAME rigide rectiligne tendue par une armature qui lui donne un MOUVEMENT DE COUPE en va et vient.

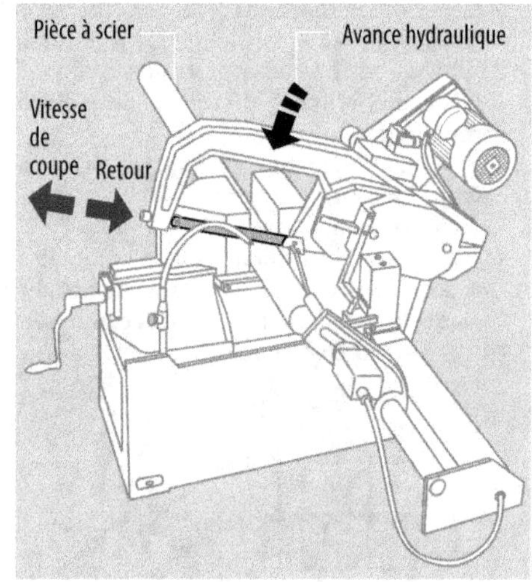

scie à ruban horizontal [horizontal bandsawing machine, horizontal bandsaw]

(n.f.) MACHINE de SCIAGE avec une LAME DE SCIE rectiligne bouclée dont la partie coupante défile sans fin suivant une TRAJECTOIRE sensiblement HORIZONTALE. Cette MACHINE est aussi équipée d'un ÉTAU pour brider la PIÈCE (sens 1) à scier.

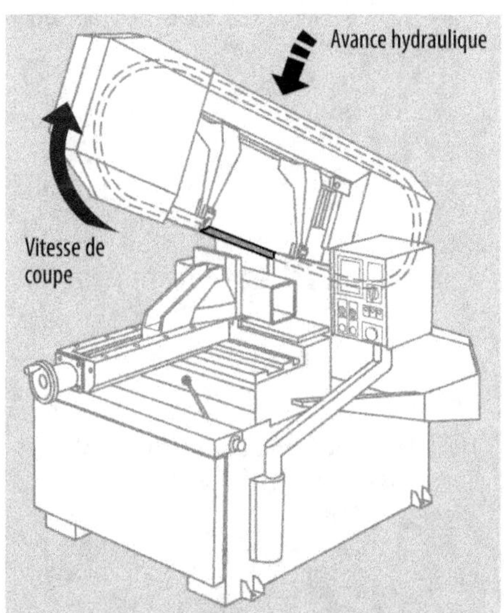

Le même type de scie existe avec la partie coupante de la lame disposée verticalement.
→ Voir SCIE À RUBAN VERTICAL.

scie à ruban vertical [vertical bandsawing machine, vertical bandsaw]

(n.f.) MACHINE de SCIAGE avec une LAME DE SCIE rectiligne bouclée dont la partie coupante défile sans fin suivant une TRAJECTOIRE| VERTICALE. Cette MACHINE est équipée d'une TABLE sur laquelle est posé la PIÈCE (sens 1) à scier. Ce type de scie permet le DÉTOURAGE et l'ÉBARBAGE.

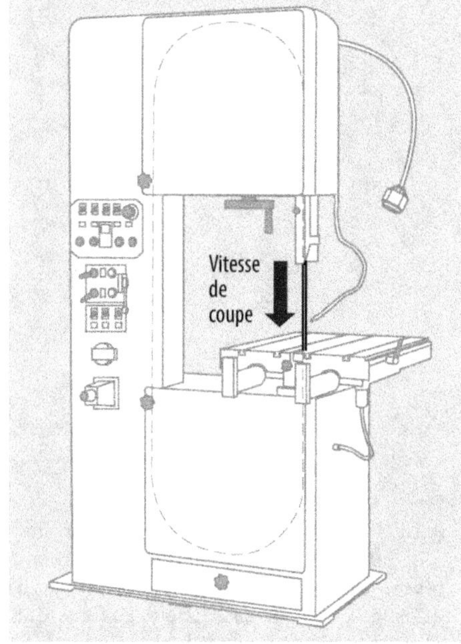

scie circulaire [circular saw, circular blade sawing]

(n.f.) MACHINE de SCIAGE avec une LAME en forme de DISQUE tournant autour d'un AXE (sens 1).

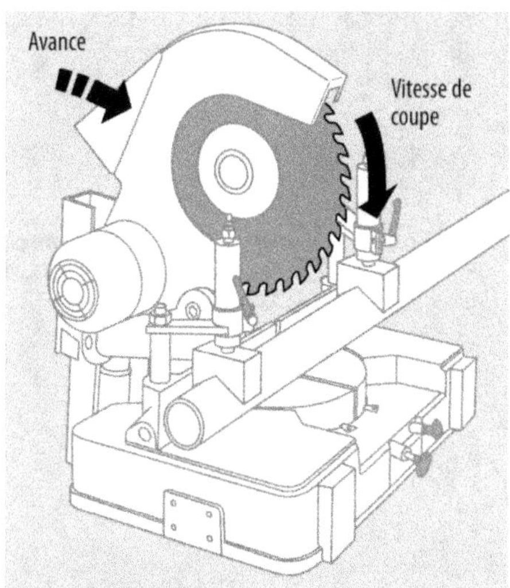

scie cloche [hole cutter]

(n.f.) OUTIL DE COUPE ROTATIF avec des DENTS en périphérie et un FORET au milieu pour sa version manuelle, permettant la DÉCOUPE d'un DISQUE

sur une PLAQUE ou une TÔLE, ce qui produit un TROU de grand DIAMÈTRE.

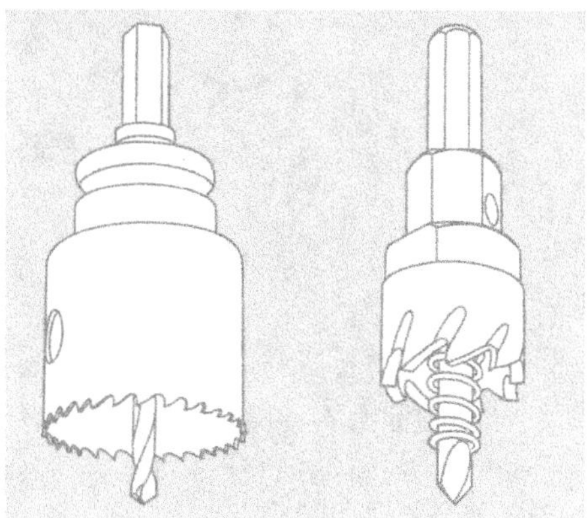

• Note : Ne pas confondre avec le TRÉPAN qui n'a qu'une ou deux ARÊTES DE COUPE.

sciences des matériaux [material science]

(n.f.) Discipline d'études de la STRUCTURE (sens 1) à différentes ÉCHELLES (sens 3) d'un MATÉRIAU pour en comprendre les PROPRIÉTÉS et CARACTÉRISTIQUES.

Les moyens utilisés sont les différents ESSAIS MACROSCOPIQUES et observations avec les MICROSCOPES.

→ Voir ÉCHELLE MICROSCOPIQUE.

science mécanique [mechanics]

(n.f.) Discipline théorique traitant des problèmes de FORCES, MOUVEMENTS et DÉFORMATIONS. L'aspect plus pragmatique consistant à fabriquer et à assembler des PIÈCES (sens 1) pour en faire des MACHINES et des OUVRAGES s'appelle plutôt MÉCANIQUE DE CONSTRUCTION.

scie sabre [reciprocating saw]

(n.m.) OUTILLAGE ÉLECTROPORTATIF avec une LAME à MOUVEMENT DE VA ET VIENT pour COUPER ou DÉCOUPER.

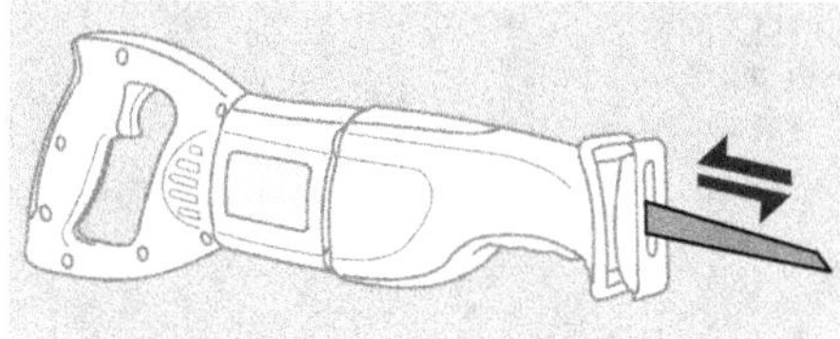

• Note : Ne pas confondre avec la SCIE SAUTEUSE.

scie sauteuse [jig saw]

(n.f.) Type de SCIE | ÉLECTRO-PORTATIVe avec une LAME en PORTE-À-FAUX animée d'un MOUVEMENT DE VA ET VIENT et d'une semelle permettant de découper des CONTOURS sur des PLAQUES de MATÉRIAUX (voir page suivante).

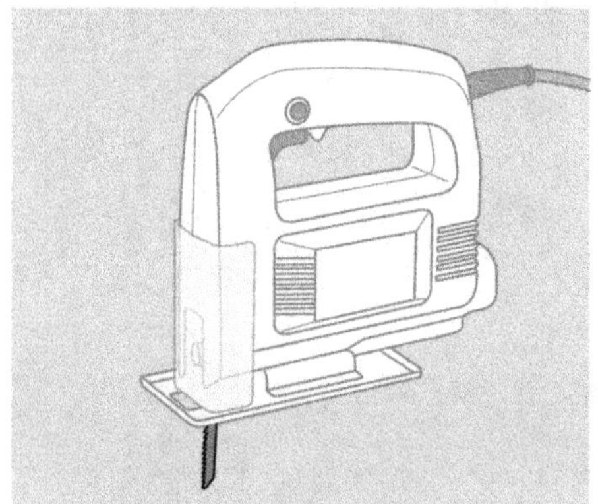

• Note : Ne pas confondre avec la SCIE SABRE qui ne comporte pas de semelle.

scléroscope [scleroscope]

(n.m.) APPAREIL de mesure de DURETÉ utilisant la hauteur de rebondissement d'une BILLE d'acier très dur, après un choc sur le MATÉRIAU à tester. Des lois empiriques existent pour relier les hauteurs de rebond aux critères de DURETÉ usuels. Les scléroscopes modernes sont numériques et affichent directement la DURETÉ dans l'unité choisie par l'utilisateur.

scorie [slag]

(n.f.) Débris ou résidu de MÉTAL oxydé et resolidifié provenant de processus faisant intervenir de forte chaleur comme l'ÉLABORATION en SIDÉRURGIE, l'OXYCOUPAGE, la FONDERIE, etc.

scratch test [scratch test]

(n.m.) Voir les explications à la rubrique (RAYURE), TEST DE RAYURE car même signification.

section [cross-sectional]

(n.f.) CONTOUR d'une PIÈCE (sens 1) vu sur un PLAN (sens 1) le coupant transversalement.
Ex. : *Poutre de section carrée.*
A. Il existe deux façons de placer une SECTION sur un DESSIN TECHNIQUE :
• la SECTION SORTIE.
• la SECTION RABATTUE.

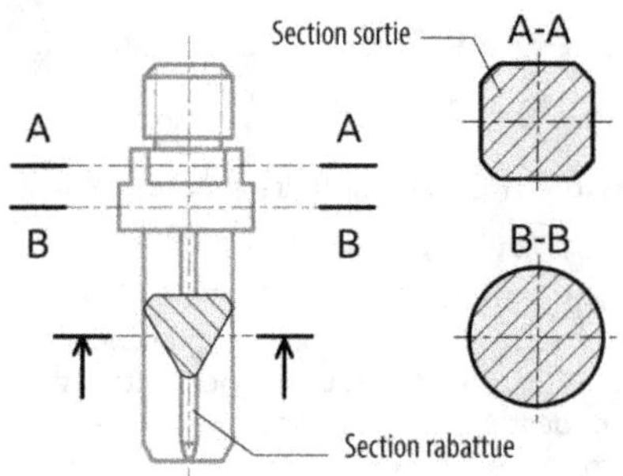

B. Ne pas confondre la section avec la COUPE (sens 3). La différence est que dans la section, seul le CONTOUR est représenté. Dans la coupe, les détails situés à l'arrière sont aussi représentés.

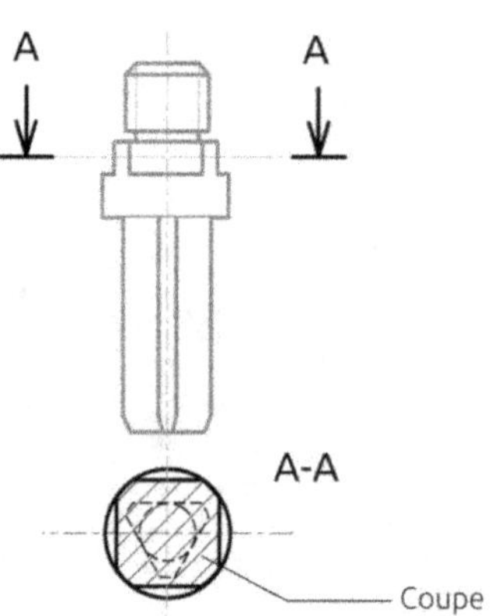

C. Ne pas confondre non plus le terme section avec la RUPTURE.

section rabattue [revolved section]

(n.f.) CONTOUR d'une PIÈCE (sens 1) vu sur un PLAN imaginaire la coupant transversalement et représenté superposé à la vue principale d'un DESSIN TECHNIQUE. La section rabattue donne l'avantage d'un gain de place.

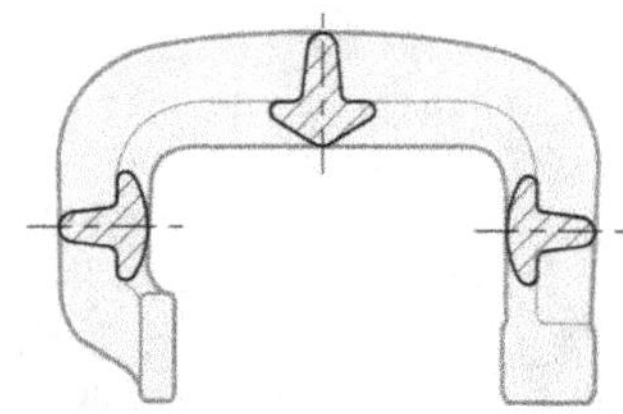

◊ Contr. : SECTION SORTIE.

section sortie [removed section]

(n.f.) CONTOUR d'une PIÈCE (sens 1) vu sur un plan imaginaire la coupant transversalement et représenté à côté de la vue principale.

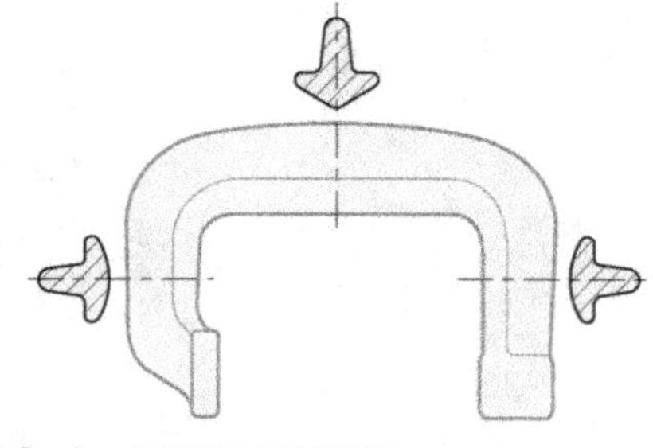

◊ Contr. : SECTION RABATTUE.

sécurité [safety]

(n.f.) Garantie qu'aucun danger n'est à craindre.
→ **Voir** SÉCURITÉ AU TRAVAIL.

sécurité au travail [safety at work]

(n.f.) Ensemble de dispositions et précautions pour prévenir tous risques et éviter les situations de danger pour la santé (physique ou mentale) du travailleur dans son activité professionnelle. La sécurité au travail est une démarche à mettre volontairement en place avec les moyens appropriés. Elle consiste à prendre en compte, à anticiper et à intervenir sur trois facteurs principaux :

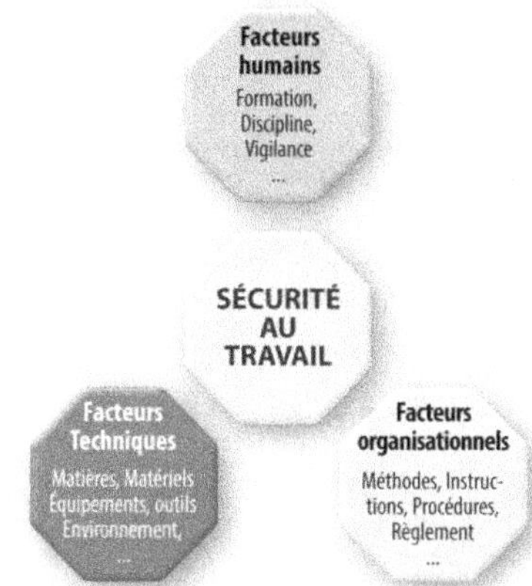

Les différentes familles de risques sont :
• la circulation routière (interne ou externe à l'entreprise).
• utilisation de MACHINE, APPAREIL, OUTIL, ROBOT (blessure par coupure...)
• la manutention et manipulation de CHARGES (sens 1) (blessures de manutention manuelle, trouble musculo-squelettique, geste et posture...)
• les incendies, brûlures et explosions...
• les MATIÈRES et produits chimiques dangereux (substance toxique, solvant, pesticide, amiante...)
• les chutes (de plain-pied ou de hauteur).
• l'environnement (sens 2) (bruit, éclairage, TEMPÉRATURE, atmosphère...)
• l'électricité (électrocution...)
• les agents biologiques (contamination, infection, allergie, intoxication...)
• les rayonnements (laser, ultraviolet, ionisants et non-ionisants...)
• les addictions (alcool, drogue...)
• le travail à l'écran.
• la répétitivité des tâches ou au contraire le changement trop fréquents de MÉTHODES.

• les risques psycho-sociaux (stress, harcèlement, agression physique ou verbale...)
Les moyens de prévention :
• Protection individuelle :

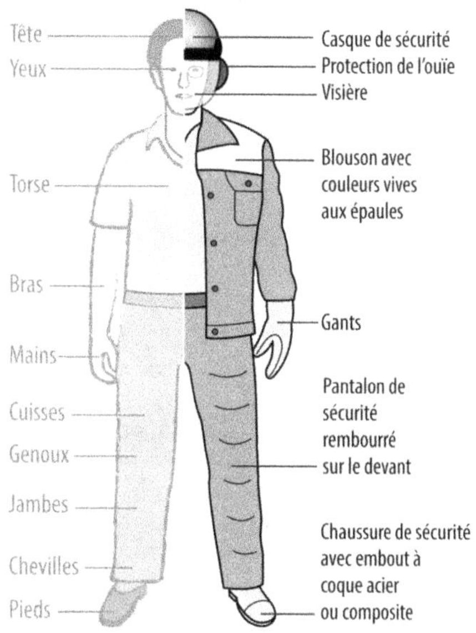

→ **Voir** (SOUDAGE), ÉQUIPEMENT DE PROTECTION pour la protection spécifique du SOUDEUR.
• Signalisation :

→ **Voir également** MANUTENTION MANUELLE.

(sécurité), coefficient de sécurité [factor of safety]

(n.m.) Facteur par lequel le DIMENSIONNEMENT d'un SYSTÈME est majoré afin de couvrir les imprévus et les incertitudes et d'éviter ainsi les accidents et dysfonctionnements.
→ **Voir** COEFFICIENT DE SÉCURITÉ.

ségrégation [segregation]

(n.m.) PHÉNOMÈNE d'accumulation localisée de différents ÉLÉMENTS CHIMIQUES dans certaines zones de la MICROSTRUCTURE d'un MATÉRIAU métallique, notamment dans les derniers lieux de TRANSFORMATION (sens 1) qui sont les JOINTS DE GRAIN. On parle alors de ségrégation mineure.

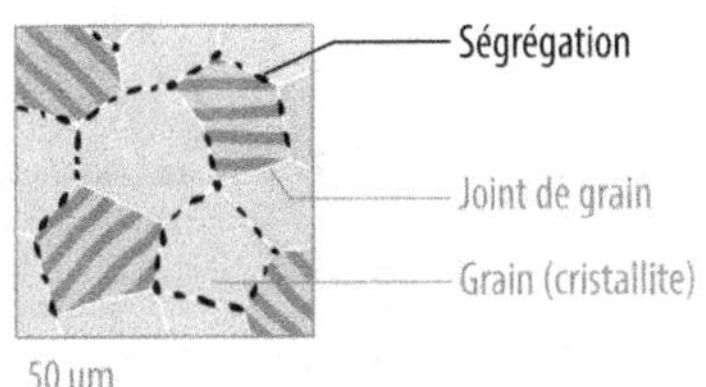

A. Lorsque la ségrégation chimique est à l'échelle de la pièce ou du LINGOT, on parle de ségrégation majeure.

B. La ségrégation apparaît généralement au cours des processus de SOLIDIFICATION pendant l'ÉLABORATION du MATÉRIAU. Elle peut être éliminée ou diminuée par un TRAITEMENT THERMIQUE appelé HOMOGÉNÉISATION.

C. Ne pas confondre avec les INCLUSIONS.

semelle

(n.f.)
1. [sole plate] Zone de grande SURFACE sur une PIÈCE (sens 1), lui donnant un bon APPUI sur une autre pour la FIXATION.
◆ Syn. : PLATINE (n.f.)
2. [flange] Parties constitutives inférieure et supérieure d'une POUTRE reliées par une ÂME.
→ Voir ÂME.

semi-automatique [semi automatic]

(adj.) Dont une partie est actionnée manuellement et l'autre partie avec un SYSTÈME motorisé automatisé.
→ Voir, par exemple, SOUDAGE SEMI-AUTOMATIQUE.

semi-cristallin [semi-crystalline, party crystalline]

(adj.) Qui contient des zones arrangées régulièrement (CRISTALLINE) et d'autres non-arrangées (AMORPHE) en parlant d'une MICROSTRUCTURE.
Ex. : *Représentation de la STRUCTURE MICROSCOPIQUE semi-cristalline d'un POLYMÈRE*.
• Note : Ne pas confondre avec POLYCRISTALLIN.
◊ Contr. : AMORPHE.
→ Voir également POLYMÈRE ; THERMOPLASTIQUE.

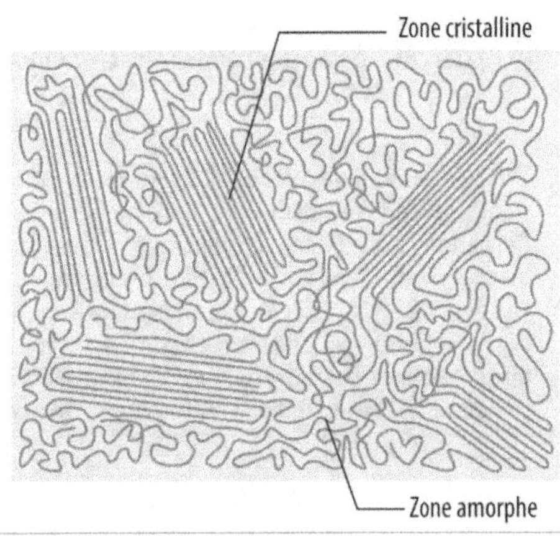

sens [direction]

(n.m.) L'une des deux façons possibles et opposées de commencer un MOUVEMENT. Par exemple, le sens d'un MOUVEMENT DE ROTATION peut se faire dans le sens des aiguilles d'une montre (horaire) ou l'inverse (antihoraire).

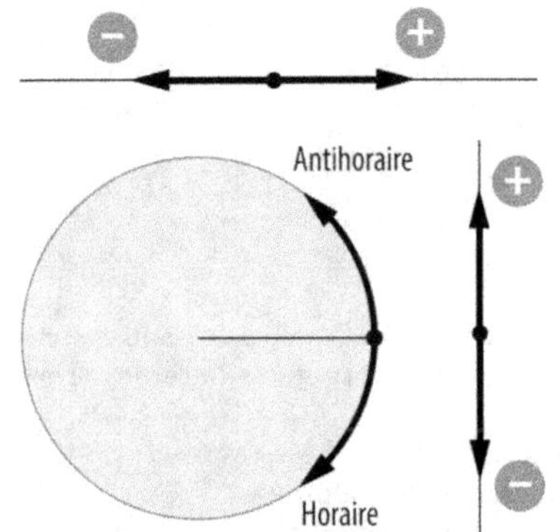

• Note : Ne pas confondre avec la DIRECTION qui est une ORIENTATION | ANGULAIRE.

série de pièces [batch]

(n.f.) Quantité de PIÈCES (sens 1) identiques fabriquées au cours d'une même campagne de PRODUCTION.
A. Selon la quantité concernée et de façon simpliste, les séries de pièces peuvent porter les appellations suivantes :

Quantité		TYPE DE SÉRIE
100 000 pièces	10^5	Très grande série
10 000 pièces	10^4	Grande série
1 000 pièces	10^3	Moyenne série
100 pièces	10^2	Petite série
10 pièces	10^1	Série unitaire
1 pièce	1	Prototype

Cette classification est parfois modulée en fonction de la taille ou la masse de la pièce.

B. En FABRICATION MÉCANIQUE, la série de pièces envisagée est l'un des critères qui conditionne le choix de la TECHNIQUE afin d'optimiser les coûts. Un PROCÉDÉ ne nécessitant pas d'OUTIL-LAGE (sens 2) compliqué et coûteux est envisageable pour une petite série de pièces. À l'inverse, un PROCÉDÉ requérant un OUTILLAGE (sens 2) cher ne peut être économiquement viable que pour une grande série de pièces.

C. Le diagramme suivant établi pour les PROCÉDÉS de TRANSFORMATION (sens 3) des MÉTAUX, donne le nombre de PIÈCES (sens 1) en série envisageables pour les principales familles de TECHNIQUES disponibles :

Nombre de pièces envisageables

Petite série | Moyenne série | Grande série

$1 \quad 10^1 \quad 10^2 \quad 10^3 \quad 10^4 \quad 10^5 \quad 10^6 \quad 10^7$

- Fabrication additive (Impression 3D)
- Abrasion
- Non-conventionnel
- Usinage à l'outil de coupe (taillé dans la masse)
- Usinage à l'outil de coupe (à partir d'une pièce brute)
- Filage-Étirage
- Profilage
- Laminage
- Forgeage libre
- Matriçage-Estampage
- Moulage au sable
- Moulage modèle perdu
- Moulage sous pression

D. Le diagramme ci-après concerne quant à lui les PROCÉDÉS de TRANSFORMATIONS (sens 3) applicables aux (PLASTIQUES), MATIÈRES PLASTIQUES :

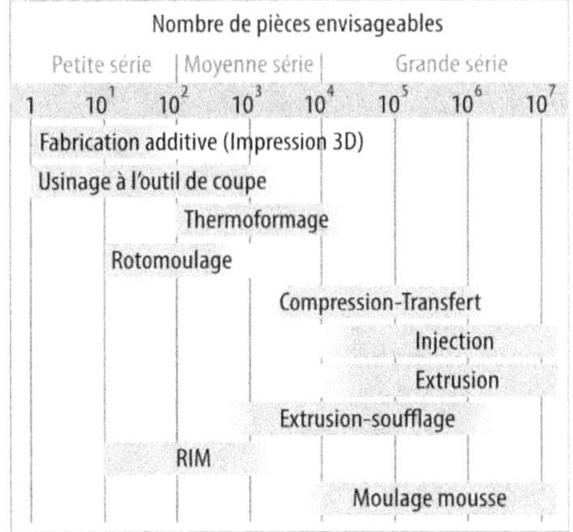

Nombre de pièces envisageables

Petite série | Moyenne série | Grande série

$1 \quad 10^1 \quad 10^2 \quad 10^3 \quad 10^4 \quad 10^5 \quad 10^6 \quad 10^7$

- Fabrication additive (Impression 3D)
- Usinage à l'outil de coupe
- Thermoformage
- Rotomoulage
- Compression-Transfert
- Injection
- Extrusion
- Extrusion-soufflage
- RIM
- Moulage mousse

(série), en série [mass-produced]

(Locution). De façon répétitive et en grande quantité.

Ex. : *FABRICATION en série.*

→ Voir SÉRIE DE PIÈCES.

sérigraphie [screen-printing, serigraphy]

(n.f.) TECHNIQUE de MARQUAGE sur une SURFACE obligatoirement plane par étalement d'un colorant à travers un masque micro-perforé correspondant au motif à apposer.

serrage [tightening]

(n.m.)

1. COMPRESSION assurée par des ÉLÉMENTS DE FIXATION pour maintenir en place un ASSEMBLAGE (sens 2).

→ Voir (VIS), SERRAGE DE VIS ; (PRÉTENSION), SERRAGE PAR PRÉTENSION ; (POSITION), MAINTIEN EN POSITION.

2. Action de mettre en COMPRESSION pour maintenir en place.

serre-flan [blankholder]

(n.m.) Plaque d'un OUTILLAGE (sens 2) d'EMBOUTISSAGE ou de POINÇONNAGE destinée à maintenir une TÔLE sur sa périphérie et une MATRICE (sens 2) afin d'éviter des DÉFORMATIONS indésirables (formation de plis) pendant la MISE EN FORME.

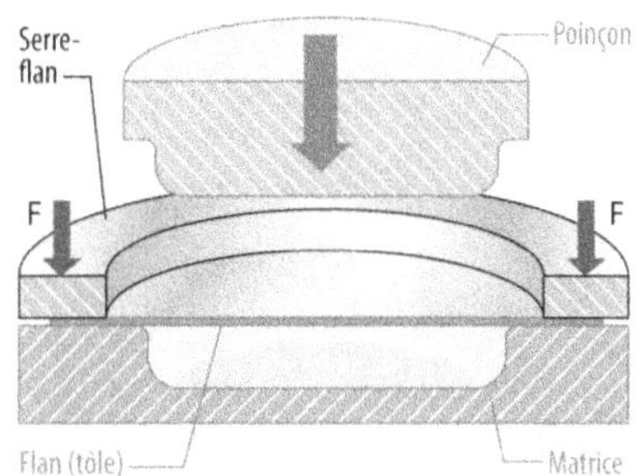

→ Voir aussi EMBOUTISSAGESSE D'ANGLE.

serre-joint [C-clamp]

(n.m.) Accessoire permettant de maintenir provisoirement en place un ASSEMBLAGE (sens 2) par pincement, le temps d'exécuter une SOUDURE, par exemple.

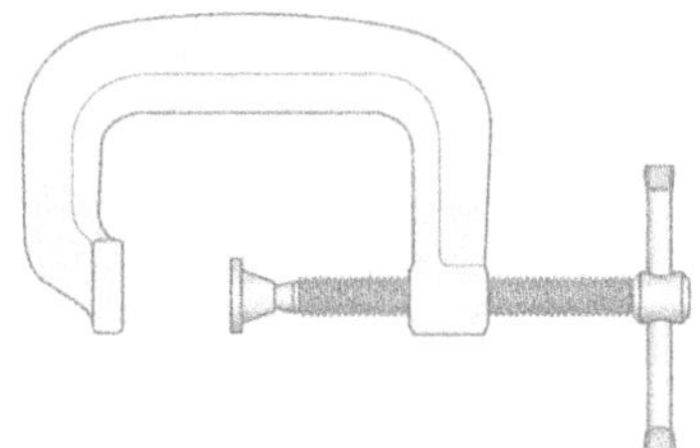

→ Voir aussi PRESSE D'ANGLE.

sertissage [crimping]

(n.m.) PROCÉDÉ d'ASSEMBLAGE (sens 1) de MATIÈRE de faible ÉPAISSEUR par DÉFORMATION (FROID), À FROID et refoulement.
→ Voir, par exemple, ÉCROU À SERTIR ; SOUDAGE PAR IMPULSION MAGNÉTIQUE.

servante [assistent]

(n.f.) Petit meuble d'ATELIER sur ROULETTES avec une tablette et souvent des tiroirs de rangement, étagères et une POIGNÉE pour la déplacer facilement.

A. La servante facilite le travail en pouvant se rapprocher de la MACHINE qui nécessite une intervention de MAINTENANCE ou en débarrassant un POSTE DE TRAVAIL.
B. Ne pas confondre avec l'ÉTABLI qui, en principe, n'est pas prévu pour être déplacé.

shérardisation [sherardizing]

(n.f.) PROCÉDÉ de REVÊTEMENT (sens 2) par TONNELAGE d'un mélange de POUDRE de ZINC chauffé en dessous de sa TEMPÉRATURE DE FUSION et qui recouvre les PIÈCES (sens 1) à traiter par DIFFUSION thermique.
A. Du nom de son inventeur Sherard Cowper Cowles.
B. Ne pas confondre avec le PROCÉDÉ de MATOPLASTIE qui ne fait pas intervenir de chaleur mais un martelage purement MÉCANIQUE de BILLES en présence du MÉTAL à déposer sous forme de POUDRE.

sherardisé [sherardized]

(adj.) Dont la surface a subi un TRAITEMENT de SHÉRARDISATION.

sidérurgie [ferrous metallurgy; smelting]

(n.f.) Ensemble des TECHNIQUES d'ÉLABORATION et installation conduisant le MINERAI de FER à l'état de FONTE, puis d'ACIER.

siège de clavetage [keyseat]

(n.m.) RAINURE spécialement aménagée sur un ARBRE pour accueillir une CLAVETTE.
• Note : Ne pas confondre avec la RAINURE DE CLAVETAGE qui se trouve sur l'ALÉSAGE (sens 1).

siemens (S)

(n.m.) UNITÉ (sens 1) de CONDUCTANCE ÉLECTRIQUE.

silicium (Si) [silicon]

(n.m.) ÉLÉMENT CHIMIQUE de numéro atomique 14 classé dans la catégorie MÉTALLOÏDE et très abondant dans la croûte terrestre sous forme combinée de silice ou de silicate.

A. Le silicium seul est utilisé pour les composants électroniques (transistor) et photovoltaïques (panneau solaire).
B. Associé à d'autres éléments, le silicium permet de produire des MATÉRIAUX aussi divers que le VERRE (SiO_2), les ALLIAGES MÉTALLIQUES aluminium-silicium, ferro-silicium, silico-manganèse, les POLYMÈRES silicones (Si-O), les CÉRAMIQUES carbure de silicium (SiC) et nitrure de silicium (Si_3N_4).
→ Voir aussi ALPAX ™.

silicone [silicone]

(n.f.) POLYMÈRE constitué d'un enchaînement de base de motif moléculaire silicium-oxygène avec des embranchements organiques.
A. Sa STRUCTURE (sens 1) moléculaire générale :

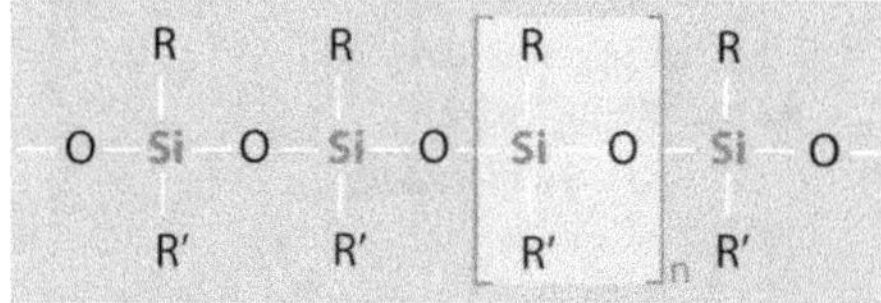

B. La liaison silicium-oxygène est d'une exceptionnelle stabilité ce qui procure aux silicones leurs qualités particulières par rapport aux POLYMÈRES classiques.

 **Avantages**

C. RÉSISTANCE aux TEMPÉRATURES élevées (allant de 80°C à 250°C). Résiste au froid (jusqu'à -60°C). Bonne tenue au feu sans dégagement toxique. Grande inertie chimique. ALIMENTARITÉ sans le moindre risque. BIOCOMPATIBLE. Peut être GLISSANT ou au contraire ANTI-DÉRAPANT. Anti-adhérent. Grande RÉSISTANCE aux intempéries (UV, ozone, humidité…).

 **Inconvénients**

D. PROPRIÉTÉS MECANIQUES moins bonnes par rapport aux POLYMÈRES organiques classiques.
E. Les silicones peuvent exister sous différentes formes pour diverses applications: huiles, GRAISSES, gels, élastomères, mastic, colle, RÉSINE, etc.).
F. Exemple d'aspect de la MATIÈRE.

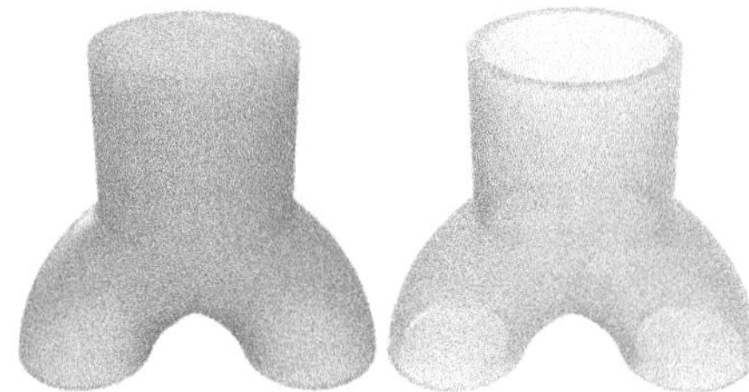

sillon [groove]

(n.m.) RAINURE de grande LONGUEUR.

simplexité

(n.f.) CARACTÉRISTIQUE de ce qui est simple en apparence et facile à utiliser mais dont le contenu réel et la réalisation sont d'une grande complexité.

simulation [simulation]

(n.f.) Reproduction du fonctionnement et du comportement d'un APPAREIL, d'un PHÉNOMÈNE, d'un SYSTÈME avec une MAQUETTE ou un modèle fictif afin d'en évaluer la validité avant sa mise en œuvre dans la réalité, ou pour améliorer son comportement.

simulation numérique [numerical simulation]

(n.f.) Étude du comportement de PHÉNOMÈNES physiques par des modèles physico-mathématiques dont les équations n'ont pas de solutions analytiques exactes et doivent être résolues par des programmes d'ordinateur manipulant une grande quantité de nombres.
→ **Voir** (ÉLÉMENTS FINIS), CALCUL PAR ÉLÉMENT FINIS ; CALCUL DE STRUCTURE.

(sinus), barre sinus [sine bar]

(n.f.) INSTRUMENT de MÉTROLOGIE pour réaliser un ANGLE par calcul trigonométrique faisant intervenir la HAUTEUR d'un TRIANGLE et l'hypoténuse.
A. L'hypoténuse **L** est une CARACTÉRISTIQUE propre de la barre sinus. La hauteur **h** est ajustée avec une série de CALE ÉTALON. L'ANGLE est déterminée avec la formule suivante :

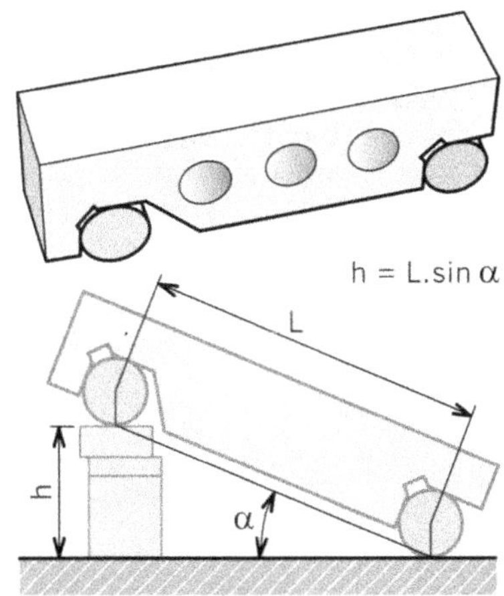

$$h = L.\sin \alpha$$

B. La barre sinus et la table sinus sont également utilisées dans le domaine de l'USINAGE pour mettre en position des pièces avec des angles précis. Des ÉTAUX sinus ont parfois jusqu'à deux angles orthogonaux réglables.

socle [basement]

(n.m.) ÉLÉMENT STRUCTURAL souvent massif posé au sol pour assurer la stabilité d'une CONSTRUCTION ou d'un OUVRAGE.

solide [solid]

(n.m.) Un des états dans lequel la MATIÈRE possède une FORME et un VOLUME bien définis.

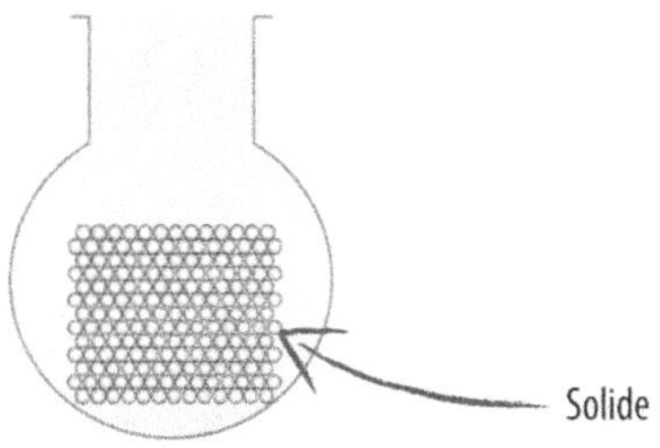

Les autres états classiques de la MATIÈRE sont le LIQUIDE et le GAZ.
→ **Voir** ÉTAT DE LA MATIÈRE ; (ÉTAT), CHANGEMENT D'ÉTAT.

solide [solid]

(adj.) Consistance de la MATIÈRE lui permettant de posséder une FORME et un VOLUME définis.

solidus [solidus]

(n.m.) Ligne sur un DIAGRAMME DE PHASE d'AL-LIAGES, représentant les TEMPÉRATURES de début de FUSION pendant le chauffage et la fin de SOLIDIFICATION pendant le REFROIDISSEMENT.
→ Voir DIAGRAMME DE PHASE ; LIQUIDUS.

solidification [solidification]

(n.f.) TRANSFORMATION (sens 2) de l'ÉTAT DE LA MATIÈRE du LIQUIDE en SOLIDE.
La séquence suivante décrit, par exemple, une vue en coupe de la solidification d'un ALLIAGE MÉTALLIQUE à l'état liquide versé dans un MOULE ou une lingotière. Les différentes étapes sont les suivantes :
a. Apparition des premiers grains fins sur la paroi par GERMINATION et croissance équiaxe.

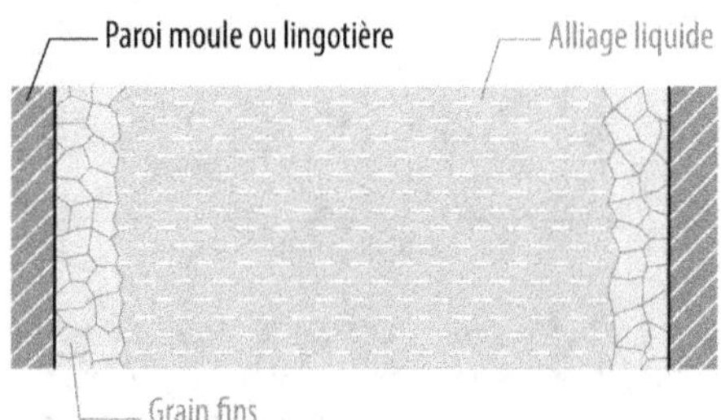

b. Croissance dendritique dans le sens du flux thermique, générant ainsi une structure basaltique.

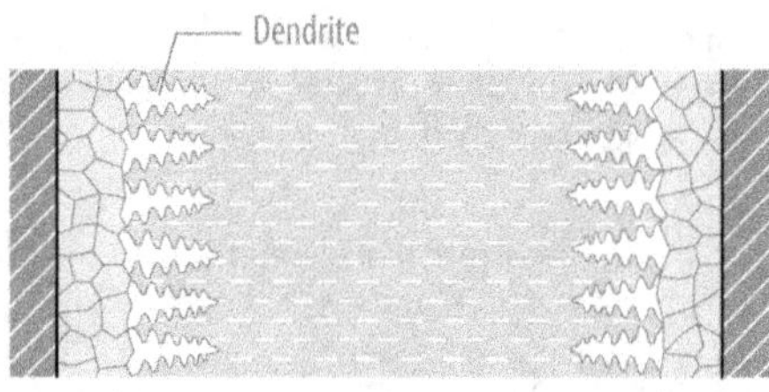

c. Nucléation et croissance équiaxe sur la zone centrale où les gradients thermiques sont plus faibles.

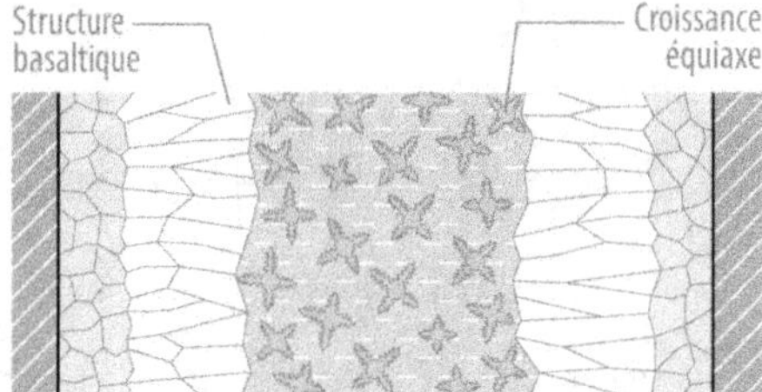

d. Solidification complète avec diverses zones de microstructures différentes selon leurs historiques de formation.

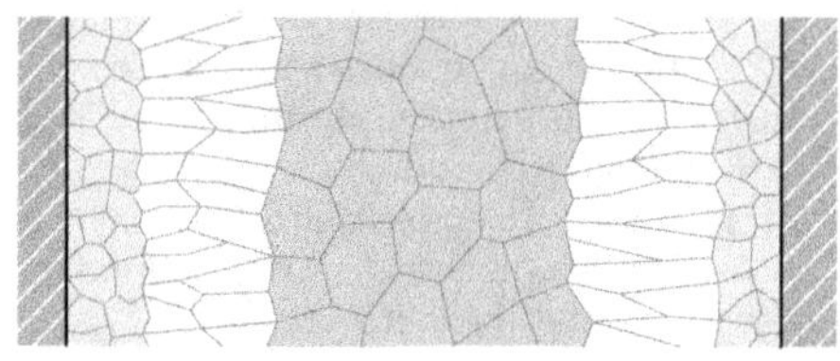

→ Voir aussi LINGOT.

(solidifer), se solidifier [freeze]

(v.intr.) Passer de l'état LIQUIDE à l'état SOLIDE.

solive [joist]

(n.f.) POUTRELLE prenant APPUI sur les murs ou la STRUCTURE (sens 2) d'un bâtiment pour former l'OSSATURE d'un plancher.
• Note : Ne pas confondre avec la PANNE (sens 2) qui concerne la toiture.

sollicitation

(n.f.)
1. [loading] Action d'appliquer des PHÉNOMÈNES en tous genres (MÉCANIQUES, physico-chimiques, etc.) à un MATÉRIAU ou à un SYSTÈME et provoquant généralement une TRANSFORMATION (sens 2).
2. [action-effect] PHÉNOMÈNES en tous genres (MÉCANIQUES, physiques, chimiques, physico-chimiques, etc.) appliqués à un MATÉRIAU ou à un SYSTÈME et susceptibles de provoquer une TRANSFORMATION (sens 2).

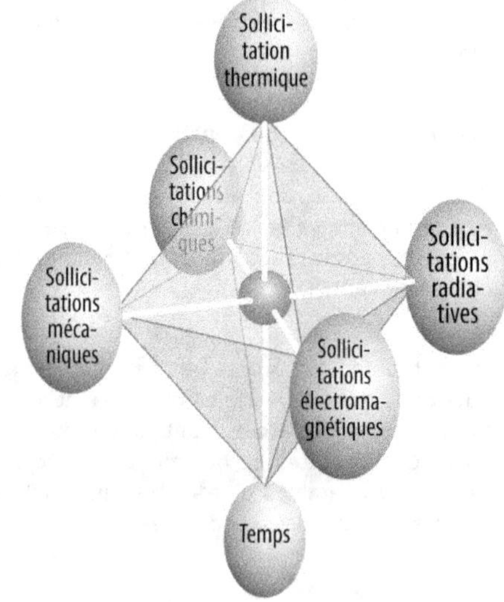

À chacun de ces types de sollicitation correspond une ou plusieurs PROPRIÉTÉS particulières du MATÉRIAU. Lorsque les PHÉNOMÈNES appliqués sont, par exemple, d'ordre mécanique, on parle de SOLLICITATIONS MÉCANIQUES. Les disciplines étudiant les conséquences de telle sollicitations sont la RÉSISTANCE DES MATÉRIAUX et le CALCUL DE STRUCTURE.
→ Voir (MATÉRIAU), PROPRIÉTÉ DE MATÉRIAU.

sollicitation mécanique [mechanical load]

(n.f.) FORCES globales extérieures appliquées à un MATÉRIAU et qui le contraint à se déformer.
A. Selon la configuration de ces forces, l'illustration suivante donne les différents types de sollicitations mécaniques de base ou SOLLICITATION SIMPLE :

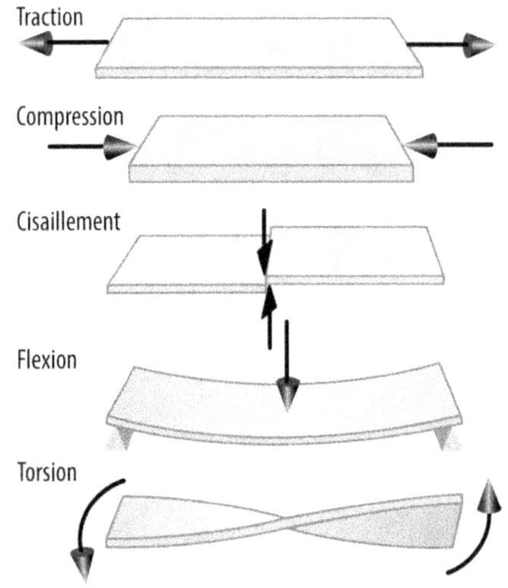

B. Lorsque plusieurs de ces sollicitations sont appliquées en même temps, il s'agit de SOLLICITATION COMPOSÉE.
→ Voir aussi TORSEUR.

sollicitation composée [combined load]

(n.f.) Action extérieure appliquant une combinaison de CONTRAINTE MÉCANIQUE | PERPENDICULAIRE et PARALLÈLE pouvant être suivant plusieurs DIRECTIONS de l'élément de MATIÈRE considéré.
Ex. : *Flexion DÉVERSEMENT.*

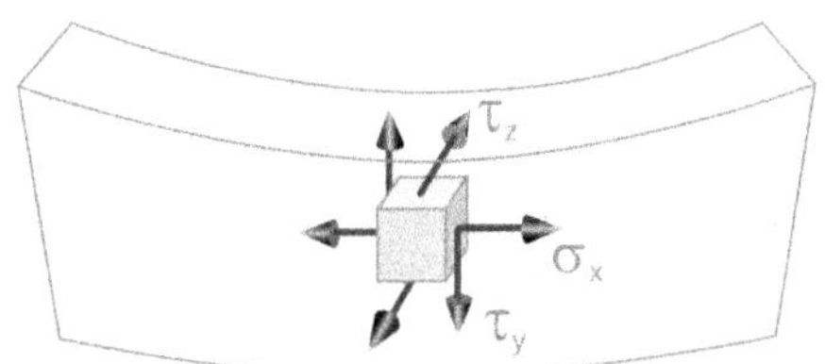

◊ Contr. : SOLLICITATION SIMPLE.
→ Voir aussi SOLLICITATION MÉCANIQUE ; TORSEUR.

sollicitation simple [uniaxial load]

(n.f.) Action extérieure appliquant une CONTRAINTE MÉCANIQUE dans une seule direction soit PERPENDICULAIRE soit PARALLÈLE à l'élément de MATIÈRE considéré, mais pas les deux en même temps. C'est le cas des sollicitations suivantes :

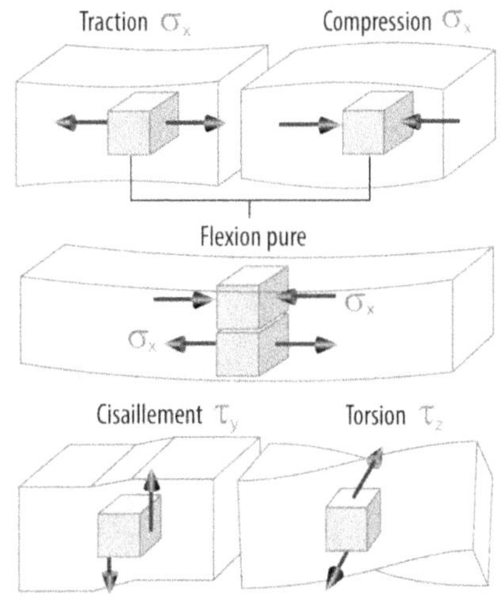

◊ Contr. : SOLLICITATION COMPOSÉE.
→ Voir aussi SOLLICITATION MÉCANIQUE ; TORSEUR.

solution [solution]

(n.f.)
1. Idée à contenu nouveau permettant de venir à bout d'une difficulté posée.
2. Mélange de SUBSTANCE chimique dissous dans un LIQUIDE ou un SOLIDE.

solution solide [solid solution]

(n.f.) STRUCTURE CRISTALLINE constituée du mélange d'au moins deux ÉLÉMENTS CHIMIQUES à l'échelle atomique analogue à un mélange de liquides solubles les uns dans les autres.
A. Le solvant est l'élément qui impose la STRUCTURE CRISTALLINE et le soluté s'intercale soit en substitution des atomes du solvant, soit en insertion, c'est à dire dans les espaces entre les atomes de ce dernier.
B. Les CONTRAINTES (sens 3) créées au niveau atomique par la présence des atomes de soluté sont l'un des quatre moyens de durcir les ALLIAGES métalliques.
→ Voir ALLIAGE.

solution technique [technical solution]

(n.f.) Idée provenant de raisonnement, connaissances TECHNIQUES et scientifiques permettant de venir à bout d'une difficulté posée.

À titre d'exemple, ci-après un assortiment de solutions techniques pour casser une noix. Ces différents « casse-noix » fonctionnent avec des principes très dissemblables pour arriver au même résultat :

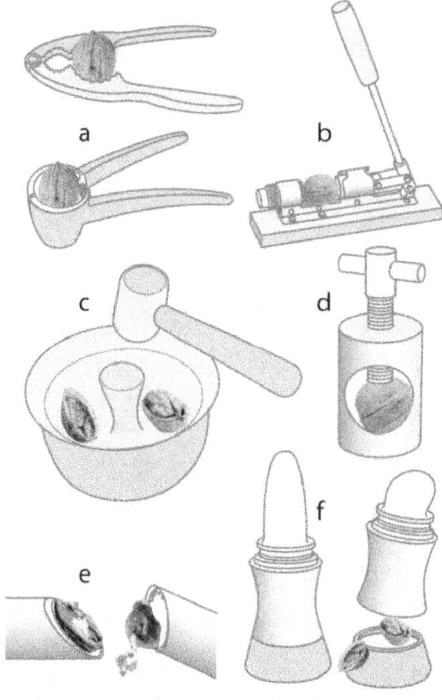

a. Par pincement
b. Compression par levier
c. Par choc
d. Système vis-écrou
e. Par torsion
f. Type lance-pierre

soudabilité [weldability]

(n.f.) PROPRIÉTÉ des MATÉRIAUX pouvant être localement fondus ou fortement pressés l'un contre l'autre pour se joindre et devenir continu.
A. Un MATÉRIAU possédant une bonne soudabilité ne subit pas de TRANFORMATIONS (sens 2) défavorables de sa STRUCTURE MICROSCOPIQUE après un cycle thermique de SOUDAGE constitué du chauffage, de la FUSION et du REFROIDISSEMENT relativement rapide, ce qui lui permet de garder sensiblement les mêmes CARACTÉRISTIQUES MÉCANIQUES qu'au départ. Ainsi, un MATÉRIAU facilement soudable ne se fissure pas pendant ou après le soudage sous l'effet des CONTRAINTES MÉCANIQUES causées par les DÉ-

FORMATIONS thermomécaniques. Les bords des soudures affectées thermiquement ne doivent pas présenter un ADOUSISSEMENT trop important, ni présenter un DURCISSEMENT exagéré pouvant conduire à une FRAGILITÉ.
B. Pour le cas particulier de l'ACIER AU CARBONE, la soudabilité est directement liée au pourcentage de CARBONE. Plus la quantité de CARBONE est faible, moins l'ACIER est sensible au PHÉNOMÈNE de TREMPE et plus sa soudabilité est bonne. La pratique permet d'établir qu'un ACIER se soude correctement en-dessous d'un pourcentage en MASSE (sens 2) de CARBONE de **0,4 %**. Cette limite peut être appliquée aux ACIERS à bas CARBONE en substituant le pourcentage en CARBONE par la notion de CARBONE ÉQUIVALENT. Il s'agit d'une formule qui introduit les effets plus ou moins néfastes des divers ÉLÉMENTS D'ALLIAGE sur la soudabilité :

$$Ceq = C + \frac{Mn}{6} + \frac{Mo+V+Cr}{5} + \frac{Ni+Cu}{15}$$

Les TENEURS des éléments d'ALLIAGE sont exprimées en pourcentage en MASSE (sens 2).
C. Le tableau suivant résume la soudabilité des ACIERS AU CARBONE et leur équivalent.

Carbone équivalent	Type acier	SOUDABILITÉ
< 0,4 %	Doux mi-doux	**Excellente**
0,4 à 0,5 %	Mi-dur	Bonne
0,5 à 0,6 %	Mi-dur	Moyenne
0,6 à 0,7 %	Dur	Médiocre
> 0.7 %	Extra-dur	Mauvaise

soudable [weldable]

(adj.) Qui peut être localement fondu pour se solidifier en formant un ASSEMBLAGE (sens 2) NON-DÉMONTABLE.

soudage [welding]

(n.m.)

1. Action d'établir la continuité de la MATIÈRE entre deux éléments placés côte à côte, soit par FUSION locale puis SOLIDIFICATION, soit par PRESSION purement MÉCANIQUE de l'un contre l'autre.
2. TECHNIQUE d'ASSEMBLAGE (sens 1) NON-DÉMONTABLE consistant à faire fondre localement les parties à assembler de deux PIÈCES (sens 1) qui se joignent ensuite après SOLIDIFICATION.
Ex. 1 : *Soudure de deux plaques.*

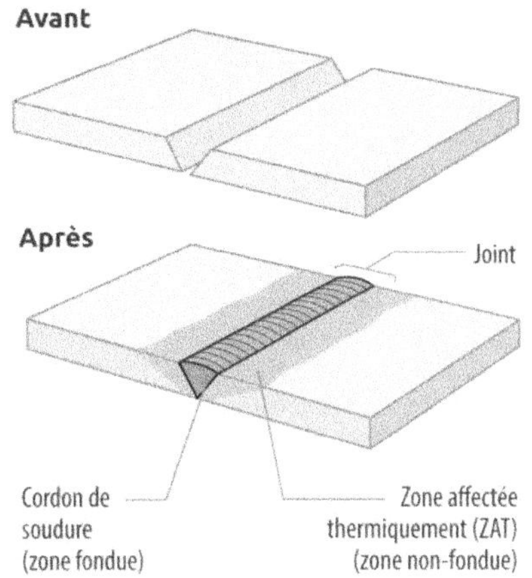

Le soudage peut aussi être obtenu sans FUSION, uniquement par pure PRESSION mécanique à froid ou par DIFFUSION thermique.

→ Voir SOUDAGE À FROID PAR PRESSION.

A. L'ASSEMBLAGE (sens 2) obtenu par le soudage est appelé SOUDURE. La zone où se situe le raccord des PIÈCES (sens 1) est appelé JOINT (sens 2). L'ensemble des zones ayant effectivement subi la FUSION est appelé CORDON DE SOUDURE. Au voisinage de cette zone, il existe un endroit n'ayant pas fondu mais dont la MICROSTRUCTURE a été fortement modifiée par l'apport d'énergie dans le cordon : c'est la ZONE AFFECTÉE THERMIQUEMENT (ZAT). Le cordon reçoit souvent une addition supplémentaire de MATIÈRE appelée MÉTAL D'APPORT.

Ex. 2 : *Soudure d'une structure tubulaire.*

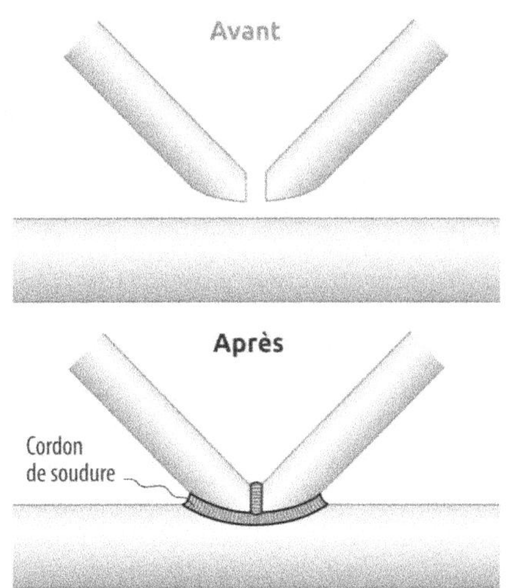

B. Dans le cas des MATÉRIAUX | MÉTALLIQUES, la source de chaleur provoquant la FUSION peut être une FLAMME, un ARC ÉLECTRIQUE, du PLAS-

MA, un faisceau laser, un faisceau d'électrons, le FROTTEMENT, une réaction chimique, etc. Les densités énergétiques mises en jeu sont indiquées dans le diagramme suivant :

(Source CETIM)

C. Les MATIÈRES pouvant être assemblées par soudage sont essentiellement les MÉTAUX et les (PLASTIQUES), MATIÈRES PLASTIQUES. Dans le cas des MÉTAUX assemblés par FUSION, ils doivent être du même type. Il n'est, par exemple, pas possible de souder du CUIVRE et de l'ALUMINIUM contrairement à une autre TECHNIQUE assez différente appelée BRASAGE. Des MÉTAUX très différents peuvent aussi être assemblés par soudage en PHASE | SOLIDE (SOUDAGE À FROID PAR PRESSION, SOUDAGE PAR FRICTION).

D. Toutes les TECHNIQUES de soudage existantes sont répertoriées sur le diagramme ci-après.

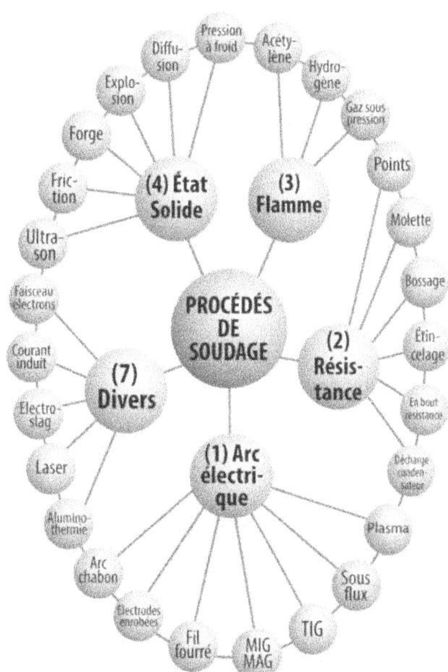

E. Les TECHNIQUES suivantes sont chacune détaillées dans une rubrique particulière :
(1) Soudage à l'arc :
- SOUDAGE À L'ARC AVEC ÉLECTRODE ENROBÉE.
- SOUDAGE À L'ARC AVEC FIL FOURRÉ SANS GAZ.
- SOUDAGE À L'ARC SUBMERGÉ.
- SOUDAGE MIG/MAG.
- SOUDAGE MAG AVEC FIL FOURRÉ.
- SOUDAGE TIG.
- SOUDAGE AU PLASMA.

(2) Soudage par résistance :
- SOUDAGE PAR POINTS.
- SOUDAGE À LA MOLETTE.
- SOUDAGE PAR BOSSAGE.
- SOUDAGE EN BOUT.

(3) Soudage par flamme :
- SOUDAGE AU CHALUMEAU OXYACÉTYLÉNIQUE.

(4) Soudage par COMPRESSION :
- SOUDAGE PAR FRICTION.
- SOUDAGE À FROID PAR PRESSION.
- SOUDAGE AUX ULTRASONS.
- SOUDAGE PAR EXPLOSION (par onde de choc).
- SOUDAGE À LA FORGE.
- SOUDAGE PAR FRICTION MALAXAGE.

(5) Soudage par rayonnement :
- SOUDAGE LASER.
- SOUDAGE PAR FAISCEAUX D'ÉLECTRONS.

F. Dans le cas des MÉTAUX, en particulier, après la FUSION et avant la SOLIDIFICATION, il est nécessaire de les protéger de l'OXYDATION (sens 1) et il est donc indispensable d'éviter le contact avec l'OXYGÈNE ambiant. L'ATMOSPHÈRE PROTECTRICE peut être apportée par un GAZ inerte tel que l'ARGON ou l'AZOTE, ou une SUBSTANCE | PULVÉRULENTE, ou encore une SUBSTANCE | SOLIDE dégageant une atmosphère inerte au contact de la chaleur.

G. Parfois, il n'est pas nécessaire d'atteindre la FUSION complète pour réaliser une SOUDURE. L'état PÂTEUX accompagné d'une forte PRESSION suffisent.

→ Voir SOUDAGE PAR FRICTION MALAXAGE ; SOUDAGE À FROID PAR PRESSION ; SOUDAGE PAR FRICTION ; SOUDAGE À LA FORGE.

Avantages

H. Confère une continuité quasi parfaite des éléments à assembler ce qui leur procure des PROPRIÉTÉS équivalentes (MÉCANIQUES, électriques, chimiques, thermiques...) au MATÉRIAU de départ. Permet des ASSEMBLAGES (sens 2) étanches et supportant la PRESSION. Peut assurer la conduction électrique et thermique. Donne des ASSEMBLAGES (sens 2) durables et fiables car insensibles aux conditions climatiques, variations de TEMPÉRATURE, VIBRATIONS... PROCÉDÉ rapide et économique. Permet des RÉPARATIONS et des RECHARGEMENTS.

Inconvénients

I. PROCÉDÉ pouvant avoir des effets de TRAITEMENTS THERMIQUES localisés non désirables à cause de cycle de TEMPÉRATUREs élevées et de VITESSES DE REFROIDISSEMENT rapides. PROCÉDÉ pouvant introduire des DÉFAUTS de STRUCTURE (sens 1) métallurgique (POROSITÉS ou SOUFFLURES, SÉGRÉGATIONS, INCLUSIONS, GROSSISSEMENT DE GRAINS...) à cause du passage par l'état LIQUIDE. PROCÉDÉ pouvant engendrer des CONTRAINTES RÉSIDUELLES à cause de la chaleur et pouvant se manifester par des DÉFAUTS MACROSCOPIQUES (FISSURES, CRIQUES...) Peut générer beaucoup de DÉFORMATIONS et de DÉFAUTS (sens 1) géométriques. Peut être à l'origine de CORROSION dans le cas de métaux légèrement différents. PROCÉDÉ très dangereux à cause de PROJECTION (sens 1) de particules brûlantes, d'élévation de TEMPÉRATURE des PIÈCES (sens 1), de dégagements de GAZ et vapeurs nocives, de rayonnements intenses ce qui nécessitent beaucoup de précautions de SÉCURITÉ. L'excès de chaleur peut endommager des COMPOSANTS environnants. Projette des particules de MATIÈRE qui nécessitent un NETTOYAGE et une FINITION. Apparence ESTHÉTIQUE pas toujours convaincante à cause de SURÉPAISSEURS de MATIÈRE et irrégularités d'aspect des CORDONS DE SOUDURE. Demande des opérations de préparation des bords à souder. PARACHÈVEMENT par MEULEUSE conséquent si on souhaite avoir des FINITIONS esthétiques. Nécessite des CONTRÔLES NON-DESTRUCTIFS supplémentaires pour garantir les cordons sur les pièces critiques. Pour certaines opérations, demande un opérateur des qualifications et certifications. NON-DÉMONTABLE.

J. Ne pas confondre avec le BRASAGE ou le SOUDO-BRASAGE dans lesquels, il n'y a pas FUSION des PIÈCES (sens 1) à assembler.

---

soudage à froid par écrasement [cold pressure welding]

(n.m.) Même signification que le SOUDAGE À FROID PAR PRESSION.

---

soudage à froid par pression [cold pressure welding, cold upset welding, contact welding]

(n.m.) PROCÉDÉ sans FUSION permettant de lier bout à bout deux morceaux de MATÉRIAU MÉTALlique à TEMPÉRATURE AMBIANTE en appuyant l'un fermement contre l'autre jusqu'à établir la continuité.

A. Les pièces à joindre sont d'abord serrées dans des mâchoires avec une force suffisante pour interdire tout glissement.

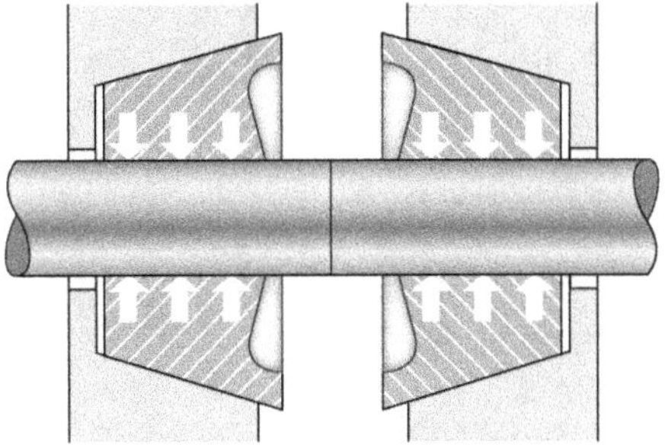

Elles sont ensuite rapprochées et écrasées de force l'une contre l'autre jusqu'à ce que la SOUDURE s'effectue.

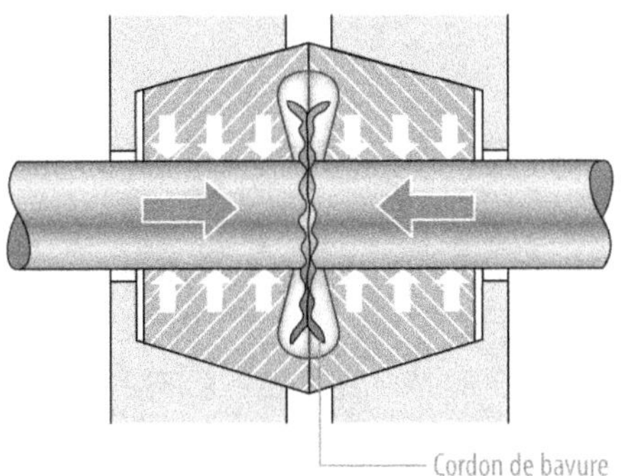

B. Le PROCÉDÉ laisse un cordon de BAVURE (sens 2) nécessitant une OPÉRATION de FINITION par ÉBAVURAGE (sens 2).

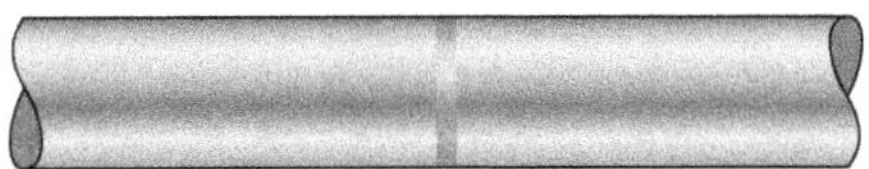

C. Dans ce procédé, l'un au moins des MATÉRIAUX à joindre doit être très DUCTILE. Ce qui le limite généralement aux MÉTAUX NON-FERREUX tels que l'ALUMINIUM, le CUIVRE, le ZINC, l'ARGENT, l'OR, etc. Les MATÉRIAUX contenant du CARBONE comme les ACIERS ne conviennent pas, sauf pour les très faibles taux.

D. Ne pas confondre avec le SOUDAGE PAR FRICTION EN ROTATION qui fait intervenir, en plus de la PRESSION mécanique, l'effet thermique d'un FROTTEMENT intense sans toutefois atteindre la FUSION.

Avantages

E. Pas de ZONE AFFECTÉE THERMIQUEMENT car aucun phénomène thermique. JOINT (sens 2) de SOUDURE propre, une fois la BAVURE (sens 2) retirée. RÉSISTANCE MÉCANIQUE du JOINT (sens 2) comparable, voire supérieure au MÉTAL DE BASE (sens 2) car le joint subit un certain ÉCROUISSAGE. Continuité des propriétés électriques. Permet de joindre des MÉTAUX très différents comme le CUIVRE et l'ALUMINIUM, par exemple. Procédé rapide, simple, économique et pas dangereux. Pas de pollution et contamination par des étincelles, poussières, fumées.

Inconvénients

F. Nécessite d'enlever préalablement avec soin l'oxyde en surface des MATÉRIAUX pour permettre la SOUDURE. Les surfaces à joindre doivent avoir une bonne régularité géométrique.

soudage à froid par refoulement [cold pressure welding]

(n.m.) Voir SOUDURE À FROID PAR PRESSION car même signification.

soudage à la baguette [coated-metal arc welding, shielded metal arc welding, metal-arc welding with covered electrode]

(n.m.) Même signification que le SOUDAGE À L'ARC AVEC ÉLECTRODE ENROBÉE.

soudage à la forge [forge welding]

(n.m.) PROCÉDÉ de SOUDAGE artisanal de MÉTAL à l'état SOLIDE par chauffage préalable à TEMPÉRATURE élevée puis MARTELAGE jusqu'à établir la continuité du MATÉRIAU.

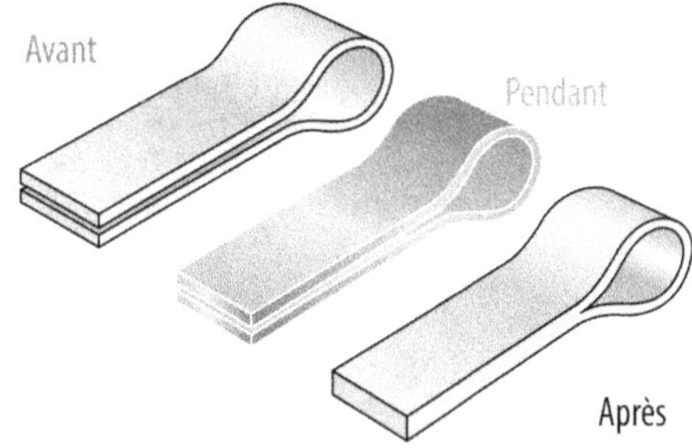

A. L'élévation de température permet d'atteindre un état PLASTIQUE favorable à la DÉFORMATION et au PHÉNOMÈNE de DIFFUSION sur lequel est basé le PROCÉDÉ.

B. Vue générale :

Photo : iforgeiron.com

Le MARTELAGE peut être effectué manuellement avec un MARTEAU et une ENCLUME. Une PRESSE mécanique peut aussi être mise à profit. La zone à souder est généralement saupoudrée d'une SUBSTANCE appelée FLUX (sens 2) empêchant la formation d'OXYDE qui contrarierait la qualité de la SOUDURE.

C. Le soudage à la forge est la première TECHNIQUE de SOUDAGE utilisé par l'homme depuis des millénaires. Il est encore enseigné et pratiqué de nos jours notamment pour la FERRONNERIE. Le même processus de SOUDAGE de MATÉRIAU est exploité sous une forme beaucoup plus moderne appelée SOUDAGE PAR DIFFUSION.
→ Voir SOUDAGE PAR DIFFUSION.

soudage à la molette [seam welding]

(n.m.) PROCÉDÉ de SOUDAGE PAR RÉSISTANCE dans lequel les électrodes sont des roulettes en CUIVRE traversées par de fortes impulsions de courant électrique et appliquant une forte PRESSION sur les TÔLES à assembler.

A. Les impulsions de courant entraînent la FUSION locale des POINTS de CONTACT des PIÈCES (sens 1) par effet Joule. Les roulettes tournent et déplacent les TÔLES. Selon les réglages, on obtient des SOUDURES continues ou discontinues. Le soudage à la molette est une évolution du PROCÉDÉ de SOUDAGE PAR POINTS avec une PRODUCTIVITÉ sensiblement plus élevée.

B. Schéma de principe :

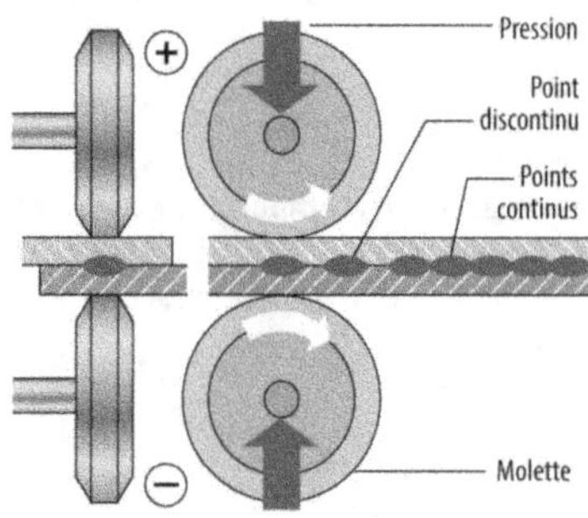

C. L'ÉQUIPEMENT.

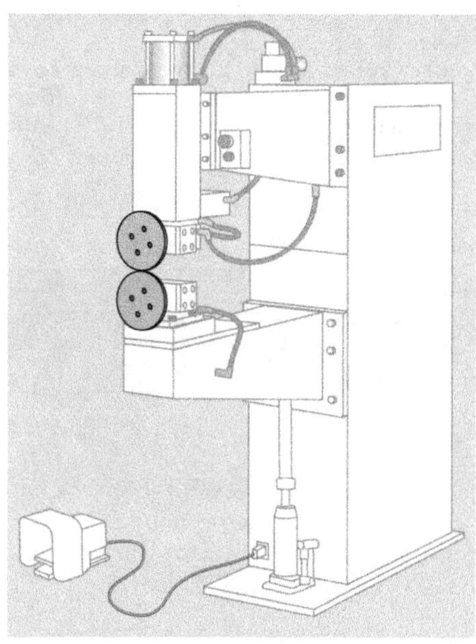

👍 Avantages

D. PROCÉDÉ très rapide adapté à la ROBOTISATION ce qui garantit une haute PRODUCTIVITÉ. DÉFORMATIONS relativement limitées. Ne nécessite pas de préparations particulières. Peut produire des cordons étanches.

👎 Inconvénients

E. Les ÉPAISSEURS de PIÈCES (sens 1) susceptibles d'être assemblées sont relativement limitées.

soudage à l'arc avec électrode enrobée [shielded metal arc welding]

(n.m.) PROCÉDÉ de SOUDAGE À L'ARC ÉLECTRIQUE entièrement MANUEL dans lequel l'électrode qui génère l'arc électrique est une BAGUETTE fusible servant en même temps de MÉTAL D'APPORT. Elle est recouverte d'une SUBSTANCE qui en s'échauffant fournit le GAZ DE PROTECTION contre l'OXYDATION du CORDON DE SOUDURE ainsi qu'un LAITIER liquide qui se solidifie en même temps que le cordon. La polarité de l'électrode dépend de son type et du MÉTAL à souder. En règle générale, pour le soudage de l'ACIER AU CARBONE, les électrodes enrobées rutiles sont branchées sur le pôle négatif et les électrodes basiques sur le pôle positif.

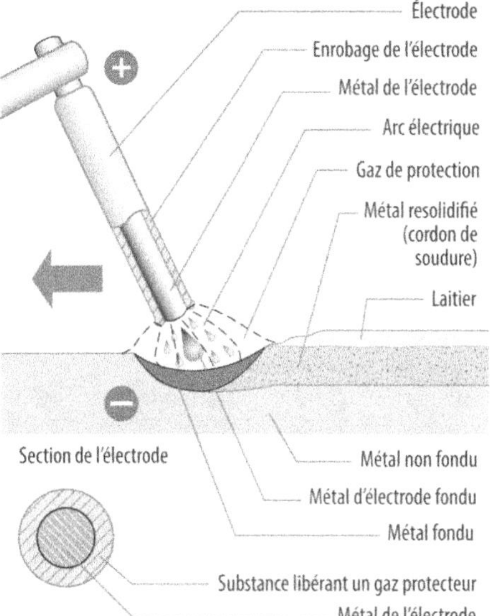

Le LAITIER doit être retiré par martelage mécanique, comme avec un marteau à piquer.
A. Vue générale de l'ÉQUIPEMENT.

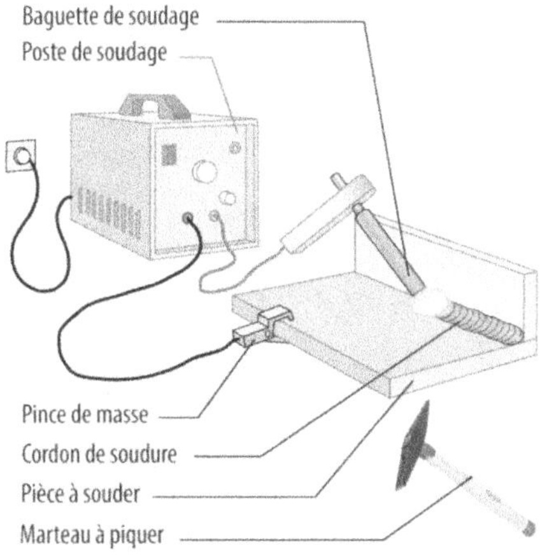

👍 Avantages

B. Seule TECHNIQUE de SOUDAGE permettant d'atteindre des endroits très exigus. ÉQUIPEMENT relativement simple. Utilisable même éloigné du poste à souder. Utilisable dans toutes les (SOUDAGE), POSITIONS DE SOUDAGE.

👎 Inconvénients

C. Ne permet pas une grande PRODUCTIVITÉ car il faut remettre une nouvelle électrode à chaque fois qu'une BAGUETTE DE SOUDAGE est consumée. Nécessite une grande habileté de l'opéra-

teur car le PROCÉDÉ est entièrement manuel. L'opérateur doit contrôler en même temps l'angle d'inclinaison, le déplacement de la BAGUETTE, son raccourcissement et sa DISTANCE par rapport à la PIÈCE (sens 1).
D. Ne pas confondre avec le SOUDAGE AU FIL FOURRÉ SANS GAZ.
◆ Syn. : SOUDAGE À LA BAGUETTE, SOUDAGE MANUEL À L'ARC.

soudage à l'arc électrique [arc welding]

(n.m.) PROCÉDÉ d'ASSEMBLAGE (sens 1) par FUSION locale utilisant l'ÉNERGIE d'étincelles électriques entretenues entre des électrodes pour obtenir une intense source de chaleur. Les électrodes sont des TIGES | MÉTALLIQUES qui peuvent être fusibles ou non. L'autre côté du circuit électrique est constitué par la PIÈCE (sens 1) à souder. Ainsi, ce PROCÉDÉ ne convient que pour les MATÉRIAUX conducteurs d'électricité. Les PROCÉDÉS de soudage à l'arc peuvent être subdivisés comme suit suivant les types d'électrodes et de moyens de protection contre l'OXYDATION :
• SOUDAGE À L'ARC AVEC ÉLECTRODE ENROBÉE ;
• SOUDAGE AU FIL FOURRÉ SANS GAZ.
• SOUDAGE À L'ARC SUBMERGÉ ou sous flux de poudre.
• SOUDAGE MIG (Metal Inert Gas). SOUDAGE MAG (Metal Active Gas).
• SOUDAGE TIG (Tungsten Inert Gas).

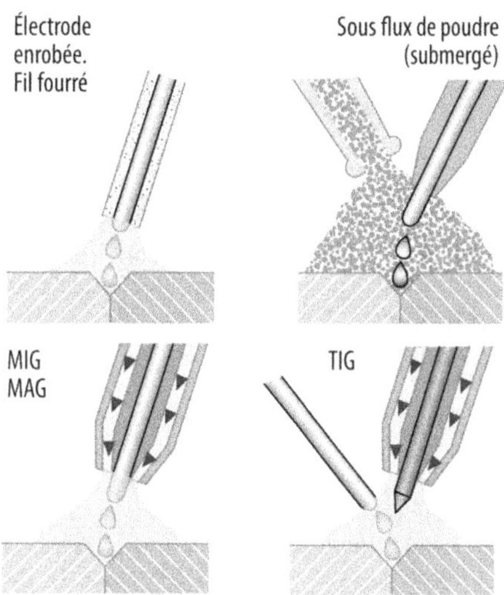

• SOUDAGE EN BOUT PAR ÉTINCELAGE.

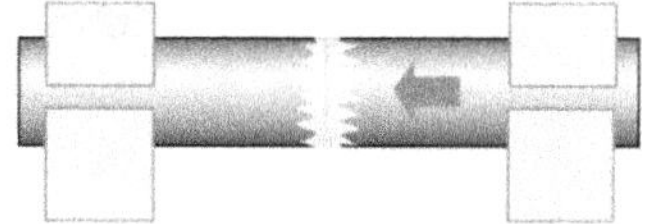

soudage à l'arc submergé [submerged arc welding]

(n.m.) PROCÉDÉ de SOUDAGE À L'ARC ÉLECTRIQUE dans lequel le fil électrode sert aussi de MÉTAL D'APPORT en fondant au fur et à mesure et en se déroulant à partir d'une bobine.

A. Une SUBSTANCE pulvérulente est déversée à l'endroit où se produit l'arc électrique de manière à protéger le MÉTAL contre l'OXYDATION. Cette SUBSTANCE fond aussi en créant le LAITIER qui contribue à la protection du cordon de soudure. D'une certaine façon, le soudage à l'arc submergé est l'automatisation du SOUDAGE À L'ARC AVEC ÉLECTRODE ENROBÉE.

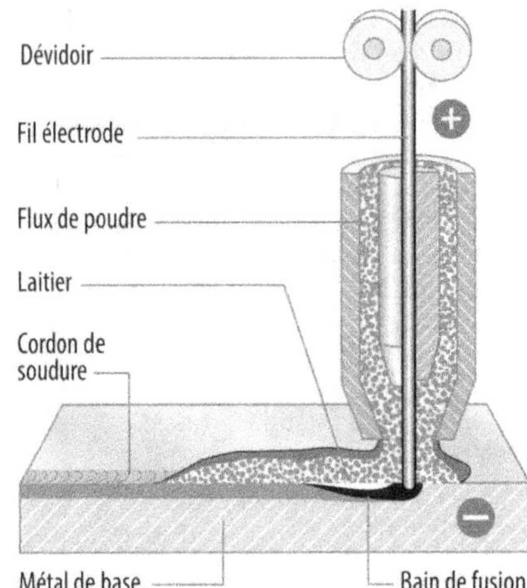

👍 Avantages

B. La POUDRE occulte l'ARC ÉLECTRIQUE et cache les étincelles ce qui améliore le confort des OPÉRATEURS. Le flux de poudre accroît l'efficacité du PROCÉDÉ car elle couvre la zone chauffée et empêche les dispersions thermiques. La poudre retient les PROJECTIONS (sens 1) de MATIÈRE ce qui rend ce PROCÉDÉ moins dangereux. PRODUCTIVITÉ et rendement élevés.

👎 Inconvénients

C. Nécessite généralement une AUTOMATISATION poussée. Nécessite une OPÉRATION de FINITION pour retirer le LAITIER solidifié. Ne convient pas aux SOUDURES verticales, en corniche ou inversées au plafond, seules les configurations à plat peuvent être réalisées sans difficulté.

soudage au chalumeau oxyacétylénique [gas welding]

(n.m.) PROCÉDÉ de SOUDAGE de MÉTAUX utilisant comme source de chaleur la FLAMME de combustion d'ACÉTYLÈNE (C_2H_2) et d'OXYGÈNE (O_2) pour faire fondre les MÉTAUX à joindre.

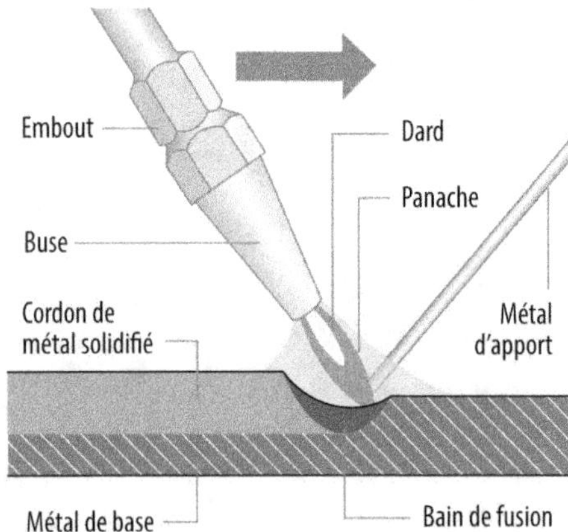

A. Dans son application, ce procédé est très proche du SOUDAGE TIG.

B. L'ÉQUIPEMENT est constitué des deux bouteilles sous-pression procurant les GAZ. Des détendeurs ramènent la pression des GAZ à la valeur d'utilisation avant d'être acheminés par des conduits au CHALUMEAU :

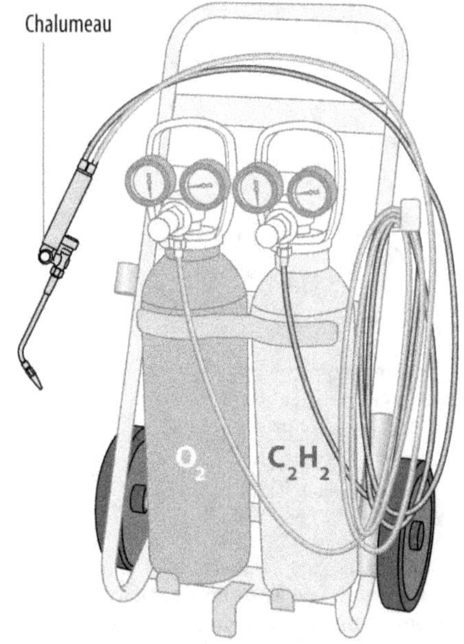

👍 Avantages

C. ÉQUIPEMENT bon marché et facile à entretenir. PROCÉDÉ relativement facile à apprendre. POSTE À SOUDER autonome en ÉNERGIE, ne nécessitant pas d'arrivée d'électricité. Possibilité de mieux contrôler les TEMPÉRATURES en jeu en ajustant les CARACTÉRISTIQUES de la FLAMME. Toutes les (SOUDAGE), POSITIONS DE SOUDAGE sont possibles.

👎 Inconvénients

D. Effet de la chaleur très étendue ce qui peut provoquer des DÉFORMATIONS excessives. Ne convient pas aux ÉPAISSEURS importantes. Pénétration relativement faible. PROCÉDÉ lent qui ne permet pas une grande PRODUCTIVITÉ. PROCÉDÉ essentiellement MANUEL, ce qui peut être un avantage pour l'artisanat. Le stockage et la manipulation des GAZ souvent explosifs nécessitent des précautions de SÉCURITÉ accrues.

E. À savoir que le CHALUMEAU oxyacétylénique peut aussi servir au DÉCOUPAGE, BRASAGE, MÉTALLISATION, MISE EN FORME par CINTRAGE, PLANAGE et même TRAITEMENT THERMIQUE.

→ Voir aussi FLAMME ; ACÉTYLÈNE.

soudage au fil fourré avec gaz [flux-cored arc welding with shield gaz]

(n.m.) PROCÉDÉ de SOUDAGE À L'ARC ÉLECTRIQUE avec une électrode consumable enroulée sur une bobine à la façon du PROCÉDÉ de SOUDAGE MIG/MAG, mais dont le FIL MÉTALLIQUE est creux et contient une SUBSTANCE libérant une atmosphère de protection supplémentaire, en plus du GAZ insufflé.

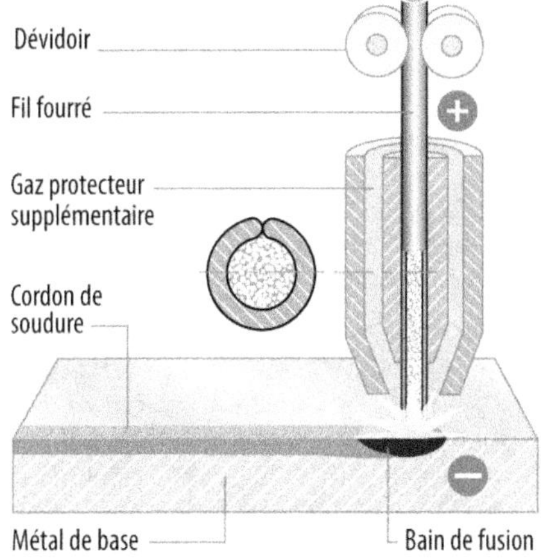

Ce PROCÉDÉ n'a pas besoin dans sa conception d'origine de GAZ DE PROTECTION supplémentaire. Il est connu sous l'appellation SOUDAGE AU FIL FOURRÉ SANS GAZ.

soudage au fil fourré sans gaz [innershield welding, flux-cored arc welding]

(n.m.) PROCÉDÉ de SOUDAGE À L'ARC ÉLECTRIQUE avec une électrode consumable se déroulant à partir d'une bobine, mais dont le fil métallique est creux et contient une SUBSTANCE libérant une ATMOSPHÈRE PROTECTRICE.

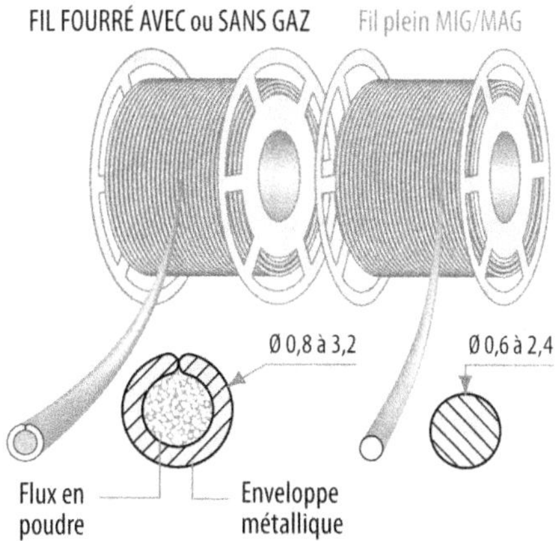

A. Ce PROCÉDÉ n'a pas besoin de GAZ de protection autre que ce que produit la SUBSTANCE garnissant le centre de l'électrode :

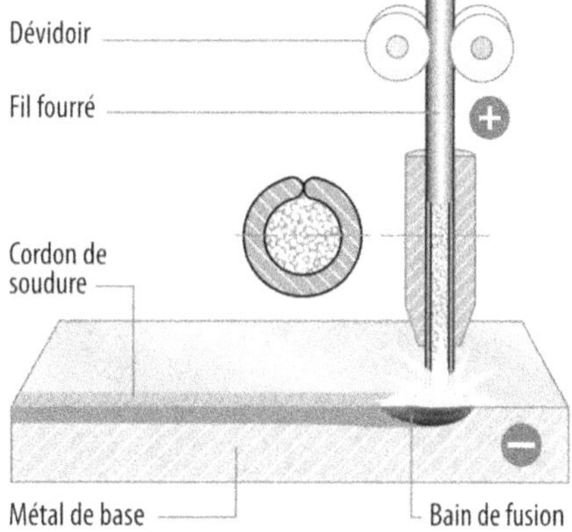

Néanmoins, on le rencontre aussi avec un apport additionnel de GAZ sous le nom de SOUDAGE AU FIL FOURRÉ AVEC GAZ, pour plus d'efficacité.

👍 Avantages

B. Permet le soudage en extérieur même par fort vent et courant d'air. Permet des SOUDURES dans toutes les positions. Large gamme de DIAMÈTRE de FIL selon les besoins. L'économie des locations de bouteilles et des coûts du gaz de protection est un avantage pour le soudage occasionnel.

👎 Inconvénients

C. Nécessite des OPÉRATEURS expérimentés et habiles. Formation spécifique des opérateurs. Produit beaucoup de fumées. CORDONS DE SOUDURE peu ESTHÉTIQUE. Génère beaucoup de PROJECTIONS (sens 1).
D. Le fil fourré est en quelque sorte l'inverse de l'ÉLECTRODE ENROBÉE.

soudage aux ultrasons de plastique [ultrasonic sealing]

(n.m.) PROCÉDÉ de SOUDAGE de (PLASTIQUE), MATIÈRE PLASTIQUE | THERMOPLASTIQUE exploitant l'effet de VIBRATIONS « acoustiques » à haute fréquence, entre 20 et 70 kHz, avec des amplitudes de 10 à 100 µm qui sont transférées aux PIÈCES (sens 1), créent un FROTTEMENT à leur interface et produisent une FUSION partielle. La SOUDURE est formée après REFROIDISSEMENT tout en maintenant une PRESSION entre la tête active de l'appareil (la sonotrode) et une contre-tête (l'enclume).
A. Le principe général du PROCÉDÉ :

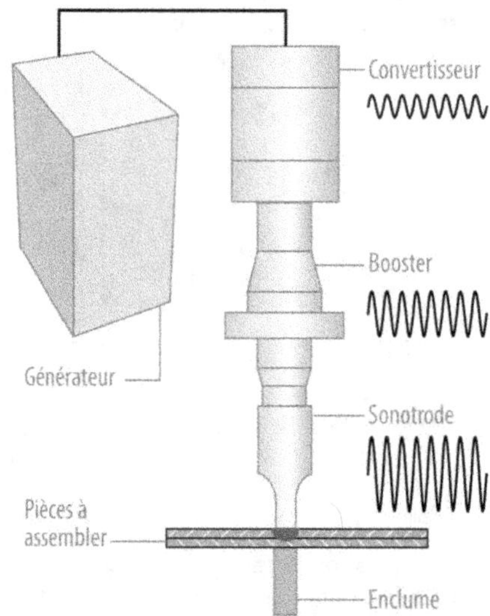

B. Toutes les (PLASTIQUES), MATIÈRES PLASTIQUES thermofusibles peuvent être mises en œuvre avec une plus grande facilité pour les AMORPHES (PMMA, **PS**, ABS, etc.) par rapport aux SEMI-CRISTALLINS (**PE, PP,** etc.) Certains (COMPOSITES), MATÉRIAUX COMPOSITES peuvent aussi être soudés comme le BOIS !

C. Les applications classiques sont :
• Dans l'alimentaire et le médical : scellage de blister et d'emballage, couture et ourlet de produits médicaux jetables…
• Dans l'automobile : soudage de feux arrières, filtre à air, pare-choc, revêtement de porte, etc.
• Dans le textile : assemblage de NON-TISSÉS et textile technique, etc.

👍 Avantages

D. PROCÉDÉ très propre car ne nécessitant pas de produit chimique comme pour le COLLAGE, ce qui convient bien à l'agro-alimentaire. Rapidité d'exécution car le cycle de SOUDAGE est très court. Aucune nécessité de nettoyage avant et après l'opération. Aucun échauffement sauf dans la zone de SOUDURE. Fonctionne avec la plupart des (PLASTIQUES), MATIÈRE PLASTIQUES | THERMOPLASTIQUES. SOUDURE étanche et ESTHÉTIQUE. PROCÉDÉ facilement automatisable. Coût de l'ÉQUIPEMENT relativement abordable.

👎 Inconvénients

E. Taille de pièces limitée par la taille des sonotrodes. Conception du JOINT (sens 2) à prendre en compte préalablement. Sonotrode et enclume à adapter à chaque situation. INDÉMONTABLE. Les VIBRATIONS peuvent endommager des COMPOSANTS avoisinants.
F. À remarquer que le principe de ce PROCÉDÉ peut aussi servir pour la DÉCOUPE.
G. Ne pas confondre avec le SOUDAGE HAUTE FRÉQUENCE DE PLASTIQUE qui exploite un champ électrique alternatif (27 MHz) destiné à exciter la polarité de certaines molécules de (PLASTIQUE), MATIÈRE PLASTIQUE pour les fondre localement.
H. Ne pas confondre non plus avec le SOUDAGE PAR VIBRATION DE PLASTIQUE.
→ **Voir** SOUDAGE PAR VIBRATION DE PLASTIQUE.

soudage électrique [electric welding]

(n.m.) PROCÉDÉ d'ASSEMBLAGE (sens 1) par FUSION et SOLIDIFICATION utilisant l'électricité comme source d'ÉNERGIE apportant la chaleur nécessaire. Dans cette catégorie, on retrouve :
• le SOUDAGE À L'ARC ÉLECTRIQUE.
• le SOUDAGE PAR RÉSISTANCE.
• le SOUDAGE HAUTE FRÉQUENCE DE MÉTAL.

soudage en bout par étincelage [flash welding, upset welding]

(n.m.) PROCÉDÉ de SOUDAGE PAR RÉSISTANCE en rapprochant les extrémités des PIÈCES (sens 1) qui fondent par l'effet Joule ou arc d'un courant électrique très intense, la soudure étant achevée par le MAINTIEN d'une PRESSION | MÉCA-

NIQUE. Un BOURRELET se forme à la jonction des PIÈCES (sens 1).

Ex. 1 : *Soudage en bout de rond de métal* :

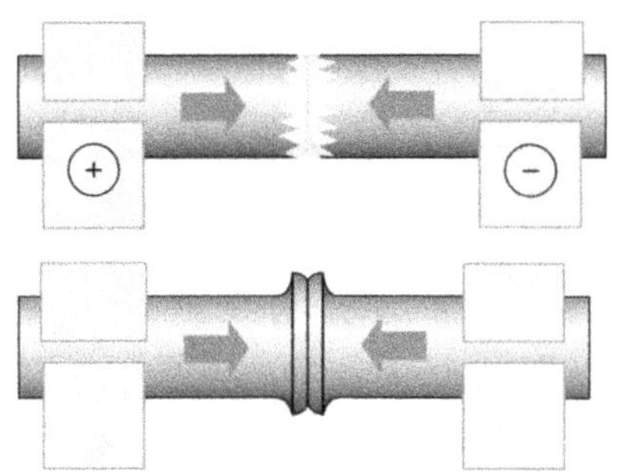

Ex. 2 : *Soudage en bout de* PROFILÉS *en* COUPE *D'ONGLET* :

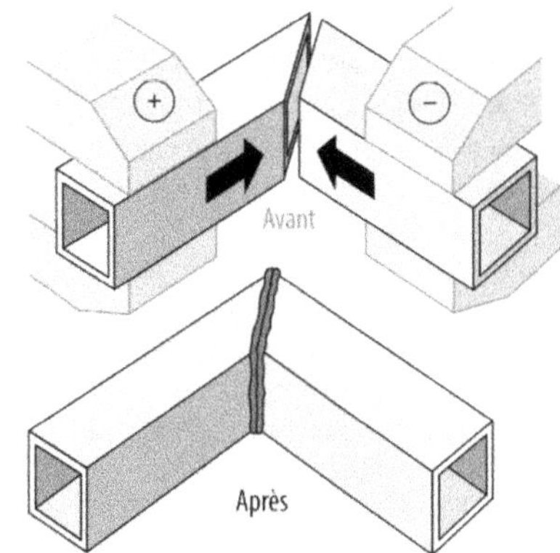

Autres exemples : chaîne métallique, spatule et jante automobile.

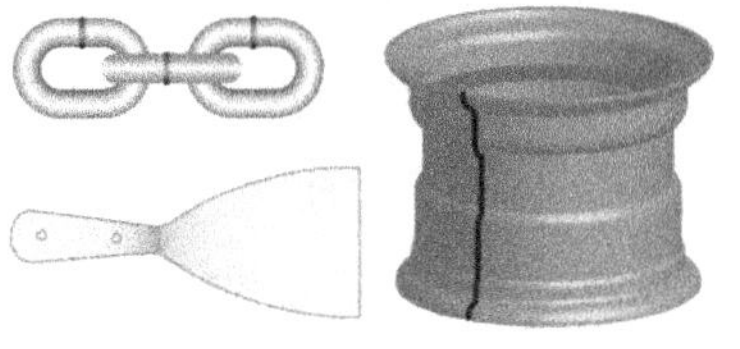

👍 Avantages

A. Permet une PRODUCTIVITÉ élevée car le soudage est rapide en une seule action. Bonne qualité de SOUDURE en terme de RÉSISTANCE MÉCANIQUE. Permet de souder entre eux des MÉTAUX assez différents.

👎 Inconvénients

B. Les SECTIONS à joindre doivent être géométriquement similaires. Ne convient pas au CUIVRE et à ses ALLIAGES car trop conducteurs.

C. Ne pas confondre avec le PROCÉDÉ d'USINAGE NON-CONVENTIONNEL appelé ÉTINCELAGE.
→ Voir aussi SOUDAGE À FROID PAR PRESSION pour une autre méthode d'assemblage (sens 1) bout à bout de MÉTAUX, même très différents, mais qui ne fait pas intervenir de source de chaleur.

(soudage), équipements de protection individuels [protective equipment, safety equipment]

(n.m.) Accessoires et vêtements permettant de préserver la santé et assurer la SÉCURITÉ d'un SOUDEUR face aux dangers du SOUDAGE : rayonnements aveuglants, rayonnements affectant la peau (infrarouge, UV), PROJECTION (sens 1) de particules brûlantes de MÉTAL fondu, flamme de SUBSTANCEs combustibles, GAZ et fumées toxiques, échauffement des PIÈCES (sens 1) soudées, bruits et crépitements excessifs, chocs électriques, etc.

A. D'une façon générale, l'équipement du soudeur est constitué des éléments suivants. Les MATÉRIAUX utilisés pour toutes les protections doivent être ININFLAMMABLES :

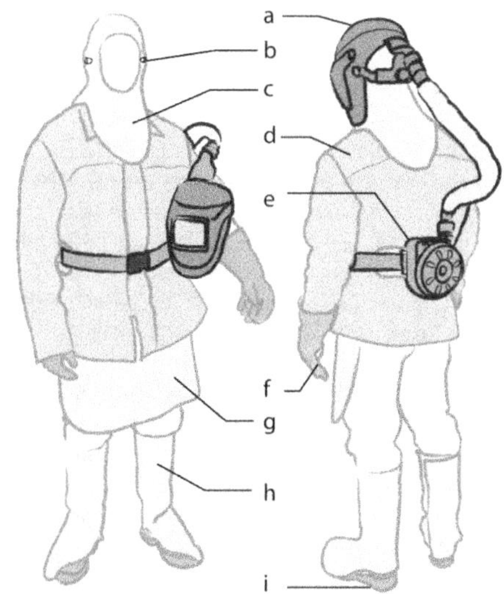

a. Masque	f. Gant en cuir
b. Protection auditive	g. Tablier en cuir
c. Cagoule en cuir	h. Guêtre en cuir
d. Veste en cuir	i. Chaussure de sécurité
e. Respirateur avec filtre	

B. En outre, pour compléter la protection, des rideaux écrans doivent être disposés entre l'aire d'activité du SOUDEUR et des autres personnes circulant au voisinage.
→ Voir aussi SOUDEUR ; RESPIRATEUR.

soudage haute fréquence de métal [high frequency welding process]

(n.m.) Principe de SOUDAGE de MATÉRIAU | MÉTALLIQUE dont l'échauffement est produit par les effets particuliers du courant électrique à alternance rapide, soit par conduction directe avec CONTACT, soit par effet électromagnétique sans contact. Ainsi, on retrouve les deux PROCÉDÉS suivants :
- SOUDAGE HAUTE FRÉQUENCE PAR INDUCTION.
- SOUDAGE HAUTE FRÉQUENCE PAR CONTACT.

soudage haute fréquence de plastique [radio-frequency welding]

(n.m.) PROCÉDÉ de SOUDAGE de POLYMÈRE par l'application d'une pression mécanique en présence d'un champ électrique à alternance rapide qui fond localement et unit les MATÉRIAUX.

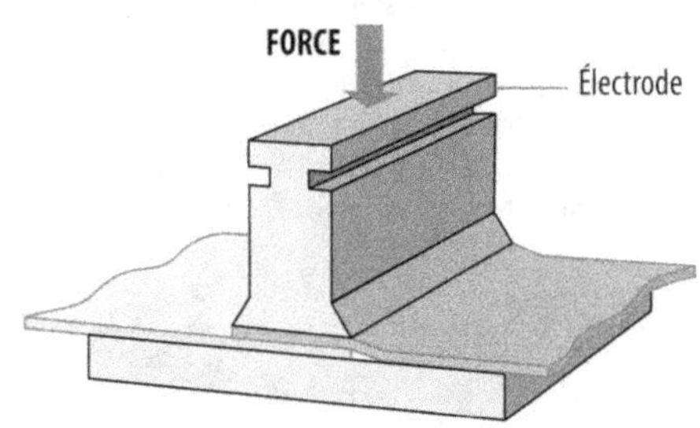

A. Le champ électrique dynamique (27 MHz) fait osciller les molécules dipolaires des THERMOPLASTIQUES comme le fait un four micro-onde pour l'eau et les aliments. Par cette agitation moléculaire, la MATIÈRE finit par s'échauffer jusqu'à atteindre le RAMOLLISSEMENT et la FUSION. Toutes les (PLASTIQUES) MATIÈRES PLASTIQUES ne conviennent pas. Les molécules doivent être nécessairement polaires. Le PROCÉDÉ fonctionne particulièrement bien sur le PVC et les polyuréthanes. Les applications typiques sont la « couture » des bâches, tentes, plafonds, les banderoles publicitaires extérieures, les structures tendues, lits à eau, bord de piscine, canots et radeaux pneumatiques, poches de transfusion sanguine médicales, les tapis roulants, les vêtements imperméables, sacoches, sacs de voyage, emballage blister, etc.

👍 Avantages

B. La chaleur est directement apportée au sein du matériau, ce qui préserve l'aspect extérieur de la MATIÈRE. Donne une belle finition sans DÉFORMATION. Permet un ASSEMBLAGE (sens 2) continu étanche. Très bonne PROPRIÉTÉ MÉCANIQUE des ASSEMBLAGES (sens 2). PROCÉDÉ économique car le cycle de SOUDAGE est très rapide. Coût d'OUTILLAGE (sens 2) modéré. Bonne PRODUCTIVITÉ. Non-polluant, bien adapté aux applications nécessitant propretés.

👎 Inconvénients

C. Ne fonctionne pas avec les POLYOLÉFINES (polyéthylène (PE) et polypropylène (PP)) car ne possédant pas de STRUCTURE (sens 1) moléculaire en dipôle.

D. Ne pas confondre avec le SOUDAGE AUX ULTRASONS DE PLASTIQUE qui exploite des ondes « acoustiques » inaudibles par l'oreille humaine. Ne pas confondre non plus avec le SOUDAGE PAR VIBRATION DE PLASTIQUE. Ne pas confondre non plus avec le SOUDAGE HAUTE FRÉQUENCE DE MÉTAL qui agit par effet Joule d'un courant à fréquence d'alternance élevée produit soit par contact direct, soit par induction magnétique sans contact.

soudage haute fréquence par contact [high frequency resistance welding]

(n.m.) PROCÉDÉ de SOUDAGE ÉLECTRIQUE utilisant un courant à alternance très rapide (entre 100 et 500 KHz) de telle sorte qu'il circule préférentiellement à la SURFACE du MÉTAL et non dans la MASSE (sens 1) (effet de peau).

A. Ainsi, par effet Joule et effet inductif, ce courant haute fréquence traverse les contacts et échauffe en priorité les zones destinées à être assemblées. Elles finissent d'être jointes par l'action d'une PRESSION | MÉCANIQUE.

Ex. : *Soudage haute fréquence en continu d'un TUBE d'ACIER roulé par PROFILAGE* :

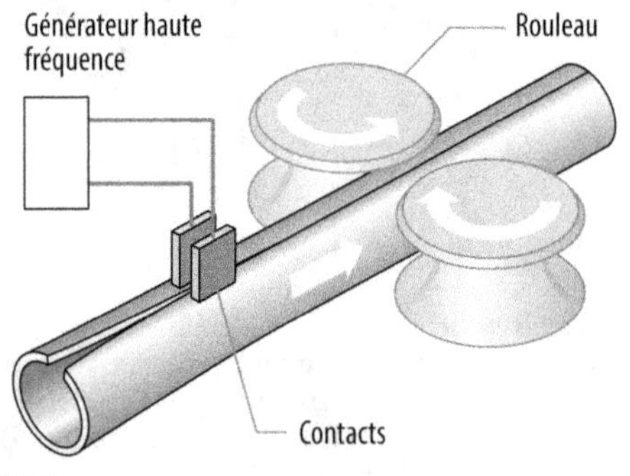

👍 Avantages

B. Permet des soudages à très grande VITESSE de défilement. Très bonne PRODUCTIVITÉ. RENDEMENT élevé.

 Inconvénients

C. Le FROTTEMENT des contacts occasionne de l'USURE et nécessite plus d'OPÉRATIONS de maintenance.
D. Ne pas confondre avec le SOUDAGE HAUTE FRÉQUENCE PAR INDUCTION dans lequel il n'y a pas de contact électrique direct.

soudage haute fréquence par induction [high frequency induction welding]

(n.m.) PROCÉDÉ de SOUDAGE ÉLECTRIQUE utilisant l'effet magnétique d'un courant à alternance très élevée qui génère un autre courant dans la PIÈCE (sens 1) à chauffer à travers une bobine sans qu'il y ait CONTACT.
A. Ce courant échauffe la PIÈCE (sens 1) localement par effet Joule et l'amène jusqu'à la FUSION. Une action de PRESSION | MÉCANIQUE achève de rendre la SOUDURE effective.

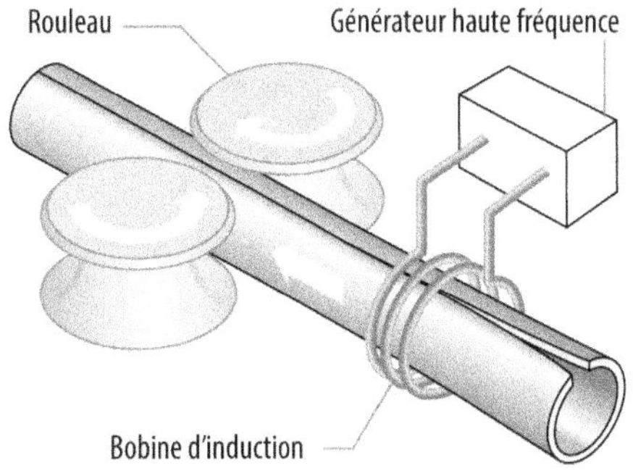

B. Ne pas confondre avec le SOUDAGE HAUTE FRÉQUENCE PAR CONTACT dans lequel le courant parvient par un CONTACT qui frotte sur la PIÈCE (sens 1) en défilement.

 Avantages

C. Ne nécessite pas de CONTACT avec FROTTEMENT ce qui occasionne moins d'USURE et de MAINTENANCE.

 Inconvénients

D. RENDEMENT moins élevé que le SOUDAGE HAUTE FRÉQUENCE PAR CONTACT. Nécessite un ACCOSTAGE très précis des PIÈCES (sens 1) à assembler.

soudage laser [laser welding]

(n.m.) PROCÉDÉ de SOUDAGE utilisant comme source de chaleur l'action d'un rayonnement optique très intense et très focalisé de quelque Mégawatt/cm^2 (soit 10 à 10 000 fois plus intense qu'un ARC ÉLECTRIQUE).

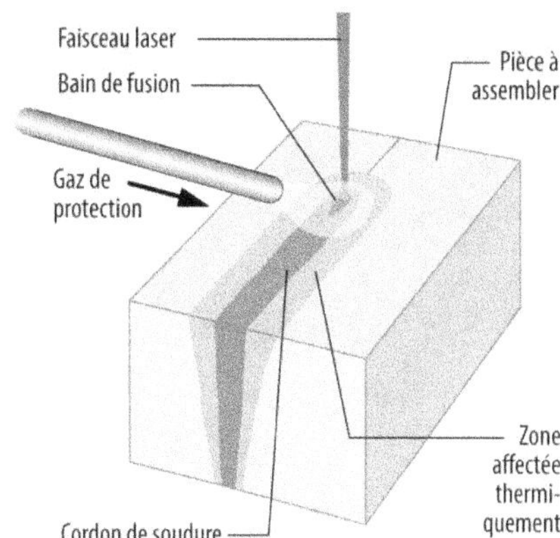

A. Le procédé nécessite une couverture gazeuse inerte pour protéger le cordon liquide de l'OXYDATION.

 Avantages

B. Permet une grande VITESSE de SOUDAGE garantissant une PRODUCTIVITÉ élevée. JOINT de grande PRÉCISION et finesse. Pas de DÉFORMATIONS. Résultat régulier et REPRODUCTIBLE. Ne nécessite pas de CHANFREIN DE SOUDURE. Soudage de FORME complexe possible. Permet des RECHARGEMENTS très précis. Cycle thermique local très court ce qui limite la ZONE AFFECTÉE THERMIQUEMENT. Permet la SOUDURE PAR TRANSPARENCE. Démarrage et arrêt de la SOUDURE quasi immédiats.

 Inconvénients

C. ÉQUIPEMENT de coût très élevé. La dangerosité du faisceau laser nécessite beaucoup de précautions de sécurité. Nécessite une AUTOMATISATION poussée.

soudage manuel à l'arc électrique [manual arc welding, hand arc welding]

(n.m.) Autre appellation du SOUDAGE À L'ARC AVEC ÉLECTRODE ENROBÉE ou le soudage semi-automatique, comme les procédés MIG et MAG.

soudage MAG [metal active gas welding]

(n.m.) PROCÉDÉ de SOUDAGE À L'ARC ÉLECTRIQUE en tous points identique au SOUDAGE MIG sauf que le nature du GAZ peut avoir une influence sur les paramètres de soudage à appliquer.

soudage MIG/MAG [gas shielded arc welding process, semi-automatic welding, gas metal arc welding]

(n.m.) PROCÉDÉ de SOUDAGE À L'ARC ÉLECTRIQUE dans lequel le FIL électrode constitue aussi le MÉTAL D'APPORT en se consumant au fur et à mesure et en se déroulant à partir d'une bobine. Un flux de GAZ DE PROTECTION est projeté par une BUSE concentrique à l'électrode pour protéger le cordon de l'OXYDATION.

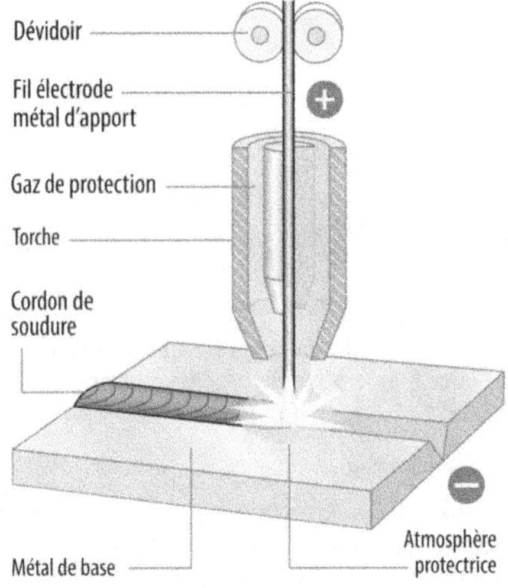

A. Lorsque le GAZ projeté est inerte (ARGON ou hélium), c'est à dire sans effet sur les conditions de réglage, le PROCÉDÉ est appelé soudage MIG (Metal Inert Gas). Lorsque le GAZ peut avoir une certain effet sur les réglages des conditions opératoires (mélange de GAZ inerte et d'OXYGÈNE ou de GAZ carbonique), le PROCÉDÉ est dit SOUDAGE MAG (Metal Active Gas). Dans les deux cas, le matériel et le mode de fonctionnement est sensiblement le même. Les polarités électrode / pièce peuvent être adaptées en fonction des MATÉRIAUX soudés.

👍 Avantages

B. Permet de souder la plupart des MÉTAUX. Le fonctionnement SEMI-AUTOMATIQUE permet une bonne PRODUCTIVITÉ. Les CORDONS DE SOUDURE peuvent être très longs. Toutes les (SOUDAGE), POSITIONS DE SOUDAGE sont envisageables car il n'y a pas de LAITIER ni de flux de POUDRE.

👎 Inconvénients

C. Arc visible ce qui nécessite toutes les précautions de SÉCURITÉ. Si les réglages sont mal maîtrisés, risque de beaucoup de PROJECTIONS (sens 1) de particules nécessitant un NETTOYAGE de FINITION.

D. À savoir qu'il existe un PROCÉDÉ à l'ARC ÉLECTRIQUE dans lequel l'électrode n'est pas fusible.
→ Voir SOUDAGE TIG pour les détails.

(n.m.) PROCÉDÉ de SOUDAGE utilisant la chaleur produite par la RÉACTION CHIMIQUE de RÉDUCTION (sens 3) d'OXYDES métalliques par une POUDRE d'ALUMINIUM. La TEMPÉRATURE de la réaction est capable d'entraîner la FUSION de MÉTAUX comme l'ACIER et le CUIVRE. Le PROCÉDÉ est entièrement autonome ce qui en fait une TECHNIQUE très intéressante en situation de chantier.
Ex. : *Soudage par aluminothermie de câbles électriques en CUIVRE :*

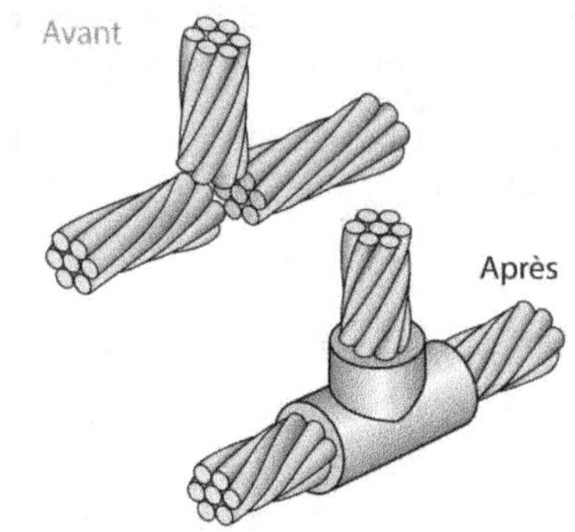

A. Les éléments à souder ainsi que les produits chimiques sont placés dans un MOULE réfractaire en GRAPHITE. La RÉACTION CHIMIQUE est déclenchée avec un petit CHALUMEAU et va jusqu'à terme sans contrôle particulier. Après REFROIDISSEMENT, DÉMOULAGE, NETTOYAGE et FINITION, la SOUDURE est entièrement réalisée.

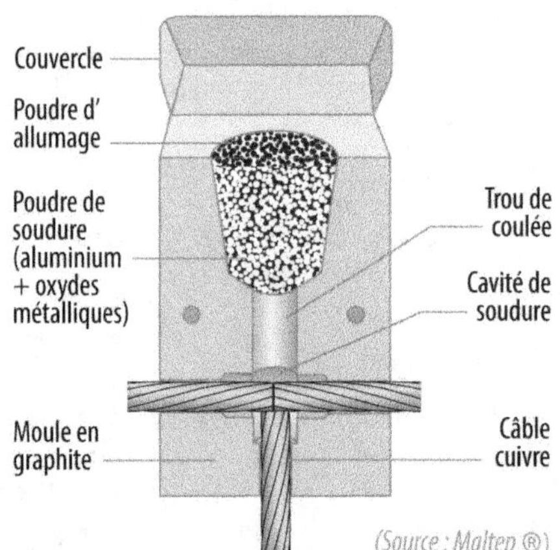

B. Autres exemples d'applications typiques : SOUDAGE de rails de chemin de fer, réparation navale, etc.

soudage par bossage [projection welding]

(n.m.) PROCÉDÉ de SOUDAGE PAR RÉSISTANCE dans lequel des protubérances sont aménagées sur les PIÈCES (sens 1) à assembler de telle sorte que ces zones concentrent la PRESSION | MÉCANIQUE et le courant électrique qui produit la FUSION locale à l'origine du SOUDAGE.

Ex. 1 : *Soudage par bossage ponctuel.*

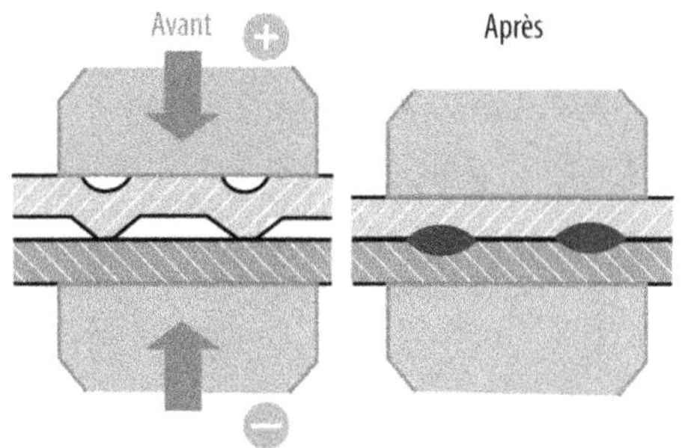

Ex. 2 : *Soudage par bossage annulaire.*

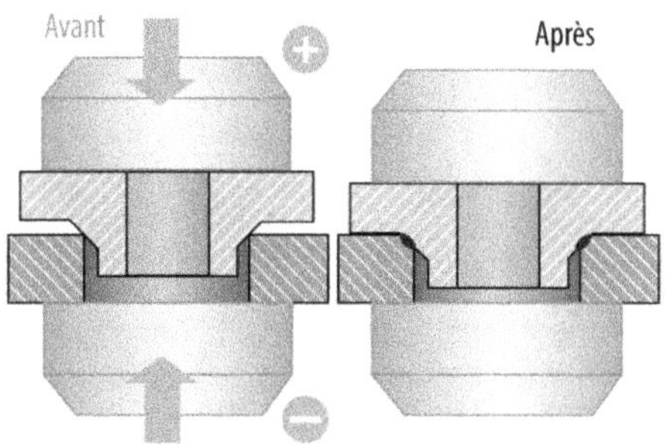

Ex. 3 : *Soudage de fils croisés.*

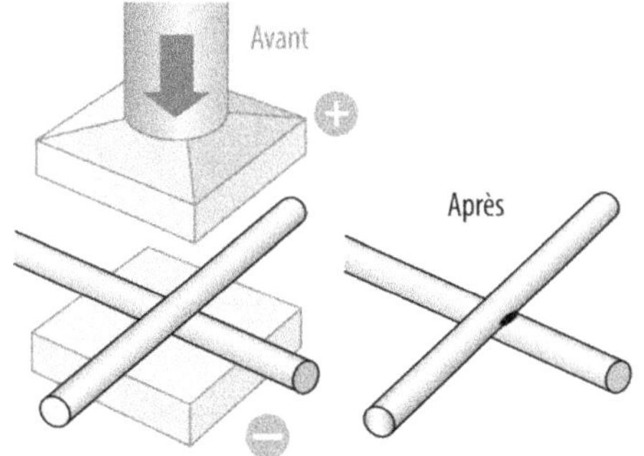

A. **Exemple de** MACHINE :

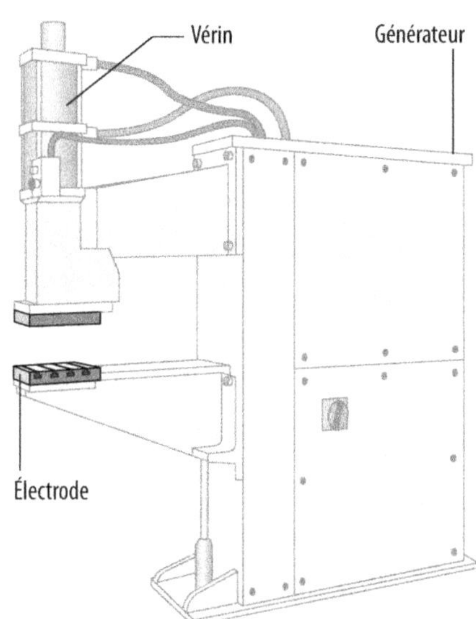

👍 Avantages

B. Use moins les électrodes par rapport au SOUDAGE PAR POINTS. Possibilité d'obtenir des zones fondues de FORMES diverses autres que rondes. Applicable sur des PIÈCES (sens 1) massives. Permet de réaliser simultanément plusieurs points de soudure ce qui garantit une grande PRODUCTIVITÉ. La présence de pollution (GRAISSE, OXYDE, poussière...) possède moins d'effet néfastes sur la SOUDURE, par rapport au SOUDAGE PAR POINTS. La localisation du point de soudure est très précise.

👎 Inconvénients

C. L'obtention des BOSSAGES est une OPÉRATION supplémentaire contraignante sauf pour le soudage de fils croisés où ils sont naturels.

soudage par diffusion [diffusion bonding]

(n.m.) PROCÉDÉ permettant d'établir **à l'état solide** la continuité intime de deux pièces pouvant être en MATÉRIAUX très différents par interpénétration des atomes de l'un dans la STRUCTURE CRISTALLINE de l'autre. Le processus appelé DIFFUSION est activé par la chaleur et une PRESSION mécanique sans jamais passer par la FUSION.

→ **Voir aussi** DIFFUSION.

Ex. : *Soudage par diffusion d'un échangeur de chaleur.*

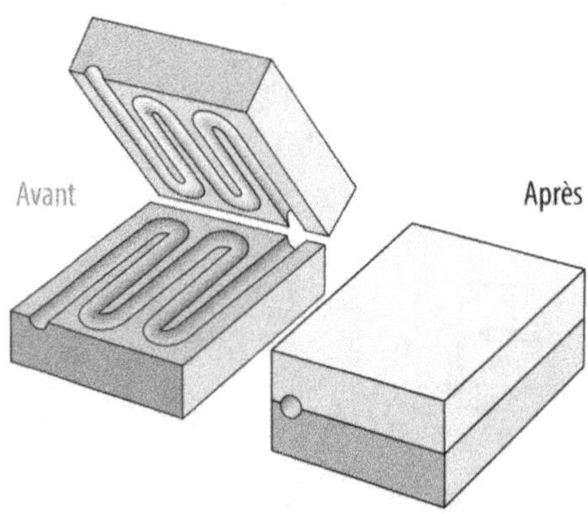

A. Les différentes étapes du PROCÉDÉ : il s'agit ici de représentations schématiques explicatives de la MICROGRAPHIE de l'interface entre les pièces à assembler sans que les proportions entre la TAILLE DE GRAIN, la RUGOSITÉ, l'étendue de la zone de transition ne soient respectées.

a. ACCOSTAGE des pièces à joindre :

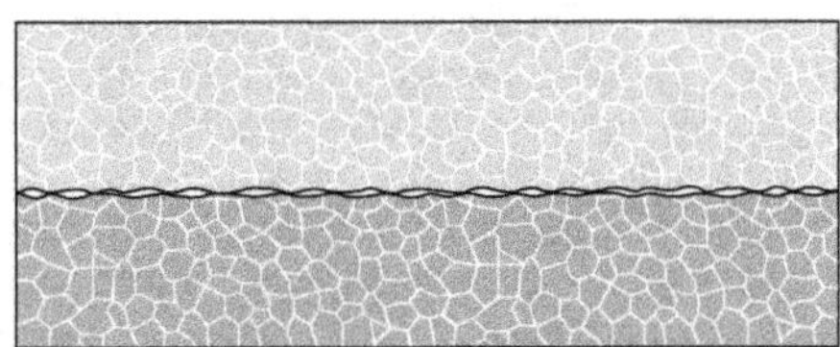

b. Chauffage et COMPRESSION entraînant le FLUAGE des aspérités des surfaces jusqu'à obtenir un excellent contact entre les pièces, ce qui est une condition nécessaire pour le phénomène de DIFFUSION :

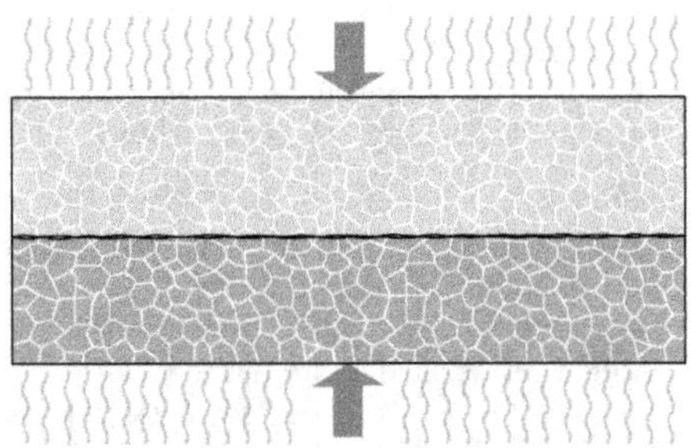

c. La diffusion proprement dite qui fait disparaître petit à petit l'interface et établit la SOUDURE :

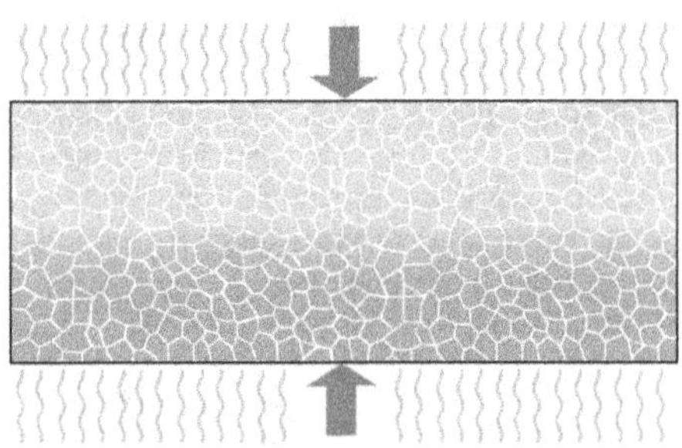

B. Vue générale du PROCÉDÉ :

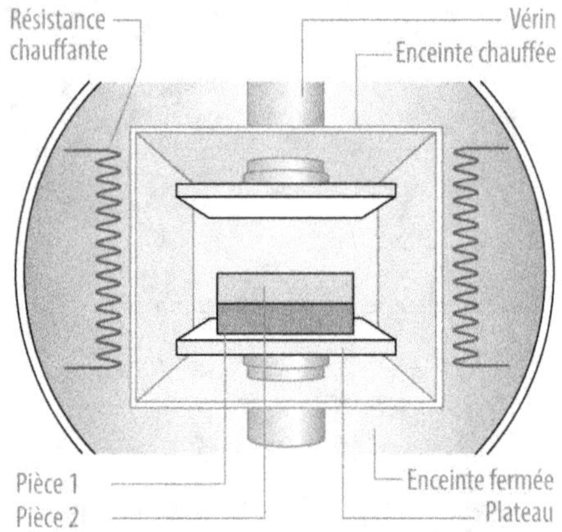

Les pièces à assembler sont placées entre les deux plateaux d'une PRESSE, le tout à l'intérieur d'une enceinte chauffée et d'une autre enceinte pour maintenir le VIDE (sens 2) ou une ATMOSPHÈRE CONTRÔLÉE.

C. La soudure est effectuée en portant les pièces à une température de DIFFUSION d'environ 0,6 fois la TEMPÉRATURE DE FUSION en Kelvin et en plaquant les pièces l'une contre l'autre avec un VÉRIN.

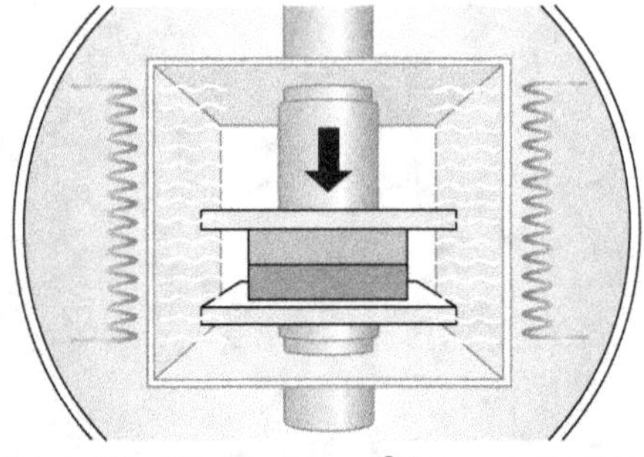

D. La SOUDURE ne peut se faire correctement que s'il y a possibilité de miscibilité entre les deux MATÉRIAUX. Les DIAGRAMMES DE PHASE permettent d'évaluer les solubilités des espèces en présence. La SOUDURE entre deux MÉTAUX de même nature est toujours possible.

👍 Avantages

E. Permet d'assembler des MATÉRIAUX assez différents comme, par exemple, le CUIVRE et l'ALUMINIUM ou un MÉTAL et une CÉRAMIQUE, etc. SOUDURE de grande qualité sans SOUFFLURES et POROSITÉS sur de grandes surfaces. Continuité parfaite des MATÉRIAUX, conservant les PROPRIÉTÉS (mécaniques, électriques, etc.) Permet de réaliser plusieurs JOINTS (sens 2) en une seule OPÉRATION. Peu de DÉFORMATIONS.

👎 Inconvénients

F. Les SURFACES à assembler doivent être de grande qualité (très faible RUGOSITÉ et grande propreté). Équipement coûteux. DIMENSIONS (sens 1) de pièces relativement limitées par la taille des équipements existants. Temps de SOUDAGE pouvant être très long (en heures). Demande des réglages et maîtrise pointue des paramètres de soudage. Inadapté à la production en grande série.

G. Vue générale de l'équipement :

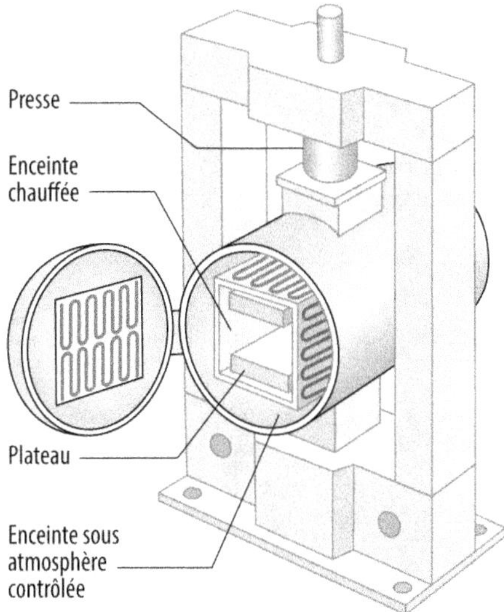

H. Le soudage par diffusion est surtout utilisé dans des applications à très haute valeur ajoutée telles que dans l'aérospatiale, le nucléaire, l'armement, etc.

I. À remarquer que le SOUDAGE À LA FORGE pratiquée depuis des millénaires est aussi un PROCÉDÉ de soudage par diffusion.

(n.m.) PROCÉDÉ de SOUDAGE exploitant l'ÉNERGIE d'une déflagration qui plaque violemment une TÔLE | MÉTALLIQUE sur une autre SURFACE avec une VITESSE très élevée (~ 3 000 m/s) et une PRESSION très importante (> 20 000 MPa).

A. L'explosif est déposé sur la SURFACE de la TÔLE à plaquer. Cette TECHNIQUE permet de joindre des MÉTAUX réputés impossible à souder comme l'ALUMINIUM sur l'ACIER, par exemple.

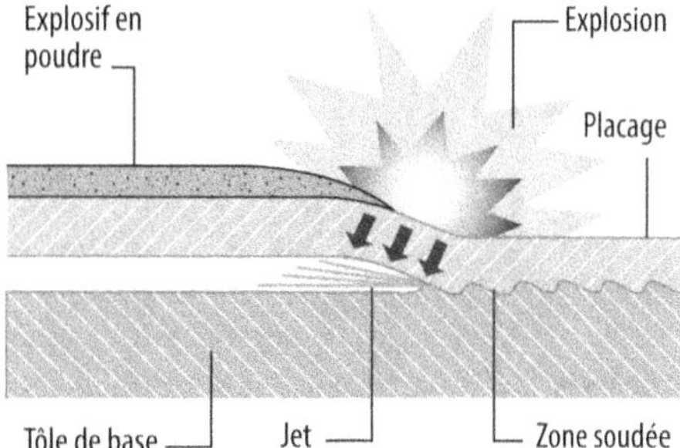

👍 Avantages

B. Permet d'assembler des MÉTAUX très différents. SOUDURE très résistante.

👎 Inconvénients

C. PROCÉDÉ plutôt coûteux. Mise en œuvre difficile et dangereuse. Nécessite des démarches administratives avant d'être pratiqué. Nécessite des précautions de SÉCURITÉ draconiennes. DIMENSION (sens 1) des TÔLES limitées. Les TÔLES soudées nécessitent généralement d'être redressées.

(n.m.) PROCÉDÉ de SOUDAGE dans lequel des électrons sont libérés par une cathode dans une enceinte sous VIDE (sens 2), accélérés par un champ magnétique vers l'anode, focalisés puis dirigés sur la SURFACE à souder. La fusion-vaporisation est provoquée par la haute densité d'ÉNERGIE cinétique des électrons (voir schéma page suivante).

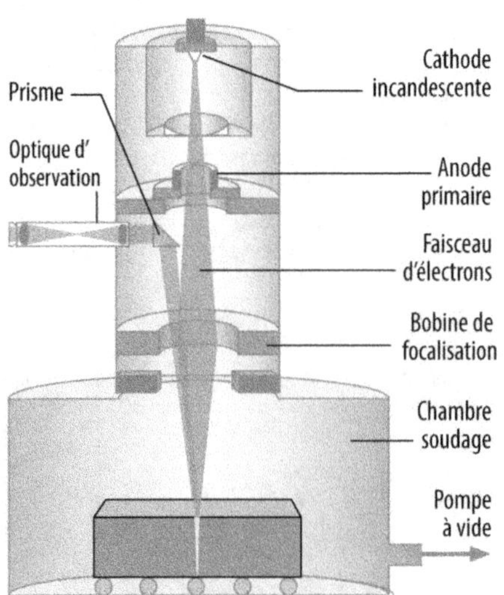

A. Tous les MÉTAUX peuvent être soudés avec des PROFONDEURS de pénétration pouvant atteindre 200 mm.

👍 Avantages

B. Qualité exceptionnelle de SOUDURE car pas de contamination possible, le PROCÉDÉ s'effectuant sous un VIDE (sens 2) poussé. Pas de POUSSIÈRE, pas de fumées. Tous les MÉTAUX peuvent être soudés. Grande VITESSE de SOUDAGE. Grande PROFONDEUR de pénétration possible. Les faibles PROFONDEURS sont également très commodes. Peu de DÉFORMATION car l'apport calorifique est minime. ZONE AFFECTÉE THERMIQUEMENT très étroite. Résultat très RÉPÉTABLE.

👎 Inconvénients

C. ÉQUIPEMENT de coût très élevé. PROCÉDÉ élitiste ne se justifiant que pour les produits très TECHNIQUES à haute valeur ajoutée (aéronautique, spatial, médical, nucléaire...) Nécessité d'attendre avant d'obtenir un VIDE (sens 2) poussé pour la circulation des électrons. Nécessite un ACCOSTAGE très précis des PIÈCES (sens 1) à assembler. Sensible au MAGNÉTISME ce qui interdit le SOUDAGE des MATÉRIAUX à propriétés magnétiques permanentes.

soudage par friction en rotation [rotary friction welding; RFW]

(n.m.) PROCÉDÉ d'ASSEMBLAGE (sens 2) | NON-DÉMONTABLE de deux morceaux de MATÉRIAU par pressage de l'un, fixe, contre l'autre en MOUVEMENT DE ROTATION, ce qui chauffe et plastifie la MATIÈRE jusqu'à établir la continuité, mais sans jamais atteindre la FUSION.

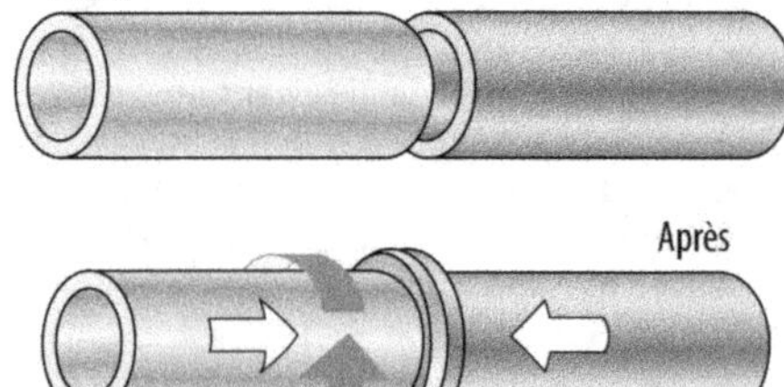

A. Vue générale du PROCÉDÉ :

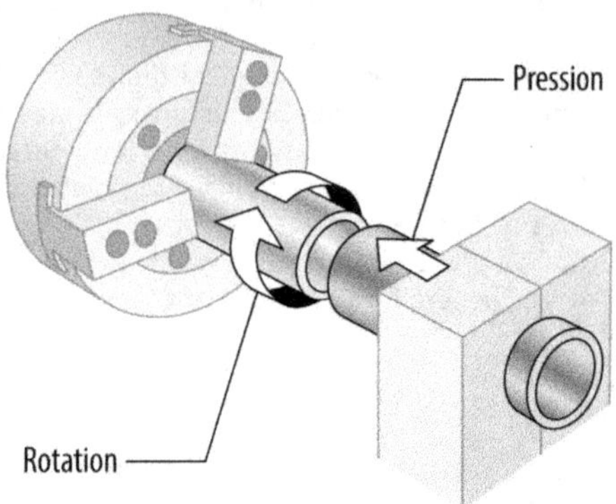

B. Vue en coupe de la SOUDURE à un stade intermédiaire et au stade final :

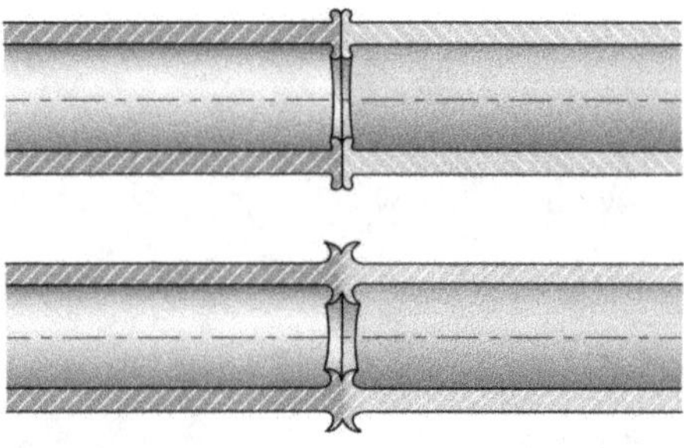

👍 Avantages

C. PROCÉDÉ simple et rapide pouvant être complètement automatisé. Économique. PROCÉDÉ sans FUSION donnant un bon état métallurgique sans POROSITÉS ni SOUFFLURES, ni FISSURES, ni SÉGRÉGATIONS. ZONE AFFECTÉE THERMIQUEMENT relativement limitée. Les pièces à assembler ne nécessitent pas de préparation particulière car le contact avec FROTTEMENT a tendance à nettoyer les surfaces de leurs OXYDES de surface et autres contaminants. Ne nécessite pas de MÉTAL D'APPORT, ni de gaz de protection. Permet d'assembler entre eux des MATÉRIAUX très différents tels que l'ACIER, l'ALUMINIUM, le CUIVRE, le TITANE. Possibilité d'assembler des pièces de sections très différentes. Bonne RÉPÉTABILITÉ. Peu de DÉFORMATIONS. Ne produit pas de projections nuisibles ou des rayonnements aveuglants, ce qui pose moins de problème de SÉCURITÉ pour l'opérateur. Ne nécessite pas d'OPÉRATEUR | SOUDEUR agréé.

👎 Inconvénients

D. Raccourcit les pièces assemblées. Engendre un BOURRELET de MATIÈRE qui peut nécessiter une OPÉRATION de FINITION. Ne convient pas pour les MATÉRIAUX très diffusifs et contenant des PHASES (sens 2) lubrifiantes comme la FONTE GRISE, le BRONZE, et le LAITON à forte teneur en PLOMB car l'échauffement ne s'effectue pas correctement. L'ÉQUIPEMENT n'est pas portable pour des interventions sur chantier, par exemple. La correction d'une SOUDURE ratée est très difficile, voire impossible.
E. Il existe deux variantes de cette technique dans lesquelles le MOUVEMENT DE ROTATION est remplacé par un MOUVEMENT DE VA ET VIENT latéral ou orbital.
→ **Voir** SOUDAGE PAR FRICTION LINÉAIRE ; SOUDAGE PAR FRICTION ORBITALE.
F. Ne pas confondre avec le SOUDAGE À FROID PAR PRESSION dans lequel il n'y a pas de FRICTION. Ne pas confondre non plus avec le SOUDAGE EN BOUT PAR ÉTINCELAGE qui fait intervenir un ARC ÉLECTRIQUE.

(n.m.) PROCÉDÉ d'ASSEMBLAGE (sens 2) de deux morceaux de MATÉRIAU par pressage de l'un contre l'autre, additionné d'un MOUVEMENT DE VA ET VIENT relatif ce qui plastifie la MATIÈRE et établit la continuité, sans atteindre la FUSION.

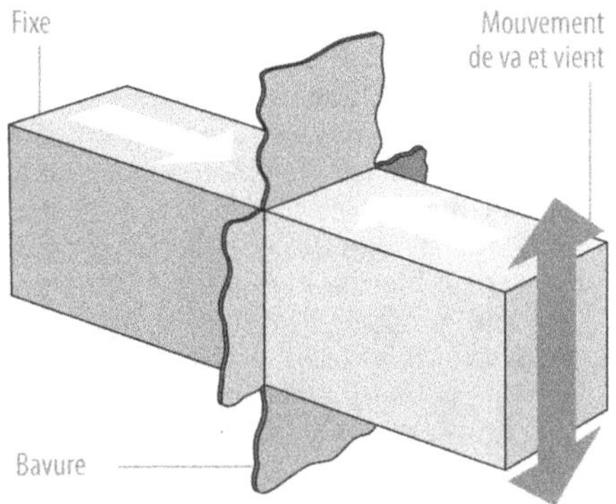

A. Il s'agit d'une variante du SOUDAGE PAR FRICTION EN ROTATION dont il reprend les mêmes avantages et inconvénients.
B. À savoir que le même principe peut être appliqué aux (PLASTIQUES), MATIÈRES PLASTIQUES pour assembler des pièces.
→ **Voir** SOUDAGE PAR VIBRATION DE PLASTIQUE.

(n.m.) PROCÉDÉ de SOUDAGE dans lequel un pion sur une embase tourne à grande VITESSE et plastifie la MATIÈRE à la jonction des PIÈCES (sens 1) à assembler par effet de FROTTEMENT sans toutefois atteindre la FUSION.

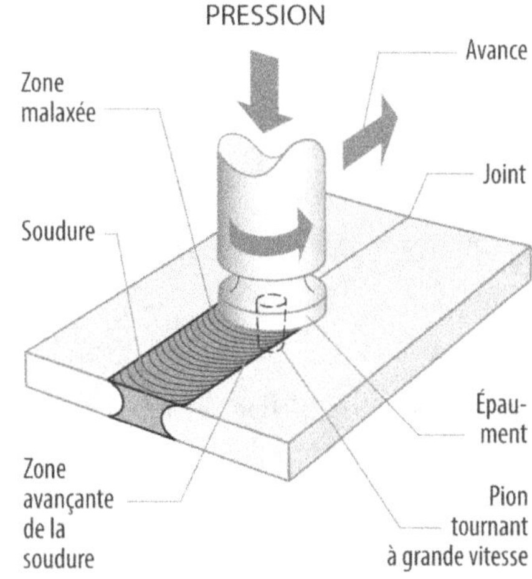

A. Le PROCÉDÉ est surtout adapté aux ALLIAGES tendres d'ALUMINIUM et de MAGNÉSIUM car pour les MÉTAUX plus résistants la MATIÈRE du pion ne résisterait pas suffisamment.

👍 Avantages

B. PROCÉDÉ simple, efficace et consommant relativement peu d'ÉNERGIE. Ne nécessite aucune préparation particulière des PIÈCES (sens 1). PROCÉDÉ propre ne dégageant pas de fumées. Ne nécessite aucun CONSOMMABLE. N'engendre aucune DÉFORMATION. N'introduit pas de perturbations métallurgiques comme les FISSURATIONS, POROSITÉS, SOUFFLURES, SÉGRÉGATIONS. Donne de bonne PROPRIÉTÉS MÉCANIQUES.

👎 Inconvénients

C. Ne convient que pour très peu de MÉTAUX, essentiellement l'ALUMINIUM et ses ALLIAGES.

soudage par friction orbitale [orbital friction welding]

(n.m.) Variante combinaison du SOUDAGE PAR FRICTION LINÉAIRE et SOUDAGE PAR FRICTION EN ROTATION dans laquelle une des pièces à assembler subit, en plus d'une PRESSION axiale, un mouvement circulaire sans rotation autour de son axe.

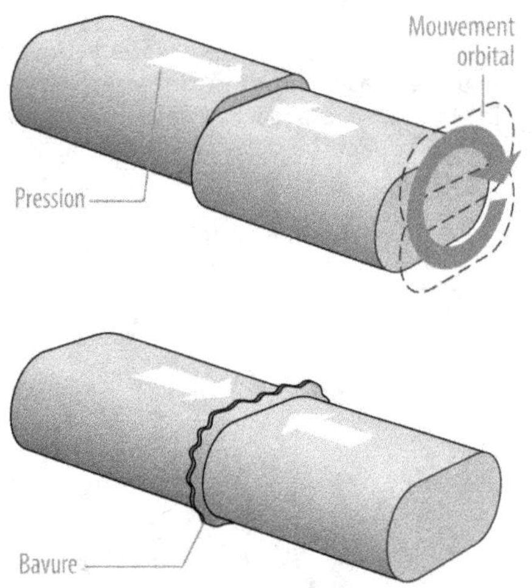

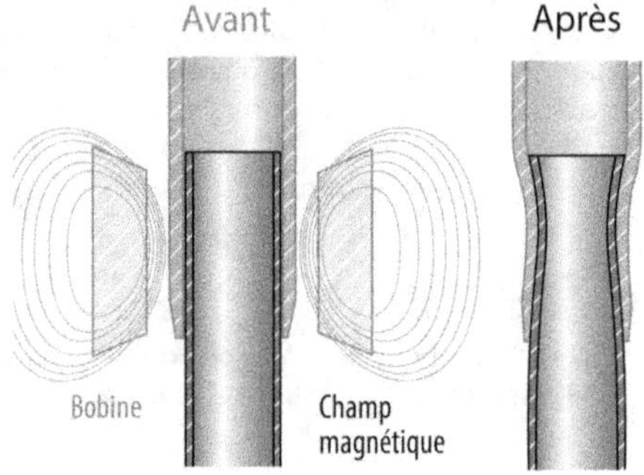

Le soudage par friction orbitale possède les mêmes avantages et inconvénients que le SOUDAGE PAR FRICTION EN ROTATION tout en permettant l'ASSEMBLAGE (sens 1) de SECTION avec des GÉOMÉTRIE (sens 2) sans symétrie particulière.

soudage par impulsion magnétique [magnetic pulse welding]

(n.m.) PROCÉDÉ d'ASSEMBLAGE (sens 1) de MÉTAUX pouvant être très différents grâce à leur DÉFORMATION ultra-rapide due à un champ électromagnétique intense provoqué par un très fort courant électrique dans une bobine pendant un temps très court.
Ex : *SERTISSAGE de l'extrémité d'un TUBE sur un autre.*

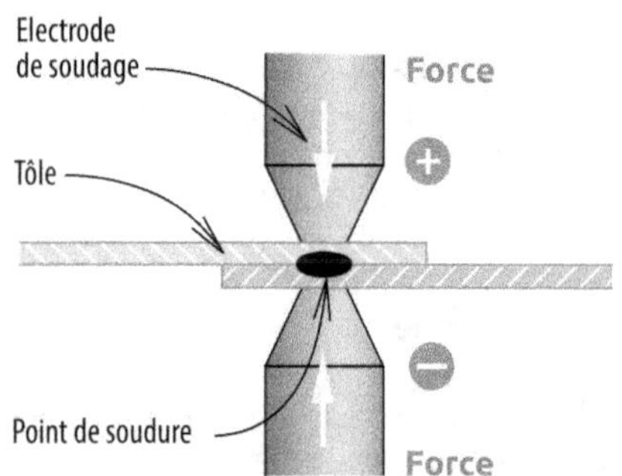

soudage par point [spot welding]

(n.m.) PROCÉDÉ de SOUDAGE PAR RÉSISTANCE ÉLECTRIQUE dans lequel deux FEUILLES de TÔLES à assembler sont comprimées entre deux électrodes de CUIVRE traversées par un fort courant électrique. Grâce à la résistance électrique plus élevée à l'interface des deux TÔLES, il se produit une FUSION en FORME de lentille par effet Joules qui soude localement les PIÈCES (sens 1) suivant un point CIRCULAIRE.

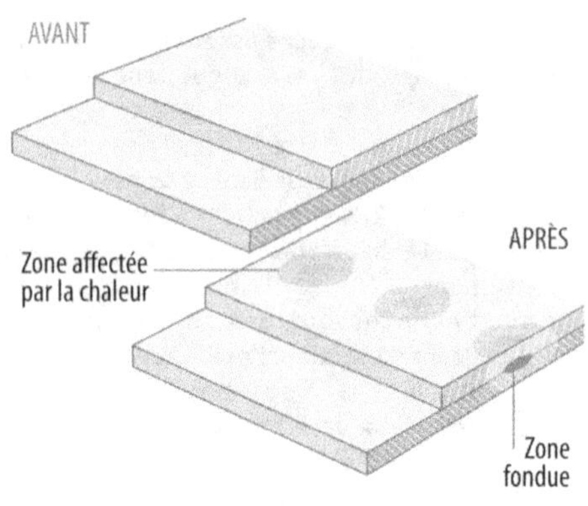

A. Schéma du PROCÉDÉ.

Ainsi, le PROCÉDÉ ne peut fonctionner que sur des MATÉRIAUX conducteurs d'électricité, essentiellement les MÉTAUX. Une protection de la ZONE FONDUE n'est pas nécessaire car elle est enfermée entre les deux PIÈCES (sens 1) et donc protégée de l'OXYDATION. La PRESSION | mécanique sur les électrodes contribue au bon passage du courant électrique et à la tenue de l'ASSEMBLAGE (sens 2). L'ÉQUIPEMENT est constitué de deux électrodes en porte à faux permettant de produire les POINTS DE SOUDURE relativement loin des bords des TÔLES. Un VÉRIN | PNEUMATIQUE applique la PRESSION | MÉCANIQUE nécessaire.

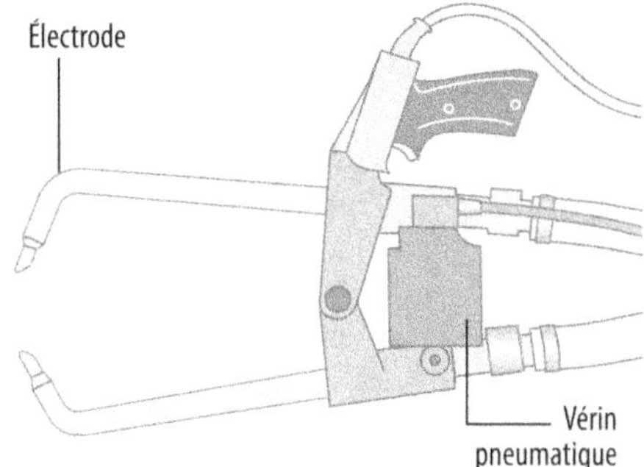

Des FORETS spéciaux, dits à dépointer, permettent de démonter les assemblages ainsi soudés.
→ Voir aussi (SOUDAGE), POSTE À SOUDER.

 **Avantages**

B. Des MÉTAUX relativement différents peuvent être assemblés. Ne nécessite ni MÉTAL D'APPORT, ni GAZ DE PROTECTION. Relativement peu de DÉFORMATIONS et de CONTRAINTES RÉSIDUELLES car l'échauffement est très limité dans l'espace et de très courte durée. De plus la PRESSION | MÉCANIQUE des électrodes contribuent à maîtriser les éventuelles tendances à la distorsion. Ne nécessite aucune préparation particulière des PIÈCES (sens 1) à assembler. Ne demande aucune habileté ni qualification spéciale des opérateurs. Préserve plutôt l'aspect ESTHÉTIQUE. PROCÉDÉ rapide et économique garantissant une PRODUCTIVITÉ élevée. PROCÉDÉ pouvant être automatisé à l'extrême. Bien adapté à la ROBOTISATION. Pollution très limitée.

 **Inconvénients**

C. SOUDURE EN RECOUVREMENT uniquement. Difficulté de contrôle de la QUALITÉ des points de soudure.

D. Le même PROCÉDÉ existe en remplaçant les électrodes par des roulettes ce qui permet un SOUDAGE quasi continu sur une grande LONGUEUR.

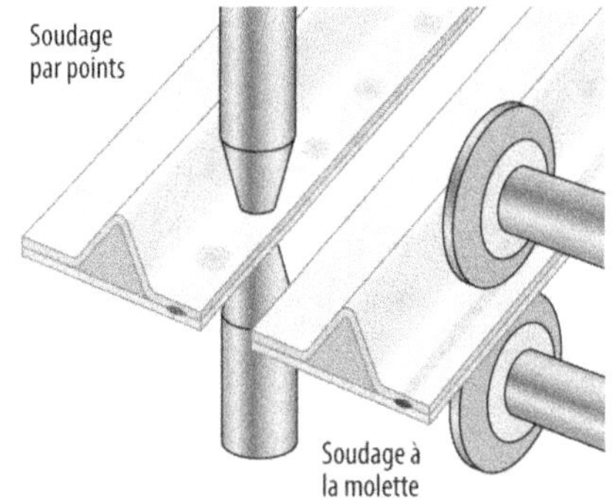

Les électrodes s'encrassent et s'émoussent. Il est nécessaire de les retailler régulièrement.
→ Voir SOUDAGE À LA MOLETTE.

(n.m.) PROCÉDÉ de SOUDAGE ÉLECTRIQUE par PRESSION et passage d'un fort courant à l'interface de deux PIÈCES (sens 1) à assembler de manière à les faire fondre localement par effet Joule.

A. En effet, la résistance au passage du courant électrique est plus élevée à la jonction des deux PIÈCES (sens 1) ce qui provoque une élévation de TEMPÉRATURE suffisante pour atteindre la FUSION. Après RESOLIDIFICATION, les PIÈCES (sens 1) sont ponctuellement assemblées.

B. Ce principe est exploité avec les déclinaisons suivantes :
- SOUDAGE PAR POINTS.
- SOUDAGE À LA MOLETTE.
- SOUDAGE PAR BOSSAGE.
- SOUDAGE EN BOUT PAR ÉTINCELAGE.

(n.m.) PROCÉDÉ d'ASSEMBLAGE (sens 2) de pièces en (PLASTIQUE), MATIÈRE PLASTIQUE par FROTTEMENT de l'une contre l'autre avec de petits MOUVEMENTS DE VA ET VIENT rapides jusqu'à ramollir les MATIÈRES et les fusionner localement après application d'une PRESSION.

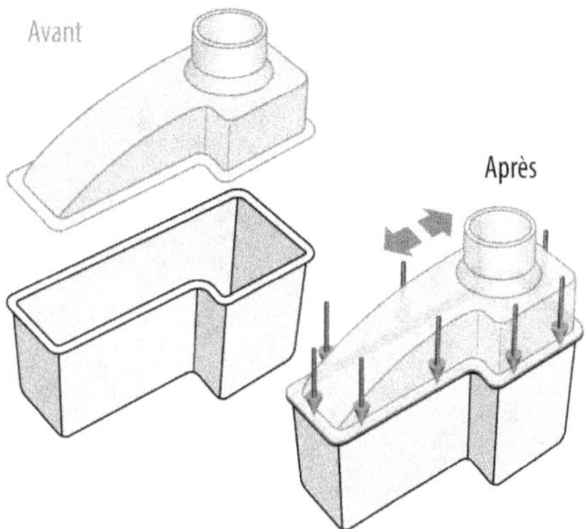

A. L'élévation de TEMPÉRATURE des zones en FROTTEMENT s'effectue en quelques secondes puis les VIBRATIONS sont arrêtées ; les pièces sont alignées et enfin pressées l'une contre l'autre jusqu'à la SOUDURE.

B. L'amplitude des MOUVEMENTS est de l'ordre de 0,1 à 2 mm à une fréquence de 200 à 300 Hz ou 2 à 4 mm de 100 Hz à 150 Hz.

C. La majorité des THERMOPLASTIQUES peut être soudée avec cette TECHNIQUE. Des MATIÈRES différentes sont même susceptibles d'être jointes.
D. L'une des pièces est fixe. Le MOUVEMENT de l'autre peut être du type linéaire, angulaire ou orbital selon la configuration géométrique la plus favorable pour les pièces.

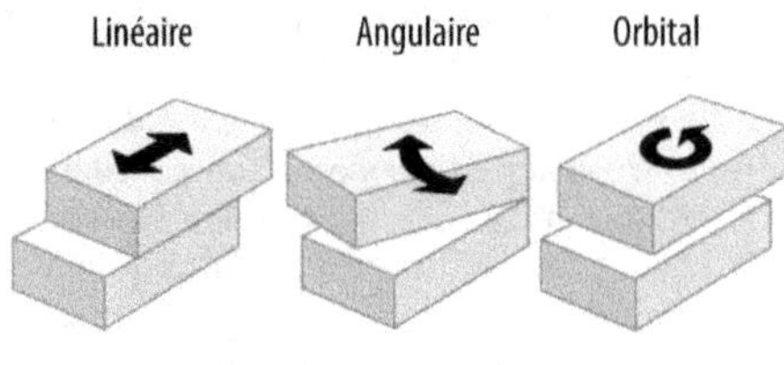

👍 Avantages

E. Cycle très rapide conduisant à une PRODUCTIVITÉ élevée. Permet de souder des pièces de relativement grande dimension. Peut assurer une ÉTANCHÉITÉ. Ne chauffe que les zones utiles ce qui permet de limiter, voire éviter complètement les DÉFORMATIONS parasites.

👎 Inconvénients

F. Une certaine complexité de l'équipement.
G. Ce procédé peut être couplé avec un chauffage supplémentaire à l'infrarouge ou au laser pour encore plus d'efficacité.
H. Ne pas confondre avec le SOUDAGE AUX ULTRASONS DE PLASTIQUE.

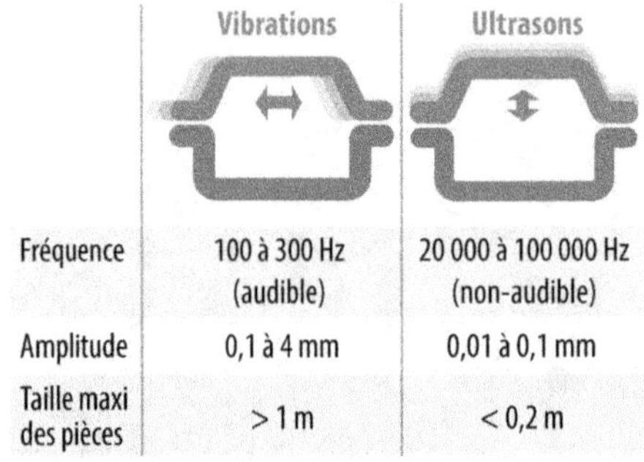

	Vibrations	Ultrasons
Fréquence	100 à 300 Hz (audible)	20 000 à 100 000 Hz (non-audible)
Amplitude	0,1 à 4 mm	0,01 à 0,1 mm
Taille maxi des pièces	> 1 m	< 0,2 m

→ **Voir aussi** SOUDAGE PAR FRICTION LINÉAIRE ; SOUDAGE PAR FRICTION ORBITALE ; SOUDAGE PAR FRICTION EN ROTATION pour l'application du même principe sur les MÉTAUX.

---

soudage plasma [plasma welding]

(n.m.) PROCÉDÉ de SOUDAGE dérivé du SOUDAGE TIG dans lequel un flux de GAZ supplémentaire favorable à l'apparition d'un PLASMA est apporté au voisinage d'une électrode RÉFRACTAIRE, ce qui produit une source de chaleur encore plus intense et mieux dirigé que l'ARC ÉLECTRIQUE.

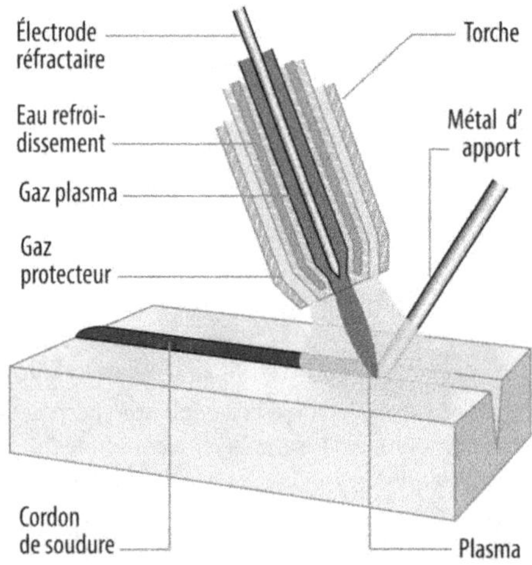

A. Le PROCÉDÉ peut être pratiqué avec ou sans MÉTAL D'APPORT.

👍 Avantages

B. Permet des travaux de grande PRÉCISION. Capable de PROFONDEUR de pénétration importante comme très faible.

👎 Inconvénients

C. Nécessité d'utiliser deux GAZ différents.
→ **Voir aussi** RECHARGEMENT PLASMA.

(soudage), position de soudage [welding position]

(n.f.) DIRECTION d'avancée et ORIENTATION dans l'espace de la SURFACE destinée à recevoir un CORDON DE SOUDURE. Toutes les positions sont répertoriées sur la figure suivante (source ISO 6947) :

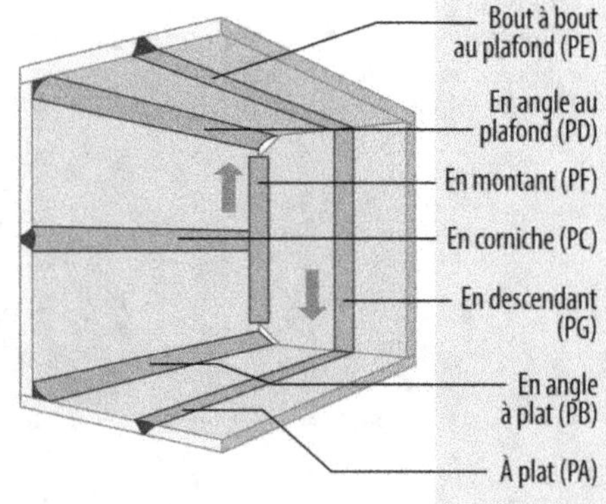

La position de soudage rend l'OPÉRATION plus ou moins difficile, voire impossible selon la TECHNIQUE de SOUDAGE utilisée. Certaines positions demandent des qualifications particulières de la part des opérateurs.

(soudage), poste à souder [welding set-up]

(n.m.) APPAREIL générant et conditionnant l'ÉNERGIE nécessaire à la FUSION des MATÉRIAUX dans les PROCÉDÉS de SOUDAGE.

Ex. 1 : *Poste à souder* MIG/MAG.

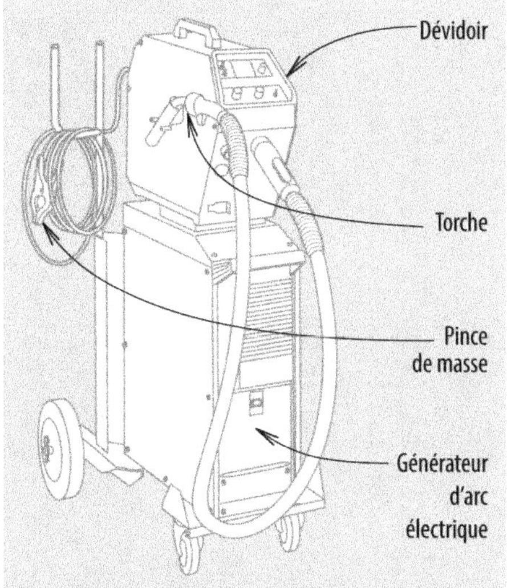

Ex. 2 : *Poste à souder par points.*

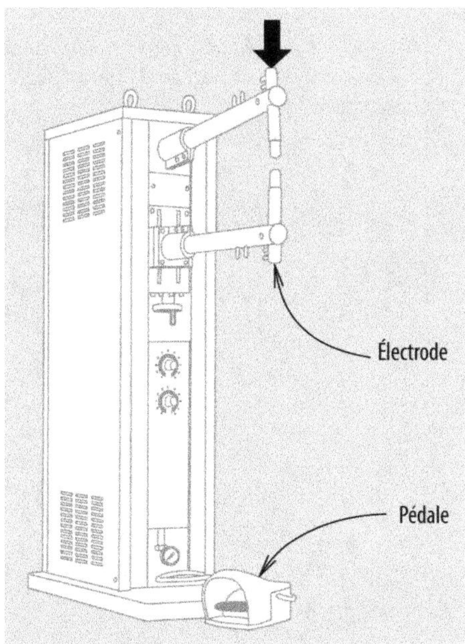

soudage semi-automatique [semiautomatic welding]

(n.m.) PROCÉDÉ de SOUDAGE À L'ARC ÉLECTRIQUE dans lequel l'avancée et le déroulement de l'électrode fusible sont assurés par un DISPOSITIF motorisé à vitesse variable, mais le déplacement de la TORCHE reste manuel.

soudage TIG [tungsten inert gas welding]

(n.m.) PROCÉDÉ de SOUDAGE À L'ARC ÉLECTRIQUE produit entre une électrode RÉFRACTAIRE non-fusible en TUNGSTÈNE et les MÉTAUX à assembler.

A. Un GAZ PROTECTEUR est insufflé à travers une BUSE concentrique à l'électrode. Le PROCÉDÉ peut être employé avec ou sans MÉTAL D'APPORT qui est dans ce cas une TIGE qui n'a aucun lien avec le circuit électrique du poste à souder.

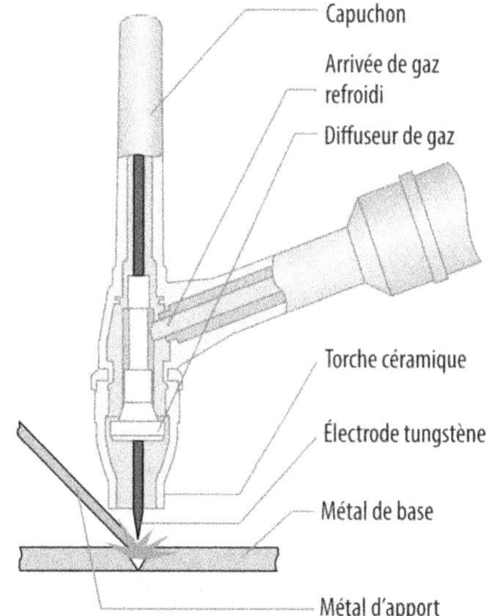

B. Le soudage TIG est réservé au travaux de précision et nécessitant une QUALITÉ poussée.

Avantages

C. Permet un travail de grande finesse et PRÉCISION. Permet de souder de fines ÉPAISSEURS. CORDON DE SOUDURE moins grossier qu'avec le PROCÉDÉ MIG/MAG. Pas de LAITIER. Pas de PROJECTION (sens 1). Relativement peu de fumées. Produit des CORDONS DE SOUDURE étanches.

Inconvénients

D. Faible PRODUCTIVITÉ. Coûteux notamment à cause des GAZ DE PROTECTION très purs.

E. À savoir qu'il existe un PROCÉDÉ voisin et dérivé du soudage TIG par l'apport d'un GAZ supplé-

mentaire qui produit un PLASMA et qui permet des travaux encore plus précis.
→ Voir SOUDAGE PLASMA.

soud-eur, -euse [welder, welding-operator]

(n.m. ou n.f.) Personne possédant les qualifications pour exécuter des travaux de SOUDURE.

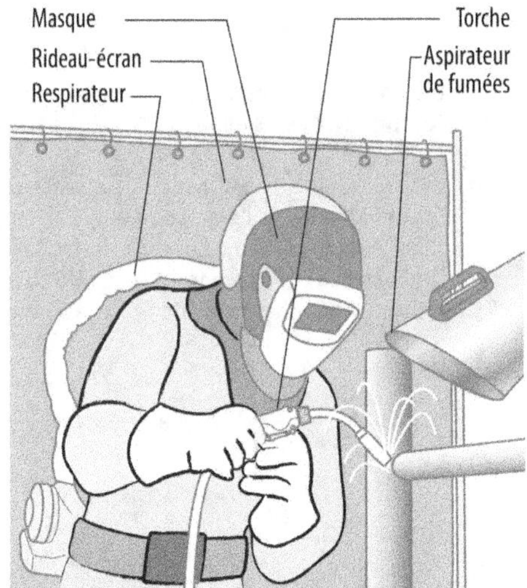

En particulier, les soudeurs doivent avoir une solide formation sur la notion de SÉCURITÉ en SOUDAGE.
→ Voir à la rubrique (SOUDAGE), ÉQUIPEMENT DE PROTECTION les DISPOSITIFS obligatoires que le SOUDEUR doit porter pour le préserver des accidents de travail.
→ Voir aussi RESPIRATEUR ; COBOT.

soudo-brasage [braze welding]

(n.m.) BRASAGE effectué de proche en proche à la façon d'un SOUDAGE. Il peut être réalisé avec différentes source de chaleur :
- SOUDO-BRASAGE LASER.
- SOUDO-BRASAGE à la flamme.

soudo-brasage laser [laser braze welding]

(n.m.) PROCÉDÉ de SOUDO-BRASAGE dont la source de chaleur provoquant la FUSION de la BRASURE est un rayonnement photonique focalisé intense.

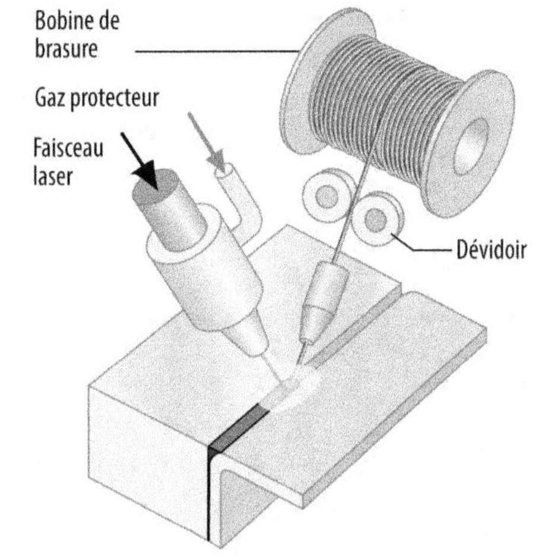

soudure [weldment]

(n.f.) Résultat d'ASSEMBLAGE (sens 1) de PIÈCES (sens 1) par SOUDAGE. Les principales configurations types sont :
- SOUDURE BOUT À BOUT.
- SOUDURE D'ANGLE.
- SOUDURE BOUCHON.
- SOUDAGE PAR TRANSPARENCE.
- SOUDURE EN RECOUVREMENT.
→ Voir aussi JOINT D'ASSEMBLAGE.

soudure bouchon [plug weld]

(n.f.) SOUDURE assemblant deux PLAQUES superposées dont l'une est percée d'une OUVERTURE pour placer le CORDON DE SOUDURE.
Ex. 1 :

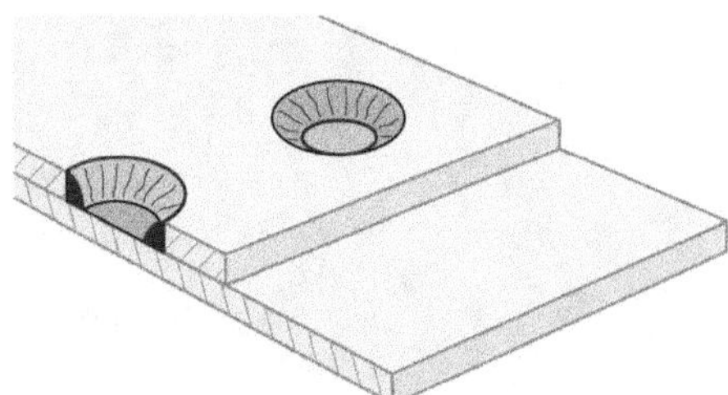

Ex. 2 :

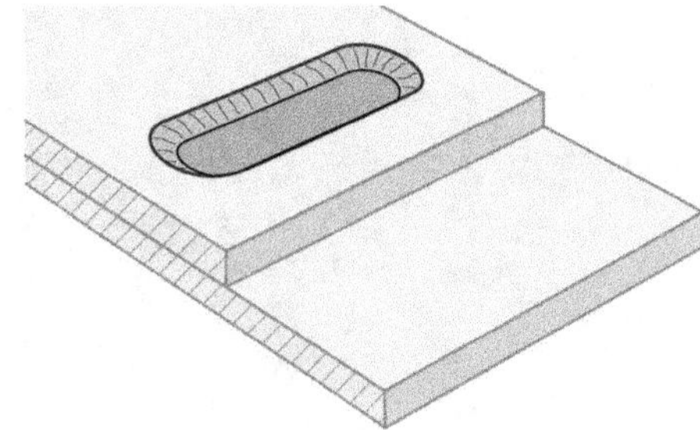

- Note : Ne pas confondre avec la SOUDURE PAR TRANSPARENCE.

soudure bout à bout [butt weld]

(n.f.) SOUDURE de deux PIÈCES (sens 1) placées côte à côte :

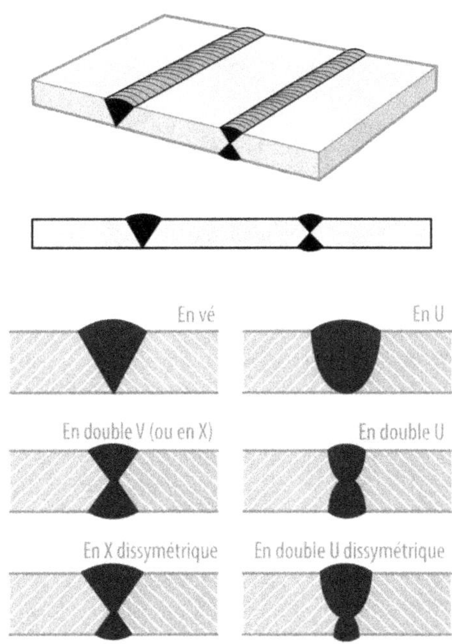

soudure d'angle [fillet weld]

(n.f.) SOUDURE de deux PIÈCES (sens 1) dont la tranche étroite de l'une est posée sur la SURFACE plus large de l'autre :

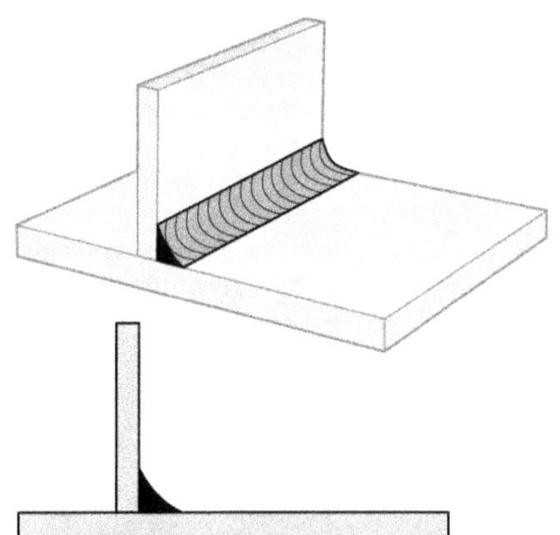

(soudure électrique), résistance mécanique de soudure électrique [mechanical strength of electric weld]

(n.f.) Capacité d'un CORDON DE SOUDURE réalisé par ARC ÉLECTRIQUE à ne pas se détériorer et surtout à ne pas se rompre sous l'effet d'une CONTRAINTE MÉCANIQUE.

A. Nous donnons ci-après des évaluations de cette résistance mécanique pour deux grands cas de figure :

- SOUDURE BOUT À BOUT :

D'une façon générale, l'évaluation de sa résistance ne requiert aucune investigation particulière. La résistance mécanique d'un cordon de SOUDURE BOUT À BOUT est garantie égale aux PIÈCES (sens 1) soudées si son ÉPAISSEUR est au moins égale à l'ÉPAISSEUR de la PLAQUE la plus fine de l'ASSEMBLAGE (sens 2), et si le MÉTAL D'APPORT est de RÉSISTANCE MÉCANIQUE au moins égale au MÉTAL soudé.

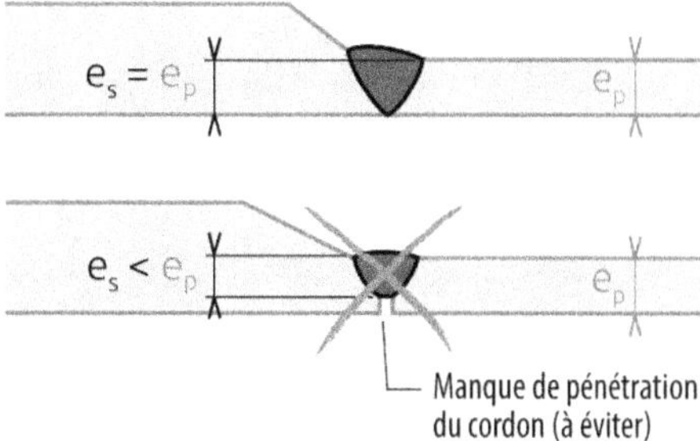

- SOUDURE D'ANGLE :

Elle peut être schématisée comme ci-dessous. **a** est l'ÉPAISSEUR de CORDON DE SOUDURE et **L** sa LONGUEUR utile. Ainsi la SECTION qui résiste à la FORCE appliquée est **L×a** (en grisé sur la figure).

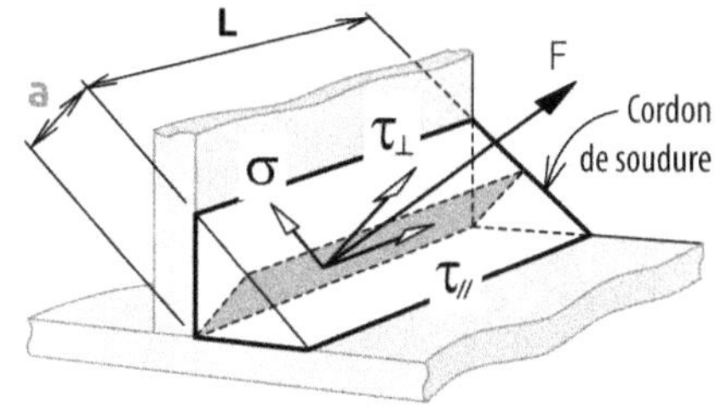

La formule de base qui régit la RÉSISTANCE MÉCANIQUE d'une SOUDURE À L'ARC ÉLECTRIQUE est donnée page suivante. Le CORDON DE SOUDURE d'ANGLE supporte la CONTRAINTE MÉCANIQUE appliquée si la condition suivante est remplie.

$$\sigma^2 + 1{,}8\,(\tau_{\perp}^2 + \tau_{/\!/}^2) \leq \alpha^2 \sigma_e^2$$

σ — CONTRAINTE DE TRACTION ou de COMPRESSION perpendiculaire à la section **L×a**. Son UNITÉ (sens 1) est le daN/mm^2.

$\tau_{/\!/}$ — CONTRAINTE DE CISAILLEMENT | PARALLÈLE à la DIRECTION du CORDON DE SOUDURE. Son UNITÉ (sens 1) est le daN/mm^2.

$\tau_{\perp}$ — CONTRAINTE DE CISAILLEMENT | PERPENDICULAIRE à la DIRECTION du CORDON DE SOUDURE. Son UNITÉ (sens 1) est le daN/mm^2.

a — ÉPAISSEUR du CORDON DE SOUDURE exprimée en mm.

α — = 1 si a ≤ 4 mm
= 0,8 (1+1/a) si a > 4 mm

σ_e — RÉSISTANCE À LA LIMITE D'ÉLASTICITÉ du MÉTAL du cordon exprimée en daN/mm2.

Cette formule peut être appliquée à divers cas correspondant à toutes les DIRECTIONS possibles de la FORCE **F** pour un cordon de longueur **L**.

Cordons frontaux

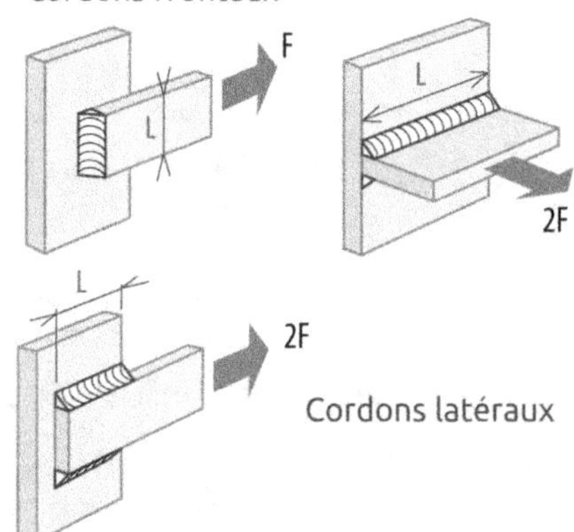

Cordons latéraux

Cordons obliques avec un angle φ

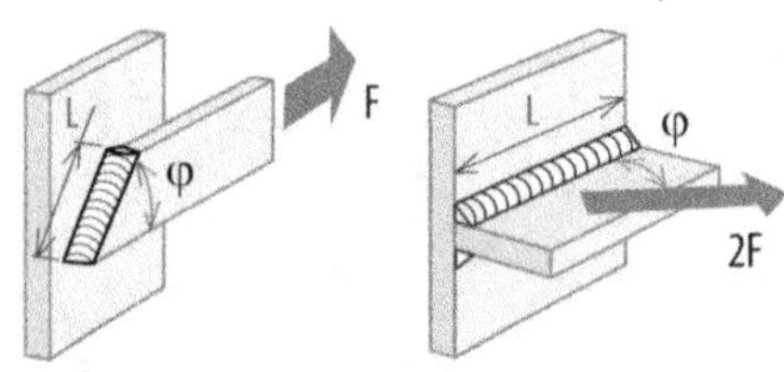

Nous ne développerons cependant pas chacun de ces cas, car il existe une « formule enveloppe » permettant de connaître la RÉSISTANCE minimale que l'on peut espérer d'une telle SOUDURE. Quelle que soit la DIRECTION considérée de la FORCE **F**, la résistance minimale est donnée par :

$$F \approx 0{,}75\,L\,a\,\alpha\,\sigma_e$$

F — RÉSISTANCE en daN.
L — Longueur de cordon en mm.

Prenons comme exemple l'ACIER COURANT. Sa RÉSISTANCE À LA LIMITE D'ÉLASTICITÉ est d'environ $\sigma_e = 24$ daN/mm^2. L'ÉPAISSEUR de SOUDURe habituelle est d'environ 5 ± 2 mm. Voici l'estimation de la résistance mécanique minimale d'un cordon de soudure de longueur 1 cm (10 mm) :

$F_{(a=3mm)} \sim 0{,}75 \times 10\text{mm} \times 3\text{mm} \times 1 \times 24\text{daN/mm}^2$

$F_{(a=3mm)} \sim$ 540 daN

$F_{(a=7mm)} \sim 0{,}75 \times 10\text{mm} \times 7\text{mm} \times 0{,}8 \times (1+1/7) \times 24\text{daN/mm}^2$

$F_{(a=7mm)} \sim$ 1152 daN

La même formule enveloppe peut également être appliquée aux cordons reliant des FACES non PERPENDICULAIRES.

Cordons entre deux faces non perpendiculaires

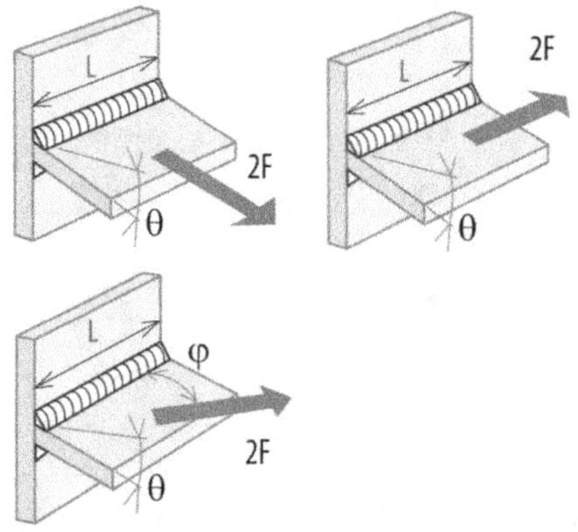

Ainsi, **un cordon de SOUDURE ÉLECTRIQUE de 1 cm en acier possède une résistance mécanique minimale comprise environ entre 500 daN et 1100 daN selon son épaisseur.** Ce résultat simple et facile à retenir mérite d'être conservé en tête, par exemple, pour la pratique de la MÉCANO-SOUDURE.

B. Le tableau suivant rassemble les valeurs de résistance mécanique de soudure électrique pour chaque ÉPAISSEUR de cordon en ACIER.

Épaisseur **a** de cordon de soudure en acier par arc électrique (mm)	Résistance mécanique minimale (daN/cm)
3	540
4	720
5	864
6	1008
7	1152

→ Voir également ABAQUE pour une représentation graphique de ces résultats.

soudure en clin [lap weld]

(n.f.) SOUDURE réunissant deux PIÈCES (sens 1) qui se chevauchent.

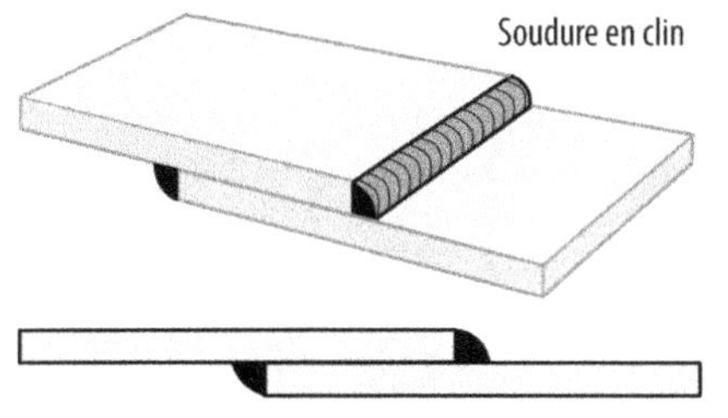

(soudure), épaisseur de soudure [weld thickness]

(n.f.) DISTANCE caractérisant le PROFIL d'un CORDON DE SOUDURE.

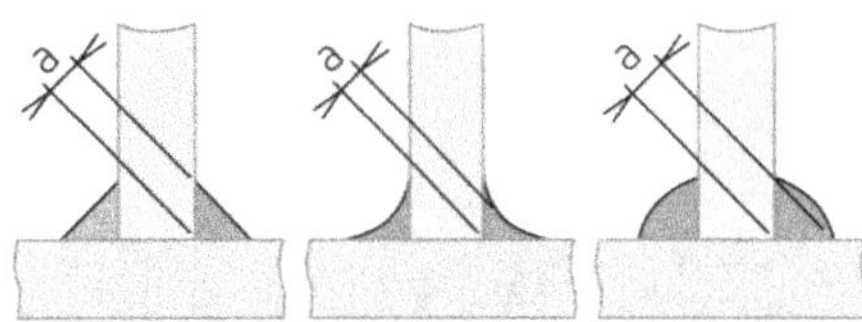

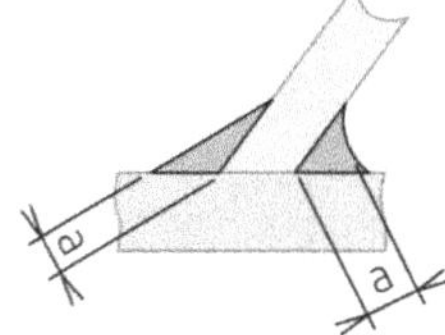

Cette DISTANCE est utilisée dans l'évaluation de la (SOUDURE), RÉSISTANCE MÉCANIQUE DE SOUDURE ÉLECTRIQUE.
→ Voir CALIBRE À SOUDURE pour l'INSTRUMENT qui sert à la mesurer.

soudure par transparence

(n.f.) SOUDURE de deux PIÈCES (sens 1) superposées assemblées par un CORDON DE SOUDURE qui traverse la première pour atteindre la deuxième.

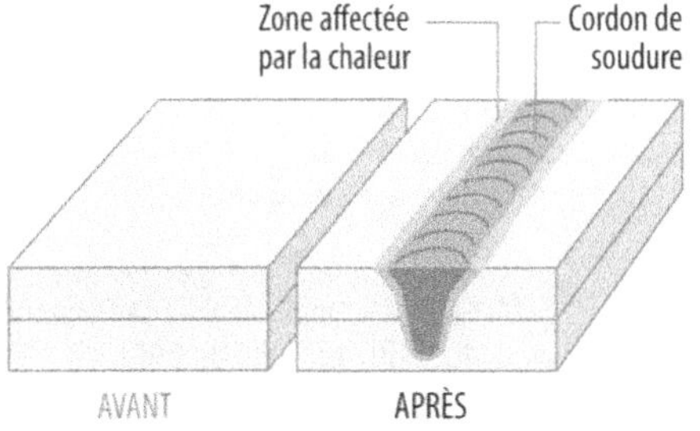

A. Ce type de SOUDURE n'est réalisable qu'avec les TECHNIQUES permettant des pénétrations profondes telles que le SOUDAGE LASER et le SOUDAGE PAR FAISCEAU D'ÉLECTRONS.
B. Ne pas confondre avec la SOUDURE BOUCHON.

soudure pointage, soudure pointée [tack weld]

(n.f.) SOUDURE ponctuelle effectuée préalablement pour maintenir provisoirement en place les PIÈCES (sens 1) à assembler, avant de réaliser le CORDON DE SOUDURE définitif.
→ Voir aussi POINTAGE DE SOUDURE.

soufflet [bellows]

(n.m.) ORGANE agencé en accordéon, ce qui le rend facilement déformable pour être utilisé, par exemple, en protection d'ORGANES susceptibles de changer de LONGUEUR.

Source : Fulton ®

soufflette [blow gun]

(n.f.) DISPOSITIF permettant de libérer et de diriger un jet d'AIR COMPRIMÉ afin de nettoyer, dépoussiérer, sécher ou refroidir.

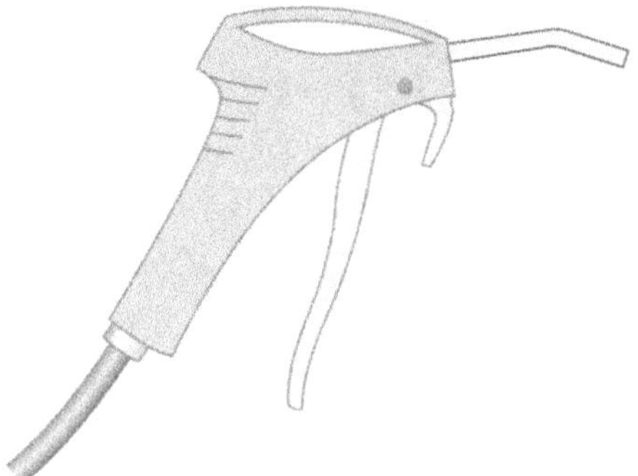

A. La soufflette sert, par exemple, à évacuer les COPEAUX sur un MONTAGE D'USINAGE ou à nettoyer un poste de travail, etc.

👍 Avantages

B. Par rapport à l'action frottante d'un CHIFFON, pas de risque d'ABRASION éventuelle. Pas d'effets ÉLECTROSTATIQUES, notamment sur les (PLASTIQUES), MATIÈRES PLASTIQUES. Permet d'atteindre des SURFACES internes peu accessibles.

 **Inconvénients**

C. Nécessite une source d'AIR COMPRIMÉ. Ne dégraisse pas. Risque pour l'OPÉRATEUR (introduction de l'air sous la peau, bruit excessif, projection de particules pouvant provoquer, par exemple, des blessures occulaires).

soufflure [spill]

(n.f.) DÉFAUT au sein d'un MATÉRIAU se présentant sous forme de VIDE ou de poches de GAZ.
Ex. : *Soufflure à l'intérieur d'un cordon de soudure*.

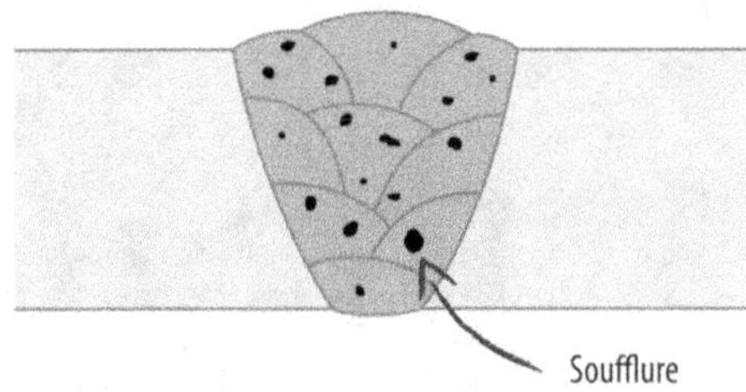

→ **Voir aussi** ACIER CALMÉ ; POROSITÉ.

soufre (S) [sulfur]

(n.m.) ÉLÉMENT CHIMIQUE non-MÉTALLIQUE de couleur jaune existant dans la nature à l'état natif.

A. Il existe aussi sous forme combiné de sulfure, sulfate, etc.
B. Il est utilisé en très faible quantité dans les ACIERS DE DÉCOLLETAGE en se combinant au MANGANÈSE pour former des sulfures lubrifiants améliorant l'USINABILITÉ. D'une façon générale, il est plutôt nocif pour les MÉTAUX sous forme combiné dans des INCLUSIONS qui favorisent la CORROSION.

souple [flexible]

(adj.) Susceptible de se déformer facilement sous l'action de peu d'EFFORT.
◊ Contr. : RIGIDE.

souplesse [flexibility]

(n.f.) Caractère d'un MATÉRIAU ou d'une MATIÈRE pouvant très facilement changer d'aspect géométrique.
◊ Contr. RIGIDITÉ.

sous-dimensionné [undersized]

(adj.) Dont la DIMENSION (sens 1) ou les paramètres ont été déterminés de façon insuffisante.

sous-dimensionnement [undersizing]

(n.m.) État d'un SYSTÈME (PIÈCE, MACHINE, etc.) dont les paramètres ont été déterminés de façon insuffisante.

sous-ensemble [subsystem, sub-assembly]

(n.m.) Groupe d'objets pré-assemblés ne se suffisant à lui-même mais facilitant le STOCKAGE, la gestion et l'ASSEMBLAGE (sens 1) ultérieur d'un ensemble plus important.

sous-multiple d'unité [sub-multiple]

(n.m.) Préfixe associé à un nombre qui divise d'un certain facteur l'UNITÉ (sens 1) à laquelle il est appliqué.
Ci-dessous les sous-multiples définis jusqu'ici et les facteurs correspondants :

Unité		1	1
Déci-	(d)	0,1	10^{-1}
Centi-	(c)	0,01	10^{-2}
Milli-	(m)	0,001	10^{-3}
Micro-	(µ)	0,000 001	10^{-6}
Nano-	(n)	0,000 000 001	10^{-9}
Pico-	(p)	0,000 000 000 001	10^{-12}
Femto-	(f)	0,000 000 000 000 001	10^{-15}
Atto-	(a)	0,000 000 000 000 000 001	10^{-18}
Zepto-	(z)	0,000 000 000 000 000 000 001	10^{-21}
Yocto-	(y)	0,000 000 000 000 000 000 000 001	10^{-24}

→ **Voir aussi** MULTIPLES D'UNITÉS.

sous pression [under pressure]

(Locution). Qui subit l'action d'une FORCE par UNITÉ (sens 1) de SURFACE supérieure à ce que l'air ambiant applique, soit environ supérieure à 1013 hPa ou 1 bar.

sous-produit [by-product]

(n.m.) Produit résiduel d'une FABRICATION principale et qui peut encore faire l'objet d'une REVALORISATION dans une autre filière.
• Note : S'il ne peut être revalorisé, il s'agit de DÉCHETS.

sous-traitance [subcontracting, outsourcing]

(n.f.) Division du travail consistant à confier à une autre entreprise partenaire la FABRICATION de biens ou l'apport de services.

sous-traitant [sub-contractor]

(adj.) Entreprise recevant les ordres ou la délégation d'une autre entreprise pour fabriquer des biens ou fournir des services.

SPC [statistical process control]

MÉTHODE de maîtrise statistique de PROCÉDÉ par des MESURES (sens 3) et représentations graphiques montrant les écarts en plus ou en moins et les dérives par rapport à une valeur de RÉFÉRENCE définie.

Cette MÉTHODE sert à anticiper sur les décisions à prendre en cours de déroulement de n'importe quel processus de FABRICATION industrielle pour l'améliorer. Peut être traduit en français par « maîtrise statistique de processus ».

→ Voir aussi CAPABILITÉ.

spécial [special, non-standard]

(adj.) Qui est différent de ce qui est habituel.
◊ Contr. : STANDARD (sens 2).

spécification [specification]

(n.f.) Définition et description précises des CARACTÉRISTIQUES exigées pour une MACHINE, un APPAREIL, un MATÉRIAU, un ORGANE, un SYSTÈME.

spécification géométrique de produit [geometric product specification: GPS]

(n.f.) NORME et concept proposés par l'organisation internationale de NORMALISATION (sens 1) (ISO) pour garantir l'universalité, la cohérence et la logique des indications de DIMENSIONS, de FORMES, de POSITION, de dispersions acceptables sur les imperfections, des caractéristiques de surface que comporte un DESSIN DE DÉFINITION d'une PIÈCE (sens 1) conformément aux intentions de CONCEPTION et des fonctions attendues.

fonctions d'une pièces, d'une part entre donneur et preneur d'ordre dans les relations client-fournisseur et d'autre part, entre le BUREAU D'ÉTUDES, le service de fabrication et le service de contrôle ayant à faire à un moment donné avec la pièce en question.

Exemple de spécifications géométriques en 2D pour la pièce précédente.

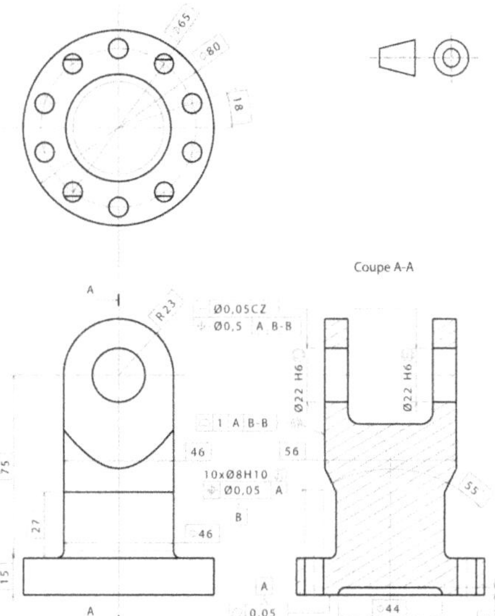

Spécifications géométriques en 3D pour la même pièce.

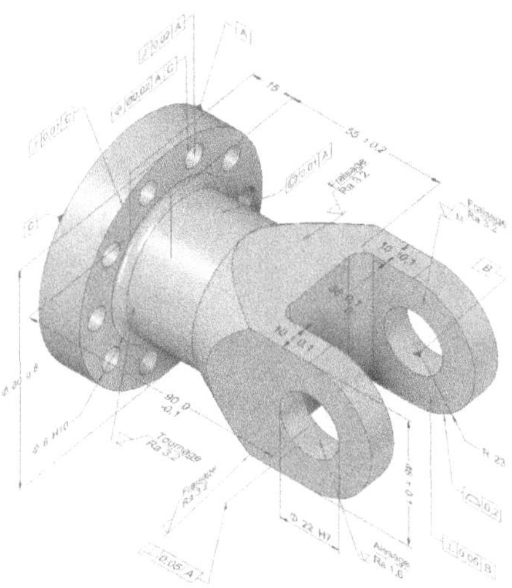

→ Voir aussi PRODUCT MANUFACTURING INFORMATION ; TOLÉRANCE DIMENSIONNELLE ; TOLÉRANCE GÉOMÉTRIQUE ; GD&T ; ÉTAT DE SURFACE.

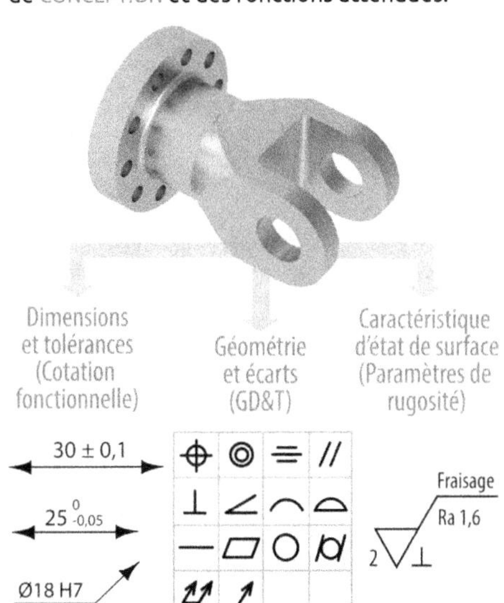

Il s'agit d'une démarche rigoureuse permettant de transmettre de façon non équivoque les informations géométriques en relation avec les

sphère [sphere]

(n.f.) SURFACE fermée parfaitement arrondie sous tous les ANGLES et dont tous les POINTS sont à égale DISTANCE d'un POINT situé au milieu appelé CENTRE.

sphérique [spherical]

(adj.) Qui a la FORME d'une SPHÈRE, c'est à dire parfaitement arrondi sous tous les ANGLES.

sphéroïdisation [spheroidizing]

(n.f.) TRAITEMENT THERMIQUE de RECUIT transformant la MICROSTRUCTURE | LAMELLAIRE d'un MATÉRIAU en structure GLOBULAIRE plus commode pour l'USINAGE et la MISE EN FORME | (FROID), À FROID.
◆ Syn. : GLOBULISATION ; COALESCENCE (sens 2).

spirale [spiral]

(n.f.) COURBE PLANE obtenue par la conjugaison d'un MOUVEMENT | CIRCULAIRE et d'un MOUVEMENT LINÉAIRE s'éloignant ou s'approchant progressivement du CENTRE.

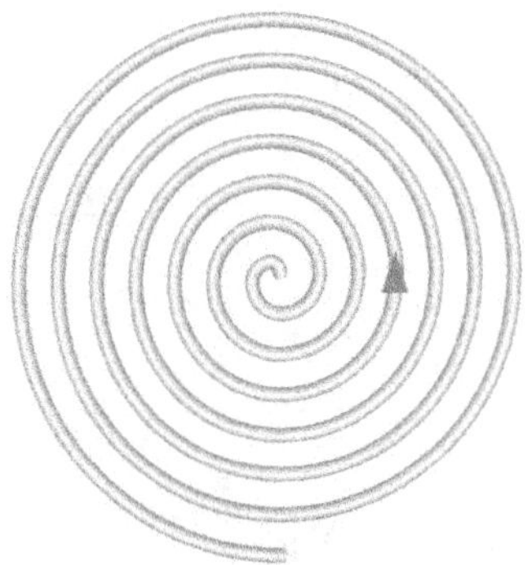

• Note : Ne pas confondre avec l'HÉLICE (sens 1) qui est une COURBE GAUCHE.
→ Voir aussi COULABILITÉ pour une application de la spirale.

spire [turn]

(n.f.) Portion d'HÉLICE (sens 1) correspondant à un TOUR (sens 2).
Ex. : *L'hélice représentée sur la figure ci-dessous comporte 5 spires.*

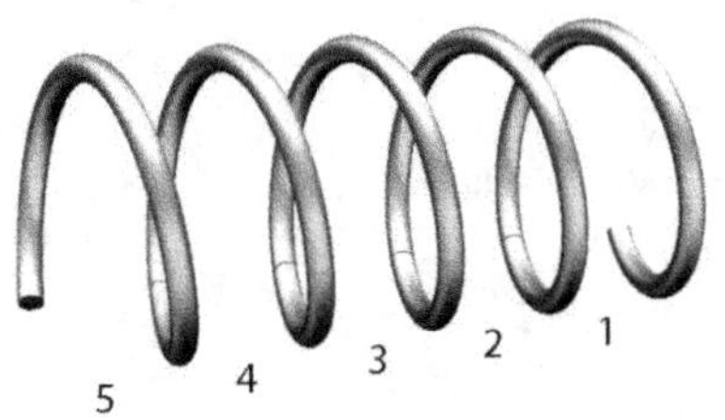

Le nombre total de spires est une des CARACTÉRISTIQUES d'une HÉLICE.
→ Voir HÉLICE (sens 1) ; ANGLE D'HÉLICE.

stabilisant [stabilizer]

(n.m.) SUBSTANCE intégrée à la formulation des POLYMÈRES pour éviter leurs décompositions par la chaleur pendant leur MISE EN FORME.

stabilisateur [stabilizer]

(n.m.) ORGANE permettant à un objet de ne pas se renverser facilement ou de dévier de sa TRAJECTOIRE.

stabilisation [stabilization]

(n.f.)
1. Pratique permettant d'éviter à un objet ou à un ouvrage de se renverser .
Ex. : *Stabilisation d'un ouvrage par une fondation en béton enterré ou par un bloc contrepoids.*
2. TRAITEMENT THERMIQUE visant à diminuer ou à faire disparaître les CONTRAINTES RÉSIDUELLES dans un MATÉRIAU.

stable [stable]

(adj.) Qui ne bouge pas. Qui ne se renverse pas facilement. Qui ne change pas facilement de TRAJECTOIRE. Qui ne se modifie pas facilement.

standard [standard]

(adj.)
1. Qui est conforme à une NORME.
2. Qui est conforme à ce qui est habituel.
◊ Contr. : SPÉCIAL.

statique [statics]

(n.f.) Branche de la PHYSIQUE étudiant les FORCES et MOMENTS DE FORCE appliqués aux objets immobiles, c'est à dire en équilibre MÉCANIQUE.

statique [static]

(adj.) Qui est en équilibre et qui ne bouge pas, ni ne se modifie.

stéradian(sr) [steradian]

(n.m.) UNITÉ DÉRIVÉE de MESURE (sens 2) de l'ANGLE SOLIDE dans le (UNITÉ), SYSTÈME INTERNATIONAL D'UNITÉS (S.I.).
Une sphère complète mesure 4π stéradians.

stéréolithographie [stereolithography: SLA]

(n.f.) TECHNIQUE d'IMPRESSION 3D dans laquelle un rayon laser UV balaie COUCHE par COUCHE chaque section de la PIÈCE (sens 1) selon un MODÈLE (sens 1) 3D afin de POLYMÉRISER un LIQUIDE photosensible se transformant en PIÈCE solide.

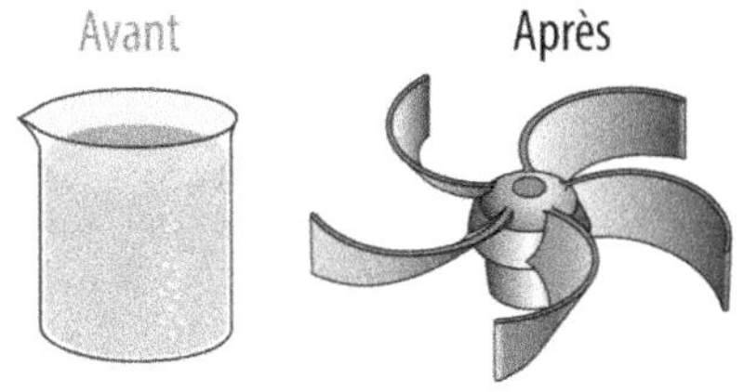

A. Le PROCÉDÉ peut être schématisé comme ci-dessous :

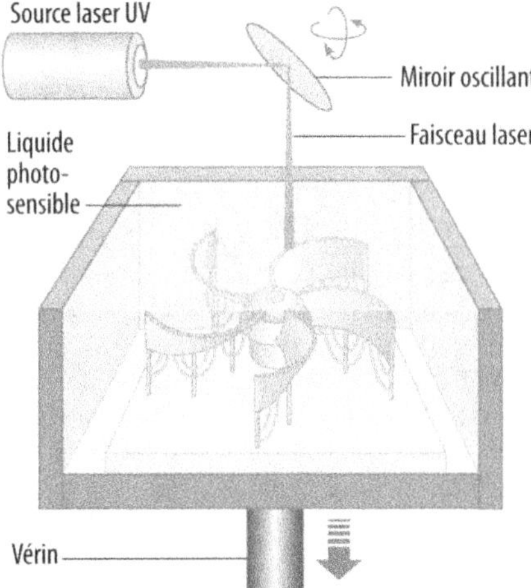

Un bac rempli de LIQUIDE photosensible est monté sur VÉRIN de manière à s'abaisser légèrement à chaque fois qu'une COUCHE est terminée. À remarquer que dans le cas de la figure ci-dessus, les zones en PORTE-À-FAUX de la PIÈCE (sens 1) ont besoin de support pour être construites et ne pas fléchir.

👍 Avantages

B. Grande PRÉCISION dimensionnelle. Très bon ÉTAT DE SURFACE. PIÈCE (sens 1) TRANSPARENTE possible. Grande DIMENSION (sens 1) possible.

👎 Inconvénients

C. Nécessite parfois des SUPPORTS pour soutenir la PIÈCE (sens 1). Peu de choix de MATIÈRE. Peu de coloris disponible. Matière vieillissant assez vite, notamment à la LUMIÈRE (sens 1). PROPRIÉTÉS MÉCANIQUES assez faibles. Nécessite des OPÉRATIONS de NETTOYAGE ultérieures. Peut nécessiter un TRAITEMENT de consolidation au FOUR UV. Les produits chimiques utilisés peuvent dégager des vapeurs nuisibles qu'il faut éliminer. Les bains de résine ont une durée de vie limitée.

D. Ne pas confondre avec la PROJECTION DE MATIÈRE.

E. À savoir qu'il existe un PROCÉDÉ voisin de la stéréolithographie appelé TRAITEMENT NUMÉRIQUE DE LUMIÈRE dans lequel l'image de chaque COUCHE est projetée en une seule fois au lieu d'être balayée, ce qui améliore la VITESSE d'impression.

(n.m.) Entreposage d'objets ayant préalablement reçus un CONDITIONNEMENT dans un endroit adapté avant d'être utilisé ou livré.

(Nom commercial féminin). PROCÉDÉ français breveté d'obtention de PIÈCES (sens 1) par décomposition en tranches élémentaires fabriquées individuellement à partir d'une PLAQUE, puis assemblées par empilage.

A. La stratoconception est une TECHNIQUE de PROTOTYPAGE RAPIDE permettant d'obtenir des MAQUETTES et PROTOTYPES mais aussi des OUTILLAGES (sens 2) (MOULE, FILIÈRE, etc.) et des pièces fonctionnelles avec tous les MATÉRIAUX disponibles sous forme de PLAQUE : BOIS, (PLASTIQUE) MATIÈRE PLASTIQUE, MÉTAUX (ALUMINIUM, ACIER, etc.), VERRE, pierre de roche, etc.

B. À partir d'un MODÈLE (sens 1) élaboré en CONCEPTION ASSISTÉE PAR ORDINATEUR, les différentes étapes du PROCÉDÉ sont :

• La stratification avec un logiciel spécialisé : décomposition informatique de la pièce en « strates » destinées à être découpées, par exemple, par FRAISAGE, par DÉCOUPE LASER ou par DÉCOUPE JET D'EAU sur une PLAQUE d'une certaine ÉPAISSEUR.

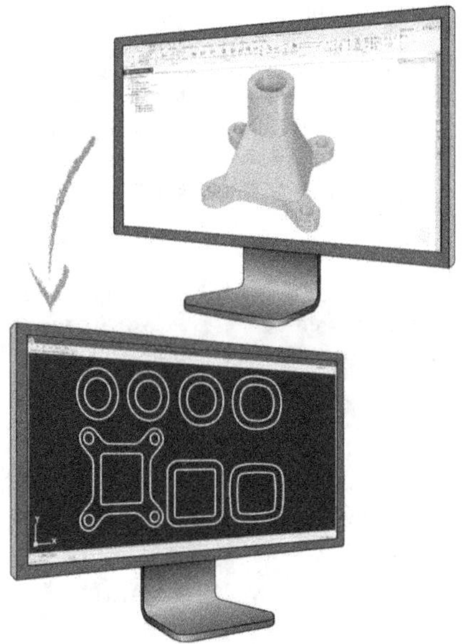

• Le découpage proprement dit de chaque strate avec mise en place d'éléments de POSITIONNEMENT (ERGOTS, INSERTS, doigts, etc.) Selon la MACHINE ou le PROCÉDÉ utilisé, il peut être du type DÉCOUPE 3D.

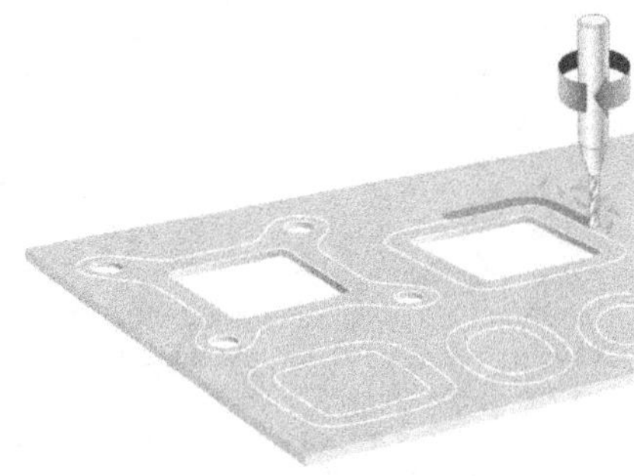

• ASSEMBLAGE (sens 1) final et FINITION (PONÇAGE, PEINTURE, etc.)

Avantages

C. Aucune limitation de FORME et de GÉOMÉTRIE (sens 2). CONTRE-DÉPOUILLE possible. Pas de limitation de DIMENSION (sens 1) notamment suivant l'AXE (sens 1) vertical. Très grandes pièces envisageables. Large gamme de MATÉRIAUX utilisables. Très bonne PRÉCISION même pour les grandes DIMENSIONS (sens 1).

Inconvénients

D. Nécessite une phase finale de MONTAGE (sens 2) et de PARACHÈVEMENT (post-traitement) demandant beaucoup de MAIN D'ŒUVRE. Génère des CHUTES (sens 2) de MATIÈRE. Variabilité des dimensions importantes suivant la direction d'empilage.

⟶ Voir aussi DÉCOUPE DE MATIÈRE pour un PROCÉDÉ similaire de PROTOTYPAGE rapide.

striction [necking]

(n.f.) Rétrécissement de l'AIRE de la SECTION d'une ÉPROUVETTE DE TRACTION provoqué par une instabilité des DÉFORMATIONS qui ne sont plus uniformes sur le corps, mais localisées dans une zone, où la RUPTURE finira par apparaître.

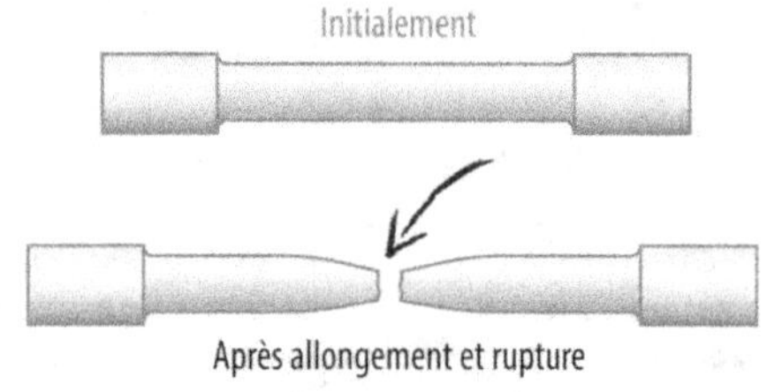

(striction), coefficient de striction [reduction of area]

(n.m.) Pourcentage de réduction de l'AIRE de la SECTION d'une ÉPROUVETTE DE TRACTION après RUPTURE par rapport à la SECTION initiale :

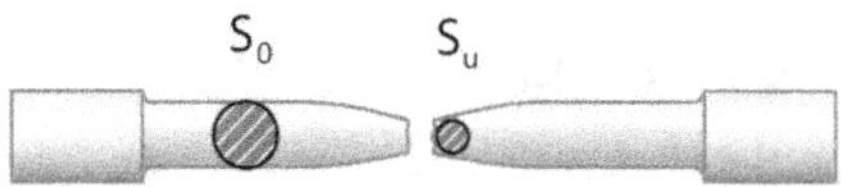

$$Z\% = 100 \times \frac{(S_0 - S_u)}{S_0}$$

Avec l'ALLONGEMENT À LA RUPTURE, le coefficient de striction permet d'évaluer la notion de DUCTILITÉ.

strie [lay]

(n.f.) Multitude de LIGNES | parallèles ou croisées plus ou moins visibles à la SURFACE d'un MATÉRIAU, laissées, par exemple, par un OUTIL DE COUPE.

Dans l'ensemble, les stries ne sont pas un DÉFAUT (sens 1) mais un PHÉNOMÈNE inévitable qui doit être plus ou moins atténué pour ne pas gêner l'aspect fonctionnel et ESTHÉTIQUE.

structure

(n.f.)

1. [structure] Arrangement des constituants d'une MATIÈRE | SOLIDE pouvant être à l'échelle atomique ou à l'ÉCHELLE MICROSCOPIQUE.

2. [frame] OSSATURE ou CHÂSSIS d'une CONSTRUCTION ou d'un OUVRAGE destiné à supporter toutes les CHARGES (sens 1).

→ Voir également CHÂSSIS.

structure amorphe [amorphous structure]

(n.f.) MICROSTRUCTURE de MATÉRIAU dans laquelle chaque atome est placé de façon désorganisée par rapport à ses voisins.

◊ Contr. : STRUCTURE CRISTALLINE dans laquelle les atomes sont agencés selon un motif répétitif régulier et compact.

→ Voir STRUCTURE CRISTALLINE.

(structure), calcul de structure [structural analysis]

(n.m.) Discipline d'évaluation par les mathématiques et les lois de la physique des CONTRAINTES MÉCANIQUES et DÉFORMATIONS résultant de l'application de FORCES dans un MATÉRIAU.

→ Voir, par exemple, (ÉLÉMENTS FINIS), CALCUL PAR ÉLÉMENTS FINIS.

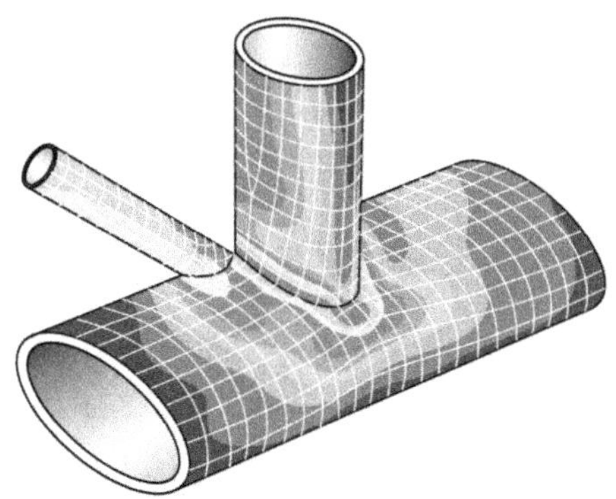

structure cristalline [crystalline structure]

(n.f.) Agencement répétitif, régulier et compact d'atomes constituant une MATIÈRE | SOLIDE.

A. Les MÉTAUX et les cristaux minéraux, par exemple, possèdent pour la plupart cette STRUCTURE (sens 1).

B. Le contraire est la STRUCTURE AMORPHE dans laquelle il n'y a aucun ordre particulier de chaque atome par rapport à ses voisins. C'est, par exemple, le cas du VERRE.

→ Voir AMORPHE.

C. Si chaque atome est considéré comme une SPHÈRE, voici comment peut être représentée une structure cristalline comparée à une structure AMORPHE :

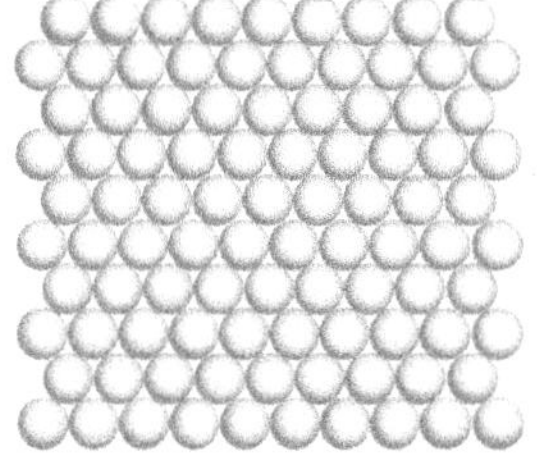

Structure mono-cristalline

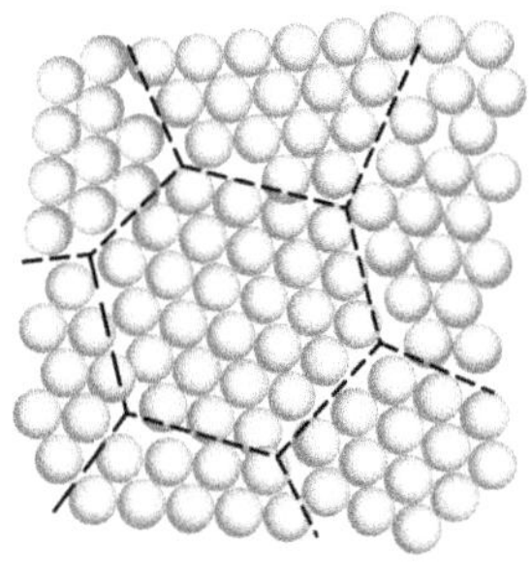

Structure poly-cristalline

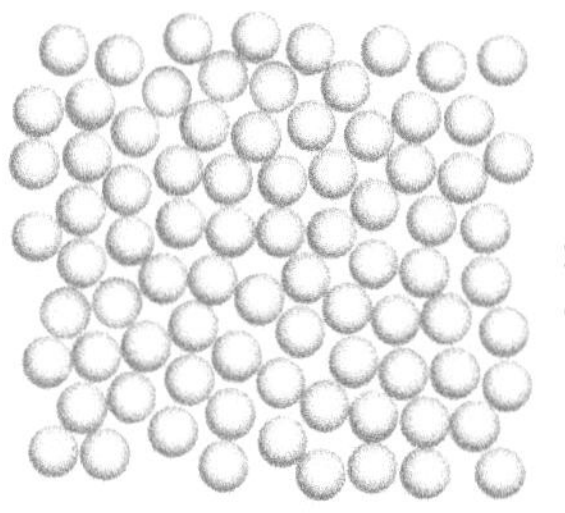

Structure amorphe

D. L'arrangement répétitif et compact des MATÉRIAUX qui possèdent la structure cristalline est l'une des raisons de leur RIGIDITÉ et des difficultés à les mettre en forme. C'est le cas, par exemple, des MÉTAUX et des CÉRAMIQUES. Il existe 14 structures cristallines différentes classées en 7 grandes catégories. Trois de ces structures se rencontrent fréquemment dans les MÉTAUX et méritent d'être approfondies :

a. Cubique centré (CC) : les atomes sont placés sur les coins du cube ainsi qu'au centre (voir page suivante).

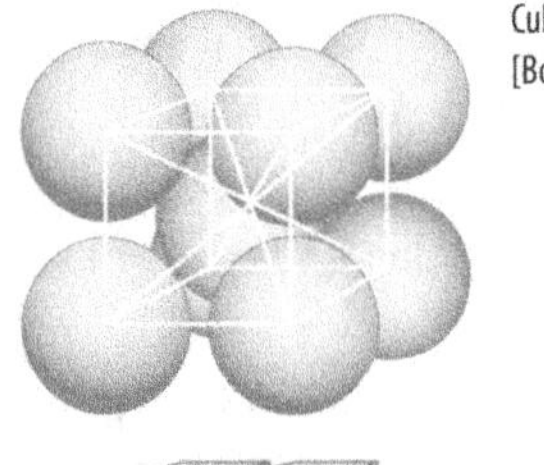

Cubique Centré : CC
[Body Centred Cubic : BCC]

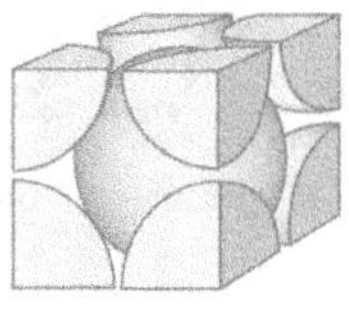

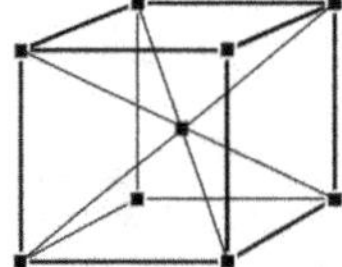

b. Cubique faces centrées (CFC) : les atomes sont sur les coins du cube ainsi que sur le centre de chaque face de cube.

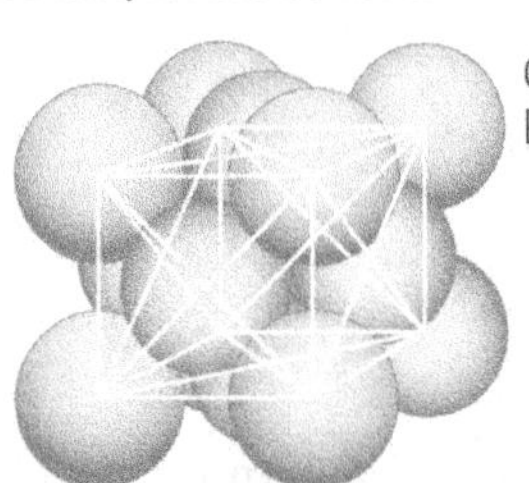

Cubique Face Centré : CFC
[Face Centred Cubic : FCC]

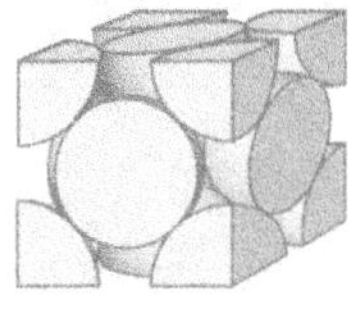

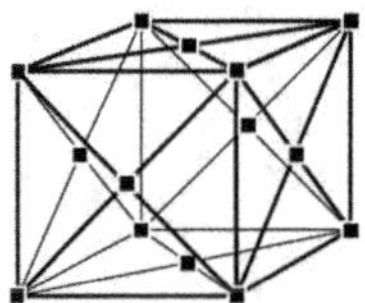

c. Hexagonal compact (HC) : les atomes sont disposés sur les coins et le centre d'un HEXAGONE et ce sur plusieurs COUCHES décalées.

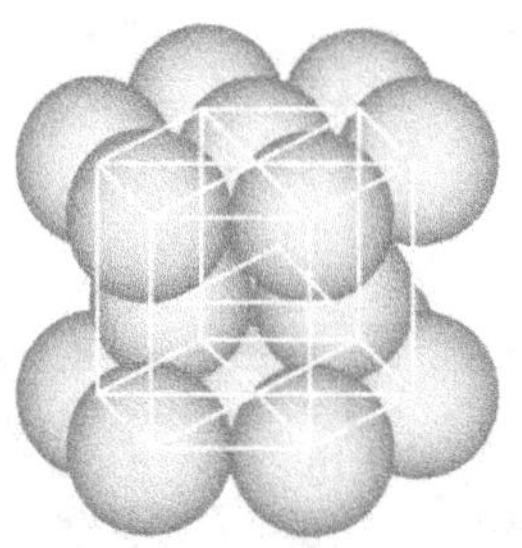

Hexagonal compact : HC
[Hexagonal Closely Packed : HCP]

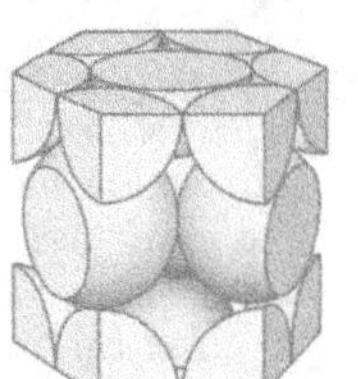

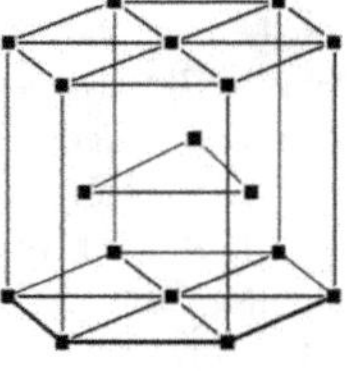

E. Les plans atomiques de ces différentes structures cristallines possèdent des possibilités et capacités de glissement les uns par rapport aux autres lors de la DÉFORMATION PLASTIQUE, comme représentés schématiquement ci-dessous :

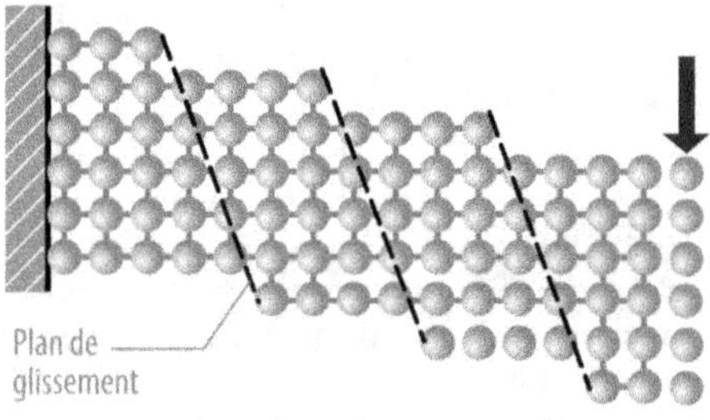

En comparaison, la structure cristalline en DÉFORMATION ÉLASTIQUE.

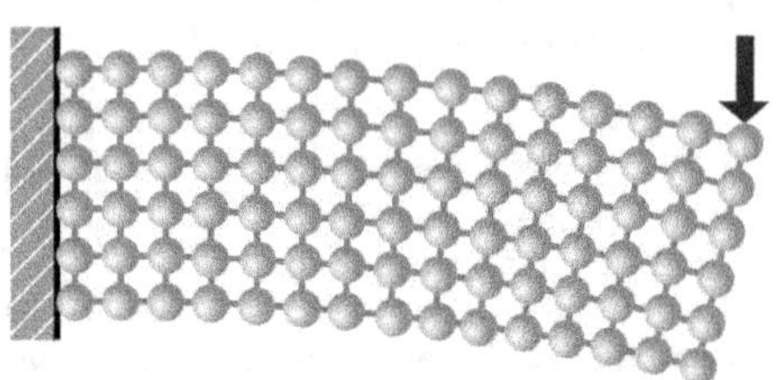

Ces possibilités et capacités de glissement sont plus ou moins grandes selon les types de structure cristalline et se traduit à une échelle MACROSCOPIQUE par des DUCTILITÉS plus ou moins prononcées.

F. Ci-dessous, les structures cristallines des principaux MÉTAUX dans l'ordre du plus DUCTILE au moins DUCTILE :

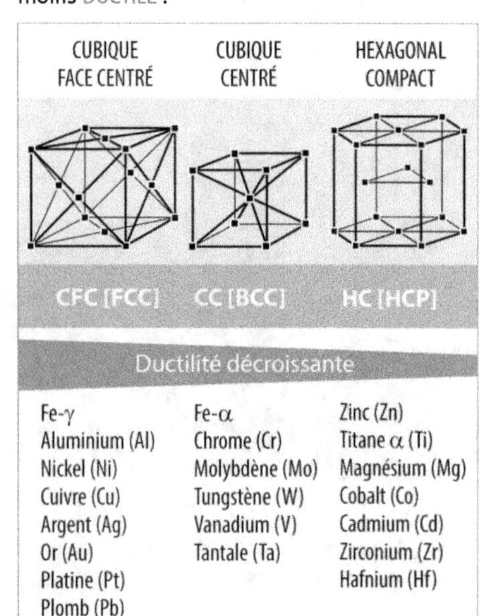

CUBIQUE FACE CENTRÉ	CUBIQUE CENTRÉ	HEXAGONAL COMPACT
Fe-γ	Fe-α	Zinc (Zn)
Aluminium (Al)	Chrome (Cr)	Titane α (Ti)
Nickel (Ni)	Molybdène (Mo)	Magnésium (Mg)
Cuivre (Cu)	Tungstène (W)	Cobalt (Co)
Argent (Ag)	Vanadium (V)	Cadmium (Cd)
Or (Au)	Tantale (Ta)	Zirconium (Zr)
Platine (Pt)		Hafnium (Hf)
Plomb (Pb)		

G. À signaler qu'une structure cristalline est rarement parfaite comme ci-dessous :

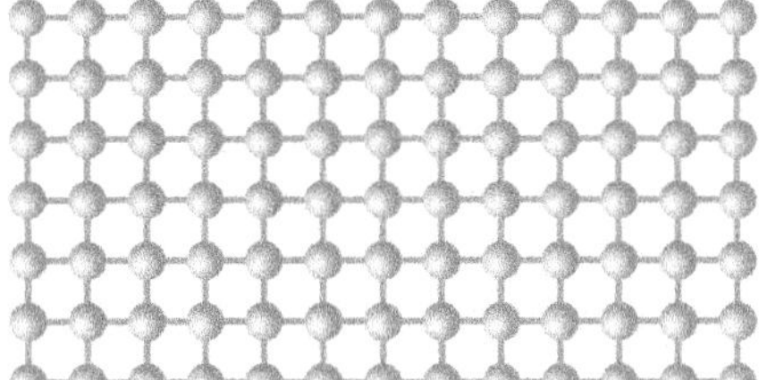

En réalité, elle contient toujours des distorsions et divers types d'imperfections en plus ou moins grande quantité, appelées DÉFAUTS (sens 2). Ceux-ci possèdent une influence parfois déterminante sur les PROPRIÉTÉS générales de la MATIÈRE telles que les propriétés de CONDUCTIBILITÉ THERMIQUE et de CONDUCTIVITÉ ÉLECTRIQUE, les propriétés MAGNÉTIQUES et surtout les PROPRIÉTÉS MÉCANIQUES (RÉSISTANCE, DURETÉ, PLASTICITÉ, DUCTILITÉ, tenue aux CHOCS, tenue à la FATIGUE...) Les défauts pouvant être cités sont essentiellement :

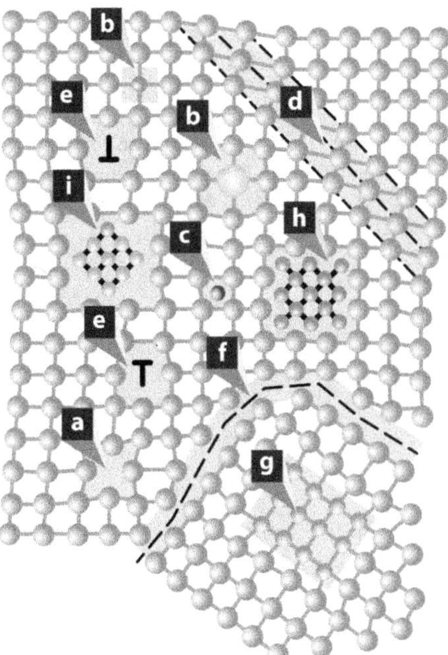

a. Les lacunes [vacancies] : sites vides (non-occupés) du réseau cristallin. Elles sont une nécessité car correspondant à un équilibre thermodynamique. Elles jouent un rôle important dans le phénomène de DIFFUSION à l'état SOLIDE.

b. Les atomes étrangers placés à la place d'un atome normal du réseau cristallin (en substitution [substitutional]). Ils peuvent avoir une influence sur les CARACTÉRISTIQUES d'ÉLASTICITÉ.

c. Les atomes étrangers en excès situés en interstices du réseau cristallin [interstitial]. Ils peuvent influencer la RÉSISTANCE MÉCANIQUE et la DURETÉ.

d. Les macles [twins] : défaut de l'ordre d'empilement des plans d'un réseau cristallin ou décalage symétrique d'un ou plusieurs plans entiers du réseau cristallin par CISAILLEMENT. Elles ont une influence sur la PLASTICITÉ.

e. Les DISLOCATIONS [dislocations] : plans incomplets insérés dans le réseau cristallin et se terminant par des lignes. Elles se forment pendant la SOLIDIFICATION mais aussi par ÉCROUISSAGE. Leur LONGUEUR, nombre et DENSITÉ déterminent en grande partie le comportement de PLASTICITÉ (notamment la DUCTILITÉ).

f. Les JOINTS DE GRAINS [grain boundaries] : frontière entre deux CRISTAUX d'orientations différentes. Leurs étendues définissent en partie la RÉSISTANCE À LA LIMITE D'ÉLASTICITÉ.
→ Voir à RÉSISTANCE À LA LIMITE D'ÉLASTICITÉ une formule générale donnant la contribution de différents facteurs sur cette caractéristiques, ainsi qu'à TAILLE DE GRAINS, une relation entre cette dernière et la RÉSISTANCE MÉCANIQUE.
→ Voir aussi, par exemple, ACIER À HAUTE LIMITE D'ÉLASTICITÉ, ACIER HLE.

g. Les PRÉCIPITÉS [precipitates] cohérents : PHASE (sens 2) intermétallique dispersée hétérogène dans une phase majoritaire avec laquelle elle possède une continuité cristallographique. Les précipités itinialement cohérents avec la MATRICE (sens 2) vont progressivement perdre la cohérence (lien entre les plans atomiques) avec cette dernière au fur et à mesure de leur croissance. Les précipités sont des effets généralement recherchés pour améliorer les PROPRIÉTÉS MÉCANIQUES (RÉSISTANCE À LA LIMITE ÉLASTIQUE, RÉSISTANCE À LA RUPTURE, DURETÉ, etc.).

h. Les précipités incohérents : PHASE (sens 2) sans continuité cristallographique avec la MATRICE (sens 2).

i. Les INCLUSIONS [inclusions] : PHASE (sens 2) constituée à partir d'IMPURETÉS (généralement non-désirées car souvent nocives).

...

H. La discipline d'études de la structure cristalline s'appelle la CRISTALLOGRAPHIE. Dans la pratique, elle utilise essentiellement la technique de la diffraction par rayons X car la longueur d'onde de ces rayons est du même ordre de

grandeur que les distances interatomiques ou paramètres de mailles des réseaux cristallins.
I. Ne pas confondre avec la STRUCTURE MICROSCOPIQUE ou MICROSTRUCTURE qui se situe à une ÉCHELLE (sens 3) plus grande.
→ Voir aussi CRISTALLITE.

structure macroscopique [macroscopic structure]

(n.f.) Texture visible à l'oeil nu d'un MATÉRIAU.
Ex. : *Structure macroscopique d'une mousse éponge.*

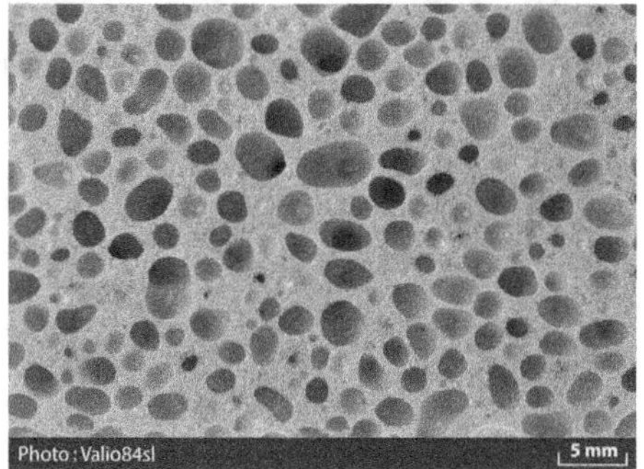

structure microscopique [microscopic structure]

(n.f.) Agencement des constituants d'un MATÉRIAU tel qu'il peut être observé à des grossissements de l'ordre de 100× à 1 000 000×.
A. L'ÉCHELLE (sens 3) de la structure microscopique s'étend environ de 0,1 mm (10^{-4} m) à 0,01 µm (10^{-8} m). C'est l'ÉCHELLE (sens 3) qui permet de visualiser à l'aide de différents MICROSCOPES les GRAINS, les JOINTS DE GRAINS, les différentes PHASES, les INCLUSIONS...

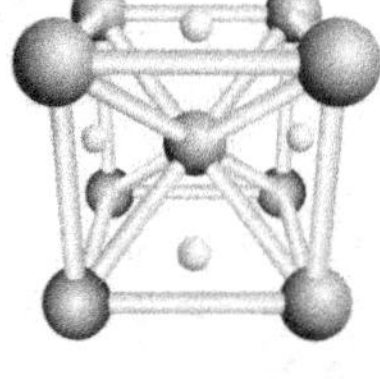

B. La discipline d'étude de la structure microscopique est appelée MÉTALLOGRAPHIE dans le cas des MÉTAUX ou plus généralement MATÉRIALOGRAPHIE pour l'ensemble des MATÉRIAUX.
C. Ne pas confondre avec la STRUCTURE CRISTALLINE.
♦ Syn. : MICROSTRUCTURE.

→ Voir ÉCHELLE MICROSCOPIQUE pour une vue générale des échelles d'observation des MATÉRIAUX.

style [style]

(n.m.) Ensemble des aspects caractérisant un travail ou le résultat d'un travail spécialement réalisé pour être agréable aux sens, en particulier à la vue.
A. Au-delà des FONCTIONS purement TECHNIQUES que doit assurer un SYSTÈME issu d'une CONCEPTION, il est de plus en plus souvent nécessaire de prendre en compte l'aspect ESTHÉTIQUE correspondant aux attentes des consommateurs au moment considéré. Il est clair qu'un produit qui ne correspond pas aux goûts et sensibilités émotionnelles des clients, même s'il répond parfaitement à tous les autres critères de FONCTIONNALITÉ, de FIABILITÉ et de coût, ne peut connaître un réel succès commercial. Il est alors indispensable de définir clairement avant l'étape de CONCEPTION, en particulier au cours de l'ANALYSE FONCTIONNELLE, les critères ESTHÉTIQUES à prendre en compte pour satisfaire au mieux l'attente des futurs acheteurs.
B. Cependant, ces considérations d'ordre émotionnel sont difficilement quantifiables telles que pourrait l'être une grandeur physique en sciences et techniques. En première approche, pour cerner la notion de style, les DESIGNERS s'appuient sur un ensemble d'adjectifs descriptifs pris deux à deux avec des significations diamétralement opposées entre lesquels il faut faire un choix tranché :

Agressif	Passif
Extravagant	Sobre
Anguleux	Arrondi
bon marché	coûteux
Féminin	Masculin
Classique	Branché
Formel	Décontracté
Clinique	Accueillant
Artisanal	Industriel
Malin	Idiot
Honnête	Trompeur
Courant	Exclusif
Humouristique	Sérieux
Orné	Simple
Délicat	Robuste
Irritant	Adorable
Simpliste	Sophistiqué
Jetable	Durable
Terne	Sexy
Moderne	Rustique
actuel	antique
Recherché	Basique
Mûr	Jeune
Élégant	Pataud
Nostalgique	Futuriste
Contemporain	Avant-gardiste
...	

C. Quelques interprétations de style pour le même objet de la vie courante (équerre-support d'étagère).

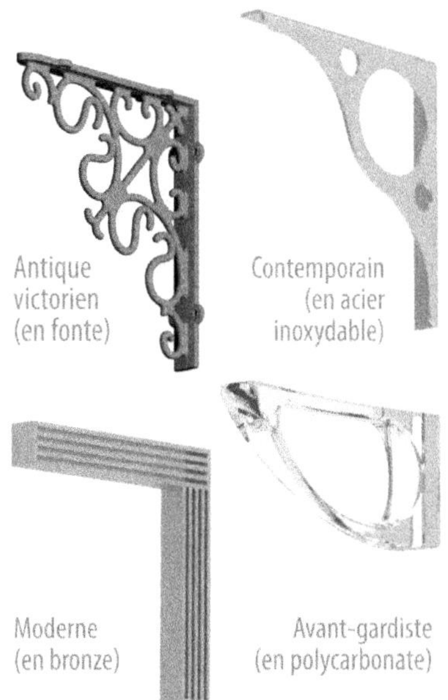

→ Voir aussi ANALYSE FONCTIONNELLE.

stylique [styling]

(n.m.) Discipline de CONCEPTION d'objets tenant aussi compte de l'aspect ESTHÉTIQUE, en particulier, l'apparence visuelle.
• Note : Le terme DESIGN emprunté aux anglo-saxons et détourné de son sens initial de CONCEPTION tout court, est cependant davantage employé !
◆ Syn. : Esthétique industrielle, design industriel.

sublimation [sublimation]

(n.f.) (ÉTAT), CHANGEMENT D'ÉTAT du SOLIDE directement vers l'état GAZEUX sans passer par l'état LIQUIDE.

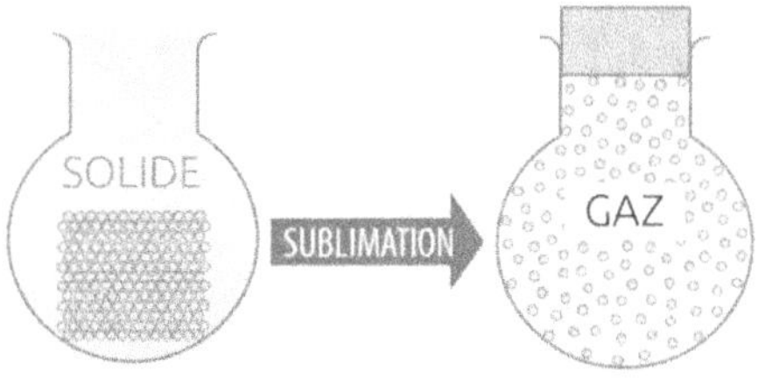

→ Voir, par exemple, MOULAGE AU SABLE À MODÈLE VAPORISABLE pour une application particulière de la sublimation permettant d'évacuer un MODÈLE (sens 2) hors d'un MOULE.

substance [substance]

(n.f.) MATIÈRE ou CORPS chimique pouvant être un CORPS PUR ou un mélange.
A. La substance peut avoir tous les ÉTATS DE LA MATIÈRE possibles : SOLIDE, LIQUIDE, GAZ.
B. Le diagramme synoptique suivant donne une classification succincte :

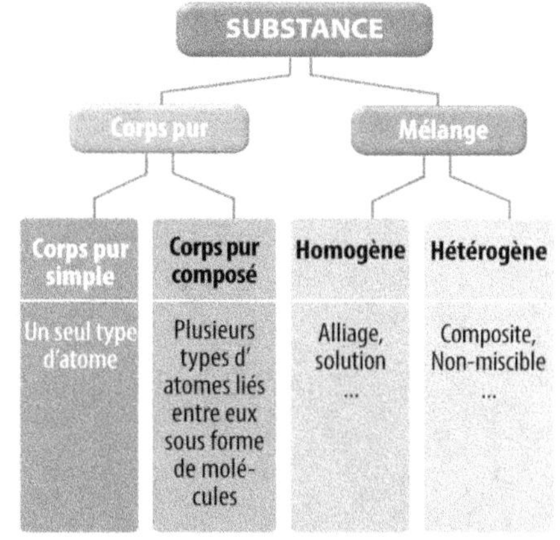

substrat [substrate, base metal]

(n.m.) SURFACE d'un MATÉRIAU sur laquelle est déposée une COUCHE d'une autre MATIÈRE.

superalliage [superalloy]

(n.m.) MATÉRIAU MÉTALlique combinant des CARACTÉRISTIQUES MÉCANIQUES très élevées dans un très large domaine de TEMPÉRATURE avec une RÉSISTANCE À LA CORROSION exceptionnelle. Le diagramme suivant situe les domaines des superalliages par rapport aux autres MÉTAUX et ALLIAGES :

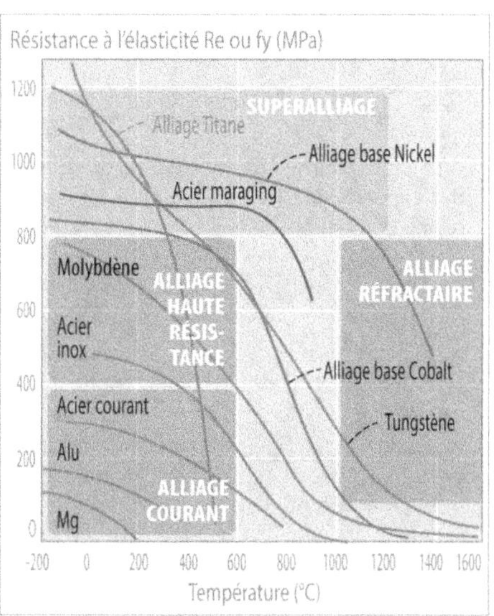

superficiel [superficial]

(adj.) Qui est limité à la SURFACE sans concerner le sein de la MATIÈRE.
Ex : *Traitement superficiel.*

superfinition [superfinition]

(n.f.) PROCÉDÉ d'USINAGE par ABRASION sur de larges SURFACES de CONTACT, avec des particules très fines et des MOUVEMENTS croisés de manière à obtenir des PRÉCISIONS dimensionnelles et géométriques ainsi qu'une qualité d'ÉTAT DE SURFACE exceptionnels.

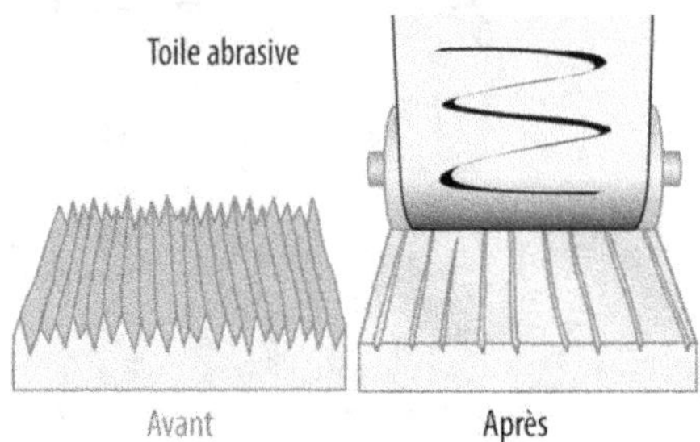

Ex. : *Superfinition d'un rouleau cylindrique.*

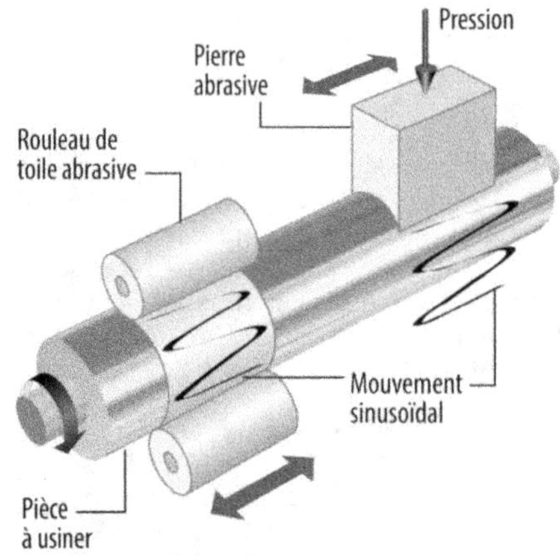

A. La superfinition permet d'aller bien au-delà des capacités de la RECTIFICATION classique en terme du résultat de RUGOSITÉ.

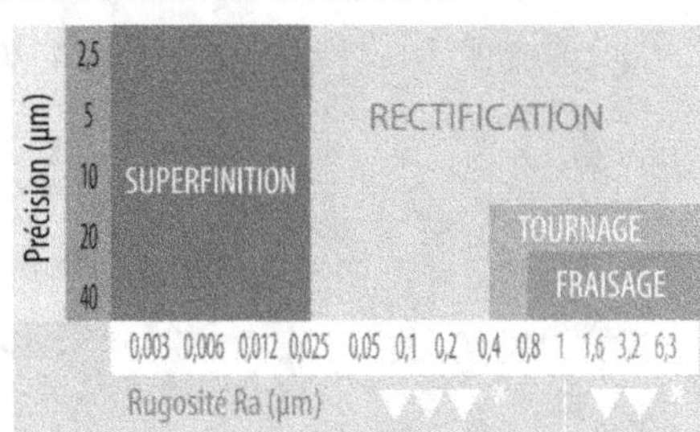

B. TOLÉRANCE **dimensionnelle (IT)** :

Très précis	Précis	Moyen	Grossier	Très Grossier
1 2 3 4 5	6 7 8 9	10 11 12	13 14 15	16 17 18
Superfinition				
10 ± 0,002	10 ± 0,01	10 ± 0,05	10 ± 0,2	10 ± 1
100 ± 0,005	100 ± 0,02	100 ± 0,1	100 ± 0,4	100 ± 2

C. **Coût** OUTILLAGE **(sens 2) (hors coût** MACHINE**)** :

Aucun	Faible	Moyen	Élevé	Très élevé
	Superfinition			

D. SÉRIE DE PIÈCES **économique** :

Proto	Unitaire	Petite	Moyenne	Grande	Très Grande
1	10	100	1 000	10 000	100 000
	Superfinition				

→ **Voir aussi** RODAGE.

support [support]

(n.m.) ORGANE destiné à recevoir un autre pour lui procurer un soutien et une STABILITÉ.
Ex. 1 : *Support en* VÉ.

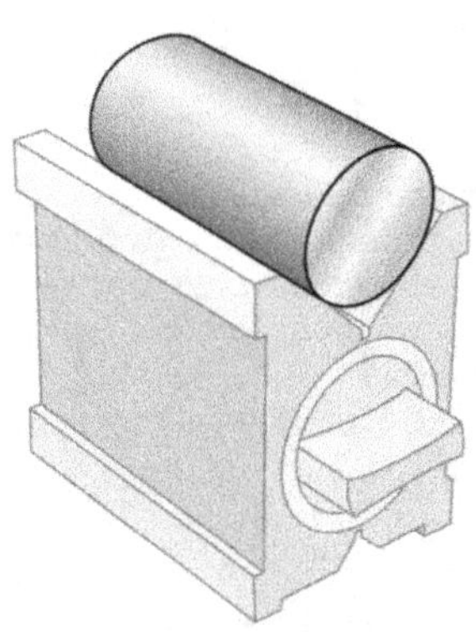

Ex. 2 : *Support mural de vélo.*

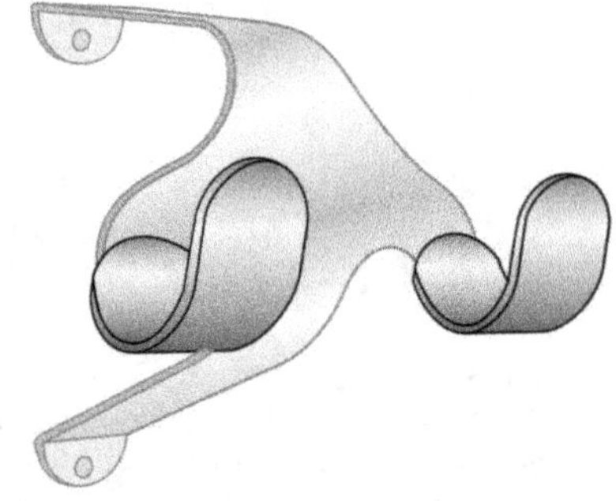

surcharge [overload]

surcharge [overload]

(n.f.) CHARGE (sens 1) appliquée à une STRUCTURE (sens 2) et dont l'intensité et la durée sont variables.

D'une façon générale, la surcharge est toujours moins facile à évaluer.

Ex. : *Surcharge de neige, de vent, de séisme, etc.*

◊ Contr. : CHARGE PERMANENTE.

surchauffe [overheating]

(n.f.) Augmentation excessive de TEMPÉRATURE pendant une durée telle qu'un MATÉRIAU perd ses CARACTÉRISTIQUES MÉCANIQUES.

A. Dans le cas d'un MATÉRIAU MÉTALLIQUE, la conséquence d'une surchauffe peut être un grossissement exagéré des GRAINS de sa MICROSTRUCTURE.

B. Dans le cas des ACIERS, ce DÉFAUT peut être rétabli par un TRAITEMENT THERMIQUE de REGÉNÉRATION ou NORMALISATION (sens 2).

surdimensionné [oversized]

(adj.) Dont la taille et la quantité sont démesurées par rapport aux besoins réels.

surépaisseur [machining allowance, oversize, extra thickness, overthickness]

(n.f.) Excédent de MATIÈRE dépassant intentionnellement ou non du niveau recherché ou normal.

Ex. 1 : *Surépaisseur d'usinage.*

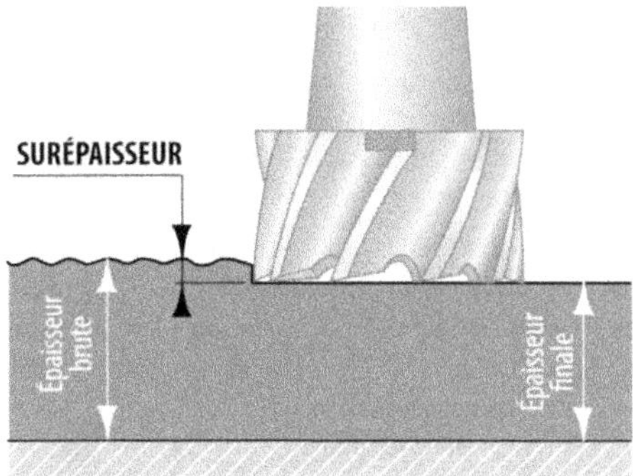

Lorsque le PROCÉDÉ d'obtention du brut n'est pas suffisamment précis pour atteindre les spécifications de la SURFACE en question, on lui ajoute une ÉPAISSEUR de MATIÈRE qui sera enlevée par un PROCÉDÉ plus précis tel que l'USINAGE. Toutes les SURFACES dont les spécifications peuvent être respectées par le procédé d'obtention du brut ne seront pas reprises. Les NORMES métiers permettent de déterminer les TOLÉRANCES réalisables par les PROCÉDÉS.

Ex. 2 : *Surépaisseur de* SOUDURE.

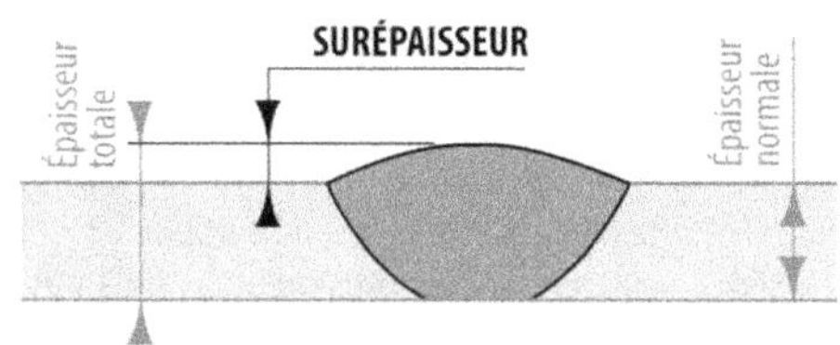

surfaçage [facing, planer milling]

(n.m.) USINAGE d'une grande SURFACE PLANE généralement par FRAISAGE.

Ex. : *Surfaçage d'un bloc moteur.*

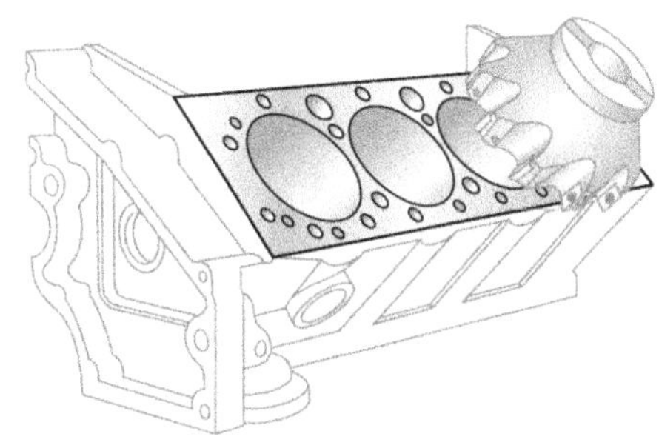

→ Voir aussi CUBAGE.

surface

(n.f.)

1. [surface] Zone étendue sans ÉPAISSEUR.

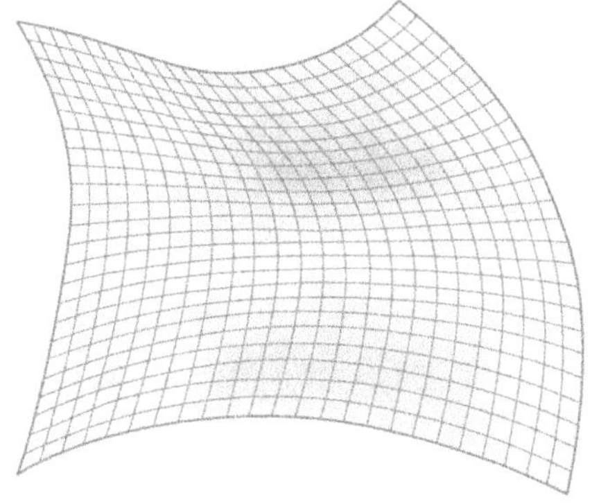

La MESURE (sens 1) de son étendue est appelée AIRE. Elle est exprimée avec l'UNITÉ (sens 1) m^2 et ses multiples et sous-multiples.

◊ Contr. : VOLUME.

2. [area] MESURE (sens 1) de la grandeur d'une zone étendue sans ÉPAISSEUR. Elle est exprimée en m^2 et ses multiples et sous-multiples.

◆ Syn. : AIRE.

(surface), en surface [on the surface]

(Locution). Qui reste sur la frontière externe de quelque chose sans entrer à l'intérieur.
♦ Syn. : SUPERFICIEL.

surface d'appui [bearing surface]

(n.f.) Zone par laquelle un ORGANE est en CONTACT avec un autre pour répartir une PRESSION et assurer une STABILITÉ.

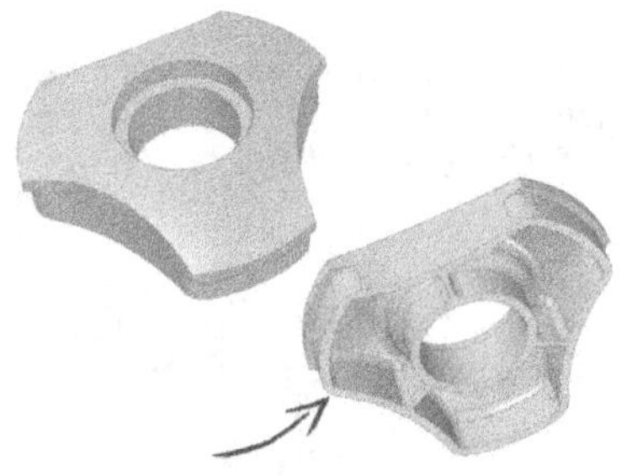

→ **Voir aussi** PORTÉE (sens 1) qui est la SURFACE D'APPUI d'un ARBRE (sens 2) sur son PALIER.

surface de contact [contact surface]

(n.f.) Zone par laquelle deux ORGANES se touchent.

surface de référence [reference surface]

(n.f.) SURFACE considérée comme irréprochable et à partir de laquelle sont définies, mesurées et fabriquées toutes les autres.
Ex. 1 :

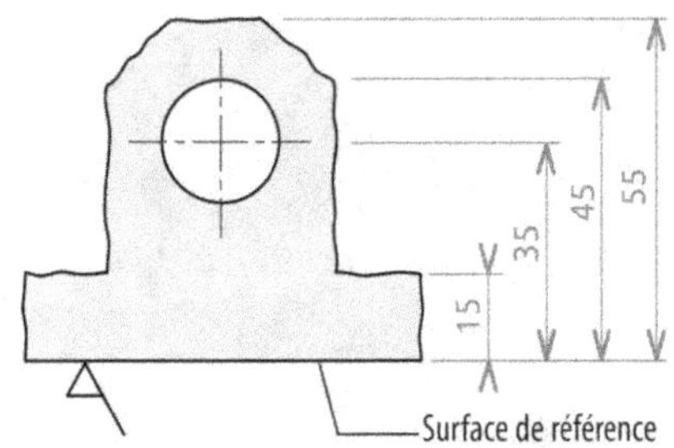

Ex. 2 :

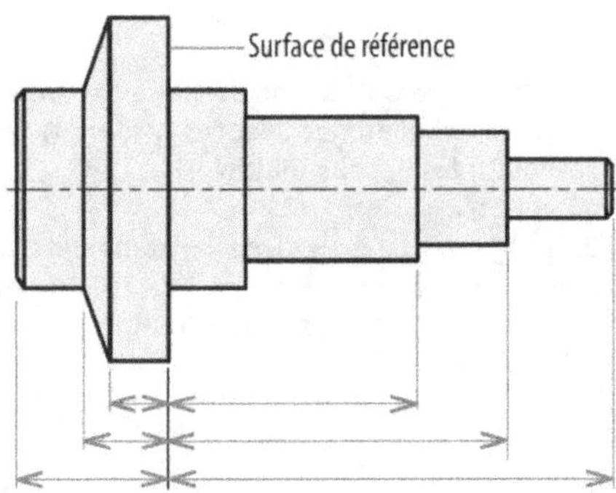

surfusion [supercooling]

(n.f.) PHÉNOMÈNE de retard de SOLIDIFICATION d'une SUBSTANCE à l'état LIQUIDE qui reste dans cet état bien que sa température soit déjà inférieure à la température théorique de SOLIDIFICATION. Ce phénomène provient des germes solides qui n'atteignent pas encore la taille critique pour être stable et pouvoir se développer. La surfusion se manifeste sur une courbe d'ANALYSE THERMIQUE par une anomalie :

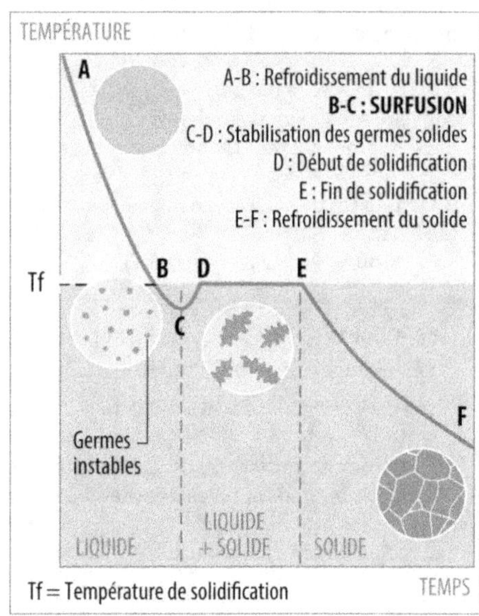

Il s'agit ici de la courbe de refroidissement d'un CORPS PUR ou d'un EUTÉCTIQUE.
→ **Voir aussi** ANALYSE THERMIQUE pour une comparaison avec une courbe normale.

surmoulage [injection overmoulding (GB); injection overmolding (US)]

(n.m.) MOULAGE d'une MATIÈRE par dessus une autre PIÈCE (sens 1) déjà existante préalablement installée dans le MOULE.
Ex. : *Surmoulage d'une* PIÈCE *(sens 1) en (PLASTIQUE),* MATIÈRE PLASTIQUE *par dessus une* VIS *métallique.*

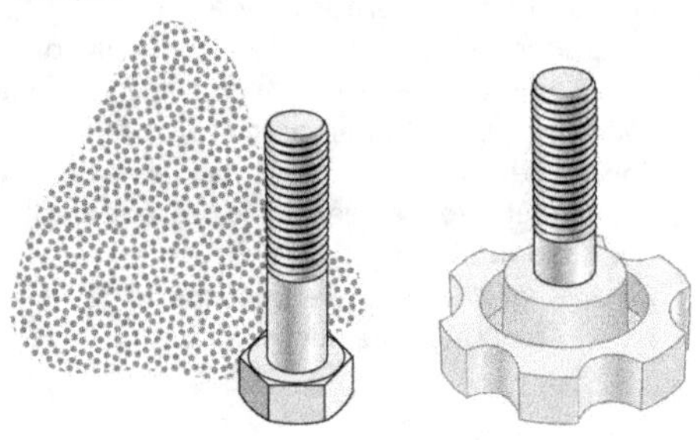

Schéma du PROCÉDÉ :

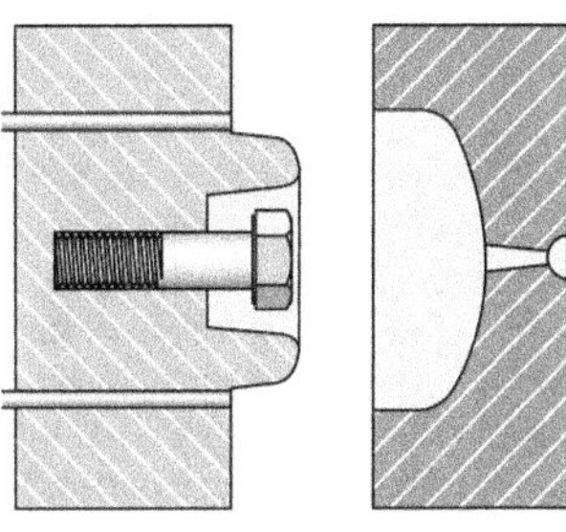

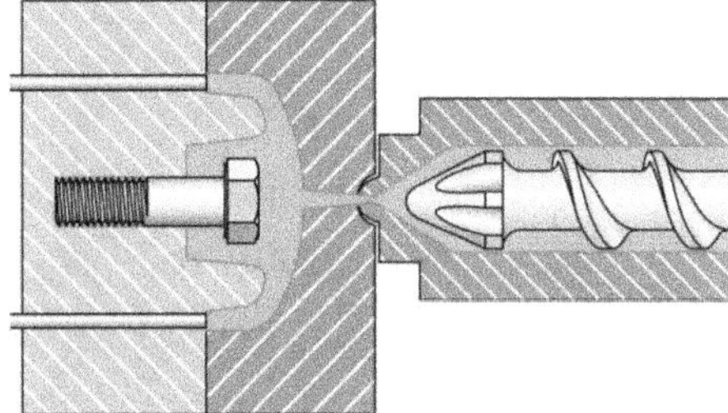

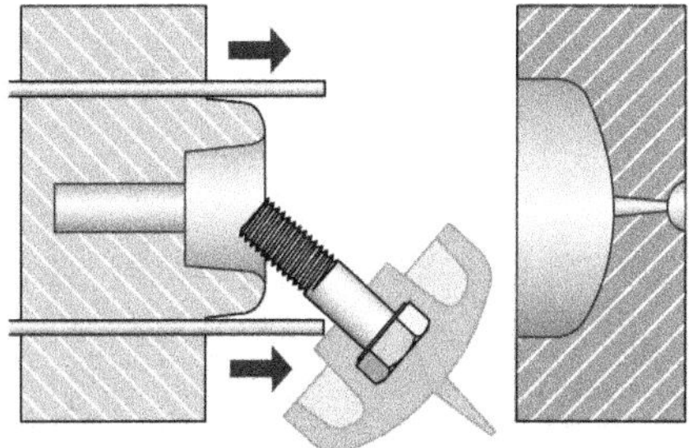

👍 Avantages

A. Simplife notablement la FABRICATION en éliminant une OPÉRATION. Réduit par conséquent le coût. Simplifie également la CONCEPTION des PIÈCES (sens 1) en s'affranchissant de SYSTÈMEs d'ASSEMBLAGE et de FIXATIONS de plusieurs PIÈCES comme les VIS (sens 2). Apporte des FONCTIONNALITÉS spécifiques aux PIÈCES (sens 1) comme des colorations multiples ou une meilleure préhension grâce à un MATÉRIAU | ANTIDÉRAPANT.

👎 Inconvénients

B. OUTILLAGE (sens 2) plus complexe.
C. Ne pas confondre avec l'INJECTION BI-MATIÈRE ou BI-INJECTION.

surqualité [over-quality]

(n.f.) Situation dans laquelle les prestations d'un produit fabriqué dépasse inutilement les attentes des utilisateurs.

En réalité, la surqualité n'est pas forcément mal perçue des clients, bien au contraire. Mais elle peut conduire à un coût exagéré qui pénalise la RENTABILITÉ et qui peut nuire à la COMPÉTITIVITÉ, en devenant finalement synonyme de gaspillage.

symétrie [symmetry]

(n.f.) Similarité d'objets géométriques mais inversés par rapport à un PLAN, une LIGNE ou un POINT.
→ Voir SYMÉTRIQUE.

symétrique [symmetrical]

(adj.) De GÉOMÉTRIES (sens 2) presque identiques mais inversée par rapport à un PLAN, une LIGNE ou un POINT.
Ex. : *Pièces symétriques par rapport à un PLAN.*

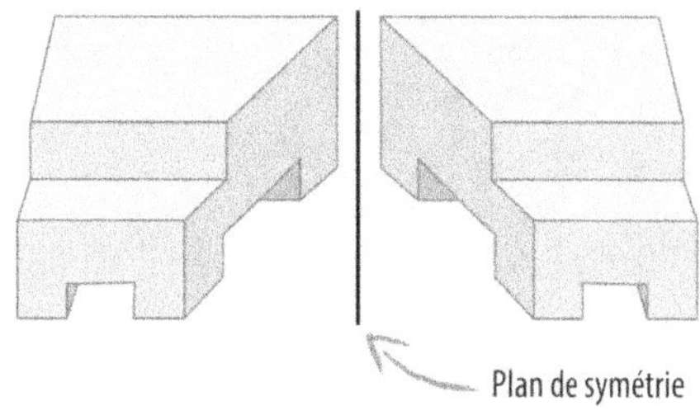

synthétique [synthetic]

(adj.) Qui n'est pas d'origine naturelle mais obtenu par l'action de l'homme.
Ex. : *Matériau synthétique.*
◊ Contr. : Naturel.

système [system]

(n.m.) Ensemble de choses (matériels, idées, PROCÉDÉS, etc.) organisé pour avoir des CARACTÉRISTIQUES particulières intéressantes.
Ex. : *Système vis-écrou ; Système International d'Unités...*

T, t

T

Symbole d'abréviation pour la TEMPÉRATURE.

Ta

Symbole de l'ÉLÉMENT CHIMIQUE | TANTALE.

table [table]

(n.f.) ÉQUIPEMENT disposant d'un plateau permettant de poser un objet de façon stable et accessible, à hauteur de travail normal.
→ Voir, par exemple, TABLE DE SOUDAGE ; TABLE À MOUVEMENTS CROISÉS.

table à coordonnées [xy table]

(n.f.) Autre appellation pour la TABLE À MOUVEMENTS CROISÉS ou TABLE XY.

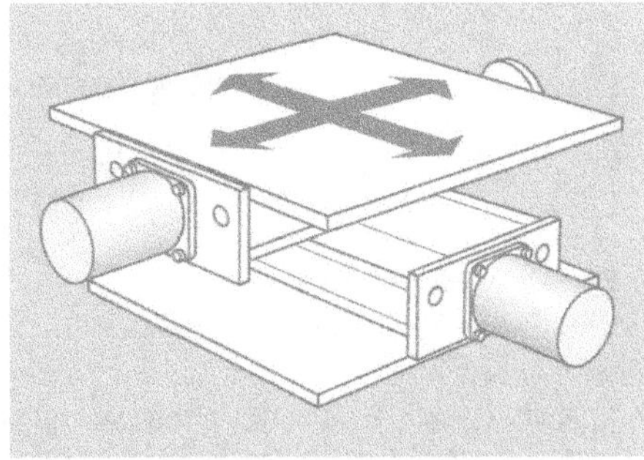

table à mouvements croisés [xy table]

(n.f.) TABLES montées sur deux GUIDES | PERPENDICULAIRES munies de MÉCANISME permettant de positionner avec PRÉCISION les objets placés dessus. Le fonctionnement est purement MANUEL ou par COMMANDE NUMÉRIQUE.
Ex. : *Table à mouvements croisés manuelle.*

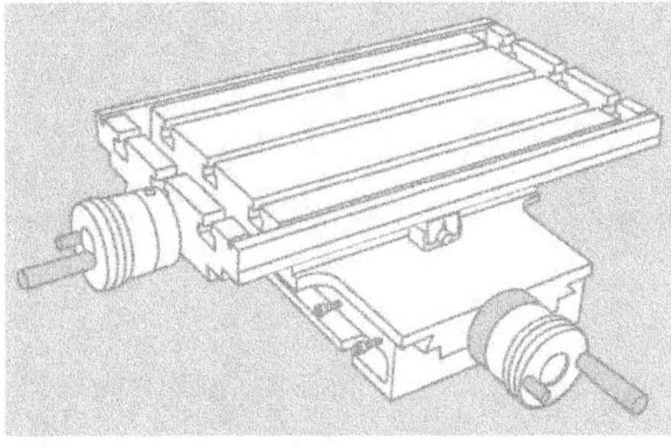

◆ Syn. : TABLE À COORDONNÉES ; TABLE XY.

tableau périodique des éléments [periodic table of the elements]

(n.m.) Représentation recensant tous les ÉLÉMENTS CHIMIQUES connus, classés suivant leur NUMÉRO ATOMIQUE, c'est à dire le nombre de protons qu'ils portent ainsi que leurs STRUCTURES (sens 1) électroniques respectives.
Cette classification fait apparaître des familles d'ÉLÉMENTS CHIMIQUES possédant des similitudes de comportement. Pour des raisons d'encombrement, le tableau est représenté en 3 parties :
• La zone à l'extrême gauche du tableau :

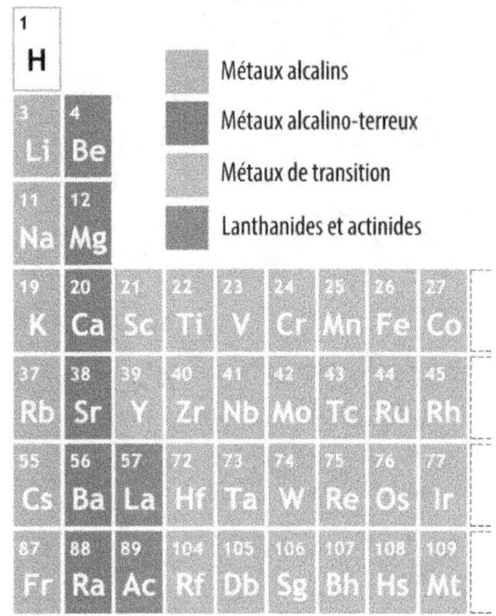

• La zone à l'extrême droite :

• La zone centrale entre les numéros atomiques 58 et 71 puis 90 et 103, peu couramment utilisée, a été placée à part ci-dessous :

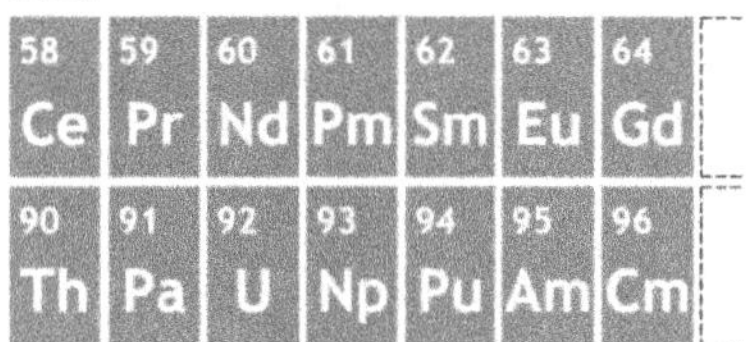

58	59	60	61	62	63	64
Ce	Pr	Nd	Pm	Sm	Eu	Gd

90	91	92	93	94	95	96
Th	Pa	U	Np	Pu	Am	Cm

65	66	67	68	69	70	71
Tb	Dy	Ho	Er	Tm	Yb	Lu

97	98	99	100	101	102	103
Bk	Cf	Es	Fm	Md	No	Lr

→ Voir aussi TEMPÉRATURE DE FUSION qui contient une représentation particulière d'une partie de la table périodique des éléments avec les POINTS DE FUSION.

table de soudage [welding table]

(n.f.) TABLE à PLANÉITÉ très précise et SYSTÈME de BRIDAGE rapide pour les travaux de SOUDURE.

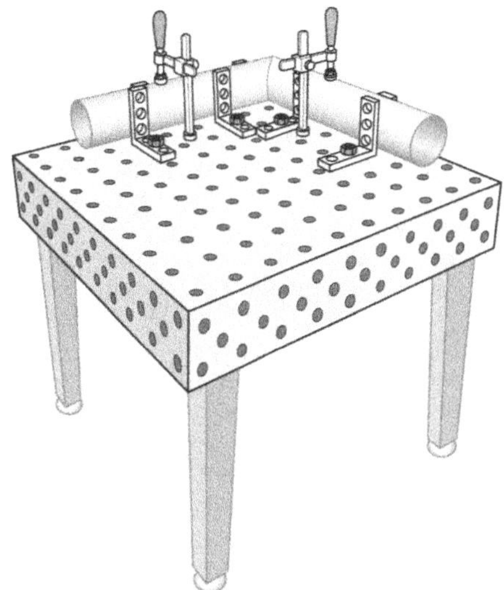

A. La PLANÉITÉ est de l'ordre de 0,1 à 0,2 mm/m. La SURFACE de la table reçoit souvent un TRAITEMENT particulier qui ne permet pas l'ADHÉRENCE des GRÉLONS DE SOUDURE.

B. Ne pas confondre la table de soudage avec le VIREUR qui possède, en plus, un SYSTÈME de POSITIONNEMENT | ORIENTABLE.

table tournante [revolving stage]

(n.f.) Type de TABLE montée sur plusieurs AXES DE ROTATION permettant un POSITIONNEMENT | ANGULAIRE précis pour l'USINAGE.

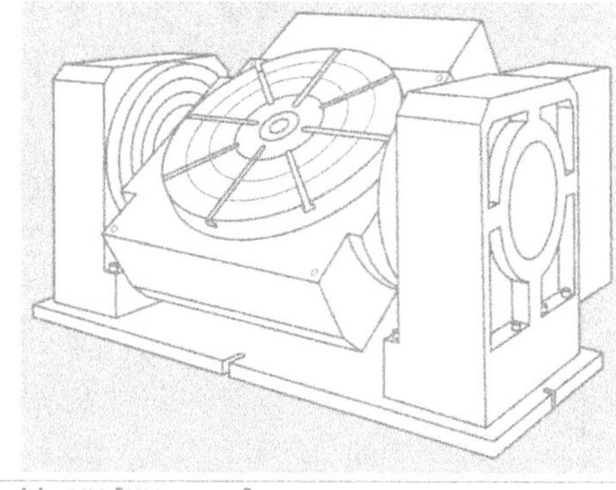

table XY [XY stage]

(n.m.) TABLE montée sur deux GLISSIÈRES | PERPENDICULAIRES permettant de contrôler avec PRÉCISION le POSITIONNEMENT des objets posés dessus. Elle peut être MANUELLE ou motorisée et contrôlé numériquement.

Ex. : *Table XY motorisée :*

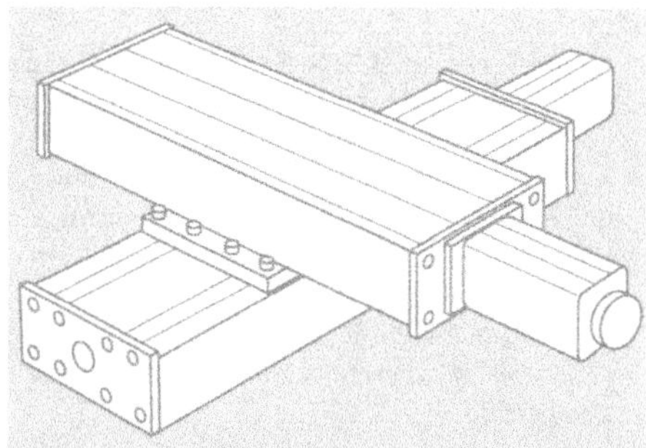

◆ Syn. : TABLE À COORDONNÉES, TABLE À MOUVEMENTS CROISÉS.

taillage d'engrenage [gear cutting]

(n.f.) USINAGE de ROUE DENTÉE ou de CRÉMAILLÈRE.

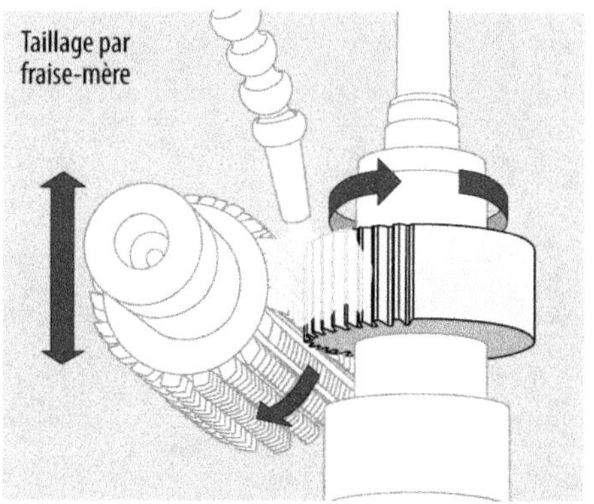

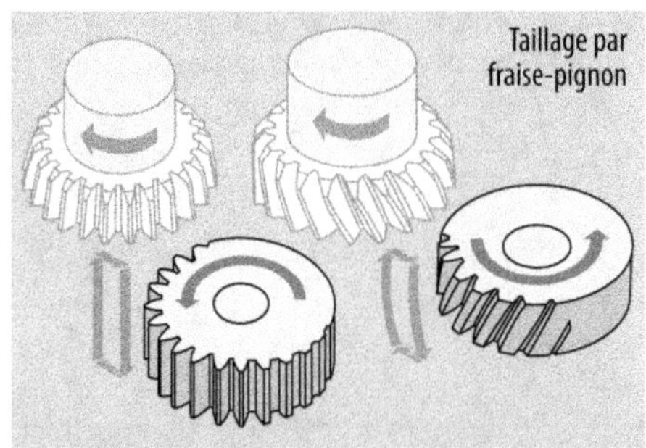

Le taillage d'engrenage est, en principe réalisée sur des MACHINES spécifiques appelées TAILLEUSE D'ENGRENAGE. Mais les FRAISEUSES et les CENTRE D'USINAGE peuvent aussi être mises à contribution.

taille de grain [grain size]

(n.f.) Grosseur moyenne des CRISTAUX dans la STRUCTURE (sens 1) à l'ÉCHELLE MICROSCOPIQUE d'un MÉTAL.

A. La taille de grain est très variable de quelques millimètres à quelques microns. Elle est essentiellement déterminée par les PROCÉDÉS d'ÉLABORATION et la composition du MÉTAL ou ALLIAGE.

B. Selon la norme ASTM E112 (American Society for Testing and Materials), elle est exprimée par un nombre appelé indice de grosseur **G** calculé à partir du nombre de GRAINS **m** contenus par unité de SURFACE en mm². Par définition, G = 1 pour m = 16. Les autres indices sont déterminés avec la formule **m = 8 . 2^G**.

Dessin gravé dans le réticule d'un objectif de MICROSCOPE et qui permet une mesure d'indice par comparaison.

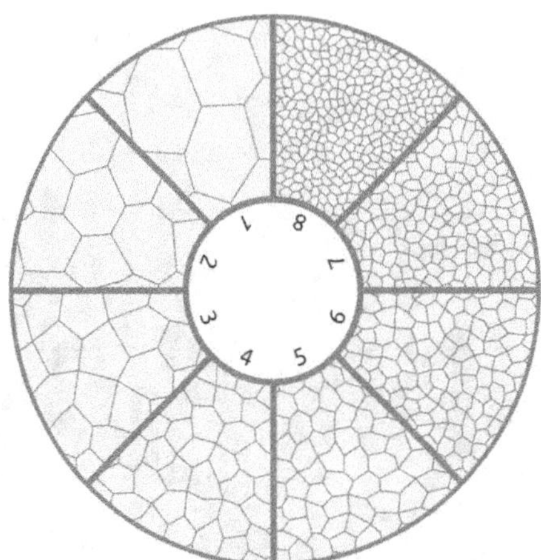

C. La plupart du temps, la taille de grain est estimée par comparaison avec des images types définies pour un grossissement donné au MICROSCOPE, comme ci-dessus. Le tableau suivant donne une idée de la taille réelle des grains pour quelques indices les plus courants :

Indice grosseur de grain G	Nombre de grain au mm²	Diamètre moyen des grains en mm
-3	1	1
-2	2	0,707
-1	4	0,5
0	8	0,353
1	16	0,250
2	32	0,176
3	64	0,125
4	128	0,0884
5	256	0,0625
6	512	0,0442
7	1'024	0,0312
8	2'048	0,0221
9	4'096	0,0156
10	8'192	0,0110
11	16'384	0,0077
12	32'768	0,0055
13	65'536	0,0038
14	131'072	0,0027
15	262'144	0,0019

→ Voir aussi POLYCRISTALLIN.

D. La taille de grain possède une influence sur la RÉSISTANCE MÉCANIQUE. Plus elles sont petites, plus il y a de JOINTS DE GRAIN qui agissent comme des « barrières » entravant les mécanismes de détérioration MÉCANIQUE, plus la RÉSISTANCE MÉCANIQUE est élevée. Les structures cubiques centrées sont particulièrement sensibles à cet effet. Pour un ACIER DOUX, diviser la taille des grains de 10 permet de doubler la RÉSISTANCE À LA LIMITE D'ÉLASTICITÉ.

→ Voir à ce sujet, par exemple, ACIER À HAUTE LIMITE D'ÉLASTICITÉ ; RÉSISTANCE À LA LIMITE D'ÉLASTICITÉ.

E. Il existe une relation entre taille de grain et RÉSISTANCE MÉCANIQUE appelée loi de Hall-Petch :

$$\sigma = \sigma_0 + \frac{k}{\sqrt{d}}$$

d = DIAMÈTRE moyen des GRAINS ou CRISTAUX
k = coefficient fonction du MATÉRIAU

tailleuse d'engrenage [gear cutting machine]

(n.f.) MACHINE-OUTIL s'apparentant à une FRAISEUSE ou à une MORTAISEUSE spécialisée pour l'USINAGE des ROUES DENTÉES.

Ex. 1 : *Tailleuse à fraise-mère.*

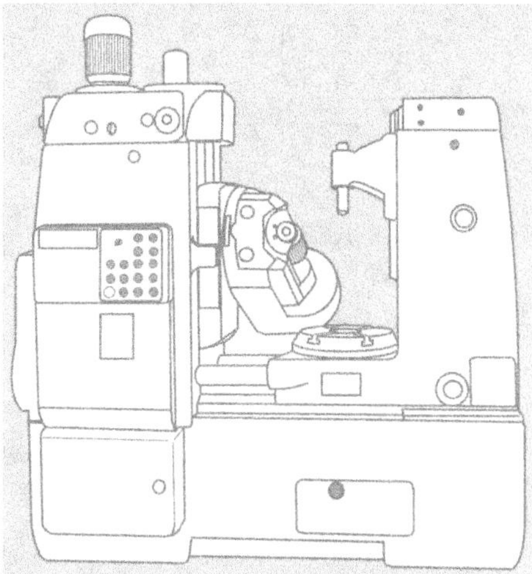

Ex. 2 : *Tailleuse à OUTIL-CRÉMAILLÈRE.*

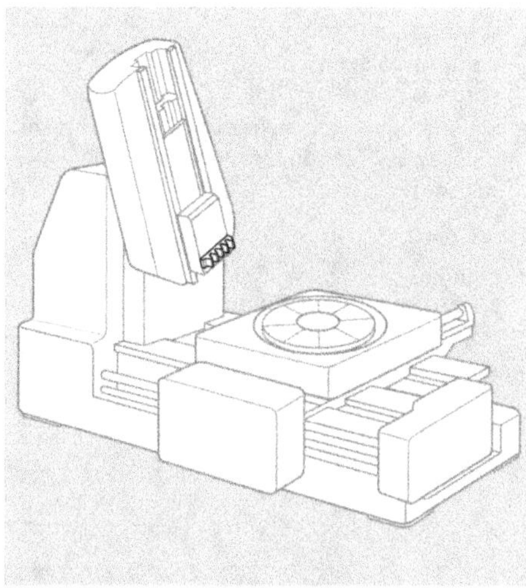

tampon conique [taper plug gage]

(n.m.) INSTRUMENT très précis de MÉTROLOGIE servant à vérifier l'exactitude de TROU | CONIQUE.

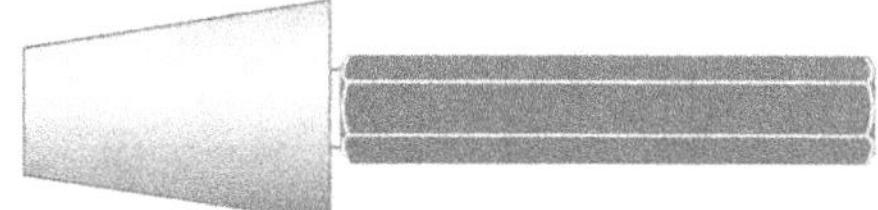

tampon filetée [thread plug gage]

(n.m.) INSTRUMENT très PRÉCIS de MÉTROLOGIE servant à vérifier l'exactitude d'un TARAUDAGE.

Il est constitué de deux côtés, l'un devant entrer dans le TARAUDAGE l'autre ne devant pas entrer. C'est le principe des INSTRUMENTS de vérification ENTRE - N'ENTRE PAS.

→ Voir TAMPON LISSE, CALIBRE À MÂCHOIRE pour d'autres CALIBRES basés sur ce principe.

tampon lisse [plain plug gage]

(n.m.) INSTRUMENT très précis de MÉTROLOGIE servant à la vérification d'ALÉSAGE (sens 1) | CYLINDRIQUE.

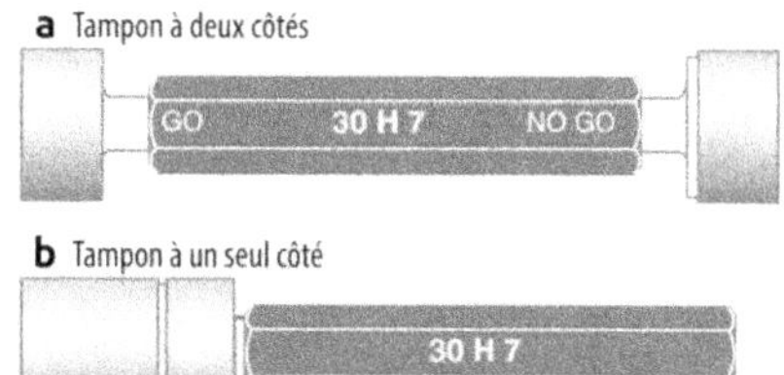

Il fonctionne selon le principe des INSTRUMENTS de vérification ENTRE - N'ENTRE PAS. Pour que la PIÈCE vérifiée soit conforme aux TOLÉRANCES définies, la partie « entre » doit pouvoir s'emboîter et la partie « n'entre pas » ne doit pas s'emboîter.

tangent [tangent]

(adj.) Se dit d'une courbe ou d'une SURFACE qui n'a qu'un POINT de CONTACT avec une autre.

tangenter

(v.tr.) Faire frôler la pointe d'un OUTIL DE COUPE sur la PIÈCE (sens 1) à usiner pour obtenir une RÉFÉRENCE de POSITIONNEMENT et de DIMENSION (sens 1) nécessaire au reste de l'USINAGE.

Ex. : *Action de tangenter en TOURNAGE :*

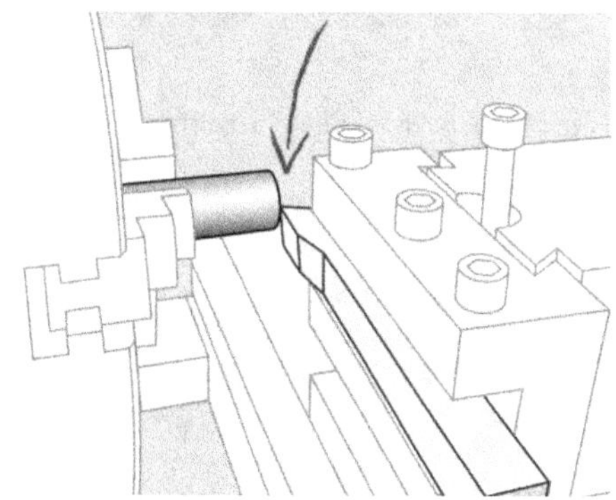

→ Voir aussi PINULE DE CENTRAGE.

tangentiel [tangential]

(adj.) Situé de façon TANGENTE par rapport à une courbe.
Ex. : *Force tangentielle.*

tantale (Ta) [tantalum]

(n.m.) MÉTAL gris bleu, lourd et DUR insensible à l'agressivité de la plupart des produits chimiques à TEMPÉRATURE AMBIANTE.

A. Sa TEMPÉRATURE DE FUSION est relativement élevée. Il est DUCTILE.
B. Ses domaines d'utilisation sont la FABRICATION de FOUR, d'INSTRUMENTS pour la chimie et le domaine médical, de PIÈCES (sens 1) pour l'armement et l'aéronautique. Il permet d'obtenir des ALLIAGES à haut POINT DE FUSION avec une RÉSISTANCE MÉCANIQUE élevée. Ses OXYDES sont utilisés pour la FABRICATION de VERRE optique.
C. Quelques CARACTÉRISTIQUES :

Symbole chimique :	Ta
État physique à l'ambiante :	Solide
Couleur :	Gris clair
Numéro atomique :	73
Masse volumique :	16,6 g/cm^3
T° de fusion :	2996°C
Structure cristalline :	Cubique Corps Centré

D. Aspect, couleur et rendu du MÉTAL.

tapure [cold crack]

(n.f.) FISSURE immédiate ou différée provoquée par les effets thermomécaniques de TRAITEMENT THERMIQUE.

tarage [calibration]

(n.m.) Réglage de la valeur d'un paramètre d'un SYSTÈME à une valeur précise.
• Note : Ne pas confondre avec l'ÉTALONNAGE.

taraud [tap]

(n.m.) OUTIL de COUPE ou de FORMAGE pour la réalisation de FILETS hélicoïdaux sur les parois d'un TROU.

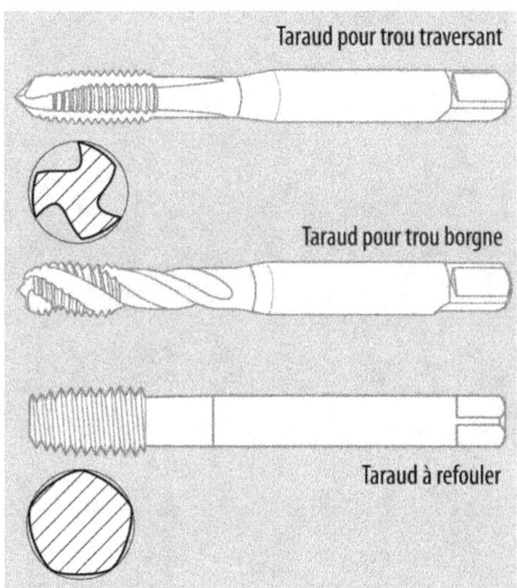

Il peut être utilisé de façon manuelle ou monté sur une MACHINE-OUTIL d'où les deux types suivants :
• le TARAUD-MAIN.
• le TARAUD-MACHINE.
→ Voir TARAUDAGE (sens 2) pour les mises en œuvre possibles du taraud, en mode MANUEL ou sur une MACHINE-OUTIL.

taraudage

(n.m.)
1. [internal thread] Sillon HÉLICOÏDAL sur les parois d'un TROU cylindrique et destiné à recevoir une VIS (sens 2) ou une TIGE FILETÉE.

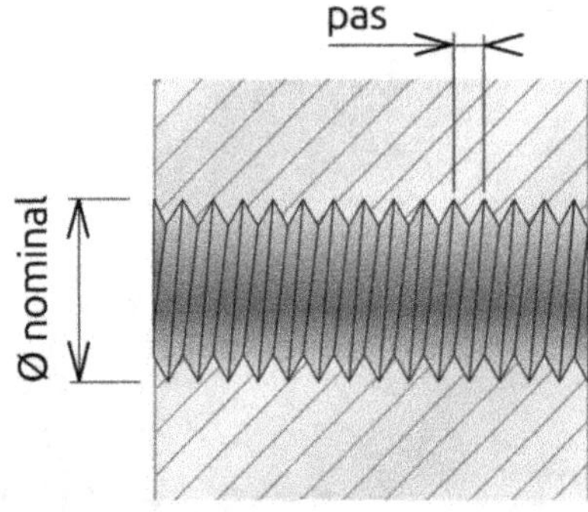

2. [tapping] OPÉRATION de réalisation d'un SILLON | HÉLICOÏDAL par USINAGE ou FORMAGE sur les parois d'un TROU (voir page suivante).

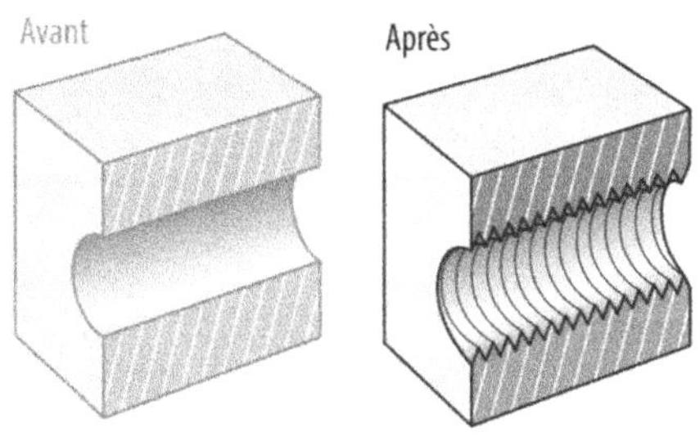

A. Ci-dessous, par exemple, le taraudage manuel à l'aide d'un TARAUD-MAIN et d'un TOURNE-À-GAUCHE :

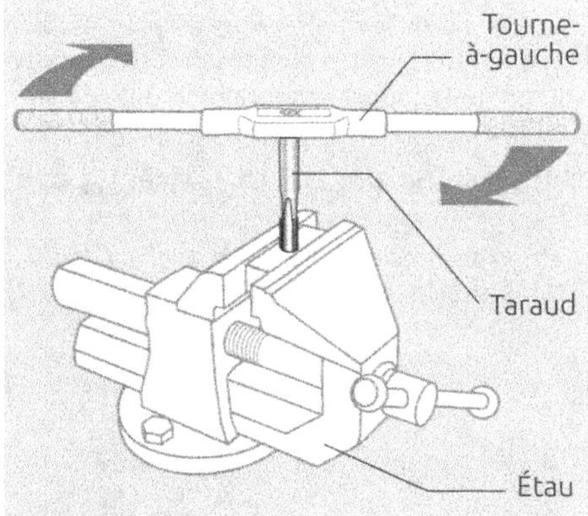

B. Le taraudage peut être effectué sur une PERCEUSE avec un TARAUD-MACHINE, mais il est nécessaire d'avoir un ÉQUIPEMENT supplémentaire donnant l'AVANCE et le recul du taraud, appelé APPAREIL À TARAUDER.

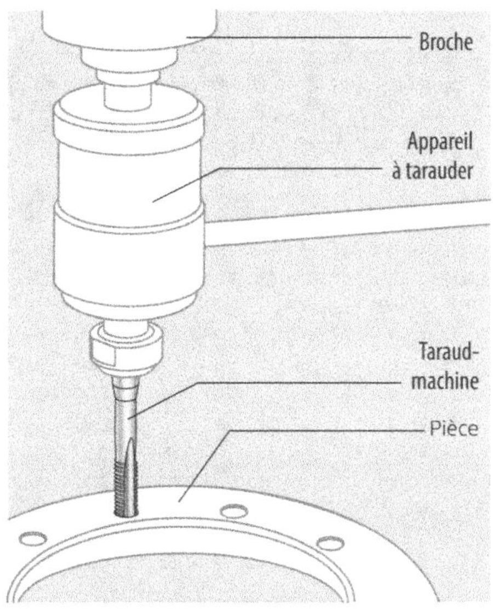

C. Le FRAISAGE peut aussi être mis à profit pour réaliser le taraudage avec une fraise à fileter.

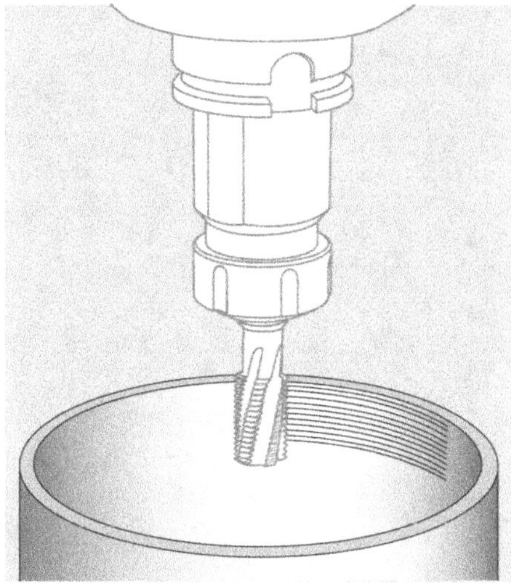

D. Et enfin, pour les DIAMÈTRES relativement importants (permettant le passage d'un porte-outil), le TOURNAGE permet de réaliser facilement les taraudages.

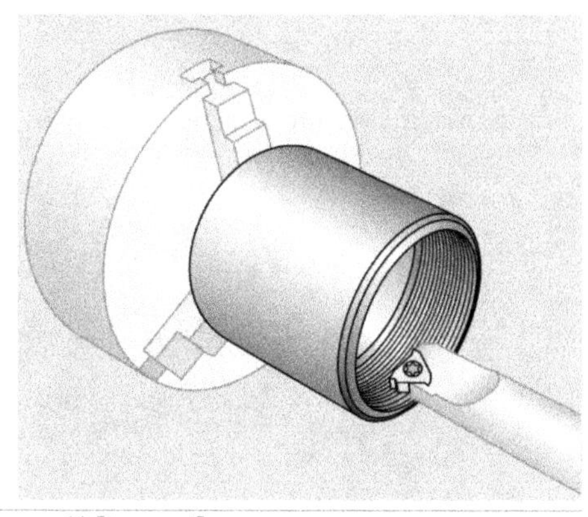

taraudé [tapped]

(adj.) Qui porte un sillon HÉLICOÏDAL sur la paroi interne.
Ex. : *TROU TARAUDÉ*.

tarauder [tap]

(v.tr.) USINER un sillon HÉLICOÏDAL sur les parois d'un TROU.

(tarauder), appareil à tarauder [tapping head, tapping attachment, self releasing tap holder]

(n.m.) DISPOSITIF à adapter sur une PERCEUSE classique pour automatiser l'AVANCE et le recul d'un TARAUD.

À noter que le taraud doit être obligatoirement du type TARAUD-MACHINE.

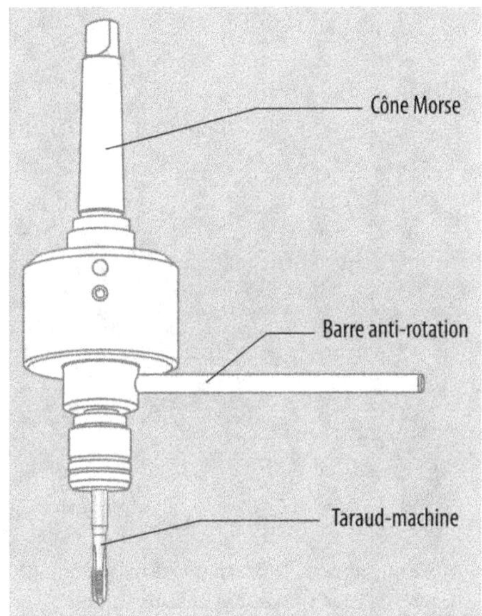

⟶ Voir TARAUDAGE (sens 2) pour l'utilisation de l'APPAREIL À TARAUDER.

taraud-machine [machine tap]

(n.m.) Type de TARAUD rassemblant sur le même OUTIL trois zones correspondant à l'ÉBAUCHE, la DEMI-FINITION et la FINITION.

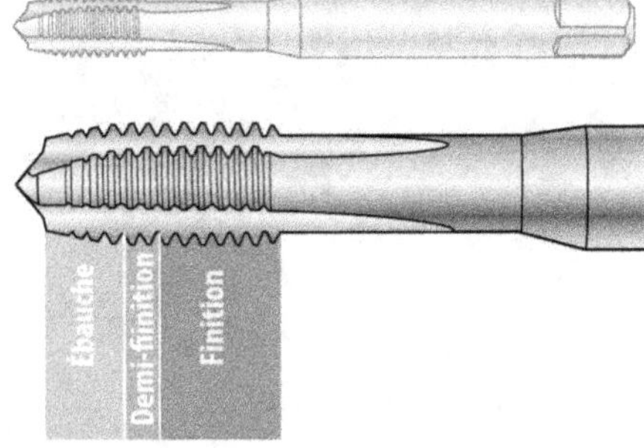

A. Il permet le TARAUDAGE en une seule PASSE sur une MACHINE-OUTIL. Son utilisation sur une PERCEUSE classique nécessite l'emploi d'un DISPOSITIF assurant l'AVANCE et le retour automatique, appelé (TARAUDER), APPAREIL À TARAUDER.
B. À l'opposé, un TARAUD-MAIN existe par série de trois OUTILS et nécessite trois PASSES successives.

taraud-main [hand tap]

(n.m.) Type de TARAUD existant par série de trois OUTILS allant de l'ÉBAUCHE à la FINITION en passant par la DEMI-FINITION.

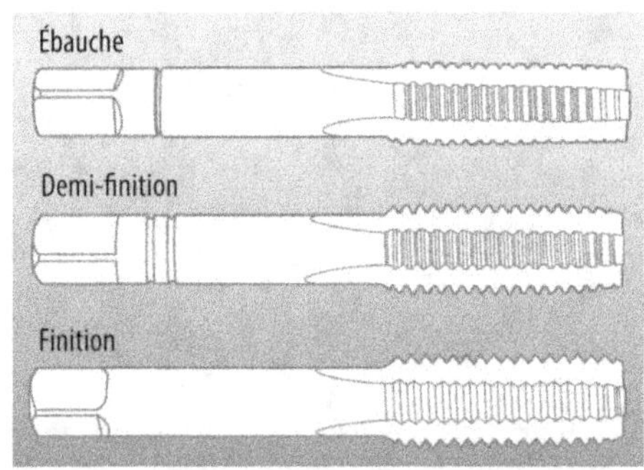

À l'opposé, ces trois phases sont réunies sur le même OUTIL avec un TARAUD-MACHINE.
• Note : L'extrémité très progressive du taraud d'ébauche permet d'orienter correctement le premier FILET formé par rapport à l'ALÉSAGE.

tasseau [t-nut]

(n.m.) ÉCROU possédant un profil pouvant s'insérer dans une RAINURE EN TÉ.
Ex. : *Tasseau nécessitant d'être introduit par l'extrémité de la rainure en té.*

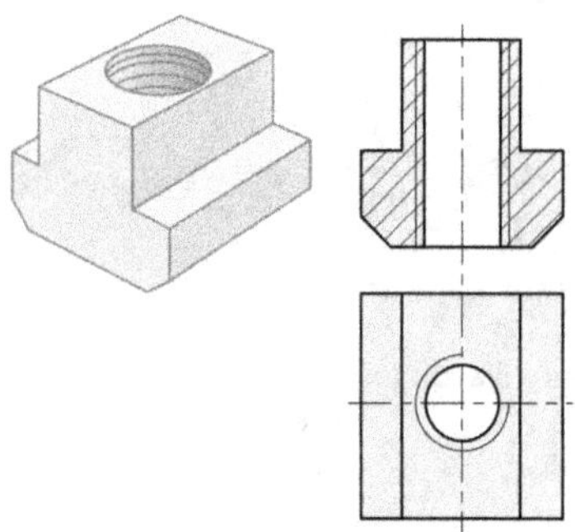

A. Le tasseau est quelquefois appelé aussi « lardon » ou simplement « écrou de rainure en té ».
B. Un autre type de tasseau ne requiert pas d'être inséré par l'extrémité.
⟶ Voir TASSEAU OBLIQUE.

tasseau oblique [rhombic nut]

(n.m.) ÉCROU pouvant s'insérer dans une RAINURE EN TÉ par n'importe quel endroit grâce à sa FORME en losange.

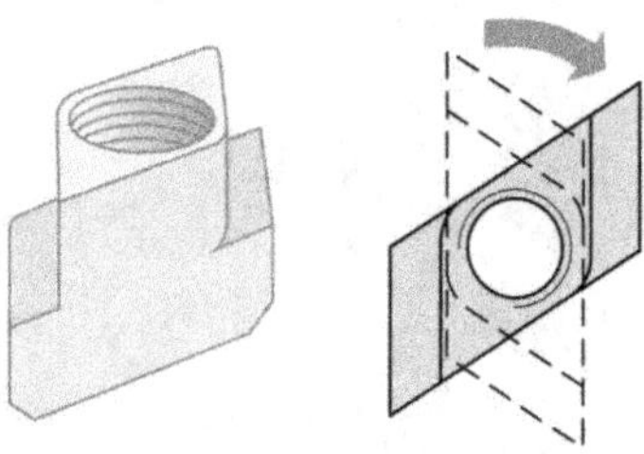

⟶ Voir également ÉCROU POUR RAINURE EN TÉ.

té [tee]

(n.m.) FORME TECHNIQUE constituée de deux RECTANGLES disposés perpendiculairement l'un par rapport à l'autre de façon à rappeler la lettre majuscule T.
Ex. : *Profilé en té.*

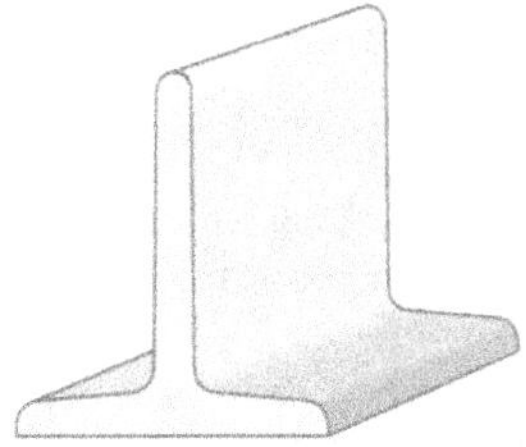

→ Voir aussi RAINURE EN TÉ.

technicité [technicality]

(n.f.) Niveau d'ingéniosité, de complexité, de subtilité, d'originalité du savoir et connaissance mis en œuvre dans une réalisation TECHNIQUE.

technique [technique]

(n.f.) Savoir-faire méthodique et connaissances pratiques permettant de produire des résultats intéressants.

technologie [technology]

(n.f.)
1. Matière scolaire enseignant les TECHNIQUES. C'est la science des TECHNIQUES dite aussi sciences industrielles.
2. Concept global vu sous l'angle plutôt théorique des savoirs et PROCÉDÉS d'un domaine TECHNIQUE.
• Note : La technologie est une notion plutôt conceptuelle et intellectuelle là où la TECHNIQUE se veut plutôt pratique et direct d'application.
Ex. : *La technologie d'*IMPRESSION 3D *se décline en plusieurs* TECHNIQUES *différentes.*

teflon ™

(n.m. commercial). (PLASTIQUE), MATIÈRE PLASTIQUE fluorée aux qualités remarquables, découverte par Dupont de Nemours ® en 1938 et dont l'appellation scientifique abrégée est PTFE.
→ Voir PTFE pour les détails.

teinté [tinted]

(adj.) Qui contient de la couleur.
◊ Contr. : INCOLORE.

température ambiante [ambient temperature]

(n.f.) TEMPÉRATURE de l'ENVIRONNEMENT (sens 2) en absence de toute autre source artificielle de chaleur. Globalement, elle peut être définie à 23 ± 7 °C.

température de fusion [melting temperature]

(n.f.) TEMPÉRATURE bien définie à laquelle une substance SOLIDE devient LIQUIDE.
A. D'une façon générale, seuls les CORPS PURS et certains ALLIAGES particuliers appelés EUTÉCTIQUE possèdent une température de fusion précise. Pour la plupart des ALLIAGES, la FUSION apparaît sur une PLAGE DE TEMPÉRATURE c'est à dire à l'intérieur d'une intervalle.
→ Voir ANALYSE THERMIQUE ; DIAGRAMME DE PHASE.
B. Ci-dessous les températures de fusion de quelques SUBSTANCES classées de la plus élevée à la plus faible :

carbone	3675°C
tungstène	3410°C
tantale	2996°C
molybdène	2610°C
vanadium	1887°C
chrome	1875°C
platine	1769°C
titane	1668°C
fer	1537°C
cobalt	1495°C
nickel	1455°C
silicium	1410°C
uranium	1133°C
cuivre	1082°C
or	1065°C
argent	961°C
aluminium	660°C
magnésium	649°C
zinc	419°C
plomb	327°C
étain	232°C
etc.	

Ci-dessous, une partie du TABLEAU PÉRIODIQUE DES ÉLÉMENTS contenant les MÉTAUX usuels, représentée avec les températures de fusion.

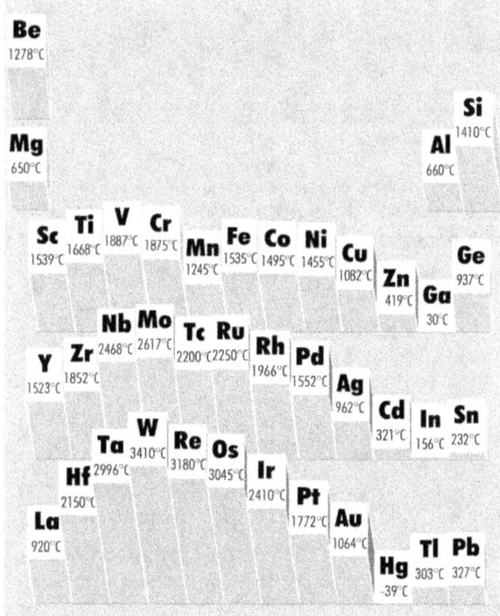

C. La connaissance de la température de fusion est primordiale pour l'ÉLABORATION des MATÉRIAUX ainsi que pour les TECHNIQUES d'ASSEMBLAGE (sens 1) par SOUDAGE. D'une certaine manière, elle permet aussi d'évaluer la température limite maximale d'utilisation d'un MATÉRIAU. En première approximation, elle peut être prise égale à la moitié de la température de fusion exprimée en °C.

◆ Syn. : POINT DE FUSION.

sont plutôt exploités au dessus de cette température comme les POLYOLÉFINEs et les ÉLASTOMÈREs.

C. À signaler qu'il existe similairement pour les MATÉRIAUX MÉTALLIQUES, une valeur de TEMPÉRATURE à laquelle la MATIÈRE passe d'un comportement FRAGILE à un comportement DUCTILE : c'est la température de transition fragile-ductile.

→ Voir ESSAI DE CHARPY.

température de transition vitreuse [vitreous transition temperature]

(n.f.) Température particulière à laquelle un MATÉRIAU | AMORPHE change de comportement en passant d'un état RIGIDE et CASSANT comme du VERRE (état vitreux) à un état MOU et SOUPLE comme le CAOUTCHOUC (état caoutchoutique). Elle est généralement notée **Tg** (comme « glass », c'est à dire verre).

Ex. : *Courbe de transition vitreuse d'un POLYMÈRE* :

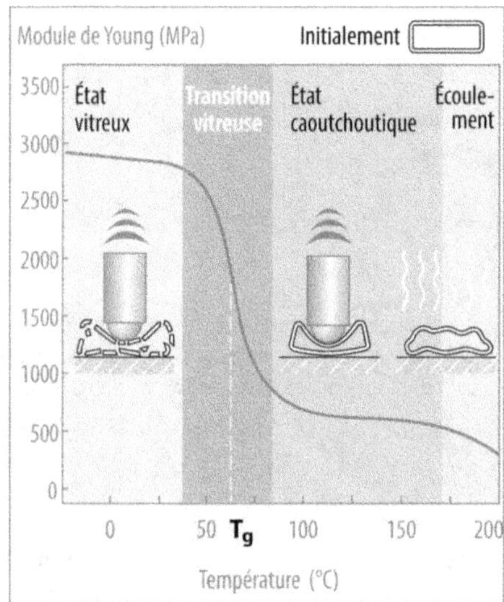

A. Valeurs de température de transition vitreuse pour quelques POLYMÈRES | AMORPHEs :

Polyéthylène basse densité (PEbd)	-110°C
Caoutchouc naturel (NR)	-73°C
Polypropylène (PP)	-10°C
Polychlorure de vinyle (PVC)	80°C
Polyéthylène téréphtalate (PET)	69°C
Polystyrène (PS)	100°C
Polymethyl métacrilate (PMMA)	105°C
Acrilonitrile-Butadiène-Styrène (ABS)	110°C
Polytetrafluoroethylène (PTFE)	123°C
Polycarbonate (PC)	150°C

B. Certains polymères sont utilisés en dessous de leur température de transition vitreuse. C'est le cas du PVC, du PS, du PMMA, etc. D'autres

température limite d'utilisation [extreme reliability temperature, maximum service temperature]

(n.f.) TEMPÉRATURE la plus élevée et la plus basse auxquelles un APPAREIL ou un MATÉRIAU peut encore fonctionner ou être utilisé en toute FIABILITÉ.

A. En ce qui concerne les MATÉRIAUX et en première approximation, la température limite d'utilisation maximale peut être prise comme la moitié de la TEMPÉRATURE de FUSION exprimée en °C :

> **Température limite maxi d'utilisation**
> **=**
> **0,5 × température de fusion (°C)**

B. La température limite d'utilisation minimale est à considérer au cas par cas. Le diagramme comparatif suivant donne une indication de la température limite d'utilisation pour les grandes familles de MATÉRIAUX :

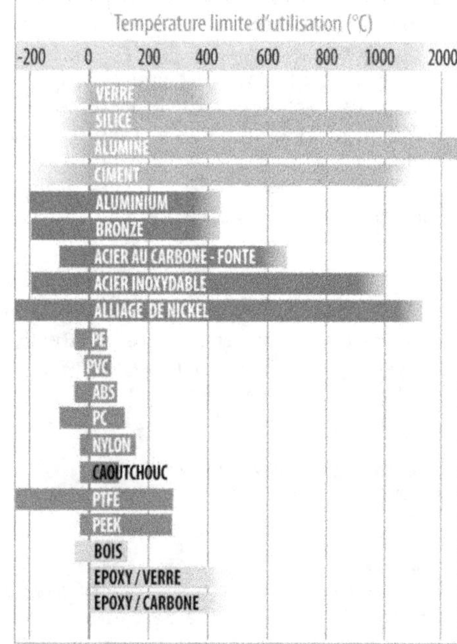

Le diagramme ci-après donne des détails plus précis pour la famille des THERMOPLASTIQUES :

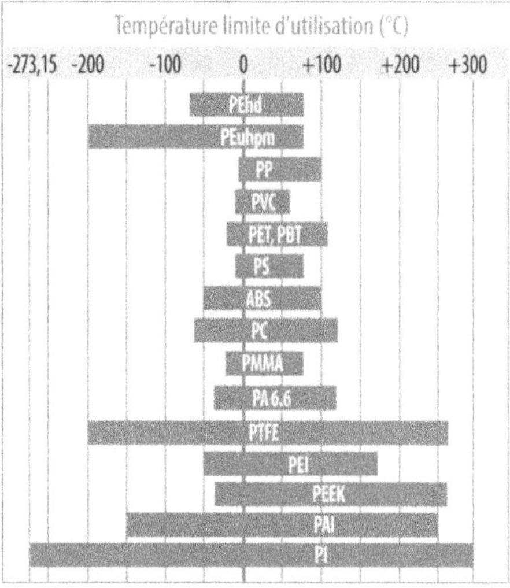

temps masqué [in masking time]

(n.m.) Durée pendant laquelle une autre OPÉRATION utile d'un même PROCESSUS s'effectue de telle sorte qu'elle ne peut être considérée comme un TEMPS MORT.

temps mort [downtime, idle time]

(n.m.) Durée pendant laquelle il ne se passe rien d'utile ni de productif dans un PROCESSUS.

tenace [tough]

(adj.) Qui ne se fissure ni ne se rompt facilement sous l'effet d'un CHOC.

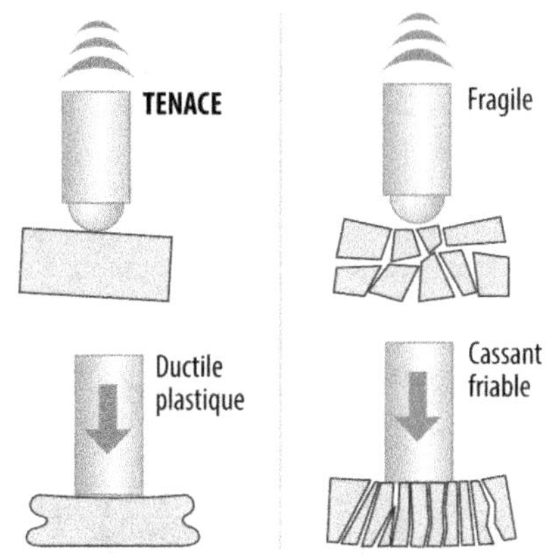

• Note : Ne pas confondre avec DUR.
◊ Contr. : FRAGILE.

ténacité [toughness]

(n.f.) Capacité d'un MATÉRIAU à résister à la RUPTURE FRAGILE c'est à dire à la propagation rapide de FISSURE.
A. Ci-dessous un classement de la TENACITÉ de quelques MÉTAUX, du meilleur au plus mauvais :

Cuivre
Nickel
Fer
Magnésium
Zinc
Aluminium
Étain
Cobalt
etc.

B. Ne pas confondre avec la RÉSILIENCE qui est plus la MESURE (sens 1) de la RÉSISTANCE AU CHOC, d'une façon générale, sans que la RUPTURE soit FRAGILE.

tenaille [nippers]

(n.f.) OUTILLAGE MANUEL avec un bec tranchant permettant d'enserrer fermement par effet LEVIER un FIL DE FER pour le torsader et le couper.

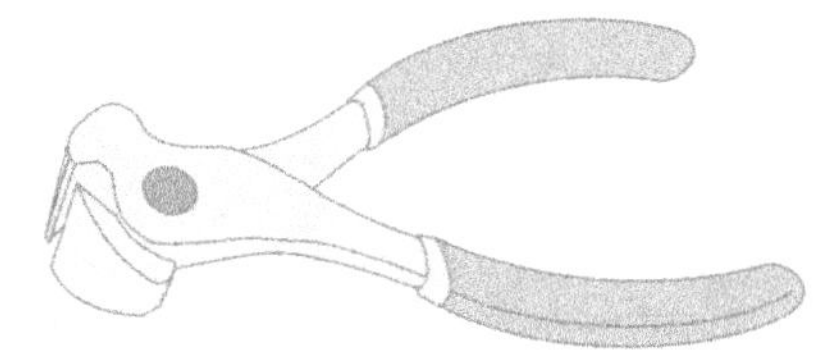

tendeur [turnbuckles]

(n.m.) MÉCANISME muni de TIGES FILETÉES l'une avec un PAS DE FILETAGE À GAUCHE, l'autre à droite engagées sur un ORGANE formant ÉCROU de telle sorte qu'elles puissent se rapprocher ou s'éloigner l'une de l'autre lorsque l'ÉCROU est manœuvré.

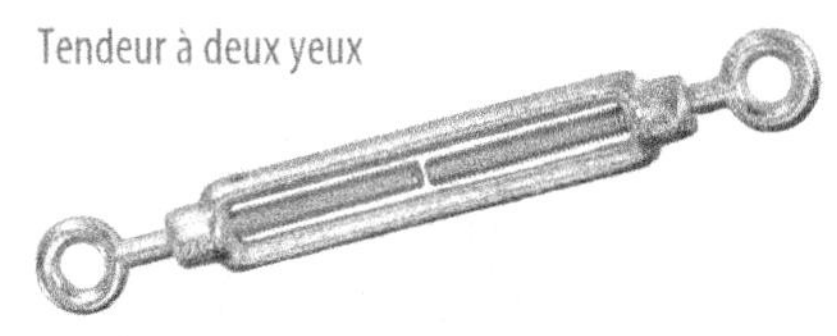
Tendeur à deux yeux

Le tendeur sert, par exemple à raidir un CÂBLE.

tendre [weak]

(adj.) Qui n'est pas mécaniquement très résistant en parlant d'un MATÉRIAU.
La MESURE (sens 1) de cette CARACTÉRISTIQUE est donnée par la RÉSISTANCE LIMITE À L'ÉLASTICITÉ R_e ou f_y (en MPa = N/mm^2), la RÉSISTANCE À LA RUPTURE R_m ou f_u (en MPa = N/mm^2) ou la DURETÉ.
• Note : Ne pas confondre avec SOUPLE.
◊ Contr. : Mécaniquement RÉSISTANT.

teneur [content]

(n.f.) Quantité d'un ÉLÉMENT CHIMIQUE particulier dans un ALLIAGE.
Ex. : *Teneur en* CARBONE *d'un* ACIER.

tenon [tenon]

(n.m.) FORME mâle destinée à être emboîtée dans une FORME complémentaire femelle appelée MORTAISE, en vue d'un ASSEMBLAGE (sens 2).

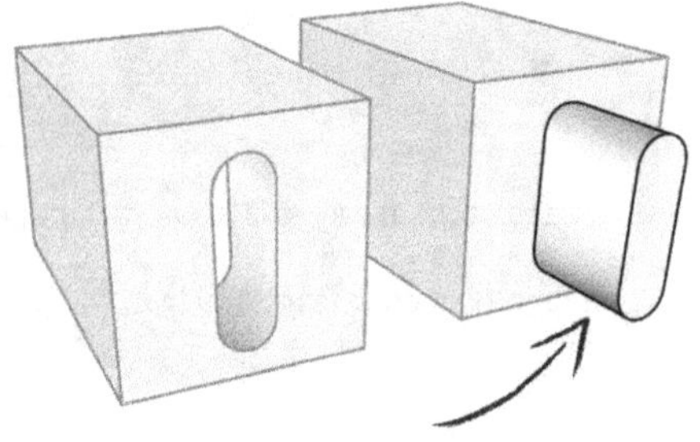

tension [tension]

(n.f.) État de ce qui subit une CONTRAINTE DE TRACTION permanente. Grandeur rendant compte de cet état.
Ex. : *Tension d'un câble ; tension d'une courroie.*

tensionneur [bolt tensioner]

(n.m.) Dispositif permettant de serrer de façon précise un BOULON avec juste un effort de TRACTION, sans qu'il y ait jamais de TORSION, comme dans les méthodes traditionnelles. Le tensionneur fonctionne généralement avec un principe hydraulique.

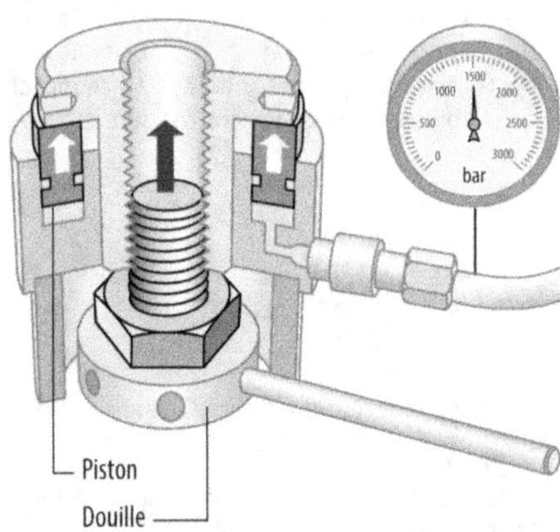

→ Voir (PRÉTENSION), SERRAGE PAR PRÉTENSION.

terre rare [rare earth]

(n.f.) ÉLÉMENTS CHIMIQUES MÉTALLIQUES au nombre de 17 compris entre les numéros atomiques 57 et 71 du TABLEAU PÉRIODIQUE DES ÉLÉMENTS (les lanthanides) auquel il faut ajouter le scandium (21) et l'yttrium (39).
A. L'appellation terre rare date de l'époque de leur découverte où ils étaient assez dispersés et difficiles à séparer. En réalité, ils ne sont pas si rares.
B. Ils possèdent des PROPRIÉTÉS électroniques, MAGNÉTIQUES, optiques ou encore catalytiques particulières qui en font des éléments particulièrement recherchés par l'industrie de haute TECHNOLOGIE (sens 2) (aéronautique, automobile, technologies de l'information, etc.) De ce point de vue, ils sont quelquefois appelés aussi « métaux stratégiques ».

téton [dog point, lug]

(n.m.) Petit TENON permettant un ALIGNEMENT.
• Note : Ne pas confondre avec l'ERGOT qui sert pour entraîner.
→ Voir, par exemple, DÉTROMPEUR.

thermocouple [thermocouple]

(n.m.) CAPTEUR servant à mesurer une TEMPÉRATURE par CONTACT grâce à deux FILS de MÉTAUX de natures différentes reliés à une extrémité et qui produisent une tension électrique fonction de leur TEMPÉRATURE.
A. Les thermocouples permettent de mesurer des plages pouvant aller de -200°C à 1700°C.
B. Pour les TEMPÉRATURES très élevées comme en SIDÉRURGIE, on utilise des méthodes sans contact, par exemple, le PYROMÈTRE.
C. Ne pas confondre avec le THERMOMÈTRE de portée moins étendue.

thermodurcissable [thermosetting]

(adj.) Qui caractérise une (PLASTIQUE), MATIÈRE PLASTIQUE ne pouvant pas se ramollir à la chaleur.
◊ Contr. : THERMOPLASTIQUE.

thermodurcissable [thermoset]

(n.m.) (PLASTIQUE), MATIÈRE PLASTIQUE dont la STRUCTURE (sens 1) est fortement RÉTICULÉE.

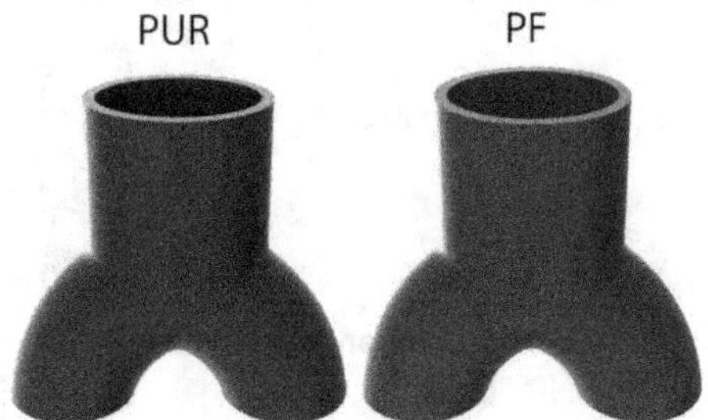

La particularité de ces matières est de ne pas pouvoir se ramollir à la chaleur, ce qui les rend NON-RECYCLABLE.

thermoformage [thermoforming]

(n.m.) PROCÉDÉ de MISE EN FORME de feuille de (PLASTIQUE), MATIÈRE PLASTIQUE, consistant à la contraindre à se plaquer sur une FORME grâce à l'effet conjoint de la chaleur et d'une PRESSION (aspiration ou poussée).

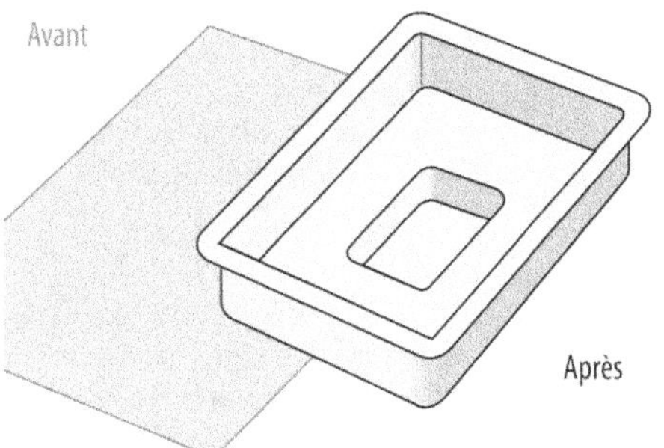

A. Les différentes étapes du PROCÉDÉ sont les suivantes. Il s'agit d'une configuration par aspiration :

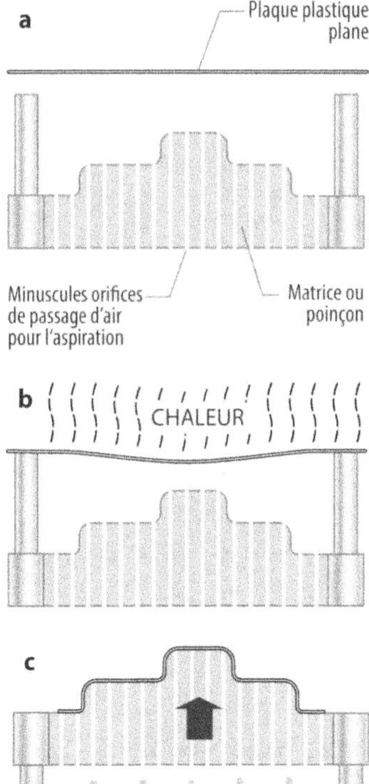

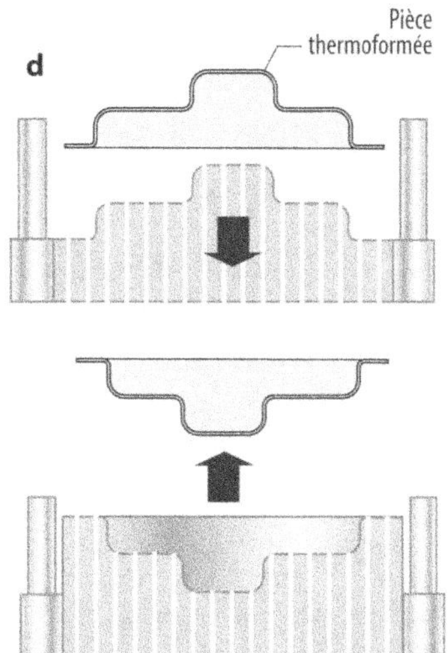

B. Les MATÉRIAUX utilisables sont essentiellement les MATIÈRES | THERMOPLASTIQUES car elles ont la PROPRIÉTÉ de se ramollir à la chaleur pour prendre la FORME et retrouver leur RIGIDITÉ une fois refroidies.

👍 Avantages

C. Large gamme de MATIÈRES utilisable. PIÈCES (sens 1) de grande DIMENSION possible. Coût d'OUTILLAGE (sens 2) modéré. Compétitif même pour les grandes SÉRIES DE PIÈCES.
D. Toutes proportions gardées, le thermoformage est aux (PLASTIQUES), MATIÈRES PLASTIQUES ce que l'EMBOUTISSAGE est aux MÉTAUX.
→ Voir aussi THERMOFORMAGE À DOUBLE PAROI.

thermoformage double paroi [twin sheet thermoforming]

(n.m.) PROCÉDÉ de THERMOFORMAGE de deux PLAQUES entre lesquelles est insufflé une PRESSION d'air pour obtenir un CORPS CREUX.

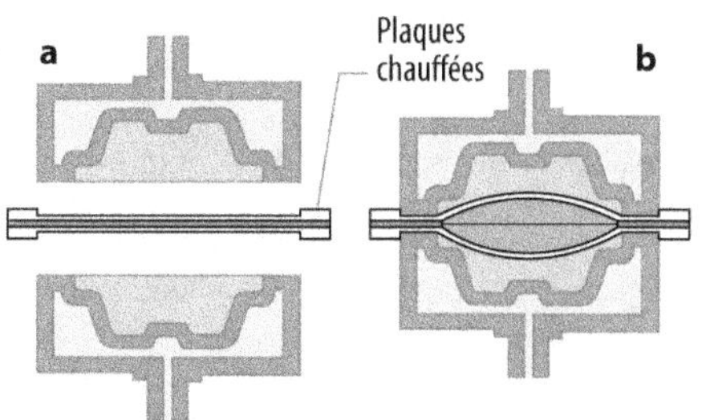

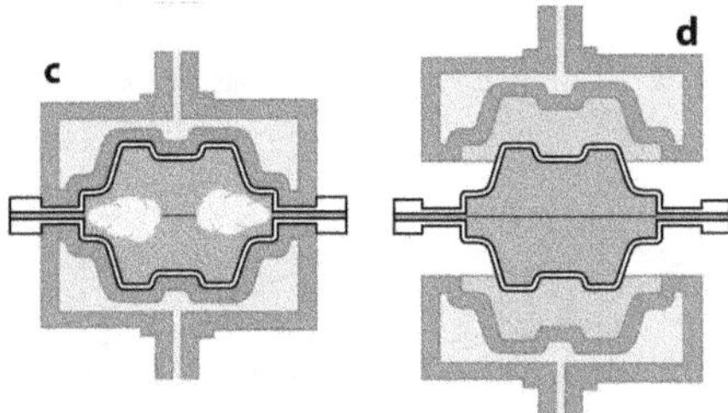

• **Note :** Ne pas confondre avec l'EXTRUSION-SOUFFLAGE.
→ Voir aussi THERMOFORMAGE.

thermolaquage [powder coating]

(n.m.) PROCÉDÉ d'application de PEINTURE préalablement sous forme de POUDRE par effet ÉLECTROSTATIQUE, puis cuisson à TEMPÉRATURE élevée dans un FOUR (~180°C) pour POLYMÉRISER la COUCHE.

Photo : Christefme

👍 Avantages

A. Donne un très bon recouvrement. Très bonne RÉSISTANCE à la RAYURE du fait de la POLYMÉRISATION. La poudre qui n'atteint pas la PIÈCE (sens 1) à peindre est récupérable. Pas de problème d'hygiène et de sécurité comme pour les solvants. Plus écologique et moins sensible à la péremption. AUTOMATISATION et ROBOTISATION plus facile.

👎 Inconvénients

B. Taille des PIÈCES (sens 1) à peindre limitée par les DIMENSIONS (sens 1) du FOUR de cuisson. Étape de cuisson plutôt contraignante et consommatrice d'ÉNERGIE. À cause de la cuisson à TEMPÉRATURE élevée, ne convient pas à tous les MATÉRIAUX, notamment au (PLASTIQUE), MATIÈRE PLASTIQUES, le VERRE et le BOIS. Ne permet pas la peinture d'ASSEMBLAGES (sens 2) avec des composants fragiles et sensibles à la chaleur. Exige un NETTOYAGE et DÉGRAISSAGE élaborés sous peine d'un résultat non-satisfaisant. Ne permet pas de petites RETOUCHES.

thermomètre [thermometer]

(n.m.) INSTRUMENT permettant de mesurer la TEMPÉRATURE dans une plage relativement restreinte autour de la TEMPÉRATURE AMBIANTE.
→ Voir les rubriques THERMOCOUPLE et PYROMÈTRE pour les plages de TEMPÉRATURE plus larges.

thermoplastique [thermoplastic]

(adj.) Qui caractérise une (PLASTIQUE), MATIÈRE PLASTIQUE pouvant se ramollir à la chaleur et retrouver sa DURETÉ initiale après REFROIDISSEMENT.
◊ **Contr. :** THERMODURCISSABLE.

thermoplastique [thermoplastic]

(n.m.) (PLASTIQUE), MATIÈRE PLASTIQUE constituées de longues chaînes moléculaires linéaires sans lien entre elles (autre que les forces de Van Der Vaals) et avec peu de ramifications. Leur principale particularité est de pouvoir se ramollir et fondre à la chaleur et de reprendre leur DURETÉ initiale après REFROIDISSEMENT, contrairement aux THERMODURCISSABLES qui ne peuvent plus se ramollir.
A. L'enchevêtrement du POLYMÈRE peut être total à la façon d'un tas de collier de perles. On dit, dans ce cas, que la matière plastique est AMORPHE :

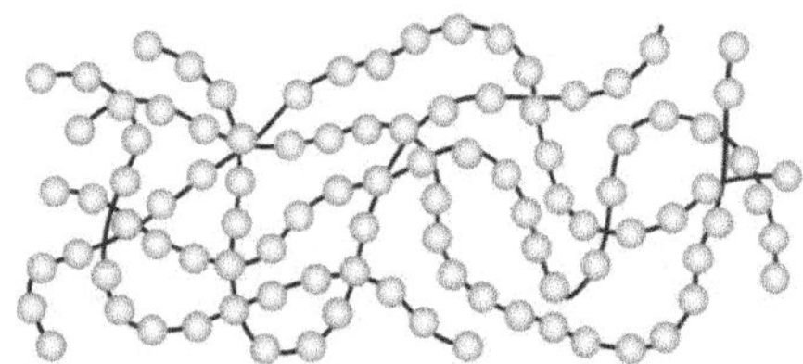

Il peut aussi être ordonné. Il est alors dit CRISTALLIN :

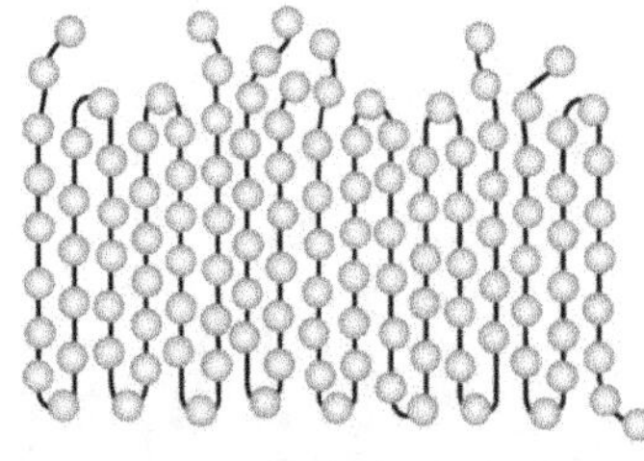

En général, les thermoplastiques ne sont jamais complètement CRISTALLINS mais sont plutôt constitués de zones cristallines coexistant avec des zones AMORPHES (voir page suivante).

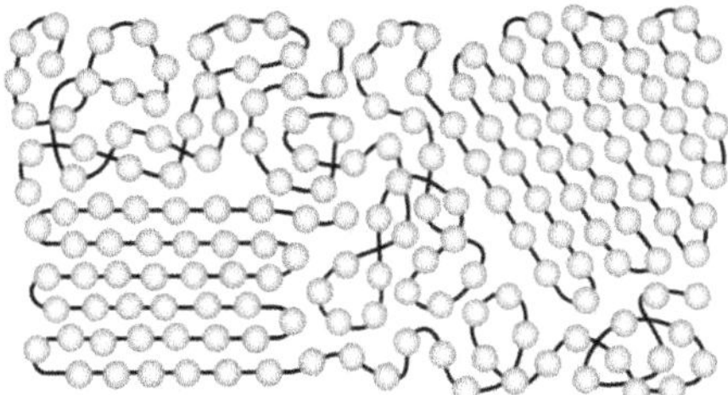

Dans toutes les représentations précédentes chaque boule n'est pas un atome mais un motif moléculaire.

B. L'arrangement plus ou moins ordonné des macromolécules conduit à des comportements assez distincts et des PROPRIÉTÉS globales assez différentes. Il en découle aussi des particularités dans les PROCÉDÉS de mise en œuvre. Le tableau suivant donne les grandes tendances des conséquences de ces arrangements sur les PROPRIÉTÉS générales :

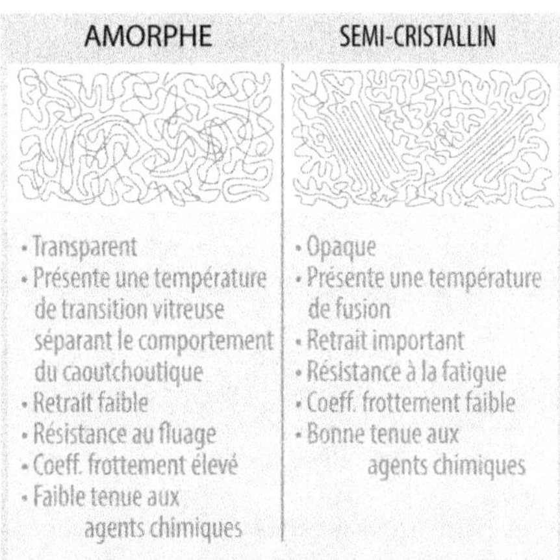

AMORPHE	SEMI-CRISTALLIN
• Transparent • Présente une température de transition vitreuse séparant le comportement du caoutchoutique • Retrait faible • Résistance au fluage • Coeff. frottement élevé • Faible tenue aux agents chimiques	• Opaque • Présente une température de fusion • Retrait important • Résistance à la fatigue • Coeff. frottement faible • Bonne tenue aux agents chimiques

C. Des ADDITIFS (COLORANT, STABILISANT, lubrifiant...) et des RENFORTS (sens 2) (CHARGE (sens 2) de particules, FIBRE...) sont mélangés au POLYMÈRE pour obtenir le (PLASTIQUE), MATIÈRE PLASTIQUE thermoplastique finale apte à la TRANSFORMATION (sens 3).

D. Le diagramme ci-contre donne un aperçu de la classification des différents plastiques selon leur arrangement et avec leur niveau de performance signifié par la TEMPÉRATURE MAXIMALE D'UTILISATION :

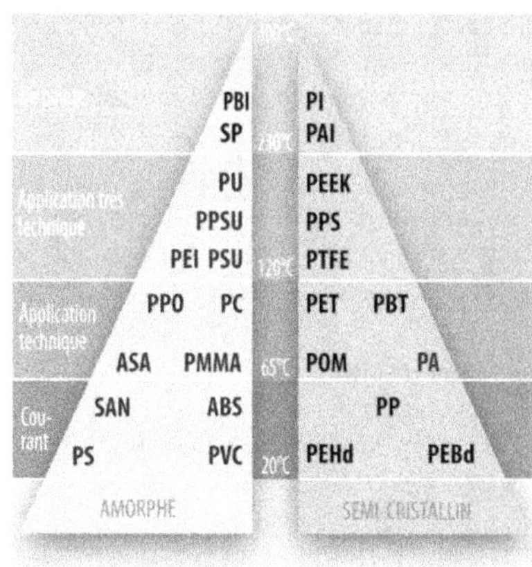

→ Voir (PLASTIQUE), DÉSIGNATION DES PLASTIQUES pour la signification des acronymes.

E. La liste suivante donne les grandes familles génériques de thermoplastiques avec pour chacune les exemples de MATIÈRES les plus répandues :

• Les **polyoléfines** ou **oléfiniques** :
PEhd : polyéthylène haute densité
PEbd : polyéthylène basse densité
LLDPE : polyéthylène linéaire
PEuhmw : polyéthylène à ultra haut poids moléculaire
PP : polypropylène
EVA : polyéthylène/acétate de vynile
EVOH : polyéthylène/alcool vinylique
PIB : polyisobutylène
PMP : polyméthylpentène
...

• les **vinyliques** :
PVC : polychlorure de vinyle
PVAC : polyacétate de vinyle
PVCC : polychlorure de vinyle chloré
PVAL : polyalcool vinylique
PVB : polybutyral de vinyle
PVA : polyacétal de vinyle
PVP : polypyrrolidone de vinyle
PVFM : polyformal de vinyle
PVF : polyfluorure de vinyle
PVK : polycarbazole de vinyle
...

• les **vinylidéniques** :
PVDC : polychlorure de vinylidène
PVDF : polyfluorure de vinylidène
...

• les **styréniques** :
PS : polystyrène
PS/B : polystyrène/butadiène
ABS : polystyrène/butadiène/acrylonitrile
ASA : polyacrylonitrile/styrène/acrylate d'éthyle

SAN : polystyrène/acrylonitrile
PMS : poly a-méthylstyrène
SMMA : polystyrène/méthacrylate de méthyle
SBMMA : polystyrène/butadiène/méthacrylate de méthyle

...

• les **acryliques** :
PMMA : polyméthacrylate de méthyle
PAN : polyacrylonitrile

...

• les **polyamides** :
PA6 : polycaprolactame
PA 6.6 : polyhexaméthylène adipamide
PA6.10 : polyhexaméthylène sébaçamide
PA11 : polyundécanamide
PA12 : polylauroamide

...

• les **polyamides aromatiques** :
PAA : polyarylamide
PPA : polyphtalamide
PA6-3T : polyamide semi-aromatique amorphe

...

• les **polyesters saturés** :
PET : polyéthylène téréphtalate
PETg : polyéthylène téréphtalate glycolisé
PBT : polybutylène téréphtalate
PBTB : polybutylène téréphtalate
PTMT : polytétraméthylène

...

• le **polycarbonate** :
PC : polycarbonate

• les **polyéthers** :
POM : polyoxyméthylène
PPE : polyphénylène éther
PEOX : polyoxyéthylène
PPO : polyphénylène oxyde
PPOX : polyoxypropylène

...

• les **polyfluorés** :
PTFE : polytétrafluoroéthylène
PCTFE : polychlorotrifluoroéthylène
PVDF : polyfluorure de vinylidène
PEP : polyéthylène-propylène perfluoré
ETFE : copolymère éthylène-polytétrafluoroéthylène

...

• les **cellulosiques** :
CA : acétate de cellulose
CAP : acétopropionate de ccellulose
CAB : acétobutyrate de cellulose
CP : propionate de cellulose
CN : nitrocellulose
EC : éthylcellulose
MC : méthylcellulose
CMC : carboxyméthylcellulose

...

• les **polysulfones** :
PSU : polysulfone
PAS : polyarylsulfone
PESU ou PES : polyéthersulfone
PPSU : polyphénylsulfone

...

• les **polysulfures** :
PPS : polysulfure de phénylène

• les **polyaryléthercétones** :
PEK : polyéther cétone
PEEK : polyéther éther cétone
PEKK : polyéhter cétone cétone
PAEK : polyéthercétoneéthercétone

...

• les **polyamide-imides** :
PAI :

• les **polyétherimides** :
PEI :

• les **polyimides** :
PI :

F. La particularité des thermoplastiques de se ramollir (fondre) à la chaleur et de reprendre leur DURETÉ initiale après REFROIDISSEMENT en conservant la dernière FORME qu'on leur a donnée leur procure une très grande aptitude à la MISE EN FORME.
→ Voir (PLASTIQUE), TRANSFORMATION DES MATIÈRES PLASTIQUES pour l'ensemble de ces PROCÉDÉS.
G. Le cycle de chauffage-REFROIDISSEMENT étant réversible sans que la MATIÈRE perde ses PROPRIÉTÉS, ce sont aussi des MATÉRIAUX très RECYCLABLES. Afin de faciliter le RECYCLAGE, chaque (PLASTIQUE), MATIÈRES PLASTIQUES portent sur les produits un symbole et une codification permettant de les reconnaître et de les trier.

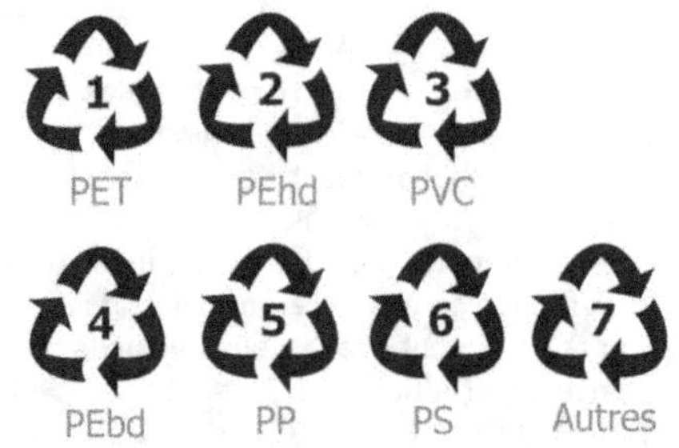

H. Quelques exemples d'aspect de MATIÈRES thermoplastiques page suivante.

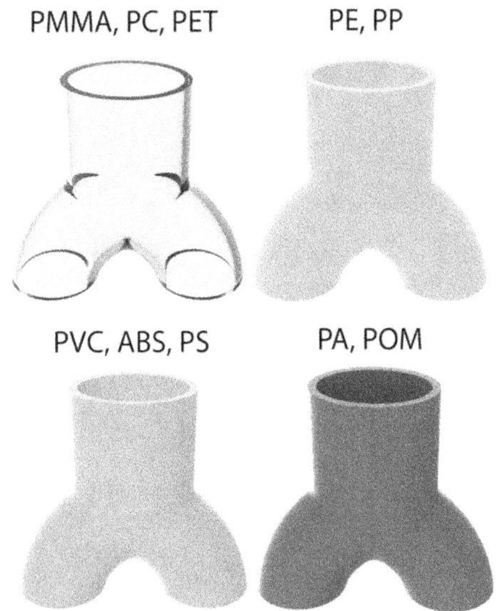

thixoformage [thixoforming process]

(n.m.) PROCÉDÉ de FABRICATION de PIÈCES (sens 1) en MÉTAL à l'état semi-SOLIDE (partiellement fondu) puis MIS EN FORME par les TECHNIQUES comme le FORGEAGE, le MATRIÇAGE, le FILAGE, le LAMINAGE, etc.

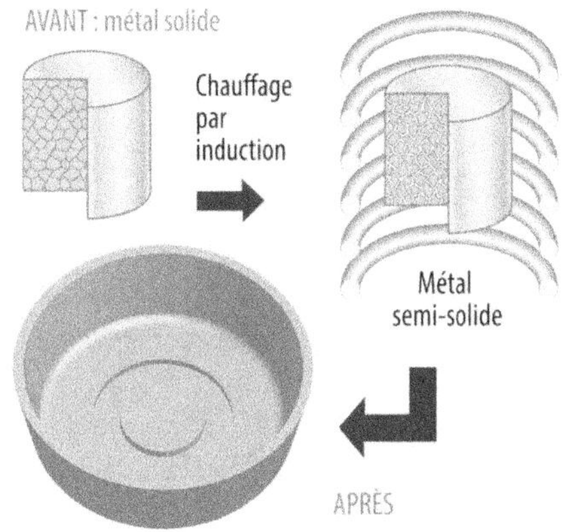

A. Un LOPIN de MÉTAL est chauffé par induction à un état intermédiaire entre le LIQUIDE et le SOLIDE de telle sorte a avoir un comportement de THIXOTROPIE. Ainsi, le lopin au repos a tendance à être plutôt SOLIDE ce qui en facilite la manipulation. Une fois soumis aux CONTRAINTES MÉCANIQUES du PROCÉDÉ de MISE EN FORME, il a tendance à se comporter plutôt comme un LIQUIDE, ce qui lui donne une bonne aptitude à remplir les cavités d'un MOULE.

B. Exemple de thixoformage s'apparentant au MATRIÇAGE :

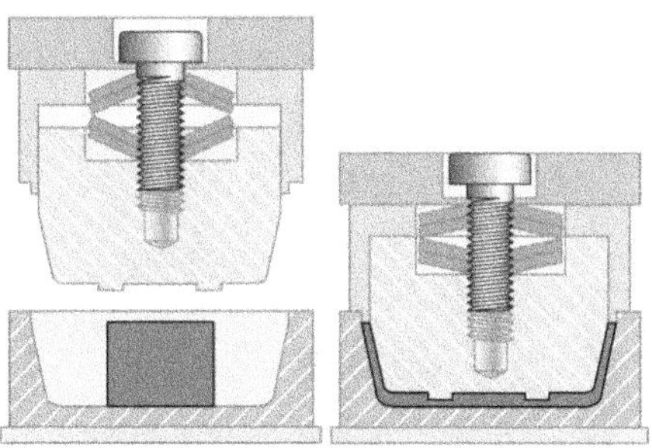

C. Au final, l'état semi-solide permet de combiner dans le même PROCÉDÉ les avantages du FORGEAGE et du MOULAGE.

 **Avantages**

D. Effort de MISE EN FORME moins important. Le chauffage nécessite moins d'ÉNERGIE. Permet des GÉOMÉTRIES (sens 2) très complexes. Bonnes PROPRIÉTÉS MÉCANIQUES des PIÈCES (sens 1) obtenues. AUTOMATISATION aisée car il n'y a pas de manipulation de LIQUIDE à haute TEMPÉRATURE.

 **Inconvénients**

E. Difficulté à obtenir une homogénéité de la phase SOLIDE dans la phase LIQUIDE.
→ Voir aussi RHÉOFORMAGE dans lequel l'état semi-solide est obtenu par SOLIDIFICATION partielle à partir d'un état fondu.

thixomoulage [thixomoulding (GB), thixomolding (US)]

(n.m.) PROCÉDÉ de MISE EN FORME de MÉTAL chauffé à l'état semi-solide puis cisaillé et malaxé par une VIS (sens 1) pour devenir une sorte de PÂTE composée de particules SOLIDES dans une MATRICE (sens 2) | LIQUIDE.
La MATIÈRE ainsi mise en condition prend un comportement de THIXOTROPIE ce qui la rend très apte au MOULAGE avec un PROCÉDÉ qui ressemble à tous points de vue au MOULAGE PAR INJECTION DE PLASTIQUE.

Structure dentritique classique d'alliage semi-liquide

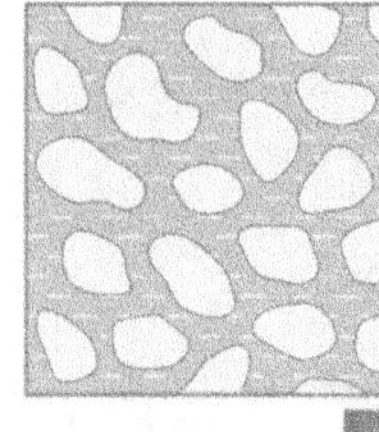

Structure thixotropique d'alliage semi-liquide

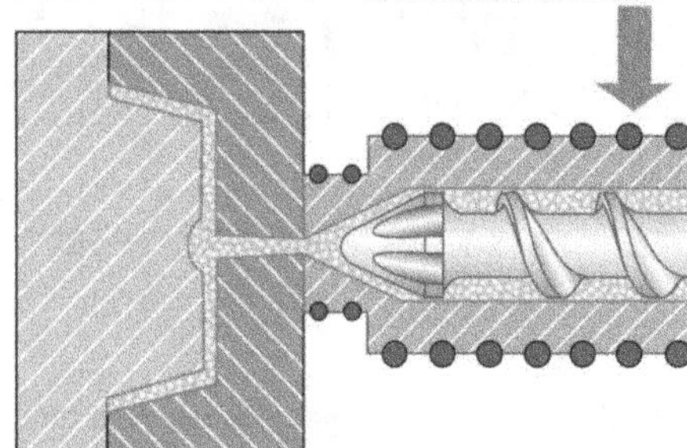

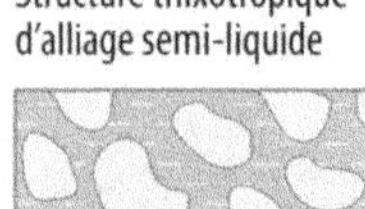

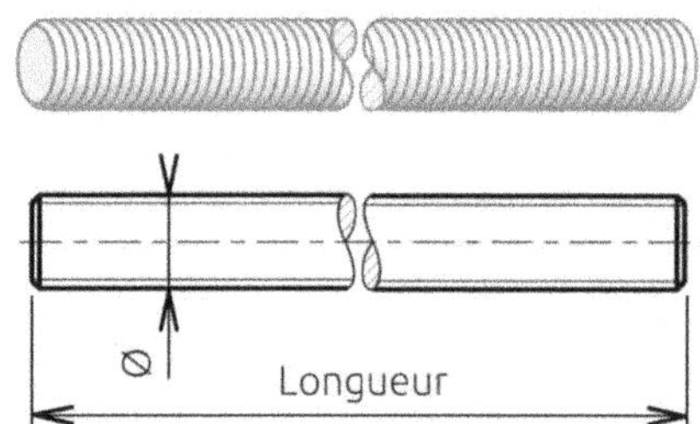

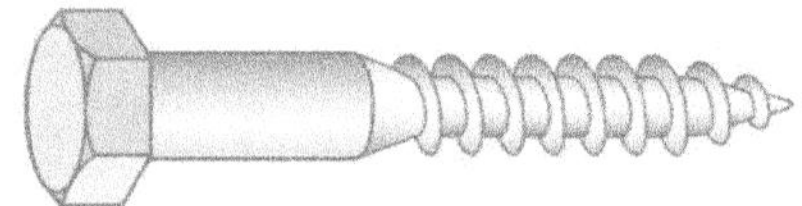

Longueur

Exemple de DÉSIGNATION NORMALISÉE :

Tige filetée M10 - 1000 CL4.8 EZ

|M| FILETAGE métrique à FILET TRIANGULAIRE PROFIL ISOMÉTRIQUE.

|10| DIAMÈTRE NOMINAL Ø de la tige filetée.

|1000| LONGUEUR totale de la tige.

|CL4.8| CLASSE DE RÉSISTANCE : indication facultative et valable uniquement pour la VISSERIE en ACIER AU CARBONE.
Le MATÉRIAU doit être précisé quand il est autre que l'ACIER AU CARBONE (ACIER INOXYDABLE, ALUMINIUM, LAITON...)

|EZ| Le type de TRAITEMENT DE SURFACE peut être précisé (brut, électrozingué (EZ), bichromaté, SHÉRARDISÉ...)

thixotropie [thixotropy]

(n.f.) Particularité de certaines MATIÈRES qui au repos ont tendance à être plutôt SOLIDE et lorsqu'on les soumet à une CONTRAINTE MÉCANIQUE (CISAILLEMENT) constante, leur comportement est plus proche d'un LIQUIDE.

A. C'est le cas, par exemple, des gels, de certains argiles et bétons, de boue, le yaourt, le ketchup, etc.

B. La thixotropie est notamment utilisée pour la MISE EN FORME de certains MÉTAUX en les amenant à un état de FUSION partielle lorsqu'ils sont SOLIDES et à un état de SOLIDIFICATION partielle quand ils sont LIQUIDES.

→ Voir THIXOFORMAGE ; THIXOMOULAGE ; RHÉOFORMAGE.

tige [rod]

(n.f.) ORGANE effilé très long et peu large.
Ex. : TIGE FILETÉE.

tige de scellement [anchor bolt]

(n.f.) ORGANE DE FIXATION noyée dans le BÉTON pour assurer la stabilité de différents ouvrages.
→ Voir (SCELLEMENT), TIGE DE SCELLEMENT les détails et quelques exemples.

tige filetée [threaded rod]

(n.f.) BARRE | CYLINDRIQUE creusée d'un sillon HÉLICOÏDAL sur toute sa LONGUEUR.

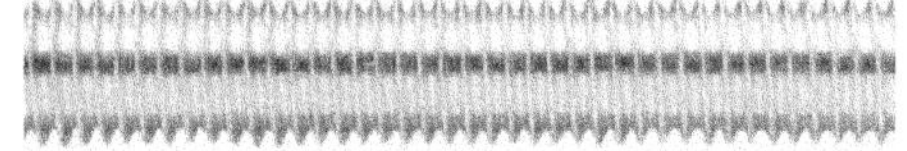

tire-fond [lag screw]

(n.m.) Grosse VIS À BOIS robuste qui peut être aussi utilisée dans le BÉTON en association avec une CHEVILLE.

À cause de sa taille, son utilisation dans le BOIS requiert souvent un AVANT-TROU.

tissu [fabric]

(n.m.) Enchevêtrement régulier de FILS donnant une MATIÈRE de grande RÉSISTANCE MÉCANIQUE avec une SOUPLESSE inégalée.
◊ Contr. : INTISSÉ ; NON-TISSÉ.
→ Voir, par exemple, FIBRE DE CARBONE et FIBRE DE VERRE pour des exemples d'utilisation.

titane (Ti) [titanium]

(n.m.) MÉTAL blanc-gris brillant léger, avec une bonne RÉSISTANCE MÉCANIQUE et une bonne RÉSISTANCE À LA CORROSION en particulier aux milieux salins.

A. Il est beaucoup utilisé (sous forme d'alliage type Ti6Al4V) pour la réalisation de réservoirs anti-corrosion et en aéronautique pour son rapport résistance/poids remarquable. Sa RÉSISTANCE est comparable à celle de l'ACIER pour une MASSE VOLUMIQUE sensiblement plus faible. Son OXYDE est utilisé pour la FABRICATION de PEINTURE.

B. Quelques CARACTÉRISTIQUES :

Symbole chimique :	Ti
État physique à l'ambiante :	Solide
Couleur :	Blanchâtre
Numéro atomique :	22
Masse volumique :	4,5 g/cm^3
T° de fusion :	1660°C
Structure cristalline :	Hexagonal compact

C. Aspect, couleur et rendu du MÉTAL.

D. Quelques PIÈCES (sens 1) types.

Photo : Peter Sobolev

toc [dog]

(n.m.) Accessoire de TOURNAGE permettant d'entraîner une PIÈCE (sens 1) tenue ENTRE-POINTES.

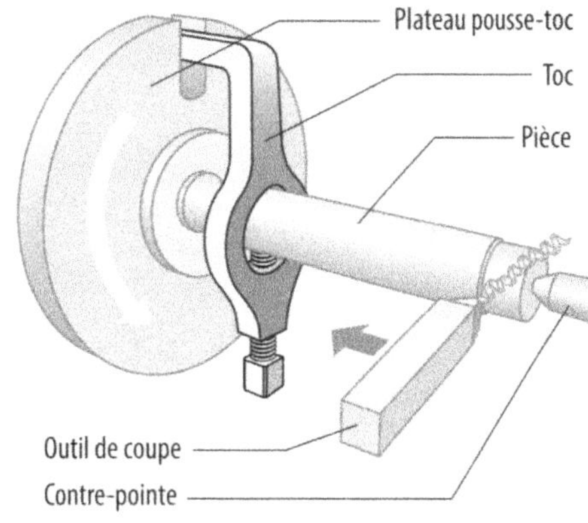

→ Voir aussi ENTRE-POINTES.

toile émeri [emery cloth]

(n.f.) TISSU | SOUPLE avec à sa SURFACE un DÉPÔT (sens 2) d'ABRASIFS plus ou moins fins ou rugueux.

La toile émeri sert à gratter, nettoyer, retoucher, POLIR.
→ Voir aussi BANDE ABRASIVE.

tôle [sheet metal]

(n.f.) DEMI-PRODUIT métallique à grande SURFACE plane et une faible ÉPAISSEUR.
A. Les tôles sont obtenues par LAMINAGE.

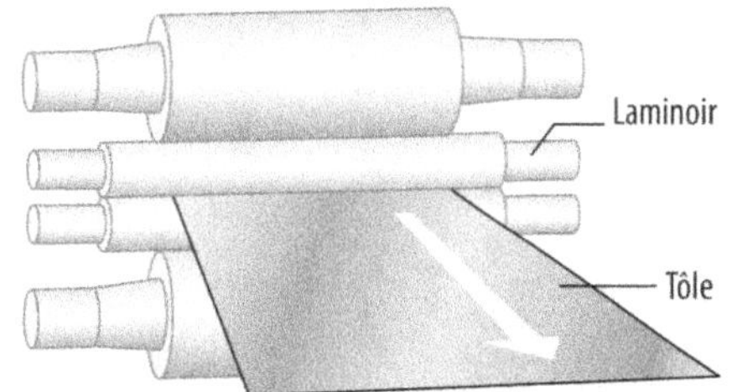

B. Ne pas confondre avec le PLAT.
→ Voir aussi DIRECTION DE LAMINAGE.

tôle à relief [chequer plate, chequer sheet]

(n.f.) TÔLE | MÉTALLIQUE plate sur un côté et parsemée d'un motif régulier de proéminences sur l'autre.

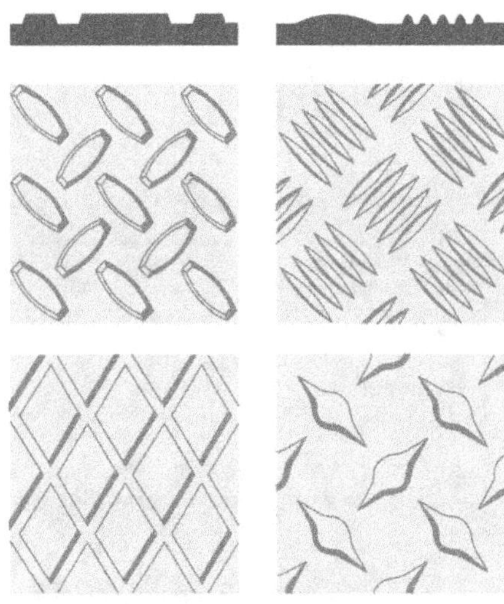

A. Elle sert généralement d'anti-dérapant
B. Ne pas confondre avec la TÔLE GAUFRÉE qui est obtenue par MATRIÇAGE d'une TÔLE plane de telle sorte que l'envers de la tôle est EN CREUX par rapport à l'endroit EN RELIEF.

tôle gaufrée [embossed plate, embossed sheet]

(n.f.) TÔLE à motif régulier de FORMES | EN RELIEF obtenues par MATRIÇAGE.

• Note : Ne pas confondre avec la TÔLE À RELIEF. Ne pas confondre non plus avec la TÔLE ONDULÉE.

tôle larmée [bulb plate]

(n.f.) TÔLE avec des motifs en FORME de lentilles allongées en relief pour servir d'anti-dérapant.

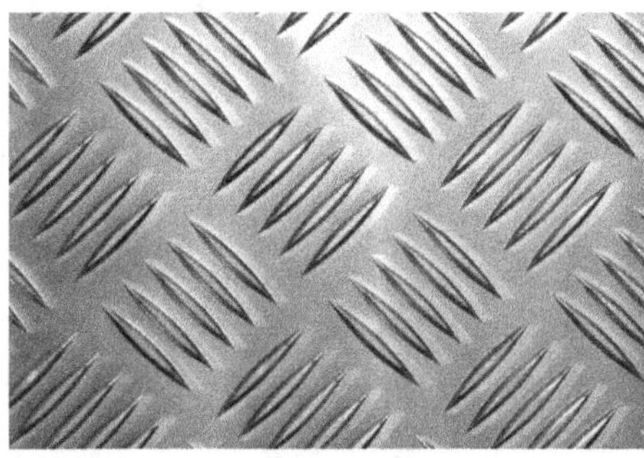

→ Voir aussi TÔLE À RELIEF.

tôle ondulée [corrugated sheet]

(n.f.) TÔLE ou FEUILLE dont le PROFIL est en FORME de vague pour en augmenter la RIGIDITÉ et la résistance en FLEXION.

Elle est souvent utilisée comme toiture ou BARDAGE.

tôle perforée [punched plate, perforated plate]

(n.f.) TÔLE transpercée d'une multitude de TROUS répétitifs pour l'alléger, la rendre plus ou moins « transparente » ou permettre d'éviter l'accumulation de liquide ou diminuer la prise au vent.

Elle est utilisée comme filtre ou en décoration.

tôle prélaquée [prepainted sheet]

(n.f.) TÔLE ayant préalablement reçu des TRAITE-MENTS DE SURFACE de protection tel que la GALVA-NISATION (sens 1), l'ÉLECTROZINGAGE ou la CATAPHORÈSE, puis un TRAITEMENT DE DÉCORATION de plusieurs COUCHES de peinture et enfin un FILM PLASTIQUE pour éviter de le rayer ou de l'endommager pendant les OPÉRATIONS de TÔLERIE, telles que le CISAILLAGE, le PLIAGE ou le ROULAGE.

D'une façon générale, les PIÈCES (sens 1) fabriquées avec de la tôle prélaquée n'ont besoin d'aucune FINITION autre que l'enlèvement du FILM PLASTIQUE de protection.

tolérance [tolerance]

(n.f.) ÉCART acceptable par rapport à ce qui est défini en théorie.

Dans le domaine particulier de la définition des PIÈCES (sens 1) en cours de CONCEPTION, deux types principaux de tolérance peuvent être distingués :

• la TOLÉRANCE DIMENSIONNELLE.
• la TOLÉRANCE DE POSITION ET DE FORME.

(tolérance), analyse de tolérance [tolerance analysis]

(n.f.) Démarche utilisée dans la CONCEPTION de produit pour comprendre comment les imperfections des pièces fabriquées, ainsi que des EN-SEMBLES obtenus par leur ASSEMBLAGE (sens 1), peuvent avoir comme incidence sur la capacité à répondre aux FONCTIONS attendues.

L'analyse de tolérance est un moyen de comprendre comment les sources de variation dans les DIMENSIONS d'une pièce et les contraintes d'assemblage affectent la capacité d'un produit à répondre aux exigences de CONCEPTION tout en respectant les CAPABILITÉS des PROCÉDÉS de PRODUCTION et des chaînes d'approvisionnement. Le TOLÉRANCEMENT influe directement sur le coût et la performance des produits.

tolérance bilatérale [bilateral tolerance]

(n.f.) TOLÉRANCE DIMENSIONNELLE avec un écart en plus et en moins par rapport à la DIMENSION (sens 1) de base.

Exemple : $25^{+0,2}_{-0,1}$

◊ Contr : TOLÉRANCE UNILATÉRALE.

tolérance de forme [form tolerance]

(n.f.) Type de TOLÉRANCES GÉOMÉTRIQUES relatives aux aspects de base d'une SURFACE unique telles que la RECTITUDE, la PLANÉITÉ, la CIRCULA-RITÉ, la CYLINDRICITÉ.

→ Voir aussi TOLÉRANCE GÉOMÉTRIQUE.

tolérance de positionnement [positional tolerance]

(n.f.) Type de TOLÉRANCES GÉOMÉTRIQUES relatives à l'emplacement de certains éléments d'une PIÈCE (sens 1) par rapport à d'autres dits de référence. Les tolérances de positionnement incluent la LOCALISATION, la CONCENTRICITÉ et la SYMÉTRIE.

→ Voir aussi TOLÉRANCE GÉOMÉTRIQUE.

tolérance dimensionnelle [dimensional tolerance]

(n.f.) Inexactitude de DIMENSION (sens 1) acceptable par rapport à ce qui a été défini avec PRÉCISION et qui ne compromet pas la FONCTIONNALITÉ de la PIÈCE (sens 1) concernée.

A. Les TECHNIQUES de FABRICATION même les plus précises et les plus soignées introduisent toujours des inexactitudes. Il est donc nécessaire de clarifier sur un DESSIN DE DÉFINITION les écarts acceptables encore compatibles avec les FONCTION recherchées.

B. Ci-dessous, quelques exemples d'indications de tolérance dimensionnelle sur un DESSIN TECH-NIQUE.

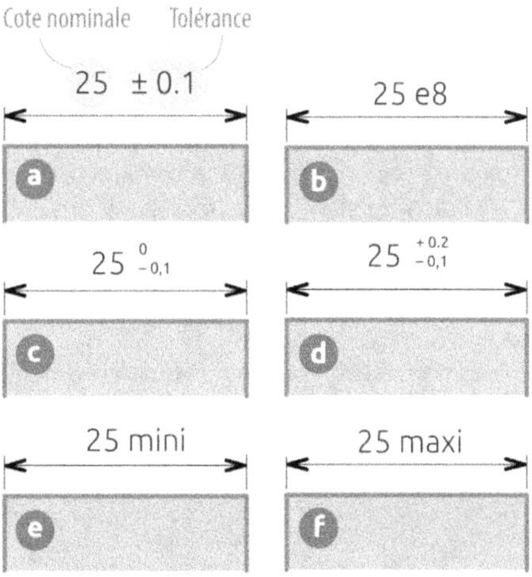

Si on considère la cote de 25 sur la figure (a) ci-dessus, la COTE NOMINALE est de **25** et la TOLÉRANCE appliquée à cette cote est de **±0,1**. Ce qui veut dire que la PIÈCE (sens 1) concernée est acceptable si elle est comprise entre 24,9 et 25,1. La différence entre la cote la plus élevée et la plus faible est appelée INTERVALLE DE TOLÉRANCE, c'est à dire **25,1 - 24,9 = 0,2** dans l'exemple considéré.

C. Lorsque l'intervalle est très faible par rapport à la cote nominale, on parle de TOLÉRANCE SERRÉE ou FINE. Dans le cas contraire, la TOLÉRANCE est dite LARGE ou GROSSIÈRE.

→ **Voir** (TOLÉRANCE), GRADE DE TOLÉRANCE INTERNATIONALE pour la frontière entre ces deux situations.

D. Les tolérances peuvent être écrites de plusieurs façons selon les exemples de la figure précédente :
• TOLÉRANCE symétrique (a)
• TOLÉRANCE normalisée (b)
• TOLÉRANCE asymétrique (c, d)
• TOLÉRANCE unilatérale (e, f)

Remarquer en particulier la tolérance NORMALISÉE **25 e8**.

→ **Voir** AJUSTEMENT pour sa signification à la rubrique.

E. Les valeurs d'INTERVALLES DE TOLÉRANCE selon les dimensions nominales auxquelles elles sont appliquées, sont consignées dans une NORME internationale NF ISO 286-1. Elles portent chacunes un numéro spécifiant les INTERVALLES DE TOLÉRANCE. Ce qui permet de définir sans ambiguïté les PRÉCISIONS susceptibles d'être réalisées en FABRICATION. Ce qui permet aussi au monde entier de « parler d'une même voix » et d'assurer la notion d'INTERCHANGEABILITÉ.

→ **Voir** (TOLÉRANCE), GRADE DE TOLÉRANCE INTERNATIONALE pour quelques éléments de cette NORME.

F. **Voir** les MÉTHODES de TOLÉRANCEMENT, c'est à dire le choix et la définition des TOLÉRANCES et les écarts pendant le stade de CONCEPTION, aux rubriques suivantes :
• (TOLÉRANCE), ANALYSE DE TOLÉRANCE.
• AJUSTEMENT.
• CHAÎNE DE COTES.

G. En plus des tolérances dimensionnelles, la définition d'une PIÈCE (sens 1) doit être complétée par des TOLÉRANCES GÉOMÉTRIQUES et de POSITION.

→ **Voir** TOLÉRANCE GÉOMÉTRIQUE ; SPÉCIFICATION GÉOMÉTRIQUE DE PRODUIT.

tolérance fine [tight tolerance, close tolerance]

(n.f.) TOLÉRANCE très faible par rapport à la DIMENSION NOMINALE et qui exige une grande PRÉCISION de réalisation.

Dans les (TOLÉRANCE), GRADES DE TOLÉRANCE INTERNATIONALE, ce sont ceux qui portent des numéros inférieurs à 10.

◆ **Syn.** : TOLÉRANCE SERRÉE.

◊ **Contr.** : TOLÉRANCE GROSSIÈRE ou TOLÉRANCE LARGE.

→ **Voir** (TOLÉRANCE), GRADES DE TOLÉRANCE INTERNATIONALE.

tolérance géométrique [geometric tolerance]

(n.f.) Imprécision acceptable relative aux FORMES et POSITIONNEMENT des détails d'une PIÈCE (sens 1) à fabriquer, par rapport au DESSIN théorique considéré comme parfait.

A. En plus des TOLÉRANCES DIMENSIONNELLES pures, des indications supplémentaires sur les caractéristiques intrinsèques des éléments géométriques ou leurs attributs par rapport à d'autres sont souvent nécessaires pour cerner complètement les fonctions à remplir par une pièce tout en ne perdant pas de vue les capacités et limites des moyens de fabrication pour la réaliser. L'exemple suivant montre l'insuffisance des seules dimensions et tolérances associées pour définir les exigences que doit remplir un objet. Il s'agit d'une table dont la hauteur est fixée sur le DESSIN DE DÉFINITION à 700 ± 20. Cette indication signifie que la hauteur de la table est acceptable entre 680 et 720.

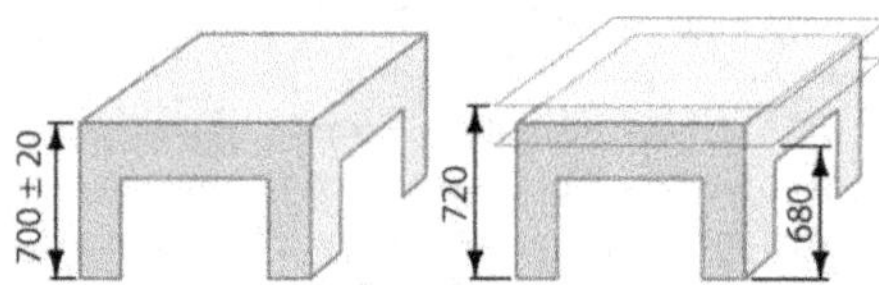

Mais elle suppose aussi qu'une table de hauteur 720 d'un côté et 680 de l'autre serait valable. Ou encore une table dont la surface n'est pas plane mais présentant des ondulations d'amplitude 40 serait tolérable.

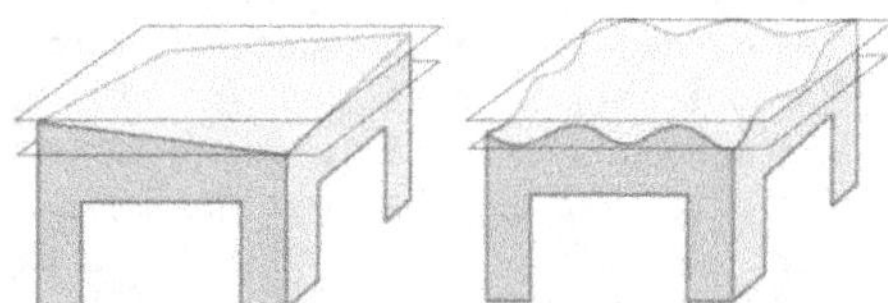

En réalité, la FONCTION D'USAGE d'une table nécessite qu'elle soit la plus parallèle possible par rapport au sol et avec un minimum d'irrégularités sur sa surface. Ce qui se traduit sur le DESSIN DE DÉFINITION, en plus de sa hauteur, par deux tolérances géométriques, l'une de PARAL-LÉLISME à 2 mm près par rapport au plan des pieds, et l'autre de PLANÉITÉ avec des irrégularités de moins de 1 mm.

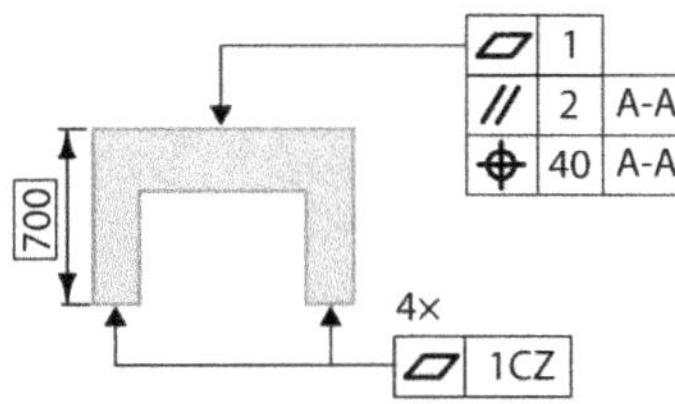

B. Les tolérances géométriques peuvent être scindées en cinq catégories suivantes :
• TOLÉRANCE DE FORME :

Rectitude [Straightness]	—
Planéité [Flatness]	⬜
Circularité [Circularity]	○
Cylindricité [Cylindricity]	⌭

• TOLÉRANCE de profil :

| Profil de ligne [Line] | ⌒ |
| Profil de surface [Surface] | ⌓ |

• TOLÉRANCE d'orientation :

Parallélisme [Parallelism]	//
Perpendicularité [Perpendicularity]	⊥
Inclinaison [Angularity]	∠

• TOLÉRANCE DE POSITIONNEMENT :

Localisation [Position]	⊕
Concentricité [Concentricity] (pour des centres) Coaxialité [Coaxiality] (pour des axes)	◎
Symétrie [Symmetry]	=

• TOLÉRANCE de battement :

| Battement circulaire [Circular runout] | ↗ |
| Battement total [Total runout] | ⌰↗ |

Exemple d'indication de tolérances géométriques sur un DESSIN TECHNIQUE en 2D :

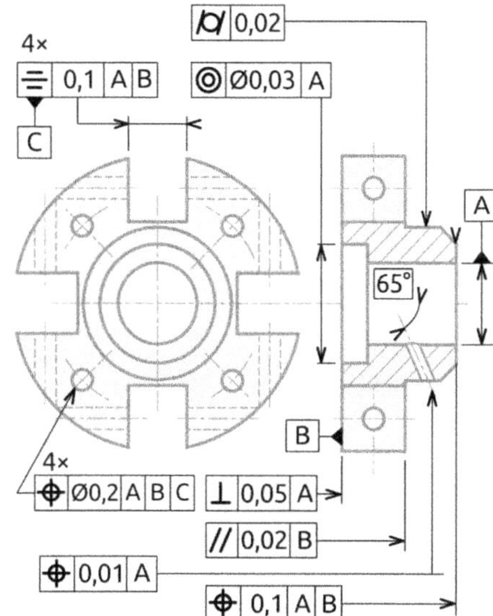

→ Voir aussi, par exemple CANON DE PERÇAGE.

(tolérance), grade de tolérance internationale [international tolerance grade]

(n.m.) Catégories normalisées d'INTERVALLE DE TOLÉRANCE désignées avec des numéros d'ordre croissant selon la largeur de leurs valeurs. Plus l'intervalle est serrée ou fine, plus la dimension concernée est précise et difficile à réaliser. A l'inverse, un tolérance plus large correspond à une dimension peu précise, plus facile à réaliser en FABRICATION.

A. Les TOLÉRANCES INTERNATIONALES sont divisées en dix-huit grades. Le plus serré porte le numéro 1 et noté **IT1**. Le plus large le numéro 18, c'est à dire IT18.

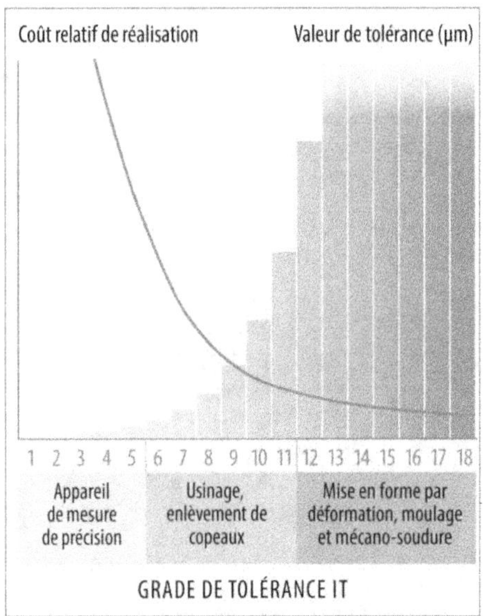

B. D'une façon générale, les grades 1 à 5 sont destinés à la FABRICATION des APPAREILS de MESURE (sens 3) de grande PRÉCISION. Les grades 6 à 11 correspondent aux TECHNIQUES d'USINAGE par enlèvement de COPEAUX. Les grades 12 à 18 correspondent aux TECHNIQUES de MISE EN FORME PAR DÉFORMATION, par MOULAGE ainsi que la MÉCANO-SOUDURE.

C. Il est à noter que plus le grade de tolérance est précis, plus son coût de réalisation est élevé car nécessitant des moyens onéreux. Le tableau ci-dessous donne un aperçu général de ces grades et de la perception qui en est faite dans leur utilisation quotidienne, en donnant des ordres de grandeur :

	Très précis	Précis	Moyen	Grossier	Très Grossier
IT	1 2 3 4 5	6 7 8 9	10 11 12	13 14 15	16 17 18
Exemple	10 ± 0,002	10 ± 0,01	10 ± 0,05	10 ± 0,2	10 ± 1
	100 ± 0,005	100 ± 0,02	100 ± 0,1	100 ± 0,4	100 ± 2
	1000 ± 0,010	1000 ± 0,05	1000 ± 0,3	1000 ± 1,5	1000 ± 5
	3000 ± 0,030	3000 ± 0,15	3000 ± 0,7	3000 ± 2,5	3000 ± 10
	TOLÉRANCE FINE		TOLÉRANCE LARGE		

D. De façon arbitraire, on peut définir les grades de tolérance fine (IT1 à IT9) et les grades de tolérance large (IT10 à IT18).

E. Tableau des tolérances internationales fines :

µm	IT1	IT2	IT3	IT4	IT5	IT6	IT7	IT8	IT9
0... ≤3 mm	0,8	1,2	2	3	4	6	10	14	25
>3 ≤6	1	1,5	2,5	4	5	8	12	18	30
>6 ≤10	1	1,5	2,5	4	6	9	15	22	36
>10 ≤18	1,2	2	3	5	8	11	18	27	43
>18 ≤30	1,5	2,5	4	6	9	13	21	33	52
>30 ≤50	1,5	2,5	4	7	11	16	25	39	62
>50 ≤80	2	3	5	8	13	19	30	46	74
>80 ≤120	2,5	4	6	10	15	22	35	54	87
>120 ≤180	3,5	5	8	12	18	25	40	63	100
>180 ≤250	4,5	7	10	14	20	29	46	72	115
>250 ≤315	6	8	12	16	23	32	52	81	130
>315 ≤400	7	9	13	18	25	36	57	89	140
>400 ≤500	8	10	15	20	27	40	63	97	155
>500 ≤630	9	11	16	22	32	44	70	110	175
>630 ≤800	10	13	18	25	36	50	80	125	200
>800 ≤1000	11	15	21	28	40	56	90	140	230
>1000 ≤1250	13	18	24	33	47	66	105	165	260
>1250 ≤1600	15	21	29	39	55	78	125	195	310
>1600 ≤2000	18	25	35	46	65	92	150	230	370
>2000 ≤2500	22	30	41	55	78	110	175	280	440
>2500 ≤3150	26	36	50	68	96	135	210	330	540

F. Tableau des tolérances internationales larges :

µm	IT10	IT11	IT12	IT13	IT14	IT15	IT16	IT17	IT18
0... ≤3 mm	40	60	100	140	250	400	600	1000	1400
>3 ≤6	48	75	120	180	300	480	750	1200	1800
>6 ≤10	58	90	150	220	360	580	900	1500	2200
>10 ≤18	70	110	180	270	430	700	1100	1800	2700
>18 ≤30	84	130	210	330	520	840	1300	2100	3300
>30 ≤50	100	160	250	390	620	1000	1600	2500	3900
>50 ≤80	120	190	300	460	740	1200	1900	3000	4600
>80 ≤120	140	220	350	540	870	1400	2200	3500	5400
>120 ≤180	160	250	400	630	1000	1600	2500	4000	6300
>180 ≤250	185	290	460	720	1150	1850	2900	4600	7200
>250 ≤315	210	320	520	810	1300	2100	3200	5200	8100
>315 ≤400	230	360	570	890	1400	2300	3600	5700	8900
>400 ≤500	250	400	630	970	1550	2500	4000	6300	9700
>500 ≤630	280	440	700	1100	1750	2800	4400	7000	11000

>630 ≤800	320	500	800	1250	2000	3200	5000	8000	12500
>800 ≤1000	360	560	900	1400	2300	3600	5600	9000	14000
>1000 ≤1250	420	660	1050	1650	2600	4200	6600	10500	16500
>1250 ≤1600	500	780	1250	1950	3100	5000	7800	12500	19500
>1600 ≤2000	600	920	1500	2300	3700	6000	9200	15000	23000
>2000 ≤2500	700	1100	1750	2800	4400	7000	11000	17500	28000
>2500 ≤3150	860	1350	2100	3300	5400	8600	13500	21000	33000

G. Le choix d'un grade de tolérance doit avant tout tenir compte des FONCTIONNALITÉS recherchées pour permettre ensuite de choisir le (FABRICATION), PROCÉDÉ DE FABRICATION adéquat. D'autre part, comme indiqué précédemment, plus une tolérance est fine, plus sa réalisation est d'un coût élevé. Il est donc important de considérer dans les CONCEPTIONS la PRÉCISION juste nécessaire.

H. Les tableaux suivants donnent des indications sur les grades de tolérance susceptibles d'être obtenus par les différents PROCÉDÉS de FABRICATION.

a. Les PROCÉDÉS de MOULAGE et de FORMAGE sont regroupés dans le premier tableau :

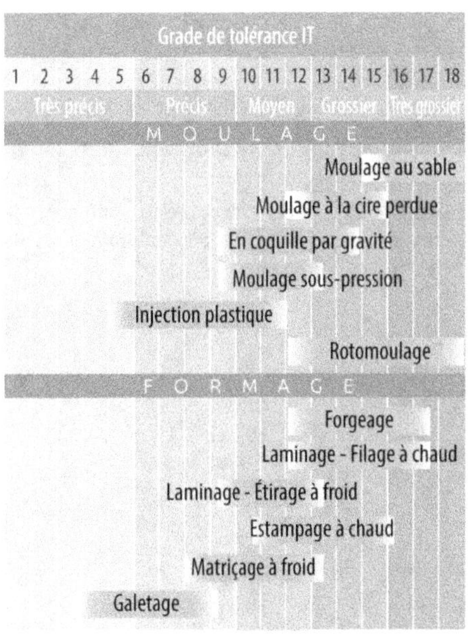

b. Le tableau suivant concerne les PROCÉDÉS d'USINAGE CONVENTIONNEL et d'USINAGE NON-CONVENTIONNEL :

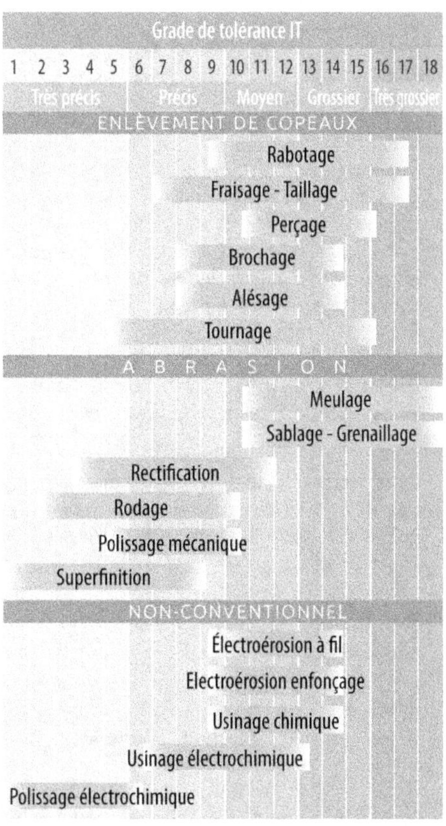

I. Et enfin le dernier tableau regroupe les PROCÉDÉS de DÉCOUPAGE :

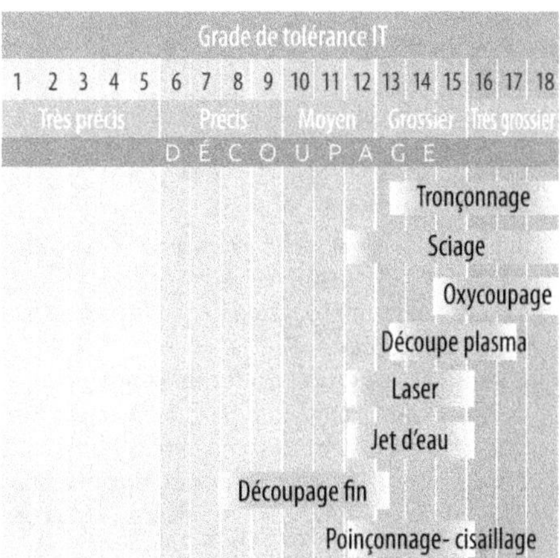

J. Les grades de tolérance internationale sont, par exemple, utilisés dans la définition des AJUSTEMENTS.

(tolérance), intervalle de tolérance [tolerance range]

(n.m.) Écart entre la valeur la plus élevée et la plus faible acceptable pour une grandeur.
→ **Voir** INTERVALLE DE TOLÉRANCE.

tolérance large [wide tolerance, loose tolerance]

(n.f.) TOLÉRANCE dont l'ÉCART est relativement important par rapport à la DIMENSION NOMINALE. Dans les considérations générales de la CONSTRUCTION MÉCANIQUE, les (TOLÉRANCE), GRADES DE TOLÉRANCE INTERNATIONALE portant les numéros au-dessus de 10 peuvent être considérés comme « large ».
◆ **Syn. :** Tolérance grossière.
◊ **Contr. :** TOLÉRANCE SERRÉE.
→ **Voir** (TOLÉRANCE), GRADES DE TOLÉRANCE INTERNATIONALE à cette rubrique.

tolérancement [tolerancing]

(n.m.) Activité d'analyse, de calcul et de définition des TOLÉRANCES sur une PIÈCE (sens 1) afin qu'elle puisse remplir correctement ses FONCTIONS.
→ **Voir**, par exemple, CHAÎNE DE COTES.

tolérance serrée [close tolerance, tight tolerance]

(n.f.) TOLÉRANCE dont l'ÉCART est relativement faible par rapport à la DIMENSION NOMINALE. Dans les considérations générales de la CONSTRUCTION MÉCANIQUE les (TOLÉRANCE), GRADES DE TOLÉRANCE INTERNATIONALE portant les numéros en-dessous de 10 peuvent être considérés comme « serrée ».
◆ **Syn. :** Tolérance fine.
◊ **Contr. :** TOLÉRANCE LARGE ; TOLÉRANCE GROSSIÈRE.
→ **Voir** (TOLÉRANCE), GRADES DE TOLÉRANCE INTERNATIONALE.

(tolérance), tolérance internationale [international tolerance]

(n.f.) NORME pour les pays utilisant le SYSTÈME métrique, définissant les valeurs des INTERVALLES DE TOLÉRANCE en fonction des DIMENSIONS NOMINALES considérées.
Cette NORME permet de cerner la notion de PRÉCISION d'exécution compatible avec les résultats recherchés et les moyens TECHNIQUES à disposition. Dix-huit catégories ont été créées allant de la plus grande PRÉCISION à la plus GROSSIÈRE.
→ **Voir** (TOLÉRANCE), GRADE DE TOLÉRANCE INTERNATIONALE.

tolérance unilatérale [unilateral tolerance]

(n.f.) Écart de TOLÉRANCE dans un seul sens uniquement par rapport à la DIMENSION de base.
Ex : 25 mini
◊ **Contr. :** TOLÉRANCE BILATÉRALE.

tôlerie [sheet metalworking]

(n.f.) Ensemble des PROCÉDÉS de TRANSFORMATION (sens 3) et de MISE EN FORME des TÔLES métalliques. Ces PROCÉDÉS incluent :
• le DÉCOUPAGE
• le POINÇONNAGE
• le PLIAGE
• l'EMBOUTISSAGE
• le REPOUSSAGE
…

tonnelage [barrel tumbling]

(n.m.) PROCÉDÉ mécanique de FINITION de SURFACE consistant à faire entrechoquer des PIÈCES (sens 1) entre elles en présence de particules ABRASIVES, pour les nettoyer et émousser les arêtes :

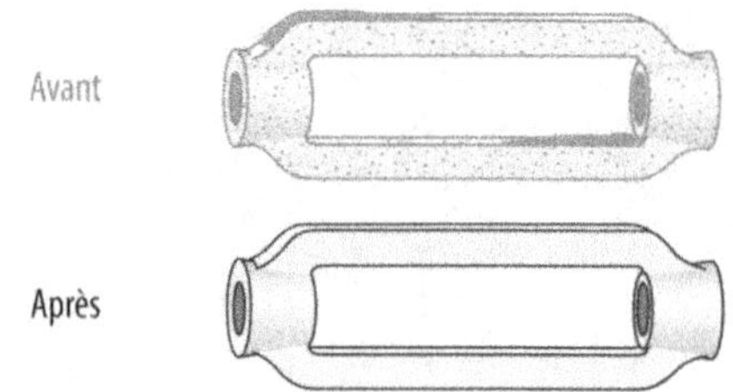

A. L'OPÉRATION est effectuée dans un conteneur subissant une ROTATION ou des VIBRATIONS :

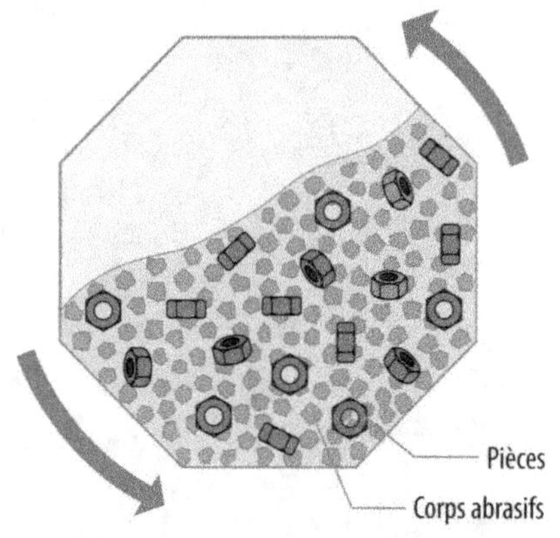

B. Le tonnelage est notamment utilisé pour l'ÉBAVURAGE, le DÉCAPAGE, le DÉCALAMINAGE.
→ **Voir** MATOPLASTIE pour un PROCÉDÉ similaire de dépôt de revêtement métallique.

👍 Avantages

C. Économique. Nécessite très peu de manipulations. Plusieurs PIÈCES (sens 1) peuvent être traitées en vrac. Provoque un ÉCROUISSAGE superficiel qui améliore les PROPRIÉTÉS MÉCANIQUES notamment la tenue à la FATIGUE.
→ Voir SABLAGE pour un autre PROCÉDÉ de NETTOYAGE de SURFACE.
→ Voir aussi TRIBOFINITION.

torche MIG/MAG/TIG [gun]

(n.f.) APPAREIL tenu à la main relié à une source d'ÉNERGIE et de GAZ PROTECTEUR, permettant de diriger avec précision le flux de GAZ et d'ÉNERGIE nécessaire au SOUDAGE À L'ARC ÉLECTRIQUE.
A. Selon que l'électrode de soudage se consume ou non, deux types de torche existent correspondant au SOUDAGE MIG/MAG et au SOUDAGE TIG.

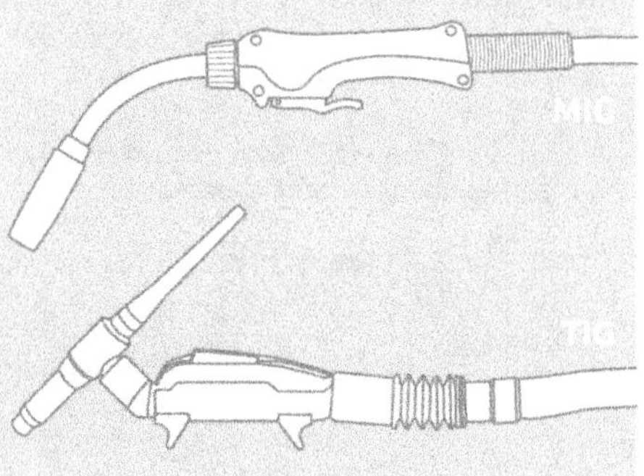

B. Ne pas confondre avec le CHALUMEAU.
→ Voir (SOUDAGE), POSTE À SOUDER.

torche plasma [plasma gun]

(n.f.) APPAREIL tenu à la main relié à une source d'ÉNERGIE et de GAZ susceptible de produire un jet de plasma hautement énergétique utilisée pour la DÉCOUPE.

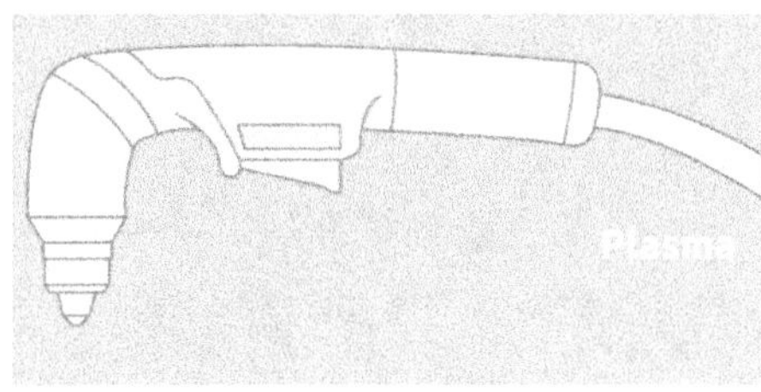

→ Voir aussi DÉCOUPE PLASMA.

torsadage [twisting]

(n.m.) OPÉRATION de DÉFORMATION PERMANENTE en TORSION d'une TIGE pour obtenir une TORSADE.

torsade [twist]

(n.f.) FORME | HÉLICOÏDALE obtenue par DÉFORMATION PERMANENTE en TORSION (sens 1) d'une TIGE.
Ex. : *Torsade d'une tige de section carrée utilisée en FERRONNERIE* :

torseur [torsor]

(n.m.) Expression mathématique de l'ensemble des actions MÉCANIQUES appliquées sur un solide indéformable pour décrire les actions mécaniques qu'il subit. Le torseur est, par exemple, utilisé pour décrire le CHARGEMENT au sein de chaque SECTION d'une POUTRE lorsqu'elle est mécaniquement sollicitée par des FORCES extérieures.
A. Le torseur au point G du PLAN d'une SECTION coupée de façon imaginaire s'écrit :

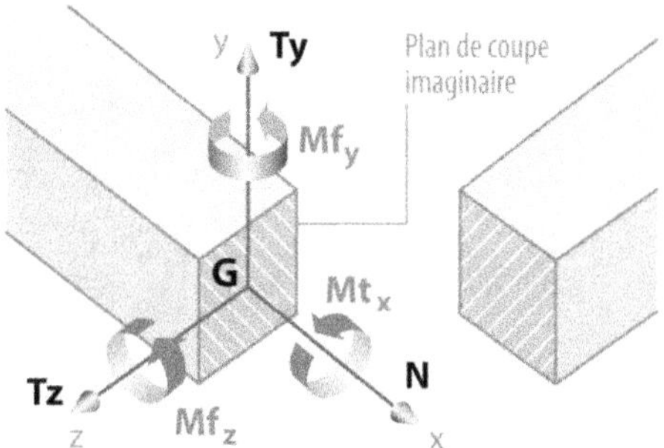

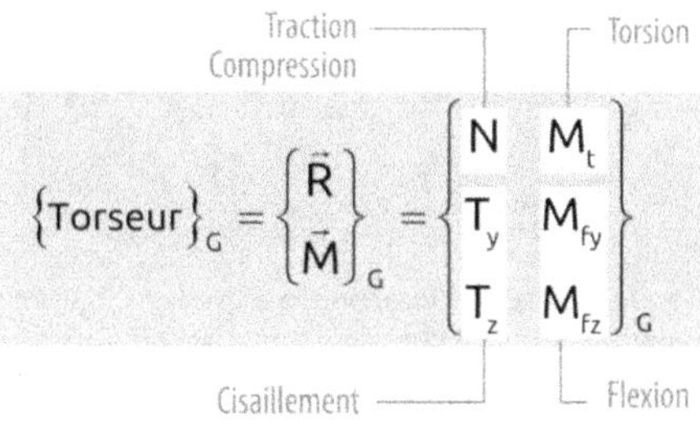

$$\{Torseur\}_G = \left\{ \begin{matrix} \vec{R} \\ \vec{M} \end{matrix} \right\}_G = \left\{ \begin{matrix} N & M_t \\ T_y & M_{fy} \\ T_z & M_{fz} \end{matrix} \right\}_G$$

B. Selon les cas de SOLLICITATION MÉCANIQUE, les composantes du torseur sont les suivantes :

Cas	Schéma	N	T	Mt	Mf	
Traction		N	0	0	0	
Compression		N	0	0	0	
Cisaillement		0	Ty	0	0	Sollicitation simple
Torsion		0	0	Mt	0	
Flexion pure		0	0	0	Mfz	

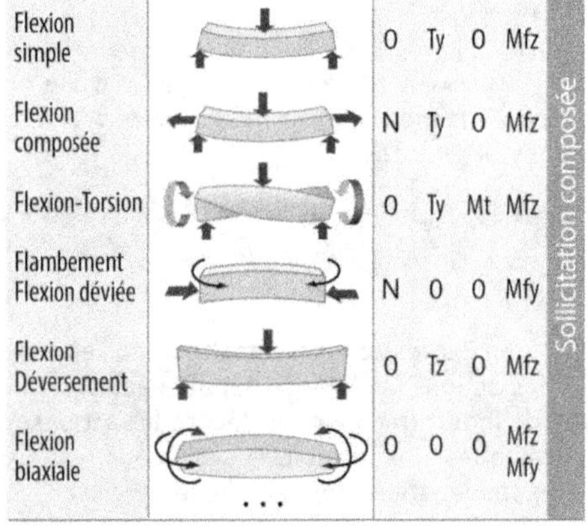

						Sollicitation composée
Flexion simple		O	Ty	O	Mfz	
Flexion composée		N	Ty	O	Mfz	
Flexion-Torsion		O	Ty	Mt	Mfz	
Flambement Flexion déviée		N	O	O	Mfy	
Flexion Déversement		O	Tz	O	Mfz	
Flexion biaxiale		O	O	O	Mfz Mfy	

...

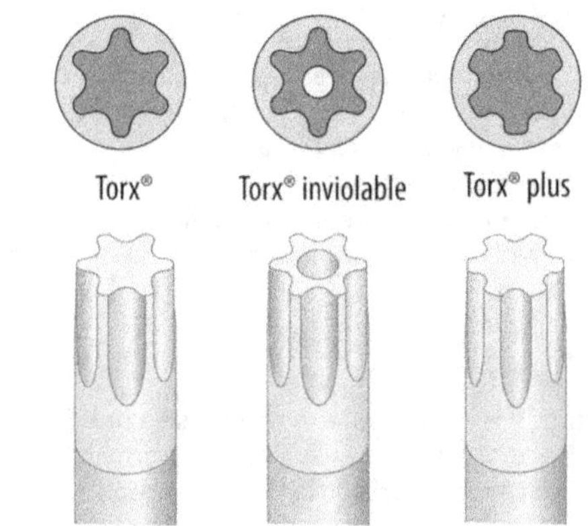

torsion [torsion]

(n.f.)

1. PHÉNOMÈNE de DÉFORMATION en HELICOÏDE d'un MATÉRIAU dont deux régions sont sollicitées par des COUPLES DE FORCE en sens inverses.

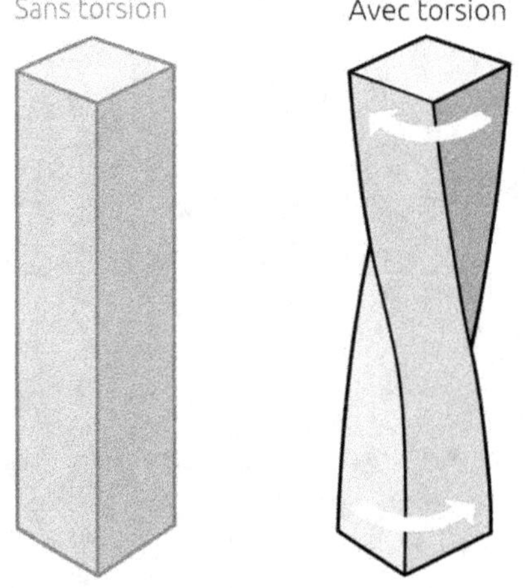

• Note : Ne pas confondre avec le VRILLAGE qui est un DÉFAUT de FABRICATION et la TORSADE qui est une MISE EN FORME recherchée.

→ Voir aussi CONTRAINTE DE TORSION.

2. OPÉRATION provoquant une DÉFORMATION en HÉLICOÏDE d'un MATÉRIAU.

Lorsque la DÉFORMATION est intentionnellement effectuée de façon à être permanente, l'OPÉRATION est appelée TORSADAGE.

torx ®

(n.m. déposé). FORME D'ENTRAÎNEMENT en étoile à six branches dotée d'une EFFICACITÉ et d'une RÉSISTANCE MÉCANIQUE améliorée par rapport à l'HEXAGONE.

tour

(n.m.)

1. [lathe] MACHINE-OUTIL équipée d'une BROCHE (sens 2) faisant tourner la PIÈCE (sens 1) à USINER et d'un PORTE-OUTIL animé d'un MOUVEMENT selon deux AXES permettant de générer des FORMES DE RÉVOLUTION.

A. La BROCHE (sens 2) du tour peut être orientée horizontalement comme ci-dessous :

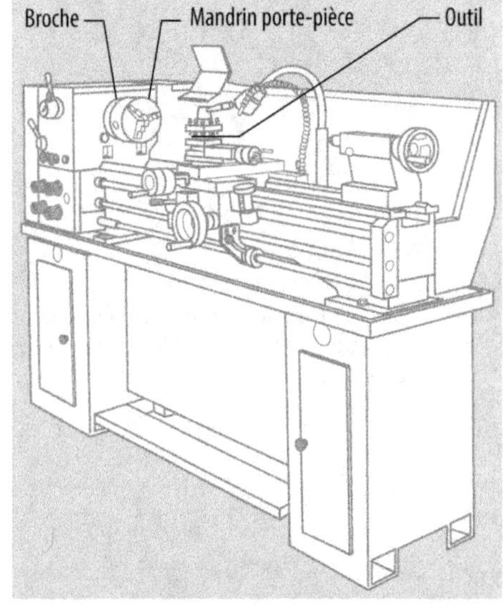

B. Elle peut aussi être orientée verticalement.

→ Voir TOUR VERTICAL.

C. Comme toutes les MACHINES actuelles, elle peut être MANUELLE ou à COMMANDE NUMÉRIQUE.

2. [revolution] MESURE (sens 1) de l'ANGLE d'un objet qui change d'ORIENTATION dans un SENS et revient à sa position initiale.

A. Exemple d'utilisation pour mesurer la VITESSE DE ROTATION : TOUR PAR MINUTE (tr/mn).

B. À remarquer que le tour n'est pas une UNITÉ (sens 1) officielle du (UNITÉ), SYSTÈME INTERNATIONAL D'UNITÉS (S.I.). L'UNITÉ (sens 1) officielle est le RADIAN. Voici la correspondance avec les autres unités :

$$1 \text{ tour} = 2\,\pi \text{ rad} = 360°$$

tour à commande numérique [computer numerically controlled lathe, CNC lathe]

(n.m.) Type de TOUR (sens 1) AUTOMATIQUE ne possédant pas d'ORGANES DE MANŒUVRE habituels comme les MANETTES, les MANIVELLES ou PÉDALES mais dont le fonctionnement est géré par un programme informatique.

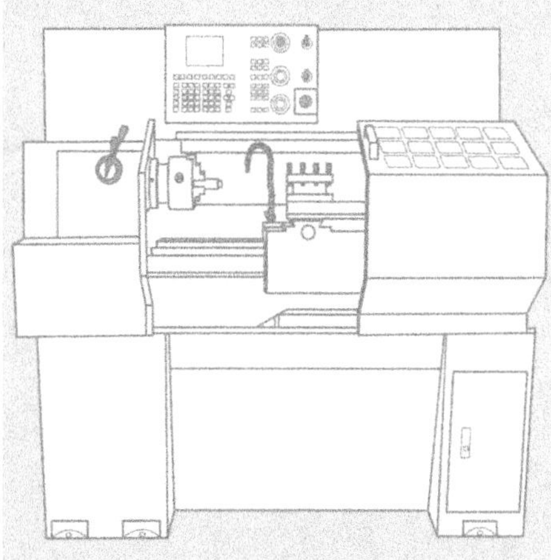

tour à revolver [turret lathe, capstan lathe]

(n.m.) MACHINE-OUTIL dont le PORTE-OUTIL est constitué d'une tourelle à plusieurs branches avec des OUTILS différents ce qui permet un changement très rapide (on parle aussi de tourelle revolver).

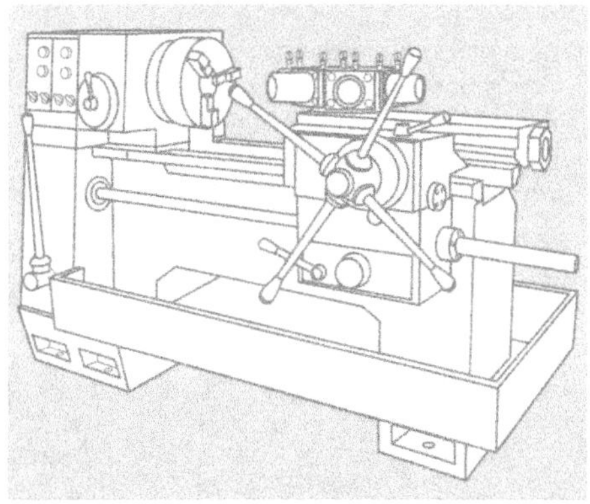

tour conventionnel [conventional lathe]

(n.m.) MACHINE-OUTIL constituée d'une BROCHE (sens 2) sur laquelle est fixée une PIÈCE (sens 1) ainsi que d'un CHARIOT portant un OUTIL DE COUPE pour usiner des FORMES DE RÉVOLUTION mais dont toutes les commandes sont manuelles.

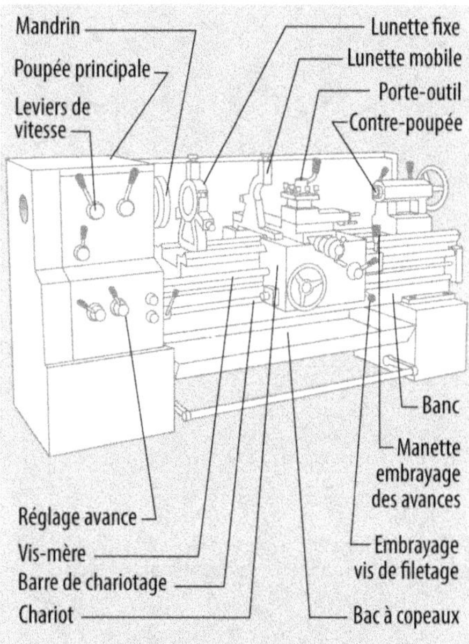

Ces machines disposent d'une boîte de vitesse et d'un système d'embrayage permettant d'avoir des MOUVEMENTS D'AVANCE automatisés du chariot de manière non simultané selon l'axe longitudinal ou transversal.

◊ Contr. : TOUR À COMMANDE NUMÉRIQUE.

tourelle [turret]

(n.f.) PORTE-OUTIL à plusieurs FACES orientables permettant à plusieurs OUTILS DE COUPE d'être utilisables rapidement par simple décalage angulaire.

Ex. : *Tourelle d'un* TOUR CONVENTIONNEL :

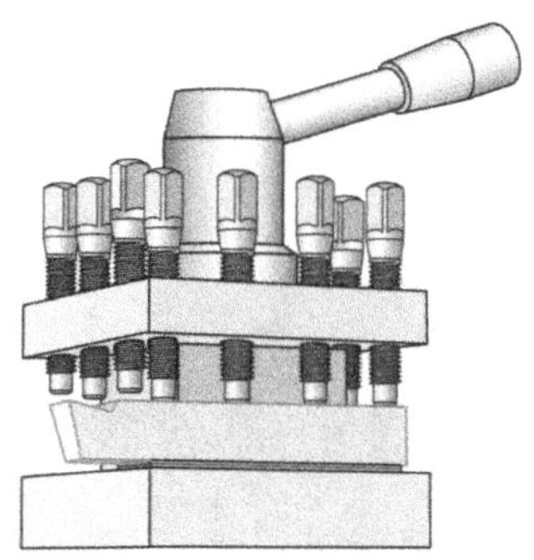

touret à meuler [bench grinder]

(n.m.) **Petite** MACHINE **munie d'un** OUTIL D'ABRASION **pour** l'AFFÛTAGE d'OUTILS DE COUPE **ou** l'ÉBAVURAGE **et ne comportant pas d'**ORGANE DE FIXATION **des** PIÈCES (sens 1) **à travailler qui sont simplement tenue et orientée à la main.**

• **Note : Ne pas confondre avec une** AFFÛTEUSE **qui comporte un** ORGANE DE FIXATION **pour les outils à affûter.**

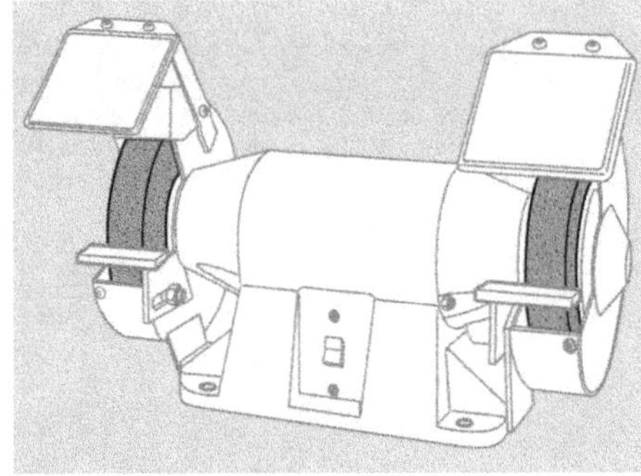

→ **Voir aussi** MEULAGE.

tourillon

(n.m.)

1. [journal, pivot, swivel socket] SURFACE | CYLINDRIQUE **ou** CONIQUE **servant au** GUIDAGE EN ROTATION **d'un** ARBRE.

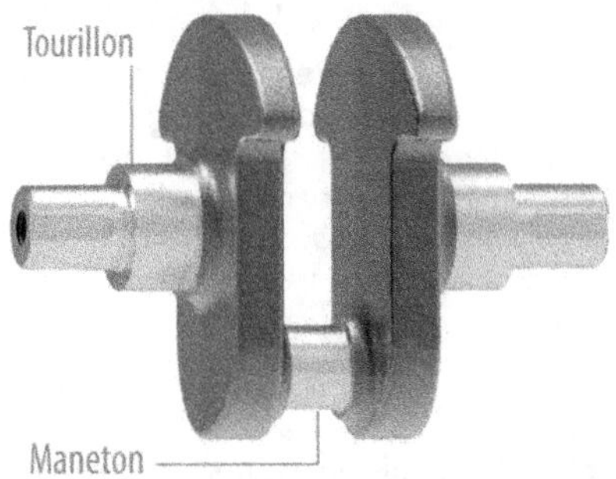

2. [wood dowel pin] **Petit pion cylindrique servant à l'assemblage des pièces ou panneaux de bois.**

tour multi-broche [multi-spindle lathe]

(n.m.) MACHINE-OUTIL | AUTOMATIQUE **de** TOURNAGE **munie de plusieurs** BROCHES (sens 2) **rotatives montées sur un grand barillet permettant de présenter les pièces de manière séquencée devant des postes réalisant chacun une partie des** OPÉRATIONS.

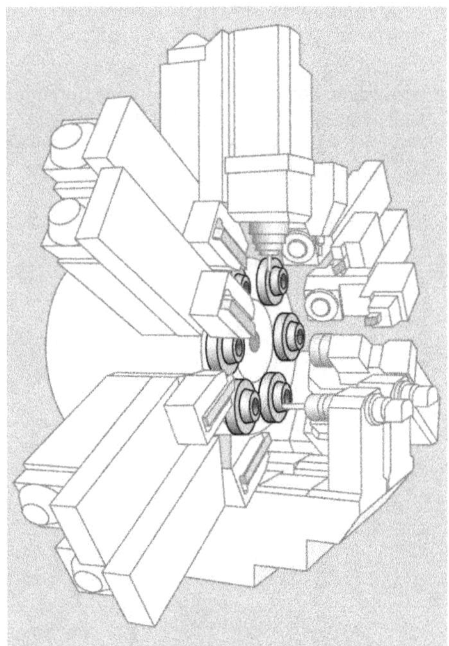

Le tour multi-broche est très adapté aux très grandes séries et garantit une CADENCE **de** PRODUCTION **élevée. Les** MACHINES TRANSFERT **fonctionnent sur le même principe sans la** ROTATION **de la pièce et souvent avec un** AXE DE ROTATION **de plateaux vertical.**

tournage [turning]

(n.m.) TECHNIQUE **d'**USINAGE **par mise en** ROTATION **d'une** PIÈCE (sens 1) **pour être entamée avec un** OUTIL DE COUPE **ce qui donne des** FORMES DE RÉVOLUTION **tel que le** CYLINDRE, **le** CÔNE **et toutes autres** FORMES **de** SECTION | CIRCULAIRE.

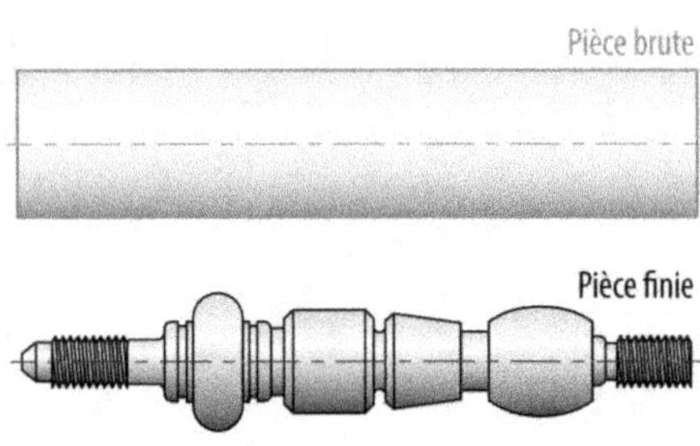

A. Vue générale du PROCÉDÉ **:**

Photo : Phuchit

B. Quelques configurations de maintien de la PIÈCE (sens 1) **à usiner.**

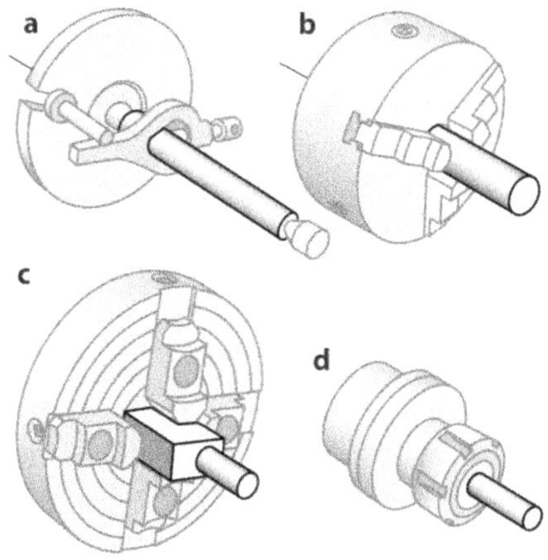

a. Entre-pointes
b. Mandrin à mors concentriques
c. Mandrin à mors indépendants
d. Pince

C. TOLÉRANCE **dimensionnelle (IT) :**

Très précis	Précis	Moyen	Grossier	Très Grossier
1 2 3 4 5	6 7 8 9	10 11 12	13 14 15	16 17 18
	Tournage			
10 ± 0,002	10 ± 0,01	10 ± 0,05	10 ± 0,2	10 ± 1
100 ± 0,005	100 ± 0,02	100 ± 0,1	100 ± 0,4	100 ± 2

D. ÉTAT DE SURFACE, RUGOSITÉ **Ra (µm) :**

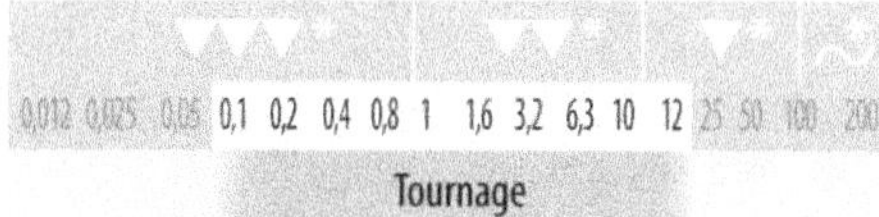

0,012	0,025	0,05	0,1	0,2	0,4	0,8	1	1,6	3,2	6,3	10	12	25	50	100	200

Tournage

* Symbole de faisant plus partie des normes

E. Coût OUTILLAGE (sens 2) **(hors coût** MACHINE**) :**

Aucun	Faible	Moyen	Élevé	Très élevé
	Tournage			

F. SÉRIE DE PIÈCES **économique (sauf par** TOUR MULTI-BROCHE**) :**

Proto	Unitaire	Petite	Moyenne	Grande	Très Grande
1	10	100	1 000	10 000	100 000
		Tournage			

---

tournage dur [hard turning]

(n.m.) USINAGE de MÉTAL très DUR inattaquable avec les OUTILS DE COUPE classiques, au dessus de 45 HRC jusqu'à 68 HRC comme l'ACIER | TREMPÉ, mais réalisable avec des OUTILS CÉRAMIQUES à haute VITESSE DE COUPE afin de s'affranchir de la RECTIFICATION.

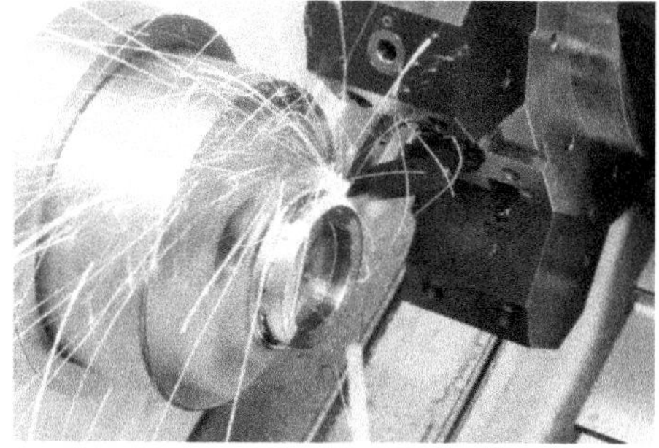

• Note : La qualité d'ÉTAT DE SURFACE et dimensionnelle obtenue par ce PROCÉDÉ est telle qu'il n'est pas nécessaire d'avoir recours à d'autres PROCÉDÉS plus PRÉCIS tels que le RODAGE, la RECTIFICATION, la SUPERFINITION.

---

tournage extérieur [external turning]

(n.m.) USINAGE de FORME DE RÉVOLUTION mâle comme, par exemple, les ARBRES (sens 2) et les AXES (sens 2).

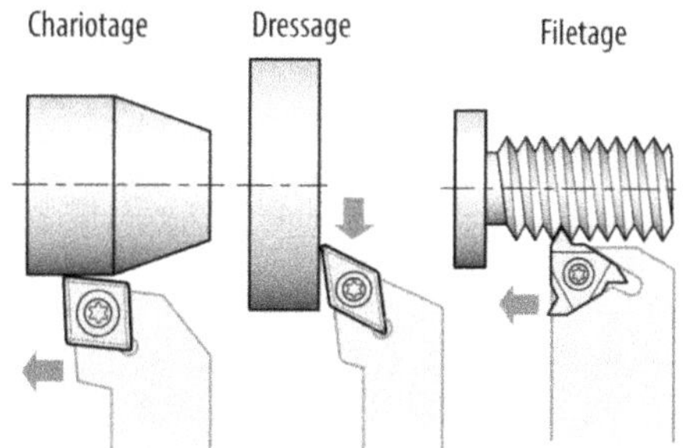

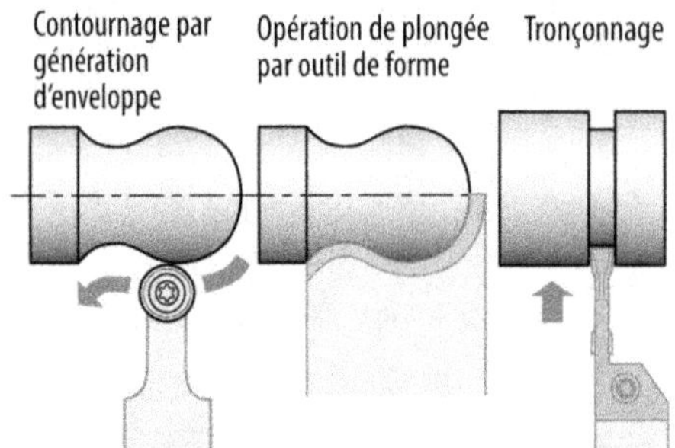

D'une façon générale, le tournage extérieur est sensiblement plus facile et pose moins de CONTRAINTES (sens 1) techniques (accès aux surfaces, évacuation des COPEAUX, etc.) que le TOURNAGE INTÉRIEUR.
◊ Contr. : USINAGE INTÉRIEUR.

tournage intérieur [internal turning]

(n.m.) USINAGE de FORME DE RÉVOLUTION femelle telles que les ALÉSAGES (sens 1).

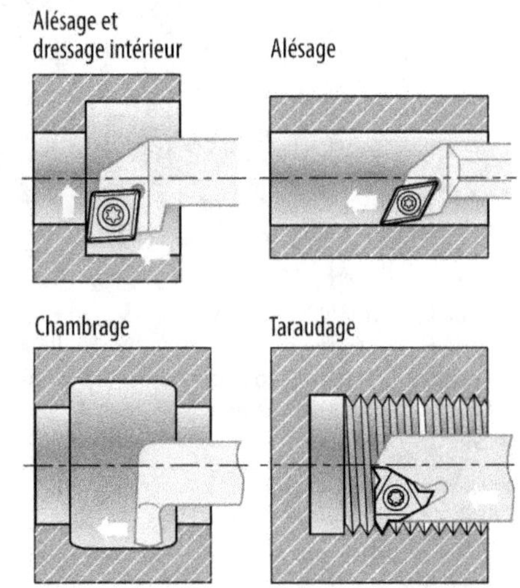

Globalement, le tournage intérieur pose plus de difficultés que le TOURNAGE EXTÉRIEUR, car il nécessite des OUTILS DE COUPE de taille réduite avec des PORTE-À-FAUX pouvant être importants imposés par l'étroitesse des ALÉSAGES. Par ailleurs, l'évacuation des COPEAUX est moins commode ainsi que l'ARROSAGE et la LUBRIFICATION.
◊ Contr. : USINAGE EXTÉRIEUR.

tourne-à-gauche [tap wrench]

(n.m.) OUTIL | MANUEL sur lequel peut être adaptée la queue carrée d'un TARAUD MANUEL afin de lui transmettre le COUPLE DE FORCE nécessaire à l'OPÉRATION de TARAUDAGE (sens 2).

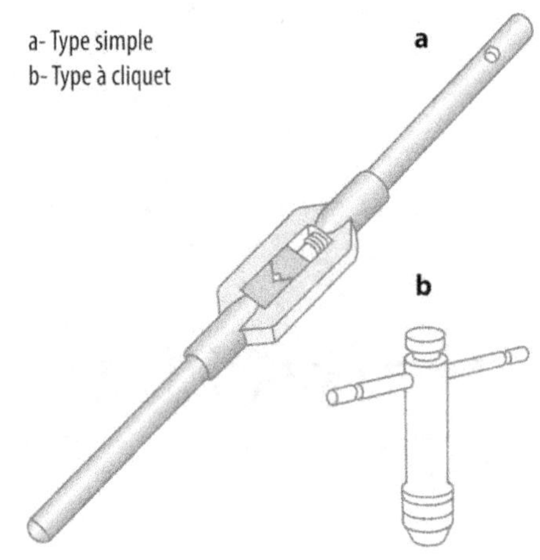

→ Voir TARAUDAGE (sens 2).

tourneur [lathe operator]

(n.m.) Personne ayant reçu la FORMATION (sens 2) et ayant la compétence pour utiliser un TOUR (sens 1).

tournevis [screwdriver]

(n.m.) OUTIL DE SERRAGE avec un manche permettant de le tourner et une extrémité destinée à s'emboîter dans une FORME D'ENTRAÎNEMENT telle qu'une FENTE droite ou CRUCIFORME. Ainsi, on trouve deux principaux types de tournevis :
• le TOURNEVIS À BOUT PLAT pour les VIS à tête fendue.
• le TOURNEVIS À BOUT CRUCIFORME pour les vis à fente cruciforme.

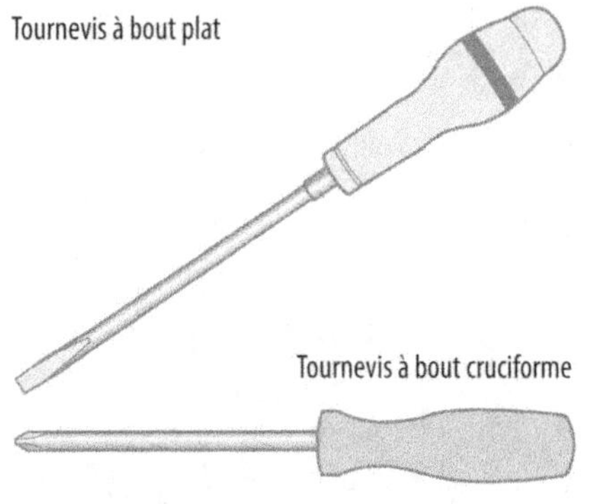

tournevis à bout cruciforme [philips screwdriver]

(n.m.) Type de TOURNEVIS prévu pour une empreinte en forme de CROIX.
• Note : Par rapport au TOURNEVIS À BOUT PLAT, il possède l'avantage de faciliter le centrage de l'OUTIL sur la tête de vis à manœuvrer.
→ Voir aussi POZIDRIV.

tournevis à bout plat [regular screwdriver]

(n.m.) Type de TOURNEVIS prévu pour être inséré dans la FENTE d'une tête de VIS (sens 2).

• Note : Par rapport au TOURNEVIS À BOUT CRUCIFORME, son POSITIONNEMENT sur la tête de vis à manœuvrer est moins évident car elle peut s'échapper sur les côtés.

tour par minute [revolution per minute: rev/mn]

(n.m.) UNITÉ (sens 1) usuelle pour la VITESSE DE ROTATION mais qui ne fait pas partie du (UNITÉ), SYSTÈME INTERNATIONAL D'UNITÉS (S.I.). L'UNITÉ (sens 1) officielle est le RADIAN PAR SECONDE (rad/s).

tour vertical [vertical boring mill]

(n.m.) Type de TOUR (sens 1) pour les PIÈCES (sens 1) très lourdes et volumineuses qui sont placées sur un PLATEAU | HORIZONTAL animé d'un MOUVEMENT DE ROTATION.

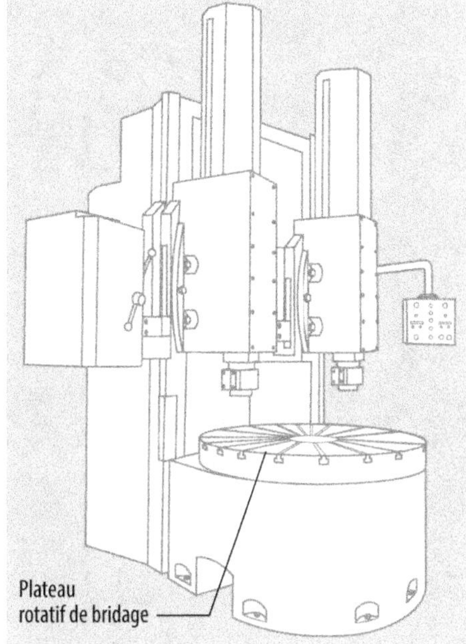

toxicité [toxicity]

(n.f.) Caractère de toutes SUBSTANCES pouvant empoisonner des organismes vivants.

toxique [poisonous]

(adj.) Qui nuit à la santé et qui est même susceptible de tuer l'organisme vivant qui l'ingère, en parlant d'une SUBSTANCE.

◊ Contr. : ALIMENTAIRE.

traçabilité [traceability]

(n.f.) Aptitude à retrouver l'origine, le cheminement, le devenir, la localisation d'un article ou d'une activité ainsi que les acteurs et environnements qui leurs sont liés, par enregistrement des données nécessaires.

• Note : La traçabilité a souvent pour but le suivi de la QUALITÉ, les préoccupations de SÉCURITÉ ou simplement l'OPTIMISATION économique. Elle fait appel la plupart du temps à d'importants moyens informatiques de stockage ainsi que des capteurs et moyens de saisie d'informations relativement automatisés.

trace

(n.f.)

1. [mark] Marque visible laissée par le passage d'un objet.

→ Voir aussi RAYURE.

2. [trace] ÉLÉMENT CHIMIQUE en très petite quantité dans un ALLIAGE ou une SOLUTION (sens 2) et qui n'est même pas généralement mesurable.

traction [tension]

(n.f.) Application d'une FORCE pour allonger un objet ou pour le faire bouger avec un MOUVEMENT LINÉAIRE.

→ Voir, par exemple, ESSAI DE TRACTION et ÉTIRAGE.

(traction), courbe de traction conventionnelle [engineering stess-strain curve]

(n.m.) Représentation graphique obtenue pendant un ESSAI DE TRACTION d'un MATÉRIAU, en mesurant la CONTRAINTE MÉCANIQUE subie par une ÉPROUVETTE DE TRACTION en fonction de son ALLONGEMENT. La courbe est dite « conventionelle » car elle est établie sur la base d'une approximation consistant à considérer que la SECTION de l'éprouvette ne change jamais du début à la fin de l'ESSAI.

A. Cette approximation peut paraître farfelue, car il est évident que la SECTION diminue forcément, en particulier dans la zone de STRICTION ! Néanmoins, elle permet une certaine simplification de l'établissement de la courbe. De plus, elle est sensiblement plus lisible que celle, a priori plus logique, obtenue en tenant compte de la variation de la SECTION, appelée (TRACTION), COURBE DE TRACTION RATIONELLE.

B. La courbe de traction conventionnelle est très utile pour déterminer certaines CARACTÉRISTIQUES MÉCANIQUES d'un MATÉRIAU, indispensables pour fournir des indications aux disciplines de DIMENSIONNEMENT et de VÉRIFICATION que sont la RÉSISTANCE DES MATÉRIAUX et le CALCUL DE STRUCTURE. Elle est aussi primordiale pour la mise au point de TECHNIQUE de MISE EN FORME et de TRANSFORMATION (sens 3), d'une façon générale.

C. Ci-dessous, par exemple, la courbe de traction d'un ACIER. Les véritables proportions de la courbe n'ont pas été forcément respectées pour être plus lisibles :

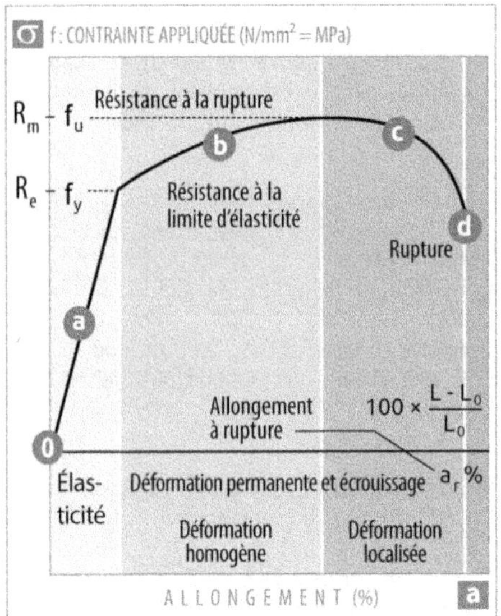

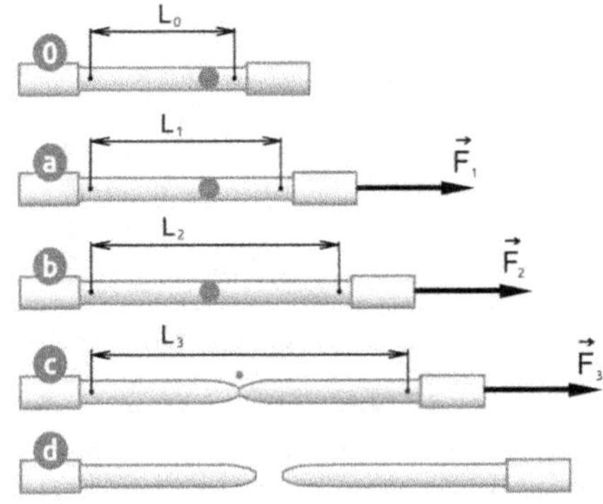

→ Voir ÉCROUISSAGE pour la courbe réelle avec ses bonnes proportions.

D. Les CARACTÉRISTIQUES MÉCANIQUES pouvant en être déduites sont les suivantes :
• la RÉSISTANCE À LA LIMITE D'ÉLASTICITÉ notée σ_e, R_e ou f_y exprimée en N/mm^2 ou encore en MPa.
• le MODULE D'ÉLASTICITÉ LONGITUDINALE ou MODULE DE YOUNG notée **E** et qui provient de la pente du début de la courbe de traction dans la zone d'ÉLASTICITÉ. Il est exprimé, par exemple, en daN/mm^2 ou encore en MPa ou GPa.
• la RÉSISTANCE À LA RUPTURE EN TRACTION σ_m, R_m ou f_u exprimée en N/mm^2.
• l'ALLONGEMENT À RUPTURE ε_r sans UNITÉ (sens 1) ou en pourcentage.

→ **Voir** (TRACTION), MACHINE DE TRACTION **pour** la MACHINE **utilisée.**
→ **Voir aussi** COURBE DE TRACTION **pour des compléments d'informations entre l'allure de cette courbe et les significations en terme de** CARACTÉRISTIQUES MÉCANIQUES.

(traction), courbe de traction rationnelle [true stress-true strain curve]

(n.f.) Représentation graphique obtenue pendant un ESSAI DE TRACTION d'un MATÉRIAU, en calculant la CONTRAINTE MÉCANIQUE réelle subie par une ÉPROUVETTE DE TRACTION en tenant compte du rétrécissement de son DIAMÈTRE et en la représentant en fonction de son ALLONGEMENT LOGARITHMIQUE.

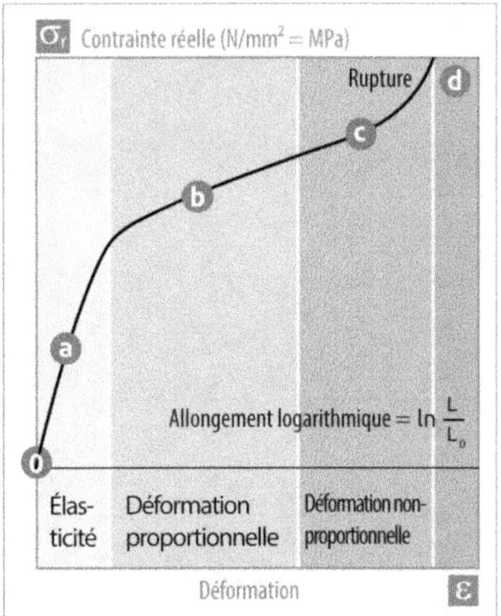

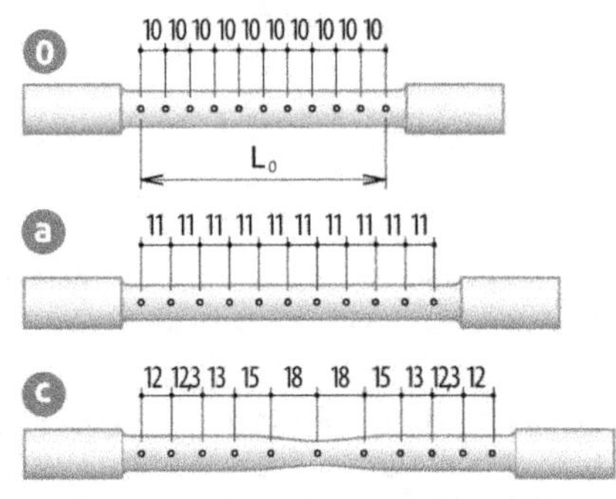

(traction), machine de traction [tensile testing machine]

(n.f.) MACHINE D'ESSAI capable de tirer une ÉPROUVETTE jusqu'à RUPTURE, de mesurer et d'enregistrer la CONTRAINTE MÉCANIQUE en fonction de l'ALLONGEMENT pour établir une

(TRACTION), COURBE DE TRACTION utile à la détermination de certaines CARACTÉRISTIQUES MÉCANIQUES d'un MATÉRIAU.

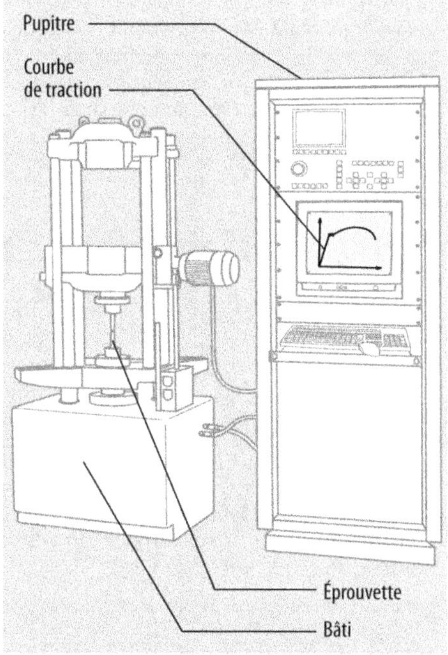

Les ESSAIS DE COMPRESSION peuvent être également conduit sur la même machine.
→ Voir (TRACTION), COURBE DE TRACTION CONVENTIONNELLE pour un exemple de COURBE.

train d'engrenages [cluster gear, gear train]

(n.m.) Succession de plusieurs ENGRENAGEs permettant d'obtenir un rapport de réduction ou de démultiplication élevé.

Le RENDEMENT MÉCANIQUE global d'un train d'engrenage est obtenu par multiplication des rendements individuels respectifs de chaque engrenage :

$$\eta = \eta_1 \times \eta_2 \times \eta_3 \times \ldots$$

Dans l'exemple de la figure précédente, si le rendement de chaque engrenage est de 99 %, le rendement global est de :
$\eta = 0{,}99 \times 0{,}99 \times 0{,}99 \times 0{,}99 = 0{,}96 = 96\,\%$
→ Voir également MÉCANISME pour une illustration du train d'engrenage d'un COMPARATEUR.

train épicycloïdal [epicycloidal gear, planetary gear]

(n.m.) DISPOSITIF de TRANSFORMATION DE MOUVEMENT à plusieurs ENGRENAGES dont au moins un possède un MOUVEMENT de satellite autour d'un autre suivant une TRAJECTOIRE d'ÉPICYCLOÏDE.

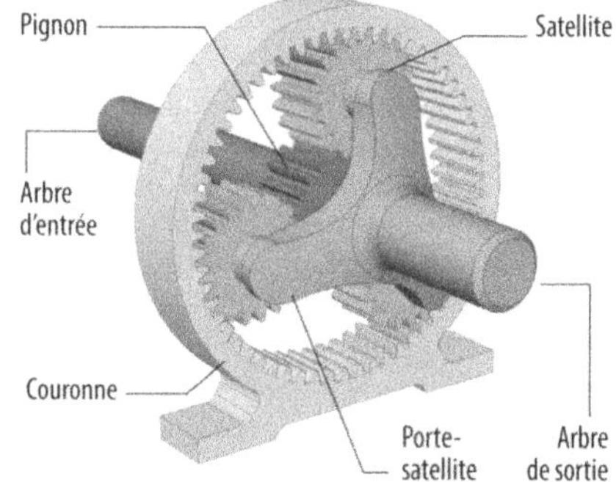

A. Le cas de figure présenté est le cas le plus classique d'un train épicycloïdal réducteur à COURONNE fixe. Il permet de réduire la vitesse de l'ARBRE DE SORTIE tout en augmentant le COUPLE DE FORCE. Toutes les configurations sont possibles en bloquant l'un des éléments et en laissant les autres libres. Il est même envisageable de libérer tous les éléments pour une utilisation en DIFFÉRENTIEL. À remarquer que le système est réversible.
→ Voir, par exemple, MULTIPLICATEUR DE BROCHE.

👍 Avantages

B. Architecture compacte due notamment à l'agencement coaxial des ARBRES D'ENTRÉE et de sortie. Permet des démultiplications élevées dans un volume restreint. Possibilité de démultiplication encore plus élevée en enchaînant en série plusieurs étages de trains. Répartition de la CHARGE (sens 1) entre plusieurs planétaires ce qui lui permet de transmettre des PUISSANCES élevées dans un faible VOLUME. Il y a également une répartition des efforts sur les ROULEMENTS (sens 2).

Avantage de VOLUME et de poids intéressant pour les matériels roulants. Excellent RENDEMENT MÉCANIQUE. Utilisation possible en DIFFÉRENTIEL.

👎 Inconvénients

C. Coût de FABRICATION élevé. Nécessite un bon ALIGNEMENT des ARBRES (sens 2). HYPERSTATIQUE, ce qui nécessite un soin de FABRICATION irréprochable.

→ Voir également la rubrique DIFFÉRENTIEL dont la disposition des AXES des satellites sont PERPENDICULAIRES aux ARBRES (sens 2) principaux.

◆ Syn. : Train planétaire.

traitement [treatment]

(n.m.) OPÉRATION ou PROCÉDÉ appliquée à quelque chose pour modifier son aspect ou certaines de ses PROPRIÉTÉS.

traitement de conversion [conversion treatment]

(n.f.) TRAITEMENT DE SURFACE consistant à transformer chimiquement la MATIÈRE ou le dépôt existant sur une SURFACE en une SUBSTANCE possédant des qualités supérieures.

Dans cette catégorie, on peut citer :

• la PHOSPHATATION.
• la CHROMATATION.
• l'ANODISATION.
• la PASSIVATION.

traitement de décoration [decorative treatment]

(n.m.) Dépôt d'une COUCHE de SUBSTANCE ou intervention mécanique à la SURFACE externe d'une PIÈCE pour essentiellement en embellir l'aspect et en augmenter l'attrait esthétique.

On peut citer, par exemple, la PEINTURE et les DÉPÔTS (sens 2) de MÉTAUX brillants : CHROMATAGE, NICKELAGE, mais aussi le POLISSAGE par les différentes MÉTHODES.

traitement de durcissement [hardening treatment]

(n.m.) OPÉRATION ayant pour but d'augmenter la RÉSISTANCE d'une MATIÈRE à la pénétration d'un autre CORPS ou son aptitude à résister à l'USURE par FROTTEMENT.

On peut citer la TREMPE pour les ACIERS ou le DÉPÔT (sens 1) superficiel de MATÉRIAU très DUR par RECHARGEMENT ou GALVANOPLASTIE.

traitement de protection [protective treatment]

(n.m.) OPÉRATION visant à préserver la SURFACE d'une MATIÈRE de la détérioration par la CORROSION ou par l'attaque d'une SUBSTANCE agressive.

traitement de surface [surface treatment]

(n.m.)

1. OPÉRATION destinée à modifier les PROPRIÉTÉS superficielles avec pour but divers objectifs : amélioration des PROPRIÉTÉS MÉCANIQUES, de RÉSISTANCE À LA CORROSION, modification des PROPRIÉTÉS de FROTTEMENT, amélioration de l'aspect esthétique. Selon la finalité recherchée, les TRAITEMENTS DE SURFACE peuvent être répartis dans les catégories suivantes :

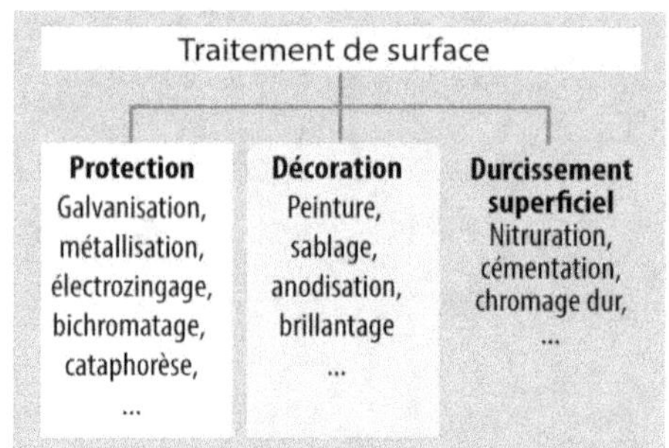

2. Le résultat du dépôt de MATIÈRE ou d'une intervention MÉCANIQUE qui affecte la partie externe d'un MATÉRIAU | SUBSTRAT.

traitement numérique de lumière [digital light processing: DLP]

(n.m.) PROCÉDÉ d'IMPRESSION 3D s'apparentant à la STÉRÉOLITHOGRAPHIE c'est à dire avec un rayonnement qui solidifie un LIQUIDE photosensible, mais au lieu de l'effet d'un laser par balayage, chaque COUCHE est directement projetée à la façon d'un vidéo-projecteur.

A. Le PROCÉDÉ est représenté ci-après :

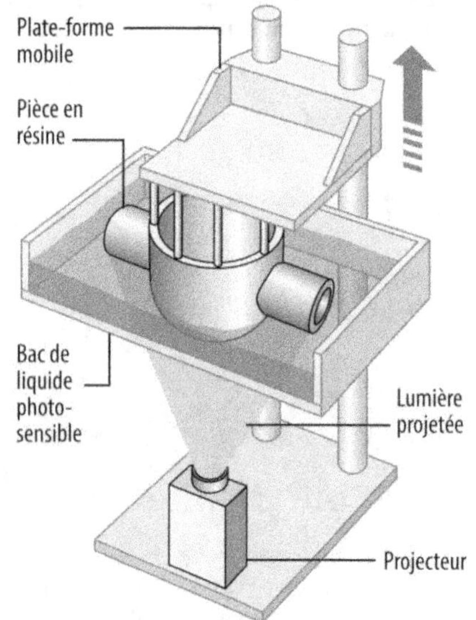

La PIÈCE (sens 1) est accrochée à une plate-forme mobile qui remonte de la valeur d'une ÉPAISSEUR après la réalisation de chaque COUCHE. Globalement, les avantages et inconvénients du traitement numérique de lumière sont les mêmes que pour la stéréolithographie.

 **Avantages**

B. Très bonne RÉSOLUTION et une très bonne PRÉCISION parmi les meilleures en IMPRESSION 3D. Très bon ÉTAT DE SURFACE.

 **Inconvénients**

C. MATIÈRE vieillissant très vite à la LUMIÈRE (sens 1). Nécessité de NETTOYAGE et de FINITION assez contraignantes. Produits chimiques volatils nécessitant une évacuation.

D. La véritable supériorité du traitement numérique de lumière est sa VITESSE d'impression qui est forcément meilleure par rapport au balayage. On peut citer aussi une maintenance plus simple de la MACHINE car il y a moins de pièces mobiles.

E. Exemple :

Photo : Luchschen

traitement thermique [heat treatment]

(n.m.) OPÉRATION de modification structurale à l'état SOLIDE de MATÉRIAU par des cycles de chauffage et de REFROIDISSEMENT pour en modifier, de façon maîtrisée, certaines CARACTÉRISTIQUES essentiellement MÉCANIQUES.

A. Les traitements thermiques permettent d'ajuster les CARACTÉRISTIQUES finales d'utilisation d'un MATÉRIAU. Ils peuvent s'appliquer à tous types de MATÉRIAUX : MÉTALLIQUES, (CÉRAMIQUES) MATÉRIAUX CÉRAMIQUES, (PLASTIQUES), MATIÈRES PLASTIQUES. Cependant, les MÉTAUX et ALLIAGES donnent les effets les plus exploités dans l'industrie. D'une façon générale, les traitements thermiques n'affectent pas la composition globale d'un MATÉRIAU mais produits des effets sur les aspects suivants :

• La constitution physique : STRUCTURE CRISTALLINE, état des ÉLÉMENTS D'ALLIAGES (PRÉCIPITÉS, composés particuliers, etc.).

• La STRUCTURE MICROSCOPIQUE : TAILLE DES GRAINS, répartition des PHASES (sens 2).

• L'état de CONTRAINTES MÉCANIQUES internes et superficielles.

B. Les principaux traitements thermiques sont les suivants :

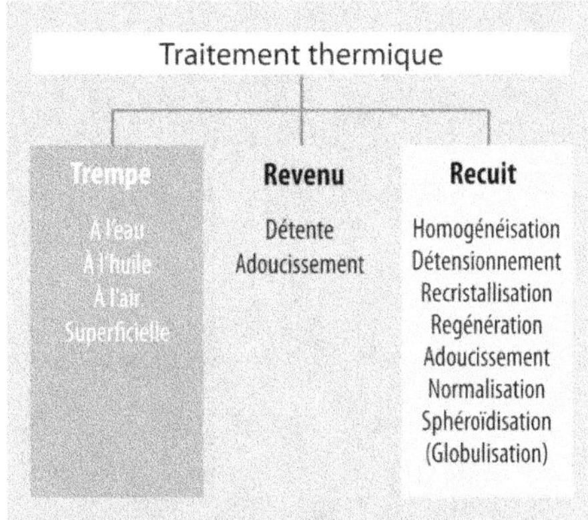

C. Dans le cas particulier le plus largement étudié de l'ACIER NON ALLIÉ, les cycles thermiques des trois principaux types de TRAITEMENT sont donnés sur l'illustration ci-dessous :

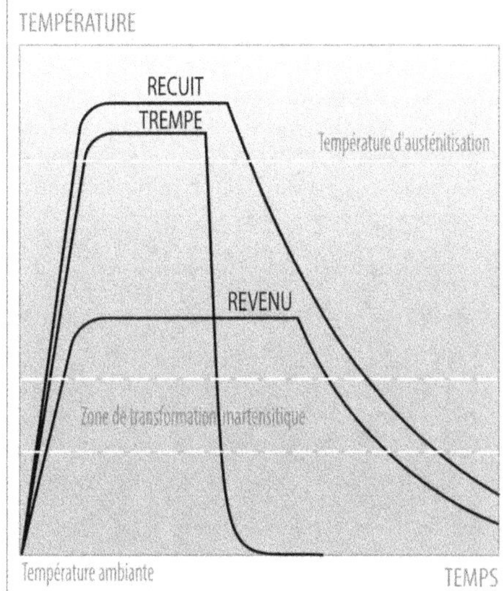

Globalement, l'ACIER est amené à une TEMPÉRATURE à laquelle sa STRUCTURE (sens 1) se transforme, tout en restant SOLIDE, en un constituant particulier, en principe instable à TEMPÉRATURE AMBIANTE : l'AUSTÉNITE. En lui faisant subir ensuite un REFROIDISSEMENT à diverses VITESSES, cette STRUCTURE (sens 1) peut être plus ou moins transformée avec des PROPRIÉTÉS MÉCANIQUES particulières ou retourne plus ou moins à l'état normal.

D. Les effets de ces TRAITEMENTS sur les CARACTÉRISTIQUES MÉCANIQUES sont rassemblés dans le tableau ci-après, toujours pour le cas de l'ACIER :

	Trempe [Quenching]	Revenu [Tempering]	Recuit [Annealing]
Résistance d'élasticité Re, fy	↑	↓	↓
Résistance à la rupture en traction Rm, fu	↑	↓	↓
Allongement A%	↓	↑	↑
Dureté H	↑	↓	↓
Résilience K	↓	↑	↑

D'une façon générale, la TREMPE de l'ACIER augmente la DURETÉ et la RÉSISTANCE À LA TRACTION mais diminue la RÉSISTANCE AU CHOC. Le REVENU permet d'améliorer, dans une certaine mesure, la RÉSISTANCE AU CHOC après la trempe. Le RECUIT peut annuler complètement les effets des autres traitements thermiques. Les COURBES DE TRACTION ci-dessous soulignent bien les modifications des PROPRIÉTÉS MÉCANIQUES subies par le même acier à outil selon le traitement thermique appliqué :

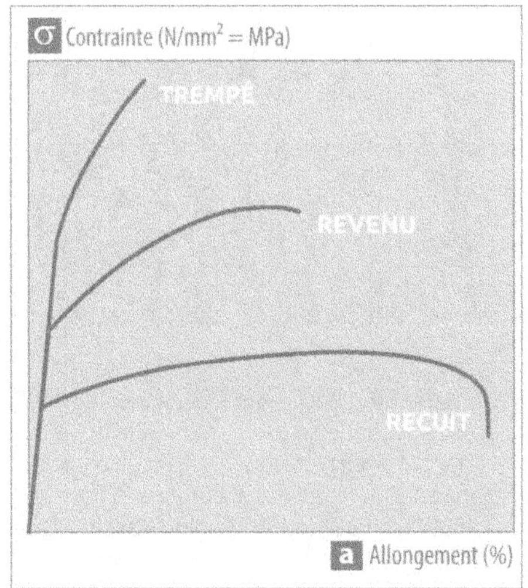

(n.m.) TRAITEMENT DE SURFACE consistant à changer d'abord superficiellement la composition d'un MÉTAL de manière à être ensuite favorable à l'application de TRAITEMENTS THERMIQUES classiques type TREMPE et REVENU.

• Note : Les principaux TRAITEMENTS thermochimiques sont les suivants :

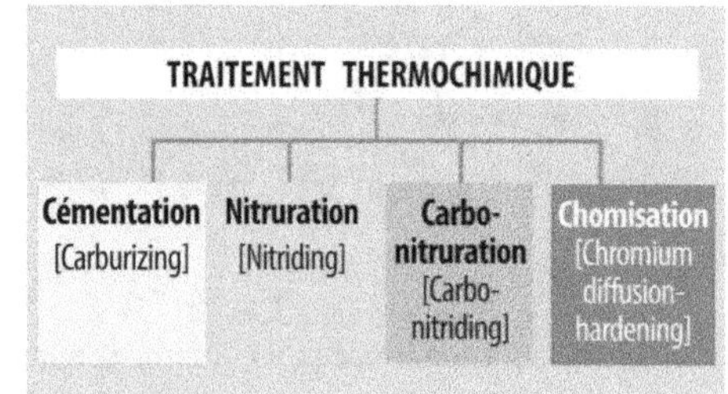

(trait), épaisseur de trait [line thickness]

(n.f.) LARGEUR des LIGNES utilisées pour les tracés de DESSIN TECHNIQUE.

A. Les ÉPAISSEURS | NORMALISÉES :

	0,13 mm
	0,18 mm
	0,25 mm
	0,35 mm
	0,5 mm
	0,7 mm
	1 mm
	1,4 mm
	2 mm

B. Les ÉPAISSEURS de trait doivent être choisies pour favoriser la clarté et la lisibilité générale des dessins. Un dessin bien exécuté ne doit comporter que 2 ÉPAISSEURS de trait différentes : fort et fin. Le trait fort de RÉFÉRENCE est utilisé pour les tracés généraux. Le trait fin doit être moitié moins épais. Par exemple : trait fort 0,7 mm ; trait fin 0,35 mm. En plus des ÉPAISSEURS différentes, d'autres attributs de trait sont également utilisés.

→ Voir (TRAIT), TYPE DE TRAIT.

trait fin [thin line]

(n.m) Ligne sur un DESSIN TECHNIQUE dont l'ÉPAISSEUR est la moitié d'un trait normal.

Il sert, par exemple, pour les lignes de COTATION, les HACHURES, les traits d'axe, etc.

trait mixte [dashed line with dots, center line]

(n.m.) Type de LIGNE utilisé en DESSIN TECHNIQUE pour matérialiser les AXES (sens 2) et constituée de segments entrecoupés d'autres plus courts.

→ Voir (TRAIT), TYPE DE TRAIT.

trait pointillé [dashed line]

(n.m.) **Type de** LIGNE **utilisé en** DESSIN TECHNIQUE **pour représenter tous les détails cachés.**
→ **Voir** TRAIT ; TYPE DE TRAIT.

(trait), type de trait [alphabet of line]

(n.m.) LIGNE **ou** COURBE **à aspect particulier d'un** DESSIN TECHNIQUE, **pour les distinguer des autres et leur donner une signification conventionnelle.**

A. **L'exemple de** DESSIN TECHNIQUE **suivant rassemble tous les types de traits existants.**

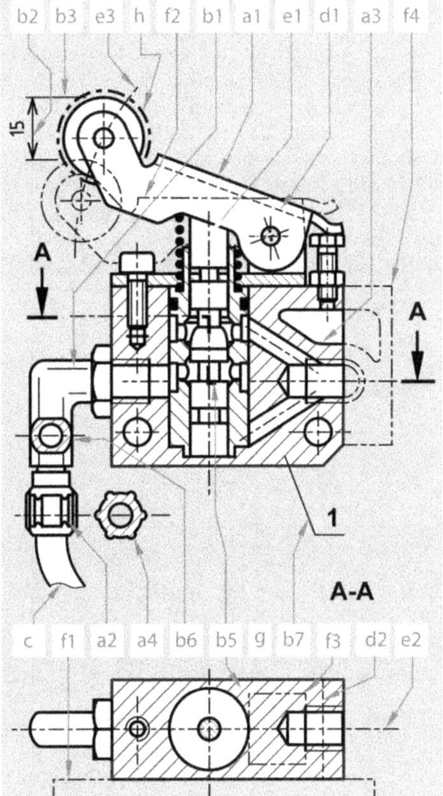

B. **Ci-dessous les différents types de trait, leurs significations et leur utilisations :**

a. **Trait fort [continuous thick line] :**

a1. CONTOUR **vu.**
a2. ARÊTE **vue.**
a3. CONTOUR **de** PIÈCE **coupée.**
a4. CONTOUR **de** SECTION SORTIE.
b. **Trait fin continu aux** INSTRUMENTS **[continuous thin line] :**

b1. ARÊTE FICTIVE **vue.**
b2. **Ligne de cote.**
b3. **Ligne d'attache.**
b4. **Ligne d'**ÉPURE.
b5. HACHURES.
b6. **Contour de** SECTION RABATTUE.
b7. **Ligne de repère.**
c. **Trait fin continu à main levée [free hand line] :**

Ligne de PIÈCE (sens 1) **en vue interrompue ou de coupe partielle.**

d. **Trait fin discontinu, trait pointillé [dashed thin line] :**

d1. **Contour caché.**
d2. **Arête cachée.**
e. **Trait fin mixte [dashed thin line with dots] :**

e1. AXE DE ROTATION.
e2. AXE DE SYMÉTRIE.
e3. TRAJECTOIRE.
f. **Trait mixte fin à deux tirets [thin line with double dots ; phantom line] :**

f1. **Contour de** PIÈCES (sens 1) **voisines.**
f2. **Position intermédiaire ou extrême de** PIÈCES **mobiles.**
f3. **Contour de** PIÈCE (sens 1) **ou** FORME **devant un** PLAN DE COUPE.
f4. **Demi-rabattement.**
g. **Trait mixte fin avec traits forts aux extrémités ou en position intermédiaire [thick ends thin mid points] :**

Trace de PLAN DE COUPE.

h. **Trait mixte fort [dashed thick line with dots] :**

SURFACE **ayant recu un** TRAITEMENT **particulier (par exemple,** DURCISSEMENT, **etc.).**

trajectoire [path]

(n.f.) COURBE obtenue par l'ensemble des POINTS par lesquels passe un objet au cours de son MOUVEMENT.

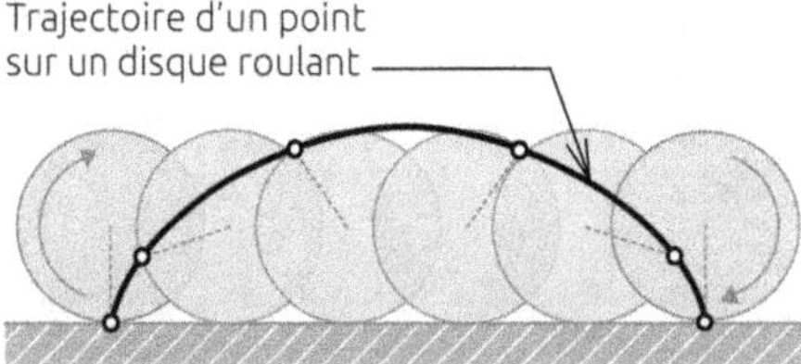

Ex. : *Trajectoire d'une fraise* :

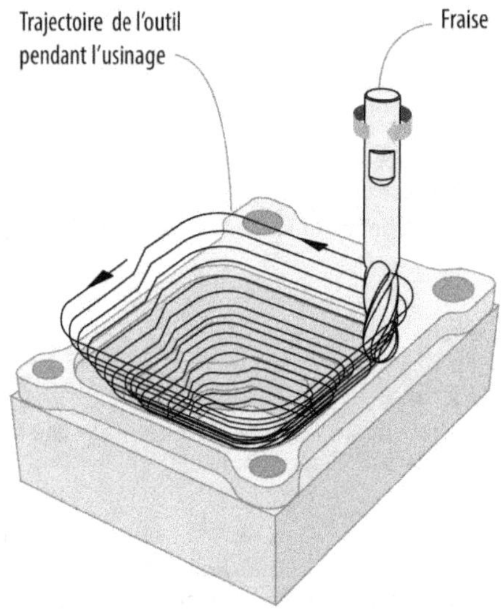

⟶ Voir aussi PARCOURS D'OUTIL.

transformation [transformation]

(n.f.)

1. Action de modifier les PROPRIÉTÉS ou les CARACTÉRISTIQUES.

Ex. : *TRANSFORMATION DE MOUVEMENT.*

2. PHÉNOMÈNE de modification de PROPRIÉTÉS ou de CARACTÉRISTIQUES.

Ex. : *Transformation de STRUCTURE (sens 1) métallurgique.*

3. MISE EN FORME d'une MATIÈRE BRUTE pour devenir un objet utile et fonctionnel.

transformation de mouvement [motion transformation]

(n.f.) Action et DISPOSITIF adaptant la VITESSE, la FORCE ou COUPLE, la TRAJECTOIRE, la CINÉMATIQUE (sens 2) d'un objet animé aux besoins réels à partir d'un DISPOSITIF fournissant de l'ÉNERGIE | MÉCANIQUE.

transition vitreuse [vitreous transition]

(n.f.) PHÉNOMÈNE physique dans les MATÉRIAUX | AMORPHES (POLYMÈRES, VERRE, etc.) qui les font passer d'un état MOU et SOUPLE comme du CAOUTCHOUC (l'état caoutchoutique) à un état RIGIDE et CASSANT comme du VERRE (l'état vitreux) lorsque la TEMPÉRATURE diminue en dessous d'une valeur caractéristique dite TEMPÉRATURE DE TRANSITION VITREUSE (notée **Tg**).

• Note : Le PHÉNOMÈNE est réversible lorsque la TEMPÉRATURE augmente. La MATIÈRE passe alors de l'état vitreux à l'état caoutchoutique. Cependant, ne pas confondre avec la FUSION (visible dans les POLYMÈRES semi ou entièrement CRISTALLINS) qui fait passer la matière de l'état solide à l'état liquide. Dans le cas des POLYMÈRES, l'état vitreux correspond à un état figé avec une faible mobilité des molécules (constituant les chaînes) les unes par rapport aux autres. À l'inverse, dans l'état caoutchoutique, il y a une possibilité de MOUVEMENTS de ces molécules sous l'effet de la TEMPÉRATURE.

⟶ Voir TEMPÉRATURE DE TRANSITION VITREUSE.

translucide [translucent]

(adj.) Qui laisse transparaître la LUMIÈRE (sens 1) même en faisant écran, sans toutefois permettre une vision nette.

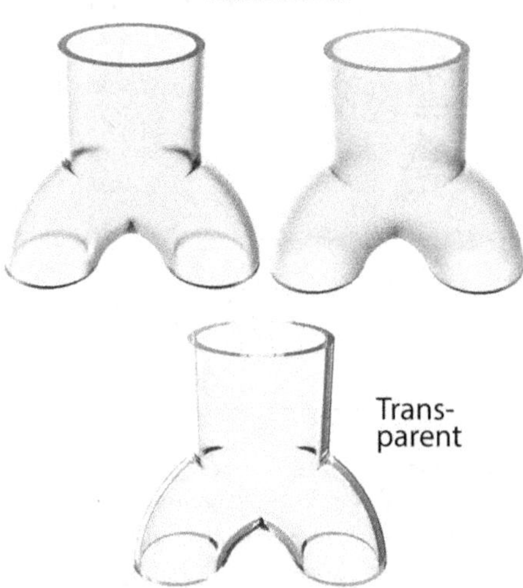

• Note : Ne pas confondre avec TRANSPARENT qui autorise une visibilité totale.

⟶ Voir aussi VERRE.

transmission [drive]

(n.f.)

1. DISPOSITIF conçu pour transférer un MOUVEMENT DE ROTATION et de la PUISSANCE | MÉCANIQUE d'un ORGANE à un autre.

2. Action de transférer quelque chose (MOUVEMENT, signal, etc.) d'un ORGANE à un autre.

transmission de mouvement [motion drive]

(n.f.) Transfert d'une PUISSANCE | MÉCANIQUE d'un ORGANE à un autre grâce à un DISPOSITIF adéquat.

A. La transmission peut se faire sans ou avec modification du MOUVEMENT.

B. Pour les transmissions de mouvement sans modification :

→ Voir ACCOUPLEMENT ; EMBRAYAGE ; COUPLEUR ; JOINT DE CARDAN ; JOINT D'OLDHAM ; JOINT RZEPPA.

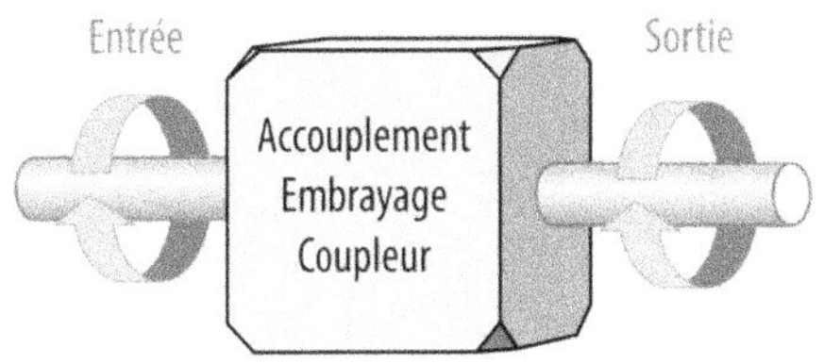

C. Pour les DISPOSITIFS avec une modification du MOUVEMENT (VITESSE, COUPLE DE FORCE…) le tableau ci-dessous en donne un aperçu général avec leurs CARACTÉRISTIQUES comparées :

Bon / Mauvais	Engrenage	Chaînes	Courroie plate	Courroie trapézoïdale	Courroie crantée	Courroie striée (Poly V)
Puissance transmissible						
Synchronisme						
Vitesse limite (m/s)	100 m/s	10 m/s	100 m/s	50 m/s	50 m/s	80 m/s
Rapport maximal	1:8	1:10	1:20	1:15	1:10	1:40
Rendement	98%	97%	98%	95%	98%	96%
Durée de vie						
Niveau de bruit						
Tension initiale	Inutile	Légère	Élevée	Élevée	Moyenne	Élevée
Position des arbres	Tout	Parallèle	Divers	Parallèle	Parallèle	Divers
Lubrification	Oui	Oui	Non	Non	Non	Non

transmission par courroie [belt drive]

(n.f.) Transfert du MOUVEMENT DE ROTATION entre plusieurs ROUES grâce à une lanière souple en boucle qui s'enroule autour d'elles.
Ex. : *Courroie crantée synchrone.*

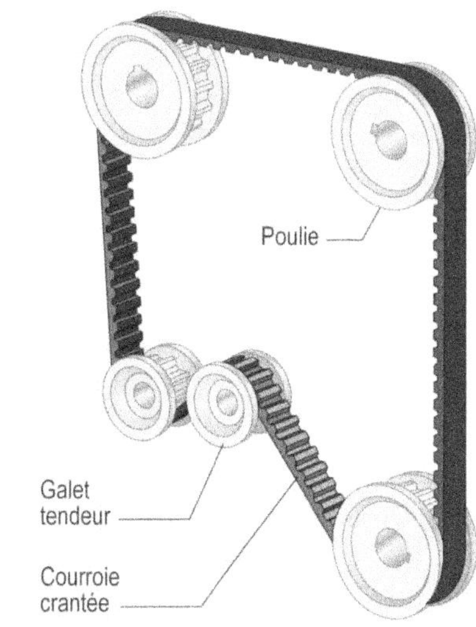

→ Voir également COURROIE.

transmission par friction [friction drive]

(n.f.) Transfert du MOUVEMENT DE ROTATION d'un ARBRE (sens 2) à un autre par ROULEMENT (sens 1) d'une ROUE sans GLISSEMENT à la SURFACE d'une autre.

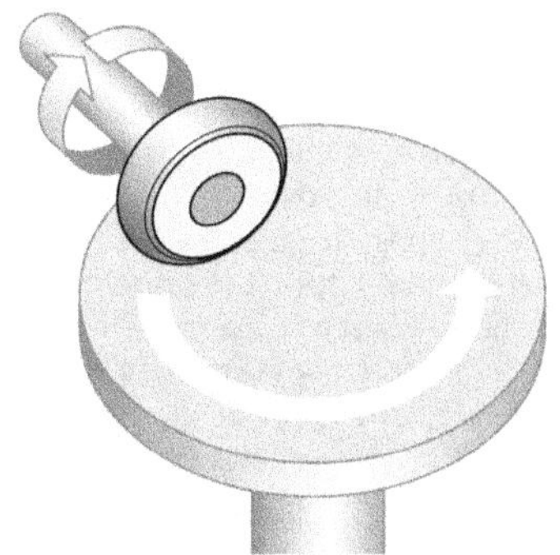

 **Avantages**

A. Réalisation très simple. Fonctionnement plutôt silencieux. Peut servir de LIMITEUR DE COUPLE. Principe permettant d'élaborer des variateurs de vitesse mécanique.

Inconvénients

B. RAPPORT DE TRANSMISSION peu rigoureux. Sensible aux CARACTÉRISTIQUES de l'ENVIRONNEMENT (sens 2) qui l'entoure (TEMPÉRATURE, POUSSIÈRE, humidité, HUILE, etc.) USURE importante.

transpalette [pallet truck]

(n.f.) Petit chariot de manutention manuel ou à moteur, avec un essieu directeur et deux bras ou longerons horizontaux, qui peuvent être introduits sous une CHARGE (sens 1) ou une palette pour les soulever et les déplacer.

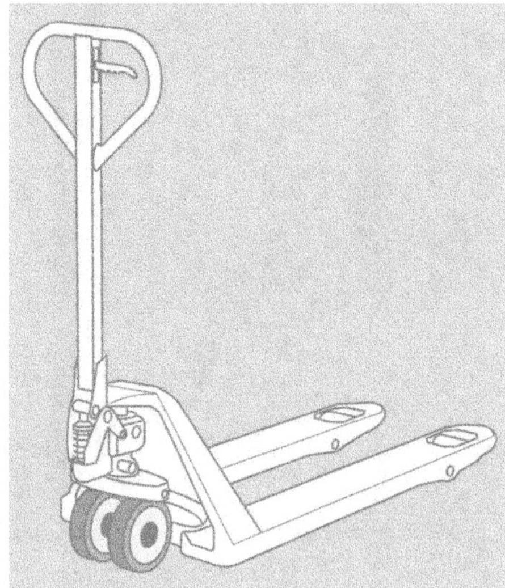

transparence [transparency]

(n.f.) PROPRIÉTÉ d'une MATIÈRE permettant de bien voir à travers son ÉPAISSEUR.
A. Sans spécification particulière, la notion de transparence se rapporte toujours aux rayons optiques du domaine du visible. En réalité, c'est une notion qui peut être envisagée même pour les rayonnements invisibles (transparence aux UV, à l'infrarouge, etc.)
B. La transparence est évaluée avec la « transmittance » qui est le rapport de la quantité de lumière ayant traversé la MATIÈRE par la quantité entrante pour le type de lumière considéré (visible, infrarouge ou ultraviolet).
C. Les MATÉRIAUX qui possèdent une bonne transparence dans le visible sont le VERRE et certaines (PLASTIQUES), MATIÈRES PLASTIQUES comme le PMMA et le PC, etc. Le tableau suivant donne quelques indications de valeurs moyennes comparatives de transparence pour quelques MATÉRIAUX à une épaisseur de 10 mm :

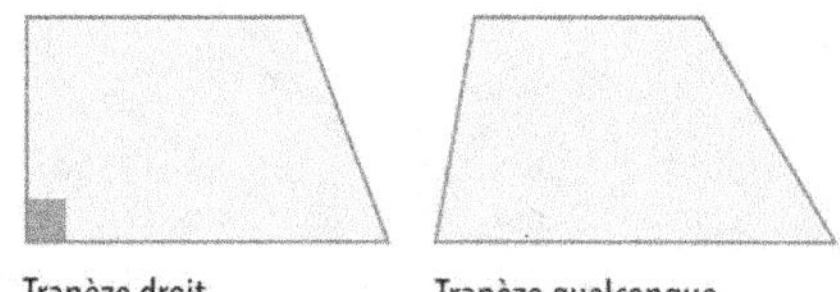

MATÉRIAU	PMMA	Verre	PS	SAN	PC	PET	PVC
Transparence	95 %	92 %	90 %	89 %	88 %	86 %	82 %

transparent [clear]

(adj.) Qui permet de voir distinctement à travers son ÉPAISSEUR en parlant d'un MATÉRIAU.
A. À remarquer que transparent ne veut pas forcément dire INCOLORE. Une MATIÈRE peut être transparente et TEINTÉE.
B. Ne pas confondre avec TRANSLUCIDE.
→ Voir aussi INCOLORE ; VERRE.

transversal [transverse]

(adj.) PERPENDICULAIRE à l'AXE (sens 1) considéré.
◊ Contr. : LONGITUDINAL.

trapèze [trapezium]

(n.m.) QUADRILATÈRE à deux côtés parallèles.

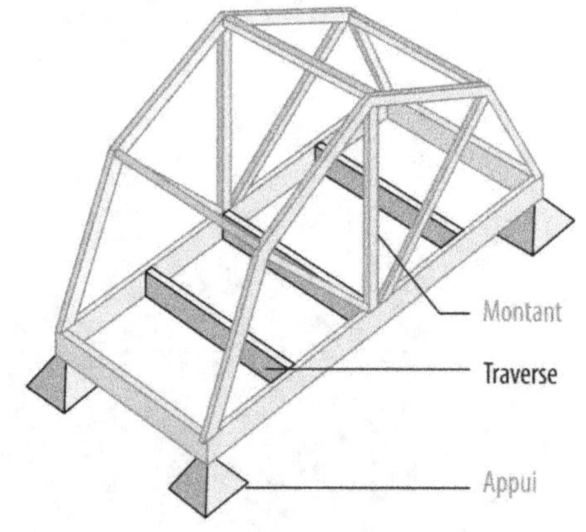

traverse [cross member]

(n.f.) ÉLÉMENT STRUCTURAL | PERPENDICULAIRE aux éléments principaux.

(TRC), diagramme TRC [TRC diagram]

(n.m.) Sigle pour TEMPS REFROIDISSEMENT CONTINU.
→ Voir DIAGRAMME TRC.

tréfilage [wire drawing]

(n.m.) TECHNIQUE de MISE EN FORME par DÉFORMATION À FROID permettant d'obtenir du FIL. Elle consiste à faire passer la MATIÈRE dans une succession de FILIÈRE légèrement CONIQUE de manière à en réduire progressivement la SECTION.

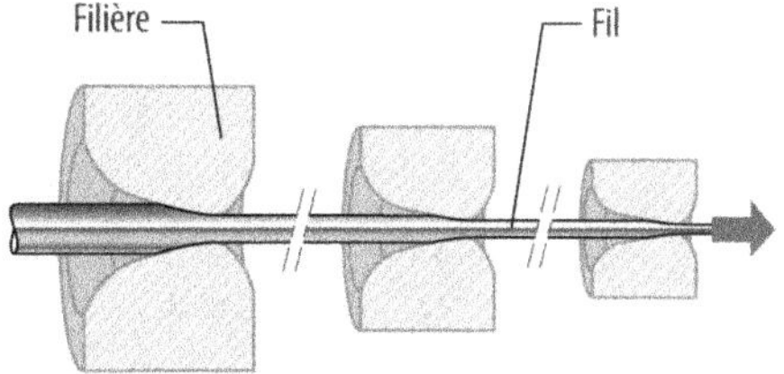

→ **Voir** TRÉFILEUSE pour l'ensemble de l'ÉQUIPEMENT permettant de réaliser le tréfilage.
→ **Voir aussi** FIL DE FER ; FIL CLAIR ; DRESSAGE DE FIL.

tréfileuse [wire-drawing machine]

(n.f.) MACHINE à plusieurs tourillons (bobines) sur lesquels s'enroulent un FIL | MÉTALLIQUE dont la SECTION est progressivement diminuée par une succession de FILIÈRES.

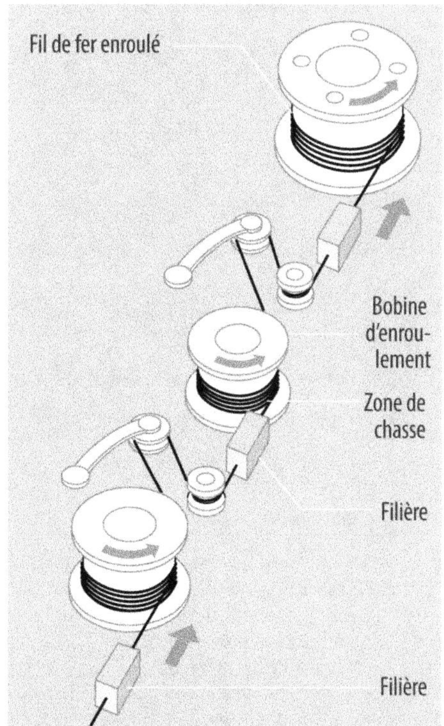

tréflage [plunge milling]

(n.m.) MÉTHODE d'ÉBAUCHE (sens 2) en FRAISAGE permettant d'enlever plus rapidement de la MA-

TIÈRE car la FRAISE avance exclusivement suivant son AXE (sens 1) longitudinal comme un FORET, ce qui contribue à plaquer la PIÈCE (sens 1) sur la TABLE, diminue les VIBRATIONS et permet une VITESSE D'AVANCE plus élevée.

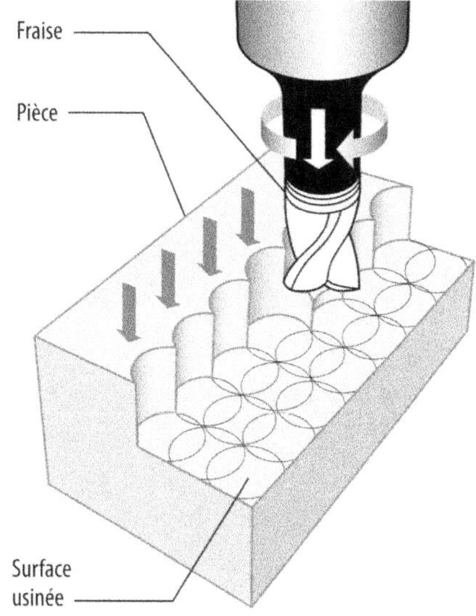

Le terme provient du motif géométrique laissé sous forme de traces croisées par la FRAISE.

treillis [truss structure]

(n.m.) ASSEMBLAGE (sens 2) de POUTRES reliées par des ARTICULATIONS parfaites, c'est à dire que tous les efforts sont dirigés uniquement suivant les AXES (sens 1) longitudinaux de chaque BARRE.
→ **Voir aussi** TRIANGULATION.

trempabilité [hardenability]

(n.f.) Capacité d'un ALLIAGE à se durcir par REFROIDISSEMENT rapide. Elle est mesurée globalement en une seule fois avec l'ESSAI JOMINY.

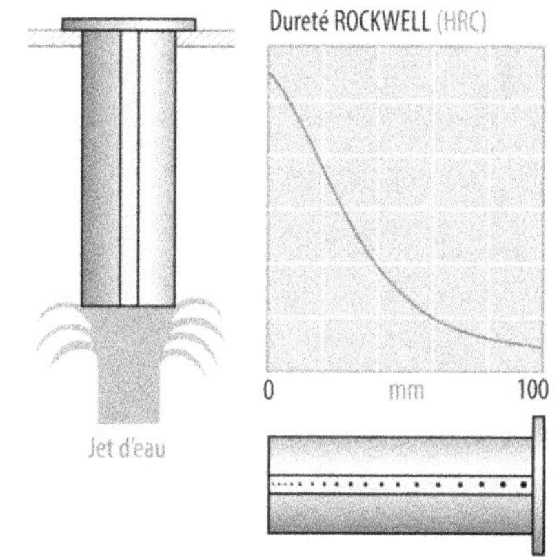

→ **Voir** ESSAI JOMINY.

trempage plastique [dip moulding (GB), dip molding (US)]

(n.m.) TECHNIQUE de MISE EN FORME de (PLAS-TIQUE), MATIÈRE PLASTIQUE souple initialement mise en solution, puis déposée par mouillage à la SURFACE d'une FORME et enfin polymérisée à forte TEMPÉRATURE pour se solidifier.

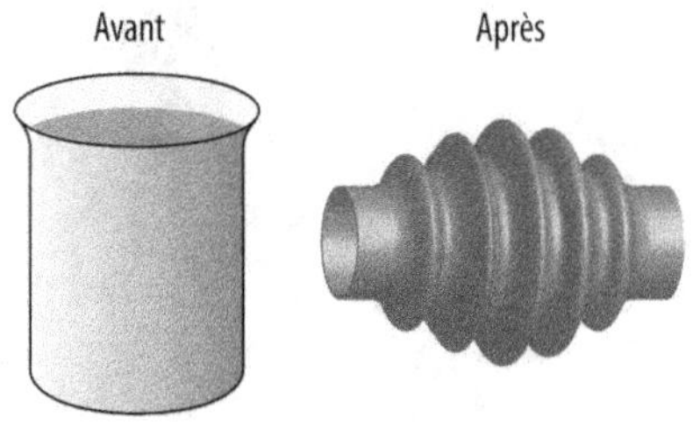

A. Les différentes étapes du PROCÉDÉ sont les suivantes :

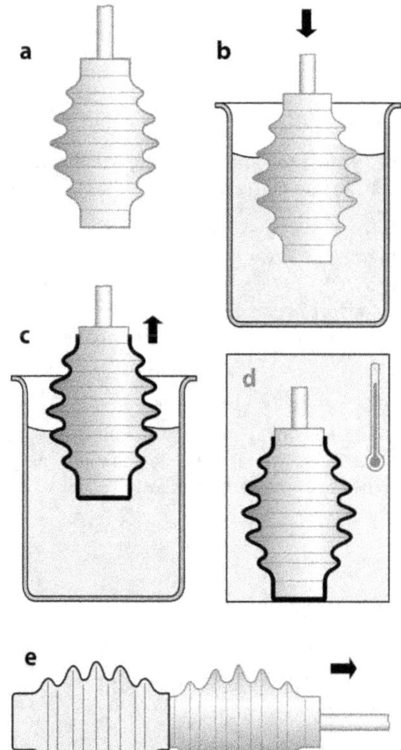

a. OUTILLAGE (sens 2) en MÉTAL possédant la FORME interne recherchée.
b. Immersion de l'OUTILLAGE (sens 2) dans une cuve remplie de la (PLASTIQUE), MATIÈRE PLAS-TIQUE sous forme LIQUIDE.

c. Après DÉPÔT (sens 1) d'une COUCHE de MA-TIÈRE gélifiée sur l'OUTILLAGE par mouillage, transfert dans une étuve.
d. POLYMÉRISATION.
e. Séparation de l'OUTILLAGE (sens 2) et de la PIÈCE (sens 1) polymérisée. L'ÉPAISSEUR moyenne typique de la PIÈCE (sens 1) se situe entre 1 et 5 mm.
B. La MATIÈRE la plus souvent utilisée est le PVC souple. Mais le NYLON, les SILICONES, les POLYU-RÉTHANES, entre autres, sont aussi envisageables.
C. Le trempage plastique peut aussi être utilisé comme PROCÉDÉ de recouvrement de SURFACE de PIÈCES (sens 1) à la façon d'une PEINTURE ou d'un DÉPÔT (sens 2) isolant.
D. TOLÉRANCE dimensionnelle (IT) :

Très précis	Précis	Moyen	Grossier	Très Grossier
1 2 3 4 5	6 7 8 9	10 11 12	**13 14 15**	16 17 18
			Trempage plastique	
10 ± 0,002	10 ± 0,01	10 ± 0,05	10 ± 0,2	10 ± 1
100 ± 0,005	100 ± 0,02	100 ± 0,1	100 ± 0,4	100 ± 2

E. ÉTAT DE SURFACE, RUGOSITÉ Ra (µm) :

▽▽▽ *	▽▽ *	▽ *	∼ *
0,012 0,025 0,05 0,1 0,2 0,4 0,8	**1 1,6 3,2 6,3**	10 12 25 50 100	200
	Trempage plastique		

* Symbole de faisant plus partie des normes

F. Coût OUTILLAGE (hors coût MACHINE) :

Aucun	Faible	Moyen	Élevé	Très élevé
	Faible			

Trempage plastique

G. SÉRIE DE PIÈCES économique :

Proto	Unitaire	Petite	Moyenne	Grande	Très Grande
1	10	100	1 000	10 000	100 000

Trempage plastique

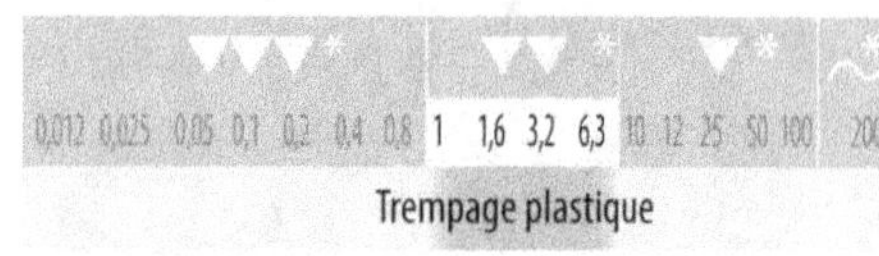 **Avantages**

H. OUTILLAGE (sens 2) | MÂLE peu coûteux car plus facile à fabriquer qu'une FORME creuse. OUTIL-LAGE (sens 2) résistant dans le temps car le PRO-CÉDÉ ne fait pas intervenir de PRESSION. Cycle de FABRICATION court. Permet des FORMES en CONTRE-DÉPOUILLE. Pas de BARBE car pas de PLAN DE JOINT. Possibilité de faire varier l'ÉPAIS-SEUR de paroi et l'aspect de SURFACE extérieure sans changer d'OUTILLAGE (sens 2). Peu de CONTRAINTES RÉSIDUELLES dans la PIÈCE FINIE.

👎 Inconvénients

I. Régularité des ÉPAISSEURS difficiles à maîtriser. FORME extérieure peu précise. Ne permet pas des FORMES en angles vifs sur la surface extérieure. Limité aux MATIÈRES | SOUPLES et semi-rigides. Ne convient pas aux PIÈCES (sens 1) de grande taille.

trempé [quenched]

(adj.) Qui a subi un chauffage puis un REFROIDISSEMENT très rapide pour les ACIERS.

trempe [quenching]

(n.f.) REFROIDISSEMENT provoqué brutalement à l'état SOLIDE sur certains MATÉRIAUX préalablement chauffés, pour en modifier les CARACTÉRISTIQUES MÉCANIQUES par changement de STRUCTURE CRISTALLINE et MICROSTRUCTURE (cas des ACIERS AU CARBONE) ou ensuite par PRÉCIPITATION pour les ALLIAGES à durcissement structural.

A. En fonction de la VITESSE DE REFROIDISSEMENT recherchée, le MATÉRIAU chauffé peut être immergé soit dans de l'eau, dans de l'HUILE ou dans de l'air froid.

Ex. : *Cycle thermique de la trempe à l'eau d'une PIÈCE (sens 1) en ACIER À OUTIL :*

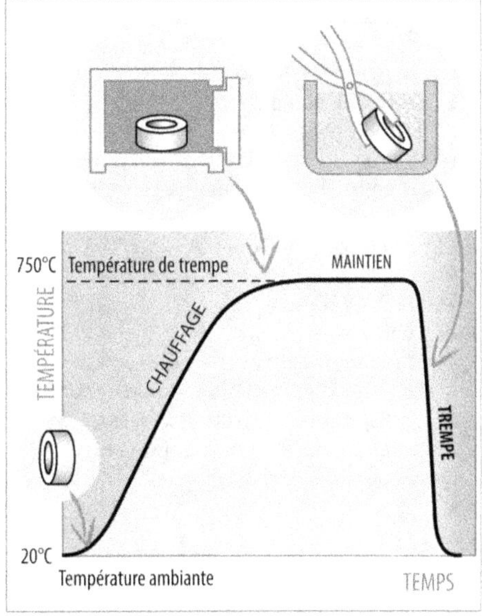

B. Les effets sur les CARACTÉRISTIQUES MÉCANIQUES sont, par exemple, les suivants, toujours pour le cas de l'ACIER :

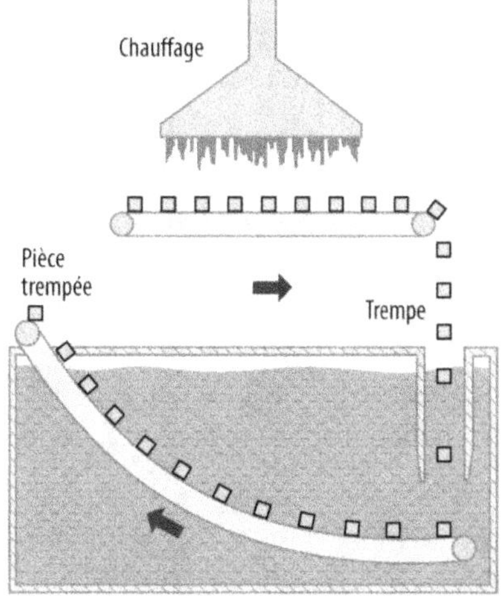

CARACTÉRISTIQUES	AVANT TREMPE	APRÈS TREMPE
Microstructure		
Résistance d'élasticité	700 MPa	1400 MPa
Résistance à la rupture	900 MPa	1900 MPa
Dureté	32 HRC	53 HRC
Allongement	20 %	8 %
Résilience	140 J/cm²	40 J/cm²

C. Cette OPÉRATION peut aussi être réalisée à grande échelle sur des installations industrielles.

Ex. 1 : *Configuration de trempe en continu de PIÈCES métalliques.*

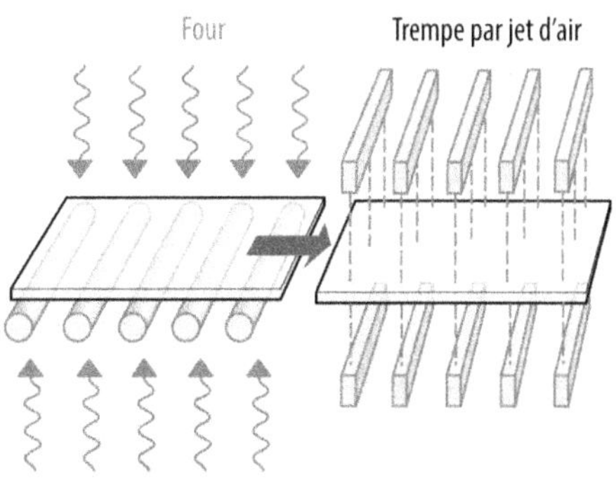

Ex. 2 : *Installation de trempe en continu de plaque de verre.*

D. Dans le cas particulier le plus étudié et le plus connu de l'ACIER AU CARBONE, la trempe consiste en un chauffage jusqu'à la TEMPÉRATURE d'AUSTÉNITISATION, puis un maintien à cette TEMPÉRATURE permet de transformer entièrement toute la FERRITE et la CÉMENTITE en AUSTÉNITE. L'ACIER est ensuite refroidi plus ou moins brutalement. En fonction de la VITESSE DE REFROIDISSEMENT appliquée, divers constituants avec des CARACTÉRISTIQUES MÉCANIQUES assez différentes peuvent apparaître :

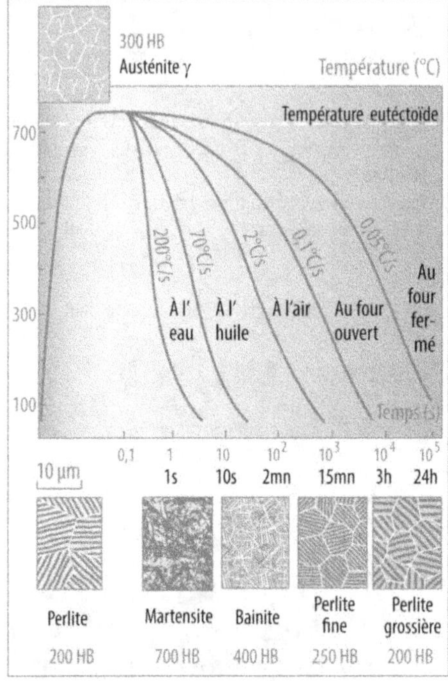

Les CARACTÉRISTIQUES des différents constituants de la trempe sont rassemblées dans le tableau suivant :

	AUSTÉNITE Fe-γ	MARTENSITE	BAINITE
% Carbone en masse	2 % maxi	2 % maxi	2 % maxi
Structure cristalline	Fe-γ (CFC)	Quadratique sursaturé en C	Cubique Centré sursaturé en C
Structure microscopique			
Dureté	Moyenne 300 HB	Très élevée 700 HB	Élevée 450 HB
Résistance Rm		Très élevée 2000 MPa	Élevée 1500 MPa
Ductilité A%	Bonne	Très mauvaise 0 %	Bonne 10 %
Résilience	Bonne	Très fragile	Bonne
Magnétisme	NON	OUI	OUI

E. Ainsi, en fonction des conditions opératoires et des constituants obtenus, la trempe peut être martensitique, bainitique ou même austénitique pour les ACIERS INOXYDABLES qui possèdent cette STRUCTURE (sens 1) à TEMPÉRATURE AMBIANTE. Il existe pour chaque MATÉRIAU des diagrammes permettant de choisir les paramètres opératoires et de prévoir le résultat de la trempe.

→ Voir DIAGRAMME TTT ; DIAGRAMME TRC.

L'aptitude des MATÉRIAUX à accepter et à donner des résultats avec le TRAITEMENT de trempe est appelée TREMPABILITÉ. Elle est évaluée avec l'ESSAI JOMINY qui donne des indications globales en une seule OPÉRATION.

F. Les différents ÉQUIPEMENTS, TECHNOLOGIES (sens 2) et sources de chaleur pouvant être mises en œuvre pour chauffer les PIÈCES (sens 1) sont :

• Le FOUR sous VIDE (sens 2).
• Le FOUR sous atmosphère contrôlée.
• Le FOUR À INDUCTION.
• Le bain de sel.
• Le rayonnement Laser.

G. L'ÉQUIPEMENT individuel de protection et de sécurité pour les opérateurs de TRAITEMENT de trempe s'apparentent à celui utilisé en SOUDAGE.

trempe à la flamme [flame hardening]

(n.f.) TRAITEMENT THERMIQUE de DURCISSEMENT dans lequel la source de chaleur pour chauffer les PIÈCES (sens 1) provient de la combustion d'un GAZ et de l'OXYGÈNE de l'air.

trempe à l'eau [water hardening]

(n.f.) TRAITEMENT THERMIQUE de DURCISSEMENT par chauffage et REFROIDISSEMENT dans l'eau, ce qui permet d'obtenir les VITESSES DE REFROIDISSEMENT les plus rapides qui soient. La vitesse de

TREMPE peut être variée en adaptant la TEMPÉ-RATURE de l'eau.
→ **Voir** VITESSE DE REFROIDISSEMENT pour les valeurs envisageables.

trempe à l'huile [oil hardening]

(n.f.) TRAITEMENT THERMIQUE de DURCISSEMENT par chauffage et REFROIDISSEMENT dans un LI-QUIDE minéral de consistance grasse procurant une VITESSE DE REFROIDISSEMENT modérée.
→ **Voir** VITESSE DE REFROIDISSEMENT

trempe martensitique [martensitic quenching]

(n.f.) TRAITEMENT THERMIQUE par chauffage et REFROIDISSEMENT suffisamment rapide pour empêcher la DIFFUSION classique et figer l'ACIER en une STRUCTURE (sens 1) MÉTASTABLE appelée MARTENSITE.

trempe par induction [induction hardening]

(n.f.) TRAITEMENT THERMIQUE de DURCISSEMENT dans lequel le chauffage de la PIÈCE (sens 1) est obtenu par l'effet Joules d'un courant de Foucault et le REFROIDISSEMENT rapide par un jet continu d'eau froide.
Ex. : *Trempe par induction d'un* ARBRE *en* ACIER *qui défile devant une bobine puis un jet d'eau concentrique* :

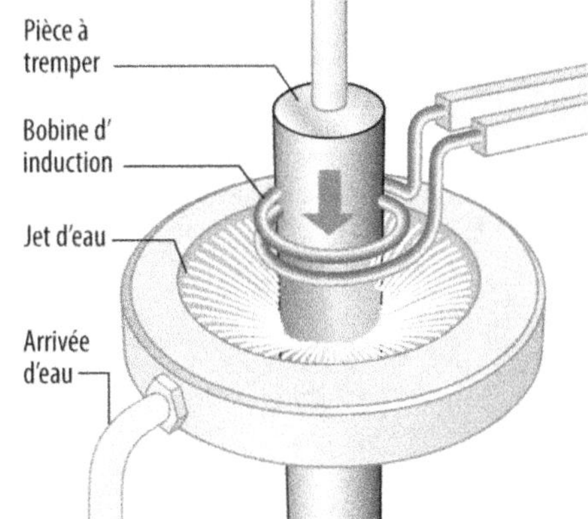

trempe superficielle [surface hardening]

(n.m.) TRAITEMENT THERMIQUE de DURCISSEMENT n'affectant qu'une ÉPAISSEUR faible à la SURFACE d'une PIÈCE (sens 1) grâce généralement à un chauffage par induction. Les autres PROPRIÉTÉS restent inchangées dans la MASSE (sens 1) de la PIÈCE (sens 1). Ce TRAITEMENT permet d'obtenir des PIÈCES (sens 1) résistant à l'USURE en SURFACE et au CHOC dans sa MASSE (sens 1).
→ **Voir** TREMPE PAR INDUCTION ; DURCISSEMENT SUPERFICIEL.

trépan [fly cutter]

(n.m.) OUTIL DE COUPE ROTATIF constitué d'un FO-RET HÉLICOÏDAL guidant sa ROTATION et d'un OUTIL COUPANT pour creuser la périphérie de manière à obtenir un TROU rond de grand DIAMÈTRE.

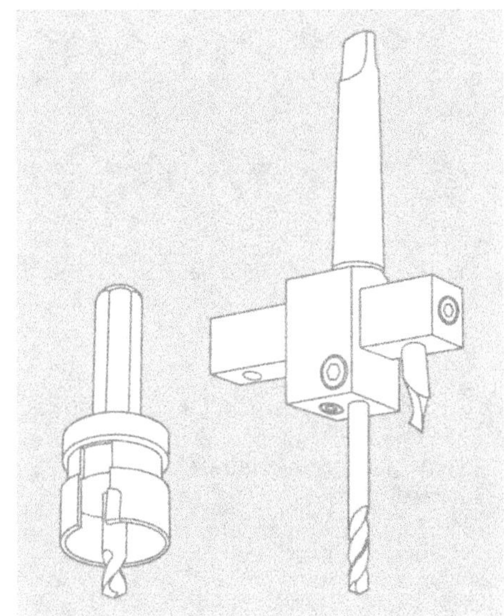

• Note : Ne pas confondre avec la SCIE-CLOCHE qui comporte une multitude de DENTS.
→ **Voir** TRÉPANAGE pour son mode de fonctionnement.

trépanage [trepanning]

(n.m.) OPÉRATION d'USINAGE découpant un DISQUE ou un CYLINDRE avec un OUTIL DE COUPE appelé TRÉPAN, pour laisser un TROU | CIRCU-LAIRE de grand DIAMÈTRE.

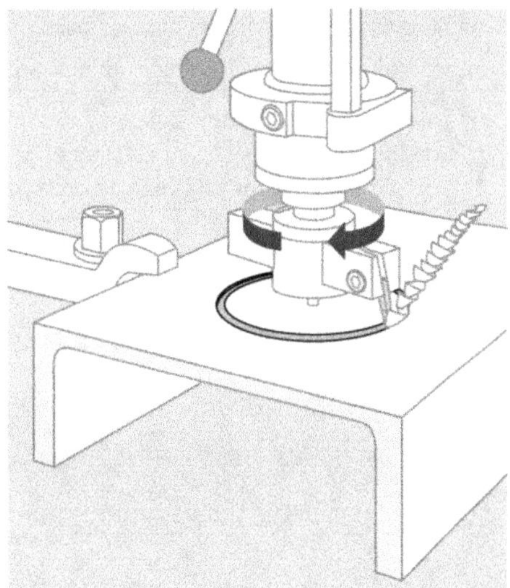

tresse métallique [metal braid]

(n.f.) Enchevêtrement régulier de filament métallique constitué en tube ou nappe très flexible pour être utilisé en protection renfort de tuyauterie ou en câble de conduction électrique :

treuil [winch]

(n.m.) APPAREIL manuel ou à MOTEUR pour tirer ou lever des CHARGES (sens 1) grâce à un CYLINDRE (tambour) sur lequel est enroulé un cordage, un CÂBLE ou une CHAÎNE.
→ Voir, par exemple, BUTÉE D'ARRÊT.

triangle [triangle]

(n.m.) Figure géométrique fermée avec trois cotés rectilignes.

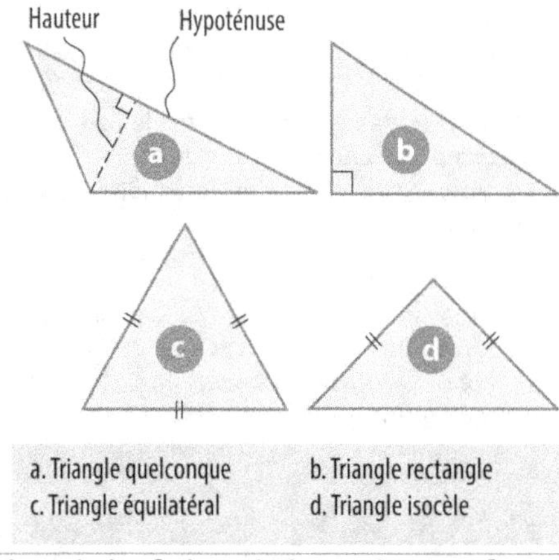

a. Triangle quelconque
c. Triangle équilatéral
b. Triangle rectangle
d. Triangle isocèle

triangulation [triangulation, web system]

(n.f.) Disposition en TRIANGLE d'ÉLÉMENTS STRUCTURAUX allongés et connectés entre eux par des ARTICULATIONS de manière à :

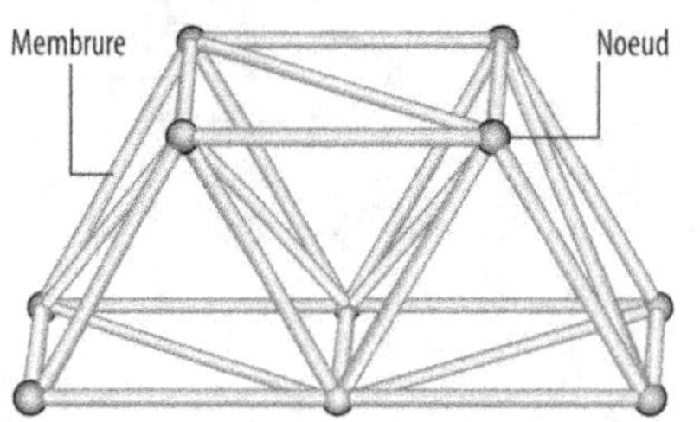

• assurer que les EFFORTS subis par chaque élément soient dirigés exclusivement dans la DIRECTION longitudinale de chaque BARRE, soit en TRACTION, soit en COMPRESSION.

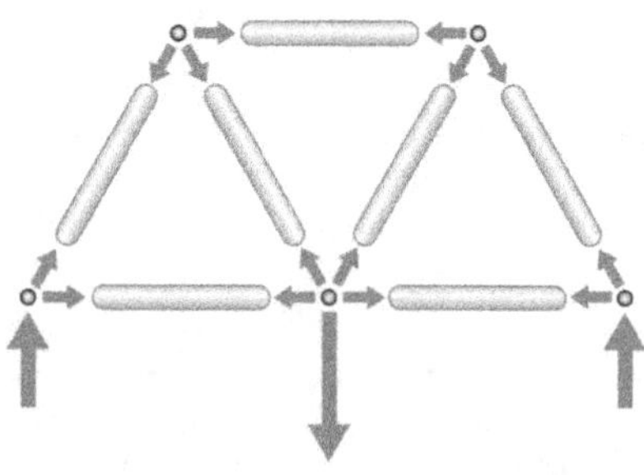

• garantir une RIGIDITÉ et une indéformabilité.
A. Chaque élément structural est appelé MEMBRURE et chaque point de jonction un NOEUD. Le triangle possède la remarquable particularité d'être la seule figure POLYGONALE qui conserve sa FORME quand on lui applique des FORCES aux points de jonction, même s'ils sont articulés.

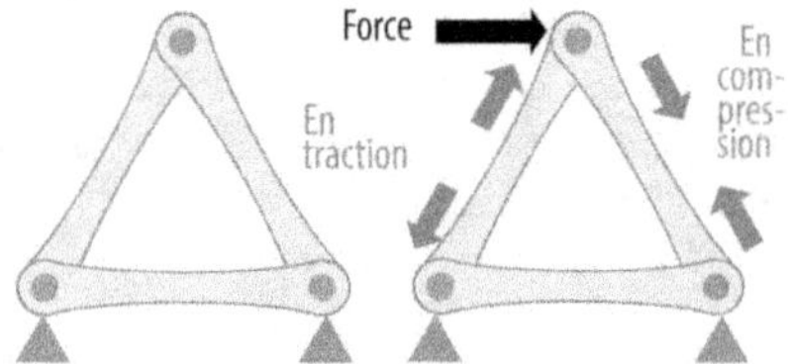

Dans la même situation, toutes les autres figures polygonales se déforment facilement :

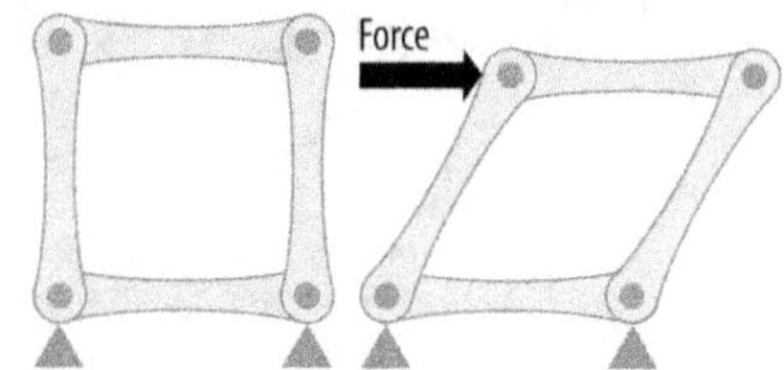

Sauf si elles subissent justement une triangulation, c'est à dire si on leur ajoute des MEMBRURES qui font qu'il ne subsiste plus dans l'agencement que des TRIANGLES :

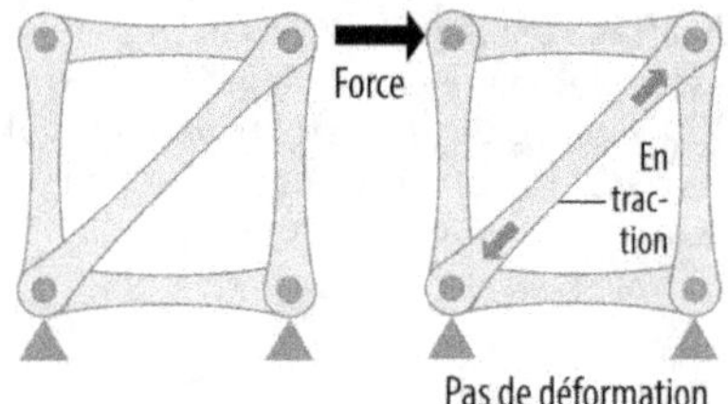

Cette PROPRIÉTÉ fait de la triangulation une approche fort appréciée pour la CONCEPTION de STRUCTURES (sens 2) avec les avantages suivants mais aussi quelques inconvénients :

 **Avantages**

B. RIGIDITÉ optimisée qui procure un avantage de légèreté. Chaque élément ne subit que des SOLLICITATIONS SIMPLES de TENSION ou de COMPRESSION ce qui facilite la prédiction par calcul des EFFORTS qu'il subit. Les PHÉNOMÈNES d'INSTABILITÉ tels que le FLAMBEMENT peuvent être assez facilement cernés. Possibilité de préfabriquer les ÉLÉMENTS STRUCTURAUX pour être ensuite assemblés sur site.

Inconvénients

C. Une certaine complexité de réalisation. Temps et MAIN D'ŒUVRE (sens 2) d'exécution assez considérables. ESTHÉTIQUE parfois discutable. Les CHARGES (sens 1) ponctuelles doivent être appliquées sur les nœuds,

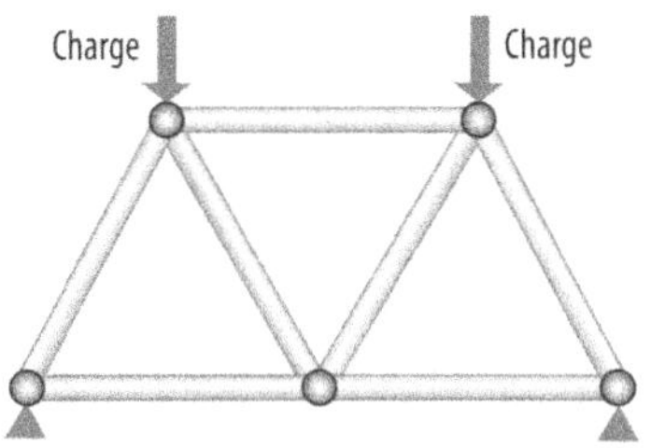

et non sur les membrures, car une FLEXION de l'une d'elle peut entraîner la destruction de la STRUCTURE (sens 2) entière :

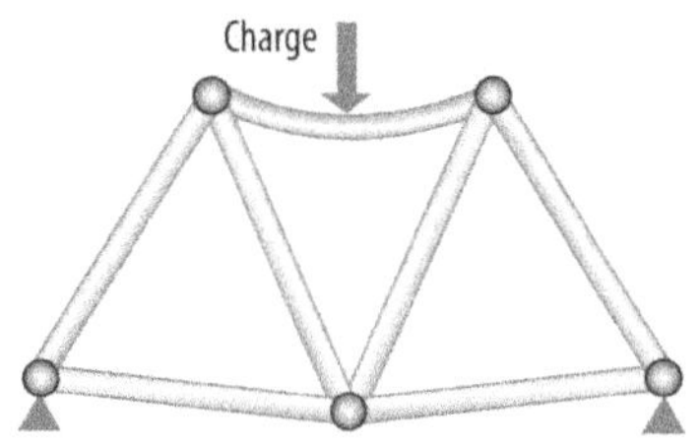

D. La triangulation est utilisée pour réaliser des ponts, des STRUCTURES (sens 2) de toiture, des grues, des ponts roulants, des PYLÔNES, etc. Tous les MATÉRIAUX peuvent être mis à profit dans les réalisations : ACIER, ALUMINIUM, BOIS, BÉTON, (COMPOSITE) MATÉRIAU COMPOSITE, etc.
→ Voir également POUTRE TRIANGULÉE ; POUTRE TREILLIS ; (TRIANGULÉ), SYSTÈME TRIANGULÉ ; PYLÔNE.

(triangulé), système triangulé [web system]

(n.m.) STRUCTURE (sens 2) dont la cohésion et la tenue MÉCANIQUE sont assurées par une CONCEPTION et configuration par TRIANGULATION.
Ex. : *Système triangulé d'équipements pour l'événementiel.*

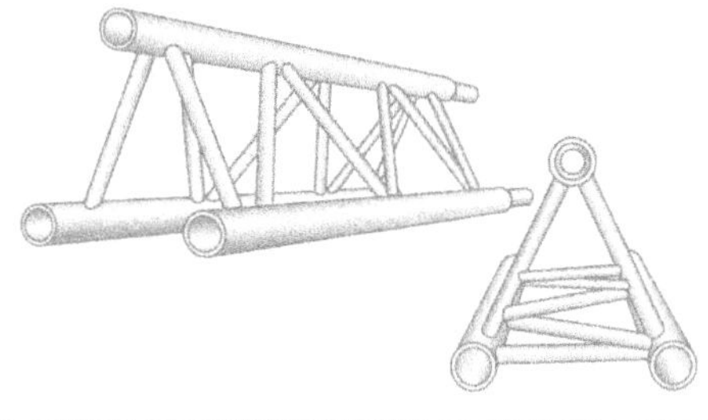

tribofinition [tribofinishing]

(n.f.) PROCÉDÉ de TRAITEMENT | MÉCANIQUE de SURFACE par mélange de PIÈCES (sens 1) avec un milieu plus ou moins ABRASIF et de produits additifs dans une cuve vibrante, de manière à les faire entrechoquer pour les nettoyer, polir, brillanter, ébavurer et rayonner.

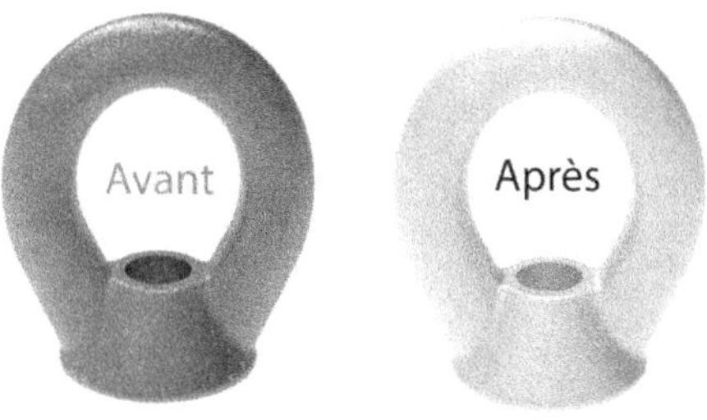

A. Vue générale du PROCÉDÉ :

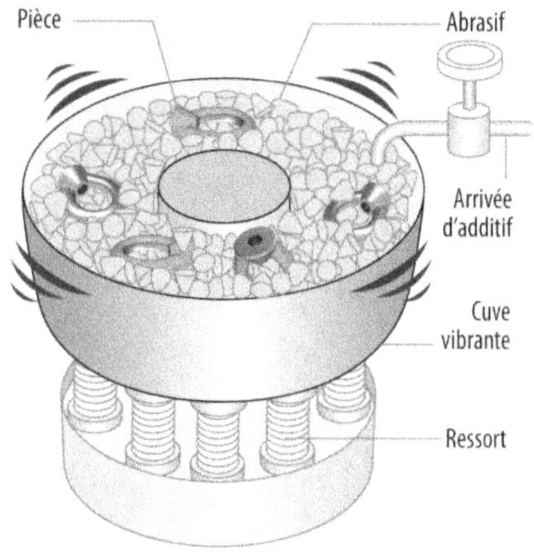

B. Mélange de pièces et d'ABRASIFS :

C. ABRASIFS de formes pyramidales et coniques :

Par rapport au SABLAGE, ce PROCÉDÉ est adapté à de plus grandes SÉRIES DE PIÈCES.
→ Voir aussi TONNELAGE.

tribologie [tribology]

(n.f.) Sciences qui étudie le FROTTEMENT, les mécanismes d'USURE et les moyens de lutte contre ces PHÉNOMÈNES.

trièdre [trihedron]

(n.m.) SYSTÈME de trois AXES (xyz) et trois PLANS DE RÉFÉRENCE disposés à 90° les uns des autres pour définir toutes les régions de l'espace ainsi que le sens de vecteurs dans le résultat de certaines OPÉRATIONS mathématiques.

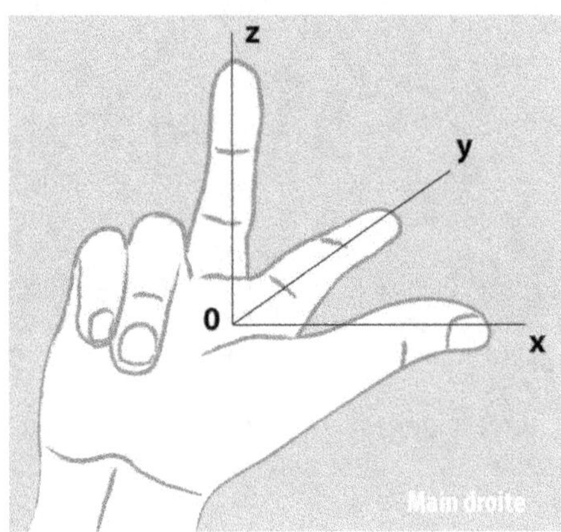

tringle [rod]

(n.f.) BARRE rigide généralement articulée utilisée pour reporter un MOUVEMENT DE TRANSLATION d'un endroit à un autre plus éloigné.
→ Voir TRINGLERIE.

tringlerie [linkage]

(n.f.) Ensemble de BARRES rigides reliées entre elles par des ARTICULATIONS pour reporter un MOUVEMENT DE TRANSLATION d'un endroit à un autre.

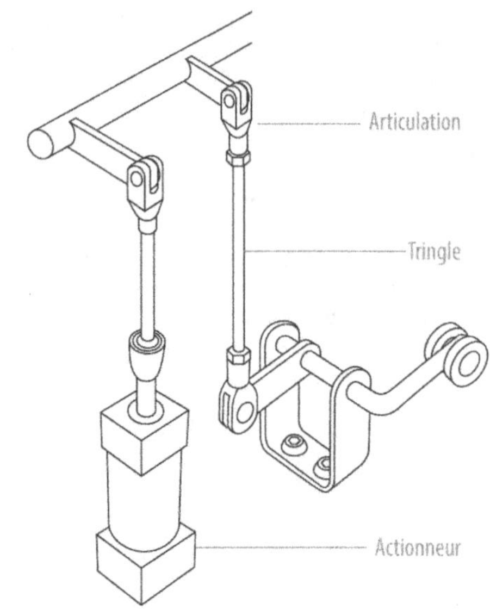

tronçonnage [parting, cutoff]

(n.m.) OPÉRATION de COUPE (sens 1) d'une BARRE par TOURNAGE ou par DISQUE ABRASIF.
A. À titre d'exemple, tronçonnage d'une BARRE | CYLINDRIQUE avec un OUTIL DE COUPE.

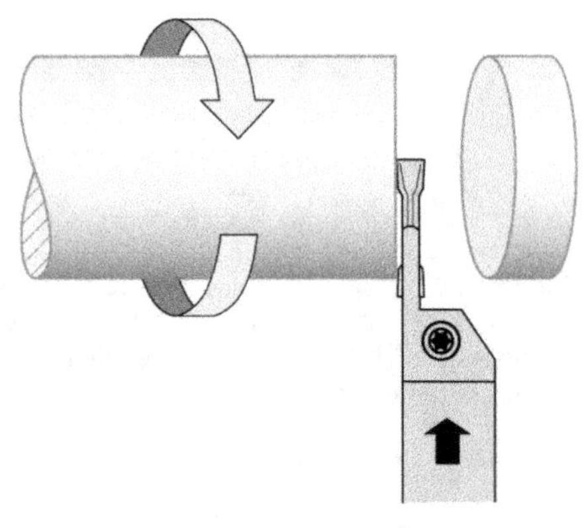

B. TOLÉRANCE DIMENSIONNELLE **(IT)** :

Très précis		Précis		Moyen	Grossier	Très Grossier
1 2 3 4 5		6 7 8 9		10 11 12	13 14 15	16 17 18
						Disque abrasif
				Tronçonnage en tournage		
10 ± 0,002	10 ± 0,01			10 ± 0,05	10 ± 0,2	10 ± 1
100 ± 0,005	100 ± 0,02			100 ± 0,1	100 ± 0,4	100 ± 2

C. ÉTAT DE SURFACE, RUGOSITÉ **Ra (µm)** :

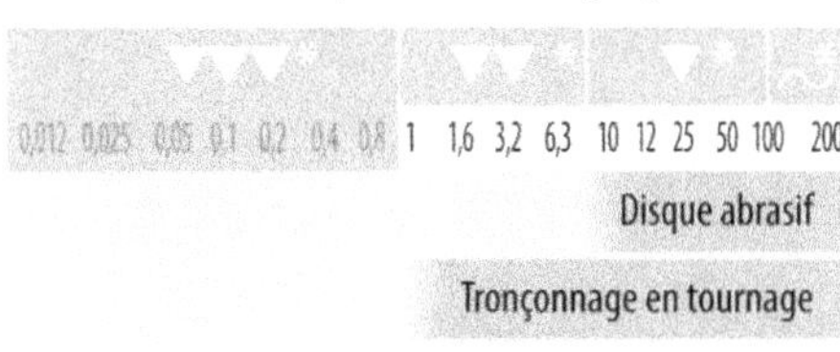

0,012	0,025	0,05	0,1	0,2	0,4	0,8	1	1,6	3,2	6,3	10	12	25	50	100	200

Disque abrasif

Tronçonnage en tournage

** Symbole de faisant plus partie des normes*

D. Coût OUTILLAGE (sens 2) **(hors coût** MACHINE**)** :

Aucun	Faible	Moyen	Élevé	Très élevé
	Tronçonnage			

E. SÉRIE DE PIÈCES **économique** :

Proto	Unitaire	Petite	Moyenne	Grande	Très Grande
1	10	100	1 000	10 000	100 000
	Tronçonnage				

trou [hole]

(n.m.) Cavité de PRÉCISION géométrique faible ou moyenne pratiquée à l'intérieur d'une FORME VOLUMIQUE.

• Note : Ne pas confondre avec l'ALÉSAGE (sens 1) qui possède une PRÉCISION supérieure.

trou borgne [blind hole]

(n.m.) TROU de PROFONDEUR plus faible que l'ÉPAISSEUR d'une PIÈCE (sens 1) et qui ne débouche pas de l'autre côté.

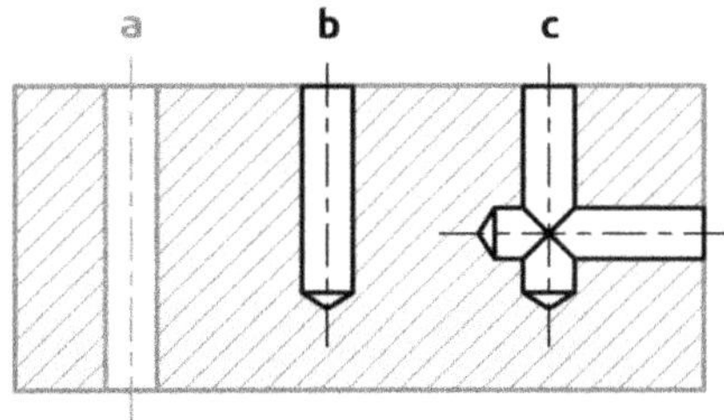

a. Trou débouchant ou traversant [Through (GB) ; Thru (US)]
b. Trou borgne [Blind]
c. Trous borgnes communicants [Intersecting]

◊ **Contr.** : TROU DÉBOUCHANT ; TROU TRAVERSANT.

trou communicant [intersecting hole]

(n.m.) TROU qui rencontre un autre TROU.
Ex. : *Trous communicants du circuit de* REFROIDISSEMENT *d'un* MOULE.

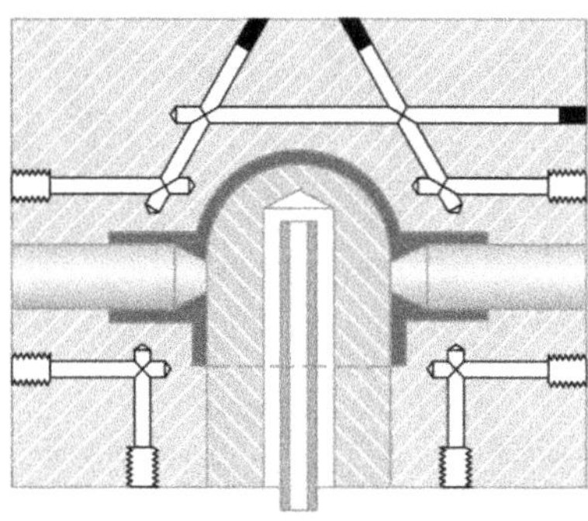

trou débouchant [through hole (GB), thru hole (US)]

(n.m.) TROU traversant complètement l'ÉPAISSEUR de la PIÈCE (sens 1) dans laquelle il se trouve.
• Note : Ne pas confondre avec le TROU COMMUNICANT.
◊ **Contr.** TROU BORGNE.

trou taraudé [threaded hole]

(n.m.) TROU dans la paroi de laquelle a été creusé un sillon HÉLICOÏDAL.

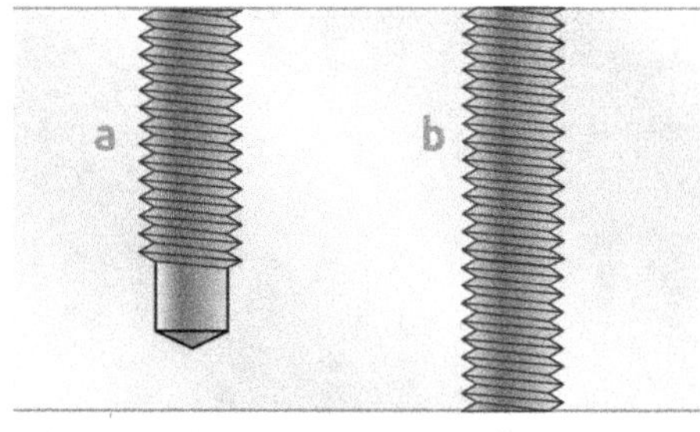

a. Trou taraudé borgne   b. Trou taraudé traversant

→ **Voir** (FILETAGE), REPRÉSENTATION DE FILETAGE pour sa représentation NORMALISÉE en DESSIN TECHNIQUE.

trou traversant [through hole (GB), thru hole (US)]

(n.m.) Même signification que TROU DÉBOUCHANT.

trusquin [surface gauge, scribing block]

(n.m.) INSTRUMENT pour tracer des LIGNES | PARALLÈLES en prenant comme RÉFÉRENCE la SURFACE d'un MARBRE (sens 1).

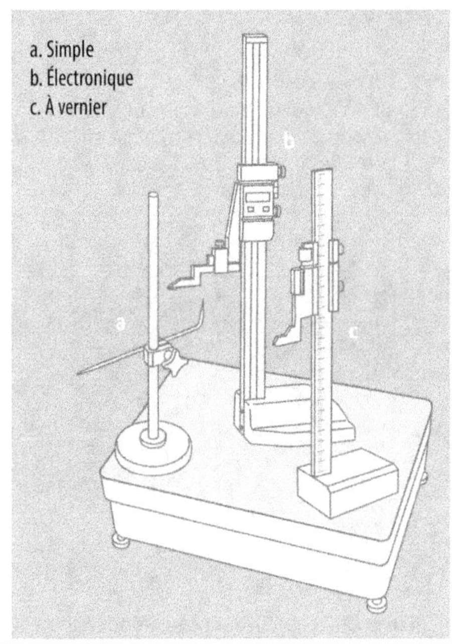

trusquinage [scribing]

(n.m.) Tracé sur une PIÈCE (sens 1) d'une ligne PA-RALLÈLE à la SURFACE d'un MARBRE, à l'aide d'un TRUSQUIN.

Ex. : *Trusquinage d'une ligne sur un CYLINDRE.*

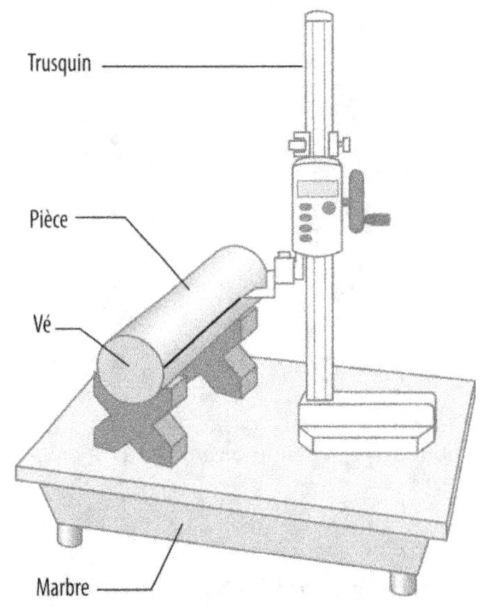

(TTT), diagramme TTT [TTT diagram]

(n.m.) Sigle pour DIAGRAMME TEMPS TEMPÉRATURE TRANSFORMATION.

→ Voir DIAGRAMME TTT.

tube [tube]

(n.m.) PROFILÉ FERMÉ dont la zone centrale est creuse.

Ex. : *PROFILS de tube* :

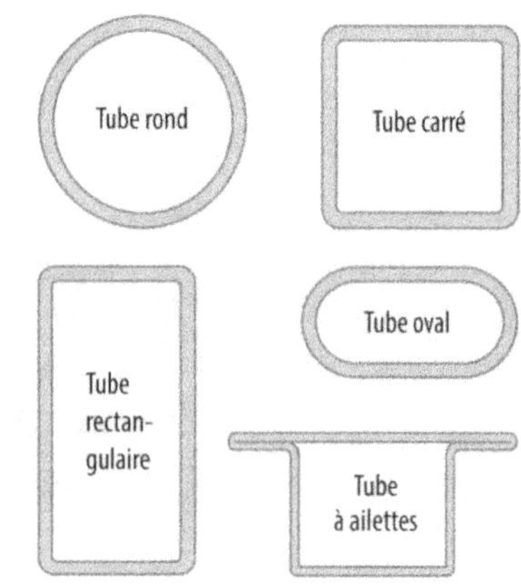

→ Voir également PROFILÉ À FROID ; PROFILÉ ALUMINIUM.

Les tubes sont également parfois appelés PROFILÉS FERMÉS pour les distinguer des PROFILÉS OUVERTS. En ce qui concerne leurs utilisations, les tubes peuvent être classés en deux catégories :

• les TUYAUX qui sont spécialement conçus et fabriqués pour résister à la PRESSION des FLUIDES qu'ils conduisent.

• les PROFILS CREUX qui sont destinés à des STRUCTURES (sens 1) ou OSSATURES.

tube à ailettes

(n.m.)

1. [LTZ profile] TUBE, généralement en ACIER, muni d'un ou plusieurs PLIS ÉCRASÉS.

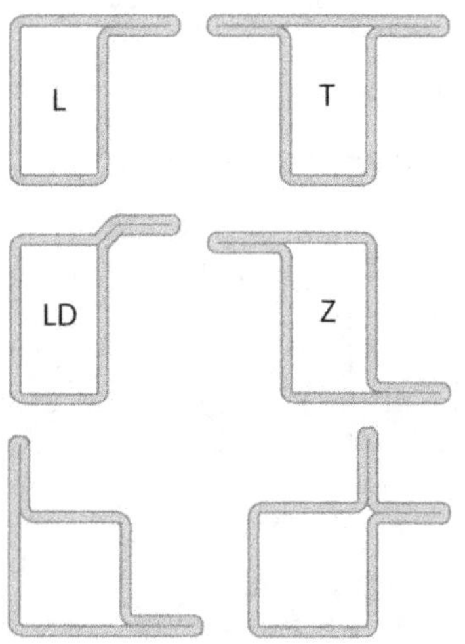

Les tubes à ailettes ont été, à l'origine, conçus pour les applications de menuiserie métallique mais peuvent avoir une utilité dans d'autres domaines.

2. [finned tube] TUBE muni de proéminences augmentant sa SURFACE pour favoriser l'échange de chaleur avec l'extérieur.

tube annelé [corrugated pipe]

(n.m.) TUBE dont le pourtour est constitué d'une succession de formes en creux et crête qui lui confèrent une plus grande SOUPLESSE et notamment une possibilité de RAYON DE COURBURE plus serré.

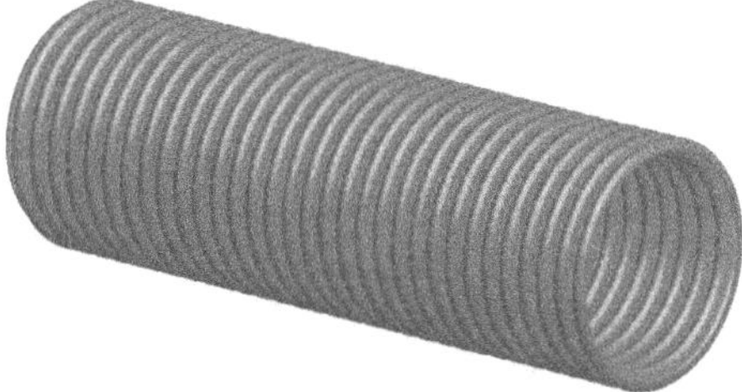

A. Les tubes annelés sont généralement fabriqués en (PLASTIQUES), MATIÈRES PLASTIQUES telles que le PP, PE, PVC, etc. par le procédé d'EXTRUSION (sens 3).

→ Voir EXTRUSION DE TUBE ANNELÉ.

B. Les tubes annelés sont utilisés dans divers domaines tels que la protection des fils électriques, les conduits d'assainissement, le drainage, les conduits d'aération, etc.

tube rond acier [steel tube]

(n.m.) TUBE de SECTION | CIRCULAIRE, obtenu à partir de TÔLE ou de LINGOT d'ACIER, et très répandu dans l'INDUSTRIE pour des applications de STRUCTURE (sens 2) ou de TUYAUTERIE.

Photo : Marc Bruxelle

A. Les DIAMÈTRES s'échelonnent de 10 mm à plus de 2m (2000 mm). Les LONGUEURS courantes et compatibles avec un mode de transport normal sont de 6 m ou 12 m, mais peuvent atteindre 30 mètres si nécessaire.

B. Les tubes ronds acier peuvent être classés en deux grandes catégories :

• les TUBES SANS SOUDURE obtenus par PERÇAGE, LAMINAGE et ÉTIRAGE d'un LINGOT.

• les TUBES SOUDÉS, avec deux types différents : les tubes soudés droit et en spirale.

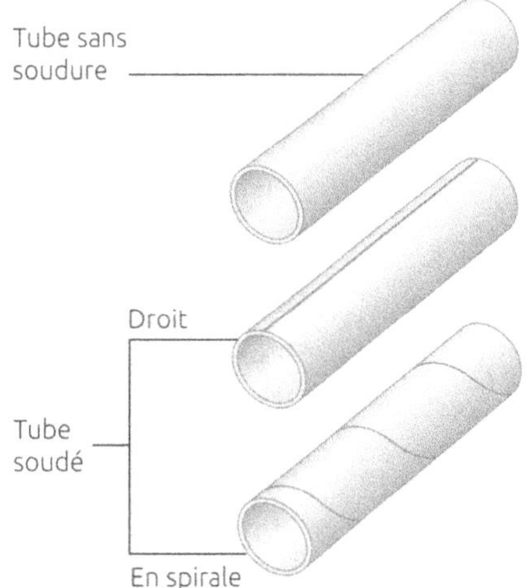

C. D'une façon générale, les TUBES SANS SOUDURE permettent d'obtenir de plus fortes épaisseurs. Ils sont destinés aux applications sous haute pression (hydraulique) ou pour le CINTRAGE. Les TUBES SOUDÉS permettent des DIAMÈTRES plus importants.

tube sans soudure [seamless pipe]

(n.m.) Type de TUBE en ACIER obtenu par PERÇEMENT d'un LINGOT, réduction de l'ÉPAISSEUR et FINITION à dimension précise.

Ci-dessous, quelques illustrations de ces trois étapes :

A. PERCEMENT du LINGOT :
a. par ROTATION.
b. par PRESSAGE.

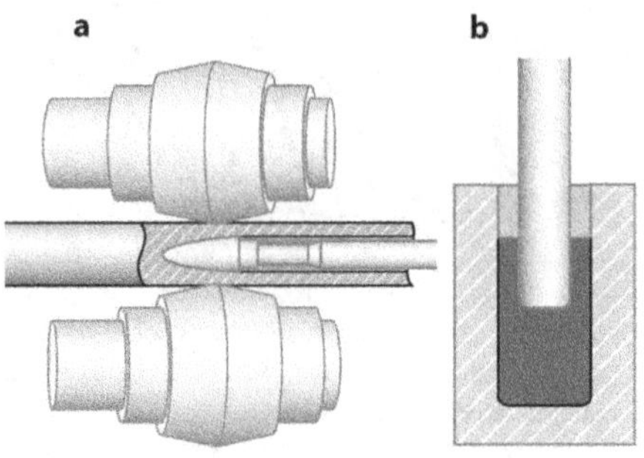

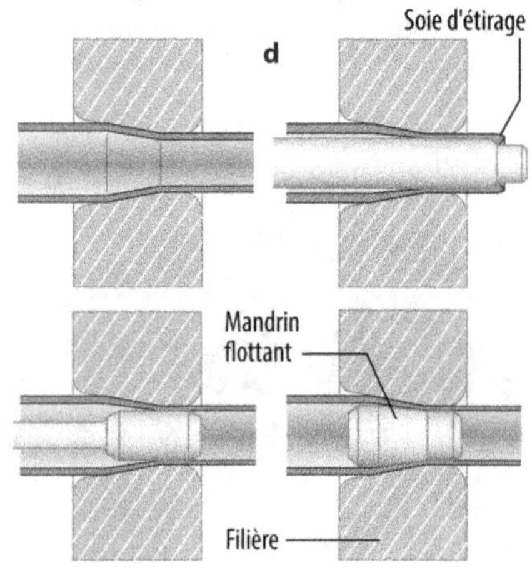

B. Réduction de l'ÉPAISSEUR du tube :
a. Par FORGEAGE.
b. Par LAMINAGE avec un MANDRIN (sens 2).

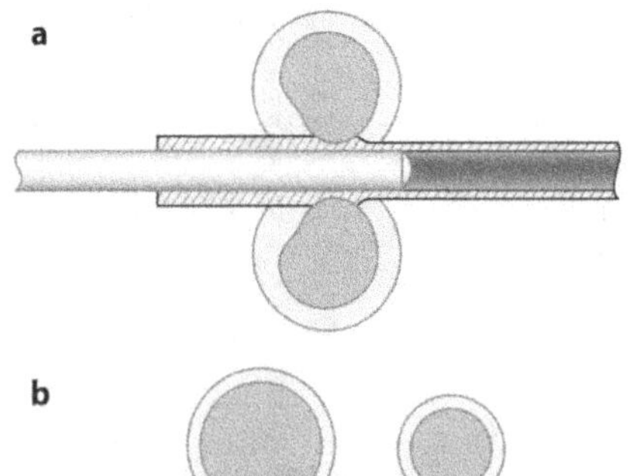

C. FINITION
a. Lissage.

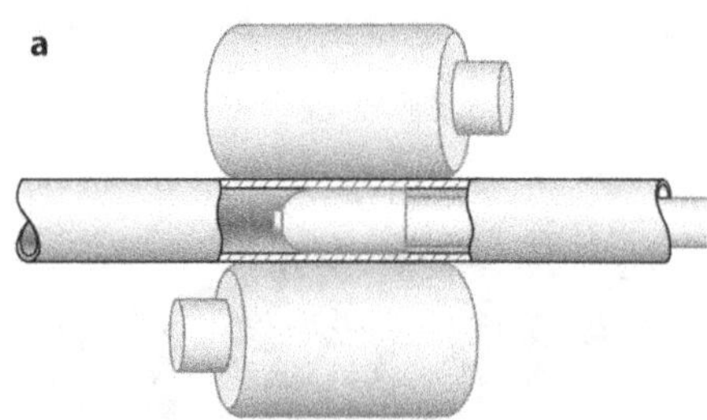

b. « Rondissage » : amélioration de la CIRCULARITÉ.

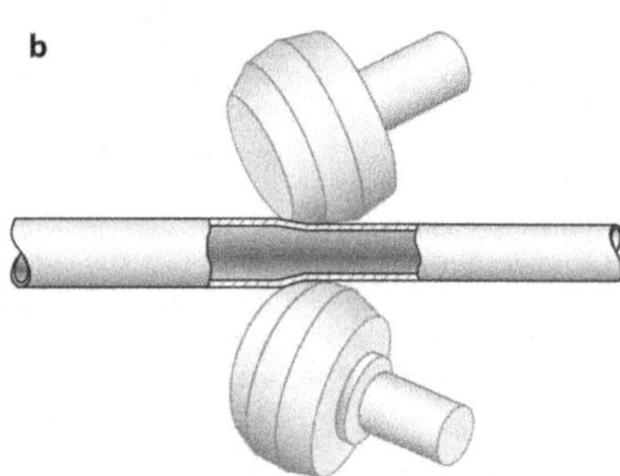

c. Par LAMINAGE sans MANDRIN (sens 2).

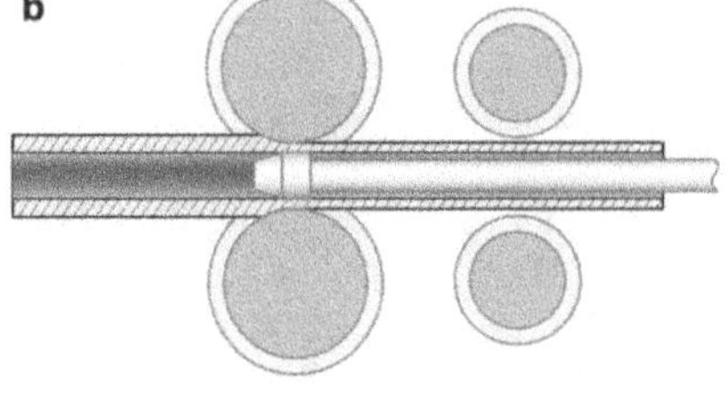

c. Mise à DIMENSION précise.

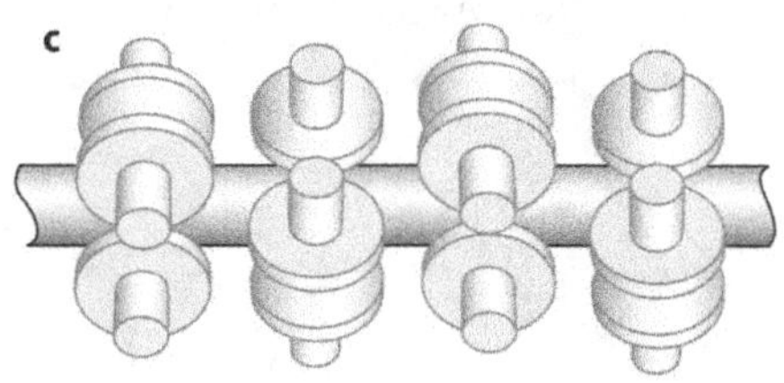

d. Par ÉTIRAGE qui peut se faire lui-même de plusieurs façons : sans MANDRIN (sens 2), avec MANDRIN (sens 1) à TRACTION, fixe ou flottant.

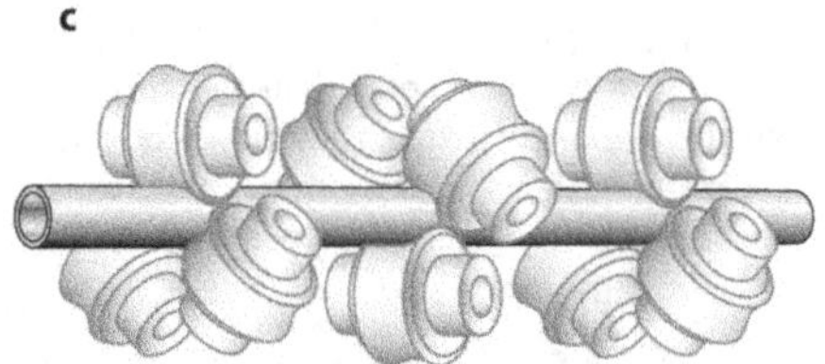

Les tubes sans soudure sont essentiellement utilisés en TUYAUTERIE, c'est à dire pour le passage et l'acheminement de FLUIDE | SOUS-PRESSION.
→ Voir FILAGE pour un autre PROCÉDÉ de FABRICATION de tube sans soudure.

tube soudé [butt-weld tube]

(n.m.) Type de TUBE obtenu par MISE EN FORME, PROFILAGE, ROULAGE ou PRESSAGE de TÔLE puis fini par un CORDON DE SOUDURE. Il existe deux grands types de tube soudé :
a. Les tubes soudés droits.
b. les tubes soudés en spirale.

a. Dans les tubes soudés droits, plusieurs PROCÉDÉS permettent de mettre en FORME les TÔLES en TUBE :
• ROULAGE entre deux ROULEAUX (sens 2).

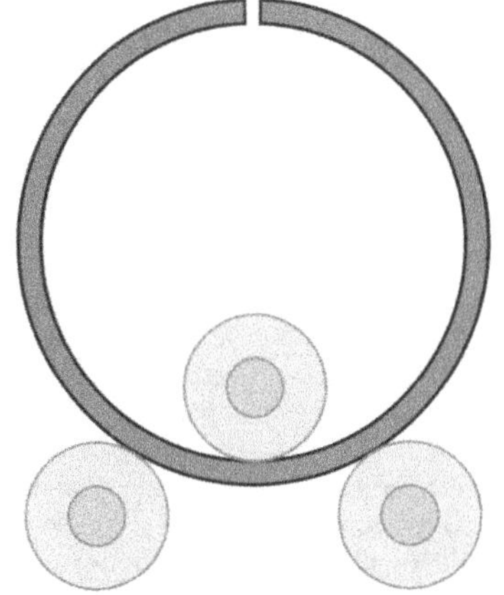

• PRESSAGE. Les bords sont d'abord légèrement relevés.

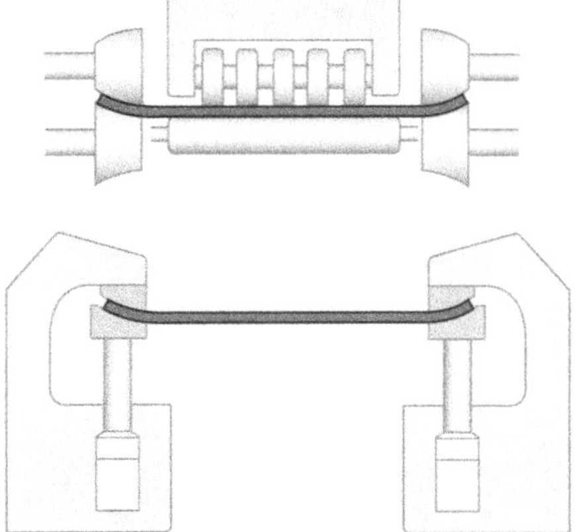

Puis la TÔLE est pressée pour prendre la FORME d'un tube. Ci-contre, par exemple, le PROCÉDÉ de « pressage en C ».

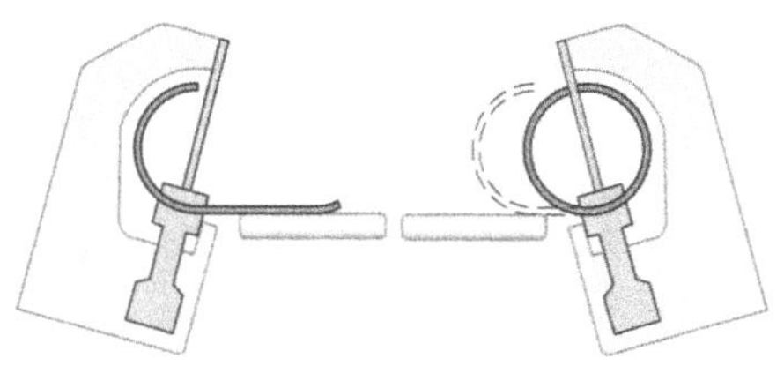

Le pressage peut aussi être effectué par un PROCÉDÉ dit en « U et O » :

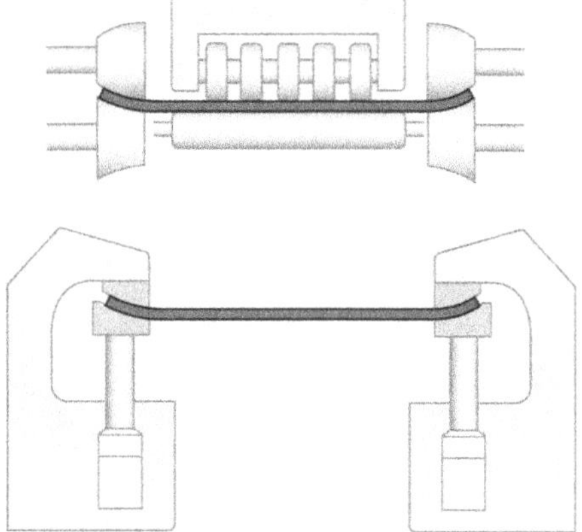

La dernière étape est le SOUDAGE qui peut être réalisé de plusieurs façons :
• Le PROFILAGE.

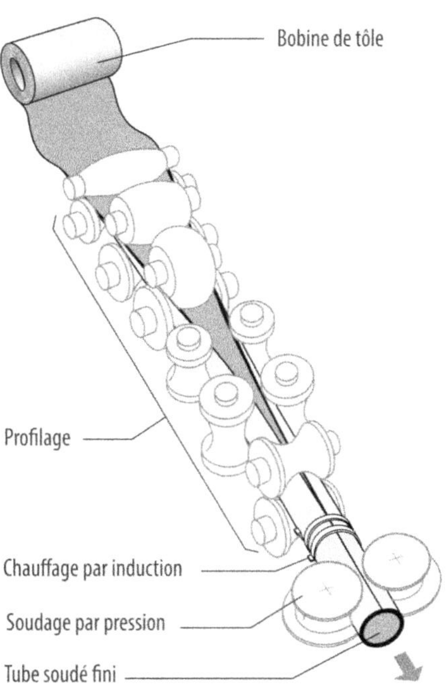

b. Dans les tubes soudés en SPIRALE,

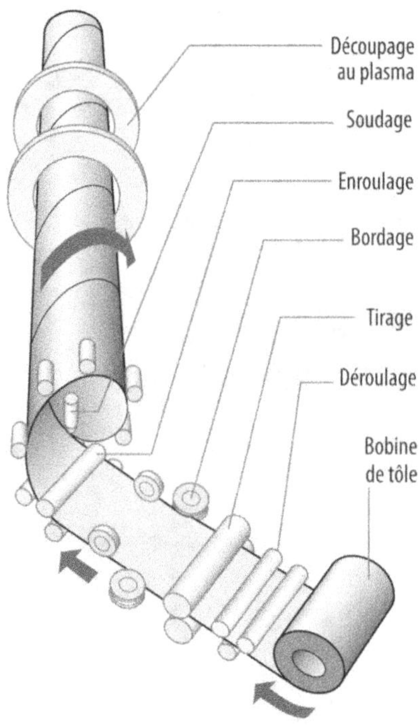

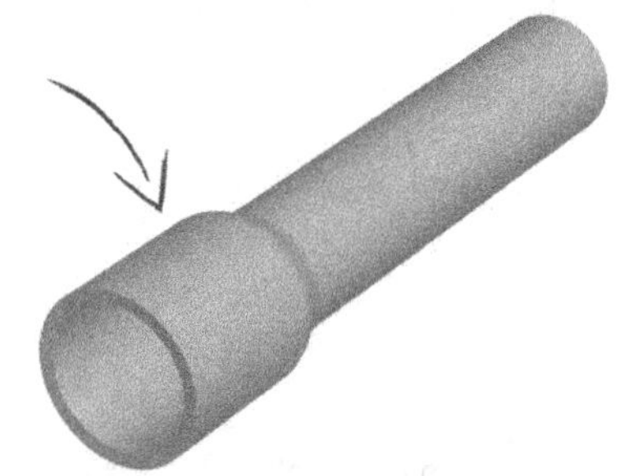

◆ Syn. : ÉVASEMENT.

tungstène (W) [wolfram, tungsten]

(n.m.) MÉTAL grisâtre détenant le plus haut POINT DE FUSION de tous les MÉTAUX.

A. Il conserve sa RÉSISTANCE MÉCANIQUE à très haute TEMPÉRATURE atteignant 1650°C, ce qui le destine aux applications nécessitant une grande résistance à la chaleur telle que les électrodes de SOUDAGE, et tous les ÉQUIPEMENTS exploitant l'ARC ÉLECTRIQUE, en général. Ses ALLIAGES sont utilisés pour les OUTILS DE COUPE. Le CORPS PUR est facile à usiner. Non-pur, il devient très FRAGILE et difficile à travailler. Son (DILATATION), COEFFICIENT DE DILATATION est comparable à celui du VERRE, ce qui permet de mettre en contact direct ces deux MATÉRIAUX très différents, comme le filament d'un lampe électrique ou les tubes à électrons.

B. Quelques CARACTÉRISTIQUES :

Symbole chimique :	W
État physique à l'ambiante :	Solide
Couleur :	Grisâtre
Numéro atomique :	74
Masse volumique :	19,3 g/cm^3
T° de fusion :	3407°C
Structure cristalline :	Cubique Corps Centré

C. Aspect, couleur et rendu du MÉTAL.

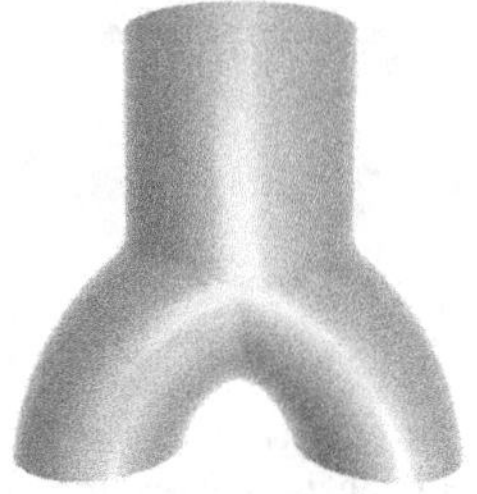

tulipage [flaring, belling]

(n.m.) FORMAGE de l'extrémité d'un TUBE pour élargir son DIAMÈTRE.

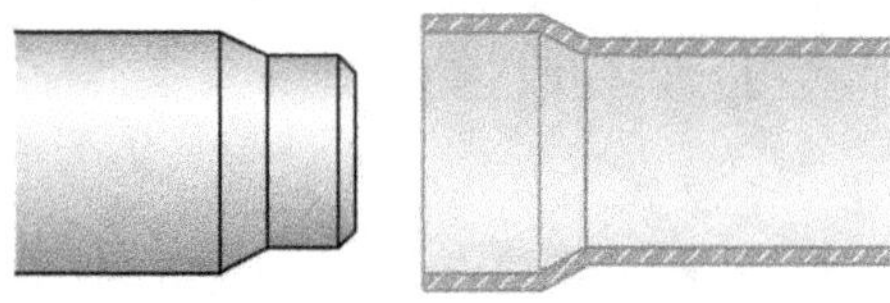

A. La FORME ainsi obtenue est appelée ÉVASEMENT.

B. Le tulipage permet l'EMBOÎTEMENT de plusieurs TUBES pour constituer, par exemple, une canalisation.

tulipe [flare]

(n.f.) Zone de SECTION agrandie à l'extrémité d'un TUBE pour pouvoir l'emboîter avec un autre.

TUV ®

Organisme allemand de contrôle technique et de certification : **T**echnische **U**berwachungs-**V**eirein.

tuyau [pipe]

(n.m.) PROFIL CREUX destiné à être traversé par un FLUIDE ou un GAZ.

Il est conçu pour supporter la PRESSION exercée sur sa paroi interne et sa SECTION est donc forcément CIRCULAIRE.

tuyauterie [tubing, piping]

(n.f.) Ensemble de TUBES de SECTION souvent CIRCULAIRE servant à canaliser des fluides.

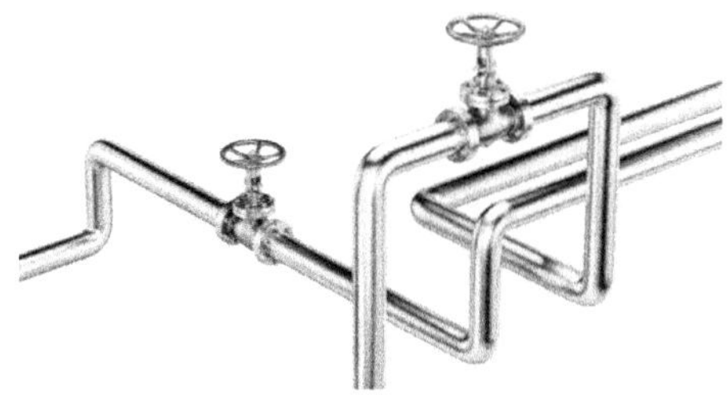

U, u

UAP, UPE

Abréviation pour « poutrelle en **U** à **A**iles **P**arallèles ».
A. Ce sont des PROFILÉS obtenus par LAMINAGE À CHAUD constitué de deux AILES (sens 1) reliées par une ÂME (sens 1) qui ne se trouve pas au milieu de telle sorte que leur FORME rappelle la lettre majuscule U.

B. Exemple de désignation.

UAP 130 ; UPE 120

→ Voir aussi UPN dont les AILES (sens 1) sont en pente.

(ultrason), usinage par ultrasons [ultrasonic machining, ultrasonic vibration machining]

→ Voir USINAGE PAR ULTRASONS.

unité

(n.f.)
1. [unit] Nom et symbole de RÉFÉRENCE utilisés pour spécifier la quantité d'une grandeur exprimée avec un nombre.
Ex. : *L'unité de longueur est le « mètre » dans le Système International d'Unités.*
A. Dans ce sens, il s'agit d'une « unité de mesure ».
B. Il existe deux classes d'unités dans le (UNITÉ), SYSTÈME INTERNATIONAL D'UNITÉS (S.I.) :
• les UNITÉS DE BASE.
• les UNITÉS DÉRIVÉES.
2. [part] Élément singulier au nombre de un.
Ex : *Prix de vente à l'unité. Fabrication à l'unité.*
Dans ce sens, c'est le synonyme de PIÈCE (sens 2).
3. Un ensemble qui forme un tout indissociable.
Ex. : *Unité de production ; UNITÉ D'USINAGE.*

unité de base [base unit]

(n.f.) Type d'UNITÉ (sens 1) choisie et considérée comme indépendante dans le (UNITÉ), SYSTÈME INTERNATIONAL D'UNITÉS (S.I.), et qui sert de point de départ pour définir toutes les autres. Il en existe sept.

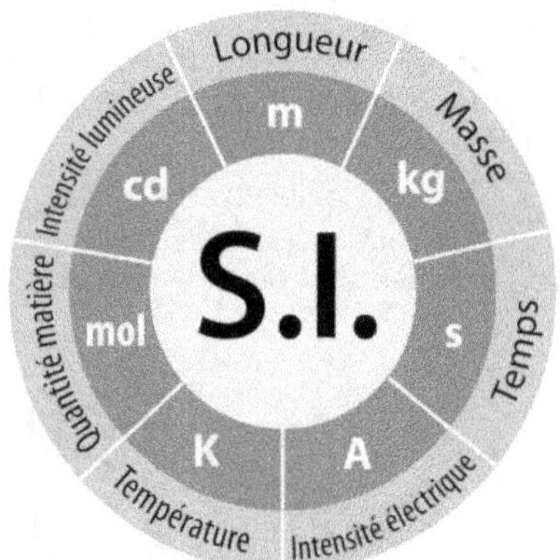

· longueur [length]	mètre	(m)
· masse [mass]	kilogramme	(kg)
· temps [time]	seconde	(s)
· intensité électrique [Electric current]	ampère	(A)
· température absolue [Themodynamic temperature]	kelvin	(K)
· quantité de matière [Amount of substance]	mole	(mol)
· intensité lumineuse [Luminous intensity]	candela	(cd)

unité dérivée [derived unit]

(n.f.) UNITÉ (sens 1) obtenue par la combinaison de plusieurs autres UNITÉS DE BASE.
Ex. : *L'unité d'accélération est le m/s^2.*
A. Certaines des unités dérivées, malgré qu'elles soient déjà une combinaison d'unités de base portent un nom spécifique afin d'en faciliter l'utilisation.
Ex. : *L'unité de force est le Newton (N) bien qu'en principe c'est le kg.m/s^2.*
B. Ci-dessous la liste des unités dérivées portant un nom spécifique selon le bureau international des poids et mesure.

· angle plan [Plane angle]	radian	(rad)	$m/m = 1$
· angle solide [Solid angle]	steradian	(sr)	$m^2/m^2 = 1$
· force [force]	newton	(N)	$kg.m/s^2$
· énergie [energy]	joules	(J)	$kg.m^2/s^2$
· puissance [power]	watt	(W)	$kg.m^2/s^3$
· pression [pressure]	pascal	(Pa)	$kg/(m.s^2)$
· fréquence [frequency]	hertz	(Hz)	$1/s$
· capacité électrique [Electric capacitance]	farad	(F)	$A^2 s^4/(kg.m^2)$
· charge électrique [Electric charge]	coulomb	(C)	$A.s$

- conductance électriquesiemens(S)A^2s^3/(kg.m^2)
  [Electric conductance]
- potentiel électriquevolt (V) kg.m^2/(A.s^3)
  [Electric potential]
- résistance électriqueohm (Ω) kg.m^2/(A^2s^3)
  [Electrical resistance]
- inductance [inductance]henry(H)kg^{2}m^2/(A^2s^2)
- flux magnétique weber (Wb) kg^{2}m^2/(A^2s)
  [Magnetic flux]
- flux d'induction tesla (T) kg/(A.s^2)
  magnétique
  [Magnetic flux density]
- éclairement lumineuxlux (lx) cd^{2}sr/m^2
  [Illuminance]
- flux lumineux lumen (lm) cd.sr
  [Luminous flux]
- température celsiusdegré celsius (°C)K
- activité nucléairebecquerel(Bq) 1/s
  [Activity]
- dose absorbée gray (Gy) m^2/s^2
  [Absorbed dose]
- équivalent de dosesievert (Sv) m^2/s^2
  [Dose equivalent]
- activité catalytiquekatal (kat) mol/s
  [Catalytic activity]

C. Ci-dessous quelques exemples d'unités dérivées ne possédant pas de nom particulier.

- Volume [Volume] (m$_x$)
- Surface [Area] (m^2)
- vitesse [speed, velocity] (m/s)
- Accélération [Acceleration] (m/s^2)
- Nombre d'ondes [Wave number](1/m)
- Masse volumique [Mass density](kg/m^3)
- densité de courant [current density](A/m^2)
- champ magnétique [magnetic field](A/m)
- Concentration [Concentration](mol/m^3)
- Luminance lumineuse [Luminance](cd/m^2)
etc.

D. Il est bon de rappeler quelques règles d'écriture des unités selon la norme ISO 80000 :

• Les noms d'unités écrit en entier, mêmes ceux dérivés de noms de savants sont considérés comme des noms communs de genre masculin et s'écrivent sans majuscules (sauf s'ils sont naturellement au début d'une phrase) : newton, pascal, joule, watt, volt, ampère, hertz, etc. Comme ce sont des noms communs, ils s'accordent au pluriel avec un « s » selon les règles classiques : 8 newtons, 30 pascals, 15 joules, 100 watts, 4,8 volts, 2,5 ampères, 50 hertz... (Hertz finit en « z » et ne prend pas de « s » selon les règles habituelles !).

• Les symboles des unités sont en minuscules, **m** pour le mètre par exemple et non M (qui est réservé pour « méga ») ou **kg** pour l'unité de masse et non KG, sauf lorsqu'elles sont issues d'un nom de savant dans quel cas, la première lettre est en majuscule : **N** pour newton, **Pa** pour pascal, **J** pour joule, **W** pour watt, **V** pour volt, **A** pour ampère, **Hz** pour hertz, etc. Une dérogation pour le litre dont le symbole peut être **l** ou **L** afin d'éviter une confusion avec le chiffre

1 ou la lettre i selon certaines polices de caractères. Les symboles des unités ne sont jamais suivis d'un point, sauf s'ils sont naturellement à la fin d'une phrase dans quel cas le point relève de la ponctuation habituelle. Les symboles d'unités ne s'accordent pas et ne prennent pas de "s" au pluriel : 4 kg et non 4 ~~kgs~~, 12 cm et non 12 ~~cms~~...

• Les multiplicateurs d'unité (multiples ou sous-multiples) utilisés en préfixe kilo, hecto, méga, déci, centi, micro, etc. sont directement accolés au symbole de l'unité sans point (daN, MPa, kW, mV, µA, GHz, etc.). L'ensemble d'un préfixe multiple ou sous-multiple forme un nouveau symbole inséparable qu'on peut élever à une puissance positive ou négative et combiner avec d'autres symboles d'unités pour former des symboles d'unités composées. Par exemple,

$1 \text{ mm}^2 = (10^{-3} \text{ m})^2 = 10^{-6} \text{ m}^2$
$1 \text{ daN/mm}^2 = (10 \text{ N}) / (10^{-6} \text{ m}^2) = 10^7 \text{ N/m}^2$

Plusieurs préfixes multiplicateurs d'unité ne doivent jamais être juxtaposés : par exemple, on ne doit pas écrire 1 µkg mais mg, même si c'est le kg qui est l'unité officielle de MASSE (sens 2) !

• Les unités composées s'écrivent avec un point à mi-hauteur « · » ou un espace insécable pour le multiplicateur ou une "/" pour le diviseur :
- le moment d'une force est le produit d'une force par une distance et s'écrit donc N·m ou encore N m. (Éviter dans ce cas particulier d'écrire m N qui pourrait être confondu avec le millinewton).
- la vitesse, qui est le quotient d'une distance par un temps, s'écrit m/s. Elle peut être également écrite : m·s^{-1}.

• Il est conforme d'écrire : cinq mètres, 5 mètres, ou 5 m, mais il n'est pas autorisé d'écrire cinq m.

• Un symbole d'unité s'applique à la partie entière et décimale d'un nombre : on écrit, par exemple, 4,50 m et non 4 m 50, sauf pour les grandeurs non décimales comme le temps 3h 27 mn 45 s ou la MESURE (sens 3) ANGULAIRE 20° 15' 43".

(n.f.) Élément de MACHINE-OUTIL autonome constitué d'une BROCHE (sens 2) animée en ROTATION par un MOTEUR et son RÉDUCTEUR. la broche peut aussi disposer d'un MOUVEMENT D'AVANCE automatique.
Ex. *Unité d'usinage pour le* TARAUDAGE.

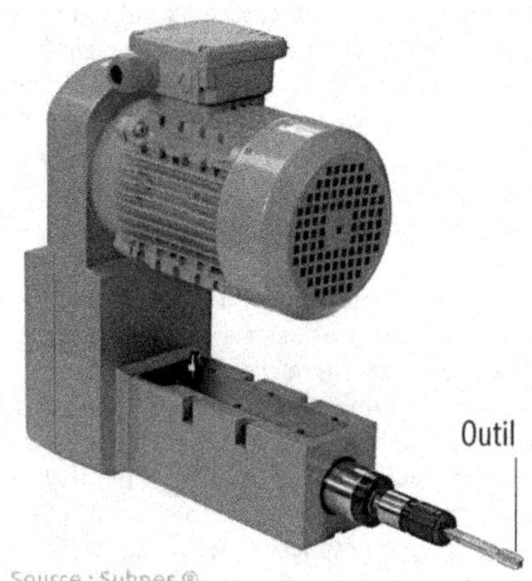

Source : Suhner ®

Elle permet de constituer une installation de PRODUCTION spécifique ou d'équiper un poste d'une MACHINE TRANSFERT.

(unité), Système International d'Unités (S.I.) [international system of units]

(n.m.) Ensemble d'UNITÉS (sens 1) de MESURE (sens 3) cohérentes, c'est à dire « … liées entre elles par des règles de multiplication et de division sans facteur numérique autre que le facteur1 » (Définition du bureau international des poids et mesures).

A. Le SYSTÈME est construit à partir de sept UNITÉS DE BASE considérées comme indépendantes : le mètre, le kilogramme, la seconde, l'ampère, la mole, le candela et le kelvin. Toutes les autres unités du Système International d'Unités appelées UNITÉS DÉRIVÉES découlent de ces sept UNITÉS DE BASE.

B. Ci-dessous, l'ensemble des unités du « système international » portant un nom spécifique et classées par ordre alphabétique :

· ampère (A)	intensité électrique [current intensity]
· becquerel (Bq)	activité radioactive [activity]
· candela (cd)	Intensité lumineuse [luminous intensity]
· coulomb (C)	charge électrique [electric charge]
· degré celsius (°C)	température [temperature]
· farad (F)	capacité électrique [electric capacitance]
· gray (Gy)	dose absorbée [absorbed dose]
· henry (H)	inductance [inductance]
· hertz (Hz)	fréquence [frequency]
· joule (J)	énergie [energy]
· kelvin (K)	température absolue [thermodynamic temperature]
· kilogramme (kg)	masse [mass]
· lumen (lm)	flux lumineux [luminous flux]
· lux (lx)	éclairement lumineux [illuminance]
· mètre (m)	distance [length]
· mole (mol)	quantité de matière [amount of substance]
· newton (N)	force [force]
· ohm (Ω)	résistance électrique [electrical resistance]
· pascal (Pa)	pression [pressure]
· radian (rad)	angle plan [plane angle]
· seconde (s)	temps [time]
· siemens (S)	conductance électrique [electric conductance]
· sievert (Sv)	équivalant de dose [dose equivalent]
· stéradian (sr)	angle solide [solid angle]
· tesla (T)	flux d'induction magnétique [magnetic flux density]
· volt (V)	potentiel électrique [electric potential]
· volt-ampère (VA)	puissance électrique en alternatif [alternative electric power]
· watt (W)	puissance [power]
· weber (Wb)	flux magnétique [magnetic flux]

C. L'usage du Système International d'Unités est fortement recommandé à l'échelle mondiale, pour la science, la TECHNIQUE, les échanges commerciaux et les discussions juridiques afin d'éviter les complications et ambiguïtés éventuelles de communication qu'introduiraient des conversions avec divers facteurs.

(unité), unité en mécanique [mechanical unit]

(n.f.) UNITÉ (sens 1) utilisée dans la discipline traitant des FORCES et des MOUVEMENTS.

Cet ouvrage étant principalement orienté dans cette discipline, il est bon de rappeler ici les plus connues :

· longueur [distance]	(m)
· surface [area]	(m^2)
· volume [volume]	(m^3)
· angle plan [plane angle]	(rad)
· angle solide [solid angle]	(sr)
· masse [mass]	(kg)
· masse linéique [linear mass]	(kg/m)
· masse volumique [mass density]	(kg/m^3)
· temps [time]	(s)
· fréquence [frequency]	(Hz)
· vitesse linéaire [speed, velocity]	(m/s)
· vitesse de rotation [rotation speed]	(rad/s)
· accélération [acceleration]	(m/s^2)
· force [force]	(N)
· moment d'une force [torque]	(N·m)
· moment d'inertie en flexion [flexion moment of inertia]	(m^4)
· contrainte mécanique [stress]	(Pa)
· énergie [energy]	(J)
· puissance [power]	(W)
· quantité de mouvement [momentum]	(kg·m)
· débit [flow rate]	(m^3/s)
etc.	

UPN

Abréviation pour « Poutrelle Normalisée européenne en U ». PROFILÉS en ACIER obtenu par LAMINAGE À CHAUD constitué d'AILES reliées par une ÂME (sens 1) qui ne se situe pas au milieu de telle sorte que leur FORME rappelle la lettre majuscule U.

UAP   UPN

Exemple de désignation.

UPN 180

→ Voir aussi UAP ; UPE.

usagé [old]

(adj.) Qui se détériore par suite de l'usage qu'on en fait.

Ce qui ne veut, cependant, pas dire (PANNE), EN PANNE ou hors d'usage.

→ Voir aussi USÉ.

usé [worn]

(adj.) Qui a subi une modification progressive de ses PROPRIÉTÉS à force d'utilisation.

A. Dans le domaine de la MÉCANIQUE, l'usure peut être une perte progressive de MATIÈRE à la SURFACE d'un corps par FROTTEMENT sur une autre surface. L'usure peut prendre une multitude d'autres aspects tels que l'ÉROSION, la CORROSION, la FATIGUE, le VIEILLISSEMENT.

Avant   Après

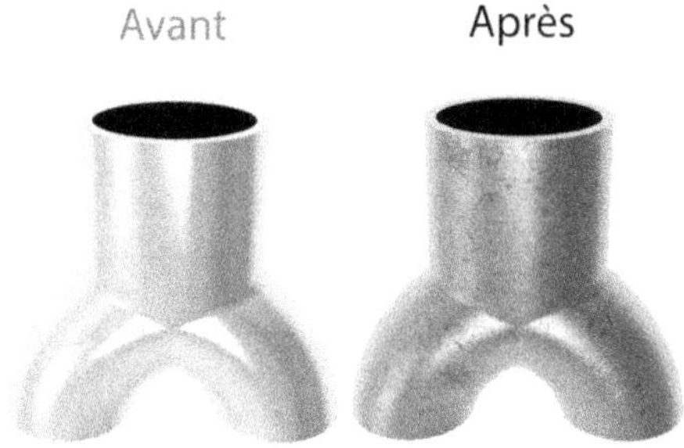

Par exemple, un thermocouple de type K, porté longtemps à 1300 °C se verra s'user prématurément par la dérive de ses propriétés thermoélectriques à cause de la DIFFUSION chimique et l'OXYDATION (sens 1).

→ Voir aussi USAGÉ ; PATINÉ.

usinabilité [machinability]

(n.f.) Caractère d'un MATÉRIAU se laissant réduire en COPEAUX par un OUTIL DE COUPE, de façon optimale.

L'usinabilité peut prendre plusieurs aspects selon les objectifs recherchés. Elle peut, par exemple, être définie par la DURÉE DE VIE de l'OUTIL, la quantité ou le taux d'enlèvement de MATIÈRE, l'intégrité de surface de la pièce, la forme des COPEAUX produits...

usinage [machining]

(n.m.) TECHNIQUE de MISE EN FORME de MATÉRIAU consistant à enlever petit à petit la MATIÈRE jusqu'à obtenir la FORME voulue.

A. Les PROCÉDÉS d'usinage peuvent être séparés en deux catégories :

• les PROCÉDÉS d'USINAGE CONVENTIONNEL ou TRADITIONNEL utilisant, en association avec un MOUVEMENT, l'action cisaillante d'OUTILS coupants ou de MATÉRIAUX | ABRASIFS.

• les PROCÉDÉS d'USINAGE NON-CONVENTIONNEL basé sur l'action d'autres effets qu'une arête vive mécaniquement coupante : effet électrochimique, effet chimique, effet thermique, projection mécanique, ultrason.

B. Le diagramme synoptique suivant donne un aperçu de tous ces PROCÉDÉS :

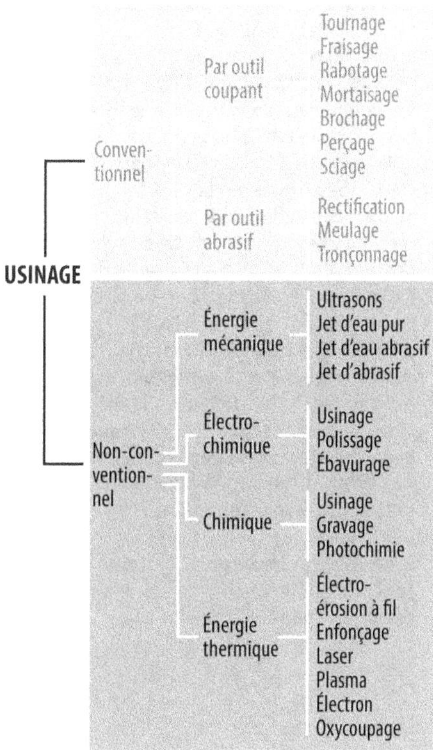

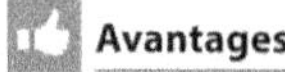 **Avantages**

C. Grande PRÉCISION géométrique. Très bon ÉTAT DE SURFACE.

👎 Inconvénients

D. Génère des DÉCHETS par perte de MATIÈRE par COPEAUX et débris. Nécessite souvent des fluides lubrifiants et refroidissants pour assister la COUPE (sens 3). Le changement thermomécanique produit pas l'OUTIL influe sur l'intégrité de surface et peut dans certains cas influer sur la tenue en FATIGUE. N'est pas toujours très rapide.

E. Le terme usinage est souvent opposé au FORMAGE qui consiste en une MISE EN FORME sans enlèvement de MATIÈRE. On parle aussi de PROCÉDÉS d'obtention soustractifs, par opposition aux PROCÉDÉS additifs, tels que l'IMPRESSION 3D.

usinage à grande vitesse [high speed machining]

(n.m.) TECHNIQUE de MISE EN FORME par enlèvements de COPEAUX avec une VITESSE DE COUPE de l'ordre de 4 à 10 fois plus rapide que dans l'USINAGE habituel.

A. La VITESSE DE COUPE en USINAGE CONVENTIONNEL ne peut être augmentée indéfiniment car les conditions de coupe se dégradent et atteignent une limite en produisant une USURE rapide des OUTILS par chargement thermique. Néanmoins, lorsque la VITESSE DE COUPE est augmentée au-delà d'un certain seuil supérieur, de nouvelles conditions très favorables apparaissent. En particulier, la vitesse de défilement de la MATIÈRE dans la zone de coupe est tellement rapide que la chaleur produite est presque intégralement évacuée par le COPEAU, ce qui ne laisse pas le temps aux échanges thermiques de s'effectuer avec la PIÈCE (sens 1) et l'OUTIL. Par conséquence, ce domaine de l'usinage grande vitesse permet d'augmenter le VITESSE DE COUPE tout en préservant l'OUTIL et en réduisant l'échauffement et les DÉFORMATIONs de la pièce.

B. Le diagramme suivant donne pour différentes familles de MATIÈREs, les zones de vitesses de coupe praticables.

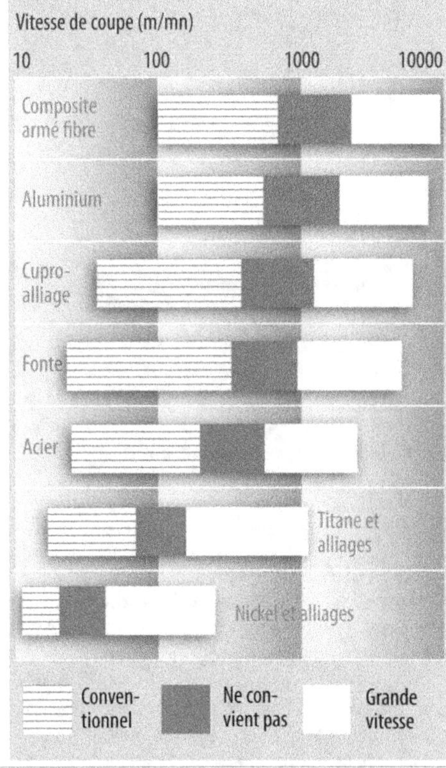

(n.m.) TECHNIQUE d'USINAGE n'utilisant aucun FLUIDE DE COUPE.

A. Cette méthode peut paraître surprenante et aller à l'encontre des lois de la MÉCANIQUE. Mais certains OUTILS DE COUPE sensibles aux chocs thermiques se comportent mieux lorsque leur TEMPÉRATURE ne varie pas même en étant à une valeur élevée. Ainsi, ils ne subissent pas l'incessante variation de l'échauffement-refroidissement, par exemple, d'une DENT de FRAISE, qui reçoit l'effet de l'ARROSAGE entre deux passages de COUPES (sens 2) et qui dans certains cas peut être plus néfaste que bénéfique.

B. L'augmentation du taux d'enlèvement de MATIÈRE peut se faire par des VITESSES DE COUPE plus élevées, mais est limité par l'échauffement de l'OUTIL. Une des fonctions principales du LUBRIFIANT est de refroidir l'OUTIL pour en diminuer l'USURE et augmenter la PRODUCTIVITÉ. Outre ses fonctions tribologiques et d'évacuation de COPEAUX, le LUBRIFIANT présente de nombreux inconvénients environnementaux, techniques et économiques. Usiner à sec demande parfois de réduire la PRODUCTIVITÉ, mais c'est éliminer le coût du LUBRIFIANT, éliminer le

coût du lavage des pièces et de COPEAUX et surtout l'absence d'exposition des opérateurs aux risques allergiques, mutagènes et cancérigènes des FLUIDES DE COUPE.
→ **Voir aussi** MICRO-LUBRIFICATION.

(n.m.) PROCÉDÉ de MISE EN FORME PAR ENLÈVEMENT DE MATIÈRE avec un OUTIL à ARÊTE coupante l'entamant mécaniquement.
A. Cette famille de PROCÉDÉS utilise des OUTILS DE COUPE ou des OUTILS D'ABRASION. Les débris de MATIÈRE issus de l'usinage sont appelés COPEAUX.
B. Ci-dessous, quelques exemples parmi les plus connus des PROCÉDÉS d'usinage :

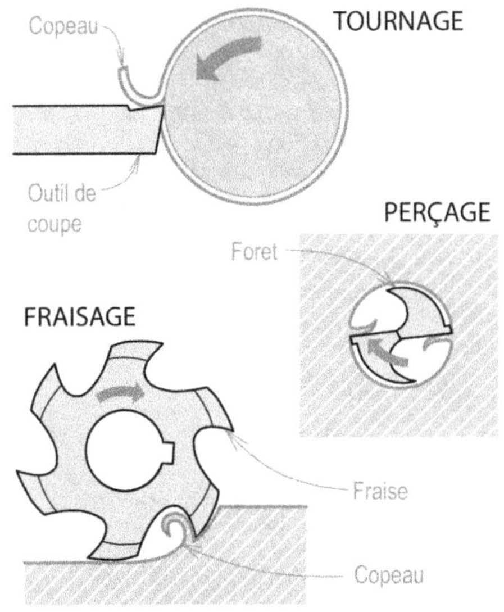

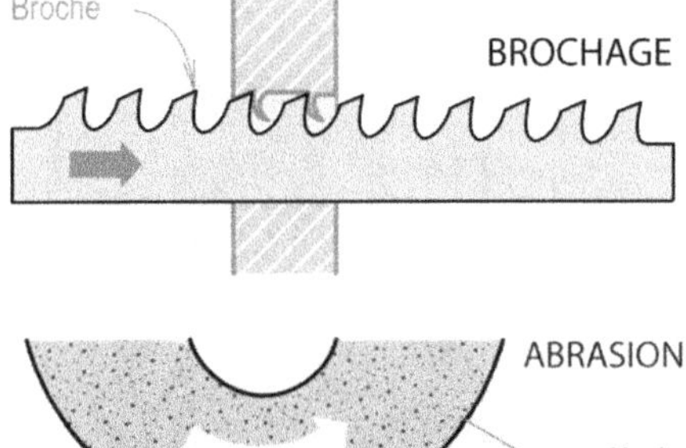

C. Tous les PROCÉDÉS basés sur d'autres principes (électrique, chimique, électrochimique, ultrasons…) sont dits « non-conventionnels ».
→ **Voir** USINAGE NON-CONVENTIONNEL.

(n.f.) PROCÉDÉ d'USINAGE dans lequel la zone de COUPE (sens 3) est refroidie par un LIQUIDE à très basse TEMPÉRATURE et à haut pouvoir réfrigérant tels que :
- l'AZOTE liquide (-196°C).
Même si les températures atteintes sont au dessus de la définition de la zone cryogénique, on peut aussi ajouter :
- le dioxyde de carbone liquide ou neige carbonique CO_2 (- 80°C).
- le dioxyde de carbone sous forme supercritique.

👍 Avantages

A. Améliore considérablement la PRODUCTIVITÉ, soit par l'utilisation de conditions de COUPE (sens 3) plus favorables, soit par augmentation de la DURÉE DE VIE des OUTILS DE COUPE. Facilite l'USINAGE des MATÉRIAUX réfractaires et mauvais conducteurs tels que les alliages de TITANE et de NICKEL. Préserve la propreté des pièces à l'issue de l'USINAGE. Améliore les conditions de travail des opérateurs en évitant les problèmes de santé (allergie, risque de maladie…) et environnementaux provenant de la pollution par les HUILES DE COUPE. Ateliers plus propres, moins humides et moins d'odeurs d'huile. COPEAUX non souillés plus facilement revalorisables. TECHNOLOGIE (sens 2) et équipements facilement adaptables aux machines existantes.

👎 Inconvénients

B. Fluide réfrigérant non-réutilisable car « disparaissant » par évaporation. Logistique d'approvisionnement pas toujours évidente. Coût du « gaz liquide » plutôt élevé. Les MATÉRIAUX usinés et usinants doivent être en mesure de supporter de très basses TEMPÉRATURES. Investissement non négligeable pour l'équipement.
→ **Voir aussi** MICRO-LUBRIFICATION.

(n.m.) PROCÉDÉ d'USINAGE NON-CONVENTIONNEL dans lequel l'enlèvement de MATIÈRE est obtenu par dissolution électrolytique avec un OUTIL électrode de GÉOMÉTRIE (sens 2) complémentaire à la FORME recherchée.

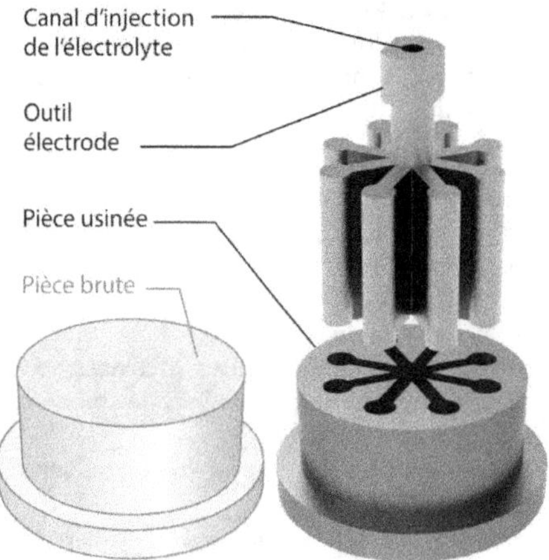

A. Au cours du processus, l'outil électrode s'enfonce petit à petit dans la pièce à usiner sans qu'il y ait jamais de contact mécanique. Il subsiste toujours entre l'électrode et la pièce un léger espace appelé « gap » (~ 0,1 à 1 mm) dans lequel circule le liquide électrolyte sous-pression nécessaire au procédé.

B. Vue générale du PROCÉDÉ :

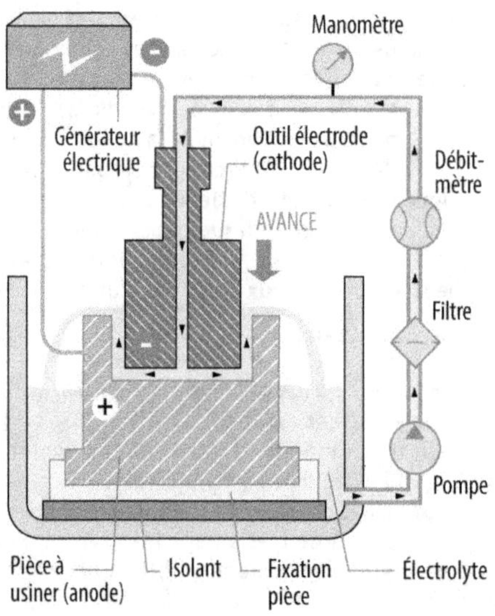

La pièce à usiner constitue l'anode (+). Elle est fixée dans une cuve contenant l'électrolyte et est isolée électriquement de celle-ci. L'outil électrode constitue la cathode (-). Il est fixé sur un dispositif qui assure son AVANCE et sa pénétration progressive dans la PIÈCE (sens 1). L'ensemble est alimenté par un générateur de courant continu qui fournit l'énergie électrique provoquant la dissolution anodique. À noter la présence d'un circuit hydraulique faisant circuler et renouveler l'électrolyte avec la pression nécessaire tout en filtrant les produits de la réaction électrochimique.

C. Ne pas confondre avec l'électroérosion qui rogne la matière par l'effet d'étincelles électriques fondant et vaporisant la matière très localement et non par dissolution électrolytique. Bien que ces procédés reposent sur des principes fondamentalement différents, ils présentent néanmoins quelques similarités :

- Usinages sans contact mécanique (usinage non-conventionnel) dans un milieu liquide.
- Exploitent l'effet d'énergie électrique fourni par une alimentation en courant continu ou pulsé.
- Nécessitent des outils électrodes de géométries complémentaires aux formes à usiner.
- Procédés ne générant aucune contrainte mécanique résiduelle.
- Ne produisent pas de bavures.
- Ne fonctionnent que sur des matériaux conducteurs d'électricité.
- Permettent des usinages sans restriction de propriétés mécaniques (dureté, ductilité, résistance mécanique).
- Très bonne précision dimensionnelle.
- Très bon état de surface.

Le tableau comparatif suivant rassemble, par contre, les différences :

	Électrochimique	Électroérosion
Principe de base	Arrachement de la matière ion par ion avec une réaction électrochimique	Fusion et vaporisation locale de la matière par des étincelles électriques
Paramètres électriques	< 50 V 1000 à 20'000 A	50 à 400 V 100 à 200 A
Fluide utilisé	Solution électrolytique conductrice (NaCl, NaNO3...)	Liquide diélectrique (eau déionisée, huile, kérosène,...)
Comportement outil	Sans usure. Un outil pour un grand nombre de pièces	Avec usure. Plusieurs outils nécessaires.
Débit enlèvement de matière	Élevé. Pour très grande série de pièces.	Faible. Série unitaire, prototype, outillage.
Conduite du procédé	Finition directe. Pas d'opérations intermédiaires	Nécessite une passe d'ébauche préalable suivie d'une finition
Effets secondaires	Aucun. Pas de zone affectée par la chaleur.	Fine couche blanche avec des microfissures. Décarburation possible en surface.

Mise au point Réglage	Complexe et longue	Simple et courte
Post-traitement	Lavage et rinçage obligatoires	Nettoyage simple

Les avantages et inconvénients de l'usinage électrochimique sont :

 **Avantages**

D. Permet l'USINAGE de tous les MATÉRIAUX conducteur d'électricité quels que soient leurs DURETÉS ou états métallurgiques (ACIERS AU CARBONE, ACIERS INOXYDABLES, ALLIAGES | RÉFRACTAIRES, SUPERALLIAGES métaux frittés, etc.) PROCÉDÉ sans CONTACT | MÉCANIQUE, ce qui préserve la pièce usinée de CONTRAINTE MÉCANIQUE résiduelle. Aucun effet thermique secondaire ce qui évite les ZONES AFFECTÉES PAR LA CHALEUR ou autres perturbations métallurgiques. Aucun risque d'apparition de MICROFISSURE car pas de couche blanche comme sur l'ÉLECTROÉROSION. Permet de produire des FORMES complexes très élaborées avec un très bon ÉTAT DE SURFACE. Permet des FORMES spéciales irréalisables avec les PROCÉDÉS d'USINAGE CONVENTIONNEL.

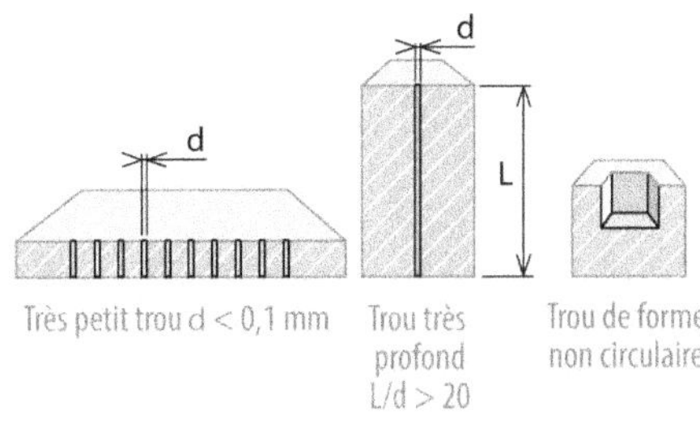

Très petit trou d < 0,1 mm — Trou très profond L/d > 20 — Trou de forme non circulaire

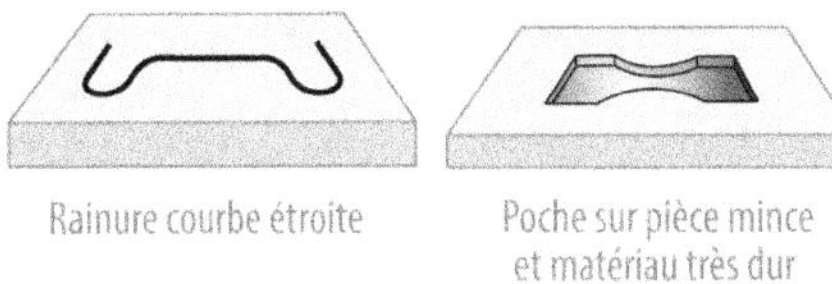

Rainure courbe étroite — Poche sur pièce mince et matériau très dur

Permet des PERÇAGES avec des rapports profondeur/diamètre très importants (jusqu'à 200). Permet l'usinage de paroi mince par usinage simultané des deux FACES. Ne nécessite pas d'ÉBAUCHE préalable ni de DEMI-FINITION car le procédé permet d'atteindre directement la FINITION finale. Ne produit pas de BAVURE (sens 1). Contrairement au PROCÉDÉ d'ÉLECTROÉROSION, aucune USURE de l'outil électrode. Débit de MATIÈRE enlevée sensiblement supérieur à l'ÉLECTROÉROSION (de l'ordre de 5 à 10 fois plus élevé). Réglage aisé des paramètres d'usinage ce qui garantit une bonne REPRODUCTIBILITÉ. Aucune incidence sur les propriétés MAGNÉTIQUES du MATÉRIAU usiné.

 **Inconvénients**

E. Investissement machine coûteux car comprenant une alimentation électrique de très forte puissance et une pompe à fort débit sous très haute pression (> 20 bars). Traitement des effluents de l'électrolyte et gestion des produits chimiques assez contraignants. L'électrolyte peut engendrer des problèmes de CORROSION à la pièce, à l'électrode et à l'équipement. Ne convient que pour les MATÉRIAUX conducteurs d'électricité, ce qui exclut la plupart des CÉRAMIQUES et des POLYMÈRES. La consommation d'énergie électrique est sensiblement supérieure par rapport à l'ÉLECTROÉROSION (de l'ordre de 2 à 3 fois). La PRESSION élevée du liquide électrolyte peut écarter éventuellement la pièce de l'électrode. Étude et mise au point des électrodes parfois compliquées. Nécessité d'éliminer soigneusement, à l'issue du processus, les traces de produits chimiques afin d'éviter toute CORROSION.

F. TOLÉRANCE dimensionnelle (IT) :

Très précis	Précis	Moyen	Grossier	Très Grossier
1 2 3 4 5	6 7 8 9	10 11 12	13 14 15	16 17 18
Précision ECM	Usinage ECM			
Électroérosion (EDM)				
10 ± 0,002	10 ± 0,01	10 ± 0,05	10 ± 0,2	10 ± 1
100 ± 0,005	100 ± 0,02	100 ± 0,1	100 ± 0,4	100 ± 2

G. ÉTAT DE SURFACE, RUGOSITÉ Ra (µm) :

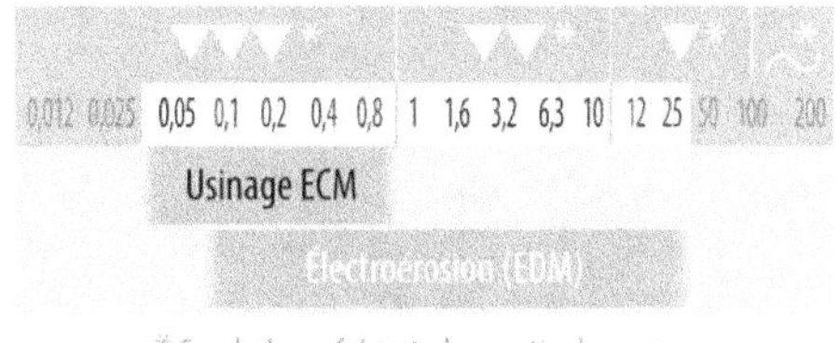

0,012	0,025	0,05	0,1	0,2	0,4	0,8	1	1,6	3,2	6,3	10	12	25	50	100	200

Usinage ECM

Électroérosion (EDM)

* Symbole ne faisant plus partie des normes

H. Coût d'OUTIL (hors coût MACHINE) :

Aucun	Faible	Moyen	Élevé	Très élevé
		Electrochimique *		
Électroérosion				

* À noter que l'outil ne s'use pas contrairement à l'électroérosion

I. SÉRIE DE PIÈCES économiquement envisageable :

Proto	Unitaire	Petite	Moyenne	Grande	Très Grande
1	10	100	1 000	10 000	100 000

Usinage électrochimique

Électroérosion

J. Exemple de machine :

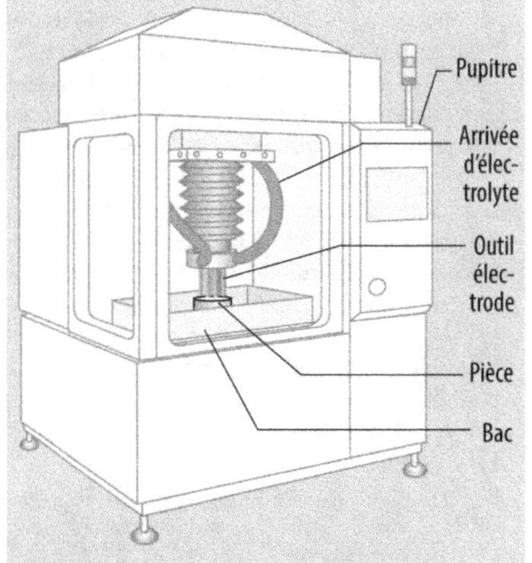

K. Autres exemples de réalisations :

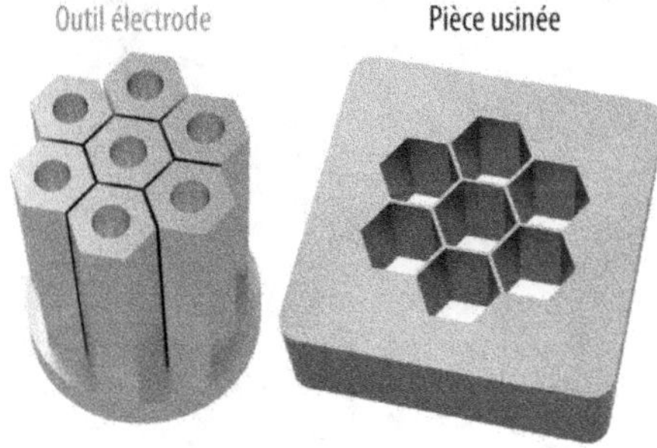

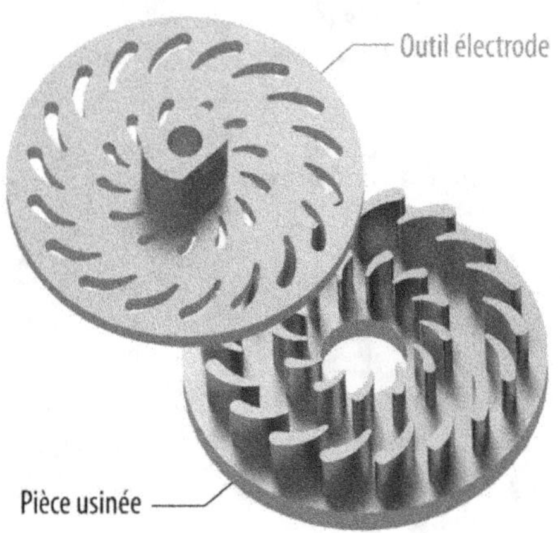

L. À savoir qu'il existe une évolution de ce PROCÉDÉ permettant d'obtenir des PRÉCISIONS et ÉTATS DE SURFACE encore meilleurs.

→ Voir USINAGE ÉLECTROCHIMIQUE DE PRÉCISION.

M. À remarquer que ce même principe est aussi exploité pour l'ÉBAVURAGE (sens 1), le POLISSAGE, la RECTIFICATION.

→ Voir aussi ÉBAVURAGE ÉLECTROCHIMIQUE, POLISSAGE ÉLECTROCHIMIQUE.

usinage électrochimique de précision [precision electrochemical machining, pulsed electrochemical machining, PECM]

(n.m.) Amélioration du PROCÉDÉ d'USINAGE NON-CONVENTIONNEL par dissolution électrolytique (USINAGE ÉLECTROCHIMIQUE) dans lequel le courant continu est remplacé par un courant pulsé synchronisé avec des micro-vibrations de l'électrode, ce qui permet d'alterner les phases de réaction électrochimique et d'évacuation des produits de réaction. Au final, le procédé devient plus efficace, plus précis et les ÉTATS DE SURFACES meilleurs.

→ Voir USINAGE ÉLECTROCHIMIQUE pour le principe général.

usinage en reprise [reworking, remachining]

(n.m.) USINAGE effectué en repositionnant la PIÈCE (sens 1) après une autre OPÉRATION sur la MACHINE-OUTIL.

→ Voir aussi (REPRISE), EN REPRISE.

usinage non-conventionnel [non-conventional machining]

(n.m.) USINAGE utilisant un autre principe qu'un OUTIL DE COUPE à arête coupante ou un OUTIL ABRASIF.

Dans cette catégorie, on retrouve, par exemple, l'ÉLECTROÉROSION, l'USINAGE ÉLECTROCHIMIQUE, l'USINAGE PAR ULTRASONS, l'USINAGE PHOTOCHIMIQUE, la DÉCOUPE LASER, la DÉCOUPE JET D'EAU, etc.

→ Voir aussi USINAGE.

usinage par ultrasons [ultrasonic machining, ultrasonic vibration machining]

(n.m) PROCÉDÉ d'USINAGE NON-CONVENTIONNEL par l'effet de particules ABRASIVES projetées à l'aide de VIBRATIONS mécaniques à haute fréquence d'un OUTIL contre la PIÈCE (sens 1) à usiner, ce qui martèle et arrache petit à petit la MATIÈRE de ce dernier conformément à la GÉOMÉTRIE (sens 2) de l'OUTIL.

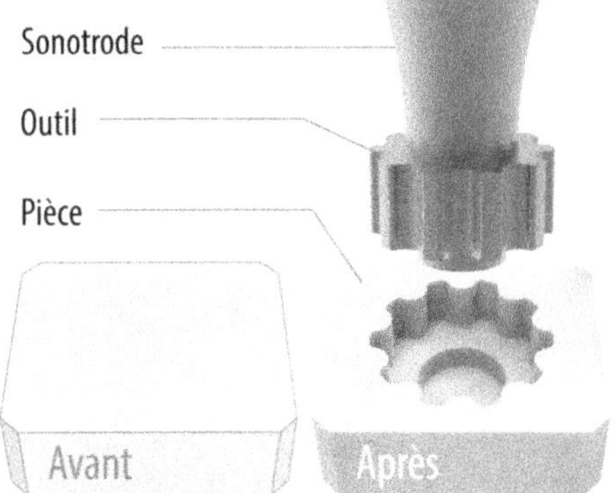

A. Les vibrations de l'outil sont dans le domaine des fréquences non-audibles par l'oreille humaine (20 à 40 kHz) avec de faibles amplitudes (5 µm à 150 µm). L'ABRASIF peut être le DIAMANT, l'ALUMINE, le carbure de bore ou le carbure de silicium selon la nature du MATÉRIAU à attaquer. Leur GRANULARITÉ va de 10 à 200 µm. Il est transporté avec un fluide, généralement de l'eau. L'outil avec la FORME recherchée est généralement fait dans des MATÉRIAUX relativement DUCTILE tels que le LAITON, le CUIVRE, l'ACIER. À noter que dans ce PROCÉDÉ, l'OUTIL et les GRAINS d'ABRASIFS s'usent aussi, mais dans des proportions moindres par rapport à la pièce usinée.

B. Vue générale du PROCÉDÉ :

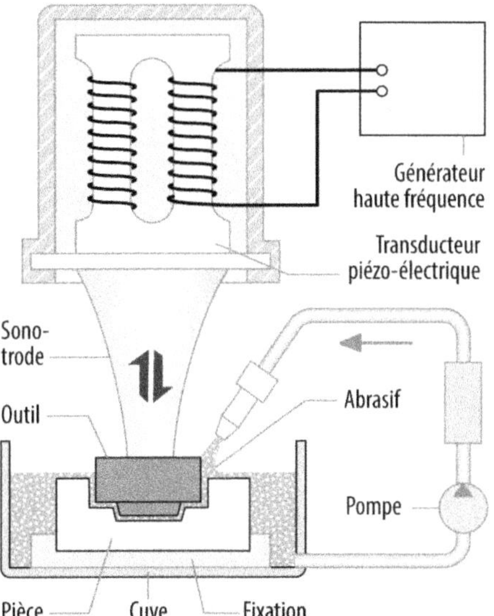

C. L'usinage par ultrason est particulièrement adapté aux MATÉRIAUX très DURS et FRAGILES réputés impossibles à usiner avec les procédés habituels, tels que le VERRE, les CÉRAMIQUES, le quartz, le FERRITE, l'alumine, la silice, le carbure de silicium, la zircone, le saphir, le rubis, le diamant, le graphite, la FIBRE DE CARBONE, etc.

 **Avantages**

D. Permet d'usiner tous les MATÉRIAUX sans exception de dureté supérieure à 40 HRC, y compris les non-conducteurs d'électricité ce qui ne peut être envisagé ni par l'ÉLECTROÉROSION ni par l'USINAGE ÉLECTROCHIMIQUE. PROCÉDÉ sans contact mécanique ce qui permet d'usiner des MATÉRIAUX très FRAGILES comme la silice SiO_2 et le VERRE. Compatible avec des pièces de très faibles dimensions. Ne produit aucun effet thermique, chimique, métallurgique ni modifications de propriétés physiques, ni CONTRAINTE MÉCANIQUE résiduelle, ni DÉFORMATION. Permet d'obtenir des TROUS de FORME autre que circulaire. Permet d'obtenir des trous de très faible DIMENSION (< 1mm). Bonne PRÉCISION géométrique. Permet des cavités à angles vifs. Bon ÉTAT DE SURFACE. Ne génère pas de BAVURES (sens 1). Peut être associée à d'autres techniques telles que l'ÉLECTROÉROSION et l'USINAGE ÉLECTROCHIMIQUE.

 **Inconvénients**

E. Vitesse d'enlèvement de MATIÈRE plus faible que dans toutes les autres TECHNIQUES d'USINAGE. Ne donne des résultats corrects que sur des MATÉRIAUX relativement DURS, autrement les particules abrasives rebondissent en choc élastique sans donner de résultats. Énergie consommée élevée. USURE plutôt rapide de l'outil. Nécessite un OPÉRATEUR très qualifié.

F. TOLÉRANCE dimensionnelle (IT):

Très précis		Précis	Moyen	Grossier	Très Grossier
1 2	3 4 5	6 7 8 9	10 11 12	13 14 15	16 17 18
	Ultrasons				
	10 ± 0,002	10 ± 0,01	10 ± 0,05	10 ± 0,2	10 ± 1
	100 ± 0,005	100 ± 0,02	100 ± 0,1	100 ± 0,4	100 ± 2

G. ÉTAT DE SURFACE, RUGOSITÉ **Ra (µm)**:

0,012	0,025	0,05	0,1	0,2	0,4	0,8	1	1,6	3,2	6,3	10	12	25	50	100	200
		Ultrasons														

* Symbole ne faisant plus partie des normes

H. Coût d'OUTIL (hors coût MACHINE):

Aucun	Faible	Moyen	Élevé	Très élevé
	Ultrasons			

I. SÉRIE DE PIÈCES économiquement envisageable :

Proto	Unitaire	Petite	Moyenne	Grande	Très Grande
1	10	100	1 000	10 000	100 000
Ultrasons					

J. Quelques exemples de réalisations (source DMG MORI ® :
• Usinage d'un bloc de VERRE :

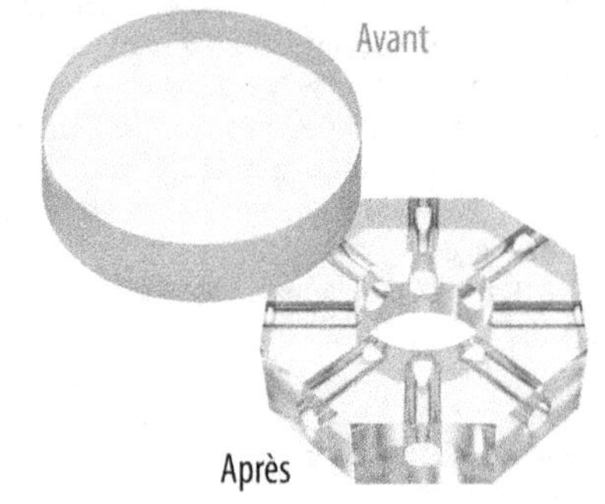

• Usinage d'un bloc de CÉRAMIQUE :

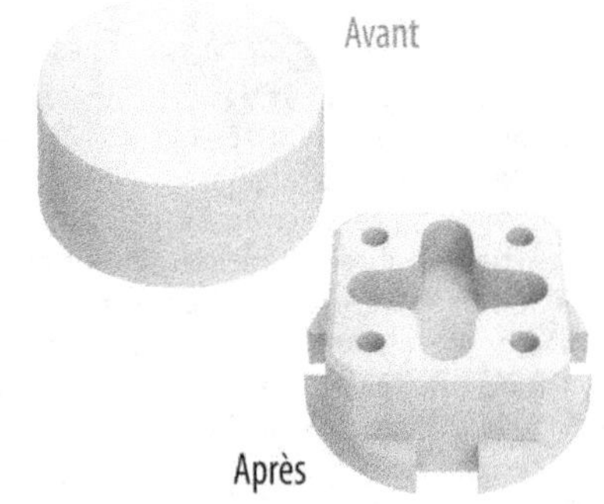

• Usinage d'une pièce en (COMPOSITE), MATÉRIAU COMPOSITE :

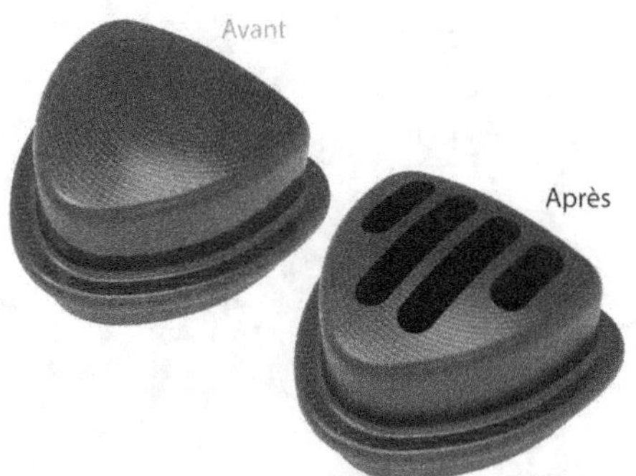

K. À savoir qu'il existe une évolution de ce PROCÉDÉ dans laquelle l'OUTIL comporte de l'ABRASIF diamanté et est animé, en plus des vibrations ultrasons, d'un MOUVEMENT DE ROTATION. Cependant, il n'y a pas, dans ce cas, d'ABRASIFS libres. C'est l'usinage rotatif assisté par ultrasons.

usinage photochimique [chemical etching]

(n.m.) Même signification que DÉCOUPE CHIMIQUE.

usine [factory, plant, works]

(n.f.) Bâtiment souvent de grande étendue abritant MACHINES et ÉQUIPEMENTS, et servant de lieu de travail pour des activités de PRODUCTION industrielle.
Ne pas confondre avec l'ATELIER qui est de taille plus modeste.

usiner [machine]

(v.tr.) Entamer petit à petit de la MATIÈRE avec un OUTIL DE COUPE à arête tranchante ou ABRASIF afin de lui donner une FORME particulière.

usure [wear]

(n.f.) Dommage superficiel causé sur une SURFACE par enlèvement partiel ou total de la MATIÈRE dû au FROTTEMENT, par exemple.
⟶ Voir USÉ.

(usure), résistant à l'usure [wear resistant]

(adj.) Dont la MATIÈRE en SURFACE ne se retire pas facilement malgré le FROTTEMENT qu'elle subit.

V, v

validation [validation]

(n.f.) Démarche d'acceptation officielle, souvent avec un document écrit, permettant d'avancer à l'étape suivante du déroulement d'un PROJET.

vanadium (V) [vanadium]

(n.m.) MÉTAL grisâtre brillant DUCTILE et possédant plutôt une bonne RÉSISTANCE À LA CORROSION.

A. Il est souvent utilisé en ÉLÉMENT D'ALLIAGE avec le FER pour les ACIERS D'OUTILLAGE car son carbure est TENACE et RÉSISTANT À L'USURE.
B. Quelques CARACTÉRISTIQUES.

Symbole chimique :	V
État physique à l'ambiante :	Solide
Couleur :	Blanc brillant
Numéro atomique :	23
Masse volumique :	6,15 g/cm^3
T° de fusion :	1887°C
Structure cristalline :	Cubique Corps Centré

C. Aspect, couleur et rendu du MÉTAL.

variateur de vitesse [variable speed drive]

(n.m.) DISPOSITIF capable de modifier en continu le RAPPORT DE TRANSMISSION de la VITESSE DE ROTATION entre son ARBRE D'ENTRÉE et l'ARBRE DE SORTIE.

• Note : Ne pas confondre avec la BOÎTE DE VITESSE qui permet aussi de changer la RAPPORT DE TRANSMISSION de VITESSE DE ROTATION mais suivant plusieurs valeurs fixes définies à l'avance.

vé de contrôle [vee, v-shaped block]

(n.m.) ORGANE avec une RAINURE en FORME de la lettre V utilisé en MÉTROLOGIE ou sur un MONTAGE D'USINAGE pour positionner avec une extrême précision l'AXE (sens 1) d'un CYLINDRE (sens 1).

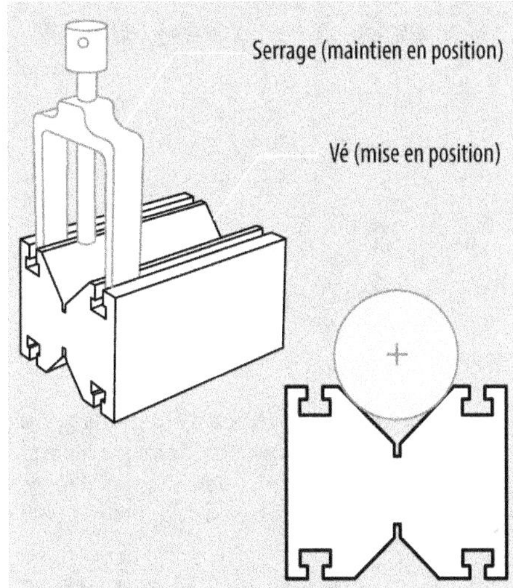

Si le CYLINDRE est long, il bloque deux ROTATIONS et deux TRANSLATIONS, formant ainsi une liaison glissière.
→ Voir aussi SUPPORT.

velcro ®

(n.m.) Principe d'ASSEMBLAGE (sens 1) avec des motifs géométriques auto-aggripants.

Ex 1 : *Velcro ® « boucle-crochet »* .

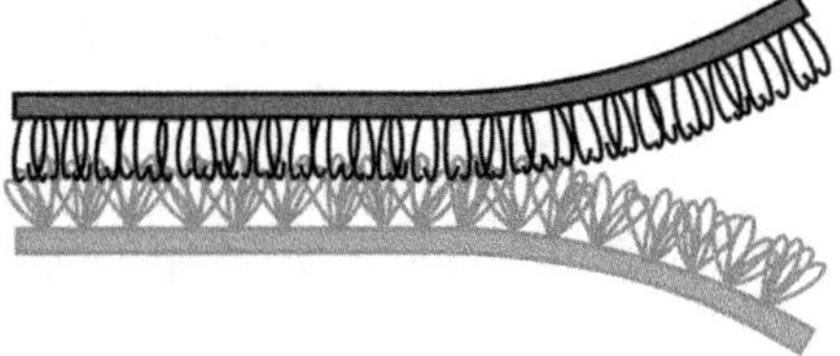

Ex. 2 : *Velcro ® « champignon »*.

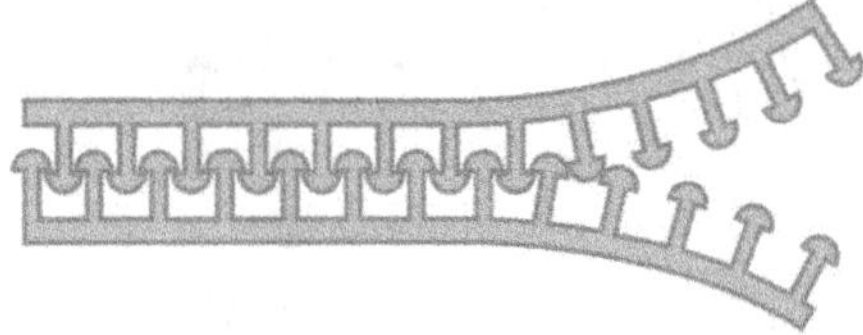

A. Le velcro est un principe d'assemblage utilisé industriellement dans des domaines aussi divers que l'habillement, l'automobile, l'aéronautique, les équipements sportifs, etc.

 **Avantages**

B. Utilisation très facile et rapide. Principe très simple. Économique. Réutilisable plusieurs fois.

Inconvénients

C. Nécessite d'être posé sur les pièces à fixer par un autre système (ADHÉSIF, COLLE, couture, etc.). FORCE de maintien modérée. Les crochets peuvent retenir des détritus ou s'accrocher inopinément à d'autres objets (vêtement, etc.). Le DÉMONTAGE est peu discret en bruit.
◆ Syn. : Scratch.

(vent), au vent [upwind, windward]

(Locution). Le côté d'un OUVRAGE ou CONSTRUCTION d'où vient le vent et qui est soumis à une surpression.
L'autre côté soumis à dépression est appelé (VENT), SOUS LE VENT.

(vent), charge de vent [wind load, wind loading]

(n.f.) Tous les EFFORTS appliqués à un OUVRAGE ou CONSTRUCTION dus à la PRESSION exercée par un déplacement d'air considéré comme horizontal.
Ex. : *Charge de vent sur un panneau publicitaire.*

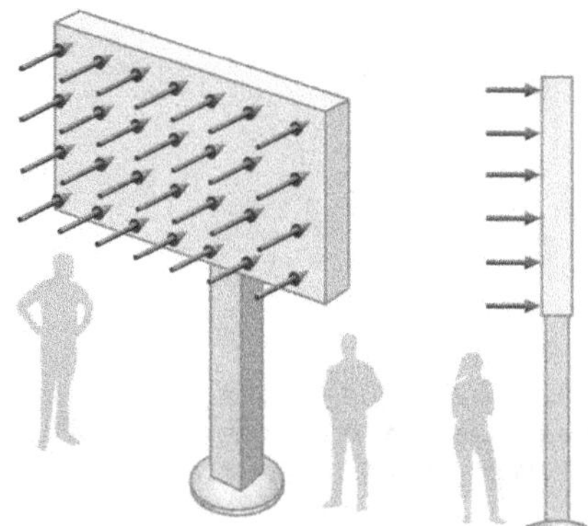

A. La connaissance de cette charge est primordiale pour le DIMENSIONNEMENT d'un ouvrage et de ses fondations sous peine de dégâts et accidents dont les conséquences peuvent être dramatiques. La détermination de l'action du vent sur les constructions est détaillée par une partie de la norme Eurocode 1.
B. Le vent est un mouvement de l'air tendant à équilibrer les différences de pression atmosphérique provenant de son échauffement inégal. Chaque fois que le vent rencontre un obstacle, elle applique à ce dernier une FORCE aussi bien du côté d'où il vient (VENT), AU VENT par surpression que de l'autre côté (VENT), SOUS LE VENT par dépression.

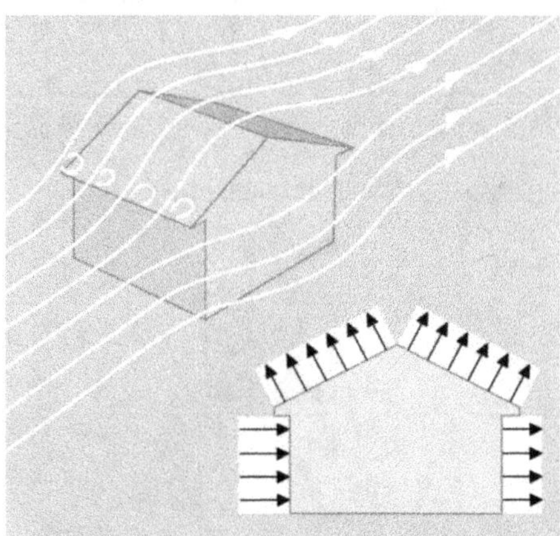

Cette force, assez variable par nature, est cependant considérée comme constante pour les calculs en se plaçant dans le cas le plus défavorable.
C. L'action du vent dépend des facteurs suivants provenant du vent lui-même mais aussi de la nature et de la disposition de l'obstacle :
• Caractéristiques de l'air : sa masse volumique, sa viscosité, sa compressibilité.

• La vitesse du vent.
• L'angle d'attaque du vent par rapport à l'obstacle.
• Les frottements du vent sur l'obstacle.
• La nature de l'écoulement autour de l'obstacle qui peut être laminaire ou turbulente.
• Les DIMENSIONS (sens 1) et FORMES de l'obstacle, autrement dit l'aérodynamisme.
• L'ÉTAT DE SURFACE de l'obstacle autrement dit la présence d'aspérités et proéminences sur les constructions (appelé aussi « rugosité », à ne pas confondre avec l'ÉTAT DE SURFACE de la MATIÈRE).

D. Le calcul de la charge de vent s'effectue à partir d'une donnée de base : la vitesse de référence $V_{b,0}$. Il s'agit d'une vitesse moyenne enregistrée sur 10 mn à une hauteur de 10 m en rase campagne, indépendamment de la direction du vent et de la période de l'année. Elle n'est fonction que de l'emplacement géographique de l'endroit où se situe la construction. Elle est fournie par une carte qui indique les différentes valeurs provenant de relevés statistiques météorologiques. Pour le cas de la France, le territoire métropolitain est divisé en 4 régions climatiques de régime de vent avec des valeurs croissantes de vitesses. Globalement, les vitesses de vent proches de la mer sont plus élevées qu'à l'intérieur des terres. Les territoires d'outre-mer DOM-TOM sont traités isolément à cause de régimes particuliers de cyclones tropicaux. La carte suivante donne les vitesses de vent de référence en France :

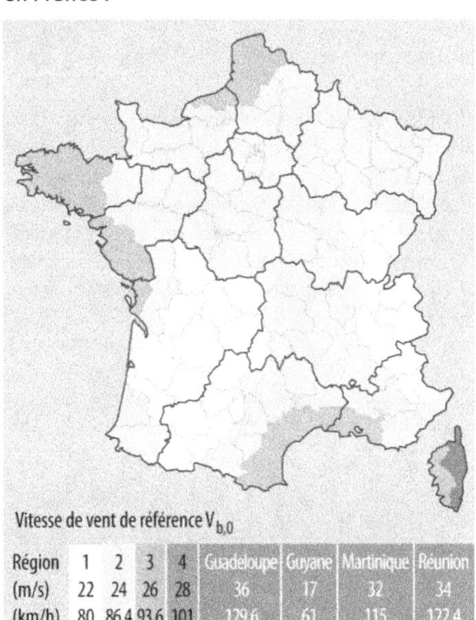

Vitesse de vent de référence $V_{b,0}$

Région	1	2	3	4	Guadeloupe	Guyane	Martinique	Réunion
(m/s)	22	24	26	28	36	17	32	34
(km/h)	80	86,4	93,6	101	129,6	61	115	122,4

E. En fonction des configurations réelles, la vitesse ainsi déterminée reçoit ensuite des corrections sous forme de différents coefficients supérieurs ou inférieurs à 1.
• Coefficient de direction (C_{dir} < ou = 1) : réduction appliquée lorsque les constructions sont orientées de façon favorables par rapport aux directions privilégiées des vents. Carte des directions privilégiées de vent :

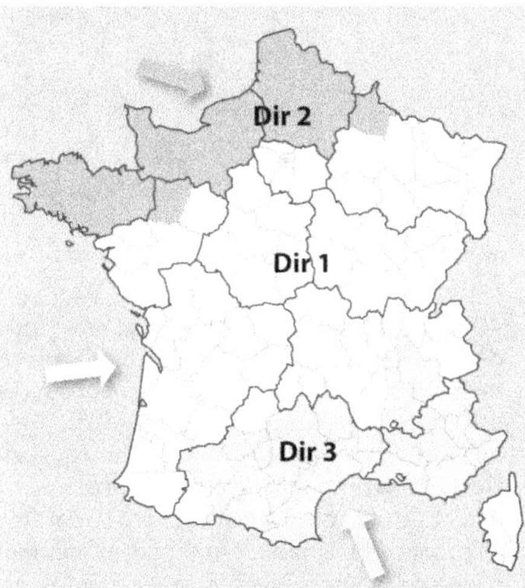

Les coefficients correspondant aux différentes régions sont données par les tables de l'Eurocode 1.
• Coefficient de saison C_{saison} < ou = 1 : réduction appliquée aux constructions temporaires ou celles dont les conditions d'exposition sont temporaires. Globalement, les tempêtes peuvent être plus violentes en hiver par rapport au reste de l'année.

La France métropolitaine est divisée en deux avec des valeurs de coefficients différentes fournies par les tables de l'Eurocode (voir page suivante).

• Coefficient de probabilité C_{prob} : dépendant de la durée de vie d'une construction, généralement définie à 50 ans. Un coefficient réducteur peut être appliqué pour les constructions de durée plus courte car la probabilité de subir un tempête exceptionnelle est moindre.

• Effet de la hauteur **z** par rapport au sol : le sol a tendance à freiner le vent et lui donner moins d'impact. La vitesse de référence étant donnée pour une hauteur de 10 m, un coefficient de majoration doit être appliquée pour les hauteurs supérieures. Il augmente logarithmiquement selon la hauteur.

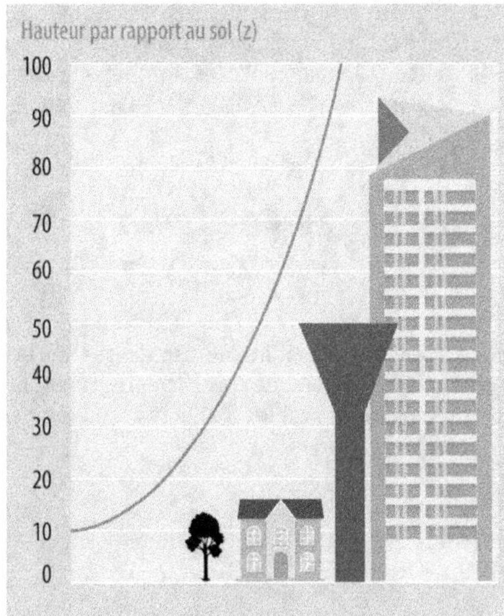

L'effet de la hauteur est pris en compte conjointement avec les aspects suivants :

• Coefficient de rugosité $c_r(z)$ > 1 : la présence d'aspérités et diverses proéminences réduisent l'effet du vent. Par exemple, le vent a plus d'effet en pleine mer qu'en zone urbaine car il y rencontre moins d'obstacles et d'irrégularités. Ce coefficient englobe en même temps l'effet de la hauteur par rapport au sol. Des tables donnent les catégories de terrain en fonction des obstacles présents :

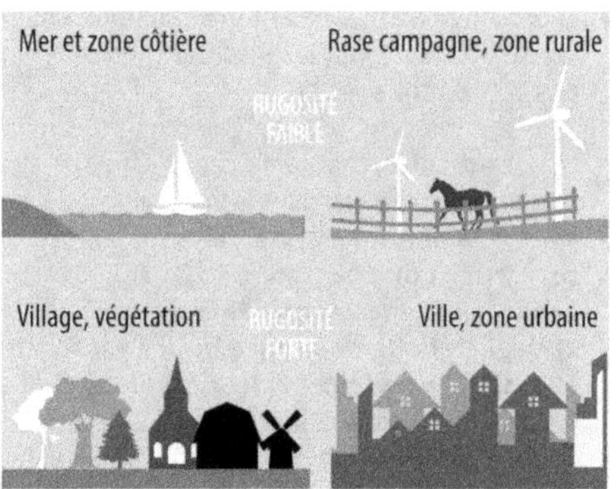

• Coefficient d'orographie $c_0(z)$ > ou = 1 : tient compte des effets d'accélération du vent en fonction du relief et de la configuration naturelle du terrain (pente, falaise, escarpement, colline, vallée, etc.).

• Effet d'une construction avoisinante : la présence d'un bâtiment plus grand à côté d'un autre peut amplifier la vitesse du vent et aggraver ses effets. Il est pris en compte par une correction sur la hauteur de référence **z** considérée. Exemple : accélération du vent sur une construction encadrée par deux bâtiments de grande hauteur.

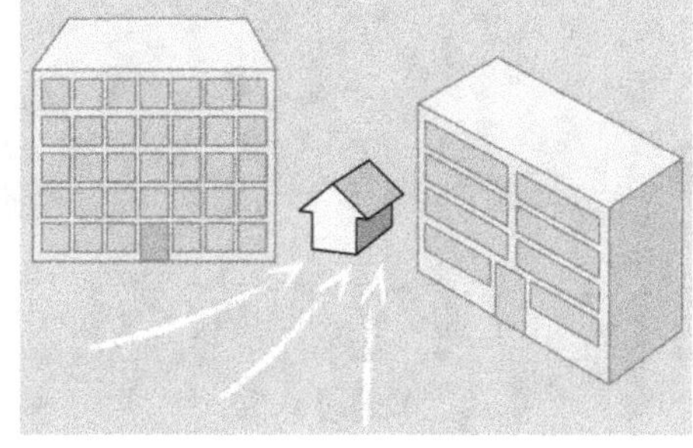

• Intensité de turbulence $I_v(z)$: par nature, le vent présente des fluctuations rapides sous forme de bourrasques plus ou moins fortes autour de la valeur moyenne. L'intensité de turbulence est le facteur qui rend compte de cette irrégularité :

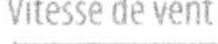
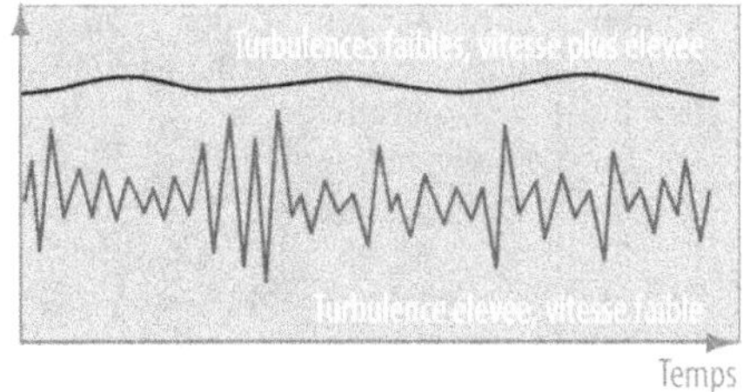

F. La vitesse moyenne de vent $v_m(z)$ est obtenue en ajustant la vitesse de référence $v_{b,0}$ avec les différents coefficients et facteurs :

$$V_m(z) = c_{dir} \cdot c_{saison} \cdot c_{prob} \cdot c_r(z) \cdot c_0(z) \cdot v_{b,0}$$

Elle est ensuite transformée en pression dynamique de pointe $q_p(z)$ par la loi de Bernouilli et en tenant compte de la MASSE VOLUMIQUE de l'air fixée à 1,225 kg/m^3 :

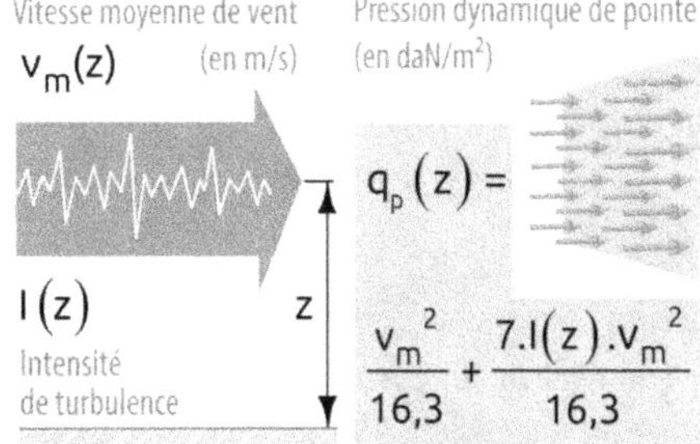

Elle est la somme de la pression de base et de l'effet des turbulences. À remarquer que la vitesse du vent agit au carré sur les PRESSIONs qu'il exerce. Autrement dit, son effet dévastateur augmente plus vite que sa valeur. Quand la vitesse de vent double, son effet est multiplié par quatre.

Il est à noter que les mêmes dispositions existent pour les charges de neige.

G. La pression dynamique de pointe sert de base pour la détermination des forces réelles exercées par les effets aérodynamiques du vent sur les parois qu'il frappe. Les effets aérodynamiques sont constitués par les surpressions frontales aux parois, additionnées des dépressions par effet d'aspiration et de succion. Les surpressions (pression positive dirigée vers la surface) et dépressions (pression négative s'éloignant de la surface) peuvent être extérieures (notée w_e) ou intérieures (w_i) aux constructions qui les subissent. Elles sont respectivements liées à la pression dynamique de pointe $q_p(z)$ par des coefficients de pression extérieure c_{pe} et intérieure c_{pi} fournis par des abaques de l'Eurocode 1. Ainsi, selon les cas qui se présentent, leur effets peuvent s'ajouter lorsqu'ils agissent dans le même sens ou se soustraire lorsqu'il agissent en sens opposé.

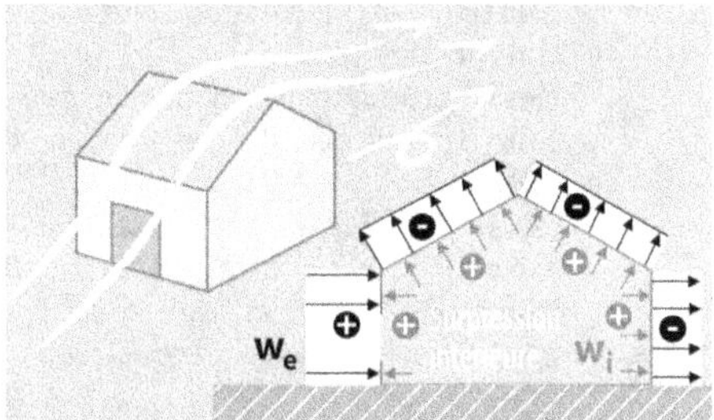

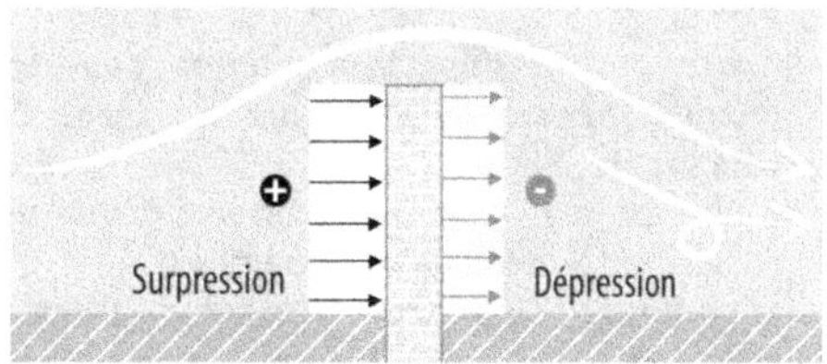

→ Voir aussi (VENT), SOUS LE VENT.

Et enfin une composante de frottement tangente aux surfaces et parallèle à la direction du vent peut ne pas être négligeable, notamment pour les très grandes surfaces.

Au final, la FORCE F_w (en daN) appliquée par une pression de vent $q_p(z_e)$ (en daN/m^2) a comme expression type (cas le plus général de la pression appliquée à une paroi extérieure) :

$$F_w = c_s \cdot c_d \cdot c_f \cdot q_p(z_e) \cdot A_{ref}$$

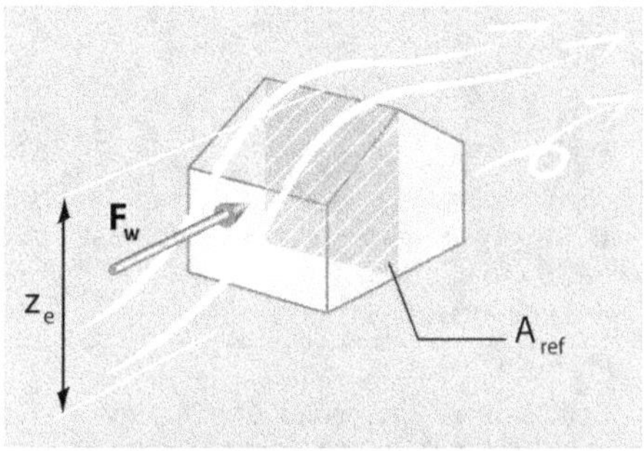

A_{ref} : surface de référence correspondant à l'aire projetée de l'élément perpendiculairement au vent (en m^2).

z_e hauteur de référence (en m).

c_f : coefficient de force dépendant de la FORME d'ensemble de la construction, de la STRUCTURE (sens 2) ou de l'élément. Il découle des coefficients c_{pe} et c_{pi} reliant la pression dynamique de pointe q_p et les pressions aérodynamiques résultantes w_e et w_i.

$c_s{\times}c_d$: coefficient structural prenant en compte :
• la non-simultanéité des pointes de pressions à un instant donné sur la construction (c_s).
• les vibrations de résonance de la structure engendrées par les turbulences (c_d).
La valeur du coefficient structural $c_s{\times}c_d$ est donnée par des calculs décrits par l'Eurocode 1 ou par des graphiques pour différents types de construction.

ventouse électromagnétique [electromagnetic lock]

(n.f.) DISPOSITIF dont l'aimantation peut être momentanément désactivé par le passage d'un courant électrique.

A. Elle est, par exemple, utilisée pour le verrouillage-déverrouillage de porte.

B. La ventouse électromagnétique est en quelques sorte l'inverse d'un ÉLECTRO-AIMANT dont le rôle est de s'aimanter par le passage d'un courant.

(vent), sous le vent [downwind, leeward]

(Locution). Le côté d'un OUVRAGE ou CONSTRUCTION opposé à la DIRECTION d'où vient le vent et qui est soumis à une dépression.

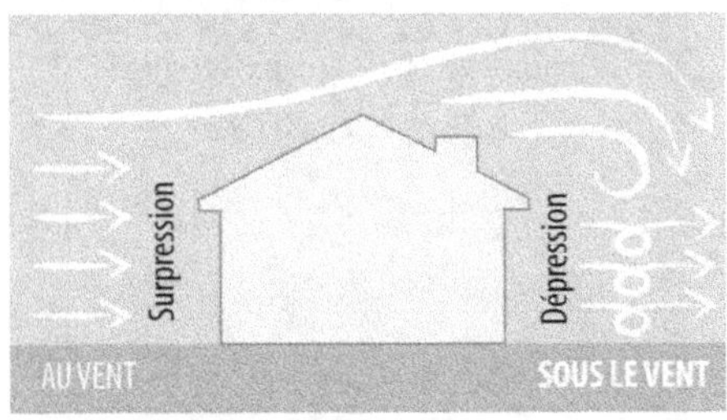

L'autre côté soumis à surpression est appelé (VENT), AU VENT.

→ Voir aussi (VENT), CHARGE DE VENT.

vérification [inspection]

(n.f.) Examen approfondi et minutieux d'un sujet ou d'une chose pour s'assurer de sa véracité, de sa conformité et de sa cohérence.

En milieu industriel, la vérification peut prendre la forme d'un CONTRÔLE ou d'une INSPECTION. Le contrôle a tendance à être effectué à court terme ou en cours de FABRICATION ou d'ÉLABORATION de manière à pouvoir effectuer tout de suite des actions correctives. L'inspection a tendance à être fait bien après la FABRICATION sans qu'il n'y ait plus possibilité d'intervenir si ce n'est la mise AU REBUT des éléments défectueux.

vérin [jack]

(n.m.) DISPOSITIF conçu pour fournir un MOUVEMENT DE TRANSLATION plutôt lent en développant une FORCE plutôt élevée.

Son fonctionnement peut être HYDRAULIQUE, PNEUMATIQUE ou purement MÉCANIQUE avec un (VIS-ÉCROU), SYSTÈME VIS-ÉCROU. Les vérins pneumatiques ne sont pas adaptés pour contrôler précisément la VITESSE et la POSITION de déplacement.

Ex. : *Vérin pneumatique.*

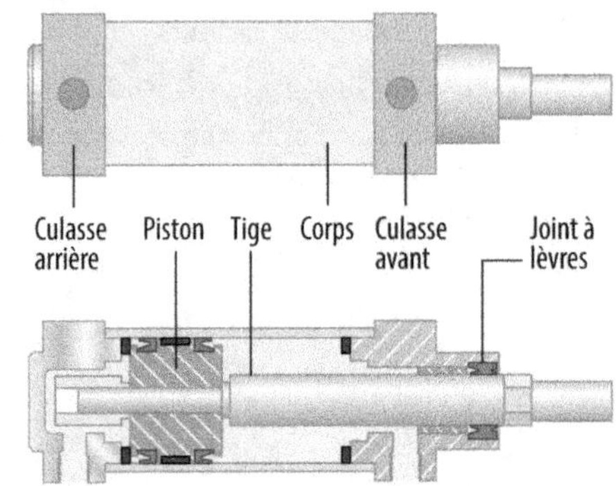

→ Voir aussi VÉRIN À VIS.

vérin à vis [screw jack]

(n.m.) VÉRIN fonctionnant avec un (VIS-ÉCROU), SYSTÈME VIS-ÉCROU et un CLIQUET.

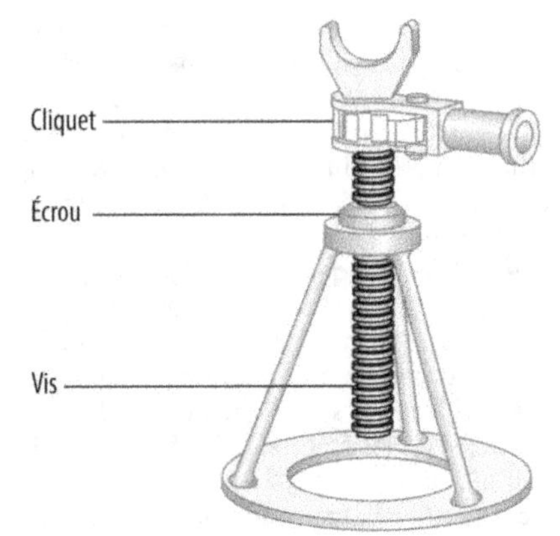

vernier [vernier]

(n.m.) DISPOSITIF de MESURE (sens 3) associé à une RÈGLE et permettant la lecture fine des fractions de graduation.
Ex. : *Vernier d'un* PIED À COULISSE.

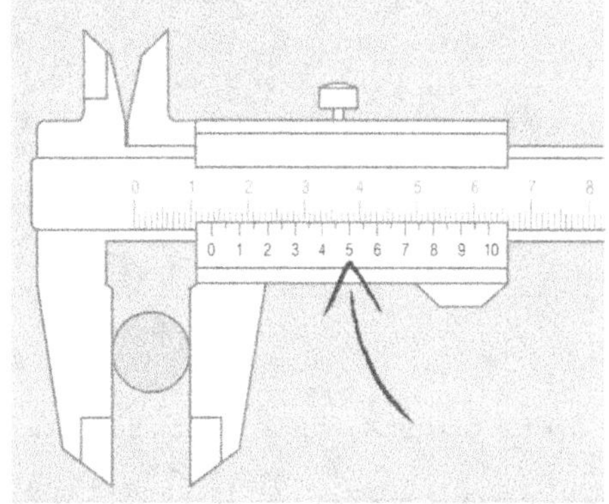

verre [glass]

(n.m.) MATÉRIAU | TRANSPARENT ou TRANSLUCIDE, FRAGILE et DUR, de bel aspect utilisé notamment pour le vitrage, l'optique et la décoration.

A. Le verre est un MATÉRIAU minéral de STRUCTURE AMORPHE formé à partir de mélange d'OXYDEs : SiO_2, CaO, Na_2O, MgO, Al_2O_3, B_2O_3, BaO, K_2O, PbO, SrO... Ainsi, il peut être classé dans la famille des CÉRAMIQUES.

→ Voir AMORPHE pour une représentation simplifiée de son arrangement atomique.

B. Quelques CARACTÉRISTIQUES du verre classique :

Masse volumique :	$2,5 \text{ g/cm}^3$
Module de Young :	70 000 Mpa
Résistance compression :	100 MPa
Coefficient de Poisson :	0,20
Coefficient de dilatation :	9 µm/(m·°C)
Conductivité thermique :	1 W/(m·K)
Indice de réfraction :	1,5
T° ramollissement :	600°C
Dureté :	470 HK

C. Divers aspects et rendus du MATÉRIAU.
• Verres courants :

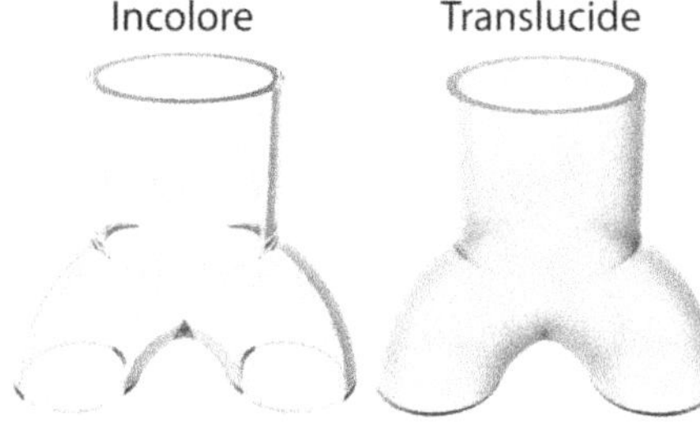

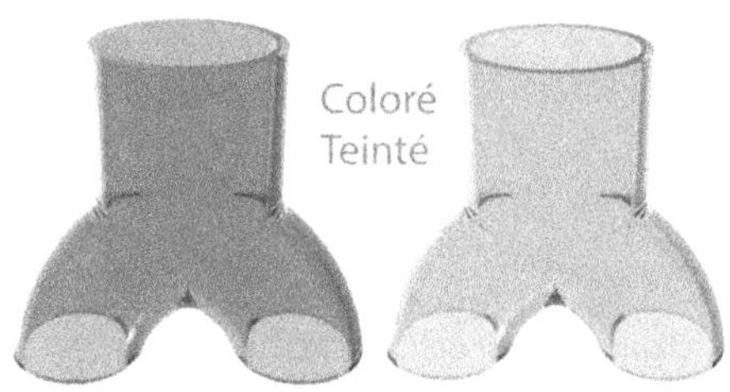

• Verres spéciaux :

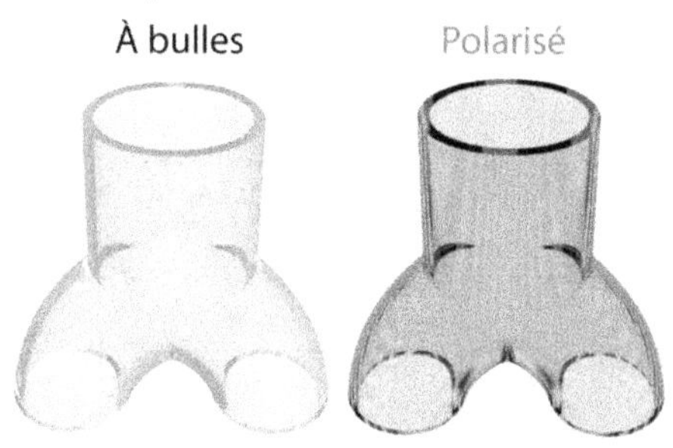

D. Le verre est essentiellement mis en œuvre à partir de l'état fondu.

 Avantages

E. Excellent MATÉRIAU barrière : imperméable aux GAZ, vapeurs et liquides. Chimiquement inerte. IMPUTRESCIBLE. Hygiénique et inerte sur le plan bactériologique. Facile à nettoyer et à laver. ALIMENTARITÉ absolue. Sans odeur. TRANSPARENT. Esthétique. Peut être coloré. RECYCLABLE. Laisse passer les micro-ondes. Bonne résistance aux TEMPÉRATURES élevées. Résistant aux solvants et à tous les produits chimiques sauf les acides fluorhydrique et phosphorique.

Inconvénients

F. FRAGILE avec des débris dangereux une fois cassé. Très sensible à la propagation rapide de FISSURE. Plus lourd que les (PLASTIQUES), MATIÈRES PLASTIQUES.
→ Voir aussi INCOLORE ; TRANSLUCIDE.

vertical [vertical]

(adj.) Qui fait un ANGLE DROIT avec l'HORIZONTAL.

verticalité [verticality]

(n.f.) Caractère de ce qui fait un ANGLE DROIT avec l'HORIZONTAL.

vibration [vibration]

(n.f.) MOUVEMENT DE VA ET VIENT de plus ou moins faible amplitude avec une fréquence plus ou moins élevée.
→ Voir aussi ESSAI VIBRATOIRE.

vidange [fluid renewal]

(n.f.) OPÉRATION de renouvellement de l'HUILE de LUBRIFICATION d'un DISPOSITIF.

vide

(n.m.)
1. [void] Espace ne contenant rien.
2. [vacuum] Espace dont toutes les molécules d'air ou de GAZ qu'il contient ont été retirées autant que possible et qui se traduit par une PRESSION inférieure à la pression atmosphérique.
A. En réalité, il est impossible d'atteindre un vide parfait et il subsiste toujours une petite valeur de PRESSION.
B. Industriellement, les applications du vide sont le transport pneumatique, l'ÉLABORATION de MÉTAUX et ALLIAGES, les applications faisant intervenir un faisceau d'électrons, par exemple, le SOUDAGE, etc.

vieilli [aged]

(adj.) Qui caractérise la STRUCTURE (sens 1) métallurgique d'un MÉTAL ou ALLIAGE ayant évolué lentement à une TEMPÉRATURE proche de la TEMPÉRATURE AMBIANTE.

vieillissement [ageing]

(n.m.) Modification lente et progressive des PROPRIÉTÉS MÉCANIQUES d'un MATÉRIAU se produisant proche de la TEMPÉRATURE AMBIANTE.
A. Les ALLIAGES à durcissement structural sont mis en solution et trempés. Leur DURCISSEMENT se fait ensuite par PRÉCIPITATION, soit à température ambiante (on parle alors de « maturation »), ou à une température au-dessus de l'ambiante, on parle alors de vieillissement. Ce type de traitement est mis en oeuvre dans les ALLIAGES d'ALUMINIUM de la série 8000 tels que les duralumins.
B. Si le MÉTAL à durcissement structural reste à haute température, les PRÉCIPITÉS formés vont grossir et perdre ainsi leur efficacité de blocage des DISLOCATIONS et donc va perdre ses PROPRIÉTÉS MÉCANIQUES. On parle alors de « survieillissement ».
Le vieillissement peut être obtenu plus rapidement à TEMPÉRATURE plus élevée : c'est le VIEILLISSEMENT ARTIFICIEL.

vieillissement artificiel [artificial ageing]

(n.m.) Modification progressive des PROPRIÉTÉS d'un MATÉRIAU obtenue plus rapidement grâce à une TEMPÉRATURE plus élevée que la TEMPÉRATURE AMBIANTE.

vilebrequin [crankshaft]

(n.m.) ARBRE (sens 2) transformant un MOUVEMENT ALTERNATIF notamment d'un ensemble bielle-piston d'un moteur thermique en un MOUVEMENT DE ROTATION.

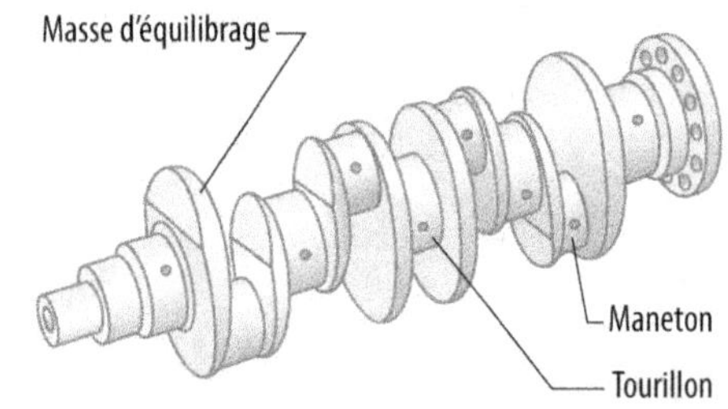

→ Voir aussi FORGEAGE ; TOURILLON (sens 1).

vireur [positioner]

(n.m.) APPAREIL à TABLE orientable pour recevoir des PIÈCES (sens 1) à assembler et permettant de les positionner de façon à faciliter au mieux les travaux de SOUDAGE.
Ex. 1 : *Vireur manuel.*

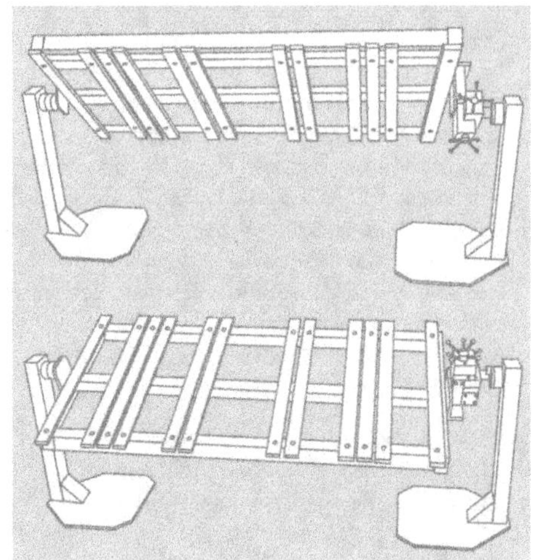

Ex. 2 : *Vireur motorisé.*

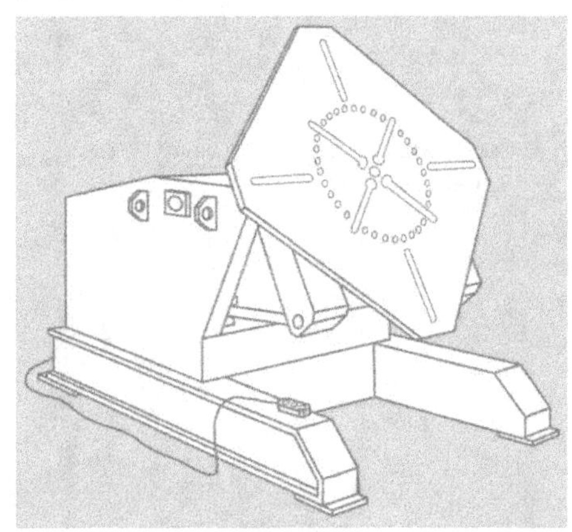

• Note : Ne pas confondre avec la TABLE DE SOUDAGE qui est fixe.

virole [ferrule]

(n.f.) PIÈCE (sens 1) CYLINDRIQUE ou CONIQUE creuse, généralement de grand DIAMÈTRE, obtenue généralement par ROULAGE et SOUDAGE d'une TÔLE | PLANE, en vue de fabriquer, par exemple, des canalisations, des cuves, des réservoirs, etc.

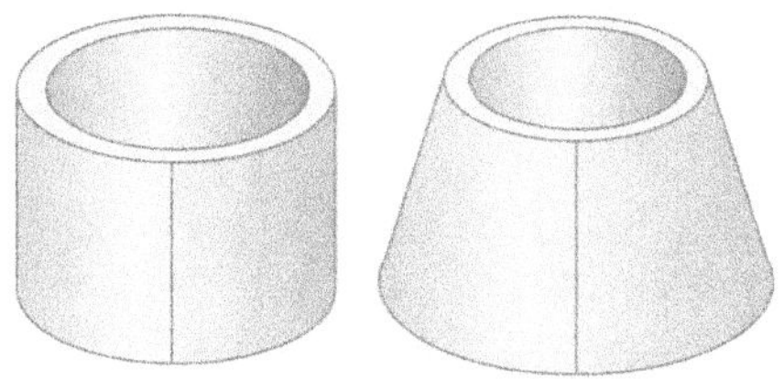

Les viroles sont des éléments courants en CHAUDRONNERIE.

vis [screw]

(n.f.)

1. D'une façon générale, ORGANE | CYLINDRIQUE ou CONIQUE avec une RAINURE | HÉLICOÏDALE.
Elle peut être utilisée pour les fonctions suivantes :
• TRANSFORMATION DE MOUVEMENT.
→ Voir (VIS-ÉCROU), SYSTÈME VIS-ÉCROU.
• TRANSMISSION DE MOUVEMENT.
→ Voir VIS SANS FIN.
• Transport de substance GRANULEUSE ou PÂTEUSE.
→ Voir VIS D'ARCHIMÈDE.
• Fermeture et ÉTANCHÉITÉ, par exemple pour les bouteilles et flacons.
• MESURE (sens 3) de DIMENSIONS (sens 1).
→ Voir MICROMÈTRE.
• FIXATION. Le terme vis évoque le plus souvent d'abord des ORGANES DE FIXATION.

2. (FIXATION), ORGANE DE FIXATION | DÉMONTABLE avec une FORME D'ENTRAÎNEMENT appelée « tête » et une TIGE FILETÉE destinée à s'assembler dans un TROU TARAUDÉ ou non.
A. Voir, ci-contre, une terminologie des différentes parties de cet ORGANE.

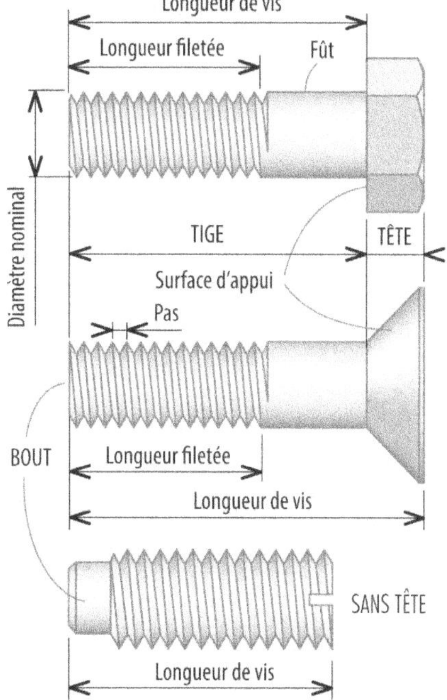

B. À souligner que la LONGUEUR de la vis désigne toujours la LONGUEUR de la tige sous la tête sauf pour les VIS À TÊTE FRAISÉE qui englobe aussi la tête.
→ Voir GOUJON dont la définition de la notion de LONGUEUR lui est spécifique.
C. Voir les différents types de tête de vis à la rubrique (ENTRAÎNEMENT), FORME D'ENTRAÎNEMENT.
Les différents bouts possibles sont à la rubrique (VIS), BOUT DE VIS.
D. Les vis peuvent être classées en quatre grandes catégories, en fonction du MATÉRIAU dans lequel elles sont enfoncées :
a. Les VIS À MÉTAUX.
b. Les VIS À TÔLE.
c. Les VIS À PLASTIQUE.
d. Les VIS À BOIS.

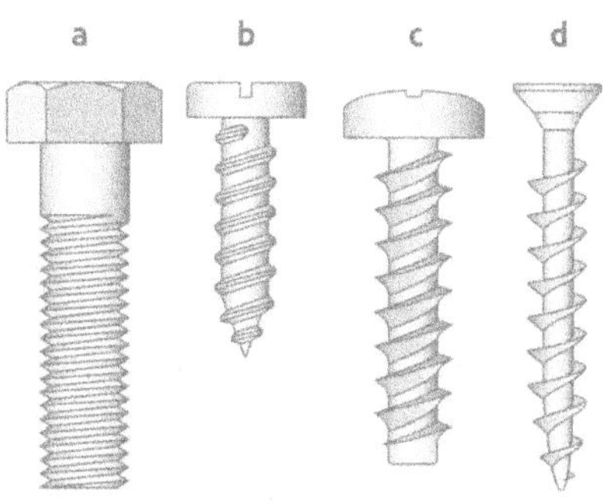

E. Voici un aperçu d'un exemple de processus de FABRICATION EN SÉRIE d'une vis par FRAPPE À FROID ou FRAPPE À CHAUD sur PRESSE À FORGER horizontale :

a. Une BARRE | MÉTALLIQUE est débitée en TIGES.

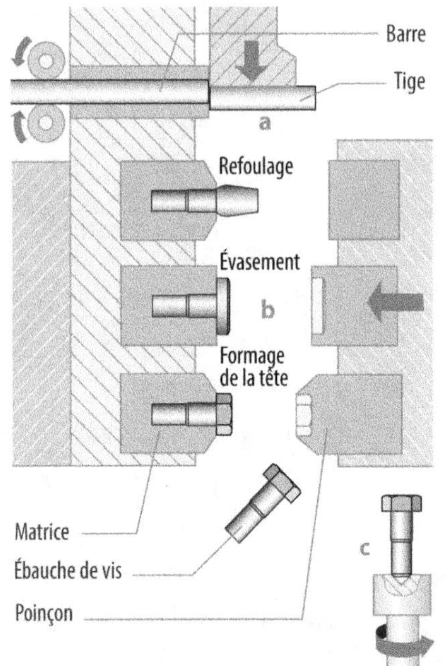

b. Chaque tige est matricée (CHAUD), À CHAUD ou (FROID), À FROID entre une MATRICE (sens 1) et un POINÇON.

c. L'extrémité est CHANFREINÉE.

d. Le FILETAGE est enfin créé par ROULAGE.

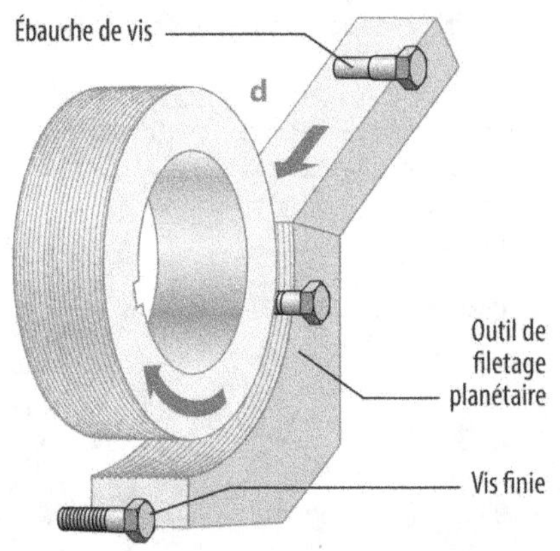

 Avantages

F. Seule solution DÉMONTABLE connue (avec certains CLIPSAGE). Nombreuse NORMALISATION permettant l'INTERCHANGEABILITÉ.

Inconvénients

G. Parfois encombrante et inesthétique.
→ Voir aussi VIS DE FIXATION.

vis à bille [ball lead screw]

(n.f.) Type de (VIS-ÉCROU), SYSTÈME VIS-ÉCROU diminuant sensiblement les JEUX (sens 1) et le FROTTEMENT car les contacts entre la VIS et l'ÉCROU se font par interposition d'éléments roulants dans des pistes aménagées sur la VIS et l'ÉCROU.

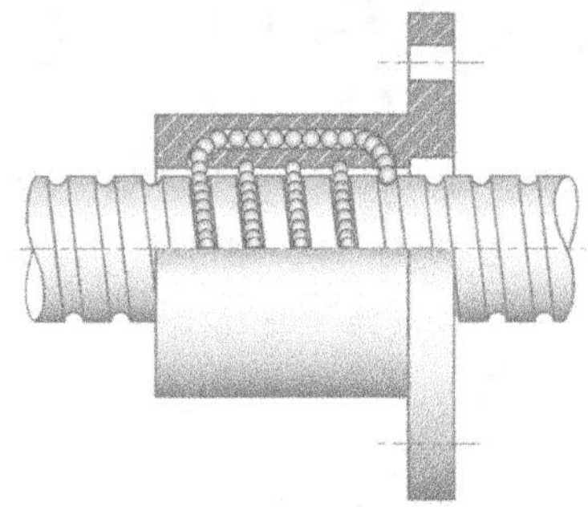

Les vis à billes sont utilisées dans plusieurs domaines nécessitant PRÉCISION et faible FROTTEMENT tels que la ROBOTIQUE, la FABRICATION de MACHINE-OUTILS, etc.

vis à bois [wood screw, chipboard screw]

(n.f.) Type de VIS (sens 2) à bout pointu et à (FILET), PROFIL DE FILET tranchant pour lui permettre de pénétrer facilement dans une MATIÈRE relativement TENDRE comme le BOIS.

A. Les FILETS des vis à bois sont faits de telle sorte que la zone cisaillée l_B dans le BOIS est plus importante que la base l_V du filet de vis afin de favoriser la RÉSISTANCE à l'arrachement.
→ Voir VIS À MÉTAUX pour une comparaison.

De plus, la valeur du PAS est relativement élevé comparée au DIAMÈTRE pour pouvoir enfoncer la vis plus rapidement.

B. Exemple de PROFIL DE FILET :

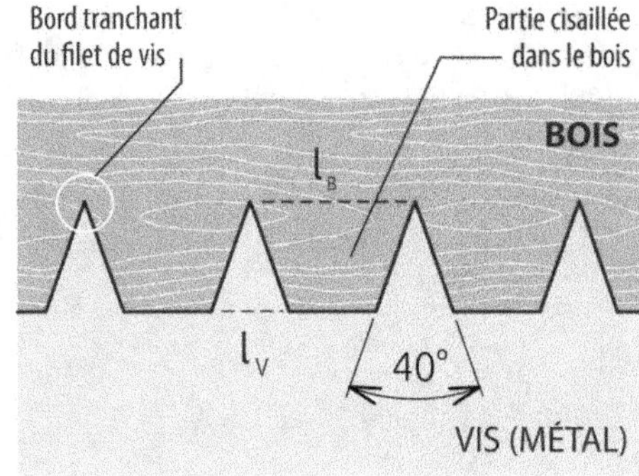

Autre exemple de profil de filet :

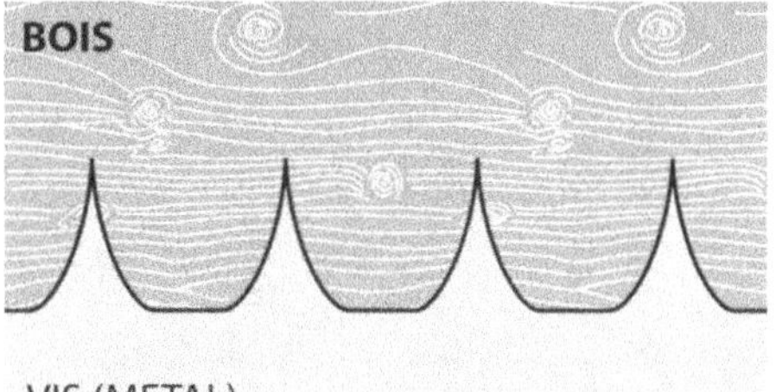

C. Les vis à bois n'ont pas besoin, en principe, d'un TARAUDAGE ni d'un TROU préalable pour les accueillir. C'est la vis elle-même qui se fraye un chemin dans la MATIÈRE. Ainsi, il n'y a aucune NORMALISATION particulière des profils de filets.
D. À remarquer que les vis à bois peuvent être aussi utilisées dans certaines (PLASTIQUES), MATIÈRES PLASTIQUES | SOUPLES.
E. Quelques exemples de vis à bois :

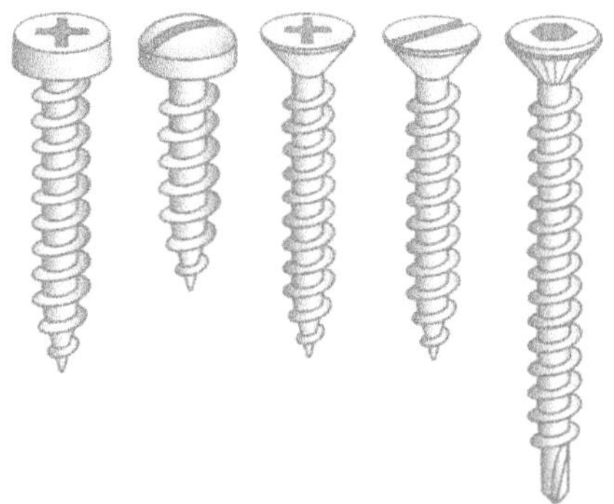

Exemple d'utilisation 1 : assemblage d'un angle en coupe droite.

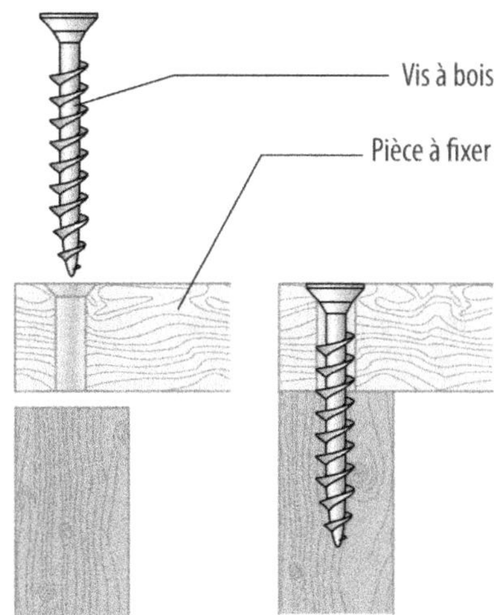

Exemple d'utilisation 2 : Fixation d'un profilé de menuiserie de fenêtre :

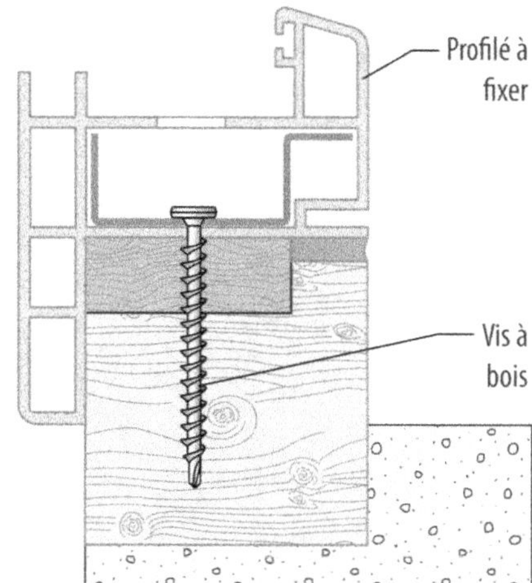

→ Voir aussi TIRE-FOND pour un autre type de vis à bois.

vis à métaux [machine screw]

(n.f.) Type de VIS (sens 2) souvent en ACIER dont le (FILET), PROFIL DE FILET est prévu pour s'adapter dans un TROU TARAUDÉ préalablement aménagé dans un MATÉRIAU | MÉTALLIQUE.
A. Sa particularité est que la base du profil de FILET est sensiblement identique dans le FILETAGE comme dans le TARAUDAGE afin d'équilibrer les CONTRAINTES MÉCANIQUES de CISAILLEMENT dans les parties MÂLE et FEMELLE. Ci-dessous, le profil de filet le plus répandu qui n'est rien d'autre que le FILET TRIANGULAIRE PROFIL ISOMÉTRIQUE | NORMALISÉ :

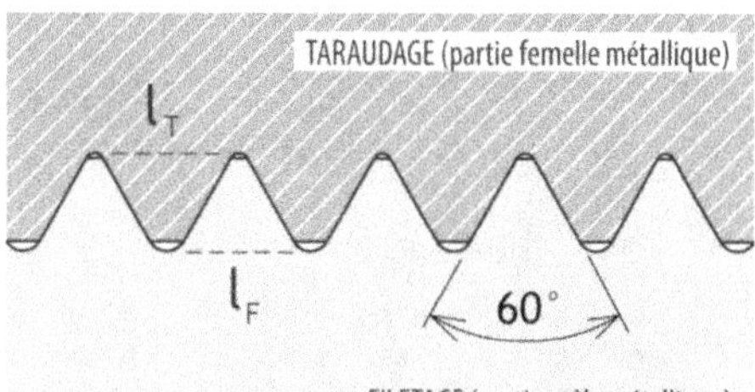

La figure ci-dessus montre clairement que l'étendue de la zone CISAILLÉE I_F du FILETAGE est comparable à celle I_T du TARAUDAGE. Comparer avec les cas des VIS À PLASTIQUE et des VIS À BOIS.
B. D'une façon générale, les vis à métaux ont besoin d'un TROU TARAUDÉ pour les accueillir, ce qui, contrairement aux vis pour les autres MATÉRIAUX, oblige à normaliser les PROFILS DE FILET afin d'assurer l'INTERCHANGEABILITÉ. Les vis à métaux peuvent être classées en deux catégories :

• **les** VIS DE PRESSION **dans lesquels le** BOUT **pos-sède aussi un rôle** FONCTIONNEL.
→ **Voir** (VIS), BOUT DE VIS.
• **les** VIS DE FIXATION **pour la** LIAISON **complète des** PIÈCES **(sens 1) à assembler. Ci-dessous, la configuration la plus classique :**

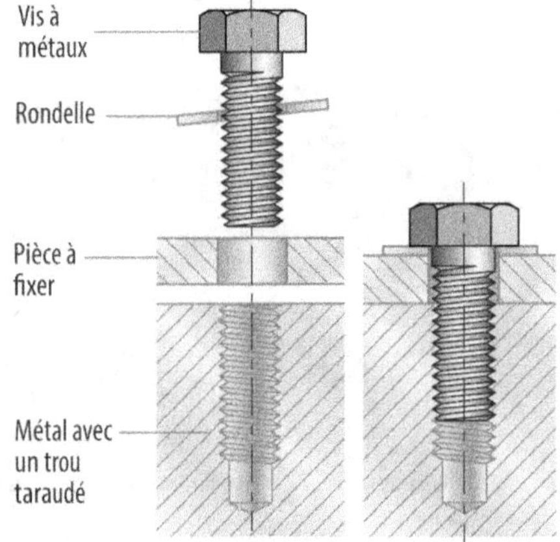

→ **Voir aussi** VIS DE FIXATION.
C. **Afin de garantir un** ASSEMBLAGE **(sens 2) cor-rect et** FIABLE, **la** LONGUEUR **de la vis implantée dans le** TARAUDAGE **doit être plus ou moins im-portante selon le** MATÉRIAU **du** TARAUDAGE. **Les valeurs minimales conseillées sont les suivantes :**

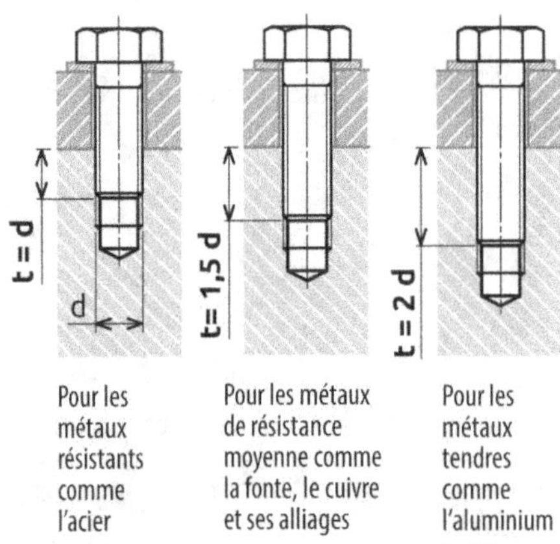

→ **Voir également** GOUJONS **pour les** PROFON-DEURS **d'implantation de cet** ORGANE.
D. **Ci-contre, quelques exemples de vis parmi les plus courantes :**

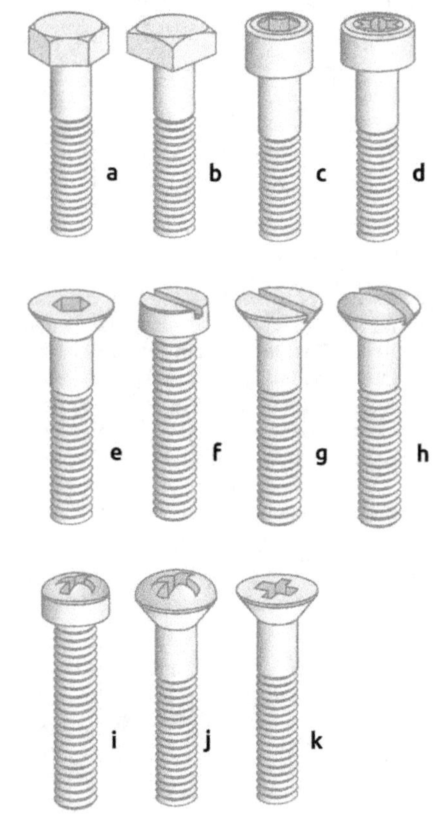

a. vis à tête hexagonale (H)
b. vis à tête carrée (Q)
c. Vis à tête cylindrique hexagonale creuse (CHC)
d. vis torx ® (X)
e. vis à tête fraisée hexagonale creuse (FHC)
f. vis à tête cylindrique fendue (CS)
g. vis à tête fraisée fendue (FS)
h. vis à tête fraisée bombée fendue (FBS)
i. vis à tête cylindrique bombée cruciforme (CBM ou CBZ)
j. vis à tête fraisée bombée cruciforme (FBM ou FBZ)
k. vis à tête fraisée cruciforme (FM ou FZ)

→ **Voir également** VIS INVIOLABLE ; VIS SPÉ-CIALE.

---

vis à oeil [rod end eye bolt]

(n.f.) Vis comportant un ANNEAU D'ARTICULATION **permettant de l'orienter facilement dans toutes les** DIRECTIONS.

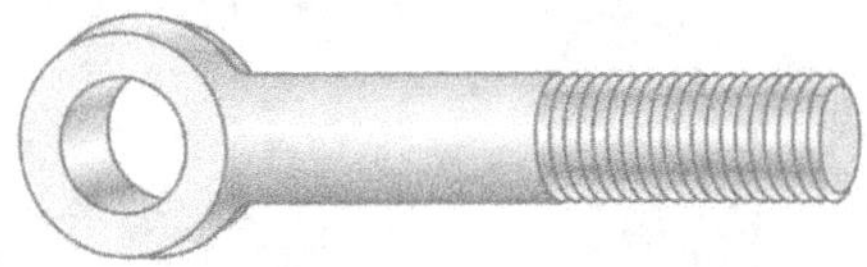

Les vis à oeil sont, par exemple, utilisées dans les MONTAGES D'USINAGE, la MANUTENTION ou comme CHARNIÈRE.

Exemple d'application associée à un ÉCROU À OREILLES :

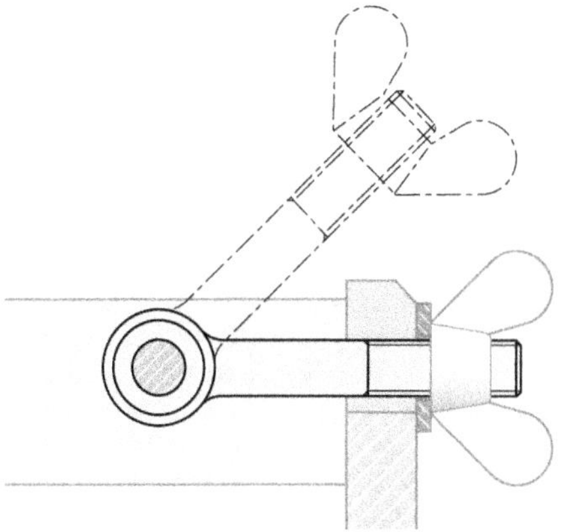

vis à oreille [wing screw]

(n.f.) VIS (sens 2) manœuvrable à la main grâce à deux FORMES saillantes diamétralement opposées.

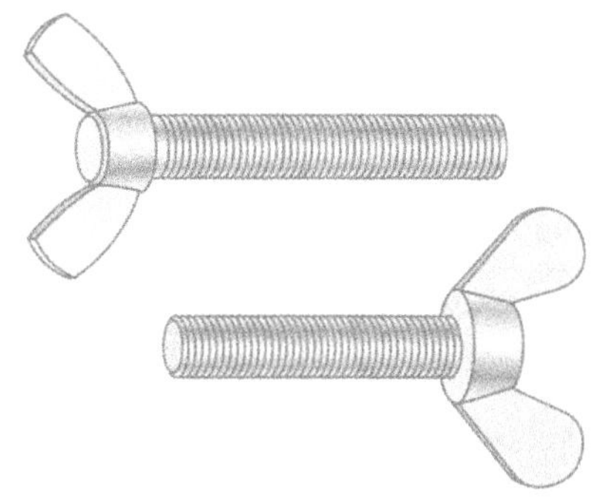

→ Voir VIS VIOLON pour un autre type de VIS (sens 2) manœuvrable à la main.

vis à plastique [screw for plastics]

(n.f.) Type de VIS (sens 2) dont la pointe du (FILET), PROFIL DE FILET est suffisamment tranchante pour pouvoir pénétrer aisément dans le (PLASTIQUE), MATIÈRE PLASTIQUE.

A. D'une façon générale, son extrémité n'est pas forcément pointue et nécessite un AVANT-TROU ce qui la distingue principalement des VIS À BOIS. Par contre, le point commun est que le PROFIL DE FILET est conçu pour que la zone cisaillée l_p de la matière plastique est plus importante que celle l_v de la vis en MÉTAL afin de favoriser la résistance à l'ARRACHEMENT. Ci-contre (coupe au tiret) un exemple de (FILET), PROFIL DE FILET.

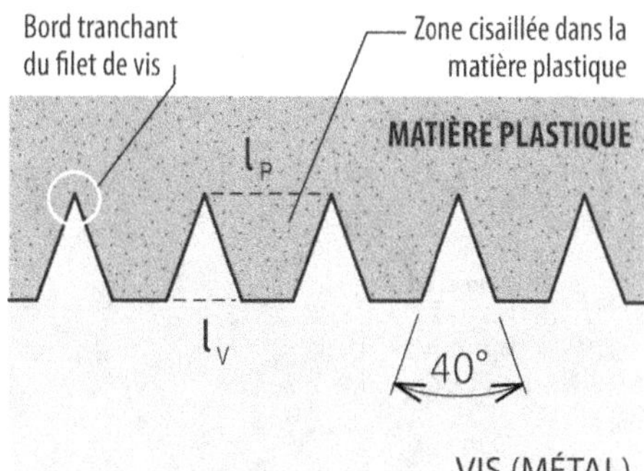

Autre exemple de profil asymétrique :

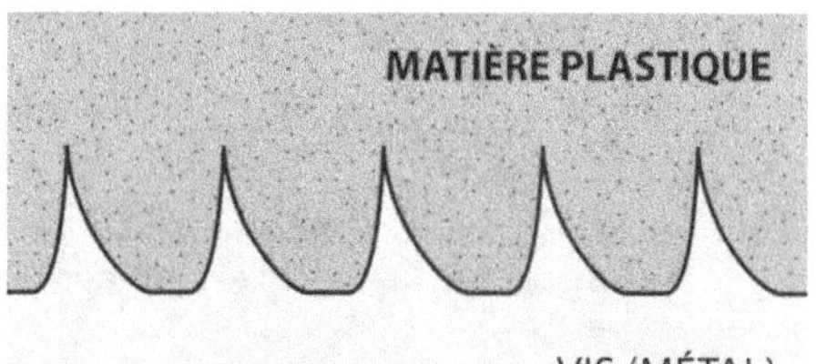

Exemple d'utilisation :

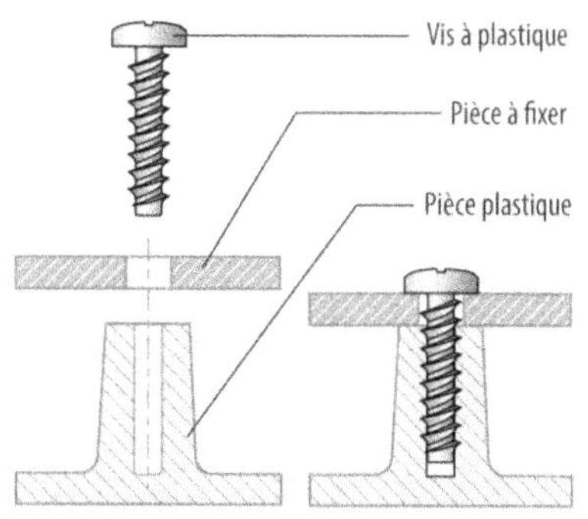

B. Ne pas confondre avec les VIS PLASTIQUEs qui ont les mêmes FORMEs et DIMENSIONs que les VIS À MÉTAUX, seul le MATÉRIAU est en (PLASTIQUE), MATIÈRE PLASTIQUE, souvent le NYLON.

vis à six lobes externes [external torx screw]

(n.f.) VIS (sens 2) à FORME D'ENTRAÎNEMENT type TORX ® mâle.

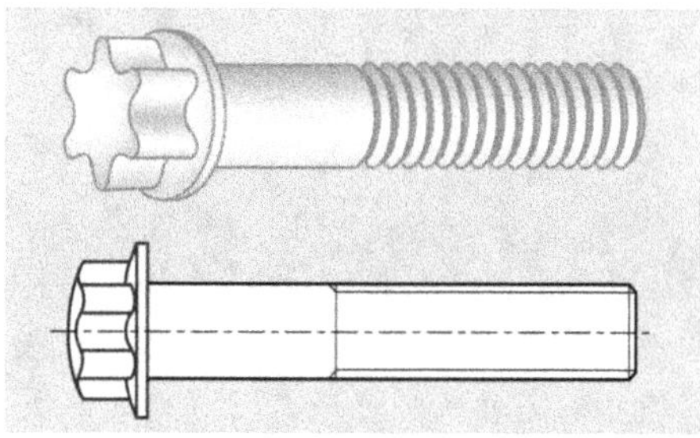

A. La vis à six lobes externes est essentiellement utilisée dans l'automobile.

👍 Avantages

B. Très bonne DURABILITÉ de la tête. Très adaptée à la ROBOTISATION.

👎 Inconvénients

C. Peu répandue.
D. Ne pas confondre avec la VIS À TÊTE CYLINDRIQUE HEXALOBÉE ou TORX ®.

vis à six pans creux [hexagon socket screw]

(n.f.) Voir les explications à la rubrique VIS À TÊTE CYLINDRIQUE HEXAGONALE CREUSE car même signification.

vis à six pans creux épaulée [hexagon socket shoulder screw]

(n.f.) VIS (sens 2) comportant une partie CYLINDRIQUE très précise servant d'axe de positionnement ou d'ARTICULATION.

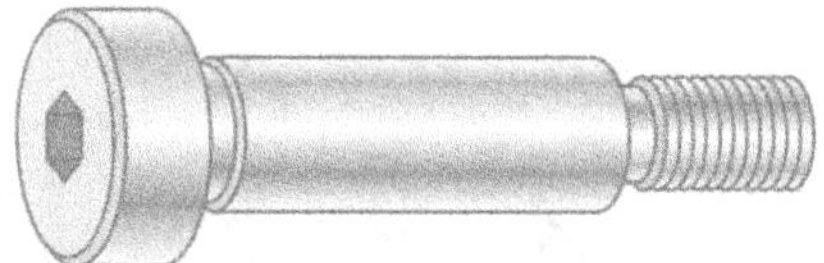

vis à tête carrée [square head screw]

(n.f.) Type de VIS (sens 2) dont la FORME D'ENTRAÎNEMENT est un prisme à quatre côtés.

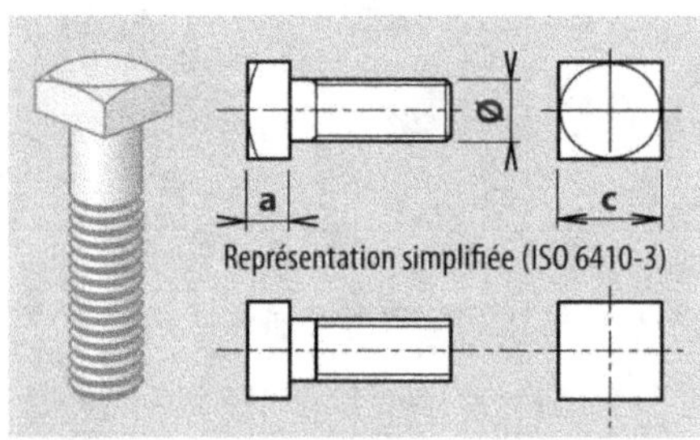

Représentation simplifiée (ISO 6410-3)

ISO 4015

Ø	2,5	3	4	5	6	8	10	12	(14)
pas	0,45	0,5	0,7	0,8	1	1,25	1,5	1,75	2
c	5	5,5	7	8	10	13	16*	18*	21*
a	1,7	2	2,8	3,5	4	5,5	7	8	9

Ø	16	(18)	20	(22)	24	(27)	30	(33)	36
pas	2	2,5	2,5	2,5	3	3	3,5	3,5	4
c	24	27	30	34*	36	36	46	50	55
a	10	12	13	14	15	15	19	21	23

* Dimensions remaniées

A. Ci-dessous, un exemple de DÉSIGNATION avec sa signification :

Vis Q M12-60-40 CL5.6 Brut

|Q| Tête carrée. Voir la rubrique (VIS), DÉSIGNATION DE VIS pour les autres types de tête.

|M| Filetage métrique à FILET TRIANGULAIRE PROFIL ISOMÉTRIQUE. Voir à la rubrique (FILET), PROFIL DE FILET les autres types de filetage.

|12| DIAMÈTRE NOMINAL Ø de la tige filetée en mm.

|60| LONGUEUR totale de la tige en mm sans la tête sauf pour les VIS À TÊTE FRAISÉE.

|40| LONGUEUR filetée en mm.

|CL5.6| (VIS), CLASSE DE RÉSISTANCE DE VISSERIE : indication facultative et valable uniquement pour la visserie en ACIER AU CARBONE. Le MATÉRIAU doit être précisé quand il est autre que l'ACIER AU CARBONE (ACIER INOXYDABLE, ALUMINIUM, NYLON...).

|Brut| Le type de TRAITEMENT DE SURFACE peut être précisé (brut, électrozingué (EZ), bichromaté, SHÉRARDISÉ...)
Parfois, la NORME régissant la vis est indiquée.

👍 Avantages

B. Robuste. Grande SURFACE D'APPUI. Large éventail de type de CLÉS DE SERRAGE adaptées aux différentes conditions de travail.

👎 Inconvénients

C. Peu ESTHÉTIQUE, le SERRAGE doit être effectué par PAS | ANGULAIRE de 90°, les ANGLES du CARRÉ (sens 1) sont agressifs et peuvent être source de blessure.
D. La vis à tête carrée est souvent utilisée pour les charpentes en BOIS, les RAINURES EN TÉ, les RAILS, etc. La FORME tête carrée est aussi très courante pour les VIS (sens 2) de PORTE-OUTIL sur les MACHINE-OUTILS.

vis à tête bombée hexagonale creuse [button socket cap screw]

(n.f.) Type de VIS (sens 2) dont la FORME D'ENTRAÎNEMENT est une CALOTTE SPHÉRIQUE munie d'une FORME creuse à six cotés égaux.

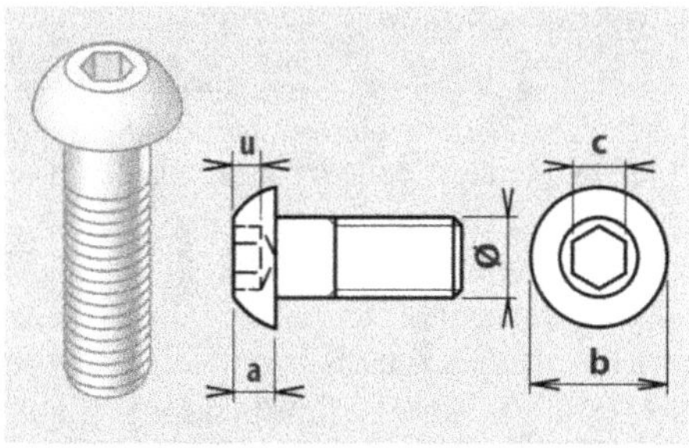

Ø	3	4	5	6	8	10	12
pas	0,5	0,7	0,8	1	1,25	1,5	1,75
c	2	2,5	3	4	5	6	8
b	5,7	7,6	9,5	10,5	14	17,5	21
a	1,65	2,2	2,75	3,3	4,4	5,5	6,6
u	1,03	1,3	1,56	2,08	2,6	3,12	4,16

A. Exemple de DÉSIGNATION NORMALISÉE avec sa signification :

Vis BHC M8-50-30 CL10.8 EZ

|BHC| Tête Bombée Hexagonale Creuse. Voir la rubrique (VIS), DÉSIGNATION DE VIS pour les autres types de tête.

|M| Filetage métrique à FILET TRIANGULAIRE PROFIL ISOMÉTRIQUE. Voir à la rubrique (FILET), PROFIL DE FILET les autres types de FILETAGE.

|8| DIAMÈTRE NOMINAL en mm de la tige filetée.

|50| LONGUEUR totale de la tige en mm sans la tête, sauf pour les VIS À TÊTE FRAISÉE.

|30| LONGUEUR filetée en mm.

|CL10.8| (VIS), CLASSE DE RÉSISTANCE DE VISSERIE : indication facultative et valable uniquement pour la VISSERIE en ACIER AU CARBONE.

|EZ| Le type de TRAITEMENT DE SURFACE peut être précisé (brut, électrozingué (EZ), bichromaté, SHÉRARDISÉ...)
Parfois, la NORME régissant la vis est indiquée.

👍 Avantages

B. Tête moins saillante et plus ESTHÉTIQUE que la VIS À TÊTE CYLINDRIQUE HEXAGONALE CREUSE (CHC).

👎 Inconvénients

C. Choix restreint de DIAMÈTRE. Préférer les classes de résistance élevées, au moins 8.8 pour

une meilleure DURABILITÉ de la FORME D'ENTRAÎNEMENT.

vis à tête cylindrique bombée cruciforme [cross socket fillister head screw]

(n.f.) Type de VIS (sens 2) dont la FORME D'ENTRAÎNEMENT est creuse en FORME de CROIX pour être actionnée avec un TOURNEVIS.

A. D'une façon générale, par rapport à un EMBOUT de TOURNEVIS classique plat, l'EMBOUT | CRUCIFORME possède l'avantage d'être parfaitement centré sur l'AXE (sens 1) de la vis et de ne pas s'échapper sur le côté. Il existe deux variantes similaires de FORMES | CRUCIFORMES avec de légères différences :

Phillips (PH)

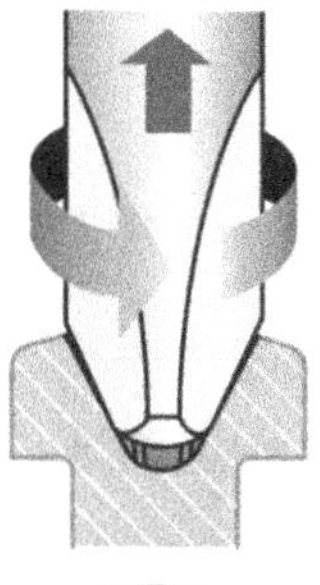
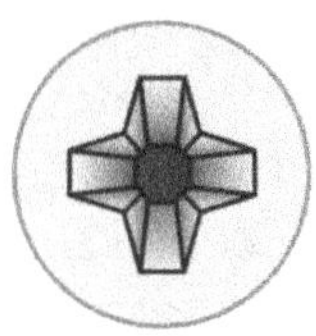

Posidriv (PZ)

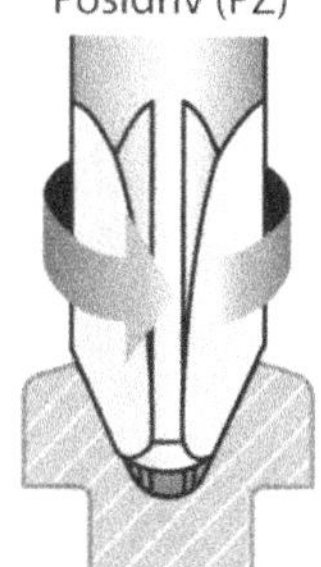
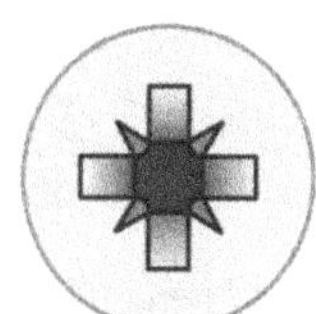

Phillips (PH)	Posidriv (PZ)
- En fin de vissage, par sa forme l'embout, remonte et dégage ce qui limite automatiquement le couple de serrage. - Moyennement adapté à la robotisation	- N'échappe pas en fin de vissage ce qui nécessite un limiteur de couple - Couple de serrage plus élevé - Très bien adapté à la robotisation

B. Dans les pratiques courantes domestiques, les deux types d'EMBOUT peuvent servir pour l'une ou l'autre EMPREINTE. Néanmoins, pour l'utilisation industrielle, notamment dans une approche de ROBOTISATION pour les grandes séries, il est indispensable de les distinguer sous peine d'abîmer prématurément l'EMBOUT et la VIS (sens 2).

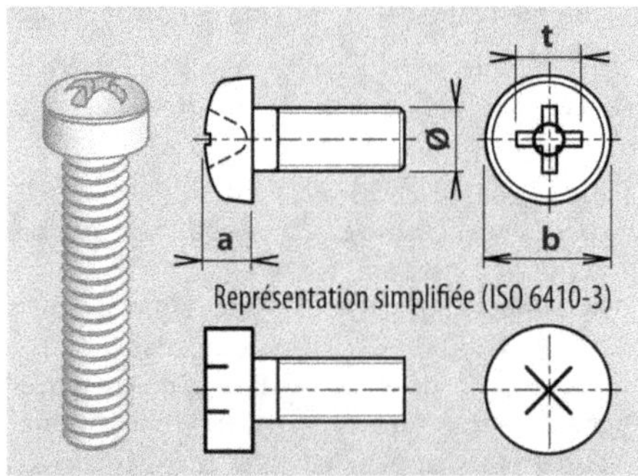

Représentation simplifiée (ISO 6410-3)

ISO 7045

Ø	2,5	3	3,5	4	5	6	8
pas	0,45	0,5	0,6	0,7	0,8	1	1,25
b	5	5,6	7	8	9,5	12	16
a	2,1	2,4	2,6	3,1	3,7	4,6	6
t	2,6	3	4	4,3	4,7	6,8	8,5

C. Ci-dessous, un exemple de DÉSIGNATION NORMALISÉE avec sa signification :

Vis CBZ M4-25-15 CL5.6 EZ

|CBZ| Tête cylindrique bombée cruciforme. Voir la rubrique (VIS), DÉSIGNATION DE VIS pour les autres types de tête.

|M| Filetage métrique à FILET TRIANGULAIRE PROFIL ISOMÉTRIQUE. Voir à la rubrique (FILET), PROFIL DE FILET les autres types de filetage.

|4| DIAMÈTRE | NOMINAL Ø en mm de la tige filetée.

|25| LONGUEUR totale de la TIGE en mm sans la tête sauf pour les VIS À TÊTE FRAISÉE.

|15| LONGUEUR filetée en mm.

|CL5.6| (VIS), CLASSE DE RÉSISTANCE DE VISSERIE : indication facultative et valable uniquement pour la VISSERIE en ACIER AU CARBONE. Le MATÉRIAU doit être précisé quand il est autre que l'ACIER AU CARBONE (ACIER INOXYDABLE, ALUMINIUM, NYLON...)

|EZ| Le type de TRAITEMENT DE SURFACE peut être précisé (brut, électrozingué (EZ), bichromaté, SHÉRARDISÉ...) Parfois, la NORME régissant la vis est indiquée.

👍 Avantages

D. Le TOURNEVIS est nécessairement dans le même AXE (sens 1) que la vis, ce qui facilite la ROBOTISATION. Bon marché.

👎 Inconvénients

E. Gamme de DIAMÈTRE très limitée. COUPLE DE SERRAGE possible relativement faible, ce qui en limite l'application à des ASSEMBLAGES (sens 2) légers.

---

vis à tête cylindrique fendue [slotted cheese head screw]

(n.f.) VIS (sens 2) dont la FORME D'ENTRAÎNEMENT est un CYLINDRE (sens 1) muni d'une FENTE pour TOURNEVIS.

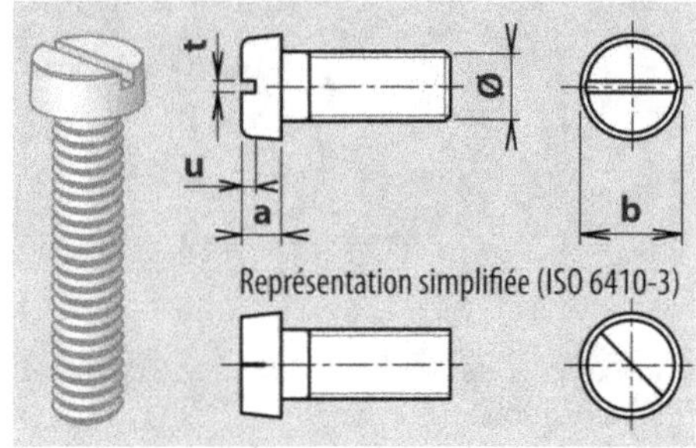

Représentation simplifiée (ISO 6410-3)

ISO 2007

Ø	1,6	2	2,5	3	4	5	6	8	10
pas	0,35	0,4	0,45	0,5	0,7	0,8	1	1,25	1,5
b	3	3,8	4,5	5,5	7	8,5	10	13	16
a	1	1,3	1,6	2	2,6	3,3	3,9	5	6
t	0,45	0,6	0,7	0,85	1,1	1,3	1,6	2	2,4
u	0,4	0,5	0,6	0,8	1,2	1,2	1,6	2	2,5

A. Exemple de DÉSIGNATION NORMALISÉE avec sa signification :

Vis CS M5-30-20 CL5.6 EZ

|CS| Tête cylindrique fendue. Voir la rubrique (VIS), DÉSIGNATION DE VIS pour les autres types de tête.

|M| Filetage métrique à FILET TRIANGULAIRE PROFIL ISOMÉTRIQUE. Voir à la rubrique (FILET), PROFIL DE FILET les autres types de FILETAGE.

|5| DIAMÈTRE NOMINAL Ø de la tige filetée.

|30| LONGUEUR totale de la tige sans la tête sauf pour les VIS À TÊTE FRAISÉE.

|20| LONGUEUR filetée.

|CL5.6| (VIS), CLASSE DE RÉSISTANCE DE VISSERIE : indication facultative et valable uniquement pour la VISSERIE en ACIER AU CARBONE. Le MATÉRIAU doit être précisé quand il est autre que l'ACIER AU CAR-

BONE (ACIER INOXYDABLE, ALUMINIUM, NYLON...).

|EZ| Le type de TRAITEMENT DE SURFACE peut être précisé (brut, électrozingué (EZ), bichromaté, SHÉRARDISÉ...)
Parfois, la NORME régissant la vis est indiquée.

👍 Avantages

B. Le même outil, c'est à dire le TOURNEVIS, peut être utilisé pour plusieurs DIAMÈTRES de vis différents. Bon marché.

👎 Inconvénients

C. La FENTE à tournevis ne permet qu'un COUPLE DE SERRAGE faible, ce qui en limite l'application à des ASSEMBLAGES (sens 2) légers. Le TOURNEVIS n'est pas forcément dans le même AXE (sens 1) que la vis ce qui ne convient pas à la ROBOTISATION.

vis à tête cylindrique hexagonale creuse [hexagon socket head screw]

(n.f.) VIS (sens 2) dont la FORME D'ENTRAÎNEMENT est un CYLINDRE (sens 1) muni d'une cavité POLYGONALE à six cotés égaux.

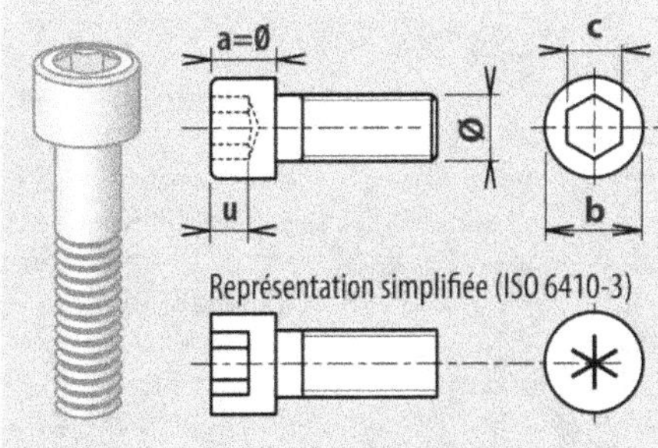

ISO 4762

Ø	1,6	2	2,5	3	4	5	6	8	10
pas	0,35	0,4	0,45	0,5	0,7	0,8	1	1,25	1,5
c	1,5	1,5	2	2,5	3	4	5	6	8
b	3	3,8	4,5	5,5	7	8,5	10	13	16
u	0,7	1	1,1	1,3	2	2,5	3	4	5

Ø	12	(14)	16	(18)	20	(22)	24	(27)	30
pas	1,75	2	2	2,5	2,5	2,5	3	3	3,5
c	10	12	14	14	17	17	19	19	22
b	18	21	24	27	30	33	36	40	50
u	6	7	8	9	10	11	12	13,5	15,5

Ø	(33)	36	42	48	56	64	72	80	90
pas	3,5	4	4,5	5	6,5	6	6	6	6
c	24	27	32	36	41	46	55	65	75
b	50	54	63	72	84	96	108	120	135
u	18	19	24	28	34	38	43	48	54

A. Exemple de DÉSIGNATION avec sa signification :

Vis CHC M10×1-80-50 CL8.8 EZ

|CHC| Tête Cylindrique Hexagonale Creuse. Voir la rubrique (VIS), DÉSIGNATION DE VIS pour les autres types de tête.

|M| Filetage métrique à FILET TRIANGULAIRE PROFIL ISOMÉTRIQUE. Voir à la rubrique (FILET), PROFIL DE FILET les autres types de FILETAGE.

|10| DIAMÈTRE NOMINAL Ø en mm de la tige filetée.

|×1| Valeur du PAS en mm quand il s'agit d'un PAS FIN. Les PAS GROS ne sont jamais indiqués.

|80| LONGUEUR totale en mm de la TIGE sans la tête, sauf pour les VIS À TÊTE FRAISÉE.

|50| LONGUEUR filetée en mm.

|CL8.8| (VIS), CLASSE DE RÉSISTANCE DE VISSERIE : indication facultative et valable uniquement pour la visserie en ACIER AU CARBONE. Le MATÉRIAU doit être précisé quand il est autre que l'ACIER AU CARBONE (ACIER INOXYDABLE, ALUMINIUM, NYLON...).

|EZ| Le type de TRAITEMENT DE SURFACE peut être précisé (brut, électrozingué (EZ), bichromaté, SHÉRARDISÉ...)
Parfois, la NORME régissant la vis est indiquée.

👍 Avantages

B. Tête compacte et relativement discrète pouvant être dissimulée dans un LAMAGE. Tête sans aspérités anguleuses agressives pouvant être source de blessures. Large gamme de DIMENSIONS (sens 1) et de MATIÈRES.

🖓 Inconvénients

C. SURFACE D'APPUI d'étendue moyenne. FORME D'ENTRAÎNEMENT relativement fragile. Préférer les (VIS), CLASSES DE RÉSISTANCE élevées, au moins 8.8 pour une meilleure DURABILITÉ.

D. La CLÉ DE SERRAGE prévue pour sa mise en œuvre est la CLÉ ALÊNE.

E. Il existe un autre type de vis interchangeable mais avec une EMPREINTE plus performante. → Voir la rubrique VIS À TÊTE CYLINDRIQUE TORX ®.

vis à tête cylindrique torx ®, vis à tête cylinrique hexalobée [torx ® socket head screw]

(n.f.) Type de VIS (sens 2) dont la FORME D'ENTRAÎNEMENT est une EMPREINTE creuse en FORME d'étoile à six branches.

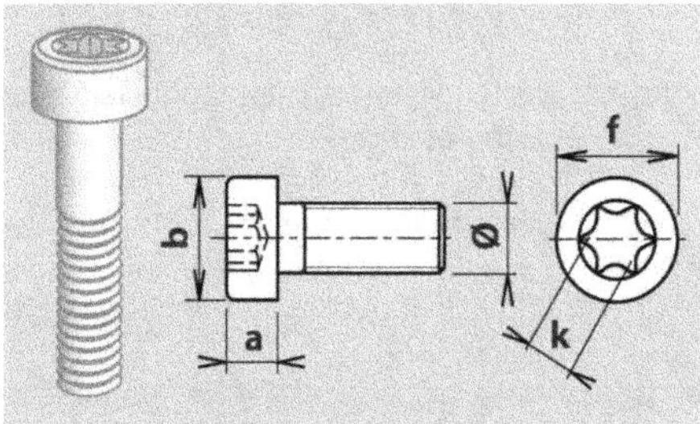

Ø	2	2,5	3	4	5	6	8	10	12
pas	0,4	0,45	0,5	0,7	0,8	1	1,25	1,5	1,75
b	3,8	4,5	5,5	7	8,5	10	13	16	18
a	1,4	1,7	2	2,8	3,5	4	5	6	7
T *	6	8	10	20	25	30	40	50	55
f		1,75	2,39	2,82	3,94	4,5	5,61	6,76	8,94	11,33
k		1,26	1,72	2,03	2,84	3,24	4,04	4,87	6,44	8,16

*T : Torx ®

A. Cette EMPREINTE est plus résistante à la détérioration par rapport à l'EMPREINTE creuse HEXAGONALE. En effet, par sa FORME, l'EMPREINTE hexalobée Torx ® offre plus de SURFACE D'APPUI et un ANGLE de CONTACT plus favorable.

Hexalobé Torx ®   Hexagonal

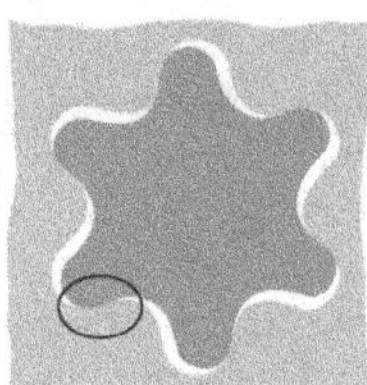
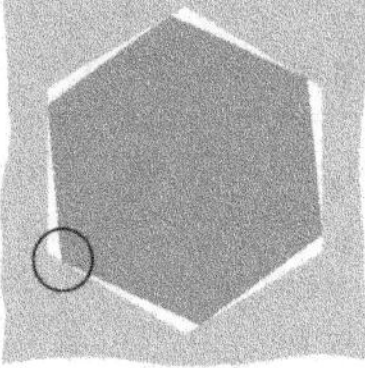

B. À remarquer qu'il existe une version encore plus performante de cette EMPREINTE, appelée TORX PLUS ™, mais qui est très peu répandue. → Voir TORX ®.

Exemple de DÉSIGNATION avec sa signification :

Vis CX M10-50-30 CL8.8 EZ

|CX| Tête cylindrique à EMPREINTE creuse Torx ®. Voir la rubrique (VIS), DÉSIGNATION DE VIS pour les autres types de tête.

|M| Filetage métrique à FILET TRIANGULAIRE PROFIL ISOMÉTRIQUE. Voir à la rubrique (FILET), PROFIL DE FILET les autres types de filetage.

|10| DIAMÈTRE NOMINAL Ø en mm de la tige filetée.

|50| LONGUEUR totale en mm de la TIGE sans la tête.

|30| LONGUEUR filetée en mm.

|CL8.8| (VIS), CLASSE DE RÉSISTANCE DE VISSERIE : indication facultative et valable uniquement pour la VISSERIE en ACIER AU CARBONE.

|EZ| Le type de TRAITEMENT DE SURFACE peut être précisé (brut, électrozingué (EZ), bichromaté, SHÉRARDISÉ...).

👍 Avantages

C. TRANSMISSION (sens 2) optimale du COUPLE DE SERRAGE par la FORME de l'EMPREINTE mais aussi parce que la CLÉ DE SERRAGE doit toujours être bien droite. Bien adaptée à des montages et démontages fréquents. DURABILITÉ améliorée de la CLÉ DE SERRAGE. Interchangeable avec la VIS À TÊTE CYLINDRIQUE HEXAGONALE CREUSE (CHC). Tête plus compacte car moins haute.

🖓 Inconvénients

D. Choix restreint de DIAMÈTRE. VIS (sens 2) et CLÉ DE SERRAGE peu répandues.

vis à tête douze pans [counter-bor screw]

(n.f.) Type de VIS (sens 2) dont la FORME D'ENTRAÎNEMENT est un prisme à 12 côtés. Elle permet, en particulier, un SERRAGE par douzième de tour dans des endroits très restreints.

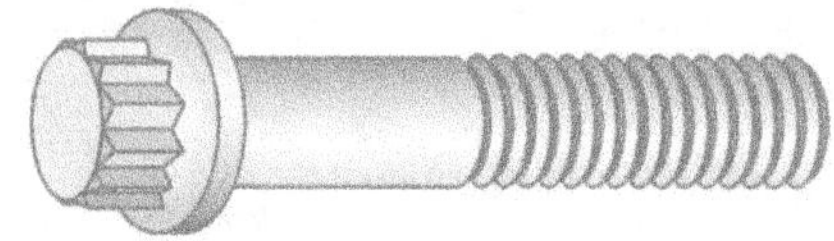

La vis à tête douze pans est essentiellement utilisée en aviation et dans l'automobile pour des applications de sécurité et de haute RÉSISTANCE.

vis à tête fraisée [countersunk head screw]

(n.f.) **Type de** VIS (sens 2) **dont la** FORME **générale de la zone d'**ENTRAÎNEMENT **est** CONIQUE **pour être entièrement logée dans une** FRAISURE **et éviter toute partie saillante.**

Néanmoins une vis à tête fraisée peut être utilisé sur une SURFACE | PLANE **grâce à la** RONDELLE-CUVETTE.

→ **Voir** VIS À TÊTE FRAISÉE CRUCIFORME, VIS À TÊTE FRAISÉE FENDUE **pour les différents types.**

vis à tête fraisée bombée cruciforme [cross socket countersunk oval head screw]

(n.f.) VIS (sens 2) **en tout point de vue identique à la** VIS À TÊTE FRAISÉE CRUCIFORME **mais avec une** FORME **rebondie en haut de sa tête.**

→ **Voir** VIS À TÊTE FRAISÉE CRUCIFORME **pour les détails.**

vis à tête fraisée bombée fendue [slotted socket countersunk oval head screw]

(n.f.) VIS (sens 2) **en tout point de vue identique à la** VIS À TÊTE FRAISÉE FENDUE **mais avec une** FORME **rebondie en haut de sa tête.**

→ **Voir** VIS À TÊTE FRAISÉE FENDUE **pour les détails.**

vis à tête fraisée cruciforme [cross socket coutersunk head screw]

(n.f.) **Type de** VIS (sens 2) **à tête** CONIQUE **et** FORME D'ENTRAINEMENT **femelle en étoile pour être actionnée avec un** TOURNEVIS **à** EMBOUT | CRUCIFORME.

A. Il existe deux variantes de l'EMPREINTE **cruci-forme.**

→ **Voir** VIS À TÊTE CYLINDRIQUE BOMBÉE CRUCIFORME **pour les détails.**

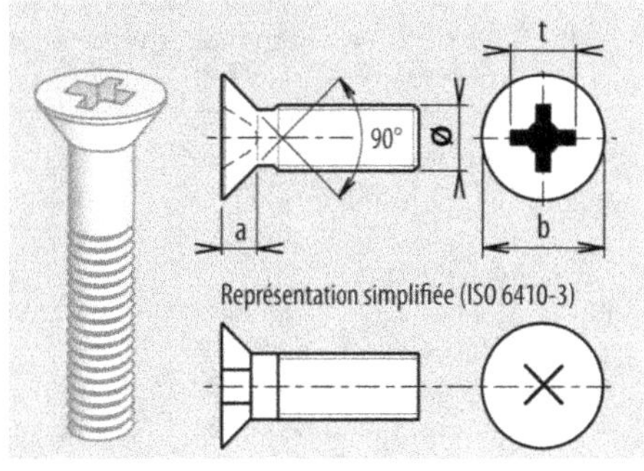

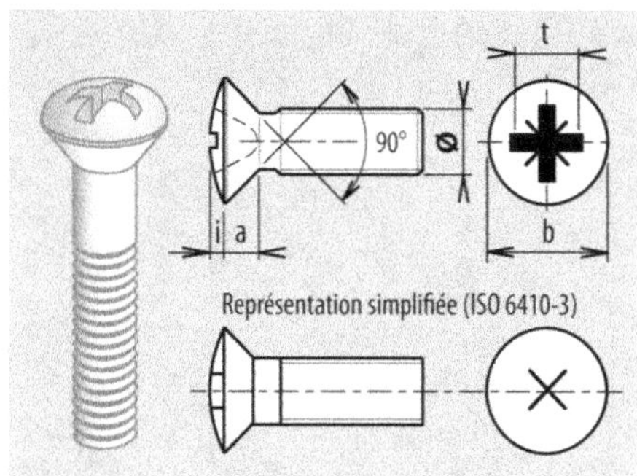

Ø	2	2,5	3	3,5	4	5	6	8	10
pas	0,4	0,45	0,5	0,6	0,7	0,8	1	1,25	1,5
b	3,8	4,7	5,5	7,3	8,4	9,3	11,3	15,8	18,3
a	1,2	1,5	1,65	2,35	2,7	2,7	3,3	4,65	5
t	1,9	2,9	3,1	4,2	4,5	5	6,7	8,8	9,9
i	0,5	0,6	0,7	0,8	1	1,2	1,4	2	2,3

B. Exemple de DÉSIGNATION :

Vis FBZ M4-25-15 CL5.6 EZ

|FBZ| Tête fraisée cruciforme Pozidriv. Voir la rubrique (VIS), DÉSIGNATION DE VIS pour les autres types de tête.

|M| Filetage métrique à FILET TRIANGULAIRE PROFIL ISOMÉTRIQUE. Voir à la rubrique (FILET), PROFIL DE FILET les autres types de filetage.

|10| DIAMÈTRE NOMINAL Ø en mm de la tige filetée.

|25| LONGUEUR totale en mm de la tige sans la tête, sauf pour les VIS À TÊTE FRAISÉE.

|15| LONGUEUR filetée en mm.

|CL5.6| (VIS), CLASSE DE RÉSISTANCE DE VISSERIE : indication facultative et valable uniquement pour la visserie en ACIER AU CARBONE. Le MATÉRIAU doit être précisé quand il est autre que l'ACIER AU CARBONE (ACIER INOXYDABLE, ALUMINIUM, NYLON...).

|EZ| Le type de TRAITEMENT DE SURFACE peut être précisé (brut, électrozingué (EZ), bichromaté, SHÉRARDISÉ...). Parfois, la NORME régissant la vis est indiquée.

vis à tête fraisée fendue [slotted socket countersunk head screw]

(n.f.) **Type de** VIS (sens 2) **à tête** CONIQUE **munie d'une** FENTE **pour être actionnée avec un** TOURNEVIS **à** EMBOUT **plat.**

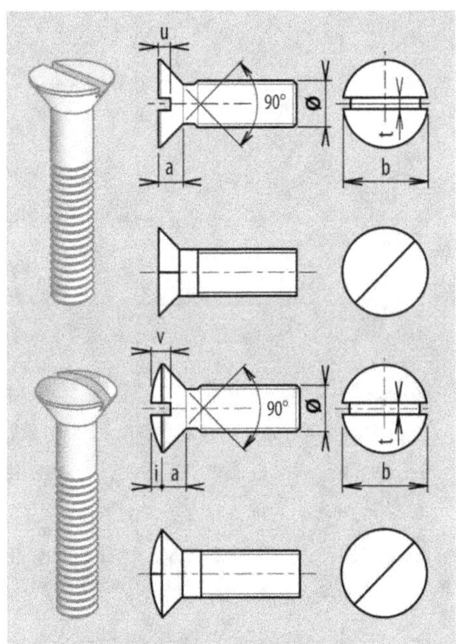

Ø	2	2,5	3	3,5	4	5	6	8	10
pas	0,4	0,45	0,5	0,6	0,7	0,8	1	1,25	1,5
b	3,8	4,7	5,5	7,3	8,4	9,3	11,3	15,8	18,3
a	1,2	1,5	1,65	2,35	2,7	2,7	3,3	4,65	5
t	0,5	0,6	0,8	1	1,2	1,2	1,6	2	2,5
u	0,6	0,75	0,85	1	1,3	1,4	1,6	2,3	2,6
v	1	1,2	1,45	1,7	1,9	2,4	2,8	3,7	4,4
i	0,5	0,6	0,7	0,8	1	1,2	1,4	2	2,3

A. Exemple de DÉSIGNATION :

Vis FBS M4-25-15 CL5.6 EZ

|FBS| Tête fraisée fendue. Voir la rubrique (VIS), DÉSIGNATION DE VIS pour les autres types de tête.

|M| Filetage métrique à FILET TRIANGULAIRE PROFIL ISOMÉTRIQUE. Voir à la rubrique (FILET), PROFIL DE FILET les autres types de filetage.

|4| DIAMÈTRE NOMINAL Ø en mm de la tige filetée.

|25| LONGUEUR totale en mm de la tige sans la tête, sauf pour les VIS À TÊTE FRAISÉE.

|15| LONGUEUR filetée en mm.

|CL5.6| (VIS), CLASSE DE RÉSISTANCE DE VISSERIE : indication facultative et valable uniquement pour la VISSERIE en ACIER AU CARBONE. Le MATÉRIAU doit être précisé quand il est autre que l'ACIER AU CARBONE (ACIER INOXYDABLE, ALUMINIUM, NYLON...).

|EZ| Le type de TRAITEMENT DE SURFACE peut être précisé (brut, électrozingué (EZ), bichromaté, SHÉRARDISÉ...).
Parfois, la NORME régissant la vis est indiquée.

vis à tête fraisée hexagonale creuse [hexagon socket countersunk head screw]

(n.f.) Type de VIS (sens 2) à tête CONIQUE et FORME D'ENTRAÎNEMENT femelle à six côtés.

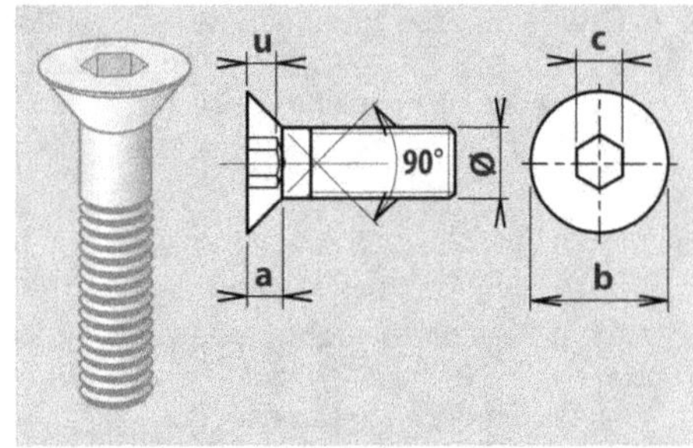

Ø	3	4	5	6	8	10	12	16	20
pas	0,5	0,7	0,8	1	1,25	1,5	1,75	2	2,5
c	2	2,5	3	4	5	6	8	10	12
b	5,5	8,4	9,3	11,3	15,8	18,3	22,5	30	38
a	1,65	2,7	2,7	3,3	4,65	5	6	8	10
u	1	1,75	2,15	2,55	3,5	4,5	4,7	5,5	6,15

A. Exemple de désignation :

Vis FHC M8-60-30 CL8.8 EZ

|FHC| Tête fraisée hexagonale creuse. Voir la rubrique (VIS), DÉSIGNATION DE VIS pour les autres types de tête.

|M| Filetage métrique à FILET TRIANGULAIRE PROFIL ISOMÉTRIQUE. Voir à la rubrique (FILET), PROFIL DE FILET les autres types de filetage.

|8| DIAMÈTRE NOMINAL Ø en mm de la tige filetée.

|60| LONGUEUR totale en mm de la tige sans la tête, sauf pour les VIS À TÊTE FRAISÉE.

|30| LONGUEUR filetée en mm.

|CL8.8| (VIS), CLASSE DE RÉSISTANCE DE VISSERIE : indication facultative et valable uniquement pour la visserie en ACIER AU CARBONE. Le MATÉRIAU doit être précisé quand il est autre que l'ACIER AU CARBONE (ACIER INOXYDABLE, ALUMINIUM, NYLON...).

|EZ| Le type de TRAITEMENT DE SURFACE peut être précisé (brut, électrozingué (EZ), bichromaté, SHÉRARDISÉ...).
Parfois, la NORME régissant la VIS (sens 2) est indiquée.

vis à tête hexagonale [hexagonal head screw]

(n.f.) Type de VIS (sens 2) très répandue en CONSTRUCTION | MÉCANIQUE et dont la FORME D'ENTRAÎNEMENT est un PRISME à six côtés égaux.

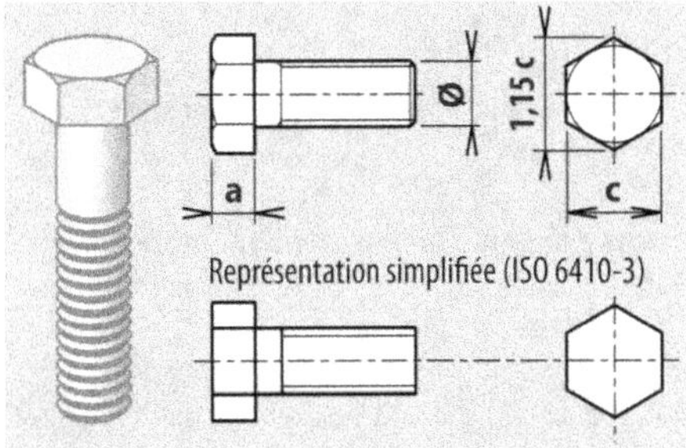

Représentation simplifiée (ISO 6410-3)

ISO 4014

Ø	1,6	2	2,5	3	(3,5)	4	5	6	(7)
pas	0,35	0,4	0,45	0,5	0,6	0,7	0,8	1	1
c	3,2	4	5	5,5	6	7	8	10	11
a	1,1	1,4	1,7	2	2,4	2,8	3,5	4	4,8

Ø	8	10	12	(14)	16	(18)	20	(22)	24
pas	1,25	1,5	1,75	2	2	2,5	2,5	2,5	3
c	13	16*	18*	21*	24	27	30	34*	36
a	5,3	6,4	7,5	8.8	10	11,5	12,5	14	15

Ø	(27)	30	(33)	36	(39)	42	(45)	(48)	(52)
pas	3	3,5	3,5	4	4	4,5	4,5	5	5
c	41	46	50	55	60	65	70	75	80
a	17	19	21	23	25	26	28	30	33

Ø	56	60	(64)	68	(72)	76	80
pas	5,5	5,5	6	6	6	6	6
c	85	90	95	100	105	110	115
a	35	38	40	43	45	48	50

* Dimensions remaniées   ( ) Dimensions à éviter

A. Exemple de DÉSIGNATION avec sa signification :

Vis H M20×1,5-120-50 CL6.8 EZ

|H| Tête HEXAGONALE.

|M| Filetage métrique à FILET TRIANGULAIRE PROFIL ISOMÉTRIQUE. Voir la rubrique (VIS), DÉSIGNATION DE VIS pour les autres types de tête.

|20| DIAMÈTRE NOMINAL Ø en mm de la tige filetée.

|×1,5| Valeur du PAS en mm quand il s'agit d'un PAS FIN. Les PAS GROS ne sont jamais indiqués.

|120| LONGUEUR totale de la TIGE en mm sans la tête sauf pour les VIS À TÊTE FRAISÉE.

|50| LONGUEUR filetée en mm.

|CL6.8| (VIS), CLASSE DE RÉSISTANCE DE VISSERIE : indication facultative et valable uniquement pour la VISSERIE en ACIER AU CARBONE. Le MATÉRIAU doit être précisé quand il est autre que l'ACIER AU CARBONE (ACIER INOXYDABLE, ALUMINIUM, NYLON...).

|EZ| Le type de TRAITEMENT DE SURFACE peut être précisé (brut, électrozingué (EZ), bichromaté, SHÉRARDISÉ...).
Parfois, la NORME régissant la VIS (sens 2) est indiquée.

👍 Avantages

B. Large éventail de type de CLÉS DE SERRAGE adaptées aux différentes conditions de travail. Permet un SERRAGE fort par petits PAS | ANGULAIRES. Bonne SURFACE D'APPUI de la tête. Très répandue, facilement trouvable dans le commerce en PAS GROS. Large gamme de DIMENSIONS (sens 1), de MATIÈRES et de (VISSERIE), CLASSE DE RÉSISTANCE. Bon marché.

👎 Inconvénients

C. Tête saillante et encombrante, peu ESTHÉTIQUE. Les arêtes anguleuses de l'HEXAGONE sont agressives et peuvent être source de blessures. Les aspects ESTHÉTIQUE et peu sécurisant peuvent cependant être améliorés par l'utilisation de CACHE-VIS.
→ Voir CLÉ PLATE À FOURCHE ; CLÉ POLYGONALE ; CLÉ MIXTE ; CLÉ TUBE ; CLÉ À PIPE ; CLÉ À MOLETTE ainsi que les DOUILLES DE SERRAGE pour les types de CLÉ DE SERRAGE adaptée à cette VIS (sens 2).

vis à tête hexagonale à embase striée [self locking hexagone flange screw]

(n.f.) Type de VIS À TÊTE HEXAGONALE avec une SURFACE D'APPUI élargie à motifs rugueux qui l'empêche de se desserrer accidentellement.

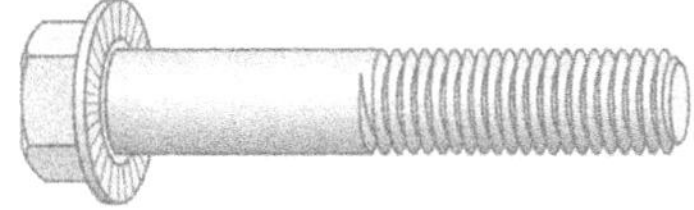

 **Avantages**

A. Large éventail de type de CLÉS DE SERRAGE adaptées aux différentes conditions de travail. Permet un SERRAGE fort par petits PAS | ANGU-LAIRES. Grande SURFACE D'APPUI de la tête ne né-cessitant ni RONDELLE ni FREINAGE DE FILETAGE.

Inconvénients

B. Laisse des marques sur les SURFACES compri-mées par la tête. Saillante et peu ESTHÉTIQUE. Les arêtes anguleuses de l'HEXAGONE sont agres-sives et peuvent être source de blessures. Pas de CACHE-VIS prévu pour améliorer l'ESTHÉTIQUE.

vis à tête hexalobée [external torx screw]

(n.f.) Même signification que la VIS À SIX LOBES EXTERNES.

vis à tête marteau [T-head bolt]

(n.f.) VIS (sens 2) à tête spécialement conçue pour se loger dans une RAINURE EN TÉ.

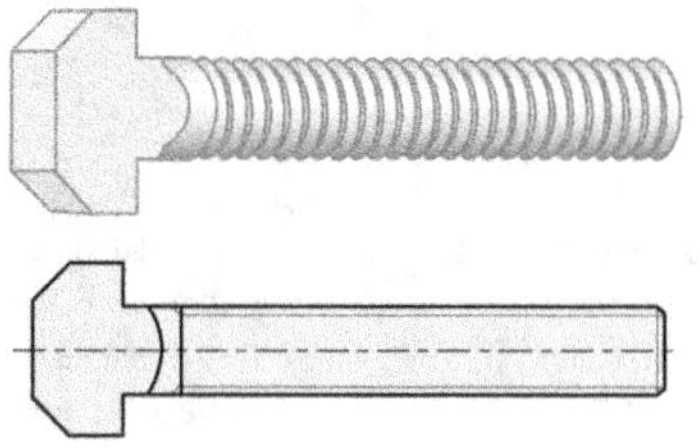

→ Voir également BOULON DE RAINURE EN TÉ.

vis à tôle [sheet metal screw]

(n.f.) VIS (sens 2) à BOUT très pointu et FILETS es-pacés suffisamment robustes pour creuser son propre TARAUDAGE dans une PLAQUE | MÉTAL-lique d'ÉPAISSEUR relativement faible.
A. Très souvent, seul un FILET est en prise dans la PLAQUE de TÔLE. La vis à tôle nécessite, en prin-cipe, un AVANT-TROU. Cependant, elle peut aussi percer parfois son propre TROU, mais l'effort nécessaire est, dans ce cas, plus important.

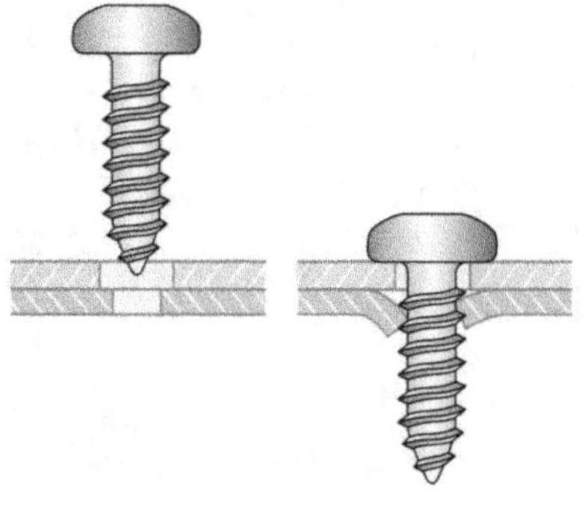

B. Ne pas confondre avec la VIS AUTOFOREUSE. Ne pas confondre non plus avec la VIS AUTOFOR-MEUSE prévue pour des ÉPAISSEURS de MATÉRIAU plus importante.

vis autoforeuse [self-drilling screw]

(n.f.) Type de VIS À TÔLE ne nécessitant pas de TROU préalable car elle comporte déjà une ex-trémité en forme de FORET capable de percer le TROU qu'il faut.

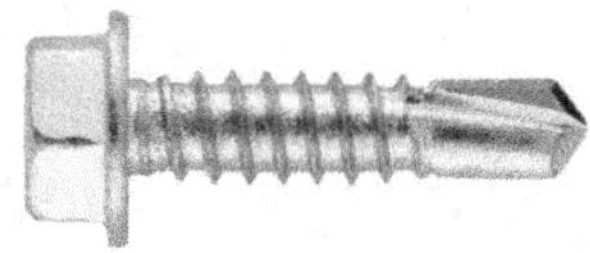

A. Elle forme aussi elle-même son propre TA-RAUDAGE.
Le principe de pose :

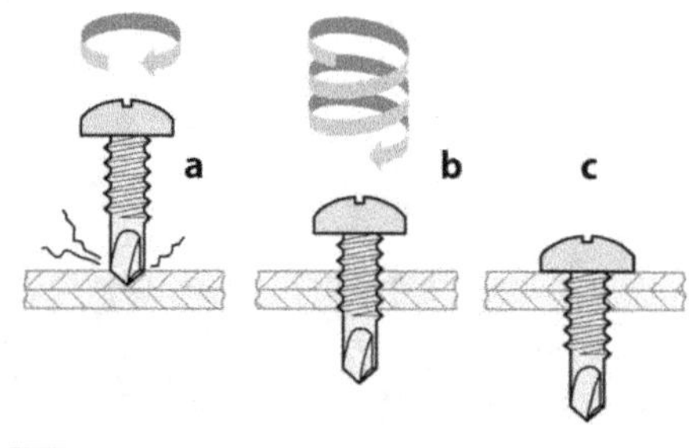

 **Avantages**

B. Solution économique favorable à une grande PRODUCTIVITÉ car s'affranchissant des OPÉRA-TIONS de POINTAGE, PERÇAGE et de TARAUDAGE. Pas de problème de décalage entre les PIÈCES (sens 1) à assembler car il n'y pas de TROUS à faire coïncider.

Inconvénients

C. La pose nécessite une OUTILLAGE ÉLECTROPOR-TATIF spécial s'apparentant à une PERCEUSE MA-NUELLE mais avec un système de DÉBRAYAGE une fois la vis serrée à fond. Chaque vis n'est, en principe, utilisable qu'une seule fois. ÉPAISSEUR de TÔLE praticable relativement faible, généra-lement en dessous de 5 mm pour le total des deux éléments à assembler. La vis subit un fort couple de TORSION, ce qui en diminue la résis-tance une fois posée.
D. La vis autoforeuse est utilisée entre autres :
- En TÔLERIE pour la FIXATION de BARDAGE, l'AS-SEMBLAGE (sens 1) de conduits de chauffage et d'aération, fixation de carter d'équipements électroménagers, etc.

- En carrosserie automobile : fixation de divers éléments (lève-vitre, trappe de réservoir, habillage de porte, etc.).
- En menuiserie, FIXATION des facades d'habillage, ASSEMBLAGE (sens 1) de PROFILÉs, etc.

E. Ne pas confondre avec la VIS AUTOFORMEUSE qui nécessite un TROU préalable car elle forme seulement le TARAUDAGE.

◆ Syn. : VIS AUTOTARAUDEUSE.

vis autoformeuse [self tapping screw, thread forming screw]

(n.f.) Type de VIS (sens 1) ne nécessitant pas de TARAUDAGE préalable car elle peut creuser elle-même son propre TARAUDAGE. Elles ont cependant besoin d'un AVANT-TROU.

• Note : Ne pas confondre avec les VIS AUTOFOREUSES.

→ Voir VIS TRILOBÉE.

vis autoperceuse [self-drilling screw]

(n.f.) Même signification que VIS AUTOFOREUSE.

vis autotaraudeuse [self tapping screw, thread cutting screw]

(n.f.) Même signification que VIS AUTOFOREUSE.

(vis), bout de vis [screw point]

(n.m.) La partie terminale d'une VIS (sens 2) du côté du FILETAGE. Le bout de vis peut avoir un rôle fonctionnel selon l'application envisagée. Ci-dessous, les formes les plus courantes :

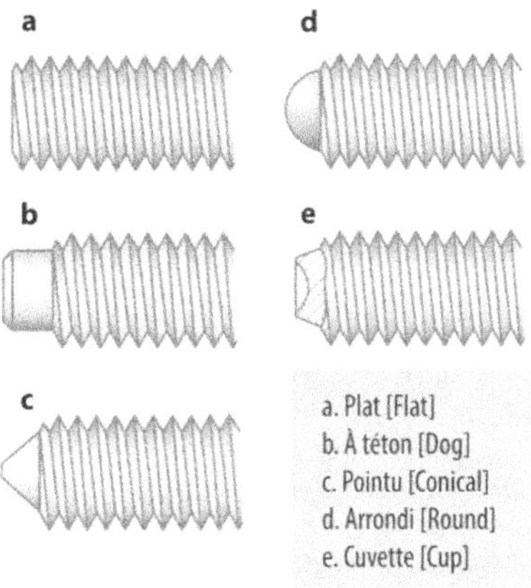

→ Voir aussi VIS DE PRESSION.

(vis), classe de résistance de visserie [fastener property class]

(n.f.) Indication NORMALISÉE de la RÉSISTANCE MÉCANIQUE de VISSERIE en ACIER. Cette indication doit être marquée de façon lisible (RELIEF), EN RELIEF ou (CREUX), EN CREUX sur les VIS (sens 2), ÉCROUS ou GOUJONS.

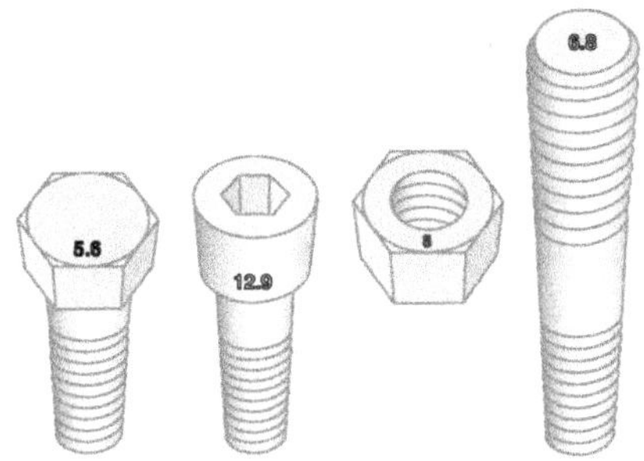

A. La notion de classe de résistance consiste en deux nombres séparés par un point. Voici ce qui peut être déduit de cette indication :

Classe A.B

Nombre désignant le centième de la résistance à la rupture Rm ou fu exprimée en MPa (N/mm²)	Nombre désignant dix fois, le rapport de la résistance à la limite d'élasticité Re ou fy par la résistance à la ruptureRm ou fu exprimée en MPa (N/mm²)
A × 100 = Rm (ou fu) **(en MPa = N/mm²)**	**A × B × 10 = Re (ou fy)** **(en MPa = N/mm²)**

Ainsi, en multipliant le premier chiffre par 100, on obtient la RÉSISTANCE À LA RUPTURE EN TRACTION en MPa (N/mm²). L'exemple ci-dessous donne 6×100 = 600 MPa (N/mm²). En multipliant les deux chiffres puis par 10, on obtient la RÉSISTANCE À LA LIMITE D'ÉLASTICITÉ exprimée en MPa (N/mm²). Dans l'exemple ci-dessous, elle est de 6×8×10 = 480 MPa (N/mm²) :

Classe 6.8

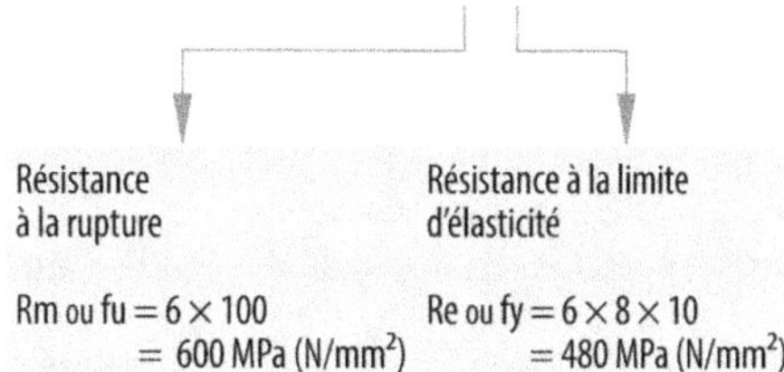

Résistance à la rupture	Résistance à la limite d'élasticité
Rm ou fu = 6 × 100 = 600 MPa (N/mm²)	Re ou fy = 6 × 8 × 10 = 480 MPa (N/mm²)

B. Page suivante les classes de résistances définies par les NORMES. Remarquer que ce tableau fournit aussi l'ALLONGEMENT À RUPTURE, la DURETÉ et la RÉSISTANCE AU CHOC pour certaines classes.

Classe x.x	Rm (fu) en MPa	Re (fy) en MPa	Dureté (HV)	Allongement (%)	Choc KU (Joules)
3.6	300	180	95	25	
4.6	400	240	120	22	
4.8	400	320	130	16	
5.6	500	300	155	20	
5.8	500	400	160	10	
6.8	600	480	190	8	30
8.8	800	640	250	12	25
9.8	900	720	290	10	20
10.9	1000	900	320	9	15
12.9	1200	1080	385	8	
14.9	1400	1260			

Rm (fu) : Résistance à la rupture en traction
Re (fy) : Résistance à la limite d'élasticité

C. À remarquer que pour les ÉCROUS, la classe de résistance n'est constituée que du premier chiffre correspondant à la classe maximale de la VIS avec laquelle il peut être associé selon le tableau ci-dessous :

Classe de qualité de l'écrou	Classe de qualité maximale de tige, vis, goujon associé
5	5.8
6	6.8
8	8.8
9	9.8
10	10.9
12	12.9

Par exemple, un ÉCROU de classe 6 ne peut être associé qu'avec des VIS de classe 6 et moins. Mais bien entendu, un ÉCROU de classe supérieure peut être utilisé en remplacement d'un autre de classe moindre.

→ Voir également VISSERIE HAUTE RÉSISTANCE.

---

viscosité dynamique [viscosity]

(n.f.) Caractère d'une SUBSTANCE | LIQUIDE ou PÂTEUSE à s'opposer à l'ÉCOULEMENT.

A. Une SUBSTANCE | VISQUEUSE comme le miel a du mal à s'écouler. Au contraire, une SUBSTANCE peu VISQUEUSE comme l'eau s'écoule facilement.

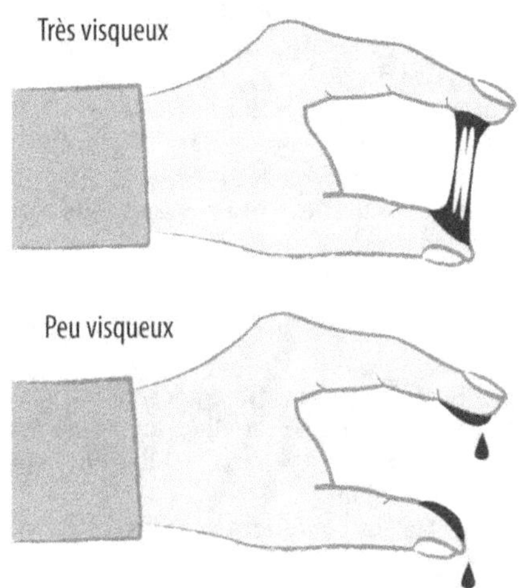

B. La viscosité est la manifestation macroscopique de la plus ou moins grande aisance des molécules d'une SUBSTANCE à se mouvoir les unes par rapport aux autres. On peut, par exemple, comprendre facilement de façon intuitive que de l'eau est moins visqueuse qu'un POLYMÈRE fondu car les molécules d'eau sont plus libres de bouger comparé à l'enchevêtrement d'une chaîne de POLYMÈRE.

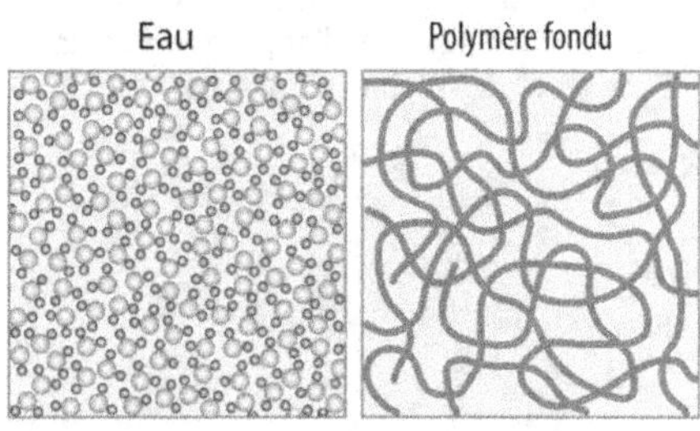

C. Cette grandeur est primordiale dans les calculs de MÉCANIQUE DES FLUIDES et de RHÉOLOGIE. Son UNITÉ (sens 1) dans le (UNITÉ), SYSTÈME INTERNATIONAL D'UNITÉS (S.I.) est le **Pa·s** (Pascal·seconde).

D. Ci-dessous, une liste de quelques SUBSTANCEs avec leurs viscosités dynamiques respectives classées par ordre du plus au moins VISQUEUX :

verre fondu	10^{12}	Pa·s
plastique ramolli	10^1 à 10^5	Pa·s
résine végétale	10^2	Pa·s
miel	10^1	Pa·s
glycérol	$10^0 = 1$	Pa·s
eau	10^{-3}	Pa·s
air	10^{-5}	Pa·s

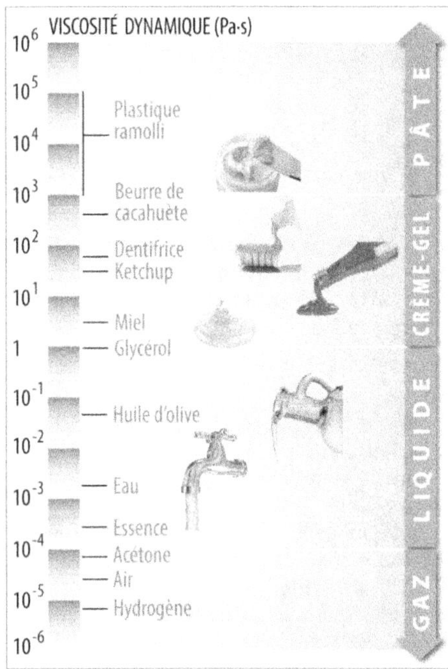

◊ Contr. : FLUIDITÉ.

vis d'archimède [spiral conveyor]

(n.f.) ORGANE à surface HÉLICOÏDALE autour d'un AXE (sens 2) d'une grande LONGUEUR pour déplacer en continu des SUBSTANCES | GRANULEUSES, PULVÉRULENTES ou PÂTEUSES et même LIQUIDES lorsqu'il est mis en ROTATION.

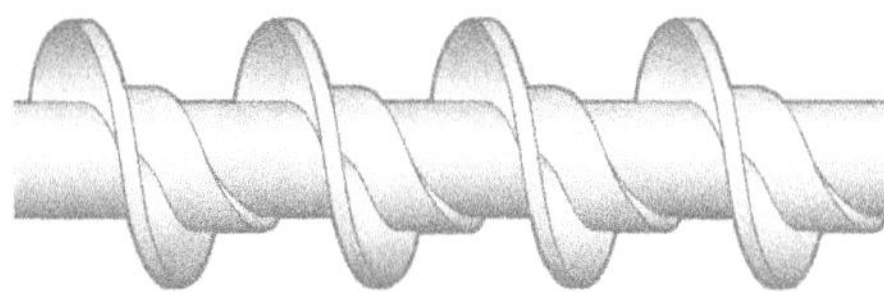

• Note : Ne pas confondre avec la VIS SANS FIN qui sert à la TRANSMISSION DE MOUVEMENT.

vis d'arrêt [stop screw]

(n.f.) VIS DE PRESSION dont la pointe empêche tout mouvement en constituant un obstacle.
Ex. : *Vis d'arrêt d'une bague sur un axe.*

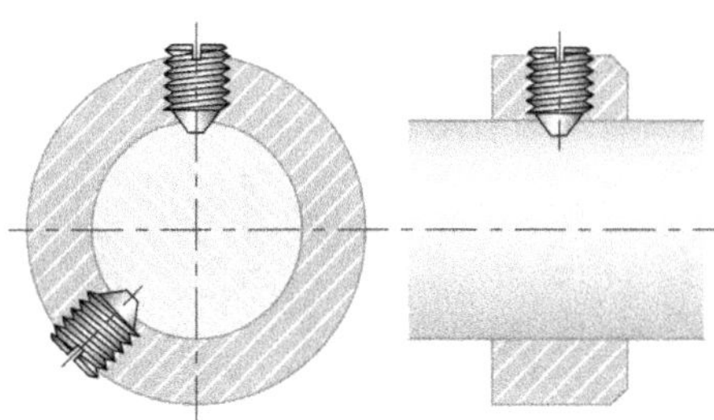

vis de blocage [locking screw, clamping screw]

(n.f.) VIS DE PRESSION empêchant le MOUVEMENT d'une PIÈCE (sens 1) en lui appliquant une COMPRESSION par son BOUT.
Ex. : *Vis de blocage d'un outil de coupe sur une tourelle de machine-outil.*

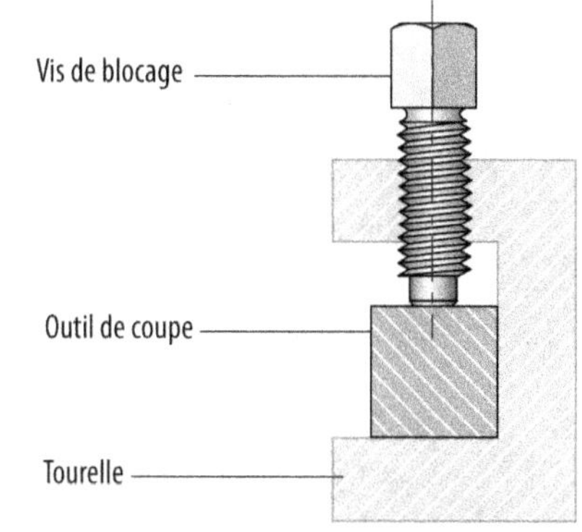

vis de centrage [centring screw (GB), centering screw (US)]

(n.f.) Même signification que VIS DE POSITIONNEMENT.

vis de fixation [fixing screw]

(n.f.) VIS (sens 2) assurant la fonction de maintien d'un ASSEMBLAGE (sens 2).
Ex. : *Vis de fixation d'un AXE (sens 2) sur un profilé modulaire.*

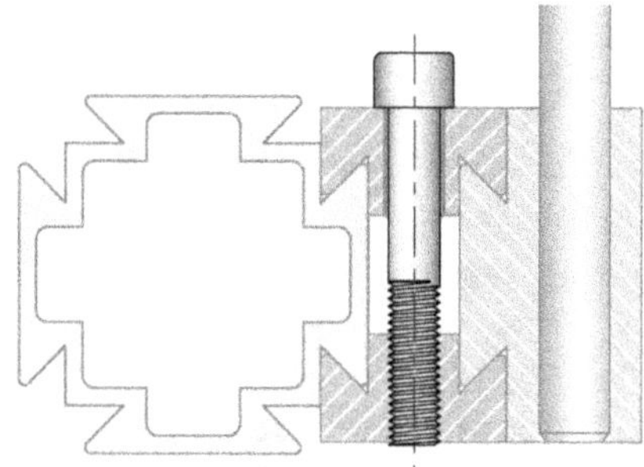

→ Voir aussi VIS À MÉTAUX.

vis de guidage [guide screw]

(n.f.) VIS DE PRESSION permettant de limiter la possibilité de bouger suivant un seul DEGRÉ DE LIBERTÉ.
Ex. 1 : *Vis de guidage en ROTATION (voir page suivante).*

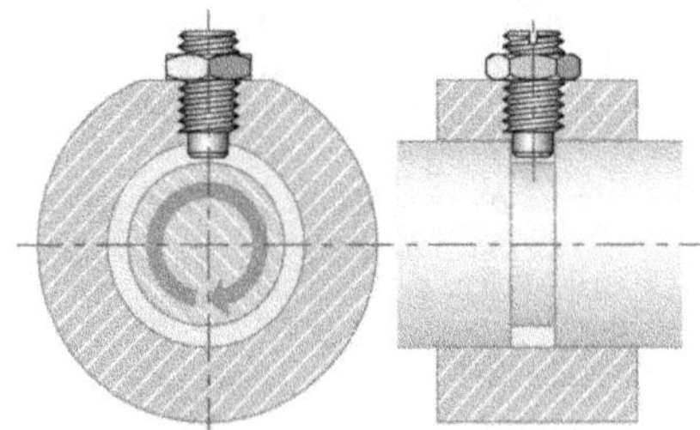

Ex. 2 : *Vis de guidage en TRANSLATION*.

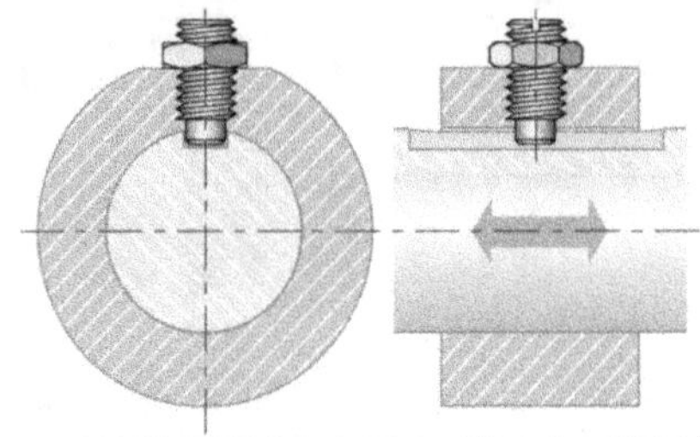

vis de positionnement [locating dowel screw]

(n.f.) Type de VIS (sens 2) possédant entre sa tige et sa tête une partie cylindrique très précise qui peut servir à définir l'emplacement d'une PIÈCE (sens 1).

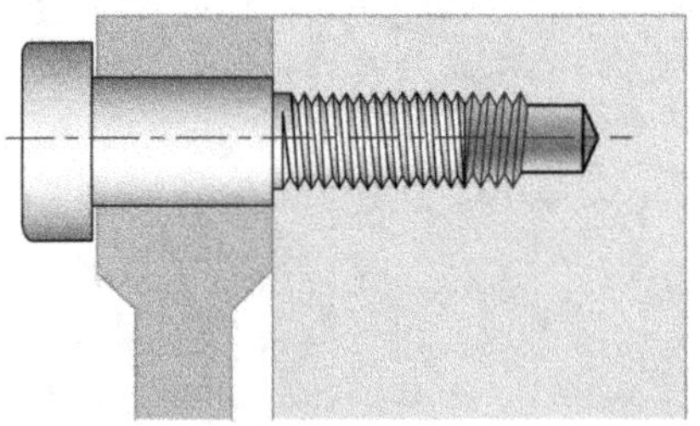

→ **Voir aussi** VIS À SIX PANS CREUX ÉPAULÉE ; VIS DE CENTRAGE.

vis de pression [set screw]

(n.f.) Type de VIS (sens 2) dont la FORME du BOUT est spécialement conçue pour remplir des FONCTIONS autres que la FIXATION classique.

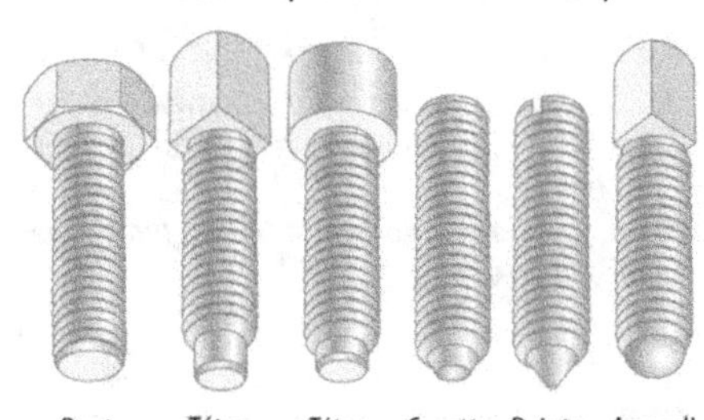

Ces fonctions peuvent être :
- le BLOCAGE par PRESSION.
- l'ARRÊT.
- le GUIDAGE.
- le CENTRAGE.
- le POSITIONNEMENT.

→ **Voir aussi** (VIS), BOUT DE VIS.

vis de réglage [setting screw, adjusting screw]

(n.f.) VIS (sens 2) dont le rôle est d'ajuster finement les paramètres d'un SYSTÈME.
Ex. : *Vis de réglage de jeu d'une glissière en queue d'aronde*.

(vis-écrou), système vis-écrou [screw and nut drive system]

(n.m.) DISPOSITIF constitué d'une TIGE FILETÉE (vis) et d'une pièce TARAUDÉE (écrou) permettant de transformer un MOUVEMENT DE ROTATION en MOUVEMENT DE TRANSLATION. Généralement, le système est irréversible compte tenu des FROTTEMENTS et de l'ANGLE D'HÉLICE des filets.
Ex. : *VUE ÉCORCHÉE d' un système vis-écrou à profil de filet trapézoïdal*.

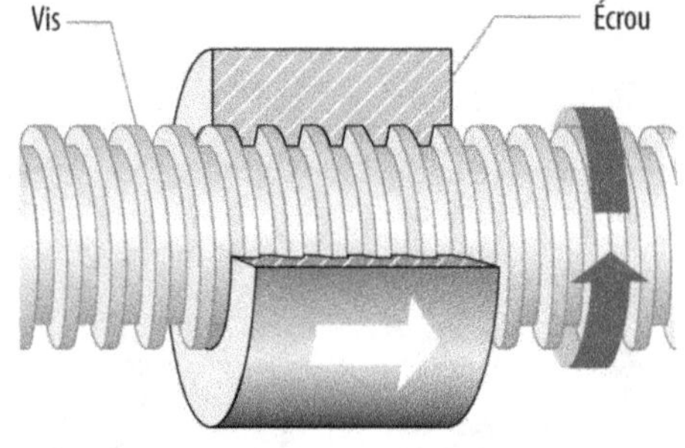

(vis), désignation de vis [fastener specification]

(n.m.) Symboles alphanumériques normalisés attribués à chaque type de VIS (sens 2) pour le décrire de façon succinte et sans ambiguïté.
La désignation des vis doit, en principe, être systématiquement utilisée dans toute communication TECHNIQUE : catalogues commerciaux, NOMENCLATURES de DESSIN TECHNIQUE, gestion d'articles, bibliothèque informatisée de COMPOSANTS standard, etc. La désignation est globalement constituée comme suit :

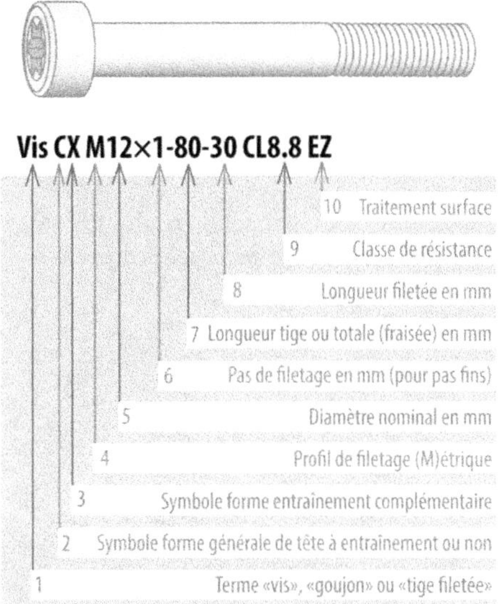

Vis CX M12×1-80-30 CL8.8 EZ

10	Traitement surface
9	Classe de résistance
8	Longueur filetée en mm
7	Longueur tige ou totale (fraisée) en mm
6	Pas de filetage en mm (pour pas fins)
5	Diamètre nominal en mm
4	Profil de filetage (M)étrique
3	Symbole forme entraînement complémentaire
2	Symbole forme générale de tête à entraînement ou non
1	Terme «vis», «goujon» ou «tige filetée»

[2] Symbole de FORME de tête :

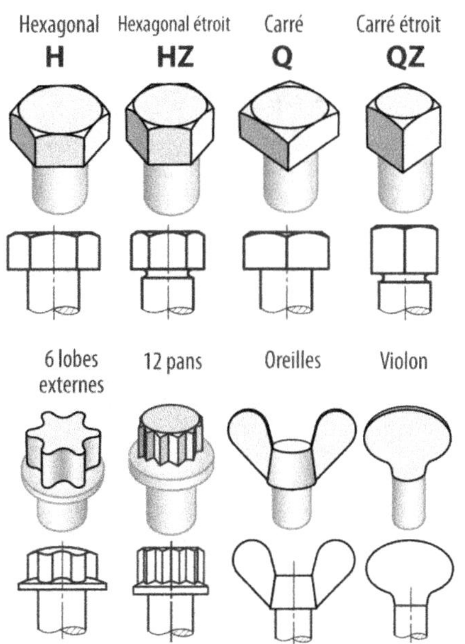

Symbole de FORME générale de la tête ne contribuant pas à l'entraînement et nécessitant d'autres formes complémentaires :

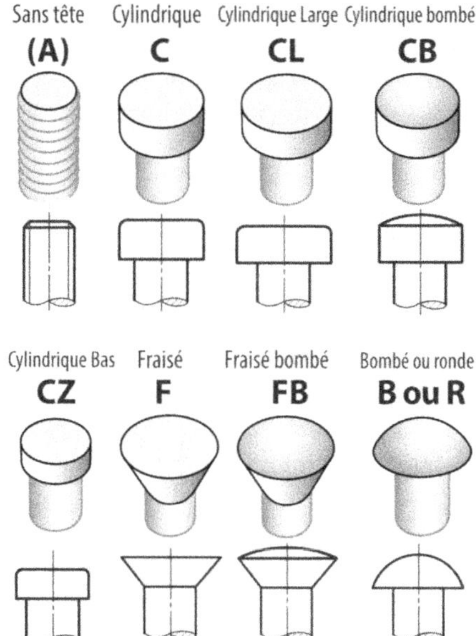

[3] Symbole complémentaire de FORME D'ENTRAÎNEMENT particulière.

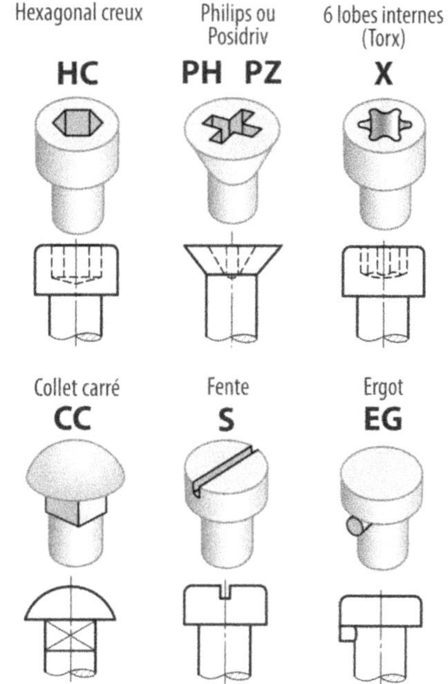

[4] Symbole « M » précisant que le FILETAGE est du type MÉTRIQUE à FILET TRIANGULAIRE À PROFIL ISOMÉTRIQUE.
[5] DIAMÈTRE NOMINAL du FILETAGE.
[6] PAS FIN du FILETAGE. Le PAS GROS n'est jamais indiqué.

7 LONGUEUR de la TIGE de la vis comprenant la FRAISURE pour les VIS À TÊTE FRAISÉE. LONGUEUR totale pour les VIS SANS TÊTE.

8 LONGUEUR filetée. À titre de remarque, le plus souvent cette longueur n'est pas la COTE FONC-TIONNELLE. Ce serait plutôt la LONGUEUR lisse (non-filetée) de la TIGE qui correspond à l'ÉPAIS-SEUR susceptible d'être serrée. Mais l'habitude d'indiquer la « longueur filetée » est restée dans tous les catalogues !

9 Indication de (VIS), CLASSE DE RÉSISTANCE DE VIS-SERIE pour le cas de l'ACIER AU CARBONE.

10 Indication du TRAITEMENT DE SURFACE ou de la MATIÈRE quand il ne s'agit pas d'ACIER.

Quelquefois, la NORME régissant la vis est aussi donnée.

vis fluoperceuse [flow drilling screw]

(n.f.) Type de VIS AUTOFOREUSE à extrémité pointue et DURE capable de faire fondre locale-ment et transpercer une TÔLE sur laquelle elle est fortement appuyée avec une grande VITESSE DE ROTATION, ce qui permet à la vis entière de se mettre en place.

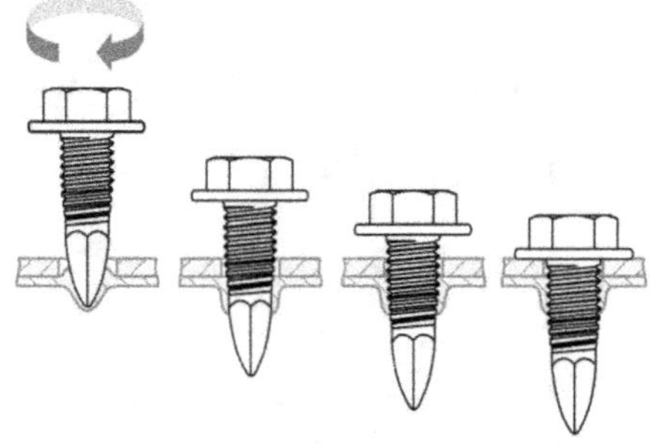

→ Voir aussi FLUOPERÇAGE.

visière [visor]

(n.f.) ÉQUIPEMENT de SÉCURITÉ pour la protec-tion du visage et des yeux, constitué d'une PLAQUE | TRANSPARENTE et de son DISPOSITIF de fixation sur la tête.

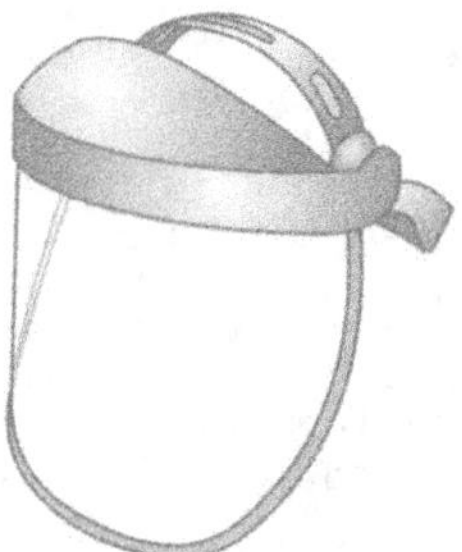

La visière protège globalement l'ensemble du visage des particules projetées mais ne dis-pense pas de protection spécifique pour les yeux et la respiration.

→ Voir DRESSAGE DE MEULE ; LUNETTE DE PROTECTION ; (SOUDAGE), ÉQUIPEMENTS DE PROTECTION ; RESPIRATEUR.

vis inviolable [tamper proof screw]

(n.f.) Type de VIS SPÉCIALE non-NORMALISÉE à FORME D'ENTRAÎNEMENT peu répandue de sorte que le grand public ne puisse la desserrer.

A. Quelques exemples :

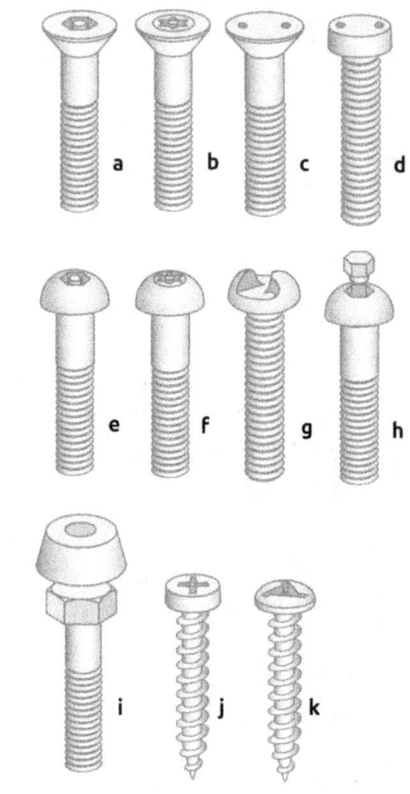

a. Vis à tête fraisée hexagonale creuse avec téton central
b. Vis à tête fraisée Torx avec téton central
c. Vis à tête fraisée «snake eyes» (2 trous)
d. Vis à tête cylindrique «snake eyes»
e. Vis à tête bombée hexagonale creuse avec téton central
f. Vis à tête bombée Torx avec téton central
g. Vis à tête cylindrique «one way» (fente sens unique)
h. Vis à tête bombée hexagonale creuse avec bouchon
i. Vis hexagonale à capuchon
j. Vis à tôle tête cylindrique Philips avec téton
k. Vis à tôle tête bombe «tri-wing»

B. Les vis inviolables sont utilisés pour la protection des ASSEMBLAGES (sens 2) contre le vandalisme pour les ÉQUIPEMENTS accessibles au grand public.

visio-tactile [visual-tactile]

(adj.) Par le regard et le toucher.
Ex. : *Contrôle visio-tactile.*

vis mère [lead screw]

(n.f.) VIS (sens 1) d'avance de grande PRÉCISION sur un TOUR (sens 1) pour obtenir tous les PAS DE FILETAGE et TARAUDAGE lorsqu'on fait varier sa VITESSE par rapport à celle de la BROCHE (sens 2).
→ Voir TOUR CONVENTIONNEL.

vis plastique [plastic screw]

(n.f.) Type de VIS (sens 2) de même DIMENSIONS et de FORME que les VIS À MÉTAUX mais dont la MATIÈRE est du (PLASTIQUE), MATIÈRE PLASTIQUE, souvent du NYLON.
A. Elles sont destinées à des applications très spécifiques où le CONTACT avec les MÉTAUX est proscrit, par exemple pour garantir une isolation électrique. Néanmoins, leur RÉSISTANCE MÉCANIQUE est sensiblement plus faible que les VIS À MÉTAUX.
B. Ne pas confondre avec la VIS POUR PLASTIQUE.

vis pointeau [cone-point set screw]

(n.f.) VIS DE PRESSION avec un BOUT | CONIQUE se terminant par une pointe.
Ex : Positionnement d'un doigt d'indexage.

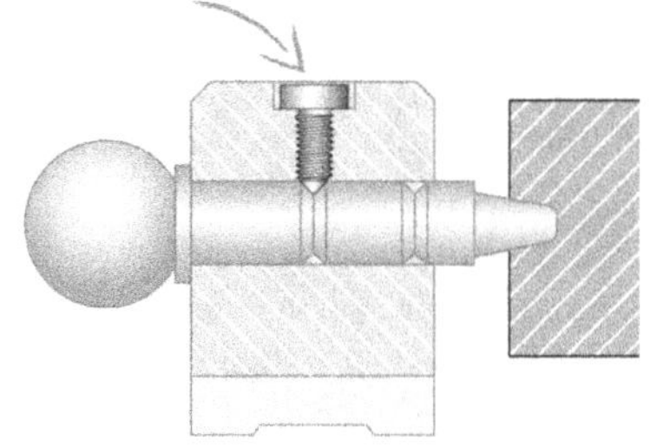

visqueux [viscous]

(adj.) Se dit des SUBSTANCES | LIQUIDES s'écoulant difficilement.
◊ Contr. : FLUIDE (adj.)
→ Voir VISCOSITÉ.

vissage [screwing]

(n.m.)
1. MOUVEMENT relatif d'un FILETAGE dans un TARAUDAGE.
2. Action de mettre en MOUVEMENT un FILETAGE à l'intérieur d'un TARAUDAGE. Dans le cas d'une VIS (sens 2) ou d'un ÉCROU, le vissage conduit à un SERRAGE.

vis sans fin [worm screw]

(n.f.) VIS (sens 1) s'interpénétrant avec une ROUE DENTÉE pour transmettre un MOUVEMENT DE ROTATION à un ARBRE (sens 2) | PERPENDICULAIRE et non-CONCOURANT.

Vis sans fin

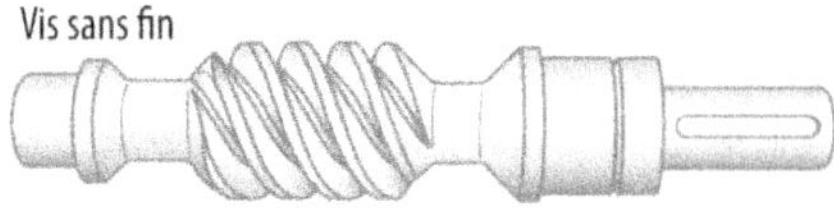

Vis d'Archimède

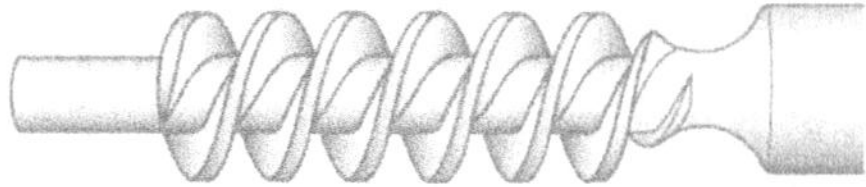

• Note : Ne pas confondre avec la VIS D'ARCHIMÈDE.
→ Voir également ENGRENAGE ROUE ET VIS SANS FIN.

vis sans tête [set screw]

(n.f.) Type de VIS DE PRESSION entièrement filetée dont la FORME D'ENTRAÎNEMENT est intégrée à la tige.

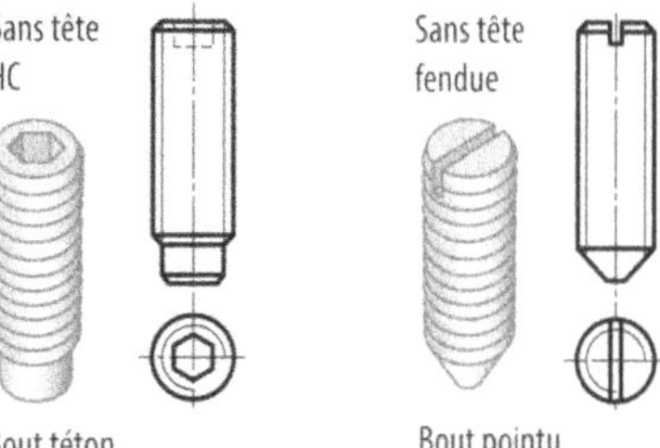

A. C'est le BOUT de la vis sans tête qui sert de SURFACE D'APPUI.
B. Les vis sans tête servent le plus souvent de VIS DE PRESSION, de GUIDAGE, d'ARRÊT ou de CENTRAGE.
→ Voir (VIS), BOUT DE VIS.

visserie [screws and bolts]

(n.f.) Terme générique pour designer les ORGANES DE FIXATION avec FILETAGE ou TARAUDAGE.

Photo : Krzysztof Burchardt

(visserie), classe de qualité de visserie [screw quality class, screw quality grade]

(n.f.) Même signification que (VIS), CLASSE DE RÉSISTANCE DE VISSERIE.

visserie haute résistance [high strength screw]

(n.f.) Classe de visserie en ACIER AU CARBONE dont la RÉSISTANCE À LA RUPTURE est au moins de 800 MPa (N/mm²), soit les classes 8.8 et supérieures.

A. La visserie à **très** haute résistance possède une RÉSISTANCE À LA RUPTURE égale ou supérieure à 1000 MPa (N/mm²), soit les classes 10.9 et supérieures. Le diagramme suivant donne une vue générale de la RÉSISTANCE À LA RUPTURE des différentes classes de vis existantes :

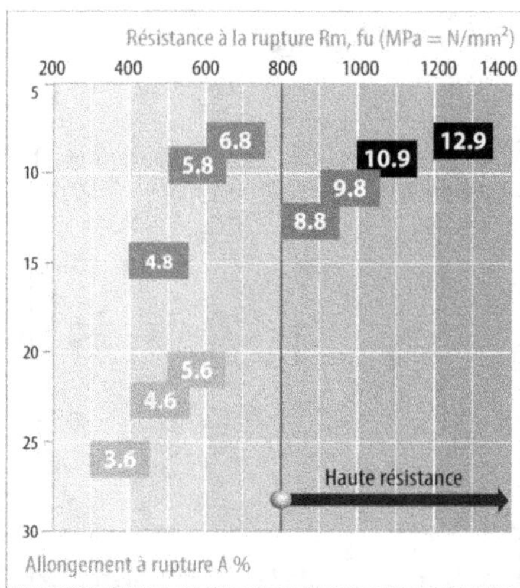

B. Diagramme donnant les DURETÉS des différentes classe de résistance :

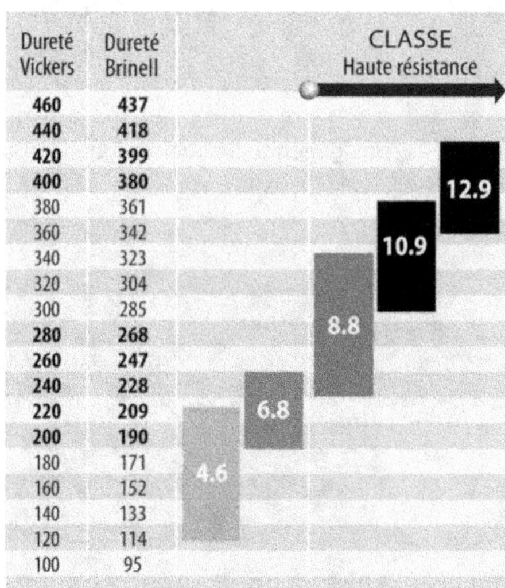

Dureté Vickers	Dureté Brinell	CLASSE Haute résistance		
460	437			
440	418			
420	399			
400	380			
380	361			
360	342			
340	323			
320	304			
300	285			
280	268			
260	247			
240	228			
220	209			
200	190			
180	171			
160	152			
140	133			
120	114			
100	95			

C. Dans une certaine mesure, la visserie haute résistance permet une réduction d'encombrement et un gain de poids des ensembles MÉCANIQUES. Par exemple, une vis M10 de classe 12.9 possède pratiquement la même résistance qu'une vis M20 Classe 5.6 ou une vis M14 de classe 8.8 avec des MASSES (sens 2) respectivement quatre fois et deux fois moindres. Le tableau suivant donne des VIS (sens 2) de différentes classes possédant des RÉSISTANCES MÉCANIQUES globales pratiquement équivalentes.

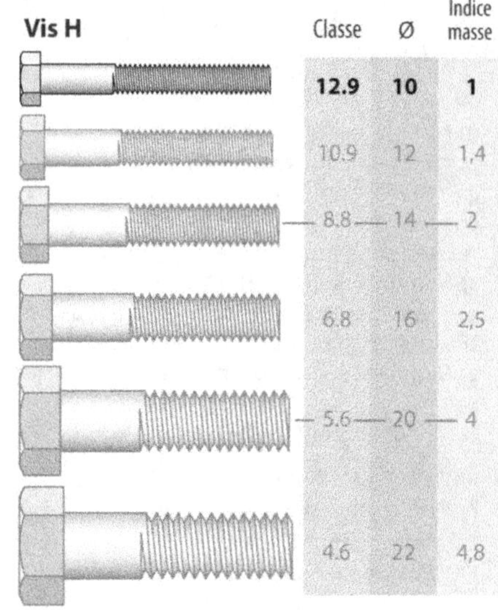

→ Voir également (VIS), CLASSE DE RÉSISTANCE DE VISSERIE et BOULON À HAUTE RÉSISTANCE.

→ Voir aussi BOULON HR, BOULON À HAUTE RÉSISTANCE.

(vis), serrage [tightening]

(n.m.) EFFORT et PRESSION exercés par la tête d'une VIS (sens 2) ou d'un ÉCROU sur la SURFACE d'une PIÈCE (sens 1) pour maintenir cette dernière immobilisée.

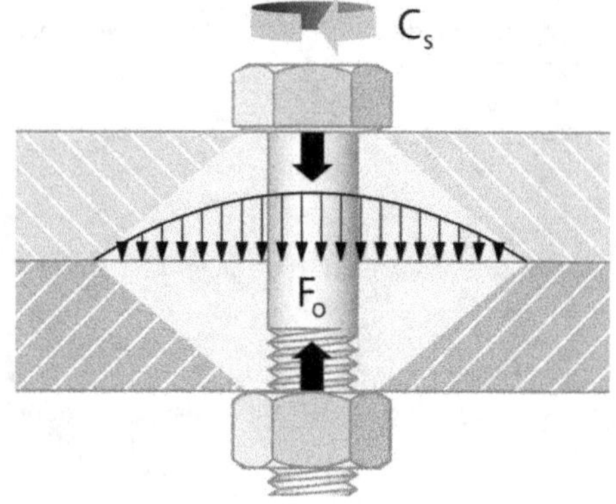

A. Le serrage F_0 est obtenu par l'application d'un COUPLE DE FORCES C_s sur la FORME D'ENTRAÎNEMENT de la VIS (sens 2) ou l'ÉCROU par l'intermédiaire d'une CLÉ DE SERRAGE. Le serrage doit avoir une valeur bien déterminée de manière à rendre la FIXATION suffisamment efficace et FIABLE mais sans que les CONTRAINTES MÉCANIQUES dans la TIGE ne dépasse ce qu'elle peut supporter. Un serrage trop faible présente des risques de DESSERRAGE intempestif. À l'inverse, un serrage trop fort peut entraîner des DÉFORMATIONS de la PIÈCE (sens 1) serrée ainsi que des risques de RUPTURE de la VIS (sens 2).

B. Dans les situations courantes de tous les jours, le dosage du serrage est effectué de façon empirique, les BRAS DE LEVIER des CLÉS (sens 2) étant dimensionnés proportionnellement à la taille de la vis ou écrou pour donner le COUPLE DE SERRAGE correct avec la force humaine. Néanmoins, pour les applications industrielles plus strictes, et en fonction de la (VIS) CLASSE DE RÉSISTANCE DE VISSERIE, il est nécessaire d'ajuster le COUPLE DE SERRAGE avec une PRÉCISION accrue grâce à des OUTILS spécifiquement conçus. Il existe cinq classes de précision de serrage fournies par des moyens de serrage plus ou moins évolués comme l'indique le tableau suivant :

TYPE DE CLÉ	Classe de précision	Précision de serrage
Clé à choc pneumatique		
Clé manuelle	C50	± 50 %
Clé de frappe	C30	± 30 %
Visseuse simple à limiteur		
Clé à renvoi d'angle à déclenchement	C20	± 20 %
Clé dynamométrique à lecture sur cadran		
à lecture simple	C15	± 15 %
Clé dynamométrique électronique	C10	± 10 %

C. Les couples de serrage et la force de traction dans la vis pour différentes (VIS), CLASSE DE RÉSISTANCE DE VISSERIE sont donnés par les tables de la norme NF E 25-030-1. À noter que la FORCE de TRACTION réelle donnée par le COUPLE DE FORCE de serrage est dépendante du COEFFICIENT DE FROTTEMENT μ entre la VIS (sens 2) et la PIÈCE (sens 1). Plus le COEFFICIENT DE FROTTEMENT μ est bas, plus le serrage est efficace et demande moins d'effort permettant par la même occasion d'augmenter l'effort appliqué par la vis. L'effort dépend aussi de la classe de précision du serrage.

D. À remarquer qu'il existe une technique de serrage mettant directement les vis en TENSION sans nécessiter de couple.
→ Voir (PRÉTENSION), SERRAGE PAR PRÉTENSION.

E. Généralement, le couple nécessaire au DESSERRAGE est supérieur à celui du serrage. La principale raison est la CORROSION et le GRIPPAGE des FILETS ainsi que les DÉFORMATIONS qu'ils subissent.
→ Voir aussi BOULON HR, BOULON À HAUTE RÉSISTANCE.

visseuse [nut runner, screw driving machine]
(n.f.) OUTILLAGE ELECTROPORTATIF muni d'un EMBOUT ou d'une DOUILLE pour faciliter le SERRAGE et DESSERRAGE d'une VIS (sens 2) ou d'un ÉCROU.

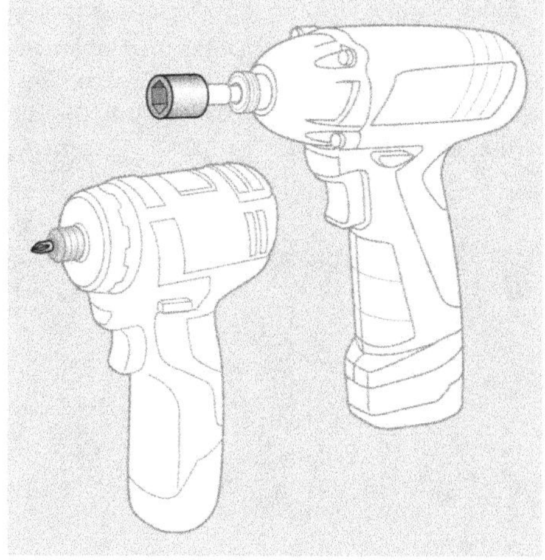

→ Voir aussi OUTILLAGE ÉLECTROPORTATIF et OUTILLAGE MANUEL.

vis spéciale [non-standardized screw]
(n.f.) VIS (sens 2) ne faisant l'objet d'aucune NORMALISATION.
→ Voir, par exemple, VIS INVIOLABLE.

(vis), tête de vis [screw head]

(n.f.) FORME saillante en prolongement de la TIGE d'une VIS (sens 2), servant de SURFACE D'APPUI et de FORME D'ENTRAÎNEMENT.

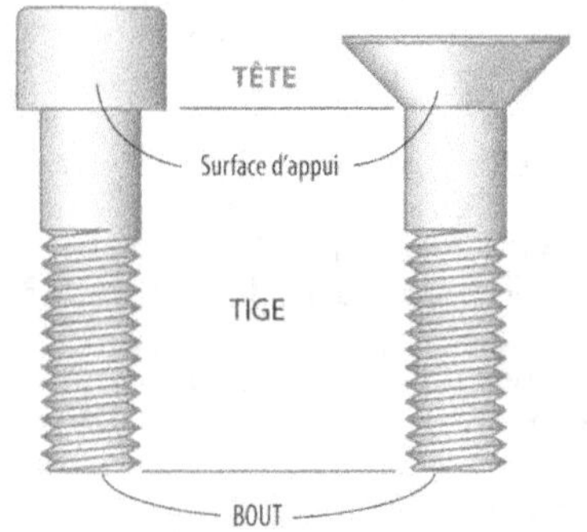

À noter que certaines VIS (sens 2) ne comportent pas de tête.
→ Voir VIS SANS TÊTE.
→ Voir (VIS), DÉSIGNATION DE VIS pour les différentes têtes de vis existantes.

vis trilobée [trilobular screw]

(n.f.) Type de VIS AUTOTARAUSEUSE dont la SECTION de la tige n'est pas CIRCULAIRE mais quasi triangulaire pour former avec moins d'effort son propre TARAUDAGE dans un MATÉRIAU | DUCTILE.
A. La vis trilobée nécessite un AVANT-TROU et produit son propre TARAUDAGE par refoulement de MATIÈRE qui se place alors entre les lobes. La forme trilobée permet de concentrer les efforts de TARAUDAGE sur trois points ce qui réduit les FROTTEMENTS.

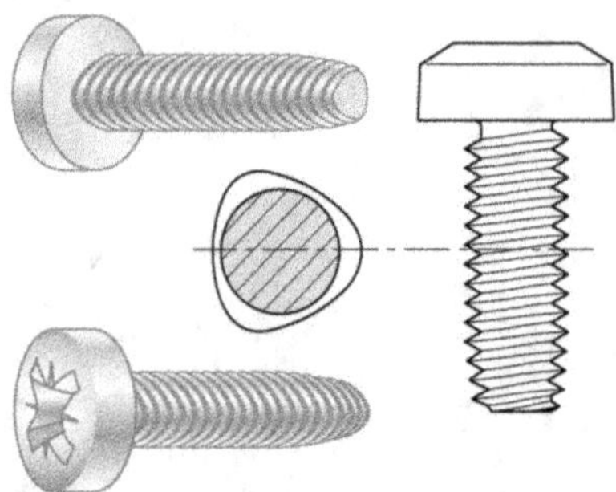

B. Différents types de FORME de FILET existent selon la MATIÈRE dans laquelle la vis est enfoncée : MÉTAUX, (PLASTIQUES), MATIÈRES PLASTIQUES... À remarquer que les vis trilobées pour MÉTAUX peuvent être utilisées dans un TARAUDAGE classique.

👍 Avantages

C. Supprime les OPÉRATIONS de TARAUDAGE. Bonne tenue au DESSERRAGE car la VIS (sens 2) est intimement liée à son logement. Ne nécessite pas de FREINAGE DE FILETAGE particulier. Procure les mêmes avantages que le FILETAGE PAR ROULAGE c'est à dire une continuité de la MICROSTRUCTURE et un ÉCROUISSAGE de la MATIÈRE taraudée qui améliore sa RÉSISTANCE MÉCANIQUE et sa RÉSISTANCE À LA FATIGUE.

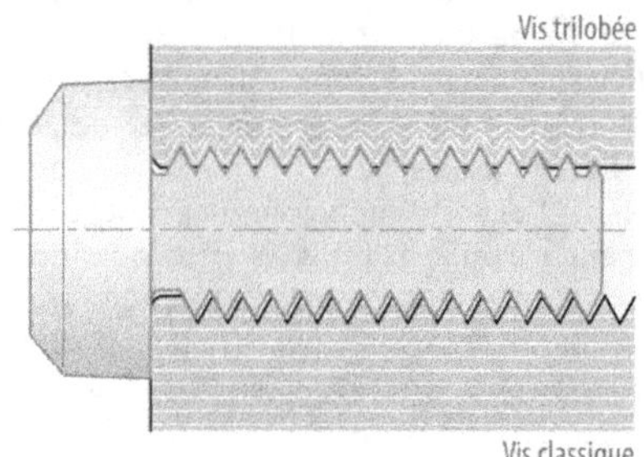

👎 Inconvénients

D. Nécessite un COUPLE de mise en place élevé. Ne donne satisfaction que sur les MATÉRIAUX relativement TENDRES et DUCTILE comme l'ALUMINIUM ou le ZAMAK. Peu répandues.

vis violon [thumb screw, tab screw]

(n.f.) Type de VIS (sens 2) non-NORMALISÉE avec une FORME plate permettant de la tourner à la main sans l'aide d'aucun OUTIL DE SERRAGE.

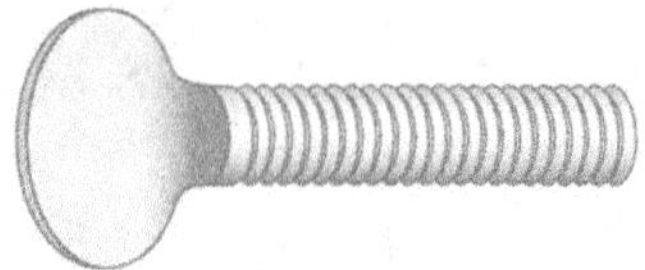

• Note : Ne pas confondre avec la VIS À OREILLE dont la FORME D'ENTRAÎNEMENT est légèrement différente.

vitesse [speed, velocity]

(n.f.) DISTANCE d'un MOUVEMENT DE TRANSLATION ou ANGLE d'un MOUVEMENT DE ROTATION par UNITÉ (sens 1) de temps.
La vitesse est une MESURE (sens 1) de la rapidité ou de la lenteur d'un MOUVEMENT.

vitesse d'avance [feed rate]

(n.f.) Rapidité de DÉPLACEMENT d'une PIÈCE (sens 1) ou d'un OUTIL DE COUPE perpendiculairement au MOUVEMENT DE COUPE pendant un USINAGE.

Elle est le plus souvent exprimée en mm/tour pour le TOURNAGE, en mm/dent pour le FRAISAGE et en mm/coup pour le RABOTAGE.
→ Voir AVANCE ; MOUVEMENT D'AVANCE.

vitesse de coupe [cutting speed]

(n.f.) DISTANCE par UNITÉ (sens 1) de temps du DÉPLACEMENT de la pointe d'un OUTIL DE COUPE ou d'un POINT sur une PIÈCE (sens 1) dans la DIRECTION principale pendant un USINAGE.
Elle est souvent exprimée en mètre par minute (m/mn).
→ Voir MOUVEMENT DE COUPE.

vitesse de refroidissement [cooling rate]

(n.f.) Rapidité à laquelle la TEMPÉRATURE d'une SUBSTANCE ou d'une MATIÈRE décroît.
Elle est déterminée par les caractéristiques thermophysiques (chaleur latente, conductivité) du MATÉRIAU refroidi, de la géométrie de la pièce, du pouvoir refroidissant du milieu dans lequel il est plongé ainsi que de la température initiale. Le tableau suivant donne des ordres de grandeur de vitesses de refroidissement procurées à la surface d'une pièce par quelques milieux dans le cas du TRAITEMENT THERMIQUE de TREMPE. La vitesse de refroidissement faiblit au fur et à mesure qu'on rentre au cœur de la MATIÈRE. Les valeurs sont données en degré Celsius par seconde :

MILIEU DE TREMPE	VITESSE DE REFROIDISSEMENT (°C/s)
Saumure agitée	220
Eau froide agitée	180
Eau chaude agitée	140
Saumure non-agitée	90
Huile de trempe	70
Eau non-agitée	50
Huile non-agitée	30
Air soufflé	20
Azote liquide	10
Air calme, air libre	2
Four ouvert	0,1
Four fermé	0,05

→ Voir aussi ESSAI JOMINY.

vitesse de rotation [rotation speed]

(n.f.) ANGLE d'un MOUVEMENT DE ROTATION par UNITÉ (sens 1) de temps.
A. L'unité officielle du (UNITÉ), SYSTÈME INTERNATIONAL D'UNITÉS (S.I.) est le radian par seconde (rad/s).

B. Cependant, cette UNITÉ (sens 1) n'est utilisée que dans les disciplines purement scientifiques. Dans les disciplines plus TECHNIQUES, l'unité usuelle est le TOUR PAR MINUTE (tr/mn).

vitesse linéaire [linear speed]

(n.f.) DISTANCE de DÉPLACEMENT suivant une DROITE ou une COURBE par UNITÉ (sens 1) de temps. Son UNITÉ (sens 1) officielle du (UNITÉ), SYSTÈME INTERNATIONAL D'UNITÉS (S.I.) est le mètre par seconde (m/s). Cependant, selon le contexte, diverses autres UNITÉS (sens 1) sont utilisées, comme, par exemple, le kilomètre à l'heure (km/h) ou le mètre par minute (m/mn).

voilement [plate buckling]

(n.m.) INSTABILITÉ d'un ÉLÉMENT DE STRUCTURE trop mince par rapport aux efforts appliqués et qui se traduit par une DÉFORMATION dans une DIRECTION | TRANSVERSALE faisant apparaître au final des ondulations.
Ex. 1 : *Voilement de plaque.*

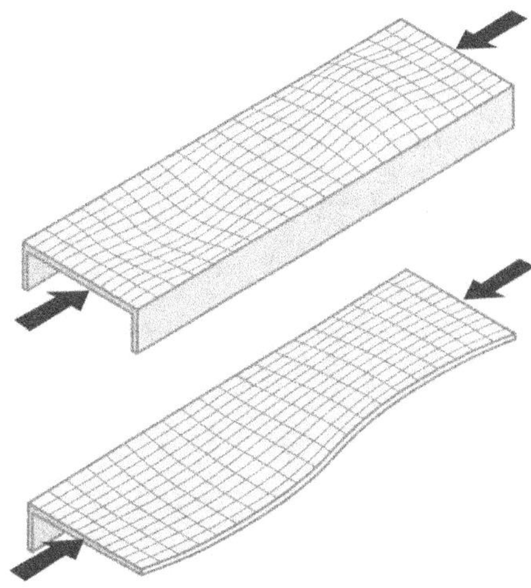

Ex. 2 : *Voilement de cylindre.*

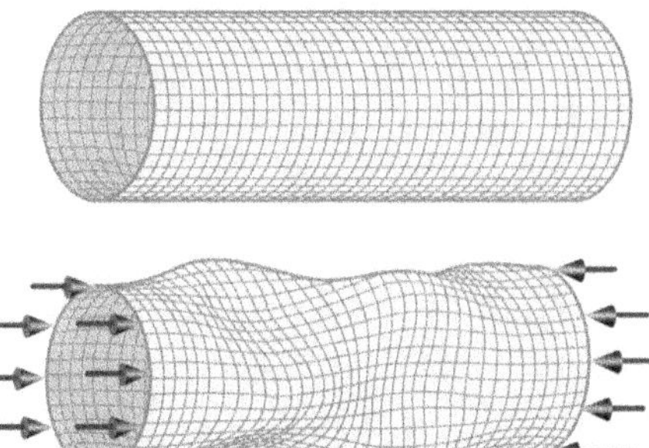

→ Voir aussi FLAMBAGE, FLAMBEMENT ; DÉVERSEMENT pour d'autres types d'INSTABILITÉ.

volant [control wheel]

(n.m.) ORGANE de manœuvre CIRCULAIRE destiné à être tourné à la main.

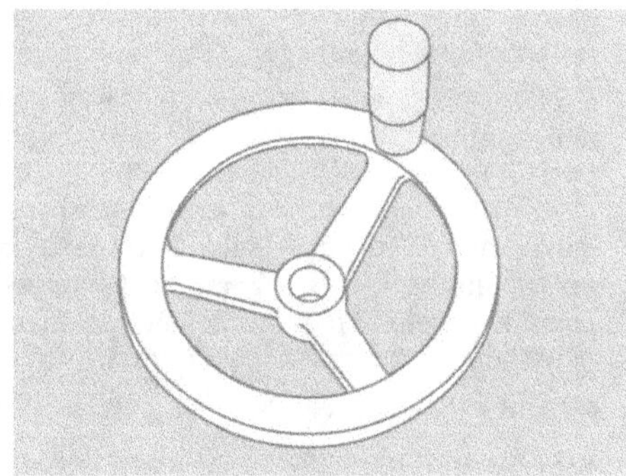

volant d'inertie [fly wheel]

(n.m.) ORGANE tournant lourd destiné à emmagasiner de l'ÉNERGIE CINÉTIQUE | MÉCANIQUE.
Le volant d'inertie est, par exemple, utilisé pour réguler le MOUVEMENT DE ROTATION d'une MACHINE susceptible de produire des À-COUPS.

volume [volume]

(n.m.) Espace délimité par une SURFACE fermée.
A. Sa grandeur est exprimé en m³, ses MULTIPLES et SOUS-MULTIPLES.
B. Ne pas confondre avec l'ENCOMBREMENT.

volute [scroll]

(n.f.) Motif ornemental à base de FORME | SPIRALE, utilisé notamment en FERRONNERIE.

→ **Voir** CINTREUSE-VOLUTEUSE pour un exemple de MACHINE permettant de la réaliser.

vrac [bulk]

(n.m.) Marchandise en quantité n'ayant pas subi de CONDITIONNEMENT.

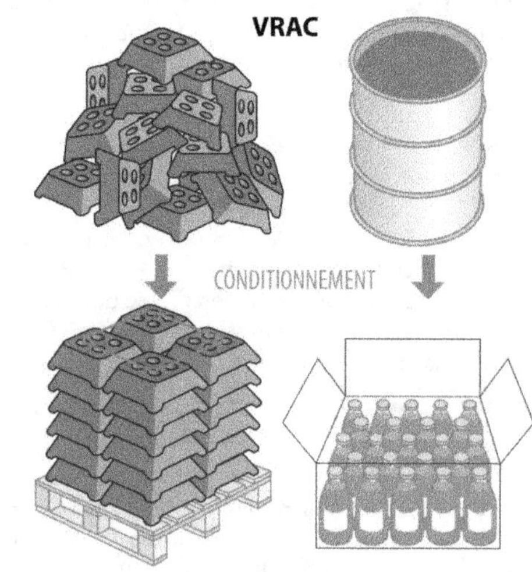

→ **Voir aussi** CONDITIONNEMENT.

vrillage [twist]

(n.m.) DÉFAUT GÉOMÉTRIQUE d'un PROFILÉ dont toutes les SECTIONS, en principe alignées, présentent un léger DÉCALAGE | ANGULAIRE.

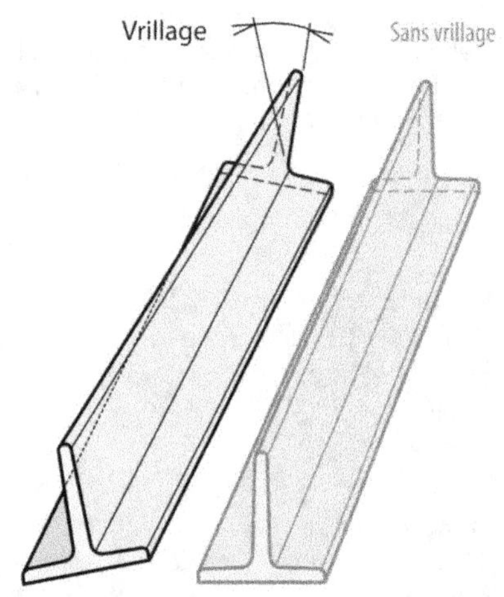

A. Le vrillage est un défaut de FABRICATION.
B. Ne pas le confondre avec la TORSION qui est une DÉFORMATION due à une SOLLICITATION MÉCANIQUE.

vue [view]

(n.f.) Figure obtenue par la PROJECTION (sens 2) correspondant à un ANGLE de vision.
→ **Voir,** par exemple, PROJECTION ORTHOGONALE ; (VUES), PLACEMENT DES VUES.

vue auxiliaire [auxiliary view]

(n.f.) VUE d'ORIENTATION autre que celles de la PROJECTION ORTHOGONALE.

A. Elle est utilisée pour la représentation des PIÈCES (sens 1) contenant des détails obliques, peu explicites sur une vue ORTHOGONALE.

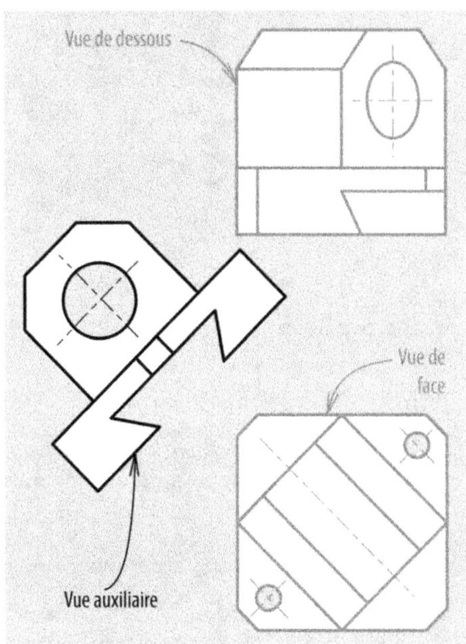

B. Dans l'exemple ci-dessus, et en l'absence de la vue auxiliaire, il est pratiquement impossible de deviner, entre autres, qu'il y à une QUEUE D'ARONDE suivant la DIAGONALE de la pièce. D'où la nécessité de la vue auxiliaire.

vue de détail [detailed view]

(n.f.) VUE agrandie d'une zone d'un DESSIN TECHNIQUE, contenant une particularité méritant d'être précisée.

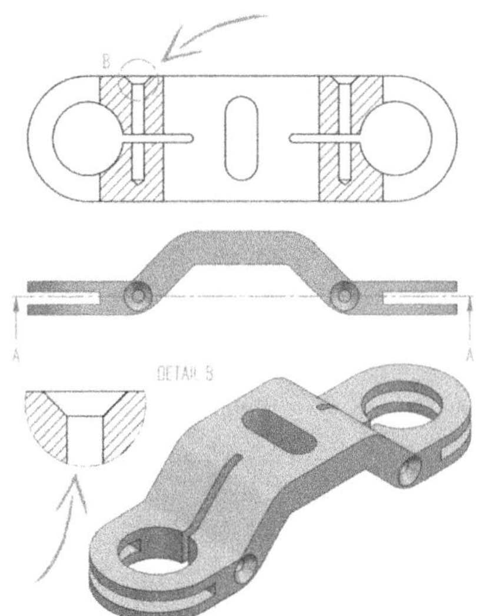

vue de pièce symétrique [symmetrical part view]

(n.f.) Représentation partielle d'une PIÈCE (sens 1) dans le but d'un gain de place et qui peut être reconstituée dans sa totalité par SYMÉTRIE.

A. La représentation peut être la moitié ou le quart de la VUE.

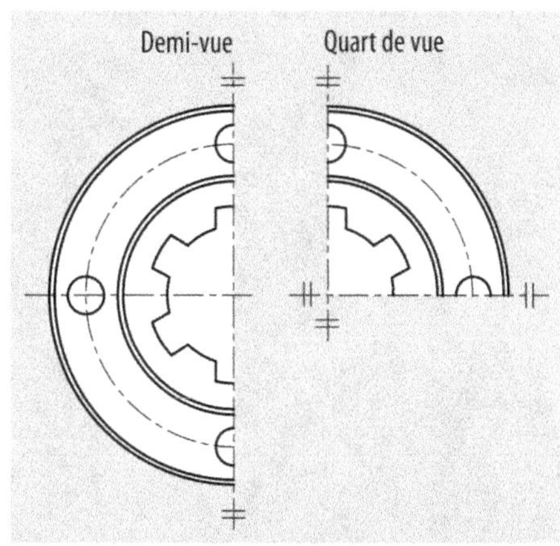

B. La SYMÉTRIE est signalée par deux petits traits parallèles de chaque côté de l'AXE (sens 1) concerné.

(vues), désignation des vues, dénomination des vues [view name]

(n.f.) Appellation NORMALISÉE permettant d'identifier les différentes VUES de la PROJECTION ORTHOGONALE.

La vue de face est prise comme RÉFÉRENCE pour la désignation de toutes les autres.

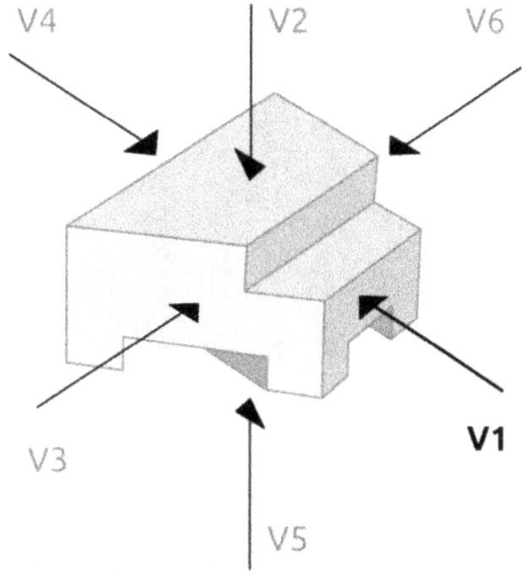

V1 : Vue de face V4 : Vue de derrière
V2 : Vue de dessus V5 : Vue de dessous
V3 : Vue de gauche V6 : Vue de droite

→ Voir également (VUES), PLACEMENT DES VUES.

vue éclatée [exploded view]

(n.f.) Représentation illustrative d'un ASSEM-BLAGE (sens 2) de PIÈCES dans lequel chaque élément est légèrement décalé de son emplacement véritable afin, par exemple, de bien montrer une NOMENCLATURE ou l'ordre de MONTAGE.

Ex. : *Vue éclatée d'un JOINT SCHMIDT :*

À titre de curiosité, ci-dessous, l'ASSEMBLAGE (sens 3) correspondant.

→ Voir aussi DESSIN ÉCLATÉ.

vue écorchée [cutaway view, broken-open view]

(n.f.) Représentation illustrative très réaliste d'un objet technique dans laquelle une partie est enlevée pour mieux voir l'intérieur.

A. Ci-contre, à titre d'exemple, la vue écorchée d'un compresseur à vis de la société BOGE ®.

B. Ne pas confondre avec la VUE EN COUPE qui se rapporte plus au DESSIN TECHNIQUE.

vue en coupe [sectional view]

(n.f.) Représentation en DESSIN TECHNIQUE dans laquelle l'intérieur d'une PIÈCE (sens 1) ou d'un ensemble est explicitement « dévoilée » en enlevant virtuellement une partie.

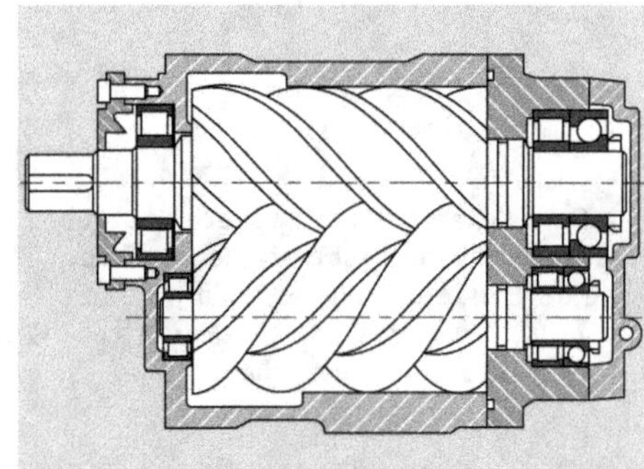

• Note : Ne pas confondre avec la VUE ÉCORCHÉE.

→ Voir COUPE (sens 2).

vue interrompue [conventional break]

(n.f.) VUE d'une PIÈCE (sens 1) trop longue à représenter intégralement et seule une fraction des parties allongées est montrée pour limiter l'encombrement du dessin.

A. Ci-dessous, par exemple, la vue interrompue d'un ressort à gaz.

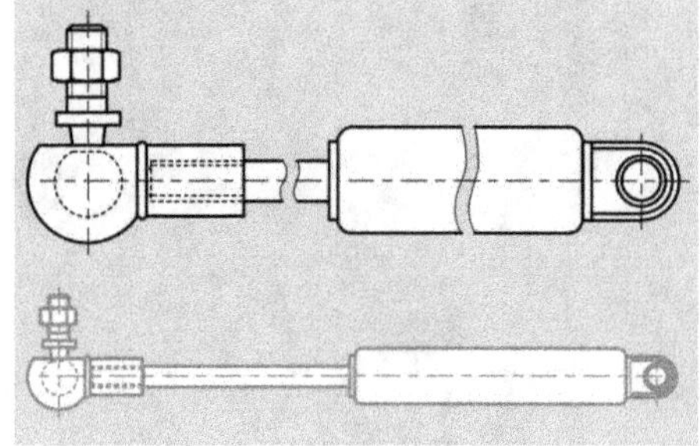

B. Ne pas confondre avec la COUPE (sens 2) ou la SECTION.

vue locale [detailed view]

(n.f.) VUE des détails sur la SURFACE la plus extérieure d'une PIÈCE (sens 1) et placée devant celle-ci. Tous les détails à l'arrière sont ignorés.

A. Ci-dessous, par exemple, un DESSIN TECHNIQUE avec trois vues locales d'une pièce.

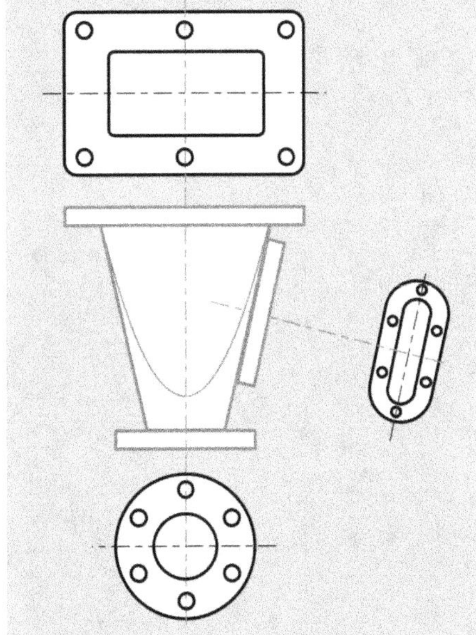

Il s'agit de l'entrée des GRANULÉS plastiques sur une MACHINE D'EXTRUSION ou une MACHINE D'INJECTION PLASTIQUE avec une fenêtre d'INSPECTION.

B. Ainsi, ne pas confondre avec la VUE PARTIELLE qui tient aussi compte des détails placés à l'arrière.

vue partielle [partial view]

(n.f.) VUE sur un DESSIN TECHNIQUE mettant en évidence une zone particulière d'un objet ou d'un ensemble. Tous les détails placés à l'arrière sont aussi représentés ce qui la distingue de la VUE LOCALE.

Exemple de DESSIN TECHNIQUE avec une vue partielle :

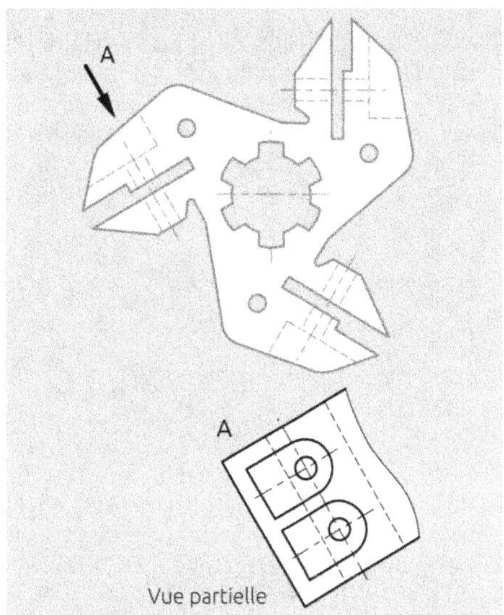

Tout compte fait, la vue partielle n'est rien d'autre qu'une VUE AUXILIAIRE dont seule la partie utile est représentée.

(vues), placement des vues, disposition des vues [relative positions of views]

(n.m.) Façon conventionnelle d'organiser les POSITIONs des différentes VUEs par rapport à la vue principale (la vue de face) dans un DESSIN TECHNIQUE en PROJECTION ORTHOGONALE.

A. Il existe deux MÉTHODES de placement des vues :

• La MÉTHODE du « premier quadrant » dans laquelle la vue projetée est placée derrière la PIÈCE (sens 1) par rapport à l'observateur.

• La MÉTHODE du troisième quadrant dans laquelle la vue projetée est placée devant la PIÈCE (sens 1) par rapport à l'observateur.

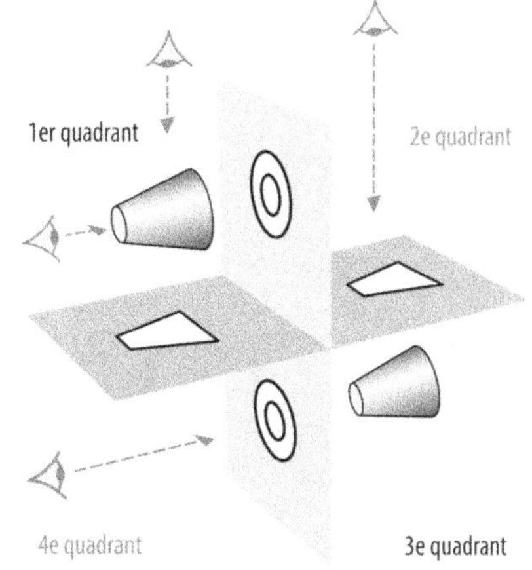

B. Les deux MÉTHODES sont acceptées par les NORMES à condition de spécifier clairement dans le CARTOUCHE d'un DESSIN TECHNIQUE celle utilisée, afin de dissiper toute ambiguïté. Les symboles correspondants sont les suivants :

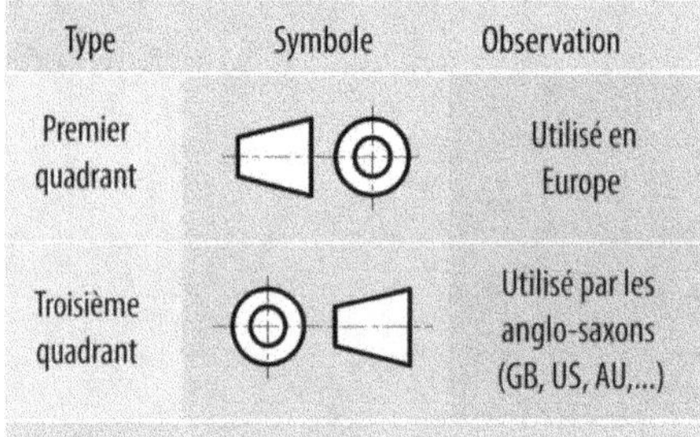

Type	Symbole	Observation
Premier quadrant		Utilisé en Europe
Troisième quadrant		Utilisé par les anglo-saxons (GB, US, AU,...)

Au niveau international, par défaut, en l'absence d'indication sur le plan, c'est la représentation du premier quadrant qui est utilisée.

C. En effet, le même DESSIN TECHNIQUE peut avoir des significations complètement différentes en le considérant avec l'une ou l'autre convention comme c'est le cas de l'exemple suivant :

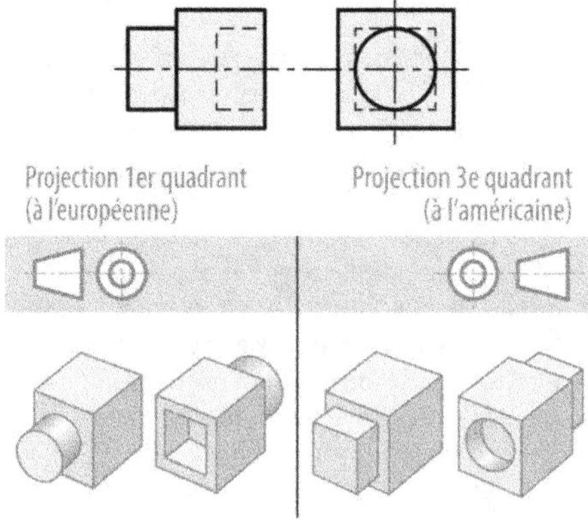

D. La MÉTHODE du premier quadrant est plutôt utilisée en Europe d'où son nom « à l'européenne ». La MÉTHODE du troisième quadrant est plus courante chez les anglo-saxons (Grande Bretagne, États-unis, Australie...) avec le nom « à l'américaine ». En reconsidérant la PIÈCE (sens 1) utilisée pour illustrer la rubrique PROJECTION ORTHOGONALE, voici le placement des vues selon la MÉTHODE du premier quadrant.

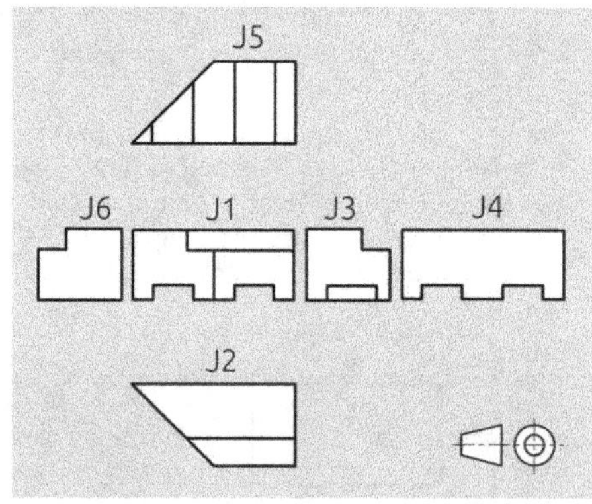

→ **Voir** (VUES), DÉSIGNATION DES VUES pour les noms respectifs de chaque vue.

Le placement des vues de la même PIÈCE (sens 1) selon la MÉTHODE du « troisième quadrant » est le suivant :

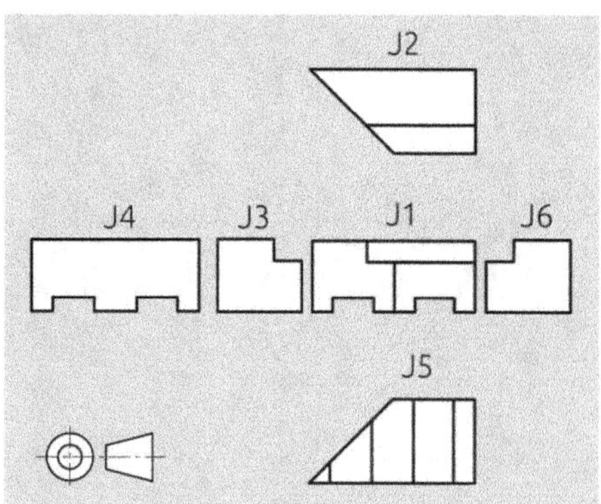

W, w

W

Symbole pour l'ÉLÉMENT CHIMIQUE | TUNGSTÈNE.
• Note : Du nom de son minerai *wolfram*.

watt

(n.m.) UNITÉ (sens 1) de PUISSANCE du (UNITÉ), SYSTÈME INTERNATIONAL D'UNITÉS (S.I.).
• Note : James Watt (1736-1819) est un ingénieur écossais.

(Whitworth), filetage Whitworth [BSP thread]

(n.m.) PROFIL de FILETAGE DE RACCORDEMENT standard en Angleterre d'où son autre nom BSP (British Standard Pipe).
A. Le filet est TRIANGULAIRE à 55° avec des crêtes et creux arrondis. Il peut être CYLINDRIQUE BSPP (P pour « parallel ») ou CONIQUE BSPT (T pour « tapered »). La CONICITÉ en fait un moyen de raccordement ÉTANCHE pour les TUYAUTERIES, la robinetterie, les GRAISSEURS, etc. Le PAS est spécifié en nombre de FILETS par POUCE.

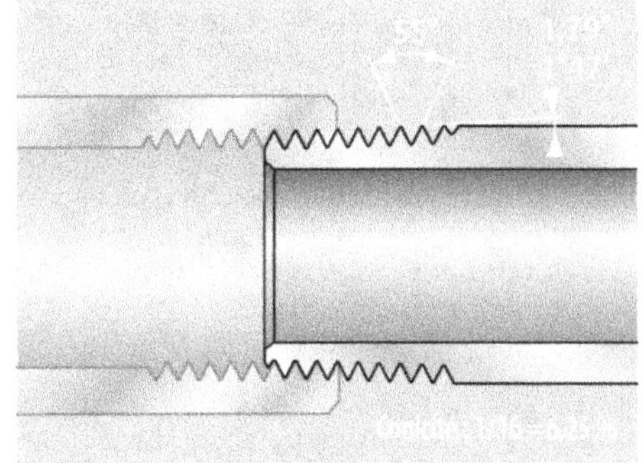

B. Exemple de désignation :

3/8″ - 19 BSPP

Diamètre en pouce (inch) de l'intérieur du tuyau en acier correspondant au filetage à l'époque de Whitworth *	Nombre de filets par pouce	Type de filets : BSPP (cylindrique) BSPT (conique)

* Maintenant on peut prendre cette valeur comme un numéro d'ordre de filetage.
C. Ces profils de filetage établis en 1841 par Joseph Whitworth sont devenus un standard international en plomberie, pneumatique et hydraulique suite au nombre important de machines à vapeur diffusées mondialement par les anglais lors de la révolution industrielle. À cette époque, c'était le seul filet avec des arrondis définis qui permettait de tenir des hautes pressions dans des tubes.
→ Voir aussi FILETAGE NPT ; (FILET), PROFIL DE FILET.

(Wöhler), courbe de Wöhler [s-n curve]

(n.f.) Représentation graphique donnant la CONTRAINTE MÉCANIQUE entraînant la RUPTURE d'un MATÉRIAU en fonction du nombre de cycles de sollicitation alternée qui lui est appliquée.
La courbe de Wöhler sert à déterminer la RÉSISTANCE À LA FATIGUE.

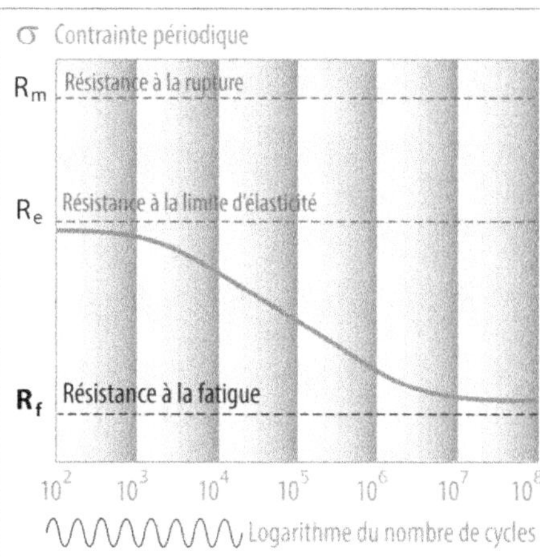

→ Voir aussi ESSAI DE FATIGUE.

X, x

X

Symbole de l'EMPREINTE TORX® pour la désignation normalisée.

XAO

(Sigle). Désigne, d'une façon générale, tout ce qui est assisté par Ordinateur.
→ Voir CAO ; DAO ; CFAO ; FAO ; IAO.

Y, y

(Young), module de Young [Young's modulus]

(n.m.) Autre appellation du MODULE D'ÉLASTICITÉ LONGITUDINALE.

Z, z

zamak

(n.m. commercial). ALLIAGE métallique à base de ZINC, réputé pour sa COULABILITÉ qui en fait un très bon MATÉRIAU pour le MOULAGE SOUS-PRESSION.
A. Sa TEMPÉRATURE DE FUSION est relativement basse, de l'ordre de 384°C et il est peu agressif vis à vis de l'ACIER, ce qui permet de fabriquer des MOULES très durables.
B. Ci-dessous sa composition type qui peut légèrement varier d'un fabricant à l'autre :

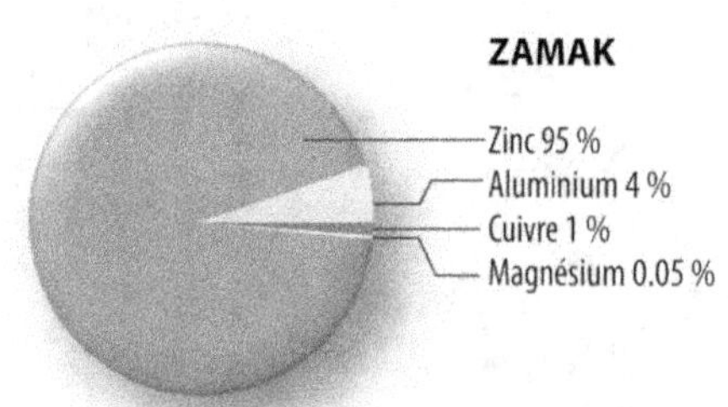

C. Zamak est un sigle provenant des ÉLÉMENTS CHIMIQUES qui le composent c'est à dire le ZINC, l'ALUMINIUM, le MAGNÉSIUM et le CUIVRE (Kupfer en allemand).

zéro défaut [zero defect, nil defect]

(n.m.) Principe de fonctionnement d'une PRODUCTION industrielle dans laquelle tous les PRODUITS obtenus sont conformes du premier coup aux SPÉCIFICATIONS requises.
Le zéro défaut vise à atteindre une EFFICACITÉ maximale par la maîtrise totale de la QUALITÉ, de manière à éviter tout REBUT et toutes RETOUCHES ultérieures.

zéro panne [zero maintenance]

(n.m.) Préoccupation d'entretien préventif et régulier des moyens de production pour éviter les arrêts pouvant pénaliser le fonctionnement d'une entreprise.

zinc (Zn) [zinc]

(n.m.) MÉTAL brillant gris bleuté peu TENACE et procurant une RÉSISTANCE À LA CORROSION.

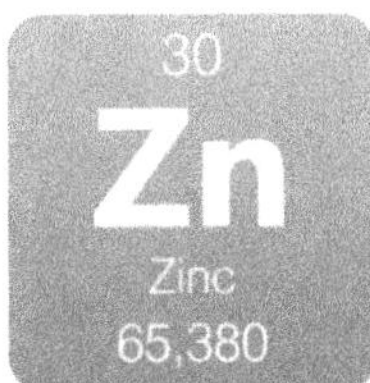

A. Le CORPS PUR est utilisé comme élément de couverture, toiture, tuyauterie, électrode de pile ou REVÊTEMENT | ANTIROUILLE pour l'ACIER.
→ Voir ZINGAGE ; GALVANISATION.

B. Il peut être mélangé à d'autres MÉTAUX pour donner divers ALLIAGES : le LAITON avec le CUIVRE : le MAILLECHORT avec le CUIVRE et le NICKEL, des alliages facilement MOULABLES avec l'ALUMINIUM et le MAGNÉSIUM. Ses OXYDES sont utilisés dans la FABRICATION de PEINTURE et la préparation de médicaments.

C. Quelques CARACTÉRISTIQUES :

Symbole chimique :	Zn
État physique à l'ambiante :	Solide
Couleur :	Gris bleuté
Numéro atomique :	30
Masse volumique :	7 g/cm^3
T° de fusion :	420°C
Structure cristalline :	Hexagonal Compact

D. Aspect, couleur et rendu du MÉTAL.

---

zingage [zinc-plating]

(n.m.)
1. Dépôt de ZINC à la surface d'un autre MÉTAL pour le protéger de la CORROSION.
A. Plusieurs PROCÉDÉS différents de dépôt sont applicables avec des aspects et performances divers :
• PROCÉDÉ électrolytique désigné par le terme ÉLECTROZINGAGE. Cette désignation permet d'éviter les confusions avec les autres PROCÉDÉS.
• PROCÉDÉ par immersion dans un bain en FUSION, appelé GALVANISATION À CHAUD. Il peut être appliqué en continu sur des bandes de TÔLES ou des FILS enroulés selon le PROCÉDÉ de GALVANISATION SENDZIMIR.
• PROCÉDÉ par PROJECTION (sens 1) à chaud appelée MÉTALLISATION.
• PROCÉDÉ par impact MÉCANIQUE désigné par MATOPLASTIE.
• PROCÉDÉ par DIFFUSION thermochimique à l'ÉTAT SOLIDE portant le nom de SHÉRARDISATION.

B. Comparaison des aspects et rendus obtenus par ÉLECTROZINGAGE et GALVANISATION À CHAUD.

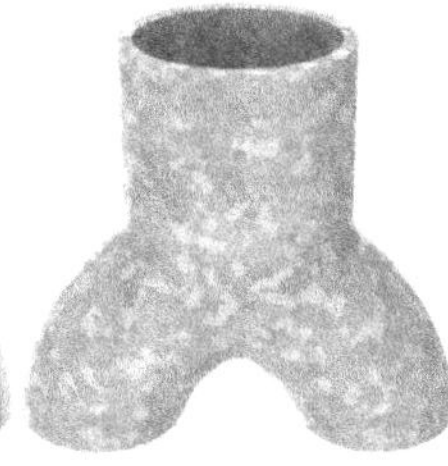

C. La RÉSISTANCE À LA CORROSION de ces différents REVÊTEMENTS (sens 2) est directement proportionnelle à leurs ÉPAISSEURS respectives. Le diagramme ci-dessous donne un aperçu des ÉPAISSEURS et quantités de ZINC susceptibles d'être déposé par chaque PROCÉDÉ :

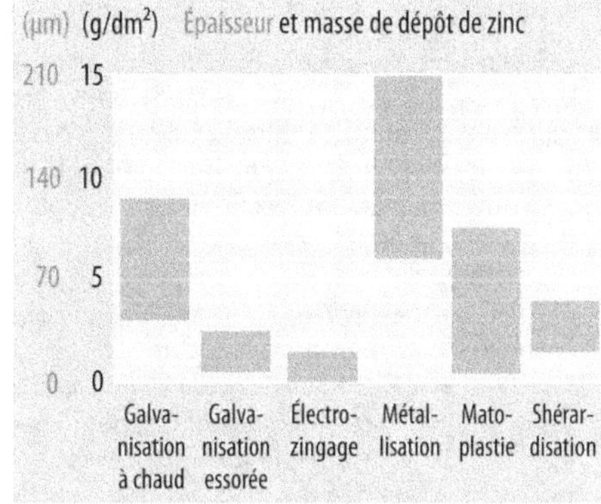

2. Action de déposer une COUCHE de ZINC à la surface d'un autre MÉTAL.

---

zirconium (Zr) [zirconium]

(n.m.) MÉTAL gris brillant DUR et RÉSISTANT À LA CORROSION.

A. Il est utilisé comme ÉLÉMENT D'ALLIAGE pour obtenir des MATÉRIAUX résistant à la CORROSION et RÉFRACTAIRE.

B. Quelques CARACTÉRISTIQUES.

Symbole chimique :	Zr
État physique à l'ambiante :	Solide
Couleur :	Gris brillant
Numéro atomique :	40
Masse volumique :	6,52 g/cm^3
T° de fusion :	1852°C
Structure cristalline :	Hexagonal compact (a)
	Cubique Face centrée (b)

C. Aspect, couleur et rendu du MÉTAL.

Zn

Symbole pour l'ÉLÉMENT CHIMIQUE | ZINC.

zone affectée par la chaleur: ZAC [heat affected zone]

(n.f.) Même signification que ZONE AFFECTÉE THERMIQUEMENT.

zone affectée thermiquement: ZAT [heat affected zone: HAZ]

(n.f.) Endroit n'ayant pas fondu sur du MÉTAL au voisinage d'une SOUDURE ou d'une partie tronçonnée, mais dont la STRUCTURE MICROSCOPIQUE et les CARACTÉRISTIQUES ont sensiblement changé à cause de la chaleur excessive du CORDON DE SOUDURE ou du FROTTEMENT du DISQUE DE TRONÇONNAGE.

A. À titre d'exemple, l'illustration ci-contre montre la MICROSTRUCTURE d'un CORDON DE SOUDURE et de son voisinage. Près du cordon, les GRAINS ont sensiblement grossi par rapport au MÉTAL DE BASE : c'est la zone affectée thermiquement, ici la zone (b).

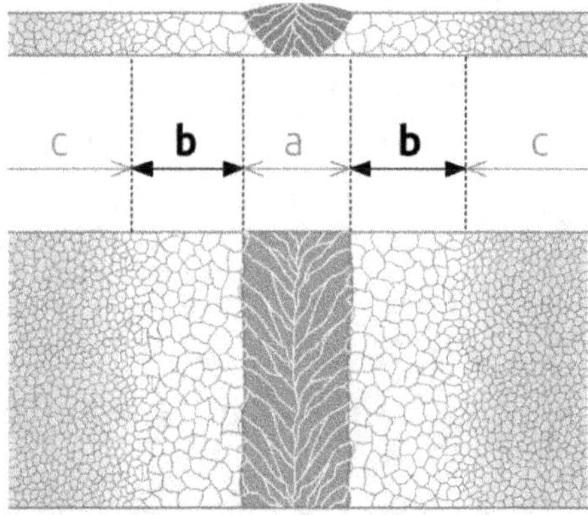

a : zone fondue
b : zone affectée thermiquement (ZAT)
c : métal de base.

B. La figure ci-dessus est donnée juste à titre illustratif, les proportions entre les différentes zones n'étant pas forcément respectées !
→ Voir aussi SOUDAGE.

zone fondue [melted area]

(n.f.) Endroit ayant subi la FUSION puis la SOLIDIFICATION sur une SOUDURE.

A. C'est la zone (a) sur l'illustration de la rubrique ZONE AFFECTÉE THERMIQUEMENT.

B. Dans le cas des MÉTAUX, elle se distingue du reste du MATÉRIAU par une STRUCTURE MICROSCOPIQUE assez différente.

Zr

Symbole pour l'ÉLÉMENT CHIMIQUE | ZIRCONIUM.

Glossary

A, a

3d printer: **imprimante 3D**
3d printing: **impression 3D**

abacus: **abaque**
ability: **aptitude**
abrasion: **abrasion**
abrasive: **abrasif**
abrasive belt: **bande abrasive**
abrasive cutoff saw: **disque de tronçonnage**
abrasive tool: **outil abrasif**
abrasive wheel: **meule**
abscissa: **abscisse**
abutting: **aboutage**
acceleration: **accélération**
accept: **pièce bonne**
accessory: **accessoire**
accuracy: **précision**
accurate: **précis**
acetylene: **acétylène**
acicular: **aciculaire**
acorn nut: **écrou borgne**
across angle: **sur angle**
across flats: **sur plats**
activation: **activation**
acme thread: **filet profil trapézoïdal**
action-effect: **sollicitation**
acute angle: **angle aigu**
adapter: **adaptateur**
additive manufacturing: **fabrication additive, impression3D**
adherence: **adhérence**
adhesive: **adhésif**
adjustable: **réglable**
adjustable pulley: **poulie réglable à l'arrêt**
adjustable spanner: **clé à molette, clé anglaise**
adjustable wrench: **clé à molette, clé anglaise**
adjustable: **orientable**
adjustable stop: **butée réglable**
adjusting: **réglage**
adjusting screw: **vis de réglage**
advantage: **avantage**
aesthetic: **esthétique (adj.)**
aesthetics: **esthétique (nom)**
aged: **vieilli**
ageing: **vieillissement**

air bending: **pliage en l'air**
air cooling: **refroidissement par air, refroidissement à l'air**
air hardening steel: **acier auto-trempant**
align: **aligner**
aligned: **aligné**
alignment: **alignement**
allen key: **clé alêne, clé à six pans creux**
allen wrench: **clé alêne, clé à six pans creux**
allotropy: **allotropie**
allowable stress: **contrainte admissible**
alloy: **alliage**
alloying element: **élément d'alliage, élément d'addition**
alloy steel: **acier allié**
alphabet of line: **type de trait**
alumina: **alumine**
aluminising: **aluminisation**
aluminizing: **aluminisation**
aluminium (GB): **aluminium**
aluminium coating (GB): **aluminisation**
aluminium profile (GB): **profilé aluminium**
aluminum (US): **aluminium**
aluminum coating: **aluminisation**
aluminum profile (US): **profilé aluminium**
alveolus: **alvéole**
ambient temperature: **température ambiante**
amorphous: **amorphe**
amorphous structure: **structure amorphe**
anchorage: **scellement**
anchor bolt: **tige de scellement**
angle: **angle**
angle clamp: **presse d'angle**
angle dimensioning: **cotation d'angle**
angle gage block: **cale étalon angle**
angle gearbox: **renvoi d'angle**
angle iron: **cornière**
angular: **angulaire**
angular gear: **engrenage conique à axes concourants**
angular momentum: **moment cinétique**
anisotropic: **anisotrope**
anisotropy: **anistropie**
annealed: **recuit (adj.)**
annealing: **recuit (nom)**
annular: **annulaire**
anodizing: **anodisation**
antifriction alloy: **antifriction**
antimony: **antimoine**
anti seize: **dégrippant**
anti-vibration: **antivibratoire**

anvil: enclume
aperture: lumière
apparatus: appareillage
apparent elastic limit: limite d'élasticité apparente
appearance: aspect
appearance model: prototype d'aspect
apprentice: apprenti(e)
apprenticeship: apprentissage
aramid: aramide
arbor: broche
arc: arc électrique
arc welding: soudage à l'arc électrique
area: aire, surface
argon: argon
arm: bras
arrow: flèche
arsenic: arsenic
articulation: articulation
artificial ageing: vieillissement artificiel
artificial weathering: essai climatique
art metalworking: ferronnerie
Ashby diagram: diagramme d'Ashby
assembly: assemblage, ensemble
assembly drawing: dessin d'ensemble
assembly instruction: notice d'assemblage
assembly system supplier: ensemblier
assistent: servante
assymetric: assymétrique, dissymétrique
assymetrical: asymétrique, dissymétrique
assymetry: assymétrie
atmosphere: atmosphère
atmospheric pressure: pression atmosphérique
atomic number: numéro atomique
atomization: atomisation
attachment: attachement
attenuation: affaiblissement
austenite: austénite
austenitic steel: acier austénitique
austenitizing: austénitisation
automatic center punch (US): pointeau automatique
automatic centre punch (GB): pointeau automatique
automatic stop: butée d'arrêt
automation: automatisation
auxiliary view: vue auxiliaire
axial: axial
axis: axe
axis of rotation: axe de rotation
axisymmetric grinding: rectification de révolution.
axisymmetric shape forme de révolution
axle: axe
axonometric projection: projection axonométrique

B, b

babbit metal: antifriction
back nut: contre-écrou
backstop: antiretour
bainite: bainite
balancing: équilibrage
balancing weight: masselotte
ball: bille
ball lead screw: vis à bille
band polisher: ponceuse à bande
bar: barre
bar peeling: écroûtage
barrel roller bearing: roulement à rotule sur rouleaux
barrel tumbling: tonnelage
bar stock: lopin
bar turning: décolletage
basement: socle
base metal: métal de base, substrat
base plate: embase, platine
base product: produit de base
base unit: unité de base
basic size: dimension nominale
bastard cut: bâtarde
batch: série de pièces
beading: roulage de bord
bead roller: bordeuse
beam: poutre
bearing: palier, portée
bearing bush: coussinet
bearing metal: antifriction
bearing surface: surface d'appui
bed: banc
behavior (US): comportement
behaviour (GB): comportement
belleville conical washer: rondelle belleville
bellhousing: lanterne de transmission
belling: tulipage
bellows: soufflet
belt: courroie
belt drive: transformation par courroie
bench grinder: touret à meuler
bench vice (GB): étau d'établi
bench vise (US): étau d'établi
bend: courber
bending: flexion
bending machine: cintreuse
bending moment: moment de flexion
bending moment diagram: diagramme de moment fléchissant
bending stress: contrainte de flexion
bend radius: rayon de courbure, rayon de pliage

benefit: avantage
bent: coudé
between centers: entre-pointes
bevel gear: engrenage conique à axes concourants
bevelling machine: chanfreineuse
bevel protractor: rapporteur d'atelier
bevel square: fausse équerre
bilateral tolerance: tolérance bilatérale
billet: billette
binary alloy: alliage binaire
binder: agglomérant, liant
binder jetting: projection de liant
biocompatibility: biocompatibilité
biocompatible: biocompatible
biodegradable: biodégradable
biomaterial: biomatériau
black: noir
black product: produit noir
blade: aube, lame
blank: flan
blankholder: serre-flan
blanking: découpage-poinçonnage
blast furnace: haut fourneau
blind: en aveugle, borgne
blind fastening: fixation en aveugle
blind hole: trou borgne
blind rivet: rivet aveugle
blistering: cloquage
block: cale, masse
blocked: bloqué
bloom: bloom
blow film extrusion: extrusion gonflage de film
blow gun: soufflette
blow molding (US): extrusion-soufflage
blow moulding (GB): extrusion-soufflage
boiler making: chaudronnerie
board edge: chant
bolt: boulon
bolt (to): boulonner
bolting: boulonnage
bond: liant
book of specifications: cahier des charges
border removal: détourage
bore: alésage
bore: aléser
boring: alésage, percement
boring machine: aléseur
boring tool: tête à aléser
boron: bore
boss: bossage
bottoming: pliage en frappe
box spanner: clé à douille, clé à pipe
box wrench: clé à douille, clé à pipe
bracket: console
bracing: entretoisement

brake: frein
brake press: presse plieuse
brand: marque commerciale
brass: laiton
brazed tip: arête rapportée
braze welding: soudo-brasage
brazing: brasage
breakdown: panne
break elongation: allongement à rupture
breaking load: charge de rupture
breakstem rivet: rivet à rupture de tige
breathing apparatus: respirateur
bright dip: bain de décapage
brightening: brillantage
bright finish: finition brillante
brinell hardness: dureté Brinell
brittle: fragile, cassant
brittle fracture: rupture fragile
brittleness: fragilité
broach: broche
broaching: brochage
broaching machine: brocheuse
broken-open view: vue écorchée
broken-out section: coupe partielle
bronze: bronze
brushing: brossage
buckling: flambage, flambement
built-in end: encastrement
bulb plate: tôle larmée
bulge: boursouflure
bulging: gonflement de tube
bulk: vrac
burn: échauffement
burning: échauffement
burnishing: brunissage, galetage
burr: bavure
bush: douille
button: bouton
button socket cap screw: vis à tête bombée hexagonale creuse
buttress thread: filet d'artillerie
butt-weld: soudure bout à bout
butt-weld tube: tube soudé
by instrument drafting: dessin aux instruments
by-product: sous-produit, produit dérivé

C, c

cable: câble
CAD: CAO, conception assistée par ordinateur
CAD/CAM: CFAO
CADD: dao, dessin assisté par ordinateur

cadmium: cadmium
CAE: computer-aided engineering
cage nut: écrou cage
calibration: calibrage, étalonnage, tarage
calliper rule: pied à coulisse
cam: came
camber: cambrure
CAMM: GPAO, gestion de production assistée par ordinateur
camshaft: arbre à cames
cantilever: porte-à-faux
cantilever beam: poutre console
cap: cache
capability: capabilité
capstan lathe: tour à revolver
carbide: carbure
carbide tool: outil carbure
carbon: carbone
carbon equivalent value: carbone équivalent
carbonitriding: carbonitruration
carburizing: cémentation
cardan link: joint de cardan
card cleaner: carde à lime
carriage: chariot
carriage bolt: boulon à collet carré
case: boîtier
case hardening: durcissement localisé
casing: boîtier, carter
castable: moulable
castellated beam: poutre alvéolaire
castigated nut: écrou fendu
casting: fonderie, moulage, pièce de fonderie
casting process: mise en forme par solidification
cast iron: fonte
castle nut: écrou à créneaux
cataphoresis: cataphorèse
cavitation: cavitation
c-clamp: serre-joint
click-lock adjustement: encliquetage
celsius degree: degré celsius
CE marking: marquage CE
cement: ciment
cementation: cémentation
cementite: cémentite
cnc: cn, commande numérique
center: centrer
center drill: foret à centrer
center gage: calibre à fileter, calibre de filetage
centering (US): centrage
centering screw (US): vis de centrage
centerless grinding: rectification sans centre
centerless grinding machine: rectifieuse sans centre
center of gravity: centre de gravité
centerpoint: centre

center punch (US): pointeau
centre: centrer
centre of gravity: centre de gravité
centre punch (GB): pointeau
centrifugal: centrifuge
centrifugal casting: moulage par centrifugation, rotomoulage
centring (GB): centrage
centring screw (GB): vis de centrage
centripetal: centripète
ceramics: céramique
cermet: cermet
certification: certification
chain: chaîne
chain dimensioning: chaîne de cotes
chain drive: chaîne de transmission
chain gearing: chaîne de transmission
chain pipe spanner: clé à chaîne pour tube
chain pipe wrench: clé à chaîne pour tube
chamfer: chanfrein
chamfer (to): chanfreiner
chamfering: chanfreinage
change of state: changement d'état
channel: coulisse
characterization: caractérisation
Charpy impact test: essai de choc de Charpy
chart: abaque
chequer plate: tôle à relief
chequer sheet: tôle à relief
chemical analysis: analyse chimique
chemical composition: composition chimique
chemical compound: composé chimique
chemical element: élément chimique
chemical polishing: polissage chimique
chemical reaction: réaction chimique
chip: copeau
chipboard screw: vis à bois
chip breaker: brise-copeaux
chip pan: bac à copeaux
chisel: burin
chrome plating: chromatation
chromium: chrome
chromizing: chromage
chuck: mandrin
chuck key: clé de mandrin
circle: cercle
circlip: anneau élastique
circular: circulaire
circular blade sawing: scie circulaire
circular saw: scie circulaire
circumference: circonférence
circumscribed: circonscrit
cladding: rechargement
clamp: bride
clamping: bridage
clamping screw: vis de blocage

clamping torque: **couple de serrage**
claw: **griffe**
cleanability: **nettoyabilité**
cleaning: **nettoyage**
clear: **transparent**
clearance angle: **angle de dépouille**
clearance compensation: **rattrapage de jeu**
clearance fit: **ajustement libre**
clevis: **chape**
clim cut milling: **fraisage en avalant**
clip: **attache, patte d'attache**
clipage: **clipsage**
closed-die forging: **estampage**
close tolerance: **tolérance fine, tolérance serrée**
cluster gear: **train d'engrenages**
clutch: **embrayage**
CNC lathe: **tour à commande numérique**
coalescence: **coalescence**
coarse: **grossier**
coarse thread pitch: **pas gros**
coat: **revêtement**
coated- metal arc welding: **soudage manuelle à la baguette**
coating: **revêtement**
coaxial: **coaxial**
coaxiality: **coaxialité**
cobalt: **cobalt**
coefficient of thermal expansion: **coefficient de dilatation**
cohesion: **cohésion**
coil: **bobine**
coiled spring pin: **goupille spiralée**
coil spring: **ressort hélicoïdal**
coining: **frappe, pliage en frappe**
co-injection moulding: **co-injection**
cold crack: **tapure**
cold-formed profile: **profilé à froid**
cold-formed section: **profilé à froid**
cold pressure welding: **soudage à froid par pression.**
cold rolling: **laminage à froid**
cold spray: **projection à froid**
cold worked: **à froid**
cold working: **formage à froid**
collar: **collet, bague**
colorants: **colorant**
colorless (US): **incolore**
colourless (GB): **incolore**
column drilling machine: **perceuse à colonne**
combination pliers: **pince universelle**
combination spanner: **clé mixte**
combination wrench: **clé mixte**
combined load: **sollicitation composée**
combustibility: **combustibilité**
combustible: **combustible**

complementary angle: **angle complémentaire**
compact: **compact**
compact (to): **compacter**
compass: **compas**
competitiveness: **compétitivité**
completion: **parachèvement**
compliance: **complaisance**
composite material: **matériau composite**
compressed: **comprimé**
compressed air: **air comprimé**
compression: **compression**
compression molding (US): **moulage par compression**
compression moulding (GB): **moulage par compression**
compressive stress: **contrainte de compression**
computer-aided design: **conception assistée par ordinateur, CAO**
computer-aided drawing: **dessin assisté par ordinateur, DAO**
computer-aided engineering: **ingénierie assistée par ordinateur, IAO**
computer-aided manufacturing: **fabrication assitée par ordinateur, FAO**
concave: **concave**
concavity: **concavité**
concentrated load: **charge concentrée, charge ponctuelle**
concentration: **concentration**
concentric: **concentrique**
concentricity: **concentricité**
concentric chuck: **mandrin à mors concentriques**
conceptualisation (GB): **conceptualisation**
conceptualization (US): **conceptualisation**
cone center: **contre-pointe**
cone-point set screw: **vis pointeau**
cone pulley: **poulie étagée**
conical: **conique**
conical seat washer: **rondelle-cuvette**
conicity: **conicité**
connection: **liaison**
consolidation process: **mise en forme par assemblage**
constraint: **contrainte**
construction: **construction**
contact surface: **surface de contact**
continuous beam: **poutre continue**
continuous furnace: **four tunnel**
contouring: **contournage**
contour milling: **détourage**
control wheel: **volant**
conventional lathe: **tour conventionnel**
conventional machining: **usinage conventionnelle**
convergent: **concourant**

convex: convexe, bombé
coolant: liquide d'arrosage
cooling fin: ailette de refroidissement
concrete: béton
cone: cône
constitutive diagram: diagramme de phase
constraint: contrainte
content: teneur
continuous casting: coulée continue
contouring: contournage
contraction: contraction
conventional break: vue interrompue
conventional edm: électroérosion enfonçage
conventional strain: allongement relatif
conventional stress: contrainte conventionnelle
conversion coating: revêtement par conversion
conversion treatment: traitement de conversion
conveyor belt: convoyeur à bande
core sample: carotte
coolant: fluide de coupe
cooling: refroidissement, arrosage
cooling rate: vitesse de refroidissement
coordinate measurement machine: machine à mesurer tridimensionnelle
coordinate measuring machine: machine à mesurer tridimensionnelle
coping: grugeage
coplanar: coplanaire
copolymer: copolymère
copper: cuivre
copper alloy: cupro-alliage
copy mill: fraise à copier
core: noyau
corrective maintenance: maintenance corrective
corroded corrodé
corrosion: corrosion
corrosion rate: vitesse de corrosion
corrosion resistance: résistance à la corrosion
corrosive: corrosif
corrugated: annelé
corrugated pipe: tube annelé
corrugated sheet: tôle ondulée
corundum: corundum
cotter pin: goupille fendue
coulomb's modulus: module de coulomb
counter-bor screw: vis à tête douze pans
counterbore: lamage
counterbore (to): lamer
counterboring: lamage
counter-drilling: contre-perçage
countersink: fraisure
countersinking: fraisurage
countersunk head screw: vis à tête fraisée

coupling: accouplement d'arbre
covered electrode: baguette de soudage
crack: crique, fissure
cracked: fissuré
crack hairline: amorce de rupture
cracking: fissuration
crack initiation: amorce de rupture
cramping: ancrage
crankpin: maneton
crankshaft: vilebrequin
creativity: créativité
creep: fluage
creep test: essai de fluage
crimp: ondulation
crimping: sertissage
critical speed: vitesse critique
cropping: chutage
cross: croix
crossed axe gear: engrenage à axes croisés
crossed helical gears: engrenage hélicoïdal à axes croisés
crosslinkage: réticulation
cross member: traverse
cross section: coupe
cross sectional: section
cross shaft: croisillon
cross socket coutersunk head screw: vis à tête fraisée cruciforme
cross socket fillister head screw: vis à tête cylindrique bombée cruciforme
crucible: creuset
crush washer: rondelle à écrasement
crystal: cristal
crystal lattice: réseau cristallin
crystalline: cristallin
crystalline structure: structure cristalline
crystallite: cristallite
crystallization: cristallisation
crystallography: cristallographie
cupola: cubilot
curvature: courbure
curve: courbe
curved surface: galbe
curvilinear: curvilinéaire
cut (to): couper, découper
cutoff: tronçonnage
cut-off machine: tronçonnage
cutoff tool: outil de tronçonnage
cutoff wheel: disque de tronçonnage
cut thread: filetage par enlèvement de copaux
cutting: coupe, découpage, découpe
cutting edge: arête de coupe
cutting fluid: fluide de coupe
cutting insert: plaquette d'usinage
cutting oil: huile de coupe
cutting plane: plan de coupe

cutting speed: vitesse de coupe
cutting tool: outil de coupe
C-washer: rondelle fendue amovible
cycle: cycle
cylinder: cylindre
cylindrical: cylindrique
cylindrical grinder: rectifieuse cylindrique
cylindrical grinding: rectification cylindrique
cylindricity: cylindricité

D, d

data exchange format: format d'échange de fichier
data sheet: notice technique
déburr (to): ébavurer
deburring: ébavurage
deburring tool: ébavureur
decalibration: déréglage
decameter: décamètre
decametre: décamètre
decarburization: décarburation
deceleration: décélération, ralentissement
declutching: débrayage
decorative treatment: traitement décoratif
deep drawing: emboutissage
deep drilling: forage, perçage profond
defect: défaut
defective: défectueux
defective sample collection: défauthèque
deflashing: ébarbage
deflection: flèche
deflection curve: déformée
déformation: deformation
deformation process: mise en forme par déformation
deformation resistant: indéformable
degassing process: déGAZage
degreasing: dégraissage
degree: degré
degree of freedom: degré de liberté
delamination: délaminage
demagnetizing: démagnétisation
demountability: démontabilité
density: masse volumique
deoxidation: désoxydation
deoxidizing: désoxydation
depth: profondeur
depth of cut: profondeur de passe
derived unit: unité dérivée
descaling: décalaminage
descriptive geometry: géométrie descriptive

design: conception
designation: désignation
design department: bureau d'études
design draftman: projeteur
designer: concepteur
destructive inspection: contrôle destructif
destructive testing: essai destructif
detail: détail
detail drawing: dessin de définition
detailed view: vue de détail
deviation: déviation
device: appareil, dispositif
device frame: bâti de machine
diagnosis: diagnostique
diagnostics: diagnostique
diagonal: diagonale
dial comparator: comparateur
dial indicator: comparateur
diameter: diamètre
diamond: diamant
diamond dresser: dresseur
die: filière, matrice
dielectric: diélectrique
die holder: porte-filière
die sinking electrical discharge machining: électroérosion enfonçage
differential shrinkage: retrait différentiel
diffusion: diffusion
diffusion bonding: soudage par diffusion
diffusion coating: revêtement par diffusion
digital light processing: traitement numérique de lumière
digital mock-up: maquette numérique
dilatability: dilatabilité
dilatation analysis: analyse dilatométrique
dilatometer: dilatomètre
dilatometry: dilatométrie
dimension: cote, dimension
dimension (to): coter
dimensional drawing: dessin coté
dimensional tolerance: tolérance dimensionnelle
dimensioning: cotation
dip coating: revêtement par immersion
dip molding (US): trempage plastique
dip moulding (GB): trempage plastique
directing: orientation
direction: direction, sens, orientation
direct stress: contrainte normale
direct tension indicator washer: rondelle indicatrice de contrainte
disc (US): disque
dished end: fond bombé
dished head: fond bombé
disk (GB): disque
disk spring washer: rondelle-ressort

dismantable connection: **assemblage démontable**
dismantling: **démontage**
dismountable: **démontable**
displacement: **déplacement**
display: **afficheur**
distance: **distance**
distributed load: **charge répartie**
dividers: **compas**
dividing head: **appareil diviseur**
dividing plate: **appareil diviseur**
dog: **toc**
dog point: **téton**
dome: **dôme**
double helical tooth gear: **engrenage à chevrons**
dowel: **pige**
dowel pin: **goupille cylindrique**
down milling: **fraisage en avalant**
downtime: **temps mort**
draft: **dépouille**
drafter: **dessinateur**
draftperson: **dessinateur**
draftsman: **dessinateur**
draughting: **dessin technique**
draughtsman: **dessinateur**
drawing: **dessin, plan, étirage**
drawing instrument: **instrument de dessin**
drawing revision: **révision d'un plan**
drawing tool: **instrument de dessin**
drawn: **étiré**
drawn profile: **profilé étiré**
dressing: **dressage de meule**
drift: **chasse-cône**
drill: **foret**
drill bit: **mèche**
drill bush: **canon de perçage**
drill chuck: **mandrin à foret**
drilling: **perçage**
drilling machine: **perceuse**
drill sleeve: **cône de réduction**
drive: **embout, entraînement, transmission**
drive fit: **ajustement serré**
driven shaft: **arbre de sortie**
driving shaft: **arbre moteur**
drop hammer: **marteau-pilon**
dry cutting: **usinage à sec**
dry ice blasting: **nettoyage cryogénique**
dry machining: **usinage à sec**
dual: **double**
ductile: **ductile**
ductile fracture: **rupture ductile**
ductility: **ductilité**
dull rubbing: **dépolissage**
durability: **durabilité**
duration: **durée**

durometer: **duromètre**
dust: **poussière**
duster: **chiffon**
dye penetrant test: **contrôle par ressuage**
dynamic balancing: **équilibrage**
dynamic friction: **frottement dynamique**
dynamics: **dynamique**
dynamic test: **essai dynamique**

E, e

eccentric: **excentrique**
eccentricity: **faux-rond**
ECM: **usinage électrochimique**
edge: **arête**
edge finder: **pinule de centrage**
edge loading: **arc-boutement**
EDM: **électroérosion**
efficiency: **rendement**
efficient: **efficace**
elastic: **élastique**
elastic behavior region: **domaine élastique**
elastic deformation: **déformation élastique**
elastic limit: **limite d'élasticité**
elasticity: **élasticité**
elastic stop nut: **écrou auto-freiné**
elastomer material: **élastomère**
elbow: **coude**
electrical discharge machining: **électroérosion, étincelage**
electric conductivity: **conductivité électrique**
electric upsetting: **electro-refoulage**
electric welding: **soudage électrique**
electrochemical coating: **revêtement électrochimique, revêtement électrolytique**
electrochemical machining: **usinage électrochimique**
electromagnet: **électro-aimant**
electromagnetic plate: **plateau électromagnétique**
electron beam machining: **usinage par faisceau d'électrons**
electron beam welding: **soudage par faisceau d'électrons**
electroplating: **électrodéposition, galvanoplastie**
électropolishing: **polissage électrochimique**
electro spindle: **électrobroche**
elongation: **allongement**
embossed plate: **tôle gaufrée**
embossed sheet: **tôle gaufrée**
embossing: **bossage**

emery: **émeri**
emery cloth: **toile émery**
emulsion: **émulsion**
enameling: **émaillage**
end: **bout**
end cap: **about, bouchon**
end collar: **collerette**
end-face milling: **fraisage en bout**
end milling cutter: **fraise deux tailles**
endurence: **endurance**
endurance limit: **résistance limite de fatigue**
energy: **énergie**
engine: **machine, moteur**
engineering: **ingénierie**
engineering department: **bureau d'études**
engineering design: **conception**
engineering drawing: **dessin technique, plan**
engineering manual: **manuel**
engineering material: **matériau de construction**
engineering strain: **allongement relatif**
engineering stress: **contrainte conventionnelle**
engineering stress-strain curve: **courbe de traction conventionnelle**
enlargement scale: **échelle d'agrandissement**
environmental testing: **essai d'environnement**
epicycloidal gear: **train épicycloïdal**
equally-spaced: **équidistant**
equilibrum diagram: **diagramme de phase**
equipment: **équipement, matériel**
ergonomics: **ergonomie**
erichsen test: **essai d'Erichsen**
erosion: **érosion**
erratic: **intermittent**
esteem function: **fonction d'estime**
estimate: **devis**
evaporative foam process: **moulage au sable à modèle vaporisable**
event: **événement**
expanded: **expansé**
expanded metal: **métal déployé**
exploded view: **dessin éclaté, vue éclatée**
explosive forming: **formage par explosion**
explosive welding: **soudage par explosion**
external cylindrical grinding: **rectification cylindrique extérieure**
external torx screw: **vis à six lobes externes, vis à tête hexalobée**
external turning: **tournage extérieur**
extractable dowel pin: **goupille cylindrique taraudée**
extra mild steel: **acier extra-doux**
extra thickness: **surépaisseur**
extreme reliability temperature: **température extrême d'utilisation**
extrude (to): **extruder**
extruded: **extrudé**

extruded profile: **profilé extrudé**
extruder: **extrudeuse**
extrusion: **extrusion, filage**
extrusion coating: **extrusion-lamination**

F, f

fabric: **tissu**
fabricated: **mécano-soudé**
face: **face**
face (to): **dresser**
face milling: **fraisage en bout**
faceplate: **plateau**
facing: **dressage, surfaçage**
factory: **usine**
failure: **défaillance, panne**
fall: **chute**
fastener: **élément de fixation**
fastener property class: **classe de résistance de visserie**
fastening: **fixation**
fast feed: **avance rapide**
fatigue: **fatigue**
fatigue limit: **résistance limite de fatigue**
fatigue strength: **résistance limite de fatigue**
fatigue test: **essai de fatigue**
faulty: **défectueux**
FDM: **dépôt de fil fondu**
feature: **caractéristique**
feed: **avance**
feedrate: **avance, vitesse d'avance**
feedstock: **matériau brute**
feed unit: **amenage**
female part: **pièce femelle**
ferrimagnetic: **ferrimagnétique**
ferrite: **ferrite**
ferritic: **ferritique**
ferritic steel: **acier ferritique**
ferromagnetic: **ferromagnétique**
ferromagnetism: **ferromagnétisme**
ferrous: **ferreux**
ferrous alloy: **alliage ferreux**
ferrule: **virole**
fettling: **ébarbage**
filamant winding: **enroulement filamentaire**
file: **lime**
file scorer: **curette**
filing: **limage**
filings: **limaille**
filler: **charge**
filler metal: **métal d'apport**
fillet: **congé**

fillet weld: soudure d'angle
film: film
fin: ailette, barbe
fine blanking: découpage fin
fine thread pitch: pas fin
finished part: pièce finie
finished product: produit fini
finishing: finition
finite element analysis: calcul par éléments finis
finite element computing method: calcul par éléments finis
finned tube: tube à ailettes
fireproof: ignifugé
fire rating: réaction au feu, classement de réaction au feu
fire resistance: résistance au feu
fit: ajustement
fit (to): ajuster
fit together: emboîter
fitting: ajustage, emboîtement
fixed beam: poutre encastrée
fixed support: appui encastré, appui fixe
fixing screw: vis de fixation
flame: flamme
flame hardening: trempe à la flamme
flame treatment: flammage
flaming: flammage
flammability: inflammabilité
flammable: inflammable
flange: aile, semelle
flanging: bordage
flank: flanc, face de dépouille
flare: évasement, tulipe
flaring: évasement, tulipage
flash: barbe, bavure
flash welding: soudage en bout par étincelage
flaskless molding: moulage en motte
flat: méplat, plat
flatness: planéité
flat plate: plat
flat product: produit plat
flat surface grinding: rectification plane
flattening: pliage écrasé
flat washer: rondelle plate
flattened: aplati
flattening: aplatissement
flaw: rayure
flex hone: honoir
flexibility: complaisance, flexibilité, souplesse
flexible: souple
flexible coupling: accouplement élastique, accouplement souple
flexural modulus of inertia: moment d'inertie en flexion, moment quadratique axial
flexural stress: contrainte de flexion
flexural test: essai de flexion

flow: écoulement, flux
flow drilling: fluoperçage
flow drilling screw: vis fluoperceuse
flow rate: débit
flow turning: fluotournage
fluid: fluide
fluid renewal: vidange
flute: goujure
flux: flux
flux-cored arc welding with shield gas: soudage au fil fourré avec gaz
flux-cored arc welding: soudage au fil fourré sans gaz
fly-cutter: trépan
fly wheel: volant d'inertie
foam: mousse
foil: bande, feuillard
foolproof: détrompeur
foot, feet: pied
force: force
force fit: ajustement serré
Foreman: Contremaître
forge: forge
forge (to): forger
forging: forgeage
forging hammer: marteau-pilon
forging press: presse à forger
fork: fourche
formability: formabilité
formed cutter: fraise de forme
form grinding: rectification de forme
forming: formage, mise en forme
form tolerance: TOLÉRANCE de forme
foundation bolt: tige d'ancrage, tige de scellement
foundry: fonderie, moulage
four way socket spanner: clé en croix
four way socket wrench: clé en croix
fractography: fractographie
fracture: fracture, rupture
fracture test: essai de rupture
frame: armature, cadre, châssis, structure
framework: ossature
free fit: ajustement libre
freehand sketch: dessin à main levée
free wheel: roue libre
freeze: solidifier
french curve: perroquet, pistolet
friable: friable
friction: friction, frottement
frictional coefficient: coefficient de frottement
friction coefficient: coefficient de frottement
friction drive: transmission par friction
friction factor: coefficient de frottement
friction point: point dur

friction stir welding: soudage par friction-malaxage
friction wheel: roue de friction
fulcrum: pivot
full-mold process: moulage au sable à modèle vaporisable
full scale: échelle réelle
full size: échelle réelle
functional analysis: analyse fonctionnelle
function: fonction
functional: fonctionnel
functional dimensioning: cotation fonctionnelle
functional form: forme fonctionnelle
functionality: fonctionnalité
fused deposition modelling: dépôt de fil fondu

G, g

gage (GB): calibre
gage block: cale étalon
galvanic corrosion: corrosion galvanique
galvanization: galvanisation
galvanized: galvanisé
galvanized steel: acier galvanisé
galvanizing: galvanisation
gang drilling machine: banc de perçage
gantry: portique
gas: gaz
gas metal arc welding: soudage mig/mag
gas shielded arc weldingprocess: soudage mig/mag
gas welding: soudage au chalumeau oxyacétylénique
gauge (US): calibre
gauge block: cale étalon
gazeous: gazeux
gear: engrenage
gear (to): engrener
gear box: boîte de vitesse
gear cutting: taillage d'engrenage
gear cutting machine: tailleuse d'engrenage
geared motor: motoréducteur
gear mesh: engrènement
gear motor: motoréducteur
gear train: rouage, train d'engrenages
geometric product specification: spécification géométrique
geometric tolerance: TOLÉRANCE géométrique
germination: germination
gib head key: clavette à talon
glass: verre

glass wool: laine de verre
globular: globulaire
glue: colle
glueing: collage
goggles: lunette de protection
gold: or
go-no go: entre-n'entre pas
grade: nuance
graduation mark: graduation
grain: grain
graining: grainage
grain size: taille de grain
grain size analysis: granulométrie
granite like: granité
granite measuring table: marbre
granular: granulé
granulometry: granulométrie
graph: abaque
graphite: graphite
gravity die casting: moulage en coquille par gravité
grease: graisse
grease packed: graissé à vie
greasing: graissage
grind (to): abraser
grinder: meuleuse
grinding: abrasion, meulage, rectification
grinding tool: outil d'abrasion
grinding wheel: disque abrasive, meule
grip spanner: clé à griffe
grip wrench: clé à griffe
grit: abrasif
groove: fente, rainure, sillon
grooved pin: goupille cannelée
groove weld: chanfrein de soudure
guard: carénage
guide: mémento, guide
guide bush: canon de perçage
guide screw: vis de guidage
guiding: guidage
gun drill: foret 3/4
gun drilling: forage, perçage profond
gusset: gousset

H, h

hacksaw: scie
hair pin clip: goupille cavalier
half-round groove: gueule de loup
half section: demi-coupe
half view: demi-vue
hammer: marteau

hammerdrive rivet: clou à frapper, rivet à frapper, rivet expansé

hammer forging: forgeage au marteau

handbook: manuel

hand lever: manette

handling: manutention

hand arc welding: soudage manuel à l'arc électrique

hand lay-up: moulage au contact

hand-operated: manuel

hand-operated drilling machine: perceuse manuelle, perceuse à main

hand tap: taraud main

hand vice (GB): étau à main

hand vise (US): étau à main

handwheel: manivelle

hanging: accrochage

hard: dur

harden (to): durcir

hardenability: trempabilité

hardened steel: acier trempé

hardening: durcissement

hardening treatment: traitement de durcissement

hard jaw: mors dur

hardness: dureté

hardness test: mesure de dureté, essai de dureté

hardness tester: duromètre

hatching: hachure

heading: refoulage

headstock: poupée fixe

heat: chaleur

heat affected zone: zone affectée par la chaleur

heat capacity: capacité calorifique

heat treatment: traitement thermique

heavy metal: métal lourd

height: hauteur

helical: hélicoïdal

helical gear: helical gears

helical spring lock washer: rondelle Grower

helical thread insert: filet rapporté

helicoid: hélicoïde

helix: hélice

helix angle: angle d'hélice

hem: pli écrasé

hemming: pliage écrasé

herringbone gear: engrenage à chevrons

hex: hexagone

hexagonal head screw: vis à tête hexagonale

hexagonal socket screw: vis à six pans creux

hexagonal socket shoulder screw: vis à six pans creux épaulée

hexagon flange nut: écrou à embase

hexagon nut metallic insert: écrou à tôle

hexagon socket countersunk head screw: vis à tête fraisée hexagonale creuse

hexagon socket head screw: vis à tête cylindrique hexagonale creuse

hex nut: écrou hexagonal

hex speed nut: écrou pal

high frequency induction welding: soudage haute fréquence par induction

high frequency resistance welding: soudage haute fréquence par contact

high frequency welding process: soudage haute fréquence de métal

high pressure die casting: moulage en coquille haute pression

high speed feed: avance rapide

high speed machining: usinage à grande vitesse

high speed steel: acier rapide

high steel alloy: acier fortement allié

high strength low alloy steel: acier à haute limite d'élasticité, acier hle

high strength screw: visserie haute résistance

high strength steel: acier à haute résistance

hinge: charnière

hinge support: appui articulé

hitch pin clip: goupille bêta

hoisting ring: anneau de levage

hole: trou

hole cutter: scie cloche

hole maker: aléseur

hollow: creux

hollow punch: emporte-pièce

hollow rivet: rivet tubulaire

hollow section: profilé creux

homocinetic: homocinétique

homogeneous: homogène

homogenezing: homogénéisation

homopolymer: homopolymère

hone (to): roder

honeycomb: nid d'abeille

honing: rodage

honing tool: rodoir

hook: crochet

Hooke's law: loi de Hooke

hook spanner: clé à ergot

hook wrench: clé à ergot

horizontal: horizontal

horizontal bandsaw: scie horizontale

horizontal bandsawing machine: scie horizontale

hot dip galvanizing: galvanisation à chaud

hot-rolled profile: profilé à chaud, profilé laminé à chaud

hot-rolled section: profilé à chaud

hot rolling: laminage à chaud

hot worked: à chaud

hot working: formage à chaud

housing: **boîtier, carter**
hsla steel: **acier hle, acier à haute limite d'élasticité**
hub: **moyeu**
hydraulic: **hydraulique (adj.)**
hydraulics: **hydraulique (nom)**
hydroforming: **hydroformage**
hydrogen: **hydrogène**
hydrogen embritlement: **fragilisation par l'hydrogène**
hydrophobic: **hydrophobe**
hygroscopic: **hygroscopique**
hypoid gear: **engrenage hypoïde**

I, i

ideation: **idéation**
idle time: **temps mort**
idler gear: **pignon de renvoi**
idler wheel: **roue folle**
illustration: **illustration**
image: **image**
impact energy value: **énergie de choc**
impact resistance: **résistance au choc**
impact resistance test: **essai de résilience**
impact test: **essai de choc**
impermeable: **imperméable**
impression: **empreinte**
Impression die-forging: **Estampage**
impurity: **impureté**
incandescent: **incandescent**
inch: **pouce**
inclination: **inclinaison**
inclined: **oblique**
inclined plane: **plan incliné**
inclusion: **inclusion**
indenter: **indenteur, pénétrateur**
indentor: **pénétrateur**
independant jaw chuck: **mandrin à mors indépendant**
indexing: **indexation**
indexing head: **appareil diviseur**
indexing plate: **appareil diviseur**
index plate: **plateau diviseur**
induction hardening: **trempe par induction**
industrial: **industriel**
industrialization: **industrialisation**
industrial process: **procédé industriel**
industry: **industrie**
inertia: **inertie**
ingot: **lingot**
initial: **initial**

injection blow molding (US): **injection-soufflage**
injection blow moulding (GB): **injection soufflage**
injection molding (US): **moulage par injection**
injection molding press (US): **presse à injection**
injection moulding (GB): **moulage par injection**
injection moulding press (GB): **presse à injecter**
injection stretch blow molding (US): **injection étirement soufflage**
injection stretch blow moulding (GB): **injection étirement soufflage**
inner cone: **dard**
innershield welding: **soudage au fil fourré sans gaz**
inner surface: **paroi**
input shaft: **arbre d'entrée**
inscribed: **inscrit**
inserted: **rapporté**
inserted teeth mill: **fraise à plaquettes**
inside micrometer: **micromètre d'intérieur**
inspection: **contrôle, inspection, vérification**
installation guide: **notice d'installation**
instruction manual: **notice explicative**
instrument: **instrument**
intensity: **intensité**
interchangeability: **interchangeabilité**
interchangeable: **interchangeable**
interference fit: **ajustement incertain, frettage**
intergranular: **intergranulaire**
intermediate product: **produit intermédiaire**
internal gear: **engrenage intérieur**
internal cylindrical grinding: **rectification cylindrique intérieure**
internal thread: **taraudage**
internal turning: **tournage intérieur**
international system organization of units: **Système International d'Unités**
international tolerance: **tolérance internationale**
interpolation milling: **fraisage par interpolation**
intersecting hole: **trou communicant**
interstice: **interstice**
intragranular: **intragranulaire**
intrusion: **intrusion**
investment casting: **moulage à la cire perdue**
involute of a circle: **développante de cercle**
iridium: **iridium**
iron: **fer**
irregular curve: **perroquet, pistolet**
isotropic: **isotrope**
isotropy: **isotropie**
izod impact test: **essai de choc d'Izod**

J, j

jack: vérin
jam nut: contre-écrou
jauge plane: plan de jauge
jaw: mors
jerk: à-coup
jigsaw: scie sauteuse
jominy test: essai de jominy
joist: solive, poutrelle
journal: tourillon, portée

K, k

kerf: saignée
key: clavette
key cutter: fraise à clavette
keying: clavetage
keyseat: rainure de clavetage, siège de clavetage
keyway: rainure de clavetage
kinematical: cinématique (adj.)
kinematic chain: chaîne cinématique
kinematics: cinématique
kinetic energy: énergie cinétique
kneeding: corroyage
knob: bouton
knockout: décochage
knoop hardness: dureté knoop
knurled nut: écrou moleté
knurling: moletage
knurling tool: outil à moleter

L, l

laboratory: laboratoire
labor glove: gant de travail
lag screw: tire-fond
laminate (to): calandrer
laminated object manufacturing™: découpe de matière
laminating: calandrage
lanced: crevé
lancing: crevage

lapping: polissage
lap weld: soudure en clin
laser braze welding: soudo-brasage laser
laser cleaning: nettoyage laser
laser cutting: découpe laser
laser cutting machine: machine de découpe laser
laser welding: soudure laser
latent heat of fusion: chaleur latente de fusion
lateral buckling: déversement
lathe: tour (sens 1)
lathe operator: tourneur
lattice structure: treillis
lay: strie
layer: couche
layer deposition: dépôt
layout: mise en plan
lead: avance
lead screw: vis-mère
leak: fuite
leakage: fuite
leak proof: étanche
left: gauche
lefthand thread: pas de filetage à gauche
length: longueur
lever: levier
leverage distance: bras de levier
lifetime: durée de vie
light metal: alliage léger
limits: dimension limite
limit state: état limite
line: ligne
linear: rectiligne
linear friction welding: soudage par friction linéaire
linear motion: mouvement linéaire
linear speed: vitesse linéaire
line dimensioning: cotation linéaire
line drawing: dessin au trait
line thickness: épaisseur de trait
linkage: tringlerie
liquid: liquide
liquid penetrant control: contrôle par ressuage
liquidus: liquidus
live load: charge roulante
load: charge
loading: chargement
localized corrosion: corrosion localisée
locking: blocage
locking screw: vis de blocage
lock nut: contre-écrou
lockwasher: rondelle frein
logarithmic strain: allongement logarithmique
longitudinal: longitudinal
long product: produit long
loosening: desserrage

loose tolerance: **tolérance large**
lost foam casting: **moulage au sable à modèle vaporisable**
lost pattern casting: **modèle au sable à modèle vaporisable**
lost wax casting process: **moulage à la cire perdue**
low carbon steel: **acier extra-doux**
low pressure casting process: **moulage en coquille basse pression**
low pressure die casting: **moulage en coquille basse pression**
low steel alloy: **acier faiblement allié**
ltz profile: **tube à ailettes**
lubricant: **lubrifiant**
lubrication: **graissage, lubrification**
lug: **téton**
lynch pin: **goupille cavalier**

M, m

machinability: **usinabilité**
machine (to): **usiné**
machine rate: **cadence**
machinery: **appareillage**
machine screw: **vis à métaux**
machine-shop: **atelier**
machine tap: **taraud machine**
machine tool: **machine-outil**
machine vice (GB): **étau-machine**
machine vise (US): **étau-machine**
machining: **usinage, mise en forme par enlèvement de copeaux**
machining center: **centre d'usinage**
machining centre: **centre d'usinage**
machining fixture: **montage d'usinage**
machining unit: **unité d'usinage**
machinist: **mécanicien**
machinist's rule: **réglet**
macroscopic: **macroscopique**
macrostructure: **macrostructure**
magnesium: **magnésium**
magnet: **aimant**
magnetic plate: **plateau magnétique**
magnetic pulse forming: **magnétoformage**
magnetism: **magnétisme**
maintenance: **entretien, maintenance**
male part: **pièce mâle**
malleability: **malléabilité**
malleable: **malléable**
mallet: **maillet**
mandrel: **mandrin**

manganese: **manganèse**
maneuvering (US): **manœuvre**
manoeuvring (GB): **manœuvre**
manual arc welding: **soudage manuel à l'arc électrique**
manual deburring: **ébavurage manuel**
manual handling: **manutention manuelle**
manually controlled machine: **machine à commande manuelle, machine conventionnelle**
manual tool: **outillage manuel**
manufacturability: **fabricabilité**
manufacturer: **constructeur, fabricant**
manufacturing: **fabrication**
manufacturing data sheet: **gamme de fabrication**
manufacturing dimension: **cote de fabrication**
manufacturing drawing: **plan de fabrication**
manufacturing process: **technique de fabrication**
marbling: **marbrure**
mark: **marque**
marking: **marquage**
martensite: **martensite**
martensitic quenching: **trempe martensitique, hypertrempe**
mass: **masse**
mass-produced: **en série**
mastic: **mastic**
matching: **appairage**
material: **matériau**
material jetting: **projection de matière**
materialography: **matérialographie**
material processing: **mise en forme**
material property: **propriété de matériau**
material removing process: **mise en forme par enlèvement de matière**
material science: **science des matériaux**
material selection: **choix de matériau**
matter: **matière**
matt finish: **finition mate**
maximum service temperature: **température limite d'utilisation**
measure: **mesure**
measurement: **mesure**
measurement accuracy: **justesse de mesure**
measurement device: **appareil de mesure, instrument de mesure**
measurement standard: **étalon**
mechanical: **mécanique (adj.)**
mechanical efficiency: **rendement mécanique**
mechanical engineering: **mécanique de construction, ingénierie mécanique**
mechanical load: **sollicitation mécanique**
mechanical polishing: **polissage mécanique**
mechanical property: **caractéristique mécanique, propriété mécanique**

mechanical strength: résistance mécanique
mechanical strength of electric weld: résistance mécanique de soudure électrique
mechanical test: essai mécanique
mechanical unit: unité en mécanique
mechanics: mécanique, sciences mécanique
mechanism: mécanisme
mechanized handling: manutention mécanisée
mechatronics: mécatronique
medium carbon steel: acier dur, acier mi-dur
melted area: zone fondue
melting: fusion
melting pot: creuset
melting point: point de fusion
melting temperature: température de fusion
melting temperature range: plade de température de fusion
member: élément structural
merchant bar: laminé marchand
mercury: mercure
meshing: maillage
metal: métal
metal active gas welding: soudage mag
metal arc welding with covered electrode: soudage manuelle à la baguette
metal braid: tresse métallique
metal casting: moulage des métaux
metal injection molding (US): moulage par injection de métal
metal injection moulding (GB): moulage par injection de métal
metallic: métallique
metallizing: métallisation
metallography: métallographie
metallurgy: métallurgie, sidérurgie
metal making: élaboration
metal marking stamp: alphabet à frapper
metal scraping: grattage
metal shears: cisaille à main
metal spraying: métallisation, schoopage
metastable: métastable
meter: mètre
methods department: bureau des méthodes
metric: métrique
metrology: métrologie
microcrack: microfissure
microhardness: microdureté
micrometer: micromètre, micron
micron: micron
micronisation: micronisation
microscale: échelle microscopique
microscope: microscope
microscopic: microscopique
microscopic scale: échelle microscopique
microscopic structure: structure microscopique
mig gun: torche mig

mild steel: acier doux
mill: fraiseuse
mill (to): fraiser
milling: fraisage
milling cutter: fraise
milling machine: fraiseuse
minimum bend radius: rayon de courbure minimal
misalignment: désalignement
missetting: déréglage
miter: onglet
miter gear: engrenage conique à axes concourants
mittre: onglet
mittre cutting: coupe à onglet, coupe d'onglet
mobile joint: articulation
mock-up: maquette
model: modèle
modelling software: modeleur
modulus of elasticity: module d'élasticité longitudinale
mold (US): moule
molding (US): moulage
molten: fondu
molybdenum: molybdène
moment: moment
moment arm: bras de levier
moment of a couple: moment d'un couple
moment of a force: moment d'une force
moment of inertia: moment d'inertie, moment quadratique axial
monkey spanner (GB): clé à crémaillère
monkey wrench (US): clé à crémaillère
monocrystal: monocristal
monomer: monomère
morse taper: cône morse
mortice: mortaise
mortise: mortaise
motion: mouvement
motion drive: transformation de mouvement
motionless: immobile
motion transformation: transformation de mouvement
motor: moteur
mould (GB): moule
moulding (GB): moulage
mounting: montage
multi-lead thread: filetage à plusieurs filets
multi-spindle drilling machine: perceuse multi-broche
multi-spindle lathe: tour multi-broche
multi-start thread: filetage à plusieurs filets
multiview projection: projection orthographique
mushroom head: goutte de suif

N, n

nail: clou
natural strain: allongement logarithmique
nc turret drilling machine: perceuse à tourelle
neck: gorge
necking: striction
needle: aiguille
neutral axis: axe neutre, fibre neutre
nib: ergot
nibbling: grignotage
nibbling machine: grignoteuse
nickel plating: nickelage
nickel silver: maillechort
nil defect: zéro défaut
nitriding: nitruration
nitrogen: azote
no bake moulding: moulage au sable à prise chimique
nominal: nominal
nominal stress: contrainte nominal
non-axial load: charge transversale
non-circular gear: engrnage non-circulaire
nonconformity: non-conformité
noncorrosive: non-corrosif
non-destructive: non-destructif
non-destructive inspection: contrôle non-destructif
non-destructive testing: essai non-destructif
non ferrous: non ferreux
non-ferrous alloy: alliage non-ferreux
nonflammable: ininflammable
non-magnetic: amagnétique
non-metal: non-métal
non recyclable: non-recyclable
non-removable: non-démontable
non-return: antiretour
non-skid: antidérapant
non-standard: spécial
non-standardized nut: écrou spécial
non-standardized screw: vis spéciale
non stick: anti-adhérent
non-woven: intissé, non-tissé
Nord-lock™ washer rondelle auto-bloquante
normal: normal
normalizing: normalisation
normal line: normale
normal stress: contrainte normale
notch: encoche
notched-bar impact strength: résilience
notcher: grugeoir
notching: encochage, grugeage
notching machine: encocheuse, grugeoir

nozzle: buse
numerically controlled machine: machine à commande numérique
nut: écrou
nut runner: visseuse
nut splitter: casse-écrou
nut threaded insert: écrou à sertir
nut t-slot: écrou pour rainure en té

O, o

oblong: oblong
obtuse angle: angle obtus
off-center: faux-rond
off-cuts: chute
offset: désaxé
offset section: coupe brisée
offset yield strength: résistance à la limite conventionnelle
ogive: ogive
oil applicator: burette à huile
oil bath: bain d'huile
oil can: burette à huile
oil cap: graisseur
oil hardening: trempe à l'huile
oil immersed: bain d'huile
oil mist: brouillard d'huile
old: usagé
Oldham coupling: joint d'Oldham
one way: anti-retour
ondulation: ondulation
opaque: opaque
open die forging: forgeage libre
open end spanner: clé plate à fourche
open end wrench: clé plate à fourche
opening: ouverture
operating conditions: conditions de fonctionnement
operating stress: contrainte de service
operation: fonctionnement
operational prototype: prototype fonctionnel
optical contour projector: projecteur de profil
optimization: optimisation
optimizing: optimisation
orbital forging: forgeage orbital
orbital friction welding: soudage par friction orbitale
order of magnitude: ordre de grandeur
ordinary steel: acier ordinaire, acier au carbone
ore: minerai
O-ring: joint torique
orthogonal: orthogonal

orthographic projection: projection orthographique
outline: contour
outline plan: avant-projet
out-of-adjustment: déréglé
out of order: défectueux
output shaft: arbre de sortie
outsourcing: sous-traitance
oval: oval (adj.)
oval: ovale (nom)
ovality: ovalité
overall dimensions: encombrement
over-engineered: trop élaboré
overhanging: en porte à faux
overhanging beam: poutre avec porte-à-faux
overheating: surchauffe, échauffement
overlay: rechargement
overload: surcharge
overmoulding (GB): surmoulage
overmolding (US): surmoulage
over-quality: surqualité
oversized: surdimensionné
overthickness: surépaisseur
oxidation: oxydation
oxide: oxidation
oxyacetylene torch: chalumeau
oxyfuel cutting: oxycoupage
oxyfuel gas torch: chalumeau
oxygen: oxygène

P, p

packaging: conditionnement
paint: peinture
painting: peinture
palliative maintenance: maintenance palliative
pan: bac
parallel: parallèle
parallelepiped: parallélépipède
parallelism: parallélisme
parallel key: clavette parallèle
parallel shaft gear: engrenage cylindrique à axes parallèles
parametric: paramétrique
parent metal: métal de base
parkerizing: parkérisation
part: pièce
partial view: vue partielle
particle: grain
particle size: granulométrie
parting: tronçonnage
parting line: plan de joint

part list: nomenclature
pass: passe
passivation: passivation
passive: passif
paste: pâte
pasty: pâteux
patina: patine
patinated: patiné
pattern: modèle
pawl: cliquet
pearlite: perlite
pedal: pédale
peel: pelage
peel rivet: rivet à éclatement
peening: matage
pellet: granulé, grenaille
penetrator: pénétrateur
perforated: ajouré
perforated plate: tôle perforée
perforation: perforation
performance: performance
perimeter: périmètre
periodic table of the elements: tableau périodique des éléments
perlitic: perlitique
permanent connection: assemblage non-démontable
permanent deformation: déformation permanente
permanent load: charge permanente
permanent magnet: aimant permanent
permeable: perméable
perpendicular: perpendiculaire
perpendicularity: perpendicularité
perspective drawing: perspective
perspective projection: projection perspective
phase: phase
phase diagram: diagramme de phase
phenomenon: PHÉNOMÈNE
philips screwdriver: tournevis à bout cruciforme
phosphating: phosphatation
phosphatizing: phosphatation
phosphorus: phosphore
photoelasticimetry: photoélasticimétrie
physical property: propriété physique
physics: physique
pickling: décapage, dérochage
piercing: ajourage
pig ingot: gueuse
pilot: pilote
pilot hole: avant-trou
pin: goupille
pinion: pignon
pinning: goupillage
pin spanner: clé à ergot
pin sight: pinule de centrage

pin wrench: clé à ergot
pipe: tuyau
pipe wrench: clé à tube
piping: tuyauterie
piston: piston
pit: piqûre
pitting: piqûre
pivot: tourillon
pivoting: pivotement
plain carbon steel: acier au carbone
plain mill: fraise à une taille
plain plug gage: tampon lisse
plain washer: rondelle plate
plane: plan
plane angle: angle plan
planetary gear: train épicycloïdal, train planétaire
planning machine: planeuse
plant: usine
plasma cutting: découpe plasma
plasma cutting machine: machine de découpe
plasma gun: torche plasma
plasma welding: soudage plasma
plastic: plastique (adj.)
plastic acronym: désignation des plastiques
plastic behavior region: domaine plastique
plastic deformation: déformation plastique
plastic film: film plastique
plastic injection molding (US): moulage par injection de plastique
plastic injection moulding (GB): moulage par injection de plastique
plasticity: plasticité
plastic material: matière plastique
plastic processing: transformation des plastiques
plastic profile: profilé plastique
plastic screw: vis plastique
plate: plaque
platen: plateau
platen grinder: ponceuse à bande
platinium (GB): platine
platinum (US): platine
pliers: pince
plug: bouchon
plunge milling: tréflage
plunger edm: électroérosion enfonçage
point: point
point load: charge concentrée, charge ponctuelle
poisonous: toxique
poisson's ratio: coefficient de poisson
polar moment of inertia: moment quadratique
polaire
polished: poli
polishing: polissage

polishing machine: polissage
polyacetal: polyacétal
polyamid: polyamide
polycrystal: polycristal
polycrystalline: polycristallin
polygon: polygone
polygonal: polygonal
polygon grinding: rectification polygonale
polygoning: polygonnage
polygon shaft: arbre polygonal
polymer: polymère
polymerization: polymérisation
polyolefin: polyoléfine
pore: pore
porosity: porosité
porous: poreux
portable power: électro-portatif
portable power tool: outillage électro-portatif
position: position
positional tolerance: tolérance de positionnement
positioner: vireur, positionneur
positioning: positionnement
post: montant, poteau
post and beam construction: portique
postheating: postchauffage
potential energy: énergie potentielle
pouring: coulage
powder: poudre
powder coating: thermolaquage,
                              peinture poudre
powder metallurgy: métallurgie des poudres
power: puissance
power tool: outillage électroportatif
precipitate: précipité
précision: fidélité
precision electrochemical machining: usinage
électrochimique de précision
precision engineering: mécanique de précision
precision shim: cale pelable
precoated: prélaqué
pre-drilling hole: avant-trou, pré-perçage
preform: préforme
preheat: préchauffage
preheating: préchauffage
preliminary project: avant-projet
prepainted sheet: tôle prélaquée
pre-production: présérie
presetting: préréglage, réglage d'usine
press: presse
press forging: forgeage à la presse, matriçage
pressing: pressage
pressure: pression
prestressed: précontraint
prestressing: précontrainte
prevention: prévention

preventive maintenance: maintenance préventive
primes: matériau de premier choix
prism: prisme
prismatic: prismatique
probe: palpeur
procedure: procédure
process: procédé
process planning department: bureau des méthodes
product: produit
production: production
production capacity: capacité de production
production science: productique
productivity: productivité
product lifetime cycle: cycle de vie d'un produit
profile: profilé, profil
profiling: profilage
profiling machine: profileuse
profilograph: rugosimètre
progressive stamping: poinçonnage progressif
project: projet
projection: projection
projection welding: soudage par bossage
project specification: cahier des charges
propeller: hélice
proper material prototype: prototype bonne matière
property: propriété
proportion: proportion
proportional: proportionnel
proportional limit: limite proportionnelle
protective equipment: équipement de protection
protective treatment: traitement de protection
protocol: protocole
prototype: prototype
prototyping: prototypage
protractor: rapporteur
puller: extracteur
pulley: poulie
pulling off: arrachement
pultruding: pultrusion
pultrusion: pultrusion
pulverulent: pulvérulent
pump: pompe
punched: poinçonné
punched plate: tôle perforée
punching: perforation, poinçonnage
punch press: poinçonneuse
purchaser: donneur d'ordre
pure metal: métal pur
pure shear: cisaillement simple
pure substance: corps pur
push-broaching: brochage en poussant
putrescible: putréfiable, putrescible

pylon: pylône
pyramid: pyramide
pyrometer: pyromètre

Q, q

quadrilateral: quadrilatère
quality assurance: assurance qualité
quenched: trempé
quenching: trempe
quick return: retour rapide

R, r

rack: crémaillère
radial drilling machine: perceuse radiale
radial load: charge radiale
radial runout: faux-rond
radiofrequency welding: soudage haute fréquence de plastique
radius: rayon
rag: chiffon
rake angle: angle d'attaque, angle de coupe
rake face: face de coupe
ram edm: électroérosion enfonçage
rapid prototyping: prototypage rapide
rasp file: râpe
ratchet: roue à rochet, encliquetage
ratchet spanner: clé à cliquet
ratchet wheel: roue à rochet
ratchet wrench: clé à cliquet
raw material: matière première
raw part: pièce brute
rawplug: cheville
reaction: reaction
reaction at the support: réaction d'appui
reaction injection moulding: réaction injection moulage
realistic rendering: rendu réaliste
reamer: alésoir
rebar: fer à béton
recess: chambrage, évidement
recessing: chambrage
reciprocating motion: mouvement alternatif, mouvement de va et vient
reciprocating saw: scie alternative
recovering: revalorisation

recovery: restauration
recrystallization: recristallisation
rectification: retouche
rectilinear motion: mouvement rectiligne, mouvement linéaire
recyclability: recyclabilité
recyclable: recyclable
recycled material: matière recyclée
recycling: recyclage
reduction of area: coefficient de striction
reduction scale: échelle de réduction
reference: référence
reference plane: plan de référence
reference surface: surface de référence
refining: affinage
refractory: réfractaire
refractory material: matériau réfractaire
regermination: regermination
regeneration: regénération
regrinding: réaffûtage
regular: régulier
regular screwdriver: tournevis à bout plat
reinforcement: renfort
reinforcing bar: fer à béton
reject: rebut, pièce mauvaise
rejected: mis au rebut
relative density: densité
reliable: fiable
reliability: fiabilité
relief: dégagement, saignée
remachining: reprise d'usinage, usinage en reprise
remedial maintenance: maintenance curative
reminder: aide-mémoire, mémento
removable: amovible
removed section: section sortie
repair: réparation
repeatability: répétabilité, reproductibilité
repeatable: répétable, reproductible
research department: bureau d'études
resharpenable: réaffûtable
residual: résiduel
residual element: élément résiduel
residual stress: contrainte résiduelle
residue: résidu
resilience: résilience
resilience test: essai de résilience
resin: résine
resin casting: moulage plastique par coulée
resistance: résistance
resistance welding: soudage par résistance
resistant: résistant
resolution: résolution
respirator: respirateur
resultant: résultante
resurfacing: rechargement

retractable nut: écrou rétractable
reusable: réutilisable
reversal motion: mouvement de va et vient
reverse engineering: rétro-ingénierie
reversible: réversible
revolving stage: table tournante
revolution: révolution, tour
revolution per minute: tour par minute
revolved section: section rabattue
reworking: reprise d'usinage, usinage en reprise
rheoforming: rhéoformage
rheology: rhéologie
rhombic nut: tasseau oblique
rib: nervure
righthand thread: pas de filetage à droite
rigid: rigide
rigid coupling: accouplement rigide
rigidity: rigidité
RIM: réaction injection moulage
ring: anneau, bague
ring bolt: anneau de levage
ring nut: anneau de levage
ring spanner: clé polygonale
riser: masselotte
risering: masselottage
rivet: rivet
riveted joint: rivure
rivet gun: riveteuse
riveting: rivetage
riveting pliers: pince à rivet
Rockwell hardness: dureté Rockwell
robot: robot
robotic deburring: ébavurage robotisé
robotics: robotique
robotisation: robotization
robotize: robotiser
rod: baguette, tige, tringle
rod end eye bolt: vis a oeil
roll (to): laminer
roll bending: cintrage
roll forging: laminage transversal ; laminage retour
roll forming: profilage
roll forming machine: profileuse
rolled thread: filetage par roulage
roller: rouleau, galet
roller support: appui libre, appui simple
rolling: laminage, roulement
rolling bearing: roulement
rolling direction: direction de laminage
rolling machine: rouleuse
rolling mill: laminoir
rolling-pinching: roulage-croquage
rope: câble
rotary broaching: brochage rotatif
rotary cutting tool: outil de coupe rotatif

rotary friction welding: **soudage par friction en rotation**
rotary shear: **ligne de refendage**
rotation: **rotation**
rotational guidance: **guidage en rotation**
rotational guiding: **guidage en rotation**
rotation speed: **vitesse de rotation**
rotocasting: **moulage par centrifugation**
rotproof: **imputrescible**
rough: **ébauche**
rough (to): **ébaucher**
roughing: **dégrossissage, ébauche**
roughness: **rugosité**
roughness parameter: **paramètre de rugosité**
roughness profile: **profil de rugosité**
roughness tester: **rugosimètre**
round: **arrondi (nom), rond (nom)**
round: **rond (adj.)**
rounded: **arrondi (adj.)**
roundness: **circularité**
round thread: **filet rond**
rubber: **caoutchouc**
rubber nut: **cheville EPDM**
rule: **règle**
rules of art: **règle de l'art**
running balance: **équilibrage**
running clearance: **jeu de fonctionnement**
runout: **battement**
rust: **rouille**
rust inhibitor: **antirouille (nom)**
rust proof: **antirouille (adj.)**
Rzeppa joint: **joint Rzeppa**

S, s

safety: **sécurité**
safety at work: **sécurité au travail**
safety equipment: **équipement de sécurité**
safety factor: **coefficient de sécurité**
sagging: **fléchissement**
salt spray test: **essai de brouillard salin**
sandblasting: **sablage**
sand casting: **moulage au sable**
sanding: **ponçage**
sandwitch panel: **panneau sandwitch**
saw blade: **lame de scie**
sawing: **sciage**
sawtooth waveform: **dent de scie**
scale: **calamine, échelle**
scaled drawing: **dessin à l'échelle**
scale model: **maquette**
scheduling: **ordonnancement**

schematic drawing: **schéma**
Schmidt coupling: **joint Schmidt**
Schoop process: **Schoopage**
scleroscope: **scléroscope**
scrap: **déchet, ferraille**
scraper: **grattoir**
scratch brushed: **brossé**
scratch test: **test de rayure**
screen-printing: **sérigraphie**
screw: **vis**
screw cap: **cache-vis**
screwdriver: **tournevis**
screwdriver machine: **visseuse**
screw driving machine: **visseuse**
screw eye: **piton**
screw for plastics: **vis à plastique**
screw head: **tête de vis**
screwing: **vissage**
screwing bit: **embout de vissage**
screw jack: **vérin à vis**
screw point: **bout de vis**
screw quality class: **(visserie), classe de qualité**
screw quality grade: **(visserie), classe de qualité**
screws and bolts: **visserie**
scribe: **pointe à tracer**
scribing: **trusquinage**
scribing block: **trusquin**
scribing tool: **outil de traçage**
scroll: **volute**
sealing device: **organe d'étanchéité**
seam welding: **soudage à la molette**
seamless pipe: **tube sans soudure**
seconds: **deuxième choix, déclassé**
sectional view: **vue en coupe**
segregation: **ségrégation**
seizure: **grippage**
self-centering chuck: **mandrin à mors concentriques**
self-drilling screw: **vis autoforeuse**
self-hardening steel: **acier auto-trempant**
self locking hexagone flange screw: **vis à tête hexagonale à embase striée**
self-lubricating: **auto-lubrifiant**
self releasing tape holder: **appareil à tarauder**
self tapping screw: **vis autoformeuse, vis auto-foreuse, vis autotaraudeuse**
semi automatic: **semi-automatique**
semi-automatic welding: **soudage mig/mag, soudage semi automatique**
semi crystalline: **semi-cristalline**
semi-finished product: **demi-produit, peoduit semi-fini**
semi-finishing: **demi-finition**
semi-tubular rivet: **rivet semi-tubulaire**
Sendzimir galvanizing: **galvanisation Sendzimir**
sensor: **capteur**

serial production: production en série
series production: production en série
serigraphy: sérigraphie
serrated: en dents de scie
serrated washer: rondelle à dents chevau-chantes, rondelle éventail
serrated wheel: molette
serration: dentelure
servicing: entretien, maintenance
set: lot
set collar: bague d'arrêt
set of surface roughness: étalon de rugosité, rugotest
Set screw: Vis de pression, Vis sans tête
setting screw: vis de réglage
shadowgraph: projecteur de profil
shaft: arbre
shaft collar: bague d'arrêt
shaft end: bout d'arbre
shaft-hub connection: liaison en rotation
shaft-hub coupling: liaison en rotation
shakeout: décochage
shape: forme
shaped grinding wheel: meule de forme
shaper: étau-limeur
shaping machine: étau-limeur
sharpening: affûtage
sharpening machine: affûteuse
shear: cisaillement
shear (to): cisailler
shear force: effort tranchant
shearing: cisaillage
shearing machine: cisaille
shear stress: contrainte de cisaillement
shear ultimate strength: résistance à la rupture en glissement
shear yield strength: résistance à la limite d'élasticité en glissement
sheet: feuille
sheet bending: pliage
sheet metal: tôle
sheet metal levelling: planage
sheet metal screw: vis à tôle
sheet metal shears: cisaille manuelle
sheet metalworking: tôlerie
sheet size: format
shell: coque
shell mold casting: moulage en carapace
sherardized: shérardisé
sherardizing: shérardisation
shielded metal arc welding: soudage manuelle à la baguette, soudage à l'arc avec électrode enrobée
shielding gas: gaz de protection
shift: décalage
shim: cale

shims: clinquant
shock absorber: amortisseur
shore hardness: dureté shore
shorn: cisaillé
shot: grenaille
shot blasting: grenaillage
shot peening: grenaillage, microbillage
shoulder: épaulement
shrink: retassure
shrinkage: retrait
shrunk rule: règle à retrait
side: côté
side cutter mill: fraise à trois tailles
side milling: fraisage en roulant
silicon: silicium
silver: argent
simply supported beam: poutre en appuis libres
simulation: simulation
sine bar: barre sinus
single coil spring washer: rondelle grower
single crystal: monocristal
single helical tooth spur gear: engrenage hélicoïdal à axes parallèles
sinker edm: électroérosion enfonçage
sinking edm: enfonçage
sink mark: retassure
sintering: frittage
size: dimension
sizing: dimensionnement
sketch: croquis, esquisse, schéma
sketcher: esquisseur
skew: gauche
skew curve: courbe gauche
skew gears: engrenage hélicoïdal à axes croisés
slab: brame
slag: scorie
sledgehammer: masse
sleeve: éclisse, manchon
slenderness ratio: élancement
slide: coulisseau, glissière, guide
slipping: glissement
slitting: refendage
slitting machine: ligne de refendage
slitting saw: fraise-scie
slitting wheel: disque de tronçonnage
slope: pente
slot: entaille, rainure
slotted: fendu
slotted cheese head screw: vis à tête cylindrique fendue
slotted socket countersunk head screw: vis à tête fraisée fendue
slotting: entaillage, mortaisage, rainurage
slotting machine: mortaiseuse
slotted nut: écrou à créneaux
slotted ring nut: écrou à encoches

slotted round nut: écrou cylindrique
slowing down: ralentissement
slug: débouchure
slugging spanner: clé de frappe
slugging wrench: clé de frappe
slush casting: moulage en coulée inversée
snap-fit: encliquetage, clipsage, clippage
snap gage: calibre à mâchoire
snap gauge: calibre à mâchoire
soft annealing: adoucissement
soften: ramollir
softening: ramollissement
soft hammer: maillet
soft jaw: mordache, mors doux
solder: brasure
sole plate: semelle
solid: solide
solid angle: angle solide
solid cutter: fraise monobloc
solid freeform fabrication: prototypage rapide
solidification: solidification
solid model: modèle volumique
solid rivet: rivet plein
solid section: profilé ouvert
solid solution: solution solid
solidus: solidus
soluble oil: huile soluble
solution: solution
soundness: santé
space: écartement
spacer: entretoise
spacing: entre-axe
span: portée
spanner: clé
spanning tool: outil de serrage
spark erosion: électroérosion
special: spécial
specification: spécification
specification manual: cahier des charges
specific gravity: densité
specific heat: capacité calorifique, chaleur spécifique
specific stiffness: rigidité spécifique
specific strength: résistance spécifique
specimen test: éprouvette d'essai
speed: vitesse
speeding up: accélération
speed nut: écrou-tôle
speed reduction unit: réducteur
sphere: sphère, boule
spherical: sphérique
spherical roller bearing: roulement à rotule
spherical seat nut: écrou à portée sphérique
spherical washer: rondelle à portée sphérique
Rondelle d'appui sphérique
spherodizing: globulisation, sphéroïdisation

spill: soufflure
spindle: broche
spinning: repoussage
spiral: spiral
spiral bevel gears: engrenage spiro-conique
spiral conveyor: vis d'Archimède
spline: cannelure
splined: cannelé
splined shaft: arbre cannelé
spotfacing: lamage
spotweld drill: foret à dépointer
spot welding: soudage par points
spraying: pulvérisation
spray coating: revêtement par projection
spraying refractory compound: poteyage
spring: ressort
spring steel: acier à ressort
spring tension pin: goupille élastique
spring toggle anchor: cheville à ressort
sprue: carotte
sprue picker: pique-carotte
spur gear: engrenage cylindrique à denture droite
square: carré
squarely: d'équerre
square nut: écrou carré
square weld nut: écrou carré à souder
squaring: équerrage
squeeze-casting: moulage forgeage, moulage par forgeage liquide
stabilization: stabilisation
stabilizer: stabilisateur, stabilisant
stable: stable
stage: phase
stainless: inoxydable
stainless steel: acier inoxydable
stamping: découpage-poinçonnage, pressage
standard: standard, norme
standardized: normalisé
standardized designation: désignation normalisée
standardized name: désignation normalisée
standardizing: normalisation
standard milling: fraisage en opposition
standard rivet: rivet pop™
state of matter: état de la matière
static: statique (adj.)
statically determinate: isostatique
statically indeterminate: hyperstatique*
static friction: frottement statique
static load: charge statique
static moment: moment statique
statics: statique (nom)
static test: essai statique
steel: acier
steel code designation: désignation des aciers

steel plant: **aciérie**
steel profile: **profilé acier**
steel strapping: **cerclage**
steel tube: **tube acier**
steelworks: **aciérie**
stem pinion: **pignon arbré**
step: **décrochement**
step drill: **foret étagé**
stereolithography: **stéréolithographie**
stiff: **rigide**
stiffness: **rigidité**
stiff nut: **écrou frein**
stock: **matière brute, produit brute, poupée**
stop: **arrêt, butée**
stop screw: **vis d'arrêt**
stop-gap maintenance: **maintenance palliative**
storage: **stockage**
straight: **rectiligne**
straight angle: **angle plat**
straight carbon steel: **acier au carbone**
straight edge: **règle de contrôle**
straightness: **rectitude**
straight toothed gear: **engrenage cylindrique à denture droite**
straight turning: **chariotage**
strain: **déformation**
strain gage: **extensomètre**
strain-hardened: **écroui**
strain-hardening: **écrouissage**
strengthning: **renforcement**
strength of materials: **résistance des matériaux**
strength to weight ratio: **résistance spécifique**
stress: **contrainte**
stress concentration: **concentration de contrainte**
stress concentration factor: **coefficient de concentration de contrainte**
stress corrosion: **corrosion sous-contrainte**
stress relaxation: **relaxation de contrainte**
stress relieving: **détensionnement**
stress strain curve: **courbe de traction**
stress strain diagram: **courbe de traction**
strip: **bande, feuillard, ruban**
stripper: **dévêtisseur**
stripping: **dévêtissage**
stroke: **course**
structural analysis: **calcul de structure**
structural design: **calcul de structure**
structural element: **élement structural**
structural rivet: **rivet structural**
structural shape: **profilé de construction**
structural steel: **acier de construction**
structure: **structure**
stud: **goujon**
studrunner: **goujonneuse**
stuffing: **bourrage**

style: **style**
styler: **designer**
styling: **esthétique industrielle, design, stylique**
sub-assembly: **sous-ensemble**
subcontracting: **sous-traitance**
subcontractor: **sous-traitant**
sublimation: **sublimation**
submerged: **immergé, submergé**
submerged arc welding: **soudage à l'arc submergé**
sub-multiple: **sous-multiple**
subsidiary company: **filiale**
substance: **substance**
substrate: **substrat**
subsystem: **sous-ensemble**
sulfur: **soufre**
superalloy: **superalliage**
superficial: **superficial**
superfinition: **superfinition**
supplementary angle: **angle supplémentaire**
supplier: **fournisseur, preneur d'ordre**
support: **appui, support**
support-bearing: **lunette**
support point: **point d'appui**
surface: **surface**
surface asperity: **aspérité**
surface finish analyzer: **rugosimètre**
surface gauge: **trusquin**
surface grinder: **rectifieuse plane**
surface hardening: **durcissement localisé, trempe superficielle**
surface model: **modèle surfacique**
surface plate: **marbre**
surface roughness: **état de surface**
surface treatment: **traitement de surface**
surroundings: **environnement**
swaging: **rétreint, pétrissage**
swarf: **limage**
swelling: **gonflement**
swivel: **rotule**
swivel socket: **tourillon**
symmetrical: **symétrique**
symmetry: **symétrie**
symmetry axis: **axe de symétrie**
system: **organe, système**

T, t

table: **table**
tab screw: **vis violon**
tack weld: **soudure pointage, pointage de soudure**

tailstock: contre-pointe, contre-poupée
tamper-proof nut: écrou inviolable
tamper-proof screw: vis inviolable
tangent: tangent
tangential: tangentiel
tank: réservoir
tantalum: tantale
tap: taraud
tap (to): tarauder
tape: feuillard
tape measure: pimètre
taper: cone
tapered washer: rondelle à pan incliné Rondelle biaise
taper pin: goupille conique
taper plug gage: tampon conique
tapped: taraudé
tapping: taraudage
tapping attachment: appareil à tarauder
tapping head: appareil à tarauder
tapping unit: appareil à tarauder
tap wrench: toune-à-gauche
task : opération
t-bolt: boulon de rainure en té
t-head bolt: vis à tête marteau
t-slot: rainure en té
technical data: caractéristique technique
technical documentation: documentation technique
technical drawing: dessin technique
technical lettering: écriture technique
technical solution: solution technique
technical specification: caractéristique technique
technique: technique
tee: té
tee-nut: écrou à frapper, écrou à griffe, tasseau
tee-slot: rainure en té
teeth: denture
tempering: revenu
template: gabarit
tenon: tenon
tensile impact test: essai de choc en traction
tensile specimen test: éprouvette de traction
tensile strength: résistance à la rupture en traction, résistance à la traction
tensile testing machine: machine de traction
tensile test specimen: éprouvette de traction
tensile yield strength: résistance à la limite d'élasticité
tension: traction
tension test: essai de traction
tensional stress: contrainte de traction
ternary alloy: alliage ternaire
test: essai
test bench: banc d'essai

testing: essai
testing assembly: montage à blanc
test machine: machine d'essai
thermal analysis: analyse thermique
thermal conductivity: conductivité thermique
thermal expansion: dilatation
thermal expansion coefficient: coefficient de dilatation
thermal spraying: schoopage, projection thermique
thermal stress: contrainte thermique, contrainte de dilatation
thermite welding: soudage par aluminothermie
thermochemical treatment: traitement thermochimique
thermocouple: thermocouple
thermo-mechanical property: caractéristique thermo-mécanique
thermometer: thermomètre
thermoplastic: thermoplastic (adj.)
thermoplastic: thermoplastique (nom)
thermoset: thermodurcissable (nom)
thermosetting: thermodurcissable (adj.)
thickness: épaisseur
thick nut: écrou haut
thin nut: écrou bas
thixoforming process: thixoformage
thixomoulding (GB): thixomoulage
thixomolding (US): thixomoulage
thread: fil, filet, filetage
thread (to): fileter
threaded: fileté
threaded insert: insert taraudé
threaded rod: tige filetée
thread form: profil de filet
thread forming screw: vis autoformeuse
threading: filetage
threading designation: désignation de filetage
threadlocker: freinfillet
thread locking: freinage de filetage
thread pitch: pas de filetage
thread plug gage: tampon filetée
thread root: fond de filet
three-dimension: 3d
through hole (GB): trou débouchant, trou traversant
thru hole (US): trou débouchant, trou traversant
thrust bearing: butée
thrust: poussée
thrust load: charge axiale
thumb screw: vis violon
tightening: serrage
tight tolerance: tolérance fine, tolérance serrée
tightness: étanchéité
tin: étain

tinned: étamé
tinning: étamage
tinplate: fer blanc
tinplate making: ferblanterie
tin plating: étamage
tinted: teinté
tip: embout
titanium: titane
title block: cartouche
toggle clamp: sauterelle
tolerance: TOLÉRANCE
tolerance analysis: analyse de tolérance
tolerance compensation: rattrapage de jeu
tolerance range: intervalle de tolérance
tolerancing: TOLÉRANCEment
tool: outil
tooling: outillage
tool path: parcours d'outil
tool steel: acier à outil
tooth: dent
toothed wheel: roue dentée
tooth set: avoyage
tongue: languette
topological optimization: optimisation topologique
torque: couple de force
torque limiter: limiteur de couple
torque spanner: clé dynamométrique
torque wrench: clé dynamométrique
torsion: torsion
torsional modulus: module de torsion
torsional modulus of inertia: moment d'inertie en torsion
torsional moment: moment de torsion
torsional stress: contrainte de torsion
torsor: torseur
torx® socket head screw: vis à tête cylindrique torx®, vis à tête cylinrique hexalobée
tough: tenace
toughness: tenacité
toxicity: toxicité
traceability: traçabilité
training: apprentissage, formation
transducer: capteur
transfert molding (US): moulage par transfert
transfert moulding (GB): moulage par transfert
transformation: transformation
translational guidance: guidage en translation
translational guiding: guidage en translation
translucent: translucide
transmission shaft: arbre de transmission
transparency: transparence
transverse: transversal
transverse modulus of elasticity: module d'élasticité tranversale
transverse rolling: laminage transversal

trapezium: trapèze
TRC diagram: diagramme TRC
treatment: traitement
trepanning: trépanage
trial: essai
triangle: équerre, triangle
triangulation: triangulation
tribofinishing: tribofinition
tribology: tribologie
trifold rivet: rivet à étoile
triform rivet: rivet à étoile, rivet étoilé
trihedron: trièdre
trilobular screw: vis trilobée
trimming: ébavurage
troubleshooting: dépannage
trueing of grinding wheel: dressage de meule
true strain: allongement logarithmique
true stress-strain curve: courbe de traction rationnelle
truncated pyramid: pyramide tronqué
truss beam: poutre à treillis
TTT diagram: diagramme TTT
tube: tube
tubing: tuyauterie
tubular box spanner: clé en tube
tubular box wrench: clé en tube
tubular section: profilé tubulaire
tungsten: tungstène
tungsten inert gas welding: soudage tig
turn: spire
turning: tournage
turret: tourelle
turret lathe: tour à revolver
twin: double
twins: macle
twin sheet thermoforming: thermoformage à double paroi
twist: vrillage, torsade
twist drill: foret hélicoïdal
twisting: torsadage
two and half dimension: 2,5D
two-dimension: 2D

U, u

u bolt: étrier
ultimate limit state: état limite ultime
ultimate strength: résistance à la rupture en traction
ultrafast quenching: hypertrempe
ultra high carbon steel: acier extra-dur
ultrasonic machining: usinage par ultrasons

ultrasonic sealing: soudage aux ultrasons de plastique
unalloyed steel: acier non allié
unbalance: balourd
uncoiling: déroulage
under pressure: sous pression
undersized: sous-dimensionné
undersizing: sous-dimensionnement
unequal angle: cornière à ailes inégales
uniaxial load: sollicitation simple
uniform load: charge uniformément répartie
uniform motion: mouvement uniforme
unit: unité
unitless: adimensionnel
unit multiple: multiple d'unité
unmolding (US): démoulage
unmoulding (GB): démoulage
unremoveable: indémontable
unscrewing: dévissage
unseizing: dégrippage
unskilled worker: manœuvre
unstable: instable
untightening: desserrage
upset forging: refoulage
upset welding: soudage en bout par étincelage
use function: fonction d'usage

V, v

vaccum: vide
vacuum coating: revêtement par dépôt sous vide
vaccum melting: fusion sous vide
validation: validation
vanadium: vanadium
variable load: charge variable
vee: vé de contrôle
velocity: vitesse
vernier: vernier
vertical: vertical
vertical bandsaw: scie verticale
vertical bandsawing machine: scie verticale
vertical boring mill: tour vertical
verticality: verticalité
vessel: récipient
v-belt: courroie trapézoïdale
v-process: moulage sous vide
v-shaped control block: vé de contrôle
vent: évent
vibration: vibration
vibration welding: soudage par vibration de plastique

vice (GB): étau
Vickers hardness: dureté Vickers
view: vue
view name: désignation de vue, dénomination de vue
virgin material: matière vierge
viscosity: viscosité
viscous: visqueux
vise (US): étau
vise-grip pliers: pince-étau
visor: visière
visual-tactile: visio-tactile
void: vide
volume: volume
volute bender: cintreuse-voluteuse

W, w

washer: rondelle
warpage: gauchissement
warping: gauchissement
waste: résidu
water hardening: trempe à l'eau
waterjet cutting: découpe jet d'eau
waterjet machine: machine de découpe jet d'eau
watertight: étanche
watertightness: étanchéité
wave washer: rondelle ondulée
wear: usure
wear part: pièce d'usure
wear resistance: résistance à l'usure
wear resistant: résistant à l'usure
web: âme
web system: système triangulé
wedge angle: angle d'arête, angle de taillant
wedging: calage
weldability: soudabilité
weldable: soudable
weld bead: cordon de soudure
welded plate girder: poutrelle reconstituée soudée (prs), profilé reconstitué soudé
welder: soudeur, soudeuse
weld gage: calibre à soudure
weld gauge: calibre à soudure
welding: soudage
welding fabrication: mécano-soudure
welding inspection: contrôle de soudure
welding operator: soudeur, soudeuse
welding particle: grêlon de soudure, gratton de soudure
welding position: position de soudage

weldind set-up: poste à souder
welding table: table de soudage
weldment: soudure
weld nut: écrou à souder
weld thickness: épaisseur de soudure
well performing: performant
wet lay-up: moulage au contact
wheel: roue
wide tolerance: tolérance large
width: largeur, laize
winch: treuil
wind load, wind loading: charge de vent
wing nut: écrou à oreille, écrou papillon
wing screw: vis à oreille
wire: fil
wire bending: cambrage
wire bending machine: machine de cambrage
wire drawing: tréfilage
wire-drawing machine: tréfileuse
wire edm: électroérosion à fil
wire electrical discharge machining: électroérosion à fil
wireframe model: modèle fil de fer
wireless drilling machine: perceuse sans fil
wire straightening: dressage de fil
wolfram: tungstène
woodruff key: clavette disque
wood screw: vis à bois
workability: formabilité
work area: poste de travail
workbench: établi
workbench drilling machine: perceuse d'établi
workbench vice (GB): étau d'établi
workbench vise (US): étau d'établi
work hardening: écrouissage
workholding: montage d'usinage
working drawing: épure
working prototype: prototype fonctionnel
workpiece: pièce
works: usine, ouvrage
workshop: atelier
work station: poste de travail
worm and wheel gears: engrenage roue et vis sans fin
worm screw: vis sans fin
worn: usé
wrench: clé

Y, y

yield strength: résistance à la limite d'élasticité
yield strength elongation: allongement à la limite d'élasticité
young's modulus: module de young

Z, z

zero defect: zéro défaut
zero maintenance: zéro panne
zero position: origine
zinc: zinc
zinc plated: électrozingué
zinc plating: zingage, électrozingage
zirconium: zirconium

X, x

XY stage: table XY
XY table: table XY

Bibliographie

(1) Quatremer R., Trotignon J.P., Dejans M., Lehu H. . 2001. *Précis construction mécanique Projets-études, composants, normalisation*. Tome 1. Paris : Nathan, AFNOR.

(2) Barlier Claude, Bourgeois René. 2001. *Mémotech productique - Conception et dessin*. Paris : Casteilla.

(3) Chevalier. 2004. *Guide du dessinateur industriel*. Paris : Hachette technique.

(4) Giesecke Frederick E. , Lockhart Shawna, Goodman Marla, Johnson Cindy M.. 2016. 15th edition. *Technical drawing with engineering graphics*. Prentice hall.

(5) Black J.T., Kohser Ronald A. . 2019. 13th edition. *Degarmo's materials and processes in manufacturing*. Wiley.

(6) Kalpakjan Serope, Schmid Steven R. . 2002. 4th edition. *Manufacturing engineering and technology*. Prentice hall international.

(7) Todd Robert H., Allen Dell K., Alting Leo. 1994. *Manufacturing processes reference guide*. New-York : Industrial Press Inc.

(8) Pohanish Richard P. . 2003. *Glossary of metalworking terms*. New-York : Industrial Press Inc.

(9) Case John, Chilver Lord, Ross Carl T.F. . 1999. 4th edition. *Strength of materials and structure*. Oxford : Butterworth-Heinemann.

(10) Orlandi M.C. . *Quelques mots sur l'acier lexique à l'usage des utilisateurs*. France : Les éditions de physique.

(11) Muzeau Jean-Pierre. 2013. *Lexique de construction métallique et de résistance des matériaux*. Paris : Eyrolles. Construire Acier.

(12) Baïlon Jean-Paul, Dorlot Jean-Marie. 2000. 3e édition. *Des matériaux*. Montréal : Presses internationales polytechnique.

(13) Ashby Michael F. . 1999. 2nd edition. *Materials selection in mechanical design*. Oxford : Elsevier Butterworth Heinemann.

(14) Askeland Donald R., Phulé Pradeep P. . 2006. *The science and engineering of materials*. Canada : Thomson.

(15) Gordon J.E. . 1994. *Structure et matériaux - L'explication mécanique des formes*. Paris : Pour la science Diffusion Belin.

(16) Timings Roger. 2006. 3rd edition. *Mechanical engineer's pocket book*. Oxford : Newnes.

(17) Carvill James. 2006. *Mechanical engineer's data handbook*. Canada : Thomson.

(18) Koshal D. . 1993. *Manufacturing engineer's reference book*. Oxford : Butterworth Heinemann.

(19) Simmons Colin H. , Maguire Dennis E. . 2009. 3rd edition. *Manual of engineering drawing*. Oxford : Newnes.

(20) Norton Robert L. . 2006. 3rd edition. *Machine design - an integrated approach*. New Jersey : Pearson Prentice hall.

(21) Shigley J.E. , Mischke C.R., Budynas R.G. . 2006. 2nd edition. *Mechanical engineering design*. Oxford : McGraw Hill.

(22) Riopel Diane, Croteau Clément. *Dictionnaire illustré des activités de l'entreprise*. Canada : Presses internationales polytechnique.

(23) Timings Roger. 2008. *Fabrication and welding engineering*. Oxford : Newnes.

(24) Black Bruse J. . 2004. 3rd edition. *Workshop processes, practice and materials*. Oxford : Newnes

(25) Youssef Helmi A. , El-Hofy Hassan. 2008. *Machining technology machine tools and operations.* Boca Raton : CRC Press.

(26) Halmos Georges T. . 2006. *Roll forming handbook.* Boca Raton : CRC Taylor & Francis.

(27) Parmley Robert O. . 2000. *Mechanical components.* New-York : McGraw Hill.

(28) Sclater Neil, Chironis Nicholas P. . 2000. 3rd edition. *Mechanisms and mechanical devices.* New-York : McGraw Hill.

(29) H.S. Bawa. 2004. 2nd edition. *Manufacturing process - I.* Delhi : Tata McGraw Hill.

(30) H.S. Bawa. 2004. 2nd edition. *Manufacturing process - II.* Delhi : Tata McGraw Hill.

(31) Thompson Rob. 2007. *Manufacturing processes for design professionals.* London : Thames & Hudson.

(32) Mascle Christian, Wygowski Walery. 2012. *Fabrication avancée et méthodes industrielles - Tome 1.* Québec : Presses internationales Polytechnique.

(33) Mascle Christian, Wygowski Walery. 2012. *Fabrication avancée et méthodes industrielles - Tome 2.* Québec : Presses internationales Polytechnique.

(34) Lesko Jim. 2007. 2nd edition. *Industrial design materials and manufacturing guide.* New Jersey : John Wiley & Sons, Inc.

(35) SwissMEM. 2012. 1ère édition. *Techniques de la mécanique.* Haan-Gruiten : Maison d'édition Europa-Lehrmittel.

(36) Bertoline Gary R., Wiebe Eric N. , Hartman Nathan W. , Ross William A. . 2009. 4th edition, *Technical graphics communication.* New-York : Mc GrawHill.

(37) Swift K.G. , Booker J.D. . 2003. 2nd edition. *Process selection : From design to manufacture.* Butterworth-Heinemann.

(38) Ramalingam KK. . 2009. *Handbook of mechanical engineering terms.* New Delhi : New Age international publishers.

(39) Walker Jack. 1996. *Handbook of manufacturing engineering.* New-York : MarcelDekker Inc.

(40) Rajender Singh. 2006. *Introduction to basic manufacturing processes and workshop technology.* New Delhi : New age international publishers.

(41) Groover Mikell P. . 2010. 4th edition. *Fundamentals of modern manufacturing materials, processes & systems.* John Wiley & sons Inc.

(42) Klocke Fritz. 2013. *Manufacturing processes 4 : Forming.* Berlin : Springer.

(43) Gupta H.N. , Gupta R.C. , Mittal Arun. 2009. 2nd edition. *Manufacturing processes.* New Delhi : New age international publishers.

(44) Beddoes J. , Bibby M.J. . 2003. *Principles of metal manufacturing processes.* Oxford : Elsevier Butterworth Heinemann.

(45) Risitano Antonino. 2011. *Mechanical design.* Boca Raton : CRC Press.

(46) Ullman David G. . 2010. *The mechanical design process.* New-York : McGraw-Hill.

(47) Ashby Mike, Johnson Kara. 2010. 3rd edition. *Materials and design. The art and science of Material Selection in Product design.* Oxford : Butterworth-Heinemann.

(48) Schwartz V. V., Alperovich T. A., Palej S.M. , Petrov E.A., Vilkovyskaja G.B. 1984. *Illustrated dictionary of mechanical engineering.* English/ German/ French/ Dutch/ Russian. Springer-Science + Business Media.

(49) *Dictionary of production engineering IV : Assembly.* 2012. Berlin : C.I.R.P. Office International Institution for Production Springer-Verlag, Heidelberg.

(50) Maurin Emile. Édition BV. *Mémento technique de la fixation.* [Consulté en novembre 2011] Disponible sur : www.emile-maurin.fr

(51) Callister Jr William D. , Rethwisch David G. . 2010. 8th edition. *Materials science and engineering. An introduction.* John Wiley & sons, Hoboken.

(52) Xiong Youde, Qian Y. , Xiong Z., Picard D. . 2001. *Formulaire de mécanique - Pièces de constructions.* Paris : Éditions Eyrolles.

(53) Drouin Gilbert, Gou Michel, Thiry Pierre, Vinet Robert. 1986. 2e édition revue et augmentée. *Éléments de machines.* Montréal : Édition de l'école polyTECHNIQUE.

(54) Childs Peter. 2004. 2nd edition. *Mechanical design.* Oxford : Elsevier Butterworth Heinemann.

(55) Mott Robert L. . 2004. 4nd edition. *Machine element in mechanical design.* New Jersey : Pearson Prentice Hall.

(56) Michael F. Ashby, Robert W. Messler, Rajiv Asthan. 2009. 1st edition. *Engineering materials & processes desk reference.* Oxford : Elsevier.

(57) SHAW Milton C. . 2005. 2nd edition. *Metal cutting principles.* New-York : Oxford university Press.

(58) Totten George E. , Funatani Kiyoshi, XIE Lin. 2004. 2nd edition. *Handbook of metallurgical process design.* New York : Marcel Dekker, Inc.

(59) Kutz Myer. 2011. 1st edition. *Applied plastics engineering handbook. Processing and materials.* Oxford : Elsevier.

(60) Bralla James G. 2007. 1st edition. *Handbook of manufacturing processes.* New-York : Industrial press Inc.

(61) Madsen Davis A., Madsen David P. . 2012. 5th edition. *Engineering drawing and design.* New-york : Delmar, Cengage learning.

(62) Helmut C Schulitz, Werner Sobek, Karl J. Habermann. *Construire en acier.* Presses Polytechniques et Universitaires Romandes.

(63) Anselmetti Bernard. 2003. *Tolérancement méthode de cotation fonctionnelle. Volume 2.* Lavoisier-Hermes.

(64) Landowski Marc, Lemoine Bertrand. 2005. *Concevoir et construire en acier.* Luxembourg : Collection Mémento acier. Arcelor.

(65) Ashby Michael, Shercliff Hugh, Cebon David . 2013. *Matériaux ingénierie, science procédé et conception.* Lausanne : Presses polytechniques et universitaires romandes.

(66) Roberge Pierre R. . 2008. *Corrosion engineering. Principles and practice.* Éditions McGraw-Hill.

(67) Fischer Ulrich, Heinzler Max, Näher Friedrich, Paetzold Heinz, Gomeringer Roland, Kilgus Roland, Oesterle Stefan, Stephan Andreas. 2010. 2nd english edition. *Mechanical and metal trade handbook.* Germany : Verlag Europa Lhermittel.

(68) Mercier Jean-P. , Zambelli Gérald, Kurz Wilfried. 2002. 3e édition. *Introduction à la science des matériaux.* Lausanne : Presses polytechniques et universitaires romandes.

(69) Fanchon Jean-Louis. 2019. *Guide des sciences et technologies industrielles.* Paris : Éditions Afnor et Nathan.

(70) Hurst Kennett S. 1999. *Engineering design principles.* Burlington : Éditions Elsevier, Burlington,

(71) Grote, Antonsson. 2009. 2nd edition. *Springer handbook of mechanical engineering.* New-York : Éditions Springer.

(72) 2000. *ASM handbook volume 8 - Mechanical testing and evaluation.* Ohio : ASM international, Materials park.

(73) Durand-Charre Madeleine. 2012. *La microstructure des aciers et des fontes - Genèse et interprétation.* Les Ulis, France : Editions de Physique Sciences.

(74) Gillespie Laroux K. . 1999. *Deburring and edge finishing handbook.* New-York : American Society of Mechanical Engineers.

(75) Schulze Günter. 2010. *Die metallurgie des schweißens.* Berlin : Springer.

Sitographie

1. http://www.btb.termiumplus.gc.ca/

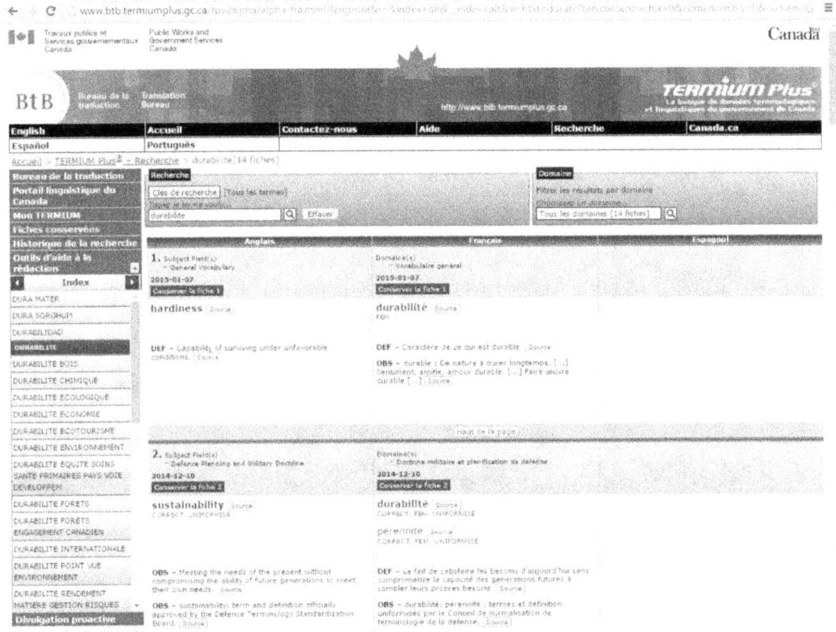

2.http://www.techdico.com/

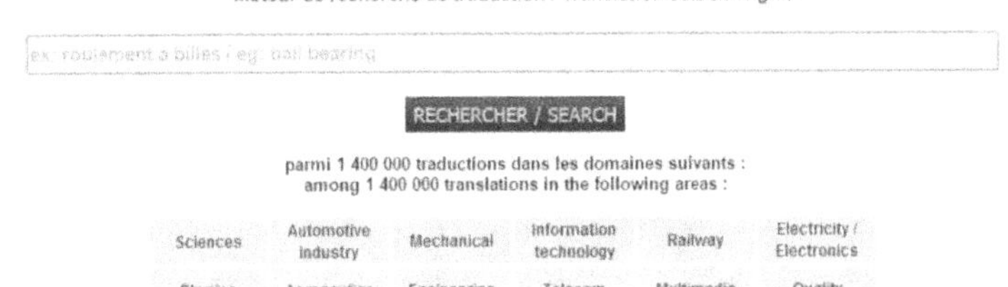

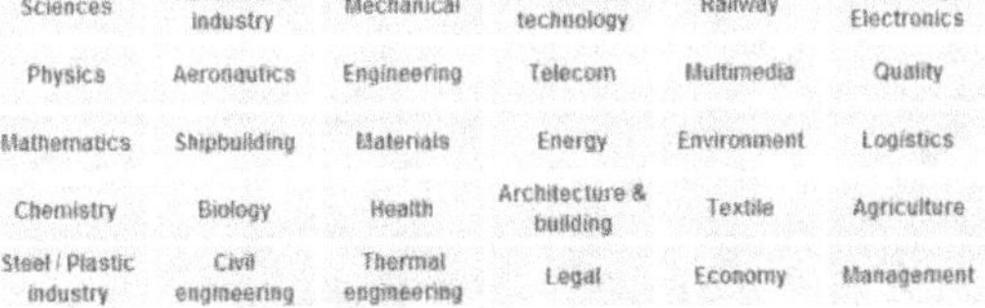

3. http://www.cnrtl.fr/

4. https://www.manufacturingguide.com/

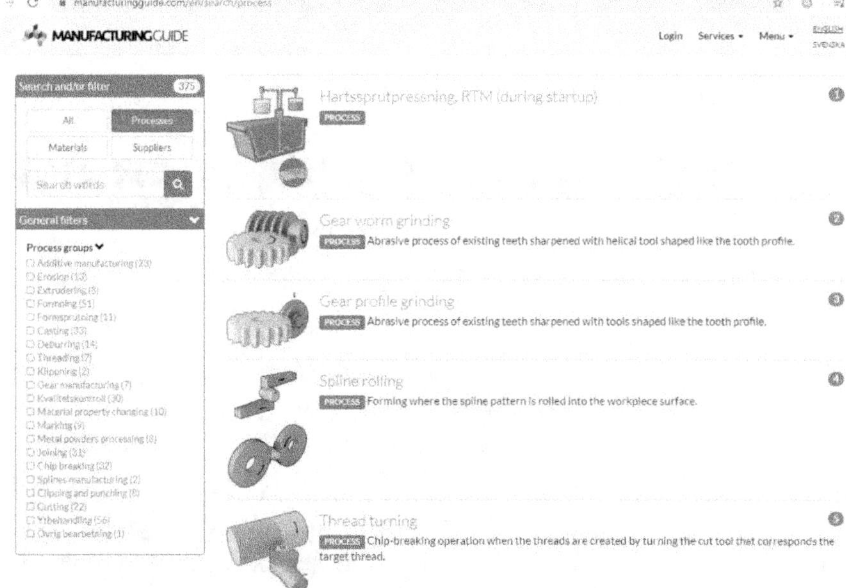

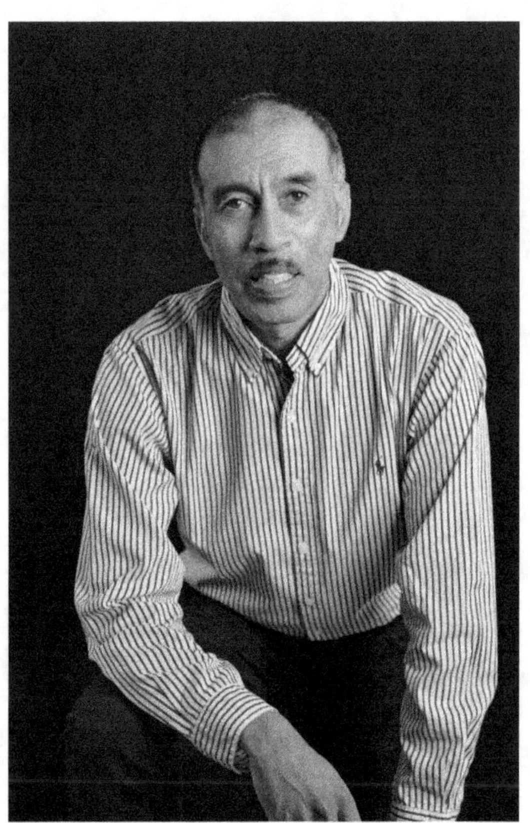

Georges Martial INDRIANJAFY

Né en 1962

Dépôt légal : avril 2023
Imprimé en Allemagne par BoD